HANDBUCH DER ERBBIOLOGIE DES MENSCHEN

IN GEMEINSCHAFT MIT

K. H. BAUER
BRESLAU

E. HANHART
ZÜRICH

J. LANGE†
BRESLAU

HERAUSGEGEBEN VON
GÜNTHER JUST
BERLIN - DAHLEM

ZWEITER BAND
METHODIK ·
GENETIK DER GESAMTPERSON

REDIGIERT VON **G. JUST**

SPRINGER-VERLAG BERLIN HEIDELBERG GMBH
1940

HANDBUCH DER ERBBIOLOGIE DES MENSCHEN

IN GEMEINSCHAFT MIT

K. H. BAUER
BRESLAU

E. HANHART
ZÜRICH

J. LANGE†
BRESLAU

HERAUSGEGEBEN VON
GÜNTHER JUST
BERLIN-DAHLEM

ZWEITER BAND
METHODIK ·
GENETIK DER GESAMTPERSON

REDIGIERT VON **G. JUST**

SPRINGER-VERLAG BERLIN HEIDELBERG GMBH
1940

METHODIK ·
GENETIK DER GESAMTPERSON

BEARBEITET VON

W. ABEL · W. ENKE · TH. FÜRST · E. HANHART · T. KEMP
S. KOLLER · E. KRETSCHMER · O. KROH · L. LOEFFLER
H. LUXENBURGER · M. v. PFAUNDLER · J. WENINGER
W. ZELLER

MIT 289 ABBILDUNGEN IM TEXT
UND AUF 2 TAFELN

SPRINGER-VERLAG BERLIN HEIDELBERG GMBH
1940

ISBN 978-3-642-98899-8   ISBN 978-3-642-99714-3 (eBook)
DOI 10.1007/978-3-642-99714-3

METHODIK ·
GENETIK DER GESAMTPERSON

BEARBEITET VON

W. ABEL · W. ENKE · TH. FÜRST · E. HANHART · T. KEMP
S. KOLLER · E. KRETSCHMER · O. KROH · L. LOEFFLER
H. LUXENBURGER · M. v. PFAUNDLER · J. WENINGER
W. ZELLER

MIT 289 ABBILDUNGEN IM TEXT
UND AUF 2 TAFELN

SPRINGER-VERLAG BERLIN HEIDELBERG GMBH
1940

ISBN 978-3-642-98899-8   ISBN 978-3-642-99714-3 (eBook)
DOI 10.1007/978-3-642-99714-3

Inhaltsverzeichnis.

Methoden und Anwendungen der menschlichen Erbforschung.

Untersuchungsmethoden.

Die anthropologischen Methoden der menschlichen Erbforschung. Von Professor Dr. Josef Weninger, Wien. (Mit 32 Abbildungen) 1

Seite

    I. Der Kopf 2
      1. Maße und Indices 2
      2. Die Formen 3
   II. Das Gesicht 6
      1. Maße und Indices 6
      2. Die Formen 6
        a) Die Weichteile der Augengegend 6
        b) Die äußere Nase 10
        c) Die Wangengegend 14
        d) Weichteile der Mund- und Kinngegend 15
        e) Die Gesichtsprofile 17
        f) Das äußere Ohr 22
  III. Der Körper 24
      1. Das Körpergewicht 26
      2. Die Körpergröße 26
      3. Der Stamm 26
      4. Der Rumpf 26
        a) Maße und Indices 27
        b) Die Formen 31
      5. Die oberen Gliedmaßen 34
      6. Die unteren Gliedmaßen 36
      7. Die Körperbautypen 38
  IV. Die Körperbedeckung 38
      1. Die Haut 43
      2. Das Haar 45
      3. Die Iris oder Regenbogenhaut des Auges 45
        a) Die Struktur 48
        b) Die Farbe der Iris 50
  Schrifttum 53

Konstitutionsbiologische Methoden. Von Professor Dr. W. Enke, Bernburg (Anhalt). (Mit 16 Abbildungen) 53

    I. Die biologischen Grundlagen 55
   II. Methodik der konstitutionstypologischen Einteilung 55
      1. Die Konstitutionstypen Kretschmers und ihre Mischformen 57
      2. Die typologischen Merkmale 61
      3. Die dysplastischen Formen 61
      4. Die Typologie von E. R. Jaensch 62
  III. Die morphologischen Untersuchungsmethoden 76
  IV. Die somatometrischen Untersuchungsmethoden 76
      Die statistischen Untersuchungsmethoden und ihre graphische Darstellung 81
   V. Methodik der Typenvergleichung 82
  VI. Konstitutionsbiologische Familienforschung 83
  Schrifttum 88

Psychologische Methoden I. Untersuchungen auf Wurzelformen. Von Professor Dr. W. Enke, Bernburg (Anhalt). (Mit 1 Abbildung) 88

    I. Vorbedingungen 89
   II. Untersuchungen auf Wurzelformen . . . .

Psychologische Methoden II. Methodische Erschließung spezifischer Begabungsgrade Seite
und Begabungsrichtungen. Von Professor Dr. O. KROH, München 99
  I. Die Erschließung der Begabungsgrade 99
  II. Die Erschließung der Begabungsrichtungen 102
  Schrifttum 109

Verarbeitungsmethoden.

Allgemeine statistische Methoden in speziellem Blick auf die menschliche Erblehre.
Von Dozent Dr. SIEGFRIED KOLLER, Bad Nauheim. (Mit 46 Abbildungen) . . . 112
  I. Die Hauptbegriffe 112
    1. Die Häufigkeit 112
    2. Die Häufigkeitsverteilung 112
    3. Die Mittelwerte 113
    4. Die Streuungsmaße 115
    5. Der mittlere Fehler 117
    6. Die Korrelation 120
    7. Wahrscheinlichkeit, statistische Gesamtheit, Stichprobe, Zufall 121
    8. Rechenregeln für Wahrscheinlichkeiten 123
    9. A-priori- und a-posteriori-Aufgaben 126
  II. Die Verteilungen 128
    1. Die binomische Verteilung 128
    2. Exponentialgesetz (Normalverteilung) 128
    3. Der Zufallsbereich bei der Normalverteilung (3 σ-Regel) 133
    4. Die Verteilung seltener Merkmale 138
    5. Statistische Kennzeichnung von Häufigkeitsverteilungen. Potenzmomente 142
    6. Die Normalverteilung in Messungsreihen 144
    7. Die t-Verteilung von Mittelwerten 147
    8. Der Rückschluß von einer Stichprobe auf die Gesamtheit 151
    9. Der Unterschied zweier Stichproben 152
  III. Die Streuung 156
    1. Die Streuungsungleichung 159
    2. Die Streuungs- und Fehlerfortpflanzung 159
    3. Die Streuung in Reihen mit schwankender Grundwahrscheinlichkeit . . 160
    4. Die Prüfung der Einheitlichkeit einer statistischen Reihe . . . 165
    5. Der Vergleich von Häufigkeitsverteilungen nach der χ^2-Methode (PEARSON) 166
    6. Die Aufteilung der Streuung nach R. A. FISHER 168
    7. Gruppenunterschiede in mehreren Merkmalen 171
  IV. Die Untersuchung von Zusammenhängen 176
    1. Das Vierfelderschema 179
    2. Die Beurteilung des Korrelationskoeffizienten 179
    3. Die Deutung von Korrelationen 182
    4. Die Regressionslinien 185
    5. Die Abhängigkeitsverhältnisse 188
    6. Die normale Häufigkeitsfläche 191
    7. Korrelation zwischen mehr als zwei Veränderlichen 193
    8. Nichtlineare Zusammenhänge 196
    9. Reihen korrelierter Beobachtungen, Geschwisterkorrelationen 199
  V. Ausgleichung; Transformation der Beobachtungswerte; Standardi- 201
    sierung 202
    1. Kurvenausgleichung 202
    2. Ausgleichung von Häufigkeitsverteilungen 202
    3. Standardisierung 203
  VI. Der statistische Vergleich 204
    1. Fragestellung und Antwort 205
    2. Material und Methode 205
    3. Auslese 207
  Schrifttum 208
  209

Die Zwillingsforschung als Methode der Erbforschung beim Menschen. 213
Von Professor Dr. HANS LUXENBURGER, München 213
  I. Einige Bemerkungen über die Zwillingsmethode und ihre Grenzen 215
  II. Sammlung von Zwillingsmaterial 219
  III. Aufbereitung des Materials (Eiigkeitsbestimmung) 225
  IV. Berechnung der Manifestationswahrscheinlichkeit (Manifestationsschwankung)
    erblicher Merkmale 225
    1. Paarlingsverfahren 231
    2. Partnerverfahren 232
    3. Sonstige Methoden 234
  V. Einige weitere Methoden der Variabilitätsanalyse 239
  VI. Häufigkeit der Zwillinge und Letalfaktoren (Polymeriefrage) 247
  Anhang: Zwillingsmethode und Erbgang 248
Schrifttum 249

Methodik der menschlichen Erbforschung (mit Ausnahme der Mehrlingsforschung).
Von Dozent Dr. SIEGFRIED KOLLER, Bad Nauheim. (Mit 17 Abbildungen) . . . 249
  I. Die Häufigkeit eines Merkmals 249
    1. Materialgewinnung und Auslese. Vergleichsmaterial 251
    2. Die Berücksichtigung der Altersverteilung in großen Beobachtungsreihen . 255
    3. Die Berücksichtigung der Altersverteilung in kleinen Beobachtungsreihen . 255
      a) Ein-Klassen-Verfahren 256
      b) Methode der Rückrechnung 258
      c) Näherungsverfahren 261
  II. Die Erbstatistik in der Familie 261
    1. Die Prüfung reiner Mendelziffern 261
    2. Die Auslese der Geschwisterschaften mit mindestens einem Merkmalsträger.
      Eindeutige Erkennbarkeit des Erbmerkmals 262
      a) Recessiver Erbgang. Vollständige Manifestation 262
      b) Andere Erbhypothesen. Korrektur ohne festen Erwartungswert . . . 272
      c) Sammlung des Materials und Wahl der Korrekturmethode 274
    3. Manifestationsschwankungen. Uneinheitlichkeit des Merkmals 275
    4. Mutter-Kind-Statistik 278
    5. Die Feststellung der Koppelung zwischen zwei Merkmalen 279
  III. Die Erbstatistik in der Bevölkerung 284
    1. Die Zusammensetzung einer durchgemischten Bevölkerung 285
      a) Einpaariger Erbgang 285
      b) Genreihen (Allele) 287
      c) Geschlechtsgebundener Erbgang 289
      d) Vererbung mehrerer Merkmale 290
      e) Einpaariger Erbgang bei quantitativen Merkmalen 292
    2. Die Zusammensetzung einer nicht durchgemischten Bevölkerung bei ein-
      ortigem Erbgang 293
  IV. Die Erbstatistik in der Sippe 294
    1. Die Häufigkeitsverteilung der Sippentypen 294
    2. Blutsverwandtschaft unter den Eltern der Merkmalsträger 296
    3. Die Verwandtenziffern („Erbprognoseziffern") 297
    4. Der Differenzenquotient von Verwandtenziffern 302
  V. Richtlinien für die Untersuchung eines Erbganges 305
    1. Vollständige Manifestation. Eindeutige Erkennbarkeit 305
      a) Häufige Merkmale 305
      b) Mäßig seltene Merkmale (Größenordnung 1%) 305
      c) Sehr seltene Merkmale 306
    2. Unvollständige Manifestation. Keine eindeutige Erkennbarkeit 306
      a) Häufige Merkmale 306
      b) Mäßig seltene Merkmale 306
      c) Sehr seltene Merkmale 306
    3. Quantitative Merkmale 307
Schrifttum . . . .

Anwendungen der menschlichen Erbbiologie.

Von Professor Dr. Lothar Loeffler, Königsberg/Pr. (Mit 2 Abbildungen).

Seite

I. Erbbiologische Beurteilung der zu erwartenden Nachkommenschaft. 310
  1. Grundsätze und Voraussetzungen 310
  2. Möglichkeiten der Aussage 310
    a) Der einfach dominante Erbgang 310
    b) Der recessive Erbgang 310
    c) Der intermediäre Erbgang 311
    d) Der geschlechtschromosom-gebundene Erbgang 313
    e) Der polymere Erbgang 314
    f) Besondere, die Erbvorhersage beeinflussende Schwierigkeiten 315
    g) Möglichkeiten der Aussage auf Grund besonderer Untersuchungsergebnisse
      (empirische Erbprognose) 315
  3. Zweck und Notwendigkeit 317
II. Erbbiologische Ermittlung der Abstammung (Vaterschaftsdiagnose) 320
  1. Aufgabe 321
  2. Grundsätze 321
  3. Methodik 323
    a) Gesichtspunkte für die Auswahl der zu verwendenden Merkmale . . . 324
    b) Die Merkmalsgruppen 324
      α) Kopf- und Gesichtsform 326
      β) Das Gesicht als Ganzes 327
      γ) Haare 327
      δ) Weichteile der Augengegend 328
      ε) Die Regenbogenhaut des Auges 328
      ζ) Äußere Nase 329
      η) Weichteile der Mund- und Kinngegend 329
      ϑ) Äußeres Ohr 330
      ι) Zähne 330
      χ) Hände und Füße 331
      λ) Papillarleisten 331
      μ) Serologische Merkmale 331
      ν) Sonstige Merkmale 338
  4. Abschließende Beurteilung 351
  5. Die richterliche Bedeutung 352
Schrifttum 355
. . . . 357

Genetische und konstitutionsbiologische Grundlagen der Gesamtperson.

Entwicklungsdynamik der Gesamtperson.

Wachstum und Reifung in Hinsicht auf Konstitution und Erbanlage.

Von Mag.-Medizinalrat Dr. Wilfried Zeller, Berlin. (Mit 23 Abbildungen) . . 360

Allgemeines über Wachstum und Reifung 360. — Der Konstitutionstyp der
Gestalt im Kleinkindalter 364, — im Jugendalter 368. — Problem der Beziehung
zwischen Konstitution und Entwicklung 372. — Das Jugendalter: Der erste Gestaltwandel 374. — Die Maturität 385. — Wachstum und Reifung im Jugendalter 387. —
Gruppierung verschiedener Entwicklungsverläufe: Normale Entwicklung 391. —
Abweichende Entwicklung 392. — Krankhafte Entwicklung 396. — Beziehungen
zwischen Konstitution und Entwicklung 397. — Beziehungen zwischen Erbanlage
und Umwelt hinsichtlich Wachstum und Reifung 398. — Schrifttum 405.

Altern und Lebensdauer. Von Professor Dr. Tage Kemp, Kopenhagen.

(Mit 3 Abbildungen) . . . .
I. Altern und Alterskrankheiten 408
  1. Altern 408
  2. Alterskrankheiten 408
II. Lebensdauer 410
  1. Lebensdauer der Tiere 414
  2. Experimentelle Untersuchungen über die Erblichkeit der Lebensdauer . . 414
  3. Lebensdauer der Menschen 415
  4. Erblichkeit der Lebensdauer beim Menschen 416
Schrifttum 419
. . . . 422

Funktionsdynamik der Gesamtperson.

Seite

Physiognomik und Mimik. Von Dozent Dr. WOLFGANG ABEL, Berlin-Dahlem.
(Mit 36 Abbildungen) 425
     425
  I. Einleitung 427
  II. Physiognomik 427
    1. Nase 431
      a) Nasenlänge und Nasenbreite 435
      b) Die Nasenrückenbreite 435
      c) Nasenwurzel 436
      d) Nasenbodenform 437
      e) Nasentiefe und Nasenbodenhöhe 440
      f) Nasenlochform 440
    2. Lippen 440
      a) Schleimhautlippen 442
      b) Philtrum 442
    3. Auge 442
      Weichteile der Augengegend 447
    4. Ohr 455
  III. Mimik 457
  IV. Stimme 458
  Schrifttum . . . .

Motorik und Psychomotorik. Von Professor Dr. W. ENKE, Bernburg (Anhalt).
(Mit 14 Abbildungen) 462
     462
  I. Deskriptive Merkmale 463
  II. Handform und -motorik 467
  III. Die motorischen Wurzelformen oder Radikale 468
  IV. Psychomotorisches Tempo 472
  V. Arbeitstempo 473
  VI. Koordinationsleistungen 473
    1. Die Feinmotorik 474
    2. Handgeschicklichkeit 476
    3. Die Gesamtmotorik 478
    4. Mimik 479
  VII. Handschrift 483
  VIII. Schriftdruck 490
  IX. Motorische Begabung 493
  X. Psychomotorik und Sport 497
  XI. Die krankhafte Psychomotorik 498
  Schrifttum . . . .

Funktionen und Zusammenarbeit der Blutdrüsen. Von Professor Dr. TAGE KEMP,
Kopenhagen. (Mit 32 Abbildungen) 502
     502
  I. Einleitende Bemerkungen 504
  II. Die Blutdrüsen in der Ontogenese 513
  III. Die Beziehung der Blutdrüsen zur Konstitution 513
    1. Die Hypophyse 521
    2. Die Keimdrüsen 525
    3. Die Schilddrüse 528
    4. Die Nebenschilddrüsen 529
    5. Der Thymus 529
    6. Die Nebennieren 530
    7. Die Bauchspeicheldrüse 531
    8. Pluriglanduläre Insuffizienz 532
    9. Familiäre Dyskrinie 533
  Schrifttum . . . .

Allgemeine und besondere Bereitschaften I. Erbpathologie der sog. Entartungszeichen,   Seite
der allergischen Diathese und der rheumatischen Erkrankungen.
Von Dozent Dr. Ernst Hanhart, Zürich. (Mit 48 Abb. im Text und auf 2 Tafeln) 537
  I. Was bedeutet Bereitschaft (Disposition)? 537
 II. Über die dispositionelle Bedeutung der sog. Entartungszeichen 545
    1. Stigmen im Bereiche des Kopfes 545
    2. Stigmen im Bereiche des Halses und Nackens 549
    3. Stigmen im Bereiche des Rumpfes 560
    4. Stigmen im Bereiche der Extremitäten 560
    5. Stigmenhäufungen 563
III. Erbbiologie der allergischen Diathese 573
    1. Der Erbgang der allergischen Bereitschaft 577
    2. Vererbung der Pollenidiosynkrasie (sog. Heufieber) 582
    3. Vererbung des idiosynkrasischen Bronchialasthmas 583
    4. Vererbung der idiosynkrasischen Migräne (Hemikranie) 585
    5. Vererbung alimentärer und Arznei-Idiosynkrasien 588
    6. Häufung der Serumkrankheit in Allergikersippen 591
    7. Vererbung von Idiosynkrasien im Bereich des Hautorgans 596
    8. Genetische Beziehungen der Allergiebereitschaft zum „Arthritismus". . . 597
IV. Die Erbbiologie der rheumatischen Erkrankungen 598
    1. Der akute Gelenkrheumatismus (Polyarthritis acuta) 606
    2. Der chronische Gelenkrheumatismus 613
    3. Der Muskelrheumatismus 616
    4. Die Ischias 623
    5. Synthetische Erfassung des Erbbildes des Rheumatismus 623
Schrifttum 624
    630

Allgemeine und besondere Bereitschaften II. Erbpathologie der Diathesen. Betrachtet
vom pädiatrischen Standpunkte.
Von Geheimrat Professor Dr. M. v. Pfaundler, München. (Mit 18 Abbildungen) . 640
  I. Wesen der exsudativen Diathese 640
    1. Manifestationen der exsudativen Diathese an der Haut 640
    2. Manifestationen der exsudativen Diathese an den Schleimhäuten 641
    3. Neuropathische und vasoneurotische Manifestationen der exsudativen Diathese 645
    4. Lymphoidgewebsmanifestationen der exsudativen Diathese 645
    5. Dystrophische Manifestationen der exsudativen Diathese 646
      a) Stoffwechselforschung 646
      b) Vitaminforschung 647
      c) Allergieforschung 648
      Die Zeichenkreise und deren Wechselbeziehungen 648
 II. Erblichkeit der exsudativen Diathese 651
    A. 1. Verhalten der Einzelbereitschaften 661
      2. Verhalten der Diathesenblocks 661
    B. Erbgangfragen 667
      1. Erbgang in den einzelnen Teilbereitschaften 668
      2. Erbgang im Block 669
      Rassenhygienische Fragen 672
Schrifttum 681
    682

Eignung. Von Obermedizinalrat Dr. Th. Fürst, München 685
  I. Biologische Grundlagen der Berufsberatung 685
 II. Gang der Untersuchung zur Beurteilung der Berufseignung 693
    1. Prüfung der Erblichkeitsverhältnisse 694
      a) Erbkrankheiten 694
      b) Erbbegabungen 694
    2. Beurteilung der äußeren Konstitution 695
      a) Körperbau- und Entwicklungstypus 697
      b) Besichtigung einzelner Körperbezirke 697
      c) Funktionsprüfungen der Brustorgane 699
      d) Funktionsprüfungen des Bewegungsapparates 705
III. Ausblicke 712
    719
    Die Verwertung der konstitutionellen Diagnostik des Arztes für die Pädagogik 719
Schrifttum 728

Körperbau und Charakter. Allgemeiner Teil.

Von Professor Dr. ERNST KRETSCHMER, Marburg a. L. 730

   I. Gesetze der konstitutionellen Variantenbildung 730

     1. Primär keimplasmatische Lokalvarianten 731

     2. Zentral gesteuerte Varianten 733

  II. Die großen Konstitutionstypen 735

     1. Affinität zwischen Körperbau und Temperament 736

     2. Form und Funktion 743

     3. Die Entartungszeichen 744

     4. Konstitution und Rasse 746

 III. Wurzelformen der Persönlichkeit 750

 IV. Längsschnittbetrachtung 751

Körperbau und Charakter. Spezieller Teil.

Von Professor Dr. W. ENKE, Bernburg (Anhalt). (Mit 1 Abbildung) 754

     1. Farb- und Formempfindlichkeit 754

     2. Spaltungsphänomene 754

     3. Perseverationsfähigkeit 757

     4. Affektivität 758

     5. Die „Grundfunktionen" nach PFAHLER 762

     6. Erbbedingte intellektuelle Eigenschaften 763

  Schrifttum 764

Namenverzeichnis 769

Sachverzeichnis 783

Untersuchungsmethoden.

Die anthropologischen Methoden der menschlichen Erbforschung.

Von JOSEF WENINGER, Wien.

Mit 32 Abbildungen.

Die anthropologischen Methoden innerhalb der speziellen Untersuchungsmethoden für das Gebiet der menschlichen Erbforschung sind im wesentlichen die gleichen wie diejenigen für den Gesamtbereich der Anthropologie. Die Anthropologie will das menschliche Erscheinungsbild in seiner Gesamtheit und in seinen Einzelheiten erfassen zum Zwecke einer Einordnung des einzelnen Menschen sowie seiner Verbände in jene großen Formenkreise, welche wir Rassen nennen.

Die Erbforschung am gesunden Menschen (Erbnormalbiologie) geht der Vererbung dieser von der Anthropologie festgehaltenen Erscheinungsformen bis in alle Einzelheiten nach. Es handelt sich also der Erbforschung darum, solche Methoden vorgelegt zu bekommen, die das äußere Erscheinungsbild auch entsprechend fein zergliedern.

Eine körperliche Form können wir durch Beschreiben, Messen, Zeichnen, durch das Lichtbild oder, was selten geschieht, durch Abformen festhalten. In diesem Beitrage sollen solche Richtlinien angedeutet werden, welche von anthropologischer Seite der Erbforschung am gesunden Menschen zugrunde gelegt werden können. Da es in dem zur Verfügung gestellten knappen Rahmen nicht möglich ist, Definitionen von allgemein anerkannten und gültigen anthropologischen Begriffen, Meßpunkten, Maßen bzw. Indices und deren Größenklasseneinteilungen zu bringen, so wird auf das Lehrbuch der Anthropologie von RUDOLF MARTIN und ganz besonders auf die dort vorgeschlagene und allgemein anerkannte einheitliche Meßtechnik verwiesen. Von zusammenfassenden Darstellungen dieser Art aus neuerer Zeit seien die von TH. MOLLISON und B. K. SCHULTZ hervorgehoben. Für die Fragestellungen der Erblehre erscheint uns aber das Erkennen der Formen in ihren Einzelheiten wesentlicher als ihr Festhalten durch Maße; darum soll den morphologischen Merkmalen ein breiterer Raum gewidmet werden. Für ihre methodische Aufnahme ist neben der Beschreibung das Lichtbild in der Vorder- und Seitenansicht bei Einstellung in die Ohr-Augenebene zu verwenden [neuere Methoden von A. HARRASSER (1, 2)[1]]. Für manche Körpergegenden ist es nötig, Spezialaufnahmen zu machen, die in den betreffenden Abschnitten erwähnt werden.

Wir haben in der Familienanthropologie nicht immer das Glück, Eltern und ihre erwachsenen Kinder zu studieren, sondern in den allermeisten Fällen stehen die Kinder in verschiedenen Altersstufen vom Kleinkind bis zum erwachsenen Menschen. Das bedeutet aber für die erbbiologische Arbeitsweise, die auf den Vergleich aufgebaut ist, eine große Erschwerung; denn für jeden Vergleich gilt

---

[1] Die nach einem Verfassernamen in runder Klammer eingesetzte Zahl stellt die Reihenfolge im Schrifttumsverzeichnis dar.

als oberster Grundsatz, daß man nur Gleichgeartetes vergleichen soll, also bei unserer Fragestellung nur Individuen gleichen Geschlechtes und gleichen Alters; im anderen Falle muß man eine Geschlechts- bzw. eine Altersaufwertung vornehmen. Es liegt ein Vorschlag vor, als Standardwert für die Geschlechts- und Altersaufwertung der anthropologischen Maße den Durchschnittswert des betreffenden Maßes in der dritten Altersklasse des männlichen Geschlechts, das ist von 30—39 Jahren anzunehmen [J. Weninger (8), R. Routil (3)]; ein weiterer Vorschlag stammt von W. Abel (2). Während der Entwicklung von der Geburt bis zur Reife, von der Reife bis zur Lebenshöhe und weiter bis ins Greisenalter finden in den Größen- und den meisten Formverhältnissen bei beiden Geschlechtern Veränderungen statt (alterslabile Merkmale). Es gibt aber auch Merkmale, die von den ersten Altersstufen an in ihren typischen Ausprägungen gleich oder ähnlich bleiben (altersstabile Merkmale) [E. Geyer (3)]. Auf die notwendige Beachtung solcher Altersveränderungen wird in den verschiedenen Abschnitten zuweilen kurz verwiesen werden, da es in dieser Knappheit kaum möglich ist, die Altersveränderungen aller hier behandelten Einzelheiten auch nur anzudeuten.

In dieser Darstellung soll von jenen Merkmalen die Rede sein, die am äußeren Erscheinungsbild des lebendigen Menschen mit unseren Methoden festgehalten werden können; auf kraniologische, osteologische und anatomische Fragen kann nicht eingegangen werden. Alle Beobachtungen werden bei Einstellung in die deutsche (Frankfurter) Horizontalebene vorgenommen. Aus Bildaufnahmen gut orientierter Köpfe und Gesichter kann viel Morphologisches von geübten Augen abgelesen werden. Einige Abschnitte dieses Beitrages (z. B. die Hautleisten, die Körperbauformen) können kürzer gefaßt werden, da in anderen Beiträgen dieses Handbuches diese Themen eingehender behandelt werden.

Die Merkmale, mit denen sich die Anthropologie als Spezialwissenschaft befaßt, gliedern sich in solche des Kopfes, des Gesichtes, des Körperbaues und der Körperbedeckung, nämlich der Haut und Hautgebilde.

I. Der Kopf.
1. Maße und Indices.

Der Hirnteil des Kopfes läßt sich durch die anthropologischen Maße, nämlich die drei Hauptdurchmesser *Länge* (L), *Breite* (B), *Höhe* (H = Ohrhöhe) und durch die aus ihnen gebildeten Indices, den *Längen-Breiten-Index* $= \dfrac{B \times 100}{L}$, den *Längen-Höhen-Index* $= \dfrac{H \times 100}{L}$, den *Breiten-Höhen-Index* $= \dfrac{H \times 100}{B}$ metrisch erfassen.

Die Beziehung der drei Kopfmaße zueinander drückt der Harmoniekoeffizient $q = \dfrac{L \times H}{B \times B}$ aus [R. Routil (1)]. Gerade bei der metrischen Charakterisierung des Kopfes sind die Altersveränderungen zu beachten. Nach Hrdlička wird die optimale Größe des Kopfes nicht vor dem 4. und 5. Jahrzehnt erreicht. Keinesfalls sind die absoluten Zahlen der Kopfmaße von Kindern mit denen Erwachsener ohne Aufwertung zu vergleichen; sogar für die aus nicht aufgewerteten Zahlen errechneten Indices gilt einige Vorsicht. Auch bei den Indices der Erwachsenen soll durch irgendeine nähere Bezeichnung angegeben werden, ob sie aus großen oder kleinen absoluten Werten der Länge, Breite und Höhe errechnet wurden. Es gibt absolut große und absolut kleine Köpfe. Im Index kommt das gar nicht zum Ausdruck. Aus den praktischen Messungen unseres Institutes gebe ich folgende drei Beispiele:

	200 sehr lang	180 mittellang	160 sehr kurz
Länge des Kopfes			
Breite des Kopfes	170 sehr breit	153 mittelbreit	136 sehr schmal
Längen-Breiten-Index . . .	85,0	85,0	85,0

Für die Fragen der Vererbung der Kopfform sind die absoluten Werte von großer Wichtigkeit, da sich die Dimensionen als solche wahrscheinlich vererben [E. Fischer (2), G. P. Frets (1, 2, 3, 4), K. Hildén (2)]. Die Lage der größten Länge (siehe Abschnitt: Hinterhaupt) und der größten Breite (hohe, mittlere oder tiefe Lage, ob nach vorne oder rückwärts gelagert) ist stets zu beachten. Für Fragen des Körperbaues ist es auch zweckmäßig, die „ganze Kopfhöhe", d. i. die projektivische Entfernung des Scheitels vom Kinnpunkt (Gnathion) zu nehmen (s. Abb. 21, Körperbau).

2. Die Formen.

Der Kopf als räumliches Gebilde läßt sich nicht durch die Betrachtung in einer einzigen Ansicht als Ganzes erfassen, sondern wir müssen das, was wir in den sogenannten Profilen, dem horizontalen Profil (Draufsicht), dem frontalen Profil (Vorderansicht), dem median-sagittalen Profil (Seitenansicht) sehen und durch Abtasten feststellen können, zusammen wirken lassen. Am Kopf unterscheiden wir vier Gegenden, die Stirne, den Scheitel, das Hinterhaupt und die Seitenwände, welche sich recht verschieden zur Gesamtform vereinigen können. Typische Merkmalsverbindungen dieser Art treten in Familien öfters gehäuft auf und sind daher gerade für eine erbbiologische Betrachtung von Bedeutung.

Die *Stirne* reicht im morphologischen Sinne von der Stirnnasennaht und den Oberrändern der knöchernen Augenhöhlen bis zur Kranznaht und ist seitlich von den Schläfenlinien begrenzt. Sie erscheint uns in diesem

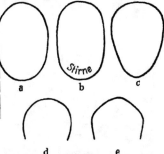

Abb. 1a—e. Die horizontale Profilkurve (Draufsicht) des Kopfes. a gewölbte Seitenwände; b parallele Seitenwände; c Ausladung der Seitenwände in der Gegend der Scheitelbeinhöcker (Tubera parietalia). Die frontale Profilkurve (Vorderansicht) des Kopfes. d tonnenförmig; e satteldachförmig.

Bereich als hoch, mäßig hoch oder niedrig und als breit, mäßig breit oder schmal; gemessen wird nur die kleinste Stirnbreite. Physiognomisch reicht die Stirne von den härenen Brauenbogen bis zur Stirnhaargrenze. Ein Mensch mit tiefer Stirnhaargrenze hat physiognomisch eine niedrige Stirne; seine morphologische Stirn kann aber dabei hoch sein. Das horizontale Stirnprofil (Draufsicht) ist auf Abb. 1 gezeichnet als gleichmäßig gewölbt (a), scharf gegen die Schläfen umbiegend (b) oder kielförmig (c). In der Seitenansicht (median-sagittales Profil) kann das Stirnprofil steil, zurückgebogen, zurückweichend oder fliehend (sehr stark zurückweichend) erscheinen (Abb. 2). Die kindliche Stirne ist steil, ebenso die weibliche; dagegen weicht die männliche Stirne bei vielen Rassen stets zurück. Es kommt aber individuell sowie bei einigen Rassen vor, daß auch die männliche Stirne steil aufsteigt, z. B. bei den negriden und manchen mongoliden Gruppen. Charakteristisch für die Stirne ist das Relief an ihrem unteren Abschnitt, nämlich an der Glabella und über den Augenhöhlenrändern, wo nicht selten und auch wieder besonders beim männlichen Geschlecht verschieden starke, bogenartig verlaufende Vorwölbungen, von der Glabella ausgehend,

1*

schläfenwärts ziehen, die Überaugenbögen (Arcus superciliares). Es kann sich dieses Relief auch in einem einzigen Bogen von dem einen äußeren Augenhöhlenrand über die Glabella zum anderen erstrecken in Form eines ununterbrochenen Wulstes: dann sprechen wir von einem Überaugenwulst (Torus supraorbitalis). Diese morphologische Bildung gilt als ein stammesgeschichtlich altertümliches

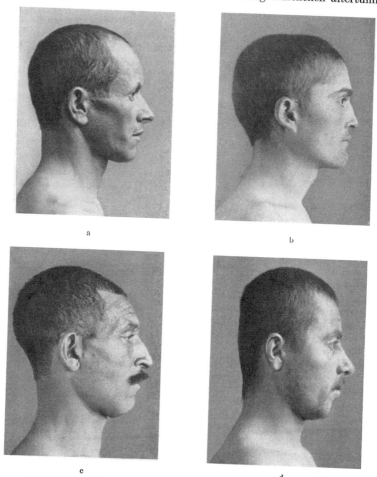

a   b

c   d

Abb. 2 a—d. Die Kopfprofiltypen. a Berber; b Italiener; c Araber; d Albaner.
(Aufnahmen: R. PÖCH und J. WENINGER.)

Merkmal (z. B. Australide, Neandertalide). An der Stirne fällt zuweilen eine stärkere Ausbildung der Tubera frontalia auf; dies ist für die kindlichen Stirnen die Regel, für die weiblichen sehr häufig. In übermäßiger Stärke sind sie aber das Zeichen von krankhaften Vorgängen während der Wachstumszeit. Die Stirnhaut ist nur in der Jugend glatt; mit zunehmendem Alter prägen sich Furchen und Falten aus (Abb. 10), als die dauernden Zeugen einer meist auf erblicher Grundlage beruhenden mimischen Betätigung der Gesichtsmuskulatur. Wir unterscheiden horizontale und vertikale Stirnfurchen bzw. Falten; letztere zeigen sich an der Glabella zwischen den Brauenköpfen.

Der *Scheitel* oder das eigentliche Schädeldach erstreckt sich von der Kranz-naht bis zur Lambdanaht und seitlich bis zu den Schläfenlinien. In der Scheitel-gegend liegt der Vertex, der höchste Punkt des Kopfes. Das Bild in der Seiten-ansicht kann eine gleichmäßige Wölbung, Flachheit oder ein Ansteigen der Kurve nach rückwärts (Abb. 2) ergeben. Ein Ansteigen der Kurve nach vorne gehört nicht mehr in den Bereich des Normalen. Der Scheitelkurvenverlauf in der Vorderansicht gibt uns die Tonnen- oder die Satteldachform (Abb. 1 d, e) an.

Das *Hinterhaupt* ist seiner horizontalen Profilierung nach auch durch die Umrißlinien der Abb. 1 skizziert als stark gewölbt (a), mäßig gewölbt (b) oder flach (c). Größere Bedeutung kommt der seitlichen Hinterhauptskurve zu. In dieser sprechen wir ebenfalls von einem flachen (Abb. 2 d) und einem ge-wölbten (Abb. 2 a), aber auch von einem ausladenden Hinterhaupt (Abb. 2 c; Abb. 15 a). Ganz wesentlich für die Gestalt des Hinterhauptes ist die Höhenlage des am meisten nach hinten ausladenden Punktes, des Opisthokranion. Denken wir uns zur Orientierung bei richtiger Einstellung eine Horizontalebene durch die Glabella gezogen, so kann das Opisthokranion höher, gleichhoch oder tiefer zu liegen kommen. Die Lage des Opisthokranion bestimmt aber die Richtung der größten Länge des Kopfes (Glabella bis Opisthokranion). Diese kann hori-zontal verlaufen, nach hinten oben ansteigen oder nach hinten unten sich senken. Am Übergang vom Scheitel zum Hinterhaupt treten manchmal Abplattungen oder Abstufungen auf, die mit Nahtverwachsungen oder Schalt-knochen in der Lambdagegend zusammenhängen. Sehr wesentlich für die richtige Beurteilung der Längenausdehnung des Kopfes ist die Lage des auf die Kopflänge projezierten Ohrpunktes (Tragion). Dieser kann etwa in der Mitte der Kopflänge liegen, nach rückwärts oder nach vorne verlagert sein (mittel-, hinter-, vorderständiges Ohr) (Abb. 2 und 9).

Die Abb. 1 a—c zeigt uns dann den gesamten Verlauf der horizontalen Profilkurve des Kopfes, soweit sie mit einiger Sicherheit am Lebenden ab-getastet werden kann, bei einer groben Gliederung in drei Formen; beachtet man überdies noch die absolute Länge und Breite, so kann jede dieser drei Formen noch obendrein als länglich oder rundlich gebaut charakterisiert werden.

Die mediansagittale Profilkurve von der Stirnnasennaht bis zum Übergang in den Weichteilnacken ergibt bei Berücksichtigung des Stirn-, Scheitel- und Hinterhauptsabschnittes besonders charakteristische *Kopfprofiltypen.* Als Bei-spiele hierfür seien die vier Bilder der Abb. 2 sowie das eine Profilbild der Abb. 15 a angeführt, die der Deutlichkeit halber zwar extreme, aber physiologisch-normale Typen zeigen.

	Abb. 2 a	Abb. 2 b	Abb. 2 c	Abb. 2 d	Abb. 15 a
Stirnabschnitt . . .	zurück-gebogen	leicht zurück-weichend	stark zurück-weichend	steil	steil
Scheitelabschnitt .	gleichmäßig gut gewölbt	gleichmäßig flach	stark nach hinten ansteigend	gleichmäßig aber stark gewölbt	leicht nach hinten ansteigend
Hinterhaupts-abschnitt	mäßig gewölbt	gut gewölbt	stark gewölbt	ganz flach	ausladend

W. Abel (3) verwendet zur Festhaltung der Kopfprofile einen Bleidraht. Der Draht behält die Form und gestattet eine gute Profilzeichnung. [Zur Vererbung der Kopfform s. W. Abel (2).]

Den kindlichen Kopf darf man metrisch nur mit Vorsicht charakterisieren. Von den morphologischen Merkmalen zeigen z. B. die Form des Hinterhauptes, die Richtung der größten Länge, die Lage des Ohrpunktes schon verhältnis-mäßig früh ihre Entwicklungsrichtung an. Asymmetrien sind stets anzuführen.

II. Das Gesicht.

1. Maße und Indices.

Der Gesichtsteil des Kopfes gliedert sich zunächst in ein Ober- und Untergesicht und kann auch durch anthropologische Maße (Höhen- und Breitenmaße) gekennzeichnet werden. Die Breite des Obergesichtes oder die eigentliche Gesichtsbreite ist durch die *Jochbogenbreite* (JB) gegeben, die Breite des Untergesichtes können wir mittels der *Unterkieferwinkelbreite* (UK) festhalten. Unter den Höhenmaßen unterscheiden wir morphologische und physiognomische; die ersteren halten sich an Meßpunkte der knöchernen Unterlage, die letzteren an Meßpunkte, die an den Weichteilen liegen. Es gibt also je eine morphologische bzw. physiognomische *Gesichts-* und *Obergesichtshöhe* (H und OH). Die gebräuchlichsten daraus geformten Indices sind der morphologische

$$Gesichtsindex = \frac{H \times 100}{JB},$$ der morphologische *Obergesichtsindex* $= \frac{OH \times 100}{JB}$ und

der *Jugomandibularindex* $= \frac{UK \times 100}{JB}$. Auch hier gilt dasselbe, was für die Maße des Kopfes gesagt wurde: Wir müssen den absoluten Werten eine größere Bedeutung beimessen. Es gibt große und kleine Gesichter; der Index bringt das aber auch hier nicht zum Ausdruck. Ferner können Menschen verschiedenen Alters und Geschlechtes nicht ohne Aufwertung unmittelbar miteinander verglichen werden. Auch für die Gesichtshöhe und Jochbogenbreite stellte HRDLIČKA eine Zunahme bis in das 5. Jahrzehnt fest.

Die gemessenen Breitendimensionen ergeben häufig einen starken Widerspruch mit den durch das Augenmaß abgeschätzten, d. h. dem Eindruck nach breite Gesichter sind ihren Maßen nach häufig nicht breit. Bezüglich der Unterkieferwinkelbreite hat das seinen Grund darin, daß die Weichteilauflage an den Gonien (Masseter, Unterhautfettgewebe) sehr dick sein kann und dann beim Messen oft zu stark gedrückt wird. Was die Obergesichtsbreite anlangt, so wird diese, wie erwähnt, metrisch nach der Entfernung zwischen den Jochbogen (Zygienbreite) bestimmt; die Zygien liegen meist weit rückwärts gegen den Hirnschädel des Kopfes. Den morphologischen Eindruck eines breiten oder schmalen Gesichtes gewinnen wir aber durch die Beobachtung der weiter vorne liegenden Wangen (malare Gegend). Am Lebenden kann man diese malare Breite nicht messen.

2. Die Formen.

Die Formen des menschlichen Gesichtes erfassen wir durch die Gliederung desselben in die das Gesicht beherrschenden einzelnen Gegenden. Die Stirne, die physiognomisch noch zum Gesicht gerechnet wird, wurde schon im Abschnitt über die Kopfformen behandelt. Wir unterscheiden am menschlichen Gesicht: *Die Weichteile der Augengegend, die äußere Nase, die Wangengegend, die Mund- und Kinngegend* und die *Gesichtsprofile.* Das äußere Ohr hat zwar seine Lage außerhalb des eigentlichen Gesichtes, gehört aber im engsten Anschluß an die Betrachtung des Gesichtes. Die *Iris oder Regenbogenhaut des Auges* wird in dem Abschnitt über die Integumentalorgane nach Farbe und Struktur erörtert werden. Jede der Gesichtsgegenden zeigt eine so mannigfaltige Gestaltung, daß es zweckmäßig erscheint, sie in eigenen Abschnitten darzustellen.

a) Die Weichteile der Augengegend.

An den Weichteilen der Augengegend (Abb. 3) beschreiben wir als größere Einheiten die Lidspalte samt den Lidwinkeln, den Oberlidraum mit den Deckfaltenbildungen, das Unterlid, den Augapfel mit dem Augenstern, den Brauenstrich und die Wimpern (R. PÖCH; J. WENINGER und H. PÖCH).

An der *Lidspalte* ist vor allem die Richtung, d. i. die Richtung der die beiden Lidwinkel verbindenden Geraden festzuhalten; diese kann horizontal, schräg von außen oben nach innen unten oder schräg von innen oben nach außen unten verlaufen. Außer dieser Richtung ist noch die Länge der Lidspalte (kurz, mäßig lang, lang) sowie die Höhe oder Weite ihrer Öffnung (eng, mäßig weit geöffnet, weit geöffnet) von Bedeutung.

Von den beiden *Lidwinkeln* kommt besonders der innere für die unterscheidende Beobachtung in Betracht. Er kann der Winkelgröße nach eng- oder weitwinkelig, der Form nach spitz, rund oder schnabelförmig sein.

Die obere Umrahmung der Lidspalte bildet das *Oberlid*. Sowohl rassenanthropologisch als auch erbbiologisch kann es wohl der wesentlichste Abschnitt der Weichteile der Augengegend genannt werden.

Zunächst muß die *Höhe des Oberlidraumes* als der Abstand zwischen dem freien Rande des Oberlides und dem Brauenstrich bestimmt werden. Es gibt einen hohen, mäßig hohen und einen niedrigen Oberlidraum. Selbstverständlich ist die Entfernung zwischen freiem Lidrand und Brauenstrich längs der ganzen horizontalen Ausdehnung (also der Länge der Lidspalte) nur selten absolut gleich groß; doch ist es immer möglich, den Eindruck des gesamten Gebietes in einer einzigen Bezeichnung zusammenzufassen. Entsprechend seinem anatomischen Unterbau gliedert sich der Oberlidraum in seiner vertikalen Ausdehnung in zwei Abschnitte: in den der Lidspalte näher liegenden Lidplattenanteil mit straff anliegender Haut, durch den derben Tarsalknorpel gestützt, und in den Augenhöhlenanteil mit lockerer Haut.

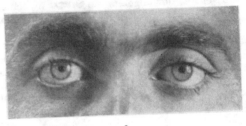

a

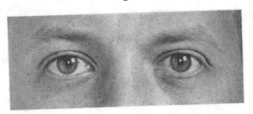

b

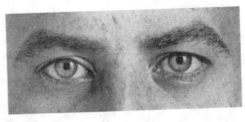

c

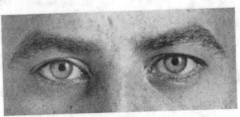

d

Abb. 3 a—d. Vier charakteristische Augenweichteiltypen. a hoher Oberlidraum; deckfaltenloses Oberlid mit tiefem, halbkreisförmigem Sulc. orb. sup. (Georgier); b mäßig hoher Oberlidraum; leichte Deckfalte am Oberlid; der sichtbare Teil des Tarsalabschnittes des Oberlides ist schmal (Deutscher); c mäßig hoher Oberlidraum; schwere Deckfalte am Oberlid, sie hängt rechts fast, links ganz bis zum freien Oberlidrand herab (Este); d niedriger Oberlidraum; wenig oder oft gar kein Platz für eine Deckfalte; der härene Brauenstrich senkt sich fast bis zum Oberlidrand herab (Ukrainer, nordische Rasse). (Aufnahmen: R. Pöch und J. Weninger.)

dem oberen Orbitalrand benachbarten Augenhöhlenanteil mit lockerer Haut. Gerade infolge der lockeren Beschaffenheit seiner Haut kommt es bei dem letzteren meist zur Bildung einer Falte, der sogenannten *Deckfalte*, die sich mehr oder weniger über den Lidplattenanteil legt und diesen teilweise oder sogar ganz bedeckt. Der Ansatz der Deckfalte ist nur bei geschlossenem Auge zu sehen und durch den Sulcus orbito-palpebralis gekennzeichnet, der ungefähr die Grenze zwischen Lidplattenanteil und Augen-

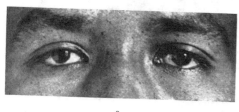

a

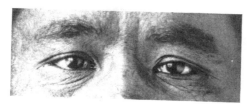

b

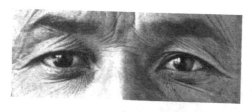

c

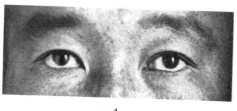

d

Abb. 4 a—d. Beispiele zur Deckfalten- und Randfaltenbildung. a leichte Deckfalte; leichtes Randfältchen unter der Deckfalte entspringend; vom tarsalen Abschnitt des Oberlides ist ein breites Band sichtbar (Armenier); b schwerere Deckfalte; deutliches Randfältchen unter der Deckfalte entspringend (links); vom Tarsalabschnitt des Oberlides nur ein schmales Band sichtbar (Baschkire); c sehr schwere Deckfalte, die den Lidrand in der Mitte und außen vollständig bedeckt; kräftige Randfalte unter der Deckfalte entspringend (Tatare); d schwere Deckfalte setzt sich direkt in eine Randfalte (innere Lidwinkelfalte) fort; letztere reicht in die seitliche Nasenhaut hinüber; typisches Mongolenauge (Dungane). (Aufnahmen: R. PÖCH und J. WENINGER.)

höhlenanteil bildet. Wir beobachten die Deckfalte sowie alle anderen bis jetzt genannten Merkmale bei geöffnetem Auge und unterscheiden bezüglich der Stärke ihrer Ausbildung eine leichte und eine schwere (fettreichere) Deckfalte (Abb. 3 und 4). Die leichte Deckfalte läßt einen mehr oder minder breiten Abschnitt des Lidplattenanteiles frei (Abb. 3 b), die schwere senkt sich fast bis zum Lidrand oder kann sogar noch tiefer herabhängen und diesen bedecken (Abb. 3 c), wie es bei den extremsten Bildungen dieser Art, besonders bei Menschen mongolider Rassenzugehörigkeit der Fall ist (Abb. 4 c, d). Über das Zustandekommen dieser Bildungen, das auch mit der tiefen Anheftung der Fasern des M. levator palpebrae sup. zusammenhängt, kann hier nicht näher berichtet werden (ADACHI, WEN). H. SIEDER beobachtet bei seinen eingehenden Untersuchungen das Oberlid nicht nur bei geöffnetem, sondern auch bei halbgeschlossenem Auge, wodurch die zahlreichen und feinsten Bildungen des Lides in ihrer Entstehung erst erfaßt werden können. Dieser methodischen Anregung ist jedenfalls zuzustimmen.

Die Längenausdehnung der Deckfalte ist verschieden. Was ihre Erstreckung schläfenwärts anlangt, so endet sie meist lateral vom äußeren Lidwinkel, nur selten verstreicht sie über ihm; sie kann sich auch senken und ihn verdecken. Komplizierter sind die Beziehungen zwischen Deckfalte und innerem Lidwinkel, wo sich zunächst die Möglichkeit einer Endigung der Deckfalte lateral vom inneren Lidwinkel, oberhalb oder nasalwärts davon ergibt. Meist nähert sich aber die Deckfalte in ihrem medialen Abschnitt mehr oder weniger dem freien Lidrand, ja sie kann sogar die Lidcommissur selbst erreichen und dort verstreichen. Wie aus den Beziehungen der Deckfalte zu den Lidwinkeln zu ersehen, muß also der bei geöffnetem Auge sichtbare Teil des Tarsalabschnittes absolut nicht in seiner ganzen Längenausdehnung gleich breit sein, d. h. Umschlagskante der Deckfalte und Lidrand können, müssen aber nicht parallel verlaufen.

Kommt es in der Gegend des inneren Lidwinkels zur Bildung einer richtigen Falte, was von dem bloßen Verstreichen der Deckfalte im inneren Lidwinkel zu unterscheiden ist, so spricht man nach der in der Literatur üblichen Ausdrucksweise von einer Plica marginalis *(Randfalte)*. Mit Recht wendet sich E. FISCHER gegen diese Bezeichnung. Vielleicht wäre es zutreffender, sie *innere Lidwinkelfalte* zu nennen. Jedenfalls weist diese Faltenbildung in ihrem Beginn (sie geht meist direkt aus der Deckfalte hervor, kann aber auch über oder unter ihr beginnen) und in ihrer Endigung (sie kann im Lidwinkel selbst enden oder, über den Lidwinkel hinunterreichend, sich bis auf das Unterlid oder zur seitlichen Nasenhaut fortsetzen) Unterschiede auf. Die Caruncula lacrimalis ist dabei in verschieden starkem Grade von ihr bedeckt oder auch frei. Die Kombination einer solchen „inneren Lidwinkelfalte" mit einer schweren Deckfalte wird in der Literatur wegen ihres häufigen Vorkommens bei ostasiatischen Gruppen „*Mongolenfalte*" genannt (Abb. 4d).

Als Übergangsform zur inneren Lidwinkelfalte kann man gelegentlich ein zartes Leistchen beobachten, das im medialen Abschnitt unter oder direkt aus der Deckfalte entspringt und zum inneren Lidwinkel zieht, die sogenannte „*Randleiste*" [J. WENINGER (2)] (Abb. 3c). Ähnliche kleine Faltenbildungen kommen auch am äußeren Lidwinkel vor. Zu erwähnen wäre noch, daß sich statt einer einfachen Deckfalte zuweilen eine Duplikatur, also eine doppelte Deckfalte bildet.

Fehlt an einem Oberlid die Deckfalte, was gewöhnlich mit größerer Fettarmut der Augenweichteile einhergeht, so legt sich die Haut des Augenhöhlenanteiles ihrer Unterlage an und bildet zwischen oberem Orbitalrand und Augapfel den *Sulcus orbitalis superior* (bezeichnend für die vorderasiatische und orientalische Rasse). Der Stärke seiner Ausprägung nach ist dieser tief eingeschnitten, mäßig tief oder nur angedeutet, seiner Form nach halb- oder viertelkreisförmig. Auch das Vorhandensein einer Deckfalte schließt den Sulc. orb. sup. nicht aus; doch ist er in diesem Falle schwächer ausgeprägt, meist nur viertelkreisförmig und mit Fettarmut der Deckfalte verbunden. Sowohl bei rassenanthropologischen als auch bei erbbiologischen Untersuchungen ist darauf zu achten, daß Alters- und Ermüdungszustände sowie Krankheiten durch Erschlaffung der Muskulatur und durch Fettverlust dort ein deckfaltenloses Oberlid vortäuschen können, wo im gesunden, normalen Zustand eine richtige Deckfalte ausgebildet war. Andererseits kann eine schwere Deckfalte im Alter durch Fettverlust stärker herabhängen.

Als untere Umrahmung der Lidspalte muß das *Unterlid* genannt werden. Analog dem Oberlid gliedert es sich in einen Lidplatten- und einen Augenhöhlenanteil, durch den Sulcus orbito-palpebralis. inf. getrennt. Den unteren Augenhöhlenrand deutet der Sulcus orbitalis inferior (untere Augenhöhlenfurche, Abb. 10/4) an. In der anthropologischen Betrachtung steht das Unterlid an Wert weit hinter dem Oberlid zurück. Wichtig erscheint nur die Form seines freien Randes; dieser kann stärker oder schwächer bogig mit dem tiefsten Punkt ungefähr in der Mitte der Lidspalte unter dem Augenstern oder fast gerade verlaufen. Nicht selten kommt eine Schweifung lateral- oder medialwärts vor, so daß der tiefste Punkt des Unterlidrandes lateral bzw. medial von der Mitte der Lidspalte zu liegen kommt. Gerade diese letzte Ausprägungsart ist charakteristisch für jene Art der Lidspaltengestaltung, die in der Literatur öfter unter dem Namen „*mandelförmig*" auftaucht, während der einfach bogenförmige Verlauf des Unterlidrandes zur „*spindelförmigen*" Lidspalte gehört.

Vom *Augapfel* selbst ist die Lage (tiefliegend, normalliegend, vorquellend) festzuhalten; sie wird im Gegensatz zu allen anderen erwähnten Merkmalen der Augengegend in der Profilansicht bestimmt.

Was die Merkmale des Brauenstriches und die Wimpern betrifft, so sind diese im Kapitel „Behaarung" behandelt.

Über Geschlechtsverschiedenheiten und Alterswandel in der Richtung und Öffnung der Lidspalte, der Höhe des Oberlidraumes und der Einbettung des Bulbus hat mein Schüler K. TUPPA in seinen Studien an den Weichteilen der Augengegend gearbeitet.

Asymmetrien kommen an den Weichteilen der Augengegend sehr häufig vor. *Für den Gesamteindruck der Augengegend am bestimmendsten und daher für Typenbildung am geeignetsten sind die Merkmale des Oberlidraumes und seiner Faltenbildungen.* Auf Abb. 3 sind vier charakteristische Augenweichteiltypen nach den Merkmalen des Oberlidraumes sowie der Deckfaltenbildung festgehalten und kurz beschrieben.

Solche Typen wurden in den Arbeiten von E. GEYER (3), H. PÖCH (2), J. WENINGER (1, 2, 4, 6) und A. ROLLEDER herausgearbeitet.

Mit der Morphologie der Augenweichteile befaßten sich eingehend O. AICHEL, E. FISCHER (1), H. PÖCH, R. PÖCH, H. SIEDER u. J. WENINGER. Vererbungsstudien liegen von W. ABEL (1, 2), H. SIEDER und J. WENINGER (4) vor.

b) Die äußere Nase.

Maße und Indices. Die äußere Nase des Menschen ist sowohl in ihrem Gesamtaufbau als auch in der Ausprägung ihrer Einzelmerkmale besonders mannigfaltig und bietet daher Rassen- und Vererbungsuntersuchungen eine reiche Grundlage.

Die drei Dimensionen der Nase werden durch Maße erfaßt, und zwar zunächst durch die *Höhe* (H), *Breite* (B) und den daraus gebildeten *Höhen-Breiten-Index der Nase* $= \dfrac{B \times 100}{H}$. Das Heraustreten aus der Gesichtsfläche versucht man durch die *Länge des Nasenbodens* (NB) metrisch festzuhalten. Die wahre Gesamttiefe der unteren Nase (Abb. 5) wird aber nur durch die sog. *Nasenwangentiefe* (NW) nach H. VIRCHOW (1) erfaßt. VIRCHOW hat auch zur Messung dieser Tiefe ein geeignetes Instrument konstruiert. Zur metrischen Kennzeichnung der Unternase, besonders des Nasenbodens, werden die Nasentiefenmaße (NB oder NW) in Prozenten der Nasenbreite (Flügelbreite) $\dfrac{NB\ (NW) \times 100}{B}$ ausgedrückt *(Breiten-Tiefen-Index der Nase).*

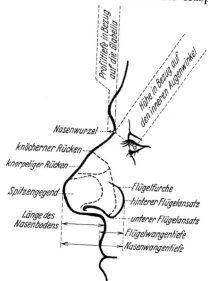

Abb. 5. Schematische Zeichnung des Nasenprofils. Nasenwurzel, ihre Lage in bezug auf den inneren Augenwinkel und die Glabella, knöcherner Rücken, Knochenknorpelgrenze, knorpeliger Rücken, Spitzengegend, Nasenscheidewand (Septum), unterer und hinterer Flügelansatz, Flügelfurche.

Die Formen. Die absoluten Maße und Indices können aber die äußere Nase nicht restlos charakterisieren; sie stellen in ihrer Verbindung auch nur eine geometrische Figur (Nasenpyramide) dar. Die äußere Nase wird von zweierlei festen geweblichen Unterlagen gestützt: von Knochen und Knorpel. Diesen Unterlagen Rechnung tragend, unterscheiden wir drei morphologische

Abschnitte der Nase, nämlich die Ober-, Mittel- und Unternase (Abb. 5). Die Obernase ruht auf der knöchernen Unterlage und umfaßt die Nasenwurzel, den knöchernen Rücken und die Seitenwände bis zum Rand der Apertura. Die Unternase gliedert sich in die knorpelige Spitzenanlage, die Nasenflügel und den Nasenboden; letzterer besteht aus dem unteren Rand der Nasen-

flügel, dem Unterrand des Septums und dem Übergang beider zur Unterfläche der Nasenspitze. Zwischen Ober- und Unternase liegt die Mittelnase. Zu ihr gehören die Gegend der dreieckigen Platte und der beiden Seitenplatten des Scheidewandknorpels, die den knorpeligen Rücken bilden.

Die *Nasenwurzel* (Abbildung 5) hebt sich aus dem Raum zwischen den inneren Augenwinkeln und unterhalb der Glabella heraus. Sie hat daher in der Seitenansicht eine verschiedene projektivische Entfernung über den inneren Augenwinkeln (hohe, mäßig hohe, niedrige Nasenwurzel) und eine gewisse Tiefe in bezug auf die Glabella (in der Höhe der Glabella, mäßig tiefer oder viel tiefer liegend); in der Voreransicht kann sie breit, mäßig breit oder schmal erscheinen. Höhe und Breite der Nasenwurzel hängen nicht nur von der knöchernen Unterlage, sondern häufig sogar sehr wesentlich von den Weichteilauflagen ab. Eine bedeutende Höhe der Nasenwurzel muß nicht

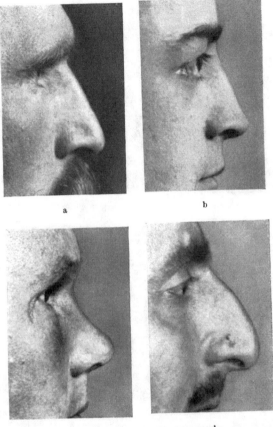

Abb. 6 a—d. Vier morphologische Nasentypen (Profilansicht). a Ukrainer (nordische Rasse); b Italiener (mediterrane Rasse); c Syrjäne, Nordfinne (ostische Rasse); d Armenier (dinarisch-vorderasiatische Rasse). (Aufnahmen: R. Pöch und J. Weninger.)

auf einer knöchernen Unterlage beruhen, sie kann auch durch dicke Weichteilauflage bedingt sein. Die jeweils höchste Stelle der Nasenwurzel ist der Nasensattel (Sattelpunkt).

Der *Nasenrücken* setzt die Nasenwurzel auf knöcherner Unterlage (knöcherner Nasenrücken) fort und geht in der Mittelnase in den knorpeligen Nasenrücken über. Die Breite kann in diesen beiden Abschnitten gleich oder verschieden, die Knorpel-Knochengrenze im Profil ununterbrochen, wellig erhaben oder geknickt sein. Der gesamte Verlauf des Nasenrückens von der Wurzel bis zur Spitzengegend erscheint uns als gerade (Abb. 6a, b), konkav (Abb. 6c), konvex (Abb. 6d) oder an der Knorpel-Knochengrenze winkelig geknickt

(Abb. 2c). Man muß aber stets darauf achten, welcher Abschnitt des Rückens (knöcherner, knorpeliger oder Spitzenabschnitt) eine Konkavität oder Konvexität bedingt. In vielen Fällen ist bei völlig geradem Knochen- und Knorpelrücken nur die Spitze nach oben abgesetzt und verursacht dadurch eine Art Pseudokonkavität; umgekehrt ist manchmal nur die Spitzengegend plötzlich nach unten abgebogen, so daß eine sog. Spitzenkonvexität entsteht. Ein konvexer Nasenrücken zeigt sich in frühkindlichen Altersstufen oft durch eine solche Spitzenkonvexität an.

Die *Nasenspitze* (Abb. 5) ist nicht der am weitesten nach vorne gelegene Punkt der äußeren Nase (Pronasale), sondern die Gegend der Cartilagines alares. Sie setzt den knorpeligen Rücken fort, kann sich aber in ihrer Breite (gleich breit, schmäler, breiter), in ihrer Tiefe (bedeutend, gering) und beim Übergange zum knorpeligen Rücken (kontinuierlich, nach auf- bzw. abwärts abgesetzt) recht selbständig verhalten. Das Profil der Spitzenkurve selbst kann spitzrund (Abb. 6a), vollrund (Abb. 6c), eckig (Abb. 9/4) oder flach (Abb. 15c) (abgeplattet) verlaufen.

Das *Septum (Nasenscheidewand)* fällt in der Ansicht von unten durch seine Form auf. Man kann es als bandförmig (Abb. 8c), spitzen- (Abb. 8e) oder lippenwärts (Abb. 8b) keilförmig verjüngt, spulenförmig (Abb. 8a), sanduhrförmig (Abb. 8d) usw. bezeichnen. Diese Formen sind aber nicht immer leicht mit Worten zu beschreiben; es wird gut sein,

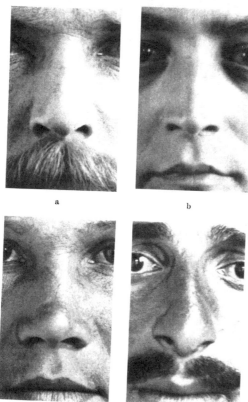

Abb. 7 a—d. Vier morphologische Nasentypen (Vorderansicht). a Ukrainer (nordische Rasse); b Italiener (mediterrane Rasse); c Syrjäne, Nordfinne (ostische Rasse); d Georgier (dinarisch-vorderasiatische Rasse). (Aufnahmen: R. PÖCH und J.WENINGER.)

in solchen Fällen eine Skizze zu machen. Das Septum variiert auch stark in seiner Breite (breit: Abb. 8e; schmal: Abb. 8c). Seinen Verlauf in bezug auf die Frankfurter Horizontale (Abb. 6 und 9) ersehen wir in der Seitenansicht (horizontal, nach vorne oben, nach vorne unten gerichtet). In dieser kann es von den Nasenflügeln ganz oder nahezu ganz verdeckt sein (Abb. 6c) und nur bei stärkerer Schweifung (Abb. 6d) des Flügelrandes sichtbar werden. Protomorphe Nasen haben kein gerades, sondern ein konvexes Septum (Abb.9/1); bei der ostrassischen Nase kann es sogar konkav verstreichen.

Den Merkmalen der *Nasenflügel* wurde in der Rassenkunde stets eine besondere Bedeutung gegeben. Sie fallen durch ihre Wölbung [schwach (Abb. 7b), stark gewölbt (Abb. 7d) und gebläht (Abb. 8f)] auf; liegen die Flügel in der seit-

lichen Nasenwand, ohne hervorzutreten, so nennen wir sie anliegend (Abb. 8c).
Die Flügel können hoch oder niedrig, in ihrer Weichteilstärke dick (Abb. 8e)
oder dünn (Abb. 8d) sein. Der untere Flügelansatz (Abb. 5) liegt in der Höhe
des Subnasale (Ansatzstelle des Septums an der Hautoberlippe) (Abb. 6b)
oder höher (Abb. 6d) (vorderasiatische, dinarische Rasse), zuweilen sogar beträchtlich tiefer (Abb. 6c) (ostische, ostbaltische Rasse); die Ansicht von unten
zeigt uns erst, ob die Flügel bis zum Septum reichen (Abb. 8b) oder mehr oder
weniger weit seitlich davon die Hautoberlippe treffen (Abb. 8d) [(vgl. W. ABEL
(1, 2)].

Die *Nasenlöcher* haben eine allgemeine (länglich-schmal, rundlich-breit) und
eine spezielle Form, je nachdem der vordere und hintere Lochrand verspitzt

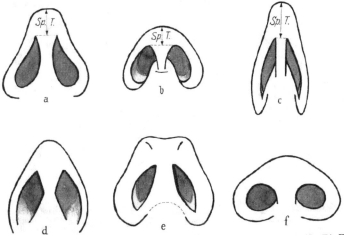

Abb. 8a—f. Schematische Darstellung des Nasenbodens. Spitzenbreite, Spitzentiefe (Sp. T.), Form
des Septums, Form der Löcher, Rand der Löcher, Flügelwölbung, Flügelansatz.

oder abgerundet ist; man kann daher von mandelförmig (Abb. 8a), bohnenförmig (Abb. 8b), spindelförmig (Abb. 8c), rautenförmig (Abb. 8d) und kreis-
förmig (Abb. 8f) sprechen. Man kann auch eine Größe (groß, klein) und eine
Richtung unterscheiden; am häufigsten sind sie schräg gestellt (Abb. 8e), bei
prominenten Nasen nicht selten fast parallel zum Septum, also sagittal gerichtet
(Abb. 8c); bei protomorphen Nasen fällt die quere (frontale) Stellung auf
(Abb. 8f). Eine Feinheit der Beobachtung sei noch von den seitlichen Loch-
rändern erwähnt. Diese können scharf (Abb. 8a), doppelrandig (Abb. 8b) oder
trichterartig auslaufend (Abb. 8d) sein. Dort wo die Nasenlöcher in die Hautoberlippe übergehen, treten Bildungen auf (Abb. 8), die ganz und gar an die
Formgestaltung des Unterrandes der knöchernen Nasenöffnung am Schädel erinnern. Ich denke an die in der Kraniologie als anthropine Form, infantile
Form, Fossa und Sulcus praenasalis bezeichneten Gestaltungen.

Von den beiden Lochflächen wird die *Nasenbodenfläche* geformt. Wenn sie
zueinander geneigt sind, schneiden sie sich am Septumrand, so daß dieser einen
Kiel bildet, ähnlich dem eines Schiffbodens. Ein solches Verhalten nennen
wir eine kielförmige Nasenbodenfläche (Abb. 7d). Liegen die beiden Lochflächen
aber in ein und derselben Ebene, sind sie also nicht zueinander geknickt, so
sprechen wir von einer ebenen Nasenbodenfläche (Abb. 7c). An der Nasenbodenfläche beurteilen wir auch die Tiefe der Spitzengegend (tief Abb. 8c,
seicht Abb. 8b).

An der Nase sind die *Altersveränderungen* besonders stark auffallend. Die Obernase schließt sich der Entwicklung des Obergesichtes an und erreicht erst mit der Reife ihr Endbild. Und doch sind an der Nase des Kleinkindes schon gewisse Entwicklungsrichtungen angedeutet, und zwar an den Weichteilen der Unternase. Hier gibt es viele Einzelheiten (Dicke des Septums und der Flügel, Tiefe der Spitze, Flügelansatz an der Wange und an der Hautoberlippe, Lochbegrenzung an der Spitze, Beschaffenheit des Lochrandes), welche schon beim Kleinkind zu erkennen sind und mit der Weiterentwicklung in einem erkennbaren Gleichmaß Schritt halten oder sogar unverändert bleiben. Diese Erkenntnisse sind wichtig für Fragen des Vaterschaftsnachweises, da wir es bei solchen Gutachten meist mit Kleinkindern zu tun haben. Im späteren Alter kann häufig ein Breiterwerden der Nase und Senken der Nasenspitze

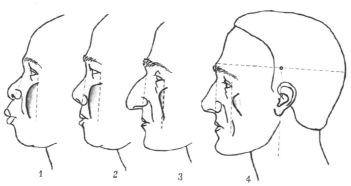

Abb. 9. Lage und Form der Wangenprofillinie. Verlauf der Nasion-Subnasallinie: *1* schräg nach vorne (starke Prorrhinie); *2* mäßige Prorrhinie; *3* schwache Prorrhinie; *4* Nasion-Subnasallinie senkrecht (Orthorrhinie). Die Kinn- und Unterkinnbildung. Lage des Ohrpunktes in bezug auf die größte Länge des Kopfes (*4*).

beobachtet werden. Die Nase weist auch starke Geschlechtsunterschiede in den metrischen wie morphologischen Merkmalen auf. Meine Erfahrung in der Familien- und Zwillingsforschung sagt mir, daß sich an der äußeren Nase ebenso wie an den Weichteilen der Augengegend oft die feinsten Einzelheiten vererben. Asymmetrien sind zu vermerken. Über Altersveränderungen bzw. Vererbung morphologischer Merkmale an der Nase handeln W. Abel (1, 2), C. B. Davenport (2), E. Fischer (1, 4), M. Fischer, E. Geyer (3), A. Hrdlička, A. Jarcho, H. Leicher.

c) Die Wangengegend.

Die Wangengegend (Abb. 9) erstreckt sich vom Jochbogen bis zum Unterkiefer und hat in ihren mittleren Lagen keine unmittelbare knöcherne Unterlage; darum ist hier auch das Messen nicht zu empfehlen, wir sind vielmehr auf das morphologische Sehen angewiesen. Die Jochbogen haben eine seitliche Ausladung (stark, schwach, nicht ausladend) und eine Lagerung nach vorwärts (stark, schwach, nicht nach vorwärts gelagert). Diese Erscheinungen wirken sich besonders beim horizontalen Gesichtsprofil aus. Die Unterkieferwinkelbreite ist für die Wangengestaltung sehr maßgebend. Das Maß zwischen den Gonien ist aber oft viel geringer als das Maß, das wir an den Weichteilen über den Gonien, ohne zu drücken, abnehmen können. Hier spielen die Kaumuskel (Masseter) und das Unterhautfettgewebe eine große Rolle. Die Wange selbst kann uns rund voll, voll, leicht hohl, stark hohl erscheinen. In der Seitenansicht sehen wir dann die sog. Wangenprofillinie, gedacht als Schnitt einer

Sagittalebene durch den äußeren Augenwinkel; dabei kann uns die Wangen-
profillinie nach vorne rund vorgebogen (Abb. 9/1), vertikal verlaufend (Abb. 9/2),
leicht (Abb. 9/3) oder stark nach hinten unten abgebogen (Abb. 9/4) erscheinen.
Hier spielen rassenhafte Anlagen, aber auch der Ernährungszustand und die
Altersstufen eine große Rolle. An der Wange fallen uns mehrere Furchen und
Falten auf: die Augen-Wangenfurche (Sulcus oculomalaris) und die Nasen-
Lippenfurche (Sulcus nasolabialis), zwischen denen die Nasen-Wangenfalte
(naso-malare Falte) verläuft; ferner die Wangen-Kinnfurche (Sulcus mentomalaris), die ihrerseits wieder eine die Mundwinkel umsäumende Falte (Wangen-
Kinnfalte) seitlich begrenzen kann. An den Mundwinkeln selbst setzen zuweilen kleine Mundwinkelfurchen an. Da die
Beschreibung des Verlaufes dieser Furchen zu
viel Raum einnehmen würde, sei auf die Abb. 10
verwiesen. Sie können in verschiedener Stärke
und verschieden lang verlaufend auftreten oder
auch ganz fehlen. An jugendlichen Gesichtern
sind sie noch nicht ausgeprägt.

d) Weichteile der Mund- und Kinngegend.

Die Mundgegend wird oben vom Nasenboden, unten von der Kinnlippenfurche (Sulcus
mentolabialis) und seitlich von den Nasenlippen-
furchen (Sulci nasolabiales) begrenzt (Abb. 10).
Obwohl der knöcherne Unterbau bei ihrem
Erscheinungsbild eine große Rolle spielt, ist
ihre Gestaltung andererseits doch vielfach davon unabhängig, d. h. die Weichteile geben
nicht immer die Form des knöchernen Unter-
baues wieder. Eine starke Prognathie des
Alveolarfortsatzes der Maxilla wird freilich
zumeist mit vorgebauten Integumentalober-
lippen (Procheilie) verbunden sein. Doch kommen sehr häufig Fälle mit mäßiger Prognathie
des knöchernen Kiefers bei senkrechtem Hautlippenprofil (Orthocheilie) vor. Umgekehrt

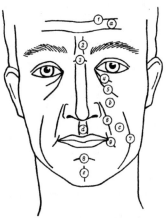

Abb. 10. Die Furchen und Falten des Gesichtes. Die Furchen: *1* waagerechte Stirnfurche; *2* senkrechte Stirnfurche; *3* Quer-
furche an der Nasenwurzel; *4* untere Augenhöhlenfurche (Sulcus orbitalis inferior);
5 Augenwangenfurche (Sulcus oculomalaris); *6* Nasenlippenfurche (Sulcus nasolabialis); *7* Wangenkinnfurche (Sulcus
mentomalaris); *8* Kinnlippenfurche (Sulcus
mentolabialis); *9* Mundwinkelfurche. Die
Falten: *a* Stirnfalte; *b* Nasenwangenfalte
(Plica nasomalaris); *c* Wangenkinnfalte
(Plica mentomalaris); *d* Nasenlippenrinne
(Philtrum). Die Kinnteilung: *e* Kinngrübchen (länglich oder rundlich).

zeigt sich nicht selten bei dicken Integumental-
oberlippen (besonders bei Kleinkindern) ein procheiles Hautlippenprofil in Verbindung mit Orthognathie der knöchernen Unterlage. Bedeutend größer ist
die Selbständigkeit der Weichteilbildungen am Profil der Integumentalunter-
lippe, wo ja Geradkiefrigkeit fast immer mit mehr oder weniger nach vorwärts
gerichteten Lippen einhergeht.

Für die morphologische Beschreibung kommen als einzelne Abschnitte der
Mundgegend in Betracht: die Mundspalte selbst, die Schleimhautober- und
-unterlippe, die Hautober- und -unterlippe (Integumentallippen). Die Beobachtung dieser Abschnitte erfolgt zum Teil in der Vorder-, zum Teil in der
Seitenansicht.

An der *Mundspalte* ist ihre Größe (groß, mäßig groß, klein) und ihr Verlauf (gerade, gerade mit nach aufwärts gezogenen Mundwinkeln, gerade mit
nach abwärts gezogenen Mundwinkeln, leicht oder stärker geschwungen) wesentlich (Abb. 12). Durch das Vorhandensein der kleinen Mundwinkelfurchen kann
die Längenausdehnung der Mundspalte scheinbar vergrößert werden.

Für die Rassenkunde und Erbbiologie am bedeutsamsten sind die Varianten in der Ausbildung mehrerer Merkmale der *Schleimhautlippen*. Die auffallendste Erscheinung ist der Grad ihrer Dicke bzw. ihrer Ausstülpung [dünn (Abb. 12/4), mäßig dick, dick, wulstig]. Die dicken Schleimhautlippen der Negriden (Abb. 14) stellen eine Spezialisation dar. Protomorphe Rassen haben dünne Schleimhautlippen (Australide, Pygmäen). An der *Schleimhautoberlippe* beobachten wir außer der Ausstülpung noch die obere Begrenzung gegen die Hautlippe, den sog. Lippensaum, der an Deutlichkeit seiner Ausprägung (scharf, mäßig betont, undeutlich) verschieden sein kann. Eine besonders hervortretende Umsäumung, so wie sie bei Negriden vorkommt, wird Lippenleiste (Abb. 14a, c, d) genannt. Der Form nach ist der Oberlippensaum ein einfacher, geschweifter oder zusammengesetzter Bogen; doch können hier je nach der Beschaffenheit der untersuchten Menschengruppen noch viel feinere Unterscheidungen getroffen werden. In der Mitte der Schleimhautoberlippe ist auf das Tuberculum labii superioris zu achten, eine Vorwölbung, die den Rest einer embryonalen Bildung darstellt. Es ist bei Neugeborenen und Kleinkindern so gut wie immer vorhanden und geht im Laufe der weiteren Entwicklung zurück. Doch findet es sich trotzdem sehr häufig bei Erwachsenen, wo es an Stärke und Breite variiert.

Auch an der *Schleimhautunterlippe* ist der Grad ihrer Ausstülpung wesentlich. In diesem Merkmal zeigen Ober- und Unterlippe wohl meist, aber nicht immer, die gleiche Ausprägung (Abb. 14). Der Saum der Schleimhautunterlippe ist sowohl in seiner Deutlichkeit (meist nicht oder weniger betont als der der Oberlippe) als auch in seiner Form (meist einfacher Bogen) von dem der Oberlippe verschieden. Auch hier ließen sich noch feinere Unterscheidungen treffen.

Von der Schleimhautoberlippe nach oben bis zum Nasenboden reicht die *Hautoberlippe*. Ihre Höhenentwicklung [nieder (Abb. 14d und 2a), mäßig hoch, hoch (Abb. 15c)] und ihre Dicke (dünn, mäßig dick, dick) werden in Vorder- und Seitenansicht beobachtet. In der Seitenansicht zeigt ihre Kontur verschiedene Richtung [procheil (Abb. 14a, c, d), orthocheil (Abb. 15a), opistocheil (Abb. 15d und 6d)] und Form [gerade (Abb. 15a), konvex (Abb. 14c), konkav (Abb. 14d)]. Bei der Betrachtung von vorne fällt überdies die Nasenlippenrinne (Philtrum) auf, eine im medianen Teil der Hautlippe liegende, stärkere oder schwächere Vertiefung mit verschiedenen Formvarianten (Abb. 10).

Auch an der *Hautunterlippe*, die sich vom Rand der Schleimhautunterlippe bis zur Kinnlippenfurche erstreckt, wird in Vorder- und Seitenansicht die Höhe und Dicke beobachtet. Die Profillinie läßt wieder Unterschiede in Richtung [fast vertikal (Abb. 15b und 2b), schräg nach vorne oben (Abb. 15a), fast horizontal (Abb. 14c), herabhängend (Abb. 14a)] und Form (gerade, konvex, konkav) erkennen.

An die Mundgegend schließt sich von der Kinnlippenfurche an das *Kinn*, das in der Kontur seiner Vorder- und Seitenansicht im Kapitel über die Gesichtsprofile behandelt wird. Hier sei nur erwähnt, daß die Weichteilauflage von sehr verschiedener Dicke sein kann und daß auf die häufig vorkommende mediane Kinnteilung zu achten ist, die in Stärke ihrer Ausprägung und in ihrer Form (rundliches Grübchen, längliche Furche) stark variiert (Abb. 10).

Es versteht sich wohl von selbst, daß fast alle erwähnten Beobachtungen an der Mundgegend, aber insbesondere die in der Seitenansicht bei Einstellung in die Ohr-Augenebene bei ruhiger natürlicher Mundstellung vorgenommen werden müssen.

Bei der Gestaltung der Weichteile der Mundgegend spielen Altersveränderungen eine besonders große Rolle. Abgesehen von der vorgebauten Mundstellung, die für Kleinkinder infolge der Saugtätigkeit typisch ist, kommt es auch in den folgenden Jahren des Kindesalters zu Verschiebungen besonders in den Höhendimensionen. Die Weite des Mundes erfährt mit fortschreitendem Alter ständig eine Zunahme. Die Schleimhautlippen werden mitunter dünner. In höheren Altersstufen finden weitere Umgestaltungen durch das Nachlassen des Hautturgors statt, die durch den Zahnausfall noch verstärkt werden [E. FISCHER (4), HRDLIČKA, JARCHO].

Die Festhaltung der Merkmale der Mundgegend ist überdies noch durch die stark veränderliche Mundstellung äußerst erschwert, was besonders bei der Beobachtung von Kleinkindern Anlaß zu Ungenauigkeiten geben kann.

Ungeachtet dieser Schwierigkeiten lohnt sich wohl eine erbbiologische Betrachtungsweise der Merkmale der Mundgegend nicht nur bei Kreuzung weit voneinander abstehender Rassen, wie z. B. der Buren und Hottentotten (die zu der Entstehung der Rehobother Bastards [E. FISCHER (1, 4)] geführt hat), sondern auch im Rahmen von Familienuntersuchungen innerhalb europäischer Rassen [W. ABEL (2)].

e) Die Gesichtsprofile.

Das Gesicht läßt sich in seiner Gesamtheit auch nicht in einer einzigen Ansicht erfassen. Es gibt ebenso wie beim Kopfe ein horizontales, ein frontales und ein mediansagittales Profil. Im Verlaufe dieser Profilkurven wollen

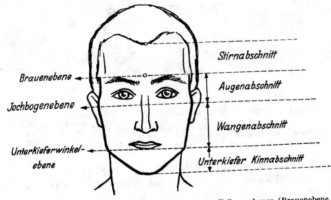

Abb. 11. Die Gesichtsumrißlinie (frontales Gesichtsprofil) mit den Teilungsebenen (Brauenebene, Jochbogenebene, Unterkieferwinkelebene) und ihren einzelnen Abschnitten (Stirn-, Augen-, Wangen-, Unterkiefer-Kinnabschnitt).

wir alles berücksichtigen, was wir bei der Beschreibung der einzelnen Gegenden hervorheben konnten.

Das *frontale Profil des Gesichtes ist die Gesichtsumrißlinie* in der Ansicht von vorne. Darüber gibt es verschiedene schematische Darstellungen. Eine solche, wie ich sie für die Arbeiten der Wiener Schule gemeinsam mit R. PÖCH in den Kriegsgefangenenlagern zusammenstellen konnte, ist in PÖCHS Bericht (hier Abb. 12) aufgenommen. Der Vergleich der Gesichtsumrißlinie in ihrem ganzen Verlauf mit einer geometrischen Figur ist aber für die Forderungen der Rassenkunde und noch mehr für die Belange der menschlichen Erblehre zu grob.

Zum Zwecke der Gliederung der Umrißlinie denken wir uns horizontale Teilungsebenen durch die Zygien (Jochbogenebene), durch die Gonien (Unterkieferwinkelebene) und eine dritte solche Ebene durch das Ophyrion (Brauenebene), die Brauenbögen tangierend, gezogen. Diese drei Ebenen teilen die Umrißlinie in vier Abschnitte: den Stirn-, Schläfenaugen-, Wangen- und Unterkiefer-Kinnabschnitt, die im Vergleiche zueinander verschiedene Höhe und auch verschiedenen Verlauf der symmetrisch zu betrachtenden Umrißlinienabschnitte haben können (Abb. 11). So ist z. B. bei dem einen Menschen die Höhe des Wangen-, beim anderen die des Unterkiefer-Kinnabschnittes, bei

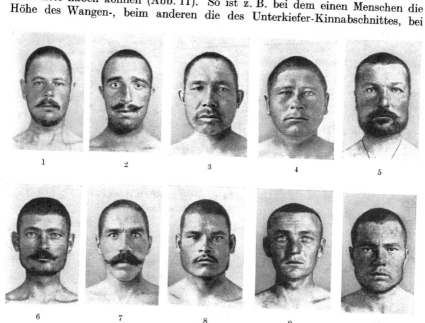

Abb. 12. Typen der Gesichtsumrißlinie. *1* elliptisch (Großrusse, Moskau); *2* eiförmig (Georgier, Kaukasus); *3* schildförmig (Baschkire, Ural); *4* rund (Mischer, Simbirsk); *5* hoch viereckig (Moldavaner, Bessarabien); *6* niedrig viereckig (Georgier, Kaukasus); *7* rautenförmig (Tatare, Kasan); *8* trapezförmig (Baschkire, Perm); *9* und *10* fünfeckig (9 Großrusse, Gebiet des Schwarzen Meeres; *10* Syrjäne, Wologda). (Aufnahmen: R. PÖCH und J. WENINGER.)

einem dritten die des Stirnabschnittes für die richtige Beurteilung der gesamten Gesichtsumrißlinie maßgebend. Bei einer Andeutung von Akromegalie wird die Höhe des Unterkiefer-Kinnabschnittes die Gesichtsumrißlinie beherrschen. Der Unterkiefer-Kinnabschnitt hat auch immer eine typische Form der Umrißlinie: er kann rundbogig, eckig oder zugespitzt verlaufen. Wagen wir es aber doch den Gesamteindruck der Gesichtsumrißlinie mit einer geläufigen Figur zu bezeichnen, so können wir je nach dem Verhalten der Umrißlinie in den genannten vier Abschnitten von einer elliptischen, eiförmigen, runden, rechteckigen, rautenförmigen, trapezförmigen, fünfeckigen (mit Spitze nach unten) und von einer schildförmigen (unten rundbogigen) Gesamtform sprechen (Abb. 12). Bei jeder dieser Formen muß auch der Gesamteindruck von hoch-niedrig und breit-schmal vermerkt werden. Für eine solche Betrachtung stellen die Meßpunkte wohl die Gerüstpunkte dar, die Umrißlinie selbst jedoch wird von den Weichteilen gebildet, die in verschieden starker Auflage die knöcherne Unterlage überkleiden. Die Beschreibung der Weichteile ist also für die Beurteilung des Gesichtes am

Lebenden ebenso wichtig wie die Angabe der Maße. Asymmetrien sind immer anzugeben.

Das horizontale Profil des Gesichtes betrachten wir in der eben genannten Jochbogenebene. Je nach dem Verlauf dieser symmetrischen Kurve von der größten seitlichen Ausladung der Jochbogen über die Wange zum Nasenrücken sprechen wir von einem schwachen, mäßigen oder starken horizontalen Gesichtsprofil. Die zwei Bilder der Profilaufnahmen der Abb. 15c, d stellen gute Beispiele für die verschiedene horizontale Gesichtsprofilierung dar. Am deutlichsten wird diese aber durch die schematische Zeichnung der Abb. 13, in der die gestrichelte Kurve die schwache, die vollausgezogene Linie die starke Profilierung andeutet.

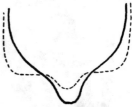

Abb. 13. Das horizontale Gesichtsprofil. Ausgezogene Linie: *starkes* horizontales Gesichtsprofil; gestrichelte Linie: *schwaches* horizontales Gesichtsprofil.

Das median-sagittale Profil des Gesichtes, die Seitenansicht, ist jene Kurve, die im gewöhnlichen Sprachgebrauche als das *eigentliche Gesichtsprofil* gilt. An ihr beteiligen sich die Stirne, der Nasenabschnitt (Verlauf der Nasion-Subnasallinie), die Hautoberlippe, die Schleimhautlippen, die Hautunterlippe, das Kinn und der Unterkinn-Halsabschnitt. Für den Verlauf der Profillinie im Nasen- und Hautoberlippenabschnitt gibt es verschiedene Fachausdrücke, die die Erscheinungen am Lebenden und am knöchernen Gesicht betreffen.

Gesichtsprofil am knöchernen Schädel		Gesichtsprofil am Lebenden	
Verlauf der Nasion-Nasospinallinie:		*Verlauf der Nasion-Subnasallinie:*	
vertikal schräg nach vorne unten	nasale Orthognathie nasale Prognathie	vertikal schräg nach vorne unten	Orthorrhinie Prorrhinie
Verlauf des Alveolarabschnittes:		*Verlauf der Hautoberlippe:*	
vertikal schräg nach vorne unten	alveolare Orthognathie alveolare Prognathie	vertikal schräg nach vorne unten	Orthocheilie Procheilie

Die Gestaltung der Hautunterlippe wurde schon im Abschnitt über die Mundgegend behandelt. Das Kinn kann in der Seitenansicht vorspringend, vertikal oder zurückweichend sein. Besser als Worte vermögen Bilder zu beleuchten, was an dieser Stelle an Darstellung nottut. Zieht man in Rechnung, was bei der Beschreibung der einzelnen Gegenden des Gesichtes schon vorher herausgearbeitet wurde, so lassen sich verschiedene *Gesichtsprofile* zusammenstellen, deren wichtigste in Abb. 15 gebracht werden. Die verschiedenen Möglichkeiten des Gesichtsvorbaues lassen sich am sinnvollsten an Negerprofilen vorführen (Abb. 14). Die Negerstirnen steigen meist steil auf, die einzelnen Profilabschnitte unterhalb der Stirne verhalten sich aber recht verschieden.

Die Bildreihe der Abb. 15 soll aber zeigen, daß es auch bei den europiden und mongoliden Menschen verschiedene Ausprägungen des Gesichtsvorbaues gibt, von einem streng steilen Profil (Abb. 15a), bei dem unter einer steilen Stirne alle Gesichtsabschnitte senkrecht liegen, bis zum sog. „Vogelgesicht" (Abb. 15d).

2*

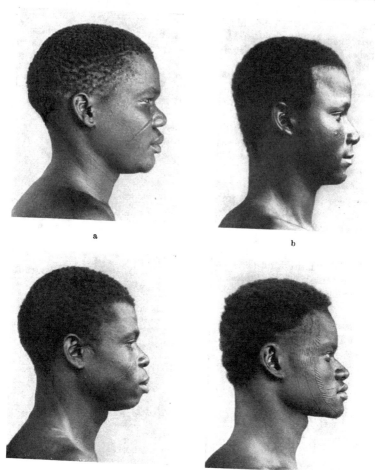

Abb. 14a—d. Die sagittalen Gesichtsprofiltypen. a Barbarneger (Dahome); b Bambaraneger (oberer Senegal und Niger); c Barbarneger (Dahome); d Boboneger (oberer Senegal und Niger). (Aufnahmen: R. Pöch und J. Weninger.)

	a	b	c	d
Stirnabschnitt . . .	steil	steil	leicht zurück-weichend	vorgewölbt
Nasenabschnitt . . (Nasion-Subnasal-linie)	vertikal (Orthorrhinie)	vorgebaut (Prorrhinie)	vorgebaut (Prorrhinie)	stark vorgebaut (Prorrhinie)
Hautoberlippen-abschnitt	stark vorgebaut (Procheilie)	vertikal (Orthocheilie)	vorgebaut (Procheilie)	stark vorgebaut (Procheilie)
Hautunterlippen-abschnitt	herabhängend	schräg nach vorne oben	horizontal	schräg nach vorne oben
Kinnabschnitt . . .	fast vertikal	vertikal	zurückweichend	vorspringend
Unterkinnhalswinkel	scharf	scharf	scharf	scharf

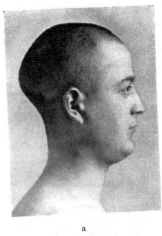

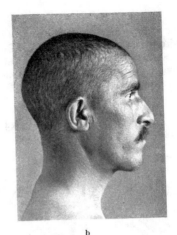

a

b

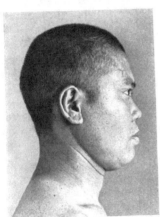

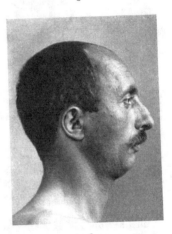

c

d

Abb. 15a—d. Die sagittalen Gesichtsprofiltypen. a Italiener; b Araber; c Anamite; d Albaner.
(Aufnahmen: R. Pöch und J. Weninger.)

	a	b	c	d
Stirnabschnitt . . .	steil	steil	leicht zurück-weichend	stark zurück-weichend
Nasenabschnitt . . (Nasion-Subnasal-linie)	streng vertikal (Orthorrhinie)	vorgebaut (Prorrhinie)	nahezu vertikal (leichte Prorrhinie)	vorgebaut (Prorrhinie)
Hautoberlippen-abschnitt	vertikal (Orthocheilie)	vertikal (Orthocheilie)	vorgebaut (Procheilie)	zurückweichend (Opisthocheilie)
Hautunterlippen-abschnitt	schräg nach vorne oben	fast vertikal	schräg nach vorne oben	fast horizontal
Kinnabschnitt . . .	vorspringend	vertikal	leicht zurückweichend	zurückweichend
Unterkinnhalswinkel	unscharf	fast scharf	scharf	auffallend unscharf

f) Das äußere Ohr.

In der Phylogenese des Ohrknorpels hat sich bis zum Menschen hinauf eine fortschreitende Reduktion vollzogen. Damit steht es im Zusammenhang, daß das äußere Ohr des Menschen, dem mit Ausnahme der Läppchengegend der Ohrknorpel zugrunde liegt, eine große Zahl von Formelementen und eine Fülle von Variationen zeigt. Von dieser Fülle kann hier nur das Wichtigste angedeutet werden; im übrigen muß auf das einschlägige Schrifttum verwiesen werden.

Metrisch wird das äußere Ohr durch die *physiognomische Länge* (L) *des Ohres* (geradlinige Entfernung des Ohrscheitels [Superaurale] von dem tiefsten Punkt des Ohrläppchens [Subaurale]) und durch die *physiognomische Breite* (B) *des Ohres* (geradlinige Entfernung der Ohrbasis von dem am meisten ausladenden Punkt des Hinterrandes der Helix [Postaurale] senkrecht zur physiognomischen Länge) erfaßt. Das Längen-Breitenverhältnis gibt der *physiognomische*

$$Ohrindex = \frac{B \times 100}{L} \text{ wieder.}$$

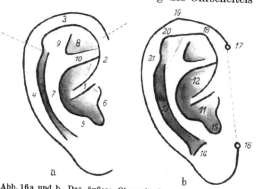

Abb. 16 a und b. Das äußere Ohr mit den gebräuchlichen Bezeichnungen für die Erhebungen und Vertiefungen. a *1* Helixschenkel; *2* vorderer Abschnitt der Helix; *3* oberer Abschnitt der Helix; *4* hinterer Abschnitt der Helix (die Grenzen zwischen den Abschnitten *2*, *3* und *4* sind durch die gestrichelten Linien angedeutet); *5* Antitragus (Gegenbock); *6* Tragus (Bock); *7* Corpus Anthelicis (Gegenleiste); *8* Fossa triangularis (dreieckige Grube); *9* Anthelixoberschenkel; *10* Anthelixunterschenkel. b *11* das Cavum der Concha; *12* die Cymba der Concha; *13* Scapha (Furche); *14* Stufenbildung am Läppchen; *15* Incisura intertragica; *16* Otobasion inferius (unterer Ohransatz); *17* Otobasion inferius (unterer Ohransatz); *16* bis *17* Ohrbasis; *18* und *20* Knicke im Verlauf der inneren Begrenzung der Helix; *19* Knick an der äußeren Helix-Begrenzung; *21* Darwinsches Knötchen.

Außer diesen finden sich bei Martin noch eine größere Zahl von Maßen und Indices des Ohres. Auch Quelprud geht bei seinen erbbiologischen Arbeiten vielfach metrisch vor.

Morphologisch zerfällt das äußere Ohr (Abb. 17) durch eine grobe Gliederung zunächst in die angewachsene Ohrmuschel (Concha) und das freie Ohr. Die einzelnen Gegenden, die in ihren Variationen beobachtet werden sollen, sind auf Abb. 16 zu sehen. Im Gesamteindruck ergeben sich zwei Haupttypen: das stark gefaltete und das flache Ohr (Abb. 17). Die Stärke der Faltung kommt an mehreren Formelementen des Ohres zum Ausdruck.

An der *Concha* sind die Unterschiede in der Tiefe, Höhe und Breite sowie im Grössenverhältnis von Cymba und Cavum, in die die Concha durch den Helixschenkel unterteilt wird, festzuhalten.

Besondere Bedeutung kommt den *Faltenbildungen* des Knorpels zu. Das *Corpus anthelicis*, das die hintere Begrenzung der Concha bildet, zeigt verschiedene Grade der Faltung (Wölbung, Profilierung). Weniger wichtig sind die Variationen der beiden Anthelixschenkel, in die sich die Anthelix nach vorne und oben fortsetzt. Gelegentlich ist ein dritter Schenkel vorhanden.

Durch eine Furche (Scapha) von der Anthelix getrennt ist die *Helix*, die in einen vorderen (vom Austritt des Helixschenkels aus der Concha bis zum obersten Punkt der angewachsenen Ohrbasis, dem Otobasion superius), einen oberen (vom Otobasion sup. bis ungefähr zur Tierohrspitze) und einen hinteren Abschnitt zerfällt. Vom Helixschenkel interessiert die Stelle seines Ursprunges in der Concha. Der obere Abschnitt der Helix kann fast horizontal (in die

Kopfhaut hineingezogen) oder in schwächerem oder stärkerem Bogen verlaufen, so daß sich eine verschiedene Lage des höchsten Punktes der Helix (Scheitelhöhe) zum oberen Ohransatz ergibt. Dabei kann dieser höchste Punkt der Kurve in der Mitte des oberen Abschnittes, mehr nach vorne oder mehr nach rückwärts liegen. *Ein besonders wichtiges Merkmal der Helix ist aber der Grad ihrer Faltung* (glatt, verdickt, umgerollt, umgebogen, umgeklappt). Dazu kommt noch die Ausbildung einer bandförmigen Helix [E. GEYER (1)]. Kleinere Unterschiede

liegen im Verlauf der Umrißkurve und des Randes (kontinuierlich, eckig bzw. geknickt, Verbreiterungen oder Verschmälerungen im umgebogenen, umgerollten oder umgeklappten Teil). Zu den Merkmalen der Helix gehört auch das Vorkommen des DARWINSCHEN Höckerchens. Die Faltung kann in den einzelnen Abschnitten der Helix verschieden sein.

Besonders nach den Untersuchungen von E. GEYER (5) ist es unbedingt notwendig, die Faltung der Helix in ihrem oberen und unteren (hinteren) Teil getrennt zu beobachten, da die Gegend der Cauda helicis in ihrem Verhalten keine Beziehung zur Partie „ob der Tierohrspitze" zeigt. Geschlechts- und Altersunterschiede sind bei der Faltung von Anthelix und Helix einschließlich der Cauda helicis zu berücksichtigen, ebenso bei der Stellung des Ohres. Zwischen Stellung und Faltung besteht nach E. GEYER

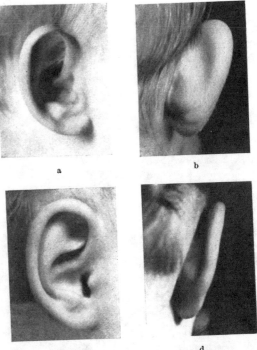

Abb. 17 a—d. Vorder- und Rückansicht der Ohrmuschel. a und b abstehendes Ohr mit schwacher Faltung; c und d anliegendes Ohr mit starker Faltung. (Aufnahmen: E. GEYER.)

ein Zusammenhang, d. h. anliegende Ohren neigen zu starker, abstehende zu schwacher Faltung.

Am *Antitragus* und *Tragus* kommen Unterschiede in Größe, Form, Richtung und Lage (in der Ebene der Anthelix bzw. der Wange oder herausgedreht) vor. Selten ist eine kleine Erhebung oberhalb des Tragus (Übertragus). Meist ist der Tragus durch die Incisura anterior vom Helixschenkel getrennt. Wichtig ist Größe, Form (V-, U-, hufeisenförmig) und Richtung der Incisura intertragica.

Am häutigen *Läppchen* sind besonders Größe, Form (zungenförmig, viertelkreisförmig, dreieckig) und die verschiedenen Grade der Anwachsung an die Wangenhaut charakteristisch und von Bedeutung. Gegen Helix und Anthelix kann das Läppchen abgestuft sein oder einen allmählichen Übergang zeigen. Die Scapha kann vor dem Läppchen aufhören oder sich [kontinuierlich oder auch unterbrochen, nach QUELPRUD (2)] in das Läppchen fortsetzen. In der Stellung behält das Läppchen die Ebene des gesamten Ohres bei oder weicht davon ab.

Am *Gesamteindruck des Ohres* fällt seine Größe, Gestalt (länglich schmal oder rundlich breit), die Richtung der Ohrbasis (vertikal, schräg nach vorne unten, schräg nach vorne oben), die Stellung (anliegend, abstehend), ferner die Lage des Ohres in bezug auf die Höhen- und Längenausdehnung des Kopfes (hoch- bzw. tiefständig; vorder-, mittel-, hinterständig) auf.

Zur besseren Beurteilung des Abstehens schlägt E. GEYER eine Trennung in Oberohr und Muschel vor, die besonders in der Rückansicht des Ohres gut in ihrem Verhalten zu unterscheiden sind (Abb. 17).

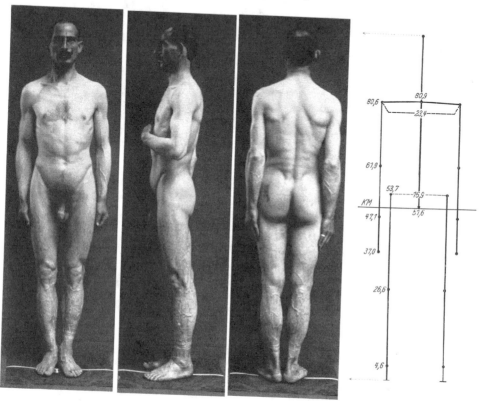

Abb. 18. Der leptosomatische Körperbautypus (Longitypus): die drei Normen mit Proportionsfigur (Georgier aus dem Kaukasus, Körpergröße: 1736 mm); *KM* Körpermitte. (Aufnahmen: R. PÖCH und J. WENINGER.)

Außer den erwähnten Merkmalen gibt es selbstverständlich eine Reihe von gelegentlich vorkommenden Feinheiten, die erbbiologisch eine große Rolle spielen können [E. GEYER (1, 2, 5) und TH. QUELPRUD (1, 2)]. Hinweise auf Geschlechts- bzw. Altersunterschiede finden sich bei GEYER (5) und HRDLIČKA.

III. Der Körper.

Der menschliche Körper teilt sich in den Stamm und in die Gliedmaßen. Am Stamme unterscheidet man den Kopf (Caput), den Hals (Collum) und den Rumpf (Truncus). Der Rumpf zerfällt wieder in drei Gegenden, in den Brustkorb (Thorax), den Bauch (Abdomen) und das Becken (Pelvis).

Die Gliedmaßen (Extremitäten) sind symmetrisch angeordnet; an ihnen selbst sieht man wieder Abschnitte, die im Verhältnis zur ganzen Extremitäten-länge ausgedrückt, aber auch unter sich verglichen werden müssen.

An dem so beschaffenen menschlichen Körper ist eine Längen-, Breiten- und Tiefenentwicklung festzustellen. Mit dem Studium der absoluten und relativen Längen- und Breitenentwicklung der einzelnen Körperabschnitte befaßt sich die *Proportionslehre,* die von den Kunstschulen seit dem Altertum betrieben wird. Es wurde irgendein Teil des Körpers als Grundmaß (Modulus) angenommen und dieses sowohl in der ganzen Längenachse des Körpers (Körpergröße) als

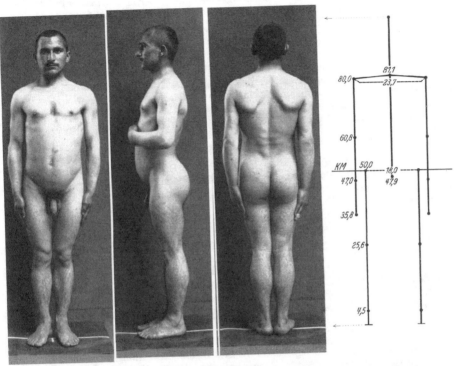

Abb. 19. Der eurysomatische Körperbautypus (Brachytypus): die drei Normen mit Proportionsfigur (Georgier aus dem Kaukasus, Körpergröße: 1537 mm); *KM* Körpermitte. (Aufnahmen: R. Pöch und J. Weninger.)

auch in den einzelnen Abschnitten aufgetragen. Es liegt hier der Gedanke zugrunde, die Gestalt nicht durch absolute Maße festzuhalten, sondern Ver-hältnisse zwischen den Größen einer Gestalt anzugeben. Das tut auch die Pro-portionslehre der Anthropologie; sie nimmt einen bestimmten Teil des Körpers, die Körpergröße oder Länge der vorderen Rumpfwand als ein solches Grundmaß an und drückt die Größen anderer Teile in Prozenten desselben aus. Dadurch wird es möglich, Proportionsfiguren oder Diagramme (Abb. 18 und 19) zu zeichnen und Individuen, ja sogar Gruppen (bei Verwendung von Mittelwerten) miteinander zu vergleichen. Die Anthropologie verwendet aber andere Maße als der Künstler, Maße, die sich auf genaue anatomische Stützpunkte des Skelets beziehen und daher, in geschulter Hand, auch genaue Vergleichszahlen ergeben. Wir unterscheiden Längen-, Breiten-, Tiefen-, Umfangmaße und das Körper-gewicht. Zur Vornahme der Körpermessung und Beschreibung soll das Individuum womöglich nackt oder im leichten Badeanzug in natürlicher Haltung auf ebenem Boden frei stehen; die Füße müssen geschlossen und der Kopf in der Ohr-Augenebene orientiert sein. *Die Messung der einzelnen Körperabschnitte* kann nach den Vorschlägen von R. MARTIN direkt oder indirekt erfolgen. Die folgende knappe Zusammenfassung kann auf die zur indirekten Messung nötigen Hilfsmaße nicht eingehen, sondern muß sich auf die Angabe der Proportionen beschränken. Ebensowenig wie bei Kopf und Gesicht ist auch bei der Körperbetrachtung die Zahl allein imstande, die räumlichen Formen auszudrücken; auch hier spielen die Beschreibung und das Lichtbild eine große Rolle. Im allgemeinen dient dabei die Darstellungsweise der Oberflächenanatomie als Grundlage. Bei allen Merkmalen des Körperbaues wirken sich die Alters- und Geschlechtsunterschiede in hohem Maße aus (Abb. 21).

1. Das Körpergewicht.

Das erste zu nehmende Maß ist das Körpergewicht. Es darf nur das Gewicht des nackten Körpers angegeben werden; Tageszeit, Nahrungsaufnahme und Darmentleerung müssen dabei berücksichtigt werden. Das Körpergewicht ist sicherlich auch von Erbfaktoren bedingt, immerhin ist es aber auch von äußeren Einflüssen wie Ernährung und Lebensweise abhängig.

2. Die Körpergröße.

Sie ist die Längenausdehnung des Körpers in der Hauptachse und setzt sich zusammen aus der Stammlänge (ganze Kopfhöhe, Halslänge und Rumpflänge) und der Länge der unteren Extremitäten. Die Messung geschieht, wie oben schon erwähnt, in natürlicher Haltung bei geschlossenen Füßen und orientiertem Kopfe. Die Tagesschwankungen sind zu berücksichtigen (morgens: Zunahme; abends: Abnahme). Der physiologisch-normale Bereich der menschlichen Körpergröße ist sehr weit (♂ 1300—1999 mm; ♀ 1210—1869 mm) und wird meist in sieben Größenklassen (sehr klein, klein, untermittelgroß, mittelgroß, übermittelgroß, groß, sehr groß) unterteilt. Die Grenzen dieser Größenklassen sind für beide Geschlechter verschieden (MARTIN) und gelten nur für erwachsene Menschen. Es gibt aber auch individuelle Körpergrößen, die außerhalb des normalen Bereiches liegen und krankhaft bedingt sind (dysplastische Formen).

3. Der Stamm.

Die *Stammlänge* ist die Körperhöhe im Sitzen, die Entfernung des Scheitels von der Sitzfläche bei aufrechter Körperhaltung. Dieses Maß ist wichtig für den Fall, daß das Messen der Symphysenhöhe aus irgendeinem Grunde unmöglich sein sollte. Wir können dann wenigstens durch Abziehen der Stammlänge von der Körpergröße eine Vorstellung von der Beinlänge gewinnen. Die Beziehung der Beinlänge zur Stammlänge kommt im *Stamm-Beinlängen-Index* $= \dfrac{\text{Beinlänge} \times 100}{\text{Stammlänge}}$ *(brachyskel, mesatiskel, makroskel)* zum Ausdruck.

4. Der Rumpf.
a) Maße und Indices.

Von den vielen zur metrischen Charakterisierung des Rumpfes verwendeten Maßen seien hier als die wichtigsten vor allem die *Länge der vorderen Rumpfwand (Rumpflänge)*, die *Breite zwischen den Akromien (Schulterbreite, S)* und die *größte Breite zwischen den Darmbeinkämmen (Beckenbreite, B)* angeführt. Zu den beiden genannten Breitenmaßen treten noch ergänzend zwei ohne Druck, nur an den Weichteiloberflächen zu nehmende Weichteilmaße, die *Bihumeralbreite (größte Schulterbreite)* und die *Breite zwischen den großen Rollhügeln (Trochanterbreite, Hüftbreite)* hinzu. Die Entwicklung des Thorax kommt im *transversalen Brustdurchmesser* (Frontal-Brustweite, TB) und *sagittalen Brustdurchmesser* (Brusttiefe, SB), beide in der Höhe des Mesosternale bei ruhigem Atmen gemessen, zum Ausdruck, ferner im *Brustumfang*, bei dessen Abnahme auch Inspiration und Exspiration berücksichtigt werden. Weiter wäre noch am Rumpf der kleinste Umfang an den Weichen oberhalb der Hüfte *(Taillenumfang, Weichenumfang)* und als Maß für die größte Ausdehnung des Beckens der *Umfang des Beckens* zu nennen. Die gebräuchlichsten Verhältniszahlen sind der *Akromiocristal-* oder *Rumpfbreitenindex* $\left(\frac{B \times 100}{S}\right)$ und der *Thorakal-* oder *Brustindex* $\left(\frac{TB \times 100}{SB}\right)$.

Alle erwähnten Rumpfmaße zeigen nicht nur absolut, sondern auch im Verhältnis zur Körpergröße sehr große *Alters- und Geschlechtsunterschiede*, die teils durch die phylogenetische Entwicklung (aufrechter Gang), teils durch die funktionelle Beanspruchung (z. B. Schwangerschaft) bedingt sind. Eine Berücksichtigung verlangt auch das absolute Maß der Körpergröße selbst, da Großgewachsene im allgemeinen andere Proportionen, z. B. eine kleinere relative Rumpflänge, eine kleinere relative Schulterbreite und einen geringeren relativen Brustumfang zeigen als Kleingewachsene. Ferner spielen äußere Einflüsse wie Arbeit und Sport eine große Rolle. So wurden für den relativen Brustumfang bei Sportlern größere Zahlen als bei Nichtsportlern gefunden; auch zwischen den einzelnen Sporttypen bestehen Unterschiede (F. BACH). Eine besondere Bedeutung kommt aber der Konstitution zu, vor allem hinsichtlich des Thorakalindex und des Brustumfanges.

Der Thorakalindex ist beim Menschen sehr hoch und beträgt immer weit über 100. Durch das starke Überwiegen des transversalen Brustdurchmessers kommt eine dorsoventrale Abflachung zustande (querovaler Thorax), doch sind innerhalb dieser Form starke Schwankungen (sagittaler Durchmesser verhältnismäßig größer) vorhanden.

Was den Rumpfbreitenindex anlangt, so ergibt ein starkes Überwiegen der Schulterbreite eine starke Verjüngung des Rumpfes nach unten, ein geringer Unterschied zwischen Schulter- und Beckenbreite, also ein hoher Index, eine in der Vorderansicht mehr rechteckige Rumpfform.

b) Die Formen.

Schon durch die Maße lassen sich Formen des Rumpfes andeuten; doch müssen die Weichteile noch viel mehr beachtet werden. In der Ansicht von vorne ist außer der Schulterverbreiterung und der Beckenausladung noch die dazwischen liegende Einziehung an den Weichen (Taille) zu berücksichtigen. Diese läßt sich bei beiden Geschlechtern beobachten; nur ist sie beim weiblichen Geschlecht, besonders bei den Europiden, stärker wegen der weiteren Ausladung des Beckens und der kräftiger entwickelten Fettauflage in der Hüftgegend. Am kindlichen Körper ist sie noch nicht ausgeprägt, da die Schulter- und Beckenbreite noch nicht die Endform erreicht haben.

Der *Brustkorb (Thorax)* selbst ist ein leicht faßförmig ausgeweiteter Behälter mit enger oberer und weiter unterer Öffnung. Die seitliche Umrißlinie in der Vorderansicht zeigt eine größte seitliche Ausbiegung in der Höhe der 7.—8. Rippe; nach unten zu verengt sich der Brustkorb etwas. Fehlt diese unterste Einziehung, dann bleibt der Thorax trichterförmig nach unten erweitert (bei Pyknikern). Die Breiten- und Tiefenverhältnisse zusammen mit den Weichteilumrißlinien können einen querovalen, mehr rundlichen, oder zuweilen kielförmigen Horizontalschnitt ergeben. Letzterer hat einerseits eine phylo- und ontogenetische, anderseits eine konstitutionspathologische Bedeutung. Wichtig ist das Verhalten der Geräumigkeit des Thorax zum übrigen Rumpf. Er kann den größeren, kleineren oder gleichen Teil des übrigen Rumpfes ein- nehmen.

Zur Charakterisierung der *oberen vorderen Begrenzung des Rumpfes* bzw. des Thorax sind die Lagebeziehungen des Akromion (Schulterpunkt) zum Supra- sternale (oberer Brustbeinrand) sowie die Form des verbindenden Schlüssel- beines von Wichtigkeit und nehmen Einfluß auf die Gestalt der Schultern. Im allgemeinen liegt das Suprasternale um einige Millimeter höher als das Akromion (S.-A.-Linie fast horizontal); bei stärkerem Höhenunterschied verläuft diese Linie schräg von innen oben nach außen unten, die Schultern fallen dann steiler ab. Liegt aber das Suprasternale tiefer als die Akromien (S.-A.-Linie schräg von außen oben nach innen unten), so entstehen hochgestellte Schultern. Das Schlüsselbein selbst kann geradlinig oder krummlinig geformt sein. In diesem Zusammenhang muß auch der *Hals* (Länge, Umfang) und die vom Hals zur Schulter führende Hals-Schulterlinie beachtet werden; sie kann gleichmäßig abfallend oder winkelig geknickt sein, so daß der Hals sich stärker gegen die Schulter absetzt. Je nach dem Konstitutionstypus, Ernährungszustand und Geschlecht fallen am Übergang vom Vorderhals zum Brustkorb grubenartige Vertiefungen (die Kehl- oder Drosselgrube, die kleine und große Oberschlüssel- beingrube, die Unterschlüsselbeingrube) auf; bei normalen Körperformen sollen sie nicht allzu stark sichtbar sein. Die obere vordere Begrenzung des Thorax erleidet auch im Verlauf der individuellen Entwicklung eine Ver- änderung; bei Kindern steht das Schlüsselbein hoch, bei Erwachsenen liegt es tiefer.

Die *untere vordere Begrenzung des Thorax* bildet der Rippenbogenwinkel, der von den Knorpeln der 7.—10. Rippe gebildet wird. Er kann spitz, recht oder stumpf sein. Unter dem Scheitel dieses Rippenbogenwinkels ist die Herz- oder Magengrube (Scrobiculus cordis) genannte Vertiefung; sie kann sehr verschieden tief oder bei Fettleibigen nicht feststellbar sein. An den Seitenflächen des Thorax sieht man die Rippen gesenkt oder gehoben verlaufen; die Rippen- zwischenräume selbst sind eng oder weit (siehe Körperbautypen).

Ein wichtiges Merkmal bei der Beobachtung des Thorax bzw. des Rumpfes ist die *Lage der Brust*, und zwar in vertikaler (hoch oder tief sitzend) und hori- zontaler (nahe beisammen oder weit auseinander liegend) Beziehung. Was die Lage der Brust in vertikaler Richtung betrifft, so hat der Mensch innerhalb der Primaten die am tiefsten sitzende Brust. Innerhalb der Hominiden finden wir individuelle und Rassenunterschiede. Man kann die Lage der Brustwarzen (Mammillae) in bezug auf die Rippen (4.—6. Rippe) angeben. Die Lage der Brust in horizontaler Richtung, das ist die Mammillardistanz (Breite zwischen den Brustwarzen) ist von der Schulterbreite und der Thoraxform abhängig. Der Mensch hat wegen seines breiten flachen Thorax einen sehr großen Brust- warzenabstand.

Am äußeren Erscheinungsbild der *weiblichen Brust* und Brustwarze (siehe Abschnitt: Haut) unterscheidet STRATZ vier entwicklungsgeschichtliche Formen: Die puerile Brust, die Areolomamma, die Mamma areolata und die Mamma papillata (Abb. 20). Diese vier Formen sind zunächst für das Erkennen der weiblichen Pubescenzstufen wichtig; sie haben aber auch stammesgeschichtliche Bedeutung, da bei manchen niederen Menschenrassen die weibliche Brust als reife Form auf der Stufe der Mamma areolata stehen bleibt. Nach dem Ver- hältnis von Höhe und Basisdurchmesser der reifen weiblichen Brust unter- scheiden wir eine schalenförmige, halbkugelige, konische und ziegeneuterförmige Brust. Die beiden letzteren stellen die Primitivformen dar.

Das Fehlen von Brüsten beim weiblichen Geschlecht wird als *Amazie* bezeichnet. Weibliche Brustdrüsen und somit weibliche Brüste können auch beim männlichen Geschlecht bei allen Rassen vorkommen *(Gynäkomastie).* Treten beim Menschen mehr als zwei Brustdrüsen auf, so sprechen wir von *Poly- oder Hypermastie,* beim Vorhandensein von mehr als zwei Brustwarzen von *Poly- oder Hyperthelie.* Solche überzählige Brustdrüsen bzw. Brustwarzen findet man längs einer Linie, die von der Axial- zur Inguinalgegend zieht (R. WIEDERSHEIM). Zuweilen liegen, besonders beim weiblichen Geschlecht, oberhalb der Mammae wulstartige Erhebungen ohne Brustdrüsen und Brustwarzen, die sog. *Supramammae;* sie werden wohl durch den Rand des M. pectoralis maior und durch den Panniculus adiposus gebildet (R. MARTIN).

Die Hinterfläche des Thorax und die Lendengegend bilden den *Rücken (Dorsum);* an ihm sehen wir die *normalen Krümmungen der Wirbelsäule* (GAUPP), und zwar die normale Krümmung der Brustwirbelsäule (Konvexität nach hinten) und die normale Krümmung der Lendenwirbelsäule (Konkavität nach hinten). Diese normalen Krümmungen der Wirbelsäule sind unter anderem im hohen Maße von der Stellung des Körpers abhängig. Bei Kulturvölkern ist die berufliche Tätigkeit, bei Naturvölkern die gewohnheitsmäßige Stellung des Körpers (hocken) zu beachten. Zu starke Krümmung der Brustwirbelsäule führt zur *Kyphose* (Buckel), zu starke Krümmung der Lendenwirbelsäule zur *Lordose* (hohles Kreuz). Es gibt aber auch noch normale seitliche Verbiegungen der Wirbelsäule (Lateralkrümmung). Der gewöhnliche Typus ist der mit Ausbiegen der Brustwirbelsäule nach rechts (rechtskonvexe Ausbiegung), der zweite Typus (Typus inversus) der mit Ausbiegen der Brustwirbelsäule nach links (linkskonvexe Ausbiegung), beide in der Ansicht von hinten betrachtet.

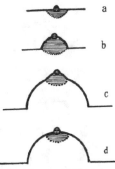

Abb. 20a—d. Entwicklungsstadien der weiblichen Brust. a puerile Form; b Areolomamma (Knospe); c primäre Mamma (Knospenbrust, Mamma areolata); d sekundäre Mamma (reife Brust, Mamma papillata). (Nach C. H. STRATZ.)

Eine zu starke Lateralkrümmung nach rechts oder links bezeichnet man als *Skoliose.* Die normale Lateralkrümmung ist wohl durch asymmetrische Zustände des menschlichen Organismus selbst gegeben. Feststellungen über die Krümmungen der Wirbelsäule sind am Verlauf der Rückenfurche zu machen; diese wird von den Dornfortsätzen der Wirbel und den Längswülsten der langen Rückenmuskel angedeutet. Am Rücken fällt noch das Vorstehen der Schultergräte (medialer Rand und unterer Winkel der Schulterblätter) auf. Sie ist bei fettarmen Typen stark, bei Fettypen meist gar nicht sichtbar.

Am Unterleib unterscheiden wir den *Bauch (Abdomen)* und das *Becken (Pelvis).* Die Knochenunterlage des Beckens wird gebildet von den beiden Hüftbeinen, dem Kreuz- und dem Steißbein. Der *Bauch* ist aber eine Weichteilbildung; er beginnt am Rippenwinkelbogen, reicht bis zum oberen Rand des Schambeines, der Schamfurche (Sulcus pubis) und formt die Vorderfläche des Unterleibes. Die Hinterfläche des Unterleibes gliedert sich in den unteren Rücken *(Lenden),* die *Kreuz-* (Sacral-) Gegend und die *Gesäß-* (Gluteal-) Gegend. An den Seitenflächen des Unterleibes lassen sich zwei Abschnitte unterscheiden: Von den Rippenbögen bis zu den Darmbeinkämmen reichen die *Weichen (Taille),* so benannt, weil hier das knöcherne Stützgerüst fehlt. Daran schließen sich die *Hüften,* das ist die seitliche Gegend des festen Beckens von den Darmbeinkämmen bis zu den großen Rollhügeln (Trochanteren). Da die größte seitliche Hüftausladung an den Trochanteren selbst liegt, so ist die Trochanterbreite gleich der Hüftbreite. Die seitliche Auswölbung der Hüften ist für die Umrißlinie

des Körpers in der Norma frontalis bei allen Körperbau- und Konstitutionstypen sehr wesentlich (siehe Abb. 22 und 26). Die Trochanterengegend gehört
aber schon zum oberen Abschnitt der unteren Extremität.

Bei nicht fettleibigen Männern sieht man an der Hautbedeckung des Bauches
die der Linea alba entsprechende Mittelfurche, ferner die seitlichen und schließlich auch die den Inkriptionen des M. rectus entsprechenden horizontalen Bauch-
furchen. Eine weitere Erscheinung, die nur bei nicht fetten Männern zu sehen
ist, zeigt sich seitlich knapp über den Darmbeinkämmen im sog. *Weichenwulst*,
der von dem typischen Ansatz des äußeren schiefen Bauchmuskels herrührt.
In der Mittelfurche des Bauches liegt der *Nabel* (Umbilicus). Im Verhältnis

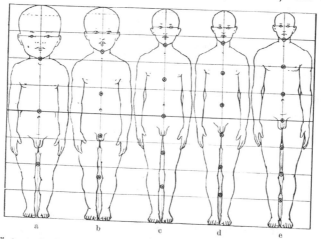

Abb. 21a—e. Änderung der Körperproportionen und Verlagerung der Nabelhöhe bezüglich der Körpermitte
während des Wachstums. a Neugeborener, vier ganze Kopfhöhen (projektivische Entfernung des Scheitels
vom Kinnpunkt) hoch; b Zweijähriger, fünf ganze Kopfhöhen hoch; c Sechsjähriger, sechs ganze Kopfhöhen
hoch; d Fünfzehnjähriger, sieben ganze Kopfhöhen hoch; e Fünfundzwanzigjähriger, acht ganze Kopfhöhen
hoch. (Nach C. H. STRATZ.)

zur gesamten Rumpflänge liegt er beim Menschen und bei Anthropomorphen
relativ tief, bei niederen Primaten hoch. Für die Fragen der Körperbau- und
Konstitutionsforschung wichtiger ist aber die Beurteilung der Lage (Höhe) des
Nabels in bezug auf den Halbierungspunkt der Körperhauptachse (Körpergröße).
Diese hängt natürlich besonders von der Beinlänge ab und ist daher sowohl
bei den beiden Geschlechtern als auch in den verschiedenen Lebensaltern,
ferner rassenhaft und konstitutionell verschieden. Bei langbeinigen Rassen
liegt der Nabel höher, bei kurzbeinigen tiefer. Beim Neugeborenen fällt die
Halbierung der Körperlänge in den Nabel. Mit dem stärkeren Wachstum der
Beine rückt der Nabel allmählich höher (Abb. 21). Mit der Reife fällt die
Halbierungslinie ungefähr in die Symphyse (STRATZ). Große Verschiebungen
in der Lagebeziehung zwischen Nabelhöhe und Halbierung finden wir bei den
dysplastischen Körperformen. So ist eine körpermittenahe Lage des Nabels
ein Merkmal des Infantilismus; bei Eunuchoiden dagegen sinkt der Halbierungspunkt der Körperlänge weit unterhalb die Symphyse.

Die untere Begrenzung des Bauches wird von der *Beckenlinie* oder dem
sog. *Beckenschnitt* gebildet (J. KOLLMANN). Dieser ist in seiner typischen Ausprägung nur beim männlichen Geschlecht zu erkennen. Der Beckenschnitt
(Abb. 22A) beginnt am Weichenwulst, zieht dann an der Leistenlinie (Linea
inguinalis) als absteigender Ast zum oberen Rand des Schambeines (Sulcus

pubis), verläuft hier ein kurzes Stück waagrecht und steigt an der anderen Körperhälfte wieder zum Weichenwulst der Gegenseite hinauf. Oberhalb des Beckenschnittes wölbt sich der Bauch heraus und bildet eine Furche, die Bauch-linie (Linea semilunaris). Daran schließt sich die untere Grenze des Beckens, die vom Schambein über die äußeren Geschlechtsteile und den Damm bis gegen die Spitze des Steißbeins reicht, seitlich begrenzt durch die Schenkel-Geschlechts-furchen (Sulci genitofemorales). Letztere setzen sich meist an der vorderen Schenkelfläche als Schenkelbeuge (Sulcus femoralis) fort und verlieren sich allmählich. Die Schenkelbeuge rührt von der Beugung im Hüftgelenk her.

Beim weiblichen Geschlecht verläuft der Beckenschnitt, der reichlichen Fettauflage entsprechend, anders. Er beginnt an den Darmbeinstacheln (aber ohne Weichenwulst) als Leistenlinie. Diese kann aber die Schamfurche nicht erreichen, da die weib-liche Symphysengegend vom Schamberg (Mons veneris) bedeckt wird, sondern sie geht bald in die Bauchlinie über (Abb. 22 B). Unterhalb des Beckenschnittes sieht man beim Weib immer sehr deutlich und charakteristisch die aus dem Sulcus genito-femoralis entspringende Schenkelbeuge (Sulcus femoralis). Der Becken-schnitt fettleibiger Män-ner ist dem weiblichen

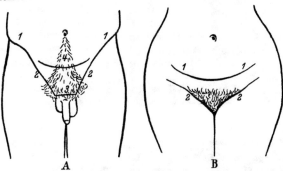

Abb. 22 A und B. Der Beckenschnitt. A Männliche Beckenlinie: *1* Weichen-wulst; *2* absteigender Ast; *3* oberer Rand des Schambeines; *4* Bauchlinie. B Weibliche Beckenlinie: *1* Bauchlinie; *2* Schenkel-Geschlechtsfurche und Schenkelbeuge.

ähnlich. Es gibt aber auch weibliche Typen mit männlichem Beckenschnitt. Die hintere Beckengegend zeigt uns die von den Lenden auf das Kreuzbein herabziehende Lendenraute, die Kreuzbeingrübchen (bei ♀ immer, bei ♂ etwa in 25%) und die beim männlichen Geschlecht zwischen Trochanterwulst und den Hinterbacken (Nates) auftretenden Trochantergruben. Bei fettleibigen Männern und bei Frauen sind die Trochantergruben ausgefüllt.

5. Die oberen Gliedmaßen.

Bei der Beurteilung der Gliedmaßen und ihrer Abschnitte und beim Ver-gleich der Gliedmaßen untereinander spielen die Maße eine große Rolle. Auch hier können wir direkt oder indirekt messen (MARTIN); *die indirekten Maße sind vorzuziehen.* Wir nehmen die *ganze Armlänge* (AL) und als Teillängenmaße die *Länge der Hand, des Unterarmes* (UL) und *des Oberarmes* (OL).

An der ganzen Armlänge sind *Geschlechts-, Alters- und Rassenunterschiede* festzustellen. Die Armlänge der Männer ist geringer als die der Frauen. Es gibt kurzarmige (Mongolide) und langarmige (Negride, Australide) Rassen. An den Unterschieden der oberen Extremität ist besonders der Unterarm, weniger der Oberarm, beteiligt. Das Verhältnis zwischen Ober- und Unterarmlänge kommt am besten im *Ober-Unterarm-Index (Brachialindex)* $= \dfrac{UL \times 100}{OL}$ zum Aus-druck. Ein langer Unterarm gilt für den Menschen als primitives Merkmal. Der Brachialindex zeigt in der Ontogenese starke Schwankungen, da sich der Unterarm früher als der Oberarm entwickelt (R. MARTIN). Die Umfangmaße des Armes (größter Umfang des Oberarmes, größter und kleinster Umfang des

Unterarmes) sind besonders für die Konstitutionsforschung wichtig. Während des Wachstums zeigen sich keine wesentlichen geschlechtlichen Unterschiede. Bei erwachsenen europiden Frauen ist der Oberarm meist stärker durch die kräftigen Unterhautfettschichten; dagegen ist der Unterarm bei Männern stärker wegen der kräftigen Muskulatur. An den Extremitäten sind die Anteile der einzelnen Gewebe (Knochen, Muskel, Unterhautfett, Haut) und ihre Beschaffen-

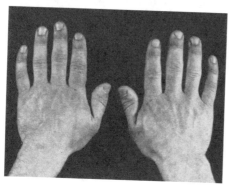

heit (zart, derb) der Beobachtung leichter zugänglich und diese Feststellung läßt uns erst den Wert der Umfangmaße verstehen. Das Muskelrelief ist im allgemeinen nur bei muskelstarken Männern sichtbar, Pykniker und Astheniker haben ein undeutliches oder fehlendes Muskelrelief. Von den Gelenken ist anzugeben, ob sie zart oder derb gebaut sind.

An der *Hand (Manus)* unterscheiden wir die eigentliche Hand (der Carpus und Metacarpus zugrunde liegen) mit dem Handrücken (Dorsum manus) und dem Handteller (Palma), ferner die Finger (Digiti) mit den Nägeln. Das Längenmaß (HL) der Hand wird einschließlich der Länge der Finger genommen (lang, mäßig lang, kurz). Die *Handbreite* (HB) (breit, mäßig breit, schmal) ist bei den Hominiden größer als bei den Anthropomorphen. Geschlechts-, Rassen- und Konstitutionsunterschiede kommen wieder im *Handindex* $= \dfrac{HB \times 100}{HL}$ zum

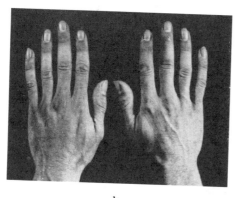

b

Ausdruck (Abb. 23). SCHLAGIN-HAUFEN (3, 4) verwendet zur Beurteilung der Hand außer dem Längenmaß drei Breitenmaße, die die Breitenentwicklung der Hand in verschiedenen Abschnitten ihrer

Abb. 23 a und b. Morphologische Handtypen. a eurysomatischer Handtypus (Kurzbreittypus); b leptosomatischer Handtypus (Langschmaltypus). (Nach D. M. KOENNER.)

proximo-distalen Ausdehnung zeigen. Aus der Länge und den drei Breitendimensionen werden drei Indices gebildet, ebenso drei Indices aus je zwei Breitendimensionen; letztere geben über den Grad der Verschmälerung in distaler Richtung Auskunft. Erwähnt sei auch die vorgeschlagene Umrißzeichnung der Hand bei geschlossenen Fingern. Von großem Einfluß auf die Gestalt der Hand ist die Funktion (BREZINA und LEBZELTER). An den *Fingern* beurteilen wir gleichfalls die Länge und die Breite. Das gegenseitige Längenverhältnis des 2., 3. und 4. Fingers ist erbbiologisch von Interesse und kann bei absteigender Länge die Reihenfolge 3., 2., 4. Finger, 3., 4., 2. Finger oder 3., 4. = 2. Finger zeigen [D. M. KOENNER (1), S. ROMICH, W. WECHSLER]. 2. und 4. Finger wechseln also beim Menschen in ihrer Länge, während bei den Anthropomorphen der 2. Finger dem 4. Finger an Länge immer wesentlich

nachsteht. Der 3. Finger ist sowohl beim Menschen als auch bei den Anthropomorphen der längste (Abb. 24).

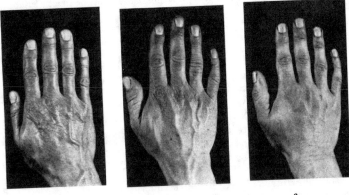

a   b   c

Abb. 24. Das Längenverhältnis des 2., 3. und 4. Fingers. Die Reihenfolge: a: 3, 4, 2; b: 3, 2=4; c: 3, 2, 4.
[Nach D. M. KOENNER (1).]

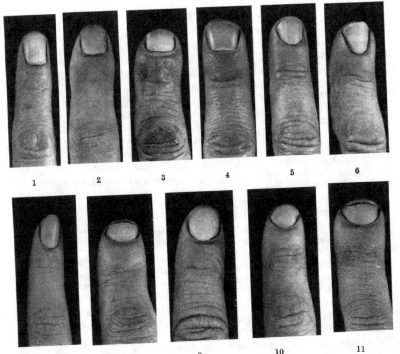

Abb. 25. Die Nagelformen. *1* längsrechteckig; *2* quadratisch; *3* querrechteckig; *4* trapezförmig; *5* trapezförmig mit abgerundeten Ecken; *6* fächerförmig; *7* längselliptisch; *8* querelliptisch; *9* rundlich; *10* quer-
spindelförmig; *11* halbkreisförmig. [Zusammengestellt von D. M. KOENNER (1).]

Als weiteres wichtiges Merkmal kommt die *Fingerform* in der Längsrichtung
in Betracht. Die Finger können sich distalwärts verjüngen, von der Basis bis

zur Spitze gleichbreit sein oder sich nur bis zum 2. Phalangealgelenk verjüngen und von dort an gleich breit bleiben. Zu den erstgenannten Formen können noch sanduhrförmige Einziehungen in der Gegend der Körper der 2. Phalangen hinzukommen.

In die morphologische Beobachtung der Hand sollen auch die *Nägel* mit eingeschlossen werden, obwohl sie als Hautgebilde auch im Kapitel über die äußere Haut Aufnahme finden könnten. Auch an den Nägeln ist die Längen- und Breitenentwicklung wesentlich. Von Bedeutung ist ferner die Längs- und Querkrümmung des Nagels (stark, mäßig stark, schwach), sowie die *Nagelform*, die am besten durch die Typen der Abb. 25 gekennzeichnet erscheint.

Bei der Beurteilung der Nagelform ist die Lage der größten Nagelbreite (distalwärts oder in der Mitte liegend) und die Nagelwallform (flachbogig, rundbogig, spitzbogig, eckig) zu berücksichtigen [D. M. KOENNER (1, 3)].

Ein Instrument zur Messung von Finger- und Zehennägeln hat W. ABEL (4) konstruiert.

Über Geschlechtsunterschiede, Altersveränderungen und Vererbung der 6 SCHLAGINHAUFENschen Indices finden wir sehr beachtenswerte Angaben bei W. WECHSLER. Seiner Arbeit ist auch ein eingehendes Schrifttumsverzeichnis beigegeben.

6. Die unteren Gliedmaßen.

Dem Menschen ist eine auffallend starke Längenentwicklung der unteren Gliedmaßen eigen. Dieses Verhalten ist wesentlich und steht im Zusammenhang mit dem aufrechten Gang. Da die obere Begrenzung der unteren Extremität tief in den Weichteilen der Beckengegend verborgen liegt, so ist nicht nur die metrische, sondern auch die morphologische Abgrenzung sehr erschwert. Zur Berechnung der ganzen Beinlänge verwenden wir die Symphysenhöhe vermehrt um 35 mm (MARTIN) oder fügen nach R. PÖCHs Vorschlag zur jeweiligen Symphysenhöhe eine sich mit der Körpergröße ändernde Korrektur hinzu. Als Maße nehmen wir die *ganze Beinlänge* (BL) und die *Länge des Ober-* (OS) und *Unterschenkels* (US); hier sind die indirekten Maße, gewonnen aus der Messung der Symphysenhöhe, der Kniegelenksfuge, der inneren Knöchelspitze über dem Boden und dem Abzug der entsprechenden Teilstrecken, die zweckmäßigsten.

Ontogenetisch ist zuerst die untere Extremität kürzer als die obere; erst vor der Geburt übertrifft sie diese an Länge. Bei der Geburt beträgt die Beinlänge ungefähr 40% der Körpergröße, zur Reifezeit ist sie auf ungefähr 52—55% der Körpergröße angewachsen und ändert dann ihre relative Länge beinahe nicht mehr (R. MARTIN). Frauen haben im allgemeinen geringere Beinlängen als Männer. Rassenhafte Unterschiede sind vorhanden, konstitutionelle Besonderheiten auffallend (dysplastische Typen). Auch in der Länge des Ober- und Länge des Unterschenkels machen sich sexuelle Unterschiede bemerkbar. In Prozenten der Rumpflänge ausgedrückt, haben Frauen einen längeren Oberschenkel und kürzeren Unterschenkel als die Männer des gleichen Rassenkreises. Die verschiedene Beteiligung des Ober- bzw. Unterschenkels an der ganzen Beinlänge zeigt am besten der *Ober-Unterschenkel-Index (Cruralindex)* $= \dfrac{US \times 100}{OS}$. Für die jeweilige ganze Beinlänge ist die Länge des Unterschenkels stark bestimmend. Menschentypen mit langen Beinen haben meist auch lange Unterschenkel, kurzbeinige Typen weisen kurze Unterschenkel im Vergleich zum Oberschenkel auf. Als Umfangsmaße nehmen wir den größten und kleinsten Umfang des Oberschenkels, den größten und kleinsten Umfang des Unterschenkels und den Gesamtkörperumfang an der größten Ausladung der Trochanteren. Gerade diese Maße sind für die Konstitutionsforschung von größter Wichtigkeit.

Die starken Muskelmassen des Ober- und Unterschenkels bedingen eine Anzahl verschieden gestalteter Wülste und Furchen an der Oberfläche; wir beschreiben sie mit der in der *Oberflächenanatomie* gebräuchlichen Namengebung. Der Morphologie der Kniegegend (Kniescheibe, Kniekehle mehr oder weniger deutlich erkennbar) und dem Kniegelenk (zart oder derb) kommt Bedeutung zu. Am Unterschenkel fallen nicht nur die Umfänge, sondern besonders das Relief der Wadengegend und ihrer Fortsetzung bis zur Ferse (Achillessehnenwulst) auf. Bei stark muskulösen Waden liegt der Bauch des M. gastrocnemius meist hoch, d. h. der Bauch des Muskels ist kurz und dick, die Sehne lang (Europide, Mongolide); bei Menschenrassen mit dünnen Waden (Negride, Australide, Khoisanide) hat dieser Muskel einen dünnen aber langen Bauch und eine kurze Sehne. Starke Waden mit den genannten Eigentümlichkeiten finden sich mehr bei kurzen Tibien, dünne Waden mehr bei langen Tibien. Die starke Ausbildung der Wade kann muskulös (hauptsächlich beim männlichen Geschlecht) oder durch reicheren Panniculus adiposus (beim weiblichen Geschlecht) bedingt sein. Die Frauen der europiden Rassen haben meist einen größeren Wadenumfang als die Männer. Die Ausbildung der Wade kann man am besten beurteilen, indem man den kleinsten Unterschenkelumfang über dem Malleolus in Prozenten des größten Umfanges (an der Wade) ausdrückt. Dieser Unterschenkelumfangindex zeigt rassisch starke Schwankungen.

Am *Fuß* (Pes) unterscheiden wir den eigentlichen Fuß (dem Tarsus und Metatarsus zugrunde liegen) mit dem Fußrücken, der Ferse und der Fußsohle (Planta), ferner die Zehen (Digiti pedis) mit den Nägeln. Die Fußhöhe (Entfernung des Malleolus int. vom Boden) ist ein Teil der ganzen Beinlänge. Die *Länge des Fußes* (FL) wird einschließlich der Zehen genommen und kann als lang, mittellang oder kurz bezeichnet werden; für die *Breite des Fußes* (FB) gilt die Unterscheidung in breit, mittelbreit oder schmal. Die Beziehung beider Maße stellt der *Fußindex* $= \dfrac{FB \times 100}{FL}$ dar. Beträchtliche Unterschiede weisen die verschiedenen Rassenkreise auf; so finden sich z. B. unter den Mediterranen und Orientaliden oft lange schmale Füße, unter den Mongoliden breite Füße. Die Längen- und Breitenbeobachtung am Fuß und an den Zehen erfolgt in ähnlicher Weise wie bei der Hand und den Fingern, ebenso die Beurteilung der Längs- und Querkrümmung der Nägel. Was die gegenseitigen Längenbeziehungen anlangt, so kommen hier die 1., 2. und 3. Zehe in Betracht. Bei absteigender Länge kann sich die Reihenfolge 1., 2., 3. Zehe, 2., 1., 3. Zehe oder 1. = 2., 3. Zehe ergeben. Die 3. Zehe steht also immer an letzter Stelle, während 1. und 2. Zehe in ihrer Länge wechseln.

Die Längsform der Zehen unterscheidet sich in ihren Ausbildungsmöglichkeiten etwas von der der Finger. Die Zehen können nämlich von der Basis bis zur Spitze gleich breit bleiben oder sich distalwärts verbreitern. Wie bei den Fingern treten auch hier in der Gegend der Körper der zweiten Phalangen sanduhrförmige Einziehungen auf.

Zur Beurteilung der Nagelform genügen die für die Fingernägel festgestellten Formen. In der Mehrzahl sind die Formen 1, 2, 3 und 8 zu finden. Sehr selten kommen an den Fingern und den Zehen dieselben Nageltypen vor [D. M. KOENNER (1)].

Die *Umrißzeichnung des Fußes* zeigt, daß bei den meisten Naturvölkern der frei sich entfaltende Fuß nach vorne breiter wird, daß also innerer und äußerer

Rand zehenwärts divergieren. Der Zwischenraum zwischen 1. und 2. Zehe ist größer als die anderen Zehenzwischenräume. Weit abstehende große Zehen kommen bei primitiven Rassen vor.

Am *Fußgewölbe* unterscheiden wir die normale Wölbung, den Hohlfuß (pes excavatus) und den Plattfuß (pes planus). Der echte pes planus ruht mit der Tuberositas oss. navicul., die den tiefsten Punkt des medialen Randes bildet, direkt am Boden. Es gibt aber auch einen scheinbaren Plattfuß, wie ihn beispielsweise die Neger haben. Hier täuscht nur die stark entwickelte Muskulatur einen Plattfuß vor, das Fußskelet hat aber eine gute Wölbung. Im Bereich des Fußes sind in viel größerem Ausmaße Besonderheiten und Anomalien zu berücksichtigen, da gerade hier sehr stark mit Veränderungen, hervorgerufen durch unzweckmäßiges Schuhwerk, gerechnet werden muß.

Die beiden Extremitäten können auch zueinander in Beziehung gebracht werden, indem wir die ganze Armlänge in Prozenten der ganzen Beinlänge ausdrücken. Diese Verhältniszahl nennen wir den Extremitäten- oder Intermembralindex. Ontogenetisch unterliegt der Intermembralindex starken Veränderungen (s. Beinlänge, Armlänge).

An der Innenfläche der Hand (Palma) und der Finger sowie an der Unterfläche des Fußes (Planta) und der Zehen lassen sich bindegewebige, kissenförmige Verdickungen erkennen, die *Ballen (Tori)* genannt werden. Beim Embryo sind sie stark ausgebildet; im extrauterinen Leben zeigen sie große individuelle Gradunterschiede. Es gibt Ballen (Tastballen) erster Ordnung (Finger- bzw. Zehenspitzenballen), zweiter Ordnung (metacarpale bzw. -tarsale Ballen) und dritter Ordnung (carpale bzw. tarsale Ballen). Von letzteren sind an der Hand zwei vorhanden: ein radialer (Daumen- oder Thenarballen) und ein ulnarer (Kleinfinger- oder Hypothenarballen). Ihnen entsprechen am Fuß (Planta) ein tibialer und ein fibularer Ballen. An den genannten Flächen der Hand und des Fußes gibt es nun ein *gröberes Relief,* die Hand- bzw. Fußlinien und ein *feineres Relief,* das von den Hautleisten oder Papillarlinien gebildet wird (s. Abschnitt: Haut).

7. Die Körperbautypen.

Die anthropologischen Maße des Rumpfes (Rumpfwandlänge, Schulter- und Beckenbreite) und der Gliedmaßen geben uns die Möglichkeit *Proportionsfiguren (Diagramme)* zu konstruieren (Abb. 18 und 19 rechts), und zwar sowohl für jedes einzelne Individuum als auch bei Verwendung von Mittelwerten für ganze Gruppen. Solche Diagramme sind besonders geeignet die Proportionsveränderungen der Entwicklungsstadien von der Geburt bis zur Reife (Abb. 21) festzuhalten und uns bei den Erwachsenen die individuellen und Gruppenunterschiede aufzuzeigen, um Körperproportionstypen zu erkennen. Berücksichtigen wir außer den Breiten- und Längenverhältnissen noch die Tiefen- und Umfangmaße und die morphologischen Besonderheiten des Rumpfes, so gelangen wir zu den Körperbautypen. Nach unserer anthropologischen Betrachtungsweise lassen sich für beide Geschlechter deutlich zwei Körperbautypen, der *leptosomatische oder Longitypus* (Abb. 18) und der *eurysomatische oder Brachytypus* (Abb. 19) auseinanderhalten. Sie stellen zwei weiter abstehende Formen dar, zwischen die sich die vielen anderen Erscheinungsbilder einigermaßen eingliedern lassen.

Mit Benützung der Zusammenstellung von F. WEIDENREICH ergibt sich für diese zwei Typen etwa folgende Gegenüberstellung in den wesentlichsten Körpermerkmalen:

	Leptosomatischer Typus	Eurysomatischer Typus
Gesamtbau	hoch, schmal	niedrig, breit
allgemeiner Formeneindruck	Schlankform	gedrungene Form
Fettansatz	zur Magerkeit neigend	zum Fettansatz neigend
Rumpfbau	mäßig lang, schmal	lang, breit
obere Extremität	mäßig lange, schlanke Arme	lange, volle Arme
untere Extremität	lange, schlanke Beine	kurze, stämmige Beine
Hals	lang, dünn	kurz, dick
Hals-Schulter-Linie	abfallend	gerade, oder außen hochgestellt
Schulterbreite	mäßig breit bis schmal	breit
Brustkorb	lang, schmal, flach, Typus der Expirationsstellung	kurz, breit, tief, Typus der Inspirationsstellung
Brustumfang	gering	bedeutend
Rippenverlauf	gesenkt	gehoben
Rippenzwischenraum	eng	weit
Rippenwinkelbogen	spitzwinkelig	recht- oder stumpfwinkelig
Bauch	flach, ohne besondere Auftreibung	merklich aufgetrieben
Beckenlinie (Beckenschnitt)	steil	flach
Hüfte	schmal	breit

Diese zwei Haupttypen des Körperbaues berücksichtigen wohl vor allem das knöcherne Stützgerüst und nehmen zu wenig Bedacht auf die Weichteile. Wir können zunächst auch das Körpergewicht mitverwerten, indem wir es zur Körpergröße in Beziehung bringen und einen Index der Körperfülle aufstellen. Als ein Beispiel sei hier nur der Index von ROHRER $= \dfrac{\text{Körpergewicht} \times 100}{\text{Körpergröße}^3}$ genannt. Um aber die Körperform in ihrer Ganzheit zu erfassen, dürfen wir nicht an ihrer äußeren Erscheinung Halt machen; wir müssen die besonderen Zustände aller den Körper stützenden Gewebe (*Knochen-, Muskel-, Fettgewebe* und *Haut*) mitberücksichtigen. Die Beschaffenheit und das Verhältnis dieser Baustoffe des Körpers ändert sich mit dem Wachstum, und gerade die Fettverteilung macht eine recht charakteristische Umlagerung mit. Schließlich zeigen sich bei der Gesamtbetrachtung deutliche Unterschiede zwischen Mann und Weib, zwischen einzelnen Individuen und ganzen Gruppen. Die Unterschiede sind teils normalphysiologischer, teils pathologischer Natur. Mit dieser Erweiterung der Fragestellungen über die Körperform treten wir aber in jenes große Forschungsgebiet ein, das die Gesamtkörperverfassung oder die Konstitution genannt wird.

Die einzelnen Schulen der Konstitutionsforschung haben eine Reihe von Körperverfassungstypen aufgestellt, von denen sich aber viele nur dem Namen nach verschieden erweisen.

Es kann nicht mehr meine Aufgabe sein, im Rahmen dieses Abschnittes darauf näher einzugehen. Ich verweise auf die Abschnitte: „Allgemeines über Konstitution" von E. HANHART und „Konstitutionsbiologische Methoden" von W. ENKE.

Als Anthropologe will ich nur noch betonen, daß die für das männliche Geschlecht aufgestellten Konstitutionstypen nicht immer in gleichem Maße auf das weibliche Geschlecht anzuwenden sind. Nicht unbedeutende Fehler geschehen z. B. bei der Beurteilung des sog. pyknischen Frauenkörpers. Sehr kennzeichnend für den Körperverfassungstypus des weiblichen Geschlechtes ist unter vielen anderen Gesichtspunkten doch die Art des Fettes und die Fettverteilung an den verschiedenen Gegenden des Rumpfes und der Gliedmaßen. B. ŠKERLJ unterscheidet einen Typus normalis (Rubenstypus nach J. BAUER), einen Typus subtrochantericus (Reithosentypus nach BAUER), einen Typus superior, einen Typus inferior, einen Typus extremitalis und einen Typus juvenilis (Abb. 26).

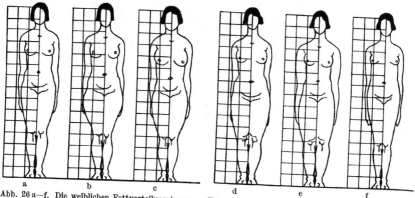

Abb. 26 a—f. Die weiblichen Fettverteilungstypen. a Typus normalis; b Typus subtrochantericus; c Typus superior; d Typus inferior; e Typus extremitalis; f Typus juvenilis. (Zusammenstellung nach B. ŠKERLJ.)

IV. Die Körperbedeckung.
(Haut und Hautgebilde.)
1. Die Haut.

An der äußeren Bedeckung des Körpers, dem Integumentum commune und seinen Derivaten (Hautdrüsen, Haare, Nägel) sind eine Reihe von charakteristischen Merkmalsausprägungen hervorzuheben, die gerade für eine anthropologische Betrachtung von besonderer Bedeutung sind. Die Haut dient vor allem als äußere Schutzhülle; sie ist aber im besonderen ein Sinnesorgan, ferner ein Wärmeregler und ein Absonderungs- und Aufspeicherungswerkzeug. Im Laufe der Phylogenese hat sich diese Tätigkeit der Haut bei den einzelnen Menschenrassen in verschiedener Weise entwickelt und abgestimmt. Abgesehen von der Farbe ist die *freie Oberfläche* nicht von gleichartigem Ansehen und Anfühlen. Dies rührt von Ungleichheiten der Oberflächenbeschaffenheit her. Die Haut ist locker oder fest anliegend, ihre Oberfläche rauh oder glatt, faltig oder gespannt. Neben den feineren Fältchen, die von Konstitution, Geschlecht, Ernährung und Lebensweise, besonders aber vom Alter beeinflußt werden, sind noch die Striae zu erwähnen. Diese meist deutlichen Streifen (Furchen), die infolge zu rascher Ausdehnung der Haut bei plötzlichem Dickerwerden durch Risse der Cutis und Subcutis entstehen, finden sich vorzugsweise an den Oberschenkeln und an den Seiten des Rumpfes, am Bauch, Gesäß, Brust und Oberarm (Pubertät, Schwangerschaft, Konstitution). Ansehen und Anfühlen der Haut sind auch von der Fettigkeit und Feuchtigkeit beeinflußt, die durch die verschieden starke Sekretion der Talg- und Schweißdrüsen erzeugt wird. Kurz hinweisen möchte ich hier auf SCHIEFFERDECKERs Einteilung der merokrinen (Schweiß-) Drüsen in ekkrine und apokrine Drüsen. Die ekkrinen Drüsen sind beim Menschen fast über die ganze Körperoberfläche verbreitet, die apokrinen treten nur an bestimmten Stellen (Achselhöhle, Circumanalregion, Mammarregion, Gehörgang) zusammen mit den ekkrinen auf. Derartige Anhäufungen von Drüsen nennt SCHIEFFERDECKER *Hautdrüsenorgane*; sie sind bei den einzelnen Menschenrassen an Ausdehnung verschieden. Mit der Sekretion hängt auch der oft typische Körpergeruch bei Einzelmenschen, Konstitutionsformen und im hohen Maße bei den Rassen zusammen. Die

fettreichen Gegenden des Körpers sind der Kopf und das Gesicht, die Achselhöhlen, die Inguinalgegend, das Genitale und die Brustwarzen; als vorwiegend
feuchte Stellen wären Kopf und Gesicht, Palma, Planta, die Achselhöhlen,
die Inguinal-, Femoral- und Glutealgegend zu nennen.

Die der Erhaltung der Art dienenden Hautdrüsen sind die *Brust-* oder
Milchdrüsen. Anthropologisch wichtig sind die damit verbundenen äußeren
Formen, besonders beim weiblichen Geschlecht. Die weiblichen Brüste (Mammae)
bestehen aus der Warze oder Papille (Form, Größe, Farbe), dem Warzenhof
oder der Areole (Form, Größe, Farbe) und den diese umgebenden, sich von der
Brustwand abhebenden Weichteilen. Der Zwischenraum zwischen den Mammae
ist der Busen (Sinus mammarum), der rassenmäßig, konstitutionell und individuell
verschieden breit sein kann. Die am weitesten voneinander abstehenden Brüste
finden wir bei den Feuerländerinnen. Die Grundlage der Mamma ist der Drüsenkörper (Corpus mammae), der an Stärke weniger veränderlich ist. Die großen
Formunterschiede, die wir an der weiblichen Brust individuell, bei den verschiedenen Konstitutionsformen und Rassen finden, sind vielmehr durch das
den Drüsenkörper umgebende Fettgewebe (Capsula adiposa mammae) bedingt.
Die entwicklungsgeschichtlich und rassisch wichtigsten Formen wurden bei den
Merkmalen des Rumpfes angeführt (Abb. 20). Die Milchdrüse ist bis zur Geschlechtsreife bei beiden Geschlechtern gleich entwickelt; dann bleibt die männliche
Drüse normalerweise in ihrer Entwicklung stehen, kann sich aber zuweilen auch
weiter entwickeln (Gynäkomastie). Über die mögliche Anzahl der Brustdrüsen und
Brustwarzen wurde schon im eben angeführten Abschnitt (Rumpf) gesprochen.

Schon bei den ältesten Einteilungsversuchen der Menschheit spielt die
Hautfarbe eine große Rolle. Die Hautoberfläche weist sehr verschiedenartige
Färbungen auf, von den diffusen oder marmorierten Rötungen (Inkarnat) bis
zu den braun abgestuften Farbtönen, welche durch eine Farbstoffeinlagerung
(Pigmentierung) hervorgerufen werden. Zur Bestimmung der Hautfarbe werden
verschiedenartige Farbentafeln verwendet. Einige von ihnen bestehen aus
Karton, auf dem, durch Numerierung bezeichnet, die einzelnen in Betracht
kommenden Farbtöne mittels Farbendruck aufgetragen sind. Solche Tafeln
sind meist nicht imstande, den Farbeindruck der menschlichen Haut wiederzugeben; auch verändern sie sich bei Einwirkung des Lichtes. Besser hat sich
die Hautfarbentafel von Luschan bewährt; sie gilt aber mehr für die farbigen
Rassen, weniger für die hellhäutigen. Es ist wohl notwendig, der durch eine
Nummer festgehaltenen Beobachtung jeweils noch einige Worte ergänzend
hinzuzufügen. Als besondere Hilfsmittel zur Farbenbestimmung sind noch
der von Davenport (1) verwendete Bradleysche Farbenkreisel und der Farbenfächer von Hintze (1927) zu nennen.

Wie bekannt, zeigt die Hautfarbe regionale Verschiedenheiten infolge von
wechselnder Häufigkeit des sie bedingenden Epidermispigmentes. Auch die
Einwirkung von Licht und Luft spielt eine Rolle. Daher wird die Hautfarbe
am besten zunächst an einer ständig bedeckt getragenen Stelle bestimmt; als
solche eignet sich besonders die Gegend an der Brust. Durch Bestimmung
weiterer verschiedener Hautstellen kann die Beobachtung dann noch immer
erweitert werden. Bei der Untersuchung von Neugeborenen, bzw. Kleinkindern
ist zu bedenken, daß erst in verschiedenem Zeitabstand von der Geburt eine
Nachdunkelung erfolgt. Ebenso findet bei hellen Rassen eine Nachdunkelung
in der Pubertätszeit sowie eine vorübergehende stärkere Pigmentation während
der Schwangerschaft statt.

Von der allgemeinen Hautfärbung, die durch das Epidermispigment zustande
kommt, sind die graublauen, in der Sacral-, Steiß-, Lenden- und auch Rücken-
gegend von Neugeborenen und Kleinkindern auftretenden Flecken zu trennen,

die wegen ihres häufigen Vorkommens bei mongoliden Völkern „*Mongolen-flecken*" genannt werden und größeren Anhäufungen des tiefen Corium-pigmentes ihre Entstehung verdanken. An Stärke und Ausbreitung sind sie verschieden.

Eine besondere Erwähnung verdienen noch die *Naevi*, das sind durch Wuchern verschiedener Elemente (Pigment, Hornsubstanz, Haare, Drüsen, Nerven, Gefäße)

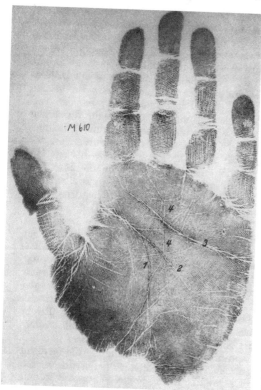

gekennzeichnete Stellen der Haut. Ihre Häufigkeit, besonders aber ihre regionale Verteilung ist von Wichtigkeit. Dasselbe gilt für die Epheliden (Sommersprossen).

Völliges Fehlen des Hautpigmentes finden wir beim Albinismus.

Eine besondere Oberflächengestaltung zeigt die Haut an der Innenseite der Hand und an der Sohle des Fußes. Erforderlich ist hier das Auseinanderhalten eines gröberen Reliefs, der sog. *Hand-bzw. Fußlinien*, und eines feineren Reliefs, das von den *Hautleisten oder Papillarlinien* gebildet wird, einem System feiner paralleler Leisten, die durch Furchen voneinander getrennt sind. Wenn im Rahmen dieser Darstellung auch auf die Papillarlinien eingegangen wird, so kann das bei der Fülle des darüber vorhandenen Schrifttums nur mit größter Beschränkung auf die wichtigsten Punkte geschehen, und es muß auf das entsprechende Kapitel „Die Erbanlagen der Papil-

Abb. 27. Abdruck einer rechten Hand zur Vorführung der Handlinien (grobe Furchen) und der feinen Hautleisten (Papillarlinien). *1* Daumenfurche; *2* Fünffingerfurche; *3* Dreifingerfurche; *4* Mittelfingerfurche (nur angedeutet); Ringfinger- und Kleinfingerfurche fehlen.

larmuster" von W. ABEL im III. Band dieses Handbuches hingewiesen werden. Die Beobachtung der Hautleisten erfolgt nicht an der Hand bzw. am Fuß selbst, sondern an den Abdrücken, die mittels verschiedener Farbstoffe (meist Druckerschwärze) hergestellt werden. Die sorgfältig eingeschwärzten Finger werden in radio-ulnarer Richtung abgerollt, der Handteller abgedrückt. Auch andere Methoden der technischen Festhaltung stehen in Verwendung; doch ist dies die gebräuchlichste, sie ist auch billig und einfach.

Sowohl der Hautleistenverlauf auf den Fingerbeeren als auch der am Handteller (Palma) erfuhren schon eingehende Behandlung [K. BONNEVIE (1), G. GEIPEL (1), O. SCHLAGIN-HAUFEN (1, 2), H. H. WILDER (1, 2) .

An den einzelnen Fingerbeeren werden die *Mustertypen* (Wirbel mit 2 Triradien, Schleife mit 1 Triradius, Bogen ohne Triradius) bestimmt (Abb. 28).

Aber auch ihre Anzahl und Anordnung auf den 10 Fingern eines Individuums scheint nicht nur für rassenkundliche, sondern auch für erbbiologische Fragestellungen wichtig [H. POLL, M. WENINGER (2)]. An den Schleifen wird eine ulnare und eine radiale Richtung unterschieden; dasselbe wäre auch bei asymmetrischen Wirbeln möglich. Das Höhen-Breiten-Verhältnis der Muster, die Form, war schon Gegenstand von Vererbungsuntersuchungen [K. BONNEVIE (2), G. GEIPEL (2)]. Ein besonderes Merkmal ist die Anlage der Muster zwei Zentren zu bilden, die bei den sogenannten Doppelschleifen voll zum Ausdruck kommt, aber auch in verschieden starker Andeutung bei Schleifen und Wirbeln zu erkennen ist. Die Doppelschleifen oder zweizentrigen Muster werden wegen des Vorhandenseins von 2 Triradien zu den Wirbelmustern gezählt.

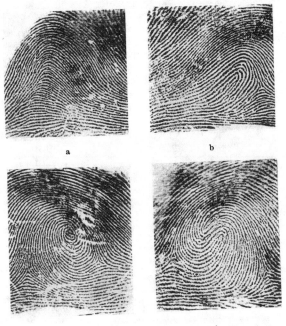

a   b

c   d

Abb. 28 a—d. Mustertypen an den Fingerbeeren. a Bogen; b Schleife; c Wirbel; d zweizentriges Muster (Doppelschleife).

Außer dieser gröberen Einteilung und Beobachtung der Muster ist auf viele kleine Feinheiten in der Linienführung zu achten, die für erbbiologische Zusammenhänge sehr wesentlich sein können.

Bezüglich der Bestimmung der *quantitativen Werte* der Fingerbeerenmuster, ihrer Anordnung auf den 10 Fingern und der Aufstellung der Genformel muß ich auf K. BONNEVIE (2) verweisen[1].

Über die Hautleistenmuster der unteren beiden Fingerglieder existieren Untersuchungen aus jüngster Zeit (PLOETZ-RADMANN).

Eine Fülle von Beobachtungen ergibt sich bei der Betrachtung der Handfläche [S. BETTMANN, H. CUMMINS u. a., G. MEYER-HEYDENHAGEN, M. WENINGER (1), H. H. WILDER (1, 2). Am *Daumenballen (Thenar)* können selbständig oder im Zusammenhang mit dem ersten Interdigitalraum Muster auftreten (Abb. 29). Es handelt sich um verschiedene Typen von Schleifen (eckige,

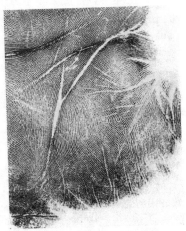

Abb. 29. Hautleistenverlauf an einem Thenar (Daumenballen): Wirbelmuster am Thenar.

spitze und länglichschmale Schleifen), sehr selten um Wirbel, wobei eine Reihe von Reduktionsstadien zu beobachten ist; für den ersten Interdigitalraum

---

[1] Vgl. auch dieses Handbuch, Bd. II (LOEFFLER) und III (ABEL).

kommen nur Schleifen in Betracht, ganz ausnahmsweise einmal ein kleiner Wirbel; zwischen erstem Interdigitalraum und Thenar können Quer- oder Zwischenleisten auftreten. In größerer Anzahl kommen in unserer Bevölkerung Muster am *Gegendaumenballen (Hypothenar)* vor. Wieder handelt es sich um mehrere, je nach ihrer Richtung verschiedene Typen von Schleifen (meist radiale, seltener ulnare, sehr selten karpale); aber auch Wirbel, zweizentrige Muster, Bogen, sowie Kombinationen von zwei Mustern kommen vor. Zwischen Thenar und Hypothenar liegt der sog. axiale Triradius; in der Mehrzahl der Fälle befindet er sich an der Handwurzel, doch kann er auch mehr oder weniger distalwärts verschoben sein. In Verbindung mit typischen Linienzeichnungen am Hypothenar kann er sogar fehlen, andererseits aber auch in doppelter oder dreifacher Anzahl (natürlich in verschiedener Lage) an einer Palma auftreten. Als wichtig hat sich auch der Leistenverlauf an der distalen Palma erwiesen [WILDER (1), CUMMINS u. a., SCHLAGINHAUFEN (1, 2)]. Die *Hauptradien, die von den an der Basis der vier Finger liegenden Triradien* ausgehen, haben verschiedene Endigungen und bilden Formeln von entwicklungsgeschichtlicher Bedeutung (Abb. 30). Besonders sei aber auf das gelegentliche Fehlen des Triradius an der Basis des 4. Fingers sowie auf das Vorkommen von überzähligen Triradien in Verbindung mit Mustern an der Basis des 2. und 5. Fingers aufmerksam gemacht.

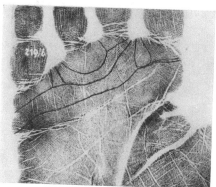

Abb. 30. Hautleistenverlauf am distalen Abschnitt einer Palma: an der Basis des 2., 3. und 5. Fingers je ein Triradius; an der Basis des 2. Fingers neben dem regulären noch ein überzähliger Triradius; an der Basis des 5. Fingers dasselbe nur angedeutet; an der Basis des 4. Fingers fehlt der Triradius.

Die Beobachtung des *Hautleistenverlaufes am Fuß* stößt auf Schwierigkeiten. Dies gilt besonders für die Zehen, die durch das Schuhwerk in Form und Beweglichkeit verändert und nur schwer auf Abdrücken festzuhalten sind. Auch hier wären im Falle einer Untersuchung die Mustertypen zu bestimmen. Der Hautleistenverlauf an der Fußfläche (Planta) bietet gegenüber dem der Handfläche Unterschiede in den Mustern und in der Anordnung der Triradien, die durch die andere phylogenetische Entwicklung des Fußes begründet sind [SCHLAGINHAUFEN (1, 2)].

Von den feinen Hautleisten wohl zu unterscheiden sind die schon erwähnten groben, furchenartigen „*Handlinien*" an der Palma, auch „Beugungsfurchen" genannt, da man sie für die Folge der Beugebewegungen der Hand hielt. Diese Auffassung ihrer Entstehung wurde aber von A. WÜRTH widerlegt. Die Handlinien werden an der Hohlhand selbst oder am Handabdruck, auf dem sie als gröbere weiße Linien erscheinen (Furchen entsprechend), beobachtet (Abb. 27). Zu unterscheiden sind zwei Querfurchen: die proximal gelegene *Fünffingerfurche*, die sich in einen Zeigefinger- und einen Hohlhandabschnitt gliedert, und die distaler gelegene *Dreifingerfurche*, die in einen Hohlhand-, Zeigefinger- und Zwischenfingerabschnitt zerfällt. Zu den vier Längsfurchen gehört die *Daumenfurche* (Adduktions- und Oppositionsabschnitt), ferner die *Mittelfingerfurche*, *Ringfingerfurche* und *Kleinfingerfurche*. Zu achten ist in erster Linie auf die vorkommenden Variationen in Form und Verlauf der beiden Querfurchen. Sie können in Länge und Richtung variieren, ihre einzelnen Abschnitte können verschiedenartig ausgebildet sein. Wichtig ist das Verhalten der Linien zueinander, das H. Pöch in einer schematischen Formel ausdrückt. Mittelfinger-, Ringfinger- und Kleinfingerfurche können auch fehlen [H. Pöch (1)].

2. Das Haar.

Am Haarkleid des erwachsenen Menschen unterscheiden wir eine *Kopf-*, *Gesichts- und Körperbehaarung*. In der Ontogenese gibt es ein *Primärhaarkleid*, die fetale Lanugo (Wollhaar), die mit feinen, hellen Härchen den ganzen Körper gleichmäßig überzieht und etwa im 8. Fetalmonat verschwindet. Es folgt dann das Dauerhaarkleid in seiner ersten Erscheinungsform als feines, schwach gefärbtes, kurzes *kindliches Flaumhaarkleid (Kinder- oder Sekundärhaar)*, welches Gesicht und Körper bedeckt; Kopfbehaarung, Wimpern und Brauen sind schon stärker ausgebildet und dunkler gefärbt. Mit der Pubertät erscheint dann ein kräftigeres Haar, das beim männlichen Geschlecht an Hautlippen, Wange, Kinn, Unterkinn, an Brust, Rücken und Gesäß, ferner bei beiden Geschlechtern an der Genitalgegend, dem Damm, in den Achselhöhlen und an den Streckseiten der Extremitäten als *Terminal- oder Tertiärhaar* das Sekundärhaar verdrängt; letzteres bleibt immerhin beim Weib mehr bestehen als beim Mann, seine Dichte ist rassenhaft und konstitutionell verschieden. Auffallendere Rassenunterschiede zeigt aber das Terminalhaar in Stärke, Dichte und Verteilung. Es gibt haararme (Mongolide, Negride) und haarreiche Rassen (Australide, Ainu, Europide).

Die Aufeinanderfolge und Ausprägung dieser drei Haarkleidarten kann gestört werden (Hypertrichosis lanuginosa, H. vera, H. terminalis). Das Fehlen des Haarkleides (Hypotrichosis) ist eine krankhafte Mißbildung. Das Terminalhaar entwickelt sich in der Pubertät nicht plötzlich, sondern zeigt eine allmähliche Wandlung in den Pubescenzstufen. Besonders charakteristisch ist das Werden der Schambehaarung in Form, Verteilung und Begrenzung bei beiden Geschlechtern. Bei manchen Konstitutionstypen kann z. B. die noch unvollkommene Schambehaarung der ersten Pubescenzstufe dauernd erhalten bleiben; bei infantilen Formen fehlt das Terminalhaar nicht selten.

Das einzelne Haar, besonders aber das Kopfhaar, ist seiner *Form* nach *gerade (lissotrich)* mit den Untergruppen straff und schlicht, *wellig (kymotrich)* mit den Untergruppen flachwellig, engwellig und lockig oder *kraus (ulotrich)* mit den Untergruppen locker kraus, dichtkraus, spiralig und engspiralig (fil-fil). Mit der Form in Zusammenhang steht der *Querschnitt des Haares*, der eine Variation von ungefähr kreisrund (bei straffem Haar) über elliptisch oder oval (bei schlichtem und welligem Haar) bis zu nieren- oder bohnenförmig (bei krausem Haar) aufweist. Auch die *Einpflanzung des Haares* in die Kopfhaut (bei straffem Haar fast rechter Winkel, bei krausem, bzw. spiralgedrehtem Haar sehr spitzer Winkel) gehört hierher. Verschieden ist auch die Dicke des einzelnen Haares [R. Martin, E. Fischer (3)].

Der *Stand des gesamten Kopfhaares* wird als dicht oder schütter bezeichnet. Die Einpflanzung der Haare in die Kopfhaut wechselt regional in ihrer Richtung. Die Folge davon ist das Entstehen der *Haarströmungen*. Der Ausgangspunkt der Haarströmungen des Kopfhaares ist der *Scheitelwirbel*. Als wichtige Merkmale sind seine Lage (links oder rechts von der Mediansagittalen) und sein Drehungssinn (im Sinne oder entgegengesetzt dem Sinne des Uhrzeigers) zu bestimmen. Die Haarverteilungslinie vom Mittelpunkt des Wirbels aus gegen die Stirn verläuft nach links oder nach rechts in Abhängigkeit vom Drehungssinn des Wirbels. Ebenso kann die Haarströmung gegen den Nacken, an der Sagittalen bestimmt, nach links oder nach rechts gerichtet sein. In der

Nackenhaargrenze selbst können vor allem zwei Formen des Haarstriches festgehalten werden, und zwar entweder eine Konvergenz oder eine Divergenz zur Mediansagittalebene.

Viel seltener als der Scheitelwirbel tritt der *Stirnhaarwirbel* auf, der, wenn vorhanden, bezüglich der gleichen Merkmale zu untersuchen ist. Bei den selten vorkommenden *Doppelwirbeln* ist besonders die Lage in bezug auf die Mediansagittale (meist liegen sie asymmetrisch), aber auch der Drehungssinn wichtig (Nehse).

Bei Völkern, die nicht durch Schneiden in das natürliche Wachstum des Haares eingreifen, kann ein Abmessen der *Kopfhaarlänge* zu Ergebnissen führen. Charakteristische Formen bildet auch die Stirnhaargrenze, soweit sie nicht (bei primitiven Völkern) durch künstliche Eingriffe verändert ist. Im Zusammenhang damit sei auch der Altersveränderungen durch Zurückweichen der Stirnhaargrenze sowie des Schütterwerdens und der Glatzenbildung beim männlichen Geschlechte gedacht, die in verschiedenen Formen und in verschiedenen Altersstufen auftreten kann und vererbbar ist. *Altersveränderungen* zeigen sich auch in der Haarform: Die Wellung bzw. Lockung des Kinderhaares geht mit dem Heranwachsen oft zurück. Auch Fälle von Verlust der Wellung nach Schwangerschaft wurden beobachtet [R. Routil (2)].

Einen charakteristischen Merkmalskomplex der Gesichtsbehaarung bildet der *Brauenbogen*. Seiner Form nach ist er gerade, flachbogig, halbkreisförmig, geschwungen oder winkelig abgeknickt. Er kann medialwärts, lateralwärts oder über dem inneren Augenwinkel beginnen und in eben denselben Beziehungen zum äußeren Augenwinkel enden. Eine Vereinigung der beiden Brauenbogen in der Mediansagittalen wird als Räzel bezeichnet. Der Brauenstrich ist von verschiedener Breitenausdehnung; auch der einzelne Brauenbogen kann innerhalb seines Verlaufes an Breite wechseln. Sein höchster Punkt liegt über der Mitte des Augensternes, medial oder lateral davon. Die Haare der Augenbrauen *(Supercilien)* und der Wimpern (Cilien) sind sogenannte Borstenhaare. Das Einzelhaar der Augenbrauen hat verschiedene Länge und Dicke. Der Stand der Brauenhaare ist dicht, mäßig dicht oder schütter und kann auch innerhalb desselben Brauenbogens wechseln. Als besondere Eigentümlichkeit kommt ein Divergieren der Haare am Brauenkopf, also eine Art Wirbelbildung vor, während im übrigen Teil des Bogens eine seitliche Haarrichtung mit Konvergieren gegen die Brauenbogenmittellinie besteht [H. Virchow (2)].

An den *Wimpern (Cilien)* wird ebenfalls ihre Länge, Dicke, Gestalt (gerade oder sichelförmig) sowie die Dichte ihres Standes unterschieden. In der Kindheit sind die Wimpern relativ länger; ihre Dicke, Gestalt und Farbe zeigen kaum eine Altersstufenveränderung.

Das spezifische Terminalhaargebilde des männlichen Geschlechtes ist der *Bart.* Auch bei der Bartbehaarung verfolgen wir die Dicke und Form der Einzelhaare und die Dichte des Standes, sowie die örtliche Verteilung an Hautlippen, Kinn, Unterkinn und Wangen.

Die *Farbe der Gesichtshaare* (Brauen-, Wimpern- und Barthaare) soll immer im Vergleich zum Kopfhaar angegeben werden.

An der Behaarung von Rumpf und Extremitäten *(Körperbehaarung)* fällt uns vor allem beim Erwachsenen das derbere tertiäre Haar auf, das, wie eingangs erwähnt, von der Pubertät an das feine helle sekundäre Körperhaar in den einzelnen Regionen in verschiedenem Grade ablöst. Beim Weib bleibt allerdings das Sekundärhaar viel mehr als beim Mann erhalten. Die männliche Körperbehaarung trifft in verschiedener Dichte und Verteilung Brust, Bauch, Rücken und die Streckseiten der Extremitäten, welch letztere auch beim Weib, allerdings schwächer, behaart sind. Das Achsel- und Schamhaar ist in seiner verschiedenen Farbe, Stärke, Form (schlicht, wellig, gekräuselt) und Begrenzung anzugeben. An der Schambehaarung ist ein männlicher und ein weiblicher Typus zu unterscheiden. Beim männlichen setzt sich die Behaarung des Mons veneris in Form eines Dreiecks bis zum Nabel fort, beim weiblichen ist die Grenze horizontal über dem Mons veneris (Abb. 22). Beide Typen der Schambehaarung kommen beim Mann vor, und zwar in Verbindung mit starker und schwacher Stammbehaarung (E. RISAK). Selbstverständlich kommt die Beobachtung des Körper-, Achsel- und Schamhaares nur für geschlechtsreife Individuen in Betracht.

Sowohl die Ausbildung und Verbreitung des Kopf- und Gesichtshaares als auch die des Körperhaares bilden wesentliche Kennzeichen der Konstitution. Ich verweise auf die Abschnitte ,,Konstitution beim Menschen" von E. HANHART (Bd. I) und ,,Konstitutionsbiologische Methoden" von W. ENKE (Bd. II).

Die Haarfarbe des Menschen reicht von elfenbeinfarbigen Tönen (hellstes blond) über alle Schattierungen von weißgelb, graugelb, rötlich gelb, gelbbraun, rotbraun, schwarzbraun bis zu den völlig schwarz wirkenden Farbeindrücken. Diese Farben werden mittels Haarfarbentafeln bestimmt. Am meisten ist die von FISCHER-SALLER zu empfehlen. Sie enthält eine Farbtonskala von insgesamt 30 Tönen und ist aus Naturhaaren von teils natürlicher, teils künstlicher Farbe hergestellt. Farbenanstriche auf Karton sind für diesen Zweck ungeeignet, ebenso wie für die Bestimmung der Hautfarbe.

Auch bei Verwendung der FISCHER-SALLERschen Tafel wird oft ein Zusatz zur genaueren Erfassung des Farbeindruckes nötig sein. Besonders ist auf die Unterscheidung der Reihe ohne (grau) und mit Rotkomponente (braun) zu achten, da ja für die Rothaarigkeit eine eigene Allelenreihe angenommen wird (CONITZER). In Verbindung mit Rothaarigkeit ist auch auf das Vorkommen von Sommersprossen sowie auf besonders helle Hauttönung Wert zu legen. Beim Albinismus fehlt auch das Pigment im Haar, dieses erscheint dann als weiß mit schwach gelblichem Unterton. Auch ungleiche Färbung an ein und demselben Haar (Ringelhaar) kommt vor (S. EHRHARDT, W. JANKOWSKY).

Als Alterswandel in der Haarfarbe ist das Nachdunkeln des kindlichen Haares besonders hervorzuheben. In Mitteleuropa sind nach E. FISCHER (3) schätzungsweise 3/4 aller später braunhaarigen Menschen als Kinder blond und der später Blondhaarigen als Kinder ganz hellblond. Auch bei dunkelhaarigen Rassen ist ein Nachdunkeln zu beobachten. Was das Ergrauen des Kopfhaares betrifft, so wäre der Zeitpunkt des Beginnes, das Tempo und die Feststellung der zumeist betroffenen Regionen von Wichtigkeit. Unabhängig davon ist das Auftreten einer weißen Haarlocke.

Zu den Hautgebilden gehören auch die Nägel. Was wir anthropologisch an ihnen beobachten, wurde im Abschnitte über die Hand festgehalten.

3. Die Iris oder Regenbogenhaut des Auges.

a) Die Struktur.

Das Erscheinungsbild der menschlichen Iris fällt nicht nur durch seine Farbe, sondern auch durch seine Struktur [J. WENINGER (3, 5)] auf. Selbst mit freiem Auge sehen wir (Abb. 31) zwei verschiedene Zonen: die schmalere Innenzone oder Pupillarzone (J) und die breitere Außenzone oder Ciliarzone (A). Die Grenze zwischen beiden bildet eine mehr oder weniger deutlich gezahnte Linie, die sogenannte ,,Iriskrause". Diese ist im Irisrelief die erhabenste Stelle, d. h. sie reicht im Irisvorderraum am weitesten nach vorne. Von dieser erhabenen Krause fällt die Irisoberfläche einerseits zum inneren Pupillarrand, andererseits zum äußeren Ciliarrand ab. Man kann von einem vulkankegelartigen Relief sprechen; der Kraterrand ist die Iriskrause. Ihre Zickzacklinie ist sehr variabel; das Breitenverhältnis zwischen Innen- und Außenzone richtet sich nach der Lage und dem Verlauf der Krause [schmale (Abb. 32/15, 16), breite (Abb. 32/17—19) Innenzone].

Von vorne nach hinten gliedert sich die Iris in folgende strukturelle *Schichten:* in die vordere Grenzschicht, die Gefäßschicht, die Muskelschicht (Dilatator pupillae) und in die Pigmentepithelschicht. Mit freiem Auge, aber noch deutlicher mit Lupe und Lampe, sehen wir zunächst die vordere Grenzschicht. Sehr dunkle Iriden (Abb. 32/11—14) haben eine über die ganze Innen- und Außenzone ausgebreitete vordere Grenzschicht, die in ihrer pigmentierten Beschaffenheit wie ein samtiger oder pelzartiger Vorhang wirkt und die tiefere Gefäßschicht vollkommen bedeckt. Die Dichte der Grenzschicht ist außerordentlich verschieden; an der Krause ist sie stets am dichtesten; gegen den Pupillar- und Ciliarrand zu wird sie mitunter recht dünn, ja sogar durchsichtig und weist stellenweise Zerreißungen, Löcher (Krypten) auf, durch die wir dann, wie durch ein Fenster, in die tiefer liegende Gefäßschicht hineinsehen können. Es gibt aber auch Iriden, bei welchen außer an der Krause nichts mehr von einer vorderen Grenzschicht wahrzu

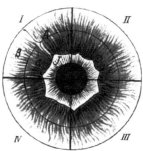

Abb. 31. Schematische Zeichnung der Irisstruktur. *J* Innenzone; *A* Außenzone; *α* innerer Abschnitt der Außenzone; *β* äußerer Abschnitt der Außenzone; die gezackte Linie stellt die Iriskrause dar. *I—IV* die Quadranten oder Sektoren des Koordinatenhilfsnetzes (siehe S. 49).

nehmen ist. In diesem Falle fehlt sie oder sie ist so dünn und durchsichtig, daß sie unserer Beobachtung entgeht. An der Grenzschicht sehen wir also verschiedene Erhaltungszustände. Mit Wolfrum fassen wir nun diese als Stadien einer Rückbildung auf. Die vordere Grenzschicht wäre demnach entwicklungsgeschichtlich ein in Rückbildung befindliches Organ und dadurch könnte ihre große Variabilität erklärt werden. Trotz der auffallenden individuellen Vielgestaltigkeit ist es durchaus möglich, gewisse Zustände zu sog. „Grenzschichttypen" zusammenzufassen. Solche Typen sind:

I. Der Typus mit vollständig erhaltener vorderer Grenzschicht. Bei dichter Grenzschicht zeigt sich die Struktur der Iris in der Vorderansicht radiär geradstrahlig (Abb. 32/11—14). Diese geraden Strahlen stellen sich bei Untersuchung mit Lupe und Lampe als mehr oder weniger tiefe geradlinige Furchen in der Grenzschicht dar. Zwischen diesen Furchen heben sich die Grenzschichtfalten wie regelmäßige Lavazungen eines Vulkans heraus. Ist aber die Grenzschicht dünn und dadurch auch mehr oder weniger durchscheinend, dann sieht man schon die korkzieherartig gewundenen Blutgefäße der Gefäßschicht als unscharf geflammte Radien durchschimmern (Abb. 32/1).

II. Der Typus mit mehr oder weniger reduzierter vorderer Grenzschicht.
a) Die Grenzschicht ist deutlich vorhanden, hat aber Löcher, sog. *Krypten.* Diese können nur angedeutet oder groß und scharf ausgeprägt sein (Abb. 32/6, 7).
b) Die Grenzschicht ist schon so stark reduziert, daß von ihr nur noch Reste feststellbar sind als größere oder kleinere Flecken (Abb. 32/18), Knoten (Abb. 32/3), radiäre Zungen (Abb. 32/2), Maschen (Abb. 32/8, 9), Stege, Sektoren, oder sie ist überhaupt nur noch an der Iriskrause deutlich erhalten und strahlt von hier noch etwas nach außen und nach innen aus (Abb. 32/5). Bei diesem Typus kann man an jenen Stellen, wo die Grenzschicht durchsichtig bzw. fehlend ist, die tiefer liegenden geflammtstrahligen Gefäße der Gefäßschicht deutlich sehen.

III. Der Typus mit fehlender Grenzschicht. Hier sind die korkzieherartig gewundenen Gefäße der Gefäßschicht in Form geflammter radiärer Strahlen der Außen- und Innenzone gestochen scharf sichtbar, die Krause ist nur durch schwache Grenzschichtreste leicht angedeutet (Abb. 32/10). Es spielt aber

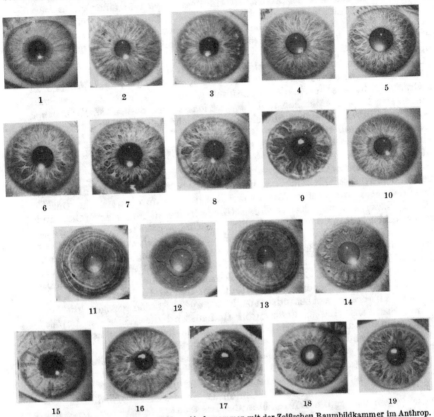

Abb. 32. Strukturbilder menschlicher Iriden. (Aufgenommen mit der Zeißschen Raumbildkammer im Anthrop. Institut der Universität Wien von M. v. GIESL und J. WENINGER.)
1 dünne, durchsichtige vordere Grenzschicht (v. Gr.), die darunter liegende Gefäßschicht (G.S.) scheint unscharf durch; *2* v. Gr. strahlt von der Krause in Zungen gegen den Ciliarrand; *3* ebenso wie *2*, am Ciliarrand sog. Irisknoten; *4* und *5* v. Gr. strahlt von der Krause in Fäden aus, diese Fäden verlieren sich gegen die β-Zone; unter diesen Fäden die Gefäße der G.S. scharf sichtbar; *6* bis *9* v. Gr. erhalten, aber von Krypten durchlöchert; am Grunde der Krypten sieht man gestochen scharf die Gefäße der G.S. liegen; *10* v. Gr. nur an der Krause schwach erhalten, die korkzieherartig gewundenen Gefäße der G.S. sind auffallend rein und scharf zu sehen (Typus mit fehlender Grenzschicht); *11* vollkommen erhaltene, dichte, undurchsichtige, stark pigmentierte v. Gr. mit deutlichen geradlinigen, radiären Furchen und vielen Kontraktionsringen; die Krause ist kaum sichtbar, Innen- und Außenzone undeutlich voneinander abgegrenzt; *12* dichte, stark pigmentierte v. Gr. mit Krypten. Innen- und Außenzone scharf voneinander getrennt, Kontraktionsringe wenig und undeutlich; *13* dichte, stark pigmentierte v. Gr. mit vielen kleinen Krypten an der Krause und vielen deutlichen Kontraktionsringen; *14* dichte, stark pigmentierte v. Gr. mit vielen großen Krypten an der Krause und wenigen undeutlichen Kontraktionsringen; *15* und *16* Iris mit schmaler Innenzone; *17* und *18* Iris mit breiter Innenzone; *19* sehr breite Innenzone.

die Adventitia der Gefäße eine große Rolle; je nach ihrer Dicke erscheint die Gefäßschicht zart oder derb geflammt; ferner kann sich die Adventitia von zwei oder mehreren Gefäßen durch Bindegewebe enger verbinden und die Strahlung dadurch noch derber machen.

Die Irisstruktur läßt sich mit unbewaffnetem Auge nicht erfassen. Am Anthropologischen Institut der Universität Wien arbeiten wir schon seit einigen

Jahren mit der Zeißschen Raumbildkammer zur Aufnahme des vorderen Augen-abschnittes. In diese Kammer ist ein Beleuchtungssystem eingebaut, das eine besonders günstige Beobachtung der Farbe und Struktur der Iris sowie die stereophotographische Aufnahme derselben gestattet. Als sehr zweckmäßig hat sich auch die Arbeit mit der Zeißschen Hammerlampe und einer guten Lupe erwiesen, schon deshalb, weil wir damit die Iris seitlich beleuchten können, wodurch ihr ganzes Reliefbild besonders plastisch gesehen werden kann. Solche Irisbeobachtungen können nur in einem abgedunkelten Raum vorgenommen werden.

In der Außenzone der dunklen (pigmentierten) Iriden sieht man stets deutlich konzentrisch angeordnete Streifen (Teile von Kreisen). Das sind Furchen in der Grenzschicht, die durch die mechanischen Vorgänge beim Erweitern und Verengen der Pupille entstehen und *Kontraktionsfurchen oder Kontraktionsringe* genannt werden; sie können zahlreich sein und dicht nebeneinander liegen oder in geringer Zahl auftreten und weit auseinander liegen (Abb. 32/*11, 13, 14*). Auch bei den hellen Iriden sind sie stets vorhanden, aber nur wenig oder gar nicht sichtbar.

Die Strukturvariationen der menschlichen Iris hat in jüngster Zeit V. Es-KELUND in einem stattlichen Werk behandelt. Als Merkmale der Irisstruktur beobachtet er: 1. die größte Anzahl der Kontraktionsfurchen; 2. die Durch-sichtigkeit bzw. Trübung der vorderen Grenzschicht in ihrem zentralen und peripheren Abschnitt; sie wird durch vier Einteilungsgrade festgehalten; 3. die „zentrale Atrophie" der vorderen Grenzschicht, die durch das Verhältnis der Breite der Innenzone zur Breite der ganzen Iris zahlenmäßig ausgedrückt wird; 4. die „diffuse Atrophie", d. h. die Variationen des Erhaltungszustandes der vorderen Grenzschicht im Gebiete der Außenzone (4 Grade). Aus diesen Merk-malen wird eine Strukturformel aufgestellt. An der zu beobachtenden Kreis-fläche der Iris werden in Abständen von je 30° zwölf Radien gezogen (die Uhr mit ihren Stunden). Längs dieser zwölf Radien wird die Weite der Pupille, der Innenzone und der ganzen Iris gemessen und aus den für jede dieser Dimen-sionen sich ergebenden 12 Werten ein Mittelwert gebildet.

F. SCHWÄGERLE geht bei seinen ebenfalls jüngst erschienenen Untersuchungen der Irisstruktur beschreibend nach eigener Einteilung vor. Er unterscheidet einen Pupillarsaum, Innenring, Krausenring und Außenring und teilt wie ESKELUND die Iris entsprechend der Uhr in 12 gleiche Keile. In diesem Ko-ordinatensystem legt er die Einzelheiten der Irisstruktur (Dicke und Lage der Fasern, Krypten) fest.

Erbbiologische Angaben über die Irisstruktur finden wir bei V. ESKELUND, F. SCHWÄGERLE und J. WENINGER (5).

Neugeborene haben ein anscheinend noch wenig gegliedertes Irisgewebe. Die Krause verstreicht nahe am Pupillarrand (schmale Innen-, sehr breite Außen-zone) und hebt sich wenig heraus. Man gewinnt den Eindruck, als ob eine feste Grenzschicht vorhanden wäre. Nach dem dritten Monat erscheint dieses Gewebe schon mehr aufgelockert und nähert sich seinem erblich gefestigten Struktur-typus, der mit dem ersten Lebensjahr eigentlich erreicht wird. Die späteren Veränderungen treffen nicht mehr so sehr den Gesamttypus, als vielmehr Einzelheiten des strukturellen Gefüges, sie setzen sozusagen die Auflockerung fort.

b) Die Farbe der Iris.

Daß an der Regenbogenhaut des Auges der Farbeindruck wesentlich ist, sagt schon ihr Name. Wir nehmen unschwer blaue und braune Farbtöne und alle Übergänge von blau über blaugrau, graugrün, grün, hellbraun, braun bis dunkelbraun wahr. Die *blaue Farbwirkung* kommt dadurch zustande, daß ein trübes (grauweißes) Medium (die Gewebe der Grenzschicht, Gefäßschicht und Muskelschicht) vor einem dunklen Hintergrunde (Pigmentepithel) liegt. Je besser die vordere Grenzschicht erhalten ist, um so mehr erscheint uns dann die Farbe weißblau bis blaugrau; bei durchsichtiger und noch mehr bei fehlender Grenzschicht entstehen aber die reinblauen Farbwirkungen, weil hier nur mehr die Gefäßschicht und Muskelschicht vor dem Pigmentepithel liegt. Blaue Iriden zeigen gar nicht selten bei genauerer Betrachtung einen zarten, gelben, diffusen Schimmer, besonders an der Krause, der in Fragen der Vererbung wohl zu beachten ist [J. WENINGER (9)]. Dieser Schimmer sowie die *braunen und grünen Farben* der Iris werden durch das Pigment in der vorderen Grenzschicht und seine mannigfache Verteilung hervorgerufen. Die in abgestuften Tönen in Erscheinung tretende braune Farbwirkung hängt nicht von einer verschiedenen Färbung, sondern vielmehr von der Dichte der Lagerung der Pigmentkörnchen in der vorderen Grenzschicht ab. Das Vorhandensein der Grenzschicht, bzw. ihr Erhaltungszustand spielt demnach auch für die Pigmentierung und das damit zusammenhängende grünbraune Farbenspiel der Iris eine große Rolle. Dichtes Pigment auf dichter und ganz erhaltener Grenzschicht ergibt die dunkelbraunen Farbtöne, weniger dichtes Pigment läßt hellbraune Farben erscheinen.

Ist die Grenzschicht reduziert zu Flecken, Knoten, Maschen, Zungen, Sektoren, so sitzt das Pigment, falls es sich manifestiert, an diesen Stellen; durch die grenzschichtfreien Stellen spielt das bläuliche Dunkel der tieferen Gefäßschicht hervor. Dieses Blau und die pigmentierten gelb bis bräunlichen Vorderschichtreste ergeben in ihrer Gesamtheit die *grünlichen* (melierten) *Farbeindrücke*.

Zur Festhaltung der *Irisfarbe* verwendet man licht- und feuchtigkeitsbeständige *Augenfarbentafeln*, und zwar Glasaugen in einer Metallfassung. Die derzeit gebräuchlichste dieser Tafeln ist die von B. K. SCHULTZ verbesserte MARTINsche Augenfarbentafel mit 20 Glasaugen, die die wichtigsten Farben enthält. Damit läßt sich wohl der Farbeindruck, nicht aber die Einzelheiten festhalten. Die feineren individuellen Farbtöne sind weniger bei Rassenuntersuchungen als bei Vererbungsfragen von Belang. Zur Vererbung der Irisfarbe gibt es ein reiches Schrifttum. Einen Überblick darüber bietet H. FLEISCHHACKER in seiner Arbeit „Über die Vererbung der Augenfarbe".

Die Farbe der Iris bei Neugeborenen erscheint dunkelviolett-blaugrau. Auch an der Farbe vollzieht sich ebenso wie an der Struktur im ersten Lebensmonat eine wesentliche Änderung. Die dunkelviolette Farbe verschwindet allmählich und macht den erblich angelegten Zuständen (Pigmentierung, Mangel bzw. Fehlen von Pigment) Platz. Es können aber auch noch Umgestaltungen während des weiteren Wachstums stattfinden, wie das sogenannte Aufhellen und Nachdunkeln durch Veränderung des Pigmentgehaltes der pigmentführenden Zellen (M. HESCH). Es wird sich dabei um physiologische Vorgänge (innere Sekretion) im Entwicklungsrhythmus des Individuums handeln, ähnlich wie bei den Erscheinungen in der Veränderung der Farbe des Kopfhaares. Vom Nachdunkeln wohl zu unterscheiden ist eine krankhafte oder durch äußere Umstände (traumatisch) bewirkte Veränderung der Pigmentierung. Zuweilen sehen wir kleine, scharfumrissene, braune Flecken (Naevi) in der Iris. Sie sind an Zahl und Lokalisation sehr verschieden.

Um die regionalen Unterschiede in der Struktur und Pigmentverteilung festhalten zu können, ist es zweckmäßig, ein *Koordinatenhilfsnetz* in die Iris hineinzuprojizieren. Durch ein senkrecht stehendes Fadenkreuz gliedern wir die Iris in vier Quadranten oder weiter in Oktanten; die meist breite Außenzone *A* wollen wir in zwei gleichbreite Ringe (besser Abschnitte) teilen: einen inneren (α) und einen äußeren (β) (Abb. 31).

Schrifttum.

ABEL, W.: (1) Physiognomische Studien an Zwillingen. Z. Ethnol. **64** (1932). — (2) Die Vererbung von Antlitz und Kopfform des Menschen. Z. Morph. u. Anthrop. **33**, H. 2 (1934). — (3) Neue Methode zur Messung der Kopfform am Lebenden. S.A.S., Bologna, 1937, No 5. — (4) Ein Instrument zur Messung von Finger- und Zehennägeln. S.A.S., Bologna, **1937**, No 5. — ADACHI, B.: Mikroskopische Untersuchungen über die Augenlider der Affen und des Menschen. Mitt. med. Fak. Tokio **7** (1906). — AICHEL, O.: Ergebnisse einer Forschungsreise nach Chile-Bolivien. Z. Morph. u. Anthrop. **31** (1933).

BACH, F.: Brustumfang und Leibesübungen. Anthrop. Anz. **2**, H. 3 (1925). — BAUER, J.: Vorlesungen über die allgemeine Konstitutions- und Vererbungslehre. Berlin 1921. — BETTMANN, S.: Über Papillarzeichnungen am menschlichen Daumenballen. Z. Anat. **96** (1931). — BONNEVIE, K.: (1) Studies on papillary patterns of human fingers. J. Genet. **15**, H. 1 (1924). — (2) Was lehrt die Embryologie der Papillarmuster über ihre Bedeutung als Rassen- und Familiencharakter? Z. Abstammgslehre 50, H. 2 (1929); **59**, H. 1 (1931). — BREZINA, E. u. V. LEBZELTER: Über die Dimensionen der Hand bei verschiedenen Berufen. Arch. f. Hyg. **92** (1923).

CONITZER, H.: Die Rothaarigkeit. Z. Morph. u. Anthrop. **29**, H. 1 (1931). — CUMMINS, H., H. H. KEITH, CH. MIDLO, R. B. MONTGOMERY, H. H. WILDER and J. WHIPPLE WILDER: Revised methods of interpreting and formulating palmar dermatoglyphics. Amer. J. physic. Anthrop. **12**, No 3 (1929).

DAVENPORT, C. B.: (1) The skin colors of the races of mankind. Nat. History **26** (1926). — (2) Postnatal growth of the external nose. Proc. amer. philos. Soc. **78** (1937).

EHRHARDT, S.: Ringelhaare in der Familie E. Anthrop. Anz. 8, H. 3/4 (1932). — EICKSTEDT, E. v.: Beiträge zur Rassenmorphologie der Weichteilnase. Z. Morph. u. Anthrop. **25**, H. 2 (1926). — ESKELUND, V.: Structural variations of the human iris and their heredity, with special reference to the frontal boundary layer. London, Copenhagen 1938.

FISCHER, E.: (1) Die Rehobother Bastards und das Bastardierungsproblem. Jena 1913. — (2) Versuch einer Genanalyse des Menschen. Z. Abstammgslehre 54, H. 1/2 (1930). — (3) Haar (anthropologisch). Handwörterbuch der Naturwissenschaften, 2. Aufl. (1933). — (4) Neue Rehoboter Bastardstudien. I. Antlitzveränderungen verschiedener Altersstufen bei Bastarden. Z. Morph. u. Anthrop. 37 (1938). — FISCHER, E. u. K. SALLER: Eine neue Haarfarbentafel. Anthrop. Anz. 5 (1928). — FISCHER, M.: Die Formung der menschlichen Nase in der Pubertät. Arch. Frauenkde u. Konstitut.forsch. **16**, H. 2 (1930). — FLEISCHHACKER, H.: Über die Vererbung der Augenfarbe. Z. menschl. Vererb.- u. Konstit.-lehre 19 (1936). — FRETS, G. P.: (1) On Mendelian Segregation with the Heredity of Headform in Man. Proc. Akad. Wetensch. Amsterd. 20, Nr. 3 (1917). — (2) Heredity of Headform in Man. Den Haag: Nijhoff 1921. — (3) The cephalic index and its heredity. Den Haag: Nijhoff 1925. — (4) The relation of head-length and headindex of Johannsen and the spurious correlation of Pearson. Proc. Akad. Wetensch. Amsterd. 40, Nr. 5 (1937).

GAUPP, E.: Die normalen Asymmetrien des menschlichen Körpers. Jena: Gustav Fischer 1909. — GEIPEL, G.: (1) Anleitung zur erbbiologischen Beurteilung der Finger- und Handleisten. München: J. F. Lehmann 1935. — (2) Der Formindex der Fingerleisten-muster. Z. Morph. u. Anthrop. **36**, H. 2 (1937). — GEYER, E.: (1) Vererbung der bandförmigen Helix. Mitt. anthrop. Ges. Wien 58 (1928). — (2) Vererbungsstudien an menschlichen Ohr. 3. Beitrag. Die flache Anthelix. Mitt. anthrop. Ges. Wien 62 (1932). — (3) Die anthropologischen Ergebnisse der mit Unterstützung der Akademie der Wissenschaften in Wien veranstalteten Lapplandexpedition 1913/14. Mitt. anthrop. Ges. Wien **62** (1932). — (4) Probleme der Familienanthropologie. Mitt. anthrop. Ges. Wien **64** (1934). — (5) Stellung und Faltung der Ohrmuschel. Anthrop. Anz. **13**, H. 1/2 (1936). — GOLD-HAMER, K.: Röntgenologische Studien über das menschliche Profil. I. Z. Anat. 81, H. 1/2 (1926).

HARRASSER, A.: (1) Eine neue Methode der anthropologischen Photographie ganzer Körper. Anthrop. Anz. **13** (1936). — (2) Die „Leica" als Reisekamera für anthropologische Kopfaufnahmen. Anthrop. Anz. **14** (1937). — HESCH, M.: Über Pigmentierungsverhält-nisse der menschlichen Iris nach Alter und Geschlecht, Beziehungen zwischen Augenfarbe, Struktur und Ringbildung. Verh. Ges. phys. Anthrop. **1931**. — HILDÉN, K.: (1) Über die Form des Ohrläppchens beim Menschen und ihre Abhängigkeit von Erbanlagen. Hereditas (Lund) **3** (1922). — (2) Zur Kenntnis der menschlichen Kopfform in genetischer Hinsicht. Hereditas (Lund) **6** (1925). — (3) Zur Kenntnis der Erbfaktoren der menschlichen Nasen-form. Hereditas (Lund) **13** (1929). — HOVORKA, O.: Die äußere Nase. Eine anatomisch-anthropologische Studie. Wien: Alfred Hölder 1893. — HRDLIČKA, A.: Growth during adult life. Proc. amer. Phil. Soc. **76** (1936).

JANKOWSKY, W.: Beobachtungen an Ringelhaaren. Anthrop. Anz. **9**, H. 3/4 (1932). — JARCHO, A.: Die Altersveränderungen der Rassenmerkmale bei den Erwachsenen. Anthrop. Anz. **12** (1935).

KOENNER, D. M.: (1) Ein Beitrag zur Morphologie der Hand. Verh. dtsch. Ges. Rassenforsch. **15** (1938). — (2) Häufigkeiten von Extremitätendefekten. Erbarzt **5**, H. 1/2 (1938). — (3) Anthropologische und morphologische Beobachtungen an der menschlichen Hand. Mitt. anthrop. Ges. Wien **68**, H. 3/4 (1938). — KOLLMANN, J.: Plastische Anatomie des menschlichen Körpers. Berlin u. Leipzig: De Gruyter & Co. 1928. — KRETSCHMER, E.: Körperbau und Charakter. 11. u. 12. Aufl. Berlin 1936.

LEICHER, H.: Die Vererbung anatomischer Variationen der Nase, ihrer Nebenhöhlen und des Gehörorganes. Die Ohrenheilkunde der Gegenwart und ihre Grenzgebiete in Einzeldarstellungen, Bd. 12. 1928.

MARTIN, R.: Lehrbuch der Anthropologie, 2. Aufl. Jena: Gustav Fischer 1928. — MEYER-HEYDENHAGEN, G.: Die palmaren Hautleisten bei Zwillingen. Z. Morph. u. Anthrop. **33**, H. 1 (1934). — MOLLISON, TH.: Spezielle Methoden anthropologischer Messung. ABDERHALDENS Handbuch der biologischen Arbeitsmethoden, Abt. VII, Teil 2, H. 3. 1938.

NEHSE, E.: Beiträge zur Morphologie, Variabilität und Vererbung der menschlichen Kopfbehaarung. Z. Morph. u. Anthrop. **36**, H. 1 (1936).

PLOETZ-RADMANN, M.: Die Hautleistenmuster der unteren beiden Fingerglieder der menschlichen Hand. Z. Morph. u. Anthrop. **36**, H. 2 (1937). — PÖCH, R.: II. Bericht über die von der Wiener Anthropologischen Gesellschaft in den K. u. K. Kriegsgefangenenlagern veranlaßten Studien. Mitt. anthrop. Ges. Wien **46** (1916). — PÖCH, H.: (1) Über Handlinien. Mitt. anthrop. Ges. Wien **55** (1925). — (2) Beiträge zur Anthropologie der ukrainischen Wolhynier. Mitt. anthrop. Ges. Wien **55/56** (1926). — POLL, H.: Seltene Menschen. Anat. Anz. **66**, Erg.-H. (1928).

QUELPRUD, TH.: (1) Untersuchungen der Ohrmuschel von Zwillingen. Z. Abstammgslehre **62** (1932). — (2) Familienforschungen über Merkmale des äußeren Ohres. Z. Abstammgslehre **67** (1934).

RISAK, E.: Über die verschiedenen Arten der männlichen Genitalbehaarung. Z. Konstit.lehre **15**, H. 2 (1930). — ROLLEDER, A.: Rassenkundliche Forschungen an Serben. Verh. dtsch. Ges. Rassenforsch. **1938**. — ROMICH, S.: Fingerlängen bei verschiedenen Konstitutionstypen. Anthrop. Anz. **9**, H. 3/4 (1932). — ROUTIL, R.: (1) Über die biologische Gesetzmäßigkeit der Kopfmasse. Mitt. anthrop. Ges. Wien **62** (1932). — (2) Über einige Beobachtungen am menschlichen Haarkleide. Z. Morph. u. Anthrop. **32**, H. 3 (1933). — (3) Ein Vorschlag zur Verarbeitung metrischer Beobachtungsreihen. Boll. Com. internat. unificaz. Metodi **1**, H. 4 (1937). — (4) Ein Beitrag zum Erbstudium des menschlichen Haarkleides. Mitt. anthrop. Ges. **68**, H. 3/4 (1938).

SALLER, K.: (1) Ein Schema zur Untersuchung des menschlichen Haarkleides. Anat. Anz. **61** (1926). — (2) Abnorme Kopfhaarwirbel. Eugenik **2**, H. 11/12 (1932). — SCHEIDT, W.: Untersuchungen über die Erblichkeit der Gesichtszüge. Z. Abstammgslehre **60** (1932). — SCHIEFFERDECKER, P.: Die Hautdrüsen des Menschen und der Säugetiere. Zoologica **27**, H. 72 (1922). — SCHLAGINHAUFEN, O.: (1) Das Hautleistensystem der Primatenplanta unter Mitberücksichtigung der Palma. Gegenbaurs Jb. **33/34** (1905). — (2) Über das Leistenrelief der Hohlhand und Fußsohlenfläche bei Halbaffen, Affen und Menschenrassen. Erg. Anat. **15** (1905). — (3) Beobachtungen über die Handform bei Schweizern. Bull. Schweiz. Ges. Anthrop. **9** 1932). — (4) Zur Kenntnis der Handform der Issa-Somali. Arch. Klaus-Stiftg. **9** (1934). — SCHULTZ, B. K.: Taschenbuch der rassenkundlichen Meßtechnik. Anthropologische Meßgeräte und Messungen am Lebenden. München 1937. — SCHWÄGERLE, F.: Irisstruktur und Augenfarbe bei ein- und zweieiigen Zwillingen. Z. menschl. Vererb.- u. Konstit.lehre **22** (1938). — SIEDER, H.: Über die Augenlider bei Zwillingen. Z. menschl. Vererb.- u. Konstit.lehre **22** (1938). — ŠKERLJ, B.: Zur physiologischen „Fettleibigkeit des Weibes". Arch. Frauenkde u. Konstit.forsch. **16** (1930). — STRATZ, C. H.: Naturgeschichte des Menschen. Stuttgart: Ferdinand Enke 1904.

TUPPA, K.: Studien an den Weichteilen der Augengegend. Verh. dtsch. Ges. Rassenforsch. **1938**.

VIRCHOW, H.: (1) Die anthropologische Untersuchung der Nase. Z. Ethnol. **44**, H. 2 (1912). — (2) Stellung der Haare am Brauenkopfe. Z. Ethnol. **44**, H. 2 (1912).

WECHSLER, W.: Anthropologische Untersuchung der Handform mit einem familienkundlichen Beitrag. Arch. Klaus-Stiftg. **14** (1939). — WEIDENREICH, F.: Rasse und Körperbau. Berlin: Julius Springer 1927. — WEN, J. C.: The development of the upper eyelid of the Chinese with special reference to the Mongolic fold. Chin. med. J. **48** (1934). — WENINGER, J.: (1) Morphologische Beobachtungen an der äußeren Nase und an den Weichteilen der Augengegend. Sitzgsber. anthrop. Ges. Wien **1926/27**, Ber. über d. Tagg. in

Salzburg 1926. — (2) Eine morphologisch-anthropologische Studie, durchgeführt an 100 west-afrikanischen Negern, als Beitrag zur Anthropologie von Afrika. R. Pöchs Nachlaß, Serie A, Bd. 1. Anthrop. Ges. Wien: 1927. — (3) Zur anthropologischen Betrachtung der Irisstruktur. Mitt. anthrop. Ges. Wien 62 (1932). — (4) Über die Weichteile der Augengegend bei erbgleichen Zwillingen. Anthrop. Anz. 9, H. 1 (1932). — (5) Irisstruktur und Vererbung. Z. Morph. u. Anthrop. 34 (1934). — (6) Rassenkundliche Untersuchungen an Albanern. R. Pöchs Nachlaß, Serie A, Bd. 4. Wien: Anthrop. Ges. 1934. — (7) Der naturwissenschaftliche Vaterschaftsbeweis. Wien. klin. Wschr. 1935 I. — (8) Eine Methode zur Verarbeitung der metrischen Merkmale in der Familienanthropologie. Boll. Com. internat. unificaz. Metodi 1, H. 4 (1937). — (9) Zur Vererbung der „blauen Irisfarbe". Mitt. anthrop. Ges. Wien. 68, H. 3/4 (1938). — Weninger, J. u. H. Pöch: Leitlinien zur Beobachtung der somatischen Merkmale des Kopfes und Gesichtes am Menschen. Mitt. anthrop. Ges. Wien. 54 (1924). — Weninger, M.: (1) Familienuntersuchungen über den Hautleistenverlauf am Thenar und am ersten Interdigitalballen der Palma. Mitt. anthrop. Ges. Wien. 65 (1935). — (2) Zur Vererbung der Wirbelmuster an den Fingerbeeren. Mitt. anthrop. Ges. Wien 68, H. 3/4 (1938). — Wiedersheim, R.: Der Bau des Menschen als Zeugnis für seine Vergangenheit. Tübingen: H. Laupp 1908. — Wilder, H. H.: (1) Palms and Soles. Amer. J. Anat. 1 (1901/02). — (2) Duplicate twins and double monsters. Amer. J. Anat. 3 (1904). — Wolfrum: Über den Bau der Irisvorderfläche des menschlichen Auges mit vergleichend anatomischen Bemerkungen. Graefes Arch. 109 (1922). — Würth, A.: Die Entstehung der Beugefurchen der menschlichen Hohlhand. Z. Morph. u. Anthrop. 36, H. 2 (1937).

Konstitutionsbiologische Methoden.

Von **W. Enke**, Bernburg (Anhalt).

Mit 16 Abbildungen.

I. Die biologischen Grundlagen.

Die heutige konstitutionstypologische Forschung ist *ganzheitlich* eingestellt.
Da sie ein naturwissenschaftlich empirisches Arbeitsgebiet ist, bezieht sie ihre
Fragestellungen und Zielsetzungen aus der *Erfahrung*. Diese lehrt, daß Körper

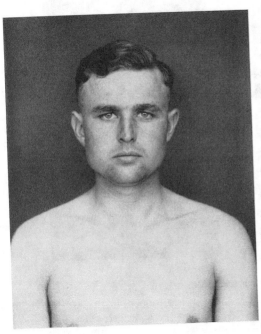 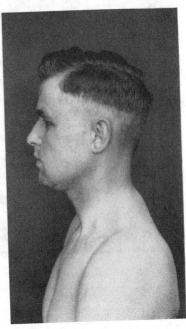

Abb. 1. Abb. 2.

Abb. 1 und 2. Pyknischer Typus.

und Seele in ihren gegenseitigen Wechselbeziehungen abhängig voneinander sind
und daß diese wechselseitigen Beziehungen ihrerseits in der Erbanlage beruhen.
Auf der Erfahrungsgrundlage der *erblich bedingten Einheit von Körper und
Seele* ersteht nun der Konstitutionsbiologie die Forschungsaufgabe, erbmäßig
bedingte Einzelmerkmale körperlicher *und* seelischer Art zu erfassen, soweit
sie aus der äußeren Erscheinung der Menschen erkennbar sind. Wenn wir
von ,,konstitutionsbiologischen Eigenschaften'' einer Persönlichkeit sprechen,
so meinen wir damit stets solche, bei denen der Schwerpunkt in der Erbanlage beruht.

Von allen biologisch begründeten Konstitutionslehren der Neuzeit ist es vornehmlich diejenige von E. KRETSCHMER, die sich nicht nur von Anfang an um eine exakte Erfassung der erbmäßig bedingten Leib-Seele-Merkmale bemüht hat, sondern auch die inneren Beziehungen der Einheit von Körper und Seele in großem Umfange bereits überzeugend nachweisen konnte. Hieraus rechtfertigt es sich, wenn wir bei der Besprechung der konstitutionsbiologischen Untersuchungsmethoden hauptsächlich von der KRETSCHMERschen Konstitutionstypologie

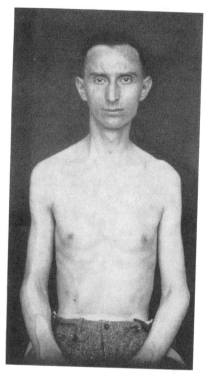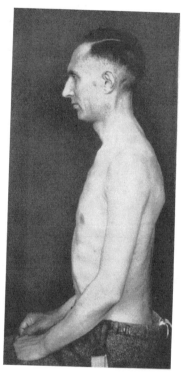

Abb. 3.   Abb. 4.

Abb. 3 und 4. Leptosomer Typus.

ausgehen. Wie KRETSCHMER treffend sagt, handelt es sich bei allen bio-logischen Konstitutionsfragen „nicht um Einteilung, sondern um Forschung; d. h. letzten Endes immer um die Entdeckung und Beschreibung von *Merkmalskorrelationen* größerer und geringerer Häufigkeit". Dies gelang erstmals überzeugend durch den Nachweis, daß sich gewisse Formen *erblicher* Geisteskrankheiten in einem entsprechenden Häufigkeitsverhältnis bei bestimmten Körperbauformen finden. Umgekehrt konnte von KRETSCHMER und zahlreichen Nachuntersuchern durch Erforschung der prämorbiden Persönlichkeit der erblich Geisteskranken nachgewiesen werden, daß nicht nur die geistige Störung als solche in gesetzmäßiger Beziehung zu einem bestimmten Körperbau steht, sondern daß bereits die jeweilige Temperamentsform der noch gesunden Persönlichkeit enge erbmäßige Beziehung zum Körperbau hat. Es kam so zu der Aufstellung der cyclothymen, schizothymen sowie viscösen Temperamente

und ihrer gesetzmäßigen Beziehungen zum pyknischen, leptosomen (asthenischen) und athletischen Körperbautyp. Das allgemeine Eindrucksbild dieser
drei wichtigsten Körperbautypen ist aus den Abb. 1—6 ersichtlich.

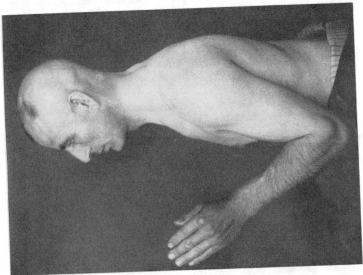

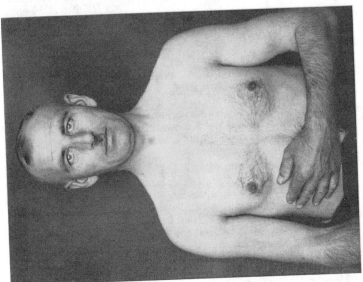

Abb. 6.

Abb. 5 und 6. Athletischer Typus.

Abb. 5.

II. Methodik der konstitutionstypologischen Einteilung.

1. Die Konstitutionstypen KRETSCHMERs und ihre Mischformen.

Der pyknische Typus ist, wie schon der Name sagt, im wesentlichen gekennzeichnet durch *rundliche* Formen, mit verhältnismäßig großen Eingeweidehöhlen.
Der Knochenbau ist mehr zart, die Muskulatur weich, der Fettansatz an Gesicht,

Hals und Stamm reichlich. Der Pykniker hat einen stattlichen Kopf-, Brust-
und Bauchumfang, während die Schultern mehr schmal aufsitzen. Der Kopf
erscheint etwas nach vorn geschoben auf kurzem gedrungenen Hals. Der Hirnschädel ist meist nieder und tief, das Gesicht weich, breit und rundlich, von mittleren harmonischen Höhenproportionen und guter Durchbildung der Einzelformen. Das Profil ist weich und schwach gebogen mit fleischiger Nase. Der
Gesichtsumriß zeigt, etwas schematisiert, eine flache Fünfeck- oder breite
Schildform. Die Hände sind kurz, breit und weich, aber zierlich gebaut. Das
Haupthaar ist durchschnittlich mehr weich, dünn, zurückweichend. Pykniker
neigen zu frühzeitigen starken Glatzen, während Bart und Körperbehaarung
gleichmäßig reichlich sind.

Die *Leptosomen* zeichnen sich aus durch schlank-muskulöse Formen, schmalen
Wuchs, schmales Gesicht und scharfes Profil. Knochen, Muskeln und Haut

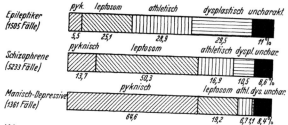

sind durchweg grazil,
dünn und mager. Der
Kopf ist meist klein,
entweder hoch oder
rundlich. Der Gesichts-
umriß neigt in ausge-
prägten Fällen zu einer
steilen oder verkürzten
Eiform. Die Schultern
sind schmal, der Brust-
korb lang, schmal und
flach. Das wesentliche
am Habitus der Lepto-

Abb. 7. Verteilung der psychischen Erbkrankheiten auf die einzelnen
Konstitutionen (8099 Fälle). (Nach WESTPHAL.)

somen ist *geringes Dickenwachstum bei durchschnittlich unvermindertem Längenwachstum.*

Die *Athletiker* sind gekennzeichnet durch besonders kräftige Entwicklung
von Skelet und Muskulatur. Sie haben einen hohen Kopf, breite Schultern,
frontal einen trapezförmigen Rumpfumriß mit verhältnismäßig schmalem Becken
und schmalen Beinen. Der Knochenbau ist derb, die Muskulatur unter einer
elastischen, fettarmen Haut straff entwickelt und in plastischem Relief durch-
tretend. Auf kräftigem, hohen Hals sitzt ein derber Hochkopf mit hohem Mittelgesicht und kräftiger Herausarbeitung von Kinn und Knochenrelief. Der Frontal-
umriß des Gesichtes neigt zur steilen Eiform. Die Schultern sind breit und ausladend, der Brustkorb ist stattlich.

Wie schon angedeutet, haben nun diese Körperbauformen nicht allein enge
Korrelationen zu den Geisteskrankheiten (zirkuläres Irresein, Schizophrenie,
sowie zur genuinen Epilepsie), sondern sie zeigen dieselbe Affinität auch zu
drei großen normalpsychologischen Temperamentskreisen. Umfangreiche statistische Reihenuntersuchungen ergaben bei den Pyknikern vorwiegend das cyclothyme, bei den Leptosomen und Asthenikern das schizothyme und bei den
Athletikern das viscöse Temperament. Diese drei normalen Temperamentsformen sind biologisch dadurch gegeneinander charakterisiert, daß Cyclothymiker,
falls sie einmal geistig erkranken, vorwiegend zirkuläre, Schizothymiker dagegen
vorwiegend schizophrene Psychosen bekommen und die Viscösen entweder im
schizophrenen Formenkreis vorwiegend das katatone Syndrom zeigen oder dem
epileptischen Formenkreis zuneigen. Wie sich die seelischen Erbkrankheiten
auf die einzelnen Konstitutionen verteilen, zeigt eine von WESTPHAL ausgearbeitete Zusammenfassung aller bisher im Schrifttum veröffentlichten Untersuchungen (Abb. 7).

Die normalpsychologischen Hauptmerkmale der drei Temperamente und ihre Beziehungen zu Körperbau und Krankheiten ist auf Tabelle 1 dargestellt (vgl. ferner 6. Kapitel dieses Bandes).

Tabelle 1. Übersicht der Temperamentsformen.
(Aus KRETSCHMER und ENKE: Die Persönlichkeit der Athletiker. Leipzig 1936.)

Körperbauform	Temperamentsbeziehung		Krankheitsbeziehung	
Pyknisch {	Cyclothyme Temperamente	{ hypomanische syntone schwerblütige	} *Zirkulärer* Formkreis	
Leptosom {	Schizothyme Temperamente	{ hyperästhetische Mittellagen anästhetische	} Schizokare Kerngruppen der Schizophrenie	} *Schizo-phrenie*
Athletisch {	Viscöse Temperamente	{ phlegmatische explosive	Katatone Zerfallsgruppen der eng. Dementia praecox } *Epilepsie*	

2. Die typologischen Merkmale.

Um die einzelnen Konstitutionstypen richtig zu erfassen, ist es notwendig, eine Auswahl der für den jeweiligen Typus charakteristischsten Merkmale und Merkmalskomplexe zu treffen. Die Auswahl solcher typologischen Merkmale hat sich allein nach ihrer konstitutionellen Wertigkeit zu richten, d. h. inwieweit sie nach ihrer Erbbedingtheit und geringen Abhängigkeit von äußeren Einwirkungen bekannt sind. Um eine praktisch verwendbare Systematik der konstitutionellen Merkmale zu geben, hat v. ROHDEN eine *vergleichende Merkmalstabelle* aufgestellt, in der die biometrisch gesicherten Grundcharaktere der drei Konstitutionstypen durch Kursivschrift kenntlich gemacht sind (vgl. Tabelle 2). Mittels dieser Merkmalszusammenstellung läßt sich die Rubrizierung der *reinen Typen* verhältnismäßig leicht durchführen. Nun sind aber die absolut reinen Fälle selten. v. ROHDEN rechnet innerhalb der Bevölkerung Mitteldeutschlands mit etwa 10%: „Wo man allerdings diesen klassisch reinen Fällen begegnet, schwinden sofort alle Zweifel an der Realität der Typen. Mag es noch so viele Mischformen und Uncharakteristische geben, immer wieder tauchen auf mit absoluter Beweiskraft vollständig reine Leptosome, Athletiker und Pykniker, und zwar in jedem Lebensalter".

Die reinen Formen richtig einzuteilen, bietet im allgemeinen keine Schwierigkeiten. Diese beginnen erst bei der Erfassung jener Körperbauformen, die charakteristische Bestandteile von *mehr* als einem Typus in sich vereinigen oder ganz atypische, exogen oder endogen bedingte krankhafte, „dysplastische" Merkmale in ihrem Aufbau erkennen lassen. Diese *Mischformen* oder *atypischen* bzw. *dysplastischen Fälle* erfordern eine besonders sorgfältige Kritik, große praktische Übung und klinische Erfahrung. Sie sind eine wesentliche Ursache der vielfachen körperbaulichen Fehldiagnosen und der daraus gezogenen Fehlschlüsse, wie z. B. derjenigen von GRUHLE, KOLLE, MÖLLENHOFF u. a.

Zu den „dysplastischen" Körperbauformen gehören einesteils die endokrin bedingten Wachstumsstörungen, wie eunuchoide, acromegaloide, endokrine Fettwuchsformen und ähnliche, anderenteils genetisch noch unbekannte oder vererbbare keimplasmatische Defekte (Klumpfuß- und Hohlfußbildung, Status dysraphicus u. a.), ferner die Gruppe der hypoplastischen und infantilistischen Typen usw. In diese Gruppe der Dysplastiker gehören schließlich die nur noch teilweise konstitutionell bedingten Abarten, die zum anderen Teil exogen bedingt sind, wie rachitische, kongenital luische und sonstige exogene Wachstumsstörungen.

Tabelle 2. Vergleichende Merkmalstabelle der drei Kretschmerschen Grundtypen.
Die biometrisch gesicherten Merkmale sind durch Kursivschrift kenntlich gemacht.
(Aus: Handbuch der biologischen Arbeitsmethoden, Abt. IX, Teil 3 [v. Rohden: Methoden der konstitutionellen Körperbauforschung].)

	Leptosom	Athletisch	Pyknisch
1. Formeneindruck und Wuchs	Schmal, schmächtig, lang, Extremitäten bevorzugt	Breitschulterig, kräftig, hochgewachsen	Breit, gedrungen, rund, dick, kurz, Rumpf bevorzugt
2. Ernährungszustand	Schlecht, Abneigung gegen Fett- und Muskelbildung	Gut, Neigung zur Muskelbildung	Sehr gut, Neigung zum Fettansatz
3. Knochenbau	Dünn, fein, grazil	Dick, stark, grob	Mittel, grazil
4. Gelenke	Schmal, zart	Breit, derb, plump	Mittel, dünn
5. Muskeln	Schlaff, schwach, Relief schwach hervortretend, hypotonisch	Straff, kräftig, Relief plastisch hervortretend, hypertonisch	Schwach bis mittel, Relief verdeckt
6. Fettbildung	Unterentwickelt	Nicht hervortretend	Stark ausgesprochen
7. Haut	Dünn, schlaff, wenig elastisch, fettarm	Derb, dick, straff, elastisch	Weich, schmiegsam, glatt, mit praller Fettpolsterung
8. Behaarung	Primärbehaarung extensiv und intensiv gesteigert und dauerhaft. Terminalbehaarung unterentwickelt	—	Primärbehaarung zurücktretend (spiegelnde Glatze). Terminalbehaarung zur Fülle neigend
9. Vegetative Organe	Unterentwickelt, Typus hypovegetativus, dissimilatorische Vorgänge überwiegen	Gleichgewicht der dissimilatorischen und assimilatorischen Vorgänge	Überentwickelt, Typus hypervegetativus, assimilatorische Vorgänge überwiegen
10. Neurovegetative Organisation	Übergewicht des Sympathicus über den Vagus. Sympathicotonischer Biotypus	Gleichgewicht des autonomen und sympathischen Nervensystems	Übergewicht des autonomen über das sympathische Nervensystem. Vagotonischer, parasympathischer Biotypus
11. Endokrine Prozesse	Überfunktion der Schilddrüse und Hypophyse (?)	—	Unterfunktion der Schilddrüse. Überfunktion der Nebennierenrinde (?)
12. Kopf im ganzen	Schmal, kurz	Hoch	Breit, groß, kurz
13. Scheitel	Überhöht		Flach niedrig
14. Gesichtshaut	Blaß, mager	Gespannt, straff	Gerötet
15. Frontalumriß	Hoch, schmal, steile und verkürzte Eiform	Groß, hoch, eckig, häufig steile Eiform, derbknochig, scharf geschnitten	Breite Schildform, flache Fünfeckform

	Leptoprosop, Index über 88	Mittlere Gesichtszone betont	Euryprosop, Index unter 84
16. Längenbreitenverhältnis			
17. Gesichtszonen	Obere Gesichtszone betont, untere Gesichtszone unterentwickelt	Mittlere Gesichtszone betont	Untere Gesichtszone betont, obere Gesichtszone unterentwickelt
18. Profil	Scharf, stark ausladend, winklig	Gut entwickelt, stark gebogen	Weich, schwach gebogen
19. Stirn	Hoch, fliehend, schmal	Eckig, kräftig konturiert	Breit, niedrig
20. Augenbrauenbogen	Geschwungen	—	Flach, gestreckter
21. Augenabstand	Gering		Weit
22. Augenspalte	Weit	—	Mehr geschlitzt
23. Nase	Vorspringend, lang, dünn, schmal, Rücken gerade oder konvex, leptorrhin, Index unter 70. Nasenlöcher schmal, längsoval	Groß, kräftig konturiert, energisch gebogen, Nasenwurzel scharf abgesetzt	Flach, kurz, breit, dick, chamärrhin. Index über 85,5; Nasenwurzel weich abgesetzt, Nasenlöcher breit, queroval
24. Jochbeingegend	Schwach entwickelt, nicht vorspringend	Stark entwickelt, vorspringend	Mittel
25. Mund und Lippen	Klein, Lippen gewulstet (?)	Kräftig konturiert, fest	Groß, Lippen dünn (?)
26. Kinn	Klein, spitz, schmal, zurücktretend, schwach herausgearbeitet	Groß, kräftig, stark entwickelt	Abgerundet, breit
27. Ohren	Lang, schlank, mit dünner äußerer Ohrleiste (?)	—	Groß, oval, rechteckig, mit eingerollter äußerer Ohrleiste (?)
28. Rumpf im ganzen	Schmal, klein, mikrosplanchnisch, Längendurchmesser betont, Tiefen- und Breitendurchmesser unterentwickelt	Nach unten sich verjüngend, zur Trapezform neigend, oberer Breitendurchmesser betont, unterer Breitendurchmesser herabgesetzt	Breit, groß, makrosplanchnisch, zur Rechteck- und Quadratform neigend, Breiten- und Tiefendurchmesser betont
29. Hals	Lang, dünn, Adamsapfel stark	Fest, kräftig, muskulös	Kurz, dick, Adamsapfel schwach
30. Schultern	Schmal, abfallend	Breit, ausladend, waagrecht	Rund, nach vorn zusammengeschoben, relativ schmal
31. Schultergürtel	Unterentwickelt	Hypertrophisch	Relativ grazil
32. Kinnhalswinkel	Deutlich ausgeprägt	Deutlich	Verwaschen, verstrichen, ausgefüllt
33. Schulternackenlinie	Steil	Mittel	Flach
34. Brustkorb	Schmal, flach, langgezogen, engbrüstig, Typus der Exspirationsstellung	Stattlich, gewölbt, mehr breit als tief, nach unten sich verjüngend	Breit und tief, kurz, weitbrüstig, nach unten sich verbreiternd, Typus der Inspirationsstellung
35. Abstand zwischen den Mammillen	Klein	Groß	Groß
36. Brustumfang im Verhältnis zur Schulterbreite	Am kleinsten		Am größten

Tabelle 2 (Fortsetzung).

	Leptosom	Athletisch	Pyknisch
37. Rippen	Gesenkt	—	Gehoben
38. Zwischenrippenräume	Eng	—	Weit
39. Epigastrischer Winkel	Unter 90°	—	90° und mehr
40. Bauch	Klein, flach, dünn	Dünn, straff, eingezogen	Groß, dick, aufgetrieben
41. Bauchdecken	Schlaff, fettlos	Muskulös	Kompakter Fettbauch, verfettet
42. Differenz zwischen Bauch- und Brustumfang	Groß	Sehr groß	Klein
43. Becken	Absolut schmal, relativ breit (im Verhältnis zum Schulterring)	Absolut und relativ schmal	Absolut und relativ breit
44. Abstand zwischen den Darmbeinstacheln	Groß	Klein	Groß
45. Leistenbeuge	Mittel	Steil	Flach
46. Differenz zwischen Schulter- und Beckenbreite	Gering	Am größten	Am kleinsten
47. Hüftumfang im Verhältnis zum Brustumfang	Größer	Kleiner	Kleiner
48. Gliedmaßen	Lang, schlank, muskeldünn, makroskel	Kräftig, muskulös, mesoskel	Kurz, weich, fett, rundlich, ohne Muskelrelief, brachyskel
49. Hände und Füße	Schmal, schlank, dünn, feingliedrig	Groß, derb, knochig, grobgliedrig	Breit, kurz, weich, dick
50. Handindex	Am kleinsten	Mittel	Am größten
51. Proportioneller Brustumfang	Unter 50,0	55,0	Über 56,0
52. Schulterbreite in Prozent der Beckenbreite	Niedrig	Am höchsten 132—138	Am niedrigsten
53. Schulterbreite in Prozent des Brustumfanges	Am höchsten, über 43,5	Mittlere Werte 42,8—43,1	Am niedrigsten, unter 40,3
54. ROHRER-Index	Am niedrigsten 1,10—1,30	Mittlere Werte 1,40—1,50	Am höchsten, über 1,50
55. PIGNET-Index	Am höchsten 22—35	Mittlere Werte 7—14	Am niedrigsten, unter 6
56. Rumpfmodulus nach HENKEL	Am niedrigsten, rund 4300	Mittlere Werte, rund 4600	Am höchsten, rund 5400
57. Index nach WERTHEIMER	Am höchsten, um 310	Mittlere Werte um 270	Am niedrigsten, um 200
58. Index nach GROTE	Am niedrigsten	Mittlere Werte	Am höchsten

3. Die dysplastischen Formen.

Die Dysplasien lassen sich in ihrem Bezug auf das Nervensystem zweckmäßigerweise in folgende drei Gruppen einteilen:

1. In lokale keimplasmatische Defekte, unter denen wir mit Kretschmer alle umschriebenen Bildungsfehler an einzelnen Körperteilen und Gliedmaßen verstehen, wie Hasenscharte, Wolfsrachen, manche Formdefekte des äußeren und inneren Ohres und Auges, Polydaktylie, Syndaktylie, Status dysraphicus, Spina bifida, Klumpfuß u. ä.

2. Allgemeine Wachstumsstörungen, womit wir umfassendere Bildungsfehler des ganzen Körpers meinen, die entweder allgemein keimplasmatisch bedingt oder deren speziellere Ursachen uns heute noch nicht bekannt sind. Es gehören in diese Gruppe die allgemein hypoplastischen (bzw. hypoplastisch-infantilen) Konstitutionen, unspezifische Riesen-, Zwerg-, Fettwuchsformen usw.

3. Endokrine Varianten, worunter alle diejenigen Körperanomalien zu verstehen sind, deren Zusammenhang mit bestimmten Blutdrüsen heute schon näher bekannt ist.

Die Darstellung ihrer Morphologie, Erbbiologie und Erbpathologie findet sich in Band II, III und IV.

4. Die Typologie von E. R. Jaensch.

Wie Kretschmer, auf den Unterschieden des Körperbaues bei drei großen Gruppen von psychischen Erbkrankheiten aufbauend, die entsprechenden normalen Temperamentskreise feststellte, so gingen E. R. Jaensch und W. Jaensch[1] von zwei endokrinen Abortivformen aus, um auf ihnen ebenfalls eine Typologie aufzubauen. Nach ihnen gibt es einen „starren", *„tetanoiden"* Typ, der körperlich wie psychisch Ähnlichkeiten zeige mit den Zuständen bei Störungen der Nebenschilddrüsenfunktionen (Tetanie), und einen „beweglichen", „basedowoiden" Typus, der verwandt sei mit den körperlichen und seelischen Erscheinungen der Überfunktion der Schilddrüse (Basedowsche Krankheit). Für eine nach jeder Richtung hin biologisch fundierte Typisierung dürfte jedoch Schilddrüse-Nebenschilddrüse als Basis nicht ausreichen. Bekanntlich spielen konstitutionsbiologisch vornehmlich die Keimdrüse und die Hypophyse eine beherrschende Rolle; aber auch alle anderen Blutdrüsen sind von größter Wichtigkeit. Da uns deren feinere funktionelle Zusammenhänge mit der Neuro- und Psychopathologie nur wenig bekannt sind, so ist von ihnen aus eine ausschließlich hormonal orientierte Typisierung noch nicht möglich. Jaensch hat daher seinen beiden Typen einen weiteren Rahmen gegeben und bezeichnet mit B-Typus den überhaupt vegetativ-stigmatisierten Menschen, während er unter dem T-Typus den Träger einer cerebrospinalen Stigmatisierung versteht. Ersterer zeigt in sinnespsychologischer Hinsicht häufig eine *eidetische* Veranlagung, d. h. die gesteigerte Fähigkeit zur Bildung von Anschauungsbildern vor allem im Kindesalter. In psychologischer Hinsicht bezeichnet Jaensch ihn als den „integrierten" Typus. Für diese Bezeichnung ist maßgebend die Stärke, mit der sich die verschiedenen seelischen Funktionen, wie Wahrnehmung, Verstand, Gefühl, Wille usw. gegenseitig durchdringen. In gewissem Gegensatz hierzu steht der „T-Typ" als „desintegrierter". Für ihn ist charakteristisch die verhältnismäßig große Trennung und Selbständigkeit des Seelischen gegenüber dem Körperlichen sowie auch der einzelnen psychischen Verhaltungsweisen untereinander. Eine genauere Morphologie dieser beiden Haupttypen und der vielen von Jaensch aufgestellten Untertypen wird nicht gegeben. So interessant die Studien von Jaensch über psychologische Gesichtspunkte auch sind, so

---

[1] Vgl. auch den Beitrag von Fürst in diesem Band!

können sie für eine *klinisch* orientierte, konstitutionsbiologische bzw. erbbiologische Forschung infolge des Mangels an exakten biologischen Untersuchungsmethoden kaum in Betracht kommen.

Umgekehrt kann auch nicht eine ausschließlich auf dem *dimensionalen* Prinzip beruhende Konstitutionsbetrachtung genügen, wie sie z. B. von BRUGSCH ausgearbeitet worden ist. Eine wertvolle Vorarbeit für die moderne Konstitutionstypologie bilden hingegen diejenigen der französischen Konstitutionsforscher, insbesondere von SIGAUD, CHAILLON und MACAULIFFE, auf die hier nur andeutungsweise verwiesen werden kann.

III. Die morphologischen Untersuchungsmethoden.

Um alle die für die menschliche Erbforschung wichtigen Körperbauformen richtig zu erfassen und zu bestimmen, bedarf es, wie überall in der medizinischen Wissenschaft, zweier Hauptmethoden, nämlich der beobachtend-beschreibenden und der exakt messenden. Zur ersteren, der *morphologischen* Untersuchungsmethode, gehört eine systematische Beschreibung und Aufzeichnung des ganzen äußeren Körpers von Kopf bis zu Fuß, möglichst mit anschließendem Abzeichnen und Photographieren. Letzteres ist besonders ausgebaut worden z. B. von ROMBOUTS, KRAJNITZ, GENNA und HARRASSER. Ihr schließt sich an die *somatometrische* Untersuchungsmethodik, d. h. die exakte Messung mit Bandmaß und Zirkel.

Zur Einführung in die Meßtechnik und in die eingehendere Kenntnis anthropologischer Meßgeräte empfiehlt sich die Benutzung des Taschenbuches der rassenkundlichen Meßtechnik von BRUNO K. SCHULTZ. Durch seine schöne und zahlreiche Bebilderung, durch die genaue und doch knappe Beschreibung der Eignung und Verwendung der anthropologischen Meßgeräte mit Angabe der Preise und der Hersteller sowie durch die Darstellung der Messungen am Lebenden ist es ein guter technischer Ratgeber nicht allein für rassenkundliche, sondern anthropologische Messungen überhaupt.

Für die Zwecke der wissenschaftlichen Erbforschung empfiehlt sich das folgende, von KRETSCHMER ausgearbeitete Konstitutionsschema (Tabelle 3).

Tabelle 3. Konstitutionsschema.
(Aus E. KRETSCHMER: Körperbau und Charakter, 11. u. 12. Aufl. 1936.)

Name:
Alter: Diagnose:
Beruf: Spezieller Krankheitstypus:
Untersuchungstag:

I. Gesicht und Schädel.

Gesicht:

groß	mittel	klein
hoch	,,	nieder
schmal	,,	breit
zartknochig	,,	derbknochig
hängend	,,	straff
mager	,,	fett
eckig	,,	rund
scharfgeschnitten	,,	weich plastisch (Oberfläche)
dünnhäutig	,,	dickhäutig
glänzend	,,	matt
frischrot	,,	blaß

gelblich, fahl, braun, kongestioniert, dunkelrot, bläulich, pastös, unrein gefärbt, glatt, gespannt, runzlig, faltig, welk, eingefallen, verwaschen, gedunsen, Hautgefäßchen injiziert.

Augen:

groß	mittel	klein
vorstehend		tiefliegend
glänzend matt	,,	matt

blau, grün, grau, braun, schwarz
Oberer Orbitalrand nieder, hoch, scharf, stumpf

Nase:	groß	mittel	klein
	lang	,,	kurz
	dünn	,,	dick (knorpliger Teil)
	schmal	,,	breit (knöcherner Teil)
	spitz	,,	stumpf
	gezogen	,,	gestülpt
	blaß	,,	rot
	flachgesattelt	,,	tiefgesattelt
	gebogen	gerade	eingezogen
	vorspringend	mittel	zurückspringend
	kräftig konturiert	,,	schwach konturiert
	Nasenwurzel scharf — weich abgesetzt		
Mund:	groß	mittel	klein
	kräftig konturiert	,,	schwach konturiert
Lippen:	schmal	mittel	voll
	eingezogen	,,	aufgeworfen
	hängend	,,	fest
	offen	,,	geschlossen
	blaß	,,	rot
	Oberlippe: kurz, rüsselförmig, gerafft, normal		
Jochbeine:	stark	mittel	schwach entwickelt
	vorspringend	,,	nicht vorspringend
Unterkiefer:	groß	mittel	klein
	hoch	,,	nieder
	breit	,,	schmal
	vorspringend	,,	zurücktretend
	stark gebogen	,,	flach gebogen
	derb	,,	zart
	stark herausgearbeitet	,,	schwach herausgearbeitet
Kinn	zapfenförmig		
Kehlkopf:	stark	mittel	schwach hervortretend
Zähne:	groß	,,	klein
	regelmäßig gewachsen	,,	unregelmäßig
	gesund	,,	schadhaft
Gaumen:	steil	,,	flach
Ohren:	groß	,,	klein
	abstehend	,,	anliegend
	flach	,,	gerollt
	dünn	,,	dick
	angewachsen	,,	frei
Stirn:	steil	mittel	fliehend
	hoch	,,	nieder
	gewölbt	,,	flach
	breit	,,	schmal
	eckig	,,	gerundet
	kräftig konturiert	,,	schwach konturiert
	Superciliarbögen stark	,,	schwach entwickelt
	Stirnhöcker stark	,,	,, ..
	Glabella breit	,,	,,
Profil:	gerade abfallend, schwach gebogen, stark gebogen, winklig, scharf, weich, verwaschen, stark ausladend, gut entwickelt, unentwickelt, verkümmert.		
Frontalumriß des Gesichtes:	breite Schildform, flache Fünfeckform, steile Eiform, verkürzte Eiform, kindliches Oval, Siebeneckform, uncharakteristisch.		
Gesichtsbildung:	maskulin, feminin, zu jung, zu alt, dem Alter entsprechend		
Hirnschädel:	groß	mittel	klein
	lang	,,	kurz
	breit	,,	schmal
	hoch	,,	nieder
	Scheitel überhöht		
	Blasenschädel, Caput quadratum, Turmschädel		
Hinterhaupt:	vorspringend	gerundet	steil
	Occipitalprotuberanz:		
	stark	mittel	schwach entwickelt
Asymmetrien:	Schädel-, Gesicht-, Augen-, Ohrenmißbildungen		

II. Körperbau.

	groß	mittel	klein
	rund	dick	gedrungen
	breitschultrig	schlank	schmächtig
	langgliedrig	kurzgliedrig	
	infantil	maskulin	feminin senil
Körperhaltung:	schlaff	mittel	
Knochenbau:	zart	„	straff
Gelenke:	schmal	„	derb
Muskulatur:	dünn	„	breit
	schlaff	„	dick
	Muskelrelief stark	„	fest
Fettpolster:	mager	„	schwach hervortretend
		„	fett
	infantile, maskuline, feminine Fettverteilung, umschriebene Fett-		
Kopf:	ansammlung		
	groß	mittel	klein
Hals:	frei	„	tiefsitzend
	lang	„	kurz
Arme:	dünn	„	gedrungen
	lang	„	kurz
Beine:	dünn	„	dick
	lang	„	kurz
	dünn	„	dick
Hände:	O-Beine, X-Beine		
	groß	mittel	klein
	lang	„	kurz
	schmal	„	breit
	feingliedrig	„	grobgliedrig
	schlaff	„	fest
	weich	„	knochig
	Fingerenden zugespitzt	„	verdickt
Füße:	groß	„	klein
	lang	„	kurz
	breit	„	schmal
	Plattfuß, Hohlfuß, Zehenproportion		
Schultern:	schmal	mittel	breit
	hängend	„	waagrecht
	ausladend	„	zusammengeschoben
	geknickt (innerer Deltoideusrand)		
Brustkorb:	flach	mittel	gewölbt tief
	langgezogen	„	kurz
	schmal	„	breit
	phthisischer, emphysematöser Typ		
	Hühnerbrust, Schusterbrust, Rosenkranz		
Bauch:	dick	mittel	dünn
	straff	„	schlaff
	kompakter Fettbauch, kleiner Halbkugelbauch, Hängebauch, Taillen-		
Wirbelsäule:	bildung		
	gestreckt	mittel	geschwungen
Becken:	Lordose, Skoliose, Kyphose: Hals-, Brust-, Lendenwirbelsäule		
	im Skelet: stark	mittel	schwach entwickelt
	Fettansatz: stark	„	
	breit	„	schmal „
	wohlgebaut, maskulin, feminin, infantil, platt		
	Leistenbeuge: steil	mittel	flach ansteigend
	stark	„	schwach abgesetzt

III. Körperoberfläche.

A. Haut.

Haut:	dünn	mittel	dick
	zart	„	derb
	schlaff	„	gespannt
	elastisch	„	unelastisch
	glatt	„	rauh
	durchsichtig	„	gedeckt
Pigment:	stark	„	schwach
Talgabsonderung:	Ekzem, Akne, Furunkulose, Schleimhautpigment		

B. Gefäße.

Hautgefäße: stark sichtbar, schwach sichtbar, unsichtbar: im Gesicht, an Händen und Füßen, am Körper

Dermographie: stark   mittel   schwach

Kopfvasomotorismus: „   „   „

Kopf: bläulich   dunkelrot   mittel   blaß

Hände: „   „   „   „

Füße: „   „   „   „

Allgemeine Hautfarbe: „   „   „

Hände und Füße: feucht   mittel   trocken

Körper: „   „   „

Hände und Füße: warm   „   kalt

Körper: „   „   „

Achselschweiß.

Arterien: kräftig   mittel   dünn und zart

verhärtet   derb weich

stark geschlängelt   stark hervortretend

Puls: ... Schläge   stark   schwach erregbar

kräftig   mittel   schwach

voll, gespannt, respiratorische Unregelmäßigkeit, Extrasystolen

GRÄFE, ASCHNER

Venen: stark hervortretend   sichtbar   unsichtbar

Varicen.

C. Behaarung.

       blond   braun   schwarz   grau   weiß

Haupthaar: stark   mittel   schwach

Brauen: „   „   „

Bartwuchs: „   „   „

Rumpfbehaarung: „   „   „

Armbehaarung: „   „   „

Beinbehaarung: „   „   „

Genitalbehaarung: „   „   „

Achselbehaarung: „   „   „

Haupthaar: lang   mittel   kurz

mittlere Begrenzung

zurücktretend an Stirn — Schläfen — Nacken

heranwachsend an Stirn — Schläfen — Nacken

Schläfenwinkel gebuchtet   mittel   verstrichen

horizontale Stirngrenze

feinfaserig   mittel   grobfaserig

weich   buschig   borstig

schlicht   gewellt   lockig

Glatze an Stirn — Schläfen — Hinterkopf

abgegrenzt — nicht abgegrenzt   spiegelnd — matt

zerfressen — unvollständig

Brauen: verwachsen an Stirn — an Schläfen (Abstand .. cm)

buschig   mittel   glatt

breit   „   schmal

Bartwuchs: weich   buschig   borstig

glatt   gewellt   lockig

schmal   mittel   breit begrenzt

stark hineinwachsend: zum Gesicht — zum Hals

gleichmäßig — ungleichmäßig verbreitet

vorwiegend: Schnurrbart   Kinnbart

Backenbart   Frauenbart

Genitalbehaarung: maskulin — feminin begrenzt

lang   mittel   kurz

feinfaserig   „   grobfaserig

Körperbehaarung: liegend   „   aufrecht

lang   „   kurz

Lanugo: Nacken, Wirbelsäule, Brust, Arme, Beine

Behaarung an atypischen Stellen:

IV. Drüsen und Eingeweide.

Hoden: groß   mittel   klein
Genitale: „   „   „
Schilddrüse: „   „   „
                        Kropf: derb, weich, glatt, knotig, pulsierend
Lymphdrüsen: normal, zahlreich, spärlich, groß, klein, hart, weich
Brustdrüsen: groß — klein — maskulin — feminin — fest, schlaff, fett, wohlgebildet,
                        Warze stark — schwach entwickelt
Innere Krankheiten:

V. Maße.

Körpergröße — Gewicht — Nahrungsaufnahme

Umfang: Brust
                Vorderarm l: Bauch   Hüften
Länge: Beine   Hand l: Wade l:
Breite: Schulter   Arme
Schädel: Becken
                Umfang horizontal
                Durchmesser sagittal
                Durchmesser vertikal   Durchmesser frontal
                Gesichtshöhe
                Nasenlänge
                Gesichtsbreite

VI. Zeitpunkte.

Eintritt der Geistesstörung:
Eintritt der Pubertät: Eintritt der Abmagerung:
Eintritt der Involution: Eintritt der Glatzenbildung:
Eintritt der Verfettung: Eintritt bestimmter Körperkrankheiten:
                                    Sexuelle Anomalien:

VII. Zusammenfassung des Körperstatus.

VIII. Persönlichkeitstypus.

IX. Heredität.

Die Handhabung des Schemas ist kurz folgende:

An dem nackt vor uns stehenden Menschen bei möglichst guter Tagesbeleuchtung wird in der Reihe des Vordruckes Punkt für Punkt festgestellt und das Zutreffende eines Merkmales in dem Vordruck rot unterstrichen. Der Grad der Ausprägung des Merkmales wird gekennzeichnet durch schwache oder starke, einfache oder doppelte Unterstreichung. Nur da, wo sich kein eindeutiger optischer oder taktiler Eindruck gewinnen läßt, wird die Bezeichnung „mittel" unterstrichen.

Das Schema enthält nur die rein morphologischen Merkmale, die sich rasch optisch oder taktil erfassen lassen. Ausgeschlossen ist alles, was spezielle technische Untersuchungshilfen erfordert, wie z. B. die Untersuchung der Brust- und Leiborgane. Selbstverständlich sind auch diese Spezialuntersuchungen für die endgültige konstitutionelle Beurteilung notwendig und sie müssen daher, ebenso wie sonstige Spezialuntersuchungen (capillarmikroskopische, blutchemische u. a.) später den Gesamtbefunden ergänzend eingegliedert werden.

Sie finden sich vorbildlich dargestellt in der Schrift von TH. FÜRST: „Methoden der konstitutionsbiologischen Diagnostik."

Neben diesem großen Schema, das vornehmlich Forschungszwecken dient, empfiehlt sich für den laufenden klinischen wie erbklinischen Gebrauch ein ebenfalls von KRETSCHMER aufgestelltes abgekürztes Schema, das in der gleichen Weise wie das große angewandt wird, das aber bereits *diagnostische* Bezeichnungen enthält (Tabelle 4).

Tabelle 4. Körperliches Konstitutionsschema.
(Aus Psychobiogramm von E. KRETSCHMER.)

I. Maße.

Schädel: Umfang horizontal [1]:
Durchmesser sagittal [1]:
„   frontal [2]:
„   vertikal [3]:
Gesichtshöhe [4]:
Gesichtsbreite [5]:
Nasenlänge und -breite [6]:

Körpergröße:
Umfang: Brust [8]:
Bauch [9]:
Hüften [10]:
Länge: Beine [13]:
Breite: Schulter [14]:

Gewicht [7]:
Vorderarm l. [11]:
Hand l. [12]:
Wade l. [11]:
Spannweite der Arme:
Becken [15]:

Indices: Längenbreitenindex
des Schädels [16]:
PIGNETs Index [17]:

Brustschulterindex [18]:
Differenz zwischen Brustumfang und Hüftumfang [19]:
Differenz zwischen doppelter Beinlänge und Körpergröße [19]:

II. Gesicht und Schädel.

Kopfform: Hochkopf, pyknischer Flachkopf, kleiner Rundkopf, Turmschädel, Blasenschädel, uncharakteristisch

Profil: Winkelprofil, Langnasenprofil, hypoplastisches, pyknisches Profil, uncharakteristisch

Gesichtsumriß frontal: breite Schildform, flaches Fünfeck, steile Eiform, verkürzte Eiform, kindliches Oval, Siebeneck, uncharakteristisch

Einzelbeschreibung: a) Stirn:
b) Mittelgesicht:
c) Nase
d) Kinn:
e) Ohr:

III. Körperbau.

Knochen:
Muskulatur (Relief?):
Fett:
Hals:

Schultergürtel:
Brustkorb:
Bauch:
Becken:

Extremitäten (bes. Länge):
Hände und Füße:
Beschreibung:

IV. Behaarung.

Haupthaar:
Brauen:
Bart:

Genital:
Achsel:
Rumpf:

Arme:
Beine:
Beschreibung:

V. Endokrine, vegetativ-nervöse Befunde u. ä.
(s. auch III. und IV.)

a) *Drüsen:*
Schilddrüse:
Brustdrüse:
Lymphdrüsen:

Hoden (bzw. Ovarien):
Genitale:
Sexuelle Anomalien:

b) *Augensymptome:*
(GRÄFE, ASCHNER, Pupillen, Lidspalte usw.)
c) *Herzgefäßsymptome:*
(stabil — labil, Puls, Gesichtsfarbe,
Akrocyanose, vagotone, basedowoide Symptome usw.)
d) *Reflexe, Tremor:*

---

[1] Glabella-Occipitalprotuberanz (und größter Hinterhauptsvorsprung). [2] Größter über den Ohren. [3] Kieferwinkel—Scheitelhöhe. [4] Projektiv gemessen: a) Nasenwurzel (Nasion oder Brauenwinkel)— Mundspalte; b) Mundspalte — tiefster knöcherner Kinnpunkt. [5] a) Jochbeinhöhe beiderseits; b) Kieferwinkel beiderseits. [6] a) Nasenwurzel (Nasion oder Brauenwinkel — scharf einsetzen) — Nasenspitze (tiefster Punkt); b) Nasenflügel beiderseits. [7] Nackt. [8] Über die Brustwarzen (bei Frauen oberhalb der Mammae): a) in Ruhe; b) größte Inspiration und Exspiration. [9] In Weichenhöhe. [10] In Trochanterhöhe. [11] Größter. [12] Über die Fingerwurzeln ohne Daumen. [13] Oberer Symphysenrand — Boden. [14] Akromion beiderseits. [15] a) Darmbeinkamm beiderseits; b) Trochanter beiderseits. [16] Größte Breite × 100 durch größte Länge. [17] Index der Körperfülle = Körpergröße minus Brustumfang plus Gewicht). [18] Schulterbreite × 100 durch Brustumfang (Differentialdiagnose zwischen pyknisch und asthenisch, athletisch). [19] Indices der Sexualkonstitution.

Genaue metrische Anleitung s. MARTIN: Anthropometrie. Berlin: Julius Springer. Einige konstitutionsbiologisch wichtige Maße finden sich dort nicht, andere dort aufgezählte sind für unsere Zwecke überflüssig oder können metrisch vereinfacht werden.

5*

e) *Komplexion und Pigment:*
f) *Sekretorische Symptome:*
   (Schweiß, Talg usw.)
g) *Hautbeschaffenheit:*
   (Turgor, Glätte, Dicke usw.)
h) *Sonstige Befunde* (bes. auch Mißbildungen, Defekte der Sinnesorgane u. dgl.):

VI. Zeitpunkte.

Eintritt der Geistesstörung
   (bzw. Kriminalität):
Eintritt der Pubertät[1]:
Wachstumstempo und Zeitpunkt in der
   Pubertät (rasches Aufschießen, langes
   Zurückbleiben):
Eintritt der Involution:

Eintritt der Verfettung:
Eintritt der Abmagerung:
Eintritt bestimmter
   Körperkrankheiten:

VII. Exogene und ähnliche persönlichkeitsschädigende Faktoren.
(Symptome von Alkoholismus und Suchten, luischen und metaluischen Erkrankungen,
Arteriosklerose, traumatischer Hirnschwäche, Senium usw.)

VIII. Diagnose.

pyknisch:
leptosom: { kräftig, hager
             { asthenisch
athletisch: { schlank, muskulös
              { plump, pastös
Mischform:
dysplastisch: eunuchoider Hochwuchs, sonstige Hochwuchsformen, Gigantismus, eunuchoider
   Fettwuchs, intersexuell (Maskulinismen, Feminismen), Dystrophia adiposo-genitalis,
   akromegaloid, infantil, hypoplastisch, kretinistisch, sonstige Kümmer- und Zwergwuchsformen, rachitisch, einzelne, gehäufte Dysplasien und Degenerationszeichen.
Neuropathische Syndrome: vagoton, basedowoid, epileptoid, hysterisch, einfache Neuropathie.
Wichtige Einzelstigmen:

Zusammenfassung.

Es kann hier nicht die Aufgabe sein, sämtliche in den Schemata enthaltenen Merkmale
einzeln zu besprechen und ihre Morphologie zu beschreiben. Zu diesem Zweck sei auf das
grundlegende Buch KRETSCHMERS „Körperbau und Charakter" verwiesen sowie auf das
Lehrbuch der Anthropologie von R. MARTIN. Wir beschränken uns hier auf die konstitutionsbiologisch wichtigsten morphologischen Merkmale, die die Schemata enthalten.

Die konstitutionsbiologische Erfassung der morphologischen Einzelheiten des
Körpers unterscheidet sich von derjenigen der Anthropologie grundsätzlich dadurch, daß sie nicht jede kleine, wenn auch wichtige Einzelheit für sich allein
sorgfältig beschreibt, sondern die morphologischen Einzelheiten stets im Rahmen
ihrer korrelativen Zuordnung zu anderen größeren Merkmalsgruppen zu erfassen
versucht. Es kommt stets auf die korrelationsstatistische Erfassung der Häufigkeit oder der Seltenheit des Zusammentreffens von ganzen Gruppen konstitutioneller Merkmale an. Die häufigst gemeinsam vorkommenden körperlichen
Konstitutionsmerkmale ordnen sich in die oben erwähnten Körperbautypen
zusammen.

Unter dieser Voraussetzung verschiebt sich bei der Betrachtung des *Kopfes*
unser Hauptinteresse von der Schädelkapsel auf den Gesichtsschädel. Der Hirnschädel ist als Körperbaudetail besonders wenig gegliedert und in seinen Wachstumstendenzen, bezüglich ihrer erbmäßig und exogen bedingten Ausformung
schwer erfaßbar. Ganz im Gegensatz hierzu bietet der Gesichtsschädel von allen
Körperteilen die reichste morphologische Gliederung, die außerdem durch
sekundäre Einwirkungen exogener Art viel weniger als andere Körperteile verwischt oder entstellt ist. „Das Gesicht ist die Visitenkarte der individuellen
Gesamtkonstitution" (KRETSCHMER). Im *Gesichtsausdruck* drängt sich die
psychomotorische Formel eines Menschen auf engem Raum zusammen, im

---

[1] 1. Menstruation, Pollution, Sexualtrieb, Körperwachstum, Bartwuchs, Mutieren der
Stimme.

Gesichtsbau die Konstitutionsformel. Betrachten wir den anatomischen Bau des Gesichtes, so legen wir zunächst die Größen- und Formverhältnisse des ganzen Gesichtes fest, einschließlich der Stirn. Von vorn betrachtet, untersuchen wir, ob das Gesicht hoch oder niedrig, schmal oder breit, nach unten oder oben zugespitzt erscheint und ob es, von der Seite gesehen, flach, konvex oder konkav wirkt. Hiernach erfolgt die Beurteilung eines besonders wichtigen konstitutionellen Merkmales, des *frontalen Gesichtsumrisses*. Wie aus Tabelle 3 I ersichtlich ist, unterscheiden wir im ganzen sechs typologisch wichtige Frontalumrisse (vgl. Abb. 8).

Das *flache Fünfeck* und die breite *Schildform* finden sich in starker Häufigkeitsbeziehung zum pyknischen Habitus, die Schildform in gleichsam etwas höherer Ausführung auch bei Athletikern. Die steile Eiform ist besonders gehäuft beim athletischen und etwas seltener beim leptosomen Typ, die *verkürzte Eiform* am meisten beim leptosomen bzw. asthenischen Habitus zu finden.

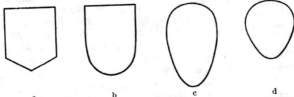

Abb. 8 a—d. Frontale Gesichtsumrisse, schematisch. a flaches Fünfeck, b breite Schildform, c steile Eiform, d verkürzte Eiform. (Aus E. KRETSCHMER: Körperbau und Charakter, 11. u. 12. Aufl. 1936.)

Das etwas seltenere und weniger charakteristische *kindliche Oval* finden wir gelegentlich bei auch sonst infantilem Habitus und das ebenfalls seltenere Siebeneck zuweilen beim athletischen Konstitutionstyp. Was die Morphologie dieser Frontalumrisse anbelangt, so gestaltet sich das flache Fünfeck durch eine Horizontale, die man sich zwischen den beiden Schläfenwinkeln der oberen Stirngrenze entlang verlaufend denkt, und senkrecht durch zwei Linien, die von den Schläfen- bis zu den Kieferwinkeln verlaufen. Die unteren Grenzen werden gebildet durch die beiden in stumpfem Winkel zusammentreffenden Unterkieferränder. Die steile Eiform ist bedingt durch ein überwiegendes Längenwachstum von Mittelgesicht und Kinn. Die verkürzte Eiform beruht auf dem Zusammentreffen folgender anatomischer Einzelheiten: Unterentwicklung der Kieferwinkel mit dünnen und niedrigen Unterkieferästen, sowie niedrige Stirnpartie.

Von der gleichen Wichtigkeit wie der Gesichtsumriß ist die Gestaltung des Gesichtsskeletes von der Seite gesehen, im *Profil*. Die Beurteilung des Profils erfolgt nach v. ROHDEN zweckmäßigerweise nach folgenden drei Gesichtspunkten: 1. nach der Schärfe der Konturlinie lassen sich unterscheiden: scharfe, weiche und verwaschene Profile. 2. Nach dem Entwicklungsgrad: stark ausladende, gut entwickelte bzw. proportionierte Profile sowie unentwickelte und verkümmerte Profile. 3. Als wichtigste Eigenschaft, nach der *Biegung*. Sie wird beurteilt nach einer von der Stirn über die Nase zur Kinnspitze verlaufenden Linie. Die wichtigsten Profile sind das *Winkel-* und *Langnasenprofil*. Das erstere entsteht durch eine leicht fliehende Stirn und eine Hypoplasie des Unterkiefers. Ausgesprochene Winkelprofile finden sich häufig gepaart mit verkürzter Eiform, besonders bei asthenischem Habitus. Auch das Langnasenprofil, das durch eine Überlänge der Nase im Verhältnis zu Stirn und Unterkiefer zustande kommt, findet sich gehäuft bei Leptosomen und Asthenikern. Was die Schädelform als solche anbelangt, so ist diese bei den Asthenikern, im Vergleich mit den anderen, am kleinsten an Umfang, durchschnittlich kurz, nieder und mittelbreit (kleiner Rundkopf). Der Hinterkopf ist meist steil und wenig gerundet. Hierdurch und durch einen verkürzten Sagittaldurchmesser entsteht auch beim Astheniker häufig der optische Eindruck eines Hochkopfes, ohne daß deshalb der absolute Höhendurchmesser vergrößert zu sein braucht. Zum Unterschied von diesem findet sich beim Athletiker zumeist ein ausgesprochen *derber* Hochkopf mit wulstiger Knochenmodellierung. Zuweilen besteht eine Tendenz zum Turmschädel. Beim Pykniker hingegen ist der Schädel entsprechend der allgemeinen pyknischen Wachstumstendenz der Körperhöhlen groß, rund, breit und tief, aber nicht sehr hoch. Es entsteht so der Eindruck des *„pyknischen Flachkopfes“*.

Nach dieser Gesamtbetrachtung der Schädelform, des Gesichtsumrisses und des Profils erfolgt die methodische Untersuchung der Einzelheiten der knöchernen Gesichtsgestaltung und auch da nur derjenigen, die dem Gesicht seinen typischen Ausdruck verleihen, also der Stirn, der Jochbögen und Augenhöhlenränder, der Nase und des Kinnes. Die Stirnform wird wesentlich bestimmt, abgesehen von ihren Größenverhältnissen, von der Entwicklung der Stirnhöcker und deren mehr oder weniger weitem Auseinanderstehen. Gut modellierte Stirnhöcker finden wir besonders bei den Pyknikern, kräftig entwickelte beim Athletiker. Das Gleiche gilt für die Jochbeinbögen. Diese zusammen mit der Stirnbildung bestimmen weitgehend die Konfiguration der Augenhöhlen, ihrer Größe, Tiefe oder Flachheit sowie ihres Abstandes voneinander. Besonders zahlreiche und gut faßbare konstitutionstypologische Merkmale bietet die Nase. Zu beurteilen ist ihre Größe, Länge und Breite, die morphologische Beschaffenheit der Wurzel, des Rückens, der Spitze und der Nasenflügel. Wir finden bei Leptosomen besonders häufig eine lange, schmale, spitz und scharf sich abhebende Nase, während im Gegensatz hierzu die Nase des Pyknikers mittelgroß und an der Wurzel deutlich abgesetzt ist, mit meist breitem Rücken, breit ausladenden Nasenflügeln und fleischiger Nasenspitze. Wiederum wesentlich anders ist der Bau der typischen Athletikernase. Entsprechend dem allgemeinen konstitutionell derben Knochenbau des Athletikers ist auch das Knochengerüst der Nase stark betont und zeigt große, kräftige sowie energisch gebogene Formen, neben grobknochigen und stumpfnasigen Typen.

Auch die Region zwischen oberem Augenhöhlenrand und Mundspalte, das *Mittelgesicht,* ist in seiner Morphologie gut erfaßbar und konstitutionstypisch. Mittelhohe, meist etwas breite, aber bei aller Weichheit der Formen gut modellierte Formen mit besonders plastisch sich hervorhebenden Nasolabialfalten finden sich beim Pykniker. Die durchschnittliche gleiche Höhe hat auch das Mittelgesicht der Leptosomen, es ist aber schmäler und erscheint im optischen Eindruck oft länger als es ist, mager und scharf geschnitten. Umgekehrt ist das Mittelgesicht der Athletiker absolut hoch sowie breit und erscheint in seiner Gesamtform eher etwas amorph.

Auch die Kinnbildung entspricht im wesentlichen dem Wachstumsplan des allgemeinen Körperbaues. Das Kinn des Athletikers ist daher vorwiegend kräftig und hoch sowie in einzelnen Fällen zapfenförmig herausgearbeitet. Das Kinn des Leptosomen hingegen ist schmal, niedrig und zuweilen etwas zurückstehend, fast unterentwickelt. Das Kinn des Pyknikers ist wiederum von mittleren, harmonischen Proportionen, mittelhoch, breit ausladend mit mehr weicher Linienführung. Der Unterkiefer des Pyknikers zeigt, frontal betrachtet, eine flache Biegung. Er wirkt dadurch breiter als er ist. Dieser Eindruck wird noch gesteigert durch die Fettauflagerung auf den seitlichen Kieferpartien, die vor allem zu dem Eindruck der Fünfeckform des Gesichtsumrisses führt.

Vor der Erfassung der morphologischen Einzelheiten des Körperbaues ist es notwendig, sich ein allgemeines Eindrucksbild zu verschaffen, etwa derart, ob es sich rein eindrucksmäßig um einen großen oder kleinen Menschen handelt, ob er als rundlich, dick, gedrungen (pyknisch) wirkt oder als breit und kräftig (athletisch) oder als schlank, schmal, schmächtig, grazil (leptosom bzw. asthenisch). Auch etwaige morphologische Dysplasien im Gesamtbild des Körperbaues sind hierbei zu registrieren, wie z. B. infantile Züge beim Erwachsenen, senile beim Jugendlichen, maskuline Merkmale bei Frauen und feminine bei Männern, ferner exogene Disproportionen durch Rachitis o. a. Hiernach erfolgt die Beurteilung der *Körperhaltung,* die gleichfalls großenteils konstitutionstypisch ist und ebenso wie die Gesichtszüge bereits in das Gebiet der Psychomotorik hinüberreicht. Die Körperhaltung ist einmal morphologisch abhängig vom gesamten Knochen- und Muskelsystem, andererseits aber auch von der jeweiligen innerseelischen Gesamthaltung, und zwar besonders der anlagebedingten. Wir werden auf letztere in dem Kapitel über Motorik und Psychomotorik noch näher eingehen, während ihre morphologische Erforschung bereits im anthropologischen Teil besprochen ist.

Es erfolgt nun die *Erfassung der einzelnen Körperteile.* Entsprechend dem Vorschlag v. Rohdens kann man zuerst die Größe des Kopfes beurteilen im Verhältnis zum Rumpf. „Der Kopf kann, für sich betrachtet, normale Ausmaße haben und doch, verglichen mit den Rumpfproportionen, entweder klein wirken, wenn der Rumpf außerordentlich breit und mächtig ist, oder aber groß erscheinen, wenn der Rumpf zierlich und schmächtig ist." Konstitutionstypisch ist vor allem die Morphologie des Halses im Verhältnis zu Kopf und Rumpf. Der Kopf sitzt entweder frei auf langem, dünnen Hals, wie vielfach beim Leptosomen, oder er rückt eindrucksmäßig tief zwischen die Schultern infolge eines ausgesprochen kurzen und breiten Halses, wie man es oft beim Pykniker beobachtet. Konstitutionell charakteristisch ist ferner die Gestaltung des Schultergürtels. Er ist vielfach schmal und hängend beim Leptosomen, ausladend und waagerecht aufsitzend beim Athletiker, rund, hochgezogen und nach vorn geschoben beim Pykniker. Sehr häufig setzen bei letzterem die Schultern am inneren Deltoideusrand in einem scharfen Knick gegen den Brustkorb ab. Der Schultergürtel ist beim Pykniker hierdurch gleichsam nach vorn oben zusammengerutscht, der Kopf erscheint nach vorn zwischen die Schultern eingelassen, und die obere Brustwirbelsäule zeigt eine leicht kyphotische Biegung („Pyknische Nackenlinie" im Profil). Außerordentlich konstitutionstypisch ist ferner der Brustkorb. Er ist tief, breit, „faßförmig" beim Pykniker; lang, schmal und flach mit spitzem epigastrischem Winkel beim Leptosomen; lang, tief und breit, aber nach unten sich verjüngend beim Athletiker. Bei der konstitutionellen Beurteilung des Bauches kommt es hauptsächlich auf Stärke und Sitz der Fettverteilung an. Niemals ist es so, daß jeder „fette" Bauch pyknisch, jeder „fettarme" leptosom sei. Es können Leptosome einen deutlichen Fettansatz am Bauch haben und umgekehrt Pykniker einen nur geringen oder auch gar keinen. Wesentlich ist in konstitutionstypologischer Hinsicht, daß der Bauch des Pyknikers sich meist *unmittelbar* unterhalb des Brustkorbrandes vorwölbt und seine Hauptwölbung etwa in Höhe des Nabels hat, während der Bauch des Leptosomen und Athletikers gewöhnlich erst unterhalb des Nabels seine stärkste Vorwölbung erfährt und so, namentlich beim asthenischen Habitus, zu dem sog. Hängebauch führt. Eine wesentliche differentialdiagnostische Rolle spielt besonders die Fettverteilung bei Dysplastikern, auf die wir bei der Besprechung der bekanntesten dysplastischen Wuchsformen noch einmal zurückkommen werden.

Die Form des Beckengürtels wird am besten in Beziehung zum Schultergürtel beurteilt, und zwar danach, ob die Differenz zwischen Schulter- und Beckenbreite groß ist wie beim Athletiker oder klein wie beim Leptosomen. Optisch ist die Breite des Beckens gut zu beurteilen nach dem Verlauf der Leistenbeuge. Ein steiler Verlauf ist charakteristisch für das verhältnismäßig schmale Becken des Athletikers, ein flacher Anstieg für das verhältnismäßig breite Becken des Leptosomen. Schließlich sind die Extremitäten zu untersuchen auf ihre Länge und Dicke und auf die Proportionen der Gliedmaßenteile zueinander. Die Gliedmaßen des Pyknikers erscheinen weich, rundlich, mit wenig Knochen- und Muskelrelief. Der Unterarm erscheint verhältnismäßig kürzer als der Oberarm, die Hände sind weich, mehr kurz und breit, die Finger kurz, oft fast hypoplastisch wirkend. Die Handgelenke und Schlüsselbeine sind häufig schlank und fast zart gebaut. Lang, schmal und grazil sind Arme, Hände und Finger der Leptosomen. Einen kräftigen Knochenbau, besonders an den Schlüsselbeinen, Hand- und Fußgelenken sowie an den Händen zeigen die Athletiker. Ihre Gliedmaßen sind eher lang, wobei der trophische Akzent oft auf den Extremitätenenden ruht, die in einzelnen Fällen fast acromegal wirken können. Die Füße haben im Vergleich mit den Händen nur untergeordnete Bedeutung und entsprechen in ihren Proportionen im wesentlichen denen der Hände.

Eine genaue Beschreibung der Konstitutionsformen der Hand und ihrer methodologischen Erfassung hat außer OSERETZKY G. KÜHNEL gegeben. Letzterer schlägt im wesentlichen folgende Längenmaße vor:

Armlänge: Acromion-Daktylion.
Oberarmlänge: Acromion-Radiale.
Unterarmlänge: Radiale-Processus styloideus ulnae.
Handrückenlänge (MARTIN M 50): Von der Mitte der Verbindungslinie der beiden Stylia des Unterarmes bis zur Articulatio metacarpophalangea III.
Handlänge (MARTIN, M 49): Mitte der Verbindungslinie der beiden Stylia des Unterarmes bis zum Daktylion III.

Außerdem Vorderarmumfang: Bei rechtwinklig angewinkeltem Unterarm und nicht innervierter Unterarmmuskulatur über die stärkste Ausladung kurz unterhalb des Ellenbogengelenkes.

Handgelenkumfang: Über die weitest vorspringende Stelle der Processus styloidei radii et ulnae.

Handumfang: Bei locker ausgestreckter Hand um die weiteste Ausladung der Metacarpophalengealgelenke II und V.

Gemessen wird stets am rechten Arm, und zwar mit einem einfachen Bandmaß. Bezüglich der genaueren konstitutionstypischen Auswertung sei auf die Originalarbeit verwiesen.

Von den an der Körperoberfläche konstitutionstypischen Stigmen ist wichtig die *Gesichtsfarbe*, die zu einem großen Teil von der Beschaffenheit des Hautgefäßsystems abhängig ist, und zweitens die *Behaarung*. Die Hautfarbe der Pykniker ist zumeist leicht gerötet, die der Leptosomen und eines Teils der Athletiker vorwiegend blaß. Die Hautrötung beruht beim Pykniker einesteils auf einer gesteigerten vasomotorischen Empfindlichkeit für thermische und affektive Reize, andernteils auf einer dünnen Haut, so daß die Gefäße leichter durchscheinen. Umgekehrt ist die blasse Hautfarbe der Leptosomen zumeist bedingt durch eine mangelhafte vasomotorische Versorgung. Dabei besteht oft eine starke distale Acrocyanose der Hände und Füße, insbesondere bei vielen Athletikern. Außerdem zeigen manche Athletiker unter einem sonst bräunlich blassen Teint im Affekt eine dunkle Gesichtsrötung. Ihre Haut ist meist dick und derb mit nur mäßigem Fettpolster.

Noch wichtiger ist konstitutionsbiologisch die Körperbehaarung, da gerade diese von endokrinen Faktoren stark abhängig ist. Sie stellt somit ein besonders feines Reagens auf konstitutionelle Anlagen dar. Ihre Beziehungen zu innersekretorischen Vorgängen der Keim- und Schilddrüse sowie der Hypophyse sind hinlänglich bekannt.

Bei Bewertung des Haarkleides zu konstitutionsbiologischen Zwecken muß man unterscheiden zwischen *Primärbehaarung* und *Terminalbehaarung*. Die Primärbehaarung des Kindesalters besteht aus Haupthaar, Brauen, Wimpern und dem schwach sichtbaren Lanugohaarkleid des übrigen Körpers. In der

Pubertätszeit tritt hinzu, bzw. an dessen Stelle, das Terminalhaarkleid in folgender bemerkenswerter zeitlicher Reihenfolge: Genital- und Achselhaar, Rumpfbehaarung. Zugleich mit diesen Vorgängen erfolgt allmählich die Umwandlung der Lanugobehaarung der Gliedmaßen in derberes Terminalhaar, und zwar an den Beinen stärker und meist auch früher als an den Armen. Konstitutionstypologisch verhält es sich im allgemeinen so, daß bei Asthenikern und Leptosomen die Primärbehaarung oft extensiv gesteigert und auch verhältnismäßig von langer Dauer ist, während die Terminalbehaarung nicht selten geradezu unterentwickelt bleibt. Bei Pyknikern hingegen kann man häufig eine ausgesprochene Tendenz zum Zurücktreten der Primärbehaarung beobachten bis zum völligen Schwund (die typische „spiegelnde Glatze"), während die Terminalbehaarung eher kräftig ausfällt. Genital- und Achselbehaarung ist bei ihnen auffallend stark entwickelt. Konstitutionstypisch bemerkenswert ist vor allem noch der Bartwuchs. Er zeigt bei den Pyknikern zumeist eine ausgesprochen gleichmäßige Verbreitung, ohne Bevorzugung einer Teilpartie. Bei Leptosomen und Asthenikern hingegen ist der Bartwuchs nicht selten schwach, häufig sehr schmal begrenzt, perioral ausgespart und ungleichmäßig verteilt unter Bevorzugung von Kinn und Oberlippe. Es ist hier nicht annähernd möglich, alle die feinen für die Konstitutionsdiagnostik wichtigen Einzelmerkmale der Haarbeschaffenheit aufzuzählen oder gar zu beschreiben, insbesondere auch die spezielle Beurteilung der *weiblichen* Behaarung. Alle näheren Einzelheiten können in dem Buche KRETSCHMERs „Körperbau und Charakter" nachgelesen werden.

Zu erwähnen ist noch ein von TH. FÜRST unter dem Namen „*Anthropographie*" beschriebenes neues Verfahren zur Erleichterung anthropometrischer Untersuchungen. Das Prinzip besteht nach FÜRST darin, nicht zuerst zu messen und nachträglich die gewonnenen Meßwerte in Form von „Proportionsfiguren" zu übertragen, sondern umgekehrt zuerst ein Konturbild zu entwerfen, auf welchem die Abstände der während der Zeichnung markierten wichtigsten anatomischen Meßpunkte nachträglich ausgemessen werden können. FÜRST hat hierzu einen Präzisionsapparat konstruiert (Anthropograph), in dem das Storchschnabelprinzip auch für die vertikale Messung nutzbar gemacht werden kann [1]. Da es mit dem Apparat möglich gemacht ist, Umrißbilder des Körpers in mehreren Ebenen — es lassen sich die Formen des Körpers auch in querer Richtung festhalten — und zwar in verkleinertem Maßstab, anzufertigen, hat er sich auch für die Erfolgskontrolle orthopädischer Maßnahmen bestens bewährt. Er dürfte unseres Erachtens auch wertvolle Dienste bei der anthropometrischen Erfassung dysplastischer Merkmale leisten.

Eine weitere wichtige konstitutionsbiologische Untersuchungsmethode ist die von O. MÜLLER begründete *Capillarmikroskopie*. Er unterscheidet auf Grund seiner Untersuchungen zwei vasomotorische Typen: Der erste Typ zeigt ein nervös gespanntes Arterienrohr, spastische Scheinanämie des Gesichtes, sowie blaue, kalte und feuchte Hände mit erweitertem, subpapillärem Venenplexus. Dieser Symptomenkomplex findet sich nach O. MÜLLER häufig und ausgesprochen bei schizothymen Asthenikern. Der cyclothyme Pykniker zeigt dagegen folgendes Gefäßbild: Gerötetes Gesicht bis zur Ausbildung weithin sichtbarer, capillarer bzw. venöser Gefäßerweiterungen, besonders im Bereich der Wangen und Nase. Dagegen hat der Pykniker an den Extremitätenenden seltener stärkere Capillarveränderungen. Ferner sind nach HANSEs Feststellungen bei Pyknikern Hypertonien keine Seltenheit. Es sind die geborenen Überdruckmenschen. Bei Leptosomen ist dagegen der Blutdruck meist niedrig. Sie sind die geborenen Unterdruckmenschen (zit. nach v. ROHDEN). Auf die weiteren capillarmikroskopischen Untersuchungen von HOEPFNER, W. JAENSCH, WITTNEBEN, M. SCHILLER, MARI u. a. kann nur kurz verwiesen werden, da es nicht möglich ist, deren

---

[1] Z. menschl. Vererbungsl. **20** (1936).

Untersuchungsmethoden und zum Teil sehr weitgehende Theorien hier im einzelnen wiederzugeben.

In einem zusammenfassenden Bericht über „Capillaren und Konstitution" gibt W. JAENSCH kurz die Technik der Hautcapillarmikroskopie (mikroskopische Hautgefäßbetrachtung) am Lebenden und seine Interpretierung wieder: Die Hautcapillarmikroskopie erfolgt mit jedem gewöhnlichen Mikroskop (30—40fache Vergrößerung) an der Umschlagstelle des Nagelfalzes mehrerer Finger, welche zuvor mit einem dickflüssigen, klaren Öl (Ricinus-, Cedernöl) abgerieben und dann betupft werden. Betrachtet man diese Stelle bei auffallendem Licht

Abb. 9. K.M-Schlüssel von W. JAENSCH. (Aus: „Medizinische Welt" 1931.)

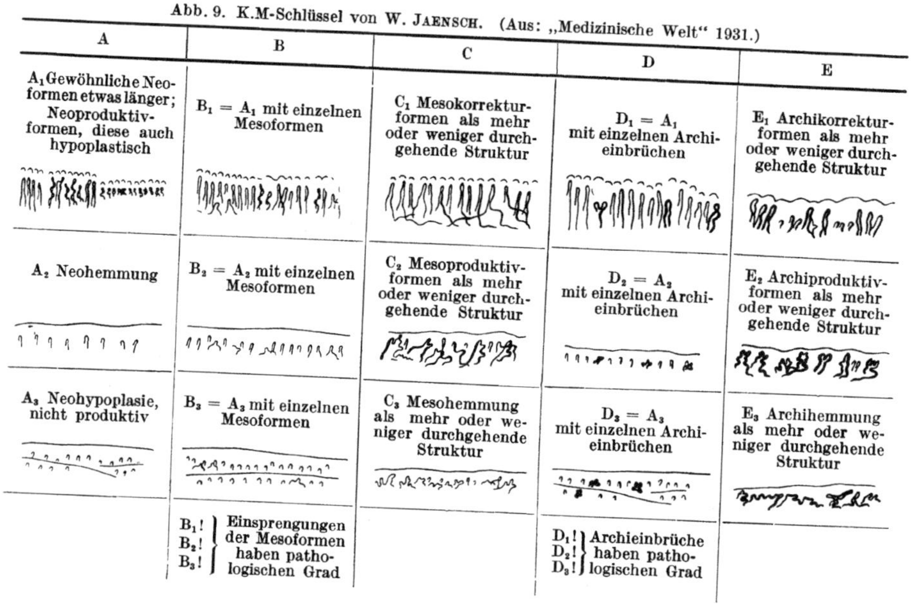

A	B	C	D	E
A_1 Gewöhnliche Neoformen etwas länger; Neoproduktivformen, diese auch hypoplastisch	$B_1 = A_1$ mit einzelnen Mesoformen	C_1 Mesokorrekturformen als mehr oder weniger durchgehende Struktur	$D_1 = A_1$ mit einzelnen Archieinbrüchen	E_1 Archikorrekturformen als mehr oder weniger durchgehende Struktur
A_2 Neohemmung	$B_2 = A_2$ mit einzelnen Mesoformen	C_2 Mesoproduktivformen als mehr oder weniger durchgehende Struktur	$D_2 = A_2$ mit einzelnen Archieinbrüchen	E_2 Archiproduktivformen als mehr oder weniger durchgehende Struktur
A_3 Neohypoplasie, nicht produktiv	$B_3 = A_3$ mit einzelnen Mesoformen	C_3 Mesohemmung als mehr oder weniger durchgehende Struktur	$D_3 = A_3$ mit einzelnen Archieinbrüchen	E_3 Archihemmung als mehr oder weniger durchgehende Struktur
	$B_1!$ $B_2!$ $B_3!$ } Einsprengungen der Mesoformen haben pathologischen Grad		$D_1!$ $D_2!$ $D_3!$ } Archieinbrüche haben pathologischen Grad	

Biologische Capillarengruppen.

I. Idealstruktur	II. Capillarhemmung	III. (1) Mesostruktur	III. (2) Archistruktur
A_1—A_3 B_1—B_3	$B_1!$—$B_3!$ C_1 D_1—D_3	C_2—C_3	$D_1!$—$D_3!$ E_1—E_3 Entscheidende Gruppe der schlechtesten „kretinoiden" bzw. embryonalen Capillaren

Im vorliegenden Capillarschlüssel (K.M-Schlüssel) geht die Bezeichnungsweise der einzelnen Capillarvarianten auf die Morphogenese beim Säugling wie auf die Beobachtung der entwicklungsmäßigen Veränderung der Capillarbilder im Laufe der Zeit bzw. bei der therapeutischen Einwirkung in Einzelfällen zurück. Ganz besonders gilt diese Beziehung für die Bezeichnungsweisen „Produktiv-" und Korrektur-Formen". Wenn man diese morphogenetischen Bezeichnungsweisen aber durch rein *phänomenologische* ersetzen will, erscheint es zweckmäßig, statt „Produktiv"- und „Korrektur-Formen" den Ausdruck „Knäuel"- bzw. „Streck-Formen" zu setzen, und an Stelle von „hypoplastischen" von „Zwerg-Formen" zu sprechen. In diesem Sinne könnte man also rein phänomenologisch unterscheiden:

Neoknäuelformen — Neoproduktivformen
Neozwergformen — Neohypoplasieformen
Mesoknäuelformen — Mesoproduktivformen
Mesostreckformen — Mesokorrekturformen
Archiknäuelformen — Archiproduktivformen
Archistreckformen — Archikorrekturformen.

Statt „Meso- bzw. Archi*hemmungs*formen" müßte es phänomenologisch sinngemäß „Meso- bzw. Archirankenformen" heißen, während die „Neo*hemmungs*formen" im Gegensatz zu den „Neo*zwerg*formen" als „kleine Neoformen" zu bezeichnen wären; denn die „Neozwergformen" bilden nach manchen Autoren (als Neohypoplasie) eine für sich stehende morphogenetische Reihe. „Hypoplastische Neo- bzw. eine für sich stehende morphogenetische Reihe. „Hypoplastische Neo- bzw. Archi*produktiv*formen" würden wir phänomenologisch übersetzen mit „geknäuelte Neo- bzw. Archizwergformen". Auch für diese phänomenologische Terminologie der verschiedenen Capillarvarianten bliebe die Einteilung obigen Schlüssels bestehen.

(Sonnenlicht, elektrische Taschenlampe), so sieht man bei größeren Kindern und Erwachsenen die Capillaren im allgemeinen aus feinen sog. Haarnadelformen (Neoformen) bestehen. Bei Säuglingen findet man dagegen in den ersten Lebensjahren meist horizontal veraufende dicke Schlingen *(Archicapillaren)*, die nach wenigen Wochen bis Monaten gestreckteren, jedoch im Gegensatz zu den endgültigen, regelmäßigen Haarnadeln *(Neocapillaren)* unregelmäßigen, an der Basis breit offenen Formen weichen *(Mesocapillaren)* (vgl. Abb. 9). Am Ende des ersten oder zweiten Lebensjahres pflegen dann die endgültigen Haarnadelformen „ausgereift" zu sein. Die Schnelligkeit dieser Entwicklung unterliegt örtlichen und individuellen Unterschieden. In manchen Fällen ist sie schon bald bei der Geburt nahezu vollendet. An ihrem Bestehen vom Mutterleib an oder in ihm kann jedoch heute nicht mehr gezweifelt werden. Man hat diese Entwicklungsreihe in drei Stufen eingeteilt (TH. HOEPFNER). Auf jeder Stufe (bzw. „Schicht") kann die Weiterentwicklung stehenbleiben oder von hier aus in besonderer Weise weitergehen, deren richtige Deutung und Eingruppierung allerdings ohne längere Erfahrung nicht möglich ist.

Aus den Arbeiten der genannten Autoren folgt weiter:

1. In ausgesprochenen Kropfgegenden sind die nicht ausgereiften Capillarformen (Archicapillaren) besonders häufig zu finden. Aus dieser Tatsache wurde weiterhin geschlossen:

2. Cerebralbedingte Störungen der Drüsen mit innerer Sekretion sind, wenn der Beginn vor der Geburt bis gegen Ende des ersten Lebensjahres gelegen ist, die Ursache auch der mangelnden Capillarreifung, und nicht ausgereifte Capillarformen ermöglichen es späterhin bei Vorliegen eines Defektes, auf die Ursache (endokrine Frühschäden) Rückschlüsse zu ziehen, ohne über deren besondere Natur etwas auszusagen. In dieser Annahme wurden die Autoren bestärkt durch den therapeutischen Erfolg mittels Jod, Lipoiden und Drüsenpräparaten, „der nicht nur vielfach die zutage getretene Störung (körperlicher bzw. geistiger Art) besserte, sondern oft gleichzeitig auch Ausreifungserscheinungen an den primitiven Capillarformen auftreten ließ".

Diese Auffassungen sowie weitere von W. JAENSCH und seinen Mitarbeitern darauf aufgebaute Theorien sind in der Folgezeit nicht unwidersprochen geblieben, ja zum Teil durch groß angelegte Nachuntersuchungen widerlegt worden. So fand z. B. JAMIN, daß die Länge der Capillaren in keiner Beziehung steht zu den Konstitutionstypen, dagegen weitgehend abhängig ist von Geschlecht und Lebensalter. KLEINSCHMIDT konnte keinerlei bestimmte Beziehungen feststellen zwischen Krankheits- und Capillarformen. GERENDASI fand bei 72 Schwachsinnigen und Idioten in nur 12 Fällen deutliche archicapilläre Bildungen. Dagegen zeigten viele seiner normalen Untersuchten deutliche Archiformen. Auch im neueren Schrifttum finden sich keine Arbeiten, die eine eindeutige Bestätigung der Auffassungen von W. JAENSCH, HÖPFNER, WITTNEBEN usw. enthielten.

In enger Beziehung zur der Funktion der Capillaren stehen die Reaktionen des gesamten *vegetativen Nervensystems*, die, wie sich aus den pharmakodynamischen Untersuchungen von HERTZ ergibt, ebenfalls weitgehend konstitutionell verankert sind. Er wählte folgende von PLATZ angegebene Methodik: Den untersuchten Personen werden an drei aufeinanderfolgenden Tagen je 0,01 mg Adrenalin, 0,75 mg Atropin und 7,5 mg Pilocarpin intravenös injiziert und die Reaktion an Puls und Blutdruck beobachtet. Er fand auf diese Weise konstitutionstypische Unterschiede in den vegetativen Reaktionen, und zwar in bezug auf die Schnelligkeit und Dauer der Wirkung: „Die Pykniker hatten das Maximum der Wirkung in der 3. Minute, in der 9. Minute war die Wirkung wieder abgeklungen. Bei den Athletikern setzte sie langsamer ein; hier lag das Maximum in der 9. Minute, und erst in der 12.—15. Minute waren die

Werte wieder normal. Die Astheniker (bzw. Leptosomen) reagierten insofern
noch stärker, als sie das Maximum schon in der 3. Minute erreichten und bis
zur 9. Minute behielten. Dann klang die Wirkung ab, die Patienten erreichten
in der 15. Minute wieder ihre normalen Werte." Diese pharmakologischen
Kurven zeigen eine auffallende Ähnlichkeit mit den psychologischen Reaktionen
im psychogalvanischen Versuch (vgl. 3. Hauptteil, 6. Kapitel). Beide Male
handelt es sich ja um Wirkungen auf das vegetative System.

Diese und die vorher erwähnten Untersuchungen beleuchten die konstitutionstypische Bedeutung der *inneren Drüsen.* So gewiß auch innige Beziehungen
zwischen Körperbau und Drüsen mit innerer Sekretion bestehen, so ist doch
der Nachweis dieser Korrelation *an den Drüsen selbst* methodisch noch wenig
durchführbar. Die Methodik muß sich hier im wesentlichen beschränken auf
die Beachtung der Größe und Konsistenz der Hoden und auf etwaige Hypoplasien oder Hyperplasien oder auf Kurzstieligkeit bis zum Kryptorchismus.
Bei den Frauen sind entsprechende gynäkologische Untersuchungen notwendig,
um etwaige infantilistische Veränderungen des Genitales oder sonstige Dysplasien festzustellen. Ferner sollten stets Form, Größe und Konsistenz der Schilddrüse und der Brustdrüsen geprüft werden, und zwar sowohl bei Männern wie
bei Frauen. Bezüglich der verschiedenen Spezialbefunde bei den Konstitutionstypen sei auf das Buch KRETSCHMERs „Körperbau und Charakter" verwiesen
sowie auf den 3. Hauptteil, 6. Kap. dieses Bandes.

IV. Die somatometrischen Untersuchungsmethoden.

Erst nach der genauen und sorgfältigen Erfassung der morphologischen
Merkmale beginnt die Messung der in dem Konstitutionsschema aufgeführten
Körperteile mit Bandmaß und Tasterzirkel. Das methodische Vorgehen ist
im wesentlichen dasselbe wie bei jeder sonstigen anthropologischen Messung.
Bezüglich der Technik kann daher auf das vorangegangene Kapitel über „Anthro-
pologische Methoden" verwiesen werden.

Zur konstitutionsbiologischen Beurteilung der erhaltenen Maßzahlen ist jedoch
die Kenntnis der jeweiligen Durchschnittswerte der Hauptkörpermaße bei den
einzelnen Konstitutionstypen unbedingt erforderlich. Dieselben sind nach
KRETSCHMER folgende:

Tabelle 5. Hauptkörpermaße des leptosomen, athletischen und pyknischen
Typus im Durchschnitt berechnet.

	Leptosom		Athletisch		Pyknisch	
	Männer	Frauen	Männer	Frauen	Männer	Frauen
Körpergröße	168,4	153,8	170,0	163,1	167,8	156,5
Gewicht (kg)	50,5	44,4	62,9	61,7	68,0	56,3
Schulterbreite	35,5	32,8	39,1	37,4	36,9	34,3
Brustumfang	84,1	77,7	91,7	86,0	94,5	86,0
Bauchumfang	74,1	67,7	79,6	75,1	88,8	78,7
Hüftumfang	84,7	82,2	91,6	95,8	92,0	94,2
Vorderarmumfang	23,5	20,4	26,2	24,2	25,5	22,4
Handumfang	19,7	18,0	21,7	20,0	20,7	18,6
Wadenumfang	30,0	27,7	33,1	31,7	33,2	31,3
Beinlänge	89,4	79,2	90,9	85,0	87,4	80,5

Die statistischen Untersuchungsmethoden und ihre graphische Darstellung.

Eine wertvolle Ergänzung der konstitutionsbiologischen Forschungsmethoden
bildet die mathematische Behandlung des Konstitutionsproblems. Jedoch stellt
sie nur ein *Hilfsmittel* dar, d. h. sie kann hier niemals die *deskriptiven* Methoden
ersetzen.

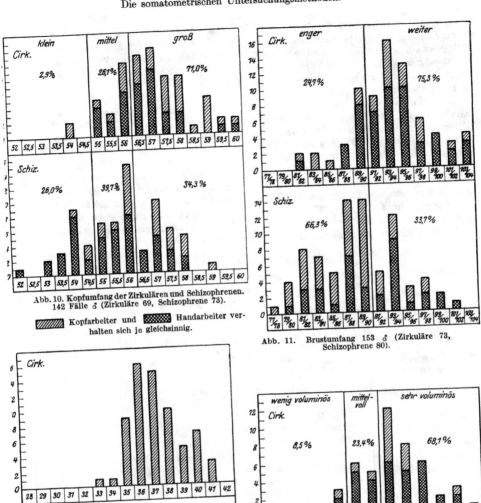

Abb. 10. Kopfumfang der Zirkulären und Schizophrenen.
142 Fälle ♂ (Zirkuläre 69, Schizophrene 73).

░░ Kopfarbeiter und ▦ Handarbeiter verhalten sich je gleichsinnig.

Abb. 11. Brustumfang 153 ♂ (Zirkuläre 73,
Schizophrene 80).

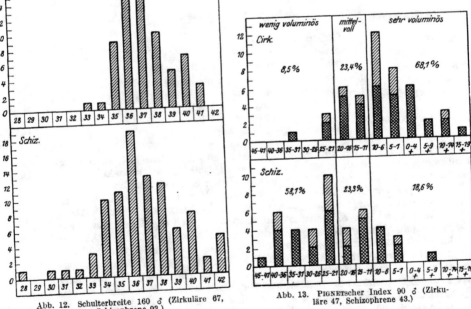

Abb. 12. Schulterbreite 160 ♂ (Zirkuläre 67,
Schizophrene 93.)

Abb. 13. PIGNETscher Index 90 ♂ (Zirkuläre 47, Schizophrene 43.)

In Abb. 11—13 sind die Jugendlichen (unter 30 Jahren) schräg schraffiert, die Älteren (über 30 Jahren)
kreuzschraffiert. Man sieht, daß die Konstitutionsunterschiede in beiden Lebensaltern je dieselben sind.
(Nach KRETSCHMER.)

Zur mathematischen Erfassung der Korrelationen konstitutionsbiologischer Merkmale untereinander und ihrer Veranschaulichung lassen sich fast sämtliche allgemeinen statistischen und graphischen Methoden anwenden, wie sie im 2. Abschnitt Kapitel 1 dargestellt sind. So hat KRETSCHMER z. B. die charakteristischen Unterschiede zwischen dem Körperbau der Zirkulären und der Schizophrenen an Hand von *Häufigkeitskurven* einiger wichtiger Körpermaße dargestellt. Es wurde hierbei nicht der Körperbau typisiert, sondern von der Gesamtmasse der untersuchten Schizophrenen wurden, ohne Rücksicht auf ihren körperlichen Habitus, lediglich die Einzelmaße bzw. die daraus errechneten Indices in Häufigkeitskurven zusammengeordnet. Auch bei dieser Darstellungsweise ergaben sich, wie die Abb. 10—13 zeigen, klare und eindeutige Resultate.

Außer dem in Tabelle 6 angeführten PIGNETschen Konstitutionsindex haben sich als brauchbar erwiesen die Indices von ANDREEW und WERTHEIMER, die Somatogramme von PLATTNER, die Berechnungen von WIGERT und die an der Marburger Klinik von HARTNER, KÜHNEL, STRAUSS und WESTPHAL errechneten Indexwerte. Die für moderne klinische konstitutionsbiologische Fragen in Betracht kommenden Indices sind aus Tabelle 6 ersichtlich.

Tabelle 6. Konstitutionsindices.

PIGNET-Index	Körpergröße — (Brustumfang + Gewicht)
ANDREEW-Index	$100 \dfrac{[(\text{Brustumfang} + \text{Bauchumfang}) — (\text{Armlänge} + \text{Beinlänge})]}{(\text{Brustbreite} \times \text{Brusttiefe})}$
WERTHEIMER-Index	$\dfrac{\text{Beinlänge} \times 10}{\text{Rumpffülle}}$
Rumpffülle	$\dfrac{\text{Brustbreite} \times \text{Brusttiefe} \times \text{vordere Rumpflänge}}{1000}$
Brustschulterindex (KRETSCHMER) [1]	$\dfrac{\text{Schulterbreite} \times 100}{\text{Brustumfang}}$
Index A [1] (WESTPHAL)	$\dfrac{(\text{Kopfhöhe} \times \text{Handumfang} \times \text{Schulterbreite} \times \text{Brustbreite})}{10\,000}$
Index B [1] ,,	$\dfrac{\text{Körpergröße} \times 100}{\text{Schulterbreite} \times \text{Rumpffülle}}$
Index C [1] ,,	$\dfrac{(\text{Brustbreite} \times \text{Brusttiefe} \times \text{Schulterbreite})}{(\text{Darmbeinkammbreite} + \text{Trochanterbreite}) \times 10}$
Index D [1] (KÜHNEL)	$\dfrac{(\text{Schulterbreite} \times \text{Handumfang} \times \text{Armlänge} \times \text{Beinlänge})}{(\text{Brustumfang} \times \text{Bauchumfang}) \times 10}$
Handindex [1] (KÜHNEL)	$\dfrac{\text{Unterarmlänge} \times \text{Handlänge} \times 100}{\text{Vorderarmlänge} \times \text{Handlänge}}$

Aber auch mittels der anderen erwähnten Indexwerte lassen sich die Körperbautypen mathematisch gegeneinander verhältnismäßig gut charakterisieren. So können beispielsweise mit Hilfe unseres Brustschulterindex die Athletiker von den Pyknikern, mit Hilfe des verbesserten WESTPHALschen Index A die Athletiker von den Leptosomen gut getrennt werden. Leptosome und Pykniker unterscheiden sich am einfachsten und stärksten durch die Verrechnung der Gewichts- und Volummaße, also z. B. durch den PIGNET-Index. Die Athletiker wiederum charakterisieren sich gegen die Pykniker besser durch das beidemal umgekehrte Wuchsverhältnis zwischen Schultergürtel und Brustkorb (Brust-Schulter-Index nach KRETSCHMER), worin sich letztlich die stärkere Betonung des Bewegungsapparates bei den Athletischen, der großen Körperhöhlen bei den Pyknischen ausdrückt. KÜHNEL konnte mittels der in Tabelle 6 angeführten Indices zeigen, daß auch für die Frau die analogen Maßproportionen wie bei

---

[1] Indices der Marburger Klinik.

dem Manne bestehen. PLATTNER stellt der Indexkombination der Marburger Schule seine eigene metrische Körperbaudiagnostik gegenüber, die nur auf „skeletogenen Körpermaßen" beruht und die er als „Körperbauspektrum" bezeichnet. In diesem kommen folgende 6 Indices zur Anwendung:

Tabelle 7.

1. Index PIGNET-PLATTNER	Körpergröße minus (Brustumfang + Brusttiefe + Rumpflänge)
2. Brustumfang-Symphysenhöhen-Index	$\dfrac{\text{Brustumfang} \times 100}{\text{Symphysenhöhe}}$
3. Schulter-Beckendifferenz-Index	$\dfrac{(\text{Schulterbreite-Beckenbreite})\,[1]}{\text{Brusttiefe}}$
4. Schulter-Brustbreiten-Symphysenhöhen-Index	$\dfrac{\text{Schulterbreite} \times \text{Brustbreite}}{\text{Symphysenhöhe}}$
5. Schulter-Beckenbreiten-Index	$\dfrac{\text{Beckenbreite} \times 100}{\text{Schulterbreite}}$
6. Brustumfang-Schulterbreiten-Index	$\dfrac{\text{Schulterbreite} \times 100}{\text{Brustumfang}}$

Die Körperbaudiagnosen werden dann nach PLATTNER „auf Grund einer Klassifikations- und Bewertungstafel"[1] der Spektralindices gestellt, welche es gestattet, die konstitutionellen Verhältnisse jedes beliebigen Untersuchungsmaterials biologisch richtig zu gliedern und in einem „Habitusquotienten" zur Darstellung zu bringen.

Ein brauchbarer und in seinem mathematischen Aufbau besonders interessanter Index ist der neuerdings von E. STRÖMGREN errechnete, der dem Ziele dient, Pykniker und Leptosome allein auf anthropometrischem Wege genau voneinander zu differenzieren. Verwendet wurden 3 Maße, und zwar Körpergröße, Brustbreite und Brusttiefe. Es entstand so ein Index: $\varphi\,3 = 0{,}040\,a' + 0{,}127\,b' + 0{,}156\,c'$. Um die praktische Anwendbarkeit des Index zu erhöhen, konstruierte K. THERNOE 2 Diagramme (für Männer und Frauen), die es ermöglichen, den absoluten Wert des Index direkt aus den 3 Körpermaßen zu ersehen, d. h. ohne irgendwelche Rechnung. Die Verwendung der hier abgebildeten Diagramme erfolgt nach STRÖMGREN folgendermaßen (Abb. 14 und 15):

An der untersuchten Person werden Körpergröße (a), Brustbreite (b), Brusttiefe (c) (Nr. 1, 36 und 37 nach MARTIN) gemessen; dann wird in dem betreffenden Diagramm ($\varphi\,3$ für Männer, $\psi\,3$ für Frauen) der Schnittpunkt zwischen der (vertikalen) a-Linie (d. i. diejenige Linie, die durch den Punkt a der X a-Achse geht) und der (horizontalen) b-Linie aufgesucht. Schließlich wird der Abstand dieses Punktes von der betreffenden (schrägen) c-Linie mit Hilfe eines Zirkels gemessen, und zwar in der Einheit des unter dem Diagramm abgebildeten Maßstabes. Dieser Abstand ist dann der Indexwert und gibt den Grad der Zugehörigkeit zum pyknischen oder leptosomen Typus an, und zwar in folgender Weise: beim Pykniker liegt der (a, b)-Punkt oberhalb der c-Linie, beim Leptosomen unterhalb dieser Linie.

STRÖMGREN gibt folgende Beispiele an: Herr A. ist 180 cm groß, seine Brustbreite ist 30 cm, seine Brusttiefe 20 cm. Der (a, b)-Punkt im Diagramm für Männer liegt dann 0,75 Einheiten unter der c-Linie; sein Index ist somit —0,75 und seine Konstitution deutlich leptosom. — Frau B. ist 165 cm groß, die Brustbreite beträgt 30 cm, die Brusttiefe 25 cm. Der Abstand des (a, b)-Punktes im Diagramm für Frauen liegt: +0,95 Einheiten oberhalb der c-Linie, d. h. es handelt sich um einen ausgesprochen pyknischen Wert. — Der „Durchschnittspykniker" hat nach STRÖMGREN einen Index von +1,00, der Leptosome entsprechend einen Index zwischen —1,00 und —1,55.

---

[1] Vgl. W. PLATTNER: Das Körperbauspektrum. Z. Neur. **160** (1938).

Wir geben diese Methode deshalb etwas ausführlicher wieder, weil sie nach unseren bisherigen allerdings noch summarischen Nachprüfungen in der Tat geeignet erscheint, der deskriptiv gewonnenen Körperbaudiagnose „pyknisch" oder „leptosom" rein zahlenmäßig eine gute Kontrolle gegenüber zu stellen. Nach VINGERTIUS eignet sich zur Konstitutionsdiagnose gut die Beziehung des Körpergewichtes zum Brustumfang:

$$\left(\sqrt[3]{\frac{\text{Gewicht} \times 100}{\text{Brustumfang}}} \right).$$

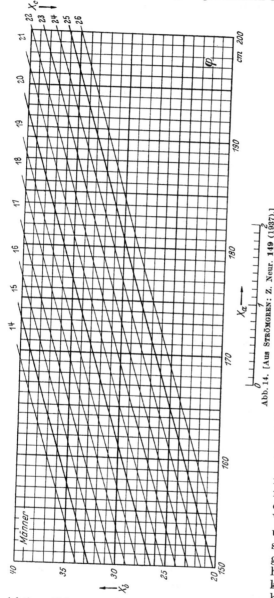

Abb. 14. [Aus STRÖMGREN: Z. Neur. 149 (1937).]

Die rechnerische Untersuchung bietet somit eine exakte Möglichkeit der Eigenkontrolle des klinischen Untersuchers. Denn wenn die indexmäßig errechnete Körperbaudiagnose völlig anders ausfällt als die aus dem Gesamtdiagramm gewonnene, so ist eine Nachprüfung der klinischen Untersuchung unbedingt angezeigt. Umgekehrt bedarf aber auch die Indexdiagnose einer Kontrolle durch die klinische Gesamtdiagnose, da die Indexberechnung viele biologisch besonders wichtige Merkmale, feinere Proportionen und Konturen, vor allem aber Haut- und Gewebsbeschaffenheit, Gefäßzustand, Behaarung, Fettverteilung, dysplastische Stigmen u. a. m. kaum erfassen kann. Zweitens vermag die Indexberechnung differentialdiagnostisch von Wert zu sein, wenn es sich um die Klassifizierung besonders schwieriger Übergangs- und Mischformen handelt. In solchen Fällen kann die indexmäßig vorherrschende Komponente als wichtiger Faktor mitverwandt werden. Drittens endlich können die Indexwerte bei großen Serienuntersuchungen, wie z. B. experimentellen (ENKE) oder erbbiologischen, einer Statistik zugrunde gelegt werden und damit sehr gut vergleichbare Unterlagen für Kontrolluntersuchungen bieten. Durch die Aufstellung von Mittelwertprofilen der Körperbautypen wird ferner der Vergleich der Zusammensetzung eines Gesamtmateriales mit denjenigen anderer Forscher ermöglicht.

Ein weiterer Vorteil der mathematischen Methode liegt darin, daß es mit ihr möglich ist, bei sehr umfangreichen experimentalpsychologischen, klinischen oder erbbiologischen Serienuntersuchungen zur Konstitutionsforschung praktisch leicht durchführbare Messungen an Stelle der *vollständigen* Körperbaubeschreibung zu setzen, ohne dabei Gefahr zu laufen, allzu grobe diagnostische und statistische Irrtümer zu begehen. Die z. B. von ENKE nachgewiesenen engen Korrelationen zwischen experimentell erfaßbaren psychologischen Radikalen und rechnerisch exakt bestimmbaren körperlichen Beziehungen zeigen besonders deutlich die tiefe biologische Bedingtheit der KRETSCHMERschen Körperbautypen und ihrer exakten Bestimmbarkeit.

V. Methodik der Typenvergleichung.

Um die Häufigkeit der einzelnen Typen in verschiedenen Bevölkerungsgruppen oder Krankheitskreisen oder in den Untersuchungsergebnissen verschiedener Autoren festzustellen, ist es notwendig, sich nur an diejenigen Körperbautypen zu halten, deren Diagnose von allen Untersuchern nach einheitlichen Gesichtspunkten erfolgt ist und damit als weitgehend gesichert gelten kann. Diese Voraussetzung wird man im allgemeinen nur für die „reinen" Konstitutionstypen als erfüllt betrachten können.

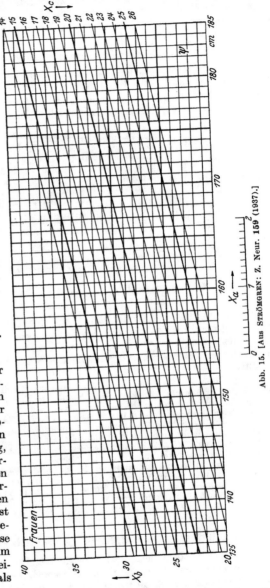

Abb. 15. [Aus STRÖMGREN: Z. Neur. 159 (1937).]

Ferner ist dabei von grundsätzlicher Bedeutung das Verhältnis, in dem die reinen leptosomen, pyknischen und athletischen Körperbauformen in einer Serienuntersuchung untereinander auftreten, um von diesem Verhältnis aus der Frage nachgehen zu können, ob Häufigkeitsbeziehungen spezifischer Art zwischen bestimmten Körperbautypen und bestimmten Krankheitsgruppen bestehen. Das Häufigkeitsverhältnis der Körperbautypen innerhalb einer Krankheitsgruppe kann durch eine einfache Proportion ausgedrückt werden, in der die relative Häufigkeit der 3 Haupttypen zueinander in Beziehung gesetzt wird. Mittels dieser Methodik hat v. Rohden z. B. den „körperbaulichen Verteilungsindex" errechnet in einer Gruppe von 358 männlichen Schizophrenen, der folgendermaßen lautet:

$$l : a : p = 62 : 32 : 6 \quad (l = \text{leptosom, } a = \text{athletisch, } p = \text{pyknisch}).$$

Es ist dabei zu beachten, daß die Zahlen Prozentwerte darstellen, und daher nur die relative Häufigkeit der Haupttypen zum Ausdruck bringen.

In welcher Weise sich die Anwendung dieser Formel in der Praxis der Typenvergleichung auswirkt, zeigt sehr schön eine Tabelle v. Rohdens, in der sämtliche

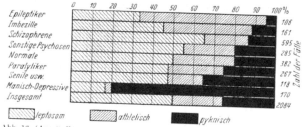

Abb. 16. (Aus v. Rohden: Methoden der konstitutionellen Körperbauforschung. Berlin u. Wien: Urban & Schwarzenberg 1929.)

von ihm zur Zeit körperbaulich untersuchten 2084 Fälle berücksichtigt sind (Abb. 16).

Das Ergebnis dieser Tabelle bezüglich der endogenen Erkrankungen entspricht im großen und ganzen den Ergebnissen einer zusammenfassenden Bearbeitung der Häufigkeitsverteilung, die von Westphal an insgesamt 8099 Fällen aller derzeitigen Untersucher vorgenommen wurde und auf Abb. 7 veranschaulicht wird.

Diese Tabelle, wie auch diejenige v. Rohdens, zeigt für die endogenen Psychosen einschließlich der Epileptiker folgendes Gesamtergebnis: Die Manisch-Depressiven und die Schizophrenen verhalten sich in ihrem Häufigkeitssatz an Pyknikern einerseits, an Leptosomen und Athletikern andererseits gerade umgekehrt. Die Manisch-Depressiven enthalten etwa ²/₃ Pykniker, die Schizophrenen etwa ²/₃ Leptosome. Die Epileptiker hingegen weisen die Höchstzahl an Athletikern auf, die umgekehrt am geringsten vertreten sind unter den Manisch-Depressiven. In der Westphalschen Zusammenstellung ergibt sich noch ein weiteres wichtiges Gesamtresultat für die Dysplastiker. Diese, und damit auch alle bisher geläufigen endokrinen Körperbauvarianten, fehlen bei den Manisch-Depressiven fast vollkommen (0,4%). Bei den Schizophrenen sind sie viel stärker vertreten, und zwar handelt es sich nach Kretschmer vorwiegend um dysgenitale Varianten (Eunuchoid, Maskulinismen, Feminismen und Infantilismen sowie um dysglanduläre Fettwuchsformen, ferner einzelne Acromegaloide und neben Rachitis noch sonstige nicht rubrizierbare Proportionsstörungen).

VI. Konstitutionsbiologische Familienforschung.

Die Konstitutionsbiologie ist, wie wir eingangs betonten, eine medizinisch-klinische Forschungsmethode. Zu ihrem Untersuchungsgang gehört daher auch die Erhebung einer Vorgeschichte mit sorgfältiger Erfassung des Körperbaues wie des Wesens der Angehörigen und — soweit möglich — auch der Vorfahren. Da sich in einem Patienten mehrere Konstitutionstypen durchkreuzen können, wird es oft nur durch diese anamnestischen Erhebungen möglich sein, seine einzelnen körperbaulichen wie psychischen Komponenten klar zu erkennen, d. h.

wir werden bestimmte Merkmale unter Umständen bei anderen Familienmitgliedern deutlich isoliert und aufgespalten vorfinden. Eine pyknisch-leptosome Mischform wird in ihren einzelnen Komponenten oft sehr klar erfaßbar, wenn wir sehen, daß der Vater fast rein leptosom, die Mutter vorwiegend pyknisch ist, oder umgekehrt. Dasselbe gilt in gleichem Maße natürlich für alle psychischen Merkmale, die sich bei den Familienangehörigen oder aus Schilderungen der Art der Vorfahren oft prägnanter erkennen lassen als am Patienten selbst. Zugleich vermögen sie uns einen gewissen Aufschluß über die hereditären Merkmale des Konstitutionsaufbaues zu geben. Die Erhebung der Vorgeschichte zu konstitutionsbiologischen Zwecken hat sich also zu befassen einesteils mit einer sorgfältigen Anamnese des Lebenslaufes des Untersuchten selbst, seines Verhaltens in charakteristischen Lebenslagen und seiner körperlichen sowie eventuell psychischen Erkrankungen. Andernteils ist eine möglichst eingehende konstitutionstypologische Erforschung der Familienangehörigen, mindestens der Eltern, erforderlich, und zwar in körperbaulicher sowie charakterologischer Hinsicht und in Beziehung auf durchgemachte körperliche oder seelische Erkrankungen.

Die methodische Erfassung der psychischen Konstitutionsmerkmale (sinnes-, denkpsychologische sowie psychomotorische) und der Temperamentsformen findet sich im folgenden Kapitel, ferner im 2. und 6. Kapitel des dritten Hauptteiles dieses Bandes beschrieben.

Schrifttum.

Zusammenfassende Darstellungen.

BAUER, J.: Methoden der Konstitutionsforschung. Handbuch der biologischen Arbeitsmethoden, Abt. IX, Teil 3, H. 1. 1923. — Vorlesungen über allgemeine Konstitutions- und Vererbungslehre, 2. Aufl. 1923. — BORCHARDT, L.: Klinische Konstitutionslehre, 1924. — BRUGSCH, TH.: Die Lehre von der Konstitution. Jena 1924. — Die Morphologie der Person. BRUGSCH-LEWYS Biologie der Person, 1927. — BRAK, F.: Typenlehre und Umweltforschung. Leipzig 1939.

CARUS, L. G.: Symbolik der menschlichen Gestalt. Leipzig 1853. — CHAILLON et MACAULIFFE: Morphologie médicale. Paris 1912. — CHARBIER: Vorlesungen über die Grundzüge der mathematischen Statistik, 2. Aufl. 1920. — CURTIUS, F. u. R. SIEBECK: Konstitution und Vererbung in der klinischen Medizin. Berlin 1935. — CZABER, F.: Die statistischen Forschungsmethoden. Wien 1921.

FISCHER, G. H.: Das System der Typenlehren und die Fragen nach dem Aufbau der Persönlichkeit. Leipzig 1939. — FÜRST, TH.: Indextabellen zum anthropologischen Gebrauch. Jena 1902. — Methoden der individuellen Auslese für gewerbliche Berufe. ABDERHALDENs Handbuch der biologischen Arbeitsmethoden, Abt. IV, Teil 16. — Methoden der konstitutionsbiologischen Diagnostik. Stuttgart u. Leipzig 1935.

GEORGI, F.: Körperbau und seelische Anlage. BUMKEs Handbuch der Psychiatrie, Allg. Teil III. 1928. — GÜNTHER, H.: Die Grundlagen der biologischen Konstitutionslehre. Leipzig 1922.

HANSE, A.: Krankheit und Persönlichkeitsgefüge. Stuttgart-Leipzig 1938. — HORSTERS: ABDERHALDENs Handbuch der biologischen Arbeitsmethoden, Bd. 9. 1929. —

JAENSCH, E. R. u. Mitarb.: Grundformen menschlichen Seins. Berlin 1929. — JAENSCH, W.: Die Hautkapillarmikroskopie. (Klinische Psychophysiologie.) BRUGSCH-LEWYS Handbuch der Biologie der Person, Bd. II. 1931. — Kapillaren und Konstitution. Verh. Ges. Heilpädag. 1931, Teil 2. — Körperform, Wesensart, Rasse. Leipzig 1934. — Konstitutions- und Erbbiologie. Leipzig 1934. — JAENSCH, W., gemeinsam mit W. WITTNEBEN, TH. HOEPFNER, C. v. LEOPOLDT u. O. GUNDERMANN: Die Hautkapillarmikroskopie. Halle 1929.

KEHRER-KRETSCHMER: Die Veranlagung zu seelischen Störungen. Berlin 1924. — KRETSCHMER, E.: Körperbau und Charakter, 11. u. 12. Aufl. Berlin 1936. — Körperbau und Konstitution. BUMKE u. FOERSTERs Handbuch der Neurologie, Bd. VI. Berlin 1936. — Medizinische Psychologie. Leipzig 1939. — KRETSCHMER, E. u. W. ENKE: Die Persönlichkeit der Athletiker. Leipzig 1936.

MARTIN, R.: Lehrbuch der Anthropologie. Jena 1928. — Anthropometrie, 2. Aufl. Berlin 1929. — MAUZ, FR.: Die Prognostik der endogenen Psychosen. Leipzig 1930. — MÜLLER, L. R.: Das vegetative Nervensystem. Berlin 1920. — MÜLLER, O.: Die feinsten Blutgefäße des Menschen in gesunden und kranken Tagen. Stuttgart 1937 u. 1939.

NAEGELI, O.: Allgemeine Konstitutionslehre in naturwissenschaftlicher und medizinischer Betrachtung, 2. Aufl. Berlin 1934.

PERITZ, G.: Einführung in die Klinik der inneren Sekretion. Berlin 1923. — PLATZ: Die pharmakologische Prüfung des vegetativen Nervensystems in Funktionsprüfungen innerer Organe. Berlin 1927. RITTERSHAUS, E.: Konstitution oder Rasse? München 1936. — ROHDEN, F. V.: Die Methoden der konstitutionellen Körperbauforschung. ABDERHALDENs Handbuch der biologischen Arbeitsmethoden, Abt. IX, Teil 3. 1929. — ROTHMANN, H.: ABDERHALDENs Handbuch der biologischen Arbeitsmethoden, Abt. V, Bd. 9. 1929. SCHMIDT, M.: Körperbau und Geisteskrankheit. Berlin 1929. — SCHULTZ, BRUNO R.: Taschenbuch der rassenkundlichen Meßtechnik. Anthropologische Meßgeräte und Messungen am Lebenden. München 1937.— STILLER: Die asthenische Konstitutionskrankheit. Stuttgart 1907. — STOUDER, K. H.: Konstitution und Wesensänderung der Epileptiker. Leipzig 1938. TANDLER-GROSZ: Die biologischen Grundlagen der sekundären Geschlechtscharaktere. Berlin 1913. ZELLER, W.: Der erste Gestaltwandel des Kindes. Leipzig 1936. — Entwicklung und Körperform der Knaben und Mädchen von 14 Jahren. Berlin 1939.

Einzelarbeiten.

ABEL, W.: Über Störungen der Papillarmuster. Z. Morph. u. Anthrop. 1936, H. 36. — ALESTRA, L.: Richerche sulla ereditarietà dei tipi costituzionali e di alcuni caratteri morfologici dai genitoriai figli. Endocrinologia 12 (1937). — ANDREW, M. P.: Die Methoden der somatometrischen Profile in der Psychologie. Z. Neur. 102 (1926). — ARNOLD, A. u. H. STREITBERG: Körperbauuntersuchung an 1830 höheren Schülerinnen in Leipzig. Z. Konstit.lehre 1936, H. 19. — ASCHOFF: Konstitution und Erbkrankheit. Arch.f.Orthop. 37 (1937). BAUER, H.: Über den Konstitutionsbegriff. Z. Konstit.lehre 8 (1922). — BENEDETTI, P.: Über die Konstitutionsbestimmung mittels anthropometrischer Indices. Z. Konstit.lehre 1932, H. 17. — Richerche di anthropometrica morfologica e funzionale in rapporto alla costituzione. I. Le misure fondamentali e la classificazione morfologica secondo il metodo di Viola. Endocrinologia 1935. — Sul valore do alcuni rapporti antropometrici come indici della costituzione nelle indagini collettive. Nota 1. Endocrinologia 1935. — BLINOW, A.: Les caractères morphologiques des grandes mammaires chez femmes par rapport à la constitution somatique. Bull. Soc. roum. Neur. etc. 14 (1933). — BOBER, H.: Konstitutionsanthropologie. Konstit. w.Klin. 1 (1938). — BORCHARDT, L.: Körpermessungen zur Bestimmung der Norm und ihrer Grenzen. Z. Morph. u. Anthrop. 32 (1933). — BOSTROEM, A.: Über einige Besonderheiten der manisch-depressiven Konstitution. Danzig. Ärztebl. 3 (1935). — BRAILOWSKI, W.W.: Involutionspsychose und Körperbau. Sovet. Psichonevr. (russ.) 10 (1934). — BRANDER, T.: Über die Konstitution. Finska Läk. sällsk. Hdl. 81 (1938). — BRANDT, W.: Methodik der konstitutionssomatischen Untersuchung des Menschen, erläutert an 27 Neukaledoniern und konstitutionell gleichwertigen deutschen Männern. Z. Konstit.lehre 16 (1932). — Die biologischen Unterschiede des Pyknikers und des Leptosomen. Dtsch. med. Wschr. 1936 I. — BREITMANN, M.: Eine vereinfachte Methodik der Körperoberflächenbestimmung. Z. Konstit.lehre 18 (1933). — Eine neue morphologische (Zahlen-) Klassifikation der konstitutionellen Gruppen. Z. Konstit.lehre 18 (1933). — BRÜEL, O.: Über die Konstitutionstypen. Ugeskr. Laeg. 1938, 383—392. — BRUNI, A. C.: Sui contributi dell'anatomia alla dottrina della costituzione. Ateneo parm., II. s. 5 (1933). — BUCK, H.: Ein Beitrag zur Lehre vom Drehschwindel und den Konstitutionstypen. Göttingen 1936. — BUITELOAR, L.: Untersuchung über den Körperbau gesunder und schizophrener Sundanesen. Geneesk. Tijdschr. Nederl.-Indië 1938, 2426—2480. — BURCHARDT, E.: Physique and psychosis. An analysis of the postulated relationship between bodily constitution and mental syndrome. Comp. Psychol. Monogr. 13 (1936). — BUSSE, H.: Über normale Asymmetrien des Gesichtes und im Körperbau des Menschen. Z. Morph. u. Anthrop. 1936. CAMPELL, K.: The relation of the Types of physique to the Types of mental diseases. J. abnorm. a. soc. Psychol. 27 (1932). — CASTELLINO: Della costituzione individuale. Fol. med. (Napoli) 12 (1926). — CLAUSSEN, F.: Über asthenische Konstitution. Z. Morph. u. Anthrop. 38 (1939). — CLEGG, J. L.: The association of physique and mental condition. J. ment. Sci. 81 (1935). — COERPER, C.: Personelle Beurteilung nach dem praktischen Lebensvorgang; a) Körperlich. In: Die Biologie der Person 4. Berlin u. Wien 1929. — Die Habitusform des Schulalters. Z. Kinderheilk. 33 (1922). — Über sozialbiologische Konstitutionsforschung. Arch. soz. Hyg. 8 (1934). — CURTIUS, F. u. K. E. PASS: Untersuchungen über das menschliche Venensystem. Z. Konstit.lehre 1936, H. 19. DEREVICI, H.: Biometrische Kopfuntersuchung bei geisteskranken und normalen Frauen. Vol. jubilaire en l'honneur de Parhon, 1934. — DIMITRIJEVIĆ, D. T.: Zur Frage der Körperbaubestimmung bei Geisteskranken. Z. Neur. 160 (1938). — DUBITSCHER, F.: Sozialbiologische Beurteilung der Persönlichkeit. Öff. Gesdh.dienst 4 (1939). EDERER, ST. u. E. KERPEL-FRONIUS: Biophysikalische Konstanten der Konstitution. I. Quantitativer Test des vegetativen Nervensystems. Mschr. Kinderheilk. 55 (1933). —

ENKE, W.: Über den Aufbau der Persönlichkeit. Sitzgsber. Ges. Naturwiss. Marburg **70** (1935). — Der heutige Stand der konstitutionstypologischen Forschung. Erbarzt **2** (1936). — Konstitutionstypische und endokrine Faktoren bei Geisteskrankheiten. Allg. Z. Psychiatr. **109** (1938). — EPSTEIN, A. L. u. E. R. FINKELSTEIN: Somatologische Studien zur Psychiatrie IX. Die intersexuellen Stigmata bei weiblichen Geisteskranken. Z. Konstit.lehre **1934**, H. 18.

FIORE, M.: Cranio e costituzione. Giorn. Med. mil. **80** (1932). — FISCHER, L.: Kapillarbefund an der Lippenschleimhaut und ihre Deutung. Z. Konstit.lehre **1933**, H. 17. — FREEMAN, W.: Human constitution. A study of the correlations between physical aspects of the body and susceptibility to certain diseases. Ann. int. Med. **7** (1934). — FRANCKE, E.: Körperbau und Refraktion. Klin. Mbl. Augenheilk. **101** (1938). — FREY, H.: Variationen und Konstitution. Arch. Klaus-Stiftg **12** (1937). — FRICKE, F.: Persönlichkeitstypus und Gewebsfunktion. Z. Psychol. **134** (1935). — FRIEDEMANN, A.: Handbau und Psychose. Arch. f. (Anat. u.) Physiol. **82** (1928). — Hirn, Haltung und Körperbau. I. internat. neur. Kongreß Bern 1931. — FÜRST, TH.: Der Geist des Ganzen in der Konstitutionsforschung. Hippokrates **5** (1934). — Konstitutionslehre in ihren Beziehungen zur schulärztlichen Praxis. Z. Gesdh.verw. **5** (1934). — Die Anthropographie. Z. menschl. Vererbgslehre **20** (1936). — Ein neues Verfahren zur Erfolgskontrolle orthopädischer Maßnahmen. Med. Welt **39** (1937). — Zur Frage der Kombination konstitutioneller Merkmale. Erbarzt **1939**, Nr 4.

GERENDASI, J.: Zur Kritik der kapillarmikroskopischen Untersuchungsmethodik. Arch. f. Psychiatr. **93** (1931). — GESSELEVIC, A. M.: Die Korrelation zwischen den Körperbautypen und den Blutgruppen und ihre graphische Darstellung. Z. Konstit.lehre **1932**, H. 17. — GILDEA, E. F., E. KAHN u. E. B. MON: The relationship between body build and serum lipoids and a discussion of these qualities as pyknophilic and leptophilic factors in the structure of personality. Amer. J. Psychiatry **92** (1936). — GOLDBLADT, H. u. M. FLEJER: Über Körperbau und Charakter bei symptomatischer Epilepsie im Kindes- und Jugendalter. Z. Kinderpsychiatr. **2** (1935). — GRIGOROWA, O. P.: Zur Frage der Genese der Kapillaren. Z. Konstit.lehre **1933**, H. 17. — Hautkapillaren in der Kopfgegend. Z. Konstit.lehre **1935**, H. 17. — GRUHLE, K.: Der Körperbau der Normalen. Arch. f. Psychiatr. **77** (1926). — GRÜNDLER, W.: Über Konstitutionsuntersuchungen an Epileptikern. Mschr. Psychiatr. **60** (1926). — GUBER-GRETZ: Somatische Konstitution der Schizophreniker. Arch. f. Psychiatr. **77** (1926). — GÜNTHER, H.: Vitale Lungenkapazität und Körpermaße. Z. Konstit.lehre **1926**, H. 20. — Die konstitutionelle und klinische Bedeutung des Kopfindex. Z. Konstit.lehre **1936**, H. 19. — Die Körperform der Eunuchen und Eunuchoiden. I. Eunuchismus. Endokrinol. **21** (1938). II. Eunuchoidismus. Endokrinol. **21** (1939).

HAMMANN, J.: Les types constitutionelles chez les Arabes. L'Anthrop. **43** (1933). — HANSE, A.: Asthma, Allergie und psychophysische Konstitution. I. u. II. Münch. med. Wschr. **1935 II**. — HARRASSER, A.: Die „Leica" als Reisekamera für anthropologische Kopfaufnahmen. Anthrop. Anz. **14** (1933). — Eine neue Methode der anthropologischen Photographie ganzer Körper. Anthrop. Anz. **1936**, H. 3/4. — Zur Bedeutung und Methode der Anthropologie bei erbbiologischen Untersuchungen in schizophrenen Sippen. Allg. Z. Psychiatr. u. Grenzgeb. **112** (1939). — Konstitution und Rasse. Fortschr. Neur. **9** (1937); **10** (1938). — HELLPACH, W.: Ergänzungen zur Systematik der Konstitutionstypen. Beitrag zur synthetischen Leib-Seelebetrachtung. Hippokrates 1936. — HEMPEL, J.: Über die pathoplastische und konstitutionsbiologische Bedeutung der „vegetativen Stigmatisierung" in der Psychiatrie. Arch. f. Psychiatr. **108** (1938). — HENCKEL: Die Korrelation von Habitus und Erkrankung. Klin. Wschr. **1924 I**. — Studien über den konstitutionellen Habitus der Schizophrenen und Manisch-Depressiven. Z. Konstit.lehre **1925**, H. 11. — HERTZ, TH.: Pharmakodynamische Untersuchungen an Konstitutionstypen. Z. Neur. **134** (1931). — HIRSCH, O.: Blutzuckerbelastungsproben zur blutchemischen Fundierung der Körperbautypen. Z. Neur. **140** (1932). — Über den verschiedenen Ablauf der Glukosebelastungsproben bei den 3 Körperbautypen. Dtsch. med. Wschr. **1932 II**. — HOFFMANN, H.: Grundsätzliches zur psychiatrischen Konstitutions- und Erbforschung. Z. Neur. **97** (1925). — HOFFMANN, R. u. J. MONGUIO: Die Häufigkeit gewisser Konstitutionsvarianten in der Wiener Bevölkerung. Beiträge zur klinischen Konstitutionspathologie. XXI. Z. Konstit.lehre **1933**, H. 17. — HUTH: Die Bewertung von Körpermaßen. Anthrop. Anz. **3** (1926).

JACOB, C. u. R. MOSER: Messungen zu KRETSCHMERs Körperbaulehre. Arch. f. Psychiatr. **70** (1924). — JAENSCH, W.: Methodik und Ergebnisse der Hautkapillarmikroskopie am Lebenden. Med. Welt II (1933). — Konstitution und Entwicklungsstörungen. Jkurse ärztl. Fortbildg **23** (1932). — Konstitution, Entwicklung und Erbfaktoren. Forschgn u. Fortschr. **6** (1935). — JAENSCH, W. u. O. GUNDERMANN: Methode und praktische Grundlagen einer kapillarmikroskopischen Reifungskontrolle bei Kindern. Kinderärztl. Prax. **5** (1934). — JAENSCH, W. u. W. SCHULZ: Konstitutionsprobleme. Med. Welt I u. II (1934). — JAKOB, C. u. K. MOSER: Messungen zu KRETSCHMERs Körperbaulehre. Arch. f. Psychiatr. **70** (1923). — JAMIN, F.: Nagelfalzkapillaren und konstitutionelle Eigenart. Z. Neur. **131** (1930). — JUST, G.: Zur gegenwärtigen Lage der menschlichen Vererbungs- und Konstitutionslehre. Z. Konstit.lehre

1936, H. 19. — Begabung, Konstitution und Auslese. Kongr. internat. de la Population. Paris 8 (1938). — Die erbbiologischen Grundlagen der Leistung. Naturwiss. **1939**, 154—161 und 170—176.

KABANOW, N.: Die endokrinen Faktoren der Konstitution. Schweiz. med. Wschr. **1933** I. — KAŠKADAMOW, V.: Zur Methodik der dynamischen Anthropometrie. Vopr. J Icuč i. Vospit. Ličnosti. (russ.) **10** (1932). — KERCK, E.: Konstitutionstypus und Grundschulleistung. Z. menschl. Vererbgs- u. Konstit.lehre **22** (1938). — KIRSCHNER, J.: Über genotypische psychische Konstitution. Roczn. psychjatr. (poln.) **1935**. — KLEINSCHMIDT, G.: Capillarmikroskopische Beobachtungen am Nagelfalz bei Kindern. Sitzgsber. med. Soz. Erlangen **63/64** (1933). — KRAINES, S. H.: Indices of body build, their relation to personality. J. nerv. Dis. **88** (1938). — KORANYI, S.: Die Lehre der Konstitution in der Medizin. Orv. Hetil. (ung.) **1934**. — KRAMASCHKE, W.: Schulleistung und psychischer Konstitutionstyp. Z. menschl. Vererbgs- u. Konstit.lehre **22** (1938). — KRETSCHMER E.: Die Anthropologie und ihre Anwendung auf die ärztliche Praxis. Münch. med. Wschr. **1922** I. — Lebensalter und Umwelt in ihrer Wirkung auf den Konstitutionstypus. Z. Neur. **101** (1926). — Der Körperbau der Gesunden und der Begriff der Affinität. Z. Neur. **107** (1927). — Der heutige Stand der psychiatrischen Konstitutionsforschung. Jkurse ärztl. Fortbildg **1927**, Mai-H. — Wissenschaftliche und praktische Ziele der Konstitutionsforschung. Arch. soz. Hyg. **8** (1933/34). — Konstitutionslehre und Rassenhygiene. RÜDINs Erblehre und Rassenhygiene im völkischen Staat, 1934. — Konstitution und Rasse. Münch. med. Wschr. **1937** II. — Die Rolle der Vererbung und der Konstitution in der Ätiologie der seelischen Störungen. Z. psych. Hyg. (Sonderbeil. Z. Psychiatr. 106) **10** (1937) u. Nederl. Tijdschr. Psychol. **5** (1938). — KREYENBERG: Körperbau, Epilepsie und Charakter. Z. Neur. **112** (1928). — KÜHNEL, G.: Die Indexberechnung der weiblichen Körperbautypen. Z. Neur. **134** (1931). — Die Konstitutionsform der Hand. Z. Neur. **141** (1932). — Die rechnerische Kontrolle der Körperbaudiagnosen. Z. Neur. **149** (1934).

LEDERER, E. v.: Kapillarmikroskopische Studien. Mschr. Kinderheilk. **55** (1933). — LEHMANN, W. u. G. HARTLIEB: Capillaren bei Zwillingen. Z. menschl. Vererbgslehre **21** (1937). — LOEBELL, H.: Stimmcharaktere und KRETSCHMERsche Typen. Z. Laryngol. usw. **23** (1932). — LOEWY, A. u. ST. MARTON: Statistisch-anthropometrische Untersuchungen an Davoser Schulkindern. Z. Konstit.lehre **1934**, H. 18. — LUKJANOW, S. M.: Konstitution, Komplexion, Temperament. Beitr. path. Anat. **95** (1935).

MAKAROW, W. E.: Über die anthropologische Genese der Körperbautypen. Arch. f. Psychiatr. **75** (1925). — Geschlecht und Körperbautypen des Menschen. Z. Konstit.lehre **16** (1932). — MARI, A.: La ricerco capillaroscopio in psichiatria. Riv. Pat. nerv. **40** (1932). — MATHES, P.: Die Konstitutionstypen in der Gynäkologie. Klin. Wschr. **1923** I. — MAUZ, F.: Über Schizophrene mit pyknischem Körperbau. Z. Neur. **86** (1923). — MEGGENDORFER, F.: Die Konstitution. Wesen, Bedeutung und Umstimmung. III. ärztl. Fortbildgskurs in Salzuflen. Leipzig 1935. — MEYER, FR.: Die Bedeutung konstitutions- und rasseanatomischer Forschung für die Psychiatrie. Psychiatr. neur. Wschr. **1936** I. — MICHELSSON, G.: Über die Bestimmung der Norm und der Konstitutionstypen durch Messungen und Formeln. Z. Konstit.lehre **1924**, H. 9. — MOLLISON: Die Verwendung der Photographie für die Messung der Körperproportionen der Menschen. Arch. f. Anthrop., N. F. **9** (1910). — MONOUVRIER, L.: Étude sur les rapports anthropométriques en général et sur les principales proportions du corps. M m. Soc. d'Anthrop. Paris **1902**.

NOWACK, H.: Körperbautypus und Beruf. Arch. Gewerbepath. **7** (1936).

OHTA, K.: Körperbauuntersuchungen bei japanischen Schizophrenen. Psychiatr. et Neur. jap. **40** (1936). — OSERETZKY, N.: Körperbau, sanitäre Konstitution und Motorik. Z. Neur. **106** (1926). — Über die Mimik bei den verschiedenen Konstitutionstypen. Mschr. Psychiatr. **83** (1932).

PAULIAN, D. et J. CONTACUZÈNE: L'orientation méthodologique des études sur la constitution humaine. Arb. Neur. (Bucarest) **2** (1938). — PELLACANI, G.: Il sinergismo orto parasimpatico e le dottrine costituzionaliste. Giorn. Psichiatr. clin. **62** (1934). — PELLER, S. u. J. ZIMMERMANN: Umwelt, Konstitution und Menarche. Z. Konstit.lehre **1923**, H. 17. — PFAUNDLER, M. v.: Was nennen wir Konstitution, Konstitutionsanomalie und Konstitutionskrankheit? Klin. Wschr. **1922** I. — PLATTNER, W.: Somatogramme. Ein Beitrag zur Lehre der KRETSCHMERschen Habitusformen. Z. Neur. **109** (1927). — Die metrische Gesichtsprofilbestimmung am Lebenden. Z. Neur. **148** (1933). — Metrische Körperbaudiagnostik. Z. Neur. **151** (1934). — Das Körperbauspektrum. Z. Neur. **160** (1938). — POLL, H.: Ein wichtiger Fortschritt in der Methodik der Konstitutionsforschung. Med. Welt **1935** II. — PREDA, V.: Beiträge zum anthropometrischen Studium des Kopfes bei schizophrenen und manischen Kranken weiblichen Geschlechtes. Sibiul. med. **1** (1934).

RATH, Z. A.: Über Wechselbeziehungen konstitutioneller Erkrankungen der Neurologie und Psychiatrie. Mschr. Psychiatr. **89** (1934). — RODENBERG, C. H.: Zur Prognostik des manisch-depressiven Irreseins bei heterogener Konstitution. Allg. Z. Psychiatr. **100** (1933). — ROHDEN, FR. v.: Körperbauuntersuchungen an geisteskranken und gesunden Verbrechern.

Arch. f. Psychiatr. **77** (1926). — Konstitutionelle Körperbauuntersuchungen an Gesunden und Kranken. Arch. f. Psychiatr. **79** (1927). — ROHDEN, FR. V. u. GRÜNDLER: Über Körperbau und Psychose. Z. Neur. **95** (1925). — ROHRWASSER, G.: Die Beziehungen von Körpermaßen, Proportionen bzw. Indices auf die Vitalkapazität. Z. Konstit.lehre **1936**, H. 19. — ROMBOUTS, J. M.: Objektive Registrierung des Körperbautypus. Psychiatr. Bl. (holl.) **37** (1933). — RUTKOWSKI, E. V.: Die Wurzeln der modernen Populärphysiognomik. Allg. Z. Psychiatr. **89** (1928).

SAINTON, P. L.: L'hérédité endocrinienne. Bull. Soc. Sexol. **1** 231—237 (1934). — SAZA, K.: Untersuchung über Körperbau und Charakter der Verbrecher (jap.). Tokyo 1934. — SCHEIDT, W.: Somatoskopische und somatometrische Untersuchungen an Knaben des Pubescenzalters. Z. Kinderforsch. **28** (1923). — SCHEYER, H. E.: Körperbaustudien an 300 Wöchnerinnen der Kölner Univ.-Frauenkl. V. Mitt. KREJI-GRAF, K.: Die Vererbung der Konstitutionsmerkmale. Z. Geburtsh. **105** (1933). — SCHILLER, M.: Capillaruntersuchungen an Schulkindern. Z. Neur. **151** (1934). — SCHLESINGER, E.: Der Habituswechsel im Kindesalter. Z. Konstit.lehre **1933**, H. 17. — SCHMIDT, M.: Körperbautypen-Probleme. Acta psychiatr. (Københ.) **8** (1933). — SCHULZ, W.: Wesen und Bedeutung der menschlichen Konstitution. Grundsätzliches zur Konstitutionslehre der Gegenwart. Konstit. u. Klin. **1** (1938). — SCHWARZ, M.: Körperbau und Schleimhautcharakter. Z. Konstit.lehre **21** (1937). — SCHWIDETZKY, J.: Fragen der anthropologischen Typenanalyse. Z. Rassenkde **9** (1939). — SEMPAU, J. A.: Die Körperform und der Charakter der genuinen Epilepsie. Arch. Neurobiol. **13** (1933). — SSERGEEW, W. L.: Beiträge zur Konstitution und Anthropologie der Mongolen. Z. Konstit.lehre **1934**, H. 18. — STRÖMGREN, E.: Über anthropometrische Indices zur Unterscheidung von Körperbautypen. Z. Neur. **159** (1937). — SWARD, K. u. B. MEYER-FRIEDEMANN: The family resemblance in the temperament. J. abnorm. a. soc. Psychol. **30** (1935). — SZONDI, L.: Konstitutionsanalyse von 1000 Stotterern. Wien. med. Wschr. **1932 I.**

TRAVAGLINO: Die Konstitutionsfrage bei der javanischen Rasse. Z. Neur. **110** (1927). UBENAUF, K.: Die konstitutionspathologische Bedeutung der Capillarhemmung. Arch. f. Psychiatr. **100** (1933).

VANELLI, A.: Epilessia e costituzione. Giorn. Psichiatr. clin. **62** (1934). — VENZMER, G.: Rassenkunde und Typenlehre. Erbarzt **1** (1934). — VERSCHUER, O. V.: Beitrag zur Frage Konstitution und Rasse sowie zur Konstitutions- und Rassengeographie Deutschlands. Arch. Rassenbiol. **20** (1927). — Die Konstitutionsforschung im Lichte der Vererbungswissenschaft. Klin. Wschr. **1929 I.** — Die Erbbedingtheit des Körperwachstums. Z. Morph. u. Anthrop. **34** (1934). — VIOLA, S.: Die konstitutionellen hauptsächlichsten Körperbautypen und das allgemeine Gesetz, das sie beherrscht (ital.). Arch. Pat. e Clin. med. **5** (1926). — Il Mio Metodo do Valutazione della Costituzione Individuale. Endocrinologia **12** (1937). — VIOLA, G. e P. BENEDETTI: Tunica della volutasione constituzionale secondo il metodo di VIOLA. Endocrinologia **13** (1939). — VOLLMER, H.: The shape of the ear in relation to body constitution. Arch. of Pediatr. **54** (1937). —

WATAGINA, A.: Beiträge zur Dynamik der psychischen Entwicklung einiger Konstitutionstypen im Pubertätsalter. Z. Konstit.lehre **16** (1932). — WEIL, A.: Körperbau und psychosexueller Charakter. Forschgn Med. **40** (1922). — WEISE: Zur Frage des epileptischen Konstitutionstyps. Arch. f. Psychiatr. **100** (1933). — WEISSENFELDT, F.: Neue Gesichtspunkte zur Frage der Konstitutionstypen. Z. Neur. **156** (1936). — Neue Gesichtspunkte zur Frage der Beziehung zwischen Konstitution und Rasse als Ergebnis rassekundlicher Untersuchungen in Schlesien. Z. Konstit.lehre **20** (1937). — WERNER, M.: Blutzuckerregulation und Erbanlagen. Dtsch. Arch. klin. Med. **178** (1935). — WESTPHAL, K.: Körperbau und Charakter der Epileptiker. Nervenarzt **2** (1931). — WESTPHAL, K. u. FR. HARTNER: Die Indexberechnung als Hilfsmittel der Körperbauforschung. Z. Neur. **127** (1930). — WESTPHAL, K. u. E. B. STRAUSS: Über den Wert der Indexberechnung bei der Körperbauforschung. II. Z. Neur. **130** (1930). — WIERSMA, E. D.: Körperbau. Physiologische und psychologische Funktionen. Psychiatr. Bl. (holl.) **36** (1932). — WIGERT, V.: Attempts at anthropometrie de termination of the body types of KRETSCHMER. Acta psychiatr. (Københ.) **8** (1933). — Versuche zur anthropometrischen Bestimmung der Körperbautypen. Z. Neur. **143** (1933). — Die Körperkonstitution bei Schizophrenen im anthropometrischen Lichte. Acta psychiatr. (Københ.) **11** (1937). — WUNDERLICH, H.: Blutdruck und Puls bei körperlich gut entwickelten deutschen Studenten und ihre Beziehungen zu verschiedenen Körpermaßen. Z. Konstit.lehre **1934**, H. 18.

ZENNECK, I.: Die Bildung der menschlichen Hand als Ausdruck des Habitus. Anatomisch-photographische Reihenuntersuchungen zur Konstitutionspathologie. Z. menschl. Vererbgs- u. Konstit.lehre **23** (1939).

Psychologische Methoden.

Erster Teil.

Untersuchungen auf Wurzelformen.

Von **W. Enke,** Bernburg/Anhalt.

Mit 1 Abbildung.

I. Vorbedingungen.

Psychologische Methoden in der menschlichen Erbforschung haben als ein wichtigstes Ziel, die *normalen* seelischen Erbanlagen des Menschen zu erfassen, um sie der Eugenik, der praktischen positiven Erbpflege nutzbar zu machen. Letzteres ist aber nur dann zu erreichen, wenn der Erbforschung *möglichst exakt vergleichbare* seelische Erbmerkmale für ihre besonderen Verarbeitungsweisen, wie Mehrlings- und Familienforschung oder ähnliches, zur Verfügung gestellt werden. Vorbedingung ist natürlich: es muß mindestens wahrscheinlich gemacht sein, daß es sich bei den untersuchten seelischen Elementen in der Tat um anlagebedingte, genotypische Faktoren handelt und nicht bereits um phänotypische Verhaltungsweisen, die durch Umwelteinflüsse hervorgerufen wurden. Weiterhin ist erforderlich, daß diese Verhaltungsweisen nicht nur beschrieben und theoretisch isoliert werden, etwa durch Selbstschilderungen oder durch Beobachtungen an großen Serien von Menschen, sondern daß genau messende Untersuchungsmethoden gefunden werden, die eine möglichst objektive gegenseitige Überprüfung der Ergebnisse verschiedener Autoren ermöglichen. — Nur unter diesen Voraussetzungen wird die Erbforschung, durch vergleichende Messungen an Zwillingen, an Eltern, Kindern und weiteren Verwandten, die erbliche Bedingtheit bestimmen und den Erbgang verfolgen können.

Überall da, wo exakte biologische Untersuchungen angestrebt werden, ist das Experiment die Methode der Wahl.

Dem *psychologischen* Experiment aber wirft man immer wieder vor, daß es als rational-naturwissenschaftliche Methode niemals die Irrationalität der menschlichen Seele erfassen könne und daher als Forschungsmethode ungeeignet sei. Daß die letzten psychologischen Probleme im Irrationalen enden, steht außer allem Zweifel. Aber auch alle physiologischen, alle chemischen oder physikalischen Probleme enden im Irrationalen, und es würde deshalb keinem Wissenschaftler einfallen, die Notwendigkeit und Brauchbarkeit der in diesen Gebieten angewandten Experimente zu leugnen. Hier wie dort handelt es sich doch darum, auf jedem überhaupt gangbaren Wege so weit wie möglich in die Probleme einzudringen und Erkenntnisse zu gewinnen zum Nutzen aller. Wie Kroh und sein Schüler Mall mit Recht betonen, ist bisher von keinem Psychologen oder Philosophen der Beweis geliefert worden, daß der Funktionsablauf psychischen Geschehens überhaupt nicht mit naturwissenschaftlichen Methoden erfaßbar sei. Solange dies aber nicht der Fall ist, dürfte es notwendig sein, Intuition und Beobachtung und das rationale Experiment in der Psychologie und damit auch in der Erbpsychologie anzuwenden, und zwar nach Möglichkeit nicht getrennt, sondern beide Methoden in sich ergänzender Weise. Damit aber das psychologische Experiment, das uns hier allein unter naturwissenschaftlichen, bzw. konstitutionsbiologischen Gesichtspunkten interessiert, auch zu brauchbaren Ergebnissen führt, ist es notwendig, es zur Gesamtpersönlichkeit, zur Konstitution schlechthin in Beziehung zu setzen, und zwar aus folgenden Gründen: unter Konstitution verstehen wir die Gesamtheit aller anlagebedingten seelischen *und* körperlichen Eigenschaften eines Menschen in ihren typischen gegenseitigen Wechselbeziehungen und ihren Reaktionen auf die Umwelt. Welche der zahllosen experimentalpsychologischen Methoden im einzelnen auch angewandt werden mögen, um sie für die Erbpsychologie fruchtbar zu verwerten, ist diese ganzheitliche oder konstitutionsbiologische Einstellung unerläßlich. KRAEPELIN, der Begründer der experimentellen Psychologie in der Psychiatrie, hat selbst, fast prophetisch vorausschauend, ausgesprochen, was eine von konstitutions- und rassebiologischer Grundlage ausgehende Experimentalpsychologie zu leisten vermöge: „Es wäre denkbar, daß es gelänge, auf dem Wege der experimentellen Menschenkenntnis allmählich gewisse Hauptformen der psychischen Persönlichkeit aufzufinden, welche jeweils eine bestimmte Verbindung von Eigenschaften in besonderer Ausprägung darbieten. Auch auf psychischem Gebiete wird es Lang- und Kurzköpfe, Zwerge und Riesen, Blonde und Dunkle, Schlichthaarige und Wollhaarige geben, oder wie sonst die unterscheidenden Merkmale in der körperlichen Veranlagung nur immer herausgesucht werden mögen. Diese Typen des gesunden Seelenlebens werden uns den Schlüssel für das Verständnis des Krankhaften liefern und umgekehrt."

II. Untersuchungen auf Wurzelformen.

Der Weg zu einer ganzheitlichen oder biologischen Erfassung der menschlichen Seele war aber erst wieder eröffnet mit der klaren Aufdeckung erbmäßiger Zusammenhänge zwischen Körperbau und Charakter, wie sie in der Konstitutionslehre KRETSCHMERs ihren Ausdruck gefunden hat. Allein von hier aus war es möglich, und zwar ausgehend von den Körperbauformen, bestimmte psychologische Verhaltungsweisen der gesunden Temperamente zu analysieren und als anlage- bzw. erbbedingt festzustellen. Daher beschränken wir uns hier hauptsächlich auf die Beschreibung derjenigen experimentellen Methoden, die zu der Aufdeckung solcher anlagebedingter psychischer Verhaltungsweisen geführt haben, die wir als „Radikale" oder „Wurzelformen" einer Persönlichkeit bezeichnen. Wir verstehen unter Wurzelformen diejenigen *elementaren*, d. h. für uns nicht weiter zerlegbaren Dispositionen oder Reaktionsneigungen, die typische, immer wiederkehrende Beziehungen zu bestimmten körperlichen Eigenschaften haben. Die Wurzelform oder das Radikal ist also keine *fertige* komplexe Charaktereigenschaft, wie Treue, Edelmut, Geiz usw., sondern eine in der Anlage begründete *primäre* Reaktionsweise des gesamten Organismus und damit der Konstitution im chemisch-humoralen Sinne. In ihrer Gesamtheit bilden alle in einer Persönlichkeit auffindbaren Wurzelformen den *anlagemäßigen* Kern derselben, auf dem sich die, durch die Umwelt geformte, *phänotypische* Persönlichkeit aufbaut.

Die Beschaffenheit der Versuche [1] ist an ganz bestimmte Voraussetzungen gebunden. Es ist selbstverständlich, daß ein Versuch, mit dem man tatsächlich die erstrebten elementaren Reaktionsneigungen erhalten will, nicht einfach genug sein kann. Die Versuchsanordnung muß in jedem Fall so gestaltet sein, daß sie bei den Versuchspersonen Ausführungsweisen oder Reaktionen auslöst, die möglichst keine oder wenige Milieueinflüsse enthalten, wie Übungs- oder Bildungsgrad. Mit anderen Worten, die experimentelle Aufgabe muß

---

[1] Vgl. auch Kapitel „Motorik und Psychomotorik".

so voraussetzungslos wie nur möglich und so einfach sein, daß sie von jedem
Menschen ohne weiteres erledigt werden kann, und so neutral, daß die Ausführung voll und ganz der besonderen Eigenart der Versuchsperson überlassen ist.

Bei der außerordentlichen Vielheit experimentalpsychologischer Methoden
ist es nicht möglich, auch nur den größeren Bruchteil psychologischer Versuchsanordnungen wiederzugeben. Einen für die Praxis verwertbaren Überblick
bietet die Zusammenstellung von E. Brunswick in seiner Monographie „Experimentelle Psychologie in Demonstrationen", in dem sich auch die wesentlichsten weiteren Literaturangaben finden. Im folgenden beschränken wir uns,
wie gesagt, auf diejenigen Versuchsanordnungen, die hauptsächlich zur Auffindung von Wurzelformen führten und in Verbindung mit der Typenpsychologie
angestellt wurden.

Zur Untersuchung *sinnes-* und *denkpsychologischer Verhaltungsweisen* eignet
sich unter gewissen Bedingungen sehr gut der Rorschachsche *Formdeuteversuch.* Dieses psychodiagnostische Experiment Rorschachs besteht in Deuten-
lassen von Zufallsformen, die man dadurch gewinnt, daß man sowohl schwarze
wie bunte Tintenklexe auf ein Blatt Papier wirft, dasselbe zusammenfaltet
und preßt. Dadurch entstehen annähernd symmetrische, aber unregelmäßige
Zufallsformen, die man der Versuchsperson mit der Frage vorlegt, was sie sähe
und was das sein bzw. bedeuten könnte. Bezüglich der Einzelheiten des Ver-
suchsverfahrens und seiner Auswertung sei auf die von Rorschach erstmals
1921 veröffentlichte und 1937 in dritter Auflage erschienene Monographie
„Psychodiagnostik" verwiesen. Dieser ist zugleich der Test selbst, bestehend
aus 10 teils schwarzen, teils farbigen Tafeln, beigefügt. Da dieser Test bereits
von Rorschach selbst und zahlreichen Nachuntersuchern sorgfältig durch-
geprüft und erprobt worden ist, empfiehlt es sich, von der Anfertigung neuer
Zufallsformen abzusehen. Neu hergestellte Tests müßten erst an einer sehr
großen Anzahl von Versuchspersonen wieder ausgewertet, „geeicht" werden,
was nur die Möglichkeit neuer Fehlerquellen eröffnen würde. Der Test vermag
unter anderem Aufschluß zu geben über Art und Umfang des Intellekts, über
eine mehr abstraktiv-theoretische oder konkret-praktische Denkweise sowie
über die Art der Affektivität und über den Erlebnistyp.

Sowohl bei diesem Versuch wie bei allen übrigen zu konstitutionspsychologi-
schen Zwecken angewandten Versuchen ist es erforderlich, daß die jeweilige
Körperbaudiagnose der Versuchsperson *vor* Ausführung des Experimentes durch
exakte Messung protokollarisch festgelegt wird. Nur so ist keine gegenseitige
Beeinflussung von Körperbaudiagnose und Protokollergebnis gewährleistet.
Zur statistischen Auswertung der Ergebnisse sind möglichst große Reihen von
sich gegenseitig ergänzenden Experimenten erforderlich und an möglichst vielen
annähernd „reinen" Konstitutionstypen. Die zahlenmäßige Auswertung erfolgt
in Berechnung der Durchschnitts- und Häufigkeitswerte der einzelnen Korrelationen sowie in deren graphischer Darstellung.

Die statistische Gruppierung der experimentellen Ergebnisse erfolgt bei
den einzelnen Untersuchern:

1. nach rein zahlenmäßigen *Körperbauindices,*
2. nach *Körperbaudiagnosen,*
3. nach *klinischen Diagnosen* bei den endogenen Psychosegruppen,
4. nach *Persönlichkeitsdiagnosen,* gegebenenfalls mittels des Selbstdiagnosen-
versuches.

Diese Gruppierungsmöglichkeiten gelten auch für die folgenden Versuchs-
methoden:

Prüfung der Aufmerksamkeitsverteilung: Es handelt sich um die Prüfung der Fähigkeit, verschiedene, aber streng gleichzeitig verlaufende Aufmerksamkeitsleistungen nebeneinander zu vollbringen. Diese Fähigkeit ist nicht zu verwechseln mit der raschen Aufmerksamkeitswanderung oder Umstellungsfähigkeit der Aufmerksamkeit. Es handelt sich also nicht um eine auf ein größeres Gebiet rasch verteilte Aufmerksamkeitsleistung, sondern vielmehr um eine *Spaltung* der Aufmerksamkeit auf bestimmte Teilelemente, so daß man statt von „Aufmerksamkeitsverteilung" unmißverständlicher von Aufmerksamkeits*spaltung* spricht.

Die *Versuchsanordnung* (nach RYBAKOFF) besteht darin, daß der Versuchsperson eine Tafel mit mehreren Reihen farbiger Vierecke dargeboten wird. Die einzelnen quer verlaufenden Farbenreihen müssen von links nach rechts durchgezählt werden, und zwar so, daß jeweils nur ein Viereck sichtbar ist. Auf diese Weise erreicht man, daß im Bewußtsein zwei oder mehr getrennte Zahlenreihen gleichzeitig auftreten und nebeneinander behalten werden müssen. Zur technischen Ausführung empfiehlt sich die Anfertigung eines kastenförmigen Apparates mit einem Diaphragma, das so eng geschlossen werden kann, daß im Gesichtsfeld jeweils nur eine Figur sichtbar wird. Mittels eines am Apparat befindlichen und handlich leicht zu bedienenden Rädchens muß die Versuchsperson drehen, um die Farb- oder Formelemente nacheinander sehen und zählen zu können. Ausgewertet wird die mit einer Stoppuhr gemessene Zeit und die dabei gemachten Fehler. Bringt es eine Versuchsperson nicht fertig, die Formen einer Reihe getrennt zu zählen, ohne die bereits zugedeckten noch einmal durch Zurückdrehen des Rädchens nachzusehen, so wird dies als 5 Fehler je Reihe bewertet. Auf der dargebotenen Tafel befinden sich 6 untereinander stehende Reihen mit entweder je 12 farbigen Vierecken oder ganz einfachen geometrischen Figuren (Kreis, Dreieck, Viereck und Fünfeck). Die Anordnung ist folgende:

rot	blau	rot	rot	blau	rot	blau	blau	rot	blau	blau	rot
blau	rot	blau	blau	rot	rot	blau	rot	rot	blau	blau	rot
rot	blau	grün	grün	rot	rot	rot	blau	grün	rot	rot	grün
grün	rot	blau	grün	rot	blau	blau	grün	grün	rot	rot	blau
rot	blau	grün	gelb	gelb	rot	rot	blau	grün	grün	gelb	rot
blau	blau	grün	grün	gelb	gelb	rot	blau	blau	grün	gelb	rot.

Die geometrischen Figuren werden entsprechend angeordnet.

Durch eine geringe Änderung kann dieser Versuch auch verwandt werden zur Feststellung des Grades der *Anpassungs- oder Einordnungsfähigkeit.* Da diese, wie die Versuchsergebnisse zeigen, im umgekehrten Verhältnis steht zu dem mit der Spaltungsfähigkeit eng verschwisterten Autismus, so stellt die veränderte Versuchsanordnung gleichzeitig eine Prüfung des Grades des Autismus dar. Das Wesentliche der Abänderung besteht darin, daß den Versuchspersonen die Zeit, in der sie die einzelnen Formenreihen zählen, nicht mehr selbst überlassen wird. Zu diesem Zwecke wird die gleiche Apparatur, wie sie zum Spaltungsversuch angewandt wird, mit einem möglichst geräuschlos laufenden Uhrwerk (Grammophonuhrwerk) versehen und die Geschwindigkeit derart eingestellt, daß in je 10 Sekunden je eine Formenreihe unter der Diaphragmaöffnung hindurchläuft. Die Gesamtdauer, in der die verschiedenen Formen der 6 Reihen gezählt werden müssen, beträgt dann 60 Sekunden, also 1 Minute. Das ist um etwa 20 Sekunden weniger als die Versuchspersonen durchschnittlich brauchen, wenn ihnen die Zeit überlassen wird.

Denkpsychologisch ist bei dieser Versuchsanordnung wesentlich, daß die Zeit, in der die Leistung vollbracht werden soll, der Versuchsperson gleichsam *aufgezwungen* ist, d. h. die Versuchsperson muß sich in die gesamte Versuchsanordnung sehr vielmehr ein- oder unterordnen als bei den erst beschriebenen Versuchen.

Von den zahlenmäßigen Ergebnissen sei aus der Originalarbeit von ENKE und HEISING nur angeführt, daß die Pykniker bei dem Versuch mit vorgeschriebener Zeit im Durchschnitt $5^1/_2$ Fehler weniger machten, als wenn sie den Versuch, bei dem ihnen die Zeitbestimmung überlassen war, in derselben Zeiteinheit von 1 Minute erledigt hätten. Die Athletiker und Leptosomen hingegen machten umgekehrt 4 und 5,3 Fehler mehr als sie bei dem Formenversuch mit eigener Zeitbestimmung in 1 Minute gemacht hätten.

Der Versuch zeigt, daß auch unbedeutend erscheinende Änderungen der Versuchsanordnung sehr ausschlaggebende Reaktionsänderungen der Versuchspersonen mit sich bringen können. Im vorliegenden Falle hatte die Änderung zur Folge, daß viele Schizothymiker infolge ihrer autistisch-negativistischen Strömungen eine erschwerte Anpassungs- bzw. Einordnungsfähigkeit verraten und aus diesem Mangel heraus selbst bei einer Tätigkeit oder Leistung stark gehemmt werden, die ihrem guten Spaltungsvermögen an sich entgegenkommt.

Entsprechende Reaktionen finden sich bei der Untersuchung der Psychomotorik, die im 3. Hauptteil dieses Bandes beschrieben ist.

Beide Versuche ergeben zugleich Anhaltspunkte für die *Farb-Formempfindlichkeit*. SCHOLL bedient sich zu dieser Prüfung einer tachistoskopischen Methode: Eine zunächst vorgezeigte farbige Figur muß anschließend aus einer Gruppe solcher Figuren in kurzer Expositionszeit herausgesucht werden. Dabei ergibt sich, daß die Identifizierung der Figur bei der einen Versuchsperson nach der Farbe, bei der anderen nach der Form erfolgt. Entsprechende Feststellungen macht ENKE bei einem Tachistoskopversuch mit farbigen Silben, der zunächst für Abstraktionszwecke angesetzt war.

Versuche zur Prüfung der Farbempfindlichkeit und Beharrungstendenz.

1. Nach KIBLER: Die Versuchsperson sitzt in einer Entfernung von etwa 50 cm vor einem von ihr selbst zu bedienenden Cameraverschluß eines Tachistoskopes (nach Angaben PAULIS). Es werden 5 Karten gezeigt, auf deren jeder 4 sinnlose Silben stehen, die je 4 oder 5 Buchstaben enthalten. Jede Silbe ist mit einer anderen Farbe geschrieben, und zwar so, daß auf jeder der 5 Karten dieselben Farben: schwarz, blau, rot und grün vertreten sind. Die Stellung der einzelnen Silben im dargebotenen kreisförmigen Raum ist jedesmal eine andere. Alle 5 Karten werden 2mal hintereinander dargeboten: Das erstemal mit dem Auftrag, nur auf Farbe und Stellung, das zweitemal mit dem Auftrag, nur auf die Buchstaben zu achten. Sofort nach jeder Darbietung einer Karte hat die Versuchsperson zuerst alles anzugeben, was sie von dem Gegenstand, auf den sie achten sollte, noch weiß; danach, was sie von dem zu vernachlässigenden Element noch anzugeben vermag.

2. Versuchsanordnung nach ENKE: Die Versuchsperson bedient ein Pendelrotationstachistoskop nach SCHUMANN. Dasselbe wird gleichfalls von der Versuchsperson selbst, und zwar durch Ziehen an einem Bindfaden, zur Auslösung gebracht, so daß die Versuchsperson auf den Augenblick der Projektion stets sicher eingestellt ist. Die Silben werden auf einen 100 qcm großen Schirm projiziert, von dem die Versuchsperson 2 m entfernt sitzt. Die Durchschnittshöhe der Silben auf der Projektionswand beträgt 3 cm, ihre Länge je 5 cm. Der weitere Versuchsverlauf entspricht der KIBLERschen Anordnung. Nur unterläßt es ENKE im Gegensatz zu KIBLER, nach der 2. Aufforderung, d. h. derjenigen, nur auf die Buchstaben zu achten, die Versuchspersonen zu korrigieren, wenn sie trotzdem zunächst Farbe und Stellung und erst dann die gesehenen Buchstaben nennen. Auf diese Weise lassen sich mehr oder minder starke Beharrungstendenzen deutlich feststellen.

Die Auswertung ist dieselbe wie bei KIBLER: Für Farbe und Stellung wird als 1 jede Angabe gewertet, bei der Farbe und Stellung richtig bezeichnet werden, und entsprechend für die Buchstaben jeder richtig gesehene Buchstabe. An einzelnen Werten ergibt der Versuch: 1. Anzahl der richtigen Farbe-Stellungs-angaben bei Abstraktion der Farbe und Stellung (Fb). 2. Anzahl der Farbe-Stellungsangaben bei Abstraktion der Buchstaben (B-). 3. Anzahl der richtig bezeichneten Buchstaben bei Abstraktion der Buchstaben (B+) und 4. Anzahl der Buchstaben bei Abstraktion der Farbe und Stellung (Fb —). Als Maß der Abstraktion wird das Verhältnis Fb + B/B — und B+/Fb — errechnet, d. h. das Verhältnis der Angaben bei Abstraktion und bei Nichtabstraktion des anzugebenden Gegenstandes.

Zur Bestimmung der *Ablenkbarkeit* und *Verschmelzungsfrequenz* werden Versuche von VAN DER HORST und KIBLER angegeben sowie ein Versuch zur Bestimmung des *Bewußtseinsumfanges*.

Bei dem Versuch KIBLERS zur *Bestimmung der Ablenkbarkeit* handelt es sich um den mit einigen Abänderungen als Eignungsprüfung für Wagenführer häufig verwandten Versuch zur Messung der durchschnittlichen Reaktionszeit.

Versuchsanordnung. Auf einem Brett befinden sich übersichtlich angeordnet 6 Voltbirnen, die mittlere ist rot, von den anderen sind eine blau, 2 grün und 2 weiß. Die Versuchsperson ist 1 m vom Brett entfernt, sitzt bequem auf einem Stuhle; sie hat den rechten Arm aufgelegt und bedient einen Unterbrecher mit dem rechten Zeigefinger, der dauernd auf dem Taster des Unterbrechers liegen bleibt. Hinter einem Schirm, von der Versuchsperson nicht einsehbar, ist ein Schaltbrett, an dem der Versuchsleiter nach Belieben die einzelnen Birnen einschalten kann. Gleichzeitig mit dem Aufleuchten des roten Lichtes wird ein Stromkreis geschlossen, in dem sich ein Chronometer befindet. Dieser Stromkreis ist von der Versuchsperson durch Niederdrücken des Tasters zu öffnen. Abgelesen werden am Chronometer $1/100$ Sekunden; die $1/1000$ Sekunden werden als innerhalb der Fehlergrenze liegend vernachlässigt. Der Versuch wurde bei Tageslicht in einem nach Norden liegenden Raume vorgenommen.

Versuchsverlauf. Eingangs wird die Versuchsperson folgendermaßen belehrt: „Ich will die Zeit messen, die abläuft vom Aufleuchten der roten Birne bis zu dem Augenblick, in dem Sie den Taster niederdrücken. So schnell als möglich nach dem Aufleuchten der roten Birne müssen Sie niederdrücken." — Ein Probeversuch, der ungültig ist, wird vorausgeschickt, und dann wird die Reaktionszeit zuerst 9mal ohne und dann 9mal mit Ablenkung gemessen. Als Ablenkung dient das Aufleuchten der anderen Birnen, die von der Versuchsperson nach ihrer Farbe benannt werden müssen. Vor dem Einschalten der roten Birne werden bei dem Versuch mit Ablenkung in stets wechselnder Weise 2—12mal von den andersfarbigen Birnen zum Aufleuchten gebracht. Dies geschieht in einem ganz bestimmten Takte. Nach jedem der 18 Einzelversuche wird die Reaktionszeit am Chronometer abgelesen. Die Anzahl der Fehlleistungen bei den Versuchen mit Ablenkung, d. h. die Anzahl der falschen Farbenangaben und die Anzahl der Stromunterbrechungen beim Aufleuchten nicht roter Birnen, wird notiert."

Auswertung. „Rm und Ro sind die Reaktionszeiten mit und ohne Ablenkung; sie werden gefunden als das arithmetische Mittel der einzelnen Reaktionszeiten. Das Verhältnis der Rm durch Ro heißt Ablenkungsquotient (Aq). Nach den Angaben PAULIS[1] ist als Maß der Streuung die obere und untere, mittlere

---

[1] PAULI: Psychologisches Praktikum, 3. Aufl. Jena: Gustav Fischer 1923.

Variation und deren Differenz, die ich mit Variationsbreite (Vb) bezeichne, berechnet. Dieselbe ist noch prozentual für die zugrunde liegende Rm und Ro bestimmt worden. Die Anzahl der Fehlleistungen ist in den Tabellen und Kurven mit F bezeichnet."

Die Versuchsanordnung zur *Bestimmung des Bewußtseinsumfanges* wird von KIBLER folgendermaßen angegeben: „Es wird dasselbe Tachistoskop wie früher benutzt. Es werden 16 Karten mit insgesamt 100 Buchstaben, und zwar 6 mit 5, — 4 mit 6, — 3 mit 7, — 2 mit 8 und 1 mit 9 großen Buchstaben, Fraktur-schrift, dargeboten. Expositionszeit 0,2 Sekunden.

Versuchsverlauf. Die Versuchsperson hat den Verschluß wieder selbst zu bedienen. Sie erhält den Auftrag, möglichst viele Buchstaben auf jeder Karte zu lesen und sie sofort nach der Darbietung anzugeben.

Auswertung. Die Anzahl der richtigen Angaben wird zusammengezählt. (BU) Bewußtseinsumfang [1]."

Zur *Bestimmung der Verschmelzungsfrequenz* traf KIBLER folgende Anordnung: „Die Versuchsperson sitzt im Abstand von $1^{1}/_{2}$ m vor einem Schirm, aus dem eine halbkreisförmige Öffnung ausgestanzt ist. Hinter dem Schirm rotiert eine grüne Kreisscheibe mit einem roten Sektor von 55°. Der Ausschnitt im Schirm ist so bemessen, daß er weder das Zentrum noch den Rand der Scheibe sehen läßt. Durch einen vorgeschalteten, verstellbaren Widerstand kann die Touren-zahl, die auf einer berußten Trommel registriert wird, nach Belieben verändert werden. Die Untersuchungen wurden nach einer Adaptation von mindestens 25 Minuten in einem nach Norden liegenden Zimmer während der Monate Juni und Juli zwischen 8 Uhr morgens und 5 Uhr mittags bei schönem Wetter vor-genommen, bei bedecktem Himmel nur in den Mittagsstunden. Es handelt sich also um diffuses Tageslicht als Beleuchtung. Mit dem WEBERschen Photo-meter wurde eine mittlere Beleuchtungsstärke von 320 HK gemessen.

Versuchsverlauf. Es wird die Anzahl der Umdrehungen bestimmt, bei der die Scheibe ganz homogen erscheint und nicht mehr flimmert. Die Versuchs-person muß dabei einen bestimmten, durch Pfeile auf dem Schirm gekenn-zeichneten Punkt fixieren. Der Versuch wird 4 mal mit ansteigender Geschwindig-keit ausgeführt, die Versuchsperson hat Halt zu rufen, sobald sie den Eindruck hat, daß die Scheibe nicht mehr flimmert. In diesem Augenblick wird bei gleichbleibendem Widerstand die Anzahl der Umdrehungen auf der Rußtrommel registriert, dann wird der Versuch 4 mal bei absteigender Geschwindigkeit aus-geführt; man geht aus von einer Tourenzahl, die sicher über der Flimmergrenze liegt und verringert die Geschwindigkeit solange, bis das erstemal Flimmern auftritt.

Auswertung. Aus den je 4 Werten, die bei auf- bzw. absteigender Ge-schwindigkeit gefunden wurden, wird je das arithmetische Mittel und aus den beiden Mitteln wieder das arithmetische Mittel errechnet. Um Vergleichswerte mit V. D. HORST zu erhalten, habe ich ebenso wie er die Umdrehungszahl in der Minute = Verschmelzungsfrequenz errechnet (VF), indem ich die erhaltene Zahl mit 60 multipliziert habe."

Zur Feststellung des *analytischen und synthetischen Aufmerksamkeitstypus* wird von ENKE folgende Versuchsanordnung angewandt: Den Versuchspersonen wird mittels des Rotationstachistoskopes [2] ein zwar ungewöhnliches, aber sinn-volles zusammengesetztes Wort, das durchschnittlich 16 Buchstaben enthält,

---

[1] Es handelt sich selbstverständlich nicht um den Bewußtseinsumfang im ganzen, in dessen Bereich ja auch Untersuchungsraum, Apparat usw. gehören, sondern nur um den Umfang des Bewußtseins der dargebotenen Buchstaben.

[2] Zu beziehen durch Karl Wingenbach, Frankfurt a. M., Emser Str. 24.

10mal hintereinander exponiert. Der Auftrag lautet: Sie werden jetzt auf der Projektionswand Buchstaben oder Worte rasch auftauchen sehen, von denen Sie so viel wie möglich lesen sollen. Die Auslösung des Tachistoskopes wird von der Versuchsperson selbst vorgenommen. Das, was die Versuchsperson nach jeder Exposition gelesen hat, wird sofort genau aufgeschrieben. Nach den 10 Expositionen wird derselben Versuchsperson ein zweites entsprechend zusammengesetztes Wort 10mal hintereinander mit derselben Anweisung dargeboten. Die Expositionsdauer beträgt 0,3 Sekunden (Beispiele: Badevereinsmarke, Dreikammerentwurf, Eiswasserbehälter, Farbentafelwerk, Gartenlandvermesser, Hartholzverwertung usw.). Der weitere Versuchsverlauf findet sich kurz im 3. Hauptteil, Kap. 6, Bd. II dargestellt.

VAN DER HORST verwendet zur Feststellung von *Perseverationsneigung und typischen Assoziationsformen* den bekannten Assoziationsversuch JUNGs, indem er auf zugerufene Stichworte teils einmalige, teils fortlaufende Assoziationen machen läßt. Er faßt seine Ergebnisse folgendermaßen zusammen: ,,Beim Vergleichen der Assoziationen der leptosomen Schizoiden mit denen der pyknischen Cycloiden fiel es auf, daß unter den ersteren viel häufiger dieselben Reaktionen vorkamen. So reagierte ein Leptosomer 9mal mit dem Wort ,,arm``, ein anderer 4mal mit dem Wort ,,anständig``. Wenn wir diese Erscheinung unter den Begriff ,,Perseveration`` fassen dürfen und wir für beide Gruppen in Prozentzahlen die Frequenz berechnen, dann finden wir für die Leptosomen 2,2%, für die Pykniker 0,3%.``

Entsprechend starke Perseverationsunterschiede zwischen Leptosomen und Pyknikern fand ENKE in ganz anderem Zusammenhang mit dem bereits oben erwähnten Tachistoskopversuch. Bei Auswertung dieses Versuches ergab sich bei den Pyknikern ein Perseverationsprozent von 8, bei den Leptosomen fast die dreifache Zahl von 21,2 und bei den Athletikern 17,6%.

VAN DER HORST stellt mit seinem Assoziationsversuch noch weitere Gruppen heraus, z. B. die *sinnlosen Reaktionen*, die bei den Leptosomen dann und wann, nämlich in 0,4% der Antworten erfolgen. Nach KRETSCHMER meint er damit ,,sehr entlegene, in ihrem Zusammenhang nicht erkennbare Gedankenverbindungen, wie: Stolz-Haferflocken oder Kuchen-Mozart. Grundsätzlich in ihre nächste Nähe gehören die *mittelbaren Assoziationen*, die ebenfalls bei den Leptosomen häufiger sind als bei den Pyknikern (Leptosome 2,7%, Pykniker nur 0,2%). VAN DER HORST versteht darunter Assoziationen, wie: Messer-Oper, wobei die Verbindung über ,,operieren`` geht, also Verbindungen, wo die beiden assoziierten Worte ohne unmittelbaren Zusammenhang weit auseinander liegen, wo aber das Zwischenstück gefunden werden kann, das einen mittelbaren Zusammenhang herstellt. Zweckmäßigerweise könnte man (nach KRETSCHMER) die ,,sinnlosen`` mit den ,,mittelbaren`` in einer Gruppe vereinigen, da die ersteren wohl sicher auch ein mittelbares Zwischenstück haben, nur daß es zufällig nicht gefunden werden kann.

Umgekehrt waren *prädikative* Assoziationen bei den Pyknikern häufiger als bei den Leptosomen, z. B. reagierten auf das Wort ,,Mutter`` Pykniker mehrmals mit ,,sanft, lieb, gut``, Leptosome mit ,,Vater, Frau, Kind``; auf das Wort ,,Examen`` Pykniker mit ,,fleißig``, Angst, Durchfall, gefährlich, bestanden, nicht schön``, Leptosome mit ,,Professor, Frage, Lehrer, Examinator, um 4 Uhr``. Auch in anderen Beispielen VAN DER HORSTs tritt die trockene, zurückhaltende Sachlichkeit der Leptosomen gegenüber der naiv gefühlsmäßigen Tönung der Assoziationen der Pykniker deutlich hervor. Auf diesem stärkeren zahlenmäßigen Hervortreten von *Gefühlsworten* bei den Pyknikern dürfte wohl der Unterschied beruhen, den VAN DER HORST mit dem Ausdruck ,,prädikative

Assoziationen" meint. Unabhängig von van der Horst ist auch von Munz beim Rorschach-Versuch derselbe Gegensatz zwischen trockener Sachlichkeit und naiver Gefühlsmäßigkeit der deutenden Stellungnahme hervorgehoben worden. Mit dieser affektiven Verschlossenheit der Leptosomen hängt auch die Tatsache zusammen, daß sie den Rorschach-Versuch öfters überhaupt verweigern, was bei den Pyknikern fast gar nicht vorkommt. Diese von Kretschmer als wesentlich hervorgehobenen Gesichtspunkte der Ergebnisse van der Horsts werden überzeugend bestätigt durch eine neuerdings von Enke und Hildebrand angegebene Versuchsanordnung zur Feststellung der „Erfassungsform" der Konstitutionstypen. Der Versuch besteht darin, festzustellen, in welchem Maße und in welchem Umfange die jeweilige Versuchsperson die Inneneinrichtung eines Raumes bzw. eines Zimmers erfaßt, ohne jedoch vorher dazu aufgefordert zu sein. Die Versuchspersonen müssen also ein Zimmer beschreiben und ihr Urteil darüber abgeben. Jedoch wird ihnen diese Aufgabe erst gestellt, nachdem sie das Zimmer bereits gesehen haben, ohne etwas von der Aufgabe gewußt zu haben. Die Versuchspersonen werden in dem Zimmer genau 5 Minuten sich selbst überlassen, ohne zu wissen, daß der Versuch bereits begonnen hat. Nach Ablauf der 5 Minuten haben sie in einem anderen Raum alles aufzuschreiben oder zu diktieren, was sie über das Zimmer berichten können. Der Versuchsraum muß nach bestimmten Gesichtspunkten eingerichtet sein, und zwar am besten als ein Zimmer, das man seiner Einrichtung nach als einfaches Wohn- und Arbeitszimmer ansehen kann. In dem beschriebenen Versuchszimmer waren einfache Wohnzimmermöbel, ferner ein Schreibtisch, der den Eindruck erweckte, als sei vor kurzem noch daran gearbeitet worden. Die Einrichtung des Zimmers war durch Bilder, Bücher und andere Gegenstände so gehalten, daß jeder Besucher etwas darin finden konnte, was ihm im positiven oder negativen Sinne auffiel und bei jedem, sofern er überhaupt Interesse an der Umwelt hatte, irgendeinen Eindruck hinterlassen mußte. Es waren so vielerlei Gegenstände in dem Zimmer verteilt wie nur möglich, und zwar so, daß für jede Geschmacks- und Bildungsrichtung etwas vorhanden war. Die Versuchsprotokolle werden nach folgenden Gesichtspunkten ausgewertet: 1. Nach der äußeren Form der Wiedergabe, nach Vollständigkeit, Stil und Ausdruck. 2. Nach den Inhalten der Wiedergaben. 3. Nach der geschmacklichen bzw. ästhetischen Beurteilung. 4. Nach Angaben über Formen, Farben und Besonderheiten der Einrichtung. Ferner wird festgestellt, wie sich die drei Konstitutionstypen in der Form ihrer Beschreibung und in ihrem Gesamtverhalten unterscheiden. Geachtet wurde hauptsächlich auf folgende formale Unterschiede: 1. Reine Aufzählung der Zimmereinrichtung, gleichgültig, ob vollständig oder nicht. 2. Ein mehr beschreibender, zusammenhängender Bericht, ohne Rücksicht auf den Inhalt. Die erste Form der nüchternen Aufzählung wurde von den Leptosomen in 61% gewählt, die zweite Form der zusammenhängenden Beschreibung nur in 39%. Bei den Pyknikern war die erste Form hingegen nur in 5% vertreten, die zweite Form in 95%, bei den Athletikern die erstere in 26%, die zweite Form in 74% der Fälle.

Bezüglich aller weiteren Ergebnisse dieses aufschlußreichen Versuches sei auf die demnächst in der Zeitschrift für menschliche Vererbungs- und Konstitutionslehre erscheinende Originalarbeit verwiesen.

Zur Untersuchung der *Perseveration* und der *Farb-Formbeachtung* wurde von Frommann das *psychogalvanische Phänomen* angewandt, das nach Enke besonders brauchbar ist zur Untersuchung der *Affektivitätsform* der Konstitutionstypen und von da aus auch Rückschlüsse erlaubt auf perseverative Tendenzen. Die von Letzterem angewandte Versuchsanordnung richtet sich im wesentlichen nach derjenigen des Urhebers dieses Experimentes, Veraguths

Sie entspricht im wesentlichen derjenigen, die CARMENA angewandt hat zur Nachprüfung der ENKESCHEN Ergebnisse, und zwar darauf, ob die persönliche Affektlage oder „Nervosität" eine ererbte Eigenschaft ist. Die Abb. 1 zeigt die von CARMENA verwendete Apparatur [1]: „A und B sind zwei mit 20% iger NaCl-Lösung gefüllte und mit Kohleelektroden versehene Gefäße. In jedes dieser Gefäße steckt die auf einem Liegestuhl ausgestreckte Versuchsperson eine Hand. Bei C sieht man zwei serienmäßig geschaltete LÉCLANCHÉSche Elemente, bei D Widerstände in Form einer WHEATSTONSchen Brücke. Bei E steht ein Spiegelgalvanometer (60 M Widerstand), dessen Ausschläge auf der Skala abgelesen werden. Der Raum, in dem die Untersuchungen vorgenommen werden, ist halbdunkel und möglichst geräuschfrei. Zur Fixierung der Zeitverhältnisse der Spiegelschwankungen, die bei ENKE mindestens alle 5 Sekunden notiert werden, dient eine $^1/_5$-Sekunden-Stoppuhr. Die Versuchsperson selbst liegt so, daß sie das Wandern der Lichtmarke sowie die Handlungen des Versuchsleiters nicht sehen kann. Bei dem sogenannten „Ruheversuch" geht ENKE von der Tatsache aus, daß jede Versuchseinleitung für jeden Menschen bereits eine mehr oder weniger große affektive Reizung bedeutet. Das Wissen darum, daß man einem Experiment unterzogen wird, ist unvermeidlich, ebenso wie die, wenn auch geringfügigen Hantierungen beim Anlegen der Elektroden an die Versuchsperson. Dementsprechend ist zu beobachten, daß das Spiegelgalvanometer nach Beginn des Versuches von einem anfänglichen Maximum der Drehung mehr oder weniger langsam im Verlauf von Minuten zu einem

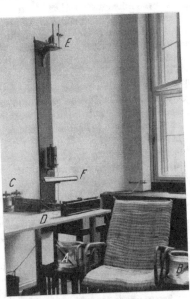

Abb. 1. (Nach CARMENA.)

Skalenwert herabsinkt, auf dem es dann im großen und ganzen still verharrt, sofern nicht durch äußere Reize oder intrapsychische Schwankungen die Stromintensität wieder geändert wird. Diese „Ruhekurve" zeigt also, ob und in welcher Zeit bei einer Versuchsperson nach Einleitung des Versuches die affektive Beruhigung eingetreten ist.

Außer diesem Ruheversuch wurde von ENKE zur Untersuchung der affektiven Erregbarkeit der sogenannte „Erwartungsversuch" angestellt. Ein möglichst „neutraler" affektiver Reiz wird dadurch ausgelöst, daß die Versuchsperson den Auftrag erhält, sich zwischen den Ziffern 1 und 9 eine innerlich vorzunehmen und fest an sie zu denken. Der Versuchsleiter werde am Schluß, d. h. nachdem er die einzelnen Ziffern langsam und laut durchgezählt habe, der Versuchsperson sagen können, an welche Zahl sie gedacht habe, vorausgesetzt, daß sie sich wirklich nur auf die eine, innerlich vorgenommene Ziffer fest eingestellt habe. Die Versuchsperson wird also durch den Auftrag in einen Zustand der Konzentration und affektiven Anspannung bzw. Erwartung versetzt.

Von den hierbei auftretenden Galvanometerausschlägen wird die Summe derjenigen verwertet, die nach den wichtigsten affektiven Reizungen dieses

---

[1] Zu beziehen durch Karl Wingenbach, Frankfurt a. M., Emser Str. 24.

Versuches auftreten: 1. Erteilung des Auftrages. 2. Beginn des lauten Zählens des Versuchsleiters. 3. „Erwartungszahl", d. h. diejenige *vor* der innerlich gemerkten Zahl. 4. Die gemerkte Zahl.

Unmittelbar anschließend an den Ruhe- und Erwartungsversuch können ferner geprüft werden die affektiven Reaktionen auf verschiedene Sinnesreize, und zwar auf Geruchreize angenehmer wie unangenehmer Natur, auf einen leichten Stich- und einen unerwarteten Gehörreiz.

Versuchsanordnung. Der Versuchsleiter läßt die Versuchsperson an einer ihr natürlich nicht erkennbaren Flasche Kölnischen Wassers riechen. Ein zweiter Versuchsleiter notiert 1. den Ausschlag des Galvanometers, während Versuchsleiter I zur Versuchsperson geht („Erwartungsausschlag"). 2. den größten Ausschlag nach dem Geruchreiz, 3. die Dauer der Reaktionszeit, d. h. derjenigen Zeit, die das Galvanometer bis zur Erreichung des größten Ausschlages braucht, und 4. die Zeit bis zum Ruheeintritt des Galvanometers nach diesem Ausschlag.

Nachdem auf diesen ersten Geruchreiz hin wieder eine affektive Beruhigung eingetreten ist, das Spiegelgalvanometer also wiederum auf einer Stelle verhältnismäßig still steht, wird ein weiterer Geruchreiz, und zwar unangenehmer Art (in einer Tube befindliche Masse, die mit Schwefelwasserstoff durchsetzt ist) gegeben.

Als dritter Versuch folgt ein leichter Stichreiz auf die Kinnhaut mit einem kleinen, zu diesem Zweck besonders konstruierten, in der Originalarbeit ausführlich beschriebenen Apparat.

Der vierte Versuch besteht in einem unerwarteten Gehör- bzw. leichten Schreckreiz mittels einer Spielpistole. Bei diesem Versuch kann außer den bereits angeführten Daten auch die Latenzzeit gemessen werden, d. h. diejenige Zeitspanne, die verstreicht, bis nach dem Pistolenknall die Lichtmarke des Galvanometers zu wandern anfängt.

„Objektionsfähigkeit" nach Ach. In ähnlicher Richtung wie die experimentellen Methoden zur Erfassung von Wurzelformen gehen diejenigen von Ach und seiner Schule (Bourwieg, Hess, Kirsch, Meves, Passarge, Schade, Wildenberg u. a.). Einen grundlegenden Faktor der Persönlichkeitsstruktur sieht Ach in der „Objektion", worunter er die Fähigkeit der Verlegung seelischer Tatbestände auf ein Objekt versteht. Eine der Voraussetzungen der Objektion ist der „Entlastungstrieb". Er stellt einen finalen, ökonomischen Faktor dar, indem er Empfindungen, Gefühle und Willenserlebnisse durch die Verlegung auf ein Objekt abreagiert, die Ichseite entlastet und damit die Möglichkeit einer freieren Gestaltung gewährt. Dieser Faktor bestimmt in hohem Maße die Produktionsfähigkeit einer Persönlichkeit, während ihm antagonistisch der Faktor der Perseverationsneigung entgegensteht und reproduktiv wirkt. Experimentelle Untersuchungen über die Beziehungen der Grundfaktoren zu den Aufmerksamkeitsfaktoren stammen u. a. von Kirsch. Schulz legt in einer Untersuchung über Lüge und Charakter dar, daß die Erfassung dieser Grundfaktoren auch den Zugang zu komplexeren seelischen Merkmalen freimacht. Weitere experimentalpsychologische Untersuchungen zur Prüfung der Perseveration stammen von K. H. Schade, Prändl-Lessner u. a. Zur Feststellung der emotionalen Objektionsfähigkeit dient die Achsche Buchstabenmethode und zur Prüfung der voluntalen Objektionsfähigkeit die Methode der „finalen Qualitätssetzung" nach Mierke.

Schrifttum.

Siehe W. Enke: Körperbau und Charakter, spezieller Teil.

Psychologische Methoden.

Zweiter Teil.

Methodische Erschließung spezifischer Begabungsgrade und Begabungsrichtungen.

Von O. KROH, München.

Welche grundsätzlichen Fragen das Begabungsproblem stellt, lassen die Beiträge von K. GOTTSCHALDT, H. HOFFMANN, G. JUST, F. STUMPFL und O. KROH in Bd. V dieses Handbuches erkennen. Insbesondere sei auf die Darlegungen von K. GOTTSCHALDT und G. JUST verwiesen, die das weitschichtige Begabungsproblem gründlich durchleuchten. Für uns kann es sich hier nur darum handeln, unter Verzicht auf allgemeine Betrachtungen der *Frage* nachzugehen, *wie vorgegebene Begabungen methodisch erfaßt werden*. Dabei gehen wir der statistischen Verarbeitung so erhobener Befunde, die in diesem Band an anderer Stelle dargestellt wird, nicht nach.

In dem durch vorwissenschaftlichen Gebrauch mit mannigfachem Inhalt gefüllten Begriff der Begabung liegt, sofern nähere Bestimmungen fehlen, immer sowohl ein qualitatives als auch ein mehr quantitatives Moment ausgedrückt. Entsprechend sollte die psychologische Bestimmung einer Begabung auch jedesmal in doppelter Hinsicht erfolgen; sie sollte sowohl nach dem Ausmaß wie nach der Artung der Begabung fragen. *Die Fragen nach dem Begabungsgrad und nach der Begabungsrichtung müssen demgemäß in unserer Betrachtung unterschieden werden.*

I. Die Erschließung der Begabungsgrade.

Die Frage nach dem Grade einer Begabung ist so alt wie die Besinnung auf Gradunterschiede der menschlichen Leistungsfähigkeit. Trotzdem hat ihre methodische Bearbeitung erst im Laufe der letzten Jahrzehnte eingesetzt und auch da ist sie lange in verengernder Auffassung nur als Frage nach dem Intelligenzgrade gestellt worden.

Den Anfang machte, wenn wir von F. GALTONs Anregungen absehen, der deutsche Psychiater RIEGER, der 1885 einen ,,Entwurf zu einer allgemein verwendbaren Methode der Intelligenzprüfung" ankündigte und ihn als Sonderdruck 1889 veröffentlichte. RIEGER wollte dabei im Dienste psychiatrischer Diagnostik feststellen, ob und wie schnell die verschiedenen Sinne auffassen, ob aufgefaßte Eindrücke richtig eingeordnet werden, welche Leistungsfähigkeit das Gedächtnis besitzt, welche nachgestaltenden Fähigkeiten ein Mensch hat, wieweit er sich sprachlich und nichtsprachlich zu äußern vermag, wieweit er richtig erkennt und bezeichnet und ob er über Kombinationsfähigkeit verfügt. Ein System fester Fragen und Aufgaben wurde von RIEGER dabei nicht bereitgestellt. Er hielt es für richtiger, wenn in jedem neuen Fall angepaßte Aufgaben gewählt würden. Ihm kam es nicht auf eine vergleichende Ordnung größerer Personengruppen an, sondern auf die Einzeldiagnose, die etwa der Gerichtsarzt braucht, um die Intelligenz eines Angeklagten oder eines Zeugen möglichst umsichtig auf ihre Grenzen und ihre Leistungsfähigkeit untersuchen zu können. Über den Ansatz RIEGERs hinaus brachte TH. ZIEHEN (1897) bestimmt ausgewählte Fragen, die Leistungsvergleiche verschieden begabter Personen ermöglichten. Einen gewissen Abschluß dieser psychiatrischen Richtung

7*

innerhalb der Begabungsforschung lieferte O. Lipmanns Materialiensammlung in seinem „Handbuch psychologischer Hilfsmittel der psychiatrischen Diagnostik" (1922). Gegenüber diesen Ansätzen bedeuteten E. Kraepelins „Experimentelle Studien über Assoziationen" (1883) einen ersten Versuch, auch in der Breite des Normalen seelische Leistungsunterschiede mit den Mitteln wissenschaftlicher Analyse an einem Spezialproblem aufzudecken. Auf diesem Wege folgte ihm H. Ebbinghaus (1885) bei seinen Gedächtnisversuchen. Geordnete Reihen fester Prüfaufgaben schlug zum erstenmal McK. Cattel (1890) vor. Er gebrauchte auch den Begriff „Test" als Bezeichnung für solche Prüfaufgaben. Es mußte zunächst darauf ankommen, geeignete Prüfaufgaben in größerer Zahl bereitzustellen. H. Ebbinghaus bot in dieser Absicht (1897) methodisch durchgeführte vergleichende Untersuchungen, in denen neben fortlaufenden Additionen und Multiplikationen sowie Versuchen über das unmittelbare Behalten der heute noch oft verwendete Lückentest erstmalig empfohlen wurde. Im Anschluß an diesen Vorgang wurde eine Reihe weiterer Tests entwickelt. A. Binet wies die Brauchbarkeit des Bourdonschen Durchstreichversuchs nach, Masselon (1902) entwickelte die nach ihm benannte Probe (Bildung eines Satzes, in dem drei gegebene Wörter vorkommen), van der Torren (1908) baute die von Heilbronner (1905) empfohlene Bilderseriemethode für die Untersuchung normaler Kinder aus, E. Meumann u. a. bemühten sich erfolgreich um die Prüfung und praktische Anwendung einer Reihe von Methoden, die zur Untersuchung von Kindern geeignet waren. Alle diese Methoden haben bereits in der Erbforschung Verwendung gefunden.

In England hatte Pearson, ein Schüler Galtons, die Anregungen seines Lehrers aufgegriffen und Methoden für die Errechnung des Übereinstimmungsgrades von Rangreihen entwickelt, ein Weg, auf dem ihm C. Spearman u. a. später gefolgt sind (1905; gemeinsam mit F. Krueger 1906).

Mit allen diesen Vorarbeiten war der Weg zum Ausbau von *Staffelserientests* geöffnet. Ihn beschritt als erster A. Binet. Nach Vorlegung einer mit Simon ausgearbeiteten Reihe von 30 Aufgaben, mit deren Hilfe Intelligenzdefekte bestimmt werden sollten (1905), ging er dazu über, die Tests den verschiedenen Altersstufen anzupassen. Zwei große Testreihen hat er zu diesem Zweck vorgelegt (1908 und 1911), die für alle Altersstufen vom 3. bis zum 15. Lebensjahr, teilweise auch für Erwachsene brauchbare Aufgaben verschiedener Art zusammenstellten und dabei jeweils der Durchschnittsintelligenz einer bestimmten Altersstufe Rechnung tragen wollten. Binets entscheidende Leistung fand bei der naturwissenschaftlichen Meßfreudigkeit jener Zeit eine starke Resonanz. Kaum ein Kulturland hat nicht eigene Beiträge zum Staffeltestproblem geliefert. In Deutschland war es vor allem O. Bobertag (seit 1911), später auch E. Hylla, die sich der Aufgabe der Prüfung und der Fortentwicklung des Binet-Verfahrens annahmen; in England wirkte C. Burt, in Schweden G. Jaederholm (1914), während in Amerika Terman die vielgebrauchte Stanford-Revision des Binet-Verfahrens (1916, 1918) herausbrachte.

Krieg und Kriegsende stellten an die praktische Psychologie neue Anforderungen. Die Aufgabe einer Kurzprüfung von Menschen, die militärischen oder zivilen Berufen zugeführt werden sollten, trat fast gleichzeitig auf den Plan mit den Bestrebungen, in den Schulen durch geeignete Auslese Begabte ausfindig zu machen und ihnen weiterzuhelfen. So erschienen denn in rascher Folge die Berliner, die Leipziger und die Hamburger Arbeiten in der Begabungsforschung sowie die in Artikel „Erbpsychologie der Berufsneigung usw.", Bd. V dieses Handbuches bereits erwähnten ersten Versuche einer experimentellen Auslese von Kraftfahrern, Flugzeugführern usw., aber auch von Spezialarbeitern und Angestellten der verschiedensten Berufszweige.

Einen methodischen Fortschritt suchten dabei namentlich die amerikanischen Psychologen durch Einführung des *Testheftverfahrens*. Angewandt wurde es zunächst in der Zusammenordnung der „Army Mental Tests". Bei ihnen ist eine Anzahl z. T. ohne Verwendung sprachlicher Darbietungsformen zusammengestellter Aufgaben in ein Heft so eingeordnet, daß die Niederschrift der Lösungen einfach erfolgen und ihre Prüfung an Hand von Kontrollstreifen rasch durchgeführt werden kann. Die Army Mental Tests haben während des Weltkriegs vom Dezember 1917 an allgemeine Anwendung bei allen Truppen der amerikanischen Armee erfahren (vgl. F. Gieses Abdruck des Testheftes in seinem Handbuch psychotechnischer Eignungsprüfungen, 1925). — Für die Zwecke der Schule stellte eine aus Haggerty, Terman, Thorndike, Whipple bestehende, unter dem Vorsitz von Yerkes arbeitende Kommission die Hefte der „National Intelligence Tests" zusammen. Ähnlich hat Otis Testhefte zum selbständigen Gebrauch (Otis Self Administering Tests) auch für Schüler und Thorndike Testhefte für College-Studenten entworfen.

Auf diesem Wege ist Europa dem Vorgang Amerikas nur sehr zögernd gefolgt. Zu sehr überwog die Kritik an einem Verfahren, bei dem quantitative Auswertbarkeit nicht über die Bedenken hinwegtäuschen konnte, die sich aus der Tatsache ergaben, daß für fast alle Tests und erst recht für die Testheftaufgaben qualitative Leistungsanalysen, die eine wissenschaftlich zulängliche Bestimmung der Leistungsgrundlagen erlaubt hätten, noch zu sehr fehlten. Insbesondere hat sich im letzten Jahrzehnt Deutschland nur noch wenig an dem Ausbau des Intelligenzprüfungswesens beteiligt.

Von den *allgemeineren Fragen*, die sich mit der quantitativen Bestimmung des Begabungsgrades verbinden, seien hier nur 3 herausgehoben:

Die erste betrifft das Problem des *Intelligenzalters*. W. Stern hat vorgeschlagen, an Hand geeichter Tests, wie sie etwa die Binet-Simon-Serie liefert, festzustellen, welches Intelligenzalter ein junger Mensch hat. Dabei wird das Intelligenzalter berechnet unter Mitberücksichtigung der Aufgaben, die aus der Altersstaffelserie über das in Frage stehende Lebensalter hinaus gelöst bzw. unter das tatsächliche Lebensalter hinab nicht gelöst werden. Das relative Maß der Intelligenz stellt dann der *Intelligenzquotient* (IQ) dar, der aus dem Verhältnis von Intelligenzalter und Lebensalter berechnet wird. $IQ = \frac{IA}{LA}$, ein Wert, der bei durchschnittlicher Begabung etwa den Wert 1 erhält, bei überdurchschnittlicher Begabung über 1 hinausgeht, bei unterdurchschnittlicher Begabung unter 1 zurückbleibt. Gegen ein solches schematisierendes Verfahren der Auswertung intellektueller Leistungen und ihre Verrechnung auf einen Einheitswert ergeben sich mancherlei Bedenken. Diese Bedenken werden noch verschärft, wenn man sich vergegenwärtigt, daß die Staffeltestserien nicht die gesamte Begabung der Persönlichkeit nach allen ihren möglichen Richtungen, sondern meist nur bestimmte Seiten der Intelligenz erfassen können.

Eine zweite Frage warfen schon Spearman und Krueger auf. Sie konnten feststellen, daß mehr oder weniger alle Intelligenzprüfungsmethoden, auf eine Menschengruppe angewendet, zu Leistungsrangreihen führen, die untereinander verhältnismäßig hohe positive Korrelationen ergeben. Spearman schloß daraus auf einen *allgemeinen Faktor (general factor) der Intelligenz*, was gleichbedeutend ist mit der Annahme, daß sich die Intelligenz eines Menschen in allen Gebieten ihrer Anwendung verhältnismäßig gleichartig äußern müßte. Doch genügt zur Erklärung der von Spearman herausgehobenen Übereinstimmungen auch schon die Feststellung, daß jede intellektuelle Leistung allgemeine, insbesondere charakterologische Voraussetzungen besitzt, die mehr oder weniger jeder Leistung in ähnlicher Weise zugute kommen müssen.

Es bleibt dann immer noch die Frage nach den die Begabung konstituierenden *Komponenten* berechtigt. Ihr sind in neuerer Zeit vor allem amerikanische Forscher nachgegangen, an ihrer Spitze L. L. Thurstone. Aus umfangreichen Testprüfungen, die an einer großen Zahl von Individuen durchgeführt wurden, wird mit den Mitteln der Korrelationsstatistik errechnet, ob und welche verhältnismäßig unabhängig voneinander wirkenden Intelligenzfaktoren angenommen werden können. Zur Durchführung und Beurteilung des Verfahrens vgl. Hoffstätters Bericht (1938). Doch führt diese Frage schon unmittelbar hinüber zum Problem der Begabungsrichtungen, dem wir uns nunmehr zuwenden.

II. Die Erschließung der Begabungsrichtungen.

Daß die Erbgesetzlichkeit im Gebiete spezifischer Begabungsrichtungen mit besonderer Deutlichkeit in Erscheinung tritt, wird schon durch die Rolle belegt, die die Sonderbegabungen im Aufbau der psychologischen Erblichkeitslehre erlangt haben. Künstlerische Begabungen (und hier vor allem die produktiven Anlagen im Gebiete der bildenden Kunst und der Musik), mathematische und technische Veranlagungen haben der Erbforschung gerade in ihren Anfängen besonders überzeugende Beispiele geliefert.

Bevor wir an die methodische Erschließung dieser besonderen Begabungsrichtungen herantreten, müssen wir eine Erklärung dafür zu geben suchen, warum spezifische Begabungen innerhalb einzelner Gebiete mit so hoher Deutlichkeit zutage treten können (vgl. die eingehenderen Darlegungen des Verf. über „Sonderbegabungen", Bd. V dieses Handbuches). Alle diese Gebiete sind dadurch ausgezeichnet, daß sie sich verhältnismäßig leicht und genau abgrenzen lassen. Der musikalisch begabte Mensch braucht die Musik, um seine eigentümliche Anlage entwickeln zu können, und nur im Gebiete der Musik vermag er seine Begabung zur Darstellung zu bringen. Ebenso benötigt der mathematisch Begabte das Gebiet der Quantitäten und Quantitätsbeziehungen, um seine Anlage zu entwickeln und seine Produktivität in Erscheinung treten zu lassen. Eine gleich dichte Beziehung besteht in anderen Bereichen zwischen der menschlichen Anlage und ihren Betätigungsgebieten nicht, wie einige Beispiele zeigen sollen: Historische Interessen und Begabungen können sich sowohl in der allgemeinen Geschichte wie in der Familiengeschichte, in der Literaturgeschichte ebenso wie in der politischen Geschichte, in der Sprachgeschichte nicht weniger als in der Kunstgeschichte äußern. Es dürfte jedesmal auf die besondere Artung weiterer Anlagen sowie auf die Richtung der Interessen ankommen, ob eine historische Begabung sich mehr dem einen oder mehr dem anderen der genannten Gebiete zuwendet. Ähnlich ist es mit den Begabungen, die sich mit der Erfassung der unmittelbar vorgegebenen naturhaften Wirklichkeit beschäftigen. Wer an der Botanik interessiert ist, bringt in der Regel auch der Zoologie Verständnis entgegen. Wer die Tier- und Pflanzenwelt der Gegenwart unter dem Gesichtspunkt ihres Gewordenseins wissenschaftlich angeht, findet leicht den Zugang zur Paläontologie. Diese selbst aber führt wieder unmittelbar an die Geologie heran, die auf der einen Seite den Zugang zur Geographie, auf der anderen die Verbindung mit Mineralogie und Krystallographie und ihren Hilfswissenschaften erschließt. Die Beispiele zeigen, wie dicht die wechselseitige Benachbarung und die sachliche Verflechtung aller dieser Gebiete untereinander ist. Sie läßt zugleich aber auch erkennen, wie stark die Nötigung zu „Interessenverzweigungen" hier werden kann.

Dieser bald mehr isolierbaren, bald mehr vergesellschafteten Lagerung menschlicher Leistungsgebiete entspricht in bemerkenswerter Weise der Grad der Isolierbarkeit der entsprechenden Anlagen. Das ist kein Wunder. Die größere oder geringere Benachbarung, die stärkere oder schwächere Isolierung der Leistungsgebiete, sie hängen aufs engste mit der Eigenart der menschlichen Anlage zusammen. Nur deshalb gliedert sich der geistige Kosmos bald schärfer, bald weniger abgegrenzt, weil die eigentümliche Anlage des Menschen entsprechende Grenzen im Regelfalle in sich selber erkennen läßt. Schließlich sind ja die verschiedenen Gebiete der Wissenschaften und der Kunst, wie überhaupt die Kultur- und Lebensgebiete, nicht vorgefunden, sondern aus der eigentümlichen Weise des Menschen, sich erkennend und gestaltend mit der Wirklichkeit auseinanderzusetzen, heraus entstanden. Die Schärfe der Begrenzung der Gebiete muß infolgedessen den Isolierungsgrad widerspiegeln, mit dem die verschiedengerichteten Anlagen in die menschliche Persönlichkeit eingegliedert sind.

Nach dieser kurzen Vorbemerkung, zu deren Ergänzung wir auf unsere Ausführungen über die Sonderbegabungen in Bd. V dieses Handbuches sowie auf die Beiträge von W. ENKE, H. GOTTSCHALDT, H. HOFFMANN, E. KRETSCHMER und F. STUMPFL verweisen, gehen wir zu einer gedrängten Darstellung der zur Erforschung solcher spezifischer Begabungen geeigneten Methoden über.

Die Erforschung der Anlage zum bildhaften Gestalten. Erst durch typologische Untersuchungen ist im Gebiete des bildhaften Gestaltens der Weg zu einer genaueren Anlagenanalyse freigeworden. Mit experimentellen Methoden beschritten wurde der typologische Weg von H. LAMPARTER und R. KIENZLE. In beiden, dem Arbeitskreis von O. KROH entstammenden Untersuchungen wurde der Versuch unternommen, auf der Grundlage der bildhaften Gestaltungen zu einer Erkenntnis der normalen Persönlichkeit vorzudringen, nachdem schon vorher H. PRINZHORNs Untersuchung über die Bildnerei der Geisteskranken (1922) wertvolle Aufschlüsse vermittelt hatte. H. LAMPARTER sowohl als R. KIENZLE beschränkten sich nicht auf die Unterscheidung von Schaffensstilen großer Meister, auch nicht auf die Feststellung des Erbganges ausgezeichneter Begabungen, die bisher im Vordergrund des wissenschaftlichen Interesses gestanden hatten. Sie bezogen vielmehr in den Bereich ihrer Versuche Gruppen von nicht vorausgelesenen Jugendlichen verschiedener Altersstufen ein, um nicht nur den verschiedenen Richtungen, sondern auch den verschiedenen Ausgeprägtheitsgraden und Entwicklungsstufen der Anlage Rechnung tragen zu können. Damit eröffneten sie den Weg zu vergleichenden Untersuchungen im Rahmen einer beliebig vorgegebenen Population, freilich ohne selbst der Erbfrage schon unmittelbar nachzugehen. Indem sie aber zeigten, daß bestimmte Weisen künstlerischer Gestaltung mit bestimmt gearteten Persönlichkeitstypen eng gekoppelt sind, öffneten sie doch den Zugang zur Anlagefrage.

H. LAMPARTER stellte dabei, um technische Gestaltungsschwierigkeiten möglichst aus dem Wege zu räumen, eine Anzahl von Versuchen an, die für die Untersuchung der bildnerischen Begabung neuartig waren. Er ließ unter anderem von seinen Versuchspersonen mit Hilfe kreisrunder, verschieden gefärbter kleiner Klebezettel Weintrauben herstellen und achtete bei der Betrachtung des Schaffensvorgangs und der fertigen Gebilde auf die Ordnungsformen, deren sich seine Versuchspersonen bedienten. Neben ausgesprochen geometrischer Anreihung, die aufs stärkste mit symmetrischer Anordnung verbunden war, standen Leistungen, für die der höchste Grad der Erscheinungsähnlichkeit, die höchste Wirklichkeitsnähe, maßgebend war. Wirkten die Gebilde der einen statisch und geometrisch, so die der anderen lebendig und gewachsen. Dazwischen begegneten alle Formen von Übergängen. Das Ergebnis dieses Versuches wurde bestätigt bei der Herstellung von Blumenstraußbildern, bei denen wieder das Blumenmaterial in verschiedener Form und Farbe bereitgestellt wurde. Ein weiterer, in gleicher Richtung gehender Versuch forderte von den Versuchspersonen den Entwurf einer Gartenanlage, in der sowohl Wege wie Blumenbeete angebracht werden mußten. In allen diesen Versuchen schieden sich die

Gestalter in deutlicher Weise und so übereinstimmend, daß mit vollem Recht von verschiedenen Typen bildhaften Gestaltens gesprochen werden konnte.

In weiteren Versuchen wurden ähnlich auch die Formen der zeichnerischen Gestaltung erfaßt. Nach kurzer Einführung an Beispielen mußten vorgezeichnete Fenster mit zu zeichnenden Vergitterungen versehen oder Geländerformen entworfen werden. Auch hier unterschied sich dann wieder ein geometrisierender Typus, der sich von der Symmetrie leiten ließ, von einem anderen, der durch Ungebundenheit der Gestaltungen gekennzeichnet war. Zeigte der erstgenannte Typus im ganzen eine gewisse Starrheit, die sich vor allem auch in einer Armut an Motiven äußerte, so bewies der zweite eine viel größere Schwingungsweite in der Verwendung der verschiedenartigsten Motive. Bei dieser Unterscheidung trat zwar die Beachtung der künstlerischen Leistungshöhe in den Hintergrund, dafür aber kam der in der Grundstruktur der Persönlichkeit verankerte typologische Unterschied mit voller Deutlichkeit heraus.

Daß es sich hier um konstitutionell bedingte Unterschiede handelt, bestätigten Versuche im plastischen Gestalten. Auch hier traten nebeneinander ein stark an stereometrische Grundformen gebundener, aus Elementen zusammensetzender Typus und ein anderer, der mit größerer Ungebundenheit zu Werke ging und dabei die Herausmodellierung eines Gestaltganzen aus dem ganzen Baustoff anstrebte. H. Lamparter konnte so frühere Ergebnisse von O. Krautter und von Bergemann-Könitzer bestätigen, die ein synthetisches oder konstruierendes und ein massegliederndes Verfahren beim plastischen Gestalten unterschieden hatten.

Daß es möglich ist, sogar zu einer umfassenden Typologie, die den ganzen Bereich graphischen Darstellens umspannt, vorzudringen, bewies in seinen eindringenden Untersuchungen R. Kienzle. Er berücksichtigte umsichtig alle möglichen Formen graphischer Gestaltung, vom Kritzeln über das Ornament, das Gedächtniszeichnen, das Abzeichnen von Bildern und Gegenständen bis zum Bilde der Schrift, achtete insbesondere auf die Spannungslage der Darsteller, begleitete genau und eindringlich den gesamten Leistungsvorgang und gelangte, nachdem er auch die Kunstwissenschaften und künstlerische Produktionen herangezogen hatte, zur Unterscheidung von Bildtypen (S. 154): „Den 4 Bildtypen von ganzheitlichem, rhythmischem, stückhaftem und konstruktivem Gestaltcharakter entsprechen nicht nur 4 verschiedene Arten der Gestaltung (als Vorgang), sondern auch 4 Typen von Bildnern, welche wir als den Implikativen, den Explikativen, den Astruktiven und den Konstruktiven bezeichneten." R. Kienzle gibt in seiner Schrift eine eingehende Darstellung der Gesichtspunkte, unter denen die Zuordnung der Gestalter, ihrer Bilder und der Arbeitsweisen erfolgte. Damit lieferte er der Erbforschung geeignete Unterlagen für exakte Untersuchungen, die schon deshalb Erfolg versprechen, weil sowohl H. Lamparter wie R. Kienzle auf den Typus der gestaltenden Menschen zurückgreifen.

Wie fruchtbar Untersuchungen über das bildhafte Gestalten in erbpsychologischer Auswertung sein können, beweist eine Arbeit von W. Krause, der Eltern und Kinder, die über den regulären Zeichenunterricht der Schule hinaus sich nicht weitergebildet hatten, einer vergleichenden Untersuchung unterzog. Er forderte, einen Baum, ein Haus, einen Mann und einen Reiter aus dem Gedächtnis, ein Zigarrenkästchen und ein Stoffhündchen sowie zwei eigens hergestellte Bilder nach Vorlage zu zeichnen und ordnete die entstehenden Bilder nach überdurchschnittlichen, durchschnittlichen und unterdurchschnittlichen Leistungen. In $^3/_4$ bis $^9/_{10}$ aller Fälle zeigten im Ergebnis die Kinder von Eltern mit überdurchschnittlichen bzw. unterdurchschnittlichen Leistungen selbst wieder überdurchschnittliche bzw. unterdurchschnittliche Gestaltungsfähigkeit.

Nun ist freilich der Begriff der über- bzw. unterdurchschnittlichen Leistung im Gebiete des bildhaften Gestaltens besonders schwer genau festzulegen. Der Weg W. KRAUSES, einen Mitbeurteiler, der sich unabhängig einschalten kann, heranzuziehen, entlastet zwar solche alternative Zuordnungen von dem Vorwurf der Willkür. Übersehen darf jedoch nicht werden, daß beim bildhaften Gestalten technische und künstlerische Beurteilungen sich oft nur schwer auf einen Nenner bringen lassen, wie auch, daß jede zeichnerische Aufgabe sowohl von der Stufe des Schemas als auch von der Stufe des erscheinungstreuen Darstellens aus gelöst werden kann. G. KERSCHENSTEINER hat schon 1905 in seinem großen Werke über „Die Entwicklung der zeichnerischen Begabung" den Versuch unternommen, die Stufen der regulären Entwicklung des Zeichnens in ihrem Zusammenhang mit der Altersentwicklung des jungen Menschen darzustellen. Und R. KIENZLE hat (1932) — in noch präziserer Unterscheidung — folgende Stufenreihe als charakteristisch herausgehoben: Bis zum 7. Lebensjahr gebraucht das Kind meist eine primitiv-ganzheitliche Darstellungsform; dann geht es zu einer mehr ganzheitlich-gliedernden Darstellungsweise über, die etwa vom 10. Lebensjahr ab durch eine sachlich-detaillierende Darstellung abgelöst wird, aus der sich dann über ein zunehmendes Linien- und Formgefühl das Streben nach erscheinungstreuer Wiedergabe der Wirklichkeit entwickelt. Erst in der Reifezeit kann unter der Wirkung starker innerer Erlebnisse dann eine neue charakteristische Stufe, die des „expressiv-ganzheitlichen Darstellens" erreicht werden.

Diese Stufenfolgen setzen aber die Einwirkung eines regulären Zeichenunterrichts voraus. Manche Menschen bleiben trotzdem zeitlebens auf der Stufe des Schemas stehen, andere, meist die zeichnerisch besonders Begabten, erreichen dagegen schon frühe, oft sogar schon im vorschulpflichtigen Alter, die Stufe des erscheinungstreuen Darstellens. Dabei ist interessant, daß uns die Vorgeschichte darüber belehrt, daß erscheinungstreues Zeichnen dem Schemazeichnen in der Entwicklung der Menschheit unfraglich vorausgegangen ist (vgl. M. VERWORNES berühmt gewordene Unterscheidung von physioplastischem und idioplastischem Zeichnen). Beobachtungen an Debilen und Taubstummen zeigen uns, daß auch heute noch erscheinungstreues Zeichnen im Zusammenhang mit einer durch Begrenzung der gesamten Entwicklung hervorgerufenen „Primitivität" beobachtet werden kann.

Will man, was an sich bei der Untersuchung der Erbbestimmtheit des bildhaften Gestaltens notwendig ist, neben dem Typus auch den *Grad der Anlage* erfassen, so sind alle die angedeuteten Momente zu berücksichtigen: Bei Kindern die Stufe ihrer zeichnerischen Entwicklung, für die die Altersstufe einen gewissen Hinweis bietet; bei Kindern und Erwachsenen die Art und Intensität des Zeichenunterrichts; bei beiden in besonderen Fällen allgemeine Momente, die fördernd oder hemmend in die Entfaltung der Anlage eingreifen oder eingegriffen haben; in jedem Falle aber auch der Vollkommenheitsgrad, den die Leistung im Rahmen ihrer allgemeinen Entfaltungsstufe erreicht. Erst wenn alle diese Gesichtspunkte mit genügender Umsicht berücksichtigt worden sind, kann damit gerechnet werden, daß auch der Begabungsgrad der Anlage zum bildhaften Gestalten — und nicht nur der Typus des Gestaltens — zulänglich erfaßt wird. Grundsätzliche Schwierigkeiten stehen heute einer solchen genaueren Erfassung der zeichnerischen Anlage nach Art und Richtung nicht mehr im Wege. Vielmehr kann, nachdem auch bei EZ die Leistungen im bildhaften Gestalten weitgehende Übereinstimmung gezeigt haben und nachdem R. HECKEL geeignete Methoden für die Untersuchung der formalästhetischen Erlebnisfähigkeit bereitgestellt hat, die methodische Erschließung einer Erblehre des bildhaften Gestaltens als in ihren Grundlinien vorgezeichnet betrachtet werden.

Die Erforschung der Anlage zur musikalischen Produktion. Ähnlich wie H. Lamparter das bildhafte Gestalten hat sein Bruder P. Lamparter das Gebiet der Musikalität für eine konstitutionswissenschaftliche Typenlehre zu erschließen gesucht. Auch er bezog Personen aller musikalischen Begabungsgrade in den Bereich seiner Untersuchung ein. Deshalb war er genötigt, Untersuchungsmaterial bereitzustellen, mit dessen Hilfe alle Formen und alle Grade der musikalischen Anlage erfaßt werden konnten. Er untersuchte zunächst die Fähigkeit der Melodieauffassung und stellte dabei fest: ein Teil seiner Versuchspersonen faßte auch größere Melodiestücke ganzheitlich auf, paßte sich leicht an die gegebenen Aufgaben an und vollzog seine musikalischen Äußerungen mit einem merkbaren Drang nach Freizügigkeit und Mannigfaltigkeit. Ihm gegenüber stand eine andere Gruppe, die zunächst nur Teile eines dargebotenen Melodiebogens auffaßte, diese aber mit hoher Treue behielt, so daß im Ergebnis erst nach einer sehr großen Zahl von Darbietungen eine Wiedergabe der ganzen Melodie möglich wurde, die sich dann jedoch meist durch Genauigkeit auszeichnete. In vergleichend durchgeführten Form-Farb-Beachtungsversuchen zeigten die Versuchspersonen der ersten Gruppe eine ausgesprochene Tendenz zur Farbbeachtung, die der zweiten eine Neigung zur Formbeachtung. Damit war der Erkenntnis der Weg bereitet, daß die Grundformen der Musikalität mit den verschiedenen Persönlichkeitstypen in engem Zusammenhang stehen, ein Ergebnis, für das P. Lamparter auch einige erbpsychologisch unmittelbar bedeutsame Beobachtungen beibringen konnte.

Die gleiche Zuordnung wurde durch Untersuchungen des melodischen und des rhythmischen Verhaltens nahegelegt, aber auch durch die Überprüfung der harmonischen Begabung sowie durch eine Reihe von weiteren Versuchen, die unter anderem auch das Verhältnis zum musikalischen Kulturgut und den musikalischen Begabungsgrad betrafen. Es ist nach den Ergebnissen P. Lamparters kaum daran zu zweifeln, daß die Grundformen der Musikalität aufs engste mit Persönlichkeitstypen gekoppelt sind, die den Kretschmerschen Persönlichkeitstypen nahestehen, obwohl sie mit ihnen nicht ganz zur Deckung gebracht werden können.

Gegenüber dem Ergebnis P. Lamparters bedeuten die Resultate von Untersuchungen, die in neuester Zeit von A. Wellek veröffentlicht wurden, eine gewisse Grenzziehung. A. Wellek ging vom absoluten Gehör aus und konnte auf Grund umfangreicher Erhebungen zwei Haupttypen des absoluten Gehörs unterscheiden. Während bei dem einen Typus meist nur eng benachbarte Töne der Tonreihe miteinander verwechselt wurden, zeigte der andere Typus eine Neigung zur Verwechslung von Tönen, die im Quinten- (bzw. Quarten-) zirkel benachbart bzw. verwandt waren. Diese beiden Grundformen des absoluten Gehörs fanden sich bestätigt, als Wellek Persönlichkeiten mit relativem Gehör heranzog. Er kam so zu zwei Typen des musikalischen Gehörs, einem linearen und einem polaren Typus. Als Untersuchungsmittel verwandte er Gehörprüfungen (beim absoluten Gehör Einzeltöne, Oktav-Zweiklänge, Dur- und Molldreiklänge, beim relativen Gehör Tonschritte, Zweiklänge, Drei- und Vierklänge). Darüber hinaus stellte er Beobachtungen über erlebte Tonähnlichkeit beim Vergleich von Tönen und von Tonpaaren an, und endlich suchte er durch Heranziehung einiger typologischer Prüfversuche aus dem optischen Bereich auch die Diskussion über die Frage der Zugehörigkeit seiner Typen zu Persönlichkeitstypen weiterzuführen.

Wichtig ist in unserem Zusammenhang vor allem die Feststellung Welleks, daß seine Typen des musikalischen Hörens in den verschiedenen Gebieten Deutschlands verschieden häufig auftreten. Unter den Norddeutschen fand er eine $^2/_3$-Mehrheit des linearen, unter den Süddeutschen eine $^2/_3$-Mehrheit des

polaren Typs. Damit erschließt sich ein weiterer erbbiologisch wichtiger Zu-
sammenhamg zwischen Musikalität und Mensch.

Im engeren Bereich der Erforschung der Erblichkeit der Musikalität ist
auch hier sowohl der ersten Versuche von W. HAECKER und TH. ZIEHEN zu
gedenken, wie auch der heute noch grundlegenden Forschungen aus dem
Arbeitskreis um das Vinderen-Laboratorium. Diese Versuche haben das Verdienst, daß sie den Grad der Musikalität in seinem Erbgang verfolgen. Dabei
muß der Grad der Anlage hinsichtlich jeder der von J. A. MJOEN (1927) unter-
schiedenen Basaleigenschaften der Musikalität festgestellt werden. Zu bestimmen
ist also die Fähigkeit, Tonhöhen, Tonstärken und Zeitintervalle zu unterscheiden,
Tonhöhen zu erkennen (insbesondere das absolute Gehör in seinem Ausgeprägt-
heitsgrade), Tondistanzen zu unterscheiden; ferner das Gedächtnis für Melodien
und für Lieder, die Unterscheidungsfähigkeit für die Reinheit in der Wiedergabe
einer Melodie, für Dur und Moll sowie für Taktarten, sodann die Fähigkeit,
Mehrklänge zu analysieren, Melodien wiederzugeben, eine Unterstimme zu
singen usw. Die von J. A. MJOEN eingehend begründete Merkmalsskala der
verschiedenen Musikalitätsgrade wird hier im Anschluß an eine Veröffentlichung
von H. KOCH und FR. MJOEN abgedruckt (S. 106):

Merkmale	*Klasseneinteilung*
0: Keine musikalischen Merkmale	Nicht musikalisch
1: Singt oder Sinn für Rhythmus	
2: Erkennt Musikstücke leicht wieder + 1 der vorgenannten Merkmale	
3: Hört leicht, wenn falsch gesungen oder gespielt wird + 2 der vor- genannten Merkmale	Etwas musikalisch
4: Singt ein gehörtes Lied leicht nach + 3 der vorgenannten Merkmale	
5: Kann eine 2. Stimme halten + 4 der vorgenannten Merkmale	
6: Musikausübend + 5 der vorgenannten Merkmale	musikalisch
7: Kann eine 2. Stimme improvisieren + 6 der vorgenannten Merkmale	
8: Spielt nach Gehör + 7 der vorgenannten Merkmale	
9: Spielt mehrere Instrumente oder absolutes Tongedächtnis + 8 der vor- genannten Merkmale	Sehr musikalisch
10: Komponiert oder spielt mehrere Instrumente oder absolutes Tongedächt- nis + 9 der vorgenannten Merkmale	

Aus den Ergebnissen von H. KOCH und FR. MJOEN (S. 135 und 136) sei hier festgehalten:
,,Sind beide Eltern positiv- (negativ-) musikalisch veranlagt, so sind auch sämtliche Kinder
positiv- (negativ-) musikalisch, wenn alle vier Großeltern positiv- (negativ-) musikalisch
sind. Negativ-musikalische Kinder können in positiv-konkordanten Ehen nur dann vorkommen, wenn sich auch unter den Großeltern negativ veranlagte finden. Ist einer der
Eltern positiv-, einer negativ-musikalisch, so ist im Durchschnitt die Hälfte der Nachkommen
positiv-, die Hälfte negativ veranlagt; überwiegen unter den Großeltern die positiv- (negativ-)
musikalischen, so überwiegt auch die Zahl der positiv- (negativ-) musikalischen Enkel." —
,,Es ergibt sich, daß die Analyse der Kollateralen in gleicher Weise wie die Analyse der
direkten Aszendenz geeignet ist, die musikalische Veranlagung der Nachkommen zu erklären. In positiv-konkordanten Ehen mit positiven Großeltern kann die Betrachtung
der Kollateralen die Möglichkeit einer genaueren Analyse der musikalischen Belastung
geben als die Analyse der der direkten Aszendenz allein." . . . ,,Für die verschiedenen musikalischen Eigenschaften, sowohl die von höherem wie die von geringerem symptomatischen
Wert scheinen dieselben Erblichkeitsverhältnisse vorzuliegen wie für die Gesamtmusikalität."

Nachdem somit auch im Gebiete der Musikalität Methoden bereitstehen, die
teils der besonderen Art, teils dem Grade der Musikalität nachzugehen gestatten
und nachdem auch die Entwicklung der Musikalität im Kindesalter in ihrem
charakteristischen Verlaufe in der Tübinger Arbeit von E. WALKER eingehend
mit angepaßten Methoden untersucht wurde, ist für unmittelbare Erhebungen
über den Erbgang der Musikalität nach Grad und Richtung die Bahn frei-
gemacht.

Methodische Mittel zur Erfassung der mathematischen Begabung. Mehr als
im Gebiete der Musikalität, auch mehr als im Gebiete des bildhaften Gestaltens
wirken sich in der Mathematik die Höhe der erlangten Ausbildung und der

Grad der Übung auf die Leistung aus. Deshalb liegt hier die Methodenfrage viel schwieriger als in jenen Gebieten. Das ist wohl auch einer der Gründe dafür, weshalb die Untersuchungen über den Grad der mathematischen Begabung bis in die jüngste Zeit hinein immer wieder auf Schulzeugnisse, und zwar sowohl auf die Noten selbst als auf Notenunterschiede oder auf allgemeine Betrachtungen über die Anforderungen zurückgegriffen haben, die mathematische Aufgaben stellen (vgl. die neuesten einschlägigen Arbeiten von M. Grau und von J. Himpsel und die daselbst mitgeteilte Literatur.)

Gleichwohl fehlt es nicht an Methoden, die einer direkten Erhebung der mathematischen Leistungsfähigkeit dienen können. Doch sind sie meist im Zusammenhang mit umfassender angesetzten Intelligenzprüfungen entwickelt und bisher fast gar nicht in den Dienst direkter Untersuchungen des Erbgangs der mathematischen Begabung gestellt worden.

Es handelt sich bei diesen Methoden meist um Aufgaben, die dem Lösenden neuartig erscheinen mußten oder die doch mindestens in einer neuartig anmutenden Form vorgelegt wurden. Unter ihnen spielen eine besondere Rolle: Die Aufgaben der Zerlegung und Zusammensetzung von Figuren und Körpern, bei denen es meist auf Prüfung der Vorstellungsfähigkeit für die Wirkung von Veränderungen ankommt. (Ein Beispiel: Ein Holzwürfel von 4 cm Seitenlänge wird ringsherum rot angestrichen und dann in Würfel von der Größe eines Kubikzentimeters geteilt. Es wird gefragt: Wieviel dieser so entstehenden Teilwürfel haben keine, eine, zwei, drei rote Flächen?)

Häufig verwendet werden auch Reihenbildungstests, bei denen einige Glieder einer arithmetischen oder einer geometrischen Reihe mit der Aufforderung angegeben werden, die Reihe fortzusetzen. Der Versuch hat den Vorteil, daß er leicht anzustellen und vielfältig zu variieren ist und eine im echten Sinne mathematische Fähigkeit (Erfassung des Ordnungsgesetzes einer Zahlenfolge) fordert.

Solche Ordnungstests können auch in anderer Form gegeben werden (vgl. die von Zilian entworfene Sachdenkprobe) und prüfen dann die Abstraktionsfähigkeit, die einen wichtigen Bestandteil der mathematischen Begabung bildet.

Sodann spielen sog. mathematische Denkaufgaben eine große Rolle. Zu ihnen gehören die beliebten Umfüllaufgaben (etwa: Wie kann man mit einem 4- und einem 9-Litergefäß aus einem Brunnen 7 Liter Wasser schöpfen?), ferner Aufgaben, die einen umgekehrten Regeldetrieansatz fordern, sowie eingekleidete Aufgaben, wie sie sich für eine Gleichungsrechnung eignen, die aber ohne die Hilfsmittel des Gleichungsrechnungsschemas nur mit Hilfe logischer Überlegungen zu lösen sind.

Zu erwähnen sind weiter Prüfungen der Kritikfähigkeit. Aufgaben, die falsch gelöst sind, sind etwa zu korrigieren, Aufgaben, die unlösbar sind, als solche zu erkennen und zu beurteilen.

Nun ist aber jede Aufgabe dieser Art einer besonderen Altersstufe und Bildungsstufe angemessen. Schon deshalb fordern alle Untersuchungen an einer nicht vor-ausgelesenen Population die Bereitstellung eines großen Materials an geeigneten Methoden, ja noch mehr: die Eichung der Methoden für die jeweils in Frage kommenden Stufen. Solange ein standardisiertes Material noch nicht vorliegt, ist daher jeder Versuch der unmittelbaren Feststellung der mathematischen Begabung an Prüflingen, an die gleiche Anforderungen nicht gestellt werden können, mit erheblichen Vorarbeiten belastet. Deshalb dürften sich einstweilen für solche Erhebungen nach Schwierigkeitsgraden gestaffelte Aufgabenreihen empfehlen, die allerdings wieder den Nachteil haben, daß sie zur Bestimmung der Leistungsgrenze die Lösung einer verhältnismäßig großen Zahl von Aufgaben fordern. Bei der Auslese dieser Aufgaben ist darauf zu achten, daß die üblichen gelernten und schematisch anwendbaren Lösungsformeln nicht oder mindestens nicht ohne Vorüberlegungen angewendet werden können.

Leichter ist es schon festzustellen, ob ein Prüfling mehr anschaulich oder mehr abstrakt vorgeht, ob er geometrische oder arithmetische Aufgaben lieber löst, ob er mehr probierend oder mehr systematisch arbeitet, wieweit ihn ein Gefühl für Mächtigkeiten leitet und wieweit ihm die Fähigkeit des Schätzens, etwa für die Größenordnung des Ergebnisses, abgeht.

Mit solchen Differenzierungen aber beschreitet man auch hier den Weg zu einer qualitativen Unterscheidung der mathematischen Denkformen, d. h. zu einer Typenlehre des mathematischen Denkens. Sie ist wiederholt versucht worden: Von H. POINCARÉ und von H. FEHR in Anwendung auf bedeutende Mathematiker, neuerdings in der Auseinandersetzung mit fremdartigen Geisteseinflüssen in der Mathematik von L. BIEBERBACH und soeben gleichfalls auf der Grundlage der Typenlehre E. JAENSCHs von E. JAENSCH und F. ALTHOFF. So tritt auch hier wieder die qualitative Differenzierung nach typischen Leistungsrichtungen und Denkweisen ergänzend an die Seite der Bestimmung des Begabungsgrades. Auch die Methoden zur Erfassung der mathematischen Anlage, so dürfen wir folgern, nähern sich dem Entwicklungsstande, der sie für unmittelbare erbpsychologische Untersuchungen geeignet macht.

Bezüglich der Gründe, die uns bestimmen, der mathematischen Anlage innerhalb gewisser Grenzen einen Sondercharakter zuzugestehen, mit anderen Worten sie nicht schlechthin als Folgewirkung der allgemeinen Intelligenz zu betrachten, vgl. die im Kapitel Sonderbegabungen (Bd. V dieses Handbuches) angestellten Überlegungen.

Methoden zur Bestimmung der technischen Begabung. Im Gebiete der technischen Begabung ist dank der unermüdlichen Arbeit in- und ausländischer Forscher eine besonders große Zahl von Untersuchungsmethoden zur Verfügung gestellt worden. Freilich standen hinter dieser Entwicklung nicht die Probleme der Erblehre oder der Konstitutionsforschung als antreibende Kräfte, sondern die brennenden praktischen Probleme der Berufsführung. Daher kommt es, daß die bereitgestellten Methoden bisher im ganzen nur wenig erbpsychologisch angesetzt worden sind.

Zur Feststellung der Arten und der Grade der technischen Begabung sind verwendet worden: Technische Probleme, die zur Lösung am Objekt vorgegeben wurden, wobei Lösungen mit Behelfsmethoden bevorzugt wurden; filmische Darstellungen technischer Vorgänge, die zu erklären waren; technische Modelle und Zeichnungen, an denen zweckbestimmte Veränderungen vorgenommen werden mußten. Ferner Zusammensetz- und Zerlegungsaufgaben der verschiedensten Arten, Handgeschicklichkeitsprüfungen, Untersuchungen auf Anlern- und Übungsfähigkeit usf.

Im Rahmen des zur Verfügung stehenden Raumes verbietet es sich, einen Überblick über den gegenwärtigen Stand der Methodenentwicklung zu geben. Für sie gelten im ganzen die Gesichtspunkte, die in Bd. V dieses Handbuches (Artikel Berufsneigung, Berufseignung und Sonderbegabung in erbpsychologischer Hinsicht) dargelegt wurden. Von dorther muß auch der Literaturnachweis ergänzt werden.

Schrifttum.

a) Zur Frage des Begabungsgrades.

BAUMGARTEN, F.: Die Testmethode. ABDERHALDENs Handbuch der biologischen Arbeitsmethoden, Abt. VI. 1935. — BETZ, W.: Über Korrelation. Beih. Z. angew. Psychol. 3 (1911). — BINET, A. et TH. SIMON: Méthodes nouvelles pour le diagnostic du niveau intellectuel des anormaux. Année psychol. 11 (1905). — Le développement de l'intelligence chez les enfants. Année psychol. 14 (1908). — Nouvelles recherches sur la mesure du niveau intellectuel chez les .enfants d'école. Année psychol. **17** (1911). — Bobertag, O.: Über Intelligenzprüfungen nach der Methode Binet-Simon. Z. angew. Psychol. **5** (1911); **6** (1912). — Bobertag, O. u. E. Hylla: Begabungsprüfung für die letzten Volksschuljahre. Berlin: Selbstverlag Zentralinst. Erziehung u. Unterricht 1926. — Begabungsprüfungen für den Übergang von der Grundschule zur weiterführenden Schule. Langensalza 1928. — Burt, C.: Mental and scholastic tests. London 1922. — Methods of factor analysis with and without successive approximation. Brit. J. educat. Psychol. **7** (1937).

Dougall, W. Mc: On the nature of Spearmans general factor. Char. and Personality **3** (1934/35).

Ebbinghaus, H.: Über das Gedächtnis. 1885. — Über eine neue Methode zur Prüfung geistiger Fähigkeiten und ihre Anwendung bei Kindern. Z. Psychol. **13** (1897).

Galton, F.: Remarks on mental tests and measurements. Mind **15** (1890). — Giese, F.: Handbuch psychotechnischer Eignungsprüfungen. Halle 1925. — Gottschaldt, K.: Über die Vererbung von Intelligenz und Charakter. Fortschr. Erbpath. u. Rassenhyg. **1937**.

Hamburger Arbeiten zur Begabungsforschung. Beih. Z. angew. Psychol. **18, 19, 20** (1919/20). — Hartnacke, W.: Naturgrenzen geistiger Bildung, 1930. — Heilbronner, K.: Zur klinisch-psychologischen Untersuchungstechnik. Mschr. Psychiatr. **17** (1905). — Hoffstätter, P. R.: Über Faktorenanalyse. Arch. f. Psychol. **100** (1938). — Hylla, E.: Testprüfungen der Intelligenz. Braunschweig 1927.

Jaederholm, G.: Undersökningar over Intelligens mätningarnas. Stockholm 1914. — Just, G.: Vererbung und Erziehung. Berlin 1930. — Schulauslese und Lebensleistung. Leipzig 1936.

Kesselring, M.: Intelligenzprüfungen und ihr pädagogischer Wert. Leipzig 1923. — Kräpelin, E.: Psychologische Arbeiten. Leipzig 1895 f. — Krueger, F. u. C. Spearman: Die Korrelation zwischen verschiedenen geistigen Leistungsfähigkeiten. Z. Psychol. **44** (1906).

Lämmermann, H.: Bericht über die Eichung einer Serie von Gruppentests für 8- bis 14jährige Volksschüler. Z. angew. Psychol. **27** (1926). — Die Konstanz und die Übbarkeit von Denkleistungen. Z. angew. Psychol. **46** (1934). — Lipmann, O.: Abzählende Methoden und ihre Verwendung in der psychologischen Statistik. Leipzig 1921.

Mann O.: Die Intelligenz und ihre Wertung. Z. pädag. Psychol. **25** (1924). — Meumann, E.: Vorlesungen zur Einführung in die experimentelle Pädagogik, 2 Bd. Leipzig, 1. Aufl. 1907; 2. Aufl. 1914. — Moede, W., C. Piorkowsky u. G. Wolff: Die Berliner Begabtenschulen. Langensalza 1918. — Muchow, M.: Zur Problematik der Testpsychologie usf. Beih. Z. angew. Psychol. **34** (1925).

Peters, W.: Das Intelligenzproblem und die Intelligenzprüfung. Z. Psychol. **89** (1922).

Reinöhl, F.: Die Vererbung der geistigen Begabung. München 1937.

Spearman, C.: The nature of intelligence and the principles of cognition. London 1923. — Stern, W.: Der Intelligenzquotient als Maß der kindlichen Intelligenz. Z. angew. Psychol. **11** (1916). — Die Intelligenz der Kinder und Jugendlichen und die Methoden ihrer Untersuchung. Leipzig 1920. — Stern, W. u. O. Wiegmann: Methodensammlung zur Intelligenzprüfung von Kindern und Jugendlichen. Leipzig 1920.

Terman, L. M.: The measurement of intelligence. London 1916. — The Stanford-Revision and extension of the Binet-Simon measuring scale of intelligence. Baltimore 1917. — Thorndike, G. L.: The measurement of intelligence. New York 1926. — Thurstone, L. L.: The isolation of seven primary abilities. Psychol. Bull. **1936**. — Multiple factor analysis. Psychologic. Rev. **38** (1931).

Yerkes, R. M.: Psychological examining in the United States army. Washington 1921.

Ziehen, Th.: Die Prinzipien und die Methoden der Intelligenzprüfung, 4. Aufl. Berlin 1918.

b) Zur Frage der Begabungsrichtungen.

Albert, R.: Über die Vererbung der Handgeschicklichkeit. Arch. f. Psychol. **102** (1938). — Albrecht, K.: Struktur und Entwicklung des sachrechnerischen Bewußtseins. Langensalza 1925. — Argelander, A.: Zur Frage der allgemeinen Handgeschicklichkeit. Z. pädag. Psychol. **26** (1925).

Bahle, J.: Zur Psychologie des musikalischen Gestaltens. Arch. f. Psychol. **74** (1930). — Baumgarten, F.: Die Testmethode. Abderhalden: Handbuch der biologischen Arbeitsmethoden, Abt. 6. Wien u. Berlin 1935. — Bieberbach, L.: Stilarten mathematischen Schaffens. Sitzgsber. preuß. Akad. Wiss., Physik.-math. Kl. **1934**. — Böge, K.: Eine Untersuchung über praktische Intelligenz. Z. angew. Psychol. **28** (1927).

Dieter, G.: Typische Denkformen in ihrer Beziehung zur Grundstruktur der Persönlichkeit. In O. Kroh: Experimentelle Beiträge zur Typenkunde, Bd. 2. Z. Psychol. Erg.-Bd. **24** (1934).

ENG, H.: Kinderzeichnen. Beih. Z. angew. Psychol. **39** (1927).

FEHR, H.: Enquête sur la méthode de travail des mathématiciens. L'enseignement mathématique, Vol. VII et VIII. Paris u. Genf 1905/06.

GIESE, F.: Handbuch psychologischer Eignungsprüfungen. Halle 1925. — GRAU, M.: Empirisch-experimentelle Beiträge zur Psychologie der mathematischen und sprachlichen Begabung. Arch. f. Psychol. **99** (1937).

HAECKER, V. u. TH. ZIEHEN: Über die Erblichkeit der musikalischen Begabung. Z. Psychol. **88, 89, 90** (1922). — Beitrag zur Lehre von der Vererbung und Analyse der zeichnerischen und mathematischen Begabung, insbesondere mit Bezug auf die Korrelation zur musikalischen Begabung. Z. Psychol. **120, 121** (1931). — HAIER, H.: Über die Abstraktion als geistiges Mittel zur Lösung von Aufgaben und ihre Beziehung zur Typenlehre. Göttingen 1935. — HECKEL, R.: Optische Formen und ästhetisches Erleben. Göttingen 1927. — HIMPSEL, J.: Zur Frage der mathematischen Sonderbegabung der höheren Schule. Arch. f. Psychol. **99** (1937). (Daselbst weitere Literaturangaben). — HISCHE, W.: Technisch-praktisches und technisch-konstruktives Denken. Arch. f. Psychol. **98** (1937).

JAENSCH, E. R.: Grundsätze für Auslese, Intelligenzprüfung und ihre praktische Verwirklichung. Z. angew. Psychol. **55** (1938). — JAENSCH, E. R. u. F. ALTHOFF: Mathematisches Denken und Seelenform. Beih. Z. angew. Psychol. **81** (1939). — JUST, G.: Probleme der Persönlichkeit. Berlin 1934.

KIENZLE, R.: Das bildhafte Gestalten als Ausdruck der Persönlichkeit. Eßlingen 1932. — KOCH, H. u. F. MJOEN: Die Erblichkeit der Musikalität. Z. Psychol. **99** (1926); **121** (1931). — KÖHLER, G.: Experimentell-pädagogische Untersuchungen über die Entwicklung der mathematischen Kritikfähigkeit. Z. pädag. Psychol. **25** (1924). — KRAUSE, W.: Experimentelle Untersuchungen über die Vererbung der zeichnerischen Begabung. Z. Psychol. **126** (1932). — KRAUTTER, O.: Das plastische Gestalten des Kleinkindes. Beih. Z. angew. Psychol. **50** (1930). — KRIES, J. v.: Wer ist musikalisch? Berlin 1926. — KROH, O.: Experimentelle Beiträge zur Typenkunde. Z. Psychol. Erg.-Bd. **14, 22** u. **24** (1929, 1932, 1934).

LAMPARTER, H.: Typische Formen bildhafter Gestaltung. In O. KROH: Experimentelle Beiträge zur Typenkunde, Bd. 3. Z. Psychol. Erg.-Bd. **22** (1932). — LAMPARTER, P.: Die Musikalität in ihren Beziehungen zur Grundstruktur der Persönlichkeit. In O. KROH: Experimentelle Beiträge zur Typenkunde, Bd. 3. Z. Psychol. Erg.-Bd. **22** (1922). — LIPMANN, O.: Die experimentelle Untersuchung der Rechenfertigkeit. Z. angew. Psychol. **5** (1911).

MALL, G.: Wirkung der Musik auf verschiedene Persönlichkeitstypen. Ber. 14. Kongr. dtsch. Ges. Psychol., Jena 1935. — MEILI, R.: Experimentelle Untersuchungen über das Ordnen von Gegenständen. Psychol. Forsch. **7** (1926). — MJÖEN, F.: Die Bedeutung der Tonhöheunterschiedsempfindlichkeit für die Musikalität und ihr Verhalten bei der Vererbung. Lund 1925. — MJÖEN, J. A.: Zur Erbanalyse der musikalischen Begabung. Lund 1910. — Zur psychologischen Bestimmung der Musikalität. Z. angew. Psychol. **27** (1926). — Die Vererbung der musikalischen Begabung. Berlin 1934. — MOEDE, W.: Lehrbuch der Psychotechnik. Berlin 1930.

NESTELE, A.: Die musikalische Produktion im Kindesalter. Beih. Z. angew. Psychol. **52** (1930).

OSERETZKY, N.: Psychomotorik. Beih. Z. angew. Psychol. **57** (1931).

PFAHLER, G. u. H. MEIER: Technisch-theoretisches und technisch-praktisches Verhalten im Kindesalter. Z. angew. Psychol. **26** (1926).

RÉVÉSZ, G.: Prüfung der Musikalität. Z. Psychol. **85** (1920). — RUPP, H.: Prüfung der musikalischen Fähigkeiten. Z. angew. Psychol. **9** (1914).

SAUER, F.: Die Abhängigkeit der Handgeschicklichkeit von Lebensalter und Geschlecht. Z. angew. Psychol. **48** (1935). — SCHORN, M.: Untersuchungen über die Handgeschicklichkeit. Z. Psychol. **112** (1929).

WALKER, E.: Das musikalische Erleben und seine Entwicklung. Göttingen 1930. — WEIGAND, E.: Analyse der Handgeschicklichkeit. Diss. 1936. — WELLEK, A.: Das absolute Gehör und seine Typen. Beih. Z. angew. Psychol. **83** (1938). — Typologie der Musikbegabung im deutschen Volke. Arb. Entw.psychol. **20** (1939). (Daselbst weitere Literaturangaben.)

ZILIAN, E.: Zur Prüfung der Intelligenz innerhalb einer militärischen Menschenauslese. Ber. 14. Kongr. dtsch. Ges. Psychol., Jena 1935.

Verarbeitungsmethoden.
Allgemeine statistische Methoden in speziellem Blick auf die menschliche Erblehre.

Von Siegfried Koller, Bad Nauheim.

Mit 46 Abbildungen.

Die Entwicklung der Statistik drängt von der überkommenen Aufgabe der Sammlung und möglichst abgekürzten Beschreibung von Beobachtungsreihen mehr und mehr zum Einsatz als Forschungsmethode. Während früher die bloße *Messung* von Unterschieden oder Zusammenhängen im Vordergrund stand, ist es heute ihre kritische *Beurteilung*. Damit wird die Erörterung der logischen Grundlagen der statistischen Schlußketten erforderlich, insbesondere deshalb, weil das statistische Verfahren vielfach auf gewisse Umwege angewiesen ist, deren Sinn klar herausgestellt werden muß. Das Denken mit den statistischen Begriffen ist ungewohnt, aber nur durch die Zurückführung aller Fragestellungen auf sie können die häufigen Fehlschlüsse vermieden werden (vgl. hierzu besonders I 5, I 7 und VI).

Die Statistik ist methodisch noch kein abgeschlossenes Gebiet; im Gegenteil, gerade die neuen Anforderungen auf den Gebieten der Biologie, der Medizin, der Technik usw. haben viele Lücken aufgezeigt und neue Entwicklungen angeregt.

I. Die Hauptbegriffe.
1. Die Häufigkeit.

In einer Beobachtungsreihe seien n Beobachtungsgegenstände (Individuen, Merkmale u. a.) vorhanden. Greift man eine bestimmte Art heraus, z. B. die Wesen mit dem Merkmal männlich, und zählt sie, so ergibt sich eine *Anzahl* z. Die (relative[1]) Häufigkeit der Merkmalsträger in der Beobachtungsreihe ist der Quotient

$$P = \frac{z}{n}. \qquad \text{Es ist } 0 \leqq P \leqq 1. \qquad [1]^2$$

Man pflegt eine Häufigkeit entweder als Bruch zu schreiben, oder meistens, indem man als Bezugszahl nicht 1, sondern 100 wählt, in Prozenten:

$$P\% = \frac{100\,z}{n}\,\%.$$

Bei kleinen Häufigkeiten wählt man 1000, 10000 oder noch höhere Zehnerpotenzen als Einheit. In der Bevölkerungsstatistik pflegen Geburtenziffern usw. auf 1000 bezogen zu werden (Bezeichnung $^0/_{00}$), Sterbeziffern an einzelnen Todesursachen auf 10000 Lebende.

In Erbstatistiken wird für die Darstellung von Spaltungsziffern noch eine dritte Bezeichnungsweise angewandt, in der die Bezugszahl eine Potenz von 2 ist; so wird z. B. statt 75% rot- und 25% weißblühend das Verhältnis 3 : 1 geschrieben und auch eine Beobachtung von 220 : 80 wird als Relativzahl durch 73,3% : 26,7% oder durch 2,93 : 1,07 (auf 4) ausgedrückt.

---

[1] Vielfach wird eine beobachtete Anzahl als „absolute Häufigkeit" bezeichnet, so daß die Relativzahl als „relative" Häufigkeit gekennzeichnet werden muß. Dieser Zusatz ist bei der hier gebrauchten Ausdrucksweise nicht notwendig.

Auf eine Einheit bezogene Zahlen werden im Sprachgebrauch der Statistik als „Ziffern" bezeichnet.

[2] Zahlen in eckigen Klammern beziehen sich auf Formeln.

Für die Durchführung von Zahlenrechnungen schreibt man Häufigkeiten zur Vermeidung von Kommafehlern am besten einheitlich als Dezimalbrüche. Die Zahl der Dezimalstellen muß so groß sein, daß das Ergebnis der Rechnung in den verwertbaren Stellen keinen Abrundungsfehler enthält. Im Zweifelsfalle führe man die Rechnung mit extrem angenommenen Abrundungsfehlern durch.

Häufigkeitsziffern in einem Ergebnis soll man nur auf so viel Dezimalstellen angeben, wie man nach der Größe der Beobachtungsreihe verantworten kann. *Der Häufigkeitswert soll nicht mehr gültige Stellen enthalten als die Beobachtungszahl*; z. B. kann man die Häufigkeit von $z = 22$ auf $n = 78$ als 28% schreiben, nicht aber als 28,2%.

Tabelle 1. Verteilung der Kinderzahl in 6078 hessischen Kaufmanns- und Angestelltenfamilien. (Nach KRANZ und KOLLER.)

Kinderzahl	Familien	
	Anzahl	Häufigkeit %
0	814	13,4
1	1052	17,3
2	1478	24,3
3	1239	20,4
4	653	10,7
5	336	5,5
6	267	4,4
7	101	1,7
8	60	1,0
9	37	0,6
10	21	0,3
11 und mehr	20	0,3
	6078	99,9 [1]

2. Die Häufigkeitsverteilung.

Die in einer Beobachtungsreihe für die verschiedenen Erscheinungsformen eines Merkmals festgestellten Häufigkeiten bezeichnet man als *Häufigkeitsverteilung*.

Bilden die verschiedenen Ausprägungen eines Merkmals eine zahlenmäßig abstufbare Folge (alle meßbaren Merkmale, ferner zählbare Merkmale wie Blätterzahl, Kinderzahl usw.), so läßt sich die Häufigkeitsverteilung übersichtlich graphisch darstellen. Abb. 1 zeigt die Häufigkeitsverteilung eines zählbaren Merkmals in einem „Stabdiagramm", in dem die Unstetigkeit der Veränderlichen deutlich zum Ausdruck kommt (Tabelle 1 und Abb. 1).

Zur Darstellung der Verteilung einer stetig veränderlichen Größe muß eine Zusammenfassung der Einzelwerte zu *Klassen* erfolgen. Breite und Zahl der Klassen werden willkürlich gewählt und hängen von der Größe des Wertbereiches und der Beobachtungszahl ab. Zu kleine Klassen, in die nur wenig Beobachtungen fallen, lassen Zufälligkeiten übertrieben hervortreten und zu große können andererseits wichtige Besonderheiten verdecken. Bei kleinen Beobachtungsreihen, etwa $n < 50$, ist die Aufstellung einer Verteilungskurve meist zwecklos; bei $n \sim 100$ beschränke man sich auf etwa 5 Klassen, bei $n \sim 1000$ auf etwa 10^2.

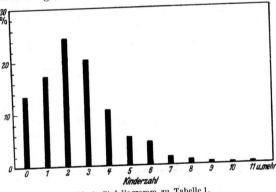

Abb. 1. Stabdiagramm zu Tabelle 1.

[1] Ergibt sich infolge der Abrundung nicht genau 100 als Summe, so ist es oft zweckmäßig, einen oder mehrere Einzelwerte bewußt vorschriftswidrig abzurunden, um die richtige Summe zu erhalten. Man wählt dazu die Werte, bei denen die falsche Abrundung den geringsten Fehler verursacht.

[2] Dies gilt nur für die *Darstellung* der Verteilungskurve. Führt man jedoch Rechnungen mit den Klassenzahlen aus, so *muß* eine größere Zahl enger Klassen zugrunde gelegt werden. Praktisch geht man so vor, daß man zunächt zwei- oder dreimal so viele Klassen wählt, wie oben angegeben, damit die Rechnungen durchführt und sie zur Darstellung der Verteilung wieder zusammenfaßt.

8

Im Beispiel der Verteilung der Durchmesser von 2000 roten Blutkörperchen einer Person (nach H. Günther) sind 10 Klassen von je 4 μ Breite gewählt (Tabelle 2).

Die Bezeichnung der Klassengrenzen und der Klassenmitte ist oft unzureichend oder sogar unrichtig. Bei der Körpergröße z. B. ist die Begrenzung der Klassen 170—172 cm, 172—174 cm usw. mit den Klassenmitten bei 171, 173 usw. nur dann richtig, wenn alle Größen über 170,00 und unter 172,00 in die eine Klasse kommen, wenn man z. B. jeden angefangenen Zentimeter vermerkt. Rundet man jedoch auf den nächsten vollen cm-Wert ab, so geht die Klasse von 169,5 bis unter 171,5 mit der Mitte 170,5; solche Klassen werden als 170—171 cm, 172—173 cm usw. bezeichnet. Eine Lücke zwischen zwei Klassen, wie vor kurzem einmal angenommen wurde, liegt nicht vor. Die Begrenzung „170 bis unter 172 cm" usw., die manchmal gewählt wird, erfordert die Angabe der Messungsgenauigkeit und des Abrundungsverfahrens. Bei Messungen auf mm wären die genauen Grenzen „169,95 bis unter 171,95", Mitte 170,95, bei Messungen auf $\frac{1}{4}$ cm wären die Grenzen „169,875 bis unter 171,875", Mitte 170,875.

Die Mitten der Grenzklassen werden meist schematisch im gleichen Abstand von den übrigen Werten angenommen. Für genauere Aufstellungen empfiehlt es sich, die mittlere Lage der Werte in der Grenzklasse auszurechnen, was unter Umständen auch für andere Klassen in Frage kommen kann.

Tabelle 2. Verteilung der Durchmesser von 2000 roten Blutkörperchen einer Person. (Nach H. Günther.)

Klassen μ	Klassen-mitte	Anzahl	Häufigkeit[1] %
unter 5,8	5,6	5	0,25
5,8—6,2	6,0	78	3,90
6,2—6,6	6,4	144	7,20
6,6—7,0	6,8	479	23,95
7,0—7,4	7,2	542	27,10
7,4—7,8	7,6	358	17,90
7,8—8,2	8,0	279	13,95
8,2—8,6	8,4	99	4,95
8,6—9,0	8,8	15	0,75
9,0 und darüber	9,2	1	0,05
		2000	100,00

Bei der graphischen Darstellung geht man von den Klassenmitten auf der X-Achse aus und ordnet ihnen als Y-Wert die beobachtete Häufigkeit bzw. Anzahl zu. Stellt man den Inhalt jeder Klasse durch ein Rechteck mit der Klassengröße als Grundlinie und der Häufigkeit als Höhe dar, so ergibt sich das in Abb. 2 gezeichnete Treppenpolygon. Der Flächeninhalt ist 100% bzw.

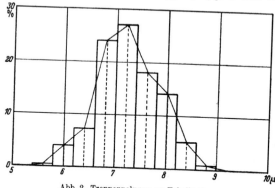

Abb. 2. Treppenpolygon zu Tabelle 2.

n. Neben dem allgemeinen Verlauf der Häufigkeitsverteilung kommt die Grobheit der Klasseneinteilung sinnfällig zum Ausdruck.

Hat man ungleich breite Klassen, z. B. dadurch, daß man einige schwächer besetzte Klassen zusammenfaßt, so muß man darauf achten, daß der Gesamtflächeninhalt unverändert bleibt. Faßt man z. B. in Abb. 2 die Klassen mit den Mitten 6,0 und 6,4 zusammen, so hat die neue Klasse die Häufigkeit 11,1%, in Abb. 2 ist jedoch der doppelten Breite wegen nur die halbe Höhe zu zeichnen.

In einer anderen Darstellungsart werden die Häufigkeitspunkte der Klassenmitten durch gerade Linien verbunden; der Flächeninhalt dieses Polygonzuges ist gleich dem der rechteckigen Darstellung, da bei jedem Rechteck ein rechtwinkeliges Dreieck abgeschnitten und ein dazu kongruentes angefügt wird. Bei

---

[1] Hier sind zwei Dezimalstellen angegeben worden, um den Abrundungsfehler bei der Division durch 2000 nicht zu groß werden zu lassen.

dieser Art des Häufigkeitspolygons werden die den einzelnen X-Werten zukommenden Häufigkeiten besser dargestellt. Ferner ist sie bei Vergleichen von Verteilungen stets zu bevorzugen, da nur hierbei mehrere Verteilungen übersichtlich übereinander gezeichnet werden können (Abb. 3).

Neben der Darstellung der Häufigkeitsverteilung kann es wichtig sein, die Anzahl und Häufigkeit der unter einer bestimmten Größe (Klassenende) liegenden Werte zu erfassen. Im Beispiel der Erythrocyten ergibt sich das *Summenpolygon:*

Die Zeichnung führt auf den S-förmigen Linienzug der Abb. 4.

In anderer Form kann man auf der X-Achse die Anzahlen und auf der Y-Achse die Messungswerte auftragen und erhält das Bild, als hätte man alle gemessenen Merkmale nach der Größe geordnet nebeneinander gelegt (GALTONsche Ogive). Die Kurve geht aus der Summenkurve durch räumliche Drehung um die 45%-Gerade hervor.

Tabelle 3.
Summenverteilung zu Tabelle 2.

μ	Anzahl	Häufigkeit %
unter 5,8	5	0,25
,, 6,2	83	4,15
,, 6,6	227	11,35
,, 7,0	706	35,30
,, 7,4	1248	62,40
,, 7,8	1606	80,30
,, 8,2	1885	94,25
,, 8,6	1984	99,20
,, 9,0	1999	99,95
,, 9,4	2000	100,00

3. Die Mittelwerte.

Bei der Auswertung einer Messungsreihe x_1, $x_2 \ldots x_n$ ist der erste wichtige Hauptwert das *arithmetische Mittel* (Mittelwert, Durchschnittswert), das als M oder durch Überstreichen gekennzeichnet wird. Zur Berechnung summiert man alle Beobachtungswerte und dividiert durch deren Anzahl n.

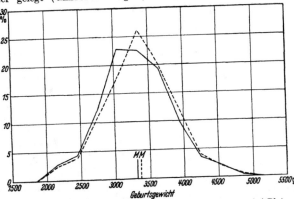

Abb. 3. Häufigkeitsverteilung der Gewichte von Neugeborenen bei Blutgruppengleichheit von Mutter und Kind ——— und -verschiedenheit von Mutter und Kind - - - -.

$$M_x = \bar{x} = \frac{x_1 + x_2 + \ldots + x_n}{n} = \frac{1}{n} \cdot \sum_{i=1}^{n} x_i. \quad [2]$$

Ist n so groß, daß die Berechnung des Mittelwertes nach dieser Formel zu langwierig wird, verwendet man zweckmäßig ein abgekürztes Verfahren. Dabei ist zunächst eine Klasseneinteilung durchzuführen, durch die aus der „Urliste" der Einzelwerte eine „reduzierte Verteilungstafel" wird. In jeder Klasse ersetzt man die einzelnen Beobachtungswerte durch den Wert der Klassenmitte. Fallen n_i Beobachtungen in die i-te Klasse mit der Mitte A_i und sind k Klassen vorhanden, so berechnet man

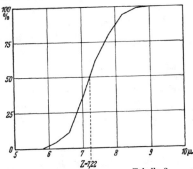

Abb. 4. Summenpolygon zu Tabelle 3.

$$M_x = \frac{n_1 A_1 + n_2 A_2 + \ldots + n_k A_k}{n} = \frac{1}{n} \sum_{i=1}^{k} n_i A_i. \quad [3]$$

Zur weiteren Vereinfachung setzt man statt der wirklichen Klassenmitten A_i ganze Zahlen ξ_i ein; eine in der Mitte der Verteilung gelegene Klasse mit der

8*

Mitte A erhält den Wert 0, die vorangehende $-1, -2 \ldots$ und die folgenden $+1, +2 \ldots$. Man errechnet den Mittelwert $\bar{\xi}$ in der vereinfachten ξ-Skala und verwandelt ihn dann in die Ausgangsskala mit der Klassenbreite b zurück.

$$M_x = A + b \cdot \bar{\xi} = A + \frac{b}{n} \sum_{i=1}^{k} n_i \xi_i .$$ [4]

Im Erythrocytenbeispiel ergibt sich $M_x = \frac{257}{2000} \cdot 0,4 + 7,2 = 7,251$.

Die Berechnung läßt sich auch ohne Multiplikation nach dem Summenverfahren durchführen, indem man von jedem Ende der Verteilung bis zur Klasse $+1$ bzw. -1 schrittweise summiert (S) und diese Werte in der gleichen Weise erneut schrittweise summiert (S'). Die beiden schräg gedruckten Endwerte stimmen mit den positiven und negativen Produktsummen des ersten Verfahrens überein:

Tabelle 4. Mittelwertberechnung bei Klasseneinteilung.

Klassenmitte		Anzahl	Produktverfahren	Summenverfahren	
A_i	ξ_i	n_i	$n_i \cdot \xi_i$	S	S'
5,6	-4	5	-20	5	5
6,0	-3	78	-234	83	88
6,4	-2	144	-288	227	315
6,8	-1	479	-479	$706 = \gamma_1$	$1021 = \delta_1$
7,2	0	542			
7,6	$+1$	358	$+358$	$752 = \gamma_2$	$1278 = \delta_2$
8,0	$+2$	279	$+558$	394	526
8,4	$+3$	99	$+297$	115	132
8,8	$+4$	15	$+60$	16	17
9,2	$+5$	1	$+5$	1	1
			$+1278$		
			-1021		
			$+257$		

$$\sum_{i=1}^{k} n_i \xi_i = \delta_2 - \delta_1 .$$ [5]

Bildet man das Mittel aus Beobachtungen mit verschiedener Genauigkeit, so werden den Beobachtungswerten x_i Gewichte p_i zugeteilt. Das „gewogene arithmetische Mittel", physikalisch gesehen der Schwerpunkt der Verteilung, ist

$$M = \frac{x_1 p_1 + x_2 p_2 + \ldots + x_n p_n}{p_1 + p_2 + \ldots + p_n} = \frac{\sum x_i p_i}{\sum p_i} .$$ [6]

Vereinigt man mehrere Mittelwerte $M_1, M_2 \ldots M_r$ zu einem Gesamtmittel, so ist die Zahl der jeweils zugehörenden Beobachtungswerte $n_1, n_2 \ldots n_r$ als Gewicht zu nehmen:

$$M = \frac{M_1 n_1 + M_2 n_2 + \ldots + M_r n_r}{n_1 + n_2 + \ldots + n_r} = \frac{\sum M_i n_i}{\sum n_i} .$$ [6a]

Stehen die n_i Beobachtungswerte der einzelnen Reihen in gegenseitiger Abhängigkeit, so gilt diese Formel nicht (vgl. S. 201).

Außer dem arithmetischen Mittel gibt es noch andere Werte zur Kennzeichnung der mittleren Lage einer Beobachtungsreihe. Der *Zentralwert* (engl. *median*) ist derjenige Wert, der die Reihe genau halbiert; über und unter ihm liegen gleich viele Werte. Bei unstetiger Veränderlichkeit gibt es oft einen solchen Wert gar nicht (z. B. in Tabelle 1, aus der man keinen Zentralwert ermitteln kann). Bei stetigen Größen, die in Klasseneinteilung gegeben sind, ist nur seine Klasse, aber nicht seine genaue Lage bestimmbar. Setzt man gleichmäßige Verteilung der Werte in der Klasse voraus und sucht die Größe, unterhalb deren $n/2$-Werte liegen, so erhält man als Interpolationsansatz für den Zentralwert Z die Proportion

$$\left(\frac{n}{2} - S_0 \right) : n_0 = (Z - A_0) : b,$$

wobei n_0 die Anzahl der Werte in der Klasse, A_0 ihr Anfangswert, S_0 die Anzahl aller Werte $< A_0$ und b die Klassenbreite ist. Daraus wird

$$Z = A_0 + \frac{\frac{n}{2} - S_0}{n_0} \cdot b .$$ [7]

In Tabelle 2 und 3 liegt Z in der Klasse 7,0—7,4. Die Schätzung führt auf $Z = 7,22$.

In Abb. 4 ist Z die zur Ordinate 50 % gehörende Abszisse. Aus einer Zeichnung in entsprechendem Maßstab kann Z unmittelbar abgelesen werden.

Das zum Häufigkeitsmaximum der Verteilung gehörende X wird als *Dichtemittel*, dichtester Wert, häufigster Wert (engl. *mode*) bezeichnet. Seine Bestimmung erfordert meist eine Schätzung durch Interpolation. Man pflegt durch die höchste Klasse und die beiden benachbarten eine Parabel zu legen, deren Höchstwert als das gesuchte Häufigkeitsmaximum angesehen wird. Ist n_0 die Anzahl in der höchsten Klasse, deren Anfangswert A_0, n_{-1} und n_{+1} die Anzahlen in den benachbarten Klassen, so erhält man das Dichtemittel D als

$$D = A_0 + \frac{n_0 - n_{-1}}{2\,n_0 - n_{-1} - n_{+1}} \cdot b; \qquad [8]$$

im Blutkörperchenbeispiel ergibt sich $D = 7{,}10$.

Zur zeichnerischen Darstellung des Dichtemittels trägt man die Differenzen aufeinanderfolgender Klassenhäufigkeiten als Ordinaten zur zwischengelegenen Klassengrenze als Abszisse auf (Abb. 5). Das Häufigkeitsmaximum wird durch Formel [8] als Schnittpunkt des Differenzenlinienzuges mit der X-Achse bestimmt. Die Ermittlung von D kann entsprechend Abb. 5 graphisch durchgeführt werden.

Abb. 5 zeigt, wie roh die Schätzung auch durch die so genau erscheinende Annäherung durch eine Parabel in Wirklichkeit ist. Eine zuverlässige Aussage läßt sich erst dann machen, wenn man das zugrunde liegende Verteilungsgesetz kennt (vgl. Anm. S. 146).

Die drei angeführten Mittelwerte M, Z und D fallen bei völlig symmetrischen Verteilungen zusammen, bei asymmetrischen ist meistens entweder $D < Z < M$ (Linksasymmetrie) oder $M < Z < D$ (Rechtsasymmetrie). Bei nicht allzu starker Asymmetrie wird als Faustregel angegeben, daß Z den Abstand zwischen M und D

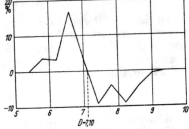

Abb. 5. Graphische Bestimmung des Dichtemittels zu Tabelle 2.

im Verhältnis 1 : 2 teilt, doch gilt dies nur für bestimmte asymmetrische Verteilungsgesetze; im Beispiel findet sich das Verhältnis 1 : 4.

Als weitere Mittelwerte werden gelegentlich auch das geometrische (vgl. die Erörterungen über die logarithmische Verteilung auf S. 204) und das harmonische Mittel angegeben.

4. Die Streuungsmaße.

Die Messung des Schwankungsbereiches einer Beobachtungsreihe kann mit der *durchschnittlichen Abweichung e* (engl. *mean deviation*) erfolgen. Man bildet die Abweichungen der einzelnen Beobachtungswerte von einem mittleren Wert und bildet das arithmetische Mittel ihrer absoluten Beträge. Als Bezugsgröße pflegt man das arithmetische Mittel $M = \bar{x}$ der Reihe zu nehmen, kann aber auch D oder Z wählen [1].

$$e = \frac{|x_1 - \bar{x}| + |x_2 - \bar{x}| + \ldots + |x_n - \bar{x}|}{n} = \frac{1}{n} \sum_i |x_i - \bar{x}|. \qquad [9]$$

e läßt sich bei Klasseneinteilung abgekürzt berechnen. Mit den Bezeichnungen von Tabelle 4 ergibt sich z. B. nach dem Summenverfahren, wenn die Klasse des arithmetischen Mittels 0-Klasse ist:

$$e = \frac{2}{n} \left(\delta_2 - \frac{\delta_2 - \delta_1}{n} \cdot \gamma_2 \right) \cdot b \quad \text{für } \bar{x} \gtreqless A. \qquad [9a]$$

Alle Hilfsgrößen sind bei der Berechnung des arithmetischen Mittels gebraucht worden. Im Blutkörperchenbeispiel wird die durchschnittliche Abweichung

$$e = \frac{2}{2000} \left(1278 - \frac{1278 - 1021}{2000} \cdot 752 \right) \cdot 0{,}4\,\mu = 0{,}473\,\mu.$$

Die durchschnittliche Abweichung ist zur Kennzeichnung des Schwankungsbereiches einer Beobachtungsreihe geeignet. Wo aber weitere Rechnungen z. B. für Vergleiche angestellt werden, ist sie einem anderen Streuungsmaß, der „mittleren Abweichung σ", unterlegen; deshalb kann der allgemeine Gebrauch von e nicht empfohlen werden.

---

[1] Theoretisch ist die Wahl von Z vorzuziehen, weil die durchschnittliche Abweichung vom Zentralwert den kleinsten möglichen Wert liefert.

Für die *mittlere (quadratische) Abweichung* σ *(mittlere Streuung, Standard-abweichung,* engl. *standard deviation)* werden statt der absoluten Werte der Abweichungen vom arithmetischen Mittel deren Quadrate gebildet[1]. σ ist die Quadratwurzel aus dem arithmetischen Mittel der Abweichungsquadrate

$$\sigma = \sqrt{\frac{(x_1 - \bar{x})^2 + (x_2 - \bar{x})^2 + \dots + (x_n - \bar{x})^2}{n}} = \sqrt{\frac{1}{n}\sum_{i=1}^{n}(x_i - \bar{x})^2}. \qquad [10]$$

σ^2 heißt im englischen Schrifttum „variance"; im deutschen Streuungsquadrat[2]. In vielen, praktisch sogar den meisten Fällen ist n im Nenner durch (n—1) zu ersetzen (vgl. II 7, S. 151).

Für die praktische Berechnung geht man auch am besten nicht vom Mittelwert $\bar{x}$ aus, sondern von einer in der Nähe liegenden runden Zahl A. Es ist

$$\sigma^2 = \frac{1}{n}\sum_{i=1}^{n}(x_i - A)^2 - (A - \bar{x})^2. \qquad [10a]$$

Man kann also σ^2 von einem beliebigen Ausgangswert aus berechnen und braucht zur Korrektur nur das Quadrat der Differenz zwischen A und dem Mittelwert abzuziehen. Bei Klasseneinteilung einer stetigen Veränderlichen wählt man die Mitte einer mittleren Klasse als A, führt wie bei [3] und [4] eine vereinfachte Skala ξ ein und berechnet zunächst

$$\sum_{i=1}^{n}(x_i - A)^2 = b^2 \cdot \sum_{i=1}^{k} n_i \xi_i^2.$$

Bei *Klassenzusammenfassung* muß noch ein Zusatzglied eintreten, da durch die Verlegung aller Werte auf die Klassenmitte ein systematischer Fehler eintritt. Die Sheppardsche *Korrektur* zu σ^2 besteht in der Subtraktion von $\frac{b^2}{12}$. Hierdurch wird die Störung der Klassenzusammenfassung *im Durchschnitt* beseitigt; eine denkbare Verschlechterung des Ergebnisses in einem gelegentlichen Einzelfall ist in Kauf zu nehmen. *Auch nach Anwendung der* Sheppardschen *Berichtigung liefert die Berechnung von σ und auch die des Mittelwertes um so genauere Ergebnisse, je feiner die Einteilung ist.* Für diese Berechnungen soll man nie — auch bei kleinerem Material — weniger als 6—8 Klassen aufstellen, besser etwa 10—12.

Bei der Korrektur ist angenommen, daß sich die Werte in den einzelnen Klassen entsprechend einem Treppenpolygon verteilen. Diese Annahme ist zwar roh, aber weit besser als die, daß alle Werte in der Klassenmitte liegen. Ferner wird vorausgesetzt, daß die Häufigkeit in den Grenzklassen allmählich gegen Null strebt. Bricht die Verteilung unvermittelt ab (entsprechend Abb. 1, jedoch bei Klassenzusammenfassung), so ist die Sheppardsche Formel nicht anwendbar. Pearson hat eine „correction for abruptness" aufgestellt (s. Tables II), die jedoch von R. A. Fisher abgelehnt wird.

Es ist für die praktische Rechnung folgende Formel zu benutzen:

$$\sigma^2 = \left\{\frac{1}{n}\sum_{i=1}^{k} n_i \xi_i^2 - \frac{1}{12}\right\} b^2 - (A - \bar{x})^2, \qquad [11]$$

oder, wenn $\bar{\xi}$ der Mittelwert in der ξ-Skala ist:

$$\sigma^2 = \left\{\frac{1}{n}\sum_{i=1}^{k} n_i \xi_i^2 - \bar{\xi}^2 - \frac{1}{12}\right\} \cdot b^2. \qquad [11a]$$

Die Rechnung, die in dieser Form nicht viel Zeit in Anspruch nimmt, ist in den ersten Spalten der Tabelle 5 für das Blutkörperchenbeispiel durchgeführt. Die zu berechnenden Produkte sind nur aus einfachen Zahlen zu bilden.

---

[1] Das arithmetische Mittel hat als Bezugsgröße dadurch eine Sonderstellung, daß die Summe der Abweichungsquadrate von ihm kleiner ist als von jedem anderen Wert.
[2] Der Ausdruck „Streuung" wird uneinheitlich sowohl für σ als auch für σ^2 gebraucht.

Tabelle 5. σ-Berechnung bei Klasseneinteilung.

Klassenmitte		Anzahl	Produktverfahren		Summenverfahren		
A_i	ξ_i	n_i	ξ_i^2	$n_i\,\xi_i^2$	S	S'	S''
5,6	— 4	5	16	80	5	5	
6,0	— 3	78	9	702	83	88	
6,4	— 2	144	4	576	227	315	
6,8	— 1	479	1	479	$706 = \gamma_1$	$1021 = \delta_1$	$1429 = \varepsilon_1$
7,2	0	542	0	—			
7,6	+ 1	358	1	358	$752 = \gamma_2$	$1278 = \delta_2$	$1954 = \varepsilon_2$
8,0	+ 2	279	4	1116	394	526	
8,4	+ 3	99	9	891	115	132	
8,8	+ 4	15	16	240	16	17	
9,2	+ 5	1	25	25	1	1	
		2000		4467			

Es ist nach [11]

$$\sigma^2 = \left(\frac{1}{2000}\cdot 4467 - \frac{1}{12}\right)\cdot 0{,}4^2 - (7{,}2 - 7{,}251)^2 =$$
$$= (2{,}2335 - 0{,}0833)\cdot 0{,}16 - 0{,}0026 = 0{,}3414.$$

Rechnet man nach [11a], so benutzt man

$$\bar\xi = \frac{257}{2000} = 0{,}1285$$

(vgl. [4]). Daraus ergibt sich

$$\sigma^2 = \left(\frac{1}{2000}\cdot 4467 - 0{,}1285^2 - \frac{1}{12}\right)\cdot 0{,}4^2 =$$
$$= (2{,}2335 - 0{,}0165 - 0{,}0833)\cdot 0{,}16 = 0{,}3414$$

und $\sigma = 0{,}584\,\mu$.

Die Summe der Produkte $\sum_i n_i \xi_i^2$ ergibt sich auch ohne Multiplikation nach einem Summenverfahren:

Bei der Berechnung des arithmetischen Mittels wurde eine schrittweise Summierung (S) der beobachteten Anzahlen von den Grenzklassen bis zur Klasse —1 und +1 durchgeführt, ferner eine nochmalige schrittweise Addition (S′) dieser Teilsummen. Addiert man nun noch alle S′-Summen, so läßt sich daraus die mittlere Abweichung bestimmen. Es ist

$$\sum_{i=1}^{k} n_i \xi_i^2 = 2\,(\varepsilon_1 + \varepsilon_2) - (\delta_1 + \delta_2) = 4467\,. \qquad [12]$$

Ferner ist beim Summenverfahren (vgl. [5])

$$\bar\xi = \frac{\delta_2 - \delta_1}{n}\,.$$

Diese Ausdrücke sind in [11a] einzusetzen.

σ ist stets größer als e; die beiden Maße stehen nur bei bestimmter Form der Verteilung (Normalverteilung s. S. 145) in fester Beziehung; dann ist $e = 0{,}798\,\sigma$.

Von weiteren Streuungsmaßen sei das nicht mehr angewandte „Quartil" genannt, das durch die 25%- und 75%-Grenze in Abb. 4 gegeben ist. Ein althergebrachtes, aber völlig ungeeignetes Maß der Streuung ist die Angabe des höchsten und tiefsten Beobachtungswertes bzw. ihrer Differenz. Die „Variationsweite" nimmt mit der Beobachtungszahl zu (vgl. S. 147), sie wird durch die Zufälligkeiten zweier einzelner Werte bestimmt, ist daher eine höchst unzuverlässige Größe und kann außerdem nicht zu Vergleichszwecken gebraucht werden.

Im italienischen statistischen Schrifttum wird mit der mittleren Differenz zweier Beobachtungswerte — ohne Beziehung auf einen Mittelwert — gearbeitet.

Für manche Vergleiche braucht man außer den absoluten Streuungsmaßen auch relative. Pearson hat den *Variabilitätskoeffizienten*

$$v_x = \frac{100 \cdot \sigma_x}{M_x}$$ [13]

eingeführt, bei dem die mittlere Abweichung in Teilen des Durchschnittswertes gemessen wird.

Untersucht man z. B. die Variabilität der Körpergröße bei Männern und Frauen, so ist σ bei den Männern das 1,08fache des weiblichen Wertes. Für die Mittelwerte findet sich das gleiche Verhältnis. Die relative Streuung, gemessen durch den Variabilitätskoeffizienten, ist daher bei beiden Geschlechtern gleich (Pearson). Arbeitet man mit der durchschnittlichen Abweichung, so kann man einen entsprechenden Variabilitätsindex aufstellen.

5. Der mittlere Fehler.

Die Streuung einer Reihe von Messungen eines Merkmals bei verschiedenen Individuen und die bei einem Individuum zu verschiedenen Zeiten sind wesentliche biologische Eigenschaften des Merkmals. Sie sind sachlich in keiner Weise vergleichbar mit der Streuung einer Reihe von Messungen eines konstanten physikalischen Objektes. Hier ist die Streuung durch Beobachtungsfehler bedingt und ein Maß der Beobachtungsgenauigkeit; alle gemessenen Werte sind falsch und nur Annäherungen an den einen zugrunde liegenden wahren Wert. Bei der Statistik etwa der Erythrocytengröße ist die Sachlage völlig anders: Jeder einzelne Wert ist richtig — die Messungsfehler können vernachlässigt werden — und jedem anderen gleichwertig, mag er nahe am Mittelwert liegen oder weit entfernt. Nur die ganze Häufigkeitsverteilung gibt ein „wahres" Bild der Erythrocytengröße.

Man kann sich die Gesamtheit aller Erythrocyten im strömenden Blut eines Menschen gemessen und statistisch ausgewertet denken. Mittelwert M und mittlere Abweichung σ kennzeichnen die einfachsten Eigenschaften dieser Gesamtheit. Nun soll an einer Stichprobe von 2000 Messungen eine Bestimmung dieser Werte versucht werden. Die Stichprobe wird kein ganz getreues Spiegelbild der Zahlenverhältnisse in der Gesamtheit sein; „zufällig" wird die eine Größenstufe *zu* häufig, die andere *zu* selten auftreten, die aus der Stichprobe abzuleitenden Maßzahlen M', σ' werden *zu* groß oder *zu* klein ausfallen. Wenn man sie als Bestimmungsversuch für M und σ der Gesamtheit ansieht, sind sie *fehlerhaft*. Die geringe Beobachtungszahl, die die Ungenauigkeit bedingt, ist mit dem Beobachtungsinstrument bei der physikalischen Messung zu vergleichen, das eine Ablesung nur mit beschränkter Genauigkeit ermöglicht.

Die Streuung der Einzelwerte (σ_x) und die Anzahl n der Beobachtungen bestimmen die Größe des „*Fehlers einer statistischen Maßzahl als Schätzung des entsprechenden Wertes in der zugrunde liegenden Gesamtheit*"[1]. Als Beispiel sei auf den „mittleren Fehler eines Mittelwertes" hingewiesen; dessen Formel (vgl. [44a] S. 151) lautet

$$\sigma_{\bar{x}} = \frac{\sigma_x}{\sqrt{n}};$$ [14]

dabei ist σ_x ohne Sheppardsche und andere Korrekturen zu berechnen, was jedoch zahlenmäßig unwesentlich ist.

Im Blutkörperchenbeispiel war $\sigma_x = 0{,}584\,\mu$ und n = 2000. Der mittlere Fehler des Mittelwertes $\bar{x} = 7{,}251$ ist $\sigma_{\bar{x}} = 0{,}013$. Oft schreibt man den Mittelwert als $7{,}251 \pm 0{,}013$ und deutet damit an, daß der gefundene Mittelwert als Schätzung des Mittelwertes der Gesamtheit eine Ungenauigkeit von der Größenordnung 0,013 besitzt. Dabei ist zu beachten, daß 0,013 nicht die Fehlergrenzen, sondern nur die Messungseinheit der Fehler darstellt (vgl. S. 152).

---

[1] Näheres über das Verhältnis von Gesamtheit und Stichprobe in Abschnitt 7.

6. Die Korrelation.

Betrifft eine Beobachtungsreihe mehrere Merkmale und will man ihre gegenseitige Beziehung statistisch untersuchen, so bedient man sich der *Korrelations-*
rechnung. Bei der zeichnerischen Darstellung der Beziehung in einer *Korrelationstafel* trägt man die Werte des einen Merkmals als X, die des anderen als Y in ein Koordinatenfeld. Bei einer kleineren Beobachtungsreihe erhält man das beste Bild durch Eintragung aller Einzelwerte als Punkte (Abb. 6); die Punktdichte entspricht der Häufigkeit in den einzelnen Feldern. Bei Klassenzusammenfassung ersetzt oft schon die Tabelle der Verteilung ein graphisches Bild[1]. In der Zeichnung kann jedes Feld durch einen Kreis dargestellt werden, dessen Fläche proportional der Anzahl der Beobachtungswerte, dessen Halbmesser also proportional der Quadratwurzel aus der Anzahl ist (RINGLEB; Abb. 7).

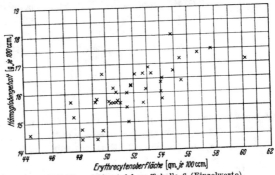

Abb. 6. Korrelationstafel zu Tabelle 6 (Einzelwerte).

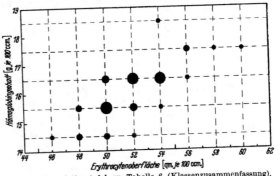

Abb. 7. Korrelationstafel zu Tabelle 6 (Klassenzusammenfassung).

Tabelle 6 (Abb. 6 u. 7). Hämoglobingehalt (g pro 100 ccm) und Erythrocytenoberfläche (qm pro 100 ccm) bei 40 jungen Männern. (Werte nach HORNEFFER[2].)

Erythrocytenoberfläche		unter 47	47—49	49—51	51—53	53—55	55—57	57—59	59 und darüber	Summe
Hämoglobingehalt	ξ / n_j	-3	-2	-1	0	$+1$	$+2$	$+3$	$+4$	n_j
unter 15	-2	n_{ij} / 1	2	2	1	—	—	—	—	6
15—16	-1	—	2	7	3	1	—	—	—	13
16—17	0	—	—	3	6	6	1	—	—	16
17—18	$+1$	—	—	—	—	—	2	1	1	4
18 und darüber	$+2$	—	—	—	—	1	—	—	—	1
Summe	n_i	1	4	12	10	8	3	1	1	40

[1] Es ist zu beachten, daß in einer Tabelle nach der üblichen Schreibweise die Klassenwerte von oben nach unten zunehmen, in einem Koordinatensystem dagegen von unten nach oben. Eine gleichsinnige Beziehung verläuft daher in einer Tabelle von links oben nach rechts unten, in der graphischen Darstellung von links unten nach rechts oben. Manche Autoren passen der Einheitlichkeit halber die Zeichnung der Tabellenbezeichnung an.

[2] Pflügers Arch **220**, 703 (1928).

Die theoretisch beste Darstellung ist dreidimensional; sie lohnt nur bei sehr großem Material. In Abb. 41 ist eine perspektivische Zeichnung eines „Häufigkeitspolyeders" wiedergegeben. In Abb. 43 ist die gleiche Verteilung durch Linien gleicher Häufigkeit in einer von Gebirgskarten gewohnten Weise dargestellt.

Der *Korrelationskoeffizient* r (Bravais, Pearson) mißt bei geradliniger Form der Beziehung die Stärke (Strammheit) des Zusammenhanges zwischen zwei Veränderlichen x und y. r ist durch folgende Formel bestimmt:

$$r = \frac{(x_1-\bar{x})(y_1-\bar{y}) + (x_2-\bar{x})(y_2-\bar{y}) + \ldots + (x_n-\bar{x})(y_n-\bar{y})}{n \cdot \sigma_x \cdot \sigma_y} =$$
$$= \frac{\sum\limits_i (x_i-\bar{x})(y_i-\bar{y})}{\sqrt{\sum\limits_i (x_i-\bar{x})^2 \sum\limits_i (y_i-y)^2}}. \qquad [15]$$

r liegt stets zwischen $+1$ und -1. Bei gleichsinniger Beziehung ist r positiv, bei gegensinniger negativ, bei Unabhängigkeit von x und y Null. Ist $r = +1$ oder -1, so liegt eine strenge funktionale Kopplung entsprechend der Gleichung $y = ax + b$ vor.

Zur Vereinfachung der praktischen Rechnung bildet man nicht die Differenzen von den arithmetischen Mitteln $\bar{x}$ und $\bar{y}$, sondern von bequemen Ausgangswerten A und B. Dann ist

$$r = \frac{\sum\limits_i (x_i-A)(y_i-B) - n(A-\bar{x})(B-\bar{y})}{n \cdot \sigma_x \cdot \sigma_y}. \qquad [15a]$$

Bei Klasseneinteilung setzt man wieder die Mittelklasse 0, die anderen $-1, -2 \ldots, +1, +2 \ldots$ und rechnet in dieser vereinfachten ξ- und η-Skala. Da r von der Skala unabhängig ist, unterbleibt eine Rückverwandlung in die ursprüngliche Skala. Bezeichnet man mit n_{ij} die Anzahl der Beobachtungswerte im Feld ($\xi_i \eta_j$), mit n_i die Anzahl in der Spalte ξ_i, mit n_j in der Zeile η_j, mit $\bar{\xi}$ und $\bar{\eta}$ die in der vereinfachten Skala gemessenen Mittelwerte, so wird

$$r = \frac{\sum\limits_{i,j} n_{ij} \cdot \xi_i \cdot \eta_j - n \cdot \bar{\xi} \cdot \bar{\eta}}{n \cdot \sigma_\xi \cdot \sigma_\eta}, \qquad [15b]$$

wobei der Nenner zu berechnen ist als Produkt von

$$\sigma_\xi \cdot \sqrt{n} = \sqrt{\sum_i n_i \xi_i^2 - n \cdot \xi^2 - \frac{n}{12}} \quad \text{und} \quad \sigma_\eta \cdot \sqrt{n} = \sqrt{\sum_j n_j \eta_j^2 - n \cdot \eta^2 - \frac{n}{12}}.$$

Die Produktsumme im Zähler ist von einem der Sheppardschen Korrektur entsprechendem Zusatzglied frei. Für die Rechnungsanordnung sind verschiedene Schemen angegeben worden. Man behält die beste Übersicht, wenn man die Einzelglieder der Rechnung genau entsprechend der Verteilungstabelle 6 anordnet (Tabelle 7).

Tabelle 7. Berechnung des Korrelationskoeffizienten.

$n_{ij}(\xi_i\eta_j)$ ξ_i / η_j	-3	-2	-1	0	$+1$	$+2$	$+3$	$+4$	$n_j \cdot \eta_j$	$n_j \cdot \eta_j^2$
-2	$+6$	$+8$	$+4$	·	—	—	—	—	-12	24
-1	—	$+4$	$+7$	·	-1	—	—	—	-13	13
0	·	·	·	·	·	·	·	·		
$+1$	—	—	—	·	—	$+4$	$+3$	$+4$	$+4$	4
$+2$	—	—	—	·	$+2$	—	—	41	$+2$	4
$n_i \cdot \xi_i$	-3	-8	-12	·	$+8$	$+6$	$+3$	$+4$	-2	-19
$n_i \cdot \xi_i^2$	9	16	12	·	8	12	9	16	82	

Die Vorzeichen der Produkte sind in den vier Quadranten

$$
\begin{array}{c|c}
\mathrm{I}+ & \mathrm{II}- \\
\hline
\mathrm{III}- & \mathrm{IV}+
\end{array}
$$

Man erhält nach [15b]

$$
r = \frac{41 - 40 \cdot \dfrac{-2}{40} \cdot \dfrac{-19}{40}}{\sqrt{\left(82 - \dfrac{2^2}{40} - \dfrac{40}{12}\right)\left(45 - \dfrac{19^2}{40} - \dfrac{40}{12}\right)}} = \frac{40,1}{\sqrt{78,57 \cdot 32.64}} = +0,79.
$$

Der aus den 40 in Abb. 6 angegebenen Einzelwerten nach [15] oder [15 a] bestimmte Korrelationskoeffizient ist r = 0,77.

Die Zuverlässigkeit der Bestimmung von r wird durch die Wahl der Klassengröße stark beeinflußt; je breiter die Klassen sind, um so unzuverlässiger wird das Ergebnis. Macht man die Klassen sehr breit, um die Rechenarbeit zu verringern, so kann dies bei starker Korrelation zu unmöglichen Ergebnissen führen, indem r > 1 wird. Dies beruht darauf, daß die SHEPPARDsche Korrektur den Nenner unter Umständen übermäßig stark erniedrigt. Deshalb sind *breite Klassen unbedingt zu vermeiden.*

Um dieser Schwierigkeit zu entgehen, wird von den meisten Autoren bei der Berechnung von r die Klassenberichtigung im Nenner überhaupt fortgelassen. Dann ergibt sich ein „Einfluß" der Klassenbreite auf r, indem r bei Verbreiterung abnimmt. Diese Erscheinung verschwindet, sobald man die SHEPPARDsche Korrektur einfügt. JOHANNSEN[1] gibt für die Korrelation zwischen Länge und Breite von Eicheln eines bestimmten Baumes folgende Werte:

Klassenbreite in mm	0,5	1	2	3
Korrelationskoeffizient	0,922	0,906	0,835	0,770.

Bei Anwendung der Klassenberichtigung ergeben sich die Werte 0,924, 0,927, 0,943, 0,987. Die besonders im letzten Glied eingetretene Steigerung ist jedoch ebenso unerwünscht wie die vorherige Abnahme. In einem Beispiel von E. WEBER[2] über Körpergröße und Beckenbreite bei Turnern sinkt das ohne Korrektur berechnete r bei Verdreifachung der Klassenbreite von 0,49 auf 0,46 und bei Versechsfachung auf 0,39. Stellt man aber die korrigierten Werte auf, so ergibt sich 0,49, 0,49, 0,48. — Eine nähere Untersuchung des letzten Wertes in JOHANNSENS Beispiel zeigt, daß die Erhöhung durch eine zufällig ungünstige Wahl der Klassen bedingt ist; rechnet man alle neun Möglichkeiten der Zusammenfassung der 1-mm-Klassen zu 3-mm-Klassen durch, so findet man: 0,900, 0,958, 0,987, 0,998, 0,913, 0,871, 0,966, 0,926, 0,906 mit dem Mittelwert 0,936, was mit dem Ausgangswert 0,927 bei 1-mm-Klassen ausreichend übereinstimmt. Man erkennt deutlich die Unzuverlässigkeit eines einzelnen aus einer zufällig gewählten 3-mm-Einteilung gewonnenen Korrelationskoeffizienten.

Andere Maße der Korrelation sind in Abschnitt IV behandelt.

7. Wahrscheinlichkeit, statistische Gesamtheit, Stichprobe, Zufall.

Die Bemühungen um eine klare und umfassende Bestimmung des Begriffes „Wahrscheinlichkeit" ziehen sich durch die ganze Entwicklung der Wahrscheinlichkeitsrechnung und sind auch jetzt noch nicht als abgeschlossen anzusehen. Die von LAPLACE (1812) stammende *klassische Definition der „Wahrscheinlichkeit für das Eintreffen eines Ereignisses"* setzt das Vorhandensein mehrerer gleichmöglicher Fälle voraus. Gleichmöglichkeit bedeutet, daß kein Einfluß vorliegt, der einen der Fälle begünstigt; anders ausgedrückt, daß die Ereignismerkmale (Losnummern usw.) vertauscht werden könnten. Die Wahrscheinlichkeit w ist dann der Quotient der Anzahl der günstigen (g) und der Anzahl der möglichen (m) Fälle,

$$
w = \frac{g}{m}. \tag{16}
$$

---

[1] JOHANNSEN: 1926, S. 364. — [2] WEBER, E.: 1935, S. 130.

Beispiele. Wahrscheinlichkeit $1/_6$, mit einem symmetrischen Würfel eine Sechs zu werfen. Wahrscheinlichkeit $1/_2$, daß eine Keimzelle eines Heterozygoten Aa das Gen a enthält.

Dieser Wahrscheinlichkeitsbegriff umfaßt nur einen kleinen Teil der Ereignisse; vor allem bleibt das Hauptgebiet der Statistik außer Betrachtung, wo es zu einem Ereignis keine „gleichmögliche Fälle" gibt. Man ist daher umgekehrt vorgegangen und hat die Wahrscheinlichkeit aus der Statistik definiert. Man geht von der beobachteten Häufigkeit des Eintritts eines Ereignisses aus und von der Tatsache, daß mit steigender Beobachtungszahl die Schwankungsgrenzen der Häufigkeit immer enger werden. Man definiert nun *die Wahrscheinlichkeit als Grenzwert der Folge von Häufigkeiten bei unendlicher Fortsetzung der Beobachtung*

$$w = \lim_{n\to\infty} \frac{z}{n}.$$ [17]

Eine Wahrscheinlichkeit existiert nicht für sich allein, sondern nur in bezug auf eine **Gesamtheit** (*Kollektiv, Population,* engl. universe). Man ordnet z. B. einem Würfel eine unendlich große Zahl von Würfen zu und faßt eine Beobachtungsreihe als Stichprobe daraus auf. Das Gefüge des Kollektivs muß nach v. MISES völlig regellos, zufallsartig sein; die einzelnen Elemente sind gewissermaßen gut durchgemischt. Durch die Erweiterung der zugrunde liegenden Gesamtheit über die gleichmöglichen Fälle hinaus wird auch die Statistik grundsätzlich einbezogen.

Beispiele. Wahrscheinlichkeit eines Knaben in der Gesamtheit der Geburten; Manifestationswahrscheinlichkeit einer Erbanlage (Gesamtheit: alle [gleichartigen] Erbanlagen).

Ist die Gesamtheit nicht unendlich groß, so ist die *Häufigkeit des Ereignisses in der Gesamtheit* als *Wahrscheinlichkeit in einer daraus abgeleiteten Stichprobe* anzusehen (ANDERSON).

Beispiel. Häufigkeit eines Merkmals in der Bevölkerung = Wahrscheinlichkeit des Merkmals bei einem Einzelnen und einer Personengruppe.

In Anlehnung an den Sprachgebrauch hat JAKOB BERNOULLI die Wahrscheinlichkeit als Maß der Erwartung eines Ereignisses bezeichnet. Danach kommt — im Gegensatz zu den angeführten Begriffsbestimmungen — die Wahrscheinlichkeit nicht dem Ereignis selbst zu, sondern liegt in der *Beurteilung* des Beobachters (KEYNES). Diese Auffassung wird wichtig, sobald Ereignis (Merkmal) und Gesamtheit nicht zwanglos einander zugeordnet sind, sondern erst willkürlich aufeinander bezogen werden müssen. Beispiele sind alle Wahrscheinlichkeiten, die sich auf die Erkennung und Beurteilung von Tatsachen beziehen. Die Bezugsgesamtheit wird entsprechend der Kenntnis der näheren Umstände gewählt.

Beispiel. Homozygotiewahrscheinlichkeit eines Dominanten, die von der Kenntnis der Merkmale und Erbformeln bei den Verwandten abhängig ist. Die Gesamtheit besteht entweder aus allen Dominanten der Bevölkerung oder allen Dominanten mit dominanten Eltern und s dominanten Geschwistern usw. Durch ein völlig unabhängig eintretendes neues Ereignis, z. B. die Geburt eines recessiven Bruders, ändert sich das zugehörige Kollektiv und die Homozygotiewahrscheinlichkeit.

Dieses Beispiel leitet zur Unterscheidung zweier Arten von Wahrscheinlichkeiten über: *Elementarwahrscheinlichkeiten* sind solche, die sich bei keiner Aufteilung der Bezugsgesamtheit in enger gefaßte Kollektive ändern (alle Zufallsversuche; alle reinen MENDELschen Spaltungen, die ohne Störung beobachtbar sind). Demgegenüber beziehen sich *Durchschnittswahrscheinlichkeiten* auf zusammengesetzte Gesamtheiten, welche sich unter Umständen in Teilkollektive auflösen lassen, die zu ganz verschiedenen Wahrscheinlichkeitswerten führen (alle auf die Bevölkerung bezogenen Wahrscheinlichkeiten).

Der Begriff der Wahrscheinlichkeit und der zugehörigen statistischen Gesamtheit gilt nicht nur für die Betrachtung von Ereignissen, sondern allgemein für die Statistik von *meßbaren Merkmalen.* So wie die statistischen Eigenschaften einer Messungsreihe in der Häufigkeitsverteilung (Abschnitt II) erfaßt sind und aus dieser erst die Hauptwerte (Mittelwert, Streuung, Korrelation usw.) abgeleitet werden, so ist die zugrunde liegende statistische Gesamtheit durch das Verteilungsgesetz der Wahrscheinlichkeiten gekennzeichnet, aus dem sich Mittelwert, Streuung usw. als Kennziffern der Gesamtheit ergeben. *In gleicher Weise wie eine Ereignisreihe wird eine Messungsreihe als Stichprobe aus einer Gesamtheit höherer Ordnung aufgefaßt.* Bei allen statistischen Betrachtungen wird daher die Bezugnahme auf ein hypothetisches Kollektiv eine wesentliche Rolle spielen. Bei manchen Fragen wird man versuchen, aus den Eigenschaften der Stichprobe auf die der Gesamtheit zurückzuschließen; in anderen benutzt man diese Begriffe, um die gegenseitige Beziehung zweier Reihen als Stichproben schärfer zu fassen.

Diese Konstruktion der zugrunde liegenden Gesamtheit erweist sich als außerordentlich fruchtbar für die Durchführung von Vergleichen. Man fragt z. B. danach, ob ein sicherer Unterschied zwischen zwei gegebenen Beobachtungsreihen — etwa zwischen den Körpermaßen süddeutscher Schizophrener und süddeutscher Tuberkulöser — anzunehmen ist. Man wandelt diese Frage in die folgende genau umschriebene Aufgabe um: Mit welcher Wahrscheinlichkeit weisen zwei Stichproben aus einer einzigen zugrunde liegenden Gesamtheit, deren Eigenschaften man aus den beiden Reihen erschließt, so große Unterschiede auf, wie sie im gegebenen Material vorliegen? Die theoretische Lösung dieser Aufgabe erspart die Mühe, aus einer zusammengefaßten Reihe von süddeutschen Schizophrenen und Tuberkulösen auf viele verschiedene Arten echte Stichprobenpaare zu bilden, etwa nach den Geburtstagskombinationen oder dem Anfangsbuchstaben des Namens usw. Die angegebene Wahrscheinlichkeit soll besagen, wie häufig man unter zwei derartigen echten Stichproben, also „zufällig", so große Unterschiede in den Körpermaßen findet wie im Ausgangsfall, bei dem man nach dem Merkmal Schizophren oder Tuberkulös aufgeteilt hat. Unterschreitet diese Wahrscheinlichkeit eine gewisse Grenze, so folgert man, daß die Reihen nicht als Stichproben desselben Kollektivs aufgefaßt werden können und somit „echte Unterschiede" aufweisen.

Als Gegenbeispiel sei auf eine nicht in die Abgrenzung der Statistik und Wahrscheinlichkeitsrechnung fallende Aufgabe ausdrücklich hingewiesen: Man prüft eine Arbeitshypothese durch eine Beobachtungsreihe und fragt nach der Wahrscheinlichkeit dafür, daß die Hypothese richtig sei. Die Fragestellung ist in dieser Form abzulehnen, da ein Kollektiv der Hypothesen aus dieser Aufgabe nicht konstruiert werden kann. Läßt sich jedoch ein vollständiges System der Erklärungsmöglichkeiten aufstellen, so liegt eine lösbare Aufgabe vor.

Die Verbindung von Gesamtheit und Wahrscheinlichkeit mit Stichprobe und Häufigkeit wird durch den Begriff „*Zufall*" hergestellt. Zufall bedeutet lediglich, daß am Zustandekommen eines Ereignisses eine große Zahl von kausalen Einflüssen beteiligt ist, die nicht im einzelnen betrachtet werden, sondern nur in ihrer Gesamtwirkung. Die Begriffe „Ursache" und „Zufall" unterscheiden sich lediglich durch den Standpunkt des Betrachters.

Z. B. hänge die Manifestation einer Erbanlage von Einflüssen des übrigen Erbgutes und der Umwelt ab; für den Einzelnen mag man bei einfachen Fällen die für die Manifestation notwendigen Nebenbedingungen erfassen und das Ursachennetz auflösen können. Betrachtet man aber die Gesamtheit derartiger Erbanlagen, so treten die Einzelursachen zurück; ihr Zusammentreffen im Einzelfall wird als „Zufall" aufgefaßt. Damit ist die Einführung einer Manifestations-„Wahrscheinlichkeit" gleichbedeutend.

Eine Stichprobe soll „*repräsentativ*" für die zugrundeliegende Gesamtheit sein. Die betrachteten Zahlenverhältnisse sollen — abgesehen von zufälligen Schwankungen — richtig wiedergegeben werden. Die Gewinnung der Stichprobe kann auf Grund eines anderen Merkmals erfolgen, wenn zwischen dem betrachteten Merkmal und dem Auslesemerkmal keine Beziehung besteht (z. B. Blutgruppenverteilung in Blutproben für die Wa.R., was allerdings erst durch die Erfahrung bewiesen werden mußte). In allen anderen Fällen liegt eine *Auslese* bei der Materialgewinnung vor, und man darf aus den Zahlen der Beobachtungsreihe nicht auf die Verhältnisse der ursprünglichen Gesamtheit schließen; z. B. aus den Körpermaßen von Turnern nicht auf die der männlichen Bevölkerung; aus der Krankheitsverteilung in Kliniken oder bei Sektionen nicht auf die Krankheitsverteilung in der Bevölkerung; aus der Krankheitshäufigkeit unter den Geschwistern von Kranken, die als Klinikpatienten erfaßt wurden, nicht auf die allgemeine Krankheitshäufigkeit unter den Geschwistern von Kranken; usw. *Die Beurteilung und Ausschaltung der Materialauslese gehört zu den wichtigsten Aufgaben der praktischen statistischen Arbeit.*

8. Rechenregeln für Wahrscheinlichkeiten.

a) Addition („Oder"-Regel). p_A sei die Wahrscheinlichkeit für das Eintreffen eines Ereignisses A, p_B die Wahrscheinlichkeit für ein Ereignis B. Schließen sich die Ereignisse gegenseitig aus, so ist die Wahrscheinlichkeit dafür, daß *entweder A oder B* eintrifft,

$$p_{A+B} = p_A + p_B .\qquad [18]$$

Bezeichnet man mit q_A die Wahrscheinlichkeit, daß das Ereignis A *nicht* eintrifft, so ist

$$p_A + q_A = 1,$$

denn einer der beiden Fälle *muß* vorliegen.

Beispiel. p_A sei die Wahrscheinlichkeit für Schwarzhaarigkeit, p_B für Rothaarigkeit; $(p_A + p_B)$ ist dann die Wahrscheinlichkeit, daß eine Person schwarz- oder rothaarig ist. Die Wahrscheinlichkeit, daß jemand nicht schwarzhaarig ist, hat den Wert $(1 - p_A)$.

Schließen sich die Ereignisse nicht aus (z. B. Schwarzhaarigkeit und Kurzsichtigkeit), so ist der Fall, daß beide eintreffen, sowohl bei A als auch bei B, also doppelt, gezählt und muß einmal abgezogen werden. Ist p_{AB} die Wahrscheinlichkeit für das gemeinsame Eintreffen von A und B, so wird die gesuchte Wahrscheinlichkeit für schwarzhaarige oder kurzsichtige Personen

$$p_{A+B} = p_A + p_B - p_{AB} .\qquad [19]$$

Schließen sich die Ereignisse aus, so ist $p_{AB} = 0$ und [19] geht in [18] über.

b) Multiplikation („Und"-Regel). Die Wahrscheinlichkeit, daß sowohl A als auch B eintrifft, ergibt sich als Produkt von p_A und p_B, wenn die Ereignisse *unabhängig* voneinander sind,

$$p_{AB} = p_A \cdot p_B .\qquad [20]$$

Unabhängigkeit zweier Merkmale bedeutet, daß die Häufigkeitsverteilung des einen Merkmals für Individuen, die sich im anderen Merkmal unterscheiden, die gleiche ist (z. B. Blutgruppenzugehörigkeit beim M-N-System und beim A-B-0-System).

Besteht *Abhängigkeit* und bedeutet $_A p_B$ die „bedingte" Wahrscheinlichkeit für das Eintreffen von B unter der Bedingung, daß A eingetroffen ist (entsprechend $_B p_A$ die bedingte Wahrscheinlichkeit für A unter Voraussetzung von B; der vorangesetzte Index bezieht sich stets auf das vorausgesetzte Ereignis), so gilt

$$p_{AB} = p_A \cdot {_A p_B} = p_B \cdot {_B p_A} .\qquad [21]$$

Beispiel. Unter allen Genen eines Paares A,a sei A innerhalb einer Bevölkerung in der Häufigkeit p vorhanden. Dann ist p die Wahrscheinlichkeit, daß ein Gen vom Typ A ist. Die Wahrscheinlichkeit, daß zwei A-Gene bei einer Person „zufällig" zusammentreffen, daß sie also die Erbformel AA hat, ist nach [20] $p \cdot p = p^2$. Die Wahrscheinlichkeit einer Eheverbindung AA × AA ist $p^2 \cdot p^2 = p^4$, wenn die Gattenwahl nicht von dem betrachteten Merkmal beeinflußt wird.

Welches ist die Wahrscheinlichkeit einer Mutter-Kind-Verbindung AA — AA? Die AA-Wahrscheinlichkeit der Mutter (p^2) ist zu multiplizieren mit der bedingten Wahrscheinlichkeit, daß eine AA-Mutter ein AA-Kind hat. Da das eine A-Gen des Kindes durch die Erbformel der Mutter bereits festgelegt ist, kommt lediglich die Wahrscheinlichkeit p in Betracht, daß das vom Vater stammende Gen ein A ist. Es ergibt sich nach [21] für die Verbindung Mutter AA — Kind AA die Wahrscheinlichkeit $p^2 \cdot p = p^3$.

c) Division (Wahrscheinlichkeitsteilung). Die Gleichungen [21] werden nicht nur zur Berechnung der zusammengesetzten Wahrscheinlichkeit gebraucht, sondern auch zur Berechnung einer bedingten Wahrscheinlichkeit, z. B. von $_A p_B$. Es ist

$$_A p_B = \frac{p_{AB}}{p_A}$$

[21a]

und

$$_A p_B = \frac{p_B \cdot {}_B p_A}{p_A}.$$

Kennt man p_A nicht unmittelbar, sondern nur die bedingten Wahrscheinlichkeiten für A, nachdem B, C, D . . . . vorausgegangen sind, so ist

$$_A p_B = \frac{p_B \cdot {}_B p_A}{p_B \cdot {}_B p_A + p_C \cdot {}_C p_A + p_D \cdot {}_D p_A + \cdots}.$$

[22]

Beispiel. Mit welcher Wahrscheinlichkeit w stammt ein Recessiver aus der Ehe zweier recessiver Eltern? Die den p_B, p_C, p_D in [22] entsprechenden Wahrscheinlichkeiten für die Elternehen, aus denen aa-Kinder hervorgehen können, sind — wie aus Abschnitt III 1 hervorgeht — bei Unabhängigkeit der Gattenwahl vom Merkmal

für die Ehe aa × aa: q^4
Aa × aa: $4pq^3$
Aa × Aa: $4p^2q^2$.

Dabei bedeutet p die Wahrscheinlichkeit des Gens A und $q = 1 - p$ die von a.
Die bedingten Wahrscheinlichkeiten, daß aus diesen Ehen ein aa-Kind stammt, sind der Reihe nach 1, $1/2$ und $1/4$. Es ergibt sich

Als weitere erbbiologische Beispiele sei auf die Wahrscheinlichkeitsrückschlüsse bei der Vaterschaftsuntersuchung und bei der Zwillingsdiagnose hingewiesen (vgl. E. ESSEN-MÖLLER).

$$w = \frac{q^4 \cdot 1}{q^4 \cdot 1 + 4pq^3 \cdot \frac{1}{2} + 4p^2q^2 \cdot \frac{1}{4}} = \frac{q^2}{(p+q)^2} = q^2.$$

Der hier durchgeführte Rückschluß von dem bedingten Ereignis auf ein bedingendes führt vielfach die irreführende Bezeichnung „Wahrscheinlichkeit von Ursachen". Nach BAYES, der eine solche Rechnung als erster durchführte, ist auch der Name „BAYESsche Regel" gebräuchlich.

d) Erwartungswerte. Bei der Statistik meßbarer Merkmale ist das zugrunde liegende Kollektiv durch die Wahrscheinlichkeit p_i für die einzelnen Merkmalsgrößen X_i gekennzeichnet. Das arithmetische Mittel des Kollektivs ist der „Erwartungswert" (mathematische Erwartung, wahrer Wert) für die Werte einer Stichprobe

$$E(x) = x^0 = \sum_i p_i \cdot x_i.$$

Neben dem Mittelwert werden auch die anderen statistischen Hauptwerte für Kollektive berechnet. So ergibt sich die Standardabweichung σ aus

$$\sigma^2 = \sum_i p_i (x_i - x^0)^2 = E(x - x^0)^2,$$

wobei das Symbol E die Bildung des Mittelwertes für den nachfolgenden Ausdruck im Kollektiv andeutet.

Die Berechnung der Erwartungswerte ermöglicht die Lösung zahlreicher theoretischer und praktischer Fragen.

9. A-priori- und a-posteriori-Aufgaben.

Statistische Aufgaben können in zwei Hauptformen auftreten, die sich durch die Richtung der Schlußweise unterscheiden: a-priori- und a-posteriori-Aufgaben. Bei der ersten Form liegt — etwa durch eine Arbeitshypothese — die statistische Grundgesamtheit fest, und es handelt sich um die Entscheidung, ob eine vorliegende Beobachtungsreihe als Stichprobe aus dieser Gesamtheit aufgefaßt werden kann. Diese Form der Aufgabe tritt gerade bei Erbstatistiken sehr häufig auf. Es pflegt sich dann darum zu handeln, die Annahme eines bestimmten Erbganges für ein Merkmal an den Spaltungsziffern in einer Beobachtungsreihe zu prüfen. Die aus der Erbanlage folgenden Spaltungswahrscheinlichkeiten, $1/2$ oder $1/4$, und mit ihnen die entsprechende „statistische Gesamtheit", liegen von vornherein fest.

Bei der zweiten Aufgabenform besteht keine zahlenmäßig eindeutig ausdrückbare Arbeitshypothese. Alle Schlüsse und alle Rechnungen gehen von der vorliegenden Beobachtungsreihe aus, während sie im ersten Fall auf die Beobachtungsreihe hinzielten. Man will zunächst die statistischen Eigenschaften der Reihe beschreiben und darüber hinaus etwas über das zugrunde liegende Kollektiv (Wahrscheinlichkeiten, Mittelwert usw.) aussagen. Eine besonders wichtige Untergruppe dieser Aufgabenform liegt dann vor, wenn zwei Beobachtungsreihen einander gegenübergestellt werden. Man will beurteilen, ob die beiden Reihen Stichproben eines und desselben Kollektivs sein können, ohne daß man dieses kennt.

Die Aufgaben der zweiten Art überwiegen im allgemeinen in allen Anwendungsgebieten der Statistik. Eine Skala aller Übergänge führt von dem Fall, daß man überhaupt nichts über die zugrunde liegende Gesamtheit weiß, über Fälle, in denen man wenigstens gewisse allgemeine a-priori-Annahmen machen kann, zur ersten Aufgabenform. Aus dieser Klarlegung der logischen Möglichkeiten der statistischen Aufgabenstellung erkennt man gleichzeitig die grundsätzliche Vielfältigkeit der statistischen Ansätze. Übertrieben ausgedrückt erfordert jede Sachlage *ihren* statistischen Ansatz; mindestens aber folgt die Forderung, keinesfalls statistische Methoden schematisch und starr auf die verschiedenen biologischen Sachlagen anzuwenden.

Alle Aufgaben der ersten Form sind in Ansatz und Ergebnis sicherer als die der zweiten. Jede statistische Methode muß sich daher so weit, wie es möglich ist, der ersten Form nähern.

II. Die Verteilungen.

1. Die binomische Verteilung.

In einer Paarung zweier Spalterbiger Aa × Aa besteht die Wahrscheinlichkeit $1/4$ für ein recessives Kind. Unter n Kindern können 0, 1, 2 .... n recessiv sein. Welches sind die Wahrscheinlichkeiten für die einzelnen Fälle? Die Genverbindungen jedes einzelnen Kindes sind im wahrscheinlichkeitstheoretischen Sinne unabhängig von denen der anderen Kinder. Daher wird nach [20] die Wahrscheinlichkeit, daß kein recessives Kind auftritt, $\left(\dfrac{3}{4}\right)^n$.

Bei n = 2 Kindern wird die Wahrscheinlichkeit, daß keins recessiv ist, $\left(\dfrac{3}{4}\right)^2$; daß nur das erste aa ist, $\dfrac{1}{4} \cdot \dfrac{3}{4}$; daß nur das zweite aa ist, $\dfrac{3}{4} \cdot \dfrac{1}{4}$, daß beide recessiv sind, $\left(\dfrac{1}{4}\right)^2$. Läßt man die Reihenfolge unberücksichtigt, so sind die Wahrscheinlichkeiten

$$\text{für 2 recessive Kinder } \left(\frac{1}{4}\right)^2 = \frac{1}{16},$$

$$\text{,, 1 ,, ,, } 2 \cdot \frac{1}{4} \cdot \frac{3}{4} = \frac{6}{16},$$

$$\text{,, 0 ,, ,, } \left(\frac{3}{4}\right)^2 = \frac{9}{16}.$$

Da einer dieser Fälle in einer 2-Kind-Familie verwirklicht sein muß, ist die Summe der Wahrscheinlichkeiten 1. Ist die Wahrscheinlichkeit für das Auftreten eines Merkmals nicht $^1/_4$, sondern allgemein p, und die Gegenwahrscheinlichkeit $q = 1 - p$, so sind bei 2-Kind-Familien die Wahrscheinlichkeiten

$$\text{für 2 Merkmalsträger } p^2,$$
$$\text{,, 1 ,, } 2\,p\,q,$$
$$\text{,, 0 ,, } q^2.$$

Die einzelnen Wahrscheinlichkeiten sind die Glieder der Entwicklung des Binoms

$$(p + q)^2 = p^2 + 2\,p\,q + q^2 \; (=1). \tag{23}$$

Bei n Kindern ist die Wahrscheinlichkeit, daß keins das Merkmal aufweist, q^n. — *Ein* Merkmalsträger kann das erste, zweite, ... letzte Kind sein (n Möglichkeiten). Die Wahrscheinlichkeit, daß ein bestimmtes Kind das Merkmal besitzt, alle anderen dagegen nicht, ist $p \cdot q^{n-1}$. Insgesamt wird die Wahrscheinlichkeit, daß gerade ein Kind Merkmalsträger ist,

$$n \cdot p \cdot q^{n-1}.$$

Zwei Merkmalsträger können unter n Kindern in

$$\binom{n}{2} = \frac{n \cdot (n-1)}{2}$$

verschiedenen Möglichkeiten verteilt sein. Die Wahrscheinlichkeit, daß zwei Kinder das Merkmal haben, ist

$$\frac{n \cdot (n-1)}{2}\, p^2 q^{n-2}.$$

Die Zahl der Kombinationen, wie sich i Merkmalsträger auf die n Geburtennummern verteilen können, wird durch den Binomialkoeffizienten

$$\binom{n}{i} = \frac{n \cdot (n-1) \cdot (n-2) \ldots (n-i+1)}{1 \cdot 2 \cdot 3 \ldots i} = \frac{n!}{i!\,(n-i)!}$$

wiedergegeben, wobei ,,n-Fakultät'' (englische Bezeichnung n-Factorial $\lfloor\underline{n}$) das Produkt der ersten n natürlichen Zahlen ist:

$$n! = 1 \cdot 2 \cdot 3 \ldots (n-1) \cdot n.$$

Die Wahrscheinlichkeit, daß gerade i Merkmalsträger vorhanden sind, wird dann

$$\binom{n}{i} p^i q^{n-i}. \tag{24}$$

Die gesamte Merkmalsverteilung unter den Kindern entspricht also auch im allgemeinen Falle den einzelnen Gliedern der Entwicklung des Binoms

$$+ q)^n = q^n + n \cdot p \cdot q^{n-1} + \binom{n}{2} \cdot p^2 \cdot q^{n-2} + \cdots + \binom{n}{i} \cdot p^i \cdot q^{n-i} + \cdots + n \cdot p^{n-1} \cdot q + p^n. \tag{25}$$

der Merkmalsträger: 0   1   2   i   (n—1)   n

Diese „binomische Verteilung" (auch nach BERNOULLI genannt) gilt für jede Art von Ereigniszahlen, für deren Eintreffen eine Wahrscheinlichkeit p besteht. Für ihre Anwendung ist besonders hervorzuheben, daß p keine unveränderliche Elementarwahrscheinlichkeit zu sein braucht, sondern eine *Durchschnittswahrscheinlichkeit* sein kann, so daß jedes Glied der Beobachtungsreihe unter einer anderen Wahrscheinlichkeit stehen darf. Allerdings muß dann vorausgesetzt werden, daß die Anordnung dieser Einzelwahrscheinlichkeiten in der Reihe völlig regellos, „zufällig" ist (vgl. Abschnitt III 3, 4).

Berechnung. Die Binomialkoeffizienten werden dem bekannten PASCALschen Dreieck entnommen, in dem jede Zahl durch Addition der beiden über ihr stehenden gewonnen wird:

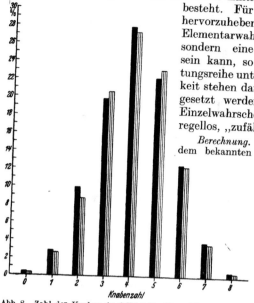

Abb. 8. Zahl der Knaben in 8-Kind-Familien. ■ beobachtet. ▦ berechnet. (Nach GEISSLER.)

$$
\begin{array}{rccccccccccc}
n = 1 & & & & & 1 & & 1 & & & & \\
2 & & & & 1 & & 2 & & 1 & & & \\
3 & & & 1 & & 3 & & 3 & & 1 & & \\
4 & & 1 & & 4 & & 6 & & 4 & & 1 & \\
5 & 1 & & 5 & & 10 & & 10 & & 5 & & 1 \\
\end{array}
$$

$\cdot \quad \cdot \quad \cdot \quad \cdot \quad \cdot \quad \cdot \quad \cdot \quad \cdot \quad \cdot \quad \cdot \quad \cdot \quad \cdot$

Die Berechnung einer binomischen Verteilung ist auch bei höheren Werten von n nicht schwierig. Für die logarithmische Rechnung ist in den PEARSON Tables, Bd. I log n! vertafelt. Man kann auch vorteilhaft einige Glieder aus den vorangehenden durch eine Rekursionsformel zwischen a_{i+1} und a_i errechnen:

$$a_{i+1} = \frac{n-i}{i+1} \cdot \frac{p}{q} \cdot a_i.$$

Als erstes Beispiel sei die Geschlechtsverteilung in Familien mit 8 Kindern nach einer sächsischen Statistik von GEISSLER betrachtet (Abb. 8). Die Knabenwahrscheinlichkeit ist 0,515; die Verteilung entspricht den Gliedern der Entwicklung von

$$(0,515 + 0,485)^8.$$

Die Zeichnung zeigt im großen ganzen Übereinstimmung von Beobachtung und Berechnung [1].

Für $p = \frac{1}{2}$ weist die binomische Verteilung völlige Symmetrie auf (Abb. 14); je weiter p von $\frac{1}{2}$ entfernt ist, um so asymmetrischer wird sie. Die Asymmetrie geht mit wachsender Beobachtungszahl n zurück (Abb. 15 und 21).

Zur *Veranschaulichung der binomischen Verteilung und ihrer Entstehung* dient das bekannte „GALTONsche Brett", auf dem Kugeln von einer Stelle aus durch mehrere Reihen von Nägeln laufen, die folgende Anordnung aufweisen (Abb. 9):]

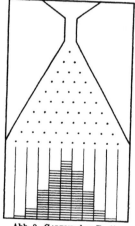

Abb. 9. GALTONsches Brett.

Von Reihe zu Reihe soll die Kugel auf einen Nagel auftreffen und dabei mit gleicher Wahrscheinlichkeit nach links oder rechts abgelenkt werden. Nach dem Durchlaufen von n Nagelreihen werden die Kugeln in Fächern aufgefangen und zeigen die Verteilung von

---

[1] Allerdings ergibt ein genauer zahlenmäßiger Vergleich deutliche Unterschiede, die jedoch hier nicht ins Gewicht fallen.

$(^1/_2 + {}^1/_2)^n$. Bei der Durchführung längerer Versuchsreihen zeigt sich meist, daß das Ergebnis nicht genau der Erwartung entspricht, da — neben anderen Störungen — die Kugeln nicht selten eine oder mehrere Reihen überspringen, ohne auf einen Nagel aufzutreffen.

Eine noch bessere Veranschaulichung wird durch den „Binomiator"[1] von H. Bitterling erreicht, bei dem das Ergebnis in jeder Reihe sichtbar gemacht wird (Abb. 10). Der Apparat besteht aus zwei Reihen von zueinander offenen Glasröhren, die durch eine Leiste getrennt sind. Die Leiste weist unter jeder Röhre zwei gleich große Bohrungen auf, durch die feine Glasperlen in zwei Röhren der unteren Reihe laufen. Nach jedem Schritt dreht man den Rahmen mit den Glasröhren um 180° und läßt die Glasperlen wieder durch die beiden Bohrungen aus jeder Röhre in die beiden darunter befindlichen im Verhältnis 1 : 1 laufen. Nach n Schritten ist die Verteilung von $(^1/_2 + {}^1/_2)^n$ hergestellt. Statt der Leiste mit gleich großen Bohrungen können beliebige andere verwendet werden, in denen das Verhältnis je zweier Bohrlöcher p : q ist. Dann ergibt sich nach n Schritten die Verteilung von $(p + q)^n$, wobei man schrittweise die Abflachung und die Verringerung der Schiefe verfolgen kann.

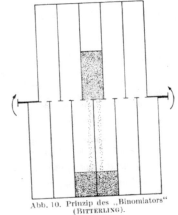

Abb. 10. Prinzip des „Binomiators"
(Bitterling).

Bei der **Prüfung einer Hypothese an einer Beobachtungsreihe** ist die binomische Entwicklung anzuwenden, um die beobachtete Anzahl der Ereignisse ihren Erwartungswerten gegenüberzustellen. Zum Beispiel möge man auf Grund einer Erbhypothese in einer Paarung 25% Merkmalsträger erwarten. Die Beobachtung ergebe bei n = 10 Nachkommen 8 Merkmalsträger. Die Wahrscheinlichkeit, daß bei Zugrundeliegen einer Wahrscheinlichkeit p = 25% gerade 8 Merkmalsträger auftreten, ist nach [24]

$$45 \cdot 0{,}25^8 \cdot 0{,}75^2 = 0{,}000386.$$

Diese Wahrscheinlichkeit, mit der gerade die beobachtete Anzahl erwartet wird, ist jedoch nicht unmittelbar als Maß der Übereinstimmung brauchbar, da mit steigender Beobachtungszahl die Wahrscheinlichkeit für eine bestimmte Ergebniszahl immer kleiner wird und schließlich gegen Null geht. Statt dessen wird stets die *Wahrscheinlichkeit* berechnet, mit der eine *Abweichung von der Erwartungszahl in der beobachteten Größe oder eine noch größere* zu erwarten ist. Im Beispiel ist die Wahrscheinlichkeit, mit der 8, 9 oder 10 Merkmalsträger erwartet werden,

$$45 \cdot 0{,}25^8 \cdot 0{,}75^2 + 10 \cdot 0{,}25^9 \cdot 0{,}75 + 0{,}25^{10} = 0{,}000386 + 0{,}000029 +$$
$$0{,}000001 = 0{,}000416.$$

Bei Richtigkeit der Hypothese würde nur mit der Wahrscheinlichkeit 0,000416, also nur einmal unter 2404 Familien mit 10 Kindern eine so hohe oder noch höhere Zahl von Merkmalsträgern auftreten. Bei einer so geringen Wahrscheinlichkeit nimmt man nicht an, daß ein so seltener Fall gerade verwirklicht ist, sondern man lehnt die zugrunde gelegte Hypothese als unvereinbar mit der Beobachtung ab (über die Einzelheiten dieses Schlusses vgl. Abschnitt II 8, 9).

Aus den Einzelhäufigkeiten der Verteilung können Mittelwert und Streuung berechnet werden, die für die weiteren Anwendungen wichtig sind. Der Mittelwert der Ereigniszahlen z der binomischen Verteilung, der der Erwartungswert für eine Stichprobe ist, wird

$$E_z = 0 \cdot q^n + 1 \cdot n \cdot p \cdot q^{n-1} + 2 \cdot \binom{n}{2} \cdot p^2 \cdot q^{n-2} + \ldots + (n-1) \cdot n \cdot p^{n-1} \cdot q$$
$$+ n \cdot p^n = n \cdot p. \qquad [26]$$

Entsprechend läßt sich auch die mittlere Abweichung der Ereigniszahlen vom Erwartungswert berechnen. Es ergibt sich

$$\sigma_z = \sqrt{n \cdot p \cdot q}. \qquad [27]$$

---

[1] Hersteller: Firma Leybold, Köln-Berlin.

9*

σ_z ist ein Maß der Schwankungen, die die Ereigniszahl z in einer Stichprobe zufällig aufweisen kann (Abschnitt II 3). Legt man nicht die Anzahlen z, sondern die Ereignishäufigkeiten $P = \dfrac{z}{n}$ als Abszissen zugrunde, so ergibt sich als Erwartungswert der Häufigkeit

$$E_P = p$$

und als mittlere Abweichung

$$\sigma_P = \sqrt{\frac{p \cdot q}{n}}. \tag{28}$$

Für die Anwendung von σ vgl. S. 138.

Handelt es sich um Beobachtungen an einer sehr kleinen Gesamtheit, so kann es vorkommen, daß jeder Fall nach einer Beobachtung aus der Gesamtheit ausscheidet und die Wahrscheinlichkeit für die nächsten Beobachtungen verändert. Sind z. B. unter 30 Losen 3 Gewinne und wird beim ersten Versuch ein Gewinn gezogen, so ist für den zweiten Versuch die Gewinnwahrscheinlichkeit nur $\dfrac{2}{29}$. Würde man das Los jedesmal wieder zurücklegen, so sind unendlich viele Versuche möglich, und es gelten die bisherigen Formeln. Im Fall „ohne Zurücklegen" treten kompliziertere Ausdrücke an ihre Stelle. Enthält die Ausgangsgesamtheit unter N Elementen I-mal das gesuchte Merkmal $\left(p' = \dfrac{I}{N}; \ q' = 1 - p'\right)$ und werden n Beobachtungen gemacht, so ist die Wahrscheinlichkeit, daß i-mal das Merkmal beobachtet wird,

$$\frac{n!}{i!\,(n-i)!} \cdot \frac{I!}{(I-i)!} \cdot \frac{(N-I)!}{(N-I-n+i)!} \cdot \frac{(N-n)!}{N!} = \frac{\binom{n}{i} \cdot \binom{N-n}{I-i}}{\binom{N}{I}}. \tag{29}$$

Der Mittelwert dieser Reihe ist wieder $n \cdot p'$; die mittlere Abweichung wird

$$\sigma_z' = \sqrt{n p' q' \cdot \frac{N}{N-1} \cdot \left(1 - \frac{n}{N}\right)} \quad \text{und} \quad \sigma_P' = \sqrt{p' q' \cdot \frac{N}{N-1} \cdot \left(\frac{1}{n} - \frac{1}{N}\right)}. \tag{30}$$

Die Streuung ist geringer als im früheren Falle, die Werte sind enger um den Mittelwert gruppiert.

Je kleiner die Stichprobe im Verhältnis zur Gesamtheit ist, um so mehr nähert sich σ' dem Wert σ. In der Statistik beschränkt man sich meist auf den einfacheren Fall des unendlichen Kollektivs mit festem p; jedoch kann z. B. bei der Untersuchung einer kleinen Bevölkerungsgruppe die Anwendung der anderen Formeln notwendig werden.

Polynomische Verteilung. Handelt es sich nicht nur um zwei, sondern um mehrere Ereignismöglichkeiten, so läßt sich für die Häufigkeitsverteilung ein ähnliches Gesetz wie [24] und [25] aufstellen: Bezeichnet man mit $p_1, p_2 \ldots p_s$ die Grundwahrscheinlichkeiten für die Ereignisse $A_1, A_2 \ldots A_s$, so besteht für das Eintreffen von z_1 Ereignissen A_1, z_2 Ereignissen A_2, $\ldots z_s$ Ereignissen A_s bei n Beobachtungen ($n = z_1 + z_2 + \ldots z_s$) die Wahrscheinlichkeit

$$\frac{n!}{z_1!\,z_2!\ldots z_s!} \cdot p_1^{z_1} \cdot p_2^{z_2} \cdots p_s^{z_s}. \tag{31}$$

Die Verteilung entspricht den Gliedern der Entwicklung des Polynoms

$$(p_1 + p_2 + \ldots + p_s)^n.$$

Ein solches Polynom tritt in der Erbbiologie z. B. bei Aufspaltungen in mehrere Erscheinungsformen auf; bei intermediärem Erbgang folgt die Spaltung in den Ehen Aa × Aa dem Trinom

$$\left(\frac{1}{4} + \frac{1}{2} + \frac{1}{4}\right)^n.$$

In der Praxis der Erbstatistik verzichtet man bei kleinem n im allgemeinen auf die Auswertung von Polynomen und prüft jeweils nur ein Merkmal nach der binomischen Verteilung (für großes n vgl. II 2).

Ein erbbiologisch wichtiges Beispiel für eine aus der binomischen Verteilung hervorgehende abgeänderte Verteilung bietet die *Recessivenauslese* (vgl. S. 263—264).

Bei Annahme der Recessivität eines Merkmals besteht in den Ehen Aa × Aa die Wahrscheinlichkeit $1/4$ für das Auftreten eines Merkmalsträgers unter den Kindern. Erfaßt man von diesen Ehen nur alle die, aus denen mindestens ein krankes Kind hervorgegangen ist, so fehlen diejenigen Aa × Aa-Ehen, die „zufällig" lauter merkmalsfreie Kinder haben. Die Wahrscheinlichkeit für diese fehlende Gruppe ist in n-Kind-Familien $\left(\dfrac{3}{4}\right)^n$; die Wahrscheinlichkeit, daß mindestens ein recessives Kind vorhanden ist, daß also die Familie zur Beobachtung kommt, ist $\left[1-\left(\dfrac{3}{4}\right)^n\right]$. Gesucht ist die Häufigkeitsverteilung der recessiven Kinder in den erfaßten Familien. In allen Aa × Aa-Ehen ist die Wahrscheinlichkeit w', daß i Recessive auftreten,

$$w'_i = \binom{n}{i} \cdot \left(\frac{1}{4}\right)^i \cdot \left(\frac{3}{4}\right)^{n-i}.$$

Bezeichnet man mit w_i die Wahrscheinlichkeit, daß eine Ehe des erfaßten Materials i recessive Kinder aufweist, so läßt sich w'_i nach [21] zusammensetzen als

$$w'_i = \left[1-\left(\frac{3}{4}\right)^n\right] \cdot w_i$$

$$w_i = \frac{1}{1-\left(\dfrac{3}{4}\right)^n} \cdot \binom{n}{i} \cdot \left(\frac{1}{4}\right)^i \cdot \left(\frac{3}{4}\right)^{n-i}. \quad [32]$$

Abb. 11 zeigt für 4-Kind-Familien die Änderung der Recessivenverteilung durch die Auslese.

Als andersartiges erbbiologisches Beispiel für eine aus der binomischen Verteilung abgeleitete Verteilung sei die *Genotypenverteilung bei Geschwistern nach Selbstbefruchtung in mehreren Generationen* betrachtet: Bei Selbstbefruchtung liefert ein Aa in der F_1-Generation $\dfrac{1}{4}$ AA $+ \dfrac{1}{2}$ Aa $+ \dfrac{1}{4}$ aa; nun ergeben bei Selbstbefruchtung die AA-Individuen von F_1 unter 4 F_2-Geschwistern keine aa, die aa-Individuen von F_1 je 4 aa; aus den Aa-Individuen von F_1 können dagegen unter 4 F_2-Geschwistern 0, 1, 2, 3 oder 4 aa-Individuen hervorgehen, und zwar i aa mit der Wahrscheinlichkeit $w'_i = \binom{4}{i} \cdot \left(\dfrac{1}{4}\right)^i \cdot \left(\dfrac{3}{4}\right)^{4-i}$. Durch Anwendung der „Und-Regel" und der „Oder-Regel" ergeben sich insgesamt für das Auftreten von 0 bzw. 4 aa unter 4 F_2-Geschwistern die Wahrscheinlichkeiten $\dfrac{1}{4} + \dfrac{1}{2} \cdot w'_0 = \dfrac{1}{4} + \dfrac{1}{2} \cdot \left(\dfrac{3}{4}\right)^4$ bzw. $\dfrac{1}{4} + \dfrac{1}{2} \cdot w'_4 = \dfrac{1}{4} + \dfrac{1}{2} \cdot \left(\dfrac{1}{4}\right)^4$ und für das Auftreten von $i = 1, 2, 3$ aa-Individuen die Wahrscheinlichkeiten $\dfrac{1}{2} w'_i = \dfrac{1}{2} \cdot \binom{4}{i} \cdot \left(\dfrac{1}{4}\right)^i \cdot \left(\dfrac{3}{4}\right)^{4-i}$; so ergibt sich die in Abb. 23 b gezeichnete U-förmige Verteilung.

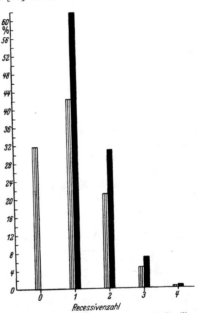

Recessivenzahl

Abb. 11. Recessivenverteilung in 4-Kind-Familien bei 3:1-Spaltung. ▦ alle Familien. ■ Familien mit mindestens einem recessiven Kind.

2. Exponentialgesetz (Normalverteilung).

Für große Werte von n nimmt man die Berechnung der binomischen Verteilung nicht mehr nach [25] vor, sondern verwendet Näherungsverfahren.

Bei vielen Näherungsverfahren hat die STIRLINGsche Formel besondere Bedeutung, durch die der mathematisch unhandliche Ausdruck n! in eine günstigere Form übergeführt wird:

$$n! = n^n \cdot e^{-n} \cdot \sqrt{2\pi n},$$

wobei $e = 2{,}71828 \dots$ und $\pi = 3{,}14159 \dots$ ist.

Diese „asymptotische" Formel ist nur für unendliches n streng gültig, nähert sich aber bereits bei niedrigem n gut dem wirklichen Wert; z. B. ergibt sich schon für $n = 4$ der Wert 23,5 statt 24.

Die wichtigste asymptotische Formel zur Binomialverteilung entsteht, wenn n sehr groß wird, aber die Grundwahrscheinlichkeit p nicht klein ist. Zur Darstellung geht man vom Erwartungswert $n \cdot p$ aus und betrachtet nicht die Ereigniszahl z direkt, sondern ihre Abweichung vom Erwartungswert,

$$x = z - np .$$

Die Ordinate der Verteilungskurve ist nach DE MOIVRE (1733) und LAPLACE (1774)

$$\varphi(x) = \frac{1}{\sigma_x \sqrt{2\pi}} \cdot e^{-\frac{x^2}{2\sigma_x^2}}, \qquad [33]$$

wobei die mittlere Abweichung durch [27] oder [28] gegeben wird.

Drückt man die einzelnen Abweichungen x in Vielfachen von σ aus

$$t = \frac{x}{\sigma_x} ,$$

so wird

$$\sigma_t = 1$$

und aus [33]:

$$\varphi(t) = \frac{1}{\sqrt{2\pi}} \cdot e^{-\frac{1}{2}t^2} . \qquad [33a]$$

Dieses Exponentialgesetz wird am zweckmäßigsten nach dem Vorgang des englischen Schrifttums als „Normalverteilung" bezeichnet. In Deutschland wird es auch vielfach GAUSS-LAPLACE-Gesetz, GAUSSsche Fehlerkurve, ideale Binomialkurve usw. genannt.

Der große Vorteil der Normalverteilung besteht darin, daß außer dem Mittelpunkt lediglich die eine Größe σ zu berechnen ist, und daß dann sämtliche Einzelwerte aus der in Tafeln niedergelegten Funktion $\varphi(t)$ entnommen werden können.

Derartige Tafeln sind den meisten Lehrbüchern der Wahrscheinlichkeitsrechnung und Statistik beigegeben[1] (z.B. RIETZ-BAUR, PEARSON Tables, KOLLER); Tabelle 8 enthält einen kleinen Ausschnitt.

Die Funktion $\varphi(t)$ gibt nur die Ordinaten der Verteilung, aber nicht unmittelbar die gesuchten Wahrscheinlichkeiten an. Bei einer stetigen Verteilung kommt einem *Punkt* t der X-Achse überhaupt keine Wahrscheinlichkeit zu, sondern nur einem *Bereich* von t_1 bis t_2. Dann wird die Wahrscheinlichkeit w, daß ein Wert des Bereichs $t_1 t_2$ bei der Beobachtung eintrifft, durch den Flächeninhalt unter dem zu t_1 bis t_2 gehörenden Kurvenstück wiedergegeben (Abb. 12). Die mathematische Bezeichnung für dieses Flächenstück ist das von t_1 bis t_2 zu erstreckende bestimmte Integral über $\varphi(t)$:

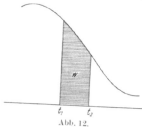

Abb. 12.

$$\Phi(t_1, t_2) = \int_{t_1}^{t_2} \varphi(t)\, dt . \qquad [34]$$

Tafeln dieses „Wahrscheinlichkeitsintegrals" kann man ebenfalls in den Lehrbüchern finden, ein Ausschnitt ist in Tabelle 8 wiedergegeben. Als fester Ausgangswert ist $t_1 = 0$, also der Mittelwert der Verteilung angenommen, als Intervallende $t_2 = t$. Das Integral gibt die Wahrscheinlichkeit dieses Bereiches an.

---

[1] In manchen Tafeln sind die Funktionen in etwas anderer Form tabuliert; so sind z. B. bei COOLIDGE, v. MISES die zu $t \cdot \sqrt{2}$ gehörenden Integrale verzeichnet. Ferner sind die Flächen nicht immer von der Mitte nach einer Seite angegeben, sondern manchmal nach beiden Seiten oder von $-\infty$ bis $+ t$.

Tabelle 8. Ordinaten und Flächen der Normalverteilung.

t	Ordinate	Fläche von der Mitte bis t	t	Ordinate	Fläche von der Mitte bis t
0,00	0,3989	0,0000	1,00	0,2420	0,3413
0,05	0,3984	0,0199	1,10	0,2179	0,3643
0,10	0,3970	0,0398	1,20	0,1942	0,3849
0,15	0,3945	0,0596	1,30	0,1714	0,4032
0,20	0,3910	0,0793	1,40	0,1497	0,4192
0,25	0,3867	0,0987	1,50	0,1295	0,4332
0,30	0,3814	0,1179	1,60	0,1109	0,4452
0,35	0,3752	0,1368	1,70	0,0940	0,4554
0,40	0,3683	0,1554	1,80	0,0790	0,4641
0,45	0,3605	0,1736	1,90	0,0656	0,4713
0,50	0,3521	0,1915	2,00	0,0540	0,4772
0,55	0,3429	0,2088	2,20	0,0355	0,4861
0,60	0,3332	0,2257	2,40	0,0224	0,4918
0,65	0,3230	0,2422	2,60	0,0136	0,4953
0,70	0,3123	0,2580	2,80	0,0079	0,4974
0,75	0,3011	0,2734	3,00	0,00443	0,49865
0,80	0,2897	0,2881	3,50	0,00087	0,49977
0,85	0,2780	0,3023	4,00	0,000134	0,499968
0,90	0,2661	0,3159	4,50	0,0000160	0,4999966
0,95	0,2541	0,3289	5,00	0,0000015	0,4999997

In den Tabellenwerten ist σ die Maßeinheit 1. Um auf die Beobachtungseinheit zu kommen, muß eine Rückverwandlung unter Berücksichtigung der Klassenbreite b stattfinden. b ist die Einheit der Darstellung.

Zur Zeichnung der Kurve geht man von der Ordinate des Mittelwertes aus, die in der Tabelle den Wert

$$\frac{1}{\sqrt{2\pi}} = 0,3989$$

hat. Ist σ' die mittlere Abweichung in Vielfachen von b gemessen und σ der Wert in der Beobachtungsskala, also

$$\sigma' = \frac{\sigma}{b},$$

so ist die Mittelordinate für die Darstellung

$$\frac{1}{\sigma' \cdot \sqrt{2\pi}} = \frac{0,3989}{\sigma'} = \frac{0,3989 \cdot b}{\sigma}. \qquad [35]$$

Genau so erhält man alle anderen Kurvenpunkte für $t = \frac{z - n \cdot p}{\sigma}$ durch Multiplikation mit dem festen Faktor $\frac{b}{\sigma}$.

Für die Bestimmung der den einzelnen Klassen entsprechenden Wahrscheinlichkeitsflächen rechnet man zuerst alle Klassengrenzen in die σ-Skala um. Dann entnimmt man der Tabelle die Flächenwerte vom Mittelpunkt bis zur Klassengrenze und erhält durch Subtraktion die Klasseninhalte, d. h. die gesuchten Wahrscheinlichkeiten. Will man auf der Y-Achse nicht die Wahrscheinlichkeiten, sondern die Anzahlen darstellen, so muß man alle Werte, Ordinatenhöhen und Flächen, mit n multiplizieren.

Beispiel: Es soll die binomische Verteilung von

$$\left(\frac{1}{2} + \frac{1}{2}\right)^{20}$$

— etwa die Recessivenverteilung unter 20 Kindern aus Ehen Aa×aa — durch eine Normalverteilung angenähert werden (Abb. 13). Die Erwartungszahl recessiver Kinder ist $\frac{1}{2} \cdot 20 = 10$. Dies ist der Nullpunkt der σ-Skala. Die

mittlere Abweichung ist $\sigma = \sqrt{\frac{1}{2} \cdot \frac{1}{2} \cdot 20} = 2{,}236$. Die Klassenbreite b ist 1.

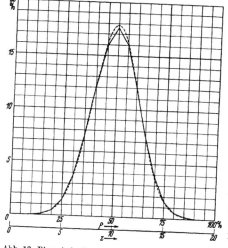

Die Abszisse 7 hat in der σ-Skala den Wert $(7 - 10) : 2{,}236 = -1{,}34$. Die zugehörige Ordinate ist nach der Tafel 0,163. Nach [35] gilt für die Zeichnung der Wert $0{,}163 : 2{,}236 = 0{,}073 = 7{,}3\%$. Genau so ergeben sich alle Ordinaten der in Abb. 13 gezeichneten Normalkurve.

Die Ermittlung der Wahrscheinlichkeit für die einzelnen Klassen ist in Tabelle 9 ausführlich dargestellt. Die Flächeninhalte der Klassen können durch schematische Subtraktion der für die Klassengrenzen aus der Tafel entnommenen Integralwerte berechnet werden; nur in der Mittelklasse ist die Summe zu bilden, wenn der Mittelwert im Innern der Klasse liegt.

Der Vergleich der Wahrscheinlichkeitswerte der Normalverteilung

Abb. 13. Binomische Verteilung (———) und Normalkurve (– – – –) für p = ¹/₂, n = 20.

Tabelle 9. Berechnung der Klassenwahrscheinlichkeiten bei Normalverteilung.

Anzahl z	Klassengrenzen		Fläche vom Mittelwert bis zur Klassengrenze	Flächeninhalt (Wahrscheinlichkeit) der Klasse	Binomischer Wert	Differenz
	Beobachtungsskala	σ-Skala t				
0		$-\infty$	0,5000			
1	0,5	$-4{,}249$	0,5000	0,0000	0,0000	0,0000
2	1,5	$-3{,}801$	0,4999	0,0001	0,0000	0,0001
3	2,5	$-3{,}354$	0,4996	0,0003	0,0002	0,0001
4	3,5	$-2{,}907$	0,4982	0,0014	0,0011	0,0003
5	4,5	$-2{,}460$	0,4931	0,0051	0,0046	0,0005
6	5,5	$-2{,}013$	0,4779	0,0152	0,0148	0,0004
7	6,5	$-1{,}565$	0,4412	0,0367	0,0370	$-0{,}0003$
8	7,5	$-1{,}118$	0,3682	0,0730	0,0739	$-0{,}0009$
9	8,5	$-0{,}671$	0,2489	0,1193	0,1201	$-0{,}0008$
10	9,5	$-0{,}224$	0,0886	0,1603	0,1602	0,0001
11	10,5	$+0{,}224$	0,0886	0,1772	0,1762	0,0010
12	11,5	$+0{,}671$	0,2489	0,1603	0,1602	0,0001
13	12,5	$+1{,}118$	0,3682	0,1193	0,1201	$-0{,}0008$
14	13,5	$+1{,}565$	0,4412	0,0730	0,0739	$-0{,}0009$
15	14,5	$+2{,}013$	0,4779	0,0367	0,0370	$-0{,}0003$
16	15,5	$+2{,}460$	0,4931	0,0152	0,0148	0,0004
17	16,5	$+2{,}907$	0,4982	0,0051	0,0046	0,0005
18	17,5	$+3{,}354$	0,4996	0,0014	0,0011	0,0003
19	18,5	$+3{,}801$	0,4999	0,0003	0,0002	0,0001
20	19,5	$+4{,}249$	0,5000	0,0001	0,0000	0,0001
		$+\infty$	0,5000	0,0000	0,0000	0,0000
				1,0000	1,0000	0,0000

mit den genauen nach [25] berechneten binomischen Ziffern zeigt eine gute Näherung. Auch in der Mittelklasse ist die Übereinstimmung besser, als man nach Abb. 13 erwartete. Dies beruht auf der Unkorrektheit dieser — üblichen —

Zeichnung, in der der stetige Verlauf der Normalkurve unmittelbar den unstetigen binomischen Werten gegenübergestellt wird, anstatt daß die stetige Kurve erst durch Integration der Flächen in den Klassen (Tabelle 9) auf die gleiche unstetige Form gebracht wird (Abb. 14).

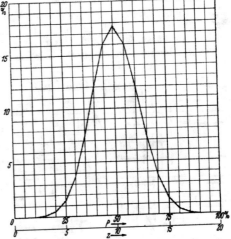

Die Normalverteilung ist symmetrisch in bezug auf den Erwartungswert $n \cdot p$. Deshalb ist die Annäherung an die genaue binomische Verteilung am besten, und zwar schon bei kleinem n, wenn p in der Nähe von $^1/_2$ liegt. Aber auch bei entfernteren p-Werten verliert sich die bei kleinem n starke Asymmetrie mit wachsendem n schnell, wie Abb. 15 für $p = ^1/_4$ und $n = 50$ zeigt, wo die Normalkurve bereits eine gute Annäherung liefert.

Zur Darstellung einer Normalverteilung läßt sich auch die Summenkurve mit Vorteil verwenden. Man ändert dann die Y-Skala, auf der die Häufigkeit der unter der Integralgrenze gelegenen Werte aufgetragen ist (Abb. 4), so um, daß die Summenkurve der Normalverteilung eine gerade Linie wird[1]. In Abb. 16 sind die Summenkurven der Binome $\left(\frac{1}{2} + \frac{1}{2}\right)^{20}$ und $\left(\frac{1}{4} + \frac{3}{4}\right)^{50}$ eingetragen. Man erkennt die gute Näherung an die der Normalverteilung entsprechende gerade Linie.

Abb. 14. Binomische Verteilung (———) und Normalverteilung (Klassenwahrscheinlichkeiten) (– – – –) für $p = ^1/_2$, $n = 20$.

Will man in einem praktischen Fall schnell und ohne Mühe feststellen, ob eine gegebene Verteilung Normalform aufweist, so braucht man nur die Summenkurve der Verteilung

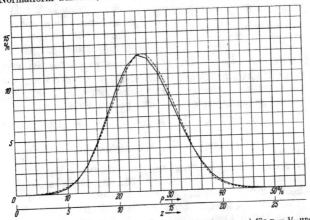

Abb. 15. Binomische Verteilung (———) und Normalkurve (– – – –) für $p = ^1/_4$ und $n = 50$.

entsprechend der Wahrscheinlichkeitsskala aufzuzeichnen. Die Geradlinigkeit ist hauptsächlich nach dem Verlauf in der Bildmitte zu beurteilen, da die Abweichungen bei den Randwerten übersteigert hervortreten. Die Summenlinie der zugehörigen Normalverteilung

---

[1] Firma Schleicher & Schüll, Düren (Rhld.), stellt Zeichenblocks mit „Wahrscheinlichkeitsnetz" her; als Abszisse wird lineare und logarithmische Teilung verwandt.

erhält man dadurch, daß man den durch Abszisse $\bar{x}$ und 50% - Ordinate bestimmten Punkt mit dem durch Abszisse $\bar{x} + 3,09\,\sigma$ und Ordinate 99,9% festgelegten Punkt verbindet.

Für eine Ermittlung der Werte der Normalverteilung ist dieses Verfahren gerade in den wichtigsten Mittelklassen zu ungenau.

Die Normalverteilung erstreckt sich von $-\infty$ bis $+\infty$, die binomische dagegen von 0 bis n. Dieser zunächst bedenklich erscheinende Unterschied hat jedoch praktisch keine Bedeutung, wenn die unmöglichen Werte so geringe Wahrscheinlichkeiten haben, daß sie keine Störungen verursachen.

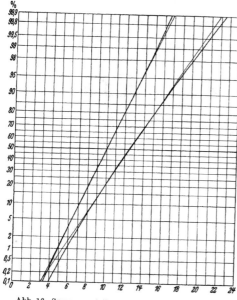

Abb. 16. Summenverteilung zu Abb. 13 und 15 auf „Wahrscheinlichkeitsnetz".

Fordert man für die Anwendbarkeit der Normalverteilung bzw. der σ-Rechnung, daß die Grenzen des möglichen Bereiches nicht weniger als um das 4—5fache der mittleren Abweichung σ vom Mittelwert entfernt sein dürfen, so sind die Störungsmöglichkeiten hinreichend ausgeschaltet. Im Beispiel mit $p = \frac{1}{2}$, $n = 20$ ist der Abstand 10 = 4,5 σ, im Beispiel mit $p = \frac{1}{4}$ und $n = 50$ ist 12,5 = 4,1 σ. Beide Beispiele liegen nach diesem Kriterium an der unteren Grenze der Anwendbarkeit.

3. Der Zufallsbereich bei der Normalverteilung (3 σ-Regel).

Durch das Streuungsmaß σ ist der Variationsbereich einer Normalverteilung vollständig festgelegt. Mit steigender Beobachtungszahl n nimmt der Erwartungswert n p und auch die mittlere Abweichung $\sqrt{npq}$ für die Ereigniszahl z zu. Während der Erwartungswert wie n ansteigt, wächst σ nur wie $\sqrt{n}$, die Streuung wird also relativ geringer. Die zugrunde liegende Gesetzmäßigkeit kommt bei Betrachtung der *Häufigkeiten* am besten zum Ausdruck. Der Erwartungswert der Häufigkeit $P = \frac{z}{n}$ hat für jedes n den Wert p, die mittlere Abweichung $\sigma = \sqrt{\dfrac{pq}{n}}$ nimmt ab wie $1 : \sqrt{n}$. Mit wachsender Beobachtungszahl nähert sich die Ereignishäufigkeit P immer mehr der zugrunde liegenden Wahrscheinlichkeit p. Durch entsprechend großes n läßt sich erreichen, daß P beliebig nahe an p liegt (BERNOULLIsches Theorem). Abb. 17 zeigt für $p = \frac{1}{2}$, wie die Verteilungskurven bei kleinen Stichproben noch bei n = 20 über fast den ganzen möglichen Häufigkeitsbereich von 0% bis 100% verlaufen, wie dann bei wachsender Größe der Stichproben der Bereich immer enger wird und die nahe an 50% liegenden Werte immer häufiger zur Beobachtung kommen.

In Abb. 18 ist als Beispiel der Verlauf eines Zufallsversuches, dem die Wahrscheinlichkeit 50% zugrunde liegt, wiedergegeben. Man erkennt die allmähliche Abflachung der Zufallszacken und die Näherung an den Grenzwert $\frac{1}{2}$. Die gestrichelten Kurven zeigen die zu dem jeweiligen n gehörenden Werte von σ. Die Grenzen 3 σ sind punktiert angegeben.

Von den Werten der Normalverteilung liegen im Bereich

— σ	bis	+ σ	68,26%
— 2 σ	,,	+ 2 σ	95,45%
— 3 σ	,,	+ 3 σ	99,73%
— 4 σ	,,	+ 4 σ	99,994%

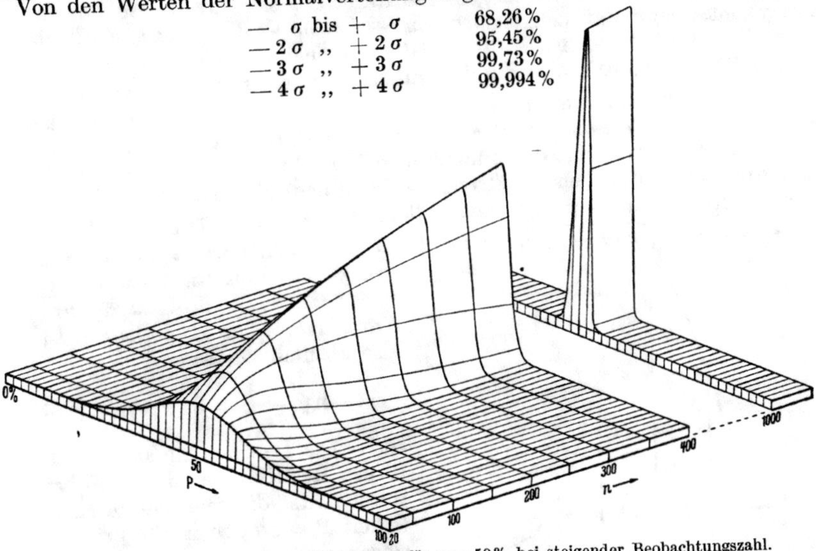

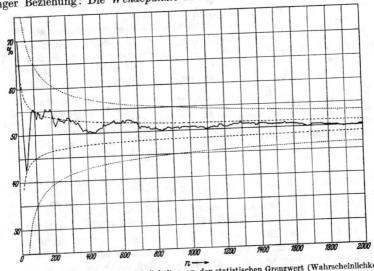

Abb. 17. Normalverteilungen in Stichproben für p = 50% bei steigender Beobachtungszahl.

Die Abb. 19 zeigt die Lage dieser Grenzen. σ steht auch zur Kurvenform in enger Beziehung: Die *Wendepunkte* haben die Abszissen ± σ.

Abb. 18. Annäherung der Beobachtungshäufigkeiten an den statistischen Grenzwert (Wahrscheinlichkeit) ¹/₂; 3 σ. Beobachtungsbeispiel (Kartenziehungen, Eintragung von 10 zu 10 Beobachtungen); ------ σ;

Bei der Normalverteilung besteht eine feste Beziehung zwischen σ und den anderen Streuungsmaßen. Es ist die durchschnittliche Abweichung e = 0,798 σ. Die wahrscheinliche Abweichung ϱ, die dadurch definiert ist, daß der Bereich von — ϱ bis + ϱ gerade 50% der Werte abgrenzt, hat den Wert 0,674 σ.

Vielfach wird es notwendig, den Bereich, über den sich eine Normalverteilung erstreckt, *abzugrenzen*. Die Grenzziehung ist willkürlich und richtet sich nach der vorliegenden Aufgabe. Als allgemeine Regel hat sich die *Grenze 3 σ* eingebürgert; man sagt, daß *der Bereich von* − 3 σ *bis* + 3 σ *„fast alle" Werte der Verteilung umfaßt.* Jenseits dieser Grenzen liegt ein Wert nur mit der Wahrscheinlichkeit 0,0027, also durchschnittlich nur einer von 370 Fällen.

Legt man diese Grenzen zugrunde, so vereinfacht sich die *Prüfung einer hypothetischen Wahrscheinlichkeit p an einer Beobachtungsreihe* außerordentlich gegenüber der Rechnung mit der binomischen Verteilung. Ist das betrachtete Ereignis z-mal unter n Fällen eingetreten, so kann man die beobachtete Anzahl z der erwarteten Anzahl n p gegenüberstellen. *Ist die Differenz größer als das Dreifache von* $\sigma = \sqrt{p\,(1-p)\,n}$*, so ist damit der Zufallsbereich überschritten und man sieht darin einen Widerspruch zwischen Beobachtung und Erwartung.* Eine Hypothese p ist also abzulehnen, wenn

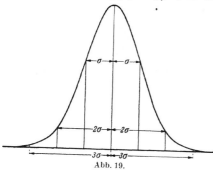

Abb. 19.

$$|z - n p| - \frac{1}{2} > 3 \cdot \sqrt{p q n} \qquad [36]$$

ist [1]. Die Berechnung kann auch in den Relativzahlen durchgeführt werden. Ist die beobachtete Häufigkeit P = z/n, so ist [36] zu ersetzen durch

$$|P - p| - \frac{1}{2n} > 3 \cdot \sqrt{\frac{p q}{n}}. \qquad [36a]$$

Im Interesse der Einheitlichkeit der Methodik soll an der Grenze 3 σ stets festgehalten werden. Dabei ist allerdings keine allzu enge Auslegung am Platze; z. B. ist eine Abweichung von 3,1 σ nicht *wesentlich* stärker zu bewerten als 2,9 σ. Zweckmäßig ist folgende Beurteilung: *Liegt eine Abweichung innerhalb von* ± 2 σ, *so sind Beobachtung und Erwartung miteinander vereinbar; liegt sie zwischen* 2 σ *und* 3 σ, *so kann man an der Richtigkeit der Hypothese zweifeln; ist* 3 σ *deutlich überschritten, so ist ihre Unrichtigkeit als erwiesen anzusehen.*

Diese Beurteilung gilt nur für eine einzeln beobachtete Stichprobe. Innerhalb einer größeren Zahl von Beobachtungsreihen können und müssen sogar Gruppen auftreten, die auch 3 σ überschreiten, ohne daß dies gegen die Hypothese spräche. In solchem Falle sind die Einzelergebnisse jeder Gruppe nach S. 170 zu einer Gesamtwertung zusammenzufassen.

Die englischen Statistiker pflegen die Grenze der „Significance" bereits auf 2 σ, also etwa eine Überschreitungswahrscheinlichkeit von 5% oder auf die Überschreitungswahrscheinlichkeit von 1% (d. h. 2,575 σ) zu legen.

Beispiel. Bei der klassischen Kreuzung gelb- und grünkerniger Erbsenrassen ergaben sich die Zahlen der Tabelle 10. Bei Annahme der Recessivität der grünen Farbe ist zu prüfen, ob die Beobachtungshäufigkeiten mit p = 25% innerhalb der Zufallsgrenzen übereinstimmen. Die Rechnung ist in drei Darstellungsformen durchgeführt, und zwar für die Anzahlen, die prozentischen Häufigkeiten und die auf 4 bezogenen Spaltungsziffern (Tabelle 10).

Um die mittlere Abweichung σ ohne Rechnung zu ermitteln, kann man die mehrfach vorgeschlagenen einfachen Fluchtlinientafeln benutzen (Abb. 20). Man verbindet die Beobachtungszahl n auf der linken Skala mit der Prozentzahl p auf der rechten durch eine gerade Linie (Faden, Zelluloidlineal) und liest am Schnittpunkt der Geraden mit der mittleren Skala den Wert für σ und für 3 σ ab.

---

[1] Der Abzug von $\frac{1}{2}$ ist bei exakter Rechnung notwendig, um die richtige Bereichsgrenze zu treffen (vgl. Tabelle 9).

Auf der hier wiedergegebenen Fluchtlinientafel sind in der linken Hälfte schräge Striche eingezeichnet. Diese entsprechen bei der jeweiligen Beobachtungszahl n der untersten Grenze der Anwendbarkeit der σ-Rechnung auf eine Häufigkeitsstatistik nach der Regel von S. 138. Bei der Ablesung darf die Fluchtlinie nie stärker nach rechts unten geneigt sein als die nächstgelegenen Richtlinien; z. B. darf man n = 100 mit p = 25% verbinden, aber nicht mit p = 10%, was an der Unterschreitung der Richtungslinie schematisch zu erkennen ist.

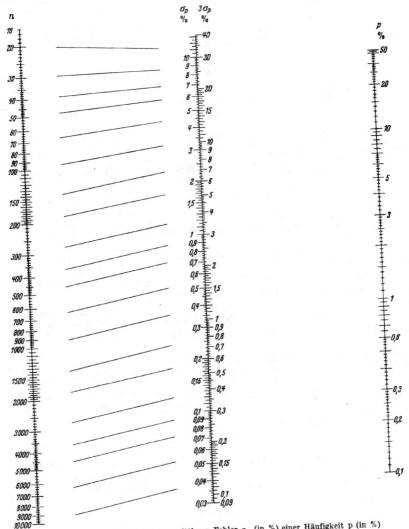

Abb. 20. Fluchtlinientafel für den mittleren Fehler σ_p (in %) einer Häufigkeit p (in %) bei n Beobachtungen.

Bei gleichem n ist σ für $p = \dfrac{1}{2}$ am größten, bei extremem p am kleinsten. Der mittlere Fehler der Beobachtungszahl ($\sigma_z = \sqrt{npq}$) nimmt bei festem Erwartungswert E (z) = np mit zunehmendem q zu; bei sehr kleinem p ist $q \sim 1$ und $\sigma_z = \sqrt{E(z)}$.

Tabelle 10.

| Untersucher | Beobachtungszahlen | Absolute Zahlen | | | | |
| | | Anzahl der Grünkernigen | | Abweichung $D_z = z - \frac{1}{4} n$ | $\sigma_z = \sqrt{\frac{1}{4} \cdot \frac{3}{4} \cdot n}$ | $\frac{D_z}{\sigma_z}$ |
		beob. z	erwartet $\frac{1}{4} n$			
Mendel (1865) . .	8 023	2 001	2 005,75	— 4,75	38,7855	— 0,12
Correns (1900) . .	1 847	453	461,75	— 8,75	18,6095	— 0,47
Tschermak (1900) .	4 770	1 190	1 192,50	— 2,50	29,9061	— 0,08
Hurst (1904) . . .	1 755	445	438,75	+ 6,25	18,1401	+ 0,34
Bateson u. a. (1905)	15 806	3 903	3 951,50	— 48,50	54,4384	— 0,89
Lock (1905) . . .	1 952	514	488,00	+ 26,00	19,1311	+ 1,36
Darbishire (1909) .	145 246	36 186	36 311,50	— 125,50	165,0255	— 0,76
Winge (1924) . .	25 748	6 553	6 437,00	+ 116,00	69,4812	+ 1,67
Sämtl. Untersucher	205 147	51 245	51 286,75	— 41,75	196,1244	— 0,21

Bei derartigen Aufgaben der Prüfung einer hypothetischen Wahrscheinlichkeit wird im allgemeinen der Schwankungsbereich nach beiden Seiten betrachtet. Liegt der Beobachtungswert um 3 σ über der Erwartung, so faßt man alle jenseits von + 3 σ und von — 3 σ gelegenen Möglichkeiten zusammen und schließt, daß so große oder noch größere Abweichungen bei Gültigkeit der Hypothese in nur 0,27% vorkommen. In anderen Fällen kann die Frage auch einseitig, nur auf Überschreiten von + 3 σ, gestellt werden. Dann hat die auf Überschreitung dieser Grenze gerichtete Zufallswahrscheinlichkeit nur den halben Wert. Zur vorher gebrauchten Grenze gehört jetzt eine Abweichung von 2,78 σ. Diese eigentlich erforderliche Unterscheidung wirkt sich praktisch so wenig aus, daß man sowohl die doppel- als auch die einseitige Frage einheitlich auf die 3 σ-Grenze zu beziehen pflegt.

Die *praktische Durchführung* des Vergleiches einer hypothetischen Wahrscheinlichkeit mit der in einer Stichprobe beobachteten Häufigkeit wird durch die Benutzung der „Graphischen Tafeln" von Koller (1940) *sehr erleichtert.* Dort ist in Tafel 3 die 3 σ-Grenze für jede Grundwahrscheinlichkeit p und jede Beobachtungszahl n unmittelbar abzulesen. Für kleines n ist der Tafel die genaue binomische Formel mit der Zufallsziffer 0,27% als Grenze zugrunde gelegt, also gewissermaßen das Äquivalent der üblichen 3 σ-Grenze bei kleinen Zahlen.

Beispiel. Nach der zu prüfenden Erbhypothese werden 25% Recessive erwartet; unter 160 Beobachtungen sind nur 20 Recessive (12,5%) aufgetreten. Aus der Tafel wird unmittelbar abgelesen, daß die untere Grenze der in einer Stichprobe von 160 Beobachtungen zulässigen Häufigkeit um 10,2% unter der Grundwahrscheinlichkeit 25% liegt. Eine Unterschreitung um 12,5% bedeutet damit die Widerlegung der zu prüfenden Hypothese.

4. Die Verteilung seltener Merkmale.

Wenn die Grundwahrscheinlichkeit p so klein ist, daß auch bei sehr großer Beobachtungszahl n der Erwartungswert m = np noch eine kleine Zahl ist, so ist die Normalverteilung nicht anwendbar. Durch einen von Poisson (1837) durchgeführten Grenzübergang gelangt man zu einer asymptotischen Formel

$$\psi_{(z)} = \frac{m^z \cdot e^{-m}}{z!} \qquad [37]$$

für die Wahrscheinlichkeit des Auftretens von z Ereignissen. Tafeln dieser Funktion sind u. a. in den Pearson-Tables enthalten.

Die wichtigste Besonderheit dieser Verteilung, die im Schrifttum oft die unzweckmäßige Bezeichnung „Gesetz der kleinen Zahlen" führt, ist ihre Unabhängigkeit von der Beobachtungszahl n, welche nur indirekt im Erwartungswert m = np enthalten ist. Die Kenntnis von m, das bei der Anwendung

(Nach JOHANNSEN.)

	Prozentzahlen			Spaltungsziffern			
Grünkernig $P \% = \dfrac{100\,z}{n}$	Abweichung $D_P = P\% - 25\%$	$\sigma_P \% = 100 \cdot \sqrt{\dfrac{1}{4} \cdot \dfrac{3}{4} \cdot \dfrac{1}{n}}$	$\dfrac{D_P}{\sigma_P}$	Grünkernig Spaltungsziffern $S = \dfrac{4\,z}{n}$	Abweichung $D_S = S - 1$	$\sigma_S = 4 \cdot \sqrt{\dfrac{1}{4} \cdot \dfrac{3}{4} \cdot \dfrac{1}{n}}$	$\dfrac{D_S}{\sigma_S}$
24,94	— 0,06	0,4834	— 0,12	0,9976	—0,0024	0,0193	— 0,12
24,53	— 0,47	1,0076	— 0,47	0,9811	—0,0189	0,0403	— 0,47
24,95	— 0,05	0,6270	— 0,08	0,9979	—0,0021	0,0251	— 0,08
25,36	+ 0,36	1,0336	+ 0,34	1,0142	+0,0142	0,0413	+ 0,34
24,69	— 0,31	0,3444	— 0,89	0,9877	—0,0123	0,0138	— 0,89
26,33	+ 1,33	0,9801	+ 1,36	1,0533	+0,0533	0,0392	+ 1,36
24,91	— 0,09	0,1136	— 0,76	0,9965	—0,0035	0,0045	— 0,76
25,45	+ 0,45	0,2699	+ 1,67	1,0180	+0,0180	0,0108	+ 1,67
24,98	— 0,02	0,0956	— 0,21	0,9992	—0,0008	0,0038	— 0,21

oft durch den beobachteten Mittelwert zu ersetzen ist, genügt zur Herstellung der Verteilung. Die Berechnung von Streuungsmaßen erübrigt sich. Abb. 21 zeigt den Verlauf der Verteilung für einige m-Werte. Für $m < 1$ ist die Verteilung einseitig, bei größerem m verringert sich die Asymmetrie, bis

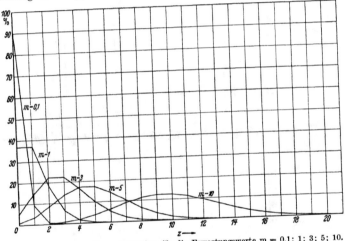

Abb. 21. Verteilung seltener Ereignisse für die Erwartungswerte $m = 0,1$; 1; 3; 5; 10.

— etwa von $m = 30$ an — keine wesentlichen Unterschiede zur Normalverteilung mit $\sigma = \sqrt{m}$ mehr bestehen.

Die Poissonverteilung ist anzuwenden, wenn es sich um seltene Ereignisse handelt, z. B. in der *Mutationsforschung*. Ist z. B. für eine Linie eine Mutationshäufigkeit von 0,1% bekannt und wird an 3000 Individuen der Einfluß einer bestimmten Behandlung geprüft, so ist der Erwartungswert $m = 3$ Mutationsbeobachtungen. Die zu erwartende Zufallsverteilung wird durch die entsprechende Kurve der Abb. 21 gegeben. Eine schematische Fehlerberechnung darf in einem solchen Fall nicht vorgenommen werden. Die Fehlergrenzen (3 σ-Äquivalente) können in KOLLERs „Graphischen Tafeln‟ abgelesen werden; so ergibt sich für das obige Mutationsbeispiel ein erlaubter Zufallsbereich von 0 bis 0,34%.

Die Zufallsschwankungen kommen bei seltenen Ereignissen besonders stark zur Auswirkung und überdecken in weitem Maße etwa vorliegende Häufigkeitsunterschiede. Daß die Poissonverteilung weitgehend unempfindlich ist, zeigt Abb. 22, in der die tägliche Zahl der Sterbefälle an Kreislaufstörungen in Hessen 1927/28 wiedergegeben ist. Obwohl

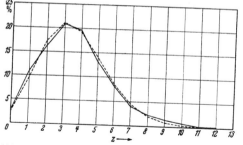

Abb. 22. Tägliche Zahl der Todesfälle an Kreislaufstörungen in Hessen 1927/28.

die Sterblichkeit deutliche jahreszeitliche Schwankungen aufweist, die am gleichen Material bei Betrachtung des Jahresverlaufs erkennbar sind, ist insgesamt doch die Poissonverteilung für die durchschnittliche Zahl 3,65 mit großer Genauigkeit verwirklicht.

5. Statistische Kennzeichnung von Häufigkeitsverteilungen. Potenzmomente.

Bei der Ereignisstatistik ist das Verteilungsgesetz durch die Glieder des Binoms fest gegeben, bei der Statistik von Messungsgrößen dagegen nicht; hier kann jede beliebige Form einer Verteilungskurve auftreten. Abb. 23 zeigt die wichtigsten Formen.

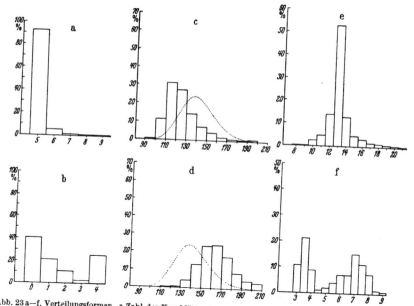

Abb. 23 a—f. Verteilungsformen. a Zahl der Kronblätter bei 337 Blüten von Ranunculus bulbosus. Einseitige Verteilung. I-Form. (Nach DE VRIES aus JOHANNSEN.) b Zahl der Recessiven unter 4 Geschwistern in F₂ nach Selbstbefruchtung eines Aa. (s. S. 133). U-förmige Verteilung. c und d Körpergewicht (engl. Pfund) bei 7477 amerikanischen Rekruten von 61 engl. Zoll Körpergröße (Abb. c), 74 engl. Zoll Körpergröße (Abb. d). Punktiert: Körpergewicht bei allen Rekruten. Schiefe Verteilung. (Nach DAVENPORT und LOVE.) e Zahl der Randblüten von Chrysanthemum segetum. Hochgipflige Verteilung. (Nach LUDWIG aus JOHANNSEN.) f Scherenlänge (mm) von Forficula. Zweigipflige Verteilung. (Nach BATESON aus JOHANNSEN.)

Ihre verschiedenen Eigenschaften sollen nun möglichst einfach durch statistische Maßzahlen gekennzeichnet werden. Man benutzt dazu die „Potenzmomente", eine Folge von Kennziffern, die durch eine Verallgemeinerung der Streuungsformel entstehen. Das r-te Potenzmoment, bezogen auf das arithmetische

Mittel $\bar{x}$ einer Verteilung[1], ist gegeben als

$$P_r = \frac{1}{n} \sum (x_i - \bar{x})^r. \tag{38}$$

P_1 ist Null, P_2 das Quadrat der mittleren Abweichung. Bei den ungeraden Potenzmomenten bleibt das Vorzeichen der Abweichung vom Mittelwert erhalten. Bei völlig symmetrischer Verteilung, z. B. der Normalkurve, haben daher alle ungeraden Momente den Wert Null. Bei schiefen Verteilungen sind sie zur Messung des Grades der Schiefe geeignet. Bei den höheren Momenten werden die in größerer Entfernung vom Mittel gelegenen Varianten immer stärker berücksichtigt. P_4 ist z. B. bei gleichem σ um so größer, je weiter einzelne Werte vom Mittel abweichen. Dies ist fast immer verbunden mit Hochgipfeligkeit, also dem gehäuften Vorkommen sehr kleiner Abweichungen.

Bildet man die ungeraden Potenzen vom absoluten Betrag der Abweichungen vom Mittel, so erhält man

$$P_{|r} = \frac{1}{n} \sum_i |x_i - \bar{x}|^r, \tag{39}$$

$P_{|1}$ ist die durchschnittliche Abweichung.

Allgemeiner, auch für gerades r, ist

$$P_{|r} = \frac{1}{n} \sum_i \operatorname{sgn}(x_i - \bar{x}) \cdot (x_i - \bar{x})^r, \tag{39a}$$

wobei die Potenz $(x_i - \bar{x})^r$ mit dem Vorzeichen von $(x_i - \bar{x})$ zu multiplizieren ist („Signumpotenzmomente").

Durch Berechnung einer genügenden Zahl von Potenzmomenten kann eine vollständige Beschreibung aller Einzelheiten einer Verteilung erreicht werden. Da die *Normalverteilung* bereits durch $P_2 = \sigma^2$ vollständig bestimmt ist, müssen für diesen Fall alle anderen Potenzmomente in fester Beziehung zu σ^2 stehen. Es ist

$$P_1 = P_3 = P_5 = \ldots P_{2r+1} = 0,$$
$$P_4 = 3\sigma^4, \qquad P_6 = 15\sigma^6 \ldots P_{2r} = 1 \cdot 3 \cdot 5 \cdot 7 \ldots (2r-1) \cdot \sigma^{2r},$$
$$P_{|1} = e = \sigma \sqrt{\frac{2}{\pi}}, \qquad P_{|3} = 2\sigma^3 \sqrt{\frac{2}{\pi}} \ldots P_{2r+1} = r! \cdot 2^r \cdot \sigma^{2r+1} \cdot \sqrt{\frac{2}{\pi}},$$
$$P_{|2} = P_{|4} = \ldots = P_{|2r} = 0.$$

Als eindrucksvolles Kuriosum ist es bekanntlich möglich, aus einer empirisch gewonnenen Normalverteilung näherungsweise π zu berechnen als $\pi = \frac{2\sigma^2}{e^2}$.

Für die binomische Verteilung sind die wichtigsten Momente:

$$P_2 = \sigma^2 = npq; \qquad P_3 = npq(q-p); \qquad P_4 = npq[1 + 3(n-2)pq].$$

Bei der POISSON-Verteilung gilt $M = P_2 = P_3 = m$.

Zur Kennzeichnung einer Verteilung normiert man zweckmäßig die Potenzmomente, und zwar nicht nur durch Beziehung auf die gleiche Streuungseinheit σ, sondern auch durch Beziehung auf die Normalverteilung. Die wichtigsten Maßzahlen sind

$$\left. \begin{array}{c} \textit{Schiefe } S = \sqrt{\beta_1} = \dfrac{P_3}{\sigma^3} \\[2mm] \text{„}\textit{Exzeß}\text{" } \varepsilon = \beta_2 - 3 = \dfrac{P_4}{\sigma^4} - 3. \end{array} \right\} \tag{40}$$

und

---

[1] Die theoretischen Beziehungen der Potenzmomente sind für die Berechnung um den Erwartungswert x^0 aufgestellt.

β_1 und β_2 sind die Bezeichnungen PEARSONS. Für Normalverteilung haben beide Ausdrücke den Wert Null. Für die binomische Verteilung wird

$$S = \frac{q-p}{\sqrt{pqn}}, \qquad \varepsilon = \frac{1-6pq}{pqn}: \qquad\qquad [40a]$$

für die POISSON-Verteilung

$$S = \frac{1}{\sqrt{m}}, \quad \varepsilon = \frac{1}{m}.$$

Positives S haben Kurven, deren Maximum links vom Mittelwert liegt, und deren Wertebereich nach rechts größer ist. Negatives ε bedeutet weniger extreme Abweicher als in der Normalkurve und meist flachen breiten Gipfel, positives ε Überzahl von starken Abweichungen und meist Hochgipfligkeit.

Zur Berechnung kann man sich folgender Beziehungen bedienen: Ist M_r das auf den Anfangspunkt 0 bezogene Potenzmittel

$$M_r = \frac{1}{n}\sum x^r,$$

wobei M_1 das arithmetische Mittel ist, so gilt

$$P_2 = \sigma^2 = M_2 - M_1^2,$$
$$P_3 = M_3 - 3M_2M_1 + 2M_1^3,$$
$$P_4 = M_4 - 4M_3M_1 + 6M_2M_1^2 - 3M_1^4.$$

Bei Klassenzusammenfassung, die keinesfalls grob sein darf, sind noch Korrekturglieder anzufügen; die verbesserten Werte sind, wenn b die Klassenbreite ist,

$$P_2^* = P_2 - 0,0833\, b^2,$$
$$P_3^* = P_3,$$
$$P_4^* = P_4 - \frac{b^2 \cdot \sigma^2}{2} + 0,0292\, b^4.$$

Die Berechnung der Potenzmomente einer Stichprobe als Schätzung der entsprechenden Momente in der zugrunde liegenden Gesamtheit kann noch dadurch verbessert werden, daß man den Nenner n etwas abändert. Bedeutung hat dies nur für das zweite Potenzmoment, bei dem n durch $(n-1)$ zu ersetzen ist (s. S. 151). Da die höheren Momente grundsätzlich nur in großen Reihen bestimmt werden, sind dort die entsprechenden Berichtigungen [1] nicht notwendig.

Zur *Messung der Schiefe* ist — außer [40] — eine Unzahl von Kennziffern gebildet worden. Die einfachste, bei der nur die Anzahl der über und unter dem Mittel liegenden Werte bestimmt wird, stammt von LINDEBERG:

$$P_{|0}. \qquad\qquad [41a]$$

PEARSON benutzt die Differenz zwischen Mittelwert M und dem häufigsten Wert D

$$\frac{M-D}{\sigma}. \qquad\qquad [41b]$$

Dieses Maß wird durch die ungenaue Bestimmbarkeit von D (S. 117) stark beeinträchtigt [2].

F. LENZ betrachtet die über und unter dem Mittelwert gelegenen Kurventeile getrennt und bildet die Differenz der durchschnittlichen Abweichungen η_1 und η_2 in den beiden Teilen vom Punkt $(\bar{x} + e)$ und $(\bar{x} - e)$, wobei e die durchschnittliche Abweichung der ganzen Reihe ist,

$$\frac{4(\eta_1 - \eta_2)}{\bar{x}}. \qquad\qquad [41c]$$

---

[1] Formeln bei R. A. FISHER, Statistical Methods, Kap. III, Anhang. Dort sind auch die „Kumulanten" definiert, ein aus den Potenzmomenten abgeleitetes System von Kennziffern, das jedoch für praktische Rechnungen nicht in Frage kommt.

[2] Für eine 2-Klassen-Verteilung kann dieses Maß nicht gebraucht werden, weil hier die Größe D keinen Sinn hat. Für PEARSONS Kurvensystem (vgl. S. 204) gilt:

$$M - D = \sigma \cdot \frac{S \cdot (\varepsilon + 6)}{2(5\varepsilon - 6S^2 + 6)}.$$

Diese Gleichung kann gelegentlich zur Schätzung der Lage des Höchstwertes gebraucht werden.

H. GÜNTHER berechnet die Differenz der mittleren Abweichungen σ_1 und σ_2 um die Mitte der Klasse von $\bar{x}$, die sich ergeben, wenn man die linke (σ_1) oder die rechte (σ_2) Seite als Hälfte einer symmetrischen Verteilung ansieht:

$$\frac{\sigma_2 - \sigma_1}{\sigma}. \qquad [41\,\mathrm{d}]$$

Dieser Ausdruck steht in enger Beziehung zum Quotienten der beiden quadratischen Potenzmomente $P_{|2} : P_2$.

Alle aus einer *Stichprobe* ermittelten Maßzahlen unterliegen als Schätzungen der entsprechenden Werte in der zugrunde liegenden statistischen Gesamtheit einer Ungenauigkeit, die durch den mittleren Fehler gemessen wird. Der mittlere Fehler des i-ten Potenzmomentes ist näherungsweise[1]

$$\sigma_{P_i}^2 = \frac{P_{2i} - P_i^2}{n}$$

$$\sigma_{P_{|i}}^2 = \frac{P_{2i} - P_{|i}^2}{n}, \qquad [42]$$

also z. B.

$$\sigma_{\sigma^2}^2 = \frac{P_4 - \sigma^4}{n}.$$

Alle diese Maßzahlen und alle Beziehungen zwischen ihnen können benutzt werden, um zu prüfen, ob eine gegebene Verteilung bis auf Zufallsschwankungen mit der *Normalkurve* übereinstimmt. Die zur Prüfung erforderlichen Fehlerformeln vereinfachen sich bei Zugrundelegung einer Normalverteilung sehr. Es wird näherungsweise

$$\sigma_{\sigma^2} = \sigma^2 \cdot \sqrt{\frac{2}{n}}, \qquad \sigma_\sigma = \sigma \cdot \frac{1}{\sqrt{2n}}, \qquad \sigma_{\mathrm{v}} = \sigma_{\left(\frac{\sigma}{\bar{x}}\right)} = \frac{\mathrm{v}}{\sqrt{2n}} \cdot \sqrt{1 - 2\left(\frac{\mathrm{v}}{100}\right)^2},$$

$$\sigma_S = \sqrt{\frac{6}{n}}, \qquad \sigma_\varepsilon = \sqrt{\frac{24}{n}}, \qquad \sigma_{P_{|0}} = \frac{0{,}6}{\sqrt{n}}. \qquad [43]$$

Für eine Binomialverteilung ist

$$\sigma_\sigma = \sqrt{\frac{2npq + 1 - 6pq}{4n}}.$$

Zum Schluß sei noch angegeben, wie die Differenz zwischen dem höchsten und dem niedrigsten Wert einer Beobachtungsreihe von der Beobachtungszahl n abhängt. Es beträgt bei Normalverteilung nach TIPPET und PEARSON (Tables II, Nr. 32; s. auch v. SCHELLING) der Erwartungswert dieser „Variationsbreite"

bei n =	5	$2{,}3\,\sigma$,
bei n =	10	$3{,}1\,\sigma$,
bei n =	20	$3{,}7\,\sigma$,
bei n =	50	$4{,}5\,\sigma$,
bei n =	100	$5{,}0\,\sigma$,
bei n =	500	$6{,}1\,\sigma$,
bei n =	1 000	$6{,}5\,\sigma$,
bei n =	10 000	$7{,}7\,\sigma$,
bei n =	100 000	$8{,}8\,\sigma$,
bei n =	1 000 000	$9{,}8\,\sigma$.

6. Die Normalverteilung in Messungsreihen.

Die Normalverteilung von Mittelwerten. Die Normalverteilung tritt nicht nur als wichtige Näherungsformel der binomischen Verteilung auf, sondern hat auch für die statistische Bearbeitung von Messungsergebnissen grundlegende

---

[1] Die Formeln gelten genau, wenn die Potenzmomente nicht um den Mittelwert der Stichprobe, sondern um den des Kollektivs gebildet werden. Für die bei Beziehung auf $\bar{x}$ gültigen Formeln vgl. BERNSTEIN 1932.

Bedeutung. Der klassische Ausgangspunkt ist die *Fehlertheorie*. Hier fand C. F. Gauss 1794 für die Verteilung von Messungsfehlern in Reihen von Messungen einer festen Größe das Gesetz [33]

$$\varphi(x) = \frac{1}{\sigma\sqrt{2\pi}} \cdot e^{-\frac{1}{2}\frac{x^2}{\sigma^2}}.$$

Die beste theoretische Begründung geht davon aus, daß die Fehler sich aus der Wirkung sehr vieler, kleiner, weitgehend voneinander unabhängiger „Elementarfehler" zusammensetzen, die den vielen Möglichkeiten der Fehlerquellen an den verschiedenen Stellen des Messungsinstrumentes und des Beobachtungsvorganges entsprechen. Die Gesamtwirkung aller Elementarfehler führt dann auf die Verteilung der Beobachtungsfehler nach [33]. Die empirische Nachprüfung ergab, daß dieses Gesetz tatsächlich für viele Beobachtungsreihen einer festen Größe Gültigkeit hat.

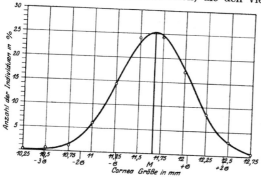

a

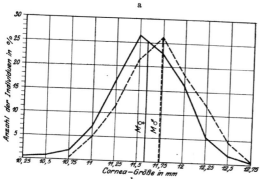

b

Abb. 24 a und b. Verteilung des Corneadurchmessers a ohne, b mit Berücksichtigung des Geschlechts. (Aus Just.)

Als vor 100 Jahren Quetelet begann, *biologische Messungsreihen* statistisch zu bearbeiten, fand er, daß auch die Häufigkeitsverteilungen von Körpergröße, Brustumfang und anderen Merkmalen durch Binomial- bzw. Normalkurven wiedergegeben werden können. Es ist verständlich, daß dieser außerordentlich eindrucksvolle Befund ihn und viele andere dazu geführt hat, diese Form der Häufigkeitsverteilung als Naturgesetz auch für die biologische Variation anzusehen. Man übertrug dabei das Bild von der Wirkung vieler, kleiner „Elementarfehler" auf die im Verlaufe der Entwicklung des Körpers vorliegenden vielfältigen Einflüsse auf die Ausbildung der quantitativen Merkmale.

Es hat sich jedoch gezeigt, daß die Gausssche Verteilungskurve für biologische Variationskurven nur beschränkte Gültigkeit besitzt. Es ist kein Zweifel, daß auch in biologisch einheitlichem Material stark asymmetrische und sogar einseitige Verteilungsbilder auftreten (Johannsen). Man kann vermuten, daß in diesen Fällen die alleinige Annahme vieler kleiner Teilursachen der Variabilität nicht gerechtfertigt ist. Auch wenn man manche zunächst abweichenden Verteilungskurven nachträglich durch eine Maßstabsänderung — nicht nur rein formal, sondern auch biologisch sinnvoll — auf eine Normalkurve zurückführen kann (vgl. S. 203), so bleibt doch die Tatsache bestehen, daß dies bei anderen, z. B. den einseitigen Verteilungen nicht möglich ist. *Für biologische Messungsreihen gibt es also grundsätzlich kein Verteilungsgesetz von a-priori-Charakter*, das etwa der Stellung der binomischen Verteilung bei der Ereignisstatistik entspräche.

Findet man umgekehrt in einer Beobachtungsreihe eine der Normalkurve ähnliche Verteilung, so darf man daraus keineswegs folgern, daß ein der Fehlerkurve entsprechender biologischer Sachverhalt vorliegt, also ein einziger durch Zusammenwirkung von vielen Teilursachen beeinflußter Grundwert. Der immer wieder gezogene *Schluß von der Normalform der Verteilung auf Einheitlichkeit des Materials ist nicht zwingend.* Als Beispiel sei noch einmal auf die Verteilung des Körpergewichtes (Abb. 23 c, d) hingewiesen und ihre Aufspaltung in schiefe Kurven für die einzelnen Körpergrößen. Ferner sei noch das besonders lehrreiche Beispiel des Corneadurchmessers bei Kindern wiedergegeben, das sehr gut mit der Normalkurve übereinstimmt, sich aber doch als zusammengesetzt erweist (Abb. 24).

Immerhin hat das Normalgesetz für die *Darstellung* biologischer Verteilungskurven eine bevorzugte Stellung, da sehr häufig Verteilungen ähnlicher Form auftreten. Deshalb kann man z. B. in kleinen Reihen, in denen man noch keinen Anhaltspunkt für die wirkliche Verteilungsform hat, als ersten Ausgangspunkt eine Normalverteilung annehmen.

In Abschnitt I 5 wurde darauf hingewiesen, daß eine Analogie nicht zwischen Beobachtungsfehlern und der Streuung der Einzelwerte einer biologischen Beobachtungsreihe besteht, sondern erst zwischen Beobachtungsfehlern und der Ungenauigkeit in der Ermittlung der statistischen *Maßzahlen*, wenn diese als Schätzung der entsprechenden Werte in der zugrunde liegenden Gesamtheit aufgefaßt werden. In diesem Sinne ist zu fragen, ob für die Verteilung von *Mittelwert, Streuung usw. Gesetze von a-priori-Charakter* ableitbar sind.

Verteilung von Mittelwerten. Es liege eine statistische Gesamtheit mit beliebiger Häufigkeitsverteilung ihrer Einzelwerte vor. Dann gilt für jede lineare Verbindung von n Werten einer Stichprobe, daß sich das Verteilungsgesetz dieser Verbindung mit wachsendem n immer mehr der Normalkurve nähert. Die wichtigste lineare Funktion einer Wertereihe ist ihr Mittelwert. Es gilt also der für die praktische Statistik grundlegende Satz: *Mittelwerte größerer Beobachtungsreihen folgen der Normalverteilung, gleichgültig welche Häufigkeitsverteilung die Ausgangsgesamtheit selbst aufweist.* Ist σ_x^0 die mittlere Abweichung in der Ausgangsgesamtheit, so ist der mittlere Fehler des Mittelwertes x nach [14],

$$\sigma_{\overline{x}} = \frac{\sigma_x^0}{\sqrt{n}},$$

die Streuungseinheit der Verteilung der Mittelwerte von Stichproben der Größe n.

Der angeführte Satz steht in enger Beziehung zu der Aussage des Fehlergesetzes (S. 148). Während dort ein sehr großes n angenommen werden konnte, ist hier vor allem das Verhalten bei kleinem n von Interesse.

Die Geschwindigkeit der Annäherung an die Normalkurve hängt von der Verteilungsform der Einzelwerte ab. Folgen diese bereits einer Normalverteilung, so tritt dieses Gesetz auch bei den Mittelwerten für jedes n ein. Je stärker die ursprüngliche Verteilung von der Normalkurve abweicht, um so langsamer erfolgt die Annäherung, um so größer muß n sein, bis die Verteilung der Mittelwerte die Normalform erreicht.

Hat die ursprüngliche Verteilung die Schiefe S und den Exzeß ε, so hat ein Mittelwert aus n Werten ein

$$S_{\overline{x}} = \frac{S}{\sqrt{n}}$$

und

$$\varepsilon_{\overline{x}} = \frac{\varepsilon}{n}.$$

Der Exzeß verschwindet schneller als die Schiefe.

Für die praktische Anwendbarkeit ausschlaggebend ist die schon aus den Formeln ersichtliche Tatsache, daß auch *bei stark abweichender Ausgangs-verteilung die Annäherung schnell erfolgt.*

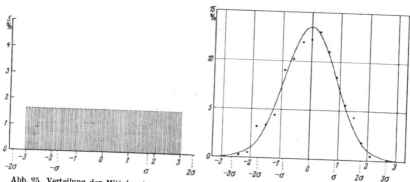

Abb. 25. Verteilung der Mittelwerte aus n = 4 Beobachtungen. Rechteckige Ausgangsgesamtheit. (Nach SHEWHART.)

Zwei Beispiele nach Zufallsversuchen von SHEWHART sind in Abb. 25, 26 wiedergegeben. Das eine beruht auf einer gleichmäßigen, rechteckigen, das andere auf einer einseitigen dreieckigen Ausgangsverteilung, die durch Markierung von Zetteln künstlich hergestellt

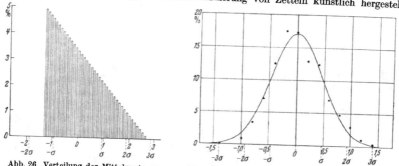

Abb. 26. Verteilung der Mittelwerte aus n = 4 Beobachtungen. Dreieckige Ausgangsgesamtheit. (Nach SHEWHART.)

waren. In 1000 Reihen zu je n = 4 Beobachtungen ergab sich für die Verteilung der Mittel-werte eine mit der Normalkurve bereits außerordentlich nahe übereinstimmende Form. Nur in Abb. 26 ist noch eine gewisse Asymmetrie geblieben. Es sei noch ein biologisches

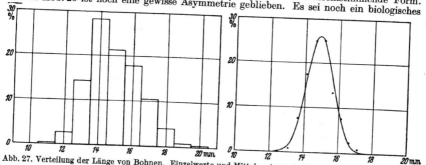

Abb. 27. Verteilung der Länge von Bohnen. Einzelwerte und Mittelwerte zu 4. (Messungen von JOHANNSEN.)

Beispiel hinzugefügt, das JOHANNSEN als Kontrollversuch für die Formel [14] angibt (Länge von 896 Bohnen). Trotz der hier stärkeren Zufallsschwankungen bei nur 224 Mittelwerten zu je 4 Bohnen ist die Annäherung an die Normalkurve gut zu erkennen.

7. Die t-Verteilung von Mittelwerten.

Verteilung der Streuungswerte. Versucht man aus einer Stichprobe vom Umfange n die mittlere Abweichung σ in der zugrunde liegenden Gesamtheit zu ermitteln, so ist auch dies nur mit beschränkter Genauigkeit möglich. Die Zuverlässigkeit leidet auch dadurch stark, daß man die Abweichungen auf den empirisch gefundenen Mittelwert statt auf das Mittel des Kollektivs beziehen muß.

Schon GAUSS hat angegeben, daß der Erwartungswert von σ, der unter Beziehung auf den Mittelwert des Kollektivs (x⁰) die Formel

$$\sigma = \sqrt{\frac{\sum (x_i - x^0)^2}{n}}$$

hat, bei Beziehung auf den Mittelwert der Stichprobe ($\bar{x}$) durch die Schätzung

$$\sigma = \sqrt{\frac{\sum (x_i - \bar{x})^2}{n-1}} \qquad [44]$$

zu ersetzen ist. Die Ersetzung von n durch (n — 1) entspricht dem allgemeinen Prinzip, nicht starr mit der Zahl der Beobachtungen, sondern mit der „Zahl der Freiheitsgrade" (R. A. FISHER) zu rechnen, die sich aus n durch Subtraktion der Zahl der bei der Rechnung gebrauchten statistischen Maßzahlen (hier 1 für den Mittelwert) ergibt.

Geht man von der Verteilung der Einzelwerte im Kollektiv aus, so kann man bisher nur für die Normalverteilung das Verteilungsgesetz von σ in Stichproben ableiten. Es ergibt sich, daß σ asymptotisch bei großem n normal verteilt ist, bei kleinem n dagegen einer besonderen Verteilung (HELMERT 1875, „STUDENT"[1] 1908) folgt.

Auf die Anwendung dieser Verteilung auf die Untersuchung von Streuungsziffern wird in Abschnitt III eingegangen. Hier ist zunächst die Auswirkung auf die *Verteilung von Mittelwerten* zu behandeln, wenn nicht — wie im vorigen Abschnitt — die Streuungseinheit $\sigma_{\bar{x}}^0$ theoretisch bekannt oder wenigstens aus großem Material abgeleitet ist, sondern wenn diese aus der gleichen Stichprobe berechnet ist, deren Mittelwert betrachtet wird. Die Verteilung von

$$t = \frac{\bar{x} - x^0}{\sigma_{\bar{x}}}, \text{ wobei } \bar{x} = \frac{\sum x_i}{n}$$

und

$$\sigma_{\bar{x}} = \sqrt{\frac{\sum (x_i - \bar{x})^2}{n(n-1)}} \qquad [44a]$$

sind, wird nach dem Vorschlag von FISHER als t-Verteilung bezeichnet. Ihre Besonderheiten gegenüber der Normalverteilung im vorigen Abschnitt werden durch folgende Überlegungen verständlich: Bei kleinem n tritt nicht ganz selten der Fall ein, daß die ganze Stichprobe zufällig aus größeren nahe beieinander liegenden Abweichungen besteht. Dann zeigt auch ihr Mittel $\bar{x}$ eine starke Abweichung vom Mittelwert x⁰ der Gesamtheit; die in der Stichprobe vorliegende Streuung σ kann so gering sein, daß die Abweichung x — x⁰ weit mehr als das Dreifache von $\sigma_{\bar{x}}$ beträgt. Je geringer der Umfang der Stichprobe ist, um so häufiger müssen sich derartig hohe Abweichungen finden, um so stärker muß die Abweichung von der Normalverteilung sein. Führt man zur Darstellung dieser Verhältnisse die Größe t ein, so gibt die Verteilung von t einen Überblick über die Fehler in einer Stichprobe. Die t-Verteilung hat nur exakte Gültigkeit, wenn man von einer Normalverteilung ausgeht. Da aber die Verteilung von Mittelwerten sich schnell dieser Verteilung nähert, kann die t-Verteilung stets als brauchbare Schätzung des Schwankungsbereiches eines Mittelwertes angesehen werden.

---

[1] Pseudonym, unter dem der englische Chemiker W. S. GOSSET seine mathematisch-statistischen Arbeiten veröffentlichte.

Ein Beispiel [1], das Stichproben von je vier Beobachtungen aus einer künstlich hergestellten Normalverteilung betrifft, zeigt deutlich, daß die theoretische t-Verteilung die wirklichen Schwankungen gut wiedergibt (Abb. 28). Je größer n ist, um so mehr nähert sich die Verteilung der gestrichelt eingezeichneten Normalkurve. Daß die Verhältnisse

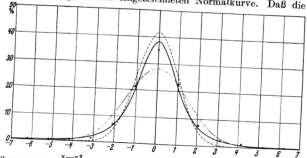

Abb. 28. Verteilung von $t = \dfrac{x - x^0}{\sigma_{\bar{x}}}$ in Stichproben zu je 4 Beobachtungen aus einer Normalverteilung.
• beobachtet (SHEWHART), – – – – Normalverteilung mit $\sigma = 1$, —— t-Verteilung, ········· Normalverteilung mit $\sigma_t = 1,48$.

nicht durch eine einfache Abänderung von σ und entsprechende Verbreiterung der Normalkurve dargestellt werden können, zeigt die punktierte Kurve, die unter Benutzung des empirisch gefundenen σ_t hergestellt ist, also die bestmögliche Anpassung an die Beobachtungswerte aufweist. Die theoretische Ableitung des Verteilungsgesetzes von t ist ein wichtiger Fortschritt in der Beurteilung von Mittelwerten aus kleinen Beobachtungsreihen.

Eine ausführliche Wahrscheinlichkeitstafel der t-Verteilung findet sich bei R. A. FISHER.

Für die praktische Anwendung ist vor allem wichtig zu wissen, welche t-Werte für verschiedenes n mit der üblichen Abgrenzung 3σ ($P = 0,27\%$ bei großem n) gleichwertig sind (Tab. 11 [2]); gleichzeitig sind noch die schwächeren Grenzen für $P = 5\%$ und 1% hinzugefügt.

m ist die Zahl der Freiheitsgrade, auf die bei der Anwendung Bezug zu nehmen ist. Für die Betrachtung des Mittelwertes *einer* Stichprobe ist $m = n - 1$. Demnach muß bei der Beurteilung eines Mittelwertes von 7 Beobachtungen durch seinen mittleren Fehler, wenn man beides aus der Stichprobe errechnet, die Grenze 3σ durch 5σ ersetzt werden.

Tabelle 11. Zur Sicherungsgrenze 0,27% ($\sim 3\sigma$ bei n = ∞) sowie zu 1% und 5% gehörende Vielfache des mittleren Fehlers bei kleinen Beobachtungsreihen.

Zahl der Freiheitsgrade m	Sicherungsgrenze P		
	5 %	1 %	0,27 %
∞	1,96	2,58	3,00
20	2,1	2,8	3,4
15	2,1	2,9	3,6
12	2,2	3,1	3,8
10	2,2	3,2	4,0
9	2,3	3,3	4,1
8	2,3	3,4	4,3
7	2,4	3,5	4,5
6	2,4	3,7	4,9
5	2,6	4,0	5,5
4	2,8	4,6	6,6
3	3,2	5,8	9,2
2	4,3	9,9	19
1	12,7	64	236

8. Der Rückschluß von einer Stichprobe auf die Gesamtheit.

In der Ereignisstatistik wurde bisher nur der *direkte Schluß* behandelt, bei dem die Wahrscheinlichkeit für das betrachtete Ereignis hypothetisch als bekannt angenommen wurde (z. B. eine MENDEL-Ziffer) und geprüft werden sollte, ob Beobachtung und Erwartung innerhalb der Fehlergrenzen miteinander vereinbar sind, d. h. ob die Beobachtungsreihe als Stichprobe aus der durch die Grundwahrscheinlichkeit bestimmten Gesamtheit angesehen werden kann.

---

[1] Nach Zufallsversuchen von SHEWHART auf die t-Verteilung umgearbeitet. — In anderen Versuchsreihen von SHEWHART, denen nichtnormale Ausgangsverteilungen zugrunde liegen (vgl. Beispiel S. 150), ist die Näherung an die t-Verteilung so stark, daß man sie für die praktische Arbeit verwenden kann.

[2] Genaue Werte bei KOLLER: Graphische Tafeln (Nr. 7).

In vielen Fällen ist es nun schwer oder sogar unmöglich, eine Arbeitshypothese als festen Wahrscheinlichkeitswert auszudrücken. Oft wird man überhaupt keine theoretische Vorstellung von der Grundwahrscheinlichkeit haben und zahlenmäßig ganz auf die Beobachtung angewiesen sein, z. B. wenn man vergleichen will, ob ein Merkmal bei Männern und Frauen in gleicher Häufigkeit vorkommt. Endlich kommt es vielfach vor, daß der Rückschluß von den Zahlen der Stichprobe auf die der zugrunde liegenden Gesamtheit überhaupt das Ziel der Statistik ist, z. B. wenn die Häufigkeit eines Merkmals in der Bevölkerung bestimmt werden soll. Wendet man auf derartige Fragen schematisch die binomischen Formeln an, wie es oft getan wird, so begeht man einen logischen Fehler, der allerdings vielfach zahlenmäßig unwesentlich ist. Ein Rückschluß auf die Grundwahrscheinlichkeit läßt sich auf zwei grundsätzlich verschiedenen Wegen durchführen.

a) Die Einzelheiten eines typischen *Rückschlusses* im wahrscheinlichkeitstheoretischen Sinne sind folgende: Bei n Beobachtungen sei ein bestimmtes Ereignis z mal, also mit der Häufigkeit $P = \frac{z}{n}$, aufgetreten. Was läßt sich über die zugrunde liegende Wahrscheinlichkeit p aussagen? Für p mag eine Reihe von Werten in Frage kommen; im günstigsten Falle kennt man sie und außerdem noch die Wahrscheinlichkeiten, die man jedem p-Wert von vornherein — ohne Kenntnis der Beobachtungsreihe — zuordnet. Diese *Ausgangswahrscheinlichkeit* für jeden speziellen Wert p sei v (p). Gesucht ist die Wahrscheinlichkeit w (p), mit welcher man *unter Berücksichtigung der Beobachtungsreihe* vermutet, daß gerade der Wert p zugrunde liegt. Durch Anwendung der Rückschlußformel [22] erhält man

$$w\,(p) = \frac{v\,(p) \cdot p^z \cdot (1-p)^{n-z}}{\sum_i v\,(p_i) \cdot p_i{}^z \cdot (1-p_i)^{n-z}} \, . \qquad [45]$$

Die ursprünglich im Zähler und Nenner vorhandenen Binomialkoeffizienten $\binom{n}{z}$ fallen durch Kürzung fort. Kennt man die v (p$_i$), so läßt sich die Formel zahlenmäßig auswerten.

Vielfach sind nun die v (p) zahlenmäßig nicht faßbar. Kann man aber für p sämtliche Werte zwischen 0 und 1 für möglich halten, so ist es ein brauchbarer Ausgangspunkt, *zunächst alle Werte für gleichwahrscheinlich* zu halten [v (p) = const.]. In diesem Falle erhält [45] eine besonders einfache Form, da v (p) fortfällt und die Summe im Nenner in ein Integral übergeht, das einfach auswertbar ist. Es ergibt sich

$$w\,(p) = \binom{n}{z} \cdot (n + 1) \cdot p^z \cdot (1-p)^{n-z} \, . \qquad [45a]$$

Zur Angabe von Wahrscheinlichkeiten nach dieser Formel müssen Integrale von w (p) berechnet werden, die nach VAN DER WAERDEN 1936 und v. SCHELLING 1938 wieder auf einfache binomische Summen zurückgeführt werden können.

Diese BAYESsche *Verteilung* hat ihr Maximum an der Stelle $p = \frac{z}{n}$; für Mittelwert und Streuung gilt

$$\bar{p} = \frac{z+1}{n+2} \, , \qquad \sigma_p = \sqrt{\frac{p\,(1-p)}{n+3}} \, . \qquad [45b]$$

Abb. 29 (die y-Werte der Zeichnung entsprechen einer 5%-Klasseneinteilung der x-Achse) veranschaulicht die Rückschlußwahrscheinlichkeiten, wenn von 10 Beobachtungen 2 Treffer waren und man vorher alle Wahrscheinlichkeiten zwischen 0 und 1 für gleichmöglich hielt. Der Rückschlußmittelwert ist $\bar{p} = \frac{3}{12} = 25\%$, während die beobachtete Häufigkeit $\frac{2}{10} = 20\%$ das Maximum D der Rückschlußverteilung, den „wahrscheinlichsten Wert" bildet.

Will man die Grenzen bestimmen, innerhalb deren man die Grundwahrscheinlichkeit annehmen muß, so kann man bei größeren Zahlen, für die die Fehlerrechnung anwendbar ist, nach [45b] den Bereich des dreifachen mittleren Fehlers bestimmen. Bei $z = 30$ und $n = 100$ ergibt der Rückschluß einen Mittelwert von 30,4% und eine mittlere Abweichung von 4,53%. Der Bereich, in dem nach der $3\,\sigma$-Regel die Grundwahrscheinlichkeit liegen dürfte, erstreckt sich von 16,8 bis 44,0%.

Die Rückschlußformeln beruhen auf dem Vorhandensein von Ausgangswahrscheinlichkeiten für die Werte von p. Diese Abhängigkeit verliert allerdings mit wachsendem n an Bedeutung; freilich verliert im gleichen Maße auch die Rückschlußformel selbst ihre Besonderheiten, indem bei großem n der Mittelwert $\bar p \to P$ und die Streuung $\dfrac{\bar p(1-\bar p)}{n+3} \to \dfrac{P(1-P)}{n}$, also gegen die binomischen

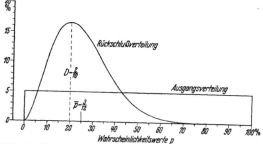

Abb. 29. Rückschlußverteilung nach Beobachtung von zwei Treffern unter 10 Fällen bei konstanter Ausgangsverteilung.

Formeln, gehen. Bei großem n darf also der Bereich der Grundwahrscheinlichkeit als

$$P \pm 3 \sqrt{\frac{P(1-P)}{n}} \quad [45c]$$

angegeben werden. Diese — übliche — Angabe ist jedoch bei kleinem n unstatthaft. Die allgemeine Ersetzung dieser Abgrenzung durch eine auf [45a] und [45b] beruhende, wie sie von

v. D. WAERDEN (1936) für die therapeutische Statistik vorgeschlagen wurde, kann jedoch auch nicht befriedigen, weil der Unterschied zwischen [45b] und [45c] geradezu als Maß der Einwirkung der Ausgangshypothese der Gleichwahrscheinlichkeit angesehen werden muß. Diese Hypothese, die nur die zahlenmäßige Formulierung des Nichtwissens ist, dürfte ein zu schwaches Fundament für die allgemeine Beurteilung empirischer Häufigkeitsziffern sein. Immerhin gibt es sicher Fälle, in denen eine derartige Normierung des Ausgangspunktes erwünscht ist; dann sind [45a] und [45b] die gegebenen Auswertungsformeln.

▮ b) Bei der Behandlung empirischer Häufigkeitsziffern ist man aber nicht auf Rückschlußwahrscheinlichkeiten im Sinne der allgemeinen Formel [45] angewiesen, sondern *kann die Fragestellung so formen, daß die Antwort mittels der binomischen Formeln im direkten Schluß erfolgen kann.* Zur Feststellung der Bereichsgrenzen der Grundwahrscheinlichkeit p fragt man: Welches ist die untere (obere) Grenzwahrscheinlichkeit, die das Auftreten der beobachteten Häufigkeit P in einer Stichprobe gerade noch mit der geforderten Zufallsziffer zuläßt? Wählt man die Grenze entsprechend der üblichen $3\,\sigma$-Regel (Zufallsziffer 0,27%) und ist der mittlere Fehler anwendbar, so ist die untere Grenze p_1 so zu bestimmen, daß

$$p_1 + 3 \sqrt{\frac{p_1(1-p_1)}{n}} = P - \frac{1}{2n}$$

wird[1]. Ähnlich ergibt sich die obere Grenze p_2 aus

$$p_2 - 3 \sqrt{\frac{p_2(1-p_2)}{n}} = P + \frac{1}{2n}. \quad [45d]$$

---

[1] Das Zusatzglied $\dfrac{1}{2n}$ ist wie bei [36a] dadurch notwendig, daß der Fehlerrechnung die stetige Normalverteilung zugrunde liegt und hier die Wahrscheinlichkeit für z und mehr Treffer gleich dem von $(z-\frac{1}{2})$ an gemessenen Flächeninhalt unter der Kurve ist. Betrachtet man die Erfolgsziffer P, so muß dementsprechend der Bereich bei $P - \dfrac{1}{2n}$ begonnen werden (vgl. II 3).

Man berechnet

$$p_{1,2} = \frac{1}{n+9}\left(z' + 4,5 \mp 3\sqrt{\frac{z'(n-z')}{n} + 2,25}\right),$$

wobei $z' = z \mp 0,5$ für die Berechnung der unteren bzw. oberen Grenze zu setzen ist.

Wendet man diese Formel auf das obige Beispiel ($n = 100$, $z = 30$) an, so ergeben sich die Grenzen 18,0% und 45,4%, die gegenüber den aus dem Rückschluß hergeleiteten Grenzen 16,8% und 44,0% einen merklichen Unterschied aufweisen. Der entscheidende Vorteil dieser im deutschen Schrifttum zuerst von O. ANDERSON und von R. PRIGGE befürworteten Schlußweise gegenüber der Beurteilung nach (a) liegt darin, daß die einzelnen p-Werte nicht in ihrer vor Beobachtung der Stichprobe bestehenden Wahrscheinlichkeit beurteilt zu werden brauchen, sondern daß es ausreicht, die Werte für *möglich* zu halten.

Ist bei kleinen Beobachtungszahlen die Fehlerrechnung nicht anwendbar, so läßt sich der entsprechende Ansatz auch unmittelbar für die durch die Grenzwahrscheinlichkeiten bestimmte binomische Verteilung durchführen. Man sucht als untere Grenze dasjenige p_1, für das gerade

$$\sum_{i=z}^{n} \binom{n}{i} p_1^i (1-p_1)^{n-i} = 0,00135 \qquad [45e]$$

ist, also das jenseits der Beobachtungszahl z liegende Endstück der Verteilung gerade die bei der 3 σ-Regel geforderte einseitige Zufallsziffer $\frac{0,27}{2}$ % aufweist.

Die Berechnung ist für den Einzelfall mühsam; CLOPPER und PEARSON haben für die Zufallsziffern 5% und 1% Tafeln für $n = 10$ bis $n = 1000$ angegeben; die Bereiche sind dort als „fiducial limits" (R. A. FISHER) und „confidence interval" bezeichnet. Im deutschen Schrifttum findet man bisher die Bezeichnungen: „fiduziäre Grenzen", „Vertrauensbereich", „Mutungsbereich".

In den „Graphischen Tafeln" (Nr. 4) von KOLLER sind die *Rückschlußgrenzen für große und kleine Beobachtungszahlen unmittelbar abzulesen*. Der Tafel liegt das Vorgehen nach (b) zugrunde; bei kleineren Zahlen ist die binomische Rechnung angewandt. Für das obige Beispiel ($n = 100$, $z = 30$) ergibt die Ablesung die genauen Grenzen 17,4% und 45,2%.

Besondere Beachtung verdient noch der Fall $z = 0$ bzw. $z = n$. Der mehrfach unternommene Versuch, das 3 σ-Intervall mittels einer Fehlerformel abzugrenzen (POLL), ist im Hinblick auf die Gebrauchsvorschrift S. 138 abzulehnen. Man muß auf die binomische Formel zurückgehen und diejenige Grenzwahrscheinlichkeit p bestimmen, die das Ergebnis $z = 0$ gerade mit der üblichen Zufallsziffer 0,27% zuläßt[1],

$$(1-p)^n = 0,0027.$$

Die zahlenmäßigen Ergebnisse (KOLLER 1934, 1940) lassen sich bequem in folgender Regel zusammenfassen: Ist bei n Beobachtungen kein Erfolg aufgetreten, so ist die zugrunde liegende Wahrscheinlichkeit sicher kleiner als die durch 6 Erfolge bestimmte Ziffer $\frac{6 \cdot 100}{n}$ %; bei $n = 17$, 7, 4, 2 Beobachtungen ist 5, 4, 3, 2 statt 6 zu setzen[2]. Wenn also z. B. unter 200 Personen einer Gegend kein Schizophrener gefunden wird, so ist damit nur bewiesen, daß dort die Schizophrenie nicht häufiger als 3% ist (nach den „Graphischen Tafeln" genau 2,9%).

Bei der Bearbeitung von *Messungsreihen* besteht die gleiche grundsätzliche Unsicherheit über den Rückschluß, wenn man gar nichts über die Eigenschaften der zugrunde liegenden Gesamtheit weiß. Man muß sich mit der Vermutung

---

[1] Da bei $z = 0$ das Ergebnis nur eine Abweichung nach unten sein kann, ist hier die ganze Zufallsziffer 0,27% auf die Festlegung der oberen Grenze verwendet.

[2] Diese im direkten Schluß ermittelte Abgrenzung stimmt praktisch mit der durch Rückschluß gewonnenen überein. Hiermit nicht zu verwechseln ist eine ähnliche Regel auf S. 157.

begnügen, daß die statistischen Kennziffern des Kollektivs etwa im Bereich $\pm 3\sigma$ um die entsprechende Kennziffer der Stichprobe liegen werden; bei kleinen Zahlen sind statt 3σ die entsprechenden Werte der t-Verteilung einzusetzen.

9. Der Unterschied zweier Stichproben.

Bei dem *Vergleich zweier Beobachtungsreihen* prüft man die Annahme, ob beide als Stichproben aus derselben — unbekannten — Gesamtheit angesehen werden können. Die Kennziffern dieser Gesamtheit setzt man für die zahlenmäßige Festlegung dieser Annahme mit den Kennziffern der Summe beider Stichproben gleich.

a) Ereignisstatistik. Sind bei einer Ereignisstatistik z_1, n_1; z_2, n_2 die beobachteten Größen, also

$$P_1 = \frac{z_1}{n_1} \quad \text{und} \quad P_2 = \frac{z_2}{n_2}$$

die zu vergleichenden Häufigkeiten, so wird die Ereigniswahrscheinlichkeit im Kollektiv als

$$p = \frac{z_1 + z_2}{n_1 + n_2} \tag{46}$$

angesehen. Man erhält damit diejenige Grundgesamtheit, in der die beiden beobachteten Häufigkeiten P_1 und P_2 die größte Wahrscheinlichkeit haben. Um zu prüfen, ob beide Reihen Stichproben aus diesem hypothetischen Grundkollektiv sein können, leitet man bei größeren Zahlen theoretisch eine Gesamtheit der Differenzen der Häufigkeiten in zwei Stichproben ab (U. Yule, E. Czuber[1], E. Weber). Hierin ist der Erwartungswert Null, die Streuung (vgl. Abschnitt III)

$$\sigma_{\text{Diff.}} = \sqrt{p(1-p)\left(\frac{1}{n_1} + \frac{1}{n_2}\right)}, \tag{46a}$$

und man prüft, ob die beobachtete Differenz $P_1 - P_2$ eine Stichprobe aus diesem Kollektiv der Differenzen sein kann. Ist

$$\left|\frac{z_1}{n_1} - \frac{z_2}{n_2}\right| = |P_1 - P_2| > 3\,\sigma_{\text{Diff.}},$$

so muß diese Möglichkeit abgelehnt werden, d. h. der Unterschied der Häufigkeiten ist statistisch sichergestellt.

In dieser Formel ist die Hinzufügung eines unwesentlichen Zusatzgliedes, das im Sinne von S. 154, Anmerkung, notwendig ist, der Einfachheit halber unterblieben.

Bei kleinen Beobachtungszahlen kann man auf folgendem Wege vorgehen: Man bestimmt nach [46] die optimale Grundwahrscheinlichkeit p und berechnet die Glieder der Binome $(p + q)^{n_1}$ und $(p + q)^{n_2}$. Dann multipliziert man die Glieder der ersten Reihe mit denjenigen Gliedern der zweiten Reihe, die von ihnen mindestens den Abstand $|P_1 - P_2|$ haben. Die Summe dieser Produkte ist die gesuchte Zufallsziffer dafür, daß zwei echte Stichproben aus der Grundgesamtheit eine mindestens so große Differenz der Häufigkeiten aufweisen wie die beobachteten Reihen. Beträgt diese Zufallsziffer 0,0027 oder weniger, so ist das Ergebnis äquivalent einer Überschreitung des $3\,\sigma$-Intervalles bei großen Zahlen; zwischen den beiden Beobachtungsreihen liegt ein echter Unterschied vor.

Nach diesem Verfahren ist in den „Graphischen Tafeln" von Koller eine Tafel zur Beurteilung der Differenz zweier Häufigkeitsziffern berechnet worden. Tafel 5 bezieht sich auf den Vergleich zweier gleich großer Beobachtungsreihen $(n_1 = n_2)$; bei ungleicher Größe der Reihen hat man nach bestimmtem Schema eine auch graphisch ablesbare Korrektur für die größere Reihe hinzuzufügen.

---

[1] Nur in der ersten und zweiten Auflage der „Statistischen Forschungsmethoden". In der dritten Auflage hat Burkhardt das Rückschlußverfahren (s. unten) gewählt.

Prüft man nach diesem Verfahren einige Werteverbindungen mit kleinen Beobachtungszahlen, so findet man echte Unterschiede bei folgenden Werten (s. Tabelle 12).

Zum Vergleich mit S. 155 sei für die Beurteilung eines Nullergebnisses eine Regel hervorgehoben: Bei größeren Zahlen folgt aus $z_1 = 0$ Treffern, daß in einer gleich großen zweiten Reihe höchstens $z_2 = 9$ (genau 9,4) Treffer zu erwarten sind.

Für den Vergleich zweier empirischer Häufigkeiten werden auch folgende Verfahren benutzt:

Vielfach wird die Differenz $P_1 - P_2$ in Beziehung zu einem mittleren Fehler der Differenz gesetzt, der in Analogie zum Vergleich von Mittelwerten als

$$\sigma_{\text{Diff.}} = \sqrt{\frac{P_1 \cdot (1 - P_1)}{n_1} + \frac{P_2 \cdot (1 - P_2)}{n_2}}$$

berechnet wird. Dieser Formel liegt jedoch keine klare Fragestellung zugrunde; der Unterschied zu [46a] ist nur bei kleinen Differenzen und in der Nähe von 50% gelegenen Häufigkeiten unerheblich.

Weitere Verfahren sind unter Zugrundelegung der Rückschlußformeln und Annahme der Gleichwahrscheinlichkeit aller p-Werte zwischen 0 und 1 angegeben worden. Man führt den Rückschluß von jeder Stichprobe aus gesondert durch und fragt, ob die beiden Rückschlußmittelwerte

$$\bar{p}_1 = \frac{z_1 + 1}{n_1 + 2} \quad \text{und} \quad \bar{p}_2 = \frac{z_2 + 1}{n_2 + 2} \quad [46b]$$

sich um mehr als 3 $\sigma_{\text{Diff.}}$ unterscheiden, wobei

$$\sigma_{\text{Diff.}} = \sqrt{\frac{\bar{p}_1(1 - \bar{p}_1)}{n_1 + 3} + \frac{\bar{p}_2(1 - \bar{p}_2)}{n_2 + 3}} \quad [46c]$$

aus den Streuungen der beiden BAYESschen Verteilungen berechnet wird (VAN DER WAERDEN, V. SCHELLING). Man prüft damit, ob die beiden BAYESschen Rückschlußverteilungen im Rahmen der erlaubten Zufallsziffern gemeinsame Glieder besitzen, die dann für die beiden Stichproben einheitlich als Grundwahrscheinlichkeit in Frage kommen.

Tabelle 12. Kleinzahlige Stichproben, die nicht (Zufallsziffer 0,27%) auf dieselbe Grundwahrscheinlichkeit zurückgeführt werden können. (Nach KOLLER: ,,Graphische Tafeln", Nr. 5 u. 6.)

n_1	z_1	n_2	z_2
5	0	5	5
5	0	8	7
7	0	7	6
8	0	8	6
10	0	10	7
10	0	18	10
18	0	18	8
7	1	7	7
9	1	9	8
10	1	10	8
20	1	20	10
12	2	12	10
18	2	18	11
25	2	25	12

Der Inhalt der Vergleichsverfahren soll an einem Beispiel nochmals hervorgehoben werden:

Beispiel. $n_1 = 100$, $z_1 = 30$, $P_1 = 30\%$; $n_2 = 200$, $z_2 = 100$, $P_2 = 50\%$.

1. Auswertung *ohne* Rückschlußformel.

Diejenige Grundwahrscheinlichkeit, die am besten zu beiden Reihen paßt, ist $p = \dfrac{130}{300}$

$= 43,3\%$. Werden aus der hierdurch festgelegten Gesamtheit zwei Stichproben vom Umfang 100 und 200 entnommen, so folgen die Differenzen der Häufigkeiten einer Verteilung mit dem Mittelwert Null und der nach [46a] berechneten mittleren Abweichung 6,1%. Die beobachtete Differenz $P_1 - P_2 = 20\%$ überschreitet das Dreifache dieses Wertes und kann diesem hypothetischen Kollektiv nicht angehören. Da für alle anderen Grundwahrscheinlichkeiten die Ausgangsbefunde P_1 und P_2 noch unwahrscheinlicher sind, kann man schließen, daß es — im Rahmen des üblichen Zufallsbereiches — für die beiden Stichproben keine einheitliche Grundwahrscheinlichkeit gibt; es ist ein echter Unterschied zwischen ihnen anzunehmen.

1a. Nach KOLLERs ,,Graphischen Tafeln" liest man aus Tafel 5 und 6 als höchste zufallsmäßig zulässige Differenz 18,5% ab; die beobachtete Differenz von 20% liegt deutlich darüber.

2. Auswertung *mit* Rückschlußformel.

Nimmt man an, daß alle Grundwahrscheinlichkeiten zwischen 0 und 1 a priori gleichwahrscheinlich sind, so folgt aus [46b] und [46c] als Rückschlußmittelwert der ersten Reihe $\bar{p}_1 = 30,4\% \pm 4,5\%$ und in der zweiten Reihe $\bar{p}_2 = 50,0\% \pm 3,5\%$. Die Differenz beträgt

19,6% $\pm$ 5,7%; die Möglichkeit, daß die wirkliche Differenz Null beträgt, daß also der Rückschluß von beiden Stichproben auf dieselbe Grundwahrscheinlichkeit führt, ist daher abzulehnen.

In diesem Fall führen die Verfahren mit geringen Zahlenunterschieden zum gleichen Ergebnis.

Verschiedene Autoren behandeln den Vergleich zweier Häufigkeiten grundsätzlich als Vierfelderschema nach den in IV 1 beschriebenen Verfahren.

Hierbei sei für kleine n_1, n_2 auf das vorteilhafte Verfahren von R. A. Fisher auf S. 180—181 hingewiesen, bei welchem in der Grundgesamtheit nicht sämtliche, sondern nur diejenigen Kombinationen von Stichproben zu n_1 und n_2 in Betracht gezogen werden, für die die Summe der Trefferzahlen gleich der beobachteten, $(z_1 + z_2)$, ist.

Für kleine Zahlen ist noch ein anderes von Greenwood ausgearbeitetes Rückschlußverfahren zu erwähnen.

Hier wird — wieder unter der Annahme der anfänglichen Gleichwahrscheinlichkeit aller Werte — gefragt, mit welcher Wahrscheinlichkeit in einer zweiten Stichprobe z_2 Treffer unter n_2 Beobachtungen auftreten können, wenn in einer ersten Stichprobe aus derselben Gesamtheit z_1 Treffer unter n_1 Beobachtungen vorgelegen haben. Eine Tafel der Ergebnisse ist in den Pearson-Tables enthalten; die Unterschiede zu Tabelle 12 sind nicht groß.

b) Messungsreihen. Bei einem *Vergleich zweier unabhängiger Messungsreihen* fragt man meist, ob die Mittelwerte $\bar{x}$ und $\bar{y}$ einen statistisch gesicherten Unterschied aufweisen. Zur Beantwortung dieser nur auf die Mittelwerte bezogenen Frage kann man die Annahme prüfen, ob die beiden Reihen als *Stichproben aus zwei Gesamtheiten* betrachtet werden können, *die denselben Mittelwert haben.* Man leitet daraus ein Kollektiv aller Differenzen der Mittelwerte von je zwei Stichproben ab. Dieses hat den Erwartungswert Null und die Streuungseinheit

$$\sigma_{\text{Diff.}} = \sqrt{\sigma_{\bar{x}}^2 + \sigma_{\bar{y}}^2}, \qquad [47]$$

wobei $\sigma_{\bar{x}}$ und $\sigma_{\bar{y}}$ die mittleren Fehler der Mittelwerte $\bar{x}$ und $\bar{y}$ nach [44a] bedeuten.

Eine stärkere Prüfung bezieht sich auf die wichtigere Annahme, daß die beiden Reihen *Stichproben aus derselben Gesamtheit* sind. Der Unterschied gegenüber der vorigen Prüfung liegt darin, daß jetzt auch die Streuungen der Gesamtheiten als gleich vorausgesetzt sind. Das Streuungsquadrat der Grundgesamtheit ist als *gewogenes* arithmetisches Mittel aus den Streuungsquadraten der beiden Stichproben vom Umfang n_1 und n_2 zu schätzen. Daraus leitet sich das Fehlerquadrat der Differenz zweier Mittelwerte ab:

näherungsweise
$$\sigma_{\text{Diff.}}^2 = \frac{\sum (x - \bar{x})^2 + \sum (y - \bar{y})^2}{n_1 + n_2 - 2} \cdot \left(\frac{1}{n_1} + \frac{1}{n_2} \right), \qquad [47a]$$

$$\sigma_{\text{Diff.}}^2 = \frac{\sigma_x^2}{n_2} + \frac{\sigma_y^2}{n_1}.$$

Für beide Arten der Prüfung gilt bei großen Reihen, daß ein Unterschied der Mittelwerte als sichergestellt anzusehen ist, wenn ihre Differenz größer als 3 σ ist. Bei kleinen Reihen ist die Bestimmung von σ ungenau. Da die Mittelwerte und ihre Differenzen nach Abschnitt II 6 einer Normalverteilung folgen — gleichgültig, wie die Ausgangswerte verteilt sind — kann die t-Verteilung für $t = \dfrac{\bar{x} - \bar{y}}{\sigma_{\text{Diff.}}}$ Anwendung finden; dabei ist $m = (n_1 + n_2 - 2)$ die Zahl der Freiheitsgrade.

Beispiel. Unterscheiden sich die Mittelwerte folgender beider Reihen aus 5 und 12 Werten? X: 7; 10; 2; 8; 3. Y: 7; 11; 12; 8; 11; 12; 11; 9; 12; 11; 9; 13. Es ist $\bar{x} = 6 \pm 1,5$; $\bar{y} = 10,5 \pm 0,5$. Der mittlere Fehler der Differenz beträgt nach [47] 1,6, dagegen nach der schärferen Formel [47a] nur 1,25. Die Differenz ergibt sich daraus als das $t = 3,6$fache ihres mittleren Fehlers. Nach der t-Tabelle (Tab. 11, S. 152) für 15 Freiheitsgrade ist damit gerade das Äquivalent der üblichen 3 σ-Grenze erreicht und der Unterschied gesichert. Nach der üblichen ungewogenen Fehlerformel, bei der die hier stärker schwankende kleine Reihe ebenso berücksichtigt worden wäre wie die größere, wäre $\sigma_{\text{Diff.}} = 1,6$ geworden, und die Differenz hätte nur das 2,8fache von σ betragen.

Sind die einzelnen Glieder der Vergleichsreihen nicht voneinander unabhängig, sondern stehen sie paarweise im Zusammenhang, so ist die Reihe der Differenzen der Statistik zugrunde zu legen, wie es z. B. bei allen Zwillingsuntersuchungen getan wird.

Große Reihen vergleicht man zweckmäßig nicht nur in ihrem Mittelwert, sondern in der ganzen Verteilung der Einzelwerte. Vergleichsmethode ist das χ^2-Verfahren (Abschnitt III 5).

III. Die Streuung.

1. Die Streuungsungleichung.

Die Verwendung der mittleren Abweichung σ als Maß der Streuung ist aufs engste mit der führenden Stellung der Normalverteilung verknüpft. Bei dieser steht σ zwar zu allen anderen Maßzahlen der Streuung in einfachen Zahlenverhältnissen, so daß auch diese zur Rechnung gebraucht werden könnten, aber die Bestimmung von σ als Quadratwurzel aus dem Mittelwert der Abweichungsquadrate besitzt nach GAUSS die größte mögliche Genauigkeit. Wegen der Vorherrschaft der Normalverteilung bei den wichtigsten statistischen Größen, den Häufigkeiten und den Mittelwerten, ist es berechtigt, einheitlich σ als Streuungsmaß zu benutzen. Ein allgemeiner wichtiger Vorzug von σ ist ferner die Einfachheit seiner Rechengesetze.

Welche Bedeutung hat σ im allgemeinen Falle, d. h. bei Vorliegen einer beliebigen Verteilung, für die Messung und Abgrenzung des Streuungsbereiches? Aus der Definitionsgleichung von σ läßt sich folgende allgemeine Ungleichung (MARKOFF-TSCHEBYSCHEFF) herleiten: *Die Wahrscheinlichkeit, daß ein Wert um weniger als* $t \cdot \sigma$ *vom Mittelwert entfernt liegt, ist größer als* $\left(1 - \dfrac{1}{t^2}\right)$. Es liegen bei beliebiger Verteilung im Bereich

$-2\,\sigma$ bis $+2\,\sigma$	75,0% aller Werte	
$-3\,\sigma$,, $+3\,\sigma$	88,9% ,,	,,
$-4\,\sigma$,, $+4\,\sigma$	93,75% ,,	,,
$-5\,\sigma$,, $+5\,\sigma$	96,0% ,,	,,
. . . .		
$-10\,\sigma$,, $+10\,\sigma$	99,0% ,,	,,

Die durch diese Ungleichung voraussetzungsfrei bestimmten Bereichsgrenzen sind natürlich sehr viel weiter als die auf S. 139 für die Normalverteilung angegebenen.

Bei Verwendung des i-ten Potenzmomentes statt σ gilt die Wahrscheinlichkeit $\left(1 - \dfrac{1}{t^i}\right)$, für den durchschnittlichen Fehler nur die nichtssagende Grenze $\left(1 - \dfrac{1}{t}\right)$.

Die Ungleichung läßt sich verschärfen, wenn man einige Voraussetzungen über die Form der Verteilung machen kann. Setzt man voraus, daß die Verteilung nur *einen* nahe am arithmetischen Mittel gelegenen Gipfel hat und nach beiden Seiten monoton abfällt, so ist nach CAMP und MEIDELL die genannte Wahrscheinlichkeit, daß ein Wert um weniger als $t \cdot \sigma$ vom Mittelwert entfernt liegt, größer als $\left(1 - \dfrac{1}{2,25 \cdot t^2}\right)$. Jetzt liegen im Bereich

$-2\,\sigma$ bis $+2\,\sigma$	88,9% aller Werte	
$-3\,\sigma$,, $+3\,\sigma$	95,1% ,,	,,
$-4\,\sigma$,, $+4\,\sigma$	97,2% ,,	,,
$-5\,\sigma$,, $+5\,\sigma$	98,2% ,,	,,
. . . .		
$-10\,\sigma$,, $+10\,\sigma$	99,6% ,,	,,

Weitere Verschärfungen können unter Benutzung zweier Potenzmomente erreicht werden.

Damit sind allgemein gültige Abgrenzungen des Streuungsbereiches durchgeführt, die den Gebrauch von σ in jedem Falle sinnvoll machen. Bei Vorliegen einer Normalverteilung oder einer nur mäßigen Abweichung von einer solchen sind die Beziehungen von S. 139 an die Stelle der Streuungsungleichungen zu setzen. Die angeführten Ungleichungen beziehen sich auf die Lage der Einzelwerte in derselben Gesamtheit, aus der σ errechnet ist; sie gelten nicht für abgeleitete Größen. Z. B. wurden auf S. 151 die Abweichungen eines Mittelwertes einiger (n) Beobachtungen vom Mittelwert der zugrunde liegenden Gesamtheit mit ihrem aus den wenigen Beobachtungen ungenau ermittelten mittleren Fehler verglichen. Nach der hierfür gültigen t-Verteilung wird bei n = 4 der Bereich $\pm 3\,\sigma$ noch in 5% überschritten, bei n = 3 in 10% und bei n = 2 sogar in 20%.

2. Die Streuungs- und Fehlerfortpflanzung.

Mittelwert und Streuung von Funktionen. Unterliegt eine Größe x zufälligen Schwankungen, so werden diese auch auf alle auf x beruhenden Funktionen f(x) weitergeleitet. In der statistischen Arbeit tritt oft die Frage auf, aus der Verteilung von x, dem Erwartungswert x^0 (bzw. Mittelwert $\bar{x}$) und der mittleren Abweichung σ_x die entsprechenden Werte für f (x) abzuleiten.

1. Die Umänderung der Verteilung erfolgt, indem man x durch f(x) ersetzt. Man erhält dann Klassen von unregelmäßiger Breite. Als Grundlage der neuen Verteilung sind nicht die Funktionswerte der alten Klassenmitten zu wählen, sondern es sind statt dessen die Klassengrenzen zu übertragen und aus ihnen die neuen Klassenmitten abzuleiten. Bei sehr grober Klasseneinteilung können systematische Fehler entstehen. Aus der abgeänderten Verteilung kann man Mittelwert und Streuung von f (x) errechnen. Eine direkte Umrechnung von M und σ entsprechend der Formel f (x) ist nicht möglich. Es ist, abgesehen von Sonderfällen,

Tabelle 13. Umrechnung der Verteilung der Erythrocytendurchmesser in -oberflächen.

Durchmesser Klassen	Oberfläche		Anzahl
	Klassen]	Klassen-mitte	
unter 5,8 μ	unter 52,84 μ^2	49,3	5
5,8—6,2 μ	52,84— 60,38 μ^2	56,6	78
6,2—6,6 μ	60,38— 68,42 μ^2	64,4	144
6,6—7,0 μ	68,42— 76,97 μ^2	72,7	479
7,0—7,4 μ	76,97— 86,02 μ^2	81,5	542
7,4—7,8 μ	86,02— 95,57 μ^2	90,8	358
7,8—8,2 μ	95,57—105,62 μ^2	100,6	279
8,2—8,6 μ	105,62—116,18 μ^2	110,9	99
8,6—9,0 μ	116,18—127,23 μ^2	121,7	15
9,0 μ und mehr	127,23 μ^2 und mehr	133,0	1
			2000

$$\left. \begin{array}{l} M_{[f(x)]} \neq f_{[M(x)]} \\ \sigma_{[f(x)]} \neq f_{[\sigma(x)]} . \end{array} \right\} \quad [48]$$

Beispiel. Aus der Verteilung der Erythrocytendurchmesser (Tabelle 2) ist die der Oberflächenwerte abzuleiten. Als Erythrocytenoberfläche sei einfach die doppelte Kreisfläche, also $\dfrac{D^2}{2}\pi$ berechnet.

Als Mittelwert der neuen Verteilung ergibt sich 83,22 μ^2, als mittlere Abweichung[1] 13,37. Hätte man versucht, den Mittelwert einfach aus dem Durchmessermittel nach der Formel umzurechnen, wäre man auf den falschen Wert 82,59 μ^2 gekommen; die direkte Umrechnung von σ scheitert völlig.

2. Oft tritt die Aufgabe in der Form auf, daß Mittelwert und Streuung von x *ohne Benutzung der Häufigkeitsverteilung* auf eine Funktion von x umgerechnet werden sollen. Dies ist jedoch nur für die einfachsten Fälle exakt möglich: Bedeutet c eine Konstante, so ist für

$$f(x) = x \pm c$$
$$M_{(x \pm c)} = \bar{x} \pm c$$

und

Für

$$\sigma_{(x \pm c)} = \sigma_x . \quad [49]$$

wird

$$f(x) = c \cdot x$$

und

$$M_{(c \cdot x)} = c \cdot \bar{x}$$

$$\sigma_{c \cdot x} = c \cdot \sigma_x .$$

Bei multiplikativen Maßstabänderungen (z. B. cm in mm) ändert sich M_x und σ_x wie x. Bei gleichzeitiger Nullpunktsverschiebung (z. B. Umrechnung der Temperatur von Fahrenheit in Celsius) erhält σ_x nur den multiplikativen Faktor.

---

[1] Die Berechnung von M und σ kann wegen der ungleichen Klassenbreite nicht durch Einführung der Klasseneinheiten 1, 2 ..... vereinfacht werden. Die Sheppardsche Korrektur ist näherungsweise mit der mittleren Klassenbreite 9,3 durchgeführt worden.

Für andere Funktionen ist die exakte Angabe von $M_{[f(x)]}$ und $\sigma_{[f(x)]}$ ohne Berücksichtigung der Verteilung von x nicht mehr möglich.

Es lassen sich allgemein nur bestimmte Ungleichungen aufstellen, von denen die für den Erwartungswert (Mittelwert) einiger wichtiger Funktionen wiedergegeben seien, wobei vorausgesetzt ist, daß x nur positive Werte annimmt:

$$f(x) = x^2 \qquad\qquad \bar{x}^2 \leq M_{(x^2)} \leq \bar{x}^2 + \sigma^2 $$

$$f(x) = \sqrt{x} \qquad\qquad \frac{\bar{x}\sqrt{\bar{x}}}{\sqrt{\bar{x}^2 + \sigma^2}} \leq M_{(\sqrt{x})} \leq \sqrt{\bar{x}} \qquad\qquad [50]$$

$$f(x) = \frac{1}{x} \qquad\qquad \frac{1}{\bar{x}} \leq M_{\left(\frac{1}{x}\right)} .$$

Man erkennt hieraus die Art der Verschiebung des Erwartungswertes gegenüber dem Funktionswert des ursprünglichen Mittelwertes, für eine zahlenmäßige Verwertung reichen diese Ungleichungen jedoch meist nicht aus.

3. Vielfach wird der Erwartungswert einer Funktion aus $\bar{x}$ und σ durch eine Reihenentwicklung berechnet. Dabei wird vorausgesetzt, daß die Abweichungen der Einzelwerte vom Mittelwert im Vergleich zu diesem klein sind, so daß die Entwicklung bei der zweiten Potenz abgebrochen werden kann. Bezeichnet man mit $f'(\bar{x})$ den ersten und mit $f''(\bar{x})$ den zweiten Differentialquotienten von $f(x)$ nach x an der Stelle des Mittelwertes $\bar{x}$, so ergibt dieses Verfahren folgende Näherungswerte:

$$\sigma^2_{[f(x)]} \sim f'^2(\bar{x}) \cdot \sigma^2_x \qquad\qquad M_{[f(x)]} \sim f(x) + \frac{1}{2} f''(\bar{x}). \qquad [51]$$

Mit diesen Formeln stimmt die Gleichung [49] überein, ferner ergibt sich für einige wichtige Funktionen

$$f(x) = x^2 \qquad M_{(x^2)} \sim \bar{x}^2 + \sigma^2 \qquad \sigma^2_{(x^2)} \sim 4\bar{x}^2\sigma^2 $$

$$f(x) = \sqrt{x} \qquad M_{(\sqrt{x})} \sim \sqrt{\bar{x}}\left(1 - \frac{\sigma^2}{8\bar{x}^2}\right) \qquad \sigma^2_{(\sqrt{x})} \sim \frac{1}{4\bar{x}}\sigma^2 \qquad [51a]$$

$$f(x) = \frac{1}{x} \qquad M_{\left(\frac{1}{x}\right)} \sim \frac{1}{\bar{x}}\left(1 + \frac{\sigma^2}{\bar{x}^2}\right) \qquad \sigma^2_{\left(\frac{1}{x}\right)} \sim \frac{1}{\bar{x}^4}\sigma^2 .$$

Als Beispiel sei aus dem mittleren Fehler von σ^2 der von σ abgeschätzt: Es ist nach [43] bei Normalverteilung

$$\sigma^2_{(\sigma^2)} = \frac{2\sigma^4}{n} .$$

Nach [51a] wird daraus

$$\sigma^2_\sigma = \frac{1}{4\sigma^2} \cdot \frac{2\sigma^4}{n} = \frac{\sigma^2}{2n}$$

in Übereinstimmung mit genaueren Berechnungen.

Bei allen diesen Formeln ist jedoch darauf hinzuweisen, daß sie keine Näherungsformeln im üblichen mathematischen Sinne sind, da ihre Genauigkeit und sogar ihre Richtigkeit nicht ohne Kenntnis der Ausgangsverteilung beurteilt werden können. V. MISES hält ihre Anwendung sogar für unberechtigt. Eine bevorzugte Gültigkeit der Formeln besteht auch bei Zugrundeliegen einer Normalverteilung nicht. Jedenfalls sollte, wo es immer möglich ist, die Berechnung mittels der Häufigkeitsverteilung erfolgen.

Soll eine *Funktion mehrerer Veränderlicher* x, y, z .... aus den Verteilungen und Maßzahlen von x, y, z .... statistisch beschrieben werden, so bestehen — wie bei x allein — die gleichen Lösungswege.

1. Sind die Häufigkeitsverteilungen ausreichend bekannt, so geht daraus die Verteilung jeder Funktion $f(x, y)$ hervor. Praktisch führt die Ungleichheit der Klassen, die sich auch überschneiden, jedoch zu erheblichen Schwierigkeiten, die die Herstellung der Verteilungstafel für die Funktion verhindern. Immerhin lassen sich wenigstens die Erwartungswerte für Mittelwert und Streuung der Funktion ermitteln. Für jedes Feld der Korrelationstafel berechnet man die Klassengrenzen und die Klassenmitte in der neuen Skala und daraus in der üblichen Weise M und σ.

2. Ohne Kenntnis der Verteilungen können M und σ für eine *Summe* oder *Differenz* berechnet werden:

$$M_{(x+y)} = \bar{x} + \bar{y} \qquad \sigma_{(x+y)} = \sqrt{\sigma_x^2 + \sigma_y^2 + 2\,r_{xy}\,\sigma_x\,\sigma_y}$$
$$M_{(x-y)} = \bar{x} - \bar{y} \qquad \sigma_{(x-y)} = \sqrt{\sigma_x^2 + \sigma_y^2 - 2\,r_{xy}\,\sigma_x\,\sigma_y}\,. \qquad \Bigg\} \quad [52]$$

Die Formeln für Mittelwert und Streuung (Fehler) einer Differenz spielen beim statistischen Vergleich eine große Rolle. Allgemein ist

$$M_{(x\pm y\pm z\pm \ldots)} = \bar{x} \pm \bar{y} \pm \bar{z} \pm \ldots$$
$$\sigma_{(x\pm y\pm z\pm \ldots)}^2 = \sigma_x^2 + \sigma_y^2 + \sigma_z^2 + \ldots \pm 2\,r_{xy}\sigma_x\sigma_y \pm 2\,r_{xz}\sigma_x\sigma_z \pm 2\,r_{yz}\sigma_y\sigma_z \pm \ldots. \quad \Bigg\} \quad [53]$$

Bei gegenseitiger Unabhängigkeit von x, y, z . . . . . fallen alle Korrelations-koeffizienten fort, und die Formel vereinfacht sich zu

$$\sigma_{(x\pm y\pm z\pm \ldots)}^2 = \sigma_x^2 + \sigma_y^2 + \sigma_z^2 + \ldots \qquad [53a]$$

Es addieren sich demnach die Streuungs*quadrate*. Sind x, y, z . . . . Beob-achtungen aus dem gleichen Kollektiv, haben sie also das gleiche σ, so wird das Streuungsquadrat der Summe aus n unabhängigen Beobachtungen $n \cdot \sigma^2$. Betrachtet man statt der Summe den Mittelwert, so ergibt sich die wichtige Grundformel [14]

$$\sigma_{\bar{x}}^2 = \frac{\sigma^2}{n}\,.$$

Für andere Funktionen sind nur Ungleichungen exakt angebbar. So gibt TSCHUPROW (nach ANDERSON) für den Erwartungswert eines Quotienten eine brauchbare Ungleichung

$$\frac{\bar{x}}{\bar{y}} + A \cdot \frac{\sigma_y^2}{\bar{y}^2} - r_{xy}\frac{\sigma_x \cdot \sigma_y}{\bar{y}^2} \geq M_{(x/y)} \geq \frac{\bar{x}}{\bar{y}} + B\,\frac{\sigma_y^2}{\bar{y}^2} - r_{xy} \cdot \frac{\sigma_x \cdot \sigma_y}{\bar{y}^2}\,. \qquad [54]$$

Dabei ist A eine feste obere und B eine feste untere Schranke, die der Wert des Quotienten x/y niemals überschreiten kann. In vielen Fällen kann man derartige Schranken angeben, z. B. B = 0 und A = 1. Wenn y nur positive Werte annehmen kann, gilt ferner

$$M_{(x/y)} > \frac{\bar{x}}{\bar{y}}\,. \qquad [54a]$$

An diese Beziehung muß man immer denken, wenn man mit Quotienten arbeitet. Man darf nie einen Mittelwert von Quotienten, etwa den Mittelwert von Schädelindices, einem Quotienten von Mittelwerten, z. B. von Schädelbreite und -länge, zum Vergleich gegenüber-stellen. Die beiden Werte können sich an *einer* Reihe um mehr als die Zufallsgrenzen unter-scheiden.

3. Für die Ermittlung von M und σ werden wieder Reihenentwicklungen angegeben, die jedoch den gleichen Bedenken unterliegen wie die von x allein. Bezeichnet man mit $f_{\bar{x}}, f_{\bar{y}}$ . . . die ersten, mit $f_{\bar{x}\bar{x}}, f_{\bar{y}\bar{y}}$ . . . $f_{\bar{x}\bar{y}}, f_{\bar{x}\bar{z}}$ . . . die zweiten partiellen Differential-quotienten von f nach y, x . . . . an den Stellen $\bar{x}, \bar{y}$ . . . ., so wird als Näherungsformel gebraucht (CZUBER),

$$M_{(f)} = f(\bar{x}, \bar{y}, \bar{z} \ldots) + \frac{1}{2}(f_{\bar{x}\bar{x}}\,\sigma_x^2 + f_{\bar{y}\bar{y}}\,\sigma_y^2 + f_{\bar{z}\bar{z}}\,\sigma_z^2 + \ldots) +$$
$$+ f_{\bar{x}\bar{y}}\,\sigma_x\sigma_y\,r_{xy} + f_{\bar{x}\bar{z}}\,\sigma_x\sigma_z\,r_{xz} + f_{\bar{y}\bar{z}}\,\sigma_y\sigma_z\,r_{yz} + \ldots$$
$$\sigma_f^2 = f_{\bar{x}}^2\,\sigma_x^2 + f_{\bar{y}}^2\,\sigma_y^2 + f_{\bar{z}}^2\,\sigma_z^2 + \ldots + 2\,(f_{\bar{x}}\,f_{\bar{y}}\,\sigma_x\,\sigma_y\,r_{xy} + \qquad \Bigg\} \quad [55]$$
$$+ f_{\bar{x}}\,f_{\bar{z}}\,\sigma_x\,\sigma_z\,r_{xz} + f_{\bar{y}}\,f_{\bar{z}}\,\sigma_y\,\sigma_z\,r_{yz} + \ldots).$$

Bei Unabhängigkeit fallen alle Glieder mit r fort. Die Formeln für Produkt und Quotient zweier Veränderlicher seien ausführlich angegeben:

$$M_{(x\cdot y)} = \bar{x} \cdot \bar{y} + r_{xy} \cdot \sigma_x\,\sigma_y\,.$$

Diese Formel ist exakt und folgt auch unmittelbar aus der Definition des Korrelations-koeffizienten.

$$\sigma_{(x\cdot y)}^2 = \bar{x}^2\,\sigma_y^2 + \bar{y}^2\,\sigma_x^2 + 2\,r_{xy} \cdot \bar{x}\,\bar{y}\,\sigma_x\,\sigma_y$$
$$M_{\left(\frac{x}{y}\right)} = \frac{\bar{x}}{\bar{y}}\left(1 + \frac{\sigma_y^2}{\bar{y}^2} - r_{xy}\frac{\sigma_x\,\sigma_y}{\bar{x}\,\bar{y}}\right) \qquad \Bigg\} \quad [55a]$$
$$\sigma_{\left(\frac{x}{y}\right)}^2 = \frac{\bar{x}^2}{\bar{y}^2}\left(\frac{\sigma_x^2}{\bar{x}^2} + \frac{\sigma_y^2}{\bar{y}^2} - 2\,r_{xy}\frac{\sigma_x\,\sigma_y}{\bar{x}\,\bar{y}}\right).$$

Quotienten treten sehr oft als statistische Variable auf, vor allem durch den vielfachen Gebrauch von *Indexziffern*. Wird jeweils aus den zusammengehörigen Einzelwerten der Index gebildet — wie z. B. bei anthropologischen Statistiken —, so sind Häufigkeitsverteilung und Maßzahlen richtig bestimmbar. Will man aber zur Vereinfachung Mittelwert und Streuung des Index aus den Maßzahlen der Grundgrößen ableiten, wenn man sich nicht mit der Ungleichung [54] begnügt, so steht man mit [55a] auf unsicherem Boden.

Wo Quotientenbildungen nicht unbedingt erforderlich sind, soll man sie möglichst unterlassen. Z. B. braucht das Geschlechtsverhältnis der Geborenen durchaus nicht als $\frac{100\,M}{W}$ berechnet zu werden, der Hundertsatz der Knaben unter den Geborenen ist statistisch eine günstigere Größe. Auch bei Krankheiten, Sterbeziffern usw. läßt sich der Geschlechtsunterschied oft durch eine Häufigkeit oder eine Differenz zweier Häufigkeiten ausdrücken. Für bestimmte Vergleiche, bei denen die *relativen* Unterschiede beachtet werden müssen, ist man jedoch auf Quotienten angewiesen. Dann soll man auch die Formeln für den mittleren Fehler [55a] benutzen, um wenigstens ganz grob den Zufallsbereich beurteilen zu können.

Zur Berechnung der mittleren Abweichung bei einer Funktion f von einer oder mehreren Veränderlichen geht man zweckmäßig von folgender Gleichung aus:

$$\sigma_f^2 = E_{(f-Ef)^2} = E(f^2) - (Ef)^2. \qquad [56]$$

Der Erwartungswert des Quadrates der Funktionswerte ist oft leichter zu berechnen als der Erwartungswert der Abweichungsquadrate.

Als Beispiel werde der mittlere Fehler der Recessivenzahl α in n-Kind-Familien mit mindestens einem recessiven Kind bestimmt (nach BERNSTEIN). Ist p die zugrunde liegende Recessivenwahrscheinlichkeit und $q = 1 - p$, so ist die Erwartungszahl der Recessiven nach S. 133

$$E(\alpha) = w \cdot n = \frac{p \cdot n}{1 - q^n}.$$

Die Wahrscheinlichkeit, daß gerade i Recessive auftreten, ist nach [32]

$$w_i = \frac{n!}{i!\,(n-i)!} \cdot \frac{p^i q^{n-i}}{1-q^n} = \frac{w_i'}{1-q^n},$$

wenn man die entsprechenden binomischen Werte ohne Auslese durch einen Strich kennzeichnet. Der Erwartungswert von α^2 ergibt sich durch Zurückführung auf den binomischen Wert $E'(\alpha^2)$

$$E(\alpha^2) = \frac{1}{n} \sum \frac{\alpha^2 w_i'}{1-q^n} = \frac{1}{1-q^n} \cdot E'(\alpha^2).$$

Dieser ist aus der binomischen Fehlerformel zu ermitteln:

$$\sigma_\alpha'^2 = npq = E'(\alpha^2) - [E'(\alpha)]^2 = E'(\alpha^2) - n^2 p^2$$
$$E'(\alpha^2) = npq + n^2 p^2$$

Durch Einsetzen erhält man

$$\sigma_\alpha^2 = \frac{1}{1-q^n}(npq + n^2p^2) - w^2 n^2 = wn(q + pn - wn) \left.\right\}$$
$$= wn(q - wnq^n). \qquad\qquad [57]$$

Hätte man die Verteilung unberücksichtigt gelassen und nach der hier unzureichenden Näherungsformel [55] gerechnet, wäre man zu einem erheblich anderen Wert gekommen.

Das Fehlerfortpflanzungsgesetz in der Gestalt [49] ist jetzt anzuwenden, wenn man aus dieser Form der Korrektur auf die LENZsche Methode schließen will. Die Spaltungsziffer wird hier geschätzt als

$$p' = w \cdot (1 - q^n),$$

wobei $(1 - q^n)$ eine Konstante ist. Daraus folgt

$$\sigma_{p'} = (1 - q^n) \cdot \sigma_w$$

in Übereinstimmung mit der direkten Berechnung.

Streuungsfortpflanzung durch mehrere Generationen. Eine ganz andere Art der Fortpflanzung von Zufallsschwankungen kann bei Erbstatistiken vorliegen, wenn mehrere Generationen weniger Individuen betrachtet werden und die zufälligen Aufspaltungen in einer Generation auf die weiteren Nachkommen fortwirken. Als Beispiel sei ein Kreuzungsschema gewählt, welches in der Züchtung bei Prüfung eines dominanten Individuums auf Heterozygotie — etwa in der Mutationsforschung — auftritt (Koller und Lauprecht). Ein Aa wird mit einem AA gepaart; die Nachkommen, unter denen die Hälfte Aa sein soll, werden mit dem Ausgangstier Aa rückgekreuzt. Unter deren Kindern ist ein Achtel als recessiv zu erwarten. *Die Häufigkeitsverteilung in F_2 hängt offenbar davon ab, welche Genotypen in F_1 vorhanden waren.* Bestand F_1 nur

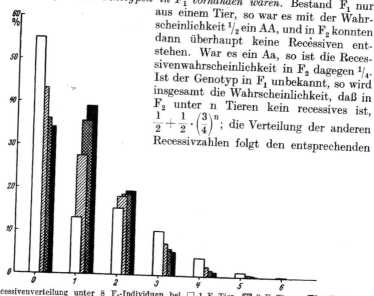

aus einem Tier, so war es mit der Wahrscheinlichkeit $1/2$ ein AA, und in F_2 konnten dann überhaupt keine Recessiven entstehen. War es ein Aa, so ist die Recessivenwahrscheinlichkeit in F_2 dagegen $1/4$. Ist der Genotyp in F_1 unbekannt, so wird insgesamt die Wahrscheinlichkeit, daß in F_2 unter n Tieren kein recessives ist,

$$\frac{1}{2} + \frac{1}{2} \cdot \left(\frac{3}{4}\right)^n;$$ die Verteilung der anderen Recessivzahlen folgt den entsprechenden

Abb. 30. Recessivenverteilung unter 8 F_2-Individuen bei □ 1 F_1-Tier, ▨ 2 F_1-Tieren, ▨ 4 F_1-Tieren, ■ 8 F_1-Tieren. Kreuzungsschema s. Text.

mit $1/2$ zu multiplizierenden Werten von $\left(\frac{1}{4} + \frac{3}{4}\right)^n$. Diese Verteilung ist eine völlig andere als die ohne Weiterleitung der F_1-Zufälligkeiten zu erwartende Verteilung entsprechend

$$\left(\frac{1}{8} + \frac{7}{8}\right)^n.$$

Abb. 30 zeigt die Verteilung bei $n = 8$ F_2-Nachkommen, wenn sie von einem, von zwei, von vier oder von acht F_1-Individuen stammen. Im ersten Fall ist der Erwartungswert der Verteilung (1 Recessiver) am schwächsten besetzt, die Wahrscheinlichkeit für mehrere Recessive höher als bei größerer Zahl der F_1-Individuen. Ebenso ist die Wahrscheinlichkeit, daß zufällig kein Recessiver auftritt, bei einem F_1-Tier am größten und nähert sich bei größerem F_1 dem einfachen binomischen Fall. Die Streuung, die ebenfalls bei nur einem F_1-Tier am größten ist und dann abnimmt, wird auf S. 166 noch genauer betrachtet.

Hiermit läßt sich die Frage nach der Heterozygotiewahrscheinlichkeit einer dominanten Ausgangsperson beantworten, ferner die Frage nach der günstigsten Individuenzahl in F_1 und F_2, um mit möglichst wenig Tieren eine festgesetzte Grenzwahrscheinlichkeit zu erreichen.

Formelmäßig sind die Aufgaben durch Schachtelung von Verteilungen zu lösen. Als ähnliche Aufgabe aus der menschlichen Erbtheorie sei auf die Ermittlung der Wahrscheinlichkeit für die verschiedenen Sippentypen eines Erbkranken hingewiesen. So erfordert z. B.

die Wahrscheinlichkeit, daß ein Recessiver keine recessiven Eltern, Geschwister, Groß-eltern, Onkel und Tanten, aber mindestens einen recessiven Vetter hat, derartige Schachte-lungen [GEPPERT-KOLLER; Ergebnisse S. 294 ff.]

3. Die Streuung in Reihen mit schwankender Grundwahrscheinlichkeit.

Wenn einer Reihe von Ereignisbeobachtungen eine feste Wahrscheinlichkeit p zugrunde liegt, so folgen die Ereigniszahlen z einer binomischen Verteilung mit der mittleren Abweichung $\sigma_z = \sqrt{npq}$. Ist p nicht für alle Beobachtungen konstant, sondern ist p nur der Durchschnitt aus den einzelnen Wahrscheinlich-keiten, so sind verschiedene Fälle möglich, die von der Gruppierung der Wahrscheinlichkeiten in der Beobachtungsreihe abhängen. Um die für eine Reihe von n Beobachtungen geltende mittlere Abweichung zu berechnen, ist eine größere Zahl (s) solcher Reihen zu betrachten. Die Beobachtung a_{ik} sei die k-te Beobachtung in der i-ten Reihe.

Für die gesuchte mittlere Abweichung ist ausschlaggebend, ob die Einzelwahr-scheinlichkeiten (gewissermaßen die p_{ik}) so angeordnet sind, daß die Durchschnitts-wahrscheinlichkeiten p_i der Reihen oder die p'_k der Spalten Schwankungen zeigen.

a_{11}	a_{12}	$a_{13} \cdots a_{1k} \cdots a_{1n}$	p_1
a_{21}	a_{22}	$a_{23} \cdots a_{2k} \cdots a_{2n}$	p_2
.	.	. . . .	. .
a_{i1}	a_{i2}	$a_{i3} \cdots a_{ik} \cdots a_{in}$	p_i
.	.	. . . .	
a_{s1}	a_{s2}	$a_{s3} \cdots a_{sk} \cdots a_{sn}$	p_s
p'_1	p'_2	$p'_3 \cdots p'_k \cdots p'_n$	p

1. *Wenn die Einzelwahrscheinlich-keiten „regellos" über die Reihen verstreut sind, gilt die binomische Verteilung mit $\sigma_z^2 = npq$*, als wenn p eine konstante Grundwahrscheinlichkeit wäre. Die ungeordneten Schwankungen der Einzel-wahrscheinlichkeiten heben sich in jeder Reihe und jeder Spalte gegenseitig auf, so daß $p_i = p'_k = p$ wird. Dieser Satz begründet die allgemeine Anwend-barkeit der binomischen Verteilung. Die Konstanz der Nebenbedingungen, die für ein festes p Voraussetzung wäre, wird selten — außer in den idealen MENDEL-schen Spaltungsversuchen — voll verwirklicht sein.

2. Die Wahrscheinlichkeiten p_i der einzelnen Reihen seien gleich, dagegen seien die p'_k der Spalten untereinander verschieden (POISSON-Schema); ihre mittlere Abweichung sei $\sigma_{p'}$. Dann ist die Streuung von Reihe zu Reihe ver-mindert:

$$\sigma_z^2 = npq - n \cdot \sigma_{p'}^2 . \qquad [58]$$

Als Beispiel sind Statistiken jahreszeitlich schwankender Ereignisse zu nennen; der mittlere Fehler der Jahresziffern ist vermindert; d. h. die Zufallsschwankungen von Jahr zu Jahr sind kleiner, als wenn eine jahreszeitlich gleiche Durchschnittszahl der Ereignisse vorkäme.

Zum POISSON-Schema gehört auch folgende Überlegung: p sei die Wahrscheinlichkeit für ein nur bei einem Geschlecht mögliches Merkmal, z. B. eine Uterusmißbildung, in der Gesamtbevölkerung n. Dann ist 2p die auf die Frauen allein bezogene Wahrscheinlichkeit. Die mittlere Abweichung kann nur sein

$$\sigma^2 = \frac{n}{2} \cdot 2p(1 - 2p),$$

da die Männer nichts zur Schwankung beitragen. Legt man aber die Bevölkerungswahr-scheinlichkeit zugrunde, erhielte man zunächst den falschen Wert $n \cdot p(1 - p)$. Bei großem p ist der Unterschied beträchtlich. Tatsächlich liegt hier aber ein POISSONsches Schema vor, indem innerhalb jeder Beobachtungsreihe regelmäßig [1] eine Hälfte die Wahrscheinlichkeit 0, die andere 2p aufweist. Es ist also

$$\sigma_{p'}^2 = \frac{1}{n} \left[\frac{n}{2}(0 - p)^2 + \frac{n}{2}(2p - p)^2 \right] = p^2 .$$

---

[1] Zufallsschwankungen des Geschlechtsverhältnisses sind hier zu vernachlässigen.

Setzt man dies in (58) ein, so erhält man auch bei Beziehung auf die Gesamtbevölkerung den richtigen Streuungswert

$$\sigma^2 = n \cdot p \, (1 - p) - np^2 = np \, (1 - 2p).$$

3. Die p'_k seien alle gleich, die Wahrscheinlichkeit p_i der einzelnen Zeilen verschieden (Lexissches Schema). Da sich hier von Beobachtungsreihe zu Beobachtungsreihe die Wahrscheinlichkeiten ändern, müssen auch die Schwankungen der Ereigniszahlen vergrößert sein. Bezeichnet man die mittlere Abweichung der p_i mit σ_p, so ist

$$\sigma_z^2 = npq + n \, (n - 1) \cdot \sigma_p. \qquad [59]$$

Die Sachlage des Lexisschen Schemas, die Änderung der Nebenbedingungen von Reihe zu Reihe, findet sich bei sehr vielen Statistiken.

Als erbbiologisches Beispiel, bei dem σ_p theoretisch berechnet werden kann, sei das Züchtungsschema von S. 164 herangezogen, bei dem die Recessivenverteilung unter den n_2 Nachkommen aus einer Rückkreuzung von n_1 aus der Paarung $AA \times Aa$ entstandenen F_1-Individuen mit ihrem Aa-Elter betrachtet wurde. Die Recessivenzahl in F_2 $\left(\text{Erwartungswert } \frac{1}{8} \, n_2 \right)$ hängt davon ab, wie viele AA und Aa zufällig unter den n_1 Individuen in F_1 vorhanden waren. Für die Nachkommen eines AA ist die Recessivenwahrscheinlichkeit 0, für die eines Aa ist sie $1/4$. Da beide Genotypen in gleicher Zahl zu erwarten sind, ist das Streuungsquadrat σ_p^2 der Recessivenwahrscheinlichkeit

$$\frac{1}{2} \left(0 - \frac{1}{8} \right)^2 + \frac{1}{2} \left(\frac{1}{4} - \frac{1}{8} \right)^2 = \frac{1}{8^2}.$$

Dann ist die Streuung der Recessivenzahl in F_2:

$$\sigma^2 = n_2 \cdot \frac{1}{8} \cdot \frac{7}{8} + n_2 \, (n_2 - 1) \cdot \frac{1}{8^2}. \qquad [60]$$

Im Zahlenbeispiel der Abb. 30 war $n_2 = 8$, so daß die Formel ein $\sigma^2 = 1{,}75$ ergibt. Dieser Wert stimmt mit dem aus der Verteilung berechneten σ^2 völlig überein.

Im allgemeinen Falle, bei $n_1 > 1$, besteht die Beobachtungsreihe aus n_1 Gruppen zu je $\frac{n_2}{n_1}$ Geschwistern, für deren jede das Streuungsquadrat entsprechend [60] zu berechnen ist. Bei n_1 Individuen in F_1 ergibt sich also für die Streuung der Recessivenzahl in der Beobachtungsreihe

$$\sigma^2 = n_1 \left[\frac{n_2}{n_1} \cdot \frac{1}{8} \cdot \frac{7}{8} + \frac{n_2}{n_1} \left(\frac{n_2}{n_1} - 1 \right) \cdot \frac{1}{8^2} \right]$$
$$= n_2 \cdot \frac{1}{8} \cdot \frac{7}{8} + n_2 \left(\frac{n_2}{n_1} - 1 \right) \cdot \frac{1}{8^2}. \qquad [60\,a]$$

Für $n_1 = 1$ geht [60a] in [60] über, für $n_2 = n_1$ verschwindet das zweite Glied, und es ergibt sich der binomische Fehlerausdruck. Im Zahlenbeispiel wird bei

$$
\begin{aligned}
n_1 &= 2 & \sigma^2 &= 1{,}25 \\
n_1 &= 4 & \sigma^2 &= 1{,}00 \\
n_1 &= 8 & \sigma^2 &= 0{,}875
\end{aligned}
$$

in Übereinstimmung mit den Werten der Verteilung.

4. Die Prüfung der Einheitlichkeit einer statistischen Reihe.

Liegt eine Beobachtungsreihe von Ereignissen oder Merkmalen vor, so kann man aus der Betrachtung der Streuung einen gewissen Rückschluß auf die Einheitlichkeit der Reihe ziehen. Wenn die beobachteten Schwankungen der Ereigniszahlen genau dem binomischen Wert entsprechen („normale Dispersion"), so sagt man, daß die Reihe nur „reine Zufallsschwankungen" aufweist. Dies ist nicht gleichbedeutend mit dem Vorliegen einer festen Grundwahrscheinlichkeit, sondern besagt nur, daß etwa vorhandene Schwankungen der Einzelwahrscheinlichkeiten keine im Material erkennbare Ordnung gezeigt haben.

Das letzte Beispiel zeigt deutlich diesen Unterschied. Hätte man in einer größeren Reihe von je 8 F_2-Nachkommen die Schwankungen um die Recessivenwahrscheinlichkeit $1/8$ untersucht, so hätte man normale Dispersion erhalten, wenn die betrachteten F_2-Nachkommen Einzelkinder gewesen wären ($n_2 = n_1$). Je größer die Geschwisterzahl in jeder Reihe ist, um so stärker ist die Dispersion erhöht. Dabei wären die Schwankungen der Einzelwahrscheinlichkeiten stets die gleichen, nur gewinnen sie erst durch die gemeinsame Erfassung der Geschwister in einer Reihe zahlenmäßigen Einfluß auf die Streuung.

Zur Prüfung der Frage, ob die Schwankungen der Ereigniszahlen z in s Reihen mit der Annahme einer festen Grundwahrscheinlichkeit vereinbar sind, kann man nach LEXIS den *Dispersionskoeffizienten* (LEXISsche Zahl) bilden:

$$L^2 = \frac{\sigma_z^2}{pqn} = \frac{\sum (z_i - np)^2}{s \cdot pqn}. \qquad [61]$$

Sind die s Reihen nicht gleich groß und bezeichnet man mit n_i den Umfang der i-ten Reihe, so berechnet man

$$L^2 = \frac{1}{s} \sum \frac{(z_i - n_i p)^2}{n_i pq}. \qquad [61a]$$

Der Erwartungswert ist 1, der mittlere Fehler näherungsweise

$$\sigma_{(L^2)} \sim \sqrt{\frac{2}{s}}.$$

Die Verteilung von L^2 folgt nicht der Normalkurve; daher ist die Fehlerrechnung nur als roher Anhaltspunkt brauchbar (vgl. die nächsten Abschnitte).

Die Berechnung von L^2 erfolgt zweckmäßig als

$$L^2 = \frac{1}{spq}\left\{ \sum \frac{z_i^2}{n_i} - 2p \cdot \sum z_i + p^2 \cdot \sum n_i \right\}. [61b]$$

Sind die Grundwahrscheinlichkeiten nicht theoretisch bekannt, so sind die Beobachtungswerte einzusetzen:

Tabelle 14. 3 : 1 - Aufspaltung von zucker- und stärkehaltigem Mais. (Nach LOCKE aus E. WEBER.)

Beobachtungszahl n_i	Recessive (zuckerhaltig) z_i	$\dfrac{z_i^2}{n_i}$
382	92	22,157
409	100	24,450
514	135	35,458
464	131	36,985
370	98	25,957
432	95	20,891
397	97	23,700
447	125	34,955
331	78	18,381
375	87	20,184
425	117	32,209
389	97	24,188
368	91	22,503
315	72	16,457
388	98	24,753
383	97	24,567
292	60	12,329
392	93	22,064
7073	1763	442,188

$$L^2 = \frac{1}{(s-1) \cdot P \cdot (1-P)} \sum \frac{(z_i - Pn_i)^2}{n_i}. \qquad [61c]$$

Es handelt sich jetzt nicht mehr um den Vergleich der beobachteten mit der theoretischen binomischen Streuung, sondern um die Gegenüberstellung der von Reihe zu Reihe beobachteten Schwankungen der Ereigniszahlen mit dem aus der Schwankung der Einzelereignisse abgeleiteten Streuungswert. Auf diese wichtige Auffassung wird auf S. 171f. näher eingegangen.

Als Beispiel sei Tabelle 14 durchgerechnet. Die zu prüfenden Wahrscheinlichkeiten sind p = 0,25; q = 0,75.

Es ergibt sich nach [61b]

$$L^2 = \frac{1}{18 \cdot 0,25 \cdot 0,75} (442,188 - 0,5 \cdot 1763 + 0,25^2 \cdot 7073)$$

$$L^2 \pm \sigma_{(L^2)} = 0,82 \pm 0,33.$$

Die Abweichung von 1 liegt also weit im Zufallsbereich. Die Annahme einer festen Grundwahrscheinlichkeit stößt auf keinen Widerspruch (vgl. auch S. 170).

Die LEXISsche Dispersionstheorie ist grundlegend für die Entwicklung weiterer Methoden zur Beurteilung von Zufallsschwankungen gewesen. Als statistisches Verfahren tritt sie jetzt gegenüber den neueren und weiter ausgebauten englischen Methoden zurück.

5. Der Vergleich von Häufigkeitsverteilungen nach der χ^2-Methode (PEARSON).

Eine wichtige statistische Aufgabe besteht in der Prüfung, ob eine beobachtete Häufigkeitsverteilung in k Klassen als Stichprobe aus einer bestimmten hypothetischen Gesamtheit — z. B. einer binomischen Verteilung — aufgefaßt werden kann. Es soll eine Prüffunktion angegeben werden, die alle Einzelabweichungen zwischen Beobachtungs- und Erwartungszahlen zusammenfaßt und die Zurückführung dieses Gesamtausdruckes auf ein Wahrscheinlichkeitsschema gestattet.

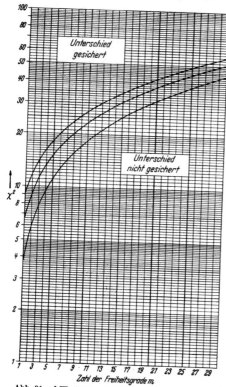

Die Grundlage der Prüffunktion ist die Differenz der Zahl z_i der Fälle in der i-ten Klasse von ihrem Erwartungswert $z_i^0 = n \cdot p_i$, wobei p_i die hypothetische Wahrscheinlichkeit der i-ten Klasse ist. PEARSON wählte als Maßzahl

$$\chi^2 = \sum_{i=1}^{k} \frac{(z_i - z_i^0)^2}{z_i^0} = \sum_{i=1}^{k} \frac{(z_i - n p_i)^2}{n p_i}. \quad [62]$$

In der zweiten Schreibweise erkennt man die enge Beziehung von χ^2 zur LEXISschen Zahl L^2 in [61a]. Die Eignung der willkürlich gewählten Funktion χ^2 hat sich seit ihrer Aufstellung im Jahre 1900 in vielen praktischen Anwendungen erwiesen.

χ^2 ist ein zusammengefaßter normierter Ausdruck für die in einer Beobachtungsreihe vorliegenden Abweichungen von den Erwartungswerten. Je größer χ^2, um so schlechter ist die Übereinstimmung. Da mit der theoretisch aufgestellten Häufigkeitsverteilung auch die in jeder Klasse zulässigen Zufallsabweichungen gegeben sind, so läßt sich auch das Verteilungsgesetz des aus diesen Einzelabweichungen zusammengesetzten Ausdrucks χ^2 ableiten.

Abb. 31. χ^2-Werte für die Wahrscheinlichkeitsgrenzen 5%, 1%, 0,27%.

Das Verteilungsgesetz von χ^2 ist unter Verwendung von asymptotischen Näherungsausdrücken berechnet; dies erfordert für die Anwendung die Voraussetzung, daß kein Erwartungswert kleiner als etwa 5 ist. Kleinere Werte, die z. B. in den Grenzklassen vorkommen, müssen zusammengefaßt werden. Die Bewertung eines gefundenen χ^2 hängt von der Zahl der benutzten Klassen k oder nach R. A. FISHER besser von der „Zahl der Freiheitsgrade" m ab. m ergibt sich aus der Zahl der Klassen durch Subtraktion der für die Berechnung der theoretischen Verteilung verwendeten empirischen Maßzahlen.

Wichtig ist vor allem die Wahrscheinlichkeit P, mit der in einer Stichprobe aus der zugrunde liegenden bekannten statistischen Gesamtheit ein bestimmtes χ^2 überschritten wird, d. h. die Wahrscheinlichkeit, mit welcher eine Stichprobe mit dem Kollektiv noch schlechter übereinstimmt, als es einem gegebenen χ^2 entspricht. Diese Wahrscheinlichkeiten sind in Tafeln zum unmittelbaren

Gebrauch niedergelegt[1]. Als Auszug sind hier für m $\leq$ 30 die χ^2-Werte angegeben, die den Grenzwahrscheinlichkeiten 5 %, 1 % und 0,27 % (3 σ-Äquivalent) entsprechen (Abb. 31). Tritt bei einer Prüfung ein wesentlich größeres χ^2 auf, so kann man daraus auf Unvereinbarkeit zwischen Theorie und Beobachtung schließen.

Für m > 30 folgt

$$F = \sqrt{2\,\chi^2} - \sqrt{2m - 1}$$

einer Normalverteilung mit der Streuung 1; den drei Grenzen entspricht dann, da es sich um eine einseitige Prüfung handelt, F = + 1,64; + 2,33; + 2,78.

Beispiel (Tabelle 15). Es soll geprüft werden, ob sich die Verteilung der Mittelwerte der Längsdurchmesser von je vier Bohnen (Messungen von Johannsen, Abb. 27, S. 150) hinreichend einer Normalverteilung anpaßt, so daß die Abweichungen — durch χ^2 gemessen — im üblichen Zufallsbereich bleiben.

Zur Berechnung der Normalverteilung wurde Mittelwert und Streuung benutzt, so daß m = k — 2 = 6 ist. χ^2 ist weit kleiner als der nach Abb. 31 zur Wahrscheinlichkeit 5 % gehörende Wert 12,6. Die beobachteten Abweichungen liegen also völlig im Zufallsbereich. Aus den ausführlichen Tabellen ergibt sich zu χ^2 = 4,19 und m = 6 eine Wahrscheinlichkeit P = 65 %, daß eine solche oder eine noch schlechtere Übereinstimmung durch Zufall eintritt; mit anderen Worten: Man wird nur in 35 % eine noch bessere Anpassung erwarten.

Ist χ^2 sehr klein, P also sehr groß, etwa über 99 %, so darf man die dann vorliegende ungewöhnlich gute Übereinstimmung nicht zugunsten der Hypothese auslegen; auch dieses Ergebnis muß einen Verdacht gegen die richtige Annahme des Schwankungsbereiches (z. B. nicht schwankenden Anteil), auf Fehler in der Beobachtung oder Rechnung hervorrufen.

Tabelle 15. χ^2-Berechnung.

Klassen	Beobachtet z_i	Erwartet z_i^0	$\dfrac{(z_i - z_i^0)^2}{z_i^0}$
unter 53,5	2	5,4	2,14
53,5—55,5	17	15,5	0,15
55,5—57,5	39	35,7	0,31
57,5—59,5	56	54,4	0,05
59,5—61,5	56	54,8	0,03
61,5—63,5	30	36,5	1,16
63,5—65,5	17	16,1	0,05
65,5—67,5	5 ⎫	4,7 ⎫	
67,5	7	5,7	0,30
und mehr	2 ⎭	1,0 ⎭	
	224	224,1	$\chi^2 = 4,19$

Zu erwähnen ist, daß beim χ^2-Verfahren die *Reihenfolge* der Abweichungen nach Vorzeichen und Größe unberücksichtigt bleibt.

Das Zahlenergebnis der χ^2-Prüfung hängt stark von der gerade gewählten Klasseneinteilung ab. Durch Veränderung der Klassenbreite oder Verschiebung der Klassengrenzen kann eine merkliche Verschiebung der Endwerte entstehen. Bei wichtigen Prüfungen, in denen die Einteilung nicht festliegt, ist es daher zu empfehlen, die Untersuchung mit einer oder mehreren anderen Klasseneinteilungen zu wiederholen.

Die Methode ist z. B. für Prüfungen von Mendelschen Spaltungsziffern sehr gut verwendbar. Sobald mehr als zwei Klassen vorliegen, müßte sonst der unmittelbare Vergleich von Beobachtung und Erwartung nach S. 142 für jede Klasse getrennt durchgeführt werden. Da aber die einzelnen Klassen nicht voneinander unabhängig sind, können die Einzelergebnisse nicht zusammengefaßt werden. Das χ^2-Verfahren faßt dagegen von vornherein alle Einzelabweichungen zusammen.

Beispiel. Moureau fand bei den Blutfaktoren M und N in den Ehen zweier Heterozygoter MN $\times$ MN von 188 Kindern

45 MM   102 MN   41 NN

gegenüber einer Erwartung von

47 MM   94 NN   47 NN.

Daraus ergibt sich

$$\chi^2 = \frac{2^2}{47} + \frac{8^2}{94} + \frac{6^2}{47} = 1,53$$

---

[1] R. A. Fisher: „Statistical Methods". In den Pearson Tables ist n' = m + 1 verwendet. In Tafel 9 der „Graphischen Tafeln" von Koller sind die Werte χ^2/m für die 0,27 %-Grenze für jedes m abzulesen.

bei m = 2 (da die Gesamtzahl 188 zur Berechnung der Erwartungswerte benutzt ist, d. h. nur zwei unabhängige Klassen vorhanden sind). Auch dieser Wert liegt noch ganz im Zufalls-bereich (P = 47%).

Führt man am Beispiel der 3 : 1-Aufspaltung (S. 167) bei Mais die χ^2-Rechnung für die 18 Untergruppen durch, so wird, wie aus dem Formelvergleich ersichtlich,

$$\chi^2 = (1 - p) \cdot s \cdot L^2 = \frac{3}{4} \cdot 18 \cdot 0{,}82 = 11{,}1.$$

Bei m = 17 Freiheitsgraden liegt χ^2 völlig im Zufallsbereich (P = 85%). Die Überein-stimmung mit der MENDELschen Erwartung ist, wie auch die Dispersionsprüfung zeigte, ausgezeichnet.

Häufige Anwendung findet die Methode auf den *Vergleich zweier beobachteter Häufigkeitsverteilungen*, bei denen geprüft werden soll, ob sie Stichproben aus derselben statistischen Ge-samtheit sein können. Die Erwartungswerte werden durch Mittelbildung aus den relativen Häufigkeiten der Klassen in beiden Be-obachtungsreihen gewon-nen. Statt diese einzeln auszurechnen und χ^2 nach der Grundformel [62] zu bilden, kann die Rech-nung abgekürzt werden. Sind z_i und z_i' die beob-achteten Anzahlen in der i-ten Klasse und sind n und n' die Gesamtzahlen der beiden Reihen, so ist

Tabelle 16. Geburtsgewicht der Neugeborenen bei Gleichheit und Verschiedenheit der Blutgruppen von Mutter und Kind. (Nach HASELHORST aus KOLLER.)

	Gruppen-gleichheit z_i	Gruppen-verschieden-heit z_i'	$\dfrac{(z_i\, n' - z_i'\, n)^2}{z_i + z_i'}$
unter 2300 g	32	12	$77 \cdot 10^3$
2300 bis unter 2600 g	50	19	97
2600 ,, ,, 2900 g	142	54	273
2900 ,, ,, 3200 g	265	89	2108
3200 ,, ,, 3500 g	263	129	1032
3500 ,, ,, 3800 g	224	98	35
3800 ,, ,, 4100 g	114	59	874
4100 ,, ,, 4400 g	41	20	148
4400 ,, ,, 4800 g	25 } 30	10 } 13	2
4800 g und mehr	5	3	
	1161=n	493=n'	$4646 \cdot 10^3$

$$1161 \cdot 493 = 572373$$
$$\chi^2 = 8{,}12$$

$$\chi^2 = \frac{1}{n \cdot n'} \sum_i \frac{(z_i\, n' - z_i'\, n)^2}{z_i + z_i'} \cdot [63]$$

Werden k Klassen paarweise verglichen, so ist die Zahl der Freiheitsgrade m = k — 1. Ein Beispiel (Tabelle 16) zeigt die Rechnung.

Für m = 8 liegt das gefundene $\chi^2 = 8{,}12$ völlig im Zufallsbereich; ihm ent-spricht ein P = 50%. Ein Unterschied der beiden Kurven ist nicht zu erweisen. Die χ^2-Methode kann auch für den Vergleich von mehr als zwei Häufigkeits-verteilungen benutzt werden (vgl. S. 182).

Verbindung mehrerer Maßzahlen zu einer Gesamtwertung. Als wichtige neu-artige Anwendung hat FISHER 1934 die *Zusammenfassung der Ergebnisse ver-schiedener statistischer Prüfungen zu einer einzigen Maßzahl* angegeben[1]. Wenn z. B. mehrere Beobachtungsreihen von einzelnen Untersuchern vorliegen, deren Einzelwerte nicht unmittelbar vergleichbar sind, und jede Reihe für sich die Zufallsgrenzen nicht erreicht, so kann man durch eine χ^2-Prüfung eine Gesamt-wertung der Einzelergebnisse vornehmen. FISHER benutzt eine Eigenschaft der χ^2-Verteilung im Falle m = 2; dort ist die Wahrscheinlichkeit P, daß durch Zufall eine mindestens so schlechte Übereinstimmung zwischen Beob-achtung und Erwartung eintritt, wie dem beobachteten χ^2 entspricht, gerade

$$P = e^{-\frac{1}{2}\chi^2} \qquad\qquad \chi^2 = -2 \log \mathrm{nat}\ P. \qquad [64]$$

---

[1] Eine von PEARSON 1936 angegebene Methode mit gleichem Ziel ist in ihrer Anwendung wesentlich komplizierter.

Nun betrachtet er jedes bei einer statistischen Übereinstimmungsprüfung aufgetretene P als gleichwertig mit einem χ^2 für m = 2 und faßt die aus den P umzurechnenden χ^2 zu einem Gesamt-χ^2

$$\bar{\chi}^2 = \sum \chi_i^2$$

mit einer entsprechenden Zahl der Freiheitsgrade zusammen und erhält damit eine Gesamtwertung. Die Einzelprüfungen können dabei verschiedener Art sein, auf dem mittleren Fehler, auf Korrelationen, χ^2-Verfahren usw. beruhen. Die Methode erfordert die Kenntnis der Zufallswahrscheinlichkeiten der Einzelprüfungen.

Beispiel. Beim Vergleich von Mittelwerten zwischen 2 Messungsreihen haben 4 Untersucher für den Quotienten t zwischen Mittelwertsdifferenz und deren mittlerem Fehler die Werte 1,50; 2,18; 1,91; 2,26 erhalten. Keine Differenz ist für sich allein gesichert. Wegen verschiedener Beobachtungsmethoden dürfen die Reihen nicht zusammengefaßt werden. Ergibt die Gesamtwertung einen Unterschied? Es mögen jeder Reihe große Zahlen zugrunde liegen, so daß die Normalverteilung herangezogen werden kann. Den vier t-Werten entsprechen dann die P_i der Tabelle 17. Aus einer gewöhnlichen Logarithmentafel erhält man unter Berücksichtigung der Formel

$$\log nat\ P = 2{,}3026 \cdot \log P$$
$$\bar{\chi}^2 = \sum \chi_i^2 = -4{,}6052 \cdot \sum \log P_i$$

für die Umrechnung der P_i-Werte in χ^2 nebenstehende Zahlen (Tabelle 17).

Die Zahl der Freiheitsgrade ist m = 8 (viermal je 2). Die Sicherungsgrenze beträgt nach der χ^2-Kurve (Abb. 31) nur $\chi^2 = 23{,}6$. Damit ergibt die Gesamtwertung einen gesicherten Unterschied.

Tabelle 17. Zusammenfassung von Einzelprüfungen zu einer Gesamtwertung.

	t	P_i	$\log P_i$
1. Reihe	1,50	0,134	0,12710 —1
2. Reihe	2,18	0,029	0,46240 —2
3. Reihe	1,91	0,056	0,74819 —2
4. Reihe	2,26	0,024	0,38021 —2

$$\sum \log P_i = 1{,}71790\ -7$$
$$= -5{,}28210$$
$$\chi^2 = 24{,}3$$

Dieses Verfahren ist auch anwendbar, um an einem Material die Prüfung verschiedenartiger Unterschiede zusammenzufassen. Vergleicht man z. B. an zwei Individuengruppen mehrere voneinander unabhängige Merkmale und will feststellen, ob sich die beiden Gruppen in diesen Merkmalen unterscheiden, so kann man wieder die Einzelergebnisse auf dem beschriebenen Wege zu einer Gesamtwertung zusammenfassen. Dies ist besonders wichtig, wenn es sich um kleinere Gruppen handelt, bei denen kein Unterschied gesichert werden kann. Die P-Werte sind dann aus den Originaltafeln der t-Verteilung zu entnehmen.

6. Die Aufteilung der Streuung nach R. A. Fisher.

Während das χ^2-Verfahren eine unmittelbare Fortsetzung der Lexisschen Dispersionstheorie ist, die sich ebenfalls auf Ereignisreihen und Häufigkeiten bezieht, muß beim Übergang zu *Messungsreihen* der Ausgangspunkt verlegt werden. Will man hier die Einheitlichkeit von Beobachtungsreihen prüfen, so fehlt jede Möglichkeit, eine theoretisch zu erwartende Streuung zu berechnen und der beobachteten gegenüberzustellen. Man kann hier jedoch einen anderen Weg einschlagen und das Verhalten der Streuung des Merkmals bei verschiedener Gruppierung des Materials untersuchen[1]. Liegt ein völlig einheitliches Material vor, in dem die gemessene Größe in bestimmter Weise um ihren Mittelwert schwankt und die Nebenbedingungen von Beobachtung zu Beobachtung gleich sind, so müssen bestimmte zahlenmäßige Beziehungen bestehen.

---

[1] Der gleiche Gedanke einer verschiedenen Gruppierung des Materials liegt bereits der Lexisschen Dispersionstheorie für den Fall zugrunde, daß keine theoretisch bekannte Wahrscheinlichkeit geprüft wird, sondern daß die beobachtete Gesamthäufigkeit zum Vergleich benutzt wird.

Sind die N Einzelwerte a_{ik} nach einem Nebenmerkmal in s verschiedene Gruppen geordnet (vgl. Schema S. 165), und bezeichnet man mit A_i den Mittelwert in der i-ten Gruppe, so kann man folgende Abweichungsquadrate bilden [1]:

		Wert bei Einheitlichkeit des Materials
1. die aller Einzelwerte a_{ik} vom Gesamtmittel M . .	$\sum\limits_{i,k}(a_{ik}-M)^2$	$(n \cdot s - 1)\,\sigma^2$
2. die der Einzelwerte a_{ik} der i-ten Gruppe vom Gruppenmittel A_i	$\sum\limits_{k}(a_{ik}-A_i)^2$	$(n - 1)\,\sigma^2$
3. die Summe der Abweichungsquadrate unter (2) für alle Gruppen	$\sum\limits_{i,k}(a_{ik}-A_i)^2$	$s \cdot (n - 1)\,\sigma^2$
4. die der Gruppenmittel A_i vom Gesamtmittel M . .	$\sum\limits_{i}(A_i-M)^2$	$\dfrac{(s-1)}{n}\,\sigma^2$

Bei Einheitlichkeit des Materials hängen alle diese Abweichungsquadrate nur von einem Grundwert σ, der Streuungseinheit der Einzelwerte um das Gesamtmittel, ab und können zu verschiedenen Schätzungen von σ benutzt werden. Zur Prüfung der Einheitlichkeit führt man diese Rechnungen durch und prüft die Übereinstimmung der Ergebnisse. Stimmen sie — außerhalb des Zufallsbereiches — nicht überein, so ist die Uneinheitlichkeit erwiesen; das Nebenmerkmal, nach dem die Aufteilung vorgenommen ist, läßt echte Unterschiede erkennen.

Zur Berechnung beachtet man, daß in jeder der s Gruppen die Abweichungsquadrate in folgender Beziehung stehen (vgl. [10a]).

$$\sum_{k}(a_{ik}-A_i)^2 = \sum_{k}(a_{ik}-M)^2 - n\,(A_i-M)^2.$$

Summiert man nun über alle Gruppen, so wird

$$\sum_{i,k}(a_{ik}-A_i)^2 = \sum_{i,k}(a_{ik}-M)^2 - n\sum_{i}(A_i-M)^2.$$

Die Ergebnisse pflegt man in folgendes Schema einzutragen:

Tabelle 18. Schema für die Aufteilung der Streuung in s Gruppen zu je n Werten.

	Zahl der Freiheitsgrade	Summe der Abweichungsquadrate	σ^2-Schätzung
Zwischen den Gruppen	$s - 1 = m_1$	$n \cdot \sum\limits_{i}(A_i-M)^2$	$\dfrac{n}{s-1}\sum\limits_{i}(A_i-M)^2 = \sigma_1^2$
Innerhalb der Gruppen	$s \cdot (n-1) = m_2$	$\sum\limits_{i,k}(a_{ik}-A_i)^2$	$\dfrac{1}{s\cdot(n-1)}\sum\limits_{i,k}(a_{ik}-A_i)^2 = \sigma_2^2$
Insgesamt	$n \cdot s - 1$	$\sum\limits_{i,k}(a_{ik}-M)^2$	$\dfrac{1}{ns-1}\sum\limits_{i,k}(a_{ik}-M)^2 = \sigma^2$

Nun ist zu prüfen, ob

$$\sigma_1^2 > \sigma_2^2.$$

Unter der Annahme, daß die zugrunde liegende Gesamtheit nicht sehr stark von der normalen Verteilung abweicht, kann aus dem Verteilungsgesetz der Streuungen in Stichproben das Verteilungsgesetz des Quotienten zweier Streuungsschätzungen

$$Q^2 = \frac{\sigma_1^2}{\sigma_2^2} \qquad\qquad [65]$$

---

[1] Die Summationsbezeichnung „i, k" bedeutet nur, daß über alle Einzelwerte a_{ik} zu summieren ist.

abgeleitet werden, welches nur von m_1, m_2, Q abhängt. Q^2 entspricht weitgehend dem LEXISschen Dispersionsquotienten. Zur Auswertung hat FISHER eine logarithmische Transformation von Q eingeführt, für die er Tafeln angibt (z-Verteilung). In Abb. 32 ist eine bequemer anzuwendende graphische Darstellung ohne z-Transformation wiedergegeben, aus der die zusammengehörigen Werte m_1, m_2, Q^2 entnommen werden, welche auf der Sicherungsgrenze P = 1% liegen. Ist das beobachtete Q^2 deutlich größer als der Tafelwert, so ist die Uneinheitlichkeit des Materials als gesichert anzusehen[1].

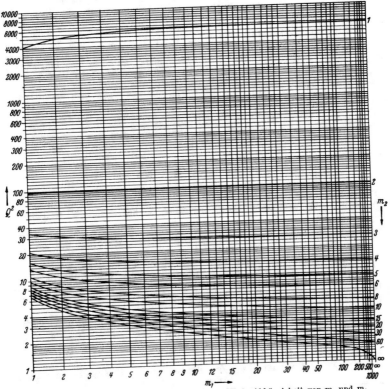

Abb. 32. Q^2-Werte auf der Sicherungsgrenze P = 1% in Abhängigkeit von m_1 und m_2.

Die Darstellungsskala ist so gewählt, daß für kleinere und mittlere Werte von m_1 und m_2 die Ablesung von Q^2 mit ausreichender Genauigkeit erfolgen kann. Für große Zahlen folgt

$$z = \frac{1}{2} (\log \text{nat } \sigma_1^2 - \log \text{nat } \sigma_2^2) \qquad [66]$$

einer Normalverteilung mit

$$\sigma_z^2 = \frac{1}{2} \left(\frac{1}{m_1} + \frac{1}{m_2} \right).$$

Der Index 1 ist für die Aufteilung mit der größeren Streuung zu wählen, also meist „zwischen den Gruppen". Dies ist wegen der Asymmetrie der Tafel in bezug auf m_1 und m_2 wichtig. — Es sei noch erwähnt, daß die Verteilung in Grenzfällen mit der χ^2- und der t-Verteilung übereinstimmt und als deren Verallgemeinerung aufgefaßt werden kann.

---

[1] In den „Graphischen Tafeln" hat KOLLER (1940) eine Tafel für m_1, m_2, Q und die Sicherungsgrenze 0,27%, also das 3 σ-Äquivalent, gegeben.

Rechnungsbeispiel. In 5 Familien mit je 4 Kindern mögen sich für die Körpergröße nachstehende Werte ergeben haben (Tabelle 19).

Das Gesamtmittel beträgt 168 cm. Die Summe der Abweichungsquadrate von 168 cm ist in

Tabelle 19. Körpergröße in 5 Reihen mit je 4 Geschwistern (angenommene Zahlen).

		Familie			
	1	2	3	4	5
Kind 1	159	162	183	175	165
2	156	158	173	180	159
3	161	172	185	173	170
4	168	160	171	168	162
Mittel	161	163	178	174	164

Familie 1   274
,,   2   216
,,   3   548
,,   4   218
,,   5   130

Die Gesamtsumme ist 1386. Die auf die Familienmittel bezogene Quadratsumme ergibt sich in Familie 1 als $274 - 4 \cdot 7^2 = 78$, wobei 7 die Differenz $(168-161)$ ist. Ebenso erhält man in den anderen Familien 116, 148, 74, 66. Die Summe dieser Werte ist 482. Endlich ist die Quadratsumme der Abweichungen der Familienmittel vom Gesamtmittel $7^2 + 5^2 + 10^2 + 6^2 + 4^2 = 226$ und ihr 4faches 904. Daraus ergibt sich das Schema:

	Zahl der Freiheitsgrade	Summe der Abweichungsquadrate	σ^2-Schätzung
Zwischen den Familien . .	$4 = m_1$	904	$226 = \sigma_1^2$
Innerhalb der Familien . .	$15 = m_2$	482	$32,1 = \sigma_2^2$
	19	1386	

Bei der Berechnung der Quadratsummen kann man sich auf zwei von den dreien beschränken; man wählt die erste und dritte als bequemste, die zweite kann als Rechnungskontrolle dienen.

Aus σ_1^2 und σ_2^2 ergibt sich $Q^2 = 7,0$. In Abb. 32 findet man, daß für $m_1 = 4$ und $m_2 = 15$ die Beweisgrenze 1% bei $Q^2 = 4,9$ liegt. Der gefundene Wert liegt weit darüber. Legt man die Beweisgrenze 0,27% (3 σ-Äquivalent) zugrunde, so liest man in Nr. 13 von Kollers „Graphischen Tafeln" 2,59 als erlaubten Höchstwert von Q ab, was vom beobachteten $Q = 2,65$ überschritten wird. Daraus folgt, daß man die Körpergrößenverteilung in 5 Familien nicht als aus nur zufallsverschiedenen Stichproben aus einer einzigen Gesamtheit aufgebaut ansehen kann. Trotz der Kleinheit des Materials hat die Gesamtprüfung mittels der Streuungsaufteilung ein klares Ergebnis gebracht.

Sind nicht in jeder Gruppe gleich viele Beobachtungen, so stellt sich das Schema etwas anders dar. N sei die Gesamtzahl aller Beobachtungen, s die Gruppenzahl, n_i die Beobachtungszahl in der i-ten Gruppe:

Tabelle 20. Schema für die Aufteilung der Streuung in s Gruppen ungleichen Umfanges.

	Zahl der Freiheitsgrade	Summe der Abweichungsquadrate	σ^2-Schätzung
Zwischen den Gruppen . .	$s - 1$	$\sum_i n_i (A_i - M)^2$	σ_1^2
Innerhalb der Gruppen . .	$N - s$	$\sum_{i,k} (a_{ik} - A_i)^2$	σ_2^2
	$N - 1$	$\sum_{i,k} (a_{ik} - M)^2$	

Beispiel. Die Häufigkeit der Bezeichnung einer Kreislaufstörung als Todesursache unter den Sterbefällen der über 60jährigen in 34 preußischen Regierungsbezirken soll in drei Gruppen der Bezirke mit geringer, mittlerer und hoher Wohndichte der Ärzte verglichen werden (Zahlen nach Koller). Das Gesamtmittel beträgt[1] 27,82%; das Abweichungsquadrat der Einzelwerte 712,9; die Spaltenmittel sind 24,67; 28,38; 31,22.

---

[1] Die Angabe der Prozentzahlen mit zwei Dezimalstellen geschieht nur zum Zweck der weiteren Rechnung. Als Ergebnisangabe hätten so viele Stellen keinen Sinn.

Tabelle 21 (vgl. Abb. 46).

Häufigkeit der Kreislaufdiagnosen %	Wohndichte der Ärzte			Summe
	gering	mittel	hoch	
16 bis unter 18	1	—	—	1
18 ,, ,, 20	—	—	—	—
20 ,, ,, 22	2	1	—	3
22 ,, ,, 24	2	1	1	4
24 ,, ,, 26	3	1	—	4
26 ,. ,, 28	2	2	1	5
28 ,, ,, 30	1	3	—	4
30 ,, ,, 32	—	3	3	6
32 ,, ,, 34	1	2	1	4
34 ,, ,, 36	—	—	3	3
Summe	12	13	9	34

Man rechnet die Abweichungsquadrate der Spaltenmittel unter Berücksichtigung der Anzahlen aus

$$12 \cdot 3{,}15^2 + 13 \cdot 0{,}56^2 + 9 \cdot 3{,}40^2 = 227{,}6.$$

Daraus ergibt sich das Schema:

	Zahl der Freiheitsgrade	Summe der Abweichungsquadrate	σ^2-Schätzung
Zwischen den Gruppen . .	$2 = m_1$	227,6	$113{,}8 = \sigma_1^2$
Innerhalb der Gruppen . .	$31 = m_2$	485,3	$15{,}7 = \sigma_2^2$
Insgesamt	33	712,9	

Der Quotient der Streuungsquadrate wird $Q^2 = 7{,}2$. In Abb. 32 ist zu $m_1 = 2$ und $m_2 = 31$ ein $Q^2 = 5{,}5$ angegeben. Damit ist ein Einfluß der Arztdichte auf die Häufigkeit der Kreislaufdiagnosen statistisch gesichert.

Die *Aufteilung der Streuung läßt sich noch weiter fortsetzen.* Man ordnet eine Messungsreihe z. B. nach zwei Gesichtspunkten; so seien z. B. in Tabelle 19 die Kinder nicht nur in Geschwisterreihen, sondern auch nach den Geburtennummern geordnet. Dann kann man die nach der auf das erste Merkmal (Familienzugehörigkeit) gerichteten Streuungsaufteilung verbleibende Reststreuung „innerhalb der Gruppen" wieder einer nach dem gleichen Verfahren durchzuführenden Aufteilung unterwerfen. Man stellt also die Differenzen von den Gruppenmitteln zu einem neuen Schema zusammen.

Im Rechnungsbeispiel würde sich ergeben:

— 2	— 1	+ 5	+ 1	+ 1	+ 0,8
— 5	— 5	— 5	+ 6	— 5	— 2,8
0	+ 9	+ 7	— 1	+ 6	+ 4,2
+ 7	— 3	— 7	— 6	— 2	— 2,2

Die 5fache Quadratsumme der Zeilenmittel ist 154,8. Das Aufteilungsschema lautet nun:

	Zahl der Freiheitsgrade	Summe der Abweichungsquadrate	σ^2-Schätzung
Zwischen den Familien	4	904,0	226
Zwischen den Geburtennummern	3	154,8	52
Rest	12	327,2	27
Insgesamt	19	1386,0	

Die Streuung der Zeilenmittel ist nicht wesentlich von der Reststreuung verschieden; ein Einfluß der Zeileneinteilung (Geburtennummern) liegt nicht vor. Der Unterschied der σ^2-Schätzung aus den Familienschwankungen zur Schätzung aus der Reststreuung ist noch deutlicher in Erscheinung getreten.

Die Doppelaufteilung ist besonders wichtig, wenn die durch das erste Aufteilungsmerkmal bewirkten Unterschiede nicht klar nachweisbar sind, weil die Einzelwerte noch einer zweiten Variabilität unterliegen, die durch die zweite Aufteilung erfaßt werden kann. Dann liegt bei der ersten Aufteilung Q^2 im Zufallsbereich; teilt man jetzt aber σ_2^2 nach dem störenden Merkmal auf, so erreicht man dadurch eine erhebliche Verringerung der Reststreuung σ_r^2. Bildet man nun $Q^2 = \sigma_1^2 : \sigma_r^2$, so ist der vorher überdeckte Unterschied klar nachzuweisen. Die Aufteilung läßt sich gegebenenfalls auch noch weiter fortsetzen.

Das folgende Schema gilt bei doppelter Aufteilung, wenn in jeder Zeile (Mittelwert A_i) n und in jeder Spalte (Mittelwert B_k) s von insgesamt $N = n \cdot s$ Beobachtungen vorliegen. Ferner ist d_{ik} die Restabweichung des Einzelwertes a_{ik},

$$d_{ik} = a_{ik} - A_i - B_k + M.$$

Tabelle 22. Schema für die mehrfache Aufteilung der Streuung in s (Zeilen-) Gruppen und n (Spalten-)Gruppen.

	Zahl der Freiheitsgrade	Summe der Abweichungsquadrate	σ^2-Schätzung
Zwischen den Zeilen	$s - 1$	$n \sum_i (A_i - M)^2$	σ_1^2
Zwischen den Spalten	$n - 1$	$s \sum_k (B_k - M)^2$	σ'^2
Rest	$N - s - n + 1$	$\sum_{i,k} d_{ik}^2$	σ_r^2
Insgesamt	$N - 1$	$\sum_{i,k} (a_{ik} - M)^2$	

Die Differenztabelle braucht nicht aufgestellt zu werden — oder nur als Rechnungskontrolle — weil ihre Restquadratsumme aus den einfach zu berechnenden anderen Größen durch Subtraktion hervorgeht. Zu prüfen ist nach Abb. 32 bzw. nach Nr. 13 von Kollers „Graphischen Tafeln" der Quotient $Q^2 = \sigma_1^2 : \sigma_r^2$ oder $\sigma'^2 : \sigma_r^2$, unter Umständen auch $\sigma_1^2 : \sigma'^2$.

Fishers Methode der Streuungsaufteilung nimmt im englischen Schrifttum einen sehr breiten Raum ein; insbesondere zur Bewertung landwirtschaftlicher Versuchsergebnisse. Ein großer Vorzug des Verfahrens besteht darin, daß keine Beschränkung der Anwendbarkeit hinsichtlich der Größe des Materials notwendig ist.

7. Gruppenunterschiede in mehreren Merkmalen.

Häufig tritt insbesondere bei Konstitutions- und Rassenuntersuchungen die Frage nach der Unterscheidbarkeit zweier oder mehrerer Individuengruppen in bezug auf eine Reihe von Merkmalen auf. Diese Frage ist einfach, wenn sich der Schwankungsbereich eines Merkmals bei der einen Gruppe deutlich von dem Bereich bei den Vergleichsgruppen unterscheidet; dann gibt bereits die Untersuchung dieses einen Merkmals die Möglichkeit, die Gruppen zu unterscheiden und die Zugehörigkeit einzelner Individuen zu einer Gruppe zu beurteilen. Schwieriger sind diese Fragen jedoch, wenn alle Bereiche sich gegenseitig überschneiden; man muß dann versuchen, durch gemeinsame Betrachtung mehrerer Merkmale eine klarere Trennung der Gruppen zu erreichen.

Zunächst soll angenommen werden, daß die einzelnen Merkmale voneinander unabhängig sind. Dann kann zur Feststellung, ob ein Unterschied beider Gruppen vorliegt, die auf S. 170 beschriebene Fassung der χ^2-Methode Anwendung finden. Hierbei stellt man für jedes Merkmal fest, mit welcher Wahrscheinlichkeit ein Unterschied wie der zwischen den Gruppen beobachtete durch Zufall auftreten kann, und faßt die Zufallswahrscheinlichkeiten der einzelnen Merkmale zu einer Gesamtwertung zusammen. Da es sich hier um den Vergleich von Mittelwerten handelt, kann im Hinblick auf Abschnitt II die Zufallswahrscheinlichkeit zuverlässig den Tafeln der Normalverteilung oder bei kleinem Material der t-Verteilung entnommen werden.

In der gleichen Weise kann auch die Zugehörigkeit eines Einzelnen zu einer Gruppe beurteilt werden, indem man die Zufallswahrscheinlichkeiten für alle seine Merkmalswerte feststellt und daraus die Gesamtwertung ableitet. Zur Aufstellung dieser Wahrscheinlichkeit gleicht man zweckmäßig die beobachtete Verteilung durch eine Näherungsfunktion, z. B. die zweigliedrige Entwicklung der Normalverteilung oder eine PEARSON-Kurve (vgl. S. 204) aus.

Man behilft sich vielfach noch mit der Betrachtung der Zufallswahrscheinlichkeit der Einzelmerkmale und hält einen Unterschied für erwiesen, wenn bei einem Merkmal die 3 σ-Grenze überschritten wird. Dies ist aber bei einer größeren Zahl von Merkmalen unzutreffend. Würde man z. B. 370 Merkmale untersuchen, so wäre bei *jedem* zur Gruppe gehörenden Individuum zu erwarten, daß bei einem Merkmal die 3 σ-Grenze überschritten wird. Schon bei der Betrachtung von 10 oder 20 Merkmalen macht sich die Verschiebung der Grenzwahrscheinlichkeit deutlich bemerkbar. Die jetzt mögliche rechnerische Zusammenfassung ist unerläßlich.

Man hat versucht, die Abweichungen der m Einzelwerte zu einem Index als Maß der Ähnlichkeit der Gruppen zusammenzufassen. PEARSONS ,,Coefficient of racial likeness'' hat, wenn d_i die Differenz der Mittelwerte im i-ten Merkmal und $\sigma_{(d_i)}$ der mittlere Fehler dieser Differenz ist, die Form

$$C = \frac{1}{m} \sum_i \frac{d_i^2}{\sigma_{(d_i)}^2} - 1. \qquad [67]$$

Liegen nur Zufallsunterschiede der Gruppen vor, so ist der Erwartungswert $C^0 = 0$, der mittlere Fehler etwa $\sqrt{\dfrac{2}{m}}$. Um nicht nur Unterschiede der Mittelwerte, sondern auch solche der Variabilität der Merkmale zu erfassen, haben PEARL und MINER die entsprechenden C-Ziffern auch für den Unterschied der beiden Gruppen in der mittleren Abweichung σ_i des i-ten Merkmals und für den Variationskoeffizienten v_i aufgestellt. Faßt man d_i als Differenz der σ- oder der v-Werte auf, so erhalten die auf den Gruppenunterschied in σ oder v bezüglichen Koeffizienten die gleiche Formel mit dem gleichen Näherungsausdruck des Fehlers wie der Mittelwertkoeffizient. Die $\sigma_{(d_i)}$ ergeben sich aus den Formeln von S. 161. Da jedoch hier keine Normalverteilungen vorliegen, wird die Fehlerrechnung unsicher.

Einen anderen Weg geht S. R. ZARAPKIN zur Messung der Ähnlichkeit zweier Gruppen. Er wählt eine als Standardgruppe, betrachtet dann die Abweichungen d_i der Merkmalswerte anderer Gruppen von den entsprechenden Standardmitteln und mißt diese Abweichung in Vielfachen der mittleren Streuung σ_i der Standardgruppe. Die Messungseinheit ist

$$\delta_i = \frac{d_i}{\sigma_i}. \qquad [68]$$

Als Maß des Unterschiedes der beiden Gruppen wird die mittlere Abweichung σ_δ der δ_i um ihren Mittelwert $\bar{\delta}$ gebildet.

Wie der Pearsonsche Koeffizient[1] ist σ_δ klein, wenn kein echter Unterschied der Gruppen vorliegt; ferner auch dann, wenn nur eine einheitliche der Schwankungsbreite proportionale Verschiebung aller Größen statthat. Echte Gruppenunterschiede werden gerade in der Uneinheitlichkeit der Änderungen der verschiedenen Merkmale, d. h. bei großem σ_δ, gesehen.

Die Einführung von δ_i erlaubt die Bildung einer weiteren Maßzahl für die Gegenüberstellung zweier auf eine dritte Standardgruppe bezogener Vergleichsgruppen: den Korrelationskoeffizienten aus den zusammengehörigen δ_i-Werten. Mit r_δ mißt man die Gleichartigkeit der Abweichungen beider Gruppen im Vergleich zur Größe der Abweichungen vom Standard. Zwei sehr ähnliche Gruppen, die nahe am Standard liegen, zeigen kein hohes r; zwei weniger ähnliche, bei denen aber große Abweichungen vom Standard vorkommen, erreichen dadurch hohe Korrelationen[2].

Alle beschriebenen Methoden erlauben nur dann eine kritische zahlenmäßige Anwendung, wenn die Voraussetzung der Unabhängigkeit der Merkmale erfüllt ist. Das ist jedoch sicher nicht der Fall; gerade bei den hier zur Erörterung stehenden Konstitutions- und Rassenunterschieden löst man ja die komplexen, nicht zahlenmäßig faßbaren Verschiedenheiten in eine große Zahl von Einzelmessungen auf, die dann weitgehend korreliert sein müssen. Die Prüfung der Echtheit der Unterschiede hängt aber hiervon entscheidend ab.

Zur Ausschaltung der Korrelationen könnte man einmal versuchen, aus der Überzahl der Merkmale durch Korrelationsmethoden diejenigen zu ermitteln, welche durch eine Kombination anderer Größen weitgehend ersetzt werden können (hohe Mehrfachkorrelation R) bzw. umgekehrt sich auf diejenigen zu beschränken, die untereinander die geringsten Korrelationen aufweisen. Ein anderer Weg könnte darin liegen, in sinngemäßer Anwendung von Abschnitt IV aus der Merkmalskorrelation eine reduzierte Merkmalszahl zu finden, die n die Rechnungen statt m einzusetzen ist.

Für die Beurteilung der Zugehörigkeit eines Individuums gab Heincke 1898 die Regel, daß es zu der Gruppe gehöre, für die die Summe der Abweichungsquadrate zwischen Einzelwert und Gruppenmittel am kleinsten sei. Der Kern dieser Regel findet sich in allen Methoden wieder.

Nach Zarapkin soll die Zugehörigkeit zur Standardgruppe für Größenmerkmale danach beurteilt werden können, ob das für die Merkmalswerte des Individuums berechnete $\sigma_\delta < 1$ ist. In der Begründung wird angenommen, daß infolge der konstitutionellen Verbundenheit der Merkmale beim Einzelnen ihre Variabilität verringert ist. Erfolgsnachweis und Fehlergrenzen des Verfahrens stehen noch aus.

Fisher hat 1936 ein für eine geringe Zahl von Merkmalen geeignetes Verfahren angegeben. Er bestimmt nach der Methode der kleinsten Quadrate diejenige lineare Funktion der Merkmalswerte, die die größten Unterschiede zwischen den einzelnen Gruppen ergibt. Die Gewinnung dieser „Unterscheidungsfunktion" steht in enger Beziehung zur Methode der partiellen Regression; man erhält eine einzige abstrakte Maßzahl, für die die Schwankungsbereiche der Gruppen sich so wenig überschneiden, wie es nur möglich ist. Ist diese Funktion zahlenmäßig festgelegt, so sind nur die Merkmalswerte der Individuen einzusetzen. In günstigsten Fällen liegt die Maßzahl eindeutig im Gebiet der richtigen Gruppe.

Die Zuordnung eines Einzelnen auf Grund vieler Merkmale zu einer von zwei Gruppen tritt auch bei der *Zwillingsdiagnose* und bei der *Vaterschaftsuntersuchung* auf. Hier bilden

---

[1] σ_δ und C lassen sich nicht unmittelbar ineinander umrechnen, da in C noch die Streuung in der Vergleichsreihe enthalten ist. Bei Streuungsgleichheit ist $\sigma_\delta^2 + \bar\delta^2 = 2/n$ (C + 1). Die verschiedene Normierung von C und σ_δ wirkt sich bei Prüfung auf Übereinstimmung zugunsten von C aus, da C als Fehlergröße unter Berücksichtigung der Beobachtungszahl berechnet ist. Als Maß der Unähnlichkeit ist jedoch aus dem gleichen Grunde die Normierung von σ_δ vorzuziehen.

[2] In diesem Sinne dürften auch einige Ergebnisse von Zarapkin (1937) zu deuten sein.

die EZ und die ZZ die beiden Gruppen, dort die „wahren Väter" und die „falschen Väter", d. h. beliebige Fremde. Die Bearbeitung der quantitativen Merkmale kann nach einem der bisherigen Verfahrensgrundsätze erfolgen, kann aber auch unter einem Wechsel des logischen Ausgangspunktes als Wahrscheinlichkeitsrückschluß gemäß S. 127 durchgeführt werden (STOCKS, ESSEN-MÖLLER). Man benutzt dazu die aus Statistiken zu entnehmenden Wahrscheinlichkeiten x_i und y_i dafür, daß die beobachtete Merkmalskombination bei einem EZ- bzw. einem ZZ-Paar (oder bei Vater-Kind bzw. bei zwei Fremden) vorkommt. Die Auswertung erfolgt nach der Formel

$$w = 1 : \left(1 + \frac{y_1}{x_1} \cdot \frac{y_2}{x_2} \cdots \right),$$

die der mehrfachen Anwendung von [22] für eine Alternative entspricht. Als Ergebnis erhält man die Wahrscheinlichkeit, mit der nach dem Kenntnisstand des Untersuchers die zu beurteilenden Personen jeweils der einen oder anderen Gruppe zuzuordnen sind.

IV. Die Untersuchung von Zusammenhängen.

Zwei Größen sind voneinander statistisch unabhängig, wenn das Verteilungsgesetz der einen bei allen Werten der anderen Größe gleich ist. Die *Abhängigkeit* zweier Größen, z. B. Größe und Gewicht, äußert sich statistisch darin, daß die Häufigkeitsverteilung des Gewichtes (einschließlich abgeleiteter Kennziffern wie Mittelwert usw.) bei großen Individuen anders ist als bei kleinen und die Häufigkeitsverteilung der Größe bei leichten anders als bei schweren. Abhängigkeit wirkt sich statistisch immer zweiseitig aus, auch wenn der sachliche Grund der Abhängigkeit einseitig ist; wie die Körpergröße in den verschiedenen Lebensaltern steigt, so auch formal das Lebensalter mit der Größe. Eine Beziehung zweier Größen ist *gleichsinnig* wie in den erwähnten Beispielen oder *gegensinnig*, wenn der Zunahme der einen Größe eine Abnahme der anderen entspricht.

Bei meßbaren Merkmalen x und y ist der Zusammenhang durch eine Korrelationstafel (Abschnitt I 6) darzustellen. Die Methoden der statistischen Bearbeitung gliedern sich nach den wichtigsten *Fragestellungen*.

1. Liegt überhaupt ein Zusammenhang vor, oder sind x und y voneinander unabhängig? Diese Existenzfrage ist stets zuerst zu entscheiden.

2. „Korrelation". Wie weit weichen die Befunde von den Verhältnissen bei Unabhängigkeit ab; wie eng ist der Zusammenhang? Ist er in einer Tafel enger als in einer anderen?

3. „Regression". Was folgt aus der Kenntnis von x für das zugehörige y und umgekehrt?

4. Wie sind die gegenseitigen Abhängigkeitsverhältnisse? Die Frage setzt das Vorhandensein mehrerer Korrelationssysteme oder mehrerer Veränderlicher x, y, z .... voraus.

1. Das Vierfelderschema.

Wird eine Beobachtungsreihe nach zwei verschiedenen Gesichtspunkten A und B in je zwei Klassen geteilt, so erhält man ein Vierfelderschema

	A	Nicht A	Summe
B	α	β	$\alpha + \beta = n_1$
Nicht B	γ	δ	$\gamma + \delta = n_2$
Summe	$\alpha + \gamma = n_3$	$\beta + \delta = n_4$	$\alpha + \beta + \gamma + \delta = n$

Die Darstellungsform tritt bei qualitativen Merkmalen auf; bei quantitativen kann sie durch Zusammenfassung der Klassen in zwei Gruppen (z. B. groß-klein) entstehen, ist hier aber möglichst zu vermeiden.

Bei gegenseitiger Unabhängigkeit ist die Häufigkeit von A unter den B die gleiche wie unter den Nicht-B:

$$\frac{\alpha}{n_1} = \frac{\gamma}{n_2}; \quad \text{ferner} \quad \frac{\alpha}{n_3} = \frac{\beta}{n_4};$$

diese beiden Beziehungen sind vollkommen gleichbedeutend.

Bei der Beurteilung einer gegebenen Tafel ist zunächst die Annahme der Unabhängigkeit zu prüfen. Die Reihe der B wäre dann in bezug auf A eine Stichprobe aus der gleichen Gesamtheit wie die Reihe der Nicht-B. Die in dieser Gesamtheit vorliegende Wahrscheinlichkeit für A ist unbekannt, die beste empirische Schätzung erfolgt aus dem Gesamtmaterial als $p = \frac{\alpha + \gamma}{n}$.

Vergleich der Häufigkeiten. Nach den Methoden von Abschnitt 119, S. 156 wird geprüft, ob die A-Häufigkeiten $\frac{\alpha}{n_1}$ und $\frac{\gamma}{n_2}$ einen statistisch gesicherten Unterschied aufweisen. Das gleiche kann auch für $\frac{\alpha}{n_3}$ und $\frac{\beta}{n_4}$ durchgeführt werden. Die praktische Zahlenprüfung erfolgt am bequemsten nach KOLLERS „Graphischen Tafeln".

Beispiel. Für die Augenfarbe bei Ehegatten fand GALTON (nach YULE) (Tabelle 23):

Tabelle 23. Augenfarbe bei Ehegatten.
(Aus GALTON nach YULE.)

Ehemann	Ehefrau		Summe
	hell	nicht hell	
hell	309	214	523
nicht hell	132	119	251
Summe	441	333	774

Die Häufigkeit helläugiger Frauen von helläugigen Männern ist $\frac{309}{523} = 59{,}1\%$, die von nichthelläugigen Männern $\frac{132}{251} = 52{,}6\%$, im ganzen Material $\frac{441}{774} = 57{,}0\%$. Die Differenz beträgt 6,5%, ihr mittlerer Fehler

$$\sigma = \sqrt{0{,}57 \cdot 0{,}43 \left(\frac{1}{523} + \frac{1}{251} \right)}$$
$$= 0{,}038 = 3{,}8\%.$$

Die Differenz liegt also im Zufallsbereich. In Tafel 5 und 6 der „Graphischen Tafeln" könnte man für die Differenz den erlaubten Zufallsbereich von 11,5% unmittelbar ablesen. Führt man die entsprechende Rechnung für die helläugigen Männer durch, so liegt die Häufigkeitsdifferenz 70,1% — 64,3% = 5,8% mit einem mittleren Fehler von 3,4% auch im Zufallsbereich. Die beiden Vergleiche sind formal statistisch gleichwertig; beide Häufigkeitsdifferenzen betragen das 1,7fache ihres mittleren Fehlers. Durch dieses Material ist eine Beziehung der Augenfarbe von Ehegatten nicht beweisbar.

χ^2-Verfahren. Anstatt diese beiden Häufigkeitsvergleiche getrennt durchzuführen, kann man sie in der χ^2-Prüfung zusammenfassen. Die Erwartungszahlen für die vier Felder sind

$$\alpha^0 = \frac{n_1 \cdot n_3}{n}, \qquad \beta^0 = \frac{n_1 \cdot n_4}{n}, \qquad \gamma^0 = \frac{n_2 \cdot n_3}{n}, \qquad \delta^0 = \frac{n_2 \cdot n_4}{n}.$$

Setzt man diese in den Ausdruck für χ^2 ein, so ergibt sich die Formel

$$\chi^2 = \frac{(\alpha \cdot \delta - \beta \cdot \gamma)^2 \cdot n}{n_1 \cdot n_2 \cdot n_3 \cdot n_4}, \qquad [69]$$

durch die man die Berechnung der Erwartungswerte ersparen kann. Die Zahl der Freiheitsgrade ist m = 1, da durch eine Klasse bereits die anderen bestimmt sind. Das der üblichen Grenze von 0,27% (3 σ-Äquivalent) entsprechende χ^2 ist nach Abb. 31 $\chi^2 = 9{,}0$.

Im Beispiel ergibt sich $\chi^2 = 2{,}9$ noch völlig innerhalb des Zufallsbereiches.

Prüfung bei kleinen Zahlen. Die χ^2-Prüfung erfordert, daß keine allzu kleinen Zahlen (vgl. S. 156) vorliegen. Ist dies doch der Fall, so muß man auf die ursprüngliche binomische Verteilung zurückgreifen. R. A. FISHER hat kürzlich eine Methode hierfür angegeben[1] (vgl. S. 158). Danach ist die Wahrscheinlichkeit,

---

[1] FISHER, R. A.: Statistical Methods (5. Aufl., 1934, Zusatz 21.02).

daß bei Unabhängigkeit von A und B die beobachteten oder noch extremere Klassenzahlen in der Vierfachtafel auftreten,

$$\frac{n_1! \, n_2! \, n_3! \, n_4!}{n!} \cdot \sum \frac{1}{\alpha_i! \, \beta_i! \, \gamma_i! \, \delta_i!} , \qquad [70]$$

wobei i die gegebene und die noch extremeren Vierfachtafeln bedeutet.

Wenn eine einheitliche — unbekannte — Wahrscheinlichkeit p für Merkmal A besteht, so ist die Wahrscheinlichkeit für das Auftreten der beobachteten Klassenzahlen das Produkt der beiden binomischen Ausdrücke

$$\frac{n_1!}{\alpha! \, \beta!} \, p^\alpha \, (1-p)^\beta \cdot \frac{n_2!}{\gamma! \, \delta!} \, p^\gamma \, (1-p)^\delta = \frac{n_1! \, n_2!}{\alpha! \, \beta! \, \gamma! \, \delta!} \, p^{n_3} \, (1-p)^{n_4} .$$

Für die Wahrscheinlichkeiten der Klassenverteilungen, die noch weiter von der Unabhängigkeitsannahme entfernt sind, gilt die gleiche Formel mit den entsprechenden Werten für $\alpha, \beta, \gamma, \delta$. Faßt man die Randsummen n_1, n_2, n_3, n_4 als festgegeben auf und betrachtet nur die dann noch möglichen Änderungen in $\alpha, \beta, \gamma, \delta$, so ist — bis auf einen konstanten Faktor —

$$\frac{1}{\alpha! \, \beta! \, \gamma! \, \delta!}$$

ein Maß der Wahrscheinlichkeit, mit der aus der hypothetischen Gesamtheit von allen Stichproben mit den Randsummen n_1, n_2, n_3, n_4 gerade die beobachtete Verteilung $\alpha, \beta, \gamma, \delta$ auftritt. Der noch fehlende Faktor ist so zu bestimmen, daß die Summe all dieser Wahrscheinlichkeiten 1 wird:

$$\frac{n_1! \, n_2! \, n_3! \, n_4!}{n!} .$$

Daraus ergibt sich Formel [70].

Beispiel. Bei 30 Zwillingspaaren mit mindestens einem kriminellen Partner gab J. LANGE über die Kriminalität des anderen Partners an (Tabelle 24):

Unter Erhaltung der Randsummen gibt es nur noch zwei extremere Tafeln, nämlich

$$\begin{array}{|cc|} 11 & 2 \\ 1 & 16 \end{array} \quad \text{und} \quad \begin{array}{|cc|} 12 & 1 \\ 0 & 17 \end{array} .$$

Tabelle 24. Kriminalität bei Zwillingen. (Nach LANGE.)

	Kriminell	Nicht kriminell	Summe
EZ	10	3	13
ZZ	2	15	17
Summe	12	18	30

Berechnet man für die Ausgangstafel und die beiden weiteren den Ausdruck [70] (unter Benutzung der Logarithmen von n! in den PEARSON Tables und unter Beachtung der Tatsache, daß $0! = 1$ ist), so ergibt sich

$$P = \frac{13! \, 17! \, 12! \, 18!}{30!} \left[\frac{1}{10! \, 3! \, 2! \, 15!} + \frac{1}{11! \, 2! \, 1! \, 16!} + \frac{1}{12! \, 1! \, 0! \, 17!} \right] = 0,00047 .$$

Damit ist das Vorhandensein einer Beziehung zwischen Eineiigkeit und Kriminalität, d. h. ein erblicher Einfluß außerhalb der Fehlergrenze, die hier wieder auf 0,0027 festzusetzen wäre, sichergestellt.

Messung des Zusammenhanges. Nach der Beurteilung, ob überhaupt ein Zusammenhang vorhanden ist, tritt oft die Frage nach seinem Grade auf. Die Messung ist auf viele Arten möglich, dementsprechend sind auch sehr viele Maße vorgeschlagen worden. Der Einheitlichkeit halber wird vielfach der Ausdruck vorgezogen, den der übliche Korrelationskoeffizient im Falle der Vierfachtafel hat:

$$r = \frac{(\alpha \cdot \delta - \beta \cdot \gamma)}{\sqrt{n_1 \cdot n_2 \cdot n_3 \cdot n_4}} . \qquad [71]$$

r hat das Vorzeichen des Zählers, ist also positiv bei gleichsinniger, negativ bei gegensinniger Beziehung zwischen A und B. Ein praktischer Vorteil von r ist auch seine enge Beziehung zu χ^2, denn es ist für eine Vierklassentafel

$$n \cdot r^2 = \chi^2 ,$$

so daß nur eine Rechnung durchzuführen ist (Fehlerrechnung vgl. S. 183).

Weitere Maßzahlen sind: *Assoziationskoeffizient* (YULE):

$$\frac{\alpha \cdot \delta - \beta \cdot \gamma}{\alpha \cdot \delta + \beta \cdot \gamma}.$$

Dieser Ausdruck ist als „Zusammenhangszahl" von SCHEIDT mit anderer Begründung (vgl. S. 208) erneut vorgeschlagen worden. Er hat — ebenso wie der folgende — den großen Nachteil, den Wert 1 zu ergeben, wenn eine Klasse (zufällig) nicht besetzt ist. SCHEIDT hält dies vom Standpunkt der Beschreibung der Befunde aus sogar für richtig; doch mit Rücksicht auf den Stichprobencharakter statistischer Reihen ist es ein Mangel. YULE benutzt auch die Maßzahl

$$w = \frac{\sqrt{\alpha \cdot \delta} - \sqrt{\beta \cdot \gamma}}{\sqrt{\alpha \cdot \delta} + \sqrt{\beta \cdot \gamma}}$$

und den „*Kontingenzkoeffizienten*" C, der aus χ^2 entsteht und für die Vierklassentafel übergeht in

$$C = \sqrt{\frac{r^2}{1 + r^2}}.$$

LENZ empfahl bis vor kurzem [1]

$$k = \frac{1}{4}\left(\frac{\alpha - \gamma}{\alpha + \gamma} + \frac{\delta - \beta}{\delta + \beta} + \frac{\alpha - \beta}{\alpha + \beta} + \frac{\delta - \gamma}{\delta + \gamma}\right).$$

PEARSON (Tables Bd. I und II) verwendete sehr viel Mühe auf die Berechnung „tetrachorischer Funktionen", in denen die Vierfachtafel als Zusammenfassung einer zweidimensionalen Normalverteilung aufgefaßt wird.

GOTTSCHICK stellt für beliebige Korrelationstafeln den Quotienten zwischen der beobachteten und der größtmöglichen Abweichung von der Unabhängigkeitsannahme auf. Die Durchführung der Rechnungen zeigt, daß auch dieses Maß durch den Begriff der größtmöglichen Abweichung an ein willkürliches Schema gebunden ist [2].

Alle diese Ausdrücke sind recht willkürlich und messen mehr bestimmte schematische Vorstellungen über Zusammenhänge als die gefundenen Tatsachen selbst. Keiner ist „richtiger" als der andere. Zur Beurteilung, ob überhaupt ein Zusammenhang vorhanden ist, sind sie nicht nötig. Man braucht die Maßzahlen erst, wenn man entscheiden will, ob der Zusammenhang in einer Tafel stärker ist als in einer anderen, oder ob beide als Stichproben aus derselben Gesamtheit aufgefaßt werden können. Über diese Annahme läßt sich oft besser nach dem χ^2-Verfahren (in der Fassung von S. 170) entscheiden. Man sollte die Frage nach der Messung des Zusammenhanges in andere, klarer zu definierende Fragen auflösen. Die formalen Erwägungen, ob z. B. der Zusammenhang zwischen Kropf und Kretinismus enger ist als etwa der zwischen Typhusimpfung und -erkrankung, beruhen nicht auf einer sachlichen Notwendigkeit.

Mehrfeldertafeln. Statt einer Unterscheidung von 2 × 2 Klassen kommen auch beliebige andere Einteilungen von n × s Klassen vor. Ein n × n Schema entsteht z. B., wenn man in Tabelle 23 bei der Augenfarbe der Ehegatten n verschiedene Farbklassen unterscheidet, ein asymmetrisches 2 × n-Schema, wenn Tabelle 24 nach n Verbrechensarten aufgeteilt wird. In erster Linie ist stets nach der Unabhängigkeit im ganzen Schema zu fragen. Eine vollwertige Prüfungsmethode ist wieder das χ^2-Verfahren, für das die Erwartungszahl jedes Feldes sich aus den zugehörigen Randsummen in der gleichen Weise wie bei der Vierklassentafel ergibt. Die Zahl der Freiheitsgrade ist m = (n — 1) (s — 1). Vgl. auch Abschnitt III 6. Für die Beurteilung sehr kleiner Zahlen stehen noch keine wirksamen Methoden zur Verfügung.

2. Die Beurteilung des Korrelationskoeffizienten.

Zur Beurteilung des Zusammenhanges zwischen meßbaren Größen berechnet man den *Korrelationskoeffizienten* r (Abschnitt I 6). r ist nur bei Vorliegen geradliniger Beziehungen ein zuverlässiges Maß, in anderen Fällen kann er versagen. Wenn kein Zusammenhang vorliegt, ist r = 0; aus einem Befund r = 0 ist jedoch auf die Unabhängigkeit nicht *zwingend* zu schließen (vgl. S. 199). r wird sowohl zur Entscheidung der Existenzfrage als auch zur Messung des Grades der Abhängigkeit benutzt.

---

[1] Dieser Ausdruck kann auch zur Zusammenhangsmessung in beliebigen Korrelationstafeln benutzt werden. LENZ hat seinen Vorschlag wegen der weniger zuverlässigen Bestimmbarkeit gegenüber r wieder zurückgezogen.

[2] Die angegebene Fehlerrechnung ist unbrauchbar.

Existenzfrage. Man prüft die Hypothese, ob die vorliegende Reihe von n Beobachtungspaaren eine Stichprobe aus einer Gesamtheit sein kann, in der $r^0 = 0$ ist. Der mittlere Fehler von r ist

$$\sigma_r = \frac{1 - r^{0^2}}{\sqrt{n-1}} . \qquad [72]$$

Für die Prüfung von $r^0 = 0$ ist also

$$\sigma_r = \frac{1}{\sqrt{n-1}} . \qquad [72a]$$

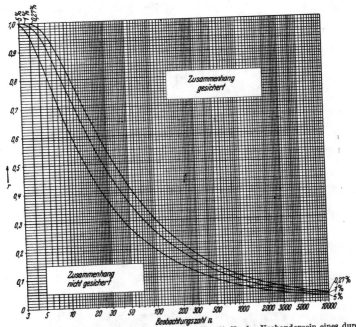

Abb. 33. Sicherungsgrenzen 0,27% ($\sim$ 3 σ-Grenze) sowie 1%, 5% für das Vorhandensein eines durch einen Korrelationskoeffizienten r gemessenen Zusammenhanges.

Man erkennt, daß die r-Verteilung um den Wert $r^0 = 0$ bei kleinem n nicht normal sein kann, da z. B. noch bei n = 16 der Bereich $\pm$ 4 σ ins unmögliche Gebiet (über 1) reicht. R. A. FISHER führt daher eine Abgrenzung auf anderem Wege (Streuungsaufteilung in bezug auf die Regressionsgeraden) durch, die zu etwas engeren Grenzen führt und auch bei kleinem n gültig ist. Abb. 33 zeigt die Ergebnisse.

Zu jeder Beobachtungszahl n bzw. zu jeder Zahl der Freiheitsgrade m = n — 2 ist für die betreffende Grenzwahrscheinlichkeit der Wert von r dargestellt, bei welchem ein Zusammenhang als gesichert anzusehen ist; z. B. muß bei 20 Beobachtungen r > 0,63 sein, damit das Vorhandensein in einer Beziehung entsprechend der üblichen 3 σ-Grenze anerkannt werden kann. Korrelationskoeffizienten von 0,1 haben erst Bedeutung, wenn sie aus mehr als 900 Beobachtungspaaren gewonnen sind.

Vergleich zweier Korrelationskoeffizienten. Der mittlere Fehler von r nach Formel [72] ist zur Abgrenzung des Zufallsbereiches im allgemeinen ganz ungeeignet, da das Verteilungsgesetz von r für höhere r-Werte sehr asymmetrisch wird. Ist außerdem kein theoretischer Wert r^0 bekannt, der geprüft werden soll, so müßte man das beobachtete r in [72] einsetzen, wodurch eine erhebliche weitere Unsicherheit hinzukäme[1]. Nach Fisher rechnet man daher zweckmäßig r in ein anderes Maß z um, dessen Schwankungsbereich nicht von z selbst abhängig ist. Er führt ein

$$z = \frac{1}{2} \log \text{nat} \frac{1+r}{1-r}$$
$$= r + \frac{1}{3} r^3 + \frac{1}{5} r^5 + \dots \qquad [73]$$

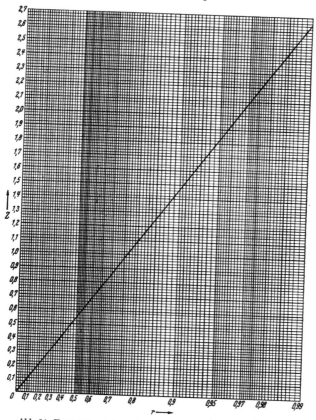

Abb. 34. Umrechnungstafel zwischen r und $z = \frac{1}{2} \log \text{nat.} \frac{1+r}{1-r}$.

mit einem mittleren Fehler

$$\sigma_z = \frac{1}{\sqrt{n-3}}. \qquad [73a]$$

Die Umrechnung[2] von r in z erfolgt bequem mit Hilfe der Abb. 34. Eine genauere Darstellung ist in Nr. 11a von Kollers „Graphischen Tafeln" wiedergegeben. Die Verteilung von z ist nahezu normal, so daß jetzt die Beurteilung

---

[1] Mit der ungeeigneten Formel $\frac{1-r^2}{\sqrt{n-1}}$ wird nicht selten sogar die Existenzprüfung einer Korrelation vorgenommen, wobei sehr große Fehler entstehen können!

[2] Fisher empfiehlt für die Berechnung der Ausgangswerte r, die Sheppardschen Korrekturen im Nenner nicht anzuwenden. Sie gehören zwar dahin, aber ihr Einfluß auf die Verteilung von z ist noch nicht geklärt.

von Korrelationen mit der üblichen Grenze 3 σ erfolgen kann. Für die Prüfung der Unabhängigkeit stimmt dieses Kriterium mit den Zahlen der Abb. 33 praktisch überein.

Sollen die Korrelationen in zwei Beobachtungsreihen vom Umfang n_1 und n_2 verglichen werden, bildet man die Differenz der zugehörigen z-Werte und prüft, ob sie den dreifachen mittleren Fehler

$$\sigma_{(z_1 - z_2)} = \sqrt{\frac{1}{n_1 - 3} + \frac{1}{n_2 - 3}} \qquad [73b]$$

überschreitet. In Tafel 11b von Kollers „Graphischen Tafeln" kann die größte zulässige Zufallsdifferenz 3 σ in Abhängigkeit von n_1 und n_2 unmittelbar abgelesen werden.

Eine Mittelbildung aus i Korrelationskoeffizienten wird zweckmäßig ebenfalls auf dem Umwege über z vorgenommen, indem man erst die zugehörigen z-Werte ermittelt, deren gewogenes Mittel (Gewichte: $n_i - 3$) bildet und dann wieder in r zurückverwandelt. Bei Mittelbildung aus sehr vielen r-Werten, die je aus kleinen Reihen gewonnen sind, wird noch eine Korrektur nötig (s. Fisher).

3. Die Deutung von Korrelationen.

Die Korrelationsrechnung ist eine weit verbreitete Methode zur statistischen Darstellung und Erforschung von Zusammenhängen. Nach der Berechnung von r und nach der Widerlegung der Gegenhypothese der Unabhängigkeit ist die *Deutung* der Korrelation die wichtigste Aufgabe, die mit großer Vorsicht zu behandeln ist. Die sachliche Deutung gehört zwar nicht in das Gebiet der statistischen Methodik, aber es ist notwendig, auf einige Gesichtspunkte hinzuweisen, deren Nichtbeachtung immer wieder zu Irrtümern und Fehlschlüssen führt.

a) Eine Korrelation zwischen x und y bedeutet keineswegs, daß eine direkte sachliche Abhängigkeit der einen Größe von der anderen besteht. Meist sind x und y von dritten oder vierten Größen gemeinsam beeinflußt. Dieser Einfluß wird dann nicht auf x und y beschränkt sein, sondern sich auch in weiteren Größen z, u . . . . auswirken. Eine wesentliche Vertiefung der Erkenntnis kann daher durch die Einbeziehung von z, u . . . . — gewissermaßen als Kontrollgrößen — erfolgen (vgl. Abschnitt IV 7).

Eine Korrelation findet sich nicht selten auch zwischen Größen, die sachlich überhaupt nichts miteinander zu tun haben. Besonders gefährlich ist das Korrelieren von Zeitreihen. Es gibt kaum Größen, die im Laufe der Zeit völlig konstant bleiben; eine Zu- oder Abnahme — regelmäßiger oder unregelmäßiger Art — zeigt fast jede. Stellt man irgend zwei Zeitreihen gegenüber, so ergibt sich aus dieser allgemeinen Tatsache stets eine positive oder negative Korrelation.

Als einprägsames „biologisches" Beispiel sei (Wagemann-Baur) auf eine Korrelation von + 0,5 zwischen der Geburtenziffer und der Zahl der besetzten Storchenhorste hingewiesen.

Trotz der Gefahr derartiger *Scheinkorrelationen* ist aber die Korrelationsmethode als solche völlig brauchbar, solange r nicht als Beweis eines sachlichen Zusammenhanges angesehen wird. Einen wirksamen Schutz bietet auch hier das Mitführen von Kontrollgrößen.

Rechnet man etwa die Korrelation zwischen der Krebssterblichkeit und dem Tomatenverbrauch in den letzten Jahrzehnten aus, so soll man als Kontrollgröße z. B. die Zahl der Ärzte verwenden. Das wäre eine sachlich begründete Kontrollgröße; aber auch schon andere, ohne sachlichen Grund gewählte Größen — etwa die Produktion seidener Strümpfe — wären von Nutzen, auch schon deshalb, weil jede Kontrollgröße zum kritischen Nachdenken zwingt.

b) Der Wert des Korrelationskoeffizienten wird entscheidend davon beeinflußt, ob das Beobachtungsmaterial biologisch einheitlich oder zusammengesetzt ist. Zum Beispiel möge zwischen x und y kein Zusammenhang bestehen; ist das Material aber aus zwei Teilen gemischt, die an verschiedenen Stellen des Koordinatenfeldes liegen, so ergibt sich nur durch die Verschiedenheit der Lage eine Korrelation.

Abb. 35 zeigt ein solches Beispiel. Hämoglobingehalt des Blutes und Oberflächengröße der Blutkörperchen zeigen weder bei Männern noch bei Frauen noch bei Neugeborenen irgendwelche Korrelation (die Werte sind: —0,03, —0,07, —0,06). Würde man sie aber zusammengefaßt betrachten, so erhielte man einen Korrelationskoeffizienten von + 0,75. Uneinheitlichkeit des Materials kann nicht nur eine nicht vorhandene Korrelation vortäuschen, sondern bei entgegengesetzten Verhältnissen auch eine vorhandene verdecken oder eine positive Korrelation negativ erscheinen lassen usw.

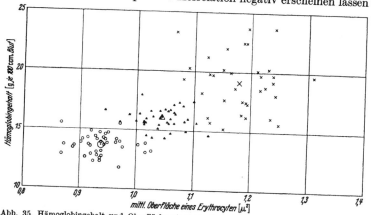

Abb. 35. Hämoglobingehalt und Oberfläche eines Erythrocyten bei Männern (o), Frauen (▲) und Neugeborenen (×). (Nach Horneffer, Schmoll und Börner.)

Es ist daher zweckmäßig, eine Korrelationstafel stets zur Aufdeckung einer etwaigen Inhomogenität in einer Punktdarstellung entsprechend Abb. 35 zu zeichnen und dabei das Material nach verschiedenen Gesichtspunkten aufzuteilen.

c) Auch in *Vererbungsstatistiken* spielt die Korrelationsrechnung eine große Rolle und galt vor der Zeit des Mendelismus insbesondere in England (Galton, Pearson) als überhaupt beste Methode zur Darstellung von Erbverhältnissen. Heute ist bekannt, daß die Korrelation zwischen Eltern und Kindern oder zwischen Geschwistern keine eindeutige Funktion des Grades der Erbbedingtheit eines Merkmals ist, nichts Sicheres über das Verhältnis Erbe-Umwelt aussagt usw. Selbst bei ausschließlich erbbedingten Merkmalen kann jeder Wert von r vorkommen. Bei Kenntnis des Erbganges und der Genhäufigkeit, von denen der Wert von r abhängig ist, läßt sich theoretisch die Merkmalsverteilung in einer Familie und damit die Reihe der Korrelationskoeffizienten errechnen, die dann empirisch nachgeprüft werden können. — Bei unvollständiger Manifestation und ungenauer Erkennbarkeit des Merkmals ist die Erbforschung vielfach auf die „empirischen Erbprognoseziffern" angewiesen, die nur eine andere anschaulichere Ausdrucksform der Korrelation zwischen Verwandten sind und mit r formelmäßig verknüpft sind (Kap. 3, Abschnitt IV 3).

Am schwierigsten liegen die Verhältnisse bei quantitativen Merkmalen. Hier ist man auf Korrelationstafeln methodisch angewiesen und muß durch sinnvolle Aufteilung eines Familienmaterials auf eine größere Zahl von Korrelationstafeln den Erbgang zu erkennen suchen.

d) Zum Schluß seien noch einige methodische Hinweise angefügt, die sich auf die Korrelation von Größen beziehen, die in einer formal rechnerischen Beziehung zueinander stehen.

Gelegentlich werden zwei Größen miteinander korreliert, von denen die eine ganz oder zum Teile in der anderen enthalten ist. Beide besitzen einen gemeinsamen Teil, der auch eine gewisse Gleichsinnigkeit der Schwankungen bewirkt. Es läßt sich leicht ableiten, wie groß r lediglich dadurch werden muß, wenn auch die nicht-gemeinsamen Teile völlig unabhängige Schwankungen aufweisen. Sind y und z voneinander und von einem zu beiden hinzutretenden Teil x unabhängig, so beträgt die Korrelation zwischen (x + y) und (x + z)

$$r_{(x+y),(x+z)} = \frac{\sigma_x^2}{\sigma_{x+y} \cdot \sigma_{x+z}}. \qquad [74]$$

Im Sonderfall z = 0 wird die Korrelation eines Teiles x mit dem Ganzen x + y bestimmt:

$$r_{x,(x+y)} = \frac{\sigma_x}{\sigma_{x+y}}. \qquad [74a]$$

Für die Korrelation des Teiles x mit dem Teil y gilt (M. P. Geppert)

$$r_{xy} = \frac{\sigma_{x+y} \cdot r_{x,(x+y)} - \sigma_x}{\sigma_y} \qquad [74b]$$

mit

$$\sigma_y = \sqrt{\sigma_{x+y}^2 + \sigma_x^2 - 2\sigma_x\sigma_{x+y} \cdot r_{x,(x+y)}},$$

was bei Unabhängigkeit der Teile wieder mit [74a] übereinstimmt.

Beispiel. Davenport und Love fanden bei 82492 amerikanischen Soldaten zwischen Länge des Unterarmes und des ganzen Armes eine Korrelation von 0,584.

| | Mittelwert | Mittlere Abweichung | Korrelation | |
			beobachtet	berechnet für Unabhängigkeit
Unterarmlänge . .	26,91	1,73	+ 0,584	+ 0,369
Armlänge	78,57	4,69		

Die beobachtete Korrelation ist größer als die nach [74a] für Unabhängigkeit berechnete. Daraus ergibt sich, daß zwischen Unterarmlänge und Länge von Oberarm + Hand positive Korrelation vorliegt. Rechnet man die Korrelationstafel auf diese Beziehung um, so ergibt sich der Wert + 0,25 in Übereinstimmung mit dem Wert nach [74b].

e) Eine wichtige rechnerische Verknüpfung zweier Variablen ξ und η liegt vor, wenn sie Indexziffern sind, die durch die gleiche Bezugsgröße (z. B. Körperlänge) dividiert sind: $\xi = \frac{x}{z}$; $\eta = \frac{y}{z}$. Auch hierbei entsteht eine positive Scheinkorrelation, wenn die Zähler der Kennziffern voneinander unabhängig sind. Nach Pearson hat diese „spurious correlation" den Wert

$$r = \frac{v_z^2}{\sqrt{(v_x^2 + v_z^2) \cdot (v_y^2 + v_z^2)}}, \qquad [75]$$

wobei $v_x = \frac{\sigma_x}{x}$, $v_y = \frac{\sigma_y}{y}$ und $v_z = \frac{\sigma_z}{z}$ ist.

Beispiel. Für die Fehmaraner gibt K. Saller den Korrelationskoeffizienten zwischen dem Längen-Breitenindex und dem Längen-Höhenindex des Kopfes bei Männern in der Altersklasse 25—60 Jahre zu + 0,353 an. Welcher Wert würde sich ergeben, wenn alle drei benutzten Maße voneinander unabhängig wären und nur die rechnerische Verknüpfung wirksam wäre? Dies muß der Ausgangswert für eine kritische Beurteilung des gefundenen r sein. Die Werte sind:

	Mittelwert	Mittlere Abweichung	v
Kopfbreite x . . .	161,8	5,99	0,0370
Ohrhöhe y	129,2	7,01	0,0542
Kopflänge z . . .	193,5	6,52	0,0337

Daraus ergibt sich nach [75] lediglich auf Grund der rechnerischen Verknüpfung ein Korrelationswert von 0,35, also genau so groß wie beobachtet. Da aber die drei Kopfmaße nicht unabhängig voneinander sind, sondern da $r_{xy} = +0,30$, $r_{xz} = +0,43$, $r_{yz} = +0,23$ sind, ist diese Übereinstimmung nicht leicht zu deuten. Jedenfalls kann keine wesentliche Korrelation der beiden Indexziffern vorhanden sein.

Eine rechnerische Verknüpfung anderer Art tritt bei der Korrelation von *Prozentzahlen* auf. Sind A und B zwei einander ausschließende Ereignisse oder Merkmale, z. B. Blutgruppe 0 und A, oder zwei verschiedene Augenfarben o. a., und berechnet man die Korrelation zwischen ihren Häufigkeiten p_1 und p_2 in einer Zahl von Beobachtungsreihen, so wird ein hoher Wert von p_1 wegen der prozentischen Verknüpfung $p_1 + p_2 + p_3 + \ldots = 100\%$ mit einem niedrigeren Wert von p_2 und den übrigen Häufigkeiten einhergehen. Die hierdurch bedingte Korrelation hat den Wert

$$r = - \sqrt{\frac{p_1 \cdot p_2}{(1 - p_1)(1 - p_2)}}. \qquad [76]$$

Ist $p_2 = 1 - p_1$, kommen also nur die beiden Merkmale A und B vor, so geht die Formel in $r = -1$ über.

Würde man in verschiedenen Bevölkerungsgruppen, die lediglich Zufallsschwankungen aufweisen, etwa die Korrelation zwischen dem Hundertsatz zweier Augenfarben aufstellen, die durchschnittlich in $p_1 = 20\%$ und $p_2 = 30\%$ vertreten sind, so würde sich $r = -0,33$ ergeben.

Ein wichtiges Beispiel liegt auch vor, wenn die Korrelation zwischen Fettgehalt und Eiweißgehalt irgendwelcher tierischer oder pflanzlicher Substanzen untersucht werden soll.

Die verschiedenen Fälle rechnerischer Verknüpfung können auch gemeinsam auftreten. So z. B. wenn man die Korrelation zwischen der auf 1000 Geborene bezogenen Säuglingssterblichkeit am ersten Lebenstag und in der ersten Woche in verschiedenen Bevölkerungsgruppen untersuchen wollte. Hier wäre zur Prüfung der Unabhängigkeitsannahme zwischen der Sterblichkeit am ersten und in den folgenden Tagen der Erwartungswert von r durch Verbindung von [74b] und [76] zu ermitteln.

4. Die Regressionslinien.

Für die nähere Untersuchung der Abhängigkeit zweier Größen geht man wieder auf die Korrelationstafel zurück. Man will feststellen, welche Werte von y zu gegebenen Werten von x gehören. Die Häufigkeitsverteilung in der zum betreffenden x gehörenden y-Spalte der Korrelationstafel umfaßt alles, was aus der Kenntnis von x über den Wert von y folgt. Als Grundwert berechnet man zu jedem x das arithmetische Mittel der y und verbindet die Mittelwerte der einzelnen Spalten durch einen Linienzug.

Die gleiche Rechnung nimmt man unter Vertauschung von x und y vor. Jede *Zeile* der Korrelationstafel (Tabelle 25) gibt die Verteilung der bei einem bestimmten Gewicht y gefundenen Körpergröße x. Bildet man die Mittel der x-Werte (Zeilenmittel), so gibt dieser Linienzug (steile Regressionslinie x/y) an, welches x durchschnittlich einem gegebenen y entspricht. *Die beiden Linienzüge der x-Mittel und der y-Mittel fallen nicht miteinander zusammen.* Dies ist ein Ausdruck des mit Streuung verbundenen Charakters statistischer Verbundenheit im Gegensatz zur funktionalen mathematischen Beziehung, die durch eine einzige Linie dargestellt wird. Zu einem gegebenen extremen Wert gehören weniger extreme Werte der anderen Veränderlichen. Wegen dieses Rückschlages gebrauchte Galton die Bezeichnung „Regressionslinien". *Sie dienen zur Schätzung des Wertes der einen Variablen aus der Kenntnis des Wertes der anderen.* Diese formale Aufgabe der Schätzung besteht stets zweiseitig sowohl von x auf y, als auch von y auf x, gleichgültig wie die sachlichen Abhängigkeitsverhältnisse liegen mögen. Die flachere Regressionslinie beruht auf dem Schluß von x auf y, die steilere auf dem von y auf x.

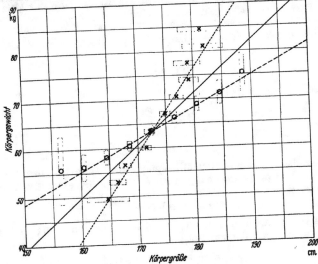

Abb. 36. Regressionsgeraden zu Tabelle 25.

In Abb. 36 sind die die Regressionslinien zu Tabelle 25 bestimmenden Mittelwerte eingezeichnet, wobei die Genauigkeit ihrer Bestimmungen durch Kästchen von der Höhe $\pm 3\,\sigma$ angedeutet ist. Wie man sieht, würden die

Tabelle 25. Korrelationstafel von Körpergröße und Körpergewicht bei 1000 Freiburger Studenten. (Nach RAUTMANN und DURAS.)

Klassenmitte	Körpergröße x												Summe
	152,5	156,5	160,5	164,5	168,5	172,5	176,5	180,5	184,5	188,5	192,5	196,5	
46,0	1	—	—	—	—	—	—	—	—	—	—	—	1
49,5	—	—	2	7	2	—	—	—	—	—	—	—	11
53,0	1	2	10	19	27	4	3	1	—	—	—	—	67
56,5	—	2	15	36	54	29	5	2	—	—	—	—	143
60,0	—	1	4	19	66	54	36	14	2	—	—	—	196
63,5	—	—	4	19	48	68	46	12	3	—	—	—	200
67,0	—	—	—	7	21	58	57	25	10	1	—	—	179
70,5	—	—	—	2	18	12	31	21	12	6	1	—	103
74,0	—	—	—	—	1	7	15	18	7	2	—	1	51
77,5	—	—	—	—	—	7	5	8	5	2	—	—	27
81,0	—	—	—	—	—	—	4	3	2	3	—	—	12
84,5	—	—	—	—	—	1	2	3	2	2	—	—	10
Summe	2	5	35	109	237	240	204	107	43	16	1	1	1000

(Körpergewicht y)

(nicht eingezeichneten) Regressionslinien annähernd geradlinig verlaufen. Um einfache Maßzahlen zu gewinnen, zeichnet man daher in solchen Fällen statt der tatsächlichen Regressionslinien zwei Geraden — Regressionsgeraden —, die sich den beiden beobachteten Mittelwertreihen möglichst gut anpassen; ihre Richtungen — die Regressionskoeffizienten — dienen zur Kennzeichnung der Regression.

Die Berechnung der Regressionsgeraden erfolgt nach der ,,Methode der kleinsten Quadrate", wodurch man eine gute Anpassung der Geraden an die Beobachtungswerte erreicht (vgl. S. 202). Bei der flachen Regressionslinie schließt man von einem gegebenen x auf y; die zugehörige Gerade soll sinngemäß so beschaffen sein, daß der senkrecht zur X-Achse gemessene Abstand η eines Punktes von der Geraden möglichst klein wird. Bei der steilen Regressionsgeraden geht man umgekehrt von y aus und schließt auf x; hier muß der senkrecht zur Y-Achse gemessene Abstand ξ möglichst klein werden.

Der Richtungskoeffizient der (flachen) Regressionsgeraden von y in bezug auf x ist

$$b = r \cdot \frac{\sigma_y}{\sigma_x},$$ [77]

der der (steilen) von x in bezug auf y

$$b' = r \cdot \frac{\sigma_x}{\sigma_y}.$$ [77a]

Es ist also

$$b \cdot b' = r^2.$$

Beide Geraden gehen durch den Mittelpunkt des Systems mit den Koordinaten $\bar{x}$ und $\bar{y}$. Die Regressionsgleichungen lauten für die Schätzung von y aus der Kenntnis von x:

$$y - \bar{y} = b (x - \bar{x})$$ [78]

und für die Schätzung von x aus y, wobei man zur Zeichnung Ordinate und Abszisse vertauscht zu denken hat,

$$x - \bar{x} = b' (y - \bar{y}).$$ [78a]

Bei hoher Korrelation ist der Winkel zwischen beiden Geraden klein, bei geringer ist er groß.

Die Regressionskoeffizienten haben als statistische Maßzahlen einen mittleren Fehler. Es ist bei n Beobachtungen (n — 2 Freiheitsgraden):

$$\sigma_b = \frac{\sigma_y}{\sigma_x} \cdot \sqrt{\frac{1 - r^2}{n - 2}},$$ [79]

$$\sigma_{b'} = \frac{\sigma_x}{\sigma_y} \cdot \sqrt{\frac{1 - r^2}{n - 2}}.$$ [79a]

Für die Beurteilung eines kleinen Materials ist die t-Verteilung für $t = b/\sigma_b$ bei n — 2 Freiheitsgraden heranzuziehen.

Ist σ die mittlere Abweichung der Einzelwerte (x oder y) von ihrem Mittel, so beträgt die mittlere Abweichung von der Regressionsgeraden nur

$$\sigma' = \sigma \sqrt{1 - r^2}.$$ [80]

Dieser Ausdruck mißt die Genauigkeit, mit der die Schätzung von y aus x oder von x aus y erfolgt.

Im Beispiel ist

$\bar{x} = 172{,}6$ cm	$\sigma_x = 6{,}27$	
$\bar{y} = 63{,}6$ kg	$\sigma_y = 6{,}74$	$r = 0{,}61$

Daraus ergibt sich

$$b = 0{,}66 \pm 0{,}027 \qquad\qquad b' = 0{,}57 \pm 0{,}024$$

Bei einer Zunahme der Körpergröße um 1 cm steigt das Gewicht um durchschnittlich 0,66 kg, einer Zunahme des Gewichtes um 1 kg entspricht eine um 0,57 vermehrte Größe. Nach [80] sind die Schwankungen um die Beziehungsgeraden um 20% geringer als die um die Mittelwerte.

Durch rechnerische Verknüpfung der betrachteten Größen (Teil und Ganzes usw.) werden auch die Regressionskoeffizienten beeinflußt. Die Erwartungswerte gehen aus den Formeln von S. 187—188 hervor.

5. Die Abhängigkeitsverhältnisse.

Die Regressionslinien beantworten die formale Frage der besten Schätzung und stehen zunächst in keiner Beziehung zu den sachlichen *Abhängigkeitsverhältnissen* im Material. Liegt eine rein einseitige Beziehung vor, z. B. zwischen Lebensalter x und Gewicht y, so kann man nach dem zahlenmäßigen Ausdruck des Abhängigkeitsgesetzes fragen und wird als Antwort für jedes Lebensalter das Durchschnittsgewicht feststellen und damit die flache Regressionslinie. Im allgemeinen liegt kein so klares Kausalitätsverhältnis zwischen x und y vor. Im Beispiel der Beziehung zwischen Körpergröße x und -gewicht y beruht ein Teil der Beziehung auf der gerichteten Abhängigkeit, daß höhere Größe höheres Gewicht bedingt; ein anderer Teil der Korrelation dürfte auf gemeinsame Wachstumseinflüsse zurückgehen. Hier entspricht nun die formale Fragestellung der Regression nicht mehr den sachlichen Abhängigkeitsverhältnissen; der Schluß von x auf y hat nur noch formale Bedeutung, nicht viel anders der von y auf x.

Ist x die übergeordnete Größe, so war bei der Berechnung der flachen Regressionslinie X die bevorzugte Ausgangsachse, im umgekehrten Falle Y. Sind x und y sachlich gleichberechtigt und beide von einer dritten Größe beeinflußt, so ist zur Darstellung des Abhängigkeitsgesetzes weder die Xnoch die Y-Richtung zur Messung der Abstände zu wählen, sondern die Entfernungen werden senkrecht zur Geraden selbst betrachtet (ε in Abb. 37). Wendet

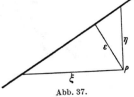

Abb. 37.

man in diesem Sinne die Methode der kleinsten Quadrate an, so ergibt sich die engste überhaupt mögliche Anpassung. Die so bestimmte *Hauptgerade* geht ebenfalls durch die Mittelwerte $\bar{x}$, $\bar{y}$ und hat als Richtungskoeffizienten[1]

$$ a = (\operatorname{sgn} r)\, \frac{\sigma_y}{\sigma_x}, \qquad\qquad [81] $$

den Quotienten der beiden Streuungen mit dem Vorzeichen von r. Die Hauptgerade liegt stets zwischen den beiden Regressionsgeraden. Ihr mittlerer Fehler stimmt näherungsweise mit [79] überein,

$$ \sigma_a \sim \sigma_b . $$

Die Lage des zugrunde liegenden Gesetzes ist für drei Fälle festgelegt: Ist x übergeordnet, so wird es durch die flache Regressionslinie dargestellt; ist y übergeordnet, durch die steile; sind beide gleichmäßig von dritten Größen abhängig, durch die Hauptgerade. Kontrollversuche mit bekanntem Abhängigkeitsgesetz bestätigen dies (Abb. 38, 39). Eine praktische Verwertung kann erst durch die Verbindung mit einem zweiten Korrelationssystem erfolgen, das auf demselben Abhängigkeitsgesetz beruht, aber an einer anderen Stelle des Koordinatenfeldes liegt. Dann gibt die *Verbindungslinie der beiden Schwerpunkte* einen Anhalt für den Verlauf des Gesetzes. Die Übereinstimmung der Schwerpunktsverbindung mit einer Regressionsgeraden oder der Hauptgeraden oder mit keiner von ihnen gibt Aufschluß über die Abhängigkeitsverhältnisse.

Beispiel. Zwei Sorten Karten wurden im Verhältnis x : y = 2 : 1 gemischt. Dann wurde durch 4 Würfel der Wert von x festgelegt. Darauf wurden so viele Karten gezogen, bis die vorgeschriebene Zahl von x Karten der ersten Sorte aufgetreten war; die Zahl der dabei gezogenen anderen Karten war das zugehörige y. Bei dieser Versuchsanordnung ist x übergeordnet

---

[1] Im Schrifttum werden kompliziertere Ausdrücke angegeben, die nicht ausreichend normiert sind. Nach der Normierung gehen sie in [81] über.

und y von x einseitig abhängig. Die Kreise in Abb. 38 zeigen das Ergebnis von 300 Versuchen. Die flache Regressionsgerade stimmt mit dem Gesetz y = ¹/₂ x überein. In einer zweiten Reihe wurde in der gleichen Versuchsanordnung mit 8 Würfeln die x-Zahl bestimmt.

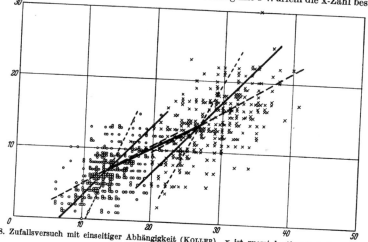

Abb. 38. Zufallsversuch mit einseitiger Abhängigkeit (Koller). x ist zuerst bestimmt, y davon abhängig.

Das Abhängigkeitsgesetz ist das gleiche, nur die Lage im Koordinatenfeld ist verschoben. Die Schwerpunktsverbindung stimmt mit y = ¹/₂ x überein, ebenfalls auch die flache Regressionsgerade des zweiten Systems. Hätte man das zugrunde liegende Gesetz nicht

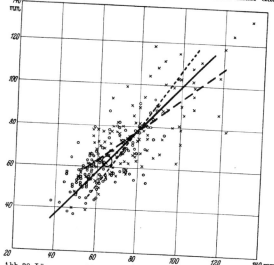

Abb. 39. Länge symmetrisch gelegener Blattfinger von Kastanienblättern (Koller). o Messungen im Mai, × Messungen im Juni, —— Hauptgerade, — — — flache Regressionsgerade, — — — — steile Regressionsgerade, —— Schwerpunktsverbindung.

gekannt, so hätte man doch aus der Übereinstimmung der Schwerpunktsverbindung mit der flachen Regressionsgeraden schließen können, daß x gegenüber y in der Versuchsanordnung übergeordnet ist.

Als Beispiel einer gleichmäßigen Abhängigkeit von dritten Faktoren sind symmetrisch gelegene Kastanienblätter im Mai während des Wachstums und noch einmal im Juni gemessen worden (Abb. 39). Hier stimmt die Schwerpunktsverbindung mit den Hauptgeraden und dem zugrunde liegenden Gesetz y = x überein; der Übersichtlichkeit halber sind die Geraden nur für die Juni-Reihe gezeichnet.

Mit dieser Methode können zwei Fragen behandelt werden: 1. Wenn man zwei gegeneinander verschobene Korrelationssysteme aufstellen kann, die auf dem gleichen Abhängigkeitsgesetz beruhen, so läßt sich prüfen, ob eine Größe in ihrer Variation der anderen übergeordnet ist. 2. Ist die sachliche Beziehung klar, so kann man prüfen, ob zwei Korrelationssysteme der gleichen Größen auf einem einzigen Abhängigkeitsgesetz beruhen. Näheres in [Koller 1936].

6. Die normale Häufigkeitsfläche.

Auch für die Verteilung zweier Variablen hat das Normalgesetz besondere Bedeutung.

Sind zwei Veränderliche x und y, die jede für sich normal verteilt sind, voneinander unabhängig, so ist ihre gemeinsame Verteilung durch das Produkt der beiden Verteilungen gegeben:

$$\varphi(x, y) = \frac{1}{\sigma_x \sqrt{2\pi}} \cdot e^{-\frac{x^2}{2\sigma_x^2}} \cdot \frac{1}{\sigma_y \sqrt{2\pi}} \cdot e^{-\frac{y^2}{2\sigma_y^2}} = \frac{1}{2\pi\sigma_x\sigma_y} \cdot e^{-\frac{1}{2}\left(\frac{x^2}{\sigma_x^2} + \frac{y^2}{\sigma_y^2}\right)}. \quad [82]$$

Dabei sind x und y die Abweichungen von dem arithmetischen Mittel. Besteht jedoch zwischen ihnen die Korrelation r, so gehört zu x nicht die allgemeine Verteilung der y um Null, sondern eine Verteilung um den entsprechenden Punkt der geradlinigen Regressionslinie

$$f(x) = b \cdot x = r \cdot \frac{\sigma_y}{\sigma_x} \cdot x$$

mit der mittleren Abweichung $\sigma_y' = \sigma_y \cdot \sqrt{1 - r^2}$.

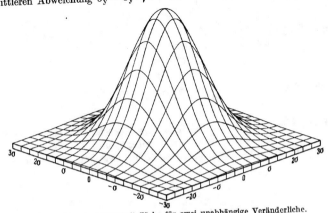

Abb. 40. Normale Häufigkeitsfläche für zwei unabhängige Veränderliche.

Bildet man nun das Produkt zwischen der x-Verteilung und dieser zu x gehörenden y-Verteilung, so ergibt sich

$$\begin{aligned}
\varphi(x, y) &= \frac{1}{\sigma_x \sqrt{2\pi}} \cdot e^{-\frac{x^2}{2\sigma_x^2}} \cdot \frac{1}{\sigma_y' \sqrt{2\pi}} \cdot e^{-\frac{(y - bx)^2}{2\sigma_y'^2}} \\
&= \frac{1}{2\pi\sigma_x\sigma_y\sqrt{1 - r^2}} \cdot e^{-\frac{1}{2(1 - r^2)}\left(\frac{x^2}{\sigma_x^2} + \frac{y^2}{\sigma_y^2} - 2r\frac{x \cdot y}{\sigma_x \cdot \sigma_y}\right)}.
\end{aligned} \right\} \quad [83]$$

Das Verteilungsgesetz ist nur dann eindeutig festgelegt, wenn als Messungseinheit von x und y die mittlere Abweichung σ_x und σ_y gewählt wird. Führt man zu diesem Zweck

$$\xi = \frac{x}{\sigma_x} \quad \text{und} \quad \eta = \frac{y}{\sigma_y} \quad \text{mit} \quad \sigma_\xi = \sigma_\eta = 1$$

ein, so wird

$$\varphi(\xi, \eta) = \frac{1}{2\pi\sqrt{1 - r^2}} \cdot e^{-\frac{1}{2(1 - r^2)}(\xi^2 + \eta^2 - 2r\xi\eta)}. \quad [83a]$$

Die Veranschaulichung dieser Verteilungsgesetze erfordert eine räumliche Darstellung. Die zu jedem Punkte eines Korrelationsfeldes gehörende Häufigkeit $\varphi(\xi, \eta)$ wird als Höhe senkrecht zur Zeichenebene aufgetragen. Im Falle der Unabhängigkeit (r = 0) ergibt sich für normierte Variablen die Häufigkeitsfläche einfach durch Drehung einer Normalkurve um ihre Mittellinie (Abb. 40).

Legt man einen senkrechten Schnitt durch die so entstandene Glocke parallel zur X- und Y-Achse oder auch in irgendeiner anderen Richtung, so sind die Schnittlinien wieder Normalkurven. Bei Vorhandensein einer Korrelation entsteht keine Drehungsfigur, sondern eine in schräger Richtung zusammengedrückte Glocke (Abb. 42).

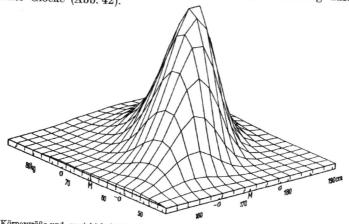

Abb. 41. Körpergröße und -gewicht bei 868445 amerikanischen Rekruten [Zahlen nach DAVENPORT und LOVE (1921); r = + 0,481].

Zur Darstellung einer Verteilungsfläche mit Korrelation sei zunächst ein Beobachtungsmaterial gewählt, das durch seinen ungewöhnlichen Umfang hierzu geeignet ist. Abb. 41 zeigt die Beziehung zwischen Körpergröße und

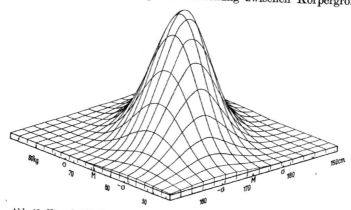

Abb. 42. Normale Häufigkeitsfläche für zwei korrelierte Veränderliche (zu Abb. 41).

-gewicht bei 868445 amerikanischen Rekruten. Zur Zeichnung sind die X- und Y-Skalen so zu wählen, daß $\sigma_x = \sigma_y$ wird (vgl. die schwarzen Markierungsdreiecke).

Zum Vergleich ist in Abb. 42 die normale Korrelationsfläche nach [83a] dargestellt, die sich der Beobachtung am besten anpaßt. Die beiden Figuren weisen nur eine grobe Ähnlichkeit auf, in Einzelheiten sind erhebliche Unterschiede zu erkennen.

Eine völlige Übereinstimmung ist auch nicht zu erwarten, da weder Größe noch Gewicht für sich allein Normalverteilungen aufweisen[1]. Trotz der Anschaulichkeit

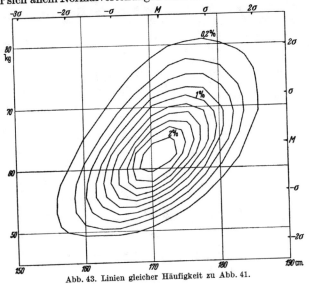

Abb. 43. Linien gleicher Häufigkeit zu Abb. 41.

der perspektivischen Zeichnung ist diese im allgemeinen zur Darstellung ungeeignet; so sind z. B. Abb. 40 und 42 erst bei genauer Betrachtung zu unterscheiden.

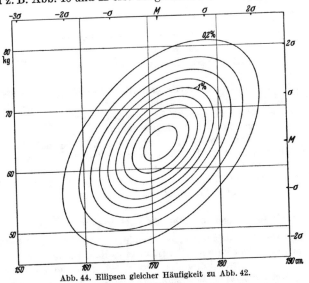

Abb. 44. Ellipsen gleicher Häufigkeit zu Abb. 42.

---

[1] Würde man im Hinblick auf die Normalverteilung von Mittelwerten (Abschnitt II 6) eine große Reihe Mittelwerte von Größe und Gewicht mehrerer Personen haben, so würde sich diese der Normalfläche der Abb. 42 vollständig anpassen.

Auf die Berechnung der theoretischen Werte sei nicht eingegangen. Zur Prüfung der Anpassung müßte man die Erwartungszahlen der einzelnen Felder errechnen und sie mit den Beobachtungen nach der χ^2-Methode vergleichen.

13*

Eine bessere Kennzeichnung des Verlaufes der Verteilung geben die „Linien gleicher Häufigkeit", die parallel zur X-Y-Zeichenebene durch den Verteilungskörper gelegte Schnitte sind. Bei der Darstellung der Korrelation durch ein Punktesystem sind es die Linien gleicher Punktdichte. Im Falle der Unabhängigkeit bei normierten Skalen sind es konzentrische Kreise um den Mittelpunkt, ohne Normierung der Skalen Ellipsen um den Mittelpunkt, deren große und kleine Achsen parallel zur x- und y-Achse verlaufen. Liegt Korrelation vor, so ergeben sich schräg verlaufende Ellipsen, deren große Achse mit der Hauptgeraden (S. 191) zusammenfällt. In Abb. 43 und 44 sind für das gleiche Material von 868445 Soldaten die Linien gleicher Häufigkeit empirisch (Punkte durch

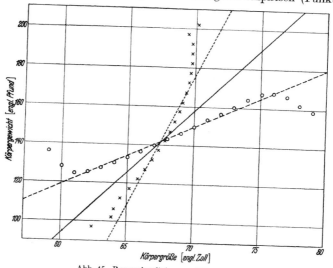

Abb. 45. Regressionslinien zu Abb. 41—44.

Interpolation ermittelt) und theoretisch dargestellt. Diese Wiedergabe entspricht dem gewohnten Bild graphischer Gebirgsdarstellungen. Die Einzelheiten der Verteilung treten hier deutlich hervor, insbesondere auch die Unterschiede zwischen der beobachteten und der Normalverteilung.

Schließlich seien zur Vervollständigung noch die Regressionslinien für das Beispiel wiedergegeben (Abb. 45). Bei dem großen Material erkennt man, daß keine lineare Abhängigkeit besteht, sondern daß die flache Regressionslinie gekrümmt verläuft. Bei dem kleineren Material von 1000 Personen (Abb. 36) war noch kein Anzeichen dafür zu erkennen.

7. Korrelation zwischen mehr als zwei Veränderlichen.

Die Aufstellung und Bearbeitung einer einzelnen Korrelationstafel für den Zusammenhang zwischen zwei Veränderlichen kann vielfach nicht als ausreichend angesehen werden. Die Beschränkung des Blickes auf die beiden betrachteten Größen verleitet leicht zu einer falschen Bewertung der Korrelation. Fast nie sind *nur* x und y an einer Beziehung beteiligt, sondern wohl stets auch noch andere Größen z, u..... Ihre Einbeziehung in die Korrelationsrechnung ermöglicht eine viel bessere Beurteilung der Zusammenhänge. Auch als Kontrolle soll man nach Möglichkeit immer weitere Größen mitführen, um sich gegen die Aufstellung von Scheinkorrelationen (S. 185) zu schützen.

Als Bearbeitungsmethode steht an erster Stelle die einfache *Aufteilung des Materials in mehrere Korrelationstafeln*, die sich durch den Wert der dritten Größe unterscheiden. Auf diesen Weg ist insbesondere auch für die Erbstatistik quantitativer Merkmale hinzuweisen.

Die historischen Korrelationstafeln etwa über die Körpergröße bei Vätern und Söhnen (GALTON, PEARSON) liefern keine unmittelbare erbbiologische Erkenntnis, solange die Größe der Mütter unberücksichtigt bleibt. Stellt man dagegen an hinreichend großem Material verschiedene Korrelationstafeln so auf, daß bei jeder die Größe der Mutter innerhalb enger Grenzen fest ist, so läßt diese Art der Materialgruppierung unmittelbare erbbiologische Schlüsse zu. Untersuchungen dieser Art liegen meines Wissens nicht vor.

Die Aufteilung in mehrere Gruppen ist zur Erkennung etwaiger Uneinheitlichkeit des Materials wichtig (vgl. auch Abb. 35). Als Beispiel dafür, wieviel durch Unterteilung gewonnen werden kann, sei eine Untersuchung von KL. DECKNER genannt, in der unter anderem die Korrelation zwischen Körpergröße und Kopfindex bei Freiburger Studenten bearbeitet wurde. Bei einer Aufteilung des Materials nach Augen- und Haarfarbe fand er für die blonden und blauäugigen Studenten eine Korrelation von —0,08, für diejenigen mit dunklen Augen und dunklen Haaren dagegen von —0,34 (Unterschied gesichert). Dieser Befund, den DECKNER nicht weiter erklärt und als „auffällig" bezeichnet, würde mit der Vermutung in Einklang stehen, daß Körpergröße und Kopfindex gar nicht als solche korreliert sind, sondern nur in einem rassischen Gemenge Korrelation zeigen, weil das gemeinsame Vorkommen von großer Körperhöhe und langem Schädel bei der nordischen Rasse — unter deutschen Verhältnissen — zahlenmäßig ausschlaggebend ist. Die Korrelation ist hier als Maß der rassischen Uneinheitlichkeit der Gruppen bzw. als Maß für die weniger oder mehr fortgeschrittene Durchmischung der Gruppen (vgl. S. 291) zu werten.

Handelt es sich um ein einheitliches Material, so stellt man zur Untersuchung der Abhängigkeit von x, y, z .... Korrelationstafeln von je zwei von ihnen her und wertet sie nach dem üblichen Verfahren aus. Es soll z. B. der Zusammenhang von x und y untersucht werden, der durch eine gemeinsame Einwirkung von z auf x und y nicht unmittelbar zu erkennen ist. Will man die störende Einwirkung zunächst von z auf x erfassen, so geht man auf die Korrelationstafeln zwischen z und x zurück. Die Regressionslinie für die Schätzung von x aus z gibt die unmittelbare Lage von x an, soweit sie aus z hervorgeht. Betrachtet man jetzt nicht mehr die ursprünglichen x-Werte, sondern statt dessen nur die Abweichungen ξ der x von der durch z bedingten Regressionslinie zum Ausdruck kommt, der Einfluß von z auf x, soweit er in der Regressionslinie zum Ausdruck kommt, ausgeschaltet. Führt man das gleiche für y durch und errechnet die Abweichungen η von der z-bedingten Regressionslinie, so besitzt man statt x und y zwei neue Veränderliche ξ und η, welche mit z keine Korrelation mehr haben. Man berechnet nun r und kann diesen Wert als die Korrelation zwischen x und y auffassen, den man erhalten hätte, wenn die störende dritte Größe z konstant gewesen wäre. Je nach der Sachlage kann die Korrelation dadurch steigen, gleich bleiben oder fallen. Verschwindet sie ganz, so ist zu schließen, daß die ursprünglich gefundene Korrelation ganz durch eine in z meßbare gemeinsame Beeinflussung durch dritte Größen bedingt war.

Dieses einfache Prinzip der *partiellen Korrelation* ist allgemein anwendbar und in keiner Weise an die Voraussetzung einer geradlinien Beziehung gebunden. Man berechnet im Material die mittleren x- und y-Werte für jedes z und kann für jeden Beobachtungswert die Abweichungen von dieser beliebig geformten Regressionslinie der weiteren Korrelationsrechnung zugrunde legen. Bei *geradlinigen Beziehungen* ist das Rechenverfahren außerordentlich einfach: Man braucht nämlich die Differenzbildung gar nicht durchzuführen, sondern kann die partielle Korrelation unmittelbar aus den ursprünglichen r-Werten ableiten. Bezeichnet man im Index von r die „ausgeschalteten" Veränderlichen durch Vorsetzung eines Punktes, so ist

$$r_{xy \cdot z} = \frac{r_{xy} - r_{xz} \cdot r_{yz}}{\sqrt{(1 - r_{xz}^2)(1 - r_{yz}^2)}} . \qquad [84]$$

Auf dem gleichen Wege kann man auch weitergehen und eine vierte, fünfte usw. Größe ausschalten. Zur Ausschaltung einer vierten Veränderlichen u muß man von 6 Korrelationstafeln ausgehen und die drei partiellen Korrelationskoeffizienten ersten Grades $r_{xy \cdot u}$, $r_{xz \cdot u}$, $r_{yz \cdot u}$ berechnen. Dann wird

$$r_{xy \cdot zu} = \frac{r_{xy \cdot u} - r_{xz \cdot u} \cdot r_{yz \cdot u}}{(1 - r_{xz \cdot u}^2)(1 - r_{yz \cdot u}^2)}. \qquad [84a]$$

Die Umrechnung nach [84] und [84a] kann in Tafel 12 von Kollers „Graphischen Tafeln" ohne jede Rechnung unmittelbar abgelesen werden.

Beispiel. R. Pearl untersuchte Länge, Breite und Gewicht von 453 Hühnereiern und fand für die partielle Korrelation zwischen Länge und Breite unter Konstanthaltung des Gewichtes $r_{xy \cdot z} = -0.90$. Zur Prüfung führte er eine Unterteilung des Materials in Gewichtsklassen durch und stellte für einige Gruppen die Korrelation zwischen Länge und Breite unmittelbar fest. Als Mittelwert der Korrelation in drei Gruppen fand er den Wert -0.91 in völliger Übereinstimmung mit der Rechnung nach [84].

Die *Fehlerrechnung* ist für partielle Korrelationen genau die gleiche wie für die einfachen Korrelationen, es ist lediglich die Zahl der Freiheitsgrade bei Ausschaltung von a Variablen m = n-a-2, also um a kleiner als im einfachen Falle, dessen Grenzen in Abb. 33 angegeben sind.

In gleicher Weise wie die Korrelation kann auch die *Regression* zwischen mehreren Veränderlichen betrachtet werden. x sei diejenige Veränderliche, deren Werte aus der Kenntnis von y, z.... durch eine lineare Gleichung möglichst genau geschätzt werden sollen. Bei Beschränkung auf x, y, z ist für den Schätzungswert x′ die Gleichung aufzustellen [1]:

$$x' = \bar{x} + b_{xy}(y - \bar{y}) + b_{xz}(z - \bar{z}). \qquad [85]$$

Die Anwendung der Methode der kleinsten Quadrate führt auf folgende Formeln für die Koeffizienten:

$$\left. \begin{array}{l} b_{xy} = \dfrac{\sigma_x}{\sigma_y} \cdot \dfrac{r_{xy} - r_{xz} \cdot r_{yz}}{1 - r_{yz}^2} \\[2mm] b_{xz} = \dfrac{\sigma_x}{\sigma_z} \cdot \dfrac{r_{xz} - r_{xy} \cdot r_{yz}}{1 - r_{yz}^2}. \end{array} \right\} \qquad [85a]$$

Um die Güte der erreichten Schätzung zu beurteilen, kann man die Korrelation zwischen den wirklichen Werten von x und den Formelwerten x′ berechnen. Auch dies läßt sich einfach aus den Korrelationswerten ableiten. Es ist die „Mehrfachkorrelation" R in bezug auf x

$$R = \sqrt{1 - (1 - r_{xy}^2)(1 - r_{xz \cdot y}^2)}. \qquad [86]$$

Die noch verbliebene Restschwankung der X um die Schätzungswerte X′ hat die Größe

$$\sigma_x' = \sigma_x \sqrt{1 - R^2} = \sigma_x \sqrt{(1 - r_{xy}^2)(1 - r_{xz \cdot y}^2)}. \qquad [86a]$$

Diese verallgemeinerten Regressionsgleichungen sind praktisch sehr wichtig und haben insbesondere in der Konstitutionsforschung einen weiten Anwendungsbereich.

Fragen von der Art: „Welches ist das Soll-Körpergewicht, das der Körpergröße und dem Brustumfang einer Person entspricht?" haben z. B. Rautmann und seine Mitarbeiter — allerdings nach etwas anderer Methode — bearbeitet. Als Beispiel einer anderen Fragestellung sei auf die Möglichkeit einer Bearbeitung der v. Eickstedtschen Rassenformeln hingewiesen. Hier könnten die Diagnosen mehrerer Untersucher miteinander und mit den Rassenmerkmalen der Untersuchten zusammengestellt werden. Man könnte dadurch feststellen, welches Gewicht der einzelne Untersucher intuitiv jedem Merkmal zukommen läßt, welche Merkmalskombination der Diagnose am besten entspricht usw. — Die Methoden der partiellen Regression stehen in enger Beziehung zu allen Fragen der Untersuchung von Merkmalskomplexen durch Einzelmessungen (vgl. S. 178).

---

[1] Die Formeln für eine beliebige Zahl von Veränderlichen sind z. B. bei Rietz-Baur zu finden. Die Bezeichnungsweise ist hier für 3 Veränderliche etwas abgekürzt.

8. Nichtlineare Zusammenhänge.

Alle auf den Korrelationskoeffizienten und den Regressionsgeraden beruhenden Methoden setzen Geradlinigkeit voraus. Ob diese vorhanden ist, erkennt man aus dem Verlauf der Zeilen und Spaltenmittel. Schwache Krümmungen, besonders in den geringer besetzten Klassen, können vernachlässigt werden. Bei starker Abweichung von der Geradlinigkeit verliert jedoch die Anwendung von r ihre Berechtigung[1] (zahlenmäßige Prüfung vgl. S. 200).

Bei stärkerer Krümmung ist zunächst zu untersuchen, ob es sich um eine logarithmische Gesetzmäßigkeit handelt, wie sie in biologischen und medizinischen Statistiken nicht selten sind. Man betrachtet dann log x statt x oder log y statt y oder beides; werden dadurch die Regressionslinien gerade, so kann man mit den Logarithmen auf gewöhnlichem Wege weiterarbeiten. Statt der Logarithmen ist auch an Potenzen oder Reziproke als gelegentlich vorkommende notwendige Umrechnungsfunktionen zu denken. Kann man durch solche einfachen Umwandlungen keine Geradlinigkeit erreichen, muß die Korrelationsmessung nach einem allgemeineren Gesichtspunkt erfolgen.

Ein *Weg zur allgemeinen Behandlung der Korrelationsfragen* ist bereits in Abschnitt III 6 besprochen worden: *die Aufteilung der Streuung.* Die Prüfung der Einheitlichkeit einer nach verschiedenen Gesichtspunkten aufgeteilten Reihe ist methodisch völlig das gleiche wie die Prüfung der gegenseitigen Unabhängigkeit der dabei betrachteten Merkmale. Die Änderung der Häufigkeitsverteilung einer Größe bei der Aufteilung des Materials nach einer anderen ist unmittelbar die Definition der gegenseitigen Abhängigkeit. Insofern kann die Korrelationsrechnung als ein Teil der Streuungstheorie aufgefaßt und methodisch behandelt werden.

Das auf der LEXISschen Dispersionstheorie aufgebaute Verfahren von FISHER, die Aufteilung der Streuung, löst unmittelbar die Frage nach dem *Vorhandensein* einer Korrelation; auch in kleinen Zahlenreihen entstehen keine Schwierigkeiten.

Die Methode beruht darauf, daß bei Abhängigkeit die Streuung der Einzelwerte um das Gesamtmittel der Reihe (sowohl für $\bar{x}$ als auch für $\bar{y}$) weit größer ist als ihre „Reststreuung" um die Zeilenmittel x_i und Spaltenmittel $\bar{y}_k$. Das Verhältnis dieser Streuungen läßt sich nun als allgemeines *Maß* des Grades der Verbundenheit benutzen. Diese Berechnung läßt sich für die X-Streuung und die Y-Streuung durchführen, und man erhält zwei Maßzahlen:
Korrelationsverhältnis von y in bezug auf x

$$\eta^2_{y\,x} = 1 - \frac{\sum\limits_{i,\,k} (y_{ik} - \bar{y}_k)^2}{\sum\limits_{i,\,k} (y_{ik} - \bar{y})^2} = \frac{\sum\limits_{k} s_k\,(\bar{y}_k - \bar{y})^2}{\sum\limits_{i,\,k} (y_{ik} - \bar{y})^2}, \qquad [87]$$

Korrelationsverhältnis von x in bezug auf y

$$\eta^2_{x\,y} = 1 - \frac{\sum\limits_{i,\,k} (x_{ik} - \bar{x}_i)^2}{\sum\limits_{i,\,k} (x_{ik} - \bar{x})^2} = \frac{\sum\limits_{i} n_i\,(x_i - \bar{x})^2}{\sum\limits_{i,\,k} (x_{ik} - \bar{x})^2}. \qquad [87a]$$

Die Doppelsumme bedeutet nur, daß die Summierung über alle Einzelwerte zu erstrecken ist. Die zweiten Berechnungsformeln sind einfacher. In Worten ausgedrückt ist

$$\eta^2_{\bar{y}\,x} = \frac{\text{Summe der mit Beobachtungszahl multipl. Abweichungsquadrate der Spaltenmittel } \bar{y}_k \text{ von } \bar{y}}{\text{Summe der Abweichungsquadrate aller y-Werte von } \bar{y}}.$$

---

[1] Wenn man theoretisch enge Zusammenhänge konstruieren kann — etwa einen Halbkreis über der x-Achse —, bei denen der Korrelationskoeffizient r = 0 wird, so sind das Fälle, mit denen praktisch nicht zu rechnen ist. Meist dürfte auch bei starker Krümmung schon die Berechnung von r das Vorhandensein einer Korrelation erweisen, nur als Maß ist r nicht mehr gültig.

Entsprechend ist η^2_{xy} zu berechnen.

Ist die Regression linear, so ist auf Grund der Gleichung [78]

$$\eta^2 = r^2.$$

Der Unterschied beider Größen kann zur Prüfung auf Geradlinigkeit benutzt werden. Die zahlenmäßige Durchführung der Prüfung erfolgt am besten durch einen Vergleich der Reststreuungen, die bei Beziehung auf die Regressionsgerade und auf die Klassenmitten bestehen bleiben. Ohne auf die Einzelheiten einzugehen, ist die Formel, bei der N die Zahl der Beobachtungen und s die der Klassen bedeutet:

$$Q^2 = \frac{\eta^2 - r^2}{1 - \eta^2} \cdot \frac{N - s}{s - 2} *.$$

[88]

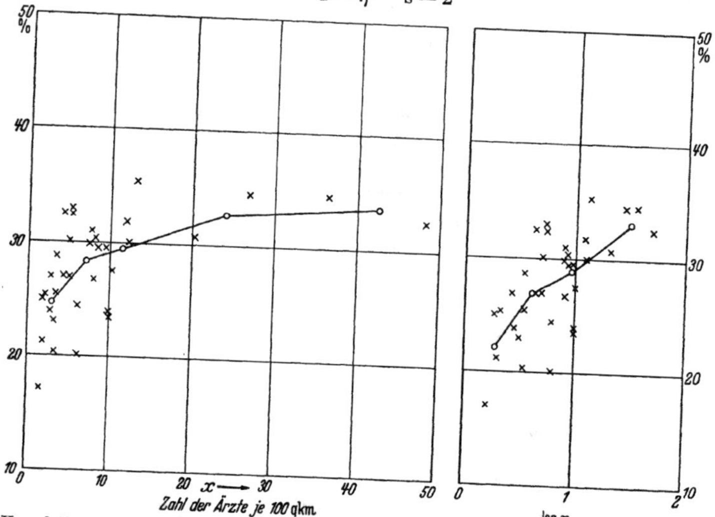

Abb. 46. Korrelation zwischen Kreislaufkrankheit als Todesursache und Wohndichte der Ärzte zu Tabelle 21. (Nach Koller.)

In Abb. 32 ist zu prüfen, ob Q^2 im Zufallsbereich für $m_1 = s - 2$ und $m_2 = N - s$ liegt. Wenn nicht, so ist die Annahme der Geradlinigkeit nicht erlaubt. Ein Beispiel ist auf S. 174—175 durchgerechnet. Nach den dortigen Zahlen ergibt sich das Korrelationsverhältnis $\eta^2_{yx} = \frac{227{,}2}{712{,}9} = 0{,}32$; $\eta_{yx} = 0{,}57$. Da es sich um die Frage nach der Abhängigkeit der Angabe einer Kreislaufkrankheit als Todesursache in Abhängigkeit von der Wohndichte der Ärzte handelt, ist nur das eine Korrelationsverhältnis von Interesse. Abb. 46 zeigt die Einzelwerte der Beobachtung; die Verbindung der Klassenmitten weicht deutlich von einer geraden Linie ab. Die Geradlinigkeitsprüfung stellt jedoch die Abweichung nicht sicher. Die Rechnung mit den Einzelwerten ergibt ein $r^2 = 0{,}28$ und $Q^2 = \frac{0{,}04}{0{,}68} \cdot \frac{31}{1} = 1{,}8$, also bei $m_1 = 1$ und $m_2 = 31$ nach Abb. 32 keinen beweiskräftigen Unterschied. — Führt man log x statt x ein, so wird die Linie gerade. Unter Benutzung der Logarithmen läßt sich unbedenklich mit dem Korrelationskoeffizienten r arbeiten, der den Wert $+ 0{,}66$ annimmt. Daß η kleiner ist als dieses r, beruht darauf, daß zur Berechnung von r alle Einzelwerte unmittelbar benutzt werden können; zur Berechnung von η muß jedoch erst eine Gruppeneinteilung vorgenommen werden, in der, um nicht zu kleine Klassen entstehen zu lassen, alle höheren x-Werte zusammengefaßt werden mußten. Dadurch geht ein merklicher Teil der Korrelation verloren. Es zeigt das Beispiel zugleich einen der Mängel des Korrelationsverhältnisses.

Das Korrelationsverhältnis wird von der Feinheit der Klasseneinteilung stark beeinflußt. Bei Unabhängigkeit der Merkmale in der zugrunde liegenden

---

* Hier ist vorübergehend, um den Anschluß an 1116 zu verdeutlichen, die Gesamtzahl der Beobachtungen im Korrelationsschema nicht mit n, sondern mit N bezeichnet.

Gesamtheit ist der Erwartungswert $\eta^2 = \dfrac{s-1}{N-1}$; bei grober Einteilung, wie z. B. im letzten Beispiel, wird dadurch η ein schlechtes Maß der Verbundenheit.

Wie schon bei der Vierklassentafel, so besteht auch im allgemeinen Fall nichtlinearer Zusammenhänge keine völlig eindeutige und zuverlässige Möglichkeit, den *Grad* der Korrelation zu *messen*. Auch hier ist die gleiche Folgerung zu ziehen: Aufgaben der allgemeinen Korrelationsmessung sind nach Möglichkeit in andere besser definierbare Fragen aufzulösen. Vielfach besteht überhaupt keine Notwendigkeit einer Messung; dann genügt die Beurteilung des *Vorhandenseins* einer Beziehung.

Es sei noch kurz das von dem Psychologen SPEARMAN stammende, besonders bei Psychologen beliebte Verfahren der ,,*Rangkorrelation*'' ϱ erwähnt. Man ordnet und numeriert die x-Werte sowie die y-Werte jeweils nach ihrer Größe. Sind v_x und v_y die Rangordnungszahlen des Beobachtungspaares x, y, so ist (s. YULE, TSCHUPROW, RIETZ-BAUR)

$$\varrho = 1 - \frac{b \cdot \Sigma(v_x - v_y)^2}{n \cdot (n^2 - 1)}.$$

Bei Normalverteilung von x, y besteht nach K. PEARSON zwischen ϱ und dem gewöhnlichen Korrelationskoeffizienten die Beziehung $r = 2 \cdot \sin 0{,}5236 \cdot \varrho$.

9. Reihen korrelierter Beobachtungen. Geschwisterkorrelationen.

Bildet man aus n Beobachtungen, die alle untereinander korreliert sind (Korrelationskoeffizient zwischen je zweien r), das arithmetische Mittel $\bar{x}$, so hat dieses den gleichen Wert, als wenn die Werte unabhängig wären; auch die mittlere Abweichung σ_x der einzelnen Reihenglieder bleibt ungeändert. Dagegen gilt die Formel für den mittleren Fehler des Mittelwertes nicht mehr (LAUPRECHT und MÜNZNER), sondern sie muß ersetzt werden durch

$$\sigma_{\bar{x}}^2 = \sigma^2 \cdot \frac{1 + (n-1)\,r}{n}. \qquad [89]$$

Für $r = 0$ geht sie in die übliche Formel [14] über. Gegenseitige Abhängigkeit der Reihenglieder bedeutet für die Auswertung und die Gegenüberstellung mit anderen Werten, daß die Beobachtungen nicht so zählen, als wären sie unabhängig. [89] gibt die Verminderung der Wertigkeit der Beobachtungen. Die n korrelierten Glieder bedeuten soviel wie $\dfrac{n}{1 + (n-1)\,r}$ unabhängige. Diese Formel ist für viele Erb- und Rassenstatistiken von Bedeutung. Ist z. B. für ein Merkmal die Geschwisterkorrelation 0,5, so zählen 3 Geschwister nur wie 1,5 Nichtverwandte, 7 Geschwister wie 1,75. Will man bei der Untersuchung mehrerer Familien einer Ortschaft die mittlere Körpergröße feststellen, so muß man das Material erst nach Familien oder Geschwisterschaften zusammenfassen und die mittlere Größe in jeder Einzelgruppe feststellen. Dann ist aus diesen Einzelmitteln das gewogene Gesamtmittel zu bilden, wobei die nach der Formel reduzierte Gruppengröße als Gewicht einzusetzen ist (Tafeln a. a. O.). Schon bei der Korrelation 0,5 und erst recht bei noch höheren r-Werten begeht man einen geringeren Fehler, wenn man das einfach arithmetische Mittel aller Familiendurchschnittswerte bildet, als wenn man — wie üblich — das Mittel aus allen Einzelpersonen berechnet.

In engem Zusammenhang mit dieser Frage steht die Berechnung von *Korrelationen für Geschwistergruppen*. Will man z. B. die Korrelation der Körpergröße bei Geschwisterpaaren berechnen, so kann man nach irgendeinem Gesichtspunkt den einen als X, den anderen als Y auffassen. Um das Material voll auszunutzen, kann man auch eine symmetrische Korrelationstafel herstellen und jedes Paar zweimal unter Vertauschung von X und Y eintragen (,,Intraclass-Correlation''). Die Vorteile in der Genauigkeit der Korrelationsberechnung sind allerdings, wenn in der Fehlerrechnung die Doppelzählungen entsprechend berücksichtigt werden, ganz unbedeutend. Unübersichtlicher wird das Verfahren bei einer größeren Zahl von Geschwistern jeder Familie. Würde man hier alle Geschwisterpaare, noch dazu jedes zweimal, aufstellen, so wäre die Berechnung von r außerordentlich mühsam. Man hilft sich, indem man auf die Formel [89] zurückgreift, in der r der hier gesuchte Korrelationskoeffizient ist (HARRIS). Zunächst berechnet man für jede Geschwisterschaft den Mittelwert $\bar{x}_i$, bildet die Abweichungsquadrate dieser Familienmittel und erhält aus s Familien zu je n Geschwistern

$$n \sum_i (\bar{x}_i - \bar{x})^2 = \frac{\sum_{i,k} (x_{i,k} - \bar{x})^2 [1 + (n-1) r]}{n}.$$

Die beiden Quadratsummen sind bereits bei der Streuungsaufteilung und dem Korrelationsverhältnis η gebraucht worden. Setzt man η nach Formel [87a] hier ein, so ergibt sich die Geschwisterkorrelation

$$r = \frac{n \cdot \eta^2 - 1}{n - 1}. \qquad [90]$$

Diese Berechnungsart ist erheblich einfacher als die durch Aufstellung der Korrelationstafeln. Zur Prüfung der Zufallsgrenzen hat FISHER — wie für den gewöhnlichen Korrelationskoeffizienten — eine logarithmische Umrechnung angegeben; für die Durchführung sei auf die „Statistical Methods" verwiesen.

Als Beispiel sei Tabelle 19 herangezogen, in der für n = 4 Kinder in 5 Familien die Körpergröße angenommen war. Aus der Tabelle der Streuungsaufteilung kann unmittelbar entnommen werden:

$$\eta^2 = \frac{904}{1386} = 0,652; \qquad r = 0,54.$$

V. Ausgleichung; Transformation der Beobachtungswerte; Standardisierung.

Oft tritt das Bedürfnis nach Ausschaltung der Zufallsschwankungen auf, um die zugrunde liegenden Verhältnisse z. B. in einem Kurvenverlauf deutlicher hervortreten zu lassen. Eine derartige zu bestimmtem Zweck vorgenommene Ausgleichung ist in gewissem Umfange durchaus erlaubt und gerechtfertigt. Ziellose Ausgleichungen, nur um die Schwankungen zu glätten, sind meist ohne wirklichen Nutzen. Die Veröffentlichung geglätteter Kurven ohne Hinzufügung der Beobachtungswerte legt stets den Verdacht nahe, daß der Untersucher die Kritik scheut. Stets ist zu beachten, daß ausgeglichene Werte keine Beobachtungswerte sind und keiner statistischen Prüfung an deren Stelle unterzogen werden dürften.

1. Kurvenausgleichung.

Glättungsformeln. Meist vermutet man, daß einer Beobachtungsreihe allmähliche Änderungen zugrunde liegen, und faßt dann die Schwankungen benachbarter Werte als zufällig auf. Dann kann man z. B. fortlaufend die Mittelwerte von je zwei benachbarten bilden oder, wenn man drei Werte x_1, x_2, x_3 zusammenfaßt, den mittleren Wert durch $1/4 (x_1 + 2 x_2 + x_3)$ ersetzen; dies ist das gleiche, als wenn man die erste Ausgleichung zweimal durchführt; man kann nach Belieben mehrere Werte mit oder ohne Gewichte zu einem „ausgeglichenen" zusammenfassen.

Wenn man zum Schluß einen glatten Linienzug erhält, so kann dieser Ähnlichkeit mit dem Verlauf der zugrunde liegenden Funktion haben, kann aber auch wesentlich abweichen.

Methode der kleinsten Quadrate. Eine andere, fest umrissene Aufgabe kommt der Ausgleichung zu, wenn es sich darum handelt, aus z. B. streuenden Beobachtungswerten, deren Verlauf einer bekannten Funktion folgt, diese Funktion zahlenmäßig so festzulegen, daß sie sich den gegebenen Punkten möglichst gut anpaßt. Man löst die Aufgabe, indem man verlangt, daß die Summe der Quadrate der Entfernungen zwischen Beobachtungswert und Funktionswert ein Minimum wird. Soll z. B. durch n Beobachtungswerte mit den Koordinaten $(x_1, y_1), (x_2, y_2) \ldots (x_n \, y_n)$ eine gerade Linie

$$Y = a + b x$$

so gelegt werden, daß bei einem gegebenen x das zugehörige $(y - Y)$ möglichst klein wird, so macht man zur Bestimmung von a und b den Ansatz:

$$\sum_i [y_i - (a + b x_i)]^2 = \text{Min.}$$

Man erhält den kleinsten Wert, indem man die Differentialquotienten nach a und b bildet und gleich Null setzt. Die Rechnung ergibt:

$$b = \frac{\sum_i x_i\, y_i - \dfrac{1}{n} \sum x_i \sum_k y_k}{\sum_i x_i^2 - \dfrac{1}{n}\left(\sum x_i\right)^2} \; ; \qquad a = \frac{1}{n}\left(\sum y_i - b \sum x_i\right)$$

$$= \bar{y} - b\,\bar{x}.$$

Man erkennt an der Formel, daß sich die Regressionsgerade von Y in bezug auf X ergeben hat [77], nur ohne Benutzung der Symbole σ und r. Häufig liegen die X-Werte in gleichen Abständen, z. B. wenn man zeitlich geordnete Beobachtungen hat; dann ersetzt man die Abszissen durch die ersten n ganzen Zahlen. Dann vereinfacht sich im Zähler

$$\sum_i x_i = \frac{n\,(n+1)}{2},$$

und der Nenner wird zu

$$\sum_i x_i^2 - \frac{1}{n}\left(\sum_i x_i\right)^2 = \frac{1}{12}\,n\,(n^2 - 1).$$

Man hat dann nur die Y_i zu addieren, einmal unmittelbar und einmal nach Multiplikation mit 1, 2, 3 ... n.

Nach gleichem Prinzip sind Parabeln und andere Funktionen durch eine gegebene Beobachtungsreihe zu legen.

Die gerade Linie ist die am häufigsten auftretende Funktion. Ihr Gebrauch ist immer da gerechtfertigt, wo nicht sichere Abweichungen von der Geradlinigkeit vorliegen. Vielfach treten auch Logarithmen auf, und zwar dann, wenn die Änderung in einem Punkt der Kurve proportional zum Kurvenwert selbst ist. Dieses allgemeine Prinzip der logarithmischen Abhängigkeit ist ebenso „natürlich" wie die gewöhnliche lineare Auffassung. Man ist durchaus berechtigt, bei der Darstellung logarithmischer Beziehungen zu den Logarithmen der Messungswerte überzugehen und diese in allen weiteren Rechnungen so zu behandeln, als ob sie ursprüngliche Beobachtungen wären. Statt eine logarithmische Kurve unmittelbar nach der Methode der kleinsten Quadrate auszugleichen, legt man also durch die Logarithmen eine gerade Linie[1].

In manchen Fällen ist $1/x$ zur Darstellung heranzuziehen. Findet sich z. B. die Pulsfrequenz in einer nicht linearen Abhängigkeit, so ist zu versuchen, ob die Schlagdauer vielleicht eine geradlinige Abhängigkeit aufweist. — Bringt man Maße verschiedener Dimension zueinander in Beziehung, so ist keine Geradlinigkeit zu erwarten (Körpergröße — Körpergewicht); daß hier eine treffende Transformation schwierig ist, zeigt der Mißerfolg der Indexbildungen aus diesen Größen. Günstiger sind die Aussichten für eine Begradigung, wenn eine Dimension funktionell bevorzugt ist (Calorienbedarf — Körperoberfläche; vor allem das Musterbeispiel einer gelungenen Transformation: BÜRKERs Verteilungsgesetz des Hämoglobins auf die Oberflächeneinheit der Erythrocyten).

Schwierigkeiten bietet auch die Behandlung von Wachstumskurven, die meist S-Form zeigen. Für einen großen Teil des Verlaufs kommt man mit einer logarithmischen Darstellung aus. Die ganze S-Kurve kann durch die logistische (autokatalytische) Kurve

$$y = \frac{K}{1 + e^{a + bx + \cdots}} \tag{91}$$

dargestellt werden (vgl. PEARL). V. BERTALANFFY kommt auf anderem Wege zu Wachstumsformeln, deren Koeffizienten in günstigen Fällen mit den Stoffwechselgrößen übereinstimmen.

2. Ausgleichung von Häufigkeitsverteilungen.

Wenn eine Häufigkeitsverteilung sich einwandfrei von einer Normalverteilung unterscheidet, kann es erwünscht sein, ihren Verlauf durch eine Näherungsformel darzustellen. Zunächst hat man zu versuchen, durch eine Maßstabsänderung, die der biologischen Sachlage angepaßt ist, zum Ziele zu kommen. Die Auffassung KAPTEYNs, man erhielte deshalb schiefe Verteilungskurven, weil man nicht die richtige Variable gewählt hat, trifft sicher für manche Fälle zu.

---

[1] Die beiden Ergebnisse sind verschieden. Eine ausdrückliche Berechtigung zur Rechnung mit den Logarithmen ist in den Fällen zu sehen, in denen der Streuungsbereich mit der Höhe der Werte zunimmt. Wesentliche Hilfe beim Ausprobieren der Transformation leisten die einachsig und zweiachsig logarithmisch eingeteilten Zeichenpapiere (Schleicher & Schüll, Düren/Rhld.).

Hier spielt vor allem die Wahl von log x als Veränderliche eine große Rolle. TH. FECHNER hat zur Darstellung schiefer Kurven die Zerteilung im Höchstwert eingeführt. Die beiden Teile werden dann getrennt als Hälften einfacher oder logarithmischer Normalverteilungen aufgefaßt. Eine biologisch sinnvolle Verteilungsdarstellung kann dieses Verfahren nicht geben; zur Lösung bestimmter praktischer Aufgaben (s. unten) kann es gelegentlich Verwendung finden.

K. PEARSON hat ein System von Häufigkeitskurven angegeben, das aus den verschiedenen möglichen Kombinationen der ersten vier Potenzmomente entsteht und die Normalkurve als Spezialfall enthält. Ferner können gewisse Arten von schiefen, hochgipfligen, einseitigen oder U-förmigen Verteilungen dargestellt werden. Biologische Eindeutigkeit besitzen die PEARSON-Typen ebensowenig wie die Normalkurve; zur Ausgleichung sind sie brauchbar. Zur Methodik vgl. PEARSON-Tables.

Zu einer allgemeinen Lösung der Darstellung von Häufigkeitskurven kann man durch Reihenentwicklungen gelangen, bei denen man von der Normalverteilung ausgeht (BRUNS). Praktische Verwendung hat nur die mit dem dritten Potenzmoment abgebrochene Reihe gefunden, die sich zur Darstellung mäßig schiefer Verteilungen eignet (Rechnungstafel bei SHEWHART).

Zur Darstellung einer beobachteten Verteilung durch eine passende Formel liegt nur selten einmal Veranlassung vor. Häufiger besteht das Bedürfnis, einzelne herausgegriffene Häufigkeitsstufen möglichst genau festzulegen; z. B. den Wert, der von 5% der Beobachtungen überschritten wird. Für diese bestimmte Frage ist jede Ausgleichungsmethode zulässig, auch die der Zweiteilung der Kurve, wie sie RAUTMANN und Mitarbeiter zur Abgrenzung der verschiedenen Häufigkeitsstufen der Norm benutzt haben. Nur der Erfolg der guten Anpassung entscheidet hier.

Alle Bemühungen um eine sinnvolle Ausgleichung einer Verteilungskurve müssen fehlschlagen, wenn — wie meist — das Material uneinheitlich ist und die beobachtete Verteilung durch Überlagerung einer Anzahl von Verteilungskurven zustande kommt. Dann treten nicht-zufällige Störungen des glatten Kurvenverlaufs auf, die sich bis zur Mehrgipfligkeit steigern können. Für den Fall, daß die verborgenen Einzelverteilungen normale Form haben, hat PEARSON einen Versuch gemacht, die GAUSS-Kurve vom Schwanz aus, der noch keine Überlagerung zeigt, zu rekonstruieren und so die Überlagerung aufzulösen (PEARSON-Tables I).

3. Standardisierung.

Bei manchen Statistiken läßt es sich nicht vermeiden, daß zwei Vergleichsreihen wesentliche Unterschiede in ihrer Zusammensetzung nach Alter, Geschlecht usw. zeigen. Weist das betrachtete Merkmal z. B. Altersunterschiede auf, so können die beiden Reihen nicht unmittelbar miteinander verglichen werden. Am günstigsten ist es dann, wenn die Größe des Materials dazu ausreicht, die Vergleiche in den einzelnen Altersklassen getrennt durchzuführen. Ist das nicht möglich, so muß durch eine einfache Umrechnung der Altersunterschied ausgeschaltet werden.

Vergleicht man die Häufigkeit eines Merkmals in einer kleinen Reihe mit der in einer großen, etwa der Bevölkerungsstatistik, so kann man die Erwartungswerte für die Beobachtungsreihe berechnen. Ist p_i die Merkmalshäufigkeit in der i-ten Altersgruppe der Bevölkerung und hat man in der Beobachtungsreihe n_i Personen dieser Altersklasse, so berechnet man

$$\Sigma\, p_i \cdot n_i, \qquad [92]$$

die Erwartungszahl der Merkmalsträger in der Beobachtungsreihe, unter der Annahme, daß die Merkmalshäufigkeit in der Bevölkerung auch für die Reihe gilt, d. h. daß die Reihe eine echte „Stichprobe" aus der Bevölkerung ist. Man rechnet bei diesem Verfahren gewissermaßen die Altersverteilung der Gesamtbevölkerung auf die der Beobachtungsreihe um.

Vergleicht man zwei Beobachtungsreihen, so kann man auch die eine auf die andere umrechnen, und zwar am besten stets die Merkmalsziffern der größeren Reihe auf die Altersverteilung der kleineren, oder beide auf eine dritte, z. B. eine „Standardbevölkerung". Dabei ist es jedoch unzweckmäßig, eine Bevölkerung von völlig anderer Altersverteilung zu wählen.

Z. B. hat man in einer Fruchtbarkeitsstatistik als unterste Grenze die 20—25jährigen. Die Zahl der Fälle ist gering, ebenso die Genauigkeit aller hier gewonnenen Ziffern. Würde man zur Normierung die Altersverteilung der Gesamtbevölkerung wählen, so erhielte entsprechend der starken Besetzung dieser Altersklasse die ungenaue Ziffer des Materials ein übermäßiges Gewicht, wodurch das Gesamtergebnis eine unnötige Unsicherheit bekäme. Die für die Umrechnungen gebrauchte Formel ist grundsätzlich [92], wobei n_i die Klassenverteilung in der Bezugsgruppe und p_i die Merkmalshäufigkeit — oder eine Durchschnittszahl — in der i-ten Klasse der umzurechnenden Gruppe ist.

In der *Fruchtbarkeitsstatistik* kommen häufig Aufgaben vor, die zwar nicht eigentliche Standardisierungen erfordern, aber bestimmte einheitliche Schematisierungen, die in diesem Zusammenhang erwähnt werden mögen. Die Grundfrage lautet: *Reicht die Fortpflanzung einer Bevölkerungsgruppe aus, um ihren Bestand zahlenmäßig zu erhalten?* Zur Beantwortung[1] geht man meist schematisch von einer Gruppe Frauen in bestimmtem Alter (z. B. kurz vor dem Fortpflanzungsalter) aus und stellt fest, wie viele Töchter, die das gleiche Alter erreichen, unter Berücksichtigung der derzeitigen Sterblichkeits-, (Heirats-) und Fruchtbarkeitsziffern zu erwarten sind, ob also die Ausgangszahl der vorigen Generation wieder erreicht wird. Für diese Rechnung ist ein sehr großes statistisches Material erforderlich, da sonst die notwendigen Relativzahlen in den einzelnen Altersklassen zu ungenau sind. Die Rechnung kann für die Gesamtfruchtbarkeit durchgeführt werden oder — besonders häufig — nur für die eheliche Fruchtbarkeit unter Einschaltung der Heiratsziffern.

Eine Überschlagsrechnung wird oft so vorgenommen, daß man von der Zahl der Geburten bestimmte Prozentsätze für Todesfälle im Kindesalter, für unverheiratet Bleibende und für kinderlos Verheiratete abzieht. Die Abzüge schwanken je nach dem Grundmaterial, liegen aber im allgemeinen jeder zwischen 10% und 20%.

Die nach diesen Methoden aus den statistischen Ziffern um 1925 errechnete Soll-Geburtenzahl 3,4 auf jede fruchtbare Ehe, die zur Ersetzung des Elternpaares notwendig ist, ist in den allgemeinen Wissensbestand unseres Volkes übergegangen.

Bei rassenhygienischen Untersuchungen wird die Fruchtbarkeit eines kleineren Personenkreises, etwa von mehreren tausend Personen, geprüft. Auch hier ist die Grundfrage die nach der Bestandserhaltung, obwohl diese Frage etwas gekünstelt ist, da die Gruppen ja nicht isoliert leben; doch ist dieses Schema zweckmäßig für eine bilanzmäßige Übersicht über die wirkliche Fruchtbarkeit.

Bisher wurde bei solchen Statistiken meist in Anlehnung an die eben erwähnte Überschlagsrechnung verfahren, wobei in Rechnung gesetzt wurde, daß die ehelich Geborenen noch die Zahl der im Kindesalter Sterbenden, der ehelos Bleibenden und der kinderlos Verheirateten ersetzen sollen. Jedoch ist hier die Fragestellung ganz anders; die außereheliche Fruchtbarkeit kann nicht außer acht gelassen werden, auch mehrfache Verheiratungen müssen sinngemäß berücksichtigt werden. Die Einführung dieser Punkte in ein auf der ehelichen Fruchtbarkeit beruhendes Rechenschema (STUMPFL) kann nicht befriedigend gelingen. Man baut die Fruchtbarkeitsbilanz einer statistisch erfaßten Gruppe am besten unmittelbar auf der ursprünglichen Fragestellung ohne Umweg über die Ehen auf; die einfachste und primitivste Fassung dürfte die folgende sein:

Man geht von der Gesamtheit der Frauen einer Generation mit abgeschlossener Fortpflanzung aus — das sind über 47jährige, gleichgültig ob ledig, verheiratet, verwitwet, geschieden, wieder verheiratet, sowie die im Fortpflanzungsalter zwischen 16 und 47 Jahren Gestorbenen — und ermittelt die Zahl ihrer Töchter, die das Fortpflanzungsalter erreicht haben. Der Vergleich der Frauenzahlen beider Generationen ergibt unmittelbar eine Fruchtbarkeitsbilanz. Ist die Beobachtungsdauer nicht lang genug und steht am Stichtag noch eine größere Zahl der Töchter unter dem Alter von 16 Jahren, so muß man die nach den Sterblichkeitsverhältnissen bis zum Grenzalter zu erwartenden Todesfälle abziehen[2].

VI. Der statistische Vergleich.

1. Fragestellung und Antwort.

Wie bei jeder anderen Untersuchung, so ist auch für statistische Arbeiten eine genaue Fragestellung eine entscheidende Voraussetzung des Erfolges. Dabei erfordert die zweckmäßige Übersetzung der sachlichen Ausgangsfrage in die Begriffe der Statistik besondere Aufmerksamkeit. Mit der Beschreibung der Befunde, d. h. mit der Aufstellung von Häufigkeiten, Mittelwerten, mittleren Fehlern usw., ist im allgemeinen erst die Grundlage gelegt. *Für sich allein*

---

[1] Vgl. FR. BURGDÖRFER (z. B. Stand und Bewegung der Bevölkerung. München 1935), sowie viele Veröffentlichungen des Statistischen Reichsamtes.

[2] Eine Rechnung nach diesem Schema bei H. W. KRANZ: Die Gemeinschaftsunfähigen, I. Gießen 1939.

betrachtet, sind statistische Zahlen leblos, sie gewinnen erst Leben durch den Vergleich.
Die Fragestellung für eine statistische Arbeit muß daher stets auf einen Vergleich
gerichtet sein[1].

Die wichtigsten Vergleiche sind die *Prüfungen*, ob die Beobachtung mit der
einen oder anderen Arbeitshypothese vereinbar ist. Diese Prüfungen sind zum
größten Teil auf die eine Grundform zurückzuführen: Kann das Beobachtungsmaterial als eine Stichprobe aus einer hypothetischen Gesamtheit von
bestimmten Eigenschaften aufgefaßt werden? Die Antwort hat ebenfalls
eine feste Form: Es besteht die Wahrscheinlichkeit P dafür, daß eine Stichprobe der gegebenen Größe aus dieser hypothetischen Gesamtheit so weit
wie die beobachtete Reihe oder noch weiter vom Erwartungswert abweicht. Ist P (abgekürzt: Zufallswahrscheinlichkeit) klein, z. B. 0,1%, so
ist es unwahrscheinlich, bei Gültigkeit der Hypothese die vorliegende Beobachtung zu machen. Ist P nicht klein, so ist bei Gültigkeit der Hypothese eine solche Beobachtung häufig. Dies ist das genaue Ergebnis einer
statistischen Prüfung.

Man erhält keine unmittelbare Antwort auf die gestellte Frage, sondern nur
die Grundlage für ein auf anderer Ebene liegendes *Urteil*: Bei kleinem P ist
entweder die Hypothese richtig, und es liegt gerade eine sehr ungewöhnliche
Zufallskombination verwirklicht vor; *oder* die Hypothese ist falsch, und es
liegt ein gewöhnlicher Fall vor[2]. Eine sachliche Entscheidung zwischen den
beiden Möglichkeiten kann auf keine Weise getroffen werden; auch bei großem
Material und „klaren" Verhältnissen liegt ein winzig kleines P vor, aber die
Frage bleibt gleich. Man entscheidet grundsätzlich — durch ein Urteil, also
einen Willensakt — zugunsten der zweiten Möglichkeit und verwirft bei kleinem
P die Arbeitshypothese.

Ist die Zufallswahrscheinlichkeit P nicht klein, z. B. 40%, so begnügt
man sich mit der Feststellung, daß bei Richtigkeit der Annahmen solche
Beobachtungen häufig auftreten. Ein gedanklicher Vergleich mit anderen
Möglichkeiten wird überhaupt nicht vorgenommen. Der Schluß lautet: Die
Beobachtung ist mit der Theorie vereinbar; oder besser: steht nicht im Widerspruch zu ihr. Der Beweis für die Richtigkeit der Hypothese kann logisch
nicht erbracht werden; die Anerkennung bleibt wieder einem Willensakt
vorbehalten.

Vergleicht man die beiden Entscheidungen bei kleinem P und bei großem
P, so erkennt man, daß im zweiten Fall das Urteil „Ja" schwächer begründet ist als das „Nein" im ersten Falle. Daraus folgt für die Zweck-
mäßigkeit der Fragestellung, daß man nicht so sehr nach dem Beweis seiner
Arbeitshypothese als vielmehr nach der *Widerlegung von „Gegenhypothesen"*
streben soll.

Dem entspricht der Aufbau der modernen statistischen Methodik in hohem
Grade. Soll z. B. ein Größenunterschied zwischen zwei Gruppen nachgewiesen
werden, so prüft man die Gegenhypothese, daß kein echter Unterschied vorliegt,
in folgender Fassung: Mit welcher Wahrscheinlichkeit P weisen zwei Stichproben aus derselben statistischen Gesamtheit mindestens so große Unterschiede
auf, wie sie beobachtet wurden? Die statistische Bearbeitung führt zu den
Zahlenunterlagen für ein oder mehrere Urteile im obigen Sinne. Von diesem
Standpunkt hat die Frage der *Messung* von Unterschieden, Zusammenhängen

---

[1] Die Fälle, in denen die Zahlen selbst von Interesse sind, können hier unberücksichtigt
bleiben.

[2] Man nimmt hierbei an, daß es eine andere Deutungsmöglichkeit gibt, für die das
beobachtete Ergebnis kein ungewöhnlicher Fall ist.

usw. viel an Bedeutung verloren. Die statistischen Maßzahlen dienen zunächst der Beschreibung der Beobachtungsreihe und dann der Durchführung von Prüfungen. Die erheblichen Schwierigkeiten, die z. B. bei dem Versuch einer allgemeinen „richtigen" Korrelationsmessung auftreten, zeigen auch die praktische Notwendigkeit, immer mehr von der aus der einfachen Beschreibung stammenden Messung abzugehen und alle Fragen möglichst als Prüfungen von Hypothesen zu stellen.

2. Material und Methode.

Die Statistik ist beherrscht von dem *Prinzip der großen Zahlen*; fast jede statistische Formel ist ein Teil des „Gesetzes der großen Zahlen". Je größer das Material ist, um so genauer ist das Ergebnis. Möglichst große Beobachtungsreihen zu gewinnen, ist daher selbstverständliches Streben für jede statistische Untersuchung.

Die Grundvoraussetzung der Anwendung jeder statistischen Methode, insbesondere jeder Fehlerrechnung, ist die sachliche Gültigkeit und Vergleichbarkeit der Zahlen. Oft bestehen Bedenken, weil die Beobachtungen, z. B. durch diagnostische Schwierigkeiten, selbst ungenau seien und daher auch nicht die Grundlage zuverlässiger Vergleiche sein könnten. Dem ist entgegenzuhalten, daß die Richtigkeit eines Vergleiches gar nicht von der absoluten Richtigkeit der einzelnen Zahlenwerte abhängig ist, sondern nur der Voraussetzung unterliegt, daß die Nebenbedingungen der beiden Reihen, zu denen auch die Beobachtungsgenauigkeit gehört, auf beiden Seiten des Vergleichs übereinstimmen. Die Voraussetzung ist also *nicht Fehlerfreiheit, sondern Fehlergleichheit*.

Eine der wichtigsten Fehlerquellen ist der *Untersucher selbst*. Seine persönliche Wirkung auf den Untersuchten, seine Art der Messung, der Beobachtung, der Diagnose usw., machen es für viele physiologische und klinische Untersuchungen unmöglich, die Beobachtungsreihen zweier Untersucher miteinander zu vergleichen. Für jede Reihe, die durch die Persönlichkeit des Untersuchers beeinflußt ist, muß derselbe Untersucher mit derselben Untersuchungsmethode eine Vergleichsreihe beobachten. Trotz eines vielleicht starken persönlichen „Fehlers" sind die beiden Reihen völlig miteinander vergleichbar, dagegen mit keiner anderen.

Schwierig ist die Frage des *Ausschlusses fehlerhafter Beobachtungszahlen* aus dem Material. Zwar ist es einwandfrei, sicher fehlerhafte Werte auszuschließen, jedoch ist strengste Zurückhaltung gegenüber dem Ausschluß zahlenmäßig aus der Reihe fallender, aber gerade noch möglicher extremer Varianten am Platze. Solche Werte dürfen ausgeschlossen werden, wenn das zugehörige Untersuchungsprotokoll eine Unrichtigkeit des Wertes vermuten läßt. Liegt kein solcher Anhaltspunkt vor, so kann man die Verteilung der Extremwerte der Reihe betrachten. Die Kriterien, nach denen bei zu großem Abstand des letzten vom vorletzten Wert dieser ausgeschlossen werden kann, sind bei RIDER (1933) zusammengestellt.

Das Vergleichsmaterial läßt sich nur in seltenen Fällen aus der allgemeinen Statistik, aus dem Schrifttum usw. entnehmen. Es empfiehlt sich immer, Hauptreihe und Vergleichsreihe von vornherein nebeneinander zu gewinnen; man geht auch auf diesem Wege sicherer.

Die einzelnen statistischen Methoden sollen nicht starr angewandt, sondern den besonderen Erfordernissen des Einzelfalles angepaßt werden. Jeden Vergleich schematisch als Gegenüberstellung von Mittelwerten durchzuführen, ist wenig zweckmäßig. Der Vergleich der Verteilungskurven zweier Reihen nach der χ^2-Methode besagt viel mehr. Ferner könnte z. B. der Größenvergleich zwischen Gruppe A und Gruppe B auch durch paarweisen Vergleich von beliebigen A- und B-Personen vorgenommen werden und nach der Wahrscheinlichkeit gefragt werden, mit der dabei A größer als B ist[1]. Die verschiedenen Vergleiche haben verschiedenen Erkenntnisinhalt. Die Bevorzugung der Mittelwerte in allen Fällen, in denen die Mittelwertsbetrachtung zur Lösung der Fragen ausreicht, beruht darauf, daß man das Verteilungsgesetz von Mittelwerten von Stichproben mit einer weit größeren Genauigkeit und mit höherer Wirklichkeitstreue beherrscht als das anderer statistischer Größen.

3. Auslese.

Mit der Zurückführung statistischer Prüfungen auf eine Fassung, bei der das Verhältnis von Stichprobe und zugrunde liegender Gesamtheit entscheidend ist, rückt die Beurteilung der Materialauslese in die gebührende zentrale Stellung. Eine Stichprobe soll in allen zu untersuchenden Zahlenverhältnissen — abgesehen von den durch ihren Umfang bedingten „Zufalls"schwankungen — ein Spiegelbild der Gesamtheit sein. Nun muß jede Beobachtungsreihe nach irgendeinem Gesichtspunkt gewonnen sein, in bezug auf diesen Gesichtspunkt also eine einseitige Auslese darstellen. Ob die Reihe in bezug auf ein anderes Merkmal, welches statistisch bearbeitet werden soll, repräsentativ für die Gesamtheit ist, hängt davon ab, ob der bei der Gewinnung des Materials leitende Gesichtspunkt mit dem Merkmal in irgendeinem Zusammenhang steht. Es ist unvermeidlich, daß dabei gelegentlich Irrtümer unterlaufen, indem der Auslesegesichtspunkt sich später doch als zusammenhängend mit dem Merkmal erweist. Immer wieder ist die alte Forderung zu erheben, daß stets die Art der Materialgewinnung genauestens beschrieben werden muß. Eine Beschränkung auf die Bezeichnung „Auslesefrei gewonnenes Material" ist unzureichend.

Besteht kein Zusammenhang, so kann die Reihe als Stichprobe angesehen werden; andernfalls handelt es sich um einseitig ausgelesenes Material, das in günstigen Fällen durch besondere Bearbeitungsmethoden ausgewertet werden kann, sonst aber zur Lösung der Aufgabe unbrauchbar ist.

Es ist vor allem das Verdienst von W. Weinberg, immer wieder auf die Ausleseschwierigkeiten hingewiesen zu haben. Allgemeine Regeln zu ihrer Erkennung und Bewältigung lassen sich nicht geben. Für jede einzelne statistische Frage, für jedes einzelne zu bearbeitende Material müssen die Auslese-verhältnisse neu überlegt werden. Hier können nur einige kennzeichnende Beispiele angeführt werden, die wieder dem Gebiet der *Fruchtbarkeitsstatistik* angehören mögen. Auf die Ausleseprobleme in anderen Gebieten, z. B. bei klinischen und pathologischen Statistiken, kann hier nicht eingegangen werden.

Zunächst sei an einer Gegenüberstellung das Wesen der Auslese gezeigt und die Möglichkeit, eine Merkmalshäufigkeit durch sie zu beeinflussen. Der Wunsch nach einem Knaben, der in Familien mit lauter Töchtern die Erzeugung weiterer Kinder veranlaßt, kann bewirken, daß unter den großen Familien, also bei Auslese nach Kinderreichtum, solche Mädchenfamilien gehäuft vorkommen, daß also die Knabenziffer herabgesetzt ist. Es handelt sich aber nur um eine Verschiebung der Verteilung; insgesamt wird das Geschlechtsverhältnis dadurch nicht geändert, wenn für jedes Kind — gleichgültig aus welcher Familie es stammt — die Knabenwahrscheinlichkeit die gleiche ist.

---

[1] Vgl. Scheidt (1934). Die Mahnungen Scheidts zu einer schärferen Fassung der statistischen Fragen sind sehr zu begrüßen. Dagegen sind seine Angriffe auf die statistische Fehlerrechnung unbegründet. Wenn er z. B. bei einem Vergleich der Mittelwerte zweier Gruppen in der Fehlerrechnung den Rückschluß sieht, wie groß die Mittelwerte in den „unendlichen" Bevölkerungsgruppen nun wirklich seien, so greift er damit nur eine falsche Fassung der Fehlerrechnung an. Durch den Rückschluß kann man nie zu einer genaueren Messung der Unterschiede kommen, als man im Material gefunden hat. Der richtige Schluß bei der Fehlerrechnung lautet ganz anders (s. oben). Scheidt und mit ihm Gottschick kommen zu neuen statistischen Maßzahlen, in denen der Stichprobencharakter einer jeden Beobachtungsreihe unberücksichtigt ist. Im Gegensatz hierzu sind wir hier gerade zu einer Abkehr von beschreibenden Maßzahlen gekommen und zu einer möglichsten Beschränkung auf Urteile. Es ist bemerkenswert, daß gerade Scheidt in seinen allgemeinen Ausführungen denselben Standpunkt vertritt und — außer in der statistischen Methodik — die Messung auf ursprünglichere Alternativurteile zurückführen will.

Ein anderer Fall liegt vor, wenn z. B. Eltern nach der Geburt eines erbkranken, z. B. mißbildeten Kindes die weitere Fortpflanzung einstellen. In großen Familien ist auch hier die Zahl der Merkmalsträger herabgesetzt. Im Unterschied zum vorigen Fall handelt es sich aber nicht um eine Verschiebung, sondern um eine wirkliche, und zwar scharfe Verminderung der Krankenzahl in der Gesamtbevölkerung (KOLLER). Daß hier eine Auslese möglich ist, beruht auf dem Vorhandensein erblich verschiedenartiger Ehen, während bezüglich der Knabenziffer alle Ehen gleich sind.

Die Fruchtbarkeitsstatistik ist besonders reich an methodischen Fragen der Materialauslese. — Wenn man die Geschwisterzahl einer Personengruppe feststellt, so kann man die so ermittelte Fruchtbarkeit der Eltern keinesfalls mit der aus anderen Zählungen gewonnenen durchschnittlichen ehelichen Fruchtbarkeit in der Generation der Eltern vergleichen, denn es handelt sich um eine Auslese von Ehen mit mindestens einem Kind, das Ausgangsperson der Zählung geworden ist, also auch ein bestimmtes Alter erreicht hat, einem bestimmten Beruf angehört oder an einem bestimmten Leiden erkrankt ist usw. Nimmt man zur Ausschaltung dieser Probandenauslese schematisch an, daß s-Kind-Familien s-mal so oft bei der Materialsammlung erfaßt werden wie 1-Kind-Familien, so hat man einen Anhaltspunkt zur Umrechnung. Man bezieht alle Zahlen auf 1-Kind-Familien und gibt daher einer s-Kind-Familie bei der Zählung das Gewicht $\frac{1}{s}$ (LENZ).

Die Umrechnung erhält folgendes Aussehen (Tabelle 26): Die Umrechnung der Kinderzahl mit dem Gewicht $\frac{1}{s}$ ergibt die beobachtete Familienzahl 1383; die umgerechnete Familienzahl ist 433,0. Daraus ergibt sich die Fruchtbarkeitsschätzung $\frac{1383}{433} = 3,19$

Tabelle 26. Kinderzahl bei Probandeneltern.

Kinderzahl K	Familienzahl F	Reduzierte Familienzahl $\frac{F}{K}$
1	114	114,0
2	172	86,0
3	233	77,7
4	218	54,5
5	172	34,4
6	195	32,5
7	89	12,7
8	79	9,9
9	49	5,4
10	31	3,1
11	16	1,5
12	5	0,4
13	6	0,5
14	1	0,1
15	1	0,1
16	1	0,1
17	1	0,1
zusammen:	1383	433,0

gegenüber einem Wert von 4,66. Die Verringerung ist außerordentlich stark. Der Wert 3,19 wäre etwa mit der durchschnittlichen Kinderzahl in Familien mit mindestens einem Kind zu vergleichen. Wieweit die Korrektur dieses Ziel erreicht hat, läßt sich an dem als Beispiel benutzten Material in gewissem Maße prüfen. Es handelt sich um die Fruchtbarkeit der Probandeneltern aus einer Sippschaftstafeluntersuchung (KRANZ und KOLLER). Ist die Probandenauslese [1] richtig korrigiert worden, so sollte das Ergebnis ungefähr mit der Fruchtbarkeit derjenigen Geschwister dieser gleichen Eltern übereinstimmen, die mindestens ein Kind haben. Deren Fruchtbarkeit ist 3,4, stimmt also wesentlich besser mit 3,2 als mit 4,7 überein. Eine genaue Übereinstimmung ist nicht zu erwarten, da große Geschwisterschaften, die durchschnittlich auch mehr Kinder haben dürften, bei der Zählung stark — für den Vergleich mit den Probandeneltern unzulässig — ins Gewicht gefallen sind. Andererseits besteht sicher auch ein Genauigkeitsunterschied bei der Ausfüllung der Sippschaftstafeln in der Vollständigkeit der Angaben über die eigenen Geschwister gegenüber den Vettern. — Soweit es sich hiernach beurteilen läßt, trifft jedenfalls diese Methode ungefähr das Richtige.

Die wichtigsten Ausleseformen der Erbstatistik sind im übernächsten Kapitel (S. 249ff.) ausführlich behandelt.

Schrifttum.

a) Gesamtdarstellungen.

ANDERSON, O. N.: Einführung in die mathematische Statistik. Wien 1935. — BAUR, F.: Korrelationsrechnung. Math.-phys. Bibl., Bd. 75. Leipzig und Berlin 1928. — BERNSTEIN, F.: Variations- und Erblichkeitsstatistik. In Handbuch der Vererbungswissenschaft, herausgeg. von E. BAUR und M. HARTMANN, Bd. I C. Berlin 1929. — BRUNS, H.: Wahrscheinlichkeitsrechnung und Kollektivmaßlehre. Leipzig 1906.

---

[1] Proband ist dabei derjenige, für den die Sippschaftstafel aufgestellt wurde.

Charlier, C. V. L.: Vorlesungen über die Grundzüge der mathematischen Statistik. Lund 1920. — Coolidge, J. L.: Einführung in die Wahrscheinlichkeitsrechnung. Deutsche Ausgabe von F. M. Urban. Leipzig u. Berlin 1927. — Czuber, E.: Die statistischen Forschungsmethoden, 2. Aufl. Wien 1927; 3. Aufl. von Burkhardt, 1938.

Fechner, G. Th.: Kollektivmaßlehre, herausgeg. von G. F. Lipps. Leipzig 1897. — Fisher, R. A.: Statistical Methods for Research Workers, 5. Aufl. Edinburgh and London 1934.

Günther, H.: Die Variabilität der Organismen und ihre Normgrenzen. Leipzig 1935. — Hertwig, P.: Variationsstatistik. In Tabulae Biologicae, Bd. 4, S. 115—131. Berlin 1927. — Johannsen, W.: Elemente der exakten Erblichkeitslehre, 3. Aufl. Jena 1926. — Just, G.: Methoden der Vererbungslehre. In Methodik der wissenschaftlichen Biologie, Bd. II, S. 502—607. Berlin 1928. — Praktische Übungen zur Vererbungslehre, 2. Aufl. Berlin 1935.

Keynes, J. M.: Über Wahrscheinlichkeit. Deutsche Ausgabe von F. M. Urban. Leipzig 1926. — Kries, J. v.: Die Prinzipien der Wahrscheinlichkeitsrechnung. Tübingen, 2. Abdruck 1927.

Lenz, F.: Methoden der menschlichen Erblichkeitsforschung. In Handbuch der hygienischen Untersuchungsmethoden, herausgeg. von Gotschlich, Bd. 3, S. 689—739. Jena 1929. — Die Methoden der menschlichen Erbforschung. In Baur-Fischer-Lenz: Menschliche Erblehre, 4. Aufl. München 1936.

Mises, R. v.: Wahrscheinlichkeit, Statistik und Wahrheit. Wien 1928. — Wahrscheinlichkeitsrechnung. Leipzig u. Wien 1931.

Pearl, R.: Introduction to Medical Biometry and Statistics, 2. Aufl. Philadelphia and London 1930. — Polya, G.: Wahrscheinlichkeitsrechnung, Fehlerausgleich, Statistik. In Abderhaldens Handbuch der biologischen Arbeitsmethoden, Bd. 5, 2 (I), S. 669—758 (Lieferung 165). 1928. — Prinzing, F.: Handbuch der medizinischen Statistik, 2. Aufl. Jena 1931. — Pütter, A.: Die Auswertung zahlenmäßiger Beobachtungen in der Biologie. Berlin u. Leipzig 1929.

Riebesell, P.: Die mathematischen Grundlagen der Variations- und Vererbungslehre. Math.-phys. Bibl., Bd. 24. Leipzig u. Berlin 1916. — Biometrik und Variationsstatistik. In Abderhaldens Handbuch der biologischen Arbeitsmethoden, Bd. 5, 2 (I), S. 759—830 (Lieferung 165). 1928. — Rietz, H. L.: Handbuch der mathematischen Statistik. Deutsche Ausgabe von F. Baur. Leipzig u. Berlin 1930. — Ringleb, F.: Mathematische Methoden der Biologie. Leipzig u. Berlin 1937. —

Shewhart, W. A.: Economic Control of Quality of Manufactured Products. New York 1931.

Tippett, L. H. C.: The Methods of Statistics. London 1931. — Tschuprow, A. A.: Grundbegriffe und Grundprobleme der Korrelationstheorie. Leipzig u. Berlin 1925.

Wagemann, E.: Narrenspiegel der Statistik. Hamburg 1935. — Weber, E.: Einführung in die Variations- und Erblichkeits-Statistik. München 1935. — Weinberg, W.: Methoden und Technik der Statistik mit besonderer Berücksichtigung der Sozialbiologie. In Handbuch der sozialen Hygiene, Bd. 1, S. 71—148. Berlin 1925.

Yule, G. U.: An Introduction to the Theory of Statistics, 1. Aufl. London 1911; 11. Aufl. von Kendall, 1937.

Zernicke, F.: Wahrscheinlichkeitsrechnung und mathematische Statistik. In Handbuch der Physik, herausgeg. von H. Geiger und K. Scheel, Bd. 3, S. 419—492. Berlin 1928.

b) Hilfsmittel.

Barlow: Tables of Squares, Cubes, Square Roots, Cube Roots and Reciprocals, 3. Aufl. London and New York 1930.

Koller, S.: Graphische Tafeln zur Beurteilung statistischer Zahlen. Dresden u. Leipzig 1940.

Pearson, K.: Tables for Statisticians and Biometricians. London Bd. I, 3. Aufl. 1930; Bd. II. 1931.

Ritala, M.: Zur Berechnung des statistischen mittleren Fehlers (standard error). Acta Soc. Medic. fenn. Duodecim 19, 2 (1933).

Tippett, L. H. C.: Random Sampling Numbers. Tracts for Computers Nr 15, herausgeg. von K. Pearson. London 1927.

c) Einzelarbeiten.

Baur, F.: Grundbegriffe der mathematischen Statistik. (In Medizinisch-meteorologische Statistik (Vortr. 1. Frankf. Konf. med.-naturwiss. Zusammenarbeit), S. 23—47. 1936. — Bernstein, F.: Die mittleren Fehlerquadrate und Korrelationen der Potenzmomente und ihre Anwendung auf Funktionen der Potenzmomente. Metron 10, 1—34 (1932). — Bertalanffy, L. v.: Untersuchungen über die Gesetzlichkeit des Wachstums. I. Roux' Arch. 131, 613—652 (1934). — Bitterling, H.: Binomialapparat und seine Verwendung zur

Auffindung verborgener Periodizitäten. Diss. Göttingen 1932. — BORTKIEWICZ, L. v.: Die Iterationen. Ein Beitrag zur Wahrscheinlichkeitstheorie. Berlin 1917. — BRAVAIS, A.: Analyse mathématique sur les probabilités des erreurs de situation d'un point. Mém. Acad. roy. Sci. Inst. France 9, 255 (1846). — BREITINGER, E.: Zur Beurteilung der Streuung in der anthropologischen Methodik. Anthrop. Anz. 12, 180—185 (1935). — BURGDÖRFER, FR.: Aufbau und Bewegung der Bevölkerung. Staatsmed. Abh. H. 8. Leipzig 1935.

CLOPPER, C. J. and E. S. PEARSON: The use of confidence or fiducial limits illustrated in the case of the binomial. Biometrika (Lond.) 26, 404—413 (1934). — DAVENPORT, CH. B. and A. G. LOVE: Army Anthropology. Washington 1921. — DECKNER, K.: Über die Beziehungen zwischen Haar- und Augenfarbe und Konstitution. Z. Konstit.lehre 13, 602—618 (1928).

ELDERTON, W. P.: Frequency curves and correlation, 3. Aufl. Cambridge 1938. — ESSEN-MÖLLER, E.: Die Beweiskraft der Ähnlichkeit im Vaterschaftsnachweis. Theoretische Grundlagen. Anthrop. Ges. Wien 68, 9—53 (1938). — Zur Theorie der Ähnlichkeitsdiagnose von Zwillingen. Arch. Rassenbiol. 32, 1 (1938).

FISHER, R. A.: On the mathematical foundations of theoretical statistics. Phil. Trans. roy. Soc. Lond. A 222, 309—337 (1922). — The use of multiple measurements in taxonomic problems. Ann. of Eugen. 7, 179—188 (1936). — Professor KARL PEARSON and the method of moments. Ann. of Eugen. 7, 303—318 (1937).

GALTON, F.: Correlations and their measurement, chiefly from anthropometric data. Proc. roy. Soc. Lond. 45 (1880). — GEPPERT, H. u. S. KOLLER: Erbmathematik. Theorie der Vererbung in Bevölkerung und Sippe. Leipzig: Quelle & Meyer 1938. — GOTTSCHICK, J.: Der Quotient der Zufallsabweichungen, ein Maß der Korrelation. Arch. Rassenbiol. 30, 237—261 (1936).

HARRIS, J. A.: On the calculation of intraclass and interclass coefficients of correlation from class moments when the number of possible combinations is large. Biometrika (Lond.) 9, 446—472 (1913). — HEINCKE: Naturgeschichte des Herings. Abh. Seefische 2/3 (1898).

KAPTEYN, J. C. and M. J. VAN UVEN: Skew frequency curves in biology and statistics, 2. Aufl. Croningen 1916. — KOLLER, S.: Über den mittleren Fehler beim Geschlechtsverhältnis. Arch. Rassenbiol. 30, 403—407 (1936). — Die statistische Prüfung therapeutischer Ergebnisse. Zbl. inn. Med. 55, 305—307 (1934). Ausführlichere Darstellung als Manuskript gedruckt. Leipzig 1934. — Die Analyse der Abhängigkeitsverhältnisse in zwei Korrelationssystemen. Metron 12, 73—105 (1936). — Praktische Anwendung und spezielle Fehlerquellen der statistischen Methode in der Bioklimatik. In Medizinisch-meteorologische Statistik (Vortr. 1. Frankf. Konf. med.-naturwiss. Zusammenarbeit), S. 61—78. 1936. — KOLLER, S. u. E. LAUPRECHT: Die Bestimmung der Erbformel eines Tieres mit dominantem Merkmal aus seinen Vorfahren und Nachkommen. Z. Abstammgslehre 66, 1—30 (1933).

LAUPRECHT, E. u. H. MÜNZNER: Über die richtige Gewichtsbestimmung bei Zusammenfassung von einzelnen arithmetischen Mitteln zu einem Gesamtmittel. Züchter 5, 281—284 (1933). — LENZ, F.: Über Asymmetrie von Variabilitätskurven, ihre Ursachen und Messung. Arch. Rassenbiol. 16 (1925). — Erhalten die begabten Familien Kaliforniens ihren Bestand? Arch. Rassenbiol. 17, 397 (1925). — LEXIS, W.: Abhandlungen zur Theorie der Bevölkerungs- und Moralstatistik. Jena 1903. — LÜDERS, R.: Die Statistik der seltenen Ereignisse. Biometrika (Lond.) 26, 108—128 (1934).

PEARL, R. and J. R. MINER: On the comparison of groups in respect of a number of measured characters. Human Biology 7, 95—107 (1935). — PEARSON, E. S.: The analysis of variance in cases of non-normal variation. Biometrika (Lond.) 23, 114—133 (1931). — PEARSON, K.: Mathematical contributions to the theory of evolution. III. Regression, Heredity and Panmixia. Philos. Trans. roy. Soc. Lond. A 187 (1896). — On a form of spurious correlation that may arise when indices are used in the measurement of organs. Proc. roy. Soc. Lond. 60 (1897). — On the criterion that a given system of deviations from the probable in the case of a correlated system of variables is such that it can be reasonably supposed to have arisen from random sampling. Philosophic. Mag., V. s. 50, 343 (1900). — On the theory of skew correlation and non-linear regression. Drapers' company res. mem., Biom., Reihe II, 1905. — On a method of determining whether a sample of size n supposed to have been drawn drom a parent population having a known probability integral has probably been drawn at random. Biometrika (Lond.) 25, 379—410 (1933). — On a new method of determining „goodness of fit". Biometrika (Lond.) 26, 425—442 (1934). — PEARSON, K. and L. N. G. FILON: On the probable errors of frequency constants and on the influence of random selection on variation and correlation. Philos. Trans. roy. Soc. Lond. A 191 (1898). — POLL, H.: Hilfsmittel für die Erfolgsstatistik. Klin. Wschr. 1928 II, 1777—1782. — POLL, H. u. W. WIEPKING: Verbesserte und vermehrte Hilfsmittel für die Erfolgsstatistik. Med. Welt 1933 II, 1370—1373, 1405—1408; 1934 I, 69. — PRIGGE, R.: Die Fehlerrechnung bei biologischen Messungen. Naturwiss. 25, 169—170 (1937).

QUETELET, L. A.: Physique sociale ou essai sur le développement des facultés de l'homme. Brüssel 1869.

Ranke, K. E.: Die Theorie der Korrelation. Arch. f. Anthropol., N. F. 4, 168—202 (1906). — Ranke, K. E. u. R. Greiner: Das Fehlergesetz und seine Verallgemeinerungen durch Fechner und Pearson in ihrer Tragweite für die Anthropologie. Arch. f. Anthrop., N. F. 2, 295—322 (1904). — Rautmann, H.: Untersuchungen über die Norm, ihre Bedeutung und Bestimmung. Jena: Gustav Fischer 1921. — Rider, P. R.: A survey of the theory of small samples. Ann. of Math., II. s. 31, 577—628 (1930). — Criteria for rejection of observations. Washington Univ. Stud., N. S., Oct. 1933.

Schäfer, W.: Die mathematisch-statistische Bewertung von Stichproben und deren Bedeutung für die Beurteilung von Tierversuchen. 3. Mitt. Arb. staatl. Inst. exper. Ther. u. Forschungsinst. Chemother. Frankfurt a. M., 38, 91—114 (1939). — Scheidt, W.: Die Zahl in der lebensgesetzlichen Forschung. Lebensgesetze des Volkstums, H. 4. Hamburg 1934. — Schelling, H. v.: Die mathematisch-statistische Bewertung von Stichproben und deren Bedeutung für die Beurteilung von Tierversuchen: 1. Mitt. Arb. Inst. exper. Ther. u. Forschungsinst. Chemother. Frankfurt a. M. 35, 69—112 (1938); — 2. Mitt. ebenda 37, 28—54 (1939). — Steiner, O.: Der mittlere Fehler und seine graphische Darstellung. Arch. math. Wirtschafts- u. Sozialforsch. 1937, 110—134. — „Student": The probable error of the mean. Biometrika (Lond.) 6, 1—25 (1908).

Waerden, B. L. van der: Über die richtige Auswertung von Erfolgsstatistiken. Klin. Wschr. 1936 II, 1718, 1719. — Empirische Bestimmung von Wahrscheinlichkeiten und physiologische Konzentrationsauswertung. Ber. sächs. Akad. Wiss. 57, 353 (1936). — Messungen von Wahrscheinlichkeiten, Operationen usw. Ber. sächs. Akad. Wiss. 58, 21 (1936). — Weinberg, W.: Über die Fahlbecksche Degression der Knabenproportion bei im Mannesstamm aussterbenden und überlebenden Geschlechtern. Arch. Rassenbiol. 10, 37—40 (1913). — Zur Frage der Messung der Fruchtbarkeit. Arch. Rassenbiol. 10, 162—166 (1913). — Auslesewirkungen bei biologisch-statistischen Problemen. Arch. Rassenbiol. 10, 417—451, 557—581 (1913). — Wirth, W.: Spezielle psycho-physische Meßmethoden. Handbuch der biologischen Arbeitsmethoden, Abt. 6A, H. 1. Berlin-Wien 1920.

Zarapkin, S. R.: Zur Phänoanalyse von geographischen Rassen und Arten. Arch. Naturgesch., N. F. 3, 161—186 (1934). — Phänoanalyse von einigen Populationen der Epilachna chrysomelina F. Z. Abstammgslehre 73, H. 2 (1937).

Die Zwillingsforschung als Methode der Erbforschung beim Menschen.

Von Hans Luxenburger, München.

I. Einige Bemerkungen über die Zwillingsmethode und ihre Grenzen.

Die Darstellung der Methodik der menschlichen Mehrlingsforschung (Zwillingsforschung) soll und kann an dieser Stelle nicht erschöpfend sein. Sie verzichtet von vorneherein auf die Darstellung jener Methoden, die der Erforschung der biologischen Grundlagen der Lehre von den menschlichen Mehrlingen dienen. Was gebracht werden soll, ist lediglich die Anwendung dieser Lehre auf Probleme der Erbforschung des Menschen. Besonderes Gewicht wird dabei auf die Bedürfnisse der Erbpathologie gelegt. Somit treten die Fragestellungen, die sich um das Problem der Manifestationsschwankungen und der Zwillingshäufigkeit gruppieren, anderen, vor allem denen der Biometrik gegenüber in den Vordergrund. Aber auch hier beschränke ich mich auf jene Methoden, die eine unmittelbare Anwendung in der Praxis erlauben und heute als fest begründet angesehen werden dürfen. Alles Problematische und lediglich theoretisch-methodologisch Interessante wird, wenn überhaupt, nur ganz am Rande gestreift. Die Darstellung soll dem, der die Zwillingsmethode praktisch anwenden will, die Möglichkeit bieten, sich kurz und einfach über das Handwerkszeug zu unterrichten, das ihm aus den Erfahrungen der Praxis heraus zur Verfügung steht. Daher wird auch auf die Anführung zahlreicher konkreter Beispiele großes Gewicht gelegt. Insofern weicht die Darstellung von der üblichen handbuchmäßigen Behandlung des Gebietes bewußt und ganz erheblich ab. Sie will weniger die noch nicht beseitigten Schwierigkeiten zeigen und besprechen als vielmehr ein knapp umrissenes Bild der brauchbaren Methoden entwerfen. Schon gar nicht nimmt sie für sich in Anspruch das Schrifttum und die zahllosen Meinungen und Standpunkte den methodologischen Einzelheiten gegenüber zu erschöpfen. Leitend und maßgebend sind die Anschauungen, die sich der Verfasser über die Brauchbarkeit und die Art der Anwendung des Verfahrens gebildet hat.

Die Zwillingsmethode vertritt in der menschlichen Erbbiologie mit größerem Recht als irgendeine andere Methode der Familienforschung oder der Demographie das genetische Experiment. Insoweit sie geeignet ist, dieses Experiment zu ersetzen, erscheint sie allen anderen Methoden gegenüber überlegen. Das sagt jedoch nicht, daß ihr eine unbedingte methodische Selbständigkeit zukommt und schon gar nicht, daß sie Familienforschung und Demographie überflüssig macht. *Die Zwillingsmethode kann im Gegenteil nur als Glied der Genealogie und in Zusammenarbeit mit den übrigen genealogischen Methoden ihre volle Wirksamkeit entfalten und ein Höchstmaß an Erkenntnis vermitteln.* Das gilt, um nur zwei Beispiele zu nennen, nicht nur für das Studium der unterschiedlichen Wirkung von Anlage und Umwelt sondern auch für die Feststellung der Erblichkeit eines Merkmals an sich. Die Feststellung der Wirkung der inneren Umwelt ist mit Hilfe der Zwillingsforschung allein nicht möglich und die vollkommene

Konkordanz erbgleicher Zwillinge in bezug auf ein Merkmal sagt als solche noch nicht, daß es sich um ein *erbliches* Merkmal handelt, Sie beweist lediglich, daß zu dem Zeitpunkt der Teilung der Zygote in erbgleiche Zwillinge die Voraussetzungen zum Auftreten des Merkmals bereits gegeben waren. Ob es sich um ererbte oder durch eine Schädigung der noch nicht geteilten Zygote oder gar der Keimzellen erworbene Voraussetzungen handelt, geht aus dem in der vollkommenen Konkordanz zutage tretenden Erfolg nicht hervor. Auf Erblichkeit darf man nur schließen, wenn die Familienforschung sinnvolle Häufigkeitsverhältnisse in den nach Elternkreuzung bestimmten Geschwisterschaften aufgezeigt hat, die als Erbproportionen gedeutet werden dürfen, und wenn sich diese Proportionen unter den nicht ausgelesenen Partnern erbverschiedener Zwillinge wiederfinden. Zum mindesten aber muß in den Familien der Zwillinge eine Häufung des bei den Erbgleichen konkordant auftretenden Merkmals nachweisbar sein, die sich mit den Verhältnissen in der Durchschnittsbevölkerung nicht mehr in Einklang bringen läßt.

Wenn man sich in dieser Weise der Grenzen bewußt ist, die der Zwillingsforschung als Methode der Erbbiologie des Menschen gesteckt sind, so braucht man durchaus nicht so weit zu gehen, wie GOTTSCHICK in seiner skeptischen Einstellung der Zwillingsmethode gegenüber dies zu tun für notwendig hält. Er ist der Ansicht, daß man mit Hilfe der Zwillingsforschung im Grunde genommen nur die durchschnittliche Erbverschiedenheit einer Bevölkerung erschließen, nicht aber feststellen kann, ob Merkmale erbbedingt sind oder nicht. Voraussetzung ist dabei, daß man über eine Gruppe sicher erbgleicher Zwillinge verfügt, die unter durchschnittlich den gleichen Umweltbedingungen leben wie die Gesamtbevölkerung. Als Maß der Erbverschiedenheit stellt er die Gleichung $s_e = \left(\dfrac{d_2}{d_1}\right)^2$ auf, wobei d_1 die durchschnittliche Abweichung der Erbgleichen in einem Merkmal und d_2 die durchschnittliche Abweichung gleichaltriger Menschenpaare bedeutet. Außerdem kann die Zwillingsforschung nach GOTTSCHICK feststellen, ob es Umweltverschiedenheiten gibt, welche die Ausprägung von Merkmalen beeinflussen.

Wenn GOTTSCHICK auf Grund seiner Überlegungen sich ganz allgemein für die Notwendigkeit ausspricht, die Zwillingsforschung durch rassenbiologische Untersuchungen zu ergänzen, so kann man dem nur zustimmen. Die Zwillingsmethode ist eben aus dem Verbande der Genealogie und Demographie nicht wegzudenken. Es geht jedoch meines Erachtens nicht an, den Wert der Zwillingsmethode so zu verkleinern wie GOTTSCHICK es tut.

Seine Überlegungen berühren sich mit denen von LENZ über die Möglichkeit, in einer Bevölkerung den Anteil der Erbmasse mit Hilfe der Zwillingsforschung festzustellen. Der Wert der Zwillingsmethode sinkt nach LENZ fortlaufend je reinrassiger die Bevölkerung ist, aus der die Zwillinge stammen. Und wenn er darauf hinweist, daß der Begriff der Erblichkeit häufig in verschiedenem Sinne gebraucht wird, einmal nämlich bezogen auf die genetische Grundlage des Organismus, ein andermal auf die Unterschiede, wie sie tatsächlich in einer Bevölkerung vorkommen, so wird klar, daß sich die von GOTTSCHICK geäußerten Bedenken sehr wohl mit einer positiveren Einstellung der Zwillingsmethode gegenüber vereinbaren lassen. Es kommt eben darauf an, neben der Variabilität von Merkmalen bei Zwillingen auch den Reinrassigkeitsgrad der Bevölkerung soweit festzustellen, als dies nur möglich ist, und alles mündet letztlich in die Erkenntnis der Notwendigkeit ein, die *Zwillingsmethode nicht isoliert sondern im Verbande der Volksbeschreibung und der Familienforschung anzuwenden.*

II. Sammlung von Zwillingsmaterial.

Es wird nur die Sammlung des Materials zu *Vererbungsstudien* besprochen. Anatomische, embryologische, pädiatrische und gynäkologische Gesichtspunkte und Notwendigkeiten mit ihren methodologischen Folgerungen bleiben außer Betracht.

Zur *Nomenklatur:* Zwillinge = Zwillingspaar, Paarlinge = Personen, die ein Zwillingspaar bilden. Partner = Paarling des Ausgangsfalles der Forschung oder Betrachtung. Proband = Ausgangsfall. EZ = Eineiige (Erbgleiche), ZZ = Zweieiig = Gleichgeschlechtliche, PZ = Verschiedengeschlechtliche (Pärchen), Z = Zwillinge.

Die anspruchloseste Art ist die *Einzelkasuistik.* Zwillingspaare, die dem Forscher auf irgendeine Weise zur Kenntnis gelangen und als bemerkenswert auffallen, werden festgehalten, beschrieben und wissenschaftlich analysiert.

Es ist klar, daß diese Art der Materialsammlung zu einer groben Auslese nach „interessanten" Fällen führen muß. Nur solche Paare werden festgehalten, die in irgendeiner Beziehung auffällig sind. Sei es wegen der Seltenheit des bei einem oder beiden Paarlingen beobachteten Merkmals, sei es wegen der Ähnlichkeit der Zwillinge, sei es wegen der Tatsache, daß, im Falle eines bisher als erblich angenommenen Merkmals, nur einer der meist ähnlichen Paarlinge befallen ist, sei es, daß, wenn die Erblichkeit noch nicht angenommen oder Nichterblichkeit wahrscheinlich ist, das Merkmal bei beiden Paarlingen auftritt. In der Regel wird eine Auslese nach phänomenologischer Auffälligkeit, Erbgleichheit und gleichartiger Ausprägung (Konkordanz) die Folge sein.

Die Einzelkasuistik besitzt in erster Linie *geschichtliche* Bedeutung. Einzelfälle lenken die Forschung auf die Probleme der Zwillingsbiologie und -pathologie, auf die Frage der Erblichkeit oder Nichterblichkeit von Merkmalen, auf die Bedeutung der Umwelt, in der die Zwillinge geboren werden, leben und sterben. Ihre Aufgabe findet ihre Grenze dort, wo die Notwendigkeit statistischer Forschung und Bearbeitung einsetzt. Sie ist somit sehr begrenzt und geht zunächst über die Tätigkeit von „Spähtruppen" nicht hinaus.

Ich sage „zunächst". Denn damit ist ihre Rolle keineswegs erschöpft. Wenn systematische Untersuchungen, von denen noch zu sprechen sein wird, den notwendigen Hintergrund geliefert haben, so kommt der Einzelkasuistik die nicht zu unterschätzende Aufgabe der Veranschaulichung, Verlebendigung und Vertiefung der statistischen Ergebnisse zu. Das Wesen der statistischen Methode als einer selbständigen Wissenschaft besteht nach dem Wiener Statistiker FORCHER darin, für das relativ Individuelle in Massenerscheinungen mit Hilfe der übertragenen mathematischen und wahrscheinlichkeitstheoretischen Denkformen die der Wirklichkeit adäquate einfachste Form aufzufinden. Diese einfachste Form sind die statistischen Maßzahlen. Das Wesen der kasuistischen Methode sehe ich demgegenüber in dem Vermögen, dieses relativ Individuelle, gesichert durch die statistischen Maßzahlen, sinnenfällig werden zu lassen.

So bleibt denn der Kasuistik auch in der Zwillingsforschung ein weites Feld. Sie wird alles, was in den Maßzahlen lediglich seinen abstrakten Ausdruck findet, zu dem anschaulichen Bilde der Wirklichkeit formen und so diesen Maßzahlen Gesicht und Leben verleihen. Auf diese Weise stellen sich zahlreiche Probleme auf dem Gebiete der klinischen, allgemein ausgedrückt der phänomenologischen Forschung, die allein mit Hilfe des kasuistischen Verfahrens gelöst werden können. Ihre unverrückbare Grenze findet die Kasuistik jedoch in den *Massenerscheinungen* und damit den Fragestellungen gegenüber, die nur durch das Studium dieser Massenerscheinungen zu beantworten sind. Hierher gehören vor allem die Probleme der Häufigkeitsbeziehungen zwischen Zwillingen und Einlingen und der Zwillinge untereinander, der Konkordanz-Diskordanzverhältnisse, der Entwicklungsphysiologie, der Ausmerze und Auslese von Genotypen, der phäno-typischen Variation, der Wechselwirkung von Anlage und Umwelt. In diese Domäne kann die *statistische Methode* keinen Einbruch dulden.

Die *Aufstellung der Serien* selbst ist bei klinischem Material relativ einfach. Hier wurde die Methode ja auch praktisch in erster Linie erprobt. Man geht, je nachdem es sich um ein häufiges oder seltenes Merkmal handelt, von Be-standslisten oder Aufnahmelisten der Krankenanstalten aus, zieht alle Merkmals-träger heraus und vergewissert sich in jedem einzelnen Fall, ob er einer Zwillings-geburt entstammt oder nicht. Dies geschieht am besten auf dem Wege über die Standesämter des Geburtsortes. Die auf diese Weise gewonnenen Zwillinge bilden dann eine lückenlose Serie. Dabei ist zu bemerken, daß in der Regel eine Auslese nach Erreichbarkeit und Erforschbarkeit statistisch unbedenklich ist. Auch die Gefahr, daß bei einer Erfassung über Krankenanstalten Zwillings-paarlinge häufiger in das Material eingehen könnten, als es der Häufigkeit dieser Paarlinge entspricht, weil ein Paarling den anderen im Falle der Erkrankung besonders leicht in die gleiche Anstalt „nachzieht" (Schulz), spielt, worauf Schulz selbst hinweist, praktisch keine Rolle. Führt man die Aufstellung solcher Serien nicht schematisch und nicht gedankenlos durch, so ist die Gefahr einer einseitigen Auslese gleich Null.

Die möglichen Fehlerquellen aufzuzeigen und darzulegen, wie man den rein technischen Schwierigkeiten, die sich im Laufe der Materialsammlung ergeben können, zu begegnen hat, ist hier nicht der Ort. Man findet das Nötige in den Arbeiten der Schule Rüdins, die sich mein Verfahren, zu lückenlosen Zwillings-serien zu gelangen, durchweg mit gutem Erfolg zu eigen gemacht haben. Es soll ja hier keine Anweisung zur praktischen Arbeit gegeben, sondern lediglich das Grundsätzliche herausgestellt werden.

Einen Überblick über den Weg vom Ausgangsmaterial zur Serie liefert Idelberger in seiner Arbeit über die Zwillingspathologie des angeborenen Klumpfußes. Sie zeigt sehr anschaulich, mit welchen Verlusten man bei einer anscheinend so einfachen morphologischen Untersuchung dennoch zu rechnen hat.

Tabelle 1. Ausgangsmaterial und Probandenschaft (einfache Zählung).

Ausgangs-material 11459 Fälle	Davon amtliche Auskünfte über 9941 Fälle (86,8%)	Aus einer Zwillingsgeburt stammten 304	Davon untersucht 290 (95,4%)	Für die Serie brauchbar 242 (83,4%)
				Fehldiagnosen 48 (16,6%)
			Nicht untersucht 14 (4,6%)	
	Keine Auskünfte über 1518 (13,1%)			

Außerdem bringe ich eine Zusammenstellung, die der gleiche Autor über einzelne Untersuchungen aus dem Institut Rüdins geliefert hat und die den Zusammenhang zeigen zwischen der Größe des Ausgangsmaterials und der Zahl der aus ihm gewonnenen Zwillingsprobanden.

Die Tabelle 2 zeigt vor allem, wie sehr auch bei vergleichsweise großem und methodisch wie technisch ganz gleichwertig erfaßtem Material die Häufigkeit der Zwillingsprobanden noch schwankt und wie notwendig es ist, die Serien so um-fangreich wie nur möglich zu gestalten. Der Schlüssel zur Zwillingsserie ist das

Tabelle 2. Darstellung der Zwillingshäufigkeit in verschiedenen Ausgangsmaterialien, verglichen mit der Zwillingshäufigkeit der Durchschnittsbevölkerung (Prob.-Methode).

Untersucher und Art des Zwillingsmaterials	Größe des Ausgangsmaterials	Zahl der Zwillingsprobanden	Auf … Ausgangsfälle entfällt ein Mehrling	
			im Ausgangsmaterial	in der Durchschnittsbevölkerung[1]
Luxenburger: Schizophrenie, Manisch-depressives Irresein und kl. Gruppen . . .	73948	1291	57,3	
Conrad: Epilepsie	12561	258	48,6	
Juda: Schwachsinn	19282	475	40,6	55,6
Idelberger: 1. angeborener Klumpfuß . . .	9941	311	32,0	
2. Lippen-Kiefer-Gaumenspalten .	5071	84	60,4	
3. Hüftluxation	17310	192	90,0	
4. Musk. Schiefhals	7112	144	49,4	
Summe	145225	2755	52,7	55,6

Ausgangsmaterial. Dieses kann überhaupt nicht groß genug sein. Wenn auch meine Methode der Aufstellung von Serien bei weitem nicht so riesige Menschenmengen zu erfassen notwendig macht wie die korrekte Aufstellung „unbeschränkt repräsentativer" Serien, so macht der Gang der Untersuchung doch einen erheblichen Raubbau am Material unvermeidlich. Man wird daher die Netze weitauswerfen müssen, wenn man nicht Gefahr laufen will, sie leer oder fast leer einzuziehen.

Drillinge und Vierlinge, die bei der Materialsammlung mit unterlaufen, brauchen nicht ausgeschieden zu werden; es wäre sogar falsch dies zu tun. Die Partner eines Drillings- oder Vierlingsprobanden zählen vielmehr als Zwillingspartner. Diese Lösung ist wohl nicht durchaus befriedigend, sie bedeutet jedoch einen brauchbaren Behelf. Das Richtige wäre natürlich, eine eigene Drillings- und Vierlingsforschung durchzuführen. Daß dies praktisch nicht möglich ist, bedarf nicht der Begründung.

Die disziplinierte, unter leitenden Gesichtspunkten geordnete und auf beherrschende Ziele ausgerichtete Einzelkasuistik, die Einzelfälle sinnvoll zusammenfaßt, bezeichne ich als *Sammelkasuistik*. Weist die Einzelkasuistik auf mögliche Wege hin, so nimmt die Sammelkasuistik die Erschließung dieser Wege in Angriff. Weiter geht sie allerdings nicht und kann sie auch nicht gehen. Die Fehler der Einzelkasuistik, vor allem die durch sie bedingte einseitige Auslese, werden auch mit Hilfe der bewußten Sammlung einzelner Fälle nicht ausgeglichen; sie können im Gegenteil gesteigert und vergröbert werden. Der Wert der Sammelkasuistik liegt lediglich darin, daß sie die Notwendigkeit aufzeigt, zu einer statistischen Erfassung des Materials zu gelangen. Man darf sich nun nicht der Täuschung hingeben, daß die Sammlung eines Materials, das an sich einen großen Umfang annehmen kann, aber doch nur eine Summierung einzelner Fälle darstellt, zu einer statistischen Masse, zu einem Kollektiv führt, in dem sich die Wirklichkeit sozusagen wie in einem ausgeglichenen Verkleinerungsspiegel naturgetreu offenbart. Es handelt sich, um im Bilde zu bleiben, stets um einen groben Konvexspiegel, der die Wirklichkeit nur verzerrt wiedergibt. Gerade in der Zwillingsforschung wird eine Sammelkasuistik sehr häufig mit einer statistischen Masse gleichgesetzt und mit Methoden bearbeitet, die lediglich auf statistische Kollektive Anwendung finden können.

---

[1] Für ein mittleres Lebensalter berechnet.

Grundbedingung ist, daß Zwillingspaarlinge und Einlinge, eineiige und zweieiige Paarlinge, konkordante und diskordante Zwillingspaare in einem Verhältnis
auftreten, wie es der Wirklichkeit entspricht. Dieses Verhältnis kann dadurch
verschoben werden, daß das Material zu klein oder nicht auslesefrei gesammelt
ist. Auslesefreiheit gewährleistet demnach nur ein großes statistisches Material.
Ein solches läßt sich dadurch sammeln, daß man alle Zwillinge eines Zählbezirkes
erfaßt und aus ihnen restlos alle diejenigen herauszieht, bei denen ein Paarling
oder beide Paarlinge das Merkmal tragen, das man studieren will. Auf diese
Weise erhält man unbeschränkt repräsentative Serien.

Ein solches Vorgehen wird in der Regel nicht möglich sein, da der Zählbezirk
nicht umfangreich genug gewählt werden kann, um ein genügend großes Material
zu verbürgen. Das hat seinen Grund in der Seltenheit der Zwillingsgeburten.
Da in unseren Breiten auf etwa 80 Geburten eine Zwillingsgeburt, auf etwa 40
Geborene 1 Geborener trifft, der einer Zwillingsgeburt entstammt, und bei
der größeren Sterblichkeit der Paarlinge diese Häufigkeit mit zunehmendem
Alter abnimmt, bedarf es einer sehr großen Bevölkerungsgruppe, wenn man hoffen
will, eine genügend große Serie merkmalstragender Paarlinge aus ihr heraus-
zuziehen.

Trifft auf H Geborene 1 geborener Zwillingspaarling und ist die Häufigkeit
eines Merkmals in der Bevölkerung v, die reziproke relative Überlebenswahrscheinlichkeit der mittleren Altersjahre für Paarlinge q, so muß man, um
100 merkmalstragende Paarlinge mittleren Alters zu erfassen, eine Bevölkerungsgruppe von $\dfrac{100\,[q\,(H-1)+1]}{v}$ auf Zwillinge untersuchen. Das sind, wenn $h = 40$,

$v = 0{,}005$ $(0{,}5\%)$ und $q = \dfrac{1}{0{,}7} = 1{,}43$ [vgl. den Abschnitt über Zwillingshäufigkeit und Letalfaktoren, Formel (22)], 1 138 000 Personen. Ein solcher
Zählbezirk würde dann erst 30 überlebende eineiige Paarlinge oder EZ-Paare
ergeben. Für 100 überlebende EZ-Paare (200 Paarlinge) — ein gewiß nicht
allzugroßes Material — wäre ein völlig durchforschter Zählbezirk von 7 586 667
Erwachsenen oder $10\frac{1}{2}$ Millionen Einwohnern Voraussetzung. Es müßte also
z. B. Bayern und Württemberg restlos erfaßt werden.

Um nicht mit Kanonen nach Spatzen schießen zu müssen, habe ich schon
1924 einen grundsätzlich anderen Weg eingeschlagen. Ich ging nicht von Einwohnern, sondern von Merkmalsträgern aus. Dann bedurfte es zur Erfassung
von 200 erwachsenen merkmalstragenden eineiigen Paarlingen (= 100 Paaren)
nicht eines Ausgangsmaterials von 7 586 667 sondern nur eines solchen von
7 586 667 · 0,005 = 37 933 Erwachsenen. Es trifft dann 1 eineiiger Paarling
auf 190 Erwachsene und 1 Zwillingspaarling auf 57 Erwachsene (vgl. wiederum
den Abschnitt über die Häufigkeit der Zwillinge); das entspricht der Durch-
schnittsziffer.

Der Aufwand ist somit wesentlich geringer. Das war der Gedankengang,
der mich bei der Aufstellung meiner „beschränkt repräsentativen" Serien
leitete. „Beschränkt" repräsentativ nannte ich sie deshalb, weil sie nicht aus einem
geographisch und zeitlich eng begrenzten Zählbezirk stammen, sondern solche
Zählbezirke sprengend, sich lediglich an der Tatsache ausrichten, daß der Ausgangsfall ein nichtausgelesener Träger des Merkmals ist.

Die Partner dieser Ausgangsfälle sind dann wirklich repräsentativ in bezug
auf die Häufigkeit unter den Ausgangsfällen sowie auf die Eiigkeit, beschränkt
repräsentativ nur hinsichtlich der Konkordanz-Diskordanz. Es fehlen nämlich
die Partner der negativ-konkordanten eineiigen Paare, nämlich derjenigen,
bei denen die Manifestation aus irgendwelchen Gründen (Alter, Manifestationsschwankungen) konkordant verhindert wurde. Diesen Fehler, über den später

noch zu sprechen sein wird, teilen aber die „beschränkt repräsentativen" mit den „unbeschränkt repräsentativen" Serien. Somit kann streng genommen kein Unterschied zwischen beiden Serien gemacht werden. *Gemeinsam ist ihnen der Charakter des auslesefreien statistischen Kollektivs.*

Über die Konkordanz- und Diskordanzbefunde bei den psychiatrischen Zwillingsuntersuchungen bis 1930 gibt nachstehende Tabelle Auskunft (Prozentziffern):

Tabelle 3.

	Eineiige		Zweieiige		Unbestimmbare		Zusammen	
	konk.	disk.	konk.	disk.	konk.	disk.	konk.	disk.
Einzelkasuistik	91	9	40	60	72	28	82	18
Planmäßige Sammelkasuistik . .	92	8	—	100	53	47	56	44
Lückenlose Serien	64	36	—	100	11	89	19	81

Die Tabelle zeigt deutlich, daß die Einzelkasuistik in allen Gruppen eine klare Auslese nach Konkordanz darstellt und daß sich diese Auslese bei den Eineiigen auch noch in der planmäßigen Sammelkasuistik geltend macht. Betrachtet man die gesamten Zwillinge, so hat sich das Verhältnis bei den Serien gegenüber dem bei der Einzelkasuistik gerade umgekehrt.

III. Aufbereitung des Materials (Eiigkeitsbestimmung).

Im allgemeinen gelten die gleichen Grundsätze für die Aufbereitung des Materials wie in der Familienforschung und Demographie. Sie brauchen daher hier nicht besprochen werden.

Was die Zwillingsforschung speziell angeht, ist die Bestimmung der Eiigkeit, besser der Erbgleichheit und Erbverschiedenheit der Paare.

Verschiedengeschlechtliche Paare (PZ) sind stets erbverschieden (zweieiig), da das Geschlecht eine Summe rein erblicher Merkmale darstellt. Zunächst könnte man versucht sein, eine theoretische Ausnahme von der Regel dann für möglich zu halten, wenn es sich bei einem Paarling um ein Umwandlungsindividuum im Sinne der Theorie GOLDSCHMIDTs, also um einen Homosexuellen in der Weiterführung dieser Theorie durch die Hypothese TH. LANGs handelt. Da jedoch in diesem Falle die endgültige Bestimmung des Geschlechts von der Valenz von Autosomen abhängt, die erbgleichen Zwillinge aber auch in bezug auf die Autosomen und deren Valenz übereinstimmen müssen, könnte eine Diskordanz im Geschlecht auch nur erbverschiedene Zwillinge treffen. Die Zweieiigkeit verschiedengeschlechtlicher Paare würde somit auch durch diese Möglichkeit nicht berührt werden.

Dagegen ist es notwendig, die Gleichgeschlechtlichen in Eineiige und Zweieiige zu trennen. Die Eihautbefunde sind nach dem heutigen Stande der Forschung trügerisch. Wohl dürften alle zweieiigen Zwillinge in verschiedenen Eihäuten geboren werden, dagegen können eineiige Zwillinge sowohl einfache als auch doppelte Eihäute besitzen (näheres bei v. VERSCHUER). Monochorie und Dichorie deckt sich somit nicht mit Eineiigkeit und Zweieiigkeit. Die Erbgleichheit der eineiigen und die Erbverschiedenheit der zweieiigen Zwillinge steht jedoch außer allem Zweifel. Nach v. VERSCHUER ist kein einziger Beweis erbracht, der eine regelmäßig oder auch nur selten vorkommende erbliche Verschiedenheit zwischen EZ wahrscheinlich machen könnte. Eine rein zufallsmäßige Erbgleichheit zweieiiger Zwillinge ist in unserer rassisch so stark durchmischten Bevölkerung ebenso unwahrscheinlich wie die Erbgleichheit von Geschwistern. Daran ändern auch die Argumente von BOUTERWEK u. a. nichts.

Die Methode der Wahl für die Eiigkeitsbestimmung ist die von Siemens 1924 angegebene, von v. Verschuer u. a. späterhin ausgebaute und fest begründete *polysymptomatische Ähnlichkeitsdiagnose.* Ihr Wesen besteht in der Überlegung, daß die Konkordanz zweieiiger Zwillinge in einem Merkmal um so seltener sein muß, je seltener dieses Merkmal, je komplizierter seine Vererbung, je geringer seine Paravariabilität, je größer die erbliche Variabilität und je stärker die Durchmischung der Bevölkerung ist.

Schon 1925 hat Muller daran erinnert, daß die Zuverlässigkeit der Ähnlichkeitsdiagnose im umgekehrten Verhältnis steht zur allgemeinen Familienähnlichkeit. Die Einwände aus unserer Zeit, z. B. Lenz, Gottschick, Essen-Möller) sind nur eine Weiterführung dieses Gedankens unter dem Gesichtspunkt der Homogenität und Herterogenität der Bevölkerung. Durch sie geschieht der grundsätzlichen Anwendbarkeit der Methode in unserer Bevölkerung kein Abbruch, sie mahnen jedoch zur Vorsicht und zur Heranziehung möglichst zahlreicher und erbstabiler Merkmale. Eine solche Auswahl lag jedoch bereits im Programm des Begründers der Methode (Siemens).

Wesentlich erscheint mir folgender Vorschlag, den Gottschick gemacht hat: Wenn monochorische Zwillinge eineiig und damit erbgleich sind, alle ihre Merkmalsunterschiede dagegen von der Umwelt herrühren, würde der Grad ihrer Ähnlichkeit oder Unähnlichkeit ungefähr dem der Dichorisch-Eineiigen entsprechen, falls bei diesen die Umweltwirkung nicht eine andere wäre. Hätte man also einen Maßstab für die Variabilität der sicher eineiigen Zwillinge, nämlich der monochorischen, etwa in Form von Durchschnittswerten bei den meßbaren Merkmalen, so könnte man die Variabilität der dichorischen oder überhaupt aller Zwillinge damit vergleichen und die Wahrscheinlichkeit für die Richtigkeit der Eiigkeitsdiagnose errechnen.

Daran anknüpfend regte Essen-Möller an, zur Kontrolle in gleicher Weise die PZ zu bearbeiten, die ja als sicher zweieiig angesehen werden dürfen. Hier berührt sich Essen-Möller mit Gedankengängen Stocks. Er hat auch eine Formel aufgestellt, die mit einer älteren von Stocks angegebenen Formel identisch ist. Diese Formel soll den zahlenmäßigen Ausdruck für die Wahrscheinlichkeit der Eiigkeitsdiagnose darstellen für den Fall, daß n verschiedene Merkmale zugleich beobachtet werden. Bedeutet A die relative Häufigkeit der jeweils gefundenen Übereinstimmung bzw. Nichtübereinstimmung unter monochorischen, B die unter verschiedengeschlechtlichen Partnern merkmalsbehafteter Zwillingsprobanden, p die relative Häufigkeit der PZ und e die der EZ (nach der Differenzmethode Weinbergs), dann ist

$$W = \frac{1}{1 + \dfrac{p}{e} \cdot \dfrac{B_1}{A_1} \cdot \dfrac{B_2}{A_2} \cdot \dfrac{B_3}{A_3} \dots \dfrac{B_n}{A_n}}.$$

Der Ausdruck lautet bei Essen-Möller in der äußeren Form etwas anders. p/e ergibt einen konstanten Wert von 1,423, wenn das Geschlechtsverhältnis unter den Merkmalsträgern der Norm entspricht. Ist das Geschlechtsverhältnis verschoben, so erniedrigt sich, da unter den Zweieiigen binomiale Verteilung herrscht, die relative Häufigkeit der PZ und bei konstantem e der Wert für p. Somit wäre bei verschobenem Geschlechtsverhältnis, also bei geschlechtsgebundener oder geschlechtskontrollierter Vererbung die Wahrscheinlichkeit der richtigen Eiigkeitsdiagnose größer, als wenn die Anlage in einem Autosom liegt und eine „Kontrolle" durch das Gonosom wegfällt. Was offenbar unsinnig ist. Die Formel Essen-Möller gilt also nur unter der Voraussetzung einer normalen Geschlechtsproportion oder bei Vergleichen unter der Voraussetzung annähernd gleicher Geschlechtsverteilung.

Von der großen Bedeutung des Geschlechtsverhältnisses für die Zwillingsmethode wird im Abschnitt über „Häufigkeit der Zwillinge und Letalfaktoren (Polymeriefrage)" ausführlicher zu sprechen sein. Dort wird auch die Differenzmethode WEINBERGS behandelt werden.

Alle hier kurz angedeuteten Überlegungen und Einwände ändern nichts an der Tatsache, daß wir uns heute praktisch bei der Bestimmung der Eiigkeit an die Ähnlichkeitsmethode halten müssen. Es steht uns kein anderes Verfahren zur Verfügung.

Bei der *Bestimmung der Ähnlichkeit* der Gleichgeschlechtlichen und damit der Eiigkeit geht man folgendermaßen vor:

Zunächst wird die *Blutgruppe* bestimmt. Die in bezug auf die Blutgruppe diskordanten Paare können ohne weitere Untersuchung als zweieiig bezeichnet werden. Die Verhältnisse liegen hier genau wie beim Geschlecht.

Neben den Blutgruppen können auch die *Blutfaktoren* M und N bestimmt werden, doch ist zu beachten, daß wegen möglicher Manifestationsschwankungen Diskordanz Eineiigkeit nicht ausschließt. Die Blutmerkmale P, H und der Ausscheidungstypus S kommen kaum in Frage, da die Technik der Bestimmung zu kompliziert ist und eine spezielle serologische Ausbildung voraussetzt.

Von größter Bedeutung sind die *Pigmente.* Vor allem gilt dies für die *Augenfarbe.* Das Merkmal ist in unserer Bevölkerung so außerordentlich variabel, daß es nur wenige Menschen mit vollkommen gleicher Augenfarbe gibt. Dagegen ist die Paravariabilität gering. v. VERSCHUER fand unter 256 EZ-Paaren nur 6 relativ diskordante Paare und 1 absolut diskordantes Paar, DAHLBERG unter 96 2 (relativ) diskordante Paare. Die relative Diskordanz beträgt also 2,3%, die absolute 0,39%, während ZZ zu 72% absolut diskordant sind. Die Bestimmung erfolgt am zweckmäßigsten mit der Augenfarbentafel von MARTIN-SCHULTZ. Verschiedene Nummern bedeuten, wenn der Nummernabstand nicht mehr als 2 (bei „blau" nicht mehr als 3) beträgt, nach meinen Erfahrungen an Zwillingen zwischen 25 und 50 Jahren noch nicht unbedingt Diskordanz, und Diskordanz darf nicht unbedingt mit Zweieiigkeit gleichgesetzt werden. Man muß auch bei der Beurteilung der Pigmente stets das Verhalten der Zwillinge in anderen Merkmalen beachten.

Dies gilt besonders auch für die *Haarfarbe.* Sie ist nach der Tafel von FISCHER-SALLER zu prüfen. Dabei muß betont werden, daß stets die gleiche Stelle des Haares zu vergleichen und auf den Fettgehalt, die Sonnenbestrahlung, die Haarpflege und Haarerkrankungen zu achten ist. Die Haarfarbe ist etwas weniger zuverlässig als die Augenfarbe, obwohl gerade die Haarfarbe in der Bevölkerung besonders stark variiert. Dafür ist sie jedoch ungleich stärker paravariabel als die Augenfarbe. Die *Hautfarbe* kann in unserer Bevölkerung wenn überhaupt, so nur mit größter Vorsicht zur Eiigkeitsbestimmung herangezogen werden.

Bei der Beurteilung der Augenfarbe und besonders der Haarfarbe ist zu berücksichtigen, daß sie im Laufe des Lebens Veränderungen unterworfen sein können und daß diese Veränderungen bei beiden Paarlingen nicht völlig gleich zu sein, jedenfalls sich nicht gleich rasch auszubilden brauchen. Daher muß man mit der Diagnose „Diskordanz" besonders vorsichtig sein. Von der störenden Wirkung des Ergrauens und Schwindens der Haare wird noch die Rede sein.

Wichtig sind die *anthropologischen Maße.* Ihre Verwertung setzt jedoch eine sorgfältige Ausbildung in der Meßtechnik voraus, die so beherrscht werden muß, daß der persönliche Fehler konstant und klein genug ist, um die realen Abweichungen zwischen den Paarlingen nicht zu überdecken. v. VERSCHUER empfiehlt folgende Maße: Körpergröße, Länge der vorderen Rumpfwand, Breite zwischen den Akromien, Breite zwischen den Darmbeinkämmen, Brustumfang, Brustbreite, sagittaler Brustdurchmesser, Horizotalumfang des Kopfes, Kopflänge,

Kopfbreite, Morphologische Gesichtshöhe, Jochbogenbreite. Muß man sich auf *Kopfmaße* beschränken, so haben sich mir persönlich bewährt: Kopflänge, Kopfbreite, kleinste Stirnbreite, Jochbogenbreite, Unterkieferwinkelbreite, Nasenhöhe und Ohrhöhe des Kopfes.

Über die Maße unterrichtet man sich am besten durch das Lehrbuch der Anthropologie von MARTIN; über die Auswertung der Maße gibt die sehr klare Darstellung v. VERSCHUERS Auskunft (vor allem: DIEHL und v. VERSCHUER: Zwillingstuberkulose, 1. Band).

Umstritten, aber grundsätzlich anerkannt ist der diagnostische Wert der *Hautleisten* der Finger, Handfläche, Zehen und Fußsohle. Gerade durch die neuesten Forschungen (BONNEVIE, GEIPEL, v. VERSCHUER, die Schule von WENINGER) hat dieses Kriterium wieder an Bedeutung gewonnen, nicht zuletzt wegen der Möglichkeit einer „Ferndiagnose" in Fällen, bei denen eine persönliche Untersuchung nicht möglich ist. Die Analyse der Hautleisten ermöglicht dann im Zusammenhalt mit guten Photographien, Schrift- und Zeichenproben, Ähnlichkeitsberichten nicht selten eine Bestimmung von hohem Wahrscheinlichkeitswert. Voraussetzung ist hier jedoch mehr noch als bei der Anthropometrie eine peinlich genaue spezialistische Schulung. Die Analyse hat sich zum mindesten zu erstrecken auf den Mustertypus, die Form der Papillarmuster und den „quantitativen Wert" nach BONNEVIE. Es ist in der Praxis besser, auf die Heranziehung der Hautleisten ganz zu verzichten als die Untersuchung dilettantisch durchzuführen. In der Regel wird es jedoch möglich sein, einen speziellen Kenner des Verfahrens zu Rate zu ziehen.

Weitere wichtige morphologische Merkmale sind nach v. VERSCHUER:

Haarform (Diskordanz spricht mit größter Wahrscheinlichkeit gegen Eineiigkeit).

Augenbrauen (Lage, Breite, Höhe, Abstand von der Mitte, Länge der Haare, Strichrichtung, Wirbelbildung, Wölbung).

Form der Nase (Länge, Breite, Höhe, Ansatz der Nasenwurzel, Form des Rückens, der Spitze, der Nasenflügel, Nasenscheidewand, Form der Nasenlöcher, Ebene der Lochfläche).

Form der Lippen (Lippenrot, Lage der Lippen in der Profillinie des Gesichts). *Zungenfalten* (SIEMENS).

Form des Ohres. (Allgemeine Form und Stellung, Größe, Relief, Verlauf und Form des Helixrandes, Zahl und Größe der DARWINschen Höcker, Ausbildung des Anthelix und der Skapha, des Tragus, Antitragus und des Einschnitts zwischen beiden; Grad und Art der Verwachsung des Ohrläppchens, Form des Läppchens. Stets sind alle 4 Ohren eines Zwillingspaares zu untersuchen und zu vergleichen. Der diagnostische Wert der Befunde am Ohr ist angesichts der besonders großen Variabilität in der Bevölkerung sehr hoch einzuschätzen.)

Hautgefäße. (Wangenrötung, Teleangiektasien, Akrocyanose, Dermographismus, capillarmikroskopische Befunde.)

Stellung, Form und Größe der Zähne. (Diastema, symmetrische Zahndrehungen, Kauflächenrelief, Fissuren, Höcker, Schmelzwülste, Form der Krone; Zahndefekte und Zahnerkrankungen.)

Sommersprossen. (Zahl, Größe und Lokalisation der Flecken, Abhängigkeit oder Unabhängigkeit von der Sonnenbestrahlung.)

Durch diese Zusammenstellung ist jedoch nur eine vergleichsweise kleine Zahl der verwertbaren morphologischen Merkmale erfaßt. Sie kann beliebig durch andere bereichert werden, sofern sie die Grundvoraussetzung der Verwertbarkeit erfüllen: große Variabilität in der Bevölkerung, kleine Paravariabilität, nachgewiesene Erblichkeit mit geringen Manifestationsschwankungen und genetische Unabhängigkeit von dem durch die vorliegende Untersuchung auf seine Erblichkeit zu bestimmenden Merkmal.

Das gleiche gilt für *Merkmale physiologischer, psychologischer und patholo-gischer Natur*. Gerade die als erblich bekannten Krankheiten und Mißbildungen werden bei der Eiigkeitsbestimmung häufig gute Dienste leisten können. Auch der Lebenslauf der Zwillinge, das berufliche, soziale und allgemein menschliche Verhalten, die Begabungen, Liebhabereien und Eigenheiten, das Geschlechts-leben, die Beziehungen der Paarlinge untereinander können mit verwertet werden. Daß Photographien, Schriftproben, Zeichenproben, schriftliche und sprachliche Äußerungen herangezogen werden dürfen, ist ebenfalls klar. Nur muß dies mit besonderer Vorsicht und Kritik geschehen.

Der Wert einer Eiigkeitsprüfung hängt ab von der Eignung und Erfahrung des Untersuchers, vom Alter, der körperlichen und seelischen Beschaffenheit, der Bereitwilligkeit und der Intelligenz der Zwillinge, von ihrer Erforschbarkeit von der Zahl und der Art der erfaßten Merkmale, der Technik der Untersuchung.

Wesentlich ist eine Zusammenarbeit der einzelnen Zwillingsforscher. Nicht nur soll jeder aus den Erfahrungen und Fehlern des anderen lernen, es wäre auch zu wünschen, daß mehr noch als dies heute schon geschieht, der in irgendeiner Technik besonders Ausgebildete und Geübte den anderen seine Hilfe leiht und dafür aus ihrem Material und ihren Fragestellungen für die von ihm bearbeiteten Probleme Nutzen ziehen kann.

Die Eiigkeitsbestimmung ist schwierig, zeitraubend und kostspielig. Es ist daher notwendig, die ausführliche Prüfung auf solche Fälle zu beschränken, bei denen sie wirklich durchgeführt werden muß. Man wird sich deshalb darüber klar werden müssen, welche Fälle man rasch als völlig geklärt ausscheiden kann und wie groß der Gewinn an Arbeitsersparnis ist, der durch ein solches plan-mäßiges Vorgehen erzielt werden kann.

Von allen Zwillingen einer Serie sind *sicher zweieiig* die Diskordanten in bezug auf Geschlecht und Blutgruppe, *sicher eineiig* die Monochorischen. Die genaue Eiigkeitsbestimmung ist also durchzuführen an den dichorischen Konkordanten in bezug auf Geschlecht und Blutgruppe, d. h. an den gruppenkonkordanten, dichorischen Gleichgeschlechtlichen.

Bei normaler Geschlechtsverteilung ist die Häufigkeit der Gleichgeschlecht-lichen (EZ + ZZ) unter den Zwillingspaaren (z) = $(0{,}26 + 0{,}37)$ z. Die Häufig-keit der Gruppenkonkordanten unter den Zweieiigen ist nach v. VERSCHUER etwa 0,66. Diese Häufigkeit gilt somit auch für die ZZ. Unter den EZ ist die Gruppenkonkordanz = 1. Somit ist die Häufigkeit der gruppenkonkordanten Zweieiigen unter allen Paaren $(0{,}26 \cdot 1 + 0{,}37 \cdot 0{,}66)$ z = 0,504 z. Nach Unter-suchungen von CURTIUS und LASSEN waren 100% der ZZ und 35,7% der EZ dichorisch. Die Häufigkeit der dichorischen gruppenkonkordanten Gleichge-schlechtlichen wäre demnach $(0{,}26 \cdot 1 \cdot 0{,}357 + 0{,}37 \cdot 0{,}66 \cdot 1)$ z = 0,337 z. Es wären somit statt 63% nur 37% aller Paare einer genauen Ähnlichkeitsprüfung zu unterziehen oder 53,5% statt 100% der Gleichgeschlechtlichen. Da jedoch die Häufigkeit der Dichorischen unter den EZ noch nicht als gesichert angesehen werden kann und zudem die Eihautverhältnisse nur in Ausnahmefällen zuver-lässig festzustellen sind, wird man 50,4%, d. h. die Hälfte aller Zwillinge oder 80% aller Gleichgeschlechtlichen untersuchen müssen. Es fallen somit 20% der Gleichgeschlechtlichen weg, wenn man mit der Bestimmung der Blutgruppe beginnt. Diese Arbeitsersparnis verpflichtet zur einleitenden Feststellung der Blutgruppe in allen Fällen, bei denen dies möglich ist.

Die Bestimmung der Eiigkeit mit Hilfe der Ähnlichkeitsmethode ist nicht bei jedem Material mit gleicher Zuverlässigkeit möglich. Vor allem spielt das Lebensalter eine Rolle. Die Zuverlässigkeit steigt von der Geburt an stetig bis zu einem Gipfel in den mittleren Lebensjahren, in denen alle wichtigen Merk-male voll ausgebildet zu sein pflegen und Rückbildungserscheinungen noch nicht eingesetzt haben. Dann fällt die Kurve stetig ab und die Bestimmung dürfte im Greisenalter ebenso unbefriedigend sein wie in der frühesten Kindheit.

Weiter kommen Einflüsse der Umwelt und Auswirkungen der Erbmasse in Frage, die zum Teil mit dem Lebensalter zusammenhängen. Der Beruf kann eine Rolle spielen, die soziale Lage, die Fülle der Lebensschicksale, die ihre Spuren am Körper zurücklassen, Verletzungen, Krankheiten, Mißbildungen erblicher und nichterblicher Art können die Bestimmung der Ähnlichkeit erschweren. Mit zunehmendem Alter werden diese Störungsfaktoren an Zahl und Wirkkraft wachsen. Ein besonders lehrreiches Beispiel ist der Mongolismus. Die große Ähnlichkeit der Mongoloiden untereinander macht eine zuverlässige Eiigkeits-bestimmung fast unmöglich. Ebenso wirken alle Vorgänge, die verändernd auf die Pigmente einwirken oder die Organe schädigen, an denen sich die Pigmente bilden, als Störungsfaktoren ersten Ranges. Das Ergrauen und der Schwund der Haare fällt um so stärker ins Gewicht, als eine große Zahl gerade der praktisch bedeutsamsten Erbkrankheiten sich erst spät zu manifestieren und langsam zu verlaufen pflegt, man also, wenn man ganze Verläufe überblicken will, auf ein Material älterer, schon in der Rückbildung begriffener Zwillinge angewiesen ist.

Dieser Umstand bringt es auch mit sich, daß hier sehr häufig entweder der Proband oder der Partner oder beide Paarlinge schon gestorben sein werden. Setzen doch gerade diese Krankheiten in der Regel auch die Lebensdauer herab. Eine exakte Eiigkeitsbestimmung ist dann nicht mehr möglich. So wird man denn zu einem *behelfsmäßigen Verfahren* greifen müssen. Dieses besteht darin, daß man anamnestisch alle Angaben sammelt, aus denen auf Ähnlichkeit oder Nichtähnlichkeit geschlossen werden kann. Eine besondere Rolle spielen dabei Berichte über die Ähnlichkeitsverhältnisse in der Kindheit, gemeinsam durchgemachte Krankheiten, Schulleistungen, die Beziehungen der Paarlinge zueinander und dergleichen. Wichtig sind Photographien, Haarproben, Handschriften aus den verschiedensten Lebensabschnitten. Es ist klar, daß eine solche Ähnlichkeitsprüfung an Erkenntniswert weit hinter dem exakten Verfahren zurückbleibt. Gelegentlich wird man sich sogar auf den Vergleich verschiedengeschlechtlicher und gleichgeschlechtlicher Paare zu beschränken haben. Das ist bis zu einem gewissen Grad möglich, wenn es sich um seltene Erbmerkmale handelt, da diese bei den sicher zweieiigen, also den verschiedengeschlechtlichen Paaren nur sehr selten konkordant auftreten werden. Die Konkordanz der EZ macht sich dann auch bemerkbar, wenn diese unter den Gleichgeschlechtlichen nicht festzustellen sind.

Beispiel: Kommt ein nicht geschlechtsgebundenes erbliches Merkmal, das keinen Manifestationsschwankungen unterliegt und bei der Geburt erkennbar ist, unter den Geschwistern von Merkmalsträgern zu 2% vor (w = 0,02) so ist es unter den zweieiigen Partnern merkmalstragender Zwillingsprobanden ebenfalls zu 2% zu erwarten, während es unter den eineiigen Partnern zu 100% vorkommen muß. Vergleicht man demnach die *EZ mit den Zweieiigen*, so ist das Verhältnis 1/0,02 = 50 : 1. Die Erwartung unter den Gleichgeschlechtlichen (w_g) ist $\dfrac{26 \cdot 1 + 37 \cdot 0,02}{63} = 0,424$. Vergleicht man also die *Gleichgeschlechtlichen mit den Zweieiigen*, so lautet das Verhältnis $\dfrac{0,424}{0,02} = 21,2 : 1$. Der Unterschied ist immer noch sehr erheblich.

Mit Hilfe des Ansatzes $\dfrac{26 + 37 \, w}{63} = w_g$ (wobei w_g immer $> 0,413$) läßt sich aus der Häufigkeit des Merkmals unter den gleichgeschlechtlichen Partnern überschlagsweise die Geschwisterproportion w errechnen; w wird dann nach einigen Umformungen in einer rechnerisch besonders einfachen Form $\approx \dfrac{5 \, w_g - 2}{3}$.

Auf diese Weise kann man, wenn keine Manifestationsschwankungen vorliegen und das Merkmal schon bei der Geburt erkennbar ist, mit Vorsicht sogar auf den Erbgang schließen, wenn aus irgendeinem Grunde in einem Serienmaterial *nur* die Befunde unter den Gleichgeschlechtlichen bekannt — d. h. die PZ nicht untersucht — sind und die Eiigkeitsbestimmung nicht möglich ist. Die Berechnung läßt sich auch durchführen, wenn das Geschlechtsverhältnis unter den Merkmalsträgern verschoben ist. Wird nämlich nach der Differenzmethode (vgl. den Abschnitt „Häufigkeit der Zwillinge und Letalfaktoren") die Häufigkeit der EZ nicht $e = z - 2p$, sondern $e = z - qp$, so gilt gemäß Entwicklung von (20) (S. 61)

$$w_g = \frac{z - qp + p(q-1)w}{z - qp + p(q-1)} = \frac{z - p[q - (q-1)w]}{z - p},$$

woraus w zu berechnen ist.

Eine wichtige Aufgabe für den Ausbau der Zwillingsmethode bedeutet die befriedigende Gestaltung der Ähnlichkeitsbestimmung an *Leichen*. Hier fallen manche, für die Bestimmung an Lebenden brauchbaren Merkmale weg. Es wäre zu untersuchen, ob sich nicht neue Kriterien finden lassen könnten. Wie in der Familienforschung, so dürften auch auf dem Gebiete der Mehrlingsforschung die erbanatomischen Untersuchungen eine wachsende Bedeutung erlangen. Ansätze für eine Differenzierung der Methodik liegen bereits vor. Sie genügen jedoch noch keineswegs.

IV. Berechnung der Manifestationswahrscheinlichkeit (Manifestationsschwankung) erblicher Merkmale.

1. Paarlingsverfahren.

Die *Manifestationswahrscheinlichkeit* (M) wird ausgedrückt durch das Verhältnis der manifestierten Genotypen zu allen Genotypen. Die Zwillingsmethode kann nur über die durch Einflüsse der äußeren Umwelt regulierte Manifestationswahrscheinlichkeit Auskunft geben, da die erbgleichen Zwillinge in der inneren Umwelt (Gengesellschaft, Cytoplasma) übereinstimmen.

Berechnet wird M aus einem Kollektiv erbgleicher Zwillinge; denn bei diesen müßten, wenn Manifestationsschwankungen (S) fehlen, beide Paarlinge das Merkmal zeigen. Voraussetzung sind lückenlose Serien im früher dargelegten Sinne.

Die manifestierten Genotypen setzen sich zusammen aus:

1. beiden Paarlingen der Zwillingspaare, die beide das Merkmal zeigen (positiv-konkordante Paare),
2. je einem Paarling, der Zwillingspaare bei denen nur *ein* Paarling das Merkmal zeigt (diskordante Paare).

Nicht manifestiert sind:

1. je ein Paarling der diskordanten Paare
2. beide Paarlinge der Zwillingspaare, die beide trotz genotypischer Veranlagung das Merkmal nicht zeigen (negativ-diskordante Paare).

Durch die Zwillingsforschung können die positiv-konkordanten und diskordanten Paare erfaßt werden, da hier immer wenigstens ein Paarling das Merkmal zeigt. Nicht erfaßt sind die negativ-konkordanten Paare. Diese müssen jedoch ebenfalls berücksichtigt werden.

Sie lassen sich aus den positiv-konkordanten und den diskordanten Paaren errechnen, da die Häufigkeit der 3 Typen durch die binomiale Verteilung bestimmt wird.

15

Bezeichnet man die positiv-konkordanten Paare mit k, die diskordanten mit d und die negativ-konkordanten (als Unbekannte) mit x, so gilt:

$$d = 2\sqrt{kx},$$

also

$$x = \frac{d^2}{4k}. \tag{1}$$

Die Zahl aller manifestierten Genotypen im Zwillingskollektiv ist, wie eine einfache Überlegung lehrt, $2k + d$, die Zahl aller Genotypen $2k + d + 2x + d$ $= 2(k + d + x)$.

Demnach ist das Verhältnis der manifestierten zu allen Genotypen, d. h. die Manifestationswahrscheinlichkeit:

$$M = \frac{2k + d}{2(k + d + x)}$$

x nach Formel (1) eingesetzt ergibt:

$$M = \frac{2k + d}{2\left(k + d + \dfrac{d^2}{4k}\right)} = \frac{2k}{2k + d} = \frac{1}{1 + \dfrac{d}{2k}}. \tag{2}$$

Es läßt sich also aus der Zahl der erfaßten positiv-konkordanten und der diskordanten Paare M unmittelbar und sehr einfach errechnen. Die Manifestationsschwankung ergänzt dann die Manifestationswahrscheinlichkeit zu 1 $(S = 1 - M)$.

Die einfache Formel (2) gilt jedoch nur unter der Voraussetzung, daß alle in Frage kommenden positiv-konkordanten Paarlinge unmittelbar, d. h. nicht auf dem Umweg über einen mit dem Merkmal behafteten Ausgangspaarling erfaßt wurden. Dies wird nur ausnahmsweise der Fall sein. In der Regel trifft es lediglich auf einen Teil der Konkordanten zu. Es liegt vielmehr eine Stichprobenauslese (Weinberg) vor. Das Maß für die Stichprobenauslese (r) ist das Verhältnis zwischen den unmittelbar erfaßten und den positiv-konkordanten Paaren überhaupt. r muß in Rechnung gesetzt werden.

Die Zahl der unmittelbar erfaßten positiv-konkordanten Paare ist dann r, die der mittelbar erfaßten $k(1 - r)$.

In diesem Falle wird aus Formel (2):

$$M = \frac{2kr + k(1-r)}{2kr + k(1-r) + d} = \frac{k(r + 1)}{k(r + 1) + d} = \frac{1}{1 + \dfrac{1}{k(r + 1)}}. \tag{3}$$

Beispiel: Idelberger fand bei der Aufstellung seiner erbgleichen Klumpfuß-Zwillingsserie 8 positiv-konkordante und 27 diskonkordante Paare. Von den 8 positiv-konkordanten Paaren waren nur 5 Paare in bezug auf *beide* Paarlinge unmittelbar erfaßt. r ist also hier $\frac{5}{8} = 0,625$ und $M = \dfrac{8 \cdot (0,625 + 1)}{8 \cdot (0,625 + 1) + 27} = 0,325$ (32,5%).

Läge keine Stichprobenauslese vor, so wäre r = 1 und

$$M = \frac{2 \cdot 8}{2 \cdot 8 + 27} = 0,372.$$

Für alle Erbmerkmale, die sich erst im Laufe des nachgeburtlichen Leben manifestieren, also vor allem für die meisten *Erbkrankheiten*, muß die Formel (2) eine weitere Ausgestaltung erfahren. Die Zeitspanne zwischen dem Zeitpunkt, zu welchem sich das Merkmal erstmalig manifestieren kann und dem Zeitpunkt, jenseits dessen mit einer ersten Manifestation nicht mehr zu rechnen ist, nennt man die „*Gefährdungsperiode*". Die diskordanten Paare (d_1), deren merkmalsfreier Paarling bei Abschluß der Untersuchung noch innerhalb dieser Periode steht, sind nicht schicksalserfüllt, können vielmehr noch Merkmalsträger werden, während die schon jenseits dieser Periode stehenden diskordanten Paare (d_2)

dies nicht mehr anzunehmen ist. Es muß daher für d_1, die durchschnittliche Wahrscheinlichkeit (w) in Rechnung gesetzt werden, mit der das Eintreffen dieses Ereignisses zu erwarten ist (durchschnittliche relative Erkrankungswahrscheinlichkeit für die Gefährdungsperiode).

Die Formel lautet dann, da auch hier in der Regel r berücksichtigt werden muß, und zwar sowohl für die konkordanten als auch für die als konkordant zu erwartenden diskordanten Paare,

$$M = \frac{k(r+1) + d_1(r+1)w}{k(r+1) + d_1(r+1)w + d_1(1-w) + d_2} = \frac{1}{1 + \dfrac{d_1(1-w) + d_2}{k(r+1) + d_1(r+1)w}} . \quad (4)$$

Ist $r = 1$ und $w = 0$, liegt also keine Stichprobenauslese vor und sind alle diskordanten Paare schicksalserfüllt, so wird aus dieser Formel, da $d_1 + d_2 = d$, $\dfrac{2k}{2k+d}$, somit die einfache Formel (2); ist lediglich $w = 0$ zu setzen, Formel (3).

Beispiel: In meiner ersten Serie schizophrener erbgleicher Zwillinge ist $k = 7$, $d_1 = 3$, $d_2 = 4$, $r = 3/7 = 0,43$ und $w = 0,5$. Somit wird

$$M = \frac{7 \cdot 1,43 + 3 \cdot 1,43 \cdot 0,5}{7 \cdot 1,43 + 3 \cdot 1,43 \cdot 0,5 + 3 \cdot 0,5 + 4} = 0,745 \ (74,5\%).$$

Wäre $r = 1$ und $w = 0$, so erhielte man $\dfrac{14}{14+7} = 0,667$.

Handelt es sich schließlich um eine sehr lange Gefährdungsperiode, verteilen sich die diskordanten Paare nicht annähernd gleichmäßig auf diese Periode, und steigt oder fällt die Erkrankungswahrscheinlichkeit in ihr nicht stetig, so muß eine Zerlegung der Periode und damit der in ihr befindlichen diskordanten Paare (d_1) in Gruppen von a bis n erfolgen. Die Formel für M lautet dann:

$$M = \frac{k(r+1) + \sum_a^n d_1 w(r+1)}{k(r+1) + \sum_a^n d_1 w(r+1) + \sum_a^n d_1(1-w) + d_2} = \frac{1}{1 + \dfrac{\sum_a^n d_1(1-w) + d_2}{k(r+1) + \sum_a^n d_1 w(r+1)}} . \quad (5)$$

Unter der (wahren) *Konkordanzziffer* der Erbgleichen versteht man das Verhältnis zwischen der Zahl der positiv-konkordanten und der Zahl der möglichen erbgleichen Paare. Sie ist wichtig als Vergleichszahl für die Konkordanzziffer der erbverschiedenen Paare. Letztere errechnet sich sehr einfach nach der Probandenmethode analog der Berechnung von Erbproportion in Geschwisterschaften. Erbverschiedene Paare sind ja nichts weiter als zweiköpfige Geschwisterreihen. Auf die Berechnung braucht daher hier nicht eingegangen zu werden.

Die Konkordanzziffer der Erbgleichen wird dagegen ebenso wie die Manifestationswahrscheinlichkeit mit Hilfe der binomialen Verteilung gefunden. Sie lautet

$$K = \frac{k}{k+d+x} = \frac{k}{k+d+\dfrac{d^2}{4k}} = \left(\frac{2k}{2k+d}\right)^2 = \left(\frac{1}{1+\dfrac{d}{2k}}\right)^2 . \quad (6)$$

Die Konkordanzziffer ist daher etwas anderes als die Manifestationswahrscheinlichkeit. Beide Ziffern stehen jedoch in festen Beziehungen zueinander, und zwar ist, wie ein Vergleich zwischen Formel (2) und (6) zeigt,

$$M = \sqrt{K} \quad \text{und} \quad K = M^2 . \quad (6a)$$

Man kann somit, wenn nur die wahre Konkordanzziffer bekannt ist, ohne weiteres die Manifestationswahrscheinlichkeit aus ihr berechnen und umgekehrt.

Zu beachten ist, daß M immer einen höheren Wert ergibt als K. Die Bedeutung der Erbanlage ist also größer und die der Außenwelt geringer, als man aus der Konkordanzziffer zu schließen versucht wäre.

Nun ist jedoch bei Auszählungen in Zwillingsserien zunächst nicht K, sondern die direkt gefundene (falsche) Konkordanzziffer K' bekannt. Sie lautet:

$$K' = \frac{k}{k+d}. \tag{7}$$

K' unterscheidet sich von K dadurch, daß die negativ-konkordanten Paare nicht berücksichtigt sind. Deshalb nenne ich sie die „falsche" Konkordanzziffer. Sie ist höher als die wahre (K), aber niedriger als die Manifestationswahrscheinlichkeit (M).

Kann man nun aus K' direkt die Manifestationswahrscheinlichkeit berechnen, also M durch K' ausdrücken? Die Berechnung ist sehr einfach.

Es ist $M = \frac{2k}{2k+d} = \frac{2k}{(k+d)+k}$. Dividiert man nun mit k + d durch, so erhält man

$$M = \frac{2\,\dfrac{k}{k+d}}{1+\dfrac{k}{k+d}} \quad \text{und, da} \quad \frac{k}{k+d} = K',$$

$$M = \frac{2\,K'}{K'+1}. \tag{7a}$$

Faßt man M als Funktion von K' auf (M = y', K' = x), so erhält man die zu den Werten von K' gehörigen Werte von M, indem man auf den Abszissenabschnitten x = K' die Ordinaten $y' = 2x(x+1)^{-1}$ errichtet.

Zwischen 0 und 1,0 lauten die wichtigsten Werte:

x = K'	y' = M	x = K'	y' = M
0,0	0,000	0,6	0,750
0,1	0,182	0,7	0,824
0,2	0,333	0,8	0,889
0,3	0,462	0,9	0,947
0,4	0,571	1,0	1,000
0,5	0,667		

Die Zwischenwerte für M lassen sich durch geometrische Interpolation mit genügender Genauigkeit auf der y'-Kurve feststellen.

Auf diese Weise erhält man direkt die Manifestationswahrscheinlichkeit für sämtliche gefundenen und sämtliche möglichen Konkordanzen.

Bei Berücksichtigung von r ist, wie leicht nachzurechnen, mit der Funktion $y' = x(r+1)(rx+1)^{-1}$ zu arbeiten. $y' = 2x(x+1)^{-1}$ stellt nur einen Spezialfall von $y' = x(r+1)(rx+1)^{-1}$ dar, nämlich den Spezialfall für r = 1. Wird r = 0, so wird y' = x.

In meiner Arbeit über die Bedeutung des Maßes der Stichprobenauslese für die Berechnung der Manifestationswahrscheinlichkeit erblicher Merkmale (Z. Konstit.lehre 1940) habe ich gezeigt, wie durch geometrische Interpolation für jeden denkbaren Wert von K' das dazugehörige M direkt festzustellen ist, wenn man r kennt; r ist jedoch in jeder Zwillingsserie als Verhältnis der unmittelbar erfaßten merkmalstragenden Partner zu den merkmalstragenden

Partnern überhaupt ohne weiteres gegeben. Ein Maß für die durchschnittliche Bedeutung von r ist, wie ich zeigte,

$$\int_0^{1,0} \left\{ \int_0^{1,0} [x\,(r+1)\,(xr+1)^{-1} - x]\,dx \right\} dr = 0,061\,,$$

d. h. 12,2% des infinitesimalen Mittelwertes der Manifestationswahrscheinlichkeit bei r = 0 (y' = 0,5). Daraus geht hervor, daß man r stets in Rechnung setzen muß; andernfalls erhält man, wenn man r = 1 annimmt, zu hohe, wenn man mit r = 0 rechnet, zu niedrige Werte. Für manche Untersuchungen genügt es, sowohl K' als auch r in ganzen Zehnteln auszudrücken. Dann geht die Größe von M aus folgender Tabelle hervor:

Tabelle 4. Werte von y' = M bei bekanntem x und r.

		r =										
		0,0	0,1	0,2	0,3	0,4	0,5	0,6	0,7	0,8	0,9	1,0
	0,0	0,0	0,0	0,0	0,0	0,0	0,0	0,0	0,0	0,0	0,0	0,0
	0,1	0,1	0,109	0,118	0,126	0,135	0,143	0,151	0,159	0,167	0,174	0,182
	0,2	0,2	0,216	0,231	0,245	0,259	0,273	0,286	0,298	0,310	0,322	0,333
	0,3	0,3	0,320	0,340	0,358	0,375	0,391	0,407	0,421	0,435	0,449	0,462
	0,4	0,4	0,423	0,444	0,464	0,483	0,500	0,516	0,531	0,545	0,559	0,571
k'=x=	0,5	0,5	0,524	0,545	0,565	0,583	0,600	0,615	0,630	0,643	0,655	0,667
	0,6	0,6	0,623	0,643	0,661	0,677	0,692	0,706	0,718	0,730	0,740	0,750
	0,7	0,7	0,720	0,737	0,752	0,766	0,778	0,789	0,799	0,808	0,816	0,824
	0,8	0,8	0,815	0,826	0,839	0,848	0,857	0,865	0,872	0,878	0,884	0,889
	0,9	0,9	0,908	0,915	0,921	0,926	0,931	0,935	0,939	0,942	0,945	0,947
	1,0	1,0	1,0	1,0	1,0	1,0	1,0	1,0	1,0	1,0	1,0	1,0

v. Verschuer hat bereits vor Jahren ein Verfahren angegeben, aus der Diskordanzziffer die Manifestationsschwankung zu errechnen.

Ist die Manifestationserkrankung S = 1/a, so ist die Zahl der Nichtmanifestierten 1/a und die Zahl der Manifestierten $\frac{a-1}{a}\left(=1-\frac{1}{a}\right)$. Diese beiden Werte stehen, wenn es sich um Zwillinge handelt, zueinander in der Beziehung $\left(\frac{a-1}{a} + \frac{1}{a}\right)^2$.

Dadurch erhält man die Häufigkeit der positiv-konkordanten $\left(\frac{a-1}{a}\right)^2$, der diskordanten $\left(\frac{2a-2}{a^2}\right)$, und der negativ-konkordanten Paare $\left(\frac{1}{a}\right)^2$.

1/a ist das Maß für die Manifestationsschwankung S; dann ist M = 1 — S = $1 - \frac{1}{a}$. Da $\left(1-\frac{1}{a}\right)^2$ die wahre Häufigkeit der positiv-konkordanten Paare (K) darstellt, ist $M^2 = K$ oder $M = \sqrt{K}$. Das ist die gleiche Beziehung wie in Formel (7).

Nun wäre es sehr einfach, aus $1-\frac{1}{a} = \sqrt{K}$ M zu errechnen, wenn K direkt empirisch feststellbar wäre. $K = \left(1-\frac{1}{a}\right)^2$ ist jedoch nicht die *gefundene* Häufigkeit der positiv-konkordanten Paare. Die gefundene Häufigkeit stellt vielmehr die *falsche* Konkordanzziffer der (K'), nämlich die, welche aus den positiv-konkordanten und den diskordanten Paaren errechnet wurde $\left(K' = \frac{k}{k+d}\right)$; $\left(1-\frac{1}{a}\right)^2$ dagegen ist aus der binomialen Verteilung errechnet unter Berücksichtigung der durch das Binom mit ihr verknüpften Häufigkeit der negativ-konkordanten Paare. $K = \left(1 - \dfrac{1}{a}\right)^2$ ist also die Ziffer der Erwartung, $K' = \dfrac{k}{k+d}$ die einer dieser Erwartung nicht entsprechenden Erfahrung.

Man hat somit die gefundene falsche Konkordanzziffer nach der wahren und damit nach der Manifestationswahrscheinlichkeit umzurechnen.

Wenn man davon ausgeht, daß $K' = \dfrac{k}{k+d}$ ist, so erhält man den Ansatz

$$K' = \frac{\left(1 - \dfrac{1}{a}\right)^2}{\left(1 - \dfrac{1}{a}\right)^2 + \dfrac{2a-2}{a^2}} = \frac{a-1}{a+1}. \tag{8}$$

Daraus ist a und damit $a - \dfrac{1}{a} = M$ zu errechnen. Es wird

$$a = \frac{1+K'}{1-K'} \quad \text{und} \quad 1 - \frac{1}{a} = 1 - \frac{1-K'}{1+K'}. \tag{8a}$$

Ist $K' = 1$, kommt Diskordanz (und damit negative Konkordanz) also nicht vor, dann wird $\dfrac{1}{a} = 0$ (vollkommene Manifestation). Ist $K' = D$, so wird $\dfrac{1}{a} = 1$ (völlige Manifestationshemmung).

Ich möchte meinen, daß das von mir eingangs dieses Kapitels dargelegte und *Paarlingsverfahren* genannte Vorgehen einfacher und durchsichtiger ist. Außerdem hat es den großen Vorteil, daß der Grad der Stichprobenauslese (r) und vor allem die Erkrankungswahrscheinlichkeit (w) leichter berücksichtigt werden können als bei Anwendung der v. Verschuerschen Umrechnungsmethode, die an sich, wie gezeigt, vollkommen richtig ist und das gleiche Ergebnis haben muß. Daß man bei nicht vollständiger Erfassung aller Zwillinge eines Zählbezirks, also im Regelfall, auch unter Anwendung der Umrechnungsmethode ohne r nicht auskommt, darauf hat Schulz schon früher hingewiesen.

Die Manifestationsschwankung S läßt sich nach meinen Formeln als $1-M$ berechnen; sie kann aber auch direkt bestimmt werden nach dem Ansatz

$$S = \frac{d+2x}{2(k+d+x)} = \frac{d}{2k+d} = \frac{1}{1 + \dfrac{2k}{d}}. \tag{9}$$

Die der wahren Konkordanzziffer K entsprechende wahre Diskordanzziffer D lautet

$$D = \frac{d}{k+d+\dfrac{d^2}{4k}} = \frac{4kd}{(2k+d)^2}. \tag{10}$$

Sie steht also zu S im Verhältnis

$$D = S \frac{4k}{2k+d} = S \cdot 2M = 2S(1-S) \tag{11}$$

und, da $1 - S = M = \sqrt{K}$ (6a), zur wahren Konkordanzziffer K im Verhältnis

$$D = 2\sqrt{K}\left(1 - \sqrt{K}\right). \tag{12}$$

Aus (11) ergibt sich, daß die wahre Diskordanzziffer immer größer sein muß als die Manifestationsschwankung, wie nach (6a) umgekehrt die wahre Konkordanzziffer stets kleiner ist als die Manifestationswahrscheinlichkeit.

Aber auch die im Vergleich zur wahren größere falsche Konkordanzziffer $\dfrac{k}{k+d}$, nämlich die, welche sich ohne Korrektur aus den erfaßbaren Zwillingspaaren errechnet, ist immer noch kleiner als die Manifestationswahrscheinlichkeit.

Das geht aus dem Vergleich der Formeln ohne weiteres hervor. Daß umgekehrt die falsche Diskordanzziffer $\dfrac{d}{k+d}$ ganz erheblich größer sein muß als die Manifestationsschwankung, hat v. VERSCHUER im Anschluß an sein Umrechnungsverfahren besonders einleuchtend gezeigt. „Die Bedeutung der Vererbung", schrieb er, „ist also wesentlich größer, als dies vielfach auf Grund von Zwillingsuntersuchungen angenommen wurde".

2. Partnerverfahren.

Den gleichen Wert für M erhält man, wenn man auf die Partner der unmittelbar erfaßten manifestierten Ausgangsfälle ein Verfahren anwendet, das der aus der Familienforschung bekannten *Probandenmethode* entspricht. Ich nenne es das *Partnerverfahren*. Man geht so vor, daß man die konkordanten Partner aller unmittelbar erfaßten Ausgangsfälle zu der Gesamtzahl der erfaßten Partner ins Verhältnis setzt. Werden in dem Zählbezirk alle manifestierten Paarlinge unmittelbar erfaßt, so verdoppelt sich die Zahl der konkordanten Partner, da jeder Ausgangsfall auch als Partner auftritt, während die Zahl der diskordanten Partner unverändert bleibt. Man erhält dann, wenn man die konkordanten Partner mit p_k, die diskordanten mit p_d bezeichnet:

$$M = \frac{2\,p_k}{2\,p_k + p_d} = \frac{1}{1 + \dfrac{p_d}{2\,p_k}}. \tag{13}$$

Das ist nichts anderes als Formel (2), auf die Partner angewandt. Das Verfahren liefert somit den richtigen Wert für M, obwohl die negativ-konkordanten Paare überhaupt nicht berücksichtigt werden; es ist geeignet, ihr Fehlen auszugleichen.

Nun wird aber, wie schon erwähnt, in der Regel nicht die Gesamtheit der in bezug auf das Merkmal konkordanten[1] und diskordanten Zwillingspaare eines Zählbezirks erfaßt werden, sondern nur eine repräsentative Stichprobenauslese. Die erfaßten und nicht erfaßten Fälle des Zählbezirks stehen im gleichen Verhältnis zueinander wie die unmittelbar erfaßten konkordanten Partner zu den mittelbar erfaßten. Dividiert man also die Zahl dieser unmittelbar erfaßten Partner durch die Gesamtzahl der konkordanten Partner, so erhält man das Maß für die Dichte der Stichprobe (r). Ist r z. B. = $^3/_4$, so zeigt das nicht nur an, daß wir $^3/_4$ (= r) der konkordanten Partner p_k unmittelbar und $^1/_4$ (= 1 — r) mittelbar, sondern auch, daß wir nur $^3/_4$ der gesamten konkordanten Paare überhaupt erfaßt haben.

Die erfaßten diskordanten Partner (p_d) stehen also nicht zu $2\,p_k$ im Verhältnis, sondern zu $^7/_4\,p_k$ [= (r + 1) p_k] und M entspricht nicht $\dfrac{1}{1 + \dfrac{p_d}{2\,p_k}}$, sondern

$\dfrac{1}{1 + \dfrac{p_d}{p_k\,(r+1)}} \cdot p_k\,(r+1)$ bedeutet aber nichts anderes, als daß man nur den Teil der p_k, der r bestimmt, somit die unmittelbar erfaßten p_k doppelt, die anderen einfach rechnet; denn $2\,r\,p_k + (1 — r)\,p_k = p_k\,(r+1)$.

Es gelingt also mit Hilfe des Partnerverfahrens, auch die *Stichprobenauslese* auf einfache Weise zu berücksichtigen, indem man die unmittelbar erfaßten konkordanten Paare (p_{ku}) doppelt, die mittelbar erfaßten (p_{km}) einfach rechnet. Die Formel lautet:

$$M = \frac{2\,p_{ku} + p_{km}}{2\,p_{ku} + p_{km} + p_d} = \frac{1}{1 + \dfrac{p_d}{2\,p_{ku} + p_{km}}}. \tag{14}$$

---

[1] Konkordant bedeutet, wenn nicht anders bemerkt, immer positiv-konkordant.

Beispiel: Im Klumpfußmaterial Idelbergers wurden 5 Partner unmittelbar, 3 mittelbar erfaßt. 27 Partner waren diskordant. M ist dann $\dfrac{2 \cdot 5 + 3}{2 \cdot 5 + 3 + 27} = 0,325$ (32,5%). Man erhält den gleichen Wert wie mit Formel (3).

Für ein Material, in dem w zu berücksichtigen ist, müssen die Formeln (13) und (14) die in (4) oder (5) vorgenommene Korrektur erfahren.

Beim *Partnerverfahren* handelt es sich nicht um eine besondere Methode, sondern lediglich um eine sinnvolle Anwendung des hier dargelegten *Paarlingsverfahrens* auf die bei den Partnern gegebenen besonderen Ausleseverhältnisse. Das zeigt am deutlichsten die Übereinstimmung der Formeln. Es ist im Grunde genommen nur die Art, wie man die Serien betrachtet, verschieden.

Das Partnerverfahren einfach die „Probandenmethode" zu nennen, halte ich für bedenklich. Wohl deckt es sich rechnerisch mit dieser. Es bestehen jedoch wesentliche Unterschiede im Sinne der beiden Methoden. Wenn die Probandenmethode die nicht erfaßbaren „leeren" Geschwisterschaften mit berücksichtigt, so ist das — bei aller rechnerischen Übereinstimmung — etwas anderes, als wenn im Partnerverfahren der durch das Fehlen der negativ-konkordanten Paare entstehende Fehler ausgeglichen wird. Diese treten im Material nicht auf, weil die Manifestationshemmung beide Paarlinge betrifft; das Fehlen der leeren Geschwisterschaften hat mit Manifestationshemmung in der Regel nichts zu tun.

Erbgleiche Zwillinge sind identische Individuen, Geschwister in der Regel erbverschiedene Personen. Hier wird eine Erkrankungswahrscheinlichkeit berechnet, dort eine Manifestationswahrscheinlichkeit. Es geht daher nicht an, erbgleiche Zwillingspaare ohne weiteres mit zweiköpfigen Geschwisterschaften gleichzusetzen. Diese einfache Beziehung gilt nur für erbverschiedene Zwillinge, die sich biologisch ganz wie Geschwister verhalten. An einem Kollektiv solcher Zwillinge wird keine Manifestationswahrscheinlichkeit, sondern eine Erkrankungswahrscheinlichkeit errechnet, und zwar unter Heranziehung der Probandenmethode. Die Probandenmethode und das an Serien erbgleicher Zwillinge durchgeführte Partnerverfahren decken sich lediglich technisch, nicht aber dem Sinne nach, während Paarlingsverfahren und Partnerverfahren technisch und — dies gilt auch für das Umrechnungsverfahren nach v. Verschuer — sinngemäß übereinstimmen.

3. Sonstige Methoden.

Das von mir 1928 angegebene und später mehrfach abgeänderte Verfahren, die Manifestationswahrscheinlichkeit für solche Erbleiden zu errechnen, für die eine Gefährdungsperiode besteht, sehe ich heute als überholt an. Es liegt keine Notwendigkeit mehr vor, es anzuwenden, da bessere Verfahren zur Verfügung stehen.

Mit Hilfe meiner Methode stellte ich zunächst fest, wie hoch die Konkordanzziffer der Partner erbgleicher Zwillinge ist, die, volle Manifestationssicherheit vorausgesetzt, nach dem Altersaufbau erwartet werden muß. Dabei bediente ich mich der Differenzmethode Weinbergs und setzte die Erkrankungswahrscheinlichkeit sowie die Überlebenswahrscheinlichkeit eines durch den Altersaufbau des Materials bestimmten Durchschnittsalters in Rechnung. Diese Konkordanzziffer der Erwartung setzte ich zu der tatsächlich gefundenen Konkordanzziffer in Beziehung, indem ich die Erfahrungsziffer in Prozenten der Erwartung ausdrückte. Damit war K errechnet. Da es sich um eine *falsche* Konkordanzziffer handelte, mußte ich das Umrechnungsverfahren nach v. Verschuer heranziehen. Ich erhielt dann eine bereinigte Manifestationswahrscheinlichkeit

$$M = \frac{\sqrt{2\,K-1} + K}{\sqrt{2\,K-1} + 1};\qquad (15)$$

sie ist als Höchstziffer zu deuten.

Den richtigen Wert nahm ich als zwischen K und M liegend an.

Dieser Methode wurde entgegengehalten, daß sie zu umständlich sei, mit Ungenauigkeiten arbeite, die nur bei sehr großem Material brauchbare Differenzmethode auf notwendig kleine Kollektive anwende und schließlich mit einer Erwartungsziffer arbeite, die ihrerseits sich auf Erfahrungen stütze. Letzteren Einwand kann ich nicht als durchaus stichhaltig ansehen. Wir beziehen in der Erbstatistik häufig neue Erfahrungen auf andersartige; dies ist so lange einwandfrei, als die Erfahrung, die als Erwartung angesehen wird, nichts von dem Ergebnis vorwegnimmt. Das geschieht aber bei meiner alten Methode offensichtlich nicht, da nur Erkrankungswahrscheinlichkeit und Überlebensaussicht erfahrungsgemäße Werte sind, die aus einem ganz anderen Material errechnet wurden, während der Differenzmethode grundsätzlich eine Allgemeingültigkeit zugesprochen werden darf. Eine rein mathematische Erwartung wollte ich gar nicht geben; das ging deutlich aus der Begründung der Methode hervor. Dagegen besteht der Einwand der Umständlichkeit und der Belastung mit ungenauen Werten ebenso zu recht, wie das Bedenken gegen die Anwendbarkeit der Differenzmethode auf kleines Material. Außerdem läßt sich — dieser gewichtigste Einwand wurde allerdings nicht erhoben — das Maß der Stichprobenauslese nur schwer in Rechnung setzen. Ich möchte daher dieses Verfahren nicht mehr empfehlen.

Daß es nicht grundsätzlich falsch ist und auch praktisch selbst bei einer so „empfindlichen" Erbkrankheit wie der Schizophrenie sich als brauchbar erwies, geht aus dem Vergleich der auf diese Weise errechneten Manifestationswahrscheinlichkeit mit der korrekten Ziffer hervor. Nach meiner alten Methode ist K = 0,692, M = 0,810 und die wahrscheinlich richtige Manifestationswahrscheinlichkeit 0,751, nach der Paarlingsmethode [Formel (4)] M = 0,745. Der Unterschied ist auffallend gering und selbst dann noch wenig bedeutsam, wenn man 0,745 mit dem Höchstwert 0,810 vergleicht.

Unter besonderen Voraussetzungen läßt sich die Manifestationswahrscheinlichkeit auch mit Hilfe des Korrelationsverfahrens nach LENZ errechnen. Vorbedingung ist, daß die Äußerung einer Erbanlage unabhängig ist von ihrer Äußerung bei dem anderen Paarling, daß Zwillinge ebensooft von verschieden gerichteten wie von gleichgerichteten Einflüssen getroffen werden, und daß die auf solche Weise entstehenden Unterschiede bei Erbverschiedenen im Durchschnitt ebenso groß sind wie bei Erbgleichen. Außerdem muß man die Häufigkeit der Erbanlage sowie die Art des Erbgangs kennen. Die Anwendbarkeit der Methode ist daher sehr begrenzt. LENZ betont selbst, daß die Korrelationsrechnung bei Zwillingen nur ungefähre Anhaltspunkte für die Entwicklungsstabilität einer Anlage geben kann. Das Verfahren läuft darauf hinaus, daß aus der Korrelation bei Erbgleichen und Erbverschiedenen errechnet wird, wie oft das Merkmal unter 100 Anlageträgern auftritt:

Beispiel: Ein dominant gehendes Merkmal, dessen Anlage eine Häufigkeit von 0,5 besitzt, manifestiert sich, wenn die Korrelation bei Erbgleichen 0,37, bei Erbverschiedenen 0,15 beträgt, zu 70%. M ist also = 0,7.

Daß mit Hilfe der Zwillingsmethode lediglich die auf Einflüsse der Außenwelt zurückzuführende Manifestationsschwankung errechnet werden kann, wurde schon erwähnt. Der Anteil der *inneren Umwelt* läßt sich nur feststellen, wenn die Familienforschung mit herangezogen wird. Am einfachsten gelingt dies bei recessiven Merkmalen. Hier ist zu erwarten, daß, wenn innere wie äußere Umwelt keine hemmende Rolle spielen, alle Kinder von Eltern, die beide mit dem Merkmal behaftet sind, das Merkmal zeigen, da die Kinder nicht nur wie die Paarlinge erbgleicher Zwillingspaare verschiedenen Einflüssen aus der äußeren Umwelt ausgesetzt sind, sondern auch in bezug auf die innere Umwelt nicht übereinstimmen. Die Differenz zwischen der an den Kindern solcher

Elternpaare errechneten Manifestationsschwankung und der mit Hilfe der Zwillingsmethode festgestellten, bedeutet also ein *ungefähres* Maß für den hemmenden Einfluß der inneren Umwelt. Man wird sie in Prozenten der Gesamtumweltwirkung ausdrücken. Sind beide Werte gleich, so darf man vermuten, daß die innere Umwelt keine manifestationshemmende Rolle spielt, ist die auf dem Wege der Zwillingsforschung festgestellte Schwankung größer, so wird man mit Vorsicht das Überwiegen fördernder Einflüsse aus der inneren Umwelt annehmen dürfen. Daß diese Berechnung keineswegs korrekt ist, geht aus den Darlegungen des nächsten Abschnitts hervor; kombinieren sich doch Erb- und Umwelteinflüsse binomisch (LENZ).

Die Trennung der Wirkung beider Kräftegruppen der inneren Umwelt (Gengesellschaft, Cytoplasma) ist beim Menschen in allererster Linie eine Angelegenheit der Familienforschung. Sie muß also hier außer Betracht bleiben. Außerdem sind diese Probleme noch zu wenig geklärt, als daß sie schon Gegenstand einer methodologischen Darstellung sein könnten.

V. Einige weitere Methoden der Variabilitätsanalyse.
(Anteil von Anlage und Umwelt, methodischer Fehler, fluktuierend variable Merkmale, Anlage und Entwicklungsablauf, genetische Variabilitätsanalyse, asymmetrische Merkmale.)

Im Mittelpunkt steht die Frage nach dem Kräfteverhältnis der Wirkung von Anlage und Umwelt. Die Bestimmung des Anteils von Anlage und Umwelt an der Entstehung eines erblichen Merkmals erfolgt mit Hilfe der Zwillingsmethode durch das Studium der Konkordanz und Diskordanz eineiiger und zweieiiger Zwillinge in bezug auf das Merkmal. Eines der wichtigsten Probleme, das für die Zwillings*pathologie* geradezu zentrale Bedeutung besitzt, nämlich das Problem der Manifestationsschwankungen, habe ich seiner methodischen Sonderstellung wegen bereits im vorhergehenden Abschnitt behandelt. Es wird daher hier nicht mehr von ihm die Rede sein.

Ganz allgemein ist festzustellen, daß man zur Bestimmung der Wirkung von Anlage und Umwelt die Zwillingspaare in drei Gruppen einteilt (v. VERSCHUER), nämlich in solche, bei denen Anlage und Umwelt gleich, Anlage gleich und Umwelt verschieden und Anlage verschieden und Umwelt gleich ist. Diese Trennung wird sich nicht immer vollständig durchführen lassen; sie ist jedoch anzustreben. Durch Vergleich der ersten Gruppe mit der zweiten erhält man ein Urteil über den Grad des Umwelteinflusses, durch Vergleich zwischen der ersten und dritten ein Urteil über den Grad des Einflusses der Anlage.

Nun darf man jedoch — darauf hat als erster LENZ hingewiesen — nicht etwa meinen, daß man bei der Annahme eines durchschnittlich gleich großen umweltbedingten Unterschieds zwischen Erbgleichen und Erbverschiedenen einfach den durchschnittlichen Unterschied der Erbgleichen von dem der Erbverschiedenen abziehen könne, um den erbbedingten Teil des Unterschiedes der letzteren zu erhalten.

Ein solches Vorgehen wäre nur zu rechtfertigen, wenn Erbunterschiede und Umweltunterschiede sich summieren und nicht binomisch kombinieren würden. Nun ist jedoch das letztere der Fall, und zwar kombinieren sich sowohl die Umwelt- und Erbunterschiede untereinander als auch miteinander.

Wenn also die Erbanlage einen durchschnittlichen Unterschied u zur Folge hat und ebenso die Umwelt, so ist der gesamte Unterschied, der durch diese beiden Kräftegruppen bedingt wird, nicht etwa $u + u = 2n$, sondern, wie LENZ gezeigt hat, $\sqrt{2}u$, da die durch die mittlere quadratische Abweichung $\sigma = \pm \sqrt{\dfrac{\Sigma p \alpha^2}{n}}$ gemessene Variabilität mit der Wurzel aus der Zahl der beteiligten Unterschiede wächst.

Beträgt der durchschnittliche Unterschied bei Erbgleichen nun u_1, bei Erbverschiedenen u_2, so ist nach LENZ der Anlage zum mindesten das $\left(\dfrac{u_2}{u_1}\right)^2 - 1$-fache des Einflusses der Umwelt zuzuschreiben[1]. Die Rolle des Erbgutes ist also auch nach dieser Überlegung wieder bedeutend größer, als es zunächst einmal den Anschein hat. Wir erinnern uns dabei an unsere Berechnung der Beziehungen zwischen Konkordanzziffer und Manifestationswahrscheinlichkeit und derjenigen v. VERSCHUERs über die Beziehungen zwischen der gefundenen Diskordanzziffer und der Manifestationsschwankung. Auch aus jenen Berechnungen war ein Schluß auf die vergleichsweise größere Bedeutung der Vererbung gegenüber der Umwelt zu ziehen.

Wenn nun in Wirklichkeit bei meßbaren Merkmalen morphologischer, vor allem aber physiologischer und psychologischer Art die Wirkung der Anlage kleiner erscheint, so ist dies aus dem Umstand zu erklären, daß der Unterschied zwischen den Erbgleichen durch Meßfehler vergrößert wird. Auch darauf hat LENZ hingewiesen. Streng genommen sind es zwei Fehler, die sich hier geltend machen, der eigentliche methodische Fehler, der durch Ungenauigkeiten der Instrumente bedingt ist, und der individuelle Fehler, der aus der Eigenart der untersuchten Person entspringt (v. VERSCHUER). Eine Trennung dieser beiden Fehler ist weder möglich noch nötig. Man kann sie als methodischen Fehler im weiteren Sinne zusammenfassen.

Nun kann dieser Fehler bei beiden Paarlingen im gleichen oder im entgegengesetzten Sinne sich auswirken. Gleichsinnige und daher nicht bemerkbare Fehler sind bei Zwillingen häufiger zu erwarten als gegensinnige. Diese wiederum heben sich bei den Erbverschiedenen zum großen Teil wieder auf. So kann sich denn der methodische Fehler bei den Erbverschiedenen nicht so stark auswirken als bei den Erbgleichen. Diese müssen daher vergleichsweise verschiedener erscheinen als die Erbverschiedenen, und zwar umso mehr, je größer der methodische Fehler ist. Ist der methodische Fehler sehr klein, so entsprechen die Ergebnisse ungefähr den wirklichen Verhältnissen. Im allgemeinen wird aber auch ein absolut kleiner methodischer Fehler im genannten Sinne sich auswirken, da es sich bei den Erbgleichen ja meist um sehr kleine Unterschiede handelt, also auch ein absolut kleiner methodischer Fehler sich als relativ großer geltend machen kann.

Das Verfahren DAHLBERGs, das sich auf das Gesetz der Fehlerfortpflanzung gründet, und den methodischen Fehler dadurch auszuschalten versucht, daß der Unterschied der Zwillinge quadriert, davon das durchschnittliche Fehlerquadrat abgezogen und die Differenz radiziert wird, kann wie v. VERSCHUER gezeigt hat, nur in beschränktem Ausmaß angewandt werden.

Da man bei jeder Art von Merkmalsvariabilität die Ähnlichkeit in einer Zwillingsgruppe durch die Berechnung der Korrelation ausdrücken kann (v. VERSCHUER), ist von Bedeutung, daß STOCKs eine Formel angegeben hat, die es ermöglicht, den Einfluß des methodischen Fehlers auf den Korrelationskoeffizienten auszuschalten. σ_0 ist die Standardabweichung der nach Alter und Geschlecht korrigierten Einzelmessungen aller Paarlinge der betreffenden Gruppe, σ_ε die Standardabweichung der korrigierten wiederholten Messungen an ein und derselben Person, r der Korrelationskoeffizient der Zwillingspaare. Dann gilt für den wahren Korrelationskoeffizienten

$$r' = \frac{r}{1 - \dfrac{\sigma_\varepsilon^2}{\sigma_0^2}}. \tag{16}$$

---

[1] LENZ hat die Ableitung dieses Ausdrucks nicht mitgeteilt. Er läßt sich formulieren, wenn man ihn $= \left(\dfrac{u_e}{u_1}\right)^2$ setzt ($u_e =$ erbbedingter, $u_1 =$ umweltbedingter Unterschied).

$\dfrac{u_e}{u_1}$ wird dann $= \sqrt{\left(\dfrac{u_2}{u_1}\right)^2 - 1}$.

Der STOCKSsche Korrelationskoeffizient wird bei allen Korrelationsuntersuchungen an Zwillingen gute Dienste leisten. In erster Linie gilt dies für das Studium physiologischer und psychologischer Merkmale, während sich die Korrektur bei morphologischen Merkmalen weit weniger stark geltend macht. So beträgt z. B. für die Körpergröße r'/r nur 1,0024, während sich für den Blutdruck ein Wert von 1,2473 und für den Puls gar ein solcher von 1,8768 errechnet.

Wenn LENZ an die Auswirkung des methodischen Fehlers anknüpfend die Feststellung trifft, daß die Bestimmung genauer Zahlen für den Anteil von Erbmasse und Umwelt damit illusorisch wird, so möchte ich das Gewicht auf das Wort „genau" legen. Dann braucht man nicht so weit zu gehen, daß man alle bisherigen Methoden zur Bestimmung des Anteils von Erbanlage und Umwelt als hinfällig erklärt.

Besonders hervorzuheben ist die *Berechnung des Ähnlichkeitsgrades von Zwillingen in bezug auf fluktuierend variable Merkmale* nach v. VERSCHUER. Diese Methode hat eine große Bedeutung vor allem für die Konstitutionslehre und die Anthropologie erlangt, aber auch wiederum für die Zwillingsforschung selbst, da in erster Linie sie es war, die das Heranziehen anthropologischer Maße bei der Eiigkeitsbestimmung ermöglichte.

v. VERSCHUER verwendet dabei nicht die absolute Abweichung der beiden Paarlinge in bezug auf ein Merkmal (Körpermaße, Körpergewicht usw.), sondern die prozentuale Abweichung (ε). Aus diesen prozentualen Abweichungen errechnet er die mittlere prozentuale Abweichung (ε_m) für die ganze Zwillingsgruppe. Verglichen werden die für die Erbgleichen und Erbverschiedenen gefundenen Werte unter getrennter Berechnung für die Geschlechter.

Bezeichnet man die für die Paarlinge eines Zwillingspaares festgestellten Werte mit p_1 und p_2, so lautet die mittlere prozentuale Abweichung für n Zwillingspaare

$$\varepsilon_m = \frac{\sum\limits_{1}^{n} \frac{100\,(p_1 - p_2)}{p_1 + p_2}}{n} \quad \left(\pm\,(3)\,\frac{\varepsilon_m}{\sqrt{2\,n}} \right). \tag{17} *$$

ε_m ist für Erbgleiche und Erbverschiedene getrennt zu errechnen. Die Fehlersicherung erfolgt durch Vergleich der Differenz aus beiden Werten für ε_m mit dem mittleren Fehler der Differenz.

Beispiel: Kopflänge bei 3 EZ und 3 ZZ.

1. EZ-Paar: 18,2 und 17,8
2. EZ-Paar: 18,2 und 18,1
3. EZ-Paar: 17,8 und 17,6

1. ZZ-Paar: 15,2 und 15,7
2. ZZ-Paar: 18,4 und 17,9
3. ZZ-Paar: 17,8 und 17,6.

Für die EZ wird $\varepsilon_m = 0,65 \pm 0,27$, für die ZZ = $1,19 \pm 0,49$. Die Differenz ist 0,54, ihr mittlerer Fehler 0,56.

Man sieht also, was bei dem kleinen Material nicht anders zu erwarten war, daß die Differenz noch innerhalb des einfachen mittleren Fehlers liegt, von einem realen Unterschied also nicht gesprochen werden kann.

Bei den Körperproportionen, ausgedrückt durch Maßindices, kann nach v. VERSCHUER die Variabilität durch die halbe Abweichung zwischen beiden Indices (mittlere Indexabweichung) bestimmt werden.

v. VERSCHUER hat die Zwillingsmethode sehr treffend eine „Methode der erbbiologischen Entwicklungsphysiologie" genannt, da sie den Weg zeigt, der von den Genen zu den fertigen Merkmalen führt. Sie ist daher nicht nur eine genetische, sondern auch eine entwicklungsgeschichtliche Methode und dient als

---

$* \quad \varepsilon = \dfrac{100\,(p_1 - p_2)}{p_1 + p_2}.$

solche der systematischen Analyse der individuellen, rassischen und sozialen Unterschiede, wie sie sich im Laufe des Lebens ausbilden. Man wird daher, um ein Urteil über die peristatische Variabilität im Verlaufe des Lebens zu erhalten, die mittlere prozentuale Abweichung erbgleicher und erbverschiedener Zwillinge durch die verschiedenen Altersklassen zu verfolgen haben. Auf diese Weise läßt sich die Änderung der durchschnittlichen Ähnlichkeit für das ganze Leben feststellen. v. VERSCHUER hat eine höchst anschauliche graphische Darstellung gewählt, die es erlaubt, in einem Koordinatensystem die Abweichung der Entwicklungslinie, dargestellt durch die Kurve der mittleren prozentualen Abweichung von der Senkrechten (Null-Ordinate) unmittelbar zu beobachten. Auf der Ordinate werden die Altersjahre, auf der Abszisse die Werte für $\frac{\Sigma \varepsilon}{n}$ eingetragen.

Auch für die ursächliche Zergliederung der Variationserscheinungen *(genetische Variabilitätsanalyse)*, die in erster Linie eine Aufgabe der Familienforschung ist, kann die Zwillingsforschung in Form des Studiums der Unterschiede bei Erbgleichen herangezogen werden, da diese Unterschiede als rein umweltbedingt anzusehen sind.

Einige besondere Bemerkungen sind für das Studium *asymmetrischer Merkmale* notwendig. Im allgemeinen gilt methodisch das gleiche wie für symmetrische Merkmale. Da jedoch vor allem nach SIEMENS, v. VERSCHUER, WEITZ eine deutliche und für die Zwillingsmethode wesentliche Beziehung zwischen Asymmetrie und Paravariabilität und damit zwischen Asymmetrie und Nichterblichkeit besteht, ist es wichtig, die theoretischen Erwartungsziffern zu kennen.

Handelt es sich um *anormale* Asymmetrien, d. h. um Zustände, die eine Durchbrechung der normalen Symmetrie des menschlichen Körpers zur Folge haben — ich nenne von Mißbildungen die seitliche Verkrümmung der Wirbelsäule, den Klumpfuß, die Hasenscharte — so gelten die Erwartungsziffern, die v. VERSCHUER in nachfolgender Tabelle niedergelegt hat [1]:

Tabelle 5 (v. VERSCHUER).

Grad der phänotypischen Manifestationsschwankung		Von 100 mit dem Merkmal behafteten Individuen sind asymmetrisch	Von 100 EZ-Paaren, bei welchen mindestens ein Paarling das Merkmal asymmetrisch (nur auf einer Körperseite) aufweist, ist zu erwarten bei ... Paaren			
			Konkordanz der Asymmetrie (gleichartig und spiegelbildlich) zusammen	Diskordanz, d. h. Asymmetrie nur bei einem Paarling		
				Der andere Paarling hat das Merkmal doppelseitig	Bei dem anderen Paarling fehlt das Merkmal	Beide Diskordanzfälle zusammen (Summe der beiden letzten Spalten)
1/a	in %		$\begin{array}{cc} ++ & +- \\ -- & -+ \end{array}$ und	$\begin{array}{c} ++ \\ -+ \end{array}$	$\begin{array}{c} +- \\ -- \end{array}$	$\begin{array}{cc} ++ & +- \\ -+ & -- \end{array}$ und
1/2	50	66,7	33,3	33,3	33,3	66,7
1/3	33,3	50	28,6	57,1	14,3	71,4
1/4	25	40	23,1	69,2	7,7	76,9
1/5	20	33,3	19	76,2	4,8	81,0
1/6	16,7	28,6	16,2	80,6	3,2	83,8
1/7	14,3	25	14	83,7	2,3	86,0
1/8	12,5	22,2	12,2	85,96	1,8	87,8
1/9	11,1	20	10,9	87,7	1,4	89,1
1/10	10	18,2	9,9	89,0	1,1	90,1
1/20	5	9,5	4,9	94,8	0,3	95,1

[1] Behaftetsein einer Körperseite ist mit +, Nichtbehaftetsein mit — bezeichnet; die Zeichen für die beiden Körperseiten stehen übereinander, die für die beiden Zwillinge nebeneinander.

Erfaßt man Merkmalsträger und Nichtmerkmalsträger vollständig, d. h. im richtigen Verhältnis, so ist die prozentuale Verteilung bei den Erbgleichen (v. VERSCHUER):

Tabelle 6 (v. VERSCHUER).

1/a	++ ++	++ +−	−+ −−	++ −−	+− −+	−+ −+	−− −−
1/2	6,3	25,2	25,2	12,6	12,6	12,6	6,3
1/3	19,8	39,5	9,9	9,9	9,9	9,9	1,2
1/4	31,6	42,2	4,7	7,0	7,0	7,0	0,4
1/5	41,0	41,0	2,6	5,1	5,1	5,1	0,2
1/6	48,2	38,5	1,5	3,9	3,9	3,9	0,1
1/7	54,0	36,0	1,0	3,0	3,0	3,0	0,0
1/8	58,6	33,5	0,6	2,4	2,4	2,4	0,0
1/9	62,4	31,2	0,5	2,0	2,0	2,0	0,0
1/10	66,6	29,2	0,4	1,6	1,6	1,6	0,0
1/20	81,5	17,0	0,1	0,5	0,5	0,5	0,0

„Bei der Aufstellung der Tabellen galt als Voraussetzung, daß die Manifestationswahrscheinlichkeit eines bilateral-symmetrischen Merkmals für beide Körperhälften die gleiche sei. Unter Manifestationsschwankung wird hier das Fehlen der phänotypischen Äußerung trotz vorhandener Erbanlage verstanden.

Die empirische Erfahrung muß mit der theoretischen Erwartung verglichen werden. Findet man Übereinstimmung, so wird man annehmen, daß die Asymmetrien lediglich eine Erscheinungsform der peristatischen Variabilität sind. Erst wenn keine Übereinstimmung zwischen den am wahrscheinlichsten zu erwartenden Verhältnissen und der Beobachtung besteht, werden andere Hypothesen zur Erklärung des Tatsächlichen heranzuziehen sein."

Liegen *normale* Asymmetrien vor, d. h. solche, durch deren Auftreten die normalen Verhältnisse des Körpers nicht durchbrochen werden, so ist die Berechnung der Erwartung für zufälliges Zusammentreffen bei Paarlingen einfach, da nur zwei alternative Zustände vorliegen und diese sich binomisch kombinieren. Dabei ist (v. VERSCHUER) zu beachten, daß als Häufigkeit der jeweiligen Asymmetrien nicht die allgemeine Häufigkeit in der Bevölkerung herangezogen werden muß, sondern die Häufigkeit in der betreffenden Zwillingsgruppe, da die Varabilität des Merkmals bei Zwillingen erhöht sein und dadurch eine Verschiebung in der Besetzung der drei Kombinationsklassen eintreten kann.

Die Beziehungen zwischen Asymmetrien bei derselben Person (erbgleichen und erbverschiedenen *Paarlingen*) lassen sich durch den BRAVAISschen Korrelationskoeffizienzen ausdrücken.

Beispiel: Beziehungen zwischen je zwei Asymmetrien (v. VERSCHUER).

Tabelle 7 (v. VERSCHUER).

Korrelation zwischen	EZ	ZZ
Händigkeit und Händefalten	+ 0,16 ± 0,12	+ 0,05 ± 0,15
Händigkeit und Armekreuzen	− 0,18 ± 0,12	− 0,27 ± 0,15
Händigkeit und Wirbeldrehung	− 0,18 ± 0,12	+ 0,17 ± 0,14
Händefalten und Wirbeldrehung . . .	+ 0,16 ± 0,16	+ 0,04 ± 0,18
Händigkeit und Wirbellage	− 0,13 ± 0,15	− 0,07 ± 0,15

Das gleiche gilt für die Beziehung zwischen Konkordanz (bzw. Diskordanz) von Asymmetrien bei Zwillings*paaren*.

Beispiel: Beziehung zwischen Konkordanz (Diskordanz, von je zwei Asymmetrien (v. VERSCHUER).

Tabelle 8 (v. Verschuer).

Korrelation zwischen	EZ	ZZ
Händigkeit und Händefalten	$+ 0,08 \pm 0,12$	$+ 0,15 \pm 0,15$
Händigkeit und Armekreuzen	$- 0,09 \pm 0,13$	$+ 0,03 \pm 0,12$
Händigkeit und Wirbeldrehung	$- 0,03 \pm 0,12$	$+ 0,07 \pm 0,14$
Händigkeit und Wirbellage	$- 0,01 \pm 0,13$	$- 0,05 \pm 0,13$
Händefalten und Wirbeldrehung	$- 0,08 \pm 0,16$	$+ 0,11 \pm 0,18$

Mit diesen Berechnungen hat v. Verschuer gezeigt, daß die betreffenden Asymmetrien bei Erbgleichen und Erbverschiedenen selbständig und voneinander unabhängig variieren. Daraus zieht er mit Recht den Schluß, daß die Spaltung der Embryonalanlagen wahrscheinlich nicht die Ursache des häufigen Vorkommens der Asymmetrien bei erbgleichen Zwillingen darstellt. Für die Deutung der Befunde bei Erblichkeitsstudien an Zwillingen und daher auch für die Methodik sind diese Feststellungen von großer Wichtigkeit.

VI. Häufigkeit der Zwillinge und Letalfaktoren (Polymeriefrage).

Die Berechnung der Häufigkeit von Zwillingen in der Bevölkerung oder in Kollektiven bietet im allgemeinen methodisch keine Schwierigkeit. Zu beachten ist lediglich, daß ein Unterschied gemacht werden muß zwischen der Häufigkeit der Zwillingsgeburten und der Häufigkeit von Paarlingen. Im ersteren Fall fragt man, auf wieviele Gesamtgeburten eine Zwillingsgeburt trifft, im letzteren, auf wieviele Individuen ein Paarling. Die Häufigkeit der Paarlinge ist doppelt so groß wie die Häufigkeit der Zwillingsgeburten.

Auf die gleiche Weise wird die Häufigkeit der EZ (Eineiige, Erbgleiche), ZZ (Zweieiig-Gleichgeschlechtliche) und PZ (Zweieiig-Verschiedengeschlechtliche) festgestellt. Kennt man die Zahl der EZ nicht, so kann sie nach Weinberg aus der Zahl der Zwillingspaare überhaupt und der verschiedengeschlechtlichen Paare errechnet werden (Differenzmethode). Es gilt, wenn man die Gesamtzahl der Zwillinge mit Z bezeichnet: EZ = Z — (ZZ + PZ). Ist nun ZZ = n PZ, so wird EZ = Z — PZ (n + 1).

Weinberg fand, daß die ZZ und PZ unter den Zweieiigen gleich häufig sind; somit ist n = 1 und

$$ZZ = Z - 2 PZ. \tag{18}$$

Außerdem gilt, wenn man die Zahl der Gleichgeschlechtlichen (EZ + ZZ) mit G bezeichnet

$$EZ = G - PZ. \tag{19}$$

Man kann somit die erwartungsgemäße Zahl der EZ feststellen, indem man die doppelte Zahl der PZ von der Gesamtzahl der Zwillinge oder die Zahl der PZ von der Zahl der Gleichgeschlechtlichen abzieht. Die mit Hilfe der Ähnlichkeitsmethode gefundene Zahl der EZ muß sich dann mit der zu erwartenden decken, wenn die Ähnlichkeitsbestimmung richtig durchgeführt wurde.

Die Differenzmethode ist jedoch mit mehreren Fehlern behaftet, die ihre Brauchbarkeit für die Praxis stark beeinträchtigen.

Zunächst wurden die zweieiigen Zwillinge, von denen Weinberg bei Bestimmung von n ausging nach den Eihäuten bestimmt, zweieiig also gleich zweihäutig gesetzt. Wir wissen jedoch heute, daß zweihäutige Zwillinge auch eineiig sein können. Somit werden sich unter den zweieiigen Zwillingen Weinbergs, und zwar unter den ZZ auch (nicht als solche erkannte) eineiige befunden haben. In diesem Falle wäre die Zahl ddr PZ nicht gleich sondern etwas größer als die Zahl der ZZ, n somit nicht = 1 sondern <1 und EZ nicht = Z — 2 PZ, sondern Z — x PZ, wobei x sich nicht bestimmen läßt, aber <2 sein muß. Solange man den Anteil der Eineiigen unter den zweihäutigen nicht genau kennt, läßt sich dieser Fehler nicht ausgleichen.

In der gleichen Richtung wirkt der geringe Fehler, der dadurch entsteht, daß die Differenzmethode stillschweigend ein Geschlechtsverhältnis von ♂ : ♀ = 1:1 voraussetzt, während es für die Geborenen in Wirklichkeit m : w = 1,06 : 1,00 lautet.

Zweieiig-gleichgeschlechtliche Paare treten, da binomiale Verteilung herrscht, mit der Häufigkeit ZZ = mm + ww auf, verschiedengeschlechtliche mit der Häufigkeit PZ = 2 mw und das Verhältnis zwischen Zweieiigen insgesamt und Verschiedengeschlechtlichen lautet:

$$\frac{ZZ + PZ}{PZ} = \frac{(m + w)^2}{2\,mw} = \frac{4{,}2436}{2{,}12}, \qquad \text{woraus } ZZ + PZ = 2{,}0017\,PZ.$$

Dann wird nach der Differenzmethode

$$EZ = Z - 2{,}0017\,PZ. \tag{20}$$

Ist Z = 100, PZ = 35, so erhält man 29,9405 EZ statt 30 EZ.

Der Fehler kann, wie übrigens Weinberg, der ihn etwas zu hoch annahm, selbst betont, praktisch vernachlässigt werden.

Wichtiger ist die Tatsache, daß die Differenzmethode nur dann Anwendung finden kann, wenn PZ < Z/2 ist, da sonst EZ = 0 oder < 0 wird. In Wirklichkeit schwankt die Häufigkeit der PZ nach Völkern und Gegenden nur unwesentlich um einen Wert von etwa 37%, zum mindesten in Mitteleuropa. Diese Stetigkeit setzt jedoch ein großes Material voraus. Bei kleinem Material können im Einzelfall sehr stark abweichende Werte gefunden werden. Die Differenzmethode ist somit nur bei sehr großem Material brauchbar.

Häufig wird es sich als notwendig erweisen, die für die überlebenden Zwillinge geltende Häufigkeit unter den Überlebenden überhaupt umzurechnen auf die Zwillingshäufigkeit unter den Geborenen oder umgekehrt.

Die Erlebenswahrscheinlichkeit eines bestimmten Alters für Einlinge sei y, die für Zwillinge y′; h sei die *in diesem Alter* gefundene Häufigkeit der Zwillinge (nicht der Zwillingsgeburten!). Es treffen dann 1/y′ geborene Zwillinge auf $\frac{h-1}{y} + \frac{1}{y'}$ Geborene, 1 Zwilling also auf $\frac{(h-1)\,y'}{y} + 1$ Geborene $= (h-1)\,\frac{y'}{y} + 1$ Geborene.

Nun ist y und y′ sehr häufig, ja in der Regel unbekannt, da die aus der allgemeinen Statistik stammenden Werte nicht für jedes Kollektiv gelten müssen; vor allem nicht dann, wenn es sich um Kranke oder deren Sippen handelt. Einen annähernd richtigen Wert findet man dann, wenn man daran denkt, daß nach Weinberg y′/y für die mittleren Lebensjahre annähernd konstant ist, indem y′ = 0,7 y gesetzt werden darf. Die Zwillingshäufigkeit H für die Geborenen wird dann H = (h—1) 0,7 + 1.

Streng genommen müßte man noch die Korrelation der Erlebenserwartung in Rechnung setzen. Diese relative Korrelation kann für Zwillinge der mittleren Lebensjahre nach den Berechnungen Weinbergs mit r = + 0,1 als Höchstwert angesetzt werden (Luxenburger). Die genaue Formel würde also lauten:

$$H = (h-1)\frac{y' + r}{y} + 1. \tag{21}$$

In der Praxis kann r vernachlässigt werden.

Beispiel: Die Häufigkeit der lebenden schwachsinnigen Zwillinge in Dänemark ist 1 : 54,8. h wird also = 54,8. Somit ist die Häufigkeit der geborenen schwachsinnigen Zwillinge bei Anwendung der vereinfachten Formel H = (54,8 — 1) · 0,7 + 1 = 38,66.

Zur Errechnung der Häufigkeit der überlebenden Zwillinge für ein bestimmtes Alter aus den geborenen brauchen wir nur die Formel $H = (h-1)\, 0{,}7 + 1$ nach h aufzulösen. Man erhält dann

$$h = (H-1)\frac{1}{0{,}7} + 1. \tag{22}$$

Die gleichen Berechnungen kann man auch für EZ, ZZ und PZ getrennt durchführen.

Oft wird man nicht die Häufigkeit der Zwillinge für ein bestimmtes Alter zu berechnen haben sondern ihre *Zahl* sowie die Verteilung der EZ, ZZ und PZ. Handelt es sich dabei um ein Merkmal, dessen Träger das normale Geschlechtsverhältnis zeigen, so ist die Errechnung der zu erwartenden Verteilung einfach. Andernfalls gilt allgemein:

Das Geschlechtsverhältnis unter den Merkmalsträgern sei $\male : \female = a : b$. Die gefundene Gesamtzahl der geborenen Zwillinge sei z, die der EZ e, die der männlichen EZ e_m, der weiblichen e_w; $z-e$ die der gesamten Zweieiigen, g_m die der männlichen ZZ, g_w die der weiblichen und p die der Verschiedengeschlechtlichen.

Dann ist folgende Verteilung unter den *Geborenen* zu erwarten:

$$e_m = \frac{a\,0{,}25\,z}{a+b},$$

$$e_w = \frac{b\,0{,}25\,z}{a+b},$$

$$g_m = \frac{(z-e)\,a^2}{(a+b)^2},$$

$$g_w = \frac{(z-e)\,b^2}{(a+b)^2},$$

$$p = \frac{(z-e)\,2\,a\,b}{(a+b)^2}.$$

Für die Erwartung der Überlebenden eines bestimmten Alters ist die Erlebenserwartung y' in Rechnung zu setzen (z. B. $e_m\,y'$).

Beispiel: In dem Klumpfußmaterial IDELBERGERS ist $\male : \female = a : b = 2 : 1$, $z = 311$. Es ist dann folgende Verteilung zu erwarten und der gefundenen gegenüberzustellen ($y' = 0{,}49$):

Tabelle 9.

		Eineiige			Zweieiige					Alle Paare
		$\male\male$	$\female\female$	Zus.	$\male\male$	$\female\female$	Zus.	$\male\female$ $\female\male$	Zus.	
Zu erwartende Verteilung	Geborene	51,8	25,9	77,7	103,6	25,9	129,5	103,6	233,1	311
	Überlebende	25,4	12,7	38,1	50,8	12,7	63,5	50,8	114,3	152,4
Gefundene Verteilung unter den Überlebenden		22	13	35	38	27	65	68	133	168

Man sieht auf den ersten Blick, daß die Ziffern für die EZ trotz des relativ kleinen Materials sehr gut übereinstimmen und daß die starken Abweichungen bei den Zweieiigen durch die zufallsmäßig sehr hohe Zahl der Verschiedengeschlechtlichen bedingt sind.

Die Berechnung der Häufigkeit geborener PZ ist vor allem wichtig für die Schätzung der *pränatalen Letalauslese.*

Nach WEINBERG müssen die Träger eines Merkmals, das einer erhöhten pränatalen Letalauslese unterliegt, durchschnittlich seltener verschiedengeschlechtliche Zwillinge sein, als es der Erwartung entspricht. Diese Regel gilt an sich für
alle zweieiigen Zwillinge. Da man jedoch bei der Geburt nur die PZ als zweieiig
erkennen kann, läßt sie sich praktisch nur auf diese anwenden. Die Anwendung
auf erwachsene Zwillinge, die an sich möglich ist, hat mit größeren Ungenauigkeiten zu rechnen. Immerhin kann man auch aus einer starken Erniedrigung der
PZ-Ziffer bei *Erwachsenen mit Vorsicht auf Letalfaktoren schließen.*

Beispiel: In Dänemark trafen 1916—1920 auf 370521 Geborene 4202 verschiedengeschlechtliche Zwillinge. Somit einer auf 88,18 Geborene. Auf die Überlebenden umgerechnet ergibt dies $h = (88,18 - 1) \frac{1}{0,7} + 1 = 125,54$, d. h. einen PZ-Paarling auf
125,54 Geborene. Schwachsinnige Parlinge fanden sich mit der Häufigkeit 1 : 139,49. Diese
ist also nicht wesentlich erniedrigt; es besteht kein Anhaltspunkt für die Annahme, daß die
Schwachsinnsanlage als Letalfaktor wirkt.

Die *logische* Begründung der Regel ist sehr einfach. Wenn auf Grund von
Letalauslese Einlinge vor der Geburt absterben, so erniedrigt sich die Gesamtzahl
der Einlinge um den durch die Letalauslese bedingten Betrag. Das gleiche
gilt auch für die erbgleichen Zwillinge, da diese immer beide den Letalfaktor
besitzen oder nicht. Bei den Erbverschiedenen jedoch kann der Fall eintreten,
daß nur *ein* Paarling den Letalfaktor aufweist. Wie häufig das vorkommt, wird
durch den Grad der Letalauslese bestimmt. Es fällt dann nur der betroffene
Paarling aus. Der übrigbleibende wird jedoch nicht als Zwilling erkannt, sondern
fälschlicherweise als Einling. Er scheidet also als Zwilling aus der Statistik aus
und tritt als Einling auf. Daraus folgt, daß im Gegensatz zu den erbgleichen
die erbverschiedenen Zwillinge unter den Geborenen in ihrer Zahl gegenüber dem
Durchschnitt herabgesetzt sein müssen.

Die *mathematische* Begründung, die WEINBERG geliefert hat, ist recht kompliziert (vgl. S. 245). Die Begründung kann wesentlich einfacher gestaltet werden
und erlaubt auch dann eine *annähernd* richtige Bestimmung des Maßes der Letalauslese.

Nachstehendes *Schema* veranschaulicht ein Kollektiv von Trägern einer
relativletalen Anlage. Es setzt sich zusammen aus Eineiigen Zwillingen, Zweieiigen
Zwillingen und Einlingen. Der Einfachheit halber wurde darauf verzichtet, die
Zwillinge in das richtige Verhältnis zu den Einlingen zu bringen. Die durch-
strichenen Kreise sind gezeugte Individuen, die durch den Letalfaktor vor der
Geburt ausgemerzt wurden. Die Erhaltungswahrscheinlichkeit sei q = 0,5.

Unter den *Gezeugten* ist (im Schema) die Häufigkeit der EZ $\frac{8}{32} = \frac{1}{4}$, die der
Zweieiigen ebenfalls $\frac{1}{4}$, die der Einlinge $\frac{16}{32} = \frac{1}{2}$.

Bei den EZ wirkt, da es sich um erbgleiche Personen handelt, die Ausmerze so,
daß immer, wenn 1 Paarling betroffen ist, auch der dazugehörige ausgemerzt
werden muß. Bei den Zweieiigen wird einmal der 1., das andere Mal der 2., das
dritte Mal der 1. und 2. ausgemerzt. In den beiden ersten Fällen ist der

nichtausgemerzte Paarling nicht als Zwillingspaarling zu erkennen. Er wird als Einling gezählt. Bei den Einlingen endlich wechselt in jeder Reihe Auslese und Ausmerze regelmäßig ab.

Dann ist unter den *Geborenen* die Häufigkeit der EZ $\frac{4}{16} = \frac{1}{4}$, die der Zwei-eiigen $\frac{8-4-2}{16} = \frac{1}{8}$, die der Einlinge $\frac{16-8+2}{16} = \frac{5}{8}$.

Allgemein gilt:
Während die EZ sich wie Einlinge verhalten, also zu q erhalten bleiben, verteilen sich unter den Zweieiigen die Paare, bei denen beide Paarlinge erhalten bleiben, die, bei denen nur ein Paarling erhalten bleibt und die, bei denen beide absterben, binomisch. Das Verhältnis lautet somit

$$[q + (1 - q)]^2 = q^2 + 2 q (1 - q) + (1 - q)^2.$$

Erhalten sind unter den zweieiigen Paarlingen (z) $q^2 z + \dfrac{2 q (1 - q) z}{2}$.

$\dfrac{2 q (1 - q) z}{2} = q (1 - q) z$ sind als Zwillingspaarlinge nicht erkennbar, erscheinen vielmehr als Einlinge. Somit sind erhalten und erkennbar nur $z' = q^2 z$. Bezeichnet man die Gesamtzahl der gezeugten Merkmalsträger (Einlinge und Zwillingspaarlinge) mit m, die der geborenen mit m', so wird

$$\frac{z'}{m'} = \frac{q^2 z}{q m} = q \frac{z}{m}. \tag{23}$$

Da q bei Letalauslese 1, muß die Häufigkeit der geborenen Zweieiigen unter den Merkmalsträgern kleiner sein als die Häufigkeit unter den gezeugten. Sie muß auch kleiner sein als die *durchschnittliche* Häufigkeit der geborenen Zweieiigen.

Den *Grad* der durch den spezifischen Letalfaktor bedingten Letalauslese kann man *überschlagsweise* errechnen, indem man z/m der durchschnittlichen Häufigkeit x der Zweieiigen gleichsetzt. Diese Gleichsetzung ist an sich nicht ganz korrekt, da sie den Umstand vernachläßigt, daß auch aus anderen Gründen als den in Rede stehenden Früchte absterben können. Diese Gründe machen sich bei den Merkmalsträgern und den Personen des Durchschnitts in annähernd gleicher Weise geltend. Man erhält also nicht das absolute Maß der spezifischen Letalauslese, sondern nur ein relatives, da das zu errechnende q' nicht auf die Gezeugten sondern auf die Geborenen des Durchschnitts bezogen wird.

Es wird dann

$$\frac{z'}{m'} = q' x, \tag{24}$$

woraus

$$q' = \frac{z'}{m' x}$$

und wenn man das empirisch festgestellte Verhältnis $\dfrac{z'}{m'} = y$ setzt,

$$q' = \frac{y}{x} \text{ und } 1 - q' = 1 - \frac{y}{x}. \tag{25}$$

q' drückt somit das Verhältnis aus zwischen der bei Letalauslese gefundenen Zweieiigenhäufigkeit unter den Merkmalsträgern und der durchschnittlichen Zweieiigenhäufigkeit, während q das Verhältnis der Zweieiigenhäufigkeit unter den gezeugten und geborenen Merkmalsträgern darstellt. Setzt man die „allgemeine" Letalauslese = *l*, so wird $q = (1 - l) q'$. Da mit einem sehr hohen Wert von *l* nicht zu rechnen ist, darf q *annähernd* gleich q' gesetzt werden.

Streng genommen müßte man noch die mögliche Korrelation zwischen Zwillingen in bezug auf die Erhaltungswahrscheinlichkeit in Rechnung setzen.

Diese Korrelation kann jedoch bei der überschlagsweisen Berechnung vernachlässigt werden.

Für $z' = 0$ verliert die Formel ihren Sinn. Findet man bei einer serienmäßigen Untersuchung überhaupt keine Zweieiigen, so sagt das zunächst nichts als daß das Material zu klein oder nicht auslesefrei gesammelt ist. Treten auch in einem großen Material keine Zweieiigen auf, dann wird man auf eine sehr geringe Häufigkeit der Zweieiigen und damit auf einen hohen Grad der Letalauslese schließen können. Ihre Berechnung ist allerdings nicht möglich. Eine Erhöhung der Zweieiigen-Ziffer könnte unter Umständen darauf hinweisen, daß ein Merkmal eine besonders hohe Erhaltungswahrscheinlichkeit bedingt. In der Regel wird aus ihr jedoch nur auf das Fehlen einer Letalauslese geschlossen werden können.

In der Praxis wird man sich auf die Häufigkeit der schon bei der Geburt als solche erkennbaren *Verschiedengeschlechtlichen* zu beschränken haben. Das ist bei allen Merkmalen ohne weiteres möglich, die nicht einem geschlechtsgebundenen Erbgang folgen, bei denen also die Anlage in einem Autosom zu denken ist. Müssen alle Zweieiigen herangezogen werden, so ist die Zahl der Gleichgeschlechtlichen unter ihnen mit Hilfe der Ähnlichkeitsmethode festzustellen. Die Häufigkeit unter den Überlebenden muß dann auf die Häufigkeit unter den Geborenen umgerechnet werden.

Beispiel: Unter den Trägern eines erblichen Merkmals ist bei der Geburt die Häufigkeit der PZ-Paarlinge 0,003. Dann wird $q = \dfrac{0{,}003}{0{,}00925} = 0{,}324$, $1 - q' = 0{,}676$.

Die Gleichsetzung von x mit der allgemeinen Wahrscheinlichkeit 0,00925 ist natürlich nur ein Notbehelf für diejenigen Untersuchungen, denen ein örtlich und zeitlich entsprechendes Vergleichsmaterial nicht zur Verfügung steht. Sie muß ungenaue Werte ergeben, da sie die Schwankungen in der PZ-Häufigkeit unberücksichtigt läßt. Man wird nur große Abweichungen des Wertes für q' von der Erwartung 1 als real gelten lassen dürfen. Überall dort, wo die entsprechende Häufigkeitsziffer vorliegt, muß diese als x herangezogen werden.

Beispiel: Unter den geborenen dänischen Schwachsinnigen fand sich eine PZ-Häufigkeit von 0,0072, die als Mindestziffer anzusehen ist. x läßt sich aus der gleichzeitigen Gesamtbevölkerung Dänemarks zu 0,008 berechnen. q' wird dann 0,9 und $1 - q' = 0{,}1$. Man hätte also, wenn q annähernd gleich q' ist, mit einer spezifischen Letalauslese der Schwachsinnigen von ungefähr 10% zu rechnen. Es bleibt jedoch zu bedenken, daß die durch die Zählung erfaßten Schwachsinnigen nur zu etwa 80% an erblichem Schwachsinn leiden, ein großer Teil der Gezeugten somit aus Gründen ausgemerzt werden kann, die mit der Erbanlage zum Schwachsinn nichts zu tun haben. Es wäre daher verfehlt, aus dieser kleinen Ziffer von 10% einen Schluß darauf zu ziehen, daß die Anlage zum Schwachsinn einen Letalfaktor darstellt.

Die Feststellung der Tatsache und mehr noch des Grades einer spezifischen pränatalen Letalauslese ist im Zusammenhalt mit der Errechnung der Manifestationsschwankung von größter Bedeutung für die Entscheidung, ob Erbproportionen, die mit Hilfe der Familienforschung gefunden wurden, im Sinne von *Polymerie* oder *Monomerie* zu deuten sind. Bleibt nämlich eine Proportion erheblich hinter derjenigen zurück, die bei Monomerie zu erwarten ist, so darf man an Polymerie nur denken, wenn keine nennenswerten Manifestationsschwankungen vorliegen und mit einer pränatalen Letalauslese nicht oder nur in ganz geringem Ausmaße zu rechnen ist. Man wird, wenn man mit Hilfe von S und q, bzw. q' die gefundenen Proportionen korrigiert, dann sehr häufig finden, daß diese in Wirklichkeit immer noch mit der Annahme der Monomerie zu vereinbaren sind. Monomerie ist ja, vor allem in der menschlichen Erbpathologie stets und von vornherein wahrscheinlicher als Polymerie. Darauf hat vor allem Lenz überzeugend hingewiesen.

Nachstehend bringe ich die genauere Methode WEINBERGS, mit deren Hilfe man sich ebenfalls ein Urteil über die Wirkung vorzeitigen Absterbens der Früchte nach Art und Grad bilden kann. Sie erlaubt es auch, festzustellen, ob mit Polymerie zu rechnen ist. Es handelt sich um die Darstellung, wie sie WEINBERG selbst gegeben hat [1]. Die Größe der Zwillingskorrelation in der Erhaltungswahrscheinlichkeit muß bei dieser Methode berücksichtigt werden.

Es sei w die Wahrscheinlichkeit des Vorhandenseins zweier Eier bei einem Befruchtungsvorgang, q die durchschnittliche Wahrscheinlichkeit der Erhaltung einer Frucht und q_x die bei einem Träger eines relativ letalen Merkmals X, q_x die bei allen übrigen (relativ normalen) Individuen.

Ist a und b die relative Häufigkeit der X, b die der N, also $a + b = 1$, $b = 1 - a$, so ist

$$a\,q_x + b\,q_n = q.$$

Die Häufigkeit, mit welcher eine erste Zwillingsfrucht vom Typus X oder N mit einer zweiten vom Typus X oder N verbunden ist, bestimmt man mit Hilfe der aus der angenommenen Erbregel sich ergebenden Geschwisterziffern s_x und s_n. Dabei gilt nach der von WEINBERG (Statistik und Vererbung 1922) aufgestellten Relation

$$s_n = 1 - \frac{a\,(1 - s_x)}{1 - a} \quad \text{und somit, da } 1 - a = b,$$

$$b\,s_n = b - a\,(1 - s_x),$$
$$b\,(1 - s_n) = a\,(1 - s_x).$$

Zweieiige Zwillingsfrüchte sind als solche nur erkennbar, wenn beide erhalten bleiben. Die Fälle, in denen nur ein Zwilling erhalten blieb, sind denen zuzuzählen, wo von vornherein nur ein Ei befruchtet wurde. Es ergibt sich dann folgende Übersicht über die möglichen Kombinationen der erzeugten und als Paar erhaltenen Zwillingsfrüchte:

Erster Zwilling X. Kombination XX hat die Häufigkeit $w\,a\,s_x$,
„ „ „ XN „ „ „ $w\,a\,(1 - s_x)$.
Wahrscheinlichkeit der Erhaltung von XX als Zwillingspaar $w\,a\,s_x\,q_x^2$,
„ „ „ „ XN „ „ $w\,a\,(1 - s_x)\,q_x\,q_n$.

Wenn der erste Zwilling N ist, so sind die entsprechenden Zahlen
für die Erhaltung von NN als Zwillingspaar $w\,b\,s_n\,q_n^2$,
„ „ „ „ NX „ „ $w\,b\,(1 - s_n)\,q_n\,q_x$,
wobei zunächst von einer Korrelation der Erhaltung abgesehen ist.

Die Summe der als solche erkennbaren X-Zwillinge ist dann

$$= 2\,w\,a\,s_x\,q_x^2 + w\,a\,(1 - s_x)\,q_x\,q_n + w\,b\,(1 - s_n)\,q_n\,q_z$$

und unter Bezugnahme auf obige Relation

$$= 2\,w\,a\,s_x\,q_x^2 + 2\,w\,a\,(1 - s_n)\,q_x\,q_n.$$

Die Zahl aller erzeugten X-Individuen ist $(1 - w + 2 \cdot w)\,a = (1 + w)\,a$, die aller erhaltenen X-Individuen $= (1 + w)\,a\,q_x$.

Somit ist die Zahl der als solche erkennbaren Zwillinge unter den erhaltenen X-Individuen vereinfacht

$$z_x = \frac{2\,w}{1 + w}\,[s_x\,q_x + (1 - s_x)\,q_n],$$

und für NN gilt entsprechend

$$z_n = \frac{2\,w}{1 + w}\,[s_n\,q_n + (1 - s_n)\,q_x].$$

Als Häufigkeit z aller erhaltenen und als solche erkennbaren Zwillinge in der Bevölkerung ergibt sich ferner, indem man $a\,z_x + b\,z_n = z$ setzt und von $a\,q_x + b\,q_n = q$ Gebrauch macht,

$$z = \frac{2\,w}{1 + w}\,q$$

als empirische Ziffer, und es ist

$$\frac{z_x}{z} = \frac{s_x\,q_x + (1 - s_x)\,q_n}{q} = \frac{s_x\,q_x + (1 - s_x)\,q_n}{a\,q_x + (1 - a)\,q_n}.$$

---

[1] Z. Abstammgslehre **40**, 197 (1926).

ebenfalls empirisch feststellbar. Drückt man q_x als Teil-x von q_n aus, so ergibt sich

$$\frac{z_x}{z} = \frac{s_x\, x + 1 - s_x}{a\, x + 1 - a}.$$

Es besteht ferner, wenn k die empirische Häufigkeit der X-Individuen darstellt, die Beziehung

$$a\, q_x = k\, q$$

oder

$$a = \frac{k\, q}{q_x}.$$

Ist nun im Falle der Monomerie $a = m^2$, wenn m die Häufigkeit der recessiven Anlage bei der Befruchtung darstellt, so ist

$$s = \left(\frac{1+m}{2}\right)^2 = \frac{\left(1 + \sqrt{\dfrac{k\,q}{q_x}}\right)^2}{4}.$$

Die Korrelation der Erhaltungswahrscheinlichkeit (r) berücksichtigt Weinberg in folgender Formel:

$$\frac{z_x}{z} = \frac{r + (1-r)\,[a_x\, q_x + (1 - s_x)\, q_n]}{a\, q_x + (1-a)\, q_x}.$$

Die Entscheidung, ob mit einer erhöhten *postnatalen* Letalauslese zu rechnen ist, kann dadurch getroffen werden, daß man die Zahl der gefundenen EZ mit derjenigen vergleicht, die für ein bestimmtes Lebensalter zu erwarten ist. Es muß dabei wieder die Überlebenswahrscheinlichkeit in Rechnung gesetzt und streng genommen auch die Korrelation der Überlebenswahrscheinlichkeit für EZ berücksichtigt werden. Die Korrelation ist für EZ nach Weinberg von der allgemein für Zwillinge geltenden Korrelation (r) nicht wesentlich verschieden. Die Erwartungsziffer lautet also nach der Differenzmethode, wenn man die Zahl der geborenen Zwillinge mit z und der geborenen Pz mit p bezeichnet (20),

$$e = (z - 2{,}0017\, p)\,(y' + r). \tag{26}$$

Diese Formel gilt nur dann, wenn das Geschlechtsverhältnis unter den Merkmalsträgern dem Durchschnitt entspricht. Andernfalls tritt an Stelle von 2,0017 ein Koeffizient g, der aus dem tatsächlichen Geschlechtsverhältnis zu errechnen ist. So wird z. B. für ein Geschlechtsverhältnis von 2 : 1 g = 2,25.

Werden weniger EZ gefunden als zu erwarten ist, so kann man mit Vorsicht eine postnatale Letalauslese vermuten. Das Verfahren setzt, da es die Differenzmethode zur Grundlage hat, ein großes Material voraus.

Beispiel: Unter 106 Zwillingspaaren mit mindestens einem schizophrenen Ausgangsfall finden sich 34 geborene PZ. Die Erwartung für EZ im durchschnittlichen Manifestationsalter der Schizophrenie ist dann, da das Geschlechtsverhältnis als normal angenommen werden darf $(106 - 2{,}0017 \cdot 34)\,(0{,}47 + 0{,}1) = 22{,}39$. Gefunden wurden 22 EZ. Läge ein großes Material vor, so könnte man die Wirkung einer postnatalen Letalausgabe als widerlegt ansehen. Bei dem kleinen Material darf man jedoch nur eine entsprechende Vermutung äußern.

Auch die postnatale Letalauslese kann zur Klärung der Polymeriefrage mit herangezogen werden, wenn es sich um Merkmale handelt, die erst im Laufe des nachgeburtlichen Lebens zur Manifestation kommen.

Handelt es sich um ein Merkmal, unter dessen Trägern die Geschlechtsproportion nach der einen oder anderen Richtung hin verschoben ist, sei es daß geschlechtsgebundene oder geschlechtskontrollierte Vererbung vorliegt, so läßt sich, worauf Idelberger hingewiesen hat, postnatale Letalauslese dann ausschließen, wenn das Geschlechtsverhältnis unter den überlebenden EZ der verschiedenen Lebensalter konstant und das gleiche ist wie unter den geborenen EZ.

An dieser Stelle sei daran erinnert, daß sich in der Arbeit Idelbergers über die Zwillingspathologie des angeborenen Klumpfußes ganz allgemein eine Reihe methodisch wichtiger Hinweise findet, die für das Studium von Zwillingsserien von Bedeutung sind, in denen sich ein abweichendes Geschlechtsverhältnis findet. Sie betreffen vor allem die Errechnung der Manifestationsschwankung und alle jene Fragen, die sich aus dem asymmetrischen Auftreten eines Merkmals verbunden mit einer Abweichung der Geschlechtsproportion ergeben. Ich nenne nur die Beziehungen zwischen Geschlechtsverhältnis und Seitenverteilung, Seitenverteilung und Schwere der Ausprägung des Merkmals, Erblichkeit der Asymmetrie und Symmetrie, Beziehung zwischen Penetranz und Expressivität. Im einzelnen können diese Fragen hier nicht erörtert werden. Ähnliche, aus den methodischen Grundlagen ableitbare Abwandlungen bringt vor allem auch CONRAD in seinen Untersuchungen an epileptischen Zwillingen.

Anhang: Zwillingsmethode und Erbgang.

Die Feststellung des *Erbgangs* ist in allererster Linie Aufgabe der Familienforschung. In der Zwillingsforschung tritt diese Fragestellung zurück. Befunde über den Erbgang werden stets als Nebenbefunde gewonnen werden.

Kennt man die Art der Elternkreuzung, so wird man aus dem Konkordanzverhältnis bei *erbverschiedenen* Partnern merkmalstragender Zwillinge natürlich auf den Erbgang schließen können. Es handelt sich eben dann um einköpfige Geschwisterschaften, die nach der Probandenmethode zu bearbeiten sind. Es kommen nur die erbverschiedenen Partner in Frage, da bei den erbgleichen Diskordanz nach abgelaufener Gefährdungsperiode nur eine Folge von Manifestationsschwankungen sein kann, nicht aber durch die Art des Erbgangs bestimmt wird.

Es ist klar, daß eine solche Anwendung der Zwillingsmethode ein Serienmaterial, und zwar ein solches von sehr großem Umfang voraussetzt, besonders dann, wenn das auf seinen Erbgang zu prüfende Merkmal eine spät liegende und ausgedehnte Gefährdungsperiode besitzt. Will man mit etwa 500 *erwachsenen* erbverschiedenen Partnern rechnen, so benötigt man eine Ausgangsserie von etwa 1570 Zwillingspaaren. Eine solche Serie dürfte jedoch nur selten zu beschaffen sein. Auch bei häufigen Merkmalen. Diese sind aber an sich schon in der Regel durch die Familienforschung auf ihren Erbgang bestimmt. Es würde somit auf jeden Fall einen unnötigen Aufwand an Material und Arbeit bedeuten, wenn man die Zwillingsmethode als Methode der Wahl heranziehen wollte. Das soll jedoch nicht sagen, daß man darauf verzichten muß, nebenbei und zwar dann, wenn die nötigen sachlichen und methodischen Voraussetzungen gegeben sind, die Befunde an einer Zwillingsserie im Sinne der Bestätigung des schon bekannten Erbgangs zu verwerten. Bei abweichenden Ergebnissen entscheidet jedoch stets die Familienstatistik.

Daß man die Korrelationsmethode (LENZ) in der Zwillingsforschung unter bestimmten Voraussetzungen der Feststellung des Erbgangs dienstbar machen kann, davon war in Abschnitt IV bereits die Rede. Ebenso wurde (Abschnitt III) gezeigt, wie man aus der Konkordanz gleichgeschlechtlicher Zwillinge in besonders günstig gelagerten Fällen mit Wahrscheinlichkeit auf dem Erbgang schließen kann. Endlich wurde an verschiedenen Stellen auf die Bedeutung des Geschlechtsverhältnisses unter den Erbverschiedenen und Erbgleichen für die Entscheidung der Frage, ob geschlechtsgebundener, bzw. geschlechtskontrollierter Erbgang vorliegt, hingewiesen.

Entscheidende Bedeutung kommt der Zwillingsmethode nur, wie gezeigt wurde, für die Beantwortung der Frage Monomerie oder Polymerie zu (Abschnitt VI). Bei allen anderen Feststellungen auf dem Gebiete der Bestimmung des Erbgangs handelt es sich, wie schon betont, lediglich um Nebenbefunde, die sich am Rande des Studiums anderer Probleme ergeben.

Die zentrale Fragestellung für die Zwillingsmethode ist das Anlage-Umwelt-Problem. Um dieses gruppieren sich alle anderen. Hier aber kann und muß die Zwillingsmethode in allererster Linie eingesetzt werden. Ihr Erkenntniswert ist auf diesem Gebiet ungleich höher als der irgendeiner anderen Methode der Erbforschung beim Menschen.

Schrifttum.

Zusammenfassende Darstellungen mit ausführlichem Schrifttumsnachweis.

Dahlberg, G.: Twin birth and twins from a hereditary point of view. Stockholm 1926 Hier zahlreiche Schrifttumsangaben.

Luxenburger, H.: Psychiatrisch-neurologische Zwillingspathologie. Zbl. Neur. 56, 145 (1930). Hier weitere Hinweise.

Schulz, B.: Methodik der Medizinischen Erbforschung. Leipzig 1936. — Siemens, H. W.: Zwillingspathologie. Berlin 1924. Hier Schrifttum bis 1924.

Verschuer, O. v.: Die biologischen Grundlagen der menschlichen Mehrlingsforschung. Z. Abstammgslehre 61, 147 (1932). — In Diehl und v. Verschuer: Zwillingstuberkulose. Jena 1933. Hier ausführliches Schrifttumsverzeichnis. — Erbpathologie, 2. Aufl. Dresden u. Leipzig 1937. Hier ausführliches Schrifttumsverzeichnis.

Weinberg, W.: Methoden und Technik der Statistik. In: Gottstein-Schlossmann-Teleky Handbuch der Sozialen Hygiene und Gesundheitsfürsorge, Bd. I, S. 138. Berlin 1925.

Einzelarbeiten.

Bonnevie, K.: Vererbbare Mißbildungen und Bewegungsstörungen auf embryonale Gehirnanamolien zurückführbar. Erbarzt 2, 145 (1935). — Bouterwek, H.: Asymmetrie und Zwillingsforschung. Arch. Rassenbiol. 29, 1 (1935).

Conrad, K.: Erbanlage und Epilepsie. Untersuchungen an einer Serie von 253 Zwillingspaaren. Z. Neur. 153, 271 (1935). — Curtius, F.: Nachgeburtsbefunde bei Zwillingen und Ähnlichkeitsdiagnose. Arch. Gynäk. 140, 361 (1930).

Essen-Möller, E.: Zur Theorie der Ähnlichkeitsdiagnose von Zwillingen. Arch. Rassenbiol. 32, 1 (1938).

Forcher, H.: Die statistische Methode als selbständige Wissenschaft. Leipzig 1913. Geipel: Anleitung zur erbbiologischen Beurteilung der Finger- und Handleisten. München 1935. — Gottschick, J.: Die Zwillingsmethode und ihre Anwendbarkeit in der menschlichen Erb- und Rassenforschung. Arch. Rassenbiol. 31, 185, 377 (1937). Hier weitere Hinweise.

Idelberger, K.: Die Zwillingspathologie des angeborenen Klumpfußes. Stuttgart 1939.

Lenz, F.: Zur genetischen Deutung von Zwillingsbefunden. Z. Abstammgslehre 62, 153 (1932). — Inwieweit kann man aus Zwillingsbefunden auf Erbbedingtheit oder Umwelteinfluß schließen? Dtsch. med. Wschr. 1935 I, 873. — Luxenburger, H.: Zur Frage der Manifestationswahrscheinlichkeit des erblichen Schwachsinns und der Letalfaktoren. Z. Neur. 135, 767 (1931). — Untersuchungen an schizophrenen Zwillingen und ihren Geschwistern zur Prüfung der Realität von Manifestationsschwankungen. Z. Neur. 145, 351 (1935). Müller: Zit. nach v. Verschuer.

Schulz, B.: Über Auslesemöglichkeiten beim Sammeln von Zwillingsserien. Allg. Z. Psychiatr. 112, 138 (1939). — Stocks, P.: A biometric investigation of twins and their brothers and sisters. Ann. of Eugen. 4, 49 (1930); 5, 1 (1933).

Weber, E.: Einführung in die Variations- und Erblichkeitsstatistik. München 1935. — Weinberg, W.: Erweiterung der Aufgaben der Zwillingspathologie und Polymerie. Z. Abstammgslehre 40, 197 (1926). — Differenzmethode und Geburtenfolge bei Zwillingen. Genetica ('s-Gravenhage) 16, 382 (1934). — Weitz: Zit. nach v. Verschuer. — Weninger, J.: Menschliche Erblehre und Anthropologie. (Zur Methode der Erbforschung.) Wien. klin. Wschr. 1936 I, 801.

Methodik der menschlichen Erbforschung
(mit Ausnahme der Mehrlingsforschung).

Von Siegfried Koller, Bad Nauheim.

Mit 17 Abbildungen.

Das Ziel einer Erbuntersuchung ist im allgemeinen entweder der Nachweis des Vorhandenseins von Erbeinflüssen auf die Entstehung eines Merkmals oder die Einordnung der Erblichkeitsverhältnisse in das Schema der Mendelschen Regeln. Die Lösung der ersten Frage ist eine der Hauptaufgaben der Zwillingsforschung und wurde im vorangehenden Abschnitt behandelt; die Bearbeitung der zweiten Frage steht in diesem Abschnitt zur Erörterung. Demgemäß beziehen sich die hier darzustellenden Hauptverfahren der Erbstatistik vor allem auf die Prüfung *der verschiedenen Erbgangsannahmen sowie auf die Bereinigung der Zahlen in solchen Fällen, in denen die ursprünglichen Spaltungsverhältnisse nicht unmittelbar, sondern nur verzerrt zur Beobachtung kommen.*

In jeder Erbstatistik tritt als *Grundaufgabe die Feststellung der Häufigkeit eines Merkmals* in einer bestimmt begrenzten Personengruppe auf. Deshalb sollen die hierfür in Betracht kommenden Methoden zuerst behandelt werden.

I. Die Häufigkeit eines Merkmals.

1. Materialgewinnung und Auslese. Vergleichsmaterial.

Die Häufigkeit eines Merkmals in der Bevölkerung ist die Grundziffer für alle Statistiken über dieses Merkmal; die Merkmalshäufigkeiten in bestimmten Familiengruppen und unter den Verwandten von Merkmalsträgern sind die wichtigsten Vergleichszahlen zur Feststellung eines Erbganges. Die Brauchbarkeit jeder Häufigkeitsziffer hängt von der *Auslese des Materials, den Fehlerquellen bei der Erkennung des Merkmals und der Berücksichtigung der Alters- und Geschlechtsverteilung* entscheidend ab.

Die Häufigkeit eines Merkmals in der Bevölkerung wird man kaum jemals durch Auszählung sämtlicher vorhandener Merkmalsträger feststellen können, sondern man hat sich meist auf die Gewinnung kleinerer Beobachtungsreihen zu beschränken. *Die Beobachtungsreihe muß in bezug auf das untersuchte Merkmal eine echte Stichprobe aus der Bevölkerung sein,* dann stimmt die Merkmalshäufigkeit bis auf die durch den Umfang der Reihe bedingten Zufallsschwankungen mit der zugrunde liegenden Merkmalshäufigkeit in der Gesamtbevölkerung überein. Eine solche „repräsentative" *Stichprobe liegt nur dann vor, wenn das betrachtete Merkmal von dem Auslesemerkmal, nach dem die Materialgewinnung erfolgt, statistisch unabhängig ist.* Jede Verallgemeinerung einer Häufigkeitsziffer von einer Beobachtungsreihe auf eine größere Gruppe erfordert demnach eine sachliche Hypothese, nämlich die Annahme der Unabhängigkeit von Untersuchungs- und Auslesemerkmal. Ob man bei der Wahl der Beobachtungsreihe für die Bestimmung einer Merkmalshäufigkeit tatsächlich eine repräsentative Stichprobe aus der Bevölkerung erfaßt hat, kann letzten Endes erst durch die weitere Erfahrung entschieden werden, ob sich in Stichproben mit anderer Wahl des Auslesemerkmals die gleiche Merkmalshäufigkeit ergibt.

Als Beispiel sei die Blutgruppenstatistik angeführt. Erst seitdem erwiesen ist, daß in Blutproben, die zur Wa.R. eingesandt sind, die gleiche Gruppenverteilung vorliegt wie bei Schulkinderuntersuchungen u. a., kann man die aus Wa.R.-Proben gewonnenen Ziffern auf die Bevölkerung der Gegend verallgemeinern — sofern es sich nicht gerade um eine rassisch stark gemengte Bevölkerung handelt, deren Bestandteile verschieden stark Lues-gefährdet sind (z. B. Hafenstädte). Erst seitdem man gleiche Fruchtbarkeit bei allen Blutgruppen annimmt, kann aus Mutter-Kind-Untersuchungen in Frauenkliniken auf die Gruppenverteilung in der Bevölkerung geschlossen werden. Erst seitdem bei den meisten Krankheiten keine abweichende Gruppenverteilung gefunden wurde, kann man auch die Ziffern aus Krankenhäusern verallgemeinern.

Entgegengesetzte Verhältnisse finden sich z. B. bei der Konstitutionsstatistik. In bezug auf die Häufigkeit der verschiedenen Körperbauformen dürfte wohl kaum irgendeine Personengruppe repräsentativ für die Gesamtbevölkerung sein. Fast jede Krankheitsgruppe, jeder Berufszweig weist hier Besonderheiten auf, deren klare Erkennung noch durch Unterschiede der Alterszusammensetzung erschwert ist.

Die Häufigkeit von *Krankheiten* läßt sich im allgemeinen nur sehr ungenau ermitteln. Neben den Ausleseverhältnissen der Beobachtungsreihe ist die Schwierigkeit einer völlig eindeutigen Abgrenzung der Krankheit hierfür verantwortlich. Insbesondere ist es für alle Krankheiten, für deren Diagnose auch nur in Einzelfällen die subjektive Auffassung des Untersuchers entscheidend ist, unmöglich, „richtige" Ziffern zu erhalten. Für einen allgemeinen Überblick muß man sich dann mit der Kenntnis der Größenordnung der Häufigkeit begnügen (z. B. Schizophrenie $\sim$ 1%). Für spezielle Vergleiche mit der Häufigkeit in einer bestimmten Personengruppe, z. B. bei den durch Schizophrenie eines Großelters erblich Belasteten, muß der Untersucher neben seiner Beobachtungsreihe selbst eine *Vergleichsreihe* aufstellen, *die nach denselben Erhebungsmethoden und nach denselben subjektiven und objektiven diagnostischen Maßstäben gewonnen ist.*

Die Personen der Vergleichsreihe sollen eine echte repräsentative Stichprobe der Gesamtbevölkerung sein. Diese Anforderung vollständig zu erfüllen, wird selten gelingen; praktisch genügt es, wenigstens die gröbsten Einseitigkeiten in der Materialauslese zu vermeiden. Die einfachste Vergleichsreihe liefern die Angeheirateten in den zur Beobachtungsreihe gehörenden Sippen. Hierbei bedeutet jedoch außer einer etwaigen Auslesewirkung der Gattenwahl bereits die Tatsache des Verheiratetseins für viele Mißbildungen und Krankheiten eine erhebliche Auslese, so daß eine solche Vergleichsreihe nur in besonderen Fällen, in denen die Krankheit erst in höherem Alter auftritt (z. B. Krebs), brauchbar ist. Eine bessere Vergleichsreihe liefert die Sippe der Ehegatten der Probanden der Hauptreihe, der Ehegatten ihrer Geschwister usw.; hier könnte noch die Gattenwahl störend wirken. Luxenburger und Schulz sind daher bei der Gewinnung ihrer Vergleichsreihen zur Untersuchung der Verwandten von Schizophrenen noch einen Schritt weiter gegangen und haben die Häufigkeit der Geisteskrankheiten bei den Verwandten der Ehegatten von Hirnarteriosklerotikern und Paralytikern erforscht, da diese zur Zeit der Verheiratung als psychisch unauffällig anzusehen sind. Trotzdem bleibt überall noch eine gewisse Auslese durch das Verheiratetsein der Ausgangspersonen bestehen, die mit höherer Wahrscheinlichkeit als der Bevölkerungsdurchschnitt nicht schizophren sind. Diese Fehlerquelle kann im allgemeinen in Kauf genommen werden. Schon im Lebensalter der Ausgangspersonen der Vergleichsreihe liegt die Gefahr einer Auslese vor. Ist ihr Alter höher als das Eintrittsalter der Krankheit, so sind sie mit großer Wahrscheinlichkeit krankheitsfrei. Am günstigsten ist daher die Wahl einer jüngeren Personengruppe als Ausgangspersonen.

Ein Vorteil von Vergleichsreihen liegt darin, daß die Erhebungsmethode die gleiche ist wie in der Hauptreihe. Im Gegensatz dazu treten bei Vergleichen mit den Ziffern anderer Statistiken oft Schwierigkeiten in der Abgrenzung der erfaßten Personengruppe auf. Bei Familien- und Sippenuntersuchungen werden lebende und verstorbene Merkmalsträger erfaßt, bei Bevölkerungsstatistiken alle gleichzeitig lebenden. Bei Krankheiten — etwa wenn man die Häufigkeit der Personen mit Herzfehlern ermitteln wollte — kann die Zählung alle an einem Stichtag kranken Personen erfassen oder alle in einem bestimmten Zeitraum, z. B. 1 Jahr, mindestens einmal erkrankten; „Krankheit" kann verschieden definiert sein: durch Aufsuchen eines Arztes, durch Arbeitsunfähigkeit, durch Inanspruchnahme der Krankenkasse usw. Bei chronischen Krankheiten müssen Mehrfachzählungen bei den einzelnen Krankheitsschüben vermieden werden, ferner Verschiebungen durch Häufung bestimmter Personengruppen in den Krankenhäusern. Daher wird vielfach nicht eine Zählung des Krankenbestandes, sondern der Neuaufnahmen oder der Erstaufnahmen durchgeführt; eine Umrechnung der Zahlen, um auf die Krankenzahl in der Gesamtbevölkerung zu schließen, ist zwar versucht worden, kann aber nach Lage der Dinge nicht zu sicheren Ergebnissen führen. Auch eine Rückrechnung aus der Todesursachenstatistik führt meist nicht zum Ziel.

Bei manchen Krankheiten, wie z. B. beim *Krebs*, ist man auf die *Todesursachenstatistik* angewiesen, die in diesem Sonderfall mit einer Morbiditätsstatistik weitgehend übereinstimmen dürfte. Bei einer Erbstatistik über Krebs wird man jedoch diese allgemeine Bevölkerungsstatistik nicht als Vergleichsreihe verwenden können, weil die Höhe der Krebssterbeziffern in erster Linie von der Genauigkeit der Todesursachenfeststellung und der Genauigkeit ihrer Angabe auf den Totenscheinen abhängt, und diese für jede Bevölkerungsgruppe verschieden ist.

Die Beurteilung der aus der Todesursachenstatistik gewonnenen Krebssterbeziffer einer Personengruppe kann dadurch zuverlässig erfolgen, daß man die Sterbeziffer an Kreislaufstörungen zum Vergleich heranzieht. Es hat sich gezeigt, daß beide Krankheitsgruppen den Fehlerquellen der Todesursachenstatistik ziemlich gleichmäßig unterworfen sind, so daß sich hierdurch ein enger Korrelationsbereich ergibt, der die Wirkung der Fehlerquellen anzeigt und deren Ausschaltung erlaubt (KOLLER 1934). KOLLER hat für den praktischen Gebrauch Tafeln aufgestellt, nach denen die Beurteilung der Ziffern ohne Rechnung erfolgen kann (1940).

Im allgemeinen muß der Untersucher trotz Vorliegen der Bevölkerungsstatistik wieder eine eigene Vergleichsreihe aufstellen, die in der Genauigkeit der Angaben möglichst genau der Hauptreihe gleicht. Als Ausgangspersonen kämen vor allem die Ehegatten der Probanden und die der Probandengeschwister in Betracht. Wichtig ist bei all diesen Vergleichsreihen die Beschränkung auf die gleiche Gegend und auf die gleichen Jahrgänge, die in der Hauptreihe betrachtet sind.

2. Die Berücksichtigung der Altersverteilung in großen Beobachtungsreihen.

Tritt ein Merkmal erst im Laufe des Lebens in Erscheinung, so muß zur Feststellung der Häufigkeit die Altersverteilung in der Beobachtungsreihe berücksichtigt werden. Die Aufgabe besteht darin, die ursprüngliche Häufigkeit der künftigen Merkmalsträger bzw. der Merkmalsgenotypen unter allen Geborenen der Gruppe festzustellen. Nur diese Zahlen erlauben einen Rückschluß auf die Verbreitung der Erbanlagen in der Bevölkerung, und nur diese sind in einer Familiengruppe zum Vergleich mit den Mendelziffern zu verwenden.

Wenn die Merkmalsträger vor und nach der Manifestation des Merkmals die gleiche Sterblichkeit aufweisen wie die Merkmalsfreien und wenn das Manifestationsalter in der Jugend liegt, so genügt es, die Statistik auf die Personen zu beschränken, die das Manifestationsalter überschritten haben (z. B. Augenfarbe, Stimmlage). Bewirkt dagegen das betrachtete Merkmal eine erhöhte Sterblichkeit, so sind in der lebenden Bevölkerung weniger Merkmalsträger vorhanden, als der wirklichen Merkmalshäufigkeit entspräche. Die Berücksichtigung dieser Verschiebung erfordert die Kenntnis der Sterblichkeit der Merkmalsträger. Deshalb wird eine Statistik nur des *Bestandes* an Merkmalsträgern vielfach für erbbiologische Zwecke nicht ausreichen, und man wird eine Erfassung der *Eintrittshäufigkeiten* des Merkmals anstreben, weil hier die Sterblichkeit der Merkmalsträger ohne Bedeutung ist.

Liegt eine kurzfristige Beobachtung über das Auftreten des Merkmals in einer Bevölkerungsgruppe vor (z. B. Ersterkrankungen an Schizophrenie während eines Jahres), so sind die *Eintrittshäufigkeiten des Merkmals in jeder Altersgruppe* zu berechnen. Aus diesen Einzelhäufigkeiten läßt sich nach S. 255 eine Gesamtziffer für die Wahrscheinlichkeit gewinnen, mit welcher ein Neugeborener, der das Manifestationsalter durchlebt, Merkmalsträger wird. Diese Methode wird jedoch selten Anwendung finden können, da eine auch nur einigermaßen vollständige Erfassung der Erkrankungen einer Bevölkerungsgruppe nur bei wenigen Leiden vorliegt.

Bei unvollständiger Erfassung kann man die richtigen Ziffern auf einem Umweg erhalten, wenn man über ein Teilmaterial verfügt, das nach Alter und Geschlecht repräsentativ für die Verteilung in der Bevölkerung ist. Bezieht man die Merkmalseintritte in den Altersklassen auf die Einwohnerzahlen des Gebietes, so erhält man zwar nicht die gesuchten Häufigkeiten, aber zu diesen proportionale Zahlen. Kennt man nun aus einer anderen Erhebung, z. B. der Musterungsstatistik die wirkliche Häufigkeit für eine Altersgruppe, so ergibt sich daraus eine Korrekturziffer, durch deren Übertragung auf die anderen Altersklassen und auf die Frauen man die Gesamthäufigkeiten schätzen kann. Als Ausgangsmaterial verwenden Dahlberg und Stenberg die in Krankenhäusern und Kliniken erfaßten Fälle, deren Alters- und Geschlechtsverteilung jedoch meist nicht als repräsentativ für die aller in der Bevölkerung vorhandenen Fälle angesehen werden kann.

Das Verfahren, das zur Ermittlung von Merkmalshäufigkeiten am häufigsten gebraucht wird, besteht in der *Untersuchung von Sippenangehörigen bestimmter Ausgangspersonen.* Methodisch wichtig ist hier der Fall, daß das Merkmal und die Zeit seines Auftretens bei Lebenden und Verstorbenen festgestellt wird. Das Endalter der Beobachtung, in dem die einzelnen Personen aus der Beobachtung ausscheiden, ist bei lebenden Merkmalsfreien das Alter zur Zeit der Untersuchung, bei toten Merkmalsfreien das Todesalter, bei lebenden und toten Merkmalsträgern das Alter beim Merkmalseintritt. Kann in einer Statistik nur das Vorhandensein des Merkmals, nicht aber das Eintrittsalter festgestellt werden, so kann man unter der Annahme gleicher Sterblichkeit der Merkmalsträger und Merkmalsfreien die nachstehenden Methoden gleichfalls anwenden, indem statt des Eintrittsalters das Beobachtungsalter benutzt wird.

Man ordnet das Material zweckmäßig zur Form einer „*Ereignistafel*". Man beginnt mit der Gesamtzahl aller Beobachteten zu Beginn der ersten Altersgruppe, gibt dann die Zahl der in diesem Alter „aus der Beobachtung ausscheidenden" Merkmalsfreien und Merkmalsträger an, zieht sie von der Gesamtzahl ab und erhält die Zahl der zu Beginn der zweiten Altergruppe unter Beobachtung stehenden Merkmalsfreien. Ein schematisches Beispiel zeigt das Vorgehen (gerade gedruckte Spalten der Tabelle 1). Zur weiteren Rechnung wichtig

Tabelle 1. Rechenbeispiel zur Alterskorrektur an großem Material.

Altersgruppe	Merkmalsfreie unter Beobachtung (Beginn der Altersgruppe)			Ohne Merkmal scheiden aus			Merkmalseintritt	Merkmalsfreie unter Beobachtung (Mitte der Altersgruppe)		
	Insges. L_l	*Dom.*	*Rec. l_i*	Insges. A_l	*Dom.*	*Rec. a_i*	*Rec. m_l*	Insges. L_i^*	*Dom.*	*Rec. l_i^**
1	1500	*750*	*750*	500	*250*	*250*	—	1250	*625*	*625*
2	1000	*500*	*500*	190	*100*	*90*	100	855	*450*	*405*
3	710	*400*	*310*	126	*80*	*46*	160	567	*360*	*207*
4	424	*320*	*104*	154	*128*	*26*	78	308	*256*	*52*
5	192	*192*	—	192	*192*	—	—	96	*96*	—

ist noch die Zahl der in der Mitte jeder Altersgruppe unter Beobachtung stehenden Merkmalsfreien; man schätzt sie als arithmetisches Mittel zwischen den Beobachtungszahlen von Anfang und Ende der Altersgruppe und nimmt damit an, daß gerade die Hälfte der ohne und mit Merkmal Ausscheidenden noch unter Beobachtung steht.

Den Zahlen des Beispiels möge folgender Sachverhalt zugrunde liegen: Von den 1500 beobachteten Personen sei die Hälfte dominant, die Hälfte recessiv. Das recessive Merkmal beginne erst in der zweiten Altersklasse aufzutreten; die Manifestationsperiode erstrecke sich bis zur 4. Gruppe. Die Sterblichkeit der Rezessiven sei vor Eintritt des Merkmals die gleiche wie bei den Dominanten, ebenso auch die Altersverteilung, so daß beide Gruppen gleiche Ausscheidungshäufigkeit aufweisen. Z. B. scheiden in der zweiten Altersklasse von im Durchschnitt 450 beobachteten Dominanten 100, von den merkmalsfreien Recessiven, deren Zahl durchschnittlich 405 beträgt, 90 ohne Merkmal aus (je 22,2%).

Die Methode der Rückrechnung. Der Beobachtung zugänglich sind nur die gerade gedruckten Spalten der Tabelle. Die Aufgabe besteht in der Schätzung der ursprünglichen Recessivenzahl in der Gruppe. Zur Lösung kann man schrittweise die schräg gedruckten Zahlen rekonstruieren, indem man jeweils die Beobachtungszahlen so aufteilt, daß — unter Berücksichtigung der Zahl der Merkmalseintritte — die Ausscheidehäufigkeit der Dominanten und Recessiven gleich ist. Als Ausgangspunkt der Rückrechnung dient die Altersgruppe, in welcher der letzte Merkmalseintritt stattfindet. Nimmt man an, daß es am Ende dieser Gruppe keine merkmalsfreien Recessiven mehr gibt, so ist damit die Rückrechnung eindeutig festgelegt. Die Recessiven seien mit kleinen Buchstaben bezeichnet, die Gesamtzahlen der Dominanten und Recessiven zusammen mit großen, die im Klassenanfang unter Beobachtung befindlichen Merkmalsfreien mit L, l, die in der Klassenmitte mit L*, l*, die ohne Merkmal Ausscheidenden mit A, a, die manifestierenden Recessiven mit m. Die Altersgruppe wird als Index hinzugefügt. Es ist

$$l_2 = l_1 - a_1 - m_1; \quad l_1^* = l_1 - \frac{1}{2}\,a_1 - \frac{1}{2}\,m_1 = l_2 + \frac{1}{2}\,a_1 + \frac{1}{2}\,m_1 = \frac{1}{2}\,(l_1 + l_2);$$

$$L_2 = L_1 - A_1 - m_1; \quad L_1^* = L_1 - \frac{1}{2}\,A_1 - \frac{1}{2}\,m_1 = L_2 + \frac{1}{2}\,A_1 + \frac{1}{2}\,m_1 = \frac{1}{2}\,(L_1 + L_2).$$

Die Rückrechnung beginnt mit der letzten Altersgruppe, für die angenommen ist, daß kein Recessiver mehr vorliegt: $l_5 = 0$. Die Zahlen der vorangehenden Gruppe ergeben sich daraus, daß die Ausscheidehäufigkeit der Recessiven gleich der der Gesamtgruppe sein soll:

$$\frac{A_4}{L_4^*} = \frac{a_4}{l_4^*} = \frac{a_4}{l_5 + \frac{1}{2}\,a_4 + \frac{1}{2}\,m_4}.$$

Für a_4, die Zahl der ohne Merkmal ausgeschiedenen Recessiven, ergibt sich

$$a_4 = \frac{A_4\,m_4}{2 \cdot L_5 + m_4} = \frac{154 \cdot 78}{2 \cdot 192 + 78} = 26. \tag{1}$$

Daraus findet man die Schätzung der Recessivenzahl zu Anfang der 4. Altersklasse

$$l_4 = m_4 + a_4 = 104.$$

So geht man schrittweise rückwärts. Dabei ist die Zahl a_i der in der i-ten Gruppe ohne Merkmal ausscheidenden Recessiven

$$a_i = \frac{A_i\left(l_{i+1} + \frac{1}{2}\,m_i\right)}{L_{i+1} + \frac{1}{2}\,m_i}. \tag{2}$$

Z. B. ergibt sich a_3 als

$$a_3 = \frac{126\,(104 + 80)}{424 + 80} = 46.$$

Daraus erhält man die Recessivenzahl zu Anfang der i-ten Altersgruppe

$$l_i = l_{i+1} + a_i + m_i. \qquad (3)$$

Im Beispiel ist

$$l_3 = 104 + 46 + 160 = 310;$$

schließlich gelangt man zur Ausgangsgruppe, in der man die Hälfte der Beobachteten recessiv findet: $l_2 = 500$. Noch jüngere Altersklassen, in denen noch keine Manifestationen vorkommen, liefern keine Änderung.

Man benötigt zu dieser Rechnung nur die Beobachtungszahlen im Klassenanfang, die Ausscheidenden und die Merkmalseintritte in jedem Alter. Ein Vorteil der Methode ist das klare Hervortreten der Rechnungshypothesen (kein Merkmalsgenotyp nach der letzten beobachteten Manifestation mehr vorhanden; gleiche Ausscheidehäufigkeit aller Genotypen vor Eintreten des Merkmals).

Treffen diese Annahmen für ein Merkmal nicht zu, weiß man z. B., daß die Sterblichkeit der Merkmalsgenotypen vor der Erkennung des Merkmals um 50% höher ist als die der anderen, so kann man dies in einer abgestorbenen Bevölkerungsgruppe durch eine einfache Änderung des Rückrechnungsansatzes berücksichtigen. — Ist die Manifestation überhaupt unvollständig, bleiben also auch nach der letzten Manifestation x% Recessive unter den Lebenden dieses Alters übrig, so könnte man diesen Prozentsatz als Schlußwert der Recessiven, d. h. als Ausgangswert der Rückrechnung nehmen; das Ergebnis ist jedoch völlig das gleiche, als wenn man in der angegebenen Weise mit dem Schlußwert 0 beginnt und von der erhaltenen Dominantenzahl der Anfangsklasse x% zu den Recessiven überträgt.

Dadurch, daß in jedem Alter die Zahl der vorhandenen Recessiven geschätzt wird, entstehen gleichzeitig *Schätzungen der Manifestationswahrscheinlichkeiten*, d. h. der Wahrscheinlichkeit, mit der bei einem noch merkmalsfreien Recessiven das Merkmal im Verlaufe jeder Altersgruppe auftritt. Dabei muß die Zahl der Merkmalseintritte nicht auf l_i^*, sondern auf die zu Anfang der Altersgruppe geschätzten Recessiven bezogen werden[1], von denen nur die Hälfte der merkmalsfrei ausgeschiedenen Recessiven abzuziehen ist. $\left(l_i - \frac{1}{2}\,a_i\right)$ ist die Zahl der für die volle Altersperiode unter Manifestationsrisiko stehenden Recessiven. Im Rechenbeispiel ergeben sich die Manifestationswahrscheinlichkeiten:

$$\mu_2 = \frac{100}{455} = 22{,}0\% \,; \qquad \mu_3 = \frac{160}{287} = 55{,}7\% \,; \qquad \mu_4 = \frac{78}{91} = 85{,}7\% .$$

Die Wahrscheinlichkeit des Merkmalseintrittes. Weinberg hat zur Schätzung der Recessivenziffer in einer Beobachtungsgruppe die Wahrscheinlichkeit berechnet, mit der das Merkmal bei einer beliebigen Person auftritt. Man stellt für jede Altersgruppe die Wahrscheinlichkeit für das Nicht-Eintreten des Merkmals auf; das Produkt dieser Werte für alle Altersgruppen gibt die Wahrscheinlichkeit, überhaupt nicht Merkmalsträger zu werden. Die Ergänzung dieser Ziffer zu Eins ist dann die gesuchte Gesamtwahrscheinlichkeit für den Eintritt des Merkmals.

Die Wahrscheinlichkeit für das Eintreten des Merkmals im Verlaufe der i-ten Altersgruppe ist

$$\frac{m_i}{L_i - \frac{1}{2}\,A_i} = \frac{m_i}{L_i'} = p_i .$$

---

[1] Der Grund dafür, daß hier sowie bei der folgenden Methode die Zahl der in der Klassenmitte vorhandenen Merkmalsfreien *nicht* als Bezugsgröße zu verwenden ist, besteht darin, daß hier das Auftreten des Merkmals *während der ganzen Altersperiode* betrachtet wird und die Bezugszahl demgemäß alle Manifestierenden voll enthalten muß. Dagegen kam es bei dem Aufbau des Schemas S. 252 und der Rückrechnung darauf an, daß die *Ausscheideintensität in jedem Zeitpunkt*, d. h. für die Rechnung: in den Klassenmitten, bei Dominanten und Recessiven gleich ist.

Hier steht im Nenner nicht L_i^*. Die Zahl der Merkmalsfreien zu Beginn der Altersgruppe wird nur um die halbe Zahl der ohne Merkmal Ausgeschiedenen vermindert; man erhält so die Zahl der anfänglich Merkmalsfreien, die während der ganzen Altersklasse auf den Merkmalseintritt beobachtet werden. Insgesamt ergibt sich die Wahrscheinlichkeit für den Eintritt des Merkmals

$$1 - (1 - p_1) \cdot (1 - p_2) \cdot (1 - p_3) \cdots \qquad (4)$$

Im Beispiel ergibt sich

$$1 - 0{,}8895 \cdot 0{,}7527 \cdot 0{,}7752 = 0{,}481.$$

Man erkennt, daß die so berechnete Wahrscheinlichkeit nicht genau mit der zugrunde liegenden Recessivenziffer 0,5 übereinstimmt.

Warum sich hier ein abweichender Wert ergibt, läßt sich feststellen, sobald man dem Rückrechnungsverfahren eine andere Form gibt. Es ist:

$$l_{i+1} = l_i - a_i - m_i \quad \text{und} \quad L_{i+1} = L_i - A_i - m_i.$$

Ferner ist

$$a_i : A_i = l_i^* : L_i^*.$$

Setzt man nun näherungsweise

$$\frac{l_i^*}{L_i^*} = \frac{1}{2} \cdot \left(\frac{l_i}{L_i} + \frac{l_{i+1}}{L_{i+1}} \right), \qquad (5)$$

was im allgemeinen ja nicht genau zutreffen kann, so ergibt sich

$$\frac{l_{i+1}}{L_{i+1}} = \frac{l_i}{L_i} - \frac{m_i}{L_{i+1} + \frac{1}{2} A_i} \left(1 - \frac{l_i}{L_i} \right) = \frac{l_i}{L_i} - \frac{p_i}{1 - p_i} \left(1 - \frac{l_i}{L_i} \right). \qquad (5\,\text{a})$$

Daraus wird

$$\left(1 - \frac{l_i}{L_i} \right) = \left(1 - \frac{l_{i+1}}{L_{i+1}} \right) (1 - p_i)$$

und

$$\frac{l_1}{L_1} = 1 - (1 - p_1)(1 - p_2)(1 - p_3) \cdots$$

Das bequeme Produktverfahren setzt also die näherungsweise Gültigkeit von (5a) voraus, was im Schema der Tabelle 1 nur roh zutrifft.

Die Produktmethode ergibt den Wert 1, sobald in der letzten Altersgruppe alle Merkmalsfreien manifestieren. Die Rückrechnungsmethode ergibt dagegen bereits dann 1, wenn in der letzten Altersgruppe noch ein Merkmalseintritt vorliegt. Keiner dieser Grenzfälle kann als „richtig" oder „falsch" angesehen werden. Jedenfalls dürfen diese Verfahren nicht bei kleinem Material angewendet werden, wenn es möglich ist, daß solche Grenzfälle „zufällig" eintreten können.

3. Die Berücksichtigung der Altersverteilung in kleinen Beobachtungsreihen.

a) Ein-Klassen-Verfahren.

Sind in jeder Altersgruppe oder in der ganzen Beobachtungsreihe nur wenige Merkmalsträger vorhanden, so müssen andere Rechnungsverfahren angewandt werden. Eine — allerdings sehr ungünstige — Möglichkeit besteht darin, die Alterseinteilung so weit zu vergröbern, daß man alle Klassen innerhalb der Manifestationsperiode zusammenfaßt. Klasse 2 bedeutet die Manifestationsperiode, Klasse 1 die niedrigere und 3 die höhere Altersgruppe. Dann ist m_2 die Zahl der Merkmalsträger, L_2 die Beobachtungszahl zu Beginn, L_3 die zu Ende der Manifestationsperiode und A_2 die Zahl der im Manifestationsalter ohne Merkmal Ausscheidenden. Die *Rückrechnung* führt zu folgender Formel für die Zahl der unerkannt ausgeschiedenen Merkmalsträger:

$$a_2 = \frac{A_2 \, m_2}{2 \, L_3 + m_2}.$$

Die gesuchte Merkmalshäufigkeit wird

$$\frac{l_2}{L_2} = \frac{m_2}{L_2} \cdot \frac{L_3 + \frac{1}{2} A_2 + \frac{1}{2} m_2}{L_3 + \frac{1}{2} m_2} = \frac{m_2}{L_2} \cdot \frac{L_2 + L_3}{2 \cdot L_3 + m_2}. \qquad (6)$$

Weinberg hat eine viel gebrauchte einfache Formel *("abgekürztes Verfahren")* für die Schätzung der Merkmalshäufigkeit angegeben:

$$\frac{m_2}{L_2^*} = \frac{m_2}{L_2 - \frac{1}{2}(A_2 + m_2)} = \frac{m_2}{L_3 + \frac{1}{2}(A_2 + m_2)}. \tag{7}$$

Bei der Berechnung der „Bezugszahl" werden die vor dem Eintrittsalter Ausgeschiedenen gar nicht, die währenddessen Ausgeschiedenen zur Hälfte, die später Ausgeschiedenen ganz gezählt. Eine genaue Begründung scheint hierfür nie gegeben worden zu sein; auch ist im Schrifttum kein Hinweis auf den Widerspruch zwischen (7) und der Produktrechnung Weinbergs nach (4) zu finden, aus der bei Zusammenfassung auf eine Manifestationsperiode die bessere Formel

$$\frac{m_2}{L_2 - \frac{1}{2}A_2} \tag{7a}$$

folgt. Der Unterschied gegenüber der gebräuchlichen Formel (7) liegt darin, daß die Merkmalsträger nicht halb, sondern ganz in die Bezugszahl eingehen (vgl. S. 254); bei seltenen Merkmalen ist die Abweichung zu vernachlässigen. (7a) liefert etwas kleinere Werte als die Rückrechnungsformel.

Zahlenbeispiel. Von 100 Beobachteten stehen 20 vor dem Manifestationsalter, 30 darin, 50 darüber; die 8 Merkmalsträger sind in der Mittelklasse enthalten. Nach (7a) schätzt man die Merkmalshäufigkeit zu $\dfrac{8}{80-11} = 11{,}6\%$, nach dem Rückrechnungsverfahren auf $\dfrac{8}{80} \cdot \dfrac{80+50}{100+8} = 12{,}0\%$ gegenüber 8% ohne Korrektur.

b) Methode der Rückrechnung.

Die Zusammenfassung der ganzen Manifestationsperiode zu einer einzigen Altersklasse ist sehr ungünstig und nur als ganz grobe Näherung zu verwenden. Es ist zweckmäßiger, die Altersverteilung genauer zu berücksichtigen. Kennt man die Manifestationsziffern μ des Merkmals aus anderen Untersuchungen, so soll nach derjenigen *Anfangszahl der Merkmalsgenotypen* gefragt werden, die *unter Zugrundelegung der gleichen Ausscheideziffern, wie sie die Gesamtreihe aufweist, gerade zur beobachteten Zahl m der Merkmalsträger führt.*

Tabelle 2. Rechenbeispiel zur Alterskorrektur

Altersgruppe	Merkmalsfreie unter Beobachtung (Beginn der Altersgruppe) L_i	Ohne Merkmal scheiden aus A_i	Merkmalseintritt m_i	Merkmalsfreie unter Beobachtung (Mitte der Altersgruppe) L_i^*
1	300	40	—	—
2	260	50	—	—
3	210	56	4	235
4	150	69	1	180
5	80	80	—	115
		295	5	

Bezeichnet man die in den einzelnen Altersstufen zu erwartenden Merkmalseintritte mit m_1^0, $m_2^0 \ldots$, so soll sein: $m_1^0 + m_2^0 + m_3^0 + \ldots = m$. Dabei ist

$$m_i^0 = \left(l_i - \frac{1}{2}a_i\right)\mu_i = \frac{1}{2}\left(l_i + l_{i+1} + m_i^0\right)\mu_i.$$

Die beobachtete Zahl der Merkmalseintritte jeder Klasse ist dabei durch den Erwartungswert m_i^0 ersetzt. Daraus folgt

$$m_i^0 = \frac{l_i + l_{i+1}}{2 - \mu_i}\mu_i = \frac{l_i + l_{i+1}}{2} \cdot \nu_i,$$

wenn man zur Abkürzung

$$\nu_i = \frac{2\mu_i}{2 - \mu_i}$$

setzt. Da alle Genotypen vor dem Merkmalseintritt gleiche Ausscheidehäufigkeit (bezogen auf die Klassenmitte) aufweisen sollen, ist

$$\frac{a_i}{l_i + l_{i+1}} = \frac{A_i}{L_i + L_{i+1}} = \frac{q_i}{2}.$$

Führt man noch die Bezeichnungen

$$\alpha_i = \frac{4\,l_{i+1}}{l_i + l_{i+1}} = 2 - q_i - \nu_i$$

$$\beta_i = \frac{4\,l_i}{l_i + l_{i+1}} = 2 + q_i + \nu_i$$

ein, so ist

$$m_i^0 = l_i \cdot \frac{2\,\nu_i}{\beta_i}$$

und

$$l_i = l_{i-1} \cdot \frac{\alpha_{i-1}}{\beta_{i-1}} = l_1 \cdot \frac{\alpha_1}{\beta_1} \cdot \frac{\alpha_2}{\beta_2} \cdots \frac{\alpha_{i-1}}{\beta_{i-1}}.$$

Insgesamt ist

$$m = l_1 \frac{2\,\nu_1}{\beta_1} + l_2 \frac{2\,\nu_2}{\beta_2} + l_3 \frac{2\,\nu_3}{\beta_3} + \cdots$$
$$= l_1 \left(\frac{2\,\nu_1}{\beta_1} + \frac{\alpha_1}{\beta_1} \frac{2\,\nu_2}{\beta_2} + \frac{\alpha_1}{\beta_1} \frac{\alpha_2}{\beta_2} \frac{2\,\nu_3}{\beta_3} + \cdots \right).$$

Es ergibt sich die *gesuchte Anfangshäufigkeit der Merkmalsgenotypen* als

$$\frac{l_1}{L_1} = \frac{m}{L_1 \left[\frac{2\,\nu_1}{\beta_1} + \frac{\alpha_1}{\beta_1} \cdot \frac{2\,\nu_2}{\beta_2} + \frac{\alpha_1}{\beta_1} \cdot \frac{\alpha_2}{\beta_2} \cdot \frac{2\,\nu_3}{\beta_3} + \cdots \right]}. \tag{8}$$

Der Nenner kann als „berichtigte Bezugszahl" für die im Zähler stehende Zahl der Merkmalsträger aufgefaßt werden.

Die einzelnen Glieder des Nenners — mit L_1 multipliziert — sind die „Bezugszahlen" der einzelnen Altersgruppen. Multipliziert man diese mit der

an kleinem Material (Rückrechnung).

$q_i = \frac{A_i}{L_i^*}$	μ_i	$\nu_i = \frac{2\,\mu_i}{2 - \mu_i}$	$\alpha_i = 2 - q_i - \nu_i$	$\beta_i = 2 + q_i + \nu_i$	$\frac{\alpha_i}{\beta_i}$	$\frac{2\,\nu_i}{\beta_i}$
0,213	0,220	0,247	1,540	2,460	0,626	0,201
0,311	0,557	0,772	0,917	3,083	0,297	0,501
0,600	0,857	1,500	—	4,100	—	0,732

korrigierten Merkmalshäufigkeit l_1/L_1, so ergeben sich die Erwartungszahlen der Krankheitseintritte m_1^0, m_2^0, ...

Beispiel. Die folgende Reihe sei für das gleiche Merkmal gewonnen wie Tabelle 1. Die Zahl der Merkmalsträger ist von 300 Beobachteten nur 5. Welches ist die zugrundeliegende Merkmalshäufigkeit, wenn man die aus Tabelle 1 durch Rückrechnung erschlossenen Manifestationsziffern μ überträgt?

Die Rechnung braucht sich nur auf die Manifestationsperiode in den Altersgruppen 2 bis 4 zu erstrecken. Es ergibt sich nach (8) als Bezugszahl

$$260 \cdot (0{,}201 + 0{,}626 \cdot 0{,}501 + 0{,}626 \cdot 0{,}297 \cdot 0{,}732) = 260 \cdot 0{,}651 = 169{,}3$$

und als Merkmalshäufigkeit $5 : 169{,}3 = 3{,}0\%$.

---

* Die ν_i könnte man auch unmittelbar aus Tabelle 1 als $\nu_i = m_i : l_i^*$ berechnen.

In den drei Altersklassen sind die Bezugsziffern 52,3; 81,5; 35,6 und die Erwartungszahlen der Merkmalseintritte 1,5; 2,4; 1,1.
    Schwierigkeiten können sich in den Endklassen ergeben, wenn die Ausscheideziffern
und die Manifestationsziffern beide sehr hoch sind, so daß die schematisch errechnete Zahl
der Ausscheidenden und Manifestierenden größer als die Zahl l_i ist. In Wirklichkeit haben
dann Zufallsabweichungen vorgelegen.

    Diese Rechnung ist in enger Anlehnung an biologisch wichtige Größen,
nämlich die Manifestationsziffern μ_i der Anlageträger l_i, mittels schematischer
Rekonstruktion der l_i-Werte aufgebaut worden. Sie ist deshalb überall da zu
empfehlen, wo man aus einem größeren Sippenmaterial μ-Werte zur Verfügung hat.

c) Näherungsverfahren.

    Ist dies nicht der Fall, so kann man versuchen, aus einem größeren Ver-
gleichsmaterial wenigstens die Altersunterschiede der Eintrittsziffern des Merkmals zu übertragen. Man muß dann in diesem Vergleichsmaterial (deutsche
Buchstaben) die Zahl der Merkmalseintritte jeder Altersstufe auf die Zahl der
in diesem Alter beobachteten Merkmalsfreien beziehen.

$$p_i = \frac{m_i}{\mathfrak{L}_i - \frac{1}{2}\mathfrak{A}_i} = \frac{m_i}{\mathfrak{L}'_i} = \frac{l'_i}{\mathfrak{L}'_i} \cdot \mu_i.$$

    In p_i sind also Anlageträgerhäufigkeit und Manifestationsziffer enthalten.
Im Beobachtungsmaterial ist $L'_1 \cdot p_1 + L'_2 \cdot p_2 + \cdots$ diejenige Anzahl der
Merkmalsträger, die bei Übertragung der Verhältnisse der Vergleichsreihe zu
erwarten wäre. Bezeichnet man nun mit $\mathfrak{w}$ die dem Vergleichsmaterial zugrunde liegende wahre Häufigkeit der Merkmalsgenotypen und mit w deren
(gesuchte) Häufigkeit in der Beobachtungsreihe, ferner mit m wieder die beobachtete Zahl der Merkmalsträger, so gilt folgende Proportion:

$$w : \mathfrak{w} = m : (L'_1 \cdot p_1 + L'_2 \cdot p_2 + \cdots). \tag{9}$$

Kennt man die Häufigkeitsziffer $\mathfrak{w}$ des Vergleichsmaterials, und darf man die
p_i übertragen, so kann man nach dieser Gleichung das gesuchte w ermitteln.
Dies ist tatsächlich in bestimmten Fällen möglich.

    Zunächst muß noch genau erörtert werden, was Übertragung der p_i-Werte
von einem Material auf ein anderes exakt bedeutet. Dabei ist davon auszugehen, daß die Möglichkeit des Merkmalseintritts in der i-ten Altersklasse nicht
für alle noch Merkmalsfreien gleichmäßig besteht, sondern nur für einen Teil
von ihnen. Dieser Teil, der den Merkmalsgenotyp hat, vermindert sich mit
dem Alter absolut und relativ. Es ist

$$\frac{l_1}{L_1} > \frac{l_2}{L_2} > \cdots \text{ also } \frac{l_i}{L_i} > \frac{l_{i+1}}{L_{i+1}}.$$

    Ferner ist ohne weiteres klar, daß diese Abnahme von der Häufigkeit der
Anlageträger selbst abhängig ist [vgl. auch die Näherungsformel (5a)]; und
zwar ist die Abnahme relativ um so geringer, je häufiger die Anlageträger
sind. Proportional zur Verringerung der Anlageträger vermindern sich auch
die p_i.

    Vergleicht man nun eine Beobachtungsreihe mit relativ vielen Anlageträgern
mit einer solchen mit relativ wenigen Anlageträgern, so werden auch bei gleichen
sonstigen Ausscheideziffern im ersten Fall die höheren Altersgruppen unverhältnismäßig viel mehr Anlageträger aufweisen als in der zweiten Reihe. Würde man
nun in der ersten Reihe die p_i berechnen, und die Werte nach (9) auf die zweite
Reihe übertragen, so erhielte man zu große Zahlen und damit einen *zu kleinen*
endgültigen Häufigkeitswert.

Dieser Fehler fällt jedoch fort, sobald die Häufigkeit der Anlageträger in beiden Reihen klein ist; dann liegt der Ausdruck $\left(1 - \dfrac{l_i}{L_i}\right)$ der Gleichung (5a) nahe bei 1 und hat keinen Einfluß, desgleichen der Wert $(1 - \mathfrak{p}_i)$. In der Vergleichsreihe würde näherungsweise sein:

$$\frac{l_{i+1}}{L_{i+1}} = \frac{l_i}{L_i} - \mathfrak{p}_i = \frac{l_i}{L_i} - \frac{l_i'}{L_i'} \cdot \mu_i \,.$$

Der Rückgang des Anteils der Anlageträger hängt dann nur noch von μ_i ab. Ferner ist dann

$$\mathfrak{w} = \frac{l_1}{L_1} = \mathfrak{p}_1 + \mathfrak{p}_2 + \cdots .$$

In beiden Reihen sind die Eintrittshäufigkeiten des Merkmals proportional, die Übertragung der $\mathfrak{p}_i$ ist erlaubt. Entsprechendes gilt für die Beobachtungsreihe. *Die gesuchte Ausgangshäufigkeit der Anlageträger in der Beobachtungsreihe wird*

$$\mathfrak{w} = \mathfrak{m} : \frac{L_1' \cdot \mathfrak{p}_1 + L_2' \cdot \mathfrak{p}_2 + \cdots}{\mathfrak{p}_1 + \mathfrak{p}_2 + \cdots} \,. \tag{10}$$

Der Bruch hinter den Divisionspunkten ist die korrigierte „Bezugszahl". Diese Formel bedeutet gleichzeitig eine vereinfachte[1] Fassung des von Strömgren angegebenen Verfahrens der Alterskorrektur, für das eine klare wahrscheinlichkeitstheoretische Ableitung bisher noch nicht vorlag (Anwendung vgl. S. 260).

Die Formel zeigt, daß die aus der Vergleichsreihe zu übertragenden Ziffern $\mathfrak{p}_i$ nur mit ihrem relativen Wert, nämlich als $\mathfrak{p}_i : (\mathfrak{p}_1 + \mathfrak{p}_2 + \cdots)$, in die Rechnung eingehen. Dies bedeutet einen entscheidenden Vorteil für die Anwendung, da es nicht mehr notwendig ist, im Vergleichsmaterial die wirklichen Häufigkeiten des Merkmalseintritts festzustellen; es genügen vielmehr bereits hierzu proportionale Werte.

Bei der praktischen Anwendung besteht die Vergleichsreihe sehr oft nicht aus einem erbbiologisch einwandfrei abgegrenzten Sippen- oder Bevölkerungsmaterial über den Merkmalseintritt, sondern lediglich in der *Altersschichtung der zur klinischen Beobachtung gekommenen Merkmalsträger*. So können z. B. der nachher als Beispiel wiedergegebenen Statistik über Kinder von Diabetikern als Vergleichsmaterial zwecks Berücksichtigung der Altersverteilung nur die klinischen Zahlen über den Erkrankungsbeginn von Diabetikern zugrunde gelegt werden. Um mit solchem Material überhaupt arbeiten zu können, muß die Voraussetzung gemacht werden, daß die Altersverteilung der klinisch erfaßten Erkrankungen mit der Altersverteilung des Krankheitsbeginns bei allen Kranken in der Bevölkerung bzw. bei allen in einer Sippenuntersuchung als krank erkennbaren lebenden oder bereits verstorbenen Personen übereinstimmt. Dies dürfte meist nicht genau zutreffen, da es bezüglich des Aufsuchens einer Klinik Unterschiede nach Alter, Geschlecht, Familienstand gibt, und da ferner der Unterschied der diagnostischen Kriterien zwischen klinischen und Sippenuntersuchungen durchaus auch eine gewisse Änderung der Altersverteilung bewirken könnte.

Läßt man diese Voraussetzung gelten, so sind als erster Schritt der Rechnung die $\mathfrak{p}_i = \mathfrak{m}_i : \mathfrak{L}_i'$ oder wenigstens die zu $\mathfrak{p}_i$ proportionalen Ziffern zu berechnen. Da das letztere genügt, ist es nicht notwendig, die Bevölkerungsgruppe, aus der die klinischen Fälle stammen, genau zu ermitteln — was im übrigen auch meist unmöglich sein dürfte. Ebensowenig ist es erforderlich, alle Erkrankungsfälle einer Gegend erfaßt zu haben oder die Zeitspanne der erfaßten Erkrankungen

---

[1] Die Vereinfachung gegenüber dem üblichen Rechenschema des Strömgren-Verfahrens besteht darin, daß hier nur zwei Spalten durch Multiplikation oder Division gewonnen werden müssen gegenüber sonst vier Spalten.

genau zu berücksichtigen. Es reicht sogar aus, statt der absoluten Bevölkerungszahlen Relativzahlen zu benutzen, wie es im untenstehenden Beispiel durchgeführt ist.

Beispiel. Unter 411 Kindern in Ehen eines zuckerkranken Elters mit gesundem Partner fand F. STEINER (1938) 16 Diabetiker. Zur Berücksichtigung der Altersverteilung des Krankheitsbeginnes wurde klinisches Material aus Berlin und Frankfurt benutzt (2. Spalte). Durch Beziehung auf die Altersverteilung (auf 10 000) der deutschen Großstadtbevölkerung (3. Spalte) 1933 ergeben sich in Spalte 4 Proportionszahlen zu den Erkrankungshäufigkeiten p_i. Dann wird die Beobachtungsreihe (Spalte 5) von unten nach oben aufsummiert (Spalte 6), ferner die Beobachtungszahl in der Mitte jeder Altersgruppe festgestellt (Spalte 7). Durch Multiplikation von Spalte 4 mit Spalte 7 ergeben sich in Spalte 8 die Glieder des Zählers der Formel (10) für die Bezugszahl. Die Summe der Spalte 8 beträgt 33,29 und wird durch die Summe 0,4606 der Spalte 4 dividiert. 33,29 : 0,4606 = 72,28 ist die Bezugszahl. Die korrigierte Häufigkeit der Merkmalsträger beträgt 16 : 72,28 = 22,14%.

Tabelle 3. Anwendung des Näherungsverfahrens der Alterskorrektur auf das Diabetesmaterial von F. STEINER.

Alters-klasse	Vergleichsreihe			Beobachtungsreihe		
	Erkran-kungs-beginn in klinischem Material	Relative Alters-verteilung in deutschen Großstädten	Proportional-ziffer zur Erkrankungs-häufigkeit	Aus der Beob-achtung Aus-scheidende	Merkmalsfrei unter Beobachtung Beginn | Mitte der Altersgruppe	
1	m_i	$C \cdot \mathscr{L}'_i$	$c \cdot p_i$	A_i	L_i	$L'_i = L_i - \frac{1}{2} A_i$
1	2	3	4 = 2 : 3	5	6	7	8 = 7 · 4
0— 9	5	1175	0,0043	25	411	398,5	1,71
10—19	14	1273	0,0110	43	386	364,5	4,01
20—29	30	1937	0,0155	106	343	290	4,50
30—39	72	1807	0,0398	98	237	188	7,48
40—49	134	1489	0,0900	76	139	101	9,09
50—59	172	1225	0,1404	46	63	40	5,62
60—69	63	734	0,0858	15	17	9,5	0,82
70—79	17	299	0,0569	2	2	1	0,06
80 u. mehr	1	59	0,0169	—	—	—	
	508	9998	0,4606	411			33,29

Anmerkung: In den Spalten 5—8 sind die 16 Diabetiker enthalten, da STEINER ihr Erkrankungsalter nicht angegeben hat. Richtiger sollten diese — wie in Tabelle 2 — entsprechend ihrem Erkrankungsalter ausgesondert werden. Der praktische Fehler ist jedoch gering.

Die Voraussetzungen zur Anwendung des Näherungsverfahrens sind nur schlecht erfüllt, da die ermittelte Anfangsziffer von etwa 22% nicht als klein angesehen werden kann. — Einen weiteren Aufschluß über die Genauigkeit der Korrektur erhält man dadurch, daß man zum Vergleich einige Klassen, z. B. die über 60jährigen, zusammenfaßt. Führt man dann die Rechnung durch, erhält man eine Bezugszahl 88,1 und eine korrigierte Häufigkeit von 18%. Es ist also wichtig, *nicht zu breite Altersklassen* zu wählen.

Das theoretisch günstigere Rückrechnungsverfahren könnte auf solches Material unter Zugrundelegung einer Schätzung der Manifestationsziffer als $\mu_i = p_i : (p_i + p_{i+1} + \ldots)$ angewandt werden, scheint aber keine praktischen Vorteile zu bieten.

Eine *weitere Vergröberung des Verfahrens* besteht darin, trotz der Kleinheit der Merkmalszahlen in der Beobachtungsreihe die $p_i = m_i : (L_i - \frac{1}{2} A_i)$ zu bilden und ohne Bezugnahme auf eine Vergleichsreihe die gesuchte Häufigkeit einfach als

$$w = p_1 + p_2 + p_3 + \ldots \tag{11}$$

zu bestimmen. Das ausführlichere Verfahren nach (10) hat demgegenüber den Vorzug, daß die Zufallsschwankungen der kleinen Reihe nur einmal, nämlich in der noch zuverlässigsten Zahl m aller Merkmale, in die Rechnung eingehen, im Kurzverfahren dagegen in den stärker zufallsbedingten Zahlen m_i der einzelnen Altersklassen; das zufällige Alter beim Merkmalseintritt spielt hier die ausschlaggebende Rolle. Bei größerer Zahl der Merkmalseintritte in der Beobachtungsreihe werden (10) und (11) gleichwertig. Beide liefern bei größeren Häufigkeiten systematisch zu hohe Werte.

Zum Schluß sei noch besonders betont, daß es auch bei kleinen Zahlen — im Gegensatz zur verbreiteten Ansicht — für jedes Verfahren wichtig ist, das Alter der beobachteten Merkmalseintritte anzugeben.

Der *Fehlerbereich der korrigierten Häufigkeitsziffer* ist nur in allergröbster Näherung abschätzbar. Zum Zufallsfehler der kleinen Zahlen kommen die Unsicherheiten des Korrekturverfahrens in zweifellos merklicher, aber nicht allgemein faßbarer Weise hinzu. Würde man der Fehlerrechnung einfach die korrigierte Häufigkeit und die Bezugszahl als Beobachtungszahlen zugrunde legen (im Diabetesbeispiel $\sigma = \sqrt{22\% \cdot 78\% : 72} = 4{,}9\%$), erhielte man zu kleine Werte. Besser dürfte es sein, die Rechnung zunächst auf die wirklichen Beobachtungswerte zu beziehen und proportional auf die korrigierte Ziffer zu erweitern. Im Diabetesbeispiel war die beobachtete Häufigkeit $16:411 = 3{,}9\%$.

Der Fehler der korrigierten Ziffer von $22{,}1\%$ würde dann $\sigma = \dfrac{22{,}1\%}{3{,}9\%} \sqrt{\dfrac{3{,}9\% \cdot 96{,}1\%}{411}}$

$= 5{,}4\%$. Auch dieser Wert gibt nur einen ganz rohen Anhaltspunkt.

Eine ausführliche mathematische Analyse der Methoden der Alterskorrektur gibt M. P. GEPPERT.

II. Die Erbstatistik in der Familie.

1. Die Prüfung reiner Mendelziffern.

Die Untersuchung eines Erbmerkmals bei Eltern und Kindern soll den Erbgang in seinen Einzelheiten aufdecken und das zugrunde liegende MENDELsche Schema erkennen lassen. Bei allgemein vorhandenen Merkmalen, z. B. den Bluteigenschaften A, B, O und M, N, geht man so vor, daß man willkürlich Familien mit großer Kinderzahl ohne Rücksicht auf ihre Blutzugehörigkeit untersucht. In den verschiedenen Ehetypen prüft man dann unmittelbar die Erbhypothese.

Bei *intermediärem Erbgang* erwartet man in allen Ehetypen reine Mendelziffern. Die statistische Prüfung der Spaltungen erfolgt zunächst in jedem Ehetyp für sich unter Benutzung des mittleren Fehlers bei zweiklassigen Spaltungen und des χ^2-Verfahrens bei mehr als zwei Klassen (vgl. S. 168). Will man das Ergebnis aller Spaltungen noch einmal zusammenfassen, so kann man χ^2 für alle Klassen berechnen; die Zahl m der Freiheitsgrade ist gleich der Zahl der Klassen bei den Kindern, vermindert um die Zahl der Ehetypen.

Beispiel. Unter 200 von MOUREAU auf die Blutfaktoren M und N untersuchten Ehen fanden sich folgende Spaltungsverhältnisse (vgl. auch S. 169):

Tabelle 4.

Ehe	Anzahl der Ehen	Kinder						
		Anzahl	MM		MN		NN	
			beob.	erw.	beob.	erw.	beob.	erw.
MM × MN	58	201	103	100,5	98	100,5	—	47,0
MN × MN	53	188	45	47,0	102	94,0	41	47,0
MN × NN	41	158	—	—	78	79,0	80	79,0

Daraus ergibt sich nach [62], S. 168:

$$\chi^2 = 2 \cdot \frac{2{,}5^2}{100{,}5} + \frac{2^2}{47} + \frac{8^2}{94} + \frac{6^2}{47} + 2 \cdot \frac{1^2}{79} = 1{,}68.$$

Für m = 4 Freiheitsgrade liegt χ^2 weit innerhalb des Zufallsbereiches.

Außer den Aufspaltungen sind die „unmöglichen" Fälle besonders wichtig. Während theoretisch ein einziger solcher Fall die Erbannahme widerlegt, ist man praktisch zu einer anderen Beurteilung gezwungen. Es ist in einem größeren Familienmaterial nicht zu vermeiden, daß einige Kinder mit falscher Elternangabe, insbesondere Vaterschaftsangabe, enthalten sind. Auch vorsichtige Rückfragen bei einer Nachuntersuchung werden oft keine Klarheit bringen. Deshalb darf das Vorkommen einiger weniger „Ausnahmen" nicht gegen die Erbannahme gewertet werden, solange das Elter-Kind-Verhältnis nicht als völlig sicher angesehen werden muß.

Man kann im allgemeinen nur prüfen, ob die Zahl der Ausnahmen nicht übermäßig hoch ist. Eine allgemeine Grundziffer für diesen Vergleich läßt sich aber natürlich nicht geben. Eine zahlenmäßige Unterlage besitzt man nur dann, wenn man gleichzeitig ein anderes, dem Erbgang nach bekanntes Merkmal mituntersucht. Es ist z. B. für die Blutgruppen mehrfach berechnet worden, daß in Deutschland etwa $\frac{1}{6}$ aller falschen Vaterschaftsangaben durch die Blutgruppenuntersuchung aufgedeckt werden können. Daraus folgt, daß die Gesamtzahl der falschen Vaterschaftsangaben etwa 6mal so groß ist wie die der durch Blutgruppen aufgedeckten unmöglichen Vater-Kind-Kombinationen. Bei den Blutfaktoren M und N ist das Verhältnis 1 : 5,4. Durch beide Eigenschaften zusammen findet man $\frac{1}{3}$ der falschen Angaben. Hiernach kann man aus den „Ausnahmefällen" eines Materials in bezug auf die Bluteigenschaften auf die bei einem anderen Merkmal erlaubte Zahl der Ausnahmen schließen [Formeln dafür in Koller (1931)]. Da es sich aber stets um kleine Zahlen handelt, bleibt bei einer solchen Schätzung ein sehr weiter Zufallsbereich bestehen. Zur Mutter-Kind-Statistik vgl. Abschn. II 4.

Bei Vorliegen von *Dominanz* läßt sich nur in den Ehen zweier Recessiver die Erbformel der Kinder unmittelbar prüfen. Da in allen anderen Ehen die Erbformel der Dominanten nicht bekannt ist, so würde man zur Beurteilung der Aufspaltung die Verteilung der Erbformen der Dominanten benötigen. Nimmt man völlige Durchmischung in bezug auf das betrachtete Merkmal an, so ist die Verteilung durch (47) gegeben. Aus dieser und aus den Mendelziffern kann man theoretisch eine Spaltungstabelle zum Vergleich mit den beobachteten Zahlen zusammensetzen (vgl. Geppert-Koller 1938). Untersucht man die Übereinstimmung beider Tabellen, so prüft man damit die Erbannahme und die Durchmischungsannahme gleichzeitig; Nichtübereinstimmung bedeutet daher nicht notwendig die Widerlegung der Erbannahme.

Der günstigste Ausweg besteht darin, die dominanten Eltern dadurch zu unterscheiden, daß man noch eine Generation zurückgeht und ihre Eltern untersucht. Diejenigen, die durch ein recessives Elternteil als heterozygot erkannt sind, werden der weiteren Statistik zugrunde gelegt. Dann läßt sich die Aufspaltung auch in Ehen Aa × Aa und Aa × aa prüfen. Man erfaßt hierbei zwar nur einen Teil der Ehen dieser beiden Typen; da aber bei der Auslese die Beschaffenheit der Kinder nicht berücksichtigt wurde, sind die reinen Mendelziffern 25% und 50% aa zu erwarten. Bei seltenen recessiven Merkmalen hat dieser Weg freilich wenig Aussicht auf Erfolg, da dann nur ein sehr geringer Bruchteil der Heterozygoten ein recessives Elter haben wird.

2. Die Auslese der Geschwisterschaften mit mindestens einem Merkmalsträger. Eindeutige Erkennbarkeit des Erbmerkmals.

a) Recessiver Erbgang. Vollständige Manifestation.

Im allgemeinen wird es nicht möglich sein, den heterozygoten Genotyp der dominanten Eltern durch recessive Großeltern zu erkennen, sondern man ist auf die Erkennung durch recessive Kinder angewiesen und nimmt nur die Familien mit mindestens einem recessiven Kind in das Material auf. Da man später an der Zahl der recessiven Kinder die Erbhypothese prüfen will, liegt hier eine *einseitige Auslese* vor, durch die eine zu große Recessivenzahl bewirkt wird. Nur wenn diese Auslese bei der statistischen Bearbeitung unschädlich gemacht wird, kann an einem so gewonnenen Material eine beweiskräftige Prüfung vorgenommen werden.

Die *Ausschaltung des Recessivenüberschusses* kann rechnerisch durch verschiedene Methoden erfolgen. Am bekanntesten ist WEINBERGs *Geschwister- und Probandenmethode*, sowie die von BERNSTEIN zur alleinigen Anwendung empfohlene „*apriorische Methode*". Die vielfachen und nicht immer auf den Grund gehenden Erörterungen im Schrifttum machen eine eingehende kritische Darstellung dieses Fragenkreises notwendig.

Die einzelnen Methoden gehen von verschiedenen Annahmen über die Einzelheiten der Auslesewirkungen aus. Es bestehen folgende Möglichkeiten:

(1). Es sind in einer Gegend alle Familien mit mindestens einem recessiven Kind erfaßt.

(1a). Es ist ein für (1) repräsentativer Ausschnitt aus der Bevölkerung erfaßt. Die bei der Materialgewinnung wirksame Auslese ist unmittelbar auf die *Familien* mit mindestens einem recessiven Kind gerichtet.

(2). Ist die Auslese nicht auf die Familien gerichtet, sondern erfaßt man diese durch ihre recessiven Kinder, die als „Probanden" z. B. zur klinischen Beobachtung kommen (Individualauslese, Probandenauslese), so erhält man keinen repräsentativen Ausschnitt aus der Bevölkerung. Je mehr kranke Kinder in einer Familie vorhanden sind, mit um so größerer Wahrscheinlichkeit wird sie in das Material aufgenommen; daher findet sich im Material eine übergroße Häufung von Familien mit mehreren kranken Kindern.

α) Korrektur der Familienauslese. In den beiden ersten Fällen sind die Verhältnisse besonders klar, denn die einseitige Auslese besteht nur darin, daß die Ehen unbeobachtet bleiben, in denen durch Zufall kein recessives Kind aufgetreten ist. Diese Form der Auslese liegt für Aa × aa-Ehen z. B. dann vor, wenn man von älteren Recessiven ausgeht und diejenigen herausgreift, die mit einem Merkmalsfreien verheiratet sind und recessive Kinder haben. Bei einer 1:1-Aufspaltung treten in 2- und 3-Kind-Ehen folgende Typen in gleicher Wahrscheinlichkeit auf:

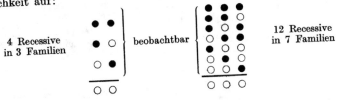

4 Recessive in 3 Familien　beobachtbar　12 Recessive in 7 Familien

Bei den 2-Kind-Ehen bleibt ein Viertel, bei den 3-Kind-Ehen ein Achtel der Ehen unbeobachtet. In den erfaßten Familien ergibt die Auszählung 1,333 bzw. 1,714 Recessive pro Ehe. Allgemein ist die Wahrscheinlichkeit, daß in einer s-Kind-Ehe, in der das Spaltungsverhältnis p krank:(1−p)=q gesund erwartet wird, alle s Kinder gesund sind, q^s. Von allen Ehen dès betrachteten Genotyps wird also nur der Teil $(1-q^s)$ beobachtet. Die kranken Kinder (Wahrscheinlichkeit p), die ja ausschließlich in den beobachteten Familien mit mindestens einem kranken Kind vorkommen, sind auf diese Zahl der Familien zu beziehen. Dann gibt

$$w = \frac{p}{1-q^s} \qquad (12)$$

die zu erwartende Häufigkeit der kranken Kinder in dem durch die beschriebene Auslese gewonnenen Material an[1]. Man benutzt für die praktische Bearbeitung eines Materials nach dieser Methode Tabellen, in denen die Erwartungszahlen für kranke Kinder in den einzelnen Familiengrößen angegeben sind. Für die wichtigsten Spaltungsziffern (krank:gesund = 1:1 und 1:3) sind die Werte in Tabelle 5 wiedergegeben. Die Wirkung der Auslese ist in den kleinen Familien am größten und verschwindet bei höherer Kinderzahl.

Tabelle 5. Erwartete Zahl der recessiven Kinder und Fehlerquadrat bei Auslese der Familien mit mindestens einem recessiven Kind (*Familien*auslese).

Kinder-zahl	Aa × aa		Aa × Aa	
	Erwartungszahl der recessiven Kinder w s	Fehler-quadrat σ^2	Erwartungszahl der recessiven Kinder w s	Fehler-quadrat σ^2
2	1,333	0,222	1,143	0,122
3	1,714	0,490	1,297	0,263
4	2,133 *	0,782	1,463	0,420
5	2,581	1,082	1,639	0,592
6	3,048	1,379	1,825	0,776
7	3,528	1,667	2,020	0,970
8	4,016	1,945	2,223	1,172
9	4,509	2,215	2,433	1,380
10	5,005	2,478	2,649 *	1,592 *
11	5,503	2,737	2,871	1,805
12	6,001	2,992	3,098	2,020
13	6,501	3,245	3,329	2,234
14	7,000	3,497	3,563	2,446
15	7,500	3,748	3,801	2,658

Die Fehlerrechnung kann hier nicht nach den allgemeinen Formeln für den mittleren Fehler einer Häufigkeit durchgeführt werden, da die Auslese auch hierbei berücksichtigt werden muß. In Tabelle 5 sind die Fehlerquadrate, die für die einzelnen Erwartungszahlen gelten, hinzugefügt. Die Formel für das Fehlerquadrat von w s ist[2]

$$\sigma^2 = w s (q - w s q^s). \tag{13}$$

Diese Methode ist von mehreren Autoren unabhängig beschrieben worden (WEINBERG 1913, der sie aber nicht anwandte, APERT 1914; BERNSTEIN 1929, der auch die Fehlerformel angab). Man findet sie im Schrifttum als apriorische, als direkte Vergleichsmethode, sowie als APERT-BERNSTEINsche Methode bezeichnet. In einer Arbeit von R. A. FISHER 1934 findet sich die unzutreffende Bezeichnung ,,proband method".

Die praktische Anwendung zeigt ein Beispiel (Oligophrenie nach SJÖGREN), in dem Ehen zweier Gesunder mit mindestens einem kranken Kind vorliegen. 1-Kind-Familien können, da sie doch keinen Erkenntniswert haben, fortgelassen werden.

Tabelle 6. Familien mit mindestens einem oligophrenen Kind (SJÖGREN).

Kinderzahl (3 Jahre und darüber) s	Familien-zahl n_s	Recessive Kinder		Fehlerquadrat
		beobachtet	erwartet $n_s \, s \, w_s$	$n_s \, \sigma_s^2$
2	1	1	1,143	0,122
3	3	3	3,891	0,789
4	4	7	5,852	1,680
5	4	5	6,556	2,368
6	6	7	10,950	4,656
7	7	10	14,140	6,790
8	5	9	11,115	5,860
9	2	3	4,866	2,760
10	1	4	2,649	1,592
14	1		3,563	2,446
	34	50	64,725	29,063

$$\sigma = \sqrt{29,063} = 5,4.$$

Man ordnet die Familien nach der Kinderzahl, berechnet nach den Werten der obigen Tabelle die in n_s Familien mit je s Kindern zu erwartende Recessiv-

---

[1] Vgl. zu dieser anschaulichen Ableitung auch die wahrscheinlichkeitstheoretische Begründung S. 132—133.

[2] Die Ableitung der Fehlerformel findet sich auf S. 163.

* Die in der ursprünglichen Tabelle BERNSTEINs (Handbuch der Vererbungswissenschaft Bd. I, C, S. 53) enthaltenen Druckfehler, die auch von E. WEBER (S. 207) und F. RINGLEB (S. 150) übernommen wurden, sind hier berichtigt.

zahl als n_s.ws, ferner das zugehörige Fehlerquadrat als $n_s \sigma_s^2$ und addiert die für die einzelnen Familiengrößen erhaltenen Werte. Die beobachtete Recessivenzahl muß mit der erwarteten innerhalb des dreifachen mittleren Fehlers ($3\,\sigma$) übereinstimmen.

Im Beispiel liegt die Abweichung noch in den erlaubten Grenzen.

Für eine rohe Überschlagsrechnung kann man mit der durchschnittlichen Kinderzahl aller Familien die Korrektur vornehmen. Will man die Rechnung nach (12) vermeiden, so kann man den Wert von w in der Fluchtlinientafel auf S. 273 ablesen; eine unmittelbare graphische Darstellung von w findet sich bei KOLLER (1931). Im Beispiel erhält man bei der durchschnittlichen Kinderzahl $s = 6{,}3$ und $p = 25\%$ einen Erwartungswert $w = 29{,}8\%$; daraus geht für 214 Kinder eine erwartete Recessivenzahl von 63,8 hervor. Für eine genaue Korrektur ist jedoch die Berücksichtigung der einzelnen Familiengrößen unerläßlich.

Während in der eben beschriebenen Methode eine Korrektur der Erwartungszahlen durchgeführt wurde und diese dann mit den ungeänderten Beobachtungswerten verglichen wurden, läßt sich das Verfahren auch ebenso gut umkehren, wie es LENZ 1929 durchgeführt hat. Ist R_s die beobachtete Recessivenzahl in n_sEhen mit je s Kindern, so wird

$$\frac{R_s}{s \cdot n_s}\,(1 - q^s) \qquad\qquad (14)$$

berechnet und mit der erwarteten Recessivenzahl p verglichen. Dieses Vorgehen hat eine anschauliche Bedeutung, denn

$$N_s = \frac{n_s}{1 - q^s}$$

läßt sich als Schätzung der Zahl aller Geschwisterschaften in einem entsprechend großen repräsentativen Bevölkerungsausschnitt einschließlich der nicht zur Beobachtung gekommenen merkmalsfreien auffassen. Der mittlere Fehler der empirischen Bestimmung von p ergibt sich ohne weiteres aus dem oben berechneten Fehler von w als

$$(1 - q^s) \cdot \sigma_w. \qquad\qquad (15)$$

Eine direkte Berechnung von HOGBEN 1931 führte zur gleichen Formel. Die Durchführung der Rechnung erfolgt entsprechend wie bei der erst beschriebenen Methode. Da die Ergebnisse der beiden Methoden völlig die gleichen sind und auch die Genauigkeit die gleiche ist, soll von der Wiedergabe einer Tabelle für die Korrekturfaktoren und die Fehlerquadrate abgesehen werden.

Die Umrechnung der Ergebnisse von einer Methode auf die andere erfolgt unmittelbar daraus, daß

$$w \cdot n_s = p \cdot N_s$$

ist. Bei DR $\times$ DR-Ehen hat man also die Recessivenerwartung nur mit 4 zu multiplizieren, um die ergänzte Kinderzahl der LENZschen Rechnung zu erhalten.

Die Korrektur der Auslese der Familien mit mindestens einem recessiven Kind kann noch in einer dritten Form erfolgen, die von der bisher beschriebenen grundsätzlich abweicht, der WEINBERGschen Geschwistermethode. Im Gegensatz zu den eben beschriebenen Methoden wird die Rechnung nicht auf der zu prüfenden Erbannahme aufgebaut. Man geht der Reihe nach von sämtlichen recessiven Kindern aus und zählt unter deren Geschwistern die Recessiven. Der Quotient „recessive Geschwister der Recessiven dividiert durch alle Geschwister der Recessiven" ist als Schätzung der zugrunde liegenden Erbziffer anzunehmen. Die Methode ist ein Spezialfall der im nächsten Abschnitt zu behandelnden Probandenmethode und wird dort näher begründet werden. Ihre Genauigkeit ist etwas geringer als die der beiden bisherigen Methoden (WEINBERG, BERN-STEIN[1], v. MISES, FISHER 1934).

β) **Korrektur der Probandenauslese.** Durch eine auf die kranke *Einzelperson* gerichtete Auslese wird eine Verschiebung in der Häufigkeit der Familientypen bewirkt, indem diejenigen mit mehreren kranken Kindern in übergroßer Zahl in das Material gelangen. Die Probandenauslese kann durch ihre Einzelheiten sehr verschiedenartig sein; nur für die Haupttypen sind Korrekturmethoden entwickelt worden.

a) Ein besonders einfacher Fall[2] liegt vor, wenn die Probanden z. B. bei der Musterung eines Jahrganges gewonnen werden. Von den Familien mit s Kindern, von denen eins dem gemusterten Jahrgang angehört, werden diejenigen sämtlich in das Material aufgenommen, deren Kinder alle Merkmalsträger sind; von den Familien mit nur einem Merkmalsträger wird jedoch nur der s-te Teil erfaßt, weil der Merkmalsträger nur mit der Wahrscheinlichkeit 1/s gerade das gemusterte Kind ist. Von den Familien mit 2 Merkmalsträgern wird der Teil 2/s erfaßt usw. (vgl. die Tab. 7 für s = 3).

Tabelle 7. Schema der Auslese eines einzelnen Probanden in jeder Familie.

Dies ist ein praktisch möglicher Fall von Probandenauslese, in dem die Familien mit mehreren Merkmalsträgern sich im Material in genau angebbarer Weise anhäufen. In jeder erfaßten Familie gibt es nur einen Probanden. Unter seinen Geschwistern bestehen die für die Familie typischen Spaltungsverhältnisse, die durch die Auslese in keiner Weise verzerrt sind. Die erwartete Zahl der Recessiven unter den $(s-1)$ Probandengeschwistern jeder Familie ist $(s-1) \cdot p$; zählt man die — für die Auswertung belanglosen — Probanden mit, so ist die Recessiven-erwartung

$$1 + (s - 1) \cdot p. \tag{16}$$

Der mittlere Fehler ist als

$$\sigma = \sqrt{p \cdot (1 - p) \cdot (s - 1)}$$

zu berechnen.

b) Eben bestand nur für ein Kind jeder Familie die Möglichkeit, Proband zu werden; im allgemeinen trifft dies jedoch für jeden Merkmalsträger zu. Als nächst einfacher Fall sei nun angenommen, daß für jeden Merkmalsträger eine und dieselbe Wahrscheinlichkeit r besteht, als Proband erfaßt zu werden. Z. B. mögen die Merkmalsträger einiger Schulklassen als Ausgangspersonen der Erb-statistik angewandt werden. Ihre Erfassung stehe mit dem Vorkommen der Krankheit bei ihren Geschwistern in keiner Beziehung. Die Krankheitshäufig-keit unter den Geschwistern der Probanden gibt also auch hier direkt das Spal-tungsverhältnis in der Ehe wieder. Bei der praktischen Zählung muß man von Proband zu Proband gehen und jedesmal die Zahl der recessiven sowie die aller Geschwister feststellen. Kommen in einer Familie mehrere Probanden vor, so ist jeder einmal als Ausgangsperson dieser Zählung zu benutzen. Die dadurch bedingte Mehrfachzählung solcher Familien ist notwendig und berechtigt, da nur so die Rekonstruktion des Spaltungsverhältnisses möglich ist.

---

[1] Daß BERNSTEIN die Geschwistermethode als unzulässig erklärt, ist sachlich nicht haltbar.

[2] Bei SCHULZ (1936) erwähnt.

Am nebenstehenden Schema einer 1 : 1-Aufspaltung in 3-Kind-Familien kann man sich von der Richtigkeit dieses Verfahrens überzeugen. Von den Familien des ersten Typs mit 3 Kranken wird jeder mit der Wahrscheinlichkeit r Proband; jeder hat zwei kranke Geschwister. Die Erwartungszahl kranker Geschwister von Probanden ist 6 r. In Familien, in denen nur das erste und zweite Kind krank sind, ist die entsprechende Erwartungszahl 2r, die der Probandengeschwister überhaupt 4r usw. Zählt man die Erwartungszahlen zusammen, so ergibt sich für die recessiven Geschwister der Probanden 12r, für alle Geschwister 24r. Der Quotient ist von r unabhängig und hat den Wert des Spaltungsverhältnisses $^1/_2$.

Bezeichnet man allgemein die Zahl der Recessiven in einer s-Kind-Familie mit x, die der Probanden mit y (y ≤ x), so ist die Zahl aller Probandengeschwister y(s—1) und die der Recessiven unter ihnen y(x—1). Die Auszählung nach der Probandenmethode ergibt dann den Wert

$$\frac{\sum_i y_i (x_i - 1)}{\sum_i y_i (s_i - 1)} \qquad (17)$$

Tabelle 8. Ausleseschema der Probandenmethode.

3-Kind-Familien	Kranke Geschwister der Probanden	Geschwister der Probanden
●●●	3·r·2	3·r·2
●●○	2·r·1	2·r·2
●○●	2·r·1	2·r·2
○●●	2·r·1	2·r·2
●○○	—	1·r·2
○●○	—	1·r·2
○○●	—	1·r·2
○○○	—	—
	12r	24r

als empirische Bestimmung der ursprünglichen Recessivenhäufigkeit p. Die praktische Zählung sei nochmals an den folgenden Geschwisterschaften gezeigt, wobei die Kreuze die Probanden bezeichnen sollen:

Für den mittleren Fehler der ermittelten Häufigkeit ist zu berücksichtigen, daß durch die Mehrfachzählung das Material größer und damit das Ergebnis sicherer erscheint, als es wirklich ist. So werden aus den 21 Kindern des Beispiels 29 Probandengeschwister. Der Fehler ist nach der Formel (WEINBERG, FISHER)

Tabelle 9.
Auszählungsschema der Probandenmethode.

	Kranke Geschwister der Probanden	Geschwister der Probanden
✕○○	—	2
○○✕	1	4
○●✕○	1 + 1	3 + 3
✕○○○	3 + 3	4 + 4
✕●●○✕	2 + 2 + 2	3 + 3 + 3
✕✕✕○	15	29

$$\sqrt{\frac{pq}{n} [1 + r + pr\,(s-3)]} \qquad (18)$$

zu berechnen, wobei n die Zahl der Probandengeschwister ist.

Der Grad der Stichprobenauslese (r) läßt sich aus dem Material als Häufigkeit der Probanden unter den recessiven Geschwistern der Probanden ermitteln. Im Beispiel der Tabelle 9 sind unter den 15 recessiven Geschwistern 10 Probanden, man würde daher r als $\frac{10}{15} = \frac{2}{3}$ schätzen.

Wenn r sehr klein ist, also nur ein sehr kleiner Teil der Recessiven als Proband erfaßt ist, wird in jeder Familie des Materials nur ein Proband vorkommen. Dann liegt Fall a vor, bei dem bereits die Auswertung durch eine Sonderform der Probandenmethode angegeben wurde (vgl. auch unter Reduktionsmethode, S. 271). Ist umgekehrt r = 1, so sind sämtliche Recessive einer Gegend als Probanden erfaßt worden (Fall 1). Verfährt man hier nach den Vorschriften der Probandenmethode und ermittelt die Häufigkeit der Recessiven unter den Geschwistern der Recessiven, so liegt die WEINBERGsche „*Geschwistermethode*" vor.

Eine Probandenauslese mit einer einheitlichen Wahrscheinlichkeit r läßt sich auch auf anderem Weg (Weinberg) berichtigen. Man bestimmt r aus den Probandengeschwistern und fügt diesen Wert in eine Erweiterung der direkten Vergleichsmethode ein. Die Ableitung der Formel gelingt durch Betrachtung der Wahrscheinlichkeit, daß ein Kranker zur Beobachtung kommt — gleichgültig, ob als Proband oder als Sekundärfall. Die Wahrscheinlichkeit kann nämlich einmal zerlegt werden in die Wahrscheinlichkeit, daß eine Person zu einer erfaßten Familie gehört, die also mindestens einen Probanden hat (Wahrscheinlichkeit $[1-(1-pr)^s]$[1]) und die gesuchte Wahrscheinlichkeit w, dann recessiv zu sein. Eine zweite Zerlegung beginnt mit der allgemeinen Wahrscheinlichkeit für Recessivität, verbunden mit der Wahrscheinlichkeit, als Recessiver ins Material zu kommen. Es sind also die Fälle auszuschließen, in denen ein Recessiver nicht selbst Proband ist $(1-r)$ und auch unter seinen Geschwistern keine Probanden hat $[(1-pr)^{s-1}]$. Daraus ergibt sich die Gleichung

$$w[1-(1-pr)^s] = p[(1-(1-r)(1-pr)^{s-1}]$$

und die erwartete Recessivenzahl in einer Familie mit s Kindern

$$w \cdot s = \frac{p \cdot s [1-(1-r)(1-pr)^{s-1}]}{1-(1-pr)^s}. \tag{19}$$

Da die Ermittlung von r aus einem gegebenen Material im allgemeinen nur recht ungenau möglich ist, hat diese „apriorische Methode mit Berücksichtigung des Grades der Stichprobenauslese" gegenüber der einfacher zu handhabenden Probandenmethode keinen Vorteil. Die Formel geht für $r=1$ in die der gewöhnlichen direkten Methode über. Für $r=0$ wird der Erwartungswert zunächst $0/0$; durch Differentiation von Zähler und Nenner ergibt sich der Grenzwert $1+(s-1)p$, der dem Fall a entspricht.

Lenz hat ein für die praktische Durchführung bequemeres Verfahren angegeben, um den Grad der Probandenauslese in die direkte Vergleichsmethode einzubauen. Da eine Familie mit $\varkappa$ kranken Kindern die $\varkappa$-fache Wahrscheinlichkeit hat, in das Material zu kommen, wie eine Familie mit nur einem Kranken, so darf eine solche Familie nur im Verhältnis $1/\varkappa$ in Rechnung gestellt werden. Andererseits ist sie aber so oft zu zählen, wie sie Probanden (π) enthält. Die Einführung dieser Gewichte $g_i = \pi/\varkappa$ bei der Zählung erfordert nur eine geringe Mehrarbeit. Zählt man die Merkmalsträger nach diesem Schema aus, so ergibt sich — wie man sofort sieht — die Zahl der Probanden; dies braucht also nicht durchgeführt zu werden. Es bleibt nur die Summierung der Ehen bzw. Kinder.

Beispiel: In Sjögrens Familien mit juveniler amaurotischer Idiotie ergibt sich Tabelle 10.

Mit der Berechnung der reduzierten Familienzahl ist die Korrektur der Probandenauslese auf die der Familienauslese zurückgeführt. Nun kann entweder die Berechnung der Erwartungszahl der Probanden erfolgen, indem man die reduzierten Zahlen der Familien und der Merkmalsträger als Grundwerte für eine Korrektur nach S. 263—264 auffaßt (vorletzte Spalte). Andererseits kann man auch entsprechend dem ursprünglichen Vorschlag von Lenz die Rekonstruktion der Bevölkerungszahlen durch Ergänzung der leeren Geschwisterschaften durchführen (letzte Spalte). Man vergleicht dann im ersten Fall die Probandenzahl 78 mit dem Erwartungswert 66,7, oder man berechnet im zweiten Fall den Quotienten $78:266,9=29,2\%$ als zu prüfende empirische Näherung des Erwartungswertes 25%. Beide Verfahren sind gleichwertig.

---

[1] pr ist die Wahrscheinlichkeit, krank und Proband zu sein, $(1-pr)^s$ die Wahrscheinlichkeit, daß unter s Kindern kein Proband ist.

Tabelle 10. Beispiel für die Durchführung der LENZschen Gewichtsmethode.

Kinder-zahl s	Fa-milien-zahl n_v	$\dfrac{\pi}{\varkappa} = \dfrac{\text{Zahl der Probanden}}{\text{Zahl der Merkmalsträger}}$ in jeder Familie	Reduzierte Zahl der Merkmals-träger (= Zahl der Probanden) π	Redu-zierte Familien-zahl $n_s' = \sum \dfrac{\pi}{\varkappa}$	Erwartete Zahl der Probanden $\dfrac{n_s' \cdot s \cdot \frac{1}{4}}{1-\left(\frac{3}{4}\right)^s}$	Ergänzte Kinder-zahl $\dfrac{n_s' \cdot s}{1-\left(\frac{3}{4}\right)^s}$
2	7	1/1; 1/2; 1/2; 1/1; 2/2; 1/1; 1/1	8	6	6,8	27,4
3	8	2/2; 1/1; 2/2; 1/1; 1/1; 1/1; 1/1; 2/2	11	8	10,4	41,5
4	7	3/3; 1/3; 2/2; 1/1; 1/2; 1/1; 1/2	10	5⅓	7,8	31,2
5	8	1/1; 1/1; 2/2; 2/2; 1/2; 1/1; 1/1; 1/2	10	7	11,5	45,9
6	6	3/3; 2/2; 1/2; 1/1; 2/2; 1/3	10	4⅚	8,8	35,3
7	7	1/1; 3/3; 2/3; 2/2; 2/2; 1/4; 1/3	12	5¼	10,6	42,4
8	3	4/4; 5/5; 2/3	11	2⅔	5,9	23,7
10	1	2/3	2	⅔	1,8	7,1
11	2	3/4; 1/3	4	1 1/12	3,1	12,4
			78		66,7	266,9

Die Fehlerrechnung kann man nach den bei der Korrektur der Familien-auslese geltenden Formeln und Tabellen durchführen; da man jedoch Gewichte benutzt hat, die dem Material entstammen und dessen Zufallsschwankungen mitmachen, erhält man etwas zu kleine Werte. Mehrfachzählungen liegen im Gegensatz zur Probandenmethode nicht vor, da jede Familie höchstens einmal gezählt ist.

Abschließend sollen die drei Methoden zur Ausschaltung einer auf einer ein-heitlichen Erfassungswahrscheinlichkeit r beruhenden Probandenauslese für den Fall s = 2 vergleichend zusammengestellt werden, damit die Unterschiede der Zählungsart hervortreten. Es ergeben sich folgende Fälle nach der Verteilung der Probanden (durchkreuzt):

Tabelle 11. Vergleich der Methoden zur Korrektur der auf einer einheitlichen Erfassungswahrscheinlichkeit beruhenden Probandenauslese.

2-Kind-Familien	Wahrscheinlichkeit		Probandenmethode		Gewichtsmethode (LENZ)		
	erfaßt	nicht erfaßt	kranke Ge-schwister der Probanden	Geschwister der Probanden	Ge-wichte	Pro-banden	Reduzierte Familien-zahl
✖ ✖	$p^2 r^2$		$2 p^2 r^2$	$2 p^2 r^2$	1	$2 p^2 r^2$	$p^2 r^2$
✖ ●	$p^2 2 r(1-r)$	$p^2(1-r)^2$	$p^2 2 r(1-r)$	$p^2 2 r(1-r)$	½	$p^2 2 r(1-r)$	$p^2 r (1-r)$
● ●	$2 p q r$	$2 p q(1-r)$		$2 p q r$	1	$2 p q r$	$2 p q r$
✖ ○							
● ○		q^2					
○ ○		$(1-p r)^2$	$2 p^2 r$	$2 p r$		$2 p r$	$p r(1+q)$

Die Probandenmethode führt zum Erwartungswert p. WEINBERGS erweiterte direkte Methode führt auf die erwartete Recessivenhäufigkeit

$$\frac{p^2 r^2 + 2 p^2 r(1-r) + \frac{1}{2} \cdot 2 p q r}{1-(1-p r)^2} = \frac{p\,[1-(1-r)(1-p r)]}{1-(1-p r)^2},$$

wie sich aus den beiden ersten Spalten ergibt. Die Zuteilung der Gewichte nach LENZ ergibt eine entsprechend (12) erwartete Probandenzahl pro Familie von

$$\frac{2p}{1-q^2}.$$

c) Als nächste wichtige Art der Probandenauslese ist der Fall zu berück-sichtigen, daß die Erfassungswahrscheinlichkeit der Probanden nicht einheitlich

einen Wert r hat. So könnten z. B. nur männliche Personen bei einer Materialsammlung Probanden werden, wenn man von Knabenschulen ausgeht. Familien
mit nur weiblichen Merkmalsträgern bleiben dann unerfaßt. Trotz dieser verschiedenen Erfaßbarkeit bleiben doch die Methoden des vorigen Abschnitts
gültig. Für ihre Anwendbarkeit ist nämlich die ursprüngliche Voraussetzung
einer für alle Merkmalsträger *gleichen* Erfassungswahrscheinlichkeit r nicht
notwendig; es ist nur erforderlich, daß die *Erfassung des Probanden mit dem
Vorkommen und der Erfassung des Merkmals bei den Geschwistern in keiner Beziehung steht.* Diese Voraussetzung ist im Beispiel der Knabenauslese und in
anderen ähnlichen einseitigen Ausleseformen erfüllt.

d) *Durch die Erfassung eines Probanden kann in manchen Fällen die Erfassungswahrscheinlichkeit der Geschwister geändert werden.* Gerade bei pathologischen Merkmalen ist die Behandlung der Krankheit bei einem Geschwister
ausschlaggebend dafür, ob auch die anderen kranken Geschwister beim gleichen
Arzt zur Behandlung kommen, d. h. Probanden werden, bzw. ob die erkranken-
den Geschwister eines bei einem anderen Arzt in Behandlung befindlichen
Kranken Probanden werden. *Hier versagen die bisher beschriebenen Methoden.*
Die Bearbeitung kann auf folgendem Wege durchgeführt werden: Man beschränkt sich auf *diejenigen Probanden, die das ersterkrankte Kind der Familie
sind (,,Erstprobanden'').* Dadurch wird das Zusammenwerfen mehrerer unter
verschiedenen Auslesebedingungen stehender Probanden in einer Familie vermieden. Je nach den besonderen Verhältnissen des betrachteten Merkmals
genügt es auch, die Probanden auszuwählen, die nach der Geburtennummer
das erste kranke Kind der Familie sind. Es kommt nur darauf an, *diejenigen
Familien auszuschalten, in denen die Sekundärfälle zur Erfassung beigetragen
haben können.* Es wäre nicht richtig, in einem Material schematisch nur alle
zweiten, dritten usw. Probanden fortzulassen, da dann Geschwister, die vor
dem ersten Probanden erkrankt sind, aber an anderer Stelle behandelt wurden
und daher als Sekundärfälle in Erscheinung treten, dessen Erfassung beeinflußt
haben können.

Die Beschränkung auf Familien mit Erstprobanden bedeutet, daß in jeder
Familie nur ein einziges Kind, nämlich das ersterkrankte, der Auslese unterworfen ist. Das Vorhandensein mehrerer kranker Kinder einer Familie beeinflußt die Erfassungswahrscheinlichkeit nicht. *Die Erstprobandenauslese ist
demnach wesensgleich mit einer unmittelbaren Familienauslese.* Zur statistischen
Auswertung sind die Methoden in Abschnitt α heranzuziehen.

Das neue Ausleseverfahren soll noch etwas eingehender betrachtet werden:
Die statistische Auswertung wird am übersichtlichsten, wenn man sich bei
der Zählung auf die nach dem Erstprobanden geborenen Geschwister beschränkt.
Unter s' ,,Nachgeschwistern'' ist entsprechend Fall a die Recessivenerwartung

$$(s'-1) \cdot p$$

mit einem mittleren Fehler

$$\sigma = \sqrt{p\,(1-p)\,(s'-1)}.$$

Eine Auszählung der nach den Probanden geborenen Geschwister hat schon DAHLBERG
(1930) vorgeschlagen (,,Nachgeschwistermethode''). Er führt jedoch keine Auswahl der
Probanden durch und erreicht damit — wie auch SCHULZ (1936) hervorhebt — keinen
Fortschritt gegenüber der Probandenmethode.

Bei Beschränkung auf die Zählung der Nachgeschwister schmilzt jedoch
das Material stärker als notwendig zusammen. Die vor dem Erstprobanden
geborenen Geschwister können nämlich auch noch zur Bestimmung der Spaltungsziffer herangezogen werden, denn ihre Zahl ist von p (und der Erfassungswahrscheinlichkeit r_1 des ersten Kranken) abhängig. Bei hohem p sind durch-

schnittlich weniger gesunde ältere Geschwister des Erstprobanden vorhanden als bei niedrigem p. Es ist deshalb zweckmäßig, *alle* Kinder der Familien mit Erstprobanden heranzuziehen. Welches ist in diesen Familien die Recessivitätswahrscheinlichkeit?

Zur Berechnung sei die auf die Bevölkerung bezogene Wahrscheinlichkeit betrachtet, daß eine Person des Materials recessiv ist. Diese Wahrscheinlichkeit kann zerlegt werden in die Wahrscheinlichkeit, daß die Person einer Familie mit mindestens einem recessiven Kind angehört $(1 - q^s)$, daß ferner das erste recessive Kind dieser Familie als Proband erfaßt wird (r_1) und die betrachtete Person als Angehöriger dieser Familie recessiv ist (w). Andererseits kann eine Zerlegung erfolgen in die Wahrscheinlichkeiten, daß die betrachtete Person recessiv ist (p) und einer Familie angehört, in der das erste kranke Kind Proband ist (r_1). Daraus ergibt sich

$$(1 - q^s) \cdot r_1 \cdot w = p \cdot r_1. \qquad (20)$$

Da sich auf beiden Seiten der Auslesefaktor r_1 befindet, erhält man als Ergebnis die Formel (12) der direkten Auslesemethode für die erwartete Zahl der Recessiven in einer s-Kind-Ehe:

$$w \cdot s = \frac{p \cdot s}{1 - q^s}. \qquad (12)$$

Eine unmittelbare Aufstellung aller möglichen Fälle führt zur gleichen Formel.

Dieses Ergebnis bedeutet, daß *durch die Auslese der Familien mit Erstprobanden künstlich eine repräsentative Stichprobe aus der Bevölkerung hergestellt worden ist, als ob unmittelbar eine Familienauslese vorgelegen hätte.* Es lassen sich daher auf diese Familien alle Auswertungsmethoden von α anwenden, auch die Geschwistermethode, dagegen nicht die Probandenmethode.

Für s = 2 Kinder seien die Ausleseverhältnisse bei einer p:q-Spaltung ausführlich dargestellt. Für das erste kranke Kind bestehe die Erfassungswahrscheinlichkeit r_1, für das zweite kranke Kind r_2, wenn das ersterkrankte Geschwister Proband ist, und r_2', wenn dieses nicht Proband ist. Dann ergibt sich folgendes Schema, in dem auch die Geburtenfolge berücksichtigt ist. Als Zahlenwerte sind $p = q = {}^1/_2$, $r_1 = {}^1/_4$, $r_2 = r_2' = {}^3/_4$ angenommen, was durchaus vorkommen kann.

Tabelle 12. Schema der Probandenauslese mit verschiedenen Erfassungswahrscheinlichkeiten.

	Erfaßte Familien	
	Wahrscheinlichkeit	Zahlenbeispiel (auf 64 Ehen)
a	$p^2 r_1 r_2$	3
b	$p^2 r_1 (1 - r_2)$	1
c	$p^2 (1 - r_1) r_2'$	9
d		
e	$p q r_1$	4
f		
g	$p q r_1$	4
h		
i		

Die Probandenmethode ergibt hier ${}^{16}/_{24} = 67\%$ als Schätzung der Erbzahl. Die Geschwistermethode, bei der man alle Kranken als Probanden ansieht, führt zu dem noch höheren Wert ${}^{26}/_{34} = 76\%$. Die als untere Grenze[1] angesehene Reduktionsmethode, bei der in jeder Familie nur ein Proband berücksichtigt wird, ergibt ${}^{13}/_{21} = 62\%$. Die gleichen Werte würden sich bei Anwendung der entsprechenden direkten Methoden ergeben. Alle bisher üblichen Methoden liefern also zu hohe Werte.

---

[1] Für Material, in dem die Voraussetzungen der Probandenmethode nicht sicher zutreffen, wurde von WEINBERG (1930) empfohlen, noch die Geschwistermethode (r = 1) und die Reduktionsmethode (r = 0) anzuwenden; dadurch erhalte man die Grenzen, zwischen denen in jedem Fall die wahre Erbzahl liegen müsse. Dies trifft jedoch nicht zu, wie das Beispiel zeigt.

Führt man dagegen die Auslese der Familien mit Erstprobanden durch, so finden nur die Ehetypen a, b, e, und g Verwendung, Typ c fällt fort. Dieses Material ist wie ein durch unmittelbare Familienauslese gewonnenes zu behandeln. Wendet man die direkte Vergleichsmethode an, so ist die Häufigkeit der Recessiven als $\frac{16}{24} = 67\%$ auszuzählen, was mit der Recessiverwartung w nach dieser Methode (S. 264) übereinstimmt. — Man könnte auch für die Typen a, b, e und g die Geschwistermethode (nicht die Probandenmethode!) anwenden und erhielte unter 16 Geschwistern von Recessiven 8 Recessive, also die richtige Spaltungsziffer $\frac{1}{2}$. — Endlich würde auch die verbesserte Nachgeschwistermethode, bei der nur die Ehetypen a, b, und e Verwendung finden, bei der das Material allerdings unnötig stark verringert wird, zum richtigen Wert $\frac{4}{8} = 50\%$ führen (Vgl. Tab. 12a).

Tabelle 12a.

Typ	Wahrscheinlichkeit	Probandenmethode		Geschwistermethode		Reduktionsmethode		Erstprobandenmethode		Geschwistermethode		Verb. Nachgeschwistermethode	
		Rec.	Kinder	Rec.	Kinder	Rec.	Kinder	Rec.	Kinder	Rec.	Kinder	Rec.	Kinder
a	$\frac{3}{64}$	3·2	3·2	3·2	3·2	3·1	3·1	3·2	3·2	3·2	3·2	3·1	3·1
b	$\frac{1}{64}$	1·1	1·1	1·2	1·2	1·1	1·1	1·2	1·2	1·2	1·2	1·1	1·1
c	$\frac{9}{64}$	9·1	9·1	9·2	9·2	9·1	9·1	—	—	—	—	—	—
d		—	—	—	—	—	—	—	—	—	—	—	—
e	$\frac{4}{64}$	—	—	—	4·1	—	4·1	4·1	4·2	—	4·1	—	4·1
f		—	—	—	—	—	—	—	—	—	—	—	—
g	$\frac{4}{64}$	—	—	—	4·1	—	4·1	4·1	4·2	—	4·1	—	—
h		—	—	—	—	—	—	—	—	—	—	—	—
i		—	—	—	—	—	—	—	—	—	—	—	—
		16	24	26	34	13	21	16	24	8	16	4	8

Beispiel. In der Untersuchung über die juvenile amaurotische Idiotie bemerkt SJÖGREN, daß man mit einer erhöhten Wahrscheinlichkeit rechnen müsse, daß zwei oder mehrere Geschwister sämtlich Probanden werden. Aus den veröffentlichten Angaben lassen sich 10 Familien erkennen, in denen das ersterkrankte Kind nicht Proband war. Schaltet man diese aus, so ergibt sich ein Erwartungswert von $69,5 \pm 5,2$ Kranken, der von der Beobachtung 81 um das 2,2fache des mittleren Fehlers abweicht. Ohne diese Ausschaltung betrug diese Abweichung $20,4 \pm 5,8$, also das 3,5fache. — Mit der LENZschen Gewichtsmethode ergab sich aus allen Familien der Schätzungswert der Erbzahl zu 29,2%. Wendet man nach der Ausschaltung das gleiche Verfahren (ohne Gewichte) an, so ergibt sich 29,1%, also zufällig ziemlich der gleiche Wert.

Die Abhängigkeit der Erfassungswahrscheinlichkeit von der *Krankenzahl* unter den Geschwistern dürfte praktisch stets auf dem Wege über die eben behandelte Abhängigkeit von den *früher erkrankten* vor sich gehen. Nur der Vollständigkeit halber sei auf die Möglichkeit hingewiesen, daß die Erfassungswahrscheinlichkeit von der Gesamtzahl der — auch nach ihm erkrankten — Merkmalsträger abhängig ist. Hier würde auch die Beschränkung auf die Familien der Erstprobanden versagen.

f) Schließlich kann es auch ganz unregelmäßige Ausleseformen geben, wie z. B. die literarische Auslese, bei der eine Häufung der „interessanten" Familien und Sippen mit mehreren Merkmalsträgern vorliegt. WEINBERG hat empfohlen, entsprechend Fall a vorzugehen, weil dies die stärkste Reduktion innerhalb der Möglichkeiten seiner Probandenmethode ergibt („Reduktionsmethode"). Brauchbare Zahlen erhält man jedoch dadurch nicht, denn die unregelmäßige literarische Auslese kann grundsätzlich durch keine Korrektur schematisch berichtigt werden.

b) **Andere Erbhypothesen. Korrektur ohne festen Erwartungswert.**
Fester Erwartungswert. Die beschriebenen Korrekturmethoden sind in genau der gleichen Weise auch bei der Prüfung anderer Erbhypothesen anwendbar,

z. B. bei dominantem oder geschlechtsgebundenem Erbgang, wobei es sich wieder um die Beurteilung einer 1 : 1- oder 1 : 3-Spaltung handelt.

Korrektur ohne festen Erwartungswert. In allen anderen Fällen, in denen man keine feste Spaltungsziffer erwarten kann (mehrortiger Erbgang, unregelmäßige Dominanz, Übersterblichkeit der Merkmalsträger, Manifestationsschwankungen, empirische Erbziffern usw.) liegt das methodische Ziel anders. Man muß die vor der Auslese vorhandene Häufigkeit der Merkmalsträger ermitteln; dabei bleiben alle Schwierigkeiten bei der Berücksichtigung der Auslese unverändert. Probanden- und Geschwistermethode, die stets aposteriori-Methoden sind, können, wenn ihre Voraussetzungen erfüllt sind, rechnerisch unverändert angewandt werden. Bei der direkten Vergleichsmethode geht — ihrem

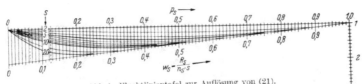

Abb. 1. Fluchtlinientafel zur Auflösung von (21).

apriori-Charakter gemäß — bei Prüfung einer festen Spaltungsziffer diese in die Korrekturfaktoren ein. Bei aposteriorischer Anwendung der Methode ohne Erwartungswert ergibt sich für die Zahlenrechnung der Nachteil, daß sich aus der Gleichung für die Recessivenzahl

$$R_s = \frac{ps}{1 - (1 - p)^s} \qquad (21)$$

der gesuchte Wert p nicht auf bequemem Wege errechnen läßt. LENZ (1929) und BERNSTEIN (1931) lösen die Gleichung für die Gesamtzahl der Recessiven durch ein Iterationsverfahren; HALDANE stellt eine Gleichung aus allen Familiengrößen auf:

$$\frac{2 \cdot n_2}{1 + q} + \frac{3 \cdot n_3}{1 + q + q^2} + \frac{4 \cdot n_4}{1 + q + q^2 + q^3} + \frac{5 \cdot n_5}{1 + q + q^2 + q^3 + q^4} + \cdots = R.$$

Auch für deren Lösung ist ein langwieriges Näherungsverfahren erforderlich. Statt dessen wird hier vorgeschlagen, für jede Familiengröße die Gleichung (21) mittels der beigefügten Fluchtlinientafel (Abb. 1) ohne Rechnung nach p aufzulösen. Man verbindet die beobachtete Häufigkeit der Merkmalsträger $w = \dfrac{R_s}{n_s s}$

auf der schrägen Geraden mit dem Wert s der Kinderzahl auf der senkrechten Geraden mit einem Lineal und liest auf der der Kinderzahl s entsprechenden p-Linie das gesuchte p ab.

Beispiel (SJÖGREN: Juvenile amaurotische Idiotie, Familien mit Erstprobanden nach Tabelle 10). In 9 Ehen mit 3 Kindern wurden 13 Kranke beobachtet. $w_3 = 13/3 \cdot 9 = 48\%$. Verbindet man diesen Punkt der w-Geraden mit dem Punkt 3 der s-Geraden, so findet man den Schnittpunkt mit der p_3-Kurve bei 34%. Für das Gesamtmaterial erhält man dann ein p als gewogenen Mittelwert der einzelnen p_i:

$$p = \frac{2 \cdot n_2 p_2 + 3 \cdot n_3 p_3 + 4 \cdot n_4 p_4 + \cdots}{\text{Kinderzahl}}. \qquad (22)$$

Im Beispiel würde sich für die Familien mit Erstprobanden insgesamt $p = 32{,}5\%$ ergeben. Der Wert liegt höher als bei der Recessivitätsprüfung der gleichen Familien (29,2%; S. 272); dies zeigt den Unterschied zwischen der apriori- und der aposteriori-Form der Methode deutlich. Statt der direkten Vergleichsmethode kann auch die Geschwistermethode auf die Familien der Erstprobanden angewandt werden, die hier einen Wert von 30,7 ergibt.

Wenn die untersuchte Familiengruppe in den Erbformeln nicht einheitlich, sondern ein *Gemisch verschiedener Paarungstypen* ist, in denen auch verschiedene Merkmalsziffern auftreten, so *ergeben alle beschriebenen Korrekturverfahren zu hohe Zahlen.* Diese Verzerrung entsteht dadurch, daß bei jeder Art der Auslese der Familien mit mindestens einem kranken Kind die Paarungstypen mit höheren Krankenziffern bevorzugt erfaßt werden.

Wenn die Familiengruppe in der Bevölkerung aus zwei Paarungsformen im Verhältnis $P_1 : P_2$ zusammengesetzt ist und aus ihnen kranke Kinder mit den Wahrscheinlichkeiten p_1 und p_2 hervorgehen, so wird bei Auslese der s-Kind-Familien mit mindestens einem kranken Kind das Häufigkeitsverhältnis der beiden Paarungsformen im Material

$$P_1 [1-(1-p_1)^s] : P_2 [1-(1-p_2)^s].$$

Z. B. seien zwei in der Bevölkerung gleichhäufige Paarungstypen gemischt, von denen die eine eine Krankheitswahrscheinlichkeit der Kinder von 10%, die andere von 50% habe. In den 2-Kind-Familien ändert sich dann das Ausgangs-verhältnis 1:1 in 9,5% :37,5%, also in 1:4; selbst in 6-Kind-Familien ist es noch 1:2. Damit würde sich statt einer durchschnittlichen Erkrankungs-ziffer von 30% ein Wert von etwa 42% bei 2 Kindern und von 37% bei 6 Kindern ergeben.

c) Sammlung des Materials und Wahl der Korrekturmethode.

Bei der Untersuchung des Erbgangs von Merkmalen mit geringer Häufigkeit ist es unmöglich, ohne Auslese ein hinreichend großes Material zu sammeln. Man ist auf die Erforschung der Familien von Merkmalsträgern angewiesen. Dabei kann man sich entweder auf Eltern und Geschwister beschränken oder die Sippe in möglichst großem Umfang erforschen. Der letzte Weg wird gewöhn-lich für die Untersuchung geschlechtsgebundener oder dominant vererbter Merk-male beschritten, wobei die statistische Auswertung in den Hintergrund tritt.

Eine *Prüfung auf Recessivität* wird oft durch Sammlung möglichst vieler Probanden und Untersuchung nur der Eltern und Geschwister versucht. Man erreicht damit zwar eine weitgehende Unabhängigkeit von etwaigen Sonder-verhältnissen in einzelnen Familien, gerät aber in entscheidende Abhängigkeit von den Auslesebedingungen, unter denen die Probanden und Familien erfaßt sind. Eine direkt auf die *Familien* mit mindestens einem Merkmalsträger unter den Kindern gerichtete Auslese liegt dabei wohl niemals vor. Meist liegt *klini-sches Material* zugrunde, und Familien mit mehreren kranken Kindern haben größere Aussicht, erfaßt zu werden, als solche mit nur einem. Deshalb ist die direkte Vergleichsmethode (apriorische Methode nach Apert-Bernstein, ebenso in der Fassung von Lenz) und die Weinbergsche Geschwistermethode auf solches Material nicht exakt anwendbar. Aber auch Weinbergs Probanden-methode, die ursprünglich für die Bearbeitung gerade solchen Materials auf-gestellt wurde, ist an Voraussetzungen gebunden, die sicher vielfach nicht zutreffen. Das gleiche gilt für die „erweiterte apriorische Methode" Wein-bergs und auch für die Lenzsche Gewichtsmethode.

Als Hauptschwierigkeit wird angegeben, daß Erkrankung und Behand-lung der ersterkrankten Kinder die Erfassungswahrscheinlichkeit der später Erkrankten beeinflussen. Dies läßt sich dadurch ausschalten, daß man sich auf die *Probanden beschränkt, die die ersterkrankten Kinder sind* (Erstprobanden). *Diese Familien stellen nach S. 271 eine künstlich erreichte repräsentative Stich-probe aus der Bevölkerung dar und können durch alle für eine Familienauslese geltenden Methoden ausgewertet werden.* Unter Verzicht auf einen Teil des Mate-rials läßt sich so die Hauptschwierigkeit überwinden.

Für zukünftige Arbeiten ist noch auf einen weiteren Weg hinzuweisen, auf dem man auch *aus klinischem Material exakt korrigierbare Ausleseverhältnisse erzwingen kann.* Man erforscht nicht nur die Eltern und Geschwister der klinisch erfaßten Probanden, sondern vor allem ihre weitere Sippe. *Wählt man unter den auf genealogischem Wege erfaßten Familien diejenigen mit mindestens einem recessiven Kind aus, so erreicht man eine wirkliche Familienauslese, die man mit den direkten Vergleichsmethoden exakt berichtigen kann.*

Ein Hinweis auf diese Möglichkeit findet sich schon bei LENZ in der 3. Auflage (1927) des BAUR-FISCHER-LENZ, S. 433; jedoch ist die Bemerkung in die 4. Auflage nicht übernommen worden.

Die Familie des Probanden darf, da sie unter völlig anderen Auslesebedingungen steht, nicht mitgezählt werden [1]. Kommen die gleichen Familien in der Sippe mehrerer Probanden vor, so sind sie nur einmal zu zählen. Kommt ein Proband in der Sippe eines anderen Probanden unter den auch sonst erforschten Verwandtschaftsgraden vor, so kann seine Familie gezählt werden.

Wenn auch dieser Weg über die Erforschung der Verwandten langwieriger ist als die direkte Verwendung der Probandenfamilien selbst, wenn man auch Ausfälle dadurch in Kauf nehmen muß, daß in der Sippe zufällig kein weiterer Krankheitsfall vorliegt (S. 294), so ist dies doch die Methode der Wahl, da hier die exakte Korrektur der Recessivenauslese am besten gesichert ist.

Bei sehr seltenen Merkmalen besteht die Möglichkeit, einen fast vollständigen Ausschnitt aus der Bevölkerung zu erreichen (LUNDBORGS Myoklonusepilepsie, SJÖGRENS Oligophrenie). Dann können die Korrekturmethoden der Familienauslese unmittelbar angewandt werden.

Bei häufigeren Merkmalen besteht die Möglichkeit, heterozygote Eltern gelegentlich durch ein krankes Großelter zu erkennen und dadurch ohne Auslese recessiver Kinder die gewünschten Kreuzungen zu erfassen.

Kann man bei der Materialsammlung von älteren Merkmalsträgern ausgehen, so kann man unter deren Ehen mit einem Merkmalsfreien diejenigen mit mindestens einem merkmalbehafteten Kind erfassen. Hier liegt der Fall einer reinen Familienauslese unmittelbar vor.

3. Manifestationsschwankungen. Uneinheitlichkeit des Merkmals.

Sobald das untersuchte Erbmerkmal erst im Laufe des Lebens, also nicht bei allen Merkmalsgenotypen, in Erscheinung tritt, können die MENDELschen Spaltungsziffern nicht mehr unmittelbar zur Beobachtung kommen. Die Bereinigung der Zahlen durch eine *Alterskorrektur* ist in I 2—3 beschrieben worden; hier ist noch die Durchführung der Statistik bei gleichzeitiger Auslese der Familien mit mindestens einem kranken Kind zu erörtern.

Liegt eine echte Familienauslese vor, gleichgültig ob dieselbe unmittelbar bei der Materialsammlung oder künstlich durch Wahl der Familien mit Erstprobanden erreicht worden ist, so ist die Anwendung der *Geschwistermethode* zu empfehlen. Die Geschwister der Merkmalsträger werden nach ihrem Beobachtungsalter geordnet und zu einer Alterstafel zusammengestellt, auf die die Verfahren von I 2—3 zur Errechnung der zugrunde liegenden Merkmalshäufigkeit angewandt werden können. Liegt eine Individualauslese mit einheitlicher Erfassungswahrscheinlichkeit der Kranken vor, so ist die Probandenmethode in der gleichen Weise mit Alterskorrektur anzusetzen.

Der Vergleich der Krankenziffern in den Ehen Gesund × Gesund und Krank × Gesund muß bei recessivem Erbgang nach Berichtigung der Recessivenauslese etwa das Verhältnis 1 : 2 ergeben. Eine Alterskorrektur ist hier nicht erforderlich, nur muß die Altersverteilung in beiden Vergleichsreihen übereinstimmen. Hierbei wird vorausgesetzt, daß die erbmäßige Einordnung der Elternehen zuverlässig erfolgen kann. Ist dies nicht möglich, so sind die

---

[1] Die Familien mit Erstprobanden können gesondert ausgewertet werden.

18*

phänotypischen Ehegruppen genotypisch uneinheitlich, und es können merkliche Abweichungen vom Verhältnis 1 : 2 auftreten (vgl. S. 301).

Noch stärkere Störungen werden durch das Vorkommen *nichterblicher Fälle* verursacht, die sich nicht sicher von den erblichen Krankheitsfällen mit ähnlichem klinischen Bilde unterscheiden lassen. Hier werden die Ehen Krank × Gesund mit mindestens einem kranken Kind kaum betroffen, dagegen die Ehen zweier Gesunder mit mindestens einem kranken Kind sehr stark. Alle gesunden Familien mit einem fälschlich als erbkrank diagnostizierten Kind fallen in diese Gruppe, in der dadurch die bereinigten Krankenziffern sehr niedrige Werte annehmen können.

Tabelle 13. Erwartungszahl und Fehlerquadrat für Familien mit gerade einem kranken Kind unter den Familien mit mindestens einem kranken Kind (Familienauslese).

s	E	σ^2
2	0,8571	0,1224
3	0,7297	0,1972
4	0,6171	0,2363
5	0,5186	0,2497
6	0,4330	0,2455
7	0,3594	0,2302
8	0,2967	0,2087
9	0,2435	0,1842
10	0,1989	0,1593
11	0,1617	0,1355
12	0,1309	0,1137
13	0,1055	0,0943
14	0,0847	0,0775
15	0,0677	0,0631

Zur Erkennung einer solchen Sachlage kann man die Verteilung der Krankenzahlen in den ausgelesenen Familien betrachten und prüfen, ob eine übermäßig große Zahl von Ehen mit nur einem kranken Kind vorliegt. Bei *Familienauslesen* muß deren Häufigkeit in s-Kind-Ehen den Wert

$$E = \frac{s \cdot p (1-p)^{s-1}}{1 - (1-p)^s} \qquad (23)$$

annehmen, wobei p die zugrunde liegende Merkmalsziffer ist. Tabelle 13 enthält die E-Werte für $p = 25\%$, sowie die zugehörigen mittleren Fehlerquadrate $\sigma^2 = E (1 - E)$.

Bei einer *Individualauslese*, die durch die Probandenmethode korrigierbar ist, kann man die Verteilung der Merkmalsträger unter den je $(s - 1)$ Probandengeschwistern prüfen; unter diesen sind nach der Formel der binomischen Verteilung

$$E' = (1 - p)^{s-1} \qquad (24)$$

Geschwisterschaften ohne einen weiteren Merkmalsträger zu erwarten. Das Fehlerquadrat ist $\sigma^2 = E' (1 - E')$.

Man kann versuchen, die *erbbiologische Einheitlichkeit des Materials* auch dadurch zu prüfen, daß man die Zahl der Merkmalsträger in der Verwandtschaft der isolierten Fälle mit derjenigen vergleicht, die unter den Verwandten von Geschwisterreihen mit mehreren Kranken vorliegt. Hier wäre es nicht richtig, die Eltern zum Vergleich heranzuziehen, da sich infolge der Auslese unter den Eltern der letzteren Gruppe mehr Krankheitsgenotypen befinden müssen, und da außerdem bei manchen Krankheiten Fruchtbarkeitsunterschiede bestehen. Dagegen kann man z. B. von den Familien mit zwei gesunden Eltern die Einzelkranken herausgreifen und die Krankenziffern unter den Elterngeschwistern oder den Vettern mit den Krankenziffern bei den gleichen Verwandten von Geschwisterreihen mit mehreren Kranken vergleichen.

Zur Durchführung einer Erbuntersuchung an reinem Familienmaterial kann man die störenden isolierten Fälle dadurch ausschalten, daß man die Auslese verschärft und nur die *Familien mit mindestens zwei kranken Kindern* berücksichtigt. Handelt es sich um eine echte Familienauslese, so kann wieder eine direkte Vergleichsmethode angewandt werden. Der Erwartungswert für kranke Kinder ist

$$E = \frac{s \cdot p [1 - (1-p)^{s-1}]}{1 - (1-p)^s - s \cdot p (1-p)^{s-1}}. \qquad (25)$$

Für die Prüfung eines recessiven Erbganges sind die Erwartungswerte und Fehlerquadrate in Tabelle 14 enthalten.

In Fällen von *Individualauslese*, auf die die Probandenmethode anwendbar ist, kann auch diese auf die Zählung der Familien mit mindestens zwei Probanden eingerichtet werden.

Man behandelt dann die zwei Probanden als einen Doppelprobanden und ermittelt die Krankheitshäufigkeit unter deren weiteren Geschwistern. Eine Familie mit zwei Probanden wird dann nur einmal gezählt, eine mit drei Probanden erscheint dreimal, da sie gewissermaßen über drei Doppelprobanden erfaßt wird.

Beispiel. In 164 Ehen gesunder Eltern mit mindestens einem Kind mit Klumpfuß (Material von FETSCHER, bearbeitet von BERNSTEIN, 1933) sei eine echte Familienauslese angenommen; tatsächlich liegen jedoch keine Angaben über die Art der Auslese bei der Materialgewinnung vor. In Tabelle 15 ist die Zahl der Familien mit 1, 2 usw. Klumpfuß-Kindern angegeben.

Will man die Hypothese eines einfachen recessiven Erbganges (Kreuzung Aa × Aa) prüfen, so kann man zunächst die direkte Vergleichsmethode für das Gesamtmaterial anwenden. Den beobachteten 182 Klumpfüßigen steht nach Tabelle 5 eine Erwartungszahl von 246,7 ± 8,7 gegenüber. Diese Annahme ist als widerlegt anzusehen. Man könnte nun die Recessivitätsannahme für einen Teil der Fälle aufrecht erhalten und den Rest als nichterblich ansehen. Dann ist zunächst die erwartete Zahl der isolierten Fälle nach Tabelle 13 für p = 1/4 zu berechnen. Es ergibt sich 104,6 ± 5,6, was von der Beobachtungszahl 149 weit überschritten wird. Die Prüfung der Recessivitätsannahme in den als erblich angesehenen restlichen Familien mit mindestens zwei Merkmalsträgern ergibt für die 13 Familien mit mehr als zwei Kindern 29 Kranke gegenüber einer nach Tabelle 14 berechneten Erwartung von 32,6 ± 2,6. Ein Widerspruch zwischen der Beobachtung und der eingeschränkten Recessivitätsannahme besteht nicht. Daß diesem Ergebnis jedoch keinerlei Beweiskraft zukommt, zeigt ein Blick auf die Beobachtungstafel, die nur eine einzige Familie mit mehr als zwei Merkmalsträgern enthält. Im übrigen ist hier sogar die Fehlerrechnung nicht anwendbar, da bereits das 2$^{1}/_{2}$fache des mittleren Fehlers die untere Grenze des möglichen Schwankungsbereiches (26 Kranke) erreicht.

Die statistische Sicherung der Überzahl der Familien mit genau einem Merkmalsträger beruhte auf der Annahme des Zusammentreffens nichterblicher Fälle mit solchen, die auf recessivem Erbgang beruhen bei vollständiger Manifestation. Statt dessen kann man auch die Möglichkeit prüfen, daß allen Familien eine gleiche Merkmalswahrscheinlichkeit zugrunde liegt, die nur kleiner als 25% ist. Für die Überschlagsrechnung sei die durchschnittliche Kinderzahl 4,1 und die durch Beziehung der 182 Klumpfüßigen auf die Gesamtkinderzahl 673 gewonnene Häufigkeit w = 0,27 in die Ausleseformel für Familien mit mindestens einem Merkmalsträger eingesetzt und diese mit Hilfe der Fluchtlinientafel auf S. 273 nach p aufgelöst. Es ergibt sich 7% als Schätzung der zugrunde liegenden Merkmalswahrscheinlichkeit. Setzt man diese nun in (23) ein, so findet man die erwartete Zahl der Familien mit genau einem Merkmalsträger als 146,4 ± 3,9 in Übereinstimmung mit der Beobachtung von 149. Betrachtet man ferner die Familien mit mindestens zwei Merkmalsträgern nach (25) unter Annahme des gleichen p-Wertes von 7%, so ergibt sich 27,3 (± 1,2) [1] als Erwartungswert, der ebenfalls nicht im Widerspruch zur Beobachtung von 29 steht.

Tabelle 14. Recessivenerwartung und Fehlerquadrat in Aa × Aa-Familien mit mindestens 2 recessiven Kindern (Familienauslese).

s	E	σ^2
3	2,100	0,090
4	2,209	0,195
5	2,327	0,316
6	2,455	0,452
7	2,592	0,604
8	2,738	0,771
9	2,894	0,951
10	3,059	1,144
11	3,232	1,348
12	3,414	1,561
13	3,604	1,782
14	3,801	2,009
15	4,004	2,239

Tabelle 15.
Klumpfußstatistik in Ehen gesunder Eltern (FETSCHER nach BERNSTEIN).

Kinderzahl	Familienzahl	Zahl der Familien mit ... Merkmalsträgern		
s	n	1	2	mehr als 2
2	38	36	2	—
3	44	42	2	—
4	34	27	7	—
5	18	18	—	—
6	7	7	—	—
7	13	12	1	—
8	2	2	—	—
9	2	1	2	—
10	2	2	—	—
11	1	1	—	—
12	1	—	1	—
14	1	1	—	—
15	1	—	—	1 (5)
	164	149	14	1

---

[1] Die Fehlerrechnung ist wie oben eigentlich nicht anwendbar, da eine schiefe Verteilung vorliegt. Der gezogene Schluß ist jedoch richtig, da der wirkliche Schwankungsbereich nach oben vergrößert ist.

Dieses Beispiel, dessen Zahlen für eine sachliche Entscheidung zu klein sind, soll zeigen, wie die verschiedenen Erklärungshypothesen zahlenmäßig formuliert werden können, und soll vor allem die Notwendigkeit vor Augen führen, nicht nur eine, dem Untersucher gerade naheliegende Annahme statistisch zu prüfen, sondern seinem Ergebnis durch den Versuch der Widerlegung von Gegenhypothesen Gewicht zu verleihen.

Die Ausschaltung der störenden nichterblichen Fälle gelingt am besten, wenn auch die weitere Sippe der Merkmalsträger untersucht ist. Greift man dann z. B. die im Verlaufe der Sippenuntersuchung zur Kenntnis gekommenen Familien mit mindestens einem Merkmalsträger heraus, so handelt es sich vermutlich überwiegend um erbliche Fälle, die durch echte Familienauslese erfaßt sind, und man hat nur noch die unvollständige Manifestation zu berücksichtigen.

Umgekehrt kann man auch das Auftreten des Merkmals in der weiteren Sippe als Beweis der erblichen Bedingtheit auch des Ausgangsfalles ansehen und für diese in der engeren Familie die Erbannahme (gegebenenfalls unter weiterer Beschränkung auf die Familien mit Erstprobanden) prüfen.

4. Mutter-Kind-Statistik.

Die Beweiskraft der Familienstatistik wird auch bei vollständiger Manifestation und Einheitlichkeit des Merkmals dadurch beeinträchtigt, daß in einer größeren Materialsammlung unvermeidlich einige Fälle mit falschen Abstammungsangaben enthalten sein werden. Die hierdurch bedingten „Ausnahmefälle", in denen z. B. von zwei recessiven Eltern ein dominantes Kind abzustammen scheint, lassen sich nur in einer Mutter-Kind-Statistik vermeiden, in der die Abstammungsverhältnisse besser gesichert sind. Dieser Weg ist besonders für die restlose Aufklärung des Erbganges bei allgemein vorhandenen

Tabelle 16. Erbformelwahrscheinlichkeiten der Kinder nach der Erbformel der Mutter.

		Kind		
		AA	Aa	aa
Mutter	AA	p	q	unmöglich
	Aa	$\frac{1}{2}\,p$	$\frac{1}{2}$	$\frac{1}{2}\,q$
	aa	unmöglich	p	q

Merkmalen wichtig, die — wie die Bluteigenschaften — für die gerichtliche Abstammungsprüfung Verwendung finden. Der letzte und überzeugendste Beweis der Erbtheorie liegt sowohl für das A-B-O-, als auch für das M-N-System darin, daß in der Mutter-Kind-Statistik außer einem einzigen Fall, der durch das Zusammentreffen verschiedener Besonderheiten zu erklären ist, keine Ausnahmen gegen die Erbregeln aufgetreten sind.

Außer dieser wichtigsten Prüfung einer Erbhypothese auf das Auftreten unmöglicher Mutter-Kind-Verbindungen können auch die Zahlenverhältnisse der anderen Fälle statistisch bearbeitet werden. Hier muß eine Voraussetzung über die Genverteilung bei den Vätern gemacht werden; spielt das Merkmal für die Gattenwahl keine Rolle, so kann eine zufallsgemäße Verteilung entsprechend der Genverteilung in der Gesamtbevölkerung angenommen werden. Bei intermediärer Vererbung ist die Verteilung der Kindergenotypen in Schema 16 angegeben, wobei p die Häufigkeit des Gens A im Genbestand der Bevölkerung bezeichnet und q = 1 — p die von a.

Als Beispiel sei eine Statistik von MOUREAU über die Blutfaktoren M und N wiedergegeben (s. Tabelle 17 und 17a).

Die Erwartungszahlen sind dabei aus den Genziffern der Mütter

$$p = MM + \tfrac{1}{2}\,MN = 54{,}2\% \quad \text{und} \quad q = 45{,}8\%$$

berechnet worden. Die Prüfung der Übereinstimmung zwischen Beobachtung und Erwartung kann mit dem χ^2-Verfahren durchgeführt werden (vgl. S. 168). Hier ergibt sich $\chi^2 = 4{,}1$, ein Wert, der bei m = 4 Freiheitsgraden völlig im erlaubten Schwankungsbereich liegt.

Tabelle 17. Mutter-Kind-Statistik der Blutfaktoren MN nach MOUREAU.

Beobachtung				
	Kind			
	MM	MN	NN	
Mutter { MM	69	61	—	130
MN	66	112	62	240
NN	—	57	34	91
	135	230	96	461

Tabelle 17a. Erwartungswerte zu Tabelle 17.

Erwartung			
	Kind		
	MM	MN	NN
Mutter { MM	70,5	59,5	—
MN	65,0	120,0	55,0
NN	—	49,3	41,7

Bei den Blutgruppen ist folgendes Verteilungsschema zu erwarten, wenn p die Häufigkeit des Gens A, q die von B und r die von R bedeutet:

Tabelle 18. Blutgruppenwahrscheinlichkeiten der Kinder nach der Blutgruppe der Mutter.

		Kind			
		0	A	B	AB
Mutter {	0	r	p	q	unmöglich
	A	$\dfrac{r^2}{p+2r}$	$p+r-\dfrac{r^2}{p+2r}$	$\dfrac{qr}{p+2r}$	$q-\dfrac{qr}{p+2r}$
	B	$\dfrac{r^2}{q+2r}$	$\dfrac{pr}{q+2r}$	$q+r-\dfrac{r^2}{q+2r}$	$p-\dfrac{pr}{q+2r}$
	AB	unmöglich	$\tfrac{1}{2}(p+r)$	$\tfrac{1}{2}(q+r)$	$\tfrac{1}{2}(p+q)$

Bei der Beurteilung der Mutter-Kind-Ziffern ist stets zu beachten, daß gleichzeitig mit der Erbhypothese auch die Annahme der Durchmischung geprüft wird.

5. Die Feststellung der Koppelung zwischen zwei Merkmalen.

Koppelung im erbbiologischen Sinne bedeutet die Lage mehrerer Genpaare bzw. Genreihen auf demselben Chromosom. Eine gegenseitige Verknüpfung zweier Merkmale derart, daß beide bevorzugt gemeinsam auftreten oder fehlen, daß sie also eine bevölkerungsstatistische Korrelation aufweisen, läßt im allgemeinen keinen Rückschluß auf die Lage der Gene zu; so folgt z. B. aus der Korrelation zwischen der hellen Augen- und Haarfarbe keineswegs, daß etwa die beteiligten Gene auf demselben Chromosom liegen.

Die Wirkung der Koppelung zwischen zwei Genpaaren A, a und B, b besteht darin, daß ein doppelt Heterozygoter die Gene mit erhöhter Wahrscheinlichkeit in der Verbindung weitergibt, in der er sie von seinen Eltern erhalten hat. Hat er z. B. vom Vater A und B, von der Mutter a und b ererbt, so würde er im Falle der Lage auf verschiedenen Chromosomen die vier Genverbindungen AB, Ab, aB und ab je mit der Wahrscheinlichkeit $\tfrac{1}{4}$ weitergeben, im Falle der Koppelung würden AB und ab häufiger, Ab und aB seltener als $\tfrac{1}{4}$ abgegeben werden. Bezeichnet man die Wahrscheinlichkeit, daß ein Austausch der Faktoren stattfindet, mit c, so bildet ein AB . ab[1] die Keimzellen

	AB	Ab	aB	ab	
mit den Wahrscheinlichkeiten	$\dfrac{1-c}{2}$	$\dfrac{c}{2}$	$\dfrac{c}{2}$	$\dfrac{1-c}{2}$	(26)
ein Ab . aB dagegen mit	$\dfrac{c}{2}$	$\dfrac{1-c}{2}$	$\dfrac{1-c}{2}$	$\dfrac{c}{2}$	

[1] In dieser Schreibweise der Erbformel trennt der Punkt die von den beiden Eltern erhaltenen Genverbindungen.

I. Die Zahlenverhältnisse treten am klarsten bei der *Paarung mit einem ab.ab* in Erscheinung. Hier gelten die vorstehenden zweimal vier Wahrscheinlichkeiten für die Aufspaltung in die Genotypen

$$AB.ab \quad Ab.ab \quad aB.ab \quad ab.ab,$$

welche auch bei Vorliegen von Dominanz von A und B unterscheidbar sind. Welchen Typ der Erbformel jeweils der Doppelt-Heterozygote besitzt, kann in günstigen Fällen durch Untersuchung seiner Eltern geklärt werden, wird jedoch im allgemeinen unbekannt sein. Man hat dann ein Gemisch der beiden Reihen der Spaltungsziffern vor sich, aus dem c nicht unmittelbar abgelesen werden kann. Sind die beiden Erbformen AB.ab und Ab.aB gleich häufig, so führt die Zusammenfassung aller Ehen mit einem ab.ab zum Spaltungsverhältnis 1:1:1:1.

Die Bestimmung von c kann trotzdem auf einem Umweg erfolgen. Verbindet man nämlich die Zahlen in jeder Familie zu einem Ausdruck, in dem c und (1—c) vertauschbar sind, so ist der Wert dieses Ausdruckes zwar noch von c abhängig, aber nicht mehr vom Typ des doppelt Heterozygoten. Bezeichnet man die Kinderzahlen in den vier Klassen durch die Erbformeln, so kann man z. B. nach BERNSTEIN (1931)

$$f = (AB.ab + ab.ab) \cdot (Ab.ab + aB.ab) \tag{27}$$

bilden. Dieser Ausdruck entspricht dem Produkt $c \cdot (1—c)$. Für Familien mit s Kindern beträgt der Erwartungswert

$$f^0 = s \cdot (s—1) \cdot c \cdot (1—c) \tag{28}$$

mit einem mittleren Fehlerquadrat

$$\sigma_f^2 = f^0 \cdot [s—1 + c \cdot (1—c) \cdot (6—4s)]. \tag{29}$$

Erwartungswert und Fehlerquadrat sind in Tabelle 19 für $c = \frac{1}{2}$, also für die Prüfung der genetischen Unabhängigkeit, angegeben.

Tabelle 19. Zu Fall I_1 für die Prüfung der Unabhängigkeit ($c = \frac{1}{2}$).

s	f^0	σ^2
2	0,5	0,25
3	1,5	0,75
4	3,0	1,50
5	5,0	2,50
6	7,5	3,75
7	10,5	5,25
8	14,0	7,00
9	18,0	9,00
10	22,5	11,25
11	27,5	13,75
12	33,0	16,50
13	39,0	19,50
14	45,5	22,75
15	52,5	26,25

1. Sind die *beiden Merkmale intermediär* erblich, so sind die doppelt Heterozygoten unmittelbar zu erkennen und die Formeln anwendbar.

2. Liegt *bei einem Genpaar*, z. B. bei A, a *Dominanz* vor, so kann der Aa erst durch ein aa-Kind erkannt werden. Die Ehen ohne Kinder aB.ab und ab.ab werden nicht erfaßt. Da in ihnen der Ausdruck f dem gleichen Produkt $c \cdot (1—c)$ entspricht, wie es für alle Familien der Fall ist, so findet durch diese Auslese keine Verschiebung der Zahlenverhältnisse statt, und die Formeln bleiben anwendbar.

3. Bei Vorliegen von *Dominanz in beiden Merkmalen* werden nur diejenigen Familien benutzt, in denen ein aa- und ein bb-Kind vorkommt. Hier muß eine Auslesekorrektur eingefügt werden. Der Erwartungswert des Produktes ergibt sich nach (BERNSTEIN) und (HALDANE) aus Formel (28) durch Multiplikation mit einem Faktor K

$$K = \frac{2^{s+1} — 4}{2^{s+1} — 4 + c^s + (1—c)^s}, \tag{30}$$

wenn eine Familienauslese im Sinne von $II_2 a \alpha$ vorliegt. Auf die Wiedergabe der Fehlerformel sei verzichtet. In der Tabelle 20 sind die Erwartungswerte und die Fehlerquadrate im Fall der Dominanz in beiden Merkmalen für die Prüfung auf $c = \frac{1}{2}$ angegeben.

Ein seltenes „dominantes" Merkmal kann stets als intermediär behandelt werden, da praktisch alle Dominanten Aa sind und somit unmittelbar als heterozygot erkannt werden. Bei Merkmalen dieser Art ist die Koppelungsuntersuchung besonders aussichtsreich.

II. Bei der *Paarung* eines doppelt Heterozygoten *mit einem einfach Heterozygoten*, z. B. mit einem Ab.ab, entstehen aus der Verbindung

$$\left. \begin{array}{l} AB.ab \times Ab.ab: \\ Ab.aB \times Ab.ab: \end{array} \right.$$

	AB.Ab	AB.ab / Ab.aB	Ab.Ab	Ab.ab	aB.ab	ab.ab	
AB.ab × Ab.ab:	$\frac{1-c}{4}$	$\frac{1}{4}$	$\frac{c}{4}$	$\frac{1}{4}$	$\frac{c}{4}$	$\frac{1-c}{4}$	(31)
Ab.aB × Ab.ab:	$\frac{c}{4}$	$\frac{1}{4}$	$\frac{1-c}{4}$	$\frac{1}{4}$	$\frac{1-c}{4}$	$\frac{c}{4}$	

1. Sind bei *intermediärem Erbgang* diese sechs Erbformen erkennbar, so ist es, wie HALDANE (1934) gezeigt hat, zweckmäßig, die Heterozygoten Aa, die zur Ermittlung von c keinen Beitrag liefern können, fortzulassen und den Ausdruck

$$f = (AB.Ab + ab.ab)\,(Ab.Ab + aB.ab) \quad (32)$$

zu bilden, dessen Erwartungswert und Fehler durch (28) und (29) bzw. Tabelle 19 angegeben werden, wenn man unter s die Zahl der zu den vier benutzten Klassen gehörenden Kinder versteht.

Tabelle 20. Zu Fall I_3 für die Prüfung der Unabhängigkeit ($c = \frac{1}{2}$).

s	f^0	σ^2
2	0,444	0,247
3	1,469	0,780
4	2,987	1,533
5	4,995	2,523
6	7,498	3,763
7	10,499	5,257
8	14,000	7,003
9	18,000	9,001
10	22,500	11,250
11	27,500	13,750
12	33,000	16,500
13	39,000	19,500
14	45,500	22,750
15	52,500	26,250

2. Ist *B dominant über b*, so werden durch die Auslese der Familien mit mindestens einem bb-Kind die Spaltungsziffern nicht geändert; eine Korrektur ist nicht notwendig.

3. Bei *Dominanz von A über a* müssen die Aa-Kinder in die Zählung einbezogen werden. Bezeichnet man die vier unterscheidbaren Phänotypen mit deutschen Buchstaben, so kann man den Ausdruck

$$f = (\mathfrak{A}\mathfrak{B} + \mathfrak{a}\mathfrak{b})\,(\mathfrak{A}\mathfrak{b} + \mathfrak{a}\mathfrak{B}) \quad (33)$$

bilden. Die Auslese der Familien mit mindestens einem a-Kind macht eine Korrektur notwendig. Es ist

$$f^0 = \frac{s \cdot (s-1)}{4^s - 3^s}\left[(4^{s-1} - 3^{s-2}) \cdot c \cdot (1-c) + 3 \cdot 4^{s-2} - 2 \cdot 3^{s-2} \right]. \quad (34)$$

Für $c = \frac{1}{2}$ geht f^0 in

$$f^0 = \frac{1}{4} \cdot s \cdot (s-1) \quad (35)$$

über. Für die Prüfung auf Unabhängigkeit können die Zahlen der Tabelle 19 benutzt werden.

4. Bei *Dominanz in beiden Merkmalen* wird die Auslesekorrektur noch komplizierter. Es wird

$$f^0 = s \cdot (s-1)\,\frac{2^{2s-3}\,(3 + 4\xi) - 2 \cdot 3^{s-2}\,(2 + \xi) - 2^{s-2}\,(1 + 2\xi)}{2^{2s+1} - 2 \cdot 3^s - 2^{s+1} + (2-c)^s + (1+c)^s}, \quad (36)$$

wobei $\xi = c \cdot (1-c)$ gesetzt ist[1]. Tabelle 21 enthält die für die Unabhängigkeitsprüfung erforderlichen Werte von f^0 und σ^2.

III. 1. Die *Paarung zweier Doppelt-Heterozygoter* wird bei intermediärem Verhalten beider Genpaare nach HALDANE dadurch zur Koppelungsfeststellung herangezogen, daß man

$$f = 8 \cdot (s+1)\,(AB.AB + ab.ab)\,(Ab.Ab + aB.aB) + \\ + (2s-3)\,(AB.Ab + AB.aB + Ab.ab + aB.ab)\,(AB.ab + Ab.aB) \qquad (37)$$

Tabelle 21. Zu Fall II_4 für die Prüfung der Unabhängigkeit ($c = \frac{1}{2}$).

s	f^0	σ^0
2	0,381	0,236
3	1,436	0,810
4	2,981	1,576
5	5,003	2,547
6	7,510	3,758
7	10,511	5,228
8	14,009	6,962
9	18,007	8,958
10	22,505	11,212
11	27,503	13,719
12	33,002	16,476
13	39,001	19,478
14	45,501	22,738
15	52,500	26,242

Tabelle 22. Zu Fall III_1 für die Prüfung der Unabhängigkeit ($c = \frac{1}{2}$).

s	f^0	σ^2
2	1,00	17,25
3	5,25	104,25
4	15,00	356,25
5	32,50	918,75
6	60,00	1995,0
7	99,75	3853,5
8	154,00	6835,5
9	225,00	11363
10	315,00	17944
11	426,25	27184
12	561,00	39790
13	721,50	56579
14	910,00	78488
15	1128,75	106575

bildet. Dieser Ausdruck, in dem sämtliche auftretenden Genotypen benutzt sind, ist wieder von der Verteilung der beiden Formen der Doppelt-Heterozygoten in der Bevölkerung unabhängig; die hinzugefügten Faktoren sind Gewichte, durch die die fehlertheoretisch zweckmäßigste Zusammenfassung der Produkte erreicht wird. Der Erwartungswert dieses Ausdruckes beträgt

$$f^0 = s \cdot (s-1)\,[(2s-3)\,\xi + 2\,(4-s)\,\xi^2], \qquad (38)$$

wenn die Faktorenaustauschziffer c für beide Geschlechter gleich ist. Tabelle 22 gibt die Erwartungswerte und Fehlerquadrate für die Unabhängigkeitsprüfung.

2. Liegt *Dominanz in einem Genpaar*, z. B. von A über a, vor, so ist die Benutzung sämtlicher Klassen nicht mehr ohne Annahmen über die Verteilung der Genotypen in der Bevölkerung möglich. Daher ist es zweckmäßig, sich einfach auf die aa-Kinder (Anzahl s') zu beschränken und den Ausdruck

$$f = (aB.aB)\,(ab.ab) \qquad (39)$$

zu bilden. Hierbei besteht gleichzeitig der Vorteil, daß die Auslese der Familien mit mindestens einem aa-Kind keine Korrektur erfordert. Der Erwartungswert hängt nicht vom Gefüge der Bevölkerung ab und hat den Wert

$$f^0 = s'\,(s'-1) \cdot c^2\,(1-c)^2. \qquad (40)$$

In Tabelle 23 sind die Erwartungswerte und die Fehlerquadrate

$$\sigma^2 = \frac{1}{128} \cdot s'\,(s'-1)\,(2s'+3) \qquad (41)$$

für die Unabhängigkeitsprüfung angegeben.

3. Besteht *in beiden Merkmalen Dominanz*, so *muß* eine Voraussetzung über die Verteilung der Doppelt-Heterozygoten gemacht werden, die jedoch für die

---

[1] Die bei BERNSTEIN 1931 für diesen Fall angegebenen Formeln und Tafeln sind falsch und 1933 richtiggestellt.

wichtigste Prüfung, die der Annahme $c = \frac{1}{2}$, ohne Einfluß bleibt. Wir beschränken uns auf diesen Fall und bilden mit FISHER (1935) den Ausdruck[1]

$$f = (\mathfrak{AB} - 3\,\mathfrak{Ab} - 3\,\mathfrak{aB} + 9\,\mathfrak{ab})^2 - (\mathfrak{AB} + 9\,\mathfrak{Ab} + 9\,\mathfrak{aB} + 81\,\mathfrak{ab}) , \qquad (42)$$

der bei Unabhängigkeit der Gene den Erwartungswert Null hat. Das mittlere Fehlerquadrat beträgt für diesen Fall

$$\sigma^2 = 324 \cdot (s^2 - 1) \frac{4^s - 3^{s-2}}{4^s - 3^s} . \qquad (43)$$

Die Werte sind in Tabelle 24 enthalten. Bei Koppelung muß $f > 0$ außerhalb der Fehlergrenzen sein.

Die Produktmethode ist von HALDANE auf die Untersuchung der Koppelung einer Allelenreihe ausgedehnt worden (1934). Ferner hat er die Auslesekorrektur auch auf solche Fälle erweitert, in denen keine echte Familienauslese des Materials vorliegt, sondern die Recessivenziffer noch stärker gestört ist.

Beispiel. HOGBEN (1935) gibt einige Familien mit FRIEDREICHscher Ataxie an, in denen gleichzeitig die Blutgruppen untersucht wurden. Die Eltern der Kranken waren gesund und gehörten zum Ehetyp $0 \times A$; in jeder Familie trat mindestens ein 0-Kind und ein krankes Kind auf. Bezeichnet man das Krankheitsgen mit F, sein normales Allel mit G, so liegt die Paarung eines Doppelt-Heterozygoten GA.FR bzw. GR.FA mit einem GR.FR, also der Typ II/4 vor. Tabelle 25 zeigt die Anwendung der Produktmethode für die Prüfung der Unabhängigkeit.

Der Beobachtungswert 24 stimmt mit der Erwartung $22,9 \pm 3,4$ überein; allerdings ist das Material zu klein, um daraus irgendwelche Schlüsse zu ziehen. Prüft man z. B. die Annahme $c = 0,05$, so ergibt sich nach den Tabellen der Erwartungswert 16,4 mit einem mittleren Fehler 4,9, was ebenfalls nicht im Widerspruch zur Beobachtung steht.

Tabelle 23. Zu Fall III_2 für die Prüfung der Unabhängigkeit ($c = \frac{1}{2}$).

s	f^0	σ^0
2	0,125	0,109
3	0,375	0,422
4	0,750	1,031
5	1,250	2,031
6	1,875	3,516
7	2,625	5,578
8	3,500	8,313
9	4,500	11,813
10	5,625	16,172
11	6,875	21,484
12	8,250	27,844
13	9,750	35,344
14	11,375	44,078
15	13,125	54,141

Tabelle 24. Zu Fall III_3 für die Prüfung der Unabhängigkeit ($c = \frac{1}{2}$).

s	σ^2	s	σ^2
2	2083	9	27790
3	4273	10	33777
4	6860	11	40404
5	9927	12	47679
6	13522	13	55609
7	17682	14	64199
8	22431	15	73450

Nach den wiedergegebenen Methoden ist hauptsächlich die Koppelung zwischen dem A-B-0- und dem M-N-System der Bluteigenschaften untersucht

Tabelle 25. Blutgruppen in Familien mit FRIEDREICHscher Ataxie (nach HOGBEN).

| Kinderzahl | Gesunde | Gesunde | Kranke | Kranke | Produkt f | | σ^2 |
| | | | | | beobachtet | erwartet ($c = \frac{1}{2}$) | |
s	A	0	A	0			
2	1	0	0	1	0	0,381	0,24
5	2	2	1	0	6	5,003	2,55
6	2	3	1	0	8	7,510	3,76
5	2	2	0	1	6	5,003	2,55
5	3	1	0	1	4	5,003	2,55
Insges.					24	22,9	11,65

---

[1] FISHER benutzt auch für andere Kreuzungstypen statt der Produktmethode ähnlich gebaute Ausdrücke. — Ein dritter Weg ist von WIENER (1932) eingeschlagen worden, der von den Austausch- und Kopplungsklassen der Kinder stets die mit der größeren Zahl zusammenfaßt und an der Differenz die Koppelung prüft.

worden. Das Ergebnis schließt enge Koppelung aus; ob die Gene auf verschiedenen Chromosomen liegen, kann erst aus größerem Material entschieden werden.

L. S. Penrose (1935) hat ein einfaches Verfahren zur Koppelungsprüfung an Geschwisterreihen angegeben. Ohne Berücksichtigung der Eltern werden die Geschwister paarweise in vier Gruppen eingeteilt, je nachdem sie in beiden Merkmalen, im ersten, im zweiten oder in keinem konkordant sind. Bei Lage der Gene auf verschiedenen Chromosomen soll in der aus diesen vier Zahlen gebildeten Vierfeldertafel statistische Unabhängigkeit herrschen, bei Koppelung dagegen nicht.

Als Beispiel sei der Extremfall behandelt, daß bei intermediärem Erbgang, z. B. den Blutfaktoren M und N, jedes Gen als dominant über ein Allel m bzw. n aufgefaßt wird. Eine Koppelungsprüfung dieser beiden hypothetischen Genpaare müßte c = 0 ergeben, mindestens aber einen klaren Widerspruch zur Annahme der Unabhängigkeit. Zählt man in der Beobachtungsreihe von Wiener und Vaisberg (1932) die Konkordanzziffern der Geschwister aus, indem jedes Kind mit jedem seiner jüngeren Geschwister zusammengestellt wird (vgl. Geppert-Koller S. 143), so ergibt sich folgendes Vierfelderschema:

Tabelle 26. Konkordanzstatistik von Geschwistern bezüglich der Bluteigenschaften M und N. (Nach Wiener und Vaisberg.)

M		N		
		gleich	ungleich	
	gleich	817	329	1146
	ungleich	272	30	302
		1089	359	1448

Es genügt, eine Klasse zu betrachten, z. B. die der in beiden Merkmalen ungleichen Geschwisterpaare, also die MM—NN. Bei genetischer Unabhängigkeit der Genpaare wären $302 \cdot 359 : 1448 = 75$ Fälle zu erwarten; die Beobachtungszahl 30 ist mit Sicherheit hiervon verschieden, wie nach den Angaben von Penrose zu erwarten war.

Die theoretische Rechnung zeigt, daß bei gleichmäßiger Häufigkeit der beiden Gene (um 50%) — wie im Beispiel — die doppelt diskordante Klasse kleinere Werte annimmt als bei Unabhängigkeit zu erwarten wäre. Bei einseitiger Genverteilung muß dagegen die Klasse zu stark vertreten sein; bei der Verteilung 1 : 5 finden sich die Werte der Unabhängigkeit. In diesem Fall würde das Vierfelderschema Proportionalität aufweisen, obwohl es sich um absolute Koppelung handelt. Daher kann das Verfahren nicht als allgemein richtig angesehen werden. Weiterhin leidet die Methode von Penrose auch darunter, daß völlige Durchmischung der Bevölkerung angenommen werden muß. Korrelation im Vierfelderschema könnte auch durch Nichterfüllung dieser Voraussetzung bedingt sein.

III. Die Erbstatistik in der Bevölkerung[1].

Die Mendelschen Regeln, nach denen das Erbgeschehen innerhalb der einzelnen Familie erfolgt, wirken sich auch innerhalb der höheren erbbiologischen Einheiten von Sippe, Volk und Rasse gesetzmäßig aus. Stellt man sich die erbliche Zusammensetzung einer Generation in einer Bevölkerungsgruppe bekannt vor, kennt man ferner die Häufigkeiten des Zusammentreffens der verschiedenen Erbformen in ihnen und die Fruchtbarkeit der einzelnen Eheformen, so ist daraus in Verbindung mit den Mendelschen Regeln die voraussichtliche erbliche Zusammensetzung der nächsten Generation ableitbar. Je genauer man für ein Merkmal diese Voraussetzungen erfassen kann, um so besser wird eine solche Rechnung die wirklichen Verhältnisse treffen. Ohne deren genaue Kenntnis und für eine allgemeine Erörterung der Vererbungsvorgänge in einer größeren Gruppe muß man von vereinfachten schematischen Vorstellungen ausgehen. Die erste Vereinfachung besteht darin, statt des wirklichen lebendigen Volkes eine konstruierte „Bevölkerung" zu betrachten, die als unendlich groß und abgeschlossen lebend zu denken ist, und deren Generationen nicht ineinandergreifen. Das Ausgangsschema aller Rechnungen bildet die „völlige Durchmischung der Bevölkerung bezüglich eines Merkmals" („Panmixie"). Für die Verteilung der Eheformen wird hierbei angenommen,

---

[1] Für die den Abschnitten III und IV zugrunde liegenden theoretischen Rechnungen sei auf Geppert-Koller [Erbmathematik (1938)] verwiesen.

daß das betrachtete Merkmal ohne Einfluß auf die Gattenwahl ist, daß die Erbformen der Ehepartner gerade in der Häufigkeit zusammentreffen, die ihrem Vorkommen in der Bevölkerung entspricht; die Verteilung der Eheverbindungen stimmt dann zahlenmäßig mit dem Ergebnis einer entsprechenden Verlosung überein („zufallsmäßige Gattenwahl"). Die Fruchtbarkeit aller bezüglich des Merkmals zu unterscheidenden Eheformen wird als gleich angenommen. Ferner soll durch die betrachteten Gene kein Sterblichkeitsunterschied vor dem Abschluß der Fortpflanzung bewirkt werden. Diese Voraussetzungen treffen zweifellos für Eigenschaften, die äußerlich weder unmittelbar noch mittelbar in Erscheinung treten, in vollem Umfange zu. Die Erfahrung hat dies z. B. für die Bluteigenschaften des A, B, 0- und des M, N-Systems vielfach bestätigt. Andererseits gelten die Annahmen sicher nicht für Mißbildungen und schwere erbliche Krankheiten, die vor der Fortpflanzungsperiode eintreten, und können hier nur den Ausgangspunkt weiterer Rechnungen bilden. Sind die Annahmen der Durchmischung nicht erfüllt, so liegt eine „Auslese" vor; diese kann durch die Gattenwahl oder durch Fruchtbarkeitsunterschiede bis zur völligen Ausschaltung einer Erbform von der Fortpflanzung bedingt sein.

Die Verhältnisse der *Gattenwahl* sind bisher leider bei den Merkmalen, für die es besonders wichtig wäre, noch gar nicht statistisch erforscht worden; lediglich eine Arbeit von LEISTENSCHNEIDER ist hier zu erwähnen. Untersuchungen darüber sollten nicht nur über das Vorhandensein des Merkmals bei den Ehepartnern, sondern vor allem auch über das Auftreten des Merkmals in der Familie und der Sippe der Partner durchgeführt werden. Auch die statistische Untersuchung der *Fruchtbarkeit*, über die schon mehr Arbeiten vorliegen, ist nicht nur bezüglich der Merkmalsträger selbst, sondern auch bezüglich ihrer Verwandten von Bedeutung, und sollte auch in Verbindung mit der Gattenwahl betrachtet werden.

1. Die Zusammensetzung einer durchgemischten Bevölkerung.

a) Einpaariger Erbgang.

Durch ein Genpaar A, a werden drei Erbformen AA, Aa, aa gebildet, deren Häufigkeiten in der Bevölkerung durch Überstreichen bezeichnet seien. Unter den von diesen abgegebenen Genen befinden sich

$$A\text{-Gene in der Häufigkeit } p = \overline{AA} + \tfrac{1}{2}\,\overline{Aa}, \\ a\text{-Gene in der Häufigkeit } q = \tfrac{1}{2}\,\overline{Aa} + \overline{aa} = 1 - p\,. \quad\quad (44)$$

Diese Formeln entsprechen einer unmittelbaren Zählung der Gene und dürfen daher nicht durch indirekte Formeln ersetzt werden. Der mittlere Fehler, mit dem die aus n Personen bestimmte Häufigkeit $\overline{AA}$ als Schätzung der AA-Häufigkeit in der Bevölkerung behaftet ist, hat den Wert

$$\sigma_{(\overline{AA})} = \sqrt{\frac{\overline{AA}\cdot(1-\overline{AA})}{n}}\,. \quad\quad (45)$$

Für die anderen Klassen gelten die entsprechenden binomischen Fehlerformeln. Die Fehler der Genhäufigkeiten p und q sind, da 2n Gene beobachtet sind,

$$\sigma_p = \sigma_q = \sqrt{\frac{p\cdot q}{2\,n}}\,. \quad\quad (46)$$

Wenn in der vorangehenden Generation völlige Durchmischung in bezug auf das Genpaar A, a besteht, so ist die Verteilung der Erbformen:

$$AA : p^2 \quad\quad\quad Aa : 2\,pq \quad\quad\quad aa : q^2\,. \quad\quad (47)$$

Abb. 2 zeigt die Verteilung in Abhängigkeit von den Genhäufigkeiten. Die Heterozygotenziffer kann nie größer als 50% sein. Bei Durchmischung muß im intermediären Erbgang die Gleichung

$$D = \frac{1}{4}\overline{Aa}^2 - \overline{AA} \cdot \overline{aa} = 0 \qquad (48)$$

erfüllt sein. Der mittlere Fehler von D ist bei n Beobachtungen

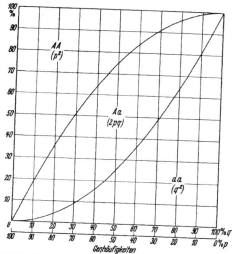

$$\sigma_D = \frac{pq}{\sqrt{n}}. \qquad (49)$$

Die Fehlerrechnung ist identisch mit dem Vergleich der drei Klassen mit ihren Erwartungswerten nach der χ^2-Methode.

Beispiel. W. CHRISTIANSEN erhielt bei 13668 Blutuntersuchungen in Sachsen: 30,96% MM, 49,47% MN und 19,58% NN. Daraus ergibt sich

$$D = +0,0006 \pm 0,0021.$$

Die Durchmischungsannahme gibt also die beobachteten Zahlenverhältnisse sehr gut wieder. Die Genziffern sind:

$$p = 55,69\% \pm 0,30\%,$$
$$q = 44,31\% \pm 0,30\%.$$

Abb. 2. Verteilung der Genotypen in Abhängigkeit von der Genhäufigkeit.

Bei der Berechnung der Häufigkeiten und der Fehler ist vorausgesetzt, daß alle einzelnen Beobachtungen voneinander unabhängig sind. Dies ist nicht der Fall, sobald das Material aus Familien besteht. Dann werden z.B. die gleichen Gene bei Eltern und Kindern mehrfach gezählt. Die Zahl der wirklich unabhängig erfaßten Gene ist geringer als die Beobachtungszahl angibt; die Fehlerformel liefert daher zu kleine Werte. Die obere Grenze des Fehlers ergibt sich, wenn man nur die Zahl der Familien als n rechnet. Der wirkliche Fehlerwert liegt dazwischen.

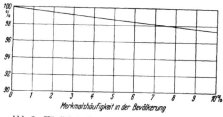

Abb. 3. Häufigkeit der Heterozygoten Aa unter den Dominanten bei Durchmischung.

Eine Ausgleichung der Häufigkeiten kommt praktisch kaum in Frage; zur Durchführung vgl. (GEPPERT-KOLLER).

Ist A über a dominant, so gilt die gleiche Verteilung der Erbformen wie im intermediären Fall. In der dominanten Erscheinungsklasse haben die AA den Anteil $\frac{p}{1+q}$ und die Aa den Anteil $\frac{2q}{1+q}$. Bei seltenen dominanten Merkmalen sind praktisch alle Merkmalsträger heterozygot; noch bei einem 10%-Merkmal haben 97,3% der Dominanten die Erbformel Aa (Abb. 3).

Für recessive Merkmale ist das Verhältnis der Zahl der merkmalsfreien Überträger des Gens zur Zahl der Merkmalsträger von Bedeutung; es hat den Wert $2pq:q^2 = 2p:q$. Abb. 4 zeigt die Zahlen bis zur Merkmalshäufigkeit 10%. Bei einem 1%-Merkmal beträgt die Heterozygotenzahl das 18fache, bei 0,1% das 61fache, bei 0,01% das 198fache, bei noch selteneren Merkmalen ein noch höheres Vielfaches der Recessivenzahl.

Die Häufigkeitsverteilung der Gene läßt sich bei Vorliegen von Dominanz nicht unmittelbar der Klassenverteilung entnehmen. Nur bei Annahme der Durchmischung ergibt sich die Häufigkeit des recessiven Gens als

$$q = \sqrt{\overline{aa}}\,. \tag{50}$$

Der mittlere Fehler von q als Schätzung der q-Häufigkeit in der Bevölkerung ist näherungsweise

$$\sigma_q = \sqrt{\frac{1-q^2}{4\,n}} \tag{51}$$

und ist stets größer als der Fehler der q-Bestimmung bei intermediärem Erbgang. Eine Prüfung der Durchmischungsannahme an einer einzigen Generation ist nicht möglich; nur eine Konstanz der Häufigkeiten in verschiedenen Generationen kann zur Bestätigung der Annahme dienen.

Bei unregelmäßiger Dominanz mit unbekannter Manifestationsziffer der Aa kann die Genverteilung nicht aus der Merkmalshäufigkeit errechnet werden.

Die Mischung zweier Bevölkerungs- oder Rassengruppen führt von der ersten Generation an zu einer beständigen Verteilung der Erbformen. Nur wenn Männer und Frauen ungleich auf die Ausgangsgruppen verteilt sind, tritt die Beständigkeit erst mit der zweiten Generation ein. Die Genziffern entsprechen der Verteilung von A und a in den Ausgangsgruppen insgesamt; die Häufigkeiten der Erbformen ergeben sich daraus nach (47).

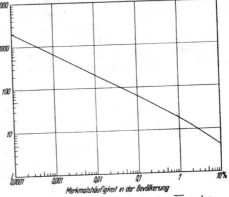

Abb. 4. Verhältnis der Heterozygoten $\overline{Aa}$ zu den Recessiven $\overline{aa}$ bei Durchmischung.

b) Genreihen (Allele).

Kommen m verschiedene Gene $A_1, A_2, \ldots A_m$ an derselben Chromosomenstelle vor und sind ihre Häufigkeiten $p_1, p_2 \ldots p_m$, so ist die Häufigkeit der homozygoten Erbformen $\overline{A_i A_i} = p_i^2$ und die der heterozygoten $\overline{A_i A_k} = 2 p_i p_k$, wenn in der vorangegangenen Generation Durchmischung vorgelegen hat. Die Zahl der Erbformen ist $\frac{1}{2} m (m+1)$. Liegt keine Dominanz vor, so bestehen bei Durchmischung $\frac{1}{2} m (m-1)$ unabhängige Häufigkeitsbeziehungen zwischen den Klassen. Allgemein gibt es soviele Beziehungsgleichungen, wie es intermediäre Genpaare unter den Allelen gibt.

Blutgruppen: Bezeichnet man mit p die Häufigkeit des Gens A, mit q die von B, mit r die von R, so ergibt sich in einer beständigen Bevölkerung die Blutgruppenverteilung aus den Genziffern nach folgenden Gleichungen:

Blutgruppe:	0	A	B	AB	
Erbformel:	RR	AA + AR	BB + BR	AB	$\Big\}$ (52)
Häufigkeit:	r^2	$p^2 + 2\,pr$	$q^2 + 2\,qr$	$2\,pq$	

In einer beständigen Bevölkerung gilt zwischen den Gruppenhäufigkeiten die Beziehung .

$$D = \sqrt{\overline{A+0}} + \sqrt{\overline{B+0}} - \sqrt{\overline{0}} - 1 = 0, \tag{53}$$

die zur Prüfung der Durchmischungsannahme zu verwenden ist. Der mittlere Fehler von D ist

$$\sigma_D = \sqrt{\frac{p \cdot q}{2(1-p)(1-q)n}} \,. \tag{54}$$

Aus den Gruppenhäufigkeiten werden die Genziffern meist nach den Formeln

$$p = 1 - \sqrt{\overline{B+0}}\,, \qquad q = 1 - \sqrt{\overline{A+0}}\,, \qquad r = \sqrt{\overline{0}}\,,$$
$$\text{oder}\ p = \sqrt{\overline{A+0}} - \sqrt{\overline{0}}\,, \qquad q = \sqrt{\overline{B+0}} - \sqrt{\overline{0}}\,, \qquad r = \sqrt{\overline{0}} \tag{55}$$

bestimmt. Dabei sind aber p, q, r nicht wirkliche *Genhäufigkeiten*, denn ihre Summe ist nicht genau 1, sondern ergibt nach der Formel der Durchmischungsprüfung (53) nur dann 1, wenn die Durchmischung in der beobachteten Stichprobe exakt erfüllt ist. Statt dessen ist es besser, die p-, q-, r-Bestimmung von der Durchmischungsprüfung klar zu trennen. Für eine Berechnung der Genziffern, die die Summe 1 liefert, kann man die Formeln

$$p = \frac{\overline{A} + \frac{1}{2}\overline{AB}}{1 + \sqrt{\overline{0}}}\,, \qquad q = \frac{\overline{B} + \frac{1}{2}\overline{AB}}{1 + \sqrt{\overline{0}}}\,, \qquad r = \sqrt{\overline{0}} \tag{56}$$

verwenden [H. Geppert (1938)]. Die mittleren Fehlerquadrate sind bei dieser Bestimmung näherungsweise

$$\left.\begin{aligned}
\sigma_p^2 &= \frac{p(2-p+6r-4pr-pr^2)}{4n(1+r)^2}\,,\\
\sigma_q^2 &= \frac{q(2-q+6r-4qr-qr^2)}{4n(1+r)^2}\,,\\
\sigma_r^2 &= \frac{1-r^2}{4n}\,.
\end{aligned}\right\} \tag{57}$$

Ein anderes Formelsystem entsteht durch die von Wellisch vorgeschlagene Mittelbildung aus den Formeln (55)

$$p = 1 - \sqrt{\overline{B+0}} + \frac{D}{2}\,, \qquad q = 1 - \sqrt{\overline{A+0}} + \frac{D}{2}\,, \qquad r = \sqrt{\overline{0}}\,. \tag{58}$$

Die mittleren Fehlerquadrate haben hier die Werte

$$\left.\begin{aligned}
\sigma_p^2 &= \frac{p(q+4r-2pr+2pq-2p^2q)}{8n\cdot(1-p)(1-q)}\,,\\
\sigma_q^2 &= \frac{q(p+4r-2qr+2pq-2pq^2)}{8n\cdot(1-p)(1-q)}\,,\\
\sigma_r^2 &= \frac{1-r^2}{4n}\,.
\end{aligned}\right\} \tag{59}$$

Beide Formelgruppen sind annähernd gleichwertig. Eine weitere Ausgleichung ist praktisch nicht erforderlich.

Beispiel. W. Christiansen fand bei 33295 Blutgruppenbestimmungen in Sachsen: 0: 38,9%, A: 42,1%, B: 13,7%, AB: 5,4%. Daraus ergibt sich nach (56)

$$p = 27,5\%\,, \qquad q = 10,1\%\,, \qquad r = 62,4\%\,.$$

Bei der Durchmischungsprüfung ist $D = +0,0016 \pm 0,0008$. Die Beobachtungswerte sind also mit der Panmixieannahme verträglich.

Die Genziffern lassen sich durch Punkte in einem beliebigen Koordinatennetz darstellen. Am übersichtlichsten ist die Wahl eines gleichseitigen Dreiecks (O. Streng), in dem die Einzeichnung am bequemsten mittels eines Parallelennetzes erfolgt, wie in Abb. 5 für die sächsischen Zahlen angegeben ist.

Zur Kennzeichnung einer Gruppenverteilung durch eine einzige Zahl hat man verschiedentlich Indices aus den Gruppenziffern und aus p, q, r gebildet, die alle das eine oder andere Gen bevorzugen; sie können daher grundsätzlich keine bessere Übersicht geben als die Genziffern selbst. Zur geographischen Darstellung der Genverteilung hat man Linien gleicher Häufigkeit für die drei Gene gezeichnet (STEFFAN); man braucht allerdings zur Übersicht drei Karten.

O. und K. O. STRENG erreichten die eindeutige Darstellung auf einer einzigen Karte durch OSTWALDS Farbenskala in Verbindung mit dem Gendreieck, wodurch jeder Genverteilung eine bestimmte Farbe zugeordnet wird (1937).

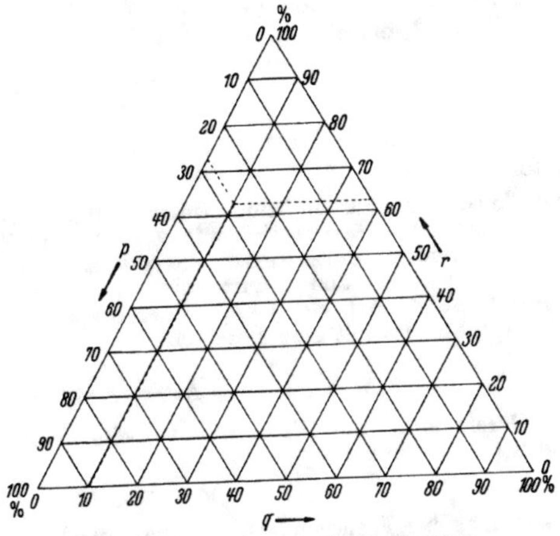

Abb. 5. Gendreieck für die Blutgruppen.

Die *Untergruppen* A_1 und A_2, bzw. A_1B und A_2B werden dadurch erklärt, daß man zwei Gene A_1 und A_2 annimmt, von denen A_1 über A_2 dominant ist, beide über R dominant und gegenüber B intermediär sind. Die 6 Blutgruppen ergeben sich bei durchgemischter Bevölkerung aus den Genen A_1, A_2, B, R (Häufigkeiten p_1, p_2, q, r):

$$\begin{array}{ccccccc} \text{Blutgruppe} & 0 & A_1 & A_2 & B & A_1B & A_2B \\ \text{Erbformel RR} & & A_1A_1 + A_1A_2 + A_1R & A_2A_2 + A_2R & BB + BR & A_1B & A_2B \\ \text{Häufigkeit } r^2 & & p_1^2 + 2p_1p_2 + 2p_1r & p_2^2 + 2p_2r & q^2 + 2qr & 2p_1q & 2p_2q \end{array} \tag{60}$$

Bei völliger Durchmischung bestehen zwei der Prüfung zugängliche Beziehungen. Zur Blutgruppenrelation (53) tritt die ähnlich gebaute Gleichung

$$D' = \sqrt{\overline{A_1 + A_2 + 0}} + \sqrt{1 - \overline{A_1} - \overline{A_1B}} - \sqrt{\overline{A_2 + 0}} - 1 = 0 . \tag{61}$$

Der mittlere Fehler von D' ergibt sich aus (54), wenn man p durch p_1 ersetzt.

Die Bestimmung der Genhäufigkeiten ist wieder nur dann eindeutig möglich, wenn die beiden Durchmischungsgleichungen exakt erfüllt sind. Um die Summe 1 der Häufigkeiten zu erreichen, kann die praktische Bestimmung z. B. nach den Formeln erfolgen:

$$p_1 = 1 - \sqrt{1 - \overline{A_1} - \overline{A_1B}} + \frac{D'}{2}, \qquad q = 1 - \sqrt{\overline{A_1 + A_2 + 0}} + \frac{D}{2},$$
$$p_2 = \sqrt{1 - \overline{A_1} - \overline{A_1B}} - \sqrt{\overline{B + 0}} + \frac{D - D'}{2}, \qquad r = \sqrt{\overline{0}} . \tag{62}$$

Beispiel: MUSTAKALLIO fand bei der Blutgruppenuntersuchung von 4632 Finnischsprechenden (die A und AB ohne Angabe der Untergruppe sind den übrigen A und AB entsprechend auf die Untergruppen aufgeteilt). 0 : 32,7%, A_1 : 31,7%, A_2 : 11,2%, B : 16,6%, A_1B : 4,6%, A_2B : 3,2%; die Durchmischungsprüfung nach (53) und (61) ergibt: D = — 0,001 ± 0,003, D' = + 0,004 ± 0,002; für die Genhäufigkeiten erhält man p_1 = 20,4%, p_2 = 9,4%, q = 13,0%, r = 57,2%.

c) Geschlechtsgebundener Erbgang.

In einer durchgemischten Bevölkerung ist nur dann die Verteilung der Erbformen eines geschlechtsgebundenen Erbganges beständig, wenn die Genverteilung in beiden Geschlechtern gleich ist. Die Klassen haben dann folgende Häufigkeiten

$$\begin{array}{cccc} \female : & AA: p^2 & Aa: 2pq & aa: q^2 \\ \male : & A: p & & a: q \end{array} \tag{63}$$

Bei geschlechtsgebunden recessivem Erbgang überwiegen im Endzustand der Durchmischung die Männer unter den Merkmalsträgern im Verhältnis $1:q$ zu den Frauen, bei seltenen Merkmalen also sehr stark. Bei geschlechtsgebunden dominantem Erbgang sind die Männer dagegen mit $1:(1+q)$ in der Minderzahl; dieses Verhältnis kann auch bei seltensten Merkmalen $1:2$ nicht unterschreiten.

Bei Erkennbarkeit aller drei Klassen bei den Frauen gilt für diese die Durchmischungsbeziehung (48), außerdem besteht zwischen beiden Geschlechtern eine weitere Beziehung, die in der Form

$$\overline{\female\,aa} = \overline{\male\,a}^2 \tag{64}$$

wiedergegeben sei. Bei Dominanz von A über a bleibt (64) bestehen, während (48) fortfällt.

Ist die Genverteilung in beiden Geschlechtern verschieden, so ist die Klassenverteilung nicht beständig und ändert sich mit jeder Generation. Im Endzustand, der praktisch schon nach wenigen Generationen erreicht ist, gelten die obigen beständigen Klassenhäufigkeiten, wobei p und q durch die von Anfang an unveränderte Genverteilung im gesamten Genbestand beider Geschlechter bestimmt sind. Auch vor Erreichung des beständigen Zustandes gilt eine Beziehung

$$\overline{\female\,AA} \cdot \overline{\male\,a}^2 - \overline{\female\,Aa} \cdot \overline{\male\,A} \cdot \overline{\male\,a} + \overline{\female\,aa} \cdot \overline{\male\,A}^2 = 0,$$

die bei Durchmischung erfüllt sein muß. Beim Vergleich einer Generation mit der vorangehenden (') muß ferner

$$\overline{\female\,aa} = \overline{\male\,a'} \cdot \overline{\male\,a}$$

sein, was auch bei Vorliegen von Dominanz nachprüfbar ist.

Auf *recessive geschlechtsgebundene Letalgene* ist von Lenz (1923), ferner SCHIRMER und HAASE ein Teil der Übersterblichkeit der männlichen Säuglinge gegenüber den weiblichen zurückgeführt worden. Die Methodik der Beweisführung besteht im Nachweis des ausnahmslos gegensinnigen Verhaltens von Säuglingssterblichkeit einerseits und Übersterblichkeit der Knaben andererseits, und zwar sowohl in räumlichen als in zeitlichen Vergleichen. Es müsse sich um umweltstabile Letalgene handeln, durch deren Annahme zweifellos die statistische Tatsache gedeutet werden kann, daß die Sterblichkeit der Knaben durch bessere Umweltverhältnisse nicht in gleicher Weise zurückgeht wie die der Mädchen. Eine eigentliche erbbiologische Beweisführung steht noch aus.

d) Vererbung mehrerer Merkmale.

Betrachtet man mehrere Merkmale, deren jedes einem einortigen, nicht geschlechtsgebundenen Erbgang folgt, so bewirkt die Durchmischung für jedes Genpaar (oder Genreihe) eine beständige Klassenverteilung, die spätestens in der zweiten Generation nach einer Mischung verwirklicht ist. Dagegen sind die Wahrscheinlichkeiten, mit denen die verschiedenen Merkmale bei einer Person zusammentreffen, nicht beständig. Der Genbestand bleibt im ganzen unverändert, nur die Genverbindungen, die in derselben Keimzelle liegen, wechseln ihre Häufigkeit. Sind A, a und B, b zwei Genpaare und werden in einer Generation die Genverbindungen AB, Ab, aB, ab mit den Wahrscheinlichkeiten r_{11}, r_{12}, r_{21}, r_{22} abgegeben, so ergeben sich aus ihnen für die Erbformen der Individuen der folgenden Generation folgende Wahrscheinlichkeiten:

$$\left.\begin{array}{llll}
AB \cdot AB : r_{11}^2 & Ab \cdot Ab : r_{12}^2 & aB \cdot aB : r_{21}^2 & ab \cdot ab : r_{22}^2 \\
AB \cdot Ab : 2r_{11}r_{12} & AB \cdot aB : 2r_{11}r_{21} & Ab \cdot ab : 2r_{12}r_{22} \\
aB \cdot ab : 2r_{21}r_{22} & AB \cdot ab : 2r_{11}r_{22} & Ab \cdot aB : 2r_{12}r_{21}
\end{array}\right\} \tag{65}$$

Zur Prüfung der Durchmischungsannahme stehen im intermediären Falle fünf unabhängige Formeln zur Verfügung (vgl. GEPPERT-KOLLER 1938), die bei Dominanz fortfallen.

Findet mit der Wahrscheinlichkeit c (Faktorenaustauschziffer) ein Austausch zwischen zwei Genpaaren statt $(0 \leq c \leq \frac{1}{2})$, so daß zwei in der gleichen

Keimzelle ererbte Gene in verschiedenen Keimzellen weitergegeben werden, so sind die Genwahrscheinlichkeiten, mit denen die Genverbindungen in der nächsten Generation (') weitergegeben werden,

$$
\left.\begin{aligned}
r'_{11} &= r_{11} - c\,(r_{11}\,r_{22} - r_{12}\,r_{21}),\\
r'_{21} &= r_{21} + c\,(r_{11}\,r_{22} - r_{12}\,r_{21}),\\
r'_{12} &= r_{12} + c\,(r_{11}\,r_{22} - r_{12}\,r_{21}),\\
r'_{22} &= r_{22} - c\,(r_{11}\,r_{22} - r_{12}\,r_{21}).
\end{aligned}\right\} \tag{66}
$$

Im Endzustand (∞) ist die Verteilung der Genverbindungen:

$$
r_{11}^{(\infty)} = p\cdot P, \qquad r_{12}^{(\infty)} = p\cdot Q, \qquad r_{21}^{(\infty)} = q\cdot P, \qquad r_{22}^{(\infty)} = q\cdot Q, \tag{67}
$$

wobei p, q die im Laufe der Generationen unveränderte Genverteilung A, a und P, Q die von B, b bedeutet. Das Zusammentreffen der Gene erfolgt mit Zufallswahrscheinlichkeiten. Der Endzustand ist davon unabhängig, ob die Genpaare auf demselben Chromosom liegen oder nicht. Lediglich die Geschwindigkeit der Annäherung an diesen Gleichgewichtszustand wird durch Koppelung verlangsamt. Eine allgemeine Abschätzung der Geschwindigkeit, etwa derart, daß man mit geringem Fehler den Endzustand als vorliegend ansehen könnte (wie z. B. beim geschlechtsgebundenen Erbgang), ist nicht möglich. Beständigkeit tritt nur ein, wenn gerade $r_{11}\cdot r_{22} = r_{12}\cdot r_{21}$ ist, wie z. B. für nicht gekoppelte Gene nach Kreuzung reiner Rassen. Hier ist der „F$_2$-Typus" beständig.

Untersucht man in der Bevölkerung die *Korrelation* zwischen zwei Erbmerkmalen, so findet man statistische Unabhängigkeit, wenn seit vielen Generationen völlige Durchmischung in bezug auf diese Merkmale vorgelegen hat. Auf genetische Unabhängigkeit, d. h. Lage der Gene auf verschiedenen Chromosomen, kann man nicht schließen. Liegt Korrelation vor und kann man Durchmischung annehmen, so folgt daraus nur, daß der Endzustand noch nicht erreicht ist. Von der gleichen Ausgangsgruppe stammende Merkmale sind positiv korreliert. Von mehreren solchen Merkmalen, die vom gleichen Mischungsvorgang herrühren, weisen die genetisch gekoppelten die höchste Korrelation auf.

Für die Bluteigenschaften A, B, 0 und M, N fand MEIXNER in Innsbruck bei 3000 Untersuchungen:

In Schrägdruck sind die bei Unabhängigkeit zu erwartenden Zahlen angegeben. Die Übereinstimmung ist außerordentlich genau, wie auch die χ^2-Rechnung bestätigt ($\chi^2 = 0,9$ bei $m = 6$ Freiheitsgraden; nach Abb. 31, S. 168 erstreckt sich der Zufallsbereich bis $\chi^2 = 20$). 3800 Untersuchungen von W. CROME in Bonn liefern ein $\chi^2 = 17,6$; hier sind die Beobachtungen mit der Unabhängigkeitsannahme nur schlecht verträglich, aber ein klarer Widerspruch liegt auch hier nicht vor.

Tabelle 27. Verteilung der Blutgruppen und Blutfaktoren in Innsbruck. (Nach MEIXNER.)

	0	A	B	AB	
MM	386 *388,8*	402 *395,5*	93 *96,0*	33 *33,8*	914
MN	236 *228,8*	226 *232,8*	55 *56,5*	21 *19,9*	538
NN	654 *658,4*	670 *669,8*	167 *162,5*	57 *57,3*	1548
	1276	1298	315	111	n = 3000

Zwischen den verschiedenen „Rassenmerkmalen" besteht in Deutschland Korrelation, die beweist, daß sich die Bevölkerung nicht im Endzustand einer Durchmischung befindet. Dagegen fand K. DECKNER bei Freiburger Studenten zwischen Körpergröße und Schädelindex keine Korrelation (— 0,08), wenn er nur die blonden und helläugigen betrachtete. Bei Studenten mit dunklen Haaren und Augen ergab sich $r = -0,34$. Dies kann so gedeutet werden, daß die erste Gruppe rassisch einheitlicher und als solche in „späterem" Durchmischungsstadium zu vermuten ist.

Wenn die betrachteten Gene sich gemeinsam an einem Merkmal auswirken (zweiortiger [dimerer] Erbgang), so sind im extremen Fall nur zwei Klassen, Merkmalsträger und Merkmalsfreie, unterscheidbar. In keinem der drei Unterfälle (doppelt-dominanter, doppelt-recessiver, dominant-recessiver Erbgang) kann aus der Merkmalshäufigkeit ein Schluß auf die Verteilung der Gene und der Genverbindungen gezogen werden. Die bestehenden Ungleichungen (vgl. GEPPERT-KOLLER 1938) sind im wichtigen Fall eines seltenen Merkmals nichtssagend. Die möglichen Genverteilungen haben als Grenzfall den entsprechenden einfachen Erbgang, wenn das zweite für das Merkmal notwendige Gen zu 100% vorhanden ist. Eine andere wichtige, in vieler Hinsicht vom einortigen Grenzfall extrem weit entfernte Genverteilung beim doppelt-dominanten und doppelt-recessiven Erbgang ist durch $r_{12} = r_{21}$ und $p = P$ gekennzeichnet. Der dominant-recessive Erbgang hat den einfach dominanten und den einfach recessiven Erbgang als Grenzfall bei einseitiger Genverteilung. Darüber hinaus weist er weitere extreme Genverteilungen auf, die den zwischen den beiden einfachen Erbgängen liegenden Bereich überschreiten.

e) Einpaariger Erbgang bei quantitativen Merkmalen.

Bewirkt ein Genpaar A, a drei Genotypen AA, Aa, aa, die in dem bewirkten Merkmal, z. B. einer Länge, mit großer Streuung um drei Grundwerte in Erscheinung treten, so kann man aus dem Merkmalswert nur sehr ungenau auf die Erbformel schließen. Hierdurch werden die üblichen statistischen Verfahren zur Feststellung eines Erbganges wirkungslos. Man half sich bisher mit der Berechnung der Korrelation der Merkmalswerte bei Geschwistern, Eltern und Kindern usw. Jedoch erhält man hierdurch keine klaren erbbiologischen Erkenntnisse.

Einen Ausweg hat O. MITTMANN 1938 angegeben. Nimmt man in der Bevölkerung Durchmischung in bezug auf das betrachtete Merkmal an, so besitzen die drei Erbformen die Häufigkeiten von (47):

$$p^2\,AA : 2\,p\,q\,Aa : q^2\,aa,$$

wenn p die Häufigkeit von A im Genbestand der Bevölkerung darstellt und $q = 1 - p$ ist. Diese Merkmalsverteilung in der Bevölkerung ist statistisch in erster Linie durch einen Mittelwert M und eine mittlere Abweichung σ gekennzeichnet.

In einem aus dieser Bevölkerung stammenden Familienmaterial führe man eine Klasseneinteilung der Ehen durch und fasse einige mittlere Klassen zu einer breiteren Mittelgruppe zusammen. Es muß nun unter den verschiedenen möglichen Gruppenbildungen auch solche geben, in denen das gleiche Genverhältnis p:q wie in der Bevölkerung besteht. Man betrachtet jetzt die *Ehen, deren beide Partner zu dieser Mittelgruppe gehören.* Unter den Kindern dieser Ehengruppe müssen dann die drei Erbformen im Verhältnis (47) auftreten; die Merkmalsverteilung muß derjenigen in der Gesamtbevölkerung völlig gleichen. In den *Ehen, in denen die Partner beide nicht der Mittelgruppe angehören,* muß dann ebenfalls die Genverteilung p:q und die Bevölkerungsverteilung (47) der Erbformen der Kinder verwirklicht sein.

Man erkennt die richtige Mittelgruppe daran, daß das Merkmalsmittel der Kinder mit dem der Bevölkerung übereinstimmt, und daß auch die Kinder, deren beide Eltern nicht zur Mittelgruppe gehören, dasselbe Merkmalsmittel aufweisen. Man prüft dann das Vorliegen eines intermediären Erbganges an der Gleichheit der Verteilungskurve (χ^2-Verfahren) oder an der Gleichheit der Streuungswerte σ. Liegt ein komplizierterer Erbgang vor, so ist die Streuung bei den Kindern der Mittelgruppe kleiner und die bei den Kindern der Randgruppe größer.

Eine strenge Erfüllung dieser Kriterien wird man allerdings in der Praxis nicht erwarten können, da die Abgrenzung der Mittelgruppe nicht hinreichend genau durchführbar ist.

2. Die Zusammensetzung einer nicht durchgemischten Bevölkerung bei einortigem Erbgang.

Als erster Fall, in dem keine völlige Durchmischung der Bevölkerung stattfindet, ist die unterschiedliche Fruchtbarkeit der verschiedenen Erbformen zu nennen. Der Extremfall betrifft Letalfaktoren und Unfruchtbarmachung Erbkranker; hier werden eine oder mehrere bestimmte Erbformen gänzlich von der Fortpflanzung ausgeschaltet; für die anderen gelte die Annahme der Durchmischung weiter. Für zweiklassige Merkmale (z. B. Erbkrankheiten) ist nachgewiesen, daß die Ausschaltung einer Klasse bei jedem, auch einem komplizierten MENDELschen Erbgang, allmählich zu einem Grenzzustand führt, in dem die ausgeschaltete Erbform nicht mehr vorkommt[1] (vgl. GEPPERT-KOLLER 1938). Die Geschwindigkeit der Verminderung der Merkmalsträger hängt vom Erbgang und der Merkmalshäufigkeit ab. Bei recessivem Erbgang ist die Wirkung einer Überfruchtbarkeit der Recessiven auf die Zunahme des Merkmals wesentlich stärker als die einer entsprechenden Unterfruchtbarkeit auf seine Abnahme. Hierbei kann sich auch nach einer Reihe von Generationen mit mäßiger Zunahme eine plötzliche sehr schnelle Zunahme einstellen (GEPPERT-KOLLER, WITTMANN).

Eine sehr wirksame Ausleseform ist die Auslese in der Familie, beim Menschen vor allem in der Form vorkommend, daß nach der Geburt eines erbkranken Kindes die weitere Fortpflanzung eingestellt wird. Auch bei seltenen recessiven Merkmalen wird hierdurch eine starke Abnahme erzielt (KOLLER 1935).

Fruchtbarkeitsunterschiede sind die einzigen Vorgänge, die imstande sind, den Genbestand einer Bevölkerung zu verändern. Hat ein Merkmal Einfluß auf die Gattenwahl, so wird die Häufigkeit des Zusammentreffens der verschiedenen Gensorten gegenüber der Panmixie verschoben, es findet gewissermaßen eine Ummischung statt; der Genbestand bleibt erhalten. Bevorzugte Paarung von merkmalsgleichen Partnern führt zur Verminderung der Heterozygoten; je stärker die Bevorzugung ist, um so stärker ist auch die Aa-Verminderung. Völliges Verschwinden der Heterozygoten ergibt sich nur bei ausschließlicher Paarung Merkmalsgleicher asymptotisch für den Endzustand. *Inzucht* als eine besondere Art der Gattenwahl mit Bevorzugung erbähnlicher Partner führt ebenfalls bei Erhaltung des Genbestandes zu einer Umschichtung der Genverteilung durch Verminderung der Heterozygoten.

In der Erbstatistik der Bevölkerung treten Gattenwahl und Inzucht dadurch deutlich in Erscheinung, daß die Durchmischungsbeziehungen in bestimmter Richtung gestört werden. Bei intermediärem Erbgang wird

$$D = \frac{1}{4}\overline{Aa}^2 - \overline{AA} \cdot \overline{aa} < 0. \tag{68}$$

Bei den Blutgruppen wird nach BERNSTEIN (1930) die Durchmischungsformel

$$D = \sqrt{\overline{A+0}} + \sqrt{\overline{B+0}} - \sqrt{\overline{0}} - 1 > 0, \tag{69}$$

jedoch sind die Abweichungen nur gering[2].

---

[1] Die Fälle, in denen die Verteilung der Erbformen unempfindlich gegen eine Ausschaltung ist, sind rassenhygienisch belanglos.
[2] Die Verwendung zu schwacher Sera bei der Gruppenbestimmung bewirkt ein negatives D; positive D-Werte außerhalb der Fehlerquellen dürften durch Uneinheitlichkeit der untersuchten Bevölkerungsgruppe bedingt sein.

Beispiel. HOLZER fand bei 6557 einheimischen Tirolern

Daraus ergibt sich   33,32% MM,   45,65% MN,   21,03% NN.

$$D = -0,0180 \pm 0,0030,$$

also ein negativer Wert, der das 6fache des mittleren Fehlers erreicht und das Vorliegen von Inzucht vermuten läßt. Bei den Blutgruppen erhielt HOLZER dagegen bei denselben Personen

$$D = +0,0018 \pm 0,0014.$$

Die Abweichung liegt innerhalb der Fehlergrenzen, besitzt aber die erwartete Richtung.

IV. Die Erbstatistik in der Sippe [1].

1. Die Häufigkeitsverteilung der Sippentypen.

Erbbiologische Erhebungen an Blutsverwandten über den engen Kreis der Familie hinaus werden seit jeher zur Vervollständigung der Untersuchung vorgenommen. Bei dominanten Anlagen soll die lückenlose Kette der Merkmalsträger unter den Ahnen von jedem behafteten Sippenmitglied aus gezeigt werden, bei recessiv geschlechtsgebundenem Erbgang die Reihe der weiblichen Überträger bis zurück zu einem männlichen Vorfahren als Merkmalsträger. In allen anderen Fällen gibt die Sippentafel kein eindeutiges Bild des Erbganges. Bei unregelmäßiger Dominanz werden Generationen übersprungen, bei Recessivität finden sich vielfach Merkmalsträger nur in den Seitenlinien.

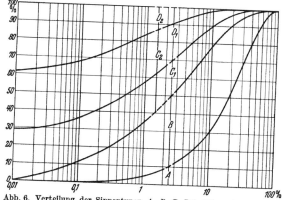

Abb. 6. Verteilung der Sippentypen *A, B, C, D* bei Recessivität und vollständiger Manifestation in 2-Kind- und 4-Kind-Familien.

Unter Voraussetzung einer durchgemischten Bevölkerung läßt sich berechnen, wie häufig die verschiedenen Haupttypen der Sippentafeln eines Merkmalsträgers als Ausgangsperson bei den einzelnen Erbgängen vorkommen. Für die Rechnung sei auf GEPPERT-KOLLER (Erbmathematik § 30) verwiesen. Es sollen vier Sippentypen unterschieden werden:

A. Ein Großelter und der von ihm stammende Elter der kranken Ausgangsperson sind krank. Das Verhalten aller übrigen Verwandten ist gleichgültig. „Belastung durch zwei Generationen in direkter Folge; regelmäßig dominant".

B. Mindestens eines der Großeltern oder Eltern ist krank, aber nicht in direkter Folge. Krankheit bei Geschwistern, Onkeln, Vettern gleichgültig. „Direkte Belastung; Generation übersprungen; unregelmäßig dominant".

C. Großeltern und Eltern sind gesund; mindestens eins der Geschwister der Ausgangsperson oder der Onkel, Tanten, Vettern, Basen ist krank. „Belastung durch Seitenverwandte; recessiv."

D. In den betrachteten Verwandtschaftsgraden kein Kranker. „Isolierter Fall."

In Abb. 6—9 sind die Ergebnisse für einige wichtige Fälle wiedergegeben; die Berechnungen sind für 2-Kind- und 4-Kind-Familien (je 1 bzw. 3 Geschwister der Ausgangsperson und seiner Eltern, je 2 bzw. 4 Kinder jedes Eltern-Geschwisters)

---

[1] Vgl. Fußnote S. 284.

durchgeführt (Index 1 bzw. 2). In den Abbildungen ist die Häufigkeitsverteilung der Sippentypen für jede Merkmalshäufigkeit dargestellt; die Ziffern für den einzelnen Sippentyp kann man als Spanne zwischen den begrenzenden Kurven ablesen.

Bei *Recessivität* ist die Häufigkeit der „isolierten Fälle" (D) bei 2-Kind-Familien sehr hoch, obwohl immerhin 4 Vettern in Rechnung gestellt sind. Selbst bei 4-Kind-Familien bleibt ein deutlicher Anteil der „leeren Sippentafeln" bestehen. Der dominante Sippentyp A tritt erst bei größeren Merkmalshäufigkeiten statistisch hervor. Bei seltenen Merkmalen wird durch ihn und auch durch eine größere Zahl von B-Sippen die Annahme der Recessivität widerlegt (Abb. 6).

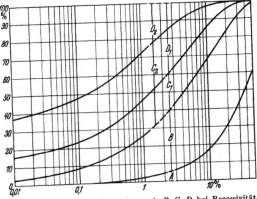

Abb. 7. Verteilung der Sippentypen *A, B, C, D* bei Recessivität und Manifestation der Hälfte der Recessiven in 2-Kind- und 4-Kind-Familien.

Bei Manifestation der Hälfte der Recessiven steigt naturgemäß die Häufigkeit der schwächeren Belastungsformen; auch bei gleicher Beobachtungshäufigkeit des Merkmals, die als Abszisse eingetragen ist, findet sich ein deutlicher Unterschied gegenüber der vollständigen Manifestation (Abb. 7).

Bei vollständiger *Dominanz* muß sich der dominante Typ A in jedem Einzelfall vorfinden. Manifestiert dagegen nur die Hälfte der Dominanten, so herrscht Typ B vor (Abb. 8). Bei kleinem Familienumfang ist bei seltenen Merkmalen ein Achtel aller Sippentafeln leer zu erwarten. Dies ist bemerkenswert, da man bei Dominanz, auch wenn die Manifestation

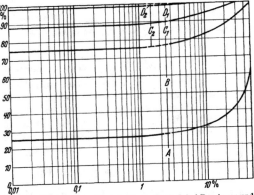

Abb. 8. Verteilung der Sippentypen *A, B, C, D* bei Dominanz und Manifestation der Hälfte der Dominanten in 2-Kind- und 4-Kind-Familien.

unvollständig ist, das Vorkommen isolierter Fälle nicht vermutet; in größeren Familien tritt dieser Fall zurück.

Abb. 9 zeigt die Verteilung der Sippentypen bei *unregelmäßiger Dominanz* für den Fall, daß die AA vollständig manifestieren, die Aa aber nur zur Hälfte. Bei seltenen Merkmalen ergibt sich kein Unterschied zur unvollständigen Manifestation der Abb. 8. Erst bei größeren Häufigkeiten wird es notwendig, die unregelmäßige Dominanz gesondert zu betrachten.

Für Dominanz spricht ferner bei einem seltenen Merkmal das Auftreten des Merkmals in nur einer Seite der Verwandtschaft, während die andere Seite merkmalsfrei ist. Bei Recessivität müssen dagegen die Merkmalsgene in der väterlichen und der mütterlichen Sippe vorhanden sein und auch nicht selten beiderseits in Erscheinung treten.

In Erbuntersuchungen wird besonders bei seltenen Merkmalen häufig der Sippentyp betrachtet und als Beweis für Dominanz, Recessivität oder gar Nichterblichkeit angesehen. Wenn auch in den Abb. 6—9 nur einzelne Möglichkeiten willkürlich herausgegriffen werden konnten, so bieten sie doch einen Anhaltspunkt dafür, welche Fälle bei den Erbgängen auftreten können. Im Schrifttum finden sich oft unberechtigte Schlüsse bei dominantem Erbgang mit unvollständiger Manifestation. Hier liegen regelmäßig Angaben über „recessives Verhalten" in der einen oder anderen Sippe vor, und man schließt daraus auf die erbbiologische Un-

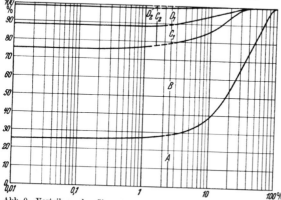

Abb. 9. Verteilung der Sippentypen *A, B, C, D* bei unregelmäßiger Dominanz, vollständiger Manifestation der Dominant-Homozygoten und Manifestation der Hälfte der Heterozygoten in 2-Kind- und 4-Kind-Familien.

einheitlichkeit des Merkmals. Die theoretische Durcharbeitung hat jedoch gezeigt, daß einzelne derartige Fälle *notwendig* zum Bild der unvollständigen Manifestation bei Dominanz gehören und — solange daher keine weiteren Gründe gegen die erbbiologische Einheitlichkeit des Merkmals sprechen — nicht gegen die allgemeine Annahme der Dominanz angeführt werden können.

2. Blutsverwandtschaft unter den Eltern der Merkmalsträger.

Unter den Verwandten einer Person mit bestimmter Erbformel kommen Personen der gleichen Erbformel häufiger vor als unter Nichtverwandten. Heiraten zwei Blutsverwandte einander, so müssen bei ihren Kindern gleiche Gene ebenfalls gehäuft zusammentreffen. Dies ist bei recessiven Merkmalen von besonderer Bedeutung (Lenz). Berechnet man die Verteilung der Erbformen in Ehen zweier Vettern, so ergibt sich, daß unter den Kindern einer Vetternehe

$$\varrho = \frac{q}{16}(1 + 15\,q)$$

Recessive auftreten. Ist v die Häufigkeit der Vetternehen in der Bevölkerung, und ist in den Ehen von Nichtverwandten die Panmixie-Zusammensetzung gültig, so ist die Wahrscheinlichkeit P, daß ein Recessiver aus einer Vetternehe stammt,

$$P = \frac{v \cdot \varrho}{(1-v) \cdot q^2 + v \cdot \varrho} = \frac{v \cdot (1 + 15\,q)}{16\,q + v\,(1-q)}. \qquad (70)$$

Nimmt man mit Lenz etwa 1% als Durchschnittshäufigkeit von Vetternehen an, so beträgt die Häufigkeit der Vetternehen unter den Eltern von Recessiven bei seltenen Merkmalen ein Vielfaches des Durchschnittswertes. In Abb. 10 sind die Werte angegeben, gleichzeitig auch diejenigen für eine Durchschnittshäufigkeit der Vetternehen von $\frac{1}{2}$% und 2%.

Bei dominantem Erbgang ist dagegen die Häufigkeit der Vetternehen unter den Eltern der Merkmalsträger praktisch ebenso hoch wie in der Gesamtbevölkerung. Auch bei unvollständiger Manifestation gelten die gleichen Verhältnisse.

Bei unregelmäßiger Dominanz möge λ das Verhältnis der manifestierenden Aa zu den manifestierenden AA bedeuten. Die Wahrscheinlichkeit, daß ein Merkmalsträger aus einer Vetternehe stammt, ist dann

$$P = \frac{v(1 + 15p + 30\lambda q)}{16p + 32\lambda q + vq(1 - 2\lambda)}. \tag{71}$$

Manifestiert gerade die Hälfte der Heterozygoten, so ist $P = v$. Bei größerem λ sinkt P ein wenig, bis bei $\lambda = 1$ (Dominanz) P zwischen $\frac{31}{32}$ v und v liegt. Ist λ kleiner als $^1/_2$, so liegt P über dem Bevölkerungssatz der Vetternehen, um bei $\lambda = 0$ (Recessivität von A) in die Werte der Abb. 10. überzugehen.

Bei diesen Rechnungen sind nur die Vetternehen während einer Generation berücksichtigt. Dies ist deshalb berechtigt, weil es sich nicht um fortlaufende Inzucht in den gleichen Sippen handelt. Wenn auf Vetternehen in der nächsten Generation Durchmischung folgt, ist damit bei einortigem Erbgang die beständige Klassenverteilung hergestellt. Eine Nachwirkung der früheren Vetternehen liegt nicht vor.

Führt man diese Rechnung auch für zweiortigen Erbgang durch, wobei jedoch die Berücksichtigung einer einzigen Generation nur eine sehr grobe Näherung liefert, so ergibt sich nach DAHLBERG, daß bei doppelter Dominanz ebenfalls P etwa gleich v bleibt, bei doppelter Recessivität P größer als v wird, allerdings in geringerem Ausmaß als bei einfacher Recessivität.

Erhöhte Häufigkeit von Vettern- und sonstigen Verwandtenehen bei den Eltern von Merkmalsträgern ist bei seltenen Merkmalen eins der besten Kriterien für Recessivität. T. SJÖGREN fand z. B.

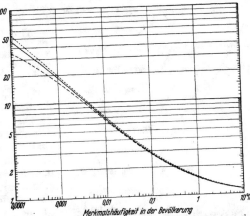

Abb. 10. Verhältnis der Häufigkeit von Vetternehen ersten Grades unter den Eltern von Recessiven zur Häufigkeit der Vetternehen in der Bevölkerung (--- $^1/_2$% ; — 1% ; ---- 2%).

bei der juvenilen amaurotischen Idiotie 15% Vetternehen ersten Grades unter den Eltern der Probanden; 25% der Probanden stammten aus Verwandtenehen bis zu Vettern zweiten Grades.

In der gleichen Richtung liegt der Versuch, Merkmale, von denen wenige Fälle bekannt sind, durch eine eingehende Ahnenforschung von einem gemeinsamen Vorfahren und letztlich von einer einzigen Mutation herzuleiten. So hat z. B. LUNDBORG die in Schweden beobachteten Fälle von Myoklonus-Epilepsie auf ein einziges Stammelternpaar zurückführen können.

3. Die Verwandtenziffern („Erbprognoseziffern").

Ein wichtiges Verfahren zur Beschreibung der Erbverhältnisse eines Merkmals besteht in der Ermittlung der Merkmalshäufigkeit in allen Verwandtschaftsgraden eines Merkmalsträgers. Das statistische Vorgehen ist grundsätzlich einfach: Man wählt eine Probandengruppe, stellt deren Sippschaftsangehörigen in bestimmtem Ausmaße fest und zählt die bei diesen vorliegenden Merkmale. Wegen der Einzelheiten in der Ausführung derartiger Untersuchungen sei auf B. SCHULZ (1936) verwiesen. Das zahlenmäßige Ergebnis hängt in starkem Maße von der Person des Untersuchers selbst ab; von seinem persönlichen Einfluß, mit dem er die Befragten zur eingehenden Auskunftserteilung bringt, von seiner Findigkeit, mit der er verheimlichte Angaben doch in Erfahrung bringt, von der Mühe und Zeit, die er auf die Kontrolle der Auskünfte verwenden kann, usw. Die Zahlen verschiedener Untersucher sind nicht vergleichbar. Aber auch die Ergebnisse desselben Untersuchers über verschiedene Verwandtschaftsgrade dürfen nicht ohne weiteres miteinander verglichen werden, wenn es sich um verschiedene Generationen handelt, z. B. Eltern und Geschwister. Die Genauigkeit der Auskünfte, die Möglichkeit der Heranziehung von Arztberichten, vielfach auch die Krankheitsbezeichnungen und -abgrenzungen sind für jede Generation anders. Die Vergleichbarkeit mehrerer Verwandtenziffern ist zweifellos am besten beim Vergleich von Angehörigen der gleichen Generation gewährleistet, die durch denselben Untersucher erfaßt sind: Geschwisterziffern lassen sich mit Halbgeschwister- oder Vetternziffern gut vergleichen; Kinderziffern mit denen von Neffen usw.

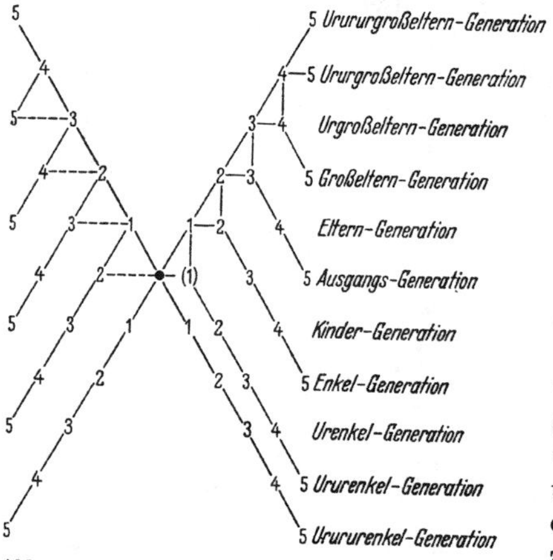

Vielfach ist man bei solchen Untersuchungen auf Materialsammlungen angewiesen, die von verschiedenen Beobachtern stammen. Diese lassen sich trotz ihrer Uneinheitlichkeit verwenden, wenn man die Vergleiche im Teilmaterial jedes Untersuchers für sich durchführen und nachher die Ergebnisse vereinigen kann.

Die empirisch gewonnenen Verwandtenziffern (besonders bekannt sind die für die Geisteskrankheiten von Rüdin, Luxenburger, Schulz u. a. aufgestellten Ziffern) geben den erbbiologischen Sachverhalt unverzerrt wieder. Neben ihrer Bedeutung für die Rassenhygiene spielen sie auch für die Erbforschung eine wichtige Rolle, indem man versucht, aus ihnen Schlüsse über den Erbgang des Merkmals abzuleiten.

Abb. 11. Biologische Verwandtschaftsgrade für Vorfahren, Nachkommen und Seitenverwandte einer Ausgangsperson. Seitenverwandte durch Vollgeschwister (ausgezogene Horizontallinien) stehen auf der rechten Hälfte des Schemas, Seitenverwandte durch Halbgeschwister (gestrichelte Horizontallinien) auf der linken.

Die Verwandtenziffern lassen sich auch theoretisch durch Verbindung der Klassenzusammensetzung einer Bevölkerung mit den Mendelziffern ableiten; sie sind grundsätzlich für jede Art von Gattenwahl, Auslese und Fruchtbarkeit zu berechnen; den Ausgangspunkt bilden die Verhältnisse in einer durchgemischten Bevölkerung. Ableitung und Ergebnisse vgl. in Geppert-Koller 1938 (s. auch S. 300 ohne Durchmischungsannahme).

Bei *einortigem Erbgang* ist unter Annahme der Durchmischung z. B. die Wahrscheinlichkeit, daß ein Verwandter eines aa ebenfalls aa ist, für

$$
\begin{aligned}
&\text{Geschwister} \dots\dots\dots\dots\dots\dots\dots\dots\dots q + \tfrac{1}{4}p^2 \\
&\text{Elter} = \text{Kind} \dots\dots\dots\dots\dots\dots\dots\dots q \\
&\text{Großelter} = \text{Enkel} = \text{Onkel} = \text{Neffe} \dots\dots \tfrac{1}{2}q(1+q) \\
&\text{Urgroßelter} = \text{Urenkel} = \text{Großonkel} = \text{Großneffe} \dots \tfrac{1}{4}q(1+3q)
\end{aligned}
\right\} \quad (72)
$$

In jeder Ahnen- bzw. Nachkommengeneration wird der Unterschied, der noch zur Häufigkeit der Erbform in der Bevölkerung besteht, halbiert. Alle Ziffern für Seitenverwandte lassen sich auf Ahnenziffern zurückführen, so daß sich alle Verwandtschaftsgrade durch Ahnengrade ausdrücken lassen; nur die Geschwister haben eine Sonderstellung.

Bei dieser Gelegenheit sei erwähnt, daß man die biologischen Verwandtschaftsgrade auch aus der Betrachtung des Teils der gesamten Erbmasse ermitteln kann, den zwei

Verwandte gemeinsam haben. Bezeichnet man mit E den auch für zwei sippenfremde Volksangehörige gemeinsamen Teil der Erbmasse, so haben Verwandte n-ten Grades den Teil

$$\frac{1}{2^n} + \left(1 - \frac{1}{2^n}\right) E \tag{73}$$

gemeinsam. Der sich hier ergebende Verwandtschaftsgrad n (s. Schema Abb. 11) stimmt mit dem für Verwandtenziffern bei einortigem Erbgang geltenden Grad n bis auf die Sonderstellung der Geschwister völlig überein.

Von den Verwandtenziffern nach (72) besitzen unmittelbar praktische Bedeutung: die Kinderziffern bei Mutter-Kind-Statistiken, die zur Ergänzung der Familienstatistik wegen der größeren Sicherheit der Abstammungsverhältnisse notwendig sind. Durch Mutter-Kind-Untersuchungen ist z. B. die Allelentheorie der Blutgruppen endgültig bewiesen worden. Die Geschwisterziffern spielen bei den Konkordanz- und Diskordanzziffern in der Zwillingsforschung eine Rolle.

Bei geschlechtsgebundenem Erbgang müssen die Verwandtenziffern unter Berücksichtigung des Geschlechtes der Ausgangsperson, des Bezugsverwandten und der zwischen ihnen stehenden Verwandten aufgeteilt werden. Für die Theorie der hier bestehenden Verwandtengrade vgl. H. GEPPERT in GEPPERT-KOLLER 1938.

Bei zweiklassigen Merkmalen (krank-gesund) gilt folgendes Schema für die Beziehung zwischen zwei Verwandten, bei dem P die Krankenziffer unter den Verwandten eines Kranken bedeuten soll, ferner K die Bevölkerungs-Krankenziffer in der Generation der Ausgangsperson und K' die in der Generation des Verwandten:

Ausgangs-person	Verwandter	
	krank	gesund
Krank . . .	P	$1-P$
Gesund . .	$\dfrac{K' - K \cdot P}{1 - K}$	$1 - \dfrac{K' - KP}{1 - K}$

(74)

Führt man dieses Schema in einen Korrelationsausdruck über, so wird

$$r = \frac{K(P - K')}{\sqrt{K \cdot K'(1 - K)(1 - K')}} . \tag{75}$$

Die Formeln gelten ohne Einschränkung. Bei Panmixie ist $K' = K$; dann vereinfacht sich

$$r = \frac{P - K}{1 - K} . \tag{76}$$

Z. B. ist bei recessivem Erbgang die Elter-Kind-Korrelation

$$r = \frac{q - q^2}{1 - q^2} = \frac{q}{1 + q}$$

und die Geschwister-Korrelation

$$r = \frac{q + \frac{1}{4} p^2 - q^2}{1 - q^2} = \frac{1}{4} + \frac{q}{2(1 + q)} .$$

Der Korrelationskoeffizient ist kein eindeutiges Maß der Erbbedingtheit eines Merkmals, da er von der Anlagehäufigkeit, dem Erbgang und den Fehlerquellen der Beobachtung stark beeinflußt wird.

In Abb. 12, 13 sind die Merkmalshäufigkeiten bei Eltern (Kindern) und Geschwistern von Merkmalsträgern für ein- und zweiortigen Erbgang[1] in Abhängigkeit von der Krankheitshäufigkeit wiedergegeben. Die *dominanten* Erbgänge sind dadurch gekennzeichnet, daß Kinder- und Geschwisterziffern nur geringe Unterschiede aufweisen, bei seltenen Merkmalen sogar völlig gleich sind. Bei den *recessiven* Erbgängen liegt dagegen die Kinderziffer erheblich niedriger als die Geschwisterziffer. Dies gilt auch bei unvollständiger Manifestation.

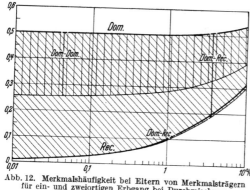

Abb. 12. Merkmalshäufigkeit bei Eltern von Merkmalsträgern für ein- und zweiortigen Erbgang bei Durchmischung.

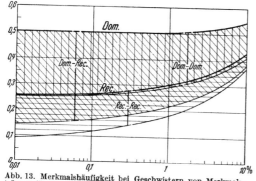

Abb. 13. Merkmalshäufigkeit bei Geschwistern von Merkmalsträgern für ein- und zweiortigen Erbgang bei Durchmischung.

Liegen bei einem Merkmal statistische Unterlagen über *von der Durchmischungsannahme abweichende Verhältnisse von Fruchtbarkeit und Gattenwahl* vor, so lassen sich die wirklichen Verhältnisse bei der theoretischen Berechnung der Verwandtenziffern berücksichtigen. Für den Fall der Schizophrenie, bei der hinreichend sichere Ziffern für die Unterfruchtbarkeit der Kranken vorliegen (ESSEN-MÖLLER), hat KOLLER solche Berechnungen durchgeführt (1939). Dort sind außer den Fortpflanzungsziffern zwei Verwandtenziffern, nämlich die Schizophreniehäufigkeit unter den Kindern (16,4%) und unter den Geschwistern (11,5%) von Schizophrenen, ferner die Häufigkeit in der Bevölkerung (0,85%) der Rechnung zugrunde gelegt worden. Bei der Prüfung auf Recessivität z. B. müssen aus den hierdurch festgelegten drei Gleichungen die drei Unbekannten, nämlich Manifestation, Heterozygotenhäufigkeit und Gattenwahlziffer (Häufigkeit der heterozygoten Partner der Recessiven) berechnet werden. Hat man dann die Unbekannten zahlenmäßig errechnet, so läßt sich aus ihnen das Häufigkeitsschema für die fruchtbaren Ehen in der Bevölkerung aufbauen und aus diesen können dann alle Verwandtenziffern abgeleitet werden. Die der Rechnung nicht zugrunde gelegten Verwandtenziffern, z. B. Enkel-, Neffen-, Halbgeschwisterziffern, können dann mit den Beobachtungswerten verglichen werden.

Zur Veranschaulichung des Untersuchungsganges sei unter Übergehung der Bestimmungsformeln das Paarungsschema für die Prüfung eines recessiven Erbganges in Tabelle 28 wiedergegeben, ferner in Tabelle 29 die aus diesem Schema abgeleiteten Verwandtenziffern.

[1] Für die drei zweiortigen Erbgänge sind die Bereiche dargestellt, in denen die Ziffern liegen können. Die vom einortigen Grenzfall extrem weit entfernten Genverteilungen sind bei doppelter Dominanz und doppelter Recessivität durch gleiche Häufigkeitsverteilung der beiden Genpaare bestimmt; bei dominant-recessivem Erbgang findet sich eine extreme Genverteilung, bei der der Bereich zwischen einfacher Dominanz und Recessivität überschritten wird.

Tabelle 28. Paarungsschema (%) für Schizophrenie bei der Prüfung der einfachen Recessivität. Beste Anpassung der Verwandtenziffern, 35% Manifestation der aa. Gleichbleibende Krankenziffer. Gattenwahlziffer 94%.

Ehemann	Ehefrau				Zusammen
	aa_{krank}	aa_{gesund}	Aa	AA	
aa_{krank} · · · · ·	—	—	0,26	0,02	0,28
aa_{gesund} · · · · ·	—	0,02	0,42	1,14	1,58
Aa · · · · · · · ·	0,26	0,42	6,94	18,91	26,53
AA · · · · · · ·	0,02	1,14	18,91	51,54	71,61

Tabelle 29.

Verwandtenziffern	Nach obigem Schema erwartet	Beobachtet
Kinder von Schizophrenen · · · · · · · · ·	16,4	16,4
Geschwister von Schizophrenen · · · · · · ·	11,5	11,5
Eltern von Schizophrenen · · · · · · · · ·	5,5	4—5
Enkel von Schizophrenen · · · · · · · · ·	4,3	4,3
Halbgeschwister von Schizophrenen · · · · ·	3,1	7,6
Neffen von Schizophrenen · · · · · · · ·	3 4	3 9
Geschwister (kein Elter schizophren) · · · · · ·	10,7	9,1
Geschwister (ein Elter schizophren) · · · · · ·	17,5	(16,4)

. Für die Berechnung z. B. der Elternziffer geht man davon aus, daß in $2 \cdot 0{,}26\%$ eine fruchtbare Ehe eines Kranken mit einem Gesunden vorliegt, also in $^1/_2 \cdot {}^1/_2 \cdot 0{,}52\% \cdot 35\%$ ein Elternteil eines manifestierenden Recessiven krank ist. Bezogen auf alle (0,85%) Kranken der Kindergeneration folgt daraus die Häufigkeit der Kranken und der Eltern von Schizophrenen als 5,3% (bei Rechnung mit mehr als hier angegebenen Stellen: 5,5%). In entsprechender Weise ergeben sich auch alle anderen Verwandtenziffern — unter Berücksichtigung der Fruchtbarkeitsverhältnisse — aus dem Paarungsschema. Die Tabelle zeigt befriedigende Übereinstimmung zwischen Beobachtung und Erwartung. Trotzdem ist im Beispiel die Recessivitätsannahme abzulehnen, weil die extrem hohe Gattenwahlziffer von 94% in krassem Widerspruch zur Wirklichkeit steht. Die Dominanzannahme erwies sich bei der Durchrechnung als brauchbar.

Bei dieser theoretischen Durcharbeitung der Verwandtenziffern unter Berücksichtigung von Fruchtbarkeitsunterschieden und Gattenwahl hat sich herausgestellt, daß manche Kriterien, die zur Unterscheidung von Dominanz und Recessivität angewandt werden, sehr stark von der Durchmischungsannahme abhängen und nicht allgemein anwendbar sind. Abgesehen von der Elternziffer (s. unten) sei hier auf das Verhältnis der *Geschwisterziffer in Ehen mit und ohne kranken Elternteil* hingewiesen, bei dem der Wert 2:1 von LENZ (1937) und LUXENBURGER (1937) als Kriterium für Recessivität angesehen wurde; bei Dominanz soll das Verhältnis stets deutlich kleiner sein. Tatsächlich aber ergab die Berechnung sowohl für bestimmte Fassungen der Recessivitätsannahme niedrige Werte (z. B. 1,6:1) als auch für bestimmte Fassungen der Dominanzannahme so hohe Werte wie 2,7:1!. *Das 2:1-Kriterium hat also nur sehr beschränkten Wert.*

Für zwei Verwandtenziffern, die für das gleiche Verwandtschaftsverhältnis gelten, nur mit Vertauschung der Ausgangs- und Bezugsperson gelten, bestehen einfache Beziehungen[1]. Z. B. gilt bei jedem Erbgang, daß sich die Kinderziffer zur Elternziffer so verhält, wie die Merkmalshäufigkeit unter allen Kindern zu der unter allen Eltern der Bevölkerung. Bezeichnet man die Merkmalshäufigkeit in der Elterngeneration mit K, in der Kindergeneration mit K', die relative Fruchtbarkeit der Merkmalsträger mit F, so gilt

$$\text{Elternziffer} = \text{Kinderziffer} \cdot \frac{K \cdot F}{K'} .$$

---

[1] Die von KOLLER in (GEPPERT-KOLLER 1938) § 25,2 aufgeführten Formeln gelten nicht, wie dort irrtümlich angegeben, für beliebige Fortpflanzungsverhältnisse.

So bedingt z. B. bei der Schizophrenie die Fruchtbarkeit der Schizophrenen von etwa $\frac{1}{3}$ der Durchschnittsfruchtbarkeit, daß sogar bei gleichbleibender allgemeiner Krankheitshäufigkeit zur Kinderziffer 16,4% eine Elternziffer von nur 5,5% gehört. Die niedrige Elternziffer ist also als Erbgangskriterium unbrauchbar. — Entsprechende Proportionen bestehen auch zwischen Onkel- und Neffenziffern. Hier spielt auch die Fruchtbarkeit der Geschwister mit hinein.

4. Der Differenzenquotient von Verwandtenziffern.

Spielen bei den Merkmalen *Manifestationsschwankungen* und eine *diagnostische Fehlerbreite* eine Rolle wie z. B. bei den meisten Krankheiten, so wird ein direkter Vergleich der empirischen Ziffern mit den theoretischen unmöglich; dies gilt sowohl für die Verwandtenziffern selbst, als auch für Verwandten-

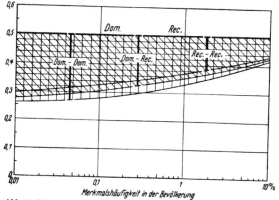

Abb. 14. Differenzenquotient aus Kindern, Neffen und Nichtverwandten bei ein- und zweiortigem Erbgang und Durchmischung.

korrelationen (Weinberg 1908). Ein Vergleich der Ziffern läßt sich jedoch nach Koller (1937) einwandfrei durchführen, wenn man die Ziffern dreier Verwandtschaftsgrade V_1, V_2, V_3 gemeinsam betrachtet und sie zu einem *Differenzenquotienten*

$$Q = \frac{V_2 - V_3}{V_1 - V_2} \quad \text{oder}$$

$$Q' = \frac{V_2 - V_3}{V_1 - V_3} \quad (77)$$

zusammenfaßt. Kann man nämlich erreichen, daß die Fehlerquellen sich auf die drei Verwandtschaftsgrade gleichmäßig auswirken, so ist der Differenzenquotient von ihrer Wirkung frei (Begründung s. Geppert-Koller [1938] [§ 29]).

Diese Voraussetzung dürfte praktisch hinreichend erfüllt sein, wenn man drei Verwandtschaftsgrade einer Generation, z. B. Vollgeschwister, Halbgeschwister und Vettern betrachtet, die durch denselben Untersucher erfaßt sind. Diese drei Gruppen besitzen durchschnittlich die gleiche Altersverteilung (dadurch wird auch die Durchführung einer Alterskorrektur überflüssig), sie leben zur gleichen Zeit, wodurch die Auskünfte und Diagnosen gleichmäßig werden, u. a. Ähnlich kann man in der Kindergeneration die Kinder der Ausgangspersonen sowie die ihrer Geschwister und ihrer Halbgeschwister oder Vettern heranziehen.

Die Methode gilt grundsätzlich ohne Voraussetzung der Panmixie, die Berechnung der theoretischen Ziffern erfordert jedoch die Kenntnis der Paarungs- und Fruchtbarkeitsverhältnisse. Als allgemeiner Ausgangspunkt sind wieder die Verhältnisse bei völliger Durchmischung zu wählen. Bei Koller (1937) und Geppert-Koller 1938 sind die theoretischen Werte bei ein- und zweiortigem Erbgang in Abhängigkeit von der Merkmalshäufigkeit angegeben, wenn man Q aus den drei nächsten Verwandtschaftsgraden der Probanden- und der Kinder- (Eltern-) Generation bildet.

Für die praktische Anwendung läßt sich die Methode dadurch verbessern, daß als dritter Verwandtschaftsgrad die *Nichtverwandten* in den Differenzenquotienten eingeführt werden. Für die Nichtverwandten gilt die Merkmalshäufigkeit in der Bevölkerung, die derselbe Untersucher in einer Vergleichsreihe ermittelt, bei der er auf gleiche Alterszusammensetzung, gleiche Angaben-genauigkeit (was z. B. ähnliche Verteilung nach Herkunft und Beruf in sich schließt) usw. achten muß. Man kommt nun mit zwei Verwandtschaftsgraden aus; in der Kindergeneration werden Kinder und Neffen-Nichten herangezogen, in der Elterngeneration Eltern und Onkel-Tanten, in der Probandengeneration Voll- und Halbgeschwister oder Vollgeschwister und Vettern.

Unter der Annahme der Durchmischung ergibt sich, daß der in der *Kinder-generation* durch Kinder und Neffen-Nichten (bzw. in der *Elterngeneration* durch Eltern und Onkel-Tanten) gebildete Differenzenquotient (Abb. 14) bei ein-ortigem Erbgang, also bei Recessivität, Dominanz und unregelmäßiger Dominanz, stets den Wert $1/2$ besitzt, während er bei zwei-ortigem Erbgang niedriger liegt, im Grenzfall bei $1/4$. Bei Mehrortigkeit höheren Grades ergeben sich für den Grenzfall noch niedrigere Werte. Dieser Differenzenquotient ist also eine klare *Prüffunktion für Einortig-keit des Erbganges.*

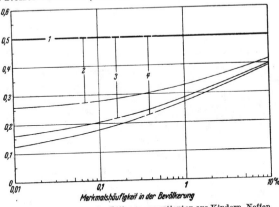

Abb. 15. Grenzkurven des Differenzenquotienten aus Kindern, Neffen, Nichtverwandten bei ein-, zwei-, drei- und vierfach dominantem Erbgang und Durchmischung.

In Abb. 15 sind die Grenzkurven des *mehrfach dominanten Erbganges* bis zu vier beteiligten Genpaaren bei Panmixie dargestellt. Bei sehr seltenen Merkmalen hat der betrachtete Differenzenquotient für alle Dominanz-verhältnisse bei Beteiligung von n Genpaaren den Wert $\dfrac{1}{2^n}$.

Der in der *Probanden-generation* gebildete Differenzenquotient (Abb. 16) zeigt ein ganz anderes Verhalten. Hier besteht ein

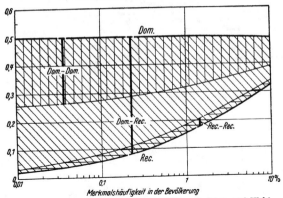

Abb. 16. Differenzenquotient aus Voll-, Halbgeschwistern und Nicht-verwandten bei ein- und zweiortigem Erbgang und Durchmischung.

deutlicher Gegensatz zwischen Dominanz und Recessivität, während der Unter-schied zwischen Ein- und Mehrortigkeit zurücktritt. Die Verschiedenheit gegenüber dem anderen Differenzenquotienten beruht auf der Einbeziehung der Geschwister, deren Ziffern eine Sonderstellung unter allen Verwandten-ziffern einnehmen. Der *Geschwister-Differenzenquotient ist als Prüffunktion für die Dominanzverhältnisse aufzufassen.*

Findet sich ein Merkmal in verschiedenen Biotypen realisiert, die jeder einem einortigen Erbgang folgen, so läßt sich nachweisen, daß der Differenzenquotient in der Kinder- (bzw. Eltern-) Generation praktisch ebenfalls den Wert $1/2$ an-nimmt, also von einem echten mehrortigen Erbgang unterschieden werden kann.

Die Methode des Differenzenquotienten ist nur auf die Feststellung der Bereiche zugeschnitten, die jedem Erbgang zukommen. Damit ist das Ziel ihrer Anwendung auf die grundsätzliche Bestimmung der Art des Erbganges beschränkt. Die Genverteilung und andere Feststellungen z. B. über die Manifestationsverhältnisse usw. bleiben anderen Untersuchungen vorbehalten.

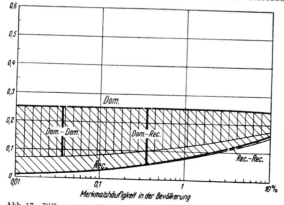

Abb. 17. Differenzenquotient aus Vollgeschwistern, Vettern und Nichtverwandten bei ein- und zweiortigem Erbgang und Durchmischung.

Die Ergebnismöglichkeiten und die Folgerungen daraus seien noch einmal schematisch zusammengestellt, wobei die Zahlen sich auf kleine Merkmalshäufigkeiten beziehen und bei größeren entsprechend den Abb. 14—17 zu ändern sind. Das Schema gilt auch für die aus drei Verwandtschaftsgraden (einschließlich der halbverwandten) berechneten Differenzenquotienten. Dabei soll (0) einen kleinen Wert entsprechend Abb. 14—17 bedeuten.

Tabelle 30. Übersicht über die Folgerungen aus den Differenzenquotienten der Verwandtenziffern in der Kinder- und der Probandengeneration (Annahme der Durchmischung).

Differenzenquotient aus			
Zählerdifferenz Nennerdifferenz	Neffen-Halbneffen Kinder-Neffen	Halbgeschwister-Vettern Vollgeschwister-Halbgeschwister	Folgerungen
Zählerdifferenz Nennerdifferenz	Neffen-Nichtverwandte Kinder-Nichtverwandte	Halbgeschwister[1]-Nichtverwandte Geschwister-Nichtverwandte	
	$1/2$	$1/2$	Einortig dominant, Biotypenzahl?
	$1/2$	(0)	Einortig recessiv, Biotypenzahl?
	$1/2$	$(0) < Q < 1/2$	Einortig unregelmäßig dominant oder verschiedene einortige dominante und recessive Biotypen
	$< 1/2$	$1/4 \leqq Q \leqq 1/2$	Mehrortig mit mindestens einem dominanten Gen
	$< 1/2$	(0)	Mehrortig recessiv
	$< 1/2$	$(0) < Q < 1/4$	Mehrortig

Eine einwandfreie Fehlerrechnung für den Differenzenquotienten läßt sich nicht durchführen, da die Größe des Fehlers auch vom Ausmaß der ausgeschalteten Störungsquellen abhängig ist, die eine Korrelation der benutzten Verwandtenziffern bewirken können. Als ganz grobe Näherung für den Fehler von

$$Q = \frac{V_2 - V_3}{V_1 - V_3}$$

kann die Formel [55a] S. 162 benutzt werden. Sind V_1, V_2, V_3 klein, so wird daraus

$$\sigma_Q = \frac{1}{V_1 - V_3} \sqrt{\frac{V_1}{n_1} Q^2 + \frac{V_2}{n_2} + \frac{V_3}{n_3} (1 + Q^2)}, \qquad (78)$$

[1] Untersucht man Vettern statt der Halbgeschwister (Abb. 17), so gelten die Werte des Schemas für 2Q.

wobei n_1, n_2, n_3 die Beobachtungszahlen der drei Verwandtenziffern bedeuten. Eine bessere Beurteilung der Ergebnisse liefert jedoch der Vergleich mehrerer Differenzenquotienten. Die Vorteile des Differenzquotienten-Verfahrens könnten unter Umständen auch von Züchtern zur Feststellung von Erbgängen benutzt werden. Hier wäre dann eine bewußte Panmixiezüchtung zweckmäßig.

V. Richtlinien für die Untersuchung eines Erbganges.

Im folgenden seien noch einmal diejenigen Verfahren zusammengestellt, durch die in den verschiedenen Sachlagen ein Erbgang am zweckmäßigsten untersucht werden kann. Stets wird man zunächst den *Sippentyp*, d. h. die Art des Auftretens des Merkmals in der Sippe eines Merkmalsträgers, feststellen. Hieraus ist der dominante Erbgang eines Merkmals ohne weiteres erkennbar, da jeder Merkmalsträger ein Elter mit dem Merkmal besitzen muß. Ungleiches Auftreten des Merkmals in den Geschlechtern läßt die Wirkung von Genen auf dem X-Chromosom vermuten; Recessivität bewirkt Überzahl der Männer, Dominanz Überzahl der Frauen. In diesen Fällen führt man alle Zählungen unter Trennung der Geschlechter durch.

Liegen nicht besondere Verhältnisse vor, die ein abweichendes Vorgehen nahelegen, so wird man sich an die folgenden Richtlinien halten können:

1. Vollständige Manifestation. Eindeutige Erkennbarkeit.

a) Häufige Merkmale.

Man sammelt Familien ohne Rücksicht auf die bei den Eltern und den Kindern auftretenden Merkmale. Bei intermediärem Erbgang prüft man die Spaltungsziffern unmittelbar, bei Dominanz nach Auslese der Familien mit recessiven Kindern. Die letzte Sicherung des Erbganges gibt das Fehlen von Ausnahmen in der Mutter-Kind-Statistik. Kann man die Annahme machen, daß Gattenwahl und Fruchtbarkeit durch das betrachtete Merkmal nicht beeinflußt werden, so ist die Verteilung der Erbklassen in der Bevölkerung zu untersuchen; es gibt so viele prüfbare Häufigkeitsbeziehungen zwischen den Klassen, als intermediäre Genpaare vorhanden sind.

b) Mäßig seltene Merkmale (Größenordnung 1%).

Bei Verdacht auf Dominanz ist die Merkmalsziffer unter den Kindern von Merkmalsträgern mit $^1/_2$ zu vergleichen. Sonst sammelt man Ehen von Merkmalsträgern (Kranken) in denen mindestens ein Merkmalsträger unter den Kindern ist. Die Auslese soll sich dabei zunächst nur auf die Erfassung der Eltern richten; die Berücksichtigung des Merkmals bei den Kindern erfolgt erst in zweiter Linie. Dann liegt eine echte Familienauslese vor, die nach S. 263 f. zu bearbeiten ist.

Ferner ist auch von jüngeren Merkmalsträgern ausgehend deren Familie und weitere Sippe zu erforschen. Beachtung der Häufigkeitsverteilung der Sippentypen. Für die engere Familie der Merkmalsträger liegt eine Probandenauslese vor. Die Anwendbarkeit der Probandenmethode ist nach S. 266 f. zu prüfen, jedoch meist nicht gegeben. Einwandfrei ist eine Verkleinerung des Materials durch Beschränkung auf diejenigen Familien, in denen ein Proband gleichzeitig das erst-manifestierende Kind ist (,,Erstproband''), wodurch künstlich eine echte Familienauslese hergestellt ist. — Auf die im Verlaufe der weiteren Sippenuntersuchung erfaßten Familien mit mindestens einem Merkmalsträger sind die Korrekturmethoden der Familienauslese ohne weiteres anwendbar.

Es ist zu prüfen, ob die Eltern von Merkmalsträgern häufiger blutsverwandt sind als andere vergleichbare Ehepaare.

c) Sehr seltene Merkmale.

Die Untersuchung der Nachkommen von Merkmalsträgern ist nur noch bei Dominanz aussichtsreich. Bei der Sippenuntersuchung ist der Sippentyp zu beachten. Das durch Probandenauslese gewonnene Material ist wie unter (b) zu bearbeiten. Das wichtigste Verfahren ist die genealogische Untersuchung der Vorfahren. Bei Recessivität ist die Häufigkeit der Verwandtenehen unter den Probandeneltern stark erhöht. Sind nur wenige Fälle eines Merkmals bekannt, so kann deren Zurückführung auf ein gemeinsames Stammelternpaar gelingen.

2. Unvollständige Manifestation. Keine eindeutige Erkennbarkeit.

Hier ist die Ausdehnung der Untersuchung über die engere Familie der Merkmalsträger hinaus bis zu den Großeltern und deren Nachkommen besonders zu empfehlen. Einmal gelingt dadurch die Herauslösung der sicher erblichen Fälle zum Zweck der gesonderten Untersuchung. Zweitens erfordern die meisten Methoden hier auch die weiteren Verwandtschaftsgrade, vor allem die Halbgeschwister, Vettern, Neffen, Onkel. Die Beachtung des Sippentyps ist notwendig, wenn auch der Befund weniger besagt.

a) Häufige Merkmale.

Die Merkmalsziffern unter den verschiedenen Verwandtschaftsgraden der Merkmalsträger sind aufzustellen, ebenfalls die Merkmalshäufigkeit bei Nichtverwandten. Untersuchung der Gattenwahl und Fruchtbarkeit der Phänotypen. Die Differenzenquotienten der Verwandtenziffern erlauben bei Durchmischung unmittelbare Schlüsse auf die Zahl der beteiligten Genpaare und die Dominanzverhältnisse. Ohne Durchmischung Rekonstruktion des Paarungsschemas unter Berücksichtigung von Gattenwahl und Fruchtbarkeit; Ableitung von theoretischen Verwandtenziffern daraus.

b) Mäßig seltene Merkmale.

Die Verwandtenziffern und die zugehörigen Differenzenquotienten sind wie bei (a) zu ermitteln.

In der Familienstatistik ist die Häufigkeit der Familien mit einem einzigen Merkmalsträger zu prüfen. Durch das Auftreten von Merkmalsträgern in der Sippe können die sicher erblichen Fälle abgetrennt werden. Auf diese Fälle ist die Familienstatistik mit Alterskorrektur, Auslesekorrektur usw. anzuwenden. Ebenfalls können die durch die Sippenforschung zur Kenntnis gekommenen Familien mit Merkmalsträgern als erblich angesehen und ausgewertet werden. Liegt keine Sippenuntersuchung vor, so kann nur die Auswertung der Familien mit mindestens zwei Merkmalsträgern vorgenommen werden. Die Häufigkeit der Blutsverwandtschaft unter den Eltern der Merkmalsträger ist festzustellen.

c) Sehr seltene Merkmale.

Die Aussichten für die Feststellung des Erbganges sind gering. Eine hohe Merkmalshäufigkeit bei den Vorfahren der Merkmalsträger spricht für Zugrundeliegen eines dominanten Erbganges, Häufung von Verwandtenehen bei den Eltern für Recessivität.

3. Quantitative Merkmale.

An großem Material ist durch die Betrachtung der Verteilungskurven für die Kinder der verschiedenen möglichst eingehend unterteilten Ehetypen zunächst eine natürliche Trennung der Erbklassen zu versuchen.

Unter Voraussetzung der Durchmischung in bezug auf die betrachteten Merkmale kann man auch bei stärkerem Ineinandergreifen der Klassen einen einpaarigen Erbgang am Verhalten der Streuungsbreite bei den Kindern bestimmter Eheformen erkennen.

Schrifttum.

a) Gesamtdarstellungen.

BERNSTEIN, F.: Variations- und Erblichkeitsstatistik. In Handbuch der Vererbungswissenschaft, herausgeg. von E. BAUR u. M. HARTMANN, Bd. I. Berlin 1929.
GEPPERT, H. u. S. KOLLER: Erbmathematik. Theorie der Vererbung in Bevölkerung und Sippe. Leipzig 1938.
HERTWIG, P.: Vererbungslehre. In Tabulae Biologicae, Bd. IV, S. 114—214. Berlin 1927.
JUST, G.: Methoden der Vererbungslehre. In Methodik der wissenschaftlichen Biologie, Bd. II, S. 502—607. Berlin 1928. — Praktische Übungen zur Vererbungslehre, 2. Aufl. Berlin 1935.
LENZ, F.: Methoden der menschlichen Erblichkeitsforschung. In Handbuch der hygienischen Untersuchungsmethoden, herausgeg. von GOTSCHLICH, Bd. III, S. 689—739. Jena 1929. — Die Methoden der menschlichen Erbforschung. In BAUR-FISCHER-LENZ: Menschliche Erblehre, 4. Aufl. München 1936.
RIEBESELL, P.: Die mathematischen Grundlagen der Variations- und Vererbungslehre. Math.-phys. Bibl., Bd. 24. Leipzig u. Berlin 1916. — RINGLEB, F.: Mathematische Methoden der Biologie. Leipzig u. Berlin 1937.
SCHULZ, BR.: Methodik der medizinischen Erbforschung. Leipzig 1936. —
WEBER, E.: Einführung in die Variations- und Erblichkeitsstatistik. München 1935. —
WEINBERG, W.: Methoden und Technik der Statistik mit besonderer Berücksichtigung der Sozialbiologie. In Handbuch der sozialen Hygiene, Bd. I, S. 71—148. Berlin 1925.

b) Einzelarbeiten.

APERT, E.: The laws of NAUDIN-MENDEL. J. Hered. 5, 492—497 (1914).
BERNSTEIN, F.: Über die Unzulässigkeit der WEINBERGschen Geschwistermethode. Arch. Rassenbiol. 23, 285—290 (1930). — Über die Erblichkeit der Blutgruppen. Z. Abstammgslehre 54, 400—426 (1930). — Fortgesetzte Untersuchungen aus der Theorie der Blutgruppen. Z. Abstammgslehre 56, 233—273 (1930). — Berichtigung dazu. Z. Abstammgslehre 59, 420 (1931). — Zur Grundlegung der Chromosomentheorie der Vererbung beim Menschen. Z. Abstammgslehre 57, 113—138 (1931). — Berichtigung dazu. Z. Abstammgslehre 63, 181—184 (1933). — Ist die WEINBERGsche Geschwistermethode neben der direkten Methode zu benutzen? Z. Abstammgslehre 58, 434 (1931). — Korrekturen bei erblichkeitsmathematischer Untersuchung von Krankheiten mit rezessivem Erbgang. Arch. Rassenbiol. 27, 25—31 (1933). — BRUGGER, C.: Versuch einer Geisteskrankenzählung in Thüringen. Z. Neur. 133, 352—390 (1931).
DAHLBERG, G.: Eine neue Methode zur familienstatistischen Analyse bei der Vererbungsforschung (spätere Geschwister-Methode). Hereditas (Lund) 14, 73—82 (1930). — Inzucht bei Polyhybridität beim Menschen. Hereditas (Lund) 14, 83—96 (1930). — DAHLBERG, G. u. S. STENBERG: Eine statistische Untersuchung über die Wahrscheinlichkeit der Erkrankung an verschiedenen Psychosen und über die demographische Häufigkeit von Geisteskranken. Z. Neur. 133, 447—482 (1931).
ESSEN-MÖLLER, E.: Untersuchungen über die Fruchtbarkeit gewisser Gruppen von Geisteskranken. Acta psychiatr. (København.) Suppl. 8 (1935).
FAUST, H.: Die theoretische Erbvorhersage bei Erkrankung von Vettern, Neffen und Stiefverwandten. Z. menschl. Vererbgslehre 20, 657—685 (1937). — FISHER, R. A.: On the mathematical foundations of theoretical statistics. Philos. Trans. roy. Soc. Lond. A 222, 309—368 (1922). — The effect of methods of ascertainment upon the estimation of frequencies. Ann. of Eugen. 6, 13—25 (1934). — The amount of information supplied by records of families as a function of the linkage in the population sampled. Ann. of Eugen. 6, 66—70 (1934). — The use of simultaneous estimation on the evaluation of the linkage. Ann. of Eugen. 6, 71—76 (1934). — The detection of linkage with „dominant" abnormalities. Ann. of Eugen. 6, 187—201 (1935). — The detection of linkage with „recessive" abnormalities. Ann. of Eugen. 6, 339—351 (1935).
GEPPERT, M. P.: Über die Alterskorrektur von Merkmalshäufigkeiten in der Erbstatistik. Arch. math. Wirtsch.- u. Sozialforsch. 6 (1940).

HAASE FR. H.: Die Übersterblichkeit der Knaben als Folge rezessiver geschlechts-gebundener Erbanlagen. Z. menschl. Vererbgslehre **22**, 105—126 (1938). — HALDANE, J. B. S.: A method for investigating recessive characters in man. J. Genet. **25**, 251—255 (1932). — Methods for the detection of autosomal linkage in man. J. Genet. **25**, 251—255 (1934). — The relative efficiency of two methods of measuring human linkage. Amer. Naturalist **68**, 286—788 (1934). — HIRZFELD, L.: Konstitutionsserologie und Blutgruppen-forschung. Berlin 1928. — HOGBEN, L.: The genetic analysis of familial traits. I. Single gene substitutions. J. Genet. **25**, 97—112 (1931). — The genetic analysis of familial traits. II. Double gene substitutions, with special reference to hereditary dwarfism. J. Genet. **25**, 211—240 (1932). — The genetic analysis of familial traits. III. Matings involving one parent exhibiting a trait determined by a single recessive gene substitution with special reference to sex-linked conditions. J. Genet **25**, 293—314 (1932). — The detection of linkage in human families. Proc. roy. Soc. Lond. B **114**, 340—363 (1934). — HOGBEN, L. and R. POLLACK: A contribution to the relation of the gene loci involved in the isoagglutinin reaction, taste blindness, FRIEDREICH's ataxia and major brachydactylia of man. J. Genet. **31**, 353—361 (1935). — HOLZER, F. J.: Blutgruppenverteilung in Tirol auf Grund von 20000 Bestimmungen. Z. Rassenphysiol. **8**, 133—144 (1936). — HULTKRANTZ, J. W. u. G. DAHLBERG: Die Verbreitung eines monohybriden Erbmerkmals in einer Population in der Verwandtschaft von Merkmalsträgern. Arch. Rassenbiol. **19**, 129—165 (1927).

JACOB, S. M.: Inbreeding in a stable simple Mendelian population with special reference to cousin marriage. Proc. roy. Soc. Lond. B. **84**, 23—42 (1911). — JUST, G.: Über die Aus-schaltung des Rezessivenüberschusses. Arch. Rassenbiol. **23**, 260 (1930). — Weiteres über die Ausschaltung des Rezessivenüberschusses nebst zwei Tabellen für den praktischen Ge-brauch. Z. Abstammgslehre **56**, 112 (1930).

KOLLER, S.: Statistische Untersuchungen zur Theorie der Blutgruppen und zu ihrer Anwendung vor Gericht. Z. Rassenphysiol. **3**, 121—183 (1931). — Gegenwärtiger Stand der erbstatistischen Methodik beim Menschen. Arch. soz. Hyg. **6**, 194—199 (1931). — Eine einfache Methode zur Beurteilung der Sterblichkeit an Krebs und Kreislaufstörungen. Dtsch. med. Wschr. **1934 I**, 616—619. — Die Auslesevorgänge im Kampf gegen die Erb-krankheiten. Z. menschl. Vererbgslehre **19**, 253—322 (1935). — Die theoretische Erb-prognose bei mono- und dimerem Erbgang. Z. Abstammgslehre **70**, 453—458 (1935). — Die Krebsverbreitung in Süd- und Westeuropa. Z. Krebsforsch. **45**, 197—236 (1936). — Über die Verbindung der theoretischen und empirischen Erbprognose zur Ermittlung des Erbganges einer Krankheit. Z. Abstammgslehre **73**, 571—576 (1937). — Über den Erbgang der Schizophrenie. Z. f. Neur. **164**, 199—228 (1939). — Die Grundformeln der erb-biologischen Bevölkerungstheorie in der Darstellung von W. SCHEIDT. Arch. Rassen-biol. **32**, 205—210 (1938). — KOLLER, S. u. E. LAUPRECHT: Die Bestimmung der Erb-formel eines Tieres mit dominantem Merkmal aus seinen Vorfahren und Nachkommen. Z. Abstammgslehre **66**, 1—30 (1933).

LEISTENSCHNEIDER, P.: Beitrag zur Frage des Heiratskreises des Schizophrenen. Demo-graphische und psychiatrische Untersuchungen in der engeren biologischen Familie von Ehegatten Schizophrener. Z. Neur. **162**, 289—326 (1938). — LENZ, F.: Die Bedeutung der statistisch ermittelten Belastung mit Blutsverwandtschaft der Eltern. Münch. med. Wschr. **1919 II**, 1340—1342. — Die Übersterblichkeit der Knaben im Lichte der Erblich-keitslehre. Arch. f. Hyg. **93**, 126—150 (1923). — Bemerkungen zu vorstehenden Arbeiten WEINBERGs und BERNSTEINs. Arch. Rassenbiol. **23**, 291 (1930). — Wer wird schizophren? Erbarzt **4**, 154—157 (1937). — Mendeln die Geisteskrankheiten? Z. Abstammgslehre **73**, 559—564 (1937). — LUXENBURGER, H.: Demographische und psychiatrische Untersuchungen in der engeren biologischen Familie von Paralytikerehegatten (Versuch einer Belastungs-statistik der Durchschnittsbevölkerung). Z. Neur. **112**, 331—491 (1928). — Fortschritte im schizophrenen und zyklothymen Erbkreis. Fortschr. Erbpath. u. Rassenhyg. **1**, 49—77 (1937).

MISES, R. v.: Über die WEINBERGsche „Geschwistermethode". Assekuranz-Jb. **50**, 40—52 (1931). — MITTMANN, O.: Mathematische Untersuchungen zur Erforschung fließender Merkmale. Diss. Göttingen 1935. — Über die Schnelligkeit der relativen Vermehrung vorteilhafter Mutationen. Götting. Nachr. Ges. Wiss. Biol. **2**, 107—127 (1936). — Kann durch den Faktorenaustausch ein Sterilisierungserfolg verhindert werden? Z. Rassenkde **3**, 292—301 (1936). — Zum Nachweis des Erbganges bei übergreifenden Erscheinungs-formen. Z. menschl. Vererbgslehre **21**, 476—495 (1938). — MÜNZNER, H.: Die mathemati-schen Grundlagen der Vererbungslehre. Z. math. u. naturwiss. Unterr. **64**, 320—330 (1933). — Über die Schnelligkeit der Rassenvermischung. Arch. math. Wirtschafts- u. Sozialforsch. **1**, 36—40 (1935). — MUSTAKALLIO, E.: Untersuchungen über die M-N-, A_1-A_2- und 0-A-B-Blutgruppen in Finnland. Acta Soc. Medic. fenn. Duodecim A **20**, H. 2 (1937).

PENROSE, L. S.: On the interaction of heredity and environment in the study of human genetics (with special reference to mongolian imbecillity). J. Genet. **25**, 407—422 (1932). —

The detection of autosomal linkage in data which consist of pairs of brothers and sisters of unspecified parentage. Ann. of Eugen. **6**, 133—138 (1935).

RÜDIN, E.: Studien über Vererbung und Entstehung geistiger Störungen. I. Zur Vererbung und Neuentstehung der Dementia praecox. Berlin 1916. — Empirische Erbprognose. Arch. Rassenbiol. **27**, 271—283 (1933).

SCHADE, H.: Erbbiologische Bestandsaufnahme. Fortschr. Erbpath. u. Rassenhyg. **1**, 37—48 (1937). — SCHEIDT, W.: Das Erbgefüge menschlicher Bevölkerungen und seine Bedeutung für den Ausbau der Erbtheorie. Jena 1937. — SCHIRMER, W.: Die Übersterblichkeit der Knaben als Folge rezessiver geschlechtsgebundener Erbanlagen. Arch. Rassenbiol. **21**, 353—393 (1929). — SCHOLZ, E.: Das mathematische Prinzip der praktischen Methoden zur Erbgangsberechnung. Dtsch. Mathematik **4**, 60—63 (1939). — SCHULZ, BR.: Geschwisterschaften und Elternschaften von Hirnarteriosklerotikerehegatten. Z. Neur. **109**, 15 (1927). — Übersicht über auslesefreie Untersuchungen in der Verwandtschaft Schizophrener und über die entsprechenden Vergleichsuntersuchungen. Z. psych. Hyg. **9**, 130—156 (1937). — Über die Möglichkeit des Auftretens von Kinderreihen mit Schizophrenen unter der Nachkommenschaft Schizophrener. Z. Neur. **162**, 327 (1938). — SJÖGREN, T.: Die juvenile amaurotische Idiotie. Hereditas (Lund) **14**, 197 (1931). — Klinische und vererbungsmedizinische Untersuchungen über Oligophrenie in einer nordschwedischen Bauernpopulation. Acta psychiatr. (Københ.) Suppl. **2** (1932). — Investigations of the heredity of psychoses and mental deficiency in two north swedish parishes. Ann. of Eugen. **6**, 253—318 (1935). — SLATER: The incidence of mental disorder. Ann. of Eugen. **6**, 172 (1935). — STEFFAN, P.: Die Bedeutung der Blutgruppen für die menschliche Rassenkunde. In Handbuch der Blutgruppenkunde, S. 382—452. München 1932. — STEINER, F.: Diabetes mellitus und Erbanlage. Die Erkrankungswahrscheinlichkeit für die Kinder von Zuckerkranken. Dtsch. Arch. klin. Med. **182**, 231—240 (1938). — STRENG, O.: Blutgruppenforschung und Anthropologie. Z. Rassenphysiol. **9**, 97—111 (1937). — STRÖMGREN, E.: Zum Ersatz des WEINBERGschen „abgekürzten Verfahrens". Zugleich ein Beitrag zur Frage von der Erblichkeit des Erkrankungsalters bei der Schizophrenie. Z. Neur. **153**, 784—797 (1935).

TIETZE, H.: Über das Schicksal gemischter Populationen nach den MENDELschen Vererbungsgesetzen. Z. angew. Math. u. Mech. **3**, 362—392 (1923).

VERSCHUER, O. V.: Vom Umfang der erblichen Belastung im deutschen Volke. Arch. Rassenbiol. **24**, 238—268 (1930).

WEINBERG, W.: Über Vererbungsgesetze beim Menschen. I. und II. Z. Abstammgslehre **1**, 377—392, 440—460 (1908/09); **2**, 276—330 (1909). — Auslesewirkungen bei biologischstatistischen Problemen. Arch. Rassenbiol. **10**, 417—451, 557—581 (1913). — Zur Vererbungsmathematik. Z. Abstammgslehre, Suppl. **2** (1928). — Mathematische Grundlagen der Probandenmethode. Z. Abstammgslehre **48**, 179 (1928). — Zur Probandenmethode. Arch. Rassenbiol. **23**, 275—284, 417—421 (1930). — Zur Probandenmethode und zu ihrem Ersatz. Z. Neur. **123**, 809—811 (1930). — WEITZ, W.: Über die Häufigkeit des Vorkommens des gleichen Leidens bei den Verwandten eines an einem einfach rezessiven Leiden Erkrankten. Arch. Rassenbiol. **27**, 12—24 (1933). — WELLISCH, S.: Die Vererbung der gruppenbedingenden Eigenschaften des Blutes. In Handbuch der Blutgruppenkunde, herausgeg. von P. STEFFAN, S. 112—230. München 1932. — WIENER, A. S.: Method of measuring linkage in human genetics; with special reference to blood groups. Genetics **17**, 335—350 (1932). — WULZ, G.: Ein Beitrag zur Statistik der Verwandtenehen. Arch. Rassenbiol. **17**, 82 (1925).

Anwendungen der menschlichen Erbbiologie.

Von LOTHAR LOEFFLER, Königsberg/Pr.

Mit 2 Abbildungen.

I. Erbbiologische Beurteilung der zu erwartenden Nachkommenschaft.

1. Grundsätze und Voraussetzungen.

Die erbbiologische Beurteilung der zu erwartenden Nachkommenschaft erstrebt, Aussagen darüber zu machen, mit welcher Wahrscheinlichkeit bestimmte Merkmale und Eigenschaften eines Menschen unter seinen Nachkommen erwartungsgemäß wieder auftreten werden.

Voraussetzung für eine solche Aussage ist, daß die zu beurteilenden Merkmale eindeutig zu erkennen, nicht willkürlich zu beseitigen oder zu verhindern sind, daß sie erblich sind und die Gesetzmäßigkeiten ihres Auftretens in späteren Generationen aus der Erfahrung bereits bekannt sind. Diese Gesetzmäßigkeiten sind bei einer Anzahl von Merkmalen, die dem rein dominanten, dem recessiven und dem geschlechtschromosom-gebundenen Erbgang folgen, heute durch Familien- und Sippenforschung bereits soweit geklärt, daß es möglich ist, im gegebenen Falle durchaus gültige Aussagen über die Wahrscheinlichkeit des Wiederauftretens des betreffenden Merkmals in der Nachkommenschaft zu machen.

Da die Erbvorhersage auf den Grundsätzen der Wahrscheinlichkeitsrechnung aufbaut, können ihre Aussagen für den Einzelfall nur Wahrscheinlichkeitswert beanspruchen und nur in seltenen Ausnahmen, die aus dem Folgenden sich ergeben werden, absoluten Wert besitzen. Dieser Grenzen wird man sich immer bewußt sein müssen. Sie sind nicht etwa — wie man oft noch hört — der Unvollkommenheit unserer wissenschaftlichen Erkenntnisse zur Last zu legen, sondern liegen in der Natur des Vererbungsvorganges selber begründet.

2. Möglichkeiten der Aussage.

a) Der einfach dominante Erbgang.

Beim einfach dominanten Erbgang liegen die Verhältnisse bezüglich der Vorhersage verhältnismäßig einfach. Berechnungen von HULTKRANTZ und DAHLBERG (1927) haben ergeben, daß unter der Annahme, daß die homozygoten und heterozygoten Träger einer dominanten Anlage das Merkmal stets auch äußerlich zeigen, bei einer Häufigkeit des Merkmals von 1% in der Durchschnittsbevölkerung die Homozygoten nur 0,000025% betragen, mithin die Wahrscheinlichkeit des Auftretens eines homozygoten Merkmalsträgers = 1 : 40000 Merkmalsträger ist. Bei einer Merkmalshäufigkeit von 10% ist das Verhältnis der Homozygoten zu den Heterozygoten noch 0,26 : 9,74 oder rund 1 : 40; bei einer Häufigkeit von 20% = 1.11 : 18,89 oder rund 1 : 20. Da eine Häufigkeit von 1% in der Bevölkerung z. B. im Deutschen Reich bei einer Bevölkerungszahl von 75 Millionen das Vorhandensein von 750000 Merkmalsträgern bedingen würde und solche Häufigkeit für kein dominantes Erbleiden bekannt ist, kann man also bei allen dominanten Erbleiden praktisch stets davon ausgehen, daß die Merkmalsträger heterozygot sind.

Bei der Seltenheit der Homozygoten unter den Trägern dominanter Erbkrankheiten ist im übrigen die Frage aufzuwerfen, ob wir diese, wenn sie aufträten, auch wirklich als solche erkennen könnten. Der von MOHR (1926) mitgeteilte Fall einer Ehe zweier als Vetter und Base verwandten Träger von Brachyphalangie, aus der heraus zwei Kinder entstammten, von denen die eine Tochter Brachyphalangie, die andere Tochter aber fehlende Finger und Zehen sowie schwere Störungen des ganzen Skeletsystems aufwies, sollte hier zu denken geben. MOHR und WRIEDT haben wohl mit Recht von diesem Kinde, das trotz aller Bemühungen nach einem Jahr starb, vermutet, daß es die Anlage zur Brachyphalangie von beiden Eltern ererbt habe. Es hätte sich also hier die Anlage zu Brachyphalangie in homozygoter Kombination durch eine sehr viel weitergehende, als subletal anzusprechende Störung geäußert. Sind aber die Homozygoten erscheinungsbildlich von den Heterozygoten zu trennen, so liegt im strengen Sinne kein dominanter, sondern bereits ein mehr oder weniger ausgesprochen intermediärer Erbgang vor.

Homozygote Träger eines dominanten Erbleidens haben nur behaftete Kinder. War der Ehepartner unbehaftet, so werden alle Kinder heterozygot sein, *war der Ehepartner ebenfalls homozygot,* bezüglich des gleichen dominanten Merkmals, so werden alle Kinder dieser Ehe wieder homozygot behaftet sein. *Falls der andere Partner behaftet, aber heterozygot war,* so werden zwar alle Kinder behaftet sein, aber es besteht bei jedem von ihnen die Wahrscheinlichkeit von 50%, daß sie entweder heterozygot oder homozygot sind. Falls wirkliche Dominanz besteht, werden diese Fälle aber schwer auseinanderzuhalten sein. Der Genotypus eines dominanten Merkmalsträgers läßt sich nur dann mit Sicherheit bestimmen, wenn dessen eines Elter unbehaftet gewesen ist. In diesem Falle ist er als heterozygoter Merkmalsträger anzusprechen. Die Homozygotie eines Probanden ist beim rein dominanten Erbgang aus den Eltern nie mit Sicherheit zu erweisen.

Daß bei den Blutgruppen in seltenen Fällen bei Individuen der Blutgruppe A oder B doch zu entscheiden ist, ob sie das dominante A- oder B-Gen homozygot oder heterozygot tragen, dann nämlich, wenn sie von zwei Eltern der Blutgruppe AB abstammen, spricht nicht gegen diesen Satz. Denn wohl sind die allelen Gene A und B dominant über R, zueinander aber verhalten sie sich gleichwertig. LENZ (1938) hat vorgeschlagen, im Gegensatz zum dominanten, recessiven und intermediären Verhalten der Gene hierfür den Ausdruck „Kombinanz" zu gebrauchen. Nur durch dieses kombinante Verhalten der A-B-Gene läßt sich bei den Blutgruppen sowohl der Genotypus bei den AB-Eltern als auch bei ihren Kindern bestimmen.

Falls der heterozygote Träger eines dominanten Merkmals als Partner einen ebenfalls heterozygoten Merkmalsträger hat, so sind unter seinen Kindern sowohl solche, die Merkmalsträger sind, als auch solche, die das Merkmal nicht tragen, zu erwarten. Letztere sind mit einer Wahrscheinlichkeit von 25%, erstere von 75% zu erwarten. Unter den Merkmalsträgern werden $^1/_3$ homozygot, $^2/_3$ heterozygot sein, ohne daß es bei reiner Dominanz der Gene möglich sein wird, diese beiden Gruppen zu scheiden.

Ist der andere Partner des heterozygoten Trägers eines dominanten Merkmals unbehaftet, so besteht für seine Kinder die gleiche Wahrscheinlichkeit (50%), behaftet oder unbehaftet zu sein. Die behafteten sind alle wieder als heterozygot anzusprechen.

b) Der recessive Erbgang.

Beim recessiven Erbgang sind nur die Homozygoten behaftet. Die Heterozygoten sind dagegen erscheinungsbildlich als solche nicht zu erkennen. *Aus der Verbindung zweier recessiver Merkmalsträger sind nur behaftete Kinder zu erwarten.* Voraussetzung ist dabei allerdings, daß das gleiche Merkmal stets durch die gleichen allelen Gene bedingt ist und nicht in verschiedenen Chromosomen recessive Allelen vorkommen, die auf verschiedener genotypischer Grundlage das gleiche Merkmal hervorrufen können, wie das z. B. experimentell von

Bateson und Punnett (zit. nach Mühlmann, 1930) bei der Kreuzung zweier albinotischer Hühnerrassen beobachtet wurde.

Für die Taubstummheit teilt Mühlmann (1930) einen Stammbaum mit, in dem zwei taubstumme Eltern, die beide aus einer Verwandtenehe stammten und beide noch ein gleichartig behaftetes Geschwister hatten, zwei Kinder besaßen, die beide hörend waren. Da exogene Ursache für die Entstehung der Taubstummheit eines der beiden Eltern ausgeschlossen war, dagegen die Behaftung der Geschwister und die Abstammung aus Verwandtenehen bei beiden Eltern die Erblichkeit ihrer Taubstummheit äußerst wahrscheinlich machte, nahm er an, daß in beiden Linien das phänotypisch gleiche Leiden in der oben erwähnten Weise idiotypisch verschieden sei. In anderen Fällen wird man gut tun, auch an eine außereheliche Vaterschaft zu denken, die in dem von Mühlmann mitgeteilten Falle allerdings unwahrscheinlich ist. Auffallend ist aber, daß in der Sippe neben besonders wertvollen Eigenschaften auch je ein Fall von Geisteskrankheit, Schwachsinn und *Schwerhörigkeit* vorkommt. Die recessive „sporadische" Taubstummheit tritt aber nach den Untersuchungen von Albrecht praktisch so gut wie immer als Taubheit ohne Übergänge zum Gesunden auf, während die dominante Innenohrschwerhörigkeit ausgesprochene Manifestationsschwankungen nach Intensität (bis zum völligen Fehlen) und Zeitpunkt des Auftretens zeigt. Sie kommt in schwersten Fällen sogar als angeborene Taubheit vor, und ihre Träger können dann als „taubstumm" erscheinen. Wenn diese Annahme auf diese Familie oder auch nur einen Zweig derselben zuträfe, dann wären die hörenden Kinder aus der Ehe zweier „taubstummer" Eltern leicht erklärlich.

Aus der Verbindung eines recessiven Merkmalsträgers mit einem Unbehafteten werden alle Kinder unbehaftet sein, doch werden alle Kinder Erbüberträger (heterozygot) sein, vorausgesetzt, daß der unbehaftete Partner nicht selber Erbüberträger ist. In diesem Falle würden 50% der Kinder homozygote Merkmalsträger, 50% unbehaftete Heterozygote sein. Ob aber im gegebenen Falle die erste oder die zweite Annahme vorliegt, läßt sich mit Sicherheit nur für den zweiten Fall dann sagen, wenn dieser Partner selber aus der Verbindung eines Merkmalsträgers mit einem Unbehafteten stammt oder selber mit einem anderen Partner bereits Kinder gezeugt hat, die Merkmalsträger sind.

Aus der Verbindung eines unbehafteten Heterozygoten mit einem anderen Unbehafteten sind — falls der letztere nachweislich heterozygot ist — 25% der Kinder Merkmalsträger, 50% werden wieder Heterozygote sein und 25% werden völlig unbelastet sein. Ist der Partner dagegen völlig unbelastet, so wäre dies wieder von 50% der Kinder zu erwarten, während 50% unbehaftete Heterozygote sein würden.

Wie weit man aus einer fehlenden Sippenbelastung auf das Nichtvorhandensein eines recessiven Gens bei einem Unbehafteten schließen kann, hängt nicht nur von der Größe der Geschwisterzahlen in der betreffenden Sippe, sondern vor allem von der Verteilung des betreffenden recessiven Gens in der Bevölkerung ab, die sich unter gewissen theoretischen Annahmen erschließen läßt. Darauf soll später eingegangen werden.

Gewisse Anhaltspunkte für die genotypische Veranlagung eines Unbehafteten sind beim recessiven Erbgang auch aus dessen Sippe zu gewinnen. Findet sich, ohne daß eines seiner Eltern behaftet ist, unter den Geschwistern eines solchen Prüflings auch nur *ein* recessiver Merkmalsträger, so ist für den Prüfling — wie für jedes seiner unbehafteten Geschwister — die Wahrscheinlichkeit, völlig frei von der recessiven Veranlagung zu sein, gleich $^1/_3$, die Wahrscheinlichkeit, heterozygoter Erbüberträger zu sein, ist $^2/_3$. Ist ein Großelter Merkmalsträger, so erhält der Prüfling durch den von diesem abstammenden Elternteil mit einer Wahrscheinlichkeit von $^1/_2$ das recessive Gen, wird also mit einer Wahrscheinlichkeit von $^1/_2$ Erbüberträger sein. Ebenso erhält der Prüfling, falls lediglich ein Onkel (Tante) Merkmalsträger ist, von der Seite des „belasteten" Elters her mit einer Wahrscheinlichkeit von $^1/_3$ das recessive Gen.

Für die beiden letzteren Fälle ist aber folgendes zu beachten: Die Berechnungen von Hultkrantz und Dahlberg (1927) zeigen, daß beim einfach recessiven

Erbgang unter der Annahme der Panmixie und dem Fehlen von Manifestations-schwankungen neben den recessiven Merkmalsträgern mit einer beachtlichen Zahl von Heterozygoten in der Durchschnittsbevölkerung zu rechnen ist. Dies verhältnismäßig um so mehr, je seltener das Merkmal ist. Bei einer Merkmals-häufigkeit von 0,01% ist in der Durchschnittsbevölkerung noch mit 1,98% heterozygoter Erbüberträger zu rechnen, während bei einer Merkmalshäufigkeit von 0,1% und 1% die Erbüberträger 6,12% und 18% betragen. Bei 10% Merkmalsträgern ist noch mit 43,25% Erbüberträgern zu rechnen. Je häufiger also in der Durchschnittsbevölkerung ein recessives Merkmal ist, um so häufiger ist praktisch damit zu rechnen, daß unter den unbehafteten Partnern sich wieder Erbüberträger befinden.

Unter Berücksichtigung dieses Gesichtspunktes würde z. B. damit zu rechnen sein, daß ein unbehafteter Prüfling, dessen Onkel (Tante) Merkmalsträger war, nicht nur von seiten seines „belasteten" Elters mit einer Wahrscheinlichkeit von $^1/_3$ das recessive Gen ererben kann, sondern auch von seinem „unbelasteten" Elter her. Bei einer Merkmalshäufigkeit von 1% würde dieses „unbelastete" Elter mit einer Wahrscheinlichkeit von 18% doch Erbüberträger sein. Die Wahrscheinlichkeit, daß von ihm das recessive Gen weiter vererbt wird, ist dann 9%. Da seitens des „belasteten" Elters das recessive Gen mit einer Wahr-scheinlichkeit von 33% übertragen wird, besteht die Erwartung, daß aus einer solchen Elternkombination neben 3% Merkmalsträgern, 36,3% Erbüberträger und 60,6% völlig Unbelastete entstehen. Mithin befinden sich unter den un-behafteten Kindern aus einer solchen Ehe, wie sie für die Eltern des gedachten Prüflings angenommen wurden, 37,4% Erbüberträger. Dies entspricht der Wahrscheinlichkeit, mit der ein unbehafteter Prüfling, dessen Onkel (Tante) Merkmalsträger ist, bei einer allgemeinen Häufigkeit des Merkmals von 1% selber Erbüberträger sein wird.

Die gleichen Gesichtspunkte sind auch *bei der Verbindung zweier „Un-behafteter"* zu beachten. Auch hier *wird sich* — falls keine besondere Belastung der Partner vorliegt — *die Höhe der Wahrscheinlichkeit, mit der sie als Erb-überträger (heterozygote) anzusehen sind, nach der allgemeinen Merkmalshäufigkeit richten*. Bei einer Merkmalshäufigkeit von 1% wären aus der Verbindung zweier unbehafteter Ehepartner noch etwa 0,8% Merkmalsträger unter ihren Kindern zu erwarten.

c) Der intermediäre Erbgang.

Wie oben bereits angeführt, sind wir nur dann berechtigt, von einem domi-nanten Erbgang eines Merkmals zu sprechen, wenn die Heterozygoten von den Homozygoten sich in nichts unterscheiden. Gleicherweise liegt auch nur dann ein recessiver Erbgang vor, wenn ein Merkmal nur bei den Homozygoten auf-tritt, dagegen die Heterozygoten von den völlig Unbelasteten nicht zu trennen sind.

Sobald intermediäres Verhalten vorliegt, läßt sich die Erberwartung für die Kinder sehr genau vorhersagen, weil man ja dann auch sehen kann, ob der Partner völlig unbelastet, ob er heterozygot oder bezüglich des Merkmals homozygot ist. Im Tier- und Pflanzenexperiment zeigt sich immer mehr, daß bei genauer Kenntnis der zum Versuch verwandten Lebewesen die heterozygoten doch in geringen Abweichungen von den unbelasteten oder den homozygoten Merkmals-trägern zu unterscheiden sind. Es ist unbedingt damit zu rechnen, daß mit fortschreitender klinischer Forschung auf erbärztlichem Gebiet auch beim Menschen in dieser Richtung neue Erkenntnisse gewonnen werden. Auf die neueren Untersuchungen über die „Konduktorinnen" bei den Blutern (STUDT, 1937), über die Frauen, welche zwieerbig für Protanopie veranlagt sind (SCHMIDT, 1934) sowie auf die Untersuchungen von EUGEN FISCHER und LEMSER (1938) zur Frage der Erkennungsmöglichkeit heterozygoter und homozygoter Erbanlagen für Diabetes mit Hilfe der Kupferreaktion sei hier nur kurz verwiesen, desgleichen auf den Hinweis Holzers (1935), ob es sich bei denjenigen Personen, welche die Blutgruppensubstanzen A und B im Speichel ausscheiden, und deren Speichel eine positive Hemmung des Anti-0-Serums bewirkt, um heterozygote AR- bzw. BR-Individuen handelt.

Daß neue Erkenntnisse auf dem Gebiete der Heterozygotenforschung von ganz besonderer Bedeutung für die Erbvorhersage — besonders in der Praxis — sein würden, bedarf kaum noch des Hinweises. Hier wäre ein dankbares Gebiet für erbärztlich ausgerichtete klinische Forschung!

d) Der geschlechtschromosom-gebundene Erbgang.

Beim geschlechtschromosom-gebundenen Erbgang[1] hat *der dominante geschlechtschromosom-gebundene Erbgang* beim Menschen praktisch keine Bedeutung. *Er ist mit Sicherheit beim Menschen noch nie nachgewiesen worden.* Er würde sich in einem Überwiegen weiblicher Merkmalsträger äußern, während zur gleichen Zeit behaftete Individuen stets mindestens ein behaftetes Elter hätten und behaftete Männer nie — oder nur mit einer Häufigkeit, in der das Leiden sich auch sonst bei einem beliebigen Manne aus der Bevölkerung fände — behaftete Väter haben dürften. Ein behafteter Mann würde also aus einer Verbindung mit einer unbehafteten Frau stets unbehaftete Söhne und nur behaftete Töchter haben dürfen. Eine behaftete Frau würde bei der Seltenheit derartiger Merkmale stets als heterozygot anzunehmen sein und dann unter ihren Söhnen wie Töchtern je 50% behaftete Kinder aufweisen.

Von größerer Bedeutung ist *der recessive geschlechtschromosom-gebundene Erbgang.* Das recessive Gen kann sich hier im männlichen Geschlecht stets, im weiblichen nur in homozygoter Kombination äußern. Töchter behafteter Männer werden alle Erbüberträger sein. Aus der Verbindung einer solchen Frau mit einem unbehafteten Mann werden 50% der Söhne Merkmalsträger, 50% der Töchter wieder unbehaftete Erbüberträgerinnen sein. Aus der Verbindung derartiger Frauen mit behafteten Männern werden nicht nur 50% der Söhne Merkmalsträger sein, sondern auch 50% der Töchter, während die anderen Töchter Erbüberträgerinnen sind.

Da beim geschlechtschromosom-gebundenen Erbgang die Söhne die betreffenden Anlagen stets nur von der Mutter ererben, *können im allgemeinen daher die Söhne behafteter Männer weder Merkmalsträger, noch Erbüberträger sein.* Sie können nur Merkmalsträger sein, wenn die Mutter entweder auch Merkmalsträgerin — in diesem Falle sind alle Söhne behaftet — oder Erbüberträgerin war.

Ist das Gen nicht voll recessiv, so sind die heterozygoten Frauen stets als solche zu erkennen, sodaß dann in diesen Fällen, auch wenn sie das Gen nicht von ihrem Vater, sondern etwa von der Seite ihrer Mutter ererbt haben, ebenfalls eine genaue Aussage über die Erberwartung unter ihren Kindern möglich ist. Auf derartige Fälle bei der Rotgrünblindheit und neuerdings auch bei der Bluterkrankheit kann in diesem Teil nicht eingegangen werden; es sei auf die speziellen Teile verwiesen.

---

[1] Die heute noch allgemein übliche Bezeichnung „geschlechtsgebundene Vererbung" ist irreführend, da die Vererbung nicht an das Geschlecht, sondern an das Geschlechtschromosom gebunden ist. Die irrige Ansicht ist wohl darauf zurückzuführen, daß das bekannteste derartige Erbmerkmal — die Bluterkrankheit — in ihrer vollen Ausprägung bisher nur beim männlichen Geschlecht beobachtet wurde. Ob das nur daran liegt, daß Ehen zwischen einem Bluter und einer „Konduktorin" zu selten sind (Lenz, 1936, S. 443) oder, wie K. H. Bauer (1922) annimmt, homozygote weibliche Früchte schon im Mutterleib absterben, ist heute noch nicht einwandfrei zu entscheiden. Beides ist möglich.

e) Der polymere Erbgang.

Im Falle der Polymerie ist es bis heute nicht möglich, einigermaßen sichere Schlüsse auf die Beschaffenheit der Nachkommenschaft zu ziehen. Das beruht vor allem darauf, daß wir im ganzen über die Frage der Polymerie beim Menschen überhaupt noch nichts Sicheres wissen. Wir wissen nur, *daß* bestimmte Erbmerkmale nicht dem monomeren Erbgang folgen, aber ob Dimerie oder höhere Polymerie, ob oder in welchem Grade monomer recessive, dimer recessive oder polymere Gene mitbeteiligt sind, wissen wir im Einzelfall nicht. Für das manischdepressive Irresein nimmt man heute das Zusammenwirken von mindestens einem dominanten Hauptgen mit recessiven Erbanlagepaaren an (LUXENBURGER 1931, 1937). Aber selbst bei einem so stark durchforschten Leiden, wie der Schizophrenie, ist es heute wieder fraglich geworden, ob sie als monomer recessiv, dimer recessiv oder polymer mit einem dominanten Hauptgen anzusprechen ist (LENZ, 1937). Es kann deshalb auch hier verzichtet werden, näher auf die Berechnung der Erbvorhersage in diesem Falle beim Menschen einzugehen. KOLLER (1935) hat für den dimer dominanten, dimer recessiven und dominant recessiven Erbgang theoretische Erbprognoseziffern berechnet, auf die hier verwiesen sein mag.

f) Besondere, die Erbvorhersage beeinflussende Schwierigkeiten.

Bisher wurde angenommen, daß sich der Erbvorhersage keine weiteren Schwierigkeiten entgegenstellen als solche, die durch die Natur des Vererbungsvorganges selbst und durch die Verteilung der Erbanlagen in der Bevölkerung bedingt sind. So günstig liegen aber die Verhältnisse in einer großen Zahl der Fälle nicht; es ist daher nötig, hierauf noch besonders einzugehen.

Schwierigkeiten der Vorhersage entstehen z. B. dann, *wenn das gleiche Merkmal* — etwa eine Krankheit oder Anomalie — *durch verschiedene, nicht allele Genpaare hervorgerufen wird*, die verschiedene Erbgänge bewirken, ohne daß es heute noch möglich ist, die einzelnen Formen auch klinisch auseinanderzuhalten. Als Beispiel möge die Neuritis retrobulbaris hereditaria (LEBERsche Opticusatrophie) gelten, für deren Entstehen wir heute nach den schönen Untersuchungen von REICH (1937) neben dominanten und recessiven autosomalen Genen auch recessive geschlechtschromosomgebundene annehmen müssen. Hier kann im Einzelfall nur eine eingehende Familienuntersuchung Anhaltspunkte dafür bieten, welchen Erbgang man als vorliegend annehmen soll. Besteht eine solche Möglichkeit nicht, so ist es unmöglich, eine Erbvorhersage zu geben.

Das gleiche gilt, *wenn dasselbe Leiden durch Allele mit verschieden starker Durchschlagskraft hervorgerufen werden kann*, so wie das etwa für die Hämophilie durch die Untersuchungen SCHLOESSMANNs (1930) und die Ausführungen JUSTs (1930) über die besonderen Erbeigentümlichkeiten bei bestimmten hämophilen Familien angenommen werden kann, aber auch von anderen Erkrankungen, z. B. der Rotgrünblindheit J. SCHMIDT (1934) bekannt ist. Neben den Spaltbildungen im Bereich des Mundes scheinen hierher auch die Fälle von Polydaktylie zu gehören, wo sich Sippen mit rein dominantem Erbgang und gleichartigem Erscheinungsbild und solche mit starker Manifestationsschwankung und schwankendem Behaftungsgrad finden. Dabei läßt sich — was für die praktische Entscheidung in der Vorhersage aber gleichgültig ist — heute noch nicht klären, ob für die familientypischen Eigenheiten der Ausprägungsform, wie die des Erbgangs, multiple Allele oder Gene in verschiedenen Chromosomen oder beides anzunehmen ist. Auch hier ist für jede Vorhersage die Feststellung des Familientypus Voraussetzung.

Besondere Schwierigkeiten entstehen der Erbvorhersage dann, *wenn der von einem Hauptgenpaar bestimmte Erbgang auch noch durch andere, nicht allele Nebengene oder durch die Umwelt beeinflußt* wird. Denn für diese Nebenwirkungen lassen sich nur schwer allgemein gültige Regeln aufstellen, die ja die Voraussetzung jeder Vorhersage sind.

Weiter entstehen der Erbvorhersage Schwierigkeiten daraus, *daß neben erblichen auch nichterbliche Formen der gleichen Erkrankung vorkommen,* ohne daß es möglich ist, nach dem Phänotypus heute schon eine Trennung nach erblicher oder nichterblicher Form vorzunehmen. Als Beispiel sei hier der angeborene Klumpfuß angeführt, bei dem außerdem auch in den erblichen Fällen mit ziemlichen Manifestationsschwankungen zu rechnen ist [v. Verschuer (1937) und Mau (1938)]. Ferner gehören z. B. von den Augenleiden die Opticusatrophien und manche Formen der Katarakt hierher.

Aber selbst wenn der Erbgang eines Leidens ungestört dominant ist und keine der genannten Erschwerungen in der Urteilsbildung über die zu erwartende Nachkommenschaft mehr in Frage kommen würde, so würden der Erbvorhersage noch Schwierigkeiten entstehen, wenn *bestimmte Eigenschaften und Erkrankungen sich erst spät manifestieren.* Im Einzelfalle wäre dann immer damit zu rechnen, daß — etwa beim Vorliegen eines dominanten Leidens — der Betreffende, über dessen zu erwartende Nachkommenschaft eine Aussage gemacht werden soll, heute noch uns als erbgesund erscheint, und erst später die eintretende Erkrankung erweist, daß wir von einer falschen Voraussetzung ausgingen. Diese Schwierigkeit ist nicht damit abgetan, daß man sagt, man müsse eben die Erbvorhersage unter beiden Annahmen treffen. Denn es gibt genügend Fälle, in denen schon heute unendlich viel davon abhängt, welche von beiden Annahmen zugrunde gelegt wird (Siedlerauslese, SS-Zugehörigkeit, Ehewahl). Als Beispiel seien hier angeführt die Chorea Huntington und das manisch-depressive Irresein, von denen das erstere Leiden sich im allgemeinen erst im 3. bis 4., das letztere oft erst im 4. oder 5. Lebensjahrzehnt manifestiert.

Schließlich sei noch einer besonderen Schwierigkeit gedacht, die sich der Feststellung eines gesetzmäßigen Wiederauftretens bestimmter Eigenschaften in der Nachkommenschaft als Voraussetzung für eine erbbiologische Beurteilung der zu erwartenden Nachkommenschaft entgegenstellt. Sie liegt darin, *daß es in manchen Fällen heute noch nicht entschieden ist, ob das, was uns äußerlich zunächst als krankhafte Erscheinung gegenübertritt, wirklich das Wesen der erblichen Bewirkung oder nicht nur eine besondere Ausprägungsform betrifft,* die ihrerseits wieder von erblichen und nichterblichen Faktoren abhängig sein kann. Als Beispiel sei hier nur die angeborene Hüftverrenkung genannt. Aber auch beim Klumpfuß weist neuerdings wieder Mau (1938) auf die ätiologisch nahe Beziehung dieses Leidens zu angeborenen Störungen des Nervensystems hin und sieht — wohl mit Recht — darin eine Stütze der These einer Entwicklungsstörung der Medullarplatte im caudalen Abschnitt als Kernpunkt des ätiologischen Problems des angeborenen Klumpfußleidens. Ja, sogar bei der Schizophrenie erscheint es heute zweifelhaft, ob es sich um eine primäre Hirnkrankheit, oder um ein primär somatogenes Leiden mit sekundärer Beteiligung des Gehirns handelt (Luxenburger, 1937₂, Thums, 1938), ohne daß es aber bis jetzt möglich ist, etwas Näheres über ein somatisches „Achsensymptom" auszusagen. Diesem „Achsensymptom" scheint man dagegen neuerdings bei der angeborenen Hüftverrenkung näher gekommen zu sein. Für diese konnte Faber (1937) zeigen, daß die Erblichkeit nicht die Hüftverrenkung als solche betrifft, „sondern vielmehr angeborene Störungen im Bereiche des Hüftgelenks, anatomische und physiologische Gelenksveränderungen, die wir allgemein als ‚flache Pfanne' bezeichnen und auf deren Boden dann erst sekundär die wirkliche Ausrenkung des Gelenks entstehen kann, aber nicht zwangsläufig entstehen muß". Während nach den bisherigen Untersuchungen, in denen lediglich die Frage: Hüftverrenkung — keine Hüftverrenkung, erhoben worden war, lediglich in einem Verhältnis 1 : 20 sich familiäre Häufung nachweisen ließ, während bei den Behafteten ein Geschlechtsverhältnis F : M = 6 : 1 und nach ISIGKEIT (1938) eine Geschwisterbehaftung von nur 2,8% sich fand, konnte FABER in 17 von ihm untersuchten Sippschaften angeblicher Einzelfälle von Hüftverrenkung folgenden Befund erheben: In jeder dieser Sippen fanden sich weitere Fälle der ursächlichen Störungen im Bereich des Hüftgelenks. Diese fanden sich im ganzen dreimal so häufig als die typischen Ausprägungen. $29,7 \pm 4,2\%$ der Geschwister wiesen die ursächliche Störung auf, und das Geschlechtsverhältnis F : M betrug bei diesen nur noch 1,74 : 1 bei einem Geschlechtsverhältnis F : M = 1,55 : 1 in den gesamten primären und sekundären Geschwisterreihen.

Es ist klar, daß die bisherigen Ergebnisse bezüglich des Wiederauftretens oder Nichtwiederauftretens der voll ausgeprägten Hüftverrenkung unter den Nachkommen der mit dem vollen Leiden Behafteten auch heute noch ihre Bedeutung für die erbbiologische Beurteilung der Nachkommen haben. Dennoch wird die Beurteilung in Zukunft zunächst von der Frage auszugehen haben, mit welcher Wahrscheinlichkeit die tieferliegende Störung, die „flache Pfanne", voraussichtlich unter den Nachkommen wieder auftreten wird. Ob dann die schwerste Ausprägung, die Ausrenkung des Gelenks, wirklich eintreten wird, bedarf im Einzelfall dann nicht nur einer erneuten Abschätzung der Wahrscheinlichkeit auf Grund der Kenntnis der Sippe, Abschätzung der Umweltsfaktoren usw., sondern ist auch weitgehend abhängig davon, ob die Eltern willens und in der Lage sind, rechtzeitig Maßnahmen zur Erkennung der Grundstörung und zur Verhinderung der Ausrenkung selber bei ihren Nachkommen zu ergreifen. Hier spielen also soziologische Fragen hinein, die außerhalb des Bereiches einer naturwissenschaftlichen Vorhersage liegen.

Auf diese Grenzen der Erkenntnisbildung durch erbstatistische Methoden, insbesondere auch für die Geisteskrankheiten, hat in letzter Zeit eindringlich CONRAD (1937) hingewiesen. Ihm ist unbedingt beizupflichten, wenn sich auch seine Ausführungen wohl zunächst nur auf die Theoriebildung über das Vorliegen bestimmter Erbgänge bei gewissen Erkrankungen richten.

g) Möglichkeiten der Aussage auf Grund besonderer Untersuchungsergebnisse (empirische Erbprognose).

Von diesen Schwierigkeiten, die sich der erbbiologischen Beurteilung der Nachkommenschaft entgegenstellen, sobald es gilt, die Theorie in die Praxis zu übertragen oder ohne Kenntnis des Erbganges oder derjenigen erblichen oder nichterblichen Einflüsse, welche die theoretisch zu erwartenden Werte beeinflussen, für die Praxis Schlüsse zu ziehen, sucht sich die seit langem von RÜDIN (1933) begründete und von seinen Schülern, vor allen Dingen LUXENBURGER (1936), ausgebaute Methode der empirischen Erbprognose freizumachen. Sie ist bestrebt, unabhängig von jeder Theoriebildung, empirisch festzustellen, wie sich im näheren oder weiteren Nachkommens- und Verwandtschaftsbereich bestimmter Erbmerkmalsträger die Behaftungsverhältnisse mit den gleichen oder ähnlichen Erbmerkmalen gestalten. Aus dem Vergleich der in einem bestimmten Ausgangsmaterial gewonnenen Ergebnisse mit den Erfahrungen, die man über die Häufigkeit des gleichen Erbmerkmals in der Durchschnittsbevölkerung gemacht hat, lassen sich dann tragfähige Grundlagen für die Nutzanwendung im Einzelfall ziehen, etwa derart, daß man sagen kann: Die Wahrscheinlichkeit, daß die Kinder eines Erbmerkmalsträgers wieder die gleiche Eigenschaft zeigen werden, ist um einen bestimmten Betrag größer als bei einem Menschen der Durchschnittsbevölkerung. Sie beträgt z. B. bei den Kindern Schizophrener 16,4% gegenüber 0,85% in der Durchschnittsbevölkerung und ist somit etwa 19fach so groß.

Diese empirische Erbprognose, bezüglich deren Einzelheiten auf das Sonderkapitel verwiesen sei, kann allgemein gefaßt sein, also etwa lediglich nach einer Krankheitserwartung eines zum Verwandtenkreis eines Kranken gehörigen Menschen, z. B. Kinder oder Enkel von Schizophrenen, fragen. Sie kann aber auch — und das ist einer ihrer Vorteile — differenziert werden:

1. nach der Qualität des anderen Elternteils unter Berücksichtigung der Persönlichkeit des als Elter auftretenden Mitgliedes der erbkranken Familie, wenn dieses nicht selbst krank ist,

2. nach Belastungskombinationen.

Luxenburger (1936) erwähnt als Beispiel zu 1. die Frage nach der Erkrankungswahrscheinlichkeit von Neffen und Nichten von Manisch-Depressiven, wenn das Geschwister des Manisch-Depressiven ein cyclothymer Psychopath, der andere Elternteil sonst nicht abnorm ist, oder auch eine Erkrankungswahrscheinlichkeit der Kinder von Schizophrenen, wenn der andere Elternteil unauffällig ist.

Zu 2. führt Luxenburger an: Die Enkel von Epileptikern, die durch den anderen Elternteil Neffen und Nichten von Schizophrenen sind, oder die Enkel von Schizophrenen, bei denen auch der andere Elternteil eines Schizophrenen ist.

Weiterhin ermöglicht die empirische Erbprognose nicht nur die negativen Qualitäten der Ausgangsfälle und der Familie zu berücksichtigen, sondern auch die positiven, die erbgesundheitlich erwünschten Eigenschaften der körperlichen und seelischen Persönlichkeit. Aus den negativen Befunden (Belastungen) und den positiven (Begabungen) kann dann das rassenhygienische Fazit gezogen werden. Als Beispiel führt Luxenburger (1936) an: Enkel von Manisch-Depressiven mit einem überdurchschnittlich begabten Elternteil, der das Kind eines Manisch-Depressiven ist; Enkel von Schizophrenen mit einem Elter, der aus erbgesunder, hochbegabter Familie stammt; Kinder von überdurchschnittlich begabten Manisch-Depressiven.

„Auf diese Weise entstehen drei ihrem prognostischen Wert nach entsprechende Gruppen von Aussagen. Durch immer feinere Abstufungen innerhalb dieser Gruppen und Kombinationen untereinander ergibt sich eine zunächst springende, später aber gleitende Skala, die in ihrem Idealzustand eine Anwendung auf jede Situation, eine zuverlässige Antwort auf jede erbprognostische Frage ermöglichen wird" (Luxenburger, 1936).

Darin liegt auch zweifellos ihr großer Vorteil vor jeder rein rechnerischtheoretischen Erbprognose, auch vor der neuerdings von S. Koller (1935) wieder angegebenen Methode, bei der — wie auch Koller (1937) schreibt — „erhebliche Anforderungen an die Größe des Materials gestellt werden müssen" und die damit diese Schwierigkeit ebenfalls mit der empirischen Methode teilt.

Koller (1935) hat nun auf rein theoretischem Wege Erbprognoseziffern beim mono- und dimeren Erbgang zu gewinnen versucht, die es ermöglichen sollen, unabhängig von der Häufigkeit eines Leidens, in der Durchschnittsbevölkerung für die verschiedenen Erbgänge — ja sogar auch innerhalb gewisser Grenzen bei unbekanntem Erbgang — anzugeben, ob die Belastung eines Menschen durch eine Erbkrankheit bei Eltern, Großeltern, Geschwistern, Onkeln und Tanten als „schwere" oder noch als „leichte" Belastung anzusehen sei. Als Grenze zwischen leichter und schwerer Belastung nimmt er 25% derjenigen Belastung, die der durch ein Elter gegebene entspricht. „Danach wären als allgemeine Richtlinie anzugeben, daß die Krankheit eines Elters, eines Geschwisters oder zweier Großeltern, Onkeln oder Tanten zu einer erblichen Belastung eines Gesunden ausreicht (Ausnahme: Mehrere Geschwister eines

Elters, denn sie bewirken keine höhere Belastung als ein einziges Geschwister eines Elters). In all diesen Fällen ist die Belastung sicher höher als $^1/_4$ der Belastung durch ein Elter. Kennt man den genauen Erbgang einer Krankheit, so sind natürlich noch weitgehende und genauere Abgrenzungen möglich, z. B. ist bei einfacher Recessivität der Belastungsgrad auch bei Krankheit eines Großelters stets über 25 %."

LUXENBURGER (1936) lehnt die KOLLERsche Methode mit dem Hinweis darauf ab, daß sie die Panmixie der Bevölkerung zur Voraussetzung habe und die Manifestationsschwankungen sowie das Vorkommen gelegentlicher nichterblicher Fälle unberücksichtigt lassen müsse. KOLLER, der sich übrigens dieser Fehlerquellen bewußt gewesen ist, hat nun in einer neuen Veröffentlichung (1937) die beiden letzteren Fehlerquellen durch Ermittlung eines Differenzquotienten auszuschalten versucht.

Er geht bei der Ausschaltung der genannten Fehlerquellen von folgender Überlegung aus: „Die Manifestationswahrscheinlichkeit ist im wesentlichen ein multiplikativer, das Vorkommen nichterblicher bzw. falsch diagnostizierter Fälle ein additiver Zusatzfaktor zur kollektiven Erbprognoseziffer. Diese einfache Art der Abhängigkeit beruht darauf, daß man nur von einer Person ausgeht und über die anderen Familienangehörigen keine Voraussetzungen macht. Hat man nun zwei Erbprognoseziffern, z. B. von Voll- und Halbgeschwistern, und subtrahiert diese voneinander, so fällt der additive Faktor fort. Auch in einem zweiten Paar von Erbprognoseziffern, z. B. von Vollgeschwistern und Vettern, läßt sich durch Subtraktion der additive Faktor entfernen. Kann man nun eine gleiche Wirkung der Fehlerquellen für die betrachteten Verwandten, gleiche Alterszusammensetzung usw. erreichen, so fällt auch der multiplikative Faktor fort, wenn man die beiden Differenzen durcheinander dividiert. *Der Differenzquotient von drei Erbprognoseziffern erweist sich somit als unabhängig von den Fehlerquellen der unvollständigen Manifestation und des Vorkommens nichterblicher und falsch diagnostizierter Fälle.* Diese beiden wichtigen Fehlerquellen, die die direkte Gegenüberstellung der theoretischen und empirischen Erbprognoseziffern verhindern, fallen also bei der Betrachtung dieser Funktion der Erbprognoseziffern fort".

KOLLER glaubt, daß es auf dem von ihm gezeigten Wege möglich sei, für die häufigen und praktisch wichtigen Erbkrankheiten neue Erkenntnisse über die Erbgänge zu bringen.

So wenig die Erbstatistik der Mathematik und der Hilfe der Mathematiker entraten kann, und so wichtig die Kritik der Theorie an den Ergebnissen der empirischen Forschung ist, so glaube ich doch, daß es für die Erbprognose — vorerst zum mindesten — verfrüht wäre, der theoretischen vor der empirischen den Vorrang zu geben. Die Theorie muß immer die Gegebenheiten stark vereinfachen, um zu allgemeinen Sätzen zu gelangen. Bei der Erforschung des natürlichen Geschehens ist eine solche Verallgemeinerung aber nicht immer möglich, noch von Nutzen. All unseren Schlüssen aus der Beobachtung der Naturvorgänge haftet, schon durch die Unvollkommenheit unserer Beobachtungs- und Erkenntnismöglichkeiten, ein gewisser Unsicherheitsfaktor an, der durch die Aufstellung rein theoretisch gewonnener Zahlenverhältnisse nur verschleiert wird. Es erscheint besser, zuzugeben, daß wir heute bei einigen Erbleiden — besonders in der Psychiatrie, aber auch bei anderen, körperlichen Leiden — noch nicht in der Lage sind, einen genauen Erbgang anzugeben, als aus der Prüfung der bis heute vorliegenden Zahlenverhältnisse an theoretisch gewonnenen Werten auf das Vorliegen bestimmter Erbgänge zu schließen und darauf wieder weitgehende Schlüsse aufzubauen. Wir könnten sonst in die Lage kommen, später zu erkennen, daß die Übereinstimmung mit der Theorie nur eine scheinbare war. Die Zeit der „mendelistischen" Erbforschung sollte uns eine Warnung sein! Die empirische Erbprognose, wenn sie ihre Grenzen erkennt, scheint in der Forschung, wie in der Praxis weniger Gefahren von Fehlschlüssen ausgesetzt zu sein als — jedenfalls heute noch — die theoretische Erbprognose.

Luxenburger meint zwar, daß die theoretische Erbprognose bei anderen Leiden als den psychiatrischen, z. B. bei der Taubstummheit, bessere Voraussetzungen habe. Aber selbst das erscheint mir zu günstig geurteilt, denn erstens herrscht auch bei den Trägern dieser Leiden keine Panmixie und zum anderen ist jedem Erbforscher aus der Praxis der Erbgesundheitsgerichte bekannt, daß unsere diagnostischen und genealogischen Möglichkeiten auch bei diesen Leiden nicht ausreichen, um einen — nicht unbeträchtlichen — Teil der Fälle, bezüglich der Frage ihrer erblichen oder nichterblichen Entstehung, einwandfrei zu klären. Eine neue Veröffentlichung von W. Lange (1938) rechnet sogar mit 40% der Fälle von Taubstummheit, die heute noch nicht als solche zu klären sind.

3. Zweck und Notwendigkeit.

Zweck und Notwendigkeit einer erbbiologischen Beurteilung der Nachkommenschaft ergibt sich aus Überlegungen, die sowohl vom Bereich des persönlichen als auch des öffentlichen Interesses ausgehen.

Im persönlichen Bereich sind vor allem zwei Überlegungen maßgebend. Jeder Mensch hat das Bestreben, sein eigenes Leben in einer Weise zu gestalten, die ihn frei hält von schweren Sorgen menschlicher, wirtschaftlicher und sozialer Art. Er hat weiter das Bestreben, die Menschen seiner persönlichen Umwelt, vor allem seine Familie, ebenfalls frei von Nöten solcher Art, insbesondere frei von Krankheit und Siechtum zu sehen. Um dies Ziel zu erreichen, werden z. B. vom Einzelnen nicht unbeträchtliche Beträge für Versicherungen der verschiedensten Art, sowie erhebliche Aufwendungen zur persönlichen Hygiene aufgebracht. So werden auch bei der Eheschließung im wechselnden Umfang Gesichtspunkte dieser Art berücksichtigt. Die Eltern achten meist sehr genau auf die sozialen, wirtschaftlichen und oft auch gesundheitlichen Verhältnisse der Verlobten ihrer Kinder und auf die Bedingungen, unter denen deren künftiges Leben sich abspielen wird. Ehegesundheitszeugnisse, welche allerdings nur den jeweiligen Gesundheitszustand des Partners betrafen, waren schon in den vergangenen Jahren nicht ganz selten. Die Lehre und die Erfahrung über die Erbkrankheiten werden nun in steigendem Maße mit sich bringen, daß auch die Frage nach der Erbgesundheit der eigenen Kinder ganz allgemein oder mit Beziehung auf eine bevorstehende Ehe mit einem bestimmten Partner gestellt wird. Hier wird sich die Erkenntnis auswirken, daß durch die Belastung mit erbkranken Kindern dem Einzelnen und der Familie menschlich und wirtschaftlich schwere Lasten entstehen, die vermieden oder in der Wahrscheinlichkeit des Auftretens wesentlich eingeschränkt werden können, wenn statt eines kranken oder belasteten Partners, die Ehe mit einem unbelasteten geschlossen wird.

Da, wo diese Frage noch nicht vom Einzelnen erhoben wird, wird sie vom Staate oder von Organisationen im Staate erhoben, denen gegenüber der Einzelne verpflichtet ist. Haben doch die Erfahrungen der menschlichen Erblehre und Rassenhygiene gelehrt, daß es für die Gesundheit, Kraft und Leistungsfähigkeit der Völker, wie für die wirtschaftlichen, sozialen und politischen Maßnahmen der Staaten, nicht gleichgültig sein kann, welche Erblinien sich überhaupt und welche sich besonders stark fortpflanzen. Die Zunahme krankhafter, körperlich schwacher, geistig abartiger oder sozial minderwertiger Erbstämme in den kommenden Generationen droht nicht nur direkt die Grenzen der für Zwecke der Heil- und Pflegeanstalten, der sozialen Fürsorge für Kranke, Leistungsschwache und Gefährdete festlegbaren Mittel zu sprengen, sondern läßt auch die Gefahr der Herabminderung des gesamten Leistungsstandes durch Überhandnehmen minder- und schwachbegabter oder anbrüchiger Existenzen bedrohlich erscheinen.

Diese Überlegungen, sowie die Erkenntnis, daß die Verpflichtung des Einzelnen der Gesamtheit gegenüber nicht mit der Einhaltung bloßen Staatsgehorsams abgegolten ist, führt zu einer Reihe von Forderungen der Gemeinschaft an den Einzelnen, zu denen nicht nur die „Pflicht zur Gesundheit", sondern auch die Pflicht zur Sicherung des Bestandes der Volksgemeinschaft durch Zahl und Wert der eigenen Nachkommen gehört. Die Gesetze zur Verhinderung von Rassenmischung, zur Ausschaltung Erbkranker aus der Fortpflanzungsgemeinschaft sowie bestimmte Maßnahmen zur Verhinderung unerwünschter Eheschließungen sind die Folgen solches in den einzelnen Staaten mit unterschiedlicher Konsequenz und in verschiedenem Umfang zum Leitmotiv der Staatsführung gewordenen Denkens. Ob heute in den verschiedensten Staaten Sterilisierungsgesetze bestehen oder geplant sind, ob der nationalsozialistische und faschistische Staat heute Rassenmischehen verbieten oder ob heute in Deutschland Gliederungen der NSDAP., wie z. B. die SS, die Ehegenehmigung von dem Nachweis des Nichtvorliegens bestimmter erblicher Belastung in der Verwandtschaft abhängig machen — genau so wie der Staat bestimmte Förderungsmaßnahmen an die gleichen Bedingungen knüpft —, ob schließlich für die nähere Zukunft die Einführung des schon gesetzlichen Ehetauglichkeitszeugnisses für jede zu schließende Ehe zu erwarten ist, immer wird bei der Entscheidung in diesen Fällen die erbbiologische Beurteilung der zu erwartenden Nachkommenschaft maßgeblich sein.

Die Vollkommenheit oder der Mangel an Erkenntnissen auf diesem Gebiet wird ausschlaggebend sein für Umfang, Stärke und Erfolg aller rassenhygienischen Maßnahmen, an die — zwar in verschiedenem Maße — aber grundsätzlich immer die Voraussetzung geknüpft ist, daß durch sie die erbliche Beschaffenheit der nächsten Generation sich günstiger verhalten werde als die Aussage in dieser Beziehung lauten müßte, wenn solche Maßnahmen nicht durchgeführt würden. Die Voraussage über die erbbiologische Beschaffenheit der nächsten Generation stellt somit die Schlüsselstellung von der reinen Erblehre zur Rassenhygiene dar.

Die *praktische Bewertung* der Ergebnisse der Erbvorhersage, d. h. die Entscheidung, welche Folgerungen daraus in der Praxis gezogen werden sollen, hat mit der Erbvorhersage als solcher nichts mehr zu tun, sondern gehört in das Gebiet der Rassenhygiene und Rassenpolitik. Ihre Darstellung muß daher im Rahmen dieses Handbuches unterbleiben.

II. Erbbiologische Ermittlung der Abstammung (Vaterschaftsdiagnose).

1. Aufgabe.

Die erbbiologische Ermittlung der Abstammung eines Menschen hat die Aufgabe, auf Grund erbbiologischer Erkenntnisse und mit naturwissenschaftlichen Methoden die Frage der Richtigkeit oder Unrichtigkeit der Abstammung eines oder mehrerer Kinder von solchen Personen zu prüfen, die als Erzeuger in Frage kommen. Meist wird die Frage nach Feststellung des Erzeugers gestellt, der entweder als den Umständen nach allein in Frage kommender die Vaterschaft abstreitet, oder aus einer Mehrzahl von Personen, die als den Umständen nach mögliche Väter benannt werden, zu ermitteln ist. In den meisten Fällen wird die Kindesmutter leben und der Untersuchung zugänglich sein, doch kommen auch Fälle vor, in denen die Frage nach dem Erzeuger gestellt wird, obwohl die Kindesmutter bereits gestorben ist. Sehr selten wird bei bekanntem Vater die Frage nach der Richtigkeit oder Unrichtigkeit der Erzeugerin auftauchen [1].

Fälle in denen beide Erzeuger zu ermitteln sind, etwa bei Kindesvertauschung, erscheinen heute bereits aussichtsreich zur Klärung durch den erbbiologischen Abstammungsnachweis, wenn der Kreis der beteiligten Personen nicht zu groß ist. Ebenso wird im Falle der Kindesunterschiebung die Methode nutzbringend Anwendung finden können. Aus der Literatur sind allerdings weder Mitteilungen über erstattete Gutachten, noch Anforderungen solcher bekannt.

Grundsätzlich in das Gebiet der Abstammungsermittlung eines Menschen gehören auch alle jene Fälle, in denen nicht die Frage nach der Abstammung einer Person von einem bestimmten Erzeuger, sondern von dem einen Elter des Erzeugers, also von dem personenstandsmäßigen einen Großelter — meist einem Großvater — des Probanden gestellt wird. In derartigen Fällen ist der — unbestrittene — Erzeuger oder die Erzeugerin des Probanden bereits gestorben oder aus irgendwelchen Gründen nicht erreichbar [2], und es wird nun vom Probanden geltend gemacht, daß der Erzeuger seines Elters nicht die im Personenstandsregister oder aus Gerichtsakten ermittelte Person, sondern eine andere, ihm bekannte oder unbekannte Person sei. Derartige Prüfungen sind in Deutschland von besonderer Bedeutung, weil sie in bestimmten Fällen für die Entscheidung mit herangezogen werden, ob eine Person deutschen oder artverwandten Blutes im Sinne der Nürnberger Gesetze vom 15. 9. 35 bzw. der ersten Verordnung zum Reichsbürgergesetz vom 14. 11. 35 ist.

Die Tatsache, daß in Deutschland im weitesten Umfange der Nachweis der Abstammung entsprechend den Nürnberger Gesetzen erbracht werden muß, bringt es wieder mit sich, daß in einer Reihe von Fällen, in denen wegen Mehrverkehrs der Mutter früher aus bürgerlich-rechtlichen Gründen die Feststellung der Vaterschaft unterblieb, heute — unabhängig vom bürgerlichen Rechtsstreit — die Feststellung der blutsmäßigen Vaterschaft auf dem Verwaltungs- oder Klagewege nachgeholt wird. Dadurch sind nicht ganz selten Gutachten zu erstatten, in denen die „Kinder" bereits erwachsen sind. Im erbbiologischen Abstammungsnachweis steht also nicht immer ein Kind Erwachsenen in mittleren Jahren gegenüber, sondern es sind auch Erwachsene oder Kinder mit älteren oder alten Leuten zu vergleichen.

Es ist klar, daß dadurch eine Fülle von Aufgaben an die „Erbnormalbiologie" (J. WENINGER) und an die reine Merkmalskunde, die bis vor kurzem nur sehr bedingten und theoretischen Wert zu haben schien, herantreten. Ich erinnere an das Problem des Alterswandels physiognomischer Merkmale, die Verteilung der Merkmale in den einzelnen Altersstufen, die Häufigkeitsverteilung nach geographischen Gebieten und soziologischen Gruppen, wie überhaupt das Problem der Zeugungskreise u. a.

---

[1] Doch ist dem Verfasser ein solcher Fall bekannt, in dem ein Mann zur Anzweiflung seiner Abstammung von einer jüdischen Mutter die Behauptung aufstellte, daß seine Erzeugerin nicht die legitime Frau seines Vaters gewesen sei, sondern eine andere weibliche Person, mit der sein Vater Geschlechtsverkehr unterhalten habe. Diese Frau habe in der Fremdenpension seiner Eltern gelebt, habe dort entbunden und — um einen Skandal zu vermeiden, und da die Eheleute kinderlos waren — sei auf dem Standesamt nicht die Erzeugerin, sondern die Ehefrau des Vaters als Mutter angegeben worden. Eine solche Täuschung des Standesamtes, die sich um die Jahrhundertwende in einer Weltstadt zugetragen haben soll, ist tatsächlich möglich. Dieser Fall ist nicht gerichtskundig geworden, da eine Mitwisserin — eine alte Frau — den betreffenden Mann abgehalten hat, den Fall gerichtlich nachprüfen zu lassen aus Furcht vor — übrigens längst verjährter — Strafe.

[2] Würden die betreffenden Personen leben oder erreichbar sein, so würde es sich nur um einen einfachen Vaterschaftsnachweis handeln.

2. Grundsätze.

In all den vorstehend genannten und ähnlichen Fällen soll — wie WENINGER (1935) sagte — „aus naturwissenschaftlich erfaßbaren Eigenschaften mehrerer Personen die Verwandtschaft, d. h. die Angehörigkeit zu einem engeren Zeugungskreis erkannt werden".

Die Methode, nach der dies geschieht, baut auf der Erfahrung auf, daß verwandte Menschen in körperlichen (und geistigen) Merkmalen häufiger übereinstimmen oder große Ähnlichkeit aufweisen als nichtverwandte Menschen. Die moderne Vererbungslehre hat gezeigt, daß diese Ähnlichkeit oder Übereinstimmung zwischen verwandten Menschen nicht willkürlich oder allein durch äußere Faktoren bedingt ist, sondern auf innerer, erblicher Ursache beruht, und daß die Ähnlichkeit durchschnittlich um so größer ist und Übereinstimmung in um so mehr Merkmalen sich findet, je näher blutsverwandt zwei Menschen sind. Bei erbgleichen Menschen (erbgleichen Zwillingen) finden sich die größte Ähnlichkeit und häufigste Merkmalsübereinstimmung.

Während auf der einen Seite die Zwillingsforschung durch den Ähnlichkeitsbefund bei erbgleichen und erbungleichen Zwillingen Rückschlüsse auf Erblichkeit oder Nichterblichkeit bisher in ihrer Entstehungsursache unbekannter Merkmale lieferte, hat die Familienforschung, d. h. die Verfolgung bestimmter Merkmale durch die Breite und Tiefe der Generationen, gezeigt, daß es Merkmale gibt, die bezüglich des Wiederauftretens oder Nichtwiederauftretens den aus dem Experiment bekannten MENDELschen Regeln folgen. In diesen Fällen ist es dann möglich — falls Umwelts-, Alters- und Geschlechtsvariabilität oder Manifestationsschwankungen keine störenden Einflüsse geltend machen können— aus dem erhobenen Befund in einer Reihe von Fällen Schlüsse auf die Erbformel zu ziehen und damit über die Möglichkeit oder Unmöglichkeit der Vaterschaft einer bestimmten Person zu direkten Aussagen zu gelangen. Gerade der letzteren Tatsache, daß sie nicht umwelts-, alters- und geschlechtslabil sind, verdanken die Blutgruppen ihre frühzeitige Heranziehung zur Vaterschaftsbestimmung.

Schon frühzeitig aber haben FETSCHER (1925) und RECHE (1926) darauf hingewiesen, daß es aussichtsreich erscheine, neben den Blutgruppen, die allein nur in einer beschränkten Zahl von Fällen ein verwertbares Ergebnis im Sinne des Ausschlusses einer Vaterschaft liefern können, auch noch andere erbliche Merkmale zur Vaterschaftsbestimmung heranzuziehen. FETSCHER führte mehr krankhafte Eigenschaften und seltene Abnormitäten auf, denkt aber auch an normale Merkmale, wie Fingerleistenmuster, während RECHE stärker die normalen Merkmale — der Pigmentierung, der Kopf- und Gesichtsform, Gestalt des Ohres usw. — hervorhebt und erst in zweiter Linie an erbliche Abnormitäten denkt. Von RECHE, wie von J. WENINGER und O. v. VERSCHUER, sind dann auch die ersten erbbiologischen Vaterschaftsgutachten erstattet worden. Das Wiener und Dahlemer Anthropologische Institut sind es auch gewesen, die neben der Sammlung der ersten großen praktischen Erfahrungen die Voraussetzungen für die weitere Ausgestaltung der Methode schufen. Denn wohl war mit der Veröffentlichung RECHEs — wie GEYER (1938) schreibt — „im großen und ganzen bereits der Entwurf für alle späteren Formen des anthropologischen Gutachtens gegeben", noch aber war bis zu der heute bei erfahrenen Untersuchern geübten weitgehend spezialisierten Methodik ein weiter Weg.

Man kann rein verfahrensmäßig — nicht grundsätzlich — zwei Teile der Untersuchung unterscheiden:

1. die Untersuchung der serologischen Erbmerkmale,
2. die erbbiologische Gesamtuntersuchung.

Durch die erstere Gruppe von serologischen Merkmalen ist es oft möglich (durch Blutgruppen und Blutfaktoren in etwa einem Drittel aller Falschbeschuldigungen) bereits den Ausschluß eines zu Unrecht beschuldigten Mannes auf eine verhältnismäßig einfache, für die Beteiligten wenig umständliche und nicht teuere Weise herbeizuführen, so daß sich die Heranziehung weiterer Untersuchungsmethoden zur Klärung der Vaterschaft erübrigt. Gelingt das nicht, dann muß durch die erbbiologische Gesamtuntersuchung, also auch unter Einbeziehung der serologischen Befunde, versucht werden, zu einer Aussage über die Wahrscheinlichkeit oder Unwahrscheinlichkeit der Vaterschaft des Betreffenden zu gelangen.

Der Weg ist dann grundsätzlich so, daß Merkmal für Merkmal zwischen den Beteiligten verglichen und für diese Merkmale (am besten gruppenweise zusammengefaßt) angegeben wird, in welchem Grade die erhobenen Befunde nach unserem heutigen erbbiologischen Wissen zu werten sind. Einzelheiten sind aus den folgenden Ausführungen zu entnehmen.

Im folgenden sind die serologischen Merkmale nicht gesondert, sondern im Rahmen der Merkmalsgruppen — allerdings entsprechend ihrer Bedeutung erheblich umfänglicher — behandelt.

Über das *Alter*, in dem frühestens die Untersuchung eines Kindes vorgenommen werden kann, hat das Deutsche Institut für Jugendhilfe eine in seinem „Rundbriefe", 14. Jahrg., 1938, S. 124/125 veröffentlichte Umfrage bei den in der A.V. des R.J.M. vom 27. 3. 36 (s. später S. 355, Anm. 1) genannten Institute veröffentlicht. Diese Umfrage ergab, daß die betreffenden Institute mit kleinen Abweichungen nach oben vor Ablauf des ersten Lebensjahres keine Gutachten erstatten. Allgemein wird betont, daß die Erfolgsaussichten um so größer werden je älter das Kind ist.

Die praktisch wichtige Frage, ob eine Untersuchung aller Beteiligten durch denselben Untersucher erforderlich sei, oder ob es auch genüge, daß ein fremdes Institut bei einer beteiligten Person den Befund erhebe und diesen dann dem begutachtenden Institut zur weiteren Bearbeitung zuleite, ist aus eigener Erfahrung und Kenntnis der Stellungnahme anderer Gutachter dahin zu beantworten, daß — falls irgend möglich — alle Beteiligten von demselben Untersucher untersucht werden sollten. Nur so ist eine einheitliche Beurteilung möglich. Oft weist ein Befund bei einer untersuchten Person erst auf ein Merkmal auch beim Kinde hin oder umgekehrt, das man vorher zunächst übersehen hatte. Deshalb ist möglichst anzustreben, daß die Beteiligten zur gleichen Zeit von demselben Gutachter untersucht werden und nicht zu verschiedenen Zeiten. Es empfiehlt sich auch dringend, falls es nicht von vornherein möglich ist, nach Erhebung der Einzelbefunde alle Beteiligten zusammen nebeneinander nochmals sich gegenüberzustellen und die erhobenen Befunde erneut untereinander zu vergleichen. Diese allgemeine Gegenüberstellung hat schon mehrfach — wie die eigene Erfahrung gezeigt hat — sehr wichtige Hinweise auf die Abstammung gegeben. Nur in einer solchen Gegenüberstellung ist es auch möglich, das Gesamtbild — unabhängig von den bereits erhobenen Einzelmerkmalen — auf sich wirken zu lassen und richtig zu deuten.

3. Methodik.

a) Gesichtspunkte für die Auswahl der zu verwendenden Merkmale.

Grundsätzlich ist jedes Merkmal geeignet, dessen Erblichkeit feststeht und das

1. deutlich bestimmbar ist;
2. frei ist von wesentlichen Umweltsschwankungen;

3. keinen wesentlichen Altersschwankungen unterliegt oder dessen Schwankungen abschätzbar sind;

4. keine Geschlechtsunterschiede im Auftreten oder in der Ausprägung aufweist, die nicht abschätzbar sind.

Auf Einzelheiten soll bei den Merkmalen selber hingewiesen werden. Die Kenntnis des genauen Erbgangs eines Merkmals ist nicht unbedingt erforderlich, falls die Häufigkeit desselben in der Bevölkerung bekannt oder abschätzbar ist.

Gelegentlich glaubt man, daß die Vaterschaftsuntersuchung gerade auf solchen Merkmalen aufbaue, die in der Bevölkerung selten sind. Diese Ansicht ist irrig, denn bei solchen Merkmalen ist es außerordentlich unwahrscheinlich, daß sie bei den zur Untersuchung stehenden Personen angetroffen werden, noch dazu in einer solchen Verteilung auf die Personen, daß daraus Schlüsse gezogen werden können. Andererseits hat die Einbeziehung sehr häufiger Merkmale deshalb keinen Sinn, weil dann die Beweiskraft der Ähnlichkeit sehr gering werden kann. Sie würde praktisch gleich Null werden, wenn der weitaus größte Teil der Bevölkerung die gleichen Merkmale ebenfalls aufwiese. Der Anwendungsbereich des Merkmals „dunkle Augen" wird in Südeuropa ein ganz anderer sein, als etwa in Schleswig-Holstein oder in Ostpreußen. Ähnliches gilt auch für die Merkmale der Haare und der Nase.

Genaueres werden wir hierüber erst aussagen können, wenn wir genügend Häufigkeitsuntersuchungen über das Vorkommen bestimmter Erbmerkmale in den einzelnen Gebieten haben. Bis jetzt sind wir in dieser Beziehung noch völlig in den Anfängen. Die einzelnen Untersucher überblicken auf Grund ihrer rassen- und familienkundlichen Untersuchungen einigermaßen eindrucksmäßig die Häufigkeit bestimmter Merkmale in ihrem Arbeitsbereich, ohne daß schon größere Ermittlungen über nach Alter und Geschlecht getrennte Häufigkeitsreihen bestimmter Merkmale vorliegen. Sich über diesen Zustand hinwegzutäuschen wäre unrichtig. Es ist überhaupt die Frage aufzuwerfen, ob wir jemals die ideale Forderung werden erfüllen können, die Häufigkeitsverteilung eines Merkmals in der Bevölkerung eines größeren Gebietes zu übersehen. Denkbar ist es, wenn man sich mit einem Querschnitt von bestimmten Altersstufen begnügen und von da aus auf Grund von Erhebungen über die Altersvariabilität Berichtungen über die einzelnen Altersstufen vornehmen würde. Aber auch dann würde die Frage zu erheben sein:

1. Entspricht die Berichtigung den wirklichen Verhältnissen in den Altersstufen?

2. Wie lange haben die erhobenen Befunde Gültigkeit, da sich ja gerade heute durch die weitgehenden Wanderungs- und Umsiedlungsvorgänge das Erbgefüge der einzelnen Bezirke weitgehend ändert.

Immerhin würde eine solche Erhebung ermöglichen, die augenblickliche Häufigkeit bestimmter Merkmale wenigstens für einige räumliche Lebensgemeinschaften und Altersstufen festzulegen, die dann Unterlagen für Berechnungen abgeben könnten, wie sie neuerdings von Essen-Möller (1938) und von E. Geyer (1938) durchgeführt wurden.

Daß es bisher überhaupt möglich war, in erbbiologischen Abstammungsnachweisen befriedigende Ergebnisse zu erzielen, besonders aber ernste Fehlschläge zu vermeiden, beruht wohl in erster Linie darauf, daß die Gutachter bereits über eine genügende Erfahrung verfügten, um den Häufigkeitswert bestimmter, zur Schlußfolgerung herangezogener Merkmale abschätzen zu können und daß — wie E. Geyer (1938) für das Wiener Material auch zahlenmäßig dartut — die Gutachter eher etwas zu vorsichtig waren.

So lassen sich allgemein gültige Angaben, welche Merkmale besonders erfolgversprechend sind, nicht machen. Die Wahl der Merkmale hängt ab vom Stande der Technik und Erfahrung des Untersuchers sowie besonders auch von der rassischen Zusammensetzung der Bevölkerung. In einer rassisch einheitlichen und relativ ingezüchteten Bevölkerung werden eine ganze Reihe von Merkmalen, die in einer stark durchmischten Bevölkerung zum Erfolg geführt haben, nicht anwendbar sein, weil sie entweder sich bei keinem der Beteiligten finden oder andere wieder so häufig sind, daß aus ihrem Vorhandensein keine tragbaren Schlüsse gezogen werden können. Auf die besonderen Schwierigkeiten, die bezüglich der Schlußfolgerungen dann entstehen können, wenn zwei Eventualväter aus dem gleichen Engzuchts- oder Inzuchtsgebiet stammen, oder womöglich gar miteinander verwandt sind, sei nur kurz hingewiesen[1].

Überhaupt wird man der Erscheinung der Merkmalshäufung in mehr ländlichen Gebieten besondere Beachtung schenken müssen, wenn man nicht Trugschlüssen erliegen will. Selbst in der Nähe von Großstädten haben wir mit stark ingezüchteten räumlichen Lebensgemeinschaften zu rechnen, in denen sich Merkmalshäufungen — wie z. B. Matthée 1938 für Handleistenmuster nachwies — finden, die zu denken geben, ob überhaupt erbprognostische Schlüsse, wie auch Schlüsse im Abstammungsnachweis, die auf Merkmalshäufigkeiten in der sog. Durchschnittsbevölkerung rechnerisch aufbauen, im Einzelfall von Wert sind. Gelegentlich wird man nicht umhin können, die Häufigkeit eines oder mehrerer Merkmale in der Bevölkerungsgruppe, aus der die Probanden stammen, durch besondere Untersuchungen zu überprüfen.

Auf jeden Fall ist aber zu warnen, Häufigkeitswerte, die andere Autoren für andere Gebiete gefunden haben, einfach zu übernehmen und darauf etwa Berechnungen aufzubauen. Als Beispiel sei das crus cymbae (Quelprud, 1934a) — ein Kamm in der Concha des Ohres — erwähnt, das nach den Erhebungen von Quelprud an einer oberhessischen Dorfbevölkerung dort bei Männern und Frauen in etwa 6 v. H. vorkommt, das wir aber bisher in Ostpreußen überhaupt noch nicht angetroffen haben, obwohl wir stets darauf achteten und ich vor kurzem besonders daraufhin 580 junge Männer durchmusterte. Es scheint, daß auch in jener Dorfbevölkerung, die Quelprud untersuchte, durch Inzucht Merkmalshäufung hervorgerufen wurde, wie wir sie für Handleistenmuster in der Nähe Königsbergs fanden.

b) Die Merkmalsgruppen.

In folgendem sollen, nach bestimmten Gruppen geordnet, die wesentlichsten Merkmale mitgeteilt werden, die sich in der praktischen Verwendung als brauchbar erwiesen haben[2]. Zu Einzelheiten über Erbgang, Alterswandel usw. kritisch Stellung zu nehmen, würde den Rahmen dieses Beitrages zur Anwendung der menschlichen Erbbiologie sprengen. Das gleiche gilt für die Merkmalsbeschreibung und die Methodik ihrer Bestimmung. Ich werde deshalb nur an solchen Stellen zu bestimmten Fragen der genannten Art kritisch Stellung nehmen, an denen es mir besonders wichtig erscheint.

Es sei deshalb an dieser Stelle ausdrücklich auf die Beiträge von J. Weninger: „Anthropologische Methoden", W. Abel: „Physiognomik und Mimik", „Die Erbanlagen der Papillarmuster", A. Vogt und H. Wagner: „Die Erbanlagen des menschlichen Auges" sowie von O. Thomsen: „Die Vererbung der Blutgruppen beim Menschen" verwiesen.

Auch bezüglich der Literatur sind hier nur solche Arbeiten angeführt, die entweder unter Gesichtspunkten der Vaterschaftsbestimmung geschrieben wurden oder mit dem Thema

---

[1] Im Falle der engsten denkbaren Verwandtschaft zweier als Erzeuger in Frage kommender Personen, bei eineiigen Zwillingen, schaltet der erbbiologische Vaterschaftsnachweis aus diesem Grunde von vornherein als unbrauchbar aus.

[2] Ich verdanke Herrn Professor J. Weninger und seinen Mitarbeitern manche Anregung, die sie mir aus ihrer reichen Erfahrung während eines zweitägigen Besuches in Wien im Jahre 1935 haben zukommen lassen. Ich möchte nicht verfehlen, ihnen meinen Dank an dieser Stelle abzustatten.

insoweit in näherer Berührung stehen als sie zur Ausgestaltung der besonderen Methode beigetragen haben oder zur Einarbeitung wichtig erscheinen. Besonders sei auf die Arbeiten von W. ABEL 1935 „Die Vererbung von Antlitz und Kopfform des Menschen", W. SCHEIDT 1931 „Physiognomische Studien an niedersächsischer und oberschwäbischer Landbevölkerung" und O. VON VERSCHUER 1931: „Ergebnisse der Zwillingsforschung", sowie auf die mehrfachen, im Zusammenhang aufgeführten Arbeiten von E. GEYER, QUELPRUD und J. WENINGER verwiesen.

α) Kopf- und Gesichtsform

erfordern die Feststellung und Bewertung folgender Merkmale:

Kopflänge (M)[1] und Lage derselben,
Kopfbreite (M) und Lage derselben,
Ohrhöhe des Kopfes (M),
Längen-Breiten-Index,
Längen-Höhen-Index,
Breiten-Höhen-Index [2].

Über den von ROUTIL (1932) angegebenen Harmoniekoeffizienten $\frac{L \times H}{B \times B}$, der von der Wiener Schule im Zusammenhang mit einer von ROUTIL noch nicht veröffentlichten Korrektur des kindlichen Koeffizienten angewandt wird, haben wir keine Erfahrung.

Ferner erscheint wichtig:

die Form des Kopfes von oben,
die Form des Kopfes in der Vorderansicht,
die Form der Scheitellinie in Seitenansicht (Länge, Art der Wölbung, Lage der höchsten Erhebung),
die Form des Hinterhauptes in Seitenansicht (Stärke und Form der Vorwölbung, Lage derselben),
die Form des Kopfes von hinten, sowie
Besonderheiten (Asymmetrie, Parietalhöcker usw.).

Bei der Stirn ist zu beachten:

Stellung,
sagittale Krümmung,
horizontale Krümmung,
Stirnhöcker,
kleinste Stirnbreite (M),
Höhe der Stirn,
unterer Abschluß gegenüber der Glabella und
Augenhöhle.

Bei den Stirnmerkmalen ist zu beachten, daß sie besonders Alters- und Geschlechtsunterschiede aufweisen. Trotzdem ist es möglich, die Form der Stirn mit einiger Vorsicht auch schon bei älteren Kindern miteinzubeziehen.

β) Das Gesicht als Ganzes.

Für die Merkmale des Gesichts gilt das von den Merkmalen der Stirn Gesagte, insbesondere bezüglich der Altersschwankungen, doch ist es bereits auch bei kleinen Kindern gelegentlich schon möglich, recht eindrucksvolle Hinweise auch aus den Merkmalen des Gesichts zu gewinnen. Dabei scheinen weniger die meßbaren Merkmale (wie morphologische Gesichtshöhe, Kieferwinkelbreite und Jochbogenbreite) von Bedeutung, als die Gesamtform des Gesichts, insbesondere das Verhältnis der einzelnen Teile des Gesichts (Ober-, Mittel- und Untergesicht), sowie auch der Verlauf der Gesichtsseitenlinien.

---

[1] Ein hinter ein Merkmal in Klammern gesetztes großes lateinisches M bedeutet, daß das Merkmal gemessen wird.
[2] Bei Verwendung der Indices ist größte Vorsicht angebracht. Wir haben wegen ihrer Vieldeutigkeit bisher nur wenig brauchbare Ergebnisse erzielt und dann meist nur bei Erwachsenen.

γ) *Haare.*

Das Haar bietet zahlreiche und nicht unwichtige Merkmale: Farbe, Form, Dichte und Dicke des Kopfhaares, der Wimpern und der Brauen[1], geben oft eindrucksvolle Hinweise. Bei den Brauen empfiehlt es sich, insbesondere bezüglich der Dichte und der Wuchsrichtung den Braunkopf, die Mitte und den Außenteil getrennt zu beachten.

In der Mitte und im Außenteil lassen sich aus der Art des Übergreifens der Brauen, sowohl auf den Oberlidraum, als auch auf die Stirn (dort z. B. in breiter Front oder als Zipfel) wichtige Schlüsse ziehen, ebenso wie am Brauenkopf sich in der Stärke und in der Form des Gegenstrichs (Pinselstrichs) oft recht kennzeichnende Bildungen finden, auf deren starke Erbbedingtheit auch schon W. Abel (1935) und v. Verschuer (1931) hingewiesen haben und die auch schon beim Kleinkind Berücksichtigung verdienen. Ebenfalls ist auf die Stärke und die Art der Behaarung in der Glabellagegend wie der Nasenwurzel zu achten. Das Übergreifen der Brauenbehaarung auf die Glabella (sog. Räzel) gibt auch beim Kleinkind schon wichtige Anhaltspunkte, vor allem in Gegenden, in denen das Räzel seltener vorkommt, als in Süddeutschland.

Der Strich der Brauenhaare im Außenteil zeigt oft typische Unterschiede. Mit Vorsicht und aus Erfahrung lassen sich aus den Haargrenzen an Stirn, Schläfe und Nacken, sowie aus der Flaumbehaarung der Stirn und der Zeichnung des Nackenhaarstrichs[2] gelegentlich wichtige Schlüsse ziehen. Sie sind vor allem auch schon bei kleinen Kindern gut zu beobachten. Schwierigkeiten entstehen insbesondere bezüglich des Stirnhaarstrichs leider oft dadurch, daß bei älteren Personen die Stirnhaut schon stark atrophisch ist, so daß sich der Haarstrich dort nicht mehr einwandfrei feststellen läßt. An Besonderheiten finden sich neben der erwähnten Zipfelbildung der Brauen an den Wimpern gelegentlich ein überzähliger Saum auf dem Oberlid sowie ein kleines Wimpernbündel am inneren Lidwinkel. In der Bewertung der Lage und Drehungsrichtung der Scheitelwirbel sind wir sehr zurückhaltend, nicht nur daß sie bei Frauen oft nicht sicher festzustellen sind, ist auch ihre Erblichkeit nach den Zwillingsuntersuchungen von Nehse 1936 fraglich. Auch Stirnwirbel werden offensichtlich so stark von Umwelteinflüssen beherrscht, daß sie nur mit größterVorsicht zu werten sind.

δ) *Weichteile der Augengegend.*

Hierbei ist zu achten auf Richtung und Öffnung der Lidspalte sowie die Höhe des Oberlidraums. Bei den Lidfalten empfiehlt es sich, nicht so sehr auf kleine Einzelheiten zu achten (wie die Höhe und Lage derselben auf dem Oberlid, einfaches oder mehrfaches Vorhandensein, Lage der einzelnen Falten zueinander und deren Stärke), als vielmehr die Gesamtbildungstendenz zu berücksichtigen, wie z. B. die Neigung zur Faltenlosigkeit oder andererseits zur schweren Faltenbildung, oder ob die Falten sich über das ganze Lid oder nur über dessen lateralen Teil ausbreiten, auch die Beziehungen der Falten zum sichtbaren Lidrand erscheinen wichtig.

Trotzdem können selbstverständlich die vorgenannten Einzelheiten gelegentlich wichtige Schlüsse zulassen. Auffallende Besonderheiten im Lidschnitt, z. B. am inneren Augenwinkel sind gelegentlich recht eindrucksvolle Hinweise, ebenso wie das Vorkommen einer medialen oder lateralen Augenfalte, deren Fehlen jedoch nicht gegen die Vaterschaft spricht.

Einzelheiten über Weichteile der Augengegend: J. Weninger (1926, 1927, 1932), R. Routil (1933), W. Scheidt (1931).

---

[1] Bei Erwachsenen auch des Körperhaares und seine Anordnung.
[2] Eine eingehende Bearbeitung beider Merkmale ist in meinem Institut vorbereitet.

Auch auf die Lage des Augapfels in der Augenhöhle und den Gesamtausdruck der Augengegend ist zu achten.

Die Interorbitalbreite wird bei den Nasenmerkmalen berücksichtigt.

ε) Die Regenbogenhaut des Auges.

J. WENINGER (1934) verdanken wir eine eingehende Studie über Irisstruktur und Vererbung. Seine grundlegenden Untersuchungen über die Merkmale der Regenbogenhaut ermöglichen heute schon die Einbeziehung einer ganzen Reihe von Augenmerkmalen.

Die Untersuchung geschieht mit der ZEISSschen Hammerlampe und Lupe, sowie mit der ZEISSschen Raumbildkamera. Die Untersuchung erfordert einige Übung in der Beurteilung der Befunde; zur Bewertung ist eingehende Erfahrung nötig.

Bezüglich der Einzelheiten muß auf die Arbeit von WENINGER verwiesen werden. Folgende Merkmale lassen sich erheben und verwenden:

Form des kegelartigen Reliefs der Iris,
Grad der Durchsichtigkeit des Gewebes der vorderen Grenzschicht,
Vorhandensein und Stärke der strahlenartigen Radiärfalten,
Erhaltungsgrad der vorderen Grenzschicht,
Form und Breite der Innenzone,
Höhe des Iriskrausenreliefs, sowie dessen Form, Verlauf (ob unterbrochen oder nicht) und sein Abstand von der Pupille,
Sichtbarkeit des Sphincterbandes,
Vorhandensein, Zahl und Stärke von Naevi,
Vorhandensein von Kontraktionsfurchen (Zahl und Abstand),
Sichtbarkeit und Struktur der unter der Grenzschicht liegenden Gefäßschicht,
Pigmentierung der Innenzone und der Außenzone,
Vorhandensein von Irisknoten und sonstigen Besonderheiten.

Die allgemeine Augenfarbe wird daneben noch in der üblichen Weise bestimmt. Auf eine 1938 erschienene wichtige Arbeit von ESKELUND über die Irisstruktur kann hier nur verwiesen werden.

ζ) Äußere Nase.

Zahlreich sind die Merkmale der äußeren Nase, die in die Beobachtung einbezogen werden:

Nasenhöhe (M),
Nasenbreite (M),
Nasenwurzel, bezüglich Höhe, Breite und Einziehung,
Nasenrücken, im ganzen beurteilt nach Höhe, Breite, Länge, Form in Vorderansicht und Profil,
Nasensattel,
Nasenspitze, nach Breite, Form von vorn, Stellung im Profil,
Septum nach Richtung, seitlicher Bedeckung, Stellung zur Hautoberlippe,
Nasenflügel, nach Höhe, oberer Begrenzung (Sulcus alaris) und Form der unteren Begrenzung,
Nasenboden, und zwar in seinen einzelnen Teilen beurteilt, wie z. B.:
Breite (M),
Krümmung der Basis,
Tiefe (M) und Breite (M) des Steges und das Verhältnis der Stegtiefe zur Nasentiefe und das Verhältnis der Stegbreite zur Nasenbodenbreite sowie das
Vorhandensein einer Deviation,
Nasenspitze: Fleischigkeit, Form, Stellung zum Nasenboden,
Nasenflügel, nach Krümmung, Lage der größten Breite, Dicke und Beweglichkeit,
Nasenlöcher, nach Form (im Zusammenhang mit der Flügelkrümmung zu beurteilen),
Winkelstellung der Lochflächen wie der Lochachsen,
Besonderheiten des Nasenbodens, wie z. B. wallartige Abgrenzungen gegen die Hautoberlippe; schließlich ist auf besondere hervorstehende Ähnlichkeiten von Fall zu Fall zu achten.

Bezüglich der gerade bei der Nase zu berücksichtigenden Alters- und Geschlechtsunterschiede sei auf die sehr eingehende Bearbeitung von ABEL (1935) verwiesen. Es sei aber darauf hingewiesen, daß trotz der Altersvariabilität der Nase sich schon beim kleinen Kind recht wichtige Schlüsse auf die endgültig zu erwartende Nasenform des Kindes und damit bezüglich der Abstammung machen lassen, wie auch die Familienuntersuchungen von Geyer (1934) ergeben haben. Es sei hervorgehoben, daß trotz guter Lichtbilder von vorn, von der Seite und der Ebene des Nasenbodens eine eingehende Beschreibung und Festlegung der Merkmale bei der Untersuchung bereits beim Lebenden notwendig ist, weil bei der Beurteilung allein aus dem Lichtbilde manche Befunde mehrdeutig sind.

η) Weichteile der Mund- und Kinngegend.

Hierbei ist zu beachten:

Mund. Die Mundbildung im ganzen sowie die Länge und Breite der Mundspalte (M), Stellung der Mundwinkel und die allgemeine Form des Mundes.

Lippen. Von den Lippen selber scheint wichtig: die Höhe, die Form und die Dicke der Hautoberlippe, die Ausbildung des Philtrums sowie die Höhe (M), Form und Fülle der Schleimhautoberlippe.

Die gleichen Merkmale bis auf die Ausbildung des Philtrums sind auch für die Unterlippe beachtenswert. Für Oberlippe, wie Unterlippe ist die Begrenzung des Lippenrots von Wichtigkeit, bei der gelegentlich die Andeutung eines Lippensaums sich findet.

Als Besonderheiten haben sich wichtig erwiesen die Beachtung einer kleinen queren Delle unterhalb der Schleimhautunterlippe und eines kleinen Walles der Hautunterlippe.

Kinn. Das Kinn bietet Anhaltspunkte nach Höhe, Breite, Rundung und Stärke der Ausbildung, die schon bei kleinen Kindern recht eindrucksvolle Hinweise geben kann.

ϑ) Äußeres Ohr.

Den eingehenden Untersuchungen zur Merkmalsbestimmung und über die Erblichkeit der Merkmale am äußeren Ohr von Quelprud (1932a—c, 1934a und b, 1935) und Geyer (1926, 1928, 1932, 1934, 1935, 1936) verdanken wir es, daß gerade das äußere Ohr für die Bestimmung der Vaterschaft uns heute eine Anzahl wichtiger Hinweise liefert. Auch hier gilt in besonderem Maße das bei den Merkmalen der Nase Gesagte: Eingehende Betrachtung, Beschreibung und Vergleich bei der Untersuchung am Lebenden. Die Aufnahmen, selbst wenn sie parallel zur Ohrfläche gemacht werden (was bei manchen Ohren nur unvollkommen möglich ist), sind allein, d. h. ohne genaueste Aufzeichnungen, oft nicht zu deuten. Falls möglich, empfiehlt es sich, beim Ohr Raumbildaufnahmen zu verwenden! Stets sind beide Ohren zu beobachten, zu protokollieren und zu messen, da Rechts-Links-Verschiedenheiten recht häufig sind. Man vergesse nicht — was auch Geyer betont —, die Ohren von hinten zu betrachten und gegebenenfalls aufzunehmen. Besonders das Verhältnis des Ohrabstandes vom Kopf kommt in der Ansicht von hinten oft kennzeichnend zum Ausdruck.

Folgende Merkmale erscheinen wichtig:

Physiognomische Ohrlänge und -breite (M),
Länge des Ohrläppchens (M),
Insertionswinkel zur Ohraugenebene,
Richtung der Incisura intertragica zur Ohraugenebene,
Abstand des oberen Ohres vom Kopf (oberer Ohrabstand nach Quelprud),
Helix: Art ihres Beginns in der Concha, Verlauf, Einrollung (getrennt nach Helix oberhalb der Tierohrspitze und unterhalb derselben (Cauda helicis) (Geyer, 1936), Darwinsches Höckerchen,
Anthelix: Beginn in bezug auf den Antitragus, Verlauf, Höhe, Wölbung, Crus superius et inferius, Fossa triangularis,
Scapha: Tiefe, Verlauf ins Ohrläppchen (M),
Tragus: Größe, Neigung, Zweihöckerigkeit,
Antitragus: Größe, Neigung,
Incisura intertragica: Form und Begrenzung,
Lobulus: Form, Verwachsungsgrad, Dicke,

Besonderheiten: z. B. Höcker im aufsteigenden Helixschenkel, Knorpelhöcker oder First auf der Conchawölbung hinten in der Mulde des Ansatzes, Crus cymbae in der Concha (dominant mit Manifestationsschwankungen [QUELPRUD, 1935]), Fistula auris congenita.

Bezüglich einer Reihe von Merkmalen sind Alters- und Geschlechtsunterschiede zu beachten, so im Einrollungsgrad der Helix, dem DARWINschen Höckerchen, Zweihöckerigkeit des Tragus, Form und Verwachsungsgrad des Lobulus. Es sei ausdrücklich auf die Arbeiten von QUELPRUD und GEYER verwiesen, sowie auf den Beitrag von ABEL in diesem Handbuch.

ι) Zähne.

Über die Verwertbarkeit von Zahn- und Gebißmerkmalen im Vaterschaftsprozeß besitzen wir keine eigenen Erfahrungen. Auch J. WENINGER (1935) berichtet, daß die Zähne nach seiner Beobachtung nur selten Gelegenheit gaben, in die Untersuchung mit einbezogen zu werden. Das liegt einerseits daran, daß die Säuglinge noch keine Zähne aufweisen, das Milchgebiß mit dem Dauergebiß nur bedingt vergleichbar ist, und, falls die Kinder älter sind, bei den Erwachsenen zum Teil bereits die Zähne fehlen. Immerhin liegt eine Reihe von wichtigen Beobachtungen über die Erblichkeit von Zahnmerkmalen vor, wie Zahnfarbe (KORKHAUS, 1930a), überzählige Incisivi (RITTER, 1937), Fehlen oder auch kümmerliche Ausbildung der I_2 im Oberkiefer (THOMAS, 1926, KORKHAUS, 1929 und RITTER, 1937), ein Merkmal, das sich offensichtlich dominant vererbt, wie auch das CARABELLIsche Höckerchen (KORKHAUS, 1930b, v. VERSCHUER, 1931, RITTER, 1937) und meist auch das Trema (M. WENINGER, 1933, RITTER, 1937). Ferner sind erblich Stellungsanomalien der Zähne, bzw. die Ursachen dafür: Disharmonie zwischen Kiefer und Zahngröße (KORKHAUS, 1930c, ABEL 1933, RITTER, 1937). Man wird also in geeigneten Fällen auch die Zahnmerkmale mit Vorsicht zur Beurteilung heranziehen können.

κ) Hände und Füße.

Die Wiener Schule richtet — wie J. WENINGER (1935) mitteilt — das Hauptaugenmerk bei Händen und Füßen auf die Beobachtung und Beschreibung, weniger auf Messung. Bei den Fingern haben sich Länge und Breite, sowie Längs- und Querform als wichtig erwiesen. An den Nägeln haben sich bestimmte Formen als familiär gehäuft erwiesen, wie z. B. lange und schmale Nägel mit starker Längs- und Querkrümmung, wobei die größte Breite in der Mitte liegt. Ebenfalls familiär gehäuft treten seltene Bildungen der Nagelgesamtform auf, wie z. B. die ausgeprägte Fächerform und die Wallform. Ähnlich werden die Zehen beurteilt (KÖNNER, 1934).

Von Anomalien haben wir gelegentlich eine Überstreckbarkeit der Daumengelenke beim Kinde, fraglichem Vater und dessen einem Elter beobachten können. Ferner hat sich uns als wichtig erwiesen die Syndaktylie, auch mäßigen Grades, an den Zehen. In anderen Fällen werden auch Deviationen von Fingergliedern, Spinnenfinger, Fingerverkrümmungen, Camptodaktylie, Hammerzehe u. a. mit Erfolg ausgewertet werden (Lit. bei WALTHER MÜLLER, 1937).

λ) Papillarleisten.

Die Fingerbeeren. *Die Musterform.* Die Fingerleistenmuster als solche (Wirbel, Schleifen und Bogen) haben sich nicht als erblich erwiesen. Doch weisen auffallende Übereinstimmungen in feinen Einzelheiten des Musterbaus, die man gelegentlich zwischen Eltern und Kindern findet, darauf hin, daß auch hierbei erbliche Bedingungen mitwirken, ohne daß es bisher gelungen ist, dafür bestimmte Gesetzmäßigkeiten nachzuweisen. Man wird also aus einer auffallenden Übereinstimmung, auch im feineren Bau der Muster, zwischen einem Eventualvater und Kind immerhin mit einiger Vorsicht Schlüsse ziehen können.

Mit der Frage der Erblichkeit der Formen der Papillarmuster und ihrer Verwertbarkeit im Vaterschaftsprozeß haben sich zunächst Bonnevie (1934, (1927), Nürnberger (1935), Mueller und Ting (1928) beschäftigt, ohne daß sich daraus befriedigende Ergebnisse hätten gewinnen lassen. 1929 unterzog Bonnevie ihre Methode der Analyse der Musterform einer Revision. Sie stellte einen „individuellen Formindex" auf, gewonnen aus dem Mittelwert der Formindices (Breite im Verhältnis zur Höhe des Musters) der Finger 2—5. Den Daumen ließ sie außer Betracht, da sich ergab, daß er häufig unsymmetrische Muster besaß, die besondere Schwierigkeiten der Bestimmungen bedingten. Trotzdem konnte sie noch keine befriedigenden Ergebnisse bezüglich des Erbgangs erzielen, wenn auch die Erblichkeit als sicher gelten konnte.

Geipel (1935a) vertrat dann den Standpunkt, daß es durch geringe Lockerung der von Bonnevie für die Musterbestimmung gegebenen Methoden gelinge, auch für den Daumen einen genügend verläßlichen Formindex aufzustellen und dadurch zu einem aus 10 Fingern genommenen Mittelwert dem sog. „Zehn-Finger-Form-Index" zu gelangen, der — wie Vergleichsuntersuchungen ergaben — um etwa 5,2 Einheiten höher als der aus 8 Fingern abgeleitete „individuelle Formindex" nach Bonnevie ist.

Abweichend von Bonnevie, welche die Dreiteilung $X—60 =$ elliptisch, $80—X =$ zirkulär, die Zwischengruppe $61—79 =$ mittel gewählt hatte, stellte Geipel nach einer Vorarbeit, gemeinsam mit von Verschuer (1935b) in einer größeren Familienuntersuchung (1937) neue Grenzen auf. Er nahm dabei folgende Einteilung der Indices vor: klein $= X—93$, mittel $= 90—113$, groß $= 110—X$. Durch die Überschneidung soll angedeutet werden, daß die Grenzen fließend sind.

An Hand eines Familienmaterials von 113 Elternpaaren mit 386 Kindern kommt er zu dem Schluß, daß der Erbgang des Zehn-Finger-Form-Index an nur ein Genpaar gebunden sei, und daß die Personen mit großem, bzw. kleinem Zehn-Finger-Form-Index die Gleicherbigen (Homozygoten), die mit mittlerem Formindex die Spalterbigen (Heterozygoten) darstellen.

Bezüglich der Verwendung in der Vaterschaftsermittlung stellt er folgende Regeln auf:

1. „Haben Mutter und Kind kleinen Zehn-Finger-Form-Index, so ist es unwahrscheinlich (theoretisch unmöglich), daß das Kind von einem Vater mit hohem Zehn-Finger-Form-Index stammt, und umgekehrt.

2. Haben Mutter und Kind mittleren Zehn-Finger-Form-Index, so ist ein Wahrscheinlichkeitsgrad für die Vaterschaft im allgemeinen nicht anzugeben."

Er weist aber ausdrücklich darauf hin, daß es Grenzüberschreitungen geben könne, deren Deutung dann besondere Vorsicht und Sachkenntnis erfordere. Man wird zunächst gut tun, den Zehn-Finger-Form-Index als Ausdruck der Musterform nur mit Vorsicht im Vaterschaftsprozeß zu verwenden.

Die doppelzentrischen Muster. Über die Erblichkeit doppelzentrischer Muster hat zunächst Poll (1914) Mitteilung gemacht. Er nahm Dominanz der Anlage zur Bildung solcher Muster an. Ähnlich äußert sich Bonnevie (1924). Später haben sich Müller und Ting (1928) dahin geäußert:

1. „Besitzen beide Eltern Doppelschleifen, dann besitzen in der Regel auch die Kinder Doppelschleifen; sie können gelegentlich aber auch ohne Doppelschleifen zur Welt kommen.

2. Besitzen beide Eltern keine Doppelschleifen, dann finden sich in der Regel auch bei den Kindern keine Doppelschleifen."

Leider machen sie über die Kinder von Eltern, deren eines Doppelschleifen, deren anderes keine Doppelschleifen hat, keine Angaben.

Neuerdings äußerte sich KARL (1934) dahin, daß — im Gegensatz zu POLL und BONNEVIE — monozentrische Muster (M) sich dominant zu vererben scheinen, dagegen die Veranlagung zu doppelzentrischen Mustern sich recessiv vererbe. In 69 Familien mit 109 Kindern fand er folgende Verhältnisse:

Eltern	M × M	M × D	D × D
Kinder	24 M, 9 D	37 M, 31 D	1 M, 6 D

Das eine Kind mit monozentrischen Mustern aus einer D × D Ehe ist der einzige Nachkomme dieser Eltern. Bei ihm soll nach dem Urteil der Einwohner die Vaterschaft zweifelhaft sein.

Die Tatsache, daß MUELLER und TING in ihrem Material aus D × D Ehen unter 47 Nachkommen immerhin 6 ohne Doppelschleifen fanden, glaubt KARL damit erklären zu können, daß diese Untersucher den Begriff der doppelzentrischen Muster möglicherweise nicht so eng gefaßt hätten, wie er und daher von ihnen Muster mit „Tendenz zur Doppelzentrizität", die von ihm noch zu den regelmäßigen Mustern gezählt wurden, von MUELLER und TING als doppelzentrisch gezählt worden seien. Da KARL für möglich hält, daß solche Muster mit nur angedeuteter Verschlingung auch auf nicht erbliche, „rein mechanische oder physiologische Einwirkungen im embryonalen Leben zurückzuführen" seien, würden sich unter der obigen Annahme die andersartigen Befunde von MUELLER und TING bei den Kindern aus D × D Ehen allerdings zwanglos erklären.

Neuerdings zweifelt auf Grund von Zwillingsbefunden CHR. STEFFENS (1938) die Erblichkeit der Doppelzentrizität überhaupt an und meint, die Beweise am Familienmaterial seien lediglich der Ausdruck für das Bestehen von Korrelationen, die in ähnlicher Weise auch für Schleifen, Wirbel und Bogen sich erbringen ließen. Sie meint, daß auch für die doppelzentrischen Muster das gleiche gelte, was BONNEVIE für die Wirbel, Schleifen und Bogen sagte, daß nämlich: „weder die Mustertypen, noch ihre Richtung an und für sich vererbbar sind, sondern daß sie vielmehr als Resultat eines Zusammenwirkens verschiedener, teils in der Konstitution der menschlichen Hand liegender, teils individuell vererbbarer Faktoren, zum Vorschein treten".

Auch hier wieder zeigt sich, daß bei der Verwendung im Vaterschaftsprozeß größte Vorsicht geboten ist. Am ehesten wird man noch Schlüsse ziehen dürfen, wenn nicht nur in der Tatsache der doppelzentrischen Muster, sondern auch in der Einzelausgestaltung zwischen Kind und Eventualvater weitgehende Übereinstimmung herrscht.

Der quantitative Wert. Der quantitative Wert wird nach den Untersuchungen von BONNEVIE (1931) durch die Erbfaktoren für allgemeine Epidermisdicke, sowie radiale und ulnare Polsterung bestimmt. Bezüglich der Methoden der Bestimmung sei auf die Arbeiten von BONNEVIE (1924, 1927, 1929, 1931), GEIPEL (1935a) und den Beitrag von ABEL in diesem Handbuch verwiesen. Hier möge der Hinweis genügen, daß sich starke allgemeine Epidermisdicke (V) als dominant gegenüber geringer (v) und ebenfalls starke Polsterung (R und U) als dominant gegenüber geringer Polsterung (r und u) erwiesen haben. Danach wäre es also möglich, bei einer Kombination:

Mutter	VV RR UU
Beklagter	vv rr uu
Kind	VV RR UU

den Beklagten mit großer Wahrscheinlichkeit auszuschließen. Ein sicherer Ausschluß ist auf Grund des quantitativen Wertes nicht ohne weiteres gegeben, da nach den Untersuchungen von VERSCHUERS (1934) an Zwillingen der Erbfaktor V in 1%, der Erbfaktor R in 8% und der Erbfaktor U in 6% der Fälle sich nicht zu manifestieren vermögen, also auch im vorliegenden Falle mit der — allerdings geringen — Wahrscheinlichkeit gerechnet werden muß, daß die

Genformel des Beklagten nicht wie angenommen, sondern Vv Rr Uu lautet und somit seine Vaterschaft doch möglich wäre. Hat man dagegen einen Zeugen, dessen auf Grund der quantitativen Werte ermittelten Genformel etwa

$$\text{VV RR UU oder}$$
$$\text{Vv Rr Uu}$$

lautet, so besteht zweifellos die weitaus größere Wahrscheinlichkeit für dessen Vaterschaft als für die des Beklagten.

Recht wichtig ist auch zu beachten, daß an den Grenzen etwa bei einem quantitativen Höchstwert von 22, z. B. beim Beklagten immer mit der Möglichkeit gerechnet werden muß, daß die Genformel nicht wie nach dem Schema vv, sondern doch Vv lauten könnte, was man ohne Bedenken angenommen haben würde, wenn der quantitative Wert „nur" 21 oder gar 20 gelautet hätte. Das beruht darauf, daß eine geringe Änderung in der Annahme, z. B. des inneren Terminus, einen anderen quantitativen Wert ergeben kann, weil dadurch etwa ein oder zwei Leistchen mehr oder weniger gezählt werden, und daß die Natur eben niemals in starre Grenzen einzufangen ist, noch dazu, wenn diese zwar rein empirisch gewonnen, aber doch mehr oder weniger willkürlich angenommen werden müssen. Dasselbe gilt natürlich auch für die anderen Grenzwerte, etwa die quantitativen Höchstwerte 15 und 16 als Grenze zwischen VV, bzw. Vv oder die Grenzwerte 4 und 5, 10 und 11 für radiale und ulnare Differenzen. Man wird also in der Nähe der Grenzwerte immer größte Vorsicht in der Beurteilung walten lassen müssen und, da z. B. bei der allgemeinen Epidermisdicke die Werte für Vv innerhalb der Grenzen 16 und 21 liegen, ist gerade in diesem recht engen mittleren Bereich größte Vorsicht geboten.

Weiter ist zu beachten, daß es Fälle gibt, deren quantitativer Höchstwert der wirklichen erblichen Veranlagung nicht entspricht, weil er bereits durch Polsterung, die auch auf den übrigen Fingern — dort nur stärker — zum Ausdruck kommt, gedrückt ist. Dies möge der nachstehend mitgeteilte Fall zeigen, der einer Arbeit von J. Metzner (1938) aus dem Rassenbiologischen Institut, Königsberg, entnommen ist.

Tabelle 1.

	Rechte Hand					Linke Hand					H. W.	R. D.	U. D.	Genformel
	1	2	3	4	5	1	2	3	4	5				
Va.	21	4	12	15	8	14	0	16	14	13	21	17	13	Vv RR UU
Mu.	24	8	8	22	14	19	16	14	18	15	24	16	10	vv RR Uu
K_1	0	0	8	9	6	0	0	10	14	8	14	14	6	Vv RR Uu
K_2	25	0	10	15	9?	20	11	13	17	13	14	25	6	Vv RR Uu
K_3	11	2	8	11	6	8	8	7	8	8	11	9	5	VV RR Uu

Der höchste quantitative Wert bei der Mutter weist deutlich auf geringe Epidermisdicke hin, bei dem Vater liegt ein Grenzwert zwischen mäßiger und geringer Epidermisdicke vor, ebenso bei K_1 bezüglich mäßiger und starker Epidermisdicke. Der geringe quantitative Höchstwert bei K_3 scheint dadurch seine Erklärung zu finden, daß das starke radiale Polster sich wie bei K_1 auch auf D.I. mit ausgewirkt hat, während es bei beiden Eltern und K_2 die Daumen freiläßt. Damit scheint es berechtigt, nicht starke Epidermisdicke, sondern nur mäßige als Grundform für K_3 bei starker radialer Polsterung anzunehmen. Da sich die dünne Epidermis bei der Mutter findet, ist eine fremde Vaterschaft nicht anzunehmen, sie könnte jedenfalls nicht zur Klärung dienen.

Dieser Fall zeigt, wie bestimmte quantitative Werte nur aus der Kenntnis der gesamten Familie heraus und nicht formal zu deuten sind. Würde er im Vaterschaftsprozeß einen Eventualvater betreffen, so könnte er, da ja die Deutung aus den übrigen Kindern fortfiele, zu schweren Mißdeutungen Anlaß geben. Daß Bogen oder den Bogen nahe stehende Muster mit niedrigen quantitativen

Werten auf allen Fingern mit unseren heutigen Bestimmungsmethoden ohne Kenntnis der Familie des Probanden überhaupt nicht zu deuten sind, zeigt der ebenfalls aus der Arbeit von J. METZNER entnommene Fall.

Tabelle 2.

	Rechte Hand					Linke Hand					H. W.	R. D.	U. D.	Genformel
	1	2	3	4	5	1	2	3	4	5				
Va.	19	0	0	5	0	13	0	0	0	3	19	19	19	Vv RR UU
Mu.	18	11	18	18	14	16	14	0	21	18	21	21	4	Vv RR uu/Uu
K₁	20	0	0	18	15	13	5	2	18	12	20	20	6	Vv RR Uu
K₂	22	21	22	27	20	19	21	21	28	19	28	9	9	vv RR Uu
K₃	0	0	0	0	0	0	0	0	0	0	0	0	0	VV rr uu

Beide Eltern weisen starke radiale Polster auf, der Vater auch starke ulnare. Während bei dem Vater die Daumen polsterfrei erscheinen, ist bei K_3 auf allen Fingern die Polsterung so gleichmäßig manifestiert, daß es im Zusammenwirken mit allgemein dicker Epidermis an allen 10 Fingern zu Bogenbildung kommt.

Eine Genformel nach der üblichen Methode ist hier nicht mehr aufzustellen. Es handelt sich also nicht um eine Manifestationsschwankung, sondern um eine Unzulänglichkeit unserer üblichen Bestimmungsmethode.

Auf diese Arbeit, in der eingehend auf das Problem der „unstimmigen Werte" von Eltern und Kindern eingegangen ist und die zu besonderer Vorsicht in der Verwendung der Genformeln für die quantitativen Werte bei Vaterschaftsuntersuchungen mahnt, sei hier besonders hingewiesen.

Ich habe für nötig gehalten, auf die verschiedenen Fragen, welche mehr die Kritik als die Anwendung der Methode betreffen, näher einzugehen, um an ihnen darzulegen, wie gefährlich eine kritiklose und formale Anwendung der BONNEVIEschen Methode im Vaterschaftsprozeß werden könnte. Es sei auch nicht verschwiegen, daß neuerdings CHR. STEFFENS (1938) auf Grund von Zwillingsbefunden das Vorhandensein der Polsterungsfaktoren R und U überhaupt in Zweifel zieht.

Weitere Merkmale. Über diese besprochenen Merkmale hinaus lassen sich aber noch weitere Hinweise gewinnen aus den individuellen quantitativen Werten, der Verteilung der Muster auf die einzelnen Finger, sowie aus besonders seltenen Musterformen, falls sich darin besondere Übereinstimmung zwischen dem Beklagten oder einem Zeugen und dem Kinde findet. So konnte in einem Falle vom Verfasser die Übereinstimmung zwischen Kind und Beklagten im Vorkommen der sehr seltenen Wirbel mit radial gerichteten Achsen auf 4. Finger im Sinne eines positiven Vaterschaftsnachweises verwandt werden.

Weitere Beispiele von Übereinstimmungen in seltenen Mustern zwischen Kind und Beklagten bildet v. VERSCHUER (1937) ab.

Die unteren beiden Fingerglieder der menschlichen Hand. Neuerdings hat PLOETZ-RADMANN (1937) ein System der Hautleistenmuster der Grund- und Mittelglieder der Finger aufgestellt. Sie unterscheidet zunächst Grundmuster und zusammengesetzte Muster. Die ersteren unterteilt sie in Schleifenmuster, Haken, Welle und Bogen. Bei den letzteren unterscheidet sie Winkel, Bogenwinkel, Doppelwinkel, Doppelbogenwinkel, Doppelbogen, Einschlußmuster, Federmuster und „seltene Muster".

In diesem Zusammenhang ist wichtig, daß sie bei erbgleichen Zwillingen eine größere Konkordanz, bezüglich der Phalangenmuster fand als bei erbverschiedenen. Sie vermutet, daß einander ähnliche Muster nicht durch Umwelteinflüsse entstehen, sondern in ihrer spezifischen Form vererbt werden. Andererseits fand sie aber bei EZ und ZZ in gleicher Weise erhebliche Abweichungen von der zahlenmäßigen Verteilung der Muster bei Einzelindividuen. Diese Übereinstimmung der EZ und ZZ führt sie auf gleiche intrauterine Einflüsse bei der Zwillingsschwangerschaft zurück.

Die von PLOETZ-RADMANN gemachten Feststellungen, bezüglich der Leistendichte, kommen für unsere Fragestellung nicht in Betracht, da ihr Vergleich gleiche Fingergliedlänge und gleiches Geschlecht voraussetzt.

Man wird, da man außer dieser einen Arbeit über die Verteilung der Mustertypen in den verschiedenen Bevölkerungen noch nichts weiß, zunächst noch größte Vorsicht walten lassen müssen, ehe man auf Grund eigener Erfahrungen diese Merkmale mit in die Vaterschaftsuntersuchung einbezieht!

Die Handleisten. Über Handleistenmuster und den Verlauf der Hauptlinien besitzen wir zwar eine ganze Reihe interessanter Beobachtungen, doch mahnen größere Familienuntersuchungen (M. WENINGER, 1935; WEINAND, 1937; MATTHÉE, 1938) sehr zur Vorsicht.

Familiäres Vorkommen der Reduktion der C-Linie fanden WILDER (1902), CARRIÈRE (1923/24), ABEL (1929 und 1930/31). MEYER-HEYDENHAGEN (1934) bestätigte die erbliche Bedingtheit durch Untersuchungen an Zwillingshänden. Andererseits bestätigen die Familienuntersuchungen von MATTHÉE (1938) die schon von MEYER-HEYDENHAGEN mitgeteilte Ansicht, daß „die Rückbildung der C-Linie kein unabhängiges Merkmal ist, sondern in enger Beziehung zu Wachstums- und Leistenbildungstendenzen der angrenzenden Interdigitalräume steht, wobei sicher auch die Furchenflatung eine Rolle mitspielt". Die Erblichkeit der Interdigitalmuster kann als erwiesen gelten (MEYER-HEYDENHAGEN, WEINAND, MATTHÉE). Doch läßt sich über den Erbgang noch nichts Endgültiges sagen. Die Befunde von WEINAND und MATTHÉE sprechen für recessiven Erbgang der Muster im III. und IV. Interdigitalraum[1], während die Befunde von WEINAND und MATTHÉE, bezüglich der Muster im II. Interdigitalraum, eher an dominanten Erbgang mit geringer Manifestationsstärke denken lassen. Bei der Seltenheit des Merkmals müssen noch weitere Untersuchungen abgewartet werden, doch wird gerade wegen seiner Seltenheit dieses Merkmal im Falle der Übereinstimmung zwischen Kind und Eventualvater mit Vorsicht verwendet werden können.

Mit Vorsicht wird sich auch der Verlauf der D-Linie verwerten lassen, für welche ABEL, besonders aber WEINAND, in hohem Grade Dominanz der hohen Endlage (Dominanz der Endigung im II. Interdigitalraum) wahrscheinlich machen konnten.

Bezüglich der Thenar- und Hypothenarmuster konnte MATTHÉE an dem bisher vorliegenden Familienmaterial zeigen — Marienfeld (M. WENINGER, 1935), Peyse und Königsberg (MATTHÉE) —, daß mit dem Behaftungsgrad bei den Eltern auch die Behaftungshäufigkeit und der Behaftungsgrad der Kinder deutlich ansteigen. Sie hält die Musterbildung auf Thenar und Hypothenar ebenso wie M. WENINGER für nicht dominant. Andererseits liegt auch sicher keine ungestörte Recessivität vor, da bei beiden Musterpaaren auch von doppelseitig behafteten Eltern unbehaftete Kinder abstammen können.

Sie kommt weiter zu den Feststellungen:

1. Kinder, deren Eltern weder Hypothenar- noch Thenarmuster tragen, können sowohl mit Hypothenar- als auch mit Thenarmustern behaftet sein.

2. Kinder, deren Eltern nur Hypothenarmuster tragen, können außer mit Hypothenar- auch mit Thenarmustern behaftet sein.

---

[1] Zu beachten ist, daß nach MEYER-HEYDENHAGEN und MATTHÉE Muster im III. und IV. Interdigitalraum sich offensichtlich vertreten können.

3. Kinder, deren Eltern nur Thenarmuster tragen, können sowohl Thenar- als auch Hypothenarmuster aufweisen.

Es ist also zweifelhaft, ob man überhaupt von einem getrennten Erbgang für Thenar- und Hypothenarmusterbildung (bzw. Thenar- und Hypothenar- ballenbildung, als Ursache für das Auftreten von Mustern), sprechen darf und ob nicht beiden Musterarten eine gemeinsame Anlage zugrunde liegt. Dabei scheinen aber die Thenarmuster sich leichter und stärker zu manifestieren als Hypothenarmuster (MEYER-HEYDENHAGEN), während von den Hypothenar- mustern, für die WEINAND deutliche Erblichkeit der Musterrichtung nachweisen

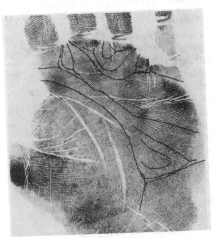 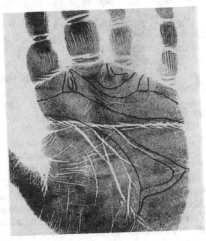

Abb. 1.   Abb. 2.

Abb. 1 und 2. Rechte Hände von Vater (Abb. 1) und Sohn (Abb. 2) zeigen weitgehende Übereinstimmung im gesamten Leistenverlauf.
Formel: Vater: 11/7.9.7.5 — t t^u — L^r.O.D.L.D   Sohn: 11/7.9.7.11/5 — t t^u — L^r.O.D.I.D.

konnte, die Radialschleifen augenscheinlich eine größere Manifestationsinten- sivität zeigen als die Ulnarschleifen.

Aus all dem geht hervor, daß die Verwendung der Handleisten für den Vater- schaftsnachweis besonders große Erfahrungen und Vorsicht erfordert. Im ganzen wird man eher aus der Übereinstimmung in mehreren und seltenen Merkmalen Schlüsse auf das Bestehen einer erblichen Beziehung zwischen Kind und Even- tualvater ziehen können, besonders wenn die Ähnlichkeit so ausgesprochen ist, wie in dem von WEINAND mitgeteilten Fall zwischen Vater und Sohn (Abb. 1 und 2), während man aus dem Fehlen von Übereinstimmungen auf fehlende erbliche Beziehungen nach unserem heutigen Wissen keinesfalls schließen darf.

Obwohl rein morphologisch die *Handfurchen* nicht an dieser Stelle besprochen werden sollten, so möge es trotzdem in aller Kürze hier geschehen.

Von den Handfurchen wird man lediglich die Vierfingerfurche (einschließlich ihrer Übergangsform) bei Übereinstimmung zwischen Kind und Eventualvater positiv beurteilen können (BETTMANN, 1932; WEINAND, 1937; PORTIUS, 1937). Da aber die Vierfingerfurche offensichtlich Manifestationsschwankungen unter- liegt, kann man aus dem Fehlen derselben bei einem Eventualvater, falls er nur allein zu beurteilen ist, heute noch keine Schlüsse ziehen.

Zehenleisten. Über die Zehenleisten wissen wir sowohl was Musterhäufigkeit als Erblichkeit anbelangt sehr wenig. Es besteht zwar zwischen den Muster- formen auf den Händen und Füßen eines Menschen positive Korrelation, doch

22

finden sich generell auf den Füßen mehr Bogen, während die Wirbel zurücktreten und die Schleifen gleich häufig vorkommen. Chr. Steffens (1938) wies
einen dem Epidermisfaktor V entsprechenden Faktor für die Zehen nach. An
den Zehen geht aber anscheinend „eine höchste Leistenzahl von 0—15 auf VV,
eine solche von 16—24 oder 25 auf Vv und schließlich eine höchste Leistenzahl
von 25 oder 26 und darüber auf vv zurück. (Die obere Grenze von Vv ist also
etwas nach oben verschoben.)"

Dagegen konnte ein den Bonnevieschen Faktoren R und U entsprechender
Polsterungsfaktor an den Füßen nicht nachgewiesen werden. Steffens zieht
aber, wie erwähnt, überhaupt das Bestehen von Polsterungsfaktoren in Zweifel.

μ) Serologische Merkmale.

Nach wie vor wird die serologische Untersuchung ihre zentrale Stellung in
Vaterschaftsprozessen behalten, wenn auch durch sie allein nur der Ausschluß
einer Vaterschaft möglich ist. In vielen Fällen führt aber nach Lage des Prozeß-
falles, z. B. bei Feststellungsklage auf Nichtabstimmung von einem im Personenstandsregister als Vater eingetragenen Manne, auch schon ein Ausschluß zu
wichtigen Schlüssen und Folgerungen. Die serologische Untersuchung hat auch
den großen Vorteil, daß sie weniger umständlich und daher auch billiger ist,
und daß die zu Untersuchenden die Blutprobe einfach einschicken können und
daher nicht durch umständliche Reisen und Arbeitsausfall belastet werden. Man
wird deshalb wohl stets erst einen Versuch der Klärung mittels der serologischen
Untersuchung machen ehe die doch recht umfängliche erbbiologische Gesamtuntersuchung in Anwendung gebracht wird. Besteht doch, wie Koller (1938)
auf Grund der sächsischen Zahlen mitteilt, „in Deutschland in einem Drittel
aller falschen Vaterschaftsangaben die Aussicht, durch die Blutuntersuchung[1]
die Vaterschaft auszuschließen". Ist nicht nur *ein* Falschbeschuldigter im
Prozeß vorhanden, so erhöht sich die Wahrscheinlichkeit des Ausschlusses
wenigstens eines derselben erheblich. Hiller (1938) zitiert eine briefliche Mitteilung Kollers: „Wenn man jeweils 9 Vaterschaftsklagen annimmt, so wird
bei einem Falschbeschuldigten in 3 Fällen, bei 2 Falschbeschuldigten in 5 und
bei 3 Falschbeschuldigten in 7 Fällen durch Blutuntersuchung[2] der Ausschluß
mindestens eines Falschbeschuldigten erreicht".

Die „klassischen Blutgruppen" 0, A, B und AB. Die „klassischen Blutgruppen" 0, A, B und AB sind die ersten Merkmale, die für die erbbiologische
Vaterschaftsbestimmung Verwendung fanden. Sie wurden — wie Lüdicke (1931)
mitteilt — bereits im Jahre 1910, im selben Jahre also, in dem durch von Dungern und Hirszfeld (1911) die streng dominante Vererbung der Blutkörperchen-
eigenschaften A und B festgestellt worden war, vor Gericht angewandt. Leider
damals erfolglos. Die Gerichte verhielten sich — besonders in Deutschland —
allerdings noch jahrelang äußerst kritisch und abwartend, was verständlich ist,
da die erste durch von Dungern und Hirszfeld aufgestellte These der Vererbung im Sinne der freien Mendelspaltung[3] den beobachteten Tatsachen der
Familienuntersuchungen gegenüber wenig befriedigen konnte. Erst seit dem
Jahre 1924 setzten wieder ernsthafte Bestrebungen in dieser Richtung ein, und
erst durch Kammergerichtsbeschluß vom 4. 4. 30 (zit. nach Hiller, 1938) wurde

---

[1] Blutgruppen und Blutfaktoren.

[2] Gemeint ist im Gegensatz zur Auffassung Hillers — wie auch aus Koller (1931,
S. 161) hervorgeht — nicht die alleinige Untersuchung der klassischen Blutgruppen, sondern
auch der Faktoren M und N.

[3] Sie besagt wörtlich, „daß die isoagglutinablen Substanzen a und b unabhängige
dominante Merkmale sind, denen das Fehlen dieser Eigenschaften, also A und B, gegenüber-
steht und die als zwei unabhängige allelomorphe Paare nach den Mendelschen Gesetzen
vererbt werden."

die Blutprobe in der Rechtssprechung der deutschen Gerichte offiziell anerkannt. Inzwischen hatte 1924 BERNSTEIN seine 1925 veröffentlichte These aufgestellt, die auch heute noch grundsätzlich in Gültigkeit ist. Danach entspricht den Blutgruppeneigenschaften 0, A und B je eine besondere Erbanlage — R, A und B —, die an der gleichen Stelle eines bestimmten Chromosoms lokalisiert sind und sich gegenseitig ausschließen (These der multiplen Allelie). Das Gen R, d. h. ,,Fehlen von A und B", verhält sich recessiv gegenüber den Genen A und B. Die Gene A und B dagegen manifestieren sich, falls im gleichen Genotypus vorhanden, uneingeschränkt voneinander, ein Verhalten, das LENZ (1938) als ,,kombinant" bezeichnet hat, wenngleich die Untersuchungen O. THOMSENs (1929) zeigen, daß A und B hinsichtlich der Dominanz nicht gleichwertig sind, denn B dominiert bis zum gewissen Grade über A, jedoch nicht so stark, daß der A-Receptor sich in der Kombination mit B (AB) nicht entwickelte. Demnach entsprechen den einzelnen Blutgruppen folgende Genotypen:

$$\text{Blutgruppe} \quad 0: \text{Genotypus RR}$$
$$\qquad\qquad\quad\text{,,}\qquad A: \quad\text{,,}\qquad AA \text{ oder } AR$$
$$\qquad\qquad\quad\text{,,}\qquad B: \quad\text{,,}\qquad BB \text{ ,, } BR$$
$$\qquad\qquad\quad\text{,,}\qquad AB: \quad\text{,,}\qquad AB$$

Aus der Tatsache der Dominanz der Blutgruppeneigenschaften A folgt, daß ein Kind der Blutgruppe A mindestens ein Elter haben muß, das diese Eigenschaft entweder allein oder in Verbindung mit B aufweist. Fehlt sie bei beiden Eltern, so kann das Kind nicht aus dieser Elternverbindung stammen. Das gleiche gilt sinngemäß für die Blutgruppe B.

Aus der Tatsache, daß die Gene A, B und R im Verhältnis der multiplen Allelie zueinanderstehen, folgen die beiden Sätze der BERNSTEINschen Regel:

Ein Kind der Gruppe 0 kann von einem Vater oder einer Mutter der Blutgruppen AB nicht abstammen.

Ein Kind der Blutgruppe AB kann von einem Vater oder einer Mutter der Blutgruppen 0 nicht abstammen.

Die folgende Tabelle 3 veranschaulicht am besten, welchen Blutgruppen der Vater *nicht* angehören kann, wenn die Mutter und das Kind die oben bzw. an der linken Seite der Tabelle angegebenen Blutgruppen haben. Ein Strich in einem Feld bedeutet, daß der Vater zu jeder der 4 Blutgruppen gehören kann. Die Tabelle enthält außerdem die von KOLLER (1931) aufgestellten Formeln zur Berechnung der Ausschlußwahrscheinlichkeiten.

Tabelle 3.

		Mutter			
		0	A	B	AB
		r^2	$p^2 + 2pr$	$q^2 + 2qr$	$2pq$
Kind	0	AB: $2pqr^3$	AB: $2p^2qr^2$	AB: $2pq^2r^2$	unmöglich
	A	0: pr^4 B: $pqr^2(q+r)$	—	0: pqr^3 B: $pq^2r(q+r)$	—
	B	0: qr^4 A: $pqr^2(p+r)$	0: pqr^3 A: $p^2qr(p+r)$	—	—
	AB	unmöglich	0: $pqr^2(p+r)$ A: $p^2q\,(p^2$ $+3pr+2r^2)$	0: $pqr^2(q+r)$ B: $pq^2\,(q^2$ $+3qr+2r^2)$	0: $pqr^2(p+q)$

Die gesamte Ausschlußwahrscheinlichkeit durch die Blutgruppen 0, A, B und AB für einen falschbeschuldigten Mann errechnet sich nach einer von

BORIS ZARNIK (1930) angegebenen, aber erst von KOLLER voll ausgewerteten Formel als $V = p(1-p)^4 + q(1-q)^4 + pqr^2(3-r)$. Sie hat ihr Maximum bei $p = 0,2211$, $q = 0,2211$, $r = 0,5578$ mit 19,99% Ausschlußwahrscheinlichkeit für einen falschbeschuldigten Mann. Für Hamburg hat KOLLER daraus aus Zahlen von HASELHORST [$p = 0,278$, $q = 0,091$, $r = 0,622$], $V = 16,1\%$ errechnet. SCHIFF hat für Berlin 16,7% erhalten.

Wegen der Methodik der Blutgruppenbestimmung sei auf SCHIFF (1932) verwiesen. Über Einzelheiten der Vererbung der Blutgruppen beim Menschen unterrichtet der Beitrag von O. THOMSEN in diesem Handbuch.

Die Blutgruppenverteilung weist in den verschiedenen Gegenden Deutschlands einige Unterschiede auf (Tabelle 4).

Tabelle 4. Blutgruppenverteilung in Deutschland[1].

	Blutgruppen				Genzahlen		
	0	A	B	AB	r	p	q
Norddeutsche .	39,4	47,1	9,3	4,2	6,28	3,02	0,70
Westdeutsche .	39,6	46,6	9,5	4,3	6,29	2,99	0,72
Süddeutsche . .	39,2	45,6	10,5	4,7	6,26	2,95	0,79
Sachsen	38,9	42,0	13,7	5,4	6,24	2,75	1,00
Ostdeutsche . .	36,9	43,1	13,9	6,1	6,08	2,87	1,05

Im Durchschnitt kann man für Deutschland folgende Blutgruppenverteilung annehmen (v. VERSCHUER, 1937):

$$0 = 38\%$$
$$A = 44\%$$
$$B = 13\%$$
$$AB = 5\%$$

Die Untergruppen im OAB-System. Die Untersuchungen, zunächst von LANDSTEINER, später von O. THOMSEN und seinen Mitarbeitern (Lit. BÜHLER, 1938) haben nun ergeben, daß es nach der Stärke der Absorptionsfähigkeit gegenüber B-Seren gelingt, unter den Blutkörperchen der Gruppe A zwei Untergruppen A_1, die stärker absorbierende, und A_2, die schwächer absorbierende, zu unterscheiden. Die Differenzierung beider Untergruppen ist bereits bei Neugeborenen nachzuweisen. Die A_1-Blutkörperchen Neugeborener absorbieren zwar schwächer als die Erwachsener, jedoch stärker als A_2-Blut der Erwachsenen. Die Absorptionsfähigkeit des A_2-Blutes ist beim Neugeborenen noch viel geringer als beim Erwachsenen. Trotzdem kann ein A_1-Blut eines Neugeborenen einmal als A_2-Blut angesehen werden (WORSAAE, 1934 und 1935), es kann aber auch — besonders wenn nicht Anti-A-Sera von hohem Titer zur Anwendung kommen — einmal ein A_2 eines Neugeborenen dem Nachweis entgehen. Vor allem gilt das für die Verbindung A_2B, in welcher der A_2-Receptor ohnehin etwas durch B zurückgedrängt werden kann (LAUBENHEINER, 1935). Man wird also, falls bei Neugeborenen statt des erwarteten AB nur B gefunden wird, besondere Vorsicht walten lassen müssen.

---

[1] Die Blutgruppen- und Genwerte für Sachsen wurden der Arbeit von W. CHRISTIANSEN (1935), die übrigen S. WELLISCH (1932a) entnommen. Auf die Wiedergabe der blutartlichen, bluttypischen und biochemischen Indices wurde hier verzichtet. Die Genzahlen sind nach den von S. WELLISCH (1930 und 1932a und b) zur Berechnung ausgeglichener Genzahlen angegebenen Formeln berechnet, nämlich $r = \sqrt{0}$, $p = \frac{1}{2}(10 - r + \sqrt{0+A} - \sqrt{0+B})$, $q = \frac{1}{2}(10 - r + \sqrt{0+B} - \sqrt{0+A})$. Während BERNSTEIN hierfür die Formel angibt: $p = (1 - \sqrt{B+0})(1 + D/2)$, $q = (1 - \sqrt{A+0})(1 + D/2)$, $r = (\sqrt{0+D/2})(1 + D/2)$, wobei $D = \sqrt{A+0} + \sqrt{B+0} - \sqrt{0-1}$ ist. Über die Auseinandersetzung um beide Formeln siehe KOLLER und SOMMER (1930).

Arbeiten, besonders von O. THOMSEN, haben gezeigt, daß der Unterschied zwischen A_1 und A_2 auf Genen beruht, von denen A_1 dominant über A_2 ist und die zueinander im Verhältnis der multiplen Allelie stehen. Wir haben also danach mit 4 Genen — R, A_1, A_2 und B — zu rechnen, durch die 6 Blutgruppen gekennzeichnet werden, auf welche sich aber 10 verschiedene Genotypen verteilen.

Blutgruppe	Genotypus
0	RR
A_1	A_1A_1 A_1A_2 A_1R
A_2	A_2A_2 A_2R
B	BB BR
A_1B	A_1B
A_2B	A_2B

Eingehende Familienuntersuchungen an 102 Familien von O. THOMSENs Mitarbeitern FRIEDENREICH und ZACHO (1931) haben mit dieser Vier-Gen-These keinen Widerspruch ergeben. Ein scheinbar widersprechender Fall fand seine serologische Deutung in der Annahme, daß äußerst schwache („defekte") A_1-Blutkörperchen vorgelegen hätten. Allerdings sind von anderen Autoren doch auch Befunde mitgeteilt worden, die der Annahme verschiedener Gene für A_1 und A_2 widersprechen und sich eher durch die Annahme nur eines A-Gens bei phänotypisch verschieden starker Entwicklung bei verschiedenen Menschen erklären ließen (DAHR, 1938). Am schwersten wiegt unter den unstimmigen Befunden ein Fall von DAHR: Vater A_1B N, Mutter A_2 M, Kind A_1 MN, weil es sich hier um eine Abweichung von einer Mutter-Kind-Verbindung handelt, der serologische Befund mehrfach kontrolliert und Kindesvertauschung ausgeschlossen werden konnte (DAHR, 1938). Trotz der Autorität eines Untersuchers, wie O. THOMSEN, der die Selbständigkeit und einwandfrei zu erkennende getrennte Wirkung der Gene A_1 und A_2 als gegeben ansieht, scheint mir daher doch wohl zunächst noch einige Vorsicht geboten, um so mehr als, worauf DAHR hinweist, manche Elternverbindungen — z. B.: $A_1B : A_2B$, $A_2 : A_2B$ und $A_2B : A_2B$ überhaupt noch nicht, andere nur sehr wenig untersucht wurden.

Die Häufigkeit von A_1 und A_2 ist für deutsche Verhältnisse mit etwa 83% für A_1 und 17% für A_2 anzunehmen, ähnlich auch für Weiße in Amerika. In Schweden und Dänemark wurden etwas geringere (79—80%) A_1- und entsprechend höhere A_2-Sätze gefunden. Bei Farbigen in Amerika und auf Hawai wurden erhebliche Abweichungen gefunden, ohne daß es heute noch möglich ist, Aussagen darüber zu machen, ob es sich um eigentliche rassenmäßige Beziehungen dabei handelt (DAHR, 1938).

1935 haben FISCHER und HAHN von einem weiteren A-Receptor berichtet, der noch wesentlich schwächere Agglutination aufwies als derjenige in A_2B-Blutkörperchen. FRIEDENREICH (1936a) fand dieses schwache A, das er als A_3 bezeichnet und von dem er annimmt, daß es ein weiteres Allel zu A_1 und A_2 darstelle, in Dänemark unter 4000 Individuen 6mal. Unter 260 Verwandten dieser 6 Merkmalsträger fanden sich allerdings — was bei der Seltenheit und bei der angenommenen Recessivität von A_3 gegenüber A_1 und A_2 (während es über R dominiert) auffallend ist — 49 Träger des ganz schwachen A-Typus und zwar 46mal als A_3, 3mal als A_3B.

In Deutschland konnte A_3 bisher noch nicht gefunden werden (DAHR, 1938). Wenn sich die Ansicht der Zurückführung der Untergruppen A_2 und A_3 auf selbständige zu A_1 allele Gene bestätigt, dann läge jetzt also für die Blutgruppengene folgende Allelenreihe vor: B, A_1, A_2, A_3, R, wobei innerhalb der A-Reihe das Gen niederer Kennzahl über das Gen höherer Kennzahl und jedes derselben über R dominiert, die Gene der A-Reihe im AB-Genotypus stets äußerlich in

Erscheinung treten und lediglich im AB-Genotypus durch das B-Gen ein etwas hemmender Einfluß auf das A-Gen zu beobachten ist (O. THOMSEN, 1929), weshalb ich das B-Gen auch an die Spitze der Allelenreihe gestellt habe.

Das bisherige Vier-Gen-Schema würde dadurch zu einem Fünf-Gen-Schema mit 15 Genotypen und 8 Phänotypen erweitert (s. Tabelle 5).

Daraus lassen sich nach DAHR in denjenigen Elternverbindungen, in denen wenigstens ein Elter einen A-Receptor aufweist, die für die Kinder möglichen oder unmöglichen Phänotypen ableiten (s. Tabelle 6).

Tabelle 5.

Genotypen	Phänotypen	Genotypen	Phänotypen
A_1A_1	A_1	A_3A_3	A_3
A_1A_2	A_1	A_3R	A_3
A_1A_3	A_1	A_1B	A_1B
A_1R	A_1	A_2B	A_2B
A_2A_2	A_2	A_3B	A_3B
A_2A_3	A_2	BB	B
A_2R	A_2	BR	B
		RR	0

Tabelle 6.

Eltern	Mögliche Kinder	Unmögliche Kinder
$A_1:A_1$	$A_1, A_2, A_3, 0$	
$A_1:A_2$	$A_1, A_2, A_3, 0$	
$A_1:A_3$	$A_1, A_2, A_3, 0$	
$A_1:0$	$A_1, A_2, A_3, 0$	
$A_1:A_1B$	A_1, B, A_1B, A_2B, A_3B	$A_2, 0$
$A_1:A_2B$	$A_1, A_1B, B, A_2, A_2B, A_3B$	0
$A_1:A_3B$	$A_1, A_2, A_3, A_1B, B, A_2B, A_3B$	0
$A_1:B$	$A_1, A_2, A_3, A_1B, B, A_2B, A_3B, 0$	
$A_2:A_2$	$A_2, A_3, 0$	
$A_2:A_3$	$A_2, A_3, 0$	A_1
$A_2:0$	$A_2, A_3, 0$	A_1
$A_2:A_1B$	A_1, A_2B, A_3B, B	A_1
$A_2:A_2B$	A_2, A_2B, A_3B, B	$A_1B, A_3, A_2, 0$
$A_2:A_3B$	A_2, A_3, A_2B, B, A_3B	$A_1, A_3, A_1B, 0$
$A_2:0$	$A_2, A_3, 0$	A_1, A_1B
$A_2:B$	$A_2, A_3, 0, A_2B, A_3B$	A_1
$A_3:A_3$	$A_3, 0$	A_1, A_1B
$A_3:A_1B$	A_3B, A_1	A_1, A_2
$A_3:A_2B$	A_3B, A_2, B	$A_1B, A_2, A_2B, 0$
$A_3:A_3B$	A_3, A_3B, B	A_1, A_2B
$A_3:0$	$A_3, 0$	$A_1, A_2, A_1B, A_2B, 0$
$A_3:B$	$A_3B, 0, B, A_3$	A_1, A_2
$A_1B:A_1B$	A_1, A_1B, B	A_1B, A_2B, A_1, A_2
$A_1B:A_2B$	A_1B, A_2B, B, A_1	$A_2B, A_3B, A_2, A_3, 0$
$A_1B:A_3B$	A_1B, A_3B, A_1, B	$A_3B, 0$
$A_1B:0$	A_1, B	$A_2B, A_2, 0$
$A_1B:B$	A_1B, B, A_1	$A_2B, A_3B, 0, A_2, A_3$
$A_2B:A_2B$	A_2B, A_2, B	A_2B, A_3B, A_2, A_3
$A_2B:A_3B$	A_2B, A_3B, A_2, B	$A_1B, A_3B, A_1, A_3, 0$
$A_2B:0$	A_2, B	$A_1B, A_3, 0$
$A_2B:B$	A_2B, B, A_2	$0, A_1, A_3, A_1B, A_3B$
$A_3B:A_3B$	A_3B, B, A_3	$A_1B, A_2B, A_1, A_3, 0$
$A_3B:0$	A_3, B	$A_1B, A_2B, A_1, A_3, 0$
$A_3B:B$	A_3B, B, A_3	$A_1, A_2, A_1B, A_2B, 0$

Damit scheint die Aufspaltung des 0AB-Systems noch nicht abgeschlossen zu sein, denn S. WELLISCH (1938) zitiert eine Arbeit von Mitarbeitern FURUHATAS, die aber leider im Japanischen erschienen ist, nach der es gelungen sei, auch die B-Gruppe in B_1 und B_2 aufzuspalten, wobei B_2 dominant über 0, und B_1 dominant über B_2 sei.

Daraus lassen sich also bis heute unter Einbeziehung der Gruppe 0 im 0AB-System bereits 12 Phänotypen (links der Klammern) und 21 Genotypen (rechts der Klammern) mit 144 phänotypisch und 225 genotypisch möglichen Elternkombinationen unterscheiden.

$$
A \begin{cases} A_1 \begin{cases} A_1A_1 \\ A_1A_2 \\ A_1A_3 \\ A_1R \end{cases} \\ A_2 \begin{cases} A_2A_2 \\ A_2A_3 \\ A_2R \end{cases} \\ A_3 \begin{cases} A_3A_3 \\ A_3R \end{cases} \end{cases} \qquad B \begin{cases} B_1 \begin{cases} B_1B_1 \\ B_1B_2 \\ B_1R \end{cases} \\ B_2 \begin{cases} B_2B_2 \\ B_2R \end{cases} \end{cases} \qquad AB \begin{cases} A_1B_1 \\ A_1B_2 \\ A_2B_1 \\ A_2B_2 \\ A_3B_1 \\ A_3B_2 \end{cases} \qquad RR = 0
$$

Diese starke Unterteilung läßt, falls es gelingen wird, die einzelnen Phänotypen wirklich sauber auseinanderzuhalten, eine wesentliche Erhöhung der Ausschlußfälle im Vaterschaftsprozeß erwarten.

Die Blutfaktoren M und N. Während die Untergruppe A_2 bisher praktisch noch wenig Verwendung gefunden hat und die Kenntnisse über A_3 und B_2 noch so jung sind, daß praktische Ergebnisse bisher nicht erwartet werden können, haben die von LANDSTEINER und LEVINE (1928) entdeckten sog. Blutfaktoren des MN-Systems heute bereits eine erhebliche praktische Bedeutung gewonnen. Über ihre Natur und die Methode ihres Nachweises mit Hilfe von Heteroimmunkörper sei auf O. THOMSEN in diesem Handbuche verwiesen.

Die Vererbung der Blutfaktoren beruht auf zwei allelen Genen, unabhängig von den Genen des OAB-Systems. Die Gene M und N stehen zueinander im Verhältnis der Kombinanz. Es lassen sich also aus ihnen drei genetisch verschiedene Phänotypen bilden:

$$
\begin{aligned}
MM &= \text{Eigenschaft M} \\
NN &= \quad\quad\text{''}\quad\quad N \\
MN &= \quad\quad\text{''}\quad\quad MN
\end{aligned}
$$

Die Bluteigenschaften M, N und MN kommen in Deutschland etwa im Berhältnis 30:20:50 vor. Die größte, 3333 Deutsche aus Berlin umfassende Untersuchung von SCHIFF (zit. nach S. WELLISCH, 1933) enthält 30,94% MM, 19,6% NN und 49,43% MN. Die Genzahlen sind $s = 5,62$, $t = 4,431$, $s + t = 9,993$, wobei $s = \sqrt{MM}$ und $t = \sqrt{NN}$ ist.

Die Ausschlußmöglichkeiten eines falschbeschuldigten Unbeteiligten und die Wahrscheinlichkeit des Ausschusses eines falschbeschuldigten Mannes für jede Mutter-Kind-Kombination nach KOLLER (1931 und 1938) ergibt sich aus nebenstehender Tabelle 7.

Tabelle 7.

Kind	Mutter		
	MM s^2	MN $2st$	NN t^2
MM	NN: s^3t^2	NN: s^2t^3	—
MN	MM: s^4t	—	NN: $s t^4$
NN	—	MM: s^3t^2	MM: s^2t^3

Ein Strich in dieser Tabelle bedeutet, daß ein Ausschluß unmöglich ist, dabei geben s und t die Genverteilung in Prozenten an, also im obigen Beispiel von SCHIFF z. B. $s = 56,2\%$, $t = 44,3\%$.

Die Gesamtaussicht, einen falschbeschuldigten Mann durch Untersuchung der Faktoren M und N auszuschließen, errechnet sich nach SCHIFF (1930) und KOLLER (1931, S. 151 und 1938, S. 200) als: $V = st(1-st)$. Sie errechnet sich für Berlin nach den obigen Zahlen auf etwa 18,5.

Neuerdings ist auch für das MN-System das Vorkommen eines sehr schwachen Faktors N beobachtet worden (CROME, 1935; PIETRUSKY, 1936). FRIEDENREICH (1936b) fand diese Eigenschaft in einer Familie erblich. Er unterscheidet daher beim N-Typus N_1 und N_2, wobei N_1 dominant über das außerordentlich seltene N_2 ist. Von anderer Seite (HOLZER, 1937) ist die Berechtigung der Unterteilung des N-Typus in N_1 und N_2 angezweifelt, und das Vorkommen eines schwachen N-Receptors auf einfachere modifikatorische Titerschwankungen zurückgeführt worden. Immerhin hat FRIEDENREICH (1937a) neuerdings einen weiteren Fall von N_2 mitgeteilt, und die Erfahrungen über die „Untergruppen" im OAB-System sollten immerhin zu denken geben. Jedenfalls wird es gut sein, in den Fällen, in denen durch ein „schwaches N" Störungen zu befürchten sind, wachsam zu sein. Für den Vaterschaftsnachweis hat, worauf auch BÜHLER (1938) hinweist, die Eigenschaft N_2 nur in 2 Konstellationen Bedeutung, und zwar wenn das Kind M, der als Vater Inbetrachtkommende aber N hat, oder umgekehrt. Der Träger der Eigenschaft N kann heterozygot N_1N_2, der Träger der Eigenschaft M kann das Genpaar MN_2 haben, die Eigenschaft N_2 ist aber bei beiden übersehen worden.

Andere serologische Merkmale. Von weiteren agglutinablen Substanzen im Blute des Menschen verdient noch der von FURUHATA und IMAMURA (1935a und b) gefundene Faktor Q genannt zu werden. Das Anti-Q-Agglutinin findet sich als präformierter Antikörper im normalen Schweineserum bei rund 1% der Tiere. Es wird durch Absorption anderer Heteroagglutinine und Gruppenagglutinine, die im Schweineserum enthalten sind, rein dargestellt. Die vorliegenden Familienuntersuchungen zeigen, daß das Vorhandensein von Q dominant ist über das Fehlen.

Wichtig erscheint noch, daß im Speichel bestimmter Menschen die ihnen eigene Blutgruppensubstanz nachgewiesen ist, während sie bei anderen fehlt. Das Vorhandensein S der Gruppensubstanz ist dominant über das Fehlen s (SCHIFF, 1934). Bei Nichtausscheidern fehlen die Gruppensubstanzen außer im Speichel auch im Magensaft, Fruchtwasser und anderen Körperflüssigkeiten, in denen sie sonst nachweisbar sind (LAUBENHEIMER, 1935). Alle bisherigen Befunde bestätigen die Konstanz des Ausscheidertypus und die Gleichartigkeit der Ausscheidung im Speichel, während über die Frage, ob das Vorhandensein der Gruppensubstanz im Speichel lediglich auf eine Ausscheidung der im Blutserum gelösten Substanz durch die Drüsen (SCHIFF) oder auf der Bildung der Gruppensubstanz in den Drüsenzellen (FRIEDENREICH, 1937b) beruht, noch keine Einigkeit herrscht.

Da es aber im Speichel auch die Gruppensubstanz zerstörende Substanzen gibt, deren Erbbedingtheit oder bakterielle Entstehung noch nicht geklärt ist (BÜHLER, 1938), wird dem Nachweis der im Speichel befindlichen Blutgruppensubstanz für Vaterschaftsfragen — bisher wenigstens — nur ein bedingter Wert zukommen.

Über die Receptoren P, G, H, X und E, derentwegen auf den Beitrag von O. THOMSEN in diesem Handbuche verwiesen sein möge, ist erbbiologisch noch nicht so viel Sicheres bekannt, daß ihre Vererbung im Vaterschaftsnachweis heute schon in Betracht käme.

Die Erfolgsaussichten. *Allgemein.* In der Praxis haben etwa 8% der Prozeßfälle durch Blutgruppenuntersuchung allein zur Ausschließung einer behaupteten Vaterschaft geführt (SCHIFF, 1932). Das Ergebnis, das hinter den noch zu nennenden Berechnungen anderer Autoren zurückbleibt, ist dadurch verständlich, daß in der Praxis ja auch Fälle zu behandeln sind, in denen der Vater nicht ausgeschlossen werden kann, weil er eben der richtige Vater ist. Demgegenüber gibt v. VERSCHUER 1937 die Ausschlußmöglichkeit für jeden 6.—7. Fall eines zu Unrecht beschuldigten Mannes an. KOLLER (1931 und 1938) errechnet für die gleiche Voraussetzung eine Erfolgswahrscheinlichkeit von 16,7% auf Grund der sächsischen Zahlen[1].

Bei Untersuchung der Blutgruppen A_1 und A_2 sowie A_1B und A_2B läßt sich nach KOLLER die Erfolgswahrscheinlichkeit um etwa 3% heben.

Die Erfolgsaussichten für die Aufdeckung einer falschen Vaterschaft durch Untersuchung der Faktoren M und N allein berechnet SCHIFF (1922) für Berlin auf 18,5%, für Sachsen auf 18,6%.

Werden die Blutgruppen und Blutfaktoren zugleich herangezogen, so ergibt sich nach KOLLER aus den sächsischen Zahlen eine Erfolgsaussicht von 32,2%.

„Danach besteht in Deutschland in einem Drittel aller falschen Vaterschaftsangaben die Aussicht, durch die Blutuntersuchung nach dem OAB und MN-System die Vaterschaft auszuschließen."

Besondere Schlüsse. Gelegentlich lassen sich aus der Untersuchung von weiteren Familienangehörigen recht wichtige weitere Schlüsse ziehen, die in seltenen Fällen noch einen Ausschuß ermöglichen, meist aber nur den Wert von Indizien besitzen.

Der Fall, daß die Eltern eines Mannes der Blutgruppe A oder B beide AB sind und dieser Mann folglich als reinerbig AA oder BB nicht der Erzeuger eines Kindes 0 sein kann, wird bei der Seltenheit der Blutgruppe AB praktisch wenig bedeutungsvoll sein (KOLLER, 1931).

Liegt bei den Eltern A:AB vor und haben alle Geschwister des Mannes den Faktor A (also Blutgruppe A oder AB), so ist — wie KOLLER 1931 errechnet — die Wahrscheinlichkeit, daß der Sohn A homozygot AA ist:

$$P = \frac{\left(\frac{3}{4}\right)^n \cdot r + p}{2\left(\frac{3}{4}\right)^n \cdot r + p}.$$

Mit wachsender Geschwisterzahl n nähert sich P dem Wert 1. Er ist z. B. — wie KOLLER mitteilt — bei n = 5 in Hamburg nach den Zahlen von HASELHORST (p = 27,8%, q = 9,1% und r = 62,2%) P = 74,3% gegenüber $\frac{p}{p+2r}$ = 18,4% ohne Verwandtenuntersuchung.

Die Formel läßt sich auch bei Vertauschung von A, p und B, q sinngemäß anwenden.

Bezüglich der weiteren Einzelheiten sei auf die Originalarbeit von KOLLER (1931) verwiesen, in der gezeigt wird, daß sich in bestimmten Fällen die Homozygotiewahrscheinlichkeit eines Mannes durch Geschwister-, Eltern- und Kinderuntersuchungen auf 97,9% steigern läßt, gegenüber 6,8% ohne Sippenuntersuchung.

Wichtig ist, worauf besonders SCHIFF (1935) hingewiesen hat, daß es möglich ist, die Blutgruppen eines Probanden auch noch nach seinem Tode, oder falls er ausgewandert ist, durch Untersuchung seiner Verwandten zu erschließen.

1. Sind die Eltern des Probanden noch am Leben, dann läßt sich seine Blutgruppe in folgenden Fällen erschließen[2] (s. Tabelle 8).

---

[1] Die günstigste, überhaupt denkbare Ausschlußmöglichkeit ist nach seinen Berechnungen bei einer Genverteilung P = 22,1, q = 22,1, r = 55,8 mit 19,99 gegeben. Dieses Verhältnis ist etwa bei den Koreanern P = 24%, q = 23% und r = 53% gegeben.

[2] „Eindeutig bestimmt", wie SCHIFF schreibt, ist die Blutgruppe des Probanden damit nicht, denn es ist auch hier immer mit der Möglichkeit einer fremden Vaterschaft zu rechnen. Die auf der erschlossenen Blutgruppe des Probanden aufgebauten Schlüsse sind also keine Beweise, sondern nur „Indizien", allerdings in vielen Fällen recht wichtige Indizien, deren Wertung aber dem Richter überlassen bleiben muß.

In den drei ersten Fällen ist es möglich, ein Kind bestimmter Blutbeschaffenheit, für das der Proband in Anspruch genommen wird, auf Grund der bekannten Regel auszuschließen.

2. Sind unbezweifelte Kinder des Probanden und die Mutter der Kinder am Leben, dann lassen sich Kombinationen finden, in denen der daraus erschließbare Genotypus des Vaters gestattet, dessen Vaterschaft zu Kindern bestimmter Blutgruppen (die -faktoren sind hier nicht zu verwenden) auszuschließen (Tabelle 9).

Über die vorstehenden Versuche hinaus, durch Verwandtenuntersuchung die Genformel eines Mannes zu erschließen, um daraus Schlüsse auf die Möglichkeit seiner Vaterschaft abzuleiten, sind in letzter Zeit von 2 Seiten Versuche unternommen worden, auch diejenigen Fälle, in denen ein Ausschluß nicht möglich ist, der Beurteilung noch zugängig zu machen, indem man wenigstens Wahrscheinlichkeitsschlüsse zu ziehen versuchte. Hier sind neben ROUTIL (1933b), der speziell vom Gesichtspunkt der Blutgruppen sich dem Problem zugewandt hat, ESSEN-MÖLLER und GEYER (1938) zu nennen, die, von ganz grundsätzlichen

Tabelle 8. [Nach Schiff (1935).]

Nr.	Eltern des Probanden	Proband
1.	0:0	0
2.	M:M	M
3.	N:N	N
4.	M:N	MN

Tabelle 9. (Nach Schiff erweitert [1]).

Nr.	Mutter	Kind 1	Kind 2	Blutgruppe des verstorbenen Vaters		Auszuschließen Kind der Blutgruppe		
				Phänotyp	Genotyp			
1.	0	0	A	A	AR	B und AB, falls Kindesmutter 0		
2.	0	0	B	B	BR	A und AB, ,, ,, 0		
3.	0	A	B	AB	AB	0 und AB, stets ,, 0		
4.	A	0	B	B	BR	A und AB, falls Kindesmutter 0		
5.	A	0	AB	B	BR	A und AB, ,, ,, 0		
6.	B	0	A	A	AR	B und AB, ,, ,, 0		
7.	B	0	AB	A	AR	B nud AB, ,, ,, 0		

Erwägungen ausgehend, ein Verfahren ausgearbeitet haben, nach dem es bei bekannter Häufigkeit eines Gens in der Bevölkerung möglich wird, gewisse zahlenmäßig festlegbare Schlüsse über die Wahrscheinlichkeit der Vaterschaft eines Mannes zu ziehen.

Während mir das Verfahren — wie eingangs erwähnt — bei sonstigen morphologischen Merkmalen heute noch nicht anwendbar zu sein scheint, besonders weil wir über die Merkmalsverteilung und damit über die Verteilung der Gene in der Bevölkerung noch nicht genügend wissen, scheint mir das Verfahren bei den Blutgruppen und -faktoren doch bereits mit Vorsicht anwendbar zu sein, weil wir bezüglich der Blutgruppen recht genaue Einzeluntersuchungen aus verschiedenen Teilen Deutschlands haben, im übrigen innerhalb Deutschlands die Blutgruppen auch nicht wesentlich voneinander in ihrer Verteilung abweichen, was auch für die Faktoren M und N gilt. So sei das Verfahren der Wahrscheinlichkeitsberechnung im Vaterschaftsprozeß nach ESSEN-MÖLLER und GEYER hier besprochen und in seiner Anwendbarkeit gezeigt.

ESSEN-MÖLLER (1937) geht von der Überlegung aus, „daß wahre Väter von Kindern mit einem bestimmten Merkmal dasselbe Merkmal häufiger als falsch angegebene Väter tragen; unter den letzteren wiederum muß die Häufigkeit dieselbe wie in der männlichen Bevölkerung überhaupt sein. Beträgt

[1] Schiff (1935) gibt an, daß nur bei Kombination 3 ein Ausschluß möglich sei. Er ist aber auch in den anderen Kombinationen möglich, falls — z. B. im Falle außerehelichen Verkehrs — die Kindesmutter Blutgruppe 0 ist.

z. B. die Häufigkeit des kindlichen Merkmals in der Bevölkerung 3%, so heißt das, daß unter 100 falsch angegebenen Vätern drei rein zufällig, trotz fehlender Beziehung zu den Kindern, dasselbe Merkmal aufweisen; unter wahren Vätern mag die Merkmalshäufigkeit beispielsweise 17% betragen.

Stellen wir nun gleich viele, z. B. der Einfachheit halber 100 wahre und 100 falsche Väter von behafteten Kindern zusammen, so sind unter ihnen offenbar $17 + 3 = 20$ mit dem Merkmal behaftet, alle übrigen (180) sind unbehaftet. Die *behafteten* Präsumptivväter ihrerseits sind also aus 2 Gruppen zusammengesetzt und zwar bestehen sie zu $\frac{17}{20} = 85\%$ aus wahren, zu $\frac{3}{20} = 15\%$ aus falschen Vätern. Greift man einen von ihnen zufallsmäßig heraus, so besteht die Wahrscheinlichkeit von 85%, daß er der Gruppe der wahren Väter angehört.

Das läßt sich auf den einzelnen Präsumptivvater folgendermaßen übertragen: Die Annahme, daß gleich viele wahre und falsche Väter zusammengestellt wurden, heißt hier, daß der einzelne Präsumptivvater vor Beginn der Untersuchung gleich große Aussichten hat, in bezug auf die Vaterschaft angenommen oder abgelehnt zu werden, mit anderen Worten, daß er mit völliger Unvoreingenommenheit untersucht wird. Zeigt dann die Untersuchung, daß er mit dem kindlichen Merkmal *behaftet* war, so gehört er zur Gruppe, innerhalb welcher die Wahrscheinlichkeit der wahren Vaterschaft 85% beträgt, was dann auch die Wahrscheinlichkeit des betreffenden Präsumptivvaters darstellt.

Sollte der Präsumptivvater aber mit dem kindlichen Merkmal *nicht behaftet* sein, liegt die Sache anders: Denn unter falschen Vätern kommt eine solche Nichtübereinstimmung in $(100 - 3) = 97\%$, unter wahren Vätern in $(100 - 17) = 83\%$ vor, unter den Nichtbehafteten machen also die wahren Väter $\frac{83}{83 + 97} = 46\%$ aus. Das ist dann auch die Wahrscheinlichkeit des unbehafteten Präsumptivvaters, der wahre Vater zu sein.

Damit ist die gesuchte Formulierung der Wahrscheinlichkeit einer wahren Vaterschaft auf Grund einer Ähnlichkeit oder Unähnlichkeit gefunden. Wenn die relative Häufigkeit der gefundenen *Kostellation*, d. h. der gefundenen Übereinstimmung oder Nichtübereinstimmung, unter wahren Vätern mit X, unter flaschen Vätern mit Y bezeichnet wird, so ist die Wahrscheinlichkeit offenbar $W = \frac{X}{X+Y}$. In den beiden Beispielen war die Konstellation das eine Mal eine Übereinstimmung zwischen Präsumptivvater und Kind, X war 0,17 und $Y = 0,03$, das andere Mal war die Konstellation eine Nichtübereinstimmung mit $X = 0,83$ und $Y = 0,97$.

Die Formel schreibt sich aus technischen Gründen besser $W = \dfrac{1}{1 + \frac{X}{Y}}$. In

Worten heißt das: *Wenn der Präsumptivvater in einem bestimmten Merkmale mit dem Kinde übereinstimmt, bzw. nicht übereinstimmt, so kann die Wahrscheinlichkeit seiner wahren Vaterschaft (w) definiert werden als der inverse Wert des um die Zahl 1 vermehrten Verhältnisses zwischen der Häufigkeit einer ebensolchen Konstellation (d. h. einer ebensolchen Übereinstimmung bzw. Nichtübereinstimmung) unter falsch angegebenen Vätern einerseits (Y) und unter wahren Vätern andererseits (X); dabei ist die Häufigkeit unter falsch angegebenen Vätern (Y) der Häufigkeit des Vorkommens bzw. Fehlens des kindlichen Merkmals in der Bevölkerung gleichzusetzen.*

Die so errechneten Wahrscheinlichkeiten breiten sich von 0—100% aus. Ist die Häufigkeit des kindlichen Merkmals unter wahren Vätern ebenso groß wie in der Bevölkerung, so wird $Y/X = 1$ und $W = 50\%$. Ist X größer als Y (z. B. wie oben 17% gegen 3%), so wird der Ausdruck Y/X kleiner als 1, und die Wahrscheinlichkeit bewegt sich von 50% gegen 100% hinauf, d. h. sie nähert sich der Gewißheit. Ist wiederum X kleiner als Y (z. B. 83% gegen 97%), so ist Y/X größer als 1 und die Wahrscheinlichkeit zwischen 50% und 0%.

Wie groß oder klein die Wahrscheinlichkeit sein muß, um eine Vaterschaft als praktisch erwiesen oder als praktisch ausgeschlossen zu beurteilen, kann diskutiert sein. Vielleicht könnte man dieselben Grenzen wählen, die durch den Gebrauch des zweifachen, bzw. dreifachen mittleren Fehlers üblich geworden sind und somit eine Vaterschaft erst dann als praktisch erwiesen erachten, wenn die Wahrscheinlichkeit 95,5% oder gar 99,73% übersteigt, bzw. als praktisch ausgeschlossen, wenn sie 4,5% oder gar 0,27% untersteigt".

Tabelle 10. Beziehungen zwischen X- und Y-Werten bei einfach recessiven oder dominanten Merkmalen.

Bezeichnungen: a^2 Häufigkeit des recessiven Merkmals in der Bevölkerung. y Häufigkeit des kindlichen Merkmals in der Bevölkerung. x Häufigkeit des kindlichen Merkmals unter wahren Vätern. Y Häufigkeit der jeweiligen Konstellation in der Bevölkerung. X Häufigkeit der jeweiligen Konstellation unter wahren Vätern.

Konstellation			Relative Häufigkeit nebenstehender Konstellation		Verhhältnis Y/X
Kind	Mutter	Präsumptivvater	unter falschen Vätern (Y)	unter wahren Vätern (X)	
rec.	rec. oder dom.	rec.	$y = a^2$	$x = a = \sqrt{y}$	$\sqrt{y}$
		dom.	$1 - y = 1 - a^2$	$1 - x = 1 - a = 1 - \sqrt{y}$	$1 + \sqrt{y}$
dom.	rec.	rec.	$1 - y = a^2$	$1 - x = 0 = 0$	∞
		dom.	$y = 1 - a^2$	$x = 1 = 1$	y
	dom.	rec.	$1 - y = a^2$	$1 - x = \dfrac{a^2}{1 + a - a^2} = \dfrac{1 - y}{y + \sqrt{1 - y}}$	$y + \sqrt{1 - y}$
		dom.	$y = 1 - a^2$	$x = \dfrac{1 + a - 2a^2}{1 + a - a^2} = \dfrac{2y + \sqrt{1 - y} - 1}{y + \sqrt{1 - y}}$	$\dfrac{y(y + \sqrt{1 - y})}{2y + \sqrt{1 - y} - 1}$

Um so große, oder entsprechend niedrige, Wahrscheinlichkeiten zu erzielen, müssen meistens mehrere Merkmale kombiniert verwertet werden. Dadurch werden auch solche zufälligen Unstimmigkeiten ausgeglichen, die sich etwa dadurch ergeben, daß ein falscher Vater gelegentlich in vereinzelten Merkmalen mit dem Kinde übereinstimmen kann. In der Formel läßt sich die Kombination einfach durch Multiplizieren der jeweiligen Y/X durchführen; die Formel lautet nach dieser Erweiterung $W = \dfrac{1}{1 + \dfrac{Y_1}{X_1} \cdot \dfrac{Y_2}{X_2} \cdot \dfrac{Y_3}{X_3} \ldots}$, wie in der ausführlichen Arbeit Essen-Möllers in den Mitteilungen der Anthropologischen Gesellschaft in Wien näher begründet wird.

Während — wie erwähnt — Essen-Möller die Häufigkeit des Merkmals unter falsch angegebenen Vätern (Y) der Häufigkeit des Vorkommens, bzw. Fehlens des kindlichen Merkmals in der Bevölkerung gleichsetzt, hat er für den Fall, daß sich das Merkmal unkompliziert nach den einfachen Mendelschen Regeln vererbt, bestimmte Formeln aufgestellt, aus denen es möglich ist, das Vorkommen des Merkmals unter wahren Vätern abzuleiten[1].

[1] Bezüglich Einzelheiten sei auf die genannte Arbeit (1938) verwiesen.

Die Tabellen 10—12 sind der Arbeit Essen-Möllers entnommen. Aus ihnen läßt sich das Y/X Verhältnis sowie W ohne weiteres ableiten. Tabelle 10 enthält die Beziehungen zu X und Y-Werten bei einfach recessiven oder dominanten Merkmalen.

Tabelle 11 enthält die gleichen Beziehungen für den einfach intermediären Erbgang, ausgerichtet auf die Blutfaktoren M und N, unter Zugrundelegung einer Häufigkeit von M = 27,2%, MN = 49,9%, N = 22,8% und der Genzahlen A = 0,522, a = 0,478. Eine Umrechnung der Tabelle auf andere Werte ist jeweils ohne Schwierigkeiten möglich.

Tabelle 12 ist auf den Fall der multiplen Allelie (3 Faktoren A, B und R der klassischen Blutgruppen 0, A, B und AB) ausgerichtet. Bezüglich der Ableitung sämtlicher Formeln muß auf die ungekürzte Tabelle in der Originalarbeit verwiesen werden. Dieser Tabelle ist zugrunde gelegt eine Blutgruppenverteilung in der Bevölkerung: 0 = 39,0%, A = 48,1%, B = 8,8% und AB = 4,1%, sowie die Genzahlen: p = 0,309%, q = 0,067%, r = 0,622%. Auch hier ist eine Umrechnung auf andere Werte ohne besondere Schwierigkeiten jeweils möglich.

Tabelle 11[1]. Blutgruppensystem MN (einfach intermediärer Erbgang).

Konstellation			Verhältnis Y/X	Wahrscheinlichkeit der wahren Vaterschaft des Präsumptivvaters (W) %
Kind	Mutter	Präsumptivvater		
M	M, MN (N kommt nicht vor)	M	A	65,7
		MN	2A	18,9
		N	∞	0
MN	M	M	∞	0
		MN	2a	51,2
		N	a	67,7
	MN	M	1	50,0
		MN	1	50,0
		N	1	50,0
	N	M	A	65,7
		MN	2A	48,9
		N	∞	0
N	MN, N (M kommt nicht vor)	M	∞	0
		MN	2a	51,2
		N	a	67,7

Die Anwendung des Verfahrens und die Möglichkeit, daraus noch Schlüsse zu ziehen, wenn nach der üblichen Methode keine genauere Aussage möglich ist, möge an folgendem Beispiel gezeigt werden: Kind B MN, Mutter M AB, Beklagter MN A, Zeuge N B. Bei diesem Befund ist nach der üblichen Beurteilung keine bestimmte Aussage zu machen. Die Vaterschaft beider Männer ist möglich, ohne daß wir in der Lage sind, Wahrscheinlichkeitsunterschiede, betreffend die Vaterschaft der beiden Männer, zu machen.

Nach der Methode von Essen-Möller läßt sich folgende Berechnung aufstellen. Bezeichnen wir das Verhältnis Y/X nach den Blutfaktoren mit Y_1/X_1, nach den Blutgruppen mit Y_2/X_2, dann ist für den Beklagten

$$W = \frac{1}{1 + \frac{Y_1}{X_1} \cdot \frac{Y_2}{X_2}} = \frac{1}{1 + 2a \frac{(p + 2r)(q + r)}{r}} = 43,6\%,$$

für den Zeugen:

$$W = \frac{1}{1 + \frac{Y_1}{X_1} \cdot \frac{Y_2}{X_2}} = \frac{1}{1 + a(q + r)} = 81,6\%.$$

---

[1] Nach Essen-Möller (1938, S. 28) gekürzt.

Dabei ist für die Genzahlen a, p, q und r die vorstehend genannte Häufigkeit zugrunde gelegt.

Es ergibt sich also, daß der Zeuge mit einer fast doppelt so hohen Wahrscheinlichkeit als der Beklagte als Vater in Frage kommt.

Die serologischen Merkmale wurden absichtlich so ausgiebig behandelt, nicht nur weil über sie seit Jahren viel gearbeitet wurde und an ihnen eigentlich die

Tabelle 12[1]. Blutgruppensystem A-B-0 (multiple Allelie).

Konstellation			Verhältnis Y/X	Wahrscheinlichkeit der wahren Vaterschaft des Präsumptivvaters im Beispiel (W) %
Kind	Mutter	Präsumptivvater		
0	0, A, B (AB kommt nicht vor)	0	r	61,6
		A	$p + 2r$	39,1
		AB	∞	0
		B	$q + 2r$	43,2
A	0, B	0	∞	0
		A	$\dfrac{p^2 + 2pr}{p + r}$	66,0
		AB	$2p$	61,8
		B	∞	0
	A	0	$\dfrac{(p + r)^2 + pr}{p + r}$	46,7
		A	$\dfrac{(p^2 + r^2 + 3pr)(p + 2r)}{(p + r)(p + 3r)}$	55,1
		AB	$\dfrac{2(p + r)^2 + 2pr}{p + 2r}$	42,2
		B	$\dfrac{(q + 2r)(p^2 + r^2 + 3pr)}{r^2 + pr}$	29,4
	AB	0	$p + r$	51,7
		A	$p + r$	51,7
		AB	$2(p + r)$	34,9
		B	$\dfrac{(q + 2r)(p + r)}{r}$	33,7
AB	A (0 kommt nicht vor)	0	∞	0
		A	∞	0
		AB	$2q$	88,2
		B	$\dfrac{q^2 + 2qr}{q + r}$	88,7
	AB	0	∞	0
		A	$\dfrac{(p + 2r)(p + q)}{p + r}$	61,4
		AB	$p + q$	72,7
		B	$\dfrac{(q + 2r)(p + q)}{q + r}$	58,3
	B	0	∞	0
		A	$\dfrac{p^2 + 2pr}{p + r}$	66,0
		AB	$2p$	61,8
		B	∞	0

[1] Nach ESSEN-MÖLLER (1938, S. 32, 33) gekürzt.

Tabelle 3. (Fortsetzung.)

Konstellation			Verhältnis Y/X	Wahrscheinlichkeit der wahren Vaterschaft des Präsumptivvaters im Beispiel (W) %
Kind	Mutter	Präsumptivvater		
B	0, A	0	∞	0
		A	∞	0
		AB	$2q$	88,2
		B	$\dfrac{q^2 + 2qr}{q + r}$	88,7
	AB	0	$q + r$	59,2
		A	$\dfrac{(p + 2r)(q + r)}{r}$	36,7
		AB	$2(q + r)$	42,0
		B	$q + r$	59,1
	B	0	$\dfrac{(q + r)^2 + qr}{q + r}$	57,0
		A	$\dfrac{(p + 2r)(q^2 + r^2 + 3qr)}{r^2 + qr}$	34,8
		AB	$\dfrac{2(q + r)^2 + 2qr}{q + 2r}$	55,8
		B	$\dfrac{(q + 2r)(q^2 + r^2 + 3qr)}{(q + r)(q + 3r)}$	66,2

ganze Methode der erbbiologischen Vaterschaftsuntersuchung, allerdings von der Ausschlußseite her, entwickelt und ihre Anerkennung vor Gericht durchgesetzt wurde, sondern weil ich auf Grund mancher Beobachtungen den Eindruck gewonnen habe, daß aus ihnen auch für die Praxis noch wesentlich mehr Schlüsse gezogen werden könnten, als bei ihrer schematischen Anwendung im üblichen Verfahren möglich erscheint.

Die serologischen Merkmale werden vor allen anderen Methoden immer den Vorteil haben, daß ihre Auswertung auch möglich ist, wenn die Beteiligten nicht am Ort der Untersuchung anwesend sind. Dadurch wird den Beteiligten Zeit, sowie ihnen und dem Staate Geld erspart und in vielen Fällen lassen sich bereits heute durch sie so weitgehende Schlüsse ziehen, daß eine erbbiologische Gesamtuntersuchung im Vaterschaftsprozeß sich erübrigt, obwohl nach der üblichen Methode ein Ausschluß nicht möglich erscheint. Es sollte daher immer zunächst die serologische Methode bis zu ihren letzten Möglichkeiten zu erschöpfen getrachtet werden, ehe die umfangreiche erbbiologische Gesamtuntersuchung im Vaterschaftsprozeß angeordnet wird[1].

v) Sonstige Merkmale.

Außer den genannten kommt natürlich auch anderen Merkmalen Bedeutung für den Abstammungsnachweis zu. Hier ist neben auffallenden Besonderheiten auch der Konstitutionstyp, falls das Kind schon etwas älter ist, mit Vorsicht heranzuziehen, falls das Kind die Pubertät bereits überschritten hat, auch der Gesamtbehaarungstyp. Große Vorsicht ist bei der Beurteilung der Naevi geboten, da sie doch recht starken Schwankungen unterliegen. Ganz abzuraten ist von der Heranziehung des sog. Naevus Unna im Nacken, der sich nicht nur sehr

---

[1] Leider werden sich der ausgedehnteren Untersuchung der Sippe in der Praxis dadurch heute noch Schwierigkeiten entgegenstellen, daß für die nicht direkt am Prozeß Beteiligten auch heute noch das Verweigerungsrecht zur Blutentnahme gilt, welches in Deutschland erst durch das neue Eherecht (s. unten!) für die Beteiligten abgeschafft ist.

häufig in der Durchschnittsbevölkerung findet, sondern auch bezüglich der Erblichkeit nicht genügend geklärt ist.

Weiterhin sind natürlich alle krankhaften Erbmerkmale mit zu berücksichtigen deren unterstützende Heranziehung sich in der Praxis schon mehrfach bewährt hat, z. B. Spaltbildung im Bereich des Gesichts, Strabismus des Auges, Ptosis des Oberlides, Verdoppelung oder Verminderung der Strangzahl der Zehen u. a. Wichtig ist aber hierbei die Kenntnis all derjenigen Formen, die eine andere oder auch unvollkommene Manifestationsform der gleichen krankhaften Anlage darstellen, so etwa Stellungsanomalien im Bereich der äußeren Schneidezähne, submuköse Spaltbildungen, ja sogar — worauf Greifenstein (1938) hingewiesen hat — Torus palatinus bei Gesichtsspalten, bei denen außerdem auch auf das Vorkommen von Kolobom zu achten ist. Das gleiche gilt von Deviationen im Bereich der Fingerglieder, hervorgerufen durch einen röntgenologisch nachweisbaren Knochenkeil im Fingergelenk als unvollkommene Manifestation einer Anlage zur Brachydaktylie.

Im ganzen wird es — worauf auch Reche (1938) hinweist — wichtig sein, mehr als bisher noch die krankhaften Merkmale und Abweichungen zur Beurteilung mit heranzuziehen, weil dadurch der Bereich der in die Beurteilung eingehenden Erbmerkmale nicht unwesentlich erweitert werden kann.

4. Abschließende Beurteilung.

Die abschließende Beurteilung der erbbiologischen Gesamtuntersuchung baut sich auf den Einzelbeurteilungen der verschiedenen Merkmalsgruppen auf. Bis auf die Blutgruppen, bei denen eine ausschließende Stellungnahme mit Sicherheit zu treffen ist, wird bei Einzelmerkmalen eine Sicherheit der Aussage nur sehr selten, und auch dann nur im Sinne des Ausschlusses möglich sein. Das liegt daran, daß wir bei den meisten Merkmalen immer mit Manifestationsschwankungen zu rechnen haben, wodurch die Sicherheit der Aussage begrenzt wird. Auch bei den Blutgruppen die Sicherheit der ausschließenden Beurteilung im Hinblick auf die Möglichkeit des Auftretens von Mutationen zu verneinen, erscheint mir zu weit gegangen. Über die Häufigkeit des Auftretens von Mutationen beim Menschen wissen wir nichts Sicheres. Jede derartige Annahme, die zur Grundlage einer Berechnung für das Vorkommen von auf Mutationen beruhenden Ausnahmen gemacht würde, birgt bereits einen größeren Unsicherheitsfaktor in sich als ein Blutgruppenausschluß, dessen Unsicherheit infolge des Vorkommens von Mutationen erst berechnet werden soll. Man kann also getrost bei der Ansicht beharren, daß es durch die Blutgruppen-(-faktoren-) Untersuchung — richtige Technik vorausgesetzt — gelingen kann, eine Vaterschaft mit Sicherheit auszuschließen. Jedenfalls birgt der Ausdruck „Sicherheit" in diesem Falle keine größere Ungenauigkeit in sich, als diejenige, die wir bei jeder Aussage über eine menschliche Beobachtung, selbst wenn sie auf Grund unmittelbaren Erlebens erfolgte, uns in Kauf zu nehmen gewöhnt haben, da die absolute Wahrheit zu finden dem menschlichen Erkennen auch dann verschlossen bleiben kann, selbst wenn wir von der Tatsächlichkeit eines Vorganges, z. B. im Falle eines unmittelbaren Erlebens, überzeugt und darauf aus innerster Überzeugung einen Eid zu leisten bereit wären.

In den Fällen, in denen die Blutgruppen nicht zum Ziele führen, wird meistens die erbbiologische Gesamtuntersuchung nur mit einer verschieden großen Wahrscheinlichkeit eine Aussage ermöglichen. Zu den beiden äußersten Werten: Die Vaterschaft eines Betroffenen ist „an Sicherheit grenzend wahrscheinlich" oder „den Umständen nach offenbar unmöglich" gibt es zahlreiche Zwischenstufen der Aussagen.

Aus der Praxis heraus haben WENINGER und seine Mitarbeiter (HARRASSER, 1935) die Schlüsse auf die Abstammungsmöglichkeit in folgende Grade abgestuft:

Die Abstammung ist

        0 = weder festzustellen, noch auszuschließen.
     + I = eher wahrscheinlich als unwahrscheinlich anzusehen.
     — I = eher unwahrscheinlich als wahrscheinlich anzusehen.
    + II = als wahrscheinlich anzusehen.
    — II = als unwahrscheinlich anzusehen.
   + III = mit großer Wahrscheinlichkeit anzunehmen.
   — III = mit großer Wahrscheinlichkeit auszuschließen.
    + IV = nach biologischer Erwartung anzunehmen.
    — IV = nach biologischer Erwartung auszuschließen.

Die Wertung der einzelnen Gruppen untereinander mit Bezug auf das Vorliegen einer Vaterschaft, ohne daß ihnen etwa eine errechnete mathematische Wahrscheinlichkeit zugrunde läge, gibt HARRASSER durch folgende Zahlen an:

$$— IV = 0{,}01, \ - III = 5, \ — II = 30, \ — I = 45, \ 0 = 50.$$
$$+ IV = 99{,}99, \ + III = 95, \ + II = 70, \ + I = 55,$$

Aus dem Streben heraus, einerseits den Aussagen, in denen von Wahrscheinlichkeit gesprochen wird, ein stärkeres Gewicht zu verleihen, d. h. mit ihnen sparsamer umgehen zu können und andererseits in dem Bereich, in dem die Aussage aus biologischen Gründen unsicher gehalten werden muß, wenigstens einen Hinweis auf die Möglichkeit oder Unmöglichkeit zu geben, wurde vom Rassenbiologischen Institut in Königsberg folgende Einteilung der Aussage gewählt, die sich in der Praxis gut bewährt hat.

Die Vaterschaft des X ist:

nicht unmöglich.	45— 50	—55	möglich.
durchaus nicht unmöglich.	44—35	56—65	durchaus möglich.
eher unwahrscheinlich als wahrscheinlich.	34—20	66—80	eher wahrscheinlich als unwahrscheinlich.
unwahrscheinlich.	19—10	81—90	wahrscheinlich.
sehr unwahrscheinlich.	9—1	91—99	sehr wahrscheinlich.
den Umständen nach offenbar unmöglich.	< 1	> 99	an Sicherheit grenzend wahrscheinlich.

In dieses Wertungsschema habe ich in der Mitte jeweils denjenigen geschätzten Wahrscheinlichkeitsgrad eingetragen, welcher der betreffenden Beurteilung zuzuschreiben ist. Es sei hier ausdrücklich darauf hingewiesen, daß diese Zahlen ebenso wie diejenigen, welche HARRASSER für die Wiener Beurteilung gegeben hat, nicht auf Grund mathematischer Berechnungen erhalten wurden, sondern lediglich zahlenmäßig die Wertigkeit der betreffenden Beurteilung wiedergeben sollen. Gegen eine solche innerhalb gewisser Zahlengrenzen zum Ausdruck kommende Wertung dürfte grundsätzlich nichts einzuwenden sein, da wir auch sonst im Leben, auch selbst vor Gericht, letztlich all unsere Schlüsse auf Wahrscheinlichkeitsschätzungen aufbauen, daß wir uns, entsprechend dem allgemeinen Sprachgebrauch, bestimmte Ausdrücke zu verwenden gewöhnt haben, die es auch dem anderen ermöglichen, die Wertigkeit, welche wir einer Beobachtung oder einer Mitteilung beilegen, abzumessen.

Wie weit solche auf Grund umfänglicher Erfahrungen und guter Beobachtungen zustande kommenden Wahrscheinlichkeitsschätzungen ungenauer sind als solche, welche auf Grund mathematischer Berechnungen zustande kommen, darüber kann man schon deshalb geteilter Meinung sein, weil die mathematische Wahrscheinlichkeitsberechnung bei vielen Vorgängen des täglichen Lebens sowohl wie der Biologie nur für einen Teil der Voraussetzungen in Zahlen, und diese auch häufig nur ungenau fassen kann, und somit auch der mathematisch errechneten Wahrscheinlichkeit immer eine gewisse Schwankungsbreite und damit auch Ungenauigkeit, nicht wegen Ungenauigkeit der Berechnung oder Unrichtigkeit der Formeln, sondern wegen der Unsicherheit der Voraussetzung zukommt. Man bedenke auch, ob etwa Zahlenwerte, in denen Merkmalshäufigkeiten von einem Material auf ein anderes übertragen

werden oder Merkmalshäufigkeiten, wie sie aus einem über ein großes Gebiet sich erstreckenden Untersuchungsmaterial gewonnen wurden, auf eine Gruppe von Beteiligten übertragen
werden, die aus einem Engzuchtsgebiet stammen, wirklich exakter sind. Ich glaube nein!
Der Unterschied ist nur, daß die Zahl dem weniger Eingeweihten eine größere Genauigkeit
vortäuscht.

Es empfiehlt sich aber, bei der Abschätzung der Wahrscheinlichkeiten nach
einem bestimmten Plan vorzugehen. Wir haben dafür die oben angeführte
Wertungstabelle angewandt.

Diese Wertungseinteilung wird Merkmalsgruppe für Merkmalsgruppe an-
gewandt und die einzelnen Merkmalsgruppen in das nachstehend abgebildete
Wertungsschema eingetragen, das oft recht eindrucksvoll das zusammenfassende
Schlußergebnis unterstreicht. Auch dieses Schlußergebnis wird grundsätzlich
nach der gleichen Wertungseinteilung ausgerichtet und, falls nötig, noch durch
Zusätze ergänzt.

Tabellarische Zusammenfassung [1].

Die Vaterschaft des .... erscheint bezüglich der auf der linken Seite der
Tabelle aufgeführten Merkmale für das Kind .... als:

		den Umständen nach möglich	sehr unwahrscheinlich	unwahrscheinlich	eher unwahrscheinlich als wahrscheinlich	durchaus nicht unmöglich	nicht unmöglich	möglich	durchaus möglich	eher wahrscheinlich als unwahrscheinlich	wahrscheinlich	sehr wahrscheinlich	an Sicherheit grenzende Wahrscheinlichkeit
Farb- und Form- merkmale des Kör- pers	Kopf- und Gesichtsform							+					
	Haar							+					
	Weichteile der Augengegend											+	
	Regenbogen- haut des Auges									+			
	Äußere Nase											+	
	Weichteile der Mund- und Kinngegend											+	
	Ohren										+		
	Papillarleisten									+			
Blutgruppen									+				

Schlußergebnis.

Es fand sich kein einziges Merkmal, das den Ausschluß des .... gestatten würde,
während andererseits eine ganz besonders große Zahl sicherer und wichtiger Erbmerkmale
bei .... und dem Kinde übereinstimmten.

Unter Hinweis auf die vorstehende Übersichtstabelle fasse ich mein Gutachten dahin
zusammen, daß .... mit großer Wahrscheinlichkeit der Vater des Kindes .....
.... ist.

Neuerdings ist von ESSEN-MÖLLER (1938) und E. GEYER (1938) — wie oben
bereits erwähnt — eine Methode ausgearbeitet worden, nach der es möglich
erscheint, die Wahrscheinlichkeit des Vorliegens einer Vaterschaft auch auf
Grund einer zahlenmäßigen Berechnung auszudrücken. Bereits oben wurde
dargelegt, daß mir heute noch die sicheren Unterlagen dafür nicht gegeben zu
sein scheinen. Es scheint mir daher besser, einstweilen noch die Methode von

---

[1] Praktischer Fall aus dem Rassenbiologischen Institut Königsberg.

Essen-Möller und Geyer nur unterstützend und nur für solche Merkmale anzuwenden, für die wir sichere Unterlagen über die Merkmals- und Genverteilung in den betreffenden Gegenden besitzen. Eine mathematisch errechnete Wahrscheinlichkeit würde heute noch infolge der Unsicherheit der dafür notwendigen Unterlagen eine Exaktheit der Aussage vortäuschen, die nicht besteht. Es erscheint besser, sich der Grenzen der Methode bewußt zu bleiben und stets darauf hinzuweisen, als durch zahlenmäßige Berechnungen, über deren Voraussetzungen in der Praxis viele sich nicht mehr Rechenschaft geben werden, diese Grenzen zu verwischen und dadurch zu Fehlbeurteilungen zu kommen; damit soll grundsätzlich gegen die Berechtigung, zu einem mathematisch exakt bestimmten Ausdruck der Wahrscheinlichkeit zu gelangen, kein Einwand erhoben werden.

Noch einmal sei ausdrücklich hervorgehoben, daß die Beurteilung der erbbiologischen Gesamtuntersuchung ein großes Maß von Wissen, Erfahrung und Vorsicht erfordert. Daher wird in absehbarer Zeit der Kreis der zur Begutachtung geeigneten Stellen verhältnismäßig klein bleiben müssen, ist doch selbst bei den Blutuntersuchungen neuerdings der Kreis begutachtender Stellen scharf begrenzt worden. Es erscheint selbst im Rahmen dieses Handbuches unerläßlich darauf hinzuweisen, daß von der erbbiologischen Gesamtuntersuchung nur Gebrauch gemacht werden sollte, ,,wenn die bestehenden Zweifel durch andere Beweismittel, insbesondere durch Vornahme einer Blutgruppenuntersuchung, nicht behoben werden können"[1].

5. Die richterliche Bedeutung.

Die richterliche Bedeutung der erbbiologischen Vaterschaftsermittlung ergibt sich bereits aus dem Umfang, den die Blutgruppenuntersuchung heute im Prozeßverfahren einnimmt. Entscheidend ist hierbei die Tatsache, daß die deutschen Gerichte von der lange geübten allzu engen Auffassung des ,,den Umständen nach offenbar unmöglich" wie auch der ,,an Sicherheit grenzenden Wahrscheinlichkeit" abgerückt sind und heute nicht mehr fordern, daß ,,nach den gesicherten Ergebnissen der Wissenschaft auch die entfernteste Möglichkeit ausgeschlossen ist, daß das Kind von dem betreffenden Manne erzeugt sein kann"[2]. Hiller (1938) hebt auch hervor, daß nach heutiger Auffassung das Kammergericht seine Auffassung überspannt habe. Es habe den medizinisch-naturwissenschaftlichen Beweis mit einem mathematisch exakten Beweis identifiziert, und Mueller (1935) schreibt, daß die Worte ,,den Umständen nach offenbar unmöglich" häufig verdolmetscht würden mit den Worten ,,bei vernünftiger Überlegung so gut wie ausgeschlossen".

Ausdrücklich betont das Reichsgericht im Jahre 1934, ein Richter, welcher noch nicht voll von den Ergebnissen der Blutgruppenforschung durchdrungen ist, sei nicht berechtigt, die wissenschaftlichen Grundsätze der Blutgruppenforschung unberücksichtigt zu lassen, ohne ein Wort der Begründung zu sagen. Über das Ergebnis der Beweisaufnahme entscheidet das Gericht nach seiner freien, aus dem Inbegriff der Verhandlungen geschöpften Überzeugung. Die objektive Wahrheit könnte nur recht selten festgestellt werden; es reiche eine an Sicherheit grenzende Wahrscheinlichkeit aus. Fernliegende Möglichkeiten und Zweifel verdienen keine Beachtung[3].

Über die Blutuntersuchung hinaus ist die erbbiologische Gesamtuntersuchung zur Feststellung der Vaterschaft über den Rahmen gerichtlicher Einzelanordnungen hinaus erstmalig durch die erwähnte A.V. des Reichsjustizministers

---

[1] AVO. RJM. v. 27. 3. 36 (3470-IV b 3625), mitgeteilt D. Justiz, 1936, S. 533. — Dort sind auch diejenigen Anstalten aufgeführt, die für das damalige Reichsgebiet als geeignet angesehen werden.

[2] Kammergerichtsbeschluß v. 11. 10. 27 (Jur. Wschr. **1927**, 2862), ähnlich auch im Kammergerichtsbeschluß vom 12. 10. 28 (Jur. Wschr. **1929**, 466).

[3] Aktenz. 549/34, mitgeteilt Münch. med. Wschr. **1935** I, 565. Siehe hierüber auch bei Hiller, 1938, S. 41—46; dort auch weitere Literatur!

vom 27. 3. 36 (3470—IV b 3625) allgemein anerkannt worden. Ihre gerichtliche Bedeutung wird darin wie folgt umrissen: „Die erb- und rassenkundliche Untersuchung der Beteiligten kann in vielen Fällen, die sich auf andere Weise nicht oder nicht ausreichend klären lassen, wertvolle Erkenntnisse vermitteln". Die große richterliche Bedeutung der erbbiologischen Gesamtuntersuchung geht auch aus einer Entscheidung des Reichsgerichts in einer Eheanfechtungssache aus dem Jahre 1937 hervor, in der die Berufungsinstanz auf die beantragte Augenscheinnahme über die Ähnlichkeit eines Kindes mit dem als Erzeuger in Betracht kommenden Zeugen nicht eingegangen war. Mit Bezug auf einen bereits früher behandelten Fall (Urteil vom 30. 11. 36 — Jur. Wschr. *1937*, 620) wird ausgeführt,

„daß bei der Erforschung, ob eine offenbare Unmöglichkeit vorliegt, jede Erkenntnisquelle, die dem Gericht entsprechend den verfahrensrechtlichen Vorschriften zugänglich ist, voll ausgenutzt werden muß. Hieran fehlt es, da das Berufungsgericht auf die beantragte Augenscheinnahme über die Ähnlichkeit des Zeugen Sch. nicht eingegangen ist. Mag auch einem derartigen Beweis in anderen Fällen keine ausschlaggebende Bedeutung beizumessen sein, so ist doch hier zu beachten, daß das Berufungsgericht in einem an Sicherheit grenzenden Grad von Wahrscheinlichkeit als dargetan ansieht, daß der Kläger als Vater des Kindes nicht in Betracht komme. Es scheint daher nicht ausgeschlossen, daß bei Einnahme des Augenscheins das Berufungsgericht seine Bedenken gegen die Annahme der offenbaren Unmöglichkeit als beseitigt angesehen haben würde. Soweit das Berufungsgericht sich zur Beurteilung von Ähnlichkeitsmerkmalen außerstande erachtet haben würde, hätte es gemäß § 372, Abs. 1 ZPO. die Möglichkeit gehabt, einen oder mehrere Sachverständige zuzuziehen. Wollte es das von sich aus nicht tun, so wäre bei der Wichtigkeit der zu entscheidenden Frage gemäß § 139 ZPO. begründeter Anlaß gewesen, dem Kläger Gelegenheit zur Ergänzung seines Antrages zu geben. Die Revision trägt vor, daß er dann die Vernehmung eines Sachverständigen für Rassenkunde beantragt haben würde.

Das angefochtene Urteil mußte deshalb aufgehoben und die Sache zur erneuten Erörterung an das Berufungsgericht verwiesen werden". (RG. IV Ziv.Sen. vom 22. 7. 37 — IV 117/37, Dtsch. Just. 1937, S. 1362.)

Vergleicht man diese und eine ähnlich lautende Entscheidung des Reichsgerichts (22. 3. 37 — Jur. Wschr. *1937*, 2222) mit der noch 10 Jahre vorher gefällten Entscheidung des Kammergerichts, in der sogar die Blutgruppen als gültiges Beweismittel im Vaterschaftsprozeß abgelehnt wurden, so geht daraus nicht nur der Wandel in der Bedeutung der Erbbiologie, sondern auch ihr Einfluß auf das richterliche Denken hervor.

Entsprechend obiger Auffassung deutscher Gerichte ist auch im neuen Familienrecht (Gesetz über die Änderung und Ergänzung familienrechtlicher Vorschriften und über die Rechtsstellung der Staatenlosen vom 12. 4. 38 R.G.Bl. 1938 I, S. 380) in § 9 bestimmt:

1. „In familienrechtlichen Streitigkeiten haben sich Parteien und Zeugen, soweit dies zur Feststellung der Abstammung eines Kindes erforderlich ist, erb- und rassenkundlichen Untersuchungen zu unterwerfen, insbesondere die Entnahme von Blutproben zum Zwecke der Blutuntersuchungen zu dulden.

2. Weigert sich eine Partei oder ein Zeuge ohne triftigen Grund, so kann unmittelbarer Zwang angeordnet, insbesondere die zwangsweise Vorführung zum Zwecke der Untersuchung angeordnet werden."

Die erbbiologische Ermittlung der Abstammung eines Menschen stellt heute ein wesentliches Mittel nationalsozialistischer Rechtsfindung und Rechtsgestaltung dar. Lebensgesetzliche Rechtsgestaltung und Rechtssprechung, deren einer Grundpfeiler die Überzeugung von der besonderen Bedeutung der Abstammung für den Menschen ist, ist nur möglich durch die Berücksichtigung und Heranziehung des gesicherten Wissens der menschlichen Erbforschung.

So schafft die Forschung vom Leben neues Recht, um damit dem Volke, dem Leben erneut zu dienen.

Schrifttum.

I. Zusammenfassende Arbeiten.

KOLLER, S.: In GEPPERT-KOLLERS Erbmathematik, S. 228. Leipzig 1938.
LUXENBURGER, H.: Der heutige Stand der empirischen Erbprognose als Grundlage für Maßnahmen der praktischen Erbgesundheitspflege. Zbl. Neur. 81 (1936).
RÜDIN, E.: Empirische Erbprognose. Arch. Rassenbiol. 27, 271—283 (1933). Dort auch Literatur über die bis 1933 erschienenen Originalarbeiten zur empirischen Erbprognose.
VERSCHUER, O. v.: Erbpathologie, 2. Aufl. Dresden 1937.

II. Einzelarbeiten.

ABEL, W.: Wissenschaftliche Ergebnisse der deutschen Grönlandexpedition Alfred Wegner, Bd. VI. Leipzig 1929 u. 1930/31. — Zähne und Kiefer in ihren Wechselbeziehungen bei Busch-männern, Hottentotten, Negern und deren Bastarden. Z. Morph. u. Anthrop. 31 (1933).—Die Vererbung von Antlitz- und Kopfform des Menschen. Z. Morph. u. Anthrop. 33, 261—345 (1935).
BAUER, K. H.: Zur Vererbungs- und Konstitutionspathologie der Hämophilie. Dtsch. Z. klin. Chir. 176, 109 (1922). — BERNSTEIN, F.: Zusammenfassende Betrachtungen über die erblichen Blutstrukturen des Menschen. Z. Abstammgslehre 37, 237 (1925). — Variation und Erblichkeitsstatistik. Handbuch der Vererbungswissenschaft, Bd. I C. Berlin 1929. — BETTMANN, S.: Über die Vierfingerfurche. Z. Anat. 98, 487 (1932). — BONNEVIE, K.: Studies on Papillary Patterns on Human Fingers. J. Genet. 15 (1924). — Lassen sich die Papillarmuster der Fingerbeeren für Vaterschaftsfragen praktisch verwerten Zbl. Gynäk. 5, Nr 9 (1927). — Was lehrt die Embryologie der Papillarmuster über ihre Bedeutung als Rassen- und Familiencharakter Teil 1 u. 2. Z. Abstammgslehre 50 (1929). — Teil 3. Z. Abstammgslehre 59 (1931). — BÜHLER, E.: Normale physiologische Eigenschaften. Fortschr. Erbpath. u. Rassenhyg. 2, 105—161 (1938).
CARRIÈRE, R.: Über die Erblichkeit und Rasseneigentümlichkeit der Finger- und Hand-linienmuster. Arch. Rassenbiol. 15, 151 (1923/24). — CHRISTIANSEN, W.: Die Verteilung der Blutgruppen und der -faktoren M und N in Sachsen. Z. Rassenphysiol. 7, 114—134 (1935). — CONRAD, K.: Über die Grenzen der erbstatistischen Methoden. Nervenarzt 10, 601—606 (1937). — CROME, W.: Über Blutgruppenfragen: Mutter M, Kind N. Dtsch. Z. gerichtl. Med. 24, 167—175 (1935).
DAHR, P. u. W. BUSSMANN: Familienuntersuchungen über die Vererbung der „Unter-gruppen" A₁ und A₂. Z. Rassenphysiol. 10, 49—64 (1938). — DUNGERN-HIRSZFELD, v.: Über gruppenspezifische Struktur des Blutes. Z. Immun.forsch. 8, 526 (1911).
ESKELUND, V.: Structural variations of the Human Iris and their Heredity. Copenhagen 1938. — ESSEN-MÖLLER, E.: Wie kann die Beweiskraft der Ähnlichkeit im Vaterschafts-prozeß in Zahlen gefaßt werden? Verh. dtsch. Ges. Physiol. u. Anthrop. Tübingen 1937. — Die Beweiskraft der Ähnlichkeit im Vaterschaftsnachweis. Theoretische Grundlagen. Mitt. anthrop. Ges. Wien 68, 9—53 (1938).
FABER, A.: Erbbiologische Untersuchungen über die Anlage zur „angeborenen" Hüft-verrenkung. Z. Orthop. 66 (1937). — Über die Ätiologie der angeborenen Hüftverrenkung und ihre Vorstufe. Erbarzt 4, 131—136 (1937). — FETSCHER, R.: Diagnose der Eltern-schaft aus Erbmerkmalen des Kindes. Z. Sex.wiss. 12, 265—273 (1925). — FISCHER, EUGEN u. H. LEMSER: Zur Frage der Erkennungsmöglichkeit heterozygoter und homozygoter Erbanlagen für Diabetes mit Hilfe der Kupferreaktion. Erbarzt 5, 73, 74 (1938). — FISCHER, W. u. F. HAHN: Über auffallende Schwäche der gruppenspezifischen Reaktionsfähigkeit bei einem Erwachsenen. Z. Immun.forsch. 84, 177 (1935). — FRIEDENREICH, V.: Eine bisher unbekannte Blutgruppeneigenschaft (A₃). Z. Immun.forsch. 89, 409 (1936). — Eine bisher unbekannte Blutgruppe innerhalb des MN-Systems. Acta path. skand. (København) Suppl. 26 (1936). — Die Untergruppen in der Blutgruppenforschung. Bemerkungen zur gleichnamigen Arbeit von F. J. HOLZER. Klin. Wschr. 1937 I, 481. — Über die Auffassung von der Ausscheidung und Nichtausscheidung serologischer Blutgruppensubstanzen. Z. Immun.forsch. 84, 359 (1937). — FRIEDENREICH, V. u. A. ZACHO: Die Differentialdiagnose zwischen „Unter"-Gruppen A₁ und A₂. Z. Rassenphysiol. 4, 164—191 (1931). — FURU-HATA, T. and IMAMURA: The heredity of the factor Q in human bloods. Jap. J. Genet. 11, 2 (1935). — The heredity of the faktor Q in human bloods. Nippon Ijichimpo, p. 647. 1935.
GEIPEL, S.: Anleitung zur erbbiologischen Beurteilung der Finger- und Handleisten. München: J. F. Lehmann 1935. — Der Formindex der Fingerleistenmuster. Z. Morph. u. Anthrop. 36, 330—361 (1937). — GEIPEL, S. u. O. v. VERSCHUER: Zur Frage der Erblich-keit des Formindex des Fingerleistenmuster. Z. Abstammgslehre 70, 460—463 (1935). — GEYER, E.: Gestalt und Vererbung der Gegenleiste (Anthelix) des menschlichen Ohres. Diss. Wien 1926. — Vererbungsstudien am menschlichen Ohr. Mitt. anthrop. Ges. Wien 58 (Sitzgsber.) 6—8 (1928). — Vererbungsstudien am menschlichen Ohr. 3. Beitrag: Die flache Anthelix. Mitt. anthrop. Ges. Wien 62, 280—285 (1932). — Probleme der Familien-anthropologie. Mitt. anthrop. Ges. Wien 64, 295—326 (1934). — Vorläufiger Bericht

über die familien-anthropologische Untersuchung des ostschwäbischen Dorfes Marienfeld im rumänischen Banat. Verh. Ges. Physiol. u. Anthrop. 7, 5—11 (1935). — Studien am menschlichen Ohr. 4. Beitrag: Stellung und Faltung der Ohrmuschel. Anthrop. Anz. 13, 101—111 (1936). — Die Beweiskraft der Ähnlichkeit im Vaterschaftsnachweis. Praktische Anwendung. Mitt. anthrop. Ges. Wien 68, 54—87 (1938). — Greifenstein u. Dieminger: Erblichkeit und klinische Bedeutung des Gaumenwulstes (Torus palatinus). Erbbl. Hals- usw. Arzt 1938, H. 3/4.

Harrasser, A.: Ergebnisse der anthropologisch-erbbiologischen Vaterschaftsprobe in der österreichischen Justiz. Mitt. anthrop. Ges. Wien 64, 204—232 (1935). — Hiller, C.: Der Beweiswert der Blutprobe. Veröff. dtsch. Ver. öffentl. u. priv. Fürsorge 1938, H. 2. — Holzer, F.: Untersuchungen über die gerichtlich-medizinische Verwertbarkeit der Ausscheidung von Blutgruppensubstanzen. Dtsch. Z. gerichtl. Med. 38, H. 1/3, 235 (1935). — Die Untergruppen in der Blutgruppenforschung. Klin. Wschr. 1937 I, 481—483. — Krantz, J. Wilh. u. G. Dahlberg: Die Verbreitung eines monohybriden Erbmerkmals in einer Population und in der Verwandtschaft von Merkmalsträgern. Arch. Rassenbiol. 19, 129—165 (1927).

Isigkeit: Untersuchungen über die Heredität orthopädischer Leiden II. Die angeborene Hüftverrenkung. Arch. orthop. Chir. 26, 659 (1928).

Just, G.: Über multiple Allelie beim Menschen. Arch. Rassenbiol. 24, 208—227 (1930).

Karl, Erich: Systematische und erbbiologische Untersuchungen der Papillarmuster der menschlichen Fingerbeeren. Leipzig 1934. — Könner, D. M.: Abnormalities of the Hand and Feet. J. Hered. 25, Nr 8 (1934). — Koller, S.: Statistische Untersuchungen zur Theorie der Blutgruppen und zu ihrer Anwendung vor Gericht. Z. Rassenphysiol. 3, H. 3/4, 121—183 (1931). — Die Auslesevorgänge im Kampfe gegen die Erbkrankheiten. Z. menschl. Vererbgslehre, 19, H. 3, 253—322 (1935). — Die theoretische Erbprognose bei mono- und dimerem Erbgang. Ber. 11. Jverslg dtsch. Ges. Vererbgswiss. Jena 1935. — Über die Verbindung der theoretischen und empirischen Erbprognose zur Ermittlung des Erbganges einer Krankheit. Ber. 12. Jverslg dtsch. Ges. Vererbgs.wiss. Frankfurt a. M. Z. Abstammgslehre 73, H. 3/4, 571—576 (1937). — Koller, S. u. M. Sommer: Zur Kritik der von S. Wellisch angewandten mathematischen Methoden in der Blutgruppenforschung. Z. Rassenphysiol. 3, H. 1, 27—44 (1930). — Korkhaus, G.: Die Vererbung von Anomalien der Zahnzahl. Zahnärztl. Korresp.bl. 1929. — Die Vererbung der Zahnfarbe. Beitr. Zwillingsforsch. z. Konstit.lehre 1930. — Anormale Merkmale der äußeren Kronen- und Wurzelform und die Frage ihrer erblichen Bedingtheit. Dtsch. Mschr. Zahnheilk. 1930, 593. — Die Vererbung der Zahnstellungsanomalien und Kieferdeformitäten. Z. Stomat. 1930.

Landsteiner, K. u. Ph. Levine: On individual Differences in human Blood. J. of exper. Med. 47, 757—775 (1928). — Lange, W.: Über den Stand der histologischen Erforschung der Taubstummheit. Erbarzt 5, 52 (1938). — Laubenheimer, K.: Fortschritte in der Blutgruppenlehre und ihre Anwendung in der gerichtlichen Medizin. Kolles Erbbiologie, S. 128—134. Leipzig 1935. — Lenz: In Baur-Fischer-Lenz: Menschliche Erblehre, 4. Aufl., Bd. I. München: J. F. Lehmann 1936. — Lenz, F.: Mendeln die Geisteskrankheiten? Ber. 12. Jverslg dtsch. Ges. Vererbgswiss. Frankfurt. S. 215—220. Leipzig: Bornträger. — Z. Abstammgslehre 73, H. 3/4 (1937). — Über kombinantes Verhalten alleler Gene. Erbarzt 5, 83 (1938). — Lüdicke, S.: Der gegenwärtige Stand der Blutgruppenuntersuchung und ihre Anwendung im Unterhaltsprozeß. 1931. — Luxenburger, H.: Bemerkungen zu dem Vortrag von F. Lenz: Mendeln die Geisteskrankheiten? Ber. 12. Jverslg dtsch. Ges. Vererbgs.wiss. Frankfurt a. M. Leipzig: Bornträger. — Z. Abstammgslehre 73, H. 3/4 (1937). — Fortschritte im schizophrenen und zyklothymen Erbkreis. Fortschr. u. Rassenhyg. 1, H. 2, 49—77 (1937).

Matthée, E.: Untersuchungen über Häufigkeit und familiäres Vorkommen von Handleistenmustern in einem ostpreußischen Fischerdorf (Peyse). Z. Morph. u. Anthrop. 37, H. 3, 538—566 (1938). — Mau, C.: Zur Frage der Erbbedingtheit des angeborenen Klumpfußleidens. Erbarzt 5, 84—88 (1938). — Metzner, J.: Über die Häufigkeit des Vorkommens unstimmiger Genformeln für quantitative Werte der Fingerleisten bei Eltern und Kindern. Z. menschl. Erblehre 1938. — Meyer-Heydenhagen, G.: Die palmaren Hautleisten bei Zwillingen. Z. Morph. u. Anthrop. 33, H. 1, 1—42 (1934). — Mohr, O. L.: Über Letalfaktoren mit Berücksichtigung ihres Verhaltens bei Haustieren und bei Menschen. Ref. 5. Jverslg dtsch. Ges. Vererbgs.forsch. Hamburg 1925. Z. Abstammgslehre 41, 59—109 (1926). — Mühlmann, W. E.: Ein ungewöhnlicher Stammbaum über Taubstummheit. Arch. Rassenbiol. 22, 181 (1930). — Mueller, B.: Technik und Bedeutung der Blutgruppenuntersuchung für die gerichtliche Medizin. 1935. — Mueller, B. u. Ting: Ist die daktyloskopische Untersuchung als Hilfsmittel zum gerichtlich-medizinischen Ausschluß der Vaterschaft brauchbar Z. gerichtl. Med. 11 (1928). — Müller, L.: Die angeborenen Fehlbildungen der menschlichen Hand. Leipzig: Georg Thieme 1937.

Nehse, E.: Beiträge zur Morphologie, Variabilität und Vererbung der menschlichen Kopfbehaarung. Z. Morph. u. Anthrop. 36, 151—181 (1936).

PIETRUSKY, F.: Über die praktische Brauchbarkeit der Blutfaktoren M und N für den Vaterschaftsausschluß, zugleich ein Beitrag zum Nachweis des defekten N-Rezeptors (N₂). Münch. med. Wschr. **1936** II, 1123. — PLOETZ-RADMANN, M.: Die Hautleistenmuster der unteren beiden Fingerglieder der menschlichen Hand. Z. Morph. u. Anthrop. **36**, H. 2, 281—310 (1937). — POLL: Über Zwillingsforschung als Hilfsmittel menschlicher Erbkunde. Z. Ethnol. 1914, H. 1, 87. — PORTIUS, W.: Beitrag zur Frage der Erblichkeit der Vierfingerfurche. Z. Morph. u. Anthrop. **36**, 382—390 (1937). —

QUELPRUD, TH.: Untersuchungen der Ohrmuscheln von Zwillingen. Z. Abstammgslehre **62**, 160—165 (1932). — Über Zwillingsohren. Z. Ethnol. **1932**. — Über Zwillingsohren. Eugenik 2, H. 8 (1932). — Familienforschungen über Merkmale des äußeren Ohres. Z. Abstammgslehre **67**, 296—299 (1934). — Zur Erblichkeit des DARWINschen Höckerchens. Z. Morph. u. Anthrop. **34**, 343—368 (1934). — Die Ohrmuschel und ihre Bedeutung für die erbbiologische Abstammungsprüfung. Erbarzt 1, H. 8, 121 (1935).

RECHE, O.: Anthropologische Beweisführung in Vaterschaftsprozessen. Österr. Richterztg **19**, 197 f. (1926). — Zur Geschichte des biologischen Abstammungsnachweises. Volk u. Rasse **9**, 369—375 (1938). — REICH, WALTER: Über hereditäre Sehnervenatrophie. Öff. Gesdh.dienst, 3, H. 11. 469—486 (1937). — RITTER, R.: Über die Frage der Vererbung von Anomalien der Kiefer und Zähne. Leipzig: Meußer 1937. — ROUTIL, R.: Über die biologische Gesetzmäßigkeit der Kopfmaße. Mitt. anthrop. Ges. Wien **62** (1932). — Über die Wertigkeit der Blutgruppenbefunde im Vaterschaftsprozeß. Z. Rassenphysiol. **6**, H. 2, 70—74 (1933). — Von der Richtung der Augenspalte. Z. Morph. u. Anthrop. **32**, 469—480 (1933).

SCHEIDT, W.: Physiognomische Studien an niedersächsischen und oberschwäbischen Landbevölkerungen. Dtsch. Rassenkde **5** (1931). — SCHIFF, F.: Zur Serologie der Berliner Bevölkerung. Klin. Wschr. **1929** I, 448, 449. — Die Vererbungsweise der Faktoren M und N von LANDSTEINER und LEVINE. Klin. Wschr. **1930** II, 1956—1959. — Die Technik der Blutgruppenuntersuchung. Berlin 1932. — Die Blutgruppen und ihr Anwendungsgebiet. Berlin 1933. — Die Diagnose des serologischen Ausscheidungstypus in der Blutgruppe 0 mittels heterogenetischen Immunserums, 1934. — Kann die Abstammung von einem Verstorbenen durch Blutuntersuchung ausgeschlossen werden In KOLLES Erbbiologie, Bd. 1. Leipzig: Georg Thieme 1935. — SCHLOESSMANN, H.: Die Hämophilie. Neue deutsche Chirurgie, herausgeg. von H. KÜTTNER, Bd. 47. Stuttgart 1930. — SCHMIDT, J.: Über manifeste Heterozygotie bei Konduktorinnen für Farbensinnstörungen. Klin. Mbl. Augenheilk. **92**, 456—467 (1934). STEFFÉNS, CHR.: Über Zehenleisten bei Zwillingen. Z. Morph. u. Anthrop. **37**, 218—258 (1938). — STUDT, H.: Die Bluter von Calmbach. Arch. Rassenbiol. **31**, 214—244 (1937).

THOMAS, L. C.: Five studies in human heredity. Eugenical News **11**, No 10 (1926). — THOMSEN, O.: Über die gegenseitige Stärke (Dominanz) der Blutgruppengene A und B. Z. Rassenphysiol. 1, H. 3/4, 198—203 (1929). — THUMS, K.: Zeit- und Streitfragen der Psychiatrie. Ziel u. Weg 1938, Nr 14.

VERSCHUER, O. v.: Ergebnisse der Zwillingsforschung. Verh. Ges. Physiol. u. Anthrop. **6**, 1—65 (1931). — Zur Erbbiologie der Fingerleisten, zugleich ein Beitrag zur Zwillingsforschung. Verh. dtsch. Ges. Vererbgs.wiss. 1934, 138—140.

WEINAND, H.: Familienuntersuchungen über den Hautleistenverlauf der Handfläche. Z. Morph. u. Anthrop. **36**, H. 3, 418—442 (1937). — WELLISCH, S.: Ausgleich biologischer Erscheinungen (Mathematik in der Biologie). Z. österr. Ing.- u. Architekt.verb. **82**, H. 5/6 41 (1930). — Die Vererbung des Blutes. In STEFFANS Handbuch der Blutgruppenkunde. München 1932. — Über die Ausgleichung der Blutgruppen- und Genzahlen. Z. Rassenphysiol. **5**, 177—179 (1932). — Das vorhandene Untersuchungsmaterial im MN-System. Z. Rassenforsch. **6**, H. 2, 60—68 (1933). — Fortschritte der Blutgruppenforschung. Z. Rassenphysiol. **10**, H. 1, 27—35 (1938). — WENINGER, Jos.: Morphologische Beobachtungen an der äußeren Nase und an den Weichteilen der Augengegend. Sitzgsber. anthrop. Ges. Wien 1926/27. — Eine morphologisch-anthropologische Studie, durchgeführt an 100 westafrikanischen Negern als Beitrag zur Anthropologie von Afrika. Verh. anthrop. Ges. Wien 1927. — Über die Weichteile der Augengegend bei erbgleichen Zwillingen. Anthrop. Anz. **9**, 57—67 (1932). — Irisstruktur und Vererbung. Z. Morph. u. Anthrop. **34**, 469—492 (1934). — Der naturwissenschaftliche Vaterschaftsbeweis. Wien. klin. Wschr. **1935** I. — WENINGER, M.: Zur Vererbung des Oberkiefertremas. Z. Morph. u. Anthrop. **32**, 367 (1933).— Familienuntersuchungen über den Hautleistenverlauf am Thenar und am ersten Interdigitalballen der Palma. Mitt. anthrop. Ges. Wien **65** (1935). — WILDER, H. H.: Palms and soles. Amer. J. Anat. 1, 423 (1902). — WORSAAE, E.: Untersuchungen über die B-Gruppe und das Verhältnis zwischen dem A und B-Receptor in der AB-Gruppe. Z. Rassenphysiol. 7, H. 1/2, 17—22 (1934). — Über die Blutkörperchenrecept oren A₁ und A₂ bei Neugeborenen. Z. Rassenphysiol. 7, H. 4, 145—160 (1935).

ZARNIK, BORIS: Vjerojatnost pozitivnog nalaza Kod ispivanja Kronih grupa u. sorhu isklyneivanja ociustva. (Über die Wahrscheinlichkeit eines positiven Befundes bei der Blutgruppenuntersuchung zum Zwecke der Ausschließung der Vaterschaft.) Med. Pregl. (serb.-kroat.) 1930, 1—31. (Jugoslaw. Zit. nach KOLLER, 1931.)

Entwicklungsdynamik der Gesamtperson.

Wachstum und Reifung
in Hinsicht auf Konstitution und Erbanlage.

Von WILFRIED ZELLER, Berlin.

Mit 23 Abbildungen.

Forschungen über Konstitution und Entwicklung, über den Einfluß von Anlage und Umwelt auf Wachstum und Reifung sind unseres größten Interesses gewiß, wenn es sich um Fragen handelt, die die heilende und vorbeugende Medizin angehen. Etwas anders steht es um Forschungen, die sich, wie die unsere, mit den Problemen der gesunden und normalen Konstitution und Entwicklung, der Anlagefaktoren und der Umweltwirkungen im Bereich des Normalen beschäftigen. Hier liegt der praktische Nutzen für unser tätiges Leben, für unser helfendes Arbeiten nicht ohne weiteres auf der Hand.

Das Interesse der Medizin liegt bei den krankhaften Konstitutionen, weil sie am therapeutischen Handeln interessiert ist, und bei den krankhaften Erbanlagen, weil ihr die Aufgabe gestellt ist, vorbeugende Erbpflege zu treiben. Der Umweltfaktor als exogenes, krankmachendes Agens und die in der Anlage gegebene Disposition zu Erkrankungen sind Tatsachen, deren Erforschung die Medizin braucht. Sie kann gar nicht genug Klärungen auf diesen Gebieten herbeiführen, um ihre eigene Wirksamkeit immer weiter zu steigern.

Wir müssen uns klar machen, daß es auch Umweltfaktoren gibt, die nicht zufälliger Natur sind und die nicht als schädigendes Moment auftreten, Umweltfaktoren, die wir selber setzen. Ich meine die Erziehung in körperlicher und geistiger Hinsicht, die derjenige Umweltfaktor ist, den wir planmäßig beherrschen können. Im Dienste der Erziehung müssen wir die Probleme der gesunden und normalen Konstitution in geistig-seelischer und körperlicher Beziehung ebenso wie die der Entwicklung und ihrer gegenseitigen Beziehungen kennen. Wir müssen die Fragen der Erbanlagen des Gesunden und ihrer Beziehungen zu den Umweltfaktoren lösen, um zu wissen, wie weit wir überhaupt mit Erziehung wirken können, wo Erziehung Aussicht auf Erfolg hat, wo sie anzusetzen, wo sie schließlich zu verzichten hat. Die körperliche Erziehung als die Lehre von der Dosierung der richtigen Lebensreize, die Konstitution und Entwicklung des heranwachsenden Menschen optimal fördern sollen, braucht zu ihrer Grundlage das Wissen um Anlage und Umwelt und ihre Beziehungen in einem Ausmaße, wie man es heute noch nicht gewohnt ist, sich vorzustellen. Und erst die Erforschung der somatischen Verhältnisse wird uns die gesicherte Grundlage für die Erkenntnis der geistigen und seelischen Bereiche schaffen. Denn wir können heute nicht mehr Leibliches und Seelisches voneinander trennen, sondern müssen beide Seiten des Lebens als untrennbare Bestandteile der lebendigen Person erfassen und unser forschendes und praktisches Handeln danach ausrichten.

Der Entwicklungsprozeß des Menschen, der von der Geburt bis zur Maturität, der qualitativen Vollendung der geschlechtlichen Reifung führt, wird uns sichtbar unter den Erscheinungen von Wachstum und Reifung. Unter Wachstum verstehen wir die meßbaren Veränderungen der Dimensionen von Länge und Gewicht der Gestalt und ihrer einzelnen Teile und Systeme, unter Reifung im allgemeinsten Sinne die Differenzierung im Dienste einer immanenten Formidee, die dem Menschen in der Erbanlage mitgegeben ist. Diese Differenzierung bezieht sich auf strukturelle Veränderungen der Organe und Organsysteme, auf ihre zunehmende Anpassung an die Lebensfunktionen, und auf oft nur qualitativ feststellbare Verwandlungen des äußeren Erscheinungsbildes, als deren sichtbarsten Ausdruck wir die physiognomischen Veränderungen des werdenden Menschen bezeichnen können, die exakt messend zu erfassen bisher noch nie gelungen ist.

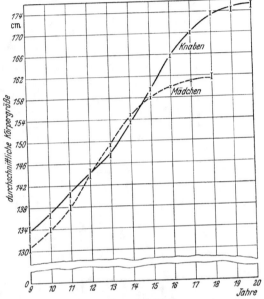

Abb. 1. Durchschnittliche Körpergröße in den höheren Schulen Oslos 1920. (Nach SCHIÖTZ.)

Das Wachstum des Körpers von der Geburt bis zur Maturität, das unter ständigem Größer- und Schwererwerden einhergeht, verläuft unter dem Zeichen fortgesetzter Proportionsverschiebungen. Kopf und Rumpf, die Gefäße der großen Körperhöhlen, haben bei der Geburt bei weitem ihre größte relative Ausdehnung und verkleinern sich relativ unaufhörlich durch wechselnde Phasen der Entwicklung. Demgegenüber vergrößern sich absolut und relativ die Maße der Extremitäten, die im Augenblick der Geburt relativ zu Kopf und Rumpf außerordentlich geringe Werte aufweisen. Aber diese Entwicklung der Relativwerte ist den Schwankungen unterworfen, die das Wachstum der Körperlänge und des Gewichts erfährt. Denn die Entwicklung der Körperlänge vollzieht sich nicht in einem gleichmäßigen kontinuierlichen Wachstum, sondern es lösen sich Phasen des beschleunigten und des verzögerten Wachstums ab. So ist die Zeit des ersten Gestaltwandels des Kindes eine Zeit vermehrten Längen- und oft gehemmten Gewichtswachstums, ebenso eine Entwicklungsphase während der Pubertät, die wir als den zweiten Gestaltwandel bezeichnen, und die in engem Zusammenhang mit der geschlechtlichen Entwicklung, der Reifung im engeren Sinne, steht. Gegen das Ende der Pubertät, in ihrer letzten Phase, verzögert sich das Längenwachstum und beschleunigt sich das Gewichtswachstum. In der Maturität kommt das während der Hochzeit der Pubertät oft enorm gesteigerte Längenwachstum zur Ruhe, es geht auf einen immer geringer werdenden jährlichen Zuwachs zurück, bis zum Ende des progressiven Wachstumsstadiums überhaupt. Das Kurvenbild des Längenwachstums (Abb. 1) veranschaulicht graphisch diesen Verlauf. Die Kurve wird steiler in den Phasen beschleunigten Wachstums zur Zeit des ersten Gestaltwandels und in der Pubertät und biegt

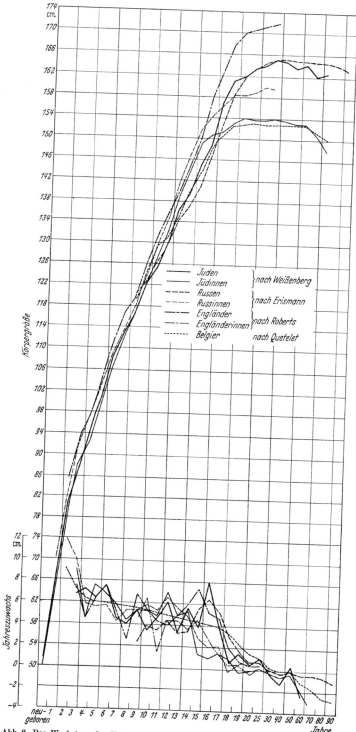

Abb. 2. Das Wachstum des Körpers bei verschiedenen Völkern. (Nach WEISSENBERG.)

mit der Annäherung zur Maturität allmählich in die Horizontale über. Diese Wachstumskurven sind für die verschiedenen Rassen und Konstitutionen verschieden, wie die zweite Kurvenabbildung es zeigt (Abb. 2). Ebenso wichtig ist die Geschlechtsspezifität der Längenwachstumskurve. Die Knaben sind den Mädchen in der Körperlänge bis zum Beginn der Geschlechtsreifung voraus. Entsprechend dem früheren Beginn der Geschlechtsreifung bei den Mädchen setzt auch der puberale Wachstumsimpuls früher ein als bei den Knaben. Die Mädchen überholen die Knaben in Länge und Gewicht beträchtlich, ein Vorgang, der mit dem 11. Lebensjahr beginnt. Mit dem früheren Abschluß der geschlechtlichen Entwicklung kommt aber auch die Beschleunigung des Längenwachstums bei den Mädchen früher zu ihrem Ende. Die Wachstumskurve der Knaben überschneidet wieder die der Mädchen, im allgemeinen um das 15. Jahr, um nun bis zum Ende der Reifung weiterzugehen und in ihrem Endergebnis weit über das der Mädchen hinauszukommen.

Mit der Annäherung an die Maturität erfahren die Körperproportionen wiederum eine einschneidende Veränderung. Der Rumpf, der im Verlaufe der Pubertät eine zunehmende Verschmächtigung aller Dimensionen durchgemacht hatte, dessen Relativwerte ständig zurückgingen, nimmt absolut und relativ nun erheblich zu, er entfaltet sich zu seiner maturen Form. Dagegen wird das Relativmaß der Extremitäten, besonders das der Beine, das während der Pubertät ständig zugenommen hat und das Gestaltbild in der Pubertät geradezu beherrscht, nun rasch geringer, bis es zu dem für die Konstitution richtigen Verhältnis zur Größe von Kopf und Rumpf geführt ist.

Über das menschliche Wachstum in diesem Entwicklungsabschnitt ist eine außerordentlich große Literatur vorhanden, die im wesentlichen auf sammelstatistischen Erhebungen von Länge und Gewicht, von den Teilmaßen des Körpers und von Umfang und Gewicht der inneren Organe beruht. Von Untersuchungen allgemeinen Inhaltes über das Wachstum seien erwähnt die Arbeiten von BALDWIN, BORCHARDT, BROCK, BRUGSCH, DAFFNER, FRIEDENTHAL, HELMREICH, KORNFELD, LANGE, MARTIN, PFAUNDLER, PIRQUET, RÖSSLE, SCHLESINGER, SCHWERZ, STRATZ, WEISSENBERG. Über Größen- und Formverhältnisse im Kleinkindalter liegen Arbeiten vor von: KORNFELD, LEDERER, NIGGLI, RUOTSALAINEN. Aus der großen Literatur über das Wachstum, Größe, Gewicht und Formverhältnisse im Schulalter seien erwähnt die Arbeiten von ALIOT, ARON und LUBINSKY, ARNOLD und STREITBERG, BORCHARDT, CAMERER, COERPER, DIKANSKI, ENZBRUNNER-ZERZER, FREUDENBERG, GEISSLER, GIESELER und BACH, GÖPFERT, GOLDSTEIN, HAGEN, HOLM, HUMMEL, KEY, KORNFELD, LOEWY und MARTON, LUBINSKY, MARTIN, MILLER, OETTINGER, PEIPER, PEISER, PERETTI, PIRQUET, PÖTTER, POHLEN, PRIGGE, PRINZING, REICH, RÖSSLE und BÖNING, SARDEMANN, SCHIÖTZ, SCHWÉERS und FRÄNKEL, WURZINGER. Über die Verhältnisse im Jugendlichenalter liegen Arbeiten vor von: ARNOLD, BIEDERMANN, BÖNING, BREZINA, BÜRGERS und BACHMANN, BÜSING, COERPER, DÜNTZER, EPSTEIN und ALEXANDER, FÜRST, GRÜTZNER, HABS und SIMON, KAUP, MÜLLY, PELLER, ROSENSTERN, ZELLER.

Wir haben dagegen nur sehr wenig Arbeiten, die sich mit Individualmessungen bei einem und demselben Kind befassen (KISTLER). Es ist hier nicht der Ort, auf diese Ergebnisse einzugehen, zumal sich außerdem in den letzten 30 Jahren das Wachstum der Kulturrassen offenbar in einem starken Wandel befindet, über den noch keine abschließenden Ergebnisse vorliegen.

Die Reifung vollzieht sich in neben dem Wachstum hergehenden Differenzierungen und Strukturveränderungen der Gestalt und ihrer Teile. Wir denken dabei an den sichtbarsten Vorgang, den Ausdruckswandel der ganzen Gestalt und insbesondere den Ausdruck des Gesichts und der Bewegungsformen. Aus dem Säugling und Krabbelkind formt sich die Gestalt des Kleinkindes und seiner typischen Bewegungsformen. Im ersten Gestaltwandel gehen neben den metrisch feststellbaren Veränderungen der Gestalt und ihrer Teile Differenzierungsvorgänge einher, die nur somatoskopisch, in der freien Anschauung der Gestalt erfaßt werden können, und wandeln den Gesamtausdruck des Kindes entscheidend um. Das Kind tritt mit diesem Wandel in eine neue Lebensform ein, der seine psychophysische Person angepaßt ist. Nach einer Zeit nur dimensionaler Veränderungen, in denen wir qualitative Wandlungen der Gestalt nicht wahrnehmen, setzt die Zeit der Geschlechtsreifung ein, der Reifung im engeren Sinne, bei den Mädchen um $1^1/_2$—2 Jahre früher als bei den Knaben. Die langsame Entfaltung der äußeren Sexuszeichen im Verein mit der Entwicklung der Keimdrüsen und der inneren Geschlechtsorgane ist ein Differenzierungsprozeß, den wir mit messenden Methoden kaum verfolgen können, wenigstens nicht in seinen wesentlichen Zügen. Neben den schon erwähnten Wachstumsveränderungen vollziehen sich Wandlungen der Gestalt von eindeutiger Art. Neben dem steil ansteigenden Längenwachstum zeigt sich eine Disharmonisierung der Gestalt in Verbindung mit einer Verplumpung der Einzelzüge, vorwiegend und am auffallendsten im Gesicht, die bis zu stärkeren Graden der Verzerrung führen können. Mit der Annäherung an die Maturität, in der letzten Phase der Pubertät, bildet sich diese Disharmonisierung allmählich wieder zurück, das Gesicht erhält wieder seine feine Zeichnung in demselben Maße, wie die Reifung der geschlechtlichen Entwicklung ihr Ziel erreicht. In der Maturität ist die geschlechtliche Person ausgereift, alle Teile des Fortpflanzungsapparates haben eben ihre volle Ausprägung erfahren. Und wir besitzen ein gesichertes Gesetz der Entwicklung, das besagt, daß das Wachstum praktisch vollendet ist, wenn die geschlechtliche Reife erreicht ist (WEISSENBERG).

Über diesen Anteil des Entwicklungsprozesses liegen heute noch bedeutend weniger Arbeiten vor als über das Wachstum. Erst spät hat man sich mit diesen, der Messung nicht eigentlich zugänglichen Gegenständen befaßt. Es seien hier die wichtigsten Arbeiten auf diesem Gebiet hervorgehoben (BERLINER, BIEDL, BRUGSCH, FALTA, MARTIN, NEURATH, PRIESEL und WAGNER, ROSENSTERN, STRATZ, ZELLER).

Nur kurz sei auf ein Kapitel hingewiesen, das noch wenig fruchtbar gemacht werden konnte: die Entwicklung der Funktionen, die Veränderungen der Vitalkapazität, der am Dynamometer gemessenen Kraft der Arme, der Beine und des Rumpfes, der Ausdehnungsfähigkeit des Brustkorbes, die Veränderungen des Stoffwechsels und des Chemismus, die Änderungen der Motorik, der nervösen Funktionen. Damit kommen wir schließlich in das Gebiet der Entwicklungspsychologie von Kindheit und Jugend, das nicht mehr zu unserem eigentlichen Thema gehört.

Die Konstitutionsforschung hat sich erst spät mit den Fragen der Konstitution in Kindheit und Jugend beschäftigt. Sie hat die Konstitution des Erwachsenen zunächst als ihre Hauptaufgabe gesehen. Aber innerhalb der letzten 20 Jahre sind doch mit steigender Intensität und auch mit zweifellosem Erfolg Arbeiten auf diesem Gebiet geleistet worden. Dabei wurden die Forscher von dem Gedanken geleitet, bereits in der Jugend an einer Reihe gut feststellbarer Merkmale Grundtatsachen der Person aufzudecken, mit deren Hilfe die Prognose des werdenden Menschen gestellt werden konnte. Denn außerhalb klinisch-pathologischer Erwägungen, für die ja die früheste Einsicht in die pathologische Konstitution notwendig war, um so früh wie möglich an die Beeinflussung der krankhaften Züge heranzugehen, lag es im Interesse auch des gesunden Menschen, auf seine Entwicklung Einfluß zu gewinnen.

Die konstitutionsbiologischen Forschungen am Menschen des Entwicklungsalters gehen alle darauf hinaus, in der Körperbauform das Bleibende festzustellen und in ihr ein Merkmal zu haben, das über mehr oder weniger tiefgreifende Zuordnungen zu wesentlichen bleibenden Zügen der Konstitution Aussagen und zugleich Prognosen der Entwicklung ermöglicht. Es ist außerordentlich interessant, diese Versuche zu verfolgen. Eine Auswahl der wichtigsten Arbeiten aus diesem Gebiet soll daher hier referiert werden.

LEDERER hat als erster versucht, die vier SIGAUDschen Typen beim Säugling festzustellen. Er hat 221 gesunde Säuglinge und Kleinkinder untersucht, bei denen er außer anthropometrischen Messungen, die hier nur erwähnt werden sollen, somatoskopisch die Zugehörigkeit zu je einem der vier SIGAUDschen Typen bestimmt hat. Dazu war es notwendig, die von SIGAUD für den Erwachsenen gegebenen Typenbeschreibungen dem Säuglings- und Kleinkindalter entsprechend zu modifizieren. Ich gebe auszugsweise LEDERERs Typenbeschreibungen im folgenden wieder:

Der *Typus muscularis.* Diese Habitusform weisen die meisten sog. gut gedeihenden Säuglinge auf. Mit kleinem Mund und kleiner Nase bilden sie den Typus der sog. ,,schönen" Kinder. Es sind wohlgenährte, kräftige Kinder mit gutem Fettpolster, straffem Turgor, guter Hautfarbe, kräftiger Muskulatur. Vor allem fällt bei diesen Kindern der breite, gut gewölbte Brustkorb, die relativ breiten Schultern auf. Der Rumpf ist mittellang, walzenförmig, das Abdomen nur mäßig vorgewölbt. Die Extremitäten eher kurz. Der Schädel ist rund, meist brachycephal, erst bei Kindern vom 3. Lebensquartal angefangen finden sich Langschädelformen. Von vorn gesehen ist die seitliche Begrenzung des Gesichts- und Hirnschädels geradlinig, die Stirn ist niedrig, die Nase klein, der Unterkiefer mäßig entwickelt. Die Ohrmuscheln sind meist winzig klein, manchmal mittelgroß, nur in seltenen Fällen den Durchschnitt überschreitend, in jedem Falle eng anliegend, so daß die gerade seitliche Gesichtskontur durch die Ohrmuscheln kaum unterbrochen wird. Die Ohrmuscheln sind meist dick, an ihrem oberen Rande manchmal etwas eingekrempelt. In vielen Fällen ist der obere Gesichtsabschnitt, das ist also die Distanz Haargrenze—Nasenwurzel gleich hoch wie der untere, das ist die Distanz von der Nasenbasis bis zum unteren Rande des Unterkiefers. Nur in einer kleineren Zahl der Fälle übertrifft der obere Gesichtsabschnitt den unteren um ein Geringes, niemals ist das umgekehrte Verhältnis der Fall. Die Haargrenze gegen die niedrige Stirn ist meist gerade, manchmal leicht bogenförmig.

Der *Typus digestivus.* Der Rumpf zeigt keine besonderen Abweichungen von dem Aussehen des Typus muscularis, nur ist die Brust nicht so breit gewölbt, die Schulterbreite nicht so groß. Das Abdomen kann etwas vorgewölbt sein, erst bei Klein- und Schulkindern findet man den großen Bauch des erwachsenen Digestivus. Man gewinnt den Eindruck, als ob tatsächlich bei den Digestiven der Bauchumfang erheblich größer wäre als der Brustumfang. Die Kopfform ist meist die des Kurzschädels. Von vorn betrachtet sieht die Kontur des Kopfes quadratisch aus, doch verläuft die seitliche Begrenzung des Gesichts- und Hirnschädels nicht wie bei Typus muscularis geradlinig. Entweder wird der Schädel nach unten zu breiter, d. h. die Kontur ist die einer abgestumpften Pyramide mit der Basis nach unten, oder die Schädelkontur zeigt in der Höhe der Jochbeine eine Einziehung, so daß unten die dicken Backen vorspringen, während oberhalb dieser Einziehung die Schläfen ebenfalls wieder einen Vorsprung bilden. Die Ohrmuscheln sind klein, aber meist nicht vollständig anliegend, sondern leicht abstehend oder eingekrempelt. Der Haarwuchs ist viel reichlicher als beim muskulären, die Haargrenze gewöhnlich bogig. Die Stirn ist sehr oft außergewöhnlich niedrig. Charakteristisch ist die ungewöhnlich kleine und eingezogene Nase, die sog. Stupsnase, deren Nasenlöcher gewöhnlich stark nach vorn statt nach unten gerichtet sind.

Beherrscht wird die Form des Gesichtes und Kopfes vom unteren Gesichtsabschnitt, der von ungewöhnlicher Höhen- und Breitenentwicklung ist und meist einen recht breiten Mund zeigt. Man beobachtet, daß die Kiefer vielfach gewulstet, gefaltet und geriffelt sind. In dem Maße, als die Kinder älter werden, entwickelt sich der untere Gesichtsabschnitt mehr und mehr, er wird immer mächtiger, die Kiefer werden höher und breiter, die Backen werden immer vorspringender. Der Kopfumfang ist immer größer als der Brustumfang. Die Stirn ist besonders niedrig.

Der *Typus respiratorius* ist im Säuglingsalter am uncharakteristischsten. Der für den betreffenden Habitus beim Erwachsenen charakteristische lange Thorax, der spitze epigastrische Winkel, die geringe Distanz des Rippenbogens vom Darmbeinkamm werden durchaus vermißt. Was Kopf- und Gesichtsbildung anlangt, so ist hier das besonders wichtig, was früher über das unproportionierte Wachstum des kindlichen Gesichtsschädels, hauptsächlich in seiner mittleren Partie gesagt wurde. Die Nasenhöhe ist derjenige Gesichtsabschnitt, der relativ sich am meisten vergrößert. Wir können daher auch bei den zum Typus respiratorius gehörigen Neugeborenen und Säuglingen nicht erwarten, daß der mittlere Gesichtsabschnitt höher sein wird als der obere und untere. Dagegen äußert sich die Zugehörigkeit zum Typus respiratorius in zwei Erscheinungen. Die eine betrifft die Breite, die andere die Länge der Nase. Bei der Mehrzahl der Fälle findet man einen besonders breiten Nasenrücken, besonders in den oberen Partien, so daß die Distanz der beiden inneren Augenwinkel vergrößert erscheint. Besonders auffallend und sicher zum Typus respiratorius gehörig ist bei Neugeborenen bisweilen eine lange und gekrümmte Nase, manchmal geradezu eine Adlernase. Die Gesichtskontur zeigt beim Typus respiratorius nichts charakteristisches, die von Chaillou und Macauliffe beschriebene Rhombusform tritt erst in der ersten Kindheit auf. Die Ohrmuscheln sind mittelgroß, manchmal leicht abstehend, die Stirne ist flach, meist zurücktretend, mittelhoch, der Haarwuchs jedenfalls reichlicher als beim Typus muscularis, aber nicht so reichlich wie beim Typus cerebralis, die Haargrenze meist bogenförmig, die Kiefer sind glatt.

Die dem *Typus cerebralis* angehörigen Kinder zeigen schon von Geburt an ein charakteristisches Aussehen. Die Mehrzahl dieser Kinder ist mager und imponiert dadurch als lang. Der Brustkorb ist flach und ziemlich schmal, die Schulterbreite eher kleiner, das Abdomen meist im Thoraxniveau oder etwas eingesunken. Die Extremitäten sind lang und dünn, die Finger grazil und schmal. Weitaus im Vordergrund steht die Konfiguration des Schädels. Schon bei Neugeborenen, selbst bei Frühgeburten ist dieselbe in die Augen springend. Dominierend ist bei diesen Kindern der Hirnschädel mit sehr breiter, gewölbter Stirn. Meist ist dieselbe fliehend. Der Hinterkopf ist in vielen Fällen weit nach hinten ausladend. Betrachtet man einen solchen Schädel von vorn, so zeigt er birnförmige Gestalt, die frontale Umrißlinie ist ein spitzes Oval mit der Spitze nach unten am Unterkiefer oder eine Pyramide mit der Spitze nach unten. Von der Kinnspitze streben die beiden Begrenzungslinien schräg nach außen, um an den Schläfen ihren äußersten Punkt zu erreichen.

Zahlenmäßig betrachtet ist in allen Fällen der Kopfumfang weitaus größer als der Brustumfang, ein Verhältnis, das bei diesen Formen sich lange erhält, jedenfalls weiter hinein in das Kleinkindesalter, als bisher als „normal" angenommen wurde. Am Hirnschädel ist dessen Stirnteil besonders mächtig entwickelt und schon in der Anlage der hochgewölbten, breiten Stirn der spätere „geistige Arbeiter" zu erkennen. Die Fontanellen mancher dieser Kinder sind besonders groß.

Wir werden also, wenn wir die drei Gesichtsabschnitte miteinander vergleichen, bei den dem Typus cerebralis angehörigen Kindern unter allen Umständen ein bedeutendes Dominieren des oberen über die beiden anderen Gesichtsabschnitte finden. Die Nasen dieser Kinder sind klein, uncharakteristisch, die Kiefer vollständig glatt und dünn.

Ein weiteres charakteristisches Merkmal der cerebralen Typen ist die Behaarung des Kopfes. Schon bei der Geburt sind viele dieser Kinder weitaus reichlicher behaart als die Angehörigen der anderen Typen, manchmal kommen sie schon mit einem dichten reichlichen Haarwuchs auf die Welt. Weitaus charakteristischer aber ist die Beschaffenheit und die Anordnung der Haare. Dieselben sind meist lang, manchmal struppig, manchmal gewellt, oft gelockt oder gekräuselt, meistens sehr dünn. Was die Farbe anlangt, so sind natürlich alle Haarfarben vertreten, doch ist es aufgefallen, daß alle rothaarigen Kinder, die zu beobachten man Gelegenheit hatte, dem Typus cerebralis angehören. Wir finden die Haargrenze entweder „en pointe", d. h. in der Mitte der Stirne springt ein Haarzipfel weit vor, während zu beiden Seiten die Haargrenze in scharfem Winkel zurücktritt und die seitlichen Stirnpartien dadurch ausgespart werden, oder die Haargrenze ist konkav. Sie stellt längs der Sutura coronaria einen nach vorn offenen Bogen dar und bildet so eine „Stirnglatze".

Ein weiteres, ebenso wichtig erscheinendes Merkmal scheint Form, Größe und Stellung der Ohrmuscheln zu sein. Alle Kinder des Typus cerebralis haben Ohrmuscheln, die weit übermittelgroß sind, weiter sind dieselben meist sehr dünn, besonders an den Rändern, im Gegensatz zu den kleinen, dicken, manchmal gewulsteten und eingekrempelten Ohrmuscheln des Typus muscularis. Weiter sind die Ohrmuscheln bei den meisten hierhergehörigen Kindern abstehend, manchmal in grotesker Weise türflügelförmig.

Von den 221 gesunden Säuglingen und Kleinkindern glaubt LEDERER, 109 Kinder einwandfrei in die einzelnen Habitusformen einreihen zu können. 112 Fälle werden als Mischformen bezeichnet. Die 109 klaren Fälle verteilen sich in folgender Weise auf die einzelnen Typen:

Tabelle 1.

Typus muscularis	Typus digestivus	Typus respiratorius	Typus cerebralis
32	13	10	54

In dieser Tabelle ist bemerkenswert, daß der Typus cerebralis weitaus die größte Zahl von Fällen umfaßt.

REHFELD hat nach dem Vorgang LEDERERs 240 Säuglinge im Alter bis zu $1^{3}/_{4}$ Jahren untersucht. Sie stammen alle aus Ostpreußen und zum größten Teil aus den Kreisen der Landbevölkerung. Er findet bei seinem Material 101 reine und 139 Mischformen. Die reinen Fälle verteilen sich in folgender Weise auf die einzelnen Typen:

Tabelle 2.

Typus muscularis	Typus digestivus	Typus respiratorius	Typus cerebralis
48	30	7	20

REHFELD führt die starken Unterschiede, die seine Ergebnisse gegenüber denen von LEDERER aufweisen, auf die verschiedene Herkunft der Kinder zurück, wobei er jedoch nicht erb- und rassebiologischen, sondern Milieu-theoretischen Überlegungen den Vorrang gibt, eine Auffassung, die wir als unhaltbar zurückweisen müssen.

Coerper hat als erster die Typologie von Sigaud-MacAuliffe für die Bezeichnung der Konstitutionstypen bei *Schulkindern und Jugendlichen* verwendet. Er hat dafür die von Sigaud beschriebenen Merkmale in Hinsicht auf ihre Anwendung für das Jugendalter modifiziert.

Den *digestiven Typ* Sigauds beschreibt er in folgender Weise: das volle Gesicht hat eine breite Kinnbasis. Der Umriß des Gesichts ergibt meist das Bild eines flachen Fünfeckes mit der Spitze nach unten. Die Längenunterscheidung der Stirn-, Nasen-, Mundpartie ist bei den noch nicht ausgewachsenen Gesichtsknochen im Schulalter für den digestiven Typus nicht zu verwenden, das Gesichtsprofil aber jetzt schon meistens von weichen Formen. Am Schädel sind die Konturen ebenfalls noch nicht fertig. Eine Rundung im Profil des Schädels, vor allem hinsichtlich des Hinterhauptes, wird indessen selten vermißt. Der Kopf sitzt auf kurzem freien Hals und ist schon im 7. Lebensjahre in typischen Fällen von vorn nach hinten wie in den Schultern eingepreßt; nicht selten findet man einen runden Rücken hiermit gesellschaftet, was durch die vorgeschobenen Schultern verursacht wird; die Brust ist eher flach als gewölbt, die obere Brustapertur ist mäßig geneigt. Der Brustkorb ist im ganzen kurz, nicht besonders breit, der epigastrische Winkel relativ breit, das Abdomen groß, oft etwas vorgewölbt, vielleicht als funktioneller Ausgleich des runden Rückens. Die Neigung zu Fettansatz ist allerwärts vorhanden, vor allem am Abdomen, nicht aber am Schultergürtel. Die Extremitäten sind nicht besonders lang, die Hände kurz und breit, die Knochen mittelstark. Die Muskulatur eher weich als gespannt.

Der *muskuläre Typus* wirkt im ganzen harmonisch. Die Gesichtsproportionen sind bei diesem Typus schon am frühesten als gleich groß festzustellen. Der Umriß des Gesichtes hat die breite Schildform. Das Profil des Kopfes ist eher hoch als breit. Die Augenbrauen bilden eine gerade Linie. Die Ansatzlinie des Kopfhaares verläuft gerade und bildet zu beiden Seiten einen rechten Winkel. Die obere Brustapertur ist mäßig geneigt, die Brust gewölbt. Die Halsschulterlinie ist schräg abfallend, der Schultergürtel sehr kräftig, die Länge von Thorax zu Abdomen proportioniert, der epigastrische Winkel etwa 90°. Die Muskulatur tritt an den oberen Extremitäten und am Abdomen plastisch hervor, der Knochenbau ist derb, die Hände sind groß und kräftig.

Coerper beschreibt weiter eine Sonderform des muskulären Typs, die er als weichen Rachitiker bezeichnet, dessen Körperform oft verdeckt erscheint, jedoch formal wie auch funktionell dem muskulären Typ am nächsten steht.

Der *respiratorische Typ* zeigt einen schlanken Körperbau; das Gesicht in verlängerter Eiform, mehr lang als breit, mit deutlicher Verlängerung der mittleren Proportionen. Eine Sondergruppe dieses Types wird nach Kretschmer als „Langnasenprofil" bezeichnet. Der Unterkiefer ist mäßig hypoplastisch. Der Kopf sitzt auf langem, freiem Hals, die Schultern sind breit, die obere Brustapertur ist stark geneigt, Brust und Rücken sind flach, die Schulterblätter von einander abstehend, der Rippenwinkel ist kleiner als 90°. Das Abdomen ist klein. Die Rippen reichen fast zum Darmbeinkamm, die Hüften sind betont, die Extremitäten schlank, der Knochenbau mittelkräftig, die Muskulatur ebenso entwickelt.

Der *cerebrale Typ* ist eher untersetzt als groß und schlank, der Kopf ist relativ groß, der Rumpf lang, die Schulterblätter, die mit Muskeln gut gedeckt sind, sind abstehend, die Extremitäten sind kurz. Im Gesicht überragt die Stirnproportion die beiden unteren Proportionen, der Kopfhaaransatz zeigt seitlich Aussparungen, die Schultern sind breiter als die Hüften, die Hüftenschweifung ist deutlich markiert, Thorax und Abdomen sonst ohne Besonderheiten, der Knochenbau eher zart als kräftig, die Muskulatur mittelkräftig.

Den vier Grundtypen fügt Coerper noch einige weitere Körperbauformen hinzu. Als Streckungsform bezeichnet er solche Körperbauformen, bei denen in den Zeiten starken Wachstums eine Abnahme der charakteristischen Stigmata der ursprünglichen Körperbauanlage beobachtet wird, bis zu dem Ausmaße, daß der Typus wenigstens nicht mehr in allen Teilen wiedererkannt wird. Er unterscheidet weiter eine Präpubertätsform bei Kindern mit vorzeitiger Pubertätsentwicklung.

Tabelle 3. Habitustypen der Knaben in abgerundeten Prozenten.

Alter	I. Typus digestivus	II. Typus muscularis	III. Typus respiratorius	IV. Typus cerebralis	V. Indifferente Habitusform	VI. Strekkungsform	VII. Präpubertätsform	VIII. Weiche Rachitiker	IX. Asthenie und sonstige Abwegigkeiten	X. Riesenform
8 Jahre	24	29	13	3	5	10	—	10	4	2
9 ,,	18	28	15	4	3	7	3	14	6	2
10 ,,	21	32	10	8		2	6	10	7	4
11 ,,	19	25	13	7	1	3	7	8	11	6
12 ,,	21	37	14	4	—	1	6	5	7	5
13 ,,	24	33	8	6	—	2	8	9	7	3
Gesamtsumme	127	184	73	32	9	25	30	56	42	22
	21,1%	30,6%	12,9%	5,3%	1,6%	4,2%	5%	9,3%	7%	3,7%
	Grundtypen				Wachstumstypen			Abwegige Typen		

Tabelle 4. Habitustypen der Mädchen in abgerundeten Prozenten.

Alter	I. Typus digestivus	II. Typus muscularis	III. Typus respiratorius	IV. Typus cerebralis	V. Strekkungsform	VI. Indifferente Form	VII. Präpubertätsform	VIII. Weiche Rachitiker	IX. Astheniker	X. Riesenform	XI. Weiche weibliche Fülle
8 Jahre	24	21	9	2	9	5	1	8	6	5	10
9 ,,	18	26	12	2	5	6	3	6	3	1	18
10 ,,	22	19	11	5	3	—	6	9	8	2	15
11 ,,	21	24	7	7	4	1	9	3	7	4	13
12 ,,	24	35	4	5	1	—	6	—	4	6	15
13 ,,	22	26	9	4	3	—	10	2	6	5	13
Gesamtsumme	131	151	52	25	25	12	35	28	34	23	84
	21,9%	25,2%	8,7%	4,2%	4,2%	2%	5,8%	4,6%	5,6%	3,8%	14%
	Grundtypen				Wachstumstypen			Abwegige Typen			Sonderform

Als Typ der weichen, weiblichen Fülle wird eine Körperbauform bezeichnet, die dem muskulären Typ am nächsten steht. Durch die Rundung der Formen entstehen gelegentlich Schwierigkeiten in der Erkennung der einzelnen Stigmen.

Als Sonderformen werden schließlich Astheniker und Riesenformen angeführt.

Coerper fand deutliche Zuordnungen zwischen den vier Gruppentypen und gewissen psychischen Persönlichkeitskonstanten, die er in erster Linie für Fragen der Berufsberatung ausgewertet hat. Der spontane Berufswunsch als Ausdruck der psychischen Konstitution des Jugendlichen fällt nach Coerper in der überwiegenden Mehrzahl der Fälle mit der Zugehörigkeit zu einem der Grundtypen zusammen.

Später hat Rainer an 8000 Volksschülern des Landkreises Bielefeld die Untersuchungen Coerpers fortgesetzt und fand dabei folgende Verteilung:

Tabelle 5.

	Muskulär	Cerebral	Respiratorisch	Digestiv
Knaben . .	43%	15%	18%	16%
Mädchen . .	42%	15%	19%	17%

Er fand eine regelmäßige Beziehung zwischen der väterlichen Berufsarbeit und der Körperbauform des Kindes, ferner Zuordnung zu Haltung, Bewegung, Ausdauer (geprüft mit dem Dynamometer) und der Schrift.

Zeller hat 783 weibliche Jugendliche im Alter von 13—20 Jahren untersucht und fand darunter 630 Jugendliche, die die Sigaudschen Typen eindeutig repräsentieren. Das Verhältnis der einzelnen Gruppen zu einander geht aus der folgenden Tabelle hervor:

Tabelle 6.

Muskulär	Cerebral	Respiratorisch	Digestiv
37%	8%	19%	36%

Auch die Körperbauforschung von Kretschmer, deren Erfolge gerade in der Zuordnung zwischen Körperbauform und Persönlichkeit bekannt sind, wurde auf die Untersuchung an Kindern und Jugendlichen angewendet.

Krasusky hat in engstem Anschluß an die Konstitutionslehre von Kretschmer russische Kinder und Jugendliche untersucht, und zwar 100 Kinder im Alter von unter 4 Jahren, 100 Kinder von 4—8 Jahren und 100 Jugendliche im Alter von 14—16 Jahren. Die von ihm weiterhin untersuchten kriminellen und verwahrlosten Kinder scheiden aus dieser Betrachtung aus. Die Zugehörig- keit zu dem einen oder anderen reinen oder einem gemischten Konstitutionstyp konnte nach der Ansicht Krasuskys auch bei Kindern im frühesten Alter in einem Teil der Fälle nachgewiesen werden.

Bei den Kindern unter 4 Jahren konnte in 54% der Fälle die Zugehörigkeit zu einem reinen Typus bestimmt werden. Den pyknischen Konstitutionstyp fand er in 34%, den asthenischen in 20%. Bei Kindern im Alter von 4—8 Jahren fand er bei den reinen Typen den pyknischen Typus in 35%, den asthenischen Typus in 21%. Die gemischten Konstitutionstypen betrugen 44% des gesamten Materials: Pykniker mit asthenischer Disposition 29%, Astheniker mit pykni- scher Disposition 15%. Unter Kindern im Schulalter stellte er den asthenischen Typ in 28%, den pyknischen Typ in 29%, den pyknischen Typ mit asthenischer Disposition in 20%, den asthenischen Typ mit pyknischer Disposition mit 23% fest. Er vermerkt, daß in dieser Altersgruppe eine Vermehrung der Träger des asthenischen Konstitutionstypes zu beobachten sei. Unter den Heranwachsen- den fand er den asthenischen Typ in 40%, den pyknischen Typ in 38%, den pykni- schen Typ mit asthenischer Disposition in 12%, den asthenischen Typ mit pyknischer Disposition in 10%. Erst im Schulalter treten nach Krasusky Züge des athletischen Typs allmählich in Erscheinung. Krasusky fand im Sinn von Kretschmer in einem hohen Prozentsatz klare Zuordnungen zu dem somatischen Konstitutionstyp und der charakterologischen Struktur der Kinder.

Aus den Anregungen, die von Kretschmers Körperbautypologie ausge- gangen sind, und aus dem Bedürfnis nach möglichst exakter anthropometrischer Unterscheidung ist eine Körperbautypologie hervorgegangen, die sich nur der beiden Gestaltbegriffe „leptosom" und „eurysom" bedient. Es ist ersichtlich, daß bei Verwendung von nur zwei Körperbautypen die Frage der Zuordnung anderer Merkmale und Züge der Konstitution außerordentlich vereinfacht, andererseits aber auch verflacht wird. Sind nur zwei somatische Konstitutionstypen vorhanden, so kann naturgemäß die Frage der Konstitution nach diesem System nur unter zwei polar entgegengesetzten Gesichtspunkten gedeutet werden.

Eine Beschreibung der beiden Typen, die den ganzen sichtbaren Körperbau durchgeht, gibt WEIDENREICH, die im Auszug hier wiedergegeben wird.

Tabelle 7.

	Leptosomer Typ	Eurysomer Typ
Allgemeiner Wuchs . . .	lang, schmal	kurz, breit
Allgemeiner Ernährungszustand	zur Magerkeit neigend	zum Fettansatz neigend
Rumpf	lang, schmal	kurz, breit
Glieder	lang, schlank	breit, stämmig
Schulter	abfallend	gerade, hochgestellt
Schulterbreite	schmal	breit
Brustkorb	lang, schmal, flach (Typ der Exspirationsstellung)	kurz, breit, tief (Typ der Inspirationsstellung)
Rippen	gesenkt	gehoben
Rippenzwischenraum . .	eng	weit
Rippenbogenwinkel . . .	spitzwinklig	recht- oder stumpfwinklig
Bauch	klein, flach	groß, aufgetrieben
Bauchumfang	stets geringer als der Brustumfang	ebenso, aber Differenz zwischen Brustumfang weniger groß
Nabelstand	in der Mitte zwischen Brustbeinende und Symphyse	unterhalb der Mitte zwischen Brustbeinende und Symphyse
Beckenlinie	steil	flach
Hüfte	schmal	breit
Hüftumfang	bei beiden Geschlechtern größer als Brustumfang	beim Mann kleiner als Brustumfang
Kopf im ganzen	lang, schmal	kurz, breit
Gesichtsschnitt	längsoval	kreisförmig, „Vollmondgesicht"
Zahnbogen	lang, schmal	breit, hufeisenförmig
Gaumen	lang, schmal, hochgewölbt	kurz, breit (flach)

WURZINGER hat nach dieser Typologie 510 Münchener Schulkinder von 6—12 Jahren sehr sorgfältig unter Verwendung zahlreicher anthropometrischer Maße untersucht. Seine Ergebnisse werden in nebenstehender Tabelle auszugsweise wiedergegeben.

Die Zugehörigkeit zu dem leptosomen und dem eurysomen Typ konnte durchgängig an den einzelnen Körpermaßen gezeigt werden. Er stellt eindeutig Einflüsse der Umwelt auf die Gestaltung des Konstitutionstypes fest, in dem Sinn, daß der leptosome Typ mehr bei Kindern von

Tabelle 8.

	Leptosome %	Eurysome %	Mischtypen %
6 Jahre	25	40	35
7 ,,	18	52	29
8 ,,	17	39	44
9 ,,	21	35	45
10 ,,	20	25	55
11 u. 12 ,,	22	33	45
	20	37	43

Kopfarbeitern, der Eurysome mehr bei denen der Handarbeiter vorkommt.

SCHLESINGER hatte die bisher verwendeten Körperbautypen unter Berücksichtigung ihrer vielfachen Überschneidungen und Verwandtschaften in ein einfaches System gebracht, das nur noch schlanke, mittlere und breite Wuchs-

24*

formen unterscheidet. Er hat diese 3 Körperbautypen in Zuordnung zu einer großen Zahl physiologischer und sozialer Merkmale gebracht und gewisse Bindungen dabei feststellen können.

In den folgenden Tabellen 9 und 10 ist die Verteilung seines Materials auf die einzelnen Typen wiedergegeben. In Tabelle 9, die die Kinder von 1—4 Halbjahren umfaßt, sind außerdem noch Extrem- und Übergangsformen berücksichtigt worden.

Tabelle 9. Verteilung der Habitustypen bei den Säuglingen und im 2. Jahr (Häufigkeitszahlen in Prozent).

Halb-jahr	Anzahl	Über-schlank	Schlank	Übergangs-form	Mittelform	Übergangs-form	Breit	Sehr breit
					Rohrerscher Index			
		1,8	1,9—2	2,1	2,2—2,4	2,5	2,6—2,7	2,8
1	678	1	13	12	47	10	11	6
2	179	1	8	7	52	16	10	6
3	76	—	3	13	53	4	17	10
4	46	2	9	9	52	11	15	2

Tabelle 10. Verteilung der Habitustypen. Der Habituswechsel. (Häufigkeitszahlen in Prozent.)

	Knaben				Mädchen			
Jahre	Anzahl	Schlank	Mittel	Breit	Jahre	Anzahl	Schlank	Mittel	Breit
$2^1/_2$—$3^1/_2$	84	13	31	56	$2^1/_2$—$3^1/_2$	70	21	38	41
4—$5^1/_2$	203	28	41	31	4—$5^1/_2$	162	34	43	23
6—9	802	36	49	15	6—9	537	46	39	15
10—14	373	41	44	15	10—12	340	51	30	19
15—18	195	25	49	26	13—15	230	31	40	29
					16—18	194	20	33	47

Alle hier erwähnten Autoren stellen einen sog. Habituswechsel, d. h. eine Veränderung des Konstitutionstyps mit fortschreitendem Alter während der Wachstumszeit fest. Der Vergleich zwischen den Zahlengruppen der einzelnen Autoren zeigt, daß sich die gefundenen Körperbauformen fortwährend in einer bestimmten Richtung im Laufe der Entwicklung verschieben. Vom Kleinkindalter über das Schulalter und die Pubertät nehmen ständig die schlanken leptosomen oder die asthenischen Wuchsformen zu und in demselben Sinn nehmen die runden, pyknischen, eurysomen Formen ab. Da der Konstitutionstypus eines Menschen sich in seiner Grundstruktur aber nicht ändern, sondern nur in seinen Akzidentien sich modifizieren kann, müssen wir zu dem Ergebnis kommen, daß die Autoren, deren Angaben für die verschiedenen Lebensalter sich derartig widersprechen, den Konstitutionstyp als solchen überhaupt nicht erfaßt haben.

Die Lösung dieses Irrtums sehe ich darin, daß die Autoren im wesentlichen den Entwicklungstyp gesehen und beschrieben und außerdem konstitutionelle Züge mit entwicklungstypologischen vermischt haben. Sie haben nicht die Variationen berücksichtigt, die der Entwicklungstyp in den Konstitutionstyp hineinträgt. Wenn Lederer unter seinen Säuglingen 49% cerebrale Typen fand, wenn Krasusky feststellt, daß eine große Zahl pyknischer Kleinkinder als asthenische Formen im Schulalter auftaucht, wenn bei Wurzinger im Alter von 6—12 Jahren die Leptosomen zu- und die Eurysomen abnehmen, so sind alle diese Befunde zweifellos nur als Einflüsse der Entwicklung, aber nicht als Wandlung des Konstitutionstyps zu erklären.

Bei allen Untersuchungen zum Konstitutionstyp des Kindes ist bisher die Beachtung des Entwicklungstypus übersehen worden. Es ist daher notwendig, die Gestaltungen des Entwicklungstypus und seine Beziehungen zur Konstitution zu erörtern. Denn ohne die Einbeziehung des Entwicklungstypus ist der Konstitutionstypus beim Menschen des Entwicklungsalters, d. h. also vor der Maturität, nicht eindeutig festzulegen. Dabei sollen in der Darstellung einzelner Fälle neben den Merkmalen der Entwicklung jedesmal auch konstitutionsbiologische Fragen behandelt werden.

Bevor jedoch das Problem der Beziehungen zwischen Konstitution und Entwicklung, in unserem Falle also der Beziehungen zwischen Konstitutionstyp und Entwicklungstyp der Gestalt behandelt wird, müssen einige Erläuterungen über die Entwicklung der Gestalt im Jugendalter vorangeschickt werden. Denn das Jugendalter, das ja ein in sich geschlossenes einheitliches Stadium der Entwicklung darstellt, eignet sich aus bestimmten Gründen, die später erwähnt werden sollen, besonders gut zur Verdeutlichung der Beziehungen zwischen Entwicklungs- und Konstitutionstyp. Es soll dann weiterhin versucht werden, an Hand einzelner, sorgfältig beobachteter Entwicklungsverläufe die Darstellung möglichst anschaulich zu gestalten.

Wachstum und Differenzierung im Stadium des Jugendalters in Hinsicht auf ihre Zusammenhänge mit Erbanlage und Konstitution zu betrachten, ist eine wichtige und dringende, bisher aber nur wenig behandelte Aufgabe. Sie ist ein Teil des großen Problems, die Entwicklung des Menschen so genau zu erforschen und erkennen zu lernen, daß wir mit Sicherheit Normales und noch Normales von Krankhaftem und anlagemäßig Abnormem unterscheiden, daß wir schon geringe Störungen und vielleicht noch harmlos erscheinende Abweichungen frühzeitig und sicher erkennen und daß wir die gefährdeten Entwicklungen von den in ihrem Verlauf gesicherten aussondern können. Mit dieser Forschung schaffen wir die praktischen Voraussetzungen, um rechtzeitig in gestörte Entwicklungen einzugreifen und peristatisch bedingte Schädigungen und deformierende Einflüsse zu eliminieren und um damit letzten Endes dem Einzelnen sein in der Anlage gesetztes Entwicklungsziel erreichen zu helfen.

Denn man darf nicht verkennen, daß heute noch die Abirrungen von diesem Entwicklungsziel aller Wahrscheinlichkeit nach noch sehr zahlreich und sehr tiefgreifend sind und daß viele Jugendliche ihre Maturität weit unter dem Niveau an Lebensfülle, Leistungskraft und morphologischer Vollkommenheit erreichen, das ihnen, entsprechend ihren erbbiologischen Bedingungen, zu erreichen an sich möglich wäre. Und man darf ebenso wenig übersehen, wie folgenschwer sich Einflüsse der Umwelt an Körper und Geist der Jugendlichen manifestieren. Hier prägt sich alles Geschehen formgebend ein und diese Formung, die Körper und Geist in der Entwicklung erhalten, halten sie für das Leben im Erwachsenenalter fest. Wir erleben bei der langfristigen Beobachtung von Kindern und Jugendlichen in der Entwicklung, wie Anlage und Erwerb in ständiger Wechselbeziehung stehen. Es muß unser Ziel sein, dem Einzelnen in seiner Entwicklung diejenigen Möglichkeiten zu bieten, die die Entfaltung der Erbanlagen in optimaler Weise verwirklichen lassen. Da wir aber mit einer unbekannten Zahl der Konstitutionsvarianten und Varianten von Entwicklungsverläufen rechnen müssen, auf die eine Unzahl verschiedenster Umwelten und Umweltfaktoren einwirken, so ist es notwendig, daß wir uns über Entwicklung und Konstitution in ihren Erscheinungsweisen im Jugendalter größtmögliche Klarheit verschaffen.

Eine solche Betrachtung ist allerdings nur möglich, wenn man ihr ein in sich einheitliches Entwicklungsstadium zugrunde legt. Denn bei den großen Schwierigkeiten, die sich einer exakten Bearbeitung der Entwicklungsvorgänge in den Weg stellen, würde diese Aufgabe kaum zu lösen sein, wenn man die gesamte Entwicklung, die mit der Zeugung beginnt und noch über den Zeitpunkt der Maturität hinausreicht, zum Gegenstand der Untersuchung machen würde. Ein solches einheitliches, in sich geschlossenes, auf ein faßbares Entwicklungsziel gerichtetes, durch biologische Kriterien gegen voraufgehende und nachfolgende Entwicklungsstadien abzugrenzendes Entwicklungsstadium ist das Jugendalter. Es beginnt mit der Vollendung des ersten Gestaltwandels im 7. Lebensjahr und schließt ab mit dem Erreichen der Maturität, der qualitativen Vollendung der geschlechtlichen Reifung, die, bei den Geschlechtern und den Rassen verschieden, zwischen dem 16. und 19. Lebensjahr erreicht zu werden pflegt. So wie die Grenzen dieses Stadiums uns gut bekannt sind, so sind wir jetzt auch über die einzelnen Phasen und das biologische Geschehen in ihnen hinreichend unterrichtet, so daß wir innerhalb dieser Begrenzung die besten Aussichten haben, die gestellten Aufgaben, so weit das heute schon möglich ist, in Angriff zu nehmen.

Wir müssen jedoch vorausschicken, daß auf diesem Forschungsgebiet bisher eine einheitliche Begriffsbildung noch nicht herausgearbeitet worden ist. In der Vergangenheit ist dieses ganze Thema doch immer nur sporadisch behandelt worden und es ist bisher nie im großen als einer systematischen Forschung würdiges Thema in Angriff genommen worden. So finden wir in der Literatur beispielsweise eine Unzahl verschiedenster Definitionen der Pubertät; es ist bisher keine Einigung darüber erzielt worden, wann die Pubertät beginnt, wann sie ihren Abschluß findet; welche Kriterien innerhalb ihres Verlaufs Phasen und Gliederungen unterscheiden lassen; es ist keinerlei einheitliche Methode vorausgestellt worden, exakte Stufen der Entwicklung, die die Möglichkeit genauen Vergleichs allein bieten, zu ermitteln.

Wir müssen daher zunächst diese allgemeinen Voraussetzungen erörtern.

Wie ich oben gesagt habe, beginnt das Jugendalter in dem Zeitpunkt, in dem der erste Gestaltwandel des Kindes vollendet ist, ein Vorgang, der in der Norm in den Verlauf des 7. Lebensjahres fällt. Jedoch machen sich hier schon recht große individuelle Verschiedenheiten bemerkbar. Wir sehen, daß schon in diesem Entwicklungsabschnitt die Mädchen den Knaben in der Entwicklung um einige Monate voraus zu sein pflegen, wir sehen, daß einzelne Kinder schon vor dem 6. Geburtstag den Gestaltwandel vollendet haben und dementsprechend sehr viel früher mit ihm beginnen, daß andere Kinder noch im 7. Lebensjahre den Gestaltwandel nicht beendet haben.

Im ersten Gestaltwandel wird das Kind aus dem Stadium des Kleinkindalters in das des Jugendalters körperlich und seelisch überführt. Dieser Prozeß ist außerordentlich einschneidend und schafft Körper und Seele des Kindes in erstaunlichem Maße um. Denn bis zum Gestaltwandel, dessen Beginn wir in den Anfang des 6. Lebensjahres setzen, ist das Kind körperlich und seelisch Kleinkind. Die physischen wie psychischen Formen dieses Kleinkindseins sind allzu bekannt, als daß sie hier eingehend geschildert werden müßten. Es sei nur darauf hingewiesen, daß die Gesamtform der kleinkindlichen Gestalt in ihrer Qualität beherrscht wird von der Präponderanz des großen Schädels und der großen Körperhöhlen und ihrer Gefäße, von Brust und Bauch, und daß die Extremitäten und mithin das motorische System ihnen gegenüber in einem eindeutig sichtbaren Rückstand stehen. Im Gestaltwandel wird dieses Verhältnis umgeschaffen. Die großen Körperhöhlen, Schädel, Brust und Bauch verkleinern sich relativ, die Extremitäten und mit ihnen das ganze motorische System erhalten eine außerordentliche Verstärkung und so treten ganz allmählich jene Gestaltveränderungen hervor, die man früher sehr ungenau als erste Streckung bezeichnet hat. In diesem Begriff hatte man jedoch nur dimensionale

Veränderungen getroffen, man erfaßte damit nicht die großen und qualitativen Verwandlungen, die der Körper des Kindes in jedem einzelnen Teil erfährt und die uns eben dazu bestimmt haben, den Begriff der ersten Streckung in den des ersten Gestaltwandels zu erweitern. Die lange Dauer dieses Verwandlungsprozesses der Gestalt über 1—1$\frac{1}{2}$ Jahre, das Fehlen systematischer und detaillierter anthropometrischer Messungen und der geringe Gebrauch, der von dem Hilfsmittel photographischer Aufnahmen gemacht wurde, verhinderten bisher, diese einschneidenden Veränderungen im Aussehen der Gestalt, in der physiognomischen Bildung, im seelischen Ausdruck mit genügender Klarheit zu erkennen. Wir können jetzt feststellen, wo wir durch Jahre eine große Zahl von Kindern während dieses Prozesses systematisch und unter Heranziehung aller modernen Hilfsmittel beobachtet haben, daß sich diese Veränderungen in der Gestalt des Kindes in individuell sehr verschiedener Weise vollziehen. Diese Veränderungen schleichen sich gleichsam unbemerkt ein, betreffen bald diese, bald jene Körperpartie und bringen so allmählich ein Bild hervor, das erst nach seiner Vollendung im Vergleich zu dem Ausgangsbild den erstaunlichen Wandel, der sich inzwischen vollzogen hat, erkennen läßt. Mit der Vollendung des ersten Gestaltwandels sehen wir den kindlichen Körper gestreckt, den Kopf relativ sehr stark verkleinert, die Gesichtspartie gegenüber der Stirnpartie vergrößert und stark differenziert, wir sehen schlanke, in ihrer Muskelform und Kontur scharf gezeichnete Extremitäten, wir sehen einen verkleinerten, von dem steiler gestellten Rippenbogen und den ebenso steiler gestellten Inguinalfurchen begrenzten, in seiner Prominenz stark zurückgestellten Bauch, wir sehen den Brustkorb, der flacher und schmaler geworden ist, dessen Zeichnung durch Rippen und Muskeln deutlich geprägt ist. Wir sehen endlich die Haltung der Wirbelsäule deutlich differenziert, die Rückenmuskulatur, die Stellung der Schulterblätter, die Ausbildung der Glutäen in derselben Weise verändert. Diesen Veränderungen entspricht der Ausdruckswandel des Gesichts, der anzeigt, daß auch die seelische Grundhaltung des Kindes sich soweit geändert hat, daß es nun für das Gemeinschaftsleben außerhalb der Familie und des mütterlichen Lebenskreises und für die Stellung unter neue Aufgaben bereit und fähig ist.

An Hand der folgenden Abbildungen soll der erste Gestaltwandel des Kindes an rechtzeitigen, verfrühten und verspäteten Entwicklungen aufgezeigt werden, wobei auch auf Fragen des Konstitutionstyps der Gestalt eingegangen werden soll.

Die Abb. 3 und 4 zeigen den normalen ersten Gestaltwandel bei zwei Kindern, deren Entwicklung vom Kleinkindalter zum Schulkindalter wir an den einzelnen Bildern und den Veränderungen der Körpermaßzahlen verfolgen können.

Die ersten Aufnahmen und Messungen dieser Kinder wurden im Frühjahr 1935 gemacht, die Kinder kamen zufällig, ohne besondere Auswahl, zur Untersuchung. Bei den folgenden Untersuchungen konnte die Jahresspanne, die für Entwicklungsuntersuchungen sehr erwünscht ist, aus äußeren Gründen nicht immer genau eingehalten werden. So sind die Abstände zwischen den einzelnen Untersuchungsterminen zuweilen um einige Monate verschieden groß, aber auch nicht so groß, daß der Vergleich zwischen den einzelnen Entwicklungsphasen dadurch beeinträchtigt würde.

Die anderen Abbildungen 5—8 zeigen Kinder, bei denen im Beginn der Untersuchungen der erste Gestaltwandel schon vollzogen war, oder bei denen eine Verspätung im Beginn des ersten Gestaltswandels festgestellt werden konnte. Zur Beurteilung der Verfrühung und Verspätung des ersten Gestaltwandels und der Phasenzugehörigkeit der gefundenen Entwicklungsstufe ist es zweckmäßig, zunächst das Bild einer normalen Entwicklung von der Kleinkindzeit bis zur Schulkindzeit zu betrachten.

Abb. 3a (Tabelle 11) stellt ein gesundes Kleinkind im Alter von 4,4 Jahren dar, das mit einer Körperlänge von 108 cm über der Durchschnittsgröße seines Alters liegt. Die Gestalt zeigt im ganzen den eindeutigen, qualitativ sicher bestimmten Charakter der kleinkindlichen Form. Der Ausdruck des Gesichtes und seine physiognomische Bildung ist noch typisch kleinkindlich, der Stirnschädel ist groß, das Untergesicht weich und unentwickelt. Ebenso charakteristisch ist die Gesamthaltung des Kindes, die noch nicht für die ihm gestellte Aufgabe zusammengefaßt ist. Man beachte auch die Art, in der die Arme und Hände gehalten

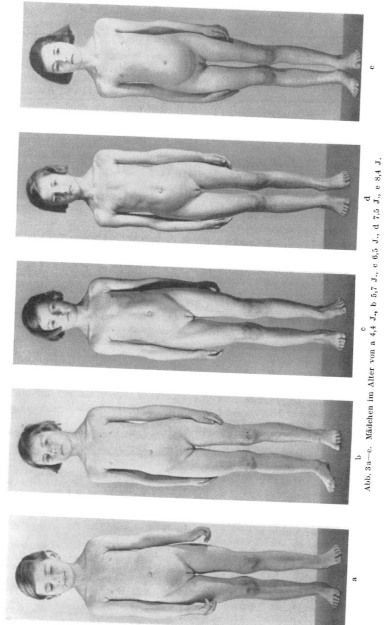

Abb. 3a—e. Mädchen im Alter von a 4,4 J., b 5,7 J., c 6,5 J., d 7,5 J., e 8,4 J.

werden. Auch darin zeigt sich das mehr zufällige „Dastehen", gegenüber dem bewußten „Sich-hinstellen", das in den späteren Bildern schon zum Ausdruck kommt. Der Kopf ist groß im Verhältnis zur Gesamtgestalt, allerdings mit 46,3 % nicht so überragend, wie wir es bei anderen Kleinkindformen kennen, da dieses Mädchen relativ groß im ganzen ist. Der Rumpf ist groß, rund, zylindrisch, der Bauch vorgewölbt. Die geringe Markierung der Brust-Bauchgrenze rührt davon her, daß die Haltung des Kindes schlaff ist und am Rippenbogen leichte Einziehungen als Reste alter Rachitis vorhanden sind. Die Extremitäten tragen in ihrer motorischen Unausgeprägtheit in ihren weichen runden Formen noch den kleinkindlichen Charakter. Die Schulterpartie ist unentwickelt und kontrastiert noch kaum gegenüber dem Beckengürtel. Der Bauch schließt mit dem flachen, nach oben rund konkaven Boden der Inguinalfalten ab. Die Beine sind mit 52,3 % noch kurz. Wir sehen ferner noch das physiologische Genu valgum des Kleinkindes.

Abb. 3 b. Die Zeitspanne zwischen den beiden Bildern beträgt etwas mehr als ein Jahr, genau 1 Jahr und fast 3 Monate. Daher muß von der sehr hohen Zuwachsrate der Körperlänge von 8,0 cm ein geringer Betrag in Abzug gebracht werden. Trotzdem bleibt der Zuwachs beträchtlich, das Längenwachstum ist sehr rasch vorgeschritten. Die Gestalt hat sich schon erheblich verändert. Die harmonische Kleinkindform des ersten Bildes hat einer disharmonischen Übergangsform Platz gemacht, in der sich kleinkind- und schulkindtypische Züge mischen. Der Kopf ist dem Körper nun mit 43,5 % relativem Umfang angeglichen, die Beine haben sich gestreckt, sie sind um 6,5 cm gewachsen. Aber auch der Rumpf hat sich schon verändert, er ist länger und schmaler geworden, die Taille zeichnet sich schon etwas ab, aber der Bauch ist noch groß und vorgewölbt. Das Gesicht selber zeigt weniger starke Veränderungen, doch ist der Ausdruck sicher schon gewandelt. In der Haltung des Kindes kommt schon die Beziehung zur Situation zum Ausdruck.

Abb. 3 c. Der Gestaltwandel ist nun mit 6,5 Jahren vollendet, das Kind befindet sich in der Schulkindform. Die vorübergehende Disharmonisierung der Übergangsform ist einer schönen harmonischen Gliederung des Körpers gewichen. Besonders beachtenswert ist die Veränderung von Ausdruck und Form des Gesichtes, besonders im Vergleich mit Abb. 3 a. Das Gesicht hat sich gestreckt, die Unterpartie ist kräftig entwickelt und plastisch gezeichnet. Die Stellungnahme zur Aufgabe und die Bereitschaft dafür drückt sich im Blick des Kindes deutlich aus. Auch die Haltung der Gestalt verrät dieselbe innere Bereitschaft. Der Rumpf ist jetzt in seinem Verhältnis zu den Beinen sichtlich verkürzt. Die Beine spielen mit einer relativen Länge von 53,9 % schon eine andere Rolle in den Gestaltproportionen. Die Schultern sind kräftig entwickelt und kontrastieren scharf mit der Beckenpartie. Die Inguinalfalten stehen steil. Das Relief des Rumpfes ist ausgeprägt, Bauch und Brust sind scharf voneinander abgesetzt. Das kleinkindliche Genu valgum ist verschwunden. Die Arme werden jetzt richtig am Körper gehalten, ohne daß bestimmte Anweisungen dafür notwendig sind.

Abb. 3 d. Nach der leichten Verzögerung des Längenwachstums in der vorigen Phase ist der Zuwachs in einer ebenfalls etwas verkürzten Zeitspanne wieder auf 7,3 cm gestiegen. Gleichwohl hat sich nun an dem Gesamtausdruck der Gestalt, an ihrer bestimmten Schulkindqualität nichts mehr geändert. Die Form des vorigen Bildes ist in allen wesentlichen Zügen die gleiche geblieben, sie ist nur noch im Sinne der Schulkindform stärker ausgearbeitet. Die Fülle der Gestalt ist um etwas vermindert, der Rumpf noch kürzer, die Beine noch länger geworden. Der Ausbau der motorischen Leistungsfähigkeit der Extremitäten ist weiter gegangen, die Schultern sind noch kräftiger und plastischer, die Zeichnung des Rumpfreliefs ist differenzierter geworden. Die neue Form des Gesichts, die im vorigen Bild schon hervortrat, ist bis auf den Fortschritt im Ausdruck des Älterseins die gleiche geblieben.

Abb. 3 e. Die Aufnahme ist im Alter von 8,4 Jahren gemacht. Kurz vorher hatte das Kind eine fieberhafte Erkrankung durchgemacht, so daß es im Augenblick körperlich etwas dürftiger erscheint. Auch der bereits bestehende Haltungsfehler tritt deutlicher in Erscheinung. Wesentlich neue Züge sind jedoch an der Gestalt nicht aufgetreten, die schulkindtypischen Merkmale treten womöglich noch deutlicher hervor. Der Gesichtsausdruck zeigt den Fortschritt der seelischen Reifung.

Die Serien der Zuwachszahlen und der Indices des Körperbaues (Tabelle 11) belegen diese Entwicklung. Man ersieht aber zugleich, wie wenig sie allein geeignet wären, den Entwicklungsgang aufzuzeigen. Zur Betrachtung der Entwicklung ist die Kombination der freien Gestaltbetrachtung der Gesamtgestalt und ihrer Wandlungen und ihre Fixierung durch das Lichtbild mit der metrischen Feststellung der Körpermaßzahlen erforderlich.

Wollten wir uns hier die Betrachtungsweise der Autoren zu eigen machen, die ohne Berücksichtigung des Entwicklungstypes den Konstitutionstyp während der Entwicklung festzulegen versuchen, so würden wir feststellen, daß das Kind auf dem ersten Bild zum cerebralen Typ, auf dem letzten Bild zum muskulären gehöre, und zwar zur schlanken Form. Man sieht daraus, wie die Nichtbeachtung des Entwicklungstyps zu Fehlschlüssen führen muß.

Tabelle 11 (zu Abb. 3a—e).

Alter Jahre	Körperlänge cm	Zuwachs der Körperlänge cm	Körpergewicht kg	Zuwachs des Körpergewichts kg	Zuwachs des Brustumfanges cm	Zuwachs der Rumpflänge cm	Zuwachs der Beinlänge cm	Prop. Kopfumfang %	Prop. Brustumfang %	Prop. Rumpflänge %	Prop. Beinlänge %	Prop. Schulterbreite %	Prop. Breite der unteren Th.A. %	Prop. Beckenbreite %
4,4	108,0		17,0					46,3	47,2	29,2	52,3	22,2	14,8	16,7
		8,0		2,6	3,0	2,1	6,5							
5,7	116,0		19,6					43,5	46,6	29,0	53,9	22,4	13,8	16,4
		4,3		1,5	1,3	1,4	3,6							
6,5	120,3		21,1					42,3	46,1	29,2	55,1	22,5	13,5	16,7
		7,3		2,2	2,2	0,5	5,2							
7,5	127,6		23,3					39,8	44,9	27,7	55,7	21,5	12,5	16,4
		5,0		1,7	0,5	1,8	2,9							
8,4	132,6		25,0					38,3	43,6	28,0	55,7	21,1	12,8	16,2

Der Knabe auf Abb. 4a, b, c, d und e bietet fast in jeder Beziehung das gleiche Bild der Entwicklung wie das Mädchen von Abb. 3, doch muß seine Entwicklung, gemessen an der Norm, als etwas verfrüht bezeichnet werden.

Abb. 4a. Das Kind befindet sich mit 3,11 Jahren noch im Kleinkindalter und bietet die reine Kleinkindform dar. Auch ist es in der Körperlänge über der Altersnorm, sein relativer Kopfumfang beträgt daher nur 46,2%. Doch ist es, ohne schwerer zu sein, etwas fülliger als das Mädchen. Sein relativer Brustumfang beträgt 50,0%. Für den Ausdruck der Haltung gilt dasselbe wie bei dem Mädchen. Es ist ein einfaches Dastehen, ohne rechtes Aufgabenbewußtsein, die Arme hängen ohne Impulse am Körper herunter, wobei sie typischerweise etwas abstehen. Der Rumpf ist groß, lang (31,1%), ohne Relief, ohne Markierung zwischen Brust und Bauch, rund und walzenförmig; die Beine relativ kurz (52,3%), kleinkindlich in der Form, weich, ohne Gelenk- und Muskelzeichnung. Die Taille ist nur erst angedeutet, die Breite der unteren Thoraxapertur beträgt noch 14,8%, die Schultern sind gegenüber dem Becken kaum betont. Auch hier sehen wir das kleinkindliche Genu valgum. Der Ausdruck des Gesichts ist analog dem der Gesamthaltung, auf unserem Bild vielleicht nicht ganz so bezeichnend wie bei dem Mädchen.

Abb. 4b. Der Knabe zeigt nicht ganz das gleich starke Wachstumstempo wie das Mädchen. Er ist in demselben Zeitraum nur um 6,7 cm gewachsen. Er befindet sich jetzt in einer disharmonischen Übergangsform. Der Kopf ist dem Ganzen schon angeglichen, der Kopfumfang ist auf 44,2% zurückgegangen. Die Gesichtsproportionen haben sich verändert, der Ausdruck des Gesichtes ist hier nicht so klar zu erfassen, da das Kind wegen der hellen Lampen die Augen schließt. Die Beine haben absolut und relativ stark zugenommen, sie sind um 5,2 cm gewachsen, ganz ähnlich wie bei dem Mädchen, und haben jetzt den Index von 54,0%. Die Entwicklung des Rumpfes ist sichtlich vorgeschritten, doch bietet er noch das Bild der Mischform zwischen Schulkind- und Kleinkindform. Er ist schlanker geworden, aber noch nicht deutlich gegliedert und plastisch gezeichnet, der Bauch ist noch relativ groß. Auch die Extremitäten zeigen trotz ihres Formwandels noch nicht die für die Schulkindform charakteristische Gestalt.

Abb. 4c. Mit dem Abschluß der Phase ist der Gestaltwandel vollzogen. Trotz mäßiger Längenzunahme um nur 4,3 cm bei allerdings nicht ganz vollständiger Jahresspanne hat sich die Gestalt zur Schulkindform eben ausdifferenziert. Die Kopf-Körperproportion ist völlig ausgeglichen, der Ausdruck des Gesichts rein schulkindtypisch, der Rumpf energisch verkürzt, die Beine klar gestreckt und in ihren Formen charakteristisch entwickelt. Nur eines scheint mir an der Gestalt nicht voll zum Ausdruck zu kommen, das ist die zu erwartende Harmonisierung nach der disharmonischen Übergangsform auf Abb. 4b. Auch die Gliederung des Rumpfes, die Einschnürung der unteren Thoraxapertur, die sich in ihrem Relativwert von 14,1% gegenüber der der Kleinkindform mit 16,5% nun stark unterscheidet, die Markierung von Brust- und Bauchgrenze, die Reliefgestaltung des Rumpfes sind sichere Hinweise auf die Vollendung des Gestaltwandels.

Abb. 4d. Die Schulkindform hat sich weiter ausgebaut, sie ist gleichsam in jedem einzelnen Zug ausgeführt. Sie ist in allen wesentlichen Zügen jedoch die gleiche wie im vorigen Bild, doch ist jetzt auch die Harmonisierung vollzogen, die wir auf der Abb. 4c noch vermißt haben. Man vergleiche die Reihe der Relativwerte, die zu diesem Bilde gehören, mit den entsprechenden von Abb. 3. Man wird dann das Typische und das Individuelle der Entwicklung der beiden Kinder sehr schön ablesen können.

Abb. 4e. Die Harmonisierung und Konsolidierung des Körpers ist weiter fortgeschritten, sonst ist kein wesentlich neuer Zug an der Gestalt aufgetreten. Der physiognomische Ausdruck des Gesichts zeigt den Fortschritt der seelischen Entwicklung.

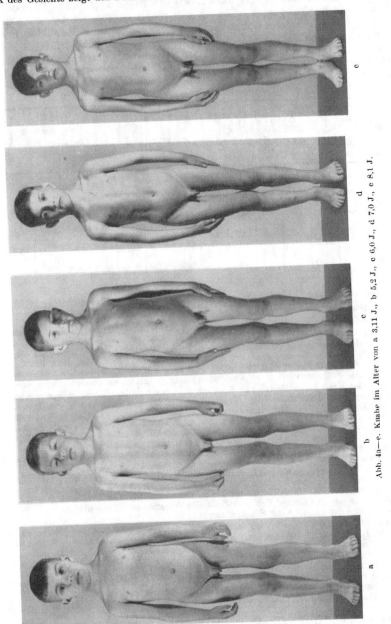

Abb. 4a—e. Knabe im Alter von a 3,11 J., b 5,2 J., c 6,0 J., d 7,0 J., e 8,1 J.

Wir haben es also hier mit dem etwas verfrühten Gestaltwandel eines gesunden Knaben zu tun. Wir sehen auch hier, daß sich das Bild der Schulkindform, wenn sie einmal erreicht ist, in ihren wesentlichen Zügen nicht mehr verändert.

Wenn wir hier, wie im vorigen Fall, versuchen wollten, den Konstitutionstyp der Gestalt zu bestimmen, so würden wir zu denselben Schlüssen kommen. Auch dieses Kind bietet mit 3,11 Jahren den cerebralen Typ und mit 7,0 den muskulären. In der Tat jedoch sehen wir hier nichts anderes als die normalen Veränderungen im Laufe des ersten Gestaltwandels, die aus den bekannten Gestaltformen des Kleinkindalters in die des Schulkindalters hinüberführen. Es zeigt sich darin, wie außerordentlich schwierig es ist, während der Entwicklung, besonders in Zeiten stürmischen Verlaufes, den Konstitutionstyp der Gestalt festlegen zu wollen.

Tabelle 12 (zu Abb. 4a—e).

Alter Jahre	Körperlänge cm	Zuwachs der Körperlänge cm	Körpergewicht kg	Zuwachs des Körpergewichts kg	Zuwachs des Brustumfangs cm	Zuwachs der Rumpflänge cm	Zuwachs der Beinlänge cm	Prop. Kopfumfang %	Prop. Brustumfang %	Prop. Rumpflänge %	Prop. Beinlänge %	Prop. Schulterbreite %	Prop. Breite der unteren Th.-Ap. %	Prop. Beckenbreite %
3,11	106,2		17,0					46,2	50,0	31,1	52,6	23,1	16,5	17,0
		6,7		2,0	2,0	1,7	5,2							
5,2	112,9		19,0					44,2	48,7	30,7	54,0	23,0	15,0	16,8
		4,3		1,5	2,0	0,7	3,5							
6,0	117,2		20,5					42,7	48,7	30,3	55,1	23,1	14,1	16,7
		5,8		1,3	1,5	0,9	4,1							
7,0	123,0		21,8					41,1	47,6	29,5	55,8	22,4	13,0	16,3
		5,4		2,2	2,8	0,7	3,7							
8,1	128,4		24,0					39,5	47,9	28,9	56,5	22,3	13,7	16,8

Die vier Bilder der Abb. 5 zeigen einen Knaben, der außerordentlich früh entwickelt ist.

Ich hatte Gelegenheit, das Kind lange Zeit im Sonderkindergarten zu beobachten. Die psychologische Prüfung und die mehrjährige heilpädagogische Beobachtung haben erwiesen, daß das Kind geistig-seelisch frühreif und weit über sein Alter intellektuell entwickelt ist, zugleich aber seelisch auffällig, hypermotorisch und sensitiv-ängstlich ist. Es liegt hier also ein einwandfreier Fall von Zuordnung zwischen einer somatischen und einer geistig seelischen Frühentwicklung in Verbindung mit psychisch-anormalen Zügen vor.

Abb. 5a. Das Kind befindet sich mit 5,4 Jahren in der Schulkindform, es hat bereits jetzt den Gestaltwandel vollendet. Der Kopfumfang beträgt nur mehr 43,7%, der Brustumfang 45,7%. Die Beinlänge hat bereits den Wert 54,5% erreicht. Der Rumpf ist mit 30,6% vielleicht noch verhältnismäßig lang, wenn wir ihn aber mit der schon recht großen relativen Beinlänge in Beziehung setzen, verliert dieser Wert seine Bedeutung. Denn wir dürfen diese Relativwerte nicht isoliert betrachten, sondern immer nur in Zusammenhalt mit den korrespondierenden Werten anderer Körpermaße im Sinne des Indexspektrums von PLATTNER.

Sind die Zahlen hier schon eindeutig in ihrem Hinweis auf die Körpergestalt, so besteht bei der Betrachtung der Abb. 5a kein Zweifel daran, daß hier schon die Schulkindform erreicht worden ist. Das Kopf-Körperverhältnis, der Ausdruck des Gesichts, die Gestaltung des Rumpfes, das Rumpf-Beinverhältnis, die Formung der Extremitäten, alle einzelnen Züge tragen das Gepräge der Schulkindform.

Abb. 5b. Dieser Sachverhalt wird noch klarer, wenn wir das Bild des Kindes im Alter von 6,4 Jahren betrachten. Decken wir den Kopf ab, so können wir kaum noch unterscheiden, welches das frühere, welches das spätere Bild ist. In einem Altersabschnitt, in dem das Kind sonst einen wesentlichen strukturellen Umbau der Gestalt erfährt, wie wir es an den Kindern der vorhergehenden Abbildungen gesehen haben, hat sich hier qualitativ an der Gestalt so gut wie nichts geändert. Es ist etwas schlanker geworden, die Beine sind relativ noch etwas länger geworden, es hat ein wenig an Fettpolster verloren. Am Kopf sieht man den Rückgang der relativen Größe. Das Gesicht dagegen hat sich in nichts Wesentlichem geändert.

Auch hier bestätigt sich wieder das Gesetz, daß, wenn ein Kind einmal die Schulkindform erreicht hat, sich zunächst nichts mehr an der Grundstruktur der Gestalt ändert.

Abb. 5c und d. Hier wiederholt sich, was schon für Abb. 5b gesagt worden ist. Der Körper hat sich weiter gestreckt, das Kind ist weiter in der Fülle zurückgegangen, wie es sich schon auf Abb. 5b angekündigt hatte, der Kopf hat natürlich weiter an relativer Größe verloren, die Beine sind relativ länger, der Rumpf weiter relativ kürzer geworden. Aber etwas grundsätzlich Neues ist zur Gestalt nicht hinzugekommen.

An diesem Fall zeigt es sich besonders schön, wie wichtig es ist, die Entwicklungsformen der Kinder besonders in diesen Altersabschnitten zu verfolgen. Gewiß ist das Kind mit der Körperlänge von 116,2 cm bei 5,4 Jahren recht groß und über der Altersnorm der Körperlänge. Aber aus der Tatsache der übernormalen Körperlänge allein können wir den Sachverhalt der somatischen

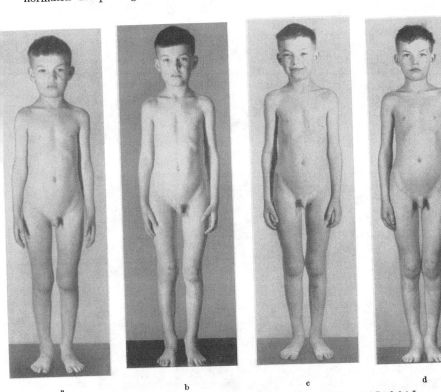

a   b   c   d

Abb. 5 a—d. Frühentwicklung. Knabe im Alter von a 5,4 J., b 6,4 J., c 7,5 J., d 8,4 J.

Frühentwicklung nicht erschließen. Denn es gibt natürlich auch Kinder dieses Alters, die noch in einer Phase des Gestaltwandels und somit morphologisch in einer Übergangsfom sind und auch diese Überlänge besitzen, bei denen also keineswegs eine Frühentwicklung vorliegt. Finden wir aber auf dieser Altersstufe eine ausgeprägte Schulkindform, so können wir mit Sicherheit eine Frühentwicklung feststellen. Dabei zeigt dieser Fall weiter, daß mit einer solchen eklatanten Frühentwicklung auch eine seelisch-geistige Frühentwicklung gekoppelt ist, und wir können sogar von einer gesetzmäßigen Zuordnung der beiden Entwicklungsreihen sprechen. Wir sehen darüber hinaus hier auch die immer wieder beobachtete Tatsache bestätigt, daß bei allen Anomalien der Entwicklung auch eine konstitutionelle Sonderform vorhanden ist, in diesem Fall ein seelisches Zustandsbild, das wir als Psychopathie bezeichnen können.

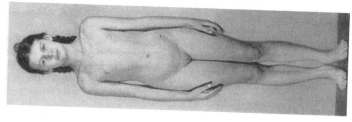

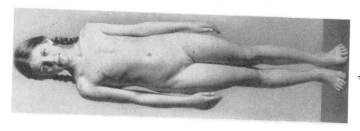

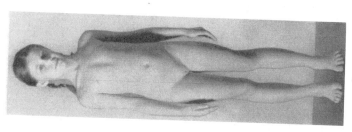

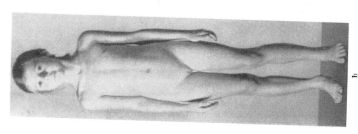

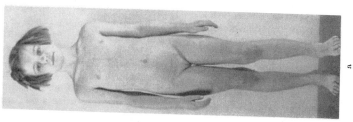

Abb. 6 a—e. Frühentwicklung. Mädchen im Alter von a 5,10 J., b 6,11 J., c 8,0 J., d 9,0 J., e 9,11 J.

Abb. 6a. Auch dieses Kind befindet sich mit 5,10 Jahren bereits in Schulkindform und ist, wie das Kind der vorhergehenden Abb. 5, frühentwickelt. Auch hier sind alle Merkmalskomplexe der Schulkindform vorhanden. Die Indexzahlen der Gestalt sind:

Prop. Kopfumfang . . . . . . 42,1%   Prop. Schulterbreite 22,5%
  ,,   Brustumfang . . . . 45,8%   ,,   Breite der unteren Thorax-
  ,,   Rumpflänge. . . . . 30,0%   apertur 14,2%
  ,,   Beinlänge. . . . . 53,8%   ,,   Beckenbreite 16,7%

Das Kind ist mit 120,0 cm ebenfalls über der Altersnorm, doch ist es nicht in demselben Maß schlankwüchsig.

Abb. 6b, c, d und *e.* Auch hier differenzieren sich, wie sich an den im Abstand von je einem Jahr aufgenommenen Bildern zeigt, die Gestalt und der Ausdruck des Gesichts weiter aus, ohne einen Qualitätswandel erkennen zu lassen. Dabei sind wechselnde Zustände der Fülle

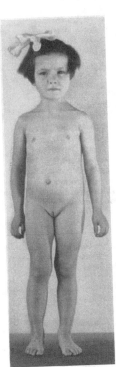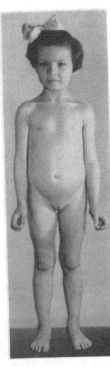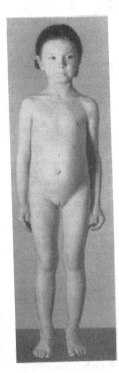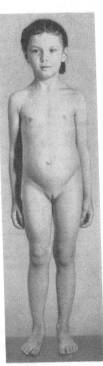

a   b   c   d

Abb. 7a—d. Spätentwicklung. Mädchen im Alter von a 5.10 J., b 6,11 J., c 7,10 J., d 8,10 J.

deutlich zu bemerken. Von Abb. 6b zu Abb. 6c tritt eine Zunahme der Fülle auf, die sich auch in einem starken Zuwachs des Brustumfanges zu erkennen gibt, das Gewicht nimmt in dieser Phase um den erheblichen Betrag von 3,8 kg zu. Dagegen bleibt der Zuwachs der Körperlänge in dieser Phase etwas zurück, wie wir ja häufig ein Alternieren von Füllung und Streckung beobachten. Auf Abb. 6e zeigen sich bereits die ersten Zeichen der geschlechtlichen Reifung.

Es folgen nun Abbildungen von Kindern, die mit starker Verspätung in den Gestaltwandel eingerückt sind und deren Entwicklungsverspätung sich durch Jahre hindurch weiterhin auswirkt.

Abb. 7a. Das Mädchen von 5,10 Jahren stellt noch eine reine Kleinkindform dar. Der proportionelle Kopfumfang beträgt noch 49% und dominiert deutlich im Gesamtausdruck der Gestalt. Der Rumpf ist mit 31,1% relativer Länge sehr groß und entspricht in seiner runden, walzenförmigen Gestalt ohne seitliche Einschnürung der Taille, mit seinem großen, vorgewölbten Bauch, seinen mehr horizontal gestellten Inguinalfalten, seinem geringen Oberflächenrelief, seiner Fettpolsterung, der mangelnden Differenzierung zwischen Brust und Bauch völlig der für die Kleinkindform charakteristischen Form. Die Schultern sind wenig entwickelt, die Extremitäten weich und vorwiegend fettgeformt in ihrer Oberfläche. Die Arme stehen auch, wie so häufig bei den Kleinkindformen, vom Rumpf ab. Der Gesichtsausdruck des Kindes ist rein kleinkindlich, die Züge sind weich und wenig gezeichnet. Die Körperlänge ist mit 103 cm weit unter dem Durchschnitt des Alters, dabei ist die Körperfülle beträchtlich.

Abb. 7b. Das Kind ist nun im Laufe eines Jahres um 5,7 cm gewachsen. Der Zuwachs liegt also durchaus im üblichen Mittel. Gleichwohl zeigt es noch ausgeprägte Kleinkindzüge, so im Ausdruck des Gesichts, in der verhältnismäßigen Größe des Kopfes mit noch 47,3 %, in der Größe und Fülle des Rumpfes, demgegenüber die Beine kaum an Länge gewonnen haben. Ihre proportionelle Länge beträgt fast genau so viel wie auf dem vorigen Bild; etwas über 52 %, ist also noch sehr gering. Der Körper ist in seinen gegebenen Proportionen weiter gewachsen, der Rumpf hat an Fülle und Form kaum verloren. Die Rumpflänge hat um 1,3 cm, der Brustumfang um 2,5 cm zugenommen, während die Beine nur um 2,6 cm gewachsen sind. Die Extremitäten sind etwas schlanker und gestreckter, aber sie haben von ihrem kleinkindlichen Aussehen noch wenig abgegeben.

Abb. 7c. Mit 7,10 Jahren sehen wir das Kind um 5,0 cm gewachsen, also um etwas weniger als in der vorigen Phase. Aber nun ist ein Umschwung eingetreten. Der Rumpf ist nicht mehr größer geworden, dagegen haben die Beine jetzt um 4,2 cm zugenommen. Auch der Brustumfang ist nur um den ganz geringfügigen Wert von 0,3 cm größer geworden. Damit ist eine ausgeprägte Veränderung in den Proportionen vor sich gegangen, die man auch auf dem Bild gut erkennen kann. Der Rumpf ist jetzt sichtlich verkürzt, die Beine unverkennbar verlängert, verschmälert und in ihrer Gestalt verändert. Die Inguinalfalten stehen steiler. Vor allem hat sich der Ausdruck des Gesichts verwandelt, er hat nicht mehr den Charakter des Kleinkindes.

Dabei tritt aus dem letzten Bild klar hervor, daß wir es hier mit einer Sonderkonstitution zu tun haben. Wir glauben schon die endgültige Körperbauform dieses kleinwüchsigen, breitgesichtigen, rundköpfigen Kindes von ostischen bis ostbaltischen Rassezügen, das immer relativ langrumpfig bleiben wird, erkennen zu können. Auch auf diesem Bild scheinen nicht alle Züge der Kleinkindform ausgelöscht zu sein. Der Bauch ist immer noch kugeligprominent, die Tailleneinziehung tritt noch wenig hervor, wenn sie auch schon erkennbar ist. Die Schulterpartie, die zwar plastischer ausgeformt ist, setzt sich noch nicht so deutlich gegenüber der Beckenpartie ab.

Abb. 7d. Auf diesem Bild sehen wir die schon im vorigen Bild deutliche Gestaltveränderung in allen Teilen klarer herausgearbeitet, ohne daß zum Grundplan etwas ganz Neues hinzugekommen wäre. Der Zuwachs beträgt wieder 4,9, also praktisch ebenso viel wie in der vorigen Phase. Das Rumpfwachstum bleibt weiter sistiert mit einem Zuwachs von nur 0,5 cm, das Beinwachstum rückt mit 3,8 cm energisch vor. Eine allgemeine Zunahme der Fülle läßt sich an der Zunahme des Brustumfangs um 2,2 cm erkennen.

Wir vermuten, daß die Verzögerung des Gestaltwandels, die sich in den beiden ersten Bildern ausdrückt, hier zu einer Fixation geführt hat, die sich der bleibenden Körperbauform aufprägt.

Noch im Alter von 8,10 Jahren, in einem Zeitpunkt, in dem ein Kind von rechtzeitiger Entwicklung längst alle Züge der Kleinkindform abgestreift hat, bietet die Gestalt dieses Kindes noch kleinkindhafte Züge. Es ist daher zu vermuten, daß sich diese relative Fixierung auf einer frühen Entwicklungsstufe auch in der weiteren Entwicklung des Kindes feststellen lassen wird.

Der Entwicklungstyp der Kleinkindform prägt sich also im Falle einer Entwicklungsverspätung der Gestalt auf und läßt noch in späterer Zeit diese Tatsache an Merkmalen der Gestalt erkennen.

Abb. 8a. Auch hier liegt eine eindeutige Spätentwicklung vor. Der Knabe befindet sich mit 6,3 Jahren noch in Kleinkindform. Auch hier sind die Extremitäten, besonders die Beine, muskulär relativ besser entwickelt, als wir es gewöhnlich bei der Kleinkindform sehen. Im ganzen genommen, müssen wir sie in ihrer Form — man beachte auch, wie die Arme am Körper herunterhängen — noch als kleinkindtypisch bezeichnen. Der Gesichtsausdruck läßt sich auf den vier Bildern besonders gut vergleichen. Wir können ihn daher, besonders im Gegensatz zu dem von Abb. 8c und d, mit Sicherheit als kleinkindtypisch bestimmen.

Abb. 8b. Das Verhältnis von Rumpf und Beinen hat sich noch kaum verändert, wie wir auch an den Zuwachszahlen der Rumpf- und der Beinlänge sehen können. Doch hat sich der Rumpf schon etwas differenziert. Auch Form und Ausdruck des Gesichts finden wir schon verändert. Die Extremitäten sind kräftiger geworden. Wir sehen hier also eine Übergangsform, die etwa gleich weit von Schulkind- wie von Kleinkindform entfernt zu sein scheint.

Abb. 8 c. Nun ist die Rumpflänge entschieden verkürzt; die Beinlänge vergrößert. Der Zuwachs der Rumpflänge betrug in der zurückliegenden Phase nur noch 1,7 cm, der der Beinlänge dagegen jetzt 3,2 cm. Der Rumpf ist differenziert, die Taille zeichnet sich deutlich ab, die Schultern sind stärker entwickelt, der Gesichtsausdruck unverkennbar schulkindtypisch.

Abb. 8 d. Das Rumpf-Beinverhältnis ist nun noch ausgeprägter. Das Wachstum der Beine ist stärker beschleunigt, das des Rumpfes stärker verzögert worden. Die muskulöse Form der Gestalt prägt sich noch deutlicher aus.

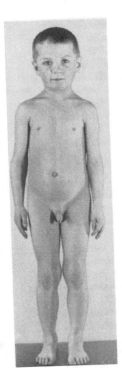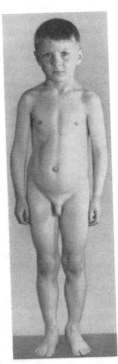

a   b   c   d

Abb. 8 a—d. Spätentwicklung. Knabe im Alter von a 6,3 J., b 7,4 J., c 8,3 J., d 9,3 J.

Wie bei dem Kind der vorhergehenden Abbildung besteht hier ein kurz-breiter, stark muskulär betonter Konstitutionstyp, in dessen Entwicklung die morphologischen Veränderungen des Gestaltwandels etwas verschleiert sind. Für diese Entwicklung gelten dieselben Überlegungen, wie wir sie beim vorhergehenden Fall angestellt haben.

Nachdem im vorigen Abschnitt die Grenze des Jugendalters gegen das Kleinkindalter festgelegt worden ist, gehen wir nun zu der oberen Grenze des Jugendalters über, die dieses Entwicklungsstadium im Zeitpunkt der Maturität gegenüber dem folgenden Stadium, das bereits zum Erwachsenenalter gehört, abgrenzt. Wir gaben vorher schon die Definition der Maturität, die wir als den Zeitpunkt der qualitativen Vollendung der geschlechtlichen Reifung bezeichnet haben.

Wenn man die in der Literatur veröffentlichten Längenwachstumskurven betrachtet, so findet man stets, daß der Anstieg der Längenwachstumskurve, die regelmäßig in der Pubertät steiler wird, im Alter zwischen 16 und 19 Jahren mit einem mehr oder weniger stark ausgeprägten Knick in die Horizontale umbiegt. Die in den Abb. 1 und 2 wiedergegebenen Kurven zeigen diesen Sachverhalt, der bei den Geschlechtern und den verschiedenen Rassen verschieden ist. Sie zeigen, daß am Ende dieses Altersraumes das Längenwachstum entweder ganz oder fast ganz beendet ist.

WEISSENBERG hat nun zum ersten Male darauf aufmerksam gemacht, daß das Längenwachstum aufhört, wenn die geschlechtliche Reifung vollendet ist. Dieser zweifellos richtige Satz konnte doch so lange nicht nachgeprüft werden, als man nicht eindeutig sicher sagen konnte, wann die geschlechtliche Reife tatsächlich erreicht ist. Wir können jetzt nach einer vieljährigen Beobachtung diese Bezeichnung mit aller Sicherheit treffen. Der Prozeß der geschlechtlichen Reifung ist dann vollendet, der Zustand der geschlechtlichen Reife ist dann erreicht, wenn die hauptsächlichsten Reifungszeichen in ihrer geschlechtsspezifischen Qualität eben voll ausgeprägt sind. Es hat sich als praktisch erwiesen, eine Reihe dieser geschlechtlichen Reifungszeichen als repräsentativ für den Verlauf der geschlechtlichen Entwicklung und damit der Entwicklung in der Reifungszeit überhaupt herauszustellen. Es sind bei Knaben die Brustwarze, die terminale Behaarung, die Größe und Gestalt des Genitales, die Entwicklung der Stimme und des Kehlkopfes und der Eindruck der Männlichkeit der Gestalt; bei Mädchen die Brust, die terminale Behaarung, die Gestaltung der Hüften und das Vorhandensein der Menstruation. Sobald diese Merkmale der geschlechtlichen Entwicklung insgesamt eben ihren vollen Reifungsstand erreicht haben, ist die geschlechtliche Reife vollzogen.

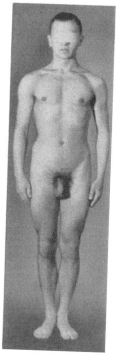 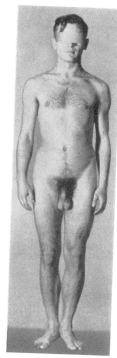

a   b
Abb. 9 a und b. Verfrühte Maturität.
Jugendlicher im Alter von a 16,8 J. und b 19,3 J.

Als drittes Merkmal der Maturität betrachten wir die Harmonisierung der Gestalt, die sich nach der vorübergehenden typischen Disharmonisierung in der Pubertät mit der Annäherung an die Maturität in einer für die verschiedenen Konstitutionen spezifischen Form herstellt.

So haben wir für die Erkennung des Eintrittes der Maturität drei Kriterien: das Abebben oder Aufhören des Längenwachstumsanstieges, die eben erreichte volle Ausprägung der geschlechtlichen Reifungszeichen und die Reharmonisierung der Gestalt.

Abb. 9a stellt einen Jugendlichen im Alter von 16,8 Jahren dar, der in diesem Alter bereits, also bedeutend verfrüht, die Maturität erreicht hat. Abb. 9b stellt denselben Jugendlichen im Alter von 19,3 Jahren dar. Die in der beigegebenen Tabelle (Tabelle 13) wiedergegebenen Körpermaßzahlen und Indices zeigen, daß der Jugendliche in der Tat seit dem Alter von 16,8 Jahren nicht mehr in die Länge gewachsen ist.

Tabelle 13.

Körpermaße	Absolute Werte		Proportionelle Werte	
Alter	16,8 Jahre	19,3 Jahre	16,8 Jahre	19,3 Jahre
Körperlänge	170,0 cm	170,0 cm		
Körpergewicht . . .	62,7 kg	64,8 kg	52,6%	51,6%
Brustumfang	89,5 cm	87,5 cm	56,4%	56,2%
Beinlänge	95,8 ,,	95,5 ,,	41,8%	42,1%
Armlänge	71,0 ,,	71,5 ,,	30,3%	30,4%
Rumpflänge	51,5 ,,	51,6 ,,	24,1%	24,1%
Schulterbreite . . .	41,0 ,,	41,0 ,,	17,6%	18,2%
Beckenbreite	30,0 ,,	31,0 ,,		

Auch zeigen die einzelnen absoluten wie relativen Zahlen des Körperbaues keine irgendwie nennenswerten Veränderungen, aus denen auf einen Gestaltwandel geschlossen werden könnte, wie ja auch die beiden Bilder in all ihren Einzelheiten es bestätigen. Es ist lediglich zu vermerken, daß der Jugendliche in dem verstrichenen Zeitraum zeitweilig unter ungünstigen Verhältnissen gelebt und die früher emsig betriebene sportliche Tätigkeit bei seinem Beruf im Büro völlig aufgegeben hat. So ist der Körper etwas hagerer geworden, das Fettpolster ist zurückgegangen, die Muskulatur ist nicht wesentlich verstärkt. Damit erklärt sich auch der geringe Rückgang im absoluten und relativen Brustumfang. Mit 16,8 Jahren waren bereits alle Merkmale in ihrer maturen Form vorhanden, und so bestätigt dieser Einzelfall das von WEISSENBERG aufgestellte Gesetz[1].

Wie wir schon aus den mitgeteilten Längenwachstumskurven ersahen, ist der Alterszeitpunkt der Maturität bei den Geschlechtern und den Rassen verschieden. Er ist aber auch bei den verschiedenen Konstitutionen variabel, besonders aber bei den Pathokonstitutionen. So sehen wir Verspätungen und Verfrühungen der Maturität als wesentlichen Ausdruck rassischer und konstitutionsbiologischer Besonderheiten.

Innerhalb dieser beiden Grenzen, die durch die Merkmale der Vollendung des ersten Gestaltwandels und der Maturität gezogen werden, verläuft die Entwicklung im Jugendalter, deren biologisches Ziel die Entfaltung der fortpflanzungsfähigen Person ist. Wir fassen hier den Begriff der Fortpflanzungsfähigkeit nicht in dem Sinne auf, der ihm in der Regel beigelegt wird, nämlich der erstmaligen Produktion reifer Keimzellen. Vielmehr ist für uns die Fortpflanzungsfähigkeit ein Reifezustand der ganzen psychophysischen Person, in dem nicht nur eine Funktion der Keimdrüsen, sondern alle leibseelischen Funktionen den Grad der Reife erreicht haben. Denn wir wissen, daß beim Menschen die Produktion reifer Keimzellen schon in einem Entwicklungsabschnitt möglich ist, in dem die Person selber sowohl körperlich wie seelisch noch weit vom Zustand der Reife entfernt ist. Das Gegebensein des Sachverhaltes der Fortpflanzungsfähigkeit ist also gebunden an eine große Reihe von Merkmalen, die repräsentativ für den Gesamtzustand der Person sind. Und dieser Merkmalsbestand der erreichten Fortpflanzungsfähigkeit in unserem Sinne ist eben erst in der Maturität vollzählig vorhanden.

---

[1] Ich habe diesen Fall bereits im Jahre 1936 in meinem Buch ,,Aufgaben und Methoden des Jugendarztes" veröffentlicht und damals schon die Maturität festgestellt. Die zweite Untersuchung mit 19,3 Jahren fand erst Ende des Jahres 1937 statt und bestätigte durch ihre Ergebnisse meine damalige Feststellung.

Wir haben vorhin darauf hingewiesen und die Beschreibung einer größeren Zahl individueller Entwicklungsverläufe hat es auch sichtbar dargetan, daß die Person des Kindes durch den psychophysischen Prozeß, der sich im ersten Gestaltwandel darstellt, für eine neue Daseinsform vorbereitet wird und nach Abschluß des Gestaltwandels sich als Träger neuer veränderter und andersartiger Funktionen darstellt. Wachstum und Differenzierung, die sich an dem Körper des Kleinkindes vollziehen, rücken die Gestalt der Schulkindform in der Verteilung der Proportionen in eine Klasse mit jenen Gestalten, die wir aus der Zeit der Geschlechtsreifung und vollzogenen Geschlechtsreife kennen. Mit anderen Worten, das nach Vollendung des Gestaltwandels durchharmonisierte Kind in Schulkindform ist im Eindruck seiner Proportionen der Gestaltform der Maturität sehr viel näher als der Gestaltform des Kleinkindalters. Ich stehe daher nicht an, auch diese Phase des Jugendalters, die sich der Vollendung des ersten Gestaltwandels anschließt und bis zum Beginn der eigentlichen Geschlechtsreifung, dem allerersten Auftreten von Reifungserscheinungen an den sogenannten Sexuszeichen, dauert, in das Jugendalter und damit in dieses Stadium einzubeziehen, dessen Sinn der Aufbau der fortpflanzungsfähigen Person ist. Man hat diese Phase auch die Zone der noch neutralen Kindheit genannt, weil sich in diesen Jahren keine merkbaren Veränderungen am Sexualapparat vollziehen. Auch in der Gestalt tritt in dieser Phase nichts qualitativ Neues hervor. Das Wachstum ist in dieser Spanne schwer zu übersehen und kaum einheitlich zu fassen. Lange Wachstumsschübe wechseln mit vorübergehenden Stillständen ab, während deren sich Breitwuchs und Fettansatz zeigen können. Auch die seelische Entwicklung zeigt in diesen Jahren keine bisher von den Psychologen eindeutig festgestellten Cäsuren auf. Der Einbruch der geschlechtlichen Reifung vollzieht sich fast unmerkbar.

Trotz des offensichtlichen Fehlens geschlechtlicher Reifungsvorgänge in dieser „stummen Phase" der Entwicklung im Jugendalter müssen wir sie in Beziehung zur Geschlechtsreifung setzen, und zwar als eine Zeit der Latenz, der Vorbereitungszeit. Sie ist gleichsam das Vorfeld, auf dem sich für unseren heutigen Blick noch unbemerkt die Voraussetzungen für die später so stürmische und fast gewaltsame Geschlechtsreifung anbahnen. Man ist versucht, zu sagen, daß der Körper des Kindes erst diese noch neutrale Gestalt gewonnen haben muß, ehe er imstande ist, den Einbruch der Geschlechtlichkeit auszuhalten, daß diese gestaltlichen Grundlagen durch diese 4 oder 5 Jahre hindurch langsam aufgebaut werden müssen, ehe sie die Last des reifenden und allmählich reifen Sexualsystems tragen können.

Wir haben eine Reihe von Bildern (Abb. 5 und 6) aus dieser Entwicklung gezeigt, in denen der fast völlige Mangel im Entstehen neuer Formen und wesentlicher Veränderungen der Gestalt auffällt. Charakteristisch ist nur, daß die ausgeprägt spät entwickelten Kinder allenfalls solche Formveränderungen zeigen, die noch in dieser Phase — und darin zeigt sich eben ihre Spätentwicklung — Wandlungen ihrer Gestalt als einen verspäteten ersten Gestaltwandel erleben.

Die ersten Anzeichen beginnender Geschlechtsreifung zeigen sich bei den Mädchen im Verlauf des 11., bei den Knaben am Ende des 12. bzw. im Beginn des 13. Lebensjahres. Damit setzt der Prozeß der Geschlechtsreifung, der Pubertät, bei Knaben und Mädchen ein.

Zu den frühesten Zeichen der Reifung gehört bei den Mädchen die Rundung der Hüften, die die kindliche Form in allmählichem Übergang zur weiblichen Form entwickelt. Fast gleichzeitig bildet sich die Brustknospe heraus, die sich durch Auffüllen mit Drüsengewebe zur Knospenbrust ausgestaltet. Im Verlauf dieser Entwicklungen beginnt die terminale Behaarung zu sprossen, zuerst

an den Pubes in Form glatter, spärlicher Behaarung, die allmählich in Kräusel-
form übergeht; dann in den Achselhöhlen und endlich auch am übrigen Körper,
an Beinen und Armen. In einem bestimmten Reifungsabschnitt tritt dann
die Menarche ein, die jedoch keinesfalls den Abschluß der Reifung darstellt. Es
ist sogar noch eine größere Entwicklungsspanne zurückzulegen bis zur Maturität,
allerdings nun in ruhigerem Tempo als vor der Menarche.

Bei den Knaben kommt es zunächst zu einer Vergrößerung der Testikel,
der rasch eine Vergrößerung und Reifung des gesamten Genitales folgt. Dann
zeigen sich die ersten pubischen Haare, wie bei den Mädchen, zunächst in glatter,
spärlicher Form, später in Kräuselung übergehend. Es tritt der Stimmwechsel ein
mit der Vergrößerung des Kehlkopfes. An der bisher kindlich-knabenhaften
Gestalt zeigen sich erste virile Züge, die sich im Laufe der Entwicklung immer
mehr verstärken und verdichten. Die Cäsur, die die Menarche in die Entwicklung
der Mädchen bringt, ist bei den Knaben nicht so deutlich zu bestimmen. Denn
es ist noch nicht einwandfrei gelungen, bei den Knaben den Termin der ersten
Produktion reifer Keimzellen zu ermitteln. Auch bei den Knaben vollzieht
sich die zweite Phase der Pubertät in ruhigeren Bahnen als bei den Mädchen.

Mit dem Beginn der Geschlechtsreifung setzt bei Knaben und Mädchen
ein starker Längenwachstumsimpuls ein, der sich bei den Mädchen, entsprechend
dem früheren Termin ihres Reifungsbeginnes früher auswirkt. Die Mädchen
überholen nun die Knaben an Länge, auch an Gewicht und behalten diesen Vorsprung solange bei, bis ihre Entwicklung sich ihrer entsprechend früheren Maturität zuneigt und damit auch das Längenwachstum früher zum Stillstand kommt.
Von nun ab überholen die Knaben wieder die Mädchen im Längenwuchs und
erreichen so ihre größere Endlänge.

Mit diesem Wachstumsimpuls zu Beginn der Geschlechtsreifung setzt ein
neuer Gestaltwandel ein, der die Gestalt der Kinder ähnlich umschafft, wie im
ersten Gestaltwandel. Der Körper wächst nicht gleichmäßig. Zuerst tritt das
starke Wachstum der Beine hervor, das zeitweilig überhaupt den wesentlichen
Anteil des gesamten Längenwachstums trägt. Der Rumpf bleibt klein und
schmächtig. Und so entwickelt sich die typische Pubeszentendisharmonie mit
langer unterer Extremität und kleinem Rumpf, eine Disharmonie, der sich
noch andere Disharmonien zugesellen. Die Gesichtszüge werden häufig plump
und unschön, sie vergröbern sich, die Kindlichkeit des Gesichts steht in oft
groteskem Gegensatz zur Größe der Gestalt. Auch die Motorik der Kinder wird
in dieser Phase disharmonisch.

Diese Wachstumstendenzen verändern sich bei den Mädchen in der Regel
nach Eintritt der Menarche. Von nun ab wird das starke Beinwachstum retardiert
und es entwickelt sich der Rumpf in allen seinen Dimensionen. Damit stellt
sich allmählich die vorübergehend aufgelöste Harmonie des Körpers wieder her.
Zugleich verfeinern sich die Gesichtszüge wieder und so wird die Maturität
erreicht, indem der Körper die Züge der Entwicklung abstreift.

Auch bei den Knaben sehen wir diesen Umschlag im Wachstum von Bein
und Rumpf, und ich möchte daher, analog der Entwicklung bei den Mädchen,
diesen Zeitpunkt der Proportionsänderung als den Grenzpunkt der beiden Phasen
der Pubertät bei den Knaben betrachten. Auch bei ihnen vollzieht sich die Entwicklung von nun ab in ruhigeren Formen. Indem die geschlechtlichen Reifungszeichen ihre mature Form erreichen, wächst auch die Gestalt in ihre harmonische
mature Form hinein.

Abb. 10a—d zeigt einen Knaben in seiner Entwicklung während der Pubertät im Alter von
14,7—17,9 Jahren. Man sieht mit der Reifung der Sexuszeichen die allmähliche Virilisierung
des Körpers, die Verschiebung der Proportionen von Rumpf und Bein, die mit der Annäherung an die Maturität zunehmende Harmonisierung der Gestalt und ihren Ausdruckswandel
von der frühpuberalen zur maturen Stufe.

Tabelle 14.

Alter Jahre	Körperlänge cm	Zuwachs der Körperlänge cm	Zuwachs des Brustumfanges cm	Zuwachs der Rumpflänge cm	Zuwachs der Beinlänge cm	Zuwachs der Armlänge cm	Prop. Brustumfang %	Prop. Rumpflänge %	Prop. Beinlänge %	Prop. Armlänge %	Prop. Schulterbreite %	Prop. Beckenbreite %	Thorakalindex %
14,7[1]	154,3						45,8	30,5	57,3	46,3	22,1	16,2	—
		7,4	5,5	0,6	4,6	5,2							
15,9	161,7						46,9	29,4	57,3	47,2	22,2	16,4	79,2
		4,8	5,0	2,9	1,1	0							
16,9	166,5						48,5	30,2	56,3	45,7	22,2	16,5	76,0
		1,0	—	0,2	0,8	0,1							
17,9	167,5						—	30,2	56,4	45,5	22,6	16,7	76,0

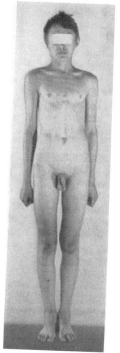 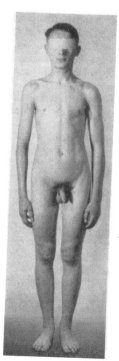 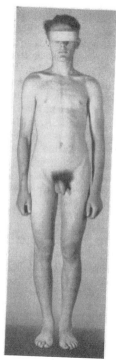 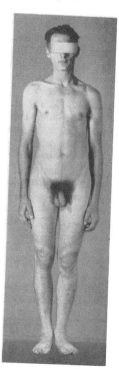

a   b   c   d

Abb. 10a—d. Jugendlicher im Alter von a 14,7 J., b 15,9 J., c 16,9 J., d 17,9 J.

Die Beziehungen zwischen Entwicklung und Konstitution erscheinen uns heute noch recht kompliziert. Wir wollen versuchen, aus unseren bisherigen Feststellungen einige Klarheit darüber zu gewinnen, *inwieweit die Konstitution, sei sie normal, sei sie abnormer Art, den Verlauf der Entwicklung bestimmt und inwieweit die Entwicklung in der großen Variabilität ihrer Erscheinungsweise die Konstitution modifiziert.*

[1] Zur Zeit der photographischen Aufnahme befand sich der Knabe im Alter von 14,9 Jahren. Die Bestimmung des Entwicklungsstandes und die somatometrische Untersuchung fand kurze Zeit vorher statt, als der Knabe im Alter von 14,7 Jahren war. Es erschien hier zweckmäßiger, das Alter zur Zeit der Untersuchung zu vermerken.

Von einer regelrechten Entwicklung können wir streng genommen nur dann sprechen, wenn die einzelnen Etappen der Entwicklung rechtzeitig oder mit einer geringen Verfrühung oder Verspätung, die wir praktisch noch in den Normbereich rechnen, durchlaufen werden und wenn das normale Entwicklungsziel innerhalb durchschnittlicher Grenzen erreicht wird.

Alle stärkeren Verzögerungen, Verfrühungen oder sonstigen Abweichungen im Entwicklungsverlauf sind entweder Wirkungen abnormer oder krankhafter Konstitutionen oder werden zu Ursachen abnormer oder krankhafter Konstitutionen.

Wir sind heute noch sehr wenig darüber orientiert, auf welchem Wege und wie stark peristatische Faktoren in die Entwicklung eingreifen und so fällt es uns außerordentlich schwer, Erscheinungsbilder der Entwicklung mit auch nur einiger Sicherheit auf Anlage oder auf Umweltfaktoren zu beziehen. Wir wissen, daß interkurrente Krankheiten, wie etwa Scharlach, Gelenkrheumatismus, erworbene Herzkrankheiten einen uns bis dahin bekannten Entwicklungsverlauf sehr stark abändern können im Sinne einer Beschleunigung oder einer Retardierung oder einer Anomalisierung des Entwicklungsprozesses. Wir vermuten, daß sich dieser Einfluß auf die Entwicklung auf dem Weg über das endokrine System verwirklicht, das von den fieberhaften Prozessen affiziert wird. Warum aber gerade dieser oder jener Bestandteil des endokrinen Systems, dessen besondere Wirksamkeit wir an den sichtbaren Gestaltveränderungen ablesen können, bevorzugt wird, darüber besitzen wir zur Zeit noch keine Klarheit.

Im großen gesehen, können wir aus der Fülle unseres Beobachtungsmaterials, aus dem Blick über eine außerordentlich große Zahl von Entwicklungsverläufen, die im Laufe der Jahre an uns vorübergegangen sind, drei große Gruppen herausstellen.

Zunächst kennen wir die völlig normalen Entwicklungsverläufe im Jugendalter, bei denen es zu einer rechtzeitigen und formgerechten Vollendung des ersten Gestaltwandels kommt. Der Beginn der Geschlechtsreifung setzt zur durchschnittlichen Zeit ein und vollzieht sich in der typischen Aufeinanderfolge im Einsatz der einzelnen Reifungsstufen; die Gestaltveränderungen entsprechen völlig den bekannten, den einzelnen Reifungsstufen zugeordneten Formen, interkurrente Erkrankungen beeinflussen den Verlauf der Entwicklung in allem Wesentlichen nicht, die Maturität wird zur rechten Zeit und in normaler Form erreicht. Wir finden einen solchen Entwicklungsverlauf bei den verschiedenen Varianten normaler Konstitutionen, die wir bekanntlich in einem allgemeinsten Sinne nach dem Konstitutionsbild der äußeren Erscheinungsform in verschiedene Gruppen aufteilen können, von denen sich immer wieder das Schema von SIGAUD-MACAULIFFE mit ihrem muskulären, respiratorischen, digestiven und cerebralen Typ bei der Betrachtung des Jugendalters bewährt. Wir können diese verschiedenen Konstitutionsbilder auch nach dem Schema von KRETSCHMER in athletische, asthenische und pyknische Typen aufteilen, wobei wir aber die Einschränkung machen müssen, daß wir hier nur von Normokonstitutionen, d. h. von in der Breite des Gesunden und Normalen liegenden Konstitutionen, sprechen. Endlich können wir auch die Terminologie von WALTER JAENSCH, der die B- und T-Typen herausgestellt hat, zu einer Einteilung im weitesten Sinne benützen. Am zweckmäßigsten erscheint es aber, eine Synthese dieser Konstitutionsbilder vorzunehmen und jedes einzelne System durch Berücksichtigung des anderen, ebenso bewährten Systems zu bereichern. Es muß vorher erwähnt werden, daß wir auch des rassebiologischen Gesichtspunktes als letzlich der Konstitution unterstellten Erscheinung gedenken müssen. In all diesen Varianten normaler Konstitutionen kann sich also ein rechtzeitiger Entwicklungsverlauf im oben gegebenen Sinne vollziehen.

Als zweite große Gruppe von Entwicklungsverläufen wählen wir jene, bei denen wir Abwandlungen des normalen typischen Verlaufes beobachten können, die mehr oder weniger entfernte Ähnlichkeiten mit den Bildern der Pathokonstitutionen aufweisen, die aber in ihrem endgültigen Entwicklungsresultat nicht als krankhaft bezeichnet werden können. Ich erwähne hier zunächst die Spätlinge aus dem ersten Gestaltwandel, bei denen es sich um klinisch im üblichen Sinne gesunde Kinder handelt, die aber doch für eine eindringendere Beobachtung in ihrer körperlichen und seelischen Konstitution in der Regel Abweichungen vom normalen Bild aufweisen. Diese Kinder tragen die Merkmale der Kleinkindform, wie erwähnt, bruchstückweise noch weit in das Alter der stummen Phase, ja sogar in den Beginn der Geschlechtsreifungszeit mit hinein und, soweit heute meine Beobachtungen ausreichen, glaube ich sagen zu können, daß noch in der Maturität diesen Spätlingen an ihren besonderen Körperproportionen ihr verzögerter Entwicklungsgang nachgewiesen werden kann. Sie repräsentieren später im Erwachsenenalter Konstitutionstypen, die Steigerungsformen des Sigaudschen cerebralen Typs darstellen.

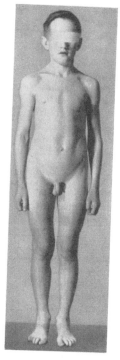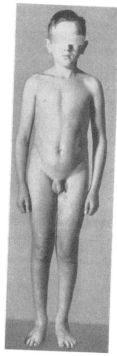

Die Abb. 7 und 8 zeigen solche Spätlinge aus dem ersten Gestaltwandel. Das Kind von Abb. 7 läßt erkennen, daß kleinkindtypische Züge sich ohne Frage bis in das Alter von fast 9 Jahren hinein im körperlichen Aussehen und in den Proportionen teilweise erhalten haben. Die Abb. 11a und b zeigen spät entwickelte Knaben im Alter der Pubertät von 13,9 bzw. 14,0 Jahren, die noch keine oder fast keine geschlechtliche Entwicklung auf-

a   b
Abb. 11 a und b. Spätentwicklung. Knaben im Alter von a 13,9 J., b 14,0 J.

weisen. Wenn wir gewisse Wachstumsverschiebungen, die das nun höhere Alter mit sich bringt, in Abrechnung ziehen, können wir auch hier gewisse kleinkindtypische Verhältnisse am Körperbau ablesen.

Ein anderes Bild eines Entwicklungsverlaufes dieser Gruppe stellt der besonders bei den Knaben gut zu beobachtende präpuberale Fettwuchs dar. Wir beobachten sein Entstehen im Alter von etwa 9—11 Jahren, also in der Regel vor dem Beginn der Geschlechtsreifung. Er ist, wie bekannt, gesetzmäßig vergesellschaftet mit einem Hypogenitalismus und einer abnormen Fettpolsterverteilung, die an spezifisch weibliche Formen erinnert.

Die folgenden Abb. 12a, b, c, d und e zeigen eine Reihe von Knaben vom Bilde des präpuberalen Fettwuchses von etwa 9½ bis fast 14 Jahren. Die Bilder zeigen das starke Fettpolster mit seinen besonderen Auflagerungen an Brust und Lenden und die genitale Unterentwicklung. Es ist dabei zu beachten, daß in dieser Altersreihe von einer genitalen Entwicklung überhaupt kaum die Rede sein kann. Form und Größe der Genitalien ist bei jedem dieser im Alter doch recht verschiedenen Knaben fast gleich, die übrigens, wie nicht besonders gesagt zu werden braucht, in der Größe sich annähernd in der Norm ihres Entwicklungsalters halten. Es fehlt auch jeder Anflug einer pubischen Behaarung. Ferner läßt auch die Körperform kaum eine puberale Entwicklung erkennen.

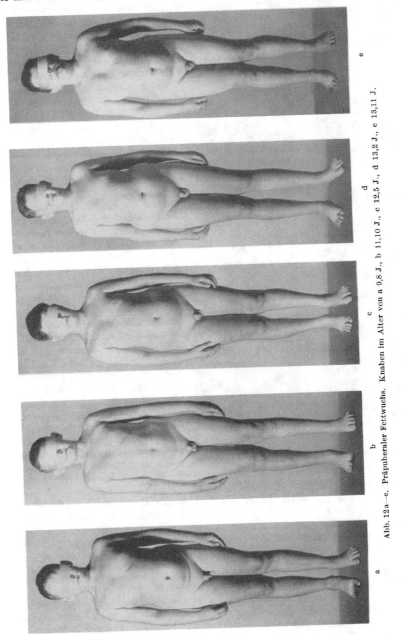

Abb. 12a—e. Präpuberaler Fettwuchs. Knaben im Alter von a 9,8 J., b 11,10 J., c 12,5 J., d 13,2 J., e 13,11 J.

Diese Erscheinung stellt sich uns dar als abgeschwächteste Form der sogenannten FRÖHLICHSchen Krankheit, der Dystrophia adiposogenitalis, die eine

Pathokonstitution repräsentiert. Bei dieser Auffassung müssen wir auch, natürlich in entsprechender Abschwächung, mit einem zugrunde liegenden gleichen oder wenigstens ähnlichen Entstehungsmechanismus rechnen. Wir nehmen an, daß es sich bei diesen recht häufigen Erscheinungen innerhalb der Entwicklung um eine mehr oder weniger starke Funktionsschwäche eines Teiles der Prähypophyse handelt, die möglicherweise auf einen Zwischenhirnimpuls zurückgeführt werden muß. Denn, um die Ähnlichkeit mit der Fröhlichschen

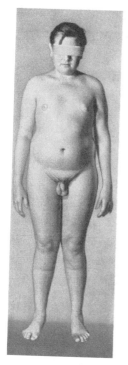 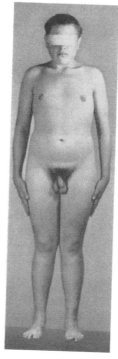

Krankheit zu vervollständigen, weisen wir darauf hin, daß wir im seelischen Zustand dieser Knaben vom Typ des präpuberalen Fettwuchses sehr häufig auffallende, ans Abnorme gemahnende Züge finden. Knaben dieses Typs wurden vielfach vom Kliniker als krankhaft betrachtet. Erst kürzlich hat Bornhardt ein großes Material von Fällen aus der Göttinger Klinik katamnestisch durchgearbeitet, bei denen als Anfangsdiagnose in der Kindheit Dystrophia adiposogenitalis gestellt worden war. Die Nachuntersuchungen zeigten, daß nur ein verschwindend geringer Prozentsatz der Probanden das normale Entwicklungsziel nicht erreicht hatte. Nach meinen eigenen Erfahrungen tritt bei diesen Knaben der Beginn der genitalen Reifung in der Tat erheblich verspätet ein. Größe und Form des Genitales bleiben lange Zeit hindurch unverändert auf der kindlichen Stufe. Eine gewisse Anomalie der Entwicklung sehen wir auch darin, daß häufig vor einer ent-

Abb. 13a und b. Präpuberaler Fettwuchs. Knabe im Alter von a 14,5 J. und b 15,4 J.

schiedenen Größenzunahme und Formveränderung des Genitales die pubische Behaarung schon in stärkerem Grade in Erscheinung tritt. Dann aber ist es die Regel, daß die Größenzunahme von Penis und Testikeln und die Formveränderungen des ganzen Organs geraume Zeit vor der Maturität in Fluß geraten und daß zur Zeit der Maturität eine annähernd normale Genitalentwicklung vorliegt.

Die Abb. 13a zeigt einen Knaben von typischem präpuberalem Fettwuchs, bei dem es nun nach längerem Sistieren der genitalen Entwicklung zu einem raschen Wachstum, vor allem der Testikel, dann aber auch des Penis und der pubischen Behaarung gekommen ist, das hier ohne Zweifel in der Maturität zu einer normalen genitalen Reifung und Funktion weiterhin führen wird.

Es verbleibt jedoch in den meisten Fällen die Prägung der Gesamtgestalt in Form eines fettreichen, weich-runden, oft disharmonischen, nach Kretschmer ausgeprägt pyknischen Körperbaues. Auch die seelische Entwicklung dieser Knaben läßt keine grob faßbaren Auffälligkeiten zurückbleiben.

Abb. 13b läßt schon jetzt erkennen, daß er diesen fetten Rundwuchs, den er noch mit 15,4 Jahren zeigt, auch bis in die Maturität festhalten wird, denn wir sehen trotz des entschiedenen Reifungsprozesses am Genitale keine wesentliche Umformung der weichen, runden, digestiv-pyknischen Gestalt.

Ich möchte jedoch an dieser Stelle darauf aufmerksam machen, daß es auch Entwicklungen des präpuberalen Fettwuchses gibt, die von dieser Regel abweichen und die darauf hinweisen, daß wir gerade bei solchen Fällen vielleicht Möglichkeiten konstitutionstherapeutischen Eingreifens besitzen.

Abb. 14a stellt einen Knaben im Alter von 12,10 Jahren dar in gestreckter, leptosomer, stark disharmonischer Pubeszentenform, bei dem wir sogar eine Frühentwicklung in Gestalt des vorentwickelten Genitales und der schon dichteren und gekräuselten pubischen Behaarung sehen. Dieser Knabe befand sich etwa ein Jahr vor dem Zeitpunkt dieser Abbildung in einem Zustand präpuberalen Fettwuchses der beschriebenen Art.

Zur Zeit ist davon nur die etwas auffällige Betonung der Hüftkontur übrig geblieben. Abb. 14b zeigt denselben Jugendlichen nun im Alter von 13,9 Jahren. Wir sehen jetzt, daß die Überwindung der Gestaltform des präpuberalen Fettwuchses in diesem Falle ohne Rückstände vor sich gegangen ist. Es ist vielleicht interessant, zu erwähnen, daß der Jugendliche sich in der Zeit der Rückbildung seines Fettwuchses in einem Hitler-Jugendlager befunden hat, wo er sich nach seinen Mitteilungen körperlich außerordentlich stark betätigt hat.

Bei Mädchen sehen wir ähnliche Entwicklungen dieser Genese, bloß sind sie weniger auffällig, da die gestaltlichen Besonderheiten des Genitales nicht sichtbar werden und die Fettverteilung mit ihrem spezifisch weiblichen Gepräge hier nicht als gestaltlich konträr auffällt.

Zu dieser Gruppe in leichterem Grade gestörter Entwicklungsverläufe, die ihren Weg zur Norm zurückzufinden pflegen, möchte ich auch jene Fälle zählen, die

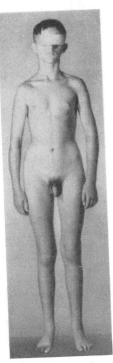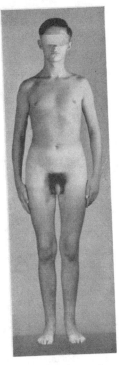

a   b
Abb. 14a und b. Knabe im Alter von a 12,10 J. und b 13,9 J.

gegen die Mitte der Geschlechtsreifung eine ausgeprägte Vergröberung und Verplumpung des Gesichts, der Hände und der Füße und eine starke, ins Grobe tendierende Disharmonisierung der Gestalt aufweisen. Daneben beobachten wir eine über das Gewöhnliche hinausgehende terminale Behaarung und eine Verfrühung der genitalen Entwicklung. Als endokrine Ursache dieser Bildungen müssen wir eine vorübergehende Hyperfunktion der Prähypophyse annehmen, und wir betrachten dieses Erscheinungsbild auffälliger Entwicklung als abgeschwächteste Form der Pathokonstitution der Akromegalie. Man bezeichnet sie daher auch als Pubertätsakromegaloidie. Auch diese Jugendlichen finden bis zur Maturität zum Bilde der Norm zurück. Die plumpen Formen lösen sich wieder auf und machen später wieder einer Verfeinerung und Harmonisierung Platz. Es bleibt als endgültiger Bestandteil des äußeren Konstitutionstyps eine gewisse Derbheit, Athletenform, Hypervirilität bei den Knaben zurück, die an KRETSCHMERs athletiformen Konstitutionstyp erinnern.

Als dritte Hauptgruppe unserer Entwicklungsverläufe betrachten wir die Entwicklung abnormer und krankhafter Konstitutionen. Ihre Zahl ist außerordentlich groß und verschiedenartig. An erster Stelle möchte ich die Fälle von Frühreife cerebraler Genese erwähnen. Es ist bekannt, daß bei der Metencephalitis eine Verfrühung der Geschlechtsreife verschiedenster Stärkegrade, aber an sich harmonischer Art einsetzt, die zu einer enorm verfrühten Maturität führt. Wir müssen annehmen, daß aus krankhaften Prozessen am Zwischenhirn

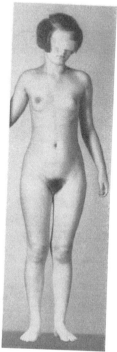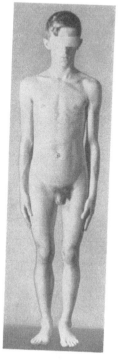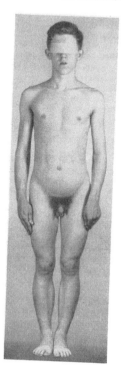

Abb. 15.
Abb. 16a.
Abb. 16b.

Abb. 15. Frühentwicklung bei Metencephalitis. Mädchen im Alter von 12,1 J.
Abb. 16a und b. Interrenale Frühreife. Knabe im Alter von a 9,11 J. und b 11,4 J.

Impulse auf das endokrine System und seine für die Geschlechtsreifung vorbestimmten Teile übergehen.

Abb. 15 zeigt ein Kind im Alter von 12,1 Jahren, das an einer schweren Metencephalitis mit seelischen und motorischen Störungen leidet. Die Encephalitis wurde mit aller Wahrscheinlichkeit im Alter von 2—3 Jahren durchgemacht. Bereits im Alter von 6 Jahren trat die Entwicklung der Mamma und der pubischen Behaarung ein. Im Alter der Abbildung mit 12,1 Jahren, besteht die Menstruation seit einem Jahre und 5 Monaten. Die Brustdrüse ist in der vormaturen Stufe, die pubische Behaarung hat schon fast ihre volle Ausbildungsstufe erreicht.

Während die cerebrale Frühreife uns das Bild einer in sich harmonischen geschlechtlichen Entwicklung bietet, zeigt die Frühreife interrenaler Genese eine ausgeprägte Disharmonie der geschlechtlichen Entwicklung. Als Ursache kommen Hyperfunktion, eventuell auch Tumoren der Nebennierenrinde in Frage. (Die dyspineale Frühreife ist noch nicht als wissenschaftlich gesichert zu betrachten.) Wir sehen in solchen Fällen eine eigenartige Störung der genitalen Entwicklung, in stärksten Graden Intersexformen, in schwächeren Graden mehr oder weniger starke Diskrepanzen in der genitalen Entwicklung, die sich bei Knaben in einer Vorentwicklung von Penis und Pubes und terminaler Behaarung im Sinne einer Hypertrichose einerseits und mangelhafter Entwicklung der Keimdrüsen andererseits zeigen.

Abb. 16a und b stellen einen Fall interrenaler Frühreife dar. Auf den Bildern ist die starke Disharmonie der Körperform in Gestalt einer überwiegenden Rumpf- und schwächlichen Beinentwicklung zu beobachten. Die pubische Behaarung ist bereits im Alter von 9,11 Jahren in gekräuselter, vormaturer Form vorhanden und zeigt sich noch stärker auf dem zweiten Bild. Auch das Membrum zeigt eine der pubischen Behaarung entsprechende Größe und Gestalt. Dagegen sind die Testikel nur erbsengroß und gewinnen bei den folgenden Untersuchungen kaum an Größe. Im Gegensatz dazu steht die schon weiter vorgeschrittene Bildung des Scrotums.

Die terminale Behaarung an den Beinen ist zur Zeit der ersten Abbildung noch nicht deutlich, sie verstärkt sich jedoch innerhalb kurzer Beobachtungsfristen in weit über das Normale hinausgehendem Maß. Weiterhin wurden bei dem durchaus nicht adipösen Knaben Striae cutis distensae in der Glutäengegend gefunden. Es sei noch bemerkt, daß bei dem Knaben bereits im Alter von 6 Jahren pubische Behaarung beobachtet wurde.

Eine solche Entwicklung führt natürlich in der erheblich verfrühten Maturität zum Bilde einer abnormen Konstitution.

Weiter sei in diesem Zusammenhang die starke Retardierung der Entwicklung erwähnt, wie wir sie nicht selten bei der Lues congenita finden. Sie kann, wie die folgenden Abb. 17a und b eines Knaben im Alter von 14,6 und 15,6 Jahren zeigen, zu einem temporären Sistieren der Genitalentwicklung führen.

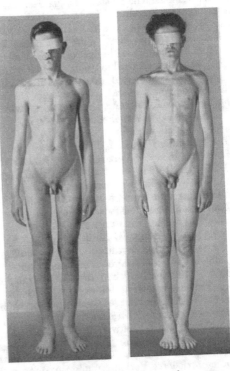

a   b
Abb. 17a und b. Spätentwicklung bei Lues congenita. Knabe im Alter von a 14,6 J. und b 15,6 J.

Die Abb. 17a, b zeigen einen Jugendlichen im Alter von 14,6 und sodann von 15,6 Jahren. An der ausgeprägten leptosomen und disharmonischen Pubescentenform hat sich im Laufe der Zeit qualitativ, trotz des Längenwachstumsanstieges fast nichts geändert. Form und Größe des Membrums und des Scrotums sind innerhalb des langen Zeitraumes fast auf derselben Stufe stehen geblieben. Auch im Alter von 15,6 Jahren (Abb. 17b) ist die Größe der Testikel weit unter der Norm des Alters geblieben.

Wir erwähnen ferner die schweren Störungen der Entwicklung bei chronisch dekompensierten Herzfehlern, bei schwerem Bronchialasthma, bei der echten FRÖHLICHschen Krankheit, beim Eunuchoidismus, bei der Akromegalie, bei der schweren Rachitis, der LITTLEschen Krankheit usw.

Nach dieser ersten Gruppierung der drei Hauptformen normaler, noch normaler und krankhafter Entwicklung können wir nun die Frage nach den *Beziehungen zwischen Konstitution und Entwicklung* in Angriff nehmen.

Wenn auch das Bild des einzelnen Kindes durch die Zugehörigkeit zu einer bestimmten Konstitutionsform mehr oder weniger geprägt ist, so sind doch die Gesetzmäßigkeiten der Entwicklung, die Gestaltveränderungen und Form-abweichungen grundsätzlich für alle Konstitutionen und Konstitutionsvarianten, sofern sie in den Bereich des Gesunden und Normalen gehören, die gleichen. Nach der Vollendung des ersten Gestaltwandels, aus dem jedes Kind mit einer Streckung seiner Gestalt hervorgegangen ist, treten wechselnde Zustände vorübergehender Art von Fülle und Streckung ein. Der Beginn der Geschlechts-reifung setzt mit unerheblichen zeitlichen Abweichungen ein, die Aufeinander-folge der verschiedenen Stufen in der Reifung der einzelnen Sexuszeichen folgt den bekannten Regeln. Die Disharmonisierung der Gestalt im Verlaufe der Pubertät, mit der eine für alle Konstitutionen gültige relative Leptosomie der Wuchsform Hand in Hand geht und die sich in dem vorauseilenden Längen-wachstum der Beine und in der relativen Verkürzung des Rumpfes zeigt, können wir bei fast allen Individuen normaler Konstitution beobachten mit Ausnahme der wenigen, vorwiegend dem muskulären Typ angehörigen Individuen, die auch während des starken Wachstums in der Geschlechtsentwicklung fast völlig harmonisch bleiben. Die Maturität wird ebenfalls zu der für Geschlecht und Rasse charakteristischen Lebenszeit mit der vollen Ausbildung aller Einzel-teile der Gestalt erreicht.

Der besondere Verlauf dieser Entwicklung, z. B. das relativ frühere oder spätere Einsetzen der Menarche bei Mädchen, die Zeiten der Wachstumsschübe, die Endlänge des Körpers, ist entscheidend von genetischen Faktoren abhängig. Wir müssen allerdings hinzusetzen, daß wir bis heute von diesen genetischen Faktoren nur eine geringe Kenntnis besitzen.

Zum besonderen Gegenstand unserer Betrachtung wollen wir jene Ent-wicklungen machen, die *durch eine Zeit gestörter Entwicklung zu einem eben noch normalen Entwicklungsziel* hinführen.

Wir haben vorhin darauf hingewiesen, daß es Sonderformen der Entwicklung gibt, die mit einer stärkeren Verfrühung oder Verspätung oder Anomalisierung der Entwicklung einhergehen, die sich aber dadurch von den eigentlichen krank-haften Entwicklungen unterscheiden, daß das Resultat der Entwicklung ein nicht als krankhaft oder abnorm anzusprechender Zustand ist. Das Wesent-liche jedoch sehen wir bei diesen Formen darin, daß die Tatsache der gestörten Entwicklung sich irgendwie an der bleibenden Konstitutionsform auswirkt.

Die spät entwickelten Kinder der Zeit des ersten Gestaltwandels haben regelmäßig eine geringe Körperlänge bei relativem Breitwuchs. Sie sind in ihrem motorischen Verhalten und in ihrer seelischen Grundhaltung noch zu einer Zeit in der Form des Kleinkindes, in der ihre normal entwickelten Alters-genossen längst über diese Formen hinausgewachsen sind. Im weiteren Verlauf der Entwicklung sehen wir, daß diese Verzögerungen gewiß allmählich nach-geholt werden, daß aber gewisse typische Züge morphologischer und funktioneller Art, unter anderem auch der relative Kleinwuchs festgehalten werden und nun in die bleibende Konstitutionsform eingehen. Wir ersehen daraus, daß ein Vorgang, der sich uns zunächst als reines *Entwicklungsgeschehen*, nämlich als Verspätung der Entwicklung darstellt, *der bleibenden Konstitutionsform auf-geprägt* wird, d. h. in die Konstitution als ein wesentlicher Bestandteil oder als eine Mehrzahl von Bestandteilen eingeht.

Ganz ähnliche Überlegungen können wir bei den verfrühten Entwicklungen im ersten Gestaltwandel anstellen, für die wir vorhin eine Reihe von Belegen beigebracht haben. Gewiß können wir diese verfrühten Entwicklungen nicht als Störungen bezeichnen. Immerhin sind sie Abweichungen vom normalen Entwicklungsverlauf, die wohl nur gelegentlich bei Übersteigerungen des Ent-wicklungstempos zu Störungen disponieren können. Diese Kinder beginnen in einem früheren Zeitpunkt mit dem Gestaltwandel und haben so gut wie immer am Ende des Gestaltwandels eine große Körperlänge, einen Hochschlank-Wuchs, lange, gestreckte, in den Gelenken stark betonte Extremitäten. In einem Alter, in dem die Mehrzahl der Kinder sich noch in den verschiedenen Übergangsformen des ersten Gestaltwandels befindet, fallen sie durch diese angegebenen Merkmale auf und man ist dann immer geneigt, im Vergleich mit anderen Kindern sie für Sonderformen bestimmter Konstitutionen zu halten. Wenn man sich aber klar macht, daß diese Gestaltqualität von jedem normalen Kind zu seiner Zeit erreicht wird, nur in einem etwas höheren Lebensalter, so muß man sich sagen, daß diese auffallende Sonderform nichts weiter darstellt als eine innerhalb der normalen Entwicklung gegebene Form, die nur in einem unrechten Zeitpunkt auftritt.

Wir haben also hier das Gegenstück zu den Gestaltformen und ihren Nachwirkungen bei den Spätentwicklungen aus dem ersten Gestaltwandel.

Denselben Vorgang sehen wir bei dem vorhin von uns erwähnten präpuberalen Fettwuchs. Auch hier haben wir eine Verzögerung der Entwicklung, deren Beginn jedoch nicht, wie im vorigen Fall, in das Alter von 5 und 6 Jahren, sondern in das von etwa 9—11 Jahren fällt. Die Entwicklungsverzögerung sehen wir in dem Sistieren der Genitalentwicklung. Als deren Folge, also als ein sekundäres Geschehen, sehen wir dann den Fettwuchs mit seiner sexualkonträren Verteilung der Fettpolster und die in manchen Fällen manifesten seelischen Besonderheiten auftreten. Die Verzögerung der Genitalentwicklung und mithin das Verbleiben in diesem vorwiegend durch den Fettwuchs gekennzeichneten Zustand kann nach unseren bisherigen Beobachtungen eine Reihe von Jahren anhalten. Dann setzt, etwa in einem Alter, in dem die normale Entwicklung bereits zur Maturität hin tendiert, ein rasches Nachholen der Genitalentwicklung ein, wobei in der Aufeinanderfolge der Entwicklung der einzelnen Reifungszeichen häufig Anomalien vorkommen, wie etwa verfrühtes Auftreten einer schon reiferen Stufe der pubischen Behaarung. Bis zur Maturität ist dann die Genitalentwicklung normaler Form vollendet. Die Körperbauform verrät jedoch noch in der Maturität die vorangegangene Entwicklung, d. h. auch trotz erreichter genitaler Normalisierung und Reife bleibt ein ausgeprägter Fettwuchs mit einer Tendenz zu weiblicher Fettverteilung als endgültiger Bestandteil der Konstitution mit allen zugehörigen funktionellen Eigenarten zurück, und der Konstitutionsforscher des Erwachsenenalters wird nicht anstehen, ein solches Individuum zum Konstitutionstyp pyknischer oder digestiver Art zu zählen.

Wir kennen die Ursachen des präpuberalen Fettwuchses, dessen Beginn in die stumme Phase fällt, nicht. Es ist anzunehmen, daß er in der Mehrzahl erblich bedingt sein wird. Es liegt jedoch durchaus im Bereich des Möglichen, daß er auch durch ein interkurrentes peristatisches Geschehen hervorgerufen werden kann. Wir sehen oft, daß beide oder ein Teil der Eltern fettwüchsig sind und daß das Kind mit 5 und 6 Jahren schon eine über das Normale hinausgehende Rundlichkeit zeigt. Wir kennen aber genug Fälle, in denen wir in der Familie keinen Fettwuchs finden und in denen das Kind im Alter von 5 und 6 Jahren eine übliche Körperform aufzeigte.

Wir kennen aber auch noch in den Bereich des Normalen fallende Verfrühungen der Geschlechtsreife. Sie sind besonders gut an Knaben zu beobachten. Es kommt hier zu einer etwas früheren Entwicklung des Genitales und der terminalen Behaarung in Verbindung mit einem starken Längenwachstum und in der Pubertät mit Erscheinungen, die eine Hyperfunktion der Prähypophyse im Sinne leichter akromegaloider Verzerrung annehmen lassen. In der Pubertät fällt das derbe Knochenwachstum, die Vergröberung der Gesichtszüge, die Vergrößerung der Extremitätenenden und die übernormale Stärke der terminalen Behaarung auf. Alle diese Erscheinungen sind Vorkommnisse einer normalen

Entwicklung in etwas gesteigerter Form. Die Maturität wird etwas verfrüht oder rechtzeitig erreicht und es resultiert eine Körperbauform, die ohne weiteres an den athletischen Typ KRETSCHMERs gemahnt. In dem gleichen Sinne, in dem wir vorhin die Verlangsamung der Entwicklung erörtert hatten, müssen wir auch diese Entwicklung betrachten. Auch hier ist eine bleibende Konstitutionsform im wesentlichen bestimmt durch das Tempo der Entwicklung.

In den erwähnten Fällen sind also Vorkommnisse des Entwicklungsprozesses entscheidend für den Aufbau der Konstitutionsform geworden. Wir können bisher nicht sagen, ob diese Entwicklungsvorgänge genetisch oder peristatisch bedingt sind.

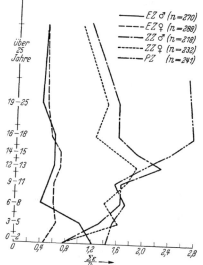

über 25 Jahre

19—25

16—18

14—15

12—13

9—11

6—8

3—5

0—2

———— EZ ♂ (n=270)
– – – – EZ ♀ (n=288)
—·—·— ZZ ♂ (n=218)
········ ZZ ♀ (n=232)
—··—·· PZ (n=241)

0   0,4   0,8   1,2   1,6   2,0   2,4   2,8

$\frac{\Sigma\varepsilon}{n}$ ⟶

Abb. 18. Die Variabilität der Körpergröße im Verlaufe des Lebens. (Nach v. VERSCHUER.)

Die erbliche Bedingtheit der Körpergröße und gewisser Körperproportionen ist eine schon vorwissenschaftliche Erfahrungstatsache. Ebenso sicher ist es, daß Umwelteinflüsse in die Manifestierung der Erbanlagen für die Körperformen mehr oder minder stark eingreifen können. Über das Verhältnis dieser beiden Faktoren in bezug auf die Gestaltung des Wachstums ist unser Wissen heute noch lückenhaft.

Am eingehendsten ist diese Frage bisher von v. VERSCHUER behandelt worden. Er unterscheidet drei Gruppen von Erbfaktoren für das Körperwachstum. Unter *Wachstumsgenen 1. Ordnung* versteht er diejenigen, die die unbedingte Voraussetzung dafür sind, daß nach der Befruchtung Zellteilung und Zelldifferenzierung eintreten. Als *Wachstumsgene 2. Ordnung* werden Erbanlagen bezeichnet, die für das Wachstum während des embryonalen und fetalen Lebens verantwortlich sind. Zu den pathologischen Erbanlagen des Wachstums, die sich in dieser Lebensphase manifestieren, muß es allele Gene geben, die für den richtigen Ablauf der Entwicklungsvorgänge verantwortlich sind. Da beispielsweise die Chondrodystrophie, eine erblich vorkommende Störung, die sich auch schon vor der Geburt äußert, vorwiegend das Längenwachstum der Extremitäten betrifft, so muß auch für die Norm ein besonderes Erbanlagepaar dafür vorhanden sein. A. H. SCHULTZ hat nachgewiesen, daß schon in der Fetalzeit Rassenunterschiede in den Größenmaßen und in der Formentwicklung sich zeigen.

In den *Wachstumsgenen 3. Ordnung* werden die Erbanlagen zusammengefaßt, die zwischen Geburt und Reife das Wachstum beeinflussen.

„Zu den Wachstumsgenen treten noch eine Reihe von Erbanlagen hinzu, die während des ganzen Wachstums oder zu bestimmten Zeiten das Wachstum hemmen oder fördern und so zu den Unterschieden führen, die wir als normale Rassen- und Individualunterschiede bezeichnen."

Aus dem Vergleich von Körpergrößenkurven ein- und zweieiiger Zwillinge ergibt sich, daß individuelle Unterschiede im Wachstum erblich bedingt sind. Das Manifestationsalter für diese individuellen Wachstumsgene liegt zwischen dem 3. und 13. Lebensjahr (Abb. 18)[1].

---

[1] ε bedeutet die halbe Differenz eines Paares in % des Mittelwertes. $\frac{\Sigma\varepsilon}{n}$ den Mittelwert aus diesen Einzelwerten für jede Gruppe.

Derselbe Kurventyp wird auch bei dem Körpergewicht, der Armlänge und der Beinlänge gefunden, während er bei der Schulterbreite, dem Brustumfang und den Kopfmaßen nicht festzustellen ist. „Die Wachstumsrhythmen machen sich demnach in erster Linie an den Längenmaßen des Gesamtkörpers und der Extremitäten bemerkbar."

Nach diesen allgemeinen Feststellungen über die erblichen Faktoren des Wachstums fragen wir nach den *Beziehungen zwischen Erbanlage und Umwelt* hinsichtlich des Wachstums und der Reifung.

In den Maßen und Proportionen der Gestalt drücken sich Züge der Konstitution aus. Sie machen im Verlaufe der Entwicklung unausgesetzt Veränderungen durch, bis sie im Zeitpunkt der Maturität einen Abschluß erreichen. Diese Wandlungen der Gestalt sind durch Erbanlage und Umwelt bestimmt. Für die Umweltwirkungen gelten nach v. VERSCHUER gewisse Bedingungen, die erfüllt sein müssen, wenn es zu Abänderungen aus der ursprünglich gegebenen Richtung kommen soll. Die Peristase muß so stark wirken, daß eine dauernde Abänderung der Widerstandskraft des Körpers die Folge ist, oder die peristatischen Einflüsse treffen den Körper in Zeiten erhöhter Sensibilität, das heißt eben in Zeiten starker Entwicklung.

An eineiigen Zwillingen hat v. VERSCHUER nachgewiesen, daß das Körpergewicht am variabelsten ist, ebenso ist der Brustumfang ziemlich umweltlabil. Dagegen ist die Körpergröße und die Schulterbreite peristatisch wenig oder gar nicht beeinflußbar.

Abb. 19 zeigt zwei 18³/₄jährige eineiige Zwillinge. Zwilling I turnt nicht und treibt keinen Sport, Zwilling II ist regelmäßiger, eifriger Turner, sonst ist die Umwelt bei beiden völlig gleich. Während bei den Zwillingen die Körpergröße ungefähr gleich ist, erscheint die Körperfülle recht verschieden. Zwilling II ist schon aus dem Anblick ohne weiteres als schwerer zu erkennen, ebenso deutlich ist es, daß sein Brustumfang größer ist als bei I. Aber das Bild zeigt darüber hinaus, daß bei dem sportlich tätigeren und muskulär besser entwickelten Zwilling II auch die geschlechtliche Entwicklung weiter vorgeschritten ist. Dieser Umstand erinnert an den Fall der Abb. 14, der an früherer Stelle erläutert wurde. Wir sehen daran, daß auch die geschlechtlichen Reifungsvorgänge zu den peristatisch beeinflußbaren Erscheinungen der Entwicklung gehören, ohne daß wir bisher sagen könnten, wie groß ihre Umweltlabilität ist und welche Umweltfaktoren die stärkste variierende Wirkung besitzen.

Die Abb. 20—23 zeigen Kurvenbilder der Entwicklung der Körpergröße und des Körpergewichts von eineiigen und zweieiigen Zwillingen, aus denen man die Gleichsinnigkeit bzw. die Verschiedenheit der Entwicklungsvorgänge ablesen kann.

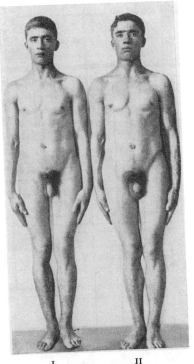

I   II

Abb. 19. Eineiige, 18³/₄jährige Zwillinge, I turnt nicht, treibt keinen Sport. II regelmäßiger, eifriger Turner; sonst Umwelt gleich. (Nach v. VERSCHUER.)

26

Der Körper spricht während verschiedener Phasen des Lebens ungleich stark auf Umwelteinflüsse an, d. h. die peristatische Variabilität ist im Verlaufe der Entwicklung verschieden groß (v. Verschuer). Eineiige Zwillinge sind kurz nach der Geburt verschieden, doch klingt dieser Unterschied in den ersten Jahren nach der Geburt wieder ab, zuerst für das Körpergewicht, später erst für die Körpergröße. Zu Beginn der Pubertät tritt bei den eineiigen Zwillingen wiederum eine Zunahme des Unterschieds auf. Diese „Pubertätszacke" kann gedeutet werden als bedingt entweder durch eine größere Umweltlabilität des Körpers zur Zeit der Pubertät oder durch zeitliche Schwankungen im Eintritt der Pubertät, wodurch notwendig Verschiedenheiten bewirkt werden müssen. Diese Ungleichmäßigkeiten im Einsatz der Entwicklungsvorgänge gleichen sich jedoch im Verlaufe der weiteren Entwicklung wieder aus, so daß schließlich die Unterschiede wieder zurücktreten.

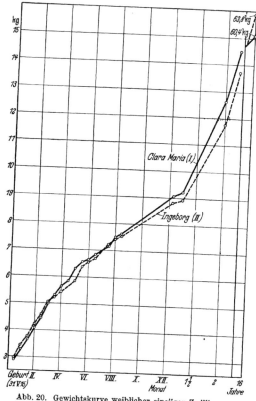

Abb. 20. Gewichtskurve weiblicher eineiiger Zwillinge.
(Nach v. Verschuer.)

Es ist verständlich, daß von der Erbforschung zunächst die gut meßbaren Merkmale, vor allem Körpergröße und Körpergewicht, in Hinsicht auf ihre Erbbedingtheit untersucht wurden und daß hier auch Resultate vorliegen. Sehr viel schwieriger ist die Erforschung der normalen geschlechtlichen Reifungsvorgänge hinsichtlich ihrer erbbiologischen Beziehungen. Hier ist der Termin der Menarche, als ein exakt feststellbarer Zeitpunkt, noch am leichtesten der Untersuchung zugänglich.

E. Petri hat dieses Thema aufgenommen und die Erbbedingtheit der Menarche untersucht. Dabei wird von ihr nicht angenommen, daß der Zeitpunkt der Menarche durch die Erbanlagen festgelegt sein könnte, sondern es kann sich nur um Vererbung des Typus der Entwicklung, d. h. um das Tempo der geschlechtlichen Reifung handeln. Petri benutzte ebenfalls die Zwillingsmethode und fand, daß der Unterschied im Menarchetermin bei ein- und zweieiigen Zwillingen außerordentlich groß ist (Tabelle 15), eine Tatsache, die eindeutig auf ursächliche Zusammenhänge zwischen Erbanlage und Reifungstyp hinweist.

Tabelle 15 (auszugsweise).

Gruppe	Paare	Mittlere Menarchedifferenz in Monaten
1	EZ	2,8
2	ZZ	12,0

BOLK (zit. nach PETRI), der familienweise Erhebungen über die Menarche vornahm, kommt auf Grund der Vergleichung des Reifealters bei Müttern und Töchtern zu dem Ergebnis, daß die geschlechtliche Entwicklung des Mädchens mit größter Wahrscheinlichkeit unter dem Einfluß eines mütterlichen Erbfaktors stehe.

Mit diesen erbbiologischen Überlegungen wollen wir nun an unsere früheren Erörterungen anknüpfen. Wir hatten in einem vorausgehenden Abschnitt gezeigt, daß gewisse Züge der endgültigen konstitutionellen Körperbauform durch das Tempo der Entwicklung, durch Verfrühung und Verspätung bedingt sind. Auch hier wirken Anlage- und peristatische Faktoren zusammen.

Erinnern wir uns an die gegebenen Beispiele (S. 380—395). Sind diese Körperbauformen genetisch bedingt, so können wir schließen, daß nicht die Form als solche in der Erbanlage präformiert ist, sondern die Abweichung des Entwicklungstempos. Vererbt würde im Falle des verspäteten ersten Gestaltwandels also nicht die geringe Körperlänge, nicht die Sonderform der Motorik, nicht die kleinkindtypische Proportionalität, sondern die Verlangsamung des Entwicklungstempos, die, wie gezeigt wurde, die Ursache für alle erwähnten morphologischen Besonderheiten ist. Im Falle des verfrühten Gestaltwandels würde ebenso nicht die größere Körperlänge, die besonderen Proportionen der Gestalt, die Art des seelischen Verhaltens, sondern die Beschleunigung des Entwicklungstempos als Ursache für die Sonderform vererbt. Im Falle des präpuberalen Fettwuchses würde nicht der in der Maturität resultierende Fettwuchs, sondern die Verzögerung der Genitalentwicklung mit dem hinter ihr stehenden innersekretorischen Mechanismus in einer bestimmten Lebensphase vererbt sein. Der Großwuchs der geschlechtlich verfrühten Pubeszenten, ihr athletiformer Habitus, ihre Muskelfülle, ihre starke terminale Behaarung

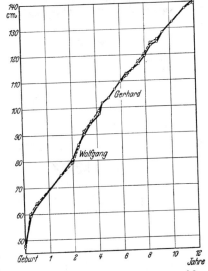

Abb. 21. Entwicklung der Körpergröße von der Geburt bis zum 12. Lebensjahre bei männlichen eineiigen Zwillingen. (Nach v. VERSCHUER.)

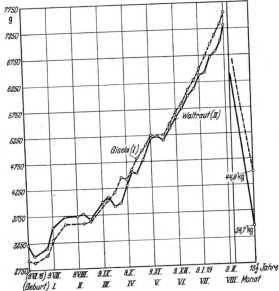

Abb. 22. Gewichtskurve weiblicher zweieiiger Zwillinge. (Nach v. VERSCHUER.)

sind eben nicht bloße Formmerkmale einer besonderen Konstitution, sondern vor allem der Ausdruck einer abgewandelten, und zwar einer verfrühten Entwicklung. In allen diesen Fällen wäre *genetisch nicht die Form als solche, sondern Art und Ablauf ihrer Entwicklung bedingt.*

Nach v. VERSCHUER ist das Manifestationsalter für die individuellen Wachstumsgene der Lebensabschnitt vom 3. bis zum 13. Lebensjahr. Es beginnt

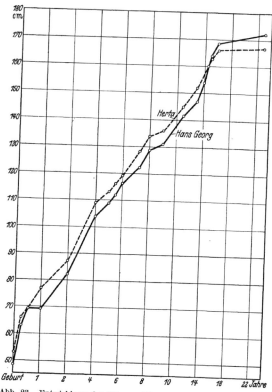

also noch vor dem ersten Gestaltwandel und reicht bei beiden Geschlechtern in Entwicklungsphasen hinein, in denen der Ablauf der individuellen Pubertät bereits festgelegt ist. Wenn PETRI in ihren Untersuchungen die erbliche Bedingtheit des Menarchetermins festgestellt hat, so können wir auch für die anderen geschlechtlichen Reifungsvorgänge dieselbe Genese vermuten, da wir in dem Menachetermin, also in den Reifungsvorgängen der Keimdrüse, einen Repräsentanten der geschlechtlichen Reifungserscheinungen überhaupt erblicken dürfen.

Art und Weise der Entwicklung, des Wachstums und der Reifung, ist abhängig von der Tätigkeit der endokrinen Organe, denen wiederum eine zentrale Instanz übergeordnet ist, deren Sitz im Zwischenhirn vermutet wird. Es steht demnach außer Zweifel, daß der Anlagefaktor für das Wachstum und die Reifung in diesen Organen gesucht werden muß. Wir wissen nun andererseits, daß die Peristase vielfachen Zugang zum endokrinen System hat und daß die verschiedensten exogenen Prozesse nicht nur in die Tätigkeit der endokrinen Drüsen eingreifen und sie variieren können, sondern auch, wie im Falle der FRÖHLICHschen Krankheit, jene centrale cerebrale übergeordnete Instanz tangieren können. Die Paravariabilität der endokrinen Drüsen, besonders derjenigen ihrer Anteile, die auf Wachstum und Reifung Bezug haben, ist daher als gesichert anzunehmen.

Wir haben vorhin gesehen, daß die peristatische Labilität der Merkmale phasisch schwankt und daß in Zeiten beschleunigter Entwicklung, erhöhter Sensibilität die Umweltlabilität größer ist als zu anderen Zeiten. Ferner wurde erwähnt, daß einzelne Merkmale, wie die Körpergröße und die Schulterbreite,

Abb. 23. Entwicklung der Körpergröße von der Geburt bis zum 23. Lebensjahr bei verschiedengeschlechtlichen Zwillingen. (Nach v. VERSCHUER.)

peristatisch stabil, das Körpergewicht und der Brustumfang dagegen umweltlabil sind. Es ist zu erwarten, daß sich daher die peristatischen Faktoren in der Zeit gesteigerter Entwicklungsvorgänge vorwiegend an den letzteren Merkmalen auswirken. An dem Bild des 18jährigen Zwillings II (S. 401) sahen wir, daß der Umweltfaktor gesteigerter sportlicher Tätigkeit auch auf die Entwicklung des Genitales Einfluß gehabt hat, was nur auf dem Weg über das endokrine System geschehen konnte.

Wenn wir annehmen, daß die Erbanlage sich über das endokrine System und die ihm übergeordnete Instanz im Zwischenhirn in der Gestaltung der Körperformen und der Art der Reifung auswirkt, so müssen wir auf der anderen Seite anerkennen, daß gerade auch hier die peristatischen Faktoren einen weiten Spielraum der Wirkungsmöglichkeiten haben. Wenn auch der Genotypus den abändernden Tendenzen der Peristase entgegensteht und Veränderungen, soweit sie reversibel sind, immer wieder ausgeglichen werden, so ist doch die endgültig in Erscheinung tretende individuelle Konstitutionsform das Produkt aus Anlage und Peristase.

Schrifttum.

ALIOT: Größe, Körpergewicht und Muskelkraft der Schuljugend einer ostpreußischen Mittelstadt. Inaug.-Diss. Königsberg 1917. — ARNOLD, A.: Wachstumsuntersuchungen an sächsischen Schlosserlehrlingen. Z. Konstit.lehre 18 (1934). — ARNOLD, A. u. H. STREITBERG: Körperuntersuchungen an 1830 höheren Schülerinnen Leipzigs. Z. menschl. Vererbgslehre 19 (1935). — ARON: Über die körperliche Entwicklung im Pubertätsalter. Ver. inn. Med. Kinderheilk. Berlin, Sitzg 6. Juli 1925. — ARON u. LUBINSKI: Über Körperbau und Wachstum von Stadt- und Landkindern. Berl. klin. Wschr. 1919 II.

BALDWIN: Körpergewicht, Körpergröße und Alterstabellen nordamerikanischer Kinder. Anthrop. Anz. 2 (1925). — BERLINER, M.: Beitrag zur Physiologie und Pathologie des Pubertätsalters. Z. Konstit.lehre 12 (1926). — Entwicklungsalter und Pubertät. Aus: Die Biologie der Person. herausgeg. von BRUGSCH und LEVY, Bd. 2. Berlin 1931. — BIEDERMANN, E.: Körperform und Leistung 16jähriger Lehrlinge und Mittelschüler von Zürich. Eine sozialanthropologische Untersuchung. Arch. Klaus-Stiftg 7 (1932). — BIEDL, A.: Zur Charakteristik der Pubertät. Mschr. Kinderheilk. 31 (1926). — Pubertät. Mschr. Kinderheilk. 19 (1931). — BÖNING: Über die Abhängigkeit des Körperbauindex gleichaltriger Jugendlicher von der Körpergröße. Anthrop. Anz. 3 (1926). — BOLK: Untersuchungen über die Menarche bei der niederländischen Bevölkerung. Z. Geburtsh. 89 (1926). — BORCHARDT, L.: Richtlinien für die Ausführung und Beurteilung von Schülermessungen. Gesdh. u. Erziehg 47, H. 5 (1934). — Klinische Konstitutionslehre, 2. Aufl. Wien-Berlin 1930. — BORNHARDT, M.: Über Fettsucht im Kindesalter und ihre Prognose mit besonderer Berücksichtigung der Frage der Dystrophia adiposogenitalis. Mschr. Kinderheilk. 67, H. 4/5 (1936). — BREZINA, E.: Körpermaße und Wachstumsverhältnisse an Wiener Jugendlichen verschiedener Berufe. Wien. med. Wschr. 1934 II. — BROCK, J.: Biologische Daten für den Kinderarzt, Bd. 1. Berlin: Julius Springer 1932. — BRUGSCH, TH.: Allgemeine Prognostik, 2. Aufl. Berlin 1922. — Die Morphologie der Person. Aus: Die Biologie der Person, herausgeg. von BRUGSCH und LEVY, Bd. 2. Berlin 1931. — Die Lehre von der Konstitution. Jena 1934. — BÜRGERS, TH. J. u. W. BACHMANN: Untersuchungen über den körperlichen Zustand der Jugendlichen Düsseldorfs nach dem Kriege. Aus dem hyg. Institut Düsseldorf, 1923. — BÜSING: Ergebnisse systematischer Untersuchungen an Kieler Berufsschulen für männliche Jugendliche. Arch. soz. Hyg. 1928, H. 5; 1931, H. 4.

CAMERER: Untersuchungen über Massen- und Längenwachstum der Kinder. Jb. Kinderheilk. 1936. — COERPER, C.: Habitusformen des Schulalters. Z. Kinderheilk. 33 (1922). — Das Jugendlichenalter. Aus P. SELTER: Praktische Gesundheitsfürsorge, Bd. 2. Stuttgart 1929.

DAFFNER: Das Wachstum des Menschen. Leipzig 1902. — DIKANSKI: Einfluß der sozialen Lage auf die Körpermaße der Schulkinder. Diss. München 1914. — DÜNTZER, E.: Ergebnisse bei der Berufsberatung weiblicher Lehrlinge. Arch. soz. Hyg. 7, H. 1 (1932). — Leistung und Leistungsfähigkeit bei weiblichen erwerbstätigen Jugendlichen. Veröff. Volksgesdh.dienst 1937.

ENSBRUNNER-ZERZER, M.: Der Körperzustand der Schulentlassenen in Steiermark im Jahre 1930. Arbeit u. Beruf 11, Nr 6 (1932). — EPSTEIN u. ALEXANDER: Konstitution und Umwelt im Lehrlingsalter. München 1922.

FALTA, W.: Über die Pubertät. Wien. klin. Wschr. 1932 I. — FREUDENBERG: Größe und Gewicht der Schulkinder und andere Grundlagen für die Ernährungsfürsorge. Herausgeg. vom dtsch. Zentralauschuß f. d. Auslandshilfe e. V. Berlin: Verlag Politik u. Wirtschaft

1924. — Friedenthal, H.: Über Wachstum. B. 2. Teil: Die Sonderformen des menschlichen Wachstums. Erg. inn. Med. 9 (1912). — Über Wachstum. C. 3. Teil: Das Längenwachstum des Menschen und die Gliederung des menschlichen Körpers. Erg. inn. Med. 11 (1913). — Fürst, Th.: Die Jugendlichen in ungelernten Berufen vor und nach dem Kriege. Z. Schulgesdh.pfl. 34, Nr 9/10 (1921). — Methoden der individuellen Auslese für gewerbliche Berufe. Aus Handbuch der biologischen Arbeitsmethoden, herausgeg. von Abderhalden, Abt. 4, Teil 16. Berlin 1931. — Gesundheitspflege im Reifungsalter, Bd. 6 d. Kommunalärztl. Abhandl. Leipzig 1933.

Geissler, O.: Starke Größen- und Gewichtszunahme und frühere Pubertätsentwicklung der Jugend von 1934 im Vergleich zur Vorkriegszeit. Öff. Gesdh.dienst A. 201, A. 217. — Gieseler u. Bach: Die Münchener Schulkinderuntersuchungen in den Jahren 1925 und 1926. Anthrop. Anz. 4, H. 2 (1927). — Göpfert, Chr.: Über das Körperwachstum zürcherischer Volksschüler. Arch. Klaus-Stiftg 4, H. 3/4 (1929). — Goldstein: Klinische Beobachtungen über Gewichts- und Längenwachstum unterernährter schulpflichtiger Kinder bei Wiederauffütterung. Z. Kinderheilk. 32 (1922). — Grützner, G.: Körperwachstum und Körperproportionen 15—19jähriger Schweizerinnen. Arch. Klaus-Stiftg 3, H. 1/2 (1927).

Habs, H. u. O. Simon: Über den Wert systematischer Untersuchungen an Jugendlichen. Med. Wschr. 1934 II. — Hagen, W.: Der Gesundheitszustand der Frankfurter Kinder. Münch. med. Wschr. 1928 II. — Der Einfluß der Umwelt auf Größe und Gewicht von Schulkindern. Gesdh. u. Erziehg 45, 12 (1932). — Helmreich, E.: Physiologie des Kindesalters. Teil 2: Animalische Funktionen usw. Monographien Physiol. 28 (1933). — Holm, K.: Die Längen- und Gewichtsverhältnisse der Hamburger Schulkinder. Z. Gesdh.-verw. u. Gesdh.fürs. 5, H. 21 (1934). — Hummel, H.: Beiträge zur Biologie des Schulkindes. Arch. Kinderheilk. 101, 3 (1934). — Das Problem der Schulreife im Rahmen der Biologie des Kindes. Arch. Kinderheilk. 106, 3 (1935).

Jaensch, W.: Grundzüge einer Physiologie und Klinik der psychophysischen Persönlichkeit. Berlin 1926.

Kaup, J.: Einwirkungen der Kriegsnot auf die Wachstumsverhältnisse der männlichen Jugendlichen. Münch. med. Wschr. 1921 I. — Konstitution und Umwelt im Lehrlingsalter (Konstitutionsdienstpflicht). München 1922. — Kaup, J. u. Th. Fürst: Körperverfassung und Leistungskraft Jugendlicher. Berlin-München 1930. — Key: Schulhygienische Untersuchungen. Hamburg u. Leipzig 1889. — Kistler, G.: Individualmessungen in der Zeit des Pubertätswachstums. Z. Kinderheilk. 36 (1923). — Kornfeld, W.: Über Körpermessungen bei Kindern als Grundlage für die Beurteilung der Konstitution und der Störungen der Formentwicklung. Wien. med. Wschr. 1927 II. — Anthropometrische Studien an Kindern. Verh. 38. Verslg dtsch. Ges. Kinderheilk. Budapest 1927, Teil 2. Mschr. Kinderheilk. 38 (1928). — Über Durchschnittswerte und Bewertungsgrundlagen einiger weiterer Körpermaße bei Kindern. Z. Kinderheilk. 49, 64 (1930). — Durchschnittswerte der wichtigsten Körpermaße und wichtiger physiologischer Daten bei Kindern aller Altersstufen. Wien: W. Maudrich 1932. — Über Normalwerte für Größe und Gewicht bei Kindern und Jugendlichen. Wien. klin. Wschr. 1933 I. — Zur Bewertung von Größe, Gewicht und Brustumfang bei Kindern und Jugendlichen. Z. Kinderheilk. 55, H. 6 (1933). — Handwurzelossifikation und Habitusentwicklung in den ersten vier Lebensjahren. Z. Kinderheilk. 58, H. 4 (1936). — Kornfeld u. Schönberger: Untersuchungen zur Frage der sexuellen Differenzierung einiger Körpermaße und Proportionen bei 7jährigen Kindern. Z. Kinderheilk. 47, 676 (1929). — Kornfeld u. Schüller: Über Durchschnittswerte und Bewertungsgrundlagen des Handgelenkumfanges bei Kindern verschiedener Altersstufen. Z. Kinderheilk. 48, 208 (1929). — Über Durchschnittswerte und Bewertungsgrundlagen einiger Weichteilmaße bei Kindern verschiedener Altersstufen. Z. Kinderheilk. 49, 277 (1930). — Krasusky, W. S.: Konstitutionstypen der Kinder. Berlin 1930. — Kretschmer, E.: Körperbau und Charakter, 7. u. 8. Aufl. Berlin 1929.

Lange, v.: Die Gesetzmäßigkeiten im Längenwachstum des Menschen. Jb. Kinderheilk. 7 (1903). — Lederer, R.: Kinderheilkunde. Berlin: Julius Springer 1924. — Loewy, A. u. St. Marton: Statistisch-anthropometrische Untersuchungen an Davoser Schulkindern. Z. Konstit.lehre 18 (1934). — Lubinski, H.: Körperbau und Wachstum von Stadt- und Landkindern. Mschr. Kinderheilk. 15 (1919).

Martin, R.: Richtlinien für Körpermessungen. München: J. F. Lehmann 1924. — Lehrbuch der Anthropologie, 3 Bde. Jena: Gustav Fischer 1928. — Miller, M.: Die Sigaudschen Typen bei den Kindern in Leningrad, 1930. Ref. Zbl. Kinderheilk. 25 (1931). — Mülly: Körperliche Entwicklung nach Form und Leistung 15—19jähriger Mittelschüler. Zürich 1929.

Neurath, R.: Physiologie und Pathologie der Pubertät des weiblichen Geschlechts. Aus Halban-Seitz: Biologie und Pathologie des Weibes, Bd. 5. Wien-Berlin 1928. — Die Pubertät. Physiologie und Pathologie. Wien 1932. — Niggli, B.: Anthropologische Untersuchungen in Züricher Kindergärten mit Berücksichtigung der sozialen Schichtung. Arch. Klaus-Stiftg 5 (1930).

OETTINGER: Anthropometrische Untersuchungen an Breslauer und Charlottenburger Kindern. Z. Hyg. **98** (1922).

PEIPER: Die körperliche Entwicklung der Schuljugend in Pommern. Arch. soz. Hyg. **7** (1912). — PEISER: Zur Kenntnis der Körperproportionen des wachsenden Kindes. Mschr. Kinderheilk. **28** (1924). — PELLER: Über das Wachstum der Pubertätsjugend in den Jahren 1929/32. Wien. klin. Wschr. **1934** I. — PERETTI: Kurze Mitteilung zur Frage der Beziehungen zwischen Körperbauformen und Tuberkulose im Kindesalter. Reichstbk.bl. **22**, H. 2 (1935). — Zur Frage der Beziehungen zwischen Körperbautypen und Rasseformen bei Schulkindern und ihrer Bedeutung für die Erfassung der Gesamterscheinung. Z. Gesdh.-verw. u. Gesdh.fürs. **5**, H. 11 (1934). — PETRI, E.: Untersuchungen zur Erblichkeit der Menarche. Z. Morph. u. Anthrop. **33** (1934). — PFAUNDLER, M. v.: Körpermaßstudien an Kindern. Z. Kinderheilk. **14**, 1 (1916). — PIRQUET: Eine einfache Tafel zur Bestimmung von Wachstum und Ernährungszustand bei Kindern. Z. Kinderheilk. **6** (1913). — Anthropometrische Untersuchungen an Schulkindern in Österreich. Z. Kinderheilk. **36**, 63 (1923). — POETTER: Schularzt. Messungen und Wägungen Leipziger Schulkinder im Krieg und Frieden. Z. Schulgesdh.pfl. **1919**. — POHLEN, K.: Der Ernährungszustand der Schulkinder. Gesdh. u. Erziehg **49**, H. 5 (1936). — Das individuelle Wachstum der Schuljugend. Dtsch. Ärztebl. **66** (1936). — PRIESEL, R. u. R. WAGNER: Gesetzmäßigkeiten im Auftreten der extragenitalen sekundären Geschlechtsmerkmale bei Mädchen. Z. Konstit.lehre **15** (1929/31). — PRIGGE. R.: Die Wachstumsbeschleunigung der Leipziger Schulkinder und ihre Beziehung zum Durchbruch der Sechsjahrmolaren. Inaug.-Diss. Leipzig 1936. — PRINZING: Körpermessungen und Wägungen deutscher Schulkinder und ein Vorschlag, diese vergleichbar zu machen. Dtsch. med. Wschr. **1924**.

RAINER, A.: Habitus- und Konstitutionsuntersuchungen bei Schulkindern. Gesdh.fürs. Kindesalt. **5** (1930). — Die minderwertigen Körperbauformen im Schulalter. Z. Schulgesdh.pfl. u. soz. Hyg. **43** (1930). — REICH: Die gesundheitliche und körperliche Entwicklung der Erfurter Schulkinder seit 1923. Arch. soz. Hyg. **4** (1929). — RÖSSLE, R.: Wachstum und Altern. Erg. Path. **18** (1917); **20** (1924). — RÖSSLE, R. u. BÖNING: Wachstum der Schulkinder. Jena 1924. — ROSENSTERN, I.: Über Veränderungen des Gesichts vor und in der Pubertät. Z. Kinderheilk. **50** (1930). — Körperliche Entwicklung in der Pubertät. Erg. inn. Med. **41** (1931). — RUOTSALAINEN: Anthropologische Untersuchungen an finnischen Kindern im Alter von 3—6 Jahren. Z. Morph. u. Anthrop. **33** (1935).

SARDEMANN, G.: Die Normentabelle für den Brustumfang des Schulkindes. Z. Gesdh.-führg, Mutterschaft, Kindheit, Jugend **1**, H. 3/4 (1934). — SCHIÖTZ, C.: Physical Development of children and young people during the age of 7 to 18—20 years. Christiania 1923.— Massenuntersuchungen über die sportliche Leistungsfähigkeit von Knaben und Mädchen der höheren Schulen. Berlin 1929. — SCHLESINGER, E.: Das Wachstum der Knaben und Jünglinge vom 6.—20. Lebensjahr. Z. Kinderheilk. **16** (1917). — Das Wachstum des Kindes. Berlin 1926. — Der Habituswechsel im Kindesalter. Z. Konstit.lehre **17** (1933). — Das Konstitutionsproblem im Kindesalter und bei den Jugendlichen. Erg. inn. Med. **45** (1933). — Tafel zur Bewertung von Größe, Gewicht und Brustumfang der Kinder und Jugendlichen. Z. Kinderheilk. **55**, H. 4 (1933). — Die Entwicklung der Körperkraft bei der heranwachsenden Jugend, ihre Vitalkapazität und Druckkraft. Z. Kinderheilk. **56**, H. 5 (1934). — SCHWEERS u. FRÄNKEL: Messungsergebnisse an Berliner Kindern. Sonderbeil. Veröff. Reichsgesdh.amt **1924**, Nr 11. — SCHWERZ: Untersuchungen über das Wachstum des Menschen. Arch. f. Anthrop., N. F. **10** (1911). — Über das Wachstum des Menschen. Bern 1912. — SIGAUD, C.: La Forme humaine. Paris 1914. — STRATZ, C. H.: Der Körper des Kindes und seine Pflege, 11. Aufl. Stuttgart: Ferdinand Enke 1928.

VERSCHUER, O. v.: Anthropologische Studien an ein- und zweieiigen Zwillingen. Z. Abstammgslehre **41** (1926). — Die vererbungsbiologische Zwillingsforschung. Ihre biologischen Grundlagen. Erg. inn. Med. **1927**. — Die Variabilität des menschlichen Körpers an Hand von Wachstumsstudien an ein- und zweieiigen Zwillingen. Verh. 5. internat. Kongr. Vererbgswiss. Berlin **1927**. — Soziale Umwelt und Vererbung. Erg. soz. Hyg. u. Gesdh.fürs. **2** (1930). — Die Erbbedingtheit des Körperwachstums. Z. Morph. u. Anthrop. **34** (1934). — Erbpathologie. Dresden u. Leipzig 1937.

WEISSENBERG, S.: Das Wachstum des Menschen nach Alter, Geschlecht und Rasse. Stuttgart 1911. — WURZINGER, St.: Habitustypen und Körperentwicklung im Schulalter. Z. Konstit.lehre **13**, H. 6 (1927).

ZELLER, W.: Die körperliche Form des Jugendlichen. Gesdh.fürs. Kindesalt. **8**, H. 2 (1933). — Körperbaustudien an weiblichen Jugendlichen. Arch. soz. Hyg. **8**, H. 2/3 (1933). — Die Bestimmung der Maturität in der Entwicklung des Jugendlichen. Z. Gesdh.führg, Mutterschaft, Kindheit, Jugend **1**, H. 1 (1934). — Der erste Gestaltwandel des Kindes. Leipzig: Johann Ambrosius Barth 1936. — Entwicklungsdiagnose im Jugendalter. Leipzig 1938. — Entwicklung und Körperform der Knaben und Mädchen von 14 Jahren. Veröff. Volksgesdh.dienst **1939**.

Altern und Lebensdauer.

Von TAGE KEMP, Kopenhagen.

Mit 3 Abbildungen.

I. Altern und Alterskrankheiten.

1. Altern.

Für frühes oder spätes Altern und seine charakteristischen Symptome wird allgemein Vererbung angenommen. Wie in jedem biologischen Bezirk trifft man auch in dem Bereiche der Lebensdauer die Idiovariation. Gibt es doch kurzlebige und langlebige Familien. Analoges gilt für die Organe. Man beobachtet frühes oder spätes Ergrauen, langes „Jungbleiben" usw. deutlich familienweise; es gibt z. B. erblichen, frühen, es gibt aber auch erblichen, späten senilen Star; oder es kann die Linse, ebenfalls wieder erblich, als Idiovariation bis ins hohe Alter klar bleiben. Beinahe alle auf pathologisches Gebiet führenden Alterserscheinungen gelten als erblich, aber eine Abgrenzung nach einzelnen Faktoren ist bisher nur in begrenztem Umfange versucht worden.

Die Veranlagung, welche im Verein mit dem Einflusse der Umwelt über die Lebensdauer entscheidet, kann nur hochgradig polymer sein. Wenn in der Erbmasse eines Menschen keinerlei krankhafte Erbanlagen vorhanden wären und er von schwereren, äußeren Schädlichkeiten verschont bliebe, so würde er wahrscheinlich ein Alter von über 100 Jahren erreichen (die maximale Lebensdauer berechnet PÜTTER mit 110 Jahren). In der Erbmasse der allermeisten Menschen sind aber krankhafte Erbanlagen recht verschiedener Art vorhanden; so kommt es, daß auch ohne besondere Schäden von seiten der Umwelt bei dem einen Menschen dieses, bei dem anderen jenes Organ vorzeitig versagt.

Schon MARTIUS hat darauf hingewiesen, daß die Gesamtkonstitution sich aus Teilkonstitutionen zusammensetze. Noch schärfer präzisiert ADLER (1907 und später) den gleichen Gedanken in seiner Lehre von der Organminderwertigkeit, daß eine — fast stets ererbte — Abwegigkeit eines bestimmten Organs eine latente Krankheitsbereitschaft darstelle. Die Lehre von der erblichen Organminderwertigkeit, die in ihrer ursprünglichen Auffassung größtenteils unhaltbar war, enthält wohl doch einen richtigen Kern. Das gilt z. B. für die Zuckerkrankheit, von der man in vielen Fällen annehmen muß, daß sie auf einer zu frühzeitigen Abnutzung, einer Abiotrophie des Inselgewebes des Pankreas, beruht; die Krankheit hat ihre Ursache in einer erblichen Schwäche der Anlage dieses endokrinen Drüsengewebes. Es geht aus zahlreichen Familienuntersuchungen hervor, was auch UMBER in besonders überzeugender Form, durch Untersuchungen eineiiger, zuckerkranker Zwillinge, nachwies, daß eine erbliche, insulinäre Minderwertigkeit oft die Ursache der Krankheit ist.

Die Frage nach der Abhängigkeit der Lebensdauer von der Minderwertigkeit eines bestimmten Organs wird durch KOCHs Untersuchungen über Lebensbegrenzung bei Organmißbildungen in instruktiver Weise beleuchtet. Er beschreibt eine Reihe typischer Organmißbildungen, die zunächst eine gewisse Lebensdauer über das Kindheitsalter hinaus zuließen, bei denen dann aber der Tod im Zusammenhang mit der Mißbildung ziemlich früh eintrat. Mißbildungen im Bereiche lebenswichtiger Organe, wie Leber, Nieren, Herz, Gefäßsystem und Gehirn, kommen hier besonders in Betracht. Zum Beispiel starben von 50 Fällen von kongenitalen Herzmißbildungen

im Alter von 10—29 Jahren 29 Fälle
„   „   „   30—49   „   17   „
„   „   „   50—59   „   4   „

In keinem Falle wurde das 60. Lebensjahr erreicht, und die größte Zahl der Todesfälle (58%) lag im Alter von zwischen 10 und 30 Jahren. Insoweit Herzmißbildung erblich ist, liegt hier also ein typisches Beispiel unter vielen dafür vor, daß eine erbliche Organminderwertigkeit die Ursache frühen Todes ist. Doch andererseits muß man sich natürlich immer vor Augen halten, daß die Minderwertigkeit eines Organs ebensowohl von äußeren Verhältnissen wie von verschiedenen, voneinander ganz unabhängigen Genen abhängig sein kann. Die Organminderwertigkeit stellt weder in ätiologischer noch in genetischer Beziehung eine Einheit dar, noch wird sie als eine solche vererbt.

Dem physiologischen Lebensabschluß gehen die senilen Veränderungen der Organe und Organteile voraus. Nach MARTIN ist das Greisenalter (Senium) charakterisiert durch die allmähliche Involution fast aller Organsysteme. Bezeichnend für diese Periode ist die allgemeine Verminderung des Körpervolumens, die Reduktion und Schlaffheit der meisten Gewebe, der Senkrücken, Haarausfall, starke Abnützung und Ausfall der Zähne mit Schwund der Alveolarpartien der Kiefer und ausgedehnte Nahtverknöcherung. Pathologisch-anatomisch sind diese Veränderungen hauptsächlich Atrophie, Degeneration, Pigmentablagerung, Verkalkung und Sklerose der Bindegewebe. Bei allen Arten von Bindegewebe verschwindet die Elastizität und Geschmeidigkeit, weil die untergegangenen Zellen nicht durch neue ersetzt werden. Es ist offenbar, daß diese Veränderungen zusammen mit den Funktionsstörungen dem alternden Organismus ihren Stempel aufdrücken (Runzeln, habitus senilis usw.). In dem Epithelgewebe sind die regressiven Veränderungen meist nicht sehr ausgesprochen; dasselbe gilt auch vom Adenoidgewebe (reticulum). In Organen wie dem Kreislaufsystem, Zentralnervensystem und den nach innen sezernierenden Drüsen treten die charakteristischsten senilen Funktionsstörungen auf. Ein Maximum der Lebensdauer ist nicht nur dem Individuum, sondern auch dem Organ mitgegeben. Natürlich können exogene Einflüsse es in vielen Fällen verkürzen.

Es ist nicht möglich, eine ganz genaue Grenze für den Beginn des Alterns zu geben. Dasselbe ist als die dritte Lebensperiode bezeichnet worden, die dann eintritt, wenn die stabile Lebensphase in die regressive übergeht, welche letztere bis zum physiologischen Tode anhält. Oft findet man die Angabe, daß dieses regressive Stadium bei Männern im Alter von 50 Jahren, bei Frauen mit dem Klimakterium eintrete. Nach BRANDT hätte man für eine biologische Altersgruppierung (für Europide) zu wählen: Frauen 40 Jahre bis zum Klimakterium, weitere 10-Jahresgruppen. Männer: 35—45 Jahre, 45—50 Jahre, weitere 10-Jahresgruppen. Doch zeigen sich in dem Zeitpunkt des Überganges von stationärer zu regressiver Phase individuelle und auch familiäre Unterschiede. So gibt es Einzelindividuen und Familien, bei denen sich Jugendlichkeit bis ins hohe Alter hinein erhält und andererseits findet sich in gleicher Weise Präsenilismus vor.

Die Erbbedingtheit derjenigen Senilitätsveränderungen, die nicht ausgesprochen pathologisch sind, geht deutlich aus VOGTS Untersuchungen von 19 eineiigen Zwillingspaaren, die 55—81 Jahre alt waren, hervor. VOGT betont zuerst die Schwierigkeit, die darin liegt, sich ein großes Material von alten

Zwillingspaaren zu verschaffen, in welchen beide Partner am Leben sind. Von 30 Zwillingspaaren fand er nur 3 Paare, die über 50 Jahre waren. Im übrigen weist VOGT nach, daß sich bei eineiigen Zwillingspaaren eine überraschende Übereinstimmung in ihren senilen und präsenilen Zerfallsvorgängen vorfindet. Diese Übereinstimmung schien, was besonders bemerkenswert ist, weitgehend unabhängig von Beruf und Lebensweise zu sein. Sie bestand zunächst im Bereiche der Kopfhaare, und zwar zeigte sich fast völlige Übereinstimmung nach Grad und Lage der Canities und ihres Beginns, sowie nach Ort und Form seniler Alopecie (Glatzenlage und -form), dann auch im Erhaltensein der Zähne, in ihrer Form und Farbe und in ihrem Zerfall. Ferner in Lage, Verlauf und Ausprägungsgrad der senilen Hautrunzeln im Bereich von Stirn-Mundwinkelgegend und der Lider. Sodann im Aussehen und in der Tiefe der senilen Oberlidfurche und damit des Schwundes und des Tonus des Orbitainhaltes.

Die Übereinstimmung zeigte sich besonders anschaulich und exakt in der Form der makroskopischen und mikroskopischen senilen Destruktion des Augapfels selber und seiner Teile. Die Pinguecula (Lidspaltenfleck) und das Gerontoxon (Arcus senilis) verhielten sich bei den Gliedern jedes eineiigen Paares nahezu identisch. Dasselbe gilt von der Iris, speziell von der senilen Destruktion des Pupillarpigmentsaums. Äußere Einflüsse und andere früher angegebene Ursachen (wie z. B. die Sonne, Hitze usw.) können an dieser Destruktion nicht schuld sein. Das Keimplasma enthielt den senilen Zerfall des Pupillarpigmentsaums nach Zeit und Grad in Vorbereitung (VOGT). Die Exaktheit der senilen Determination tritt am ausgeprägtesten zutage im Zerfall des hochorganisierten Gewebes der *Linse*. Der von mehreren Forschern schon an Hand von Stammbäumen nachgewiesene Genotypus, nicht nur des Altersstars als solchen, sondern auch der speziellen Starform wird durch VOGTs Zwillingsuntersuchungen in überzeugender Weise bestätigt.

Von Bedeutung ist ferner der von VOGT geführte Nachweis, daß eine typisch senile, nur ophthalmoskopisch nachweisbare Fundusveränderung, wie die circumpapilläre Aderhautatrophie im Lichte der Zwillingsforschung vererbt erscheint. Dasselbe gilt für ein anderes Altersmerkmal des Fundus, die Drusen der Lamina elastica chorioideae, ferner auch für die Kalkdrusen der Papille.

In bezug auf die Glatzenbildung (Calvities) hat nicht nur VOGT (s. oben), sondern auch SIEMENS gefunden, daß eineiige Zwillinge so gut wie immer übereinstimmen; zweieiige dagegen verhalten sich darin oft verschieden. In vielen Sippen tritt Glatzenbildung bei mehreren oder allen männlichen Mitgliedern in etwa demselben Lebensalter auf (OSBORN), sie scheint dominant erblich zu sein, mit Beschränkung der Manifestierung auf das männliche Geschlecht; bei Eunuchen soll Glatzenbildung nicht vorkommen (LABOURAND).

Sowohl vorzeitiges (prämatures) als auch verspätetes Ergrauen der Haare kann erbbedingt sein; es ist oft familienweise beobachtet worden. Die Anlage soll einfach dominant sein (PEARSON, HARE, SEREBROVSKAJA). Auch Zwillingsbeobachtungen (VERSCHUER, VOGT) zeigen, wie schon erwähnt, Erbbedingtheit.

Viele andere Alterserscheinungen, wie z. B. die senile Kyphose und andere charakteristische Veränderungen in den verschiedenen Organen und Geweben, sind in weitem Maße erblich bedingt; doch liegen hierüber keine genauen Untersuchungen vor.

2. Alterskrankheiten.

Schon eine unmittelbare Betrachtung läßt erkennen, daß gewisse Krankheiten für das Alter charakteristisch sind. HIPPOCRATES schreibt, die Krankheiten der alten Leute seien Dyspnoe, Katarrh mit Husten, Dysurie, Gliederschmerzen, Nephritis, Schwindelgefühl, Apoplexie, Kachexie, Pruritus,

Schlaflosigkeit und Entleerungen oder Ausfluß aus dem Darmkanal, den Augen- und der Nase, Sehschwäche, Katarakt, Glaukom und Taubheit; GALEN charakterisiert das Alter als kalt und trocken.

Während die Aussicht, an Tuberkulose zu sterben, in der Kindheit am größten ist, mit dem Alter gleichmäßig abnimmt und bei alten Leuten gering ist, nimmt die Aussicht, an Krebs zu sterben, bis etwa zu dem Alter von 45 Jahren zu, beginnt dann abzunehmen und beträgt für 85jährige nur etwa 5% gegenüber mehr als 10% in den jünge- ren Jahren. Die Krank- heiten, die in den letzten Altersjahren (bei 90 und 100jährigen) auftreten, sind wesentlich verschieden von denen, die im Alter von 60—80 Jahren dominieren. Nicht ohne Berechtigung ist gesagt worden: Die 60- jährigen sind alle krank, die 100jährigen gesund.

Tabelle 1. Todesursachen bei Weißen in USA. 1923—1927. (Nähere Erklärung siehe im Text.)

Geschlecht und Alter		Gruppe A %	Gruppe B %	Gruppe C %
Männer	20—24 Jahre	79,16	19,18	1,66
	40—44 ,,	65,79	31,52	2,69
	60—64 ,,	48,18	48,20	3,62
	90 J. u. darüber	37,96	60,35	1,69
Frauen	20—24 Jahre	80,42	18,26	1,32
	40—44 ,,	68,26	29,26	2,48
	60—64 ,,	49,85	47,28	2,86
	90 J. u. darüber	37,49	61,18	1,33

Unter 97 Personen von über 90 Jahren fand WIDMER keinen, der blind, taub oder lahm war; von den 97 waren 56 Frauen, davon 30 unverheiratete und 41 Männer, die alle ver- heiratet oder Witwer waren. Keine von den 97 Personen war erstgeboren und also auch keine einziges Kind.

Man hat versucht, sich einen Eindruck von den Krankheiten, die für das Alter besonders charakteristisch sind, in der Weise zu verschaffen, daß die Todesursache in den verschiedenen Altersklassen untersucht wurde. PEARL und RAENKHAM trennen zuerst zwi- schen A-Organen, die in direkten Kontakt mit der Umgebung kom- men, und B-Organen, die in keine direkte Berührung mit der Umge- bung kommen. Zur Gruppe A wer- den Atmungsorgane, Geschlechts- organe, Nieren, Harnwege, der Verdauungskanal und die Haut gerechnet, und zur Gruppe B

Tabelle 2. Todesursachen bei über 90 Jahre alten Weißen in USA.

	Prozent aller Todesfälle	
	bei Männern	bei Frauen
Herzkrankheiten	23,6	23,5
Arterienkrankheiten . . .	10,6	9,5
Chronische Nephritis . .	10,6	8,2
Cerebrale Hämorrhagie .	9,8	10,6

Kreislauforgane, Skelet und Muskeln, Nervensystem und endokrine Organe. Die Todesursache bei Weißen in USA. 1923—1927 ist dann, wie in der Tabelle angegeben, in drei Klassen eingeteilt. Klasse A umfaßt die Todesfälle, welche von Krankheiten in den oben unter Gruppe A angeführten Organen herrühren + die von traumatischen Läsionen stammenden Todesfälle. Klasse B um- faßt die Todesfälle, die auf Krankheiten in den oben unter Gruppe B an- geführten Organen zurückzuführen sind + diejenigen, die von Senilität ohne näher angegebene Krankheit verschuldet worden sind. Schließlich umfaßt Klasse C diejenigen Todesfälle, deren Ursache weder unter A noch unter B gerechnet werden kann. Die Verteilung der Todesursachen in diesen 3 Klassen auf die verschiedenen Altersklassen geht aus Tabelle 1 hervor. Infektions- krankheiten treten weit häufiger als Todesursache in den jüngeren Altersstufen auf als in den älteren.

Wie aus der Tabelle 1 zu ersehen ist, steigt die Anzahl der Todesfälle, welche von Leiden in den Organen herrühren, die nicht in direkten Kontakt mit der Umgebung kommen, mit zunehmendem Alter; in erster Linie sind es Krankheiten in den Kreislauforganen und dem Zentralnervensystem, von denen hier die Rede ist (s. Tabelle 2).

In Übereinstimmung hiermit kann man als die typischsten Alterskrankheiten Hypertonie und Arteriosklerose ansehen. Wie speziell durch WEITZ' Untersuchungen gezeigt wurde, entwickelt sich die *Hypertonie* in den meisten Fällen auf dem Boden einer einfach dominanten Erbanlage. Eineiige Zwillinge stimmen in ihrem Blutdruck meist auffallend überein, zweieiige dagegen viel weniger (WEITZ, CURTIUS, VERSCHUER, ZIPPERLEN, STOCKS). Nach dem 55. Lebensjahre leidet etwa die Hälfte der Hypertonikergeschwister an Hypertonie oder ist daran gestorben. Gleichwohl sind selbstverständlich auch Umwelteinflüsse für die Manifestierung der Hypertonie von Bedeutung (SALLE, ZIPPERLEN).

Nach den Untersuchungen von WEITZ (zit. nach VERSCHUER) verloren eines ihrer Eltern oder beide an Schlaganfall oder Herzleiden

im Alter	von 82 Hypertonikern	von 267 beliebigen Personen
von bis zu 50 Jahren	11,0%	2,6%
„ 51—60 Jahren	15,9%	5,6%
„ 61—70 Jahren	36,6%	12,7%
„ über 70 Jahren	9,8%	9,4%

Es ergibt sich daraus, daß Hypertonie als wirkliche Alterskrankheit nicht in besonders hohem Grade vererblich ist; wenn sie aber relativ früh im Leben als eine Art präseniles Leiden auftritt, so ist die Vererblichkeit stärker ausgeprägt. Die Korrelation zwischen Hypertonie und Konstitutionstyp ist nicht sehr stark. Körperliche Untersuchungen haben jedoch bei der konstitutionellen Hypertension ein Überwiegen von pyknischen Typen ergeben, während andererseits bei der Hypertension nephrogenen Ursprungs viele Leptosome festzustellen sind. Wahrscheinlich äußert eine krankhafte Anlage zu Hypertonie sich bei Asthenikern weniger stark als bei Pyknikern.

Bei der Vererbung der *Arteriosklerose*, die ebenfalls wie Hypertonie oft die Grundlage für *Schlaganfälle* bildet, liegen die Verhältnisse kompliziert. In manchen Familien kommt sie gehäuft vor und kann dabei entweder mehr allgemein sein oder bestimmte Gefäßgebiete bevorzugen. So ist Hirnarteriosklerose mit Neigung zu Apoplexien familiär gehäuft festgestellt worden (ZIPPERLEN, GÄNSSLEN); in anderen Familien kommen Störungen der Coronargefäße und Angina pectoris vor, und auch die Nierengefäße (WEITZ) oder die Beinarterien können, familienweise bevorzugt, von Arteriosklerose befallen sein.

Es gibt natürlich auch viele Alterskrankheiten, die gewöhnlich nicht Todesursache sind, wie z. B. der Altersstar und die Altersschwerhörigkeit. Wie oben besprochen, zeigen Zwillingsuntersuchungen die große Bedeutung, welche die Erbfaktoren für die Entwicklung des *senilen Katarakts* haben; das gleiche ergibt sich auch aus zahlreichen Familienuntersuchungen (NETTLESHIP, VOGT, VOGT und GARFUNKEL, WAARDENBURG). Es gibt vielerlei erbliche Staranlagen, die sich in verschiedenem Altern äußern und verschiedene Formen der Linsentrübung zur Folge haben. Der Erbgang kann dominant sein; eine gewisse Geschlechtsgebundenheit oder -begrenzung, mit Bevorzugung des weiblichen Geschlechts, ist beobachtet worden. Die Möglichkeit einer Antizipation des Leidens durch Generationen hindurch, wie NORRIE sie beschrieben hat, wird nun allgemein in Zweifel gezogen. Nach WAARDENBURGs Untersuchungen kann die *senile Maculadegeneration* dominant vererbt werden und keine Antizipation liegt dabei vor; wahrscheinlich bestehen familiäre Biotypen, die sich

durch Mitbeteiligung der Gefäße und durch mehr oder weniger starke Pigment-
wanderungen (bzw. Entartung) unterscheiden.

Bei *Altersschwerhörigkeit* handelt es sich um eine spät einsetzende Form
der Labyrinthschwerhörigkeit, die erblich (oft dominant) auftreten kann
(ALBRECHT). *Otosklerose* ist eine Erkrankung im Knochen der Labyrinthkapsel;
die Ursache ist in vielen Fällen eine einfach dominante Erbanlage (DAVENPORT,
ALBRECHT, WEBER). Die Manifestation ist jedoch sehr unsicher, weshalb man
oft wechselnde Dominanz beobachtet; in vielen Fällen läßt sich überhaupt keine
Vererblichkeit nachweisen, man sieht „isolierte Fälle". Auch sind mehrere
Sippentafeln von Otosklerose mitgeteilt worden, die anscheinend recessiven
Erbgang zeigen (HAIKE); doch ist die Häufigkeit der Verwandtenehe bei den
Eltern der Kranken nicht erhöht, was gegen recessiven Erbgang spricht. Die
Krankheit ist nach DAVENPORT etwa doppelt so häufig bei Frauen als bei Män-
nern. Auch Zwillingsuntersuchungen (ALBRECHT) erweisen die große Bedeutung
der Erbanlagen für die Entstehung der Otosklerose.

Von den sonstigen Alterskrankheiten, deren Erblichkeitsverhältnisse nicht
ganz unbekannt sind, mögen noch einige angeführt werden. Das *senile Angiom*
fanden SIEMENS und SCHOKKING insgesamt bei eineiigen Zwillingen 7mal
konkordant (mit verschiedener Lokalisation) und 9mal diskordant. *Varicen*
sind zwar keine eigentliche Alterskrankheit, aber ihre Häufigkeit nimmt, nach
CURTIUS' Untersuchungen, mit dem Alter in charakteristischer Weise zu. Die
Häufigkeit der Varicen bei dem männlichen Geschlecht war nach CURTIUS

zwischen dem	6. und 15.	Lebensjahr	0,27%
„ „	15. „ 25.	„	1,01%
„ „	26. „ 39.	„	8,9%
und über 40 Jahre			23,99%

Beim weiblichen Geschlecht, das durchweg eine größere Häufigkeit als das
männliche zeigt, ist der Altersanstieg in ähnlicher Weise vorhanden. Gesunde
Eltern haben nur gesunde Kinder. Das spricht für einfach dominanten Erbgang der Disposition zur Venenerweiterung. Bei Kindern doppelt belasteter
Eltern zeigt sich häufig ein früher Manifestationstermin. Für viele Krankheiten, über deren Erblichkeitsverhältnisse wir freilich nur sehr wenig wissen,
gilt dasselbe wie für die Varicen, nämlich, daß mit zunehmendem Alter
häufiger und mehr ausgeprägt werden; als ein Beispiel für solche Leiden, die
wohl mit einem gewissen Recht als Alterskrankheiten bezeichnet werden können,
lassen sich Emphysem und Bronchitis anführen.

Man hat einem Versagen der innerlich sezernierenden Drüsen eine besondere
Bedeutung für das Eintreten der Alterssymptome beimessen wollen. HORSLEY
(zit. nach FALTA) hat zuerst darauf hingewiesen, daß die im Greisenalter auftretenden Veränderungen der Haut und anderer Gewebe, besonders die Vermehrung des Bindegewebes, eine gewisse Ähnlichkeit mit denen nach Schild-
drüsenexstirpation zeigen. Andererseits tritt beim männlichen Individuum
im Alter eine Veränderung in der Lokalisation des Fettansatzes ein, die derjenigen bei Eunuchoidismus ähnlich ist. Dieser Umstand weist auf die Keimdrüsen hin. In einer sehr ausführlichen Studie hat LORAND den Gedanken vertreten, daß die Ursache des Alterns hauptsächlich in einer zunehmenden Degeneration des Blutdrüsensystems zu suchen sei. Das ist jedoch nicht richtig,
und FALTA gibt dann auch als seine eigene Meinung an, daß er für das physiologische Altern sich diesem Gedankengange nicht anschließen könne, sondern
vielmehr annehmen muß, daß das Blutdrüsensystem in gleicher Weise wie
jedes andere Organ an der Altersinvolution teilnehme.

Wir können aber in der frühzeitigen Degeneration gewisser Blutdrüsen eine der Ursachen des pathologischen Alterns erblicken. Ein Patient, der von seiner Kindheit oder Jugendzeit an Myxödem hat und der nicht mit Thyroxin behandelt wird, wird frühzeitig altern; dasselbe gilt in noch höherem Grade von der Insuffizienz des Hypophysenvorderlappens. Bei Hypoplasie oder Aplasie dieser Drüse treten alle Alterssymptome frühzeitig auf und die Lebensdauer wird erheblich abgekürzt, wie sowohl durch Tierversuche als auch durch klinische Beobachtungen nachgewiesen worden ist. Ein solches, zu frühes Altern, *Geroderma* oder *Progeria*, wurde bei Geschwistern beobachtet (J. Bauer); auch können sowohl Dystrophia adiposo-genitalis wie auch hypophysärer Zwergwuchs familiär auftreten. Bei Versuchstieren (Mäusen) ist eine Form erblichen Hypophysenvorderlappendefekts bekannt, die ebenfalls von früh auftretenden Senilitätserscheinungen begleitet ist, welche letztere als eine monomere, recessive Eigenschaft vererbt werden (Literatur hierüber s. Kemp und Marx). Wie erwähnt, hat auch das Aufhören der inneren Sekretion der Geschlechtsdrüsen eine gewisse Bedeutung für das Eintreten der Alterssymptome (vgl. Steinach u. a.); doch liegt nichts Sicheres darüber vor, daß ein solches Aufhören eine Verkürzung der Lebensdauer mit sich führe. Inwieweit *Prostatahypertrophie* hormonal bedingt sein kann, ist noch nicht sichergestellt.

Was die Einzelheiten in der Vererbung aller der oben besprochenen Alterskrankheiten anbetrifft, so sei im übrigen auf die Abschnitte dieses Werkes verwiesen, welche von den betreffenden Krankheiten handeln.

Im ganzen genommen, kann man sagen, daß es nicht sehr viel ist, was wir über die Vererbung von Alterskrankheiten wissen; aber das, was wir wissen, bekräftigt die Auffassung, daß Vererbung eine der wichtigsten, wenn nicht gar die beherrschende Grundlage für die Dauer des menschlichen Lebens ist.

II. Lebensdauer.

1. Lebensdauer der Tiere.

In naher Beziehung zu dem Problem des Alterns und der Alterskrankheiten steht die Frage der Lebensdauer und des Todes.

Die Lebensdauer kann außerordentlich innerhalb der einzelnen Rassen, zwischen ihnen und zwischen den verschiedenen Arten variieren. Es kann deshalb recht schwer sein, eine bestimmte Lebensdauer für eine bestimmte Tierart angeben zu müssen; dazu ist es notwendig, daß man das Alter, in dem der Tod eintritt, bei einer recht großen Zahl von Individuen innerhalb der Rasse und innerhalb eines recht beschränkten Zeitraumes kennt, da die Lebensdauer natürlich auch mit den verschiedenen Zeitperioden wechselt. Bei dem Menschen, wo die Lebensdauer für eine so außerordentlich große Anzahl von Personen bekannt ist, kann man natürlich mit voller Berechtigung von der *durchschnittlichen Lebensdauer* für eine bestimmte Periode, z. B. für ein Jahr, sprechen oder auch von der *wahrscheinlichen oder mittleren Lebensdauer oder Lebenserwartung*, die angibt, wieviel Jahre eine Person von einem bestimmten Alter im Durchschnitt noch zu leben hat.

Die Lebensdauer hängt mit den äußeren Lebensbedingungen zusammen; ebensosehr beruht sie aber auch auf erblichen Faktoren. Wie oben erwähnt, gibt es ein *Maximum der Lebensdauer*, das erblich determiniert ist: exogene Einflüsse können es natürlich oft verkürzen.

Der Tod ist indessen nicht notwendigerweise eine Folge des Lebens, er ist kein Attribut der Zelle oder der einzelnen Gewebe im Körper. Es ist das Versagen der Organsysteme, das die eigentliche Ursache des Todes darstellt. Protozoen sterben nicht infolge innerer Ursachen aus; Bakterienkulturen können unbegrenzte Zeit am Leben erhalten werden, wenn sie nur ständig umgeimpft werden. Im Pflanzenreiche kommt ja überhaupt ungeschlechtliche Fortpflanzung ohne einen eigentlichen Tod eines bestimmten Organismus in weitester Ausdehnung vor. WOODRUFF hat Paramäzien etwa 13 Jahre lang mit 8500 Generationen gezüchtet. HARTMANN hat den bekannten, koloniebildenden Flagellaten Eudorina elegans lange Jahre hindurch gezüchtet und auf diese Weise die Möglichkeit einer dauernden, agamen Züchtung ohne Befruchtung, ohne Depression und Regulation bewiesen. Bei niedrigstehenden Metazoen gibt es ebenfalls diese Fähigkeit, sich unter gewissen Bedingungen durch einfache Teilung oder Abschnürung zu vermehren; es läßt sich deshalb auch nicht sagen, daß diese Tiere sterben. Die berühmten CARREL-EBELINGschen Gewebszüchtungsexperimente, die sich jetzt über fast 20 Jahre erstrecken, haben die Möglichkeit erwiesen, isolierte Gewebe warmblütiger Tiere unbegrenzt am Leben erhalten zu können. Alle wichtigen Gewebe des Körpers sind potentiell unsterblich. Zahlreiche Transplantationsversuche mit Tumorgewebe haben gezeigt, daß es möglich ist, dasselbe durch fortgesetzte Überführung auf Tiere unbegrenzt am Leben zu erhalten. Schließlich müssen auch diejenigen Zellen der Keimbahn, die von Generation zu Generation weitergeführt werden, als unsterblich angesehen werden.

Bei den höherstehenden Organismen tritt, wie erwähnt, der Tod deswegen ein, weil die einzelnen Organe und das Zusammenspiel zwischen denselben versagen; hierbei ist Vererbung die hauptsächliche und bestimmende Grundlage der Lebensdauer.

Man hat eine Korrelation zwischen dem Körpergewicht oder der Körperoberfläche und der Lebensdauer bei den verschiedenen Tieren nachzuweisen versucht; nach der Ansicht KORSCHELTs ist die Körpergröße ein wichtiger Faktor für die Lebensdauer, jedoch nur bei solchen, miteinander verwandten Tieren, deren Körpergröße in erheblichem Maße verschieden ist. Bei den Säugetieren ist daher die Parallele zwischen Größe und Lebensdauer recht auffallend. Bei den niedrigerstehenden Tieren vermag die Lebensdauer von wenigen Tagen bis zu mehreren hundert Jahren zu variieren; für Säugetiere gibt SZABO z. B. an, Elefant 200 Jahre, Pferd 40 Jahre, Rind 30 Jahre, Schwein 20 Jahre, Hund (große Rassen) 17 Jahre, Katze 13 Jahre und Maus 3 Jahre. Für den Menschen rechnet er mit 90 Jahren.

2. Experimentelle Untersuchungen über die Erblichkeit der Lebensdauer.

Es liegen verschiedene experimentelle Untersuchungen über die Lebensdauer, besonders bei *Drosophila*, vor. Der erste, der dieses Problem untersuchte, war HYDE (1913); später wurden seine Untersuchungen in weit größerem Umfange von PEARL und Mitarbeitern u. a. weitergeführt.

Die Lebensdauer von Drosophila und anderen Versuchstieren ist selbstverständlich auch in hohem Grade von den Lebensbedingungen abhängig, welche Frage von LOEB, KOPEC u. a. experimentell untersucht wurde. Von den äußeren Faktoren, welche nach diesen Autoren von Bedeutung für die Lebensdauer sind, seien die Zusammensetzung und Menge der Nahrung genannt, sowie die Temperatur und die „Bevölkerungsdichte" (d. h. diejenige Anzahl Tiere, die in einem Käfig, Flasche oder ähnlichem von bestimmter Größe oder Form lebt). Dagegen ist die Lebensdauer von Drosophila davon unabhängig, ob die Tiere im Dunkeln oder im Lichte leben, und ob sie steril oder nicht steril aufgezogen werden (NORTHROP).

SLONAKER hat für Ratten nachgewiesen, daß ihre Lebensdauer im umgekehrten Verhältnis zu der ausgeführten Muskelarbeit und damit zur gesamten Stoffwechselgröße steht.

Doch beruht die Lebensdauer der Versuchstiere in erster Linie auf den genetischen Verhältnissen. In einer gewöhnlichen, gemischten Population von Drosophila gibt es einen genetisch bedingten Unterschied der Lebensdauer bei den verschiedenen Individuen, und mit Hilfe von Selektion und Inzucht vermag man Stämme hervorzubringen, bei denen die zum gleichen Stamme gehörenden Individuen bezüglich ihrer Lebensdauer nur recht wenig variieren; die durchschnittliche Lebensdauer dieser Stämme hält sich von Generation zu Generation (durch mindestens 25 Generationen) konstant. Doch kann andererseits der Unterschied, den es in der mittleren Lebenserwartung für die verschiedenen Stämme gibt, sehr groß sein.

Ein Drosophilastamm *(wildtype)* hatte z. B. eine relativ lange, durchschnittliche Lebensdauer ($\male$ 41,0 Tage, $\female$ 38,8 Tage), während demgegenüber ein anderer Stamm *(quintuple)* verhältnismäßig kurzlebig war ($\male$ 14,2 Tage, $\female$ 15,8 Tage). Bei Kreuzung der beiden Stämme erhielt man in der F_1-Generation Nachkommen mit wenig variierender Lebensdauer, welche durchschnittlich etwas länger war als die Lebensdauer des langlebigsten der beiden Ausgangsstämme. In der F_2-Generation trat jedoch eine Aufspaltung bezüglich der Lebensdauer ein, so daß ein Teil der Individuen in dieser Generation ungefähr die gleiche Lebensdauer wie *wildtype* hatte, während ein anderer Teil sich in dieser Beziehung wie *quintuple* verhielt. Unter besonderen Verhältnissen jedoch, z. B. wenn die Tiere in einem frühen Zeitpunkte des Lebens auf Inanition gesetzt wurden, hatten beide Stämme etwa dieselbe Lebensdauer. LÜERS hat gefunden, daß Drosophilastämme mit verschiedenen Allelen *(wild, vestigial, nicked* und *notched)* typische erbliche Unterschiede in ihrer Lebensfähigkeit zeigen.

GOWEN zeigte, daß die Chromosomenbalance, wie er sie nannte, eine erhebliche Rolle für die Lebensdauer spielt. In einem Drosophilastamm, wo die durchschnittliche Lebenszeit für Weibchen 33,1 Tage, für Männchen 28,9 Tage betrug, war sie für triploide Weibchen ebenfalls 33,1 Tage; aber für Intersex mit 2X-Chromosomen und 3 Sätzen Autosomen betrug sie nur 15,0 Tage.

3. Lebensdauer der Menschen.

Die oben wiedergegebenen, experimentellen Ergebnisse über die Frage der Erblichkeit der Lebensdauer stimmen gut mit dem überein, was, wie man auf mehr empirischem Wege vermittelst statistischer und genealogischer Untersuchungen gefunden hat, für Menschen gilt, daß nämlich die Lebensdauer zum großen Teil durch die erbliche Veranlagung bedingt ist.

PEARL gibt an, daß der Mensch wahrscheinlich das langlebigste Säugetier sei (vgl. S. 415). Es ist jedoch sehr selten, daß er über 100 Jahre wird, welcher Fall bei weitem nicht so häufig eintritt, wie viele Autoren behaupten. T. E. YOUNG hat bei seinen sehr gründlichen Untersuchungen gefunden, daß von 100 000 Menschen nur 30 (21 Frauen und 9 Männer) über 100 Jahre wurden; der älteste war 111 Jahre. Die durchschnittliche Lebensdauer des Menschen hat in den Kulturländern in den letzten Jahrhunderten sehr stark zugenommen, besonders jedoch in den letzten 40 Jahren. PEARSON führt an, daß die Ägypter, welche vor etwa 2000 Jahren unter der römischen Herrschaft lebten, bei der Geburt eine Lebenserwartung von etwa 30 Jahren hatten; aber, wenn sie über 70 Jahre wurden, hatten sie infolge der starken Selektion, die vor sich gegangen war, eine längere Lebenserwartung als die 70jährigen von heute.

Die selektive Wirkung, von der hier die Rede ist, könnte vermutlich teils darauf beruhen, daß diejenigen, die in alten Zeiten bis zum Alter von 70 Jahren überlebten, die in körperlicher Beziehung bestausgerüsteten waren; teils könnte diese Wirkung auch darauf zurückzuführen sein, daß es die in psychischer Beziehung bestausgerüsteten waren, die überlebten, weil sie es am besten verstanden, sich zweckmäßig einzurichten, sich gegenüber der Umwelt zu organisieren.

DUBLIN behauptet auf Grund seiner großen Erfahrung mit dem Material von Lebensversicherungsgesellschaften, daß Grund zu der Annahme besteht, daß die mittlere Lebensdauer in den zivilisierten Ländern auch in Zukunft sich verlängern wird, jedenfalls, bis sie etwa 70 Jahre erreicht. Es gibt aber nichts, was darauf hindeutet, daß die erbbedingte Lebenslänge im Laufe der letzten 2000 Jahre verlängert worden ist; es sind die Lebensbedingungen, die verbessert wurden. Daher ist die Lebenserwartung für die Alten auch in der Jetztzeit nicht verlängert worden; ganz im Gegenteil.

Nach MacDonell und Glovers Untersuchungen (die auf der Grundlage des Materials vom *Corpus inscriptionum Latinarum* ausgeführt wurden), welche Aufschluß über das Todesalter von vielen tausend Römern in den ersten 3 bis 4 Jahrhunderten n. Chr. geben, war damals die mittlere Lebenserwartung für Männer bei der Geburt etwa 22 Jahre und für Frauen etwas weniger, also fast 40 Jahre weniger als in der Jetztzeit; für Männer wie Frauen im Alter von 80 Jahren war sie dagegen etwa 7 Jahre, also etwas länger als heutzutage (s. Tabellen 5—7).

Die Variationen, die es in der durchschnittlichen Lebenszeit und Lebenserwartung für die verschiedenen Altersstufen der letzten 250 Jahre gab, sind aus der nach Pearl wiedergegebenen Tabelle 3 zu ersehen.

Die Angaben von Breslau sind jedoch nicht ganz exakt, namentlich nicht, soweit es die höheren Altersklassen betrifft. Carlisle ist eine Stadt in Cumberland.

Tabelle 3. Mittlere Lebenserwartung in den verschiedenen Altersklassen vor etwa 250 Jahren, vor 190 Jahren und in diesem Jahrhundert. (Nach Pearl.)

Alter	Breslau 1687—1691	Carlisle (England) etwa 1750	USA. 1910	Schweden 1901—1910
0— 1 Jahre	33,50	38,72	51,49	59,89
5— 6 „	41,55	51,24	56,21	57,99
20— 21 „	33,61	41,46	43,53	46,09
40— 41 „	21,78	27,61	28,20	30,93
60— 61 „	12,09	14,34	14,42	15,97
80— 81 „	5,74	5,51	5,25	5,10
99—100 „	—	2,77	1,95	1,65

Wie sich zeigt, ist der Unterschied, den das 17. und 18. Jahrhundert und die Neuzeit in bezug auf die Lebenserwartung aufweisen, noch im Alter von 40 Jahren beträchtlich; im Alter von 60 Jahren ist er aber gering und im Alter von 80 und 100 Jahren ist das Verhältnis umgekehrt, so daß die Lebenserwartung für diese Altersklassen in früherer Zeit größer war als jetzt. Als ein Beispiel dafür, daß die Lebenserwartung auch in der Jetztzeit noch ständig im Zunehmen begriffen ist, mag angeführt werden, daß in Deutschland die Lebenserwartung bei der Geburt, die 1924—26 für Männer 56 und für Frauen 58,8 Jahre betrug, im Jahre 1933 für Männer 59,8 und für Frauen 62,6 Jahre war.

Tabelle 4. Mittlere Lebenserwartung in verschiedenen Ländern bei der Geburt, Anzahl Überlebende im Alter von 92 Jahren und mittlere totale Lebenserwartung für Personen, die 92 Jahre erreichen. (Nach Pearl.)

Land und Jahreszahl	Lebenserwartung in Jahren bei der Geburt		Anzahl der Überlebenden im Alter von 92 Jahren auf 1000 Lebendgeborene		Mittlere totale Lebenserwartung für Personen, die 92 Jahre erreichen	
	Männer	Frauen	Männer	Frauen	Männer	Frauen
Deutschland 1901—1910	44,82	48,33	0,307	0,549	94,10	94,36
England 1901—1910	48,53	52,38	0,538	1,163	94,32	94,66
Frankreich 1898—1903	45,74	49,13	0,375	0,830	95,05	95,54
Holland 1900—1909	51,00	53,40	0,755	1,184	93,60	93,90
Norwegen 1901—1910	54,84	57,72	2,089	3,102	94,73	94,90
Schweden 1901—1910	54,53	56,58	1,181	1,995	94,30	94,54
Schweiz 1901—1910	49,25	52,15	0,295	0,477	94,12	94,21
USA. 1919—1920	55,33	57,52	1,348	1,861	94,55	94,62
Durchschnitt	50,88	53,46	0,791	1,183	94,09	94,23
Indien 1901—1910	22,59	23,31	0,002	0,002	93,00	92,84

Aus den beiden ersten Kolonnen der Tabelle 4 ersieht man die durchschnittliche Lebensdauer zu Beginn dieses Jahrhunderts für eine Reihe von Ländern. Es zeigt sich, daß die durchschnittliche Lebenszeit bei der Geburt, wenn man Indien ausnimmt, für die verschiedenen Länder verhältnismäßig gleichbleibend ist. Im allgemeinen läßt sich sagen, daß die durchschnittliche Lebensdauer im ersten Teil des 20. Jahrhunderts in Ländern mit westeuropäischer Kultur 50 ± 10 Jahre war.

Tabelle 5, 6 und 7 zeigen die Lebenserwartung in den verschiedenen Lebensaltern für England 1910—1932, USA. 1910—1930 und Dänemark 1860—1930.

Tabelle 5. Mittlere Lebenserwartung für verschiedene Altersklassen in England und Wales 1910—1932. [Zit. nach Brit. med. J. 1, 594 (1936).]

Alter	Männer			Frauen		
	1910—1912	1920—1922	1930—1932	1910—1912	1920—1922	1930—1932
0 Jahre	51,50	55,62	58,74	55,35	59,58	62,88
20 ,,	44,21	45,78	46,81	47,10	48,73	49,88
40 ,,	27,74	29,19	29,62	30,30	31,85	32,55
60 ,,	13,78	14,36	14,43	15,48	16,22	16,50
80 ,,	4,90	4,93	4,74	5,49	5,56	5,46
90 ,,	2,87	2,82	2,63	3,16	3,13	2,98

Tabelle 6. Mittlere Lebenserwartung in den verschiedenen Altersklassen für Weiße in USA. 1910—1930. (Nach Pearl.)

Alter	Männer			Frauen		
	1910	1919—1920	1930	1910	1919—1920	1930
0 Jahre	50,23	54,05	59,09	53,62	56,41	62,62
20 ,,	42,71	44,29	45,73	44,88	45,16	48,20
40 ,,	27,43	28,85	28,65	29,26	29,95	30,94
60 ,,	13,98	14,62	14,35	14,92	15,29	15,60
80 ,,	5,09	5,19	5,22	5,35	5,57	5,63
90 ,,	2,99	2,75	2,86	3,00	3,11	3,18

Tabelle 7. Mittlere Lebenserwartung für die verschiedenen Altersklassen in Dänemark 1860—1930. (Nach Statistique du Danemark, 1936.)

Alter	Männer					Frauen				
	1860 bis 1869	1895 bis 1900	1911 bis 1915	1921 bis 1925	1926 bis 1930	1860 bis 1869	1895 bis 1900	1911 bis 1915	1921 bis 1925	1926 bis 1930
0 Jahre	43,6	50,2	56,2	60,3	60,9	45,5	53,2	59,2	61,9	62,6
5 ,,	51,5	56,7	60,0	62,8	63,2	52,4	58,4	61,6	62,9	63,4
20 ,,	41,6	44,5	46,7	49,4	49,6	43,2	46,7	48,4	49,3	49,6
40 ,,	27,0	28,9	30,2	32,1	32,0	29,1	31,2	32,0	32,3	32,4
60 ,,	13,5	14,7	15,3	16,0	15,9	14,8	16,0	16,4	16,5	16,3
80 ,,	4,6	4,9	5,1	5,2	5,1	5,0	5,3	5,3	5,4	5,2
90 ,,	2,7	2,6	3,0	2,8	2,5	3,0	2,6	2,8	3,0	2,6

Die vorstehenden Tabellen zeigen, daß die Lebensdauer sich ständig auch in den letzten Menschenaltern verlängert hat, nur für die allerhöchsten Altersklassen ist sie ungefähr gleichbleibend oder hat sogar abgenommen. Aus Tabelle 8

Tabelle 8. Überlebende auf 100 000 Lebendgeborene in Dänemark 1926—1930. (Nach Statistique du Danemark, 1936.)

	Von 100 000 Lebendgeborenen lebten im folgenden Alter von							
	20 Jahren	40 Jahren	60 Jahren	70 Jahren	75 Jahren	80 Jahren	85 Jahren	90 Jahren
Männer	87 089	81 951	68 467	50 422	37 196	22 593	9 960	2 677
Frauen	89 431	83 478	70 021	52 967	39 505	24 292	10 982	3 065

geht hervor, wie viele von 100 000 Lebendgeborenen in den verschiedenen Altersstufen überleben.

Es ist klar, daß die verschiedene Lebensdauer in den verschiedenen Ländern zusammen mit gewissen anderen Verhältnissen dazu beigetragen hat, die Verteilung der Bevölkerung auf die verschiedenen Altersklassen zu verschieben. Die Alten machen jetzt einen viel größeren Teil der Gesamtbevölkerung aus als früher. Wie aus Tabelle 9 hervorgeht, sind in den meisten Ländern gut 10% der gesamten Einwohnerzahl über 60 Jahre.

Tabelle 9. Altersverteilung der Bevölkerung in verschiedenen Ländern.
(Nach Statistique du Danemark, 1936.)

Land und Jahreszahl		0—19 Jahre	20—39 Jahre	40—59 Jahre	60 Jahre und mehr	Frauen pro 1000 Männer
Deutschland (1933)	Männer	31,8	35,3	22,3	10,6	} 1058
	Frauen	29,1	35,0	24,3	11,6	
Dänemark (1930)	Männer	37,7	31,2	20,7	10,2	} 1045
	Frauen	35,6	31,8	21,1	11,3	
England u. Wales (1931)	Männer	34,1	31,6	23,6	10,7	} 1088
	Frauen	30,9	32,0	24,8	12,3	
Frankreich (1926)	Männer	32,5	30,2	24,4	12,7	} 1033
	Frauen	29,5	30,6	25,0	14,7	
Italien (1931)	Männer	41,0	29,7	18,7	10,6	} 1045
	Frauen	38,3	30,6	20,1	11,0	
Island (1930)	Männer	43,2	30,8	16,7	9,3	} 1083
	Frauen	40,4	29,3	17,9	12,4	
Japan (1925)	Männer	46,8	28,4	17,9	6,9	} 980
	Frauen	46,2	27,3	18,0	8,5	
Schweden (1930)	Männer	35,1	31,9	21,2	11,8	} 1031
	Frauen	32,8	31,5	21,9	13,8	
USA. (1930)	Männer	38,7	31,3	21,5	8,4	} 976
	Frauen	39,0	32,3	20,2	8,4	
USSR. (1926)	Männer	50,7	28,6	14,5	6,1	} 1103
	Frauen	47,2	29,9	15,5	7,3	

4. Erblichkeit der Lebensdauer beim Menschen.

Wir wollen nun zur Besprechung der statistischen und genealogischen Untersuchungen übergehen, welche unmittelbar zeigen, daß die Lebensdauer von erblichen Faktoren abhängig ist.

PEARSON und BEETON haben gefunden, daß die Kinder um so länger leben, ein je höheres Alter ihre Eltern erreichen. PEARSON stellte eine Vererbung sowohl der Kurz- wie auch der Langlebigkeit fest, d. h. frühsterbende Eltern hatten unter ihren Kindern einen größeren Bruchteil frühsterbender als die langlebigen Eltern, die ihrerseits einen größeren Bruchteil langlebiger Kinder erzeugten als die frühsterbenden Eltern. PEARSON fand auch, daß die Eltern im allgemeinen eine um so größere Zahl von Kindern erzeugten, ein je höheres Lebensalter sie erreichten.

PLOETZ hat durch Untersuchungen von 5585 Kindern gefunden, daß die Sterblichkeit von Kindern in den ersten 5 Lebensjahren regelmäßig mit der steigenden Lebensdauer ihrer Eltern abnimmt. Wenn die Mütter oder Väter über 85 Jahre alt wurden, so war die Sterblichkeit der Kinder nur ein Drittel bis halb so groß als sonst im Durchschnitt. Hauptursache ist nach PLOETZ die Vererbung der verschiedenen Konstitutionskraft der Eltern auf die Kinder.

27*

Ploetz zieht übrigens aus diesen Verhältnissen ebenfalls den Schluß, daß unter den Menschen eine Selektion besteht.

Zu denselben Ergebnissen wie Pearson und Ploetz ist auch Bell auf Grund von Aufzeichnungen über einen Verwandtschaftskreis (die nordamerikanische Hyde-Familie) von mehreren tausend Personen (die Lebensdauer von 2287 Personen und ihrer Eltern ist bekannt) gekommen. Bell kommt u. a. zu folgenden überzeugenden Zahlen: Väter und Mütter, die 80 Jahre und mehr wurden, bekamen Kinder, welche ein Durchschnittsalter von 52 Jahren erreichten, während Väter und Mütter, die vor ihrem 60. Lebensjahre starben, Kinder hatten, deren Durchschnittsalter 32,8 Jahre war. Von Müttern, deren Kinder starben, bevor sie 20 Jahre alt waren, wurden nur *19%* 80 Jahre alt, während 41% der Mütter, deren Kinder nach dem 80. Jahre starben, selbst 80 Jahre oder mehr wurden. I-chin Yuan hat ähnliche Untersuchungen bei einer südchinesischen Familie, die in der Nähe von Kanton lebte, vorgenommen; die Geschichte dieser Familie ist durch 19 Generationen von 1365—1914 genau bekannt. Dieser Untersucher findet ebenfalls, daß die Lebensdauer eines Menschen in hohem Maße von der Lebensdauer seiner Eltern abhängig ist, und zwar in ebenso hohem Grade von dem Alter des Vaters wie von der Mutter.

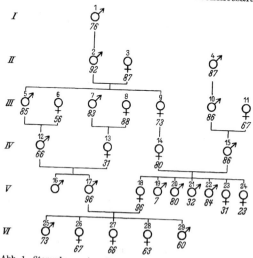

Abb. 1. Stammbaum einer Familie mit vielen Mitgliedern, die ein hohes Alter erreichten. Nr. 17, 18, 25, 26, 27, 28 und 29 noch am Leben. Nr. 16 als Kind gestorben. Die Zahlen unter den Kreisen geben das Lebensalter in Jahren an. (Nach Pearl.)

Außerdem sind in der Literatur verschiedene Stammbäume von Familien publiziert, von deren Mitgliedern viele ein verhältnismäßig hohes Lebensalter erreichten (Pearl, Bergauer, Elderton, Stoessiger u. a.). Als Beispiel läßt sich der von Pearl veröffentlichte Fall anführen (s. Abb. I). Nr. 17 und 18 lebten noch, als sie 99 Jahre alt waren; sie waren zu diesem Zeitpunkt seit über 78 Jahren verheiratet und hatten außer den 5 Kindern, die sich auf dem Stammbaum vorfinden, 16 Enkel und 17 Urenkel.

Das größte Material zur Beweisführung für die Abhängigkeit der Lebensdauer von erblichen Anlagen ist durch Pearl und seine Mitarbeiter veröffentlicht worden.

Als ein Beispiel für Pearls Resultate können Abb. 2 und 3 angeführt werden. Abb. 2 zeigt die mittlere Lebenserwartung auf verschiedenen Altersstufen für Söhne von Vätern, die vor dem Alter von 50 Jahren, zwischen 50 und 79 Jahren und mit mehr als 80 Jahren starben. Abb. 3 zeigt die mittlere Lebenserwartung auf verschiedenen Altersstufen für Väter von Söhnen, die vor bzw. nach dem 50. Lebensjahre starben. Das Ergebnis der Untersuchungen, das ja ganz eindeutig ist, läßt sich unmittelbar aus den Abbildungen entnehmen.

Pearsons, Ploetzs und Pearls Arbeiten über die Erblichkeit der Lebenslänge wurden durch umfangreiche statistische Untersuchungen von F. Bernstein und seinen Mitarbeitern, namentlich Nöllenburg, bestätigt; der letztere hat Material aus den kirchlichen Standesregistern einer Bauernbevölkerung am

Niederrhein untersucht. Aus seinen Untersuchungen schließt er, daß sich als gewogenes Mittel die Genovarianz mit 22% ergibt, die Paravarianz demnach mit 78% der Phänovarianz der Todesalter. Doch betont dieser Autor, daß in Wirklichkeit der hereditäre Einfluß eine noch größere Bedeutung für die Beurteilung der Lebensaussichten hat.

Ein anderes Beispiel für PEARLs Untersuchungen, welches in klarer Weise die Bedeutung der erblichen Faktoren für die Lebensdauer erweist, ist in Tabelle 10 wiedergegeben. In dieser Tabelle sind die Personen, die vor dem 50. Jahre starben, als kurzlebig bezeichnet, diejenigen, die nach dem 70. Jahre starben, als langlebig und die, die zwischen 50 und 70 Jahren starben, als Durchschnitt. Es wurde das Lebensalter der Eltern von a) einer Gruppe Personen,

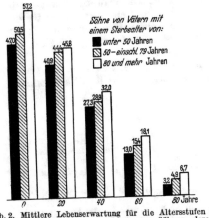

Abb. 2. Mittlere Lebenserwartung für die Altersstufen 0 (Geburt), 20, 40, 60 und 80 Jahre, von Söhnen, deren Väter ein Sterbealter von a) unter 50 Jahren, b) zwischen 50 und 79 Jahren, c) 80 und mehr Jahren hatten. (Nach PEARL.)

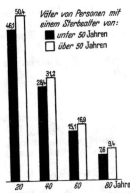

Abb. 3. Mittlere Lebenserwartung für die Altersstufen 20, 40, 60 und 80 Jahre, von Vätern, deren Kinder ein Sterbealter von a) unter 50 Jahren, b) über 50 Jahren hatten. (Nach PEARL.)

die 90 Jahre oder mehr wurden, untersucht und ebenso dasjenige der Eltern von b) einer Gruppe Personen, die, praktisch genommen, ohne Rücksicht auf ihr Lebensalter aus der Gesamtbevölkerung ausgewählt waren. In den ersten Kolonnen der Tabelle sind die absolute und prozentuale Häufigkeit aufgeführt, mit welcher die in ihrer Lebensdauer verschiedenen Elternkombinationen für die Gruppe a vorkamen, während sich in den zwei letzten Kolonnen die entsprechenden Zahlen für die Gruppe b finden. Es zeigt sich, daß die Gruppe

Tabelle 10. Erklärung siehe Text. (Nach PEARL.)

Vater		Mutter	Elternpaare mit Kindern von mehr als 90 Jahren		Nicht ausgewählte Elternpaare	
			Absolute Häufigkeit	Prozentuale Häufigkeit	Prozentuale Häufigkeit	Absolute Häufigkeit
Kurzlebig	×	Kurzlebig	10	2,7	19,6	28
Kurzlebig	×	Durchschnitt	8 ⎫	4,9	18,2	⎧ 3
Durchschnitt	×	Kurzlebig	10 ⎭			⎩ 23
Kurzlebig	×	Langlebig	31 ⎫	17,5	9,8	⎧ 5
Langlebig	×	Kurzlebig	33 ⎭			⎩ 9
Durchschnitt	×	Durchschnitt	21	5,8	19,6	28
Durchschnitt	×	Langlebig	51 ⎫	23,3	21,0	⎧ 15
Langlebig	×	Durchschnitt	34 ⎭			⎩ 15
Langlebig	×	Langlebig	167	45,8	11,9	17
		Insgesamt	365	100,0	100,1	143

der 90- und 100jährigen höhere Prozentzahlen, besonders für die Kombination langlebig × langlebig, sowie in etwas schwächerem Grade für die Kombinationen langlebig × Durchschnitt und langlebig × kurzlebig, aufweist, während demgegenüber Gruppe b höhere Prozentzahlen in allen anderen Kombinationen hat. Daraus geht, ebenso wie aus PLOETZ' Untersuchungen, hervor, daß es besonders die Gruppe der langlebigen, der sehr alten Menschen ist, welche von der allgemeinen Bevölkerung in bezug auf ihre erbliche Konstitution abweicht.

Das gleiche ergibt sich übrigens auch aus der dritten und vierten Kolonne von Tabelle 4 (S. 417). Während der Unterschied in der Lebensdauer nicht so sehr von Land zu Land variiert, schwankt die Anzahl der sehr alten Leute (in diesem Fall 92 Jahre und mehr) im Verhältnis weit mehr. In Norwegen gibt es z. B. mehr als 6mal soviel 92jährige als in der Schweiz. Andererseits ersieht man aus Tabelle 4, 5. und 6. Kolonne, daß die Lebenserwartung für die 92jährigen in den verschiedenen Ländern außerordentlich konstant ist; sie variiert nur wenig, da die Alten in konstitutioneller Beziehung gleich sind und von der Hauptmasse der Bevölkerung abweichen.

Die sehr alten Leute sind nicht nur selber die in physischer Beziehung bestausgerüsteten, sondern sie haben auch diese Eigenschaft auf ihre Nachkommen weiterverpflanzt.

Schrifttum.

Zusammenfassende Darstellungen.

BEETON, M. and K. PEARSON: On the inheritance of the duration of life, and on the intensity of natural selection of man. Biometrika (Lond.) 1 (1901). — BELL, A. G.: The duration of life and conditions associated with longevity. A study of the Hyde genealogy. Washington 1918.

COWDRY, E. V. e. a.: Problems of Ageing. Biological and Medical Aspects. Baltimore 1939.

DUBLIN, L. I. and ALF. J. LOTKA: The History of Longevity in the United States. Human Biology 6 (1934).

KORSCHELT, E.: Lebensdauer, Altern und Tod. Jena 1922.

PEARL, R.: The Biology of Death. Philadelphia 1922. — The Rate of Living. New York 1928. — Constitution and Health. London 1933. — PEARSON, K.: The Chances of death and other Studies in Evolution, Vol. 2. London 1897. — PLOETZ, A.: Lebensdauer der Eltern und Kindersterblichkeit. Arch. Rassenbiol. 6 (1909).

VOGT, A.: Die senile Determination des Keimplasmas, beobachtet an eineiigen Zwillingen des 55.—81. Jahres. Schweiz. med. Wschr. 1935 I.

WEISMANN, A.: Über Dauer des Lebens. Jena 1882. — Über Leben und Tod. Jena 1892. — WEITZ, W.: Die Vererbung innerer Krankheiten. Stuttgart 1936. — WESTERGAARD, H.: Die Lehre von der Mortalität und Morbidität, 2. Aufl. Jena 1901.

Einzelarbeiten.

ADLER, A.: Studien über Minderwertigkeit von Organen. München 1927. (1. Udg. 1907.) — ALBRECHT, W.: Über Konstitutionsprobleme in der Pathogenese der Hals-, Nasen- und Ohrenkrankheiten, Bd. 29. 1931. — ALPATOV, W. W.: Experimental studies on the duration of life. XIII. Influence of different feeding during larval and imaginal stages on duration of life imago of Drosophila melanogaster. Amer. Naturalist 64 (1930). — ASCHOFF: Zur normalen und pathologischen Anatomie des Greisenalters. Med. Klin. 1937 I.

BALLIN, L.: Die Lehre von der Minderwertigkeit der Organe in biologischer Beleuchtung. Arch. Frauenheilk. u. Konstit.forsch. 16 (1930). — BAUER, J.: Innere Sekretion. Berlin u. Wien 1927. — BERGAUER, V.: Erbliche Langlebigkeit (tschech.). Časop. lék. česk. 67 (1928). — BERNSTEIN, F.: Die natürliche Lebensdauer des Menschen und ihre statistische und individuelle Bedeutung. Handbuch der Vererbungswissenschaft. Berlin 1929. — BRANDT, W.: Die Rasse in biologischer Gruppierung. Z. Morph. u. Anthrop. 34 (1934). — BÜRGER, M.: Die chemischen Altersveränderungen. Verh. dtsch. Ges. inn. Med. 46 (1934).

COHEN, H.: Old Age eye diseases. Hygeia 13 (1935). — CURTIUS, F.: Organminderwertigkeit und Erbanlage. Klin. Wschr. 1932 I. — CURTIUS, F. u. K. E. PASS: Untersuchungen über das menschliche Venensystem. Med. Welt 1935. — CURTIUS, F. u. E. SCHOLZ: Untersuchungen über das menschliche Venensystem. Med. Welt 1935.

DAVENPORT, C. B.: The genetic factor in otosclerosis. Chicago 1933.

ELDERTON, W. P.: Human heredity and mortality; family history in connection with life assurance. Eugenics Rev. **23** (1931). — FREEMAN, FALTA, W.: Die Erkrankungen der Blutdrüsen. Wien u. Berlin 1928. — FREEMAN, BETTI C.: Fertility and Longevity in Married Women Dying after the end of the Reproductive Period. Human Biology **7** (1935). — FREEMAN, J. T.: History of Geriatrics. Ann. med. History **10** (1938).
GONZALES, B. M.: Exp. studies on the Duration of life. VIII. Amer. Naturalist **57** (1923). — GOWEN, J. W.: Chromosome balance as factor in Life Duration. J. gen. Physiol. **14** (1931). — GRAVES, W. W.: Possible relation of blood groups to longevity. Ann. int. Med. **8** (1934). — GRAY, A. A.: Otosclerosis, hereditary congenital deafness and senile deafness, with special reference to their pathological differentiation. Glasgow med. J. **125** (1936). — GRIMM, H.: Anthropologische Beiträge zur Erforschung des Alterns. Z. Altersforsch. **1** (1938).
HAIKE, K.: Zum Erbgang der Otosklerose. Arch. Rassenbiol. **20** (1928). — HARE, H. J. H.: Premature whitening of the hair. J. Hered. **20** (1929). — HARTLEY, P. H. and G. F. LLEWELLYN: The Longevity of Oarsmen. Brit. med. J. **1** (1939). — HEIBERG, P.: Lebenserwartung in Kopenhagen. Ugeskr. Laeg. (dän.) **86** (1924). — HEIDEMANN, R.: Presbiopie und Lebensdauer. Diss. Göttingen 1931. — HUMPHREY, G. U.: Old Age and the changes incident to it. Brit. med. J. **1** (1885). — HYDE, R. R.: Inheritance of the Length of life in Drosophila ampelophila. Indiana Acad. Sci. Rept. **113** (1913).
JAENSCH, P. A.: Die Altersveränderungen und Entartungen des Auges. Erg. Path. **26**, E., 193 (1933). — JARCHO, A.: Die Altersveränderungen der Rassenmerkmale bei den Erwachsenen. Anthrop. Anz. **12** (1935).
KEMP, T. u. L. MARX: Beeinflussung von erblichem hypophysärem Zwergwuchs bei Mäusen durch verschiedene Hypophysenauszüge und Thyroxin. Acta path. scand. (Københ.) **13** (1936); **14** (1937). — KOCH, W.: Über Lebensbegrenzung bei Organmißbildungen und ihre Ursachen. Beitr. path. Anat. **96** (1936). — KOPEČ, S.: On the Influence of intermittent Starvation on the Longevity of the Imaginal Stage of Drosophila melanogaster. Brit. J. exper. Biol. **5** (1928). — KOTSOVSKY, D. A.: Allgemeine vergleichende Biologie des Alters. Erg. Physiol. **31** (1931). — Gehirn und Alter. Z. Neur. **5** (1931). — Allgemeine Symptome des Alters. Biol. generalis (Wien) **11 II** (1935). — Altersprobleme. Z. internat. Altersforsch. **1** (1937). — KRUMBIEGEL, J.: Untersuchungen über die Einwirkung der Fortpflanzung auf Altern und Lebensdauer der Insekten. Zool. Jb., Anat. u. Ontog. **51** (1929).
LEGRAND: La longevité travers les âges. Paris 1911. — LOEB, J. and J. H. NORTHROP: On the Influence of food and temperature upon the duration of life. J. of biol. Chem. **32** (1917). — LÜERS, H.: Die Beeinflussung der Vitalität durch multiple Allele, untersucht an Vestigial-Allelen von Drosophila melanogaster. Arch. Entw.mechan. **133** (1935).
MAINE, M.: L'espérance de vie à la naissance s'est accuré de 45% depuis 1830. Rev. Hyg. et Méd. soc. **15** (1936). — MARTIUS, F.: Konstitution und Vererbung in ihren Beziehungen zur Pathologie. Berlin 1914. — MINOT, C. S.: The problem of age, growth and death. New York a. London 1908. — MITSCHELL, P. C.: On longevity. Proc. zool. Soc. Lond. 1911. — Mschr. internat. Altersforsch. u. Alterskrkh. **1** (1935).
NETTLESHIP, E.: On heredity in the various forms of cataract. Roy. Lond. ophthalm. Hosp. Rep. **16** (1905). — Neue Beiträge zum deutschen Bevölkerungsproblem. Berlin 1935. (Sonderh. 15 zu Wirtsch. u. Statist.) — NÖLLENBURG, W. AUF DER: Statistische Untersuchungen über die Erblichkeit der Lebenslänge. Z. Konstit.lehre **16** (1932). — NORRIE, G.: Erblichkeit des grauen Stars. Ugeskr. Laeg. (dän.) 1896. — NORTHROP, J.H.: Duration of life of an aseptic Drosophila culture inbred in the dark for 230 generations. J. gen. Physiol. **9** (1926).
OSBORN, D.: Inheritance of baldness. J. Hered. **4**, H. 8 (1916).
PEARL, R.: Span of life and average duration of life. Natur. History **26** (1926). — Longevity: A Pedigree. Human Biology **3** (1931). — Studies on Human Longevity. IV. The Inheritance of Longevity. Prel. Rep. Human Biology **3** (1931). — Constitutional factors in Longevity. Z. Morph. u. Anthrop. **34** (1931). — PEARL, R., J. R. MINER and L. PARKER: Experimental studies on the duration of Life. XI, Density of population and life duration in Drosophila. Amer. Naturalist **61** (1927). — PEARL, R. and S. L. PARKER: Experimental studies on the duration of life. I, Introductory discussion of the duration of life in Drosophila. Amer. Naturalist **55** (1921). — Experimental studies on the duration of live. II, Hereditary differences in duration of life in line-bred strains of Drosophila. Amer. Naturalist **56** (1922). — Experimental Studies on the duration of life. IX, New life tables for Drosophila. Amer. Naturalist **58** (1924). — Experimental studies on the duration of life. X, The duration of life of Drosophila melanogaster in the complete absence of food. Amer. Naturalist **58** (1924). — Search for longevity. Sci. Monthly **46** (1938). — PEARL, R., S. L. PARKER and B. M. GONZALES: Experimental studies on the duration of life. VII, The mendelian inheritance of duration of life in crosses of wild type and quintuple stocks of Drosophila melanogaster. Amer. Naturalist **57** (1923). — PEARL, R. and T. RAENKHAM:

Studies on Human Longevity V. Constitutional Factors in Mortality at Advanced Ages. Human Biology **4** (1932). — PEARL, R. and R. DE WITT: Studies on Human Longevity VI, The distribution in the total immediately ancestral longevity of nonagerians and centenarians, in relation to the inheritance factor in duration of life. Human Biology **6** (1934). — PEARSON, K., E. NETTLESHIP and C. H. USHER: A monograph on albinism in man. London 1911. — PÜTTER, A.: Lebensdauer und Altersfaktor. Z. allg. Physiol. **19** (1921).

RIDDLE, W. R.: Two oldest men. Med. Rev. **144** (1936). — RÖSSLE, R.: Über das Altern. Naturwiss. Wschr. **1927** I. — RUBNER, M.: Das Problem der Lebensdauer und seine Beziehungen zu Wachstum und Ernährung. München u. Berlin 1908. — RUZICKA, V.: Über die Fortschritte in der Erforschung des Gens der Lebensdauer. Verh. 5. internat. Kongr. Vererbgswiss. Berlin **2** (1927).

SABOURAUD, R.: Correlation entre l'évolution génitale et la pathologie dé système pileux dans l'espèce humaine. Arch. mens. Obstètr. et de Gynéc. **5** (1914). — SAILE: Der Einfluß der fleischlosen Ernährungsweise auf den Blutdruck. Diss. Tübingen 1929. — SALLER, K.: Kleinere Mitteilungen zur Vererbungswissenschaft. Med. Welt **7** (1933). — SCHOKKING, C. PH.: Uitbreiding van het tweelingonderzoek in Nederland. Leiden 1931. — SEKLA, B.: Untersuchungen über die Lebensdauer von *Drosophila melanogaster*. Čas. lék. česk. **67** (1928). — SEREBROVSKAYA, R. I.: Erblichkeit von canities praecox. Med.-biol. Z. (russ.) **5** (1929). — SIEMENS, W.: Die Vererbung in der Ätiologie der Hautkrankheiten. Handbuch der Haut- und Geschlechtskrankheiten. Berlin 1929. — STEINHAUS, H.: Untersuchungen über den Zusammenhang von Presbyopie und Lebensdauer unter Berücksichtigung der Todesursachen. Diss. Göttingen 1931. — STOESSIGER, B.: Inheritance of Life duration. Ann. of Eugen. **5** (1933). — STRONG, L. C.: Production of C. B. A. strain of inbred mice; long life associated with low tumor incidence. Brit. J. exper. Path. **17** (1936). — SZABÓ, J.: Körpergröße und Lebensdauer der Tiere. Zool. Anz. **74** (1927).

TOMILIN, S. A.: Problem of senility; hygienic-demographic invesstigation of centenarians in Abkharia. Med. Z. Kiev (russ.) **8** (1938).

UMBER: Diabetes bei drei eineiigen Zwillingspaaren. Dtsch. med. Wschr. **1934** I.

VOEGELI, A.: Über die Altersveränderungen des vorderen Bulbusabschnittes bei Geschwistern. Diss. Zürich 1923. — VOGT, A.: Der Altersstar, seine Heredität und seine Stellung zu exogener Krankheit und Senium. Z. Augenheilk. **40** (1918). — Stammbäume spezieller Altersstartypen. In Lehrbuch und Atlas der Spaltlampenmikroskopie des lebenden Auges, Bd. 2. 1931. — Die senile Determination des Keimplasmas, beobachtet an eineiigen Zwillingen des 55. bis 81. Jahres. Schweiz. med. Wschr. **1935** I. — Weitere Augenstudien an eineiigen Zwillingen höheren Alters über die Vererbung der Altersmerkmale. Klin. Mbl. Augenheilk. **100** (1938). — VRIES, H. DE: Über erbliche Ursachen eines frühzeitigen Todes. Naturwiss. **7** (1919).

WAARDENBURG, P. J.: Über familiär-erbliche Fälle von seniler Makuladegeneration. Genetica ('s-Gravenhage) **18** (1936). — Das menschliche Auge und seine Erbanlagen. Haag 1932. — WEBER, M.: Zur Frage des Erbganges der Otosklerose. Erbbl. Hals- usw. Arzt **1**, H. 1/3 (1936). — WEITZ, W.: Zur Ätiologie der genuinen oder vaskulären Hypertension. Z. klin. Med. **96** (1923). — Studien an eineiigen Zwillingen. Z. klin. Med. **101**, H. 1/2 (1924). — WIDMER, C.: Die Neunzigjährigen. Münch. med. Wschr. **1929** I. — WOODRUFF, L. L.: The present status of the long-continued pedigree culture of Paramecium aurelia at Yale University. Proc. nat. Acad. Sci. U.S.A. **7** (1921).

YUAN, J-CHIN: Critique of certain earlier works on inheritance of duration of life. Quart. Rev. Biol. **7** (1932). — The influence of Heredity upon the Duration of life based on Chinese Genealogy fra 1365—1914. Human Biology **4** (1932).

ZIPPERLEN, V. R.: Körperbauliche Untersuchungen an Hypertonikern. Z. Konstit.-lehre **16** (1932).

Funktionsdynamik der Gesamtperson.

Physiognomik und Mimik.

Von W. ABEL, Berlin-Dahlem.

Mit 36 Abbildungen.

I. Einleitung.

Die ersten grundlegenden Untersuchungen über die Vererbung des menschlichen Antlitzes unternahm E. FISCHER 1908—1913 an den Rehobother Bastarden in Südafrika. Es folgten die Bastardstudien von HERSKOWITZ (1924, 1925, 1927) und DAVENPORT (1925, 1927) an Europäer-Neger-Mischlingen, ferner GATES (1925), die sehr ausführliche Bastardmonographie von RODENWALDT (1927) über die Mestizen auf Kisar, die wesentlich zur Bereicherung unserer Kenntnisse über die Vererbung der Gesichtsmerkmale beitrug, später DUNN (1928), LOTSY und GODDYN (1928), DAVENPORT und STEGGERDA (1929), WILLIAMS (1931), sowie Einzelstudien an Mischlingen von E. FISCHER (1930, 1938), TAO (1935), ABEL (1937), HAUSCHILD (1939), SCHAEUBLE (1939) u. a. m.

Von Bedeutung ist die alte Studie von V. HAECKER (1911) über den Habsburger Familientypus. An europäischem Familienmaterial hat ferner LEICHER (1928) schöne Ergebnisse über die Vererbung anatomischer Varietäten der Nase, ihrer Nebenhöhlen und des Gehörorgans erzielt, SCHEIDT (1931, 1932) eine Physiognomik und physiognomische Statistik an Hand von niedersächsischem und oberschwäbischem Familienmaterial gegeben und die Erblichkeit der Gesichtszüge zu klären versucht, ABEL (1932, 1934) die Vererbung von Antlitz und Kopfform an Berliner Zwillings- und Familienmaterial verfolgt und B. RICHTER (1936) oberhessische Familien untersucht. Hervorzuheben sind die verdienstvollen Studien J. WENINGERs (1924, 1926, 1932) über die Methoden zur Beschreibung der Merkmale des Gesichtes, sowie die seiner Schüler GEYER (1933), HARRASSER (1932), ROUTIL (1933), TUPPA u. a. m.

Die Mehrzahl aller Vererbungsstudien wurde bisher an Bastardmaterial vorgenommen, welches die Untersuchungen der Erbgänge insofern erleichtert, als die hier zur Kombination kommenden Merkmale der Eltern meist sehr verschieden sind und darum auch leichter in der Aufspaltung bei der F_1- und den nächstfolgenden Generationen verfolgt werden können. Bei einer im wesentlichen aus nur wenigen, meist einander nahestehenden Rassen zusammengesetzten Land- oder Großstadtbevölkerung verhält es sich aber anders. Auch in solchen durchmischten Bevölkerungen treten uns mehrfach extreme elterliche Kombinationen im Antlitz entgegen, doch ist dann meistens weder die Herkunft des einzelnen Merkmals noch die Art und der Grad der zurückliegenden elterlichen Kombinationen und Einmischungen festzustellen. Es ist daher notwendig, sich bezüglich jedes einzelnen Merkmals Gewißheit über den Grad der Erb- bzw. Umweltbedingtheit zu verschaffen, bevor der Erbgang als solcher einer näheren Prüfung unterzogen werden kann. Die Lösung dieser Frage ist mit Anwendung und Ausbau der Zwillingsmethode im wesentlichen durch

v. VERSCHUER (1925, 1927, 1930, 1932, 1933) ermöglicht worden; diese Methode wurde dann für die Vererbungsstudien von LEICHER (1928), später ABEL (1932, 1934) und QUELPRUD (1932, 1934, 1935) angewandt.

Erschwerend für die Ermittlung der Vererbung einzelner Merkmale wirken die starken Wachstums- und Altersveränderungen, die einen direkten Vergleich einzelner Merkmale nicht zulassen; ferner die Möglichkeit der gegenseitigen Beeinflussung verschiedener in der Neukombination nicht ganz zusammen-passender Merkmale. Hier kann auf die eigenartigen Beziehungen von Schleim-haut-, Hautlippen und Kinnhöhe, die getrennte Vererbung von Zahn und Kiefer mit den sich dann einstellenden Disharmonien bei Rassenbastarden, ferner auf die eigenartige Abhängigkeit einzelner Nasenmerkmale voneinander hingewiesen werden (ABEL, 1933, 1934). Auf andere Möglichkeiten schwieriger Kombinationen verweist z. B. E. FISCHER (1936): „Eine ererbte kleine Stupsnase, etwa von der Mutterseite her, muß in einem, vielleicht von der Vaterseite her erhaltenen, langen, schmalen Männergesicht störungslos ihre eigene, zur ererbten Form zielende Wachstumstendenz in Einklang bringen mit der ganz anderen des schmalen, hohen übrigen Gesichts." Man darf mit E. FISCHER sicher sagen, daß eine sehr starke Ineinanderkreuzung mehrerer in Europa lebender Rassen unschöne Gesichter macht. „Das Durcheinanderwogen der verschiedensten Erblinien für die einzelnen Teile des Gesichtes, etwa Nase, Mund, Kinn, Backen-knochen usw., in den Großstädten und Industriebezirken erklärt die häufig zu beobachtende Häßlichkeit sehr vieler Gesichter etwa gegenüber den regelmäßigen Gesichtern viel stärker ingezüchteter und rassereiner Bauernbevölkerungen".

Die Vielheit der Aufbauformen in den menschlichen Gesichtern und die weitgehende Übereinstimmung aller dieser Variationen bei eineiigen Zwillingen geben uns den Hinweis, alle und auch die kleinsten Merkmale im wesentlichen als erbbedingt anzusehen. Naturgemäß spielt auch die Umwelt eine gewisse Rolle; Ernährungsunterschiede, Krankheiten können im Einzelfall oft be-deutende Änderungen des Erscheinungsbildes verursachen. In allen diesen Fällen werden aber die peristatischen Einflüsse nur sehr selten so groß, daß die Erb-bedingtheit der Anlagen bei eineiigen Zwillingen überdeckt und verkannt werden könnte. Die großen Unterschiede in den Gesichtszügen müssen daher im wesent-lichen nur in einer entsprechend großen Anzahl von Erbfaktoren und deren verschiedenen Kombinationen ihre Erklärung finden. Die Anzahl der Faktoren ist unbekannt. Die Fülle der verschiedenen Kombinationsmöglichkeiten trägt ihrerseits noch zu den sehr seltenen ähnlichen Gruppierungen solcher Erb-faktoren wie bei „Doppelgängern" bei. In engeren Familienkreisen, in welchen gelegentlich Inzucht vorhanden war, werden die Merkmalsgruppierungen auch ähnlicher sein als zwischen nicht verwandten Menschen. Ein Beispiel, wie durch Inzucht auch zwischen entfernteren Verwandten auffallende Ähnlichkeiten auf-treten können, gibt uns M. FISCHER (1934) an den Vettern 1. Grades König Georgs V. und dem Zaren Nikolaus. Einander besonders ähnliche Menschen, sog. Doppelgänger, finden sich vereinzelt auch in nachweisbar nicht verwandten Familien (JANKOWSKY, 1934). In der Regel sind hier wie im engeren Familien-kreise die Übereinstimmungen nur in wenigen besonders augenscheinlichen Merkmalen, wie Gesichtsschnitt, Nase, Mund, Bewegung, Frisur, Bartform, gegeben und reichen bei weitem nicht an die bei eineiigen Zwillingen vorhandene Gleichheit heran.

Eine besondere Beachtung verdient ferner die Bewegung und der Gesamt-ausdruck des Gesichtes, die Mimik. Sie setzt sich neben morphologischen auch aus psychomotorischen Faktoren (s. W. ENKE: Motorik und Psychomotorik) zusammen. Daß hier ebenfalls dem Erbe eine wesentliche Rolle zugebilligt werden muß, zeigen die verdienstvollen Arbeiten von CLAUSS (1934) über die rassenseelischen Ausdrucksformen bei verschiedenen Rassen, sowie die Zwillingsuntersuchungen über die Erblichkeit der Faltenbildungen des menschlichen Antlitzes von BÜHLER (1938). Wir sind auch hier noch am Anfang und müssen sehen, erst die einzelnen Bausteine des Gesichts in ihrer Erbbedingtheit zu erkennen. Erst wenn die Gesetzmäßigkeiten der Erscheinungsform an jedem einzelnen Merkmal geprüft und ermittelt worden sind, wird es möglich sein, die zwischen den verschiedenen Merkmalen bestehenden Bindungen zu erkennen, um dann gleichsam — wie aus kleinen Steinen ein Mosaik — aus einzelnen Merkmalen und Merkmalsgruppen das Erbbild des Antlitzes zu formen.

II. Physiognomik.

1. Nase.

Stets wurde die Nase, die in ihrer Form durch eine große Anzahl von Einzelmerkmalen und deren verschiedenartige Kombination große Unterschiede

Abb. 1. Vergleich erbgleicher, ähnlicher Zwillinge mit erbgleichen, unähnlichen Zwillingen. (Nach ABEL.)

aufweisen kann, als ein besonders wichtiges Rassenmerkmal aufgefaßt. Wie weitgehend die Erbbedingtheit der Nasenform ist, geht aus den Untersuchungen an Zwillingen von VERSCHUER (1930), LEICHER (1928, 1929) und ABEL (1932, 1934) hervor (Tabelle 1). Eineiige Zwillinge weisen in der Nasenform meist vollkommene Übereinstimmung auf (Abb. 1, oben). Nur selten treten kleine, auf Umwelteinflüsse zurückführbare Abweichungen in der Nasenrückenlinie, seltener in der Nasenbreite und Stellung der Nasenflügel auf (ABEL) (vgl. Abb. 2, unten). Die Umweltbeeinflußbarkeit der Nasenform (s. auch Tabelle 1) ist eine größere in dem knöchernen als in den knorpelig gestützten Teilen. Die Ursache liegt in der geringeren Beeinflußbarkeit der Knorpel bei Wachstumsstörungen durch Mangelkrankheiten, wie Rachitis usw. Im knöchernen Teil der Nase finden sich bei Mangelkrankheiten leichter dauernde Veränderungen, wie Schrägstellung der Nase (vgl. in Abb. 3 den queren Nasenrückenumriß bei A, B, C, D)

oder Knickung der Nasenscheidewand (wie bei den rachitischen EZ 300, Abb. 4).
Selten finden wir Veränderungen des Nasenbodens ohne Asymmetrien, wie bei
EZ 478, manchmal symmetrische oder spiegelbildliche Veränderungen in der

Tabelle 1. Die mittlere prozentuale Abweichung der Nasenmaße und
Nasenproportionen bei Zwillingen. (Nach ABEL.)

Maß oder Index	Autor	Eineiige Zwillinge		Gleichgeschlechtliche zweieiige Zwillinge	
		n	M ± m	n	M ± m
Nasenlänge	v. VERSCHUER	91	0,39 ± 0,02	43	1,84 ± 0,13
	LEICHER	39	0,60 ± 0,05	27	2,38 ± 0,22
	ABEL	59	1,63 ± 0,15	36	2,40 ± 0,28
Nasenbreite	v. VERSCHUER	91	0,64 ± 0,03	43	1,86 ± 0,13
	LEICHER	39	0,61 ± 0,05	27	2,24 ± 0,21
	ABEL	60	1,36 ± 0,12	36	2,60 ± 0,31
Nasentiefe	LEICHER	39	0,71 ± 0,05	27	2,51 ± 0,23
	ABEL	60	2,78 ± 0,25	34	4,38 ± 0,53
Nasenbodenhöhe	ABEL	70	1,99 ± 0,17	46	3,11 ± 0,32
Höhen-Breitenindex	v. VERSCHUER	91	0,52 ± 0,03	43	1,08 ± 0,08
der Nase	LEICHER	39	1,20 ± 0,09	27	3,2 ± 0,29
Breiten-Tiefenindex der Nase	LEICHER	39	1,90 ± 0,14	27	4,2 ± 0,39

Knickung der Nasenscheidewand und Septum wie bei den eineiigen Zwillingen
in Abb. 5. In allen diesen Fällen ist bei EZ trotz der umweltbedingten Veränderung deutlich der gleiche Gesamtaufbau der Weichteile im Nasenboden

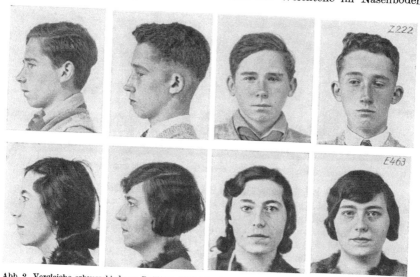

Abb. 2. Vergleiche erbverschiedener Zwillinge (ZZ) (oben) mit erbgleichen, sich sehr unähnlichen Zwillingen
(EZ) (unten). (Nach ABEL.)

und der ganzen Nase erkennbar, und viel ähnlicher als bei dem Durchschnitt
der in Abb. 4 rechts abgebildeten ZZ, die in Höhe, Breite, Form der Nasenöffnung — Spitze, Ansatz des Flügels — große Unterschiede zueinander aufweisen (vgl. auch Abb. 10, S. 436).

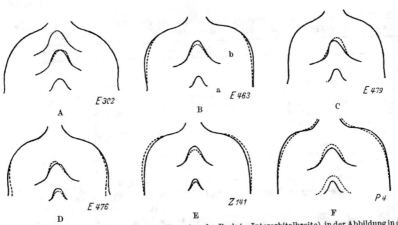

Abb. 3 A—F. Umrisse des Jochbogens und der Nase a) an der Basis (= Interorbitalbreite), in der Abbildung in der Mitte unten, b) an der Stelle des Überganges des knöchernen Nasenrückens in den knorpeligen, in der Abbildung in der Mitte. A erbgleiche Zwillinge (EZ), hier sind die Umrisse der Nase bei beiden Partnern nach derselben Seite gleich asymmetrisch, die Umrisse decken sich (in der Mitte oben). Die Asymmetrie kommt in den spiegel-bildlich übereinander gezeichneten Kurven (in unterbrochener Linie das Spiegelbild) deutlich zum Ausdruck (in der Mitte der Abbildung); B, C und D erbgleiche Zwillinge (EZ), E erbverschiedene Zwillinge (ZZ), F erbverschiedene Zwillinge (PZ). (Nach ABEL.)

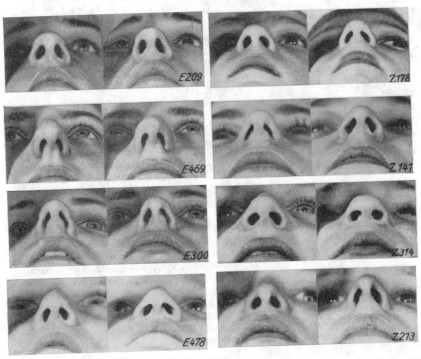

Abb. 4. Einige Nasenbodenformen von Zwillingen. Links im Bild erbgleiche Zwillinge, rechts im Bild erbverschiedene Zwillinge. (Nach ABEL.)

Am europäischen Material suchte LEICHER (1928) als erster den Erbgang bestimmter Nasenmerkmale (Länge und Breite) festzustellen; ABEL (1934) hat an größerem Berliner Familienmaterial über 15 verschiedene Nasenmerkmale

Tabelle 2. Korrelationen zwischen den prozentualen Abweichungen einzelner Nasenmerkmale vom Mittelwert der Altersklassen. (Nach Abel.)

	k	f	Anzahl
Nasenbodenhöhe und Nasenlänge	+ 0,29	± 0,06	223
Nasenbodenhöhe und Nasenspitzenbreite . . .	+ 0,30	± 0,04	451
Nasenbodenhöhe und Nasenbreite	+ 0,06	± 0,07	224
Nasenspitzenbreite und Nasenspitzenhöhe . . .	+ 0,45	± 0,04	460
Nasenspitzenbreite und Nasenbreite	+ 0,23	± 0,06	224
Nasenspitzenhöhe und Nasenlänge	+ 0,11	± 0,07	213
Nasenlänge und Nasenbreite	+ 0,10	± 0,06	266
Septumhöhe (= Nasenbodenhöhe — Nasenspitzenhöhe) und Nasenspitzenhöhe	— 0,25	± 0,04	451

verfolgt. Wie wenig einzelne dieser Merkmale voneinander abhängig sind, geben die in Tabelle 2 (nach Abel) aufgeführten Korrelationen wieder. Stärkere positive Korrelationen fehlen danach überhaupt. Schwache Korrelationen, wie sie uns z. B. zwischen Nasenbreite und -länge entgegentreten, zeigen an dem Berliner Material, daß in der Mischung nur manchmal gleichsinnige Kombinationen in den Maßen der Nasenlänge und -breite vorkommen; öfters wird es ähnliche, manchmal aber auch sehr verschiedene, entgegengesetzte Kombinationen geben. Bemerkenswert erscheint z. B. die geringe gegenseitige Bedingtheit zwischen Nasenlänge und Nasenspitzenhöhe einerseits (mit $k = + 0,11 \pm 0,07$) und die stärkere zwischen Nasenlänge und Nasenbodenhöhe andererseits (mit $k = + 0,29 \pm 0,06$). Da die Nasenspitzenhöhe auch in dem Maß „Nasenbodenhöhe"

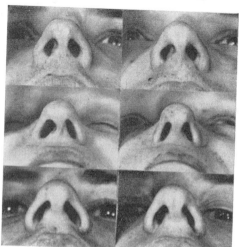

Abb. 5. Symmetrische Knickung des Nasenseptums (oben) und spiegelbildliche Knickung des Nasenseptums (Mitte und unten) bei eineiigen Zwillingen.

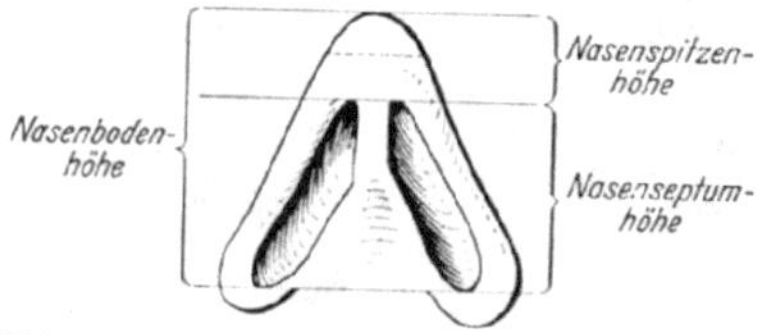

mit inbegriffen ist, können die Unterschiede in der Korrelation beider Maße mit der Nasenlänge nur noch in dem Verhalten der Septumhöhe liegen (Nasenseptumhöhe und Nasenspitzenhöhe = Nasenbodenhöhe, vgl. Abb. 6). Dies geht auch aus der Korrelation zwischen Nasenspitzenhöhe und Nasenseptumhöhe hervor, die mit $k = — 0,25 \pm 0,04$ deutlich negativ ist (vgl. Abel, 1934). Die stärker positive Korrelation der Nasenbodenhöhe zur Nasenlänge ist demnach im wesentlichen auf eine solche positive Korrelation der Septumhöhe, weniger auf die der Nasenspitzenhöhe zurückzuführen. Mit anderen Worten, die Nasenspitzenhöhe ist als unabhängiger Teil zwischen Nasenlänge und Septumhöhe eingeschaltet.

Abb. 6. Darstellung von den Maßen der Nasenbodenhöhe, Nasenspitzenhöhe und Nasenseptumhöhe, sowie der Nasenspitzenbreite (punktierte Linie). (Nach Abel.)

Zwischen einer Anzahl von Nasenmerkmalen scheinen nach Abel (1934) ungleichsinnige Kombinationen möglich zu sein. Auch Rodenwaldt (1927)

stellte unharmonische Nasenformen bei Mestizen fest. DAVENPORT und STEG-
GERDA (1929) fanden gelegentlich die stärksten Gegensätze in der Kombination
von Nasenlänge und -breite bei Europäer-Negermischlingen und nehmen eine
Unabhängigkeit der Gene für beide Maße an.

Mögen sich in dieser Weise auch extreme Kombinationen finden lassen und
Korrelationen für eine gewisse Unabhängigkeit sprechen, so dürfte meines Erachtens dies nicht überschätzt werden. Es sei auf E. FISCHERs Worte (1931)
hingewiesen, „daß man bei Beobachtungen von Familien, auch von enger be-
grenzter Population, bei uns deutlich den Eindruck hat, daß ursprünglich
zusammengehörige Nasenmerkmale, Schmalheit, Rückenform usw., erheblich
häufiger „harmonisch" zusammenbleiben als vollständig ungekoppelter Vererbung entspricht."

a) Nasenlänge und Nasenbreite.

In der Nasenlänge treten uns starke Alters- und Geschlechtsunterschiede
entgegen. Bei Knaben und Mädchen ist das Wachstum der Nasenlänge ungefähr
bis zum 13. Lebensjahr gleich; von da ab bis zum 16. Lebensjahr wächst sie
bei Knaben (nach ABEL, 1934) ungefähr dreimal so schnell als bei Mädchen.
Später gleicht sich dieser Vorsprung im Wachstum der männlichen gegenüber
der weiblichen Nase noch etwas aus. Im Durchschnitt bleibt die männliche
Nase bis ins hohe Alter um 4 mm länger. Die Erbbedingtheit des Merkmals
„Nasenlänge" geht eindeutig aus dem Vergleich der prozentualen Abweichung
bei EZ und ZZ (Tabelle 1) hervor. Große Nasenlänge würde nach ABELs Berliner
Material eher dominant über mittlere und kleine sein, da aus der Kombination
großer Nasen auch kleine und mittlere, umgekehrt aus der Kombination kleiner
keine große Nasenlänge herausspaltet. Ähnliches ist mehrfach bei der Vererbung des Längenbreitenindex angenommen worden (s. unten).

Die Nasenbreite zeigt gleichfalls bis in das hohe Alter ein dauerndes Wachstum. Geschlechtsunterschiede sind ausgeprägt; Männer haben breitere Nasen
als Frauen. Besonders stark nimmt auch die Nasenbreite in der Pubertätszeit
zu. In dieser Zeit entstehen die Unterschiede zwischen Knaben und Mädchen.
Auf die allgemeine Bedeutung des stärkeren Wachstums in dieser Zeit, im Zusammenhang mit dem Geruchsinn, ist von MAX FISCHER (1934) hingewiesen
worden. Die Umweltbeeinflußbarkeit der Breite ist etwas größer als die der
Nasenlänge. LEICHER (1928b) hält bei seinen sehr gründlichen Untersuchungen
westdeutscher Bevölkerung schmale Nasen für dominant über breite. Die
Untersuchungsergebnisse von ABEL (1934) an Berliner Familienmaterial sprechen
ebenfalls mit Wahrscheinlichkeit für die Dominanz schmaler Nasen über breite.
Das Material ist aber zu klein für ein abschließendes Urteil. Umgekehrt ist nach
E. FISCHER (1936) und LEBZELTER (1934) die geringe (schmale) Nasenbreite
recessiv gegenüber der breiten Nase der Hottentotten. Ähnliches finden DAVEN-
PORT und STEGGERDA (1929) bei Neger-Europäer-Mischlingen: "It seems most
probable from common observation, that the broadening factors are in part
dominant." Nach HOOTON ist auch Dicke und Stellung der Nasenflügel gegenüber
der Europäernase dominant. "But recessiv individuals with predominantly
Europaean nose form occur" [zit. nach WILLIAMS (1931)]. Auch nach L. DUNN
(1928) kommt an Mischlingen von Hawaii-Eingeborenen mit Europäern die
breite Nase der Eingeborenen von Hawaii bei den Bastarden in derselben Form
zum Ausdruck. Für eine Dominanz der Breite in der Kreuzung von Negern
mit Europäern sprechen ferner die Beobachtungen von ABEL (1937) an Rhein-
landbastarden. Abb. 7 gibt eine F_x-Mulattin (mit noch deutlich negrider Nasenbreite, niedriger Nasenbodenhöhe und ausgesprochen negrider Lochform) mit
ihrem Sohn (Vater Annamite) wieder. Die mütterliche negride Nasenbodenform

mendelt auch wieder in der Kreuzung mit dem Mongolen bei dem Bastard
F_x-Mulattin × Annamite heraus. Die Untersuchungen von Hauschild (1939)
über Kreuzungen zwischen Negern und Chinesen auf Trinidad weisen ebenso auf
ein Dominieren der negriden breiten Nase in der F_1-Generation hin. Ähnlich
findet Tao (1935) bei Chinesen-Europäer-Bastarden größere Nasenflügel und
Löcher als bei reinen Europäerkindern.

    Karvé (zit. nach E. Fischer, 1936) untersuchte die Familie eines schmal-
nasigen Inders, der mit einer breit-, flach- und niedernasigen Inderin mit betonten Backenknochen verheiratet war. Aus dieser Ehe gingen 13 Kinder und
40 Enkel hervor, von welchen alle, bis auf einen
Enkel, die mehr flache Nase zeigen, obwohl ein-
geheiratete Väter undMütter zum Teil schmalnasig
waren. E. Fischer (1936) sagt dazu: ,,Hier scheint

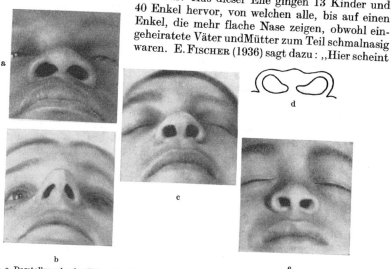

Abb. 7 a—e. Darstellung der deutlichen Dominanz der breiten Negernase über die Europäernase. In a Negernase,
b Europäernase (weibl.), c Nase einer F_x-Mulattin aus Deutschland und deren Sohn e. Vater von e ist ein
Annamite. d Nasenboden mit birnenförmigen Nasenlöchern eines Minahassa aus Celebes. (Nach Rodenwaldt.)
Kennzeichnend für die Nase des F_x-Mulattin-Annamitenbastardes ist neben der bedeutenden Breite der Nase
die Birnenform der Nasenlöcher, die wahrscheinlich von seinem Vater stammt.

die niedere breite Nase der Großmutter homozygot und das Gen rein dominant
gewesen zu sein.''

    Rodenwaldt (1927) fand an seinen Mestizen von Kisar den europäischen
Nasenindex eher dominant über den der Kisaresen. Für diese Ansicht spricht
auch die Bastardfamilie VII, in welcher sowohl die Eltern als auch ihre 4 Töchter
denselben kisaresischen (recessiven) Nasenindex besitzen. In den Mischgruppen
der Mestizen sind aber schmale, europäerähnliche Nasenformen häufig zu finden.
Diese Schmalheit scheint jedoch mehr auf Dominanz der europäischen Nasenlänge als -breite zurückführbar. Man wird so die Nasenbreite sowie Form der
Nasenflügel auch der Kisaresen eher als intermediär (wenn nicht dominant)
gegenüber den Europäern ansehen können.

    Die Breite und Länge der Europäernase weist demnach in der Mischung
mit verschiedenen anderen Rassen ein unterschiedliches Verhalten auf.

    Nasenlänge und -breite sind auch in starkem Maße an der Gesamtform des
Nasenrückens beteiligt. Ältere Angaben über die Vererbung des Nasenrückens,
wie hoher, gerader oder konvexer Nase gegenüber flacher und konkaver, stammen
von Chervin (1889). Nach ihm dominiert der hohe Nasenrücken des Indianers
über die flache Negernase. Ähnlich findet Nordenskiöld [zit. nach E. Fischer,
(1930)] bei Mischlingen europäischer Matrosen mit Eskimos die europäischen

Merkmale dominierend. Aus SALAMANS Angaben über Juden-Engländer-Mischlinge läßt sich nach E. FISCHER (1930) ebenfalls eine Dominanz der hohen über die flache Nase erkennen. E. FISCHERS (1913) Untersuchungen an den Rehobother Bastarden erwiesen gerade Nasen eher als dominant über konkave. Dies trifft aber nicht für alle Fälle zu. 4 Ehen konkav × konkav geben 12 konkavnasige Kinder, aber 4 Ehen gerade × gerade nur 7 gerade und 11 konkave Nasen. Auch in der Verbindung konkav × gerade treten zuviel konkave Nasen in Erscheinung. RODENWALDTs Untersuchungen an den Mestizen zeigen hohe Europäernasen dominant über die konkaven Kisaresennasen. Im Vergleich seiner Ergebnisse mit E. FISCHERS Bastardstudien sagt RODENWALDT (1927): „— — aber gerade, daß es bei FISCHERS Bastardstudien anders war, nötigt zur Vorsicht. Es ist bei den Mestizen möglich, daß die konvexe und daneben auch die gerade Form des Nasenrückens deshalb so überwiegend verwirklicht ist, weil sowohl von der europäischen Seite eine konvexe Nase vererbt werden konnte, aber auch von der kisaresischen Seite der konvexe Nasenrücken der pseudosemitischen Nase in die Kreuzung mit eingebracht wurde. Für die stark konkave und flache Nase aber stand die kisaresische Seite isoliert. Die Möglichkeit zur Entstehung konvexer Nasenformen war also weit größer (als bei den Rehobother Bastards), und so kann die Anzahl der verwirklichten Formen nicht unbedingt auf Rechnung der Dominanz des europäischen Verhaltens gestellt werden." Auffallend ist aber, daß bei den Mestizenfrauen stark konvexe Nasen auftreten. Diese Möglichkeit zur Ausbildung konvexer Nasen konnten sie nicht von ihren kisaresischen Stamm-Müttern ererbt haben, da bei diesen die pseudosemitische Nase nicht manifestiert wird. Sie ist nur bei den kisaresischen Männern vorhanden. Das Auftreten konvexer Nasen bei Frauen spricht bei diesen Mischlingen so mehr für einen maßgeblichen Einfluß der hohen Europäernase.

DAVENPORTS und STEGGERDAS (1929) Untersuchungen an Europäer-Neger-Mischlingen sprechen für Dominanz des hohen Nasenrückens der Europäer. LESSLY DUNN (1928) findet bei Mischlingen von Hawaii die hohe Europäernase dominant.

WILLIAMS (1931) Ergebnisse an Maya-Spanier-Mischlingen sind weniger beweisend, da von beiden Seiten die hohe Nase vererbt werden konnte.

Über die Vererbung des Nasenrückens innerhalb der Europäer liegen besonders von LEICHER, später SCHEIDT, wertvolle Studien vor. LEICHER (1928b) kommt bei einer Einteilung der Nasenrückenform in konvexe, gerade und konkave, an 98 vorwiegend Frankfurter Familien zu dem Ergebnis, daß konkav recessiv ist.

Auffallenderweise zeigen sich dagegen bei der Kombination gerade × konkav nur wenig konkave Nasen (vgl. Tabelle 3). Wären die geraden Nasen heterozygot, dann wären mehr konkave zu erwarten. LEICHER möchte das damit erklären, daß der gerade Nasenrücken in den meisten Fällen durch Homozygote repräsentiert wird und sich dominant sowohl gegen den konvexen als auch konkaven vererbt. Eine Bestätigung findet LEICHER an den von ihm untersuchten Mischehen von Juden und Nichtjuden, bei welchen sich der gerade Nasenrücken gegenüber den konvexen der Juden dominant verhält. Auch ABEL (1934) findet an einer Familie geraden Nasenrücken

Tabelle 3. Vererbung der Nasenrückenform. (Nach LEICHER.)

n	Elternkombination	Kinder		
		konkav	gerade	konvex
8	ka × ka	27	—	6
28	g × g	12	68	48
19	ke × ke		6	
16	ka × g	9	38	3
20	g × ke	2	39	11
7	ke × ka	4	5	

dominant über konvexen: Der Vater hat eine stark konvexe, die Mutter eine gerade, sehr lange Nase; alle drei Töchter zeigen die gerade mütterliche Nase. Er hält eine genaue Trennung nach dem Geschlecht zur Feststellung aller Grenzfälle für notwendig. Scheidt (1932) hat allerdings nach Aufstellung von Korrelationen zwischen Eltern und Kindern keine Paarungssiebung gefunden.

Eine Schwierigkeit bei diesen Untersuchungen scheint in der Grenzlegung von gerade nach konvex und konkav, ferner in Umwelteinflüssen, wie Knickungen in der Nasenscheidewand bei EZ (nach Abel, vgl. Abb. 4, 5) zu bestehen. Solche Knickungen können erblich konvexe Nasenrücken mehr gerade erscheinen lassen. (Das müßte sich nun wieder in einem stärkeren Aufspalten der geraden Nasen nach der konvexen Seite hin bemerkbar machen, als es bei dem Material Leichers zutage tritt.) Leichers (1928) Erklärung scheint so vorderhand die einzig mögliche.

An nordwestdeutschem Familienmaterial kommt Scheidt (1932) zu teilweise ganz anderen Ergebnissen. Aus der Kombination gerader—welliger mit konkaven Nasen stammen fast 60% konkave Nasen, also sehr viel mehr als bei Leicher. Auch bogig-konvex-Kombinationen führen zu konkaven Nasenrücken (s. Tabelle 4).

Tabelle 4. Vererbung der Nasenrückenform. (Nach Scheidt.)
(gw gerade oder wellig, wke winkelig-konvex, bke bogig-konvex, bwke bogig-konvex mit abgewinkeltem Ansatz, ka konkav.)

n	Elternkombination	Kinder				
		gw	wke	bke	bwke	ka
71	gw × gw	64,8	8,4	10,7	0	16,1
27	gw × wke	65,0	14,0	14,0	0	7,0
87	gw × bke	59,8	7,3	26,8	0	6,1
7	gw × bwke	11,1	55,6	33,3	0	—
15	gw × ka	31,8	0	9,1	0	59,1
8	wke × wke	22,2	50,0	11,1	11,1	5,6
19	wke × bke	40,7	29,5	29,6	3,7	—
2	bwke × wke	(2)	(2)	(1)	—	—
5	wke × ka	(6)	5,3	0	—	(2)
23	bke × bke	34,4	—	39,4	0	15,8
2	bwke × bke	(2)	—	0	0	0
7	bke × ka	(5)	—	(2)	0	(1)
3	bwke × ka	(4)	(1)	(1)	—	0

Nach Scheidt (1932 scheinen im allgemeinen Anlagen für gerade oder wellig dominant zu sein über solche für mäßig konvexe Biegung und Winkelung, dagegen Anlagen für stärkere konkave Biegung und sehr starke konvexe Winkelung und Biegung dominant über gerade oder wellig. Nebenändernde (Umwelt-) Einflüsse dürften am ehesten bei den konkaven Formen mit in Betracht kommen. Hier bestehen zwischen Leichers und Scheidts Material große Unterschiede. Meines Erachtens wird einerseits die konkave Nase im Frankfurter Material Leichers im wesentlichen mit alpinen Elementen in Zusammenhang stehen, andererseits ist die konkave Nase in dem norddeutschen Material von Scheidt mehr auf ostbaltische Elemente zurückzuführen. Die Ursache für das unterschiedliche Verhalten von konkav gegen gerade und konvex könnte demnach in den genetisch verschieden aufgebauten konkaven Nasenformen von alpin und ostbaltisch liegen. E. Fischer (1936) wendet gegen die Scheidtschen Ergebnisse von der Dominanz stark konvexer über gerade Nasen ein: „Aber die starke Konkavität der Negernase ist gegen die europäische nicht dominant, Davenport und Steggerda finden eher ein Vorherrschen der europäischen Form (s. oben). Klarheit besteht also bei weitem nicht."

b) Die Nasenrückenbreite.

Der Nasenrücken in seiner Breite (nach SCHEIDT Nasenrückenbreite und Stellung der Seitenwände der Nase im Knochenteil) wurde von ABEL (1932) mit Hilfe von Bleibändern an der Stelle des Überganges vom knöchernen Nasenrücken in den knorpelig gestützten abgeformt = „Nasenrückenumriß".

An diesem Umriß treten uns bei EZ häufig umweltbedingte Unterschiede entgegen, die vor allem in Asymmetrien ihren Ausdruck finden (Tabelle 5). Wie bei der Form des Nasenrückens dürften auch hier Entwicklungsstörungen, Mangelerkrankungen, etwa Rachitis u. a. als Ursache für Abweichungen anzusehen sein.

Tabelle 5. Nasenrückenumriß von EZ und ZZ. (Nach ABEL.)

Abweichung	n	Groß	Mittel	Klein
EZ	41	10	16	15
ZZ	30	16	7	7

Abweichungen, wie in Abb. 3 wiedergegeben, treten uns nicht selten entgegen. Einen Überblick über die Variabilität des Nasenrückenumrisses bei Berliner Familien vermittelt Abb. 8.

Über Wachstum und Vererbung sind wenige Angaben vorhanden. KEITER (1933) findet im Laufe des Wachstums eine deutliche Verschmälerung der Nasenrückenbreite, SCHEIDT (1932) in der Breite Geschlechtsunterschiede. Schmale Nasenrückenbreite wird sich nach ABEL in den meisten Fällen zusammen mit hohem Nasenrücken vererben und so dominant über große Nasenrückenbreite sein; breite, kurze Nasen mit breiteren Nasenrücken sind wahrscheinlich recessiv. Über die Vererbung feinerer Unterschiede im Umriß, wie sie in Abb. 8 wiedergegeben sind, ist nichts bekannt.

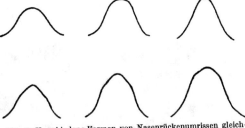

Abb. 8. Verschiedene Formen von Nasenrückenumrissen gleichalter Individuen (etwa ½ der natürlichen Größe). (Nach ABEL.)

c) Nasenwurzel.

Die Form der Nasenwurzel wurde von ABEL (1932, 1934) auf ihre Umweltbeeinflußbarkeit mit Hilfe von Bleibändern (Nasenwurzelumriß) untersucht. Bei 41 EZ fanden sich nur in 2 Fällen größere Abweichungen; die weitaus größte Zahl zeigte völlige Übereinstimmung (Tabelle 6). Die Ursache starker Abweichungen dürfte nur in sehr frühen Entwicklungsstörungen zu suchen sein. So hatte bei EZ 476 ein Partner einen Turmschädel (vgl. Abb. 3, vgl. auch ABEL, ds. Handbuch Bd. III, Abb. 9).

Tabelle 6. Abweichungen in dem Nasenwurzelumriß von EZ und ZZ. (Nach ABEL.)

Abweichung	n	Groß	Mittel	Klein
EZ	41	2	5	34
ZZ	29	8	11	10

Unter Berliner Jugendlichen vorkommende Unterschiede der Umrißform zeigt Abb. 9.

Die hohe europäische Nasenwurzel findet E. FISCHER (1913) dominant über die flache der Rehobother Bastarde, RODENWALDT (1927) in ähnlicher Weise über die der Kisaresen. Bei den 30 von RODENWALDT mit hoher Nasenwurzel beobachteten Mestizen ist 23mal ein hoher Nasenindex, 2mal ein intermediärer und 5mal ein kisaresischer Index vorhanden. Es scheint eine Korrelation zwischen europäischer Nase und höherem Nasensattel im allgemeinen zu

28*

bestehen, aber sie *braucht* nicht immer vorhanden zu sein. Leicher (1928b) hält an europäischem Material hohe Nasenwurzel für recessiv. Abel (1934) möchte in Leichers Ergebnissen, vor allem aus der Korrelation von hoch und tief, welche vorwiegend mittel gibt, ein intermediäres Verhalten sehen. Scheidts Untersuchungen über den Erbgang der Nasenwurzelhöhe führten zu keinem Ergebnis; für die Nasenwurzelbreite hält er, auf Grund komplizierter Aufspaltung in seinen Familien, einen monomeren Erbgang für unwahrscheinlich. Klarheit besteht nicht. Keiter (1933) stellt bei Kindern deutliche Geschlechtsunterschiede in der Breite fest.

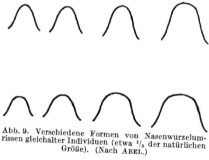

Abb. 9. Verschiedene Formen von Nasenwurzelumrissen gleichalter Individuen (etwa ⅓ der natürlichen Größe). (Nach Abel.)

d) Nasenbodenform.

Besonders vielfältig sind die Variationen in der Nasenbodenform. Die Umweltbeeinflußbarkeit der knorpelig präformierten Teile ist, wie erwähnt, sehr gering (Tabelle 7); selten nur wird bei EZ die Übereinstimmung durch

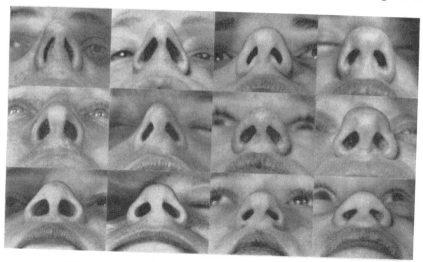

Abb. 10. Unterschiede in den Formen des Nasenbodens. (Nach Abel.)

Abänderung einzelner Teile, Septumhöhe oder Septumknickung gestört. Auch bei den stärksten Umwelteinflüssen war höchstens die Gesamtform des Nasenbodens bei EZ etwas verändert, nie aber die Ähnlichkeit der einzelnen Teile verwischt (Abb. 3). Leicher (1928b) und Abel (1934) heben die weitgehende Bedeutung des Erbes auch bei Formveränderungen der Nase, etwa bei Luxation des knorpeligen Nasenseptums, hervor (vgl. Abel, ds. Handbuch Bd. III, Stützgewebe).

Den Formenreichtum im Nasenboden zeigt zum Teil die Abb. 10 (vgl. auch Weninger, Methoden).

Tabelle 7. Mittlere prozentuale Abweichung von Nasenmerkmalen bei E Z, ZZ und PZ. (Nach ABEL.)

	n	EZ	n	ZZ	n	PZ
Nasenspitzenhöhe	70	2,92	46	3,77	20	5,79
Nasenspitzenbreite	70	2,26	42	4,33	20	4,78
Nasenseptumbreite	52	2,83	29	4,70	13	3,70
Nasenlochbreite	35	4,95	22	7,00	10	6,60
Nasenlochlänge	48	2,19	27	5,38	12	7,10
Nasenflügelhöhe I	34	2,57	18	3,64	—	—
Nasenflügelhöhe II . . .	43	2,63	27	3,69	12	4,90
Nasenflügeltiefe	48	4,90	26	6,10	12	5,10

e) Nasentiefe und Nasenbodenhöhe.

Die Messung der Nasenbodenhöhe erfolgt wie in Abb. 6 (vgl. auch WENINGER). RODENWALDT (1927) sagt bei dem Vergleich seines Materials, ,,daß auch dieses Merkmal (Nasentiefe) — im wesentlichen wird es sich um die Höhe des Septums handeln — spaltet, da-ran kann nicht gezwei-felt werden; ob aber eine Dominanz des europä-ischen Verhaltens vor-liegt, vermag ich an meinem Material nicht zu ersehen".

Abb. 11 a—c. Darstellung der Messung der Nasenflügelhöhe I und II, sowie der Unterschiede in der Stellung der Nasenflügel. Maß 1 stellt die Strecke dar, welche als Nasenflügelhöhe I, Maß 2 die Strecke, welche als Nasenflügelhöhe II gemessen worden ist. (Nach ABEL.)

Die Angaben von DAVENPORT und STEG-GERDA (1929) sowie HOOTON (zit. nach E. FISCHER, 1930) über die größere Negerähnlichkeit des Nasenbodens bei Europäer-Neger-Bastarden sprechen mehr für ein intermediäres als dominantes Verhalten der europäischen Nasenboden-höhe gegenüber der Negernase (vgl. Nasenbreite S. 431, Abb. 7). SCHEIDT (1932) nimmt bei seinen norddeutschen Familien in den Seitenaufnahmen eine Trennung vor in starken und nichtstarken. Vorsprung der Nase vor der Ober-lippe. Er sieht nichtstarken Vorsprung (= kleine Nasenbodenhöhe) als recessiv gegen große Nasenbodenhöhe an. ABEL (1934) findet an Berlinern aber inter-mediäres Verhalten von klein gegen groß.

Eine Korrelation zwischen Nasenbodenhöhe und Nasenbreite besteht an Berliner Material nach ABEL (1934) nicht. Bei einer Anzahl von 224 Individuen ist k = 0,06 ± 0,07. RODENWALDT (1927) findet an seinem Mestizenmaterial zwischen Nasentiefe und -breite bei Männern mit k = 0,28 ± 11 und Frauen mit k = 0,26 ± 13 eine stärker positive Korrelation. Solche Korrelations-unterschiede zeigen deutlich die wechselnden Möglichkeiten in den Beziehungen der einzelnen Merkmale der Nase bei verschiedenen Rassen und damit die Schwierigkeiten und Unmöglichkeit, aus dem Verhalten von Merkmalskombi-nationen bei einer Rasse auf solche bei einer anderen Schlüsse zu ziehen.

LEICHER (1928b) untersuchte an Frankfurter Material die Vererbung der Stellung des Nasenbodens: ,,Verbindungen von nach vorn oben × nach vorn oben ergaben etwa doppelt so viele Kinder mit nach vorn oben als horizontal gerichteter Basis, während aus diesen Ehen Kinder mit nach vorn unten gerich-teter Lochfläche nicht beobachtet wurden. Personen mit nach vorn oben ge-richteter Lochfläche sind also zum Teil heterozygot, zum Teil homozygot. Die Verbindungen ,,horizontal" × ,,horizontal" zeigen deutliche Aufspaltung mit Dominanz der nach vorn oben gerichteten, und Recessivität der nach vorn unten gerichteten Nasenbasisfläche." Eine Überprüfung an anderem Material liegt nicht vor.

Abb. 11 gibt Meßmethoden der Nasenflügelform wieder. Schmale Nasenflügel wie in a und b sind häufiger bei schmalen, spitzen Nasen, umgekehrt breite

Tabelle 8. Die Beziehung zwischen Nasenflügelhöhe I, Nasenflügelansatz und Nasenbodenhöhe. (Nach ABEL.)

		Flügelansatz		
	n	1—5	6—15	16—20
Kleine Flügelhöhe I (a, b) . . .	63	0	53	10
Große Flügelhöhe I (c)	51	15	35	1
Große Nasenbodenhöhe	37	20	15	2
Kleine Nasenbodenhöhe	30	6	2	22

Nasenflügel wie c bei breiten Nasenspitzen zu finden. Schmale Flügelformen scheinen sich nach ABEL (1934) intermediär gegen breite zu vererben. Wichtig sind ferner die Formen des Nasenflügels an der Nasenbasis, sowie die Beziehung Flügelform zur Nasenbodenhöhe. Schema Abb. 12 gibt die wesentlichsten Variationen des Nasenflügelansatzes, die Tabelle 8 eine Zusammenstellung der Beziehung von Nasenflügelhöhe zu Ansatzform und Nasenbodenhöhe (nach

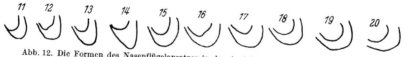

Abb. 12. Die Formen des Nasenflügelansatzes in der Ansicht des Nasenbodens. (Nach ABEL.)

ABEL). Eine Flügelansatzform von 1—5 findet man sehr viel öfter mit großer Flügel- und Nasenbodenhöhe verbunden, eine Flügelansatzform von 16—20 umgekehrt mit kleiner Flügel- und Nasenbodenhöhe. Es ergibt sich daraus eine weitgehende Formverbundenheit verschiedener Merkmale, die Erbverhältnisse sind im einzelnen noch unklar.

Fleischige Nasenflügel (vgl. Abb. 13 b, c) fanden sich nach ABEL (1934) in einzelnen Familien gehäuft. Das Vorkommen in zwei Familien, in welchen je ein Elternteil und 5 von 7 Kindern das Merkmal besaßen, würde für Dominanz sprechen können. Auffallend ist die häufige Verbindung der dicken fleischigen Nasenflügel mit großer Nasenflügelhöhe I (Abb. 11 c). Ferner finden sich (nach ABEL) an der Ansatzstelle und Innenseite des Nasenflügels manchmal faltenförmige Verbreiterungen (vgl. Abb. 13 a, b). In zwei Familien war das Merkmal bei nur einem Elternteil und allen Kindern vorhanden, ist also wahrscheinlich dominant.

Wesentliche Unterschiede sind in den Formen der Nasenspitze festzustellen (vgl. Abb. 10). Sowohl die Länge als auch Breite weist starke Variationen auf. Eineiige Zwillinge zeigen eine weitgehende Erbbedingtheit in diesen Nasenspitzenformen sowie ihren Verbindungen mit Nasenseptum und Flügel (vgl.

Abb. 4). LEICHER (1928) findet spitze Nasenspitze dominant über stumpfe.
Die Kombination mittel × stumpf ergibt allerdings zuviel stumpfe, wenn diese
recessiv sein sollten. Ähnlich findet ABEL (1934) schmale Nasenspitze dominant
über breite und große Nasen-
spitzenhöhe eher dominant über
kleine.

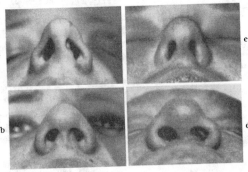

Mannigfaltige Formen sind
am Nasenseptum vertreten (vgl.
WENINGER). Neben langen,
schmalen Septumformen gibt
es breite, mehr sanduhrförmig
eingeschnürte; erstere, wie in
Abb. 10, links unten, sind nur
in jüdischen oder jüdisch ver-
sippten Familien zu finden. In
Abb. 14 sind Nasenbodenformen
von Voll- und Halbjuden wiedergegeben. Das lange Erhaltenbleiben des schmalen Septums in

Abb. 13 a—d. Nasenbodenformen: a und b zeigen die falten-
förmigen Verbreiterungen an der Innenseite des Nasenflügelansatzes, b, c und d besonders dicke fleischige Nasenflügel.

Verbindung mit großem Nasen-
loch und stark gewölbten Nasenflügeln in einzelnen Familien spricht mehr
für seine Dominanz. Neben dieser, wohl von der orientalischen Rasse über
nommenen typischen Nasenform mit geblähten Nasenflügeln (linke Bildhälfte)

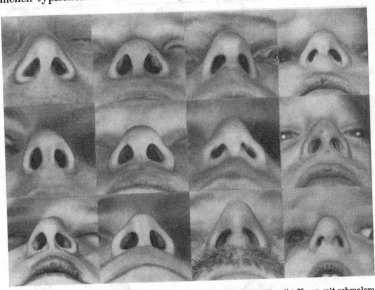

Abb. 14. Nasenbodenformen von Juden und Mischlingen. Die linke Bildhälfte gibt Nasen mit schmalem langen
Septum und mehr runden Nasenlöchern wieder; die rechte Bildhälfte zeigt das kurze Nasenseptum in Verbindung mit der starken dreieckigen unteren Basalplatte, welche die Nasenlöcher in der Ansicht von unten
nierenförmig verengt.

tritt uns bei Juden noch eine zweite, in Abb. 14, rechte Bildhälfte, wiedergegebene Nasenbodenform entgegen, in welcher der vorderasiatische Einschlag
deutlich erhalten blieb. Hier ist das Kennzeichnendste die nierenförmige
Abrundung des Nasenlochs im Zusammenhang mit dem sehr kurzen, schmalen,

distalen und dem breiten, dreieckigen, basalen Abschnitt des Nasenseptums. Der Erbgang ist vorderhand ungeklärt.

f) Nasenlochform.

Leicher (1928 b) untersuchte bei einer Einteilung in längs-, schräg-ovale und runde Nasenlochformen das Aufspalten innerhalb mehrerer Familien, ohne ein greifbares Ergebnis zu erzielen. Er hält rundliche Formen eher für recessiv. Nach Abels (1934) Untersuchungen scheint langes Nasenloch intermediär gegenüber kurzem zu sein. Ein einfaches genetisches Verhalten eines Längen- oder Breitenmaßes ist aber nicht zu erwarten, da die Form des Nasenlochs zweifellos von mehreren Einzelmerkmalen, wie der Form des Septums, Flügels, der Nasenspitze und Art des Flügelansatzes an der Nasenbasis bedingt wird. Die starke Variation in der Form des Nasenlochs gibt Abb. 10 wieder; besonders sei auf die typisch anderen Formen der Judennasen hingewiesen, Abb. 10 links unten und Abb. 14.

2. Lippen.

Größe und Form der Merkmale der Mundgegend, wie obere und untere Schleimhaut-, obere Hautlippe und Mundspaltenlänge, sind nach den Zwillings-

Tabelle 9. Mittlere prozentuale Abweichung bei EZ, ZZ und PZ. (Nach Abel.)

	n	EZ	n	ZZ	n	PZ
Untere Schleimhautlippe	59	5,65	35	9,9		
Obere Schleimhautlippe	59	4,40	35	7,2	17	6,9
Hautoberlippe	59	3,0	36	4,1	18	6,4
Mundspalte	57	1,54	36	3,17	18	2,0

untersuchungen (Abel, 1934) als weitgehend erbbedingt zu betrachten (vgl. Tabelle 9; die Messung zeigt Abb. 15).

Eineiige Zwillinge zeigen durchwegs geringere Unterschiede als ZZ. Umweltbedingte Einflüsse sind an der unteren Schleimhautlippe am stärksten.

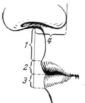

Abb. 15. Die Darstellung der Meßpunkte der oberen Hautlippe (1), der oberen Schleimhautlippe (2), der unteren Schleimhautlippe (3) und der Nasenflügeltiefe (4). (Nach Abel.)

a) Schleimhautlippen.

Die obere und untere Schleimhautlippenhöhe zeigt nach der Korrelation k = + 0,52 ± 0,05 (nach Abel) ein deutlich positives, im allgemeinen also gleichsinniges Verhalten. Kleinere Unterschiede in der Höhe sind besonders im Alter erkennbar. V. Haeckers (1912) Ergebnisse über die selbständige Vererbung der großen Habsburger Unterlippe werden mit einer besonderen Beeinflussung der Unterlippe erklärt (s. unten). Der Erbgang kleiner gegen große Schleimhautlippen ist nicht ganz klar. Rodenwaldts (1927) Mestizen auf Kisar stehen in der Schleimhautlippenhöhe zwischen Europäern und Kisaresen. Ähnlich stellt Dunn (1928a, b) bei Mischlingen von Europäern und Einwohnern von Hawaii die Lippenhöhe als in der Mitte liegend fest; auch E. Fischer (1913) sieht bei seinen Rehobother Bastarden den Erbgang der Lippenhöhe eher intermediär. Hooton (1923) erwähnt, daß sich bei einer Mischung von Europäern mit Vollblutnegern die wulstigen Negerlippen schnell verringern; dagegen finden Abel (1934) und Scheidt (1932) — allerdings innerhalb europäischer Bevölkerung — *eher* ein recessives Verhalten schmaler Schleimhautlippen gegen breite. TAO (1935) möchte auch bei Chinesen-Europäer-Mischlingen die dicken Lippen der Chinesen über die im Durchschnitt schmaleren Lippen der Europäer mit Wahrscheinlichkeit als dominant ansehen.

Bei der Hautoberlippe ist (nach ABEL) im Gegensatz zur Schleimhautlippe die große Hautlippe recessiv, die kleine dominant. SCHEIDT (1932) hält groß für dominant. Engere Beziehungen zwischen Schleimhaut- und Hautlippen sowie Kieferhöhe wurden von ABEL (1934) festgestellt. So ist bei hoher Oberlippe meist eine kleine Schleimhautlippe und umgekehrt bei niederer Hautoberlippe eine große Schleimhautlippe vorhanden. Es handelt sich hier um ein grundsätzliches Verhalten bei Berliner Familienmaterial, wie die stark negative Korrelation zwischen der Größe von Haut- und Schleimhautlippe mit k = — 0,49 ± 0,05 beweist. Schematisch würden dann im Durchschnitt die in Abb. 16a, b, c wiedergegebenen Fälle die Regel darstellen, in welchen sich kleine Haut- mit großer Schleimhautlippe, umgekehrt große Haut- mit kleiner Schleimhautlippe verbindet usw. (vgl. ABEL, 1934).

Daneben sind in ABELs Material auch Fälle von Kombination kleiner Schleimhaut- mit kleinen Hautlippen, umgekehrt auch von groß-groß-Kombinationen vorhanden (Abb. 16 d, e). Auffallend ist hierbei die häufige Verbindung kleiner Haut- und Schleimhautlippe mit kleiner Kieferhöhe, andererseits großer Haut- und Schleimhautlippe mit großer Kieferhöhe. Das Erscheinungsbild dieser drei Merkmale ist demnach als weitgehend voneinander abhängig anzunehmen. Ausnahmefälle zeigen, daß eine engere *genetische* Bindung nicht besteht. Auch E. FISCHER (1930) nimmt ähnliches an, wenn er schreibt: „Eine individuelle relative Verkürzung der Oberlippe, so daß die Schneidezähne sehr häufig durchschauen,

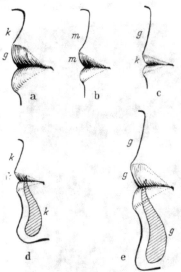

Abb. 16 a—e. a—c Darstellung der Korrelation zwischen der Größe der oberen Haut- und Schleimhautlippe, die mit k = — 0,49 ± 0,05 stark negativ ist; d und e die Beziehung zwischen Haut-, Schleimhautlippen und der Kieferhöhe. k klein, m mittel, g groß. (Nach ABEL.)

scheint mir dominant vererbt zu sein. Vielleicht liegt aber kein besonderes Gen vor und die Erscheinung hängt von einer disharmonischen Vererbung von Gesichtslänge und Kiefergröße ab." In dieser Hinsicht ist zugleich die von HOOTON (1923) ausgesprochene leichte Beeinflußbarkeit der wulstigen Schleimhautlippen der Neger bei einer Mischung mit Europäern bemerkenswert. Wir werden neben der Vererbung von Lippen- und Schleimhautlippenhöhe der Veränderung der Kieferhöhe beim Bastard besondere Beachtung zuwenden müssen.

Im Zusammenhang mit obigen Beziehungen von Kiefer, Haut- und Schleimhautlippen erklärt ABEL (1934) die bekannte Erscheinung der sich offenbar dominant vererbenden Habsburger Unterlippe in folgender Weise: Bei dem im Mannesstamm besonders hohen Kinn mit Vorbiß, welches sich scheinbar dominant vererbt (RUBBRECHT[1]), genügt eine hohe recessive Hautlippe gerade noch zur normalen Bedeckung von Zahn und Zahnteil des Kiefers; treten nun durch Einheirat kurze (dominante) Hautlippen hinzu, dann reichen diese kurzen

---

[1] Vgl. RUBBRECHT in EULER u. RITTER: Die Erbanlagen für Gebiß und Zähne (Bd. IV/2 dieses Handbuches).

Hautlippen in Kombination mit der hohen Kinnform nicht mehr zur normalen Deckung aus. Es kommt dann zu jener den Habsburgertyp kennzeichnenden Vorwulstung der unteren Schleimhautlippe. Da die Kinnhöhe und der Vorbiß bei den Männern stärker betont ist, zeigt sich die Erscheinung der Habsburger Unterlippe besonders im Mannesstamm (vgl. z. B. auch Abb. 17).

V. HAECKER (1913) hat die Habsburger Unterlippe mit einer besonderen erblichen Unterlippenbildung und das gelegentliche Fehlen der wulstigen Lippen durch einen Hemmungsfaktor zu erklären versucht. Das Überspringen einer Generation läßt sich nach ABEL nun durch eine entsprechend andere, durch Einheirat bedingte Kombination von Hautlippe und Kieferhöhe erklären.

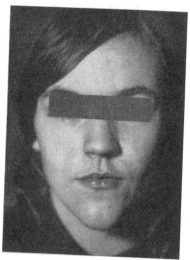

Abb. 17. Mädchen mit besonders großer Kinnhöhe und der durch diese bedingten stärkeren Ausrollung und größeren Höhe der unteren Schleimhautlippe.

Die Breite der *Mundspalte* ist nach ABEL (1934) bei EZ sehr viel ähnlicher (vgl. Tabelle 9) als bei ZZ, also im wesentlichen erblich. RODENWALDT (1927) findet bei Kisaresen-Europäer-Mischlingen eine Verschmälerung der breiten Kisaresen-Mundspalte zur schmaleren europäischen hin; der Erbgang ließ sich jedoch ebensowenig wie bei SCHEIDTs (1932) und ABELs Material klarlegen. E. FISCHER (1936) erwähnt schließlich, „daß das allgemeine und gleiche Vorkommen charakteristischer Wulstlippen beim Neger, oder dicker, aber konvexer Oberlippen bei den Pygmäen auf Neuguinea als homozygot erbliche Anlage und daher mit Recht als Rassemerkmal aufgefaßt werden muß". Dasselbe sieht er auch für die als fälische Rasseneigenschaft (KERN[1]) angeführten schmalen, strichförmigen Lippen als gegeben an.

b) Philtrum.

Das Philtrum ist ebenfalls weitgehend erblich bedingt. Ob breit oder schmal, stark oder schwach profiliert, in allen Fällen zeigen nach meinen Beobachtungen EZ wesentlich größere Übereinstimmung als ZZ. Bei Vererbungsstudien verhindert meist der Bartwuchs des Mannes und starke Altersunterschiede (Abflachen der Ränder im Alter) eine genaue Feststellung und Messung. SCHEIDT (1932) hält einen einfachen Erbgang für unwahrscheinlich, RICHTER (1936) findet eine sichere Erblichkeit, aber keine Anhaltspunkte für den Erbgang. Meines Erachtens ist auch eine gewisse Abhängigkeit der Form des Philtrums von der Höhe der Hautoberlippe sowie von der Dicke und Spannung der Hautlippe über den Oberkieferzähnen vorhanden. Es bestehen Geschlechtsunterschiede.

3. Auge.
Weichteile der Augengegend.

Zwillingsuntersuchungen von v. VERSCHUER (1925, 1931, 1932), PILLAT (1930), WENINGER (1932), ABEL (1934), SIEDER (1937) und BÜHLER (1939) zeigen eine weitgehende Erbbedingtheit der verschiedenen Weichteile der Augenumrandung, wie Lidspaltenlänge, -breite, Lidform, Faltenbildungen usw.

---

[1] KERN, FRITZ: Stammbaum und Artbild der Deutschen.

(vgl. Abb. 18; s. WENINGER, Methoden). Die Umweltbeeinflußbarkeit der Weichteile der Augenumrandung liegt im wesentlichen in verschieden starker Fetteinlagerung, in seltenen Fällen auch Änderungen des Knochenbaues (Zwischen-augenbreite, Nasensattelform, Form der Augenhöhle, Augentiefe und Umran-dung).

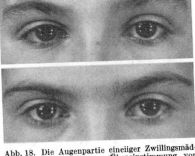

Besondere Beachtung fand die Mon-golenfalte (Abb. 19). NEUHAUS beschreibt (1885) eine Bastardfamilie, in welcher der Bastard (Vater Chinese, Mutter Kanakin) von dem Chinesen die schiefe Lidspalte in voller Ausprägung übernommen hat, was für deren Dominanz spricht. SALA-MAN (1911) beobachtete Juden-Chinesen-Mischlinge, welche die Schiefäugigkeit der Chinesen übernommen haben, HA-GEN (1906) das Vorherrschen der mon-goliden Lidform bei Chinesen-Malaien-Mischlingen. BAELZ (1901) findet bei

Abb. 18. Die Augenpartie eineiiger Zwillingsmäd-chen mit vollkommener Übereinstimmung von Augenspalten und Lidform.

reinen Aino große Augen ohne Lidspalte, bei den mit Mongolen reichlicher gemischten Aino aus Sachalin die Falte „gar nicht selten und bei ihnen auch die Lidspalte niedriger". DUNN (1923) stellt bei Chinesen-Hawaii-Misch-lingen verschiedene Grade der Mongolen-falte in 85,7% fest, BIJLMER (1929) an Mischlingen auf Timor alle Übergänge, aber nichts, was gegen Dominanz wäre, FLEMING (1927) an Chinesen-Engländ-erinnen-Mischlingen die Falte nur in 47%, und KRAUSS (1936) an Japaner-Europäer-Mischlingen ein Überwiegen der Falte. Eine Bestätigung der Dominanz der Mongolenfalte gegenüber der Augen-form europider Rassen wurde von TAO (1935) gegeben, der an F_1-Mischlingen von Chinesen × Europäerinnen unter 60 Mischlingskindern 50mal die Falte fand. Endlich stellt ABEL (1937) dieselbe Dominanz bei F_1-Mischlingen von Anna-miten × Europäerinnen (Abb. 19) fest. So-weit beobachtet, tritt in allen Fällen bei F_2- und folgenden Bastarden die Falten-losigkeit wieder in 25% auf. Damit scheint bei Chinesen wie allen Ostasiaten die Mongolenfalte gegenüber den Euro-piden dominant zu sein. Dieselbe Domi-

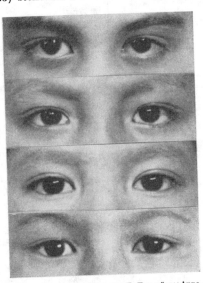

Abb. 19. Die Mongolenfalte bei F_1-Europäer × Anna-miten-Bastarden. (Nach ABEL.)

nanz trifft auch gegenüber den Lid-formen der Neger zu, wie R. HAUSCHILD (1938) an Chinesen-Neger-Bastarden auf Trinidad beobachtet hat. Um so größere Bedeutung muß, wie E. FISCHER (1935) mit Recht mehrfach betonte, der recessiven Vererbung der anatomisch ähnlich gebauten Falte der Hottentotten gegenüber den Europäern beigemessen werden. FISCHER (1913, 1935) kommt bei seinen Bastardstudien zu dem Er-gebnis, „daß in der Kreuzung von Weißen mit Hottentotten die Mongolenfalte nach dem recessiven Erbgang übertragen wird. F_1-Bastarde haben keine solche

Falte, in F_2- und folgenden Bastarden mendelt sie zu 25% wieder heraus. Der Erbfaktor, sagen wir „Hottentottenfalte", ist also gegenüber der Faltenbildung des europäischen Auges recessiv". E. Fischer (1935) sagt weiter: „Aus diesen beiden Tatsachen ergibt sich einwandfrei der Schluß, daß die Faltenbildungen der

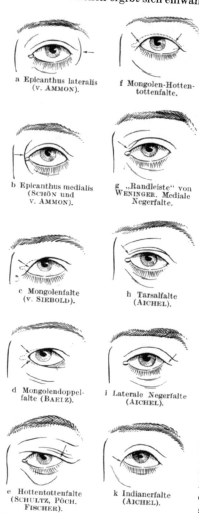

a Epicanthus lateralis (v. Ammon).

f Mongolen-Hotten-tottenfalte.

b Epicanthus medialis (Schön und v. Ammon).

g „Randleiste" von Weninger. Mediale Negerfalte.

c Mongolenfalte (v. Siebold).

h Tarsalfalte (Aichel).

d Mongolendoppel-falte (Baelz).

i Laterale Negerfalte (Aichel).

e Hottentottenfalte (Schultz, Pöch. Fischer).

k Indianerfalte (Aichel).

Abb. 20. Verschiedene Faltenbildungen am Lid-rand des Auges bei verschiedenen Rassen. (Nach Aichel.)

Ostasiaten und Hottentotten trotz äußer-lich völliger Formgleichheit nichts mitein-ander zu tun haben. Jede ist selbständig durch eigene Mutation entstanden. Irgend-eine genealogische Zusammengehörigkeit ergibt sich daraus also nicht, im Gegenteil, die Selbständigkeit der Faltenentstehung an den beiden Orten bzw. Gruppen spricht ganz positiv gegen eine Verwandtschaft."

Anders als die richtigen Mongolenfalten der Chinesen und Ostasiaten verhalten sich ~ .ch E. Fischers (1935) Ansicht auch die „Mongolenfalten" der Eskimos in der Kreuzung mit Europäern. Anhaltspunkte dafür sind Abbildungen von F_1-Eskimo-Europäer-Bastarden von Nordenskiöld und von Christian Leeden [zit. nach E. Fischer (1930)]; diese Bastarde haben keine Spur von Mongolenfalte und Schief-stellung der Lidspalte. Wenn das Material zwar noch gering ist, so möchte E. Fischer (1935) auch hier „eine eigene Mutation, ge-netisch gleicher Art wie bei den Hotten-totten (selbstverständlich unabhängig von ihnen und nur parallel damit) aufgetreten" sehen. Da neben Haarform und Hautfarbe die Falte ein Hauptgrund für die Zurech-nung zu den Mongolen war, hält Fischer die Frage der engeren Verwandtschaft der Eskimos zu den Mongolen für wert, einer eingehenderen Prüfung zu unterziehen.

In diesem Zusammenhang ist auch die Lidfalte, die Aichel (1932) bei den Indi-anern beschreibt, von Wichtigkeit. Diese Indianerfalte wird nicht von der Haut des oberen Lidrandes wie bei Mongolen, Es-kimos und Hottentotten, sondern vom me-dialen Abschnitt des Oberlidrandes selbst gebildet, der dachartig über den inneren Augenwinkel hinweggeht und sich nach der Nasenhaut fortsetzt. Williams (1931) möchte die Falte (Epicantic fold) bei Spanier-Mayaindianer-Kreuzung als dominant ansehen. Schaeuble (1936, 1939) findet dagegen bei Indianer-Europäer-Mischlingen in der F_1 die Falte nicht, wohl aber in solchen Mischlingsfamilien, wo beide Eltern keine Falte zeigen, unter deren Kindern. Dies spricht mit großer Wahrscheinlichkeit für Recessivität.

Außer diesen Falten ist noch eine Anzahl anderer Faltenbildungen am Lidrand oder an der Deckhaut festgestellt worden, die von Aichel (1932) in der Abb. 20 zusammengefaßt worden sind. Schaeuble (1936) fand bei einer

Indianerin auch eine Falte im Unterlid. Wir müssen annehmen, daß die Mehrzahl erbliche Bildungen sind. Der Erbgang ist, mit Ausnahme der obenerwähnten, unbekannt.

Besondere Beachtung verdient weiterhin neben den Altersveränderungen und Manifestationsschwankungen in der Lidfaltenform die Vererbung der Stellung und Größe der Lidspaltenöffnung. Schon E. FISCHER (1913) fiel in seiner Bastardstudie die größere Häufigkeit der Mongolenfalte bei Kindern als bei Erwachsenen auf. Dasselbe stellte RANKE (1912) an Bayern sowohl für die Mongolenfalte als auch Epikanthusbildung, eine der Mongolenfalte ähnliche Hemmungsbildung am inneren Lidwinkel des Auges, fest. Altersunterschiede bei Mongolenfalten beschreibt auch HILDÉN (1938). TAO (1935) findet diese Altersveränderungen bzw. das Verschwinden der Mongolenfalte bei einigen älteren Individuen seines Materials bestätigt und erwähnt auch asymmetrische Faltenbildungen in höherem Alter. Nach ihm haben diese Verschiedenheiten zwischen rechts und links nichts mit Erblichkeit zu tun; sie dürfen nur als peristatische Einwirkungen angesehen werden. Er sieht die Mongolenfalte überhaupt starken Manifestationsschwankungen unterworfen. Meines Erachtens werden für diese Schwankungen aber auch verschiedenartige Merkmalskombinationen in der Augengegend heranzuziehen sein.

Bei den alten Beobachtungen über die mongolide Lidspalte, wie von NEUHAUS (1885) und SALAMAN (1911), wurde der Gesamteindruck wiedergegeben und die auffallende Schrägstellung der Lidspalte nach innen unten bei Mongolen-Europäer-Bastarden, deren Eindruck zweifellos auch durch die mediane Falte verstärkt wird, hervorgehoben. TAO (1935) findet an seinem Material nur eine unvollkommene Dominanz von mongolid - schräg bei der Kombination mit europid-gerade. Ursache dafür kann zum Teil das kleine Material sein sowie die Unkenntnis, ob Väter und Mütter Heterozygote sind, ferner ob die Schiefstellung der Lidspalte bei Europäerinnen und Chinesen auf denselben Genen beruht. Bei RODENWALDTs (1927) Kisaresen, die sich aus vormalaiischer Urbevölkerung, Malaien und Melanesiern zusammensetzen, findet sich in über 50% eine leichte bis stärkere Schrägstellung der Lidspalte, was ebenfalls für Dominanz der mongoliden Schrägstellung spricht; dem pflichtet auch ROUTIL (1933) bei. Dagegen vererbt sich bei den Rehobother Bastarden nach E. FISCHER (1913) die schiefe Augenform der Hottentotten recessiv gegenüber der europäischen geraden Augenform; also auch hier ein von den Mongolen abweichendes Verhalten (das vielleicht doch mit dem Vererben der Augenfalte in Verbindung steht?). ROUTIL (1933) möchte die mütterliche Ausprägungsform der Lidspaltenrichtung als dominant gegenüber der väterlichen sehen. Auf Grund der bekannten Ergebnisse der Bastardstudien (s. oben) sowie eigenen Ergebnissen an ostmärkischem Material stellt er fünf Genformeln für die Vererbung der Lidspaltenrichtung auf. Das Material ist dazu aber wohl noch zu klein.

Erschwert werden die Untersuchungen über die Schrägstellung der Lidspalte durch starke Altersveränderungen, im wesentlichen Senkung des seitlichen Lidrandes durch Erschlaffung der Haut — wie E. FISCHER (1913), ROUTIL (1933), TAO (1935) und TUPPA (1938a, b) zeigen konnten.

Weitgehend erblich bestimmt ist auch die Länge der Lidspalte. ABEL (1934) fand EZ mit einer mittleren prozentualen Abweichung von 1,27% viel ähnlicher als ZZ und PZ mit einer solchen von 1,88% bzw. 1,9%. Nach ihm scheint bei europäischer Bevölkerung große Lidspaltenlänge gegen kleine recessiv zu sein. TAO (1935) findet bei Chinesen-Europäer-Bastarden die große europäische Lidspalte in F_1 ohne Ausnahme dominant über die enge und zugleich auch kleine Augenspalte. Ähnlich bezeichnet HAUSCHILD (1938) bei F_1-Neger-Chinesen-Bastarden „die längere, eher mandelförmige, weitere Augenspalte des Negers" als dominant gegen die kleinere Spalte der Chinesen. Diese Dominanz der großen gegen die kleine Lidspalte bei Europäer-Chinesen-Bastarden wird meines Erachtens die Mongolenfalte bei den Bastarden stärker erscheinen lassen, da sich bei einer größeren Weite der Lidspalte der innere Augenwinkel stärker unter die Mongolenfalte schieben wird. Vielleicht liegt hierin die Erklärung für die von TAO (1935) beschriebenen Familien, in welchen Chinesen ohne sichtbare Mongolenfalte in Mischung mit (großäugigen) Europäerinnen Nachkommen mit Mongolenfalten haben können.

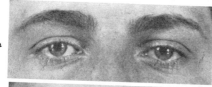

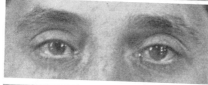

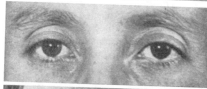

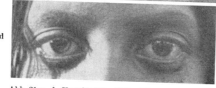

Abb. 21 a—d. Verschiedene Lidrandformen. a Deutscher-Nordisch-Fälischer Rasseneigenschaften; b Dinarische Frau; c Frau — Juden-Mischling 2. Grades; d Zigeuner aus Rumänien mit starkem orientalischen Einschlag.

Der Abstand der beiden inneren Augenwinkel voneinander — die Zwischenaugenbreite — ist, wie Zwillingsuntersuchungen zeigen, ebenfalls weitgehend erblich bedingt. Nach ABEL (1934) zeigen EZ eine mittlere prozentuale Abweichung von 1,78%, ZZ und PZ mit 2,75% bzw. 2,9% eine sehr viel größere. Geringe Zwischenaugenbreite scheint nach ABEL dominant zu sein. Eine Beziehung zwischen dem inneren Augenabstand und der Form des Nasensattels ist zumindest sehr wahrscheinlich. E. FISCHER (1913) schreibt von seinen Bastarden: „In den flachen Gesichtern sind meist die Augen im Zusammenhang mit einer flachen Nasenwurzel weiter auseinander gerückt als in den Gesichtern mit mehr europäischer Wölbung und stärkerem Nasenrücken."

Hier soll auch auf etwa bestehende Beziehungen zwischen diesen Formen des Nasensattels, der Zwischenaugenbreite und dem In-Erscheinung-treten von Faltenbildungen am Auge hingewiesen werden.

BAELZ (1885) hat seinerzeit die Frage, woher die Falte am inneren Augenwinkel komme, dahingehend beantwortet: „Von der Flachheit des Nasensattels. Hebt man die Haut über demselben zwischen den Fingern in die Höhe, so verschwindet die Falte, der innere Augenwinkel kommt zur Geltung." Diese Formulierung der Ursache kann heute nicht anerkannt werden, da auch andere Rassen mit flachem Nasensattel, wie Kongo-Pygmäen und Neger, keine entsprechenden Faltenbildungen über dem inneren Augenwinkel haben. Wir können aber deutlich bei den in unserer Bevölkerung auftretenden Epikanthusbildungen im Laufe des kindlichen Wachstums mit dem Höherwerden des Nasensattels und infolge der damit vielleicht entstehenden Spannungen der Haut ein langsames, meist vollkommenes Verstreichen des Epikanthus feststellen. Eine gewisse Beziehung besteht jedenfalls. Wie TAO (1935) feststellt, sind bei den Chinesen neben Unterschieden in der Stärke der Faltenbildungen auch solche in der knöchernen Umrandung, wie hohe oder niedere, breite oder schmale Nasensattel, gegeben. Da wir auch auf europäischer Seite eine erbliche Variation der Nasensattelhöhe, Zwischenaugenbreite, Lidspaltenlänge u. a. m. haben, so ist meines Erachtens bei den

Bastarden mit entsprechenden Variationen in der Kombination zu rechnen, welche von vornherein verschiedene Vorbedingungen (Genmilieu) für das Erscheinen von erblichen Faltenbildungen am Auge schaffen. Ich glaube, daß in diesen *verschiedenen Vorbedingungen die entscheidende Ursache für die „Manifestationsschwankungen" der Mongolen- bzw. Hottentotten- und anderer Falten der Augenumrandung liegt.*

Über die Erblichkeit der Deckfalten des Auges fehlen brauchbare Angaben. SCHEIDT (1932), KEITER (1931), zuletzt RICHTER (1936) sind der Meinung, daß eine starke Deckfalte über eine schwache dominant ist. Die Arbeiten WENINGERs (1932), SIEDERS (1937) und BÜHLERs (1939) an Zwillingen zeigen die Erbbedingtheit von Lidrandformen. Der hohe obere Lidrand, der uns bei Vorderasiaten (Juden) häufig entgegentritt (Abb. 21 c) und dem Auge durch sein stärker nach unten Vorragen einen schweren Eindruck gibt, findet sich in der Kreuzung mit Nichtjuden nach meinen Beobachtungen häufig wieder, was für Dominanz spricht. Die orientalische mandelförmige Lidspalte (Abb. 21 d) tritt unter Berliner Judenfamilien nur vereinzelt wieder auf, scheint also eher recessiv zu sein.

4. Ohr.

Im Gegensatz zu der Bedeutung, die den erblichen Varietäten von Nase, Mund, Lippen, Augen u. a. m. für die Rasseneinteilung zukommt, steht die Ohrform, welche mit Ausnahme des „Buschmannohres" keine nennenswerten Unterschiede bei den verschiedensten Rassen aufweist. Als Ursache für diese größere Einheitlichkeit könnte einmal der — im Verhältnis zu den Merkmalen der Mund-, Nasen- und Augenform — geringere Auslesewert bestimmter Kombinationen, zum anderen auch die größere Konstanz der dem Ohrenansatzpunkt beliegenden Knochenpartien Bedeutung haben. Wichtiger

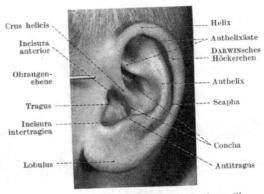

Abb. 22. Bezeichnung verschiedener Merkmale am Ohr.

(Bildbeschriftung links:) Crus helicis · Incisura anterior · Ohraugenebene · Tragus · Incisura intertragica · Lobulus

(Bildbeschriftung rechts:) Helix · Anthelixäste · DARWINsches Höckerchen · Anthelix · Scapha · Concha · Antitragus

scheint aber, daß Mutationen, welche Gesamtgröße oder Aussehen des Ohres stärker beeinflußt haben, fehlen. Dies ist, wie E. FISCHER (1936) mit Recht betont, um so auffälliger, „weil bei sehr vielen Haustieren nicht nur jene anderen Organe ebenfalls wie beim Menschen Rassenunterschiede zeigen, sondern auch das Ohr: Hängeohren, Kurz- oder Langohren".

Wohl aber sind am Ohr eine große Anzahl von kleineren, die Länge, Breite, Stellung, Läppchen, Scapha, DARWINsche Höckerchen, Helixrand, Faltung der Concha u. a. m. betreffende Verschiedenheiten vorhanden. Untersuchungen über die Erbbedingtheit solcher Einzelheiten (Abb. 22) liegen von v. VERSCHUER (1925 u. a. m.), LEICHER (1928b) und in den ausführlichen, wertvollen Studien QUELPRUDS (1932—1935) vor. Sie zeigen an einem 950 Zwillinge und 4000 Einzelpersonen umfassenden Material in überzeugender Weise die Erb- und Umweltbeeinflußbarkeit sowie zum Teil den Erbgang einzelner Merkmale. Seine Untersuchungen [1] umfassen an jedem Ohr 19 lineare Maße, 7 Winkelmaße und 102

---

[1] An dieser Stelle möchte ich Dr. QUELPRUD auch für die freundliche Einsicht in sein neues, das gesamte Material zusammenfassend auswertende Manuskript, das sich in der Zeitschrift für Morphologie und Anthropologie im Druck befindet, herzlichsten Dank sagen.

beschriebene Einzelmerkmale, also zusammen 128 Einzelbeobachtungen. Dazu
kommen noch 5 aus linearen Maßen berechnete Indices. 52 Merkmale wurden
familienmäßig durchgearbeitet; die Anzahl seiner Familien für die verschiedenen
Merkmale schwankt zwischen 161—227. Abb. 23 gibt eine Zusammenstellung
der Ohrformen einiger Zwillinge, die uns deutlich die außerordentliche Übereinstimmung in allen Merkmalen zeigt. Im Gegensatz dazu in Abb. 24 durchschnittliche Unterschiede bei ZZ- und PZ-Ohren.

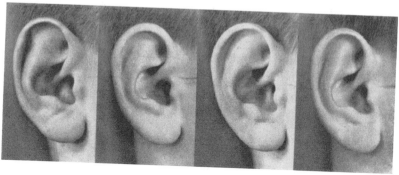

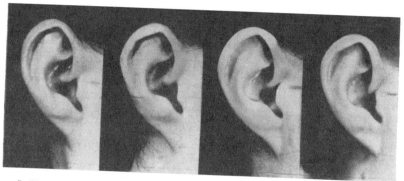

Zwilling I, rechts   Zwilling II, rechts   Zwilling I, links   Zwilling II, links

Abb. 23. Oben und unten: Ohren von je einem eineiigen (erbgleichen) Zwillingspaar. Form sehr ähnlich.
(Die linken Ohren sind umgekehrt kopiert.) (Nach QUELPRUD.)

Die linken Ohren sind in Abb. 23 spiegelbildlich kopiert und vervollständigen
in eindrucksvoller Weise die außerordentliche Übereinstimmung bei allen 4 Ohren
eines EZ-Paares. Im Gegensatz dazu treten uns bei ZZ und PZ dieselben Unterschiede wie bei normalen Geschwistern entgegen (Abb. 24).

QUELPRUD (1932b) hat für insgesamt 19 Ohrmaße (Tabelle 10) die durchschnittlichen Differenzen bei EZ, ZZ und PZ, sowohl zwischen den beiden Ohren
derselben Person als auch den gleichseitigen und spiegelbildlichen Ohren der
beiden Partner berechnet. Unter diese 19 Maße fallen Länge und Breite des
Ohres, Länge und Breite der Ansatzstelle sowie der inneren Ohrfläche — Concha—
Länge und Breite der Incisura intertragica, Tiefe des unteren Anthelixastes,
Breite des Helixrandes an verschiedenen Stellen, Breite und Länge der Ansatzstelle des Ohrläppchens u. a. m. Wir können aus der Tabelle 10 deutlich für
diese Merkmale eine sehr viel größere Ähnlichkeit der EZ-Paarlinge als die der
ZZ und PZ feststellen. Auffallend ist vor allem, daß die mittleren Unterschiede

zwischen den gleichen Ohren von EZ I und II (mit 1,1) genau so groß wie die zwischen dem rechten und linken Ohr *eines* Partners (1,1), die Differenz zwischen den spiegelbildlichen Ohren der beiden Partner mit 1,0 aber sogar noch geringer als die zwischen rechts-links an derselben Person gemessen sind. Ähnlich ist auch für den physiognomischen Ohrindex, die Stellung des Ohres (oberer Winkel — in Winkelgraden) sowie die Verwachsung des Ohrläppchens eine starke

Tabelle 10. Mittlere Unterschiede verschiedener Ohrmaße an Zwillingen.
(Nach QUELPRUD.)

		Mittlere Unterschiede zwischen		
		den Ohren derselben Person	gleichseitigen Ohren der Paarlinge	spiegelbildlichen Ohren der Paarlinge
19 verschiedene Ohrmaße (Durchschnitt) (mm)	EZ	1,1	1,1	1,0	A
	ZZ	1,1	1,8	1,8	
	PZ	1,0	2,5	2,5	
Physiognomischer Ohrindex (Indexeinheiten)	EZ	2,0	2,0	2,2	B
	ZZ	2,0	3,3	3,3	
	PZ	2,2	3,7	3,8	
Stellung des Ohres (oberer Winkel) (Winkelgrade)	EZ	5°	5°	6°	C
	ZZ	5°	9°	8°	
	PZ	6°	13°	13°	
Verwachsung des Ohrläppchens (im Hundertsatz)	EZ	5	6	6	D
	ZZ	6	15	15	
	PZ	8	20	20	
Größe des DARWINschen Höckerchens (Größenklassen)	EZ	0,8	0,8	0,9	E
	ZZ	0,9	1,1	1,1	
	PZ	0,8	1,3	1,3	
Größe und Ebene des Tragus und Antitragus (von Variationsklassen)	EZ	0,2	0,2	0,2	F
	ZZ	0,2	0,4	0,4	
	PZ	0,2	0,5	0,5	

erbliche Anlage festgestellt worden. Dagegen sind beim DARWINschen Höckerchen, im Verhältnis zu den anderen Merkmalen, außer erblichen Anlagen, nebenändernde Umwelteinflüsse von größerer Bedeutung. So kann auch die Größe zwischen rechtem und linkem Ohr bei derselben Person sehr variabel sein. Tragus und Antitragus wurden von QUELPRUD (1932b) ihrer Größe nach in 4 Gruppen (Abb. 25), aber auch nach ihrer Stellung, ob sie mehr oder weniger in der Ebene des Ohres oder schräg zu dieser stehen, klassifiziert und die Differenzen zwischen EZ, ZZ und PZ bestimmt. Tabelle 10 (F) läßt deutlich die größere erbliche Bestimmtheit erkennen. Ähnlich ist die Stellung des Ohres in Beziehung zur Frankfurter Horizontalen erblich bestimmbar (LEICHER, 1928b; QUELPRUD, 1932c).

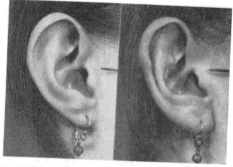

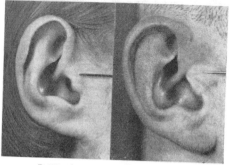

Zwilling I　　　　　　　Zwilling II

Abb. 24. Oben die linken Ohren von einem zweieiigen (erb-verschiedenen) Zwillingspaar. Form verschieden (umgekehrt kopiert). — Unten die rechten Ohren von einem Pärchen-Zwillingspaar. Auffallender Unterschied in der ganzen Form und Größe. (Nach QUELPRUD.)

Weiter geben die Zwillingsuntersuchungen QUELPRUDs (1932a, b, c) Aufklärung über den Helixrand, der bei eineiigen Zwillingen besonders in der Breite, Art und Weise der Einrollung sehr ähnlich sein, andererseits auch die größten Variationen aufweisen kann. Beständiger ist der Anthelix, der ganz flach, mittel und stark gewölbt anzutreffen ist. „Ziemlich konstant ist die Furche zwischen Helix und Anthelix, die Scapha. Besonders zu erwähnen ist eine fortgesetzte Scapha in den Lobulus (Abb. 24 links unten) und ein unterbrochener Scaphafortsatz in das Ohrläppchen (Abb. 24 rechts unten). Der zweihöckerige Tragus, bedingt durch die Entwicklung eines Tuberculum supratragicum, zeigt, wenn er ausgeprägt ist, immer Konkordanz bei EZ, ebenso die Ausbildung der Incisura anterior, die besonders tief bei zweihöckerigem Tragus ist. Die Form der Incisura intertragica, ob V-, U-, hufeisen- oder bogenförmig (Abb. 25) ist ziemlich charakteristisch".

„Weiter muß die Ausbildung eines Knorpelhöckers hinter dem Ohre erwähnt werden. Es gibt davon zwei Arten: 1. Einen Höcker hinter der Cymba conchae, und 2. einen Höcker oder Kamm in der Mulde des Ohransatzes" (Abb. 26). — „Diese Charaktere scheinen erblich zu sein, ebenso eine seltene Erscheinung, nämlich eine Furche, die von der Incisura intertragica in das Ohrläppchen zieht" [QUELPRUD (1932b)]. — Beachtung verdient auch das Crus cymbae, eine Kammbildung, die im

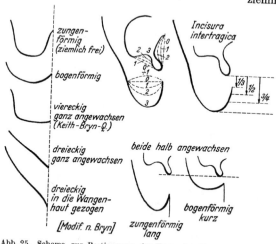

Abb. 25. Schema zur Bestimmung der Form des Ohrläppchens, des Tragus und Antitragus, sowie der Incisura intertragica. (Nach QUELPRUD.)

oberen Teil der Concha ab und zu vorkommt (Abb. 27). Die Form ist ziemlich variabel, bei ZZ meist sehr viel verschiedener als bei EZ ausgebildet.

Bei der Mehrzahl dieser Merkmale machen sich Alters-, Geschlechts- sowie rechts-links-Unterschiede geltend. Daher müssen bei einem Studium des Erbganges beide Ohren, bei Mann und Frau nach Altersklassen getrennt, beobachtet werden.

Für die meisten Merkmale findet man nach QUELPRUD beim Manne größere Maße als bei der Frau; eine Ausnahme hiervon bilden die Länge des Lobulus und Breite der Concha.
Die Wachstumszunahme ist in den verschiedenen Altersstufen bei einzelnen Merkmalen von ungleicher Stärke. Im Alter ist weniger von einem Wachstum als von einer Geweberschlaffung und Abflachung der Ohrmuschel zu sprechen, die das Größerwerden bedingen (QUEL-

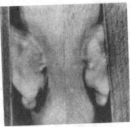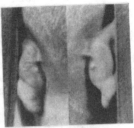

Abb. 26. Knorpelhöcker an der Rückseite des Ohres, in der Mulde des Ohransatzes bei eineiigen Zwillingen. (Nach QUELPRUD.)

PRUD). Das Wachstum der Breite des Ohres und der Concha zeigt z. B. interessante Unterschiede. Während die Breite des Ohres stetig zunimmt, ist bei der Concha zuerst eine Zunahme, dann eine Abnahme und erst im höheren Alter wieder eine Zunahme festzustellen, die nach QUELPRUD der Ausdruck bestimmter „Wachstums- und Dehnungsprozesse" sein muß, welche für die Veränderung der Ohrform vom Kind zum Erwachsenen ausschlaggebend sind.

Stärker als das Wachstum der Breitenmaße ist jenes der Längenmaße, am stärksten beim Lobulus.

Die Gesamtform des Ohres, ob schmal oder breit, hat zuerst LEICHER (1928b) an 33 Eltern mit 101 Kindern in ihrem Erbgang beobachtet und möchte schmalohrig für dominant über breit ansehen. QUELPRUD (1934a und 1935) hält nach sehr viel größerem Familienmaterial (175 Eltern, 395 Kindern) ein intermediäres Verhalten für wahrscheinlich, sagt hierzu aber neuerdings: „Bei linearen Maßen muß hervorgehoben werden, daß die Breite des Ohres wohl durch ein monofaktorielles Schema (Tabelle 11) (entweder intermediärer Erbgang oder große Breite: recessiv)

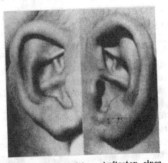

Abb. 27. Beiderseitiges Auftreten eines Kammes (Crus cymbae) im oberen Conchateil bei einem 6jährigen Jungen. (Nach QUELPRUD.)

sich erklären ließe. Doch könnte dieses Ergebnis nur ein scheinbares sein. Für die anderen linearen Maße, die mit der Breite des Ohres zum Teil korreliert sind, dürfte ein einfacher Erbgang nicht in Frage kommen und es ist anzunehmen, daß für alle linearen Maße eine polymere Vererbung vorliegt (z. B. Länge bis zur Incisura intertragica)."

Die Stellung der Längsachse des Ohres zur Frankfurter Horizontalen ist nach Zwillingsuntersuchungen von QUELPRUD (1932c) weitgehend erblich bedingt. LEICHER (1928b) hat an 73 Elternpaaren und 223 Kindern die Aufspaltung geprüft. Die Eltern der Kombination gerade × gerade hatten 148 Kinder, davon nur 3 Kinder mit schiefer Insertion; 6 Elternkombinationen schiefer × schiefer Insertion hatten 16 Kinder mit schiefer Insertion, 17 Kombinationen gerade × schief 59 Kinder, davon besaßen 4 Kinder aus verschiedenen Familien schiefe, alle anderen 55 gerade Insertion des Ohres. Die letzte Elternkombination

29*

spricht dafür, daß gerade dominant über schief ist, allerdings sind aus der
Kombination gerade × gerade, die dann auch Heterozygote umfassen muß,
nur sehr wenig schiefe herausgespalten! Der Erbgang bedarf noch weiterer
Überprüfung.

Ein wichtiges Merkmal ist das Ohrläppchen (in seiner Form, Größe und Art
der Verwachsung), das von verschiedenen Autoren wie CARRIÈRE (1922), HILDÉN
(1922, 1935), v. VERSCHUER (1925, 1926), LEICHER (1928b), MEIROWSKY (1926)
und QUELPRUD (1934a) im Erbgang untersucht wurde. Von KEITH (1901),
zum Teil BRYN (1930) und von QUELPRUD (1932, 1935) stammt die genauere
Einteilung in 1. Form (Abb. 25), 2. Länge, als gradlinige Entfernung der tiefsten
Stelle der Incisura intertragica vom unteren Endpunkt des Ohrläppchens, und
3. Verwachsung des Ohrläppchens, die in verschiedenen Stufen (Abb. 25) beobachtet wird. Altersunterschiede sind deutlich, ebenso Geschlechtsunterschiede;
Frauen haben längere, mehr dreieckige, spitze und angewachsene Ohrläppchen,
Männer im Verhältnis zur Ohr-
länge kürzere, mehr zungen-
förmige und freiere. Mit den
Jahren wird das Ohrläppchen
immer angewachsener, bleibt
von 20—60 Jahren mehr
stationär und im hohen Alter
neigt es wieder dazu, etwas
freier zu werden. Besonders
deutlich sind Alters- und Geschlechtsunterschiede in der
Stellung des Ohres zum Kopf
(ob anliegend oder abstehend).

Tabelle 11. Vererbung der Breite des Ohres.
(Nach QUELPRUD).

Anzahl der Familien	Elternkombination	Kinder		
		schmal	mittel	breit
14	schmal × schmal	28	7	2
46	schmal × mittel	43	57	6
55	mittel × mittel	28	81	27
41	mittel × breit	2	38	32
8	breit × breit	—	1	15
11	schmal × breit	2	20	6

Nach der von QUELPRUD verwandten Meßmethode (GEIPEL, 1923) kann man feststellen, daß männliche Individuen im Säuglingsalter ziemlich anliegende Ohren
haben (Durchschnitt etwa 20⁰), später werden sie bis zum 40. Lebensjahr mehr
abstehend (etwa 30⁰), um dann bis zum Greisenalter wieder anliegender (25⁰) zu
werden. Bei weiblichen Personen werden die Ohren dagegen schon vom Säuglingsalter an (mit etwa 19⁰) immer anliegender (in den dreißiger Jahren nur
noch 12—13⁰). Der Erbgang ist nach QUELPRUD (1934a, 1935) nicht einfach [1].
LEICHER (1928b) hält an sehr kleinem Material abstehende Ohren eher für
recessiv. In manchen Fällen werden auch nebenändernde Ursachen in frühesten
Entwicklungsstadien (J. BAUER, 1923) eine Rolle für das Erhaltenbleiben bzw.
Auftreten abstehender Ohren spielen können.

Die Vererbung des Ohrläppchens, Größe, Angewachsen- bzw. Freisein,
haben als erste CARRIÈRE (1922) und HILDÉN (1922) zu gleicher Zeit bearbeitet;
sie kommen zu verschiedenen Ergebnissen. CARRIÈRE hält angewachsenes
Ohrläppchen für dominant über freies, HILDÉN nach seinen Untersuchungen
auf der Insel Runö freies Ohrläppchen für dominant über angewachsenes und
nimmt an, daß dem freien und angewachsenen Ohrläppchen ein einfaches
Faktorenpaar zugrunde liegt. EUGEN POWELL und D. WITHNEY (1937)
geben ebenfalls einen sehr schönen Stammbaum durch drei Generationen, der
für Dominanz des freien Läppchens spricht. QUELPRUD bestätigt (1934a und
1935) die Ergebnisse von HILDÉN, kommt aber neuerdings (im Druck) nach
einer notwendigen Alters- und Geschlechtskorrektur, im Gegensatz zu seinen
früheren Untersuchungen, zu dem Ergebnis, daß ganz angewachsene Ohrläppchen
eher als dominant gelten, ,,doch liegen die Verhältnisse wahrscheinlich komplizierter."

---

[1] Sein Gesamtmaterial ist noch unpubliziert (vgl. Anm. S. 447).

Der Helixrand unterliegt stärkeren Umwelteinflüssen. Es treten oft Unregelmäßigkeiten und Extrahöcker auf; aber in der Einrollung, Einbiegung und bestimmten Einknickungen macht sich nach QUELPRUDS (1932a, b, c) Zwillings-untersuchungen auch das Erbe geltend. Für die bandförmige Helix (Helix taeniata) wurde von GEYER (1928) ein monomerer, recessiver Erbgang aufgestellt. BONEWITZ (1934) kommt zu dem nicht näher begründeten Ergebnis, daß die verschiedene Verteilung des umgebogenen und eingerollten Helixrandes bei Mann und Frau auf einer geschlechtsgebundenen Vererbung, die im X-Chromosom lokalisiert sei, beruhe. Seine Untersuchungen ermöglichen jedoch nur — wie auch QUELPRUD (1935) betont — die Feststellung von erblichen Unterschieden am Helixrand, die in ihrer Ausprägung vom Geschlecht abhängen. QUELPRUD bestätigt (im Druck) an seinem Material die Recessivität der Helix taeniata (Abb. 28).

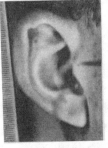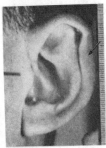

Abb. 28. Helix taeniata. (Nach QUELPRUD.)

Das DARWINsche Höckerchen zeigt nach QUELPRUD (1934b) stärkere umweltbedingte Variabilität. Alters- und Geschlechtsunterschiede sind vorhanden; Männer zeigen mit zunehmendem Alter auch größere Höcker, Frauen im Alter kleinere. Rechts ist das Höckerchen stärker als links; fehlt es auf einer Seite, dann links häufiger als rechts. Familienuntersuchungen QUELPRUDs (1934b) zeigen eine größere Häufigkeit im Auftreten des Höckers bei den Kindern, wenn auch beide Eltern diesen besitzen; jedoch sind, auch wenn beide Eltern keine Höcker besitzen, noch bei $2/_5$ der Kinder solche vorhanden. Manifestationsschwankungen spielen eine große Rolle. Über Dominanz oder Recessivität kann nichts Sicheres gesagt werden. Es besteht aber in dem Auftreten des Höckerchens eine Gesetzmäßigkeit, die nach QUELPRUD allein der Erbbedingtheit zugeschrieben werden muß.

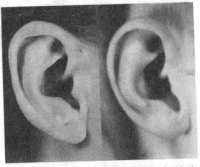

Abb. 29. Fistula auris congenita, links bei der Mutter (rechtes Ohr), rechts Sohn (linkes Ohr, umgekehrt kopiert). (Nach QUELPRUD.)

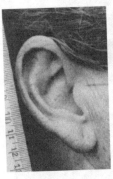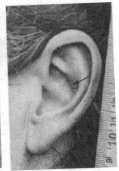

Abb. 30. Arcus cymbalis. (Nach QUELPRUD.)

Ein kleines Loch — Fistula auris congenita —, das gelegentlich am vorderen Helixrand (Abb. 29), auch manchmal nur einseitig auftritt, zeigt nach STARKENSTEIN (1928) und QUELPRUD (1935) mit Manifestationsschwankungen Dominanz.

Für die Anthelix liegen von GEYER (1932) Untersuchungen vor. Er hält für die flache Anthelix einen geschlechtsgebundenen recessiven Erb-

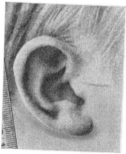
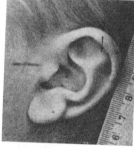

gang evtl. autosomale Vererbung für möglich.

QUELPRUD sieht nach seinen neuen Familienuntersuchungen für das Tuberculum helicis fossale, ein Höckerchen auf der Innenseite des Helixrandes gegen die Fossa triangularis, sowie für den ebenen Tragus einen einfachen Erbgang mit Wahrscheinlichkeit als gegeben an.

Abb. 31. Crus anthelicis tertium. (Nach QUELPRUD.)

gänge findet QUELPRUD (im Druck) bei folgenden Merkmalen:
a) mehr oder weniger vollständige Dominanz:

Stärker gesicherte Erb-

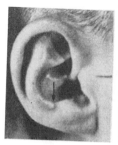
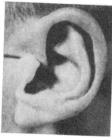

1. für das Crus cymbae (Abb. 27),
2. für den Arcus cymbalis (Abb. 30) (Fortsetzung des Crus anthelicis inferius in die Cymba);
b) Recessivität:

1. für das Crus anthelicis tertium (dritter Anthelixschenkel, Abb. 31),
2. für das Tuberculum anthelicis (Knorpelknötchen, unten auf dem Anthelixkörper am Sulcus auriculae) (Abb. 32),

Abb. 32. Tuberculum anthelicis. (Nach QUELPRUD.)

3. für den Nodulus subantitragicus (fleischiges Knötchen unter dem Antitragus auf dem Lobulus) (Abb. 33).

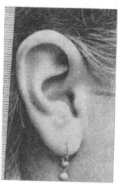
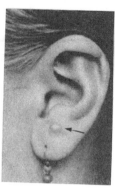

Es fehlen für alle diese obenerwähnten erblichen Merkmale Angaben über verschiedene Häufigkeiten im Auftreten bei einzelnen Rassen leider so gut wie ganz. Allein über das Vorkommen des Ohrläppchens liegen wenige Untersuchungen vor. SCHÄFFER [zit. nach LEICHER (1928b)] findet angewachsenes Ohrläppchen im Rheingau und Westfalen in 10%, Franken in 20%, Großherzogtum Hessen in 25%, Schwaben in 26%; QUELPRUD (1934a) bei oberhessischen Männern in 7%, bei Frauen in 12%; HILDÉN (1935) auf Runö

Abb. 33. Nodulus subantitragicus. (Nach QUELPRUD.)

bei finnisch sprechenden Anwohnern in 20,5% und schwedisch sprechenden in 16,3%; BRYN (1930) in einer vorwiegend nordisch bestimmten Bevölkerung

Norwegens in 22,5%. Nach HELLA PÖCH (1926) ist es bei Wolhynier Männern in 25% und Frauen in 40% vorhanden. Deutliche Unterschiede kommen also vor und es wäre sehr wichtig, in größerem Maßstabe die verschiedenen Genhäufigkeiten, die unter Umständen ein Licht auf ihre Entstehung zu werfen imstande wären, zu sammeln.

Nach meinen Beobachtungen finden wir in Europa die freiesten und größten Ohrläppchen bei der vorderasiatischen, dinarischen und alpinen Rasse, kleinere bei der fälischen, besonders aber nordischen Rasse [wofür auch die Ergebnisse von BRYN (1930) sprechen]. So sind unter 340 von mir gemessenen

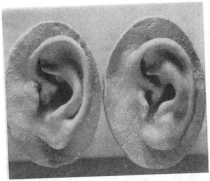
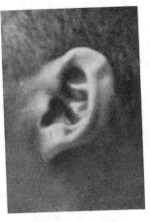

Abb. 34. Abgüsse der Ohren zweier Ituri-Pygmäen-Knaben von M. GUSINDE. (Original im K.W.I. für Anthropologie.)

Abb. 35. Buschmannohr. (Nach E. FISCHER.)

Schwarzwäldern angewachsene Ohrläppchen nur in 1% vorhanden, wobei sich diese 1% nicht auf rein alpine, sondern nordische Mischtypen verteilen. In meinem Rassegutachtenmaterial fallen auf Juden (vgl. Tab. 12):

Aber auch für eine ganze Anzahl anderer Ohrmerkmale werden ähnliche Häufigkeitsunterschiede feststellbar sein. So haben Abgüsse von Pygmäenohren, die dem Kaiser Wilhelm-Institut für Anthropologie durch GUSINDE freundlicherweise zur Verfügung gestellt wurden, einen im Verhältnis zur Ohrgröße sehr starken Tragus, eine tiefe Incisura anterior und kleinere Ohrläppchen (Abb. 34). Eine besondere Bildung stellt, wie eingangs schon erwähnt, das Buschmannohr dar (Abb. 35), das sich durch eine breite, gedrungene Form und einen sehr breiten Helixrand auszeichnet.

Tabelle 12.

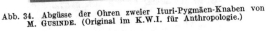

	Angewachsene Ohrläppchen	Mittlere Ohrläppchen	Freie Ohrläppchen
114 Juden . . .	8,1	7,1	84,8
696 Mischlinge . .	9,4	40,6	50,0
550 Nichtjuden .	21,2	24,7	54,1

III. Mimik.

Der Ausdruck des Gesichts hängt neben seiner allgemeinen morphologischen Form auch von seiner Beweglichkeit ab. Die von CLAUSS (1934) im Lachen für den nordischen, mediterranen, ostischen und orientalischen Menschen in schönen Studien festgestellten Unterschiede sind außer psychischen Faktoren ganz besonders auch durch die Muskulatur, ihre Beweglichkeit und Beziehung zu bestimmten Formen der Gesichtsteile begründet. Gesichtsweichteile und Muskulatur sind die Grundlagen für die mimische Ausdrucksmöglichkeit. Psychisch bedingte

Unterschiede in dem Gebrauch der Muskulatur, Intensität des Lachens haben ihrerseits wieder die Möglichkeit, die Gesichtsweichteile peristatisch zu beeinflussen (Fischer, 1936; Hellpach). Umgekehrt kann daher bis zu einem gewissen Grad

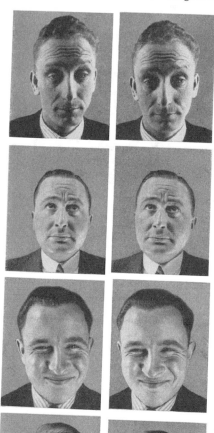

aus dem Phänotypus jener der Mimik untergeordneten Gesichtsweichteile auf die psychischen Anlagen des Menschen rückgeschlossen werden. Erwachsene erbgleiche Zwillinge, die nach gemeinsam verlebter Jugend in geistig verschieden anregende Berufe gestellt worden sind, Fälle, in welchen dem einen mehr Erfolg im Leben zuteil wurde als dem anderen, zeigen uns im Alter auch in ihren Gesichtszügen Unterschiede, die als die Spuren ihres verschiedenen psychischen Erlebens gedeutet werden müssen. Hier spielt die Art und Häufigkeit des Lachens, die Art des Sprechens, die Sprache ohne Zweifel ihre Rolle. Je früher diese peristatischen Momente in der Wachstumszeit wirksam sind, desto deutlicher werden sie uns später erkennbar werden. Niemals wird aber in allen diesen Fällen die grundsätzliche Ähnlichkeit der Gesichtsweichteile der Zwillinge eine wesentliche Veränderung erfahren. Wir sind in der Erfassung der Erb- und Umweltbedingtheit dieser Vorgänge am Anfang; es muß hier auf die Arbeiten von Clauss (1934), Hellpach (1931), Kruse (1929) hingewiesen werden (vgl. Enke, Motorik usw.).

Eingehendere Erwähnung verdienen noch die Zwillingsuntersuchungen von E. Bühler (1938) über die Erblichkeit der im mimischen Ausdruck wichtigen Faltenbildungen des Gesichtes, die zugleich auch Anhaltspunkte über die Erblichkeit jener die Falten beeinflussenden Gesichtsmuskulatur zu geben imstande sind.

Bühler unterscheidet (in seiner noch unveröffentlichten Arbeit, die er mir freundlichst zur Einsicht zur Verfügung stellte) zwei Grundtypen in den mimischen Falten:

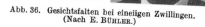

Abb. 36. Gesichtsfalten bei eineiigen Zwillingen. (Nach E. Bühler.)

1. Architektonische oder stehende Falten, wie die Nasolabial-, Kinn-Lippen- und Oberliddeckfalte;

2. Bewegungs- oder Stauchungsfalten, wie Stirnfalten (horizontale und steile), Faltenbildungen des Lachens;

3. Schrumpfungsfalten;

4. Hängefalten.

Abb. 36 zeigt verschiedene Faltenbildungen nach BÜHLER, die deutlich die außerordentliche Übereinstimmung der Falten bei erbgleichen Zwillingen zur Schau tragen. Bei ZZ treten solche Ähnlichkeiten und Übereinstimmungen nicht auf. Die Erbbedingtheit der Falten ist nach BÜHLER eine sehr große und läßt auch auf eine große Erbbedingtheit der die Falten bewegenden und bildenden Muskulatur schließen (vgl. ABEL, Stützgewebe, Abb. 36).

Über den Erbgang der Furchenbildungen liegen wenige Ergebnisse vor. Die Unterlippenkinnfurche untersuchte RICHTER an hessischen Familien, ohne zu einem greifbaren Urteil zu kommen; SCHEIDT (1932) möchte, bei Beachtung von Altersunterschieden und Bestimmungsschwierigkeiten, starke eher für dominant über schwache annehmen. Das Kinngrübchen wurde von MEIROWSKY (1925) an Zwillingen als weitgehend erbbedingt erkannt. Von RICHTER (1936) ist Kinnfurche und -grübchen sowohl getrennt als auch gemeinsam in Familien beobachtet worden; das Vorhandensein von Furche oder Grübchen scheint nach RICHTERs Feststellungen dominant über das Fehlen zu sein; dagegen hält SCHEIDT das Vorhandensein für recessiv. Klarheit besteht hierüber also nicht.

Als äußere Umrahmung des Gesichts spielt der Haaransatz noch eine gewisse Rolle, Höhe der Stirn und Begrenzung derselben, Größe und Wuchs der Augenbrauen sowie des Bartes (vgl. Bd. III, LOEFFLER).

Die Stirnhöhe (Nasion bis Stirnhaaransatz) ist nach Zwillingsuntersuchungen von ABEL (1934) weitgehend erblich bestimmt. EZ zeigen mit einer mittleren prozentualen Abweichung von 2,57 eine größere Übereinstimmung als ZZ und PZ mit einer Abweichung von 3,26% bzw. 3,9%. Die peristatische Variabilität wird durch Meßfehler an der Stirnhaargrenze, besonders im Alter, wesentlich erhöht. Ein Erbgang konnte nicht ermittelt werden. Beachtung verdient die Stirnhaargrenze, bei welcher die Schläfenhaare mit den Augenbrauen in Verbindung treten. In der Jugend ist dann meist auch die gesamte Stirn mit Haarströmen bedeckt, im Alter der mittlere Teil der Stirn haarfrei. Beobachtet wurde dies zuerst von LEHMANN-NITSCHE an Chaco-Indianerinnen Südamerikas. RODENWALDT (1927) fand die Haarströme bei seinen Mestizen auf Kisar und Kisaresen, nach ihm handelt es sich dabei um ein sehr altes dominantes Merkmal. SCHAEUBLE (1939) pflichtet ihm auf Grund seiner neuen Beobachtungen an Indianer-Mischlingen in Südchile bei, ABEL fand das Merkmal an Zigeunern in Rumänien, HAGEN (1906) bei Kubus, MICKLUCHO-MACKLAY [zit. nach SCHAEUBLE (1939)] bei Kindern auf den Karolinen. Auch in unserer Bevölkerung scheint, besonders bei Kleinkindern, häufig eine ähnliche, wenn auch nicht so deutliche Behaarung der Stirne vorhanden zu sein.

IV. Stimme.

Die Ausdrucksform und Mimik hat auch eine engere Beziehung zur Art der *Sprache*. Wir wissen, daß die einzelnen Sprachen mit verschiedener Häufigkeit von Konsonanten, Vokalen, Gutturalen eine verschiedene Inanspruchnahme des Sprechapparates verlangen und so zwangsläufig auch eine Änderung der Bewegungsart der Mundpartie zur Folge haben können. In diesem Zusammenhang ist der Hinweis von GINNEKEN (1925—1934) über das Vorkommen von typischen laryngalen Menschen in den belgischen Gebieten um Leuven, Aalst und Hasselt wichtig. Bei ihnen soll anscheinend infolge der anderen Bildung des Kehlkopfes nun umgekehrt auch die Sprachbildung — sie können den ö-Laut nicht aussprechen — beeinflußt worden sein. Ähnlich hatten schon ADACHI (1900) und LOTH (1931[1]) in einer Reihe von Arbeiten das Fehlen bzw. Vorhandensein bestimmter Muskeln des Stimmorgans festgestellt und die

---

[1] LOTH E.: Antropologie des parties molles: Warschau-Paris 1931.

Meinung geäußert, daß in diesen Variationen die Ursache für die verschiedenen Klangfarben des Stimmorgans zu suchen sei.

Zweifellos haben aber auch Größe und Form von Mund- und Nasenhöhlen, Lippen, Zunge, Zäpfchen und die Form der Zahnreihe Einfluß auf die Klangfarbe der Stimme.

Genauere Kenntnisse über die Vererbung der *Stimmhöhe* besitzen wir allein durch die Arbeiten von Bernstein und seinen Schülern. Nach ihm sind die bekannten Singstimmencharaktere Baß, Bariton und Tenor beim Mann und Sopran, Mezzosopran und Alt bei der Frau mendelnde Merkmale. Bernstein (1922) nimmt ein einfaches Faktorenpaar an. AA erzeugt beim Manne Baß, bei der Frau Sopran; Aa Bariton bzw. Mezzosopran; aa Tenor bzw. Alt. Die kindliche Stimme der Knaben entspricht ebenso ihrer Genformel. Die späteren Bässe sind in der Jugend Soprane, Baritone = Mezzosoprane und die späteren Tenöre in der Jugend Alt. Die höchsten Knabenstimmen werden in der Geschlechtsreife die tiefsten Männer-, und umgekehrt die tiefsten Knaben- die höchsten Männerstimmen.

Beachtenswert ist die verschiedene Häufigkeit der Stimmanlagen in der Bevölkerung. Bezeichnet man die relative Häufigkeit des Gens A in einer vollkommen durchmischten Bevölkerung mit p, dann sind die Häufigkeiten der Klassen:

$$\text{bezüglich} \quad \begin{array}{c|c|c} AA & Aa & aa \\ p^2 & 2\,p\,(1-p) & (1-p)^2 \end{array}$$

Es ergaben sich dann für p in folgenden europäischen Städten nach Bernstein deutliche Unterschiede:

Göttingen	$p = 0{,}602 \pm 0{,}0009$
Trier	$p = 0{,}587 \pm 0{,}011$
Pisa	$p = 0{,}1663 \pm 0{,}0187$
Palermo	$p = 0{,}1235 \pm 0{,}025$
Messina	$p = 0{,}125 \pm 0{,}037$
Reggio	$p = 0{,}138 \pm 0{,}064$

Im Norden Europas sind AA- bzw. Baß- oder Sopran-Kombinationen viel häufiger, aa- bzw. Tenor- oder Alt-Kombinationen seltener als im Süden Europas. Dieses statistische Ergebnis findet in der allgemeinen Erfahrung der größeren Häufigkeit der Bassisten und Soprane in Nordeuropa bzw. Seltenheit derselben im Süden, umgekehrt in der Seltenheit der Tenöre und Altistinnen im Norden seine Bestätigung. Bernstein möchte auf Grund dieser Untersuchungen bei der nordischen Rasse eine größere Häufigkeit von A annehmen, dagegen geringere A-Häufigkeiten bei der mediterranen bzw. alpinen Rasse. Die schneidende und schnarrende Härte (das Stridulo), die manche Altstimmen, vor allem in Messina und Reggio, nach Bernstein besitzen, scheint seiner Ansicht nach auf arabische Einflüsse in diesen Gebieten zurückzugehen.

Schrifttum.

Abel, Wolfgang: Physiognomische Studien an Zwillingen. Z. Ethnol. **1932**. — Zähne und Kiefer in ihren Wechselbeziehungen bei Buschmännern, Hottentotten, Negern und deren Bastarden. Z. Morph. **31**, H. 3 (1933). — Die Vererbung von Antlitz und Kopfform des Menschen. Z. Morph. u. Anthrop. **33**, H. 2 (1934). — Über Europäer-Marokkaner- und Europäer-Annamiten-Bastarde. Z. Morph. u. Anthrop. **36**, H. 2 (1937). — Adachi: Beiträge zur Anatomie der Japaner. Z. Morph. u. Anthrop. **2** (1900). — Aichel, O.: Ergebnisse einer Forschungsreise nach Chile-Bolivien. 4. Epikanthus, Mongolenfalte, Negerfalte, Hottentottenfalte, Indianerfalte. Z. Morph. u. Anthrop. **31** (1932).

BAELZ, E.: Die körperlichen Eigenschaften der Japaner. Mitt. dtsch. Ges. Natur- u. Völkerkde Ostasiens 4, H. 32 (1885). — BAUER, J.: Vorlesungen über allgemeine Konstitutions- und Vererbungslehre. Berlin: Julius Springer 1923. — BAUR-FISCHER-LENZ: Menschliche Erblichkeitslehre und Rassenhygiene. München: J. F. Lehmann 1936. — BERNSTEIN, F.: Zur Statistik der sekundären Geschlechtsmerkmale beim Menschen. Nachr. Ges. Wiss. Göttingen, Math.-physik. Kl. 1923. — Beiträge zur mendelistischen Anthropologie. I. Quantitative Rassenanalyse auf Grund von statistischen Beobachtungen über den Klangcharakter der Singstimme. Sitzgsber. preuß. Akad. Wiss., Math.-physik. Kl. 1925. — BIJLMER, H. J. T.: Outlines of the Anthropology of the Timor-Archipelago. Int. com. voor Wetensch. Ondersoek. III. Weltevreden 1929. — BONEWITZ, H.: Eine Studie zur Morphologie und Vererbung einzelner Merkmale der menschlichen Ohrmuschel. Diss. Leipzig 1934. — BONNEVIE, KRISTINE: Main results of a statistical investigation of finger prints from 24518 individuals. Eugenics Genet. and the Fam., Vol. 1. 1923. — BRAUNS, L.: Studien an Zwillingen im Säuglings- und Kleinkindesalter. Z. Kinderforsch. 1934, 43. — BRYN, H.: Homo caesius. Norsk. Vidensk. Selsk. Skrifter 1930, Nr 2. — BÜHLER, E.: Zwillingsstudien über Falten und Furchen des Antlitzes. Verh. dtsch. Ges. Rassenforsch. 9 (1938). — Die Oberliddeckfalte am Europäerauge. Z. Morph. u. Anthrop. 38, H. 1 (1939).

CARRIÈRE, R.: Über erbliche Ohrformen, insbesondere das angewachsene Ohrläppchen. Z. Abstammgslehre 28 (1922). — CHERVIN: Anthropologie bolivienne. Paris 1889. — CLAUSS, L. F.: Rasse und Seele. München: J. F. Lehmann 1936.

DAHLBERG, G.: Twin births and twins from a hereditary point of view. Stockholm 1926. — DAVENPORT, CH.: Notes on physical Anthropology of Australien aborigines and black white hybride. Amer. J. physic. Anthrop. 8 (1925). — Race crossing in Man. C. r. III. Sess. Inst. internat. d'Anthrop. Amsterdam 1927. — Nasal breadth in Negro and White Crossing. Eugenics News 13, Nr 3 (1928). — Race crossing in Jamaica. Sci. Monthly 27 (1928). — DAVENPORT, CH. and STEGGERDA: Race crossing in Jamaica. Carnegie Inst. Washington 1929. — DUNN, L.: Some results of race mixture in Hawaii. Eug. in race and state, Vol. 2. Baltimore 1923. — An anthropometric study of Hawaians of pure and mixed blood. Pap Paebody Mus. 11, Nr 3 (1928).

EICKSTEDT, E. v.: Beiträge zur Rassenmorphologie der Weichteilnase. Z. Morph. u. Anthrop. 25 (1926). — Rassenkunde und Rassengeschichte der Menschheit. Stuttgart: Ferdinand Enke 1933.

FISCHER, EUGEN: Die Rehobother Bastards und das Bastardierungsproblem beim Menschen. Jena 1913. — Europäer-Polynesier-Kreuzung. Z. Morph. u. Anthrop. 28 (1930). — Versuch einer Genanalyse des Menschen. Z. Abstammgslehre 54, H. 1/2 (1930). — Anthropologische Bemerkungen zu den Masken aus GEORG KARO: Schachtgräber von Mykenai, 1933. — Kreuzung mit Chinesen in Europa. Erbarzt 1935, Nr.7. — Rasseneinteilung und Erbanalyse. Z. Rassenkde 2, H. 2 (1935). — Altersveränderungen im Gesicht bei Rehobother Bastarden 1908—1931. Verh. dtsch. Ges. Rassenforsch. 9 (1938). — Neue Rehobother Bastardstudien. I. Antlitzveränderungen verschiedener Altersstufen bei Bastarden. Z. Morph. u. Anthrop. 37, H. 2 (1938). — Versuch einer Phänogenetik der normalen Eigenschaften des Menschen. Z. Abstammgslehre 76, H. 1/2 (1939). — FISCHER, MAX: Ähnlichkeit und Ahnengemeinschaft. Z. Morph. u. Anthrop. 34 (1934). — FLEMING, H. C.: Anthropological studies of children. Eugenics Rev. 18 (1927).

GATES, R. RUGGLES: Mendelian heredity and racial differences. J. roy. Anthrop. Inst. 55 (1925). — GEIPEL, G.: Ein Winkelmesser für den Stellungswinkel des menschlichen Ohres. Z. Morph. u. Anthrop. 32 (1933). — GEYER, E.: Vererbungsstudien am menschlichen Ohr. Mitt. u. Sitzgsber. anthrop. Ges. Wien 58 (1928). — Vererbung der bandförmigen Helix. Mitt. anthrop. Ges. Wien 58 (1928). — Vererbungsstudien am menschlichen Ohr. 3. Beitrag. Die flache Anthelix. Mitt. anthrop. Ges. Wien 62 (1932). — Die anthropologischen Ergebnisse der mit Unterstützung der Akademie der Wissenschaften in Wien veranstalteten Lapplandexpedition, 1913/14. Mitt. anthrop. Ges. Wien 1933. — GINNEKEN, J. v.: De oorzaken der tallveranderingen. Med. Kon. Ak. Wet. Amsterdam, Afd. Letterk. 61, Ser. A, 2, (1925); 69, Ser. A, 1). — De erfelykheid der klankwetten. Med. Kon. Ak. Wet. Amsterdam, Afd. Letterk. 61, Ser. A, 5 (1926). — De ontwikkelingsgeschiedenis van de systemen der menschelyke taalklanken. Med. Kon. Ak. Wet. Amsterdam, Afd. Letterk. 1932. — La tendance labiale de la race méditerranéenne et la tendance laryngale de la race alpine. Proc. Int. Congr. Phon. Sc., Amsterdam 1932. Arch. néerl. Phon. exp. 8, 9 (1933). — Welke taalelementen zyn ons aangeboren? Onze Taaltuin 3 (1934).

HAECKER, V.: Der Familientypus der Habsburger. Z. Abstammgslehre 6 (1911/12). — HAGEN, B.: Kopf und Gesichtstypen ostasiatischer und melanesischer Völker. Stuttgart: Kreidels Verlag 1898. — HARRASSER, A.: Die Laienphotographie als Hilfsmittel für erbbiologische Beobachtungen. Mitt. anthrop. Ges. Wien 62 (1932). — HAUSCHILD, R.:

Rassenkreuzungen zwischen Negern und Chinesen auf Trinidad, W. I. Z. Morph. u. Anthrop. 38, H. 1 (1939). — Hellpach, W.: Das fränkische Gesicht. Sitzgsber. Heidelberg. Akad. Wiss., Math.-naturwiss. Kl. 1, II. 1921. — Herskovits, M.: On the negro-white population of New York City: The use of the variability of family strains as an index of heterogeneity or homogeneity. C. r. 21. Congrès internat. Americanistes Sess. La Haye 1924. — A further discussion of the variability of family strains in the negro-white population of New York City. J. amer. Statist. Assoc. 1925. — Variability and racial mixture. Amer. Naturalist 61 (1927). — Hildén, K.: Über die Form des Ohrläppchens beim Menschen und ihre Abhängigkeit von Erbanlagen. Hereditas (Lund) 3 (1922). — Studien über das Vorkommen der Darwinschen Ohrspitze in der Bevölkerung Finnlands. Fennia (Helsinki) 52, Nr 4 (1929). — Ist die Darwinsche Ohrspitze als ein Rassenmerkmal anzusehen? C. r. IV. Sess. Inst. internat. d'Anthrop. à Portugal, 21.—30. Sept. 1930. — The racial composition of the Finnish nation. Helsinki 1932. — Zur Kenntnis des Vorkommens des „freien" und „angewachsenen" Ohrläppchens in der Bevölkerung Finnlands. Soc. Sci. Fennica, Comm. Biol. 5 (1935). — On the relation between the age and the occurence of the Mongolian eyefold. Soc. Sci. Fennica, Comm. Biol. 7, 6 (1938). — Hooton: Observations and querries as to the effect of race mixture on certain physical characteristics. Eugenics in race and state Baltimore, 1923.

Jankowsky, Walter: Die Blutsverwandtschaft im Volk und in der Familie. Stuttgart: E. Schweizerbarth 1934.

Keiter, Fr. A.: Schwansen und die Schlei. Dtsch. Rassenkde 1931. — Keiter, Friedrich: Über die Formentwicklung des kindlichen Kopfes und Gesichts. Z. Konstit.lehre 17, H. 3 (1933). — Über Korrelation der Gesichtszüge. Anthrop. Anz. 11, H. 3/4 (1934). — Keith, A.: The significence of certain features and types of the external ear. Nature (Lond.) 65 (1901). — The results of an anthropolological investigation of the external ear. Proc. Anat. a. Anthrop. Soc. Univ. Aberdeen 1904/06. — Krauss, W. W.: A German-Japanese family in Honolulu. A study in race biology. Hawaiian Acad. Science, Bernice P. Bishop Mus., special Publ. 1936, p. 30. — Kretzer, V.: Untersuchungen über Nasenform, Augen und Haarfarbe osteuropäischer Juden. Osteurop. Rdsch. 4, Nr 5 (1929).

Lebzelter, V.: Über Khoisanmischlinge in Südwestafrika. Z. Morph. u. Anthrop. 34 (1934). — Leeden: Zit. nach E. Fischer. — Leicher, H.: Über die Vererbung der Nasenform. Verh. Ges. phys. Anthrop. 3 (1928a). — Vererbung anatomischer Variationen der Nase, ihrer Nebenhöhlen und des Gehörorgans. Die Ohrenheilkunde der Gegenwart usw., herausgeg. von Körner, Bd. 12. München 1928b. — Lenz, F. u. O. v. Verschuer: Zur Bestimmung des Anteils von Erbanlage und Umwelt an der Variabilität. Arch. Rassenbiol. 20 (1928). — Lotsy, J. P. and W. A. Goddijn: Voyages of exploration to judge of the bearing of hybridisation upon evolution. Genetica ('s-Gravenhage) 10 (1928).

Martin, R.: Lehrbuch der Anthropologie. Jena: Gustav Fischer 1928. — Meirowsky, E.: Zwillingsbiologische Untersuchungen mit besonderer Berücksichtigung der Frage der Ätiologie der Muttermäler. Arch. Rassenbiol. 18 (1926). — Mjöen, J. A.: Harmonische und unharmonische Kreuzungen. Z. Ethnol. 52 (1921).

Neuhauss, R.: Vortrag über anthropologische Untersuchungen in Oceanien, namentlich in Hawaii. Verh. Z. Ethnol. 17 (1885). — Nordenskiöld: Zit. nach E. Fischer: Versuch einer Genanalyse des Menschen.

Pillat: Zur „Ähnlichkeitsdiagnose" der Augenmerkmale bei EZ und über „Spiegelbildsymmetrie" gewisser Merkmale. Z. Augenheilk. 1930. — Pöch, H.: Beiträge zur Anthropologie der ukrainischen Wolhynier. Mitt. anthrop. Ges. Wien 55/56 (1926). — Powell, E. F. and D. Whithney: Ear lobe inheritance. An unisual three-generation photographic pedigreechart. J. Hered. 28 (1937).

Quelprud, Th.: Untersuchungen der Ohrmuschel von Zwillingen. Z. Abstammgslehre 62 (1932a). — Über Zwillingsohren. Z. Ethnol. 64 (1932b). — Zwillingsohren. Eugenik 2 (1932c). — Familienforschungen über Merkmale des äußeren Ohres. Ber. 10. Jverslg dtsch. Ges. Vererbgs.wiss. 1934a. — Zur Erblichkeit des Darwinschen Höckerchens. Z. Morph. u. Anthrop. 34 (1934b). — Die Ohrmuschel und ihre Bedeutung für die erbbiologische Abstammungsprüfung. Erbarzt 1935, Nr 8.

Ranke, J.: Der Mensch, 3. Aufl. Leipzig-Wien 1912. — Richter, B.: Burkhards und Kaulstoß. Zwei oberhessische Dörfer. Dtsch. Rassenkde 14 (1936). — Rodenwaldt, E.: Die Mestizen auf Kisar. Herausgeg. durch Meddlingen van den Dienst der Volksgezondheid in Niederländisch-Indien, 1927. — Routil, R.: Über die biologische Gesetzmäßigkeit der Kopfmaße. Mitt. anthrop. Ges. Wien 62 (1932). — Von der Richtung der Augenlidspalte. Ein Beitrag zur Frage „Rasse und Vererbung". Z. Morph. u. Anthrop. 32, H. 3 (1933).

Salaman: Heredity of the Jews. J. Genet. 1 (1911). — Schaeuble, J.: Einige anthropologische Beobachtungen an chilenischen Mischlingen. Z. Ethnol. 68 (1936). — Indianer und Mischlinge in Südchile. Z. Morph. u. Anthrop. **38**, H. 1 (1939). — SCHEIDT, W.: Physiognomische Studien an niedersächsischen und oberschwäbischen Landbevölkerungen. Dtsch. Rassenkde **5** (1931). — Untersuchungen über die Erblichkeit der Gesichtszüge. Z. Abstammgslehre **60**, H. 4 (1932). — SCHWALBE, G.: Das DARWINsche Spitzohr beim menschlichen Embryo. Anat. Anz. **4** (1889). — Beiträge zur Anthropologie des Ohres. Internat. Beiträge zur wiss. Medizin (Festschrift f. RUDOLF VIRCHOW). Berlin 1891. — SIEDER, H.: Über die Augenlider bei Zwillingen. Z. menschl. Vererbgslehre **22**, H. 3 (1937). — SIEMENS, H. W.: Die Zwillingspathologie. Berlin 1924. — SIRKS, M. J.: Klang, Stimme und Laut im Geltungsbereich der Vererbungslehre. Mélanges van Ginneken 1937. — STARKENSTEIN, E.: Über die Vererbung einer brachiogenen Fistel. Med. Klin. **1928** I. — STEGGERDA, M.: Physical development of negro-white hybrids in Jamaica. British West-Indies. Amer. J. physic. Anthrop. **12**, Nr 1 (1928). — TAO, YUN-KUEI: Chinesen-Europäerinnen-Kreuzung. (Anthropologische Untersuchungen an F$_1$-Mischlingen.) Z. Morph. u. Anthrop. **33**, H. 3 (1935). — TUPPA, K.: Zur Morphologie der Augengegend. Wien: Selbstverlag der Anthrop. Ges. 1938. — Studien an den Weichteilen der Augengegend. Verh. dtsch. Ges. Rassenforsch. **9** (1938). — VERSCHUER, O. v.: Die Umweltwirkungen auf die anthropologischen Merkmale nach Untersuchungen an eineiigen Zwillingen. Arch. Rassenbiol. **37** (1925). — Die vererbungsbiologische Zwillingsforschung. Erg. inn. Med. **31** (1927). — Die Ähnlichkeitsdiagnose der Eineiigkeit von Zwillingen. Anthrop. Anz. **5** ,H. 3 (1928). — Ergebnisse der Zwillingsforschung. Verh. Ges. phys. Anthrop. **6** (1930). — VERSCHUER, O. v. u. K. DIEHL: Zwillingstuberkulose. Jena: Gustav Fischer 1933. — VIRCHOW, H.: Messung der Weichnase. Z. Ethnol. **47** (1915). — Zur Anthropologie der Nase. Z. Ethnol. **56** (1924). — WAGENSEIL: Zit. nach E. FISCHER. — WENINGER, J.: Morphologische Beobachtungen an der äußeren Nase und an den Weichteilen der Augengegend. Bericht über die Tagung in Salzburg 1926. Sitzgsber. anthrop. Ges. Wien **1926/27**. — Über die Weichteile der Augengegend bei erbgleichen Zwillingen. Anthrop. Anz. **9**, H. 1 (1932). — I. Der naturwissenschaftliche Vaterschaftsbeweis. Wien. klin. Wschr. **1935** I. — WENINGER, J. u. H. PÖCH: Leitlinien zur Beobachtung somatischer Merkmale des Kopfes und Gesichtes beim Menschen. Mitt. anthrop. Ges. Wien **54** (1924). — WENINGER, M.: Beziehungen zwischen Körperbau und morphognostischen Merkmalen des Gesichtes bei westafrikanischen Negern. Anthrop. Anz. **11**, H. 1/2 (1934). — WILLIAMS, G. D.: Maya-Spanish Crosses in Yugtan. Pap. Peabody Mus. **13**, Nr 1 (1931).

Motorik und Psychomotorik.

Von **W. Enke**, Bernburg (Anhalt).

Mit 14 Abbildungen.

Die Art und Weise, wie ein Mensch sich bewegt, ist ein so elementarer Bestandteil seines körperlichen und seelischen Gesamthabitus, daß ihre exakte Erfassung eine der wichtigsten Grundlagen der konstitutionsbiologischen Erforschung der Persönlichkeit bildet. Der Gang, die Gesten, das Mienenspiel, die Art und das Tempo der Gesamtbewegungen beim Betreten eines Zimmers z. B. oder beim Ergreifen eines Gegenstandes, sind, wie Rohracher richtig formuliert, ebenso „typisch" für eine Persönlichkeit wie ihr Händedruck oder das Tempo ihres Sprechens. Die motorischen Begabungen der Menschen sind entsprechend ihren konstitutionellen Verschiedenheiten oft so augenfällig mannigfaltige, daß ihre besondere Eigenart nicht nur von Berufspsychologen, sondern in mehr intuitiver Weise besonders gern auch vom Dichter und Künstler von jeher zur Charakterisierung bestimmter Menschentypen dargestellt wird. Daß man von der Motorik eines Menschen aus Rückschlüsse auf seine Charakter- und Temperamentsveranlagung ziehen kann, ist eine geläufige Tatsache. Beruht doch die Einsicht in die Art eines anderen gerade auch auf diesen meist unwillkürlichen Beobachtungen beim alltäglichen Umgang mit Menschen. Man findet in den Bewegungen eines Kindes oft bis auf feinste Einzelzüge typische Eigenarten seiner Eltern wieder und stellt damit unwillkürlich erbliche Bedingtheit dieser Merkmale fest. Man kann noch weitergehen und sagen: *die Motorik ist der lebendige Ausdruck der Funktionsdynamik der Gesamtpersönlichkeit in ihrer erblichen Gebundenheit.* Die systematische und möglichst exakte Erfassung der Motorik ist daher ein notwendiger Bestandteil der konstitutionsbiologisch, d. h. psychophysisch eingestellten Persönlichkeitsforschung.

I. Deskriptive Merkmale.

Der biologischen Erfassung der Leib-Seele-Einheit liegt der Konstitutionsbegriff zugrunde, wie wir ihn in dem Kapitel „Konstitutionsbiologische Methoden" kurz definiert haben. Gingen wir dort von der *Morphologie* der Kretschmerschen Konstitutionstypen aus, so bedarf es jetzt einer kurzen Beschreibung ihrer typischen Bewegungsart. Bei den Pyknikern finden wir vor allem weiche, abgerundete, fließende und sperrungsfreie Bewegungen in flottem oder behäbigem Tempo. Bei den Leptosomen ist die Motorik gespannt, eckig, steif oder fahrig-hastig und zuweilen sprunghaft und abrupt. Beim Athletiker ist sie im allgemeinen schwer, ruhig und gemessen-bedächtig. Zum Studium der Motorik genügt aber nicht allein eine deskriptive Erfassung der äußeren Merkmale, die den Zustand des ganzen Körpers und seiner einzelnen Teile sowohl in der Ruhe wie in der Bewegung kennzeichnen (Motoskopie), sondern es ist auch die spezielle Erfassung und Messung (Motometrie) und nach Möglichkeit eine bildhafte oder graphische Erfassung der Bewegungen (Motographie) notwendig. Ein besonders ausführliches und alles wesentliche enthaltendes Schema zur Untersuchung und Aufzeichnung des äußeren Bewegungsbildes ist von Oseretzky und dessen Mitarbeitern ausgearbeitet worden. Es enthält die einzelnen Merkmale der Haltung des Körpers und seiner Teile, der „Pose", des Gesichtsausdruckes, der Mimik, der Gestikulation, des Händedruckes, des Ganges, der Sprache, der Handschrift, der automatischen, assoziierten (Hilfsbewegungen) und Abwehrbewegungen, der pathologischen Bewegungen, und endlich einen Fragebogen über die Motorik gemäß den Aussagen aus der näheren Umgebung der zu untersuchenden Person.

II. Handform und -motorik.

Ein Hauptteil der Bewegungen des Menschen wird von seiner Hand übernommen, so daß deren konstitutionstypische Erfassung zur Beurteilung seiner Motorik notwendig ist. Noiré nennt die Hand mit Recht das „äußere Gehirn", und Kretschmer sagt treffend vom Studium der Hand: „So wie das kleine Babinskische Zeichen als äußerliches Detail uns tief in der zentralen Nervenmasse feinste Veränderungen verraten kann, so kann jeder Zentimeter des Handumfanges und jeder Winkelgrad der Kieferbiegung mit zum Index für die Konstitutionsformel des Untersuchten werden." Die erste systematische Durcharbeitung unter konstitutionsbiologischen Gesichtspunkten fand die Hand durch Kühnel an der Marburger Klinik. Er verwandte 9 Maße, und zwar: Armlänge, Oberarmlänge, Unterarmlänge, Handrückenlänge, Handlänge, Unterarmumfang, Handgelenkumfang und Handumfang, in der richtigen Erkenntnis, daß sich die konstitutionelle Eigenart der Hand nur erschließen läßt, wenn man sie zumindest mit dem Arm als Einheit zu erfassen sucht. Die hierzu notwendige besondere Meßtechnik muß in der Originalarbeit selbst nachgelesen werden. Die Einzelmaße und deren Mittelwerte hat Kühnel in folgender Tabelle niedergelegt (Tabelle 1).

Tabelle 1. Mittelwerte und Variationsbreiten der Einzelmaße. (Nach Kühnel.)

		Männer		Frauen	
		Mittelwert	Variationsbreite	Mittelwert	Variationsbreite
Körpergröße · · ·	Leptosom	170,8	160,5 —186,0	159,2	145,0 —173,75
	Athletisch	174,8	165,0 —185,0	166,2	153,0 —181,5
	Pyknisch	166,1	154,5 —175,0	156,2	143,5 —170,5
Armlänge · · · ·	Leptosom	77,6	69,5 — 84,5	68,8	63,0 — 74,25
	Athletisch	75,7	70,0 — 82,0	71,0	66,5 — 77,0
	Pyknisch	70,4	63,0 — 76,5	65,7	59,0 — 73,0
Oberarmlänge · ·	Leptosom	31,7	28,5 — 35,5	28,8	25,25— 33,5
	Athletisch	32,0	28,5 — 35,0	29,9	26,0 — 33,5
	Pyknisch	30,1	26,0 — 34,0	28,2	24,75— 31,5
Unterarmlänge · ·	Leptosom	26,2	24,0 — 28,5	23,2	20,0 — 26,5
	Athletisch	25,2	23,5 — 28,5	23,2	20,75— 27,25
	Pyknisch	22,2	20,5 — 26,5	20,8	19,0 — 25,0
Handrückenlänge ·	Leptosom	9,5	9,0 — 11,5	8,3	7,0 — 10,0
	Athletisch	9,5	9,0 — 11,0	8,7	7,5 — 11,0
	Pyknisch	9,3	8,0 — 10,0	8,1	7,0 — 9,5
Handlänge · · · ·	Leptosom	20,1	18,0 — 22,0	18,1	16,0 — 20,5
	Athletisch	19,8	18,0 — 22,0	18,4	16,75— 21,5
	Pyknisch	18,9	16,5 — 20,5	17,3	14,25— 19,0
Vorderarmumfang ·	Leptosom	24,8	22,5 — 28,5	21,3	18,25— 24,5
	Athletisch	28,7	23,0 — 32,0	25,8	22,5 — 32,0
	Pyknisch	28,8	23,0 — 32,0	26,4	20,5 — 31,0
Handgelenkumfang	Leptosom	16,2	15,0 — 18,0	14,7	13,5 — 17,0
	Athletisch	19,6	17,75— 20,5	16,9	15,25— 18,5
	Pyknisch	16,6	15,0 — 18,5	15,0	14,25— 17,0
Handumfang · · ·	Leptosom	19,7	17,5 — 22,0	18,2	16,0 — 20,5
	Athletisch	22,0	20,0 — 24,75	19,7	17,5 — 21,5
	Pyknisch	21,2	18,0 — 22,5	18,6	16,5 — 20,75

Bezüglich der von ihm errechneten Indices muß ebenfalls auf die Originalarbeit verwiesen werden. Von seiner ausführlichen und von guten Abbildungen
unterstützten Beschreibung der typologischen Unterschiede der Morphologie der
Arme und Hände sollen hier nur die schematischen Abbildungen der Handumrißlinien (Abb. 1), die Photographien der typischen leptosomen, athletischen

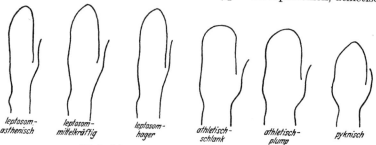

| leptosom- | leptosom- | leptosom- | athletisch- | athletisch- | pyknisch |
| asthenisch | mittelkräftig | hager | schlank | plump | |

Abb. 1. Schema der Handumrißlinien. (Nach Kühnel.)

und pyknischen Hand des Mannes dargestellt werden, sowie die von ihm gegebenen Erläuterungen:

Das Schema der *leptosomen Hand* zeigt das lange, schlanke Ausfächern
der Finger, die unter sich eine starke Längendifferenz besitzen. Der Mittelfinger

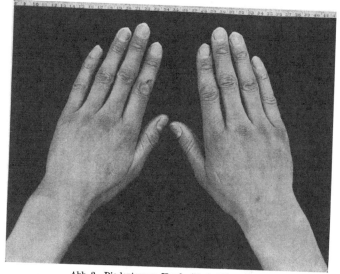

Abb. 2. Die leptosome Hand. (Nach Kühnel.)

springt besonders vor. Dadurch bekommt die Fingerlinie die Form eines Spitz-
bogens. Der leptosome Daumen sinkt bei Lockerung der Hand meist schlaff
herab. Beide Fingerballen sind schmächtig, beim Astheniker fehlen sie ganz.
Die Ballenlinie wird bestimmt durch die Mittelhandknochen und stellt so ohne
Absatz eine Verlängerung der Armlinie dar (Abb. 2).

Die *athletische Hand* bildet ein plumpes, fast viereckiges Massiv. Die Fingerlinie bildet einen sehr stumpfen Bogen. Die kräftigen Ballen springen gegenüber

dem Handgelenk eckig heraus. Durch die kräftige Ballenmuskulatur wird der derbe Daumen fast in die Handrückenebene gehoben (Abb. 3).

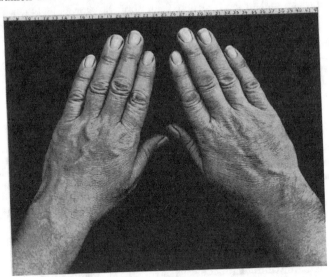

Abb. 3. Die athletische Hand. (Nach KÜHNEL.)

Mit beiden Handformen kontrastiert das gut geschlossene eiförmige Oval der *pyknischen Hand*, das aus der mäßigen, aber gut geschwungen gegen

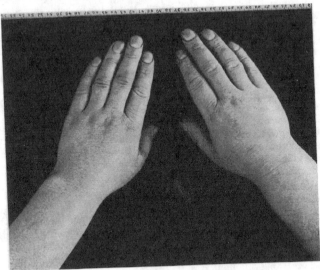

Abb. 4. Die pyknische Hand. (Nach KÜHNEL.)

das Handgelenk abgesetzten Ballenrundung und der Einwärtsbiegung des zweiten und fünften Fingerendes in der Fingerlinie entsteht. Der pyknische Daumen legt sich diesem Oval oft in glatter Rundung an (Abb. 4). Natürlich ist die Vielheit auch der reinen Handformen immer nur eine Annäherung an diese Schematisierung.

Eine ausführliche und in ihren Grundzügen ähnliche Morphologie der Hand sowie ihrer typologischen Motorik findet sich auch bei Oseretzky in seiner Monographie über „Psychomotorik". Seine Ergebnisse bezüglich der Motorik stimmen weitgehend überein mit denen von A. Friedemann, der noch einen Schritt weitergegangen ist und versucht hat, in Parallele zu Kretschmers Forschungsweg, die für den zirkulären und schizophrenen Formenkreis charakteristischen Handformen zu bestimmen. Die Hände der Schizophrenen entsprechen nach ihm morphologisch im wesentlichen denen des leptosomen, athletischen oder „infantil-dysplastischen" Handtypes, die der Zirkulären dem pyknischen Handtyp.

Motorisch fällt bei vielen Schizophrenen auf, daß die Finger stark „gelöst" erscheinen, außer bei Verblödungsprozessen Katatoner, die aller Psychomotorik entbehren. Am deutlichsten kommt die Selbständigkeit der einzelnen Finger da zum Ausdruck, wo sie grotesk übertrieben wird. Der Händedruck beim Gruß erfolgt gern mit „maniriert" gespreizten Fingern. Löst sich dieses verkrampfte Spreizen, so wird dann häufig beim Reden jedes Wort mit einer verbogenen Handbewegung und Fingerverdrehung begleitet, die der psychischen Inkohärenz an Plötzlichkeit, Unverständlichkeit und Sperrung nichts nachgeben. „Der Handgruß der Paranoiden erweckt oft deutlich das Gefühl, als liefen Spannungen in der Muskulatur ab. Ganz rasche, feine, die ganze Muskulatur durchlaufende Spasmen glaubt man zu spüren, wie sie vielleicht als Ausdruck der inneren Spannung des Patienten sich auf die eigene Hand übertragen." Zerfahren und unbeherrscht erscheinen die Handbewegungen der Hebephrenen, ein Abbild ihrer Mimik, ihrer intellektuellen Äußerungen und ihrer Phantasie. Im Gegensatz hierzu zeigt die Motorik der Zirkulären sowohl im melancholischen Hemmungs- wie im manischen Erregungszustand eine auffallende Armut an Fingerbewegungen, soweit sie die Finger als solche betreffen. Ihre Handbewegungen sind merkwürdig geschlossen und einheitlich, und auch in der Erregung behalten die Finger immer eine Art mittlere Ruhelage. Natürlich kommt es auch zu Bewegungen einzelner Finger. Es ist aber ein ständiges Bestreben vorhanden, möglichst bald wieder die mittlere Ruhelage einzunehmen. „Alle Bewegungen erfolgen im wesentlichen aus dem Handgelenk heraus, die Bewegung in den Fingergrundgelenken und die Spreizung der Finger wird auffallend wenig bei der Gestik verwandt." Erscheinen die Bewegungen der Depressiven etwas langsam und gehemmt, so die der Manischen natürlich, ungezwungen und flüssig. Entsprechend ist der Handdruck beim Depressiven etwas schwerfällig und mühselig, der des Manischen offenherzig, warm, temperamentvoll und unkompliziert.

Die Motorik der athletischen Hände ist langsam, schwerfällig-bedächtig, der Handdruck kräftig und häufig ausgesprochen haftend. Die Bewegungen im Handgelenk und die der einzelnen Finger sind im allgemeinen geschlossenharmonisch und unkompliziert. Die Arbeit geschieht mehr mit der ganzen Hand, weniger mit den Fingern. Ein starker, oft übermäßiger Kraftaufwand wird von manchen Autoren betont, verbunden mit einer gewissen Plumpheit und in extremen Graden Unbeholfenheit der Bewegung.

Es stehen noch genauere Untersuchungen über die konstitutionstypischen Verhältnisse der Papillarlinien aus, deren erbliche Bedingtheit durch zahlreiche Untersuchungen sichergestellt ist (Bonnevie, Grüneberg, Hara, Lauer, Meirowski, Newmann, Poll, Reichle, Stocks u. a.).

III. Die motorischen Wurzelformen oder Radikale.

Da sich somit deutlich enge Beziehungen von Handform und -motorik zum Gesamtkörperbau und zu den Temperamentskreisen finden, so kann man als wahrscheinlich annehmen, daß nicht allein die morphologischen Merkmale, sondern auch die motorischen weitgehend erblich bedingt sind. Unter dieser Voraussetzung mußte es möglich sein, auch für die Motorik wesentliche Radikale oder Wurzelformen, d. h. elementare, nicht weiter zerlegbare, motorische Funktionen aufzufinden, also diejenigen motorischen Reaktionsneigungen oder Dispositionen, die typische, immer wiederkehrende Beziehungen zu den Körperformen aufweisen und damit ihre erbliche Bedingtheit belegen. Einen ersten, aber in seiner praktischen Verwertbarkeit unvollkommenen Versuch nach dieser Richtung hin bedeuten die psychomotorischen Untersuchungen russischer Autoren (GUREWITSCH, JISLIN, OSERETZKY u. a.), die die psychomotorischen Eigenheiten und Qualitäten hirnlokalisatorisch bestimmten und zu folgender Einteilung der neuromotorischen Mechanismen gelangten: Bei den Pyknikern sind gegenüber den Leptosomen besser entwickelt die „Cortex centralis" (Energie der Bewegungen), die subcorticalen Systeme (Regelmäßigkeit der Ablösung von Innervation und Denervation, Rhythmus, Geschwindigkeit der Einstellung, Eigenart der automatischen und Schutzbewegungen), sowie die Koordinationssysteme der Cortex und des Cerebellum (Fähigkeit, die Bewegungsrichtung und das Gleichgewicht einzustellen und zu erhalten). Während die Kleinhirnsysteme bei den Pyknikern und Leptosomen keinen besonderen Unterschied zeigen, sollen bei den Athletikern Kleinhirnsystem und Cortex centralis besser entwickelt sein als bei den Leptosomen.

Wichtiger aber als dieser Versuch einer Hirnlokalisation, der vorläufig mehr theoretischen und heuristischen Wert hat, sind die zur Erfassung der Psychomotorik angestellten experimentellen Untersuchungen an Jugendlichen und Erwachsenen. Sie wurden von VAN DER HORST und KIBLER begonnen, und zwar besonders zur Nachprüfung der konstitutionstypischen Gebundenheit des „psychomotorischen Tempos". OSERETZKY stellte an 263 Metallarbeitern folgende konstitutionstypischen Merkmale fest:

Leptosome arbeiten sich langsam ein, sie arbeiten aber sparsam; kleine Handbewegungen fallen ihnen nicht schwer. Sie zeichnen sich durch eine gute manuelle Fertigkeit aus, doch ist das Bewegungsganze ungeschickt, plump und heftig; ihre motorische Gesamtbegabung steht zurück. — Athletiker wenden bedeutende Kraft an, erschöpfen sich aber recht bald. Ihre Bewegungen sind plump, schroff, doch ziemlich gewandt und abgemessen. Der pyknische Typ arbeitet sich schnell ein, seine Arbeit ist langsam, aber andauernd. Er hat bessere allgemein-motorische Begabung als die beiden ersten Typen. Seine Bewegungen äußern Natürlichkeit, Ungezwungenheit. Sie sind fließend, abgerundet, abgemessen, geschickt und genau. Doch steht er in der engeren Handfertigkeit hinter dem Leptosomen zurück.

Zum tieferen Verständnis der psychomotorischen Radikale ist jedoch neben ihrer Beschreibung ein näheres Eingehen auf die Art und Weise ihrer experimentellen Erfassung und der dabei zu machenden Beobachtungen unumgänglich. Es kann damit keine Anleitung gegeben werden; diese muß den jeweiligen Originalarbeiten entnommen werden.

Die hier angeführten Versuche sollen vielmehr *sehen* lehren, auf feinere Unterschiede zu achten, sie sollen neue Betrachtungsweisen zeigen, „so wie etwa der geschulte Blick des Naturbeobachters die tagtäglich durchwanderte, anderen regungslos bleibende Gegend mit einer Fülle von Beobachtungen beleben kann, nur dadurch, daß er sehen gelernt hat, wo andere nichts sehen. Wer mit sehend gewordenem psychologischem Blick die Ausdruckswelt der Persönlichkeit durchwandert, dem tut sich ein Reichtum auf, in dem sich plötzlich

30*

Unterschiede zeigen, wo man Gleichheit vermutete, in dem man andererseits Linien und Ähnlichkeiten bei verschiedenen Individuen, bei Geschwistern, bei Eltern und Kindern gewahr wird, auf die man vorher nicht achtete" (O. Graf).

Es ist selbstverständlich, daß auch die primären elementaren motorischen Anlagefaktoren, die *motorischen Wurzelformen*, nur auf experimentellem Wege erfaßt werden können. Weitere Bedingung ist, daß sich die experimental-psychologische Untersuchung eng mit der beschreibenden Konstitutionsbe-stimmung verbindet. Die experimentelle Erfassung vermittelt die Möglichkeit einer exakten Messung und damit für die Erbforschung das Material zu ver-gleichenden Messungen an Zwillingen, Eltern, Kindern und weiteren Verwandten zur Feststellung des Erbganges eines Radikals.

Es ist nicht möglich, die Vielheit der Experimente auch nur aufzuzählen, die es zur Prüfung und Untersuchung motorischer Leistungen gibt. Von Interesse sind hier vor allem die experimentellen Untersuchungen solcher motorischen Merkmale, die konstitutionstypisch sind und möglichst unabhängig von Übung oder Beruf geprüft werden können. Für diese Zwecke sind nach unserer Er-fahrung nur Versuche brauchbar, bei denen möglichst einfache und lebensnahe; gleichzeitig aber möglichst leicht und exakt meßbare motorische Leistungen ausgeführt werden. Die von den Versuchspersonen geforderten motorischen Leistungen müssen so beschaffen sein, daß sie ihrer Qualität nach erstens jedem geläufig, d. h. nicht gerade wesensfremd, und zweitens von beruflichen Bewegungs-leistungen möglichst unabhängig sind. Während Enke die statistische Aus-wertung des Materials hauptsächlich nach Körperbaudiagnosen gruppiert, nehmen andere Autoren auch Persönlichkeitsdiagnosen (Fragebogen, Selbst-diagnosenversuch) und klinische Diagnosen der endogenen Psychosen zum Ausgangspunkt ihrer Untersuchungen.

IV. Psychomotorisches Tempo.

Ausgehend von der Temperamentseinteilung Kretschmers, insbesondere von dem gehemmten, schwerblütigen, „behäbigen" Tempo des Melancholiepatienten, hat als erster van der Horst versucht, das *psychische* Tempo Zirkulärer und schizophrener Kranker, sowie gesunder Pykniker und Leptosomer experimentell zu vergleichen. Unter psychischem Tempo verstand er „diejenige Schnelligkeit des Wahrnehmens, Denkens und Handelns, bei welcher sich die betreffende Person am behaglichsten fühlt". Er stellte dabei fest, daß die pyknisch-zirkuläre Gruppe langsam, die schizophren-leptosome Gruppe schnell „pendelte" bei dem Auftrag, mit dem Zeigefinger ein Kupferplättchen, das mit einem elektri-schen Zähler in Verbindung stand, fortlaufend 10 Sekunden lang auf- und niederzudrücken.

Kibler, der den Pendelversuch gleichfalls an Gesunden und Kranken vor-nahm, nannte das Ergebnis kennzeichnender „psychomotorisches Tempo". Er wies mit Recht daraufhin, daß es sich bei dem Versuch um ein psychomoto-risches Geschehen handelt, um eine Art Ausdrucksbewegung, um Darstellung des Rhythmus, mit dem eine Persönlichkeit eine gewollte Bewegung in der ihr angenehmsten, am meisten adäquaten Form ausübt. Seine Ergebnisse weisen zwar in dieselbe Richtung wie die van der Horstschen Zahlen. Er lehnt es aber ab, daraus die Schlußfolgerung zu ziehen, daß Schizothyme schnell und Cyclothyme langsam pendeln. Er vermutet nach seinen Einzelbeobachtungen, daß das Ergebnis des Pendelversuches bei den schizophrenen Psychosen von prognostischer Bedeutung für die Schwere der schizophrenen Veranlagung sein könnte. Er fand nämlich, daß unter 69 schizophrenen Endzuständen 23 der katatonen, nicht arbeitsfähigen Patienten schnell und nur 10 langsam pendelten. Hingegen pendelten von den arbeitsfähigen 26 langsam und nur 5 schnell, und unter 8 paraphrenen Patienten war kein einziger Schnellpendeler. Im Zusammenhang mit seinen Beobachtungen hält KIBLER es für notwendig, nicht allein die Zahl der Fingerbewegungen, sondern auch die Art des Ausschlages, die Dauer der Pausen, die Steile des Anstieges u. ä. zu untersuchen und auszuwerten. Der Versuch sei ein psychomotorisches Phänomen und ziele auf eine Sichtbarmachung von Ausdrucksbewegungen ab. Ausdrucksbewegungen aber könnten nicht allein nach dem Tempo ausgewertet werden. Unter Berücksichtigung dieser berechtigten Einwände gegen die bisherigen Versuchsanordnungen wurde von ENKE der Pendelversuch mit einzelnen untereinander verschiedenen und sich teilweise ergänzenden Versuchsanordnungen wiederholt. Es wird von den Versuchspersonen zunächst weiter nichts verlangt, als daß sie in dem ihnen angenehmsten Tempo mit einem Stift auf eine Metallplatte klopfen, die mit einem elektrischen Zähler[1] verbunden ist. Später, um eine experimentelle Gegenprobe zu haben und vor allem auch den Bewegungsablauf als solchen graphisch festhalten zu können, ließ er die Versuchspersonen am Ergographen[1] ein leichtes Gewicht hin und her bewegen. Das Verhalten der einzelnen Personen bei dieser denkbar unkomplizierten Bewegungsleistung erweist sich konstitutionstypisch sehr verschieden und außerordentlich charakteristisch. Schon bei dem einfachen Klopfen auf eine Metallplatte sieht man bald, daß viele Versuchspersonen nicht auf ein und dieselbe Stelle der Platte klopfen, sondern die Stelle dauernd wechseln, also mit ihrem Stift gewissermaßen auf der Metallplatte herumwandern. Der Prozentsatz derjenigen Versuchspersonen, die bei diesem Versuch spontan „wanderten", ist am höchsten bei den Pyknikern mit 93%, während in großem Abstand davon die Athletiker mit 44% folgen und die Leptosomen mit 38%. Auf Grund weiterer experimenteller Ergebnisse erklärt ENKE das verschiedene psychomotorische Verhalten der Konstitutionstypen folgendermaßen: Bei den Pyknikern ist das hohe „Wanderprozent" bedingt durch eine anlagemäßige Neigung zu Vielbeweglichkeit bzw. eine Abneigung gegen allzu viel Gleichmäßigkeit, während umgekehrt bei den Leptosomen eine durchgehende Tendenz zur Stereotypie anzunehmen ist und bei den Athletikern das geringere Wanderprozent eine gewisse Neigung zu perseverativ-einförmigen Bewegungen verrät. Das psychomotorische Tempo als solches, d. h. in vorliegendem Versuch die Klopfzahl innerhalb einer halben Minute, betrug bei den Pyknikern 38,5% im Durchschnitt, bei den Leptosomen aber 84, und bei den Athletikern 68,3. Es ergibt sich also ein schnelles persönliches Tempo bei den Leptosomen und in abgeschwächtem Maße bei den Athletikern, während die Pykniker ein ausgesprochen langsames Tempo aufweisen.

Die zahlenmäßigen Versuchsergebnisse von ENKE entsprechen ganz denjenigen VAN DER HORSTs und KIBLERs.

War somit die konstitutionstypische Gebundenheit des persönlichen Tempos als erwiesen anzusehen, so erhob sich die weitere Frage, ob es ein psychomotorisches Radikal, d. h. auch tatsächlich erbbedingt ist. Dieser Frage ist mittels der Zwillingsmethode und Familienforschung mit Erfolg FRISCHEISEN-KÖHLER nachgegangen. Es wurden mit Klopf- und Metronomversuchen eineiige und zweieiige Zwillinge, sowie Eltern und Kinder untersucht, wobei die Erbbedingtheit des persönlichen Tempos eindeutig bestätigt werden konnte. Es ergab sich unter anderem, daß eineiige Zwillinge in ihrem Tempo viel ähnlicher sind als zweieiige Zwillinge. Das bedeutet aber, daß die größere Ähnlichkeit des persönlichen Tempos bei den eineiige Zwillingen durch die bei ihnen gleichen Erbanlagen verursacht wird. Es erhellt dies auch daraus, daß nicht verwandte Individuen eine durchschnittlich $2^1/_2$mal so große prozentuale Abweichung für das Tempo

---

[1] Zu beziehen durch Karl Wingenbach, Frankfurt a. M., Emserstr. 24.

haben als Zwillinge oder Geschwister. Ferner ergibt sich die Erbbedingtheit des Tempos noch daraus, daß eineiige Zwillinge in ihrem persönlichen Tempo eine Variabilität aufweisen, die nicht größer ist als die intraindividuelle Variabilität. Die Variabilität bei den zweieiigen Zwillingen entspricht ungefähr der Variabilität des Tempos von Geschwistern, was sich durch die bei den zweieiigen Zwillingen vorhandene *erbverschiedene Anlage* für das persönliche Tempo erklärt.

Ferner konnte FRISCHEISEN-KÖHLER zwei Hypothesen über den Vererbungsmodus des persönlichen Tempos aufstellen, von denen die eine mindestens zwei Allelenreihen mit Dominanz des jeweilig schnelleren Tempos über die folgenden langsameren annimmt, die andere eine Allelenreihe mit intermediärer Vererbung derart, daß das Tempo von beiden im Erbgefüge liegenden Faktoren bestimmt wird.

Zur Feststellung, inwieweit nun der persönliche Eigenrhythmus, der ja im psychomotorischen Tempo einbegriffen sein muß, von den einzelnen Körperbautypen mehr oder weniger leicht überwunden werden kann, erhielten die Versuchspersonen ENKES den Auftrag, im halben Sekundentakt eines Metronoms 15 Sekunden lang laut mitzuzählen. Hierbei stellte sich heraus, daß die Leptosomen und Athletiker erstens eine schlechtere Anfangsanpassung an das vorgeschriebene Zähltempo und zweitens eine schlechtere Atemtechnik haben als die Pykniker. Atemtechnik und Anfangsanpassung verlaufen nahezu parallel in dem Sinne, daß beides am besten bei den Pyknikern, am schlechtesten bei den Athletikern und Leptosomen ist. Das anfangs meist zu rasche Zählen der Athletiker und Leptosomen scheint eine Folge ihres schnelleren psychomotorischen Eigentempos oder einer krampfhaften Einstellung auf die Aufgabe zu sein. Berücksichtigt man dazu noch die bei diesen Körpergruppen bekannte und ebenfalls experimentell nachweisbare erschwerte Anpassungsfähigkeit, so darf man wohl darin, sowie in dem rascheren Eigentempo der Leptosomen und der Athletiker die zwei wesentlichsten Ursachen ihrer schlechteren Einordnung in das Zähltempo erblicken. Das Ergebnis dieses Metronomversuches entspricht durchaus demjenigen eines denkpsychologischen Versuches von ENKE, bei dem die Versuchspersonen den Auftrag erhalten hatten, in einer bestimmten Zeiteinheit einen Versuch zu erledigen. Es handelte sich dabei um eine Aufgabe, die infolge der größeren Spaltungsfähigkeit der Athletiker und Leptosomen diesen Körperbautypen besonders gut lag und von ihnen beim ersten Male, bei dem die Zeit *nicht* vorgeschrieben war, am besten ausgeführt wurde. Als es sich aber darum handelte, denselben Versuch in einer vorgeschriebenen Zeiteinheit zu erledigen, versagten sie verhältnismäßig stärker als die Pykniker.

Diese wohl zum Gesamtkomplex des Autismus gehörende geringere Anpassungsfähigkeit scheint auch eine wesentliche Teilursache der schlechten Atemtechnik der Nichtpykniker beim Zählversuch zu sein. In dem Gefühl ihrer geringeren Eignung für diesen Versuch stellt sich offenbar ein Teil der Leptosomen und Athletiker derart intensiv lediglich auf das Zählen ein, verkrampft sich förmlich darin, daß das Atmen zunächst vergessen wird.

Auch hier berühren die Ergebnisse ENKES diejenigen seiner denkpsychologischen Versuche, bei denen sich die Neigung der Leptosomen zum zähen Festhalten einer einmal eingenommenen Intention erstens in einer geringen Ablenkbarkeit, zweitens in einer besonderen Neigung zur Perseveration äußert [1].

Mit den bisher angewandten Methoden läßt sich nur das Tempo als solches erfassen. Da es sich aber bei dem psychomotorischen Tempo bereits um eine

---

[1] Es sei in diesem Zusammenhang auf eine erst kürzlich erschienene Abhandlung von K. H. SCHADE „Über die motorische Perseveration unter Berücksichtigung der Persönlichkeitsforschung" verwiesen.

recht komplexe Ausdrucksbewegung handelt, erhob sich von selbst die Forderung nach einer Versuchsanordnung, die möglichst viel von Art und Verlauf der Bewegungen, ihrer Ausgiebigkeit, Gleich- und Ungleichmäßigkeit u. a. m. erfassen läßt. Zu diesem Zwecke änderte ENKE den Versuch dahin ab, daß er das psychomotorische Tempo mittels des Ergographen festhielt. Hierbei ließen sich auswerten: die Anzahl der Hubkurven, der reguläre oder irreguläre Tempoverlauf, sowie die Gleichmäßigkeit oder Ungleichmäßigkeit des Bewegungsausschlages.

Was das Tempo selbst anbelangt, ergibt sich bei diesem Versuch dasselbe Verhältnis wie beim Klopfversuch.

Als weiteres Ergebnis stellt sich aber heraus, daß die Bewegungsabläufe selbst ebenfalls konstitutionstypische sind. Und zwar zeigen die Pykniker eine völlig ungleichmäßige Bewegungsfolge, d. h. das Ausmaß der Fingerexkursion ist immer wieder verschieden, während 31% der Leptosomen und 21% der Athletiker ein ausgesprochen gleichmäßiges, „äquales" Tempo aufweisen. Es entspricht dies ganz dem Wanderprozent beim Klopfen und verrät wiederum bei den Leptosomen und Athletikern eine Tendenz zur Stereotypisierung und Automatisierung.

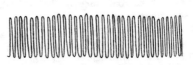

Zur Veranschaulichung diene die Abb. 5, die die Eigentempo-Gesamtkurve eines gesunden 60jährigen pyknischen Landwirtes im Vergleich mit der einer gleichaltrigen gesunden Leptosomen aus der gleichen Berufsschicht zeigt. Die Kurve des Pyknikers ist in geringem Maße „irregulär", aber stark „inäqual", die der Leptosomen hingegen „regulär" und „äqual" mit nur ganz geringfügigen Abweichungen.

Abb. 5 a und b. a Pyknisch ♂. Landwirt, 60 J. Eigentempo: 17. Irregulär, inäqual. b Leptosom ♀. Landwirtsfrau, 60 J. Eigentempo. 34. Regulär, äqual. (Aus ENKE: Die Psychomotorik der Konstitutionstypen. Leipzig: Johann Ambrosius Barth 1930.)

Während diese Tendenz zur Stereotypisierung und Automatisierung aber bei den Leptosomen den Charakter aktiver Einstellung auf Genauigkeit verrät, ist sie bei den Athletikern, wie deren weiteres Verhalten in anderen Experimenten zeigt, mehr Ausfluß einer passiven, einförmigen und pedantischen Haltung. Eine passiv-perseverative Einstellung der Athletiker, eine mehr aktiv-perseverative bei den Leptosomen verriet eindeutig ein weiterer Versuch am Ergographen, bei dem die Versuchspersonen nach dem vorgeschlagenen Takt eines Metronoms das Gewicht hin und her ziehen mußten. Hierbei ergab sich bemerkenswerterweise, daß, sobald das Metronom abgestellt war, noch 8% der Athletiker und 12% der Leptosomen unverwandt weiter zum Metronom hinsahen, während dies bei den Pyknikern überhaupt nicht vorkam.

Die Neigung zu einförmigen Bewegungen zeigte sich ferner bei einem Versuch, bei dem während des Hebens eines Gewichtes am Ergographen mit der anderen, noch freien Hand, ein Schwungrad gedreht werden mußte. Hierbei geschah eine Art Gleichschaltung des Bewegungsablaufes der rechten und linken Hand, also ein korrespondierendes Drehen des Rades während einer Hubhöhe, bei nur 10% der Pykniker, hingegen bei 60% der Leptosomen und 53% der Athletiker. Auf Grund noch anderer Versuche ist es berechtigt, darin bei den Leptosomen wiederum eine aktive Tendenz zur Mechanisierung bzw. Stereotypisierung und zur Spaltung anzunehmen, bei den Athletikern hingegen mehr eine Neigung zur Vereinfachung der Bewegungsleistung.

Dies zeigt sich besonders deutlich bei einem Versuch, bei dem die Versuchs-personen während des Hebens des Gewichtes am Ergographen gleichzeitig 20 untereinanderstehende Zahlen im Kopf addieren und anschließend die aus-gerechnete Summe nennen müssen. Die Geschwindigkeit des Tempos in diesem Versuch entspricht dem Eigentempo des ersten Versuches. Jedoch läßt sich beobachten, daß ein Teil der Versuchspersonen während des Rechnens das Heben des Gewichtes vorübergehend vergißt, also „Pausen" macht. Es ergab sich, daß vor allem die Pykniker gern die Bewegungen unterbrachen und von ihnen 27% Pausen machten. Die Athletiker folgten mit 14%, während es bei den Leptosomen nur 8% waren. Die Aufgabe also, streng gleichzeitig verlaufende Aufmerksamkeitsleistungen zu vollbringen, das Gesamtbewußtsein auf verschie-dene Teilintentionen zu spalten, gelingt — in Analogie zu den denkpsychologischen Ergebnissen — auch bei psychomotorischen Leistungen am besten den Lep-tosomen, weniger gut den Athletikern und am schlechtesten den Pyknikern.

V. Arbeitstempo.

Zur Vervollständigung der Untersuchungen über das psychomotorische Tempo war es noch erforderlich, einen Versuch zur Bestimmung des *Arbeits-tempos* der Körperbautypen bei Kraftleistungen anzustellen.

Ließ man daher statt des leichten 1 Pfund-Gewichtes ein solches von 8 Pfund heben, und zwar so lang als möglich, so zeigten sich bei diesem Arbeitstempo die entsprechenden Verhältnisse wie bei dem Eigentempo. Infolge des zu raschen Tempos der Leptosomen trat aber bei diesen auch am häufigsten eine ganz plötzliche Ermüdung ein, so daß sie abrupt den Versuch abbrechen mußten, während die Pykniker infolge ihres langsameren Tempos unwillkürlich die physiologischen Ruhepausen einschalteten und somit, ohne aktiv „fleißiger" zu sein, durchschnittlich länger das Gewicht hin und her bewegen konnten als die Leptosomen und Athletiker. Ferner zeigt sich auch bei diesen sich wieder-holenden gleichmäßigen Kraftleistungen unter den nicht pyknischen Körper-bautypen eine größere Neigung zur Mechanisierung bzw. Stereotypisierung als bei den Pyknikern.

Zum psychomotorischen Tempo läßt sich demnach auf Grund der bisher vorliegenden Forschungsergebnisse zusammenfassend folgendes sagen:

1. Das psychomotorische Tempo weist ganz bestimmte und eindeutige Affinitäten zu den Konstitutionstypen auf. Das Eigentempo ist sowohl bei einfachen Klopfversuchen wie bei Versuchen am Ergographen bei den Pyk-nikern wesentlich langsamer als bei den Athletikern und Leptosomen.

2. Das psychomotorische Tempo ist erblich bedingt und läßt einen ganz bestimmten Erbgang vermuten.

3. Das Bewegungsbild, d. h. der Ablauf der Bewegungskurve als solcher, ist bei den Pyknikern wesentlich vielgestaltiger, ungebundener und ungleich-mäßiger als bei den Leptosomen und Athletikern, die bei gleichförmigen Be-wegungen zur Mechanisierung, Automatisierung oder Stereotypisierung neigen.

4. Die Umstellung vom Eigentempo auf ein vorgeschriebenes „Fremd-tempo" fällt den Leptosomen und Athletikern im Durchschnitt schwerer als den Pyknikern. Erstere neigen dabei zur Perseveration.

5. Auch bei verschiedenartigen, gleichzeitig ausgeführten Bewegungen der rechten und linken Hand bleibt das Eigentempo in gleicher Weise konstitutions-gebunden. Die Nichtpykniker neigen auch hierbei zur Stereotypisierung der in bezug auf rechts und links ungleichartigen Bewegungen.

6. Die Spaltung der Aufmerksamkeit in eine motorische und geistige Tätig-keit in ein und derselben Zeit gelingt den Pyknikern weniger gut als den nicht

pyknischen Gruppen. Das Eigentempo als solches behält aber auch hierbei dieselben Korrelationen wie bei den ersteren Versuchen.

7. Das Arbeitstempo der Konstitutionstypen verhält sich in allen Punkten entsprechend dem Eigentempo. Die Ermüdung tritt bei den Pyknikern meist allmählich ein, bei den Athletikern und Leptosomen häufiger plötzlich. — Auch das Arbeitstempo ist also weitgehend als erblich bedingt zu betrachten.

Die in den Punkten 3—6 erwähnten psychomotorischen Eigenschaften müssen bei ihrer Konstitutionsgebundenheit ebenfalls im wesentlichen erblich bedingt sein. Jedoch steht der genauere Nachweis noch aus.

VI. Koordinationsleistungen.

Wesentlich schwerer als der Bewegungsrhythmus ist der Ablauf der Bewegungen zu erfassen im Zusammenspiel mehrerer oder aller Muskelgruppen des Körpers. Wir bezeichnen diese komplexen Bewegungsabläufe als Koordinationsleistung und verstehen darunter die Fähigkeit, Bewegungsleistungen sowohl ökonomisch, d. h. unter möglichst geringem Aufwand an Bewegungen, wie harmonisch, d. h. in möglichst glattem, flüssigem Zusammenspiel aller erforderlichen Bewegungen zu vollbringen.

Die systematische experimentelle Untersuchung dieser mehr komplexen psychomotorischen Äußerungen wurde außer von ENKE besonders von russischen Autoren, insbesondere von GUREWITSCH und OSERETZKY unternommen. Letzterer hat auf Grund seiner experimentellen Untersuchungen folgende Zusammenstellung der motorischen Eigenart der Konstitutionstypen gegeben:

Tabelle 2.
(+ = gute, m = mittelmäßige, — = schlechte Ausübung.)

	Astheniker	Athletiker	Pykniker
1. Genauigkeit der Bewegungen	m	—	+
2. Stabilität der Bewegungsrichtung	m	—	m
3. Koordination der Bewegungen	—	m	+
4. Quantität der Bewegungen in der Zeiteinheit . . .	—	m	+
5. Geschwindigkeit der Einstellung	—	m	+
6. Geschwindigkeit der Bearbeitung der Bewegungsformel	+	—	m
7. Fähigkeit zu gleichzeitigen Bewegungen	+	—	m
8. Gedächtnis auf Bewegungsformen	m	+	+
9. Energie der Bewegungen	—	+	m
10. Konsequenz in Dauer, Rhythmus, Leichtigkeit, Anmut usw.	—	m	+

ENKE machte zum Gegenstand seiner experimentellen Untersuchungen über die Koordinationsleistungen erstens die *Feinmotorik* der Hand und dann die *Gesamtmotorik* des Körpers in ihrem mehr oder weniger harmonischen Zusammenspiel.

1. Die Feinmotorik.

Um zunächst die Fähigkeit zu feineren Bewegungen der Hand zu prüfen, wurde das Tremometer angewandt, das in der Psychotechnik bekanntlich zur Prüfung der Ruhe und Treffsicherheit der Hand benutzt wird. Es müssen einige in eine Metallplatte gestanzte Buchstaben mit einem Metallstift nachgefahren werden, wobei nach Möglichkeit die Ränder der Metallausschnitte nicht berührt werden dürfen. Geschieht es trotzdem, so wird ein Kontakt mit einem elektrischen Zähler [1] hergestellt, der jedes Anschlagen an den Metallrand

---

[1] Tremometer mit elektrischem Zähler zu beziehen durch Karl Wingenbach, Frankfurt a. M., Emserstr. 24.

automatisch registriert. Außer dem Anschlagen (Fehler) wird mit der Stoppuhr die für den Versuch gebrauchte Zeit gemessen.

Bei dieser sehr eindeutigen motorischen Leistung machen die wenigsten Fehler bei geringstem Zeitaufwand die Leptosomen. Ihre durchschnittliche Fehlerzahl betrug 26,7 % bei einem Zeitaufwand von 35,6 Sekunden. Dann folgen die Pykniker mit 34,4 im Durchschnitt bei 39 Sekunden Zeitverbrauch, und an dritter Stelle stehen die Athletiker mit 42,4 Fehlern und 54,7 Sekunden. Die Leptosomen zeigen sich demnach bei den kleinen, feinen Handbewegungen, die dieser Versuch erfordert, viel begabter als die Pykniker, während die Athletiker am schlechtesten abschneiden. Man konnte zwar beobachten, daß die Leptosomen bei dem Versuche häufiger einen Händetremor zeigten als die Pykniker, meist aber mit so feinen Ausschlägen, daß es nicht zu einem Anstoßen an die Metallränder kam. Es läßt sich daraus bei ihnen gleichzeitig auf eine größere affektive Spannung schließen als bei den anderen Konstitutionstypen. Daß sie trotz dieser affektiv bedingten Unruhe der Hand weniger Fehler als die beiden anderen Typen machen, hebt ihre absolute Überlegenheit in den feinen, kleinen und abgemessenen Hand- und Fingerbewegungen um so deutlicher hervor. Diese Ergebnisse werden bestätigt durch diejenigen Gurewitschs und seiner Mitarbeiter, die mit anderen Versuchsanordnungen gewonnen wurden. Sie stehen ferner in einer Linie mit den bereits erwähnten Beobachtungen Friedemanns über das Fingerspiel bei Schizophrenen und Zirkulären.

2. Handgeschicklichkeit.

Während sich mit dem Tremometer vor allem die Fähigkeit zu feinen Handbewegungen prüfen läßt, ist zur Prüfung der Handgeschicklichkeit besonders der Zweihandprüfer geeignet. Allerdings wird dabei ein etwas größerer psychomotorischer Komplex erfaßt. Der Zweihandprüfer [1] dient in der Psychotechnik zur Feststellung der Handgeschicklichkeit, und zwar besonders der Feinbewegung der Hand im stetigen Wechselspiel beider Hände.

Beim Nachzeichnenlassen eines unregelmäßigen Fünfeckes kam Enke zu folgenden Versuchsergebnissen: Bei allen Konstitutionstypen machte ungefähr die Hälfte aller Versuchspersonen den Versuch äußerst langsam und brauchte im ganzen durchschnittlich etwa 165 Sekunden. Dieser Teil der Versuchspersonen mußte bei der Verwertung der Ergebnisse besonders behandelt werden, da bei ihm infolge der sehr langsamen Ausführung des Versuches die gemachten Fehler innerhalb der einzelnen Konstitutionstypen nicht sehr verschieden waren. Deutliche Unterschiede gab es aber bei denjenigen Versuchspersonen, die die Aufgabe in weniger als 100 Sekunden erledigt hatten. Hierbei zeigte sich, daß die Pykniker trotz eines durchschnittlich etwas längeren Zeitaufwandes (87,5 Sekunden) gegenüber den Athletikern, die zu dem Versuche 65,6 Sekunden und den Leptosomen, die 71,6 Sekunden brauchten, wesentlich mehr Fehler machten, nämlich 44,2 gegenüber 31,8 und 20,6 Fehlern der beiden letzteren Gruppen. Die Pykniker waren bei diesem Versuche offensichtlich weniger subtil in der Ausführung der zu dem Versuche erforderlichen Feinbewegungen beider Hände, sie wurden oft ungeduldig und verzichteten häufig nach einigen vergeblichen Anstrengungen auf eine genaue Ausführung der Aufgabe. Mit einer ganz besonderen Genauigkeit hingegen und oft mit auffallend leichter Hand führten die meisten Leptosomen die beiden Hebelarme, bemerkten jedes auch geringe Abweichen von der vorgezeichneten Figur schon im Beginn der falschen Bewegung und korrigierten sich sofort in so minutiöser Weise, daß sich die Abweichungen von den vorgezeichneten Linien gewöhnlich nur in ganz kleinen Zäckchen zeigten und verhältnismäßig selten mehr als $1/2$ qcm betrugen.

---

[1] Zu beziehen durch P. A. Stoß Nachf., Wiesbaden.

Zur Veranschaulichung mögen die Abb. 6 und 7 dienen. Die Zeichnung des Pyknikers weist zahlreiche große Abweichungen auf, die Bögen und Schleifen bilden, so daß man ohne weiteres den Eindruck einer gewissen Nachlässigkeit und Ungeduld des Zeichners gewinnt. Das Fünfeck des Leptosomen hingegen zeigt in typischer Weise die feinen, kleinen Zäckchen, die die vorgezeichnete Linie kaum überschreiten, fast nur wie ein Tremorieren wirken und das ehrgeizige Bestreben des Zeichners um Sorgfalt und Genauigkeit verraten. Auch die Athletiker schnitten auffallenderweise bei diesem Versuche erheblich besser als die Pykniker ab, obwohl sie die Hebelarme recht plump anfaßten und das Nachzeichnen mit übermäßigem Kraftaufwand ausführten. Die Athletiker stehen mit ihren Leistungen zwischen denen der Pykniker und Leptosomen.

Der Versuch mit dem Zweihandprüfer ist auch von W. LIPMANN angestellt worden, der seine Versuchspersonen jedoch lediglich in schizothyme und

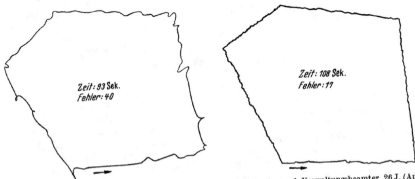

Abb. 6. Pyknisch ♂. Kaufmann, 41 J. (Aus ENKE: Die Psychomotorik der Konstitutionstypen. Leipzig: Johann Ambrosius Barth 1930.)

Abb. 7. Leptosom ♂. Verwaltungsbeamter, 26 J. (Aus ENKE: Die Psychomotorik der Konstitutionstypen Leipzig: Johann Ambrosius Barth 1930.)

cyclothyme bzw. schizophrene und zirkuläre eingeteilt hatte. Seine Ergebnisse entsprechen im wesentlichen denen von ENKE. Er fand, daß die schizothyme Gruppe, die ja mit den leptosomen und athletischen Körperbaugruppen korrespondiert, „zur Hälfte sorgfältig und pedantisch" arbeitete. Die cyclothyme Gruppe arbeitete dagegen in der überwiegenden Mehrzahl fahrig und ungeduldig. Beim Vergleich der Abb. 6 und 7 fällt ohne weiteres auch die Fettkurvigkeit der pyknischen Zeichnung auf, die an die Fettkurvigkeit und Weichheit der typischen pyknischen Handschrift erinnert, im Gegensatz zu der betont exakten und straffen Federführung der Schizothymiker.

Mögen auch bei diesem Versuch affektive und willensmäßige Momente, wie Ehrgeiz, Pedanterie u. ä. am Ausfall des Endergebnisses beteiligt sein, so scheint doch auf Grund der hierbei und bei anderen Versuchen gemachten Beobachtungen der Versuch vor allem ein Test für die Fähigkeit zu kleinen, feinen und genau abgemessenen Bewegungen im Zusammenspiel beider Hände zu sein. Die größte Fähigkeit der Nichtpykniker zum Zusammenspiel beider Hände geht aber nicht zugleich einher mit einer größeren Fähigkeit zum harmonischen Zusammenspiel aller Körperbewegungen, wie es zur optimalen Ausführung bestimmter komplexer Bewegungsleistungen des ganzen Körpers erforderlich ist. Die folgenden Ausführungen zeigen vielmehr, daß es sich hierbei um ganz verschiedene, ja sich teilweise entgegenwirkende Radikale handelt.

3. Die Gesamtmotorik.

Die Bewegungen des ganzen Körpers in ihrer Ökonomie und Harmonie, wie sie sich aus der Regulierung der Innervation und Denervation, der Koordination der Bewegungen ergibt, hat Enke z. B. mit folgendem einfachen Versuch erfaßt:

Man läßt ein bis zum Rande gefülltes Wasser- bzw. Weinglas durch ein Zimmer tragen, durch dessen Mitte in Höhe von etwa 40 cm ein Seil gespannt ist, über das die Versuchsperson während des Tragens zu steigen hat. Am anderen Ende des Zimmers muß das beim Tragen nicht verschüttete Wasser in einen Meßzylinder mit verhältnismäßig kleinem Lumen (4 ccm) umgegossen werden. Es wird gesondert gemessen, wieviel Wasser während des Tragens und wieviel beim Umgießen in den Zylinder verschüttet worden ist. Außerdem wird die zu dieser Aufgabe gebrauchte Zeit mit der Stoppuhr gemessen.

Die Versuchsanordnung erlaubt es in ihrer Einfachheit, das Experiment möglichst lebensnah zu gestalten. Die Nachteile, die in der vorwiegend komplexhaften Erfassung der psychomotorischen Fähigkeiten bei diesem Versuch erblickt werden könnten, werden weitgehend gerade dadurch aufgehoben, daß infolge seiner Lebensnähe und der Ausschaltung aller Hemmungen durch Apparate ein besonders ursprüngliches Verhalten der Versuchsperson erreicht wird. Der Versuch gewinnt hierdurch außerordentlich an Exaktheit und Ergiebigkeit. Es besteht zwischen Versuch und Versuchsperson sofort ein guter Rapport. Der bloße Auftrag, das gefüllte Glas von einer Ecke des Zimmers zur anderen zu bringen, löst bei jeder Versuchsperson unwillkürlich den Gedanken aus, daß dabei möglichst wenig verschüttet werden soll, ohne daß man dessen mit einer Silbe erwähnt. Die Einstellung zu dieser „Selbstverständlichkeit" ist aber, wie die von Enke unternommenen Versuchsreihen zeigten, bei den einzelnen Versuchsreihen eine außerordentlich verschiedene! — Die Pykniker finden sich mit der Tatsache, daß es nicht gut ohne Verschütten geht, durchschnittlich rasch ab, sie zögern nicht lange und tragen, je nach ihrem Temperament, langsam oder schnell, aber mit stets ruhigen und fließenden Bewegungen das Glas an die bezeichnete Stelle. Am meisten verschütten sie beim ersten Anfassen und Hochheben des Glases, beim Steigen über das Seil aber nur dann viel, wenn sie es allzu schnell machen. Schlecht, im Vergleich zu den Leptosomen, gelingt ihnen das Umgießen in den Meßzylinder, wobei ihnen die feine Abstimmung der Bewegungen in Hand- und Fingergelenken fehlt. Ganz anders sind Verhalten und motorische Leistung der meisten Leptosomen. Ihnen ist es zwar auch sofort klar, daß bei dem Versuch ein Verschütten von Wasser nicht vermieden werden kann. Trotzdem ist ihnen diese Selbstverständlichkeit noch „Problem", ob es nicht doch ohne Verschütten gehe. Ihr Verhalten ist infolgedessen ein auffallend zögerndes, und es wird alles mögliche „ausprobiert", bevor endlich das Glas vom Platze getragen wird. Das Tragen selbst erfolgt meist mit ausgesprochen steifen, unsicheren und häufig unzweckmäßigen, manchmal auch heftigen, abrupten Mitbewegungen sowie mit äußerst gespanntem und ängstlichem Gesichtsausdruck. Um so überraschender wirkt dann das Umgießen in den Meßzylinder, das mit so fein abgemessenen Bewegungen geschieht, daß bei diesem schwersten Teile der Aufgabe die Leptosomen wider Erwarten oft kein oder nur wenig Wasser verschütten. Eine Ausnahme machen naturgemäß diejenigen Leptosomen, bei denen während des Umgießens plötzlich ein abrupter Bewegungsimpuls dazwischen kommt, der ein um so stärkeres Verschütten bewirkt. Vollkommen gegensätzlich zu den Leptosomen zeigen sich hier im allgemeinen die athletischen Versuchspersonen. Ihr Verhalten ist im Durchschnitt ein ganz unkompliziertes fatalistisch-gleichgültiges, so daß eine besondere affektive Einstellung zu dem Versuch überhaupt nicht sichtbar zu werden braucht. Die Aufgabe ist für sie offenbar problemlos, sie unterziehen sich ihr ohne viel Zögern und erledigen dadurch alles verhältnismäßig rasch und selbstverständlich.

Da außerdem ihre motorische Gesamtkoordination, ebenso wie die Feinmotorik beim Umgießen in den Zylinder, sehr unzulänglich ist, verschütten sie trotz ihrer affektiven Ruhe und „Unerschütterlichkeit" das meiste Wasser.

Die Werte für Zeitverbrauch und Wasserverlust sind aus Tabelle 3 ersichtlich. Wir erkennen, daß zwar die Athletiker beim Tragen wie beim Umgießen die wenigste Zeit brauchen, nämlich 20 Sekunden zum Tragen und 11,6 Sekunden zum Umgießen, aber auch am meisten verschütten, und zwar 14,1 und 12,1 ccm. Wir sehen ferner die Pykniker, die gleichfalls die Aufgabe schnell erledigen, beim Wassertragen im Durchschnitt 12,3 ccm, beim Umgießen 11,1 und die Leptosomen bei ersterem nur 11,3 und bei letzterem sogar nur 9,4 ccm Wasser verschütten. Die Zahlenwerte zeigen wiederum die motorische Überlegenheit der Leptosomen über die Pykniker und ganz besonders über die Athletiker, soweit

Tabelle 3. Die Koordinationsleistungen [1].

	Tremometer			Wasserglasversuch			
	Zeit	Fehler	Summe	Tragzeit	Verlust	Schüttzeit	Verlust
20 Athletiker	54,7	42,4	97,1	20,0	14,1	11,6	12,1
44 Leptosome	35,6	26,7	62,3	23,0	11,3	14,0	9,4
20 Pykniker	39,0	34,4	73,3	21,3	12,3	14,8	11,1

feine und subtil abgemessene Bewegungen in Frage kommen. Hingegen ist ihre Gesamtmotorik, wie sich schon bei der bloßen Beobachtung ergibt, im Vergleich zu der weichen und flüssigen Motorik der Pykniker und zu der schwerfällig-langsamen, aber gleichförmigen der Athletiker zum Teil recht ungleichmäßig, häufig steif, eckig und ungewandt. Diese Unzulänglichkeit in der motorischen Gesamtbetätigung wird aber von den Leptosomen, im Gegensatz zu der gleich-gültigen Haltung der Athletiker und der lässigen Motorik der Pykniker, un-willkürlich dadurch ausgeglichen, daß sie das Tragen wesentlich vorsichtiger erledigen und lieber mehr Zeit dafür verwenden. Man ist geneigt, zwischen dieser Seite der Psychomotorik der Leptosomen und ihrem Radikal der psychischen Spaltungsfähigkeit Parallelen zu ziehen und die so häufigen Dissonanzen ihrer psychischen Gesamtverfassung mit der unharmonischen Gesamtmotorik in Be-ziehung zu bringen. Aus anderen experimentellen Untersuchungen ist uns die Fähigkeit der Leptosomen bekannt, ihre Aufmerksamkeitsrichtung auf ein ganz bestimmtes Teilgebiet eines Reizobjektes so ausschließlich einzustellen, daß Ablenkungsreize nicht oder kaum merkbaren Einfluß haben. Ähnliche psychische Mechanismen, die zu der maximalen Aufmerksamkeitsleistung be-fähigen, scheinen auch bei den feinen motorischen Leistungen alle psychomoto-rischen Intentionen auf die einzelne Feinbewegung der Hand zu konzentrieren, gewissermaßen abzuspalten, so daß die isolierte Bewegung eine relativ vollendete wird. Eine diesen experimentellen Ergebnissen im wesentlichen entsprechende tabellarische Zusammenstellung über „Körperbau, Temperament, Gangart und Charakter" hat G. SCHÜTZE vorgenommen, worauf hier kurz verwiesen sei.

Sicherlich spielen bei den motorischen Gesamtleistungen auch bestimmte morphologische sowie neurologisch-muskuläre Anlagekomponenten in ihrer Affinität zu den Konstitutionstypen eine wesentliche Rolle.

Dies erhellt unter anderem aus Versuchen W. LIPMANNs, der bei seinen Versuchspersonen während des Schreibens gleichzeitig das antagonistische Ver-halten des Biceps und Triceps in der „Muskelverdickungskurve" festlegte. Zur Feststellung dieses „individuellen Koordinationsmechanismus der Arm- und

[1] Aus ENKE: Die Psychomotorik der Konstitutionstypen. Leipzig: Johann Ambrosius Barth 1930.

Handmuskeln" benutzte er den Weilerschen Kniesehnenreflexapparat in entsprechender Abänderung. Die Auswertung ergab zwischen schizothymen und cyclothymen Versuchspersonen deutliche Gegensätze, die ganz mit den experimentellen Ergebnissen von Enke übereinstimmen: „Die Musterbeispiele der schizothymen Gruppe wiesen ausgesprochene Ungleichmäßigkeiten und Unharmonik im Bewegungsablauf auf, verbunden mit schlechter Regulationsfähigkeit und schwankender Pausendauer. Das gegenteilige Schriftbild konnte bei den entsprechenden Zyklikern festgestellt werden."

Wesentlich tiefer dringen in die Physiologie der Psychomotorik Marinesco und Kreindler ein mit ihren Untersuchungen über die motorische Konstitution. Sie zerlegen diese in 3 Komponenten und untersuchten jede mit einer gesonderten Methodik, und zwar den corticalen Anteil mittels der bedingten Reflexe nach Pawlow, den subcortical-medullären durch Chronaximetrie bei Dehnung des Muskels und den peripheren Anteil durch Chronaximetrie bei Ermüdung. Sie fanden auf diese Weise, daß Pykniker und Athletiker im vegetativen Gebiete (Vasomotoren) schneller Reflexe bilden als im motorischen, die Leptosomen hingegen umgekehrt. Beide Reflexarten sind ferner bei Pyknikern und Athletikern wesentlich schwerer hemmbar als bei Asthenikern. Der Unterschied in den Chronaxiewerten bei gedehntem und ungedehntem Muskel war der Richtung nach bei allen Gruppen gleich (gedehnt < ungedehnt), doch war die Differenz bei den Athletikern am größten, bei den Pyknikern am kleinsten. Die Muskelerregbarkeit am ausgeruhten Muskel wies keine charakteristischen Unterschiede innerhalb der Konstitutionsgruppen auf, wohl aber nach ermüdender faradischer Reizung. Die Astheniker verhielten sich ähnlich den Hyperthyreotikern: Anstieg auf das 5—6fache und erst in 60—80 Minuten wieder Abfall zum Ausgangspunkt. Bei den Athletikern war der Anstieg der gleiche, der Abfall erfolgte aber bereits nach 15—20 Minuten. Die Pykniker glichen den Hypothyreotikern, sie zeigten einen flachen, kurzdauernden oder ganz fehlenden Anstieg.

Dieser Beitrag zeigt die Richtung der Erforschung der physiologischen Grundlagen der Psychomotorik in Beziehung zur Konstitutionslehre. Er zeigt vor allem, wie wichtig und notwendig auch bei neurologischen Fragen der Vererbung die Bestimmung des Konstitutionstypes ist, um die Ergebnisse verschiedener Untersucher miteinander vergleichen zu können. „Manche abweichenden Befunde, hinter denen man leicht methodische Fehler oder falsche Deutungen vermutet, können sehr wohl richtig sein, das Entweder-Oder wird zum Sowohl-Als-Auch, aber noch eingeengt durch die Beschränkung auf bestimmte Konstitutionstypen" (Graf).

4. Mimik.

Besondere Schwierigkeiten bereitet die exakte Erfassung und konstitutionstypische Bestimmung der Mimik, obwohl sie eine der wichtigsten Ausdrucksbewegungen ist. Oseretzky schlägt zum Zwecke der Untersuchung mimischer Bewegungen die Photographie vor, und zwar derart, daß man, um einander vergleichbare Ergebnisse zu erhalten, zu gleichen äußeren Reizen greift. So werden verschiedenen Untersuchten die gleichen Bilder gezeigt, oder es werden Geschmacksreize angewandt: „Mimik des Süßen (Zucker), Mimik des Sauren (Citrone), Mimik des Bitteren (Chinin)." Außerdem bediente sich Oseretzky klinischer Beobachtungen, die nach einem von ihm empfohlenen Schema aufgezeichnet wurden, sowie der Untersuchung willkürlicher Kontraktionen einzelner Gesichtsmuskeln, die durch mimische Darstellung irgendeines affektbesetzten Erlebnisses festgehalten wurden. Als weiteres Hilfsmittel benutzte er die elektro-physiognomischen Versuche von Duchenne und Ssikorsky.

Er gelangte auf diese Weise etwa zu folgender Charakterisierung der verschiedenen Konstitutionstypen: Der „schizoid-schizothymische" Kreis zeichne sich durch die größte Differenziertheit der Mimik aus, wobei die verschiedenen Gebiete derselben ungleich differenziert seien: am besten ausgeprägt sei die Stirnmimik, etwas schlechter die Mund- und Nasenmimik und am wenigsten die der Augen und des Blickes. Verhältnismäßig wenig differenziert sei dagegen die Mimik der „Cycloiden und Cyclothymiker". Isolierte einseitige Bewegungen gelängen ihnen bedeutend schlechter als den Versuchspersonen der anderen Temperamentskreise. Und dennoch scheine ihre Mimik eine reiche zu sein, was dadurch bedingt sei, daß ihre Bewegungen zusammenhängende seien, leicht und fließend einander ablösten, und weil sie für eine ganze Reihe einfachster emotionaler Erlebnisse gut hergestellte Klichees besäßen, deren sie sich im täglichen Leben am häufigsten bedienten. Die Mimik der Cyclothymiker ist „vornehmlich eine solche des Mundes, ist eine Mimik, die, allgemein gesagt, mit der Nahrungsaufnahme in Verbindung steht". Während aber bei diesen in der Mundmimik eher die Stimmung zum Ausdruck komme, drücke sich in der der „Epileptoiden und Epileptothymiker" häufiger eine gewisse Aggressivität aus (Mimik des Anfahrens, des Herfallens, Mimik der Handlung). Bei ihnen überwiege bedeutend häufiger als bei den anderen Versuchspersonen in der Mundmimik das Emporziehen der Oberlippe mit Entblößen der Eckzähne (Zeichen der Aggressivität), so daß nach OSERETZKY die Mimik der „Epileptoiden und Epilepthymiker" in der Hauptsache eine solche des „entblößten Eckzahnes" sei. OSERETZKY unterscheidet endlich noch die Mimik des „hysteroiden und reaktiv-labilen" Kreises, die er als am schwächsten differenziert bezeichnet, die aber gleichwohl den vorteilhaftesten Eindruck mache durch ihre Lebhaftigkeit und Ausdrucksfähigkeit. Diese komme zustande durch die Mimik der raschen Beweglichkeit der Augen und des Blickes sowie durch die Lippenmimik.

Jedoch erscheinen sowohl diese wie alle sonstigen bisher empfohlenen Methoden der Erfassung und Systematisierung der Mimik zum Teil noch recht unzulänglich, so daß wir eine genaue Detailbeschreibung der mimischen Vorgänge vorläufig noch für das Beste halten möchten.

VII. Handschrift.

Ganz anders hingegen verhält es sich mit der zweiten wesentlichen Ausdrucksbewegung des Menschen, mit seiner *Handschrift*.

Die besonderen Beziehungen zwischen Handschrift und Konstitution sind unter anderem von BLUME, HAARER, JISLIN, LEIBL, W. LIEPMANN und E. WIENER studiert worden, und von neueren Veröffentlichungen interessieren vor allem diejenigen von E. FENZ sowie von HEHLMANN und SCHADE. Diese Autoren stellten bei einer größeren Anzahl von Handschriften Häufigkeitsbeziehungen fest zu bestimmten Persönlichkeitstypen und deren Wesensart. Sie konnten auf Grund dieser Korrelationen auch auf die erbmäßige Bedingtheit dieser Schriftzeichen und der dazu in Beziehung stehenden Charaktermerkmale Schlüsse ziehen. Bei ihren Untersuchungen handelt es sich somit nicht allein um graphologische, sondern die einzelnen Schriftmerkmale werden in Beziehung gesetzt bei FENZ zu den Konstitutionstypen KRETSCHMERs, bei HEHLMANN und SCHADE zu den PFAHLERschen Grundtypen. Es handelt sich also um korrelationsstatistische Reihenuntersuchungen zu den Konstitutionstypen. Die PFAHLERschen Typen leiten sich bekanntlich von den KRETSCHMERschen Typen ab, und zwar so, daß der PFAHLERsche Typus der „festen Gehalte" in seinen wesentlichen Eigenschaften dem schizothymen, der Typus der „fließenden Gehalte" dem cyclothymen

Konstitutionstyp entspricht. Der Kürze und Einfachheit halber sei im folgenden der schizothyme Typ und der ihm entsprechende Typus der festen Gehalte als Typ I bezeichnet und der Typus fließender Gehalte bzw. der cyclothyme Typ als Typus II.

HEHLMANN kommt auf Grund seiner Untersuchungen und derjenigen SCHADES zu folgenden Einsichten:

„Das Schriftbild von Typ I zeigt durchschnittlich eine größere Regelmäßigkeit in Schriftlage, Höhe und Abständen. Diese Regelmäßigkeit mag gelegentlich zu Starrheit und Gezwungenheit werden; im allgemeinen braucht sie das jedoch keinesfalls. II zeigt demgegenüber eher Unregelmäßigkeit in den genannten Zügen, ohne deshalb eigentlich unrhythmisch schreiben zu müssen,

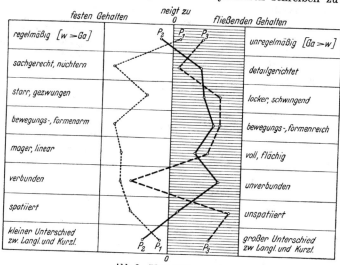

Abb. 8. (Nach HEHLMANN.)

sowie eine lockere und gelöstere Bewegung, die um ein Mittelmaß herumschwingt'. Bewegungs- und Formenarmut bei I entspricht größerer Fülle von Bewegung und Form bei Typ II. Die Schriften des letzteren Typus wirken daher im allgemeinen gefühlswärmer und weniger nüchtern als die des Typus I.

Gegenständlich-diskursives Denken bei I im Gegensatz zu phantasiemäßig-anschaulichem Denken bei II führt bei den anspruchslosen Formen zu klaren und durchsichtigeren Spatiierungen, während Worte und Zeilen der verbindlichen Schriftsätze von II häufiger ineinandergehen.

Typus I richtet sich mehr auf das Ziel, die Sache und damit beim Schreiben mehr auf den Schreibinhalt. Seine Aufmerksamkeit wendet sich daher weniger Einzelheiten des Schriftbildes zu. Er zeigt die lineare, eher nüchterne Schrift, die darum doch keineswegs unschön zu sein braucht. Er wird mehr zu stärkerer Verbundenheit des Duktus und vermöge seines ‚gegenständlich' gerichteten Denkens zu ausgeprägten Zwischenräumen zwischen Worten und Zeilen neigen. Die Schriftformen scheinen starrer, stereotyper und bewegungsärmer; aber sie neigen im ganzen gesehen nach der Seite eines ‚unausgesprochenen' Duktus und entsprechend der auf das ‚Innen' gerichteten Aufmerksamkeit zu geringeren Unterschieden zwischen Kurz- und Langlängen."

II ist der Typus des phantasiemäßigen Ergreifens immer neuer Gehalte. Er gefällt sich daher eher in der Einzelbewegung und kann demgemäß leichter bei der Einzelform, dem Einzelbild der Schrift verweilen. Die Schreibbewegung wird nicht im gleichen Maße durch von innen gesetzte Ideen zusammengehalten. Die bewegliche, rhythmische Form erscheint häufiger als bestimmendes Element. Betonte Form und Bereicherung erwecken leichter den Eindruck eines bewegten Schriftbildes. Die Verbundenheit der Schriftzüge wird aufgelockert, die Bindungsform ausgesprochener, die Spatiierung gelegentlich auffallend gering. Die nach

außen gerichtete Aufmerksamkeit prägt sich manchmal in ausgiebigen Langformen aus." Die wichtigsten Einzelzüge seines Materials hat HEHLMANN in einer Profilkurve graphisch dargestellt (Abb. 8).

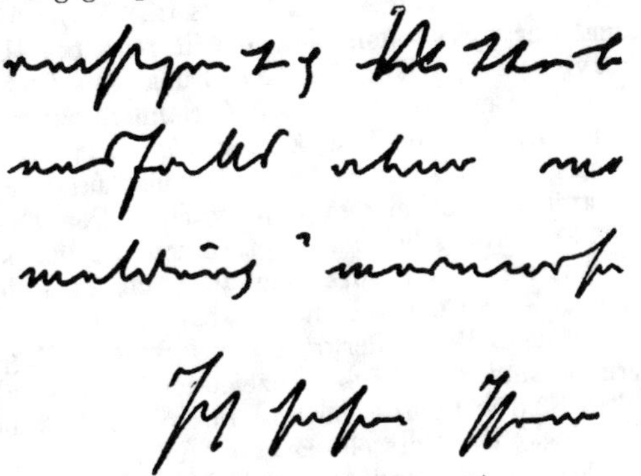

Als Beispiele der verschiedenen Schriftarten mögen folgende zwei Schriftproben HEHLMANNs dienen, von denen P_1 (Abb. 9) dem Typus der festen Gehalte, P_3 (Abb. 10) demjenigen der fließenden Gehalte angehört. Die Schrift von P_1 zeigt nach HEHLMANN „in Zeilenführung, Anordnung und Schriftbild zwar eine gewisse Regelmäßigkeit in

Abb. 9. P_1. (Nach HEHLMANN.)

Buchstabenhöhe, in Ductus und Einzelform dagegen gar nicht, so daß der Festlegepunkt für die Rubrik Regelmäßigkeit etwas nach rechts zu rücken ist, obwohl im übrigen durchaus das Willensmäßige gegenüber den Gefühlsantrieben überwiegt. Das zeigt sich im übrigen in der nüchternen Sachgerichtetheit, die ganz von der Schrift weg auf den Schreibinhalt intendiert, und in der starren und gezwungenen, den Buchstaben Gewalt antuenden Bewegungsqualität.

Entsprechend der Bewegungsscheu dieses Typus zeigt die Schrift weiter einen auffallend geringen Formenbestand, einen sehr geringen Aufwand an Bewegungen, überhaupt im ganzen linearen, mageren Charakter. Dem ‚gegenständlich'-diskursiven Denken entspricht ein ziemlich hoher Grad von Verbundenheit, gute Spatiierung, die die Übersichtlichkeit erhöht, und ein nicht übermäßiger Größenunterschied zwischen Lang- und Kurzlängen.

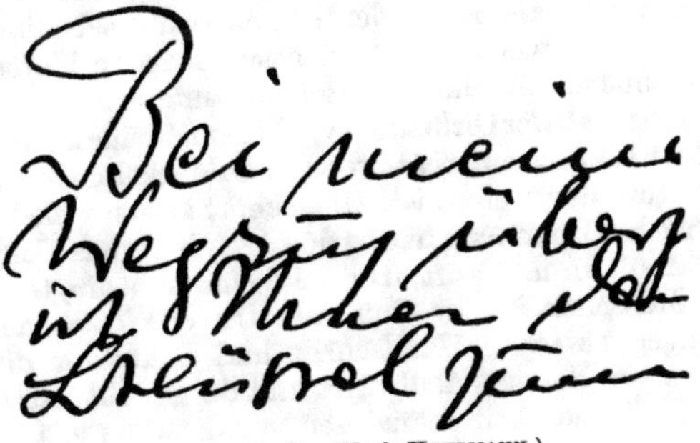

Ganz anders erscheint die Schrift der mehr dem ‚emotionalen' Typus zugehörigen Person P_3 mit ‚fließenden Gehalten'. Die enorme Un-

Abb. 10. P_3. (Nach HEHLMANN.)

regelmäßigkeit hinsichtlich der Buchstabenhöhe weist auf ein unbedingtes Überwiegen der Gefühlsantriebe hin. Die Aufmerksamkeit ist mehr auf Einzelform und Detail gerichtet; die Bewegungsqualität ist im ganzen locker und schwingend, ja das Gesamtbild wird geradezu beherrscht von einem Reichtum an Bewegung und Formen. PFAHLERS ‚von ungefähr' des Typus II setzt sich hier um in eine lockere, zügige Gewandtheit, die auch große Bewegungen in eine ansprechende Form einzubeziehen weiß. Völle und Flächigkeit deuten hier auf Phantasie und Anschaulichkeit im Denken hin. Andererseits ist die Verbundenheit doch kaum geringer als bei P_1, während die fehlenden Zwischenräume im Verein mit den zum Teil auffallenden Langlängen wieder auf farbig-anschauliches Denken hinweisen."

Zu ganz entsprechenden Feststellungen gelangt FENZ bei dem Vergleich derselben Schriftmerkmale mit den Konstitutionstypen KRETSCHMERs. Wie HEHLMANN fand er eine ausgesprochene Familienähnlichkeit der pyknischen wie der leptosomen Schriften. Zwei Drittel der Leptosomen (65%) schreiben nach FENZ entweder völlig regelmäßig oder aber in einer für sie offenbar charakteristischen, graphologisch überhaupt noch wenig beachteten Art, nämlich bald sehr unregelmäßig, bald sehr regelmäßig. Auch bei den noch zu besprechenden Schriftdruckuntersuchungen zeigen die Leptosomen und Athletiker in einem hohen Prozentsatz abrupt unregelmäßige Druckkurvenverläufe, während diese bei den Pyknikern fehlen (vgl. Tabelle 4). Langsame Schriften fand er bei Pyknikern etwa doppelt so oft als bei den Leptosomen (43:21%), eilige Schriften dagegen bei Leptosomen häufiger (45:28,5%). Als ein überwiegend typisches Merkmal der pyknischen Handschrift fand er: Ungebundenheit, Flüchtigkeit, Ungenauigkeit und Weite als Ausdruck von Freimut, Eifer, Zwangslosigkeit, Frische und Beweglichkeit. Den Girlandenduktus als Kennzeichen der „Güte, Duldsamkeit, Natürlichkeit, Zwanglosigkeit, Vertraulichkeit, aber auch der Unselbständigkeit und des Sichgehenlassens" fand er mehr als doppelt so oft bei den Pyknikern als bei den Leptosomen. Den Fadenduktus hingegen fand er fast 5mal so häufig bei den Leptosomen wie bei den Pyknikern, der nach ihm ein Kennzeichen ist für: Vielfältigkeit, Veränderlichkeit, Unbestimmtheit, Falschheit, Schauspielerei und Intrigantentum. Völle ist nach FENZ nicht nur das körperliche Hauptmerkmal der Pykniker, Magerkeit das der Leptosomen, sondern sie sind auch höchst bezeichnende Merkmale ihrer Handschrift. Mager schrieben 33,5% Leptosome und nur 5,5% Pykniker. „Völle ist das Zeichen der Phantasie, der Vorstellungsgabe, des Anschauungsvermögens oder auch der Verstandesschwäche und Kritiklosigkeit. Magerkeit aber bedeutet Verstandesstärke, theoretische Denkbegabung, aber auch Phantasielosigkeit, Nüchternheit und Dürre." Die Spirale, die FENZ als ein Merkmal für Autismus, Schrullenhaftigkeit und Eigenbrödelei bezeichnet, fand er in der Schrift der Leptosomen doppelt so oft (37%) als bei den Pyknikern (15%).

Von diesen verschiedenen Schriftmerkmalen ist vor allem der „Girlanden- und Arkadentypus" auch von den schon genannten älteren Autoren, wie BLUME, HAARER usw. als ein eindeutig konstitutionsbedingter bezeichnet worden.

Er dürfte, wie die noch zu besprechenden Untersuchungen erhellen, wohl in erster Linie auf psychomotorische Spannungen zurückzuführen sein. Es zeigt sich jedenfalls, daß der Girlandentypus (Schriftzüge nach oben konkav) ganz von selbst entsteht bei den entspannter und weicher Muskelinnervation, wie sie dem pyknischen Konstitutionstyp eigen ist. Umgekehrt zeigen viele Leptosome infolge ihrer intrapsychischen Spannung häufig den Arkadentypus (Schriftzüge nach unten konkav).

Daß die Handschrift als solche eine unbedingte individuelle Eigentümlichkeit jedes Menschen ist, ist eine unbestrittene Tatsache. Bekanntlich sind die Beziehungen zwischen Handschrift und Charakter unter deutschen Autoren besonders von KLAGES analysiert und dargestellt worden. So gut beobachtet aber auch die Handschriftenanalysen von KLAGES u. a. sind, haben sie doch für die allgemeine wissenschaftliche, besonders aber für die exakt naturwissenschaftliche Forschung den Nachteil, daß sie grundsätzlich auf einer symbolisierenden und daher betont subjektivistischen Betrachtungsweise fußen. Sie bleiben somit immer von der subjektiven psychologischen Urteilsfähigkeit abhängig, es fehlen ihnen meßbare Werte, die erst objektiv exakte Vergleichsuntersuchungen ermöglichen, wie sie für konstitutionsbiologische Zwecke unerläßlich sind. Die Handschrift ist aber der Niederschlag vieler komplizierter Funktionen der Bewegungsapparate von Unterarm, Hand und Fingern, so daß schon die Schreibbewegung als solche und nicht erst die Schrift individuell charakteristische Faktoren enthalten muß. KLAGES sagt mit Recht: „Die Handschrift ist das bleibend gegenständliche Ergebnis der persönlichen Schreibbewegung." Gelingt es daher, grundlegende Bestandteile der Schreibbewegung selbst festzuhalten, so daß dieselben meßbar sind, so steht damit das Mittel der Zahl auch für die Erforschung der Handschrift, wenigstens zu einem gewissen Teile, zur Verfügung.

VIII. Schriftdruck.

Ein wesentlicher Faktor der Art der Schreibbewegung ist zweifellos der beim Schreiben angewandte Druck, der von dem Ablauf von Spannung und Entspannung der in Betracht kommenden Muskeln abhängig ist. Dieser ist seinerseits wieder begründet in der affektiven und willensmäßigen Spannung des Schreibenden. Der Schreibdruck läßt sich mittels der KRÄPELINschen Schriftwaage leicht bis auf einige Gramm messen und ablesen, so daß wir eine genaue Methode zur Messung eines wesentlichen Teiles der Schrift haben und auf diese Weise wichtige konstitutionstypische psychomotorische und affektive Vorgänge beim Schreibenden erfassen können.

Eine ausführliche Beschreibung der Schriftwaage [1] findet sich bei A. GROSS in den „Psychologischen Arbeiten" KRÄPELINs, auf die hiermit verwiesen sei. Um möglichst einheitliche und einfache Schreibbedingungen zu erreichen, muß man ein Testwort wählen, das mindestens folgende Bedingungen erfüllt: Es darf keinen Wortsinn haben und soll auch seinem Klange nach möglichst frei von affektivem Werte sein. Zweitens muß es nur solche Buchstaben enthalten, die in der lateinischen wie deutschen Schrift denselben Duktus haben, so daß es der Versuchsperson überlassen bleiben kann, in welcher Schrift sie schreiben will. ENKE wählte als Testwort die Buchstaben m-o-m-o-m (momom). Jede Versuchsperson hatte die Aufgabe, das Wort einmal langsam, malend, also gleichsam in Schönschrift, das andere Mal in der ihr gewohnten Schreibgeschwindigkeit zu schreiben. Zur Bestimmung der Druckstärke wurde die Schriftwaage mit je 50 : 50 g belastet und der jeweilige Ausschlag des Hebelarmes am Kymographion fixiert und dann auf Millimeterpapier abgetragen. Damit war ein genauer Maßstab gegeben, um später die sich in den Höhenausschlägen der Druckkurven zeigenden Druckschwankungen leicht und genau ablesen zu können.

Tabelle 4. Schriftdruckkurven [2].

	Maximaldurchschnittsdruck g	Minimaldurchschnittsdruck g	Differenz von Maximal-Minimaldurchschnittsdruck g	O-Linie %	Art des Kurvenverlaufes in %				
					Wellig	Flach	Stereotyp	Unregelmäßig	Zackig
25 Athletiker . .	187	113	74	12	8	4	18	30	76
33 Leptosome . .	182	105	77	15,2	18,2	18,1	3	19,6	50
16 Pykniker . . .	185	76	109	53,2	57	0	0	0	21,5

Nachgemessen und ausgewertet wurden unter anderem, wie aus Tabelle 4 ersichtlich ist: der durchschnittlich höchste Maximaldruck, d. h. der in der Druckkurve höchste Druckanstieg. Er betrug bei den Athletikern 187 g, bei den Pyknikern 185 g und bei den Leptosomen 182 g. Der Minimaldruck, d. h. der in jeder Druckkurve vorhandene stärkste Druckabfall, betrug bei den Athletikern im Durchschnitt 113 g, bei den Pyknikern 76 g und bei den Leptosomen 105 g. Entsprechend ist bei den Athletikern die Differenz von Maximal- und Minimaldurchschnittsdruck mit 74 g kleiner als bei den Leptosomen mit 77 g, und die Zahlen dieser beiden Konstitutionstypen sind wiederum wesentlich kleiner als die der Pykniker mit 109 g.

Ferner ließ sich beobachten, daß bei bestimmten Konstitutionstypen der Druckabfall jeder Einzelkurve bis auf die Null- oder Ausgangslinie zurückging. Und zwar geschah dies bei den Pyknikern mit einem Prozentsatz von 53,2%, während es bei den Leptosomen nur in 15,2% der Fälle und bei den Athletikern nur bei 12% der Versuchspersonen vorkam. Welche Schlüsse erlauben diese Zahlen in psychologischer Hinsicht? Das Druckmaximum ist, wie wir sehen,

---

[1] Zu beziehen durch Karl Wingenbach, Frankfurt a. M., Emserstr. 24.
[2] Aus ENKE: Die Psychomotorik der Konstitutionstypen. Leipzig 1930.

31*

am höchsten bei den Athletikern und Pyknikern. Die Vermutung könnte nahe-
liegen, daß die namentlich den Athletikern eigene größere Muskelkraft die
Erhöhung des Druckmaximums gegenüber den Leptosomen bewirke. Vergegenwärtigt man sich aber, eine wie geringe Kraftentfaltung der Muskulatur der
Schreibvorgang erfordert, so wird man die Verschiedenheiten des Druckmaximums bei den einzelnen Konstitutionstypen gewiß nur zu einem kleinen Teil
auf ihre physiologischen Unterschiede zurückführen können. Es müssen hier
vielmehr auch psychische Gründe in Betracht kommen. Überlegt man sich,
was in der Versuchsperson vorgehen kann, wenn wir ihr den Auftrag zum Schreiben erteilen, so gibt es nur zwei hauptsächliche psychische Verhaltungsweisen,

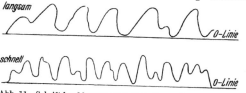

die in Erwägung gezogen werden müssen. Entweder ordnet
sich die Versuchsperson ohne
Scheu und ohne affektive Abwehr oder Erregung dem Auftrag unter und schreibt das
Gewünschte in einer ruhigen
Gemütsverfassung ohne innere
Spannung gern und willig auf.

Abb. 11. Schriftdruckkurven eines Pyknikers. Schlosser, 50 J.

Diese Freiheit des Wollens, die durch keinerlei Momente des Widerstrebens
gehemmt wird, bedingt natürlich auch eine willkürliche maximale motorische
Entspannung, ein Losgelöstsein der motorischen Tätigkeit von psychischen
Gegentendenzen, und führt so zu dem ruhigen Auf und Ab des Druckverlaufes,
wie es bei den pyknischen Kurven häufig war (vgl. Abb. 11).

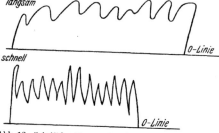

Hingegen verrät die größere
Dauerdruckhöhe bei den Leptosomen und Athletikern einen während der ganzen Schreibleistung bestehenden Spannungszustand (vgl.
Abb. 12). Diese intrapsychische
Spannung, die sich nicht in einem
ruhigen Auf und Ab des Druckverlaufes gleichmäßig zu entladen
vermag, bewirkt eine während des
Schreibaktes anhaltende Muskel-
spannung auch da, wo sie physiologischerweise nicht mehr notwendig, sondern eher zweckwidrig er-

Abb. 12. Schriftdruckkurve einer Leptosomen. Krankenpflegerin, 19 J. (Aus ENKE: Die Psychomotorik der Konstitutionstypen. Leipzig: Johann Ambrosius Barth 1930.)

scheint. In der Dauerdruckhöhe der Schriftdruckkurven erhält man also einen
mathematisch gut bestimmbaren Index für den intrapsychischen Spannungszustand eines Menschen, der Art und Stärke der inneren Reibung verrät. Während
diese intrapsychische Spannung bei den Leptosomen, wie sich nachweisen läßt,
eine habituelle, konstitutionsgebundene Affekthaltung ist, erscheint bei den
Athletikern die erhöhte affektive Spannung beim Schriftdruckversuch als eine
sekundäre Reaktion auf das Schreiben selbst. Sie zeigen dem Versuch gegenüber
eine ablehnende Haltung, die offensichtlich aus einer Abneigung gegen das
Schreiben selbst entsprang und vermutlich mit ihrer geringeren Veranlagung
zur Feinmotorik zusammenhängt.

Außer diesen, aus den Druckkurven leicht und mathematisch genau ablesbaren
Differenzierungen zwischen „gespannt" und „spannungsarm" — oder besser
entspannungsfähig —, wie sie KLAGES in seiner Analyse des Schriftduktus
deskriptiv unterscheidet, zeigen die Gesamtkurvenbilder noch andere recht
charakteristische konstitutionstypische Unterschiede. — HAARER hat bei

seinen Untersuchungen des Schriftdruckes bei den Konstitutionstypen unter anderem festgestellt, daß sich bei den Pyknikern häufig eine weiche und wellige Kurve, bei den Leptosomen gern flache Kurven, d. h. solche mit geringen Druckschwankungen, und öfter stereotype Kurven mit regelmäßiger Wiederkehr derselben Druckschwankungsfigur finden. Auf Grund eigener Untersuchungen konnte ENKE die Kurvenverlaufsbilder ihrer Art nach einteilen in: wellige, steilwellige, flache, stereotype, abrupt unregelmäßige und zackige. Bei prozentualer Auswertung seiner Versuchsreihen ergab sich in Übereinstimmung mit den HAARERschen Untersuchungen, um nur einige charakteristische Beziehungen herauszugreifen, daß sich *wellige* Kurvenbilder unter Zusammenfassung der langsam und schnell geschriebenen bei 56,5% Pyknikern und bei nur 18,1% Leptosomen sowie 8% Athletikern fanden, *flache* und *stereotype* Kurven bei keinem Pykniker, flache aber in 18% bei den Leptosomen und 4% bei den Athletikern. *Stereotype* Kurven boten die Athletiker, und zwar 18% derselben, während die Leptosomen hier nur mit 3% vertreten waren. Abrupt unregelmäßige Kurvenverläufe fehlten bei seinen sämtlichen Pyknikern, sie waren dagegen bei 19,6% der Leptosomen und 30% der Athletiker vorhanden. Zackige Kurvenbilder fanden sich bei 21,5% der Pykniker, bei 5% der Leptosomen und 76% der Athletiker.

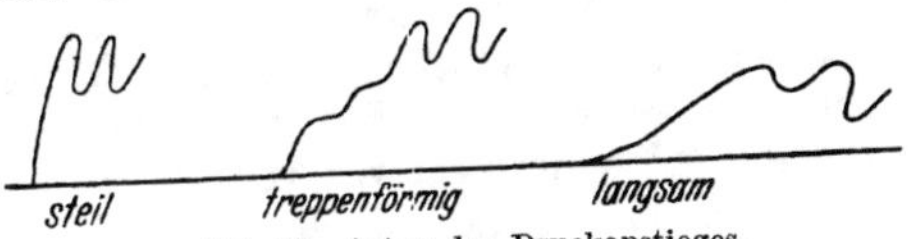

steil   treppenförmig   langsam

Abb. 13. Arten des Druckanstieges.

Konstitutionstypisch wichtig ist ferner die Art des initialen *Druckanstieges*, den ENKE einteilt in steil, langsam und treppenförmig. Er fand bei seinem Versuchsmaterial einen *steilen* Druckanstieg bei nur 31,2% Pyknikern gegen 55,9% der Leptosomen und 62% der Athletiker, einen *langsamen* Druckanstieg dagegen bei 56,3% Pyknikern gegenüber nur 21,2% Leptosomen und 32% Athletikern. Einen *treppenförmigen* Anstieg hatten 6% der Athletiker gegenüber 12,6% Pyknikern und 27,2% Leptosomen (vgl. Abb. 13). Diese Ergebnisse über die Verhaltungsweisen der Konstitutionstypen im Druckablauf haben offensichtlich schon sehr nahe Beziehungen zum Schriftduktus selbst. Denn JISLIN und W. LIEPMANN fanden bei den Pyknikern bzw. Cyclothymen gleichmäßige, abgerundete, weiche Buchstaben, die Leichtigkeit, Ungezwungenheit und Flüssigkeit des Bewegungsablaufes verraten. Bei den Leptosomen bzw. Schizothymen fanden dieselben Autoren, wie übrigens auch E. WIENER, die Buchstaben unregelmäßig und ungleichmäßig in Größe und Form, von eckigem und wenig flüssigem Bewegungsablauf, steif, mit stockendem, sperrigem Rhythmus. Lehren die Handschriftanalysen von KLAGES, daß der Grad der Gleichmäßigkeit und Ungleichmäßigkeit der Federführung bezeichnend ist für den Affektivitätsgrad des Schreibenden, so geben uns schon die Druckkurvenbilder Aufschlüsse über Art und Verlauf des psychischen Tempos, der Psychomotilität und der Affektivität und zwar in einer mathematisch bestimmbaren Weise. Diese Entsprechungen der Ergebnisse sind auch ein Beleg dafür, daß der Ablauf des Schriftdruckes, wie er aus den verschiedenen physiologischen und psychologischen Ursachen zustande kommt, einer der hauptsächlichsten Faktoren des Schriftduktus ist und in sich ein wesentliches konstitutionstypisches Radikal enthält. Seine Erforschung darf daher nicht allein eine Sache der Handschrift- und Charakterkunde bleiben, sondern sollte auch Gegenstand erbbiologischer Forschung werden.

Einen ersten Versuch nach dieser Richtung bilden die Untersuchungen des Schreibdruckes bei Zwillingen durch CARMENA. Er untersuchte nach der von ENKE angegebenen Methode den Schreibdruck bei 50 Zwillingspaaren und kam zu folgenden Ergebnissen (Tabelle 5):

Tabelle 5. (Nach Carmena.)

	1. Gruppe (große Ähnlichkeit im Schreibdruck)	2. Gruppe (mittlere Ähnlichkeit)	3. Gruppe (kleine Ähnlichkeit)	Anzahl der untersuchten Paare
EZ ♂	9	2	2	13
EZ ♀	7	6	3	16
ZZ ♂	0	2	6	8
ZZ ♀	1	1	5	7
PZ	1	1	4	6

In dieser Tabelle ist ein ausgesprochener Unterschied zwischen den eineiigen und zweieiigen Zwillingspaaren zu erkennen. Carmena schließt daraus, daß unter den graphologischen Charakteren der *Schreibdruck* Erbbedingtheit deutlich erkennen läßt. Regulierung und Intensität der Bewegungen sowie der Tonus der Arm- und Handmuskeln seien somit durch Erbveranlagung mitbedingt. Es gehen diese Feststellungen ganz in einer Richtung mit der bereits nachgewiesenen Erbbedingtheit der Körperhaltung in Ruhelage und während des Gehens, sowie der unwillkürlichen motorischen Reaktionen bei affektiven Reizen. Gewiß bedürfen die Ergebnisse Carmenas angesichts seines verhältnismäßig kleinen Untersuchungsmaterials noch weiterer Nachprüfung. Sie stimmen aber nicht nur mit den konstitutionstypologischen Untersuchungen Enkes überein, sondern auch mit den graphologischen: Saudek sagt vom Schriftdruck ganz allgemein, daß er im wesentlichen konstitutionell bedingt ist, und daß der Druck zu den besonders schwer veränderbaren Schriftmerkmalen gehöre und daher in hohem Maße individuell charakteristisch sei.

Die Druckkurvenbilder lassen bei den Pyknikern auf eine runde, weiche und natürliche Psychomotilität schließen, die frei ist von sprunghaften Schwankungen und affektiver Verkrampfung. Die abrupt unregelmäßigen Kurvenverläufe der nichtpyknischen Konstitutionsgruppen hingegen könnte man vielfach als einen psychomotorischen Ausdruck des sprunghaften Wesens mancher Schizothymiker auffassen, das mit deren häufigen Sperrungen und Komplexmechanismen zusammenhängt; bei den Athletikern verraten sie eine Neigung zu harten und brüsken Bewegungsformen, wie sie Oseretzky auch bei der handwerklichen Arbeit der Athletiker beobachtet hat. Die bei den Leptosomen häufigen flachen, fast ohne jede Schwankungsdifferenz verlaufenden Kurven dürften dagegen als ein Abbild ihrer Verhaltenheit und scheinbaren Ausdrucksarmut, ihrer Unfähigkeit zur Entspannung oder in anderen Fällen als Zeichen einer zur Indolenz erlahmten Affektivität zu betrachten sein. Bei den Athletikern endlich ist der auffallend hohe Prozentsatz stereotyper Kurven wohl als Teilerscheinung ihrer Tenazität aufzufassen, die wir als einen Grundzug athletischer Temperamente öfter beobachten können.

Bei der starken konstitutionellen Bedingtheit des Druckes, der auch von ernsthaften Graphologen erkannt und hervorgehoben wird, ist es nicht verwunderlich, daß seitens der Graphologen dem Schriftdruck auch ein besonderer psychodiagnostischer Wert beigemessen wird.

Die Ergebnisse der Schrift*druck*untersuchungen finden eine weitere Bestätigung in den teilweise schon angeführten Ergebnissen von Hehlmann und Schade sowie Fenz. Die psychischen Entsprechungen der regelmäßigen Schrift sind nach Fenz in Übereinstimmung mit Klages: Festigkeit, Widerstandskraft, Nüchternheit, Pedanterie, Langweiligkeit, Strebertum und nüchterner Ehrgeiz. Der sprunghafte Wechsel zwischen regelmäßig und unregelmäßig, den Fenz bei 34,5% der Leptosomen fand, aber nur bei 2% der Pykniker, spricht „für das charakteristische sprunghafte Schwanken der Leptosomen zwischen leidenschaftlich und starr, zwischen unberechenbar-impulsiv und langweilig schablonenhaft". Auch Hehlmann und Schade folgern aus der Schrift des Typus I auf Konzentration, Willensstärke, Nüchternheit, Gefühlskälte und Schablonenhaftigkeit, hingegen aus der Schrift des Typus II auf Vorherrschaft des Gefühles, der Gefühlswärme, Neigung zu Ablenkbarkeit, Unentschlossenheit und Beeinflußbarkeit. Langsame Schriften fand FENZ bei Pyknikern doppelt so oft als bei Leptosomen (43:21%), eilige Schriften dagegen bei Leptosomen häufiger (45:28,5%). ENKE stellte einen langsamen Druckanstieg bei 56,3% der Pykniker, aber nur bei 21,2% der Leptosomen fest, ein steiler bzw. rascher Druckanstieg hingegen war bei nur 31,2% Pyknikern gegenüber 55,9% Leptosomen zu beobachten (vgl. Tabelle 6). Da die Ergebnisse der genannten Autoren

Tabelle 6.

	Pykniker %	Leptosome %	Athletiker %	
FENZ	28,5	45,0	—	Eilige Handschrift
ENKE (Schreibdruck) .	31,2	55,9	62,0	„ „
FENZ	43,0	21,0	—	Langsame Handschrift
ENKE (Schreibdruck) .	56,3	21,2	32,0	„ „
SCHADE	45,0	2,0	—	Gelöste Handschrift
ENKE (Schreibdruck) .	53,3	15,2	12,0	„ „

und bei ENKE auf ganz verschiedene Weise gewonnen wurden, ist die Entsprechung dieser Zahlenverhältnisse umso beweisender. Im Hinblick auf die Schriftdruckuntersuchungen interessiert vor allem der Ausdruck der *Spannung* in der Schrift, die ENKE als ein im Schrift*druck* besonders charakteristisches Zeichen feststellen konnte. Eine Schrift ist nach KLAGES als „gespannt" anzusprechen, wenn sie winklig, eng, steil, *druckstark* ist. Eine gelöste Schrift hingegen erscheint als weit, schräg und *druckschwach*, sie hat offene Bogen nach oben und weiche, runde Unterschleifen. Sie wird als natürlich und weniger stilisiert bezeichnet. Die gespannte Schrift fand SCHADE bei 87% des Typus I gegenüber 10% bei Typus II, die gelöste Schrift bei 45% des Typus II, aber nur bei 2% des Typus I. ENKE fand in den Schriftdruckkurven den Ausdruck der Gelöstheit bei 53,2% des Typus II, hingegen nur bei 15,2% des Typus I. Hand in Hand damit gehen im Schriftduktus die Flächigkeit und Teigigkeit bei Typus II, während nach den genannten Autoren der Typ I eine vorwiegend lineare und magere Schriftform bevorzugt. Das gleiche gilt für den Girlandenduktus, der sich vorwiegend bei Typus II findet, während der Arkaden- und Fadenduktus eine charakteristische Schriftform des Typus I ist.

Diese graphologischen Auswertungen kommen den konstitutionstypologischen Ergebnissen ENKEs, insbesondere bezüglich der schizothymen Wurzelformen, überraschend nahe, wovon sich der Leser bei unserer Gegenüberstellung von Psychomotorik und Sport leicht überzeugen kann.

Das gleiche gilt von den graphologischen Auswertungen eines allgemein schwachen Druckes bei „schneller, natürlicher und nicht stilisierter Handschrift". Abgesehen davon, daß darin ein Zeichen gesteigerter Schreibroutine steckt, kann sie psychodiagnostisch als ein Merkmal geistiger Beweglichkeit und schnellen Gedankenablaufes betrachtet werden. Allgemein schwacher Druck in langsamen Schriften hingegen ist ein Merkmal von zaghafter Schüchternheit und häufig ein Zeichen von Ausdrucksscheu. — „Launenhaft" ungleichmäßiger Druck ist ebenfalls konstitutionell bedingt. Er geht zumeist mit starken Schwankungen zahlreicher anderer Merkmale, z. B. der Größe, der Größenverhältnisse und des Zeilenverlaufes gepaart und ist dann auch ebenso wie diese eines der Merkmale gesteigerter Reagibilität.

HEHLMANN hat seine vergleichenden Handschriftuntersuchungen an mehreren Zwillingspaaren vorgenommen, von denen sechs sicher gleicherbige waren. Auf Grund der weitgehenden Übereinstimmung der Schriftmerkmale bei diesen im Gegensatz zu den zweieiigen Zwillingspaaren schließt er, daß die von ihm im Schriftduktus festgestellten charakterlichen Grundfunktionen erblich bedingt seien.

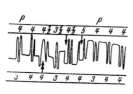

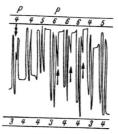

Abb. 14a.

Leptosom ♀   Arztfrau, 23 J.
Mißtrauen +
Perseveration +
↓ Zögern mit dem Beginn des 4. bzw. 5. Ziehens.
↓ Zögerndes 3. und 4. Ziehen.

Abb. 14b.

Leptosom ♂   Landwirt, 37 J.
Mißtrauen +
Perseveration +
↓ Verringerte Hubhöhen nach der ersten Dreierfolge.
↓ Zögerndes Ziehen, treppenförmiger Verlauf.

Beim Vergleich der Ergebnisse, die durch Messungen der Schriftdruckkurven gewonnen sind, mit denjenigen der deskriptiv-statistischen Erfassung des Schriftduktus von HEHLMANN und SCHADE einerseits, FENZ andererseits zeigt sich, daß die intuitivbeschreibende und die exakt messende naturwissenschaftliche Methodik eine brauchbare Verbindung darstellen können; eine solche liegt ja auch der Konstitutionsforschung selbst zugrunde. Handschriftuntersuchungen, die in dieser kombinierten Form durchgeführt werden, erscheinen geeignet, wesentliche Beiträge zur Erforschung des Charakters, vor allem seiner anlagebedingten Merkmale, zu liefern; sie können auch wichtigen praktischen Zwecken dienen, z. B. in Fragen der Berufsberatung, der Kriminalistik und in der Psychotherapie. Jedoch dürfen ihre Ergebnisse nicht isoliert verwendet, sondern sie müssen in die konstitutionsbiologische Gesamtbeurteilung der Persönlichkeit eingereiht werden.

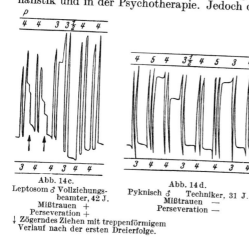

Abb. 14c.

Leptosom ♂ Vollziehungsbeamter, 42 J.
Mißtrauen +
Perseveration +
↓ Zögerndes Ziehen mit treppenförmigem Verlauf nach der ersten Dreierfolge.

Abb. 14d.

Pyknisch ♂   Techniker, 31 J.
Mißtrauen —
Perseveration —

Um die aus den Schriftdruckkurven sich ergebenden Resultate über die *Affektivität* und *Willenstätigkeit* experimentell nachzuprüfen, stellte ENKE noch einen Versuch am Ergographen an, der in etwas anderer Form bereits von W. LIEPMANN an Konstitutionstypen vorgenommen und von ihm „Mißtrauensversuch" genannt worden war. ENKE behielt diese Bezeichnung bei, obwohl bei dem Versuch nicht allein das Mißtrauen, sondern auch andere affektive und willensmäßige Faktoren eine wesentliche Rolle spielen.

Die Versuchspersonen hatten die Aufgabe, nach den Taktschlägen eines Metronoms am Ergographen ein 1-Pfundgewicht zu heben. Die Anzahl der einzelnen aufeinanderfolgenden Taktschläge, d. h. die Größe der Taktschlaggruppen, wurde jedoch für die Versuchspersonen unvermuteterweise gewechselt, so daß von ihnen eine erhöhte Aufmerksamkeit nötig war, wenn sie den Ergographen richtig bedienen wollten.

Wie sich das Verhalten der Versuchsperson am Kymographion darstellt, verdeutlichen die Abb.14 a—d. An wesentlichen Ergebnissen sei hervorgehoben, daß die Athletiker am stärksten in der zuerst gegebenen Schlagfolge verharrten,

es ihnen also am schlechtesten gelang, die einmal eingenommene Aufmersamkeits-
wie motorische Einstellung zu ändern. Diese Neigung zur Perseveration war bei
ihnen in 61% vorhanden gegenüber 49% bei den Leptosomen und nur 25%
bei den Pyknikern. — Das Zögern hingegen während des Hebens des Gewichtes
als Mißtrauensmerkmal gegenüber den etwa eintretenden Änderungen der
Schlagfolge war bei den Leptosomen mit 80% am stärksten, während es bei den
Athletikern in 61% der Fälle und bei den Pyknikern wiederum nur in 25%
vorkam (Tabelle 7). Muß man bei den Leptosomen aus den Zahlenergebnissen

im allgemeinen auf eine stärkere Neigung
zur Vorsicht und zur sichernden Zurückhaltung schließen, so dürfte bei den Athletikern, wie aus ihrem hohen Perseverationsprozent zu folgern ist, in erster Linie wieder
auf eine erschwerte Umstellungsfähigkeit aus
einer einmal eingenommenen Aufmerksam-
keits- und Willensrichtung zu schließen sein,
während die Pykniker sich sowohl von dem einen wie dem anderen Merkmal
als ziemlich frei erweisen.

Tabelle 7. Mißtrauensversuch.

	Per-severation %	Mißtrauen %
Athletiker . . .	61	61
Leptosome . .	49	80
Pykniker . . .	25	25

Zusammenfassend ergibt sich also, daß wir in den Schriftdruckkurven einen
mathematisch bestimmbaren Index für gewisse affektiv-willensmäßige Verhaltungsweisen besitzen, der auch für erbbiologische Untersuchungen verwendbar
ist. Die Schriftdruckkurven der Pykniker verraten ein freies und weites Auf-
und Abschwingen der psychischen Energie, Entspannungsfähigkeit, Losgelöstsein
der motorischen Tätigkeit von affektiven oder willensmäßigen Tendenzen in
beträchtlich hohem Grade. Umgekehrt verrät die an sich unnötige oder selbst
zweckwidrige Kraftentfaltung beim Schreiben, die sich vor allem in großer
Dauerdruckhöhe ausprägt, bei den Leptosomen und Athletikern eine während
des Schreibaktes anhaltende intrapsychische Spannung. — Die deskriptive Erfassung der Druckkurven weist auf eine mehr flüssige, weiche und sperrungsfreie
Psychomotilität der Pykniker hin, während die Druckkurvenbilder der Leptosomen und Athletiker in hohem Grade entgegengesetzte Eigenschaften verraten. —
Die bisher vorliegenden konstitutionstypologischen Handschriftuntersuchungen
des Duktus selbst weisen Ergebnisse auf, die in ihren Hauptzügen mit den Untersuchungen HAARERs und ENKEs über den Schriftdruck konform gehen. Bei
den Pyknikern bzw. Cyclothymikern finden sich vorwiegend gleichmäßige, abgerundete, weiche Buchstaben, die Leichtigkeit, Ungezwungenheit und Flüssigkeit
des Bewegungsablaufes verraten. Das Schriftbild als ganzes weist bei ihnen
gewöhnlich eine größere Verbundenheit der Worte untereinander, sowie gleich-
mäßigere Wortabstände auf. — Bei den Leptosomen hingegen sind die Buchstaben
im allgemeinen unregelmäßig und ungleichmäßig in Größe und Form, von eckigem
und wenig flüssigem Bewegungsablauf. Es findet sich weniger Einheitlichkeit im
ganzen Schriftcharakter — abgesehen von stereotypisierten oder stilisierten
Handschriften —, und die Worte weisen untereinander eine stark ausgesprochene
Unverbundenheit auf. Die graphologische Auswertung des Schriftdruckes ergibt
weitgehende Parallelen mit den Eigenschaften der einzelnen konstitutionstypischen Temperamente.

Für Sprachuntersuchungen, und zwar zur lautlichen Analyse der Sprache und ihrer
Geschwindigkeit läßt sich der Apparat von F. KRÜGER und W. WIRTH benutzen. Er wird
näher beschrieben von OSERETZKY in seiner Monographie über „Psychomotorik". Für
die Analyse der Melodie der Sprache empfiehlt OSERETZKY den ebenfalls von ihm genauer
beschriebenen Apparat von MARBE.

LOEBELL fand bei einer systematischen Untersuchung der *Stimmcharaktere* innerhalb der drei Körperbauformen folgende Beziehungen: athletisch:

leptosom:pyknisch = Tenor:Bariton:Baß; bei den Frauen unter Fortlassung der Athletikerinnen (wegen zu geringen Untersuchungsmaterials) die Korrelation leptosom:pyknisch = Sopran:Alt.

IX. Motorische Begabung.

Die motorische Begabung schlechthin ist bereits ein komplexes Anlage-merkmal, das sich zusammensetzt nicht allein aus verschiedenen motorischen Radikalen oder Wurzelformen, sondern auch aus psychischen. Um eine motorische Begabung in ihrem Aufbau richtig zu erkennen, ist es daher erforderlich, sowohl die motorischen wie die psychischen Radikale bei der Beurteilung zu berück-sichtigen. Auf Grund der angeführten experimentellen Ergebnisse und ihrer teilweisen erbbiologischen Nachprüfungen können wir diejenigen motorischen Eigenschaften als anlagebedingte betrachten, die immer wiederkehrende Be-ziehungen zu den Konstitutionstypen aufweisen. Für die richtige Beurteilung der motorischen Begabung ist jedoch auch die Frage wichtig, inwieweit die konstitutionstypologisch bedingten elementaren psychomotorischen Reaktions-neigungen oder „Wurzelformen" durch exogene Einwirkungen beeinflußbar, veränderbar sind. Dabei ergeben sich von selbst Einzelfragen z. B. darüber, welche konstitutionellen motorischen Sonderheiten am variabelsten erscheinen, welche Umweltfaktoren besonders stark verändernd einwirken können, und ob sich bei den Konstitutionstypen verschiedene Grade der Plastizität bzw. Varia-bilität nachweisen lassen. Zur Darstellung der Analyse motorischer Begabungen oder Fertigkeiten in ihren Einzelmerkmalen, ihrer gegenseitigen Wechselwirkung und ihrer äußeren Beeinflußbarkeit seien einige Experimente wiedergegeben, die Enke zur Bestimmung des Einflusses exogener Faktoren auf konstitutionell bzw. erblich bedingte motorische Fähigkeiten vornehmen ließ.

Als Kriterium der Veränderlichkeit der typologischen Eigenschaften galten die meß-baren, quantitativen Unterschiede bei Wiederholung derselben Versuche, ferner die Ver-änderung der Qualität der Ausführung und das Gesamtverhalten der Versuchspersonen während ihrer Tätigkeit. Vor Beginn solcher Versuche wurde daher besonderer Wert auf folgende Erhebungen gelegt: 1. Gegenwärtiger Beruf und eventuell früher stattgefundener Berufswechsel. 2. Welche Tätigkeitsform bzw. Handarbeit wird am angenehmsten emp-funden? 3. Lieblingsbeschäftigungen in der Freizeit. 4. Eventuell technische Liebhabereien. 5. Wird Sport getrieben und welcher?

Im ganzen wurden drei verschiedene Versuche vorgenommen, und zwar an Hand des Arbeitsprobenkastens nach Giese. Bei allen 3 Experimenten handelt es sich im Gegensatz zu denjenigen, die zu Feststellungen der primären moto-rischen Funktionsneigungen dienten, um komplexe Handfertigkeitsversuche, bei denen nicht allein besondere motorische Fähigkeiten geprüft werden, sondern auch technische Eigenschaften, wie Organisationsfähigkeit und kombinierte Handgeschicklichkeit, die im Begriff der motorischen Begabung im allgemeinen eingeschlossen sind.

Bei dem ersten Versuch („Konstruktionsversuch") handelt es sich in psychomotorischer Hinsicht hauptsächlich um die Prüfung der manuellen Feinarbeit in Verbindung mit tech-nischer Geschicklichkeit, ferner vor allem um Beobachtungsfähigkeit und konstruktives Denken. Die Versuchsperson hat den Auftrag, einzelne kleine Elemente (2 Blechplatten, 2 Blechflügel, 1 Spiralfeder, 3 Schrauben und 3 Muttern) zu einem mechanischen Modell nach Vorlage zusammenzusetzen. Festgestellt wird bei diesen und den beiden folgenden Versuchen die Anzahl der gemachten Fehler und die zur Erledigung der Aufgabe gebrauchte Zeit. Außerdem wurde besonders geachtet auf die Art und Weise, wie die einzelnen Ver-suchspersonen die Arbeiten verrichteten, auf ihre affektive Haltung und ihre spontanen Äußerungen. Nach Beendigung aller 3 Versuche mußten die Versuchspersonen noch darüber Aufschluß geben, welches der 3 Experimente am schwersten erschien, welches am leichtesten, welches besonders interessierend und welches besonders angenehm oder unangenehm. Die Versuchspersonen hatten nach einigen Tagen sämtliche Versuche mindestens ein- bis zweimal zu wiederholen. Bei diesen Wiederholungsversuchen wurde besonders darauf geachtet, welche der bisher beobachteten Faktoren sich geändert hatten und in welcher Weise. — Bei der Beurteilung der praktischen Ausführung der Versuche und der Häufigkeitsbeziehungen der verschiedenen Verhaltungsweisen zu dem jeweiligen Konstitutionstyp ist ferner nach dem Gesichtspunkt der Einübung und Erfahrung eine Einteilung aller Versuchspersonen in zwei Gruppen nötig gewesen; nämlich 1. in eine Gruppe von Versuchspersonen, die während ihres Lebens gar nicht, bzw. kaum mit denjenigen Elementen zusammengetroffen sind oder mit ihnen zu tun gehabt haben, die das jeweilige Experiment enthält. 2. in eine Gruppe, die bereits irgendwelche Erfahrung in der Verarbeitung der Prüfungselemente durch Beruf, Lieblingsbeschäftigung oder ähnliches hatten. Die Gruppe derjenigen Versuchspersonen, die mit den Versuchselementen bisher keine Erfahrung hatten, sei als Gruppe „A" bezeichnet, die erfahrenen Versuchspersonen als Gruppe „B".

Im zweiten Versuch („Stanzversuch") wird vor allem geprüft, die Ruhe, Exaktheit und Treffsicherheit der Hand, sowie eine gewisse praktische Anpassungsfähigkeit an das Arbeitsmaterial. Es handelt sich darum, mit einem kleinen Hammer und einer Stanze eine vorgeschriebene Anzahl von Löchern in eine Papierunterlage zu stanzen. — Nach Beendigung dieser Aufgabe folgt noch ein „Sortierversuch", bei dem es darauf ankommt, zwei auf einer Metallplatte befindliche Reihen verschieden geformter Bolzen mit 100 entsprechend geformten kleinen Blechscheiben zu beschicken.

Die recht ergiebige Analyse der motorischen Begabung und des Gesamtverhaltens der Konstitutionstypen bei diesen 3 Versuchen sei im folgenden kurz zusammengefaßt.

Bei diesen Versuchen interessieren hauptsächlich 2 Faktoren, einmal die konstitutionell bedingte psychomotorische Eigenart der Konstitutionstypen im Zusammenspiel mit ihren psychischen Eigenschaften, und das andere Mal die Beeinflußbarkeit ihrer anlagebedingten Reaktionsneigungen durch äußere Faktoren. Es ist natürlich praktisch nicht möglich, Versuchspersonen in Gruppen zu trennen, die völlig *frei* sind von Milieueinflüssen gegenüber Gruppen, die diesen unterworfen gewesen sind. Bei experimentellen Untersuchungen der Psychomotorik der Konstitutionstypen und ihrer Veränderlichkeit durch äußere Einwirkungen muß man sich notwendigerweise auf einzelne sicher faßbare Faktoren beschränken, und es wäre ein Irrtum zu glauben, man könne die Gesamtheit der Milieueinflüsse ausschalten. Unter dieser Einschränkung läßt sich aus den angeführten experimentellen Ergebnissen folgendes über die motorische Begabung der Konstitutionstypen schließen. Bei komplexeren psychomotorischen Tätigkeiten ist das Arbeitstempo der Pykniker bezüglich der Schnelligkeit in erster Linie abhängig von der augenblicklichen oder habituellen Stimmungslage heiter-beweglich einerseits, schwerblütig-schwerfällig andererseits. Allen Pyknikern gemeinsam ist, daß sie, besonders im Gegensatz zu den Leptosomen, weniger ausdauernd, geduldig und aufmerksam bleiben bei Arbeitsbewegungen, die eine gewisse Subtilität und affektive Beharrlichkeit erfordern. Ihre motorische Begabung erfährt hierdurch ihre ganz spezifische Begrenzung. Auch Übung vermag in diesen Fällen nur in einer beschränkten Spielbreite eine Verbesserung der Gesamtleistung zu bewirken. Darüber hinaus tritt die jeweilige konstitutionelle Eigenart nur noch deutlicher in Erscheinung, obwohl die Anpassungsfähigkeit gegenüber den Leptosomen und Athletikern eine durchschnittlich bessere ist.

Bei fast allen Pyknikern besteht die ausgesprochene Tendenz, mit beiden Händen nach Möglichkeit gleichzeitig *dieselbe* Tätigkeit zu verrichten, auch wenn dieses Vorgehen für die geforderte Arbeit unzweckmäßig ist. Die Leptosomen hingegen vermögen ziemlich leicht mit jeder Hand etwas verschiedenes auszuführen, während die Athletiker bezüglich der psychomotorischen Spaltungsfähigkeit in der Mitte zwischen Pyknikern und Leptosomen stehen. Die Pykniker können sich dagegen psychisch wie motorisch leichter und schneller umstellen als die beiden anderen Körperbaugruppen.

Während es den Pyknikern wiederum aus mangelnder Spaltungsfähigkeit nur schlecht gelingt, unter *dauernder* Beachtung einer Vorlage eine Aufgabe auszuführen, fällt dies den Leptosomen ziemlich leicht. Eine ungewohnte Tätigkeit wird von den Leptosomen wesentlich disziplinierter als von den Pyknikern ausgeführt. Sie wird ohne stark merkbare Affektäußerungen verrichtet, unwillkürlich mit einer systematisch-analytischen Methodik. Bei Feinarbeiten werden ausschließlich die Finger betätigt, während bei den Pyknikern und Athletikern auch hierbei die ganze Hand in Funktion tritt.

Die Einübungsfähigkeit ist bei den Leptosomen infolge ihrer stärkeren affektiven Beherrschtheit und ihrer größeren Beharrlichkeit oder Perseveration im allgemeinen besser als bei den Pyknikern, obwohl diese sich zunächst rascher einfügen und anpassen.

Bei den Athletikern ist die äußerlich merkbare affektive Beteiligung an der Arbeit zwar stärker als bei den Leptosomen, aber schneller abklingend als bei den letzteren. Während der Ausführung einer ihnen ungewohnten Arbeit sind die Athletiker außerordentlich eigensinnig und beharrlich-pedantisch. Am geringsten anpassungsfähig erscheinen sie für Feinarbeiten, die sie oft mit unnötig viel Kraft und sogar Gewalt ausführen.

Durch Milieueinflüsse kann zwar eine Reihe dieser verschiedenen typologischen Eigenschaften, die in ihren Auswirkungen zum Teil entgegengesetzter Natur sind, weitgehend beeinflußt werden. Die konstitutionelle Eigenart kann mit anderen Worten durch Übung gemildert oder verstärkt werden. Es ist dies aber, wie die Versuchsergebnisse zeigen, doch nur innerhalb bestimmter Grenzen möglich, die wiederum durch die jeweilige Konstitution gegeben sind.

Die Anpassungsfähigkeit als solche ist konstitutionell zweifellos verschieden, ebenso die Plastizität. Das Ausmaß ist aber wieder abhängig von der Art der geforderten psychomotorischen Tätigkeit. Das Anpassungsvermögen beim Sortierversuch z. B. zeigt sich sehr schön in dem durchschnittlichen Zeitverbrauch bei der Wiederholung. Der Unterschied gegenüber dem ersten Male beträgt bei den Pyknikern 81 Sekunden, bei den Leptosomen 46 und bei den Athletikern 37 Sekunden. Bei diesem Versuch zeigen also die Pykniker das größte, die Athletiker das geringste Anpassungsvermögen. Bei dem Stanzversuch ist es anders. Da beträgt der durchschnittliche Unterschied zwischen der dritten Wiederholung und dem Erstversuch bei den Pyknikern nur 12 Sekunden, bei den Leptosomen 51 und bei den Athletikern 9 Sekunden. Somit zeigen in diesem Versuch das weitaus größte Anpassungsvermögen die Leptosomen, das geringste wiederum die Athletiker.

Man ersieht daraus, daß das Anpassungsvermögen nicht *allein* von der Konstitution abhängig zu sein braucht, sondern wesentlich davon beeinflußt wird, ob die bei der Tätigkeit zu verwendenden Elemente der Eigenart des jeweiligen Konstitutionstypes besonders entgegenkommen oder nicht. Andererseits zeigt sich, daß dem Ausmaß der Plastizität durch Übung und ähnliches jeweils da besonders viel Spielraum gegeben sein kann, wo die Art der psychomotorischen Tätigkeit dem Konstitutionstyp zunächst gar nicht liegt. Hier fällt gewöhnlich der Erstversuch sehr schlecht aus und die häufige Wiederholung bzw. Übung gibt besonders viel Gelegenheit zur Verbesserung des Könnens.

Derjenige Konstitutionstyp aber, dem eine vorgeschriebene Tätigkeit anlagemäßig „liegt", führt diese von vornherein verhältnismäßig gut aus, so daß sich seine Verbesserungsfähigkeit nach 1—3 Wiederholungen kaum mehr wesentlich hebt. Man darf daraus schließen, daß er bei längerer Ausübung der ihm „liegenden" Tätigkeit viel eher zu Höchstleistungen gelangen wird als der andere Konstitutionstyp, der zwar zunächst gut zu verbessern vermag, bei einer längeren Ausübung einer ihm nicht liegenden Tätigkeit aber kaum über eine gewisse Grenze der Leistungen hinaus gelangt.

Da die Leptosomen z. B. bei gewissen Versuchen eine besondere Neigung zum Konstruieren und Abstrahieren zeigen, werden sie bei Tätigkeiten, die dies erfordern, wahrscheinlich auch im praktischen Leben durchschnittlich mehr zu leisten vermögen als die beiden anderen Konstitutionstypen, wenngleich letztere durch Einübung ein gutes Durchschnittsniveau werden erreichen können. Entsprechendes gilt umgekehrt von den Pyknikern bei Arbeiten, die eine größere psychische Umstellbarkeit und einen häufigen motorischen Wechsel erfordern, und für die Athletiker bei Arbeiten, zu denen eine mehr langsame, aber kräftige Motorik gehört.

Es zeigt sich also schon bei verhältnismäßig sehr einfachen motorischen Verrichtungen, daß die motorische „Begabung" niemals allein von der Motorik abhängig ist, sondern stets auch von seelischen Faktoren, unter denen die Art der Aufmerksamkeit sowie die der Affektivität die wesentlichste Rolle spielen. Die von uns im *psychologischen Teil* erwähnten Wurzelformen der Persönlichkeit finden sich in gleicher Weise in der Psychomotorik wieder. Mit anderen Worten, die Persönlichkeitsradikale, auf welchem Gebiet sie auch sein mögen, sind nicht isolierte, in sich zusammenhanglose Merkmale, sondern sie haben alle Bezug auf den Gesamtaufbau der Persönlichkeit und weisen auf eine sinnvoll arbeitende erbmäßig begründete Ganzheit aller seelischen wie körperlichen Vorgänge hin.

X. Psychomotorik und Sport.

Wie sich schon bei ganz einfachen motorischen Tätigkeiten die Auffassung von der Leib-Seele-Einheit auf experimentellem Wege recht leicht stützen läßt, so tritt das Ineinanderwirken der körperlichen und geistig-seelischen Funktionen noch auf einem anderen Gebiete des Alltagslebens sinnfällig in Erscheinung, nämlich beim Spiel und Sport. In größter Reinheit bestätigen sich die Zusammenhänge beim Vergleich der experimentalpsychologischen Ergebnisse über die Psychomotorik der Konstitutionstypen mit den Beobachtungen, die beim Spiel und Sport an Kindern wie an Erwachsenen leicht zu gewinnen sind.

Betrachtet man Kinder bei Spielen, die vorwiegend geistig-seelische Leistungen beanspruchen, z. B. Quartettspielen, Rätselraten und dergleichen, so können wir schon hier ganz verschiedene Typen der Aufmerksamkeitszuwendung und Anspannung erkennen, die sich nicht nur im gesprochenen Wort, sondern — gerade bei Kindern — noch mehr in der Gesamthaltung, der Gestrafftheit oder Lockerheit, im Verkrampft- oder Gelöstsein, in restloser Hingabe oder Unentschlossenheit äußern, ja in Blick und Miene, in jeder Gebärde und Bewegung deutlich zutage treten. Ist schon hier die *Psychomotorik*, das Zueinander von seelischer und körperlicher Ausdrucksform, zu beachten, wieviel mehr in den Lauf-, Fang- und Springspielen der Kinder.

Dort aber, wo zu jener unwillkürlichen Harmonie von Körper und Seele die bewußte Schulung anlagemäßiger Fähigkeiten hinzukommt, im Sport der Erwachsenen, ist die wahre Fundgrube für die Erforschung der Psychomotorik.

Ebenso wie die Berufswahl meist nicht durch Zufall erfolgt, sondern beim gesunden Menschen eine *Wahl* in der Richtung seiner Fähigkeiten ist, ebenso oder noch viel mehr ist die Wahl der Sportart, die ein Mensch betreibt, nicht zufällig, sondern anlagemäßig bedingt. Auf den ersten Blick leuchtet ein, daß der Boxer und Ringer, der Schwergewichtler und Hammerwerfer ein „Athlet" sein muß, und es verwundert nicht weiter, daß der athletische Körperbautyp sehr häufig bei diesen Sportarten vertreten ist. Jedoch ist schon hier nicht die körperliche Eignung allein maßgebend, sondern die Einheit von Körper und Seele tritt bereits bei diesen scheinbar nur „muskulär" bedingten Sportarten in Anspruch und Leistung zutage. Die gehäuften schweren Körperbeschädigungen und erheblichen Verletzungen, die z. B. der Boxkampf mit sich bringt, erfordern auch eine seelische Duldungsfähigkeit im Sinne des schwer zú durchbrechenden Gleichmuts, wie ihn — nach eingehenden experimentalpsychologischen Untersuchungen, sowie nach Alltagsbeobachtung und klinischer Erfahrung — in diesem Maße vor allem die Athletiker besitzen. Die plötzlichen, erbitterten und heftigen Ausfälle, die dramatischen Entscheidungen, die in den Boxkämpfen vorkommen, erinnern an den explosiven Jähzorn, der aus dem Athletiker auch im täglichen Leben plötzlich und — durch den Gegensatz zu seinem sonstigen sehr ruhigen und gelassenen Verhalten doppelt überraschend — hervorbrechen kann.

Sinnfällig tritt die Wahlverwandtschaft zwischen Sportart und Konstitution auch bei der Gruppe der Läufer in Erscheinung. Es ist klar, daß der lange, schmale und fettarme Körperbau, vor allem die langen Gliedmaßen, den schlankgliedrigen *Leptosomen* am meisten zu sämtlichen Laufspielen und -sporten befähigen, wie er denn auch bei dieser Sportart am häufigsten anzutreffen ist. Hier wiederum ist es nicht allein die körperliche Eignung, die den Leptosomen Höchstleistungen vollbringen läßt, sondern ebenso sehr seine seelische Eigenart. Ganz besonders die Langstreckenläufe erfordern eine Ausdauer und Zähigkeit, ja auch eine Fähigkeit zur Stereotypie, wie sie in hohem Maße nur den Leptosomen eignet. Aus den sinnes- und denkpsychologischen Versuchen wissen wir, daß der Leptosome ganz besonders zu langanhaltenden Spannungen neigt, daß er zäh an einer einmal eingenommenen Aufmerksamkeitsrichtung festhält. Seine geringe Empfindlichkeit bezüglich der Lebensgefühle (Hunger, Durst, Kälte usw.) läßt ihn anstrengende Sportwettkämpfe mit Strapazen jeglicher Art durchhalten. Aus Experiment und Alltagsbeobachtung lernen wir ferner in ihm den *ehrgeizigen* Menschen kennen. Dem entspricht, daß er sich besonders gern an Sport*wettkämpfen* beteiligt, daß er Höchstleistungen überall da vollbringt, wo Zähigkeit bis zu verbissener Ausdauer verlangt wird, daß er der geborene Rekordmacher ist. Bei ihm, dem ,,bewußten", d. h. dem sich selbst dauernd beobachtenden Menschentyp ist der Sport am wenigsten Spiel, am meisten Leistungsbewährung. Seine gesamten körperlichen und seelischen Funktionen beim Sport sind am stärksten zielgespannt, wie sich an Gesichtsausdruck, Körperhaltung und -bewegungen des leptosomen Sportmannes beobachten läßt. Diesem begabten Sportler aus dem schizothymen Formenkreis, dessen letzte seelisch-körperliche Vollendung schon in den herrlichen Läuferplastiken der Antike ihren unvergänglichen Ausdruck gefunden hat, diesem hoch leistungsfähigen Rekordmacher ist aber der lahme, langgliedrige Schizoide, die sportnegative Variante desselben Formenkreises gegenüberzustellen, wenn man Licht- und Schattenseiten, Fähigkeiten und Unfähigkeiten, in ein und derselben Konstitutionsgruppe sachlich sehen und gerecht beurteilen will. Vom Sportplatz und vom Kasernenhof her ist uns dieser gesamtmotorisch unbegabt steife Schizoide als typische Figur bekannt, ein geradezu unverbesserlich unsportlicher Typus mit seiner Unfähigkeit zu straffer Haltung, zu rascher Auffassung und prompter Bewegung, mit seiner linkischen Hilflosigkeit und seinem schlecht regulierten Muskeltonus; er kommt sowohl bei intellektuell hochbegabten, theoretischen Schizoiden als auch in der mehr debilen Form vor.

Der Pykniker, der körperlich rundliche, ,,behäbigste" Typ, ist zugleich auch der *gemütlichste* Mensch; dieses Wort ist besonders auch im Gegensatz zu dem mehr *intellektuell* beherrschten Wesen der Leptosomen zu verstehen. Auf seelischem wie motorischem Gebiet drückt sich diese Wesensart des Pyknikers unter anderem darin aus, daß er den Rekordehrgeiz weniger kennt als der Leptosome und auch der Athletiker. Er hat mehr Freude am Sport als reinem Spiel und Erholung, bei ihm ist die Harmonie von Leib und Seele naiver, unbewußter, kindli ... .er geblieben. Den Pykniker trifft man am häufigsten bei den leichteren Sportarten an, beim Rudern und vor allem beim Schwimmen, zu dem ihn ja auch seine Körperbeschaffenheit besonders geeignet macht. Eine weitere Domäne des jugendlichen Pyknikers, besonders aber der pyknisch-athletischen Mischform, ist das Geräteturnen, vor allem Reck, wo die gedrungene Gestalt zusammen mit der flüssigen Ausgeglichenheit der pyknischen Bewegungen sich günstig auswirkt.

Neben dem bequem-behäbigen Typ der pyknischen Konstitutionsgruppe, dem gewisse Sportarten mit besonderer Rekordtendenz (z. B. Laufen) auf Grund seiner körperlich-seelischen Beschaffenheit gar nicht liegen, steht aber der hypomanische Typus derselben Konstitutionsgruppe; man kann ihn auf dem Sportplatz in allen jenen Gegenden häufig antreffen, wo der pyknische Körpertyp einen genügend hohen Prozentsatz innerhalb der Gesamtbevölkerung aufweist. Da das hypomanische Syndrom neben der schizoiden Gespanntheit auf allen Lebensgebieten eine der hauptsächlichsten Energiequellen für Höchstleistungen ist, so ist dies im Sport natürlich auch der Fall. Die hier in Betracht kommenden Faktoren sind vor allem die geringe Ermüdbarkeit des Hypomanikers, der Elan und seine elementare Bewegungsfreude. Typen dieser Art kann man besonders beim Rasensport, z. B. Fußball, beobachten, wo die Flüssigkeit der Gesamtmotorik und der freudige Schwung wie Wechsel der Bewegungen die schönsten Bilder vollendeter Körperlichkeit schafft; oder beim Reitsport, wo der hypomanische Pykniker die glänzendsten Leistungen vollbringen kann, die neben seiner motorischen Begabung auch auf der besonderen Kontaktfähigkeit mit der Tierseele beruhen. Die Pykniker sind trotz ihrer Körperfülle die „leichtesten" Tänzer dank des ungestörten Ausklingens körperlicher wie seelischer Reize in die Bewegung, wie es dem Leptosomen infolge verstandesmäßiger und gespannt-nervöser Absperrung meist nicht gegeben ist. Selbst ältere und recht stattliche Pykniker tanzen gewöhnlich äußerst leicht und gefällig im schwebenden „Rhythmus". Sie bevorzugen die „runden, weichen, wiegenden" Tänze, wie den Walzer, während der Leptosome mit seiner fein abgemessenen, aber härteren und durchdachteren Motorik am vollendetsten die Schreit- und Gehformen der „modernen" Tänze darzustellen vermag. Also auch hier ist die größere Gestrafftheit, Gespanntheit beim Leptosomen, die größere Lockerheit und Beweglichkeit beim Pykniker gut zu erkennen.

Jedoch erhebt sich auch hier die Gegenfrage, ob nicht etwa die Sporttypen durch die Art der Leibesübungen gebildet werden, also weniger Ausdruck der körperlichen und seelischen Veranlagung seien. Dieser Frage ist unter anderen vor allem KOHLRAUSCH in systematischen Serienuntersuchungen nachgegangen; er gelangt dabei zu einer Bejahung der Anlagebedingtheit der gewählten Sportart: „Nun wissen wir allerdings, daß dieses funktionelle Gesetz (der Änderung des ~·rperbaues durch Leibesübung, d. Verf.) seine Grenzen in der natürlichen .ranlagung des Menschen findet. Über ein gewisses Maß hinaus werden die Muskeln nicht dick bzw. dünn. Dieses Maß ist individuell außerordentlich verschieden. Ich sah schlanke Leute, die seit Jahr und Tag Schwerathletik trieben, ohne die ersehnte Muskelfülle zu bekommen, trotzdem ihre Leistungen wesentlich verbessert waren. Andererseits beobachtete ich dicke Leute, die vergeblich den Versuch machten, durch Dauerlauf usw. dünner zu werden. Beiden fehlt eine konstitutionelle Veranlagung nach der gewünschten Seite." Und von den Läufern, die wir hauptsächlich unter den Leptosomen finden, sagt KOHLRAUSCH, daß sie die starke Beinentwicklung trotz dauernder funktioneller Beanspruchung vermissen lassen: „Sie gehören also wahrscheinlich in eine Gruppe von Menschen, die die Entwicklung zum Dicken-Wachstum nicht besitzen." Diese Beobachtungen entsprechen ganz der Auffassung KRETSCHMERs,

der unter anderem sagt: „Ein pyknischer Schwerarbeiter wird durch jahrzehnte-
lange intensivste Muskel- und Knochenausbildung nie ein Athletiker, sondern
eben ein relativ fettarmer, relativ muskel- und knochenkräftiger Pykniker",
und an anderer Stelle: „Und Astheniker sieht man zuweilen etwas Muskelrelief
bekommen, wenn sie mit schizoider Pedanterie jahrelang turnen und Zimmer-
gymnastik betreiben." Bezüglich des zweiten Teiles der Frage, ob die Wahl
der Leibesübungen bereits konstitutionell bedingt ist, hat unter anderem Zerbe
an dem von ihm untersuchten Studentenmaterial festgestellt, daß von seinen
22 Pyknikern keiner an Wettkampf-Leibesübungen teilnahm, die Kraft und
Ausdauer und den Einsatz körperlicher wie seelischer Höchstleistungen erfordern.
Parrisius fand unter 113 Skimeisterschaftsanwärtern nur einen Pykniker,
der zudem noch im Rennen aufgab. Dagegen beteiligten sich die Pykniker
Zerbes im Schwimmen und in leichten Spielen, z. B. Faustball und Tennis.
Er fand weiterhin: „Die Astheniker[1] sind dagegen in der Hauptsache Spieler
und Wettkämpfer (Fußball, Handball usw.), dann noch Leichtathleten, be-
sonders Mittel- und Langstreckenläufer. Die Athletiker sind auch in der Mehrzahl
Spieler und besonders Wettkämpfer. Sie bevorzugen die kräftigen Übungen, wie
Rudern, Geräteübungen des Turnens, Wurf- und Stoßübungen der Athletik
usw." Kohlrausch erwähnt vom „Schwimmertyp" besonders die kurzen Arme
sowie die verhältnismäßig geringere Schulter- und Brustbreite, aber größere
Brusttiefe im Vergleich mit dem „Mehrkämpfertyp", der etwa Kretschmers
Athletikern entsprechen würde. Als besonderes Merkmal der Schwimmer bezeichnet Kohlrausch ihre fettreiche Haut und hält diese Fettablagerung für
einen funktionell erworbenen Wärmeschutz. Dem hält Zerbe wohl mit Recht
entgegen, daß er in der Praxis selbst noch keinen Astheniker gesehen habe,
der diesen Fettansatz in seiner charakteristischen Form besessen habe, und er
schließt daraus: „Daß unsere 22 Pykniker „gerne schwimmen", findet also in
ihrer Konstitution seine Erklärung, und daß ihnen der harte Wettkampf
nicht liegt infolge ihrer Behäbigkeit, ist ohne weiteres zu verstehen". Den
„Mehrkämpfertyp" findet Zerbe nahezu identisch mit dem Athletiker Kretschmers. Er stützt sich dabei vor allem auf Kohlrausch, der von diesem Sporttyp
sagt: „Er ist der ebenmäßigste, bestproportionierte und scheint es auch tempera-
mentlich. Energisch und ruhig wie sein Gesichtsausdruck ist auch sein Gang."
Der Einwand Zerbes, daß sich diese Temperamentsschilderung nicht decke
mit den „schizothymen" Athletikern, ist inzwischen seit der genauen Differenzierung des athletischen Temperamentes durch Kretschmer und Enke hinfällig geworden. Die Richtigkeit der angeführten Beobachtungen hat sich auch
bei einer neuerdings an der Marburger Klinik von Becker unternommenen
Serienuntersuchung an den verschiedenen Sporttypen eindeutig ergeben. Er
fand: „Der „Langstreckenläufer" und der „Marathonläufer" entsprechen nach
Zerbe wie auch nach Kohlrausch dem leptosomen Typ, wobei beide Autoren
als ihre Temperamentseigentümlichkeiten Fanatismus, Ehrgeiz, Zähigkeit und
Ausdauer hervorheben." Alle diese Beobachtungen seitens anderer Autoren, die
noch beliebig vermehrt werden können, bestätigen die angeführten experimentellen Ergebnisse und damit vornehmlich die konstitutionelle Bedingtheit des
Sporttypes.

Weitere Beispiele für die verschiedenartigen psychomotorischen Begabungsformen der Konstitutionstypen liefern aber auch diejenigen Spiele und spieleri-
schen Betätigungen, die nicht nur mit dem Körper selbst, sondern mit Gegenständen ausgeführt werden, z. B. Ball- und Ringspiele, sowie das Federspiel
und schließlich die mehr technischen Beschäftigungen der Jungen an Eisen-
bahn-, Auto- und Flugzeugmodellen. Beobachtet man Kinder bei derartigen

---

[1] Unter „Astheniker" werden von Zerbe die „Leptosomen" verstanden.

Spielen, so sieht man leicht, daß manche eine sehr gute Feinmotorik, d. h. Treff-sicherheit und gewandte Führung der Hand besitzen (im „Federspiel" die feinen Hornstäbchen mit Leichtigkeit herausheben), andere wieder eine große Körper-gewandtheit im ganzen haben (z. B. die Bälle gut fangen, weil sie sehr geschmeidig im Springen und in Körperwendungen sind). Betrachtet man die Körperbau-typen dann genauer, so zeigt sich, daß die feinmotorisch Begabten (und aus-dauernden) meistens Leptosome, dagegen die gesamtmotorisch Begabten (und ungeduldigeren) meistens Pykniker sind. Die Fähigkeit zur Feinmotorik läßt sich natürlich besonders gut beim Basteln beobachten. Über den Erfolg des Bastelns entscheidet freilich nicht nur dieser Faktor, sondern ebensosehr, ob Ausdauer, Geduld, ferner praktisch-technisches Vorstellungsvermögen vorhanden sind; das letztere eignet im allgemeinen mehr den Pyknikern.

Die Beispiele aus Spiel, Tanz und Sport ließen sich ungezählt vermehren. Sie dienen hier nur als Beleg und Hinweis dafür, wie Seelisches und Bewegungs-mäßiges eine harmonische Einheit sind, und zwar bei jedem Typ die ihm zu-gehörige Harmonie erkennen lassen, die ihm also urtümlich, angeboren, ererbt ist.

Eine nahe Zusammenarbeit von Sportfachleuten und Psychologen, insbe-sondere Experimental- und Kinderpsychologen, dürfte daher weitere zahlreiche und wertvolle Erkenntnisse für Vererbungs- wie Erziehungsfragen bringen.

XI. Die krankhafte Psychomotorik.

Können wir aus anlagemäßigen Faktoren der Konstitutionstypen die ihnen wesensmäßigen motorischen Höchst- oder Bestleistungen erfassen und ver-stehen, so dürfte es umgekehrt auch möglich sein, in der veränderten Motorik der Kranken, insbesondere der psychotisch Erkrankten, ebenfalls die konstitu-tionstypischen Merkmale in bestimmter Ausprägung wiederzufinden. Wir haben darauf schon zum Teil hingewiesen bei der Besprechung der Motorik der Hand bei Gesunden und Geisteskranken. Wir sehen hier absichtlich davon ab, auf die Theorien der psychomotorischen Bewegungsstörungen einzugehen, wie sie von WERNICKE, HARTMANN, KLEIST u. a. entwickelt worden sind, und wollen auch keine neuen hinzufügen. Nur in großen Umrissen sei auf die typologisch be-dingte Abhängigkeit der Bewegungsstörungen bei den einzelnen Konstitutions-typen aufmerksam gemacht, wie sie sich der täglichen klinischen Beobachtung darbieten.

Die Psychomotorik des gesunden *Pyknikers* hat sich uns in der Beobachtung wie im Experiment übereinstimmend als eine weiche, flüssig abgerundete, zwar vielgestaltige, aber im ganzen vornehmlich langsam-behäbige gezeigt. Sehen wir den typischen Pykniker an einer Manie erkranken, so finden wir die Neigung zur Vielgestaltigkeit, die sich experimentell z. B. in dem hohen „Wanderprozent" äußerte, in einem heftigen Bewegungsdrang wieder, wobei aber das Ineinander-spiel der Bewegung, die Koordination, nach wie vor flüssig, abgerundet und weich bleibt und kaum den Charakter des Hastigen oder gar des Sprunghaft-fahrigen trägt. Umgekehrt sehen wir das langsam-behäbige Eigentempo beim Melancho-liker verstärkt bis zur schwerfällig-gehemmten Bewegungsarmut, die bis zum Bewegungsstupor gesteigert sein kann. Soweit aber Bewegungen noch irgend erfolgen, bleiben sie ebenfalls weich, abgerundet und von natürlichem Ausdruck.

Die Psychomotorik der *Leptosomen* ist im Experiment wie in der täglichen Beobachtung eine im ganzen steife, oft eckige und abrupte. Die Leptosomen neigen bereits im normalen Ablauf ihrer Bewegungen zu inkoordinierten Entglei-sungen größerer Muskelgruppen, zu Dauerspannung bei bestimmten Bewegungen (z. B. beim Schreiben), zur Perseveration, Stereotypie und Mechanisierung. Ein Teil dieser Erscheinungen tritt in der Symptomatik der Bewegungsstörungen

der Schizophrenen zutage, vor allem der Katatonen, also desjenigen Psychose-
kreises, der besondere Affinität zum leptosomen Konstitutionstyp hat. Das
Eckige und Steife der Psychomotorik sowie die Neigung zu Spannungen und
Verkrampfungen finden wir in der Psychose wieder als fahrig-hastige, extrem
steife und verkrampfte Hyperkinesen, und die Tendenz zu Spannungen in ver-
zerrter Vergrößerung in Form von Katalepsie, motorischem Negativismus oder
in völliger Akinese. Die beim gesunden Leptosomen vorhandene Neigung zur
Perseveration und Stereotypie findet ihre krankhafte Enthemmung in den bekannten perseverativen und stereotypen Bewegungsstörungen vieler Katatoner.

Auch die typische Motorik der gesunden *Athletiker* wandelt sich in den krankhaften Störungen nur im Sinne einer entstellenden Vergröberung, sei es im
explosiven wilden Bewegungssturm Epileptoider im Affekt oder im Dämmerzustand, sei es als langsam-schwerfällige, lahme und eintönige, äußerst ausdrucks-
arme Psychomotorik depressiv oder kataton erkrankter Athletiker.

Noch wesentlich vielgestaltiger äußert sich die erkrankte Psychomotorik in
der Handschrift. Jedoch handelt es sich hierbei um vorwiegend ärztliche,
psychiatrische oder neurologische Feststellungen, deren Erörterung über den
Rahmen dieses Kapitels hinausgingen. Für den Interessierten sei daher nur
auf einige einschlägige Arbeiten, wie die von Hirt, Jislin, Lehmann, Pollnow,
Meyer usw. verwiesen.

Schrifttum.

Zusammenfassende Darstellungen.

Amar, J.: Le moteur humain et les bases scientifiques du travail professionel. Paris
1914. — Atzler, E.: Körper und Arbeit. Leipzig 1927
Bauer, S. u. Mann: Die Graphologie der Schülerhandschrift. Leipzig 1933. — Bechterew, W.: Die biologische Entwicklung der Mimik vom objektiv-physiologischen Standpunkt (russ.), 1910. — Becker, M.: Graphologie der Kinderschrift, 1926. — Bell, Ch.:
The hand, its mechanism and vital endvovments, accevincing design. London. Die Hand
und ihre Eigenschaften. Aus dem Englischen von F. Kotterkamp. Stuttgart 1851. —
Binet, A.: Les révélations de l'écriture. Paris 1906. — Braune u. Fischer: Der Gang
des Menschen. Leipzig 1895. — Broder, C. u. Carnap: Neue Grundlegung der Grapho-
logie. München 1933.
Carus, L. G.: Über Grund und Bedeutung der verschiedenen Formen der Hand.
Stuttgart 1846. — Christiansen, B. u. C. Carrap: Neue Grundlegung der Graphologie.
München 1933.
Darwin, Ch.: Der Ausdruck der Gemütsbewegungen bei den Menschen und bei den
Tieren. Übersetzt von C. Carus. Stuttgart 1872. — Dietrich, W.: Statistische Unter-
suchungen über den Zusammenhang von Schriftmerkmalen. München 1937. — Duchenne,
G. B.: Mécanisme de la physiognomie humaine. Paris 1876.
Enke, W.: Die Psychomotorik der Konstitutionstypen. Leipzig 1930.
Flatow-Worms, E.: Handschrift und Charakter. Berlin u. Wien 1931. — Frischeisen-
Köhler, J.: Das persönliche Tempo. Leipzig 1933. — Fünfgeld, E.: Die Motilitäts-
psychosen und Verwirrtheiten. Berlin 1936.
Giese, F.: Handbuch psychotechnischer Eignungsprüfungen. Halle 1925. — Theorie
der Psychotechnik. Braunschweig 1925. — Die Psychologie der Arbeitshand. Leipzig
1927. — Gilbreth: Motion study. New York 1909.
Heller: Grundformen der Mimik des Antlitzes. Wien 1912. — Hellmuth, M.:
Menschenerkenntnis aus der Handschrift. Graphologisch-psychologische Lehrbriefe. Berlin
1934. — Homburger, A.: Psychopathologie des Kindesalters. Berlin 1926. — Hughes:
Die Mimik des Menschen. Frankfurt a. M. 1900.
Kaup-Fürst: Körperverfassung und Leistungskraft Jugendlicher. München 1935. —
Kirchhoff, Th.: Der Gesichtsausdruck und seine Bahnen beim Gesunden und Kranken.
Berlin 1922. — Klages, L.: Handschrift und Charakter. Leipzig 1926. — Kleist, K.: Unter-
suchungen zur Kenntnis der psychomotorischen Bewegungsstörungen bei Geisteskranken.
Leipzig 1908. — Krukenberg, H.: Der Gesichtsausdruck des Menschen. Stuttgart 1923.
Lewy, F.: Die Lehre vom Tonus und der Bewegung. Berlin 1924. — Lottig, H.:
Hamburger Zwillingsstudien. Leipzig 1931.
Marey, E.: Le mouvement. Paris 1894. — Meyer, R.: Die gerichtliche Schrift-
untersuchung. Berlin u. Wien 1933. — Minor, L.: Über die Veränderungen der Physiognomie
bei Nerven- und Geisteskranken (russ.), 1893.

Nöck, S.: Lehrbuch der wissenschaftlichen Graphologie, 2. Aufl. Leipzig 1931.
Oseretzky, N.: Psychomotorik. Leipzig 1931.
Pohlisch, K.: Der hyperkinetische Symptomenkomplex und seine nosologische Stellung. Berlin 1925. — Pophal, R.: Grundlegung der bewegungsphysiologischen Graphologie. Leipzig 1939.
Ranschburg, P.: Die Lese- und Schreibstörungen des Kindesalters. Halle 1928. — Rohracher, H.: Kleine Einführung in die Charakterkunde, 2. Aufl. Leipzig 1930.
Saint-Moran, H.: Cours de la graphologie. Les bases de l'analyse de l'écriture. Paris 1937. — Schade, K. H.: Über die motorische Perseveration unter Berücksichtigung der Persönlichkeitsforschung. Göttingen 1937. — Schönfeld, W. u. K. Menzel: Tuberkulose, Charakter und Handschrift. Brünn, Prag, Leipzig u. Wien 1934. — Schütze, G., H. Bogen u. O. Lipmann: Gang und Charakter. Leipzig 1931. — Schulte, R.: Leib und Seele im Sport. Berlin 1921. — Eignungs- und Leistungsprüfung im Sport. Berlin 1925. — Schultze-Naumburg: Rasse und Handschrift. Volk u. Rasse 1934.
Tittel, K.: Untersuchungen über Schreibgeschwindigkeit. München 1934.
Wartegg, E.: Gestaltung und Charakter. Ausdrucksdeutung zeichnerischer Gestaltung und Entwurf einer charakterologischen Typologie. Leipzig 1939. — Wirtz, J.: Druck- und Geschwindigkeitsverlauf von Schreibbewegungen und ganzheitlichen Bewegungsweisen. München 1937. — Woodworth, R.: Le mouvement. Paris 1903.

Einzelarbeiten.

Aberastury, F.: Die Diagnose der Hyperemotionalität durch Untersuchung der Schrift. (span.). Rev. argent Neur. etc. 5 (1931). — Albert, R.: Über die Vererbung der Handgeschicklichkeit. Eine erbpsychologische Experimentaluntersuchung durch drei Generationen auf dem Gebiete der motorischen Begabung. Arch. f. Psychol. 102 (1938).
Bach: Körperbaustudien an Berufsringern. Anthrop. Anz. 1 (1924). — Badjul, P. A., A. M. Miropolskaja u. M. P. Andrejew: Studie über die Synkinesien im Zusammenhang mit der motorischen Begabung und den Körperbautypen. Z. Neur. 117 (1928). — Becker, P. E.: Zur Erblichkeit der Motorik. Z. Neur. 160 (1938). — Blume, G.: Die Untersuchung der Handschrift in der Psychiatrie. Z. Neur. 103 (1926). — Wahn und Handschrift. Zbl. Neur. 66 (1933). — Booth, G. C.: The use of graphology in medicine. J. nerv. Dis. 86 (1937). — Bracken, H. v.: Das Schreibtempo von Zwillingen und die sozialpsychologischen Fehlerquellen der Zwillingsforschung. Z. menschl. Vererbgslehre 23 (1939). — Braun, F:. Untersuchungen über das persönliche Tempo. Diss. Würzburg 1924. — Braun, R.: Untersuchungen zur Frage der Rechts- und Linkshändigkeit und zum Gestalterkennen aus der Bewegung der Kinder. Arch. f. Psychiatr. 86 (1929). — Brezina, E. u. V. Lebzelter: Über die Dimensionen der Hand bei verschiedenen Berufen. Arch. f. Hyg. 92 (1923). — Bürger-Prinz: Graphologie und forensische Begutachtung. Mschr. Kriminalpsychol. 27 (1936).
Carmena, M.: Schreibdruck bei Zwillingen. Z. Neur. 152 (1935). — Cehak, G.: Über das psychomotorische Tempo und die Rhythmik, eine rassenpsychologische Untersuchung. Z. Rassenphysiol. 9 (1937). — Conestrelli, L.: Punti di vista odierni e nouve prospettive nello studio della psicomotricità. Riv. Psicol. 34 (1938).
Dahlgren, K. G.: Handschrift und Persönlichkeitsanalyse. Nord. med. Tidskr. 1938, 1893—1898. — Diehl, A.: Über die Eigenschaften der Schrift bei Gesunden. E. Kraepelins Psychologische Arbeiten, Bd. 3. 1901.
Engelke, H.: Zur Geschichte der Graphologie. Z. Menschenkde u. Zbl. Graphol. 12 (1936/37). — Enke, W.: Psychomotorische Entwicklung im Spiel. Z. Gesdh. u. Erziehung 10 (1936). — Handschrift und Charakter im exakten Versuch. Klin. Wschr. 1938 II. — Enke, W. u. R. Meerowitsch: Experimentelle Untersuchungen zur Psychomotorik der Konstitutionstypen und ihrer Beeinflussung durch exogene Faktoren. Z. Neur. 147 (1933).
Fenz, E.: Körperbau und Handschrift. Z. Menschenkde u. Zbl. Graphol. 12, H. 4 (1936/37). — Ferreira, F.: Zur Frage des „persönlichen Tempos" bei den Depressiven. Arch. f. Psychiatr. 107 (1937). — Fischer, H.: Über den Einfluß von Hemmungen auf den Ablauf willkürlicher Bewegungen. Unters. Psychol. (Göttingen) 7 (1928). — Friedemann, A.: Handbau und Psychose. Arch. f. Psychiatr. 82 (1928).
Gernat, A.: Die Jungschen psychologischen Typen in der Handschrift. Z. Menschenkde u. Zbl. Graphol. 2, H. 1 (1926). — Graf, O.: Über Ermüdung bei zwangsläufiger Arbeit. Z. Neur. 1926, 115—124. — Gross, A.: Untersuchungen über die Handschrift Gesunder und Geisteskranker. E. Kraepelins Psychologische Arbeiten, Bd. 2. 1899. — Gross, K. u. M. Bauer-Chlumberg: Handschrift und Geisteskrankheit. Jb. Psychiatr. 54 (1937). — Gurewitsch, M.: Über Formen motorischer Unzulänglichkeit. Z. Neur. 98 (1925). — Gurewitsch, M.: Motorik, Körperbau und Charakter. Arch. f. Psychiatr. 76 (1926). — Gurewitsch, M.

u. N. Oseretzky: Zur Methode der Untersuchung der motorischen Funktionen. Mschr. Psychiatr. **59** (1925). — Die konstitutionellen Variationen der Psychomotorik und ihre Beziehungen zum Körperbau und zum Charakter. Arch. f. Psychiatr. **91** (1930).

Hartge, M.: Eine graphologische Untersuchung von Handschriften eineiiger und zweieiiger Zwillinge. Z. angew. Psychol. **50** (1936). — Haucock: Studien über die Geschicklichkeit der Motilität. Paedag. Seminary **3** (1894). — Hehlmann, W.: Handschrift und Erbcharakter. Z. angew. Psychol u. Charakterkde **54** (1938). — Hering, W.: Beziehungen zwischen Körperkonstitution und turnerisch-sportlicher Eignung. Arch. f. Hyg. **100** (1928). — Hippius, M. Th.: Graphischer Ausdruck von Gefühlen. Z. angew. Psychol. **51** (1936). — Hirt, E.: Untersuchung über das Schreiben und die Schrift. E. Kraepelins Psychologische Arbeiten, Bd. 6 u. 8. 1914 u. 1915. — Hoffmann, H.: Bewegung und Gefühl. Arch. f. Psychiatr. **90** (1930). — Homburger, A.: Über die Entwicklung der menschlichen Motorik. Z. Neur. **78** (1922). — Zur Gestaltung der normalen menschlichen Motorik. Z. Neur. **85** (1923). — Hopmann, R.: Körperbau, Motorik und Nervenmuskelerregbarkeit. Untersuchungen an Teilnehmern des deutschen Turnfestes 1928 in Köln. Z. Konstit.lehre **16** (1932).

Isserlin, M.: Über den Ablauf einfacher willkürlicher Bewegungen. E. Kraepelins. Psychologische Arbeiten, Bd. 6. 1914.

Jacobsen, W.: Charaktertypische Ausdrucksbewegungen. Z. pädag. Psychol. **37** (1936). — Jislin, S.: Körperbau, Motorik und Handschrift. Z. Neur. **98** (1925). — Konstitution und Motorik. Zur Psychomotorik der Kretschmerschen Typen. Z. Neur. **105** (1926).

Katzmann, L. M.: Über die Eigentümlichkeiten einiger psychomotorischer Reaktionen bei Geisteskranken. Z. Neur. **119** (1929). — Klages, L.: Über die sogenannte „religiöse Kurve". Nochmals ein kritischer Beitrag. Z. Neur. **163** (1939). — Kloos, G.: Über die sogenannte „religiöse Kurve" (Klages). Kritischer Beitrag zur Ausdruckspsychologie der Handschrift. Z. Neur. **162** (1938). — Stellungnahme zum vorstehenden Aufsatz von L. Klages. Z. Neur. **163** (1939). — Kockel, H.: Handschriftstudien bei Zwillingen. Dtsch. Z. gerichtl. Med. **18** (1931). — Kohlrausch, W. u. Mallwitz: Über den Zusammenhang von Körperform und Leistung. Z. Konstit.lehre **10** (1925). — Krieger, P. L.: Rasse, Rhythmus und Schreibbewegung. Volk u. Rasse **1937**, H. 2.

Lau, E.: Über die Veränderlichkeit des persönlichen Rhythmus. Psychol. Z. **3** (1928). — Legrün, A.: Vier eineiige Zwillinge im Licht der Schrift. Z. menschl. Vererbgslehre **20** (1936). — Lehmann, G.: Über psychomotorische Störungen in Depressionszuständen. E. Kraepelins Psychologische Arbeiten, Bd. 4. 1914. — Leibl, M.: Il tipo estrovertito e il tipo introvertito studiati grafologicamente. Riv. Psicol. **33** (1937). — Lewitan, C.: Untersuchungen über das allgemeine psychomotorische Tempo. Z. Psychol. u. Physiol. **101** (1927). — Lewy, F. H.: Ausdrucksbewegung und Charaktertypen. Zbl. Neur. **40** (1925). — Liepmann, W.: Psychomotorische Studien zur Konstitutionsforschung. Z. Nervenheilk. **102** (1928). — Loebell, H.: Stimmcharaktere und Kretschmersche Typen. Z. Laryng. usw. **23** (1932). — Experimentelle Untersuchungen der Befehlsstimme. Hals-Nasen-Ohrenarzt **27** (1936).

Mandowsky, A.: Vergleichende psychologische Untersuchungen über die Handschrift, unter besonderer Berücksichtigung der Schizophrenie und des manisch-depressiven Irreseins. Zbl. Psychother. **5** (1933). — Arch. f. Psychol. **91** (1934). — Marinesco u. Kreindler: Untersuchungen über die motorische Konstitution. Arch. f. Psychol. **101** (1933). — Meggendorfer, F.: Experimentelle Untersuchungen der Schreibstörungen bei Paralytikern. E. Kraepelins Psychologische Arbeiten, Bd. 5. 1910. — Mirenowa, A. N.: Psychomotor education and the general development of preschool children. Experiments with twin controls. Proc. Maxim Gorki Medico-Biol. Res. Inst. Moscow. **3** (1934).

Nancken, K.: Beitrag zur Persönlichkeitsforschung auf Grund einer feinmotorischen Tätigkeit. Unters. Psychol. usw. (Göttingen) **11** (1937). — Nowack, H.: Körperbautypus und Beruf. Arch. Gewerbepath. **7** (1936).

Oseretzky, N.: Die motorische Begabung und der Körperbau. Mschr. Psychiatr. **58** (1925). — Eine metrische Stufenleiter zur Untersuchung der motorischen Begabung bei Kindern. Z. Kinderforsch. **30** (1925). — Körperbau, sanitäre Konstitution und Motorik. Z. Neur. **106** (1926). — Zur Methodik der Untersuchung der motorischen Komponenten. Z. angew. Psychol. **32** (1929). — Ossipowa, E.: Körperbau, Motorik und Charakter der Oligophrenen. Z. Neur. **114** (1928). — Oster, W.: Strukturpsychologische Untersuchungen über die Leistung des Zeitsinns und der räumlichen Orientierung. (Ein Beitrag zur Jaenschschen Integrationstypologie.) Würzburg-Aumühle: Konrad Triltsch 1935.

Pascal: Le signe de la main et le signe de la pargnée de main dans la démence précoce. Arch. de Neur. **36** (1914). — Peter, H.: Handschrift und Schwachsinn. Z. Kinderforsch. **45** (1936). — Pollnow, L.: Beitrag zur Schriftuntersuchung bei Schizophrenen. Arch. f. Psychiatr. **80** (1927). — Pophal, R.: Graphologie auf bewegungsphysiologischer Grundlage. Med. Welt **1939**.

RAU, K.: Untersuchungen zur Rassenpsychologie nach typologischer Methode. Beih. 71 z. Z. angew. Psychol. Leipzig 1936. — SAUDEK, R.: Zur psychodiagnostischen Ausdeutung des Schreibdrucks. Z. angew. Psychol. 39 (1931). — SAUDEK, R. u. E. SEEMANN: Handschriften und Zeichnungen von eineiigen Zwillingen. Charakter 1 (1932). — SCHADE, W.: Handschrift und Erbcharakter. Inaug.-Diss. Halle 1939. — SCHUHMANN, A.: Heilpädagogischer Vortrag von Schriftuntersuchungen an Sprachkranken. Z. Kinderforsch. 41 (1933). — SCHULTZE, B.: Rasse und Handschrift. Volk u. Rasse 9 (1934). — SOMMER, R.: Dreidimensionale Analyse von Ausdrucksbewegungen. Z. Psychol. 16 (1898). — SPECHT, W.: Vom Ausdruck der Seele. Z. Neur. 101 (1926). — SSUCHAREWA, G.: Körperbau, Motorik und Charakter der Oligophrenen. Z. Neur. 114 (1928). — STREHLE, H.: Analyse des Gebarens. Erforschung des Ausdrucks der Körperbewegung. Praktische Charakterologie, Teil 1. Berlin 1935. — TRAVIS, L. E. and W. MALAMUD, and L. R. THAVER: The relationship between physical habitus and stuttering. J. abnorm. a, soc. Psychol. 29 (1934). — TRAVIS, L. E. and J. WENDELL: Stuttering and the concept of handedness. Psychologic Rev. 41 (1934). — UNGER, H.: Die Graphologie in der ärztlichen Praxis. Dtsch. Z. Nervenheilk. 144 (1937). — BASEDOWsche Krankheit und Handschrift. Z. Neur. 160 (1938). — Weibliche oder männliche Schrift. Z. angew. Psychol. 58 (1940). — WIENER, E.: Schriften von schizophrenen Asthenikern. Zbl. Graphol. 4 (1933). — WILKE, H.: Der Sportler und sein Sport im Lichte des Gesetzes von der Attraktion affiner Strukturen. Eine strukturpsychologische Untersuchung. Diss. Phil. Fak. Bonn 1936. — WIRTZ, J.: Druck- und Geschwindigkeitsverlauf von ganzheitlichen Schreibbewegungsweisen. München 1938. — ZIRKE, H.: Der Druck in der Handschrift. Z. angew. Psychol. 56 (1939).

Spezielles Schrifttum zu Bewegungsstörungen und Hirnanatomie.

BOSTROEM, A.: Der amyostatische Symptomenkomplex. Besprochen in Arch. f. Psychiatr. 70, 131 (1924). — FOERSTER, O.: Zur Analyse und Pathophysiologie der striären Bewegungsstörungen. Z. Neur. 73, 1—169 (1921). — GERSTMANN, JOSEF u. PAUL SCHILDER: Studien über Bewegungsstörungen. VIII. Mitt.: Über Wesen und Art des durch striopalliäre Läsion bedingten Bewegungsübermaßes. Z. Neur. 87, 570—582 (1932). — GUREWITSCH, M.: Ein Fall extrapyramidaler motorischer Insuffizienz. Z. Neur. 93, 290—293 (1924). — Über die Formen der motorischen Unzulänglichkeit. Z. Neur. 98, 510—517 (1925). — HALPERN, L.: Über das Aktionsstrombild des PARKINSON-Syndroms nebst Bemerkungen zur Pathologie dieser Störung und zum Aufbau der menschlichen Motorik. Arch. f. Psychiatr. 88, 646—672 (1929). — HELLER, THEODOR: Über motorische Rückständigkeit bei Kindern. Z. Kinderforsch. 30, 1—10 (1925). — HOMBURGER, A.: Über amyostatische Symptome bei schwachsinnigen Kindern. Ref. Z. Neur. 23, 36—38 (1921). — Über pyramidale und extrapyramidale Symptome bei Kindern und über den motorischen Infantilismus. Arch. f. Psychiatr. 69, 621—623 (1923). — JACOB, KURT: Über pyramidale und extrapyramidale Symptome bei Kindern und über motorischen Infantilismus. Z. Neur. 89, 458—491 (1924). — LEWANDOWSKY, M.: Über die Bewegungsstörungen der infantilen cerebralen Hemiplegie und über die Athétose double. Dtsch. Z. Nervenheilk. 29, 339—368 (1905). — PÖTZL, O.: Physiologisches und Pathologisches über das persönliche Tempo. Wien. klin. Wschr. 1939 I. — STRÜMPELL, A.: Die myostatische Innervation und ihre Störungen. Neur. Zbl. 39, 2—11 (1920). — TOTHFELD, J.: Der Zwang zur Bewegung ein striäres Symptom. Zugleich ein Beitrag zur Differentialdiagnose zwischen Hysterie und extrapyramidaler Erkrankung. Z. Neur. 114, 280—292 (1928). — THOMAS, ERWIN: Über statischen Infantilismus bei cerebraler Diplegie. Z. Neur. 73, 475—478 (1921). — TRENDELENBURG, WILHELM: Über Mitinnervierung. Arch. f. Psychiatr. 74, 301—309 (1925). — VERMEYLEN, G.: Débilité motrice und déficience mentale. Encéphale 18, No 10, 625—647 (1923). — VOGT, C. u. O.: Zur Kenntnis der pathologischen Veränderungen des Striatum und des Pallidum und zur Pathophysiologie der dabei auftretenden Krankheitserscheinungen. Sitzgsber. Heidelberg. Akad. Wiss., Math.-naturwiss. Kl. 14, 1—56 (1919). — Zur Lehre der Erkrankungen des striären Systems. J. Psychol. u. Neur. 25. Ref. Z. Neur. 23, 201—205 (1921), Besprechung.

Funktionen und Zusammenarbeit der Blutdrüsen.

Von Tage Kemp, Kopenhagen.

Mit 32 Abbildungen.

I. Einleitende Bemerkungen.

Die Blutdrüsen haben eine entscheidende Bedeutung für die genetischen und konstitutionsbiologischen Grundlagen der Gesamtperson. Sie beeinflussen in eingreifender Weise alle morphologischen und physiologischen Eigenschaften des Individuums vom frühen Embryonalstadium an durch das ganze Leben. Die entscheidende Einwirkung, die die endokrinen Drüsen auf das Gesamtindividuum, auf seine Konstitution besitzen, tritt besonders deutlich bei Funktionsstörungen des Hirnanhanges, der Schilddrüse und der Geschlechtsdrüsen zutage.

Ein Individuum kann sowohl im Hinblick auf äußere Körperform als auf Temperament und Persönlichkeit sein Gepräge durch eine Hypofunktion oder Hyperfunktion einer oder mehrerer endokriner Drüsen erhalten, ohne abnorm oder pathologisch zu sein. So kann von hyper- oder hypothyreoider Konstitution, von dem Auftreten akromegaler Züge oder eunuchoider Eigentümlichkeiten, von außergewöhnlich niedrigem oder auffallend hohem Wuchs gesprochen werden bei Personen, die an und für sich als gesund gelten müssen.

Die Blutdrüsen nehmen in der Konstitutionspathologie insofern eine Sonderstellung ein, als ihre Partialkonstitution die Gesamtkonstitution des Organismus einschließlich des Habitus und Temperamentes in ganz anderer Weise beeinflußt, als es die Partialkonstitution anderer Organe tut. Das ergibt sich ja aus der Natur und dem Wesen der endokrinen Drüsen, deren Aufgabe es ist, auf humoralem Wege auf diese oder jene Organe und Gewebe einzuwirken, ihre gegenseitige Korrelation zu regulieren und damit auch den Habitus und das Temperament mitzubestimmen.

Endokrine Störungen sind oft erblich. Es sind auch schon „familiäre Dyskrinien" in dem Sinne beschrieben worden, daß bei Mitgliedern derselben Familie verschiedene endokrine Krankheiten auftreten. Die endokrinen Organe stellen indessen weder entwicklungsgeschichtlich noch in anderer Beziehung ein so einheitliches System dar, daß man solche Dyskrinien als eigentliche Systemerkrankungen erklären könnte. Anders liegt der Fall dann, wenn das erbliche Leiden in einer Drüse mit vielseitiger und übergeordneter Funktion seinen Sitz hat; es ist leicht einzusehen, daß solche Erkrankungen mannigfache klinische Symptome bedingen können.

In diesem Zusammenhange ist auch zu berücksichtigen, daß so, wie aus jeder uniglandulären Affektion infolge der kompensatorischen und vicariierenden Veränderung in den übrigen Drüsen eine pluriglanduläre Affektion wird, sich auch die vererbbare konstitutionelle Anomalie und Krankheitsdisposition nicht nur auf eine bestimmte, sondern auf mehrere Blutdrüsen erstreckt, und daß nicht nur verschiedenartige Erkrankungen ein und derselben Drüsen, sondern auch verschiedener Blutdrüsen bei den Mitgliedern einer Familie alternieren.

Die Hormone beeinflussen in engem Zusammenhange mit dem nervösen Korrelationsmechanismus den menschlichen und tierischen Organismus. Die

Bedeutung der Blutdrüsenkonstitution eines Menschen für dessen Gesamtkonstitution schätzen wir richtiger ein, wenn wir das Blutdrüsensystem nicht für sich allein werten, sondern die Blutdrüsen als vegetative Organe gemeinsam mit dem ihre Funktion regulierenden vegetativen Nervensystem als konstitutionellen Faktor einstellen.

Wir sind jedoch weit davon entfernt, das Zusammenspiel zwischen Nervensystem und endokrinen Organen ganz zu übersehen. Adrenalin und Thyroxin erregen das sympathische Nervensystem; andererseits produziert der Sympathicus Stoffe mit adrenalinähnlichen Eigenschaften, und auch die Erregung des autonomen Nervensystems (Vagus) führt zur Bildung ganz spezifischer Substanzen im Erfolgsorgan. Hypophyse und Zwischenhirn sind ebenfalls in ihren Funktionen eng verbunden.

Man hat die Hormone in verschiedene Gruppen einteilen wollen. Bei solchen, die ausgeprägte Organwirkungen besitzen, kann je nach der Art ihres Einflusses auf die Erfolgsorgane zwischen hemmenden und fördernden Hormonen unterschieden werden. Noch ziemlich hypothetisch ist eine Reihe anderer Hormone, die eine „entgiftende" Tätigkeit ausüben sollen.

Ferner faßt man die morphogenetischen (BIEDL) oder die Form beeinflussenden Hormone als Harmozone (GLEY) in einer besonderen Gruppe zusammen. Von ihnen hängt das harmonische Wachstum der verschiedenen Organe und Körperteile während der Embryonalentwicklung und Kindheit ab. Bei Störungen in der Produktion dieser Hormone hält sich das Wachstum nicht mehr in den normalen Grenzen und es entsteht z. B. Zwerg- oder Riesenwuchs. Demgegenüber bezeichnet SCHÄFER morphologisch unterdrückende Hormone als Chalone.

Schließlich hat man im Hinblick auf Probleme der Formbildung, vor allem auf Grund von Erfahrungen über die Entwicklung der Geschlechtsmerkmale, zwischen chromosomalen und inkretorischen Hormonen unterschieden. Die Geschlechtsmerkmale sind genotypisch bestimmt, und das Auftreten deutlicher Geschlechtsunterschiede fällt in einen früheren Zeitpunkt als die Herausdifferenzierung des endokrinen Gewebes in den Keimdrüsen. Wenn man die Gene als abgegrenzte chemische Einheiten mit bestimmter Lokalisation im Chromosom auffaßt, dann muß man sich vorstellen, daß aus ihnen, zumindest während der Frühstadien der Ontogenese, Stoffe mit spezifischen formbestimmenden Fähigkeiten hervorgehen. Diese bis zu einem gewissen Grade noch hypothetischen Stoffe stellen die sog. chromosomalen Hormone dar; sie sind auch als Enzyme aufgefaßt worden. Im Gegensatz zu den chromosomalen oder autochthonen Hormonen, die von allen Zellen des Körpers abstammen, leiten sich die inkretorischen Hormone von bestimmten Organen mit charakteristischem Bau her. Erst auf einer bestimmten Stufe der phylogenetischen und ontogenetischen Entwicklung sind endokrine Organe ausgebildet. Die inkretorischen Hormone lösen die chromosomalen ab.

In großen Zügen kann man die physiologischen endokrinen Korrelationen in vier Hauptgruppen einteilen: 1. Die gegenseitige Beeinflussung der endokrinen Drüsen. 2. Die Wechselwirkungen zwischen den endokrinen Drüsen und den übrigen Organen des Körpers, z. B. den exokrinen Drüsen, Muskeln, Stützgewebe. 3. Das Zusammenspiel zwischen endokrinen Drüsen und Nervensystem. 4. Die Beziehungen zwischen endokrinen Drüsen und Konstitution des Individuums.

Die gegenseitige Beeinflussung der innersekretorischen Drüsen nimmt selten oder nie so einfache Formen an wie bei einem direkten Antagonismus oder Synergismus. Es herrscht aber ein wechselseitiges Gleichgewicht, so daß jede Veränderung an einer Stelle des Systems das Gleichgewicht stört und durch Regulationsvorgänge einen Ausgleich anstrebt. Man hat in den letzten Jahren häufig die Hypophyse als eine besondere, „übergeordnete" Drüse angesehen, deren Einfluß die Tätigkeit der anderen endokrinen Organe regulieren soll.

Aber selbst wenn diese Anschauung nur mit gewissen Einschränkungen richtig ist, so stellt sie keinen Widerspruch zu der eben beschriebenen Tatsache der Wechselwirkung zwischen allen endokrinen Drüsen dar, denn die Hypophyse unterliegt ihrerseits wieder der Einwirkung der übrigen innersekretorischen Drüsen.

Wir wissen noch sehr wenig darüber, wie die Hormone die Organe und Gewebe beeinflussen und welcher biologische Mechanismus zugrunde liegt. Gewisse Hormone, wie z. B. das Thyroxin und das Prinzip der Nebenschilddrüsen, sollen katalytisch wirken, aber die tiefere Erkenntnis über ihre Wirkungsweise fehlt noch.

In vielen Beziehungen erinnern die Hormone in ihrem Wirkungsmechanismus an Vitamine, und in einzelnen Fällen können sie wechselseitig füreinander eintreten. Gewisse Vitamine haben Bedeutung für die Entwicklung bestimmter endokriner Drüsen. Andere innersekretorische Drüsen bilden Substanzen, die mit den Vitaminen nahe verwandt sind. Nach den bisher vorliegenden Untersuchungen steht Vitamin A in Beziehung zur Thyreoidea und Placenta, Vitamin B zum Hypophysenvorderlappen, Vitamin C zur Nebennierenrinde, Vitamin D zur Parathyreoidea und Vitamin E zu den Keimdrüsen.

Wie alle anderen erblichen Eigenschaften ist die Funktion der Blutdrüsen von exogenen Momenten abhängig, von paratypischen, sowohl normalen als auch pathologischen Einwirkungen. Die Lebensumstände, wie Ernährung, Wohnungsverhältnisse, Klima, Lichteinwirkung und ähnliches, können die Blutdrüsen und hierdurch die Gesamtperson beeinflussen. Von pathologischen exogenen Einflüssen, welche die endokrinen Organe betreffen können, sind Traumen und Infektionen anzuführen, während Blutungen, Infarkte und Degenerationen sowohl exo- als auch endogen bedingt sein können; schließlich müssen Mißbildungen, Hypo- und Aplasien sowie Hyperplasien, Adenome und andere Tumoren in den Blutdrüsen wohl fast stets für endogen angesehen werden.

II. Die Blutdrüsen in der Ontogenese.

Will man den Versuch machen, die Bedeutung, die die Blutdrüsen das ganze Leben hindurch für die Konstitution haben, näher zu analysieren, so wird es das natürlichste sein, mit der Untersuchung ihrer ontogenetischen Entwicklung zu beginnen. Es gibt ein Stadium im Embryonalleben, in dem weder das nervöse noch das hormonale System entwickelt sind und wo sich in jeder Zelle determinierende Kräfte vorfinden; man hat es das spontane Differenzierungsstadium genannt, im Gegensatze zu dem funktionellen Differenzierungsstadium, welches eintritt, wenn die verschiedenen Organe, darunter die Blutdrüsen, entwickelt sind (W. Roux). Der Übergang zwischen den beiden Stadien geht gradweise vor sich; doch vermag man einen Überblick darüber, wie und auf welche Weise er stattfindet, zu gewinnen, wenn man untersucht, wie früh im Embryonalleben die verschiedenen endokrinen Organe entwickelt sind, wann ein histologischer Nachweis sekretorischer Zellen in denselben möglich ist, und zu welchem Zeitpunkte sie die ersten morphologischen Anzeichen von glandulärer Aktivität bieten. Tabelle 1 beleuchtet diese Fragen, soweit es den Menschen betrifft.

Tabelle 1. (Nach J. Aug. Hammar.)

Organ	Länge der menschlichen Feten, bei der sich zum erstenmal nachweisen lassen:	
	sekretorische Zellen mm	glanduläre Aktivität in den Blutdrüsen mm
Hypophysenvorderlappen	22—27	51
Gl. thyreoidea	27—28	27—28
Gl. parathyreoideae . . .	10—11 ?	10—11 ?
Thymus	41—45	51—53
Gl. suprarenal. Rinde .	15—16	17—18 ?
„ „ Mark . .	22—23	90 ?
Pankreas	39—51	53—58
Testes (interstit. Zellen) .	27—28	27—35
Ovarien (interstit. Zellen)	Am Ende des Fetallebens	

Wie aus der Tabelle zu ersehen ist, sind Nebennierenrinde, Nebenschilddrüse und Schilddrüse schon im zweiten Embryonalmonat entwickelt, während Leydigzellen, Hypophysenvorderlappen, Briesel und Bauchspeicheldrüse erst im dritten Monat des Embryonallebens erscheinen. Und endlich beginnt die endokrine Funktion des Ovariums womöglich erst kurz vor der Geburt (vgl. Abb. 1—4).

So liegen die Verhältnisse beim Menschen, wo sie sich infolge der Natur der Sache im wesentlichen auf Grund morphologischer Beobachtungen beurteilen lassen. Beim Tier dagegen kann das Problem leichter in verschiedener Weise zum Gegenstand experimenteller und physiologischer Untersuchung gemacht werden.

Der Einfluß der Blutdrüsen auf Wachstum und Entwicklung in der Ontogenese ist in mannigfacher Weise experimentell untersucht worden.

Abb. 1. Hoden eines menschlichen Embryos im 2. Monat (Länge 2,5 cm). Die Samenkanälchen entwickelt, die Zwischenzellen noch nicht deutlich zu sehen.

Hierbei wurden die gleichen Methoden benutzt, wie sonst innerhalb der Morphologie, Physiologie und experimentellen Pathologie; doch gibt es gewisse Vorgangsweisen, die beim Studium der innersekretorischen Drüsen vorzugsweise angewandt werden. Das sind Exstirpationsmethoden, d. h. Beobachtung der Veränderungen (Ausfallserscheinungen), die von der ganzen oder teilweisen Entfernung des Organs herrühren, dessen Wirkung man untersuchen will. Fernerhin

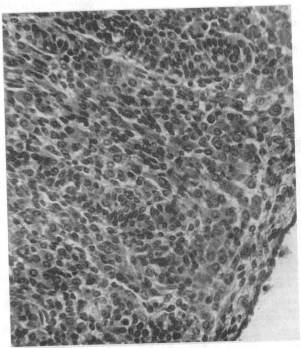

Abb. 2. Schnitt durch den Hoden eines menschlichen Embryos im 3. Monat. Rechts Tunica albuginea. Große epitheloide LEYDIGsche Zwischenzellen nehmen fast die ganze Schnittfläche ein. Von links ziehen zwei Samenkanälchen ohne Lichtung auf die Tunica albuginea zu.

Transplantationsmethoden, durch die die Einwirkung transplantierten Drüsengewebes auf Tiere oder Menschen untersucht wird, bei welchen die betreffende Drüse entweder vorher entfernt oder durch pathologische Prozesse ausgeschaltet wurde. Und schließlich Extraktionsmethoden, mit denen man die Wirkungen beobachtet, welche durch Verabreichung verschiedener Gewebs- oder Organextrakte hervorgerufen werden. Diesen Methoden schließt sich auch die Verfütterung des spezifischen Drüsengewebes ohne vorherige Extraktion an.

Natürlich lassen sich die erwähnten Forschungsmethoden kombinieren. Nicht zu vergessen sind endlich klinische Erfahrungen und pathologisch-anatomische Feststellungen, die in der Endokrinologie eine große Rolle gespielt haben, vor allem, indem sie den Zusammenhang zwischen bestimmten Symptomenkomplexen und Organveränderungen aufdeckten.

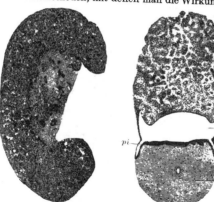

Die Aufschlüsse, die auf diese Weise über die morphogenetische Wirkung der Blutdrüsen gewonnen worden sind, werden hier als im wesentlichen wohlbekannt vorausgesetzt und sollen daher nicht systematisch durchgegangen werden. Doch mögen einige wenige Beispiele, hauptsächlich neueren Datums, angeführt werden, welche ein besonderes Licht auf diese Probleme werfen.

Abb. 3. Eierstock eines menschlichen Embryos im 6. Monat. Rete ovarii deutlich zu sehen, wahrscheinlich keine Zellen mit endokriner Funktion.

Abb. 4. Horizontalschnitt durch die Hypophyse eines menschlichen Embryos ungefähr im 3. Monat. Man sieht die Adenohypophyse (*pa*), den Hohlraum der Rathkeschen Tasche (*RT*), die Pars intermedia (*pi*) und die Neurohypophyse (*pn*). (Nach Bouin.)

Bei dem sog. sterilen Zwillingskalb hat die Natur sozusagen selbst ein Experiment vorgenommen, das Aufschluß über die Beeinflußbarkeit des embryonalen Organismus durch Hormone gibt.

Abb. 5. Keimdrüse eines sterilen Zwillingskalbes (Embryo), Zwitter. Als Ovarium angelegt. Die Rindenzone fehlt; außen die primäre Albuginea, dann die stark entwickelte, aber wenig differenzierte, reichlich von Bindegewebe durchsetzte Zone der Markstränge. Etwas exzentrisch im Schnitt ein kräftig entwickeltes Rete ovarii, das im normalen Eierstock kaum erkennbar ist.

Die sterilen Zwillingskälber wurden besonders von Lillie sowie von Keller und Tandler untersucht. Etwa 3% aller Geburten von Kühen sind Zwillingsgeburten. In über 90% aller Fälle, in denen das Geschlecht der Zwillinge verschieden ist, zeigen die Geschlechtsorgane des Kuhkalbs abnormen Bau und das Tier bleibt später steril. Als Ursache betrachtet man die seit der frühesten Embryonalzeit bestehenden Verbindungen zwischen den Blutgefäßen des männlichen und des weiblichen Keims. Der männliche Keim leidet darunter nicht und entwickelt sich zu einem normalen Stierkalb, aber die Geschlechtsorgane des weiblichen Zwillings werden durch die Einwirkung von Stoffen aus dem männlichen Keim, die ihnen durch das Blut zugeführt werden, geschädigt. Im Eierstock unterbleibt die sekundäre Sprossung des Keimepithels und damit die Bildung einer Rindenzone. Die primäre Tunica albuginea liegt dicht unter dem Oberflächenepithel; nach innen folgt die Zone der Markstränge, die den Hodenkanälchen homolog sind. Die Markstränge selbst schwinden aber bald wie in einem normalen Eierstock und hinterlassen in dem ausgedehnten Stroma nur spärliche Zellreste. Dagegen macht das Netz der Keimdrüse, das in normalen Eierstöcken früh zurückgebildet wird, eine ähnlich kräftige Entwicklung durch wie im Hoden von Stierkälbern (s. Abb. 5). Auch der übrige Geschlechtsapparat des weiblichen Paarlings wird abnorm. Gebärmutter und Scheide sind zwar wenig entwickelt, aber doch deutlich erkennbar. Die äußeren Geschlechtsorgane nähern sich dem weiblichen Typ, aber Klitoris und große Schamlippen sind überentwickelt. Die WOLFFschen Gänge wachsen stärker als bei normalen weiblichen Früchten, außerdem werden Samenblasen ausgebildet. Nach der Geburt verhält sich das sterile Zwillingskalb mit dem unterentwickelten Geschlechtsapparat wie ein Kastrat. Sein Körperbau wird ganz wie der eines Ochsen und weicht also stark sowohl von dem Körperbau der normalen Kuh wie von dem des normalen Stieres ab.

Das zeigt, wie der Fortfall der Funktion einer Blutdrüse zu einem frühen Zeitpunkt des Embryonallebens eine tiefgreifende Veränderung in der ganzen Konstitution des Individuums bedingt.

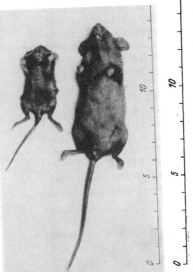

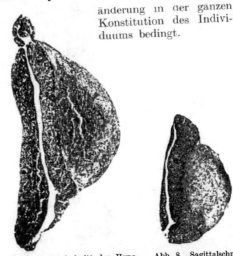

Abb. 6. Hypophysärer Zwergwuchs bei Mäusen. Ein Zwergweibchen 34 Tage alt (Gewicht 3,0 g) und seine gleichaltrige Schwester (Gewicht 14,5 g).

Abb. 7. Sagittalschnitt der Hypophyse einer 17 g schweren, normalen Maus ♂. Links Vorderlappen, danach RATHKES Tasche und Zwischenlappen und rechts Hinterlappen.

Abb. 8. Sagittalschnitt der Hypophyse von Zwergmaus, etwa 80Tage alt, 4,3 g schwer, nicht behandelt.

Ein anderes gut untersuchtes Beispiel, das zeigt, wie ein *erblicher* Blutdrüsendefekt das Gesamtindividuum konstitutionsbiologisch beeinflußt, kennt man aus der experimentellen Forschung. Es handelt sich um den erblich hypophysären Zwergwuchs bei Mäusen. Diese Abnormität wurde zuerst von SNELL (1929) beschrieben und später eingehender untersucht von SMITH und MAC DOWELL (1930, 1931), MACDOWELL, LAANES und SMITH (1931), MACDOWELL und LAANES (1932), RIDDLE (1935), KEMP (1933, 1934, 1935), KEMP und MARX (1936, 1937), DEANSLEY (1937), OSBORN (1938) und BOETTIGER und OSBORN (1938). Das Leiden ist einfach monomer recessiv und gibt sich dadurch zu erkennen, daß das Wachstum der Mäuse fast aufhört, sobald sie keine Muttermilch mehr bekommen, d. h. also in der Regel im Alter von 3 Wochen, wenn sie etwa 4 g wiegen. Diese Zwerge können recht lange leben und über ein Jahr alt werden; doch kommen sie selten auf ein höheres Gewicht als höchstens etwa 8 g, in der Regel weniger, während normale gleichaltrige Mäuse über 30 g wiegen können (s. Abb. 6). Das Leiden ist verursacht von einem vererbten Defektzustand im Hypophysenvorderlappen, der fast keine eosinophilen Zellen enthält und dessen Hormonproduktion daher für stark herabgesetzt angesehen werden muß (s. Abb. 7 und 8). Infolge der Hypophysenhypofunktion sind alle anderen Blutdrüsen

stark hypoplastisch, wodurch die kräftige Wachstums- und Entwicklungshemmung in allen Organen und Körperteilen zustandekommt. Alle Symptome

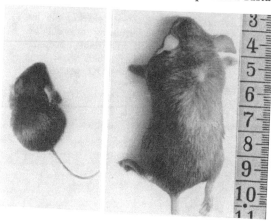

können durch Injektion
von Hypophysenvorder-
lappenextrakt (s. Abb. 9
und 10) oder durch Trans-
plantation von Vorderlap-
pengewebe zum Verschwin-
den gebracht werden. Bei
einer solchen Behandlung
wachsen die Tiere auf ihre
normale Größe heran, und
ihre Organe und Funk-
tionen werden annähernd
wie diejenigen normaler erwachsener Tiere (als Bei-
spiel hierfür sind Abb 11.
und 12 wiedergegeben).

Abb. 9. Hypophysäre
Zwergmaus, 42 Tage alt.
Gewicht 5,5 g, nicht
behandelt.

Abb. 10. Hypophysäre Zwergmaus, 115 Tage
alt, nach der Behandlung mit Wachstumshormon des Hypophysenvorderlappens,
75 Tage lang. Gewicht 22,1 g.

Dieses erbliche Blut-
drüsenleiden dient ebenso
wie das vorher erwähnte
Beispiel dazu, klarzustel-
len, in wie hohem Grade
die ganze Entwicklung und Körperform des Individuums hormonal bedingt
ist, und welche Bedeutung die Zusammenarbeit zwischen den verschiedenen
Blutdrüsen in dieser Beziehung hat.

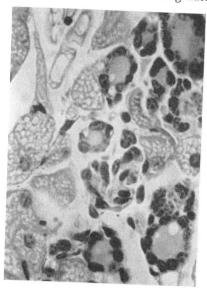

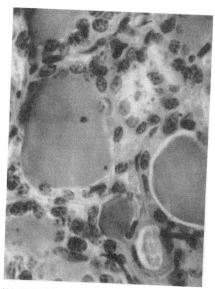

Abb. 11. Schilddrüse einer 65 Tage alten Zwergmaus,
5,5 g schwer, nicht behandelt.

Abb. 12. Schilddrüse von Zwergmaus, 181 Tage alt, 75 Tage lang mit Wachstumshormon behandelt, 17 g schwer.

Durch Injektion gewisser Hormone in Embryonen, direkt bei Hühnern durch
Injektion in das Ei, oder bei Säugetieren (Ratten, Mäusen, Meerschweinchen)

durch Injektion indirekt in das trächtige Weibchen oder direkt in die im Uterus befindlichen Früchte, vermag man Form und Entwicklung der verschiedenen Organe während des Embryonallebens zu beeinflussen. Diese Versuche, zu denen Geschlechtshormone benutzt wurden, sind in großem Umfange von VERA DANTSCHAKOFF ausgeführt worden, aber auch WILLIER, WOLFF, GREEN und IVY, RAYNAUD u. a. haben bedeutungsvolle Untersuchungen auf diesem Gebiete vorgenommen. P. HERTWIG hat kürzlich eine Gesamtübersicht über die verschiedenen Versuche gegeben.

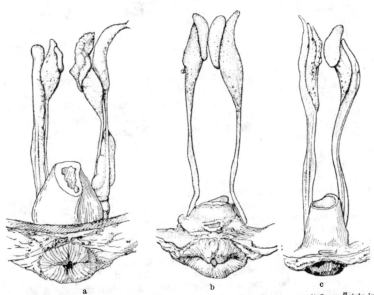

a　　　　　　　b　　　　　　　c

Abb. 13 a—c. a Die Geschlechtsorgane eines genetisch männlichen Hühnerembryos, mit 2 mg Östrin injiziert. Die linke Keimdrüse (im Bilde rechts gelegen) flach (Ovotestis); die rechte Keimdrüse ist männlich, die beiden Ovidukte sind persistierend und angeschwollen. b Geschlechtsorgane eines genetisch männlichen Hühnerembryos, mit 10 Einheiten Testishormon injiziert. Beide WOLFFsche Gänge sind hypertrophiert. c Geschlechtsorgane eines genetisch weiblichen Hühnerembryos, mit Testishormon injiziert. Die MÜLLERschen Gänge sind beinahe verschwunden und die WOLFFschen Gänge sind hypertrophiert. (Nach WILLIER.)

Auch hat man versucht, mittels Transplantation endokrinen Drüsengewebes in die Chorionallantoismembran dem Problem näher zu kommen (WILLIER, KEMP, GREENWOOD u. a.), doch ließen sich mit dieser Technik nur negative Resultate erzielen; die Hormonmenge, welche das transplantierte Gewebe zu produzieren vermag, ist offenbar zu gering, um eine nachweisbare Wirkung geben zu können.

Bei *Hühnerembryonen* kann man in früheren Embryonalstadien durch Östrininjektion in die Allantois oder andere Teile des Eies wesentliche Veränderungen in der Entwicklung der Geschlechtsorgane hervorrufen, und zwar am ausgesprochensten bei ♂♂, doch auch in einem noch nachweisbaren Grade bei ♀♀. Bei den männlichen Embryonen verursacht Östrin eine Feminisierung, die sich darin äußert, daß sich gleichzeitig mit dem Persistieren der WOLFFschen Gänge und Nebenhodenanlagen auf der linken Seite ein kleines Ovar entwickelt, auf der rechten ein rindenloses Gonadenrudiment und ein kräftig ausgebildeter Eileiter (s. Abb. 13 a). Diese Feminisierung kann nach Abschluß des Embryonalzustandes andauern, wenn man dem Kücken ständig weiteres Östrin zuführt, und sie umfaßt dann auch die akzidentellen sekundären Geschlechtscharaktere.

Wenn aber die Östrinzufuhr aufhört, wird auch die geschlechtliche Umstimmung aufgehoben, und das Tier dreht wieder zum genetischen Geschlecht zurück. Die weiblichen Hühnerembryonen entwickeln sich bei künstlicher Östrinzufuhr zu einer Art Überweibchen, in dem die rechte, normalerweise rudimentäre Gonade, die sonst eine hodenähnliche Struktur besitzt, eine mit Eizellen versehene Cortex erhält und die Eileiter hypertrophisch werden.

Hühnerembryonen, denen männliches Hormon injiziert wird, werden in entsprechender Weise beeinflußt; doch werden die Verhältnisse oft dadurch kompliziert, daß die Nierenfunktion durch die Hormonzufuhr geschädigt werden kann. Die letztere wirkt auf das mesonephrische Gewebe ein und verursacht beim Männchen einen vorzeitigen und hypertrophischen Umbau zum Nebenhoden und den Ausführgängen (s. Abb. 13b). Beim Weibchen soll eine Verkümmerung des MÜLLERschen Ganges eintreten (s. Abb. 13c), und das Ovar soll testikulären Einschlag erhalten.

Auch bei Säugetieren (Meerschweinchen, Ratten, Mäusen) vermag man die Geschlechtscharaktere der Embryonen durch Injektion von Sexualhormonen in die trächtigen Tiere zu beeinflussen. Einspritzung von Östrin in die Mutter bewirkt, daß die männlichen Feten bei der Geburt Zitzen haben, die Hoden hoch in der Bauchhöhle, etwa an der dem Ovar zukommenden Stelle, liegen und Prostata, Epididymis und Vasa deferentia unterentwickelt sind. Die weiblichen Jungen zeigen auch bei der Geburt Zitzen, große Uteri und gehemmte Ovarialkapselbildung.

Schließlich werden die Früchte auch von der Injektion männlichen Hormons in die trächtigen Säugetiere beeinflußt. Bei den männlichen Embryonen ist die Wirkung im großen und ganzen hypermaskulinisierend, da Vesicula seminalis, Prostata, Epididymis und Leydigzellen hypertrophiert sind. Bei den weiblichen Feten bewirkt Injektion von Hodenhormon in die Mutter eine „Zwickenbildung" in gleicher Weise wie bei dem sterilen Zwillingskalb. Anscheinend wirken die genetischen weiblichen Wirkstoffe und das eingebrachte männliche Hormon nebeneinander. Es bilden sich sowohl die MÜLLERschen als auch die WOLFFschen Gänge weiter, so daß die behandelten Weibchen sowohl Tuben und einen wohlentwickelten zweihörnigen Uterus als auch Nebenhoden, Vas deferens, Samenblase und Prostata besitzen. Diejenigen Organe, die zur Zeit der Behandlung noch indifferent waren, wie die äußeren Genitalien, geraten überwiegend unter den Einfluß des männlichen Hormons. Die Vaginalöffnung fehlt. Das Ovar hingegen ist zur Zeit der Injektion bereits weiblich determiniert und entwickelt sich daher trotz Testosteron zum Ovar. Es ist also nicht geglückt, durch Injektion männlichen Hormons in die Mütter eine so durchgreifende Veränderung des Ovars hervorzurufen, wie man sie bei den sterilen Zwillingskälbern sieht (vgl. Abb. 5), bei denen die Rindensubstanz des Ovars nicht zur Entwicklung kommt, und zwar wahrscheinlich deswegen, weil die das männliche Geschlecht bestimmenden Stoffe des männlichen Zwillings zu einem so frühen Zeitpunkte auf die Keimanlage in dem Zölomepithel des weiblichen Zwillings einzuwirken beginnen.

Diese Experimente erweisen, daß die morphologischen Geschlechtscharaktere bereits im Embryonalleben von Hormonen beeinflußbar sind. Die Regeln, nach denen dieser Vorgang geschieht, sind offenbar dieselben, die im postembryonalen Leben gelten und vor vielen Jahren von STEINACH, SAND u. a. klargestellt worden sind. Sie lassen sich kurz folgendermaßen zusammenfassen: Die Ausprägung des geschlechtlichen Typus hängt einerseits von der idiotypischen Anlage und andererseits von der Einwirkung der Geschlechtshormone ab. In Übereinstimmung damit findet man, daß sich durch Keimdrüsenübertragung oder durch Hormoninjektion nur eine unvollkommene Geschlechtsumwandlung erzielen läßt. Immerhin ist durch die angeführten Versuche sicher bewiesen:

1. Daß die Geschlechtsmerkmale weitgehend von den Hormonen der Geschlechtsdrüsen abhängig sind.

2. Daß die männlichen Geschlechtsmerkmale sich bei den Angehörigen beider Geschlechter unter der Einwirkung der Testishormone ausbilden können.

3. Daß die weiblichen Geschlechtsmerkmale sich bei den Angehörigen beider Geschlechter unter der Einwirkung der Ovarialhormone entwickeln können.

Man hat auch den Versuch gemacht, die endokrine Funktion anderer Blutdrüsen als der Geschlechtsdrüsen während des Embryonallebens experimentell zu beleuchten, insbesondere bei Hühnerembryonen. Mittels Röntgenbestrahlung vermag man die Hypophysenanlage in frühen Entwicklungsstadien zu zerstören, und WOLFF und STOLL geben an, nachgewiesen zu haben, daß experimentell hervorgerufene Agenesie der Hypophyse im Embryonalleben keinen Einfluß auf die allgemeine Entwicklung des Hühnerembryos hat; auch wenn die Hypophyse zerstört ist, geht das Wachstum während des Embryonalzustandes in normaler Weise vor sich, ebenso wie die Entwicklung der anderen endokrinen Drüsen. Fernerhin hat WOLFF gezeigt, daß es möglich ist, bei Hühnerembryonen experimentell Intersexualität durch Injektion von Geschlechtshormonen zu erzeugen, selbst wenn bei denselben die Hypophyse und die Thyreoidea durch Röntgenbestrahlung zerstört sind; die beiden letzteren Drüsen sind also nicht notwendig, damit die Geschlechtshormone ihre Wirkung bei den Embryonen entfalten können.

Beim Menschen hat man indessen Grund zu der Annahme, daß die Korrelation zwischen den endokrinen Organen bereits im Fetalleben entwickelt ist. Wie unter anderem von OKKELS und BRANDSTRUP gezeigt wurde, ist das Inselgewebe des Pankreas bei den Feten diabetischer Mütter vermehrt, und zugleich sieht man bei solchen Feten histologische Anzeichen einer erhöhten Aktivität des Hypophysenvorderlappens und der Gl. thyreoidea.

In dem postnatalen Dasein haben die Hormone eine entscheidende Bedeutung für Wachstum und Entwicklung; sie haben einen ausschlaggebenden Einfluß auf das natürliche Wachstum in Kindheit und Jugend, auf den normalen Verlauf der Schwangerschaft, Geburt und Lactation und auf den Eintritt des Seniums, und sie wirken in eingreifender Weise auf alle Gewebe, Organe und Funktionen des Körpers ein.

Wollte man diese Verhältnisse näher erörtern, so müßte man die ganze Endokrinologie durchgehen, was außerhalb des Rahmens dieses Kapitels liegt.

Hier seien nur zum Schluß einige Bemerkungen über das Wachstumshormon der Hypophyse angeführt. Dasselbe scheint am stärksten zu wirken, wenn es in nicht ganz gereinigter Form angewandt wird. Die Anwesenheit des thyreotropen und von vielleicht noch mehreren der anderen Vorderlappenhormone hat natürlich auch eine Bedeutung für das Wachstum. Es ist sogar behauptet worden, daß überhaupt kein selbständiges Wachstumshormon existiere, und daß die wachstumsfördernde Wirkung der Hypophysenextrakte durch ein Zusammenspiel zwischen den anderen Vorderlappenhormonen zustande komme. Die meisten Versuche deuten jedoch darauf hin, daß es ein selbständiges Wachstumshormon gibt, und wir müssen daher damit rechnen, daß man im Wachstumshormon einen Stoff vor sich hat, welcher für das normale Wachstum bei Mensch und Tier notwendig ist; ist derselbe nicht vorhanden, so kann kein Wachstum stattfinden. Es ist nicht bekannt, ob das Wachstumshormon direkt auf alle Gewebe des Organismus einwirkt und dadurch das Wachstum verursacht, oder ob es einen anderen Wirkungsmechanismus besitzt. Man hat sich vorgestellt, daß es auf dem Wege über die Thymusdrüse wirken könne, welche letztere ja auch eine Bedeutung für das Wachstum hat; aber das scheint doch nicht der Fall zu sein. Es ist nicht daran zu zweifeln, daß das Wachstumshormon eine

Verstärkung des Protoplasmaaufbaus hervorruft. Es verursacht daher auch eine Stickstoffretention; sogleich nach Injektion des Hormons fällt die Harnstoffausscheidung bei unveränderter Nahrungsaufnahme, und gleichzeitig sinkt auch die Reststickstoffmenge im Blute ab, woraus zu ersehen ist, daß eine vermehrte Stickstoffablagerung in den Geweben stattgefunden haben muß. Die Wasseraufnahme und -ausscheidung steigt an, ebenso wie die Wärmeproduktion und die Lungenventilation. Die chemische Zusammensetzung der Gewebe von Tieren, die lange mit Wachstumshormon behandelt worden sind, bleibt fast unverändert wie bei ganz jungen Tieren. Sowohl parenchymatöse Organe wie auch Knochen nehmen am Wachstum teil, so beobachtet man ein proportioniertes Längenwachstum der langen Röhrenknochen. Es ist z. B.

gelungen, Hunde reiner Rassen durch Behandlung mit Wachstumshormon zu einer kolossalen Größen- und Gewichtszunahme zu bringen, und wenn die Hormonzufuhr fortgesetzt wird, nachdem die Epiphysenlinien geschlossen sind, entstehen bei ihnen akromegale Züge. Doch können freilich, wenn auch selten, akromegale Disproportionierungen bei infantilen Tieren und bei Kindern auftreten, so daß das Vorkommen von disproportioniertem Wuchs nicht allein davon abhängig zu sein scheint, ob die Epiphysenknorpel verknöchert sind.

Abb. 14. Experimentelle Akromegalie. Zwei Dachshunde vom gleichen Wurf. Oben normaler Hund, unten mit Wachstumshormon behandelt. Man beachte die akromegalen Züge bei dem behandelten Hund. Kein Längenwachstum der Beine, da normalerweise die Knochen bei Dachshunden sich wie bei Chondrodystrophie verhalten. (Nach Evans.)

Abb. 14 gibt ein Beispiel dafür, wie die Hormone in ihrer Wirkungsweise von der vorliegenden genetischen Grundlage abhängig sind; bei dem Dackel mit seiner erblichen Anlage zu Chondrodystrophie läßt sich kein Längenwachstum der langen Röhrenknochen hervorrufen. Entsprechende Verhältnisse werden in schöner Weise durch Stockards Kreuzungsversuche zwischen verschiedenen Hunderassen beleuchtet, z. B. Rassen von reinem „Gigantentypus" (Dänische Dogge) mit Rassen, die zugleich akromegale Züge haben (Bernhardiner).

Störungen in der Funktion der Blutdrüsen werden vererbt; zugleich wird aber auch eine Konstitution vererbt, die bei den verschiedenen Individuen unter einer bestimmten Hormoneinwirkung verschiedenartig reagiert. Die determinierenden Stoffe, die von Anfang an in allen Körperzellen vorkommen, nehmen nach und nach einen verschiedenen Charakter in den verschiedenen Körperteilen an (vgl. Spemanns Induktoren), und allmählich entwickeln sich die Blutdrüsen als besondere hormonproduzierende Organe. Es ist nichts darüber bekannt, in welcher Beziehung die inkretorischen Hormone in chemischer und funktioneller Hinsicht zu den primären determinierenden Stoffen stehen, welche in allen Zellen des Organismus gebildet werden. Doch geht aus den oben besprochenen Untersuchungen hervor, daß die Frucht zu einem sehr frühen Zeitpunkte von Hormonen beeinflußbar ist, die in wesentlichem Grade auf die genetische Anlage einzuwirken vermögen.

Die genetischen Wirkstoffe haben grundlegende Bedeutung für die Entwicklung aller Organe und Körperteile; aber nach und nach, wenn die ontogenetische

Entwicklung weiterschreitet, beginnen die Blutdrüsen, die selber in ihrer Entwicklung von Erbanlagen abhängig sind, ihren Einfluß geltend zu machen, und bereits früh in der Ontogenese wirken Hormone und die genetischen Wirkstoffe nebeneinander.

III. Die Beziehung der Blutdrüsen zur Konstitution.

Wie aus dem vorigen Abschnitt hervorgeht, haben die Blutdrüsen eine entscheidende Bedeutung für die Entwicklung aller morphologischen und physiologischen Eigenschaften des Individuums durch die ganze Ontogenese. SALLER schreibt das folgende über die Bedeutung der Blutdrüsen für die normale Konstitution:

„Bei den *normalen Konstitutionstypen* kombinieren sich die Funktionen der verschiedenen Inkretdrüsen zu wechselnden Variationen. Es wird angenommen (PENDE), daß der breite pyknische Typus vorwiegend auf einer Unterfunktion der Schilddrüse und Überfunktion der Keimdrüse und Nebennierenrinde, der schmale, großgewachsene Leptosomentypus dagegen auf einer Überfunktion der Schilddrüse und Hypophyse bei Unterfunktion der Keimdrüsen beruht, während sich bei den Zwischenformen die Funktionen der verschiedenen Drüsen in mehr oder weniger schöner Harmonie auswirken. Auch an eine Beeinflussung der verschiedenen Rassentypen durch das Inkretsystem wird gedacht (KEITH), wobei die hagere Gestalt vieler Negerstämme etwa die Hormonkonstellation des Leptosomen, die untersetzten Typen der Südasiaten, Indianer und anderer Formen mehr die Hormonkonstellation der breiten Formen aufweisen."

Indessen gibt es ja keinen Beweis für die Richtigkeit dieser Auffassung. Will man die Frage, welche Bedeutung die Blutdrüsen für die Konstitution im postfetalen Leben haben, eingehender untersuchen, so ist es notwendig, sich näher damit zu beschäftigen, 1. welchen Einfluß jede einzelne der endokrinen Drüsen unter normalen und pathologischen Verhältnissen auf die Konstitution hat, 2. welche von dem Normalen abweichenden Konstitutionstypen für teilweise oder ganz endokrin bedingt angesehen werden können, und 3. was man über die Vererblichkeit der verschiedenen endokrinen Leiden weiß.

1. Die Hypophyse.

Bei Krankheiten der endokrinen Drüsen kann man im allgemeinen zwischen denjenigen, die auf einer Hypersekretion, und denen, die auf einer Hyposekretion beruhen, unterscheiden. Bei der Hypophyse ist das jedoch nicht möglich. Ihre Ausnahmestellung entspringt daraus, daß sie zahlreiche Hormone liefert, mit dem Gehirn topographisch und funktionell verbunden ist und das ganze endokrine System beherrscht. Bei Störungen in der Tätigkeit der Hypophyse können gleichzeitig einige Hormone in geringer und andere in normaler oder übermäßiger Menge produziert werden. Außerdem greifen pathologische Prozesse von der Hypophyse leicht auf die Hirnbasis über. Schließlich stellt die Schädigung der Hypophyse bei Leiden mit komplizierter Ätiologie nur einen unter mehreren Krankheitsfaktoren dar.

Es ist daher sicherlich auch etwas konstruiert, wenn man Begriffe wie die hyperpituitäre und die hypopituitäre Konstitution aufstellen will. Das ist indessen geschehen, und z. B. J. BAUER schildert die Menschen vom *hyperpituitären* Typ als hochgewachsen, grobknochig mit mächtigem Unterkiefer, starken Arcus supraciliares, weiten pneumatischen Räumen des Schädels, großer, plumper Nase, dicken, wulstigen Lippen und tatzenartigen Extremitäten. Doch betont BAUER zugleich die Schwierigkeit, ja Unmöglichkeit der Unterscheidung, ob dieser eigenartige Habitus auf einer konstitutionell absolut oder relativ zu intensiven Tätigkeit des Hypophysenvorderlappens, oder aber auf einer autochthonen Besonderheit des Skeletes und der übrigen beteiligten Gewebe beruht. Ein derartiger akromegaloider Habitus oder „Syndrome acromegaliforme", der meist angeboren ist, ist von vielen Autoren beschrieben worden, u. a. von Mossé, der über eine kongenitale „acromegaliforme" Deformation bei einem 1,88 m großen Manne, welcher einen normalen Zwillingsbruder hatte, berichtet. Der Übergang von diesem Zustande zu der eigentlichen Akromegalie ist indessen ganz gleitend; die Trennung zwischen den beiden Zuständen ist, wenn sie überhaupt berechtigt ist, auf jeden Fall sehr schwierig.

Abb. 15. Akromegalie. (Aus der Radiumstation Kopenhagen.)

Akromegalie. Die eigentliche Akromegalie mag hier kurz geschildert werden, weil sie ein gutes Beispiel für die Bedeutung der Blutdrüsen für die Konstitution abgibt. Sie ist die Erkrankung, die man zuerst mit Störungen der Hypophysenfunktion in Verbindung gebracht hat. Sie wird durch eine hochgradige Größenzunahme der peripheren Teile des Körpers gekennzeichnet und entsteht, wenn die gesteigerte Sekretion des Wachstumshormons zu einer Zeit einsetzt, in der sich die Epiphysenlinien schon geschlossen haben. In der Hypophyse findet sich dabei eine Hyperplasie der eosinophilen Zellen. Meist geht die Hyperplasie in ein Adenom über, das auch in dem akzessorischen Vorderlappengewebe auftreten kann, seltener entwickelt sich ein Adenocarcinom daraus.

Die Akromegalie tritt bei Frauen häufiger als bei Männern auf. Der Beginn der Krankheit fällt meist in das Alter zwischen 20 und 30 Jahren. Am Gesicht fallen die akromegalen Züge meistens zuerst auf, da sich alle vorspringenden Partien bedeutend vergrößern. Die Nase wird dick und groß, die Jochbögen, die Augenbrauenwülste und das Kinn werden stark ausgeprägt, die Lippen werden dick, die Ohren größer. Infolge des Wachstums der Kiefer stehen die Zähne weit auseinander; die Zunge wird so plump und groß, daß der Mund nur noch mit Mühe geschlossen werden kann. Der ganze Schädel wird größer, der Hinterkopf springt stark vor. Durch das Wachstum des Knochengewebes können die Augenhöhlen verkleinert und der Gehörgang eingeengt werden, so daß eine Protrusio bulbi und ein Nachlassen des Gehörs zustande kommen kann. Cervico-dorsale Kyphosen der Wirbelsäule und Verdickungen von Brustbein, Rippen und Schlüsselbeinen werden nicht selten beobachtet. Die Enden der Gliedmaßen nehmen an Größe zu. Die Finger und Zehen werden dick, plump und wachsen in die Länge.

Das gesteigerte Wachstum greift an Knochen und Weichteilen an. In späteren Stadien entwickelt sich in den Knochen eine Atrophie, Osteoporose und Osteophytenbildung. Oft bestehen Schmerzen in den Extremitäten und

Akroparästhesien. Die Haut wird dick und runzlig, kann über den vorspringenden Körperpunkten aber dünn ausgespannt sein; sie ist in der Regel trocken, mit
Pigmenteinlagerungen, Fibromen und Warzen durchsetzt. Es besteht Hypertrichose, bei Frauen viriler Behaarungstyp. Die Haare sind grob und dick.
Daneben wird eine ausgesprochene Splanchnomegalie mit Vermehrung des binde-
gewebigen Anteils der Organe fast immer gefunden. Neigung zur Varicos
und Arteriosklerose besteht, aber der Blutdruck ist nicht typisch verändert.
Schon in frühen Stadien läßt die Tätigkeit der Geschlechtsdrüsen nach,
Libido und Potenz schwinden, manchmal nach einer anfänglichen Erhöhung.
Die Menstruation bleibt aus, eine Konzeption kann
nicht mehr erfolgen. Die Keimdrüsen sind atrophisch, während die äußeren Genitalien an Größe
zunehmen.

Die Veränderungen im Stoffwechsel sind nicht
konstant. Der Grundumsatz ist oft erhöht, die
Assimilationsgrenze für Kohlehydrate erniedrigt. Als
Ausdruck dafür treten Hyperglykämie und Glykosurie auf. Unter den weiteren Stoffwechselanomalien
wurde Vermehrung der endogenen Harnsäurewerte
beobachtet.

Sämtliche bisher aufgeführten Symptome sind
vermutlich direkte Folgen einer Störung in der
inneren Sekretion. Außer der Hypersekretion des
Wachstumshormons besteht wahrscheinlich eine
herabgesetzte Bildung der gonadotropen Hormone,
vielleicht infolge einer durch Druck bedingten Atrophie der basophilen Zellen. Die Schilddrüse ist
hyperplastisch. Man kann die Vergrößerung der
Thyreoidea als Teilerscheinung der allgemeinen
Splanchnomegalie auffassen, darf aber wahrscheinlich auch eine Hypersekretion des thyreotropen Vor-
derlappenhormons verantwortlich machen. Daß der
Grundumsatz nicht selten erhöht ist und häufig
Schweißausbrüche vorkommen, spricht ebenfalls in
diesem Sinne.

Abb. 16. Riesenwuchs: 35jähriger
Mann, 242 cm groß, neben einem
normal großen Mann von 174 cm
Länge. Der Riese wächst im Alter
von 35 Jahren noch weiter; seine
Epiphysenlinien sind noch nicht
verknöchert und die akromegalen
Züge daher nur schwach ausgeprägt.

Auch die übrigen Stoffwechselveränderungen können ebenso wie die Polyurie und die häufige Hyperplasie der Nebennieren ganz oder teilweise durch endokrine Störungen bedingt sein.

Während der Pubertät und namentlich während der Gravidität zeigen sich
gelegentlich vorübergehend ganz leichte Symptome einer Akromegalie. Sonst
ist aber eine Remission der Krankheit äußerst selten; sie kann jedoch viele
Jahre hindurch stationär bleiben.

Gigantismus, der eigentliche Riesenwuchs, ist viel seltener als die Akromegalie. Er ist durchaus nicht immer die Folge übermäßiger Sekretion des
Wachstumshormons, sondern kann auch auf eunuchoiden Veränderungen der
Körperproportionen beruhen, eine extreme Variante des normalen Körperbaues
darstellen und möglicherweise auch direkt genotypisch bedingt sein. Allerdings
kann der Riesenwuchs auch durch eine Hypersekretion der Hypophyse hervor-
gebracht werden. Die Beobachtung, daß bei Riesen der Türkensattel oft erweitert ist, ist wesentlich älter als die endokrinologische Wissenschaft.

Gigantismus kommt zustande, wenn sich schon im Kindesalter, ehe sich
die Epiphysenlinien geschlossen haben, ein eosinophiles Adenom entwickelt.
In solchen Fällen bleibt die Geschlechtsreife infolge der Hyposekretion der

gonadotropen Hormone aus, daher verknöchern auch die Epiphysenlinien nicht, und das Riesenwachstum dauert noch im erwachsenen Alter fort. Es hat tatsächlich Individuen gegeben, die noch mit 40—50 Jahren gewachsen sind. Das ist aber ungeheuer selten, denn gewöhnlich sterben die Patienten entweder sehr jung oder die Hypersekretion der Hypophyse kommt allmählich zum Stillstand, so daß sich die Symptome einer herabgesetzten Funktion der Hypophyse ausbilden. Die Verbindung von Riesenwuchs mit akromegalen Zügen ist recht häufig.

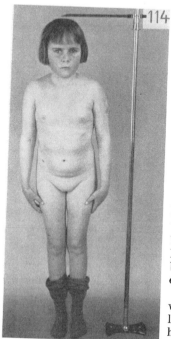

Abb. 17. 13 jähriges Mädchen mit hypophysärem Zwergwuchs (114 cm groß) und Andeutung von Fröhlichschem Syndrom.

Nach Sternberg leiden ⅕ der Akromegaliekranken an Riesenwuchs, und nahezu die Hälfte aller Riesen sind Akromegaliker.

Es ist nicht daran zu zweifeln, daß erbliche Anlagen in der Regel sowohl für das Entstehen von Akromegalie als auch von Gigantismus eine Rolle spielen. Am häufigsten verhält es sich wohl so, daß eine vorhandene Disposition durch die eine oder andere äußere Ursache, z. B. eine Infektion oder Intoxikation, eine psychische Einwirkung oder ähnliches, zur Auslösung kommt. Man kann recht oft in den Familien der Akromegaliker oder Giganten einen einzelnen oder einige wenige Angehörige antreffen, die Anzeichen von Hypophysenleiden aufweisen. Eine familiäre Häufung von Akromegalie allein ist ebenfalls oft beobachtet worden. Zum Beispiel beschreibt Fraentzel ein Vorkommen bei Vater und Tochter, Arnold bei 2 Brüdern, Fraenkel, Stadelmann und Benda bei einem Vater und 3 Kindern, Cyon bei 3 Brüdern und Leva bei 2 Brüdern in einer Familie mit starker Inzucht.

Den Gegensatz zu Akromegalie und Riesenwuchs bilden Zustände, bei denen im Vorderlappen vor allen die Sekretion des Wachstumshormons herabgesetzt ist. Das typischste Beispiel liegt im hypophysären Zwergwuchs vor, während bei der Dystrophia adiposogenitalis und der Simmondsschen Kachexie Ätiologie und Krankheitsbild komplizierter sind. Die letzteren beiden Anomalien werden oft unter der Bezeichnung hypophysär-nervöse Dystrophien zusammengefaßt.

Man hat auch von einer *hypopituitären Konstitution* gesprochen, die zum Teil durch einen kleinen und zierlichen Körperbau charakterisiert sein sollte, aber doch besonders durch ein Defizit der innersekretorischen Keimdrüsenfunktion. Die anatomische und funktionelle Hypoplasie des Genitales, die mangelhafte Ausbildung der sekundären Geschlechtscharaktere, die charakteristische sog. eunuchoide Verteilung des meist reichlichen Fettpolsters am Unterbauch bzw. Mons pubis, an den Hüften und an den Brüsten, die mangelhafte oder ganz fehlende Stammbehaarung sind außerordentlich typische Erscheinungen (Abb. 16—18), lassen aber keineswegs die Entscheidung zu, ob im gegebenen Falle die Hypophyse oder die Keimdrüsen Sitz der primären Anomalie sind.

Es läßt sich nur schwer entscheiden, ob die hypopituitäre Konstitution am meisten an eine schwach entwickelte Form von Infantilismus, von hypophysärem Zwergwuchs, von Adiposogenitaldystrophie, von Präsenilismus (bzw. Geroderma), von SIMMONDS' Kachexie oder von Pubertätseunuchoidismus erinnern soll oder vielleicht an eine Kombination mehrerer dieser Leiden; es ist daher klar, daß dieser Konstitutionstyp nur wenig charakteristisch ist, falls er überhaupt als wirklich existierend betrachtet werden kann.

Der hypophysäre Zwergwuchs (auch Zwergwuchs von PAL-TAUFS oder LEVI-LORRAINEs Typ genannt) tritt auf, wenn der Hypophysenvorderlappen durch Hypoplasie oder destruktive Prozesse schon im Kindesalter insuffizient wird. Individuen mit der Vorderlappeninsuffizienz bleiben Zwerge und haben kindliche Proportionen, aber ohne Deformitäten an Rumpf und Gliedern; sie sind daher verhältnismäßig normal gebaut (Menschen en miniature). Fast immer besteht eine ausgesprochene Atrophie der Genitalien. Die Intelligenz ist in der Regel normal. Die Epiphysenlinien schließen sich verspätet. Der Stoffwechsel ist selten gestört, bisweilen bestehen reichlicher Fettansatz oder Übergangsformen zu FRÖHLICHscher Krankheit oder SIMMONDSscher Kachexie. In manchen Fällen wird die Haut, besonders im Gesicht, schon bei ganz jungen Menschen eigentümlich gerunzelt. Auch das Haar kann ausfallen, so daß die Patienten ein greisenhaftes Aussehen annehmen (Progeria und Geroderma).

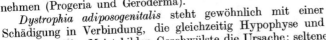

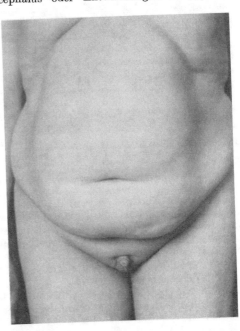

Abb. 18. 13jähriges Mädchen mit Dystrophia adiposogenitalis. (Kinderabteilung des Rigshospitals, Kopenhagen.)

Dystrophia adiposogenitalis steht gewöhnlich mit einer Schädigung in Verbindung, die gleichzeitig Hypophyse und Gehirn betrifft. Meist bilden Geschwülste die Ursache; seltener Entzündungen, Verletzungen (Schußwunden), Hydrocephalus oder Entwicklungsanomalien. Hypophysenverletzungen treten überwiegend am Vorderlappen und Infundibulum auf. Die Krankheit ist durch Atrophie der Genitalien

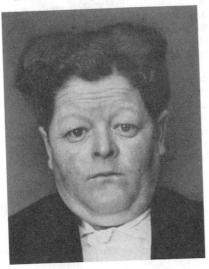

Abb. 19. 43jähriger Mann mit Dystrophia adiposo-genitalis (136 cm groß).

Abb. 20. Derselbe Patient wie auf Abb. 19.

und Fettsucht charakterisiert. Je nachdem, ob ihr Beginn in die Kindheit oder das erwachsene Alter fällt, zeigt sie verschiedenen Verlauf. Im ersteren

Fall kommt es gewöhnlich zu einem Zwergwuchs mäßigen Grades von infantiler Form; da aber zugleich auch eunuchoides Längenwachstum stattfinden kann, ergeben sich manchmal sehr komplizierte Proportionsstörungen. Auch die Genitalatrophie ist am stärksten ausgeprägt, wenn die Krankheit schon in der Kindheit auftritt; bei erwachsenen Frauen bleiben die Menses aus, bei Männern schwinden Libido und Potenz, während die Genitalien atro-

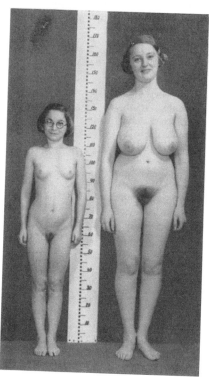

Abb. 21. Zwei 16jährige Mädchen, links Infantilismus mit Hypofunktion der Hypophyse (132 cm groß, Gewicht 27,7 kg). Rechts überentwickeltes, junges Mädchen (169 cm groß, Gewicht 68,4 kg). (Psychiatrische Abteilung des Rigshospitals, Kopenhagen.)

phieren. Die Fettablagerung ist universell, erfolgt aber, besonders bei Männern, vorzugsweise in der für Eunuchoide charakteristischen Verteilung in der Mammaregion, am Mons veneris, an Hüften und Nates. Trotz der Fettsucht wird die Gestalt nicht ausgesprochen plump, da das Skelet grazil ist. Hände und Füße bleiben klein, die Knöchel schlank. Da auch der Stimmwechsel ausbleibt, erwecken die männlichen Patienten einen femininen Eindruck. Die Schweißsekretion ist verringert, die Haut bleich, trocken und kühl, die Behaarung spärlich, von juvenil-femininem Typ. Meist besteht subnormale Temperatur und hohe Kohlehydrattoleranz. In manchen Fällen ist zugleich ein Diabetes insipidus nachzuweisen, in anderen eine habituelle Oligurie mit Erhöhung der Wasser- und Salzretention in den Geweben. Hin und wieder ist das Leiden durch Akromegalie oder myxödematöse Züge kompliziert.

Ein Teil der angeführten Krankheitszeichen steht unzweifelhaft mit Sekretionsstörungen der Hypophyse, fast immer mit einer Hyposekretion im Zusammenhang. Die Genitalatrophie und der Zwergwuchs beruhen auf der ungenügenden Produktion von gonadotropem und Wachstumshormon. Die Fettsucht hat wahrscheinlich eine kompliziertere Ätiologie. Sowohl der Mangel an Keimdrüsensekretion wie die Schilddrüsenhypoplasie, die im allgemeinen mit der Krankheit verbunden ist, und auch die Hirnläsion sind zu berücksichtigen. Bei Versuchen mit Hypophysenexstirpation bildet sich bekanntlich nur dann Fettsucht aus, wenn die Hirnbasis mit geschädigt wird. Das häufige Vorkommen von Poly- oder Oligurie deutet darauf hin, daß auch der Mittel- und Hinterlappen von der Krankheit in Mitleidenschaft gezogen wird.

Kachexia hypophyseopriva (Simmonds) ist ein außerordentlich seltenes Leiden. Sie tritt als Folge destruktiver Vorgänge in der Hypophyse und den basalen Hirnzentren auf, besonders bei plötzlicher Zerstörung des Hypophysengewebes. Oft sollen daher Blutungen oder ischämische Prozesse im Hirnanhang zugrunde liegen. Am häufigsten wird die Krankheit bei Frauen beobachtet. Sie beginnt gewöhnlich im Alter zwischen 30—40 Jahren, kann aber auch bei Kindern und im Alter auftreten und führt zu einer schweren

Kachexie mit hochgradiger Abmagerung, Genitalatrophie und präsenilen Veränderungen.

Der hypophysäre Zwergwuchs beruht ohne Zweifel in den meisten Fällen auf erblichen Anlagen und ist häufig angeboren. Dystrophia adiposogenitalis und Kachexia hypophyseopriva können auch konstitutionell bedingt sein; doch sind diese zwei Leiden nicht selten von rein exogenen Faktoren verursacht. Im System der endokrinen Drüsen und der übergeordneten vegetativen Zentren des Zwischenhirns kommen grobe Störungen vor, deren Erblichkeit in einigen Fällen deutlich hervortritt, öfter wegen der Mikroformen und Übergänge zu normalen Typen schwer faßbar ist.

Von mehreren über das Hypophysen-Zwischenhirnsystem wirksamen Anlagen zu Wachstumsstörung ist bisher erst ein einfach recessiver Zwergwuchstyp mit verschieden ausgeprägter Dystrophia adiposo-genitalis von HANHART abgegrenzt (vgl. Bd. IV, 2).

HANHART hat in drei örtlich voneinander getrennten Sippen eine einfach recessiv erbliche Zwergwuchsform beschrieben. Die Wachstumshemmung tritt im 2. bis 4. Lebensjahr auf; vorher unterscheiden sich die Zwerge anscheinend nicht von anderen Kindern. Die Zwerge zeigen als Charakteristikum den Typ der Dystrophia adiposo-genitalis, Sella turcica ist verkleinert, die Intelligenz meist gut, und die Patienten nehmen früh ein greisenhaftes Aussehen an. HANHART nimmt an, daß der Anlagedefekt durch ein vegetatives Zentrum für Wachstum, Stoffwechsel und Genitalentwicklung in der Regio hypothalamica der Hirnbasis zur Auswirkung gelange.

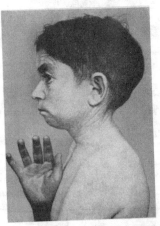

Abb. 22. Hypophysärer Zwerg mit frühzeitigem Senium. 30 Jahre alter Mann, hatte von Kind auf ein cystisches Kraniopharyngeom, das Hypophyse, Infundibulum und die Region des Tuber cinereum komprimiert hat. Leichter Diabetes insipidus. Keine Fettsucht. Das zurückweichende Kinn und die kurzen Finger bilden den Gegensatz zu dem bei Akromegalie auftretenden Befund. (Nach CUSHING.)

Auch der *infantilistische Zwergwuchs* ist erblich (anscheinend recessiv) beobachtet worden. Hier bleibt die Entwicklung auf der Stufe eines 8—10jährigen Kindes stehen. Die Geschlechtsorgane bleiben infantil, und auch die Intelligenz kann auf der kindlichen Stufe stehen bleiben. Der primordiale Zwergwuchs ist gewissermaßen eine Miniaturausgabe des Menschen, die Wachstumshemmung zeigt sich schon bei der Geburt. In einigen Fällen konnte direkte Übertragung durch mehrere Generationen festgestellt werden (SELLE). VERSCHUER und CONRADI beschreiben eine Sippe mit recessiv (?) erblichem primordialem Zwergwuchs: von der Geburt an bestehende, proportionierte Körperkleinheit, normale Entwicklung von Körper und Geist und Fortpflanzungsfähigkeit. ELLIS berichtet z. B. über 2 Geschwister mit hypophysärem Zwergwuchs auf dem Übergang zu FRÖHLICHS Krankheit, deren Eltern miteinander verwandt waren (Cousin dritter Linie), und DZIERZYNSKI beschreibt mehrere familiäre Fälle von Nanosomia pituitaria in Familien mit Inzucht, wobei er darauf aufmerksam macht, daß man bei einem Teile der anscheinend gesunden Mitglieder solcher Familien eine mäßige angeborene Hypophysenhypoplasie antrifft, die klinisch latent bleiben kann, aber röntgenologisch nachweisbar ist. Das könnte auch so ausgedrückt werden, daß die Erkrankung eine geringe Manifestationshäufigkeit hat und es bei derartigen Leiden daher ja in der Regel schwierig ist, den Erbgang festzustellen. Das gleiche geht aus der von SCHNEIDER ganz kürzlich veröffentlichten Arbeit über Sellabrücke und Konstitution hervor.

Bei den meisten der bisher besprochenen Erkrankungen der Hypophyse ist die Sekretion des Wachstumshormons beeinträchtigt. Die Akromegalie ist meist durch die Entwicklung rein eosinophiler Adenome gekennzeichnet. Wenn das Adenom dagegen nur aus basophilen Zellen besteht, führt es zu einem anderen charakteristischen Krankheitsbild, das CUSHING 1932 unter dem Namen basophiles Adenom beschrieben hat *(basophilic hyperpituitarism)*. Die Krankheit

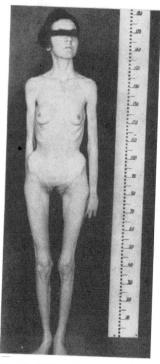

ist sehr selten, besitzt aber vom konstitutions-biologischen Standpunkt aus gewisses Interesse, weswegen sie hier kurz besprochen werden soll.

Das basophile Adenom, das sich dabei in der Hypophyse findet, ist oft klein und gut abgegrenzt. Die Krankheit beginnt bei jungen Menschen im 2. oder 3. Lebensjahrzehnt; sie verläuft progredient und dauert in der Regel ungefähr 5 Jahre. Es entwickelt sich rasch eine schmerzhafte, auf Gesicht, Kopf und Rumpf beschränkte Adipositas und gleichzeitig eine charakteristische Kyphose der Hals- und Rückenwirbelsäule. Zum Krankheitsbild gehören Atrophie der Genitalien mit Amenorrhöe oder Impotenz, Hypertrichose an Gesicht und Körper, eigentümliche Striae atrophicae und Pigmentierungen am Abdomen, ferner Hypertension, Erythrocytose, Plethora, Hyperglykämie und Glykosurie sowie Osteoporose. Oft besteht eine Polyurie. Allmählich zeigt sich eine leichte Ermüdbarkeit, die in vollständige Entkräftung übergeht.

In den Nebennieren sieht man fast immer Rindenhyperplasie oder Adenombildung. Die Keimdrüsen sind atrophisch, die Eierstöcke frei von gelben Körpern. Der Befund an Ovarien und Nebennieren verdient besondere Aufmerksamkeit. Es ist eigentümlich, daß sich die Keimdrüsen zurückbilden, da die basophilen Zellen normalerweise gonadotropes Hormon liefern. Die Hyperplasie der Nebennieren ist nicht überraschend und erklärt die Hypertension, Pigmentierung und Asthenie.

Abb. 23. 34jährige Frau (168 cm groß, Gewicht 33 kg) röntgenologisch normale Hypophyse. Diagnose: Anorexia, Nervosismus. Verschiedene Symptome für hormonale Störungen, wie Amenorrhöe, Genitalhypoplasie, Hirsutismus, herabgesetzter Stoffwechsel, subnormale Temperatur und Blutdruck, große Insulinempfindlichkeit usw., sind wahrscheinlich sekundär. (Psychiatrische Abteilung des Rigshospitals, Kopenhagen.)

Man hat auch ein Krankheitsbild beschrieben, das an das basophile Adenom erinnert, aber als Folge von Nebennierenrindentumoren angesehen wird. Es ist jedoch nicht ausgeschlossen, daß auch dabei ein Adenom in der Hypophyse als Ursache in Betracht kommt. Da die Adenome oft sehr klein sind, können sie der anatomischen Diagnose leicht entgehen. Umgekehrt ist jedoch auch nicht wahrscheinlich, daß die Nebennierenhyperplasie primär vorhanden ist und das basophile Adenom eine mehr zufällige Komplikation darstellt.

Noch liegen keine sicheren Beobachtungen über familiäres Auftreten des *basophilen Adenoms* vor; da es sich um einen Tumor handelt, ist es jedoch wahrscheinlich, daß das Leiden konstitutionell bedingt ist.

Differentialdiagnostisch kann SIMMONDS Kachexia mit *Anorexia nervosa* verwechselt werden. Bei dem letzteren Leiden ist die Hypophyse normal, und das Primäre ist die psychisch bedingte Anorexie; doch kommen bei diesen Patienten oft beträchtliche sekundäre hormonale Störungen vor (s. Abb. 23).

Es sollen noch kurz einige seltene, mit den soeben besprochenen verwandte Krankheiten angeführt werden, die man mit mehr oder weniger Recht auf eine Funktionsstörung der Hypophyse, und zwar auf eine Hyposekretion, bezogen hat, nämlich das LAURENCE-BIEDL-sche Syndrom und die CHRISTIANsche Krankheit.

Das LAURENCE (BARDET-MOON)- BIEDLsche Syndrom tritt bei Geschwistern auf und ist wahrscheinlich hereditär. Zahlreiche familiäre Fälle sind in den letzten Jahren publiziert worden (siehe z. B. v. BOGAERT). Ein sicherer Beweis für die Erblichkeit ist jedoch schwer zu führen, da die Patienten keine Zeugungsfähigkeit besitzen.

Das Leiden besteht in starker Fettsucht, Sehschwäche oder völliger Blindheit als Folge einer Retinitis pigmentosa, Schwachsinn und Polydaktylie. Ein Defekt der Hypophyse ist zwar nicht die primäre Ursache der Krankheit, bildet aber die Grundlage für einige ihrer Symptome wie die Fettsucht und vielleicht die Retinitis.

Die CHRISTIANsche Krankheit (HAND-SCHÜLLER-CHRISTIANs Krankheit), von CHRISTIAN 1919 beschrieben, entwickelt sich in der frühen Kindheit meist im Anschluß an akute Infektionen. Sie ist durch Polyurie, eine exophthalmusähnliche Protrusion der Augen und eigentümliche Atrophie der Knochen mit xanthomatösen Auflagerungen gekennzeichnet; besonders die Schädelknochen bleiben außerordentlich dünn. Da sich die Schädigung der Knochen früher zeigt als die Polyurie, ist die Störung der Hypophyse wohl nicht als primär anzusehen. Einige wenige familiäre Fälle dieser Krankheit sind beschrieben.

Die im vorstehenden beschriebenen Leiden wurden recht eingehend behandelt, weil sie gute Beispiele für den Einfluß abgeben, welchen die Blutdrüsen auf die Entwicklung der Gesamtperson, auf die Konstitution haben. Sie stehen allesamt in Verbindung mit einer Schädigung des Hypophysenvorderlappens.

Es sind auch mehrere erbliche Erkrankungen bekannt, die in Verbindung mit dem *Hypophysenhinterlappen* stehen; aber dieselben äußern sich mehr in einer Störung der physiologischen Funktionen des Organismus als in einer Störung seiner morphologischen Eigenschaften. Ein Beispiel für eine derartige Erkrankung ist Diabetes insipidus.

Diabetes insipidus kann auftreten, wenn nur am Hinterlappen oder nur an der Hirnbasis, speziell am Tuber cinereum, eine Läsion besteht, doch sind meist beide Organe zugleich betroffen. Als wichtigste exogene Ursachen werden tuberkulöse oder syphilitische Veränderungen im Hinterlappen und Stiel, luische Basalmeningitis, Encephalitis oder Carcinommetastasen genannt.

Doch ist das Leiden auch häufig erblich; in der Literatur sind zahlreiche Stammbäume wiedergegeben, die darauf hindeuten, daß die Erkrankung einfach dominant vererbt wird. Große Familien sind von WEIL, CAMERER sowie GÄNSSLEN und FRITZ beschrieben worden; wohl die bestuntersuchte und interessanteste Familie wurde ganz kürzlich von MOGENS ELLERMANN aus dem Kopenhagener Erblichkeitsinstitut veröffentlicht.

Auf der Suche nach der Ätiologie gewisser Fälle von *essentieller Hypertension* und *Nephrosklerose* hat man an eine Vermehrung der Vasopressinproduktion gedacht; in Übereinstimmung damit hat man bei diesen Leiden oft Hyperplasie und Anzeichen einer Hyperfunktion der basophilen Zellen in den Zwischen- und Hinterlappen nachweisen können. Beide Erkrankungen sind, wie im speziellen Teil des vorliegenden Buches (Bd. IV, 2) besprochen wird, oft erblich.

2. Die Keimdrüsen.

Völliger Mangel an Hoden- oder Ovarienhormon oder verminderte Produktion ist die Folge verschiedenster Zustände und erzeugt das Bild des *Hypogenitalismus*. In einem wie schweren Grade er in Erscheinung tritt, hängt von der noch produzierten Menge des Hormons ab, weiter von dem Zeitpunkt, in dem der Ausfall eintritt, von seiner plötzlichen oder langsameren Entwicklung und von der Gesamtkonstitution des Kranken. Die Konstitution scheint besonders bei der nach der Pubertät vorgenommenen Kastration eine wesentliche Rolle zu spielen, da dadurch recht verschiedene Ergebnisse erzielt werden.

Im nachstehenden wollen wir kurz die Kastrationsfolgen zuerst für die Männer und dann für die Frauen beschreiben:

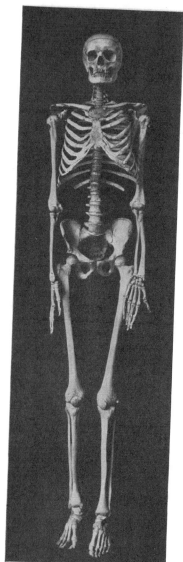

Abb. 24. Eunuchoider Hochwuchs mit charakteristischen Disproportionen. Extremitätenknochen lang und grazil, Epiphysenlinien nicht verknöchert. (Nach TANDLER und GROSS.)

1. *Die Kastration vor der Pubertät* führt zu einigen charakteristischen Erscheinungen, die gut mit den an kastrierten Tieren beobachteten Symptomen übereinstimmen. Die Geschlechtsorgane bleiben infantil, Libido und Potenz stellen sich nicht ein. Der Bart und zum Teil auch die Terminalhaare an Rumpf und Extremitäten wachsen nicht, die Schambehaarung bleibt dünn, ihre obere Grenze verläuft quer wie bei Frauen; die Achselhöhlen zeigen nur schwache Behaarung. Das Haar ergraut nicht früher als gewöhnlich, eine Glatze ist bei Kastraten nicht besonders häufig. Oft besteht eine Adipositas mit der für Frauen charakteristischen Anordnung am Mons pubis, an den Hüften, Nates und in der Mammaregion. Beim Wachstum des Kehlkopfes bleiben die infantilen Maßverhältnisse erhalten, so daß die Stimme dauernd hoch und knabenhaft bleibt, ohne einen Stimmwechsel durchzumachen. Die Haut ist zart und pigmentarm, sie zeigt nur spärliche Talgsekretion; sie ist in der Regel bleich-gelblich und in Anbetracht des Alters außergewöhnlich runzlig. Das Knochenwachstum weist Veränderungen auf. Da sich die Epiphysenfugen nicht oder sehr verspätet schließen, wachsen die Extremitäten über die normale Zeit hinaus in die Länge. Auch Hände und Füße werden groß, dagegen behält der Rumpf die normale Länge. Das Becken zeigt infantilen Bau, ist breiter als bei Männern und schmäler als bei Frauen. Im ganzen sind die Knochen grazil.

Der Hochwuchs tritt jedoch nicht bei allen Kastraten auf, manche Kastrierte bleiben klein und fett. Man muß daher zwischen *eunuchoidem Hochwuchs* und *eunuchoider Fettsucht* unterscheiden. Alle Übergänge zwischen diesen beiden Formen kommen vor, jedoch ist die Fettsucht besonders bezeichnend für die nach der Pubertät vorgenommene Kastration. Die Intelligenz ist nicht herabgesetzt, aber das Individuum wird abgestumpft und weniger regsam; das Temperament ändert sich nach der Kastration oft recht erheblich. Die Lebenszeit wird durch die Kastration sicher nicht abgekürzt, Senilitätsveränderungen machen sich kaum früher geltend als normal.

2. *Die Kastration nach der Pubertät* erzeugt die gleichen Veränderungen, nur sind die Erscheinungen weniger ausgeprägt. Oft tritt die eunuchoide Fettsucht

auf, Bart und Körperbehaarung werden schwächer. Libido und Potenz gehen nur sehr langsam zurück und bestehen in manchen Fällen erstaunlich lange. Oft schwindet die Potentia coeundi vor der Libido, was verständlicherweise zu psychischen Depressionen Anlaß geben kann. Überhaupt treten im Anschluß an eine Kastration oft depressive oder neurasthenische Zustände auf.

Auch wenn die innere Sekretion des Hodens durch andere Ursachen herabgesetzt ist, zeigen sich ähnliche Folgeerscheinungen wie nach einer Kastration. Es liegt dann der sog. *Eunuchoidismus* vor, der in verschieden hohem Grade früher oder später im Leben eintreten kann. Ein Eunuchoidismus, der auf einer angeborenen Hodenhypoplasie beruht, muß als Konstitutionsanomalie und nicht als Krankheit angesehen werden. In solchen Fällen ist man kaum berechtigt, alle Symptome auf das Versagen der Hormonbildung zu beziehen, da der Hormonmangel nicht die primäre Ursache der Erkrankung darstellt. Man kann annehmen, daß sich bei den betreffenden Personen die idiotypischen, männlichen, geschlechtsbestimmenden Faktoren weniger geltend machen als bei normalen Männern, es würde sich dann also um leichteste Formen von Intersexualität handeln.

Bestimmte Erkrankungen werden mit mehr oder weniger Recht auf eine Hodeninsuffizienz zurückgeführt, so der Infantilismus und die Präsenilität.

Der *Infantilismus* ist ein Zustand, in dem die betroffenen Individuen nicht ihrem Lebensalter entsprechend entwickelt sind, sondern auch nach dem Eintritt des Pubertätsalters auf einer kindlichen Entwicklungsstufe stehen bleiben, ohne daß dabei ausgesprochene eunuchoide Symptome zu beobachten sind. Oft zeigen die Patienten nur in einer Richtung von der Norm abweichende Veränderungen, z. B. in ihren psychischen Eigenschaften *(Psychoinfantilismus)* oder im Wachstum *(infantile Proportionen)*. Eunuchoidismus und Infantilität gehen in der Regel mit *Sterilität* einher. Viel häufiger kommen für die Entwicklung der Sterilität beim Manne jedoch Entzündungen des Nebenhodens und der Samenleiter in Betracht, meist als Folge einer gonorrhoischen Infektion. Das Erlöschen der Geschlechtsfunktionen ist für das normale Senium charakteristisch; wie vom Klimakterium der Frau hat man auch von einem *Climacterium virile* gesprochen, das im Alter zwischen 50 und 60 Jahren eintreten soll. Die Berechtigung dieses Begriffes erscheint aber zweifelhaft, denn nicht selten ist bei 70—80jährigen Männern die Potentia coeundi und generandi noch erhalten.

Bisweilen tritt das Senium zu früh ein. Dann spricht man von *Präsenilität*, die entweder sämtliche charakteristischen Altersveränderungen an Geschlechtsorganen, Haut, Haaren, Knochensystem, Kreislauforganen, Nervensystem und Sinnesorganen umfaßt oder nur wenige Alterserscheinungen aufweist. Es ist oft schwer zu entscheiden, in welchem Grad eine Hodeninsuffizienz die primäre Grundlage der Veränderungen abgibt. Daß ein vorzeitiger Schwund von Hodengewebe vorliegt, ist aber wahrscheinlich und stimmt mit der von anderen innersekretorischen Drüsen beschriebenen Atrophie überein. Daraus ließen sich die übrigen Symptome leicht ableiten. Die Hodeninsuffizienz kann vermutlich auch durch eine Unterfunktion des Hypophysenvorderlappens bedingt sein.

Zustände, die sich mit Sicherheit auf eine *Hypersekretion des Hodenhormons* zurückführen lassen *(Hypergenitalismus)*, sind bisher noch nicht bekannt. Es ist aber in diesem Zusammenhang nötig, die Pubertas praecox bei Männern kurz zu streifen.

Die *Pubertas praecox* kann als Folge von Hodengeschwülsten auftreten; meist ist die übermäßige Sekretion des Hodenhormons jedoch nicht primär. Geschlechtliche Frühreife jeder Art, auch die familiär gehäufte, wahrscheinlich erbliche Frühreife (vgl. den speziellen Teil, Bd. IV, 2), fällt unter den

Begriff der Pubertas praecox. Eine andere Form der Erkrankung findet man bei Patienten mit Tumoren der Nebennierenrinde. Ungeklärt ist ihr Auftreten bei Knaben mit Tumoren des Corpus pineale, da man der Zirbeldrüse im allgemeinen keine innere Sekretion zuschreibt. Es wird angenommen, daß die Geschwulst der Glandula pinealis bestimmte Hirnzentren schädigt und die Störung dieser Zentren erst sekundär die vorzeitige Geschlechtsreife auslöst. Diese Theorie hat man durch die Erfahrung zu stützen gesucht, daß Hirnkrankheiten, die nicht die Zirbeldrüse angreifen, wie tuberöse Sklerose (Krabbe) oder Encephalitis, mitunter von Pubertas praecox begleitet sind. Sichere Anhaltspunkte für die Richtigkeit dieser Anschauung sind aber nicht vorhanden. Im Hinblick auf die Forschungsergebnisse der letzten Jahre ist bemerkenswert, daß die als Ursache einer Pubertas praecox beschriebenen Epiphysentumoren fast immer Teratome waren. Die Teratome bilden nämlich keimdrüsenanregendes Hormon mit den gleichen Eigenschaften wie das Hypophysenvorderlappenhormon. Das Hormon löst vielleicht die Frühreife aus. Es sind Fälle bekannt, in denen das keimdrüsenanregende Hormon aus Teratomgewebe die Entstehung einer Pubertas praecox erzeugt hat. Daher liegt die Annahme recht nahe, daß sich ein ähnlicher Vorgang auch bei ätiologisch ungeklärten Zuständen von Frühreife abspielt.

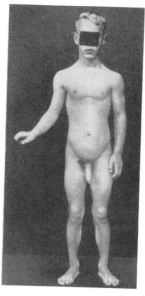

Abb. 25. 7jähriger Knabe mit Pubertas praecox (139 cm groß, etwa 20 cm mehr als dem Alter entsprechend). Basalstoffwechsel 90%, Ossifikation wie bei einem 14jährigen Knaben, die Hormonanalyse des Harns zeigte Oestrin 6 M.E., Testishormon 6 Kapauneinheiten und gonadotropes Hormon 7 R.E. pro Liter. (Kinderabteilung des Rigshospitals, Kopenhagen.)

Die vorzeitige Geschlechtsreife tritt oft schon im Alter von 3—4 Jahren auf. Penis und Scrotum entwickeln sich wie bei einem Erwachsenen, ebenso bildet sich die typische Scham- und Achselhöhlenbehaarung aus. Es kommt zu Erektionen und Ejaculationen, oft zu Masturbation. Das Körperwachstum wird etwas beschleunigt, die Stimme wird tief. Infolge von vorzeitigem Schluß der Epiphysenlinien kann jedoch auch leichter Zwergwuchs auftreten. Oft verläuft auch die psychische Entwicklung schneller als beim normalen Kind.

Bei *Frauen* verursacht eine Verminderung oder ein Aufhören der Produktion von Ovarienhormonen ebenfalls charakteristische Veränderungen.

In Fällen von *Hyposekretion des Follikulins* ist in der Regel auch die Bildung des Gelbkörperhormons herabgesetzt oder aufgehoben. Da die Entwicklung der weiblichen Geschlechtsmerkmale auf dem Follikulin beruht, entspricht ein Teil der Erscheinungen, die bei Hyposekretion des Follikulins auftreten, im wesentlichen den Symptomen, die sich infolge Mangels an Hodenhormon bei Männern einstellen.

Ein Anlaß zur *Kastration* von Mädchen in der frühen Kindheit liegt fast nie vor. Wir kennen daher nur wenig über ihre Folgen. In einem indischen Bericht aus dem Anfang des vorigen Jahrhunderts werden einige erwachsene Frauen beschrieben, die im frühen Kindesalter kastriert worden waren. Sie waren groß und muskulös, hatten unentwickelte Brüste und wenig ausgebildete Schambehaarung. Das Becken war eng. Es bestand keine weibliche Fettablagerung über dem Mons veneris oder an den Nates, keine Menstruation oder Libido.

Nach der Kastration der geschlechtsreifen Frau hört die Menstruation und der Sexualzyklus, der ihr zugrunde liegt, auf.

Die Geschlechtsorgane erleiden allmählich eine Atrophie; das Verhalten der Milchdrüsen wechselt; gewöhnlich, jedoch nicht immer, verkümmern sie. Nach und nach zeigt sich im Haarwuchs eine bedeutende Veränderung, auf Oberlippe und Kinn sprießt ein „Altweiberbart", der sich in Lokalisation und Typus von der männlichen Form des Bartes unterscheidet, dagegen mit dem Bart männlicher Kastraten Ähnlichkeit hat. Achsel- und Schamhaare werden spärlich, manchmal wächst eine neue Terminalbehaarung, oder es entwickelt sich ein echter Hirsutismus, wenn auch selten, im Anschluß an eine Kastration oder Ovarialtumoren.

Der *Hirsutismus*, die allgemeine Behaarung des ganzen Körpers, ist bis zu einem bestimmten Grad hormonal bedingt. Er tritt am häufigsten bei Männern auf, bei denen er aber, auch wenn er sehr ausgesprochen ist, als physiologischer Zustand angesehen werden muß. Außerdem kommt er bei Nebennierenrindenhyperplasie, bei der in der Regel gleichzeitig ein Virilismus besteht, bei Hypophysentumoren (basophilem Adenom) und bei gewissen Fällen von Ovarialgeschwülsten vor.

In der Mehrzahl der Fälle entwickelt sich nach der Kastration ein vermehrter Fettansatz in der gleichen Anordnung wie bei nicht kastrierten Frauen. Bisweilen aber stellt sich im Gegensatz dazu eine starke Abmagerung ein. Die Folgeerscheinungen der Kastration hängen von der Konstitution der Kastrierten und ihrer genotypisch bestimmten Reaktionsnorm ab.

Wenn die Kastration frühzeitig vorgenommen wird, kann sich der eunuchoide Hochwuchs ausbilden.

Einen Symptomenkomplex, der an das auf die Kastration im Kindesalter folgende Bild erinnert, sieht man im *weiblichen Eunuchoidismus*, bei dem eine Hypoplasie der Ovarien besteht. Die Hypoplasie kommt auch beim *Infantilismus* oder *Hypogenitalismus* vor, zwei Erkrankungen, die nicht immer mit Amenorrhöe verbunden sind, bei denen aber entweder der ganze Organismus auf einer kindlichen Entwicklungsstufe stehen bleibt oder wenigstens die Geschlechtsorgane unentwickelt bleiben.

Ein eigentlicher Hypergenitalismus bei Frauen kommt wohl kaum jemals zur Beobachtung: Pubertas praecox kann bei gewissen Ovariengeschwülsten wahrgenommen werden, sowie bei Nebennierenrindenhyperplasie, bei welcher letzterer zugleich *Virilismus* vorkommt.

Inwieweit *Hermaphroditismus* und *Homosexualität* hormonal bedingt sein kann, ist wohl unsicher; diesbezüglich sei im übrigen auf das Kapitel: Männlicher Geschlechtsapparat, Bd. IV, 2, verwiesen.

3. Die Schilddrüse.

Eine thyreotoxische Konstitution oder ein hyperthyreotisches Temperament finden wir nach J. BAUER „bei großen, mageren, nervösen und reizbaren Menschen mit feuchter Haut, Neigung zu Schweißen, Tachykardie und Diarrhöen, mit großen Augen und weiten Lidspalten, mit häufig während eines angeregten Gespräches über den oberen Cornealrand ruckweise sich retrahierenden Oberlidern, bei den Menschen mit lebhaftem Temperament und unstetem Wesen, die bei geringfügigsten Anlässen Temperatursteigerungen bekommen und trotz reichlicher Nahrungsaufnahme stets mehr oder minder mager bleiben. Solche Menschen sind mehr hitze- als kälteempfindlich und sollen nach Angabe der französischen Autoren stark entwickelte Augenbrauen besitzen. Regelmäßig zeigen sie eine, wenn auch nur leichte, parenchymatöse Vergrößerung ihrer Schilddrüse".

v. BERGMANN spricht von „vegetativ Stigmatisierten" oder „thyreotischer Stigmatisierung" bei „Menschen mit Glanzauge bis zum Exophthalmus hin, mit reichlicher Tränendrüsensekretion, oft Blähhals, stärker vascularisierter, auch hypertrophischer Thyreoidea, disponiert zum Schwitzen, mit Neigung zu Tachykardie, meist mit kalten und nassen Händen, Dermographismus, vermehrter Neigung zum Erröten und Erblassen, Neigung zum Tremor, Neigung zu erhöhter Magen- und Darmtätigkeit bezüglich gesteigerter Magensekretion und Darmperistaltik, nicht nur Durchfallsneigung, sondern auch spastischer Obstipation, dabei mit affektbetonter Psyche". Man hat auch von einer „Instabilité thyreoidienne" gesprochen, als einem Zustand konstitutioneller besonderer Labilität, Reizbarkeit und Erschöpfbarkeit der Schilddrüsenfunktion. Der Übergang von diesen Typen über das Basedowoid und „formes frustes" zu dem eigentlichen *Hyperthyreoidismus* ist ganz fließend. Eine besondere Form des Hyperthyreoidismus findet man bei

Mb. Basedowii. Man hat die Krankheit bisher nur beim Menschen beobachtet; sie ist bei Frauen häufiger als bei Männern und befällt meist das jugendliche Lebensalter. Bezeichnend für das Leiden ist die Steigerung des Grundumsatzes: Werte von 150—180 sind nicht selten. Die Schilddrüse ist meist nur wenig vergrößert, manchmal ist überhaupt keine Struma festzustellen. Die Erkrankung weist verschiedene Erscheinungen an den Augen auf, unter denen der Exophthalmus besonders auffällt. Das Hervorstehen der Augäpfel kennzeichnet das Aussehen des Patienten; der Blick bekommt etwas unheimlich Starres, Angstvolles. Der Exophthalmus ist meist doppelseitig.

Außer den bekannten Augensymptomen treten eine Reihe von wichtigen nervösen Erscheinungen auf: Tachykardie, Tremor und psychische Störungen. Eigentümliche Hautpigmentierung ist bei BASEDOWscher Krank-

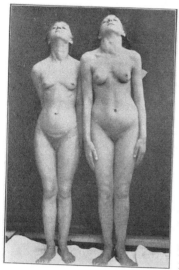

Abb. 26. Rechts: 12jähriges Mädchen mit Morbus Basedowii (164 cm groß, Gewicht 54 kg). Verknöcherung der Epiphysenkerne wie bei einem 18jährigen. Links: 13jähriges Mädchen mit Morbus Basedowii (Forme fruste) (158 cm groß, Gewicht 45,6 kg). (Kinderabteilung des Rigshospital, Kopenhagen.)

heit keine Seltenheit. Oft finden sich die Pigmentflecke an Gesicht, Armen und Innenseiten der Oberschenkel; die Färbung kann an die bei ADDISONscher Krankheit auftretende Pigmentierung erinnern, unterscheidet sich aber von ihr dadurch, daß sie nie an den Schleimhäuten lokalisiert ist. Der Puls ist manchmal arrhythmisch, wenn Vorhofflimmern besteht. Die Pulsfrequenz liegt bei 100 bis 120 pro Minute, wechselt indessen sehr, vor allem bei Gemütsbewegungen. Die Zuckertoleranz ist niedrig. Bei Kindern nimmt das Längenwachstum zu (s. Abb. 25); die Epiphysenspalten schließen sich vorzeitig.

Von vielen Autoren ist behauptet worden, daß die BASEDOWsche Krankheit ihre erbkonstitutionelle Grundlage in der hyperthyreotischen Konstitution habe, und diese Auffassung wird neuerdings gestützt durch Familienuntersuchungen von LEVIT und Mitarbeitern und von W. LEHMANN, in denen im Erbkreis von Basedowkranken alle Übergänge zwischen schweren Fällen dieser Krankheit, Thyreotoxikose und v. BERGMANNs thyreotisch Stigmatisierten gefunden wurden. Andere, wie z. B. MEANS, betonen indessen, daß die Basedowpatienten zu keinem bestimmten Konstitutionstyp gehören.

Übrigens findet LEHMANN in Übereinstimmung mit E. D. BARTELS, der die bisher umfangreichsten Untersuchungen über die Erblichkeit von Mb. Basedowii veröffentlicht hat, daß die Anlage zu dieser Krankheit unregelmäßig dominant und sehr umweltlabil zu sein scheint; sie manifestiert sich bei Frauen mehrfach häufiger als bei Männern. BARTELS, der seine Untersuchungen am Kopenhagener Institut für menschliche Erblichkeitsforschung ausgeführt hat, fand bei der Untersuchung von 54 Familien, entsprechend 56 Probanden mit Mb. Basedowii, eine sichere Belastung bei 32, d. h. in etwa 55%. BARTELS faßt seine eigenen Zwillingsuntersuchungen von Basedowpatienten mit den in der Literatur vorkommenden in folgendem Schema zusammen:

Über die Vererblichkeit der sporadischen Struma liegen mehrere Publikationen vor (s. z. B. KEMP, l. c. 1933), die den sicheren Nachweis führen, daß diese Erkrankung in vielen Fällen erblich ist, während die endemische Struma nach neueren Untersuchungen von EUGSTER ganz überwiegend von

Tabelle 2. Mb. Basedowii bei Zwillingen.

	Eineiige	Zweieiige	Unsicher
Konkordanz	6	2	1
Diskordanz	1	9	—

äußeren Faktoren abhängt, aber doch ein konstitutionelles Moment aufzeigt, das sich im Verlauf des Krankheitsprozesses, in seiner Lokalisation und in der pathologisch-anatomischen Form äußert.

Die hypothyreotische Konstitution oder das hypothyreotische Temperament ist von mehreren Autoren beschrieben worden und wird nach BAUER von meist kleineren, stämmigen, phlegmatischen Individuen repräsentiert mit Neigung zu Fettleibigkeit, Haarausfall, rheumatoiden und neuralgischen Beschwerden, prämaturer Atherosklerose und anderen senilen Involutionserscheinungen. Diese Menschen sind wenig lebhaft und regsam, interesselos, häufig schlafsüchtig, ermüdbar, klagen über Kältegefühl, besonders in Händen und Füßen, haben stets eine niedrige Körpertemperatur und Neigung zu mehr oder minder ausgesprochenen, indolenten, vorrübergehenden und derben Hautschwellungen besonders im Gesicht und hier vor allem an den Augenlidern, leiden an Obstipation und sollen einen Defekt des äußeren Drittels der Augenbrauen als charakteristische Symptome aufweisen. Der Übergang von diesem Konstitutionstyp über „Myxoedem fruste" oder „Hypothyreoidie benigne" zu dem eigentlichen Myxödem ist ganz gleitend.

Myxödem befällt in der Mehrzahl Frauen. Zuerst machen sich Müdigkeit und Mangel an Unternehmungslust bemerkbar. Die Hautveränderungen, die dem Leiden den Namen gegeben haben, stellen sich oft ebenfalls frühzeitig ein. Die Haut an Gesicht, Händen, Armen und Beinen wird trocken, verdickt sich und fühlt sich wie gespannt an; darin, daß an Druckstellen keine Vertiefung zurückbleibt, unterscheidet sich der Zustand vom echten Ödem. Die Lidspalten werden enger. An den Unterschenkeln schält sich die Haut feinschuppig ab. Die Haare werden spröde, dünn, trocken und fallen aus. Die Nägel werden spröde und streifig. Ein Aufhören der Schweißsekretion wird beobachtet. Auch die Schleimhäute erleiden eine myxödematöse Verdickung. Die Zunge wird zu groß, die Stimme rauh. Der Stoffwechsel ist herabgesetzt, Temperatur und Pulszahl stehen unter der Norm. Die Patienten sind müde, frieren leicht, ihr Zustand verschlimmert sich bei kaltem Wetter. Die Grenze der Zuckerassimilation ist erhöht, die Kohlehydrattoleranz hoch. Es besteht Neigung zu Fettsucht. Es kann seelische Abstumpfung und gar völlige Apathie und Abnahme der Intelligenz eintreten. Meist besteht eine Anämie; die Blutveränderungen sind manchmal denen bei der perniziösen Anämie außerordentlich ähnlich.

Das Myxödem findet man gewöhnlich isoliert, doch hat man es gelegentlich (in etwa 10%) auch bei mehreren Mitgliedern einer Familie gesehen (s. z. B. Curschmann, MacIlwaine, Johannsen und Murray). Zoepffel und Hermann meinen, eine einfache recessive Anlage als Ursache zum Myxödem beobachtet zu haben. Es sind auch Familien bekannt, in denen bei verschiedenen Mitgliedern verschiedene Leiden der Schilddrüse vorkommen, wie z. B. Myxödem, Struma und Mb. Basedowii, oder auch endogene Fettsucht.

4. Die Nebenschilddrüsen.

Nach Bauer werden wir bei Menschen mit hypoparathyreotischer Konstitution eine erhöhte Erregbarkeit des autonomen und vegetativen Nervensystems erwarten, die bei der klinischen Untersuchung hauptsächlich in einer Steigerung der mechanischen und elektrischen Reizbarkeit der peripheren Nerven, in einer niedrigen Reizschwelle des vegetativen Nervensystems für die verschiedensten Reize und eventuell in einer Herabsetzung der Assimilationsgrenze für Kohlehydrate zum Ausdruck kommt. Wahrscheinlich kommt auch eine leichte Hypocalcämie vor. Dieser Zustand ist jedoch kaum sehr verschieden von dem, den man als latente Tetanie bezeichnet; die letztere ist der Ausdruck eines *Hypoparathyreoidismus*, einer Herabsetzung der Epithelkörperchenfunktion, die, wenn sie mehr ausgesprochen ist, zur manifesten Tetanie führt.

Das Blut enthält bei der *Tetanie* stets wenig Kalk. Man nimmt an, daß die charakteristischen Erscheinungen sich einstellen, wenn der Serumkalk auf 7 mg-% gegenüber einem Normalwert von 10—11 mg-% abgesunken ist.

Mit den Störungen des Kalkstoffwechsels stehen Erscheinungen, wie Hypocalcurie und Hyperphosphatämie, in Zusammenhang. Bei infantiler Tetanie brechen die Zähne verspätet durch und weisen oft ein eigentümliches, stellenweises Fehlen von Schmelz und Zahnbein auf, das vermutlich den tiefsten Punkten der die Schwankungen des Blutkalkes wiedergebenden Kurve entspricht. Man findet das Leiden oft in Verbindung mit einer Rachitis und hat dabei auch schon leichtere Grade von Zwergwuchs beobachtet. Bei Erwachsenen mit Tetanie sieht man die mangelhafte Heilungstendenz nach Knochenbrüchen als Folgeerscheinung der Veränderungen im Kalkstoffwechsel an. Nicht selten tritt die Tetanie zusammen mit Osteoporose oder Osteomalacie auf. Der Knochenanbau steht still, während der langsame physiologische Abbau unverändert weitergeht, daher zeigt die histologische Beobachtung einen „stillen" diffusen Kalkschwund.

Bei *Hyperparathyreoidismus* entsteht *Ostitis fibrosa generalisata* oder parathyreoide Osteose. Makroskopisch bemerkt man eine Deformierung der Knochen unter Bildung meist zahlreicher Cysten. Die Patienten klagen über gichtartige Schmerzen. An den veränderten Knochen können Spontanfrakturen auftreten. Es besteht eine Hypercalcämie mit Werten von 15—20 mg-% und eine beträchtliche Hypercalcurie. Durch die Erhöhung des Blutcalciumspiegels wird die Nierenschwelle für Calcium weit überschritten. Ein großer Teil des Kalkes wird daher im Urin ausgeschieden und dem Körper entzogen. Das Blut zieht aus den Knochen große Mengen Kalk an sich; dadurch sind die Knochenveränderungen erklärt. Das Phosphat ist im Blut vermindert und im Harn vermehrt. In verschiedenen Organen, z. B. in Herz, Lunge, Milz und besonders in den Nieren, kann Kalkablagerung stattfinden. An den Nieren kann die Verkalkung zu ausgedehnten Zerstörungen des Parenchyms führen und dadurch die Symptome einer schweren Nephritis hervorrufen. Nicht selten fallen Kalkkonkremente in den Harnwegen aus. Zuweilen steht das Nierenleiden im Vordergrund des Krankheitsbildes; man spricht dann von der renalen Form der Krankheit. Sogar Urämie ist dabei beobachtet worden. In vereinzelten Fällen wird die

Krankheit völlig durch die Verkalkung der parenchymatösen Organe bestimmt, so daß die Knochenveränderungen gar nicht auffallen. Die Leiden der Gl. parathyreoidea können nach v. FRANKL-HOCHWART u. a. familiär auftreten.

5. Der Thymus.

Bisher wissen wir wenig über die Funktion der Thymusdrüse; es läßt sich nicht mit Sicherheit behaupten, daß sie eine innere Sekretion ausübt. Vor allem sind es die Erfahrungen aus der Pathologie, auf die sich die Auffassung des Thymus als endokrinen Organs stützt. Zwischen Thymus, Thyreoidea und Keimdrüsen scheinen gegenseitige Wechselwirkungen stattzufinden. Hyperplasie des Thymus tritt oft gleichzeitig mit der Hyperplasie des ganzen lymphatischen Apparates auf (Status thymicolymphaticus).

Über die Bedeutung des Thymus für die Konstitution läßt sich nichts Sicheres aussagen.

ROWNTREE und HANSON haben angegeben, daß Injektion von Thymusextrakt bei Ratten zu einer Prämaturentwicklung der *Nachkommenschaft* führt, ein Phänomen, das von Generation zu Generation verstärkt werden kann. Zu Zeitpunkten, an denen die Jungen der Kontrolltiere noch ganz klein und unentwickelt waren, hatte die Nachkommenschaft extraktbehandelter Ratten die doppelte Größe und volle Entwicklung erreicht. Doch lassen sich diese Versuche vorläufig noch nur schwer beurteilen.

6. Die Nebennieren.

Bei Hypofunktion der Nebennierenrinde entsteht ADDISONs Syndrom. *Mb. Addisonii.* Man kann die Erkrankung als *chronische* Nebenniereninsuffizienz bezeichnen. Sie ist bei Männern häufiger als bei Frauen und befällt meist Menschen zwischen 30 und 50 Jahren. Die Krankheit ist durchaus nicht selten. Die Beschwerden gruppieren sich anscheinend anfangs um einen neurasthenischen Kern; es entwickeln sich die Zeichen einer außergewöhnlichen Müdigkeit und Muskelschwäche, weiter Appetitlosigkeit, Erbrechen und ein Wechsel zwischen Obstipation und Diarrhöe; daneben bestehen außerdem Schlaflosigkeit und zunehmende Abmagerung. Die Patienten leiden stark unter Hitze wie unter Kälte. Zu den Symptomen, die an eine Neurasthenie erinnern, tritt noch die pathognomische Pigmentierung der Haut und Schleimhäute. Die Hautfarbe variiert vom leuchtenden Goldgelb bis zum düstersten Blaugrau. Die Pigmentablagerung findet an Gesicht und Handrücken, den Schleimhäuten der Mundhöhle und des Kehlkopfes, dem Hals und den schon normalerweise pigmentierten Hautpartien statt, die völlig schwarzbraun werden. Die Innenflächen der Hände und Füße bleiben frei. Die Pigmentierung kann diffus oder fleckig angeordnet sein. Der Farbstoff besteht aus Melaninkörnchen, die in der untersten Schicht der Epidermis abgelagert werden. Der Blutdruck fällt und bleibt lange bei 90—100 mm Hg stehen. Der Grundumsatz ist niedrig, der Blutzucker nimmt ab. Oft bestehen starke Schmerzen im Abdomen.

Mb. Addison kommt nicht selten bei Geschwistern vor, wie es von FAHR und REICHE und mehreren anderen beschrieben wurde.

Bei Hyperfunktion der Nebennierenrinde kann sich, worauf schon mehrfach hingewiesen wurde, ein *suprarenal-genitales* Syndrom herausbilden. Angeborene allgemeine Rindenhyperplasie ist bei Mädchen manchmal von Pseudohermaphroditismus femininus begleitet („fötaler Virilismus"). Bei Knaben in den ersten Lebensjahren mit Rindengeschwülsten oder Hyperplasien sieht man dagegen eine vorzeitige Entwicklung der Geschlechtsmerkmale.

Bei Mädchen mit Geschwülsten der Nebennierenrinde beherrscht nicht der frühzeitige Eintritt der Pubertät das klinische Bild; sondern im Vordergrund steht der Virilismus, der in der tiefen Stimme, einer Hypertrophie der Klitoris und einer maskulinen Behaarung zum Ausdruck kommt. Frauen zeigen unter dem Einfluß des Hypernephroms ähnliche heterosexuelle Veränderungen, insbesondere das Auftreten eines Hirsutismus.

Bei *Macrosomia adiposa congenita*, die familiär auftreten kann (CHRISTIANSEN) beobachtet man schwere Fettsucht, oft Tod im ersten Lebensjahr, Nebennierenrindenadenom, aber keine Frühreife, Virilismus oder Hirsutismus.

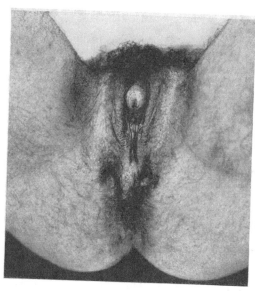

Abb. 27.

Abb. 28.

Abb. 27. 21jährige Frau mit männlichem Körperbau, Virilismus (adrenaler Pseudohermaphroditismus); Behaarung von männlichem Typ, Clitorishypertrophie, nie menstruiert. Die Hormonanalyse des Harns zeigte 80 Kapauneinheiten Testishormon, 20 M.E. Oestrin und 10 R.E. gonadotropes Hormon pro Liter. (Chirurgische Abteilung des Finseninstitutes, Kopenhagen.)

Abb. 28. Die äußeren Genitalien der Patientin auf Abb. 27.

Ein Übermaß der Funktion des chromaffinen Systems (chronischer Hyperadrenalismus) könnte nach BAUER möglicherweise bei gewissen Individuen mit habituell hohem Blutdruck, Neigung zu Gefäßsklerose und mit hohem Blutzuckerspiegel angenommen werden, während bei habitueller Hypotension, bei kleinem, schwachem Puls, niedrigem Blutzuckerspiegel, Hypotonie der Muskulatur, allgemeiner Kraftlosigkeit und Ermüdbarkeit, Neigung zu Hypothermie und Bradykardie eine Insuffizienz des chromaffinen Systems in Frage kommt.

7. Die Bauchspeicheldrüse.

Über die Vererblichkeit von Diabetes mellitus liegen umfangreiche Untersuchungen vor. In einer neuen Publikation von LEMSER ist der wesentlichste Teil dieser Untersuchungen zusammengefaßt, und der Verfasser hat zugleich selbst neue bedeutungsvolle Beiträge zur Lösung der Frage geliefert. In Amerika haben JOSLIN und PRISCILLA WRIGHT, speziell auf der Grundlage von Unter-suchungen diabetischer Kinder und von sta-tistischen Berechnungen, wertvolle Arbeiten über die Erblichkeitsverhältnisse der Zucker-krankheit veröffentlicht.

Insbesondere auf Grund seiner Zwillings-untersuchungen kommt LEMSER zu dem Schluß, daß im allgemeinen nur derjenige zuckerkrank wird, der erblich dazu veranlagt ist, daß aber andererseits nicht jeder Träger einer diabeti-schen Erbanlage im Laufe seines Lebens zucker-krank werden muß. Alle bisherigen Unter-suchungen sprechen dafür, daß die Zucker-krankheit im allgemeinen dem recessiven Erb-gang folgt (siehe z. B. HANHART). Bezüglich dieser Fragen sei im übrigen auf den speziellen Teil des Handbuches (Bd. IV, 2) verwiesen. Die Gesamtperson kann selbstverständlich stark von einem nichtbehandelten Diabetes beeinflußt werden, wie man z. B. an Abb. 29 sieht. Bei Zwergwuchs kommt nicht ganz selten Diabetes vor; doch ist die Erklärung in der Regel wohl die, daß bei solchen Per-sonen eine Hypophyseninsuffizienz vorliegt, die die Ursache beider Leiden darstellt.

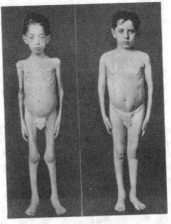

Abb. 29. Zuckerkranker Knabe, vor und nach Insulinbehandlung.

8. Pluriglanduläre Insuffizienz.

Der Umstand, daß die endokrinen Drüsen unter-einander in enger Ver-bindung stehen, macht das Auftreten kombinier-ter, krankhafter Zustände wahrscheinlich, indem gleichzeitig mehrere endo-krine Organe mangelhaft arbeiten. Ein gleichzei-tiges Auftreten von In-suffizienz und Hyper-funktion, die sich auf einige oder viele Einzel-drüsen erstrecken, ist denkbar. Es versteht sich von selbst, daß dadurch mannigfach abgestufte Erscheinungen hervorge-rufen werden und sich ein außerordentlich bun-tes klinisches Bild erge-ben kann.

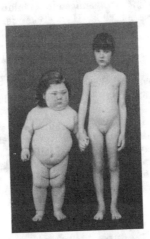

Abb. 30. Patientin mit „pluriglan-dulärer Insuffizienz" neben einem normalen Mädchen im gleichen Alter von 6 Jahren. Wahrscheinlich hat die Patientin eine Nebennierenge-schwulst, da sie außer Zwergwuchs (88 cm groß) und Adipositas (Ge-wicht 28 kg) auch Hypertrichose, Clitorishypertrophie und Hyper-tonie zeigte. Psychische Entwick-lung normal. (Kinderabteilung des Rigshospitals, Kopenhagen.)

Abb. 31. Teilweise eunuchoide Dis-proportionierung. Männlicher Pat. mit der Diagnose „pluriglandu-läre Insuffizienz". Größe unge-fähr 125 cm. Alter 18 Jahre. Bei der Erkrankung brauchen nicht ausschließlich endokrine Anoma-lien vorzuliegen; auch Leiden, die in anderen Organen, z. B. dem Zentralnervensystem, ihren Sitz haben, können als ätiologische Faktoren mitwirken.

In diesem Zusammenhange muß man sich auch daran erinnern, daß nicht nur die einzelnen Drüsen des endokrinen Systems untereinander in engster

34 ʻ

Beziehungen stehen, sondern daß sich hier eine weitere Komplikation daraus ergibt, daß das Nervensystem und die Blutdrüsen in reger Wechselwirkung zusammenarbeiten.

R. STERNs Theorie, daß die Wirksamkeit des endokrinen Systems sich in einer „polyglandulären Formel" ausdrücken läßt, kann jetzt allerdings als veraltet angesehen werden.

Das gleiche gilt von den Krankheitsbildern, für die CLAUDE und GOUGEROT den Namen „*pluriglanduläre Insuffizienz*" geprägt haben, ein Begriff, der Tag für Tag weniger Existenzberechtigung behält. Je besser unsere Kenntnisse die Wirkung der einzelnen Hormone zu erklären vermögen und je wirksamer unsere Verfahren zur Behandlung werden, um so öfter stellt sich nämlich heraus, daß die Zeichen einer „pluriglandulären Insuffizienz" nur sekundär bedingt sind. Wenn es gelingt, die Ursache herauszufinden und dann eine dagegen gerichtete Behandlung durchzuführen, schwinden zugleich auch alle Nebenerscheinungen. In dieser Hinsicht sind die neuesten Erfahrungen aus der Klinik der hypophysär bedingten Erkrankungen recht lehrreich. Patienten mit hypophysärer Kachexie, z. B. Frauen, bei denen die Krankheit im Anschluß an eine Gravidität ausbricht, machen oft den Eindruck einer „pluriglandulären Insuffizienz". Es bestehen ungenügende Schilddrüsenarbeit, Amenorrhöe, Hypoglykämie, arterielle Hypotonie und Adynamie. Die therapeutischen Erfolge der Hypophysenbehandlung beweisen jedoch, daß die gemeinsame Ursache nur in den Veränderungen der Hypophyse zu suchen

Abb. 32. Links ein 4 jähriger Myxödempatient: das Kind in der Mitte leidet an Adipositas und ist 3 Jahre alt wie das normale Kind rechts.

ist. Auch die *nervöse Anorexie*, bei der das endokrine System nur sekundär angegriffen ist, kann Anzeichen einer polyglandulären Insuffizienz aufweisen (vgl. Abb. 23).

Viele Jahre hindurch war es in der Klinik üblich, von einer gewissen Gruppe Patienten, die einen ganz bestimmten, aber schwer zu definierenden Eindruck machten, zu sagen, sie hätten einen „endokrinen Habitus". Diese Bezeichnung ist für verschiedene Krankheiten gebraucht worden, von mongoloiden Idioten und Patienten mit endokrinem Infantilismus oder Lipodystrophia progressiva über Myxödempatienten und Dystrophia adiposogenitalis bis zu den überaus zahlreichen und in ätiologischer Hinsicht dunklen Fällen von reine Adipositas.

9. Familiäre Dyskrinie.

In diesem Zusammenhange muß auch der Begriff „*familiäre Dyskrinie*" angeführt werden, welcher von mehreren Autoren aufgestellt wurde. Hierunter versteht man das Auftreten in der gleichen Sippe von mehreren verschiedenen Formen endokriner Hypo- oder Dysfunktionen oder von verschiedenen neuroglandulären Syndromen, wie z. B. Nanismus, Sexualanomalien, adrenale Dystrophien usw. VALLERY-RADOT spricht von einer debilité glandulaire héréditaire, CURSCHMANN von „Blutdrüsenschwächlingen" und z. B. WIMMER beschreibt eingehend einige Sippen mit familiärer Dyskrinie, wo in der gleichen Sippe Leiden wie Diabetes, Mb. Basedowii, Struma, Infantilismus,

Dystrophia adiposogenitalis, Psychosen, Neurosen usw. vorkommen. Wie bereits erwähnt, stellen die endokrinen Organe indessen weder entwicklungs- geschichtlich noch in anderer Beziehung ein so einheitliches System dar, daß man solche Dyskrinien als eigentliche Systemerkrankungen erklären könnte (vgl. S. 502).

Es ist weiterhin zu erwähnen, daß mehrere Autoren darauf aufmerksam gemacht haben, daß ein normal fungierendes, neuroglanduläres System er- forderlich ist, damit die den übrigen Körperorganen idiotypisch gegebenen Entwicklungsmöglichkeiten zur vollen und rechten Entfaltung kommen kön- nen. Als Beispiel hierfür läßt sich der von BICHEL, FROMMEL und HESS beschriebene Fall mit angeborenem Herzfehler und allgemeiner körperlicher Unterentwicklung (kardialer Infantilismus) anführen, der nach ihrer Meinung endokrin bedingt war.

Schließlich sei noch einmal hervorgehoben, daß, obwohl die Blutdrüsen weder eine entwicklungsgeschichtliche noch eine morphologische Einheit ausmachen, funktionell eine sehr intime Zusammenarbeit zwischen den verschiedenen endo- krinen Organen besteht. Die Hypophyse wirkt als übergeordneter Regulator für das gesamte endokrine Organsystem. Der Gedanke ist naheliegend, daß zwischen der Thyreoidea und den Glandulae parathyreoideae, die beide einen Einfluß auf das Knochengewebe ausüben, enge Zusammenhänge bestehen. Zwischen Keimdrüsen und Schilddrüse existieren wichtige Beziehungen, besonders bei Frauen. Häufig vergrößert sich die Schilddrüse während der Pubertät, im Anschluß an die Menstruation, während der Schwangerschaft und Laktation. Bei einer Hypoplasie des Hypophysenvorderlappens hat man Hypoplasie der Schilddrüse und der Nebennierenrinde beobachtet. Die Thymusdrüse erfährt nach Eintritt der Geschlechtsreife eine Rückbildung, und bei Hyperthyreoidismus und ADDISONscher Krankheit wird in der Regel eine Thymushyperplasie ge- funden. Zwischen den Nebennieren und anderen innersekretorischen Organen, wie Hypophyse, Thymus, Thyreoidea und Pankreas, bestehen Wechselwir- kungen verschiedener Art. Viele ähnliche Beispiele ließen sich sowohl aus der experimentellen wie auch aus der klinischen endokrinologischen For- schung anführen.

Sie zeigen allesamt, wie nahe und kompliziert das Zusammenspiel zwischen den Blutdrüsen ist, welches Verhalten man stets in Betracht ziehen muß, wenn man die Bedeutung dieser Organe für die genetischen und konstitutionsbio- logischen Grundlagen der Gesamtperson erörtern oder untersuchen will.

Schrifttum.

Zusammenfassende Arbeiten.

In bezug auf die rein endokrinologischen Probleme ist die in diesem Artikel gegebene Darstellung in genauer Übereinstimmung mit KEMP, T. u. H. OKKELS: Lehrbuch der Endo- krinologie, Leipzig 1936 (bzw. mit der 2. dänischen Ausgabe des gleichen Werkes, Kopen- hagen 1937) erfolgt.

BAUER, JULIUS: Die konstitutionelle Disposition zu inneren Krankheiten. Berlin 1921. — Innere Sekretion. Ihre Physiologie, Pathologie und Klinik. Berlin u. Wien 1927.

FALTA, W.: Die Erkrankungen der Blutdrüsen. Wien 1928.

JORES, A.: Klinische Endokrinologie. Berlin 1939.

KRETSCHMER, E.: Körperbau und Charakter. Berlin 1929.

SAND, K.: Die Kastration bei Wirbeltieren und die Frage von den Sexualhormonen usw. Handbuch der normalen und pathologischen Physiologie, Bd. 14. Berlin 1926. — SEITZ, L.:

Wachstum, Geschlecht und Fortpflanzung. Als ganzheitliches erbmäßig-hormonales Problem. Berlin 1939. — Stockard, C. R.: The physical basis of personality. New York 1931. (Deutsche Übersetzung Jena 1932.)

Weitz, W.: Die Vererbung innerer Krankheiten. Stuttgart 1936. — Wolf, W.: Endocrinology in modern practice. Philadelphia and London 1937.

Einzelarbeiten.

Aron, M.: Le fonctionnement des glandes endocrines chez l'embryon et le passage des hormones maternelles à travers le placenta. Bull. Soc. Obstétr. Paris 6 (1930).

Bartels, E. D.: Arvens Betydning for Udvikling af Mb. Basedowii. (Die Bedeutung der Erblichkeit für Entwicklung von Mb. Basedowii.) Nord. Med. 4 (1939). — Bauer, Julius: Constitutional principles in clinical medicine. The Harvey Lectures 1932—1933. — Konstitutionelle Varianten der Pubertät und des Klimakteriums. Schweiz. med. Wschr. 1933 II. — Beretervide, J. J. en S. Rosenblatt: Los factores hereditarios en endocrinologia. Prensa méd. argent 24 (1937). — Bergmann, v.: Funktionelle Pathologie, 2. Aufl. Berlin 1936. — Bichel, Frommel u. Hess: Rev. franç. Endocrin. 2 (1924). (Zit. nach Wimmer.) — Bogaert, van L.: Ein Stammbaum einer Familie mit Laurence-Moon-Bardetscher Krankheit. Z. menschl. Vererbgslehre 21 (1938). — Broster, L. R. e. a.: The adrenal cortex and intersexuality. London 1938.

Camerer, J. W. u. R. Schleicher: Die Bedeutung der Erbveranlagung für die Entstehung einiger häufig vorkommender Krankheiten nach Anamnesen von 1500 Zwillingspaaren. Erbarzt 2 (1935); auch in Z. menschl. Vererbgslehre 19 (1936). — Candia, de S.: Two new forms of endocrine nanism: parathyroid nanism and precocious matronism of Pende. Endocrinol. Gynec., Obstetr. 1 (1936). — Capinpin, J. M.: Inheritance of Nanism in Man. J. Hered. 28 (1937). — Christiansen, Tage: Macrosomia adiposa congenita. Endocrinology 13 (1929). — Claussen, F.: Über Erblichkeit innerer Krankheiten. Zbl. inn. Med. 58 (1937). — Curschmann, H.: Endokrine Krankheiten. Leipzig 1936. — Curschmann, H. u. J. Schipke: Über familiäre Akromegalie und akromegaloide Konstitution. Endokrinol. 14 (1934). — Cushing, H.: Pituitary Body, Hypothalamus and parasympathetic nervous system. London 1932.

Dantchakoff, V.: Réalisation du sexe volonté par inductions hormonales. II. Inversions et déviations de l'histogenèse sexuelle chez l'embryon de mammifère génétiquement femelle. Bull. biol. France et Belg. 71 (1937). — Sur les centres producteurs des hormones sexuelles male et femelle dans l'embryon et chez l'adulte, et sur le mécanisme de leur édification. C. r. Soc. Biol. Paris 126 (1937). — Das Hormon im Aufbau der Geschlechter. Biol. Zbl. 58 (1938). — Réalisation du sexe volonté par inductions hormonales. III Inversions et déviations dans l'histogenèse sexuelle chez l'embryon du poulet traité par l'hormone mâle. Bull. biol. France et Belg. 72 (1938). — Davenport, C. B.: Inheritance of Stature. Genetics 2 (1917). — Influence of endocrines on heredity. Washington 1924. — Chromosomes, Endocrines and Heredity. Sci. Monthly 20 (1925). — The genetical factor in Endemic Goiter. Carnegie Inst. Publ. 428 (1932). — Deussen, J.: Sexualpathologie. Fortschr. Erbpath. u. Rassenhyg. 3 (1939). — Dzierżynski, W.: Hereditary hypoplastic pituitary nanosomia. Z. Neur. 162 (1938).

Ellermann, M.: Le diabète insipide héréditaire. Acta psychiatr. (Københ.) Suppl. 1939. — Ellis, R. W.: Familial infantilism associated with epilepsy. Proc. roy. Soc. Med. 31 (1938). — Eugster, J.: Zur Erblichkeitsfrage des endemischen Kretinismus. Arch. Klaus-Stiftg 13 (1938).

Fahr, Th. u. F. Reiche: Zur Frage des Morbus Addison. Frankf. Z. Path. 22 (1919/20).— Fraenkel, A., E. Stadelmann u. C. Benda: Klinische und anatomische Beiträge zur Lehre von der Akromegalie. Dtsch. med. Wschr. 1901 II. — Frankl-Hochwart, L. v.: Die Tetanie der Erwachsenen, 2. Aufl. Wien 1907.

Gänsslen u. Fritz: Über Diabetes insipidus. Klin. Wschr. 1924 I. — Glitsch, W.: Über einen Einzelfall von sog. familiärer, akromegaloider Osteose. Z. menschl. Vererbgslehre 20 (1936). — Gray, S. H. and L. C. Feemster: Compensatory Hypertrophy and Hyperplasia of the Island of Langerhans in the Pancreas of the childborn of a Diabetic mother. Arch. Path. a. Labor. Med. 3 (1926). — Greenwood, A. W.: Gonad Grafts in the fowl. Brit. J. exper. Biol. 2 (1925).

Hammar, J. August: A quelle époque de la vie foetale de l'homme apparaissent les premiers signes d'une activité endocrine. Uppsala Läk.för. Förh. 30 (1924/25). — Hanhart, E.: Über heredogenerativen Zwergwuchs mit Dystrophia adiposogenitalis, an Hand von Untersuchungen von drei Sippen von proportionierten Zwergen. Arch. Klaus-Stiftg 1 (1925). — Nachweis der ganz vorwiegend einfach recessiven Vererbung des Diabetes mellitus. Erbarzt 6 (1939). — Hermann, Ch.: Three children with sporadic cretinism in one family.

Arch. of Pediatr. 1917. — HERTWIG, P.: Allgemeine Erblehre. Fortschr. Erbpath. u. Rassenhyg. 3 (1939).

JOHANNSEN, N.: Familiäres Auftreten von kong. Myxödem. Acta paediatr. (Stockh.) 7
(1927). — JOSLIN, E. P. og P. WHITE: Diabetic children. J. amer. med. Assoc. 92 (1929).
KEHRER, F. A.: Zur Pathogenese der Tetanie. Klin. Wschr. 1925 II. — KEMP, T.:
Kønskarakterer hos Fostre. København 1927. — The inheritance of sporadic Goiter.
Human Biology 5 (1933). [Erweitert in Hosp.tid. (dän.) 1933.] — Heredity and the endocrine function. An investigation of hereditary anterior pituitary deficiency in the mouse.
Acta path. scand. (Københ.) Suppl. 37 (1938). — KEMP, T. u. L. MARX: Beeinflussung
von erblichem hypophysärem Zwergwuchs bei Mäusen durch verschiedene Hypophysenauszüge und Thyroxin. Acta path. scand. (Københ.) 13 (1936); 14 (1937). — KRABBE, K. H.
u. S. MATTHIASSON: Géantisme hypophysaire. Acta med. scand. (Københ.) Suppl. 78
(1936). — KRAFT, A.: Ein Beitrag zum Erbgang des Zwergwuchses (Nanosomia infantilis).
Münch. med. Wschr. 1924.

LEHMANN, W.: Zur Erbpathologie der Hyperthyreosen. Z. Abstammgslehre 73 (1937). —
LEMSER, H.: Zur Erb- und Rassenpathologie des Diabetes mellitus. Arch. Rassenbiol.
32 (1938). — Die Entstehungsbedingungen der Zuckerkrankheit. Ein Überblick über
neuere Untersuchungsergebnisse auf dem Gebiete der Erbforschung. Biologe 8 (1939). —
LEVA, J.: Über familiäre Akromegalie. Med. Klin. 1915 II. — LEVIT, RYOKIN, SEREJSKIJ-
VOGELSON, DORFMAN u. LICHTZIEHER: Med. biol. Z. 6 (1936). Zit. nach WEITZ. —
LIEBENDÖRFER, TH.: Über Erblichkeitsverhältnisse bei Fettsucht. Arch. Rassenbiol. 15
(1923).

MACILWAINE, S. W.: Myxoedema in Mother a. Child. Brit. med. J. 1 (1902). —
MAINZER, F.: Klinische Studien zur Akromegalie; familiäre Akromegalie und ADDISON-
sche Krankheit. Acta med. scand. (Stockh.) 92 (1937). — MEANS, J. H.: The Thyroid and
its diseases. Philadelphia 1937. — MINE, T.: Quantitative Untersuchung der Hypophyse
bei japanischen Zwillingen. Okajimas Fol. anat. jap. 15 (1937). — MOSSÉ, S.: Nouv. iconogr.
Salpêtrière 24 (1911). Zit. nach BAUER. — MÜLLER, O. u. W. PARRISIUS: Die Blutdruckkrankheit. Stuttgart 1932. — MURRAY, G. R.: 3 cases of sporadic cretinism. Lancet,
1909 I.

NAMIKI, J. u. S. NITTO: Über einen Fall von ADDISONscher Krankheit, die 4 Geschwister
im Säuglingsalter nacheinander umbrachte. Jap. J. of Dermat. 40 (1936).

OKKELS, H. and E. BRANDSTRUP: Studies on the Thyroid Gland. X Pancreas, Hypo-
physis and Thyroid in children of Diabetic mothers. Acta path. scand. (Københ.) 15
(1938).

PANSE, F.: Über erbliche Zwischenhirnsyndrome und ihre entwicklungsphysiologischen
Grundlagen. (Dargestellt am Modell des BARDET-BIEDLschen Syndroms.) Z. Neur. 160
(1937).

RAYNAUD, A.: Intersexualité provoquée chez la souris femelle par injection d'hormone
male à la mère en gestation. C. r. Soc. Biol. Paris 126 (1937). — Intersexualité obtenue
expérimentalement chez la souris femelle par action hormonale. Bull. biol. France et Belg.
72 (1938). — REILLY, W. A.: Atypical familial endocrinopathy in males with Syndrome
of other defects. Endocrinology 19 (1935). — RIEBLER, R.: Über ein gemeinsames familiäres
Vorkommen von Psoriasis, Fettsucht und Struma. Klin. Wschr. 1936 I. — RIESCHBIETH, H.
and A. BARRINGTON: Dwarfism. Treasury Human Inheritance. 7—8 (1912). — ROWN-
TREE, L. G., J. H. CLARK, A. STEINBERG and A. M. HANSON: The biological effects of
pineal extract. Science (N. Y.) 83 (1936). — ROWNTREE, L. G. and N. H. EINHORN: The
biological effects of thymectomy in successive generations of rats. Science (N. Y.) 83
(1936). — RUPILIUS, K.: Ein Beitrag zum familiären Auftreten von Pseudohermaphroditismus. Arch. Kinderheilk. 100 (1933).

SAINTON, P.: L'hérédité endocrinienne. Bull. Soc. Sex. 1 (1934). — SALLER, K.: Einführung in die menschliche Erblichkeitslehre und Eugenik. Berlin 1932. — SCHNEIDER, J. A.:
Sellabrücke und Konstitution. Leipzig 1939. — SCHÜLLER, A.: Fortschr. Röntgenstr. 23
(1915/16). — SELLE: Inaug.-Diss. Jena 1920. Zit. nach VERSCHUER u. CONRADI. —
SMITH, P. E. and E. C. MACDOWELL: An hereditary anterior-pituitary deficiency in the
mouse. Anat. Rec. 46 (1930); 50 (1931). — STEINER, F.: Beobachtungen zur Erblichkeit
der BASEDOWschen Krankheit, des BIEDL-LAURENCEschen Syndroms und der Cholelithiasis.
Z. menschl. Vererbgslehre 20 (1939).

TANDLER, J. u. S. GROSS: Die biologischen Grundlagen der sekundären Geschlechtscharaktere. Berlin 1913. — THANNHAUSER, S. J.: Hereditary ectodermal dysplasia of
„anhydrotic type" with symptoms of adrenal medulla insufficiency and with abnormalities
of bones of skull. J. amer. med. Assoc. 106 (1936).

UMBER, F. u. M. ROSENBERG: Zur Diagnose und Prognose der Glycosuria innocens.
Z. klin. Med. 100 (1924).

Vallery-Radot: Le dysthyréoidies familiales. Paris 1921. — Verschuer, O. v. u. L. Conradi: Eine Sippe mit recessiv erblichem primordialem Zwergwuchs. Z. menschl. Vererbgslehre 22 (1938).

Wagner, G. A.: Über familiäre Chondrodystrophie. Arch. Gynäk. 100 (1913). — Warkany, J. and A. G. Mitchell: Relation of endocrine disturbances to certain heredo-degenerative symptoms. Amer. J. Dis. Childr. 55 (1938). — Weil, W. H.: Intermediäre Vorgänge beim Diabetes insipidus. Biochem. Z. 91 (1918). — White, P.: Diabetes in childhood and adolescence. London 1933. — Willier, B. H.: Sex-Modification in the embryo resulting from injections of male and female hormones. Proc. nat. Acad. Sci. U.S.A. 21 (1935). — Experimentally produced sterile gonads and the problem of the origin of germ cells in the chick embryo. Anat. Rec. 70 (1937). — Willier, B. H., T. F. Gallagher and F. C. Koch: The modification of sex development in the chick embryo by male and female sex hormones. Physiologic. Zool. 10 (1937). — Willier, B. H., Rawles and F. C. Koch: Biological Differences in the action of synthetic male hormones on the differentiation of sex in the chick embryo. Proc. nat. Acad. Sci. U.S.A. 24 (1938). — Wimmer, A.: Familiaer Dyskrini. Ugeskr. Laeg. (dän.) 91 (1929). — Wolff, E.: Sur l'action de l'hormone mâle (androstérone) injectée à l'embryon de poulet. Production expérimentale d'intersexués. C. r. Soc. Biol. Paris 120 (1935). — L'hypophyse et la thyroide juent-elles un rôle dans le déterminisme expérimental de l'intersexualité chez l'embryon de poulet. C. r. Soc. Biol. Paris 126 (1937). — Wolff, E. et A. Ginglinger: Sur les dosis de folliculine nécessaire pour réaliser des intersexués et sur le stade limite de l'intervention. C. r. Soc. Biol. Paris 114 (1935). — Des glandes génitales de différents types d'intersexués obtenus par injection de folliculine aux embryons de poulets mâles. C. r. Soc. Biol. Paris 120 (1935). — Wolff, E. et R. Stoll: Le rôle de l'hypophyse dans le developpement embryonnaire du poulet, d'après l'étude des Cyclocéphales expérimentaux. C. r. Soc. Biol. Paris 126 (1937).

Zoepffel, H.: Familiäres kongenitales Myxödem. Z. Kinderheilk. 36 (1922).

Allgemeine und besondere Bereitschaften.

Erster Teil.

Erbpathologie der sog. Entartungszeichen, der allergischen Diathese und der rheumatischen Erkrankungen.

Von E. HANHART, Zürich.

Mit 48 Abbildungen im Text und auf 2 Tafeln.

I. Was bedeutet Bereitschaft (Disposition)?

„Der Begriff Disposition, richtig gefaßt,
ist notwendig." FR. MARTIUS.

Wie beim Begriff der „Konstitution" (vgl. den betr. Abschnitt in Bd. II) stützen wir uns zunächst mit Vorteil auf den Sprachgebrauch. „*Disponiert sein zu etwas*" heißt hier bezeichnenderweise nicht nur etwa anfällig, vielmehr sehr oft das Gegenteil, nämlich gut aufgelegt und „in Form" sein. Es ist sicher auch biologisch richtiger, dem Ausdruck „Bereitschaft" diesen weiteren Spielraum zu belassen und seine Bedeutung nicht von vornherein nach der Richtung einer Prädisposition zu krankhaftem Geschehen einzuengen, wie dies von denjenigen Ärzten getan wird, die sich noch nicht darüber klar geworden sind, daß es mindestens ebensoviele Bereitschaften zur Erhaltung der Gesundheit bzw. zur Restitution, als zum Erwerben von Krankheiten gibt. Die Zeiten, da ein französischer Kliniker sagen konnte: »La prédisposition n'est q'un mot pour masquer notre ignorance«, sollten endgültig überwunden sein.

Disposition zu einer Krankheit und Widerstandskraft gegen die letztere sind nur scheinbar Gegensätze, in Wirklichkeit jedoch Korrelate (WIELAND 1908). Es geht deshalb nicht mehr an, die Disposition zu einer Krankheit einfach als Fehlen von Resistenz bzw. Immunität zu definieren, denn eine Bereitschaft ist „kein negativer Begriff".

Gegenüber dem Begriff der „*Disposition*" besitzt derjenige der „*Konstitution*", wie H. W. SIEMENS (1919) betonte, eine „gewisse Autonomie". Tatsächlich ist dieser weit umfassender als jener, da er ja sämtliche Möglichkeiten der Reaktion und damit auch alle individuellen Dispositionen in sich schließt. Der namentlich in der Infektionslehre gebräuchliche Ausdruck „*Exposition*" bedeutet praktisch das Total der vom Milieu ausgehenden Krankheitsdispositionen, stellt also ebenfalls keinen Gegensatz zum Begriff der Bereitschaft dar.

Zum Problem der Bereitschaft in der Humanbiologie hat M. TRAMER (1936) einen begriffsanalytischen Beitrag geliefert. Seine empirisch gefundene Definition der Bereitschaft als einer „aktualisierungsgespannten, antizipierten Auswirkungsform des Organismus" ist mindestens in der Form wenig glücklich und es muß deren Unterscheidung durch eben diese Aktualisierungsspannung von der Disposition als willkürlich abgelehnt werden, da sich der deutsche Ausdruck „*Bereitschaft*" seit M. v. PFAUNDLER (1911) als gleichbedeutend mit

„*Disposition*" sowie zum Teil auch mit „*Diathese*" fest eingebürgert hat. Dagegen trifft zu, daß alle drei Sphären des Menschen, die morphologische, physiologische und psychologische, und innerhalb letzterer alle sog. „Schichten" bis zur geistigen, an der Bereitschaftsbildung beteiligt sind, ferner daß im Bereiche des Morphologischen Wachstums-, Variations- und Mutationsbereitschaften, im Bereich des Physiologischen und Pathophysiologischen z. B. Abwehr-, sowie Infektions- und Krampfbereitschaften und in demjenigen des Psychologischen Nachahmungs-, Angst-, Katastrophen-, Hilfs- und Opferbereitschaften unterschieden werden können.

Auch da, wo das Wesen einer Bereitschaft (Disposition) seiner qualitativen Natur nach genau erkannt ist, kommt man nicht um die ausdrückliche Nennung dieses Begriffes herum, weil es sowohl bei der Entstehung als auch der Heilung von Krankheitsvorgängen doch vor allem auf das *quantitative Moment* ankommt, das *generell* nie zu fassen sein wird, vielmehr sich beständig ändert, und zwar nicht nur individuell, sondern von Fall zu Fall, von Krankheit zu Krankheit abhängig von den verschiedenen Lebensphasen und der nie in gleicher Weise wiederkehrenden Konstellation der inneren und äußeren Bedingungen (E. Hanhart 1924). Die Bereitschaft ist nicht anders denn als *kausaler Hilfsbegriff* zu definieren, entsprechend der Art unseres Denkens und der Kompliziertheit pathologischen Geschehens, dessen Variabilität selbst bei weitestgehender Übereinstimmung der maßgebenden Faktoren: Anlage, Noxe und Umwelt zu erheblich verschiedenen Krankheitszuständen führen kann.

Der Dispositionsbegriff ist viel weniger abstrakt als derjenige der Konstitution; er läßt sich meist unmittelbar anschaulich machen, da er sämtliche Wechselbeziehungen des Organismus zur Umwelt umfaßt. Während wir unter „Konstitution" etwas Ganzheitliches, Unteilbares zu verstehen haben, das man nur grob schematisch in „Partialkonstitutionen" auflösen kann, so ruft der Begriff der Bereitschaft geradezu nach Gruppierungen. Je nachdem im Verhältnis: Organismus zu Umwelt die Eigentümlichkeiten des einzelnen hervoroder zurücktreten, sprechen wir mit H. W. Siemens (1923) von *Individual*bzw. *Gruppendispositionen*, die sich nach diesem verdienten Pionier der Erbbiologie folgendermaßen unterteilen lassen[1]:

Gruppendispositionen	Individualdispositionen
Artdispositionen Rassendispositionen	A. *Idiotypische* Individualdispositionen
	a) Angeboren manifeste: (z. B. Stridor congenitus)
Altersdispositionen	b) Später manifeste (z. B. allergische Diathese)
Geschlechtsdispositionen oder mit *Rücksicht auf die Umwelt:* Sozialdispositionen	B. *Paratypische* Individualdispositionen
	a) Angeborene, d. h. intrauterin erworbene: (z. B. die von der Mutter übertragene Immunität im Säuglingsalter)
Berufsdispositionen	
Lokaldispositionen (z. B. klimatische Einflüsse)	b) Später erworbene: (z. B. Empfänglichkeit für Diphtherie sowie Tuberkulose nach Masern)
Temporaldispositionen (z. B. Menses, Rekonvaleszenz, Epidemien usw.)	

oder die *lokalistische* Einteilung in generelle und individuelle *Organ*- sowie *Organsystem*-Dispositionen physiologischer und pathologischer Art

[1] Die Gruppierung der von Siemens aufgestellten Kategorien und die eingestreuten Beispiele sind vom Verf.

Über die Vielfältigkeit der besonderen Dispositionen der menschlichen Spezies auf physiologischem und pathologischem Gebiete wird man sich erst dann einigermaßen klar, wenn man Beobachtungen an verschiedenen Tierarten angestellt hat; ein Vergleich zwischen den Anschauungen von Human- und Veterinärpathologie ist in dieser Hinsicht äußerst lehrreich. Sicher wird man mit der Zeit auch zur Unterscheidung von *Gattungs-* und *Klassendispositionen* gelangen. Die so auffälligen Verschiedenheiten in der qualitativen und quantitativen Reaktion der Versuchstiere gegenüber *Infekten* und *Giften* bieten noch eine Fülle näherliegender Probleme von zum Teil größter praktischer Bedeutung.

Kaltblüter sind z. B. für Lebende, von Warmblütern stammende Bakterien fast ganz immun und scheinen überhaupt viel weniger als diese unter bakteriellen Infektionen zu leiden.

Bei den höheren Tierklassen: *Vögeln* und *Säugetieren*, namentlich den letzteren, kann nur selten von vollständiger Immunität gesprochen werden.

Eine relativ hochgradige *Unempfänglichkeit für Milzbrandinfektion* besteht bei den *Vögeln*, und zwar, wie schon L. PASTEUR nachwies, wegen deren hoher Körpertemperatur (um 43°), die in der Nähe der oberen Wachstumsgrenze der Anthraxbacillen liegt. Solche Abhängigkeiten von der Temperatur sind bei Mikroorganismen allerdings durch Gewöhnung modifizierbare „Konstante".

Unter den *Säugetieren* haben die *Fleischfresser* eine sehr viel geringere Disposition zu Milzbrand sowie zu Tuberkulose; *Pflanzenfresser* dagegen sind verhältnismäßig immun gegen Pest. Der *Mensch* ist für alle diese drei Seuchen stark empfänglich, aber dafür immun gegen Rinderpest. Die akuten Exantheme (Masern, Scharlach usw.) kommen ausschließlich dem Genus humanum vor.

Nach M. HAHN (1912) hängen dergleichen Dispositionen, zu erkranken, bzw. gesund zu bleiben, weniger von der bactericiden Fähigkeit der Zellen und Körpersäfte als von den Eigentümlichkeiten des *Stoffwechsels* der betreffenden Spezies oder Klasse ab. Damit läßt sich wohl die Empfänglichkeit auch der Menschenaffen für die Syphilis, nicht aber diejenige des Kaninchens für diesen Infekt erklären, ebensowenig wie die besondere Anfälligkeit des Meerschweinchens für den Typus humanus des Tuberkelbacillus. Immerhin dürften die verschiedenen Dispositionen von Fleisch- und Pflanzenfressern von deren differentem Stoffwechsel herrühren.

Die stark hyoscyamin- und atropinhaltigen Blätter von Tollkirsche, Stechapfel und Bilsenkraut werden von *Schafen, Ziegen, Kaninchen* und *Meerschweinchen* anstandslos vertragen, weil ihr Blut die durch Gewöhnung noch stark zunehmende Fähigkeit besitzt, das Atropin größtenteils zu zerstören (CLOETTA, FLEISCHMANN und METZNER).

Im Gegensatz dazu beruht die Gewöhnung von Hunden an hohe Dosen von Arsenik einzig auf fehlender Resorption durch den Magen-Darmkanal.

Rassedispositionen sind beim Menschen auf physiologischem Gebiete viel leichter nachzuweisen als auf pathologischem, wo die Abhängigkeit der Erkrankungsbereitschaften von den die Rasse ausmachenden anthropologischen Merkmalen oft nichts weniger als gesichert ist.

So werden die alten Juden z. B. wohl noch kaum zu Fettsucht und Diabetes geneigt haben, sondern vorwiegend hager und mager wie die anderen Wüstenvölker gewesen sein. Die relative Häufigkeit dieser Stoffwechselkrankheiten wird einerseits auf die Beimischung vorderasiatischer und ostischer Rasseneinschläge sowie vor allem auf schwer auseinanderzuhaltende Vorgänge besonderer Domestikation und Entartung zurückzuführen sein.

Was immer und alles an Dispositionen durch den noch wenig einheitlichen Faktor *Rasse* bedingt sein mag, findet sich in dem von J. SCHOTTKY (1937) unter Mitarbeit von 15 andern Autoren herausgegebenen Buch über „*Rasse und Krankheit*", das einen beachtenswerten Anfang darstellt.

Sehr gewagt war es von J. BAUER, die dunkelhaarigen und dunkeläugigen Elemente innerhalb der blonden, blauäugigen Bevölkerung Skandinaviens als *extreme Varianten* zu bezeichnen; sind doch die noch nördlicher wohnenden Eskimos, Läppen und großenteils auch die Finnen d. h. lauter dem dortigen Klima besonders gut angepaßte Stämme, von dunkler Komplexion.

Ebenso anfechtbar ist die Annahme H. LUNDBORGS, daß die angeblich geringere Vitalität der Personen mit finnisch-lappischen Einschlägen auf diese Rassenmischung zurückzuführen sei, weil die ebenfalls dunkeläugigen, aber „rassenreinen" schwedischen Juden und Wallonen eine normale Lebenstüchtigkeit und Sterblichkeit zeigten. Viel näher liegt es, diesen Unterschied als Ausdruck *sozialer Dispositionen* zu betrachten, die ihrerseits wohl rassisch mitbedingt sind, aber nicht in der körperlichen, sondern in der geistig-seelischen Struktur gesucht werden müssen.

Wichtig ist in diesem Zusammenhang, daß es eine Psychopathologie der Rassen heute noch nicht gibt (J. Schottky).

Eines der wichtigsten Daten zur Beurteilung der Bereitschaften eines Menschen ist das *Alter*, vor allem beim Kinde und beim Greise. Erfahrungsgemäß kann ein und dieselbe Affektion bei Kindern, Leuten mittleren Alters und Greisen einen recht verschiedenartigen Charakter zeigen. Es gibt sowohl für die hauptsächlichen Abschnitte der *Lebenskurve* einer Spezies besondere Dispositionen, zu erkranken bzw. gesund zu bleiben, als auch mehr oder weniger scharf abgrenzbare Altersdispositionen für viele einzelne physiologische und pathologische Prozesse.

Das *Alter* ist insofern relativ, als der Zahl gelebter Jahre durchaus nicht immer auch der Grad von Wachstum und Reifung sowie Rückbildung und Verfall entspricht.

Abgesehen vom gelegentlichen Vorkommen grotesker Fälle von Früh- oder Spätreife gibt es zahlreiche individuelle und manchmal auch familiäre Abweichungen vom Durchschnitt, der für ein bestimmtes Alter gilt, und ebenso wie mit ätiologisch sehr verschieden bedingten Entwicklungshemmungen ist mit einer Reihe Varianten totaler oder partieller Involution zu rechnen. Jede Ausnahme von der Regel erheischt unser stärkstes Interesse, da sie beweist, daß dem Faktor „Alter" wenigstens in dem betreffenden Fall keine ausschlaggebende Rolle zugeschrieben werden darf, bzw. daß eine spezielle Eigentümlichkeit, die generell sonst nur in einem gewissen Alter besteht, auch einmal bereits wesentlich früher oder später vorhanden sein kann (E. Hanhart 1939).

Eine gut illustrierte Übersicht über die objektiven Zeichen des Alters verdanken wir L. R. Müller (1922).

Über *Wachstum und Reifung* in Hinsicht auf Konstitution und Erbanlage handelt W. Zeller und über „*Altern und Lebensdauer*" T. Kemp im gleichen Band dieses Handbuches.

In der Jugend entsprechen die verschiedenen Krankheitsdispositionen ungefähr den durch das Wachstumstempo abgrenzbaren *Altersstufen*. Auf folgender Tabelle 1 sind deren 9 in Betracht gezogen worden: 1. Das uns so gut wie verborgen bleibende Stadium der intrauterinen Entwicklung, die *Embryonal*- und die *Fetalzeit*; 2. die 1. Woche nach der Geburt; 3. das anschließende *Säuglingsalter* (bis zum Abschluß des 1. Jahres); 4. das Alter des *Kleinkindes* (die vom 2.—7. Jahre dauernde Infantia); 5. das *Schulalter* (7.—13. Jahr); 6. die *Pubertät* (13.—17. Jahr); 7. das *Reife*- und *Erwachsenenalter* (ersteres mit Dauer bis zum vollendeten Längenwachstum, letzteres bis zum 50. Jahr); 8. die *Involutionsperiode* (zwischen 50. und 60. Jahr) und 9. die *Seneszenz* (nach dem 60. Jahr bis zum Tode). Letzterer Altersabschnitt hat mit dem frühen Kindesalter gewisse Anfälligkeiten gemein (*Mesenchymopathien*).

Als Kommentar zu dieser, hier erstmals dargestellten tabellarischen Übersicht diene mein in der „*Individualpathologie*", herausgegeben von C. Adam und F. Curtius (1939), erschienener Vortrag über *Altersdisposition und Krankheit*.

Wichtig ist, daß für multiple Abartungen und endokrine Partialkonstitutionen andere Alterskriterien gelten wie für den Durchschnittsmenschen.

Existieren von einem Merkmal sowohl geno- als paratypisch bedingte Formen, so pflegen sich die ersteren im allgemeinen früher zu manifestieren als die letzteren.

So wichtig die Kenntnis der in den einzelnen Lebensabschnitten *generell* manifest werdenden Erkrankungsbereitschaften für die Differentialdiagnostik sowie für die Krankheitsforschung ist, so darf man sich doch nur verhältnismäßig

selten darauf verlassen, da bei den meisten Affektionen schwer erklärliche Früh-
oder Spätfälle vorkommen.

Ähnlich wichtige Gruppendispositionen sind durch das *Geschlecht* gegeben,
das bekanntlich in mancher Beziehung stärkere Unterschiede im Leiblichen
wie im Seelischen hervorbringt als die Zugehörigkeit zu verschiedenen aber verwandten Rassen. Längst vor der durch die besonderen Bereitschaften des Kindesalters bedingten Abtrennung der Pädiatrie ist ja die Frauenheilkunde als Spezial-
fach der Medizin anerkannt worden, und zwar nicht bloß wegen der ihr eigenen
Technik.

Die Erbbiologie bewies, daß der Unterschied der Geschlechter in der Erbmasse begründet ist (F. LENZ 1912), da sämtliche Zellen des weiblichen Organismus 2 Geschlechts-, sog. X-Chromosome, die des männlichen nur je eines enthalten; infolge der entsprechend verschiedenen Ausstattung der Geschlechtszellen
äußern sich die recessiv vererbten Merkmale beim Manne immer, beim Weibe,
das die Anlage meist latent überträgt und eine phänotypisch gesunde Konduktorin bleibt, dagegen nur ausnahmsweise, nämlich dann, wenn ihr Vater
manifest und ihre Mutter überdeckt derart veranlagt ist.

LENZ meint, daß schon durch diesen grundlegenden Unterschied in der Zusammensetzung der Kernsubstanz wesentliche körperliche und geistige Differenzen zwischen den beiden Geschlechtern hervorgerufen würden. Sie dürften aber
kaum von den starken Verschiedenheiten zu trennen sein, die durch die Hormonwirkung der Keimdrüsen (Gonaden) verursacht werden, deren Entwicklung sowohl von der Erbmasse als von der Einwirkung anderer endokriner Drüsen (Hypophyse, Epiphyse, Schilddrüse, Nebennieren), sowie von der Funktion des
Zwischenhirns abhängig ist und durch vielerlei Umwelteinflüsse, z. B. eine Infektion mit Parotitis epidemica gestört werden kann, so daß sich die ja an sich
schon niemals ganz reinen Geschlechtscharaktere mehr oder weniger stark
verwischen.

Bei einer eindeutigen Ausprägung der letzteren lassen sich zahlreiche, ihrem
Wesen nach nicht immer geklärte *Geschlechtsdispositionen* auf allen Gebieten
der Pathologie nachweisen. Meist handelt es sich dabei um relative Unterschiede
im durchschnittlichen Befallensein der beiden Geschlechter. Eine jede solche
Prädisposition des einen Geschlechts muß darauf untersucht werden, ob sie
genetisch, d. h. durch den genannten Erbgang, oder sonstwie konstitutionell
(z. B. hormonal) oder aber rein äußerlich bedingt ist. Auf beistehender Tabelle 2
sind diese 3 Kategorien in der ersten Vertikalkolonne aufgestellt. Bei der Zuteilung der einzelnen *Hautaffektionen* zu der am wenigsten scharf gekennzeichneten mittleren Kategorie hat Verf. auf Grund der einschlägigen Angaben von
H. W. SIEMENS und von H. GÜNTHER zwischen gesicherten und bloß mutmaßlichen Prädispositionen unterschieden.

Die Prozentsätze des Prävalierens sind bei den meisten dieser Hautaffektionen
noch nicht genauer bekannt und für die seltenen darunter auch schwer zu ermitteln, so daß man besser das Verhältnis der männlichen und weiblichen Beob-
achtungsfälle angibt.

Die an den apokrinen Schweißdrüsen sich äußernde FOX-FORDYCEsche Krankheit
soll 25mal häufiger beim weiblichen Geschlecht vorkommen, die *Hämatoporphyrinuria
congenita* dagegen in 83,5% beim männlichen; bei der *Porokeratosis Mibelli* fand FULDE
(zit. nach GÜNTHER) 88 Männer auf bloß 35 Frauen behaftet, während die *Sklerodermie*
wieder doppelt so oft bei letzteren auftritt.

Nicht selten verbindet sich eine Geschlechts- mit einer Altersprädisposition, so z. B.
beim Herpes oro-genitalis, der vorwiegend bei jüngeren Männern gefunden wird.

Trotzdem sich die *Nerven-* und *Geisteskrankheiten* auf Abkömmlinge desselben
Keimblattes beziehen, so treffen wir hier weit weniger ausgesprochene Geschlechtsdispositionen wie bei den Anomalien und Erkrankungen des Hautorgans.

Tabelle 1. Übersicht über die wichtigsten

Embryonal- und Fetalzeit	Erste Lebenswoche	Anschließendes Säuglingsalter	Kleinkindalter 2.—6. Jahr
	Alter der höchsten Lebensbedrohung!		
Zeit raschesten Wachstums	Erste Anpassung an die Außenwelt	Zeit der latenten Streckung	Zeit der starken Streckung
Schmarotzertum der Frucht		Ernährungsstörungen	Coeliakie (Herter)
Zwillingskonkurrenz	Folgen von Früh- und Schwergeburt { Hirnblutungen Littlesche Krankheit Nervenlähmungen Muskelhämatome Epiphysenlösungen	a) bei natürlicher Nahrung: Idiosynkrasien b) bei künstlicher Nahrung: Kuhmilch-Id., Milchnährschaden, Mehlnährschaden	Allgemeine Disposition zu Meningitiden, Adenoiden, Schnupfen, Otitiden, Bronchopneumonie, Empyem, Pneumokokken-Peritonitis
I. Idiotypische Bildungsfehler z. B. Turmschädel Gaumenspalten Brachydaktylie Hypospadie			
	Abkühlung — Sklerödem Infektionen { Go. intra partum { Tbc.	Kindliche Avitaminosen: 3.—6. Mt.: Keratomalacie;	Spezielle Disposition zu: Akuten Exanthemen, Diphtherie, Mumps, Pertussis, Miliar- und Drüsentbc., Poliomyelitis
II. Paratypische Bildungsfehler z. B. Formen von Hydrocephalus, Aplasien und Atresien, amniotische Abschnürungen		vom 6. Mt. an: Skorbut (Möller-Barlow), vom 5. Mt. an: Rachitis,	Skorbut
	Nabel- { Tetanus infektionen { Sepsis u. a.	Spasmophilie (Tetanie) Pylorospasmus	Rachitis, alimentäre und thyrose. Perthes, Köh Akrodynie (Selter-Swift-Feer)
Multiple Abartungen	Melaena neonatorum	Pachymeningitis haemorrhagica interna	Habituelles acetonämisches Erbrechen
I. Idiotypische:	Icterus gravis	Diplegia spastica infantilis,	Infantile amaurot. Idiotie
z. B. Arachnodaktylie, Chondrodystrophia foet., Osteogenesis imperfecta, Dysostosen und Synostosen,	Vorwiegend erblich bedingt: Icterus neonatorum gravis (zum Teil unregelmäßig dominant vererbt!)	Myatonia congenita (Oppenheim), Spinale Muskelatrophie (Werdnig-Hoffmann),	Athetosis bilateralis, diffuse Sklerosen Frühfälle von Friedreichscher Ataxie, Pubertas praecox
Marmorknochenkrankheit (A.-Sch.) Status dysraphicus (Bremer)	Familiäre Anämien, z. B. hämolytische und die perniciosaähnliche von Fanconi Struma congenita Thymushyperplasie	Ziegenmilchanämie, Lymphogranulom, Anaemia pseudoleucaemica (Jacksch-Hayem), Athyreose (Myxidiotie)	Hämophilie Anaemia pseudoleucaemica (Jacksch-Hayem) Endemischer Kretinismus
II. Paratypische: z. B. Kretinismus, Mongolismus, Röntgenschädigungen	Stoffwechselkrankheiten s. selten! { Hyperinsulinismus Diabetes mellitus Arthritis urica	} Noch sehr selten!	Allergien: Br. Asthma, Mi Heufieber, Thymus per Stoffwechselkrankheiten: Dia und Magersucht, „Pu „Arthritismus": Stillsch
	Physiologisch: Harnsäureinfarkt	Hernien, Milzschwellungen Pyelitis-Disp.(z.T.familiär) s. selten: Nephrolithiasis.	Hernien, Milzschwellungen, Pyelitis, Mischgeschwülste der Nieren
Infekte in utero: Lues, Tbc., Pocken, Malaria	Haut: Exogen { Pemphigus neonatorum Dermatitis exfoliativa (Ritter) Hereditär { Epidermolysis bullosa dystrophica (einfachrecessiv)	Haut: Exogen { Pemphigus syph. Tuberk. Furunkel Exsud. Diathese: Gneis, Milchschorf, Intertrigo, Prurigo, Strophulus, Mehr vererbt Erythrodermia desquamativa (Leiner)	Haut: Exogen { Impetigo contagiosa Scrofuloderm Exsudative Diathese Mehr vererbt Neurodermitis, Urticaria Quinckesches Ödem

Dispositionen der verschiedenen Altersstufen.

Schulalter 7.—13. Jahr	Präpubertät u. Pubertät ♂ 14.—17. Jahr ♀ 12.—16. Jahr	Reife- und Erwachsenenalter 17.—50. Jahr	Involutionsperiode 50.—60. Jahr	Seneszenz 60.—90. Jahr
Zeit der langsamen Streckung	*Zeit der hormonalen Evolution*	*Zeit höchster Leistungsfähigkeit*	*Erlöschen der Sexualfunktionen*	*Zeit zunehmender „Vita minor"*
Äußere Noxen: Ausschweifungen, venerische Infekte, Tabak- und Alkoholabus., Abnützung durch Beruf, Sorgen usw.				
Allgem. Disposition zu Anginen, Pharyngitiden, Bronchitiden	Anginen Cor juvenile	Appendicitis		
		Herzklappenfehler, Venektasien, Hypertonien, Myokard- und Gefäßschäden, Arteriosclerosis cordis et aortae,		
		„Icterus catarrhalis", akute Leberatrophie, Lebercirrhosen, Lungenemphysem, Bronchitis, Bronchopneumonien		
Echte Kinderkrankheiten: Scharlach, Diphtherie, Pertussis Lues congenita tarda, Skrofulose Skorbut (selten)	Ulcus ventriculi (öfters familiär) Pubertäts-Phtise, Pleuritiden Osteomyelitis	Ulcus ventriculi et duodeni, Cholelithiasis Sarkome Tuberkulöse Frühinfiltrate, typischer Verlauf von Poliomyelitis acuta Otosklerose	Ca. mammae, ventriculi ♀ ♂ Osteogen. Sarkom Ostitis def. PAGET Multiples Myelom	Gastritis sclerotica, Achylie Pertussis Ca. vesicae, prostatae, coli (bei ♀) Alterstuberkulose (u. U. miliar!)
;enuine Osteopsa-.ER, Skoliosen „Schul-Neurasthenie", *Myopie* Beginn genuiner *Epilepsie* Anorexie infolge von *Schizophrenie* Juvenile amaurotische Idiotie Infant. Myopathien	Spätrachitis, SCHLATTER-Krkh. „Schul-Neurasthenie", *Myopie* Beginn genuiner *Epilepsie* Hebephrenie SIMMONDSsche Kachexie, Progerie Dystrophia adiposogenitalis,	LEBERsche Opticusatrophie, Presbyopie, Arcus senilis, Miosis Beginn genuiner *Epilepsie*, Tetanie, multiple Sklerose, Tabes, Paralyse, Arteriosclerosis cerebri, Epilepsia senilis Katatonie, Dementia paranoides, präseniler Beeinträchtigungswahn, ALZHEIMERsche Krankheit, Dementia senilis WILSONsche Pseudosclerose, Chorea Huntington, Paralysis agitans, Tremor senilis *Juvenile* Myopathien, myotonische Dystrophie		
Frühfälle v. FRIEDREICHscher Ataxie Pubertas praecox, genito-suprarenales Syndrom Schein-Anämien	Pubertäts-Akromegaloidie Pubertas tarda, Infantilismus Pubertäts-Eunuchoidismus	Syndrom v. CUSHING Climax praecox, Senilitas praecox	Vasolabilität, Plethora, Menorrhag.	
		Idiopathische Dilatationen		
Lymphat. Leukämie	hämolyt. Ikterus, Chlorose bei ♀ Pubertätsstruma	Myelosen, Lymphogranulom, perniziöse Anämie	Perniziöse Anämie	
„Schulkropf" ;räne und Äquivalente, Serumkrankheit, ...istens)etes mellitus, Diabetes insipidus, Fett-)ertätsspeck", Lipodystrophie bei ♀ Krankheit, Polyarthritis acuta, Chorea minor		Thyreo-suprarenales Syndrom Adipositas dolorosa (DERCUM) Polyarthritis acuta, Muskelrheuma, Ischias, klimakterische Arthritiden, Arthronosis deform., u. a.	Thyreo-sexuelle Insuffizienz Fettsucht (♀), Uratdiathese	Altershyperthyreose Diabetes mellitus, Malum coxae senile
Enuresis nocturna	Pubertäts-Albuminurien (z. B. orthot.)	Nephritiden, Schrumpfnieren, Nephrolithiasis		Hernien, Alterskachexie, Prostatismus, Enuresis
Haut: Erythema exsudat. multiforme, Lichen scrofulosorum, Favus, Trichophytia capillitii, *exsudative Diathese*, Neurodermitis, Urticaria, QUINCKEsches Ödem	*Haut:* *Acne*, Seborrhoe. Spontanheilung von Favus und Trichophytia capillitii	*Haut:* Berufs-Ekzeme, Canities und Calvities praematura Psoriasis	*Haut:* Acne rosacea, Cavernomata „senilia"	*Haut:* Pruritus senilis, Verrucae sen. Melanodermie Blepharochalasis, Sklerodermie, Hautkrebs, Onychogryphosis

Tabelle 2. Geschlechtsdispositionen bei Anomalien
und Krankheiten des Hautorgans[1].

	Beim männlichen Geschlecht	Beim weiblichen Geschlecht
I. *Genetisch* bedingte Dispositionen (hierbei infolge geschlechtsgebunden-recessiven Erbgangs fast ausschließliches Befallensein männlicher Individuen)	*Anidrosis* (Fehlen der Schweißdrüsen, mangelhafte Behaarung und Bezahnung, Ozäna, Sattelnase) Eine Form von *bullöser Dystrophie* *Keratitis follicularis spinularis* mit Degeneratio corneae	
	Gesicherte Dispositionen:	NB. Abortive Behaftung der heterozygoten Frauen (H. W. Siemens)
II. Sonstwie *konstitutionell*, z. B. auf hormonalem Wege entstehende Dispositionen, die nicht unbedingt erblicher Natur zu sein brauchen	Calvities frontalis adolescent., Cutis rhomboidalis nuchae, Herpes oro-genitalis, Hämatoporphyria congenita, Hautkrebs, Psoriasis, Neurofibromatosis (Recklinghausen)	Epheliden, Lupus erythematodes, L. vulgaris, Skleroderma; Herpes labialis, Morbus Fox-Fordyce, Striae distensae; Dermocalcinosis, Erythema nodosum
	Mutmaßliche Dispositionen: Rhinophym, Hydroa vacciniforme, Porokeratosis Mibelli, Herpes zoster; Prurigo Hebra, Sarcoma haemorrhag. multiforme, Pityriasis versicolor, ev. rosea, Mycosis fungoides	Infolge Gravidität: Varicen, Ulcus cruris; dann Akne rosacea, Akanthosis nigricans, Angiome, Hydrocystome, Morbus Raynaud, Pemphigus, Keloid, Verruca vulg., Impetigo herpetiformis
III. *Exogen* bedingte Dispositionen	Gewerbeekzeme, Trichophytie Scabies	

Tabelle 3. Geschlechtsdispositionen und Skeletdeformitäten und -krankheiten.

Männliches Geschlecht	Weibliches Geschlecht
	Schenkelhalsfrakturen Infant. Osteoporose (häufiger) Osteomalacie (fast nur)
Multiple kartilaginäre Exostosen (weit häufiger 716:312 auf 1028 Fälle von Stocks und Barrington). Calcaneus-Sporn (häufiger nach Aschner und Engelmann)	
	Madelungsche Deformität (wesentlich häufiger nach Aschner und Engelmann) Kongenitale Hüftluxation (88,9% :11,1% bei 109 nach Narath)
Perthessche Krankheit (Osteochondritis deformans coxae juvenilis), (überwiegend nach W. Müller sowie Brill) Schlattersche Krankheit (überwiegend nach Schultze) Köhlersche Krankheit (doppelt so häufig nach Sonntag) Klumpfuß (fast doppelt so häufig nach Fetscher) Kongenit. Trichterbrust (häufiger nach Epstein) Processus supracondyloideus humeri (häufiger nach Testut, gleich häufig nach Bluntschli und Schinz) Myositis ossificans (etwas häufiger nach Loehr) Dupuytrensche Fingerkontraktur (ganz überwiegend nach Aschner und Engelmann)	Cubitus varus und valgus (überwiegend nach Aschner und Engelmann) Caput obstipum congenitum (häufiger nach Aschner und Engelmann)

[1] Dargestellt nach Angaben aus H. Günther: Die Geschlechtsdisposition zu Anomalien und Krankheiten der Haut. Dermat. Wschr. **1932 II.**

Abgesehen von der PELIZAEUS-MERZBACHERschen Krankheit und der LEBERschen hereditären Opticusatrophie, zwei geschlechtsgebunden-recessiv vererbten Heredo-degenerationen, die sich fast ausschließlich bei männlichen Personen vorfinden, bevorzugen noch die *neurale* sowie die *spinale progressive Muskelatrophie* — und zwar letztere sowohl vom DUCHENNE-ARANschen als auch vom WERDNIG-HOFF-MANNschen Typ —, ferner die ebenfalls sehr seltene *Nystagmus-Myoklonie* (LENOBLE-AUBINEAU) dieses Geschlecht und nur die *Hysterie* und das *manisch-depressive Irresein* das weibliche.

Über die im Gegensatz hiezu wieder recht stark zum Ausdruck kommenden, gleichfalls beim männlichen Geschlecht erheblich überwiegenden Anfälligkeiten des Skeletsystems gibt die Tabelle 3 Aufschluß.

II. Über die dispositionelle Bedeutung der sog. Entartungszeichen.

> Eines steht fest: Die Lehre von den Degenerationszeichen ist gut begründet, wenn auch weiteren Ausbaues bedürftig, und es wäre sehr zu wünschen, daß sie wieder etwas mehr aus der Versenkung auftaucht.   FR. CURTIUS (1933).

Unsere heutige Einstellung zu dem immer noch sehr aktuellen Problem der Wertung der sog. Degenerationsstigmen, zu welcher auch noch E. KRETSCHMER im Abschnitt „*Körperbau und Charakter*" (in diesem Band) kurz Stellung nimmt, wird ganz wesentlich erleichtert durch die unter Leitung von C. und O. VOGT im Institut für Hirnforschung Berlin-Buch gemachten Entdeckungen über den genetischen Zusammenhang scheinbar bedeutungsloser äußerer Merkmale mit der für die Widerstandskraft maßgebenden inneren Organisation.

Die durch Stummelflügel ausgezeichnete Mutante „vestigial" von *Drosophila* hat eine durchschnittliche Lebensdauer von bloß 14 Tagen, die normale, sog. „wilde" Form dagegen eine solche von 44 Tagen, wie R. PEARL (1928) bei seinen Experimenten über Langlebigkeit feststellte.

Besonders aufschlußreich sind in diesem Sinne außer ähnlichen Beobachtungen an *Drosophila* diejenigen an *Epilachna chrysomelina*, einer Verwandten unseres Marienkäfer-chens, sowie an *Odynerus foraminatus* SAUSS, einer amerikanischen Faltenwespe.

Die hier zutage tretende Feinheit der erblichen Determinierung macht nicht nur die erbliche Verursachung geringfügiger Eigenheiten des Hirnlebens verständ-lich, sondern zeigt auch, daß an den Merkmalen vielfach äußere und innere Ver-änderungen beteiligt sind, von welchen die ersteren als Stigmata der inneren dienen können und wegen ihrer weitgehenden singulären Spezifität mit der Zeit eine wissenschaftliche Physiognomik erwarten lassen (C. und O. VOGT 1935).

So bildet z. B. die zunehmende Schwarzfärbung und Verbreiterung sowie Abrundung des Kopfschildes genannter Faltenwespe ein äußeres Anzeichen sexueller Degeneration, und zwar ohne daß eine funktionelle Beziehung zwischen den beteiligten Organen bestünde.

Die meisten mutierten Gene haben eben eine *mehrörtliche Wirkung*, die sich auf den äußeren Körper und die inneren Organe verteilt. Die Korrelation zwischen äußeren und inneren Merkmalen muß uns veranlassen, bei vornehmlich inneren Erkrankungen zum Zweck der Diagnose wie einer feineren Krankheitengliederung auf *äußere Stigmata* zu achten (O. VOGT 1933). Dieser Altmeister einer biologisch unterbauten Hirnforschung betrachtet den von ihm aufgestellten Begriff der *vitalen Harmonie* als geeignetsten Ausgangspunkt für eine auf *Messung* beruhende Umgrenzung des Pathologischen. Krankhaft ist nach ihm jeder formative Prozeß, dessen Vorhandensein oder Fehlen durch Störung der Harmonie die Vitalität in einem bestimmten Maße vorübergehend oder definitiv vermindert. Vorläufig wissen wir allerdings noch nichts über die Verbreitung vitaler Har-monien innerhalb der Menschheit. Es erscheint aber klar, daß der Wert der beim

Menschen so mannigfaltigen Erbmischungen sehr von der Hebung oder Störung vitaler Harmonien abhängt.

Wie ein und dieselbe Ursache zugleich zu Mißbildungen an den Extremitätenenden und am Gehirn führen kann, haben die klassischen Experimente KRISTINE BONNEVIEs (1936) an bestimmten Mäusestämmen bewiesen.

Das Studium des Variierens *äußerer Merkmale* lehrt, daß in der Natur nur eine *sehr geringe* Zahl der theoretisch denkbaren Abwandlungen vorkommt; dasselbe dürfte für die *inneren Organe* zutreffen.

Wohl die ersten Forscher, die auf statistischem Wege eine Korrelation äußerer Abweichungen mit der seelischen Konstitution zu beweisen suchten, waren französische Nervenärzte (FÉRÉ, MOREL, MAGNAN, DÉJERINE). Der italienische Kriminaloge LOMBROSO hat auf Grund einer Fülle mehr oder weniger zuverlässigen Materiales einen „Verbrechertyp" zu kennzeichnen versucht, ohne die zahlreichen von ihm als „Stigmen" gewerteten Abwegigkeiten nach dem naheliegenden Kriterium erblicher oder erworbener Entstehung zu differenzieren. Er rechnete mit einer Lokalisation der verbrecherischen Neigungen im Gehirn und trug mit seinen zum Teil völlig absurden Deutungen viel zu einer heftigen Reaktion gegen die ganze, damals höchst unwissenschaftlich anmutende und in deutschen Landen deshalb meist von vornherein abgelehnte Lehre bei, mit der dann auch die Anerkennung des Wertes der äußeren Entartungszeichen auf große Skepsis stieß.

NAECKE war der erste, der streng naturwissenschaftliche Gesichtspunkte in den Streit der Meinungen hineintrug und sich angesichts der großen Variabilität des Genus homo sapiens über die Schwierigkeit klar war, zu entscheiden, was noch als extreme Variante und was schon als degeneratives Merkmal zu bezeichnen sei. Von einer Stigmatisierung spricht er nur dann, wenn die Abweichungen *gehäuft* und in *stärkerer Ausprägung* auftreten. Die früh durch kongenitale Lues sowie durch Rachitis und Skrofulose erworbenen Defektzustände scheidet er zunächst aus. Den *quantitativen Varianten* in der Ausbildung der Organe *(Hyper-, Hypo-* und *Aplasien)* mißt er weit geringeren Wert bei als den sog. *Atavismen.* Die Region des Kopfes und die der Genitalien enthalte die meisten Stigmen, wobei abgesehen von Mikrokephalie, Scaphokephalie und Turmschädel vor allem auf stärkere Schläfenenge, Vorwölbung der Stirne, der Arcus supraciliares, ungleich hohe Augenstellung und Mikrognathie, ferner außer auf Satyr- und Trichterohren auf zu lange und zu kleine, verschieden hoch angeheftete und ungleich geformte Ohrmuscheln, Lücken zwischen den oberen mittleren Schneidezähnen (Trema) und zwischen Schneide- und Eckzähnen (Diastema), hohen Gaumen sowie auf *Infantilismen* und *Hemmungsbildungen*, wie z. B. Kryptorchismus zu achten sei.

Auch KRAEPELIN und BLEULER räumten den Degenerationsstigmen, wenngleich nur mit größter Reserve, eine gewisse Bedeutung ein, während BUMKE diese völlig ablehnen zu müssen meinte. Bemerkenswert häufig dagegen fand der Churer Psychiater JÖRGER (1919) sehr ausgesprochene körperliche Entartungszeichen in den von ihm erforschten *Vagantenfamilien* „Zero" und „Markus". Wenn GRUHLE auf Grund der Untersuchung von 105 jugendlichen Verbrechern zur Auffassung gelangte, daß es kein somatisches Merkmal gebe, das nicht auch bei ehrenhaften Individuen vorkomme, so ist der Einwand erlaubt, daß ein normales soziales Verhalten noch keineswegs eine echt degenerative Konstitution ausschließt.

Mit KRETSCHMER haben wir die von ihm als „Dysplasien" bezeichneten Stigmen immer im Zusammenhang mit dem Habitustyp zu betrachten. Während er den so strittigen Begriff der „Degeneration" möglichst aus dem Spiel läßt, hat J. BAUER diesem eine angeblich wertungsfreie Deutung geben wollen, indem er kurzweg sämtliche konstitutionellen Anomalien als „degenerative Stigmen" postuliert; da er jedoch unter seinem „Status degenerativus" unzweifelhaft einen Zustand von Minderwertigkeit versteht, führt ihn seine durchaus willkürliche und dem Sprachgebrauch direkt zuwiderlaufende Definition selbst zu Widersprüchen, wie O. NAEGELI (1918) wohl zuerst betonte. Dessen Einwand jedoch, daß eine erhöhte Variabilität gerade auf das Gegenteil, d. h. eine Progression schließen lasse, ist deshalb nicht stichhaltig, weil sich der von BAUER in die Klinik eingeführte Begriff des Status degenerativus ja auf einzelne Individuen und keineswegs auf die Art bezieht.

Daß H. W. SIEMENS den Status degenerativus als „geheimnisvolle Ursache einer ebenso geheimnisvollen Häufung degenerativer Stigmen" auffaßte, beruht offenbar auf einem weiteren Mißverständnis.

BORCHARDTs Vorschlag, statt Degenerationszeichen besser den Ausdruck „Deviationszeichen" zu verwenden, war angesichts dieser Verwirrung berechtigt, ist aber wohl deshalb nicht durchgedrungen, weil damit die Prägnanz des Begriffes „stigma degenerationis", der nun einmal etwas Alarmierendes an sich haben muß, verloren ginge.

BERTA ASCHNER (1931) hat anhand einer Reihe sprechender Beispiele gezeigt, daß der Status degenerativus eine Abstraktion aus Tatsachen und keine phantasievolle Konstruktion ist. Mit v. PFAUNDLER möchte ich diesen Hilfsbegriff als mindestens heuristisch wertvoll anerkennen, und zwar ohne jene Abschwächung des Ausdrucks „degenerativ" in „abwegig", wie sie BAUER für nötig hielt, ohne sie konsequent durchführen zu können. Er ist auf jeden Fall geeignet, zur synoptischen Betrachtung sämtlicher Normwidrigkeiten einer Person und damit zu einer wirklich konstitutionellen Anschauung aufzufordern und die so bequeme Beschränkung auf vordringliche Einzelmerkmale zu vermeiden. Erst dadurch hat die Lehre von den „Entartungszeichen" ihre volle Berechtigung gewonnen. Ob das einzelne Stigma etwa als Folge einer die Vitalität herabsetzenden Mutation als tatsächlich „degenerativ" bezeichnet werden darf, ist aus seinem Erbgang, und ob es überhaupt hereditärer Natur ist, aus seiner Manifestation bei eineiigen Zwillingen zu erschließen.

In der praktischen Anwendung kommt es nicht unbedingt darauf an, daß ein „Stigma" zugleich ein erbliches Merkmal darstelle. Auch eine hochgradige Zahncaries kann in mehrfacher Hinsicht Ausdruck einer Entartung sein, unter Umständen allein dadurch, daß eine krankhafte Empfindlichkeit und noch mehr Wehleidigkeit ihren Träger von der Sanierung seines Gebisses abhielt. In diesem Sinne kommt auch sehr viel Paratypischem, wie der äußeren Aufmachung einer Persönlichkeit ein gewisser Stigmenwert zu. So pflegen die Haartracht und Kleidung meist recht weitgehend mit der Wesensart eines Individuums überzueinstimmen und namentlich bei den heute auffallend häufigen Zuständen von Infantilismus und Intersexualität von vornherein wegleitend zu sein. Die klinische Bedeutung der Degenerationszeichen hat JENTSCH gewürdigt.

Die eigentlichen Stigmen der modernen Konstitutionslehre sind aber natürlich erbliche Merkmale, die wenn nicht eine anlagemäßige Minderwertigkeit, so doch eine entsprechende latente Bereitschaft verraten. Manche davon gehören, wie z. B. der Silberring bei der Pseudosklerose und das Adenoma sebaceum bei der tuberösen Sklerose zum Symptombild der betreffenden Nervenkrankheiten und können dennoch mit O. VOGT (1930) als Stigmen beansprucht werden.

Wie wichtig für die Erbprognose die Beachtung äußerer Kennzeichen sein kann, beweisen unter anderem die Erfahrungen an Kindern von Erbchoreatikern, von denen nach C. VOGT (1926) diejenigen später an Chorea Huntington erkranken, die einen besonders kleinen Schädelumfang haben, und nach F. MEGGENDORFER (1923) die, welche durch psychopathische Züge auffielen.

Die einzelne Abweichung — mag sie noch so sehr in die Augen springen — läßt indessen meist noch keinen Schluß auf die Dispositionen des Betroffenen zu, sie bedeutet vielmehr nur ein Signal, um nach weiteren Anomalien somatischer und funktioneller Art zu fahnden und nach der gemeinsamen Ursache zu suchen. Den gröbsten Verstoß gegen diese sich aus der Mannigfaltigkeit pathologischen Geschehens ohne weiteres aufdrängende Regel begingen Stiller, der in der Costa decima fluctuans das Stigma der Asthenie und Graves, der im Konkavsein der medialen Schulterblattränder dasjenige allgemeiner konstitutioneller Minderwertigkeit gefunden zu haben glaubte. H. Freys Studien an einem allerdings nicht repräsentativen Leichenmaterial zeigten die enorme Häufigkeit dieser beiden Merkmale und die weitgehende Abhängigkeit des letzteren von der Berufstätigkeit.

Zur genetischen Erklärung der einzelnen Varianten und ihres Zusammenhangs sowie der Bedeutung ihrer qualitativen und quantitativen Manifestationsschwankungen bedarf es größerer Untersuchungsreihen innerhalb möglichst einheitlicher Menschengruppen unter fortlaufender Erforschung kinderreicher Sippen, wie sie bisher noch nirgends planmäßig angestellt wurde. Die größte Schwierigkeit liegt darin, daß dem Phänotypus des einzelnen Merkmals ganz verschiedene Genotypen entsprechen können und dieses außerdem nicht selten auch einmal rein umweltbedingt vorkommt. So bedeutet sicher ein frühzeitiges Ergrauen lange nicht immer dasselbe, ebensowenig eine Linkshändigkeit usw.

Was die sog. Entartungszeichen von den andern Merkmalen unterscheidet, ist neben ihrer relativen Seltenheit ihre *geringe funktionelle Bedeutung* sowie, daß sie nicht durch grobe pathologische Veränderungen bedingt sind (Naecke). Eine scharfe Abgrenzung ist unmöglich, doch fallen die klinischen Symptome der einzelnen Krankheiten naturgemäß nicht in die Kategorie der Stigmen weit eher schon die leichteren Deformitäten, wie z. B. die Trichterbrust und Kamptodaktylie, die unter anderem Zeichen eines Status dysraphicus sein können.

Stets muß bei der Stigmenwertung auch das Moment der *Rassenzugehörigkeit* berücksichtigt werden, ganz besonders bei Veränderungen am Integument und Haarkleid. Manches Merkmal einer gestörten biologischen Harmonie dürfte sich als Produkt schlecht zusammenpassender Rassenanlagen erklären, während die Mischung stark verschiedener Temperamente im Sinne Kretschmers viel eher besonders vielseitige, als dysharmonische Naturen entstehen läßt.

Aronowitsch (1924) hat folgende Systematik der Entartungszeichen versucht:

A. Anachronismen.

1. *Embryonale Merkmale*, z. B. Kryptorchismus, Gaumenspalten, Kiemengangfisteln, persistierender Lanugo usw.

2. *Infantilismen*, z. B. hoher, enger Gaumen, kindliche Oberlippenkonfiguration, Fehler der Sexualentwicklung usw.

3. *Atavismen* [1], z. B. Supraorbitalwulst, Torus palatinus, mangelhafte Entwicklung der Protuberantia mentalis, überzählige Halswirbel und Rippen, starke Verkürzung der Großzehen, übermäßiger Haarwuchs am Körper, verwachsene Augenbrauen (Synophris).

B. Heterosexuelle Stigmen.

1. Feminismen beim Manne.
2. Maskulinismen beim Weibe.

---

[1] Ob die sog. *Atavismen*, die man vorsichtiger einfach als primatoide Bildungen bezeichnet, als wirkliche Rückschläge zu früheren Stadien der Phylogenese aufzufassen und deshalb als Ausdruck evolutiver Rückständigkeit zu werten sind, ist noch unentschieden, für gewisse Merkmale, wie z. B. die *Vierfingerfurche* (sog. Affenfurche) immerhin recht wahrscheinlich.

Manche derartige Stigmen dürften allerdings bloß *Konvergenzerscheinungen* zu Primitivmerkmalen darstellen. Sicher trifft dies für den Habitus der Kretinen und mongoloiden Idioten zu, von denen der erstere von Finkbeiner als Relikt einer ausgestorbenen Rasse von Protoalpinen und der letztere ebenso irrigerweise von Crookshank auf Einschläge seitens des mongoliden Rassenkreises betrachtet wurde.

C. Dysgenetische Stigmen eines Organs bzw. Organteils.

1. *Meiogenesien*, d. h. ungenügende Differenzierung von Organteilen, z. B. Syndaktylie, gewisse Ohrmuscheldeformitäten.
2. *Paragenesien*, d. h. abnorme Ausbildung und Lage von Organen, z. B. viele Schädel- und Ohrmuscheldeformitäten.
3. *Hypo-* und *Hyperplasien*, z. B. Albinismus, Vitiligo, Heterochromie der Iris, Naevi, Makro- und Mikrodaktylien usw.
4. *Hypergenesien*, d. h. Auftreten überzähliger Organe, z. B. Polymastie, Polydaktylie usw.
5. *Teratogenesien*, d. h. vollkommene Formlosigkeit eines Organs, also entsprechende Mißbildungen.

So wenig vor allem die dritte Gruppe dieses Autors endgültig aufgestellt sein kann, so bleibt seine Einteilung dennoch ein nach genetischen Gesichtspunkten strebender, brauchbarer Entwurf.

Wir wissen heute, daß sehr viele als Endzustände imponierende Defekte nicht auf dem Ausfall entsprechender Erbanlagen, sondern auf einer Verzögerung oder gelegentlich auch Beschleunigung von Entwicklungsvorgängen beruhen, also sekundär bedingt sind.

Da einstweilen noch die meisten Entartungszeichen keinen organischen Zusammenhang miteinander erkennen und sich auch nicht in funktionelle Systeme einordnen lassen — was ja gerade für den Begriff des „Stigmas" charakteristisch ist —, so rechtfertigt sich deren *Aufzählung nach Körperregionen* nach Art somatologischer Beobachtungsblätter, bei denen es in erster Linie darauf ankommt, bei der Untersuchung alles Einschlägige zu berücksichtigen, nicht nur rein praktisch. Es seien hier deshalb die häufigsten als Stigma in Betracht kommenden Abweichungen, wie wir sie bei einer Inspektion von Kopf zu Fuß wahrnehmen können, besprochen und Hinweise auf die von diesem Gesichtspunkte aus verfaßten Arbeiten gegeben, ohne Anspruch auf Vollständigkeit bei der Zitierung des auf diesem Grenzgebiete ganz besonders verstreuten Schrifttums zu erheben.

1. Stigmen im Bereiche des Kopfes.

Gleich die erste Sonderbildung, die einem bei der Untersuchung eines Individuums von Scheitel bis zur Sohle zuweilen auffallen kann, die *Cutis verticis gyrata*, ist so recht ein Beispiel für die Unsicherheit in der Wertung eines schon vor fast 60 Jahren entdeckten, fraglichen Degenerationszeichens.

Zuerst von dem italienischen Irrenarzte POGGI (1884) bei einer 66jährigen Bäuerin mit puerperaler Manie und darauf von dem englischen Psychiater McDOWALL (1893) bei einem epileptischen, leicht mikrocephalen Idioten beobachtet und für eine angeborene Anomalie gehalten, die sich nach PAULSEN angeblich besonders bei Kretinen, nach GALANT (1931) bei Schizophrenen finde, ist diese sehr seltene, bei Geistesgesunden noch nie angetroffene Bildung *tiefer Längsfalten der Kopfhaut, die auch von* JADASSOHN (1906) für eine Folge kongenitaler Entwicklungsstörung gehalten worden war, neuerdings von W. v. SPEYR (1939) auf Grund einer einzigen Beobachtung aus der Zeit der Zwangsjackenbehandlung von Katatonen auf eine rein mechanische Ursache, nämlich das Scheuern und Wetzen des Kopfes auf einer harten Unterlage, zurückgeführt worden.

Es würde sich demnach hierbei bloß um ein sekundäres Stigma handeln. Ob diese Auffassung richtig ist, möchte ich nach eigenen Befunden an hochgradig Mikrocephalen, bei denen das genannte Reiben der Kopfhaut nicht bestand, bezweifeln. Es dürfte eben doch eine zu weite Beschaffenheit der letzteren vorliegen, wie JADASSOHN betonte, der sie mit Eigentümlichkeiten der Tierhaut verglich. BRESLER hat sie denn auch auf ein bei einzelnen Menschen als Atavismus vorhandenes, nach dem Scheitel zu entwickeltes Stück des M. occipitalis, d. h. des Platysma myoides bezogen, das dem der Hautbewegung dienenden *Panniculus carnosus* der Säugetiere entspricht.

Eine Kombination von *Cutis verticis gyrata* mit *Akanthosis nigricans* sowie *Infantilismus* und *Diabetes mellitus* bestand in den unten bei den Stigmenhäufungen näher zu schildernden Geschwisterfällen, die G. MIESCHER (1920) beschrieb.

Auch der *Metopismus*, die Persistenz der Sutura frontalis s. metopica, ein allerdings nur röntgenologisch am Lebenden feststellbares Zeichen, hat zu den verschiedensten Hypothesen Anlaß gegeben, bis ROCHLIN und RUBASCHEWA (1934) nachwiesen, daß die dabei meist vorhandenen juvenilen Zustände an Schädelbasis und Dach nicht von endokrinen Störungen herrühren und eher als progressiv denn als regressiv aufzufassen sind.

Ein ziemlich hochwertiges Stigma ist der *kongenitale Lückenschädel*, der sich häufig mit *Mikrocephalus, Hydrocephalus, Plagiocephalus* sowie mit *Spina bifida* kombiniert (Aschner und Engelmann 1928) und eines der Symptome der Schüller-Christianschen *Xanthomatose* darstellt.

Von jeher wurden jene Deformitäten des Schädelskeletes, die an primatoide Zustände erinnern, als Entartungszeichen aufgefaßt, so z. B. eine *übermächtige Entwicklung der Supraorbitalwülste bei verkürzter, fliehender Stirn* oder das fast völlige *Fehlen einer Hinterhauptswölbung* (vgl. den Rekonstruktionsversuch des Neandertalerkopfes durch v. Eickstedt). Bei letzterer ist zwischen dem Rassenmerkmal, der z. B. dem Dinarier eigentümlichen Hyperbrachy- bis Isocephalie und dem steilen Hinterhaupt des athletischen Typs von Kretschmer mit seinem derben Hochkopf zu unterscheiden, der zum *Turmschädelmotiv* überführt und damit zu den wichtigsten Stigmen. Die drei regionär verschiedenen Formen von *Pyrgo-, Turri-* oder *Oxycephalie* (P. J. Waardenburg) können in leichterer Ausprägung als sog. *Hypsicephalie* auch paratypisch bedingt sein (Beobachtungen an EZ von H. W. Siemens, Hanhart): Ein mehr oder weniger ausgeprägter *Turmschädel* kommt als fakultatives Begleitsymptom sowohl bei der dominant erblichen *hämolytischen Anämie* (Gänsslen) als auch der allem nach ähnlich vererbten konstitutionellen *Porphyrie* (F. Lüthy) vor und ist außerdem so häufig mit Zuständen von Schwachsinn und Psychopathie verbunden, daß an korrelativen Beziehungen nicht gezweifelt werden kann (H. Weygandt 1921).

Die *Hyperbrachycephalie beim Turmschädel* war schon Vesal bekannt, der berichtet, daß der Thersites in der Iliade einen runden Kopf dieser Art gehabt haben solle (s. Zitat bei H. Günther 1935). Letzterer Forscher, der die konstitutionelle und klinische Bedeutung des *Kopfindex* kritisch würdigte, untersuchte unter anderem dessen Beziehungen zu folgenden Anomalien: *Gigantismus, Akromegalie, Nanismus,* d. h. zu den verschiedenen Formen von Zwergwuchs, ferner zu den *Hypothyreosen,* der *Mikrocephalie,* der „*Dysostose craniofaciale héréditaire*" (Crouzon), dem *Hypertelorismus,* der *Dysostosis cleidocranialis,* der *Osteogenesis imperfecta,* der *Arachnodaktylie* und nennt als Untergruppen der *Basishypoplasie* den *hohen dolichocephalen Kahnschädel* (Hypsi-skaphocephalie) und das *Akrocranium* mit den beiden Spezialformen des Spitzkopfes und des mehr zylindrischen Turmkopfes sowie als zur Verkürzung der Schädelbasis gehörige Syndrome die *Dyskranio-Dysopie* und die *Dyskranio-Dysphalangie.* Alle diese zum Teil erst grob morphologisch voneinander abgetrennten Zustände müssen zunächst in Betracht gezogen werden, ehe man eine bestimmte Formabweichung am Schädel schlechtweg als „Stigma" d. h. als Sonderbildung von wahrscheinlicher, aber noch unklarer Bedeutung registriert.

Der sicher sehr verschiedenartig bedingte *Hydrocephalus* dürfte vorwiegend exogener Natur sein, doch sind immerhin sowohl von H. W. Siemens als auch von anderen Autoren (zit. in dessen „Zwillingspathologie", Berlin, Springer 1924) diesbezüglich konkordante EZ beobachtet worden. Die Tatsache, daß ein leichterer Grad von Hydrocephalus bei Genialen, wie Menzel und Helmholtz, bestand, beweist ebenso wie die deutliche Ausprägung eines Turmschädelmotivs bei Walter Scott und W. v. Humboldt, daß diese Abweichungen zum Teil auch extreme Varianten konstitutioneller Höherwertigkeit sein können, was natürlich nicht gegen die stigmatische Bedeutung dieser Merkmale an sich spricht. Ähnlich vorsichtig verdient auch die „*fliehende Stirn*", die selbst ein *Goethe* deutlich genug aufwies, gewertet zu werden, wobei man sich des bekannten Ausspruches dieses Geistesheroen über seine potentielle Kriminalität erinnern mag; waren wirklich entsprechende Anlagen bei ihm vorhanden, so hätte jenes physiognomische Zeichen an seiner sonst so harmonischen Körpergestalt wohl noch am ehesten eine Beziehung dazu verraten.

Ein unzweifelhaftes Stigma, das KRETSCHMER für eine typische Haarwuchsform der Schizophrenen hielt, das ich aber sehr oft auch bei originären Schwachsinnigen fand, ist die *Pelzmützenbehaarung*, die vorn zur starken Verkürzung der freien meist sonst schon niedrigen Stirn und hinten zur Bedeckung des Nackens bis weit unterhalb der Prominentia occipitalis externa führt. Die ihr zugrunde liegende Tendenz des Hereinwachsens des Kopfhaares ins Gesicht (,,Verbrecherstirn'') pflegt sich auch an den Schläfen und durch ein Konfluieren der Augenbrauen *(Synophris)* zu äußern, welch letzteres, sinnfälliges Zeichen sicher auch ohne Pelzmützenbehaarung einen erheblichen Stigmenwert besitzt, namentlich beim Mittel- und Nordeuropäer, viel weniger dagegen beim Süd- und Osteuropäer, wo es schon fast zu den Rassenmerkmalen gehört, jedenfalls nicht so ausschließlich bei Psychopathen vorkommt wie dort.

Ein wichtiges, namentlich bei *Jüdinnen* häufiges Zeichen gestörter hormonaler Harmonie ist eine stärkere *Gesichtsbehaarung*, wie sie sonst — und zwar auch lange nicht bei allen Frauen — erst im Klimakterium als sog. *Altweiberbart* entsteht, der allerdings mehr an Lippen und Kinn hervorsproßt, während die hier gemeinte Behaarung vorwiegend die Wangen betrifft. Bei derartigen Personen findet sich gewöhnlich auch eine abnorme Behaarung in den Achselhöhlen, an den Mammae und der Linea alba sowie an den Beinen und als funktionelle Stigmen auffällig häufig Anomalien der Geschlechtstätigkeit (*Frigidität*, seltener das Gegenteil, ferner *Sterilität* und Neigung zu *Ovarialtumoren*) und damit direkt oder indirekt zusammenhängend eine erhöhte Bereitschaft zu seelischen Störungen. Schon die alten Ärzte schlossen aus einer Brustbehaarung bei Frauen auf Hysterie.

Ein auch vom Volk intuitiv erfaßtes Zeichen abwegiger Veranlagung ist die *Rothaarigkeit (Rutilismus)*, und zwar nicht etwa jenes Rotblond TIZIANs, das wir bei einem reinen Teint ,,wie Milch und Blut'' so oft als normale Farbenvariante bei Bevölkerungen mit stark nordischem Einschlag finden, sondern das schreiend fuchsrote Kopfhaar, das zusammen mit einer völlig eigenartigen, durch eine gewisse Prognathie mit Aufstülpung von Nasenflügeln und Oberlippe sowie konfluierende Sommersprossen und stechenden Blick gekennzeichneten Physiognomie etwas durchaus anderes, von der Rasse unabhängiges darstellt. Zu diesem letzteren Typ bestehen sehr wahrscheinlich Korrelationen mit einer minderwertigen Charakteranlage, da er sich auffallend oft bei Schwachsinnigen und Psychopathen findet. Die von derartigen Personen erlittene soziale Zurücksetzung die oft einen Circulus vitiosus hervorruft, vermag die besondere seelische Artung dieser Menschen nicht allein zu erklären. Die Komplexheit des Merkmals Rothaarigkeit ist von ROB. RITTER (1935) ausführlich beleuchtet worden. Ob eine erhöhte Neigung dieser Rothaarigen zu maligner Tuberkulose und zu Lymphogranulom, wie sie französische Autoren annehmen, wirklich besteht, wäre erst noch statistisch zu beweisen.

Auffällig ist der im Verhältnis zur Gesichtsbehaarung ungleich stärkere *Kopfhaarwuchs der Schizophrenen* und vor allem der *Eunuchoiden*, was wir mit KRETSCHMER als Beweis für die innere Verwandtschaft dieser Konstitutionen auf hormonalem Gebiete betrachten dürfen. Schon der Schule des HIPPOKRATES ist aufgefallen, daß Kastraten keine Glatzen bekommen; es lag darum nahe, die *Calvities praematura* als Zeichen besonders reger Geschlechtsbetätigung aufzufassen, ein ebenso populärer wie ungerechtfertigter Schluß, den zwar auch noch J. BAUER mit der Konstruktion seiner ,,hypergenitalen Konstitution'' förderte. Der endokrine Anteil sowohl an der Entwicklung der Behaarung wie der Intensität des Geschlechtslebens darf nicht zu ungunsten des nervösen überschätzt werden.

Immerhin bestehen offenbar Beziehungen der Calvities praematura zum männlichen Sexualhormon, da eine Glatzenbildung beim Weibe kaum vorkommt; ist doch auch die Form des Haaransatzes ein charakteristisches sekundäres Geschlechtsmerkmal des Mannes (R. O. Stein), das wir bereits bei den Geschlechtsdispositionen als ein physiologischerweise auftretendes Pubertätszeichen kennenlernten; diese *Calvities frontalis adolescentium* sowie eine in den 20er Jahren entstehende Vorderhauptsglatze ist meiner Erfahrung nach beim Weibe stets Ausdruck einer gewissen *Intersexualität* und damit ein Kennzeichen dysharmonischer Konstitution. Die bekannte Verschiedenheit des Haarausfalles bei den beiden Kretschmerschen Kontrasttypen, dem schizothymen Leptosomen und dem cyclothymen Pykniker ist derjenigen bei Frau und Mann ähnlich. Die Abhängigkeit der Calvities praematura von der Talgdrüsensekretion (Seborrhöe!) sowie von der Spannung der Kopfhaut — Männer mit großen Köpfen neigen besonders zu Glatzen —, ist noch nicht genügend geklärt. So sicher es eine erbliche Disposition zu Calvities praematura gibt, so gut vermögen auch erworbene Schädigungen dazu zu führen. Ob hierbei Bereitschaften im Sinne einer mangelhaften Neurotrophik mitspielen, muß von Fall zu Fall untersucht werden. Meist wird sich die Calvities praematura als Äußerung einer konstitutionellen Minderwertigkeit herausstellen, abgesehen von der erhöhten Anfälligkeit der gewöhnlich stark schwitzenden Kopfhaut der Glatzenträger für Erkältungen und Rheuma.

Viel deutlicher sind die neurotrophischen Einflüsse bei der Entstehung der *Canities praematura*, eines ausgesprochenen partiellen Senilismus, der aber wie einige andere Zeichen dieser Art lange fast für sich allein bestehen kann und kein Ausdruck vorzeitigen Alterns des Gesamtorganismus zu sein braucht[1]. Er deutet wohl immer auf eine gesteigerte allgemeine — vor allem vegetative — Erregbarkeit und ist deshalb vorwiegend bei Arthritikern und insbesondere bei *vegetativ Stigmatisierten von hyperthyreotischer Partialkonstitution* vorhanden. Oft finden sich daneben zahlreiche sog. *Cavernomata senilia*, die noch vor 30 Jahren fälschlich als Zeichen einer Veranlagung zu Krebs betrachtet wurden. Viel seltener besteht dabei ein *Arcus senilis (Gerontoxon)*, der weit eher als Altersstigma gewertet zu werden verdient.

Noch weniger als das frühzeitige Ergrauen des ganzen Haupthaares bedeutet ein vereinzeltes *weißes Haarbüschel*, wie es im Geschlecht der Herzöge *von Rohan* von Generation zu Generation vererbt worden sein soll, ein Stigma. Immerhin sah ich, wie Rizzoli (1877), in einer Sippe, in der eine weiße Haarlocke schon in fünf Generationen dominant auftrat, zugleich vitiligoähnliche, d. h. pigmentlose Hautpartien an Kopf, Brust und Extremitäten, und zwar zum Teil in symmetrischer Anordnung.

Von den mannigfachen Sonderbildungen und Defekten am *Sehorgan*, welche Stigmenwert besitzen, sei in erster Linie die *Heterochromie*[2] hervorgehoben, die nicht nur bei einer ganzen Reihe angeborener Augenfehler (*Mikrophthalmus, Mikrocornea, Linsen- und Iriskolobom, Amblyopie* usw.[3]), vielmehr auch als Teil-

---

[1] Ich habe äußerst vitale Nachkommen langlebiger Eltern, und zwar sowohl Männer als Frauen gesehen, die schon in den 20er Jahren allmählich ergraut waren, aber auch nicht selten Frühergraute, bei denen ein vorzeitiges Altern nicht zu verkennen war. Auffällig ist, wie viel später im allgemeinen die hart arbeitende Landbevölkerung ergraut. In einer stark ingezüchteten Population von Bündener Gebirgsbauern fand sich aber auch einmal eine Familie mit sehr ausgesprochener *Canities praecox*, die sich nach Art einer dominanten Mutation zu vererben schien und von konstitutioneller, d. h. vor allem nervöser Minderwertigkeit begleitet war.

[2] Die durch Nervenkrankheiten entstehende „*neurogene Heterochromie*" der Iris hat B. N. Mankowsky beschrieben.

[3] Es sei hier ausdrücklich auf P. J. Waardenburgs umfassendes Werk: „*Das menschliche Auge und seine Erbanlagen*", Haag: M. Nijhoff 1932, verwiesen, das nicht nur so gut wie alle damals bekannten Beziehungen der Affektionen des Sehorgans untereinander, vielmehr auch zur übrigen Pathologie und darunter namentlich zu den multiplen Abartungen bzw. den konstitutionellen Syndromen schildert.

erscheinung des weiter unten ausführlicher zu würdigenden *Status dysraphicus* von BREMER und CURTIUS vorkommt; in einer von U. THEODOROVITCH (1939), einem Schüler FRANCESCHETTIs, beschriebenen Familie kombinierte sich eine *Dysraphie* und eine im Rahmen eines HORNERschen Syndroms auftretende *Hetero-chromie* überdies mit *Diabetes insipidus*. Was die verschiedenen *partiellen Senilis-men am Auge* betrifft, so hat A. VOGT deren relative Unabhängigkeit voneinander sowie ihre durchwegs erbmäßige Entstehung nachgewiesen. Sowohl das *Embryo-toxon* als das *Gerontoxon* sind bei hereditärer Knochenbrüchigkeit *(Osteopsathy-rosis idiopathica)* beobachtet worden, ebenso *Astigmatismus, Keratoconus, Gliom* und die neben der *Otosklerose* als Bestandteil der bekannten *Trias* fungierenden *blauen Skleren.* Sehr merkwürdige Beziehungen unterhält die *familiäre Linsen-luxation*, beruhend auf *Ectopia lentis et pupillae*, einer wahrscheinlich recessiv vererbten Anomalie (H. W. SIEMENS 1920, A. FRANCESCHETTI 1927), die oft mit Myopie und anderen Augenmängeln, vor allem aber auch mit sog. *rheuma-tisch* entstandenen d. h. nicht angeborenen *Herzfehlern* (STREBEL und STEIGER 1915, A. v. RÖTTH 1924), ferner mit *Arachnodaktylie* auftritt, wie der holländische Ophthalmologe H. J. M. WEVE 1930 und 1931 durch eine Sammelforschung belegte. Über die Wechselbeziehungen von optischen, cerebralen und somati-schen Stigmen bei Konstitutionstypen handelte W. JAENSCH (1920), über Miß-bildungen an den Augen und am Herzen von Kindern mit *Mongolismus* CASSEL (1932). Recht vieldeutige, genetisch nichts weniger als einheitliche Symptome sind der *Strabismus* und *Nystagmus*[1], die beide als erbliche Merkmale für sich allein vorkommen können, aber öfter rudimentäre Zeichen von Störungen im Gehirnorgan und deshalb in allen Fällen als Stigmen verdächtig sind. Dasselbe gilt für die *Ptosis*, die unter anderem neben *Miosis, Anidrosis* und *Enophthalmus unilateralis* einen Teil des HORNERschen *Symptomkomplexes* ausmacht und die Folge einer Sympathicuslähmung ist, deren wichtigste konstitutionelle Beziehung nicht die zu einer Struma, sondern zu einer *Syringomyelie des Halsmarkes* oder einem *Status dysraphicus* darstellt.

Die als dominante Familieneigentümlichkeit vorkommende Bildung eines gedunsenen Hautwulstes seitlich am Oberlid: *Blepharochalasis*, die von SIEMENS 1mal und von v. VERSCHUER 2mal konkordant bei EZ gefunden wurde, galt bisher nirgends als Entartungszeichen, doch hat sie K. W. ASCHER zusammen mit Doppellippe und Struma beobachtet. Der *Epicanthus*, der von R. MARTIN beim Säugling noch in 25—33%, beim Erwachsenen in der Münchner Bevölkerung dagegen nur noch in 2,6—3,3% gefunden wurde, scheint, wenn er in ausge-sprochenem Maße persistiert, ein Stigma zu sein, das meiner Erfahrung nach auf eine seelische Unreife deutet, die in auffälligem Gegensatz zur intellektuellen Entwicklung stehen kann.

Hochgradige Refraktionsanomalien, besonders unregelmäßigen *Astigmatis-mus* und die sog. degenerative *Myopie* sollte man weit mehr als bisher unter dem

---

[1] Nach P. BIACH (1914) käme ein *Nystagmus* bei Thyreosen als Teilerscheinung abnormer Konstitution vor. Viel wichtiger ist der auf schlechter Sehschärfe und mangelhafter Fixation beruhende *Nystagmus* bei *Albinos*, ferner bei Leuten mit *Turmschädel*, die außerdem *Strabis-mus, Exophthalmus*, ferner *Stauungspapillen* und *Opticusatrophie* zeigen können. Neben dem Nystagmus bei erblichen Nervenkrankheiten, wie der FRIEDREICHschen *Ataxie*, der PELIZAEUS-MERZBACHERschen Heredodegeneration gibt es auch einen solchen bei den erworbenen *cerebralen Diplegien* sowie als funktionelle Störung bei Arbeitern in Kohlen-bergwerken. Während der Nystagmus bei der FRIEDREICHschen — wie bei der PIERRE MARIEschen Heredoataxie — bei ersterer zusammen mit Intentionstremor oder ROMBERG-schem Zeichen, bei letzterer sogar ganz allein — als *Rudimentärform* auftreten kann, bildet er bei der *multiplen Sklerose* ein relativ sehr spät in Erscheinung tretendes Symptom, wie denn die sog. CHARCOTsche Trias in den ersten Stadien dieses häufigen Nervenleidens kaum je erfüllt ist.

Gesichtspunkt einer Korrelation zu den mannigfachen Äußerungen konstitutioneller *Schwäche des Stützgewebes* sowie auch zu einer *defekten Hirnanlage* betrachten. Die Tatsache, daß manche sehr wertvolle Persönlichkeiten unter den Brillenträgern — vor allem viele Hochintelligente unter den Kurzsichtigen — sind, spricht noch keineswegs gegen die stigmatische Bedeutung der freilich bekanntermaßen recht verschiedenartig entstehenden, aber im wesentlichen erblich bedingten Brechungsfehler des Auges. Das Adiessche *Syndrom,* das durch verschiedene infektiöse und toxische Schädigungen, selten aber durch Lues hervorgerufen wird, kann als Stigma des *vegetativen Nervensystems* gelten (W. Löffler 1936, M. Dressler und H. Wagner 1937); es ist zusammen mit dem Symptom des *Hippus* von Dressler (1937) bei 3 Schwestern gesehen worden, von denen eine 2 Kinder hat, die bloß das letztere Zeichen aufweisen, das sowohl wie ersteres öfters mit *psychasthenischen,* neurotischen und hysterischen Zuständen verbunden sein soll.

Von jeher sind die verschiedenen Deformitäten der *Ohrmuschel* als Degenerationszeichen beansprucht worden, vor allem die *Henkelohren* und das wegen seiner Tierähnlichkeit als Atavismus aufgefaßte Extrem des *Darwinohrs,* die sog. *Satyrspitze.* Morel legte auch dem *angewachsenen Ohrläppchen* eine große Bedeutung als Stigma cerebraler Minderwertigkeit bei, Schwalbe sowie Gradenigo dagegen nur eine geringe und Karutz, Ruggeri ferner O. Naegeli gar keine, welch letztere Ansicht höchstens für die häufigen leichten Ausprägungen zutreffen dürfte, nicht jedoch für die höhergradigen. Ohne Morels schematische Klassifizierung annehmen zu wollen, müssen wir doch wohl an seiner Einteilung festhalten, die neben einem fehlerhaften Ansatz und einer zu großen oder zu kleinen Ausbildung der Ohrmuscheln noch die rudimentäre Entwicklung oder den Mangel einzelner ihrer Teile wie des Helix und Anthelix, Tragus und Antitragus unterscheidet. Die stärkste Korrelation besteht namentlich für die oben zuerst genannten, unzweifelhaften Ohrmuschelstigmen zum *Schwachsinn;* aber auch die leichteren Abweichungen dürfen vorsichtig mitverwertet werden, da sie nach den vergleichenden Untersuchungen mehrerer Forscher (Gradenigo, Blau, Binder) bei *Geisteskranken* und *Verbrechern* wesentlich häufiger vorkommen als bei „Normalen“. Die Zusammenhänge sind allerdings noch dunkel. Nur die besonders plumpe und umfangreiche Ausbildung des Läppchens erklärt sich ohne weiteres als ein den übrigen Dimensionen des Kretschmerschen Athletikers mit seinem derben Hochkopf entsprechendes Merkmal.

Die *angeborenen Mißbildungen des äußeren Ohres* sind von Fiévet (1911), solche mit *kongenitaler Acusticus- und Facialislähmung* von Haren, sowie von Kretschmann und von Krampitz beschrieben worden.

Daß auch einseitige Ohrmißbildungen Stigmen sein können, beweist der Fall von Tischbein (1915), der einen durch Trunksucht des Vaters und Suicid einer Cousine belasteten *Imbezillen* mit einer *Gaumenspalte* betrifft, bei dem sich statt der einen Ohrmuschel bloß ein kleiner Hautwulst ohne Vorhandensein eines Gehörgangs fand.

Zur erbbiologischen Beurteilung der Varianten des äußeren Ohres bedarf es erst einer Analyse sämtlicher in Betracht kommenden Merkmale (bzw. der etwaigen Tendenzen zu deren Entstehung) durch Familienforschungen und Zwillingsstudien, wie sie Th. Quelprud im Institute Eugen Fischers planmäßig in Angriff genommen hat[1]. Einstweilen tut man gut daran, alle der möglicherweise eine innere Dysharmonie widerspiegelnden Abweichungen der Ohrform so zu registrieren, daß endlich ein vergleichbares Beobachtungsgut geschaffen

---

[1] Vgl. in Bd. II dieses Handbuches bei Abel, S. 447—455.

wird, welches dann statt mehr oder weniger gefühlsmäßigen Eindrücken allmählich sichere Schlüsse zu ziehen gestattet. Diese Forderung gilt letztlich für sämtliche sog. Stigmen.

Die nach jedermanns Empfinden physiognomisch so enorm charakteristische[1] Gestaltung der *Nase* kommt in der Stigmenlehre unverhältnismäßig wenig zur Geltung. Doch ist jene *Sattelnase*, die nebst angeborenen Anomalien der Haut *(Hypotrichosis, Anidrosis)* und der Zähne *(Anodontie)* bei *Anosmie* mit oder ohne *Ozaena* vorkommt, als Stigma dieses konstitutionellen Syndroms und damit einer *Entwicklungshemmung der ektodermalen Gebilde* (F. R. NAGER) zu nennen, sowie das meist mit starker Nasenentwicklung verbundene Vorspringen des Mittelgesichtes, das bei Zurückfliehen von Stirn und Kinn zum *Winkelprofil* der schizaffinen Habitustypen KRETSCHMERs überführt und endlich die *Papageienschnabelnase*, die noch rascher auf eine *Dysostosis craniofacialis hereditaria* (CROUZON) aufmerksam macht, als der diese Abartung kennzeichnende hochgradige aber durch eine Ptosis meist etwas verdeckte Exophthalmus. Zu einem eigentlichen „*Vogelgesicht*" kommt es erst infolge einer *Mikrognathie* des Unterkiefers, die auf angeborener oder bei Ankylose der Kiefergelenke erworbener Entwicklungshemmung beruhen kann, also nicht immer gleich zu bewerten ist. Der *Mangel* oder auch nur die *rudimentäre Entwicklung* eines *Kinns*, dieser spezifisch menschlichen, noch beim Neandertaler fehlenden Bildung ist indessen immer ein Stigma, das mit großer Wahrscheinlichkeit auf eine defekte Hirnanlage schließen läßt, die sich unter Umständen einzig in einem verkümmerten Gefühlsleben — weniger in Willensschwäche, wie der Laienphysiognomiker meint — äußern kann. Ein *zu großes Kinn* kann auf einen *akromegaloiden Habitus* hinweisen, wenn zugleich die Nase und Supraorbitalwülste sowie die Extremitätenenden übermäßige Dimensionen zeigen; ob jenes von mir schon im Abschnitt über die Mutationen beim Menschen erwähnte Syndrom des *Habsburger Gesichtstyps* damit verwandt ist, steht noch dahin. Sicher aber gehört eine höhergradige *Progenie* zu letzterem. Ein derartiges Vorstehen der unteren Zahnreihe, das bei leichterer Ausprägung zum bloßen *Aufbiß* führt, hat meiner Erfahrung nach in mittel- und südeuropäischen Bevölkerungen[2] die Bedeutung eines schweren Stigmas, da es allzuoft im Verein mit geistig-seelischen Anomalien angetroffen wird. Sogar das ebenfalls dominant vererbte *Trema*, d. h. eine Lücke zwischen den mittleren oberen Schneidezähnen scheint in dieser Hinsicht beachtet werden zu müssen, während das *Fehlen* oder *Rudimentärsein der lateralen Incisiven im Oberkiefer*, das entwicklungsgeschichtlich als progressives Merkmal gewertet wird, in der von mir mit A. C. JÖHR (1934) untersuchten Inzuchtpopulation mit 33% entsprechend Behafteten keine deutliche Beziehung zur Konstitution seiner Träger, sondern nur eine Korrelation zu deren absolut und relativ ungewöhnlich geringen Kieferbreite erkennen ließ. Die mannigfaltigen *Deformitäten* und *Varianten* des *Gebisses*, die PECKERT in SCHWALBEs „Morphologie der Mißbildungen" anschaulich beschrieb und die von EULER und RITTER in Bd. IV/2 dieses Hand-

---

[1] Beiläufig sei hier die *aufgestülpte Nasenspitze*, die so oft den Eindruck des Kindlichen erweckt und tatsächlich meist seelisch unentwickelten Personen eignet, erwähnt. Wie vorsichtig man jedoch in der Beurteilung anderer Nasenformen sein muß, zeigt das Erlebnis des jungen CHARLES DARWIN, der wegen seiner *breiten, leicht einwärts gebogenen Nase* vom Kapitän des „Beagle", einem eifrigen Anhänger LAVATERs, als vermutlich energielos und unentschlossen zuerst abgewiesen wurde und deshalb beinahe um die Teilnahme an der für seinen Werdegang als Forscher so entscheidenden Expedition gekommen wäre!

[2] In den Ländern mit vorwiegend nordischer Bevölkerung dagegen kommt eine mäßige Progenie nicht selten als offenbares *Rassenmerkmal* bzw. als extreme Variante eines solchen vor.

Nicht mit echter Progenie ist die schief nach außen stehende untere Zahnreihe von Individuen zu verwechseln, die in der Jugend leidenschaftliche *Lutscher* waren.

buches erbbiologisch dargestellt wurden, finden sich am häufigsten bei *Schwach-sinnigen* (Mathiessen 1925) und *Epileptikern* (Pesch und Hoffmann 1936); letztere Autoren untersuchten 640 angeblich erblich epileptische und 640 nicht-epileptische Patienten der Kölner Zahnklinik und stellten eine bedeutend stärkere Behaftung der Epileptiker mit Zahnanomalien fest:

	Epileptiker %	Nicht-epileptiker %		Epileptiker %	Nicht-epileptiker %
Hoher spitzer Gaumen	60,7	26,2	Kreuzbiß	2,0	1,4
Prognathie	8,9	4,5	Frontzahn-Engstand .	25,9	10,2
Deckbiß	9,7	12,8	Eckzahn-Hochstand .	2,2	1,9
Progenie	6,1	0,9	Diastema	18,6	7,1
Kopfbiß	10,0	6,3	Schmelzhypoplasien .	20,7	5,3
Offener Biß	6,25	1,6	Tuberculum Carabelli .	23,6	11,9

Die Tatsache, daß die übrigens noch keineswegs als „normal" zu betrachten-den Nichtepileptiker von einigen dieser Zahnanomalien ebenfalls ziemlich häufig betroffen sind, spricht noch nicht gegen deren Wertung als „Stigmen", die aber wie immer mit aller Vorsicht geschehen muß.

Nach Dobkowsky (1924), dem wir eine gute Übersicht über die *Geschlechts-unterschiede im Gebiß* verdanken, wichen der *Gaumen* und die *Zähne* von 88 rein *Homosexuellen* und 33 *Bisexuellen* bedeutend von denen normaler Männer ab, wobei der Gebißtyp auffallend mit dem übrigen Habitus sowie mit der seelischen Veranlagung übereingestimmt haben soll.

Für den *endemischen Kretinismus*, eine bekanntlich *nicht* erblich bedingte Konstitutionsanomalie, ist eine nach Virchow durch die Größe der Zunge hervor-gerufene *Prognathie des Oberkiefers* charakteristisch, die nicht von einer abnormen Bildung des Gaumens begleitet ist (E. Zehnder 1937). Der zu den klassischen Stigmen gerechnete *Spitzbogengaumen (Hypsistaphylie)* ist nicht mit einer bestimmten Schädelform korreliert (Siebenmann 1887) und — entgegen der Ansicht letzteren Autors — auch unabhängig von den Höhen-Breitenproportionen von Gesicht, Obergesicht und Nase, sowie unbeeinflußt von *adenoiden Vege-tationen* und der dadurch behinderten Nasenatmung, wie neuerdings A. Weid-mann (1939) aus der Schule P. Schmuzigers feststellte; da es sich mehr um einen schmalen, engen, als um einen hohen Gaumen handelt, wird heute der Ausdruck „*Endognathie*" bevorzugt. Sie alterniert in gewissen Familien nicht nur mit engem Kiefer und Zahnanomalien, sondern auch mit *Gaumenspalten*, welch letztere — wie wir weiter unten durch eine Sippentafel belegen werden — sogar mit einer Disposition zu Knochenatrophie und *Ulcus perforans pedis* auf gemein-samer Erbanlage beruhen können.

Was alles sonst noch mit einer *Palatoschisis* oder deren Rudimenten (Lippen-kerbe, Verkümmerung des lateralen oberen Incisivus!) an Mißbildungen und sonstigen Merkmalen verbunden sein kann, lehren außer den neuesten Sippen-forschungen von Mengele (1939) auch die Beobachtungen Claussens (1939) an EZ mit *Gaumenspalten* und *angeborenen Herzfehlern*.

Eine besondere Bedeutung hat die Verkümmerung des *Mittelgesichts* als Aus-druck eines *Sellabrücken-Syndroms* (J. A. Schneider 1939) gewonnen. Der allem nach genetische Zusammenhang der *Sinuitis maxillaris* mit *Bronchiektasien* (Kartagener und Ulrich 1935) sowie von *Polyposis nasi* mit letzteren (Meyer und Rolfs 1938) beweist, wie die dabei meist vorhandene *Kleinheit der Stirn-höhlen*, daß sich solche mehr oder weniger als Stigmen imponierende Einzel-befunde gelegentlich in einen gemeinsamen konstitutionellen Rahmen fassen lassen.

Im menschlichen *Gesicht* bietet sich noch eine Fülle somatischer und funktioneller Eigentümlichkeiten, die sich im Sinne der Stigmenlehre verwerten lassen, d. h. *äußerliche Anzeichen innerer Dysharmonie* sind. Eine allzeit im Vordergrunde des Interesses stehende Frage ist, inwieweit sich die sozial wichtigste Charakteranlage, der *moralische Defekt*, aus der Physiognomie erkennen läßt. Kunsthistorikern, unter anderen KARL VOLL, ist aufgefallen, daß vertierte Verbrechergesichter, wie z. B. in *Schongauers* Stichen, heute nicht mehr zu sehen sind; dasselbe gilt für die teuflischen Fratzen in den Schöpfungen eines HIERONYMUS BOSCH, GOYA und DAUMIER, die wenigstens größtenteils ebenfalls nach der Natur gezeichnet sein dürften. Mit dem Physiognomiker MAX PICARD ist anzunehmen, daß des Bösen heute nicht weniger geworden, daß das Menschengesicht aber nicht mehr die Kraft hat, dieses in sich bildhaft zu gestalten, da es ,,aufgelockert'' und gewissermaßen ,,durchlässig'' geworden ist. Die frühere Mannigfaltigkeit des Gesichtsschnittes ist namentlich in den stark industrialisierten Ländern durch eine verhältnismäßig geringe Zahl von Dutzendtypen verdrängt worden, so daß es einem heutzutage selbst nicht leicht fällt, sich Gesichter von über der Masse stehenden Individuen zu merken. Sehr wichtig ist, daß die Erfahrung lehrt, wie oft *schwerst kriminelle Menschen bei guter Intelligenz keines der landläufigen Entartungszeichen* aufweisen und insbesondere zunächst eher einnehmende als abstoßende Gesichtszüge haben und durch ihr äußerlich gutes Benehmen täuschen können. Das war z. B. bei dem raffinierten Massenmörder Kopmann der Fall, dessen Hinrichtung in Paris der russische Dichter TURGENJEW aus eigener Anschauung beschrieb. Gerade die für die Menschheit bedeutungsvollste Form der Entartung, der *moralische Schwachsinn*, kann also *ohne jedes körperliche Degenerationsstigma* bestehen, was uns freilich nicht davon abhalten darf, derartige Abwegigkeiten in erster Linie auf eine ererbt abwegige Veranlagung des Gehirns zu beziehen und weiter nach deren physischen Korrelaten zu fahnden. Die überraschenden *Charakteränderungen* im Gefolge der *ganz vorwiegend am Hirnstamm* lokalisierten *Encephalitis lethargica* wiesen hier eine neue Richtung.

Mit am ehesten erlauben die *stärkeren Asymmetrien im Bau des Gesichtes*[1] sowie diejenigen der *Innervation des N. facialis* Schlüsse auf eine mangelhafte Anlage des Zentralnervensystems. Die sog. angeborenen Facialislähmungen sind allerdings meist in früher Jugend erworben (BERNHARDT 1899). In diesem Zusammenhange ist besonders interessant, daß ROSENTHAL (1931) auf Grund zweier Familienbeobachtungen ein gleichzeitiges Vorkommen einer *Faltenzunge (Lingua plicata)* und einer Bereitschaft zu *Facialisparese* als genetisch bedingt erklärt und wegen des Hinzutretens von Erscheinungen allergischer Diathese und Rheumatismus zum Arthritismus in Beziehung setzen möchte, welch letzteren Schluß ich allerdings für unberechtigt halte, da ich weder Allergiker, Rheumatiker noch Diabetiker, Fettsüchtige, Gichtiker und Steinleidende häufiger mit einer Lingua plicata behaftet sah. Seine beiden Sippentafeln sind in den Abb. 1 und 2 dargestellt.

Die *Lingua plicata* (s. dissecata, scrotalis) ist eines der unzweifelhaftesten Stigmen *nervöser Minderwertigkeit* (R. SCHMIDT 1911, S. COMBY 1912, J. BAUER 1924, W. HAUBENSAK 1927, J. NARDI 1928, A. ROMAGNA-MANOIA 1929, E. HANHART 1934, F. ROLLERI 1939).

Der Prager Internist R. SCHMIDT berichtet, daß er Leute mit Lingua plicata, die ihm von chirurgischer Seite vor den geplanten Eingriffen zur Kontrolle übergeben worden waren,

---

[1] Ganz auffallende Unterschiede zwischen ,,*Rechts-*'' und ,,*Linksgesicht*'' nebst motorischen Störungen im Trigeminus, Octavus, Glossopharyngeus und Accessorius sah R. ALLEMANN (1936) bei einem mit labyrinthärer Schwerhörigkeit belasteten Psychopathen, der links eine Amblyopia ex anopsia und außerdem beiderseits eine angeborene *Hydronephrose* aufwies. Der betreffende Patient ist auch mir bekannt.

mehrmals als bloß funktionell bzw. psychisch krank vom Operationstisch heruntergeholt und in der Folge Recht behalten hätte. Er hebt das häufige Zusammentreffen mit *Alkoholismus, Suicid,* ferner Diabetes sowie Pellagra hervor.

Comby, dem die Lingua plicata bei schwachsinnigen Kindern auffiel, verglich sie mit der Ichthyosis und hielt sie für eine angeborene, häufig familiäre Anomalie.

Bauer betrachtet die Faltenzunge als ,,praktisch oft sehr wichtigen diagnostischen Wegweiser" in der Richtung der ,,*Neurasthenie*" und ,,*Hysterie*".

Hanhart hat sie bei 1109 Anormalen (Hilfsschülern, Anstaltspsychopathen, Epileptikern, Oligophrenen, Schizophrenen sowie Kretinen und mongoloiden Idioten) in 46,8%, d. h. *fast siebenmal häufiger* gefunden als bei den darauf untersuchten ,,Normalen" mit 6,7%.

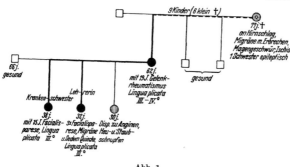

Abb. 1.

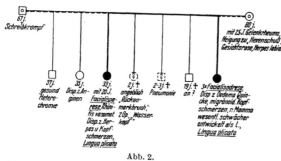

Abb. 2.

Abb. 1 und 2. Kombination von hochgradiger Faltenzunge mit einer Disposition zu *Facialisparese.* (Nach K. Rosenthal 1931.)

Rolleri gelangte bei ihrer Nachprüfung an 4281 Berliner Schulkindern zu einem entsprechenden, wenn schon nicht ganz so ausgeprägten Ergebnis, da sie bei den normalen Schülern im Alter von 6—14 Jahren 3,28%, bei *Hilfsschülern* dagegen 12,12% Merkmalsträger feststellte. Nicht weniger als 67% ihrer Faltenzungenträger wiesen Mißbildungen im Bereiche des Gesichtsschädels und Hypoplasien der Mund- und Rachenorgane auf, zum Teil auch steilen Gaumen, gespaltene Uvula, Prognathie.

Die Erfahrung Hanharts, daß eine Lingua plicata kaum je angeboren bzw. vor dem 4. Lebensjahr vorkommt, wurde von Rolleri bestätigt; diese Autorin verzeichnet eine Häufigkeitszunahme nach dem 11. Lebensjahr um fast das Doppelte. Trotzdem handelt es sich dabei um eine höchst wahrscheinlich *hereditäre* Anomalie, da sie sich bei den 6 bisher beobachteten EZ-Paaren konkordant verhält und nach den Sippentafeln A. Seilers (1936) *dominant* auftritt (vgl. unter anderen Abb. 3 und 4).

In einer von mir durchforschten Ostschweizer Bauernsippe fanden sich nicht weniger als 28 Merkmalsträger in 4 Generationen, zum Teil verbunden mit Progenie und Trema, sowie vor allem mit neuropathischen Begleiterscheinungen und leichtem Schwachsinn, aber keine Spur von endemischem Kretinismus.

Wie die Lingua plicata entsteht, ist weder auf ontogenetischem noch phylogenetischem Wege ersichtlich (J. Bauer). Umweltreize, z. B. jahrzehntelanges Tabakkauen oder Lues führen nicht zu Faltenzungenbildung; an dieser sind nicht nur die Schleimhaut, sondern auch die Submucosa und Muscularis beteiligt.

Die *Lingua plicata* ist in ihren stärkeren Ausprägungen — es lassen sich zweckmäßig die 4 Grade: *Schwach, mittel, stark* und *sehr stark* hinsichtlich der Zungenfurchung unterscheiden — der *Prototyp eines Stigmas,* da sie morphologisch und funktionell so gut wie belanglos, genopathologisch dagegen stets recht bedeutsam zu sein scheint. Ihr Vorkommen fordert immer zu einer besonderen Reserve gegenüber der geistig-seelischen Widerstandskraft des betreffenden Individuums heraus, sowie zu einer Prüfung auf die meist zugleich vorhandenen anderweitigen Stigmen.

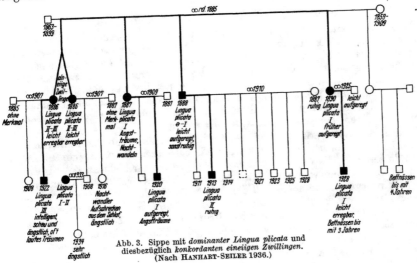

Abb. 3. Sippe mit *dominanter Lingua plicata* und diesbezüglich *konkordanten eineiigen Zwillingen.* (Nach HANHART-SEILER 1936.)

Was die *Vergrößerung der Tonsillen* betrifft, so ist deren Zusammenhang mit mangelhaften Schulleistungen nicht nur im Sinne der sog. *Aprosexia nasalis* in Betracht zu ziehen, sondern es ist auch auf die nach T. BRANDER (1936) auffallend häufig dabei vorhandene *Unterbegabung* bis zu ausgesprochenem Schwach-

sinn zu achten; die gemeinsame Ursache wäre nach diesem Autor meist die *Frühgeburt.*

Auch die *Speicheldrüsenhyperplasie* unterhält außer zum *Status lymphaticus* noch Beziehungen anderer Art, und zwar zum endokrinen System, namentlich den Keimdrüsen (A. HAEMMERLI 1920), so daß nach J. BAUER schon aus dem bloßen Aspekt einer *Parotisschwellung* auf eine *Hypoplasie des Genitales* geschlossen werden könnte;

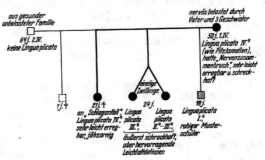

Abb. 4. Hochgradige *Lingua plicata* bei Mutter und 3 Töchtern, wovon 2 EZ. (Eigene Beobachtung.)

gleichsinnig dagegen stellt sich die Schilddrüse dazu ein, indem es gelegentlich bei einer „*Hyperparotidie*" im Klimakterium zu Erscheinungen von M. BASEDOW kommt (DALCHÉ 1920). Die Hyperplasie der größten Speicheldrüse nun aber auch gleich als Zeichen von „*Arthritismus*" aufzufassen (LAFFOLEY 1894), geht zu weit, denn es fragt sich doch sehr, ob z. B. die nicht selten auffälligen Anschwellungen am Kieferwinkel von Fettsüchtigen wirklich immer auf Parotisvergrößerungen zurückzuführen sind.

Noch zu wenig studiert sind die sicher nicht belanglosen Extremvarianten in der *Größe der Mundöffnung*, deren Deutung von Friedenthal: Großer Mund = Atavismus, zu kleiner Mund = Anpassung an zu leises Sprechen und zu geringe Nahrungsaufnahme wohl einleuchtet, aber kaum völlig befriedigt.

2. Stigmen im Bereiche des Halses und Nackens.

Trotz der Zusammendrängung so vieler lebenswichtiger Organe und Verbindungswege sind in dieser Region nur wenig Merkmale von stigmatischer Bedeutung. Bekannt ist der lange schmale Hals des *Asthenikers* und der kurze gedrungene des *Pyknikers* sowie der säulenartige, durch das Hervortreten mächtiger Sternocleidomastoidei gekennzeichnete Hals und der Stiernacken des *Athletikers*. Der *angeborene Schiefhals (Caput obstipum congenitum)*, der durchaus nicht immer exogener Natur ist, muß auch als Stigma in Betracht gezogen werden; ich sah ihn unter anderem bei einem homosexuellen Infantilen.

Mongoloide Idioten erkennt man meist schon von hinten an den karikaturistisch primitiven Formen ihrer Nackengegend, *endemische Kretinen*, namentlich deren reinsten Typ, die sog. *Zwergkretinen*, dagegen oft gar nicht an ihrer Halskonfiguration, da sie gewöhnlich jedwelche Schilddrüsenvergrößerung vermissen lassen. Wir wissen heute auch, daß der früher als Kardinalsymptom konstitutioneller Minderwertigkeit gewertete *endemische Kropf* bei Vorhandensein der in den Bodenverhältnissen zu suchenden Strumanoxe nicht etwa nur von Haus aus abwegig veranlagte, sondern selbst weitestgehend normale Menschen befällt; immerhin solche mit nervösen und hormonalen Defekten eher und nachhaltiger als die gut ausgeglichenen. In diesem Sinne kann ein *Kropf* — namentlich in Gebieten weniger starker Endemie — immer noch als ein wichtiges Stigma betrachtet werden, was man von Residuen tuberkulöser Halsdrüsen, weil weniger direkt auf die Konstitution hinweisend, nicht sagen kann.

Daß es rudimentäre Zustände der Klippel-Feilschen *Halswirbelsynostose* gibt, die sich nur röntgenologisch zu erkennen geben, ist anzunehmen; diese anscheinend *dominante* Affektion, die regelmäßig von einem tiefen Ansatz der Kopfhaare im Nacken begleitet ist und mit einem doppelten Kinn, Gaumenspalte, schiefstehenden Zähnen, Halsrippen, Rippendefekten, rundem Rücken, überzähligen Lungenlappen, offenem Foramen ovale, Polydaktylie, Spina bifida sowie mit Taubstummheit und Schwachsinn verbunden sein kann, ist noch zu wenig bekannt. Dasselbe gilt von einigen

3. Stigmen im Bereiche des Rumpfes,

so z. B. von der *Dysostosis cleidocranialis*, einer typischen multiplen Abartung, die sich einzig durch den Mangel von Schlüsselbeinen manifestieren kann, sowie von dem ebenfalls recht seltenen *angeborenen Schulterblatthochstand* (sog. Sprengelsche *Deformität*), der ähnliche Korrelationen hat und wohl auch nur eine in die Augen springende Teilerscheinung einer an sehr verschiedenen Stellen ansetzenden Entwicklungshemmung ist (Schwarzweller 1939). In den Sippen derartig Mißgebildeter gewinnen deshalb alle die genannten Abweichungen ihre besondere Bedeutung als mögliche Abschwächungen der Manifestation von Erbanlagen, die sich lange nicht nur auf Mängel im Skeletsystem beziehen. Sowohl der *Hochstand* als auch die *Hypoplasie* des Schulterblattes finden sich unter anderen bei den noch viel auffälligeren *angeborenen Brustmuskeldefekten*, die wie jene ganz vorwiegend *einseitig*, aber im Gegensatz dazu nur ausnahmsweise auf erblicher Grundlage vorkommen; hier erstrecken sich die Begleiterscheinungen erstens auf das *Rumpfskelet* (Defekte der Brustwand, Lückenbildung an Rippen und Sternum, Trichterbrust, Anomalien von Clavicula und Scapula,

Wirbelsäulenverkrümmungen), auf die *Haut* und ihre Anhangsgebilde (Anomalien von Behaarung und Schweißsekretion, Mammadefekt, Schwimmhautbildung, sowie nach eigener Beobachtung Vierfingerfurchen), woraus sich ergibt, was für weitgehende Störungen der Entwicklung diese letzteren Stigmen anzeigen können.

In einem von CURTIUS (1933) abgebildeten Fall bestand neben einem kongenitalen Defekt des linken Brustmuskels, der Brustdrüse und Warze noch ein solcher des 6., 7. und 12. Hirnnerven (Strabismus, Facialislähmung, gleichseitige Schwäche der Zungenmuskulatur), ferner das Fehlen des linken Achillessehnenreflexes und bei dem schwachsinnigen Bruder eine doppelseitige Lähmung der Augenlider, Blickschwäche nach oben, angeborener Nystagmus und grobes Zittern von Armen und Beinen, außerdem eine Gaumenspalte und Verbiegung der Wirbelsäule. Beide Geschwister sollen einem Inzest zwischen Bruder und Schwester entstammen.

Zu Unrecht dagegen ist die *Scapula scaphoidea* für ein Stigma gehalten, vor allem von GRAVES, der eine verminderte Vitalität der Menschen mit konkavem inneren Schulterblattrand, beruhend auf kongenitaler Lues oder einem Atavismus, annahm. Es handelt sich jedoch um eine völlig harmlose, bei nicht weniger als 20 von 100 Kindern zu findende Variante des Muskelansatzes (H. FREY 1924), die extrauterin durch Muskelzug entsteht und eine deutliche Abhängigkeit von Rachitis zeigt (F. CURTIUS 1926, s. dort Literatur).

Eine Reihe wichtiger Stigmen können hingegen an den *Mammae*[1] nachgewiesen werden. *Überzählige Brustdrüsen (Hyper- oder Polymastie)*, die bei Frauen aller Rassen, besonders häufig angeblich im japanischen Volke, als Rückschlag auf ein früheres Entwicklungsstadium der Hominiden, ebenso wie *überzählige Brustwarzen (Hyperthelie)*, die auch bei Männern aller Rassen atavistisch auftreten können, sind erbliche Abweichungen, denen J. BAUER (1924) einen höheren konstitutionellen Wert beimißt. Hypoplastische Mammae *(Mikromastie)* verbunden manchmal mit auffällig großen Warzen kommen meist, aber nicht nur bei infantilistischen Individuen vor; sie können bei Ersatz des Drüsengewebes durch Fett abnorme Größe erreichen (sog. *Makromastie*), vor allem bei Frauen mit hypothyreotischer oder mit hypogenitaler Konstitution, ein Beispiel dafür, daß aus dem großen Umfang und Gewicht eines Organs keineswegs immer auf dessen gute Leistungsfähigkeit geschlossen werden darf. Weit mehr als bloß ein Schönheitsfehler ist die vorzeitige Erschlaffung der Brüste, wie wir sie heute so auffällig oft bereits bei jungen Mädchen finden, und zwar ziemlich unabhängig von deren Rassenzugehörigkeit. Die Bedeutung der schon in jüngerem Alter ausgesprochenen *Hängebrust* geht sicher über die einer bloßen Bindegewebsschwäche hinaus, da deren Trägerinnen allzuoft *psychasthenisch* sowie auch *steril*, dagegen nicht etwa frigid sind.

Bei Jüdinnen, bei denen übrigens die Brüste bis über die Menopause hinaus bemerkenswert wohlgeformt bleiben können, sieht man von den 30er Jahren an häufig auch ohne sonstige Fettleibigkeit sehr hohe Grade von *Makromastie* und *Hängebrust*, vereint mit einer Reihe anderer Merkmale minderwertiger Konstitution *(Myomatosis, Hypotonie)*.

Folgen von Entwicklungshemmungen sind die *Hohlwarzen* und die *Mammae areolares*, welch letztere bei melanodermen Rassen die Norm, bei den übrigen dagegen bloß ein Pubertätsstadium bildet, das sich nur bei Infantilen und Hypoplasticae zeitlebens erhält. Uneinheitlicher Genese ist die namentlich bei hypogenitalen bzw. hypopituitären Individuen doppel- oder auch einseitig vorkommende *Gynäkomastie*, die mit und ohne Anomalien der Geschlechtsorgane auftritt und sich zuweilen aus noch ungeklärten Gründen mit *Lebercirrhose* vergesellschaftet (H. BREDT 1933, R. RIEBLER 1936).

Eines der wichtigsten Stigmen überhaupt ist die *Trichterbrust*, deren Beziehungen zur Konstitution E. EBSTEIN (1921) nicht annähernd erschöpfte. Sie zählt neuerdings zu den wichtigsten Symptomen des *Status dysraphicus* (s. unten), und ist kaum je rein exogen (Rachitis!), vielmehr stets anlagemäßig bedingt, ebenso wie die zum selben Syndrom gehörende *Spina bifida*, deren höchster Grad

---

[1] Vgl. hierzu auch E. WEHEFRITZ: *Erbbiologie und Erbpathologie des weiblichen Geschlechtsapparates* auf S. 958 von Bd. IV/2 dieses Handbuches.

die *Myelomeningocele* und deren leichtester ein bloß röntgenologisch nachweisbarer *Wirbelspalt* ist, welch letztere *Spina bifida occulta* aber so häufig in der Durchschnittsbevölkerung — nach den einen Autoren (CURTIUS, SCHWARZWELLER) in 15—17%, nach anderen bis gegen 50% — gefunden wird, daß nur die ausgesprocheneren Defekte als Ausdruck konstitutioneller Minderwertigkeit betrachtet werden dürfen. Diese verraten sich gewöhnlich durch eine stärkere *Hypertrichia sacralis.* Eine sehr große Bedeutung kommt auch den verschiedenen *Wirbelsäulenverbiegungen (Skoliosen, Rundrücken, heredotraumatischen Kyphosen, Lordosen)* zu, die sowohl Teilerscheinung des genannten Syndroms und mehrerer Heredodegenerationen als auch Äußerungen einer allgemeinen *Skeletinsuffizienz* (SCHULTHESS) sein können.

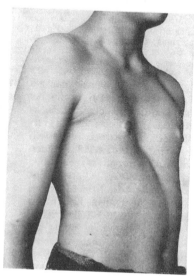

Abb. 5. *Angeborene,* nicht rachitische *Trichterbrust* beim Sohne einer Kranken mit *multipler Sklerose.* (Nach F. CURTIUS 1933.)

Die *Kyphoskoliose* kann eine Rudimentärform der FRIEDREICHschen *Ataxie* sowie der ROUSSY-LÉVYschen Form der *neuralen Muskelatrophie* sein, die *Kyphose* allein eine solche der PIERRE MARIEschen *Heredoataxie,* ebenso die *Skoliose* verbunden mit *Hohlfuß*[1].

Die *Lordose* hat unzweifelhafte Beziehungen zu gewissen *Pubertätsalbuminurien* (sog. *orthostatische* oder *orthotische Albuminurie*), und zwar nicht nur auf der Grundlage eines *asthenischen Konstitutionstyps* mit dem auf Muskelhypotonie und Schlaffheit der Bänder beruhenden, gleichmäßig rundlich vorgewölbten, fettarmen „*Lordosenbauch*".

Überzählige Rippen beanspruchen als atavistische Bildungen allgemein unser Interesse, doch muß die *Regressivität* hier mit der gleichen Vorsicht gewertet werden, wie die in den noch viel häufigeren Reduktionserscheinungen am Thorax sich äußernde *Progressivität.*

Praktisch am wichtigsten sind die sich meist beidseitig, aber asymmetrisch in den Supraclaviculargruben bemerkbar machenden *Halsrippen* mit ihren durch Druck auf Nerven und Gefäße bewirkten Störungen (Schmerzen, Paresen, Schluckbeschwerden, Pulsdifferenzen, Ischämie, Gangrän, Ödeme, Thrombosen, Aneurysmen) und ihren Korrelationen zu Skoliosen, Schulterblatthochstand (SCHINZ), die als Manifestation einer *regionären Minderwertigkeit des knöchernen Thorax* kennzeichnen.

Daß der *Costa X. fluctuans,* die STILLER sogar für ein entscheidendes Merkmal des *asthenischen Habitus* hielt, kaum ein Stigmenwert zukommt, beweisen außer der täglichen Erfahrung die sorgfältigen Studien der Züricher Anatomin H. FREY, welche diese Äußerung einer progressiven Umwandlung des Thorax in gegen 50% bei der hiesigen Bevölkerung fand und sogar eher als Zeichen einer besonders kräftigen Konstitution auffassen wollte.

Während ein *Zwerchfelltiefstand* zu den Charakteristica des Asthenikerthorax gehört, sollen gewisse Formen des *Zwerchfellhochstands* häufig beim *Status thymicolymphaticus* vorhanden und als „degeneratives Stigma" zu deuten sein (K. BYLOFF 1913). Unzweifelhafte Symptome einer Schwäche des Stützapparates sind die vielfältigen Manifestationen von *Ptosis der Eingeweide* sowie eine stärkere *Disposition zu Hernien;* letztere macht sich indessen auffallend oft auch bei kräftig gebauten Leuten geltend, dürfte demnach zum Teil durch rein lokale Entwick-

---

[1] Siehe Literatur bei F. CURTIUS: Die organischen und funktionellen Erbkrankheiten des Nervensystems. Stuttgart: Ferdinand Enke 1935.

lungshemmungen bedingt sein. Die Korrelation der Bruchanlage scheint denn auch sowohl zur Enteroptose, Hängebauch und Rectusdiastase, als auch zum *varikösen Symptomkomplex* relativ gering zu sein.

Die *Lenden-* und *Beckengegend*, deren Gestaltung namentlich beim Weibe in engster Beziehung zum Fortpflanzungsvermögen steht, verdient auch beim Manne Beachtung, wenn schon die hier wichtigen zwischengeschlechtlichen Formen z. B. der Nates meist weniger zu den Stigmen gerechnet werden, als diejenigen der *primären Sexualorgane*[1], an denen jede Andeutung einer Mißbildung unser höchstes Interesse gewinnen muß, weil sie nicht nur der individuelle Widerstandskraft beeinflussen, sondern auch die Erhaltung der Art gefährden kann. Dabei ist freilich wieder jede Sonderbildung zunächst als uneinheitlicher Genese zu betrachten und immer auf die Erfahrungen der Erbforschung Rücksicht zu nehmen.

Den *Kryptorchismus*, der sowohl erblich als erworben aufzutreten scheint, darf man z. B. nicht allgemein als schweres Stigma im Sinne eines „*psychosexuellen Infantilismus*" (W. STEKEL 1922) erklären, da er auch bei körperlich und seelisch völlig normal Veranlagten vorkommt.

Viel ernster zu beurteilen sind selbst die leichtesten Grade von *Hypospadie*, die ähnlich wie die Lippenkerben Ausdruck einer unter Umständen schon in der nächsten Generation sehr bedenklichen Spaltungstendenz sein können; ferner die funktionell zum Teil belanglosen *Doppelbildungen* bzw. *Septen der Scheide*, die ich mit einer *Hypertrichosis* verbunden *Psychopathie* verbunden sah. Ein *Uterus duplex* kann mit einer *Hypertrichosis* verbunden sein (E. BAB). Ganz abgesehen von den zahlreichen übrigen Entwicklungshemmungen der primären und sekundären Geschlechtsmerkmale, die im Rahmen des *Infantilismus* zu nennen wären.

Der erfahrene Praktiker weiß, daß sich sowohl abnorme Anlagen des weiblichen Sexualapparates als auch des Seelenlebens und der Instinkte außer in den bereits oben erwähnten Behaarungsanomalien auch in den *Pubes* verraten, die bei *gesunden Vollweibern* scharf abgegrenzt und von dichten, kurzen, leicht gekräuselten Haaren besetzt sind, bei *intersexuellen Psychopathinnen* dagegen in die Umgebung hineinwachsend und zum Teil zu langen Büscheln ausgezogen; letztere pflegen immer wieder an *Fluor albus* und anderen Unterleibsbeschwerden zu leiden, während die ersteren auch der starken Beanspruchung durch Schwangerschaften und Geburten anstandslos gewachsen sind.

Die verschiedenen Arten der *männlichen Genitalbehaarung* hat E. RISAK (1930) beschrieben.

4. Stigmen im Bereiche der Extremitäten

gibt es in so reicher Zahl, daß wir sie nach Art der bisher besten, weil genetisch orientierten Einteilung von ASCHNER und ENGELMANN (1928) gruppieren wollen. Allein schon die vielen und im einzelnen durchaus nicht immer einheitlichen *numerischen Varianten*: Die *Polydaktylien, Syndaktylien, Ektrodaktylien* und die *Defekte von Röhrenknochen und Patella* weisen so oft Beziehungen zur Konstitution auf, daß wir jeden Träger eines solchen Merkmals besonders genau auf weitere Anomalien sowie auf seine Belastungsverhältnisse untersuchen müssen.

Wichtig ist, daß auch *einseitige Hemmungsbildungen* offenbare Entartungszeichen sein können und nicht etwa immer auf in utero erworbene Verstümmelungen ohne erbliche Bedingtheit bezogen werden dürfen, wie unter anderen folgendes Beispiel belegt (Abb. 6):

In einem eigenen Fall bestand bei einem debilen, schwer psychopathischen Trinker mit Turmschädel eine einseitige *Syndaktylie* sowie Vierfingerfurche an der betreffenden Hand.

Die *Polydaktylie* und *Syndaktylie* sind unter anderem Teilerscheinungen der Syndrome von BARDET-BIEDL sowie von APERT und kommen nicht selten auch bei *genuiner Epilepsie*, ferner bei *angeborenen Herzfehlern* (H. VIERORDT 1901) vor, so daß man allen Grund hat,

---

[1] Vgl. hierzu auch T. KEMP: „*Erbpathologie des männlichen Geschlechtsapparates*" auf S. 930f. von Bd. IV/2 sowie E. WEHEFRITZ: „*Erbbiologie und Erbpathologie des weiblichen Geschlechtsapparates*" auf S. 951f. desselben Bandes dieses Handbuches.

die davon betroffenen Personen genauer zu untersuchen und in dubio für erblich belastet zu halten.

Angeborene Radiusdefekte können mit solchen der *Ohren* und zugleich mit *Facialis-lähmungen* kombiniert sein (E. Essen-Möller 1927).

Der *Defekt der Patella* ist relativ oft von einem solchen des *Daumennagels* begleitet, und zwar auf Grund einer gemeinsamen Erbanlage.

Daß sogar *isolierte Mißbildungen von Fingern* mit solchen des *Darmtraktes* und *Genitalschlauches* genetisch zusammenhängen können, beweist die seltene Beobachtung von B. Ottow (1936), wobei in den beiden ersten Geschlechter-folgen nur erstere Merkmale, in der Enkelgeneration nur letztere auftraten, aber mit jenen in allerdings *unregelmäßiger Dominanz* zusammenhingen:

Der *Großvater*, dessen *Bruder* einen *Defekt des linken Daumens* zeigte, ist phäno-typisch frei, hat jedoch einen *Sohn* mit *Defekt des 3. Fingers* rechts und eine *Tochter* mit vollständiger *Syndaktylie der Zehen* beidseits, welche ein *Mädchen* mit *Atresia ani* gebar, das am 8. Tage starb.

Von zwei weiteren Töchtern des Groß-vaters, die selbst nicht manifest behaftet sind, hat die eine ein Mädchen mit *Defectus vaginae congenitus* und die andere einen Kna-ben mit *Prolapsus recti!*

Konstitutionell noch wichtiger sind die von Aschner und Engelmann (1928) als *Störungen des enchondralen Knochen-wachstums* zusammengefaßten Mißbil-dungen, namentlich die *Brachydaktylien, Hypo-* und *Hyperphalangien, Achondro-* und *Oligochondroplasien, multiplen karti-laginären Exostosen* und *Enchondrome,* schon weil sie meist mit allgemeinen oder partiellen Beeinträchtigungen des Wachstums verbunden sind.

Es sei hier an jenen von mir im Abschnitt „*Mutationen beim Menschen*" (S. 305 in Bd. I dieses Handbuches) dargestellten Stammbaum mit *dominanter Hypophalangie der II. Finger und Zehen* von Mohr und Wriedt (1919) er-innert, aus dem hervorgeht, daß dieses so

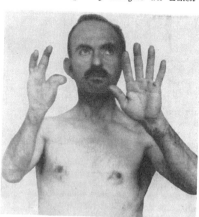

Abb. 6. *Rechtsseitige Dreifingerigkeit* bei *schizophrenem Landstreicher,* dessen Großmutter in der Irrenanstalt starb. (Nach F. Curtius 1933.)

geringfügige Merkmal offenbar einer heterozygoten Anlage entspricht, die sich *homozygot* als *subletal* erwies, so daß das davon betroffene schwer verkrüppelte Mädchen nur mit großer Mühe 1 Jahr lang am Leben erhalten werden konnte.

Die *Chondrodystrophie* führt bei voller Ausprägung zu dem bekannten Typ erblichen *Zwergwuchses,* bei welchem außer Polydaktylie und Syndaktylie, Wolfsrachen und Hasen-scharte, Spitzbogengaumen, offener Ductus Botalli, Septumdefekt, Situs viscerum inversus, Cystenniere, Uterus bicornis, Hernien, kongenitale Hüftgelenksluxation und Klumpfuß gefunden wurden. Eine bloße *Chondrohypoplasie,* wie sie auch einseitig vorkommt oder zu *partieller Mikromelie* führt, läßt die verschiedensten Übergänge zur Norm entstehen, deren einzelne Manifestationen als Stigmen im Sinne einer *chondrohypoplastischen Konstitution* (J. Bauer) aufgefaßt werden können.

Die für die Chondrodystrophie charakteristische „*main en trident*" kann, zur aus-gesprochenen *Isodaktylie* gesteigert, auch ohne jene Konstitutionsanomalie als hochwertiges Stigma auftreten; J. Bauer (1924) fand es nebst Ichthyosis, starker Lanugobehaarung an den Armen, deformierten Ohrmuscheln, Hypoplasie der oberen seitlichen Schneidezähne, Enteroptose, herabgesetzten Corneal- und fehlenden Plantarreflexen sowie Plattfüßen bei einem bloß 138 cm großen, aber proportioniert gebauten, stotternden Mädchen.

Die *Überlänge von Armen und Beinen* kann Ausdruck eines *Status dysraphicus* sowie auch eines *Hypogenitalismus* sein (sog. *eunuchoide Skeletproportion*).

Die *Beweglichkeit der Gelenke* ist beim Weibe normalerweise größer als beim Manne (E. Sinelnikoff 1931) und gehört deshalb zu den sekundären Geschlechts-merkmalen, während eine krankhaft erhöhte, *allgemeine Überstreckbarkeit der*

Gelenke als Anzeichen einer konstitutionellen Schwäche des Stützapparates betrachtet werden muß.

Eine *isolierte Überstreckbarkeit der Fingergelenke*, die wie jene vererbt werden kann (E. EBSTEIN 1923, E. HANHART 1925), wird aber auch ohne jede Bänderschwäche als dominantes Merkmal in gewissen Sippen gefunden und vermag den Betroffenen sogar funktionelle Vorteile zu bieten.

Der in leichteren Graden beim weiblichen Geschlecht physiologische *Cubitus valgus*, der ebenfalls dominant auftritt, wird von J. BAUER und anderen Autoren als Entartungszeichen im Sinne eines *Status thymolymphaticus* genannt. K. H. BAUER und I. GÖTTIG sahen ihn bei sog. *Patellarluxation* zusammen mit Überstreckbarkeit von Ellenbogen-, Hand-, Fingersowie Kniegelenken und erblicken in der *Patellarluxation* lediglich das „Schlüsselstigma" einer mit Übersteigerung aller normalen Bewegungsausmaße verbundenen Systemerkrankung sämtlicher Gelenke.

Das *Genu valgum* kann sowohl ein Symptom einer *Skelet-* als *Muskelinsuffizienz* sein und kommt, auch ohne Überanstrengung durch vieles Stehen, bei *Eunuchoiden* sehr ausgeprägt vor, angeboren indessen nur als Rarität.

Sowohl die *X-Beine* als die *Knick-*, *Senk-* und *Spreizfüße* dürfen *nicht* nur als *ausschließlich* exogen, d. h. durch Rachitis bedingte *Belastungsdeformitäten* gewertet werden, da die neueren Forschungen der Schule von R. SCHERB in Zürich deren weitgehende Abhängigkeit von erblichen Störungen der Innervation ergeben haben. Daraus erklärt sich ihr häufiges Vorkommen bei *nervös minderwertigen* Personen.

Sämtliche *kongenitalen* sowie *habituellen Luxationen* müssen auch vom Standpunkte der Stigmenlehre aus gewertet werden, am meisten die *angeborene Hüftluxation*, deren Kombinationen mit anderen angeborenen orthopädischen Deformitäten (Schiefhals, Skoliose, Lordose, Subluxation der Schultergelenke, Trichterbrust, Hochstand des Schulterblattes, Bauchspalt, Spina bifida, Klumphand, Klumpfuß, Defekt der Kniescheiben, Kniegelenksluxation, Genu recurvatum, Schlaffheit der Hand-, Finger- und Zehengelenke, Plattfuß, Hackenfuß, ferner Hernien, Kryptorchismus usw.) eine Tabelle von ASCHNER und ENGELMANN (1928) mit 172 Fällen des Schrifttums nachweist.

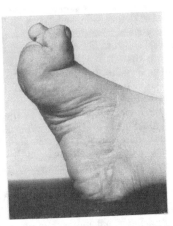

Abb. 7. *Hohlfuß* mit *Hammerzehen* als Teilerscheinung eines *Status dysraphicus* bei *erblicher Imbezillität.*
(Nach F. CURTIUS 1933.)

Unter den *kongenitalen Kontrakturen* beanspruchen die *angeborenen Formen* von *Klumphand* und *Klumpfuß*, ferner die *multiplen Kontrakturen*, sowie die *Kamptodaktylie*, *Hammerzehe* und der *angeborene Hohlfuß* unser Interesse als *Stigmen*.

Was den *Klumpfuß* betrifft, so spricht die von FETSCHER (1921) betonte häufige Vergesellschaftung mit *angeborener Idiotie, Taubstummheit, Psychosen, Epilepsie, Hysterie* und mit *Alkoholismus* und *Suicid* entschieden dafür, daß die auch ihrem Grade nach genotypisch bedingte Anomalie mit zahlreichen anderen Erbanlagen in Beziehung steht.

Weit häufiger noch als die kongenitale Hüftluxation und der Klumpfuß kombiniert sich die *angeborene Klumphand* mit anderen orthopädischen Deformitäten, so daß wir in ihr ein besonders hochwertiges *Stigma* vor uns haben.

Die *Kamptodaktylie*, d. h. der *krumme kleine Finger* („doigt chrochu", „crooked finger"), den LANDOUZY und andere französische Autoren als Teilerscheinung des sog. *Arthritismus* auffaßten, wurde von ASCHNER und ENGELMANN bei Polydaktylie und Defekten von Fingern und Röhrenknochen sowie bei *Brachydaktylie* und *Hyperphalangie*, dann auch bei *radio-ulnarer Synostose* und schließlich bei *Hammerzehe* gefunden; E. KATZENSTEIN (1938) machte auf das häufige Vorkommen der *Kampto-* und namentlich *Klinodaktylie* bei nervös Minderwertigen, unter anderen bei Eltern und Geschwistern von mongoloiden Idioten aufmerksam. Die *Klinodaktylie* ist übrigens eine Teilerscheinung des *Status dysraphicus* von BREMER und CURTIUS.

An der unteren Extremität entspricht die *Hammerzehe* der Kamptodaktylie, zu der sie in enger Korrelation steht. H. U. GLOOR (1933) sah dabei 3mal eine sog. SCHRAMMsche

Spalte, eine Äußerung des *Status dysraphicus* an der Blasenschleimhaut in der Gegend des Ostium vesicale, deren leichtere Grade als passageres Symptom vorwiegend bei *neurotischen* Individuen vorzukommen scheint [1].

Trommelschlegelfinger sollen nach Legrain (1898) in manchen Bezirken der Sahara auch bei gesunden Eingeborenen häufig vorkommen. Sie finden sich sonst zusammen mit *Uhrglasnägeln* meist als Folge chronischer Stauung bei Lungen- und Herzkranken und können auf dieser Basis eine Teilerscheinung der *Osteoarthropathie hypertrophiante* (Pierre Marie) bilden, einem seltenen, zuweilen auch erblich bedingten Leiden.

R. Allemann (1936) sah vom Vater und Großvater her ererbte Trommelschlegelfinger bei einer 29jährigen Frau mit *linksseitiger Doppelniere*, welch letztere wegen Vereiterung entfernt werden mußte; ich selbst fand *Uhrglasnägel* bei dem minderwüchsigen, mäßig intelligenten, 13jährigen Sohne zweier psychopathischer Eltern.

Die meist bei Männern über 40 Jahren auftretende Dupuytrensche *Fingerkontraktur*, die auffallend häufig dominant erblich ist und sich nicht selten mit einer *Induratio penis plastica* sowie nach Payr (zit. nach Aschner und Engelmann 1928) mit einer erhöhten Bereitschaft zu rezidivierenden *Adhäsionen im Abdomen* verbindet, dürfte nicht — wie man früher glaubte — zu den klassischen Stoffwechselkrankheiten in Korrelation stehen, da sie weder von v. Noorden noch von Umber häufig bei Diabetikern und Gichtikern gefunden wurde; dagegen scheinen Beziehungen zum Calciumspiegel des Blutes zu bestehen, da unter anderen G. v. d. Porten [2] bei der Hälfte ihrer 23 Merkmalsträger eine deutliche Hypocalcämie feststellte.

In noch viel höherem Maße ist die *Vierfingerfurche* am Handteller (sog. *Affenfurche*) ein *Stigma und zwar nervöser Minderwertigkeit*, da sich dieses „atavistische“ Merkmal, das sämtliche Affen, jedoch nicht die Halbaffen besitzen, bei *normalen Europäern* einseitig in 1—1,65% und doppelseitig in bloß 1 %, bei *genuinen Epileptikern, Kriminellen, Schwachsinnigen* und *Geisteskranken* dagegen 3—6mal häufiger findet.

Leider sind noch keine ausreichenden Statistiken nach übereinstimmenden Gesichtspunkten gewonnen worden, in welchen die „unreinen“ Formen von den „reinen“ genauer unterschieden werden. Hanhart (1936) fand die Vierfingerfurche in Algier weit häufiger als in der Schweiz, mit welcher Beobachtung die Feststellung J. Weningers übereinstimmt, der bei 530 „normalen“ Nordafrikanern 6,2% einseitige und 1,7% doppelseitige Vierfingerfurchen, also insgesamt 7,9% nachwies. Hieraus geht hervor, daß mit einer beträchtlichen Abhängigkeit dieses Merkmals von der *Rasse* [3] zu rechnen ist, aber nicht etwa im Sinne der tendenziösen Auffassung des Amerikaners Crookshank, der in seinem Buche „The mongol in our midst“ (1928) [4] die relative Häufigkeit der Vierfingerfurche bei den *mongoloiden Idioten* auf *mongolide Rasseneinschläge* bezog, statt darin eine bloße Konvergenzerscheinung zu sehen, wie dies J. F. Rittmeister (1936) tut. Wenn letzterer auf 27 Fälle 11mal, W. Portius (1937) auf 55 davon sämtlich verschiedene Fälle von mongoloider Idiotie sogar 36mal reine Vierfingerfurche, also 60%, fand, so ist damit ein zwar quantitativ noch nicht annähernd erfaßter, aber wohl unzweifelhafter Zusammenhang zwischen jener genetisch immer noch nicht befriedigend geklärten Schwachsinnsform mit dieser pithekoiden Abartung bewiesen, die ich mit Rittmeister in manchen Fällen als Ausdruck einer *Forme fruste* des Mongolismus betrachte.

Letzterer Autor sah die Vierfingerfurche auch öfters bei mißgebildeten Feten, besonders Anencephalen, sowie in Vergesellschaftung mit *Hasenscharte, Kamptodaktylie* und in einem Fall von *Situs inversus viscerum totalis mit Linkshändigkeit*, und zwar an der rechten, also der weniger geschickten Hand, die zugleich das gröbere Liniennetz aufwies.

Im Gegensatz zu Rittmeister, der bei 826 *Kriminellen* (Dieben) in Holland bloß 7 = 0,8% deutliche Vierfingerfurchen fand, stellte Hanhart bei 3000 *Kriminellen* (meist

---

[1] Vgl. auch die Dissertation H. Aeppli, Zürich 1935.
[2] Diss. Zürich 1938.
[3] Die Angabe Rittmeisters, ich hätte die Vierfingerfurche bei *Annamiten* „relativ häufig“ gefunden, ist völlig irrig, da ich sie gerade bei den übrigens nicht sehr zahlreichen Angehörigen dieses mongoliden Bevölkerungsgemisches, die ich untersuchen konnte, gänzlich vermißte, ebenso wie Rittmeister bei den „vielen Chinesen“, die er in Holland sah.
[4] Übersetzung erschienen im Drei-Maskenverlag 1928.

Einbrechern) in Zürich zu 3,8% einseitige, 1,3% doppelseitige, insgesamt somit 5,1% Vierfingerfurche fest. Meine seitherigen Erfahrungen bestätigen diesen Befund durchaus; dabei ist lange nicht etwa der Schwachsinn das Bindeglied, vielmehr eine gewisse Primitivität des Seelenlebens, die vor allem dann gefährlich wird, wenn sie sich — wie gar nicht selten — mit geistiger Beweglichkeit und moralischer Hemmungslosigkeit verbindet. CARRARA (1896) gab bei den von ihm untersuchten 1505 *Kriminellen* sogar 10,6% mit Vierfingerfurche behaftet an, während 300 Prostituierte und 200 Geisteskranke merkwürdigerweise davon völlig frei gewesen sein sollen.

Bei 668 *Schizophrenen* aus zwei ostschweizerischen Anstalten konstatierte mein Mitarbeiter OBERHOLZER [1] in 3,1% eine Vierfingerfurche, die aber nur in 0,6% beidseitig vorkam.

Daß W. PORTIUS (1937) bei 600 Anstaltsinsassen mit *genuiner Epilepsie* die Vierfingerfurche in 7,16% antraf, steht mit der relativ hohen Frequenz der Kriminellen gut im Einklang, ebenso mit dem von mir bei 466 *Oligophrenen* (ausgenommen solchen mit Mongolismus) festgestellten Prozentsatz von 4,7 mit Vierfingerfurche.

HANHARTs Befund von doppelseitigen Vierfingerfurchen bei einem Idioten mit dem BARDET-BIEDLschen Syndrom sowie einer schwer psychopathischen Virago mit verschiedenen körperlichen Merkmalen der Intersexualität spricht nebst der so auffallenden Häufigkeit der Vierfingerfurche bei mongoloiden Idioten für eine *Zwischenhirngenese*, wobei wir uns der im Abschnitt über die Erbpathologie des Stoffwechsels erwähnten Beobachtung von F. PANSE (1937), nämlich des Vorkommens des BARDET-BIEDLschen *Syndroms* und des *Mongolismus in ein und derselben Geschwisterschaft* erinnern. Die schon weiter oben mitgeteilte Kombination einer Vierfingerfurche mit *Pectoralisdefekt* der gleichen Seite dürfte hingegen kaum in diesem Zusammenhang einzuordnen sein.

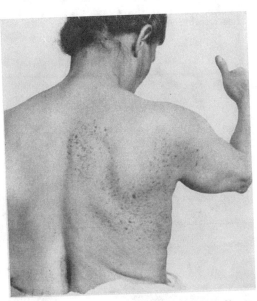

Abb. 8. *Halbseitiges* ausgedehntes *Pigmentmal* an Rücken, Oberarm sowie Sklera bei einer *angeboren schwachsinnigen Asthenika* mit *multipler Sklerose*, stammend aus *schwer neuropathisch belasteter Familie*. (Nach F. CURTIUS 1933.)

Der Dermatologe S. BETTMANN (1932) berichtete in 100 Fällen von *Psoriasis* nicht weniger als 28 mal Vierfingerfurche festgestellt zu haben, was ebenfalls auf eine Korrelation schließen lassen würde; eine Nachprüfung an einigen Dutzend hiesigen Psoriatikern ergab mir indessen ein so seltenes Vorkommen *reiner* Vierfingerfurche, daß ich diesen Zusammenhang noch nicht für hinlänglich bewiesen erachte.

Die *Erblichkeit* der Vierfingerfurche ist vor allem durch einen Fall von Konkordanz des doppelseitig ganz gleich ausgeprägten Merkmals bei EZ [2] (HANHART 1937) sowie durch das *dominante* Auftreten in einer Reihe von Familien höchstwahrscheinlich geworden. Die Manifestation erfolgt bereits zwischen dem 3. und 6. Embryonalmonat (RETZIUS) und steht deshalb zu der Funktion in keinerlei Korrelation.

Wegen ihres Beziehungsreichtums ist die *Vierfingerfurche*, diese zunächst belanglos erscheinende Variante der Handlinien als *Prototyp eines Stigmas* zu bezeichnen.

Um so merkwürdiger ist, daß die meisten „*Chirologen*" mit Ausnahme von CHEIRO (Pseudonym), der die Vierfingerfurche an der Hand eines zum Mörder gewordenen Arztes abbildete, die enorme Bedeutung dieser Linie nicht erkannt haben!

---

[1] Noch unveröffentlicht.
[2] Vgl. die Sippentafel in Abb. 29 auf S. 592 dieses Bandes.

Eine Fülle von Stigmen weist das *Hautorgan* auf, auch abgesehen von den hier schon verschiedentlich erwähnten Behaarungsanomalien. Während einzelne kleine Muttermäler wegen ihrer allgemeinen Verbreitung kaum sehr viel bedeuten, sind ausgedehntere *Pigmentanomalien* wegen ihrer häufigen Beziehungen zur sog. RECKLINGHAUSEN*schen Krankheit* und damit meist auch zu *erblichem Schwachsinn* verbunden mit Störungen der Sexualsphäre sowie des Knochenwachstums sehr hoch zu werten. Bezeichnend ist vorstehender nach F. CURTIUS (1933) abgebildeter Fall (Abb. 8).

Sehr eindrucksvoll sind auch die folgenden Fälle dieses um die Erkenntnis der Mannigfaltigkeit in der Manifestation von krankhaften Anlagen so erfolgreich forschenden Autors:

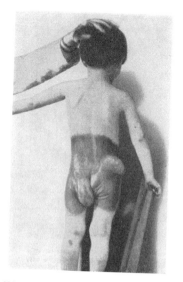

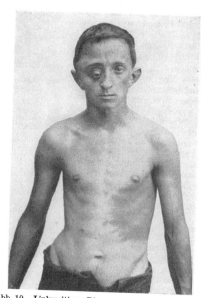

Abb. 9. Idiot mit Pigment- und Haarmal in Badehosenform und Hautgeschwülsten. (Nach F. CURTIUS 1933.)

Abb. 10. Linksseitiges Riesenmuttermal am Rumpf bei halbseitigem Riesenwuchs des Kopfes. (Nach F. CURTIUS 1933.)

Über die Beziehungen der Haut und ihrer Gebilde zur Konstitution ihres Trägers handelt H. HOESSLIN (1921), über diejenigen insbesondere der RECKLINGHAUSEN*schen Neurofibromatose* zu den Naevi G. HEUER (1917) der einen Fall von ausgedehntem schwimmhosenartigen *Naevus pigmentosus pilosus congenitus* mit Hämatom des Rückens und *Spina bifida occulta* beschreibt. Die schon durch die Kombinationen von M. RECKLINGHAUSEN mit *genuiner Syringomyelie* wahrscheinlich gewordene Bedeutung des *Status dysraphicus* für die Neurofibromatose ist neuerdings von A. FRANCESCHETTI und E. B. STREIFF (1937) durch eine interessante Beobachtung herausgestellt worden:

Die in Abb. 11 wiedergegebene 51jährige Frau zeigte neben den typischen Symptomen der RECKLINGHAUSEN*schen Neurofibromatosis* (Hauttumoren, braune Naevi, Knochenveränderungen) folgende Zeichen eines *Status dysraphicus:* Spannweite der Arme größer als Körperlänge, Differenz im Stand der Mammae und der Pigmentation der Brustwarzen, Trichterbrust, Kyphoskoliose, abstehende Schulterblätter, Störungen der Schmerz- und Temperaturempfindungen, Differenzen in der Pigmentierung der Kopfhaare, Brauen und Cilien, Heterochromie bei Melanosis der Bindehäute am helleren Auge, Anisokorie nach Art des HORNER*schen Syndroms* und Druckdifferenz der Bulbi.

Von mindestens ebenso großer Bedeutung wie die somatischen sind

die funktionellen Stigmen

bzw. die sich *funktionell äußernden Zeichen konstitutioneller Minderwertigkeit,* die öfters wohl gleichfalls organisch bedingt sind, bei denen zunächst aber in erster Linie die Störung einer Funktion auffällt. Bleiben wir auch hier aus praktischen Gründen unserer regionären Einteilung „von Kopf zu Fuß" treu, so sind am *Seh-organ* außer den bereits oben er-wähnten Refraktionsanomalien und dem ätiologisch so uneinheit-lichen Nystagmus die primäre *Sehschwäche (Amblyopie)* und die ein vorwiegend nervöses Sym-ptom darstellende *Asthenopie* zu nennen (A. Peters 1920), ferner im Bereich des achten Hirnner-ven die *Übererregbarkeit des Vesti-bularapparates,* die zusammen mit einer solchen der Eingeweide-nerven unter anderem die *See-krankheit* hervorruft und zum Teil auch jene zur übrigen Wider-standskraft oft in so merkwür-digem Gegensatz stehende *Emp-findlichkeit gegen rasche Dre-hungen, Bahnfahren, Schaukeln.*

Eine von mir untersuchte erfolg-reiche *Leichtathletikerin* von bei aller Kräftigkeit harmonischem und voll-weiblichem Habitus vermag trotz größter Willensanstrengung durchaus nicht in der Eisenbahn und im Auto zu fahren und erwies sich dann auch hinsichtlich ihrer Magendarmfunk-tionen sowie auf psychischem Ge-biete als überempfindliche, schwie-rige Patientin, die kaum zufällig kinderlos mit einem erblich belas-teten Psychopathen verheiratet ist.

Eine *Schwerhörigkeit* kann nur dann als Stigma gelten, wenn nachgewiesen ist, daß sie nicht rein exogener Natur d. h. etwa

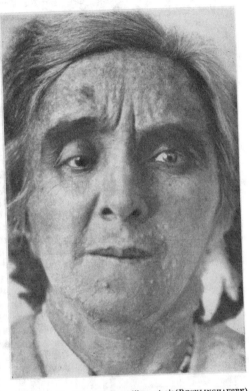

Abb. 11. 51 jähr. Frau mit *Neurofibromatosis* (Recklinghausen) und Stigmenhäufung im Sinne eines Status dysraphicus. (Nach Franceschetti und Streiff 1937.)

durch eine Basisfraktur oder einen Scharlach verursacht wurde. Als Symptom der drei hereditären Gehörsleiden: *Recessive Taubheit, dominante Innenohrschwer-hörigkeit* und *Otosklerose* kann sie mit den verschiedensten konstitutionellen Defekten verbunden sein, worunter bei ersterer Affektion vor allem der *Schwach-sinn* aller Grade sowie nicht selten ein *Hypogenitalismus* (Hanhart 1938) und bei letzterer die schon erwähnte Trias mit den blauen Skleren und der Osteo-psathyrosis zu nennen sind.

Ein ausgesprochenes Stigma ist auch die *Anosmie,* die von Alikhan (1920) in vier Generationen einer Epileptikerfamilie gefunden wurde, vielleicht als Folge der bei Epilepsie häufigen Sklerose des Ammonshorns. Da Claude Bernard bei anatomisch gesichertem Mangel der Riechnerven jede Anosmie vermißte, darf aus diesem Zeichen noch kein Schluß auf eine Arhinencephalie gezogen

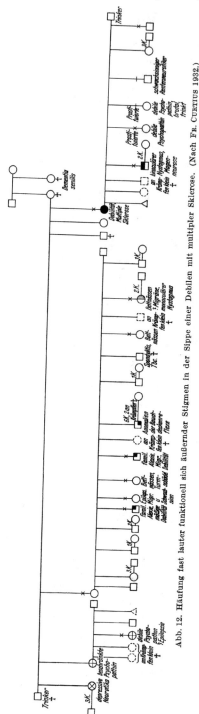

Abb. 12. Häufung fast lauter funktionell sich äußernder Stigmen in der Sippe einer Debilen mit multipler Sklerose. (Nach Fr. Curtius 1932.)

werden. Ein besonders empfindliches Geruchsvermögen, wie es gerade in jenem Fall bestand, bereits als Abnormität nach der anderen Richtung zu bezeichnen, wie das von seiten gewisser „Degenerationsriecher“ geschah, ist abwegig und dürfte auf einer Verwechslung mit der krankhaften Vorliebe oder Abneigung mancher Hysterischer gegenüber komplexbetonten Gerüchen beruhen. Die symptomatische Anosmie mit oder ohne *Ozaena* sowie Haut- und Zahnanomalien wurde schon oben erwähnt.

Ganz vorwiegend funktionell sich äußernde Stigmen finden sich auffallend zahlreich in beistehender Sippe (Abb. 12).

Abgesehen von ihrer in einem eigenen Abschnitt dieses Kapitels zu behandelnden allergischen Genese müssen der *habituelle Kopfschmerz* und die *Migräne* sowie die damit meist eng zusammenhängende *Wetter-Überempfindlichkeit*, besonders gegen *Föhn* als Stigmen genannt werden, die oft überaus rasch sonst latente Schwächen der Konstitution (abnorme Reiz- und Ermüdbarkeit, Krampfbereitschaften) und Loci minoris resistentiae verraten. Sehr wichtig sind auch die verschiedenen *Sprachstörungen* (Stammeln, Stottern, Hörstummheit usw.), die aber nicht etwa alle, wie man dies auf Grund von bloßen Umfragen annahm, genetische Beziehungen zur *Linkshändigkeit* haben (K. Kistler 1930); sicher ist dies einzig beim *funktionellen Stammeln* der Fall, nicht aber beim Stottern, das ein psychoneurotisches Symptom darstellt. Die Angabe von J. Bauer (1924), wonach die Linkshänder doppelt so oft Degenerationszeichen aufweisen als Rechtshänder und viel häufiger Stotterer, Stammler, Hörstumme, Farbenblinde und untüchtige bis schwachbegabte Menschen sind, stimmt nur zum Teil und bedarf dringend der Nachprüfung. Auch auf *Mitbewegungen beim Sprechen*, die individuell sehr charakteristisch sein und symmetrisch auftreten können, ist zu achten, sowie auf ein habituelles *Versagen* oder „*Überschlagen*“ *der Stimme*, ferner auf die verschiedenen Formen des *Lidflatterns*, *Händezitterns* und des *Schreibkrampfes*, ganz abgesehen von den lokal oft durch eine Organschwäche determinierten *Tics* und jenen *unsubordinierten*

Zuckungen namentlich der Beine *bei langsamem Einschlafen*, die W. R. Gowers (1908) zwar als klinisch belanglose Eigentümlichkeit mancher Leute beschrieb, die aber doch pathognomonisch für eine bestimmte Konstitutionsanomalie, und wäre es nur eine allgemeine nervöse Übererregbarkeit, zu sein scheint. Ein besonders oft mit einer *Lingua plicata* verbundenes funktionelles Stigma ist die *abnorme Schreckhaftigkeit*, die bekanntlich den Pädiatern beim Säugling und Kleinkind als wichtiges Anzeichen eines defekten Nervensystems gilt und nicht nur etwa bei infantiler amaurotischer Idiotie, sondern auch bei einfacher *Psychopathie* vorkommt; natürlich wären hier noch alle jene zahlreichen *neuropathischen Symptome* zu nennen, die sich größtenteils schon als „Kinderfehler" durch hartnäckiges Schreien, Stirnrunzeln, Blinzeln, Lutschen, Nasenbohren, Nägelkauen, Haarpflücken, Stuhlzurückhalten, Masturbation, abnorme Ängstlichkeit, Pavor nocturnus, Wutanfälle, „Wegbleiben", d. h. respiratorische Affektkrämpfe, Enuresis nocturna[1] et diurna, sowie als nervöse Anorexie, habituelles Erbrechen mit und ohne Acetonämie, Polydipsie, Poly- und Oligurie usw. kundgeben und die im späteren Alter von irgendwie entsprechenden Bereitschaften gefolgt zu sein pflegen, sowie meist auch von psychasthenischen, psychopathischen bis psychotischen Erscheinungen, wobei die schizothymen Temperamente mehr zu *Zwangsneurosen*, die zyklothymen mehr zu *hysterischen Reaktionen* neigen; während die letzteren beim Kinde noch als nahezu physiologisch aufgefaßt werden dürfen, sind sie beim Erwachsenen stets schwere Stigmen, die nur von den verschiedenen Arten der *Sexualperversion*, *Süchtigkeit* und *Haltlosigkeit* an sozialer Bedeutung übertroffen werden. Bei der in ihren Wurzeln sehr komplexen *Kriminalität*, die latent sehr viel häufiger vorhanden ist, als man glaubt, sind neben der sich aus den Familien- und Zwillingsforschungen ergebenden Determinierung durch die *erbliche Veranlagung* ganz besonders auch die hier *oft ausschlaggebenden Umweltmomente*, worunter nicht zum wenigsten die allgemeine Verrohung in Revolutions-, Kriegs- und Nachkriegszeiten mit in Betracht zu ziehen; *sthenische Charaktere mit asthenischer* Kontrastierung (Kretschmer 1926) sind hier weit mehr gefährdet, als die mehr passiven Naturen, deren Vorwiegen in einer Bevölkerung jedoch für deren Erhaltung viel verhängnisvoller ist als eine starke Beimengung vitaler und mutiger, aber unter Umständen auch wilder und gewalttätiger Elemente. Die individuelle Gefährdung der letzteren durch Unfälle ist übrigens geringer, als gemeinhin angenommen wird.

Einen guten Anhaltspunkt zur Beurteilung der allgemeinen Leistungsfähigkeit des Nervensystems bietet das individuell bekanntlich sehr verschiedene *Schlafbedürfnis* und die Neigung zu *Schlaflosigkeit*, d. h. einer Störung der assimilatorischen Phase unseres Daseins. *Vagotonikern* ist ein tiefer Schlaf eigentümlich sowie nicht selten eine rein neuroendokrin bedingte, sog. *essentielle Nykturie*, die nicht etwa auf eine kompensatorische Aufarbeitung eines tagsüber unerledigt gebliebenen Harnrestes zu beziehen ist, vielmehr als Hinweis auf eine mögliche Erkrankung im Hypophysenzwischenhirnsystem gewertet sein will und deshalb vor allem bei mit Stoffwechselleiden (Diabetes mellitus!) belasteten oder vagotonisch stigmatisierten Ulcuspatienten vorkommt (H. Beck 1935, F. Mainzer 1935). Der von Hanhart (1934) beschriebene „vegetative Déséquilibré", der wie sein an Altersdiabetes und spastischer Obstipation leidender Vater ganz vorwiegend Vagotoniker war, zeigte vor einer in den 40er Jahren entstandenen *essentiellen Nykturie* eine zeitweise sehr ausgeprägte *Rumination*, also einen mitunter erblich vorkommenden, schon von Eppinger, Hess, Falta u. a. auf „Vagotonie" zurückgeführten, seinem Wesen nach eher einen *Infantilismus* (H. Curschmann 1920), als einen *Atavismus* (L. R. Müller 1902)

---

[1] Enuresis nocturna bei Erwachsenen kann selten einmal mit angeborenem Mangel der Prostata verbunden sein.

darstellenden pathologischen Bedingungsreflex, der sich in dem betreffenden Falle charakteristischerweise auch noch mit einer Neigung zu *Speichel-* und *Magen- saftfluß, Eructatio nervosa, Obstipatio spastica, Pruritus ani*, orthostatischer *Albuminurie* (bis mit 20 Jahren), *Harnstottern (Urina spastica* [1]) sowie mit *Ery- throphobie* vergesellschaftete. Jener Patient, der außerdem ein typischer Idiosyn- krasiker mit *Heufieber* und einer Reihe *alimentärer Allergien* ist, wird auf S. 603 dieses Bandes in bezug auf seine Abstammungs- und Milieuverhältnisse näher besprochen.

Als *Vasodystonien* habe ich in dem von mir verfaßten „*Konstitutionsbogen*" den *Dermographismus*, das *Trophödem*, die *Cutis marmorata*, die *Akrocyanose* (rote bis blaue Nase, Hände, Füße, Frostbeulen) und die *Akroparästhesien* (Kribbeln, „Einschlafen der Glieder") die „*abgestorbenen Finger*" (doigts morts) bezeichnet, ferner die damit verwandte Neigung zu starkem *Erröten* oder *Erblassen* und zu sog. *Situationsohnmachten* angeführt.

Ein noch mit 74 Jahren sehr rüstiger, zeitlebens ganz ungewöhnlich widerstandsfähiger Spezialarzt von Weltruf, den ich genau kenne, hat von seinem ebenfalls erfolgreichen Vater her die Eigentümlichkeit ererbt, beim Anblick von frischem Blut sofort in eine *schwere Ohnmacht* zu fallen, was ihm ebenfalls nachweisbar von Jugend auf regelmäßig passiert, sobald sein Kopf tiefer als der übrige Körper zu liegen kommt. Für die sonst aus- gezeichnete Konstitution dieses ausgesprochen schizothymen Gelehrten von genialer manu- eller und technischer Begabung spricht, daß er trotz wenig Schlaf und körperlicher Bewe- gung bis ins höhere Alter gesund blieb.

Wir haben es also hier mit einem unter Umständen gar nicht ungefährlichen, wahr- scheinlich irgendwie auch lokal bedingten, funktionell sich äußernden Stigma zu tun, das *auffallenderweise nicht mit anderen Defekten, vielmehr mit einer seltenen körperlichen und geistigen Leistungsfähigkeit während eines langen Lebens* verbunden war.

Immerhin hat dieser hervorragende Explorand, in welchem eine bis anhin in stetem Aufstieg begriffene Familie ihr prominentestes Glied anerkennt, wegen seiner allzu einseitigen Lebenseinstellung — er heiratete erst in vorgerücktem Alter — keine Nachkommen, wohl weil er eine bereits allzu extreme Variante geistig-seelischer Artung darstellt.

Akrocyanose ist nicht nur eine sehr häufige Begleiterscheinung bei *Katatonie*, sondern kommt auch, ebenso wie die *Cutis marmorata*, oft bei *Eunuchoiden, Kretinen*, ferner bei *schwer Asthenischen* mit schlechter Zirkulation vor. *Starke Schweißbildung*, die allgemein mehr den *Hyperthyreotikern* eignet, kann sich als *lokales Stigma* bei *übererregbaren* Personen sehr abundant an den Achselhöhlen, Handflächen und Füßen äußern und pflegt so gut wie immer von anderen Zeichen konstitutioneller Minderwertigkeit begleitet zu sein; nach H. W. SIEMENS handelt es sich bei der Hyperhidrosis manuum et pedum um ein dominantes Merkmal, das zur *Hyperkeratosis* derselben Regionen in fester Korrelation stehen kann.

Auch die von der Pubertät an sich geltend machenden *Sekretionsanomalien der Talg- drüsen*, d. h. vor allem die *Acne* und *Seborrhöe*, von denen die erstere zu ausgedehnter Narben- bildung, die letztere zu Glatze führen kann, findet sich besonders häufig bei *Neuropathen*, vielleicht auch die hereditäre Disposition zu Talgdrüsencysten *(Atheromen)*. Daß das oft familiäre *Adenoma sebaceum*, eine Naevusbildung aus hyperplastischen Talgdrüsen, häufig mit *geistiger Minderwertigkeit*, namentlich *Epilepsie* koinzidiert, ist bekannt.

Das sog. *Absterben der Finger* tritt so häufig in Allergikerfamilien auf, daß es schon von GÄNSSLEN (1921) in die Symptomatologie der Idiosynkrasien einbezogen wurde; es kann aber sicher auch unabhängig davon als Äußerung einer „*Vasoneurose*" entstehen.

Die mit den zirkulatorischen und trophischen Vorgängen in enger Beziehung stehende *Disposition zu Erkältungen* und den sog. *rheumatischen Erkrankungen*, die trotz ihrer häufig sehr weitgehenden Abhängigkeit von Infektionsherden auch recht erheblich durch Erbanlagen bedingt ist, wird weiter unten im Anschluß an unsere Übersicht über die Erbbiologie der Idiosynkrasien in einem besonderen Abschnitt behandelt.

Als funktionelles Stigma kann die *habituelle arterielle* Hypotension aufgefaßt werden, die gewöhnlich mit asthenischen Merkmalen (F. SCHELLONG 1933) und Neigung zu *Hypoglykämie* verbunden ist.

Sowohl konstitutionell als auch rassenhygienisch von größter Wichtigkeit sind die *Störungen des Fortpflanzungsvermögens*, die zu *Sterilität* oder *habituellem*

---

[1] Zur Miktionspathologie vgl. O. SCHWARZ (1923).

Abortus führen und — wie man aus den Erkenntnissen der experimentellen Erblehre annehmen muß — nicht selten auf *Letalfaktoren* beruhen dürften. Wenn
sich, wie immerhin relativ häufig, körperlich und geistig defekte Individuen
als unfruchtbar erweisen, ohne daß erworbene Veränderungen an den Sexual-
organen vorliegen, ist man versucht, dies teleologisch zu deuten.

In einem Falle meiner Beobachtung, der ein körperlich und geistig sehr leistungsfähiges,
junges Ehepaar betrifft, das in gesundester, aber sehr föhnreicher Gebirgsgegend lebt,
scheint der bereits *viermalige*, sonst unerklärliche *Abortus* mit der *hochgradigen Wetter-*
empfindlichkeit der auch durch Magen-Darmstörungen, Dysmenorrhöe und frühzeitiges
Ergrauen stigmatisierten Frau zusammenzuhängen.

Hartnäckige *Dysmenorrhöen* habe ich auffallend oft bei *Lungentuberkulösen*
zugleich mit anderen Zeichen vegetativer Übererregbarkeit angetroffen, ganz
besonders häufig bei *Migränikerinnen* mit *infantilen* Einschlägen. Auch die
übrigen *Menstruationsanomalien* haben hohen stigmatischen Wert, des weiteren
die mit der *Oligomenorrhöe* nicht selten verbundene *Frigidität*, die durchaus nicht
nur bei „Kindweibern" sowie „Mannsweibern" vorkommt, vielmehr auch bei
leicht konzipierenden, scheinbar vollentwickelten Frauen.

Ein schweres *Stigma beim Manne* ist die lange nicht immer als vorzeitige
Alterserscheinung aufzufassende *Impotenz*, die wie die *Ejaculatio praecox* ein
heute bei jüngeren Leuten bedenklich häufiges Symptom nervöser Minderwertigkeit ist und gar nicht selten recht „gut aussehende", sonst kräftige Männer
betrifft.

Dies war z. B. bei zwei von mir untersuchten, seit Jahren voneinander getrennten
Brüdern in den 20er Jahren der Fall, die beide erfolgreiche Sportsleute, aber *schizoide*
Psychopathen waren.

Eine sehr starke Verbreitung hat im männlichen Geschlecht auch der *Pruritus*
ani gewonnen, der mit oder ohne Erscheinungen der sog. *Analerotik* namentlich
bei Vagotonikern auftritt, und zwar wie im Falle jenes „*vegetativen Déséquilibrés*"
auch auf erblicher Grundlage, ausgelöst allerdings durch alimentäre Allergien
(s. unten).

Ungleich wertvoller als die Feststellung vereinzelter Abweichungen von der
Norm sind die

5. Stigmenhäufungen,

wie wir sie vor allem im Rahmen des von H. BOETERS in Bd. V/1 dieses Handbuches bei den menschlichen Erbleiden des Nervensystems näher besprochenen
Status dysraphicus vereinigt finden. Folgendes Beispiel erläutert besser als eine
langatmige Aufzählung, zu was für einer bunten Ansammlung von Deviationen,
Mißbildungen und ausgesprochen degenerativen Zuständen des äußeren und
mittleren Keimblattes es bei manchen Individuen auf erblicher Grundlage
kommen kann:

Dieser Fall (Abb. 13a, b) mit zwei schweren Stigmen auf einer Körperhälfte
führt uns zur Frage der *Halbseitenminderwertigkeit*, die nicht so selten ist, wie
man nach den spärlichen Angaben im Schrifttum vermuten könnte.

Im Fall von GEIST (1911) handelt es sich um ein Kleinersein der ganzen *linken Körper-*
hälfte eines *schwachsinnigen* Knaben mit Linkshändigkeit und Sprachstörung, in demjenigen
von O. F. EHRENTHEIL (1927) um das Kleinersein einzelner Teile *rechterseits* (Gesichts-
hälfte, Auge mit Ptosis, nur rechtsseitigem Astigmatismus, Verkümmerung von Thorax,
Arm, Hand — insbesondere des Daumens —, ferner der gleichseitigen Mamma und des
Labium minus) bei einem minderwüchsigen, aber geistig normalen, 18jährigen Mädchen,
das mit einer *Atresia ani vestibularis* zur Welt gekommen war und neben einer leichten
Skoliose noch eine Mitralinsuffizienz aufwies.

In einem Fall eigener Beobachtung scheint sich eine *linksseitige Minderwertigkeit* beim
Vater durch Ptosis und stärkere Neigung zu Conjunctivitis sowie eine erhöhte Anfälligkeit
der linken Lunge (offene Spitzentuberkulose nach Pleuropneumonie), eine im Verhältnis
zur Stärke des rechten Armes sehr erheblich herabgesetzte Muskelkraft des linken Armes

und eine links ungleich viel stärkere Varicenbildung am Unterschenkel, beim *Sohne* in einem bloß linksseitigen Kryptorchismus (Leistenhoden) zu äußern.

Daß durchaus nicht etwa immer eine *angeborene Trichterbrust* bei einem größtenteils im Sinne des BREMERschen *Status dysraphicus* vielfältig Stigmatisierten bestehen muß, beweist auch der Fall Abb. 14, der sozial und namentlich rassenhygienisch noch wichtiger ist als der in Abb. 13 dargestellte.

Es scheint auch noch andere Erbanlagen als die zum *Status dysraphicus* führenden zu geben, die sich sowohl in bestimmten Spaltbildungen als in mehr oder weniger vordringlichen nervösen Erscheinungen äußern können, welche bei isoliertem Auftreten die Bedeutung von *Stigmen* erlangen.

So fanden L. M. TOCANTINS und H. A. REIMANN (1939) in einer Sippe in USA. ausgehend von einer Probandin mit *Hasenscharte, Wolfsrachen* und *Ulcus perforans plantae pedis* mit Knochenatrophie, deren Vater nur die letzteren und deren Sohn bloß die beiden ersteren Symptome aufwies, je zwei Geschwister bzw. Bruder-skinder einzig mit *Reflex-* und *Sensibilitätsstörungen* sowie *Cyanose* an den Füßen behaftet, außerdem zwei Nichten mit *epileptiformen Anfällen*, während drei weitere Seitenverwandte einzig *Hasenscharten* zeigten.

Die schwer zu übersehende *Sippentafel* der Originalarbeit ist von mir umgezeichnet in der Abb. 15 dargestellt worden, da sie *Verhältnisse von grundsätzlicher Wichtigkeit* darbietet und in der von W. LEHMANN und R. RITTER bearbeiteten „*Erbpathologie der Lippen-Kiefer-Gaumenspalten*" in Bd. IV/2 dieses Handbuches nicht mehr berücksichtigt werden konnte.

Der primäre Ausdruck der zugehörigen Erbanlage dürfte in der von TOCANTINS und REIMANN vermuteten *Myelodysplasie* zu suchen sein.

Abb. 13a. Mäßig *Schwachsinniger* mit multiplen *ektodermalen* (kongenitaler *Amblyopie, Strabismus converg.* dexter., *Hemeralopie* mit *Nystagmus*, beiderseits schiefer Opticuseinsatz, starke Handmuskelatrophie) sowie *mesodermalen Stigmen* (Klein- und Kurzköpfigkeit, Kyphoskoliose, Verkümmerung der linken Brustwarze, abnorme Lagerung der Artt. radiales, Verbiegung der Kleinfinger, Verwachsung zweier Zehen links, Verkümmerung bzw. Fehlen mancher Zehennägel) bei gleichartiger Belastung durch *Mutter* und *Bruder*. (Nach F. CURTIUS 1933.)

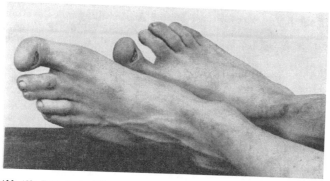

Abb. 13b. Füße des in Abb. 13a dargestellten Entarteten. (Nach F. CURTIUS 1933.)

Hierher gehört auch die von G. MIESCHER (1920) beobachtete Häufung scheinbar heterogenster Defekte bei 2 erwachsenen Kindern einer 6köpfigen

Geschwisterschaft, deren *Vater* wie die Mutter und 4 Kinder völlig gesund war, aber *naevusartige Efflorescenzen* an Stirn und linker Schläfe hatte, die sich mit der kongenitalen *Akanthosis nigricans* der beiden *infantilistischen, imbezillen,* mit *Cutis verticis gyrata, Hypertrichose,* starker *Progenie* und *Zahndeformitäten* (u. a. monströsen Weisheitszähnen) sowie juvenilem *Diabetes mellitus* behafteten Kinder histologisch identisch erwiesen.

Ein Zusammenhang dieser *essentiellen Akanthosis nigricans* (MIESCHER) mit *Carcinom,* wie er bei der *symptomatischen Akanthosis nigricans* öfters besteht, fehlt.

Wie es auch zu einer Häufung sowie Dissoziation von Defekten an *Derivaten des mittleren Keimblattes* auf Grund ein und derselben Erbanlage kommen kann, beweist die durch die Sippentafel Abb. 16 veranschaulichte Beobachtung von E. S. FRANK (1923), in der *blaue Skleren* und Knochenbrüchigkeit dominant in drei Generationen hervortreten, in der zweiten überdies eine wahrscheinlich otosklerotisch bedingte *Taubheit* und in der dritten eine *progressive Lipodystrophie* nebst *schlaffen Gelenkbändern.* Da eine Tante dieser jugendlichen Trägerin des Vollbildes nur Taubheit und blaue Skleren, eine Schwester sogar ausschließlich letztere zeigt, sind diese als Rudimentärsymptome der genannten Anlage und in diesem Sinne als Stigmen einzuschätzen, ebenso eventuell schlaffe Gelenkbänder.

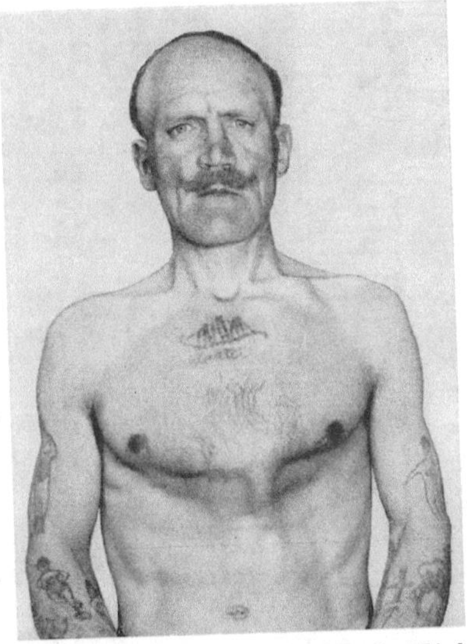

Eine Mißbildung von Gesicht, Ohr, Auge und Hand beschrieb DRURY (1921).

Relativ am leichtesten zu verstehen sind jene Häufungen von Stigmen, die sich als *Infantilismen* zusammenfassen lassen oder als *Ausfallssymptome endokriner Drüsen.*

Für einen *Infantilismus* sprechen eine geringe Körpergröße infolge verzögerter

Abb. 14. Mäßig *schwachsinniger, psychopathisch-haltloser Kriegsrentenneurotiker,* der bis zum 16. Lebensjahre das *Bett näßte, hysterische Anfälle* hatte und an leichter *Tabes* leidet. — Zwei *Kinder* und ein *Bruder schwachsinnig,* letzterer auch *kriminell.* — *Somatische Stigmen:* Seltene *Deformation der Brust,* doppelseitiger *Hohlfuß.* Man beachte als *sekundäre Stigmen* die Tätowierungen und den aufgedrehten Schnurrbart, mit welch künstlich martialischem Aussehen der Mann seine Schwächen offenbar tarnen will! (Nach F. CURTIUS 1933.)

Ossifikation, ein im Verhältnis zum Gesichtsschädel großer Hirnschädel, eine wenig ausgesprochene Form von Nase, Kiefer und Kinn, ein kindlicher Gesichtsausdruck, ein graziler Knochenbau, kurze Extremitäten bei eher kleiner Spannweite der Arme und kleinerer Unterlänge als Oberlänge, ferner eine verzögerte Involution des lymphatischen Apparates (unter anderen Lymphocytose, eventuell Status lymphaticus und Anämie) sowie eine Hypoplasie des Gefäßsystems (kleines Herz, enge Aorta, niedriger Blutdruck) und auf psychischem Gebiete eine kindliche Logik, starke Ablenkbarkeit, Nachahmungstrieb, Unselbständigkeit, Insuffizienzgefühle, ängstliche Verdrossenheit, ungehemmte Affekte in Mimik und Gestik, meist ohne echte Heiterkeit und Unbefangenheit, Arbeitsunlust und die Neigung zu infantilen Fixierungen (Übertragungen, Regressionen, Wutanfälle, orale oder anale Sexualität, Paraphilien) im Sinne des „*psychosexuellen Infantilismus*" STEKELs. Als *genitale Infantilismen* kommen in Betracht: die Persistenz weicher Flaumhaare im Gesicht, spärliche oder fehlende Bart-, Achsel- und Schambehaarung bei reichlichem Kopfhaar, infantile Mammae, kleine Warzenhöfe, flache oder Hohlwarzen, tiefstehender Nabel, Neigung zu Hänge-

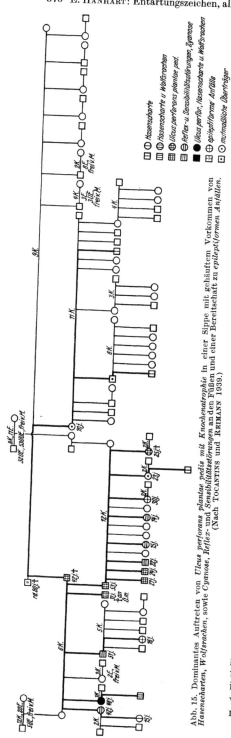

⊖ Hasenscharte
⊖ Hasenscharte u Wolfsrachen
⊕ Ulcus perforans plantae ped.
⊖ Reflex- u. Sensibilitätsstörungen, Zyanose
⊕ Ulcus perfor., Hasenscharte u Wolfsrachen
⊕ epileptiforme Anfälle
⊙ mutmaßliche Überträger

Abb. 15. Dominantes Auftreten von *Ulcus perforans plantae pedis* mit Knochenatrophie in einer Sippe mit gehäuftem Vorkommen von *Haesencharten, Wolfsrachen*, sowie *Cyanose, Reflex- und Sensibilitätsstörungen an den Füßen und einer Beretschaft zu epileptiformen Anfällen*. (Nach TOCANTINS und REIMANN 1939.)

bauch, schmale Hüften, flache Nates, fettarmer Schamberg, unentwickelte äußere Genitalien, trichterförmige Vulva, enge Vagina, infantiler Uterus, Tuben, Ovarien, Amenorrhöe, Sterilität und beim männlichen Geschlecht: Monorchismus, Kryptorchismus, Leistenhoden, unvollständiger Descensus, Oligo- oder Azoospermie, Kleinheit von Hoden, Scrotum und Penis, Zeichen, die denen des *Hypogenitalismus* zum Teil entsprechen.

Unter den *Häufungen hormonaler Stigmen* habe ich in meinem Konstitutionsbogen (s. oben) diejenigen des *Hypo-* bzw. *Hyperthyreoidismus*, *Hypo-* und *Hyperpituitarismus* aufgezählt, die konstitutionelle Beziehungen zu Habitus, Temperament und Charakter sowie zur Trophik und zum Stoffwechsel unterhalten. Es muß hier aber vor einer zu weitgehenden Schematisierung gewarnt und ausdrücklich betont werden, daß sich auf rein hormonaler Grundlage keine so befriedigende Typisierung der Menschen erreichen läßt, wie sie KRETSCHMER gelang. Multiple endokrine Stigmen werden übrigens eher seltener bei ererbten, denn bei erworbenen Konstitutionsstörungen (Mongolismus, Kretinismus) beobachtet; sie finden sich z. B. entschieden weit seltener bei juvenilen Diabetikern, als v. NOORDEN auf Grund seiner sich vorwiegend auf Juden beziehenden Studien angab. Die bei letzteren bekanntlich so häufigen innersekretorischen Disharmonien sind als Entartungserscheinungen zu werten und nicht etwa auf eine echte Rassendisposition zu beziehen. Der Versuch, Rassendifferenzen allgemein aus verschiedener Hormontätigkeit zu erklären, kann als völlig gescheitert gelten. Was alles an einzelnen Symptomen bei den „*endokrin Stigmatisierten*" zu berücksichtigen ist, hat J. BAUER (1932) zusammengestellt; es umfaßt einen beträchtlichen Teil der Pathologie überhaupt und kann hier nicht näher ausgeführt werden.

Eine reine Erbkrankheit mit sehr ausgesprochener Häufung von Stigmen, namentlich auch solchen endokriner Natur, ist die *myotonische Dystrophie*, die aber deswegen noch nicht mit O. NAEGELI auf hormonale Ursachen bezogen werden darf.

Wenn im Verlauf dieser Übersicht der Ausdruck „*Stigma*" so weit gefaßt wurde, daß eine Abgrenzung gegenüber den einzelnen Symptomen vieler klinischer Krankheitseinheiten kaum mehr möglich erscheint, so liegt dies darin, daß wir es hier keineswegs mit einem scharfen erbbiologischen Begriff, sondern mit einer *praktisch bewährten Betrachtungsweise* zu tun haben, welche der mannigfaltigen Genese der verschiedenen Merkmale ebenso gerecht werden will, wie ihrer Zugehörigkeit zu bestimmten Gruppen. Ausdrücklich sei noch hervorgehoben, daß es zwar gerade das Wesen mancher Stigmen ausmacht bei aller äußerlicher Geringfügigkeit auf das Bestehen schwerwiegender Erkrankungsbereitschaften namentlich von seiten des Nervensystems aufmerksam zu machen,

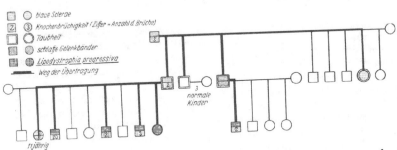

Abb. 16. *Osteopsathyrosis infantilis* in Vergesellschaftung mit *Lipodystrophia progressiva*, *Otosklerose* und zwei leichteren Stigmen. (Nach E. S. FRANK 1923.)

daß aber auch dem *quantitativen Moment* dabei oft eine ausschlaggebende Rolle zukommt, indem die bloß leichter ausgeprägten Abweichungen von der bekanntlich stets zwischen physiologischen Minus- und Plusvarianten schwankenden Norm zumeist eine weit geringere Bedeutung für die Konstitution ihres Trägers haben, als die schwereren.

Dies gilt vor allem auch für das an Erscheinungsbildern reichste funktionelle Stigma, die individuell gesteigerte Disposition zu Idiosynkrasien, der wir wegen ihrer relativ klaren Erbbedingtheit und ihrer konstitutionellen Beziehungen zum „*Arthritismus*" einen eigenen Abschnitt widmen müssen.

III. Erbbiologie der allergischen Diathese[1].

Die *genetische Zusammengehörigkeit* der sog. „*Idiosynkrasien*" ist wohl zuerst von E. RAPIN (1907), der die einschlägigen Krankheitserscheinungen noch als „*angioneuroses familiales*" bezeichnete, erkannt worden. Seine so betitelte Monographie ist noch heute lesenswert. Kurz zuvor hatte v. PIRQUET (1906) aus Erfahrungen über die Serumkrankheit den Begriff der „Allergie" geprägt, dessen klare Fassung aber erst dem führenden Immunbiologen R. DOERR (1929) gelang.

Der alte Ausdruck „*Idiosynkrasie*" besteht zu Recht, wenn man darunter eine Allergisierung durch vorausgegangenen *natürlichen Kontakt* mit dem später auslösenden Stoff versteht (W. BERGER 1940). In Amerika wird dafür vielfach der Name „Atopie" (COCA 1923) gebraucht.

---

[1] Der Ausdruck stammt von H. KÄMMERER, dessen 1934 in 2. Auflage erschienenes Standardwerk: „*Allergische Diathese und allergische Erkrankungen*", München: J. F. Bergmann, auch für den Konstitutionsforscher recht aufschlußreich ist. Unentbehrlich sind noch E. URBACH: „*Klinik und Therapie der allergischen Krankheiten*", Wien: W. Maudrich 1935, schon wegen der Reichhaltigkeit an in- und ausländischen Literaturnachweisen und außerdem das Lehrbuch „*Allergie*" von W. BERGER und K. HANSEN, Leipzig: Georg Thieme 1940, das den neuesten Stand unseres Wissens über diese hochaktuellen Fragen vermittelt.

Doerr bewies die grundsätzliche Übereinstimmung des Begriffes „*Idiosynkrasie*" bzw. „*Atopie*" mit demjenigen der „*Anaphylaxie*" Richets. Einer Eiweißnatur des *Allergens* bedarf es nur zur Sensibilisierung, dagegen nicht zur Auslösung einer allergischen Reaktion. Diese letztere stellt eine „*ins Extreme gesteigerte Abwehr*" (Doerr) dar, die auf Grund eines einheitlichen, aber seinem Wesen nach ungeklärten Mechanismus (*Antigen-Antikörper-reaktion*) verläuft.

Die *Disposition zu Idiosynkrasien* ist keine grundsätzlich neue Eigenschaft, sondern nur eine individuell mehr oder minder starke Steigerung eines generellen, d. h. der menschlichen Spezies eigentümlichen Merkmals, das sich in einer im Vergleich zur Norm erheblich *erhöhten Sensibilisierbarkeit* gegenüber *körperfremden Stoffen* (den sog. *Allergenen*) äußert. Es handelt sich also um eine *quantitative Störung einer normalen vegetativen Regulation* und nicht um eine qualitas nova.

Eine *Allergie* aber ist nicht etwa bloß eine quantitative, vielmehr eine *qualitative* Änderung der Empfindlichkeit und deshalb ja nicht durch den Ausdruck „Überempfindlichkeit" zu ersetzen oder nach englischem Sprachgebrauch mit „Hypersensitiveness", handelt es sich doch um eine „*specific sensitiveness*" (Coca). Sie entspricht insofern dem empirischen Begriffe der „*Idiosynkrasie*" als sie bedeutet, daß ein Individuum in genannter Weise gegenüber einem bestimmten Stoff reagiert, der für die große Mehrzahl der Menschen in gleicher oder sogar sehr viel höherer Konzentration gänzlich harmlos bleibt.

Die Idiosynkrasien werden wie die Anaphylaxie, Serumkrankheit, Infektionsallergien und das allergische Rheuma zu den *zellulären allergischen Krankheiten* gerechnet.

Die individuell erhöhte Sensibilisierbarkeit scheint in weitaus den meisten Fällen auf einer *Erbanlage* zu beruhen, wie die sämtlichen Beobachtungen an *eineiigen Zwillingen* (Hanhart 1923, Schmidt-Kehl 1933, Spaich und Oster-tag 1936) sowie die umfangreichen *Familienforschungen* dieser und anderer Autoren, vor allem auch Rapins beweisen.

Möglicherweise kann zuweilen auch eine Bereitschaft zu Idiosynkrasien und ganz sicher eine solche zu Serumkrankheit *erworben* werden.

Im übrigen wechselt die *Rolle der Exposition* je nach dem Grade der allergischen Veranlagung: Ist diese beträchtlich, so bedarf es bekanntlich nur kleinster Mengen eines bestimmten Allergens, um schlagartig schwerste Reaktionen, d. h. Anfälle von *Heufieber, Asthma, Migräne, Urticaria,* Quinckesches *Ödem, Ekzem* usw. auszulösen; ist sie dagegen sehr gering, so gibt selbst ein jahrelanger, intensiver Kontakt mit sonst notorischen exogenen Allergenen noch zu keinerlei Krankheitserscheinungen Anlaß, wobei allerdings stets ungewiß bleibt, ob nicht längst inzwischen eine *spontane Desensibilisierung* ähnlich wie bei Infekten eine „stille Feiung" (v. Pfaundler) erfolgte.

Zur *Diagnose von Idiosynkrasien* sind wir in hohem Maße auf eine tunlichst zu verfeinernde Anamnestik angewiesen, da *Expositionsversuche* d. h. eine absichtliche Auslösung kleiner Anfälle durch Einwirkenlassen geringer Allergenmengen ohne Wissen des Probanden nur ausnahmsweise erlaubt sind und sowohl die verschiedenen *Hautproben*, als auch der Nachweis von Antikörpern nach Prausnitz-Küstner wenigstens bei der Erforschung ganzer Sippen kaum systematisch angewendet werden können, ganz abgesehen von der nicht geringen Gefährlichkeit und schwierigen Deutung der Untersuchungen auf positive Hautallergie.

Von größter Wichtigkeit ist, daß man die äußerst vielgestaltige Phänomenologie der krankmachenden allergischen Reaktionen sowie die verschiedenen Kategorien der Hilfsmomente in jedem Falle in Betracht zieht und mit W. Berger (1940) den *Formenkreis* und *Ursachenkreis* zur Deckung zu bringen sucht.

Zu den *Infekt- und Rheumaphänomenen* gehören unter anderen: *Fieber*, ferner Herde im Gefäßbindegewebe der verschiedenen Organe, und zwar solche „rheumatischer" und nichtrheumatischer Natur, im besonderen die *Arteriitis, Periarteriitis, Phlebitis, Serositis, Endokarditis, Myokarditis, Glomerulonephritis, Erythema nodosum, Purpura infectiosa.*

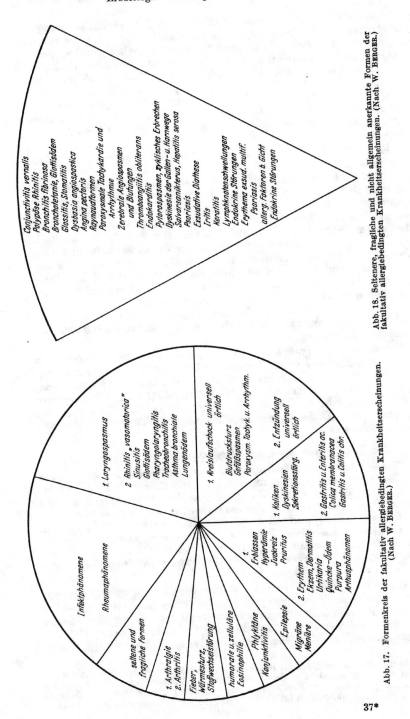

Abb. 18. Seltenere, fragliche und nicht allgemein anerkannte Formen der fakultativ allergiebedingten Krankheitserscheinungen. (Nach W. BERGER.)

Conjunctivitis vernalis
Polypöse Rhinitis
Bronchitis fibrinosa
Bronchotetanie, Glottisödem
Glossitis, Stomatitis
Dysbasia angiospastica
Angina pectoris
Raynaudformen
Paroxysmale Tachykardie und Arrhythmie
Zerebrale Angiospasmen und Blutungen
Thromboangiitis obliterans
Endokarditis
Pylorospasmen, zyklisches Erbrechen
Dyskinesie der Gallen- u. Harnwege
Salvarsanikterus, Hepatitis serosa
Psoriasis
Exsudative Diathese
Iritis
Keratitis
Lymphknotenschwellungen
Endokrine Störungen
Erythema exsud. multif.
Psoriasis
allerg. Faktoren b. Gicht
Erabkrine Störungen

Abb. 17. Formenkreis der fakultativ allergiebedingten Krankheitserscheinungen. (Nach W. BERGER.)

Infektlphänomene

Rheumaphänomene

seltene und fragliche Formen

1. Arthralgie
2. Arthritis

Fieber, Wärmesturz, Stoffwechselstörung

humorale u. zelluläre Eosinophilie

Phlyktäne
Konjunktivitis

Epilepsie

Migräne
Menière

2. Erythem Ekzem, Dermatitis
Urtikaria
Quincke–Ödem
Purpura
Arthusphänomen

1.
Erblassen
Hyperämie
Juckreiz
Pruritus

1. Laryngospasmus

2. Rhinitis „vasomotorica"
Sinusitis
Glottisödem
Pharyngolaryngitis
Tracheobronchitis
Asthma bronchiale
Lungenödem

1. Kreislaufschock universell örtlich

Blutdrucksturz
Gefäßspasmen
Paroxysm. Tachyk. u. Arrhythm.

2. Entzündung universell örtlich

1. Koliken
Dyskinesien
Sekretionsstörg.

2. Gastritis u. Enteritis ac.
Colica membranacea
Gastritis u. Colitis chr.

37*

Im *Ursachenkreis* zu den fakultativ allergischen Krankheitserscheinungen wird nach BERGER das Zentrum von den durch *unbelebte Außenallergene, körpereigene-* sowie *Parasitenallergene* bedingten allergischen Ursachen gebildet, worum sich in konzentrischen Ringen die *hormonalen,* dann die *chemischen Wirkungen* (d. h. die sog. vegetativen Gifte in der Brennessel, dem Histamin, Pepton, Muscarin, Pilocarpin, Acetylcholin usw.), hierauf die *physikalischen Einflüsse* (z. B. von mäßigem Druck und Zug, Kälte und Wärme, Witterungsfaktoren) und schließlich zu äußerst an der Peripherie die *psychogenen* und *nervös-reflektorischen Momente* nach dem ungefähren Maßstab ihrer pathogenetischen Wertigkeit anlagern lassen.

Jede der auslösenden Ursachen kommt auch für die symptomengleichen, nichtallergischen Krankheiten, wenn auch mit ungleicher Häufigkeit, in Frage, so daß also aus der Form der Erkrankung die allergische Verursachung nur vermutet, niemals aber bewiesen werden kann (BERGERs *Grundgesetz der allergischen Symptomatologie*). Mit letzterem Autor ist hervorzuheben, daß die gleiche Krankheit beim gleichen Menschen das eine Mal auf allergischem, das andere Mal auf nichtallergischem Wege zustande kommen kann. Die Einheit des fakultativ allergiebedingten Formenkreises ergibt sich aus der Gemeinsamkeit der hereditären Veranlagung und des sonstigen konstitutionellen Terrains, sowie der auslösenden Ursachen und der Übereinstimmung der sich dabei abspielenden funktionellen und anatomischen Gewebsvorgänge, vor allem auch des anfallsweisen, unter Umständen ebenso rasch zum lebensbedrohenden Shock wie bald nachher wieder zu völligem Wohlbefinden führenden Verlaufes, dessen Eigentümlichkeiten sich auch in der durchaus gleichartigen therapeutischen Beeinflußbarkeit solcher Anfälle kundgeben.

Die *Einteilung der Idiosynkrasien* ist wegen ihrer komplexen Pathogenese in der Praxis uneinheitlich geworden; sie geht, wie bei den alimentären und Arznei-Idiosynkrasien von den auslösenden Stoffen oder, wie beim allergischen Reizschnupfen *(Rhinitis vasomotorica)* von der Eintrittspforte der Allergene oder wie bei der Mehrzahl der allergischen Krankheiten (Bronchialasthma, Migräne, QUINCKEsches Ödem, Urticaria, Ekzem usw.) von dem Typus des klinischen Erscheinungsbildes aus.

Die Zwillingspathologie der allergischen Bereitschaft

steht, ähnlich wie diejenige des Diabetes, erst in den Anfängen. Immerhin liegen genügend Erfahrungen an EZ vor, um darüber gewiß zu sein, daß es *nicht das einzelne Symptom,* d. h. *irgendeine der zahlreichen Formen der Allergie ist, was sich in erster Linie vererbt, sondern eine gemeinsame Grundanlage zu allergischer Bereitschaft,* deren phänotypische Äußerung allerdings stark von den jeweiligen *Realisationsfaktoren* abhängt, die ihrerseits nicht nur von exogenen Momenten (Exposition!) beeinflußt werden, sondern auch von endogenen Dispositionen, wie sie sich u. a. bei EZ als erworbene Konstitutionsunterschiede im Verlaufe des Lebens geltend zu machen pflegen.

Eineiige Zwillinge weisen nämlich — vor allem wenn sie längere Zeit getrennt, d. h. unter verschiedenen Bedingungen leben — öfters insofern eine gewisse Diskordanz hinsichtlich ihrer allergischen Symptome auf, als der eine Partner ganz andere Idiosynkrasien hat als sein Paarling, und zwar nicht etwa bloß hinsichtlich der auslösenden Stoffe, vielmehr auch in bezug auf das betroffene Shockorgan.

So zeigte die eine von zwei EZ als junge Frau zeitweise ein heftiges *Bronchialasthma,* ausgelöst durch den Staub eines in ihrem Schlafzimmer liegenden *Ziegenfelles,* während sich ihre Zwillingsschwester als Krankenpflegerin offenbar gegen *Sublimat* sensibilisiert hatte und seither auf die äußerliche sowie innerliche Applikation von verschiedenen

Quecksilberpräparaten mit *universellen Ekzemen* reagierte (E. HANHART 1925). Der Stammbaum dieser jüdischen Sippe ist in Abb. 19 dargestellt.

Zwei andere von mir beobachtete männliche EZ, die beide an sehr starkem *Heuschnupfen* und *Asthma* litten, unterschieden sich darin, daß der eine von *Erdbeeren* sowie von *Salicylpräparaten Urticaria* bekam, der andere dagegen nicht.

D. SPAICH und M. OSTERTAG (1936), die als Schüler von W. WEITZ 62 Zwillingspaare und 2 Drillingsgeschwisterschaften untersuchten, fanden bei ihren 5 Paaren mit *Heuschnupfen* 1mal, bei 7 Paaren mit *Bronchialasthma* 5mal, bei 10 Paaren mit *Migräne* 4mal und bei 12 Paaren mit *Urticaria* ebenfalls 4mal *Diskordanz* hinsichtlich der betreffenden Allergose, jedoch eine 100%*ige* *Konkordanz* bezüglich *der allergischen Bereitschaft* überhaupt bei den EZ mit *Heufieber* und mit *Migräne* und eine solche von 91,7% bei denjenigen mit *Urticaria*, hingegen nur 66,7% bei den EZ mit *Asthma bronchiale*, welch letzteres eben eine ungleich kompliziertere Genese hat, als die übrigen Manifestationen der Allergie[1].

Zwei in den 30er Jahren stehende *eineiige Zwillingsbrüder* mit konkordantem, aber verschiedenartig ausgelöstem *Bronchialasthma* finden sich in meiner Allergiker-Sippentafel auf S. 592 in Abb. 29.

L. SCHMIDT-KEHL (1933) sah ein *eineiiges Zwillingspaar* mit „*Ekzem*" innerhalb einer Sippe mit *dominanter Bereitschaft zu Allergien*.

Mir selbst sind zwei körperlich und geistig zum Verwechseln ähnliche, 20jährige

[1] Vgl. hierzu H. KÄMMERER und M. WEISSHAAR (1938): Kritischer Überblick über pathogenetische Asthmabeobachtungen der letzten Jahre. Dtsch. Arch. klin. Med. **183**, H. 1/2.

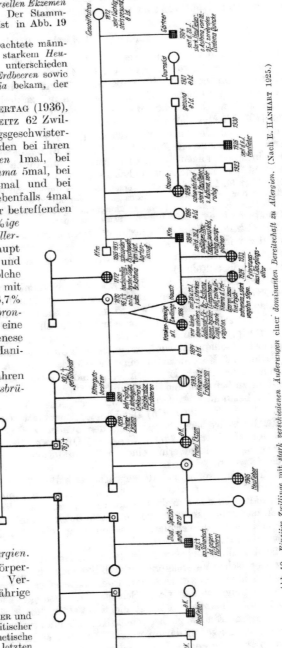

Abb. 19. Eineiige Zwillinge mit stark verschiedenen Äußerungen einer dominanten Bereitschaft zu Allergien. (Nach E. HANHART 1925.)

Zwillingsschwestern mit *Kälte-Urticaria* bekannt, aber auch ein Paar von 8jährigen männlichen EZ, von denen der eine Partner aus unbekannten Gründen ungleich mehr damit behaftet war als der andere.

1. Der Erbgang der allergischen Bereitschaft

ist *dominant* und zwar um so regelmäßiger, je genauer nach Idiosynkrasien gefahndet wird; er ist von E. HANHART (1934) anhand von über 70 zum Teil sehr großen und kinderreichen Stammbäumen, die vorwiegend Sippen des Schweizer Patriziates sowie deutsche Gelehrtenfamilien mit zahlreichen Ärzten betreffen, sichergestellt worden. Schon BALYEAT (1928), ferner BRAY (1931) und SCHMIDT-KEHL (1933) hatten diesen Erbgang vermutet, ebenso COCA, der aber von einem dominanten Mendeln der „atopischen Krankheiten" spricht, d. h. annahm, es vererbe sich die spezielle Form der Allergie (z. B. Heufieber, Asthma bronchiale), was keineswegs allgemein zutrifft, sondern nur durch Mitwirkung von Hilfsmomenten, also sekundär ermöglicht wird.

HANHART fand in 126 Geschwisterschaften mit durchschnittlich 4 Geschwistern unter Beachtung der erbstatistischen Kautelen ein Verhältnis allergischer zu nichtallergischen Gliedern von fast genau 1 : 1 und zu annähernd $^3/_4$ allergische Kinder aus 18 Geschwisterschaften, deren beide Eltern Idiosynkrasiker waren.

Eine *Geschlechtsdisposition der allergischen Bereitschaft* fehlt; daß eine solche zwar bei der idiosynkrasisch ausgelösten *Migräne* unzweifelhaft besteht, ist auf die allgemeine Neigung des weiblichen Geschlechtes zu dieser und anderen Vasoneurosen zurückzuführen.

Bei der Aufstellung von Idiosynkrasiker-Stammbäumen läuft man stets Gefahr, von den Probanden einseitig nur auf jene Manifestationen hingewiesen zu werden, welche diesen gerade auffielen, abgesehen davon, daß man namentlich als Anfänger erfahrungsgemäß zu sehr von einzelnen, sich als führende Merkmale vordrängenden und der ärztlichen Behandlung bedürfenden allergischen Krankheiten beeindruckt wird, um auch noch die anderweitigen, vielleicht schon bald darauf zu Kardinalsymptomen werdenden Idiosynkrasien genügend zu würdigen. Unerläßlich ist, nach Möglichkeit jedes Familienglied persönlich mindestens zu befragen und dabei immer auch nach den dem Laien weniger oder gar nicht bekannten Äußerungen der allergischen Veranlagung zu forschen.

Ein u. a. von F. LENZ (1936) abgebildeter Ausschnitt aus einer von M. GÄNSSLEN (1921) beschriebenen Sippe zeigt den *bunten Wechsel* des familiären Auftretens von *Heufieber, Asthma, Urticaria,* QUINCKESchem *Ödem, Migräne* und *Gallensteinen,* wobei immerhin eine anscheinend isolierte Neigung zu *Urticaria* deutlich *dominiert.*

Wer über ein großes, gut durchgearbeitetes Beobachtungsgut verfügt, wird trotz allem Alternieren und Vikariieren allergischer Symptome nicht übersehen können, daß es in den einzelnen Sippen häufig zu einem Vorwiegen bestimmter Idiosynkrasieformen kommt, die sich als in direkter Linie oft über drei Generationen und mehr zu verfolgende, allem nach ebenfalls *dominante Familieneigentümlichkeiten* herausheben.

Es ist deshalb gerechtfertigt, in das sonst fast unübersehbare Erscheinungsbild der allergischen Veranlagung dadurch System zu bringen, daß man die Sippen nach den darin stärker vorwiegenden Idiosynkrasieformen einteilt, was allerdings häufig nicht ohne einen gewissen Schematismus gelingen wird, da die eventuell zugeheirateten Allergiker ja meist nicht dieselben Realisationsfaktoren mitzubringen pflegen. Eine möglichst genaue Kennzeichnung sämtlicher mutmaßlicher Idiosynkrasien ist schon darum unerläßlich, weil äußerlich ganz gleiche Symptomkomplexe mitunter auch auf anderem als allergischem Wege hervorgerufen werden können.

Über eine *nicht-idiosynkrasische Entstehung* von *Asthma bronchiale*, *Urticaria*, QUINCKE-schem *Ödem* und *Ekzem* ist freilich noch nichts Sicheres bekannt.

Wegen der unverhältnismäßig starken Verbreitung der Idiosynkrasien bei den Kopfarbeitern ist vielfach die völlig irrige Meinung aufgekommen, daß wohl kaum eine Familie der gehobeneren Stände ganz von entsprechenden Anlagen verschont sei, was unsere Schlüsse auf einen bestimmten Erbgang natürlich wesentlich erschweren würde. Tatsächlich kommen auch in Kreisen ausgesprochener Intellektueller noch genug diesbezüglich unbelastete Familien vor, doch sehe ich mich immerhin seit längerer Zeit veranlaßt, gerade auch hierüber statistisch ausreichende Beobachtungen zu sammeln, d. h. allergiefreie Sippentafeln in größerer Anzahl aufzustellen. Letzteres ist schon im Hinblick auf die immer wahrscheinlicher werdende jedoch noch unzulänglich bewiesene Zunahme der Bereitschaft zu Allergien in den letzten 50 Jahren dringend notwendig.

Wenn hier, wie andernorts[1] speziell über die

2. Vererbung der Pollenidiosynkrasie (sog. Heufieber)

gesprochen wird, so geschieht dies, weil diese von mir als *anamnestisches Leitsymptom* bezeichnete Allergose ganz abgesehen von ihrer starken Verbreitung in manchen Sippen bis in vier und wahrscheinlich auch mehr aufeinanderfolgenden Generationen so gehäuft vorkommt, daß dies nur auf Grund von akzessorischen — wahrscheinlich lokalen — Bereitschaften der Fall sein kann, die zu der allgemeinen Allergiedisposition hinzutreten.

Ein aus einer Schweizer Patrizierfamilie gewonnener, größerer *Heufieber-Stammbaum*[2], der nur einen Ausschnitt aus einer viel umfangreicheren Sippentafel darstellt, zeigt außer der *Dominanz* von Erbanlagen zu Idiosynkrasien überhaupt ein starkes Vorwiegen des Heufiebers — hauptsächlich in den letzten drei Generationen —, neben welchem die übrigen Symptome der Allergie fast verschwinden bzw. an klinischer Wertigkeit nahezu bedeutungslos erscheinen.

Im Patriziat der betreffenden alten Humanistenstadt ist das „*Heufieber*" zu einer derartigen Verbreitung gelangt, daß dies auch den medizinisch weniger interessierten Kennern ihrer neueren Lokalgeschichte längst auffiel; daß dort zugleich stark schizothym gefärbte Temperamente vorherrschen, läßt auf konstitutionelle Zusammenhänge schließen, wie sie übrigens bereits E. KRETSCHMER in „Körperbau und Charakter" herausstellte.

Folgende kleine Sippentafel von westfälischen Intellektuellen zeigt auch 2 Fälle von *Schizophrenie*, doch sollen diese Muttergeschwister unserer ärztlichen Probandin selbst gänzlich frei von Allergien geblieben sein[3], während die letztere ihre hochgradige Bereitschaft zu Idiosynkrasien außer in *Heufieber* und einem *Kinderasthma* noch in verschiedenen *alimentären* und *Arznei-Allergien* sowie in einer schweren *Serumkrankheit* nach Erstinjektion kundgab; diese wohlgebaute, trotz ihrer hohen Empfindlichkeit gegen Staub, Wolle und Seife einen selten reinen Teint aufweisende, körperlich und geistig hervorragend leistungsfähige Kollegin hat ihr seit der Pubertät bestehendes Heufieber während einer mit 19 Jahren längere Zeit dauernden *Amenorrhöe* vorübergehend verloren, was auf die Abhängigkeit dieser Allergose vom Sexualzyklus bzw. vom normalen Zusammenspiel des hormonalen Apparates hinweist.

---

[1] Vgl. E. HANHART: Vererbung und Konstitution bei Allergie (Idiosynkrasie) in W. BERGER und K. HANSENs Lehrbuch: Allergie. Leipzig: Georg Thieme 1940.

[2] Vgl. E. HANHART: Dtsch. med. Wschr. **1934 II**.

[3] Zwischen Bereitschaft zu *Allergien* und derjenigen zu *Psychosen* scheint, wie amerikanische Autoren schon länger angaben, wirklich ein gewisses *Ausschließungsverhältnis* zu bestehen!

Zwei weitere, schon mit 3 Wochen verstorbene Muttergeschwister der Probandin scheinen beide Opfer der „*exsudativen Diathese*" in dieser Allergikerfamilie geworden zu sein, da das eine mit *Erythrodermia desquamativa* (Leiner) und das andere nach autoptischer Kontrolle mit einem *Status thymico-lymphaticus* behaftet war.

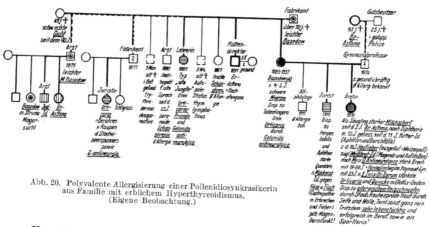

Abb. 20. Polyvalente Allergisierung einer Pollenidiosynkrasikerin aus Familie mit erblichem Hyperthyreoidismus. (Eigene Beobachtung.)

Vorstehende kleine Sippentafel, die ja nur einen isolierten Fall von *Heufieber* enthält, der zudem von einer ganzen Reihe anderer Idiosynkrasien begleitet ist, steht in direktem Widerspruch zur Aufschrift dieses Teilabschnittes, wurde jedoch deshalb eingefügt, um der irrigen Auffassung Cocas von einer durchgehend spezifischen Vererbung der einzelnen Allergosen, wie sie sich aus der Betrachtung mancher Stammbäume ergeben könnte, entgegenzuwirken. Eher noch würde sich rechtfertigen, diese Tafel mit ihren drei Fällen von *Urticaria* nach Einnahme von *Gelonida antineuralgica* als Beispiel für eine *familiäre Arznei-Idiosynkrasie* anzuführen. Es kam mir aber gerade darauf an, zu zeigen, daß das sich wegen seiner relativen Harmlosigkeit zu Fragebogenstatistiken am ehesten eignende Heufieber in manchen Sippen stark gegenüber anderweitigen Allergieformen zurücktritt, trotzdem es an Gelegenheiten sich gegen Pollen zu sensibilisieren nirgends fehlt.

Da viele Pollenidiosynkrasiker allgemein eine erhöhte Anfälligkeit ihrer Conjunctival- und Nasenschleimhäute aufweisen, dürfte die besondere Bereitschaft zu *Heuschnupfen* zum Teil durch *lokale Momente* bedingt sein; ebenso diejenige zu „*Heuasthma*", d. h. einem bloß durch Pollen ausgelösten und darum saisongebundenen *Asthma bronchiale*, das wohl in den meisten, aber nicht in allen schweren Heufieberfällen und zuweilen so gut wie ohne alle Reizerscheinungen an Bindehäuten und Nasenschleimhaut auftritt.

Das Heufieber kommt gar nicht so selten auch in *bäuerlichen Kreisen* vor, was darauf schließen läßt, daß mit spontanen Desensibilisierungen hier weniger zu rechnen ist, als mit einem tatsächlichen Freisein der nicht damit behafteten Personen von einer allergischen Bereitschaft überhaupt.

Die von meinem Schüler R. Rehsteiner (1926) u. a. auf 12 600 Landbewohner ausgedehnte Umfrage ergab zunächst ungefähr denselben Prozentsatz von Pollenidiosynkrasikern, wie wir ihn bei 3500 städtischen Arbeitern gefunden hatten; es stellte sich jedoch heraus, daß die Hälfte der auf dem Lande gefundenen Heufieberkranken gar keine Bauern, vielmehr aus der Stadt zugewanderte Leute aus Pfarrers-, Lehrers-, Fabrikanten- und Beamtenfamilien waren.

Nach unserer in der Schweiz, namentlich in Zürich, durchgeführten Enquête, die sich über repräsentative Zahlen aus den verschiedenen Berufsklassen erstreckte, waren *geistig tätige Menschen beinahe 20mal häufiger von Heufieber betroffen als sog. Handarbeiter.* Die Gründe hierfür sind rein konstitutioneller Natur.

Die *Gesamtzahl der Heufieberkranken* wird in *Deutschland* (Altreich) auf eine halbe Million, in USA. auf mindestens das Doppelte geschätzt; diejenige der Allergiker überhaupt muß nach meiner Erfahrung auf mehr als das Dreifache der Zahl der Pollenidiosynkrasiker veranschlagt werden.

Die erhöhte Bereitschaft der Pollenidiosynkrasiker, sich auch gegen *Pferdeausdünstung* zu sensibilisieren, erklärt sich daraus, daß Blütenpollen und Pferdeschuppen gewisse Allergene gemeinsam haben (L. ADELSBERGER).

Die von ADELSBERGER und MUNTER (1932) beschriebenen schwersten *Komplikationen der Pollenidiosynkrasie*: Kollapse, Neuritiden, Darmkoliken, Genitalblutungen, Spontanaborte habe ich noch nicht angetroffen, trotzdem mir eine Reihe von *durch beide Eltern mit starkem Heufieber belasteten Geschwisterschaften* bekannt wurden; im Gegenteil fiel mir öfters auf, wie relativ geringfügig die allergische Bereitschaft bei den Kindern aus derartigen Ehen zum Ausdruck kam.

Selbst doppelseitig mit Allergien belastete Kinder erkranken nur selten vor dem Schulalter an Heufieber, doch sind gelegentlich schon Fälle im Säuglingsalter beobachtet worden. Im Gegensatz zum Kinderasthma deutet ein Manifestationsbeginn vor der Pubertät auf eine Anlage zu besonders schwerer Pollenidiosynkrasie, was aber nicht etwa heißt, daß die ungewöhnlichen, erst im Greisenalter ausbrechenden Formen leicht wären, weil das sonst meist im zweiten Jahrzehnt beginnende Heufieber schon in der 40er Jahren und noch mehr um die 50er herum fast regelmäßig wesentlich schwächer zu werden pflegt.

Betrachten wir nun

3. die Vererbung des idiosynkrasischen Bronchialasthmas,

so können auch hier einzelne Sippentafeln angeführt werden, in denen dieses Merkmal deutlich dominiert, wie z. B. in dem von R. RITTER (1936) erforschten und zum Teil auch von mir bearbeiteten Stammbaum mit mehr oder weniger ausgeprägtem *Asthma bronchiale in vier aufeinanderfolgenden Generationen*, neben welchem außer allerlei alimentär-allergischen Erscheinungen von exsudativer Diathese, Cholecystopathie und Pruritus noch zahlreiche Symptome von konstitutioneller Nervosität, vor allem anderweitiger vegetativer Stigmatisation vorkommen (Abb. 21).

Rassisch und ständisch viel weniger gemischt ist die von HANHART (1934) in Abb. 22 auf Tafel I dargestellte Patriziersippe, bei der die Überlieferung über 150 Jahre zurückreicht und die 14 Asthmatiker zählt, von deren 60 erwachsenen Kindern aber nur 11, d. h. weniger als ein Fünftel, wieder mit Bronchialasthma behaftet sind. Aus meinen insgesamt 34 Asthmatiker-Sippentafeln mit über 1200 Personen (darunter 311 Allergiker, wovon 100 Asthmatiker) geht übereinstimmend hervor, daß die Wahrscheinlichkeit für das Kind eines Elters mit idiosynkrasischem Asthma bronchiale, wieder an Asthma zu erkranken, verhältnismäßig gering ist; ferner, daß die Familien mit dieser selteneren Allergieform erheblich häufiger mit *Epilepsie, Psychopathie* und *Psychosen* belastet sind, als die bloßen Heufiebersippen. Dementsprechend ist der Heuschnupfen nur in 10% von sog. Heuasthma begleitet und nur in etwa 8% mit sonstigem Bronchialasthma vergesellschaftet, wie meine Umfrage bei 2000 Pollenidiosynkrasikern 1923 ergab.

Die *Altersdisposition des allergischen Asthmas* weicht — wie schon erwähnt — von derjenigen des Heufiebers ab, da es zumeist zwischen dem 1. und 3. Jahre auftritt, und zwar

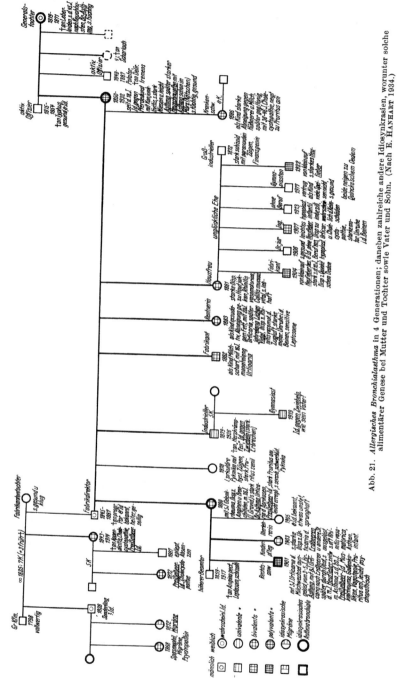

Abb. 21. *Allergisches Bronchialasthma* in 4 Generationen; daneben zahlreiche andere Idiosynkrasien, worunter solche allimentärer Genese bei Mutter und Tochter sowie Vater und Sohn. (Nach E. HANHART 1934.)

oft zusammen mit einem trockenen, stark juckenden *Ekzem* oder einer *Urticaria* (COMBY 1938); letzterer Pädiater bekämpft die landläufige Auffassung, wonach das Asthma der ersten Kindheit belanglos sei, ja sogar um so früher es beginne, und betont, daß mit zunehmendem Alter wohl Abschwächungen, nie jedoch völlige Heilungen vorkämen und daß das Asthma der 50er Jahre in Wirklichkeit aus der Kindheit stamme. Die lange Latenz bleibe dabei unaufgeklärt.

Während man unter den Kindern von Pollenidiosynkrasikern relativ selten eigentliche Asthmatiker findet, zeigen sich die Eltern von zeitlebens bloß an Heufieber leidenden Personen hier und da direkt mit Bronchialasthma behaftet, welch letzteres sich dann öfters erst durch die unzweifelhaft allergische Veranlagung der Nachkommen als idiosynkrasisch bedingt erweist. Als Beispiel

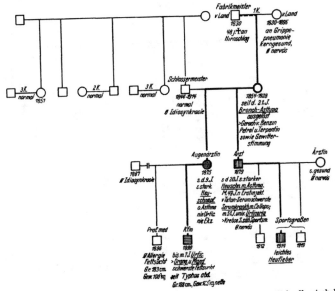

Abb. 23. *Heufieber* bei zwei Kindern und einem Enkel einer Frau mit vermutlich allergisch bedingtem Bronchialasthma. (Eigene Beobachtung.)

hierfür sei aus meinem großen einschlägigen Material beistehende kleine Sippentafel angeführt, die sich auf sehr genaue Angaben der vier dazugehörenden Ärzte stützt. Sie ist auch insofern recht bemerkenswert, als sie den Zusammenhang der allergischen Bereitschaft mit einem sozialen Aufstieg wahrscheinlich macht und überdies zeigt, daß selbst eine hochgradige Neigung zu Heufieber und Serumkrankheit mit einer im übrigen hervorragend widerstandsfähigen Konstitution verbunden sein kann (vgl. den 1879 geborenen Arzt in Abb. 23).

Die nächste, auf den Angaben eines ebenso kenntnisreichen wie kritischen Internisten fußende Sippentafel (s. Abb. 24) mit 7 bereits im Alter zwischen 68 und 55 Jahren stehenden Kindern eines an schwerstem *Ipecacuanha-Asthma* leidenden Vaters spricht nicht nur für die *regelmäßige Dominanz* einer Anlage zu Idiosynkrasien, sondern auch für deren bunten Manifestationswechsel mit dauerndem Vorwiegen äußerlich verschiedener Allergieformen; kaum zufällig ist dabei wohl das Befallensein gerade jener Tochter von *Bronchialasthma*, die von der Mutter eine Neigung zu hysterischen Reaktionen erbte, und andererseits das gänzliche Freibleiben jenes Sohnes von Allergien, der wegen seines spontan aufgetretenen Myxödems als *hypothyreotisch* veranlagt zu betrachten ist.

Therapeutisch von größter Wichtigkeit ist, daß etwa 10% aller Fälle von Asthma bronchiale durch Nahrungsmittelallergene bedingt sein und auf enteralem Wege entstehen sollen. Merkwürdigerweise trifft dies jedoch bei jenem schon oben erwähnten Paar von *EZ mit konkordantem Bronchialasthma* durchaus nicht zu, trotzdem sie beide mehrere ausgesprochene alimentäre Allergien aufweisen und aus einer in dieser Hinsicht stärkst belasteten Sippe stammen (s. Abb. 29 auf S. 592).

Jedem Praktiker bekannt ist, daß zwischen Bronchialasthma und allergischer *Neurodermitis* besonders enge Beziehungen bestehen, so daß von einem *Alternieren* und *Vikariieren* gesprochen werden kann; die sicher vorwiegend endogenen Gründe hierfür bleiben in der Regel unbekannt.

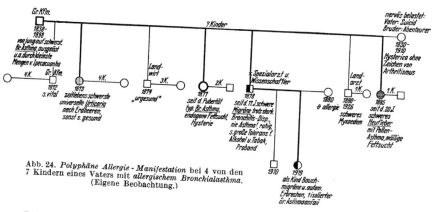

Abb. 24. *Polyphäne Allergie - Manifestation* bei 4 von den 7 Kindern eines Vaters mit *allergischem Bronchialasthma*. (Eigene Beobachtung.)

Jedes echte Asthma bronchiale ist ursprünglich irgendwie allergisch mitbedingt, ohne daß diese Komponente die entscheidende Rolle in der Ätiologie spielen müßte (K. Hansen 1927). Es rechtfertigt sich nicht, idiosynkrasische von nervösen Asthmaformen abzutrennen.

4. Die Vererbung der idiosynkrasischen Migräne (Hemikranie)

läßt sich in Allergiker-Stammbäumen oft über drei aufeinanderfolgende Generationen verfolgen, doch handelt es sich auch hier nur um ein klinisch besonders hervorstechendes Symptom einer allergischen Bereitschaft, dessen konstitutioneller Boden von demjenigen des Heufiebers und mehr noch des Bronchialasthmas abweicht und im Gegensatz zu der dort meist bestehenden Vagotonie und Krampfbereitschaft durch eine gewisse *Sympathicotonie* und mehr noch durch eine Neigung zu *Vasodystonien* und *Angioneurosen* gekennzeichnet wird. Die begleitenden Allergieformen der Migräne sind deshalb vor allem die *Urticaria* und das Quinckesche Ödem, ferner das Auftreten von sog. *Totenfingern* („doigts morts"), *Karpalspasmen*, *Menièresyndrom* und sogar *epileptiformen Anfällen,* welch letztere meiner Erfahrung nach jedoch so selten sind, daß die von amerikanischen Autoren (Buchanan 1921, Ely 1930) angenommene genetische Verwandtschaft zwischen *Migräne* und *genuiner Epilepsie* nicht nur als unbewiesen, vielmehr als eher unwahrscheinlich hingestellt werden muß.

Folgende nach Angaben Rapins abgebildete Sippentafel zeigt, wie peinlich sich eine allergisch bedingte Migränebereitschaft innerhalb einer Familie zufolge gleichartiger Belastungshäufung verstärken kann und läßt bereits vermuten, daß diese primär auf *Idiosynkrasien* gegenüber *Nahrungs- und Genußmitteln* beruht.

Klinisch entspricht die idiosynkrasische Migräne meist der sog. *Hemicrania ophthalmica*; deren Teilerscheinungen: Augenflimmern, Skotome bis zur temporären Erblindung können als *Migräne-Äquivalente* isoliert auftreten.

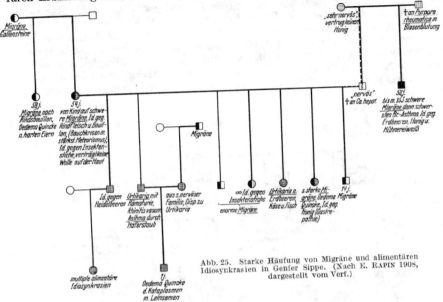

Abb. 25. Starke Häufung von Migräne und alimentären Idiosynkrasien in Genfer Sippe. (Nach E. RAPIN 1908, dargestellt vom Verf.)

Eine derartig abgeschwächte Manifestation nach dominantem Auftreten von schwerer bis sehr schwerer Migräne in den beiden vorangehenden Generationen findet sich rechterseits in folgender Sippentafel, die auf den Angaben dreier Ärzte, worunter eines bekannten Internisten, fußt. Daß von dessen 4 Kindern

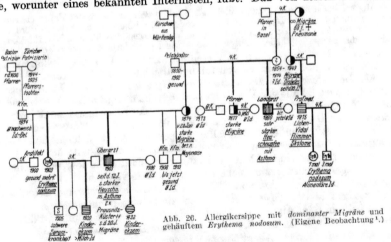

Abb. 26. Allergikersippe mit *dominanter Migräne* und gehäuftem *Erythema nodosum*. (Eigene Beobachtung[1].)

---

[1] Diese Sippentafel ist größtenteils schon von E. HANHART (1936) abgebildet, aber seither hinsichtlich ihres interessantesten, rechts außen angebrachten Teiles wesentlich vervollständigt worden.

2 neben alimentären Idiosynkrasien 1 bzw. 3mal ein *Erythema nodosum* hatten, spricht in hohem Grade für die allergische Bedingtheit dieses unter anderen für den *Rheumatismus verus* pathognomonischen Krankheitsbildes am Hautorgan um so mehr als auch noch eine zum selben Belastungskreis gehörende Kusine II. Grades mehrfach davon befallen war (links außen auf der Tafel in Abb. 26).

Heufieber kommt in obiger Sippe bisher nur 2mal, und zwar mit „Heuasthma", sonstiges Bronchialasthma dagegen ebensowenig wie Urticaria vor, ein Beweis, daß eine erhöhte Bereitschaft zu diesem Hautsymptom der Allergie trotz sehr ausgesprochener Migräneanlage fehlen kann, kaum je aber eine solche zu den diese, wie gesagt, sehr oft integrierend bestimmenden Allergien gegen Nahrungs- und Arzneimittel.

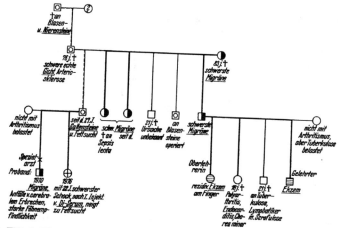

Abb. 27. *Unregelmäßige Dominanz* einer Anlage zu schwerer *Migräne* trotz Hinzutretens einer Belastung mit *Arthritis urica.* (Nach Angaben M. v. PFAUNDLERS dargestellt vom Verf.)

Beiläufig sei bemerkt, daß letztere nicht ganz selten den im Laufe der Jahre enorme Mengen von *Analgeticis* und *Hypnoticis* einnehmenden Migränikern verhängnisvoll werden, indem sich entweder wegen ihres Juckreizes zu hartnäckigster Schlaflosigkeit führende Ausschläge oder gar so gefährliche Folgezustände wie *Agranulocytosen* einstellen.

In der von DÖLLKEN (1928) aufgestellten und von F. LENZ (1936) nach späteren Angaben des Autors vervollständigt abgebildeten Sippentafel, die in einer Linie die *durchgehende Dominanz* einer *Migräne-Anlage in 5 Generationen* zeigt, kommen auch 3 Fälle von Übertragung durch einen migränefreien Elter vor.

Der hervorragende französische Kliniker TROUSSEAU bezeichnete die *Migräne* als *Schwester der Gicht.* Beistehende, auf Veranlassung M. v. PFAUNDLERS von einem ärztlichen Probanden aufgestellte Sippentafel zeigt jedoch, daß bei Belastung seitens des *Vaters* mit *schwerer, echter Gicht* und seitens der *Mutter* mit *schwerster Migräne* eine Anlage zu letzterer latent auf die folgende Gene- ration übertragen werden kann (siehe den linken Teil von Abb. 27).

Daß sogar die Kombination von *Gicht und Migräne beim Vater* mit *Migräne und Primelekzem bei der Mutter* einstweilen zu keinen nennenswerten Idio- synkrasien bei den 5 im Alter von 33 und 18 Jahren stehenden Kindern führte, geht aus der weiter unten auf S. 600 abgebildeten Sippentafel hervor.

Mehr als für die übrigen Allergieformen rechtfertigt es sich, für die *nutritiv bedingten* von spezifischen Anlagen zu sprechen, da sich die betreffenden Familien- eigentümlichkeiten nicht nur auf den Modus und Ort der Sensibilisierung, sondern manchmal auch auf einzelne Allergene oder Gruppen solcher erstrecken.

5. Die Vererbung alimentärer und Arznei-Idiosynkrasien

ist namentlich dann unbestreitbar, wenn sie sich in mehreren aufeinanderfolgenden Generationen, und zwar auch in rein männlichen Linien äußern, so daß eine bloße Übertragung von seiten sensibilisierter Mütter nicht stattgefunden haben kann.

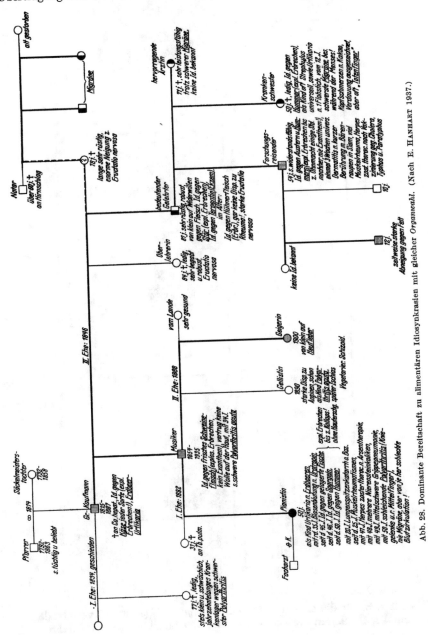

Abb. 28. Dominante Bereitschaft zu alimentären Idiosynkrasien mit gleicher Organwahl. (Nach E. HANHART 1937.)

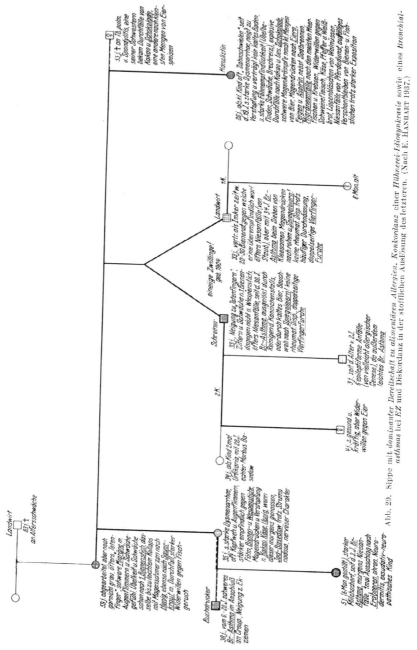

Abb. 29. Sippe mit dominanter Bereitschaft zu alimentären Allergien. Konkordanz einer Hühnerei-Idiosynkrasie sowie eines Bronchial-asthmas bei EZ und Diskordanz in der stofflichen Auslösung des letzteren. (Nach E. Hanhart 1937.)

Dies gilt z. B. für die eine ganz bestimmte *Organwahl* (Hansen) verratende Sippe (Abb. 28, S. 591), in der zwei Söhne und drei Enkel eines vor 100 Jahren lebenden Mannes *völlig gleiche Symptome*, d. h. in erster Linie ein *explosives Erbrechen* auf gewisse, kaum dieselben Allergene enthaltende Nahrungsstoffe (Käse, Schweinefleisch, Störfisch, Austern, Hummern, Erdbeeren, Spargel) aufweisen,

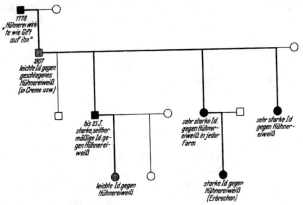

Abb. 30. *Hühnerei-Idiosynkrasie dominant* in 4 *Generationen* als anscheinend isoliertes Merkmal. (Nach G. Laroche 1919 dargestellt vom Verf.)

und zwar bei gänzlichem Freibleiben von allergischen Hauterscheinungen, sowie von Asthma bronchiale; sehr auffällig ist auch, daß daneben in dieser Künstler- und Gelehrtenfamilie nur ein einziger Fall von Heufieber vorkommt.

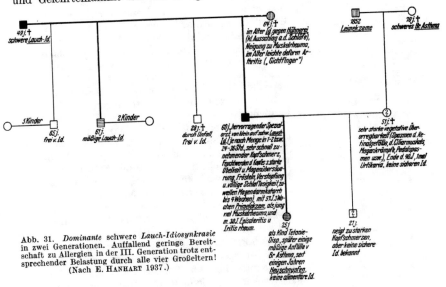

Abb. 31. *Dominante* schwere *Lauch-Idiosynkrasie* in zwei Generationen. Auffallend geringe Bereitschaft zu Allergien in der III. Generation trotz entsprechender Belastung durch alle vier Großeltern! (Nach E. Hanhart 1937.)

Eine weitere, bereits mehrfach erwähnte, aus kleinbäuerlichen Kreisen stammende Sippe (Abb. 29) mit den mannigfaltigsten alimentären Idiosynkrasien, aus denen sich die *konkordante Hühnereiallergie* zweier *eineiiger Zwillinge* bezeichnend heraushebt, enthält wohl mehrere Fälle von *Bronchialasthma*, jedoch keinen von Heufieber. Bezüglich ihres *Asthmas* zeigen die beiden EZ

38

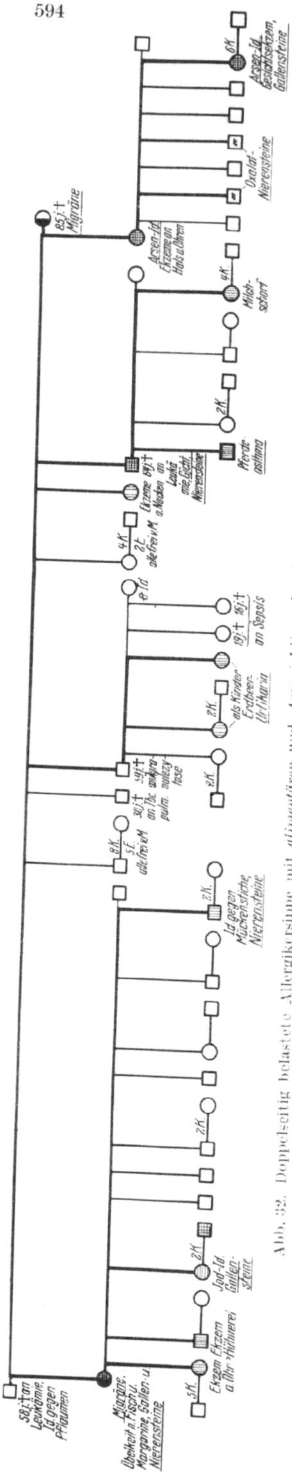

ebenfalls eine *Konkordanz*, nicht aber hinsichtlich der dieses auf respiratorischem Wege auslösenden Allergene.

Rätselhaft bleiben noch die verschiedenen Beobachtungen einer anscheinend ebenfalls *dominanten Hühnerei-Idiosynkrasie* in bis 4 aufeinanderfolgenden Generationen (LAROCHE 1919, BELAIEFF 1921, ELLINGER 1926, HANHART 1937), namentlich diejenigen von LAROCHE und von ELLINGER, wobei gar keine anderweitigen Allergien bestanden haben sollen (s. Abb. 30).

Eine sich durch 5 Generationen hindurch äußernde *Butter-* und *Käse-Idiosynkrasie* beschrieb E. MORACCI (1936).

Auch *Allergene pflanzlicher Herkunft* können zu familiären Allergien führen, die auf Vererbung bestimmter Anlagen bezogen werden müssen, wenn sie — wie in umseitiger kleiner Sippentafel (Abb. 31) — *Vater* und *Sohn* betreffen.

In der folgenden, durch einen Großvater mit *Pflaumen-Idiosynkrasie* und dessen migränöse Frau belasteten Sippe (Abb. 32) treffen wir neben einer Reihe anderer Allergien auf eine *Arsen-Idiosynkrasie* bei *Mutter* und *Tochter* sowie auf vier Fälle von *Nieren-* und zwei von *Gallensteinen*, ferner bei einem durch seine Eltern und zwei seiner Kinder auf eine allergische Bereitschaft sehr verdächtigen Manne (inmitten der Tafel) auf eine *Agranulocytose* mit tödlichem Verlauf. Leider habe ich über die näheren Umstände dieser höchst bemerkenswerten Sippe, über die mir Kollege HORSTER in Würzburg berichtete, noch keine Nachforschungen anstellen können.

In einer von LEHNER und RAJKA (1927) beschriebenen Familie dominieren Idiosynkrasien dieser Art so sehr, daß überhaupt nur noch ein Fall von anscheinend anderweitig bedingtem Bronchialasthma daneben vorkommt; das Bemerkenswerteste darin ist aber eine Idiosynkrasie gegen *Opium* und seine Derivate bei *Vater* und *Sohn* und eine solche gegen *Brom* bzw. *Aspirin* bei zwei Schwestern des letzteren.

Im übrigen hängt die Entstehung einer Allergie gegen irgendeine Droge natürlich stark von der Exposition ab (*Ipecacuanha-Asthma* der Apotheker!), außerdem aber noch von hauptsächlich endogenen Momenten, nach denen von Fall zu Fall zu fahnden ist, die indessen häufig unklar bleiben dürften. Weshalb die Mehrzahl der ausgesprochenen Idiosynkrasiker trotz oft reichlich gegebener Exposition zeitlebens frei von Arzneiallergien bleibt und andererseits viele der

Abb. 32. Doppelseitig belastete Allergikersippe mit atioendären und Arznei-Idiosynkrasien sowie gehäuften Anlagen zu Nieren- und Gallensteinen. (Nach Angaben von E. HORSTER, Würzburg, von Verf. dargestellt.)

damit behafteten Menschen weder durch Belastung noch durch die Vorgeschichte eine entsprechende Bereitschaft erkennen lassen, ist gleichfalls ungeklärt.

KÖNIGSFELD (1926) sensibilisierte sich als Rekonvaleszent nach *schwerer Grippe* vorübergehend gegen *Pyramidon* und bekam, ohne von Hause aus Allergiker zu sein bzw. über eine derartige Veranlagung etwas an sich erfahren zu haben, eine Zeitlang starkes *Bronchialasthma*.

Andererseits wies die von HANHART (1940) im Lehrbuch von BERGER und HANSEN geschilderte Patientin mit *Agranulocytose*-ähnlichen Anfällen nach Einnahme aller möglichen *Pyramidonpräparate* in ihrer Familien- und persönlichen Anamnese sehr deutliche Indizien im Sinne einer ererbten Bereitschaft zu Allergien auf.

Während *Chinin-Idiosynkrasien* relativ oft auch — und zwar sogar bei Eltern und Kindern — ohne sonstige Zeichen allergischer Bereitschaft angetroffen werden, so ist der damit behaftete Proband der nächsten Familie, ein Arzt in Westfalen, seiner Abstammung und Vorgeschichte nach deutlich als Allergiker charakterisiert, wenn auch die echte Gicht seines Vaters nicht ohne weiteres im Sinne einer entsprechenden Belastung aufgefaßt werden darf.

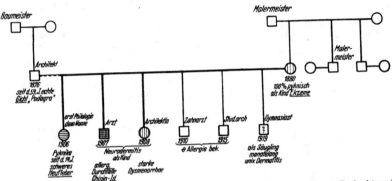

Abb. 33. Fall von schwerer *Chinin-Idiosynkrasie* in einer Allergikerfamilie. (Eigene Beobachtung.)

Dieser Kollege reagierte mit 27 Jahren auf eine prophylaktische Gabe von 0,02 Chinin (BÖHRINGERsche Pulverpillen) mit Schwindel, Gliederschwäche und rasch universeller *Urticaria* und mit 29 Jahren auf eine beim Militär erhaltene Chinindose von 0,3 mit leichtem *Kollaps*, der zusammen mit Schüttelfrost Fieber und wieder universeller Urticaria nach $^3/_4$ Stunden einsetzte. Ob er schon früher einmal Chinin bekam, ist unbekannt.

Bei den gar nicht selten familiären Idiosynkrasien gegen das verbreitete Kopfwehmittel *Gelonida antineuralgica* ist zumeist das *Codein* der auslösende Stoff. Mitunter wird zwar Codein vertragen, nicht jedoch das verwandte, ebenfalls erst in sehr hohen Dosen schwerer toxische *Dicodid* (Dehydrocodein), gegen welches ich auffallenderweise einmal *Mutter und Sohn* gleich idiosynkrasisch fand. Erstere war die Tochter einer hochgradigen Asthmatikerin und litt selbst an Bronchialasthma, letzterer bekam nach erstmaligem Genuß von *Chesterkäse* starke Urticaria. Das *Dicodid* bewirkte bei beiden ein fast zu Kollaps führendes, schwer stillbares Erbrechen.

Die *klinische Bedeutung der Arzneimittel als Antigene* hat D. v. HERFF (1937), eine Schülerin von K. HANSEN in einer aufschlußreichen Studie beleuchtet. Den grundsätzlich wichtigen Nachweis des *cellulären Sitzes der Allergie* haben NAEGELI, DE QUERVAIN und STALDER (1930) bei einem Fall von *fixem Antipyrinexanthem* erbracht.

Die zur Gruppe des *Antipyrins* (Phenyldimethylpyrazolon) gehörenden Präparate: Pyramidon, Melubrin, Novalgin, Salipyrin, Migränin, Veramon, Trigemin, Allional bzw. Allonal, zählen zu den häufigst verordneten, leider auch vielfach mißbräuchlich verwendeten Arzneimitteln.

Im Bestreben *Konstitutionstypen der Idiosynkrasie* aufzustellen teilte H. Günther (1926) die Antipyrinallergiker nach ihren habituellen Reaktionen auf diesen
Stoff in *Pyretiker, Oxyphile* und *Herpetiker* ein.

Im Anschluß an die Betrachtung der Erblichkeitsverhältnisse bei den Arznei-
Idiosynkrasien sei noch auf die oft starke

6. Häufung der Serumkrankheit in Allergikersippen

aufmerksam gemacht, die namentlich in Kriegszeiten von nicht geringer prakti-
scher Bedeutung ist. Allgemein neigen die Idiosynkrasiker weit mehr als der
Durchschnitt zu stürmischen Erscheinungen im Gefolge von Injektionen von
Heilserum, vor allem, wenn schon einmal eine solche — und sei es selbst vor
Jahrzehnten — gemacht wurde. Nicht selten verursachen aber auch *Erstinjek-
tionen* gefährliche, in einzelnen Fällen sogar tödliche Shocks.

Da meist Pferdeserum gespritzt wird, kann, wie in einem Falle eigener Beobachtung,
eine durch Genuß von Pferdefleisch entstandene Sensibilisierung, die dem Betreffenden
bisher völlig verborgen war, in dieser Art verhängnisvoll werden.

In folgender norddeutscher Familie (s. Abb. 34), in der nicht weniger als 6
von den 7 Kindern einer Migränikerin allergisch veranlagt sind, finden wir darunter 4, die *serumkrank* waren, wovon in einem Fall nach Erstinjektion; daß dabei
außerdem eine Idiosynkrasie gegen Insektenstiche bestand, darf nur, ebenso wie
der Widerwille gegen Fisch, im Sinne einer allergischen Bereitschaft, jedoch nicht
als besonders typisch für eine spezielle Neigung zu Serumkrankheit aufgefaßt
werden.

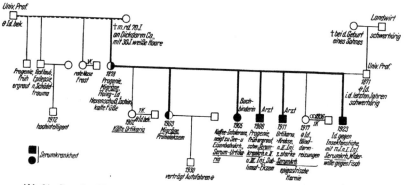

Abb. 34. *Serumkrankheit bei vier Geschwistern mit Allergien* und entsprechender Belastung.
(Eigene Beobachtung.)

Fehlt letzteres, für Allergiker sonst recht bezeichnendes, obgleich lange nicht
immer vorhandenes Symptom doch z. B. gänzlich in unserer nächsten, größeren
Allergikersippe mit fünf Fällen von Serumkrankheit, die zwar nicht alle auf denselben Ursprung zurückgeführt werden können; doch sind die beiden, an schweren
Serumkollapsen nach Zweitinjektionen erkrankten Brüder (linkerseits in Abb. 35),
deren Mutter wieder mit *Migräne* und *Urticaria* behaftet ist, außer durch eine
Muttersschwester auch seitens ihres *Arznei-Idiosynkrasien* und eine *Cholecystopathie* aufweisenden Vaters, nämlich durch dessen Vettern (rechterseits auf der
Tafel) mit ungewöhnlich hochgradiger *Serumkrankheit* belastet. Hierfür müssen
erbliche Hilfsmomente angenommen werden, die sich vielleicht gegenseitig unterstützten, vielleicht aber auch unabhängig voneinander die drei Fälle auf der
mütterlichen und die zwei auf der väterlichen Linie bedingten.

Die Serumkrankheit, die hier zum Teil auch schon durch *Erstinjektionen* ausgelöst wurde, verlief ungewöhnlich schwer und führte außer zu Kollapsen in mehreren Fällen zu hohem Fieber, hochgradigster Urticaria, starker *Albuminurie* und *Zylindrurie* und bei einem Beteiligten sogar zu einer Reihe von *Tetanieanfällen*. Die Angaben darüber sind völlig zuverlässig, da sich unter den Merkmalsträgern vier erfahrene Dozenten der Medizin befinden.

Über *abnorme Impfreaktionen bei Allergikern* sind erst vereinzelte Beobachtungen bekannt, immerhin so schwerwiegende, daß auch diesbezüglich besondere Kautelen am Platze sind (vgl. den Fall von GIRARD und RANOIVO 1928).

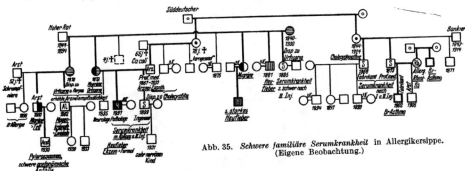

Abb. 35. *Schwere familiäre Serumkrankheit* in Allergikersippe.
(Eigene Beobachtung.)

So häufig die *Neurodermitis* und die damit verwandte *Urticaria* an sich schon als vorübergehende Manifestationen einer allergischen Bereitschaft vorkommen, so darf doch in obengenanntem Sinne auch von einer

7. Vererbung von Idiosynkrasien im Bereich des Hautorgans

gesprochen werden. Den Dermatologen ist längst bekannt, daß es sog. *Ekzem-Familien* gibt. Eine solche, in der sich eine offenbare *Neurodermitis* bereits in vier aufeinanderfolgenden Generationen hartnäckig äußert, ist in umstehender Abb. 36 dargestellt.

Sehr auffällig bleibt, daß das nunmehr schon 7jährige Kind aus der Ehe des mit schwerster Neurodermitis behafteten Probanden, geb. 1906, bisher eine selten reine Haut und überhaupt keinerlei Zeichen von Allergie aufweist, trotzdem es auch mütterlicherseits erheblich mit Idiosynkrasien belastet ist!

Es scheint auch eine besondere Bereitschaft zu *Urticaria*, einem allerdings überaus häufigen Allergiesymptom als dominante Familieneigentümlichkeit vorzukommen. Ganz sicher wissen wir dies vom QUINCKESchen *Ödem des Kehlkopfes*, jenem verhängnisvollen, aber glücklicherweise sehr seltenen Erbübel, das von den Otolaryngologen als „*anaphylaktisch*" bezeichnet wird und wahrscheinlich auch irgendwie allergischer Natur ist, trotzdem es durch fünf Generationen hindurch dominant vererbt wurde (W. OSLER 1904), ohne daß daneben andere Äußerungen einer Disposition zu Idiosynkrasien vorhanden gewesen wären. Die übrigen älteren Stammbäume, so der 33 Merkmalsträger in drei Generationen umfassende von ENSOR (1904), sind in W. BULLOCHs Monographie (1909) dargestellt; eine spätere Übersicht über die Heredität des „*angioneurotischen Ödems*" gaben J. PHILIPPS und W. BARROWS (1922). Ein Ausschnitt aus der umfangreichen Sippentafel von CROWDER (1917) findet sich bei F. LENZ in der „Menschlichen Erblehre" von BAUR-FISCHER-LENZ (1936) und diejenige von SCHUBIGER (1923) bei W. ALBRECHT auf S. 15 von Bd. IV/1 dieses Handbuches.

In der von HANHART (1940) beschriebenen 9köpfigen Geschwisterschaft mit drei Fällen von *rezidivierendem aber nie den Kehlkopf befallenden* QUINCKE-*Ödem* sind zahlreiche *andere Allergieformen* sowie verschiedene Begleiterscheinungen im Sinne einer *neuroarthritischen Konstitution* aufgetreten.

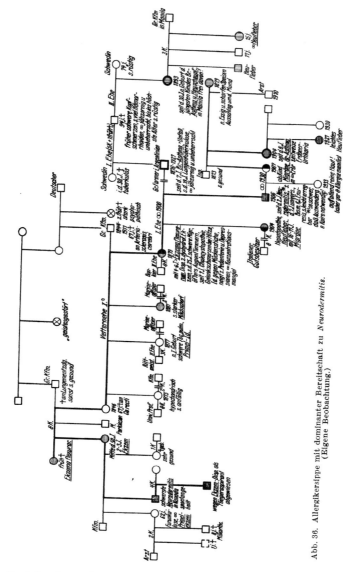

Abb. 36. Allergikersippe mit dominanter Bereitschaft zu *Neurodermitis*.
(Eigene Beobachtung.)

Damit sind wir zu der im Rahmen unserer dispositionellen Betrachtungsweise sehr wichtigen Frage gelangt, inwieweit sich

8. genetische Beziehungen der Allergiebereitschaft zum „Arthritismus"

aus den bisherigen Ergebnissen einschlägiger Familienforschungen ergeben.
Mit dem rein klinischen Begriffe „*Arthritismus*" oder „*Herpetismus*" der Franzo-
sen und der „*Lithämie*" der Engländer wird eine ursächliche Zusammengehörigkeit bzw. pathogenetische Verwandtschaft der drei klassischen Stoffwechselleiden: *Fettsucht, Diabetes* und *Gicht* mit der Neigung zu *Konkrementbildungen*

in den *Gallen-* und *Harnwegen* sowie zu *Migräne, Asthma* und *Ekzemen,* ferner zu *Neuralgien* und *rheumatischen Erkrankungen* postuliert, deren gemeinsame Grundlage zuerst in einer allgemeinen Retardation der Assimilations- und Dissimilationsprozesse (die „Bradytrophie der Gewebe" von BOUCHARD 1890), später in einer konstitutionellen Schilddrüseninsuffizienz (LÉOPOLD-LÉVI und ROTHSCHILD 1908 und 1911) und schließlich in polyglandulären Anomalien (ENRIQUEZ und SICARD) gesucht wurde.

Wenn J. BAUER (1924) auch noch die *prämature Arteriosklerose* zu den Manifestationen des Arthritismus zählt, so weicht er von der Tradition der führenden französischen Kliniker ab, die wohl noch eine Reihe von Dermatosen, vor allem die *Psoriasis,* dazu rechnet, den Begriff jedoch nicht ins Uferlose ausdehnt.

E. APERT (1907), der die Konstitutionslehre in Frankreich erstmals erbbiologisch ·orientierte, nennt den *Arthritismus* eine in hohem Grade *hereditäre Diathese* und bezeichnet, wie BOUCHARD, als deren *Paradigma* die *echte Gicht.*

Letzterer Autor hatte in der Aszendenz und Seitenverwandtschaft von 100 *Gichtikern* wieder *Gicht,* ferner *Fettsucht* je 44mal, den „*Rheumatismus*" 25mal, „*Asthma*" 19mal, *Diabetes, Nierensteine* und *Ekzem* je 12mal und *Gallensteine, Neuralgien* und Hämorrhoiden je 6mal gefunden.

In den Familien von 100 *Diabetikern* traf BOUCHARD 25mal wieder *Diabetes,* 36mal *Fettsucht,* 18mal Gicht, 21mal Nieren- und 7mal *Gallensteine,* ferner 54mal „*Rheumatismus*", je 11mal *Asthma* und *Ekzem* und 7mal *Migräne.*

In 100 weiteren *Familien von Gallensteinkranken* fand er dagegen die *Cholelithiasis* nur 5mal, aber den *Diabetes* 40, die *Fettsucht* 35 und die *Gicht* 30mal, den „*Gelenkrheumatismus*" (offenbar ist hier die Polyarthritis acuta gemeint) 45mal und den „*chronischen Gelenkrheumatismus*" 20mal, ebenso das *Asthma,* während die *Nierensteine* 15mal, *Neuralgien* 10mal und *Migräne* und *Ekzem* je 5mal festgestellt wurden.

Obwohl sich diese nun schon 50 Jahre alte Statistik auf noch ein viel zu kleines Beobachtungsgut stützt, ist doch an den nahen Beziehungen zwischen den meisten angegebenen Krankheitszuständen nicht zu zweifeln und es fragt sich nur, ob diese vorwiegend auf genetischen Zusammenhängen oder auf einer unzweckmäßigen Lebensweise (Überfütterung mit Eiweiß usw. bei mangelnder Körperbewegung, Alkohol- und Tabakabus usw.) beruhen. Letztere Momente spielen fraglos eine nicht leicht zu unterschätzende Rolle, und zwar namentlich dann, wenn die einzelnen Anlagen zu den hier in Betracht kommenden Bereitschaften weniger stark ausgeprägt sind.

Ob dem ganzen, so vielgestaltigen Erscheinungskomplex tatsächlich eine etwa durch ein *Hauptgen,* d. h. übergeordnetes Gen vertretene erbliche Veranlagung entspricht, wie CLAUSSEN (1937) vermutete und v. PFAUNDLER in seinem Beitrag zu diesem Thema (in diesem Band) wahrscheinlich macht, muß noch dahingestellt bleiben und wird auch nach statistischer Verarbeitung des hierzu notwendigen, viel umfangreicheren Beobachtungsgutes nur schwer zu beweisen sein.

Wie sich aus meinen hier nur vereinzelt wiedergegebenen Idiosynkrasiker-Sippentafeln einstweilen ergibt, so läßt sich als unzweifelhaft genetisch bedingt heute nur der auf eine bestimmte dominante Erbanlage zu beziehende, vielgestaltige Komplex der fakultativ allergischen Krankheiten (*Heufieber, Bronchialasthma, Migräne Urticaria, Ekzem* usw. sowie die *Colitis mucosa* und manche *Konkrementbildungen* in den *Gallen-* und *Harnwegen,* ferner — wie wir gleich noch des näheren zeigen werden — auch die Anlage zu *rheumatischen Affektionen*) aus dem Arthritismus herausschälen. Zu untersuchen bleibt demnach also vor allem, inwieweit die drei klassischen Stoffwechselleiden: Fettsucht, Diabetes und Gicht genetisch mit diesem Block der allergischen Diathese verwandt sind.

Wie in dem von mir verfaßten Abschnitt: „*Erbpathologie des Stoffwechsels*" in Bd. IV/2 dieses Handbuches ausführlicher belegt wird, ist die gleichsam den Krystallisationskern des Konglomerates „Arthritismus" ausmachende *Arthritis urica* in den letzten Jahrzehnten allmählich fast zur Rarität geworden, während die verschiedenen Äußerungen einer konstitutionellen Bereitschaft zur allergischen Sensibilisierung, vor allem das nun schon seit mehr als 100 Jahren bekannte *Heufieber*, sehr stark an Verbreitung gewannen und auch der *Diabetes mellitus*, namentlich dessen juvenile Formen, bedeutend an Frequenz zunahm.

Folgende schon oben erwähnte Sippentafel (Abb. 37), die sich auch bei der Vererbung der echten Gicht

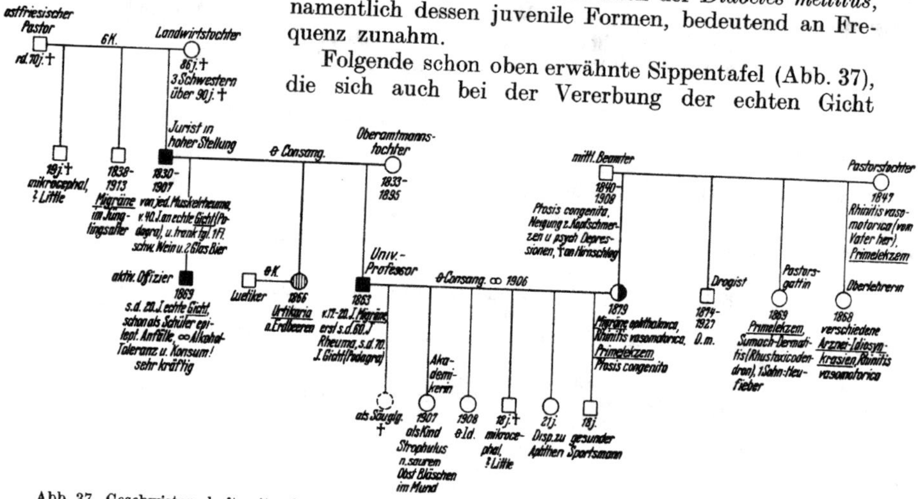

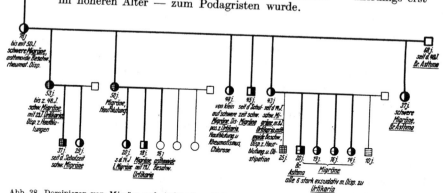

Abb. 37. Geschwisterschaft mit relativ wenig Idiosynkrasien trotz *doppelseitiger Belastung* mit *Migräne* und anderen Allergieformen sowie väterlicherseits mit *echter Gicht*. (Eigene Beobachtung.)

besprochen findet (Bd. IV/2, S. 781), sei als Beispiel dafür hingestellt, daß das Hinzutreten einer *erblichen Gichtanlage* zu einer allergischen Belastung diese durchaus nicht wesentlich zu verstärken braucht; sind doch keinerlei ernstliche Idiosynkrasien bei den erwachsenen fünf Kindern eines Migränikerpaares zu nennen, dessen einer Partner — allerdings erst im höheren Alter — zum Podagristen wurde.

Abb. 38. Dominieren von *Migräne* und *Asthma bronchiale* in entsprechend belasteter Sippe ohne Auftreten von Stoffwechselkrankheiten. (Nach F. Schilling, dargestellt vom Verf.)

Andererseits zeigt eine von Schilling (1923) aus der Schule von W. Weitz beschriebene Familie, wo der Vater *Bronchialasthma* und die Mutter schwere *Migräne* hatte, wohl diese besonderen Manifestationen einer Bereitschaft zu Allergien, dagegen keinerlei Stoffwechselkrankheiten (Abb. 38).

Unsere nächste, größere Sippentafel (Abb. 39) ist deswegen wertvoll, weil sie einerseits beweist, daß eine doppelseitige Belastung mit Idiosynkrasien wieder ohne jede Stoffwechselkrankheit in der Nachkommenschaft bestehen kann und daß eine solche mit Fettsucht, Diabetes und Gicht andererseits keinen aus-

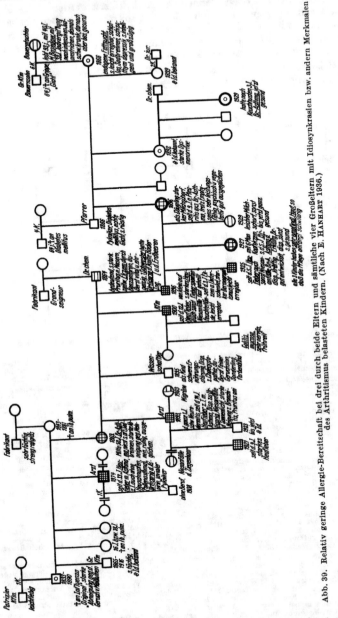

Abb. 39. Relativ geringe Allergie-Bereitschaft bei drei durch beide Eltern und sämtliche vier Großeltern mit Idiosynkrasien bzw. andern Merkmalen des Arthritismus belasteten Kindern. (Nach E. HANHART 1936.)

gesprochenen Arthritismus bei den Nachkommen zu bewirken braucht, ja daß die seitens aller vier Großeltern derart belasteten drei Geschwister ganz unverhältnis-mäßig leichte Manifestationen von bloßer Allergiebereitschaft zeigen können.

Gewiß ist es möglich, wenn auch nicht sehr wahrscheinlich, daß die drei sich namentlich seit Beginn ihrer Schulzeit einer so guten Gesundheit erfreuenden Kinder im Laufe ihres Lebens dennoch zu Arthritikern werden. Eine bloß allergische Belastung hingegen kann sich sicher, wie aus meinem großen Beobachtungsgut unzweifelhaft hervorgeht, sehr weitgehend kumulieren, ohne daß es deshalb zu den genannten Stoffwechselkrankheiten und Steinleiden oder zu den schwereren Formen des sog. Rheumatismus kommen müßte.

Ein Beispiel dafür, daß selbst eine doppelseitige Belastung mit Diabetes mellitus *und* Idiosynkrasien nur zu einer verstärkten idiosynkrasischen Bereitschaft

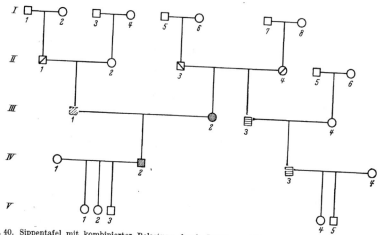

Abb. 40. Sippentafel mit kombinierter Belastung durch *Diabetes mellitus* und *Bereitschaften zu Allergien.*
(Nach E. HANHART 1934.)

I, 1: Gerbermeister, 1788—1838, nach Amerika ausgewandert. *2:* Kleinbürgerin, 1808. *3:* Aktiver Major, 1776, brav, tüchtig. *4:* Nordische Adlige, 32jähr. gest., Tbc. pulm. *5:* Landwirt, 1805—1871. *6:* Leptosom, 1803—1874, sehr gescheit, energisch. *7:* Mühlenbesitzer, 1796—1860. *8:* Müllerstochter 1802—1855.

II, 1: Landapotheker, 1825, *depressiv!* Intelligent, tüchtig, eifriger Pietist mit Neigung zu Mystizismus. Zeitweise *„äußerst reizbares, jähes, unstetes, unverträgliches Wesen"*. Ende der 30 jahrelang dauernde, tiefe *Schwermut* mit krankhafter Todesfurcht, sah überall geöffnete Gräber, atmete Modergeruch und war von Zweifeln und Anfechtungen gepeinigt. 43jähr. gest. an Abdomin.typhus. *2:* 1817. Intelligent, feinfühlig, kraftvoll, heiter, gütig, hingebend, tief religiös, *Konstit. gesund.* 52jähr. gest. an Lungen-Tbc. *1 u. 2; 1 Kind. 3:* 1832. Weingutsbesitzer, gescheit, stattlich, behäbiger Genießer, athletisch-pyknischer Typ, *gefühlskalt, sehr reizbar, egozentrisch,* rücksichtslos, Haustyrann, großspurig, impulsiv, *Altersdiabetes.* 64jähr. gest. an Prostata-Ca. *4:* Pyknika, 1835, wenig intelligent, gutmütig, willensschwach, passiv, zeitweise leicht *psychotisch,* zuletzt *Angstmelancholie.* 70jähr. gest. an *Dementia senilis. 3 u. 4:* Ehe sehr unglücklich, zu 2 Kindern 6 Aborte. *5:* Früh gestorben, kleiner Beamter. *6:* Über 90jähr. gest., einfache Frau, sehr fleißig und anspruchslos.

III, 1: Geb. 1855. Rechtsanwalt, erfolgreich. Sehr intelligent, tüchtig, als Mensch beliebt. Zeitweise *sehr reizbar, schwierig, mißtrauisch, depressiv.* Extravertiert, sehr subjektiv und impulsiv, starke aber kurze Affizierbarkeit, unbewußte, infantile Regressionstendenzen. Multiple, vegetative, vorwiegend vagotonische Stigmatisierung. Gest. an Altersdiabetes mit 65 Jahren. *2:* Geb. 1862. 56jähr. gest. an Kropfherz. Intelligent, tüchtig, hingebend, überbescheiden, zurückgezogen. selbstlos, dabei sehr ehrgeizig, starke, lange Affizierbarkeit. Vegetativ unausgeglichen. *(Jod-Basedowoid.)* Opfer der Verhältnisse (Vaterkomplex). *1 u. 2:* Ehe zeitweise unglücklich, 1 Kind. *3:* 1873. Jurist. Publizist. Sehr gute formale Intelligenz, Gelegenheitspoet, maßlos eitler, selbstischer Gesellschaftsmensch, narzistisch, empfindlich und gefühlskalt. Vegetativ stark, aber *konstit. schwach.* Instinktschwach, dekadent. 60jähr. gest. an Hypopharynx-Ca. *4:* Pyknika. Hübsche, nicht sehr intelligente Frau, sentimental, reproduktiv künstlerisch begabt, sonst untüchtig. Relativ gutmütig, oberflächlich, schwach. Neigung zu Hörigkeit und hysterischen Reaktionen. Seit dem 50. Jahr *Diabetes mellitus. 3 u. 4:* Ehe geschieden, 1 Kind.

IV, 1: Leptosom mit pykn. Einschlag, vorwiegend schizothym, sehr intelligent und tüchtig, sehr stabile Affektivität, intellektuell, bewußt rationalisierend, *asthenisch*-sthenisch, hochwertig kompensierend, vegetativ gut ausgeglichen. *2:* Explorand. 1887. Leptosom mit pykn. Einschlag. Sehr intelligent und sensibel, vorwiegend schizothym, stark labile Affektivität, zeitweise unberechenbar explosiv, kurze Affizierbarkeit, extravertiert, idealistisch, sehr strebsam. *Sthenisch*-asthenisch, triebhaft-impulsiv mit bewußt rationalem Überbau. Neigung zu Doppelleben, Komplexen, infantilen Regressionstendenzen. Starke vegetative, *vorwiegend vagotonische Stigmatisierung* bei allergischer Bereitschaft *(Heuschnupfen). 1 u. 2:* Ehe zeitweise unglücklich. *3:* 1901. Antiquar, leptosom, intelligent, sensibel, vorwiegend schizothym, gutmütig, konziliant, naiv-oberflächlich, mittelstarke, kurze Affizierbarkeit, extravertiert, realistisch, *asthenisch*-sthenisch, suggestibel, Milieumensch, eher unzuverlässig, Neigung zu Pseudologia phantastica, vegetativ eher stark, aber *konstit. Ekzem. 4:* Mitteltyp, intelligent, energisch, zweckbewußt, anpassungsfähig, klug. *3 u. 4:* Ziemlich glückliche Ehe.

V, 1: Sensitiv, nicht eigentlich nervös, heiter, gutmütig, alle 3 Kinder intelligent, mittelkräftig, etwas anfällig, bis jetzt vegetativ intakt und ohne Neuropathie. *4 u. 5:* Durchschnittstypen, ø stärker allergisch disp.

und vegetativen Stigmatisation, nicht aber zu schwereren Stoffwechselkrankheiten zu führen braucht, bietet die von HANHART (1934) sehr eingehend geschilderte Familiengeschichte eines „vegetativen Déséquilibrés", der mit seinen nunmehr 49 Jahren noch nicht die geringsten Anzeichen von Fettsucht, Diabetes und Gicht aufweist. Die nahe Verwandtschaft seiner allergischen Disposition zu einer rheumatischen Anlage geht hingegen in diesem Falle deutlich daraus hervor, daß der verschiedentlich an eitrigen Tonsillitiden erkrankte Proband nicht selten Muskelrheumatismen und einmal eine abgeschwächte Form von Polyarthritis acuta hatte und ein Kind an einem über 7 Jahre dauernden STILLschen Syndrom verlor. Seine vier übrigen Kinder im Alter von 3—21 Jahren zeigen bisher nur leichte Idiosynkrasien und mäßige neuropathische Erscheinungen, worunter zeitweises acetonämisches Erbrechen im Kleinkindalter.

Wie in dieser Sippe trifft man immerhin so oft bei den Eltern oder Großeltern von Allergikern auf Zuckerkranke, vor allem Altersdiabetiker, daß ein gewisser genetischer Zusammenhang kaum zu leugnen ist. So sind in der in Abb. 41 auf Tafel I dargestellten großen, jüdischen Sippe mit unzweifelhaft recessivem Diabetes mellitus 3 Kinder von zwei im 6. Jahrzehnt zuckerkrank gewordenen Vätern mit Heufieber behaftet, aber auch die Tochter einer schon mit 37 Jahren an Diabetes verstorbenen Mutter. Die Anlage zu schwerer Migräne jedoch, die mehrfach, zum Teil sogar in 3 Generationen, in dem rechterseits eingezeichneten Zweige dominiert, ist von einer zugeheirateten Frau eingeschleppt worden und hat mit der Veranlagung zu Zuckerkrankheit in dieser Sippe nichts zu tun. Viel eher gilt dies für die sich ebenfalls dominant äußernde Basedow-Anlage, die sich bei 2 mutmaßlichen und 4 möglichen Diabetes-Heterozygoten findet.

Ein anderes Beispiel dafür, wie sehr man sich hüten muß, eine wahrscheinlich allergische Affektion bei einem Zuckerkranken ohne weiteres als Ausdruck seines „Arthritismus" zu betrachten, bietet unsere Sippentafel in Abb. 42, in der sich die bei einer jugendlichen Diabetikerin manifeste Asthmaanlage wegen des hier ebenfalls so gut wie sicheren einfach-recessiven Erbgangs des Diabetes auch als durch einen Zugeheirateten eingeschleppt erweist. Nach N. SWERN (1931), der unter 4000 Asthmatikern in USA. bloß 6 Zuckerkranke fand, bestünde sogar ein Ausschließungsverhältnis zwischen Bronchialasthma und Diabetes mellitus. Auf jeden Fall kommen die beiden Affektionen auffällig selten zusammen vor.

Auch bei den übrigen allergischen Krankheiten kann man nicht von einer sehr deutlichen Korrelation zum Diabetes sprechen, fanden sich doch in meinen insgesamt 440 Allergikersippen mit zum Teil vielen Dutzenden von Angehörigen nur 19 = etwa 4% Diabetiker und dabei meist gar nicht bei sehr ausgesprochenen Idiosynkrasikern.

Noch viel geringer ist der Prozentsatz der Fälle von echter Gicht, der rund 2 % meines genannten Beobachtungsgutes ausmacht. Bezeichnenderweise fand sich auch kein einziger Gichtiker in jener großen jüdischen Diabetiker- und Allergikersippe (vgl. Tafel I), trotz einer meist recht üppigen Lebensweise.

Bezüglich der bestimmt nicht zum Bilde des typischen Allergikers passenden Fettsucht können noch keine genaueren Angaben gemacht werden, weil sich die von den Lebensgewohnheiten und der rassischen Zusammensetzung besonders abhängige Mastfettleibigkeit nur schwer von den vorwiegend hereditären Formen trennen läßt.

Noch spärlicher finden sich die drei genannten Stoffwechselkrankheiten in den obenerwähnten Zwillingsbeobachtungen von SPAICH und OSTERTAG (1936) sowie in den 35 zum Teil größeren und noch gründlicher daraufhin untersuchten Sippentafeln von H. SACHSSE (1938) aus der Schule H. KÄMMERERS.

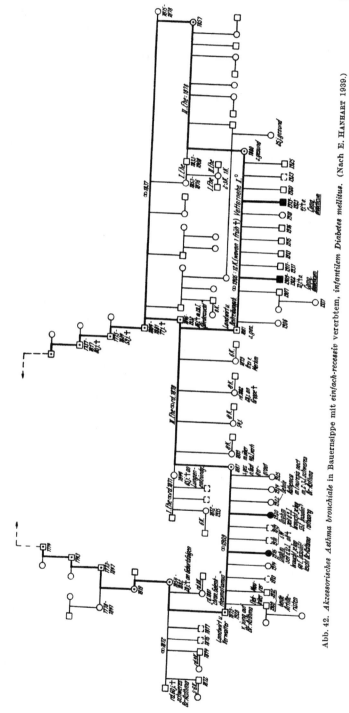

Abb. 42. Akzessorisches *Asthma bronchiale* in Bauernsippe mit *einfach-recessiv vererbtem, infantilem Diabetes mellitus.* (Nach E. Hanhart 1939.)

Läßt sich schon dem Allergiker kein charakteristischer *Habitus* zuordnen, so noch viel weniger dem sog. Arthritiker, der von den einen französischen Autoren als rundlich-plethorisch, von den andern als hager und ausgetrocknet beschrieben wird, wobei der erstere Typ auf ererbten, der letztere auf erworbenen Arthritismus bezogen zu werden pflegt. Mit dem pyknischen Körperbau KRETSCHMERS stimmt zwar ungefähr auch die klassische Beschreibung des echten Gichtikers durch SYDENHAM (s. S. 773 in Bd. IV/2 dieses Handbuches) überein, ebenso diejenige von L. LICHTWITZ (1934) doch sind es ja gerade die gar nicht seltenen mageren Podagristen, bei denen wegen des Fehlens jeglicher Überernährung eine von Hause aus stärkere Gichtanlage angenommen werden muß.

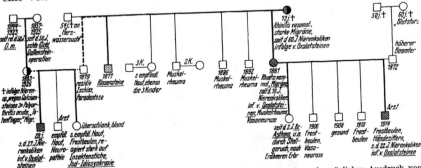

Abb. 43. Manifestation einer *allgemeinen* sowie einer *speziellen Stein-Diathese* als möglicher Ausdruck von *Arthritismus* bzw. als sichere Folge einer *dominanten Oxalatstein-Diathese*. (Eigene Beobachtung.)

Nahe konstitutionelle Beziehungen unterhält dagegen die, wie im Abschnitt „Erbpathologie des Stoffwechsels" (Bd. IV/2) gezeigt wird, keineswegs pathogenetisch einheitliche *Disposition zu Konkrementbildungen in den Gallen- und Harnwegen*. Die bisherigen, leider noch unzulänglichen Ergebnisse der Familienforschung lassen vermuten, daß dabei außer speziellen, u. a. als Neigung zu Oxalatsteinen z. B. in der Sippe von H. C. GRAM (1932) dominierenden Bereitschaften auch noch solche in Betracht kommen, die allgemein die Entstehung sowohl von Gallen- als von Nieren- und Blasensteinen begünstigen und vielleicht als unmittelbarer Ausdruck einer Anlage zu Arthritismus aufgefaßt werden dürfen. Der linke Teil obiger Sippentafel (Abb. 43), worin aus der *Ehe eines Altersdiabetikers* und einer *gallensteinleidenden Gichtikerin* eine *vasoneurotisch* und *rheumatisch* veranlagte *Migränikerin* hervorging, die einer Nierenoperation wegen *Calciumsteinen* zum Opfer fiel, spricht für die letztere Annahme, der rechte, gleichfalls ärztlich beglaubigte Teil dagegen zeigt wieder deutlich, daß es daneben auch eine besondere Disposition zu Oxalatsteinen der Harnwege geben muß, da solche in drei aufeinanderfolgenden Generationen, also offenbar dominant auftreten.

Ob die *Oxalatstein-Diathese* des *Sohnes* der *Frau* mit den *Calcium-Nierensteinen* mit deren letzterer Anlage etwas zu tun hat oder vom Vater her latent übertragen wurde, was wahrscheinlicher ist, muß dahingestellt bleiben.

Die verschiedenen Dispositionen zu *Konkrementbildungen* brauchen aber nicht unbedingt von anderweitigen Äußerungen des Arthritismus begleitet zu sein. In der von dem dänischen Internisten H. C. GRAM (1932) erforschten kinderreichen Sippe mit 15 sicheren Fällen von *Nieren-* und *Blasensteinen* aus *Oxalaten* sollen nach persönlicher Mitteilung des Autors auf meine spezielle Anfrage innerhalb der fünf ihm genau bekannten Generationen weder Allergiker noch sonstige Arthritiker vorgekommen sein (s. S. 797 in Bd. IV/2

dieses Handbuches). Daß die relativ häufig bei Gichtikern zu findenden *Uratsteine* keine direkte Beziehung zu deren Harnsäurehaushalt haben, wird des
Näheren im Abschnitt über die Erbpathologie des Stoffwechsels belegt; die
Gründe für diese Vergesellschaftung sind noch unklar. Noch dunkler ist der
konstitutionelle Zusammenhang zwischen den Steinbildungen der Harn- und
der Gallenwege, welch letztere übrigens schon an und für sich sehr oft vorkommen.
Bereits Beneke ist, wie später Bartel, sowie H. Zellweger die *verhältnismäßig seltene Kombination von Gallensteinen mit Tuberkulose* aufgefallen. Sie
wurde von A. Schretzenmayr (1928) bestätigt, ebenso wie die relative Häufigkeit von *Fettsucht* und *Arteriosklerose* bei Gallensteinträgern, deren besondere
Konstitution jedoch bisher nicht genauer umschrieben werden konnte. Daß
die dunkle Komplexion, wie Bernhard Aschner behauptete, dabei eine stark
prädisponierende Rolle spiele, trifft kaum zu; und wäre außer in Ländern mit
viel blondhaarigen und blauäugigen Menschen nicht leicht statistisch zu beweisen
und noch viel schwieriger zu erklären.

IV. Die Erbbiologie der rheumatischen Erkrankungen

ist in den letzten 2 Jahren derart gefördert worden, daß wir diesen noch 1929
von J. Bauer als „mehr denn je unklaren Begriff" und als „Sammeltopf" bezeichneten Teil der Pathologie nun als genetisch weitgehend einheitlich hin-
stellen dürfen. Es ist dies um so wertvoller, als wir es dabei wie sonst kaum
irgendwo mit *sozial*[1] wichtigen Krankheitszuständen und Prozessen zu tun haben,
die den praktischen Arzt täglich ausgiebig beschäftigen und den forschenden
Theoretiker durch eine Fülle ungelöster Einzelfragen in Atem halten.

Die Nosologie der rheumatischen Affektionen spiegelt uns den gleichsam
wellenförmigen Werdegang medizinischer Erkenntnis wieder, welcher von Zeit
zu Zeit gewisse einseitige Auffassungen nach Art von Modeströmungen hoch-
kommen läßt, die nachher von anderen, oft gerade entgegengesetzten Anschauungen abgelöst und nicht selten zu Unrecht völlig verlassen werden, statt
daß man der sich aus der Erfahrung ergebenden Mannigfaltigkeit der Entstehungsbedingungen gerecht zu werden und deren durchschnittliche Wertigkeit
abzuschätzen sucht.

Bisher wurde die Zusammengehörigkeit der verschiedenen Rheumaformen
hauptsächlich aus ihrem bevorzugten Sitz an *Mesenchymderivaten* (Synovia
der Gelenke, Periost, Sehnenscheiden, Schleimbeutel, Sehnen, Haut, Sklera,
Iris, Muskulatur, ferner vor allem auch an den serösen Membranen von Pleura,
Perikard, Peritoneum sowie am Herzen, das wie die Gefäße außerdem als Ganzes
befallen wird) erschlossen. Es kann aber überdies, wie unter anderen schon die
Chorea minor beweist, das Zentralnervensystem mitgegriffen werden, was nach
W. H. Veil sogar die Regel bilden soll. Die jeweilige Lokalisation des „Rheumatismus" hängt sicher in vielen Fällen vom Bestehen besonderer Loci minoris
resistentiae ab, die sowohl ererbt, als erworben sein können.

Um der bei einem so komplex bedingten Krankheitsgeschehen naheliegenden
Gefahr der Einseitigkeit zu entgehen, muß sich der Erbforscher zunächst mit
denjenigen Faktoren genauer bekannt machen, die als

---

[1] Zur *Bedeutung des Rheumatismus für Volksgesundheit und -wirtschaft* vgl. Zimmer
(1928), Besse (1929), P. Köhler (1938) sowie M. Bruck (1939), welch letzterer als Schüler
K. v. Neergaards sowohl die starke Verbreitung der rheumatischen Erkrankungen in
der Schweiz auf Grund eines großen statistischen Materials nachwies, als auch, daß sie in
den letzten 10 Jahren über dreimal häufiger als früher zu Invalidität führen und fast *fünfmal
höhere Aufwendungen als die Tuberkulose* benötigen.

paratypische Entstehungsbedingungen des Rheumatismus
öfters eine entscheidende Rolle spielen und ohne deren Mitwirkung sehr viele weniger ausgesprochene Erbanlagen zu Rheuma latent bleiben. Dabei sind mit J. BAUER (1929) *exogene* und *endogene* ätiologische Faktoren zu unterscheiden. Unter den ersteren sind von jeher und sicher mit Recht die klimatischen Einflüsse, d. h. in erster Linie die zu „*Erkältungen*" führenden, angeschuldigt worden.

J. B. BOUILLAUD (1848), der Entdecker nicht nur des ursächlichen Zusammenhanges der *Polyarthritis acuta* mit den Entzündungen des Herzens, sondern auch der Zusammengehörigkeit mit den chronischen Rheumakrankheiten hat bereits die *Erkältungsgenese des Rheumatismus* in den Vordergrund gestellt, ebenso aber auch noch vor erst 11 Jahren PEMBERTON (1929), der in Amerika ein sehr großes Beobachtungsgut verarbeitete und unter anderem bei 58% von 400 an Rheumatismus leidenden Frontsoldaten dieses Moment der *Exposition* als ausschlaggebend betrachtete.

H. SCHADE (1919/21), der während des Weltkrieges 1914/18 Untersuchungen an deutschen Infanterieregimentern machte und die ungünstige Wirkung von Nässe und Kälte statistisch nachwies, glaubte dieselbe mit den von ihm im Experiment gefundenen physikalisch-chemischen Veränderungen der ·Muskelsubstanz erklären zu können und schuf damit die Unterlage für den von F. LANGE und seinem Schüler M. LANGE (1931) aufgebrachten Begriff der *Muskelhärten* (Myogelosen), die nach W. H. VEIL (1939) von den Orthopäden in Gegensatz zu dem aus der Erfahrung der Massage entstandenen Begriffe des „*Hartspanns*" (Hypertonus) von A. MÜLLER-Gladbach (1930) gesetzt werden.

Wenn nun auch *Kälteschäden* unzweifelhaft schon für sich allein Krankheiten, insbesondere rheumatischer Natur, zu bewirken vermögen, so braucht dies durchaus nicht immer der Fall zu sein, wie bereits G. STICKER (1916) in seinem einschlägigen Werke betonte.

Daß selbst stärkste und ' rascheste Abkühlung und größte Temperaturschwankungen noch in vorgerücktem Alter anstandslos ertragen werden können, ·zeigten unter anderem die heroischen Selbstversuche des Prager Pathologen CHODOUNSKY, der sich trotz seiner 63 Jahre und einer chronischen Bronchitis ungestraft den intensivsten Abkühlungen durch Wasser und Zugluft aussetzte.

Wie es durch das Zusammenleben in derselben *feuchten Wohnung* nicht selten zu einem *pseudofamiliären Auftreten* von *Angina und Gelenkrheumatismus* kommen kann, wobei jeweilen auch die Dienstboten gleicherweise erkranken, hat schon BUSS (1895) in 12 eindrücklichen Beispielen dargetan.

Sehr wichtig ist auch das *Moment der Abnutzung und des Traumas*, das namentlich von UMBER (1924) gebührend gewürdigt wurde.

Es braucht sich nicht etwa bloß bei schwächlicher Konstitution und Minderwertigkeit der Mesenchymderivate zu äußern, sondern vermag selbst bei kräftigsten jungen Leuten eine verhängnisvolle Rolle zu spielen, wie die Beobachtungen von FR. HEISS (1929) an Amsterdamer Olympiadekämpfern zeigten, die bereits anatomische Zeichen von *Arthronosis deformans* aufwiesen, allerdings nicht der rheumatischen, d. h. entzündlich mitbedingten, sondern einer rein degenerativen (im anatomischen Sinn!) Form, die indessen bei entsprechender konstitutioneller Veranlagung *lokale Dispositionen* geschaffen haben dürfte.

Eine noch weit höhere Bedeutung kommt *infektiösen Momenten* bei der Entstehung rheumatischer Affektionen zu, wenn auch noch keinerlei Einhelligkeit darüber herrscht, auf welche Weise sie sich in deren Pathogenese geltend machen.

Wenn H. SAHLI (1892) seiner Zeit den *Gelenkrheumatismus* als Ergebnis einer *abgeschwächten Wirkung verschiedener Arten von pyogenen Kokken* bezeichnete, so hat W. WEINTRAUD (1913) und später J. BAUER (1929) dagegen eingewendet, daß es ja gerade beim Rheumatismus im Gegensatz zu den septischen Gelenk-erkrankungen niemals zur Vereiterung eines befallenen Gelenkes komme.

Die von GERHARDT (1896) als *„Rheumatoide"* und von den französischen Autoren als *„Pseudorheumatismus"* abgetrennten Arthritiden im Verlauf bestimm-ter Infektionen (Scharlach, Masern, Erysipel, Typhus, Paratyphus, Dysenterie, Strepto-, Staphylo-, Pneumo-, Meningo- und Gonokokken- sowie tuberkulösen und luischen Infekten) bleiben nur deshalb wichtig für unsere Betrachtung, weil sie sich auf Grund konstitutioneller Lokalbereitschaften einstellen oder solche für den *„echten Rheumatismus"* schaffen können.

ASCHOFF, der 1904 in den nach ihm benannten Rheumaknötchen einen cha-rakteristischen histologischen Befund feststellte, nimmt ebenso wie GRAEFF und FAHR eine *spezifische Infektion* als Ursache der *Polyarthritis rheumatica* an, doch konnte bisher kein Erreger gefunden werden. Die Haupteintrittspforte erblickt er seither in den *Tonsillen*. Es handelt sich hier also um eine *Herd-infektionslehre*, wie sie durch H. PÄSSLER (1909) begründet und durch die anatomischen sowie experimentellen Forschungen E. C. ROSENOWs (1930), A. v. ALBERTINIs (1933, 1934, 1937) und A. GRUMBACHs (1933, 1937, 1938) weiter ausgebaut worden ist.

Nach den Erfahrungen von F. CLAUSSEN (1937) sind bei Rheumatikern nicht nur fast regelmäßig *chronische Tonsillitiden*, sondern auch *Herdinfekte* in den *Nebenhöhlen der Nase* sowie in den *Zähnen* vorhanden, bei solchen mit akuter *Polyarthritis* in weit über 90%; in den restlichen Fällen gehe die Infektion meist vom Darm aus.

Den engen Kausalzusammenhang zwischen *Zahncaries und Rheuma* haben P. SCHMUTZIGER und seine Schüler OTT und BION klinisch sowie experimentell geklärt.

W. H. VEIL (1939) hält den von ihm als *Krankheitseinheit* betrachteten Rheumatismus für *streptomykotischer Natur*, aber im Sinne eines *Allergiephäno-mens*, und verzichtet auf eine Trennung echten von unechtem Rheumatismus.

K. v. NEERGAARD (1939) sieht in der Mehrzahl der banalen rheumatischen Erkrankungen einen *„Katarrh-Rheumatismus"* d. h. sekundär- und tertiär-allergische Wirkungen einer *spezifischen Virusinfektion*, deren Primärstadium identisch mit dem gewöhnlichen Erkältungskatarrh sei und deren Ausbreitung im Körper zur *chronischen Allgemeinerkrankung* führe.

Im Vordergrunde des Interesses steht nunmehr die auch konstitutionspatho-logisch wichtige Frage, wie man sich die

Rolle der Allergie in der Pathogenese des Rheumatismus

zu denken habe. Je weniger die vielen angeblich „spezifischen" Erreger des Gelenkrheumatismus bestätigt wurden, desto mehr leuchtete die Vorstellung ein, daß das Charakteristische dieser Erkrankung nicht mit einem bestimmten Bacterium, wohl aber mit der *besonderen Reaktionslage des Organismus* zusammen-hänge (H. KÄMMERER 1936). Hiefür sprachen schon die klinischen und experi-mentellen Beiträge von BUDAY (1890) und neuerdings die grundlegenden Rheu-matismus-Forschungen von F. KLINGE und seiner Schule, deren Schlußfolge-rungen allerdings von manchen maßgebenden Pathologen als zu weitgehend erachtet werden.

KLINGE (1933) betrachtet den Rheumatismus als *„septisches"* Geschehen *unter den besonderen Bedingungen* der *hyperergischen Körperverfassung*, während sein Lehrer RÖSSLE diese Anschauung bloß für den *akuten Gelenkrheumatismus* vertrat.

Additional material from *Methodik · Genetik der Gesamtperson,*
ISBN 978-3-642-98899-8 (978-3-642-98899-8_OSFO1),
is available at http://extras.springer.com

Gegenüber der schon von W. WEINTRAUD (1913) aufgestellten *Allergietheorie* des *akuten Gelenkrheumatismus* ist unter anderem einzuwenden, daß die Bakterienproteine wegen ihrer niedermolekularen Struktur als Allergene von geringer Bedeutung sind (KÄMMERER).

Sicher spielen *allergische Momente* bei allen infektiösen Arthritiden eine Rolle, nur weiß man noch nicht welche. Wohl gibt es Gelenkanaphylaxien im Tierversuch sowie Gelenksymptome bei Serumkrankheit, Tuberkulinallergie, ferner bei der Resorption von Exsudaten und nach Eigenblutinjektionen (W. BERGER 1929), doch sind wenigstens *chronische Arthritiden bei allergischen Krankheiten auffallend selten*, insbesondere nach VEIL (1939) bei *Asthmatikern*. Häufig kommt bei Allergikern meiner Erfahrung nach nur der ohnehin stark verbreitete *Muskelrheumatismus* und nicht selten die *Polyarthritis acuta* und das *Erythema nodosum* vor.

Die von BESANÇON, WEIL und DE GENES (1924) beschriebenen *Arthropathien* nach Genuß von Schaltieren, Fisch, Fleisch, Käse, bestimmten Früchten und Gemüsen sowie nach Jod, Brom, Antipyrin, Chloral, Salicylsäure und Blei können erst dann als sicher alimentär-allergisch aufgefaßt werden, wenn Angaben über gelungenen Antikörpernachweis und Reproduktion der Auslösung vorliegen.

Nach GUDZENT (1933) reagierten sogar nicht weniger als 94% der von ihm untersuchten Rheumatiker und Gichtiker auf Nahrungsmittelextrakte und 10% der Nichtrheumatiker, bei denen er dann einen latenten Rheumatismus voraussetzte.

Die unlängst von H. KIRCHHOF (1938) in der Klinik von A. SCHITTENHELM angestellte Nachprüfung an 60 Rheumatikern und 48 Rheumagesunden mit den „Allergeninen" GUDZENTs ergab eine quantitativ wie qualitativ gleiche Reaktion seitens beider Gruppen.

Nach KIRCHHOF spräche das klinische Gesamtbild des Gelenkrheumatismus (meist hohes Fieber, stark beschleunigte Blutsenkung, Fehlen einer Eosinophilie bei vermehrter Leukocytenzahl), ferner die Bedeutung der Herdinfektionen und der keineswegs paroxysmale Beginn, namentlich der primär-chronischen Verlaufsart sowie der Mangel einer genügenden pathologisch-anatomischen und experimentellen Grundlage *gegen* die *Annahme einer generell allergischen Entstehung* der akuten und chronischen Formen dieser Erkrankung. Eine Mitwirkung allergischer Vorgänge bei der rheumatischen Infektion sei wahrscheinlich, könne aber nicht in der Mehrzahl der Fälle für das klinische und anatomische Bild des Gelenkrheumatismus als Ursache gelten. VEIL (1939) nimmt an, daß der Rheumatismus auf einem „*erworbenen*, streptomykotisch bedingten *allergischen Prinzip*" beruhe und spricht im übrigen von einer „*genotypischen Krankheit*". Diese verlaufe ähnlich wie eine *Tuberkulose*[1] in lang dauernden Episoden, also eigentlich nie akut, sondern stets chronisch, aber mit schubweisen Verschlimmerungen und führe nur verhältnismäßig selten zu schweren Gelenkzerstörungen oder sonstigen destruktiven Prozessen; sie sei vielmehr durch jene geradezu erstaunliche Reparabilität gekennzeichnet, die der hyperergischen Entzündung eigne, als deren humoraler Ausdruck eine *Komplementerniedrigung* bestehe und im morphologischen Blutbilde eine *Tendenz zur Eosinophilie*[2]. Die

---

[1] Ebenso gerechtfertigt ist, wie v. NEERGAARD (1939) betont, der Vergleich mit den *verschiedenen Stadien der Lues*, so daß man beim Rheumatismus von der *dritten Granulomkrankheit* sprechen kann.

[2] Die Moskauer Autoren BOGDATJAN, SLUZKAJA und LOKSCHINA (1934) geben allerdings an, nur bei 9 vom Hundert ihrer genesenden Rheumatiker (wieviele ? Ref.) eine 4% übersteigende *Eosinophilie* gefunden zu haben.

39

von diesem Autor weiter hervorgehobene fast stets sehr ausgesprochene Steigerung der Senkungsgeschwindigkeit der roten Blutkörperchen, die nicht selten in starkem Gegensatz zum Fehlen einer Temperaturerhöhung stehe, paßt allerdings nicht zum Bilde einer allergischen Krankheit.

Schon hier sei aber ausdrücklich betont, daß die vorbildlich gründlichen Sippenforschungen von W. HANGARTER (1939) immerhin die *nahen genetischen Beziehungen* zwischen der *allergischen Diathese* und der *Disposition zu rheumatischen Erkrankungen* auf breiter Grundlage dargetan haben, womit die tatsächliche Berechtigung des alten, vorwiegend intuitiv erfaßten Begriffes „*Arthritismus*" erstmals einwandfrei erwiesen wurde.

Längst hatte ja BAZIN (1860) den Zusammenhang von *Rheuma* mit *Krampfbereitschaft* und *Hautausschlägen*, die wir heute als ganz vorwiegend allergisch bedingt kennen, herausgefunden, ebenso nach ihm RAPIN (1907), ferner BROCQ (1909).

Daß dieser Zusammenhang in dem umfangreichen, jedoch sich größtenteils auf sozial höhergestellte Familien erstreckenden Beobachtungsgute HANHARTs ungleich weniger deutlich zum Ausdruck kommt, spricht für die eben doch sehr oft entscheidende Mitwirkung der genannten Umwelteinflüsse bei der Entstehung rheumatischer Krankheiten.

Für eine Mitbeteiligung des hormonalen Systems beim Zustandekommen des sog. *arthritischen Terrains* spricht die von F. CLAUSSEN und F. STEINER (1938) in ihren Zwillingssippen und vor allem die von W. HANGARTER (1939) in einem noch viel größeren Beobachtungsgut festgestellte allerdings nicht sehr starke *Häufung von Fettsucht und Diabetes*, sei es bei den Rheumatikern selbst oder ihren nahen Blutsverwandten.

Inwieweit auch eine *endokrine Dysfunktion* als endogener Faktor bei der Entstehung rheumatischer Leiden beteiligt sein kann, ist noch umstritten. Von einer obligaten Bedingung solcher Anomalien in der Ätiologie von Gelenkerkrankungen kann nach J. BAUER (1927) wegen der sehr komplizierten und keineswegs unmittelbaren Beziehungen nicht gesprochen werden.

VEIL (1939), der unter den Störungen des hormonalen und vitaminbedingten Gesamtsystems ganz besonders die *Akromegalie*, ferner die durch *Rachitis* sowie durch Röntgenkastration gesetzten Konstitutionsänderungen als wichtigste Hilfsmomente in der Pathogenese des Rheumatismus hervorhebt, rechnet außer der Tetanie und manchen Blutkrankheiten (Anämien und Leukämien) die *Fettsucht, Magersucht* und *Zuckerkrankheit* zu den „*rheumatischen Dysregulationserkrankungen*".

Da nach ihm eine „außerordentlich hohe Zahl von Diabetikern an Krankheiten leiden, die ins Gebiet der rheumatischen Infektion fallen" — es soll dies bei 190 seiner 623 Zuckerkranken, also bei 30% der Fall gewesen sein —, hält er die letztere für das entscheidende Moment in der Ätiologie des Diabetes mellitus, den er bloß in 21,2% seiner Fälle als erblich bedingt annehmen will, weil seine sich auf 3 Generationen erstreckenden Familienanamnesen in den übrigen 89% negativ in bezug auf Diabetes mellitus ausfielen. Sein Schüler A. GITTER (1939) will es auf Grund dieser Statistik sogar ablehnen, „die Hauptursache des Diabetes mellitus in einem degenerativen Geschehen zu erblicken"!

Nach dem, was von mir in Bd. IV/2 über den ganz vorwiegend *recessiven Erbgang* des Diabetes mellitus ausgeführt wurde, ist es klar, daß diese auch sonst höchst anfechtbare Schlußfolgerung gerade hier als völlig unrichtig bezeichnet werden muß.

Bei seinen angeblich „diabeteserbfreien" d. h. nicht nachweisbar mit Diabetes mellitus belasteten Zuckerkranken fand VEIL echte Gicht in 14, Fettsucht in 16, Basedow in 6, Kropf in 5 Familien und Diabetes insipidus bzw. Eunuchoidismus in je einer.

Als Beispiel für die „Koppelung von Diabetes mit rheumatischer Infektion" führt er folgende Sippe an:

Beide Eltern von Jugend auf an rheumatischen Gelenkbeschwerden leidend, erkrankten um das 60. Jahr an Diabetes mellitus und starben etwa 5 Jahre später daran.

Von den 5 Töchtern hatten 3 heftige *Migräne*, 1 davon außerdem Cholecystitis und alle 3 letzteren *Polyarthritis rheumatica* mehr oder weniger lange vor dem mit ungefähr 44 Jahren ausbrechenden *Diabetes mellitus.*

Die in dieser Familie zutage tretende Vergesellschaftung darf wohl nur im Sinne des durch den *Arthritismus* geschaffenen, gemeinsamen Terrains gedeutet werden, da es allzuviele schwere Rheumatiker gibt, die niemals diabetisch und genug Zuckerkranke, die nie zu eigentlichen Rheumatikern werden.

Solange der ursprünglich rein klinische Begriff des „*Arthritismus*" erbstatistisch noch nicht genügend unterbaut ist und deshalb leicht uferlos wird, bleibt es unzweckmäßig, seine einzelnen Bestandteile schon auf ihre gegenseitigen Beziehungen untersuchen zu wollen, statt die darin enthaltenen *Merkmalsgruppen* herauszustellen, die sich als Ausdruck einheitlichen Krankheitsgeschehens kundgeben und wie die verschiedenen Symptome der allergischen Bereitschaft Partialkonstitutionen innerhalb des „arthritischen" Systems bilden.

Zunächst sei eine *Übersicht*[1] *über die zum Rheumatismus gehörenden Affektionen* gegeben:

I. Akute Gelenkerkrankungen.

Prototyp: *Akuter Gelenkrheumatismus* (Polyarthritis acuta).
Davon werden die *akuten Rheumatoide* (Pseudorheumatismus) als Folgen bekannter Infektionen von den meisten Autoren, außer von VEIL (1939), streng unterschieden.

II. Chronische Gelenkerkrankungen.

A. *Primäre chronische deformierende Polyarthritis.*
B. *Sekundäre chronische deformierende Polyarthritis* (meist Folge von *Polyarthritis acuta*).
Erstere kommt auch im Kindesalter vor. Als eine besondere Form des Erwachsenenalters mit Lokalisation in der Wirbelsäule wird die *Spondylarthritis ankylopoetica* oder Spondylose rhizomélique von BECHTEREW-P. MARIE-STRÜMPELL, meist BECHTEREW*sche Krankheit* genannt, aufgefaßt.

C. *Arthronosis*[2] oder *Osteoarthropathia deformans*
a) der Wirbelsäule *(Spondylosis deformans),*
b) des Hüftgelenks *(Malum coxae senile),*
c) der übrigen Gelenke.

III. Rheumatische Erkrankungen von Sehnen, Sehnenscheiden, Schleimbeuteln, Fascien, Bändern und Periost.

IV. *Muskelrheumatismus* (rheumatische Myositis, Myalgie, Gelose, Hartspann).

V. Rheumatismus des *Hautorgans:*
Nur rheumatisch: *Erythema annulare* (LEINER).
Fakultativ rheumatisch: Erythema exsudativum multiforme, E. nodosum, Purpura rheumatica.

VI. Rheumatische *Neuritiden* und *Neuralgien* (unter anderem Ischias, rheumatische Facialislähmung).

VII. *Visceraler Rheumatismus:*
a) des Gehirns (rheumatische Encephalitiden, Chorea minor, nach VEIL evtl. Paralysis agitans),
b) des Sehorgans (Scleritis, Iridocyclitis, Chorioiditis rheumatica),
c) der Zirkulationsorgane (Myokarditis, Endokarditis, Vasculitis, Thrombangitis obliterans (BUERGER) usw.),
d) der serösen Häute (Perikarditis, Pleuritis, Peritonitis) sowie evtl.
e) der Nieren (Glomerulonephritiden).

---

[1] Nachfolgende Aufstellung lehnt sich nur zum Teil an das von der internationalen Liga zur Bekämpfung des Rheumatismus im Rheumajahrbuch, herausgegeben von ED. DIETRICH und M. HIRSCH, Berlin 1930/31, zusammengefaßte Arbeits- und Forschungsschema an, das in der Hauptsache eine Einteilung der Arthritiden und nicht des Rheumatismus bietet, wie VEIL mit Recht aussetzt.

[2] Der sonst noch meist gebräuchliche Name *Arthrosis* deformans ist, wie v. NEERGAARD mit Recht betont, sprachlich unrichtig, da Arthrosis ja Gelenkverbindung heißt. Es muß deshalb der von BENEKE eingeführte Ausdruck „*Arthronosis*" entschieden vorgezogen werden.

Die übrigens auch bei *echter Gicht (Arthritis urica)* vorkommenden, hauptsächlich Frauen im Klimakterium betreffenden Heberdenschen *Knoten* sind Ausdruck einer *rheumatischen Vasculitis* (Brogsitter 1928) und dürfen wegen ihrer nur *paraartikulären* Lokalisation nicht den chronischen Gelenkerkrankungen zugeteilt werden. Dasselbe gilt für das überaus seltene Stillsche *Syndrom*, das nach Leichtentritt (1930) auf einer Viridans-Streptomykose beruhen kann.

Die Zustände von aseptischer Epiphysennekrose *(Osteochondritis dissecans)*, die am Hüftgelenk die Perthessche, an der Tibiaepiphyse die Schlattersche und am Metatarsusköpfchen die Köhlersche Krankheit verursachen, gehören wahrscheinlich nicht zum Rheumatismus, sind dabei jedoch als *Stigmen* im Sinne einer *Skeletminderwertigkeit*, die lokale Bereitschaften schaffen können, mit in Betracht zu ziehen.

Schon hier sei vorweg genommen, daß in der weiter unten auf S. 626 besprochenen Sippe aus dem Beobachtungsgute W. Hangarters der mit *Trichterbrust* und *Spina bifida* behaftete Sohn der an schwerster *primär chronischer deformierender Polyarthritis* leidenden Probandin mit 18 Jahren eine Perthessche *Krankheit* hatte und daß in Sippe 14 der einen *Turmschädel* sowie ebenfalls eine *Spina bifida* aufweisende Bruder des an *Arthronosis deformans* beider Hüftgelenke leidenden Probanden nach Perthesscher *Krankheit* eine *sekundäre Arthronosis deformans* bekommen haben soll.

Die selteneren *neurogenen, hämophilen, endokrinen, psoriatischen, echt gichtischen* sowie die *alkaptonurischen* d. h. *ochronotischen Arthritiden*, die wichtige konstitutionelle Begleiterscheinungen einer *Mesenchymopathie* sein können, werden als Teilsymptome der entsprechenden Grundkrankheiten in den einschlägigen Abschnitten dieses Handbuches berücksichtigt.

Nach Klinge (1933) kann das Binde- und Gefäßgewebe des ganzen Körpers und insbesondere das Gefäßbindegewebe aller Organe Sitz des rheumatischen Schadens sein. Er glaubt mit den drei Grundtypen 1. der *akuten Polyarthritis* 2. des Eingeweiderheumatismus und 3. des peripheren „Gliederrheumas" auszukommen. Da der letztere Typ jedoch durch diese Namengebung in keinen deutlichen Gegensatz zum ersten gestellt wird, tut man gut, vorläufig an den klinisch bewährten Unterformen des Rheumatismus festzuhalten; nur muß man sich darüber klar sein, daß deren jeweilige Manifestation sehr wesentlich der Ausdruck von *Dispositionen* des *Alters, Geschlechts* und *Habitus* ist.

Im frühesten *Kindesalter* wiegt ein rein *visceraler* d. h. ohne Gelenkerscheinungen verlaufender Rheumatyp vor und die allenfalls beim Kleinkind schon auftretenden chronischen Polyarthritiden pflegen nicht nur beim Stillschen *Syndrom* mit Drüsen- und Milzschwellungen einherzugehen, was übrigens auch bei Erwachsenen der Fall sein kann. Meist ins *Jugendalter* zwischen etwa dem 10. und dem 30. Jahre entfällt die höchste Frequenz des *akuten Gelenkrheumatismus,* in die 20er Jahre außerdem diejenige der *sekundär chronischen* und in das Alter zwischen 40 und 60 fast gleichmäßig diejenige der *primär-chronischen Polyarthritis* sowie die der *Arthronosis deformans* (W. Hangarter 1939).

Die naheliegende Frage, ob die in unserer Übersicht enthaltenen mannigfaltigen Manifestationsformen des Rheumatismus nicht nur durch gemeinsame Erbanlagen, sondern auch durch weitere konstitutionelle Eigentümlichkeiten miteinander verknüpft sind, kann heute bloß teilweise bejaht werden. Vor allem gibt es, ähnlich wie bei der allergischen Diathese, keinen für den Rheumatiker typischen *Habitus.* Es besteht sogar eine recht ausgesprochene Gegensätzlichkeit zwischen dem durchschnittlichen Habitus der Träger von chronischem progressivem Gelenkrheumatismus und demjenigen der Kranken mit *Arthronosis deformans,* denn ersterer entspricht einem leptosom-athletischen Mischtypus, letzterer dagegen dem Bilde eines meist reichlich fettleibigen Pyknikers (v. NEER-GAARD 1933, J. KOWARSCHIK und E. WELLISCH 1937). Wenn G. v. CONTA (zit. bei F. CLAUSSEN 1937) in München bei der Nachuntersuchung von 100 „Rheumati-kern" zu 54% *asthenisch-hypoplastische* und andererseits 37% *pyknische*, aber nur 7% *athletische* Typen fand, so dürfte sich dies als Ausleseerscheinung (Groß-stadtbevölkerung!) erklären.

Relativ einheitlich scheint dagegen die konstitutionelle *Stigmatisierung der Rheumatiker* zu sein, und zwar auf funktionellem Gebiete durch besondere *An-fälligkeit für Infekte* und somatisch durch das nach F. CLAUSSEN und F. STEINER (1938) beinahe 100%ige Befallensein von *Knick-Flachfuß* und zur Hälfte mit ausgeprägtem *Plattfuß*, welche Deformitäten nicht etwa nur als Folge der rheuma-tischen Prozesse betrachtet werden dürfen, da die erbgleichen, *nicht*-rheumati-schen Paarlinge der von diesen Autoren untersuchten EZ ebenfalls in 96% ein abgeflachtes Fußgewölbe, wovon in 16% schwereren Grades aufwiesen. J. BAUER (1929) sah bei konstitutionellen Rheumatikern oder in deren nächster Verwandt-schaft nicht selten *Frostbeulen* in der evolutiven und HEBERDEN*sche Knoten* in der involutiven Lebensphase, ferner abgesehen von dem bekannten „*Wetter-fühlen*" fast stets andere Zeichen von Neuropathie. Er stellte für die Gruppe der anatomisch nicht faßbaren rheumatischen Zustände die Konstitution gegen-über den äußeren Noxen in den Vordergrund und fand, wie CHAILLOU und MACAULIFFE, den *muskulären* Habitus bei dieser Art von Rheumatikern relativ stark vertreten, während er bei den Kranken mit akuter Polyarthritis wohl mannigfache Stigmen (Behaarungsanomalien, Störungen der Zahnbildung und solche der sexuellen Differenzierung), aber keinerlei Übereinstimmung im Körper-bautyp fand.

Inwiefern sich die bei der *experimentellen hyperergischen Entzündung* durch ALPERN, BESUGLOW, GENES, DINERSTEIN und TÜTKEWITSCH (1933) als wichtig hingestellten *konstitutionellen Faktoren* (biochemische Verschiebungen im Blute, Störungen des sympathischen Nervensystems sowie des Stoffwechsels, Blockade des reticulo-endothelialen Systems) klinisch auswirken, steht noch dahin.

Angesichts der Eigentümlichkeit des Rheumatismus, weniger konstitutionell als klinisch umschriebene Zustandsbilder und Prozesse zu erzeugen, die auch eine gewisse Selbständigkeit im Erbgang an sich haben, wird man noch lange darauf angewiesen bleiben, die schon vor über 40 Jahren von A. PRIBRAM (1899) heraus-gestellten, heute als symptomatische oder mindestens sekundäre Krankheits-einheiten zu betrachtenden Hauptformen des Rheumatismus beizubehalten, ob-gleich dieser Begriff heute statt seines früheren rein symptomatischen Charakters eine synthetische Fassung (v. NEERGAARD) gefunden hat.

Anatomisch am schärfsten gekennzeichnet ist

1. der akute Gelenkrheumatismus (Polyarthritis acuta).

Trotzdem hat ihm CHVOSTEK noch vor der Jahrhundertwende als Krankheits-begriff das Ende prophezeiht, indem er die Unmöglichkeit einer scharfen Trennung von den Pseudorheumatismen (Rheumatoiden) zwar richtig erkannte, aber nicht voraussah, daß wir uns bis heute und wohl noch lange mit diesem symptomati-schen Begriffe behelfen müssen, weil wir keinen prägnanteren Ausdruck für ein solch klinisch eben doch überaus typisches Krankheitsgeschehen besitzen.

Die Angaben über eine *gleichartige erbliche Belastung* bewegen sich zwischen 10 und 50%; letztere scheint um so größer zu sein, je jünger die Probanden an akutem Gelenkrheumatismus erkrankten.

In den 246 Fällen von FULL hatte 71mal (28%) eines der Eltern dieselbe Erkrankung durchgemacht.

Familiären Rheumatismus fand SYESS bei 33,4% seiner Kranken, darunter in 20% wieder *akuten Gelenkrheumatismus*, PYE SMITH unter 400 Fällen aber nur in 23% rheumatische Erkrankungen in derselben Familie und das Comité der clinical society über Hyperpyrie unter 1300 Fällen auch nicht mehr als 27%. Diese Zahlen aus einem Lande mit so starker Verbreitung des Gelenkrheumatismus wie Großbritannien bedeuten noch nicht sehr viel, haben doch A. GARROD und H. COOKE auch bei 105 = 21% von 500 Patienten, die nie an Rheumatismus gelitten hatten, bei Eltern und Geschwistern Angaben über *akute Polyarthritis* bekommen, bei den 100 mit letzterer Krankheit behafteten Exploranden allerdings zu 35%. Immerhin ist die Fehlergrenze dieses sich auf eine zu kleine Zahl beziehenden Wertes so groß, daß er dem anderen Prozentsatz nicht als repräsentativ gegenübergestellt werden kann.

Sämtliche bisher erwähnten Autoren sind bei A. PRIBRAM (1899) zitiert.

PRIBRAM selbst verdanken wir mehrere Stammbäume mit auffälliger Häufung von *akutem Gelenkrheumatismus* kompliziert durch Herzfehler, welches Merkmal sich in jahrzehntelanger Beobachtung von ihm und seinem Vater zum Teil dominant in 3 aufeinanderfolgenden Generationen nachweisen ließ; einer dieser Stammbäume findet sich bei W. WEITZ (1936) dargestellt. Unter 480 Verwandten (Eltern und Geschwistern) von 100 jugendlichen Probanden mit organischem Herzleiden, die LAWRENCE (1922) untersuchte, hatten 49 (etwa 10%) eine akute Polyarthritis durchgemacht. E. IRVINE-JONES (1933) bezeichnet den akuten Gelenkrheumatismus als eine familiäre Krankheit, da sie sowohl in einer Gruppe von 500 Probandenfamilien aus Toronto (Canada), als auch bei 167 entsprechenden Familien aus St. Louis (USA.) zu mehr als $1/_3$ gleichartige Rheumatiker feststellen konnte. Diese seien auch für andere Infekte besonders anfällig. Ein Vorwiegen der hellen Komplexion (blond und blauäugig) habe nicht bestanden, ebensowenig eine Beziehung zu den Blutgruppen.

Ähnliche Werte gaben die Schüler von WIESEL (1923) Löwy und STEIN an, nämlich 25—50%, während ROLLY (1922) nur bei 76 von seinen 1450 Probanden, also nur in 5,24% Familiarität der Polyarthritis acuta gefunden haben will. Hiergegen sprechen die sich auf nicht weniger als 195000 Personen erstreckenden Erhebungen von HOLSTI und RANTASALO (1935 und 1936), sowie HOLSTI und HUUSKONEN (1938) aus Finnland, wo der *akute* und *chronische Gelenkrheumatismus* bei 0,9% der Bevölkerung vorkommt und als Volkskrankheit gilt und wo ersterer in etwa 24% als heredofamiliäres Leiden nachgewiesen wurde.

Ein regelmäßig dominantes Auftreten von *akuter Polyarthritis* mit *Herzklappenfehlern* in 3 Generationen fand HANHART [1]; hier hatte ein mit dem Merkmal behafteter Vater unter seinen 13 Kindern 6 gleichartig befallene und zwar je 3 Söhne und Töchter.

Aus einer anderen kinderreichen Sippe eigener Beobachtung ersehen wir, daß selbst eine *doppelseitige direkte*, d. h. durch beide Eltern manifeste *Belastung* nicht mehr als 2 von 5 im Alter zwischen 30 und 15 Jahren stehenden Kindern erkranken zu lassen braucht:

Vater, 57jähr. Metzger, dessen Mutter an den Folgen eines *Ulcus varicosum* jung gestorben, ist zweites von 7 von Gelenkrheumatismus freien Geschwistern, deren jüngstes, eine Schwester, aber eine *Luxatio coxae congenita* hat und von denen 3 weitere wie er selbst zu sehr starkem Nasenbluten neigten. Mit 43 Jahren an *akuter Polyarthritis* hochfieberhaft erkrankt, ist er sowohl von Komplikationen als anderen rheumatischen Krankheiten frei geblieben, jedoch relativ früh *arteriosklerotisch* geworden, was neben seiner sehr weichen Gemütsart für eine pyknische Konstitution spricht.

Mutter, 48jähr. Probandin, achtes von 8 Geschwistern, von denen 5, und zwar meist mehrfach, *Pneumonie* durchmachten wie ihr immerhin 74 Jahre alt gewordener Vater,

---

[1] Der Stammbaum ist noch nicht eingehend bearbeitet und wurde mit des Autors Einverständnis erstmals von F. LENZ auf S. 472 von BAUR-FISCHER-LENZ (1936) veröffentlicht.

stammt von einer Mutter, die 91jährig wurde, ohne je krank gewesen zu sein, und hat einen preisgekrönten Athleten als Bruder. Sie selbst machte mit 23, 30 und 34 Jahren *Polyarthritis acuta* durch und leidet seither an einer noch kompensierten *Mitralinsuffizienz und -stenose*. Sie ist schon anfangs der 20er Jahre ergraut, verträgt aber immer noch 3 Liter fast schwarzen Kaffee pro Tag.

5 *Kinder:*
1. 30jähr. Sohn, Elektriker in Canada, haltloser Psychopath, körperlich gesund.
2. 28jähr. Sohn, Bäcker und Wirt, übersparsamer Pedant, neigt zu *Epistaxis*.
3. 26jähr. Tochter, hatte mit 9, 15 und 21 Jahren *Polyarthritis acuta gravis*.
4. 24jähr. Sohn, Elektriker, sehr kräftig, mit 19 Jahren *Polyarthritis acuta. Vit. cord.*
5. 15jähr. Tochter, hatte mit 19 Monaten schwere *Pneumonie* und schon etwas graue Haare.

Die wegen einer echt korrelativen *Kombination* von *rheumatischen Herzfehlern* mit *Ektopia lentis et pupillae* konstitutionspathologisch überaus wertvolle Beobachtung von J. STREBEL (1913) weist auf eine gemeinsame unregelmäßig dominante Anlage hin. Die betreffende Sippentafel findet sich im Beitrag von GÄNSSLEN, LAMBRECHT und WERNER auf S. 228 von Bd. IV/1 dieses Handbuches abgebildet; ebenso der obenerwähnte Stammbaum nach HANHART.

Bei dieser Gelegenheit sei mitgeteilt, daß ich bei der 16jährigen asthenisch-hochwüchsigen, aber bisher von Rheuma freien Tochter einer an schwerster chronischer *Infektarthritis* der Knie- und Fußgelenke erkrankten, allergisch belasteten Probandin ebenfalls ein vom Augenarzt diagnostiziertes *Linsenschlottern* gefunden habe.

Tabelle 4. Die *Zwillingsbeobachtungen* des Schrifttums
bezüglich der *Polyarthritis acuta.*

Autor	EZ Zahl der Paare	Konkordanz-Diskordanz-Verhältnis	ZZ Zahl der Paare	Konkordanz-Diskordanz-Verhältnis
IRVINE-JONES (1933)	2	2:0	5	0:5
LANGBEIN (1935)	1	1: —	—	—
WEITZ und SCHEERER (1936) . .	14	2:12	11 + 4 PZ	0:15
CLAUSSEN und STEINER (1938) .	26	7:19	12	0:12
BRANDT und WEIHE (1939) . . .	11	6:5	24	4:20
Total	54	18:36 = 1:2	56	4:52 = 1:13

Die *Konkordanzhäufigkeit* beträgt bei den EZ 33%, bei den ZZ nur etwa 7%.
Von den EZ IRVINE-JONES sollen beide Partner jeweils gleichzeitig an Polyarthritis acuta erkrankt sein, während die beiden zugleich an *Lebercirrhose* leiden — den männlichen EZ von LANGBEIN, wovon der eine mit 15 und der andere mit 25 Jahren von Polyarthritis acuta befallen wurde, zuerst ganze 10 Jahre diskordant blieben. Für ihre insgesamt 38 Zwillingspaare geben CLAUSSEN und STEINER ein durchschnittliches Alter von 33 und ein Erkrankungsalter von 17 Jahren an; dieses spricht für die Richtigkeit der Diagnosen und jenes dafür, daß es sich bei diesen Werten sicher um Mindestzahlen handelt, da noch manches Zwillingspaar im Laufe seines weiteren Lebens konkordant hinsichtlich Polyarthritis acuta werden dürfte. Sobald die beiden Autoren nämlich nur die Paare auszählten, die seit mindestens 10 Jahren diskordant sind — leider wird nicht gesagt, wieviele solche verbleiben! — so erhöht sich die *Konkordanzhäufigkeit* der EZ für den *akuten Gelenkrheumatismus* auf 39%.

Aber auch schon die jetzigen Erfahrungen über insgesamt 110 Zwillinge lehren in Übereinstimmung mit den Ergebnissen der Familienforschung, daß Erbanlagen eine bedeutende Rolle neben den bei dieser Krankheit gleichfalls sehr wichtigen Umweltfaktoren spielen müssen.

Der durch das Auftreten von meist gelenknahen mehr oder weniger großen Knoten gekennzeichnete *Rheumatismus nodosus* (Nodosis rheumatica) stellt eine

seltene Abart der Polyarthritis acuta dar, die *unregelmäßig dominant* vorzukommen scheint, da sie von Eckstein (1929) bei einem 11jährigen Jungen gefunden wurde, dessen eine Urgroßmutter mütterlicherseits sowie deren Schwester
an derselben Erkrankung litten, wie aus dem zuverlässig überlieferten, typischen
Krankheitsverlauf und seiner Photographie hervorgeht.

Differentialdiagnostisch wichtig ist, daß das gleiche Zustandsbild auch durch
Lues hervorgerufen werden kann, namentlich in vorgerückterem Lebensalter,
zuweilen aber auch infolge *kongenitaler Syphilis* schon in jugendlichen Jahren,
wie ein durch A. Meyer (1933) aus der Klinik R. Stähelins beschriebener Fall
lehrt.

Für die akuten *Infektarthritiden (Rheumatoide, Pseudorheumatismen)* fanden
Claussen und Steiner (1938) bei 7 Paaren von EZ in 29% und bei 8 Paaren von
ZZ in 0% Konkordanz, wobei das durchschnittliche Lebensalter der Zwillinge
35 Jahre und ihr Erkrankungsalter 26 Jahre betrug.

Was den sogenannten

2. chronischen Gelenkrheumatismus

anbetrifft, so haben wir seit Pribram immer noch die *primären* von den *sekundären* Formen zu unterscheiden, welch letztere meist, aber nicht immer, im Gefolge
einer akuten Polyarthritis entstehen; nach J. Bauer (1929) wären die ersteren,
von vornherein schleichend einsetzenden chronischen Polyarthritiden weit häufiger, als die aus akuten Entzündungen hervorgehenden, nach H. Hennes (1936),
der rund 1000 einschlägige Fälle beobachtete, bleiben umgekehrt die tatsächlich
primär chronischen weit hinter den anderen zurück. Die Trennung wird übrigens
nicht selten recht schwer fallen.

J. Bauer wies schon 1917 darauf hin, daß in Tirol viel öfter als etwa in Wien
der Übergang eines akuten Gelenkrheumatismus in eine chronisch-deformierende
Form vorkomme, was mit der fast ausnahmslos vorhandenen *allgemein degenerativen Veranlagung* der dortigen Kranken, die stets auch mit *endemischem Kropf*
behaftet gewesen seien, zusammenhängen müsse.

Wie schon Weitz betont, findet man in nicht wenigen Stammbäumen mit
gehäufter Polyarthritis acuta Angaben über sekundär-chronische Fälle. In einer
von Kroner (zit. bei Weitz) erforschten Familie war in 4 Generationen *chronischer Gelenkrheumatismus* und zwar stets durch die Mütter vererbt, nachzuweisen,
in einer anderen hatten die beiden Schwestern, ein Bruder und die Muttersmutter
der Probandin chronischen Gelenkrheumatismus, deren Tochter aber bereits
zweimal eine schwere akute Polyarthritis. M. Mayer (1929), der 30 Fälle von
familiärer Häufung chronischer Gelenkleiden beschrieb, sah in mehreren Sippen
sowohl primär als auch — wenn auch seltener — sekundär-chronische Polyarthritis, welche beiden Formen dagegen in den Familien mit Arthronosis deformans völlig gefehlt hätten.

In einer seiner Geschwisterschaften sollen sämtliche 4 Schwestern an primär-
und der einzige Bruder an sekundär-chronischer Polyarthritis gelitten haben,
woraus Weitz schließt, daß die *Disposition zu primär-chronischem Gelenkrheumatismus* zugleich auch das Auftreten *sekundär-chronischer Polyarthritiden*
begünstige.

Skala (1908) beschrieb *primär-chronischen Gelenkrheumatismus* bei 3 Geschwistern im Alter von 15, 10 und 5 Jahren, die alle im Alter von 4 Jahren
an denselben Symptomen erkrankt und gesunde Eltern sowie 6 gesunde Geschwister gehabt haben sollen.

Kroner (zit. nach Weitz) gab an, in den Familien von 50 Kranken mit
chronischem Gelenkrheumatismus 21mal das gleiche Leiden gefunden zu haben,
welche Frequenz von 42% die etwa 33% betragende bei der akuten Polyarthritis

nicht unerheblich überschreiten würde; doch bezieht sich der Wert hier auf ein viel zu geringes Beobachtungsgut.

In der von PAPP und TEPPERBERG (1937) erforschten Familie sind in 4 Generationen 11 Fälle von *schwerem chronischem Gelenkrheumatismus*, darunter 10mal bei *Frauen* vorgekommen.

In einer von F. CLAUSSEN (1937) mit M. PFAFF untersuchten großen Sippe hatte eine *Mutter* schwersten *primär-chronischen* und die eine *Tochter* ebensolchen *sekundär-chronischen Gelenkrheumatismus*, eine andere *Tochter* war wie die Mutter, aber in leichterem Grade behaftet.

Im übrigen beweisen die am Schluß dieses Abschnittes eingehend zu würdigenden Ergebnisse der umfangreichen Familienforschungen von W. HANGARTER (1939) sowohl die genetische Zusammengehörigkeit der beiden Formen der chronischen Polyarthritis als auch der übrigen rheumatischen Manifestationen damit; deren getrennte Betrachtung nach Art der von der Klinik herausgestellten Merkmale rechtfertigt sich jedoch einstweilen schon dadurch, daß bisher noch keine eineiigen Zwillingspaare bekannt wurden, von denen der eine Partner eine vom anderen wesentlich verschiedene Äußerung rheumatischer Veranlagung gezeigt hätte, so wie sich z. B. bezüglich der einzelnen Formen der Allergie nicht selten eine Diskordanz findet (vgl. S. 581 dieses Abschnitts).

Die noch spärlichen, sich fast einzig auf die 18 von CLAUSSEN und STEINER untersuchten Paare stützenden Zwillingserfahrungen stehen wegen des hier sehr beträchtlichen Prozentsatzes von Konkordanz der ZZ in starkem Gegensatz zu der wenigstens von diesen Autoren bei der akuten Polyarthritis und den akuten „Infektarthritiden" (Rheumatoiden) gefundenen völligen Diskordanz (vgl. S. 616). Von ihren durchschnittlich 51 Jahre alten und mit 34 Jahren an *chronischer Polyarthritis* erkrankten 10 EZ und 8 ZZ zeigten die ersteren in 40% und bei Beschränkung auf die seit mindestens 10 Jahren diskordanten Paare in 50%, die letzteren aber immerhin auch 25% bzw. 33%.

In einem Fall von 61jährigen EZ-Schwestern hatte die eine gesunde Gelenke und einen „selten normalen Rachenbefund", während die andere zugleich mit einer sehr schwächenden Colitis vor 36 Jahren subakut an einem nunmehr eminent *chronischen Gelenkrheumatismus* erkrankte.

Während es sich hier um eine sehr weitgehende und vielleicht definitive *Diskordanz* handelt, erfolgte bei einem 38jährigen erbgleichen Paar von CLAUSSEN und STEINER, das 14 Jahre lang diskordant gewesen war, unerwartet doch noch Konkordanz bezüglich eines *chronischen Gelenkrheumatismus*.

Es ist sehr gut möglich, daß dasselbe auch noch bei den von WEITZ (1936) geschilderten 54jährigen EZ-Schwestern eintrifft, von denen die eine mit im Gegensatz zur anderen, gesund gebliebenen sehr mangelhaftem Gebiß vor erst 5 Jahren, aber nach der bei ihr um 4 Jahre früher einsetzenden Menopause, an einem schleichend in Zehen, Füßen, Fingern und Händen einsetzenden, allmählich bis zur Gehunfähigkeit *progredierenden Gelenkrheumatismus* erkrankte, während die andere völlig gesunde, erst seit dem 52. Jahr nicht mehr menstruierte Schwester von rheumatischen Leiden bisher gänzlich verschont blieb.

Der Grund für die hier so weitgehende Diskordanz dürfte wesentlich in der Vernachlässigung des Gebisses seitens der rheumatisch gewordenen Partnerin zu suchen sein, viel weniger darin, daß diese 8mal und ihre gesunde Schwester bloß 5mal Geburten durchmachte. Die Gewichtsdifferenz zwischen den 60 kg der kranken und den 68 kg der freigebliebenen Schwester ist wohl hauptsächlich eine Folge ihres chronisch-infektiösen Leidens.

Für die *primär-chronische Polyarthritis* besteht eine sehr ausgesprochene *Sexualdisposition*, da das weibliche Geschlecht nach J. BAUER annähernd 6mal häufiger betroffen wird als das männliche.

Letzterer Konstitutionspathologe sah mehrfach männliche Kranke, die wegen ihrer mangelnden Behaarung von Brust und Extremitäten und einer horizontalen Begrenzung der Crines pubis einen weiblichen Einschlag zeigten, was offenbar kaum zufällig ist.

Der Beginn des Leidens kann in jedes Lebensalter fallen, so auch in die Kindheit, doch besteht insofern auch eine *Altersdisposition*, als die meisten Fälle zwischen dem 40. und 50. Jahr erkranken.

Eine pathogenetisch noch nicht geklärte *Sonderform* von primär-chronischem Gelenkrheumatismus, die sich als selteneres, aber recht auffälliges Merkmal gut zu Familienforschungen eignet, ist die

BECHTEREWsche Krankheit (*Spondylarthritis ankylopoetica*).

Ihre Vererbung und konstitutionellen Begleiterscheinungen sind von F. CLAUSSEN und E. KOBER (1938) aus der Schule O. v. VERSCHUERS eingehend studiert worden.

Sie fanden 81 einschlägige Probanden in Frankfurt a. M. und Umgebung; von 10 darunter konnten durch genaue Befunde belegte Sippentafeln, die bis zu 50 und mehr Glieder in 3—5 Geschlechterfolgen umfassen, aufgestellt werden. Eine davon ist in unserer Abb. 44 umgezeichnet wiedergegeben.

Der Proband ist hier ein 30 jähriger leptosomer Kellner, der mit 18 Jahren leichte Ischias, seit dem 21. Jahre jährlich Angina hatte und mit 27 Jahren in subakuten Schüben an *M. Bechterew* erkrankte, nachdem er während 5 Jahren einen schleichenden Gelenkrheumatismus im Knie und in den Fußgelenken gehabt hatte.

Sein 53 jähriger Vater, der seit dem 20. Jahr ebenfalls rheumatische Beschwerden und Ischias durchmachte, die bis zum 39. Jahr rezidivierte, ist der Sohn eines allem nach mit *Spondylarthrosis deformans* behafteten Vaters und hat 2 Brüder, von denen der eine durch persönliche Untersuchung und der andere laut anderweitiger spezialärztlicher Diagnose an BECHTEREWscher Krankheit litt.

Besonders aufschlußreich ist die letzte Sippe der beiden Autoren, die im wesentlichen eine Geschwisterschaft mit 12 Kindern im Alter zwischen 49 und 70 Jahren umfaßt, darunter eine Schwester und einen Bruder mit schwerem akutem Gelenkrheumatismus und vor allem zwei 56 jährige *eineiige Zwillinge* von athletischem Habitus, von denen der eine, ein Bäcker, mit 36 Jahren im Kriegsdienst und der andere, ein Postschaffner, mit 30 Jahren primär-chronisch an typischem *Bechterew* erkrankte.

Die in jeder Hinsicht vorbildlich gründliche Arbeit von CLAUSSEN und KOBER bietet eine Fülle interessanter Einzelbefunde und ein ebenso reichhaltiges wie genaues Schrifttumverzeichnis.

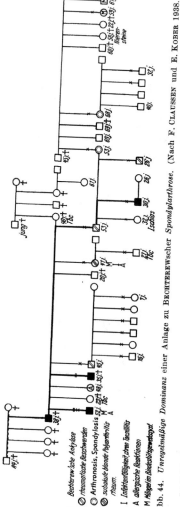

Abb. 44. Unregelmäßige Dominanz einer Anlage zu BECHTEREWscher Spondylarthrose. (Nach F. CLAUSSEN und E. KOBER 1938.)

Auch die klinischen und röntgenologischen Untersuchungen von OSTERTAG, SANDER und SPAICH (1938) von 57 EZ und 40 ZZ mit einem durchschnittlichen Alter von 52$^1/_2$ Jahren, die bei den EZ zu 80%, bei den ZZ immerhin noch zu 50% Konkordanz zeigten, lassen die hohe Bedeutung der erblichen Veranlagung für das Zustandekommen der BECHTEREWschen Krankheit deutlich erkennen.

Dieser liegt nach dem ganzen Zustandsbilde (stets sehr hohe Blutsenkung!) ein intensiver entzündlicher Prozeß zugrunde, der meist schon zwischen dem 20. und 35. Jahr (Gipfel 25. Jahr) einsetzt und das *männliche Geschlecht* auffallenderweise etwa 10mal häufiger betrifft als das weibliche. Die Alters- und Geschlechtsdisposition dieser von manchen noch als Sonderform der Arthronosis deformans betrachteten Rheumakrankheit weicht also von derjenigen der letzteren durchaus ab.

Folgende Sippentafel von CLAUSSEN und KOBER mit einem sicheren und einem wahrscheinlichen Fall von BECHTEREW*scher Krankheit* zeigt erstens eine bezüglich dieser Sonderform ungleichartige Seitenbelastung und zweitens linkerseits, daß selbst die rheumatische Veranlagung beider Eltern sich nicht immer so verhängnisvoll bei den Kindern zu äußern braucht.

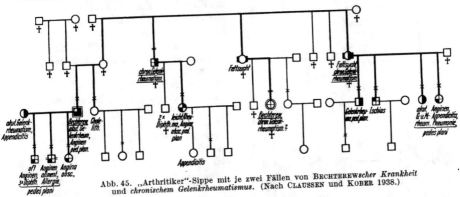

Abb. 45. „Arthritiker"-Sippe mit je zwei Fällen von BECHTEREW*scher Krankheit* und *chronischem Gelenkrheumatismus.* (Nach CLAUSSEN und KOBER 1938.)

Der 66jähr. *Vater,* der vom 14.—33. Jahr sehr häufige fieberhafte Anginen und seit dem 20. Jahr oft Occipitalneuralgien, ferner mit 49 Jahren einen Rheumatismus im rechten Schultergelenk durchmachte, leidet seit dieser Zeit an BECHTEREW*scher Krankheit,* die 55jähr. Mutter hatte mit 26 Jahren *akuten Gelenkrheumatismus.*

Von den 3 im Alter von 27, 29 und angeblich 41 Jahren (!) stehenden Kindern dieses doppelseitig belastenden Paares haben zwar alle drei *Knick-, Platt-* bzw. *Flachfüße* und eine Neigung zu Schnupfen und Anginen, jedoch auffallenderweise bisher noch keine rheumatische Erkrankung gezeigt.

In noch viel höherem Grade als die *Polyarthritis chronica* begünstigt der Faktor des *Alters* bzw. des vorzeitigen Alterns bestimmter Gewebe an den Gelenken die Entstehung der sog.

Arthronosis deformans.

Es handelt sich dabei jedoch um ein akzessorisches Moment der Pathogenese, da hohes Alter selbst bei stärkerer Überbeanspruchung sonst normaler Gelenke nicht zu Arthronosis deformans zu führen braucht (v. NEERGAARD). Letzterer Autor hat dargelegt, daß diese häufigste aller Gelenkerkrankungen wegen der damit verbundenen, oft auffallend starken Schmerzen bei schubweisem Verlauf und meist deutlich erhöhter Senkungsreaktion sowie in Anbetracht des histologischen, für Entzündung sprechenden Bildes (unter anderem Komplikationen

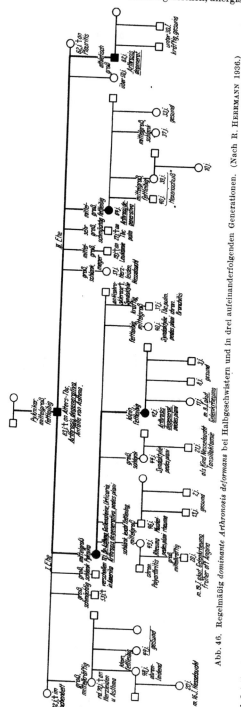

Abb. 46. Regelmäßig dominante Arthronosis deformans bei Halbgeschwistern und in drei aufeinanderfolgenden Generationen. (Nach R. Herrmann 1936.)

durch chronische Periostitis) und der Erfolge der Röntgentherapie nicht mehr als rein „degenerative" Erkrankung im anatomischen Sinne betrachtet werden kann.

Die von Fr. v. Müller (1913) in Analogie mit der Trennung der Nephritiden von den Nephrosen vorgeschlagene strenge Scheidung der *Arthritiden* von den Arthronosen hat sich also nicht aufrechterhalten lassen.

Noch vor Kowarschik und Wellig (1937) hat v. Neergaard (1935) darauf hingewiesen, daß die Arthronosis deformans *konstitutionell auf ganz anderer Basis* entsteht als die chronische Polyarthritis, deren entzündlich-toxischer Charakter ohne weiteres ersichtlich ist, während die in vielen Fällen, möglicherweise in allen, vorhandene entzündliche Komponente der Arthronosis deformans so verdeckt zu sein pflegt, daß sie lange übersehen wurde. Ihre Träger seien vorwiegend *Pykniker mit Adipositas, essentieller Hypertonie, Arteriosklerose, Emphysem, faßförmigem Thorax*, die zu *Apoplexie, Myodegeneratio cordis, Coronarinfarkt, Bronchitis* sowie zu *Meteorismus, Hängebauch, Rectusdiastase, Hernien* und *Plattfüßen* neigen und auch nicht selten Diabetes mellitus haben sollen. An rheumatischen Erkrankungen weise ihre Anamnese häufig *Torticollis, Periarthritis humero-scapularis, Lumbago* und *Ischias* auf.

Die Fragebogenstatistik von R. Wilhelm [1] (1933), ausgehend von 97 reinen Arthronosis deformans-Fällen, ergab ein bloß geringfügiges Überwiegen des weiblichen Geschlechts, das vor allem im Postklimakterium

[1] Zufolge einer Verwechslung wird auf S. 150 und 153 von W. Weitz: „Die Vererbung innerer Krankheiten". Stuttgart: Ferdinand Enke 1936, statt des Autors Rud. Wilhelm einer namens Rudolf zitiert, welcher Fehler sich bereits in der Arbeit von W. Weitz' Schüler Rud. Herrmann (1936) auf S. 719 und 720, d. h. beidemal im Text und Literaturverzeichnis, eingeschlichen hat.

gefährdet erscheint, weil dann besonders bei Frauen ein Haltungsverfall (SCHEDE, zit. nach WILHELM) einsetzt; doch ist das 6. Jahrzehnt das allgemein bevorzugte Alter. Stehende Berufe geben eine starke Prädisposition, überhaupt statische Momente, während ein Zusammenhang mit der Ernährungsweise noch nicht bestätigt werden konnte. Da das Durchschnittsalter dieser Familien mit Arthronosis deformans hoch (70—80 Jahre) liegt, was natürlich Folge einer Auslese durch das Merkmal ist (Ref.), können die oben genannten Erkrankungsbereitschaften nicht generell von großer Bedeutung sein.

Entsprechend der im Vergleich mit den anderen Manifestationen des Rheumatismus relativ umschriebenen konstitutionellen Stigmatisierung finden wir die Arthronosis deformans denn auch gelegentlich als einzig schwerwiegendes Gelenkleiden oder doch als rheumatisches Leitsymptom und Familieneigentümlichkeit gewisser Sippen, so z. B. in der Abb. 46 nach R. HERRMANN (1936) aus der Schule von WEITZ dargestellten.

Da die Arthronosis deformans in allen 5 Fällen dieses Stammbaumes von HERRMANN das *Hüftgelenk* betrifft — in dreien übrigens außerdem die Kniegelenke und in einem das Schultergelenk —, wird hier, abgesehen von der Veranlagung zu dem Krankheitsprozeß selbst, auch noch eine solche zu bestimmter *Lokalisation* vererbt (WEITZ).

Während die nebenstehende wertvolle Sippentafel (Abb. 46) auf lauter eigenen Untersuchungen des Autors oder anderer Ärzte beruht, trifft dies für die weiteren 12 Stammbäume HERRMANNs, von denen nur noch 2 drei Generationen umfassen, nurmehr teilweise zu. Seine 15 männliche und 20 weibliche Fälle von Arthronosis deformans umfassenden Beobachtungen, die immerhin ein nicht ausgelesenes Material darstellen, sprechen für die meist regelmäßige Dominanz einer spezifischen Erbanlage, da nur in 3 Familien keine gleichartige Belastung nachgewiesen werden konnte. WEITZ und HERRMANN warnen davor, den nach ihren Umfragen allgemein überaus verbreiteten *Muskelrheumatismus* und andere häufige rheumatische Erkrankungen ohne weiteres in genetischen Zusammenhang zu bringen.

Eine mit der BECHTEREWschen Krankheit nicht zu verwechselnde, an der Wirbelsäule lokalisierte Form der *Arthronosis deformans*, die sog. *Spondylosis deformans*, scheint ebenfalls in nicht unerheblichem Maße erbbedingt zu sein, da von WEITZ (1936) untersuchte 15 EZ 12mal und 8 ZZ nur 4mal sehr ähnliche Röntgenbefunde aufwiesen; eine völlige Diskordanz bestand bei jenen EZ nur 2mal, bei den ZZ freilich auch nur 3mal.

Sehr auffällig ist eine Beobachtung von L. VAN BOGAERT (1928), wobei zwei gesunde Eltern unter ihren 4 Kindern je 2 mit „*Ostéoarthropathie hypertrophiante pneumique*" behaftete Söhne und 2 von „*Spondylite déformante*" befallene Töchter gehabt haben sollen.

Daß das

Malum coxae senile,

d. h. die auf das Hüftgelenk beschränkte Form der *Arthronosis deformans*, sich als dominante Familieneigentümlichkeit erweisen kann, wurde schon oben erwähnt. WEITZ (1936) berichtet über einen eindrucksvollen Fall bei Vater und Sohn. Dieselbe Anlage führt möglicherweise auch zum *Malum coxae juvenile* (PERTHES).

Über die Erbbiologie der verschiedenen Formen der

Osteochondritis dissecans,

die in Band II dieses Handbuchs von BAUER und BODE ausführlich behandelt wird, sei trotz der noch problematischen Beziehungen zum Rheumatismus hier das Folgende angefügt.

Was die allerdings meist isoliert auftretende Osteochondritis dissecans coxae, die sogenannte

Perthessche Krankheit

betrifft, so weisen eine Reihe von Beobachtungen auf ein *heredofamiliäres* Vorkommen hin: Calvé sah Bruder und Schwester, Brandes 2 bzw. 3 Geschwister, Eden Vater und Sohn, Müller Vater und Tochter damit behaftet und Küttner konnte eine Perthessche Krankheit durch 3, Kaiser 1928 [1] und Brill sogar durch 6 Generationen verfolgen.

Eine von Kaiser aufgestellte, bei W. Weitz (1936) abgebildete Sippentafel zeigt durchwegs *regelmäßige Dominanz* der hier stets doppelseitig ausgebildeten Affektion.

In der von Brill beschriebenen Sippe soll sich das Merkmal bei den *weiblichen* Trägern während der *Gravidität*, bei den *männlichen* dagegen um die *Pubertät* herum manifestiert haben.

Die sich an der Tuberositas tibiae äußernde

Schlattersche Krankheit

wurde von Spaich und Ostertag (1935)[2] bei EZ beobachtet. Ein Proband von W. Weitz (1936) hatte sie doppelseitig mit 13 Jahren, ebenso sein einer Sohn, der mit 14, und sein anderer Sohn, der mit etwa 13 Jahren daran erkrankte, während eine bereits 23jährige Tochter davon ganz verschont blieb.

Auch die das Os naviculare befallende

Köhlersche Krankheit

muß mindestens teilweise erbbedingt sein, da sie von Nieden bei 2 Brüdern und von Esau und Buschke bei EZ, ferner von Camerer (1935)[3] bei 2 identischen Partnern eines Drillings gefunden wurde, der nicht identisch war und dementsprechend auch frei vom Merkmal blieb.

Was die

Arthronosis deformans anderer Gelenke

betrifft, gibt es auch da weitgehend lokal determinierende Erbanlagen, wie unter anderem folgende Fälle beweisen:

So hat eine bei zwei an verschiedenen Orten unter günstigen Bedingungen lebenden 75- und 72jähr. Schwestern im Alter von 30 bzw. 40 Jahren begonnene Arthronosis deformans ihren Sitz ganz übereinstimmend an den *Knie-* und *Fingergelenken* genommen (M. Mayer 1931). Ferner erwiesen sich zwei 63jähr. weibliche EZ in bezug auf durch Arthronosis deformans entstandene Bewegungsbeschränkungen an den *Gelenken des 5. Fingers links* und des 4. und 5. *Fingers rechts konkordant*, trotzdem *nur die eine Partnerin* körperlich schwer gearbeitet und sich allen Unbilden der Witterung ausgesetzt hatte (W. Weitz 1924 und 1936).

Auch die schon oben erwähnten, eigentlich nicht hierher gehörenden Heberdenschen Knoten, eine leichte Form von Arthronosis deformans, sind zum Teil erblich bedingt.

Bisher fehlen ausreichende Untersuchungen hierüber. Wenn Wick (1908) bei seinen 100 Fällen bloß 6mal Heredität fand, so liegt dies vielleicht an der Art der Nachforschung.

Daß auch die Buergersche Krankheit (Thrombangitis obliterans) sehr nahe genetische Beziehungen zum Rheumatismus, und zwar zu sämtlichen Formen der rheumatischen Arthritis unterhält, beweisen drei von O. Reichert (1939) eingehend durchuntersuchte Sippen, die alle eine entsprechende Belastung der freilich meist isolierten Fälle seitens beider Eltern zeigen. Die erste davon ist in Abb. 47 (Tafel II) umgezeichnet zur Darstellung gelangt.

3. Der Muskelrheumatismus

ist, wie wir mit Weitz und Herrmann nochmals ausdrücklich feststellen wollen, allzu verbreitet und zudem oft genug nur eine Verlegenheitsdiagnose, als daß

---

[1], [2] und [3] Siehe dort Literatur.

man ihn allein für beweisend für eine erbliche Rheumaanlage betrachten dürfte. HANGARTER gibt denn auch an, diesen zwar sicher bestehenden, aber nur schwer nachzuprüfenden Zustand viel seltener genannt zu haben, als er in den 20 von ihm untersuchten Sippen vorhanden gewesen sein mag.

Nach dem Verwaltungsbericht der Ruhrknappschaft des Jahres 1924 entfielen auf die 30372 Fälle von durch Rheuma bedingter Erwerbsunfähigkeit bei Bergleuten nicht weniger als 24495, also etwa $^4/_5$ auf *Muskelrheumatismus*, dagegen noch nicht $^1/_6$ auf *akuten* und etwas mehr als $^1/_{30}$ auf *chronischen Gelenkrheumatismus* (zit. nach GUDZENT).

In einer von HANHART (1934) sehr eingehend erforschten Allergikerfamilie, in welcher der *Großvater väterlicherseits* wiederholt sichere Muskelrheumatismen, unter anderem auch echte *Lumbago*, und der *Vater* ebenfalls öfters Muskelrheuma sowie einmal eine leichte, afebrile, promptest auf Salicyl reagierende *Polyarthritis rheumatica* hatte, fiel ein 4jähriges Töchterchen einer STILLschen *Krankheit* zum Opfer, die nach $7^1/_2$ Jahre langem Verlauf unter dem Bilde einer *Agranulocytose* zum Tode führte.

Da wo mütterlicher Seite keine rheumatische Belastung vorliegt, muß in diesem Falle der *Muskelrheumatismus* des Großvaters als solche gewertet werden.

Ob die notorische Häufung von Muskelrheumatismus in Idiosynkrasikersippen mit WEITZ als Beweis für dessen primär allergische Genese aufgefaßt werden darf, steht noch dahin. Gewiß ist, daß der Muskelrheumatismus zu den konstitutionellen Begleiterscheinungen des „*Arthritismus*" gehört; wohl in diesem Sinne wurde er durch v. NEERGAARD (vgl. S. 620) zu den anamnestischen Merkmalen der *Arthronosis deformans* gerechnet.

An *Zwillingsbeobachtungen* liegen einstweilen nur diejenigen von CAMERER und SCHLEICHER (1935) über 12 EZ und 9 gleichgeschlechtliche ZZ vor. Die völlige Diskordanz der letzteren spricht meines Erachtens mehr für die *Mitwirkung einer Erbanlage* als die bloß 5malige Konkordanz der ersteren.

Nahe verwandt mit Muskelrheumatismus und sicher meist auch eine Äußerung einer rheumatischen Veranlagung ist

4. die Ischias,

die auch als „*idiopathische*" Form leider pathogenetisch noch ganz unbefriedigend geklärt ist. Die von SLAUCK (1936) und seiner Schule angestrebte scharfe Trennung einer „*fokaltoxischen Ischiasneuritis*" von entsprechend entstandenen *neuralgischen* und *myalgischen* Zustandsbildern ist schon für den Kliniker nicht leicht und anamnestisch um so schwieriger durchzuführen. Das Prädilektionsalter der Ischias liegt zwischen dem 30. und 50. Jahr. Eine Bevorzugung eines bestimmten Konstitutionstypus besteht nach H. G. SCHOLTZ (1939) nur für die *schwere neuritische Ischias*, die vorwiegend schlanke, magere Menschen mit wenig entwickelter Muskulatur und schlaffer, schlecht durchbluteter Haut, nicht selten auch mit allgemeiner Nervosität und vegetativer Stigmatisation befalle. Auch unter den Sportlern sollen die *leptosomen* mehr gefährdet sein. *Fettleibige Pykniker* würden dagegen mehr zu *Ischalgien* neigen, die zu leicht feststellbaren Muskelverhärtungen vor allem in der Lenden- und Gesäßgegend führen. Für die Beteiligung allergischer Prozesse bei der *rheumatischen Ischias* spricht die sowohl von SCHOLTZ als auch von GÉRONNE (1936) relativ häufig dabei gefundene *Bluteosinophilie* bis zu 12%. Als weiteres konstitutionelles Moment nennt SCHOLTZ eine „gewisse Überempfindlichkeit des sensiblen Nervenapparates, speziell auch seiner vegetativen Elemente, wodurch auch gelinde periphere Reize den neuralgischen Schmerz hervorrufen".

Die Erbpathologie der Ischias ist im Beitrag von BOETERS in Bd. V/1 dieses Handbuchs auf S. 192 kurz behandelt.

Nach dieser Übersicht über die einzelnen äußerlich wahrnehmbaren Rheuma-
merkmale sei nun noch ausführlich auf die für die

synthetische Erfassung des Erbbildes des Rheumatismus

bisher aufschlußreichsten Sippenforschungen W. Hangarters eingegangen, der
als auf diesem Gebiete weitaus erfahrenster Autor eine *spezifische arthritische
Anlage* mit *unregelmäßig dominantem Erbgang* annimmt, deren Erscheinungsbilder sehr stark wechseln, weil alle Übergänge möglich sind und die Ausdrucksstärke *(Expressivität)* der Merkmale großen Schwankungen unterworfen ist.
Diese zwar den ganzen Formenkreis des Rheumatismus umfassende Erbanlage
ist aber *nicht* etwa *identisch* mit einer Veranlagung zu dem immer noch recht
problematischen Klinikerbegriff des „*Arthritismus*". Hangarter stellt selbst
fest, daß sich aus seinen erbklinischen Beobachtungen „keinesfalls regelmäßige
*Beziehungen zwischen Fettsucht, Diabetes, Cholelithiasis und Arthritis folgern
lassen*". Was jedoch erbpathologisch in die unmittelbare Nachbarschaft zur
Rheumaanlage gehöre und als *Nebengen* auf das spezifisch arthritische *Hauptgen* im Sinne einer genotypischen Vergesellschaftung einwirke, sei die Anlage
zur *allergischen Diathese*. Diese bedinge die rheumatischen Erkrankungen nicht
etwa ursächlich, noch löse sie dieselben aus, vielmehr herrsche die „spezifisch-
arthritische Erbanlage" als das Hauptgen stark vor, während die als Nebengen wirkende Allergieveranlagung als zusätzlicher Faktor an der Krankheits-
gestaltung fördernd und verstärkend beteiligt sei.

Daneben wirken, wie Hangarters Erhebungen in den jüngsten Generationen
seiner großenteils recht kinderreichen Sippen zeigen, vor allem noch die *exsudative
Diathese* sowie die *Rachitis* wegbereitend und symptomwandelnd auf die Rheumamanifestationen ein; die *exsudative Diathese* sei — was auch v. Pfaundler
sowie ich betonten — größtenteils die besondere Form der allergischen Bereitschaft des Kindesalters oder überschneide sich wenigstens mit dieser; die selbst
vorwiegend erbbedingte *Rachitis* erzeuge akzidentelle Dispositionen durch die
Verschlechterung der körperlichen Konstitution, vor allem wenn noch eine
erblich angelegte Schwäche des Binde-Stützgewebes als *Organ-* und eventuell *Lokal-
disposition* hinzutrete. Auf alle Fälle bilde die *erbliche Veranlagung* die *wichtigste
und entscheidende Voraussetzung zu rheumatischen Erkrankungen*. Die „arthritische" Anlage rufe innerhalb einer Familie leichte bis schwerste Krankheitsbilder hervor *(starke intrafamiliäre Variabilität)*. Im Gegensatz dazu fehle eine
interfamiliäre Variabilität, denn die klinischen Merkmale wechseln nicht nur
innerhalb einer Familie, sondern ebenso in allen andern Sippen.

Von den überaus wertvollen, weil ebenso auslesefreien wie gründlich bearbeiteten 20 Sippentafeln Hangarters sei eine hier zur graphischen Darstellung gebracht (s. Tafel II), die übrigen 19 seien wenigstens auszugsweise
unter Nennung der hauptsächlichsten Merkmale, vor allem in den Probandengeschwisterschaft, berücksichtigt. Hierbei wurden in erster Linie auch die
Herkunfts- und allgemeinen Lebensverhältnisse der einzelnen Sippen berücksichtigt, da sie als unter Umständen für die rheumatischen Manifestationen
ausschlaggebendes *Moment der Exposition*, wie eingangs erläutert, in allen
Fällen mit in Rechnung gezogen zu werden verdienen. Ist doch kaum auf
einem andern Gebiete eine einseitig auf die erbliche Veranlagung gerichtete
Einstellung weniger gerechtfertigt wie auf dem des Rheumatismus.

Gerade bei den beiden ersten Sippen in Hangarters Beobachtungsgut
dürfte den Umwelteinflüssen eine sehr wesentliche Bedeutung in der Ätiologie
der rheumatischen Merkmale zukommen.

Sippe 1: Betrifft in *größter Armut* lebende Korbflechterfamilien in zwei kleinen Dörfern der Rheinebene.

In der Geschwisterschaft des 48jähr., an *primär-chronisch deformierender Polyarthritis* leidenden Probanden sind 1 Schwester gleichartig und 2 Schwestern mit *Arthronosis deformans* behaftet, ferner 2 von den 6 im Alter von 19—5 Jahren stehenden Kindern des Probanden mit *Polyarthritis acuta.*

Sippe 2: Betrifft von altersher auf großen Rheinkähnen lebende, hart arbeitende und vieler *Witterungsunbill* ausgesetzte Schifferfamilien.

Die 48jähr. Probandin mit *primär-chronisch deformierender Polyarthritis* hat 6 Geschwister, von denen 3 *akute Polyarthritis* durchmachten; eine 82jähr., hochgradig *fettsüchtige* Tante leidet an *Arthronosis deformans* beider Hüft- und Kniegelenke und deren Sohn an *Migräne* und *chronischer Polyarthritis.*

Sippe 3: Betrifft eine ursprünglich aus der Rheinebene stammende, emporgearbeitete Kleinbürgersippe mit je 4 Fällen von *Fettsucht* und *Diabetes.*

Der 56jähr. Proband, Zigarrenarbeiter, hat *Arthronosis deformans* des 1. Hüftgelenks und *Spondyloarthrosis* der LWS., mit welch letzterer auch 1 älterer Bruder behaftet ist, während 1 anderer Bruder, *Diabetiker, rezidivierende Polyarthritis acuta* und im Alter schwere *Arthronosis deformans* der Hüft- und Kniegelenke und 1 dem *Heufieber* unterworfene, fettsüchtige Schwester außer *Ischalgie* und *Muskelrheuma* eine *primär-chronische Polyarthritis* zeigt, 1 weiterer Bruder bloß *Ischias.* Der *Vater* dieser 6 sämtlich mit Rheumatismus meist schwerer Art behafteten Geschwister litt an *rezidivierender Polyarthritis acuta*, die *Mutter* an typischem *Bronchialasthma.*

Sippe 4: Betrifft Arbeiter- und Handwerkerfamilie aus Dorf an der Bergstraße (Gegend zwischen Darmstadt und Heidelberg).

Die 37jähr. Probandin, Schlossersfrau, hat *primär-chronisch deformierende Polyarthritis* der Ellbogen-, Finger-, Knie- und Fußgelenke und ist Tochter eines Maurers mit sehr starker *Spondyloarthronosis deformans* der BWS. und schwerer *Skoliose*, dessen 1 Schwester *primär-chronische Polyarthritis* der Schulter-, Hand-, Finger-, Knie- und Fußgelenke und dessen andere Schwester hochgradige *Arthronosis deformans* des linken Hüftgelenks hat.

Da eine andere Vatersschwester bloß *Arteriosklerose* und doppelseitigen Leistenbruch, aber keine rheumatische Affektion hatte, ihre fettsüchtige Tochter dagegen *Arthronosis deformans* und deren Tochter schon mit 10 Jahren schwere *akute Polyarthritis*, so besteht hier zum Teil *unregelmäßige Dominanz.*

Sippe 5: Betrifft oberrheinisch-schwarzwäldische Weber- und Taglöhnerfamilien, die zum Teil stark veralkoholisiert, sittlich heruntergekommen und mit vielfachen Degenerationszeichen behaftet sind. Probandengeschwisterschaft:

Vater: Allergiker mit Hochdruck und Arteriosklerose hat *Kyphoskoliose,* 1 Vatersschwester *Arthronosis deformans* und *Skoliose.*

Mutter: Hatte mit 21 Jahren schwere *akute Polyarthritis*, im Alter *sekundär-chronisch deformierende Polyarthritis.*

6 Kinder: 1. Tochter fast genau wie Mutter behaftet; 2. Tochter hat *chronisch-deformierende Polyarthritis* und *Kyphoskoliose;* 6. Tochter hat *Ischias, Muskelrheuma* und *Migräne.*

Sippe 6: Betrifft kleine Arbeiterfamilie in ärmlichsten Großstadtverhältnissen.

Die 46jähr. Probandin, Tochter einer Asthmatikerin, hatte mit 12 Jahren *akute Polyarthritis* und seither stärkste *chronisch deformierende Polyarthritis.* Ihr Mann hat *Kyphoskoliose* und häufig *Urticaria.*

4 Kinder: 1. *exsudativ,* 2. ebenfalls sowie *Bronchialasthma* und *chronische Polyarthritis,* 3. *Senkknickfuß* und 4. *exsudativ.*

Sippe 7: Betrifft süddeutsche Kleinbürgerfamilien in guten Verhältnissen.

Eine von jeher fettsüchtige, nie menstruierte migränöse, 54jähr. Probandin mit *Arthronosis deformans* beider Kniegelenke, deren Mutter *Erythema nodosum* mit anfallsweisen Gelenkschmerzen und deren Muttersbruder *chronische Polyarthritis* hatte, besitzt eine 8 Jahre ältere, fettsüchtige und diabetische Schwester, die nach Angina *akute Polyarthritis* durchmachte sowie einen stark allergischen, mit *Kyphose* der BWS. behafteten *Vetter,* welcher der Sohn des genannten Rheumatikeronkels ist.

Sippe 8: Betrifft proletarische, sittlich verwahrloste süddeutsche Tabakarbeiterfamilien, die sich um eine Geschwisterschaft von 8 erwachsenen Kindern gruppieren, deren *Vater* außer *Lumbago* und *Ischias* eine *Spondylosis deformans* sowie eine *Arthronosis deformans* des Schulter- und Hüftgelenkes hat.

Von 3 seiner Töchter litten 2 an *akuter Polyarthritis* und 1 an *primär-chronisch deformierender Polyarthritis* der Finger-, Knie- und Fußgelenke. Trotzdem von der Mutter dieser Geschwisterschaft keine rheumatische Veranlagung bekannt ist, dürfte sie auch von ihr her entsprechend, d. h. arthritisch, belastet sein, da 1 Vetter von dieser Seite eine starke *Kyphose* der BWS. hat und akute *Polyarthritis* durchmachte. Der Bruder des letzteren leidet an azidotischem *Diabetes juvenilis.*

Additional material from *Methodik · Genetik der Gesamtperson,*
ISBN 978-3-642-98899-8 (978-3-642-98899-8_OSFO2),
is available at http://extras.springer.com

Sippe 9: Betrifft wirtschaftlich gutgestellte Industriearbeiterfamilien in der Nähe einer rheinischen Großstadt.

Es entfallen nicht weniger als 16 schwere Rheumatismusfälle auf 42 Individuen innerhalb dreier Generationen.

Der Proband, ein 60jähr. Kohlenträger mit *Psoriasis, Eosinophilie* sowie Frühjahrs- und Herbstconjunctivitis, hat *Arthronosis deformans* des Hüftgelenks und *Spondylosis der LWS.*, sein einer Bruder ebenfalls *Psoriasis*, ferner *Spondylarthronosis* und *Arthronosis deformans* beider Kniegelenke, sein zweiter Bruder, ein Maurer, *Periarthritis humeroscapularis,* DUPUYTRENsche *Kontraktur,* akute *Ischias* und *Varizen,* sein dritter Bruder, ein 50jähr. Bauer, wurde invalidisiert wegen *Spondyloarthronosis deformans* der LWS. und *Arthronosis deformans* der Hüft- und Kniegelenke und hat außerdem eine Hypertonie bei Arteriosklerose; schließlich leidet eine 55jähr. Schwester, eine fettsüchtige Bäuerin, an *Lumbago* und *primär-chronisch deformierender Polyarthritis* der Fingergelenke.

Von den zusammen 29 Kindern dieser 5 schwer rheumatischen Geschwister haben 5 *chronisch deformierende Polyarthritis,* 3 *akute Polyarthritis* und 1 einen *Rheumatismus nodosus.*

Sippe 10: Betrifft eine Arbeiter- und Handwerkersippe in der Nähe oberrheinischer Großstädte, die auffallend zahlreiche Entartungserscheinungen aufweist.

Die 43jähr. Probandin, Hausangestellte, hat *primär-chronisch deformierende Polyarthritis* der Ellbogen-, Hand-, Finger- und Kniegelenke. Sie ist die Tochter eines 77jähr. trunksüchtigen Maurers mit schwerer *Spondylosis* und *Arthronosis deformans* und hat zwei 48- bzw. 35jähr. endokrin fettsüchtige Schwestern, die beide *akute Polyarthritis* durchmachten und von denen die ältere nach *Pyramidon Urticaria* bekommt; die 17jähr. Tochter der letzteren reagierte auf eine Injektion von Tetanusserum mit QUINCKEschem *Ödem* und hatte eine *akute Polyarthritis,* aus der sich eine *sekundär-chronische Arthritis* des rechten Kniegelenks entwickelte.

Sippe 11: Betrifft im Aufstieg begriffene oberrheinische Bauern- und Kleinbürgerfamilien mit stark schizothymen Zügen.

Die 52jähr. Probandin ist infolge ihrer *primär-chronisch deformierenden Polyarthritis* fast aller Gelenke völlig hilflos geworden. Ein jüngerer Bruder hatte *Ischias* sowie *akute Polyarthritis,* woran schon seine Großmutter väterlicherseits gelitten zu haben scheint, die davon Perikarditis und Endokarditis bekam.

Außerdem besteht auch mütterlicherseits eine schwere Rheumabelastung der Probandin.

Sippe 12: Betrifft strebsame Handwerker- und Kaufmannsfamilien, die zum Teil noch in Dörfern nahe Heidelberg, zum Teil schon in Städten leben.

Vater: 49jähr. Lagerist, der im Felde *Ischias,* später klinisch behandelte *Lumbago* hatte. *Mutter:* 48jähr. Werkmeisterstochter, die erhebliche Zahncaries hat und nach *akuter Polyarthritis* eine *sekundär-chronisch deformierende Polyarthritis* der Hand-, Finger- und Fußgelenke bekam; 1 Bruder *chronische Polyarthritis.*

6 *Kinder:*

1. 29jähr. Kaufmann, der mit 18 Jahren PERTHESsche *Krankheit* hatte und eine Trichterbrust sowie Spina bifida des Kreuzbeins aufweist.

2. 35jähr. Bäckersfrau mit *chronischer Polyarthritis,* ferner schwerer *chronischer Urticaria* sowie QUINCKEschem *Ödem* nach Ananas.

3. 17jähr. Haustochter mit stark vergrößerten Tonsillen und häufigen *Mandelentzündungen,* Zahncaries und Vasolabilität.

4. 27jähr. Verkäuferin mit *primär-chronisch deformierender Polyarthritis* der Schulter-, Hand-, Finger-, Knie- und Fußgelenke, Mitralinsuffizienz, sehr häufigen Mandelentzündungen, *Urticaria, Eosinophilie.*

5. 12jähr. Sohn, der dystrophisch und *rachitisch* war, sowie eine Blepharoconjunctivitis und starke *Skoliose* der BWS. hat.

6. 10jähr. Tochter, die „Kopfgrind" und andere Hautausschläge, ferner Scharlach hatte.

Sippe 13: Betrifft Arbeiterfamilien in einem Dorfe der Rheinebene.

Da diese Sippe durch genealogische Aufzeichnungen und Krankenberichte des Hausarztes sowie klinische Untersuchungen fast aller Mitglieder ·besonders genau bekannt wurde und recht kinderreich ist, habe ich sie in Abb. 48 auf Tafel II zur Darstellung gebracht.

Diese Sippe ist allein schon im hohem Grade geeignet, die obigen Schlußfolgerungen HANGARTERS wahrscheinlich zu machen.

Sippe 14: Bauernfamilien in kleinen Dörfern auf dem Höhenzug der Bergstraße, einem fruchtbaren Landstrich.

Proband ist 62jähr. Bauer mit Fettsucht, *Arthronosis deformans* beider Hüftgelenke, *Spondylosis deformans* und *Eosinophilie.*

Sein einer Bruder, ein fettsüchtiger städtischer Arbeiter mit Turmschädel und Spina bifida sowie chronischer Nebenhöhlenentzündung, bekam *sekundäre Arthronose* nach

PERTHESscher Krankheit, sein anderer Bruder, ein fettsüchtiger Gastwirt und Metzger, der Gichter, Migräne und Ischias hatte, leidet an sekundär-chronischer Polyarthritis.

Die Eltern selbst waren anscheinend frei von Rheuma, sind aber beide entsprechend belastet, der Vater durch die Polyarthritis acuta zweier Brüder und die Mutter durch die Arthronosis deformans und schwerste Skoliose der BWS. einer Schwester.

Sippe 15: Unter ungünstigen Umständen aufgewachsener unehelicher Proband, dessen Familie in einem Dorf der Rheinniederung lebt. Er selbst ist 70jähr. Taglöhner mit hochgradiger Arthronosis deformans der Hüft- und Kniegelenke.

Von seinen drei erwachsenen Kindern hatte eine 40jähr. Tochter Ischias, Erythema nodosum und leidet an primär-chronischer Polyarthritis, ein 39jähr. Sohn, Schreiner, der rachitisch war und zu Furunkeln und Mandelentzündungen neigt, hat chronische Polyarthritis und ein weiterer Sohn starb mit 12 Jahren an den Folgen akuter Polyarthritis (Mitralinsuffizienz).

Sippe 16: Gut begabte Arbeiter- und Handwerkersfamilien nahe süddeutscher Stadt, mit starker Migräne und anderweitiger allergischer Belastung.

Die Probandin, 53jähr. Kraftfahrersfrau, die mit 6, 13, 16 und 18 Jahren akute Polyarthritis durchmachte, leidet an sekundär-chronisch deformierender Polyarthritis der Ellbogen-, Hand-, Finger-, Knie- und Fußgelenke sowie an Migräne.

Ihre 4 Jahre jüngere Schwester, Bauersfrau, hatte ebenfalls akute Polyarthritis, ferner Ischias und ist Migränikerin; letztere beiden Affektionen hat auch eine zweite Schwester der Probandin. Die Belastung dieser drei Schwestern liegt auf Seite der mit Fettsucht und Diabetes behafteten Mutter, da 2 von deren Nichten Arthronosis deformans und 1 Neffe akute Polyarthritis aufweisen.

Sippe 17: Wirtschaftlich ordentlich gestellte Kleinbürgerfamilien in süddeutschen Großstädten. Auffällig starke Häufung von Allergien.

75jähr. Probandenmutter, die an einer angeblich erst seit dem 68. Jahre aufgetretenen, nunmehr schwersten primär-chronisch deformierenden Polyarthritis der Schulter-, Hand-, Finger-, Knie- und Fußgelenke sowie an Rheumatismus nodosus beider Unterarme leidet und eine fettsüchtige, zuckerkranke, gegen Insektenstiche überempfindliche, stark zu Kopfweh neigende 65jähr. Schwester mit Spreizsenkfüßen hat.

3 Kinder:

1. 53jähr. Justizoberwachtmeister mit Migräne, Pferdedunstconjunctivitis, Eosinophilie und Arthronosis deformans beider Kniegelenke.

2. 51jähr. Tochter, die als Kind Drüsen hatte, von Salicyl Exantheme bekommt und außer einer Kyphoskoliose wie ihre Mutter eine primär-chronisch deformierende Polyarthritis der Schulter-, Hand-, Finger-, Knie- und Fußgelenke hat.

3. Ihr illegit. 29jähr. Sohn, Bahnarbeiter, hat Trichterbrust und chronische Arthritis im linken Schultergelenk.

3. Anscheinend gesunder Sohn.

Vom Vater dieser Geschwisterschaft ist nichts bekannt, er dürfte sie aber ebenfalls mit einer Rheumaanlage belastet haben, da 2 von seinen Nichten entsprechend schwer behaftet sind:

Die eine, 48jähr. Maurermeistersfrau, die als Kind Blepharoconjunctivitis und später häufig Torticollis hatte und zu Frühjahrsmigräne neigt, zeigt eine chronische Arthritis beider Schultergelenke.

Die andere, 63jähr. Buchdruckersfrau, die in der Jugend Migräne hatte und durch Prognathie, Struma, starke Kyphoskoliose der BWS., Leistenbruch links, Varizen stigmatisiert ist, leidet seit der Menopause an Arthronosis deformans beider Kniegelenke sowie an einer Arteriosklerose mit Hochdruck (240 mm).

Ihr allerdings auch durch seinen an Herzfehler nach Gelenkrheumatismus verstorbenen Vater belasteter 33jähr. Sohn, Amtsgehilfe, litt im Frühjahr jahrelang an Blepharoconjunctivitis, hat Migräne, ferner Turmschädel, Prognathie, Struma und Trichterbrust und leidet an röntgenologisch gesicherter Arthronosis deformans juvenilis beider Kniegelenke, während seine 40jähr. Schwester trotz der doppelseitigen Rheumabelastung noch keinerlei rheumatische Erkrankung durchmachte; sie ist aber durch ein Frühjahrsekzem an den Vorderarmen und eine Überempfindlichkeit gegen Seife als Allergikerin gekennzeichnet und durch Struma, Dysmenorrhöe sowie Varizen stigmatisiert.

Sippe 18: Bauern-, Handwerker- und Arbeiterfamilien aus Dörfern in oder nahe der Rheinebene, zum Teil begabt, zum Teil unbegabt, rückständig. Die recht umfangreiche Sippe, von der nicht weniger als 125 Mitglieder untersucht wurden, zählt in der Probandengeneration 5 Geschwisterschaften mit je 4—6 Kindern:

G. 1. 66jähr. Taglöhnersfrau mit Fettsucht, Diabetes, Cholelithiasis, Arteriosklerose, Hochdruck, ferner Kyphoskoliose, zeigt eine Spondyloarthronosis deformans. Ihr 57jähr. Bruder, Güterarbeiter, mit Eosinophilie, Fettsucht und Arteriosklerose, hat eine Arthronosis deformans

40*

großer und kleiner Gelenke. Eine 55jährige Schwester, Pflasterersfrau, ist debil und *fett-süchtig.*

G. 2. 76jähr. Fabrikantenfrau mit *Eosinophilie, Cholelithiasis,* Arteriosklerose, Hochdruck, ferner *Kyphoskoliose.* Ihre Schwester hat Cholelithiasis, Arteriosklerose, Hochdruck und Muskelrheuma. Ein Bruder ist nach rezidivierendem Schlaganfall gestorben. Ein anderer 68jähr. Bruder, Werkmeister a. D. mit *Eosinophilie, Fettsucht,* Arteriosklerose und Hochdruck hat eine *Arthronosis deformans.* Eine 66jähr. Schwester hat gleichfalls *Eosino-philie, Fettsucht,* Arteriosklerose, Hochdruck, aber eine *primär-chronisch deformierende Polyarthritis* der Fingergelenke. Ihr 64jähr. Bruder, Werkmeister mit *Fettsucht* neigt zu *Urticaria.* Ihr 61jähr. Bruder, Werkmeister a. D., mit *Eosinophilie, Urticaria* nach Erdbeeren und Primeln, *Fettsucht,* Hochdruck und Schlaganfall hat eine *akute Polyarthritis* durchgemacht.

G. 3. 71jähr. Bauer, hat *Kyphoskoliose* und ist senil. Seine 69jähr. Schwester mit Diabetes, Arteriosklerose und Hochdruck hat Heberdensche *Knoten.* Deren 65jähr. Schwester, Bäuerin, zeigt ebenfalls Arteriosklerose mit Hochdruck sowie Heberdensche *Knoten,* ein jüngerer Bruder bisher nur *Muskelrheuma.*

G. 4. 63jähr. Schneidersfrau mit Kyphose der BWS., Varizen und Eosinophilie leidet an *primär-chronisch deformierender Polyarthritis* der Schulter-, Hand- und Fingergelenke, ihre Schwester, eine 60jähr. Schlossersfrau und Hebamme mit *Heufieber,* Eosinophilie, Arteriosklerose und Hochdruck ebenfalls an-*primär-chronisch deformierender Polyarthritis,* aber nur der Fingergelenke. Die dritte, eine 58jähr. Schneidersfrau, hat *Fettsucht,* Struma und Bronchitis. Ihr 54jähr. Bruder, Küfer, leidet an „*Gemütskrankheit*". Eine 52jähr. Schwester mit virilen Zügen, Kahnbrust und Hallux valgus sowie Eosinophilie an *Arthro-nosis deformans* der Schulter und Kniegelenke.

G. 5. 67jähr. Zigarrenmacher mit Kyphoskoliose, Trichterbrust, Mehlekzem, Eosino-philie, Arteriosklerose und Hochdruck, hat 59jähr. Schwester, Zigarrenmacherin mit Strabismus, Struma, Varizen, *Fettsucht,* Arteriosklerose und Hochdruck und eine 56jähr. Schwester mit hartnäckiger *Urticaria* (durch Leberwurst?).

Während die 4 im Alter zwischen 34 und 15 Jahren stehenden Kinder des an *Arthronosis deformans* leidenden Probanden bloß etwas rheumatisch stigmatisiert, aber noch nicht ausgesprochen erkrankt sind, ist letzteres bei den zwischen 34 und 28 Jahren alten 6 Kindern der kyphotischen von *primär-chronisch deformierender Polyarthritis* befallenen Kusine desselben (Nr. 1 in Geschwisterschaft 4) in hohem Maße der Fall, da nicht weniger als 5 davon bereits ein- bis mehrfach *akuten Gelenkrheumatismus* durchmachten!

Von den 29 Enkeln der Probanden-Generation, von denen 26 weniger als 20 Jahre und die übrigen 3 weniger als 25 Jahre zählten, wiesen 19 Zeichen von Mesenchymopathie bzw. Skeletinsuffizienz, 11 eine Disposition zu Angina und 17 exsudative oder allergische Symptome auf. Ein großer Teil von ihnen dürfte mit dem Älterwerden ähnliche Rheumakrankheiten manifestieren wie ihre Eltern und Großeltern.

Sippe 19: Betrifft kleine, hagere, sehnige Odenwaldbauern aus drei benachbarten Dörfern mit wenig Frucht tragenden Äckern.

Es handelt sich im wesentlichen um eine 6köpfige Geschwisterschaft mit folgender doppelseitiger, aber indirekter Belastung:

Väterlicherseits ist ein 69jähr. Halbbruder aus 1. Ehe mit *Spondylosis deformans* sowie *Arthronosis deformans* des linken Hüftgelenks und beider Kniegelenke, ferner Arteriosklerose behaftet.

Mütterlicherseits soll eine Tante schwere Gelenkveränderungen gehabt haben.

Von der genannten Geschwisterschaft sind 5 Glieder schwere Rheumatiker:

1. 66jähr. Bäuerin mit starker Kyphose der BWS. und Hallux valgus sowie Eosino-philie leidet an *primär-chronisch deformierender Polyarthritis* der Schulter- und Fingergelenke.

2. 60jähr. gest. Reichsbahnsekretär hatte Otitis media, Gallensteine und Venenentzündung.

3. 60jähr. Bauer, ebenfalls mit Kyphoskoliose der BWS. und Hallux valgus sowie *Migräne* und *echter Gicht* zeigt *Spondylosis deformans* der LWS. und *Arthronosis deformans* großer und kleiner Gelenke, welche zum Teil durch die Gicht verursacht ist.

4. 58jähr. Bauer mit Steinhauerlungen und Hämorrhoiden hat *sekundär-chronisch deformierende Polyarthritis* schwersten Grades.

5. 56jähr. Haustochter mit Skoliose, schwer deformiertem Knickspreizfuß, Ren mobilis sowie *Migräne* und Hysterie hat *Spondylosis deformans* der LWS. und geringe primärchronisch deformierende Polyarthritis.

Aus der Ehe von Nr. 1 mit einem schweren *Migräniker* sind 2 in den 30er Jahren stehende Töchter hervorgegangen, die gleichfalls an *Migräne*, aber bis anhin trotz dieser zusätzlichen Allergieveranlagung noch keine Rheumamanifestationen erkennen ließen.

Sippe 20: Stellt die in einem Neckardorf der Rheinebene lebende *Nachkommenschaft* eines *schwachsinnigen, trunksüchtigen Psychopathen* dar. Aus dessen I. Ehe stammt ein 40jähr. Sohn mit Kyphoskoliose und Muskelrheuma, aus der II. Ehe folgende 11köpfige Geschwisterschaft:

1. 35jähr. Tochter mit Anginadisposition und Eosinophilie, hatte *akute Polyarthritis,* später *chronische Arthritis* des linken Kniegelenks. Ist puella publica und hat 2 illegitime Kinder, von denen das ältere, eine 13jähr. *Tochter*, durch Gichter, Vagotonie, Nabelkoliken, *Ekzeme, Migräne* und *Eosinophilie* stigmatisiert und bereits eine röntgenologisch festgestellte *Arthronosis* des Sternoclaviculargelenks, das andere, ein 11jähr. *Sohn*, in seiner Anamnese Rachitis, Drüsen, Otitis media, *Ekzem* und *Br. asthma* aufweist und durch *Eosinophilie*, ferner eine *Skoliose* und Spina bifida occulta als entsprechend veranlagt gekennzeichnet ist. Ihr Bruder, Nr.

2. wurde 24jähr. aus unbekannten Gründen erschossen. Ihre Schwester, Nr.

3. hatte *Polyarthritis acuta* nach Mandelabsceß, einen Mitralfehler sowie Pleuritis und ist 13jähr. gestorben.

4. 32jähr. Hochbauarbeiter, *Psychopath* mit Trichterbrust, Skoliose der BWS., sehr großen Füßen, hat *Migräne*, ferner Anginadisposition und machte mehrmals *Polyarthritis acuta* durch.

5. 31jähr. Krankenschwester, bekam nach Angina *Muskelrheumatismus*.

6. 30jähr. Krankenschwester, hatte starke *Erkältungsdisposition* und Pneumonie.

7. 29jähr. Gummifabrikarbeiterin, puella publica mit steilem Gaumen, neigt zu Herpes febrilis, ist *jodempfindlich* und hatte *Polyarthritis acuta*.

8. 26jähr., sehr mäßig begabter Arbeiter mit Trichterbrust sowie Ulcus ventriculi et duodeni, hatte Lumbago und *Polyarthritis acuta*.

9. 27jähr. Lederarbeiter mit Trichterbrust, Skoliose der BWS., O-Beinen und sehr großen Füßen.

10. 21jähr. Schreiner mit Thoraxasymmetrie, starken O-Beinen und *Muskelrheuma*.

11. 19jähr. Former mit sehr starker Thoraxasymmetrie, O-Beinen, Leistenbruch, hatte mehrmals *Polyarthritis acuta*.

Von dieser 11köpfigen, fast durchweg schwer stigmatisierten Geschwisterschaft haben nicht weniger als 6 Mitglieder ein- oder mehrfach *akuten Gelenkrheumatismus* durchgemacht; von diesen ist in Anbetracht ihres noch jugendlichen Alters zu erwarten, daß sie künftig noch an weiteren rheumatischen Affektionen erkranken und vorzeitig invalid werden.

Rassenhygienisch ist dies wohl die wichtigste von den 20 Sippen HANGARTERs.

Ein Blick auf unsere gedrängte Übersicht über dieses intensiv wie extensiv gleich umfassend bearbeitete Beobachtungsgut zeigt unwiderleglich, daß die *Vergesellschaftung* sowohl der *akuten* und *chronischen Polyarthritis* als auch der meist erst in vorgerücktem Alter auftretenden *Arthronosis deformans* die Regel und deren getrenntes Auftreten im Sinne von Familieneigentümlichkeiten nach Art dieser klinischen Merkmale die große Ausnahme bedeutet, wenn man die Nachforschung weit genug erstreckt. Besonders lehrreich sind in dieser Hinsicht die Sippen Nr. 10 und 15, in denen der *Großvater Arthronosis deformans*, die mittlere Generation *primär-chronische Polyarthritis* und die Enkel *Polyarthritis acuta* aufweisen. Höchst bemerkenswert sind außerdem die fast überall vorhandenen, aber nirgends eigentlich entscheidend wirkenden *allergischen Bereitschaften* sowie die mehr oder weniger lokal prädisponierenden Stigmen bestehender *Mesenchymopathie*.

Die hier so einläßlich gewürdigten Ergebnisse der Familienforschungen HANGARTERs zählen zum wertvollsten, was die namentlich durch v. VERSCHUER geförderte *phänanalytische Orientierung* der neueren Anthropogenetik geschaffen hat. Sie beweisen erstmals auf genügend breiter Grundlage, daß *sämtliche rheumatischen Erkrankungen in hohem Maße erbbedingt* und vor allem *weitgehend genetisch einheitlich* sind; wie weit diese Abhängigkeit von einem präsumptiven

Hauptgen reicht, wird die nunmehr notwendige Vermehrung unserer Erfahrungen an eineiigen Zwillingen lehren.

Auf jeden Fall bildet die von HANGARTER als „*arthritische Erbanlage*" bezeichnete *genotypische Bereitschaft zur Gruppe der rheumatischen Krankheiten* den stärksten Halt für das zuvor schwankende Gebäude des „*Arthritismus*", und zwar gleichsam als zentrale Säule, die von der *exsudativen* und *allergischen Diathese* sowie den übrigen zusätzlichen Bereitschaften wie durch Strebepfeiler gestützt wird.

Schrifttum[1].

Allgemeines.

BROWN, W. H.: Constitutional variation and susceptibility to disease. Arch. int. Med. 44, 625 (1928/29).

FLEISCHER, F.: Die Rolle der Disposition in der Konstitution. Med. Klin. 1922 I, 279. HANHART, E.: Über den modernen Dispositionsbegriff und seine Verwertung in der Praxis. Schweiz. med. Wschr. 1924 II. — HERING, H. E.: Über den funktionellen Begriff Disposition und den morphologischen Begriff Konstitution vom medizinischen Standpunkte aus. Münch. med. Wschr. 69, 691 (1922).

LICHTWITZ, L.: Pathologie der Funktionen und Regulationen. Leiden 1936. PFAUNDLER, M. v.: Wiesbadener Kongreß 1911. — Historische Bemerkungen zu Name und Begriff „Diathese". Z. menschl. Vererbgslehre 22, 129 (1938).

RITTER, J.: Disposition und Exposition. Beitr. Klin. Tbk. 46, 55 (1920). SCHOTTKY, I.: Rasse und Krankheit. München: J. F. Lehmann 1937. — SIEMENS, H. W.: Einführung in die allgemeine und spezielle Vererbungspathologie des Menschen. Berlin: Julius Springer 1923. — Die Zwillingspathologie. Berlin: Julius Springer 1924. TRAMER, M.: Zum Problem der Bereitschaft in der Humanbiologie. Verh. schweiz. biol. Ges. 1938, 72.

WIELAND, E.: Über Krankheitsdisposition. Med. Klin. 1908 I, 89—116.

Altersdisposition.

ABDERHALDEN, E.: Über die Ursachen der Alterserscheinungen. Med. Klin. 1934 II, 1215, 1216.

BAUER, J.: Konstitutionelle Varianten der Pubertät und des Klimakteriums. Schweiz. med. Wschr. 1933 I, 585. — BAUER-JOKL, M.: Über morphologische Senilismen am Zentralnervensystem. Wien. med. Wschr. 1917 II, 2056. — BENEKE, F. W.: Die Altersdisposition. Marburg 1879. — BESSAU, G.: Alterskrankheiten vom Blickpunkt des Kinderarztes. Med. Klin. 1936 I, 513—516. — BOENING, H.: Studium zu Körperverfassung der Langlebigen. Z. Konstit.lehre 8, H. 6 (1922). — BORCHARDT, L.: Über Hypogenitalismus und seine Abgrenzung vom Infantilismus. Berl. klin. Wschr. 1918 I, 348. — Klinische Konstitutionslehre, 2. Aufl. Berlin 1930. — BÜRGER, M.: Altern, Krankheit und therapeutische Ansprechbarkeit. Schweiz. med. Wschr. 1937 I, 431.

CANNSTADT, C.: Krankheiten des höheren Alters. 1839.

ECK, M. et J. DESBORDES: Influance de l'âge sur les variations de la Choléstérinémie et du pouvoir cholestérolytique. C. r. Soc. Biol. Paris 118, 498—501 (1935). — EPPINGER, H.: Entzündung, Ermüdung, Alter. Vortr. Wien. biol. Ges., 24. Mai 1937. — ESAU: Über klimakterische Gesichtsbehaarung. Klin. Wschr. 1929 II, 1670.

FRIEDENTHAL: Allgemeine und spezielle Physiologie des Menschenwachstums. Berlin: Julius Springer 1914. — FRIEDMANN, F.: Die Altersveränderungen und ihre Behandlung. Berlin 1902. — FREUDENBERG, E.: Wachstumspathologie im Kindesalter. Mschr. Kinderheilk. 24, 673 (1923).

GIESE: Erlebnisformen des Alterns. Umfrageergebnisse über Merkmale persönlichen Verfalles. Dtsch. Psychol. 5, H. 2 (1928). — GIGON, A.: Innere Medizin, Krankheit und Altersaufbau. Helvet. med. Acta 1, H. 1 (1934).

HÄBLER, C. u. J. POTT: Über die Elastizitätsverhältnisse des Bindegewebes beim Gesunden und in den verschiedenen Lebensaltern. Klin. Wschr. 1926 II, 1317. — HANHART, E.: Altersdisposition und Krankheit. In Individualpathologie, herausgeg. von C. ADAM und FR. CURTIUS. Jena: Gustav Fischer 1939. — HIRSCH, S.: Das Altern des Menschen als Problem der Physiologie. Klin. Wschr. 1926 II, 1497—1501. — Altern und Krankheit. Erg. inn. Med. 22, 215 (1927). — Die Begutachtung des Alternszustandes. Handbuch

---

[1] Vgl. hierzu auch das Schrifttumverzeichnis zu GÄNSSLEN, LAMBRECHT und WERNER: Erbbiologie und Erbpathologie des Kreislaufapparates auf S. 284f. von Bd. IV/1 dieses Handbuches.

ärztlich. Begutachtung, Bd. 1, S. 333—340. 1931. — HOCHE, A.: Die Wechseljahre des Mannes. Berlin: Julius Springer 1928. — HOFFMANN, H.: Die individuelle Entwicklungskurve des Menschen. Berlin 1922.
KALMUS, H.: Periodizität und Autochronie (= Ideochronie) als zeitregelnde Eigenschaften der Organismen. Biol. generalis (Wien) 11, 93—114 (1935). — KORSCHELT, E.: Lebensdauer, Altern und Tod, 2. Aufl. Jena 1922. — KOTSOVSKY, D.: Allgemeine vergleichende Biologie des Alters. (Genese des Alters.) Erg. Physiol. 31 (1931). — KRUSE: Über die Veränderlichkeit körperlicher Merkmale. Klin. Wschr. 1925 II, 1477. — KUP, J.: Frühzeitiges Altern als Folge einer Epiphysencyste. Frankf. Z. Path. 48, 318—322 (1935).
MARAÑON, G.: L'age critique. Paris 1934. — MEYER, L. F.: Die Altersdisposition zu Avitaminosen. Dtsch. med. Wschr. 1926 II, 2070. — MEYER, M.: Zur klinischen Bedeutung und nosologischen Stellung des vorzeitigen Alterns (Frühverbrauch). Nervenarzt 3, 339 (1930). — MÜHLMANN, M.: Der Tod als normale Wachstumserscheinung. Z. Konstit.lehre 11, 53 (1925). — MÜLLER, L. R.: Über die Altersschätzung bei Menschen. Berlin 1922. — Über das Nachlassen der Lebenstriebe. Klin. Wschr. 1926 II, 2145—2148. — MÜLLER, O. u. W. PARRISIUS: Die Blutdruckkrankheit. Stuttgart 1932. — MÜLLER-DEHAM, A.: Die inneren Erkrankungen im Alter. Wien: Julius Springer 1937.
ODERMATT, W.: Die epiphysäre Frühreife. Schweiz. med. Wschr. 1925 I, 474.
PAL, J.: Altersveränderungen der Arterien. Wien. med. Wschr. 1934 I, 7. — PEIPER, A.: Die Minderwertigkeit der Kinder alter Eltern. Jb. Kinderheilk. 96, III. F., 81 (1921). — Zur Altersdisposition des Kindes. Med. Klin. 1922 II, 1486. — PEISER, J.: Über Altersdisposition zu Tuberkulose in Kindheit und Jugend. Klin. Wschr. 1931 I, 77. — PFAUNDLER, M.: Biologisches und allgemein pathologisches über die frühen Entwicklungsstufen. Handbuch der Kinderheilkunde, 4. Aufl., Bd. 1. 1931. — PITKIN, W. B.: Das Leben beginnt mit Vierzig. Berlin 1937.
REDISCH, W.: Altershyperthyreose. Med. Klin. 1937 I, 565. — ROSENHAGEN, H.: Über klimakterische Gesichtsbehaarung. Beitr. path. Anat. 79, 653 (1928). — ROSENSTERN, J.: Über die körperliche Entwicklung in der Pubertät. Erg. inn. Med. 1931. — RÖSSLE, R.: Wachstum und Altern. München 1923.
SACHAROFF, G. P.: Infektionskrankheit und Altersdisposition. Erg. Path. 22, 201 (1928). — SALGE, R.: Die Bedeutung der Geschwindigkeit der Entwicklung für die Konstitution. Z. Kinderheilk. 30, 1 (1921). — SCHEELE, H.: Über ein konkordantes zweieiiges Zwillingspaar mit seniler Demenz. Z. Neur. 144, 606—612 (1933). — SCHLESINGER, H.: Klinik und Therapie der Alterskrankheiten. Leipzig: Georg Thieme 1930. — Die Ätiologie der Altersphthise. Wien. klin. Wschr. 1923 I, 339. — SCHLOMKA, G.: Über neuere Ergebnisse der Alternsphysiologie und ihre Bedeutung. Med. Klin. 1930 II, 1065—1070. — SCHRÖDER: Das vorzeitige seelische Altern. Vortrag med. Ges. Leipzig, 7. Febr. 1933. — SCHWALBE, J.: Lehrbuch der Greisenkrankheiten. Stuttgart: Ferdinand Enke 1909. — SIEMENS, H. W.: Vererbungspathologie, 2. Aufl. Berlin 1923. — STERN, E.: Anfänge des Alterns. Ein psychologischer Versuch. Leipzig: Georg Thieme 1931. — STOCKARD, CH. R.: Die körperliche Grundlage der Persönlichkeit. Jena 1932. — STRANSKY, E.: Ein Beitrag zur Frage der Pubertas praecox. Klin. Wschr. 1926 II, 2358.
ULLRICH, O.: Über die Altersdisposition zu den akuten kindlichen Infektionskrankheiten. Med. Klin. 1929 I, 663.
VOGT, A.: Der Altersstar, seine Heredität und seine Stellung zu exogenen Krankheiten im Senium. Z. Augenheilk. 40, H. 3 (1918). — Das Altern des Auges. Schweiz. med. Wschr. 1929 I, 301. — Die senile Determination des Keimplasmas, beobachtet an eineiigen Zwillingen des 55.—81. Jahres. Schweiz. med. Wschr. 1935 I. — Weitere Augenstudien an eineiigen Zwillingen höheren Alters über die Vererbung der Altersmerkmale. Klin. Mbl. Augenheilk. 100 (1938). — Altern, Abnützung und Hypovitaminose. Schweiz. med. Wschr. 1939 I, 213.

Stigmata degenerationis.

AEPPLI, H.: Über das SCHRAMMsche Phänomen und ähnliche cystoskopische Bilder. Diss. Zürich 1935. — ALIKHAN, M.: L'épilepsie et l'anosmie héréditaire. Schweiz. med. Wschr. 1920 I, 211. — ALLEMANN, R.: Klinische Bedeutung familiärer Heredopathie und Mutation für die Urologie. Z. Urol. 30 (1926). — ASCHER, K. W.: Das Syndrom Blepharochalasis, Struma und Doppellippe. Klin. Wschr. 1922 II, 2287. — ASCHNER, BERTA: Zur klinischen Bedeutung des „Status Degenerativus". Klin. Wschr. 1931 II, 1981—1985. — Zur Vererbung endokriner Störungen. Wien. Arch. inn. Med. 29 (1936). — ASCHNER, B. u. G. ENGELMANN: Konstitutionspathologie in der Orthopädie. Berlin: Julius Springer 1928.
BAB, H.: Uterus duplex und Hypertrichosis. Z. Geburtsh. 80, 364 (1918). — BALLMANN, E.: Über Akromikrie (BRUGSCH). Z. Konstit.lehre 13, H. 2 (1927). — BAUER, JUL.: Der Status degenerativus. Wien. klin. Wschr. 1924 II. — Neuere Untersuchungen auf dem Gebiete der Konstitutionspathologie und inneren Sekretion. Dtsch. med. Wschr. 1925 I. — Vegetationsstörungen und innere Sekretion. Wien. klin. Wschr. 1927 I. — Die endokrin Stigmatisierten. Dtsch. med. Wschr. 1932 I. — BAUER, K. H. u. ING. GÖTTIG: Der Nachweis einer

Systemerkrankung bei örtlichen körperlichen Mißbildungen als Beweismittel für die erb-genetische Bedingtheit. Z. menschl. Vererbgslehre **19**, 8—31 (1935). — Beringer u. Düser: Über Schizophrenie und Körperbau. Z. Neur. **69** (1921). — Bernhardt: Weiterer Beitrag zur Lehre von den sog. angeborenen und den in früher Kindheit erworbenen Facialis-lähmungen. Berl. klin. Wschr. **1899** I, 673. — Bettmann, S.: Zur Capillarmikroskopie. Klin. Wschr. **1926** II. — Capillarmikroskopische Untersuchungen bei Psoriasis. Dermat. Wschr. **1926** II. — Capillarmikroskopische Befunde an der Lippenschleimhaut. Z. Anat. **91**, 391 (1929). — Abnormer Gefäßaufbau des Gefäßendabschnittes und seine capillar-mikroskopische Kontrolle. Arch. f. Dermat. **159**, 140 (1929). — Über Modellierung der Gefäßendabschnitte. Sitzgsber. Heidelberg. Akad. Wiss., Math.-naturwiss. Kl. **1930**. — Capillarmikroskopische Untersuchung an der Lippenschleimhaut. Arch. f. Dermat. **162**, 480 (1931). — Das Capillarbild der Lippenschleimhaut nach Verlust der Zähne. Dtsch. Mschr. Zahnheilk. **1931**, 577. — Haut und Konstitution. Z. Konstit.lehre **16**, 484 (1932). — Über die Vierfingerfurche. Z. Anat. **98**, H. 4 (1932). — Biach, P.: Der Nystagmus bei Thyreosen als Teilerscheinung abnormer Konstitution. Z. angew. Anat. **1**, 269—279 (1914).— Bock, K. A.: Vergleichende Untersuchungen über die Krankheitsgruppe der vasoneuroti-schen Diathese. Z. exper. Med. **72**, 561 (1930). — Bonnevie, Krist.: Pseudencephalie. Norsk. Vidensk. Akad. Oslo **1936**. — Vererbbare Gehirnanomalie bei kurzschwänzigen Tanzmäusen. Acta path. scand. (Københ.) Suppl. **26** (1936). — Borchardt, W.: Zur normalen und pathologischen Physiologie des Schwitzens. Arch. Schiffs- u. Tropenhyg. **30**, 629 (1926). — Brander, T.: Über den Zusammenhang zwischen vergrößerten Tonsillen und Unterbegabung. Mschr. Kinderheilk. **69**, 57 (1937). — Bredt, H.: Z. Konstit.lehre **17**, 29 (1933). — Brücke, v. H.: Über angeborenen muskulären Riesenwuchs einer oberen Extremität. Virchows Arch. **296**, 680—689 (1936). — Buda, Ed. G.: Über das Vorhanden-sein bzw. Fehlen von sog. Entartungszeichen bei 72 Verwahrungsgefangenen. Inaug.-Diss. Zürich 1937. — Byloff, K.: Zwerchfellhochstand als degeneratives Stigma. Z. angew. Anat. **1**, 176—191 (1913).

Carrara: Arch. gen. di Neur. 1896. — Cassels: Über Mißbildungen am Herzen und an den Augen beim Mongolismus der Kinder. Zit. nach P. J. Waardenburg 1932. — Claussen, F.: Zur Phänogenese von Gaumenspalten und angeborenen Herzfehlern, ein Beitrag aus der Zwillingskasuistik. Erbarzt 8, H. 2 (1940). — Crookshank: The mongol in our midst, a study of man and his three faces. New York: E. P. Dutton & Co. 1924. — Curschmann, H.: Die konstitutionelle Anlage bei der Entstehung der Rumination. Z. angew. Anat. **6**, 191—204 (1920). — Curtius, Frd.: Die Ätiologie der Scapula scaphoidea. Dtsch. Z. Nervenheilk. **92** (1926). — Über Degenerationszeichen. Eugenik 3, H. 2 (1933). — Die neuropathologische Familie. Das kommende Geschlecht. Berlin: F. Dümmler 1932. — Diamantopoulos, Stam.: Über die Hypoplasie der Hoden in der Entwicklungsperiode. Z. Konstit.lehre 8, 116—154 (1921). — Dobkowsky, Theod.: Gebißuntersuchungen an homosexuellen Männern. Z. Konstit.lehre **10**, 191—210 (1924). — Drury: Malformation of face, ear, eye and hand. Proc. roy. Soc. Med. **14**, sect. dis. of childr. 24 (1921).

Ebstein, E.: Über die diagnostische Bedeutung der Hodenstellung und zur Frage der Händigkeit bei Situs invers. Z. Konstit.lehre 8, 42—53 (1921). — Die Trichter-brust in ihren Beziehungen zur Konstitution. Z. Konstit.lehre 8, 103—116 (1921). — Ehrentheil, O. F.: Ein Fall mit mehreren Hemmungsmißbildungen an einer Körperhälfte. Z. Konstit.lehre **13**, 212—218 (1927). — Eickstedt, E. v.: Rassenkunde und Rassen-geschichte der Menschheit, S. 45. Stuttgart 1934. — Essen-Möller, Erik: Über ange-borene Radiusdefekte, Ohrdefekte und Facialislähmung anläßlich eines Falles von mul-tiplen Mißbildungen. Z. Konstit.lehre **14**, 52—70 (1928).

Féré: C. r. Soc. Biol. Paris **1896—1900**. — Fiévet: Über kongenitale Mißbildungen des äußeren Ohres. Diss. Bonn 1911. — Fischel: Über Anomalien des Knochensystems, insbesondere des Extremitätenskelets. Anat. H. 40, 1 (1910). — Fischer, H.: Psycho-pathologie des Eunuchoidismus und dessen Beziehungen zur Epilepsie. Z. Neur. 50 (1919). — Die Rolle der inneren Sekretion in den körperlichen Grundlagen für das normale und kranke Seelenleben. Zbl. Neur. 34 (1923). — Die Wirkung der Kastration auf die Psyche. Z. Neur. 94 (1924). — Die Schleimhaut bei der vasoneurotischen Diathese. Stuttgart 1931. — Frank, E. S.: Lipodystrophia progressiva und Osteopsathyrosis infantilis. Z. Kinderheilk. 36, 229 (1923). — Franceschetti, A. e E. B. Streiff: Rapporti tra neurofibromatosi (Recklinghausen) e stato disrafico (Bremer). Atti 34. Congr. Soc. ital. Oftalm. **1937**. — Frey, H.: Scapula scaphoides und Costa fluctuans sind keine Degenerationsmerkmale. Schweiz. med. Wschr. **1925** I. — Friedberg, Charles K.: Natur und Wesen des Syndroms. Z. Konstit.lehre **15**, 779—792 (1931).

Ganter, G.: Über sog. vagotonische und sympathikotonische Symptome. Münch. med. Wschr. **1925** II, 1411. — Ganter, R.: Der körperliche Befund bei 345 Geisteskranken. Allg. Z. Psychiatr. 1898, Nr 55. — Geist: Neur. Zbl. 30, 122 (1911). — Gloor, H. U.: Zur Ätiologie der nichtspezifischen Urethritis. Schweiz. med. Wschr. **1933** II, 1141. — Gowers, W. R.: Das Grenzgebiet der Epilepsie usw. Leipzig 1908. — Grabe, E. v.: Über

Zwillingsgeburten als Degenerationszeichen. Arch. f. Psychiatr. **65**, 79—86 (1922). — GRAFF, E.: Die Prolapsbildung als Maß der Konstitution. Z. Konstit.lehre **11**, 170—177 (1925). — GRÜNEBERG, H.: Einige Bemerkungen über die Beugefurchen der Hohlhand. Z. Anat. **87** (1928). — GÜNTHER, H.: Die konstitutionelle und klinische Bedeutung des Kopfindex. Z. menschl. Vererbgslehre **19**, 551 (1935). —

HANHART, E.: Über heredodegenerativen Zwergwuchs mit Dystrophia adiposo-genit. etc. Arch. Klaus-Stiftg 1925, H. 11. — Zur Kenntnis der Beziehungen zwischen affektiver und vegetativer Übererregbarkeit. Nervenarzt **1934**, 57. — Die „sporadische" Taubstummheit als Prototyp einer einfach-recessiven Mutation. Z. menschl. Vererbgslehre **21**, 609 (1938). — HAREN, P.: Mißbildung des äußeren Ohres mit kongenitaler Acusticus- und Facialislähmung. Z. Ohrenheilk. **77**, 158 (1918). — HART, C.: Über Entartung und Entartungszeichen. Med. Klin. **29**, 691 u. **30**, 746. — HAUCK: Gynäkologische Untersuchungen bei Schizophrenen. Mschr. Psychiatr. **27** (1920). — HEUER, G.: Ein Fall von ausgedehntem schwimmhosenartigen Naevus pigmentosus pilosus congenitus mit Hämatom des Rückens und Spina bifida occulta. Seine Beziehung zur v. RECKLINGHAUSENschen Krankheit. Beitr. klin. Chir. **104**, 388 (1917). — HIRSCH, M.: Dysmenorrhöe in Beziehung zu Körperbau und Konstitution nebst Ausführungen über Konstitution und Sexualität. Zbl. Gynäk. **1923**. — HOESSLIN, H.: Die Beziehungen der Haut und ihrer Gebilde zur Konstitution ihres Trägers. Münch. med. Wschr. **1921 I**, 797. — HOFFMANN, H.: Über hereditären Kolbendaumen. Klin. Wschr. **1923 I**, 324. — HOFFMANN, RICH. u. JOSÉ MONGUIÓ: Die Häufigkeit gewisser Konstitutionsvarianten in der Wiener Bevölkerung. Z. Konstit.lehre **17**, 551—557 (1933).

JAENSCH, W.: Über Wechselbeziehungen von optischen, cerebralen und somatischen Stigmen bei Konstitutionstypen. Z. Neur. **59**, 104 (1920). — JAENSCH, WALT.: Methodik und Ergebnisse der Hautkapillarmikroskopie am Lebenden. Med. Welt **1933 II**. — JASCHKE, RUD. TH. V.: Beobachtungen über die Häufigkeit konstitutioneller Anomalien bei Erkrankungen des weiblichen Genitalapparates. Z. angew. Anat. **6**, 344—352 (1920). — Die konstitutionellen Grundlagen hartnäckiger Obstipation und Schmerzen in beiden Unterbauchseiten bei Frauen. Z. Konstit.lehre **11**, H. 2/5 (1925). — JENTSCH, E.: Über die klinische Bedeutung der Degenerationszeichen. Mschr. Psychiatr. **41**, 290 (1917). — JÖHR, A. C.: Reduktionserscheinungen an den oberen seitlichen Schneidezähnen. Arch. Klaus-Stiftg **9**, H. 1 (1934). — JÖRGER, J.: Psychiatrische Familiengeschichten. Berlin: Julius Springer 1919.

KAHLER, O. H.: Beitrag zur Erbpathologie der Dysostosis cleidocranialis. Z. menschl. Vererbgslehre **23**, H. 2 (1939). — KATZENSTEIN, E.: Beobachtungen und Betrachtungen über Formabweichungen an den Händen. Helvet. med. Acta **5**, H. 2 (1938). — KNECHT: Über die Verbreitung physiologischer Degeneration bei Verbrechern und die Beziehungen zwischen Degenerationszeichen und Neuropathien. Z. Psychiatr. **40** (1884). — Über den Wert der Degenerationszeichen bei Geisteskranken. Z. Psychiatr. **54** (1898). — KRAMPITZ: Über einige seltenere Formen von Mißbildungen des Gehörorgans. Z. Hals- usw. Heilk. **65**, 44 (1912). — KRAUPA, E. u. M. KRAUPA-RUNK: Zur physiognomischen Erkenntnis der kongenitalen Syphilis in der 2. und 3. Generation, nebst allgemeinen Schlußfolgerungen hieraus. Zbl. inn. Med. **41**, 849 (1920). — KRETSCHMANN: Kongenitale Facialislähmung mit angeborener Taubheit und Mißbildung des äußeren Ohres. Arch. Ohr- usw. Heilk. **73**, 166 (1907). — KRETSCHMER, E.: Körperbau und Charakter, 4. Aufl. Berlin 1924. — Keimdrüsenfunktion und Seelenstörungen. Dtsch. med. Wschr. **1921**. — KÜMMEL: Die Mißbildungen der Extremitäten durch Defekt, Verwachsung und Überzahl. Bibliotheca medica, E. Kassel 1895. — Münch. med. Wschr. **1908 II**, 1762.

LANG, TH.: Zum Problem der Brunstzeit beim Menschen. Z. Konstit.lehre **18**, 311 (1934). — LEGRAIN: Rév. méd. Afrique du Nord **1898**. — LIEBENAM, L.: Zwillingspathologische Untersuchungen auf dem Gebiet der Anomalien der Körperform. Z. menschl. Vererbgslehre **22**, H. 4 (1938). — Beitrag zum familiären Auftreten der Brachydaktylie. Z. menschl. Vererbgslehre **22**, H. 4 (1938). — LOMBROSO: Der Verbrecher in anthropologischer, ärztlicher und juristischer Beziehung. Hamburg 1897. — LOUROS, O.: Vagotonie als Schwangerschaftssymptom. Zbl. Gynäk. **47**, 1667 (1923). —

MAINZER, FRITZ: Analyse einer essentiellen Nykturie. Acta med. scand. (Stockh.) **84**, Fasc. 6 (1935). — MAINZER, F. u. P. HERSCH: Über Nykturie. Acta med. scand. (Stockh.) **87**, 326—344 (1935). — MARTENSTEIN, H.: Induratio penis plast. und DUPUYTRENsche Contractur. Med. Klin. **1921 I**, 46. — MARX: Die Mißbildungen des Ohres. SCHWALBEs Morphologie der Mißbildungen, Bd. III, 2.6. Jena 1911. — MATHES, P.: Die Konstitutionstypen in der Gynäkologie. Klin. Wschr. **1923 I**. — MAUZ, F.: Über Schizophrene mit pyknischem Körperbau. Z. Neur. **86** (1923). — Die Bedeutung körperlicher Dysplasien für die Prognose seelischer Störungen. Z. Konstit.lehre **11**, 418 (1925). — MAYER-LIST: Die feinsten Gefäße der Lippe. Münch. med. Wschr. **1924 I**, 574. — Über Cutis marmorata. Dtsch. Arch. klin. Med. **164**, 257 (1929). — MAYER-LIST u. HÜBENER: Die Capillarmikroskopie und ihre Bedeutung für die Zwillingsforschung. Münch. med. Wschr. **1925 II**, 2185. —

Mayer-List u. Kauffmann: Asthma bronchiale und vasoneurotische Diathese. Med. Klin. **1931 II.** — Meisenheimer, J.: Äußere Erscheinungsform und Vererbung. Verh. Ges. dtsch. Naturforsch. **1922,** 105. — Mengele, Josef: Sippenuntersuchungen bei Lippen-Kiefer-Gaumenspalte. Z. menschl. Vererbgslehre **23,** H. 1 (1939). — Miescher, G.: Zwei Fälle von kongenitaler familiärer Akanthosis nigricans, combiniert mit Diabetes mellitus. Dermat. Z. **32,** 276 (1921). — Müller, O.: Die Capillaren der menschlichen Körperoberfläche. Stuttgart 1922. — Über die Entstehung des runden Magengeschwürs. Münch. med. Wschr. **1924 I,** 572. — Die Blutdruckkrankheit. Stuttgart 1932. — Müller, O. u. Heimberger: Über die Entstehung des runden Magengeschwürs. Dtsch. Z. Chir. **187.** 33 (1924). — Mutschlechner, Ant.: Die Konstitutionslehre des Levinus Lemnius aus dem Jahre 1561 im Lichte der modernen Medizin. Z. Konstit.lehre **14,** 461—469 (1929).

Näcke: Degeneration, Degenerationszeichen und Atavismus. Arch. Kriminalanthrop. **1,** 200 (1899). — Naegeli, O.: Referat über J. Bauers Konstitutionsdisposition zu inneren Krankheiten. Dtsch. med. Wschr. **1918 I.** — Nager, F. R.: Über das Vorkommen von Ozäne bei angeborenen Haut- und Zahnanomalien. Arch. f. Laryng. **33** (1920). — Nelki, F.: Beitrag zum Problem des dauernden Fehlens der Patellar- und Achillessehnenreflexe ohne nachweisbare Erkrankung des Nervensystems. Allg. Z. Psychiatr. **77,** 255 (1922).

Orel, Herbert: Klinischer Beitrag zur Vererbungswissenschaft. Z. Konstit.lehre **14.** 347—355 (1928). — Ostertag, M. u. D. Spaich: Über die Pterygiumkrankheit und ihr diskordantes Vorkommen bei einem eineiigen Zwillingspaar. Dtsch. Z. Nervenheilk. **141,** H. 1 u. 2 (1936). — Diskordantes Auftreten einer isolierten kongenitalen Dextrokardie bei einem eineiigen Zwillingspaar. Z. menschl. Vererbgslehre **19,** 577—584 (1936). — Ottow, B.: Zur erbbiologischen und erbgesundheitsgerichtlichen Wertung eines Falles von Defectus vaginae congenitas. Erbarzt **3,** 36 (1936).

Panse, F.: Über erbliche Zwischenhirnsyndrome und ihre entwicklungsphysiologischen Grundlagen. Z. Neur. **160** (1937). — Parrisius, W.: Capillarstudien an Vasoneurosen. Dtsch. Z. Nervenheilk. **72,** 310 (1922). — Pesch, K. u. H. Hoffmann: Erbfehler des Kiefers und der Zähne bei erblicher Fallsucht. Z. menschl. Vererbgslehre **19,** 753—761 (1936). — Politzer u. Mayer: Über angeborenen Verschluß und Verengung des äußeren Gehörgangs und ihre formale Genese. Virchows Arch. **258,** 206 (1925). — Porten, G. v. d.: Zur Ätiologie der Dupuytrenschen Kontraktur. Inaug.-Diss. Zürich 1938. — Portius, W.: Beitrag zur Frage der Erblichkeit der Vierfingerfurche. Z. Morph. u. Anthrop. **1937.** — Über Anomalien der Beugefurchen an den Händen von Geisteskranken. Erbarzt **1937,** 80. — Priesel, R. u. R. Wagner: Gesetzmäßigkeit im Auftreten der extragenitalen sekundären Geschlechtsmerkmale bei Mädchen. Z. Konstit.lehre **15,** 333—352 (1930).

Rein, H.: Z. Biol. **81,** 142 (1924). — Reinmöller, M. M.: Zur Ätiologie der Alveolar-pyorrhöe. Dtsch. med. Wschr. **1923 I,** 1155. — Riebler, R.: Über einen Fall von Gynä-komastie und Lebercirrhose. Wien. klin. Wschr. **1936 II.** — Risak, E.: Über die verschiedenen Arten der männlichen Genitalbehaarung. Z. Konstit.lehre **15,** 164—176 (1930). — Rittmeister, J. F.: Über die Affenfurche (Vierfingerfurche) mit besonderer Berücksichtigung der Mikrodegeneration und des Problems des Mongolismus. Z. Anat. **106,** H. 2 (1936). — Rochlin, D. G. u. Anast. Rubaschewa: Zum Problem des Metopismus. Z. Konstit.lehre **18,** 338—348 (1934). — Rosenthal, C.: Gemeinsames Auftreten von (rezidivierender familiärer) Facialislähmung, angioneurotischem Gesichtsödem und Lingua plicata in Arthritismus-Familien. Z. Neur. **131,** 475 (1931). — Roeder, K.: Beitrag zur Konstitutionspathologie der multiplen kartilaginären Exostosen. Diss. Zürich 1929. — Rössle, Rob.: Die Häufung der Thrombose und Embolie nach dem Kriege. Forschgn u. Fortschr. **11,** 147 (1935). — Rolleri, Fel.: Über das Vorkommen der Lingua plicata (Falten-zunge). Z. menschl. Vererbgslehre **23,** H. 4 (1939).

Sack: Ein Fall von Atrophie des Gehörorganes, durch Mißbildung des Schädels und Facialisatrophie kompliziert. Mschr. Ohrenheilk. **47,** 908 (1913). — Schellong, F.: Arterielle Hypotension. Verh.dtsch. Ges. inn. Med. Wiesbaden **1933.** — Z. Kreislaufforsch. **25,** 429—430 (1933). — Schneider, J. A.: Sellabrücke und Konstitution. Leipzig: Georg Thieme 1939. — Schwalbe: Die Morphologie der Mißbildungen der Menschen und der Tiere, Bd. 1. Jena 1906. — Schwarz, O.: Miktionspathologie. Klin. Wschr. **1923 I,** 285. — Seiler, Aug.: Zur Verbreitung und Vererbung der Faltenzunge. Diss. Zürich 1936. — Sicher, H.: Ein Fall von prämaturer Synostose der beiden Zwischenkiefer, verbunden mit einer Durchbruchsanomalie der Zähne. Z. angew. Anat. **1,** 238—244 (1914). — Bemerkungen zu der Arbeit R. Landsbergers: Der hohe Gaumen. Z. angew. Anat. **1,** 245—254 (1914). — Siebenmann: Über adenoiden Habitus und Leptoprosopie sowie über das kurze Septum der Chamaeprosopen. Münch. med. Wschr. **1887 II.** — Siemens, H. W.: Über die Ursache der Muttermäler. Münch. med. Wschr. **1924 II,** 1202. — Sinelnikoff, E. u. M. Grigorowitsch: Die Beweglichkeit der Gelenke als sekundäres, geschlechtliches und konstitutionelles Merkmal. Z. Konstit.lehre **15,** 679—693 (1931). — Stefko, W.: Über das sekundäre Hinaufsteigen der Hoden beim Manne während der Kinderzeit. Z.Konstit.lehre

10, 298—306 (1924). — STERN, L.-PIPER: Über Bauchdeckenreflexe (ihre elektrische Auslösbarkeit und ihre Bedeutung als Degenerationszeichen). Münch. med. Wschr. 68, 1421 (1921). — STÖTTER, GEORG: Beitrag zur Frage nach den Beziehungen zwischen den „acetonämischen Erbrechen der Kinder" und dem „Hyperemesis gravidarum". Inaug.-Diss. Freiburg 1931.

THEODOROVITCH, U.: Dysraphie, Heterochromie, Syndrom de CLAUDE BERNARD-HORNER et Diabète insipide dans la même famille. Thèse de Genève 1939. — TIMOFÉEFF-RESSOVSKY u. O. VOGT: Über idiosomatische Variationsgruppen und ihre Bedeutung für die Klassifikation der Krankheiten. Naturwiss. 14, H. 50/51 (1926). — TISCHBEIN: Über die Bedeutung der Degenerationszeichen, besonders der Ohrmuschelbildung bei Geisteskranken. Diss. Kiel 1925. — TOCANTINS, LEAND. M. and HOB. A. REIMANN: Perforating Ulcers of Feet, with Osseous Atrophy. J. amer. med. Assoc. 112, 2251—2255 (June 1939).

UNTERRICHTER, L.: Beitrag zur Kenntnis der angeborenen Anomalie der Extremitäten Z. Konstit.lehre 18, 317—338 (1934).

VERSCHUER, O. v.: Zur Frage der Asymmetrie des menschlichen Körpers. Z. Morph. u. Anthrop. 27, H. 2 (1928). — VOGT, C. u. O.: Weitere biologische Beleuchtungen des Problems der Klassifikation der Erkrankungen des Nervensystems. Z. Neur. 128, 557—575 (1930). — Über funktionelle und genetische Harmonien. Mschr. Psychiatr. 79 (1931). — Zur spezifischen Variabilität unserer Organe. Naturwiss. 23, H. 26/28 (1935). — VOGT, OSK.: Über biologische Harmonien. Naturwiss. 21, H. 21/23 (1933). — Die anatomische Äquivalenz. Psychiatr.-neur. Wschr. 1927 I. — VOGT, O. u. S. R. ZARAPKIN: Über dysnomische Variabilität und ihre nosologische Bedeutung. J. Psychol. u. Neur. 39, H. 4—6 (1929).

WAARDENBURG, P. J.: Über Augen- und Augenhöhlenanomalien bei der Akrozephalosyndaktylie (APERTsches Krankheitsbild), der Dysostosis craniofacialis (CROUZONsches Krankheitsbild) und dem Turmschädel. Mschr. Kindergeneesk. 3, 196—212 (1934). — WEIDMANN, A.: Adenoide Vegetation und Endognathie. Diss. Zürich 1939. — WEIL, A.: Körperbau und psychosexueller Charakter. Fortschr. Med. 40 (1922). — WERNER, M.: Abnorme Konstitution mit Anämie. Z. Konstit.lehre 17, 580—588 (1923). — WEYGANDT, W.: Der Geisteszustand bei Turmschädel. Dtsch. Z. Nervenheilk. 68/69, 495 (1921). — WÜRTH, A.: Die Entstehung der Beugefurchen der menschlichen Hohlhand. Z. Morph. u. Anthrop. 36 (1937).

ZARFL, MAXIM.: Über ein lebendes mißbildetes Kind nach ausgetragener Eileiterschwangerschaft. Z. Kinderheilk. 57, H. 6 (1935). — ZECHMEISTER, FR.: Beitrag zur Frage der amniotischen Mißbildungen. Z. Konstit.lehre 10, 231—249 (1924). — ZEHNDER, ARN.: Zur Kenntnis der Somatologie der mongoloiden Idiotie unter besonderer Berücksichtigung der Kiefer- und Zahnverhältnisse auf Grund der Untersuchung von 36 Fällen. Diss. Zürich 1937. — ZEHNDER, EUG.: Zur Kenntnis der Somatologie des endemischen Kretinismus unter besonderer Berücksichtigung der Kiefer- und Zahnverhältnisse auf Grund der Untersuchung von 78 Fällen. Diss. Zürich 1937. — ZELLWEGER, H.: Die Bedeutung des Lymphatismus und anderer konstitutioneller Momente für Gallensteinbildung. Z. angew. Anat. 1, 75—96 (1913). — Zur Lehre des Status lymphaticus. Z. angew. Anat. 1, 192—220 (1913).

Allergische Diathese.

Zusammenfassende Werke, Übersichten und allgemeine Betrachtungen.

ADELSBERGER u. MUNTER: Med. Klin. 1932 I, 860. — ADELSBERGER, L.: Was ist Allergie und wie heilt man sie? Dtsch. med. Wschr. 1936 I, 733.

BALYEAT, R. M.: The hereditary factor in allergic diseases. With special reference to the general health and mental activity of allergic patients. Amer. J. med. Sci. 176, 332 (1928). — BERGER, W.: Allergie als Krankheitsursache. Wien. med. Wschr. 1930 II. — BERGER, W. u. K. HANSEN: Klinische Studien über allergische Krankheiten. Dtsch. Arch. klin. Med. 177, H. 4 (1935). — BLUHM, A.: Über erworbene, auf die Nachkommenschaft übertragbare, spezifische Giftüberempfindlichkeit. Arch. Rassenbiol. 27, H. 3 (1933). — Über erworbene Immunität, Giftüberempfindlichkeit und Vererbung. Arch. Rassenbiol. 32, H. 2 (1938). — BOLTEN, G. C.: Die paroxysmal-exsudativen Syndrome. Dtsch. Z. Nervenheilk. 78, 248 (1923). — Über Genese und Behandlung der exsudativen Paroxysmen (QUINCKEsche Krankheit, Migräne, Asthma usw.). Abh. Neur. usw. 1925, 1. — BREINL, F.: Anaphylaxie und Idiosynkrasie. Med. Klin. 1930 II, 1108. — BROCK, G.: Die Stellung der Allergie im biologischen Geschehen. Med. Welt 1937 I.

COOKE, R. A.: The delayed type of allergic reaction. Ann. int. Med. 3, 658 (1929). — DOERR, R.: Unterempfindlichkeit und Überempfindlichkeit. Arch. f. Dermat. 150, 509 (1926). — Allergie und Anaphylaxie. Handbuch der pathogenen Mikroorganismen, 3. Aufl., Bd. I, Teil 2, S. 918. 1929. — DUKE, W.: Allergy, Asthma, Hay Fever, Urticaria and allied manifestations of reaction. St. Louis 1925.

GÜNTHER, H.: Konstitutionstypen der Idiosynkrasie. (Zugleich ein Beitrag zur Frage der experimentellen Übertragung der Arzneimittel-Idiosynkrasie.) Dtsch. Arch. klin. Med. 152, H. 1/2 (1926).

Haag, E. E.: Untersuchungen über allergische Krankheiten. Klin. Wschr. 1933 I, 1091; 1935 I, 264; 1936 I, 923. — Hajós, K.: Die Beziehungen der allergischen Krankheiten zur inneren Sekretion. Wien. klin. Wschr. 1930 I, 421. — Hanhart, E.: Erbklinik der Idiosynkrasien. I. Einleitung. II. Das Heufieber als Leitsymptom allergischer Veranlagung, 1934. III. Das idiosynkrasische Bronchialasthma, 1934. IV. Die idiosynkrasische Migräne, 1936. V. Die Idiosynkrasien gegen Nahrungsmittel, 1937. — Zur Kenntnis der Beziehungen zwischen affektiver und vegetativer Übererregbarkeit. Nervenarzt 7 (1934). — Über die Vererbung von Anlagen zu Idiosynkrasien. Verh. dtsch. Ges. inn. Med., 46. Kongr. Wiesbaden 1934. — Hanse, A.: Asthma, Allergie und psychophysische Konstitution. Münch. med. Wschr. 1935 II, 1985 u. 2030. — Heissen, F.: Zur Frage der Erblichkeit vagotonisch bedingter Krankheiten. Münch. med. Wschr. 1920 II, 1406. — Hoesslin, Heinrich v.: Über Beziehungen zwischen Allergie und Konstitution. Med. Welt 1935 I. — Hofmeier, K., Knauer u. K. Horneck: Vererbung und konstitutionelle Beziehungen der allergischen Bereitschaften. Med. Klin. 1938 II, 1395—1397.

Jadassohn, W.: Zum Mechanismus der Allergie. 11. Congr. internat. Dermat. — Kämmerer, H.: Allergische Diathese und allergische Krankheiten. München 1934. — Kallos, P. u. L. Kallos-Defener: Die experimentellen Grundlagen der Erkennung und Behandlung der allergischen Krankheiten. Berlin: Julius Springer 1937. — Klinge: Allergie und Ätiologie. Dtsch. med. Wschr. 1936 II, 1529. — Kollarits, J.: Über nervöse Idiosynkrasie. Wien. klin. Wschr. 1917 II.

Lenz, F.: Zur Frage der Erblichkeit vagotonisch bedingter Krankheiten. Münch. med. Wschr. 1926 II, 1473.

Müller, H.: Kolloidoklasie. Schweiz. med. Wschr. 1923 I.

Nattan-Larrier, L. et L. Richard: Transmission héréditaire de l'anaphylaxie. C. r. Soc. Biol. Paris 101, 636 (1929). — Niekerk, J. v.: Constitutie en allergische Ziekten. Rotterdam 1934.

Otto, R.: Beiträge zur Anaphylaxie- und Giftüberempfindlichkeitsfrage. Z. Hyg. 95, 378 (1922).

Peipers, A.: Eosinophilie und Allergie. Klinisch-experimentelle Untersuchungen über ihre Beziehungen. Dtsch. Arch. klin. Med. 169, 65 (1930).

Rapin, E.: Des Angioneuroses Familiales. Genève 1908. — Ritter, R.: Zur Frage der Vererbung der allergischen Diathese. Arch. Rassenbiol. 30, H. 4 (1936).

Sachsse, H.: Über die Vererbung allergischer Krankheiten, insonderheit des Heuschnupfens. Z. menschl. Vererbungslehre 22, H. 2 (1938). — Simmel, H.: Über die allergische Konstitution. Bemerkungen zum Aufsatz von Zickgraf „Über Mutationen allergischer Krankheiten. Zbl. inn. Med. 1927, 924; 49, 118 (1928). — Spaich, D. u. M. Ostertag: Untersuchungen über allergische Erkrankungen bei Zwillingen. Z. menschl. Vererbslehre 19, H. 6 (1936). — Sticker, G.: Das Heufieber und verwandte Störungen. Wien. u Leipzig 1912. — Storm v. Leeuwen, W.: Allergische Krankheiten. Berlin 1926. — Storm v. Leeuwen, W. u. J. v. Niekerk: Senkungsgeschwindigkeit der roten Blutkörperchen und allergische Disposition. Z. exper. Med. 73, 19 (1930).

Urbach, E.: Klinik und Therapie der allergischen Krankheiten. Wien 1935.

Wernstede, W.: Beiträge zur Kenntnis der spasmischen Diathese. I. Acta paediatr. (Stockh.) 1, 133 (1921). — Wolff-Eisner, A.: Über Zusammenhänge zwischen tuberkulöser Infektion und den konstitutionellen Diathesen. Münch. med. Wschr. 1920 I, 93.

Allergie, spezielle, einschl. Arthritismus.

Adelsberger, L. u. H. Munter: Alimentäre Allergie. Halle 1934. — Alexander, H. L. and C. H. Eyermann: Allergie purpura. J. amer. med. Assoc. 92, 2092 (1929). — Andina, F.: Zur Frage der allergisch bedingten Leberschädigung. Klin. Wschr. 1937 I, 443, 444. — Bayer, G.: Zur Frage der Arzneimittelidiosynkrasie. Z. exper. Med. 12, 34 (1921). — Bloch, B.: Einiges über die Beziehungen der Haut zum Gesamtorganismus. Klin. Wschr. 1922 I.

Curschmann, H.: Münch. med. Wschr. 1922 II, 1747. — Kopfschmerz, Migräne, Schwindel. Im Handbuch der inneren Medizin, herausgeg. von G. v. Bergmann und R. Staehelin, Bd. 5, S. 1374. Berlin: Julius Springer 1926. — Arch. Verdgskrankh. 47, H. 5/6 (1930). — Nervenarzt 1931, 71—75.

Döllken: Zur Therapie und Pathogenese der Migräne. Münch. med. Wschr. 1928 I, 29. — Fuchs, H. u. G. Riehl: Über familiäre Salvarsanidiosynkrasie und ihre gelungene passive Übertragung. Arch. f. Dermat. 154, 88 (1928). — Funk, C.: Nutritive Allergie in der Pathogenese innerer Erkrankungen als Nährschäden Erwachsener. Berlin 1930. — Die diätetische Behandlung der Allergie bei inneren Erkrankungen. Leipzig 1934. — Girard, G. et Ch. Ranoivo: Accidents anaphylactiques immédiats et graves consécutifs à une vaccination jennérienne. Presse méd. 1928 I, 458.

HANSEN, K.: Nervenarzt 2, 633 (1927); Sonderbd. „Asthma bronchiale". Immunität 4, H. 4/6 (1933). — HERFF, D. v.: Die klinische Bedeutung der Arzneimittel als Antigene. Leipzig: Georg Thieme 1937.

KÄMMERER, H.: Münch. med. Wschr. 1925 I, 633—636. — Allergische Diathese und allergische Krankheiten, 2. Aufl. Berlin 1934. — KÄMMERER, H. u. W. WEISSHAAR: Kritischer Rückblick über pathogenetische Asthmabeobachtungen der letzten Jahre. Dtsch. Arch. klin. Med. 183, H. 1/2 (1938). — KOENIGSFELD, H.: Experimentelle Untersuchungen über Idiosynkrasie. Z. klin. Med. 102, H. 2/3 (1925).

LAROCHE, G., CH. RICHET fils et SAINT-GIRONS: L'Anaphylaxie alimentaire. Paris 1919. — LEHNER u. RAJKA: Krkh.forsch. 5, 57 (1927). — LENZ, F.: In BAUR-FISCHER-LENZ: Menschliche Erblehre, 4. Aufl. München 1936. — LURIA, R. u. WILENSKY: Kann die proxysmale Tachykardie als eine allergische Krankheit gelten? Dtsch. med. Wschr. 1930 II, 1430.

MANOILOFF, E.: Idiosynkrasie gegen Brom- und Chininsalze als Überempfindlichkeits-erscheinungen. Z. Immun.forsch. 11, 425 (1911). — MEIER, M. S.: Beitrag zur Kenntnis der Agranulocytose. Zürich 1936.

NAEGELI, O., F. DE QUERVAIN u. W. STALDER: Nachweis des cellulären Sitzes der Allergie beim fixen Antipyrinexanthem (Autotransplantationen, Versuch in vitro). Klin. Wschr. 1930 I, 924.

PEISER, H.: Zur Charakteristik der asthmatischen Persönlichkeit und über die nosologische Stellung des Asthma bronchiale. Med. Klin. 1925 I, 738 u. 778.

REHSTEINER, R.: Beiträge zur Kenntnis der Verbreitung des Heufiebers. Diss. Zürich 1926. — ROST, G. A. u. A. MARCHIONINI: Asthma-Ekzem; Asthma-Prurigo und Neurodermitis als allergische Hautkrankheiten. Würzburg. Abh. 27, H. 10 (1932).

SAXL, O.: Asthma bronchiale durch nutritive Allergene. Kinderärztl. Prax. 6, H. 9 (1935). — SCHORER, G.: Das angioneurotische Ödem (QUINCKE) mit ungewöhnlichen Begleiterscheinungen. Schweiz. med. Wschr. 1925 II. — SCHUBIGER: Die Vererbung des angioneurotischen Kehlkopfödems. Klin. Wschr. 1923 II, 2006. — STROHMAYER, W.: Hemiplegische Migräne und konstitutionelle Schwäche des Gefäßsystems. Med. Klin. 1920 I, 724.

URBACH, E.: Kritische Übersicht über 500 eigene Urtikariafälle. Münch. med. Wschr. 1937 II, 2054.

VÉGH, PAUL v.: Ein interessanter Fall von allergischer Hepatopathie. Klin. Wschr. 1937 I, 19, 20. — VRIES, ROBLES S. DE: Untersuchung über den Zusammenhang zwischen Asthma und exsudativer Diathese. Klin. Wschr. 1923 II, 1403.

WITTKOWER, E.: Studies in Hay-Fever Patients (The Allergie Personality). J. ment. Sci. 1938. — WITTKOWER, E. u. H. PETOW: Beiträge zur Klinik des Asthma bronchiale und verwandter Zustände. Z. klin. Med. 119, 293—306 (1932). — WURMFELD, R.: Allergische Erkrankungen der Haut. Med. Klin. 1930 II, 1284.

ZELLWEGER, H.: Die Bedeutung des Lymphatismus und anderer konstitutioneller Momente für Gallensteinbildung. Z. angew. Anat. 1, 75 (1913).

Rheumatische Erkrankungen.

ALBERTINI, A. v.: Allgemeine Pathologie und Histologie des Rheumatismus. Rheumatismus, herausgeg. von der Schweiz. Ges. f. phys. Therapie. Basel: Benno Schwabe 1934. — Die experimentelle Streptokokkeninfektion des Kaninchens in ihren Beziehungen zur Herdinfektion. Erg. Path. 33, 314 (1937). — ALBERTINI, A. v. u. A. GRUMBACH: Ergebnisse experimenteller Forschung zur Frage der Herdinfektion. Schweiz. med. Wschr. 1938 II, 1309. — ALPERN, D., W. BESUGLOW, S. GENES, Z. DINERSTEIN u. L. TUTKEWITSCH: Die Rolle einiger konstitutioneller Faktoren in der Entwicklung der hyperergischen Entzündung der Gelenke. Zur Pathogenese des Rheumatismus. Acta med. scand. (Stockh.) 80, 154—174 (1933).

BARANY, R. u. P. KALLOS: Der Muskelrheumatismus (Fibrositis), eine allergische Erkrankung. — BAUER, J.: Der sog. Rheumatismus. Medizinische Praxis, herausgeg. von L. R. GROTE, A. FROMME u. K. WARNEKROS, Bd. 55, S. 721. Dresden u. Leipzig: Theodor Steinkopff 1929. — Über anaphylaktoiden Rheumatismus. Wien. klin. Wschr. 1923 II, 256. — BAUER, J. u. A. VOGEL: Psoriasis und Gelenkleiden. Klin. Wschr. 1931 II. BAUR, FISCHER, LENZ: Menschliche Erblehre, 4. Aufl. München 1936. — BAZIN: Lecons théor. et cliniques sur les affections de nature arthritique et dartreuse. Paris 1860. — BECKER, P. E.: Zur Erblichkeit der Ischias. Z. Neur. 162, H. 1/2 (1938). — BERGER, W.: Anaphylaxie und Gelenkerkrankungen. Z. Bäderkde 1929, H. 8. — Gelenkallergien und verwandte Störungen. Allergie. Leipzig: Georg Thieme 1940. — BESSE: Le rhumatisme plaie sociale. Schweiz. med. Wschr. 1929 I, 351. — BOGAERT, L. v.: Ostéo-arthropathie hypertrophiante pneumique chez deux freres etc. J. de Neur. 1928, No 7. — BOGDATJAN, M. G., B. A. SLUZKAJA u. F. A. LOKSCHINA: Ätiologie und Pathogenese des Rheumatismus und der rheumatischen Veränderungen des Myokards. Acta med. scand. (Stockh.) 83,

610—624 (1934). — BOUILLAUD, J.: Traité clinique du Rhumatisme articulaire et de la Loie de Coincidence des inflammations du coeur avec cette maladie. Paris 1848. — BRANDT, G. u. F. A. WEIHE: Polyarthritis rheumatica bei Zwillingen. Z. menschl. Vererbgslehre 23, H. 2 (1939). — BROCHER, J. E. W.: Lumbago und Ischias. Eine pathos genetische Studie. Z. klin. Med. 130, H. 5 (1936). — BRUCK, M.: Einfluß der Arbeitsstätte auf die Morbidität an peripherem Rheumatismus bei dem Personal der Schw.B.B. Inaug.-Diss. Zürich 1939. — Bedeutung des Rheumatismus für Volksgesundheit und Wirtschaft. Bern: H. Huber 1939. — BRÜCKNER: Über das Wesen des Rheumatismus. Klin. Wschr. 1923 II, 1862. — BUDAY: Beiträge zur Kenntnis der Entwicklung der metastatischen Gelenkentzündungen und zur Ätiologie der Polyarthritis rheumatica. Orv. Hetil. (ung.) 1890, Nr 39—42. Ref. Zbl. Bakter. (zit. nach VEIL 1939). — BUSS: Über die Beziehungen zwischen Angina und akutem Gelenkrheumatismus. Dtsch. Arch. klin. Med. 54, 1 (1895).

CLAUSSEN, F.: Erbfragen bei rheumatischen Krankheiten. Z. Abstammgslehre 73, H. 3/4 (1937). — CLAUSSEN, F. u. E. KOBER: Über die Veranlagung zu BECHTEREWscher Krankheit und ihr Wesen. Z. menschl. Vererbgslehre 22, H. 3 (1938). — CLAUSSEN, F. u. F. STEINER: Die Bedeutung der Konstitution für die Erkrankung an Gelenkrheumatismus. Verh. dtsch. Ges. inn. Med. Wiesbaden 1938.

ECKSTEIN: Rheumaprobleme. Leipzig 1929.

GÉRONNE, A.: Zur Nosologie und Ätiologie einiger Formen des Rheumatismus. Wien med. Wschr. 1928 I, 444. — GITTER, A.: Statistische Erhebungen über die Vererblichkeit des Diabetes mellitus mit besonderem Hinweis auf den heredofamiliären Rheumatismus. Z. Rheumaforsch. 2, H. 1 (1939). — GOLDSTEIN, W.: STILLsches Krankheitsbild beim Erwachsenen. Med. Klin. 1926 II, 1527. — GRUMBACH, A.: Die Ätiologie des Rheumatismus. Schweiz. med. Wschr. 1933 II. — Diagnostische und therapeutische Probleme der Herdinfektion. Schweiz. med. Wschr. 1938 I, 169. — GUDZENT: Gicht und Rheumatismus. Berlin: Julius Springer 1928.

HANGARTER, W.: Erbliche Disposition bei chronischer Arthritis. Z. Konstit.lehre 16, H. 3 (1931). — Chronische Arthritis, Erbanlage und Allergie. Dtsch. med. Wschr. 1937 II, 1215. — Rheumatismus und Erblichkeit. Z. Rheumaforsch. 2, H. 1 (1939). — Das Erbbild der rheumatischen und chronischen Gelenkerkrankungen. Rheumatismus 13 (1939). — HENNES, H.: Rheumaprobleme. Klin. Wschr. 1936 I, 686—688. — HERRMANN, R.: Über die Erblichkeit bei der Arthrosis degenerativa. Z. menschl. Vererbgslehre 19, H. 6 (1936). — HIS, W.: Wesen und Form der chronischen Arthritiden. Berl. klin. Wschr. 58, 1525 (1921). — HOLSTI, Ö. and A. J. HUNSKONEN: Heredo-familial arthritis (a study of four generations of an arthritis family). Acta med. scand. (Stockh.) Suppl. 89, 128 (1938). — HOLSTI, Ö. u. A. J. RANTASALO: Über den Gelenkrheumatismus in Finnland. Brambacher internat. ärztl. Fortbildgskurse 1. Dresden u. Leipzig 1935. — HOLSTI, Ö. and V. RANTASALO: On the occurence of arthritis in Finland. Acta med. scand. (Stockh.) 88 (1936).

IGERSHEIMER: Familiäre Retinaerkrankung bei familiärer Arthritis deformans. Klin. Wschr. 1922 II, 1288. — IRVINE-JONES, EDITH: Acute Rheumatism as a familial disease. Amer. J. Dis. Childr. 45, 1184 (1933).

KAIM, S. C.: Klinische und katamnestische Studien über die Polyarthritis rheumatica acuta. Zürich 1936. — KÄMMERER, H.: Allergische Diathese und allergische Erkrankungen. München: J. F. Bergmann 1934. — KIRCHHOF, H.: Ist der Gelenkrheumatismus eine allergische Erkrankung? Z. Rheumaforsch. 1, H. 9 (1938). — KLINGE, F.: Neuere Untersuchungen über Rheumatismus. Wien. med. Wschr. 1933 II. — Der Rheumatismus. Erg. Path. 27 (1933). — Rheuma und Trauma. Acta rheumatol. 1934, Nr 20/21. — KÖHLER, P.: Das soziale Problem des Rheumatismus. Z. Rheumaforsch. 1, 330 (1938). — KOWARSCHIK, J. u. E. WELLISCH: Über die Konstitution chronisch Gelenkkranker. Münch. med. Wschr. 1937 II, 1945.

LANGE, F.: Die Bedeutung der Muskelhärten in der Orthopädie. Z. orthop. Chir. 50, 1. — LANGE, M.: Die Muskelhärten. München 1931. — LEVINGER, E. u. M. JAFFÉ: Zur Frage endokriner Gelenkerkrankungen beim Manne. Z. Konstit.lehre 14, 535 (1929). — LOOSER, E.: Rheumatische Erkrankungen und innere Sekretion. Schweiz. med. Wschr. 1933 II.

MAYER, M.: Heredofamiliäres Auftreten chronischer Gelenkerkrankungen. Wien. Arch. inn. Med. 16, 97 (1929). — MEIER, EDW.: Über Fehlleistungen in der Rheumatismusdiagnose. Diss. Zürich 1937. — MEYER, A.: Die Stellung der Nodosis rheumatica im Ablauf der rheumatischen Infektion. Z. klin. Med. 123, H. 1/2 (1933). — MILNER, R.: Der häufige, meist versteckte, „allgemeine Nervenrheumatismus" bei Kindern. Seine Erkennung und Bedeutung, Behandlung und Verhütung. Mschr. Kinderheilk. 69, H. 1/4 (1937). — MÜLLER, FR. v.: Differentiation of the Diseases included under Chronic Arthritis. 17. internat. Congr. of Med. London 1913. — MÜLLER-GLADBACH, A.: Wesen, Wirkung, Indikationen und Erfolge der Massage bei inneren Erkrankungen. Verh. dtsch. Ges. inn. Med. 42, 275 (1930).

NAGER, F. R.: Die Beziehungen des Gelenkrheumatismus zu den Tonsillarerkrankungen. Schweiz. med. Wschr. **1933 II**. — NEERGAARD, K. v.: Über die chronische Polyarthritis rheumatica, ihre Klinik und Therapie, insbesondere Klimatotherapie. Schweiz. med. Wschr. **1933 II**. — Beiträge zur Klinik der Arthronosis deformans und der rheumatischen Wirbelsäulenerkrankungen. Schweiz. med. Wschr. **1933 II**. — Rheumatismus verus oder Pseudorheumatismus. Schweiz. med. Wschr. **1933 II**. — Grundsätzliches zur Rheumafrage und Rheumasystematik. Helvet. med. Acta **1**, 31 (1934). — Ist die Auffassung von der nichtentzündlichen Entstehung der Arthronosis deformans noch berechtigt? Helvet. med. Acta **2**, H. 3 (1935). — Über die Beziehungen der essentiellen, rheumatischen Arthronosis deformans zur primär chronischen Polyarthritis rheumatica und den chronischen Gelenkerkrankungen. Verh. dtsch. Ges. inn. Med. **43**, 57 (1937). — Schweiz. med. Wschr. **1937 II**. — Die Katarrh-Infektion als chronische Allgemeinerkrankung. Dresden u. Leipzig: Theodor Steinkopff 1939.
     OSTERTAG, SANDER u. SPAICH: Über die erbliche Bedingtheit der Spondylarthrosis deformans. Erbarzt **5**, 39 (1938).
     PAPP u. TEPPERBERG: Chronischer Gelenkrheumatismus und Heredität. Erbarzt **4**, 11 (1937). — PEMBERTON: Arthritis and rheumatoid conditions. Their nature and treatment, p. 33f. London 1929. — PRIBRAM, A.: Der akute Gelenkrheumatismus. In NOTHNAGEL: Pathologie und Therapie, Bd. V. Berlin 1899. — Chronische Gelenkkrankheiten. In NOTHNAGELs Handbuch der speziellen Pathologie und Therapie, Bd. VII. 1902.
     REICHERT, O.: Zur Erbbedingtheit der Thrombangitis obliterans. Z. menschl. Vererbgslehre **23**, H. 1 (1939). — ROLLY, F.: Der akute Gelenkrheumatismus. Berlin 1920.
     SAHLI, H.: Zur Ätiologie des akuten Gelenkrheumatismus. Korresp.bl. Schweiz. Ärzte **22** (1892). — Dtsch. Arch. klin. Med. **51**, 451 (1892). — SCHADE, H.: Untersuchungen in der Erkältungsfrage. Münch. med. Wschr. **1919—1921**. — SCHMUTZIGER, P.: The Control of Rheumatism as a Problem of Economics. Internat. Bull. A **36**, 85 (1937). — SCHOLTZ, H. G.: Die Ischias. In: Der Rheumatismus, Bd. 16, herausgeg. von R. JÜRGENS. Dresden-Leipzig: Theodor Steinkopff 1939. — SKALA: Zit. nach M. MAYER. Revue neur. psychiatr. **1908**. — SLAUCK: Anleitung zur klinischen Analyse des infektiösen Rheumatismus. Der Rheumatismus, Bd. 2, 2. Aufl. Dresden u. Leipzig 1938. — STICKER, G.: Erkältungskrankheiten und Kälteschäden. Berlin 1916. — STREBEL, J.: Korrelation der Vererbung von Augenleiden und Herzfehlern in der Nachkommenschaft Schleuß-Winkler. Arc. Rassenbiol. **10**, 470 (1913).
     VEIL, W. H.: Rheumatismus als Allgemeinerkrankung. Ref. Orthop. Kongr. 1933. — Der Rheumatismus und die streptomykotische Symbiose. Stuttgart: Ferdinand Enke 1939. — VERAGUTH: Zur Frage der Rheuma-Nomenklatur. Bull. Eidg. Gesdh.amt, Beil. 19, 7. Mai 1932. — Rheumaprobleme. Schweiz. med. Wschr. **1933 II**, 1177.
     WEITZ, W.: Die Vererbung innerer Krankheiten. Stuttgart: Ferdinand Enke 1936. — WELLISCH, E. u. J. KOWARSCHIK: Über die Konstitution chronischer Gelenkkranker. Münch. med. Wschr. **1937 II**, 1945. — WIDAL, F.: Rhumatismes. In BROUARDEL-GILBERT-THOINOT, Nouv. Traité de méd. et de thér. Paris 1908. — WIESEL, J.: Gelenkerkrankungen und Keimdrüsen. Wien. klin. Wschr. **1928 II**, 1424. — WILHELM, R.: Konstitutionelle Beiträge zur genuinen oder idiopathischen Arthritis deformans. Z. Konstit.lehre **17**, 318 (1933).
     ZIMMER: Rheuma und Rheumabekämpfung. Berlin 1928.

Allgemeine und besondere Bereitschaften.

Zweiter Teil.

Erbpathologie der Diathesen.

Betrachtet vom pädiatrischen Standpunkte.

Von M. v. PFAUNDLER, München.

Mit 18 Abbildungen.

I. Wesen der exsudativen Diathese.

Bei manchen Kindern kommt es in außergewöhnlicher Häufigkeit zum Auftreten gewisser Gesundheitsstörungen, und zwar selbst dann, wenn mit tunlichster Sorgfalt Schäden vermieden werden, die erfahrungsgemäß jene Störungen hervorrufen. Daraus ergibt sich zwingend der Schluß, daß bei den vermeinten Kindern eine im Organismus gelegene Eigenart, nämlich eine besondere Disposition, eine erhöhte Bereitschaft zu bestimmten Störungen besteht. An Stelle der Bezeichnung (vermehrter) „Krankheitsbereitschaft" gebraucht man vielfach die griechische Übersetzung „Diathese"[1]. Die Krankheitszustände, für die der Organismus eine Bereitschaft zeigen kann, sind verschiedener Art. Sie gehören z. B. der Gruppe der katarrhalischen Schleimhautprozesse an oder der Gruppe der Schwellungen von lymphoiden Organen, oder der Gruppe der vegetativnervösen Störungen. Man kann also von einer katarrhalischen Krankheitsbereitschaft oder Diathese, ebenso von einer lymphatischen, von einer neurovegetativen usw. sprechen, womit man nichts vorwegnimmt, *sich zu keinerlei Hypothese bekennt, sondern lediglich eine unmittelbar aus vielfältiger Beobachtung sich ergebende Tatsache zum Ausdruck bringt* (PFAUNDLER 1911). Solche Lehre ist daher nicht allein unwiderlegt, sondern unangreifbar. *Eine Diathese* im besagten Sinne ist *keine „Krankheit"*, sondern eben nur ein Zustand erhöhter Disposition zu bestimmten Erkrankungsformen. Die einzelnen Störungen selbst, die Elemente oder Manifestationen (Kundgebungen) — *irrtümlich „Symptome"* — der Diathese unterscheiden sich von Erkrankungen bei normal veranlagten Kindern oft im wesentlichen nur durch ihre Intensität, Dauer und Wiederkehr bei geringfügigen Anlässen, was auf eine niedere Reizschwelle als konstitutionellen Grundfaktor schließen läßt.

Eine weitere Tatsache ist die, daß sich verschiedene Krankheitsbereitschaften gerne miteinander verbinden; so z. B. kombiniert sich die Bereitschaft zu wiederkehrenden katarrhalischen Prozessen mit jener zu Schwellungen lymphatischer Organe, wonach also diese Schwellungen nicht etwa als bloße Folgeerscheinungen der Schleimhaut- und Hautprozesse aufgefaßt werden dürfen; vielmehr sind beide Reihen einander großenteils koordiniert. Man darf in solchen Fällen von einer kombinierten katarrhalisch-lymphatischen Diathese sprechen.

---

[1] Entgegen anderer Auffassung dieses Begriffes habe ich jüngst (1938) den Nachweis erbracht, daß er in der Medizin schon von den griechischen Klassikern im obigen Sinne gebraucht wurde.

Selten fehlen dann auch Erscheinungen, die auf neurovegetative Störungen hinweisen; Disposition zu dystrophischen Zuständen kann sich beigesellen.

Die für den Kinderarzt vielleicht wichtigste von allen hierhergehörigen *kombinierten* Bereitschaften ist die schon vor langer Zeit (Th. White 1788) beschriebene, dann von A. Czerny (1905) rekonstruierte inflammatorische bzw. exsudative Diathese.

Es besteht natürlich weder die Absicht noch irgend die Möglichkeit an dieser Stelle die exsudative Diathese im Sinne einer Monographie zu bearbeiten. Wer solches sucht, muß auf mehrere der im Literaturverzeichnis angeführten Schriften verwiesen werden. Hier gilt es lediglich einige grundsätzliche Erläuterungen vorauszuschicken, die zum Verständnis des im zweiten Abschnitt folgenden Berichtes über das Erbverhalten unerläßlich sind — um so mehr, als auf dem Gebiete der kindlichen Diathesen noch manche Unstimmigkeiten und Verwirrungen vorliegen.

1. Manifestationen der exsudativen Diathese an der Haut.

Bis vor kurzem pflegte man die von Czerny und anderen Beobachtern der exsudativen Diathese zugerechneten cutanen „Symptome" unter einem ziemlich einheitlichen Gesichtspunkte zusammenzufassen; man sprach ihnen allen gemeinsam im wesentlichen den Charakter von desquamativen und entzündlichexsudativen Abwehrvorgängen gegen äußere und innere Schäden zu, die infolge verfassungsgemäß herabgesetzter Reizschwelle über das Ziel schießen und auch wohl qualitativ mitunter gewisse Eigenart aufweisen. Demgegenüber besteht jetzt die Neigung, diese Kundgebungen nicht allein in morphologischer, sondern auch in ätiologischer und pathogenetischer Hinsicht verschiedenen Gruppen zuzuteilen.

Von den deutschen Kinderärzten haben sich hier neuerdings — teilweise in Anlehnung an namhafte Dermatologen — besonders H. Finkelstein und E. Moro mit ihren Schülern um sorgfältige Analyse zahlreicher Krankheitsfälle, um experimentelle Untersuchungen am Krankenbett und im Laboratorium sowie um eingehendes Studium aller Zusammenhänge bemüht. Von den umfangreichen, keineswegs leicht zu überblickenden und nach dem Berichte der Verfasser selbst auch in manchen Punkten noch ergänzungsbedürftigen Ergebnissen kann hier nur in Kürze und schematisierend berichtet werden.

In Anlehnung an Finkelstein (auf dessen ausgezeichnete Bearbeitung des Gegenstandes in Band 10 des Handbuches der Kinderheilkunde besonders hingewiesen sei) wird zunächst S. 642 eine Übersichtstabelle gebracht.

Für die *erste* der vier *Gruppen*, ausgezeichnet durch Bildung fettig-schuppender Auflagerungen auf roter, anfangs trockener Haut hat Moro den zusammenfassenden Namen Dermatitis (erythematosa) seborrhoides vorgeschlagen. Dem folgten viele Kinderärzte, während von dermatologischer Seite dagegen vor allem eingewandt wurde, es handle sich da primär gar nicht um echte Entzündung. Vielleicht wird man daher besser kurz von den (infantilen) „Seborrhoiden" sprechen. Diese sind es wohl hauptsächlich, die schon vor Jahrzehnten sehr erfahrene Haut- und Kinderärzte (Auspitz, Unna, Bohn) im Auge hatten, wenn sie von *chronischen Hautkatarrhen* sprachen und dadurch auf eine nahe Verwandtschaft mit Schleimhautkatarrhen hinwiesen — der freilich neuerdings manche Dermatologen widersprechen.

Zuzurechnen wären der Gruppe im einzelnen von den Elementen der exsudativen Diathese nach Czerny besonders die „potenzierte" (d. h. nicht bloß durch grobe Pflegeschäden verursachte) Intertrigo, auch *Intertrigo gravis* genannt, der *Gneis* oder *Kopfgrind* und der *Wangenschorf* = *Crusta lactea* — freilich weder ein Schorf noch eine zusammenhängende Kruste (Schale). Der Gruppe wurden später

Tabelle 1.

Name	1. Gruppe Dermatitis seborrhoides, Seborrhoide	2. Gruppe Ekzem (alias Ekzematoid)	3. Gruppe Neurodermitis	4. Gruppe Urticaria und Lichen urticatus
Beginn	Meist im ersten Lebensquartal, oft schon mit zwei Wochen	Selten vor Mitte des dritten Lebensmonats	Selten vor der Mitte des dritten Lebensmonats	Hauptsächlich in der Kleinkindheit (2.—5. Jahr)
Elementarerscheinungsform	Schuppende Hautröte und Papel	Knötchen oder Bläschen Status punctosus	Lichenoides Knötchen	Rote oder weiße flüchtige Quaddel; Knötchen oder Bläschen auf erythematöser Basis
Typus der Herde	Seborrhoide und psoriasoide Platten. Intertrigo (gravis) und Erythrodermie	Nässende, krustenbildende Platten	Rötliche trockene Platten und flächenhafte Infiltrate mit charakteristischer Felderung	Ring- und Bogenfiguren mit Hautödem; windpocken- oder glasperlenartige Effloreszenzen
Lokalisation	Gesicht, Kopf, Ohransatz, Lider, Hautfalten, Gelenkbeugen; seltener allgemeine Verbreitung	Wangen, Stirne, Kopf, Streckseiten; auch weit verbreitet	Gelenkbeugen, Hals, Nacken, Leisten, Genitale, auch Gesicht	Sehr verbreitet; Stamm, Glieder einschließlich Handteller und Fußsohlen
Jucken	Kaum oder gar nicht	Vorhanden	Meist hoch- bis höchstgradig	Stark
Cutane Eiklarallergie	Keine	Meist stark positiv	Durchschnittlich kaum vorhanden	Oft positiv
(Vermehrte) Eosinophilie des Blutes	Nicht vorhanden	Vorhanden	Hoch	Meist fehlend
Andere allergische Zustände	Keine	Nicht sehr häufig	Häufig	Häufig
Allergische Belastung	Keine	Nicht sehr häufig	Häufig	Häufig

manche andere Erscheinungen angegliedert, so besonders das Erythema glutaeale, die Erythrodermia desquamativa Leiner und gewisse auch jenseits des ersten Lebensjahres noch auftretende, mehr lichenoide und psoriasoide Typen.

Die *zweite Gruppe* wird gebildet von den verschiedenen Formen des konstitutionellen infantilen Ekzems (im dermatologischen Schrifttum oft als Ekzematoid bezeichnet) mit seinen vielgestaltigen Folgeerscheinungen. Es handelt sich dabei primär um eine ausgesprochen kongestiv-exsudative, vorwiegend epidermidale Reaktion auf innere oder äußere Reize mit Bildung stecknadelkopfgroßer Papeln und Bläschen. Diese entstehen durch ein als „Spongiose" oder Verschwammung bezeichnetes intercelluläres Ödem der Stachelschicht.

Die *dritte Gruppe* umfaßt die umschriebenen und die diffusen Formen der Neurodermitis, auch neurogenes Ekzem genannt, deren Element das trockene, derbe, stark juckende, plattenbildende lichenoide Knötchen auf infiltrierter Unterlage bildet.

Die *vierte Gruppe* ist die nesselsuchtartige mit dem Lichen urticatus (von CZERNY anfangs irrtümlich als Prurigo bezeichnet), ferner mit der gewöhnlichen Nesselsucht und mit umschriebenen Ödemen.

Die scharfe Scheidung der einzelnen aufgezählten Typen wird dadurch erschwert, daß das Auftreten von Mischformen geradezu die Regel bildet — simultan und besonders sukzessiv — so daß man vielfach an zwangsläufige kausale Zusammenhänge zwischen den einzelnen Gliedern, besonders denen der ersten drei Gruppen denken möchte. Anatomisch sind vielleicht die Unterschiede auch mehr quantitativ als qualitativ; so manches ist grundsätzlich gemeinsam, wie die Parakeratose, das (graduell wechselnde) intercelluläre Ödem, die Füllung der Papillargefäße u. a. m. Ein Kenner der pathologischen Histologie wie UNNA hat alles zum Ekzem gerechnet, was man neuerdings Seborrhoid und Neurodermitis nennt — nach heutiger strengerer Auffassung freilich zu Unrecht.

Bemerkenswerterweise erwachsen schon bei dem besonders häufigen und wichtigen Wangen-Milchschorf erhebliche Zuteilungsschwierigkeiten. MORO erblickt in ihm rein klinisch betrachtet zunächst „nichts weiter als ein besonders lokalisiertes Seborrhoid", bezeichnet ihn daher als Dermatitis seborrhoides larvalis und „glaubt nicht, daß sich dagegen ein Einwand erheben lasse". Auf Grund nachfolgender ätiologischer Forschungen erwägt er aber, daß allenfalls sogar schon das Anfangsstadium des Milchschorfes, die primäre Dermatitis erythematosa, „wenn auch nicht klinisch-morphologisch, so doch ätiologisch-pathogenetisch bereits Ekzem" — also einer anderen Gruppe angehörig sei.

Leider bestehen Meinungsverschiedenheiten nicht nur hinsichtlich Einreihung der besagten Elemente in die vier Gruppen der Zahlentafel, sondern auch hinsichtlich ihrer Zugehörigkeit zur exsudativen Diathese überhaupt, und zwar selbst im engeren Kreise der maßgebenden Schulen.

Das Ekzem wird gemeinhin zugerechnet, was aber nach CZERNY (1905) insoferne nicht ganz richtig wäre, als es immer nur die Folge von Infektionen sei, die ihrerseits freilich durch die einzigen primären und wahren exsudativen Hautprozesse Gneis, Milchschorf, (extragenitoanale) Intertrigo und Prurigo begünstigt werden. Nach MORO wäre die lymphophile Reaktionslage der Haut (s. S. 644), auf der die nässenden Ekzeme entstehen, sehr charakteristisch für die exsudative Diathese. Noch feiner nuanciert FINKELSTEIN: Die eigentliche Ursache des Ekzems ist für ihn die konstitutionelle Lockerung der intercellularen Verbindung in der spongiösen Epithelschichte; diese kann bei gesteigerter Exsudationsbereitschaft (= exsudativen Diathese) besonders leicht zur intercellulären Flüssigkeitseinlagerung, zur Schwammbildung und damit zu den elementaren Morphen des Ekzems führen. Die besagte Lockerung ist aber nicht so sehr als organisch-substantielle Veränderung, denn als funktionell-dynamische Besonderheit zu denken; also würden die wahren Determinanten des Ekzems (neben äußeren oder inneren Reizen) zwei abnorme Dispositionen, zwei kollaborierende Teilbereitschaften sein, wovon die eine die exsudative Diathese ist.

Den eigentlichen Kernpunkt der cutan manifestierten exsudativen Diathese bildet nach CZERNY und auch seinen Vorgängern die Trias: Gneis, Crusta lactea, Intertrigo gravis. Diese Trias, wie angeführt heute erweitert, wird von FINKELSTEIN auch als Erythrodermiegruppe bezeichnet. Ihr muß man namentlich auch die Erythrodermia desquamativa LEINERS zurechnen, da man sie oft aus einer typisch erythematös-squamösen Flächendermatitis, einer Intertrigo, allmählich hervorgehen sehen kann. Mit Recht bezeichnen sie (die LEINERsche Krankheit) NIEMANN, auch KLOTZ als eine Art schwerster universeller Intertrigo und MORO (entgegen TACHAU) als den „wesensgleichen Höhentyp, das klinische Extrem" der Dermatitis seborrhoides. Zu dieser Auffassung konnten ROMINGER-GANTHER eine starke Stütze beibringen: Erythrodermia desquamativa bei einem Eineier-Zwilling, dessen Partner ein

41*

gewöhnliches Seborrhoid sehen ließ. Demgegenüber aber wollen Lust und Kaufmann die Erythrodermie „nicht zum Formenkreise der exsudativen Diathese rechnen", ähnlich Freudenberg und Hofmeier (gegen Catel), und Lederer erklärt 1924 sogar, ihre Beziehungen zur exsudativen Diathese würden „allgemein geleugnet". Dabei war es gerade Lederer, der das Wesen der exsudativen Diathese in der Hydrolabilität erblickte, durch die nach Moro sowie nach Eiasberg die Leinersche Hautkrankheit sich als zugehörig erkennen lasse!

Am weitesten in der Einschränkung geht Tachau, der nicht nur die Erythrodermie, sondern auch die Seborrhoide und (mit Kleinschmidt) die Neurodermitis von der exsudativen Diathese abgelöst wissen will. Finkelstein berichtet darüber und fügt bei, daß auch für ihn exsudative Diathese nur da besteht, wo auf entsprechende Reize eine überdurchschnittliche Exsudation folgt. Da dies bei den reinen Seborrhoiden nicht der Fall ist, da ferner die sog. Prurigo Czernys heute mehr zu den allergischen Zeichen gerechnet wird (beides hört man auch von Rost und Marchionini), würden sich die cutanen Kundgebungen der exsudativen Diathese ungefähr in nichts auflösen. Dabei zweifelt heute aber doch kaum jemand an der grundsätzlichen Richtigkeit der Konzeption von Czerny und all seinen Vorgängern.

Man stößt sonach schon bei den Hautkundgebungen auf gewisse Schwierigkeiten hinsichtlich der Abgrenzung der exsudative Diathese. In einem späteren Abschnitte wird auf weitere Meinungsverschiedenheiten in dieser Richtung näher eingegangen werden; sie berühren aber, richtig gesehen, den Kern der Lehre von den kombinierten Diathesen *nicht*.

So wie in der reinen Systematik dieser Störungen bestehen auch hinsichtlich ihres ursächlichen Wesens noch gewisse Widersprüche unter den führenden Autoren. Fast für jeden Typus werden mehrfache Wurzeln in ganz verschiedenen Gebieten der Umwelt und der Erbwelt angenommen — so in der Ernährung, im Stoffwechsel, in infektiösen und immunologischen Vorgängen, im Bestande an Wirkungsstoffen, in der besonderen anatomischen oder funktionellen Verfassung des Hautorganes oder des Gesamtkörpers.

Seit Unna spielen im einschlägigen Schrifttum verschiedene abweichende *„Reaktionslagen" der Haut* eine Rolle; diese sollen die besondere Form der Reizbeantwortung und damit die Morphe der Hautkundgebungen bestimmen. Im einzelnen gilt nach Moro und nach Finkelstein folgendes: Bei den Seborrhoiden liegt eine „seborrhoide Reaktionslage" vor, das ist eine erhöhte Reizbarkeit des fettausscheidenden Apparates und damit eine cutane Fettstoffwechselstörung samt ausgesprochener Neigung zur Abstoßung mangelhaft verhornter Zellen (Dyskeratose); bei der Ekzemgruppe handelt es sich um die von Unna als „lymphophil" bezeichnete Reaktionslage mit Bereitschaft zu Stauung von Lymphe und Austritt solcher durch Sickern und durch Aufbrechen der Ekzembläschen; bei der Neurodermitis um eine „angioneurotische Reaktionslage" (Moro) mit erhöhter Erregbarkeit des neurocapillaren Reflexes und des sensiblen Apparates (weiße Schrifthaut durch Spasmen, Juckreiz). Die obenerwähnten Mischformen der Hautmanifestationen würden durch gleichzeitigen Bestand der unter sich syntropen Hautreaktionslagen entstehen. Manche der letzteren sind einer Prüfung und *Feststellung durch Hauttestverfahren* zugänglich, worüber Einzelheiten hier nicht gebracht werden können.

Da ihr Wesen in besonderen Arten von Reizbeantwortung liegt, ergibt sich ohne weiteres, daß die Hautreaktionslagen nicht „mit Konstitution irgendwie zusammenhängen" oder „von der Konstitution beherrscht", sondern *Konstitution selbst im wahrsten Sinne des Wortes sind*. Es fragt sich nur, ob es sich da um reine Partialkonstitutionen des Hautorganes als solchen oder aber um mehr verbreitete Verfassungsanomalien handelt. Es möchte scheinen, daß bei der ersten Erfassung des Begriffes „Hautreaktionslage" der Blick stark auf dieses Organ gebannt geblieben ist. A priori liegt aus genetischen, anatomischen und anderen Gründen mindestens die Vermutung nahe, daß die Reaktionslage anderer Körperintegumente, nämlich der Schleimhäute jener der Haut in manchen

Grundzügen parallel geht. Aber der Kreis erweitert sich noch; beispielsweise können die Fett- und Wasser-Salzstoffwechselstörungen, die vasoneurotischen Abweichungen bei den einzelnen Reaktionslagen kaum als örtlich so streng begrenzte Besonderheiten angesprochen werden; so manches drängt vielmehr zur Auffassung, daß die Haut als Teil des Ganzen, wenn auch in der ihr eigenen Art Verfassungsabweichungen darbieten kann, die insoferne und dann einseitig zum Vorschein kommen können, wenn sie (die Haut) als Reizempfänger vorherrscht. Auch FINKELSTEIN kann sich eine ,,Anomalie der Haut nicht entstanden oder bestehend vorstellen ohne eine anlagemäßige innere Anomalie".

Nicht immer wird es in einschlägigen Erörterungen hinreichend klar, ob die sog. Reaktionslagen der Haut mehr an gewisse physiologische Entwicklungsstufen als solche geknüpfte Erscheinungen oder aber richtig pathologische Anlagen sind. Hier wäre an den unentbehrlichen und so aufschlußreichen Begriff der Altersskonstitution anzuknüpfen, der das ,,Pathologische" als etwas Relatives erscheinen läßt. Wenn die seborrhoische Reaktionslage — wie man durch Hauttest erweisen kann — während des ersten Lebensquartales im Gegensatz zu später bei völlig gesunden Kindern ziemlich gesetzmäßig vorliegt, dann ist *dieser* Grad bei jüngsten Kindern eben wohl physiologisch.

Das Wechselspiel Haut—Allgemeinorganismus ist nach dem Dermatologen FRIBOES für manche seiner Fachgenossen von heute ein ,,fast hundertprozentiges". Bei den allergischen Phänomenen wird eine spezifische Reaktionslage der Haut im Experimente nicht gestützt; denn in der Allergie treten neben lokalen cutanen Leitsymptomen immer noch mehr weniger generalisierte Begleiterscheinungen zutage (P. und L. KALLÓS).

2. Manifestationen der exsudativen Diathese an den Schleimhäuten.

Als solche wurden von jeher und ziemlich allgemein oft wiederkehrende Pharyngitiden, follikuläre und retronasale Anginen, Laryngitiden, diffuse Bronchitiden, Conjunctivitiden, Blepharitiden, Vulvovaginitiden, Balanitiden und Otitiden genannt; während man bezüglich der Lingua geographica und noch mehr der Phlyktaenen[1] heute vorwiegend auf Ablehnung stößt. Später hinzugefügt wurden desquamativ-katarrhalische Affektionen der abführenden Harnwege und auch gewisse Formen von Darmkatarrhen, z. B. den eosinophilen Katarrhen, die von CZERNY ursprünglich abgelehnt, später von ihm (mit KELLER) auch aufgenommen wurden, obgleich sie anderen, nämlich allergischen Ursprunges sind.

Diese katarrhalisch entzündlichen Prozesse wären nach CZERNY Folgen von Infektionen, die auf dem Boden primär exsudativer Reizzustände erwachsen.

3. Neuropathische und vasoneurotische Manifestationen der exsudativen Diathese.

Nach C. KREIBICH ist das Ekzem eine vasomotorische Reflexneurose, ausgelöst durch Reize, die Endigungen der sensiblen Epidermisnerven treffen und zu einer entzündlichen Reaktion in der Cutis führen. Anhänger dieser (von der Schule JADASSOHNs bekämpften) Lehre werden einen Zustand von besonderer Ekzembereitschaft hiernach als Übererregbarkeit an irgendeiner Stelle des neurocapillaren Reflexbogens zu deuten geneigt sein. Das Wesen der angioneurotischen Reaktionslage der Haut, die bei der Entstehung der stark juckenden neurodermitischen Prozesse im Spiele ist, bezeichnet MORO (nach TACHAU ohne Berechtigung) in der Tat ,,als anlagebedingte hochgradig gesteigerte Erregbarkeit des neurocapillaren und des die Juckempfindung vermittelnden nervösen Apparates" (ähnlich CZERNY). Auf solcher Haut sehe man verstärkte Cutis anserina, also Muskelkontraktion auf sensiblen Reiz. Damit wäre eine Überleitung gegeben zu anderen abnormen reflektorischen muskulären Beantwortungen von Reizzuständen an den Körperintegumenten bei exsudativer

---

[1] Die Phlyktänen dürften gleich der Labilität der Eosinophilen des Blutes in den Kreis der allergischen Erscheinungen gehören und als solche mit exsudativen Kundgebungen s. str. in gewisser Korrelation stehen.

Diathese, wovon besonders Spasmen an Speiseröhre, Pylorus, Darm (Erbrechen und Koliken), Kehlkopf (Pseudocroup, spastische Laryngitis), Augenlidern, Rachen und Bronchien (Krampfhusten, Asthma), Schließmuskeln (Dysurie, Ischurie) usw. die bekanntesten sind.

Eppinger und Hess haben die exsudative Diathese geradezu als die „juvenile Vagotonie" bezeichnet. Dabei ist aber zu berücksichtigen, daß das Parasympathicussystem im frühen Kindesalter schon ein *physiologisches* Übergewicht besitzt, ferner daß Ferreri (zitiert nach Klotz) unter exsudativ-lymphatischen Individuen bei pharmako-dynamischer Prüfung zehnmal mehr Sympathicotoniker und dreimal mehr vegetativ Normale als Vagotoniker gefunden hat. Rominger lehnt gleich vielen anderen, besonders L. R. Müller, die Scheidung in Vagotonie und Sympathicotonie ab, weil er findet, daß sich die vegetativ Stigmatisierten, die er zur Vermeidung eines Werturteiles lieber die vegetativen Diathetiker nennen will, bei Prüfung mit Adrenalin-Atropin usw. in *beiden* Teilsystemen übererregbar erweisen („Amphotonie" nach Danielopulo).

Die vegetative Diathese, die ohne Zweifel bei sehr vielen Exsudativen besteht, ermöglicht und begünstigt das Auftreten vasomotorischer und neurotischer Störungen unter dem Einflusse des das vegetative System beherrschenden Seelenlebens. Czerny sah z. B. bei solchen Kindern durch psychische Erregung Hyperämie und Schwellung der Nasenschleimhaut und führt in solchem Zusammenhange nicht nur das Asthma bronchiale und den Juckreiz, sondern auch den Strophulus an. Strümpell spricht von Nasen- und Darmasthma bei exsudativer Diathese und meint mit letzterem die Schleim- und wohl auch die Nabelkolik.

4. Lymphoidgewebsmanifestationen der exsudativen Diathese.

Hier handelt es sich klinisch vorwiegend um Hyperplasien im Bereiche des Waldeyerschen Rachenringes, der Zungen-, Rachen-, Bindehaut- und Darmfollikel („granuläre Katarrhe"), seltener (nur im frühesten Alter) auch wohl der Milz und Leber in ihrem lymphoiden Anteile, endlich der Lymphknoten. Die letzteren Schwellungen will Czerny von den übrigen deshalb abtrennen, weil sie im Gegensatz zu diesen stets nur durch Infektionen, nicht aber durch alimentäre Schäden entstehen sollen und auch durch Heilkost nicht zu beeinflussen seien. Dieses Kriterium wurde meines Erachtens überschätzt. Mit anderen Autoren, wie Heubner, Schridde usw. möchte ich an Hyperplasien der Lymphknoten festhalten, die den übrigen obengenannten koordiniert sind und gemäß den Lehren von Paltauf und Escherich zum Status lymphaticus als solchem gehören. Es gibt nämlich angeborene und frühauftretende Formen von mesenterialen, retroperitonealen und portalen Drüsen- und Zungenfollikelschwellungen ohne alle vorausgegangenen infektiösen Prozesse.

Den Status lymphaticus nennt Czerny kein eigenes Krankheitsbild, sondern nur eine (schwerere) Form der exsudativen Diathese; ich möchte sagen: Ein dem großen Komplexe fakultativ angegliedertes Element.

Der vielumstrittene Status thymicus ist wahrscheinlich (Moro), die isolierte Thymushyperplasie mit tumorartigen Druckwirkungen sicher abzutrennen.

Beim Lymphatismus bestehen nicht selten auch Lymphocytose im kreisenden Blute und pastöser Habitus (gelblichweißes, schlaffes, schwammiges Fettpolster, verminderter Turgor der Haut).

5. Dystrophische Manifestationen der exsudativen Diathese.

Zu einer Zeit, da die ganze exsudative Diathese noch auf Fettintoleranz zurückgeführt wurde, wollte man das Nichtgedeihen von jungen Brustkindern „nur dem hohen Fettgehalt der Frauenmilch zuschreiben" und aus einer verlangsamten Gewichtszunahme solcher Kinder allein schon auf besagte Krankheitsbereitschaft schließen. Als Belege dienten Fälle von unterernährten und überdies durch wiederholte grippale Hausinfektionen in der Entwicklung gehemmten Kindern ohne irgend ausreichend erwiesene entzündliche Krankheitsbereitschaft. Solche Diagnosen gehören heute der Vergangenheit an. Hingegen verknüpfen sich mit exsudativen Hautkundgebungen oft heterodystrophische Zustände, besonders solche in der Richtung des Milchnährschadens mit „grauer Obstipation".

Im französischen und englischen Schrifttum wird seit Jahrzehnten vielen Ortes angegeben, daß in der Aszendenz der heute als „exsudativ" bezeichneten Kinder Glieder von BOUCHARDs sog. bradytrophischer Krankheitsgruppe, namentlich Fettsucht, Steinkrankheiten, Diabetes, Gicht und Migräne auffallend oft angetroffen werden: Lehre vom Arthritismus und der Lithämie. Die viel zitierten Nachforschungen meiner früheren Mitarbeiter MORO und KOLB hierüber brachten keine Bestätigung — wie man jetzt weiß aber nur deshalb nicht, weil die Familien der Probanden zu 80% proletarischen Kreisen angehörten, in denen man über familiäre Erkrankungen zumeist nur äußerst lückenhafte Berichte erhält. Den Müttern der Patienten von MORO und KOLB waren bemerkenswerterweise sogar Begriffe wie „Zuckerkrankheit" usw. oft völlig unbekannt. Ähnliche Nachforschungen in meiner *Privat*klientel ergaben ganz anderes: Gicht, Fettsucht, Stein- und Zuckerkrankheit (zusammengenommen) waren bei den Eltern und Großeltern von exsudativen Kindern fast um 40% häufiger als in einer Kontrollreihe. Über die Fragen des Bestandes einer familiären arthritischen Diathese wird noch weiter unten im bejahenden Sinne zurückgekommen werden. Damit ist keineswegs behauptet, daß bei exsudativer Diathese etwa Stoffwechselveränderungen bestehen, die der gichtischen oder der diabetischen gleichkommen.

Von den verschiedenen Möglichkeiten, durch *experimentelle Studien* in das Wesen der exsudativen Diathese einzudringen, wurde frühzeitig durch Äußerungen CZERNYs und seiner Schüler die

a) Stoffwechselforschung

besonders nahegelegt. Denn es war damals die Rede von abnormem Chemismus oder angeborenem Defekt im Bau, im Körperbestande oder in bestimmten Geweben und Depots, gewissermaßen von chemischen Mißbildungen, später — mit mehr Zurückhaltung — von fehlerhaften Tendenzen im Stoffwechsel überhaupt oder in An- und Abbau bestimmter Stoffe der Nahrung. Dabei hatte CZERNY ursprünglich das Fett (angeborener Bestand und Umsatz) ganz in den Vordergrund gerückt; es wurde von Tiefstand der Assimilationsgrenze, unvollkommener Ausnützung des Fettes von Kuhmilch und Frauenmilch gesprochen; doch mußte manche dieser Vermutungen angesichts verschiedener negativ verlaufender oder widersprechender Untersuchungen wieder fallen gelassen werden. Nach KLOTZ haben sich die Annahmen nach solcher Richtung als irrtümlich erwiesen; den angeblichen Schäden durch reichliches Fettangebot in der Nahrung exsudativer Kinder stellten HEUBNER, auch MORO glänzende Erfolge einer Fettmast entgegen. In jüngster Zeit noch berichtet DAMIANOVICH, er überzeugte sich zunehmend von der Unschädlichkeit, ja von der Heilwirkung des (Kuhmilch-) Fettes in der Nahrung der exsudativen Kinder. Bei CZERNY-KELLER (Handbuch 2. Auflage) ist nur mehr nebenher und in bezug auf die Subcutis von solchen Dingen die Rede. FINKELSTEIN schreibt der Sondergruppe der Seborrhoide eine cutane Fettabbau- und Umsatzstörung zu. Wenn deren Ursache — wie der Autor meint — in einem Übermaß von Nahrungsfett bei Flaschenkindern läge, dann hätte man es nicht mit einer primären Anomalie des angeborenen (Fett-) Bestandes zu tun; hingegen könnte noch eine unzureichende pränatale Speicherung oder vorzeitige Erschöpfung eines in den (Fett-) Stoffwechsel eingreifenden besonderen Wirkstoffes in Betracht kommen (s. hierüber GYÖRGY, MORO, S. 648).

Später hieß es, der konstitutionelle Defekt liege in jenen Geweben, die die Schwankungen des Wasserhaushaltes vermitteln; ja das Wesen der exsudativen Diathese wurde geradezu in einer Störung des Salz- und Wasserstoffwechsels erblickt, und zwar vermutete man zunächst einen höheren Wassergehalt von Blut und Geweben, eine „hydropische Konstitution". Die Meinung hatte vom klinischen Standpunkte aus weit mehr für sich, doch sind die Versuche einer ziffernmäßigen Stützung auch hier nicht recht befriedigend, weil sie keine einwandfreien Abweichungen von der Norm oder aber unter sich Widersprüche ergaben. Nur für die ekzematöse *Kundgebung* der exsudativen Diathese lehrt FINKELSTEIN, daß eine durch abwegige Quellungsverhältnisse der Kolloide verursachte abnorme Wasser- und Salzretention die Entzündungsbereitschaft der Haut vermehre.

Eher als eine Bestandesanomalie könnte primär eine Regulationsanomalie, eine „hydrolabile Konstitution" nach LEDERER bei einer der an die exsudative Diathese angegliederten Teilbereitschaften vorliegen.

Um die These vom angeborenen Defekt zu verteidigen, erklärt LEDERER, darunter sei nicht ein Mangel an bestimmten Bausteinen des Körpergefüges zu verstehen, sondern ganz allgemein „ein von der Norm abwegiges Verhalten" betreffend die Reaktionsabläufe und die vorübergehende oder dauernde Steigerung oder Herabsetzung von Erregungsvorgängen. Solches wird wohl zutreffen, doch scheint dafür die Bezeichnung „Defekt" ungeeignet.

Eindeutig charakteristischen Energiebilanzstörungen bei exsudativer Diathese forschte NIEMANN vergeblich nach. Eine verlangsamte Cl- oder Na- und K-Ausscheidung bei exsudativer Diathese kann nach GYÖRGY *Folge* der Hauterkrankung sein. MORO weist auf die zumeist ablehnende Kritik hin, die auch LUITHLENS Studien über erhöhte Entzündungsbereitschaft der Haut durch Störung ihrer Kationenrelation gefunden habe. Ob beim kindlichen Ekzem basen- oder säureüberschüssige Kost, ob Alkalose oder Azidose einen günstigen Einfluß haben, der dann gegenteilige Stoffwechselrichtung der exsudativen Diathese als solcher wahrscheinlich machen würde, steht noch nicht fest (MORO, GYÖRGY).

Im Kindesalter fand UFFENHEIMER an der Münchener Klinik bei Lymphatikern, KERN bei Exsudativen, GÖPPERT bei Fettsüchtigen eine vermehrte bzw. verlangsamte Harnsäureausscheidung; LIEFMANN bezeichnete erhöhten Harnsäurespiegel im Blute nicht als „obligates Symptom" der exsudativen Diathese. In gewissen Phasen exsudativer Hauterkrankungen wäre nach HERLITZ die Blutzuckerkurve auf Überfütterung sowie auf subcutane Zufuhr von Glucose erhöht; ähnlich COBLINER. ASCHENHEIM erwähnt Meliturien bei herabgesetzter Kohlehydratassimilationsgrenze; NIEMANN dagegen konnte engere gesetzmäßige Beziehungen der exsudativen Diathese zum Blutzuckerspiegel, zur Zuckerassimilation und zum Purinstoffwechsel nicht nachweisen.

Daß dieser Forschungsrichtung bisher Erfolg versagt geblieben ist, wird fast einstimmig festgestellt. Die Ursache der stereotypen Unstimmigkeiten liegt namentlich daran, daß man Zustände von latenter Bereitschaft und solche von manifester Erkrankung zusammenwarf, auch die einzelnen Zeichenkreise nicht auseinanderhielt und gemeinsame Stoffwechselkriterien für *alle* suchte, die es nicht gibt.

b) Vitaminforschung.

Von Vitaminmangel war besonders in bezug auf die Erythrodermie schon vor langer Zeit die Rede; LEDERER zitiert dafür mehrere Autoren. Auch FINKELSTEIN und MORO bewegten sich in solchen Gedankengängen. GYÖRGY konnte dann bei Ratten durch eine bestimmte Mangelkost, ähnlich der pellagraerzeugenden Diät GOLDBERGERS einen Nährschaden hervorrufen, der sich an der Haut als Dermatitis seborrhoides mit allen Übergangen zur LEINERschen Erythrodermie darstellte. Auch andere Zeichen des kindlichen Status seborrhoides traten auf. Der fragliche, weder fett- noch wasserlösliche Wirkstoff, der besonders in Leber und Niere, Hefe, Kartoffel, Casein enthalten ist, dessen Fehlen (Nichtaufschließung durch proteolytische Verdauung oder Zerstörung im Körper?) bei stark fetthaltiger Kost solche Schäden herbeiführt, wurde mit dem Buchstaben H bezeichnet. Welche Bedeutung das Vitamin H für die Entstehung der spontanen kindlichen Seborrhoide hat, wird man namentlich aus der therapeutischen Wirksamkeit der Zufuhr dieses Stoffes erkennen, wobei natürlich seiner Leistung im Körper des Empfängers etwa entgegenstehende Einflüsse auch werden Berücksichtigung finden müssen.

Wie bei jeder anderen Avitaminose wird auch hier ein konstitutioneller Faktor wesentlich mit im Spiele sein. MORO erblickt diesen in einem verhältnismäßig großen Bedarf des Organismus an der spezifischen Minimalsubstanz.

c) Allergieforschung.

Der erste Versuch, gewisse allgemeine konstitutionelle Körperschäden des Kindesalters durch Anstellung von Hautproben nach dem Muster der PIRQUETschen auf allergische, und zwar nutritiv- oder „trophallergische" (MORO) Natur zu prüfen, ist jetzt gerade dreißig Jahre alt, älter als die ersten Mitteilungen von FUNCK, der als Schöpfer des Begriffes der nutritiven Allergie bezeichnet wird. Dieser Versuch wurde auf meine Veranlassung unternommen von H. SCHMIDT, der seine Arbeit darüber wie folgt einleitet: ,,Das Studium der cutanen Allergie hat sich auf dem Gebiete einiger Infektionskrankheiten höchst fruchtbar erwiesen. Der Gedanke, daß gewisse allgemeine (konstitutionelle) Körperschäden durch Antigene verursacht sein könnten, die nicht bakterieller Natur sind, sondern sich von Nährstoffen herleiten (PFAUNDLER), zog die weitere Erwägung nach sich, ob sich Substanzen vom Nährstoffcharakter und deren Derivaten gegenüber bemerkenswerte Verschiedenheiten der Reaktion bei cutaner Einbringung ergeben." Damit war die Aufgabe klar umrissen.

An hundert Kindern wurden solche Proben teils mit ,,Puro"[1], teils mit vorverdauter Kuhmilch (Backhaus-Milch) angestellt. Die Ablesung der Reaktion erfolgte erst nach Stunden (papulöse Spätreaktion[2]) und wurde samt den Kontrollbohrungen durch 1—2 Tage verfolgt. Positive Ausfälle gegen Puro wurden in der Gruppe: Ekzem, exsudative Diathese, Skrofulose, Lymphatismus und Arthritismus in 67% der Fälle, bei anderen Kranken, wovon natürlich manche auch latent exsudativ gewesen sein können, nur in 51% der Fälle gefunden; die entsprechenden Ziffern lauten bei Kuhmilchimpfungen 47% bzw. 29%. Trotzdem die Differenzen einer strengen fehlerkritischen Prüfung nicht standhalten, erschienen sie dem Verfasser mit Recht ,,auffallend". Manche der damaligen Feststellungen kehren in der Folge wieder, so, daß hohe Konzentration der Antigene erforderlich ist, daß das Eiklar häufiger als die Kuhmilch zur Papelbildung führt, daß keineswegs alle der genannten Krankheitsgruppen zugehörigen Fälle positiv reagieren, dafür aber einige scheinbar oder wirklich außerhalb der Gruppe stehende; endlich, daß die Häufigkeit der positiven Reaktionen bis zu gewissem Grade eine Funktion des Alters ist, was allenfalls auf eine mit wachsendem Alter ansteigende Zahl durchgemachter Antigeneinbrüche hinweist.

Auf dem Gebiete waren in den folgenden Jahren dann hauptsächlich amerikanische Haut- und Kinderärzte mit verbesserter Methodik tätig und sehr erfolgreich, neuerdings von deutschen Pädiatern und Dermatologen, besonders ADELSBERGER, URBACH, MORO mit GYÖRGY und WITEBSKY. Die letzteren stellten bei der Ekzemgruppe im Kindesalter überdies mittels des PRAUSNITZ-KÜSTNER-Verfahrens die Übertragbarkeit der in 80% der Fälle positiven Eiklarallergie von Kranken auf Gesunde fest (mit Nah- und mit Fernauslösung, welch letztere früher WALZER sogar peroral gelungen war) und konnten im Serum von positiv Reagierenden auch komplementbindende Antikörper gegen Eiklar finden. Bei Seborrhoiden, wie auffälligerweise auch bei der Neurodermitis, blieben die Eiklarreaktionen zumeist negativ.

Die Heidelberger Schule machte sich nun folgende Vorstellung über die Entstehung der bei Ekzemkindern so häufig angetroffenen Eiklarallergie: Rohes Eiklar kann nach GYÖRGY u. a. diaplacentar und diamammär von der schwangeren bzw. der stillenden Mutter in einer zur Sensibilisierung ausreichenden Menge in den kindlichen Kreislauf übergehen. Wenn dieser Organismus nun — so dachte MORO weiter — die besondere Fähigkeit zur Bildung eines allergischen Antikörpers hat, d. h. wenn er die allergische Konstitution oder allergische Diathese (KÄMMERER) aufweist, dann kommt es nicht allein zum Kreisen allergischer Antikörper im Blute, sondern diese werden oder bleiben auch (nach der sehr ansprechenden Theorie von DOERR) in verschiedenen Körperzellbezirken, besonders in der Haut seßhaft, zellständig. Dadurch sind

---

[1] Das seinerzeit als ,,Fleischsaft" verbreitete Nährmittel enthält nicht etwa Fleischeiweiß, sondern neben Fleischextrakt *Eiweiß aus Eiklar*, und zwar anscheinend nicht, wie wir damals vermuteten, von Haushühnern, sondern von ausländischen Strandvögeln.
[2] In der Folge wurde neben dieser Spätreaktion auch und vorwiegend die Frühreaktion beachtet. Nach TEZNER fände jede der beiden Ablesungen ihre besondere Anzeige.

solche Bezirke als „Shockorgane" nun instand gesetzt auf irgendwo weiter eingebrachtes oder eingedrungenes spezifisches Allergen lokal zu reagieren (urtikarielle und ähnliche Veränderungen als positive Cutanprobe, als Shock in Miniatur). Angesichts der nach Meinung der Heidelberger Forscher starken Korrelation zwischen nachweisbarer Nährstoffallergie gegen Eiklar (weit seltener gegen Kuhmilch oder Mehle) einerseits und kindlichem Ekzem andererseits, wird weiter gefolgert: „Der Erkrankung ... liegt ein Sensibilisierungsvorgang im Sinne echter (Troph-)Allergie zugrunde". Auch Finkelstein zweifelt (1935) im Gegensatze zu anderen namhaften Pädiatern und Dermatologen nicht an der wesentlichen Beteiligung alimentärer, nutritiver Allergie, betont aber (gleich Moro), daß die stoffwechselchemische Terrainbeschaffenheit eine weitere Grundbedingung für das Auftreten des kindlichen Ekzems sei. Es würde sich sonach bei diesem um mindestens zwei Determinanten handeln, über deren Rangordnung ein sicheres Urteil zu gewinnen noch nicht möglich ist.

Der Trophallergiegedanke wurde namentlich deshalb gerne aufgenommen, weil er mit den oft leidlich befriedigenden therapeutischen Erfolgen einer ei- und milchlosen oder -armen Ekzemheilkost gut vereinbar schien. Es hat sich aber herausgestellt, daß gar nicht so sehr der Entzug des jeweils an der Sensibilisierung beteiligt gewesenen Nahrungsstoffes die günstige Wirkung hat, als vielmehr andere und auch an anderer Stelle angreifende, hinsichtlich Allergie völlig indifferente unspezifische alimentäre Momente, besonders alle entwässernden, wie Salz- und Wasserarmut der Kost, Unterernährung, Schilddrüsensubstanz u. a. m. Auch weiteren Unstimmigkeiten auf dem Gebiete der trophallergischen Ekzemgenese begegnet man da und dort, die den oben zitierten Autoren keineswegs entgangen waren, so z. B. das Fehlen aller positiven Cutanproben bei so manchen klassischen infantilen Ekzemen, das Fehlen jeder Schadenwirkung von großen peroralen Dosen von Hühnerei, auch bei cutan positiv Reagierenden, andererseits das häufige, nach Urbach die Regel bildende Versagen von ei- und milchfreier Ernährung, der (beim Kinde) durchaus unekzematöse Charakter der positiven Cutan- und der Prausnitz-Küstner-Reaktionen, endlich die in manchen Erfahrungskreisen nur mäßige Korrelation zwischen Hautprobe und Ekzem oder gar der nahestehenden Neurodermitis. Man mußte daher zu allerhand mehr oder weniger ansprechenden, hier nicht weiter zu erörternden Hilfshypothesen greifen.

Heute gehen auch unter den Pädiatern die Meinungen über die Bedeutung der Eiklarreaktion der Haut im frühen Kindesalter noch stark auseinander. Nach Rosenbaum (Klinik Bessau) und vielen anderen wäre sie „lediglich imstande, eine *allgemeine Reaktionsbereitschaft* anzuzeigen"; auch nach Hanhart wäre sie in gewissem Sinne unspezifisch und nur Ausdruck einer gesteigerten Neigung zu entzündlicher Reizbeantwortung und *mehr als ein vegetatives Stigma zu werten*.

Sehr erfahrene amerikanische Autoren unterscheiden eine unspezifische und eine spezifische allergische Eiklarreaktion, wovon die erstere im Laufe des 4.—6. Lebensmonates an Häufigkeit ab-, die letztere zunimmt. Näheres darüber ist besonders auch als dem Ergebnis einer Rundfrage der Dermatologischen Wochenschrift und der Medizinischen Klinik, beide 1932, zu entnehmen.

Ein verdienter klinischer Allergieforscher, Bloch, eiferte nach Feststellung von Allergien bei Ekzemkranken lebhaft gegen den Fortgebrauch der „mystischen, nebelhaften" Bezeichnung „Diathese" für die Ekzembereitschaft. Man tue wohl am besten, „wenn man diese vertrocknete Hülle, deren Inhalt längst in alle Winde verflogen ist, auch fallen lasse und durch lebendige Tatsachen ersetzt". Die lebendige Tatsache ist für ihn eben die Allergie. Dieser Auffassung muß mit Nachdruck entgegengetreten werden; denn unzweifelhaft entstehen die mit der Ekzemgenese vielleicht irgendwie zusammenhängenden Trophallergien nur bei Trägern von „antigenaffinen, reizempfindlichen, besonders eingestellten" Zellkomplexen; *es steckt also hinter der Allergie die abnorme Sensibilisierungsbereitschaft*, die man *sehr zutreffend* mit Kämmerer als *allergische Diathese* bezeichnet hat, und diese stellt eine weitere Teilbereitschaft des exsudativen Blockes dar. Wäre der Begriff „Diathese" noch nicht längst richtig erfaßt, so hätte er gerade mit Rücksicht auf die Lehre von den Allergosen geschaffen werden müssen (Moro).

Die Zeichenkreise und deren Wechselbeziehungen.

Ein Rückblick auf das auszugsweise hier Vorgebrachte ergibt, daß führende Ärzte verschiedener Nationen und Generationen ziemlich übereinstimmend das Vorkommen eines *Blockes von angeborenen Störungsbereitschaften* bei Kindern erkannt haben. Innerhalb dieses Blockes, also zwischen den einzelnen Bereitschaften machen sich Syntropien[1] bemerkbar. Auf dem Boden der Einzelbereitschaften erwachsen unter dem Einfluß von mehr oder weniger deutlich erkennbaren verschiedenartigen Umwelteinflüssen gewisse Krankheitszeichen. Es sind die Manifestationen oder Kundgebungen, die — wie schon in der Einleitung erwähnt wurde — gruppiert zweckmäßig als „Zeichenkreise" geführt werden. Dem Blocke der kombinierten Teilbereitschaften oder Diathesen entspricht ein Block von manifesten Zeichenkreisen. Die entzündliche oder inflammatorische Diathese nach TH. WHITE und VIRCHOW, und CZERNYS exsudative Diathese sind im wesentlichen identische Bereitschaftsblocks, und die bei den so veranlagten Kindern auftretenden Krankheitserscheinungen stellen demgemäß und desgleichen syntropische Komplexe dar.

Gleichwie in der Chemie danach gestrebt werden mußte, in Verbindungen die sie zusammensetzenden Bestandteile zu erkennen, so mußte bei der gegebenen Sachlage durch klinische Analyse der besagte Block zunächst in die zugehörigen Teilbereitschaften bzw. Zeichenkreise aufgelöst werden (PFAUNDLER 1911). Nur dadurch und ferner durch die bishin ausstehende *folgerichtige Auseinanderhaltung von Bereitschaftszustand und Krankheit* konnte ein Fortschreiten über intuitive· ärztliche Erkenntnisse hinaus ermöglicht werden. Diese Auffassung hat sich denn auch im letzten Vierteljahrhundert fast allgemein Bahn gebrochen; ausdrücklich haben sich zu der Lehre bekannt unter anderem: FINKELSTEIN, FREUDENBERG, HUSLER, KLOTZ, ROMINGER, SAMELSON, SCHEER, TACHAU.

An der seinerzeitigen Aufstellung der im Rahmen der exsudativen Diathese liegenden kleineren Einheiten (siehe Wiesbadener Internistenkongreß 1911), die ausdrücklich als vorläufige bezeichnet worden ist, hat sich seither nicht sehr viel geändert. Das Wichtigste ist wohl die Einbeziehung der allergischen Diathese und die von FINKELSTEIN im Rahmen der Zeichenkreislehre schon früh angeregte weitergehende Gliederung der cutanen Kundgebungen. Darüber sowie über einige weitere Anregungen wurde schon im vorstehenden berichtet. Keineswegs soll behauptet werden, daß die jetzige Gliederung eine definitive sein müsse.

Man darf sich nicht vorstellen, daß jede der Teilbereitschaften sich ausschließlich und unbedingt nur auf den ihr nächststehenden Zeichenkreis auswirke. Die Bereitschaft zu der Gruppe der urtikariellen Erscheinungen, die sicher im wesentlichen eine allergische ist, spielt z. B. nach Ansicht mehrerer Autoren, wie angeführt, eine allerdings noch keineswegs ganz geklärte Rolle in der Ekzementstehung. Bei dieser aber dürften auch Störungen vegetativen Ursprunges mit im Spiele sein; mit einem Worte: es handelt sich bei der Entstehung der Blocks keineswegs *nur* um Summation von Zeichengruppen, die bis in ihre letzten Wurzeln hinein strenge geschieden sein müßten; vielmehr bestehen — unbeschadet einer gewissen Selbständigkeit — zwischen manchen Zeichengruppen auch verbindende Wurzelfäden. Gewisse krankhafte Reaktionen mögen das Zusammenwirken von je zwei Teilbereitschaften fordern, so z. B. die asthmatische Reaktion. Nach HANHART bilden psycho- und neuropathische Momente, Neigung zu Spasmen usw. die Voraussetzung zur Entstehung

---

[1] Diesen Ausdruck und Begriff einzuführen (PFAUNDLER und SEHT 1921) war deshalb nützlich, weil der nahe verwandte Begriff der „Korrelation" ein mehr naturwissenschaftlicher als ärztlicher war, auch weil der letztere nach F. N. EXNER (Monographie über Korrelationsmethoden) meist in einem etwas anderen, nämlich mehr dynamischen Sinne gebraucht wurde (s. darüber Z. Kinderheilk. 30, 102). Die „Syntropie" hat denn auch in der medizinischen Fachliteratur Anklang gefunden und große Verbreitung gewonnen. Damit soll aber die Bezeichnung Korrelation auch im Rahmen dieser Erwägungen keineswegs abgelehnt sein.

des im übrigen allergisch bedingten Bronchialasthma, was er mit dem in Idiosyn-
krasikerstammbäumen relativ seltenen Auftreten des genannten Zeichens in Zusammenhang bringt.

Daß manche Beziehungen zwischen den Manifestationen und ihren ursächlichen
Gegebenheiten noch völlig unklar sind, ist im vorstehenden deutlich zum Ausdruck
gebracht worden.

Vom rein ärztlichen Standpunkt aus mag man die auf tausendfältiger Erfahrung und den Berichten voneinander ganz unabhängiger Beobachter übereinstimmend sich ergebende Syntropie zwischen den einzelnen Gliedern der
exsudativen Diathese ohne weiteres als etwas Feststehendes betrachten; vom
wissenschaftlichen Standpunkt aus war der ziffernmäßige Nachweis dafür zu
fordern. Hier ergeben sich nun einige Sonderfragen:

1. Ist es etwa so, daß die einzelnen Teilbereitschaften, wovon ja keine für sich
eine Seltenheit ist, *sich rein zufallsgemäß bei gewissen Individuen zusammenfinden* und daß man eben dann von einer exsudativen Diathese spricht, wenn
sich die Teilbereitschaften derart in gewissem Maße an einem Individuum
gehäuft haben?

Eine analoge Meinung ist einmal hinsichtlich der mongoloiden Idiotie aufgetaucht. Es wurde gesagt, das Bild dieser Abartung komme dadurch und
dann zustande, wenn verschiedene, auch isoliert bekannte degenerative Sonder-
und Fehlbildungen wie etwa Brachycephalie, Schlitzaugen, Epikanthus usw.
zufällig einmal einen gemeinsamen Träger fanden. Wie diese Auffassung des
Mongoloids längst verlassen ist, so konnte sie auch bei der exsudativen Diathese
widerlegt werden. Ich prüfte 1912 völlig wahllos hundert mir genauer bekannte,
zumeist ältere Kinder meiner Privatklientel systematisch auf Zeichen besonderer
hier einschlägiger Krankheitsdispositionen und fand deren insgesamt 111 vor.
53 der 100 Kinder waren frei von solchen Dispositionen, bei den übrigen 47 mußte
der Bestand von je 1—5 Teilbereitschaften angenommen werden. Rund 86%
dieser Teilbereitschaften wurden mehr oder weniger hoch kombiniert angetroffen,
nur 14% isoliert. Wie würden sich diese Zahlen gestalten, muß nun weiter gefragt
werden, wenn für das Zusammentreffen der Elemente bei den einzelnen Individuen
nur der Zufall maßgebend wäre? Dies kann einerseits rechnerisch festgestellt
werden, andererseits kann man auch den (mehrfach zu wiederholenden) Versuch
mit einer Serie von lotterieartigen Ziehungen machen — hier 111 Ziehungen
unter 100 Losen. Beides wurde durchgeführt mit folgendem Ergebnis:

Tabelle 2.

	Rechnerisch gefundene Wahrscheinlichkeit der Verteilung	Dieselbe Wahrscheinlichkeit nach dem Ergebnis mehrerer Ziehungen im Durchschnitt	Tatsächlich gefundene Verteilung	Standardfehler	Individuen betroffen tatsächlich
	in Hundertsätzen der Individuen				
Es bleiben frei von Bereitschaften (keinmal gezogene Lose) . .	32,8	33,3	53	±5	nicht
Es weisen nur je *eine* Teilbereitschaft auf (nur je einmal gezogen) . . . . . . je *zwei* Teilbereitsch.	36,8 } 57,2 20,4 }	36,0 } 57,0 21,0 }	16 } 28 12 }	±3,7 } ±4,5 ±3,3 }	schwach
je *drei* ,, je *vier* ,, je *fünf* ,,	7,5 } 2,1 } 11,0 0,4 }	6,7 } 2,0 } 9,7 1,0 }	9 } 6 } 19 4 }	±2,9 } ±2,4 } ±3,9 ±2,0 }	stark
	100,0	100,0	100		

Man erkennt deutliche und über den Fehler der kleinen Zahl hinausgehende Abweichungen der *wirklichen* von der *zufälligen* Verteilung. Rein zufallsmäßig wäre nur ein Drittel aller Individuen von Krankheitsdispositionen frei geblieben; in Wirklichkeit blieb es aber mehr als die Hälfte. Rein zufallsgemäß wären doppelt so viele Individuen schwach und halb so viele besonders stark betroffen worden als tatsächlich. So kommt also einerseits eine ganz zufallswidrige Verschonung und andererseits eine ebensolche überstarke Belastung mit Einzelbereitschaften und damit eine (allerdings nicht reine) Scheidung von Nichtdiathetikern und Diathetikern — gewissermaßen zweier Rassen zum Vorschein. Die Titelfrage kann somit verneint werden.

2. Welches ist der Grad der Syntropien zwischen den einzelnen Teilbereitschaften der exsudativen Diathese?

Das darüber vorliegende Zahlenmaterial läßt noch zu wünschen übrig. Die Daten aus den allgemeinen Syntropiearbeiten von Pfaundler-Seht (1912) und von Scheer-Koss (1930) sind wenig brauchbar, und zwar im ersteren Falle aus den dort S. 114 angegebenen, im letzteren aus anderen Gründen. Hohe Syntropiewerte fand Koss nur zwischen einzelnen exsudativen Kundgebungen und der „exsudativen Diathese". Da auf letztere aber nur aus ihren Kundgebungen geschlossen werden konnte, liegt hier eine petitio principii vor. Unter den Einzelmanifestationen sind in der Originalarbeit von Koss wohl etliche einschlägige Syntropien nachgewiesen, z. B. Gneis — Bronchiolitis und mukomembranöse Enteritis; Ekzem — Bronchiolitis, Vulvovaginitis und Blepharospasmus; Urticaria bzw. Lichen urticatus — Mandelhypertrophie, Pharyngitis, Blepharitis, Blepharospasmus und Krampfhusten; Angina und Pharyngitis — Bronchialasthma; Status lymphaticus — Laryngitis, Vulvovaginitis und Krampfhusten; doch handelt es sich zumeist nur um niedere Indexwerte bis etwa 2 oder 4 und in anderen Fällen, die hohe Werte vermuten ließen, liegen selbe sogar unter 1. Dies hängt einfach damit zusammen, daß Koss an seinem liegenden Abteilungsmaterial *nur Simultan-Syntropien* erheben konnte, die Vorgeschichte völlig ausschloß und Katamnesen nicht anstellte. Auch sind die Fehler der kleinen Zahl erhebliche.

Bessere Ausbeute ergeben die schon erwähnten Erhebungen von Moro und Kolb aus dem Ambulatorium der Münchener Kinderklinik 1910. Diese gingen von Probanden mit verschiedenen Typen von Säuglingsekzem aus und prüften rückblickend auf die dem Säuglingsalter folgenden 5—10 Lebensjahre der Probanden das Vorkommen zahlreicher auf exsudative Diathese mehr weniger verdächtiger Erscheinungen. Ebensolche Katamnesen wurden dann in einer Kontrollreihe gleichartig bei stets Ekzem- und Nesselsucht-freien Kindern angestellt. Die mit besonderer Sorgfalt und Umsicht gewonnenen Zahlen eignen sich zwar nicht zur Errechnung der meist gebräuchlichen Indices von Syntropie oder Korrelation, bringen den gewünschten Aufschluß aber auf andere und durchsichtigere Weise. Die Differenz (Δ) zwischen der prozentualen Häufigkeit der fraglichen Kundgebungen in der Ekzemkinderreihe und in der Kontrollreihe gibt den gewünschten Maßstab, wobei allerdings noch der mittlere Fehler ($\varepsilon\,\Delta$) Berücksichtigung finden muß. Ich habe diesen nach den üblichen Formeln berechnet und teile im folgenden die so ergänzten Werte mit (s. Tabelle 3).

Man erkennt ohne weiteres, daß prominente Vertreter der seborrhoiden, der urtikariell-allergischen, der katarrhalischen, der dystrophischen sowie der vegetativ-neurotischen Teilbereitschaft Syntropien mit dem Ekzem aufweisen. Diese Syntropien sind meist starke, den weitestgehenden Ansprüchen der Fehlerkritik genügende (Fettdruck!), in einigen Fällen geringere. Nur bei den lymphoiden Manifestationen ist die Differenz zwar positiv, erreicht aber nicht ganz den einfachen Fehlerwert. Das hängt offenbar damit zusammen, daß hier aus äußeren Gründen nur die Schwellung der Halslymphdrüsen und der Verdacht auf Rachenmandelschwellungen protokolliert werden konnten und daß diese Erscheinungen, wie bekannt, sehr häufig auch ohne Beziehungen zur exsudativen Diathese und außerhalb ihres Rahmens zustande kommen. Bemerkenswert, weil der Kontrolle dienlich, ist, daß andere Krankheitszeichen, die mit exsudativer Diathese nichts zu tun haben, wie beispielsweise die

Tabelle 3. Maß der Syntropie zwischen Eczema infantum und anderen Störungen. (Nach dem Münchener Ambulanzmateriale.)

	$\Delta \pm \varepsilon(\Delta)$
Intertrigo	33 ± 6,0
Sehr starke Neigung zu Katarrhen der Luftwege	28 ± 5,9
Migräne und andere konstitutionelle Kopfschmerzen, Neigung zu Ohnmacht, Schwindel, Nasenbluten	31 ± 6,1
Frostbeulen, Nachtschweiße, plötzlicher Farbenwechsel	56 ± 5,7
Fraisen (Eklampsie)	23 ± 5,3
Stimmritzenkrämpfe	7 ± 2,6
Pavor nocturnus	11 ± 4,9
Obstipation im Säuglingsalter[1]	23 ± 5,0
Stark geschwellte Halslymphdrüsen	3 ± 3,4
Verdacht auf adenoide Vegetationen	4 ± 6,6
Idiosynkrasien	4,5 ± 2,0
Bronchialasthma	2,3 ± 1,5

Pertussis, keine Syntropie oder aber das Gegenteil aufweisen. Die einzige Ausnahme macht hier der Kropf.

Nach den Regeln der Kollektivmaßlehre angestellte ziffernmäßige Erhebungen bestätigen somit Eindrücke, die von den Ärzten übereinstimmend gewonnen und zum Ausdruck gebracht worden sind.

Es soll keineswegs behauptet werden, daß die oben gebrachten Daten etwa allgemein giltige Standardwerte darstellen, die bei jeder solchen Erhebung in gleicher Höhe wieder gefunden werden müßten. Es liegt vielmehr in der Natur des Gegenstandes, daß viele Besonderheiten im Material nach Stand und Alter, nach Umfang der Nachforschungen, nach Mentalität der befragten Personen, nach der Technik des Untersuchenden usw. eine sehr erhebliche Rolle spielen. Noch mehr als in anderen ärztlichen Statistiken können hier mancherlei das Ergebnis beeinflussende objektive und subjektive Umstände im Spiele sein.

Etliche einschlägige Syntropieindices hat Scheer mitgeteilt: exsudative Diathese — Vasomotorismus: 1,6; exsudative Diathese — Neuropathie: 1,4; Neuropathie — Vasomotorismus: 3,9; Vasomotorismus — Obstipation: 25,7; Bronchitis — Vasomotorismus: 1,5.

An vielen Stellen des Schrifttums werden Angaben über Syntropien zwischen einzelnen Gliedern (Elementen sowie Teilbereitschaften) des Diathesenblocks gemacht — gelegentlich auch unter Beibringung von Daten — beispielsweise von den im folgenden genannten, zumeist neueren Autoren.

Syntropien zwischen einerseits Hautkundgebungen der exsudativen Diathese,

andererseits *häufiger Wiederkehr von Katarrhen*: Zahlen bei Klewitz-Weitz und Curtius; andererseits *vasoneurotisch-vegetative Störungen*: Ebendieselben, Boddin (alternieren!), Doxiades (bei der Hälfte der vegetativ belasteten Säuglinge treten Haut- und Schleimhauterscheinungen auf), Wittgenstein;

andererseits *Allergosen und Idiosynkrasien*: Feer, Bloch, Kämmerer, Curtius, Lenz; Moro (96% seiner Asthmakinder hatten Säuglingsekzem), Wittgenstein;

andererseits *neuropathischen Zuständen*: Czerny, Feer, His („Der Zusammenhang kann kaum in Abrede gestellt werden");

· andererseits zu den *Bradytrophien*: Strümpell, Mendelsohn, Bloch.

Syntropien zwischen einerseits gehäuften Katarrhen,

andererseits *Lymphoidgewebsschwellungen*: Lederer, Weitz, Claussen, Hofmeister („fast immer").

Syntropien zwischen einerseits Allergosen,

andererseits *vegetativen Störungen*: Moro (schon 1910), Feer, Doxiades, Hanhart, Kämmerer;

andererseits *Bradytrophien*: Kämmerer, Weitz, Bloch, Klinge, Gutzent, Claussen, Hangarter, Eppinger; F. Lenz, der gewiß nicht zu Phantasien neigt, prophezeit einigen oder allen jungen Leuten, die jetzt an Heuschnupfen leiden, für später die Gicht.

---

[1] Als Obstipation im Säuglingsalter wurde hier ohne Zweifel in der überwiegenden Zahl der Fälle die in der Vorkriegszeit noch so häufige graue Obstipation der Heterodystrophiker mit Milchnährschaden erfaßt.

Auf mehrfache „Überschneidungen" der allergischen Kundgebungen mit lymphatischen und nervösen weist FREUDENBERG hin.

Die Beziehungen zwischen allergischer und exsudativer Diathese werden in besonderem Maße hervorgehoben, ja mitunter erscheinen die beiden einander geradezu gleichgestellt, so von BRAY, von ROST-MARCHIONINI („Status exsudativus"). Mit Recht wendet KÄMMERER dagegen ein, daß sich die beiden Bereitschaften nur teilweise überschneiden, daß insbesondere dem Kern der exsudativen Diathese Erscheinungen zugehören, die nichts mit Allergie zu tun haben. Dazu zählt insbesondere die wichtige Gruppe der Seborrhoide. Die seborrhoid erkrankten Kinder werden nach ROSENBAUM u. a. bei Hautproben sogar ausnahmslos eiklarnegativ gefunden.

Deshalb oder wegen ihrer angeblich nicht anlagemäßigen Bestimmtheit (?) die von allen Urhebern der Lehre von der exsudativen Diathese und nach ziemlich allgemeiner kinderärztlicher Auffassung von heute geradezu im Mittelpunkt stehenden Seborrhoide und Psoriasoride ausscheiden zu wollen, scheint mir ein verfehltes Unternehmen. Selbst Autoren, die dazu neigen, müssen zugeben, daß die Zeichenkreise des Lymphatismus und der Neuropathie nicht allergischer Natur sind. Ich bemerke hiezu, daß auch die Manifestationen der katarrhalischen Diathese im Gegensatz zu Heuschnupfen, Rhinopathia allergica, Bronchialasthma, eosinophilen Darmkrisen und dergleichen durchaus nicht die Allüren von allergischen Geschehnissen an sich tragen und zumeist ohne Schwierigkeit von solchen abgetrennt werden können. Auch die Zusammenhänge zwischen dem typischen konstitutionellen Kinderekzem mit Allergie sind meines Erachtens weniger direkt kausale als syntrope.

Die allergische Diathese ist keineswegs der exsudativen Diathese übergeordnet, sondern eine im Rahmen der letzteren fakultativ auftretende Teilbereitschaft gleich den übrigen Teilbereitschaften. Das wahrhaft umfassende Moment ist ein anderes (s. darüber S. 674f.) [1].

Man wollte die allergische Diathese auch als Folgeerscheinung der exsudativen Diathese auffassen, bei welch letzterer die Körperintegumente infolge abnormer Durchlässigkeit den Einbruch von Allergenen und damit die Sensibilisierung ermöglichen. Die Sensibilisierung ist aber etwas ganz anderes als die allergische Diathese selbst; ohne diese letztere tritt die Sensibilisierung auf die in Frage kommenden Mikrodosen von Allergenen auch gar nicht ein; denn offenbar erfolgen auch bei *normalen* künstlich genährten Neugeborenen und Säuglingen Einbrüche artfremden Materials aus dem Verdauungsschlauche (MORO und SCHÜLER) — ohne Sensibilisierungsfolge. Abnorme Durchlässigkeit der Darmschleimhaut (sowie Leberinsuffizienz) können der Manifestation einer allergischen Diathese Vorschub leisten, die Bereitschaft zur Sensibilisierung selbst aber nicht herbeiführen.

3. Wie ist das Korrelationsfeld der exsudativen Diathese abzugrenzen?
Dies berührt einen Punkt, der in der Diathesenlehre seit langem eine wichtige und wegen Verkennung der Sachlage eine verhängnisvolle Rolle gespielt hat.

---

[1] Die bedeutsame Publikation von W. KELLER (Klin. Wschr. **1938 II**), die sich mit den Begriffen Allergie, Parallergie und Pathergie auseinandersetzt, kann leider nicht mehr ausführlich berücksichtigt werden. Als allergische Ekzeme läßt KELLER nur diejenigen gelten, bei denen die PRAUSNITZ-KÜSTERsche oder die URBANsche Reaktion unter dem Bilde des Ekzems gelingt — was ich bisher gleich vielen anderen beim kindlichen Ekzem noch niemals gesehen habe. Das Gros der letzteren Fälle rechnet KELLER zu den parallergischen, die mit Trophallergie nur in syntroper Verbindung stehen. Er meint weiter: „Als konstitutionelle oder diathetische Ekzeme wären dann diejenigen anzusehen, bei denen die Entwicklung der Ekzemmorphe auf banale Reize hin eine vorwiegend und ausgesprochene genotypische Voraussetzung hat."

In der Zahlentabelle über die Moro-Kolbschen Daten (S. 654) stößt man auch auf eine erhebliche Syntropie zwischen Ekzem und Kundgebungsformen der kindlichen Tetanie, nämlich „Fraisen" und Stimmritzenkrämpfe. Da die Tetanie mit der Rachitis pathogenetisch zusammenhängt, entsteht die Frage, ob das Gebiet der exsudativen Diathese etwa auch die (latente) Spasmophilie und die Rachitisanlage mit einschließt, was in der Tat z. B. von Escherich gelehrt worden ist[1]. Es gibt aber noch weitere Anlagen, die — wenn auch ein strenger Nachweis vielfach noch aussteht — nach dem Urteile guter Beobachter mit der exsudativen Diathese in Syntropie stehen. Wie schon erwähnt, kommen weitere Zusammenhänge namentlich dann zum Vorschein, wenn man sich nicht mehr auf die jüngsten Altersstufen beschränkt (wie es bewußt bei der Rekonstruktion der exsudativen Diathese geschehen ist), sondern wenn man das Lebensschicksal des Individuums in das mittlere und höhere Alter hinein verfolgt. In der Gestalt von Stoffwechsel-, Ablagerungs-, Abnützungs- und Aufbrauchkrankheiten geben sich Neigungen kund, die mit der längst abgelaufenen, oft schon vergessenen exsudativ-lymphatischen Neigung des frühen Kindesalters in auffallender Häufigkeit zusammentreffen. Solche Sukzessivsyntropien haben in den achtziger Jahren des vorigen Jahrhunderts zu der mehrfach erwähnten Konzeption des Arthritismus und Herpetismus von Bouchard, Bazin, Lancereaux und der Lithämie nach Rachford und Murchison geführt. Wohl mit Recht konnte Stoeltzner äußern, die exsudative Diathese sei nur ein dürftiger Ausschnitt aus dem Arthritismus. Der erstere Begriff gehe in dem letzteren restlos auf; „das liegt so klar auf der Hand, daß darüber kein Wort weiter zu verlieren ist".

Das Blickfeld des Pädiaters bleibt naturgemäß begrenzt, und er ist es nicht, der über den wahren Umfang dieses Riesenblockes angeborener Bereitschaften allein das letzte Wort sprechen wird.

Gemeinsam ist den angeführten Schöpfungen französischer und anglo-amerikanischer Schulen eine nicht sehr glückliche Benennung. Von einzelnen, fast immer erst in vorgeschrittenem Alter und nur in einem beschränkten Teil der Fälle auftretenden Kundgebungen (Gelenkprozesse [2], Hautblüten, Konkrementbildung) wurden Bezeichnungen abgeleitet, die auf das Gros der anderen, besonders der bei Kindern auftretenden Kundgebungen passen „wie die Faust aufs Auge" (Stoeltzner). Daher wurde von deutschen Autoren, die im Grunde jenen Lehren durchaus zustimmen, nach anderen Namen gesucht, nämlich nach solchen, die auf eine einheitliche Unterlage aller Störungen anspielen sollen. Von „Oxypathie" spricht Stoeltzner, der so eine Art chronischer Säurevergiftung bezeichnen will, sich damit freilich — gleich Bouchard vor ihm — auf den glatteren Boden von *Hypothesen* begibt. Etwas weniger präjudizierlich lautet der von Borchardt gewählte Ausdruck des Status irritabilis, der reizbaren Konstitution, auf den noch zurückzukommen sein wird. Aber nicht

---

[1] Ziffernmäßiges über den Grundstock des „frühkindlichen Diathesenvierecks" (exsudative, rachitische, tetanische und dystrophische Anlage) ist schon in der ersten Mitteilung über Syntropie zu finden (Z. Kinderheilk. 30).

[2] „Arthritique" heißt übrigens nicht etwa mit Arthritis, sondern „mit Gicht behaftet". Da das von Arthritis = Gelenksentzündung abgeleitete Eigenschaftswort „arthritisch" lautet, müßte man das von Arthritismus abgeleitete sprachlich richtig „arthriti(s)tisch" bilden. Wir folgen aber dementgegen dem allgemein bisherigen Sprachgebrauch. Unter Arthritismus verstehen wir mit J. Bauer jene vererbbare Körperverfassung, die man offenkundig zur Erklärung der unbestreitbaren Tatsache supponieren muß, daß gewisse Erkrankungen wie Gicht, Fettsucht, Diabetes, Konkrementbildung in Gallen- und Harnwegen, Rheumatismus, Migräne, Asthma bronchiale, Ekzeme und andere Dermatosen einerseits bei einem und demselben Individuum mit einer gewissen Vorliebe (keineswegs zwangsläufig) in variabler Kombination teils simultan, teils sukzessiv aufzutreten und andererseits in mannigfacher Verteilung und Gruppierung die verschiedenen Mitglieder einer Familie heimzusuchen pflegen.

allein durch Angriffe auf solche hypothetische Grundlagen gelangten diese Konzeptionen in Gefahr oder Mißkredit, ja heute fast in Vergessenheit, sondern auch deshalb, weil durch die immer weitergehende Eingemeindung neuer Bezirke der Pathologie die kleineren, noch besser zu überblickenden Diathesengruppen an Prägnanz verloren, gewissermaßen verwässert wurden und in Mammut-komplexen, in Pandiathesen zu versinken drohten. Es folgte eine kräftige Reaktion, die nicht mehr solche Synthese, sondern Analyse verlangte, die Elemente samt *strikten Kriterien* genauer aufgezeigt wissen wollte. Solche Forderung ist heute hinsichtlich mancher *Teil*bereitschaften erfüllt; es gibt mehr oder weniger bewährte Hautproben auf Reizwirkung, Ausschwitzung, Überempfindlichkeit, ferner pharmakodynamische Reaktionen, Capillarbilder, Blutproben auf eosinophile Labilität usw. [1]. Hingegen gibt es keine Kriterien für die großen Blocks der kombinierten Diathesen als solche.

Das ist auch begreiflich. Die gemeinsame Grundidee des pathologischen Geschehens findet naturgemäß in sehr differenten Systemen und Leistungen Ausdruck in so wechselnder Form, daß sich *am Phänotypus* die provozierten Reizbeantwortungen auf keinen gemeinsamen Nenner mehr bringen lassen. Was den Komplex zusammenhält, das ist nebst der besagten, weiter unten näher zu erläuternden und in ihrem einheitlichen geno-typischen Ursprung aufzuzeigenden „Grundidee" die Affinität, die Kuppelung der Elemente untereinander.

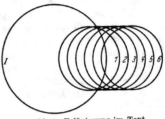

Abb. 1. Erläuterung im Text.

Diese Kuppelungen erscheinen teils recht innige feste, teils mehr lockere. Ein geeignetes Maß dafür könnten wohl die Koeffizienten der Syntropie oder Korrelation liefern. Solche müßten auf Grund richtiger ärztlicher und nach einheitlichen Gesichtspunkten unter Berücksichtigung von Rasse, Stand, Umwelt geführter Lebensgeschichten (und zwar nicht bloß über das Kindesalter reichender) ermittelt werden. Vielleicht wird ein brauchbares Material solcher Art in absehbarer Zeit durch die von den Kinderärzten seit Dezennien geforderten und entworfenen, neuerdings auch amtlich empfohlenen „Lebensbücher" zur Verfügung stehen. Zur Zeit klafft, wie schon erwähnt, hier noch manche Lücke. Was aber die *Frage der Abgrenzung* des behandelten Gebietes betrifft, so kann man darüber folgende Erwägungen anstellen:

Gesetzt, es würde die Kreisfläche bei I des obenstehenden Diagrammes den Umfang einer bestimmten Einzelbereitschaft in einer Population, das heißt die Zahl der Betroffenen, bedeuten und die Kreisflächen bei 1 bis 6 jenen von 6 bestimmten anderen Einzelbereitschaften, die sich teilweise mit der ersten decken, so zwar, daß sie verschieden große Anteile (die Linsenflächen) mit jener gemeinsam haben und daß sich demgemäß *Syntropien von absteigender Stärke* ergeben — wo müßte dann wohl die Grenze für die Einbeziehung der kleineren Teilbereit-schaften in den Block gezogen werden? Müßte man etwa zwar die Bereitschaften 1 bis 3 oder bis 4 dem Blocke angliedern, die Bereitschaften 4 bis 5 oder 6 aber ausschalten? Es liegt auf der Hand, daß solches Vorgehen eine grobe und nicht zu rechtfertigende Willkür bedeuten würde. Das beleuchtet die „Abgrenzungs-frage".

In unabsehbaren Schriftenreihen hat man sozusagen bei jedem „Symptom" darüber gestritten, ob es zur exsudativen Diathese gehört oder nicht, ob es noch

---

[1] In dieser Richtung belehrendes Schrifttum bei KÄMMERER (S. 316), CURTIUS (S. 192), FR. LENZ (S. 465, 475), HUSLER (S. 664), DOXIADES (S. 191) u. a.

einzubeziehen oder auszuscheiden sei. Hinsichtlich der cutanen Elemente wurde über solche Meinungsverschiedenheiten oben (S. 643 f.) berichtet. Aber sie bestehen auch hinsichtlich anderer Erscheinungen, wie beispielsweise Landkartenzunge, Phlyktaene, Urogenitalkatarrhe, Enteritiden, Pseudocroup, des Freundschen Haarschopfes, der zirkulären Zahncaries, Bluteosinophilie, ja selbst hinsichtlich alter Kernelemente nach White, Hufeland und Czerny, bei denen noch die früher ungeklärte Frage der Skrofulose störend mit hereinspielte. Hinsichtlich der mehr den Internisten als den Kinderarzt beschäftigenden Gebiete stößt man zum Beispiel in bezug auf die Arteriosklerose, die Bindegewebsdiathese, die Heredo-degenerationen, gewisse Psychosen und Endokrinosen auf verschleierte Grenzen. Wer sich über die auf dem Gebiete herrschende Verwirrung genauer informieren will, sei auf die von Tachau mit großem Fleiße vor 12 Jahren verfaßte Über-sicht hingewiesen, der heute noch manches in gleichem Sinne hinzuzufügen wäre. Man findet dort fast für jedes Element einige, ja mitunter ein Dutzend Autoren angeführt, die erklären, das sei „zugehörig", und andere, die den gegen-teiligen Standpunkt vertreten. Hält man sich an die letzteren, dann würde die exsudative Diathese ungefähr zu einem Nichts zusammenschrumpfen, im anderen Falle würde sie schier uferlos. Dazu hat natürlich die bekannte Verwirrung in der dermatologischen Namengebung, und auch jene (heute überwundene) über das Wesen der exsudativen Diathese (Krankheit? Status? Bereitschaft?) beigetragen. Aber der wahre Hauptgrund ist ein anderer und tiefer liegender: In ein natürliches Kollektiv von koordinierten Gliedern, deren Verwandtschaft zu einem zentralen Gliede sich in fließenden Reihen gestaltet, kann man zwar allenfalls — soferne ein Übereinkommen erzielt würde — künstliche, konventionelle, aber *keine* *natürlichen* Grenzen und Marksteine hineinstellen. Somit ist die übliche Frage-stellung zur „Abgrenzung der Diathesen" *an sich* verfehlt; sie entfacht nur immer neu einen unfruchtbaren Streit, der bei manchen schon das Vertrauen in die „verschwommene" Lehre erschüttert hat — ganz zu Unrecht: Die fließenden Grenzen müssen als naturgegeben hingenommen werden. Man wird für sie Verständnis gewinnen, wenn (unten) die mutmaßlichen Ursprünge der Diathesen-gruppen im Genotypus Erläuterungen gefunden haben.

Den hier vertretenen Standpunkt zu erläutern und zu rechtfertigen, wird zweckmäßig folgender Hinweis dienen:

Ähnliche Reihen syntropischer Glieder mit abnehmender Korrelation findet man auch unter den physiologischen körperlichen Merkmalen. Jedermann kennt die hohe Syntropie innerhalb der sogenannten Komplexion: Blaue Iris, blondes Haar, rosig-weiße Haut, weiß aber auch, daß es nicht selten Helläugige mit dunklem Haar gibt; die Bindung ist also häufig, aber nicht obligat, sondern fakultativ. Etwas oder aber erheblich weniger, ja schließlich überhaupt zweifel-haft syntrop sind andere Charaktere der Helläugigen: Lichtes, glattes, weit-welliges, dünnes, trockenes Haar, lineare Brauen, scharfes Philtrum, schmales Gesicht, gratige Nase, starker Arkus und Mastoid usw. Soll man vielleicht, weil diese Verknüpfungen zunehmend locker oder endlich strittig sind, also Abgrenzungsschwierigkeiten erwachsen und die Forderung nach einem scharfen gemeinsamen biochemischen Laboratoriumskriterium für die „nordische Rasse" unerfüllt bleibt, die ganze Lehre von diesen in der Erbmasse verankerten Zu-sammenhängen über Bord werfen? Niemand denkt daran und gleiche Existenz-berechtigung darf die Lehre von der exsudativen Diathese beanspruchen.

4. Was liegt der Gruppierung der Einzelbereitschaften zugrunde?

Syntropie und Korrelation sind hinsichtlich der *Natur* der Beziehungen zwischen den zwei Zuständen durchaus unpräjudizierliche Begriffe. Als Ursache kommen auch bei den Teilbereitschaften einerseits kausale Subordination, andererseits

Koordination, nämlich gemeinsame Abhängigkeit der beiden Zustände von einem übergeordneten dritten Momente in Frage.

Für manche *Kundgebungen* der Gruppe liegt die einfache Annahme nahe, daß die eine Manifestation die andere nach sich ziehe, wofür im einzelnen viele Wege in Betracht kommen. Durchsichtige Beispiele wären folgende: Unter einer Gneisplatte bildet sich durch Reizwirkung zersetzten Sekretes ein nässendes Ekzem. Im Bereiche eines ausgedehnten impetiginisierten Ekzems bilden sich zahlreiche Lymphknotenschwellungen. Weniger bekannt ist, daß Übertritt kleinster Mengen von Antigen in den Säftestrom allergischer Individuen kann allgemeine Fernreaktion in den Lymphknoten hervorrufen kann (RÖSSLE-GRÉGOIRE). In den Krypten hypertrophischer Mandeln ablaufende bakteritische Prozesse wären nach CZERNY-KELLER die Urheber des Lichen urticatus. Wiederkehrende katarrhalische Erkrankungen bei Kindern führen auf dem Wege von Erziehungsfehlern zu neurotischen Zeichen, wie besonders CZERNY sehr einleuchtend dargetan hat (dyspädeutische Neurosen nach PFAUNDLER).

Solche Zusammenhänge ließen sich noch viele anführen; es sind aber Zusammenhänge zwischen *manifesten Erscheinungen*; gefragt ist hier nach Zusammenhängen von *Teilbereitschaften* als solchen. Daß eine Teilbereitschaft eine andere ebensolche auslösen, herbeiführen, zur Folge haben könne, wird man mit dem Wesen einer „Bereitschaft" kaum vereinbar finden. Immerhin galt es, diese Frage zu prüfen.

Wenn von den an einer Patientenreihe angetroffenen Einzelbereitschaften A, B, C usw. zwei Bereitschaften, beispielsweise A und B miteinander direkt kausal verknüpft wären, dann müßte offenbar die Kombination A + B auch öfter auftreten, als dies bei bloß zufälligem Zusammentreffen der Fall wäre. Nun konnte gezeigt werden (PFAUNDLER 1912), daß die tatsächliche Gruppierung von gegen dreihundert Teilbereitschaften bei hundert ausgesprochenen kindlichen Neuroarthritikern aus *verschiedenen* Sippen der nach den Regeln der Wahrscheinlichkeitsrechnung bei freiem Spiel des Zufalles ermittelten Gruppierung recht weitgehend entspricht. Wo Abweichungen bestehen, gehen sie vermutlich zumeist auf Irrtümer in der Erhebung zurück. Somit fehlt offenbar (bei nicht Blutsverwandten!) eine zwangsmäßige Paarung, also auch eine wechselseitige kausale Abhängigkeit.

Als Repräsentant der französischen Schule äußerte MENDELSOHN auf dem Diathesenkongreß in Wiesbaden mit Bezug auf den Arthritismus, seine Kundgebungen seien keine „reziproken" oder „Fernwirkungen", sondern sog. Krankheitsverwandtschaften und einem gemeinsamen „terrain" entsprossen. Offenbar will er damit dasselbe sagen, was eben ausgeführt wurde.

Wenn die Glieder eines Diathesenblocks einander nicht *sub*ordiniert sind, dann können sie nur *ko*ordiniert, d. h. durch ein übergeordnetes Moment in überzufälliger Häufigkeit zusammengeführt sein.

Für die Manifestationen von kombinierten Diathesen hat man schon wiederholt bestimmte gemeinsame übergeordnete Ursachen gesucht und angenommen. 1905 wurde exsudative Diathese als ein „einheitliches Krankheitsbild" (!?) vorgestellt, das auf *Fehlernährung* zurückgeht. Eine klare Scheidung zwischen Krankheit und Krankheitsanlage wurde damals noch nicht vorgenommen; eher tritt eine solche in dem Handbuch von CZERNY-KELLER 1928 zutage, wo die ganze exsudative Diathese unter dem Titel „*Ernährungs*störungen *e constitutione*" abgehandelt ist. Von der Anlage heißt es zumeist nur, sie sei „angeboren"; die Kundgebungen werden hauptsächlich der Fehlernährung, und zwar vorwiegend der Mästung und Verabfolgung kräftiger Kost zugeschrieben (vgl. BOUCHARDS Ansicht über den Arthritismus). So wertvoll dieser Hinweis war, so kann die Lehre doch heute nicht mehr für alle Zeichenkreise der

exsudative Diathese gelten. Aber selbst, wenn es so wäre, könnte man von
diesem übergeordneten Momente bestenfalls eine Koordination der *Kundgebungen*,
nicht jene der zugehörigen *Anlagen* herleiten. In letzterer Hinsicht sollte vielleicht der „chemische Defekt" des Organismus eine Rolle zugeteilt erhalten;
er hat sich aber, wie erwähnt, nicht erweisen lassen. Meines Erachtens spricht
alles dafür, daß die koordinierten Anlagen nicht ein gemeinsames *materielles*
Substrat haben, sondern ein *funktionelles* — was selbstverständlich wird, sobald
man die Erblichkeit klar anerkennt.

Stoeltzner wollte für seine Oxypathie die einheitliche Grundlage in einer
Art von azidotischer Stoffwechselrichtung erblicken (also auch hier eine An-
knüpfung an Bouchard), was ja mit Hinsicht auf gewisse von ihm einbezogene
Zustände (Rachitis, Dystrophien) seither einige Rechtfertigung gefunden hat,
für andere aber abzulehnen oder mindestens unbewiesen ist.

Ein einigendes Band für die Einzelbereitschaften als solche erblickte Borchardt in der ihnen allen zugrunde liegenden originär herabgesetzten Reizschwelle, also erhöhten Reaktionsfähigkeit der Receptoren: Status irritabilis.
Dieser führe, wie Bartel und Stein hinsichtlich des lymphoiden Systems
morphologisch schon aufgezeigt hatten, in späteren Phasen zu einer vorzeitigen
Abnutzung. Auf solches Geschehen führt Borchardt die Abhängigkeit der
Erscheinungsformen des Status irritabilis vom Lebensalter zurück; so trachtet
er das Band zwischen der frühkindlichen exsudativen Diathese nach Th. White
mit Bouchards „bradytrophischer" Krankheitsfamilie zu knüpfen. Es ist wohl
unleugbar, daß diese Konzeption vieles für sich hat, daß sie zum mindesten einen
Versuch darstellt, das Problem in seinem vollen Umfange zu erfassen. Keineswegs
in der Lage Borchardt in allen Punkten Gefolgschaft zu leisten und in starken
Zweifeln darüber, ob die Beziehungen zwischen exsudativer Diathese und
„Bradytrophie" wirklich so einfach quasi auf die Formel: starke, anhaltende
Reizung → Lähmung zurückzuführen sind, müssen wir doch das Eine er-
kennen, daß eine Senkung der Reizschwelle als weitausholendes übergeordnetes
Moment für erhöhte Reaktionsbereitschaft, für katarrhalische und entzündliche
Disposition an Haut- und Schleimhäuten, für erhöhte Neigung zu spezifischer
Sensibilisierung und Antikörperbildung, zu lymphoider Hyperplasie, zu neuro-
muskulären Erregungszuständen sehr wohl ins Auge gefaßt werden kann. Es
wird darauf in nachfolgenden Kapiteln zurückgekommen werden. Schon
Th. White und Hufeland haben bei der exsudativen Diathese von *reizbarer*
Schwäche und Anlage gesprochen.

Haag findet bei den Allergosen „die Reizschwelle *ganz allgemein* in mehr
oder weniger erheblichem Grade herabgesetzt", der ganze Körper befindet sich
im Zustande einer das übliche Maß überschreitenden Erregbarkeit" (auch die
Sinnesorgane und noch wenig bekannte Receptoren für klimatisch-meteoro-
logische Einflüsse betreffend). Man komme um die Annahme nicht herum,
daß diese Körperverfassung die Grundbedingung für das Entstehen einer
Allergose darstellt.

———

Über diesen Abschnitt wäre zusammenfassend zu sagen: Es handelt sich
bei dem als exsudative Diathese sowie bei dem in noch weiterer Erfassung
als Arthritismus bezeichneten Block keineswegs um ein Phantasiegebilde,
sondern um eine ausgesprochen syntropische, aber nicht obligate, sondern
fakultative Verknüpfung von koordinierten Teilbereitschaften. Während das
Mosaik der Glieder im einzelnen (bei nicht Blutsverwandten) vom *Zufalle*
beherrscht erscheint, ist die *Anhäufung der Teilbereitschaften* bei den betroffenen

Individuen eine nachweislich *überzufällige* [1]. Es wird sich im folgenden hauptsächlich darum handeln, *die hier angeführten korrelationspathologischen oder syzygiologischen Grundtatsachen* vom Standpunkt der Vererbungslehre aus zu erläutern und tunlichst verständlich zu machen.

II. Erblichkeit der exsudativen Diathese.

Der Umstand, daß die exsudative Diathese keine Krankheit, sondern eine Krankheitsbereitschaft ist, legt an sich schon die Annahme der Erblichkeit recht nahe.

Es gibt allerdings auch erworbene Störungsbereitschaften; als solche pflegt man auf somatischem Gebiete besonders die allergischen namhaft zu machen; aber es hat sich, wie erwähnt, herausgestellt, daß auch hinter diesen fast immer eine erbkonstitutionelle Anomalie steckt.

Die Erblichkeit der exsudativen Diathese wurde von TH. WHITE noch abgelehnt[2], in der Folge aber so allgemein angenommen, daß die Aufzählung der bejahenden Stimmen entbehrlich scheint. Freilich läßt die Ausdrucksweise oft an Schärfe zu wünschen übrig; haben doch namhafte deutsche Pädiater noch vor 10—20 Jahren die Ausdrücke „angeboren" und „ererbt" so gebraucht, als wären es Synonyme. Für erblich gehalten wurde die exsudative Diathese zunächst wohl nur deshalb, weil sie sich früh und ohne erkennbaren Umweltschaden kundgab, ferner weil Hausärzte den Eindruck eines familiären Auftretens gewannen. Das sind aber noch keine Beweise. Ohne Zweifel ist eine einwandfreie Beweisführung trotz oder vielmehr gerade wegen der Häufigkeit des Übels und aus weiteren Gründen schwieriger, als in zahllosen anderen Fällen. Erstens erwachsen im Einzelfalle oft Zweifel hinsichtlich der Abgrenzung gegen die Norm; zweitens beweisen vorhandene Kundgebungen nicht ohne weiteres die erhöhte Bereitschaft; drittens schließen fehlende Manifestationen eine solche nicht aus — es muß also die Umwelt sorgfältig mitgewertet werden, und es bleibt trotzdem oft ein Faktor der Unsicherheit bestehen; viertens kann man über die „exsudative" Natur von Manifestationen im Zweifel sein und noch mehr darüber, wie weit man mit der Einbeziehung von Krankheitszuständen gehen soll, deren Syntropie zur Kernanlage eine geringe ist (s. Abgrenzungsschwierigkeiten); fünftens wird die Familiarität oft dadurch verschleiert, daß die Kundgebungen individuell und nach dem Alter des Trägers stark schwanken.

Die Frage nach der Erblichkeit der hierhergehörigen Störungen wird zweckmäßig so behandelt, daß unter A erst die *Familiarität*, das *Belastungsverhältnis*, die *Zwillingspathologie der Einzelbereitschaften* und hinterher dieselben Verhältnisse hinsichtlich des *Bereitschaftsblockes* angeführt werden. Dem wird sich in gleicher Anordnung unter B die Prüfung der Erbgänge anschließen.

A 1. Verhalten der Einzelbereitschaften.

Die Teilbereitschaft zu konstitutionellen Ekzemen und ekzemähnlichen Hauterkrankungen.

Bei Erhebungen über die *Familiarität* des konstitutionellen Kinderekzems und seiner Trabanten stößt man in besonderem Maße auf die schon angedeuteten störenden Umstände. Die oft eng zeitgebundenen Kundgebungen der Anlage

---

[1] Vergleiche für solches Geschehen wären zum Beispiel: ein Kaleidoskop (mit auswechselbarer Füllung) oder eine Eisenbahnzugsgarnitur (nach Bedarf von verschiedener Länge und Zusammensetzung) oder eine Reihe zwangloser Vereinsversammlungen. Mit solchen hinkenden Exempeln soll nur erläutert sein, daß die Kombination der Bereitschaften und demgemäß der Krankheitszeichen trotz gewisser innerer Gesetzmäßigkeiten doch ein buntes Bild liefern kann. Darin liegt der oft unverstandene Kernpunkt der ganzen Lehre.

[2] Vgl. den Untertitel seines Werkes (Lit.-Verz.).

aus dem ersten Lebensjahre sind den Trägern selbst, wenn sie nach Jahrzehnten als Eltern eines erkrankten .Kindes über eigene Erkrankung Bescheid geben sollen, meist nicht mehr erinnerlich oder wohl überhaupt nie recht zum Bewußtsein gekommen. Die Sachlage ändert sich aber sogleich, wenn Großeltern, namentlich Großmütter oder andere Glieder ihrer Generation als Referenten in Betracht kommen. Eine strikt verneinende Antwort der Mutter wandelt sich da, wie schon Czerny betont hat, gar oft in das Gegenteil. Anamnesen, die dieser Stütze entbehren, sind ungefähr so zu werten wie das stereotype „Infectio venerea negatur" in manchen klinischen Krankengeschichten; sie fälschen das Ergebnis. Weit eher als in Kreisen der Armenbevölkerung läßt sich diese Stütze in der „besseren" Privat- und Hauspraxis gewinnen. Freilich muß in beiden Reihen häufig die Fahndung nach mitbetroffenen Geschwistern wegen der geringen Kinderzahl versagen. So kommt denn den positiven Angaben mehr Gewicht zu als den negativen; doch wäre es ein wenig fruchtbares Unternehmen, alle diese Angaben zu sammeln — besonders so weit ihnen ziffernmäßige Unterlagen fehlen. Solche Unterlagen wurden meines Wissens erstmalig auch wieder von Moro und Kolb an der Münchener Kinderklinik gewonnen und 1910 veröffentlicht. In 40% der Fälle wurde bei den Geschwistern von ekzemkranken Kindern über exsudative Hautkrankheiten (Ekzem, Urticaria, Strophulus usw.) Befund erhoben oder Bericht gegeben, während nur 1% von den Geschwistern der Kontrollfälle betroffen waren. Ich berechne die Differenz mit ihrem mittleren Fehler auf 39 ± 5%. In einem Herrn Prof. F. Lenz übergebenen, aus meiner Privatklientel gesammelten Material kommt die Familiarität der exsudativen Hauterscheinungen deutlich zum Ausdruck (Referat des Genannten auf der Leipziger Versammlung der Deutschen Gesellschaft für Kinderheilkunde 1922 und Baur-Fischer-Lenz). E. Veiel konnte bei 279 Fällen von chronischem Ekzem (wohl vorwiegend Erwachsene aus gehobenen Ständen) 112mal direkte „Erbbedingtheit" feststellen: 40,1 ± 2,9%.

Beim infantilen Ekzem (und ihm nahestehenden, im Erbgang alternierenden Zuständen) ergibt sich nach verschiedenen von Finkelstein zitierten Gewährsmännern, daß die Kinder bei *einseitiger Belastung* in etwa 60%, bei *doppelseitiger Belastung* in etwa 89% der Fälle erkranken. Diese Daten bleiben von den Mendelzahlen 50% bzw. 75% (einfache Dominanz, Eltern heterozygot) nicht weit entfernt — zumal wenn man berücksichtigt, daß manche rein umweltlich bedingte Ekzeme und andere Dermatosen, wie beispielsweise gewisse Fälle von Intertrigo, in solchen Aufstellungen leicht mitgezählt werden und daß sich unter den Eltern tatsächlich auch Homozygoten befunden haben können.

Die *Zwillingsbeobachtungen* über (exsudative) Ekzeme sind noch nicht sehr zahlreich. Die Pyopagen von Booth hatten häufig Intertrigo und Ekzem gemeinsam und gleichzeitig. Von Eineiern hatten nach Siemens beide infolge Schnupfens ein Ekzem am Naseneingang, von Zweieiern hingegen zwar beide Schnupfen, aber nur eines das Ekzem. Derselbe Autor sah bei Eineiern beide Partner nach Pedikulose an einem Nackenekzem und an aufgesprungenen Händen und Füßen erkranken, während Intertrigo und lichenoide Ekzeme bei Zweieiern diskordant liefen. Von Romingers Eineierpaar mit Ekzematoid und Leinerscher Krankheit war schon oben (S. 643 f.) die Rede. Bei zwei weiblichen Eineiern, über die J. K. Mayr berichtet, verlief ein im 10. Lebensmonat einsetzendes, bis zum 21. Lebensjahre mit Schwankungen fortdauerndes Ekzem gleich in Lokalisation und Auftreten. Maria Schiller fand unter den Stuttgarter Eineiern das konstitutionelle Ekzem stets bei beiden. Gleiches erhob Schmidt-Kehl an einem solchen Paare.

Zwei eineiige Knaben aus meiner Privatklientel, die auch fast alle anderen Gesundheitsstörungen gemeinsam und gleichzeitig aufgewiesen hatten, erkrankten im Alter von $1^1/_2$ Jahren an einem langwierigen konstitutionellen Wangen-ekzem von konkordantem Aussehen und Sitz, und zwar in so kurzen Abständen, daß die Mutter einen Kälteschaden an einem Frosttage als Ursache bei beiden Kindern ansprechen wollte.

Die über das konstitutionelle kindliche Ekzem hinsichtlich des *Geschlechts-verhältnisses* vorliegenden Angaben hat W. BONELL auf meine Veranlassung gesammelt und kritisch besprochen. Die Zahlen für $\gamma^{K\,1}$ belaufen sich auf etwa 156—167. Aus neueren Münchener Journalen errechnete der Autor selbst ein Geschlechtsverhältnis von $132,3 \pm 10,3$; es würden also um etwa $^1/_3$—$^2/_3$ mehr Knaben als Mädchen erkranken; die Knabenwendigkeit oder Andro-tropie des Ekzems steht im frühen Kindesalter fest.

In gewissem Zusammenhang mit der Teilbereitschaft zu gewissen Hauterkran-kungen der Ekzemgruppe und zu Katarrhen steht

die allergische Diathese.

Über die *Familiarität* und die *Belastungsverhältnisse,* auch die *Zwillingspatho-logie* bei der letzteren ist an anderen Stellen dieses Handbuches auf Grund von Schriften amerikanischer Autoren, dann von KÄMMERER, der Tübinger Schule unter WEITZ und insbesonders von HANHART ein großes Material vor-gelegt, auf das hier hingewiesen werden kann. Die Zustimmung, die KÄMMERER allenthalben mit der Aufstellung des Begriffes der „allergischen Diathese" gefunden hat[2], ist im wesentlichen auf die überzeugende Kraft dieser Beob-achtungen und Zahlen zurückzuführen.

Nur ganz vereinzelt werden andere Stimmen laut. Auf die Entgleisung, die in BLOCHs Ausfällen gegen die Lehre der allergischen Diathese vorliegt, wurde schon oben hingewiesen. HANSEN führt einige Allergene an, gegen die unter besonderen Bedingungen *jeder* mensch-liche Körper zur allergischen Reaktion gezwungen werden kann und meint dann: „Nur so wird es verstanden, warum trotz unzweifelhafter, zuweilen sogar recht deutlicher Ahnen-belastung eine klare Erbformel für Allergie nicht gegeben werden kann. Allergische Reak-tionsbereitschaft ist eben kein ausgezeichnetes konstitutionelles Merkmal im Sinne einer Erbeinheit, sondern eine allgemeine, überall verbreitete Eigenschaft des menschlichen Orga-nismus. Ob sie in die Erscheinung tritt, ist lediglich eine Frage der besonderen Berührungs-bedingungen mit dem Allergen." Hierin liegt meines Erachtens eine Verkennung der Sach-lage bei den erblichen Diathesen. Deren Kundgebungen müssen keineswegs etwas qualitativ gröblich Abweichendes, Neues und Art- oder Ordnungswidriges sein, sondern — wie übrigens vielleicht alle Erbübel in ihren Anfängen — nur ein zu viel oder zu wenig, zu stark oder zu schwach, zu früh oder zu spät usw. Und diese quantitative Abweichung kann sehr wohl ein „ausgezeichnetes konstitutionelles Merkmal im Sinne einer (oder mehrerer) Erb-einheiten" werden. Spricht man kurzweg von Entzündungsbereitschaft, so meint man ja in der Diathesenlehre stets eine vermehrte, erhöhte Entzündungsbereitschaft. Blutungen auf Traumen sind gewiß eine „allgemein verbreitete Eigenschaft des menschlichen Orga-nismus"; das hindert uns nicht, bestimmte hämorrhagische Diathesen mit ihren Blutungen auf Mikrotraumen als ein ausgezeichnetes konstitutionelles Merkmal im Sinne einer Erb-einheit anzusprechen. HANSEN selbst hat auf die Bedeutung des quantitativen Momentes in der Frage hingewiesen und wertvolle Anregungen gegeben. Der von ihm vermißten klaren Erbformel für die Allergie wird man aber vielleicht auf dem weiter unten angeführten Wege allmählich doch näherkommen. Vergleiche zu dieser Frage auch jüngst GOTTRON, WEITZ S. 159, KALLOS S. 267 und KÄMMERER.

Von einer der markantesten Allergosen, dem Heufieber, galt zumeist, daß die Anfälligkeit weit häufiger das männliche als das weibliche Geschlecht betreffe. In einer sorgfältigen Studie von REHSTEINER (unter HANHART) wird darüber berichtet und dargetan, daß sich nach Ausschaltung gewisser Erhebungsfehler eine solche Männerwendigkeit des Heufiebers nicht aufrechterhalten lasse: Männer und Frauen werden nach dem Genannten in gleichem Ausmaße heim-

---

[1] γ^K ist die einer Korrektur unterzogene Zahl der auf 100 weibliche Individuen treffen-den männlichen Individuen (s. Z. Kinderheilk. 57).

[2] In gewissem Sinne ein Vorläufer ist MORO mit seinem Hinweis auf eine konstitutionelle Vorbedingung der Pollenreaktion [Erg. path. Anat. 14, 164 (1910)].

gesucht. Dies bezieht sich auf Individuen im Alter von über 10 Jahren. Für eine Feststellung des Geschlechtsverhältnisses in jüngerem Alter reicht das Schweizer Material angesichts der Seltenheit des Vorkommens nicht aus. Hingegen bringt Bonell Daten von Sticker und von Günther, wonach bei Kindern die Knaben stark überwiegen ($\gamma^K = 180 \pm 8$, bzw. 143). Dasselbe gilt von dem verwandten Bronchialasthma, dem nach Hanhart eine Kombination von allergischer und vagotonischer Bereitschaft zugrunde liegt. Während sich dieses bei Kranken aller Altersstufen ungefähr gleichmäßig auf die Geschlechter verteilt, herrscht bis zum Alter von 12 Jahren das männliche vor (Coke). In Baagöes Statistik treffen von 150 Fällen, die vor dem 5. Lebensjahr eingesetzt haben, 90 auf männliche und 60 auf weibliche Individuen ($\gamma^K = 150 \pm 24$), während jenseits dieser Altersperiode ein völliger Ausgleich statthat und erst vom 5. Jahrzehnt an wieder die Männer überwiegen. Dies entspricht einem von mir als *Poikilotropie oder Wechselwendigkeit* bezeichneten Verhalten, das man (namentlich in der Mortalität) bei den meisten Erkrankungen antrifft (s. Bonell) und dessen Gründe Gegenstand einer eigenen, noch nicht publizierten Arbeit sind. Die

Teilbereitschaft zu katarrhalischen Schleimhautprozessen oder katarrhalische Diathese betreffend liegen im Schrifttum zwar viele Behauptungen über *familiäres Auftreten* vor, aber keine sehr geeigneten und beweisenden Zahlenreihen.

Aus Kreisen meiner früheren Privatpatienten und jenen mir persönlich nahestehender Sippschaften wurden 30 Familien, meist angehörig den sozialen und intellektuellen Oberschichten, ausgesucht, und zwar *lediglich* nach dem Gesichtspunkte einer mittleren Kinderzahl und der Erlangbarkeit zuverlässiger Nachrichten über die Gesundheitsverhältnisse aller Glieder durch die Eltern und Großeltern[1]. Die Familien bestanden aus dem Elternpaar und durchschnittlich 4 Kindern, im ganzen also aus rund 180 Personen. Unter diesen Personen lag nach meinen eigenen Feststellungen oder nach den mir auf Befragen erteilten Auskünften in 47 Fällen — bei günstigen Umweltsverhältnissen — eine ausgesprochene, teils perennierende, teils mehr episodische katarrhalische Krankheitsbereitschaft vor (und in 32 Fällen eine ebensolche lymphatische; s. darüber unten). Da die Abgrenzung dieser krankhaften Zustände gegen die Norm eine

Tabelle 4. Verteilung der katarrhalischen Diathese auf 30 Familien (47 Fälle).

	Zufallsgemäß (errechnet)	Tatsächlich
	Familien	
Kein Fall trifft auf .	$6{,}10 \pm 2{,}20$	11
1 Fall trifft auf . . .	$9{,}88 \pm 2{,}57$	2
2 Fälle treffen auf . .	$7{,}84 \pm 2{,}42$	3
3 Fälle treffen auf . .	$4{,}05 \pm 1{,}87$	7
4 Fälle treffen auf . .	$1{,}54 \pm 1{,}20$	4
5 Fälle treffen auf . .	$0{,}64 \pm 0{,}68$	2
6 u. m. Fälle treffen auf	$0{,}13 \pm 0{,}35$	1
	30,00	30

fließende ist, mögen am gleichen Material andere Beobachter sie in etwas größerer oder geringerer Zahl angenommen haben. Dies ist für die gegenständliche Untersuchung von keiner großen Bedeutung. Es wurde nun erhoben, wie sich diese 47 katarrhalischen (und die 32 lymphatischen) Bereitschaften auf die 30 Familien tatsächlich verteilten und welches ihre Verteilung hätte sein müssen, wenn der bloße Zufall dafür maßgeblich gewesen wäre. Es ergaben sich die nebenstehenden beiden Zahlenreihen.

An den über die einfachen mittleren Fehler weit hinausgehenden Abweichungen der Zahlenreihen untereinander erkennt man deutlich die familiäre Anhäufung der katarrhalischen Diathese. Von ihr sind einerseits mehr Familien gänzlich frei, andererseits mehr Familien stark betroffen. Zufallsgemäß laufen die Zahlen

---

[1] Die Großeltern selbst wurden ausgeschieden, weil über ihre Kindheit fast nie etwas Sicheres zu erfahren war.

der Familien mit je 0, 1, 2, 3 usw. an und dann wieder absteigend nach einer Gauß-kurve, deren Gipfel ungefähr auf den Durchschnittswert der Anfälligen pro Familie fällt. Die tatsächliche Verteilung verhält sich anders; sie läßt eine Scheidung zwi-schen den (in dieser Hinsicht) erbgesunden und den Diathetikerfamilien erkennen. Damit ist der *Nachweis der Familiarität erbracht* (und auch auf ein, soviel ich sehe, auf dem Gebiete noch kaum angewandtes zweckdienliches Verfahren hingewiesen).

Familiarität muß natürlich nicht unbedingt auf Erblichkeit beruhen. Es war daher zu prüfen, ob etwa besondere intrafamiliäre Umweltverhältnisse für die Häufung maßgeblich gewesen sein konnten. In Betracht kamen besonders Wohnung, Lebensweise und Ernährung. Die Familien wohnten fast ausnahmslos in hygienisch einwandfreien großstädtischen Quartieren. Ich schied sie in solche, bei denen mehr Verzärtelung oder aber Abhärtung der Kinder, weiter in solche, bei denen einseitige „kräftige" Kost oder aber stark vegetabiles Regime und Rohköstlerei im Schwange waren. Ausschläge, die man vielleicht hätte erwarten können, kamen dabei aber nicht oder kaum zum Vorschein — sei es, daß hier störende Zufälle im Spiele waren oder daß der Einfluß solcher Momente geringer ist, als vielfach vermutet wird. Letzteres entspricht freilich hinsichtlich des Ernährungseinflusses mindestens jenseits der ersten Lebensjahre seit langem meiner persönlichen Überzeugung.

Wertvolle *Zwillingsbeobachtungen* über die katarrhalische Diathese stammen namentlich von CAMERER und SCHLEICHER: Von 39 EZ-Paaren waren 32 konkor-dant, 7 diskordant, von 90 ZZ-Paaren hingegen nur 22 konkordant und 68 dis-kordant, woraus ein sehr starker Erbeinfluß ersichtlich wird[1]. Ganz ähnliche Zwillingszahlen bringt WEITZ über die Neigung zu Anginen. MARIA SCHILLER fand die Eineier von rezidivierenden Blepharitiden stets gemeinsam betroffen.

ORGLER will bei drei EZ-Paaren eine deutliche Diskordanz im Verlauf der „exsudativen Diathese", und zwar anscheinend wohl ihrer Schleimhautprozesse festgestellt haben. Man erfährt aber von sicheren exsudativen Manifestationen nichts, sondern nur, daß der Verlauf von grippalen Hausinfektionen (Anstaltsbeobachtung!) zwischen den Partnern in Einzelheiten kleinere oder größere Unterschiede aufwies, was sehr wohl auf die Zufälligkeiten rein peri-statischer Umstände (Art, Menge, Virulenz der Erreger, Kontakte usw.) zurückgehen kann. Eine Diskordanz hinsichtlich der vom Autor angenommenen exsudativen Diathese selbst kann meines Erachtens daraus nicht erschlossen werden. Niemand wird erwarten, daß Eineier in ungefähr gleicher Umwelt etwa von Schnaken gleich oft und an gleichen Körperstellen gestochen werden.

Ein sehr deutliches Überwiegen der Knaben unter den katarrhalisch anfälligen Kindern ist nicht zu bezweifeln.

Was die *Familiarität* und die *Erblichkeit* der

vasoneurotischen Diathese (Sympathicovagotonie, vegetative Stigmatisierung)

angeht, so genügt hier der Hinweis, daß selbe von FRIEDRICH KRAUS, BERGMANN, O. MÜLLER, WEITZ, HANSEN, CURTIUS, VON VERSCHUER, HANHART und unge-zählten anderen auf verschiedensten Wegen aufgezeigt und eine von niemandem mehr bezweifelte Tatsache ist.

---

[1] Nach einer von F. LENZ unter der Voraussetzung binomischer Kombination von Erb- und Umweltunterschieden mitgeteilten Formel würde der Erbmasse mindestens das $\left[\left(\dfrac{u_2}{u_1}\right)^2 - 1\right]$ -fache des Einflusses der Umwelt zuzuschreiben sein (zit. nach E. G. BECKER), wenn u_2 die relative Häufigkeit der Diskordanz unter ZZ, u_1 dieselbe unter den EZ bedeutet. Diese Formel habe ich in eine logarithmische umgerechnet: $p \leqq \left(\dfrac{10\,d\,(e) \cdot Z}{d\,(z) \cdot E}\right)^2$, worin p den prozentischen Anteil der Umwelt an dem Geschehen, d (e) die absolute Zahl der diskordanten Eineierpaare, d (z) jene der Zweieierpaare, E die Gesamtzahl der geprüften Eineierpaare, Z jene der geprüften Zweieierpaare bedeutet. Hiernach würde der prozentuale Anteil der Erbmasse bei der katarrhalischen Diathese nach den zitierten Erhebungen mindestens 94,4% betragen. (Die Formel ergibt allerdings in anderen von mir errechneten Beispielen auffallend hohe Werte für die Erbwelt-Anteile.)

Maria Schiller fand an Stuttgarter *Zwillingen* hinsichtlich des Capillar-
bildes, das nach O. Müller, Doxiades u. a. als Kriterium für vegetative Anomalien sehr geeignet ist, „bei EZ absolute Konkordanz in allen Fällen, bei
ZZ 27,7% relative Konkordanz und 72,3% Diskordanz. Demnach ist ....
die erbkonstitutionelle Ätiologie des vegetativen Gefäßsyndroms noch einmal
klar bewiesen und damit schon im voraus postuliert, daß vegetative Diathesen
bei EZ. immer bei beiden Partnern vorhanden sein müssen, wenn sie auch nicht
zu gleicher Zeit manifest zu werden brauchen, ja eventuell im Leben eines
Einzelnen überhaupt nicht oder durch ein Äquivalent in die Erscheinung treten
können."

Ziffernmäßige Angaben über *Familiarität* der

lymphatischen Teilbereitschaft

sind im ganzen spärlich. Aus der älteren Literatur findet man einige von Friedjung gesammelt. Ich habe unter diesen Umständen an demselben Material
die Frage und mit derselben Methode
geprüft wie bei der katarrhalischen Diathese (s. S. 664). Das Ergebnis ist wieder
aus zwei Zahlenreihen zu ersehen.

Hiernach liegen grundsätzlich dieselben Verhältnisse vor wie bei der
katarrhalischen Bereitschaft; das Übel
tritt familiär gehäuft auf. Solches würde
auch in einigem Zusammenhang stehen
mit der Angabe von F. Lenz, daß die
nordische Rasse mehr als andere zum adenoiden Typus neigt. Wieder ließ sich ausschließen, daß familiäre Eß- und andere
Lebensgewohnheiten den Ausschlag geben.

Eineier stimmen in bezug auf die Größe
der Mandeln und das Vorhandensein von
adenoiden Wucherungen nach Siemens sowie nach M. Schiller stets überein,
nach Weitz in oft überraschender Weise bis in alle Einzelheiten.
Daß die

Tabelle 5. Verteilung der lymphatischen Diathese auf 30 Familien
(32 Fälle).

	Zufalls-gemäß (errechnet)	Tat-sächlich
	Familien	
Kein Fall trifft auf .	10,14	18
1 Fall trifft auf . . .	11,19	2
2 Fälle treffen auf . .	5,98	3
3 Fälle treffen auf . .	2,06	5
4 Fälle treffen auf . .	0,52	1
5 Fälle treffen auf . .	0,10	1
6 u. m. Fälle treffen auf	0,01	0
	30,00	30

dystrophische Diathese

im ersten Lebensjahr *familiär* auftritt, hat Friedjung schon 1913 wahrscheinlich
gemacht. Aus dem Verhalten der Blutsverwandten von tropholabilen Säuglingen schloß er auf eine erbliche Fehlfunktion als Grundlage der Dystrophien.
Teilweise einschlägig sind auch meine statistischen Untersuchungen (1936)
über die „Erblichkeit der Säuglingssterblichkeit", die eine allerdings nicht hohe,
positive Korrelation zwischen der durchschnittlichen Mortalität in einer Ge-
schwisterreihe und jener von Geschwisterreihen aus der nächsten Blutsverwandtschaft ergaben. Lehmann (bei von Verschuer) wies sehr zutreffend auf
die Schwierigkeiten der Familienforschungen bei dieser Erkrankungsform hin
und wählte — gleich einigen Vorgängern — die *Zwillingsmethode* zur Prüfung,
ob sich auf dem Gebiete Erblichkeit bemerkbar macht. Von vierzehn EZ-Paaren
verhielten sich 10 konkordant, 4 diskordant, von 18 ZZ-Paaren 5 konkordant
und 13 diskordant. Dies erlaubt, die Frage eindeutig zu bejahen. Die Formel
von Lenz (S. 665) würde ergeben: Einfluß der Erbmasse mindestens 98,2%.
Gleich Rohr und Lehmann haben wohl viele andere Kinderärzte gelegentlich
die verblüffende Ähnlichkeit von Gewichtskurven bei Eineiern festgestellt, wie sie
besonders hervortritt, wenn durch dys- und eutrophische Phasen Schwankungen
eingetreten sind.

A 2. Verhalten der Diathesenblocks.

J. K. Mayr meinte in seiner Abhandlung über die Ekzemvererbung, daß man vielfach in solche Erhebungen dem Ekzem verwandte (allergische) Störungen einbezogen habe, um die Vererbbarkeit des Ekzems besser dartun zu können; je weiter man den Begriff dieser Verwandtschaftsgruppe abstecke, desto mehr Früchte würden die Stammbäume abwerfen. Wenn diese einerseits die Erblichkeit der ganzen Gruppe und andererseits die Zusammengehörigkeit ihrer einzelnen Glieder dartun sollen, so arbeite man mit zwei Unbekannten, die je nach Bedarf zum Ausgangs- oder Endpunkt werden.

Um solchen Einwänden zu begegnen, wurde die dem Verfasser gestellte Frage im vorstehenden gesondert für die Teilbereitschaften, im nachfolgenden für deren Blocks, nämlich die exsudative Diathese bzw. den Arthritismus behandelt, die durch nachweisliche Korrelationen (s. oben) hinreichend legitimiert scheinen.

Auf der ersten Seite seiner Schriften über die exsudative Diathese berichtet Czerny, daß davon ,,meist *alle Kinder einer Familie*" betroffen seien. In zahlreichen weiteren Schriften kann man lesen, daß es Sippen gibt, in denen einzelne oder mehrere Elemente des Blocks zwar in bunter Verwerfung, aber doch auffallend zahlreich angetroffen werden, und auch Stammbäume finden, die dies illustrieren. Der angestrebte objektive Nachweis ist aber damit noch nicht erbracht, und auf solche Weise überhaupt nicht zu erbringen; denn es könnte (und wird) sich ja um besonders ausgewählte Sippen handeln, in denen der Zufall jene Elemente angehäuft hat. Schlüsse aus Sippentafeln, die der Auswahl unterlagen, lehnt die Erbbiologie ab. Um zu prüfen, ob es eine große erbliche Diathesengruppe und davon betroffene Familien gibt, mußte anders vorgegangen werden. Ich wählte unter den in Betracht kommenden, durchweg auf Wahrscheinlichkeitsrechnung gestützten Verfahren dasjenige, das im Prinzip schon S. 664 f. erläutert wurde. Diesmal mußten zahlreiche, auf das Vorkommen der wichtigsten Elemente des Arthritismus in *jeder* Altersstufe geprüfte Familien, und zwar *ohne Auswahl der belasteten* herangezogen werden. Von besagten Elementen fanden namentlich Berücksichtigung: die konstitutionellen Ekzeme mit ihren Verwandten, die habituell gewordenen Katarrhe, das echte Bronchialasthma, die Idiosynkrasien, die Mandelhyperplasien, ausgesprochene vegetative und dystrophische Störungen, die spastische Obstipation, die echte Migräne, gewisse Fälle von Gelenksrheumatismus (vgl. hierzu besonders Claussen), ferner Steinkrankheit, besonders Cholelithiasis, endogener Fettsucht, Gicht und Diabetes — die letzteren aber alle mit Ausschluß der in hohem Alter erst entstehenden; ganz geringfügige Grade oder zweifelhafte Vorkommnisse wurden nicht mitgewertet.

Das Material stammt teils aus meiner Privatklientel (etwa 2 Jahrzehnte), aber ohne Bevorzugung verdächtiger Sippen, teils aus meinem Kollegen- und Bekanntenkreise. Es sollte das Verhalten einer *gemischten Population* von städtischen Mittelstands- und sozial gehobenen Klassen repräsentieren. Persönlich untersucht habe ich die *erwachsenen* Personen nicht; von diesen ließ ich mir über das Urteil ihrer Ärzte Bericht geben. Nur in der großelterlichen Generation fehlen meist die Angaben über das Verhalten in der frühen Kindheit.

Ich stellte hundert Familien mit durchschnittlich je 10 (meist 10 ± 1) Gliedern aus drei, selten vier Generationen zusammen und es ergab sich, daß bei diesen tausend Personen bis zum Abschluß der Erhebungen insgesamt 1560 Einzelkundgebungen[1] von Arthritismus zutage getreten waren. Es wurde nun geprüft, wie sich diese 1560 (n) Einzelmanifestationen auf die 100 (a) Familien tatsächlich verteilt haben und wie sie sich bei freiem Zufallswalten hätten verteilen müssen.

---

[1] Gemeint sind hier natürlich nicht etwa Einzelausbrüche von Katarrhen, Asthma, Ekzem, Migräne usw., sondern Gesamtheiten von solchen Kundgebungen, die auf je eine Teilbereitschaft hinweisen, also beispielsweise auf lymphoide, allergische, vegetative Hyperergie.

Das Ergebnis ist im Diagramm (Abb. 2) zur übersichtlichen, durch die Legende erläuterten Darstellung gebracht. Man erkennt, daß einerseits die Zahl der tatsächlich manifestationsfreien Familien größer ist, als sie zufallsgemäß hätte sein müssen, und daß das Variationspolygon für die betroffenen Familien gegenüber der berechneten Gaußkurve stark nach rechts verschoben ist; das heißt, es fanden sich in überzufallsmäßiger Häufigkeit 20—30 Kundgebungen in einer Sippe vereint; beispielsweise wären 24 und mehr Manifestationen kaum bei einer einzigen Familie zu erwarten gewesen, während sie in Wirklichkeit bei 19 Familien angetroffen wurden. Deutlich, wenn auch nicht ganz scharf, scheiden sich arthritische von (in dieser Richtung) erbgesunden Sippen. Die *familiäre Häufung dieses Diathesenblocks* scheint mir so erstmalig *einwandfrei erwiesen.* Daß dafür familiär gehäufte Umweltmomente den Ausschlag geben, ist mehr als unwahrscheinlich — auch wenn, wie namentlich früher betont wurde, bei der Gicht-Diabetesgruppe Luxuskonsumtion im Spiele sein mag.

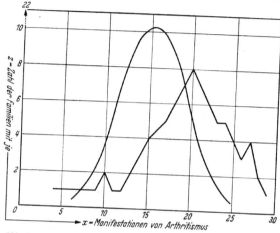

Abb. 2. Verteilung von 1560 Manifestationen von Arthritismus auf ein Material von 100 Familien mit durchschnittlich 10 Personen. Die zackige Kurve zeigt die tatsächlich gefundene Verteilung an. 22 Familien waren frei von Manifestationen. Die glockenförmig geschlungene (Gauß-) Kurve zeigt die theoretische Verteilung an, errechnet unter der Annahme, daß die Manifestationen unter den 100 Familien dem Zufall gemäß verteilt seien, nach der RIEBESELLschen Formel:

$$z_x = a \left(\frac{1}{a} \right)^x \cdot \left(\frac{a-1}{a} \right)^{n-x} \cdot \frac{n!}{(n-x)!\, x!}$$

(z Zahl der Familien mit je x Manifestationen).

Die geniale Konzeption des erblichen Arthritismus, der man in Deutschland durch längere Zeit skeptisch gegenüberstand [1], findet dadurch eine Stütze. Man weiß, daß sich W. HIS durch zunehmende eigene und fremde Erfahrungen immer mehr zur Anerkennung des Begriffes Arthritismus gezwungen sah, man kennt die positive Einstellung von FRIEDRICH v. MÜLLER und erfuhr auch, daß sich von den jüngeren Internisten unter anderen J. BAUER, EPPINGER und neuerdings CURTIUS dazu ausdrücklich bekannt haben. Für die Richtigkeit der Conception von BOUCHARD (Bradytrophie) ist jüngst GROTE eingetreten [Arch. Gynäk. **168** (1938)[2]].

B. Erbgangfragen.

Von erkrankten Probanden aus erhobene, also der Selektion unterlegene Stammbäume können für die im vorangegangenen Absatze behandelte grundsätzliche Frage nicht viel beitragen, wohl aber dann, wenn nun der Erbgang zu prüfen ist. Auch hier scheint wieder eine gesonderte Behandlung erst der einzelnen und dann der gruppierten Bereitschaften angezeigt.

[1] Vor längerer Zeit mußte ich einmal von einem Diskussionsredner hören: Wenn an dem Arthritismus etwas daran sei, so müßte er sich doch „durch einige Kjeldahls bekräftigen lassen." Siehe hiezu den Bericht über das Versagen der Stoffwechselforschungen nach dieser Richtung (S. 642f.).

[2] Arbeit mir aus äußeren Gründen bisher nur im Referat bekannt geworden.

B1. Erbgang in den einzelnen Teilbereitschaften.

Trachtet man im dermatologischen Schrifttum Belege für Erblichkeit und Erbgang des konstitutionellen *Ekzems* zu finden, so bleibt die Ausbeute bescheiden; SIEMENS und J. K. MAYR haben darauf schon hingewiesen. Die Ursachen sind leicht einzusehen. Über sehr verbreitete Erkrankungen ist hinsichtlich des Erbganges viel schwerer ein klares Bild zu gewinnen als über prägnante Raritäten, die deshalb stets die Lieblinge der Genetiker waren. Es kommt dazu, daß es die Dermatologen überwiegend mit solchen Formen des Ekzems zu tun haben, bei denen Umweltmomente die Hauptrolle spielen (Berufsekzeme!). Anders stellen sich die Dinge dem Pädiater dar, von dem ja nach HIS u. a.

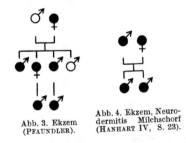

Abb. 3. Ekzem (PFAUNDLER).

Abb. 4. Ekzem, Neurodermitis Milchschorf (HANHART IV, S. 23).

überhaupt die stärksten Impulse für die neuere Konstitutionslehre herrühren. Die von den Kinderärzten vorwiegend beobachteten, von den Hautärzten manchmal als Ekzematoide klassifizierten Zustände sind oftmals auf die ersten Lebensjahre beschränkt und verbleichen dadurch in der individuellen Anamnese oder kehren nur in larvierter Form später wieder. Dauern sie einmal fort, dann stößt auch der Hautfacharzt auf den erbkonstitutionellen Charakter, wie ein schon angezogenes Beispiel von J. K. MAYR lehrt.

Überblickt man eine größere Anzahl von Sippentafeln über konstitu-

Abb. 5. Ekzem, Neurodermitis (HANHART IV, S. 11).

tionelles Ekzem und verwandte Hauterscheinungen, wie ich sie namentlich aus Erhebungen von STOELTZNER, von HANHART und aus eigenen (1911 und 1922 — letztere teilweise mitgeteilt von F. LENZ — und in folgenden Jahren) erhalten konnte (s. die Abb. 5—11), so gewinnt man zunächst den Eindruck, als wären recht verschiedene Erbgänge vertreten. Überwiegend aber stößt man auf Dominanz, die freilich oft einen ziemlich hohen Grad von Unregelmäßigkeit aufweist. Für Dominanz sprechen schon die

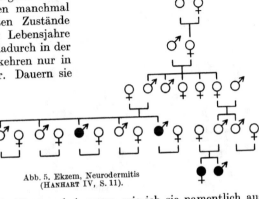

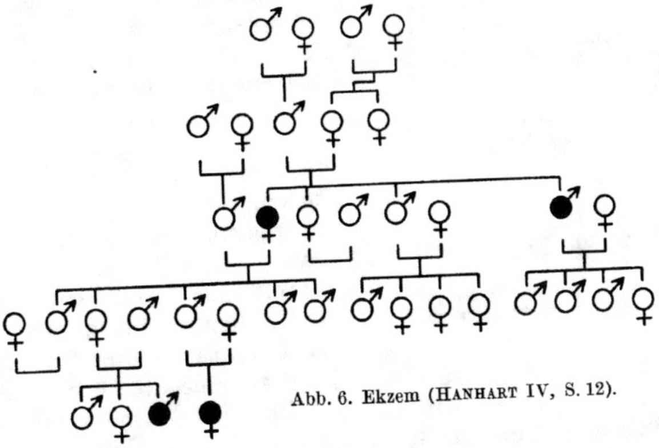

Abb. 6. Ekzem (HANHART IV, S. 12).

im vorangehenden erwiesene starke familiäre Häufung, die nicht etwa vorwiegend in der Horizontalen, sondern auch in der Vertikalen der Sippentafeln deutlich zum Vorschein kommt. Für Dominanz spricht weiter das häufige Vorkommen der Übertragung vom Vater auf den Sohn. Auf Dominanz schlossen — teilweise freilich nach Einbeziehung eines noch etwas erweiterten Kreises der Ekzemverwandtschaft —

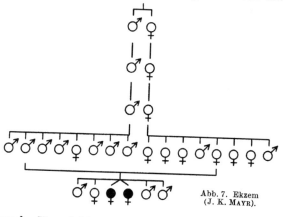

neben den bereits genannten Autoren auch SCHMIDT-KEHL, GÄNSSLEN, RICHARTZ. MAYRS Zwillingsfall imponiert gewiß als recessiv; doch gibt der Autor mit Recht zu, daß auch Manifestationsschwankungen eines dominanten Typus oder Abortivformen oder ungenügende Durchforschung als irreführende Momente in Betracht kommen. Daß das völlige Fehlen von manifestie-

Abb. 7. Ekzem (J. K. MAYR).

renden Umweltfaktoren gerade in dieser Gruppe eine erhebliche Rolle spiele, ist mir nach Beobachtungen an musterhaft gepflegten Säuglingen nicht wahrscheinlich.

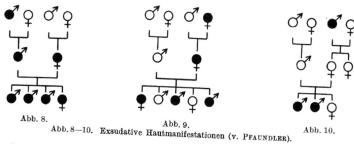

Abb. 8.

Abb. 9.

Abb. 10.

Abb. 8—10. Exsudative Hautmanifestationen (v. PFAUNDLER).

Für Dominanz spricht der hohe Prozentsatz der konkordanten Paare unter den ZZ. Nach LENZ wären bei einfach recessivem Erbgang nur 14,3% solcher

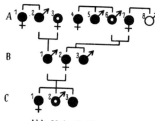

zu erwarten; tatsächlich sind es aber meist über 33%. Letztere Ziffer würde dem Verhalten bei einfach dominantem Gange entsprechen.

Etwas ablenkend vom Gedanken an Dominanz hat das *Überwiegen der Knaben* unter den Betroffenen gewirkt, das fehlerkritisch geprüft und sichergestellt wurde. Man meinte daraus auf ein häufigeres Vorkommen von recessiv geschlechtsgebundenem Erbgang schließen zu sollen. Diesen Standpunkt kann ich nicht teilen. An anderen

Abb. 11 A—C. Ekzem ○; im Arthritismus ● (STOELTZNER, S. 85).

Orten konnte ich zeigen und werde ich demnächst noch in weit größerem Umfange dartun, daß das Überwiegen des männlichen Geschlechtes fast in der ganzen Pathologie des frühen Kindesalters zutage tritt, aller Wahrscheinlichkeit nach nicht auf Geschlechtsgebundenheit, sondern auf partieller Geschlechtsbegrenztheit von Anlagen beruht und somit an sich noch kein Argument für recessiven Erbgang darstellt. Näher kann hier auf diese Verhältnisse nicht eingegangen werden.

In der Literatur liegt weiter die Angabe vor, daß die Ekzemdiathese und deren Verwandte häufiger von den Müttern als von den Vätern her übertragen werde. Diesen Eindruck gewann CZERNY 1905 und auch mir schien es 1911 zuzutreffen. Über die Rachitisbereitschaft stammt die gleiche Angabe von SIEGERT schon aus dem Jahre 1903 und über jene zu Allergosen bzw. exsudativer Diathese von BRAY 1931. Hier sei erbliche Belastung von der mütterlichen Seite doppelt so oft als von der väterlichen anzutreffen. Ähnliches, aber noch ausgesprochener gelte von den Rheumatosen nach HAMMERSCHLAG und nach KRONER (zitiert nach WEITZ). Erfährt man dann weiter, daß bei gewissen Allergosen z. B. der Rhinopathia allergica nach GRIEBEL u. a. die (erwachsenen) Frauen gegenüber den Männern stark überwiegen, dann könnte man die CZERNY-BRAYsche Beobachtung auf letzteres Moment zurückzuführen geneigt sein, nämlich meinen, es müßten naturgemäß mehr Überträger aufscheinen in *jenem* Geschlechte, in dem mehr Kranke vorhanden sind. Diese Erwägung ist aber nicht recht stichhaltig, weil ja nicht die Krankheit, sondern die Anlage übertragen wird; von der exsudativ-arthritischen Anlage ist aber bekannt, daß sie keinesfalls originär gynäkotrop ist — auch nicht die Anlage zu jenen Störungen, die im späteren Leben teils aus Gründen der Exposition (Beispiel: Berufsekzeme, Rheumatosen), teils wohl aus Gründen endokriner Beeinflussung der Disposition ausgesprochen frauenwendig erscheinen (Beispiel: Migräne, Obesität — im Gegensatz zu Gicht).

Wenn bei Allergosen wirklich häufiger eine Konkordanz zwischen Mutter und Kind als zwischen Vater und Kind bestünde, dann könnte man diese darauf zurückführen wollen, daß eine geno- oder paratypische „erhöhte Darmwanddurchlässigkeit" oder aber Leberfunktionsstörung den Einbruch von Allergenen in die Blutbahn ermöglicht oder erleichtert und dadurch nicht nur die Mutter, sondern diaplacentar auch das Kind sensibilisiert werde, wozu bei fortgesetzter Einwirkung relativ großer Dosen evtl. nicht einmal irgendwelche besondere Anlage Voraussetzung wäre (vgl. die angebliche Priminwirkung bei jedermann). Trifft letzteres zu, dann handelt es sich aber nicht um eine Diathesenvererbung und trifft es nicht zu, dann liegt nicht eine erhöhte mütterliche Konkordanz hinsichtlich der Diathese, sondern nur hinsichtlich ihrer Kundgebungen vor.

HANHART, der auf dem Gebiete wohl die größte Erfahrung besitzt, entschied sich bekanntlich für *einfach dominanten Erbgang* der allergischen Bereitschaft, und zwar nicht zuletzt deshalb, weil er ebenso wie SCHMIDT-KEHL[1] die zugehörigen Mendelzahlen gewann. Letztere schließen aber auch eine Paraphorie aus, an die man bei Überwiegen der mütterlichen Überträger denken könnte. Natürlich ließen sich noch weitere Gründe gegen die bevorzugte mütterliche Herkunft einer Allergiebereitschaft anführen. Was aber nun die exsudative Diathese und besonders die Anlage zu Ekzem betrifft, so habe ich neuerdings 63 Fälle auf Herkunft der Anlage geprüft und gefunden, daß dreimal weder Vater noch Mutter, achtmal Vater und Mutter, vierundzwanzigmal der Vater und achtundzwanzigmal die Mutter als Überträger (gleichgültig ob selbst gesund oder krank) in Betracht kamen. Das ergibt eine Beteiligung der Mütter in 28 von 52 Fällen, also in $53,8 \pm 6,9\%$. Die Überschreitung der 50% liegt also weit innerhalb des einfachen Fehlers. Die Verhältnisse sollten tunlichst an einem größeren Material, als es mir verfügbar ist, nachgeprüft werden. Hierbei müßte auch eine besondere Quelle von Erhebungsfehlern Berücksichtigung finden: Für den Kinderarzt erscheint in der weit überwiegenden Mehrzahl der Fälle die Mutter als Auskunftsperson, die dadurch schon etwas einseitig in den Vordergrund geschoben ist — besonders dann, wenn auch noch ihre Mutter mitbefragt werden kann.

Bei der Rachitis ist es nicht selten der Geburtshelfer, der einseitig auf die überstandene Krankheit der Mutter hinweist (Becken!).

Die *katarrhalische Neigung* läuft nach WEITZ *einfach dominant*. Meine Sippentafeln, wovon F. LENZ zwei mitgeteilt hat (BAUR-FISCHER-LENZ, 4. Aufl., Abb. 129 u. 132), weisen grundsätzlich genau dieselben Verhältnisse auf, wie sie hinsichtlich der Ekzemneigung dargelegt wurden. Für den Lymphatismus und die dystrophische Teilbereitschaft gilt Gleiches. Auch dafür findet man zwei Belege nach PFAUNDLERS Material bei LENZ (Abb. 131 u. 132) und einen eigenen

---

[1] Dieser findet, daß ein von ADKINSON als Beleg für recessiven Lauf beigebrachtes Material in Wahrheit auch für Dominanz spreche.

Stammbaum des letzteren über adenoide Konstitution durch vier Generationen (Abb. 133).

In manchen Sippentafeln macht sich eine Anhäufung von Kundgebungen der exsudativen Diathese in der jüngsten Generation bemerkbar. Vermutlich beruht dies großenteils auf Erhebungsfehlern oder auf mehr weniger willkürlicher Auswahl. Die gegenwartsnahen Vorkommnisse werden eher erhoben als weit zurückliegende und locken die Aufmerksamkeit von Erbforschern stärker an.

Die Teilbereitschaften der exsudativen Diathese müssen bei einfacher Dominanz und Doppelbelastung natürlich auch *homozygot* vorkommen, soferne dies nicht letal wirkt. Jener appendektomierte Vater beispielsweise, von dem Ritter berichtet, es seien acht von seinen neun Kindern gleichfalls appendektomiert worden, kann in solcher Richtung verdächtig erscheinen — soferne nicht einfach Appendikophobie im Spiele war und soferne man nach dem Vorschlag mancher die Krankheit zu den Kundgebungen der exsudativen Diathese rechnen will. Ein sicherer Nachweis solcher Homozygotie wird sich am Menschen nicht leicht erbringen lassen. Spain-Cooke meinen, daß sich homozygote allergische Diathesen schon besonders frühzeitig bemerkbar machen.

B 2. Erbgang im Block.

Die Sippentafeln über die einzelnen Zeichenkreise lassen, wie eben dargelegt, meist deutlich einen Lauf der Störung durch aufeinanderfolgende Generationen erkennen. Aber dieser Lauf zeigt oft Unterbrechungen; er gleicht jenem eines Karstflusses, der wiederholt von der Oberfläche verschwindet, unsichtbar wird, um später wieder zutage zu treten.

Solche Unregelmäßigkeiten im dominanten Erblauf ohne weiteres auf das gelegentliche Fehlen manifestierender Umweltmomente zurückzuführen, hieße den Tatsachen Zwang antun; denn diese Momente sind gerade im frühen Kindesalter oft so verbreitet, scheinbarer Art, ja vielfach noch so problematischer Natur, daß ihre (absichtliche) Meidung unmöglich ist. Auch die Erfahrungen aus der Zwillingspathologie sprechen entschieden dafür, daß die Ursachen für die Diskontinuität mindestens sehr häufig nicht in der Umwelt, sondern im Erbgut gelegen sind.

Anders wirkt der Anblick von Sippentafeln über die Gesamtheit der zugehörigen Krankheitselemente. Hier stößt man weniger auf Unterbrechungen als auf Vertretungen. Schmidt-Kehl sowie Hanhart zeigen beispielsweise, daß es in ihren Familientafeln genügt, die Migräne den Allergosen zuzurechnen, um jedes „Überspringen von Generationen" verschwinden zu machen. Man gewinnt den Eindruck, daß der (dominante) Erbgang in seltsamer Weise durch die Proteusnatur der Zustände verdeckt wird oder richtiger gesagt: erst hinter diesen Tarnungen deutlich zum Vorschein kommt.

Als Belege dafür könnten ungefähr alle über die Diathesenblocks gewonnenen Stammbäume dienen. Ich verweise besonders auf die bekannten umfassenden Tafeln von Hanhart und ich setze aus meiner eigenen Beobachtung eine solche Tafel hierher[1] (Abb. 13) nebst zweien aus Stöltzner (Abb. 14 und 15). Es ist zuzugeben, daß diese Sippentafeln nicht ganz so scharf bewertet werden können, wie etwa solche über Polydaktylie, Hämophilie u. dgl., weil die Feststellung oder Ablehnung des Bestandes einer Störungsbereitschaft naturgemäß in Einzelfällen eher Zweifeln Raum geben kann als der Befund einer groben Mißbildung.

In den Sippentafeln Abb. 13—15 ist das Auftreten der einzelnen diathetischen Kundgebungen durch Schwärzung von einzelnen Sektoren der die Individuen bedeutenden Scheiben gekennzeichnet, und zwar gemäß dem Schema Abb. 12. Jeder Sektor soll einen

---

[1] Nicht alle Glieder dieses Kreises habe ich persönlich untersucht. Eine solche Untersuchung hätte übrigens in dem besonderen Falle auch wenig Sinn gehabt, da es sich oft um Krankheitszustände handelt, die überhaupt kaum objektive Zeichen oder wenigstens keine Dauerzeichen bieten.

besonderen Zeichenkreis bedeuten, dessen häufigste Glieder in der Abb. 12 benannt sind. Diese Glieder sind untereinander mehr oder weniger verwandt und mit Wahrscheinlichkeit irgendwie zusammenhängend. Die im 5. Sektor angeführte Obstipation ist eine spastische Form. Im 8. Sektor sind (aus Raumgründen) anlagemäßige Nährschäden des frühen Kindesalters, besonders Hetero-Dystrophie und sogenannte Bradytrophien des späteren Alters zusammengefaßt, die dadurch keineswegs etwa als pathogenetisch gleichartig hingestellt sein sollen, die aber nach Beobachtungen und Berechnungen in Korrelation stehen.

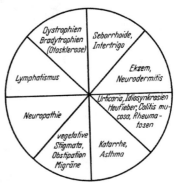

Es handelt sich da, kurz gesagt, um klassische Bilder von *Heterophänie*. Das ist nach BREMER ein manchen Fachgenetikern „unbequemer" Begriff; spricht der Kliniker davon, so begegnet er in jenen Kreisen leicht der Ablehnung oder dem Vorwurf, die Heterophänie „in dilettantischer Weise als bequeme Hilfshypothese zur Erklärung mangelhaft erforschter Erbverhältnisse heranzuziehen". Solche Einstellung hat ihren Grund wohl darin, daß die Heterophänie gewissermaßen die Nachfolgerin der sog. transformierenden Vererbung und daher

Abb. 12. Zeichenerklärung zu Abb. 13—15.

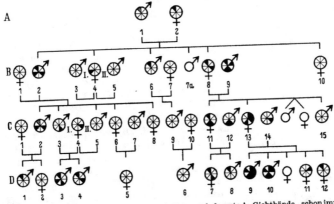

Abb. 13A—D. Kaufmann, „Magen- und Leberleidend"; Näheres unbekannt; A₂ Gichthände „schon immer", † Ca.; B₁ „aus kerngesunder Familie"; B₂ Großkaufmann und Bankier, früher Gicht, Neurasthenie, Rheumatismus; B₄ Schauspielerin, „sehr nervös", erste Ehe geschieden; B₅ a angeblich nach Vaccination im zweiten Jahr †; B₆ Diabetes, Gicht, Heufieber; B₈ Kaufmann, chronisches Ekzem, Fettsucht, Obstipation, Asthma, Migräne; B₁₀ wohl moralisch etwas defekt, in Amerika verschollen; C₁ aus gesunder Familie; C₂ Bankier, Tikkrank, Rheumatiker, wahrscheinlich Lithiasis; C₃ Arzt und Chemiker; Idiosynkrasie gegen Jod, † an Appendicitis; C₄ in zweiter Ehe mit dem Schwager verheiratet, Rheumatismus, Herzfehler; C₅ Chemiker und Fabrikant, Spekulant; C₆ Neuropathisch (leicht); C₇ Privatgelehrter; C₈ Malaria; C₉ Kaufmann; C₁₁ Gallenstein operiert, Schrifthaut ++, Erröten; C₁₂ Schriftsteller, mittelschweres Bronchialasthma, spastische Obstipation, Hämorrhoiden, Schleimkoliken; C₁₃ Milchschorf, Ekzem, Nesselsucht, Ohnmachten und Migräne; C₁₄ kaufmännischer Angestellter, Rheumatiker; C₁₅ frühverstorbene ZZ.; C₁₆ ohne Beruf, durch katarrhalische Anfälligkeit und Kopfschmerzen, dauernd schulbehindert; dann Fettsucht, früh Glatze; D₁ Heterodystrophiker; D₃ Katarrh, schwer aufzuziehen, nervöser Zappler; D₄ Lichen urticatus, Kuhmilchidiosynkrasiker? verträgt fast kein Medikament; D₇ katarrhalisches, heterodystrophisches Kind; D₈ fast in allem wie D₇; D₉ Milchschorf, Intertrigo, Ekzem, nervöses Erbrechen, Katarrhe, vegetative Stigmata, Lymphatiker, zweimal mandeloperiert; D₁₀ ähnlich wie D₉; dazu Schweißneigung, Ohnmacht auf Salbenprobe; D₁₀ a Frühgeburt †; D₁₁ leichtes trockenes Ekzem, langdauernd; D₁₂ jede künstliche Ernährung im ersten Lebenshalbjahr scheitert.

mit Vorstellungen von qualitativer Wandlung der Gene verknüpft ist. Solche Wandlung widerspricht den Grundlagen der Lehre MENDELs und ist selbstverständlich abzulehnen. Neuerdings wird aber mehr und mehr anerkannt, daß die Heterophänie an sich auf dem Boden der heutigen Erblehre durchaus bestandesfähig ist.

Die Heterophänie in den Sippen der exsudativen Diathetiker und Arthritiker wird eine um so buntere, je weiter man in deren Verwandtschaftskreis herumgreift, je mehr getrennte Gruppen man heranzieht. Im engeren Kreise von Blutsverwandten erscheint die Heterophänie gehemmt, begrenzt, um bei Eineiern schließlich ihr Minimum zu erreichen. Die Heterophänie wurde in Arthritikerfamilien frühzeitig und oft schon aufgewiesen. J. BAUER zitiert dafür namentlich BROCQ, RAPIN, HIRSCHBERG.

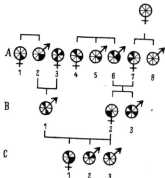

Es ist hier nicht der Platz und nicht meine Aufgabe, auf alle ursächlichen Möglichkeiten der Heterophänie einzugehen. Meist handelt es sich ohne Zweifel um Polymerie, das heißt um den (an anderen Objekten) experimentell sichergestellten Tatbestand, daß ein und dasselbe Gen[1] durch andere (nicht allele) Gene in seiner Auswirkung beeinflußt wird und daher als Glied verschiedenartiger Genotypen, also in verschiedene Gengesellschaft versetzt, auch abweichende Merkmale oder Phänotypen hervorrufen kann. Eine Vorstellung über die Sachlage, die auf dem hier behandelten Gebiete Beachtung beansprucht, muß naturgemäß mit den mannigfachen, im vorstehenden erbrachten statistischen Nachweisen und sonstigen Feststellungen vereinbar sein, *besonders mit den S. 660 f. angeführten korrelations-pathologischen Grundtatsachen.* Eine solche Vorstellung lehne ich an die neuerdings (1934) namentlich von TIMOFÉEFF-RESSOVSKY experimentell gestützte, im Grunde schon ältere Lehre von den *Modifikationsgenen* an. Der genannte Autor erforschte die vti-Mutation bei Drosophila funebris, versetzte dieses Gen durch Kreuzungen in verschiedene Genotypen und fand, daß es in seiner Manifestierung nicht allein durch Umwelteinflüsse, sondern auch und insbesondere durch gewisse Nachbargene auf mannigfaltige und charakteristische Weise modifiziert wird.

Abb. 14 A—C. Arthritismus (STOELTZNER, S. 85). A_1 Bronchialasthma; A_2 Bronchialasthma und Gelenkrheumatismus; A_3 Fettleibigkeit, Ekzem, Migräne; A_4 Rheumatismus, Ischias, Gallensteine; A_5 Rheumatismus, Schwerhörigkeit; A_6 Ekzem, Gallensteine, Fettleibigkeit, Rheumatismus; A_7 Fettleibigkeit, Schwerhörigkeit, sehr nervös; A_8 Katarakt; B_1 Diabetes katarrhalische Anfälligkeit; B_2 Migräne, Schwerhörigkeit, sehr nervös; B_3 Fettleibigkeit, Schwerhörigkeit, Gelenkrheumatismus, nervös; C_1 katarrhalische Anfälligkeit, öfters Urticaria, Heterodystrophie; C_2 Ekzem, Pseudocroup, Heterodystrophie; C_3 Heterodystrophie.

Von solchen Modifikationsgenen sind hemmende und fördernde Einflüsse auf die Auswirkung des jeweiligen Hautgenes bekannt. F. LENZ hat nun (erstmalig in seinem gedankenreichen Leipziger Referate vor der Deutschen Gesellschaft für Kinderheilkunde am 16. 9. 1922) folgendes geäußert: „Man kann sich denken, daß es gewisse Erbanlagen gibt, die als Verstärker

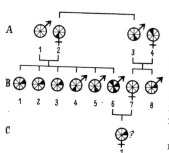

Abb. 15 A—C. Arthritismus (STOELTZNER, S. 85). A 2 Schwere Migräne; 3 Bronchialasthma; 4 Schwerhörigkeit; B 1—3 Ekzem; 4 Bronchialasthma; 5 Migräne; 6 Bronchialasthma, Infant. Ekzem, Heterodystrophie; 8 Ekzem; C 1 Psoriasis (LITTLE).

leichter — sonst unwirksamer — Reize wirken, derart, daß diese dann doch schon zu entzündlichen Reaktionen führen. Eine derartige Anlage wäre praktisch dann eine Anlage zu entzündlicher Diathese.“

Der von LENZ gedachte Mechanismus weicht insoferne von dem erwähnten bei der Drosophila ab, als die Modifikation nicht an dem von einem bestimmten

[1] Oder eine zusammenwirkende Gruppe von Genen.

anderen mendelnden Gen eingeleiteten Vorgange angreift, sondern an der entzündlichen bzw. überhaupt an einer Reizreaktion. Nach der Lehre von CORRENS-WETTSTEIN verändern mendelnde Gene nur die Schnelligkeit, mit der die Entwicklung abläuft; für die eigentlichen Entwicklungs-, die grundlegenden in der organischen Welt allgemein verbreiteten Lebensvorgänge sei das Plasmon zuständig, also der extranucleare Teil des Idioplasmas, das Cytoidioplasma. Das ändert aber (wie weiter unten am Schema Abb. 18 gezeigt werden soll) nichts an der Zulässigkeit der entwickelten Vorstellung[1].

Es wäre also ein — soviel ich sehe wohl dominantes — mutiertes, mendelndes Gen jener im Erbgute steckende Aktivator oder quasi *Lautsprecher*, der die so weit verbreitete pathologische Rasse der exsudativen Diathetiker und der Arthritiker von einer maximal angepaßten Rasse unterscheidet.

Die Scheidung ist keine ganz scharfe; vielmehr treten fließende Übergänge zur Norm in Erscheinung. Dies läßt daran denken, daß es sich teilweise um intermediäre Vererbung oder aber um multiple Allelie handeln könnte. Diese Frage weiter zu prüfen bin ich hier nicht in der Lage. Siehe hierzu die Ausführungen von FLEISCHHACKER und von HAAG, ferner von JUST: ,,Das Auftreten *inter*familiär differenter, *intra*familiär aber spezifischer Krankheitsbilder .... legt den Gedanken an multiple Allelie nahe'' (Z. Abstammgslehre 67, 285).

Die Auswirkung des Lautsprechers könnte unter Umständen eine sehr umfassende werden; ich denke dabei nicht nur an eine erhöhte Entzündungs- oder Exsudationsbereitschaft, sondern an eine *allgemein vermehrte Irritabilität*, die einschließt: Bildung von sessilen Receptoren auf geringe, in der Norm unterschwellige Allergenangriffe[2], von Hyperplasien lymphoider Organe auf infektiöse und nutritive Reize, diverse, überstarke Reaktionen im vegetativen Nervensystem mit mannigfachen Folgeerscheinungen — worunter vielleicht, wie BORCHARDT annahm, auch vorzeitige Aufbrauchserscheinungen. Das fragliche Gen wäre dann der Urheber dessen, was in der französischen Literatur allgemein als das ,,Terrain'' beim Arthritismus bezeichnet wird. Es bekundet sich so eine gewisse genetische Einheitlichkeit, die HANHART an der exsudativen Diathese vermißt, die aber auch beim Asthma bronchiale (Schleimhautempfindlichkeit plus Krampfneigung der Bronchialmuskulatur) fehlen würde, wenn man nicht den eben vertretenen Standpunkt einnimmt.

Die qualitativ verschiedene Auswirkung des Aktivators bei verschiedenen Individuen, die ,,Dissoziation der Kundgebungen'' nach BLOCH oder die Heterophänie ist meines Erachtens teils auf verschiedene Konstellation im übrigen Genotypus, teils auf wechselnde Umwelteinflüsse zurückzuführen. Daß die erstere im Spiele ist, erkennt man daran, daß sich oft *spezielle Familientypen des Krankheitsbildes* innerhalb der kombinierten Kundgebungen ausprägen. CURTIUS stellt *intra*familiäre Ähnlichkeit bei *inter*familiärer Variabilität fest. v. VERSCHUER spricht vom Auftreten verschiedener Biotypen für eine nosologische Einheit. Zahlreiche Belege dafür findet man besonders in HANHARTs Sippentafeln, auch in der von mir S. 673 dargestellten. Die Familientypen verwischen sich mit abnehmender Erbgutgemeinschaft und verschwinden völlig, wenn man den Kreis der Blutsverwandtschaft sehr weit oder mehrere solche

---

[1] Hier weiche ich ein wenig von HANHART ab, der ausführt: ,,Die Bereitschaft zu Idiosynkrasien ist ... als krankhafte Steigerung physiologischer Anlagen zur Sensibilisierung gegen gewebsfremde Stoffe aufzufassen. Eine Mutation kann ihr deshalb wohl kaum zugrunde liegen.''

[2] P. und L. KALLOS wenden sich gegen die Auffassung allergischer Prozesse als ,,Überempfindlichkeitserscheinungen'', weil die bei der Wiedereinbringung von Allergen in den sensibilisierten Körper am cellulären Sitz sich abspielenden Antigen-Antikörperreaktion auch eine *normal* empfindliche Zelle reize. Damit ist aber die Überempfindlichkeit meines Erachtens nur um eine Etappe nach hinten verschoben, wie es auch die obige Text andeutet. Nach W. KELLER könnte die allergische Diathese auch nur ,,in der größeren Neigung zur Manifestation klinischer Symptome bei vorhandener Allergie'' gelegen sein.

Kreise zusammenzieht. Dann kann der von mir 1912 behandelte, S. 659 erwähnte Fall eintreten, daß sich die einzelnen Zeichenkreise beim Individuum völlig nach dem Zufallsgesetz zusammenfinden bzw. versprengen. Die Mixovariation steht eben unter dem Zeichen des zufälligen Geschehens.

Ein genaueres Maß für den Anteil der Erbwelt an der verschiedenen Auswirkung des Lautsprechers gewinnt man natürlich auch hier durch die Zwillingspathologie. Aus den wertvollen Mitteilungen von Spaich-Ostertag über die Allergosengruppe Heuschnupfen-Nesselsucht-Migräne berechne ich folgende Daten:

Die Diskordanz:

	Bei EZ.	Bei ZZ.
hinsichtlich Allergose überhaupt beträgt . . .	$3,7 \pm 3,6\%$	$35,7 \pm 12,8\%$
hinsichtlich der besonderen Form der Allergose	$32,1 \pm 8,8\%$	$69,5 \pm 9,6\%$

Die Diskordanz unter den ZZ. ist in ersterer Hinsicht fast zehnmal so groß als unter den EZ., in letzterer Hinsicht nur etwa doppelt so groß. Sowohl für das Auftreten von Allergosen überhaupt als auch für deren besondere Erscheinungsform hat sonach der Genotypus die größte Bedeutung. Bei der letzteren spielen Umweltmomente stärker mit, doch sitzen auch hier modifizierende Faktoren in der Gengemeinschaft.

Nach den S. 665 angeführten Formeln errechnet sich aus obigen Daten bei den Allergosen überhaupt eine Erbmassenbeteiligung von 91,6%, bei den besonderen Formen der Allergosen eine solche von nur 78,7%.

Wenn die diskordanten Eineier bei den Diathetikern häufiger sind als etwa bei der Zuckerkrankheit, so kann dies nicht nur auf stärkeren Umwelteinflüssen beruhen, sondern auch darauf, daß bei den ersteren keine so bewährten Proben der Aufdeckung latenter Zustände verfügbar sind, wie es beispielsweise die Zuckerbelastungsprobe beim Diabetes ist. Nur mit Hilfe der letzteren konnte H. Then Bergh den Einfluß des Erbgutes hier als hundertprozentigen erweisen.

Welches sind nun die Momente, die außerhalb oder innerhalb der Gengemeinschaft den Auswirkungen des Aktivators Richtung geben? Hinsichtlich der außerhalb gelegenen Momente konnten sich bei den Allergosen Doerr und das Ehepaar Kallos auf Experimentalforschung stützen: „Die Art der beim Rekontakt mit dem Antigen entstehenden allergischen Krankheiten wird durch die Art des Antigens, durch den Weg der Allergisierung, ferner durch den Einwirkungsweg beim Rekontakt mitbedingt". Außerdem spielen wahrscheinlich organspezifische Autoantikörper und vorausgegangene örtlich-allergische Vorgänge eine Rolle. Mehr vom klinischen Standpunkte aus, aber gleichfalls auf Experimenten fußend, erörterte Hansen die Frage der sog. Organwahl. Seegall und Riehm haben gefunden, daß allergische Reaktionen im Körper nicht nur an Orte hingeleitet werden, die früher Schauplatz spezifischer Reaktionen gewesen sind, sondern auch an solche, an denen sich unspezifische bakterielle oder aber traumatische Entzündungsprozesse abgespielt haben. Ähnliches erörtert auch Moro unter Hinweis auf Doerr-Auer und L. Adelsberger. Man hätte es da gewissermaßen mit einer örtlich gebundenen erworbenen allergischen Bereitschaft zu tun[1]. Eine solche fällt aus dem Rahmen dieses Aufsatzes — im Gegensatze zu den innerhalb der Gengemeinschaften dem Lautsprecher Richtung gebenden, also den Erbmomenten.

Die einfachste Vorstellung hierüber ist die von den *erblichen Organ- und Systemminderwertigkeiten* — allerdings nicht in der seinerzeit von Adler

---

[1] Neben solchen Ortsgebundenheiten und über sie hinweg machen sich bekanntlich gewisse Altersgebundenheiten der Kundgebungen besonders bei der exsudativen Diathese bemerkbar (Beispiel: beim Säugling Seborrhoide mit nachfolgenden Ekzemen, beim Kleinkind: Lichen urticatus, beim Schulkind: Polykatarrhe und Bronchialasthma, beim Erwachsenen: Heuschnupfen, Schleimkolik, Steinkrankheit usw.). Hier gibt sich die (im Genotypus verankerte) wechselnde Alterskonstitution zu erkennen.

gebrachten, allzu primitiven Fassung, wohl aber in jener von CURTIUS, der ältere Gedankengänge von KEHRER, HAECKER, RÖSSLE u. a. aufgenommen und fortgeführt hat. Bestünde diese Lehre aber nicht, dann müßte sie meines Erachtens

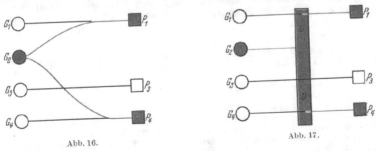

Abb. 16. Abb. 17.

im Hinblick auf die bei den Erbdiathesen gemachten, heute statistisch hinreichend belegten Erfahrungen (Familientypen! Eineier!) geschaffen werden. Auf diesem und anderen Gebieten bekannte sich auch der internistische Erbforscher WEITZ

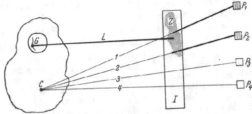

zu ihr (vgl. seine Ausführungen zur Mumps-Meningitis, zur Pneumonie, Glomerulonephritis, Coronarsklerose usw.). Ob die vermeinte erbliche Organminderwertigkeit eine polyvalente, das heißt vielen oder allen Einflüssen gegenüber zum Ausdruck kommende oder aber eine monovalente ist, kann hier dahingestellt bleiben. In letzterem Falle wäre wohl auch die Zustimmung von F. LENZ gegeben. Es würde sich dann um eine Reaktionsbereitschaft oder *besondere Aufgeschlossenheit bestimmter Organgene[1] oder ihrer phänogenetischen Bahnen an irgendeinem Orte für die Einflußnahme des vermeinten Verstärkers* (Aktivators, Sensibilisators) *handeln*. Das in dem Ausdruck „Minderwertigkeit" enthaltene Werturteil ist besser zu vermeiden. Schematisch könnte man die Ver-

Abb. 18. *C* im Cyto-Idioplasma sitzendes Zentrum, der Ursprungsort von normalen bzw. allgemein-pathologischen Reaktionen, Reizbeantwortungen im Phänotypus, wie unter anderem der folgenden: Katarrhalisch-entzündliche Abwehrreaktion an Haut und Schleimhäuten; motorische Abwehrreaktionen des vegetativen Nervensystems; Bildung (sessiler) Antikörper auf Antigenreiz; Hyperplasie von lymphoiden und reticulo-endothelialen Geweben auf infektiöse und nutritive Reize. (Hierzu die Bahnen *1, 2, 3, 4*.) *G* Im Chromosomenapparat sitzendes pathologisches Gen mit Verstärkerwirkung. *L* dessen Bahn. *I* Induktionszentrum, eingeschaltet in die phänogenetischen Bahnen *1—4* usw. *Z* Wirkungszone des verstärkenden Gens innerhalb dieses Zentrums. In dem angenommenen besonderen Falle werden die Bahnen *1* und *2* von der Verstärkerwirkung ereilt. (In anderen Fällen kann je nach der Sachlage im gesamten Idioplasma und in diesem Induktionszentrum die Zone enger begrenzt oder umfassender sein und derart weniger oder mehr der durchlaufenden Bahnen beeinflussen.) *P₁* bis *P₄*: Die phänotypischen Realisationen. Da in dem gedachten Falle die Bahnen *1* und *2* in das Kraftfeld des Verstärkers gelangt sind, wird phänotypisch eine (erhöhte) entzündlich-exsudative Teilbereitschaft an den Körperintegumenten, verbunden mit verstärkter vegetativ-neurotischer Reagibilität vorliegen. In anderen Fällen mögen diese oder andere Teilbereitschaften isoliert oder in wechselvoller Kombination zustande kommen. Es wäre auch die Auffassung zulässig, daß die einzelnen vom Plasmon ausstrahlenden Einflüsse in individuell verschiedenem Maße der Modifikation durch den Verstärker offen sind.

hältnisse der vermeinten Dimerie oder Polymerie[2] gemäß den Abb. 16 oder 17 darstellen. G_2 wäre das Verstärker-Gen; G_1 und G_4 sind — im Gegensatze zu G_3 —

---

[1] v. VERSCHUER spricht von „lokaler Disposition", die bei Polydaktylie höchstwahrscheinlich durch Nebengene geschaffen wird und Familientypen des durch ein autosomales Hauptgen verursachten Bildungsfehlers zur Ausbildung bringt.

[2] Den Fall der Abhängigkeit eines Merkmals von Haupt- und Nebengenen bezeichnet v. VERSCHUER als einen Grenzfall zwischen Monomerie und Polymerie. Echte Polymerie sei nur dann gegeben, wenn zwei Gene von *hauptsächlicher* Bedeutung für ein Merkmal sind. Für das (wohl überaus verbreitete) Zusammenwirken von Faktoren des Cytoidioplasmas mit chromosomalen Genen ist mir eine besondere Bezeichnung nicht bekannt geworden.

für die Beeinflussung durch G_2 aufgeschlossene Faktoren. P_1 und P_4 wären phänotypische Auswirkungen, die unter dem Einfluß des Verstärkers zustande kamen, P_3 ein in dieser Hinsicht refraktäres Merkmal. O wäre ein Induktionszentrum [1], eine Art von Umschaltestelle, ein Relais in der phänogenetischen Bahn. In bezug auf Einzelabweichungen im Phänotypus oder, wenn man die Phänogenese rückläufig verfolgt, wirkt das Gen G_2 gewissermaßen *sammelnd*, in der Gegenrichtung *streuend*.

Den Keim dieser Auffassung trifft man in meinen Ausführungen von 1911 und 1912; etwas Näheres dazu 1931 in der 4. Auflage des Handbuches der Kinderheilkunde, Bd. 1, S. 645.

Bemerkenswerterweise ist Weitz (mit Lenz?) seinerseits angesichts gewisser Unstimmigkeiten im Erbgang der Zuckerharnruhr auch zur Annahme einer in gewisser Hinsicht ähnlichen Dimerie gelangt. Man könnte, heißt es, in dem Buche über die Vererbung innerer Krankheiten S. 131, annehmen, daß die Hauptanlage (zum Diabetes) so schwach ist, daß sie einer Förderung durch eine Nebenanlage bedarf, also eines Verstärkers. „Als solche könnte, wie wir aus bekannten klinischen Erfahrungen schließen, die dominante Anlage zum Arthritismus angesehen werden." (Die Bezeichnungen Haupt- und Nebengen sind natürlich nur als relative zu verstehen.)

Wer (wie Verf.) auf dem Boden der oben (S. 675) erwähnten Lehre von Correns-Wettstein steht und wer Geschehnisse wie Abwehr durch katarrhalisch-entzündliche, motorische und vasomotorische, pathergische Reaktionen usw. zu den „grundlegenden, in der organischen Welt allgemein verbreiteten Lebensvorgängen" zählt, wird sich die Phänogenese beim exsudativen Block etwa nach dem Schema auf Abb. 18 und die zugehörige Legende vorstellen.

Wenn die Ausprägung der verstärkten Reaktionen, die krankhafte Irritabilität auf bestimmten Gebieten in den einzelnen Phänotypen keineswegs entweder gegeben ist oder gänzlich fehlt, sondern sich abstuft, so kann dies unter anderem auch daran liegen, daß die betreffenden Bahnen im Induktionszentrum von der Verstärkerwirkung in wechselndem Ausmaße (nicht bloß in wechselndem Umfange) erfaßt werden.

Daß in einzelnen Sippen die Zeichenkreise des Arthritismus nicht *alle* vertreten sind, daß beispielsweise die allergische Gruppe auch gelegentlich ohne die bradytrophische in Erscheinung treten kann, ist mir wohlbekannt. Auch Hanhart teilt in diesem Werke solche Fälle mit. Das Vorkommnis kann viele verschiedene Gründe haben, die — soweit sie nicht bloß in der Erhebungsweise liegen — sich aus dem Vorgesagten ohne weiteres ergeben. Es spricht nicht nur nicht gegen die hier vertretene Auffassung, sondern stützt sie. Ein Blick auf die Abb. 17 und 18 läßt es ersehen.

Claussen hält es 1937 zwar noch nicht für erwiesen, glaubt aber doch, daß für den Arthritismus „eine tiefere gemeinsame Wurzel vorhanden ist; sie ist am ehesten in einem übergeordneten Gen, das die Reaktionsbereitschaft einstellt, zu vermuten".

Der Lehre, daß durch bestimmte abnorme Faktoren ein Terrain geschaffen werde, dem dann scheinbar verschiedene phänotypische Merkmale entsprießen, waren die Vererbungstheoretiker zumeist ziemlich abgeneigt. Eine Ausnahme in dieser Hinsicht macht Valentin Haecker, der schon vor 20 Jahren folgendes schrieb: „Man kann sich sehr gut denken ..., daß bei Krankheiten, die auf dem Boden einer $\frac{\text{neuropathischen}}{\text{[irritativen]}}$ Konstitutionsanomalie entstehen, neben einer die $\frac{\text{Schwäche des gesamten nervösen}}{\text{[Reizbarkeit des gesamten Receptoren-]}}$ Apparates bedingenden Erbeinheit, [unserem Aktivator], andere in der betreffenden Familie mitgeführte selbständige Erbeinheiten die besondere $\frac{\text{Schwäche}}{\text{[Reizbarkeit]}}$ bestimmter Teile des $\frac{\text{Nervensystems}}{\text{[Receptorenapparates]}}$ bedingen und daß nun, je nach den Kombinationen, in welche die verschiedenen selbständigen Anlagen durch Amphimixis zusammengeführt werden, wechselnde

---

[1] Herrn Prof. Just verdanke ich den Hinweis, daß dieser Ausdruck dem von mir früher (nach Timoféeff) gebrauchten „Organisationszentrum" vorzuziehen ist.

Krankheitsformen und Symptomgruppen zustande kommen. So würde dann unter gleichzeitiger Wirkung der $\frac{konditionellen}{[Umwelt-]}$ Faktoren ... das Bild einer unregelmäßigen $\frac{heterologen}{[heterophänen]}$ Vererbung zutage treten." Dem Originaltexte, auf den ich gleich Curtius erst lange nach Bildung eigener Ansichten gestoßen bin, habe ich unter der Zeile in eckigen Klammern (nebst den heute gebräuchlicheren Fachausdrücken) die Varianten eingefügt, die die Sachlage bei der exsudativen Bereitschaft fordert und man erkennt, daß so eigentlich alles Wesentliche von meinen Ausführungen schon gesagt wäre.

Neuerdings hat sich auch ein anderer hervorragender Vertreter des Faches darüber vernehmen lassen. E. Fischer, demzufolge „der Ausbau der Erblehre des Menschen zum großen Teil am Krankenbett und in der Klinik erfolgt", hat in seinem Wiesbadener Vortrag 1934 geäußert: „Curtius weist ... mit Stammbäumen auf Familien hin, bei denen gewisse Geistes- oder Nervenstörungen und Degenerationen so gehäuft auftreten und untereinander im Erbgang sich so stark vertreten, daß man an ein gemeinschaftliches, sie alle beherrschendes Gen denken kann, dessen phänotypische Manifestation dann umweltbedingt ist. Allerdings ist auch komplizierte Polymerie denkbar, wie der Verfasser auch selbst hinzufügt". Was der erbbedingten Schwäche des gesamten nervösen Apparates, der neuropathischen Familie recht ist, muß meines Erachtens der exsudativen Familie (mit ihren ebenso stichhaltigen Belegen) wohl billig sein. Daß es Fischer an Zustimmung nicht gefehlt hat, bezeugt Just in seiner Einführung der „Zeitschrift für menschliche Vererbungs- und Konstitutionslehre" 1935: „An dieser Stelle ... mag es genügen, darauf hinzuweisen, daß im Lichte einer physiologischen Theorie der Vererbung, im Lichte von Eugen Fischers Vorstellungen *übergeordneter Gene* — bzw. sammelnder Gene im Sinne Pfaundlers, der auf konstitutionspathologischem Gebiete Gedankengängen verwandter Art wie Fischer nachgegangen ist — die Tatbestände konstitutionsbiologischer Typologie eine bedeutungsvolle Erhellung erfahren".

Zusammenfassend möchte ich das Ergebnis etwa wie folgt formulieren: Ein dominant laufendes, mutiertes, autosomales Gen wirkt bei Erbdiathetikern in einer relaisartigen Etappe der phänogenetischen Bahn, einem Induktionszentrum, pathologisch verstärkend auf gewisse im Organismus des Gesunden ablaufende reaktive Geschehnisse (als da unter anderen wären: katarrhalische und entzündliche, motorische, vaso-vegetative, immunologische Reizbeantwortungen) und kann derart in Summa eine Neigung zu mehrfachen Hyperergien setzen. Ob die Verstärkerwirkung sich auf viele oder nur auf vereinzelte Reaktionen erstreckt, auf welche und in welchem Ausmaße, hängt teilweise von der Umwelt, vorwiegend aber wohl von der sonstigen Gesamtkonstellation in der Erbmasse ab. Diese Hypothese erklärt: 1. Die *Erblichkeit* der Diathese (unregelmäßige Dominanz); 2. das überzufällige Zusammentreffen von Teilbereitschaften bei Trägern des Verstärkers, die *Blockbildung*; 3. Die *Heterophänie* in den Sippentafeln; 4. Das *Zufallsmosaik* der Teilbereitschaften in einer gemischten Population (Mixovariation!); 5. die Ausbildung von *Familientypen* bei Blutsverwandten, bis zur Konkordanz unter Eineiern. 6. Die (unscharfe) Scheidung der Population in eine normale und eine diathetische Rasse (Gruppe).

Vielleicht kann die Hyperergie im Laufe der Ontogenese zu Aufbrauchsoder Erschöpfungszuständen führen, wie sie früher (und neuerdings von Grote) als „bradytrophische" bezeichnet wurden.

Das bei der exsudativen Diathese angetroffene Verhalten ist offenbar keineswegs ein nur einmaliges. Analoges kommt auch bei anderen Anlagefehlern vor, namentlich solchen, die sich nicht bloß in funktionellen, sondern schließlich auch in mehr-minder groben substantiellen Störungen kundgeben. Daß diese sich gerne häufen, ist eine alte Erfahrung — besonders jener Autoren, die nicht — wie es Curtius als Brauch mancher Erbforscher beklagte — stur bloß auf ein einziges Merkmal in der Generationsfolge achten. Wer solche Scheuklappen ablegt, hat Mühe Bildungsfehler zu finden, die ohne (fakultative!) Begleiter durch den Stamm laufen. *Überall tauchen Trabanten auf*; sie nehmen anscheinend die Stelle der bei der exsudativen Diathese um deren Kern gruppierten, koordinierten Teilbereitschaften ein. Es handelt sich um Fälle, die insoferne analog erscheinen, als ein Gen störend eingreift in ein näher oder ferner gelegenes Induktions-zentrum, von dem aus Streuungen in den Phänotypen erfolgen, so koordinierte aber wechselvolle Zeichen verursachend[1]. Multiple erbliche Abartungen, Blocks von Fehl-bildungen, sind nicht nur viele bekannt, sondern die Korrelation ihrer Glieder ist auch vielfach schon einwandfrei erwiesen. Im einschlägigen Schrifttum begegnet man ihnen auf Schritt und Tritt — so beispielsweise in J. Bauers groß angelegtem Werke, in den Monographien, die den Erbverhältnissen im Rahmen der einzelnen klinischen Fächer gewidmet sind (Weitz, Hofmeier, Franceschetti, Siemens, B. Aschner — letztere mit genetischen Erklärungsversuchen) und in vielen Sonderschriften. Die Aufklärung über die Zusammenhänge ist bei den einzelnen Blocks teils noch recht dunkel, teils schon einigermaßen vorgeschritten. Zu ihr gehören folgende Punkte: 1. Die Kenntnis des konstruk-tiven oder übergeordneten Genes nach Sitz und weiteren Eigenschaften. 2. Die Kenntnis des Induktionszentrums oder Relais, an dem das Gen angreift. 3. Die Richtung, in die der entwicklungsphysiologische Gang hier von der Norm abgelenkt wird. 4. Die Ausstrahlung nach dem Phänotypus und ihr Effekt dortselbst. 5. Die für letzteren maßgebenden anderen geno- (und evtl. die para-) typischen Einflüsse, die Ausbildung von Familientypen.

Einige Beispiele: Der v. Recklinghausen-Block (unregelmäßig dominant, autosomal — neurofibromatöse Wucherung mit Pigmentanomalien, Haut und Gehirn). Der v. d. Hoeve-Block (dominant, und zwar um so regelmäßiger, je besser man das Gesamtbild umfaßt — Mesenchymschwäche, periostale Knochenbildung, Sklera, Otosklerose usw., Familientypen von Geipert u. a. festgestellt). Der *Status dysraphicus* Bremer (Hemmung im Verschluß des Medullarohres und andere Dysplasien. Die ungewöhnlich starke Ausstreuung läßt viel-leicht einen weit zurückliegenden Sitz der Entwicklungsstörung vermuten[2]. Der Block des *angeborenen Schulterblatt-Hochstandes* nach Schwarzweller. Der Tay-Sachs-Block (Sjögrens einfach recessives Gen, das nach Spielmeyer in den Phosphatidstoffwechsel eingreift. Ausstrahlung in Richtung der amaurotischen Idiotie und der Niemann-Pickschen Krankheit). Der *Anodontiekomplex nach* v. Knorre (ein wahrscheinlich dominantes Haupt-gen stört die Ektodermentwicklung mit Ausstrahlung: Unterzahl der Zähne und Haare, mangelhafte Schweißbildung, Ozaena).

Hingewiesen sei noch auf die Riesenkomplexe, die sich nach Gänsslen u. a. um die Kugelzellenanämie (mit Familientypen!), nach Curtius um die multiple Sklerose gruppieren und die beide stellenweise auch in das Gebiet der exsudativen Diathese übergreifen.

Im Jahre 1911 (Wiesbaden) habe ich darauf hingewiesen, daß der gemeinsame Haupt-sitz der Störungen bei der exsudativen Diathese die Mesenchymabkömmlinge seien. „Es liegt auf der Hand, daß fast alle für die entzündlich-lymphatisch-arthritische Diathesen-gruppe charakteristischen Erscheinungen auf eine angeborene ...Reizbarkeit, Abnutz-barkeit der Mesenchymderivate zurückgeführt werden können." Später sind dann besonders von K. H. Bauer und von Schaffer Angaben aufgetaucht, wonach verschiedene erbliche gruppierte Bildungs- oder Funktionsfehler durch Angriffe von Erbeinheiten auf bestimmte Keimblätter verursacht wären; unter den mutierten Genen befänden sich gewissermaßen Keimblattspezialisten und man war bemüht, vom Standpunkt der Keimblattlehre aus solche Blocks systematisch zu ordnen. Bestimmte Keimblätter würden danach die Rolle

---

[1] Man kann da freilich gelegentlich Gefahr des Irrtums laufen. Bei der Marmorknochen-krankheit zum Beispiel laufen — Familientypen formend — nebenher Blutungsbereitschaft und Sehstörungen. Diese beiden haben sich aber als einfach *sub*ordiniert, nämlich als ziem-lich durchsichtige *Folgen* der Skeleterkrankung selbst herausgestellt. Ferner kann es sich gelegentlich um ein rein additives Zusammentreffen zweier in der Aszendenz getrennt laufen-der Erbfehler handeln, eine Überpfropfung, wofür Weidenmüller ein Exempel bringt. Die Häufigkeit von degenerativen Erbübeln im „Bodensatz der Bevölkerung" begünstigt nach F. Lenz solches Vorkommen. Der Arthritiker liegt hinsichtlich Milieus eher in der entgegengesetzten Richtung.

[2] Es wird oft gefragt, ob diese und andere solche Blocks „genetisch einheitlich" sind oder nicht. Wenn man berücksichtigt, daß es sich da letzten Endes immer um Zusammen-spiel von ein (oder mehreren) regierenden und von zahlreichen weiteren und wechselnden Genen handelt, wird man die Fragestellung nicht sehr glücklich finden.

der Angriffspunkte und der Umschaltestellen für Hauptgenwirkung spielen. Daran ist sicher etwas Richtiges. Dennoch waren meine seinerzeitigen Bedenken (1911, S. 85) gegen eine scharfe Abgrenzung dieser Relais nach Keimblättern wohl nicht unberechtigt. Ganz lehrreich ist hier z. B. LANDAUERS Erfahrung am Krüperhuhn; das dominante Gen dieser Chondrodystrophie greift bei heterozygotem Auftreten am Mesoderm an, beim homozygoten Auftreten aber auf das Ektoderm über.

Während in den meisten Fällen von multipler erblicher Abartung Einzelheiten über die Phänogenese noch unbekannt sind, liegt in *einem* Falle eine ebenso überraschende wie überzeugende Aufklärung vor, die der Forschungsarbeit von KRISTINE BONNEVIE (1930), ihrer Vorläufer BAGG und LITTLE (1924), sowie auch ihrer Nachfolger WAARDENBURG (1934), G. B. GRUBER (,,Dysencephalia splanchnocystica dysopica polydactylica!"), O. ULLRICH (1936) und H. SCHADE (1937) zu danken ist. Den Pädiater verweise ich namentlich auf ULLRICHS letzte klinische Publikation über den Gegenstand[1]. Hier liegt die Kenntnis eines Hauptgens vor (das recessive BAGG-LITTLESche Gen könnte freilich nach ULLRICH *beim Menschen* durch ein ähnlich wirkendes anderes ersetzt sein), ferner seines Angriffspunktes und seiner Angriffsrichtung (embryonaler Ventrikelhydrops mit Austritt und Blasenbildung) und der Ausstrahlung nach verschiedenen Richtungen durch Blasenwanderung. Namentlich für Wege und Endpunkte dieser Wanderung und damit für das phänotypische Erscheinungsbild werden unzweifelhaft sowohl genotypische Modifikatoren (SCHADE betont intrafamiliäre Konstanz!) als auch Umwelteinflüsse den Ausschlag geben. Somit läuft im Grunde alles nach dem bei den Diathesenblocks erläuterten Typus. Die Ausstreuung setzt hier nur verhältnismäßig spät in der Ontogenese ein.

Neben dem bisher in den Vordergrund gerückten Mechanismus können auch wohl andere Mechanismen für gewisse Formen von erblichen Blocks verantwortlich gemacht werden. E. BAUER, auch B. ASCHNER waren geneigt anzunehmen, daß es sich bei der Bildung solcher wechselnder Gruppen um Auswirkung von gekoppelten Faktoren handelt, die dem Austausch mit Allelen bei der Syndese unterliegen. Es kommt auch das Vorkommen von simultan entstehenden multiplen Mutationen ohne Koppelung in Frage, die gleichwohl mehr oder weniger gruppiert in der Erbfolge weiterlaufen können. Hier scheint es freilich — gar bei etwaigen selten auftretenden recessiven Faktoren — wenig wahrscheinlich, daß nach einigen Generationen noch größere Erscheinungskomplexe in der ursprünglichen Form wiederkehren.

Rassenhygienische Fragen.

1. Auf dem Gebiete der exsudativen Diathese kann eine spontane Auslesewirkung dadurch eintreten, daß gewisse Manifestationen mit erhöhter Sterblichkeit einhergehen. Die der exsudativen Diathese pauschaliter zugeschriebene Erhöhung der Letalität an gewissen akuten Infektionskrankheiten, wie besonders Scharlach und Diphtherie, fällt anscheinend vorwiegend auf die lymphatische Teilbereitschaft (ESCHERICH, CZERNY, FEER). Einwandfreies, fehlerkritisch geprüftes statistisches Material liegt darüber freilich meines Wissens noch kaum vor. Teilweise einschlägig sind hier die Erhebungen STICKLERS an der Münchener Kinderklinik, die den Einfluß der Körperfülle auf die Letalität zum Gegenstande haben; denn die pastös-lymphatischen und obes-hydropischen Individuen sind hauptsächlich unter den Kindern mit *über*durchschnittlicher Körperfülle zu suchen. Die Letalität betrug unter den letzteren bei Scharlach $5,0 \pm 2,2\%$, bei Diphtherie mit Verbreitung nach den Luftwegen $9,0 \pm 2,9\%$, bei lokalisierter Rachendiphtherie $1,3 \pm 0,9\%$. Die entsprechenden Zahlen bei den Kindern von *unter*durchschnittlicher Fülle sind: $1,0 \pm 1,0\%$, $3,0 \pm 1,7\%$ und $1,3 \pm 0,9\%$. Gegen Tuberkulose hingegen scheinen Lymphatiker eher eine erhöhte Resistenz zu haben.

---

[1] Klin. Wschr. **1938** I, 185.

Den Allergikern schreibt BALYEAT eine den Durchschnitt weit übertreffende Widerstandsfähigkeit gegen Infekte zu und bringt dafür auch eine ziemlich naheliegende Begründung.

Nicht zu bezweifeln ist die erhöhte Sterblichkeit der heterodystrophischen und der hydrolabilen Säuglinge.

2. Eugenische Maßnahmen, die auf eine Ausmerzung der exsudativen Diathese abzielen, dürften aus verschiedenen Gründen nicht in Frage kommen. TACHAU meint, daß von allen 1—2jährigen Kindern etwa 75% einschlägige Kundgebungen aufweisen. Dazu kommt, daß die exsudativ-arthritischen Individuen keineswegs pauschaliter als Minusvarianten oder schlechtweg als minderwertig angesprochen werden dürfen. Seit langem steht fest, daß man die Spätkundgebungen mehr in der wohlsituierten städtischen Bevölkerung antrifft. Dies hat dazu Anlaß gegeben, daß Luxuskonsumption und andere mit Wohlstand zusammenhängende Umweltschäden unter den Ursachen über Gebühr in den Vordergrund geschoben wurde. Dahinter dürften aber andere Zusammenhänge stecken, nämlich die Korrelation zwischen Wohlstand einerseits, höherer geistiger Begabung und besserer ärztlicher Information andererseits. Namentlich BALYEAT fand, daß die exsudative Diathese durchschnittlich mit höherer Intelligenz, ich möchte sagen mindestens mit höherer Liquidität des Wissens und geistiger Beweglichkeit verknüpft ist, was auch dem wahren Wesen des Zustandes entspricht (s. hierzu PANNHORST).

In der Eheberatung wird man unter Umständen sehr wohl auf höhere Grade von exsudativer Diathese Rücksicht nehmen — ob sehr erfolgreich, bleibt dahingestellt.

Schrifttum.

Die mit Stern (*) bezeichneten Arbeiten enthalten reichliche weitere Zitate.

*BAUER, E., E. FISCHER, F. LENZ: Menschliche Erblehre, 2. Aufl. München: J. F. Lehmann 1936.

*CZERNY, A. u. A. KELLER: Des Kindes Ernährung usw., 2. Aufl. Leipzig u. Wien: Franz Deuticke 1923.

*DOERR, R.: BETHES Handbuch der normalen und pathologischen Physiologie. Berlin: Julius Springer 1925. — KOLLE und WASSERMANNS Handbuch der pathogenen Mikroorganismen, 2. Aufl., Bd. 2. Jena: Gustav Fischer.

*FINKELSTEIN, H.: Ekzem und ekzemähnliche Dermatosen. Handbuch der Kinderheilkunde (Hautkrankheiten des Kindesalters), Bd. 10. Berlin: F. C. W. Vogel 1935.

*HOFMEIER, K.: Die Bedeutung der Erbanlagen für die Kinderheilkunde. Stuttgart: Ferdinand Enke 1938. — *HUSLER, J.: Exsudative Diathese, Lymphatismus, Status thymico-lymphaticus, Arthritismus. PFAUNDLER-SCHLOSSMANNS Handbuch der Kinderheilkunde, 4. Aufl., Bd. 1. Berlin: F. C. W. Vogel 1931.

*KÄMMERER, H.: Allergische Diathese. München: J. F. Bergmann 1934. — *KLOTZ, M.: Exsudative Diathese. BERGMANN-STAEHELINS Handbuch der inneren Medizin, 2. Aufl., Bd. 4/1. Berlin: Julius Springer 1926.

*LEDERER, R.: Konstitutionspathologie. Kinderheilkunde. Berlin: Julius Springer 1924.

*MORO, E. Eczema infantum und Dermatitis seborrhoides. Berlin: Julius Springer 1932.

*SAMELSON, S.: Die exsudative Diathese. Berlin: Julius Springer 1914. — *SCHEER, K.: Über die exsudative Diathese. Zbl. Hautkrkh. **22**, H. 3/4.

*TACHAU, P.: Die exsudative Diathese CZERNYs. Zbl. Hautkrkh. **20**.

ADELSBERGER, L.: Das Verhalten der kindlichen Haut gegenüber verschiedenen Reizen. Z. Kinderheilk. **43**, H. 4/5 (1927). — Alimentäre Allergie. Verdauungs- und Stoffwechselkrankheiten, Bd. 12, H. 5. 1934.

BAAGÖE, K. H.: Asthma im Verhältnis zu Alter und Geschlecht. Klin. Wschr. **1931 II**. — BALYEAT: Zit. nach KÄMMERER. Amer. J. med. Sci. **176** (1928). — BAUER, J.: Konstitutionelle Disposition zu inneren Krankheiten, 3. Aufl. Berlin: Julius Springer 1924. — BAUER, K. H.: Erbkonstitutionelle „Systemerkrankungen" und Mesenchym. Klin. Wschr.

1936 I. — BAUER, K. H. u. J. GÖTTIG: Der Nachweis einer Systemerkrankung bei örtlichen körperlichen Mißbildungen. Z. menschl. Vererbgslehre **19** (1936). — BECKER, E. G.: Pneumonien bei Zwillingen. Z. menschl. Vererbgslehre **22** (1938). — BLOCH: 14. Kongreß dtsch. dermat. Ges. Dresden 1925. — BODDIN, M.: Beitrag zur Klinik des neurogenen Ekzems im Kindesalter. Med. Klin. **1930 I.** — BONELL, W: Beiträge zur Frage des Geschlechtsverhältnisses bei Kinderkrankheiten. Z. Kinderheilk. **57** (1935). — BORCHARDT, L.: Allgemeine klinische Konstitutionslehre. Erg. inn. Med. **21** (1922). — BRAY: Zit. nach GRIEBEL.
CAMERER, J. W. u. R. SCHLEICHER: Beitrag zur Frage der konstitutionellen Fett- und Magersucht. Z. menschl. Vererbgslehre **19** (1936). — CATEL, W.: Besprechung Klin. Wschr. **1938 I.** — CLAUSSEN, F.: Erbfragen bei rheumatischen Krankheiten. Z. Abstammgslehre **73**, H. 3/4. — Über Erblichkeit innerer Krankheiten. Zbl. inn. Med. **58**, Nr 46 (1937). — CURTIUS, F.: Organminderwertigkeit und Erbanlage. Klin. Wschr. **1932 I.** — Die neuropathische Familie. Das kommende Geschlecht, Bd. 7. — Multiple Sklerose und Erbanlage. Leipzig: Georg Thieme 1933. — Die Erbkrankheiten des Nervensystems. Stuttgart: Ferdiand Enke 1935. — CZERNY, AD.: Die exsudative Diathese. Jb. Kinderheilk. **61** (1905). — Zur Kenntnis der exsudativen Diathese, 1. Mitt. Mschr. Kinderheilk. **4**, Nr 1 (1905). — Zur Kenntnis der exsudativen Diathese, 2. Mitt. Mschr. Kinderheilk. **6** (1907). — Zur Kenntnis der exsudativen Diathese, 3. Mitt. Mschr. Kinderheilk. **7** (1908).
DAMIANOVICH, J.: Semaine méd. **1938.** Ref. Zbl. Kinderheilk. **35** (1939). — DOXIADES: Die Bedeutung der vasoneurotischen Konstitution in den verschiedenen Lebensaltern. Konstitutions- und Vererbungsbiologie. Leipzig: Johann Ambrosius Barth 1934.
EPPINGER, H. u. L. HESS: Die Vagotonie. Slg klin. Abh. **1910.** — FISCHER, E.:
FINKELSTEIN, H.: Allergie als Ursache der Ekzeme. Med. Klin. **1932.** — FISCHER, E.: Die heutige Erblehre in ihrer Anwendung auf den Menschen. Verh. dtsch. Ges. inn. Med. Wiesbaden 1934. — FRIBOES, W.: Gedanken zu Konstitution und Dermatologie. Konstitution und Erbbiologie. Leipzig: Johann Ambrosius Barth 1934. — FRIEDJUNG, J. K.: Der Status lymphaticus. Zbl. Grenzgeb. Med. u. Chir. **3**, H. 12 (1900).
GÄNSSLEN: Dtsch. Arch. klin. Med. **140** (1922); **146** (1925). — GOTTRON, H.: Ausgewählte Kapitel zur Frage von Konstitution und Hautkrankheiten. Konstitution und Erbbiologie. Leipzig: Johann Ambrosius Barth 1934. — GRÉGOIRE, CH.: Allergische Veränderungen. Krkh.forsch. **9** (1931). — GRIEBEL, C. R.: Rhinitis vasomotorica als allergische Erkrankung. Klin. Wschr. **1938 I.** — GRUBER, G. B.: Zur Vererbungsfrage im Falle der Mißbildungen. Med. Klin. **1934 I.** — GYÖRGY, P.: Stoffwechsel und Immunologie der Haut. Handbuch der Kinderheilkunde, Bd. 10 (Hautkrankheiten des Kindesalters.) Berlin: F. C. W. Vogel 1935.
HAAG, FR. E.: Untersuchungen über allergische Krankheiten. Klin. Wschr. **1932 II.** — HAECKER, V.: Über Regelmäßigkeiten im Auftreten erblicher Normaleigenschaften usw. Med. Klin. **1918 II.** — HANHART, E.: Körperliche Entwicklung und Vererbung. Vererbung und Erziehung. Berlin: Julius Springer 1930. — Über die Vererbung von Anlagen und Idiosynkrasien. Verh. dtsch. Ges. inn. Med. Wiesbaden **1934.** — Erbklinik und Idiosynkrasien, Einleitung. Dtsch. med. Wschr. **1934 II.** — Das Heufieber als Leitsymptom allergischer Veranlagung. Dtsch. med. Wschr. **1934 II.** — Das idiosynkrasische Bronchialasthma. Dtsch. med. Wschr. **1934 II.** — Die idiosynkrasische Migräne. Dtsch. med. Wschr. **1936 II.** — Die Idiosynkrasien gegen Nahrungsmittel. Dtsch. med. Wschr. **1937 II.** — HANSEN, K.: Diskussion. Verh. dtsch. pharmak. Ges. **1930.** — Nahrungsmittelallergie. Ther. Gegenw., Juli **1932.** — Moderne Probleme der Allergieforschung. Angew. Chem. **45** (1932). — HIS, W.: Diathesen in der inneren Medizin. Kongreß inn. Med. Wiesbaden 1911.
JUST, G.: Über multiple Allelie beim Menschen. Arch. Rassenbiol. **24.** — Zur gegenwärtigen Lage der menschlichen Vererbungs- und Konstitutionslehre. Z. menschl. Vererbgslehre **19** (1936).
KALLÓS, P. u. L. KALLÓS-DEFFNER: Die experimentellen Grundlagen der Erkennung und Behandlung der allergischen Krankheiten. Erg. Hyg. **19** (1937). — KLINGE, FR.: Pathologische Anatomie des Rheumatismus. Sitzgsber. klin. Wschr. **1931 II.** — KNORRE, G. O.: Ein angeborener Ektodermaldefekt und seine Vererbung. Z. menschl. Vererbgslehre **20** (1937). — Koss, A.: Die Beziehungen der exsudativen Diathese usw. Inaug.-Diss. Frankfurt a. M. 1927.
LEERS, H.: RECKLINGHAUSENsche Krankheit und cerebrales Syndrom. Z. menschl. Vererbgslehre **19** (1936). — LEHMANN, W.: Zwillingspathologische Untersuchungen über die dystrophische Diathese. Z. Abstammgslehre **70.** — LENZ, F.: Erblichkeitslehre im allgemeinen und beim Menschen im besonderen. BETHES Handbuch der normalen und pathologischen Physiologie, Bd. 17. Berlin: Julius Springer 1925.
MAYR, J. K.: Zur Vererbbarkeit des Ekzems. Arch. f. Dermat. **171** (1934). — MENDELSOHN, M.: Zur Frage des Arthritismus in Frankreich. Kongreß inn. Med. Wiesbaden 1911. — MORO, E. u. L. KOLB: Über das Schicksal von Ekzemkindern. Mschr. Kinderheilk. **9** (1910). MÜLLER, F. v.: Über die uretische Diathese. Wien. klin. Wschr. **1937 II.**
ORGLER, A.: Über Erbgleichheit eineiiger Zwillinge. Med. Klin. **1935 I.**

Pannhorst, R.: Die erbliche Diabetesanlage. Verh. dtsch. Ges. inn. Med. Wiesbaden 1934. — Petow: Allergische Krankheiten und Konstitution. W. Jaenischs Konstitutions- und Vererbungsbiologie. Leipzig: Johann Ambrosius Barth 1934. — Pfaundler, M. v.: Über Wesen und Behandlung der Diathesen. Verh. dtsch. Kongreß inn. Med. Wiesbaden 1911. — Kindliche Krankheitsanlage (Diathesen) und Wahrscheinlichkeitsrechnung. Z. Kinderheilk. 4 (1912). — Konstitution und Konstitutionsanomalien. Pfaundler-Schloss- manns Handbuch der Kinderheilkunde, 4. Aufl., Bd. 1. Berlin: F. C. W. Vogel 1931. — Säuglingssterblichkeit und Erblichkeit. Münch. med. Wschr. 1936. — Pathologie der Konstitution. v. Feers Lehrbuch der Kinderheilkunde, 12. Aufl. Jena: Gustav Fischer 1938. — Historische Bemerkungen zu Name und Begriff „Diathese". Z. menschl. Ver- erbgslehre 22 (1938). — Pfaundler, M. v. u. L. v. Seht: Über Syntropie von Krank- heitszuständen. Z. Kinderheilk. 30, H. 1/2 (1921).
Rehsteiner, R.: Beiträge zur Kenntnis der Verbreitung des Heufiebers. Inaug.-Diss. Zürich 1926 (Gutzviller). — Rominger, E.: Vegetative Diathese im Kindesalter. Arch. Kinderheilk. 89 (1930). — Rominger, E. u. R. Ganther: Über die Bedeutung des Hand- leistenbildes usw. Z. Kinderheilk. 36 (1923). — Rosenbaum, S.: Die Bedeutung der Eiklar- reaktion für die Beurteilung der Eczema infantum. Dermat. Wschr. 1932 II. — Rost, G. A. u. A. Marchionini: Asthma-Ekzem, Asthma-Prurigo usw. Würzburg. Abh. 27, H. 10 (1932).
Schade, H.: Zur endogenen Entstehung von Gliedmaßendefekten. Z. Morph. u. Anthrop. 36, H. 3 (1937). — Scheer, K.: Beiträge zur Syntropie von Krankheitszuständen. Z. Kinderheilk. 49 (1930). — Schiller, M.: Zwillingsprobleme, dargestellt auf Grund von Untersuchungen. Z. menschl. Vererbgslehre 20 (1937). — Schmidt, H.: Beiträge zum Stu- dium der cutanen Allergien. Arch. Kinderheilk. 53 (1910). — Schmidt-Kehl, L.: Über den Vererbungsmodus bei den allergischen Krankheiten. Arch. Rassenbiol. 27 (1933). — Schwarzweller, F.: Die angeborene Schulterblatthochstand. Z. menschl. Vererbgslehre 20 (1937). — Die Akrocephalosyndaktylie. Z. menschl. Vererbgslehre 20 (1937). — Siemens, H. W.: Die Zwillingspathologie. Berlin: Julius Springer 1924. — Die Vererbung in der Ätiologie der Hautkrankheiten. Jadassohns Handbuch der Haut- und Geschlechtskrank- heiten, Bd. 3. Berlin 1929. — Spaich, D. u. M. Ostertag: Untersuchungen über allergische Erkrankungen bei Zwillingen. Z. menschl. Vererbgslehre 19 (1936). — Spain and Cooke: J. of Imm. 9 (1924). — Stickler, Fr.: Körpergewicht und Resistenz von Kindern gegen Infekte. Arch. Kinderheilk. 67 (1919). — Stoeltzner, W.: Oxypathie. Berlin: S. Karger 1911. — Strümpell, A. v.: Asthma bronchiale. Med. Klin. 1910 I.
Tachau, P.: Zur Lehre von den kindlichen Diathesen. Klin. Wschr. 1926 II. — Tezner: Über Sofort- und Spätreaktion als allergische Hautprobe. Jb. Kinderheilk. 142; 145. — Timoféeff-Ressovsky: Über den Einfluß des genotypischen Milieus ... auf die Realisation des Genotypus. Nachr. Ges. Wiss. Göttingen, Fachgr. VI, N. F. 1, Nr 6 (1934).
Ullrich, O.: Neue Einblicke in die Entwicklungsmechanik usw. Klin. Wschr. 1938 I. — Urbach, E.: Allergie als Ursache der Ekzeme. Med. Klin. 1932.
Verschuer, O. v.: Ergebnisse der Zwillingsforschung. Verh. Ges. phys. Anthrop. 11. — Die Konstitutionsforschung im Lichte der Vererbungswissenschaft. Klin. Wschr. 1929 I. — Allgemeine Erbpathologie des Menschen. Erg. Path. 26 (1932). — Verh. dtsch. inn. Med. Wiesbaden 1934. — Erbpathologie. Med. Prax. 1934.
Weitz, W.: Die Vererbung innerer Krankheiten. Stuttgart: Ferdinand Enke 1936. — White, Th.: Über Skropheln und Kröpfe. Aus dem Englischen mit einem Anhang des Übersetzers. Offenbach a. M.: U. Weiß u. C. L. Brede 1788. — A Treatise on struma or scrophula, in which the impropriety of considering it as an hereditary disease is printed out. London 1784. — Wittgenstein, H.: Exsudative Diathese und vegetatives Nerven- system. Wien. Arch. inn. Med. 11 (1925).

Eignung.

Von Th. Fürst, München.

I. Biologische Grundlagen der Berufsberatung.

Die nach dem Kriege ins Leben gerufene Berufsberatung ist aus der Not der Zeit geboren. Das Mißverhältnis zwischen der Zahl der damals zur Verfügung stehenden Arbeitsstellen zur Zahl des Angebots an jugendlichen Arbeitskräften brachte es mit sich, daß die Arbeit der den Arbeitsämtern angegliederten Berufsberatungsämter mehr oder weniger nur den Charakter einer Lehrstellenvermittlung trug. Die Mitarbeit des Arztes spielte dabei nur eine untergeordnete Rolle, insofern als von ihm nur ein Urteil nach der negativen Seite verlangt wurde.

Es war daher begreiflich, daß eine größere Zahl von Berufszweigen, namentlich der Großindustrie, sich mit den von den Arbeitsämtern erfolgten Zuweisungen nicht begnügte und aus eigener Initiative die Auslese eines für sie geeignet erscheinenden Nachwuchses in die Hand nehmen wollte. Es wurden dabei arbeitstechnische Gesichtspunkte in den Vordergrund gestellt. Ingenieure und Psychotechniker wetteiferten in den Betrieben, nach amerikanischem Muster Prüfungsschemas zur Erkennung von Spezialbegabungen aufzustellen.

Auch bei diesen Bestrebungen wurde die volkshygienische Seite des Problems nicht genügend berücksichtigt. Denn vom konstitutionsbiologischen Standpunkt aus ist die Erkennung von Spezialbegabungen weniger wichtig als die der körperlich-geistigen Grundveranlagung, die im Laufe der Berufsausbildung in ihren Einzelheiten erst zur Entfaltung gebracht werden soll. Es entspricht dem vom heutigen Staat aufgestellten Prinzip der Gesundheitsführung, wenn die ärztliche Untersuchung nicht wie bisher als ein untergeordneter Teil, sondern vielmehr als die Grundlage der Berufsberatung betrachtet werden muß.

Wenn dieses Ziel erreicht werden soll, so dürfen wir nicht von wirtschaftlichen noch von arbeitstechnischen, sondern von biologischen Gesichtspunkten ausgehen. In *erster Linie* handelt es sich um die Beantwortung der Frage, welche *Beziehungen zwischen Konstitution und beruflicher Arbeit* bestehen.

Diese Beziehungen sind wechselseitiger Art. Auf der einen Seite sucht sich der Mensch unter natürlichen Verhältnissen von vornehrein nur einen Beruf, der ihm seiner körperlichen und geistigen Veranlagung nach zusagt. Auf der anderen Seite formt der Beruf nachträglich erst Geist und Körper. Diese Beziehungen sind am leichtesten erkennbar an den körperbaulichen Verhältnissen in den einzelnen Berufsgruppen. Es gehört zu den sinnfälligsten Eindrücken bei der berufsschulärztlichen Untersuchung *jugendlicher Arbeiter*, daß *schon bei den Eintrittsklassen sehr erhebliche Unterschiede in der Verteilung der Körperbautypen bestehen und daß sich unter dem Einfluß der Berufsarbeit während der Lehrzeit diese Unterschiede noch weiter verstärken.*

Man pflegt wegen der nach Beschäftigungsart verschiedenen Einwirkungen der Berufsarbeit auf den jugendlichen Körper von „*Reiz-*" und „*Reizmangelberufen*" zu sprechen, eine Bezeichnung, die auch heute noch für die arbeitsphysiologische Einteilung der Berufsform sich als zweckmäßig erweist. Durch die Einführung der Körperertüchtigung in den staatlichen Jugendorganisationen sind allerdings die körperbaulichen Unterschiede zwischen „Reiz-" und „Reiz-mangelberufen" wesentlich verringert worden.

Gehen wir von diesen unverkennbaren Wechselbeziehungen zwischen Körperbau und Beruf aus, so ergeben sich für die Berufsberatung zwei praktisch wichtige Fragen.

Die erste Frage lautet, ob man aus dem äußeren Körperbau überhaupt Schlüsse auf die innere Veranlagung ziehen kann.

Grundsätzlich ist diese Frage, seitdem durch Kretschmer die Klärung der leibseelischen Zusammenhänge zu einer der wichtigsten Aufgaben der Konstitutionsforschung erhoben worden ist, zu bejahen, wenn auch allerdings zugegeben werden muß, daß die Kretschmersche Lehre sich ursprünglich nur mit den zwischen Körperbau und Seelenleben des Erwachsenen bestehenden Zusammenhängen beschäftigt hatte.

Die zweite Frage lautet, ob sich im Zeitpunkt der Berufsberatung, der bei 80% des jugendlichen Nachwuchses mit dem Beginn der Reifungsperiode, dem sogenannten zweiten Gestaltswandel, zusammenfällt, eine Prognose des späteren bleibenden Körperbautypus stellen läßt, bzw. welche Methode angewendet werden muß, um die Typenbestimmung in diesem Alter möglichst zuverlässig für die Prognostik der späteren Leistungsfähigkeit zu gestalten.

Als erster hat Coerper eine Beantwortung dieser Fragen versucht und im Einklang mit der Kretschmerschen Lehre die Theorie aufgestellt, daß *jedem Konstitutionstypus schon im jugendlichen Alter ein bestimmtes Leistungsgefühl zu eigen ist*, das sich aus drei Komponenten zusammensetzt: dem *Gefühl für grobe Kraft* als ausgesprochenem Bewegungsbedürfnis, dem *Gefühl der Geschicklichkeit*, dem Zusammenspiel zwischen Muskel- und Nervensystem unter dominierendem Einfluß des letzteren, und endlich dem *Gefühl der Materialbeherrschung*, einem schon sehr früh auftretenden Primitivgefühl, das sich in einem nach Geschlecht und Körperbauart verschiedenem Drang der Jugendlichen äußert, bestimmte Stoffe beim Erwachen ihres Betätigungstriebes zu bevorzugen. Zeller konnte ebenfalls bestätigen, daß in sog. „Vollklassen" gewerblicher Berufsschulen, wo den Jugendlichen die Wahl freigestellt wurde, ob sie sich lieber an dem Unterricht in Metall- oder Holzbearbeitung beteiligen wollten, sich die breitgebauten, breitschädeligen eher kurzmuskulären Typen mit Vorliebe der Metallbearbeitung zuwandten, während in der Holzklasse mehr schlanke, schmalgesichtige und langgliedrige Jugendliche versammelt waren. Das Erwachen dieser drei Komponenten des Leistungsgefühls läßt sich in seinen ersten Ansätzen schon in sehr frühen Stadien des Kindesalters beobachten. Vor allem kann das Verhalten beim Spiel in mancher Hinsicht dem psychologisch geschulten Beobachter wegweisend für die Erkennung der inneren Wesensart sein. Schiller hat diesen Gedanken schon in seinen Briefen über die ästhetische Erziehung des Menschen ausgesprochen mit den Worten: „Der Mensch spielt nur, wo er in voller Bedeutung Mensch ist, und er ist nur da ganz Mensch, wo er spielt". Die Berufswahl ist also nach Coerper eine Art Triebhandlung, die psychologisch schon früh im Kindesalter vorbereitet wird. Ist das Leistungsgefühl eines Kindes normal entwickelt, so zeigt sich — entsprechende Belehrung über das Wesen der Berufe vorausgesetzt — zu rechter Zeit ein mehr oder weniger klarer Berufswunsch. Die Aufgabe des Berufsberaters besteht in der Beseitigung von Unklarheiten und der Entschleierung latenter, noch nicht ganz bewußt gewordener Berufswünsche. Gerade in solchen Fällen kann durch die Körperbaubestimmung des Arztes dem Berufsberater seine Aufgabe erleichtert werden. Während die klinische Untersuchung eigentlich nur dem Zweck der negativen Berufsberatung durch Namhaftmachung aller irgendwie die Berufstätigkeit ausschließender oder behindernder Fehler dient, bildet die Körperbaubestimmung

schon einen gewissen Ausgangspunkt für die Gestaltung der ärztlichen Berufsberatung im positiven Sinne. Das Bestreben der ärztlichen Berufsberatungsuntersuchungen muß also dahin gehen, eine brauchbare, d. h. einheitliche und
leicht verständliche Einteilung der normalen Körperbautypen zu treffen und
sie von pathologischen Fehlentwicklungen und Abweichungen von der Norm
abgrenzen zu können.

COERPER hat für die Einteilung von Schulkindertypen wie auch für die
körperliche Stigmatisierung von Berufstypen sich an die Nomenklatur SIGAUDs
und MACAULIFFEs gehalten. So zählt er zum *muskulären* Typus beim männlichen
Geschlecht: Schlosser, Dreher, Bäcker, Schmiede, Schuhmacher, Maurer, Landwirte; beim weiblichen Geschlecht: Hausangestellte, Lebensmittelverkäuferinnen
und Köchinnen; zum *respiratorischen* Typus beim männlichen Geschlecht (verwandt mit dem leptosomen Typus KRETSCHMERs): Tischler, Maler und Tape-
zierer; beim weiblichen Geschlecht: Schneiderinnen und Modistinnen; zum
cerebralen Typus beim männlichen Geschlecht: Büroangestellte, Lehrer (ebenfalls mit dem leptosomen Typus verwandt): Feinmechaniker, Uhrmacher; beim
weiblichen Geschlecht: Kontoristinnen. Neben diesen 3 Gruppen gibt es aber
in dem COERPERschen System noch eine große Anzahl Übergangsformen, die
er als gastrische Formen, überfällige, Riesen-, Kümmerformen usw. bezeichnet.
Es frägt sich, ob durch ein kompliziertes Einteilungssystem die Schwierigkeiten
der Körperbaubestimmungen bei Kindern und Jugendlichen nicht unnötig
vermehrt werden.

Nach BRANDT muß bei der Gestaltung des Menschen zwischen drei verschiedenen sich überlagernden Phänomenen unterschieden werden: Determination —
Wachstum — Differenzierung. Determiniert, d. h. in der Anlage vorhanden,
ist nur die Anlage zur Breiten- bzw. Längenentwicklung. Diese Anlage wirkt
sich schon in frühester embryonaler Zeit aus und läßt schon nach der Geburt
bei Säuglingen leptosome bzw. eurysome Typen erkennen. Durch die paratypischen Einflüsse werden während des Wachstums und der Differenzierung
alle Organe und Gewebssysteme erfaßt. Die Auswirkung dieser sekundären
Vorgänge dokumentiert sich am deutlichsten am Knochen- und Muskelsystem.

Die von KRETSCHMER ursprünglich nur für das Erwachsenenalter angegebene Einteilung der normalen Typen des menschlichen Körperbaus in „leptosom, muskulär, pyknisch" hat sich auch für das Wachstumsalter schnell bewährt,
weil es sich bei der Bestimmung zunächst hauptsächlich um ein Urteil handelt,
wie weit der Differenzierungsprozeß an Muskelapparat und Knochensystem,
sowie in bezug auf die Längen- und Breitenentwicklung vorgeschritten ist.
Für das weibliche Geschlecht ist allerdings vorgeschlagen worden, an Stelle
der KRETSCHMERschen Einteilung, die sich im wesentlichen auf „Attribute
reifer Männlichkeit" beziehe, eine andere Einteilung zu wählen, die der Ausprägung der spezifisch weiblichen Charaktere besser gerecht würde. Jedoch
ist die plastische Formung des weiblichen Körpers, die GLAESNER für die von
ihr getroffene Einteilung in hypoplastisch-euplastisch- und hyperplastisch
benützt, grundsätzlich dem am männlichen Körper sich abspielenden Differenzierungsprozeß völlig analog.

NOWAK hat unter Zugrundelegung der KRETSCHMERschen Einteilung an
großem Wiener Material anläßlich der bei der Berufsberatung stattfindenden
ärztlichen Untersuchungen die Körperbautypenverteilung bei Lehrlingen von
26 gewerblichen Berufen zu ermitteln versucht und das Ergebnis mit den nach
2jähriger Lehrzeit eingetretenen Veränderungen verglichen. Es ließ sich erkennen, daß bei den sogenannten „Reizberufen" die muskulär athletischen
Typen schon beim Berufseintritt stärker vertreten sind, während umgekehrt
in den sogenannten „Reizmangelberufen" die leptosom-asthenischen Formen

überwiegen bei gleichzeitiger hoher Beteiligung der infantilen Typen. Allerdings ist die von NOWAK angegebene Zahl von „Mischformen" bei den Berufseintreten-den auffallend hoch. Sie beträgt unter Miteinrechnung der asthenischen, infantilen und dysplastischen Typen 55%. Erst nach 2jähriger Lehrzeit sinken die Zahlen für die Mischformen von 27% auf 7,2%, bei den Infantilen von 14,7% auf 2,1%, bei den dysplastischen und asthenischen Formen bleibt der Prozent-satz ziemlich gleich.

Angesichts des nach den Untersuchungen von NOWAK auffällig starken Überwiegens von Misch- und Übergangsformen im Beginn der Pubertät gegen-über den reinen Typen erscheint eine gewisse Skepsis berechtigt, wie weit der Körperbautypenbestimmung in diesem Alter Wert beizumessen ist. Denn, wenn schon bei *einem* Untersucher in über der Hälfte der Fälle kein sicheres Urteil gefällt werden kann, so ist die Wahrscheinlichkeit, daß die von *mehreren* Untersuchern getroffenen Körperbaudiagnosen in einem noch größerem Prozent-satz keine Übereinstimmung zeigt, eine sehr hohe.

Die Herbeiführung einer möglichsten Übereinstimmung ist aber erste Voraus-setzung für die praktische Verwertbarkeit typologischer Urteile. Um sich über die Grenzen der Leistungsfähigkeit der konstitutionstypologischen Beurteilung überhaupt, im Wachstumsalter im Besonderen, klar zu werden, empfiehlt es sich zunächst, davon auszugehen, was unter dem Begriff „Typus" eigentlich zu verstehen ist. Das Wort „Typus" wird im Sinne eines den Charakter einer Allgemeinheit wiederholenden Musterbeispiels gebraucht. Bei der Aufstellung solcher Musterbeispiele, gleichgiltig ob es sich um die Verwertung für die Syste-matik toter oder lebender Objekte handelt, müssen grundsätzlich identische Merkmale miteinander verglichen werden. In den früheren typologischen Ein-teilungssystemen wurde diese Regel nicht immer berücksichtigt. BORCHARDT hat z. B. darauf hingewiesen, daß es schon rein sprachlich einen Widersinn bedeutet, den Begriff „asthenisch" der Bezeichnung „pyknisch" gegenüber-zustellen, da man logischerweise nur zwischen „sthenisch" und „asthenisch" unterscheiden sollte. Auch die Bezeichnungen „cerebraler" bzw. „respiratori-scher" Typus können eigentlich nicht für die Einteilung von Körper*bau*typen benützt werden, da sie schon einen Funktionsbegriff enthalten. Will man eine Körper*bau*einteilung vornehmen, so soll man sich zunächst *nur* an morpho-logische Merkmale halten. Dieser Grundsatz muß auch heute aufrecht erhalten werden, wenn auch in Übereinstimmung mit DIEPGEN zugegeben werden muß, daß die Entwicklung des Konstitutionsbegriffes von einer ursprünglich rein morphologischen Auffassung allmählich zu einer mehr funktionell dynamischen Betrachtungsweise übergegangen ist. Jedenfalls muß — wenn eine Überein-stimmung bei Verwendung typologischer Bezeichnungen durch verschiedene Untersucher erreicht werden soll —, unter allen Umständen eine Vermengung morphologischer und funktioneller Merkmale vermieden werden. Soll neben der Bestimmung des äußeren Konstitutionstypus auch noch eine Bestimmung des Leistungstypus erfolgen, so sind bestimmte Funktionsprüfungen zu ver-wenden. Da aber als Ausgangspunkt für eine Leistungsdiagnose immer die zuerst anzustellende Körperbaudiagnose benützt werden muß, so ist besonderer Wert darauf zu legen, daß bei der Beurteilung durch mehrere Untersucher Bezeich-nungen, die ursprünglich nur für morphologische Zwecke gewählt sind, nicht auch im funktionellen Sinne anzuwenden.

Die Einhaltung dieser Grundregel ist wichtig, um die bei allen typologischen Einteilungsversuchen außer durch die Art der Objekte, wie auch durch die psychologische Verschiedenheit der Untersucher bedingten Schwierigkeiten des Vergleichs nicht zu erhöhen. JUNG hat z. B. darauf hingewiesen, daß es sich bei vergleichenden Beobachtungen von Naturobjekten immer sowohl um die

Feststellung von Ähnlichkeiten wie auch um die Feststellung von Verschiedenheiten handelt, ja daß das Bestehen von Ähnlichkeiten geradezu die Voraussetzung für das Bestehen von Verschiedenheiten bilde und umgekehrt. Die Fähigkeit der Menschen, mehr auf Ähnlichkeiten zu achten und dabei über Verschiedenheiten hinwegzusehen bzw. umgekehrt zuerst das Unterscheidende in grundlegenden Wesensmerkmalen zu sehen, Ähnlichkeiten in bezug auf untergeordnete Einzelmerkmale dagegen weniger zu beachten, ist bei den einzelnen Menschen ja nach der Struktur ihres Wahrnehmungsvermögens sehr verschieden. JUNG unterscheidet bekanntlich zwei psychologische Haupttypen, den extravertierten und den intravertierten Typus, die sich in ihrem Vorstellungsleben und damit auch in der Beobachtung ihrer Umwelt wesentlich voneinander unterscheiden. Nach JUNG ist die Neigung, mehr auf Ähnlichkeiten zu achten, als eine Funktion der Abstraktion vom Objekt zu betrachten, während umgekehrt die Fähigkeit, Verschiedenheiten rasch zu erfassen, als eine Funktion der Einfühlung mit dem Objekt zu betrachten ist. Der Intravertierte neigt nach JUNG mehr zur Abstraktion, der Extravertierte mehr zur Einfühlung mit dem Beobachtungsobjekt. Man könnte — in spezieller Anwendung auf die konstitutionsbiologische Beurteilung von Menschen — sagen, daß der selbst extravertierte Beobachter das Hauptgewicht mehr auf die Außenschau der zu beurteilenden Persönlichkeiten legt, während der intravertierte Beobachter sich mit der Besichtigung äußerer Merkmale nicht zufrieden gibt, sondern von vornherein mehr auf die psychologische Beurteilung und die Erfassung der funktionellen Eigenart der Person lossteuert. Die Verschiedenheit der Beurteilung durch die psychologische Eigenart der Untersucher wurde bei der Verwendung der früheren komplizierten Einteilungssysteme, die an den von BORCHARDT gerügten Fehler der Vermengung morphologischer und funktionell-dynamischer Merkmale krankten, noch erhöht. Es ist daher zu begrüßen, daß seit der Einführung des vom Hauptamt für Volkswohlfahrt ausgearbeiteten Gesundheitsstammbuches in der schulärztlichen Praxis für die Beschreibung des „vorherrschenden" Körperbautypus die einfache Einteilung nach den drei Grundformen KRETSCHMERS sich eingebürgert hat. Allerdings setzt auch diese Einteilung — namentlich bei Kindern — eine gewisse Übung und systematische Schulung voraus, wenn eine Vergleichsmöglichkeit der von verschiedenen Schulärzten an verschiedenen Schülergruppen auf somatoskopischem Wege gewonnenen Körperbaubestimmungen erreicht werden soll. Aber selbst dann, wenn diese Voraussetzungen erfüllt sind, daß die einzelnen für die Durchführung von Gruppenuntersuchungen verwendeten Untersucher einheitlich in der Gewinnung somatoskopischer Urteile geschult worden sind und sich daran gewöhnt haben, in systematischer Weise bei der Bestimmung des Körperbautypus zunächst von der Beobachtung des Rumpfes auszugehen, die Beobachtung dann auf die Gesichtsform, Hals und Extremitäten auszudehnen und zu prüfen, ob der Bau der Teile mit dem vorhandenen Bauplan des Gesamtkörpers übereinstimmt (eine Regel, die für die Abgrenzung der sogenannten Mischtypen, sowie der infantilen und dysplastischen Formen von den normalen Körperbautypen besonders beachtenswert ist), muß eine weitere Schwierigkeit beseitigt werden, nämlich der verschiedene *Entwicklungszustand* bei Angehörigen ein und derselben Altersgruppe.

Bereits die französischen Autoren, SIGAUD, CHAILLOU und MACAULIFFE hatten den Rhythmus der Wachstumsvorgänge betont und die Meinung ausgesprochen, daß jedes Individuum während seiner Entwicklung die vier Typen, den Typus respiratorius, muscularis, digestivus und cerebralis wie Stadien durchlaufe. Wenn diese Auffassung richtig wäre, so würde daraus schon die Unbrauchbarkeit dieser Einteilung für genotypische Unterschiede hervorgehen, und sie nur zur Differenzierung paratypisch bedingter Einflüsse brauchbar erscheinen lassen.

SCHLESINGER hat die Frage des Habituswechsels unter Einbeziehung des anthropologischen Verfahrens genau untersucht und darauf hingewiesen, daß die rein subjektive Methode der Körperbaubestimmung allein nicht genüge, sondern daß der Stand des Wachstums auf objektivem Wege mitberücksichtigt werden müsse. SCHLESINGER bediente sich zu diesem Zwecke der Indexmethode, und zwar eines solchen Index, der dazu bestimmt ist, den Grad der Längen- bzw. Breiten- und Tiefenentwicklung während der Individualentwicklung an- zugeben. Durch exakte Körpermessungen läßt sich feststellen, daß während des Wachstums ein zweimaliger Habituswechsel stattfindet. Der erste findet im Kleinkindalter, etwa vom 5. Lebensjahr ab, statt und erklärt, daß vom 5.—14. Jahr die Zahl der schlanken im Vergleich zu den breit gebauten Typen vorwiegt. Der zweite Habituswechsel vollzieht sich am Ausgang der Kindheit, oder — namentlich bei den Mädchen — schon vor der Pubertät. Er äußert sich im umgekehrten Sinn dadurch, daß die Zahl der breiten Wuchsformen wieder zunimmt. Während der erste Habituswechsel hauptsächlich durch ererbte Eigentümlichkeiten zu erklären ist, spielt sich der zweite Habituswechsel unter dem Einfluß des inneren Drüsensystems und der Differenzierung durch äußere Reizfaktoren ab. Damit erklärt es sich, daß sich diese zweite Habitusänderung noch bis über den Abschluß des Wachstums hinaus fortsetzt und den „reinen" Typus verhältnismäßig spät in Erscheinung treten läßt.

Das Wesentlichste der SCHLESINGERschen Untersuchungen besteht in dem Hinweis, bei allen Versuchen, innerhalb einer Gruppe von gleichaltrigen Indi- viduen eine konstitutionstypologische Einteilung zu treffen, scharf zu unter- scheiden zwischen *Körperbautypus* und *Entwicklungstypus*. ZELLER hat diese Gedankengänge weiter verfolgt und die Notwendigkeit der entwicklungsbio- logischen Diagnostik als Grundlage jugendärztlicher Untersuchungsarbeit betont.

ZELLER hat für die Beurteilung der *Volksschulreife* die Bestimmung der Kopf- und Rumpfproportionen als wesentlich hervorgehoben. Je mehr bei einem Kind im Schuleintrittsalter die Größe des Kopfes gegenüber dem Rumpf überwiegt, je größer die Stirn gegenüber dem Mittel- und Untergesicht erscheint, desto mehr gehört es noch zum Entwicklungstypus der sog. „Kleinkinderform". Bei den „reifen Schulkinderformen" dagegen werden die Kopfkörperproportionen zugunsten des Rumpfes verschoben, ebenso wie das Rumpf-Extremitäten- verhältnis zuungunsten des Rumpfes sich verändert.

Auch für die Berufsberatung empfiehlt sich eine ähnliche Einteilung in Entwicklungsstufen. Der Gruppe der „*Spätreifenden*" mit verspätetem Habitus- wechsel, noch kindlichem Wesen, verspätetem Stimmwechsel und spätem Ein- tritt der sekundären Geschlechtsmerkmale bis herunter zu den ausgesprochen dysplastischen auf endokriner Grundlage beruhenden Störungen der Körper- proportionen steht die Gruppe der „*Frühreifen*" gegenüber, in welcher die Um- wandlung der Körperproportionen und die ersten Anzeichen beginnender Ge- schlechtsreifung früher als im Durchschnitt eintreten. Wenn auch normaler- weise der Beginn der Pubertät — wie dies von SCHLESINGER betont wird — bei den Breitgebauten sowohl im männlichen wie im weiblichen Geschlecht früher einsetzt als bei den Schlankgebauten, so kann doch nicht selten der Parallelverlauf zwischen altersgemäßer Breitenentwicklung und geschlechtlicher Reifung fehlen. Man findet eine solche „Disharmonie" der Körperentwicklung, die als körperliche Wachstumsanomalie der Desintegration psychologischer Funktionen als analoger Vorgang gegenübergestellt werden kann, nicht selten als Folge vegetativer und endokriner Störungen, die vielfach mit ungünstigen Reizwirkungen durch paratypische Einflüsse in Zusammenhang gebracht werden können oder als Zeichen anlagemäßig bedingter Unregelmäßigkeiten des Entwicklungsrhythmus zu betrachten sind. Ebenso wie im Volksschulalter, so ist auch im Berufsschulalter eine Einteilung der Entwicklungsstufen auf Grund visueller Schätzung allein nicht genügend. Wir benötigen als Gradmesser für die genaue Beurteilung des Entwicklungsgrades außer dem Körpergewicht und der Körperlänge noch Teillängen und Umfangmaße, auf Grund derer wir das Proportionsverhältnis einzelner Körperabschnitte zahlenmäßig ausdrücken können.

Für gewöhnlich genügt eine vereinfachte Anthropometrie, die sich damit begnügt, die für die Architektur des Körpers maßgebenden Grundstockmerkmale nämlich Gewicht und Länge, eventuell Brustumfang zu bestimmen und die gewonnenen absoluten Maße durch eine Verhältniszahl auszudrücken.

Wir benötigen für die individualbiologische Bestimmung des Entwicklungszustandes eine Vergleichsbasis in Gestalt der für die einzelnen Altersstufen des Wachstumsalters gefundenen Mittelwerte. Es ergibt sich daraus die Notwendigkeit einer periodisch, etwa alle 5 Jahre erfolgenden variationsstatistischen Bearbeitung der Ergebnisse der Körpermessungen und Wägungen von Schulkindern und Jugendlichen, um örtliche und zeitliche Unterschiede in durchschnittlichem Ausmaß und in der Geschwindigkeit des Körperwachstums berücksichtigen zu können. In verschiedenen Städten, z. B. Stuttgart und Leipzig, ist dies eine Aufgabe der städtischen statistischen Ämter.

In der Nachkriegszeit hat sich als eine der auffälligsten sozialbiologischen Erscheinungen herausgestellt, daß die Wachstumsverhältnisse der Jugend nicht nur örtliche, sondern auch zeitliche Unterschiede aufweisen. Von seiten der Kinderärzte ist schon früher auf die durch die soziale Lage der Familie bedingten Unterschiede des Wachstums der Kinder hingewiesen worden. Besonders bei der Großstadtjugend wurde auf die Neigung zu vermehrtem Längenwachstum bei gleichzeitigem Zurückbleiben des Breitenwachstums aufmerksam gemacht. Abgesehen von derartigen Unterschieden zwischen Stadt und Land ließen sich aber auch zeitliche Schwankungen im Verlauf des Wachstums nachweisen. Auffallend ist, daß *seit dem Krieg eine erhebliche Vermehrung des durchschnittlichen Wachstums bei der gesamten Jugend* eingetreten ist. Diese Erscheinung ist nach dem Krieg zuerst in München, anschließend daran aber noch für eine Reihe anderer deutscher Großstädte, ebenso auch für das Ausland durch schulärztliche Untersuchungen festgestellt worden. Als besonders bemerkenswert muß aber nicht nur die Tatsache der Vermehrung des Durchschnittswachstums an sich, sondern die gleichzeitig damit verbundene Entwicklungsbeschleunigung die bei beiden Geschlechtern mit einem verfrühten Eintritt der Geschlechtsreifung und damit auch mit einer Verkürzung der Gesamtentwicklungsdauer verbunden ist, betrachtet werden.

Zur Erklärung dieser Wachstumsveränderungen, die schon in der Vorkriegszeit begonnen, durch den Krieg nur eine vorübergehende Unterbrechung erfahren hatten, sind verschiedene Erklärungsversuche, z. B. die „heliogene Theorie" Kochs unternommen worden. Wahrscheinlich handelt es sich um das Zusammenwirken einer Reihe von Umweltsfaktoren. Außer den Einwirkungen der Umwelt können auch, wie neuerdings von Bennholdt-Thomsen betont wird, auch Auslesevorgänge ursächlich eine Rolle spielen. Nach der Meinung der Verf. werden die besonders reizempfänglichen Konstitutionstypen zur Einwanderung vom Lande in die Stadt angezogen, so daß sich auf dieser durch konstitutionelle Auslese vorbereiteten Basis die Reizwirkungen des Großstadtlebens auf das Wachstum der Jugend besonders bemerkbar machen. Allerdings ist auf Grund von militärärztlichen Untersuchungen in ländlichen Bezirken Oberbayerns festzustellen, daß sich die Neigung zu Wachstumsvermehrung auch schon auf dem Lande geltend macht. Wie weit dies für die Gesamtheit der Gestellungspflichtigen

44*

in allen ländlichen Musterungsbezirken zutrifft, wird sich erst entscheiden lassen, wenn hierauf beim Ausbau des Schularztwesens auch auf dem Lande die Wachstumskontrolle mehr beachtet werden wird.

Wichtiger als alle Versuche zur biologischen Erklärung der Ursache ist die *Frage, ob die Zunahme des Wachstums als eine biologisch günstige zu betrachten ist oder nicht.* Diese Frage wird sich nur durch die gleichzeitige Heranziehung von Funktionsprüfungen entscheiden lassen. Im allgemeinen erscheint es auffällig, daß mit der Zunahme der Durchschnittsmaße der heutigen Jugend eine gleichzeitige Zunahme „funktioneller" Störungen, sowohl seitens des Nervensystems wie auch namentlich von seiten des Herzens einhergeht. Es würde also einen verhängnisvollen Irrtum bedeuten, die Tatsache der durch die gegenwärtige Wachstumswelle bedingten Verbesserung des äußeren Erscheinungsbildes der heutigen Jugend ohne weiteres gleichzusetzen mit einer Verbesserung der Berufseignung. Es wäre dies ungefähr der gleiche Fehler, wie wenn man aus der Vermehrung der durch die Verbesserung der Gesundheitspflege und die Einschränkung der Erkrankungshäufigkeit bedingte Verlängerung der Lebenserwartung auf eine Verlängerung der durchschnittlichen Berufsdauer schließen würde. Im Gegenteil zwingt die Tatsache, daß trotz der Verlängerung der durchschnittlichen Lebensdauer in den meisten Berufen mit dem 40.—45. Lebensjahr schon ein deutlicher Abfall der Leistungsfähigkeit eintritt, zu besonderen Maßnahmen, um die Leistungsfähigkeit während der Gesamtdauer der Lebenskurve zu überwachen. Zu diesen Überwachungsmaßnahmen gehört in erster Linie eine Verbesserung der Einteilung in Leistungsklassen bei *Beginn des Berufslebens,* eine Einteilung, die nicht nur einem vorübergehenden Zwecke dienen soll, sondern auch als Grundlage für die Überwachung während der *weiteren Dauer des Berufslebens* bilden muß. In erster Linie werden in dieses Überwachungssystem die besonders gefährdeten Berufe einbezogen werden müssen, die sich durch eine besonders hohe Krankheitsziffer und durch besonders frühen Eintritt der Invalidität von den übrigen Berufen herausheben. Diese Überwachung nach der Berufsausbildungszeit wird dem seit dem Jahre 1936 ins Leben gerufenen System von Betriebsärzten zufallen, deren Aufgabe auch darin bestehen muß, dafür Sorge zu tragen, daß die durch die Krankenkassen vernachlässigte Krankenstatistik durch Ausscheidung nach Berufsgruppen verbessert wird, da sich nur auf dieser Grundlage ein Überblick über die Verschiedenheiten des Einflusses der einzelnen Berufsarten auf den Konstitutionszustand gewinnen läßt.

Die Einführung der prophylaktischen Untersuchung bei Erreichung jener Altersgrenze, in der erfahrungsgemäß in allen Berufsgruppen eine Verminderung der Leistungsfähigkeit (Arbeitsknick) eintritt, sollte aber nach Möglichkeit für alle Arten von Berufen durchgeführt werden können, in analoger Weise wie dies in Amerika von seiten privater Versicherungsgesellschaften (Life extensions institute) teilweise durchgeführt wird. Derartige Untersuchungen vorgerückter Altersklassen werden sich zumeist zur Aufgabe machen müssen, gesicherte Grundlagen über die Norm zu gewinnen. Während wir hinsichtlich des aufsteigenden Abschnitts der Lebenskurve über genügendes statistisches Material zur Abgrenzung der Sollwerte für die biologische Norm verfügen, fehlen solche Normwerte für den absteigenden Teil der Lebenskurve. Erst durch die Fortführung prophylaktischer Gesundheitsuntersuchungen nach Abschluß des Wachstumsalters werden sich unsere Kenntnisse über die Zusammenhänge zwischen Konstitution und Beruf zu einem Ring von Erfahrungstatsachen schließen, der für die Beurteilung des einzelnen Falls bei Begutachtungen der Arbeitsfähigkeit und einer dem individuellen Leistungszustand entsprechenden Verwertung der Arbeitskraft unerläßlich ist.

II. Gang der Untersuchung zur Beurteilung der Berufseignung.

Die im Anschluß an die Ausführung über die biologischen Grundlagen der Berufsberatung erfolgende Schilderung des Untersuchungsganges zur Beurteilung der Berufseignung soll dem Zwecke dienen, eine einheitliche Grundlage zu schaffen, die für alle Arten von beruflichen Ausleseuntersuchungen jugendlicher Berufsanwärter, sei es für Berufe mit extremen Anforderungen an die körperliche Leistungskraft, sei es für Handwerk und Industrie, aber auch für die Auslese für höhere Schulen dienen kann. Die nachfolgende Beschreibung der Methodik stützt sich im Wesentlichen auf Erfahrungen, die an männlichen Jugendlichen gewonnen worden sind. Im Prinzip gelten sie aber auch für die Beurteilung des weiblichen Geschlechts.

Da alle Arten von beruflichen Ausleseuntersuchungen auf ein biologisches Urteil über die *Gesamt*persönlichkeit hinauslaufen, ein solches Urteil aber immer nur gewonnen werden kann auf Grund der laufenden Beobachtung der konstitutionellen Entwicklung, die dem Eintritt in das Berufsleben vorausgeht, so hängt die Durchführung des Ziels der Leistungssteigerung wesentlich ab von der Zusammenfassung und Vereinheitlichung des Schularztwesens. Dabei ist zu berücksichtigen, daß die Anfänge des Schularztwesens sich in Deutschland aus gemeindlichen Einrichtungen herausentwickelt haben. Dadurch kam eine Uneinheitlichkeit sowohl in der Organisation wie auch in der schulärztlichen Methodik zustande, die namentlich bei einem Vergleich der Durchführung des schulärztlichen Dienstes in Stadt und Land, aber auch bei einem Vergleich der schulärztlichen Organisation innerhalb der verschiedenen Städte nach ihrer Größe deutlich zu erkennen ist. Durch das Gesetz zur Vereinheitlichung des Gesundheitswesens wird die Durchführung der Schulgesundheitspflege, und damit auch die schulärztliche Mitarbeit bei der Berufsberatung unter die Oberleitung des zuständigen staatlichen Gesundheitsamtes gestellt. Damit ist auch die Möglichkeit für eine Vereinheitlichung der schulärztlichen Untersuchungsmethodik geschaffen worden, so daß die Ergebnisse für die Schullaufbahnberatung, für die Beurteilung der Berufseignung und auch nach Abschluß der gesetzlichen Schulpflicht für die Beurteilung der Militärtauglichkeit verwertet werden können. Es war daher naheliegend, sich auch für die Untersuchungen im Volksschul- und Jugendlichenalter an ein in der Militärhygiene seit alters her bewährtes Einteilungsprinzip zu halten, das darin besteht, den Tauglichkeitsgrad nach dem Fehlen bzw. Vorhandensein von Körperfehlern zu bestimmen. Man hat als Anleitung für die Ausfüllung der für diesen Altersabschnitt vom 6.—18. Lebensjahr bestimmten Gesundheitsbögen B des vom Verlag der deutschen Ärzteschaft herausgegebenen Gesundheitsstammbuches eine ,,Fehlertabelle" aufgestellt. In dieser Tabelle sind die zusammengehörigen Arten von Konstitutionsanomalien nach Graden zusammengestellt. Es werden für die Bewertung des *Einzelbefundes* folgende Grade unterschieden:

A = Fehler, welche die Ausübung des gewählten Berufes nicht beeinträchtigen,;

B = Fehler, welche die Ausübung des gewählten Berufes nur bedingt zulassen (also nur probeweise oder unter besonderer Beobachtung während der Berufsausausbildungszeit);

Z = Fehler, welche zeitliche Untauglichkeit (Zurückstellung) bedingen;

L = Fehler, welche nur leichte Berufsarbeit gestatten, auch nur meist leichten Dienst in den staatlichen Jugendorganisationen;

U = Fehler, welche für körperlich anstrengende Berufe, ebenso auch für Außendienst in den staatlichen Jugendorganisationen untauglich machen;

v. U. = Fehler, welche völlige Untauglichkeit für Schule und Beruf, sowie staatliche Jugendorganisationen bedingen.

In jedem Fall muß außer der Eintragung des Grades des Einzelfehlers auch noch ein *Gesamtleistungsurteil* nach Tauglichkeitsgrad A bis v. U. abgegeben werden. Liegen eine Reihe von Körperfehlern vor, so ist jener Fehler, welcher die Leistungsfähigkeit am stärksten benachteiligt, für das konstitutionelle Schlußurteil entscheidend.

Man könnte dieses Verfahren — ohne Heranziehung von Funktionsprüfungen — lediglich aus dem konstitutionellen Status auf den voraussichtlichen Leistungsgrad zu schließen, auch als *indirekte Leistungsbeurteilung* bezeichnen. Dieses Verfahren setzt eine gründliche Kenntnis der physiologischen Grenzen der Leistungsfähigkeit sowohl der zu untersuchenden Altersgruppe, wie der für bestimmte Berufe für jugendliche Anwärter verlangten Anforderungen voraus. Es besteht also eine Analogie zu den militärischen Tauglichkeitsuntersuchungen, deren Zuverlässigkeit in hohem Maße davon abhängt, ob der untersuchende Arzt die Eigentümlichkeiten des Dienstes in den einzelnen Waffengattungen aus eigener Erfahrung heraus kennt.

Unter der Voraussetzung einer gewissen berufskundlichen Erfahrung wird auch das Verfahren der indirekten Leistungsbeurteilung nach Fehlergraden im allgemeinen genügen, um eine Einteilung des jugendlichen Nachwuchses nach Hauptberufsgruppen vorzunehmen. Z. B. werden für Freiluftberufe (Landwirte, Gärtner, Bauhandwerker) ebenso für das Metallbearbeitungsgewerbe in erster Linie A-, unter Umständen noch B-Fälle, für Feinmechaniker, Optiker, Uhrmacher, Büroberufe usw. auch Fälle, die nur mit L zu bewerten sind, in Betracht gezogen werden können.

Ähnlich wie aber auch für militärische Zwecke die Eignung für Spezialtruppen, z. B. Flieger, Funker, Kraftfahrer noch durch bestimmte Prüfungen von Einzelfunktionen genauer bestimmt werden muß, so kommen auch für manche industrielle Berufe noch verschiedene Spezialmethoden zur individuellen Auslese in Betracht. Man kann diese Verfahren, welche dem Zwecke dienen, den Grad bestimmter physiologischer oder psychologischer Einzelfunktionen zu messen, als Methoden zur *direkten Leistungsbeurteilung* den erstgenannten Verfahren der Schätzung gegenüberzustellen.

Während man früher in der Industrie das Schwergewicht ausschließlich auf das Ergebnis psychotechnischer Spezialverfahren gelegt hat, sind nach unserer heutigen Auffassung deren Ergebnisse nur im Rahmen der konstitutionellen Allgemeinbeurteilung zu verwerten. An Stelle der Maschinenauffassung der Ingenieure und Betriebswissenschaftler, welche das Prinzip der *Analyse* einzelner für bestimmte Arbeitsarten in Betracht kommenden Funktionen in den Vordergrund stellten, muß heute durch die Entwicklung des konstitutionsbiologischen Denkens das Prinzip der *Synthese* treten. Darum erscheint es bei einer Darstellung der Untersuchungsmethoden zur Beurteilung der Berufseignung besonders wesentlich, zu zeigen, daß durch die vororientierende Beurteilung der Allgemeinkonstitution durch den Arzt der schematische Charakter, der fast allen für industrielle und gewerbliche Berufe ausgearbeiteten psychotechnischen Eignungsprüfungen anhaftet, beseitigt und manches Fehlurteil des Ingenieurs vermieden werden kann. Voraussetzung für ein richtiges Bild über die Gesamtpersönlichkeit, das über meßbaren Einzelmerkmalen nicht das Zusammenwirken der Teile zum Ganzen außer acht läßt, ist die Beibehaltung eines geordneten Gangs der Untersuchung.

1. Prüfung der Erblichkeitsverhältnisse.

a) Erbkrankheiten.

Die Prüfung der Erblichkeitsverhältnisse muß die Grundlage jeder konstitutionsbiologischen Individualbeurteilung bilden. Es ergibt sich bei der

Durchführung von ärztlichen Untersuchungen vor dem Eintritt in den Beruf die beste Gelegenheit zu einer Verbindung mit einer erbbiologischen Bestandsaufnahme der Bevölkerung, deren Aufgabe in erster Linie auf die frühzeitige Erkennung und systematische Überwachung aller in den verschiedensten Bevölkerungsschichten vorkommenden kranken Erbstämme gelegen ist.

Den Hauptteil erbbiologisch anbrüchiger Schüler stellen die sog. Hilfsschulen. Die Mehrzahl dieser Schüler kann nicht zur Aufnahme in die für die Normaljugend bestimmten Berufsschulen gelangen, sondern kommt in die sogenannte Berufshilfsschule, wo sie wenigstens zu bedingter Berufsbrauchbarkeit gebracht werden können. Auch die sogenannten „Allgemeinen Abteilungen" der Berufsschulen, in welchen die für ungelernte Berufe bestimmten Jugendlichen ihrer gesetzlichen Berufsschulpflicht genügen, enthalten viele in erbbiologischer Beziehung genauerer Untersuchung bedürftiger Schüler. Aber auch in den Berufsschulen für Gelernte werden gelegentlich Träger von Erbkrankheiten, z. B. erbliche Epilepsie ohne wesentliche Intelligenzstörungen, sich feststellen lassen, ebenso wie auch die ersten Zeichen von Schizophrenie sich erst in den Schulen des Reifungsalters zu manifestieren pflegen. Dem Berufsschularzt obliegt die Pflicht, alle erbbiologisch anbrüchigen Fälle während des Aufenthalts in der Berufsschule in einer eigenen Erbkartei zu führen. Je nach dem Ergebnis der weiteren Beobachtung müssen solche Fälle, die unter dem § 1 des Gesetzes zur Verhütung erbkranken Nachwuchses fallen, *vor* dem Austritt aus der Schule dem Leiter des staatlichen Gesundheitsamtes gemeldet werden, dem die weitere Entscheidung bezüglich eventueller Antragstellung auf Sterilisierung beim Erbgesundheitsgericht zusteht.

Eine besondere Gruppe der einer besonderen Überwachung bedürftigen Jugendlichen stellen die sog. „Grenzfälle" dar, das sind die Schwererziehbaren, die jugendlichen Streuner und Schulschwänzer, sowie die kriminellen Jugendlichen. Zur Vervollständigung einer erbbiologischen Bestandaufnahme ist es notwendig, daß dem Schularzt von den Lehrern alle Fälle, die vom normalen Schulverhalten abweichen, zur medizinisch-psychologischen Begutachtung überwiesen werden. Der Schularzt wird in solchen Fällen ein endgültiges Urteil meist nur nach eingehender Rücksprache mit den Eltern bzw. nach amtlichen Erhebungen bei den Heimatbehörden, Krankenhäusern oder Anstalten treffen um vorübergehende Pubescenzkrisen von echten erblichen Psychopathien abgrenzen zu können. Auf die Technik der Erhebungen bei der Rücksprache mit Eltern bzw. Erziehungsberechtigten kann hier nicht näher eingegangen werden. Es sei nur darauf hingewiesen, daß die mündliche Exploration, wie z. B. auch KREIPE auf Grund militärischer Ausleseuntersuchungen hervorhebt, eine Kunst darstellt, die sehr wesentlich von der „Resonanzfähigkeit" des Prüfers abhängt. Die Art der Fragestellung muß so erfolgen, daß ein Vertrauensverhältnis zwischen Arzt und Familienangehörigen hergestellt wird, die Fragen müssen klar und leicht verständlich erfolgen. Die Glaubwürdigkeit mündlicher Angaben ist im Zweifelsfalle durch nachträgliche Erhebungen zu prüfen.

b) Erbbegabungen.

Statistische Erhebungen, die im Laufe der letzten Jahre an verschiedenen Städten über die Beziehungen zwischen familiärer Herkunft und Schulleistung innerhalb der verschiedenen Schulkategorien angestellt worden sind, haben zwei rassenhygienisch bemerkenswerte Tatsachen zur Folge gehabt. Die eine, daß die Schulleistungen (gemessen an den Leistungen in Begabungsfächern) im umgekehrten Verhältnis zur Geschwisterzahl zu stehen pflegt, daß also die Gefahr eines Begabtenschwundes besteht. Die zweite Tatsache bezieht sich auf die Verschiedenheit der Verteilung der begabten Erbstämme innerhalb der einzelnen sozialen Schichten. Durch Untersuchungen an großstädtischer Schuljugend ist erwiesen, daß die geringste Zahl begabter Erbstämme sich innerhalb der ungelernten Arbeiterschicht findet, im deutlichen Gegensatz zu den Familien der gelernten Arbeiter. Es wird daher — wie z. B. auch K. V. MÜLLER hervorhebt, bei Untersuchungen der Arbeiterjugend darauf ankommen, der durch den Industrialisierungsprozeß eingetretenen Vermischung der biologischen Unterschiede innerhalb der Arbeiterschichten durch eine sorgfältige Differenzierung ihrer Nachkommenschaft nach dem Grad der erblichen Begabung entgegenzuarbeiten und ähnlich wie dies im mittelalterlichen Zunftwesen der Fall war, der Bewährung des „Meisterbluts" im Arbeiterstand Rechnung zu tragen. Bei der Einstellung der Lehrlingsjugend in gewerbliche und handwerkliche Fachschulen, Werkschulen größerer Fabriken, ebenso wie der Aufnahme in Meisterschulen nach Beendigung der Gesellenzeit sollte daher die Prüfung der familiären Verhältnisse nicht vernachlässigt werden. Die sog. *Berufsabfolge*, d. h. die Nachforschung nach der Art des Berufes und der Lebensbewährung in der elterlichen und großelterlichen Generation der Bewerber, kann Aufschluß geben, ob in einer Familie die Tendenz zum Aufstieg oder zum Abstieg vorhanden ist. Erhebungen über die Berufsabfolge der Eltern lassen sich auch, wie FR. BAUMGARTEN auf Grund reicher Erfahrungen über die Berufsberatung von Lehrlingen der Schweizer Bundesbahnen gezeigt hat, für die psychologische Beurteilung der Jugendlichen und die Verbundenheit mit der Familie verwerten. Oftmals ist nach ihren Beobachtungen das Miterleben an der elterlichen Berufsarbeit bei den Kindern ärmerer Kreise besser entwickelt als bei den Kindern gehobenerer Familien. Auch der sog. *Attraktionsindex*, d. h. die Feststellung, ob die Gattenwahl in der vorausgegangenen Generation aus Familien niederer oder gehobener Kreise erfolgte, kann als ein gewisser Gradmesser für die in einem Familienstamm steckende Auftriebskraft betrachtet werden. K. V. MÜLLER hat z. B. festgestellt, daß innerhalb der obersten Gruppe gehobener Arbeiter und Vorarbeiter 80% ihre Schwiegerväter etwa zu gleichen Teilen in mittelständischer Lebensstellung oder unter der gehobenen Arbeiterschaft hatten, und nur zu einem Fünftel ihre Frauen aus niederen proletarischen Schichten gewählt hatten. Die soziologische Erhebung kann also, wie dies K. V. MÜLLER gezeigt hat, die erbbiologische Anamnese, d. h. die Feststellung, ob keine Fälle von Erbkrankheiten in der direkten Ascendenz vorgekommen sind, ergänzen. Ähnlich wie bezüglich der Vererbung von Geisteskrankheiten bekannt ist, daß dabei auch auf die Seitenlinien geachtet werden muß, so empfiehlt es sich auch bezüglich des Vorkommens von ausgesprochenen Begabungen zu verfahren, nachdem diese Merkmale nicht immer einem direkten Erbgang zu folgen brauchen. Es gilt dies auch bezüglich des Vorkommens von Spezialbegabungen, z. B. manuellen Fertigkeiten, zeichnerischer oder technischer Begabung, die sich nicht selten bei den Angehörigen einer Sippe gehäuft nachweisen lassen.

Ebenso wie für die Auslese zu gehobenen Arbeiterberufen eine Verbesserung der Auslese nach Begabungsgraden gefordert wird, so muß in noch höherem Maße diese Forderung für die Auslese von Schülern zu höheren Lehranstalten erhoben werden, um der in akademischen Berufen eingetretenen Überfüllung und der Entstehung eines geistigen Proletariats Einhalt zu gebieten. Der Sinn einer biologischen Reform des Erziehungs- und Berufsausbildungswesens wird aber nur dann erfüllt werden können, wenn der Begriff „Begabung" nicht allein dem Urteil des Lehrers überlassen und nicht allein von der Schulbenotung abhängig gemacht wird, sondern auch von dem Urteil des Schularztes über die Erbverfassung und den Verlauf und den augenblicklichen Zustand der körperlichen und namentlich auch der geistigen Entwicklung (s. Bd. V).

2. Beurteilung der äußeren Konstitution.

a) Körperbau- und Entwicklungstypus.

Wir haben schon eingangs darauf hingewiesen, daß man sich bei der somatoskopischen Beurteilung des Körperbaus davor hüten muß, sich durch den Eindruck der Wuchsform des Rumpfes ohne Mitberücksichtigung der übrigen Körperteile zu sehr beeinflussen zu lassen. Ein durch mangelnde Übung nicht genügend in der Breitenentwicklung des Brustkorbes geförderter Oberkörper kann bei oberflächlicher Besichtigung den Eindruck eines ,,vorherrschend" schlanken Körperbaus hervorrufen, während bei gleichzeitigem Vorhandensein eines verhältnismäßig breiten Beckengürtels, breit ovalem Gesicht mit guter Entwicklung der Unterkiefer, verhältnismäßig kurzem Hals und breiter Handform der sorgfältige Beobachter aufmerksam gemacht werden müßte, daß sich wahrscheinlich in kurzer Zeit ein Breittyp herausstellen wird, im vorliegenden Entwicklungsstadium also eher noch von einem ,,Mischtyp" gesprochen werden sollte. Umgekehrt kann — namentlich bei zurückgebliebenem Längenwachstum und infantiler Gesichtsentwicklung — ein noch der kindlichen Faßform angenäherter Brustkorb den Eindruck der Breitwüchsigkeit erwecken, so daß in diesem Falle an Stelle der Bezeichnung ,,vorwiegend breit gebaut" richtiger die Bezeichnung ,,infantiler Typus" zu wählen wäre. Wir werden uns vor solchen Fehlurteilen, die bei subjektiven Schätzungsmethoden unvermeidlich sind, nur dadurch schützen können, daß wir mit der Schätzung noch ein messendes Verfahren verbinden. Zum Teil geschieht dies schon dadurch, daß wir bei der Bestimmung der Körperlänge und des Gewichts die altersgemäß zu erwartende Durchschnittszahl zum Vergleich der Istwerte heranziehen. In vielen Fällen braucht aber die Abweichung vom Durchschnittswert für Länge und Gewicht nicht miteinander übereinzustimmen, so daß wir auf die Heranziehung eines die Längen-Gewichtsrelation ausdrückenden Index nicht immer verzichten können. Für Gruppenuntersuchungen hat sich als am geeignetsten die Anwendung des KAUP-*Index* bewährt, bei dem der sog. Körperquerschnitt durch den *Quotienten* P/L_2 ausgedrückt, das Querschnitts-Längenverhältnis also durch die Formel P : L bestimmt wird.

Die Überlegenheit des KAUPschen Index gegenüber anderen Konstitutionsformeln besteht darin, daß

1. der KAUP-Index innerhalb einer Altersgruppe keine Ausscheidung in klein-, mittel- und hochwüchsige Varianten erfordert, er ist vielmehr auf alle Längenklassen ein und derselben Altersklasse anwendbar.

2. Er bietet den Vorteil einer funktionell-dynamischen Vororientierung, da erfahrungsgemäß bei durchschnittlichem KAUP-Index (immer Schwankungswerte von etwa 5% nach oben bzw. unten vorausgesetzt) die Wahrscheinlichkeit eines guten Ausfalls bei Leistungsprüfungen, wie der Muskelkraft, des Fassungsvermögens der Lunge und der Funktion des Herzens vorliegt. Übermäßige Abwertungen (bis zu 10% und darüber) sowohl nach unten wie auch nach oben (endokrine Fettsuchtformen) machen eine schlechte Leistungsfähigkeit wahrscheinlich.

Der Durchschnittswert des KAUP-Index liegt bei männlichen Jugendlichen im Berufsberatungsalter von 14 Jahren bei 1,78. Ausgesprochene Plusabweicher über diesem Wert werden also bei einer vororientierenden konstitutionellen Allgemeinbeurteilung für körperlich anstrengende Berufsarten, ausgesprochene Minusabweicher dagegen nur für leichte Berufsarbeit, die keine besonderen Anforderungen an Muskelkraft, Herz und Lunge stellt, in Betracht zu ziehen sein. Erstgenannte Typen gehören gewöhnlich dem pyknischen bzw. rundmuskulären Körperbau an, letztgenannte sind mehr leptosom bzw. als Astheniker zu bezeichnende Körperbauformen.

3. Die Anwendung des Kaup-Index erübrigt auch eine besondere Bezeichnung des Ernährungszustandes, zumal das für Kinder übliche Einteilungsschema nach Stephani für Jugendliche nicht mehr anwendbar ist, da sich mit Beginn der Pubertät eine Verschiebung der Fettverteilung bemerkbar macht. Plus-abweicher vom Kaup-Index sind gewöhnlich in bezug auf Blutfüllung von Haut und Schleimhaut, Dicke des Fettpolsters der Bauchhaut, sowie in bezug auf den Tonus der Gewebe als „Gut", Minusabweicher als „Mittel", die erheblich unter dem altersgemäßen Durchschnitt liegenden Werte als „Schlecht" zu bezeichnen. Diese in früheren Statistiken gewählten subjektiven Bezeichnungen für Ernährungszustand, Allgemeineindruck sind daher bei Anwendung des Kaup-Index als entbehrlich zu betrachten.

4. Erwähnt sei auch, daß die Anwendung des Kaup-Index eine gewisse Vororientierung für die nachfolgende klinische Untersuchung bietet. Kliniker, z. B. v. Frey, haben darauf hingewiesen, daß bei einem Zurückbleiben in der Längen-Breitenproportion eine Insuffizienz der Innenorgane angedeutet wird. Namentlich für die nachfolgende Untersuchung der Lunge kann nach dem Ausfall größerer Untersuchungsserien in Tuberkulosefürsorgestellen die Ein-teilung einer Jugendlichengruppe nach dem Kaup-Index zweckmäßig sein. Ickert und Dorn haben ebenfalls festgestellt, daß die Leptosomie bei der Tuberkulose überwiegt. Es wurden bei der Altersgruppe von 16—30 Jahren mehr Leptosome unter den Tuberkulosen gefunden, bei den muskulär-pyknischen Formen erwies sich das Verhältnis umgekehrt.

Eine weitaus größere Sicherheit als durch die gewöhnliche auskultatorisch-perkutorische Untersuchung würde durch Verbindung mit röntgenologischen Reihenuntersuchungen gewährleistet werden können. Die heute durch Janke, Böhme, Holfelder u. a. vervollkommnete Schirmbildphotographie ermög-licht nicht nur die Vornahme von Durchleuchtungen, sondern auch der Her-stellung von Röntgenphotographien in Kleinformat, die fast die gleiche Ge-nauigkeit in der Wiedergabe feiner Strukturveränderungen besitzen, wie die früheren kostspieligen Direktaufnahmen in Großformat.

Wo die Durchführung von röntgenologischen Reihenuntersuchungen sämt-licher Bewerber für tuberkulosegefährdete Berufsgruppen (z. B. Krankenpfleger, bestimmte Staubberufe mit hoher Tuberkulosemorbidität) jetzt noch nicht durchführbar erscheint, gestattet die Anwendung des Kaup-Index, zusammen mit der klinischen Untersuchung und namentlich sorgfältiger anamnestischer Erhebung über etwaige tuberkulöse Belastung diejenigen Fälle herauszufinden, bei denen eine genauere röntgenologische Einzeluntersuchung zur Klärung der Berufseignung unbedingt nötig erscheint.

In ähnlicher Weise erleichtert die Bestimmung des Kaup-Index die Be-urteilung der Leistungsfähigkeit des Herzens, da die sog. „funktionellen Herz-störungen" sehr häufig erblich bedingt und konstitutionell durch ein Miß-verhältnis zwischen Längen- und Breitenentwicklung stigmatisiert sind.

Tab. 1. Abgekürzte Tabelle für die Normbeurteilung im Berufsberatungsalter nach dem Kaup-Index.
Männliche 14jährige.

kg	140 cm	145 cm	150 cm	155 cm	160 cm	170 cm
30	1,53	1,43	1,33	1,25	—	—
35	1,79	1,66	1,56	1,46	1,37	—
40	2,04	1,90	1,78	1,66	1,56	1,47
45	2,30	2,14	2,00	1,87	1,76	1,65
50	2,55	2,38	2,22	2,08	1,95	1,84

Nicht selten ist bei asthenischen Typen mit ausgesprochen schlechtem KAUP-Index auch der Ausfall der Funktionsprüfung des Kreislaufs unbefriedigend (sog. synkopotroper Herztypus) als Folge einer mangelhaften Mobilisierung der Blutdepots durch Fehlen der Adrenalinwirkung, Störung des Säure-Basengleichgewichts und Neigung zu Hypoglykämie, die häufig mit Kollapsbereitschaft nach stärkerer Belastung verbunden ist.

So kann die Berücksichtigung der Abweichung vom altersgemäßen KAUP-Index, verbunden mit der Berücksichtigung anderer morphologischer Kennzeichen (z. B. der im Jugendlichenalter wichtigen Acrocyanose) ein wichtiges Mittel zur Vororientierung der funktionellen Leistungsfähigkeit von Herz und Kreislauf bilden.

Bezüglich der sogenannten dysplastischen Körperbauformen, die durch ein Mißverhältnis der Körperproportionen gekennzeichnet sind, sei erwähnt, daß sich die von PENDE aufgestellten endokrinopathologischen Typenbezeichnungen zur Verbesserung der Charakteristik empfiehlt. Zwischen den normalen und ausgesprochen krankhaften Konstitutionstypen besteht eine Zone von leichteren präklinischen Konstitutionszuständen, die je nach dem Grade ihrer Ausprägung entsprechende Berücksichtigung sowohl in pädagogischer, wie auch in therapeutischer Beziehung verlangen. Hier wird dem berufsberatenden Arzt ein gewisser Spielraum eingeräumt bleiben müssen, in welchem Fall er berufliche Reizfaktoren — unter entsprechender Beaufsichtigung während der ersten Probezeit — zum Ausgleich heranzuziehen für am Platze hält, bzw. in welchen Fällen er eine vorläufige Zurückstellung von beruflichen Anstrengungen und Einleitung von Behandlungsmaßnahmen vorzieht. Die Einführung sog. „Vollklassen" an Berufsschulen soll nicht nur dem Zweck dienen, Jugendliche, die mangels genügender Lehrplätze noch nicht in einen Beruf untergebracht werden können, sondern auch aus körperlichen Gründen noch nicht als berufsreif zu bezeichnen sind (sog. Z-Fälle nach dem Tauglichkeitsschema), aufzunehmen. Die Bezeichnung „Vollklassen" an den Berufsschulen bezieht sich darauf, daß diese Klassen während der ganzen Woche „vollen" Unterricht bekommen, während die Klassen der Berufsschulen, in welchen die schon in Lehrplätzen befindlichen Jugendlichen ihrer gesetzlichen Berufsschulpflicht genügen, nur an einem Tag der Woche vom Arbeitgeber zum Besuch der Schule freibekommen müssen.

b) Besichtigung einzelner Körperbezirke.

An die Allgemeinbeurteilung nach Körperbau, Längen- und Breitenentwicklung sowie eines aus den Körperproportionen gewonnenen Bildes über den Zustand des endokrinen Systems, schließt sich die Besichtigung der einzelnen Körperbezirke:

a) Schädel, Gesicht und Hals,

b) Brustkorb, Schultergürtel und Extremitäten,

c) Bauch und Bauchorgane,

d) Hüftgürtel und untere Extremitäten.

Schädel, Gesicht und Hals. Außer der Einteilung der normalen Schädelform in Lang-, Mittel-, Kurzköpfe, die zur Ergänzung der Körperbaubestimmung in Betracht kommt, ist bei der Besichtigung von Gehirn- und Gesichtsschädel auf Einzelmerkmale zu achten, die auf angeborene Lues oder frühere Rachitis hinweisen (Schildbuckelform der Tubera frontalia, Hydrocephalus, Sattelnase). Bei Berufen mit Staubbildung ist auf die Durchgängigkeit der Nasenwege zu achten und erforderlichenfalls vor der Einstellung nasenärztliche Behandlung zu veranlassen. Das gleiche gilt bezüglich der Sanierung der Zähne.

Nach den Ergebnissen der militärärztlichen Musterungsstatistiken steht unter den die Tauglichkeit herabsetzenden Körperfehlern schlechter Zustand der Zähne schon an vierter Stelle. Auch der Beginn von Magenleiden und frühzeitiger Invalidität steht vielfach in Zusammenhang mit einer Vernachlässigung der Zähne in der Jugend. Man hat daher vielfach die Einführung eines *Behandlungszwanges* zur Vermeidung später noch höherer Kosten für Zahnbehandlung auch im Interesse der Krankenkassen vor dem Eintritt in eine Lehrstelle in Erwägung gezogen. Namentlich in solchen Berufen, wo erfahrungsgemäß mit besonderen Gesundheitsgefahren durch Vernachlässigung der Zahnpflege zu rechnen ist (Konditoren, Bäcker, Lebzelter) oder wo die Einhaltung eines guten Zustandes der Zähne für das berufliche Weiterkommen erforderlich ist (z. B. Kellner, Friseure) würde es als zweckmäßig zu betrachten sein, wenn die Gewährung eines Lehrplatzes von einer vorhergehenden Sanierung der Zähne abhängig gemacht würde. Wie weit bei der Prophylaxe des Zahnzustandes nicht auch noch auf die Ernährungshygiene geachtet werden müßte, und wie weit dabei nicht auch gleichzeitig konstitutions- und erbbiologische Momente in Betracht gezogen werden müssen, wird im Abschnitt EULER-RITTER, Band II dieses Handbuches, genauer erörtert werden. Das gleiche gilt bezüglich der Bewertung von angeborenen Mißbildungen der Zähne und Kiefer, die sehr häufig auf erblicher Grundlage beruhen und nicht selten mit anderen Konstitutionsanomalien verbunden sein können.

Ähnliches gilt auch bezüglich der Beurteilung von Mißbildungen der Ohren, die früher häufig als sog. Degenerationszeichen angesehen wurden. Bei der Beurteilung der *Gesichtsformen* empfiehlt sich die Anwendung folgender Bezeichnungen:

A. Für die Umrißformen:

Fünfeckform (vorwiegend bei Pyknikern).

Breite Schildform (vorwiegend bei Muskulären).

Flache Eiform (vorwiegend bei Leptosomen).

Spitze Eiform (bei asthenischen bzw. infantilen Formen).

B. Für die Profilformen:

Sichelform (relatives Zurückbleiben der Mittelpartien).

Winkelform (starkes Vorspringen der Mittelpartien).

Langnasenprofil (Verlängerung der Mittelpartien).

Vespasiangesicht (Vorspringen der Oberpartie des Gesichts bei Zurückbleiben der Mittel- und Unterpartien).

Mit der Feststellung der Gesichtsform ist auch zweckmäßig die Beobachtung des *Gesichtsausdrucks* und des Minenspiels zu verbinden, die nicht nur für die Entwicklungsdiagnostik des Kindes- und Jugendlichenalters, sondern auch für die Abgrenzung der beiden psychophysischen Grundformen herangezogen werden muß. So ist z. B. der B-*Typus* charakterisiert durch weite Lidspalte, große, lebhaft bewegliche Pupille, Neigung zu Struma mit zarter, feuchter Haut, während umgekehrt der *T-Typus* durch enge Lidspalte, tiefliegende Augen und trockene blasse Haut gekennzeichnet ist. Es lassen sich die vegetativ-autonom stigmatisierten T-Typen zum Teil schon morphologisch abgrenzen. Für die feinere Differenzierung kommt sowohl die Prüfung des peripheren Nervensystems wie auch der Grundstruktur des Seelenlebens in Betracht. Mit ihren körperlichen Merkmalen entsprechen sie als Übersteigerungsformen dem Formenkreis des „beseelten" und unbeseelten Typus (Integration bzw. Desintegration) nach E. R. und W. JAENSCH, geben also für die psychologische Vororientierung gewisse Anhaltspunkte, die für die pädagogisch-ärztliche Zusammenarbeit (s. Kap. III: Ausblicke) verwertbar erscheinen. ZELLER weist darauf hin, daß der T-Typus einige physiognomische Ähnlichkeit mit dem „hypophysären Gesicht" in bezug auf eine sichtbare Verkleinerung des Mittelgesichts und kleinen relativ zurückliegenden Augen bei vorgealterten Gesichtszügen habe, womit aber sehr häufig dann auch gleichzeitig andere anatomische und funktionelle Merkmale eines psychophysischen Infantilismus (Zahnanomalien, Kryptorchismus, sexueller Unter- bzw. Spätentwicklung) verbunden sind. Nicht

selten sind auch bei hypophysärer oder. Mittelhirnschwäche Stoffwechselstörungen (Fettsucht, Neigung zu Diabetes) mitverbunden.

Am Hals ist außer auf die Länge (kurzer Hals der Pykniker, langer Hals
bei Leptosomen) auch auf die Entwicklung der Nackenmuskulatur, die bei den
muskulären Körperbauformen im Gegensatz zu den Asthenikertypen gut ausgebildet ist, zu achten. Für Vergrößerungen der Schilddrüse ist eine Gradeinteilung im Sinne der Fehlertabelle zu treffen, wobei zu berücksichtigen ist,
daß ein leichter Pubertätskropf im Berufsberatungsalter als physiologisch zu
betrachten ist. Jedoch erfordern alle stärkeren Grade, die mit Atem- oder
Herzbeschwerden einhergehen, eine eingehendere klinische Untersuchung.

Ebenso wie bei der Bestimmung der Schilddrüsenvergrößerung empfiehlt
sich eine Einteilung nach Graden bei Schwellung der Halsdrüsen, die meist als
Resterscheinungen früherer exsudativer Diathese zu deuten sind und unter
Umständen in Berufen, wo mit allergischen Reaktionen zu rechnen ist, Berücksichtigung verdienen. Das Bestehen eines Caput obstipum kann Berufsbehinderung bedingen, weil dadurch die Entstehung von Skoliosen begünstigt wird.

Brustkorb, Wirbelsäule und obere Extremitäten. Für die Beurteilung zu
allen mit körperlichen Anstrengungen verbundenen Berufen spielt die Brust-
korbentwicklung eine große Rolle. Zunächst ist durch Inspektion die Brust-
korbform festzustellen. Normalerweise nähert sich schon in der Präpubescenz
der ursprünglich kreisförmige Querschnitt des Brustkorbs einer Ellipse. In
pathologischen Fällen verwandelt sich diese Normalform in eine spitze Ellipse
(Thorax paralyticus) bzw. es kann sich ein Mißverhältnis zwischen oberer und
unterer Brustkorbapertur ausbilden (Thorax pisiformis). Seitliche Einziehungen
des Brustkorbs (sog. Flankeneinziehung, HARRISONsche Furche), auch Verbiegungen im Bereich des Brustbeins (Kiel- bzw. Hühnerbrust) sind als Zeichen
früherer Rachitis sehr häufig mit anderen Anomalien am Skelet bzw. den Zähnen
verbunden. Nicht zu verwechseln mit rachitischen Thoraxveränderungen ist
die Trichterbrust, die auf erblicher Grundlage (mit dominantem Erbgang)
beruht. Bei allen stärkeren Graden von Trichterbrust, wo mit einer Raum-
behinderung des Herzens zu rechnen ist, empfiehlt sich eine röntgenologische
Untersuchung mit gleichzeitiger Vornahme einer Funktionsprüfung des Herzens.
An die Besichtigung des Brustkorbs hat sich die Bestimmung des Brustumfanges anzuschließen, die — bei seitlich ausgestreckten Armen und — ruhiger
Atmung (sog. mittlere Atemstellung) vorgenommen werden soll. Der Brustumfang (B/U) im Verhältnis zur Körperlänge (KL) hat von jeher als eines der
wichtigsten Merkmale zur Beurteilung der äußeren Konstitution gegolten.
Darauf beruht der in der Militärhygiene viel gebrauchte ERISMANN-*Index*

$$J = {}^1\!/_2 \, KL - B/U.$$

Da alle auf dem Prinzip linearer Ähnlichkeit aufgebauten Indices an dem
Übelstand leiden, daß sie nur innerhalb der mittleren Größenklassen einer
Altersgruppe zum Vergleich verschiedener Individuen benützt werden können,
so ist für die Beurteilung des B/U-Längenverhältnisses zweckmäßiger das
KAUPsche Körperproportionsgesetz heranzuziehen, welches besagt, daß der Soll-
wert des Brustumfangs (B/U) zu seinem Istwert (B/U) sich wie die Quadrat-
wurzeln des altersgemäßen Sollwertes der Körperlänge (L_1) zum Istwert der
Körperlänge (L_2) des Untersuchten verhalten muß, nach der Formel:

$$B/U_1 : B/U_2 = \sqrt{L_1} : \sqrt{L_2}.$$

Entspricht der gemessene B/U dem nach dem KAUPschen Proportionsgesetz
zu erwartenden Wert, so kann auf eine gute Leistungsfähigkeit geschlossen
werden.

Außer dem Brustumfang wird bei amtlichen Tauglichkeitsuntersuchungen noch immer die Bestimmung der *Exkursionsbreite* verlangt. Wie aber neuerdings von Sᴄʜʟᴏᴍᴋᴀ und Bʟᴜᴍʙᴇʀɢ durch umfangreiche Untersuchungen an gesunden erwachsenen Männern festgestellt worden ist, hängt die Exkursionsbreite hauptsächlich von der Form der Atmung (namentlich der Senkung des Zwerchfells und der Torsionsarbeit der Rippen) ab und steht nicht in Beziehung zur Größe der Vitalkapazität. Daher ist die Streuungsbreite der Exkursionsbreite geringer als die der Vitalkapazität und bewegt sich bei Erwachsenen in der Norm von 8—10 cm. Die Auffassung, daß ein höherer Wert (bei Jugendlichen mehr als 5—6 cm) als besonders günstig zu bewerten sei, ist daher abzulehnen. Die Bestimmung der Exkursionsbreite genügt demnach nicht zur Beurteilung der Leistungsfähigkeit des Atmungsapparates, es muß vielmehr an die üblichen Thoraxmessungen noch eine Funktionsprüfung der Atmung angeschlossen werden. Einen gewissen Wert kann bei der Beurteilung des Grades von Brustfellschwarten (Z-U 47 der Fehlertabelle) der Vergleich der Exkursionsbreite der linken und rechten Thoraxhälfte haben, um einen zahlenmäßigen Wert für die Bewegungsbeeinträchtigung der kranken gegenüber der gesunden Thoraxhälfte zu bekommen.

An die Besichtigung und Messung des Brustkorbs hat sich die *Beurteilung der Haltung* anzuschließen. Sie geschieht durch Betrachtung des Untersuchten von vorn, von der Seite, und von rückwärts.

Bei der Beurteilung des *Haltungstypus* werden von den Anthropologen vier Haltungstypen unterschieden:

Haltungstypus A. Kopf-, Rumpf- und Beinachse liegen in einer Geraden, der Brustkorb ist hochgezogen und gut gewölbt, der Bauch eingezogen oder flach, die Rückenkurve mäßig ausgebildet.

Haltungstypus B. Hier besteht eine leichte Knickung zwischen Rumpf- und Kopf-Beinachse, erstere ist mehr nach hinten, letztere mehr nach vorne geneigt. Meist ist der Brustkorb nicht mehr so gut gewölbt, die Rückenkrümmung tritt stärker hervor.

Haltungstypus C zeigt eine noch stärkere Ausbildung der Rückenkrümmung bei flacher Brustwand, Schlaffheit der Bauchwand und deutliche Abknickung der Beinachse nach vorne.

Haltungstypus D. Der stark nach vorne geneigte Kopf ragt bei seitlicher Betrachtung über die Brustwand vor, der Bauch ist vorgewölbt, der Verlauf der Rückenlinie ist im Brustbereich kyphotisch, im Lendenwirbelsäulenbereich lordotisch.

Die Anwendung der von den Anthropologen gebrauchten Bezeichnungen hat sich bei Tauglichkeitsuntersuchungen nicht recht eingebürgert.

Von seiten der Orthopäden wird an der Ausscheidung von *Fehlhaltungen* und *Fehlformen* festgehalten.

Zu den *Fehlhaltungen* wird der runde und hohlrunde Rücken gerechnet (entsprechend dem Haltungstypus C und D der Anthropologen). Es gehört dazu auch der sog. „flache" Rücken, der die physiologische Wirbelsäulenkrümmung des Haltungstyps A vermissen läßt und meist mit einer kleinen kyphotischen Verwölbung an der Grenze zwischen Brust und Lendenwirbelsäule, als Folge eines in der Volksschulzeit erworbenen Sitzbuckels verbunden ist.

Zu den *Fehlformen* rechnen die Orthopäden
1. die *versteiften Skoliosen*, also alle seitlichen Verbiegungen der Wirbelsäule, die auch bei Vorbeugen des Rumpfes sich nicht ausgleichen;
2. die sog. *Torsion*, d. h. die Verdrehung der Wirbelsäule durch einseitige Verwölbung der Rippenwandung an der konvexen Seite der Wirbelsäulenkrümmung;
3. die echte *Kyphose* der Jugendlichen, die durch keilförmige Verbildung der betreffenden Wirbelkörper charakterisiert ist, Schädigungen, die meist erst in der Lehrlingszeit durch einseitige Berufsarbeit im Sitzen, ebenso bei höheren Schülern sich im Verlauf der Pubescenz ausbilden.

Alle Arten von Fehlhaltungen und Haltungsschwäche bedingen eine Herabsetzung der allgemeinen Leistungsfähigkeit und verlangen Berücksichtigung durch entsprechende Maßnahmen während der Berufsausbildung. Im allgemeinen haben diese Fehler seit Einführung der staatlichen Jugendorganisationen einen deutlichen Rückgang gezeigt. Stärkere Grade von Fehlhaltungen können während der Volksschulzeit durch Einführung von *Sonderturnen*, das unter Umständen während der Berufsschulzeit fortzusetzen ist (namentlich bei Lehrlingen der sog. ,,Reizmangelberufe'') günstig beeinflußt werden. Es gehören hieher die unter A bzw. B 45 bzw. A 46 der Fehlertabelle zu bezeichnenden Fälle.

Alle stärkeren Grade von Fehlern der Wirbelsäule bedürfen während der gesamten Berufsschulausbildung der Kontrolle durch den Facharzt, dem auch in Zweifelsfällen der Entscheid zufällt, ob Sonderturnen genügt oder besondere orthopädische Maßnahmen getroffen werden müssen. Wo letzteres sich als notwendig erweist und gleichzeitig die Wirkung der Berufsarbeit im Laufe der Lehrjahre genauer beobachtet werden soll, empfiehlt sich die Anlage eines ,,Thorakogramms'' mit Hilfe des ,,Anthropographen''. Dieses Verfahren bietet den Vorteil, der graphischen Fixierung und der Messung der eingetretenen Veränderungen durch Vergleich der zu verschiedenen Zeiten von ein und derselben Person in gleichem Maßstab aufgenommenen Anthropogrammen (Beschreibung der Methodik S. 73 dieses Handbuch-Bandes).

Die *Inspektion der Muskulatur des Schultergürtels* und der *Oberarme* ist bei allen mit vorwiegender Armarbeit verbundenen Berufen notwendig. Nach dem Reliefbild läßt sich die Muskulatur in Grade (stark, mittel und schwach) einteilen, den Zustand der Muskulatur bezeichnet man mit hyper-, normo- und hypotonisch. Dynamometrische Prüfung haben nur dann Zweck, wenn es sich um die Beurteilung krankhafter Fälle (angeborene Muskeldefekte, Paresen nach abgelaufener Kinderlähmung, beginnende Atrophien bei progressiver Muskeldystrophie usw. handelt.

Bei der Untersuchung von Handarbeitern ist eine genaue *Besichtigung der Hände* vorzunehmen. Fehlen bzw. Versteifungen einzelner Finger sind nach der Fehlertabelle (65—66) zu bewerten. Bei einigen Berufen bilden Schweißhände eine Behinderung (Uhrmacher, Friseure, Schneiderinnen, Lebensmittelverkäuferinnen). Für die Prüfung der Handgeschicklichkeit gibt es zahlreiche Spezialverfahren. Nie sollte vorher eine morphologische Beurteilung von Hand- und Fingerform unterlassen werden. Bezüglich der Handform ist zu unterscheiden zwischen Radial- und Ulnartypus. Bei der ersteren Form ist der Zeigefinger länger als der Mittelfinger, bei der letztgenannten umgekehrt Ringfinger länger als der Zeigefinger. Bei dem, namentlich beim weiblichen Geschlecht häufiger vorkommenden Radialtypus, sind die Finger meist schlank, und in den Gelenken aktiv und passiv überstreckbar. Beziehungen zur Handgeschicklichkeit scheinen zu bestehen, müßten aber durch Vergleiche mit den Ergebnissen psychotechnischer Prüfverfahren noch an Hand größerer Versuchsreihen bestätigt werden. Sicher nachgewiesene Korrelationen zwischen Form und Funktion würden zur Vereinfachung mancher psychotechnischer Verfahren beitragen können.

Konstitutionspathologisch spielt die Morphologie von Hand und Fingern eine Rolle z. B. zur Erkennung von beginnenden Symptomen progressiver Muskelatrophie, die meist an den Musculi interossei anfängt, ferner für die Diagnose endokriner Störungen (Tatzenform bei Hypofunktion der Thyreoidea, bei hypophysären Störungen spätes Verschwinden der Fettsucht über den Streckseiten der Phalangen). Extrem dünne Finger, sog. Arachnodaktylie, meist mit gleichzeitiger Asthenie und abnormaler Schlaffheit des Bandapparates, Ohrmißbildungen, Trichterbrust, kongenitalen Herzfehlern usw. verbunden), sollten zu genauerer familienanamnestischen Erhebung hinsichtlich des Vorkommens anderer Zeichen konstitutioneller Minderwertigkeit veranlassen.

Erwähnt sei auch, daß bei schweren Formen von Epilepsie nicht selten abnorme Fingerstellungen gefunden werden, die nach K. SCHNEIDER für die

Abgrenzung von genuiner und symptomatischer Epilepsie benützt werden können (sog. Bajonettformen besonders am 2.—4. Finger).

Nicht verabsäumen sollte man auch die Betrachtung der Innenhand. Man wird durch die stärkere Ausbildung des Liniensystems auf Rechts- bzw. Links-händigkeit aufmerksam. Bei der Beurteilung von Schwachsinnigen ist nach PORTIUS auf Verlaufsanomalien des Handliniensystems zu achten, namentlich auf das Vorkommen der sog. ,,Vierfingerlinie'', von welcher man dann spricht, wenn an Stelle der sog. ,,Herz''- und ,,Kopflinie'' nur eine einzige quer durch die Hohlhand verlaufende Linie vorhanden ist.

Bauch und Bauchorgane. Bei der Bestimmung der Körperbauformen ist auf die Größe der Bauchhöhle sowie auf das Verhältnis zwischen Brust- und Bauchumfang zu achten. Abnorme Fettentwicklung der Bauchdecken ist nicht selten mit Kleinheit der Genitalien verbunden (Dystrophia adiposogenitalis). Für die mit Beginn der Pubescenz im Berufe eintretende Lehrlingsjugend ist eine Einheitlichkeit in der Bestimmung des Grades der Sexualentwicklung notwendig. Nicht selten ist mit der Neigung zu überstürztem Längenwachstum gleichzeitig sexuelle Frühentwicklung verbunden. Für die Abgrenzung in Pubescenzstufen dient das MARTINsche Schema, das nach dem Grad der Scham-behaarung 3 Pubescenzstufen unterscheidet.

Pubescenzstufe I = Fehlen der Schambehaarung; Pubescenzstufe II: Beginn der Schambehaarung (Haare noch nicht gekräuselt); Pubescenzstufe III: Kräuselung der Schamhaare, Behaarung in der Achselhöhle.

Jedoch ist nicht allein die Entwicklung und Abgrenzung der Schambehaarung, sondern auch die Größe der Genitalien für die Bestimmung des Reifegrades heranzuziehen. ZELLER hat zur Feststellung des Reifungsgrades in der Pubertät das MARTINsche Schema erweitert und die sekundären Geschlechtsmerkmale bei Knaben und Mädchen in Stufen eingeteilt. Mit Hilfe dieser Stufeneinteilung in der Entwicklung der einzelnen Reifungszeichen stellt er unter Voranstellung des Lebensalters (LA) die ,,individuelle'' Entwicklungsformel auf (s. den Beitrag von ZELLER dieses Handbuch-Bandes).

Bei großstädtischen Jugendlichen erfordert die nicht seltene zu frühe Ge-schlechtsreifung pädagogische Beachtung.

Verspäteter Descensus findet sich gelegentlich noch im Berufseintrittsalter und ist nicht selten mit anderen infantilistischen Kennzeichen (verspätetem Stimmwechsel, auch nervösen Symptomen) verbunden. Die Anlage zu Leisten-brüchen ist immer im Rahmen der allgemeinkonstitutionellen Beurteilung (an-geborene Bindegewebsschwäche) zu beurteilen. Bei allen mit Heben von Lasten verbundenen Berufsarbeiten muß zu rechtzeitiger Vornahme einer Operation geraten werden. Das Gleiche gilt für das etwaige Bestehen eines Leistenhodens. Erkrankungen der Bauchorgane, die im Entwicklungsalter nicht seltene Neigung zu spastischer Obstipation und Störungen der Magensekretion dürfen bei der Beurteilung der Berufsfähigkeit und zur Einleitung ernährungshygienischer Maß-nahmen während der Lehrlingszeit nicht übersehen werden. Frühere Nieren-erkrankungen verlangen besondere Vorsicht bei Berufen mit Erkältungsgefahren, ebenso wie auch die Feststellung orthostatischer Albuminurie bei Verwendung in Stehberufen berücksichtigt werden muß. In ähnlicher Weise sollten bei der Begutachtung für weibliche Berufsarten Störungen der Menstruation vor der Einstellung angegeben werden. Es wäre eine wichtige Aufgabe des vorbeugenden Gesundheitsschutzes für das weibliche Geschlecht, angesichts der heute häufig vorkommenden Verfrühung des Menstruationsbeginns hinsichtlich der Gesamt-dauer der Arbeitszeit und individualisierender Arbeitseinteilung Erleichterungen in großstädtischen Betrieben zu schaffen.

Hüftgürtel und untere Extremitäten. Die Entwicklung des Hüftgürtels, das Verhältnis zwischen Hüft- und Schulterbreite, sowie die Größe der Beckenneigung ist sowohl für das körperbauliche Urteil wie auch in funktioneller Beziehung namentlich bei Stehberufen in Betracht zu ziehen. Die Größe der Beckenneigung steht in Zusammenhang mit dem Haltungstypus und spielt namentlich bei weiblichen Stehberufen eine besondere Rolle. Auch hier kann für die Kontrolle der Berufswirkung die Anlage von Konturzeichnungen mit Hilfe des Anthropographen in Betracht gezogen werden.

Große sozialhygienische Bedeutung hat — namentlich für Stehberufe — eine richtige Beurteilung der *Anomalien der Beine und Füße.*

Als untauglich für längeres Stehen und größere Gehleistungen sind zu bezeichnen:
1. Beinverkrümmungen, bei welchen die Tragachse, d. h. die Verbindungslinie zwischen Hüftgelenkmitte und Kniegelenkmitte nicht mehr die Fußfläche trifft.
2. Schwere Grade von Plattfuß, bei denen eine Aufrichtung des Fußes auch passiv (durch Einlagen) nicht mehr möglich ist.
3. Alle Formen von Fußsenkung, die mit Versteifungen in den Gelenken bzw. mit entzündlichen Erscheinungen verbunden sind.
4. Der schwere Hohlfuß mit Krallenbildung der Zehen.

Nach den Erfahrungen der militärärztlichen Musterungen ist mit dem Vorkommen ausgesprochen schwerer Grade von Bein- und Fußfehlern bei der Landbevölkerung mehr zu rechnen als in der Stadt. Die mittleren und leichten Grade sind aber auch bei der städtischen Jugend stark verbreitet. Bei den mittleren und leichten Graden sind Unterschiede in der subjektiven Beurteilung durch verschiedene Untersucher häufig. Zur Gewinnung einheitlicher Maßstäbe ist grundsätzlich zu verlangen, daß nicht nur die Form, sondern auch die Funktion geprüft wird. Zur Prüfung der Funktion des Fußes gehört z. B. die Beobachtung des Fußgewölbes bei einbeinigem Stand. Der leistungsschwache Fuß sinkt bei einseitiger Belastung ein. Ebenso läßt sich bei Zehengang Einknicken des Fußgewölbes feststellen. Notwendig ist für die Beurteilung der B- und L-Fälle auch die Prüfung der passiven und aktiven Bewegungsfähigkeit in den Fußgelenken und auch der Zehen. Charakteristisch ist, wie BASLER mit Hilfe eines von ihm benützten Dynamometers zur Prüfung der Zehenkraft festgestellt hat, daß die Zehenkraft der vier letzten Zehen beim Kulturmenschen gegenüber dem Naturmenschen nachläßt.

Angesichts der großen sozialhygienischen Bedeutung der Plattfußfrage und im Interesse der Vermeidung unnötiger Krankenkassenkosten im späteren Berufsleben erscheint es wichtig, daß bei Gelegenheit der ärztlichen Untersuchung von Berufsbewerbern auch eine Belehrung über die individuelle Prophylaxe stattfindet. Plattfußübungen haben noch im Reifungsalter Wert zur Verhütung von entzündlichen Veränderungen. Vor allem muß auf richtiges Schuhwerk und — namentlich in Stehberufen — auf die Ausstattung mit gut passenden „Arbeitsschuhen" hingewiesen werden, die für die Einsparung von Behandlungskosten im späteren Berufsleben gegenüber der oft schematisch gehandhabten Verordnung von Einlagen vielfach zweckmäßiger erscheinen würde.

c) Funktionsprüfungen der Brustorgane.

Ebenso wie für die morphologische Beurteilung der Konstitution ein einheitliches Untersuchungsschema eingehalten werden soll, so gilt das gleiche auch für die Beurteilung der Innenorgane. Das Bestreben muß dahin gehen, innerhalb einzelner Altersgruppen eine graduelle Einteilung durch Prüfungen der lebenswichtigen Funktionen, von Atmung und Kreislauf, zu treffen. Es gilt die Heranziehung solcher Methoden der direkten Leistungsbeurteilung besonders für diejenigen Fälle, bei denen auf Grund der klinischen Untersuchung eine unterdurchschnittliche Funktion als wahrscheinlich angenommen werden kann. Gewöhnlich wird in der ärztlichen Gutachterpraxis auf Grund gewisser klinischer Merkmale, z. B. bei der Beurteilung des Herzens auf

Grund sog. akzidenteller Geräusche, abnormer Akzentuation der zweiten Gefäßtöne, Tachykardien usw. von „Funktionsstörungen" gesprochen. Vom konstitutionsbiologischen Standpunkt aus wäre es richtiger, diese Bezeichnung nur auf Grund des Ausfalls einer Funktionsprüfung anzuwenden. Die Voraussetzung für die Durchführung von Funktionsprüfungen ist die Aufstellung einer funktionellen Normkunde, die im Verein mit den durch Körpermessungen gewonnenen morphologischen Werten zu einer konstitutionellen Korrelationskunde erweitert werden müßte. Besonders wichtig sind die zwischen Atmung und Kreislauf bestehenden Beziehungen, nachdem durch die Untersuchungen Kaups an gesunden Jugendlichen der Beweis erbracht wurde, daß von dem Zusammenspiel zwischen Sauerstoffverbrauch der Gewebe einerseits, dem Capillarsystem zusammen mit der Leistung des Herzens als zentraler Motor, andererseits, der Bau und die Funktion der übrigen Organsysteme des Körpers und damit die Gesamtleistungsfähigkeit des Organismus abhängt.

Atmung. Haben sich auf Grund der Vorgeschichte keine Hinweise für das Bestehen von Lungenerkrankungen oder erblicher Belastung ergeben, die eine Verwendung in Berufen mit Staubgefahr oder Reizwirkung durch schädliche Gase ausschließen (U-Z-Fälle), sondern handelt es sich lediglich darum, den Grad der Leistungsfähigkeit von Atmung und Kreislauf (bei A-L-Fällen) festzustellen, so ist in einer bestimmten Reihenfolge vorzugehen und zunächst die *äußere* Atmung zu prüfen.

Für die *Nasenatmung* ist das ursprüngliche Verfahren von Glatzel durch Beobachtung der Form des auf einem, an die Oberlippe angelegten Nasenspiegels entstehenden Wasserdampfbeschlags durch Lorentz verbessert worden. Auf die polierte Fläche des durch feine Linien in Quadratzentimeter eingeteilten Nasenspiegels wird feiner Sandstaub aufgepulvert. Der Nasenspiegel wird an die Oberlippe gehalten und die Ausatemluft aufgefangen. Dabei wird im Bereich der Nasenöffnung die Sandschicht auf dem Spiegel befeuchtet und bleibt auf der Spiegelschicht haften, während sich der trocken gebliebene Staub abschütteln läßt. Man erhält ein von der Durchgängigkeit der Nasenwege abhängiges Ausatmungsbild, dessen Größe durch Auszählung der staubbedeckten Quadrate bestimmt werden kann.

In zweiter Linie handelt es sich um die Bestimmung der Form der *Brustatmung*, wobei zwischen oberer Brustatmung, Flankenatmung und Bauchatmung zu unterscheiden ist. Je deutlicher die obere Brustatmung gegenüber der Bauchatmung in Erscheinung tritt, desto größer ist die Wahrscheinlichkeit, daß die Fassungskraft der Lunge sich als günstig herausstellt. Bei den weiblichen Jugendlichen überwiegt gewöhnlich die Bauchatmung gegenüber der Brustatmung. Die Frage, ob bei Lauf oder nach Treppensteigung Atembeschwerden auftreten, sollte nicht unterlassen werden. Nicht selten wird, namentlich von gesunden Pyknikern, die Angabe „nicht durchatmen zu können" gemacht. Es handelt sich sehr häufig um das Vorliegen von abnormem Zwerchfellhochstand bei gleichzeitiger Querstellung des Herzens. Auch durch spastische Zustände in den peripheren Gefäßbezirken können solche Zustände hervorgerufen werden. Bei Mädchen sind sie sehr häufig mit zu geringem Hämoglobingehalt oder ungenügender Alkalireserve des Blutes in Zusammenhang zu bringen. Einen gewissen Maßstab für die Leistungsfähigkeit der äußeren Atmung gibt die Beobachtung der Zahl der Atemzüge in Ruhe und Arbeit (normal zwischen 16—17,2 in der Minute, nach 10—20 Kniebeugen wieder auf gleiche Zahl zurückkehrend). Auf die Alkalireserve des Blutes kann geschlossen werden durch die Bestimmung der Zeit in Sekunden, während der nach tiefster Inspiration der Atem angehalten werden kann. Diese Zeit soll bei normalen Jugendlichen mindestens 25 Sekunden betragen. Der Ausfall der Prüfung hängt aber sehr stark von der Übung und von der richtigen Ausführung der Inspiration am Anfang des Versuchs ab. HUMMEL hat die Bestimmung der willkürlichen Atempause in Kombination mit dem Kniebeugenversuch unter gleichzeitiger Pulszahlbestimmung und Dynamometrie empfohlen. Bei 14jährigen Knaben fand er *nach* dem Kniebeugenversuch für die Zeit der willkürlichen Atempause 16—12 Sekunden, bei 14jährigen Mädchen nur Durchschnittswerte von 12,3 bis 10,7 Sekunden.

Auch für die Bestimmung der *Vitalkapazität* ist es wichtig, daß gleichmäßige Bedingungen eingehalten werden 1. in bezug auf maximale Inspiration bei Beginn des Versuchs, 2. festen Anschluß des Mundstücks an die Lippen, 3. langsam erfolgendes Einblasen am Anfang unter zunehmender Forcierung gegen Schluß des Versuchs.

Unter diesen Voraussetzungen ergibt sich nicht nur ein Zusammenhang zwischen Alter und Vitalkapazität, sondern auch mit Form und Größe des Brustkorbs bzw. Gewicht, sowie mit der dynamometrischen Leistung, so daß letztere für gewöhnlich meist entbehrlich erscheint.

Tabelle 2.

Durchschnittswerte für männliche Jugendliche zwischen 14—18 Jahren.

Brustumfang cm	Spirometerwert	Gewicht kg	Spirometerwert
66—70	2350	35—39,5	2250
71—75	2850	40—44,5	2770
76—80	3150	45—49,5	2930
81—85	3650	50—54,5	3240
86—90	4000	55—59,5	3490
		60—64,5	3770
		65—70	4100

LORENTZ hält eine Zurückführung der Spirometerwerte auf die Körperlänge für richtiger als auf das Gewicht, da die Gewichtsunterschiede mit der Körpergröße nicht Schritt halten und sehr stark vom Fettgewicht beeinflußt werden können. Da die Fettmassen aber ein Mehr an Sauerstoff beanspruchen, so hat er vorgeschlagen, den Spirometerbefund in Beziehung zu bringen mit der Körpergröße, nach der Formel: Spirometerbefund in Kubikzentimeter : Körpergröße in Zentimeter = Spiroindex in Kubikzentimeter.

Nach sportärztlichen Untersuchungen hat sich der Spiroindex als brauchbar erwiesen für die Bemessung der Leistungsfähigkeit. Nach LORENTZ besteht ein deutlicher Zusammenhang zwischen der Höhe des Spiroindex, den Werten der dynamometrischen Untersuchung und den Laufzeiten für 100 m-Lauf. Es erscheint daher die Benützung des Spiroindex auch ein gutes Mittel darzustellen für die Auslese zu Berufen, die höhere Kraftleistungen erfordern. Bei 14jährigen Berufsanwärtern mit einer Durchschnittsgröße von 140—145 cm bewegt sich der Durchschnitt des Spiroindex zwischen 15,0—17,5.

Die Spirometerruhewerte sinken unmittelbar nach körperlicher Arbeit, da Blutfüllung der Lunge die Vitalkapazität vermindert. Der Vergleich des Spirometerwertes in Ruhe und nach dosierter Arbeit kann für die Leistungsbeurteilung dienen. Geringer Abfall der Vitalkapazität spricht für gutes Schlagvolumen des Herzens.

Handelt es sich um Berufe, wo die Anpassungsfähigkeit z. B. an die Bedingungen der Höhenwirkung (bei Fliegern und Gebirgstruppen) gestellt werden oder Dauerleistungen verlangt werden, wäre es vorteilhaft, sich auch einen Einblick in die Verhältnisse des inneren Atemmechanismus zu verschaffen, nachdem durch die Untersuchungen KAUPs die zwischen Sauerstoffbedarf und Minutenvolumen des Herzens bestehenden Korrelationen durch Arbeitsversuche

an gesunden Jugendlichen geklärt worden sind. Danach ist die Sauerstoffentzugkraft der Gewebe ein konstitutionell bedingter Faktor, der bei Höchstleistungen die Ökonomie der Herzleistung wesentlich erleichtert. Für die Verwertung dieser Ergebnisse in der Praxis der Eignungsprüfungen ist eine Vereinfachung der gasanalytischen Methoden zur Messung der Kohlensäurespannung
der Alveolarluft notwendig. In den letzten Jahren sind an Stelle des umständlich zu bedienenden HALDANE-Apparates eine Reihe von vereinfachten Apparaten konstruiert worden. Es sei erwähnt, daß für sportärztliche und klinische
Untersuchungen registrierende Apparate (z. B. von SCHAEFER der REINSche Gaswechselschreiber) verwendet worden sind, um Ruheatmung und Gaswechsel-
veränderungen unter dem Einfluß körperlicher Arbeit aufzuschreiben. Bei
Gruppenuntersuchungen erscheint der zur Untersuchung der Anpassungsfähigkeit der Sauerstoffentzugkraft der Gewebe angegebene Apparat von BOHN
verwendbar, der vor allem den Vorteil der Tragbarkeit besitzt, daher auch für
Versuche über den Einfluß der Höhenlage in Betracht kommt, allerdings eine
entsprechende Übung bei der Füllung und Bedienung des Apparates voraussetzt. Wesentlich ist bei der Entnahme von Luftproben, daß beim Versuch
wirklich nur Alveolar- und nicht Bronchialluft entnommen wird, d. h. man
läßt den Prüfling nach tiefster Inspiration bis zur Thoraxmittelstellung ausatmen und läßt ihn erst dann durch das Mundstück in das Röhrensystem des
Apparates ausatmen. Von dort aus werden dann genau 10 ccm der Probeluft
zur Bestimmung des Kohlensäuregehalts in das Absorptionsgefäß übergeleitet.
Bei Bestimmung der Sauerstoffdifferenz der Alveolarluft in Ruhe und nach
dosierter Arbeit lassen sich deutliche Unterschiede zwischen trainierten und
untrainierten, leistungsstarken und leistungsschwachen Individuen feststellen.

Die Anwendung eines vereinfachten gasanalytischen Verfahrens bedeutet
eine wesentliche Ergänzung für die Prüfung des Zusammenspiels zwischen
Atmung und Kreislauf und kommt daher in Betracht zur Beurteilung der
Eignung in allen jenen Extremberufen, wo unter erschwerenden äußeren Bedingungen (Höhenlage, hohe Außentemperaturen, Caissonarbeit) gleichzeitig
eine besondere Beanspruchung des Gesamtkreislaufs erfolgt. Auch die Anwendung der von MATTHES angegebenen Methode zur Bestimmung des Grades
der Sauerstoffsättigung würde unabhängig von einem Laboratorium für Gruppenuntersuchungen durchführbar erscheinen. Die Methode besteht darin, daß
mit einer für Rotlichtstrahlen empfindlichen Photozelle der durch verschiedenen
Gehalt an Sauerstoff bedingte Farbenunterschied gemessen werden kann. Der
Apparat kann — ohne daß Arterienpunktion nötig ist — an Ohrläppchen,
Finger, Zehe u. dgl. angelegt werden.

Herz. Eine Einigung in der Frage, welche *Herzleistungsprüfungen* bei
Gruppenuntersuchungen und für Spezialzwecke herangezogen werden sollen,
ist für die ärztliche Berufsberatung von größter Wichtigkeit. Angesichts der
Tatsache, daß die Erkrankungen des Herzens den Hauptanteil der späteren
Invaliditätsleiden bilden, müssen Sicherungsmaßnahmen gegen Überanstrengung
des Herzens im Jugendlichenalter getroffen werden. Ist doch mit Wahrscheinlichkeit anzunehmen, daß Herzen, die bereits im Jugendlichenalter falsch
beansprucht worden sind, im späteren Lebensalter um so früher versagen werden.
Man muß sich allerdings darüber klar sein, daß es bei Gruppenuntersuchungen
nicht möglich ist, alle überhaupt in Frage kommenden Herzfunktionsprüfungen
in Anwendung zu bringen. Durch die orientierende Voruntersuchung muß
entschieden werden, in welchen Fällen eine genauere Funktionsprüfung entbehrlich erscheint, in welchen Fällen dagegen von einfachen Leistungsprüfungen
beginnend schrittweise zu komplizierteren Untersuchungen, die nur in besonders
eingerichteten Instituten erfolgen kann, übergegangen werden soll. Der Reihe

nach kommen für die Einteilung von Leistungsgraden folgende Funktionsprüfungen in Betracht.

1. Pulsprüfung in Ruhe und nach 10 Kniebeugen. Es ist zweckmäßig, dabei die Zeit zu kontrollieren (20 Sekunden, je 1 Sekunde herab und je 1 Sekunde hinauf). Geradstellung des Oberkörpers wird am besten durch Festhalten der Hüften durch Kommando „Hüften fest" erreicht. Der Oberkörper muß beim Heruntergehen die Fersen berühren, was nur bei Stand auf den Zehenspitzen und turnerisch richtig geöffneten Knien erreicht werden kann. Es wird verlangt, daß nach 2 Minuten die Ruhepulszahl wieder erreicht ist. LORENTZ hat als Verbesserung die 5-Sekundenzählung im Stehen vor und nach den Kniebeugen vorgeschlagen. Man erhält dadurch „Herzschlagbilder". Nervöse Menschen verraten sich schon in der Ruhe durch erhöhte bzw. nicht gleichmäßige Schlagzahl, bei 5-Sekundenzählung treten auch leichte Arrhythmien, die auf Funktionsschwäche zurückzuführen sind, besser in Erscheinung. Je nach Ursache (Wachstumsherz, angeborene bzw. vererbte Herzmuskelschwäche oder Schädigung durch Überanstrengung) ist in einzelnen Fällen eine röntgenologische Untersuchung anzuschließen.

Bei Gruppenuntersuchungen ist die richtige Ausführung des Kniebeugenversuchs das beste Mittel zur Vororientierung.

2. Blutdruckmessung. Die Ruhewerte des Blutdrucks bewegen sich bei Jugendlichen zwischen 14—15 Jahren für den systolischen Druck zwischen 105 und 120, für den diastolischen zwischen 60 und 80. Da der Blutdruck bei nervös erregbaren Jugendlichen Schwankungen zeigen kann, so empfiehlt sich wiederholte Messung. Bei unterdurchschnittlichen Werten (jugendliche Hypotoniker), ebenso überdurchschnittlichen Werten (jugendliche Hypertoniker) sind weitere Funktionsprüfungen und genauere klinische Untersuchung (bei Hypertonikern auch Untersuchung auf Albuminurie) anzuwenden.

An die Prüfung der Ruhewerte des Blutdrucks schließt sich die Bestimmung des Blutdrucks entweder a) nach Pressung oder b) die Bestimmung des Amplitudenfrequenzprodukts vor und nach 100 m-Lauf.

Für a) ist Vorhandensein eines Manometers mit Schlauch und Mundstück notwendig. Der Prüfling muß nach tiefster Inspiration einen Hg-Druck von 50 mm gleichmäßig einhalten. Vor und während der Dauer der Pressung sowie nach Wiedereinsetzung der Atmung wird der Blutdruck bestimmt. Mit Hilfe dieser von BÜRGER angegebenen und sportärztlich von ARNOLD empfohlenen Methode lassen sich normale, asthenische (besonders der sog. synkoptrope Typ) und hypertrophe Herzen voneinander abgrenzen.

b) Die zuerst von LILJENSTRAND und ZANDER, später von KISCH und RIGLER für vergleichende Bestimmungen des Herzminutenvolumens angegebene Methode der Amplitudenfrequenzbestimmung gewährt bei Jugendlichen, die nach Perkussion und Auskultation normalen Befund ergeben hatten, einen guten Einblick, um die Kontraktionskraft des linken Ventrikels genauer kennenzulernen. Der Ausfall des Versuchs geht — wie durch gemeinsame Versuche mit STUMPF festgestellt wurde — mit dem Ergebnis der kymographischen Untersuchung Hand in Hand, d. h. Herzen mit gutem Bewegungstypus (nach STUMPF Typus I) zeigen einen günstigen Ausfall der Bestimmung der Amplitudenfrequenz vor und nach Arbeit, während schlechtes Bewegungsbild des Herzens (sog. Bewegungstyp II bzw. Übergangsformen zwischen diesen beiden Bewegungsarten) auch ein späteres Zurückgehen des Amplitudenfrequenzprodukts nach Arbeit erkennen lassen.

Der Versuch wird in der Weise ausgeführt, daß vor dem 100 m-Lauf die Größe der Amplitude (Differenz zwischen systolischem und diastolischem Blutdruck) und die Pulszahl pro Minute ermittelt und das Produkt berechnet wird. Ebenso wird unmittelbar nach 100 m-Lauf und 10 Minuten nach Erholung das Produkt berechnet. Für die Bewertung ist in erster Linie der letztgenannte Wert maßgebend, der normalerweise wieder dem Ruhewert entsprechen soll. Für die Ausführung des Versuchs sind Helfer notwendig, welche die Ablaufszeiten mit der Stoppuhr messen, ebenso den Puls abzählen, während der Arzt die Blutdruckmessung ausführt.

Die Bestimmung des Amplitudenfrequenzprodukts vor und nach Arbeit gibt wohl einen Einblick in die Regulationsfähigkeit des Kreislaufs, läßt aber unberücksichtigt, ob die Regulation mehr der Anpassungsfähigkeit des Herzens oder der Peripherie zuzuschreiben ist. ROTHSCHUH hat daher vorgeschlagen, an Stelle der Zahl : Amplitude × Pulszahl den prozentualen Anstieg von Amplituden- und Pulsruhewert im Anschluß an die Arbeitsleistung getrennt voneinander zu bestimmen.

Er unterscheidet dabei folgende drei Grade von Anpassungsfähigkeit:

1. Gute Leistung auf Grund einer vorwiegenden Steigerung des Schlagvolumens, was durch relativ höheres prozentuales Ansteigen der Amplitude (evtl. unter gleichzeitiger Senkung des diastolischen Drucks) zum Ausdruck kommt bei relativ geringem Steigen der Frequenz.

2. Mittlere Leistung. Die gleiche Arbeit wird durch relativ höheres Ansteigen der Pulsfrequenz geleistet; der prozentuale Anstieg der Amplitude gegenüber dem Ruhewert ist geringer als der prozentuale Anstieg der Pulszahl gegenüber dem Ruhewert.

3. Schlechte Leistung, wenn die Regulation durch Erhöhung des Schlagvolumens und der Frequenz nicht ausreicht, sondern auch noch auf die Sauerstoffreserven zurückgegriffen werden muß, wobei möglicherweise nach den Vorstellungen von KAUP und GROSSE auch aktive Kräfte in der Peripherie mitbeteiligt sind.

Bei Gruppenuntersuchungen werden sich solche Fälle äußerlich dadurch zu erkennen geben, daß die Atmung gegenüber den Übrigen nach gleicher Arbeitsleistung relativ spät zurückgeht.

Eine Bestätigung, daß man mit einfachen Mitteln zu einer Ausscheidung in Herzleistungsklassen gelangen kann, hat GMEINER bei Gelegenheit von Kriegsschüler- und Fliegertauglichkeitsuntersuchungen erbracht. An Stelle des üblichen Kniebeugenversuchs wählte er eine dreistufige Treppe mit 20 cm Stufenhöhe, die 3mal auf- und abgestiegen werden mußte. Sofort danach wurden Pulszählungen und Blutdruckbestimmungen vorgenommen. Normalerweise steigt der Puls mit 16—20 pro Viertelminute auf 24—30 und fällt in 1 Minute auf Ruhewert zurück. Ebenso steigt der Blutdruck von etwa 110/130 auf 130/150. Die Abweichungen von der Norm lassen sich einteilen in:

I. Fälle mit Pulsbeschleunigung als „führendem Zeichen".

a) Solche, bei denen die ersten Viertelminutenwerte hoch liegen, etwa 36—30, um dann ganz plötzlich auf 21—18 zu fallen = körperliche Volleistungsfähigkeit.

b) Viertelminutenwerte bleiben sehr lange hoch, etwa 36, 33, 30, 30, meist schon hoher Ruhewert, etwas erhöhter Blutdruck, häufig Struma vorhanden, Zeichen von Sympathikotonie.

c) Psychisch bedingte Tachykardien, meist nach 1 Minute Ruhe unter Ausgangswert fallend. Meist auch niederer Blutdruck.

d) Pulsfrequenz schnellt nicht so hoch, sinkt aber nur langsam ab, Ruhewert meist erst nach 2—3 Minuten erreicht = Typ der verlängerten Pulskurve, verbunden mit langsamen Zurückgehen der Atmung = Zeichen echter muskulärer Herzschäden.

II. Fälle mit ausbleibender Pulsbeschleunigung.

a) Bei volltrainierten Sportlern (und Vagotonikern).
b) Bei alternden Leuten mit anginösen Beschwerden.

III. Fälle mit Blutdrucksteigerung als „führendem Zeichen".

a) Bei Jugendlichen mit Verdacht auf späteren „roten" Blutdruck.
b) Bei nervösen Überreizungen, hier zur Differentialdiagnose öftere Wiederholung der Untersuchung nötig.

IV. Fälle mit Atemnot als „führendem Zeichen".

Mißverhältnis zwischen Atemfrequenz und Pulszahl eigentlich nur bei Perikardobliteration oder Verdacht auf Aggravation.

Diese von GMEINER getroffene Einteilung reicht in der Praxis von Gesundheitsuntersuchungen aus. Sie wird sich noch sicherer gestalten lassen, wenn — namentlich bei Fällen der Gruppe I c, eventuell auch IV — auch ein Faktor zur Beurteilung der Leistungsfähigkeit der Peripherie, insbesondere des Sauerstoffausnützungsvermögens, herangezogen wird.

In solchen Fällen empfiehlt sich die gleichzeitige Heranziehung der Untersuchung von Alveolarluftproben in Ruhe und Arbeit. Zur Vervollständigung des Urteils über den Herzbefund kommt noch die röntgenologische Untersuchung von Lage, Größe und Form des Herzens in Betracht. Dabei muß hervorgehoben werden, daß ohne gleichzeitige Ausführung einer Funktionsprüfung aus der Lage (Tropfenherz der Astheniker, Querstellung bei Pyknikern) noch weniger aus der Größe des Herzens kein bindender Schluß auf die Leistungsfähigkeit gezogen werden kann. Für Erwachsene wurde der BLENNTHsche Index $\dfrac{\text{Körperhöhe} \times \text{Brusthöhe}}{\text{Herzbreite} \times \text{Herzlänge}}$ zur Beurteilung empfohlen. Ein Wert unter 23 zeigt ein abnorm großes Herz an. Abnorm große Herzen mit kleiner Vitalkapazität sind immer mit schlechter Leistungsfähigkeit verbunden. Für die Bewertung des vom Röntgenologen übermittelten orthodiagraphischen Befundes diene dem berufsberatenden Arzt beiliegende Tabelle der Herzmaße.

Tabelle 3. Herzmaße im Berufsberatungsalter.
(Nach Untersuchungen an Münchener Berufsschulen von STUMPF.)

Jahre	M. l. syst. diast.	M. r. syst. diast.	Tm syst. diast.	Sv	Sh	Ts	Ts + Tm
14—15	6,95 7,23 ± 0,87	3,96 4,72 ± 0,54	10,89 11,30 ± 0,77	4,15 ± 0,47	4,72 ± 0,57	8,85 ± 0,55	96,38
			Nach Gewicht.				
Gewicht 35,5—40,0	6,58 6,94 ± 0,72	4,02 4,16 ± 0,40	10,61 11,10 ± 0,68	4,01 ± 0,32	4,50 ± 0,42	8,48 ± 0,45	89,47
40,5—45,0	6,99 7,36 ± 0,71	4,26 4,36 ± 0,51	11,22 11,69 ± 0,83	4,15 ± 0,35	5,24 ± 0,66	7,22 ± 0,81	103,44
45,5—50,5	7,24 7,89 ± 0,73	4,16 4,28 ± 0,40	11,40 11,92 ± 0,62	4,24 ± 0,43	5,08 ± 0,60	9,33 ± 0,65	106,36

M. l Medianabstand l.; M. r. Medianabstand r.; Tm Transversaldurchmesser der Medianabstände; Sv senkrechter Abstand des vorderen (ventralen) Herzrandes von einer Linie, welche vom Zwerchfellwinkel nach oben bis zur Bifurkation der Trachea verläuft; Sh senkrechter Abstand des hinteren (dorsalen) Herzrandes von der gleichen Linie; Ts = Sv + Sh, Tm + Ts Produkt der genannten Größen, das mit den Volumen des Herzens in annähernder Beziehung steht.

Die Elektrokardiographie wurde für sports-, ebenso für militärärztliche Zwecke zur Tauglichkeitsbeurteilung (z. B. der Fliegertauglichkeit) herangezogen. Es können — wie z. B. BRAUCH hervorhebt — gelegentlich bei völlig

gesunden, leistungsfähigen Herzen geringe Abweichungen vom normalen Elektro-
kardiogramm vorkommen, die sich aber bei einer 1—3 Wochen später vorgenommenen Wiederholung nicht mehr zeigen. Es ergibt sich daraus, daß
man *einmal* festgestellte Abweichungen im EKG. bei sonst leistungsfähigen
Herzen nicht sofort ungünstig bewerten soll, sondern eine Wiederholung der
Untersuchung vornehmen muß, um nicht zuviel leistungsfähige Bewerber als
fliegeruntauglich abzulehnen.

Über die Verwertung der Elektrokardiographie für die Leistungsbeurteilung
in der Praxis der Berufsberatung liegen keine Erfahrungen vor.

d) Funktionsprüfungen des Bewegungsapparates.

Die Motorik ist, wie besonders von ENKE betont wird, als ein Wesensmerkmal
der Persönlichkeit zu betrachten. Jedes konstitutionsbiologische Urteil muß
daher die Beobachtung des Bewegungsablaufs mit einbeziehen. Schon bei der
morphologischen Beurteilung des Körperbautypus ist daher auf das Bewegungsbild zu achten, da sich schon im psychomotorischen Tempo Beziehungen zum
Körperbautypus ausdrücken. Oft verrät sich der spätere Pykniker — zu
einer Zeit, wo die morphologischen Merkmale seines Typus noch nicht ausgereift
sind — durch die Langsamkeit seiner Bewegungen, seines Mienenspiels, seines
Ganges. Auch bestehen Beziehungen zwischen der Art des Bewegungsablaufs
sowie der motorischen Anpassungsfähigkeit zur psychologischen Grundstruktur.
Charakteristisch für den schizothymen Temperamentstypus ist z. B. die Eckig-
keit, für den cyclothymen Typus die Abgerundetheit der Bewegungen. Von
seiten der Psychologen (STREHLE, ECKSTEIN) wird daher die Beobachtung des
Bewegungsbildes als ein wesentlicher Bestandteil der Gebahrungsdiagnostik
betrachtet, die von medizinischer Seite namentlich von COERPER für die konstitutionsbiologische Differenzierung von Kindern und Jugendlichen besonders
betont worden ist. Ebenso hat ENKE darauf hingewiesen, daß durch die Beobachtung der Kinder beim Spiel sich schon sehr früh die psychomotorische
Grundveranlagung neben bestimmten charakterologischen Wurzelfaktoren wie
Ausdauer, Geduld, Zähigkeit, Ablenkbarkeit, Unbeständigkeit usw. erkennen
läßt. Eine noch bessere Beobachtungsmöglichkeit zur Analyse des Bewegungsablaufs würde sich durch die gemeinsame Beobachtung von Arzt und Turn-
lehrer während des Turnunterrichts und beim Übergang zu sportlicher Betätigung gewinnen lassen. FEIGE hat z. B. den Bewegungsablauf bei komplexen
sportlichen Betätigungsformen analysiert hinsichtlich der räumlichen Genauigkeit und der zeitlichen Präzision, die in gleicher Weise auch für den Bewegungsablauf von Arbeitsvorgängen in Betracht kommt. Während die Turnnote an
sich, ebensowenig wie die dem Gesundheitsbogen beigelegten Leistungsbögen
über den Ausfall der Prüfungen sportlicher Grundleistungen für den berufsberatenden Arzt keinen sicheren Maßstab für die Grenzen der Leistungsfähigkeit
darstellen, wäre es von Vorteil für seine Zwecke, wenn ihm Anhaltspunkte
über das Gefühl für Rhythmus der Bewegung, Takt und zeitliche Präzision,
Vorwiegen eines Geschwindigkeits- oder langsamen Bewegungstypus gegeben
würden. Da eine derartige psychomotorische Charakteristik seitens des Turn-
lehrers bis jetzt fehlt, so muß der Arzt bemüht sein, sich aus der Beobachtung
des Prüflings während der Untersuchung einen gewissen Einblick in seine
Motorik zu verschaffen. Es empfiehlt sich dabei die Einhaltung einer gewissen
Reihenfolge. Man beginnt am besten mit der Beobachtung der Kopfhaltung
(Versteifung, Zurückwerfen des Kopfes bei der Beantwortung von Fragen), der
Beobachtung des Mienenspiels (Grimassieren, Art des Lächelns), wobei sog.
Reflexanalogien (Hüsteln) ebenso gewisse Haltungsanalogien (Hochziehen der
Schultern) nicht zu übersehen sind, da sie als Symptome der psychologischen

Grundhaltung, der Aufgeschlossenheit bzw. Verschlossenheit zu bewerten sind. Man geht dann über auf die Beobachtung des Ganges, der deutliche Unterschiede nach vorwiegendem Körperbautypus aufweist und manche Rückschlüsse auf den Charakter zuläßt, auf die verschiedenen Modi des Stehens (Stehen auf beiden Füßen vorwiegend beim Pykniker und Athletiker, häufiges Wechseln des Standbeins als Ausdruck körperlicher Schwäche beim Astheniker oder als Zeichen von Ängstlichkeit bei infantilen Typen) auf die Art der Armhaltung (gewinkelte Armhaltung beim Athletiker, herunterhängende Arme bzw. Neigung zum Aufstützen bei Asthenikern, Kreuzen der Hände auf dem Rücken als Zeichen innerer Abwehrstellung usw.), das unbewußte Spiel der Hände, das häufig mit einer Unruhe in der Gesichtsmuskulatur verbunden ist und dann im Zusammenhang mit anderen Merkmalen körperlichen Infantilismus als Zeichen einer funktionellen Entwicklungsunreife bewertet werden kann.

Hat man auf Grund der Beobachtung ein allgemeines Bild über die Individualität der Motorik des Prüflings entworfen, so kann auf spezielle Funktionsprüfungen übergegangen werden.

Von POPPELREUTER, ferner v. OSERETZKY und anschließend von ENKE sind eine Reihe von Methoden angegeben worden, um die einzelnen Komponenten der Motorik experimentell zu analysieren.

Prüfung der statischen Koordination. Diese Prüfung kann in Betracht kommen für Berufe, bei denen die Gleichgewichtsempfindung eine besondere Rolle spielt (z. B. Dachdecker, Bauarbeiter usw.). POPPELREUTER läßt zu diesem Zwecke den Prüfling über einen Balken gehen, am Ende des Balkens umkehren und wieder zurückgehen. Die Prüfung kann dadurch erschwert werden, daß beim Überschreiten des Balkens ein etwa 30 kg schwerer Eimer getragen werden muß. Einfachere Aufgaben zur Prüfung der statischen Koordination sind z. B. für die Untersuchung von Hilfsschülern angewendet worden: Stehen mit geschlossenen Augen auf den Fußspitzen, abwechselnd auf einer, dann auf der anderen, Hüpftest, d. h. erst mit dem rechten, dann mit dem linken Bein auf einer Strecke von 5 m hüpfen usw.

Prüfung der dynamischen Koordination. Für Berufe, wo eine gewisse Ausdauer in der Einhaltung gleichmäßiger Bewegungen verlangt wird (Gießer, Former, Bergleute) hat POPPELREUTER den sog. Kistenhebeversuch angegeben. Es wird von dem Prüfling verlangt, daß er Kisten von bestimmter Form und Gewicht ohne Wechseln der Stellung hebt. Die Bewegungen werden während des Versuchs durch eine Schreibvorrichtung registriert.

Prüfung der Handgeschicklichkeit. Hiefür ist eine sehr große Zahl von Methoden angegeben worden, von einfachsten Aufgaben zur Prüfung von Hilfsschülern angefangen bis zu komplizierteren Methoden, die in der industriellen Psychotechnik für die Auslese zu Spezialberufen eine Rolle spielen.

Da das motorische Defizit bei Hilfsschülern mit dem Intelligenzdefekt nach der Methode von BINET-SIMON in einem Korrelationsverhältnis steht, so können diese Methoden zur Ergänzung von Intelligenzprüfungen verwendet werden. Man kann sie im Gegensatz zu den letzteren als „stumme" Tests bezeichnen, da sie von der sprachlichen Ausdrucksfähigkeit und von mechanisch erworbenem Wissen unabhängig sind. Bezüglich der Natur aller zur Prüfung angegebenen Handgeschicklichkeitsprüfungen muß erwähnt werden, daß es sich dabei um die Prüfung komplexer Eigenschaften handelt, da bei der Ausführung meistens gleichzeitig sowohl Hautsinn, wie Muskelsinn und Lageempfindung zusammenspielen. Einfache Aufgaben sind z. B. der sog. „Labyrinthtest". Der Prüfling hat auf einer Vorlage, in der eine labyrinthähnliche Figur eingezeichnet ist, auf einen Schallreiz hin eine Linie vom Eingang bis zum Ausgang der Figur einzuzeichnen, ohne daß die Grenzen

der Figur überschritten werden. Andere Aufgaben bestehen z. B. im Aus-
schneiden eines Kreises, Biegen von Draht nach einer bestimmten Vorlage u. dgl.
Als sehr geeignet hat sich — auf Grund eigener Erfahrungen — gerade im
Berufsberatungsalter der von RUPP angegebene „Wabenmusterversuch" erwiesen. Er besteht darin, daß der Prüfling aufgefordert wird, das Anfangsstück
eines aus nebeneinander liegenden gleich großen sechseckigen Musters auf der Vorlage weiterzuzeichnen. Dabei spielt nicht nur die Handgeschicklichkeit, sondern
auch das Wahrnehmungsvermögen mit. W. METZGER hat gezeigt, daß es Entwicklungsstufen des Wahrnehmungsvermögens gibt, die sich beim Nachzeichnenlassen bzw. der Beobachtung von Vorlagen bei Kindern und Jugendlichen zu
erkennen geben. Im Berufsberatungsalter sollte das Vermögen, Grenzlinien
zwischen zwei verschiedenen Teilen eines Musters nachzeichnen zu können,
schon vorhanden sein. Je schwächer die Fähigkeit der Wahrnehmung von
Grenzlinien vorhanden ist, desto mangelhafter ist der Ausfall des Nachzeichnens
des Wabenmusters.

Für die Prüfung der tiefen Gelenkempfindung und des Zusammenspiels der
Hände ist der sog. „Zweihandprüfer" in der industriellen Psychotechnik viel
angewandt worden. Hierher gehört auch der „Gewichtsversuch", der darin
besteht, gleichdimensionierte aber verschieden schwere, mit Schrotkörnern
gefüllte Büchsen nach ihrem Gewicht zu ordnen.

Zur Prüfung der Treffsicherheit der Bewegung wird der sog. „Tappingtest"
benützt. Der Prüfling hat dabei auf einer quadrierten Vorlage, die in gleich-
große Tippfelder eingeteilt ist, mit dem Bleistift auf einen Schallreiz eine möglichst große Zahl von Feldern mit Punkten auszufüllen. Diese Methode ist von
BRUSTMANN und von LORENTZ für sportärztliche Zwecke verwendet worden.
Es lassen sich auf diesem Wege ausgesprochen rasch und ausgesprochen langsam
Arbeitende unterscheiden. Man erhält dadurch Hinweise auf das voraussichtliche
berufliche Arbeitstempo. Die Methode ist bis zu einem gewissen Grad auch als
Ermüdungsprobe zu betrachten. Für die spätere Art der Verwendung kann es
von Vorteil sein, rasch arbeitende und langsam arbeitende, sowie rasch bzw.
langsam ermüdbare Typen unterscheiden zu können. Ähnliche Methoden sind
z. B. der *Perleneinfädelungsversuch,* wobei die Arbeitszeit gemessen wird, um
Perlen von einer bestimmten Größe (evtl. unter gleichzeitiger Prüfung des
Farbensinns bei Verwendung von Perlen verschiedener Farbe) mit einem
Faden aneinanderzureihen. Hierher gehört auch der *Scheibenbrettversuch,* wobei
in zwei quadratische, mit Löchern versehene Pappbretter Holzscheibchen, die
in diese Löcher passen, in einer bestimmten Zeit eingelegt werden sollen. Die
beiden Bretter befinden sich vor dem Prüfling. Die Arbeit wird zuerst mit
der rechten Hand begonnen, wobei das Brett mit den Scheibchen rechts vom
Prüfling liegt. Dann wird die Arbeit mit der linken Hand ausgeführt, wobei
das Ausgangsbrett links liegt. Zuletzt wird die Arbeit mit beiden Händen ausgeführt, dabei immer zwei Scheibchen gleichzeitig ergriffen und herübergelegt.

Prüfung der Reaktionszeit. Die Schnelligkeit der Bewegung auf akustische
oder optische Reize spielt eine außerordentlich große Rolle bei Autofahrern,
Fliegern, Bahndienst. Für diese Zwecke ist eine große Anzahl von Apparaten
angegeben worden, welche die psychomotorische Reaktionszeit auf optische,
taktile bzw. akustische Reize genau zu messen gestatten. Als orientierende
Funktionsprüfung kann auch die von LORENTZ angegebene Fallstabprüfung
verwendet werden, wobei ein von einer bestimmten Höhe herunterfallender
Stab mit der Hand aufgefangen werden muß.

Prüfung auf gekreuzte Asymmetrien. Bekanntlich sind die Menschen nicht
auf beiden Körperhälften funktionell gleich ausgebildet. Gewöhnlich wird nur
auf *Links-* bzw. *Rechtshändigkeit* geachtet. Sportärztliche Erfahrungen haben

gezeigt, daß bei guten Sportlern oft ein sehr hoher Prozentsatz an Linksern angetroffen wird. Linkshändigkeit an sich beweist also weder das Vorliegen von Ungeschicklichkeit noch eine den Linksern früher nachgesagte Intelligenzminderung. Dagegen kann die gleichzeitige Bestimmung funktioneller Asymmetrien als eine Anomalie betrachtet werden, die häufig auch mit Ungeschicklichkeit verbunden sein kann, jedenfalls eine Erschwerung der Ökonomie beim Zusammenspiel von Gehirnfunktionen bedeuten. Mit der Prüfung auf Linkshändigkeit bzw. Linksfüßigkeit muß daher auch eine *Prüfung des vorwiegenden Gebrauchsauges* verbunden werden.

Dazu gibt es eine *subjektive* Methode, wobei der Prüfling aufgefordert wird, mit einem vorgehaltenen Bleistift bei beiderseitig offengehaltenen Augen eine senkrechte Linie an einem Fenster oder die Kante einer Tür abzudecken. Er wird dann aufgefordert, zuerst das rechte, dann das linke Auge zu schließen und die Veränderung zwischen Stift und abgedeckter Linie anzugeben. Beim Rechtser erfolgt ein scheinbares Abweichen des Bleistifts nach rechts beim Schließen des linken Auges, d. h. er hat ein rechtes Gebrauchsauge. Umgekehrt weicht, wenn das prävalierende Auge links ist, nur beim Schließen des linken Auges der vorgehaltene Bleistift von der abzudeckenden Linie ab.

Objektive Methode. Man fordert den Prüfling auf, und zwar unter Offenhalten beider Augen, einen vorgehaltenen Bleistift auf die Nase des Prüfers einzustellen. Hält dabei der Prüfling den Bleistift vor sein rechtes Auge, so hat er sein prävalierendes Auge auf der rechten Seite, hält er umgekehrt den Bleistift vor sein linkes Auge, so ist dies auch sein Gebrauchsauge.

Auf die Notwendigkeit der Berücksichtigung von Asymmetrien der Augen in der Volksschulzeit für die individualisierende Gestaltung des Schreibunterrichts wurde schon vor längerer Zeit hingewiesen, ohne daß bis jetzt anscheinend von den Pädagogen davon ein Gebrauch gemacht worden ist. Bis jetzt hat nur LORENTZ für die Beurteilung der sportlichen Geschicklichkeit darauf aufmerksam gemacht. Im Berufsberatungsalter ist die Beobachtung von gekreuzter Asymmetrie, d. h. einer Nichtübereinstimmung zwischen Gebrauchshand und Gebrauchsauge, für die Anlernung wichtig, ebenso für die Prognose der voraussichtlichen Geschicklichkeit beim Zeichnen und sonstigen manuellen Verrichtungen, wo eine Erschwerung des Zusammenspiels zwischen Hand und Auge die Ursache schlechterer manueller Leistungen sein kann. Auffallend ist, daß bei Hilfsschülern, ebenso wie bei einigen Formen von Sprachstörungen, oftmals Unsicherheit bezüglich des Gebrauchsauges besteht. Solche Unsicherheiten stehen anscheinend auch in Verbindung mit psychomotorischer Unsicherheit (z. B. schlechter Ausfall des Wabenmusterversuchs). Bei normalen Jugendlichen sollte schon vor Beginn des Berufsberatungsalters (auf beiden Augen gleiche Refraktion vorausgesetzt) die Prävalenz eines Auges deutlich ausgeprägt sein.

Bezüglich der Einzelheiten der für verschiedene Berufsarten angegebenen Methoden zur Prüfung der Handgeschicklichkeit muß auf die speziellen Lehrbücher der experimentellen Psychologie und Psychotechnik hingewiesen werden. Hier sei nur zusammenfassend hervorgehoben, daß zur Vermeidung der solchen Verfahren anhaftenden Einseitigkeit dem Psychotechniker die Zusammenarbeit mit dem Arzt empfehlenswert ist. Der Betriebsarzt muß jedenfalls die Verfahren, die in den von ihm zu betreuenden Betrieben bei der Lehrlingsauslese angewandt werden, kennen, da die Ergebnisse der Prüfungen in sein Tauglichkeitsurteil miteinbezogen werden müssen. Umgekehrt ist eine einwandfreie Deutung der Ergebnisse psychotechnischer Prüfungsergebnisse und die Ausschaltung der bei einmaliger Vornahme solcher Prüfungen vorkommenden Fehlermöglichkeiten für den Psychotechniker nur unter Berücksichtigung des allgemeinkonstitutionellen Urteils möglich. Es wird auch anzunehmen sein, daß sich durch die Zusammenarbeit zwischen Arzt und Psychotechniker manche Vereinfachung der bisher für einzelne Berufe von seiten der Berufsberatungsämter bzw. einzelner Fabriken angewandten Prüfungsschemas gewinnen lassen wird.

Prüfung des Nervensystems. Überempfindlichkeitsreaktionen. Ebenso wie die Motorik ist die Erregbarkeit des Nervensystems konstitutionell verankert. Für die mechanische und elektrische Erregbarkeit hat W. JAENSCH Mittelwerte für die einzelnen Altersstufen ermittelt, die namentlich für die feinere Unterscheidung seiner B- und T-Typen von ihm verwertet wurden. Für die Bestimmung der Reflexerregbarkeit ist in der klinisch üblichen Weise vorzugehen und in Gradstufen „lebhaft", „mittel", „schwach" auszudrücken. Mit einer Übererregbarkeit der peripheren Nerven ist meist gleichzeitig auch eine muskuläre Übererregbarkeit verbunden (Harfenphänomen beim Bestreichen des Pectoralis mit dem Stiel des Perkussionshammers). Wichtig ist bei Jugendlichen die Prüfung des Vorhandenseins des Facialisphänomens, das zusammen mit mechanischer Übererregbarkeit und Erhöhung der Reflexe im Jugendlichenalter noch in etwa $^1/_3$ der Fälle und zwar besonders bei gleichzeitigem Vorhandensein des T-Typus gefunden wird. Auch hier empfiehlt sich eine Gradeinteilung: stark = Zuckung im ganzen Bereich des Facialisgebietes, mittel = nur Nase und Mund, schwach = Mundwinkel bzw. nur im Lippenrot. Nicht selten ist mit Übererregbarkeit des Facialis auch eine solche des N. ulnaris verbunden.

Für die Prüfung der *neurovegetativen Erregbarkeit* gibt es eine Reihe von Funktionsprüfungen, deren Anwendung in Frage kommt, wenn schon aus der Vorgeschichte sich gewisse Verdachtsmomente ergeben (einseitiges migräneartiges Kopfweh, ausgesprochene Witterungsempfindlichkeit, Darmspasmen, Neigung zu Schwitzen und Herzklopfen). Bei vasomotorischer Übererregbarkeit empfiehlt sich bei der Bestimmung des Blutdrucks auf den sog. „HIRSCHBRUCHschen" Blutdruckreflex zu achten, d. h. ob bei Wiederholung der Blutdruckbestimmung durch nochmaliges stoßartiges Hinauftreiben des Manschettendrucks sich nicht höhere Werte als zuerst ergeben. In solchen Fällen findet sich sehr häufig gleichzeitig eine erhöhte Reizbarkeit der Hautgefäße. Da die Prüfung des Grades des Dermographismus von der Stärke des auf die Haut gesetzten Reizes abhängt, so empfiehlt sich für Gradeinteilung der Stärke der Reaktion ein von NOTHAAS angegebener Apparat, mit Hilfe dessen durch eine einstellbare Feder ein gleichmäßiger Druck beim Bestreichen mit dem Stift ausgeübt werden kann. Der Apparat ist für verschiedene klinische Zwecke verwendet worden. Seine Anwendung bei der Untersuchung von Gesunden kann dann in Betracht kommen, wenn beabsichtigt ist, die zwischen neurovegetativer Erregbarkeit und Leistungsschwankungen und erhöhter Ermüdbarkeit bestehenden Beziehungen genauer zu bestimmen.

Andere in der Klinik zur Prüfung der nervösen Übererregbarkeit des Gefäßnervensystems angegebene Funktionsprüfungen mechanischer Art, wie z. B. der Carotisdruckversuch oder der Bulbusdruckversuch, wobei eine Verlangsamung des Pulses beobachtet werden kann, in gleicher Weise der sog. Hockversuch, wo im Hocken bei vorgebeugtem Oberkörper nach einigen Kniebeugen ebenfalls eine Pulsverlangsamung eintreten kann, kommen wohl nur für ausgesprochene pathologische Fälle in Betracht. Die Ausfindigmachung präpathologischer Grade neurovegetativer Übererregbarkeit ist für die Berufsberatung deshalb wichtig, weil solche Fälle sehr leicht zu sonstigen durch Eigentümlichkeiten des Berufs ausgelösten Überempfindlichkeitserscheinungen besonders seitens der Haut neigen. Um die in verschiedenen Berufen bestehende Gefahr des Vorkommens solcher Erkrankungen zu verringern, müssen alle Fälle, die der Anamnese nach für Überempfindlichkeitserscheinungen prädisponiert sind, ausgelesen und womöglich im Anschluß daran, sog. Hautfunktionsprüfungen unterworfen werden. Namentlich in der chemischen Industrie haben diese Methoden mit Erfolg Anwendung gefunden, sollten aber auch für alle sonstige Berufe, wo mit der Entstehung von Gewerbeekzemen zu rechnen ist (Bäcker, Konditoren, Maler, Buchdrucker, Photographen, Galvaniseure, Gärtner, Schreiner) nicht nur zur Prüfung chemisch bekannter Zusammensetzung, sondern auch zur Prüfung auf Überempfindlichkeit gegen Eiweißstoffe (z. B. Mehlarten, Phytotoxine von Holzarten, Baumwolle usw.) mehr herangezogen werden. Das Prinzip besteht darin, daß kleinste Mengen der zu prüfenden Substanzen in gelöster Form entweder intracutan injiziert werden oder nach vorhergegangener Scarifikation der Haut (meist Rückenhaut) in Form von Tupfern, die mit der betreffenden Lösung getränkt sind, aufgelegt und für einige Stunden mit Heftpflasterstreifen fixiert werden. Die Stärke der Reaktion auf normalerweise unterschwellige Dosen gibt den Grad der Überempfindlichkeit an. Die Ausführung solcher Cutanprüfungen ist Sache entweder der Klinik bzw. eigens dafür eingerichteter gewerbeärztlicher Institute. Die Aufgabe des Schularztes bzw. berufsberatenden Arztes besteht in der Ausfindigmachung aller auf allergische Disposition verdächtiger Fälle. Die Tatsache der gegenseitigen Vertretbarkeit allergischer Krankheiten bei der Vererbung, die namentlich von HANHART, ebenso auch von SCHMIDT-KEHL erwiesen ist, muß Veranlassung geben, bei der Auslese von Berufsanwärtern auf eine sorgfältige Erhebung zu achten, ob in der Familie irgendwelche Disposition zu Überempfindlichkeitserkrankungen (z. B. alimentärer Art oder Neigung zu Migräne) schon einmal vorgekommen ist. Selbstverständlich sind Ichthyotiker und Seborrhoiker von Staubberufen usw. fernzuhalten. Erwähnt sei, daß bei der Feststellung von Asthmatikern (Ziffer 48 der Fehlertabelle) die Anstellung der von STORM VAN LEUWEN angegebenen Hautprüfungen durch Asthmaallergene nicht unterlassen werden sollte, um für solche Jugendliche Berufe ausfindig machen zu können, wo für den betreffenden Allergiker als auslösende Ursache in Betracht kommende Stoffe sicher nicht vorkommen (z. B. Textilbranche). Eine Erweiterung der Berufsberatungsuntersuchungen nach dieser Seite würde einen wesentlichen Vorteil für die Krankenkassen mit sich bringen, da die Kosten für die Ausführung von Hautfunktionsprüfungen immerhin geringer sind als für die Behandlung einer durch das Experiment einer falschen Berufswahl ausgelösten Erkrankung.

Für Berufe, wo erfahrungsgemäß Gewerbeekzeme häufig vorkommen (Bäcker, Galvaniseure usw.) wäre an die Einführung von Reihenuntersuchungen zur Prüfung auf Überempfindlichkeit gegen die betreffenden hautreizenden Substanzen zu denken. Zum mindesten wäre zu fordern, daß alle Fälle von Hauterkrankungen, die im Laufe des ersten Lehrjahres zur Beobachtung gelangen, einer genaueren Untersuchung in einem dafür eingerichteten Institut unterzogen werden. Das gleiche gilt bezüglich der Differentialdiagnose des echten Bronchialasthma von anderen Störungen der Atmungsorgane. Die frühzeitige Heranziehung eines fachärztlichen Urteils ist zum Schutz vor späteren Schäden durch ungeeignete Berufswahl deshalb so wichtig, weil in ungefähr 30% der verschiedenen Berufsarten mit einer Verschlechterung durch Dauereinwirkung irgendwelcher Noxen zu rechnen ist.

Außer den chemischen Hautfunktionsprüfungen müssen auch *physikalische Hautprüfungen* erwähnt werden. Dazu gehört z. B. die *Eisprobe*. Durch Auflegen eines Eisstückchens von bestimmter Größe auf einen Hautbezirk läßt sich die Dauer der Kontraktion der Hautcapillaren und die Zeit der Nachrötung ermitteln, die einen Schluß auf den Grad der Abhärtung bzw. Anpassungsfähigkeit an Temperaturen ermöglicht.

Die Anwendung dieser Prüfung könnte für Berufe, die sich unter extremen Temperaturbedingungen abspielen, in Betracht kommen.

Zu den physikalischen Hautuntersuchungsmethoden ist auch die neuerdings von R. und F. JÄGER empfohlene *Lumineszenzanalyse* und *Stereomikrobetrachtung* der Hautoberfläche zu rechnen. Zu erstgenanntem Zweck wird die Haut mit einer Lösung von 0,1⁰/₀₀ Primulinlösung (GRÜBLER) oder auch Auramin (BAYER) benetzt und gründlich gewaschen. Nach

Färben und Waschen wird abgetrocknet und unter starker Dunkelultraviolettbeleuchtung mit der großen Luminescenzbogenlampe von Leitz zunächst makroskopisch die Oberflächenstruktur betrachtet. Mit Hilfe der Stereolupe gewinnt man Bilder, deren letztes feinstes Element ein einzelnes Hautschüppchen bildet. Will man noch feinere Auslösungen, so wird unter Verzicht auf die stereoskopische Wirkung der Utropak von Leitz verwendet. Die Bilder lassen sich auch photographisch festhalten (Kamera Mifilmka der Firma Leitz). Wie die Verf. ausdrücklich betonen, dient sowohl Luminiscenzanalyse wie Stereomikroskopie der Haut nur dazu, den jeweiligen Zustand der Haut zu beobachten. Sie gestatten ohne gleichzeitige Anwendung chemischer Hautfunktionsprüfung keine Prognose spezifischer Anfälligkeit oder Überempfindlichkeit, sondern geben nur über den physikalischen Zustand, Rauheit bzw. Glätte und Speicherungsfähigkeit für Schmutz Auskunft. Beide Methoden, chemische und physikalische Hautuntersuchungsmethoden müssen sich gegenseitig ergänzen. Der Hauptwert der Beobachtung der Oberflächenstruktur liegt in der laufenden Beobachtung von Ekzematikern und der Kontrolle des Behandlungserfolges, um sie möglichst früh wieder dem Betrieb zurückführen zu können und planmäßige Vorbeugungsmaßnahmen treffen zu können.

Hauttemperaturprüfung. Der Grad der Wärmeabstrahlung unter dem Einfluß körperlicher Arbeit ist eine Funktion des Capillarsystems, die im hohen Maße vom Training abhängt, letzten Endes aber auch konstitutionell bedingt ist. Zur Prüfung der Wärmeabstrahlung sind hermoelektrische Apparate notwendig. Bohnekamp hat für klinische Zwecke zur Untersuchung der Thermoregulation bei endokrinen Störungen eine Thermosäule konstruiert, mit Hilfe welcher die von verschiedenen Hautbezirken in bestimmter Zeiteinheit abgestrahlten Wärmemengen gemessen werden können. Für konstitutionsbiologische Zwecke zur Untersuchung von Unterschieden in der Regulationsfähigkeit der Capillaren ist die Hauttemperaturprüfung nicht verwendet worden.

Sinnesorgane. Zur Prüfung der Sinnesorgane genügen bei Gruppenuntersuchungen die auch für die militärischen Musterungsuntersuchungen gebräuchlichen Methoden. In allen Fällen, wo eine Korrektur des Auges nicht auf volle Sehschärfe erreicht werden kann, muß eine spezialärztliche Augenuntersuchung erfolgen. Die Berufe lassen sich hinsichtlich der *Anforderungen an die Sehleistung* einteilen in

1. Berufe, wo hauptsächlich *Fernsehen* erforderlich ist (Verkehrsdienst, Chauffeure, Wächter), wo Kurzsichtigkeit entweder ausgeschlossen werden muß oder nur in mäßigem Grade vorliegt A 25 Fehlertabelle = Konvexgläser höchstens bis 3 D, Konkavgläser bis zu 6 D.

2. Berufe, wo *Nahesehen* erforderlich ist, alle Präzisionsarbeiter, Schriftsetzer, Näherinnen, Schreiber usw.

3. Berufe, wo *Schwachsichtige* (Hornhautflecke A bzw. B 24), stärkere Grade beiderseitiger Herabsetzung der Sehschärfe (L 25) verwendet werden können, ebenso Einäugige (L 27) sind: Packer, Heizer, Korbflechter, Pflasterer. Einäugige sind nicht verwendbar in Berufen, wo eine Gefährdung des anderen Auges besteht (Schmelzer, Schlosser, Schmiede usw.), ferner in Berufen, wo uneingeschränktes Gesichtsfeld erforderlich ist, wie Gerüstarbeiter, Chauffeure). Verlust des körperlichen Sehens durch Einäugigkeit kann allerdings sehr häufig durch entsprechende Kopfbewegungen wieder ausgeglichen werden.

Zur Prüfung des *körperlichen Sehens* (Entfernungsschätzen) gibt es besondere Apparate (Tiefensehapparat zur Prüfung des Heringschen Fallversuchs).

An Stelle der Prüfung mit kostspieligen Apparaten wurde neuerdings von Chantraine ein billigeres Verfahren empfohlen, das in der Vorlage von pseudoskopischen Bildern besteht. Pseudobilder entstehen, wenn man dem rechten Auge ein Bild zeigt, das für das linke bestimmt ist, und umgekehrt dem linken ein Bild, das für das rechte bestimmt ist. Durch Zusammenstellung von Bilderserien, die nach Schwierigkeiten geordnet sind, läßt sich das Verfahren auch zum Üben des Raumsehens verwenden. Nach seinen Angaben handelt es sich um eine bei den einzelnen Rassen verschieden ausgebildete Fähigkeit, die aber durch Mangel an Übung zum Teil verloren gehen kann. Wie weit der Einfluß der Schule dabei eine Rolle spielt, verlangt einer weiteren Nachprüfung. Nach ihm ist für eine Reihe handwerklicher Berufe (Maschinenbauer, Maler, Kunstgewerbler) der Prüfung des Raumsehens größere Bedeutung beizumessen, aber auch für höhere Berufe, z. B. dem Mathematiker, da das Raumsehen in der darstellenden Geometrie eine Rolle spielt, ebenso auch für den Arzt, besonders den Röntgenarzt.

Zur *Prüfung des Augenmaßes* gibt es eine Reihe von Abstufungsverfahren, z. B. die Vorlage von Formularien mit verschieden langen und verschieden gestellten Linien, ebenso von Winkeln, die halbiert werden müssen, wobei auch Astigmatiker erkannt werden können. Für die Prüfung von Präzisionsarbeitern wird das von MOEDE angegebene Optometer, bei dem Glasplatten in bestimmten Abstand voneinander gestellt werden müssen, verwendet.

Berufsbehinderung für Naharbeiten bedingen alle Arten von *Gleichgewichtsstörungen* des Auges (Nystagmus, stärkere Grade von Schielen). Unter „stärkerem" Schielen ist zu verstehen, daß beim Gradaussehen des einen Auges das andere mit dem inneren Hornhautrand den inneren oder äußeren Lidwinkel berührt.

Die Prüfung auf *Farbenblindheit* bzw. Farbenschwäche, mit der bei etwa 10% der männlichen Jugendlichen zu rechnen ist, wird für die polygraphischen Berufe, Maler, Gärtner, Färber, Optiker, Goldschmiede, besonders für Eisenbahndienst und Seemannsberuf verlangt (STILLINGs pseudoisochromatische Tafeln).

Zur Prüfung der Nachtblindheit (Verkehrsdienst) gibt es Apparate, um festzustellen, wie lange die Adaption nach vorausgegangener Blendung bis zur vollen Erkennung von Buchstaben dauert.

Zur Prüfung der *Hörschärfe* genügt bei der orientierenden Berufsberatungsuntersuchung die Flüstersprache. Für Reichspost und Eisenbahn wird 7 m Flüstersprache, für Luftfahrer 4 m verlangt, nach der Kraftfahrverkehrsordnung wird mindestens 4 m Umgangssprache beiderseits gefordert. Bei Angaben über vorausgegangene Ohreneiterungen ist auch der Trommelfellbefund zu erheben, wobei der Sitz der Perforation zu beachten ist. Mittelständige Perforationen sind günstiger zu beurteilen als randständige, bei welch letzteren die Gefahr der Rezidivierung besonders groß ist, so daß alle Berufe mit Erkältungsgefahren nicht in Frage kommen. Bei Berufen mit giftigen Gasen (Nitro- und Amidoverbindungen) ist auch die Resorptionsmöglichkeit vom Mittelohr aus zu bedenken.

Bei Berufen, wo das Heraushören der Lautstärke von den Tönen und Geräuschen unabhängig von ihrer Lautstärke verlangt wird (Monteure, Flieger, Funker) sind spezielle Untersuchungsmethoden notwendig. Das gleiche gilt für die Prüfung des Labyrinths zur Prüfung der Gleichgewichtsempfindung und räumlichen Orientierung (Flieger) (s. hiezu: Wehrpsychologie, Literaturverzeichnis).

Für Schwerhörige bzw. Taube geeignete Berufe: Buchbinder, Bildhauer, Maler, Schuhmacher, Korbmacher, Seiler.

III. Ausblicke.

Die Verwertung der konstitutionellen Diagnostik des Arztes für die Pädagogik.

Mit der Schilderung des Untersuchungsganges zur Beurteilung der körperlichen Seite der Konstitution sind die Aufgaben des Schularztes für die Lebensgestaltung des jugendlichen Nachwuchses noch nicht erschöpft.

Es entsprach dem früheren Geiste der Gesundheitsfürsorge, daß man die Zuziehung des Arztes zur Abgabe eines psychologischen Urteils nur bei ausgesprochen krankhaften Störungen des Geistes- und Seelenlebens für notwendig gehalten hat. Als ein besonderer Zweig der Gesundheitsfürsorge hatte sich die sog. „Heilpädagogik" entwickelt, die ihr Augenmerk besonders auf die in Hilfsschulen untergebrachte Jugend richtete. Nach v. Duering hat die Heilpädagogik zum Gegenstand die Erkennung der Ursachen, durch welche die Erziehung der Kinder und Jugendlichen erschwert wird, ferner aber auch die „Ausfindigmachung von Wegen und Hilfsmöglichkeiten, um auf erzieherischer Grundlage di › schädlichen Folgen solcher Anomalien zu verhüten oder zu heilen". Diese Aufgabe kann nur durch Zusammenarbeit zwischen Jugendpsychiater und heilpädagogisch besonders ausgebildeten Lehrer gelöst werden. Es entstanden in fast allen größeren Städten sog. „heilpädagogische Beratungsstellen", die meist einer Klinik angeschlossen sind. Seit dem Inkrafttreten des Gesetzes zur Verhütung erbkranken Nachwuchses hat sich das Aufgabengebiet der Jugendpsychiatrie bei der Differenzierung erblich bedingter von umweltgeschädigten Defekten erweitert. Es wird auch dafür Sorge getragen werden müssen, die sog. Heilerfolge von Hilfsschulen einer fortlaufenden Überwachung zu unterziehen. Da nicht selten Kinder, die ursprünglich Hilfsschulen besucht hatten, später wieder in Normalschulen umgeschult werden, so ist für diese Fälle in dem Untersuchungsbogen B des Gesundheitsstammbuches eine eigene Rubrik zur Nachkontrolle vorgesehen, ob es sich um einen früheren Hilfsschüler handelt, damit auch leichtere Grade erblicher geistiger Defekte während der weiteren Schulzeit nicht übersehen werden. Endlich ist in dem Gesundheitsbogen eine eigene Rubrik vorgesehen für „ergänzende psychische Befunde", ebenso wie eine Spalte, in der sich der Arzt gutachtlich über die „geistige Leistungsfähigkeit" äußern soll.

Damit ist schon äußerlich zum Ausdruck gebracht, daß nach dem Prinzip der Gesundheitsführung eine Gesamtpersönlichkeitsbeurteilung durch den Arzt verlangt wird, die nicht nur auf die Beurteilung der körperlichen, sondern auch auf die geistige Eignung sich bezieht.

Auf die Frage, wie dies der Gesundheitsführung vorschwebende Ziel erreicht werden soll, kann es nur eine Antwort geben. Ähnlich wie auf dem Gebiet der Heilpädagogik sich die Zusammenarbeit zwischen psychiatrisch ausgebildetem Arzt und heilpädagogisch ausgebildeten Lehrer bewährt hat, so muß auch auf dem Gebiet der Normalpädagogik eine *Zusammenarbeit zwischen konstitutionsdiagnostisch ausgebildetem Schularzt und Lehrer* zu erreichen gesucht werden.

Verhältnismäßig einfach liegen die Verhältnisse bezüglich der Abgabe eines Urteils über die „geistige Leistungsfähigkeit". Hier wird sich der Arzt für gewöhnlich an die von den Lehrern in den Begabungsfächern (Rechnen, deutscher Aufsatz) erteilten Noten halten. Allerdings können auch hier Unterschiede in der Art der Benotung bei den einzelnen Lehrern vorkommen. Auch braucht die Benotung nicht immer mit der späteren Bewährung im Beruf übereinzustimmen.

Weit größere Schwierigkeiten bestehen dagegen hinsichtlich der charakterologischen Beurteilung. Wenn der konstitutionsdiagnostisch geübte Arzt zwar auf Grund der Körperbaubestimmung und der Gebahrungsbeobachtung wichtige Schlüsse ziehen kann, die für die charakterologische Individualbeurteilung richtunggebend sein können, so ist — bei Gruppenuntersuchungen — die Zeit für den Arzt doch meist viel zu kurz, um selbst eine Charakterdiagnose stellen zu können. Er ist dabei vielmehr auf die Unterlagen angewiesen, die ihm vom Lehrer übermittelt werden sollten, da dieser während des Unterrichts und durch Fragen über das außerschulische Verhalten der Schüler bei Rücksprache mit den Eltern, Material zu sammeln in der Lage ist, das zur Ergänzung im Sinne der Beurteilung der Gesamtkonstitution für den Arzt wichtig sein kann. Man hat daher in verschiedenen Städten sog. pädagogisch-psychologische Fragebögen eingeführt, die den in heilpädagogischen Beratungsstellen eingeführten Personalbogen ähnlich sind. Solche Fragebogen dürfen selbstverständlich niemals schablonenmäßig ausgefüllt werden, sondern setzen eine häufige Wiederholung der Beobachtung und Ergänzung durch Gespräche mit den Eltern, vor allem aber auch eine einheitliche Terminologie bei der Eintragung der Ergebnisse voraus. Gerade der letztgenannte Punkt ist von besonderer Wichtigkeit, nachdem durch KLAGES darauf hingewiesen worden ist, daß die deutsche Sprache über nicht weniger als 4000 Worte zur Bezeichnung seelischer Phänomene verfügt, womit es sich auch erklärt, daß verschiedene Bezeichnungen, es sei z. B. nur auf die Bezeichnung „nervös" verwiesen, vom Arzt in ganz anderem Sinn verwendet werden als vom Lehrer. Besonders wichtig für den Arzt ist auch die Frage, ob sich aus den Gesprächen des Lehrers mit den Eltern Unterlagen gewinnen lassen, welche charakterologischen Eigenschaften der Schüler schon bei den Eltern vorgekommen sind.

Um Anhaltspunkte zu gewinnen, wie weit bei der jetzigen Ausbildung der Lehrerschaft schon eine Einheitlichkeit vorausgesetzt werden kann, die für das Sammeln individualpsychologischer Beobachtungen über die Schüler unbedingt notwendig ist, hat vor einigen Jahren der Leiter des pädagogisch-psychologischen Instituts des Münchener Lehrervereins, Dr. O. MANN, erbbiologisch-psychologische Fragebögen nach einem bestimmten Muster an eine große Zahl von städtischen und ländlichen Schulen Bayerns verteilt. Die Bogen mußten nach einer gewissen Zeit ausgefüllt zurückgesandt werden und wurden dann gemeinsam von dem ärztlichen Berater des Instituts zusammen mit dem Psychologen statistisch ausgewertet. Als Gesamtergebnis dieses Versuchs stellte sich heraus, daß zwar aus der großen Zahl der beantworteten Fragebögen im Vergleich zu den unbeantwortet gebliebenen das durchwegs in der Lehrerschaft bestehende Interesse für eine eingehendere Individualbeobachtung zu ersehen war, daß sich auch aus der Art der Beantwortung einer Reihe von Fragen manche auch in volkshygienischer Beziehung wertvolle Einzelheiten und Verschiedenheiten in der Art häuslicher Erziehung regionärer Art entnehmen ließen, daß aber andererseits doch bei der Lehrerschaft noch nicht jenes Maß psychologischer und namentlich auch erbbiologischer Grundkenntnisse vorhanden war, das für eine sachlich richtige Ausfüllung derartiger Fragebögen notwendig ist.

Wenn auch angenommen werden muß, daß bei der Umgestaltung der Lehrerausbildung in pädagogischen Akademien die Lehrerschaft in den Grenzgebieten der Konstitutionslehre und Psychologie in Zukunft eine verbesserte Ausbildung erfahren wird, die selbstverständlich in analoger Weise auch an den staatsmedizinischen Akademien für die später im Schularztdienst verwendeten Ärzte ebenfalls notwendig wäre, so frägt es sich doch, ob zur verbesserten Verbindung zwischen schulärztlicher und pädagogischer Beurteilung sich nicht die Einführung *normalpsychologischer Beratungsstellen*, namentlich in großen Städten, empfehlen würde.

Während es die Aufgabe der heilpädagogischen Beratungsstellen ist, einen dauernden Kontakt mit den Hilfsschulen aufrecht zu erhalten, wäre es die Aufgabe der Erziehungsberatungsstellen, den Normalschulen bei jenen Fällen zur Verfügung zu stehen, wo seitens der Lehrerschaft keine Übereinstimmung in der Beurteilung erreicht werden kann oder Erziehungsschwierigkeiten und Schwankungen im Allgemeinverhalten und der geistigen Leistungsfähigkeit bestehen, die auf Störungen im leib-seelischen Parallelismus der Entwicklung hinweisen, so daß eine eingehendere Untersuchung mit dem Rüstzeug der konstitutionellen und psychologischen Diagnostik für die Erziehungsberatung wünschenswert erscheint.

Ähnlich wie sich für die Heilpädagogik die Zusammenarbeit zwischen Jugendpsychiater und Heilpädagogen als zweckmäßig erwiesen hat, so müßte für die Erziehungsberatung von Schülern an Normalschulen ein in den Methoden der konstitutionellen Diagnostik besonders bewährter Schularzt mit einem psychologisch ausgebildeten Fachmann zusammenarbeiten.

Die Einrichtung einer zentralen für den gesamten Schulgesundheitsdienst einer Stadt bestimmten Spezialuntersuchungsstelle bringt den organisatorisch wichtigen Vorteil größerer Wirtschaftichkeit mit sich; da es unmöglich ist, die Schulärzte der einzelnen Schulgesundheitsbezirke mit der zur Untersuchung physiologischer und psychologischer Einzelfunktionen in Betracht kommenden Apparatur auszustatten.

Die Heranziehung einer solchen Erziehungsberatungsstelle kommt in Betracht zur Klärung von Unsicherheiten bei der Beurteilung des *Willenslebens, des Charakters*, und endlich der *geistigen Leistungsfähigkeit*. Ihr Wert würde darin liegen, daß nicht nur während der Schulzeit die Erziehung individualisiert, sondern daß auch in manchen Fällen die Berufsberatung auf eine gesicherte Grundlage gestellt werden könnte. Es ist durch die Beobachtungen der Schulmänner erwiesen, daß gerade im Beginn der für die Berufsberatung in Betracht kommenden Pubescenz ein Leistungsabfall eintritt, der sich nicht nur auf die Begabungsfächer, sondern auch auf Fleiß und Betragen erstreckt und erst im weiteren Verlauf der Entwicklung durch einen Leistungsanstieg abgelöst wird. In manchen Fällen kann der Leistungsabfall so ausgeprägt sein, daß für die Zuverlässigkeit der Beurteilung eine Analyse der psychologischen Einzelfunktionen nötig sein kann. Mit Recht weist z. B. E. GRASSL darauf hin, daß man gegenüber der bis ins Einzelne erfolgten Erforschung der Schwachsinnsformen, die Erforschung der Formen des *Schwachwillens* vernachlässigt hat. Ebenso wie bei dem Begriff Schwachsinn, so handelt es sich auch bei dem Begriff der Willensschwäche um eine Art ,,Dachbegriff'', unter dem sich eine Reihe von Erscheinungsformen vereinen. Die Formen des Schwachwillens, für die GRASSL eine Einteilung nach Stärkegraden getroffen hat, finden sich in ihren schwachen und mittelstarken Graden in großer Zahl in den Normalschulen, namentlich der Großstädte. Mit Recht weist er darauf hin, daß hier die frühzeitige Erkennung und Differenzierung vom sozialpädagogischen Standpunkt fast wichtiger erscheint als bei den Formen des Schwachsinns, bei denen von vorneherein nur eine bedingte Berufsbrauchbarmachung erwartet werden kann. Mängel in der Entwicklung des Willenlebens können sich im Schulleben durch fehlende Ausdauer und Festigkeit, frühes Erlahmen und Unbeherrschtheit äußern und sind sehr häufig mit Störungen körperlicher Art verbunden, die einer genaueren ärztlichen Nachprüfung bedürfen, namentlich in bezug auf das neurovegetative Nervensystem bzw. den endokrinen Drüsenapparat. Ähnlich wie von KRETSCHMER bei Erwachsenen die Beziehungen zwischen Körperbau und den psychischen Reaktionsformen des zyklothymen und schizothymen Formenkreises hervorgehoben werden, so kann auch bei Kindern durch die genauere Bestimmung des Körperbaus bzw. des Entwicklungstypus den Beziehungen im psychophysischen Parallelismus nachgegangen werden. So findet z. B. SCHLESINGER, daß die Leptosomie einerseits bei den fleißigen, aber schwachbegabten Kindern überwiegt, andererseits bei den ausgesprochen faulen aber gut begabten vorkommt, auch häufig ein Kennzeichen sei für Flatterhaftigkeit und Wechsel der Schulleistung Das Überwiegen des pyknischen Habitus wird von ihm bei zwei wohl charakteristischen Gruppen, den schwerfälligen, phlegmatischen Kindern einerseits, andererseits aber auch bei dem psychopathischen Formenkreis mit negativistischen Zügen, Schwererziehbarkeit und jugendlicher Kriminalität angegeben. Damit ist zum Ausdruck gebracht, daß mit jeder eingehenderen charakterologisch-psychologischen Beurteilung von Sonderberatungsstellen eine gleichzeitige körperbauliche Untersuchung vorgenommen werden muß.

In konsequenter Weise wurde dieser Grundgedanke von den Gebrüdern JAENSCH ausgebaut. Die von dem Psychologen E. R. JAENSCH aufgestellte Einteilung von psychologischen Typen unterscheidet sich gegenüber früheren in der älteren Psychologie gebräuchlichen Einteilungen dadurch, daß sie sich nicht auf das Höherseelische beschränkt, sondern auf das gesamte Lebensgeschehen und die Verknüpfung zwischen Innen- und Außenwelt sich erstreckt. Durch die Beobachtung der Beziehungen zur Umwelt ist auch eine praktische Verwertbarkeit dieses Systems für die Beurteilung der Berufseignung gegeben, von der z. B. seitens des Rheinischen Provinzialinstituts für Arbeits- und Berufskunde in Düsseldorf schon weitgehend Gebrauch gemacht worden ist. Der weitere Vorteil liegt darin, daß die JAENSCHsche Typologie nicht nur für individualpsychologische, sondern auch sozialpsychologische Untersuchungen verwertbar erscheint. Denn da durch dieses System die Gesetzmäßigkeit seelischer Grundstrukturen erschlossen werden soll, die nicht nur für die Ontogenese, sondern auch für die Phylogenese in Betracht kommen, so lassen sich auf diesem Wege auch rassische Unterschiede von Bevölkerungsgruppen nachweisen. Es können solche Erhebungen über die Zusammensetzung der psychologischen Grundstruktur einer Bevölkerung ausschlaggebend sein für das Gelingen von Bestrebungen zur Neuerschließung von Berufszweigen, bzw. von Industrieverlagerungen, wofür durch die Düsseldorfer Untersuchungen in einigen Fällen Anhaltspunkte vorliegen.

In dem psychologischen Einteilungsschema von JAENSCH werden verschiedene Stufen von Integration je nach dem Grade der wechselseitigen Durchdringung aller psychischen Funktionen, d. h. der Empfindung, des Wahrnehmungs- und Vorstellungslebens, unterschieden. Als ersten Grad der Integration bezeichnet er den unbedingt nach außen integrierten Typus, der mit allen seinen Funktionen mit der Außenwelt verknüpft ist, was sich aus der Analyse der eidetischen Phänomene und der Analyse der Bildauffassung nach Vorlagen feststellen läßt (vgl. ENKE im vorliegenden Band). Es ist der Typus der normalen Kindheit, man kann ihn auch als „Rezeptionstypus" bezeichnen. Die zweite Stufe ist nur bedingt nach außen integriert. Dieser Typus kann sich nur mit jenen Inhalten der Außenwelt in Verbindung setzen, die zu seinem inneren Kern in Verbindung stehen, dann aber mit Schwungkraft und seelischem Auftrieb. Er wird auch als „Jünglingstypus" bezeichnet. Die dritte Stufe der Integration wird durch die Neigung gekennzeichnet, Anschauung und Vorstellung nicht nach außen treten zu lassen. Er ist rein nach innen integriert, seine Stärke liegt im Willensleben und im Handeln. Er ist repräsentativ für den angelsächsischen Kulturkreis.

Diesen drei Graden der Integration hat JAENSCH als Gegenform den S-Typus gegenübergestellt. Der Name rührt von dem Vorhandensein von Synästhesien her, d. h. von Doppelempfindungen, die durch das gleichzeitige Ansprechen zweier Sinne auf einen spezifischen Reiz zustande kommen. Auch hier lassen sich verschiedene Stufen unterscheiden, die erste, die nur bei Kindern und Jugendlichen sich findet, während die höheren Stufen erst im Erwachsenenalter sich ausprägen. Das Kennzeichnende für den S-Typus ist die starke Gefühlsbetonung und die Impulsivität des Handelns ohne feste innere Linie. Die Phantasie und die Stimmung sind außerordentlich labil, das Denken ist sprunghaft, dem schizoiden Denken schon ähnlich. Wegen dieser Beziehungen zur Schizoidie bzw. Schizophrenie und auch zur Hysterie und Paranoia wird dieser Typus auch als „Auflösungstypus" bezeichnet. Er kann auch Wegbereiter zu somatischen Störungen, z. B. zur Tuberkulose werden. Zu erwähnen ist

46*

allerdings, daß der S-Typus nicht unbedingt krankhaft zu sein braucht. In einem Land, in dem dieser Typus zahlenmäßig vorherrscht, fehlt die asthenische bis cyclische Ausprägung, der nationale Oberbau des gesunden S_2-Typus kann sich, wie z. B. in Frankreich, wo er dominiert, in besonders günstiger Weise entfalten. Sowohl die verschiedenen Formen des I- wie auch des S-Typus können in ihren höchsten Graden zu einer der Auflösung entgegengesetzten Verhalten der „Erstarrung" = Desintegration führen. Der ausgesprochene D-Typus ist durch das Fehlen jeder Kohärenz mit der Außenwelt gekennzeichnet. Die einzelnen Funktionen sind nicht miteinander verbunden, die extremste Form wäre der „Maschinenmensch", bei dem die seelischen Schichten wie Maschinenteile nebeneinander geordnet sind. Das Empfinden tritt gegenüber dem Überwiegen reiner Verstandesrichtung und der Starrheit der Anschauung zurück. Dieser Typus fehlt im Entwicklungsalter vollständig, ist auch als reiner Typus im Erwachsenenalter, wenigstens bei uns in Deutschland, selten zu finden, hat aber für Nordamerika Bedeutung.

Während die Aufgabe der psychologischen Forschung darin bestand, experimentelle Methoden zur Differenzierung dieser Typen zu finden, hat W. JAENSCH die somatologischen Beziehungen zu der psychologischen Typeneinteilung seines Bruders zu ermitteln sich bemüht.

Auch auf somatischem Gebiet gilt grundsätzlich die Gesetzmäßigkeit des Vorkommens von Integrations- und Desintegrationsvorgängen während der Entwicklung.

Dem Integrationspol des Kindesalters entspricht als Gegenpol die Desintegrationszone des Erwachsenenalters. Zwischen der eurysomen Körperform des normalen kindlichen Typus, zu der Leptosomie des Erwachsenenalters befinden sich fließende Übergänge, auf der einen Seite die partiellen und generalisierten Infantilismen, auf der anderen Seite die verschiedenen Formen der Hyperevolution. W. JAENSCH betont die Notwendigkeit der Verbindung zwischen psychologischer und somatologischer Analyse. Er empfiehlt zu diesem Zwecke in erster Linie die Beobachtung der Entwicklung der äußeren Körperproportionen mit Hilfe von Konturzeichnungen. Wir haben auf S. 712 und 713 auf die gleichzeitige Verwertung der Gebahrungsdiagnostik und der Untersuchung des Nervensystems hingewiesen. JAENSCH hat ferner eine Reihe von Spezialmethoden zur Beobachtung des psychophysischen Parallelismus im Kindesalter besonders ausgebaut. Dazu gehört z. B. die Capillarmikroskopie, die wir hier nicht näher besprochen haben, weil sie in erster Linie zur Differenzierung von Schwachsinnsformen in Betracht kommt.

Für Normalschüleruntersuchungen kann dagegen zur Klärung von Unsicherheiten bei der psychologischen Beurteilung die Feststellung der Phasen der Entwicklung des Wahrnehmungs- und Vorstellungsvermögens von Wichtigkeit sein. Es ist durch die Untersuchungen der Gebrüder JAENSCH erwiesen, daß sich die Trennung zwischen Wahrnehmung und Vorstellung erst allmählich aus einer kindlichen Einheitsstufe vollzieht, in der normalerweise die Fähigkeit der *Eidetik*, d. h. die Fähigkeit von Objekten sich sog. *Anschauungsbilder* wiederprojizieren zu können, noch deutlich entwickelt ist. Der Zeitpunkt des Verschwindens dieser Phase ist individuell verschieden, kann sich unter Umständen sogar noch bis ins Erwachsenenalter erhalten. Die Untersuchung auf Eidetik wird in Erziehungsberatungsstellen oftmals eine wichtige Rolle zur Feststellung des Integrationsgrades von Kindern und Jugendlichen spielen. Die Abgrenzung von Anschauungsbildern von Nachbildern nach der von E. R. JAENSCH angegebenen experimentellen Methodik wird als Aufgabe des Psychologen betrachtet werden müssen. Sache des mit ihm zusammenarbeitenden Arztes ist dagegen die Beobachtung morphologischer Stigmen, die W. JAENSCH als charakteristisch für die Differenzierung der Eidetikertypen beschrieben hat, in bezug auf die mechanische bzw. elektrische Erregbarkeit, den Ausdruck und die Mimik des Gesichtes, bestimmte Augensymptome usw. Oft kann der Arzt dem Psychologen im Voraus gewisse Anhaltspunkte dafür geben, ob und welche Art von Eidetik voraussichtlich vorliegt, je nachdem in somatophysiologischer Beziehung ein mehr dem Integrationspol zugehöriger (B-Typus) oder ein mehr gegen den Desintegrationspol gerichteter (T-Typus) Konstitutionstypus vorliegt (s. S. 716). Die Untersuchung auf Eidetik zur Differenzierung des Sinnengedächtnisses kann für die Erziehung insofern wichtig sein, als der Eidetiker durch einen mehr anschaulich gehandhabten Unterricht leichter gefesselt werden kann als der Nichteidetiker. Falls sich Reste noch im Pubescenzalter erhalten haben, kann dies auch für die Berufswahl verwertet werden. In Berufen, wo die Fähigkeit, Einzelheiten bei der Beobachtung von Gegenständen zu behalten, erwünscht ist, z. B. bei Malern, Zeichnern und anderen graphischen Berufen, kann eine eidetische Veranlagung von Vorteil sein. Auch bei Nichteidetikern ist die Fähigkeit, mehr auf Farbe bzw. mehr auf Form zu reagieren, verschieden. KROH und PFAHLER haben z. B. darauf hingewiesen, daß der Zyklothyme im allgemeinen mehr auf Farbe, der Schizothyme mehr auf Form anspricht. Es gehört dies in das Gebiet der sog. psychischen Selektion, die sehr wesentlich das Interesse an bestimmten Unterrichtsfächern beeinflussen kann, auch mit dem Gefühl der Materialbeherrschung im Sinne COERPERs in Zusammenhang zu stehen scheint.

Kann die Differenzierung des Sinnesgedächtnisses durch den Psychologen für die Gestaltung der Erziehung wegweisend sein, so gilt dies in gleicher Weise für die Analyse von einzelnen Komponenten der *Schulbegabung* und bestimmter für die Berufswahl in Betracht kommender *Sonderbegabungen*. Für gewöhnlich wird für die Beurteilung der „geistigen Leistungsfähigkeit" zur Ergänzung des ärztlichen Allgemeineindrucks die in Verstandesfächern (Rechnen, Aufsatz) erzielte Durchschnittsnote als Maßstab genügen. Wenn in Grenzfällen die Heranziehung spezieller Methoden der experimentellen Psychologie (nach BINET, BOBERTAG, POHLMANN u. a.) zur Bestimmung der einzelnen Intelligenzfaktoren in Betracht kommt, läßt sich die Benotung nach der von GIESE angegebenen Formel I : $\frac{q}{\sqrt{t}}$ vornehmen, wobei I die Intelligenzstufe, q den Qualitätsdurchschnitt, t die im Mittel zur Lösung der Aufgaben benötigte Zeit bedeutet. Grundsätzlich sollte aber bei allen psychologischen Benotungen nicht nur das Verhältnis zur Altersstufe (der sog. *Intelligenzquotient*), sondern gleichzeitig auch der Grad der Abweichung vom altersgemäß zu erwartenden Entwicklungszustand bestimmt werden. Es sind dabei folgende Fälle denkbar:

I. Intellektuelle Frühreife bei gleichzeitiger körperlicher Frühentwicklung.

II. Intellektuelle Spätentwicklung bei gleichzeitiger körperlicher Spätentwicklung.

III. Intellektuelle Frühentwicklung bei gleichzeitiger körperlicher Spätentwicklung.

IV. Intellektuelle Spätentwicklung bei gleichzeitiger körperlicher Frühentwicklung.

Diese schematische Einteilung kann für die Zusammenarbeit von Schularzt und Lehrer praktischen Nutzen bieten zur Kennzeichnung jener Schüler in einer Gruppe, in welcher mehr die körperliche Seite der Erziehung, und jener Fälle, in welchen umgekehrt die geistige Entwicklung gefördert werden soll. Angesichts der in der Einleitung schon erwähnten nach dem Krieg eingetretenen Wachstumsvermehrung bei gleichzeitig verfrühtem Eintritt der

Geschlechtsreifung unter Verkürzung der Gesamtentwicklungsdauer erscheint es
besonders wichtig, Lehrer davor zu warnen, sich durch das äußere Erscheinungsbild
in der Beurteilung täuschen zu lassen. Vielfach kann die Ursache von Erziehungsschwierigkeiten bzw. den verschiedenen Formen des Schulversagens nur durch
ärztliche *und* psychologische Methoden geklärt werden. Da für den Ausfall
der psychologischen Untersuchung niemals der augenblickliche körperliche Zustand des Prüflings außer acht gelassen werden darf, ist die Gleichzeitigkeit des
Zusammenarbeitens von Arzt und Psychologen notwendig. Besonders wichtig
ist dies bei den verschiedenen Verfahren zur Prüfung der Aufmerksamkeit und
Konzentrationsfähigkeit, da sie gleichzeitig als Methoden zur Bestimmung der
Ermüdbarkeit, die wiederum wesentlich von dem Zustand des neurovegetativen
Systems abhängt, betrachtet werden können.

Eine wichtige Rolle wird der hier nur kurz skizzierten Zusammenarbeit
zwischen Arzt und Psychologen auch bei der *Auslese für höhere Schulen* eingeräumt
werden müssen. Nicht der Wunsch der Eltern und gesellschaftliche Momente
dürfen in Zukunft bei der Umschulung in höhere Lehranstalten den Ausschlag
bilden. Die Lehrerbenotung am Schluß der Volksschule kann nur als Maßstab
für das erreichte Schulwissen, aber nicht immer als Gradmesser der Eignung
für höhere Lehranstalten und für spätere Zulassung zu einem Hochschulstudium
betrachtet werden. Nach den bisherigen Richtlinien gehört zwar auch die
Beratung der Absolventen höherer Lehranstalten in den Aufgabenkreis der
Berufsberatungsämter. Die Reichsanstalt für Arbeitsvermittlung hat aus diesem
Grunde auch die Einrichtung von akademischen Auskunftsstellen an den Hoch-
schulen empfohlen. An diesen Auskunftsstellen findet aber nur eine Beratung
hinsichtlich des Studienplanes und der nach dem Studium sich bietenden Berufs-
möglichkeiten, nicht dagegen eine Prüfung der Berufseignung statt. Abgesehen
von der Prüfung niederer psychisch-technischer Funktionen, die für manche
akademische Berufe (Mediziner, Laboratoriumsberufe, Ingenieure) nachgeholt
werden könnte, ist aber der Zeitpunkt zur genaueren Bestimmung der Art und
des Grades der Begabung bei Beginn des Hochschulstudiums zu spät. Wenn
TUMLIRZ als die drei Wesensmerkmale der Eignung für höhere Berufe die *Trieb-
beherrschung*, die seelische *Ausgeglichenheit* und die *Empfänglichkeit für höhere
Werte* bezeichnet, so ergibt sich daraus die Notwendigkeit, den Übertritt in die
höheren Lehranstalten von dem Vorhandensein dieser drei charakterologischen
Eigenschaften neben einer eingehenden auf experimentell-psychologischer Methodik beruhenden Analyse der höheren geistigen Funktionen abhängig zu
machen. Man mag dagegen mit Recht einwenden, daß der Altersabschnitt der
beginnenden Pubescenz, in welchem die Einschulung in höhere Lehranstalten
stattfindet, noch zu früh sei, um ein so eingehendes Bild der Persönlichkeit
gewinnen zu können. Um so mehr würde sich daraus der Schluß ableiten lassen,
während des weiteren Aufenthalts an den höheren Lehranstalten die charak-
terologisch-psychologische Beobachtung durch Psychologen und Arzt fortzusetzen. Man hat zum Teil auch vorgeschlagen, einige in der experimentellen
Psychologie erprobte Verfahren in den Lehrgang einzubauen.

Ein solcher Vorschlag verdient deshalb eingehende Berücksichtigung, weil
derartige Verfahren für den Schüler von einer gewissen Altersstufe an wesentlich zur Förderung der Selbstkritik und Selbstbeobachtung seiner geistigen
Leistungsfähigkeit beitragen könnten. Es liegt nahe, dabei die Analogie mit der
Psychotechnik heranzuziehen. Wer die Entwicklung der industriellen Psychotechnik im Laufe der Nachkriegszeit verfolgt, wird als wesentliches Ergebnis
feststellen müssen, daß eine Reihe von ursprünglich nur für die Eignungsauslese benützten Verfahren die Grundlage für technische Anlerneverfahren
gebildet haben. In ähnlicher Weise könnten manche in der experimentellen

Psychologie ausgearbeitete Verfahren zur Differenzierung von Einzelelementen der Begabung dem Schüler die Gewinnung einer seiner Individualität angepaßten geistigen Arbeitstechnik erleichtern helfen.

Der Zweck des bisherigen ,,Berechtigungswesens'' lief darauf hinaus, durch eine Vermehrung des Lehrprogramms und Einschiebung zahlreicher Prüfungen den Zugang zu den höheren Lehranstalten zu erschweren. Die Erfahrung lehrt, daß ein großer Teil von Jugendlichen nach Besuch der ersten Klassen höherer Lehranstalten in gewerbliche Berufe übertritt, wobei bestimmte gehobenere Berufe, z. B. polygraphisches Gewerbe, Elektrotechniker, Dentisten bevorzugt werden. Die übereinstimmenden Erfahrungen der Berufsschullehrerschaft gehen dahin, daß die Einfügung solcher ehemaliger Schüler höherer Lehranstalten in das Lehrlingsmilieu am besten gelingt, wenn der Schulwechsel nicht zu spät erfolgt.

Das Bestreben müßte also dahin gehen, *das Verbleiben an höheren Lehranstalten möglichst nicht allein von Prüfungen, sondern von einer eingehenden Untersuchung der Begabung abhängig zu machen.* Dafür, daß die Veranlagung und nicht die auf Grund des erreichten Schulwissens erfolgte Benotung den Ausschlag bildet für die spätere Bewährung in den höheren Schulen, sprechen umfangreiche Erhebungen, die am Greifswalder Institut für Vererbungswissenschaft von JUST über die Zusammenhänge zwischen Schulleistung und Lebensbewährung veranstaltet worden sind. Als wesentlichstes Ergebnis dieser Untersuchungen wurde festgestellt, daß ein Unterschied zwischen Berufen geistig theoretischer Art und solchen naturwissenschaftlich-praktischer Richtung bestand. Ein besonders eindrucksvolles Beispiel lieferte der akademisch gebildete Lehrerstand mit den durchschnittlich besten Abiturleistungen, dem gegenüber die Vertreter der medizinischen Fakultät durchschnittlich viel geringere Abiturzensuren aufzuweisen hatten. Ferner ergab sich, daß die Durchschnittsleistungen des schizothymen Konstitutionstypus über den Durchschnittsleistungen des zyklothymen Typus lagen. Rechnen wir zu diesen Ergebnissen die schon erwähnten Beobachtungen aus der JAENSCHschen Schule über den höheren Prozentsatz von Eidetikern an den Realanstalten, so erblicken wir darin Hinweise, die für eine eingehende Untersuchung der Begabungsrichtung bei der Auslese für höhere Lehranstalten sprechen.

Fassen wir am Schluß unserer Darstellung des bisherigen Standes der Eignungsfrage mit besonderer Berücksichtigung der Berufsberatung die wesentlichsten Ergebnisse zusammen, so ergibt sich:

1. *Die Berufsberatung kann niemals auf Grund einer einmaligen Untersuchung ihren Zweck vollkommen erfüllen. Sie erfordert vielmehr einen Einbau in den Unterrichts- und Schulbetrieb, um genügendes Material für den Zeitpunkt der Berufseingliederung vorzubereiten.*

2. *Sie muß vervollständigt werden durch weitere Beobachtung nach der Lehrlingseinstellung bzw. nach Übertritt in die höheren Lehranstalten.*

3. *Die Grundlagen für die Systematik der konstitutionellen Untersuchung nach der körperlichen Seite stehen fest. Das gleiche gilt für die Prüfung der Eignung nach der charakterologisch-psychologischen Seite.*

4. *Wesentlich erscheint — unter besonderer Berücksichtigung der Auslese für die höheren Berufe — eine Verbesserung der Verbindung zwischen körperlicher Beobachtung durch den Schularzt und den psychologisch geschulten Lehrer. Die Erfüllung dieser Forderung wird nur durch eine Reform des Unterrichts- und Erziehungswesens erwartet werden können, die dem Arzt, speziell dem Schularzt bei der Auslese und der Überwachung der Jugend während der Jugendzeit maßgebenden Einfluß in der Gesundheitsführung sichert.*

Schrifttum.

Arnold: Normale und pathologische Physiologie der Leibesübungen. Leipzig: Johann Ambrosius Barth 1933.

Basler, A.: Über die Physiologie und zweckmäßige Bekleidung des Fußes. Arb.physiol. 10, H. 2 (1938). — Unzweckmäßige Fußbekleidung als eine der Ursachen für Entstehung von Knickfuß. Z. Orthop. 68, H. 2 (1938). — Über die Beeinflussung des Fußes durch seine Bekleidung. Klin. Wschr. 1938 II. — Baumgartner: Die Berufseignungsprüfungen. München u. Berlin:. Oldenbourg 1928. — Schriften zur Psychologie der Berufe. H. 1. Burgdorf: Baumgartner 1937. — Bennholdt-Thomsen: Über die Acceleration der Entwicklung der heutigen Jugend. Klin. Wschr. 1938 I. — Bogen u. Lipmann: Gang und Charakter. Z. angew. Psychol. 1931, Beih. 58. — Brandt: Biologische Unterschiede der Pykniker und Leptosomen. Dtsch. med. Wschr. 1936 I. — Brauch: Elektrokardiographische Erfahrungen bei Fliegertauglichkeitsuntersuchungen. Luftfahrtmed. 1938, Nr 1.— Büsing, H.: Über die körperliche Entwicklung Jugendlicher während der Lehrzeit. (Ein Beitrag zur ärztlichen Berufsberatung.) Z. Gesdh u. Erzieh. 1936, H. 2.

Chaillon-Mac Auliffe: Morphologie médicale. Etude des 4 types humains. Paris 1912. — Chantraine: Zur Prüfung des stereoskopischen Sehens. Röntgenprax. 1935. — Die Veranlagung zur Raumsichtigkeit und die Übung der Raumsichtigkeit. Das Raumbild 1937, H. 1. — Coerper: In Biologie der Person. Berlin: Urban & Schwarzenberg 1927.

Diepgen: Die Lehre von der Konstitution in der vitalistischen Medizin. Klin. Wschr. 1933 I. — Dietsch: Spezialistenauslese. In: Wehrpsychologie, herausgeg. von psychol. Labor. d. Reichskriegsminist. Berlin. Leipzig: Johann Ambrosius Barth 1931. — Dorn: Beeinflussung der Tuberkulose durch den Körperbau. Tbk.fürs.bl. (Berl.) 1936, Nr 12. — Duering: Grundlinien und Grundsätze der Heilpädagogik. Erlenbach: Rothapfelverlag 1925.

Eckstein: Psychologie des ersten Eindrucks. Leipzig: Johann Ambrosius Barth 1937. — Ellinghaus: Körperbau, Rasse und Tuberkulose. Z. Tbk. 77, 107 (1937). — Enke: Psychomotorische Entwicklung im Spiel. Z. Gesdh u. Erziehg 1936, H. 10. — Enke u. Meerowitsch: Experimentelle Untersuchungsergebnisse zur Psychomotorik und Konstitutionstypen. Z. Neur. 1933, H. 2.

Feige: Präzisionsleistungen menschlicher Motorik. Z. angew. Psychol. 1934, Beih. 69. — Frey, v.: Wachstum in konstanten Proportionen. Klin. Wschr. 1936 II. — Fürst: Zur psychischen Hygiene des Kindes- und Jugendlichenalters. Z. pädag. Psychol. 56, H. 1 (1932). — Modifikationen des menschlichen Wachstums. Z. Volksernährg. 1935, Nr 16. — Vergleich militärärztlicher Musterungsergebnisse vom Jahre 1935 mit der Vorkriegszeit. Münch. med. Wschr. 1936 I. — Der Kreislauf jugendlicher Arbeiter mit Rücksicht auf die Berufsberatung. Verh. dtsch. Ges. Kreislaufforsch., 9 Tag 1936. — Methoden der individuellen Auslese für gewerbliche Berufe- In: Handbuch der Arbeitsmedizin, herausgeg. von Koelsch. Berlin u. Wien: Urban & Schwarzenberg 1932. — Einfache konstitutionsdiagnostische Funktionsprüfungen von Herz und Kreislauf. Z. menschl. Vererbgslehre 20, H. 4 (1937). — Die volkshygienische Bedeutung der schulärztlichen Untersuchungsmethodik. Öff. Gesdh.dienst 5, 4, (1940) 23/24.

Giese: Psychotechnische Eignungsprüfungen. Halle a. S.: Carl Marhold 1925. — Glaesner, E.: Körperbau und Sexualfunktion. Stuttgart: Ferdinand Enke 1930. — Gmeiner, K.: Kreislaufbeurteilung mit einfachen Hilfsmitteln. Med. Welt 1938 II. — Grassl: Die Willensschwäche Z. angew. Psychol. 1937, Beih. 77.

Hanhart: Erbklinik der Idiosynkrasie. Dtsch. med. Wschr. 1936 II. — Hummel: Die willkürliche Atempause im Rahmen der Schulkinderuntersuchung. Münch. med. Wschr. 1937 II.

Jäger, R. u. F.: Die Hautoberflächenstruktur, Methodik und ihre Bedeutung für die Gewerbehygiene. Arch. Gewerbepath. 9, H. 2 (1938). — Jaensch, W.: Grundzüge einer Physiologie und Klinik der psychophysischen Persönlichkeit. Berlin: Julius Springer 1926. — Konstitution und Erbbiologie in der Praxis der Medizin. Leipzig: Johann Ambrosius Barth 1934. — Körperform, Wesensart und Rasse. Leipzig: Georg Thieme 1934. — Jung, E.: Psychologische Typen. Zürich 1920. — Just, G.: Weitere Untersuchungen über die bioligischen Grundlagen der Schulleistung. Tag. Ges. Vererbgswiss. Frankfurt 1937. Z. ind. Abstammungslehre 73 (1937).

Kaup: Gestaltlehre des Lebens und der Rasse. Leipzig: Johann Ambrosius Barth 1935. — Kaup-Fürst: Konstitution und Leistungskraft Jugendlicher. München u. Berlin: Oldenbourg 1930. — Kisch u. Rigler: Wertigkeit des Amplitudenfrequenzprodukts als Indikator für Veränderungen des Herzminutenvolumens. Klin. Wschr. 1930 I. — Koch: Veränderungen des menschlichen Wachstums im ersten Drittel des 20. Jahrhunderts. Leipzig: Johann Ambrosius Barth 1935.

Lederer: Klinische Untersuchungen In: Handbuch der Arbeitsmedizin, herausgeg von Koelsch. Berlin u. Wien: Urban & Schwarzenberg 1932. — Liljenstrand u. Zander:

Vergleichende Bestimmungen des Minutenvolumens beim Menschen. Z. exper. Med. **59**, H. 1/2 (1927). — LORENTZ: Die Sportarztuntersuchungen. Leipzig: Georg Thieme 1937. METZGER, W.: Gesetze des Sehens. Frankfurt a. M.: Kramer 1936. — MÜLLER, K. V.: Der Aufstieg des Arbeiters durch Rasse und Meisterschaft. München: J. F. Lehmann 1935. NOTHAAS: Dermographismus und Inkretion. Klin. Wschr. **1929 II**. — NOWAK: Körperbautypus und Beruf. Arch. Gewerbepath. **7**, H. 1 (1936). ÖBERAUS: Rohbaumwolle als Ursache von Asthma bronchiale. Klin. Wschr. **1932 I**. POPPELREUTER: Psychologische Berufsberatung. In: Handbuch der sozialen Hygiene, herausgeg. von SCHLOSSMANN, GOTTSTEIN u. TELEKY, Bd. 6. — PORTIUS: Über Anomalien der Beugefurchen an den Händen von Geisteskranken. ROTHSCHUH: Die Regulationsprüfung des Kreislaufs. (Eine einfache Kreislauffunktionsprüfung.) Münch. med. Wschr. **1937 II**. — RUPP: Über optische Analyse. Psychol. Forschg **1923**. SCHAEFER: Funktionsprüfung des kardiopulmonalen Systems am REINschen Gaswechselschreiber. Klin. Wschr. **1938 I**. — SCHEDE: Die Erkennung und Beurteilung von Fehlhaltung und Fehlformen des Rumpfes und der Füße. Z. Krüppelfürs. **30**, H. 11/12 (1937). — SCHITTENHELM u. STOCKINGER: Über die Idiosynkrasie gegen Nickel (Nickelkrätze) und ihre Beziehungen zur Anaphylaxie. Z. exper. Med. **1936**, Nr 60. — SCHLESINGER: Das Konstitutionsproblem im Kindesalter und bei Jugendlichen. Erg. inn. Med. **45**, H. 2. (1933). — SCHLOMKA u. BLUMBERG: Untersuchungen über die Bedeutung der üblichen Brustkorbmessungen als Beitrag zum Problem der Atmung. Klin. Wschr. **1938 I**. — SCHMIDT-KEHL: Über die Einwirkung des Berufs auf die Breitenentwicklung von kräftigen und schwächlichen Jugendlichen. Arch. f. Hyg. **165**, H. 5 (1930). — SCHNEIDER, K.: Zur Diagnose symptomatischer, besonders residualer Epilepsie. Nervenarzt **1934**, 385. — STREHLE: Analyse des Gebahrens. Berlin: Bernhard u. Gräfe 1935. — STUMPF u. FÜRST: Ergebnisse von Kreislaufuntersuchungen an Jugendlichen. Klin. Wschr. **1931 I**. TÖBBEN: Die Jugendverwahrlosung und ihre Bekämpfung. Münster: Aschendorfscher Verlag 1927. — TUMLIRZ: Psychologie der höheren Berufe. Wien: Österr. Wirtschaftsverlag 1937. WINTER: Experimentelle Untersuchungen über die Motorik von Hilfsschülern. Arch. Kinderheilk. **110**, H. 3 (1937). ZELLER, W.: Der erste Gestaltwandel des Kindes. Leipzig: Johann Ambrosius Barth 1936. — Handbuch der jugendärztlichen Arbeitsmethoden, Bd. 1. Leipzig 1938.

Körperbau und Charakter.

Allgemeiner Teil.

Von ERNST KRETSCHMER, Marburg a. L.

Mit der Formel: „Körperbau und Charakter" ist das Problem der Gesamtperson in seinen Eckpunkten ausgedrückt. Es ist damit als heuristisches Prinzip aufgestellt, daß die menschliche Person eine Ganzheit bildet, deren Elemente sich bis zu dem Grade durchdringen und voneinander abhängig sind, daß man keine körperliche Einzelheit als von vornherein für das Seelische gleichgültig betrachten könnte und umgekehrt. Es ist damit weiter ausgedrückt, daß die psychophysischen Beziehungen sich nicht nur auf ein einzelnes Organsystem, etwa das Gehirn oder das Nervensystem allein stützen, so sehr auch die zentrale Stellung des Gehirns als Ausstrahlungs- und Erfolgsorgan des Seelischen bestehen bleibt. Das Gehirn ist nicht die einzige Gruppe von Apparaten, die seelische Wirkungen verarbeiten und bedingen; es ist aber auch nicht der einzige Körperteil, an dem sich die psychophysischen Korrelationen bzw. Veranlagungen ausformen, so daß körperliche Entsprechungen seelischer Anlagen allein an Gehirnzentren sich erforschen und morphologisch greifbar machen ließen. Vielmehr wirken dieselben Ursachen, die die seelische Persönlichkeit zur Entfaltung bringen, gleichzeitig schon vom ersten Tage an am körperlichen Gesamtaufbau, seinen Wuchs- und Gestaltungstendenzen bis in die körperliche Außenform, d. h. bis in die letzte Fingerspitze hinaus mit, so daß das, was in der Tiefe Persönlichkeit schafft, an der Außenfläche des Körpers bis zu einem gewissen Grade in geformten Merkmalen sichtbar wird.

Will man diesen Erkenntnissen eine streng naturwissenschaftliche Formulierung geben, so kann man ebensogut sagen: der menschliche Organismus besteht aus einer großen Menge beschreibbarer und teilweise meßbarer Einzelmerkmale körperlicher und seelischer Art, die gegenseitig aufeinander bezogen sind; in der Weise, daß das Merkmal a mit dem Merkmal b in einer bestimmten zahlenmäßigen Häufigkeit oder Seltenheit zusammen vorkommt, oder anders ausgedrückt: in den menschlichen Organismen gibt es Koppelungen von psychophysischen Merkmalen, die mit einer größeren Häufigkeit gleichzeitig zusammen gefunden werden, als andere; man kann sie auch als normalbiologische Syndrome bezeichnen. Solche Verdichtungsstellen korrelationsstatistischer Häufigkeitsbeziehungen kann man auch anschaulich aus der Menge aller überhaupt vorkommender Merkmale heraussehen: dann nennt man sie „Konstitutionstypus". Unter Konstitutionstypus verstehen wir also eine Gruppe häufiger zusammen vorkommender biologischer Merkmale körperlich-seelischer Art.

I. Gesetze der konstitutionellen Variantenbildung.

Hinter diesen äußerlich statistisch faßbaren Häufigkeitsbeziehungen stehen nun ihrerseits wieder kausale Zusammenhänge, die sich mit fortschreitender Forschung langsam entwickeln. Nach den kausalen Zusammenhängen teilen sich die Konstitutionsvarianten grundsätzlich in folgende Gruppen:

1. Primär keimplasmatische: a) lokale keimplasmatische Varianten, b) allgemeine Wachstumsvarianten.

2. Zentral gesteuerte: a) humorale, z. B. endokrine Varianten, b) zentralnervöse Varianten (Steuerung von Gehirnzentren und vegetativ-nervösen Zentren aus).

Bezeichnend für die erste Gruppe ist die Tatsache, daß die Neigung zur konstitutionellen Variantenbildung in den davon betroffenen Gewebsformen bzw. Körperabschnitten selbst schon von vornherein angelegt ist. Bei der zweiten Gruppe dagegen geht die Neigung zur Variante nicht von dem betroffenen Gewebe aus, sondern von einer, vielleicht ganz anderswo liegenden Zentrale, die sein Wachstum, sei es durch hormonale, sei es durch zentral-nervöse Fernwirkung, steuert. Am besten läßt sich das an bereits näher erforschten pathologischen Beispielen klar machen, die sich ohne weiteres auf die normalbiologischen Varianten übertragen lassen.

1. Primär keimplasmatische Lokalvarianten.

Primär keimplasmatisch bedingt (sofern nicht intrauterin erworben) sind bestimmte *lokale Bildungsfehler* an einzelnen Körperteilen oder Gliedmaßen, wie Hasenscharte, Wolfsrachen, manche Formdefekte des äußeren und inneren Ohres und Auges, Polydaktylie, Syndaktylie, Spina bifida, Klumpfuß und dergleichen. Ein besonders gutes Beispiel von schon weitgreifender konstitutioneller Bedeutung ist die Merkmalsgruppe, die BREMER als Status dysraphicus beschrieben hat. Dem Begriff liegt der Gedanke zugrunde, daß eine bestimmte keimplasmatische Störung, nämlich der unvollständige Schluß des Neuralrohres, den gemeinsamen Nenner bilde, auf den sich eine ganze Reihe ungleichförmiger Störungen zurückführen lasse, die im späteren Leben teils als neurologische Erkrankungen, teils als Körperbau- und Konstitutionsvarianten, teils als Übergang zwischen beiden in Erscheinung treten. Betrifft die keimplasmatische Wuchsstörung mehr den unteren Teil des Neuralrohres, so entsteht die ganze Gruppe von Varianten im Umkreis der Spina bifida; ist sie weiter nach oben ausgebreitet, so entstehen die Varianten im Umkreis der Syringomyelie. Bei Menschen, die an Syringomyelie (einer mit Spaltbildungen im grauen Rückenmark einhergehenden Krankheit) leiden, und in ihrer Blutsverwandtschaft findet man dann öfters eine Reihe konstitutioneller Stigmen, teils körpermorphologischer, teils vegetativ-funktioneller Art, wie etwa Trichterbrust, Kyphoskoliose, Brustkorb- und Mammadifferenz, übergroße Spannweite, Verkrümmung der Finger, Cyanose und Kälte der Hände bis zur Acro-asphyxia chronica, habitueller Sensibilitätsstörungen usw. Gerade an dem Beispiel des Status dysraphicus springt in die Augen, welcher Reichtum konstitutioneller Varianten im Verlauf des individuellen Wachstums sich bilden kann, in unmittelbarer Auswirkung von einem bestimmten, entwicklungsgeschichtlich gestörten Punkte her.

Diese Forschungen können auf bestimmten Seiten des Leib-Seeleproblems nicht ohne Auswirkung bleiben. Denken wir uns primäre keimplasmatische Entwicklungsstörungen entsprechender Art im Zentralnervensystem weiter oralwärts verschoben, so daß das Gehirn davon mitbetroffen wird, so würden sich die Varianten auf die psychischen Veranlagungen mit auswirken. Diese Dinge sind noch wenig erforscht. Es scheint Hirngeschwülste zu geben, die in bestimmten charakterologischen Erbzusammenhängen auftreten. Ich beobachtete z. B. schon Tumoren der motorischen Region, die die Anzeichen explosiver seelischer Reizbarkeit nicht nur als umschriebenes Vorstadium der Krankheit, sondern von vornherein als Persönlichkeitsmerkmal zeigten — und mit ihnen einzelne Angehörige ihrer Sippe. Man denkt hier an primäre keimplasmatische

Varianten bestimmter Hirnrindengebiete, die sich zunächst als epileptoide Reizbarkeit auswirken, im Einzelfall aber einmal später als Hirngeschwulst zum Vorschein kommen können.

Ähnlich liegen die Dinge im konstitutionellen Umkreis der Chorea, des Veitstanzes. Hier handelt es sich schon um recht komplizierte Korrelationen zwischen gehirnmorphologischen allgemeinen körperkonstitutionellen und psychischen Merkmalsgruppen. Die gewöhnliche Chorea minor wird durch an sich banale Infektionen ausgelöst, die aber in einer Anlageschwäche des Gehirns ihren charakteristischen Angriffspunkt finden, einer Anlageschwäche in bestimmten Teilen des extrapyramidalen Systems, die man auch morphologisch genauer zu präzisieren im Begriff ist. Diese feineren extrapyramidalen Dysplasien, wenn wir sie einmal so nennen wollen, korrelieren aber ihrerseits wieder mit bestimmten Baumerkmalen des allgemeinen körperlichen Habitus: die jugendlichen Choreatiker sind nämlich großenteils zarte, mehr asthenisch-hypoplastische Individuen mit Infantilismen und Entwicklungsverzögerungen. Damit nicht genug: es entspricht dem allgemeinen Konstitutionstypus und den speziellen Gehirnanlagen der Choreakinder auch wieder ein bestimmter psychischer Typus, der während der choreatischen Erkrankung besonders gesteigert zum Vorschein kommt. Er findet sich aber in schwächerem Grade nicht nur als Krankheitssymptom, sondern als charakterologisches Syndrom in bestimmten Sippen vor. Man kann diesen Typus, der uns aus der Sprechstunde bei Schülern wohl bekannt ist, als „choreiforme Nervosität" bezeichnen. Diese Kinder haben eine gewisse Form von nervöser „Zappeligkeit", die bei näherem Zusehen dem neurologischen Typus der choreatischen Bewegungsstörung in abgeschwächtem Grade genau entspricht und der diesen Typus nun einfach als Persönlichkeitsmerkmal wiedergibt. Damit ist regelmäßig verbunden ein hoher Grad von geistiger Unselbständigkeit, speziell von gesteigerter Ablenkbarkeit und Konzentrationsunfähigkeit; außerdem eine erhöhte Empfindlichkeit und Reizbarkeit des Gemütslebens. Es ist bemerkenswert, daß dieses Syndrom in der Pubertätszeit meistens verschwindet.

Überblickt man die ganzen klinischen, erbbiologischen und konstitutionellen Zusammenhänge des choreatischen Symptomkomplexes, so bekommt man einen Begriff von dem Reichtum und der Verzweigtheit der Merkmalskorrelationen beim Menschen. Derselbe Symptomkomplex tritt auf bald als eine Erbkrankheit (Chorea Huntington), bald als konstitutionelle Disposition bei einer Infektionskrankheit (Chorea minor), bald als konstitutionelles Persönlichkeitsbild (choreiforme Nervosität); das alles durchschlingt sich sippenweise und formt sich aus in gehirnmorphologischen, allgemein körpermorphologischen, entwicklungsdynamischen, neurologischen, psychiatrischen und rein charakterologischen Merkmalsgruppen.

Nicht immer sind die Beziehungen so kompliziert. Es gibt wohl ohne Zweifel in selteneren Fällen rein umschriebene, primär keimplasmatische Varianten der Konstitution, die sippenweise und vererblich auftreten, ohne in den psychophysischen Gesamtaufbau der Persönlichkeit sonst einzugreifen. Wir finden z. B. in einer Sippe Wolfsrachen bei 4 Brüdern gleichzeitig, ohne daß wesentliche allgemeine Entartungserscheinungen bei diesen Brüdern selbst oder bei ihrer Sippe festzustellen sind. Es sind vielmehr körperlich und geistig vollwertige, sozial über dem Durchschnitt leistungsfähige Menschen, ohne wesentliche Belastung mit Psychosen, Psychopathien oder körperlichen Krankheitsneigungen und ohne ausgebreitete Dysplasien in der Gesamtkonstitution. Hier würde auch im weiteren Erbgang keine um sich greifende allgemeine Entartung, sondern nur die Gefahr des Wiederauftretens ähnlicher keimplasmatischer Lokaldefekte ins Auge zu fassen sein. Viel häufiger ist allerdings das Auftreten solcher

Lokalvarianten im Rahmen ausgebreiteter psychophysischer Entartungsvorgänge. Wir sehen hier bereits das Problem der „Entartungszeichen" gestellt, auf das wir weiter unten nochmals zurückkommen müssen.

Wie die lokalen keimplasmatischen Konstitutionsvarianten vererbungstheoretisch und entwicklungsmechanisch zustande kommen, wird noch weiterer Forschung bedürfen. Soweit sie vererblich sind, dürfte es sich um echte Mutationen handeln. Ihre grundsätzliche Wertigkeit mit Bezug auf die Gesamtkonstitution tritt aber schon heute ziemlich klar hervor.

Weniger klar ist das Problem der *allgemeinen Wachstumsvarianten*, soweit sie als primär keimplasmatisch zu denken sind. Man ist z. B. von den familiären Fettsuchtsformen ausgegangen und hat gefunden, daß allerdings ein Teil derselben zentral gesteuert ist, sei es im endokrinen oder im zentralnervösen Sinne. Dies läßt sich an der speziellen Fettlokalisation und an dem begleitenden körperbaulichen, körperfunktionellen und temperamentsmäßigen Merkmalen nachweisen. Nicht alle konstitutionell Fettsüchtigen zeigen aber diese typischen Merkmalskorrelationen. Hier erhebt sich dann die Frage: kann konstitutionelle Fettsucht nur als zentrale Disposition, z. B. der Hypophyse, vererbt werden oder nicht vielmehr auch als allgemeine Gewebsdisposition, beispielsweise des ganzen Unterhautgewebes? Diese Frage ist besonders von J. Bauer erörtert worden, der geneigt ist, sie zu bejahen. Dasselbe gilt von den familiären Riesenwuchs- und Zwergwuchsformen, sofern sie nicht in ihren speziellen Merkmalskorrelationen den endokrinen Ursprung verraten. Eine negative Beweisführung in dieser Form ist allerdings nicht möglich, weil wir nicht wissen, ob wir alle zentralen Wuchssteuerungen schon kennen.

Das Problem: allgemein keimplasmatisch oder zentral gesteuert? ist neuerdings auch bei den Merkmalsgruppen in Körperbau und Temperament gestellt worden, die die grundlegenden Unterschiede zwischen „männlich" und „weiblich" bedingen und die man als „sekundäre Geschlechtscharaktere" zu bezeichnen pflegt. Die zentrale Steuerung durch die Blutdrüsen ist hier so klar und so vordringlich, daß man lange übersehen hatte, das weitere Problem überhaupt zu stellen. Es ist jedenfalls nicht von vornherein unmöglich, daß die endokrinen Sexualanlagen ihrerseits nun wieder eine Teilgruppe übergreifender, gesamtheitlicher Faktoren wären, die den männlichen oder weiblichen Typus des Individuums in einer allgemeineren plasmatischen Weise bestimmen.

Dispositionelle Varianten. Es ist hier noch eine mehr indirekte Art zu erwähnen, wie vererbliche allgemeine Wuchstendenzen entstehen können. Die Rhachitis beispielsweise ist als solche nicht vererblich; sie ist ein erworbener Nährschaden. Vererblich ist aber der Grad der Empfänglichkeit für diesen Nährschaden; sofern beim selben Grad der Schädlichkeit die einen Kinder schon rhachitisch reagieren, die anderen noch nicht. Es können so sippenweise ähnliche Varianten des Körperwuchses (und damit gekoppelte nervös-psychische Dispositionen?) entstehen, wobei die Vererbung nur noch einen Teilfaktor bildet.

2. Zentral gesteuerte Varianten (endokrine und zentralnervöse).

Für die Gesamtpersönlichkeit, d. h. für die körperlich-seelischen Merkmalskorrelationen sind aber die *zentralen* Steuerungen bei weitem die wichtigsten. Der besterforschte Modellfall sind die endokrinen Korrelationen. Doch ist mit den Blutdrüsen der Tatbestand nicht erschöpft. Sie wirken auf humoralem Weg. Doch gibt es noch andere Organe und Gewebe, die den Blut- und Säftechemismus mitgestalten und die möglicherweise für Temperament und Gesamtpersönlichkeit von Belang sein können; man denke an die große Rolle, die der Leber und Milz von den alten Ärzten in dieser Richtung zugebilligt wurde.

Andererseits sind manche Blutdrüsen funktionell und zum Teil auch anatomisch und entwicklungsgeschichtlich aufs engste mit bestimmten zentralnervösen Apparaten gekoppelt. Die Hypophyse liegt so eng mit den Zentren des dritten Ventrikels zusammen und bedingt sich mit ihnen teilweise so eng in ihren gegenseitigen Wirkungen, daß manchmal schwer zu sagen ist, wo die primäre Ursache einer Wirkung liegt. Ähnliches gilt von den Beziehungen zwischen Nebenniere und Sympathicus, teilweise auch zwischen Schilddrüse und Sympathicus. Man wird also die über das vegetative Nervensystem laufenden Steuerungen der Gesamtpersönlichkeit von den humoralen Steuerungen nicht streng trennen können. Behält man dies alles im Auge, so wird man alle wesentlichen Probleme der zentral gesteuerten Persönlichkeitsvarianten an dem Beispiel der Blutdrüsen aufzeigen können.

Gerade für die *Blutdrüsen* ist bezeichnend die Doppelwirkung auf Körperbau und Temperament. Am wachsenden Organismus wird Längen- und Dickenwachstum der Knochen, die Proportion zwischen den einzelnen Körperabschnitten, Fettansatz und allgemeine Gewebstrophik, Hautbeschaffenheit, Vasomotorium und besonders ins Einzelste die Behaarung, kurz der ganze Aufbau des Körpers nach Wachstumstempo, Größenentwicklung und Gewebsqualitäten von den Blutdrüsen gesteuert. Auch am ausgewachsenen Organismus erfolgen bei Änderung einzelner Blutdrüsenfunktionen noch tiefgreifende Funktionsänderungen und morphologische Umbauten des Körpers: Wuchsänderungen an Gesicht und Gliedmaßen (Akromegalie), Verfettung (hypophysärer und eunuchoider Fettwuchs), Abmagerung (Basedow, Simmondssche Kachexie), Hautveränderungen (Myxödem, Addison), Behaarungsveränderungen (Basedow, Eunuchoid). Eine Reihe dieser Körperbaumerkmale sind für bestimmte Blutdrüsen so bezeichnend, daß man auch nachträglich noch an bestimmten Körperbauvarianten die stattgehabte oder noch weiterdauernde Mehr- oder Minderwirkung bestimmter Drüsenhormone feststellen kann. Die Einzelmerkmale solcher endokriner Wirkungen am Körperbau ordnen sich nach der Häufigkeit ihres Zusammenvorkommens zu Symptomkomplexen, also zu echten Konstitutionstypen. Hier können wir die Entstehung von Konstitutionstypen von einer einheitlichen, zentral gesteuerten Wirkung her auch in ihrem kausalen Aufbau schon recht gut erkennen. Überlänge der Gliedmaßen macht schon für sich allein eine unterdurchschnittliche Hormonwirkung der Keimdrüsen wahrscheinlich. Verbindet sie sich bei Männern mit überschießendem Hüftumfang, Schwäche der Terminalbehaarung usw., so entsteht der eunuchoide Konstitutionstypus und damit die sichere Diagnose der abgeschwächten Keimdrüsenwirkung. Ähnlich typische Zusammenhänge finden wir bei den Fettlokalisationen der hypophysären Fettsucht, der trophischen Akzentuierung der Gliedmaßenenden bei der Akromegalie, bei den kretinen, myxödematösen und basedowoiden Habitusformen usw.

Geht man den Dingen weiter nach, so findet man, daß jedenfalls bei den meisten und wichtigsten Blutdrüsen mit der Auswirkung ihrer Hormone auf den Körperbau, die Auswirkung auf das Temperament und das ganze geistige Wesen eines Individuums stets und gesetzmäßig verbunden ist. Die gröberen psychischen Wirkungen dieser Art sind schon länger bekannt, die feineren werden oft noch übersehen und bedürfen jedenfalls noch sehr einer schärferen psychologischen und psychopathologischen Durchzeichnung. In der Regel geht mit der Steigerung der Hormonwirkung eine Belebung und zuletzt heftige Überreizung des Temperaments und der geistigen Lebendigkeit einher, mit abgeschwächter Hormonwirkung dagegen eine geistige Beruhigung bzw. Abstumpfung. Innerhalb dieser allgemeinen Gesetzmäßigkeit bleibt der spezielle Temperamentstypus der einzelnen Drüse auch mit unseren heutigen

Methoden schon gut erkennbar. Die eigenartige Nervosität der basedowoiden Konstitutionen z. B. mit ihrer zitternden Unruhe, Schreckhaftigkeit, brüsken Gemütslabilität und mehr depressiv-ängstlichen Färbung unterscheidet sich stets von der Erregtheit und Gemütslabilität der Pubertierenden unter dem verstärkten Einwirken der Keimdrüsenwirkung mit ihren schwungvoll gehobenen, expansiven, pathetisch-sentimentalen und depressiv-labilen Stimmungen. Umgekehrt sind die Typen der Temperamentsabstufung bei Hormonschwäche je nach der einzelnen Drüse verschieden: wie etwa die morose Torpidität der Myxödematösen, die gutmütig-euphorische Trägheit mancher Hypophysären, die mehr schizoid gefärbt passive Asozialität der Eunuchoiden, die allgemeine „Adynamie" der Addisonkranken oder die eigenartig hysteriformen abulischen Charakterentwicklungen der SIMMONDSschen Kachexien.

II. Die großen Konstitutionstypen.

Alle bisher entwickelten Gesichtspunkte, Kenntnisse und biologischen Gesetzmäßigkeiten über konstitutionelle Variantenbildung im allgemeinen und das Körperbau-Charakterproblem im besonderen lassen sich nun auch auf das Gebiet anwenden, wo wir schon den umfassendsten und durchgearbeitetsten Erfahrungsstoff dieses ganzen Gebietes besitzen, nämlich auf die allgemeinen Konstitutionstypen, also in der Hauptsache den leptosomen, athletischen und pyknischen Körperbau und die mit ihnen korrelierenden schizothymen, viscösen und cyclothymen Haupttemperamente beim Menschen. Unser experimentelles und statistisches Tatsachenmaterial auf diesem Gebiet ist in anderen Abschnitten dieses Handbuches, speziell in den von ENKE und von HANHART bearbeiteten Teilen und außerdem in monographischer Form bei KRETSCHMER: Körperbau und Charakter sowie KRETSCHMER und ENKE über die Persönlichkeit der Athletiker, für die pathologischen Einzelgruppen bei MAUZ, Prognostik der endogenen Psychosen niedergelegt, so daß wir uns in diesem Zusammenhang mit einer gedrängten Darstellung der Grundtatsachen und Erörterung der Probleme begnügen können. Man findet, was wir heute wissen, in der beifolgenden Tabelle zusammengestellt.

Tabelle 1. Übersicht der Temperamentsformen.

Körperbauformen	Temperamentsbeziehung		Krankheitsbeziehung	
Pyknisch {	·Cyclothyme Temperamente	{ hypomanische syntone schwerblütige	} Zirkulärer Formenkreis	
Leptosom {	Schizothyme Temperamente	{ hyperästhetische Mittellagen anästhetische	} Schizokare Kerngruppen der Schizophrenie	} Schizophrenie
Athletisch {	Viscöse Temperamente	{ phlegmatische explosive	} Katatone Zerfallsgruppen der eng. Dementia praecox } Epilepsie	}

Stellen wir zunächst zwei Temperamentsgruppen im zusammenfassenden Überblick einander gegenüber, nämlich die cyclothymen Temperamente, die vorwiegend mit dem pyknischen, und die schizothymen Temperamente, die vorwiegend mit dem leptosomen Körperbautypus korrelieren.

Beifolgende Tabelle gibt einen ungefähren Anhaltspunkt für die Häufigkeit des Zusammentreffens des pyknischen Körperbaues mit cyclothymem, des leptosomen Körperbaues mit schizothymem Temperament.

1. Affinität zwischen Körperbau und Temperament.

Beim heutigen Stand der Forschung können wir also Schizothymiker und Cyclothymiker als zwei große komplexe Biotypen auffassen, aus denen sich in den verschiedensten Mischungsgraden eine große Menge normaler Temperamentsschattierungen zusammensetzt. Die Temperamente der Athletiker, die sich von diesen abgesondert gut charakterisieren lassen, treten als dritte große Gruppe hinzu. Wir bezeichnen sie wegen ihrer Zähflüssigkeit als viscöse Temperamente.

Tabelle 2. Selbstdiagnosen gesunder Pykniker und Leptosomen in Prozenten der Körperbautypen nach den Fragebogenversuchen von VAN DER HORST und von KIBLER.

	Cyclothym %	Gemischt oder unbestimmt %	Schizothym %
Pykniker . .	94,4	2,8	2,8
Leptosome .	12,2	17,1	70,7

Einige psychologische Hauptmerkmale der drei Typen zeigt folgende Tabelle:

Tabelle 3.

	Cyclothymiker	Schizothymiker	Viscöse
Psychästhesie und Stimmung	Diathetische Proportion: Zwischen gehoben (heiter) und depressiv (traurig)	Psychästhetische Proportion: Zwischen hyperästhetisch (empfindlich) und anästhetisch (kühl)	Zwischen explosiv und phlegmatisch
Psychisches Tempo	Schwingende Temperamentskurve: Zwischen beweglich und behäbig	Springende Temperamentskurve: Zwischen sprunghaft und zäh, alternative Denk- und Fühlweise	Zähe Temperamentskurve
Psychomotilität	Reizadäquat, rund, natürlich, weich	Öfters reizinadäquat: verhalten, lahm, gesperrt, steif usw.	Reizadäquat, langsam, gemessen, schwerfällig, wuchtig
Affiner Körpertypus	Pyknisch	Leptosom	Athletisch

Es ergibt sich bei den bisher erforschten Konstitutionstypen ein wichtiger Grundsatz: nämlich die *Polarität der Temperamente*. Zu jedem Körperbautypus gehört nicht ein Temperament, sondern je ein polares Kontrastpaar von gegensätzlichen Temperamentsfarben.

Die Gemütslage innerhalb der beiden ersten Temperamentstypen spannt sich also zwischen je einem affektiven Kontrastpaar: bei den Cyclothymikern vorwiegend zwischen heiter und traurig, bei den Schizothymikern vorwiegend zwischen empfindlich und kühl. Dadurch ergibt sich eine weitere Unterteilung in zunächst 6 Haupttemperamentsgruppen, je nachdem das cyclothyme Temperament habituell mehr nach dem heiteren oder nach dem traurigen Pol, das schizothyme mehr nach dem empfindlichen oder nach dem kühlen Pol zu gelegen ist, zwischen den Polen liegt dann je eine Temperamentsmittellage. Meist finden wir allerdings nicht rein heitere oder traurige, rein empfindlich-nervöse oder kühle und stumpfe Gemütsanlagen, sondern wir sehen heiter und traurig auf der einen, empfindlich und kühl auf der anderen Seite in den verschiedensten Mischungsverhältnissen sich gegeneinander überschichten, verschieden oder schwankend ablösen, so daß wir auch im heitersten Temperament noch eine Labilität nach der depressiven Seite hin und in dem abgekühltesten Indolenten noch Spuren spezifischer Überreizbarkeit vorfinden. Das Verhältnis, in dem im einzelnen

Cyclothymiker heitere und traurige Gemütsanteile zueinander stehen, nennen wir seine diathetische Proportion, das Verhältnis zwischen empfindlich und kühl im einzelnen Schizothymiker seine psychästhetische Proportion. Letztere läßt sich experimentell besonders schön im psychogalvanischen Versuch darstellen, der bei den Leptosomen die Verhaltenheit der Außenmotorik und des Gefühlsausdrucks im scharfen Kontrast mit dem langen Nachschwingen von Feinerregungen eher herausstellt und die Unterschiede im inneren Gesichtsablauf gegenüber den anderen Konstitutionstypen gut herausbringt. Viel Ähnlichkeit mit dem psychogalvanischen Ablauf haben übrigens die pharmakodynamischen Resultate.

Außer nach den Proportionen eines individuellen Temperaments fragen wir immer sogleich auch nach seinen *Legierungen,* d. h. nach der Tönung, die der vorherrschende Typus durch andersartige Beimengungen im Erbgange mitbekommen hat, also nach etwaigen cyclothymen Einschlägen in einem vorwiegend schizothymen Temperament und umgekehrt.

Die Unterschiede des *psychischen Tempos* vermehren noch weiter den Reichtum von Temperamentsschattierungen, wie er allein schon durch Psychästhesie und Stimmungsfarbe gegeben war. Wir unterscheiden das allgemeine psychische Tempo, d. h. den Grad der Geschwindigkeit, mit der psychische Abläufe, und zwar sowohl Auffassung, intrapsychische Verarbeitung wie Psychomotilität durchschnittlich sich vollziehen, und den speziellen psychischen Rhythmus, d. h. die Gleichmäßigkeit oder Ungleichmäßigkeit der zeitlichen und dynamischen Aufeinanderfolge der einzelnen psychischen Akte. Das Temperament der Cyclothymiker zeigt mehr gleichmäßiges Fließen ohne rhythmische Besonderheiten, ein weiches, unmittelbar natürliches Ansprechen auf Freude und Leid, dagegen sehr ausgeprägte Unterschiede im allgemeinen Tempo vom ausgesprochen schnellen bis zum ausgesprochen langsamen Verlauf. Das psychische Tempo der Cyclothymiker liegt also zwischen beweglich und behäbig.

Umgekehrt zeigen die Schizothymiker wenig Charakteristisches im allgemeinen Tempo, dagegen häufig ausgeprägte Neigung zu rhythmischen Besonderheiten. Die Schizothymiker neigen nämlich dazu, auf einzelne affektstarke Vorstellungskomplexe äußerst überempfindlich zu reagieren, sich lange und heftig in sie zu verkrampfen, bis ein anderer Reiz sie sprunghaft losreißt, während sie gegen zahlreiche andere Reize unempfindlich, gleichgültig sind und gar nicht ansprechen. Dazu kommen bei ihnen oft Inkongruenzen zwischen Eindrucks- und Ausdrucksfähigkeit, Leitungsstörungen, die es ihnen nicht erlauben, auch lebhaft empfundene Eindrücke gleich zu verarbeiten, wozu es dann leicht zu Affektstauungen und komplizierten, unvermuteten Seitenwegen in ihrem Affektablauf kommt. Dadurch wird, abgesehen von den einfach stumpfen Defektmenschen, der psychische Rhythmus bei ihnen oft sehr kompliziert und unberechenbar, indem sie lange Zeit zähe festhalten und auf einmal abspringen, plötzlich heftig reagieren und dann wieder lange indolent erscheinen. Das psychische Tempo der Schizothymiker liegt also häufig zwischen sprunghaft und zäh.

Bei den Cyclothymikern finden wir nun meist eine Kongruenz zwischen Stimmung und psychischem Tempo, indem die heiteren zugleich meist auch die beweglichen und die von den Mittellagen nach der depressiven Seite zu gelegenen Temperamente zugleich auch mehr die behäbig-langsamen sind, wie uns das aus der klinischen Erfahrung bezüglich der engen Zusammengehörigkeit zwischen heiterer Erregung, Ideenflucht und psychomotorischer Erleichterung im manischen, von Depression, Gedanken- und Willenshemmung im melancholischen Symptombilde schon länger bekannt ist. Auch bei den gesunden

cyclothymen Temperamenten gehört eine bestimmte Stimmungslage mit einem
bestimmten psychischen Tempo vorwiegend zusammen, indem sich Heiterkeit
und Beweglichkeit gern zum hypomanischen, Depressionsneigung und Langsamkeit zum schwerblütigen Temperamentstypus verbinden.

Dagegen sind bei den Schizothymikern ähnlich feste Beziehungen zwischen
Psychästhesie und speziellem psychischem Rhythmus nicht zu erkennen, indem
wir auch bei den zarten Hyperästhetikern oft erstaunliche Zähigkeit im Fühlen
und Wollen, und umgekehrt launische Sprunghaftigkeit auch bei stark ab-
gekühlten Indolenten noch vorfinden, so daß wir also empirisch alle 4 Kombinationen: empfindliche wie kalte Zähigkeit, sprunghafte Empfindsamkeit wie
launische Indolenz häufig im schizothymen Formkreis antreffen.

Wenn wir die Symptome der Affizierbarkeit (Psychästhesie und Stimmung)
als führende Merkmale zugrunde legen, so ergeben sich zunächst 6 Haupttemperamente, von denen als polare Flügelgruppen und als Mittelgruppe je
drei den Cyclothymikern und drei den Schizothymikern angehören:

Cyclothymiker	1. Hypomanische: Heiter Bewegliche. 2. Syntone: Praktische Realisten, behäbige Humoristen. 3. Schwerblütige.
Schizothymiker	4. Hyperästhetiker: Reizbar Nervöse, zarte Innen-menschen, Idealisten. 5. Schizothyme Mittellagen: Kühl Energische, systematisch Kon-sequente, ruhig Aristokratische. 6. Anästhetiker: Kalte, kalt Nervöse, verschrobene Sonderlinge, Indolente, Affektlahme, stumpfe Bummler.

Die Einzeldifferenzierungen der schizothymen Temperamente können wir
hier nur kurz andeuten. Die hyperästhetischen Qualitäten zeigen sich empirisch
hauptsächlich als zarte Empfindsamkeit, als Feinsinn gegenüber Natur und
Kunst, als Takt und Geschmack im persönlichen Stil, als schwärmerische Zärt-
lichkeit gegenüber bestimmten Personen, als überleichte Empfindlichkeit und
Verletzbarkeit durch die alltäglichen Reibungen des Lebens bei Nervosität,
endlich bei den vergröberten Typen, besonders bei den Postpsychotikern und
ihren Äquivalenten, als komplexmäßiger Jähzorn. Die anästhetischen Qualitäten der Schizothymiker zeigen sich als schneidende, aktive Kälte oder als
passive Stumpfheit, als Interesseneinengung auf abgegrenzte autistische Zonen,
als „Wurstigkeit" oder als unerschütterlicher Gleichmut. Ihre Sprunghaftigkeit
ist bald mehr indolente Haltlosigkeit, bald mehr aktive Laune, ihre Zähigkeit
manifestiert sich charakterologisch in den verschiedensten Varianten: stählerne
Energie, störrischer Eigensinn, Pedanterie, Fanatismus, systematische Konsequenz im Denken und Handeln.

Die Variationen der diathetischen Temperamente sind viel geringer, wenn
wir von den starken Legierungen (Querulanten, Krakeeler, Ängstliche, trockene
Hypochonder) absehen. Der hypomanische Typus zeigt neben der eigentlich
heiteren noch die zornmütig flotte Stimmungslage. Er variiert zwischen dem
rasch sich aufschwingenden Feuertemperament, dem flotten, großzügig-prak-
tischen Elan, der Vielgeschäftigkeit und der gleichmäßig sonnigen Heiterkeit.

Die *Psychomotilität* der Cyclothymen ist durch die bald rasche, bald langsame, aber (von den schweren krankhaften Hemmungen abgesehen) stets
runde, natürliche, dem Impuls adäquate Form der Mimik und der Körperbewegungen ausgezeichnet, während wir bei den Schizothymikern überaus
häufig psychomotorische Besonderheiten antreffen, vor allem im Sinne der
fehlenden adäquaten Unmittelbarkeit zwischen psychischem Reiz und motorischer

Reaktion, in Form der aristokratisch verhaltenen, stark abgedämpften oder der affektlahmen oder endlich der zeitweilig gesperrten, steifen oder schüchternen Motilität.

Experimentell kommen diese typischen Verhaltungsweisen z. B. in dem ENKEschen Wasserglasversuch schön heraus. Im ganzen gesehen zeigen die verschiedensten Experimente immer wieder, daß die Pykniker hauptsächlich dort im Vorteil sind, wo es auf flüssige, ausgeglichene Gesamtmotorik ankommt, die Leptosomen dagegen bei fein abgestuften Einzelleistungen, besonders der Hand.

Reduziert man auf Wurzelformen, so sind es besonders Unterschiede im Spannungsgrad, im persönlichen Tempo und in der Art der Kraftleistung, die die Konstitutionstypen durchgehend charakterisieren und die in Ausdrucksmotorik, in Beruf und Sport, wie in der Handschrift gleichsinnig zutage treten.

Die Temperamentsunterschiede zwischen den Pyknikern und den Leptosomen greifen ebenso in den *intellektuellen Aufbau* über und zeigen sich hier in bestimmten Grundformen des Wahrnehmens und Denkens. Vor allem ist die *Farb- und Formempfindlichkeit* verschieden in dem Sinne, daß die Farbempfindlichkeit bei den Pyknikern, die Formempfindlichkeit bei den Leptosomen größer ist. Diese Unterschiede lassen sich experimentell gut darstellen, z. B. in Tachistoskopversuchen und im RORSCHACHschen Versuch; von da können sie in die Alltagsbeobachtung hinein und in das wissenschaftliche und künstlerische Schaffen verfolgt werden. Sie sind ein konstituierender Bestandteil der persönlichen Art, die Welt zu sehen und Engramme zu bilden.

Eine noch tiefergreifende Bedeutung für den Aufbau der Persönlichkeit hat die Gruppe von Faktoren, die wir auf die Wurzelform der *Spaltungsfähigkeit* zurückgeführt haben und die in der intellektuellen, wie in der affektiven Art eines Menschen stets am Werk ist. Wir verstehen unter Spaltungsfähigkeit die Fähigkeit zur Bildung getrennter Teilintentionen innerhalb eines Bewußtseinsablaufs. Im psychopathologischen Gebiet finden wir sie in den Komplexbildungen der Schizophrenen und in dem, was wir dort als „doppelte Schaltung" bezeichnen. Entsprechend finden wir im Bereich des Gesunden die Leptosomen, also die Schizothymiker als die besser Spaltenden gegenüber den Pyknikern. Dies tritt in den verschiedensten experimentellen Anordnungen immer wieder zutage (Tachistoskop, Merkversuch, Lichtbrett). So werden große, flüchtig gesehene Wortgruppen von den Pyknikern mehr als Gesamtkomplex erraten, von den Leptosomen aber mehr schrittweise in Silben zerlegt und nachher mosaikartig zusammengesetzt. Auch fällt es den Leptosomen wesentlich leichter, bunte Reihen gemischter Erscheinungen gleich im Vorbeigleiten in ihre einzelnen Kategorien zerlegt zu merken. Aus alledem ergibt sich die mehr analytische Denkweise der Leptosomen gegenüber der synthetischen der Pykniker; der mehr abstrakte und systematische Grundzug der Leptosomen gegenüber dem mehr Konkreten, an der sinnlichen Anschauung haftenden Realistischen der Pykniker — Dinge, denen wir dann in der Alltagsbeobachtung, wie in dem geistigen Schaffen beider Gruppen immer wieder begegnen.

Neben diesen Dingen gehört die *Perseveration*, das Beharrungsvermögen, zu den Wurzelformen, die einen tiefen Unterschied zwischen den Konstitutionstypen in intellektueller, wie in willensmäßiger Hinsicht bedingen. Experimentell kann man sie z. B. mit dem Assoziationsversuch oder mit spezieller Auswertung in Tachistoskopversuchen studieren. Immer ist die Perseverationsneigung bei den Leptosomen größer als bei den Pyknikern. Es zeigt sich bei den Leptosomen häufig noch ein starkes Nachwirken eines früheren Gedankens, einer vorigen Aufgabe, wenn bereits zu einem anderen Thema übergegangen ist. Es leiten sich hier die Grundunterschiede der Aufmerksamkeit und des Willenstypus ab, die man als „Tenazität" und „Vigilität" bezeichnet; die erste ist bei den Leptosomen, die letztere bei den Pyknikern größer. Beides wiederholt sich im psychopathologischen Gebiet in den Perseverationen und Stereotypien der Schizophrenen einerseits, in der hypervigilen Aufmerksamkeit der Manischen andererseits. Es ergibt sich ferner aus diesen Grundformen im praktischen Leben die „flüssige" Energie des Pyknikers und die „zähe" Energie des Leptosomen.

In ihrer komplexen Lebenseinstellung und Milieureaktion geben die Cyclothymiker hauptsächlich Menschen mit der Neigung zum Aufgehen in Umwelt und Gegenwart, von aufgeschlossenem, geselligem, gemütlich-gutherzigem, natürlich-unmittelbarem Wesen, ob sie nunmehr flott unternehmend oder mehr beschaulich, behäbig-schwerblütig erscheinen. Es ergeben sich daraus unter anderem die Alltagstypen des tatkräftigen Praktikers und des sinnenfrohen Genießers. Es ergeben sich bei den Hochbegabten unter anderem die Typen des breit-behaglich schildernden Realisten und des gutmütig-herzlichen Humoristen hinsichtlich des künstlerischen Stils — die Typen des anschaulich beschreibenden und betastenden Empirikers und des volkstümlich verständlichen Popularisators hinsichtlich der wissenschaftlichen Denkweise — im praktischen Leben die Typen des wohlwollenden, verständigen Vermittlers, des flotten, großzügigen Organisators und des derbkräftigen Draufgängers. Als Beispiel vorwiegend cyclothymer Temperamente mit vorwiegend pyknischem Körperbau nennen wir von bekannten Persönlichkeiten: Luther, Lieselotte von der Pfalz, Goethes Mutter, Jeremias Gotthelf, Fritz Reuter, Hermann Kurz, Heinrich Seidel, oder Gelehrte von der Art Alexander von Humboldts, Führer vom Typus Mirabeau.

Die Lebenseinstellung der schizothymen Temperamente dagegen neigt zu Autismus, zum Insichhineinleben, zur Ausbildung einer abgegrenzten Individualzone, einer inneren, wirklichkeitsfremden Traum-, Ideen- oder Prinzipienwelt, eines pointierten Gegensatzes zwischen Ich und Außenwelt, zu einem gleichgültigen oder empfindsamen Sichzurückziehen von der Masse der Mitmenschen oder einem kühlen Hinwandeln unter ihnen ohne Rücksicht und inneren Rapport. Wir finden unter ihnen zunächst zahllose Defekttypen von mürrischen Sonderlingen, Egoisten, haltlosen Bummlern und Verbrechern; unter den sozial hochwertigen Typen finden wir die Bilder des feinsinnigen Schwärmers, des weltfremden Idealisten, des zugleich zarten und kühlen Formaristokraten. Wir finden sie in Kunst und Dichtung als stilreine Formkünstler und Klassizisten, als weltflüchtige Romantiker und sentimentale Idylliker, als tragische Pathetiker bis zu krassem Expressionismus und tendenziösem Naturalismus, endlich als geistreiche Ironiker und Sarkastiker. Wir finden in ihrer wissenschaftlichen Denkweise gern einen Hang zum scholastischen Formalismus oder zur philosophischen Reflexion, zum metaphysischen und zum exakt Systematischen. Von den Typen endlich, die ins handelnde Leben einzugreifen geeignet sind, stellen die Schizothymiker, wie es scheint, besonders die zäh Energischen, Unbeugsamen, Prinzipiellen und Konsequenten, die Herrennaturen, die heroischen Moralisten, die reinen Idealisten, die kalten Fanatiker und Despoten und die diplomatisch biegsamen kalten Rechner. Vorwiegende Schizothymiker mit entsprechendem Körperbau sind unter anderem: Schiller, Körner, Uhland, Tasso, Hölderlin, Novalis, Platen, Strindberg, zahlreiche Philosophen, wie etwa Spinoza und Kant, ferner Führernaturen von der Art des Calvin, Robespierre, Friedrichs des Großen.

Wir fassen diese Spezialanlagen, so wie sie nach den bisherigen Untersuchungen biologisch zusammen zu gehören scheinen, in einer Tabelle zusammen, betonen aber, daß die Tabelle nur die hochwertigen sozialen Plusvarianten und von diesen nur die wichtigsten als insgesamt einen Teilausschnitt aus den Gesamttemperamenten umfaßt:

Tabelle 4.

	Cyclothymiker	Schizothymiker
Dichter	Realisten Humoristen	Pathetiker Romantiker Formkünstler
Forscher	Anschaulich Beschreibende Empiriker	Exakte Logiker Systematiker Metaphysiker
Führer	Derbe Draufgänger Flotte Organisatoren Verständige Vermittler	Reine Idealisten Despoten und Fanatiker Kalte Rechner

Auch experimentalpsychologisch haben wir über die Korrelationen zwischen körperlicher und seelischer Wesensart viele wichtige Aufschlüsse gewonnen. Diese finden sich ausführlich in den von ENKE bearbeiteten Abschnitten dieses Handbuches.

Zu diesen forschungsmäßig schon bis in viele Einzelheiten durchgearbeiteten Temperamentsspielarten treten dann als dritte Hauptgruppe die *Athletiker* mit ihren *viscösen Temperamenten*.

In den Beobachtungen des freien Lebens sind sie durch Ruhe und geringe Reizempfindlichkeit gekennzeichnet. Der relativ noch häufigste aktive Affekt ist die explosive Zornmütigkeit. Doch sind starke Affekte im Vergleich zu den anderen Typen überhaupt selten, besonders aber die sensibleren und differenzierten Schwingungen. Auch die innere Gespanntheit der Leptosomen findet man hier selten. Unter den einfacheren Athletikern sind viele sehr phlegmatische Naturen. Auch sonst ist eine gewisse Passivität der Haltung, auch was Geselligkeit und Humor betrifft, vielfach bezeichnend, verbunden mit einer schweren Umstellbarkeit. Die Tönung dieser passiven Haltung ist beim einen Flügel mehr moros paranoid, zum Ressentiment neigend, beim anderen Flügel mehr gutmütig und gemütlich. Ein langsames, ruhiges, ernsthaftes und gesetztes Wesen herrscht durchweg vor.

Der temperamentmäßige Grundzug, auf den man alle diese Beobachtungen bringen kann, ist der einer großen Tenazität. Diese wirkt sich im Gesamtcharakterbild je nachdem nachteilig oder auch vorteilhaft aus. Im Nachteil ist der Athletiker dort, wo die Situation Wendigkeit, Lebendigkeit, rasche Einstellung erfordert; hier wirkt er schwerfällig und pedantisch. Dagegen ist die große Stabilität seines Temperaments ein wichtiger Faktor der Charakterstärke und unerschütterlichen Seelenruhe in erregten Situationen, wo die nervösen und die warmblütigen Temperamente viel zu stark in Schwingung kommen. Bei athletischen Soldaten und Sportsleuten ist diese phlegmatische Seelenruhe und geringe Reizempfindlichkeit oft ein Hauptfaktor ihrer Leistung. Athletiker sind nicht „wetterwendisch". Die Tüchtigsten unter ihnen treten hervor durch Zuverlässigkeit, Gleichmäßigkeit, Treue, durch das Talent zu dauerhafter Freundschaft und guter Ehe.

Dem entspricht sehr genau das affektive Verhalten der Athletiker im Experiment, besonders im psychogalvanischen Versuch.

In der Psychomotorik tritt uns der Athletiker in den meisten Fällen als ruhig, langsam und bedächtig entgegen, gemessen in Miene, Gebärden und Gang, in extremen Graden auch als schwerfällig und plump. In erregten Situationen wirkt er durch seine Reaktionsarmut unerschütterlich, bei starken Bewegungen

als wuchtig. Wirkt kein besonderer Anlaß ein, so sind die Bewegungen in jeder
Beziehung sparsam, in einzelnen Fällen kann dies bis zur Bewegungsabneigung
gesteigert sein. Der Gang ist manchmal breit, etwas seitlich schwankend, mit
hängenden Armen. Die Sprache ist meist ausgesprochen wortkarg, trocken,
schlicht; gar nicht phrasenhaft, manchmal stockend und gehackt. Im Ror-
schach-Experiment tritt dies als Telegrammstil bei der Beschreibung hervor.
Das was man einen „guten Redner" nennt, ist unter den Athletischen selten zu
finden, sofern man darunter eine flüssige, geistreiche, lebendig produktive
Sprechweise versteht.

Im Sport tritt schon auf Grund der körperlichen Konstitution die Schwerathletik in den Vordergrund.

Auch im Handwerk zeigt sich die deutliche Bevorzugung des Kräftigen und
Wuchtigen. Die Arbeit geschieht mehr mit der ganzen Hand, weniger mit den
Fingern.

Die Handschrift hat in der Schriftwagenkurve eine geringe Amplitude, selten
kommt es unter dem Schreiben zur motorischen Totalentspannung. Stereotype
und abrupt unregelmäßige Kurven sind häufig, sehr selten dagegen gewellte
Kurven nach Art der Pykniker.

Im ganzen gesehen läßt sich also die schwere, ruhige und gemessene Art der
athletischen Motorik gut charakterisieren einerseits gegen die gespannte, eckige
und zuweilen sprunghafte Bewegungsweise der Leptosomen, andererseits gegen
abgerundeten und flüssigen Bewegungstyp der Pykniker.

Die sinnes- und denkpsychologischen Leistungen der Athletiker sind uns
besonders aus dem experimentellen Verhalten wohl bekannt. Die literarische und
biographische Analyse ist hier dagegen weniger ergiebig, weil dem begabten
Athletiker nirgendwo ein so bezeichnender und hochpotenzierter geistiger
Produktionstypus entspricht, wie etwa bei den Pyknikern das hypomanische
Syndrom mit seiner sprudelnden Ideenfülle und bei den Leptosomen der emp-
findsame sublime Feinsinn oder die streng abstraktive Systematik.

Das Phantasiebild der Athletiker folgt im Rorschachschen Versuch mehr
dem schizothymen Typus mit überwiegenden Bewegungsantworten. Die In-
differenz gegen Farben ist bemerkenswert. Bei den einfacheren Athletikern
ist die Amplitude, die Schwingungsbreite der Phantasie in allen Richtungen
gering. Der Phantasietypus ist schlicht, wenig beweglich.

Die Tenazität der Aufmerksamkeit ist beim Athletiker groß, entsprechend
die Ablenkbarkeit gering; dies entspricht dem schizothymen Typus. Dagegen
ist die Neigung zum Schema offenbar eine spezielle Denkeigentümlichkeit des
Leptosomen, während das analytische Denken ihnen wieder mit den Athletischen
gemeinsam ist. Die Neigung zur Perseveration erscheint bei den Athletikern
von allen Typen am stärksten.

Soll man die Geistigkeit des athletischen Menschen zunächst negativ charakterisieren, so findet man durchweg das Fehlen dessen, was man „esprit" nennt,
des Leichten, Flüssigen oder Springenden im Gedankengang, ebenso des Feinsinnigen und Sensiblen. Im ganzen neigt der Athletische zu einer ruhigen,
bedächtigen, schlichten Denkweise, die bei den Hochbegabten den Eindruck
einer ruhigen Solidität und Zuverlässigkeit, z. B. im wissenschaftlichen Arbeiten
hervorbringt. Fast alle gelten als trocken und nüchtern; Vielseitigkeit und ausgedehnte Nebeninteressen sind die Ausnahmen. Das phantasievoll Spekulative
spielt eine geringe Rolle. Eine große Arbeitskraft und Gründlichkeit tritt dagegen bei einigen Forschern als stark positiver Zug hervor.

Daß es sich bei den großen Konstitutionstypen um vorwiegend zentral gesteuerte Varianten handelt, wird durch verschiedene Erwägungen wahrscheinlich.
Wir lassen dabei dahingestellt, ob jeder dieser großen Biotypen von einem einzigen

zentralen Punkt aus kausal bestimmt ist, oder — was wahrscheinlicher ist —
daß wieder mehrere zentrale Ursachen, etwa humoraler Art unter sich korrelieren
und zusammen oder wechselwirkend das Netz von Häufigkeitsbeziehungen der
äußeren Merkmale schaffen, das man zusammen als Konstitutionstypus bezeichnet.

Lokal keimplasmatische Varianten sind als Grundlage dieser umfassenden
Typen nicht wahrscheinlich. Eine psychophysische Korrelation wäre auf dieser
Basis nur insoweit denkbar, als etwa Varianten desselben Keimblattes sich
körperbaulich z. B. an der Haut und charakterologisch über das Gehirn aus-
wirkten. Auch allgemein gewebsmäßige Varianten könnten nur in dieser Weise
allenfalls hereinspielen. Nur bei den zentral gesteuerten, den humoralen und
speziell den endokrinen Varianten haben wir schon heute feste und ausgebreitete
Kenntnisse, daß ihre Wirkungen gerade das in Frage stehenden Phänomen der
körperlich-seelischen Entsprechung der Gesamtpersönlichkeit in innigster Durchdringung zu schaffen vermögen. Wir werden deshalb zunächst einen den endokrinen Typen angeglichene Vorstellungsweise von den kausalen Zusammenhängen auch bei den allgemeinen Konstitutionstypen in erster Linie zugrunde
legen müssen.

2. Form und Funktion.

Man hat gelegentlich die Frage aufgeworfen, ob es bei der Erforschung der
körperlich-seelischen Entsprechungen der Person nicht richtiger sei, die körperlichen Funktionen, statt die feste Bauform des Körpers zum Ausgangspunkt
zu nehmen. Dies ist aber ein künstlich gebildeter Gegensatz. Die menschliche
Körperform ist ja nichts Starres, wie die Augenblicksuntersuchung in kurzer
Zeitspanne vorspiegeln könnte. Sie ist vielmehr eine sehr langsam verlaufende
Bewegung, d. h. also in Wirklichkeit eine Funktion des lebenden Organismus.
Aber auch, wenn man sie beim erwachsenen Menschen eine Zeitlang als stillstehend unterstellen wollte, so wäre sie auch alsdann nichts anderes als fest-
gewordene Funktion, oder anders ausgedrückt, als ein greifbarer und zum Teil
meßbarer Niederschlag einer großen Menge von trophischen Impulsen oder
lebendigen, gesteuerten Wachstumsvorgängen, die sie in der Jugendzeit des
Organismus gesetzmäßig aus sich heraus getrieben haben.

Gerade aber dort, wo die Bewegung langsam oder stillstehend an der äußeren
Oberfläche sichtbar wird, ist sie besonders gut durch Untersuchung faßbar
und auch in ihren Resultaten meßbar. Dies ist der Grund, weshalb sich die
äußere Körperform besonders als gut erster Einsatzpunkt zur Erforschung der
psychophysischen Funktionen eignet, die sich ganz von selbst von hier aus weiter
entwickeln lassen.

Auch am erwachsenen Organismus gibt es zwischen Form und Funktion
keine Grenze. Viele gerade konstitutionsdiagnostisch besonders wichtige Symptome der Oberflächenplastik des Körpers, wie die Gewebsspannung, werden in
Wirklichkeit nur durch ein beständiges Funktionieren der Gewebe und des
Säfteaustausches unterhalten, spiegeln nur diese Funktion wider und würden,
wenn sie nur kurze Zeit aufhörte, in sich zusammensinken.

Man kann also sagen: Funktion und Prüfstein für Funktionen ist alles, was
der Körperbau bietet, ebenso wie im Psychischen das scheinbar statische Gefüge
des „Charakters“ sich in Wirklichkeit aus rein dynamischen Faktoren, aus
Funktionsneigungen und typischen Reaktionsmöglichkeiten des seelischen
Apparates zusammensetzt. Die gröbsten Auswirkungen der Hormone auf den
Körperbau sind dabei diejenigen, die in Maßzahlen, z. B. am Skelet, faßbar
werden; die Feineren und auch bei kleiner Schwankung schon empfindlicheren
sind die meist nur klinisch beschreibbaren, sichtbaren und tastbaren Merkmale

der Haut, der Behaarung und dergleichen. Die feinsten konstitutionellen Reagen-
tien vielleicht sind aber die im zeitlichen Längsschnitt verfolgten lebenszeitlichen
Rhythmen, wie etwa das lebenszeitliche Einsetzen der einzelnen Pubertäts-
merkmale und ihrer psychischen Korrelation.

3. Die Entartungszeichen.

Die Körperbauform ist also nicht eine äußere Schale, die die inneren Lebensvorgänge umhüllt oder verhüllt, sie ist auch nicht ein bloßes Stützgerüst für diese,
sondern jedes einzelne kleinste Formelement des Körpers ist Spiegelung oder
plastischer Ausdruck innerer Funktionen oder vielmehr ist selbst Funktion.
Und zwar ist die Ausgestaltung der körperlichen Formelemente Wirkung derselben plasmatischen und hormonalen Kräfte, die auch den seelischen Ausbau
der Persönlichkeit vom ersten Augenblick an steuern. Hat man dies alles klar
durchdacht und an dem nunmehr großen Erfahrungsmaterial der allgemeinen
Konstitutionstypen wie der endokrinen Spezialvarianten studiert, so gewinnt
auch die ältere Lehre von den „Entartungszeichen" eine richtigere und ver-
tiefere Formulierung.

Da das Seelische nicht nur mit dem Gehirn, sondern mit dem Gesamtorganismus gekoppelt ist, so ist von vornherein wahrscheinlich, daß körperliche und
seelische Entartung nicht getrennt verlaufen, sondern vielmehr ineinandergreifen. Und so verhält es sich in der Tat, wie unsere neueren konstitutionsbiologischen Resultate zeigen. Es kann im individuellen Einzelfall eine vollwertige Psyche mit einem degenerativen Habitus verbunden sein und umgekehrt
— in der statistischen Serie aber und in ausgebreiteten Erbgängen treten die
Häufigkeitsbeziehungen beider Reihen klar hervor. Körperliche Unebenmäßigkeiten und Wuchsstörungen finden sich in großer Häufung und Stärke bei den
Schwachsinnigen; Schwachsinnigenanstalten sind eine Fundgrube von Dysplasien
jeder Art. Bei den Verbrechern, auf die Lombroso besonders Gewicht legte,
sind die körperlichen Wuchsstörungen nicht so vordringlich wie bei den Schwachsinnigen, schon weil beim Verbrecher die äußere Konstellation neben der inneren
Anlage eine beträchtlich Rolle spielt; immerhin sind die schweren Gewohnheitsverbrecher körperlich stärker stigmatisiert als der Durchschnitt der Bevölkerung.
Bei den endogenen Psychosen ist die Neigung zu Dysplasien in Bestätigung
der in „Körperbau und Charakter" niedergelegten Resultate schon von vielen
Untersuchern gründlich durchgearbeitet. Bemerkenswert sind die zahlreichen
Dysplasien bei den Epileptikern und den Schizophrenen, während der manisch-
depressive Formkreis sehr wenig Wuchsstörungen aufweist, die klassischen
Kerngruppen wohl weniger als der Durchschnitt der Bevölkerung; dies entspricht
wieder der Tatsache, daß die manisch-depressiven Gemütsschwankungen keine
zerstörenden seelischen Vorgänge sind (alle mit gehäuften Dysplasien einhergehenden vorgenannten Gruppen sind entweder angeborene psychische Defekte
oder zerstörerische Seelenvorgänge) und daß die meisten Manisch-Depressiven
in der seelischen Grundpersönlichkeit gut gebaute und öfters auch hochwertige
Menschen sind. Es erhellt also auch von der Körperkonstitution her, daß die
manisch-depressiven Stimmungsschwankungen, unbeschadet ihrer deutlichen
Vererblichkeit, in den engeren Entartungsbegriff nur sehr bedingt und teilweise
hineingehören.

Der allgemeine Konstitutionstypus wird bei den einzelnen Entartungsgruppen
in verschiedener Häufigkeit angetroffen; der leptosome, der athletische, der
pyknische Habitus verteilen sich ungleich auf den schizophrenen, den epileptischen, den zirkulären Formkreis. Viele Dysplasien dagegen zeigen nur den
ungefähren Grad oder die Schwere der psychophysischen Entartung überhaupt

bei bestimmten Gruppen an, ohne die *Art* der Degeneration näher zu bezeichnen. Viele Wuchsstörungen, z. B. Hypoplasien, finden sich in ungefähr entsprechenden Formen bei den Schwachsinnigen, bei den Schizophrenen, bei den Epileptikern vor. Den endokrinen Stigmen allerdings ist eine speziellere Tönung der psychischen Persönlichkeit zugeordnet, jedenfalls dort, wo sie nicht nur als verstreute Einsprengungen des körperlichen Habitus, sondern als geschlossene Körperbaubilder auftreten.

Wenn schon bei den eigentlichen Erbleiden die Dysplasien nur allgemeine Bedeutung, aber vielfach keine speziellere Zuordnung haben, so ist dies noch viel weniger anzunehmen bei soziologischen Gruppenbildungen wie etwa „dem Verbrecher", „dem Dieb" usw. Soziologische Verhaltungsweisen und Eigenschaften können grundsätzlich niemals ein direktes körperliches Korrelat haben; dies gilt für die GALLsche Schädellehre ebenso, wie für die Versuche LOMBROSOS zur speziellen körperlichen Typisierung des Verbrechers; im allgemeinen Sinn aber findet dessen Lehre von den Entartungszeichen durch die moderne Konstitutionsbiologie ihre Bestätigung.

Im größeren erbbiologischen Rahmen gesehen, ist es nicht ganz leicht, den Begriff der „Entartungszeichen" oder den der „Dysplasien" genau zu bestimmen. Das, was wir im konstitutionsbiologischen Sinne als Dysplasien bezeichnen, kann man allerdings bis zu einem gewissen Grade im erbbiologischen Sinne als Entartungszeichen betrachten, sofern angeborene Wuchsstörungen des Phänotypus im allgemeinen gleichzeitig auf Minderwertigkeiten des Genotypus schließen lassen. Schwieriger ist es zu sagen, was innerhalb der allgemeinen Variationstendenz einer Population speziell als dysplastisch, d. h. als Wachstums*störung* zu bezeichnen ist. Die Bildung von Varianten ist an sich nichts Abnormes, vielmehr ein notwendiger Lebensvorgang, mit dem sich die Gruppe in den schwankenden Bedingungen des Lebensraumes im Gleichgewicht erhält. Im jeweiligen Querschnittsbild einer biologischen Gruppe werden die gut angepaßten Formen in der Regel die zahlreichsten und also die selteneren und extremeren Varianten zugleich die zerfallsbedrohteren, bzw. im gewissen Sinne die Entartungsformen sein. Dies trifft im allgemeinen auch zu, ist aber kein absolutes Kriterium, da unter den seltenen Formen auch in verbesserter Entwicklung begriffene Zukunftsformen sich befinden können.

Viel durchgreifender ist die Tatsache, daß die von uns als Dysplasien bezeichneten Formen nicht nur im Verhältnis zur Gruppe, sondern auch innerhalb des Individuums betrachtet, unharmonisch sind. Wohlproportionierte Extremvarianten gibt es nämlich sehr selten: etwa Zwergwuchsformen von ebenmäßigem Puppenformat, oder Riesen, die man als vergrößerte Normalmenschen ansprechen könnte. So sind auch extrem voluminöse und extrem magere Menschen fast stets zugleich in den Einzelproportionen ihres Körpers gestört und ebenfalls morbid, krankheitsanfällig, von einem physiologisch gestörten inneren Gleichgewicht. Die Konstitutionsvarianten, die auf Unebenmäßigkeiten der Blutdrüsenfunktionen beruhen, äußern sich in disharmonischen Wachstumsimpulsen einzelner Körperpartien, in Hypertrophie an der einen Stelle und in Zurückbleiben an anderen. Infantilismus, Reifungshemmungen formen sich auch im Körperbaubild fast nie harmonisch aus, sondern Reste kindlicher Bildungen stehen unvermittelt neben ausgereiften Partien. Hypoplastische Stigmen betreffen nicht den ganzen Körper gleichmäßig, sondern bevorzugen bestimmte Stellen, wie z. B. das Mittelgesicht und die Extremitätenenden. Lokale keimplasmatische Defekte vollends sind ihrer Natur nach unebenmäßig.

Bei den großen Konstitutionstypen haben wir also häufig zusammen vorkommende und gut aufeinander abgestimmte Merkmalsgruppen vor uns. Bei den Dysplasien dagegen entweder disharmonische Einsprengung seltenerer

Einzelmerkmale (Stigmen), oder überhaupt Proportionsstörungen im Wachstum der einzelnen Körperteile. Dysplastisch wird man also wohl auch solche Wuchsformen nennen können, wo jeder Teil für sich betrachtet gewohnten Bildungen entspricht, wo aber der eine Teil zum anderen nicht gleichmäßig abgestimmt ist.

Bei der Lehre von den Entartungszeichen ist ferner zu beachten, daß die Korrelationen zwischen körperlichem und seelischem „Mißwuchs" bei den einzelnen Gruppen von Dysplasien sehr verschiedene Gründe haben und daher auch mehr oder weniger eng und direkt sein können. Bei den zentral gesteuerten, speziell den endokrinen Wuchsstörungen ist die Zusammenschaltung der körperlichen und seelischen Symptomenreihen eine sehr enge, sofern beide Reihen von einem Punkt (etwa einer bestimmten Blutdrüse) aus gemeinsam kausal bedingt sind. Bei starker endokriner Stigmatisierung des Körperbaus ist auf entsprechende psychische Veränderungen fast zwangsläufig zu schließen.

Stellen wir „Entartungszeichen" am selben Organ nebeneinander, etwa einen akromegalen Mißwuchs der Finger neben eine Polydaktylie: so sagen die akromegalen Stigmen Direkteres über die dahinterliegende Psyche aus, als die lokale keimplasmatische Variante der Polydaktylie. Ähnliches gilt, wenn wir die kretinistische Stigmatisierung des Mittelgesichts mit der Hasenscharte vergleichen.

Trotzdem sind auch die lokalen keimplasmatischen Varianten für die psychische Beurteilung ihres Trägers erfahrungsgemäß von erheblichem Belang, und zwar desto mehr, je mehr sie gehäuft an verschiedenen Körperorganen auftreten. Gerade bei den schweren Schwachsinnsformen trifft man sie vielfach an und umgekehrt ist ein großer Prozentsatz der Träger primärer Keimdysplasien auch psychisch anfällig oder defekt. Es gibt aber hier Ausnahmen, und das ist für die erbbiologische Praxis von Wichtigkeit.

4. Konstitution und Rasse.

So wie die Lehre des Lombroso von den Entartungszeichen sich nach kritischer Sichtung sehr wohl in unsere modernen Erkenntnisse über Körperbau und Charakter einbauen läßt, so kann man auch ein anderes großes Gebiet gekoppelter körperlich-seelischer Erbbeziehungen wenigstens grundsätzlich heute schon zur klinischen Konstitutionsforschung in ein klares Verhältnis setzen, nämlich das Gebiet der Rassetypen. Die Konstitutionsforschung war zunächst klinische Ursachenforschung; sie hat sich entwickelt an der Frage, welches der innere, im Organismus selbst gelegene Teil der Ursachen von bestimmten Krankheitsneigungen ist und wie man sie an äußeren Merkmalen erkennen kann; von da hat sie sich, wenigstens in unserem psychiatrischen Forschungsgebiet, weiterentwickelt auf Erkennung typischer Grundformen der menschlichen Persönlichkeit überhaupt, wobei dann die Krankheitsformen nicht mehr an sich interessieren, sondern nur noch als extreme Modellfälle übergreifender biologischer Grundgesetze.

Demgegenüber ging die Rasseforschung aus von der Durcharbeitung von großen Bevölkerungsgruppen bestimmter Lebensräume, die nach der Ähnlichkeit oder Unähnlichkeit ihrer biologischen Merkmale differenziert und typisiert wurden mit dem Bestreben, ihr historisches Gewordensein zeitlich nach aufwärts zu ergründen.

Mit dem Wort *Konstitution* meinen wir zunächst im weiteren Sinne die Gesamtheit aller Eigenschaften eines Menschen, die ihren Schwerpunkt in der Erbanlage haben. Die Konstitutionsforschung will nun solche Eigenschaften nicht einfach nur sammeln und wahllos aneinanderreihen, sie erstrebt vielmehr die Entdeckung von Zusammenhängen. Und zwar haben wir zuerst die *äußeren* Zusammenhänge gesucht und gesehen, daß bestimmte körperliche und seelische Eigenschaften häufiger, andere seltener zusammen vorkommen. Von da kann man dann schrittweise auf die *inneren* Zusammenhänge vorstoßen, d. h. auf die gemeinsamen Ursachen, die bewirken, daß äußerlich oft recht unähnliche Eigenschaften mit größerer Häufigkeit gruppenweise zusammenstehen. Solche Gruppen von Merkmalen, die typisch, d. h. häufiger als andere zusammen vorkommen, bezeichnen wir als „Konstitutionstypus".

Am besten wird dies klar an den schon zu Eingang dieses Kapitels erörterten endokrinen Beispielen, wie etwa dem eunuchoiden Konstitutionstypus. Entsprechende typische Ringbildungen von körperlich-seelischen Eigenschaften finden wir als Wirkung teils gesteigerter, teils abgeschwächter Tätigkeit auch bei anderen Blutdrüsen, wie etwa beim Hirnanhang, bei der Zirbeldrüse, bei der Schilddrüse vor. Diese Ringbildungen entsprechen nicht irgend einer logischen Erwartung, man kann sie nicht theoretisch konstruieren, sondern nur durch Erfahrung feststellen. Immer handelt es sich um eine Neigung des Organismus, in bestimmten Richtungen zu wachsen, also um eine *Wuchstendenz* oder um Gruppen von Wuchstendenzen, die von einem einheitlichen Punkt aus gesteuert werden.

Es ist nun wichtig zu wissen, daß Konstitutionstypen dieser Art nicht nur durch alle Menschenrassen, sondern auch durch die ganze höhere Tierreihe durchgehen. Steigerung oder Abschwächung etwa der Schilddrüsenwirkung oder der Keimdrüsenwirkung wird von allen höheren Tieren, wie von allen Menschenrassen mit gleichartigen Veränderungen ihres körperlichen Wuchses, wie ihres seelischen Temperaments beantwortet.

Wir kommen damit zu dem, was wir als den gemeinsamen *Bauplan* der gesamten höheren Tierreihe bezeichnen können. Was gehört zu diesem gemeinsamen Bauplan? Das ist einmal das Knochenskelet, das in unendlichen Formabwandlungen immer wieder auf dasselbe Grundschema zurückgeht; und im Zusammenhang damit die allgemeine räumliche Anordnung der Organe, der Muskeln, der Eingeweide. Damit ist aber nicht alles erschöpft. Zum gemeinsamen Bauplan der höheren Tiere gehören auch die Konstitutionstypen im engeren Sinne, sofern wir darunter eben grundsätzliche Wuchstendenzen verstehen. Wir wissen zwar, daß die speziellen Formungen der einzelnen Organe für jede Tierart charakteristisch verschieden sind, daß wir sie beispielsweise an der Form der Ohrmuschel, der Stellung der Zehen genau voneinander unterscheiden. Aber: auf bestimmte innere Wuchsantriebe antworten alle diese verschiedenen tierischen Einzelformen gleichsinnig, z. B. mit Vergrößerung, Verkleinerung, Verdickung, Verlängerung, Fettanreicherung, Abmagerung, kurz mit bestimmten typischen Proportionsverschiebungen innerhalb ihrer einzelnen Gewebe und Körperabschnitte. Dies ist es, was wir mit allgemeinen Wuchstendenzen oder Konstitutionstypen im engeren Sinne meinen.

Dasselbe gilt von den mit der körperlichen Konstitutionsform gekoppelten seelischen Temperamenten. Jede Tierform, ebenso wie jede Rasse, haben ihre ausgeprägte nur für sie charakteristische seelische Art. Aber auf Veränderung derselben Drüse antworten sie alle gleichsinnig z. B. mit Abstumpfung, Überreizung, Wohlbefinden, Verstimmung, Munterkeit, Lebendigkeit, Phlegma usw. Also: in diesen konstitutionstypischen Wuchstendenzen ist bereits auch die Entsprechung zwischen Körperbau und Charakter mit enthalten; die körperlich-seelische Ganzheit, wie wir sie neuerdings immer schärfer herauszuarbeiten im Begriff sind.

Wir kommen damit zu den großen normalen Konstitutionstypen, nämlich vor allem den leptosomen, den athletischen und den pyknischen Typen. Interessant ist, daß z. B. die Tierzüchter an denselben Skeletmerkmalen das künftige Reifungstempo und den künftigen Fettansatz voraussagen, wie wir es in der klinischen Konstitutionsbiologie beim Menschen gewohnt sind.

So sagt Kronacher in seiner Züchtungslehre, daß es bei den Haustieren längst bekannt wäre, daß Typen von großer Frühreife und hervorragender Veranlagung für Fettansatz einen kürzeren, runden, tonnenförmigen Rumpf mit stark, bzw. gerade nach auswärts gebogenen Rippen besitzen. Es sind das genau dieselben Skeletstigmen, an denen wir beim Menschen am Brustkorb die Unterscheidung des pyknischen Habitus vom asthenischen Habitus vornehmen; und hier wie dort geht die Richtung des Fettansatzes mit der Wuchstendenz im Skelet parallel. Ähnlich wie in der menschlichen Biologie wird auch bei den Tieren die Unterscheidung nach dem Rippenwinkel für konstitutionsdiagnostische Zwecke (z. B. hinsichtlich Milchleistung) verwendet.

Die psychologische Erforschung der Tiercharaktere wie überhaupt die Konstitutionslehre bei Tieren ist noch in den Anfängen, und es sind ihr an sich enge Grenzen gezogen. Immerhin fällt auch hier in die Augen, daß parallel mit dem körperlichen Habitus die Temperamente stark auseinanderweichen; mindestens bei denjenigen Haustieren, die wie die Hunde und Pferde genügend breite Variationsreihen bilden; wobei wieder die schmalwüchsigen Formen mehr nach dem nervösen, die knochen- und muskelschweren Formen ähnlich wie der menschliche Athletiker mehr nach dem „Kaltblütigen", ruhig Phlegmatischen hin zu neigen scheinen. Dies sei nur mit aller Vorsicht angedeutet. Vergleiche dürfen hier nur bei demselben Tier, nicht zwischen verschiedenen Tierarten gezogen werden.

Was verstehen wir nun demgegenüber unter „Rasse"? Ein Rassetypus läßt sich niemals für sich allein, losgelöst von seinem heimatlichen Wurzelboden beschreiben oder verstehen. Rasse ist stets etwas Bodenständiges ihrer Entstehung nach. Auch bei späterer Wanderung und Ausbreitung zeigt sie stets die Spuren ihres ersten Entstehungsraumes und die Bindung an bestimmte Lebensbedingungen, die sie über eine bestimmte Grenze hinaus nicht überschreiten kann. Die wichtigsten Rassenmerkmale sind nicht Zufallserscheinungen, sondern Züchtungsergebnisse geschichtlich-geographischer Art; sie sind durch die Auslesevorgänge eines bestimmten Lebensraumes in langen Zeitperioden allmählich herausmodelliert, im Erbgut verankert und damit für einen Rassetypus charakteristisch geworden. Man kann dies leicht an den früheren und heutigen Theorien über die Urheimat der Völker klarmachen. So hat man früher vorwiegend mit sprachgeschichtlichen, philologischen Mitteln versucht, die Urheimat der indogermanischen Völker zu bestimmen. Es haben sich von diesem Standpunkt aus eine Reihe von Möglichkeiten aufstellen und begründen lassen: z. B. die Herkunft aus Zentralasien oder aus dem Kaukasus, oder aus dem nördlichen Europa. Geht man an dieselbe Frage aber mit biologischen Maßstäben heran, prüft man die Rasseneigenschaften derjenigen Menschengruppe, die man als ersten Träger dieser Sprachgruppe anzusehen gewohnt ist, nämlich die nordische Rasse, — so sieht man, daß jedenfalls die Urheimat dieses einen Menschenschlages nur in einem Lebensraum von ganz bestimmten klimatischen Bedingungen gewesen sein kann, nämlich in einem ausgesprochen sonnenarmen, kühlen und vermutlich feuchten Klima; diese Dinge sind von Reche erst neulich im einzelnen herausgearbeitet worden. Eine hellhäutige Rasse mit wenig Schutzfarbstoff oder Pigment züchtet sich nur in einem sonnenarmen Raum, ebenso wie die dunkle Negerhaut nur in einem sehr sonnenreichen. Durch andere und ganz verschiedenartige Faktoren des Lebensraumes kann z. B. die

Körpergröße, die Blutgefäßregulation, der Behaarungstypus einer Rasse züchterisch bedingt worden sein. Die Zusammenkoppelung der Merkmale eines Rassetypus erfolgt also nicht ausschließlich nach denjenigen inneren Gesetzen des Bauplans der höheren Lebewesen, die wir als Konstitutionstypus bezeichnet haben. Ebensowenig ist sie aber Umweltprodukt im Sinne einer passiven Formung. Sondern: der Lebensraum bzw. der Heimatboden *fordert*, die Konstitution *antwortet* nach ihren selbständigen inneren Gesetzen. Das Endergebnis ist eine Resultante zwischen Außenforderung und Innengesetz, eine fest gezüchtete und vererbbare Koppelung, die wir als Rassetypus bezeichnen.

Man sieht aus alledem, daß Konstitution und Rasse weder gegensätzlich, noch gleichbedeutend sind. Sie liegen in einer anderen Ebene. Konstitution ist nicht eine Urrasse, die ihrerseits wieder durch Auslese gezüchtet wäre. Wohl ist es möglich, daß der roh empirische Eigenschaftskomplex, den der Kliniker heute Konstitutionstypus nennt, noch züchterisch entstandene Koppelungen enthält. Was aber in ihm durchschimmert und was wir immer mehr forschungsmäßig herauszulösen im Begriff sind, das ist das, was wir in unseren experimentellen Arbeiten als „*Wurzelformen der Persönlichkeit*" bezeichnet haben, nämlich die letzten Bausteine, die dem Organismus der höheren Tierreihe durchgehend zugrunde liegen und die typischen Verbindungen dieser Grundelemente, die ebenfalls als letzte biologische Gegebenheiten nicht mehr lebensräumlichzüchterisch, sondern rein innengesetzlich aufzufassen sind.

Es ist demnach nicht statthaft, eine bestimmte Rasse einem bestimmten Konstitutionstypus gleichzusetzen. Eine Rasse, und besonders eine domestizierte Rasse ist kein Modell, sondern eine Variationsreihe. Das Variieren gehört zu den Grundeigentümlichkeiten alles Lebendigen. Also müssen in jeder Rasse, selbst wenn man ihren Ausgangspunkt vollkommen uniform dächte, alsbald wieder schmalere und voluminösere, magerere und fettreichere, muskel- und knochenstarke und -grazilere usw., oder anders ausgedrückt, es müßten wieder leptosomere, pyknischere, athletischere, es müßten hyperthyreoidere und hypothyreoidere, infantilere und schnellreifere Individuen in ihr entstehen; also selbst die einheitlichst gedachte Rasse müßte in sich das Konstitutionsproblem stets neu wieder hervorbringen. Es ist aber sehr wohl möglich, daß eine Rasse zahlreichere oder stärker ausgeprägte Formen eines Konstitutionstypus hervorbringt, als eine andere. Eine Rasse kann also in ihrem Durchschnittsbild sehr wohl schizothymeres, cyclothymeres, viscöseres Temperament haben als eine andere. Sie ist damit aber nicht *die* schizothyme usw. Rasse. Diese Ansicht wird auch von Seiten der Rasseforschung vorwiegend vertreten, so von EUGEN FISCHER, von GÜNTHER u. a.

Wenn bestimmte konstitutionelle Fragestellungen nicht nur durch die verschiedenen Menschenrassen, sondern auch die ganze höhere Tierreihe durchgehen, so ist damit nicht gesagt, daß jeder Typus in jeder Rasse oder Spezies gleichermaßen deutlich greifbar werden muß. Es ist vielmehr nach den allgemeinen Erfahrungen der Vererbungslehre anzunehmen, daß wir auch hier auf ein kompliziertes Faktorenspiel stoßen werden, wobei bestimmte Wuchstendenzen bzw. Temperamentsradikale sich phänotypisch hier verstärkt und klassisch ausgeprägt, dort abgeschwächt oder überhaupt verdeckt erweisen werden. Im engen Rahmen der psychiatrischen Stammesvergleichung können wir dies heute schon nachweisen. Wir wissen, daß z. B. die auf dem manischen Radikal aufgebauten Psychosen, nämlich die Manien und die stark ideenproduktiven Expansivparaphrenien in bestimmten Volksstämmen (z. B. schwäbisch) reichlich vorkommen, in anderen (z. B. kurhessisch) so gut wie ganz fehlen. Dort, wo die Manien fehlen, ist auch der entsprechende normale Faktor, das hypomanische Temperament, in der Bevölkerung schwach ausgeprägt. Dabei ist

klar, daß das hypomanische Radikal in der allgemein menschlichen Tempera-
mentenlehre etwas Grundsätzliches bedeutet und niemals nur als Spezialität
einiger Volksstämme behandelt werden könnte, selbst dann, wenn es nur bei
diesen unvermischt greifbar würde. So kann auch eine Rasse eine bestimmte
Wurzelform bzw. Wuchstendenz klar und rein zeigen, und so für ihre Erforschung
besonders geeignet sein, eine andere dagegen nicht. Heuristisch darf man sich
jedenfalls nie auf die einfache Beschreibung eines bestimmten Rassemerkmals
beschränken, sondern man muß stets versuchen, auf die dahinterliegenden
biologischen Grundformen und Gesetze durchzustoßen.

III. Wurzelformen der Persönlichkeit.

Konstitutionsbetrachtung ist zunächst eine ganzheitliche Betrachtungsweise,
sofern sie die Gesamtpersönlichkeit in allen ihren körperlichen und seelischen
Qualitäten ineinander sieht. Alle biologischen Einzeluntersuchungen müssen auf
diesem einheitlichen Hintergrund gesehen werden. Sobald wir aber nun weiter-
fragen: welche einzelnen benennbaren Charaktereigenschaften erweisen sich als
körperlich und erbbiologisch fundiert, so sehen wir, daß wir mit den herkömm-
lichen sprachlichen Bezeichnungen und Vorstellungen nicht arbeiten können.
Die Sprache hat die Ausdrücke für Charaktereigenschaften von vornherein
nicht mit Rücksicht auf die Genstruktur eines Menschen gebildet; sie haben
damit gar nichts zu tun. Sie drücken vielmehr Beziehungen zwischen den
Menschen aus. Sie sind in der Regel soziologisch gemeint und enthalten ein
Werturteil. Eigenschaften, wie ,,Geiz", ,,Mißtrauen", ,,Nächstenliebe" können
weder mit dem Körperbau, noch mit den Gehirnzentren eines Menschen in
direkter Beziehung stehen. Sie stellen keine biologischen Bausteine der Persönlichkeit im genischen oder körpermorphologischen Zusammenhang dar. Die
Versuche der älteren Physiognomiker, wie etwa die Gallsche Schädellehre sind
als Gegenbeispiele zu einer richtigen Fragestellung lehrreich.

Die hoch komplexen Begriffe der Umgangssprache müssen erst zerlegt,
ihres soziologischen Bezugs entkleidet und so weit abgebaut werden, als es auf
dem Weg der psychologischen Analyse zunächst möglich ist. Erst dann kommen
wir auf das, was ich als ,,*Wurzelformen der Persönlichkeit*" bezeichnet habe. Wir
haben die Forderung aufgestellt, daß wir als Wurzelform (Radikal) nur eine solche
Qualität der Persönlichkeit bezeichnen, die einmal körperlich-seelische Korrelation zeigt und sodann mit unseren heutigen Mitteln psychologisch nicht weiter
zurückführbar ist. Solche Wurzelformen sind etwa die einfachen Stimmungs-
farben (heiter-traurig usw.), die Spaltungsfähigkeit, das Beharrungsvermögen
(Perseveration), die Farb-Formempfindlichkeit, bestimmte Eigentümlichkeiten
des Antriebs, des persönlichen Tempos, des motorischen und intrapsychischen
Spannungsgrades usw. Es handelt sich dabei, wie man sieht, nicht um fertige
,,Eigenschaften", sondern um Dispositionen, Reaktionsneigungen, Arbeitsweisen
des psychophysischen Apparates. Dies sind die Dinge, die wirklich körperlich
gebunden und vererbt sind, die die Konstitution im engeren Sinne und damit
den eigentlichen unverrückbaren Kern der innersten Persönlichkeit bilden oder
vielmehr den Pol, um den sie unter Umweltreizen schwingt. Je reiner wir sie
herausstellen, desto genauer treffen wir von der konstitutionellen Seite mit dem
zusammen, was man von der erbbiologischen Seite als ,,Gene" bezeichnet. Solche
einfache Faktoren bzw. ihre körperlichen Korrelate kann man sich als genisch
repräsentiert und weitergegeben denken.

Auf diese Radikale stoßen wir immer wieder in den verschiedensten Charaktereigenschaften, Experimentsituationen und Symptomenkomplexen. So taucht
etwa das Beharrungsvermögen bei denselben Konstitutionstypen bald in

psychomotorischen, bald in denkpsychologischen Zusammenhängen, bald in pathologischen Syndromen bei den affinen Psychosen auf; es ist in positiv gewerteter Charaktereigenschaft ein Bestandteil der Treue, wie im negativen Zusammenhang ein Teilstück des Geizes oder der Pedanterie.

So wie wir die Ganzheit des Charakters in Radikale zerlegen müssen, wenn wir sie vererbungstheoretisch, konstitutionsbiologisch (und hirnphysiologisch) näher studieren wollen, so werden wir auch die deskriptiven Gesamtbilder des Körperbaus in einzelne *Wuchstendenzen,* bzw. Koppelungen von solchen aufspalten müssen. Eine schon relativ gut studierte einfache Wuchstendenz ist z. B. die Steuerung des Längenwachstums der Röhrenknochen. Wir kennen den Punkt, wo diese Steuerung angreift: den Epiphysenknorpel. Wir kennen einen Teil der blutchemischen Einflüsse, die sie bedingen. Wir kennen die Drüsen, die diese hormonalen Impulse hervorbringen (z. B. Keimdrüse, Schilddrüse). Wir kennen die endokrinen Koppelungen, die Ringbildungen, in die eine solche Wuchstendenz, wie etwa Überlänge der Gliedmaßen mit anderen Wuchstendenzen, an der Rumpfgestaltung, am Behaarungsbild, am Kehlkopf usw. gesetzmäßig eingebaut ist. Wir kennen ihre typischen seelischen Koppelungen mit Triebleben und Temperament. Wir kennen endlich das gleichsinnige Durchgreifen dieser Gesetze durch die höhere Tierreihe.

Ähnlich lassen sich etwa die Typen leptosom und pyknisch in einzelne Wuchstendenzen und ihre Koppelungen zerlegen. Die Formung des Brustkorbes würde sich wahrscheinlich auf mehrere gekoppelte Wuchsantriebe zurückführen. Wir kennen ihre humoralen Bedingungen noch nicht. Wir wissen aber, daß sie mit anderen Wuchstendenzen am Skelet und daß sie mit der Trophik der Gewebe, vor allem mit dem Fettansatz korrelieren. Wir wissen, daß diese Korrelationen auch an anderen Stellen der höheren Tierreihe gefunden werden, daß sie somit als tiefer gesetzmäßig zu betrachten sind. — Ähnliches könnte man für den athletischen Typus mit seinen auffallenden morphologischen Beziehungen zu den akromegaloiden Wuchsprinzipien ausführen. Doch mögen diese wenigen Beispiele für eine klar durchdachte Zielsetzung und Durchbildung der konstitutionsbiologischen Wissenschaftstheorie genügen.

IV. Längsschnittbetrachtung.

Besonders eindringlich kommen die Korrelationen zwischen körperlicher und seelischer Ausformung in der *Längsschnittbetrachtung* des Lebensganges heraus. Die Gesamtpersönlichkeit erscheint dann nicht als eine feste Struktur konstanter Eigenschaften, sondern wie eine langsam, aber stetig hingleitende Strömung, die an einzelnen Punkten in eine starke und unebenmäßige Bewegung gerät, die aber auch sonst die leisen oder heftigen Schwankungen des biologischen Untergrundes deutlich wiederspiegelt. Kommt man in das psychopathologische Gebiet hinein, so lassen sich zwei Grundformen solcher Veränderungen der Gesamtpersönlichkeit erkennen. Einmal Schwingungen, die wieder auf ihren Ausgangspunkt zurückkehren, ohne Spuren in der Persönlichkeit zu hinterlassen. Man hat sie auch als Phasen bezeichnet. Bei Wiederholung reihen sie sich zu Periodenschwankungen zusammen. Den pathologischen Modellfall bezeichnet man als manisch-depressive oder zirkuläre Phasen. Dabei kommt die Gesamtpersönlichkeit ins Schwingen, voran das Temperament, die Gemütslage, die traurig oder heiter sich verfärbt; ebensosehr aber Willensimpuls und Bewegungstempo und entsprechend der Ablauf der gedanklichen Vorgänge. Diese einfachen Schwingungen sind dem pyknischen Konstitutionstypus mit cyclothymem Grundtemperament am meisten eigen. Sie betreffen gleichzeitig die Körperkonstitution; Gewicht, Stoffwechsel, Vasomotorium, Haut- und Gewebsturgor schwanken mit. Übrigens sind streng endogene und streng periodische Phasen nicht so häufig, wie man gemeinhin glaubt. Vielmehr besteht bei bestimmten Konstitutionen eine gesteigerte Schwingungsfähigkeit, die zuweilen, vor allem in kritischen Lebensaltern (Pubertät, Involution) von innen her zunimmt, die aber doch vielfach noch zusätzlicher Ursachen psychisch reaktiver, klimatischer, vasculärer, toxischer Art bedarf, um voll in Erscheinung zu treten. Der Lebensgang des Gesunden ist ganz durchsetzt von periodischen Phänomenen (Schlaf-Wachsteuerung, Menstruation). Die Periodik der Zirkulären unterscheidet sich nicht grundsätzlich, sondern nur gradweise von ihnen. Auch beim Gesunden ist die innere Schwingungsfähigkeit häufig mehr dispositionell und wird erst durch zusätzliche äußere Ursachen voll ausgelöst; seine periodischen Phänomene sind häufig ein Mitschwingen mit den kosmischen Gesamtbedingungen, in die er eingebaut ist, mit Klima, Wetter, Jahreszeit, tellurischen Vorgängen.

Demgegenüber bezeichnet man als „Schub" solche lebenszeitlichen Veränderungen der körperlich-seelischen Gesamtpersönlichkeit, die sich nicht zum Ausgangspunkt zurückbilden, sondern dauernde Veränderungen hinterlassen. Diese Dinge sind auch erbbiologisch von erheblichem Interesse. Teils handelt es sich bei stark kontrastierten Erbmassen um Vorgänge des sog. „Erscheinungswechsels", indem z. B. Bestände der Persönlichkeit, die aus der väterlichen und die aus der mütterlichen Erbmasse stammen, lebenszeitlich hintereinander sich ausformen. Öfters aber handelt es sich auch um erbkonstitutionell angelegte Blutdrüsenkombinationen, die sich nacheinander schalten und als solche auch klinisch greifbar werden. Praktisch können sie sich für die Persönlichkeit günstig oder ungünstig auswirken, indem im einen Falle lange bestandene Trübungen der Stimmung, Hemmungen des Antriebs sich aufhellen, im anderen Falle aber ein deutlicher Schwund vorher vorhandener günstiger Energien eintritt. Von hier aus gibt es dann alle Übergangsformen über die schleichenden „Heboide" bis zu der vollen Katastrophe des schizophrenen Zusammenbruchs. Die Schizophrenie selbst setzt sich wohl aus einer Reihe komplizierter Vorgänge zusammen; eine Seite der Ursachen ist wohl auch hier die endokrine, wie man an der engen zeitlichen Koppelung mit den Pubertätsvorgängen und den zahlreichen dysgenitalen Varianten im Körperbau wie im sexuellen Verhalten sehen kann.

Doch ist das Problem der schubweisen Veränderung der Persönlichkeit mit dem schizophrenen Erscheinungskreis keineswegs erschöpft. Vielmehr ist dieser seinerseits nur ein Teilausschnitt aus dem großen Gebiete der lebenszeitlichen Vitalitätsveränderungen. Diese Dinge reichen weit in das Gebiet der normalen Variantenbildung hinein und sie werden im ärztlichen Bereich häufig gar nicht bei den Schizophrenien, sondern bei den Neurosen greifbar, sofern die leichten unmerklichen Vitalverluste nicht als solche registriert und nicht als Krankheit empfunden werden, vielmehr zunächst als Anpassungsstörungen mit der Umwelt und ihren Lebensaufgaben, und von da zu innerseelischen Konflikten und neurotischen Haltungen führen.

Die erbbiologisch gegebenen Bestände der Persönlichkeit manifestieren sich also nicht alle gleichzeitig im selben zeitlichen Querschnittsbild, sie sind nicht alle parallel geschaltet, sondern auch öfters hintereinander geschaltet, so daß eine Gruppe von psychophysischen Merkmalen die eine, eine andere wieder die nächste Lebensphase beherrschen kann.

Am wichtigsten sind hier die *Retardierungen*, wie sie besonders in der Pubertät beobachtet werden. Die Reifung der Sexualkonstitution setzt sich aus zahlreichen einzelnen Entwicklungslinien zusammen, die psychophysisch korrelieren, so daß der Entwicklung der körperlichen Sexualfunktionen und der sekundären Geschlechtscharaktere im Körperbau, auf der psychischen Seite bestimmte seelische Haltungen, Partialtriebe und Reifungsgrade entsprechen. Öfters laufen diese psychophysischen Entwicklungslinien nicht gleichmäßig durch die Pubertätsphase durch, sondern sie werden *asynchron*, d. h. die eine entwickelt sich fertig, während die andere zurückbleibt. Solche Asynchronien oder partielle Reifungshemmungen wirken sich in der psychischen Persönlichkeit besonders in dem auf die Pubertät folgenden Jahrzehnt, aber auch noch viel später aus, und sind die Quellen vieler innerer und damit auch äußerer Konflikte, Spannungen, schwieriger Erlebnisbewältigungen, oder auf der klinischen Seite vieler Psychoneurosen. Die körperlichen Korrelate findet man z. B. bei vielen Hysterien anamnestisch in verzögertem, erschwertem, unebenmäßigem Eintritt der einzelnen Pubertätszeichen; man findet sie aber auch im späteren Körperbau als leichtere dysgenitale und allgemein dysplastische Einsprengungen und Stigmen.

Außer diesen Teilverschiebungen im zeitlichen Ablauf der Konstitutionsreifung gibt es aber auch tiefgehende Gesamtumstimmungen, z. B. endokriner Art, die ohne ersichtlichen äußeren Grund aus dem Innern der Persönlichkeit heraus erfolgen können. Körperlich erkennt man sie besonders an den unmotivierten Veränderungen des Körpergewichts, der Behaarung und der Potenz, womit dann mannigfache Schwankungen im vegetativen System, Schweißausbrüche, Vasomotorismus, Veränderungen des Stoffwechselbedarfs einhergehen können. Auf der seelischen Seite spiegeln sich diese Schwankungen des vitalen Tonus vor allem in Grundstimmung, Antrieb und Leistungsumfang wieder, die ihrerseits bei längerem Bestand einen Umbau der Gesamtpersönlichkeit mit ihren Haltungen, Strebungen und Lebenszielen nach sich ziehen.

Körperbau und Charakter.

Spezieller Teil.

Von **W. Enke**, Bernburg (Anhalt).

Mit 1 Abbildung.

Die Körperbau-Charakterlehre von E. Kretschmer hat eine weitere Unterbauung und zugleich Differenzierung durch zahlreiche und umfassende experimentalpsychologische Untersuchungen gefunden. Im voraufgegangenen Kapitel sind sie in großen Linien umrissen. Im folgenden soll nun über Methoden und Einzelergebnisse der verschiedenen Autoren vergleichend berichtet werden, soweit sie sinnes- und denkpsychologische Untersuchungen sowie die Affektivität betreffen. Die Darstellung der Motorik und Psychomotorik ist bereits im 2. Kap. dieses Abschnittes erfolgt.

1. Farb- und Formempfindlichkeit.

Über die Reaktionen auf Farben und Formen liegen sowohl mehrere konstitutionstypologische als auch bereits erbbiologische Ergebnisse vor. Erstere stammen von Munz, Scholl, Lutz und Enke sowie neuerdings von Braat, Bruno, Engel, Lüth, Lutz, Schmidt u. a. Es handelt sich dabei meist um Tachistoskop- oder Sortierversuche, um den Rorschachschen Test- sowie einen von B. Schmidt angegebenen „Indikatorversuch" mittels einer sinnreich konstruierten Form-Farbscheibe. Auch die Versuche von Rorschach selbst, die sich zwar nicht auf die Kretschmerschen Konstitutionstypen beziehen, aber doch auf entsprechende Persönlichkeitstypen (Extra- und Introvertierte), können vergleichsweise mit herangezogen werden. Sämtliche Versuchsreihen haben eindeutig positive Ergebnisse und konvergieren in der folgenden Richtung: Die Leptosomen und Athletiker sind vorwiegend formempfindlich, die Pykniker vorwiegend farbempfindlich. Bei den Untersuchungen Enkes, sowohl mittels eines Tachistoskopversuches mit farbigen Silben wie im Formdeuteversuch, ergab sich außerdem, daß die Athletiker am farbunempfindlichsten sind.

Erwiesen sich schon auf Grund dieser eindeutigen Beziehung zu den Konstitutionstypen die Farb- und Formempfindlichkeitsweisen als sichere Wurzelformen, so erhärtet sich dies Ergebnis durch die von K. F. Lüth an Eltern und deren Kindern vorgenommenen erbbiologischen Tachistoskopuntersuchungen, mit deren Hilfe bestimmte Erbzusammenhänge nachgewiesen werden konnten. Daß es sich bei der Form-Farbbeachtung um erbbiologisch begründete Wurzelformen handelt, konnte ferner Kleinknecht zeigen. Er fand unter 33 Kindern, deren beide Eltern Formbeachter waren, wiederum 28 Formbeachter. 19 Kinder von farbempfindlichen Eltern waren sämtlich Farbseher.

2. Spaltungsphänomene.

Was hier unter Spaltung gemeint ist, läßt sich am besten an dem bereits S. 91 erwähnten Merkversuch nach Rybakoff mit gemischtfarbigen Reihen erklären, den Enke für konstitutionstypologische Zwecke eingeführt hat.

Bei diesem Versuch zeigen sich die Pykniker viel ungeschickter als die Leptosomen und Athletiker. Erstere hatten die durchschnittliche Fehlerzahl von 32,4, d. h. 5mal mehr als die Leptosomen mit 6,7 Fehlern und doppelt soviel als die Athletiker mit 15,3 Fehlern im Durchschnitt.

Bei diesem Experiment mußten die Versuchspersonen also in der Lage sein, sich die verschiedenen Sinneseindrücke gleichzeitig nebeneinander ins Bewußtsein einzuprägen und sie festzuhalten, ohne sich durch den ständigen Wechsel der verschiedenen Eindrücke im Gedankenablauf stören zu lassen. Die Versuchspersonen mußten somit zu einer möglichst guten Lösung der Aufgabe ihr Gesamtbewußtsein gut spalten können in 3 oder mehrere Teilintentionen (z. B. rot, blau, grün, gelb), so daß jede dieser Bewußtseinsgruppen streng für sich, wie ein geschlossener Teilorganismus arbeitete. *Wir verstehen also unter Spaltungsfähigkeit im normalpsychologischen Sinne allgemein die Fähigkeit zur Bildung getrennter Teilintentionen innerhalb eines Bewußtseinsablaufes.*

Diese experimentalpsychologischen Ergebnisse über die Spaltungsfähigkeit widersprechen auch nicht, wie z. B. E. R. JAENSCH annahm, den im KROHSchen Institut von DAMBACH angestellten Versuchen zur Prüfung der „*Aufmerksamkeitsverteilung*". Von letzterem wurde eine „*Mehrfacharbeit*" unter ausgesprochenen Störungsreizen gefordert. Die Versuchsanordnung bestand darin, daß als Hauptarbeit das Lernen von Gedichtstrophen und Wortpaaren verlangt wurde, womit jeweils das Zeichnen einfacher Figuren, das Schreiben von Buchstaben und Ziffern oder die optische Einprägung einfacher sinnvoller Figuren als Nebenarbeit verbunden war. — Demnach sind sowohl die Fragestellungen wie auch die Versuchsanordnungen beider Autoren grundverschiedene und denkpsychologisch entgegengesetzte. Es kann daher nicht wundernehmen, daß auch die Ergebnisse verschieden ausfallen und andersartige typenpsychologische Wurzelformen aufdecken. Bei DAMBACH handelt es sich um zwei verschiedenartige Arbeitsleistungen, bei denen in raschem *Wechsel* die Aufmerksamkeit bald auf die eine, bald auf die andere Tätigkeit übergehen, „fluktuieren" kann bzw. muß. Bei der Versuchsanordnung von ENKE handelt es sich hingegen um eine *einzige* Tätigkeit mit der Aufgabe „Zählen nach mehreren Richtungen" (PFAHLER) oder anders ausgedrückt: innerhalb *eines* Bewußtseinablaufes getrennte Teilintentionen zu bilden. Letztere Aufgabe erfordert zur optimalen Leistung eine mehr konzentrative und perseverative Aufmerksamkeit, die erstere aber eine mehr fluktuierende und distributive, worauf DAMBACH selbst hinweist. Daß die Distribution bzw. rasche Aufmerksamkeitsverteilung eine charakteristische denkpsychologische Wurzelform der Pykniker ist, belegen unter anderem auch die experimentellen Ergebnisse von VAN DER HORST und von KIBLER am Lichtbrett und bei der Prüfung der „Simultankapazität", sowie Versuche von E. KIRSCH. Dieser fand bei seiner Untersuchung über die Aufmerksamkeit, daß der Cyclothyme die Aufmerksamkeit leichter gleiten lassen kann als der Schizothyme, während der letztere dem Cyclothymen in der Konzentrationsfähigkeit überlegen ist. Für den komplexen Charakteraufbau aus den Wurzelformen ist ferner seine Beobachtung von Wichtigkeit, daß bei Aufgaben von verschiedener Schwierigkeit der Schizothyme mit den schwereren, der Cyclothyme mit den leichteren beginnt. Nach HAIER erweist sich der Cyclothyme bei der Lösung einer Aufgabe als findiger und wendiger als der Schizothyme. Der erstere neigt dabei zu Ganzheitsbildungen. All diese Ergebnisse zeigen Zusammenhänge mit Ergebnissen einer weiteren tachistoskopischen Versuchsreihe von ENKE mittels langen, ungewöhnlichen Worten. Man exponiert z. B. das Wort „Eiswasserbehälter" und beobachtet, ob die Versuchsperson das ihr unbekannte Wort in zehn aufeinanderfolgenden kurzen Darbietungen zu entziffern vermag und *wie sie dabei vorgeht.* Letzteres erweist sich als konstitutionstypisch ganz verschieden. Die einen versuchen bei jeder Exposition von dem nur augenblicksweise erscheinenden Gesamtwort systematisch Einzelteile, Silben oder Buchstaben abtrennend zu erfassen. Sie konzentrieren ihre Aufmerksamkeit genau auf ein ganz kleines Stück des jeweils Gebotenen und spalten alles übrige zunächst völlig ab. Bei jeder weiteren Exposition wandert ihr Fixationspunkt zu dem Teil, der neben dem zuvor gesehenen liegt, und so gelangen sie von Abstraktion zu Abstraktion zu dem Wort, das von Anfang an als Ganzes exponiert worden ist.

Eine andere, völlig entgegengesetzte Art ist es, wenn eine Versuchsperson sogleich auf den Gesamteindruck des Wortes vorgeht. D. h.: sie versucht bei jeder Darbietung das nur unklar und nicht richtig erkannte Gesamtgebilde sofort halb erfassend, halb ratend zu einem beliebigen, irgendwie sinnvollen Ganzen zu kombinieren. Die Versuchsperson gleitet also mit ihrer Aufmerksamkeit immer wieder über das ganze Wahrnehmungsbild und erfaßt infolgedessen nur oberflächlich einzelne Elemente des Dargebotenen. Zum Schluß der Expositionen wird dann oft irgendein, dem Gezeigten ähnliches, Wort genannt, in dem aber nur einzelne Buchstaben oder Silben des Dargebotenen richtig enthalten sind. Entsprechend der Art des Vorgehens hat Enke die erstere als *analytische*, die letztere als *synthetische* bezeichnet. — Es ist einleuchtend, daß das analytische Vorgehen nur dann erfolgreich sein kann, wenn es der Versuchsperson verhältnismäßig leicht fällt, sich jeweils nur auf ein kleines Stück des eben Gebotenen zu *konzentrieren* und alle anderen Sinneseindrücke so gut wie völlig abzuspalten, zu abstrahieren. Mit anderen Worten: nur wer den Gesamteindruck gut in Einzelkomponenten zu *spalten* vermag, wird während des Wahrnehmungsaktes gut *abstrahieren* können. Eine gute Abstraktionsfähigkeit beruht also in erster Linie auf einer guten Spaltungsfähigkeit und bedingt ihrerseits eine gute Konzentrationsfähigkeit. Enke hat errechnet: Bei den Pyknikern verhalten sich die analytischen zu den synthetischen Lösungsversuchen wie 3,3 : 5,1, bei den Leptosomen dagegen umgekehrt, wie 6,0 : 2,0 und bei den Athletikern ebenso, aber in etwas abgeschwächtem Maße, nämlich wie 5,7 : 3,0.

Man ersieht daraus, daß der Begriff der *Analyse* und *Synthese* ebenso wie der Begriff der *Abstraktion* und *Konzentration* Teilbegriffe aus dem Gesamtbereich der psychischen Spaltungsphänomene sind. Auch bei der beschreibenden Statistik, wie im Rorschach-Versuch, zeigt sich, daß die nichtpyknischen Konstitutionsgruppen besser abstrahieren als die pyknischen. Kibler konnte bei einem Tachistoskopversuch mit unregelmäßig verteilten farbigen Silben feststellen, daß sich unter den Leptosomen und Schizophrenen 20,7% total abstrahierende fanden, unter den Pyknikern und Zirkulären dagegen nur 4,5%. Dabei sind als total Abstrahierende diejenigen Versuchspersonen gerechnet, die von dem Gesamteindruck nur den zur jeweiligen Aufgabe gehörigen Teil und sonst nichts bemerkt hatten, z. B. nur die Stellung der Farben, wenn nur diese verlangt war, und nicht nebenbei auch noch etwas vom Inhalt der Silben.

Bei der von Enke und Hildebrand vorgenommenen experimentellen Prüfung der *Erfassungsform* der Konstitutionstypen ergab sich eine in die Breite gehende, weit fluktuierende, anpassungsfähige, gefühlsmäßig zugewandte und konziliante Erfassungs- wie Beurteilungsweise bei den Pyknikern im Gegensatz zu einer mehr engen, sachlichen, unpersönlichen und mehr ablehnenden Form der Leptosomen sowie einer fast zur Pedanterie neigenden Genauigkeit oder passive Gleichgültigkeit verratenden Wiedergabe des Gesehenen bei den Athletikern. Bezüglich der teilinhaltlichen Beachtung von Form und Farbe bestätigen die Ergebnisse die bereits erwähnten, wonach der Formsinn am stärksten bei den Leptosomen und Athletikern, der Farbsinn hingegen am stärksten bei den Pyknikern ausgeprägt ist. Darüber hinaus geben die in diesem Versuche festgehaltenen unwillkürlichen konstitutionstypischen Verhaltungsweisen deutlich anlagemäßig begründete Dispositionen charakterlicher Eigenschaften wieder, wie Kleinlichkeit, Großzügigkeit, Rücksichtslosigkeit, Konzilianz, Teilnahme usw.

Bei motorischen Reaktionsversuchen am Lichtbrett, die von VAN DER HORST und KIBLER ausgeführt wurden, zeigte sich die bessere Spaltungsfähigkeit der Schizothymiker auch von einer ganz anderen Seite her sehr deutlich. Sie dokumentierte sich unter dem Gesichtspunkt der „Ablenkbarkeit", der Empfindlichkeit gegen Störungsreize. Bei ihrer geringen Fähigkeit, von Nebeneindrücken zu abstrahieren, werden hier die Cyclothymiker durch das Auftauchen nicht zur Aufgabe gehöriger Lichtreize im prompten Ablauf der verlangten motorischen Reaktion empfindlicher gestört als die Schizothymiker, die auch hierbei wieder den Ablauf der Eindrücke besser in die zur Aufgabe und die nicht zur Aufgabe gehörigen Elemente zu spalten vermögen. Auch ergibt sich die denkpsychologische Folgerung, daß die Konzentrationsfähigkeit bei den Schizothymen größer sein muß als bei den Cyclothymen. An diese Stelle gehört noch die Frage des sogenannten „Bewußtseinsumfanges" oder genauer gesagt, der Zahl der gleichzeitig ins Bewußtsein aufnehmbaren Elemente. KRETSCHMER hat hierfür treffender den Ausdruck „Simultankapazität" vorgeschlagen. VAN DER HORST und KIBLER haben sie mit tachistoskopisch exponierten Buchstabenserien geprüft und hatten dabei positive Ergebnisse in dem Sinne, daß die Pykniker die größere Simultankapazität haben als die Leptosomen. Diese, wie die vorher genannten experimentellen Ergebnisse weisen darauf hin, „daß der durchschnittliche Arbeitstypus bei den Pyknikern ein mehr *extensiver*, auf das koordinierte, unzerlegte Nebeneinander der gegenständlichen Erscheinungen, bei den Leptosomen ein mehr *intensiver*, auf eine elektive Sichtung und abstraktiv analytische Aufspaltung der Erscheinungen gerichteter ist" (KRETSCHMER).

Bemerkenswert ist in diesem Zusammenhang eine statistische Feststellung ZERBEs über die Verteilung der *Schachspieler* innerhalb der Konstitutionstypen. Es ist klar, daß das Schachspiel neben mathematischen Leistungen vor allem eine gute Abstraktions- und Konzentrationsfähigkeit verlangt. Ganz entsprechend fand ZERBE bei den von ihm untersuchten Studenten 73,3% unter den Leptosomen gegenüber nur 33,3% unter den pyknischen Studenten, während sich die Athletiker mit 52,6% je zur Hälfte auf Spieler und Nichtspieler verteilten. Die Spaltungsfähigkeit und die mit ihr eng zusammenhängende Konzentrationsfähigkeit erweist sich somit als ein elementarer, konstitutionsgebundener Faktor, und zwar als ein Radikal von grundlegender Bedeutung. Eine große Reihe komplexer seelischer Eigenschaften und Verhaltungsweisen, die namentlich für die Unterschiede menschlicher Intellekt- und Begabungsformen ausschlaggebend sind, bauen auf dieser Wurzelform auf. Von ihr hängt die Neigung zum abstrakten und theoretisierenden oder zum konkreten und anschaulichen Denken, zur Analyse oder Synthese ab. Auf der Spaltungsfähigkeit in ihrer Verbindung mit anderen Elementarfaktoren begründet sich eine mehr idealistische oder mehr realistische Lebenseinstellung. Auf affektivem Gebiet bestimmt sie die Art und Weise der Bildung von affektbetonten Komplexen oder Verhaltungen.

3. Perseverationsfähigkeit.

Die Perseveration als Wurzelform ist auf denk- und sinnespsychologischem Gebiet an zwei Punkten experimentell deutlich hervorgetreten, erstens bei

dem Assoziationsversuch von van der Horst und zweitens in dem Tachistoskopversuch Enkes mit farbigen Silben. Beide Male zeigte sich eine stärkere Perseverationsneigung der Leptosomen und Athletiker gegenüber den Pyknikern.
Kretschmer nimmt zu dieser Wurzelform der Perseveration folgende theoretische
Stellung ein:

„Diese Perseverationsneigung, die Neigung zum zähen Festhalten einer
einmal genommenen Intention dürfte auch ein Hauptfaktor bei der geringen
Ablenkbarkeit der Leptosomen im Reaktionsversuch am Lichtbrett sein. Sie
greift hier, wie an vielen anderen Punkten, so enge mit der Spaltungsfähigkeit
ineinander, daß man sie gar nicht trennen kann. Es ist klar, daß die Fähigkeit,
eine bestimmte Intention festzuhalten, von der Fähigkeit, konkurrierende
Intentionen abzuspalten, unzertrennlich ist. Theoretisch wäre es also denkbar,
den Begriff der Perseveration in dem der Spaltung aufgehen zu lassen. Doch
möchten wir davon absehen, weil sich zunächst nicht entscheiden läßt, ob
nicht neben diesen negativen auch noch positive Fähigkeiten zum Zustandekommen der Perseveration erforderlich sind, es ist dies immerhin sehr wahrscheinlich."

Jedenfalls sind Spaltungs- und Beharrungsvermögen zusammen zwei Elementarfaktoren grundlegendster Art für den Persönlichkeitsaufbau, sowohl nach
der intellektuellen, wie nach der affektiv-willensmäßigen Seite hin. In ersterer
Beziehung bedingen sie unter anderem die differentialpsychologisch so wichtigen
Unterschiede zwischen „Vigilität" und „Tenazität" des Aufmerksamkeitstypus. Sie bilden ferner im Verein mit den noch zu besprechenden psychomotorischen Radikalen wichtige Faktoren für die individuelle Stetigkeit oder
Beweglichkeit, für die Art und Weise geistiger Aufnahmefähigkeit, die geistige
wie motorische Einseitigkeit oder Vielseitigkeit, die Oberflächlichkeit oder
Gründlichkeit, die Pedanterie oder Großzügigkeit, die Konzentrationsfähigkeit
und Energie.

Speziell auf die Spaltungs- und Konzentrationsphänomene gerichtete experimentelle Untersuchungen von erbbiologischer Seite stehen unseres Wissens
noch aus.

4. Affektivität.

Die insbesondere auf künstlerischem und wissenschaftlichem Gebiet sehr
kompliziert liegenden Verhältnisse bei der Beurteilung der Veranlagung der
Persönlichkeit bedürfen zur Zerlegung in ihre elementaren Faktoren einer
wesentlichen Ergänzung nach der affektiven Seite, nach der Temperamentsart
der Persönlichkeit hin. Die Affektivität bedingt je nach der Ausgestaltung
ihrer beiden Hauptfaktoren, der Affizierbarkeit und des Antriebes, die Temperamentsart einer Persönlichkeit. Bei der überragenden Bedeutung des Temperamentes für den gesamten Persönlichkeitsaufbau ergibt sich von selbst die
Aufgabe, auch experimentell nachzuprüfen, ob und inwieweit eigentlich die
affektiven Grundhaltungen der Konstitutionstypen als beherrschende Faktoren
für die gesamten Verhaltungsweisen, also auch im Vorstellungs- und Empfin-
dungsleben, gelten können. Die eine Komponente, die des Antriebs, ist beim
Ablauf der bisher in diesem Abschnitt beschriebenen Leistungen nicht deutlich
sichtbar, geschweige denn meßbar in Erscheinung getreten. Hingegen ist die
andere Komponente, die der Affizierbarkeit, als Aufmerksamkeit, Tenazität,
Ablenkbarkeit, Ausdrucksstärke und Aktivität oder Passivität vielfach zu
beobachten, wenn auch nicht immer meßbar gewesen.

Da sich bekanntlich schon leichte Gefühlsschwankungen in geringen Inner-
vationsänderungen des Körpers verraten, kommen für die Erfassung der Affektivität alle Methoden in Frage, die diese Änderung an Puls, Atmung, Blutdruck

oder elektrischem Leitungswiderstand des Körpers meßbar machen. Schon das unvermeidliche Wissen davon, einem Experiment unterworfen zu sein, löst von vornherein bei jeder Versuchsperson eine irgendwie geartete affektive Grundhaltung aus. Natürlich gibt die affektive Einstellung einem Experiment gegenüber nur einen Teil der Gesamtaffektivität des Konstitutionstypus wieder. Die Gemütslage der Pykniker und der Leptosomen wie der Athletiker ist eine *qualitativ* verschiedene, und eine heitere oder traurige Stimmungslage z. B. wird schwerlich mit quantitativ messenden Methoden erfaßt werden können. Jedoch ist eine Prüfung der nervösen, „sensiblen" Temperamentsanteile sehr wohl möglich. Die Beschaffenheit dieser affektiven Innenerregbarkeit im Experiment läßt sich als bereits bedingt durch die jeweilige Temperamentsart der Versuchsperson annehmen, und es ist wahrscheinlich, daß sie als solche primär bestimmend auf Aufnahme und Verarbeitungsweise des experimentell Dargebotenen einwirkt.

Ein hierfür besonders geeigneter Versuch ist das psychogalvanische Reflexphänomen nach VERAGUTH. Es besteht darin, daß ein sehr schwacher galvanischer Strom, in den die Versuchsperson eingeschaltet ist, in größerer oder geringerer Stärke durch den Körper geht, je nachdem ob die Versuchsperson durch irgendwelche Reize körperlicher oder seelischer Art in Affekt gebracht wird. Mit Hilfe eines Spiegelgalvanometers, das in demselben Stromkreis eingeschaltet ist, lassen sich auf einer Skala die Stromschwankungen direkt ablesen. ENKE und nach ihm CARMENA, FROMMANN, A. SCHRÖDER und MALL haben den Versuch vor allem in seiner Bedeutung für die Konstitutionstypologie ausgewertet und sind dabei im wesentlichen zu gleichsinnigen positiven Ergebnissen gekommen. ENKE fand bei der statistischen Auswertung einer an 100 Personen (je $^1/_3$ Pykniker, Leptosome und Athletiker) vorgenommenen Versuchsserie wichtige konstitutionstypische Unterschiede der nervösen Erregbarkeit sowohl in der Ansprechbarkeit als auch in der Tenazität bei den einzelnen Versuchspersonen. Die Stärke und Dauer der Erregung erweist sich schon bei dem sogenannten „Ruheversuch", bei dem nach Ingangsetzung des Versuches eine Viertelstunde lang gar nichts mehr geschieht, keine sonstige Reizgebung mehr erfolgt, als grundverschieden zwischen den Pyknikern und Athletikern einerseits, den Leptosomen andererseits. Der Grad der inneren affektiven Ansprechbarkeit ist bei den letzteren nach dem zahlenmäßigen Durchschnittsergebnis doppelt so groß als bei den Pyknikern (161 : 80 mm). — Die Dauer der Anfangserregung beträgt bei den Leptosomen im Durchschnitt rund 14 Minuten gegenüber nur 9 Minuten bei den Pyknikern und Athletikern. Einige Pykniker dieser Versuchsreihe waren schon nach $1^1/_2$ Minuten affektiv völlig ruhig, die Leptosomen frühestens nach 10 Minuten. In Übereinstimmung damit war 15 Minuten nach Beginn des Ruheversuches bei 45% der Leptosomen überhaupt noch keine affektive Beruhigung eingetreten, während dies nur bei 6% der Pykniker und $3^1/_2$% der Athletiker der Fall war.

Die affektive Innenerregbarkeit im Sinne der „nervösen" Affektskala auf einen ganz leichten Reiz hin, wie ihn der psychogalvanische Versuch in seiner Gesamtheit darstellt, erweist sich also am stärksten bei den Leptosomen. Die Dauer der affektiven Spannung ist bei ihnen derart lang, daß man geradezu von einer Verkrampfung sprechen kann oder in Analogie zu dem denkpsychologischen Verhalten der Schizothymen von einer *affektiven Perseveration*. Dieses ganz verschiedene affektive Verhalten zeigt sehr sinnfällig die elementare Bedeutung der jeweiligen Affektivitätsform für die Verhaltungsweisen eines Menschen überhaupt. Man muß sich nur einmal klar machen, welcher ungeheuren affektiven Beanspruchung der schizothyme Mensch im täglichen Leben dauernd unterliegen muß, wenn er schon in einem solchen reizarmen Versuch innerlich

so stark und anhaltend reagiert. Auf Grund dieses Verhaltens der Schizothymen im Experiment dürfte es sich erklären, daß der Schizothyme im täglichen Leben gleichsam zum Schutze seines affektiven Konsums ganz bestimmter
Verhaltungsweisen der Außenwelt gegenüber bedarf. Vielleicht liegt darin,
wenigstens zum Teil, die Ursache für seine scheinbare, d. h. nur äußere Ruhe
und Kälte, für seinen Autismus, seine geringe Rapportfähigkeit mit der Außenwelt. Es tritt in diesem Versuch der von KRETSCHMER aufgestellte Grundfaktor
der „psychästhetischen Proportion" bei den Schizothymikern überzeugend
hervor. Die Leptosomen tragen zwar nach außen hin dem Versuch gegenüber
häufig eine ihnen auch sonst eigene, betonte Ruhe, Gemessenheit, ja Blasiertheit
zur Schau. Hinter dieser kühlen Fassade verrät sich aber die größte Innensensibilität in den fast gar nicht zur Ruhe kommenden, beständigen „nervösen" Schwankungen der Galvanometerkurve.

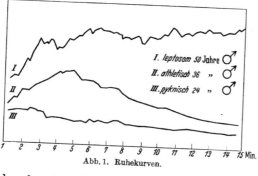

Abb. 1. Ruhekurven.

I. leptosom 50 Jahre ♂
II. athletisch 36 „ ♂
III. pyknisch 24 „ ♂

Mit dem Verhalten bei dem Ruheversuch deckt sich im allgemeinen dasjenige bei den von ENKE angestellten Reizversuchen. Auch bei leichten Sinnesreizen weisen die Leptosomen im Durchschnitt eine größere Unruhe und Dauerspannung auf als die Pykniker und Athletiker. Bemerkenswert und als weiteres Persönlichkeitsradikal erkennbar ist, daß die Pykniker unverhältnismäßig stark auf ganz leichte Schmerzreize reagieren. Umgekehrt tritt bei zahlreichen Leptosomen trotz oder gerade wegen ihrer affektiv gespannteren Gesamthaltung ein kleiner Nadelstich gar nicht oder kaum als solcher ins Bewußtsein, so daß er keinen oder nur einen sehr geringen Ausschlag am Galvanometer hervorruft. Es findet sich in diesen Ergebnissen die klinisch bekannte Unempfindlichkeit vieler Schizothymiker gegenüber den Vitalgefühlen wieder, wie Hunger, Durst, Kälte und Schmerz, wie sie der Psychiater besonders bei akuten Katatonien dieser Konstitutionsgruppe in ihren oft brutalen und rücksichtslosen Nahrungsverweigerungen, Selbstverstümmelungen, Urin- und Stuhlverhaltungen beobachten kann.

Andererseits stellen sich die schon beim Ruheversuch aufgefundenen hyperästhetischen Komponenten der schizothymen Konstitution eindeutig bei einem

Ta

	Ruhekurve				Erwartungskurve	
	Ruheeintritt im Durchschnitt in Minuten	Frühester Ruheeintritt nach Minuten	Kein Ruheeintritt in %	Anfangs-End-Differenz in mm	Summe der Ausschläge in mm	Richtige Nennung (stärkster Ausschlag bei gemerkter Zahl)
30 Leptosome .	13⁵¹	10⁰⁷	45,0	161		
30 Athletiker .	8⁴⁶	2⁰⁵	3,5	104	70	67%
30 Pykniker . .	9⁰²	1⁵⁷	6,0	80	46	75%
					38	71%

unerwarteten Gehör- bzw. Schreckreiz heraus. Die Leptosomen erweisen sich bei diesem Versuch als die besonders sensiblen und nervösen. Bei den Pyknikern hingegen tritt gerade in diesem Versuch ihre größere Fähigkeit hervor, auch starke Affekte verhältnismäßig schnell in psychomotorische Äußerungen abzuleiten und damit abzureagieren (vgl. Tabelle 1).

Die Athletiker zeigen bei diesem Versuch in wesentlichen Teilen eine nur für sie charakteristische affektive Verhaltungsweise. Im Ruheversuch ist bei ihnen die initiale affektive Innenerregbarkeit stärker als bei den Pyknikern, ohne aber entfernt den Durchschnittsgrad derjenigen der Leptosomen zu erreichen. Die *Dauer* der innerseelischen Erregung ist bei ihnen jedoch im Vergleich mit derjenigen der Leptosomen und Pykniker am geringsten. Eine Neigung zu längerem Nachwirken der Affekte ist daher bei ihnen im Gegensatz zu den Leptosomen experimentell nicht nachweisbar. Wenn man aber die Zeit vom Beginn bis zum Höhepunkt der Erregung mißt, so zeigt sich bei den Athletikern als Persönlichkeitsradikal eine verlangsamte, *viscöse* affektive Ansprechbarkeit (vgl. Abb. 1). Sie dürfte der größeren Schwerflüssigkeit und Torpidität entsprechen, die an den Athletikern auch im Alltag wahrzunehmen ist. Gerade diese langsame affektive Ansprechbarkeit kann aber in Verbindung mit der initialen Innenerregbarkeit zu plötzlichen, explosiven Affektausbrüchen führen, wie sie bei komplizierten psychomotorischen Versuchen (Konstruktionsversuch) von ENKE beobachtet wurden (vgl. S. 490).

Andere, die Affektivität beeinflussende Wurzelformen sind in den früher besprochenen Versuchsergebnissen bereits enthalten. So sind nach KRETSCHMER die Perseverationsvorgänge für das affektive Verhalten ebenso wichtig wie für das intellektuelle. Das „Haften" affektbetonter Vorstellungen beim sensiblen, innerlich nervösen Schizoiden, das Nicht-los-werden-können unangenehmer Eindrücke und ähnliches gehört mit in den Zusammenhang der größeren Perseverationsneigung der Leptosomen überhaupt. Ebenso gehören hierher die Unterschiede in der intrapsychischen Spannung bzw. Entspannungsfähigkeit, wie sie z. B. an der Schriftwaage zum Vorschein kommen. Beide, die experimentellen Perseverations- wie die Spannungsphänomene müssen zusammengesehen werden mit den klinischen und allgemeinen Beobachtungsreihen, die die erhöhte Neigung der schizothymen Gruppen zu innerseelischen Verkrampfungen und Komplexmechanismen verraten.

Ausgesprochen affektive Bedeutung haben gewisse Momente in dem Rhythmusversuch am Ergographen (hier auch zahlenmäßig faßbar) oder in dem ENKESCHEN Wasserglasversuch (vgl. S. 476). Es kommt darin das Moment des Sicherns, der mißtrauischen Erwartung, der zögernden Vorsicht auf Seiten der Schizothymiker ebenso charakteristisch zum Vorschein, wie ihr gespannter

belle 1.

		Größter Ausschlag in mm				Ruheeintritt nach Ausschlag in Sekunden					Reaktionszeit in Sekunden An- genehmer Geruch + Un- angenehmer Geruch + Stich + Schuß	Latenz bei Schuß in Se- kunden
Erwartung An- genehmer Geruch in mm	Erwartung An- genehmer Geruch + Un- angenehmer Geruch + Stich in mm	Angenehmer Geruch	Unangenehmer Geruch	Stich	Schuß	Angenehmer Geruch	Unangenehmer Geruch	Stich	Schuß	Reaktions- zeit in Sekunden An- genehmer Geruch		
4,5	12,5	33	26	28	64	101	87	149	192	14	56	3
3,0	6,0	18	19	22	38	93	63	98	129	19	62	3
2,0	7,0	17	12	36	29	61	54	121	118	12	55	2

Sinnesreizkurven

Ehrgeiz und die vermehrte Sorgfalt und Genauigkeit, mit der sie auch Schwierigkeiten der eigenen Anlage kompensieren und teilweise überkompensieren. Der manchmal pedantisch wirkende Ernst, mit dem die Schizothymiker an die experimentellen Aufgaben herangehen, hebt sich lebhaft ab von der naiven Sorglosigkeit vieler Pykniker bei intellektuellen und motorischen Leistungen. Völlige Verweigerung der Teilnahme an psychologischen Versuchen kommt bei den Pyknikern so gut wie niemals, häufig aber bei den Schizothymikern vor. Diese ganze Gruppe von Affekten hat nahe Beziehung zu dem Autismus, der sichernden Menschenscheu und den Selbstwertproblemen (Kretschmer).

Jedoch nicht nur die verschiedenen *psychologischen* Zusammenhänge haben sich experimentell weitgehend aufhellen lassen, sondern auch die Beziehungen derselben zu dem *chemisch-physiologischen* Aufbau der Konstitutionstypen sind durch die bereits im 2. Kapitel des 2. Hauptteiles erwähnten pharmakodynamischen Untersuchungen von Hertz und die blutchemischen von Hirsch sowie durch die neuesten Ergebnisse der Sympathicusreizversuche von Kuras weitgehend geklärt worden. Nach den Untersuchungen des letzteren werden Intensität und Dauer der affektiven Erregung durch das verschiedene vegetative Potentialgefälle der Konstitutionstypen bestimmt. „Aus dem verschiedenen Tonus des vegetativen Systems ergeben sich konstitutionsbedingt verschiedene Potentialgefälle, die zu unterschiedlichen Reaktionen einen Anlaß geben" (Kuras).

5. Die „Grundfunktionen" nach Pfahler.

Den umgekehrten Weg wie Kretschmer und seine Schule zur Erfassung typenpsychologischer Merkmale hat Kroh mit seinen Schülern eingeschlagen. Er ging davon aus, daß man auch unter Verzicht auf die Konstitutionsbestimmung, allein durch experimentelle Erschließung der Persönlichkeit, Einblicke in das Seelische gewinnen kann, die ihrerseits eine typologische Gliederung möglich machen müssen. Die Ergebnisse finden sich im wesentlichen zusammengefaßt in der teils vererbungstheoretisch, teils experimentalpsychologisch fundierten Typengliederung Pfahlers. In deren Wiedergabe folgen wir in der Hauptsache der klaren Darstellung Rohrachers. Pfahler führt in seiner vererbungstheoretischen Fundierung den Begriff der „Grundfunktionen" ein, worunter er die „nach Art und Stärke angeborenen Voraussetzungen seelischen Geschehens und Wachstums" versteht.

Die erste dieser Grundfunktionen ist die *Aufmerksamkeit*, die eng oder weit, fixierend oder fluktuierend, objektiv oder subjektiv, analytisch oder synthetisch, diskret oder total sein kann. Im selben Individuum sind, wie besonders Vollmer gezeigt hat, entwder enge, fixierende, objektive, analysierende und diskrete Aufmerksamkeit, oder die Gegenteile dieser Merkmale miteinander verkoppelt. — Die zweite Grundfunktion ist die *Perseveration*, deren Extreme einfach mit den Bezeichnungen „stark" und „schwach" erfaßt werden.

Die dritte Grundfunktion ist die *Ansprechbarkeit des Gefühles*, als deren Merkmale „stark" und „schwach" und das Vorwiegen der Lust- und Unlustseite angegeben werden. — Als vierte Grundfunktion endlich wird die *vitale Energie* oder *Aktivität* angeführt, ein psychisches Agens, das sich im Handeln, Denken und Vorstellen in gleicher Weise auswirkt und die Intensität der seelischen Vorgänge bestimmt; seine Extreme sind wieder „stark" und „schwach".

Pfahler faßt die beiden ersten Grundfunktionen in ihrer natürlichen Koppelung, also die enge, fixierende Aufmerksamkeit und die starke Perseveration zusammen und bezeichnet diese Verbindung als den „Typus der festen Gehalte", und den zweiten als den „Typus der fließenden Gehalte". Nach den klinischen Untersuchungen Hoffmanns sind hauptsächlich folgende drei Eigenschaftskomplexe als erbbiologisch selbständige zu betrachten:

1. Die Gemütsanlage oder die sog. Gefühlseigenschaften (Gefühlskälte, Weichherzigkeit, Gefühlserregbarkeit usw.).

2. Die Lebensgrundstimmung (heiter, gehoben, depressiv usw.).

3. Die Willensveranlagung (Tatkraft, Energie, Willensschwäche usw.).

Unter Berücksichtigung dieser Eigenschaftsmerkmale in Verbindung mit den experimentell festgestellten Aufmerksamkeitsformen kommt PFAHLER zu einem „charakterologischen Hauptschema", das 12 Haupttypen anlagebedingter Charaktermerkmale enthält. Eine experimentelle Untersuchung der Vererbung der Grundfunktionen liegt bisher nur von WEIMER vor, und zwar an den Mitgliedern einer Familie.

6. Erbbedingte intellektuelle Eigenschaften.

Überblickt man die gesamten Arbeiten auf dem Gebiet der Vererbung intellektueller Eigenschaften (JUST, KROH, REINÖHL, SCHOTTKY, v. VERSCHUER, WENZL u. a.), so findet sich bereits eine große Anzahl positiver Ergebnisse über ihre Erbbedingtheit. Jedoch wird es auch hier wie bei allen sonstigen erbbedingten psychischen Eigenschaften darauf ankommen, immer mehr zu den *Wurzelformen* vorzudringen, die den intellektuellen Eigenschaften zugrunde liegen, und diese Wurzelformen experimentell zu bestimmen.

Die starke Abhängigkeit gerade intellektueller Eigenschaften von den bereits aufgedeckten und hier wiedergegebenen Wurzelformen beleuchtet eine letzthin von BANDLOW erschienene Arbeit über „Schulleistung und Beruf ehemaliger Abiturienten und psychophysische Konstitution".

Er hat an 428 ehemaligen — meist humanistischen — Abiturienten mit Hilfe von Fragebogen und Lichtbildern ihre seelische und körperliche Konstitution bestimmt, um die Beziehungen aufzudecken, die zwischen bestimmten Begabungs- und konstitutionsgebundenen Veranlagungsformen bestehen. Es zeigte sich, daß sämtliche schizothymen Typen in den wissenschaftlichen Gesamtfächern, in Sprachen und mathematisch-naturwissenschaftlichen Fächern, erheblich bessere Zensuren hatten als die cyclothymen. Cyclothymer Einschlag senkte die Leistungen der Schizothymen, ein schizothymer hob die der Cyclothymen. Die schlechteste Schulleistung wiesen die viscösen (athletischen) Typen auf. Unter den Medizinern, den beschreibenden Naturwissenschaftlern und den Theologen überwiegen die Cyclothymen, unter den exakten Naturwissenschaftlern dagegen sehr stark und unter den Juristen nur in geringer Überzahl die Schizothymen. Die Sprachler verteilen sich auf beide Konstitutionsgruppen gleichmäßig, was BANDLOW aus den zwei Hauptfaktoren der Sprachbegabung: grammatisch-logische Fähigkeit (schizothymer Pol) und Sprachgefühl (cyclothymer Pol) zu erklären sucht. — Am interessantesten ist der Vergleich der Schulzensuren der schizothymen bzw. cyclothymen Vertreter der *einzelnen Berufsgruppen* mit den Noten der *Gesamtheit* der Schizothymen und Cyclothymen. Dabei zeigten eine Leistungs*verbesserung* die schizothymen exakten Naturwissenschaftler, die schizothymen Juristen und im wesentlichen auch die schizothymen Sprachler, innerhalb der cyclothymen Berufsvertreter die Sprachler und Theologen und teilweise auch die beschreibenden Naturwissenschaftler. Eine allseitige Zensuren*verschlechterung* weisen die cyclothymen Juristen sowie die cyclothymen Mediziner auf. Unter Bezugnahme auf die experimentellen typenpsychologischen Ergebnisse macht BANDLOW die Beziehungen zwischen Konstitution und Schulleistung verständlich, vor allem diejenigen zwischen mathematisch-naturwissenschaftlicher Begabung und schizothymem Typ, wie zwischen sprachlicher Veranlagung und cyclothymem Pol. Die frühere Unterrichtsweise an den höheren Schulen kam nach seinen

Feststellungen namentlich der Wesensart des schizothymen Konstitutionstypes entgegen. Bandlow nimmt daher an, daß eine Untersuchung an heutigem Schülermaterial für die Schulleistung der Cyclothymen günstigere Befunde ergeben wird, da der Schulunterricht, selbst an den humanistischen Gymnasien, auch der Entfaltung der cyclothymen Wesensart weiteren Spielraum lasse.

Schrifttum.

Zusammenfassende Darstellungen.

Ach, N.: Beiträge zur Lehre von der Perseveration. Z. Psychol., Erg.-Bd. 12 (1926). — Finale Qualität (Gefügigkeitsqualität) und Objektion. Arch. f. Psychol. Erg.-Bd. 2 (1932). — Analyse des Willens. Berlin u. Wien 1935.

Baumgarten, F.: Die Berufseignungsprüfungen. München u. Berlin 1928. — Behn-Eschenberg, H.: Psychische Schüleruntersuchungen mit dem Formdeute-Versuch. Bern 1921. — Bender, H.: Psychische Automatismen. Leipzig 1936. — Brunswick, E.: Experimentelle Psychologie in Demonstrationen. Wien 1935. — Bühler, K.: Die geistige Entwicklung des Kindes. Jena 1930.

Clauss, L. F.: Rasse und Charakter. I. Teil: Das lebendige Antlitz. Frankfurt a. M. 1936.

Eckle, Ch.: Erbcharakterologische Zwillingsuntersuchungen. Unter Mitarbeit von H. Ostermeyer. Leipzig 1939. — Eickstedt, E. v.: Grundlagen der Rassenpsychologie. Stuttgart 1936. — Ewald, G.: Temperament und Charakter. Berlin 1924. — Biologische und reine Psychologie im Persönlichkeitsaufbau. Berlin 1932.

Fröbes, J.: Lehrbuch der experimentellen Psychologie 3. Aufl. Freiburg i. Br. 1929.

Galton, F.: Genie und Vererbung. Deutsch v. Neurath. Leipzig 1910. — Giese, F.: Körperseele. München 1927.

Hause, A.: Persönlichkeitsgefüge und Krankheit. Stuttgart u. Leipzig 1938. — Hellwig, P.: Charakterologie. Leipzig 1936. — Hoffmann, H.: Die Nachkommenschaft bei endogenen Psychosen. Berlin 1921. — Vererbung und Seelenleben. Berlin 1926. — Das Problem des Charakteraufbaues. Berlin 1926. — Charakterforschung und Vererbungslehre. Jb. Charakterol. (Berl.) 1927. — Charakter und Umwelt. Berlin 1928. — Die Schichttheorie. Berlin 1935.

Jaensch, W.: Grundzüge einer Psychologie und Klinik der psychophysischen Persönlichkeit. Berlin 1926. — Jung, C. G.: Psychologie der unbewußten Prozesse. Zürich 1918. — Psychologische Typen. Zürich 1921. — Just, G.: Die biologischen Grundlagen der Begabung. Volksaufartg 1928. — Vererbung und Erziehung. Berlin 1930. — Probleme der Persönlichkeit. Berlin 1934.

Klages, L.: Ausdrucksbewegung und Gestaltungskraft. Leipzig 1926. — Grundlagen der Charakterkunde, 7. u. 8. Aufl. Leipzig 1936. — Koffka, K.: Die Grundlagen der psychischen Entwicklung. Osterwieck 1925. — Köhler, W.: Psychologische Probleme. Berlin 1933. — Kraepelin, E.: Psychologische Arbeiten, 1.—8. Aufl. Leipzig 1894—1924. — Kretschmer, E.: Medizinische Psychologie, 3. Aufl. Leipzig 1926. — Geniale Menschen. Berlin 1929. — Körperbau und Charakter, 11. u. 12. Aufl. Berlin 1936. — Kretschmer, E. u. W. Enke: Die Persönlichkeit der Athletiker. Leipzig 1936. — Kroh, O.: Experimentelle Beiträge zur Typenkunde. Z. Psychol., Erg.-Bd. 14 (1929). — Experimentelle Beiträge zur Typenkunde. Z. Psychol., Erg.-Bd. 22 (1932). — Experimentelle Beiträge zur Typenkunde. Z. Psychol., Erg.-Bd. 24 (1934). — Krueger, E.: Das Wesen der Gefühle, 1928. — Külpe, O.: Vorlesungen über Psychologie. Leipzig 1922.

Lange, J.: Verbrechen als Schicksal. Leipzig 1929. — Lange-Eichbaum, W.: Genie, Irrsinn und Ruhm. München 1928. — Das Genieproblem. München 1931. — Lipmann, O.: Handbuch psychologischer Hilfsmittel der psychiatrischen Diagnostik. Leipzig 1922. — Lottig, H.: Hamburger Zwillingsstudien. Leipzig 1931. — Lotz, F.: Integrationstypologie und Erbcharakterkunde. Leipzig 1937.

Mall, G.: Konstitution und Affekt. Leipzig 1936. — Matthei, R.: Das Gestaltproblem. München 1929. — Meumann, E.: Intelligenz und Wille. Leipzig 1925. — Vorlesungen zur Einführung in die experimentelle Pädagogik, 2. Aufl. Leipzig 1932. — Möbius, P. J.: Über die Anlage zur Mathematik. Leipzig 1907.

Ostermeyer, G.: Gestaltspsychologie und Erbcharakterkunde. Leipzig 1935.

Passarge, E.: Perseveration und Determination. Z. Psychol., Erg.-Bd. 12 (1926). — Petermann, B.: Das Problem der Rassenseele. Leipzig 1935. — Peters, W.: Die Vererbung geistiger Eigenschaften. Jena 1925. — Pfahler, G.: System der Typenlehren. Z. Psychol., Erg.-Bd. 15 (1936). — Vererbung als Schicksal. Eine Charakterkunde. Leipzig 1932. — Warum Erziehung trotz Vererbung? Leipzig 1935.

REINÖHL, F.: Die Vererbung der geistigen Begabung. München 1937. — ROEMER, S.: Die wissenschaftliche Erschließung der Innenwelt einer Persönlichkeit. Basel 1930. — ROHRACHER, H.: Persönlichkeit und Schicksal. Wien 1926. — Theorie des Willens auf experimenteller Grundlage. Leipzig 1932. — Kleine Einführung in die Charakterkunde, 2. Aufl. Leipzig 1936. — RORSCHACH, H.: Psychodiagnostik. Bern 1932. — SCHNEIDER, E.: Psychodiagnostisches Praktikum. Leipzig 1936. — SCHÖLLGEN, W.: Vererbung und sittliche Freiheit. Düsseldorf 1936. — SCHOTTKY, J.: Die Persönlichkeit im Lichte der Erblehre. Leipzig 1936. — SELZ, O.: Die Gesetze der produktiven und reproduktiven Geistestätigkeit. Bonn 1924. — SIMONEIT, M.: Über die Bedeutung der Lehre von der praktischen Menschenkenntnis. Berlin 1934. — SKALWEIT, W.: Konstitution und Prozeß. Leipzig 1934. — SOMMER, R.: Die psychologischen Untersuchungsmethoden, 1907. — SOMOGYI, J.: Begabung im Lichte der Eugenik. Forschungen über Biologie, Psychologie und Soziologie der Begabung. Leipzig u. Wien 1936. — SPRENG, H.: Psychotechnik. Leipzig u. Zürich 1920. — STERN, W.: Die Intelligenz der Kinder und Jugendlichen. Leipzig 1928. — STÖRRING, H.: Methoden der Psychologie des höheren Gefühlslebens auf Grund psychopathologischer, experimenteller, introspektiver und völkerpsychologischer Untersuchungen. Berlin u. Wien 1931. — STISSER, L.: Über Affekte, emotionale Objektion, Ganzheitsauffassung und Persönlichkeitsveranlagung. Göttingen 1937. — STUMPFL, F.: Erbanlage und Verbrechen. Berlin 1935.

THORNDIKE, E. L.: The fundamentals of learning. New York 1932. — TROVILLO, P. V.: A History of the Detation. J. crim. Law a. Criminology 29/30 (1939). — VERAGUTH, O.: Das psychogalvanische Reflexphänomen. Berlin 1909. — VERSCHUER, O. v.: Intellektuelle Entwicklung und Vererbung. G. JUSTS Vererbung und Erziehung. Berlin 1930.

WELLEK, A.: Typologie der Musikbegabung im deutschen Volke. München 1939. — WENZL, A.: Theorie der Begabung. Entwurf einer Intelligenzkunde. Leipzig 1934. — WUNDT, W.: Physiologische Psychologie. Leipzig 1903. — Grundriß der Psychologie, 13. Aufl. 1924.

Einzelarbeiten.

ABEL, TH.: Attitudes and the galvanic skin reflex. J. of exper. Psychol. 13 (1930). — BANDLOW, G.: Schulleistung und Beruf ehemaliger Abiturienten und psychophysische Konstitution. Z. menschl. Vererbgslehre 21 (1937). — BARGLOWSKI, D.: Beruf, Trieb und Körperbau. Z. Neur. 150 (1934). — BEHR-PINNOW, C. v.: Die Vererbung bei den Dichtern A. Bitius, C. F. Meyer und G. Keller. Arch. Klaus-Stiftg 10 (1935). — BERLIT, W.: Erblichkeitsuntersuchungen bei Psychopathen. Z. Neur. 134 (1931). — BLEULER, M.: Der RORSCHACHsche Formdeuteversuch bei Geschwistern. Z. Neur. 118 (1929). — Der RORSCHACH-Versuch als Unterscheidungsmittel von Konstitution und Prozeß. Z. Neur. 151 (1935). — BOURWIEG, H.: Experimentelle Untersuchung der Sehreaktion. Ein Beitrag zur Persönlichkeitsforschung. Unters. Psychol. usw. (Göttingen) 1931. — BOUTERWEK, H.: Ein Beitrag zur Zwillingspädagogik. Arch. Rassenbiol. 26 (1932). — Asymmetrien und Polarität bei erbgleichen Zwillingen. Arch. Rassenbiol. 28 (1934). — Erhebungen an eineiigen Zwillingen über Erbanlage und Umwelt als Charakterbildner. Z. menschl. Vererbgslehre 20 (1936). — BRAAT, J. P.: Die experimentelle Psychologie und KRETSCHMERS Konstitutionstypen. Mschr. Psychiatr. 94 (1936). — BRACKEN, H. v.: Psychologische Untersuchungen an Zwillingen. Ber. 13. Kongreß f. Psychol. 117 (1933). — Verbundenheit und Ordnung im Binnenleben von Zwillingspaaren. Z. pädag. Psychol. 37 (1936). — Das Schreibtempo von Zwillingen und die sozialpsychologischen Fehlerquellen der Zwillingsforschung. Z. menschl. Vererbgslehre 23 (1939). — BUCK, H.: Ein Beitrag zur Lehre vom Drehschwindel und den Konstitutionstypen. Unters. Psychol. usw. (Göttingen) 11 (1936). — BUJAS, R.: Die psychischen Bedingungen des psychogalvanischen Phänomens. Ber. Ges. exper. Psychol. 1930.

CARMENA, M.: Ist die persönliche Affektlage oder „Nervosität" eine ererbte Eigenschaft? Z. Neur. 150 (1934). — Schreibdruck bei Zwillingen. Z. Neur. 152 (1935).

DAMBACH, K.: Die Mehrfacharbeit und ihre typologische Bedeutung. Erg.-Bd. Z. vergl. Psychol. 14 (1929). — DUBITSCHER, F.: Der RORSCHACHsche Formdeuteversuch als diagnostisches Hilfsmittel. Z. Neur. 138 (1932).

EICKSTEDT, E. v.: Betrachtungen über den Typus der Menschen. Umsch. 28 (1924). — ENGEL, P.: Über die teilinhaltliche Beachtung von Farbe und Form. Z. pädag. Psychol. 36 (1935). — ENKE, E.: The Affectivity of KRETSCHMER's Constitution Types os Reveded in Psychogalvanic experiments. Internat. Quart. Char. a. Person 1 (1933). — ENKE, W.: Die Konstitutionstypen im RORSCHACHschen Experiment. Z. Neur. 108 (1927). — Experimentalpsychologische Studien zur Konstitutionserforschung. (Sinnes- und denkpsychologische Untersuchungen.) Z. Neur. 114 (1928). — Experimentelle Begabungsforschung und Berufsberatung beim Gesunden und Kranken. Med. Welt 20 (1931). — Die Affektivität der

Konstitutionstypen im psychogalbanischen Versuch. Z. Neur. 138 (1932). — Die Affektivität der Konstitutionstypen im psychogalvanischen Versuch. Charakter 3 (1932). — Erwiderung auf E. R. JAENSCHs „Auseinandersetzungen in Sachen der Eidetik und Typenlehre". Z. Psychol. 130 (1933). — Persönlichkeitsproblem in: Einheitsbestrebungen in der Medizin. Dresden u. Leipzig 1933. — Erbbiologische Bedingtheiten der Persönlichkeit. Med. Klin. 1934. — Die Persönlichkeitsradikale, ihre soziologische und erbbiologische Bedeutung. Allg. Z. Psychiatr. 102 (1934). — Über den Aufbau der Persönlichkeit. Sitzgsber. Ges. Naturwiss. Marburg 70 (1935). — ENKE, W. u. E. HILDEBRAND: Konstitutionstypen und Erfassungsform. Erscheint in Z. menschl. Vererbgslehre. — ENKE, W. u. L. HEISING: Experimenteller Beitrag zur Psychologie der „Aufmerksamkeitsspaltung" bei den Konstitutionstypen. Z. Neur. 118 (1929).

FISCHER, G.: Das System der Typenlehren und die Frage nach dem Aufbau der Persönlichkeit. Ein Beitrag zu den neuen Arbeiten der Erbcharakterkunde PFAHLERs und der Integrationstypologie von JAENSCH. Z. angew. Psychol. 56 (1939). — FISCHER, G. H. mit H. EILKS: Die Herleitung der Typen aus funktionellen und strukturellen Zusammenhängen. Z. Psychol. 133 (1934). — FISCHER, G. H. u. R. HENTZE: Strukturvergleichende Untersuchungen an Eltern und Kindern. Z. Psychol. 133 (1934). — FROMMANN, F.: Das psychogalvanische Phänomen und seine typologische Bedeutung. Inaug.-Diss. Tübingen 1932. — FÜRST, TH. u. F. LENZ: Ein Beitrag zur Frage der Fortpflanzung verschieden begabter Familien. Arch. Rassenbiol. 17 (1926). — FÜRSTENBERG, H. R.: Experimentelle Untersuchungen über die Zusammenhänge des binokularen Tiefensehens mit dem Persönlichkeitstypus. Unters. Psychol. usw. (Göttingen) 12 (1937).

GESELL, A. and H. THOMPSON: Learning and growth in identical infant twins. Genet. Psychol. Monogr. 6 (1929). — GOTTSCHALDT, K.: Zur Methodik erbpsychologischer Untersuchungen in einem Zwillingslager. Kongreß dtsch. Ges. Vererbgswiss. Frankfurt a. M. 1932. — Über die Vererbung von Intelligenz und Charakter. Forschgn Erbpath. u. Rassenhyg. 1937. — GRAF, O.: Experimentelle Psychologie und Psychotechnik. Fortschr. Neur. 1929—1936. — Experimentelle Psychologie und Erblehre. 1. SCHOTTKY: Die Persönlichkeit im Lichte der Erblehre. Leipzig 1936. — GREBE, E. u. L. MAYER: Über den Einfluß der Affekte auf den Gesamtstoffwechsel. Z. Neur. 86 (1923). — GRÜNBERG, R.: Psychologische Typen im Kindesalter. Ann. Paediatr. 152 (1938).

HAIER, H.: Über die Abstraktion als geistiges Mittel zur Lösung von Aufgaben und in Beziehung zur Typologie. Unters. Psychol. usw. (Göttingen) 9 (1935). — HANSE: Erwerbslosigkeit als konstitutionsbiologisches Problem. Ziel u. Weg 8 (1937). — HARTMANN, A.: Über den Einfluß des Rhythmus auf die Flimmergrenze und ihre Beziehung zum Typus der Persönlichkeit. Unters. Psychol. usw. (Göttingen) 10 (1935). — HARTMANN, H.: Zur Charakterologie erbgleicher Zwillinge. Jb. Psychiatr. 52 (1935). — HENNING, H.: Ziele und Möglichkeiten der experimentellen Charakterologie. Jb. Charakterol. (Berl.) 6 (1929). — HERMANN, L. and L. HOGBAN: The intellectual ressemblance of twins. Proc. roy. Soc. Edinburgh 53 (1933). — HERTZ, TH.: Pharmakodynamische Untersuchungen an Konstitutionstypen. Z. Neur. 134 (1931). — HESS, F.: Umstellungsfähigkeit und Perseveration. Ein Beitrag zur Typenlehre. Unters. Psychol. usw. (Göttingen) 9 (1935). — HEYMANS u. WIERSMA: Beiträge zur speziellen Psychologie auf Grund einer Massenuntersuchung. Z. Psychol. 42, 43, 45, 46, 51 (1905—1909). — HIRSCH, O.: Blutzuckerbelastungsproben zur blutchemischen Fundierung der Körperbautypen. Z. Neur. 140 (1932). — HOFMANN, K. G.: Die diagnostische Bedeutung des psychogalvanischen Reflexphänomens, untersucht an Kindern. Z. Psychol. 141 (1937). — HORST, L. VAN DER: Experimentell-psychologische Untersuchungen zu KRETSCHMERs „Körperbau und Charakter". Z. Neur. 93 (1924). — Grenzen en Mogelijkeeden der moderne Psychologie. Nederl. Tijdschr. Psychol. 1933 I. — HUMMER, E.: Die Erscheinungen der Verschmelzung, Vergrößerung und Steigerung und deren Beziehung zu den Typen nach JAENSCH und KRETSCHMER. Arch. f. Psychol. 95 (1936).

JACOBSEN, W.: Charaktertypische Arten des Deutens von Helldunkelbildern. Z. Psychol. 140 (1937). — JAENSCH, E. R.: Das Verhältnis der Integrationstypologie zu anderen Formen der Typenlehre, insbesondere zur Typenlehre KRETSCHMERs. Z. Psychol. 125 (1933). — Tuberkulose und Seelenleben. Z. Psychol. 135 (1935) — Typen und Aufmerksamkeit. Z. Psychol. 136 (1935). — JANSEN, W.: Verschmelzung intermittierender Sinnesreize. Z. Psychol. 136 (1935). — JUNG, C. G.: Diagnostische Assoziationsstudien. J. Psychol. 1906, 3f. — JUST, G.: Weitere Untersuchungen über die biologischen Grundlagen der Schulleistung. Z. Abstammgslehre 73 (1937). — Die erbbiologischen Grundlagen der Leistung. Naturwiss. 27, H. 10/11 (1939).

KIBLER, M.: Experimenteller Beitrag zur Typenlehre. Z. Neur. 98 (1925). — KIRSCH, E.: Aufmerksamkeit und Objektionsfähigkeit. Unters. Psychol. usw. (Göttingen) 8 (1934). — KÖHN, W.: Psychologische Untersuchungen an Zwillingen. Arch. f. Psychol. 88 (1933). — Vererbung und Umwelt nach NEUMANNs und MULLERs eineiigen Zwillinge verschiedener Umwelt. Arch. Rassenbiol. 28 (1934). — Die Vererbung des Charakters. Studien an Zwillingen. Arch. Rassenbiol. 29 (1935). — KRAMASCHKE, W.: Schulleistung und psychischer

Konstitutionstypus. Z. menschl. Vererbgslehre **22** (1938). — KRANZ, H.: Diskordantes soziales Verhalten eineiiger Zwillinge. Mschr. Kriminalpsychol. **26** (1935). — Zwillingsforschung. Neue deutsche Klinik, Bd. 4. **1936**. — KRETSCHMER, E.: Experimentelle Typenpsychologie. Z. Neur. **113** (1928). — KREUTZ, M.: Comment remedier l'inconstance des tests. Arch. de Psychol. **25** (1934). — KROH, O.: Psychologische Vererbungsfragen. 1. Ber. 14. Kongreß f. Psychol. Jena 1935. — Zur Absicht und Methode unserer typenkundlichen Arbeiten. Z. Psychol. **143** (1938). — KUHN, H. J.: Praktische Psychologie und typologische Forschung der Gegenwart. Z. pädag. Psychol. **35** (1934). — KUROS, B.: Sympathicusreizversuche an den Konstitutionen. Z. Neur. **168** (1940).

LAIGEL-LAVESTINE, M. et G. D'HEUCQUEVILLE: Les modifications pharmadynamiques de la tonalité affective. Presse méd. **1933**. — LAMPARTER, H.: Typische Formen bildhafter Gestaltung. Z. Psychol., Erg.-Bd. **22** (1932). — LANGE, J.: Zum Problem des Persönlichkeitsaufbaues. Med. Klin. **1931** I. — Zwillingsbildung und Entwicklung der Persönlichkeit. Naturwiss. **21** (1933). — LANGNER, E.: Form- und Farbbeachtung und psychophysische Konstitution bei zeitgenössischen Dichtern. Z. menschl. Vererbgslehre **20** (1936). — LERSCH, PH.: Probleme und Ergebnisse der charakterologischen Typologie. Verh. dtsch. Ges. Psychol. **1934**. — LENZ, F.: Inwieweit kann man aus Zwillingsbefunden auf Erbbedingtheit oder Umwelteinfluß schließen? Dtsch. med. Wschr. **1935** I. — LESSNER, A.: Über die Determination, Objektion und Perseveration. Arch. f. Psychol. **89** (1933). — LINDE, E.: Das psychogalvanische Reflexphänomen. Z. Psychol. **115** (1930). — LINE, W.: Some psychological concepts related to a view of mental health. Amer. J. Psychiatry **91** (1934). — Löw, A.: Assoziation und Wiedererkennen in typenkundlicher Betrachtung. Z. Psychol. **143** (1938). — LÜTH, K. F.: Über Vererbung und konstitutionelle Beziehung der vorwiegenden Form- und Farbbetrachtung. Z. menschl. Vererbgslehre **19** (1935). — LUTZ, A.: Teilinhaltliche Beachtung, Auffassungsumfang und Persönlichkeitstypus. KROHs Experimentelle Beiträge zur Typenkunde I. Erg.-Bd. 14. Leipzig 1929.

MADLUNG, H.: Über den Einfluß der typologischen Veranlagung auf die Flimmergrenze. Unters. Psychol. usw. (Göttingen) **10** (1935). — MAIER, H.: Über die Abstraktion als geistiges Mittel zur Lösung von Aufgaben und ihre Beziehung zur Typologie. In ACH: Unters. Psychol. usw. (Göttingen), N. F. **9** (1935). — MANDOWSKY, C.: Der RORSCHACHsche Formdeuteversuch. BRUGSCH-LEWYs Handbuch der Biologie der Person, Bd. 2. Berlin 1931. — MERRIMAN, C.: The intellectual resemblance of twins. Psychologic Monogr. **33** (1924). — MEUMANN, J.: Testpsychologische Untersuchungen an ein- und zweieiigen Zwillingen. Arch. f. Psychol. **93** (1935). — MEVES, F.: Richtigkeits- und Wahrheitsurteile, zugleich ein Beitrag zur Typenlehre. Arch. f. Psychol. **89** (1932). — MIERKE, K.: Über die Objektionsfähigkeit und ihre Bedeutung für die Typenlehre. Arch. f. Psychol. **89** (1933). — Psychologische Beobachtungen an eineiigen Zwillingen. Volk u. Rasse **9** (1934). — MÜLLER, M.: Der RORSCHACHsche Formdeuteversuch, seine Schwierigkeiten und Ergebnisse. Z. Neur. **118** (1929).— MUNZ, E.: Die Reaktion der Pykniker im RORSCHACHschen psychodiagnostischen Versuch. Z. Neur. **91** (1924). — MYERS, O. S.: A discussion on the application of quantitative methods to certain problems in psychology. Proc. roy. Soc. Lond. B **125** (1938).

NEWEKLOWSKY, K.: Untersuchungen über die typendiagnostische Verläßlichkeit der Fragebogenmethode. Z. angew. Psychol. **56** (1939). — NEWMAN, H. H.: Mental and physical traits of identical twins reared apart. J. Hered. **20** (1929, 1930, 1932, 1933).

OSSIPOW, W.: Über die psychologische Entstehung der Emotionen (russ.). 1924. — PETERS, PAETZOLD, J.: Vererbung und Schulerziehung. Arch. Rassenbiol. **29** (1935). — PETERS, W.: Über die Vererbung intellektueller Fähigkeit. Autoref. V. Kongreß f. exper. Psychol. Berlin 1912. — Über Vererbung psychischer Fähigkeiten. Fortschr. Psychol. **3** (1916). — PFAHLER, G.: Erbcharakterologie und JAENSCHsche Integrationstypologie. Z. Psychol. **128** (1933). — Vererbung des Charakters. Med. Welt **1934** I. — PINARD, J. W.: Tests of Perseveration. Brit. J. Psychol. **23** (1933). — POPENOE, J.: Twins reared apart. J. Hered. **13** (1922). — PUHL, E.: Die individuelle Differenz des Farbensinnes in ihrer Beziehung zur Gesamtpersönlichkeit. Z. Sinnesphysiol. **63** (1933).

RAU, K.: Untersuchungen zur Rassenpsychologie nach typologischer Methode. Leipzig 1935. — REAM, M.: The Tapping-Test. Univ. Jowa Stud. Child Welfare **8** (1922). — REINÖHL, F.: Die Vererbung der Intelligenz. Arch. Rassenbiol. **29** (1935). — REITER u. STERZINGER: Aufmerksamkeit und Konstitution. Z. Psychol. **122** (1931). — RIEFFERT, J. B.: Methoden und Grundbegriffe der Charakterologie. Verh. dtsch. Ges. Psychol. **13**, Kongreßber. (1934). — ROERAU, E.: Das Gebiet der Perseverationen. Z. Neur. **162** (1938).

SANDER, F.: Experimentelle Ergebnisse der Gestaltpsychologie. Ber. 10. dtsch. Psychol.-Kongreß 1928. — SCHILLER, M.: Zwillingsprobleme. Z. menschl. Vererbgslehre **20** (1936). — SCHLIEBE, G.: Untersuchungen zur Erbcharakterkunde. 1. Über die Konstanz der vererbten seelischen Grundfunktionen, insonderheit der Aufmerksamkeit. Z. menschl. Vererbgslehre **19** (1935). — SCHMIDT, B.: Reflektorische Reaktionen auf Form und Farbe und ihre typologische Bedeutung. Z. Neur. **137** (1936). — SCHMIDT, J.: Das Verhalten der Menschen bei objektiv nicht erfüllbaren Aufgaben, die aber subjektiv als erfüllbar angesehen werden. Z. Psychol. **133** (1934). — Schmidt-Durban, W.: Experimentelle Untersuchungen zur Typologie der Wahrnehmung. München 1939. — Schnorr, F.: Die stroboskopische Erscheinung und ihre Beziehung zum Persönlichkeitstypus. Unters. Psychol. usw. (Göttingen) **12** (1937). — Scholl, R.: Theorie und Typologie der teilinhaltlichen Beachtung von Form und Farbe. Z. Psychol. **101** (1927). — Untersuchungen über die teilinhaltliche Beachtung von Form und Farbe. Z. Psychol. **101** (1927). — Schröder, A.: Experimentelle Untersuchungen über Reaktionstypen. Inaug.-Diss. Bonn 1935. — Schröder, P.: Charakterund Erblehre. Nervenarzt **8** (1935). — Schroedersecker, F.: Über das psychomotorische Tempo der Konstitutionstypen. Z. menschl. Vererbgslehre **23** (1939). — Schulz, O.: Experimentelle Untersuchungen über Lüge und Charakter. Unters. Psychol. usw. (Göttingen) **8** (1934). — Schulz, W.: Strukturtypus und Begabung. „Die Rheinprovinz" **1936**. — Schulze, R.: Aus der Werkstatt der experimentellen Psychologie und Pädagogik. Leipzig 1913. — Skalweit, W.: Der Rorschach-Versuch als Unterscheidungsmittel von Konstitution und Prozeß. Erwiderung auf den gleichlautenden Aufsatz von M. Bleuler in Bd. 151 dieser Zeitschrift. Z. Neur. **152** (1935). — Smith, M.: Das nervöse Temperament. Brit. J. med. Psychol. **10** (1930). — Sondergeld, W.: Affektive Erregbarkeit und Objektionsfähigkeit. Unters. Psychol. usw. (Göttingen) **10** (1935). — Stokvis, B.: Die Bedeutung der experimentellen Psychologie für die Medizin. Lochem.N.V. Uitgevers-Mij. „De Tijdstrom" 1939 (holl.). — Struwe, K.: Typische Ablaufsformen des Deutens bei 14—15jährigen Schulkindern. Z. angew. Psychol. **37** (1932). — Stumpfl, F.: Über Diskordanz bei psychopathischen Zwillingen. Nervenarzt **9** (1936). — Sutherland, J. D.: The speced factor in intelligent reactions. Brit. J. Psychol. **24** (1934). — Syldat, F.: Typologische Verschiedenheiten in der Wahrnehmung. Arch. Psychol. **101** (1938).

Terman, L. M.: The measurement of personality. Science (N. Y.) **1934** II. — Thorndike, E. L.: The fundamentals of learning. New York 1932. — Timmer, A. P.: Die schizothymen und zyklothymen Temperamente Kretschmers im Lichte der Pawlowschen bedingten Reflexe betrachtet. Z. Neur. **132** (1931).

Verschuer, O. v.: Intellektuelle Entwicklung und Vererbung. G. Justs Vererbung und Erziehung. Berlin 1930. — Soziale Umwelt und Vererbung. Erg. soz. Hyg. u. Gsdh.-fürs. **2** (1930). — Zwillingsforschung und Vererbung beim Menschen. Z. Züchtungskde **5** (1930). — Ergebnisse der Zwillingsforschung. Verh. Ges. psychiatr. Anthrop. **6** (1932). — Erbpsychologische Untersuchungen an Zwillingen. Z. Abstammgslehre **54** (1930). — Die biologischen Grundlagen der menschlichen Mehrlingsforschung. Z. Abstammgslehre **61** (1932). — Die Erbforschung auf dem Gebiet der psychischen Eigenschaften. Charakter **2** (1933).

Weil, H.: Wahrnehmungsversuche an Integrierten und Nichtintegrierten. Z. Psychol. **111** (1929). — Weimer, J.: Untersuchungen zur Erbcharakterkunde. II. Erbcharakterologische Untersuchung einer Familie mit Verhaltungs- und experimentalpsychologischen Methoden. Z. menschl. Vererbgslehre **19** (1935). — Wellek, A.: Typus und Struktur. Arch. f. Psychol. **100** (1938). — Willemse, W.: Typologische Untersuchungen über das Verhalten von jugendlichen Psychopathen in Konfliktsituationen. Z. angew. Psychol. **46** (1934). — Wilson, P. Th.: A study of twins special reference to heredity as a factor determining differences in environnement. Human Biology **6** (1934). — Wingfield, A.: Twins and orphans. The inheritance of intelligence. London a. Toronto 1928. — Wittkower, E. u. O. Fechner: Über affektiv-somatische Veränderungen. 5. Mitt. Der psychogalvanische Reflex. Z. Neur. **136** (1931).

Zerbe, E.: Seelische und soziale Befunde bei verschiedenen Körperbautypen. Arch. f. Psychiatr. **88** (1929). — Zulliger, H.: Der Rorschachsche Testversuch im Dienste der Erziehungs- und Berufsberatung. Gesdh. u. Wohlf. **14** (1934). — Zutt, J.: Die innere Haltung. Mschr. Psychiatr. **73** (1929).

Namenverzeichnis.

Die in *Schrägschrift* gedruckten Zahlen verweisen auf die Schrifttumsverzeichnisse.

Abderhalden *83*.
— T. *630*.
Abel, Th. *765*.
— W. 2, 5, 10, 13, 14, 17, 34, *50*, *84*, 326, 327, 328, 329, 331, 336, *357*, 425, 426, 427, 428, 429, 430, 431, 433, 435, 436, 437, 438, 439, 440, 441, 442, 443, 445, 446, 457, *458*.
Aberastury, F. *499*.
Ach 98.
— s. H. Maier *767*.
— N. *764*.
Adachi 457, *458*.
— B. 8, *50*.
Adam, C. 540.
Adelsberger, L. 585, *635*, 649, 676, *682*.
— u. H. Munter *635*, *636*.
Adkinson 671.
Adler 676.
— A. 408, *422*.
Aeppli, H. 566, *631*.
Aichel, O. 10, *50*, 444, *458*.
Albert, R. *110*, *499*.
Albertini, A. v. 608, *637*.
— u. A. Grumbach *637*.
Albrecht 312.
— K. *110*.
— W. 413, *422*, 597.
Alestra, L. *84*.
Alexander 363.
— s. Epstein *405*.
— H. L. u. C. H. Eyermann *636*.
Alikham, M. 569, *631*.
Aliot 363, *405*.
Allemann, R. 557, 566, *631*.
Alpatov, W. W. *422*.
Alpern, D. 613.
— W. Besuglow, S. Genes, Z. Dinerstein u. L. Tutkewitsch *637*.
Althoff, F. 109.
— F. s. E. R. Jaensch *111*.
Amar, J. *498*.
Ammon, v. 444.
Anderson, O. N. 124, 155, *209*.
Andina, F. *636*.
Andreew 78.
Andrejew, M. P. s. P. A. Badjul *499*.
Andrew. M. P. *84*.
Anton, G. *499*.

Apert, E. 274, *307*, 563, 599.
Argelander, A. *110*.
Arnold 516, 709, *728*.
— A. 363, *405*.
— A. u. H. Streitberg *84*, *405*.
Aron 363, *405*.
— u. Lubinski *405*.
— M. *534*.
Aronowitsch 548.
Aschenheim 648.
Ascher, K. W. 553, *631*.
Aschner 544, 550, 563, 564, 565, 566.
— B. 680, 681.
— B. u. G. Engelmann *631*.
— Bernhard 606.
— Berta 547, *631*.
Aschoff *84*, 608.
Atzler, E. *498*.
Auer 676.
Auspitz 641.

Baagöe, K. H. 664, *682*.
Bab, E. 563.
— H. *631*.
Bach 363, *499*.
— s. Gieseler *406*.
— F. 27, *50*.
Bachmann, W. 363.
— W. s. Th. J. Bürgers *405*.
Badjul, P. A., A. M. Miropolskaja u. M. P. Andrejew *499*.
Baelz, C. 443, 444, 446, *459*.
Bagg 681.
Bahle, J. *110*.
Baldwin 363, *405*.
Ballin, L. *422*.
Ballmann, E. *631*.
Balyeat 682, *682*.
— R. M. 582, *635*.
Bandlow, G. 763, 764, *765*.
Barany, R. u. P. Kallos *637*.
Barglowski, D. *765*.
Barlow *210*.
Barrington 544.
— A. s. H. Rieschbieth *535*.
Barrow, W. 597.
Bartel 606, 660.
Bartels, E. D. 527, *534*.
Basler, A. 705, *728*.
Bateson 144, 312.
Bauer 547, 558.
— E. 681.

Bauer, H. *84*.
— J. 37, 38, *50*, *83*, 414, *422*, 452, *459*, 513, 525, 527, 528, 530, *533*, *534*, *535*, 539, 546, 551, 557, 558, 559, 561, 564, 565, 570, 576, 599, 606, 607, 610, 613, 616, 617, *630*, *631*, *637*, 668, 674, 680, *682*, 733.
— J. u. A. Vogel *637*.
— K. H. 314, *357*, 565, 680, *682*.
— K. H. u. Ing. Göttig *631*, *683*.
— S. u. Mann *498*.
— -Chlumberg, M. s. K. Gross *499*.
— -Jokl, M. *630*.
Baumgarten, F. *109*, *110*, *764*.
Baumgartner, F. 696, *728*.
Baur, Fischer u. Lenz 459, *637*, *682*.
— F. 185, *209*, *210*, *210*.
Bayer 717.
— G. *636*.
Bayes 127.
Bazin 610, 656.
Bechtrew, W. *498*.
Beck, H. 571.
Becker, E. G. 665, *683*.
— M. 496, *498*.
— P. E. *499*, *637*.
Beeton, M. 419.
— M. u. K. Pearson *422*.
Behn-Eschenberg, H. *764*.
Behr-Pinnow, C. v. *765*.
Belaieff 594.
Bell, A. G. 420, *422*.
— Ch. *498*.
Benda, C. 516.
— C. s. A. Fraenkel *534*.
Bender, H. *764*.
Benedetti, P. *84*.
— P. s. G. Viola *87*.
Beneke, F. W. 606, 611, *630*.
Bennholdt-Thomsen 691, *728*.
Beretervide, J. J. u. Rosenblatt *534*.
Bergauer, V. 420, *422*.
Bergemann-Könitzer 104.
Berger, W. 577, 578, 579, 580, 595, *635*, *637*.
— W. u. K. Hansen *635*.

49

Bergmann 665.
— v. 525, 526, *534*.
Beringer u. Düser *632*.
Berliner, M. 364, *405*.
Berlit, W. *765*.
Bernhardt 557, *632*.
Bernoulli, Jakob 124, 130.
Bernstein, F. 147, 163, *209*, *210*, 263, 264, 266, 273, 274, 277, 282, *307*, *307*, *308*, 339, *357*, 420, *422*, *458*, *458*, *459*.
Bertalanffy, L. v. 203, *210*.
Besançon 609.
Bessau, G. *630*.
Besse 606, *637*.
Besuglow, W. 613.
— W. s. D. Alpern *637*.
Bettmann, S. 41, *50*, 337, *357*, 567, *632*.
Betz, W. *109*.
Biach, P. 553, *632*.
Bichel 533.
— Frommel u. Hess *534*.
Bieberbach, L. 109, *110*.
Biedermann, E. 363, *405*.
Biedl, A. 364, *405*, 503.
Bijlmer, H. J. T. 443, *459*.
Binder 554.
Binet 725.
— A. 100, *498*.
— A. u. Th. Simon *109*, 713.
Bion 608.
Bitterling, H. 131, *211*.
Blau 554.
Bleuler 546.
— M. *765*.
— M. s. W. Skalweit *768*.
Blinow, A. *84*.
Bloch 650, 654, 663, 675, *683*.
Bluhm, A. *635*.
Blumberg 702.
— s. Schlomka *729*.
Blume, G. 479, 482, *499*.
Bluntschli 544.
Bober, H. *84*.
Bobertag 725.
— O. 100, *110*.
— O. u. E. Hylla *110*.
Bock, K. A. *632*.
Boddin, M. 654, *683*.
Böge, K. *110*.
Böhme 698.
Böning 363, *405*.
— s. R. Rössle *407*.
Boening, H. *630*.
Börner 186.
Boeters, H. *573*, 623.
Boettiger 507, 587.
Bogaert, L. van 521, *534*.
— L. v. 621, *637*.
Bogdatjan 609.
— M. G., B. A. Sluzkaja u. F. A. Lokschina *637*.
Bogen u. Lipmann *728*.
— H. s. G. Schütze *499*.

Bohn 641.
Bohnenkamp 718.
Bolk *405*.
Bolten, G. C. *635*.
Bonell, W. 663, 664, *683*.
Bonewitz, H. 453, *459*.
Bonnevie 466.
— K. 40, 41, *50*, 222, *248*, 332, 333, *357*, *459*, 546, *632*, 681.
Booth 662.
— G. C. *499*.
Borchardt 547, 689.
— L. *83*, *84*, 363, 394, *405*, *630*, 660, 675, *683*.
— W. *632*.
Bortkiewicz, L. v. *211*.
Bosch, Hieronymus 557.
Rostroem, A. *84*, *501*.
Bouchard 599, 647, 656, 659, 660, 668.
Bouillaud, J. 607, *638*.
Bouin 506.
Bourwieg 98.
— H. *765*.
Bouterwek, H. 219, *248*, *765*.
Braat 754.
— J. P. *765*.
Bracken, H. v. *499*, *765*.
Brailowski, W. W. *84*.
Brak, F. *83*.
Brander, T. *84*, 559, *632*.
Brandes 622.
Brandstrup, E. 511.
— E. s. H. Okkels *535*.
Brandt 687, *728*.
— G. u. F. A. Weihe *638*.
— W. *84*, 409, *422*.
Brauch 711, *728*.
Braun, F. *499*.
— R. *499*.
Braune u. Fischer *498*.
Brauns, L. *459*.
Bravais, A. 122, *211*.
Bray 582, 655, 671, *683*.
Bredt, H. 561, *632*.
Breindl, F. *635*.
Breitinger, E. *211*.
Breitmann, M. *84*.
Bremer 553, 565, 673, 731.
Bresler 549.
Brezina, E. 32, 363, *405*.
— E. u. V. Lebzelter *50*, *499*.
Brill 544, *422*.
Brocher, J. E. W. *638*.
Brock, G. *635*.
— J. 363, *405*.
Brocq 610, 674.
Broder, C. u. Carnap *498*.
Brogsitter 612.
Broster, L. R. *534*.
Brown, W. H. *630*.
Bruck, M. 606, *638*.
Brücke, H. v. *632*.
Brückner *638*.
Brüel, O. *84*.

Brugsch, Th. *83*, 363, 364, *405*.
Brugsch, Th. u. Levy *83*.
— Th. u. Levy *405*.
Bruni, A. C. *84*.
Bruno 754.
Bruns, H. 209.
Brunswick, E. 90, *764*.
Brustmann 714.
Bryn, H. 452, 454, 455, *459*.
Buchanan 588.
Buck, H. *84*, *765*.
Buda, Ed. G. *632*.
Buday 608, *638*.
Bühler, E. 340, 344, *357*, 427, 442, 447, 456, 457, *459*.
— K. *764*.
Bürgens, Th. J. u. W. Bachmann *405*.
Bürger, M. 363, *422*, *630*.
— -Prinz *499*.
Buerger 611.
Büsing 363, *405*.
— H. *728*.
Buiteloar, L. *84*.
Bujas, R. *765*.
Bulloch, W. 597.
Bumke, O. *83*.
— u. Foerster *83*.
Burchardt, E. *84*.
Burgdörfer, Fr. 205, *211*.
Burkhardt 156, *210*.
Burt, C. 100, *110*.
Buschke, 622.
Buss 607, *638*.
Busse, H. *84*.
Bussmann, W. s. P. Dahr *357*.
Byloff, K. 562, *632*.

Calvé 622.
Camerer 363, *405*, 622, 623.
— J. W. 521, 665.
— J. W. u. R. Schleicher *534*, *683*.
Camp 159.
Campell, K. *84*.
Candia, S. de *534*.
Cannstadt, C. *630*.
Capinpin, J. M. *534*.
Carmena 96, 97.
— M. 485, 486, *499*, 759, *765*.
Carnap, C. s. B. Christiansen *498*.
— s. C. Broder *498*.
Carrara 567, *632*.
Carrirèe, R. 336, *357*, 452, *459*.
Carus, C. *498*.
— L. G. *83*, *498*.
Cassels *632*.
Castellino *84*.
Catel 644.
— W. *683*.
Cehak, G. *499*.
Chaillou u. MacAuliffe 62, *83*, *728*.

Chaillou 366, 613, 689.
Chantraine 718, 728.
Charbier 83.
— C. V. L. 210.
Cheiro (Pseudonym) 567.
Chervin 432, 459.
Chodounsky 607.
Chvostek 613.
Christian 521.
Christiansen, B. u. C. Carnap 498.
— Tage 530, 534.
— W. 286, 288, 340, 357.
Chrowder 597.
Clark, J. H. s. L. G. Rowntree 535.
Claude 532.
— Bernard 569.
Clauss, L. F. 426, 455, 456, 459, 764.
Claussen, F. 84, 534, 556, 599, 608, 610, 613, 615, 616, 617, 618, 619, 632, 638, 654, 667, 678, 683.
— F. u. E. Kober 638.
— F. u. F. Steiner 638.
Clegg, J. L. 84.
Cloetta 539.
Clopper, C. J. 155.
— C. J. u. E. S. Pearson 211.
Coblinger 648.
Coca 577, 578, 582, 584.
Coerper 686, 687, 712, 725, 728.
— C. 84, 363, 368, 369, 370, 405.
Cohen, H. 422.
Coke 664, 672.
Comby, S. 557, 558, 587.
Conestrelli, L. 499.
Conitzer, H. 45, 50.
Conrad, K. 247, 248, 317, 357.
Conradi, L. 519, 535.
— L. s. O. v. Verschuer 536.
Conta, G. v. 613.
Contacuzène, J. s. D. Paulian 86.
Cooke s. Spain 684.
— H. 614.
— R. A. 635.
Coolidge, J. L. 134, 210.
Correns-Wettstein 675, 678.
Cowdry, E. V. 422.
Crome, W. 291, 343, 357.
Crookshank 548, 566, 632.
Crouzon 550, 555.
Cummins, H. 41, 42.
— H., H. H. Keith, Ch. Midlo, R. B. Montgomery, H. H. Wilder u. J. Whipple Wilder 50.
Curschmann, H. 528, 532, 534. 632, 636.
— H. u. J. Schipke 534.
Curtius 412, 413.
— F. 223, 248, 422, 540, 545, 553, 561, 562, 564, 565, 567, 568, 570, 571, 574,

575, 632, 654, 657, 665, 668, 675, 677, 679, 680, 683.
Curtius. F. u. K. E. Pass 84, 422.
— F. u. E. Scholz 422.
— F. u. R. Siebeck 83.
Cushing, H. 519, 520, 534.
Cyon 516.
Czaber, F. 83.
Czerny, Ad. 641, 643, 644, 645, 646, 647, 651, 654, 658, 662, 667, 671, 681, 683.
— A. u. A. KELLER 659, 682.
Czuber, E. 156, 210.

Daffner 363, 405.
Dahlberg 310, 312.
— G. 221, 235, 248, 252, 270, 297, 307, 459.
— G. u. S. Stenberg 307.
— G. s. J. W. Hultkrantz 308.
— J. Wilh. u. G. s. Hultkrantz 358.
Dahlgren, K. G. 499.
Dahr, P. 341.
— P. u. W. Bussmann 357.
Dalché 559.
Dambach, K. 755, 765.
Damianovich, J. 647, 683.
Danielopulo 646.
Dantschakoff, V. 534.
— Vera 509.
Darwin, Charles 498, 555.
Daumier 557.
Davenport, C. B. 14, 39, 50, 413, 422, 534.
— Ch. 425, 431, 433, 434, 437, 459.
— Ch. u. Steggerda 459.
— Ch. B. 144, 187, 194.
— Ch. B. u. A. G. Love 211.
Deansley 507.
Deckner, K. 197, 211, 291.
Déjerine 546.
Derevici, H. 84.
Desbordes, J. s. M. Eck 630.
Deussen, J. 534.
Diamantopoulos, Stam. 632.
Diehl, A. 499.
— K. 222.
— K. u. O. v. Verschuer 248.
— K. s. O. v. Verschuer 461.
Dieminger s. Greifenstein 358.
Diepgen 688, 728.
Dieter, G. 110.
Dietrich, Ed. 611.
— W. 498.
Dietsch 728.
Dikanski 363, 405.
Dimitrijević, D. T. 84.
Dinerstein, Z. 613.
— Z. s. D. Alpern 637.
Dobkowsky, Theod. 556, 632.
Döllken 590, 636.
Doerr, R. 577, 578, 635, 676, 682.

Dorfman s. Levit 535.
Dorn 698, 728.
Dougall, W. Mc 110.
Doxiades 654, 657, 666, 683.
Dressler, M. 554.
Drury 575, 632.
Dubitscher, F. 84, 765.
Dublin, L. J. 416.
— L. J. u. Alf. J. Lotka 422.
Duchenne, G. B. 478, 498.
Düntzer, E. 363, 405.
Duering 720, 728.
Düser s. Beringer 632.
Duke, W. 635.
Dungern 338.
— -Hirszfeld v. 357.
Dunn, L. 425, 431, 433, 440, 443, 459.
Duras 189.
Dzierzynski, W. 519, 534.

Ebbinghaus, H. 100, 110.
Ebstein, E. 561, 565, 616, 632.
Eck, M. u. J. Desbordes 630.
Eckle, Ch. u. H. Ostermeyer 764.
Eckstein 638, 712, 728.
Eden 622.
Ederer, St. u. E. Kerpel-Fronius 84.
Ehrentheil, O. F. 573, 632.
Ehrhardt, S. 45, 50.
Eiasberg 644.
Eickstedt, E. v. 50, 459, 550, 632, 765.
Eilks, H. s. G. H. Fischer 766.
Einhorn, N. H. s. L. G. Rowntree 535.
Elderton, W. P. 211, 420, 423.
Ellermann, Mogens 521, 534.
Ellinger 594.
Ellinghaus 728.
Ellis, R. W. 519, 534.
Ely 588.
Eng, H. 111.
Engel, P. 754, 765.
Engelke, H. 499.
Engelmann 544, 550, 563, 564, 565, 566.
— G. s. B. Aschner 631.
Enke 712, 713, 723, 728, 735, 753, 756, 759, 760, 761.
— u. Meerowitsch 728.
— E. 766.
— W. 37, 45, 53, 57, 80, 81, 84, 88, 92, 94, 95, 96, 97, 98, 103, 426, 456, 462, 468, 470, 471, 471, 473, 475, 475, 476, 477, 478, 483, 483, 484, 485, 487, 488, 489, 490, 498, 499, 754, 766.
— W. u. L. Heising 766.
— W. u. E. Hildebrand 766.
— W. s. E. Kretschmer 83, 764.

Enke, W. u. R. Meerowitsch
  499.
Enriquez 599.
Ensor 597.
Enzbrunner-Zerzer, M. 363,
  405.
Eppinger, H. 571, 630, 646,
  654, 668.
— H. u. L. Hess 683.
Epstein 363, 544.
— u. Alexander 405.
— A. L. u. E. R. Finkel-
  stein 85.
Esau 622, 630.
Escherich 646, 681.
Eskelund, V. 48, 50, 357.
Essen-Möller, E. 127, 178, 211,
  220, 248, 302, 307, 325,
  346, 348, 349, 350, 354,
  355, 357, 564, 632.
Eugster, J. 527, 534.
Euler 555.
— u. Ritter 441.
Evans 512.
Ewald, G. 764.
Eyermann, C. H. s. H. L.
  Alexander 366.
Exner, F. N. 651.

Faber, A. 316, 317, 357.
Fahr 608.
— Th. 529.
— Th. u. F. Reiche 534.
Falta 571.
— W. 364, 405, 413, 423,
  533.
Faust, H. 307.
Fechner, G. Th. 204, 210,
  212.
— O. s. E. Wittkower 768.
Feemster, L. C. s. S. H. Gray
  534.
Feer 654, 681.
Fehr, H. 109, 111.
Feige 712, 728.
Fenz, E. 479, 481, 482, 486,
  487, 488, 499.
Féré 632.
Ferreira, F. 499.
Ferreri 646.
Fetscher 277, 544, 565.
— R. 323, 357.
Fiévet 554, 632.
Filon, L. N. G. s. K. Pearson
  211.
Finkbeiner 548.
Finkelstein, E. R. s. A. L.
  Epstein 85.
— H. 641, 643, 644, 645, 647,
  648, 650, 651, 662, 682,
  683.
Fiore, M. 85.
Fischel 632.
Fischer 341.
— s. Braune 498.

Fischer, E. 3, 9, 10, 14, 17, 43,
  45, 50, 425, 426, 431, 432,
  433, 434, 435, 437, 440,
  441, 442, 443, 444, 445,
  446, 447, 455, 456, 459,
  460, 460, 461, 679, 683.
— E. s. E. Bauer 682.
— E. u. K. Saller 45, 50.
— Eugen 313, 554, 749.
— Eugen u. H. Lemser 357.
— G. 766.
— G. H. 83.
— G. H. u. H. Eilks 766.
— G. H. u. R. Hentze 766.
— H. 499, 632.
— L. 85.
— M. 14, 50.
— Max 426, 431, 459.
— W. u. F. Hahn 357.
— -Saller 221.
Fisher, R. A. 118, 146, 151, 152,
  155, 169, 170, 173, 178,
  180, 183, 184, 185, 210,
  211, 266, 267, 283, 307.
Flatow-Worms, E. 498.
Fleischhacker 675.
— H. 49, 50.
Fleischmann 539.
Fleischner, F. 630.
Flejer, M. s. H. Goldbladt 85.
Fleming, H. C. 443, 459.
Foerster, O. 501.
Forcher, H. 248.
Fränkel 363.
— s. Schweers 407.
Fraenkel, A., E. Stadelmann
  u. C. Benda 534.
Fraentzel 516.
Franceschetti 680.
— A. 553, 568, 569.
— A. u. E. B. Streiff 632.
Francke, E. 85.
Frank, E. S. 575, 577, 632.
Frankl-Hochwart, L. v. 529,
  534.
Freeman, Betti C. 423.
— J. T. 423.
— W. 85.
Fréré 546.
Frets, G. P. 3, 50.
Freudenberg 363, 405, 644,
  651, 655.
— E. 630.
Frey, v. 698, 728.
— H. 85, 548, 561, 562, 632.
Frieboes, W. 683.
Fricke, F. 85.
Friedberg, Charles K. 632.
Friedemann, A. 85, 466, 474,
  499.
Friedenreich, V. 341, 343, 344,
  357.
— V. u. A. Zacho 357.
Friedenthal 560, 630.
— H. 363, 406.
Friedjung, J. K. 666, 683.

Friedmann, F. 630.
Frischeisen-Köhler, J. 469,
  470, 498.
Fritz 521.
— s. Gänsslen 534.
Fröbes, J. 764.
Frommann 96.
— F. 759, 766.
Frommel 533.
— s. Bichel 534.
Fuchs, H. u. G. Riehl 636.
Fünfgeld, E. 498.
Fürst, Th. 61, 66, 73, 83, 85,
  363, 406, 685, 728.
— Th. s. J. Kaup 406, 728.
— Th. u. F. Lenz 766.
— Th. s. Stumpf 729.
Fürstenberg, H. R. 766.
Fulde 541.
Full 613.
Funck 648.
— C. 636.
Furuhata, T. 342, 344.
— T. u. Imamura 357.

Gänsslen 412, 521, 550, 572,
  582, 615, 630, 670, 680,
  683.
— u. Fritz 534.
Galant 549.
Galen 411.
Gallacher, T. F. s. B. H. Wil-
  lier 536.
Galton, F. 99, 100, 110, 180,
  186, 188, 197, 211, 764.
Ganter, G. 632.
— R. 632.
Ganther, R. 643.
— R. s. E. Rominger 684.
Garfunkel 412.
Garrod, A. 614.
Gates, R. Ruggles 425, 459.
Gaupp, E. 29, 50.
Gauss, C. F. 148, 151, 159.
Geipel 222, 248.
— G. 40, 41, 50, 452, 459.
— S. 332, 333, 357.
— S. u. O. v. Verschuer 357.
Geissler 130.
— O. 363, 406.
Geist 573, 632.
Genes, de 609.
— S. 613.
— S. s. D. Alpern 637.
Genna 62.
Georgi, F. 83.
Geppert, H. 165, 262, 284, 288,
  290, 292, 293, 294, 298,
  299, 302.
— H. u. S. Koller 211, 307.
— M. P. 187, 261, 282, 286,
  293, 307.
Gerendasi, J. 75, 85.
Gerhardt 608.
Gernat, A. 499.
Géronne, A. 623, 638.

Gerstmann, Josef u. Paul Schilder 501.
Gesell, A. u. H. Thomson 766.
Gesselevic, A. M. 85.
Geyer, E. 2, 10, 14, 23, 24, 50, 323, 325, 327, 330, 331, 346, 354, 355, 357, 425, 453, 454, 459.
Giese, F. 101, 110, 111, 490, 498, 630, 728, 764.
Gieseler 363.
— u. Bach 406.
Giesl, M. v. 47.
Gigon, A. 630.
Gilbreth 498.
Gildea, E. F., E. Kahn u. E. B. Mon 85.
Ginglinger, A. s. E. Wolff 536.
Ginneken, J. v. 457, 459.
Girard, G. 597.
— G. u. Ch. Ranoivo 636.
Gitter, A. 610, 638.
Glaesner 687, 728.
Glatzel 706.
Gley 503.
Glitsch, W. 534.
Gloor, H. U. 565, 632.
Glover 417.
Goddijn, W. A. s. J. P. Lotsy 460.
Goddyn, W. A. 425.
Gmeiner, E. 710, 711, 728.
Göppert 648.
— Chr. 363, 406.
Goethe 550.
Göttig, I. 565.
— I. s. K. H. Bauer 631, 683.
Goldberger 648.
Goldbladt, H. u. M. Flejer 85.
Goldschmidt 219.
Goldstein 363, 406.
— W. 638.
Gonzales, B. M. 423.
— B. M. s. R. Pearl 423.
Gosset, W. S. 151.
Gottron, H. 663, 683.
Gottschaldt, K. 99, 103, 110, 766.
Gottschick, J. 208, 211, 214, 220, 248.
Gougerot 532.
Gowen, J. W. 416, 423.
Gowers, W. R. 571, 632.
Goya 557.
Grabe, E. v. 632.
Gradenigo 554.
Graeff 608.
Graeves 561.
Graf, O. 468, 478, 499, 766.
Graff, E. 633.
Gram, H. C. 605.
Grassl 722, 728.
Graves, W. W. 423.
Grau, M. 108, 111.
Gray, A. A. 423.
— S. H. u. L. C. Feemster 534.

Grebe, E. u. L. Mayer 766.
Green 509.
Greenwood 158.
— A. W. 509, 534.
Grégoire, Ch. 659, 683.
Greifenstein 352.
— u. Dieminger 358.
Greiner, R. s. K. E. Ranke 212.
Griebel 683.
— C. R. 683.
Grigorowa, O. P. 85.
Grigorowitsch, M. s. E. Sinelnikoff 634.
Grimm, H. 423.
Gross, A. 499.
— K. u. M. Bauer-Chlumberg 499.
— S. s. J. Tandler 535.
Grosse 710.
Grote 668, 679.
Gruber, G. B. 681, 683.
Grübler 717.
Grünberg, R. 766.
— H. 633.
Gründler s. Fr. v. Rohden 86.
— W. 85.
Grützner, G. 363, 406.
Gruhle, K. 57. 85,
Grumbach, A. 608, 638.
— A. s. A. v. Albertini 637.
Guber-Gretz 85.
Gudzent 609, 623, 638.
Günther 664, 749.
— H. 83, 85, 114, 147, 210, 596, 633, 541, 544, 550, 635.
Gundermann, O. s. W. Jaensch 83, 85.
Gurewitsch, M. 467, 473, 474, 499, 501.
— M. u. N. Oseretzky 499, 500.
Gusinde, M. 455.
Gutzent 654.
György, P. 647, 648, 649, 683.

Haag, E. E. 636.
— Fr. E. 660, 675, 683.
Haarer 479, 482, 484, 489.
Haase, Fr. H. 290, 308.
Habs, H. 363.
— H. u. O. Simon 406.
Häbler, C. u. J. Pott 630.
Haecker 677.
— V. 107, 425, 440, 442, 459, 678.
— V. u. Th. Ziehen 111.
Haemmerli, A. 559.
Hagen, B. 443, 457, 459.
— W. 363, 406.
Haggerty 101.
Hahn 341.
— F. s. W. Fischer 357.
— M. 539.
Haier, H. 111, 755, 766.

Haike, K. 413, 423.
Hajós, K. 636.
Haldane, J. B. S. 273, 281, 282, 283, 308.
Halpern, L. 501.
Hamburger 110.
Hammann, J. 85.
Hammar, J. Aug. 504, 534.
Hammerschlag 671.
Hangarter 654.
— W. 610, 612, 617, 623, 624, 629, 630, 638.
Hanhart, E. 37, 45, 519, 531, 534, 537, 538, 540, 550, 557, 558, 559, 565, 566, 567, 569, 571, 578, 581, 582, 583, 585, 586, 589, 591, 592, 593, 594, 595, 597, 600, 602, 603, 604, 610, 614, 615, 623, 630, 630, 630, 633, 650, 651, 654, 663, 664, 665, 669, 671, 672, 675, 678, 683, 717, 728, 735.
Hanse 766.
— A. 73, 85, 636.
Hansen, K. 577, 583, 588, 592, 595, 637, 663, 665, 676, 683.
— K. s. W. Berger 635.
Hanson, A. M. 529.
— A. M. s. L. G. Rowntree 535.
Hara 466.
Hare, H. J. H. 410, 423.
Haren 554.
Harrasser, A. 1, 50, 62, 85, 353, 358, 425, 459.
Harris, J. A. 201, 211.
Harse, A. 83.
Hart, C. 633.
Hartge, M. 500.
Hartley, P. H. u. G. F. Llewellyn 423.
Hartlieb, G. s. W. Lehmann 86.
Hartmann 415, 497.
— A. 766.
— H. 766.
Hartnacke, W. 110.
Hartner 78.
— Fr. s. K. Westphal 87.
Haselhorst 170, 340, 345.
Haubensack, W. 557.
Hauck 633.
Haucock 500.
Hauschild, R. 425, 432, 443, 445, 459.
Hause, A. 764.
Heckel, R. 105, 111.
Hehlmann, W. 479, 480, 481, 486, 488, 500.
Heiberg, P. 423.
Heidemann, R. 423.
Heilbronner, K. 100, 110.
Heimberger s. O. Müller 634.
Heincke 178, 211.

Heising 92.
— L. s. W. Enke *766*.
Heiss, Fr. 607.
Heissen, F. *636*.
Heller *498*.
— Theodor *501*.
Hellmuth, M. *498*.
Hellpach, W. *85*, 456, *460*.
Helmert 151.
Helmholtz 550.
Helmreich, E. 363, *406*.
Helwig, P. *764*.
Hempel, J. 85.
Henckel *85*.
Hennes, H. 616, *638*.
Henning, H. *766*.
Hentze, R. s. G. H. Fischer *766*.
Herff, D. v. 595, 637.
Hering, H. E. *630*.
— W. *500, 500*.
Herlitz 648.
Hermann, Ch. 528, *534*.
— L. u. L. Hogban *766*.
Herrmann, R. 620, 621, 622, *638*.
Hersch, P. s. F. Mainzer *633*.
Herskovits, M. 425, *460*.
Hertwig, P. *210, 307, 509, 535*.
Hertz, Th. 75, *85*, 762, *766*.
Hesch, M. 49, *50*.
Hess 98, 533, 571.
— s. Bichel *534*.
— F. *766*.
— L. 646.
— L. s. H. Eppinger *683*.
Heubner 646, 647.
d'Heucqueville, G. s. Laigel-Lavestine *767*.
Heuer, G. 568, *633*.
Heymans u. Wiersma *766*.
Hildebrand 96.
— L. 756.
— L. s. W. Enke *766*.
Hildén, K. 3, *50*, 445, 452, 453, *460*.
Hiller, C. 338, 355, *358*.
Himpsel, J. 108, *111*.
Hintze 39.
Hippius, M. *500*.
Hippokrates 410, 551.
Hirsch, M. 611, *633*.
— O. *85*, 762, *766*.
— S. *630*.
Hirschberg 674.
Hirszfeld 338.
Hirt, E. 498, *500*.
Hirzfeld, L. *308*.
His, W. *638*, 654, 669, *683*.
Hische, W. *111*.
Hoche, A. *631*.
Hoepfner, Th. 73, 75.
— Th. s. W. Jaensch *83*.
Hoesslin, H. v. 568, *633, 636*.
Hoffmann 556.

Hoffmann, H. *85*, 99, 103, *500*, *631, 633*, 762, *764*.
— H. s. K. Pesch *634*.
— R. u. J. Monguio *85*.
— Rich. u. José Monguió *633*.
Hoffstätter, P. R. 102, *110*.
Hofmann, K. G. *766*.
Hofmeister 644, 654, 680.
— K. *682*.
— K., Knauer u. K. Horneck *636*.
Hogban, L. s. L. Hermann *766*.
Hogben, L. 265, 283, *308*.
— L. u. R. Pollack *308*.
Holfelder 698.
Holm, K. 363, *406*.
Holsti, Ö. 614.
— Ö. u. A. J. Hunskonen *638*.
— Ö. u. A. J. Rantasalo *638*.
Holzer, F. 314, 344, *358*.
— F. J. *308*, 357.
Homburger, A. *498, 500, 501*.
Hooton 431, 437, 440, 441, *460*.
Hopmann, R. *500*.
Horneck, K. s. K. Hofmeister *636*.
Horneffer *121*, 186.
Horsley 413.
Horst, van der 93, 94, 95, 96, 467, 468, 469.
— L. van der 736, 755, 757, 758, *766*.
Horster, E. 594.
Horsters *83*.
Hovorka, O. *50*.
Hrdlička, A. 2, 6, 14, 17, 24, *50*.
Hübener s. Mayer-List *633*.
Hufeland 658, 660.
Hughes *498*.
Hultkranz, J. W. 310, 312.
— J. W. u. G. Dahlberg *308*.
— J. W., J. Wilh. Dahlberg u. G. Dahlberg *358*.
Humboldt, W. v. 550.
Hummel 707, *728*.
— H. 363, *406*.
Hummer, E. *766*.
Humphery, G. U. *423*.
Hunskonen, A. J. 614.
— A. J. s. Ö. Holsti *638*.
Husler, J. 651, 657, *682*.
Huth *85*.
Hyde, R. R. 415, *423*.
Hylla, E. 100, *110*.
— E. s. O. Bobertag *110*.

I-chin Yuan 420.
Ickert 698.
Idelberger, K. 216, 226, 232, 241, 246, *248*.
Igersheimer *638*.
Imamura 344.
— s. F. Furuhata *357*.

Irvine-Jones, E. 614, 615.
— Edith *638*.
Isigkeit 317, *358*.
Isserlin, M. *500*.
Ivy 509.

Jacob, C. u. R. Moser 85.
— Kurt *501*.
— S. M. *308*.
Jacobsen, W. *500, 766*.
Jadassohn 645.
— W. 549, *636*.
Jaederholm, G. 100, *110*.
Jäger, R. u. F. 717, *728*.
Jaensch, E. R. 61, *83*, 109, *111*, 700, 723, 724, 755, *766, 766*.
— E. R. u. F. Althoff *111*.
— P. A. *423*.
— W. 61, 73, 74, 75, *83*, *85*, 391, *406*, 553, 554, *633*, *633*, 700, 716, 724, *728*, *764*.
— W. u. O. Gundermann *85*.
— W. u. W. Schulz *85*.
— W., W. Wittneben, Th. Hoepfner, C. v. Leopoldt u. O. Gundermann *83*.
— Gebrüder 723, 724.
Jaffé, M. s. E. Levinger *638*.
Jamin, F. 75, *85*.
Janke 698.
Jankowsky, W. 45, *51*.
— Walter 426, *460*.
Jansen, W. *766*.
Jarcho, A. 14, 17, *51*, *423*.
Jaschke, Rud. Th. v. *633*.
Jentsch, E. *633*.
— R. 547.
Jislin, S. 467, 479, 485, 498, *500*.
Jöhr, A. C. 555, *633*.
Jörger, J. 546, *633*.
Johannsen, N. *534*.
— W. 123, 143, 144, 148, 150, 169, *210*.
Jores, A. *533*.
Joslin, E. P. 531.
— E. P. u. P. White *535*.
Jung 95.
— C. G. *764, 766*.
— E. 688, 689, *728*.
Just, G. *85*, 99, *110, 111*, 148, *210, 307, 308, 358*, 675, 678, *683, 728*, 763, *764, 766*.

Kabanow, N. *85*.
Kämmerer 649, 650, 654, 655, 657, 663.
— (s. Balyeat) *682*.
— H. 577, 581, 603, 608, 609, *636, 637, 638, 682*.
— H. u. W. Weisshaar *637*.

Kahler, O. H. 633.
Kahn, E. s. E. F. Gildea 85.
Kaim, S. C. 638.
Kaiser 622.
Kallos 663.
— P. s. R. Barany 637.
— P. u. L. 675, 676.
— P. u. L. Kallos-Defener 636, 683.
Kalmus, H. 631.
Kapteyn, J. C. 203.
— J. C. u. M. J. van Uven 211.
Karl, Erich 333, 358.
Kartagener 556.
Karutz 554.
Karve 432.
Kaskadamow, V. 85.
Katzenstein, E. 565, 633.
Katzmann, L. M. 500.
Kaufmann 644.
Kaup 706, 707, 710, 728.
— J. 363, 406.
— J. u. Th. Fürst 406, 498, 728.
Kehrer 677.
— F. A. 535.
— -Kretschmer 83.
Keiter, Fr. A. 460.
— Friedrich 435, 436, 447, 460.
Keith 513.
— A. 452, 460.
— H. H. s. H. Cummins 50.
Keller 506.
— A. 645, 647, 659.
— A. s. A. Czerny 682.
— W. 655, 675.
Kemp, Tage 408, 414, 502, 507, 509, 527, 530, 533, 535, 540, 563.
— Tage u. L. Marx 423, 535.
Kerck, E. 86.
Kern 648.
— Fritz 442, 442.
Kerpel-Fronius, E. 84.
Kerschensteiner, G. 105.
Kesselring, M. 110.
Key 363, 406.
Keynes, J. M. 124, 210.
Kibler 92, 93, 94, 467, 468, 469.
— M. 736, 755, 757, 766.
Kienzle, R. 103, 104, 105, 111.
Kirchhof, H. 609, 638.
Kirchhoff, Th. 498.
Kirsch 98.
— E. 755, 766.
Kirschner, J. 86.
Kisch 709.
— u. Rigler 728.
Kistler 363, 406.
— K. 570.
Klage 721.
Klages, L. 482, 484, 485, 486, 487, 498, 500, 764.
Kleinknecht 754.

Kleinschmidt 644.
— G. 75, 86.
Kleist, K. 497, 498.
Klewitz 654.
Klinge 608, 612, 636.
— F. 638, 654, 683.
Kloos, G. 500.
Klotz, M. 643, 646, 647, 651, 682.
Knauer s. K. Hofmeister 636.
Knecht 633.
Knorre, G. O. 680, 683.
Kober, E. 618, 619.
— E. s. F. Claussen 638.
Koch 691.
— F. C. s. B. H. Willier 536.
— H. 107.
— H. u. F. Mjoen 111.
— W. 408, 423.
Kockel, H. 500.
Köhler, G. 111.
— P. 606, 638.
— W. 764.
Köhn, W. 766.
Koenigsfeld, H. 595, 637.
Koenner, D. M. 32, 33, 34, 35, 51.
Könner, S. 331, 358.
Koffka, K. 764.
Kohlrausch 495, 496.
— W. u. Mallwitz 500.
Kolb, L. 647, 653, 662.
— L. s. E. Moro 683.
Kollarits, J. 636.
Kolle 57.
Koller, S. 113, 134, 142, 152, 155, 156, 157, 164, 165, 169, 170, 173, 174, 176, 180, 184, 185, 192, 200, 209, 210, 211, 249, 251, 262, 265, 284, 286, 290, 292, 293, 294, 298, 300, 301, 302, 308, 315, 318, 319, 338, 339, 340, 343, — 344, 345, 357, 358, 359.
— S. s. H. Geppert 211, 307.
S. u. E. Lauprecht 211, 308.
— S. u. M. Sommer 358.
Kollmann, J. 30, 51.
Kopeć, S. 415, 423.
Koranyi, S. 86.
Korkhaus, G. 331, 358.
Kornfeld, W. 363, 406.
— W. u. Schönberger 406.
— u. Schüller 406.
Korschelt, E. 415, 422, 631.
Koss, A. 653, 683.
Kotsovsky, D. 631.
— D. A. 423.
Kotterkamp, F. 498.
Kowarschik, J. 613, 620.
— J. u. E. Wellisch 638, 639.
Krabbe, K. H. 524.
— K. H. u. S. Matthiasson 535.
Kraepelin, E. 89, 99, 110, 483, 499, 500, 546, 764.

Kraft, A. 535.
Kraines, S. H. 86.
Krajnitz 62.
Kramaschke, W. 86, 766.
Krampitz 554, 633.
Kranz 113, 205, 209.
— H. 767.
Krasusky, W. S. 370, 372, 406.
Kraupa, E. u. M. Kraupa-Runk 633.
Kraus, Friedrich 665.
Krause, W. 104, 105, 111.
Krauss, W. W. 443, 460.
Krautter, O. 103, 111.
Kreibich, C. 645.
Kreindler 478.
— s. Marinesco 500.
Kreipe 695.
Kreji-Graf, K. 87.
Kretschmer, E. 51, 54, 55, 61, 62, 66, 67, 68, 69, 73, 76, 77, 78, 82, 83, 86, 89, 95, 103, 368, 370, 391, 394, 395, 406, 463, 466, 468, 479, 481, 495, 496, 533, 545, 546, 548, 550, 551, 554, 571, 575, 583, 605, 633, 633, 686, 687, 689, 722, 730, 735, 754, 757, 758, 760, 761, 762, 764, 767.
— E. u. W. Enke 57, 83, 764.
Kretzer, V. 460.
Kreutz, M. 767.
Kreyenberg 86.
Krieger, P. L. 500.
Kries, J. v. 111, 210.
Kroh 725.
— O. 99, 103, 110, 111, 762, 763, 764, 767.
Kronacher 748.
Kroner 616, 671.
Krueger, E. 764.
— F. 100, 101.
— F. u. M. Spearman 110.
Krüger, F. 489.
Kruckenberg, H. 498.
Krumbiegel, J. 423.
Kruse 456, 631.
Kühnel 463, 464, 465.
— G. 72, 78, 86.
Külpe, O. 764.
Kümmel 633.
Küttner 622.
Kuhn, H. J. 767.
Kup, J. 631.
Kuros, B. 762, 767.

Laanes 507.
Labourand 410.
Lämmermann, H. 110.
Laffoley 559.
Laigel-Lavestine, M. u. G. d'Heucqueville 767.
Lambrecht 615, 630.

Lamparter, H. 103, 104, 106, *111*, *767*.
— P. 106, *111*.
Lancereaux 656.
Landauer 681.
Landsberger, R. s. H. Sicher *634*.
Landsteiner, K. 340, 343.
— K. u. Ph. Levine *358*.
Lang, Th. 219, *633*.
Langbein 615.
Lange 363.
— v. *406*.
— F. 607, *638*.
— J. 181, *764*, *767*.
— M. 607, *638*.
— W. 320, *358*.
— -Eichbaum, W. *764*.
Langner, E. *767*.
Laplace 123, 134.
Laroche, G. 593, 594.
— G., Ch. Richet fils u. Saint-Girons *637*.
Lassen 223.
Lau, E. *500*.
Laubenheimer, K. 340, 344, *358*.
Lauer 466.
Lauprecht, E. 164, 201.
— E. s. S. Koller *211*, *308*.
— E. u. H. Münzner *211*.
Lavater 555.
Lawrence 614.
Lebzelter, V. 32, 431, *460*.
— V. s. E. Brezina *50*, *499*.
Lederer *728*.
— E. v. *86*.
— R. 363, 365, 367, 372, *406*, 644, 648, 654, *682*.
Leeden 444, *460*.
Leers, H. *683*.
Legrain 566.
Legrand *423*.
Legrün, A. *500*.
Lehmann, G. 498, *500*.
— W. 526, 527, *535*, 574, 666, *683*.
— W. u. G. Hartlieb *86*.
Lehner 594.
— u. Rajka *637*.
Leibl, M. 479, *500*.
Leicher, H. 14, *51*, 425, 426, 427, 428, 429, 431, 433, 434, 436, 437, 439, 440, 447, 451, 452, 454, *460*.
Leichtentritt 612.
Leiner 584, 611, 642, 643.
Leistenschneider, P. 285, *308*.
Lemser, H. 313, 530, 531, *535*.
— H. s. Eugen Fischer *357*.
Lenz, F. 146, 182, 209, *210*, *211*, 214, 220, 233, 234, 235, 236, 247, *248*, 265, 268, 273, 274, 275, 290, *307*, *308*, 311, 314, 315, 339, *358*, *358*, 541, 582, 590, 597,

614, *636*, *637*, 654, 657, 662, 665, 666, 669, 670, 671, 674, 677, 678, 680, *683*, *767*.
Lenz, F. s. E. Bauer *682*.
— F. s. Th. Fürst *766*.
— F. u. O. v. Verschuer *460*.
Léopold-Levi 599.
Leopoldt, C. v. s. W. Jaensch *83*.
Lersch, Ph. *767*.
Lessner, A. *767*.
Leva, J. 516, *535*.
Levi-Lorraine 517.
Levine, F. 343.
— Ph. s. K. Landsteiner *358*.
Levinger, E. u. M. Jaffé *638*.
Levit 526.
— Ryokin, Serejskij-Vogelson, Dorfman u. Lichtziehrer *535*.
Levy s. Brugsch *405*.
Lewandowsky, M. *501*.
Lewitan, C. *500*.
Lewy, F. *498*.
— F. H. *500*.
Lexis, W. *211*.
Lichtwitz, L. 605, *630*.
Lichtziehrer s. Levit *535*.
Liebenam, L. *633*.
Liebendörfer, Th. *535*.
Liefmann 648.
Liepmann, W. 475, 477, 479, 485, 488, *500*.
Liljestrand 709.
— u. Zander *728*.
Lillie 506.
Linde, E. *767*.
Lindeberg 146.
Line, W. *767*.
Lipmann s. Bogen *728*.
— O. 99, *110*, *111*, *764*.
— O. s. G. Schütze *499*.
Lipps, G. F. *210*.
Little 674, 681.
Llewellyn, G. F. s. P. H. Hartley *423*.
Locke 167.
Loeb, J. 415.
— J. u. J. H. Northrop *423*.
Loebell, H. *86*, 489, *500*.
Loeffler 457.
— Lothar 310.
— W. 554.
Loehr *544*.
Löw, A. *767*.
Loewy, A. 363.
— A. u. St. Marton *86*, *406*.
Löwy 614.
Lokschina, F. A. 609.
— F. A. s. M. G. Bogdatjan *637*.
Lombroso 546, *633*, 746.
Looser, E. *638*.
Lorand 413.

Lorentz 706, 707, 709, 714, 715, *729*.
Loth 457.
Lotka, Alf. J. s. L. I. Dublin *422*.
Lotsy, J. P. 425.
— J. P. u. W. A. Goddijn *460*.
Lottig, H. *498*, *764*.
Lotz, F. *764*.
Louros, O. *633*.
Love, A. G. 144, 187, 194.
— A. G. s. Ch. B. Davenport *211*.
Lubinsky, H. 363, *406*.
— H. s. Aron *405*.
Ludwig 144.
Lüders, R. *211*.
Lüdicke, S. 338, *358*.
Lürs, H. 416, *423*.
Lüth, K. F. 754, *767*.
Lüthy, F. *550*.
Luithlen 648.
Lukjanow, S. M. *86*.
Lundborg 297.
— H. 539.
Luria, R. u. Wilensky *637*.
Luschan 39.
Lust 644.
Lutz 754.
— A. *767*.
Luxenburger, H. 213, 240, *248*, *248*, 250, 298, 301, *308*, 315, 316, 317, 318, 319, 320, *357*, *358*.

MacAuliffe 366, 368, 391, 613, 687, 689.
— s. Chaillon 62, *83*, *728*.
MacDonell 417.
McDowall 549.
McDowell E. C. 507.
— E. C. s. P. E. Smith *535*.
Mac Ilwaine, S. W. 528, *535*.
McK. Cattel 100.
Madlung, H. *767*.
Magnan 546.
Maier, H. *767*.
Maine, M. *423*.
Mainzer, F. *535*.
— F. u. P. Hersch *633*.
— Fritz 571, *633*.
Makarow, W. E. *86*.
Malamud, W. s. L. E. Travis *501*.
Mall, G. *111*, 759, *764*.
Mallwitz s. W. Kohlrausch *500*.
Mandowsky, A. *500*.
— C. *767*.
Mankowsky, B. N. 552.
Mann s. S. Bauer *498*.
— O. *110*, 721.
Manoiloff, E. *637*.
Marañon, G. *631*.
Marbe 489.
Marchionini, A. 644, 655.

Marchionini, A. s. G. A. Rost *637, 684.*
Marey, E. *498.*
Mari, A. 73, *86.*
Marie, Pierre 566.
Marinesco 478.
— u. Kreindler *500.*
Markoff-Tschebyscheff 159.
Martenstein *633.*
Martin 222, 409.
— R. 1, 26, 29, 31, 34, 43, *51,* 67, 68, 72, 79, *83,* 363, 364, *406, 460,* 553.
— -Schultz 221.
Martius, F. 408, *423.*
Marton, St. 363.
— St. s. A. Loewy *86, 406.*
Marx *633.*
— L. 414, 507.
— L. s. T. Kemp *423, 534.*
Masselon 100.
Mathes, P. *86, 633.*
Matthée, E. 326, 336, *358.*
Matthei, R. *764.*
Matthes 708.
Matthiasson, S. s. K. H. Krabbe *534.*
Matthiessen 556.
Mau, C. 316, *358.*
Mauz, Fr. *83, 86, 633,* 735.
Mayer s. Politzer *634.*
— L. s. E. Grebe *766.*
— M. 616, 622, *638.*
— M. (s. Skala) *639.*
Mayer-List *633.*
— u. Hübener *633.*
— u. Kauffmann *634.*
Mayr, J. K. 662, 667, 669, 670, *683.*
Means, J. H. *526, 535.*
Meerowitsch, R. s. W. Enke *499,* 728.
Meggendorfer, E. *500.*
— F. *86,* 547.
Meidell 159.
Meier, Edw. *638.*
— H. s. G. Pfahler *111.*
— M. S. *637.*
Meili, R. *111.*
Meirowski 466.
Meirowsky, E. 452, 457, *460.*
Meisenheimer, J. *634.*
Meixner 291.
Mendel 673.
Mendelsohn, M. 654, 659, *683.*
Mengele, Josef 556, *634.*
Menzel 550.
— K. s. W. Schönfeld *499.*
Merriman, C. *767.*
Metzger, W. 714, *729.*
Metzner 539.
— J. 334, 335, *358.*
Meumann, E. 100, 110, *764.*
— J. *767.*
Meves 98.
Meves, F. *767.*

Meyer 556.
— A. 616, *638.*
— Fr. *86.*
— L. F. *631.*
— M. *631.*
— R. 498, *498.*
— -Friedemann, B. s. K. Sward 87.
— -Heydenhagen, G. 41, 51, 336, 337, *358.* .
Michelsson, G. *86.*
Micklucho-Maklay 457.
Midlo, Ch. s. H. Cummins *50.*
Mierke 98.
— K. *767.*
Miescher, G. 549, 574, 575, *634.*
Miller 363.
Milner, R. *638.*
Mine, T. *535.*
Miner, J. R. 177.
— J. R. s. R. Pearl *211, 423.*
Minor, L. *498.*
Minot, C. S. *423.*
Mirenova, A. N. *500.*
Miropolskaja, A. M. s. P. A. Badjul *499.*
Mises, R. v. 134, 161, *210,* 266, *308.*
Mitchell, A. G. s. J. Warkany *536.*
Mitschell, P. C. *423.*
Mittmann, O. 292, *308.*
Mjöen, F. *111.*
— F. s. H. Koch *111.*
— Fr. 107.
— J. A. 107, *111, 460.*
Möbius, P. J. *764.*
Moede 719.
— W. *111.*
— W., C. Pioskovsky u. G. Wolff *110.*
Möllenhoff 57.
Mohr 564.
— O. L. 311, *358.*
de Moivre 134.
Mollison *86.*
— Th. 1, *51.*
Mon, E. B. s. E. F. Gildea *85.*
Monguio, J. s. R. Hoffmann *85, 633.*
Monouvrier, L. *86.*
Montgomery, R. B. s. H. Cummins *50.*
Moracci, E. 594.
Morel 546, 554.
Moro, E. 643, 644, 646, 647, 648, 649, 650, 653, 654, 655, 662, 663, 676, *682.*
— E. u. L. Kolb *683.*
Moser, K. s. C. Jacob *85.*
Mossé, S. 514, *535.*
Moureau 169, 278, 279.
Muchow, M. *110.*
Mühlmann, M. *631.*
— W. E. 312, *358.*

Mueller, B. 332, 333, 355, *358.*
— B. u. Ting *358.*
Müller *248,* 332, 622.
— A. 607.
— F. v. 620, *638,* 668, *683.*
— H. *636.*
— K. V. 696, *729.*
— L. *358.*
— L. R. *83,* 540, 571, *631,* 646.
— M. *767.*
— O. 73, *83, 634,* 665, 666.
— O. u. Heimberger *634.*
— O. u. W. Parrisius *535, 631.*
— W. 544.
— Walter 331.
— -Deham, A. *631.*
— -Gladbach, A. *638.*
Mülly 363, *406.*
Münzner, H. 201, *308.* ·
— H. s. E. Lauprecht *211.*
Muller 220.
Munter, H. 585.
— H. s. L. Adelsberger *635, 636.*
Munz 754.
— E. *767.*
Murchison 656.
Murray, G. R. *535.*
Mustakallio, E. 289, *308.*
Mutschlechner, Ant. *634.*
Myers, O. S. *767.*

Naecke 546, 548, *634.*
Naegeli, O. *83,* 547, 554, 576, 595, *634.*
— O., F. de Quervain u. W. Stadler *637.*
Nager, F. R. 555, *634, 639.*
Namiki, J. u. S. Nitto *535.*
Nancken, K. *500.*
Narath 544.
Nardi, J. 557.
Nattan-Larrier, L. u. L. Richard *636.*
Neergaard, K. v. 606, 608, 609, 611, 612, 613, 619, 620, 623, *639.*
Nehse, E. 44, *51,* 328, *358.*
Nelki, F. *634.*
Nestele, A. *111.*
Nettleship, E. 412, *423.*
— E. s. K. Pearson *424.*
Neuhauss, R. 443, 445, *460.*
Neurath, R. 364, *406.*
Neweklowsky, K. *767.*
Newman, H. H. *767.*
Newmann 466.
Nieden 622.
Niekerk, J. v. s. Storm v. Leeuwen, W. *636.*
Niemann 643, 648.
Niggli *406.*
Nitto, S. s. J. Namiki *535.*

Nöck *499*.
Nöllenburg, W. Auf der 420, *423*.
Noorden, v. 566, 576.
Nordenskiöld 432, 444, *460*.
Norrie, G. 412, *423*.
Northrop, J. H. 415, *423*.
— J. H. s. J. Loeb *423*.
Nothaas 716, *729*.
Nowack, H. *86*, *500*.
Nowak 687, 688, *729*.
Nürnberger 332.

Oberaus *729*.
Oberholzer 567.
Odermatt, W. *631*.
Oettinger 363, *407*.
Ohta, K. *86*.
Okkels, H. 511, *533*.
— H. u. E. Brandstrup *535*.
Orel, Herbert *634*.
Orgler, A. 665, *683*.
Osborn 507.
— D. 410, *423*.
Oseretzky, v. 713.
— N. 72, *86*, *111*, 462, 466, 467, 473, 478, 479, 486, 489, *499*, *500*.
— N. s. M. Gurewitsch *500*.
Osler, W. 597.
Ossipow, W. 767.
Ossipowa, E. *500*.
Oster, W. *500*.
Ostermeyer, G. *764*.
Ostermeyer, H. s. Ch. Eckle *764*.
Ostertag, M. 578, 581, 603, 619, 622, 676.
— M., Sander u. D. Spaich *639*.
— M. u. D. Spaich *634, 636, 684*.
Otis 101.
Ott 608.
Otto, K. *636*.
Ottow, B. 564, *634*.

Pässler, H. 608.
Paetzold, J. 767.
Pal, J. *631*.
Paltauf 517, 646.
Pannhorst, R. 682, *684*.
Panse, F. 535, 567, *634*.
Papp 617.
— u. Tepperberg *639*.
Parker, L. s. R. Pearl *423*.
— S. L. s. R. Pearl *423*, *423*.
Parrisius 496.
— W. *634*.
— W. s. O. Müller 535, *631*.
Pascal *500*.
Pass, K. E. *84*.
— K. E. s. F. Curtius *422*.
Passarge 98.
— E. *764*.
Pasteur, L. 539.
Pauli 92, 93, *93*.
Paulian, D. u. J. Contacuzène *86*.

Paulsen 549.
Pawlow 478.
Payr 566.
Pearl, R. 177, 199, *210*, 203, 411, 415, 416, 417, 418, 420, 421, *422*, *423*.
— R. u. J. R. Miner *211*.
— — u. L. Parker *423*.
— R. u. S. L. Parker *423*.
— — u. B. M. Gonzales *423*.
— R. u. T. Raenkham *423*.
— R. u. R. de Witt *424*.
Pearson 100, 118, 120, 122, 130, 134, 168, 170, 177, 186, 197, 204, 212.
— E. S. 155, *211*.
— E. S. s. C. J. Clopper *211*.
— K. 201, 204, *210*, *211*, *211*, 410, 416, 419, 420, *422*.
— K. s. M. Beeton *422*.
— K. u. L. N. G. Filon *211*.
— K., E. Nettleship u. C. H. Usher *424*.
Peckert 555.
Peiper 363, *407*.
— A. *631*.
Peipers, A. *636*.
Peiser 363, *407*.
— H. *637*.
— J. *631*.
Pellacani, G. *86*.
Peller 363, *407*.
— S. u. J. Zimmermann *86*.
Pemberton 607, *639*.
Pende 513.
Penrose, L. S. 284, *308*.
Peretti *407*.
Peritz, G. *83*.
Perthes 621.
Pesch 556.
— K. u. H. Hoffmann *634*.
Peter, H. *500*.
Peterfi 363.
Petermann, B. *764*.
Peters, A. 569.
— W. *110*, *764*, *767*.
Petow *684*.
— H. s. E. Wittkower *637*.
Petri, E. 403, *407*.
Pfaff, M. 617.
Pfahler 481, 725.
— G. 755, 762, 763, *764*, *767*.
— G. u. H. Meier *111*.
Pfaundler, M. v. *86*, 363, *407*, 537, 547, 578, 590, 599, 624, *630*, *631*, *639*, 649, 651, 653, 659, 669, 670, 671, *684*.
— M. v. u. L. v. Seht *684*.
Phillipps, J. 597.
Picard, Max 557.
Pietruska, F. *359*.
Pietrusky, F. 343.
Pillat 442, *460*.
Pinard, J. W. *767*.
Pioskovsky, C. s. W. Moede *110*.

Pirquet 363, *407*.
— v. 577.
Pitkin, W. B. *631*.
Plattner, W. 78, 79, *86*, 380.
Platz 75, *83*.
Ploetz, A. 419, 420, 422, *422*.
— -Radmann, M. 41, *51*, 335, 336, *359*.
Pöch, H. 6, 10, 43, *51*, 444, 455, *460*.
— H. s. J. Weninger 52, *461*.
— R. 4, 6, 7, 8, 10, 11, 12, 18, 21, 24, 25, 34, *51*.
Pötter 363.
Poetter *407*.
Pötzl, O. *501*.
Poggi 549.
Pohlen, K. 363, *407*.
Pohlisch, K. *499*.
Pohlmann 725.
Poincaré, H. 109.
Poisson 142.
Politzer u. Mayer *634*.
Poll 332, 333, *359*, 466.
— H. 41, *51*, *86*, 211.
— H. u. W. Wiepking *211*.
Pollack, R. s. L. Hogben *308*.
Pollnow, L. 498, *500*.
Polya, G. *210*.
Popenone, J. *767*.
Pophal R. *499*, *500*.
Poppelreuter 713, *729*.
Porten, G. v. d. 566, *634*.
Portius *729*.
— W. 337, *359*, 566, 567, *634*.
Pott, J. s. C. Häbler *630*.
Powell, E. 452.
— E. F. u. D. Whitney *460*.
Prändl-Lessner 98.
Prausnitz-Küstner 578.
Preda, V. *86*.
Pribram, A. 613, 614, *639*.
Priesel, R. 364.
— R. u. R. Wagner *407*, *634*.
Prigge, R. 155, *211*, *407*.
Prinzhorn, H. 103.
Prinzing 363, *407*.
— F. *210*.
Pütter, A. *210*, *424*.
Püttner, A. 408.
Puhl, E. *767*.
Punnett 312.

Quelprud, Th. 23, 24, *51*, 326, 327, 330, 331, *359*, 426, 447, 448, 449, 450, 451, 452, 453, 454, *460*, 554.
Quervain, F. de 595.
— F. de s. O. Naegeli *637*.
Quetelet, L. A. 148, *211*.

Rachford 656.
Raenkham, T. 411.
— T. s. R. Pearl *423*.
Rainer, A. 370, *407*.
Rajka 594.
— s. Lehner *637*.

Ranke, J. 445, 460.
— K. E. 212.
— K. E. u. R. Greiner 212.
Ranoivo, Ch. 597.
— Ch. s. G. Girard 636.
Ranschburg, P. 499.
Rantasalo, A. J. 614.
— A. J. s. Ö. Holsti 638.
Rapin 674.
— E. 577, 578, 588, 589, 610, 636.
Rath, Z. A. 86.
Rau, K. 501, 767.
Rautmann, H. 189, 198, 204, 212.
Rawles s. B. H. Willier 536.
Raynaud, A. 509, 535.
Ream, M. 767.
Reche 323, 748.
— O. 352, 359.
Recklinghausen, M. 568.
Redisch, W. 631.
Rehfeld 367.
Rehsteiner, R. 584, 637, 663, 684.
Reich 363, 407.
— Walter 315, 359.
Reiche 323.
— F. 529.
— F. s. Th. Fahr 534.
Reichert, O. 622, 639.
Reichle 466.
Reilly, W. A. 535.
Reimann, H. A. 574, 575.
— Hob. A. s. Leand. M. Tocantis 635.
Rein, H. 634.
Reinmöller, M. M. 634.
Reinöhl, F. 110, 763, 765, 767.
Reiter u. Sterzinger 767.
Rétzius 567.
Révész, G. 111.
Richard, L. s. L. Nattan-Larrier 636.
Richartz 670.
Richet 578.
— fils Ch. s. G. Laroche 637.
Richter, B. 425, 442, 447, 457, 457, 460.
Riddle 507.
— W. R. 424.
Rider, P. R. 207, 212.
Riebesell, P. 210, 307.
Riebler, R. 535, 561, 634.
Rieffert, J. B. 767.
Rieger, 99.
Riehl, G. s. H. Fuchs 636.
Riehm 676.
Rieschbieth, H. u. A. Barrington 535.
Rietz, H. L. 210.
— -Baur 134, 198, 201.
Riggli 363.
Rigler 709.
— s. Kisch 728.
Ringleb, F. 120, 210, 264, 307.
Risack, E. 45, 51, 563, 634.

Ritala, M. 210.
Ritter 441, 555, 672.
— J. 630.
— R. 331, 359, 551, 574, 585, 636.
Rittershaus, E. 84.
Rittmeister, J. F. 566, 634.
Rizzoli 552.
Rochlin 549.
— D. G. u. Anast. Rubaschewa 634.
Rodenberg, C. H. 86.
Rodenwaldt, E. 425, 430, 432, 433, 435, 437, 440, 442, 445, 457, 460.
Roeder, K. 634.
Roenner, S. 765.
Roerau, E. 767.
Rössle 659, 677.
— R. 363, 407, 424, 608, 631, 634.
— R. u. Böning 407.
Rötth, A. v. 553.
Rohden, Fr. v. 57, 58, 69, 71, 73, 82, 83, 84, 86.
— Fr. v. u. Gründler 86.
Rohr 666.
Rohracher, H. 462, 499, 765.
Rohrer 37.
Rohrschach 90.
Rohrwasser, G. 86.
Rolfs 556.
Rolleder, A. 10, 51.
Rolleri, F. 557, 558, 634.
Rolly, F. 614, 639.
Romagna-Manoia, A. 557.
Rombouts, J. M. 62, 87.
Romich, S. 32, 51.
Rominger, E. 643, 646, 651, 662, 684.
— E. u. R. Ganther 684.
Rorschach H. 754, 765.
Rosenbaum, S. 650, 655, 684.
Rosenberg, M. s. F. Umber 535.
Rosenblatt, S. s. J. J. Beretervide 534.
Rosenhagen, H. 631.
Rosenow, E. C. 608.
Rosenstern, I. 363, 364, 407.
— J. 631.
Rosenthal, C. 557, 634.
— K. 558.
Rost 644, 655.
— G. A. u. A. Marchionini 637, 684.
Rothmann, H. 84.
Rothschild 599.
Rothschuh 710, 729.
Routil, R. 2, 44, 51, 327, 328, 346, 359, 425, 445, 460.
Roux, W. 504.
Rowntree, L. G. 529.
— L. G., J. H. Clark, A. Steinberg u. A. M. Hanson 535.
— L. G. u. N. H. Einhorn 535.
Rubaschewa 549.
— Anast. s. D. G. Rochlin 634.

Rubbrecht 441, 441.
Rubner, M. 424.
Rüdin 216.
— E. 298, 309, 317, 357.
Ruggeri 554.
Ruotsalainen 363, 407.
Rupilius, K. 535.
Rupp 714, 729.
— H. 111.
Rutkowski, E. v. 87.
Ruzicka, V. 424.
Rybakoff 91, 754.
Ryokin s. Levit 535.

Sabouraud, R. 424.
Sacharoff, G. P. 631.
Sachsse, H. 603, 636.
Sack 634.
Sahli, H. 607, 639.
Saile 412, 424.
Saint-Girons s. G. Laroche 637.
— -Moran, H. 499.
Sainton, P. 535.
— P. L. 87.
Salaman 433, 443, 445, 460.
Salge, R. 631.
Saller, K. 51, 187, 424, 513, 535.
— K. s. E. Fischer 50.
Samelson, S. 651, 682.
Sand, K. 510, 533.
Sander 619.
— s. Ostertag 639.
— F. 767.
Sardemann, G. 363, 407.
Saudek, R. 486, 501.
— R. u. E. Seemann 501.
Sauer, F. 111.
Saxl, O. 637.
Saza, K. 87.
Schade 479, 480, 486, 487, 488.
— H. 309, 607, 639, 681, 684.
— K. H. 98, 470, 499.
— W. 501.
Schäfer 503.
— W. 212.
Schaefer 708, 729.
Schäffer 454..
Schaeuble, J. 425, 444, 457, 460.
Schaffer 680.
Schede 621, 729.
Scheele, H. 631.
Scheer, K. 651, 653, 654, 682, 684.
Scheidt, W. 51, 87, 182, 208, 212, 308, 309, 327, 328, 359, 425, 433, 434, 435, 437, 440, 441, 442, 447, 457, 461.
Schelling, H. v. 147, 157, 212.
Schellong, F. 572, 634.
Scherb, R. 565.
Scheyer, H. E. 87.
Schiefferdecker, P. 38, 51.
Schiff, F. 340, 343, 344, 345, 346, 359.
Schilder, Josef u. Paul s. Gerstmann 501.

Schiller, M. 73, *87*, 662, 665, 666, *684*, 686, *767*.
Schilling, F. 600.
Schinz 544, 562.
Schiötz, C. 361, 363, *407*.
Schipke, J. s. H. Curschmann *534*.
Schirmer, W. 290, *309*.
Schittenhelm u. Stockinger *729*.
— A. 609.
Schlaginhaufen, O. 32, 34, 40, 42, *51*.
Schleicher 623.
— R. 665.
— R. s. J. W. Camerer *534*, *683*.
Schlesinger 690, 722, *729*.
— E. *87*, 363, 371, *407*.
— H. *631*.
Schliebe, G. *767*.
Schloessmann, H. 315, *359*.
Schlomka 702.
— u. Blumberg *729*.
— G. *631*.
Schmidt, B. 754.
— G. *767*.
— H. 649, *684*.
— J. 313, 315, *359*, *767*.
— M. *84*, *87*.
— R. 557.
— -Durban, W. *768*.
— -Kehl, L. 578, 581, 582. 662, 670, 671, 672, *684*, 717, *729*.
Schmoll 186.
Schmutziger, P. 556, 608, *639*.
Schneider, E. *765*.
— J. A. 519, *535*, 556, *634*.
— K. 703, *729*.
Schnorr, F. *768*.
Schöllgen, W. *765*.
Schönberger s. Kornfeld *406*.
Schönfeld, W. u. K. Menzel *499*.
Schokking, C. Ph. 413, *424*.
Scholl 92, 754.
— R. *768*.
Scholtz, H. G. 623, *639*.
Scholz, E. *309*.
— E. s. F. Curtius *422*.
Schongauer 557.
Schorer, G. *637*.
Schorn, M. *111*.
Schottky, J. 539, 540, *630*, 763, *765*.
— J. s. O. Graf *766*.
Schretzenmayr, A. 606.
Schridde 646.
Schröder *631*.
— A. 759, *768*, *768*.
Schroedersecker, F. *768*.
Schubiger 597, *637*.
Schüler 655.
Schüller s. Kornfeld *406*.
— A. *535*.
Schütze, G. 477.

Schütze, G., H. Bogen u. O. Lipmann *499*·
Schuhmann, A. *501*.
Schulte, R. *499*.
Schulthess 562.
Schultz 444.
— A. H. 400.
— B. K. 1, 49, *51*, 62, *84*.
Schultze 544.
— B. *501*.
— -Naumburg *499*.
Schulz 98.
— B. 216, 230, *248*, *248*.
— Br. 250, 266, 270, 297, 298, *307*, *309*.
— O. *768*.
— W. *87*, *768*.
— W. s. W. Jaensch *85*.
Schulze, R. *768*.
Schumann 92.
Schwägerle, F. 48, *51*.
Schwalbe 554, *634*.
— G. *461*.
— J. *631*.
Schwarz, M. *87*.
— O. 572 *634*.
Schwarzweller 560, 562.
— F. 680, *684*.
Schwéers 363.
— u. Fränkel *407*.
Schwerz 363, *407*.
Schwidetzky, J. *87*.
Scott, Walter 550.
Seegall 676.
Seemann, E. s. R. Saudek *501*.
Seht, L. v. 651, 653.
— L.v. s. M. v. Pfaundler *684*.
Seiler, Aug. 558, 559, *634*.
Seitz, L. *533*.
Sekla, B. *424*.
Selle 519, *535*.
Selter, P. *405*.
Selz, O. *765*.
Sempau, J. A. *87*.
Serebrovskaya, R. I. 410, *424*.
Serejskij-Vogelson s. Levit *535*.
Shewhart, W. A. 150, 152, 204, 210.
Sicard 599.
Sicher, H. *634*.
Siebeck, R. s. F. Curtius *83*.
Siebenmann 556, *634*.
Siebold, v. 444.
Sieder. H. 8, 10, *51*, 442, 447, *461*.
Siegert 671.
Siemens, H. W. 220, 222, 237, *248*, *461*, 537, 538, 541, 544, 547, 550, 553, 572, 630, *631*, *634*, 662, 669, 680, *684*.
— W. 410, 413, *424*.
Sigaud 62, 687, 689.
— C. 365, 368, 391, *407*.
Simmel, H. *636*.
Simmonds 518.
Simon 100.

Simon, O. 363.
— O. s. H. Habs *406*.
— Th. s. A. Binet *109*, 713.
Simoneit, M. *765*.
Sinelnikoff, E. 564.
— E. u. M. Grigorowitsch *634*.
Sirks, M. J. *461*.
Sjögren, T. 264, 268, 272, 273, 297, *309*.
Sjögrens 680.
Skala 616, *639*.
Skalweit, W. *765*, *768*.
Škerlj, B. 37, 38, *51*.
Slater *309*.
Slauck 623, *639*.
Slonaker 415.
Sluzkaja, B. A. 609.
— B. A. s. M. G. Bogdatjan *637*.
Smith, M. *768*.
— P. E. 507.
— P. E. u. E. C. Max Dowell *535*.
— Pye 614.
Snell 507.
Sommer, M. 340.
— M. s. S. Koller *358*.
— R. *501*, *765*.
Somogyi, J. *765*.
Sondergeld, W. *768*.
Sonntag 544.
Spaich, D. 578, 581, 603, 619, 622, 676.
— D. s. M. Ostertag *634*.
— D. u. M. Ostertag *636*, *684*.
— s. Ostertag *639*.
Spain 672.
— u. Cooke *684*.
Spatz 363.
— C. H. 28, 29, 30, *51*.
Spearman, C. 100, 101, *110*, 201.
— C. s. F. Krueger *110*.
Specht, W. *501*.
Spemann 512.
Speyr, W. v. 549.
Spielmeyer 680.
Spreng, H. *765*.
Ssergeew, W. L. *87*.
Ssikorsky 478.
Ssucharewa, G. *501*.
Stadelmann 516.
— E. s. A. Fraenkel *534*.
Stähelin, R. 616.
Stalder, W. 595.
— W. s. O. Naegeli *637*.
Starkenstein, E. 453, *461*.
Steffan, P. 289, *309*.
Steffens, Chr. 333, 335, 338, *359*.
Stefko, W. *634*.
Steggerda, M. 425, 431, 433, 434, 437, *461*.
— s. Ch. Davenport *459*.
Steiger 553.
Stein 660.
— R. O. 552, 614.
Steinach 414, 510.

Steinberg, A. s. L. G. Rown-
  tree 535.
Steiner, F. 260, 536, 610, 613,
  615, 616, 617.
— F. s. F. Claussen 638.
— O. 212, 309.
Steinhaus, H. 424.
Stekel, W. 563, 575.
Stenberg, S. 252.
— S. s. G. Dahlberg 307.
Stephani 698.
Stern, E. 631.
— L.-Piper 635.
— R. 532.
— W. 101, 110, 765.
— W. u. O. Wiegmann 110.
Sternberg 516.
Sterzinger s. Reiter 767.
Sticker, G. 607, 636, 639.
Stickler, Fr. 664, 681, 684.
Stiller 84, 548, 562.
Stisser, L. 765.
Stockard, C. R. 512, 534.
— Ch. R. 631.
Stockinger s. Schittenhelm 729.
Stocks 412, 544.
— P. 178, 220, 235, 248, 466.
Stoeltzner, W. 656, 660, 669,
  670, 672, 684.
Störring, H. 765.
Stoessiger, B. 420, 424.
Stötter, Georg 635.
Stokvis, B. 768.
Stoll, R. 511.
— R. s. E. Wolff 536.
Storm v. Leeuwen, W. 636, 717.
— W. u. J. v. Niekerk 636.
Stouder, K. H. 84.
Stransky, E. 631.
Stratz 30, 364.
Strauss 78.
Strebel, J. 553, 615, 639.
Strehle 712, 729.
— H. 501.
Streiff, E. B. 568, 569.
— E. B. s. A. Franceschetti 632.
Streitberg, H. 363.
— H. s. A. Arnold 84, 405.
Streng, K. O. 289.
— O. 288, 289.
Strömgren, E. 79, 80, 81, 87,
  259, 309.
Strohmeyer, W. 637.
Strong, L. C. 424.
Strümpell, A. v. 501, 646, 654,
  684.
Struwe, K. 768.
Student 151, 212.
Studt, H. 313, 359.
Stumpf 711.
— u. Fürst 729.
Stumpfl 205.
— F. 99, 103, 765, 768.
Sutherland, J. D. 768.
Sward, K. u. B. Meyer-Friede-
  mann 87.
Swern, N. 603.

Sydenham 605.
Syldat, J. D. 768.
Szabó, J. 424.
Szondi, L. 87.

Tachau, P. 643, 644, 645, 651,
  658, 682, 682, 684.
Tandler, J. 506.
— J. u. S. Gross 84, 522, 535.
Tao, Yun-Kuei 432, 441, 443,
  445, 446, 461.
Teppenberg 617.
Tepperberg s. Papp 639.
Terman, L. M. 100, 101, 110,
  768.
Testut 544.
Tezner 649, 684.
Thannhauser, S. J. 535.
Thaver, L. R. s. L. E. Travis
  501.
Then Bergh, H. 676.
Theodorovitch, U. 553, 635.
Therone, K. 79.
Thomas, Erwin 501.
— L. C. 331, 359.
Thomsen, O. 326, 339, 340,
  341, 342, 343, 344, 359.
— H. s. A. Gesell 766.
Thorndike, E. L. 765.
— G. L. 101, 110.
Thums, K. 316, 359.
Thurstone, L. L. 101, 110.
Tietze, H. 309.
Timmer, A. P. 768.
Timoféeff 678.
— -Ressovsky 674, 684.
— u. O. Vogt 635.
Ting 332, 333.
— s. B. Mueller 358.
Tippett, L. H. C. 147, 210, 210.
Tischbein 554, 635.
Tittel, K. 499.
Tizian 551.
Tocantins, L. M. 574, 576.
— Leand. M. u. Hob. A. Rei-
  mann 635.
Töben 729.
Tomilin, S. A. 424.
Torren, van der 100.
Tothfeld, J. 501.
Tramer, M. 537, 630.
Travaglino 87.
Travis, L. E., W. Malamud u.
  L. R. Thaver 501.
— L. E. u. J. Wendell 501.
Trendelenburg, Wilhelm 501.
Trovillo, P. V. 765.
Tschebyscheff 159.
Tschuprow, A. A. 162, 201,
  210.
Tumlirz 729.
Tuppa, K. 10, 51, 425, 445,
  461.
Turgenjew 557.
Tutkewitsch, L. 613.
— L. s. D. Alpern 637.

Ubenauf, K. 87.
Uffenheimer 648.
Ullrich, O. 631, 681, 684.
Ulrich 556.
Umber 408, 424, 566, 607.
— F. u. M. Rosenberg 535.
Unger, H. 501.
Unna 641, 643, 644.
Unterrichter, L. 635.
Urbach, E. 577, 636, 637, 649,
  650, 684.
Urban, F. M. 210.
Usher, C. H. s. K. Pearson 424.
Uven, M. J. van s. J. C. Kap-
  teyn 211.

Vaisberg 284.
Vallery-Radot 532, 536.
Vanelli, A. 87.
Végh, Paul v. 637.
Veiel, E. 662.
Veil, W. H. 606, 607, 608, 609,
  610, 611, 639.
Venzmer, G. 87.
Veraguth 96, 639.
— O. 759, 765.
Vergertius 80.
Vermeylen, G. 501.
Verschuer, O. v. 87, 219, 221,
  222, 231, 232, 234, 235,
  236, 237, 238, 248, 309,
  316, 323, 327, 328, 331,
  332, 333, 335, 340, 344,
  357, 359, 400, 401, 402,
  403, 404, 407, 410, 412,
  426, 427, 428, 442, 447,
  452, 460, 461, 519, 535,
  553, 618, 635, 665, 666,
  675, 677, 684, 763, 765, 768.
— O. v. u. L. Conradi 536.
— O. v. u. K. Diehl 461.
— O. v. u. S. Geipel 357.
Verworn, M. 105.
Vesal 550.
Vierordt, H. 563.
Viola, G. u. P. Benedetti 87.
— S. 87.
Virchow 556, 651.
— H. 10, 44, 51, 461.
Voegeli, A. 424.
Vogel, A. s. J. Bauer 637.
Vogt, A. 326, 409, 410, 412,
  422, 424, 553, 631.
— C. 547.
— C. u. O. 501, 545, 635.
— O. 545, 547, 635.
— O. s. Timoféeff 635.
— O. u. S. R. Zarapkin 635.
Voll, Karl 557.
Vollmer 762.
— H. 87.
Vries, de 144,
— H. de 424.
— Robles S. de 637.

Waardenburg 681.
— P. J. 412, 424, 550, 552, 635.

Waardenburg, P. J. (s. Carrara) 632.
Waerden, B. L. van der 154, 157, 212.
Wagemann, E. 185, 210.
Wagenseil 461.
Wagner, H. 326, 554.
— R. 364.
— R. s. R. Priesel 407, 634.
Walker, E. 107, 111.
Walzer 649.
Warkany, J. u. A. G. Mitchell 536.
Wartegg, E. 499.
Watagina, A. 87.
Weber, E. 123, 156, 167, 210, 248, 264, 307.
— M. 413, 424.
Wechsler, W. 51, 32, 34.
Wehefritz, E. 561, 563.
Weidenmüller 680.
Weidenreich 371.
— F. 36, 51.
Weidmann, A. 556, 635.
Weigand, E. 111.
Weihe, F. A. s. G. Brandt 638.
Weil, A. 87, 609, 635.
— H. 768.
— W. H. 521, 536.
Weimer, J. 763, 768.
Weinand, H. 336, 337, 359.
Weinberg 256, 266, 267, 268, 272, 274.
— E. 307, 308.
— W. 208, 210, 212, 220, 221, 226, 238, 240, 242, 245, 246, 248, 248, 271, 302, 309.
Weintraud, W. 607, 609.
Weise 87.
Weismann, A. 422.
Weissenberg, S. 362, 363, 364, 386, 387, 407.
Weisenfeldt, F. 87.
Weisshaar, M. 581.
— W. s. H. Kämmerer 636.
Weitz 237, 248.
— W. 309, 412, 422, 424, 534, 535, 581, 600, 614, 616, 617, 620, 621, 622, 639, 654, 663, 665, 666, 671, 678, 680, 684.
Wellek, A. 106, 111, 765, 768.
Wellisch, E. 613, 620.
— E. s. J. Kowarschik 638, 639.
— S. 288, 309, 340, 342, 343, 358, 359.
Wen, J. C. 8, 51.
Wendell, J. s. L. E. Travis 501.
Weninger 323, 436, 437, 439, 443.
— G. 326.
— J. 1, 2, 4, 6, 7, 8, 9, 10, 11, 12, 18, 21, 24, 25, 45, 47, 48, 49, 51, 222, 248, 322,

323, 326, 327, 328, 329, 331, 359, 424, 425, 442, 447, 461, 566.
Weninger, J. u. H. Pöch 52, 461.
— M. 41, 52, 331, 336, 359, 461.
Wenzl, A. 763, 765.
Werner 615, 630.
— M. 87, 635.
Wernicke 497.
Wernstedt, W. 636.
Wertheimer 78.
Westergaard, H. 422.
Westphal, K. 56, 78, 82, 87.
— K. u. Fr. Hartner 87.
— K. u. E. B. Strauss 87.
Weve, H. J. M. 553.
Weygandt, H. 550.
— W. 635.
Whipplee 101.
White, P. 536.
— P. s. E. P. Joslin 534.
— Th. 641, 651, 658, 660, 661, 677, 684.
Wick 622.
Widal, F. 639.
Widmer, C. 411, 424.
Wiedersheim, R. 29, 52.
Wiegmann, O. s. W. Stern 110.
Wieland, E. 537, 630.
Wiener, A. S. 283, 284, 309.
— E. 479, 485, 501.
Wiepking, W. s. H. Poll 211.
Wiersma s. Heymans 766.
— E. D. 87.
Wiesel, J. 614, 639.
Wigert, V. 78, 87.
Wildenberg 98.
Wilder, H. H. 40, 41, 42, 52, 336, 359.
— H. H. s. H. Cummins 50.
— J. Whipple s. H. Cummins 50.
Wilensky s. R. Luria 637.
Wilhelm, R. 620, 621, 639.
Wilke, H. 501.
Willemse, W. 768.
Williams, G. D. 425, 431, 433, 444, 461.
Willier, B. H. 509, 536.
— B. H., T. F. Gallacher u. F. C. Koch 536.
— B. H., Rawles u. F. C. Koch 536.
Wilson, P. Th. 768.
Wimmer, A. 532, 534, 536.
Wingfield, A. 768.
Winter 729.
Wirth, W. 212, 489.
Wirtz, J. 499, 501.
Witebsky 649.
Withney, D. 452.
— D. s. E. F. Powell 460.
Witt, R. de s. R. Pearl 424.

Wittgenstein, H. 654, 684.
Wittkower, E. 637.
— E. u. O. Fechner 768.
— E. u. H. Petow 637.
Wittmann 293.
Wittneben 73, 75.
— W. s. W. Jaensch 83.
Wolf, W. 534.
Wolff, E. 509, 511, 536.
— E. u. A. Ginglinger 536.
— E. u. R. Stoll 536.
— G. s. W. Moede 110.
Wolff-Eisner, A. 636.
Wolfrum 52.
Woodruff, L. L. 415, 424.
Woodworth, R. 499.
Worsaae, E. 340, 359.
Wriedt 311, 564.
Wright, Priscilla 531.
Würth, A. 42, 52, 635.
Wulz, G. 309.
Wunderlich, H. 87.
Wundt, W. 765.
Wurmfeld, R. 637.
Wurzinger, St. 363, 371, 372, 407.

Yerkes, R. M. 101, 110.
Young, T. E. 416.
Yuan, J-chin 424.
Yule, G. U. 156, 180, 182, 201, 210.

Zacho, A. 341.
— A. s. V. Friedenreich 357.
Zander 709.
— s. Liljestrand 728.
Zarapkin, S. R. 177, 178, 212.
— S. R. s. O. Vogt 635.
Zarel, Maxim 635.
Zarnik, Boris 340, 359.
Zechmeister, Fr. 635.
Zehnder, Arn. 635.
Zeller 686, 690, 700, 704, 729.
— W. 84, 363, 364, 370, 407, 540.
— Wilfried 360.
Zellweger, H. 606, 635, 637.
Zenneck, I. 87.
Zerbe 496.
— E. 757, 768.
Zernicke, F. 210.
Ziehen, Th. 99, 107, 110.
— Th. s. V. Haecker 111.
Zilian, E. 108, 111.
Zimmer 606, 639.
Zimmermann, J. s. S. Peller 86.
Zipperlen 412, 424.
Zirke, H. 501.
Zoepffel, H. 528, 536.
Zulliger, H. 768.
Zutt, J. 768.

Sachverzeichnis.

Abartungen, multiple 542.
Abdomen 29, 365—368, 566.
Abhängigkeit 116.
— logarithmische 203.
— nicht lineare 203.
— statistische 126, 179.
Abiturienten 763.
Ablenkbarkeit 93, 470, 487,
  575, 712, 732, 757, 758.
Ablenkungsquotient 93.
Abortus 572, 573, 585.
Abrundung 113, 114.
Abschnürungen, amniotische
  542.
absolutes Gehör 106, 107.
Absorption, Blut 340.
Abstammungsermittlung 321
  bis 356, 357—359.
Abstammungsmöglichkeit 353.
Absterben der Finger 572, 588.
Abstraktion, Abstraktionsfähigkeit 93, 108, 689, 756,
  757.
Abweichung 117, 131.
— durchschnittliche 117, 120,
  139, 145, 146.
— der Ereigniszahl, mittlere
  131, 138.
— der Häufigkeit, mittlere
  132, 138.
— mittlere 117, 120, 135, 138,
  140, 145, 147, 151,
  154, 159, 163, 165,
  166, 177, 292.
— — Berechnung nach Sum-
  menverfahren 119.
— — Index- 236.
— — prozentuale 236, 237.
— prozentuale 236.
— quadratische 118.
— wahrscheinliche 139.
Abweichungsquadrat 118, 172,
  174, 175, 176, 178.
Acetonämie 571, 597.
Achondroplasie 564.
ACHSche Buchstabenmethode
  98.
Achselhaar 44, 45, 65, 73, 551.
Achselhöhle 38, 39, 43.
Achselschweiß 65.
Achylie 543.
Acro... s. a. Akro...
Acroasphyxia chronica 731.
Acrocyanose 72, 222 572, 699.
Acusticuslähmung 554.

Adamsapfel 59.
ADDISONsche Krankheit 526,
  529, 533, 734, 735.
Adenoid, aden. Konstitution
  542, 556, 666, 672.
Adenoma sebaceum 547, 572.
Adenome 504, 514, 515, 520,
  525, 530.
Aderhautatrophie, circum-
  papilläre 410.
ADIEsches Syndrom 554.
Adipositas (s. a. Fettsucht)
  31, 520, 522, 527, 531,
  532, 620, 674.
— dolorosa (DERCUM) 543.
Adiposogenitaldystrophie 393,
  394, 414, 516—519, 532,
  533, 543, 704.
Adlernase 366.
adrenale Dystrophie 532.
Adrenalin 75, 503.
Adynamie 532, 735.
Affekt, Affektivität 90, 95—97,
  477, 484—489, 492, 493,
  575, 602, 736, 741, 757,
  758—761.
affektive Perseveration 759.
Affektkrämpfe 571.
Affektlahmheit 738.
Affe, Vierfingerfurche 566.
Affenfurche 548, 566.
Afrika, Afrikaner 425, 566.
Agranulocytose 590, 594, 595,
  623.
Ägypter 416.
Ahnenziffer 298.
Ähnlichkeitsbestimmung 239.
— an Leichen 225.
Ähnlichkeitsdiagnose, poly-
  symptomatische 220
Ähnlichkeitsmethode 220, 221,
  236, 244.
Aino 43, 443.
akademische Berufe 726.
Akanthosis nigricans 544, 549,
  575.
Akinese 498.
Akne 64, 543, 572.
— rosacea 543, 544.
Akrocranium 550.
Akrodynie 542.
Akromegalie, Akromegaloidie
  72, 82, 395, 397, 399, 502,
  512, 514, 515—520, 550,
  555, 610, 734, 746, 751.

Akromegalie, Hund 512.
akromegaloider Fettwuchs 57.
Akromegaloidie, Pubertäts-
  395.
Akromiocristalindex 27.
Akromion 28, 221.
Akroparästhesien 572.
Aktivator 675, 677.
Aktivität 758, 762.
Aktualisierungsspannung 537.
Albaner 4, 21.
Albinismus 40, 45, 549, 553.
— Huhn 312.
Albuminurie 597, 709.
— orthostatische 562, 572,
  704.
— Pubertäts- 543, 562.
Alexie 570.
Algier 566.
alimentäre Idiosynkrasien
  591—596.
Alkohol, Alkoholismus 543,
  554, 558, 563, 565, 570,
  586, 599, 625, 629.
Alkoholtoleranz 600.
allele Gene 311.
Allelenreihe, Koppelung einer
  283.
Allelie, multiple 287, 315, 339,
  341, 349, 350, 416, 470,
  675.
Allergene 578, 580, 585, 590,
  593, 594, 609, 650, 655,
  663, 675.
Allergine 609.
Allergie, Eiklar-, Hühnerei-
  198, 593, 642, 649, 650,
  655 (s. a. Eiweiß).
— Haut- 578.
— Troph- 648, 655.
Allergien s. Idiosynkrasien.
— alimentäre 588, 650.
— allergische Diathese 537
  bis 639, 638—639, 642,
  645, 648—650, 653 bis
  655, 659—667, 671, 672,
  675—678, 682, 701, 717.
— Arznei- 580, 583, 591—597,
  600.
— Infektions- 578.
— nutritive, 648, 650.
Alopecie, senile 410.
alpine Rasse 434, 455, 458.

Alter (s. a. Altern, Lebensalter) 2, 38, 44, 218, 240, 241, 250, 323—325, 327, 329, 331, 365, 540, 704, 711, 724.
— Durchschnitts- 420.
— Erwachsenen- 540, 543.
— Greisen- 409, 452.
— Jugendlichen- 363, 612.
— s. Kindesalter.
— Säuglings- 653.
— Schul- 363.
Altern 408—424, 422—424, 552.
Altersaufwertung 1, 2.
Altersdiabetes 602, 603, 605.
Altersdisposition 538, 540, 612, 618, 619, 630—631.
Altersgruppierung s. Altersklassen.
Altershyperthyreose 543.
Alterskachexie 543.
Altersklassen 204, 205, 249, 251—261, 275, 302, 322, 325, 409, 419, 543, 656, 697.
— Todesursachen 411.
Alterskorrektur 251, 252, 255, 256, 261, 275, 306.
— Näherungsverfahren 258 bis 261.
Alterskrankheiten 408—414.
Alterslabilität 2, 327.
Altersschichtung s. Altersklassen.
Altersschwankungen 2, 327.
Altersschwerhörigkeit 412, 413.
Altersstabilität 2.
Altersstar 410, 412.
Altersstufen s. Altersklassen.
Alterstuberkulose 543.
Altersvariabilität 2, 322, 326, 327, 329.
Altersverhältnis s. Altersklassen.
Altersverteilung s. Altersklassen.
Alterswandel s. Altersvariabilität.
Altweiberbart 525, 551.
ALZHEIMERsche Krankheit 543.
amaurotische Idiotie, infantile 268, 272, 273, 297, 542, 543, 571, 680.
— — juvenile 268, 272, 273, 297, 542, 543, 680.
Amazie 29.
Amblyopie 411, 521, 552, 557, 569, 574.
Amenorrhöe 520, 532, 576, 583.
Amerika 101, 144, 187, 194, 341, 411, 417—419, 420,

457, 531, 577, 603, 607, 614, 724.
Ammonshorn-Sklerose 569.
Amphotonie 646.
Amplitudenfrequenzbestimmung 709, 710.
Anachronismen 548.
Anaemia pseudoleucaemica 542.
Analerotik 573.
analytisches Denken, Aufmerksamkeitstypus 94, 739, 742, 756, 757, 762.
Anaemia pseudoleucaemica 542.
Anämie 527, 575, 610.
— hämolytische 542, 550.
— perniziosaähnliche (FANCONI) 542.
— perniziöse 527, 543.
— Schein- 543.
— Ziegenmilch- 542.
Anaphylaxie 578, 597, 609.
Anästhetiker, anästhetisches Temperament 57, 735, 736, 738.
ANDREEW-Index 78.
Androtropie 663.
Anencephalus 566.
Aneurysma 562.
Anfälle, epileptiforme 574, 576, 588, 592.
Angelsachsen 723.
Angina 543, 558, 586, 591, 607, 618, 619, 628, 629, 645, 653, 665, 711.
— pectoris 412, 579, 586.
Angiom 544.
— seniles 413.
Angioneurose 588.
Angioneuroses familiales 577.
angioneurotisches Ödem 597.
Angiospasmen 579.
Angstträume 559.
Anidrosis 544, 553, 555.
Anisokorie 568.
Ankylose, BECHTEREWsche 611, 618, 619, 621.
Anlage und Umwelt 213, 234, 235, 247, 401.
Annamiten 21, 431, 432, 443, 566.
Anodontie 555, 680.
Anorexia 543, 571.
— nervosa 520, 532.
Anosmie 555, 569, 570.
Anpassungsfähigkeit, — vermögen 91, 92, 492.
anschauliches Denken 757.
Anschauungsbilder 61, 724.
Anthelix 22, 23, 222, 330, 447, 448, 450, 454, 554.
Anthrax 539.
Anthropograph, Anthropographie, Anthropogramm 73, 703, 705.

anthropologische Methoden ·1 bis 52, 50—52.
— Statistiken 163.
anthropologisches Gutachten 323.
Anthropomorphe 30—33.
Antigen-Antikörperreaktion 578.
Antigene 595, 649, 659, 675, 676, 677.
Antikörper 578, 660.
Antitragus 22, 23, 222, 330, 447, 449, 450, 454, 554.
Antizipation 412.
Antlitz 425, 447, 449, 450, 454, 492.
Antrieb 758.
Anzahl 112.
Aorteninsuffizienz 581.
APERT-BERNSTEINsche Methode 264, 274.
APERTsches Syndrom 563.
Aphthen 584, 600.
Aplasien 542, 546.
apokrine Drüsen 38.
a-posteriori-Aufgaben 128.
— -Methoden 273.
Appendektomie 672.
Appendicitis 543, 586, 619.
Appendikophobie 672.
a-priori-Aufgaben 128.
apriorische Methode 263, 264, 268, 273, 274.
— — erweiterte 274.
Apoplexie 410, 412, 620.
Aprosexia nasalis 559.
Araber, Arabien 4, 21, 458.
Arachnodaktylie 331, 542, 550, 553, 703.
Arbeiter 467, 553, 685, 696, 713.
— Präzisions- 719.
— ungelernte 696.
Arbeitsfähigkeit 692.
Arbeitshypothese 125, 206.
Arbeitsknick 692.
Arbeitstechnik, geistige 727.
Arbeitstempo 472, 473, 491, 714.
Arbeitstypus, extensiver 757.
— intensiver 757.
Arbeitszeit 704.
Archicapillaren 75.
Archieinbrüche 74.
Archihemmung 74.
Archiknäuelformen 74.
Archikorrekturformen 74.
Archiproduktivformen 74.
Archirankenformen 74.
Archistreckformen 74.
Archistruktur 74.
Archizwergformen 74.
Arcus senilis 410, 543, 552, 553.
— cymbalis 454.

Arcus senilis supraciliaris 4, 513, 546.
Areolomamma 28, 29 39.
Arhinencephalie 569.
arithmetisches Mittel 201.
— — gewogenes 158.
Arm 64, 72, 364, 464, 703.
— Überlänge 564.
Armbehaarung 65.
Armekreuzen, 238, 239.
Armenier 8, 11.
Armhaltung 713.
Armlänge 31, 36, 72, 78, 187, 387, 390, 401, 463.
Armumfang 72, 76.
Army Mental Tests 101.
Arrhythmie 579.
Arsen-Idiosynkrasie 594.
Arsenik-Gewöhnung, Hund 539.
Artdispositionen 538.
Arterien 65.
Arteriitis 578.
Arteriosklerose 412, 515, 527, 543, 590, 598, 606, 614, 620, 625, 626, 627, 628, 658.
— Hirn- 412.
— prämature 599.
Arthralgie 579.
Arthritis 226, 543, 552, 556, 579, 602, 608, 609, 619, 620, 629, 674 (s. a. Arthritismus).
— deformans 593.
— Infekt- 615—617.
— klimakterische 543.
— Neuro- 659.
— urica s. Gicht.
arthritische Diathese 647.
— Erbanlage 630, 671.
arthritisches Terrain 610.
Arthritismus 59, 542, 557, 565, 577, 588, 590, 598—606, 599, 603, 605, 610, 611, 612, 623, 624, 630, 636 bis 637, 647, 649, 656, 659, 660, 667, 668, 670, 671, 675, 678, 680.
Arthronosis 611, 618, 620.
— deformans 543, 607, 612, 616, 619, 620, 622, 623, 625, 626, 627, 628, 629.
Arthropathie 609.
Arthrosis 611 (s. a. Arthronosis).
Arthusphänomen 579.
Arzneiallergien 580, 583, 591 bis 597, 600.
Ärzte, Wohndichte der 174, 175, 200.
Asien 9, 443, 444, 447, 513, 748.
Asozialität 735.
Assoziation 95.
— mittelbare 95.

Assoziation, prädikative 95.
Assoziationskoeffizient 182.
Assoziationsversuch 95, 739, 758.
Asthenie 32, 55, 56, 67—71, 73, 76, 369—372, 391, 412, 464, 478, 496, 520, 548, 560, 562, 567, 571, 572, 602, 613, 615, 687, 688, 697, 699, 700—703, 711, 713, 724, 732, 748.
Astheniker s. Asthenie.
Asthenopie 569.
Asthma 578, 581, 585, 587, 589, 593, 594, 599, 601, 609, 646, 673, 717.
— bronchiale 397, 542, 579, 581, 582—588, 590, 592 bis 595, 597—605, 625, 629, 646, 651—655, 656, 664, 667, 673—676, 717.
— Darm- 646.
— Ipecacuanha- 594.
Astigmatismus 553, 573, 719.
Asymmetrien 5, 10, 14, 117, 130, 137, 143, 148, 150, 183, 234, 237, 238, 239, 246, 247, 435, 445, 629, 715.
— anomale 237.
— gekreuzte 714, 715.
— Links- 117.
— normale 238.
„asymptotische" Formel 133.
Asynchronien 753.
Atavismus 546, 548, 549, 554, 560, 561, 562, 566, 571.
Ataxie, FRIEDREICHsche 283, 542, 543, 553, 562.
— PIERRE-MARIEsche Heredo- 553, 562.
Atemnot 711.
Atempause 706, 707.
Atemstellung, mittlere 701.
Atemtechnik 470.
Atherome 572.
Athetosis bilateralis 542.
Athletiker s. Körperbau.
athletischer Körperbautyp s. Körperbau.
Athyreose 542.
Atmung 702, 706, 708, 758.
Atmungsorgane 411.
Atopie 577, 578.
Atresia ani 564.
— — vestibularis 573.
Atresien 542.
Atropin 75, 539.
Attraktionsindex 696.
Aufbiß 555.
Auflösungstypus 723.
Aufmerksamkeit 98, 472, 477, 480, 489, 491—494, 726, 740, 742, 755, 756, 758.
— analytische 762.
— diskrete 762.

Aufmerksamkeit, distributive 755.
— fixierende 762.
— fluktuierende 755, 762.
— perseverative 755.
— synthetische 762.
Aufmerksamkeitsspaltung 91, 472.
Aufmerksamkeitstypus, analytischer 94, 762.
— synthetischer 94.
Aufmerksamkeitsverteilung 91, 755.
Aufspaltung 132, 167, 170, 267.
Aufteilung der Streuung, mehrfache 176.
Auge 6, 10, 17, 59, 61, 62, 410, 442—447, 479, 552, 553, 568, 753, 700, 725, 731.
— Gebrauchs- 715.
— Glanz- 525.
Augenbrauen 43, 44, 59, 65, 72, 222, 328, 368, 457, 525, 527, 548, 658.
— verwachsene 548.
Augenbrauenwülste 514.
Augendeckfalten 6—9, 447.
Augenfalten 445, 446, 447.
— laterale 328.
— mediale 328.
Augenfarbe 6, 45—49, 180, 182, 188, 197, 221, 251, 279, 291, 325, 329, 354, 410, 552.
— bei Ehegatten 180, 182.
Augenfarbentafeln 49, 221.
Augenflimmern 592.
Augengegend, Weichteile 6 bis 10, 328, 329, 354, 442, 445.
Augenhöhle 7—9, 70, 329, 443.
Augenhöhlenfurche 15.
Augenlid 7—9, 328, 352, 410, 444, 527, 561.
Augenmaß 719.
Augemißbildungen 553, 575.
Augenspalte 443, 445.
Augenstellung 546.
Augen-Wangenfurche 15.
Augenwinkel 11, 15.
— äußerer 44.
— innerer 44, 328, 446.
Ausdruck, rassenseelischer 427.
Ausdrucksbewegungen 468 bis 469, 478.
Ausgangsfälle, Ausgangsmaterial 215—218 (s. a. Probanden).
Ausgangswahrscheinlichkeit 153.
Ausgleichung 202—204.
Auslese 126, 208, 209, 216, 232, 243, 249—251, 264, 265, 268—283, 285, 298, 447, 667, 691, 748, 749.

Auslese, Berufs- 685, 693, 694, 696, 717.
— Eignungs- 726.
— Erstprobanden- 270.
— in der Familie 293.
— Familien- 264, 265, 268, 269—283, 305.
— — Korrektur der 263 bis 266.
— der Geschwisterschaften mit mindestens einem Merkmalsträger 132, 133, 262—275.
— für höhere Schulen 693, 696, 726, 727.
— Individual- 263, 275, 276.
— Interessantheits- 215, 272.
— Lehrlings- 715.
— literarische 272.
— Material- 126, 208, 209, 250.
— Probanden- 209, 263, 268, 269, 271, 305, 306.
— — Korrektur der 266.
— Recessiven- 132, 133, 262 bis 275.
— Stichproben- 226, 227, 228, 231, 233, 267, 268.
auslesefreies statistisches Kollektiv 219.
Auslesefreiheit 208, 218.
Auslesekorrektur 280—283, 306.
Auslesemerkmal 126.
Ausmerze 216, 242, 243.
Ausschaltung des Recessiven-überschusses 263.
Ausscheider, Ausscheidungstypus S 221, 314, 344.
Ausschlußwahrscheinlichkeit 339, 340.
Außenwelt, Kohärenz mit der 723, 724.
Austausch, Faktoren- 279, 282, 283, 661.
Australide 4, 16, 31, 35, 43.
Autismus 91, 92, 470, 482, 738, 740, 760, 761.
Avitaminosen 542, 648.
Azoospermie 576.

Bajonettformen, Finger 704.
Balanitis 645.
Ballen 36.
BARDET-BIEDLsches Syndrom 563, 567.
Bart 44, 56, 65, 73, 426, 442, 457, 522, 523, 575.
— Altweiber- 525, 551.
Baschkiren 8, 18.
BASEDOWsche Krankheit 61, 526—528, 532, 559, 584, 592, 601, 603, 610, 734.
Basedowoid 526, 584.
basedowoide Konstitution,
— Typus 61, 734, 735.

Basel 589.
Bastard (s. a. Mischling) 321, 425, 426, 431—433, 435, 437, 440, 441, 443, 445, 446, 457, 539.
— Rehobother 17, 425, 433, 435, 445.
— Rheinland- 431.
Basteln 497.
Bauch 29, 30, 37, 38, 60, 64, 71, 365, 371, 374, 375, 383, 384, 699, 702, 704.
— Hänge- 71.
Bauchatmung 706.
Bauchdeckenreflexe 570.
Bauchlinie 31.
Bauchspalt 565.
Bauchspeicheldrüse 408, 504, 505, 511, 530—531, 533.
Bauchumfang 56, 67, 76, 78, 371, 704.
Bauern 420, 426, 558.
Bayern 445, 691, 721.
BAYESsche Regel 127.
— Verteilung 153, 154, 157.
BECHTEREWsche Krankheit 611, 618, 619, 621.
Becken 27, 29, 31, 56, 60, 64, 72, 522, 563, 671.
Beckenbreite 26, 27, 36, 60, 67, 71, 79, 123, 378, 380, 383, 387, 390.
Beckengürtel 71, 697.
Beckenlinie 30, 31, 37, 371.
Beckenneigung 705.
Beckenschnitt 30, 31.
Beeinträchtigungswahn, präseniler 543.
Begabtenauslese 100.
Begabtenschwund 695.
Begabung 99, 101, 223, 318, 570, 682, 695, 696, 722, 727, 763.
— bildnerische 103.
— historische 102.
— Hoch- 740, 742.
— künstlerische 102.
— manuelle 696.
— mathematische 107—109, 757, 763.
— motorische 490—493.
— musikalische 102, 106.
— naturwissenschaftliche 763.
— psychomotorische 496.
— rhythmische 106.
— Schul- 725.
— Schwach- 570.
— Sonder-, Spezial- 102, 103, 685, 725.
— Sprach- 763.
— technische 109, 490, 497, 696.
— theoretische 90, 494.
— Unter- 559.
— Verteilung der 696.
— zeichnerische 104, 105, 696.

Begabungsgrade 99—102, 105, 109—110.
Begabungskomponenten 101, 102.
Begabungsrichtung 102—111, 110—111, 727.
Behaarung (s. a. Haar) 44, 45, 80, 351, 518, 530, 734, 744, 751, 753.
— Achsel- 44, 45, 65, 73, 551.
— Arm- 65.
— Bein- 65.
— Brust- 551.
— Genital- s. Behaarung, pubische.
— Gesichts- 43, 551.
— Körper- 43, 44, 56, 72, 73, 328, 523.
— pubische, Scham- 43—45, 65, 73, 393—399, 522, 524, 525, 563, 575, 704.
— Sekundär- 43, 44.
— Stamm- 516.
— Terminal- 43, 44, 58, 72, 73, 386, 388, 395, 397, 399, 403, 522, 525, 734.
Behaarungsanomalien 563, 568, 613.
Behaarungstypus 749.
— viriler 515.
Beharrungstendenz, -vermögen s. Perseveration.
Bein 64, 363, 364, 389, 398.
— Stand- 713.
— Überlänge 564.
Beinbehaarung 65.
Beinlänge 30, 34—36, 67, 76, 78, 378, 380, 383, 385, 387, 390, 401.
Beinverkrümmung 705.
Belastungsdeformitäten 565.
Belgier 362, 457.
Beobachtung und Erwartung 140.
Beobachtungen, korrelierte 201—202.
Beobachtungsfähigkeit 490.
Beobachtungsfehler 120, 149.
Beobachtungsreihen 112, 124, 125, 149.
— kleine 152, 255.
Beobachtungszahlen 120, 124, 130, 138, 141, 142, 147.
— fehlerhafte 207.
— kleine 155, 156.
Beratung, Erziehungs- 722.
Beratungsstellen, Erziehungs-724.
— heilpädagogische 720, 721.
— normalpsychologische 721.
Berber 4.
Bereitschaft 89, 537 f., 547, 571, 651, 661.
— allergische (s. a. Allergie) 580—583, 587, 588—591, 717.

Bereitschaft, Erkrankungs- s. Disposition.
— katarrhalische 660, 664.
— lymphatische 664.
— Teil- 661, 669—672.
Bereitschaftsblock 661.
Bergleute 553, 623.
Berlin 260, 340, 343, 345, 429—431, 435, 437, 441, 447.
BERNOULLIsches Theorem 138.
BERNSTEINsche Methode (s.a. apriorische Methode) 264.
— Regel 339.
Beruf 223, 224, 250, 370, 410, 456, 490—491, 548, 739.
— und Konstitution 685, 692.
— und Körperbau 686.
— Steh- 621, 704, 705.
Berufe, akademische 726, 763.
— gefährdete 692.
— gewerbliche 694.
— industrielle 694.
— Reiz- 685, 686, 687, 699.
— Reizmangel- 685, 686, 687. 703.
— Staub- 698, 699, 706, 717.
— tuberkulosegefährdete 698.
Berufsabfolge 696.
Berufsauslese 685, 694, 696, 693, 717.
Berufsberatung 369, 488, 685 bis 692, 696, 697, 698, 715, 716, 717, 722, 727.
Berufsbewährung 720.
Berufsdispositionen 538.
Berufseignung 692—719, 723.
Berufsekzeme 543, 669, 671.
Berufshilfsschule 695.
Berufsleistung 692.
Berufsschule 695, 699, 727.
Berufstypen 687.
Berufswahl 493, 686, 725.
Berufswunsch 369, 686.
Bessarabien 18.
Bestandsaufnahme, erbbiologische 695.
Bettnässen 543, 559, 570, 571.
Beugungsfurchen 42.
Bevölkerung s. Durchschnittsbevölkerung.
— Durchmischung der 220, 285—293.
— Erbstatistik in der 284 bis 307.
— nicht durchgemischte 293—294.
— Standard- 204.
Bevölkerungsdichte 415.
Bevölkerungsstatistik 112, 204.
Bewegung (s. a. Motorik) 364, 370, 426, 462, 463, 473, 475, 738.

Bewegungsablauf 712.
Bewegungsapparat, Funktionsprüfungen 712 bis 719.
Bewegungsarmut 497.
Bewegungsfalten 456.
Bewegungsstörungen 497, 732.
Bewegungstypus 712.
Bewußtseinsumfang 93, 94, 757.
Beziehung, gegensinnige 122, 179.
— gleichsinnige 122, 179.
Bielefeld 370.
Bihumeralbreite 26.
Bildauffassung 723.
Bilderserienmethode 100.
bildhaftes Gestalten 103 bis 107.
Bindegewebe 409, 413, 554.
BINET-Verfahren 100.
— STANFORD-Revision 100.
Binom 129.
Binomialkoeffizient 129, 130.
Binomialkurve 134, 148.
Binomiator 131.
Binomialverteilung, binomische Verteilung 128 bis 137, 145—149, 155, 165. 168, 180.
binomische Fehlerformeln 285.
— Formel 154, 155.
Biotypus 303, 304, 412, 675.
— parasympathischer 58.
— sympathicotonischer 58.
— vagotonischer 58.
Bisexualität 556.
Biß, offener 556.
Blase 566.
Blasenschädel 63.
Blasensteine 590, 605.
Blasenwanderung 681.
Blätter, Kastanien- 192.
Blauäugigkeit 48, 49, 539, 606, 614, 658.
Blaue Sclera 553, 569, 575, 577.
BLENNTHscher Index 711.
Blepharitis 645, 653, 665.
Blepharochalasis 543, 553.
Blepharospasmus 653.
Blick 479.
Blindheit 411, 521, 589.
Block, Diathesen 654, 657, 659, 667, 668, 672, 679 bis 681.
— Erbgang im 672—681.
Blondheit 45, 291, 539, 606, 614, 658.
Blut 340, 706.
Blutdruck 73, 75, 236, 412, 515, 520, 529, 530, 575, 710, 711, 716, 758.
Blutdruckmessung 709, 710.

Blutdruckreflex, HIRSCHBRUCHscher 716.
Blutdrucksturz 579.
Blutdrüsen s. endokrine Drüsen.
— und Konstitution 503, 513 bis 533.
—, ontogenetisch 504—513.
Blutdrüsenschwächlinge 532.
Blutdrüsensystem s. endokrine Drüsen.
Blutdrüsentumoren 504.
Blütenblätter 144.
Blutentnahme 351, 356.
Bluter, Bluterkrankheit 313, 314, 315, 542, 672.
Blutfaktor Q 344.
Blutfaktoren M, N 126, 169, 221, 261, 262, 278, 279, 283—286, 291, 294, 324, 338, 343—346, 349, 352.
— P, H 221.
Blutgruppen 115, 126, 170, 188, 221, 223, 261, 262, 278, 279, 283, 285, 287, 288, 289, 291, 293, 294, 299, 311, 314, 323, 324, 338—346, 349, 350, 352, 354—356, 614.
Blutgruppenstatistik 250.
Blutgruppensystem MN s. Blutfaktoren.
Blutgruppenuntersuchung, Erfolgsaussichten 344—351.
Blutkörperchen, defekte A_1 341.
— Oberfläche 186.
— rote 114—118, 120, 186.
Blutmerkmale P, H 221.
Blutsenkung 610, 619.
Blutsverwandtschaft 294 bis 297, 305, 306.
Blutzucker 530, 648.
Bock (Tragus) 22.
Bogen 40—42, 331, 333, 335, 338.
Bogenwinkel 335.
Bonn 291.
Borstenhaar 44.
BOURDONscher Durchstreichversuch 100.
Brachialindex 31.
Brachycephalie 365, 574, 652
— Hyper- 550.
Brachydaktylie, Brachyphalangie 311, 352, 542, 564, 565.
Brachyskelie 26, 60.
Brachytypus 25, 36, 37.
Bradykardie 530.
Bradytrophie 599, 654, 668, 673, 678, 679.
Brauen s. Augenbrauen.
Brauenbogen 44.
Brauenebene 17, 18.
Brauenkopf 328.

50*

Brauenstrich 6, 7, 44.
Braunäugigkeit 49.
Braunhaarigkeit 45.
BRAVAISscher Korrelations-
koeffizient 238.
Breiten-Höhen-Index 187, 327.
Breitschädeligkeit 686.
Breitwuchs 388, 398.
Breslau 417.
Briesel s. Thymus.
Bronchialasthma s. Asthma
bronchiale.
Bronchiektasien 556.
Bronchiolitis 653.
Bronchitis 413, 543, 579, 607,
620, 628, 645, 654.
Bronchopneumonie 542, 543.
Bronchotetanie 579.
Brust (s. a. Mamma) 28, 29, 38,
39, 368, 374, 383, 386,
525.
— Hänge- 561.
— Knospen- 28, 29, 388.
— puerile 28, 29.
Brustatmung 706.
Brustbehaarung 551.
Brustbein 28, 514, 560, 701.
Brustbreite 78, 79, 221, 496.
Brustdrüsen 39, 66, 76.
— überzählige 561.
Brustdurchmesser 27, 221.
Brustfell 702.
Brusthöhe 711.
Brustindex 27.
Brustkorb 27—29, 37, 56, 59,
64, 71, 78, 364—368, 371,
375, 562, 697, 699, 701 bis
704, 707, 731, 748, 751.
Brustmuskeldefekt, angebo-
rener 560, 561, 567.
Brustorgane, Funktions-
prüfungen der 705—712.
Brustschulterindex 67, 78.
Brusttiefe 27, 78, 79, 496.
Brustumfang 27, 37, 56, 59,
60, 67, 76—80, 198, 221,
365, 366, 371, 378, 380,
383, 384, 387, 390, 401,
405, 691, 701, 702, 704,
707.
— Schulterbreiten-Index 79.
— Symphysenhöhen-Index
79.
Brustwarze 28, 29, 39, 66, 386,
574.
Brustwarzen, überzählige 561.
B-Typus (JAENSCH) 61, 391,
700, 716, 725.
Buchstabenmethode, ACHsche
98.
BUERGERsche Krankheit 579,
611, 622.
Bulbusdruckversuch 716.
bullöse Dystrophie 544.
Buren 17.
Buschmann-Ohr 447, 455.

Calcaneus-Sporn 544.
Calvities 44, 56, 58, 65, 66, 73,
410, 522, 544, 551, 552,
572, 673.
— praematura 543, 551, 552.
Camptodaktylie 331.
Canities praecox praematura
543, 548, 552, 573.
Capillaren 62, 65, 72—75, 222,
644, 657, 666, 716, 717, 718.
Capillarhemmung 74.
Capillarmikroskopie 66, 73, 74,
222, 724.
Capillarreifung 75.
Capillarschlüssel 74.
Caput obstipum (s. a. Schief-
hals) 544, 560, 701.
— quadratum 63.
CARABELLIsches Höckerchen
331, 556.
Carcinom (s. a. Krebs) 521,
543, 575, 589, 591.
Caries 547, 608, 626, 658.
Carotisdruckversuch 716.
Caruncula lacrimalis 9.
Cauda helicis 23, 330.
Cavernomata senilia 543, 552.
Celebes 432.
Cerebellum 467.
Cerebraler Typus s. Typus.
Chalone 503.
Chamärrhinie 59.
Charakter 89, 462, 477, 479,
482, 488, 557, 722, 743,
751.
— und Körperbau 730—753,
754—768, 763—768.
charakterologisches Haupt-
schema 762.
CHARCOTsche Trias 553.
χ^2-Methode 159, 168—171, 173,
176, 180, 182, 195, 207,
261, 278, 286, 292.
Chile 457.
China, Chinesen 420, 432, 441
bis 446, 566.
Chinin-Idiosynkrasie 595.
Chlorose 543, 600.
Cholecystitis 597, 611.
Cholecystopathie 585, 586,
596, 597, 598, 601.
Cholelithiasis 543, 582, 589,
590, 594, 599, 605, 606,
619, 620, 624, 627, 628,
656, 667, 673, 674.
Chondrodystrophia foetalis
542.
Chondrodystrophie 400, 564.
— Dachshund 512.
— Huhn 681.
Chondrohypoplasie 564.
Chorea HUNTINGTON 316, 543,
547, 732.
— minor 543, 590, 611, 732.
choreiforme Nervosität 732.
Chorioiditis rheumatica 611.

CHRISTIANsche Krankheit 521.
chromaffines System 530.
Chromosomenbalance 416.
Chronaximetrie 478.
Chrysanthemum 144.
Ciliarzone 45.
Cilien 6, 43, 44, 72, 328.
Clavicula 560.
Climacterium virile 523.
Climax praecox 543.
C-Linie, Reduktion der 336.
Clitorishypertrophie 530, 531.
Coefficient of racial likeness
177.
Coeliakie 542.
Colitis 579.
— membranacea, — mucosa
579, 586, 599, 673.
Concha s. Ohrmuschel.
confidence interval 155.
Conjunctivitis 579, 586, 626,
627, 645.
Cor juvenile 543.
Coriumpigment 40.
Corneadurchmesser 148, 149.
Coronargefäße 412.
Coronarsklerose 677.
Corpus anthelicis 22.
— pineale, Tumoren 524.
correction for abruptness 118.
Correlation, Intraclass- 201.
— spurious 187.
Cortex 467.
Costa decima fluctuans 548,
562.
crooked finger 565.
Croup, Pseudo- 646, 658, 674.
Cruralindex 34.
Crus anthelicis inferius 330,
454.
— — tertium 454.
— cymbae 326, 331, 450, 451,
454.
— helicis 447.
— inferius 330, 454.
— superius 330.
Crusta lactea 641.
Cubitus valgus 544, 565.
— varus 544.
CUSHINGsches Syndrom 520,
543.
Cutanreaktion 650, 717.
Cutis s. Haut.
— marmorata 572.
— rhomboidalis nuchae 544.
— verticis gyrata 549, 575.
Cyanose 574, 576.
Cycloidie, Cyclophrenie, Cyclothymie 54—57, 95, 318,
468, 475, 478—480, 485,
552, 571, 572, 722, 724,
725, 727, 735, 736—738,
740, 749, 751, 755, 757,
763.
Cymba conchae 22, 450, 454.
Cystenniere 564.

Cytoidioplasma 675, 677.
Cytoplasma 225, 234.

Dachshund, Akromegalie 512.
— Chondrodystrophie 512.
— Wachstumshormon 512.
Damm 43.
Dämmerzustand 498.
Dänemark 240, 242, 244, 341, 418, 419.
Darm 564, 646, 655, 671.
Darmasthma 646.
Darmbeinkammbreite 78.
Darmkatarrh 645.
Darmkolik 585.
Darmperistaltik 526.
Darmtrakt, Mißbildungen 564.
DARWINscher Höcker, DARwINsches Ohr 22, 23, 222, 330, 331, 447, 449, 453, 554.
Dauergebiß 331.
Daumen 332, 573.
Daumenballen 36, 41, 42.
Daumendefekt 564.
Daumenfurche 40, 42.
Daumengelenke, Überstreckbarkeit der 331.
Daumennageldefekt 564.
Debilität 494, 563, 570.
débilité glandulaire héréditaire 532.
Deckbiß 556.
Deckfalten des Auges 6—9, 447.
Deformität, MADELUNGsche 544.
Degeneration, Degenerationszeichen, -stigmen 537 f., 545—547, 548, 549, 550, 554, 557, 565, *630—639*, 658, 700, 733, 744—746.
Degeneratio corneae 544.
Delirium tremens 586.
Dementia paranoides 543.
— praecox 57, 735.
— senilis 543, 570, 602.
Demographie 213, 214.
Denken, abstraktes, theoretisches 90, 482, 757.
— analytisches 739, 742.
— anschauliches, gegenständliches, konkretes 90, 480, 481, 757.
— Denkweise 739, 742.
— idealistisches 757.
— konstruktives 490.
— mathematisches 109.
— praktisches 90.
— synthetisches 739.
— wissenschaftliches 740, 742.
Depression 466, 498, 523, 570, 598, 600, 601, 602, 735 bis 738.
DERCUMsche Krankheit 543.

Dermatitis 579, 591, 595.
— erythematosa 643.
— exfoliativa 542.
— seborrhoides 641, 642, 648.
— — larvalis 643.
Dermocalcinosis 544.
Dermographie, Dermographismus 65, 222, 526, 572, 601, 716.
Descensus 704.
— unvollständiger 576.
Desensibilisierung 578, 584.
Desequilibré, vegetativer 571, 573, 603.
Desintegration, desintegrierter Typus 61, 700, 724, 725.
Determination 687.
Deutschland 106, 328, 340, 341, 343, 346, 351, 417, 419, 434, 437, 582, 585.
Deviation 329.
— mean- 117.
— standard- 118.
Deviationszeichen 547.
Diabetes, Alters- 571, 602, 603, 605.
— Diabetes mellitus 259, 260, 261, 314, 408, 511, 530, 531, 532, 539, 542, 543, 549, 558, 566, 571, 575, 576, 580, 589, 598, 599 bis 605, 610, 624 bis 628, 647, 656, 667, 668, 674, 678, 701.
— insipidus 518, 519, 521, 543, 553, 610.
diagnostische Fehlerbreite 302.
Diagramm 25.
— Stab- 113.
Diastema 222, 546, 556.
Diathese, allergische s. Allergien.
— arthritische 647.
— Bindegewebs- 658.
— dystrophische 666.
— Ekzem- 671.
— entzündliche 651, 674.
— exsudative 542, 543, 579, 584, 585, 592, 624, 625, 628, 630, 640 bis 681, 701.
— — Rassenhygiene 681 bis 682.
— hämorrhagische 663.
— inflammatorische 651.
— katarrhalische 640, 655, 664, 665, 666.
— lymphatische (s. a. Lymphatismus) 640, 666.
— neurovegetative 640.
— Oxalatstein- 594, 605.
— Stein- 605.
— vasoneurotische 665.
— vegetative 646, 666.
Diathesen 537—682, *630* bis *639, 682—684.*

Diathesen, Abgrenzung der 658.
— Begriff 538.
Diathesenblocks 654, 657, 659, 667—668, 672, 679—681.
Diathesenviereck, frühkindliches 656.
diathetische Proportion, Temperament 736, 737, 738.
Dichorie 219, 220, 223.
Dichtemittel 117.
dichtester Wert 117.
Dichtung 740, 741.
Dickenwachstum 56.
Differenz 162, 185.
— Mittelwert einer 162.
— mittlere 119.
— mittlerer Fehler der 157, 158, 177.
— Streuung einer 162.
— zweier Mittelwerte 158.
Differenzenquotient 319.
— Fehlerrechnung 304.
— von Verwandtenziffern 302—306.
Differenzmethode 220, 225, 232, 233, 239, 240, 246.
Differenzierung 361, 687.
Differenzierungsstadium, funktionelles 504.
— spontanes 504.
digestiver Typ s. Typus dig.
Digiti s. Finger, Zehen.
Dilatator pupillae 46.
Dimerer Erbgang, Dimerie (s. a. Erbgang, zweiortiger) 292, 315, 318, 677, 678.
Diphtherie 538, 542, 543, 584, 681.
Diplegia spastica infantilis (s. a. LITTLEsche Krankheit) 542.
Diplegie 553.
direkte Vergleichsmethode 264, 272—277.
Disharmonien 426.
Diskordanz 216, 218, 219, 225 bis 227, 229, 231, 232, 234, 237, 238, 299, 665.
Diskordanzziffer 229—231, 235.
Dispersion 170.
— normale 166.
Dispersionskoeffizient 167.
Dispersionsquotient, LEXISscher 173.
Dispersionstheorie, LEXISsche 167, 171, 199.
Disposition 89, 537—684, *630* bis *639, 682—684.*
— allergische 580—583, 587, 588—591, 717.
— entzündliche 660, 675.
— Gewebs- 733.
— katarrhalische 653, 660, 664.

Disposition, Sexual- s. Disp., Geschlechts-.
Dispositionen, Alters- 538, 540, 612, 618, 619.
— Berufs- 538.
— Gattungs- 539.
— Geschlechts- 538, 541, 544, 612, 617, 619.
— Gruppen- 538.
— Individual- 538.
— Klassen- 539.
— Krankheits- 540.
— Lokal- 538, 607, 624, 677.
— motorische 467.
— Organ- 538, 624.
— Rassen- 538, 539.
— Sozial- 538, 539.
— Temporal- 538.
dispositionelle Varianten 733.
Dissoziation der Kundgebungen 675.
Distribution 755.
D-Linie 336.
doigt chrochu 565.
doigts morts 572, 588.
Dolichocephalie 550.
Domestikation 539, 749.
dominanter Erbgang s. Dominanz.
— geschlechts-chromosomgebundener Erbgang 314.
dominant-recessiver Erbgang 292, 300.
Dominanz 124, 164, 253, 254, 262, 273, 274, 280, 281, 282, 286, 287, 290, 294 bis 296, 300, 301, 303, 304, 305, 306, 310, 311, 313, 348.
— doppelte 292, 297, 300.
— regelmäßige 294.
— unregelmäßige 273, 287, 294—297, 303, 304.
Doppelbogen 335.
Doppelbogenwinkel 335.
Doppelempfindung 723.
Doppelgänger 426.
Doppelhaarwirbel 44.
Doppellippe 553.
Doppelniere 566.
Doppelschleifen 41, 332, 333.
Doppelwinkel 335.
doppelzentrische Papillarmuster 41, 42, 332, 333.
Dorsum 29, 368, 702.
— manus 32.
Drehungsrichtung, -sinn der Haarwirbel 43, 44, 328.
Dreieck, PASCALsches 130.
Dreifingerfurche 40, 42.
Drillinge 217.
Drosophila, Lebensdauer 415, 416, 545.

Drosophila, Modifikationsgene 674.
— Stummelflügel (vestigial) 545.
Drosselgrube 28.
Drüsen, apokrine 38.
— ekkrine 38.
— endokrine s. Endocrine Drüsen.
— merokrine 38.
Drüsentherapie 75.
Drüsentuberkulose 542.
Drusen, Kalk- der Papille 410.
— der Lamina elastica chorioideae 410.
D-Typus 724.
Ductus BOTALLI, offener 564.
DUPUYTRENsche Fingerkontraktur 544, 566, 626.
Durchmischung 197, 220, 262, 279, 284, 285—294, 297, 298, 300, 302—304, 306, 307.
Durchmischungsprüfung 289.
— mittlerer Fehler 286, 288.
— bei zwei Genpaaren 290.
Durchschnittsbevölkerung 124, 126, 127, 165, 166, 204, 214, 217, 220, 251, 252, 259, 284, 285, 292, 293, 301, 310, 313, 317, 318, 325, 326, 336, 346 bis 349, 352, 421, 723, 744.
Durchschnittswahrscheinlichkeit 124, 130, 165.
Durchschnittswert 115.
Durchstreichversuch, BOURDONscher 100.
Dynamometrie 364, 370, 707.
Dysbasia angiospastica 579.
Dysencephalie 681.
Dysenterie 608.
Dysgenetische Stigmen 549.
dysgenitale Varianten 82, 752.
Dyskeratose 644.
Dyskranio-Dysphalangie 550.
— -Dysopie 550.
Dyskrinien 502, 532, 533.
Dysmenorrhöe 573, 592, 595, 601, 627.
Dysplasien, dysplastischer Typus 26, 30, 34, 56, 57, 61, 68, 71, 73, 80, 82, 546, 688. bis 690, 699, 732, 744 bis 746, 753.
Dysostosen 542.
Dysostosis cleidocranialis 550, 560.
— craniofacialis 550, 555.
Dysraphie s. Status dysraphicus.
Dystrophia adiposogenitalis 82, 393, 394, 414, 516 bis 519, 532, 533, 543, 704.
Dystrophie 542, 646—650, 660, 666, 673.

Dystrophie, adrenale 532.
— bullöse 544.
— Hetero 654, 673.
— myotonische 543, 576.
Dystrophien, hypophysär-nervöse 516.
dystrophische Diathese 666.
— Teilbereitschaft 653, 671.
Dysurie 410, 646.

Ectopia lentis et pupillae 553, 615.
Eczema s. Ekzem.
— infantum 643, 654, 661, 662.
Eheanfechtung 356.
Ehegatten 251.
— Augenfarbe bei 180, 182.
— der Probanden 250.
Eherecht 351.
Ehegesundheitszeugnis 320, 321.
Eheschließung 320, 321.
Ehetauglichkeitszeugnis 320, 321.
Ehrgeiz 475, 486, 494, 496.
Eidetik 61, 723, 724, 725, 727.
Eierstock s. Ovar.
Eiform des Gesichts 56, 58, 63, 69, 368.
Eigenrhythmus, -tempo s. Tempo, persönliches.
Eignung 685—729, 728—729.
— Berufs- 693.
Eignungsauslese 726.
Eignungsprüfungen 694.
Eihautbefund, Zwillinge 219, 220, 223, 239.
Eiigkeitsbestimmung 219 bis 225, 236.
Eiklarallergie (s. a. Eiweiß) 593, 642, 649, 650, 655.
Eineiigkeit 219.
Eingeweide, Ptosis der 562.
Einheitlichkeit des Materials 149, 166, 167.
— einer statistischen Reihe 166, 167.
Einkind 411.
Ein-Klassen-Verfahren 255.
Einordnungsfähigkeit 91, 92.
Einortiger Erbgang (s. a. Monomerie) 290, 293—294, 297, 298, 300, 302—304.
Einpaariger Erbgang 285—287, 292, 307.
Einschlußmuster 335.
einseitige Verteilung 204.
Einzelkasuistik 215, 217, 219.
Eisprobe 717.
Eiweiß, Eiweißüberempfindlichkeit (s. a. Eiklar) 599, 649, 717.
Ejaculatio praecox 573.
ekkrine Drüsen 38.
Eklampsie 654, 656.

Ektoderm 555, 680, 681.
Ektopia lentis et pupillae 553, 615.
Ektrodaktylie 563.
Ekzem 64, 578—583, 587, 590 bis 602, 627—629, 642 bis 644, 648—653, 654, 655, 656, 659, 661, 662, 663, 667, 670—676, 718.
— Berufs- 543, 669, 671.
— Gewerbe- 544, 717.
— infantiles 589, 643, 654, 661, 662.
— lichenoides 662.
— neurogenes 643.
Ekzematoid 642, 643, 669.
Elefant, Lebensdauer 415.
elektrischer Leitungswiderstand 759.
Elektrokardiographie 711, 712.
Elementarfehler 148.
Elementarwahrscheinlichkeit 124, 130.
Ellipsen gleicher Häufigkeit 195.
Elternziffer 301.
Embryonalzeit 540, 542.
Embryotoxon 553.
Empfindlichkeit, Föhn- 590, 592.
— Jod- 629.
— Wetter- 570, 573, 613, 590, 592.
Empfindungen, Doppel- 723.
Emphysem 413.
empirische Erbprognose 317. bis 320.
— Erbprognoseziffern 186.
Empyem 542.
Encephalitis 521, 524, 557, 611.
Enchondrome 564.
endemischer Kretinismus s. Kretinismus.
Endognathie 556.
Endokarditis 578, 579, 590, 611, 626.
Endokrine Drüsen, -Störungen 49, 58, 61, 75, 76, 82, 391, 396, 403, 404, 405, 411, 413, 414, 502—536, 533—536, 540, 541, 550 bis 552, 553, 560, 575, 576, 579, 583, 610, 658, 690, 703, 718, 722, 731, 733—735, 743, 744, 745 bis 747, 751—753.
— Frühschäden 75.
— Korrelationen 503.
— Stigmatisierung 576, 745, 746.
— Varianten 731, 733, 743, 744.
endokriner Fettwuchs 57.
— Habitus 532.
Endokrinosen s. Endokrine Drüsen.

Energie 740, 758, 762.
— vitale 762.
England, Engländer 362, 417, 418, 419, 433, 443, 614, 723
Engzuchtsgebiet (s. a. Inzucht) 326, 354.
ENKEscher Wasserglasversuch 476, 477, 739, 761.
Enophthalmus 553.
Entartung 539, 576, 732, 733.
Entartungszeichen s. Degenerationszeichen.
Enteritis 579, 653, 658.
Enteroptose 563, 564.
Entlastungstrieb 98.
Entwicklung, Früh- 381, 382, 395, 396, 398.
— und Konstitution 373, 397.
— Spät- 383, 384, 385, 388, 392, 397—399, 700, 725.
Entwicklungsphysiologie 216, 236.
Entwicklungstempo 398, 400, 403.
Entwicklungstypus 372, 373, 377, 689, 690, 697—699, 722.
Entwicklungsverlauf 391 f.
Entwicklungsverzögerung 549, 732.
Entzündung, Entzündungsbereitschaft 660, 663, 675, 679.
Enuresis 543, 559, 570, 571.
Eosinophilie 579, 609, 623, 626, 627, 628, 629, 642, 645, 655, 657, 658.
Epheliden 40, 45, 222, 544, 551.
Epicanthus 444, 445, 446, 553, 652.
Epidermisdicke 333—335, 338.
Epidermispigment 39.
Epidermolysis bullosa dystrophica 542.
epigastrischer Winkel 71, 366, 368.
Epilachna chrysomelina 545.
Epilepsia senilis 543.
Epilepsie 56, 57, 82, 217, 247, 318, 543, 549, 556, 558, 563, 565, 566, 567, 569, 570, 572, 579, 585, 586, 588, 600, 695, 703, 704, 735, 744, 745.
— Myoklonus- 275, 297.
— symptomatische 704.
epileptiforme Anfälle 574, 576, 588, 592.
Epileptoid 479, 498, 732.
Epileptothymiker 479.
Epiphyse 524, 541, 542, 747.
Epithelkörperchen 528.
Erbbedingtheit, Grad der 186.
Erbbiologische Beurteilung der Nachkommenschaft 310—320.

Erbbiologische Gesamtuntersuchung 323, 324, 351, 352, 355, 356.
Erbchorea s. Chorea.
Erbforschung, Methoden der 213—309, 248, 307—309.
Erbgang 128, 186, 247, 278, 293, 298, 299.
— im Block 672—681.
— dimerer (s. a. Erbgang, zweiortiger) 292, 315, 318, 677, 678.
— dominanter s. Dominanz.
— dominant-recessiver 292, 300.
— doppelt-dominanter 292.
— doppelt-recessiver 292.
— einortiger (s. a. Monomerie) 290, 293, 294, 297, 298, 300, 302—304.
— einpaariger (s. a. einortiger) 285—287, 292, 307.
— geschlechtschromosomgebundener s. Geschlechtsgebundenheit.
— geschlechtsgebundener s. Geschlechtsgebundenheit.
— geschlechtskontrollierter 200, 220, 246, 247.
— intermediärer 132, 261, 278, 280, 281, 282, 284, 286, 287, 292, 293, 305, 311, 313, 314, 349.
— mehrortiger 273, 303, 304.
— polymerer s. Polymerie.
— recessiver s. Recessivität.
— untersuchung 305—307.
— zweiortiger (s. a. Dimerie) . 292, 297, 300—304.
Erbgesundheitsgericht 320.
Erbgleichheitsbestimmung 219.
Erbkrankheiten 293, 311, 694—696.
Erblassen 572.
Erblichkeit, Begriff der 214.
Erbmethodik 213—309, 248 bis 309, 307—309.
Erbnormalbiologie 1.
Erbprognose, empirische 313—321, 547.
— theoretische 315, 318—320.
Erbprognoseziffern 186, 297 bis 302.
Erbrechen 571, 579, 584, 586, 591, 593, 673.
— acetonämisches 542, 603.
Erbse 140, 142, 143.
Erbstatistik 112, 128, 249, 284—305.
— in der Bevölkerung 284 bis 294.
— in der Sippe 294—305.
Erbüberträger 312—314.
Erbverschiedenheit 214, 219.

Erbvorhersage s. Erbprognose.
Erbziffern, empirische 273.
Ereignis 124, 125.
— seltenes 143.
Ereignishäufigkeit 132.
Ereignisreihe 125, 171.
Ereignisstatistik 152, 156.
Ereignistafel 252.
Ereigniszahl 130.
— Erwartungswert der 138, 142.
Ereigniszahlen, Mittelwert der 131.
— mittlere Abweichung der 131, 138.
Erfassungsform der Konstitutionstypen 96, 756.
Ergograph 469, 471, 472, 488, 761.
Ergrauen 45, 224, 408, 410.
— frühzeitiges 543, 548, 552, 573.
ERISMANN-Index 701.
Erkältung 552, 572, 607, 629, 704.
Erkrankungswahrscheinlichkeit 227, 230, 232, 318.
Erlebenserwartung 240, 241.
Erlebenswahrscheinlichkeit 240, 241.
Erlebnisfähigkeit, -typ 90, 105.
Ermüdbarkeit, Ermüdung 472, 473, 714, 716, 726.
Ernährung, Ernährungsstörungen 38, 58, 415, 426, 504,542,644,646—650,659, 660,666,673,698, 700,704.
Erregbarkeit, affektive 97.
— Erregung 716, 759, 760.
Erröten 526, 572, 673.
Erscheinungswechsel 752.
Eructatio nervosa 572, 591.
Erwartung 124.
— und Beobachtung 140.
— mathematische 127.
Erwartungsversuch 97.
Erwartungswert 127, 131, 137, 141.
— der Ereigniszahl 138, 142.
— einer Funktion 161.
— der Häufigkeit 138.
— eines Quotienten 162.
Erwartungszahlen der Krankheitseintritte 257.
— der Merkmalseintritte 258.
Erysipel 608.
Erythema annulare 611.
— exsudativum 543,579,611.
— glutaeale 642.
— nodosum 544, 578, 589, 590, 609, 611, 625, 627.
Erythrodermia desquamativa 542, 584, 642, 643, 644, 648, 662.

Erythrocytose 520.
Erythrophobie 572.
Erythrocyten 115, 116, 117, 118, 120, 186.
Erythrocytendurchmesser 160.
Erythrocytenoberfläche 121, 160, 186, 203.
Erziehung 360, 721, 722, 725, 726.
Erziehungsberatung 722.
Erziehungsberatungsstellen 724.
Eskimos 432, 444, 539.
Eudorina 415.
Eunuchen 410.
eunuchoider Fettwuchs 57, 522, 734.
— Hochwuchs 522, 525.
Eunuchoidismus 30, 82, 397, 413, 502, 515, 516, 518, 523, 531, 551, 564, 565, 572, 610, 734, 735, 747.
— Pubertäts- 517.
— weiblicher 525.
Europa, Europide 19, 27, 35, 43, 45, 325, 409, 431—437, 440—446, 458, 551, 555, 566, 748.
Euryprosopie 59.
Eurysomatischer Handtypus 32.
Eurysomer, eurysomatischer Typus s. Typus.
Exantheme, akute 539, 542.
Exkursionsbreite 702.
Exophthalmus 521, 525, 526, 553, 555.
Exostosen, multiple kartilaginäre 544, 564.
Explosivität 57, 494, 731, 735, 736, 741, 761.
Exponentialgesetz 133—138.
Exposition 537.
Expressionismus 740.
Expressivität 247.
Exsudative Diathese 542,543, 579, 584, 585, 592, 624, 630, 640—681, 701.
— — Rassenhygiene 681 bis 682.
extrapyramidales System 732.
extravertierter Typus 689,754.
Extremitäten 25, 36, 37, 43, 44, 58, 60, 72, 73, 361, 363, 365—368, 374, 375, 377, 378, 380, 384, 399 bis 401, 513, 522, 555, 575, 689, 690, 699, 734, 745.
— obere 31—34, 701—704.
— Stigmen 563—573.
— untere 34—36, 705.
Extremitätenindex 36.
Extremitätenmißbildungen, Mäuse 546.

Extremwerte, Verteilung der 207.
Exzeß 145, 149.

Facialislähmung 554, 557, 558, 561, 564.
Facialisphänomen 716.
Factorial 129.
Faktor Q 344.
Faktoren M und N s. Blutfaktoren.
Faktorenaustausch 279, 282, 283, 681.
Faktorenaustauschziffer 290.
Faktorenkoppelung 279—284, 291, 431, 681, 749, 751.
Fakultät 129.
Fallstabprüfung 714.
Falte, naso-malare 15.
Falten, Gesichts- 15, 427, 456, 457.
Faltenbildungen des Lachens 456.
Faltenwespe 545.
Faltenzunge 557, 558. 559, 571.
Familie Markus 546.
— Zero 546.
Familienanthropologie 1.
Familienauslese 264, 265, 268 bis 283, 305.
— Korrektur der 263—266.
Familienforschung 213, 214.
— konstitutionsbiologische 82—83.
Familiengröße 265.
Familienrecht 356.
Familienstatistik 247, 278.
Farbbeachtung, Farbempfindlichkeit 92, 96, 106, 725, 739, 742, 750, 754, 756.
Farbenblindheit 314, 315, 570, 719.
Farbenfächer 39.
Farbenkreisel 39.
Farbenschwäche 719.
Farbensinn 714, 757.
Farbseher s. Farbbeachtung.
Favus 543.
Federmuster 335.
Fehler, Beobachtungs- 149.
— durchschnittlicher 159.
— Elementar- 148.
— Messungs- 148.
— methodischer 234—236.
— mittlerer 120, 141, 147, 152, 154, 159, 161, 165, 171, 185, 205, 261, 264, 265, 266, 277, 280, 283, 294.
— — Begriff 120.
— — der Differenz 157, 158, 177.
— — Durchmischungsprüfung 286, 288.

Fehler, mittlerer, Genhäufigkeit 285, 287, 288.
— — der Häufigkeit 141.
— — der Hauptgeraden 191.
— — des Korrelationskoeffizienten 183.
— — des Mittelwertes 120, 149, 158, 201.
— — der Recessivenzahl 163.
— — des Regressionskoeffizienten 190.
— — von z 184.
— persönlicher 207.
Fehlerbreite, diagnostische 302.
Fehlerformeln, binomische 285.
Fehlerfortpflanzung 160—165.
Fehlerfreiheit 207.
Fehlergesetz, GAUSSsches 148, 149.
Fehlergleichheit 207.
Fehlerkurve, GAUSSsche 134.
Fehlerrechnung 198, 207, 208.
— Differenzenquotient 304.
— Nachgeschwistermethode 270.
— Reduktionsmethode 266.
Fehlertabelle 693.
Fehlertheorie 148.
Fehlformen 702.
Fehlhaltungen 702, 703.
Fehmaraner 187.
Feinbewegung der Hand 477.
Feiung, stille 578.
Feminisierung 509.
Feminismus 82, 518, 548.
feste Gehalte, Typus der 479 bis 481, 762.
Fetalzeit 400, 540, 542.
Fett, Fettansatz, Fettgewebe, Fettpolster, Fettverteilung 30, 32, 37—39, 55, 58, 64, 71, 72, 80, 368, 371, 387, 392, 395, 413, 496, 516, 517, 525, 647, 698, 734, 751.
Fettansatz, Säugetiere 748.
Fettarmut 9, 29.
Fettintoleranz 646.
Fettleibigkeit (s. a. Fettsucht) 31, 520, 522, 527, 531, 532, 620, 671, 674.
Fettsucht, Fettwuchs 31, 57, 61, 399, 517, 518, 520, 521, 522, 527, 528, 530, 531, 532, 539, 543, 557, 559, 582, 587, 588, 590, 598, 599, 601, 603, 606, 610, 619, 620, 624, 625, 626, 627, 628, 647, 656, 667, 673, 674, 697, 701, 703, 733.
Fettwuchs, acromegaloider 57.
— dysglandulärer 82.
— eunuchoider 57, 522, 734.

Fettwuchs, hypophysärer 734.
— präpuberaler 392—395, 399, 403.
Fetus (s. a. Fetalzeit) 504, 511.
Feuerländer 39.
Fibrome 515.
fiduziäre Grenzen (fiducial limits) 155.
fil-fil 43.
Finger 32, 33, 35, 41, 72, 311, 331, 335, 352, 366, 514, 519, 703, 746.
— Absterben der 572, 588.
— Grundglied der 335.
— Klein- 574.
— kleine, krumme 565.
— Mißbildungen 564.
— Spinnen- 331, 542, 550, 553, 703.
— Trommelschlegel- 566.
Fingerballen 36.
Fingerbeere 40, 41, 331.
Fingerbeerenmuster s. Papillarmuster.
Fingerdefekt 564, 565.
Fingerform 33.
Fingergelenk 352.
Fingergelenke, Überstreckbarkeit 565.
Fingerglieder, untere beide 335.
Fingerkontraktur, DUPUYTRENSche 544, 566, 626.
Fingerleistenmuster s. Papillarmuster.
Fingernägel 34.
Fingerverkrümmungen 331, 565, 731.
Finnen, Finnland 11, 12, 289, 454, 539, 614.
Fistula auris 331, 453.
Flachfuß 613, 619, 620.
Flankeneinziehung 701.
Flaumhaar 43, 328.
Flieger 707, 710—712, 714, 719.
fließenden Gehalte, Typus der 479—481, 762.
Fluchtlinientafel 140, 141, 265, 273, 277.
fluktuierende Variabilität 234, 236.
Fluor albus 563.
Föhnempfindlichkeit 590, 592.
Follikulin 524.
Fontanellen 366.
Foramen ovale, offenes 560.
Forficula 144.
Form und Funktion 743.
Formbeachtung, Formempfindlichkeit 92, 96, 106, 725, 739, 750, 754, 756.
Formel, „asymptotische" 133.
— binomische 155.
— STIRLINGsche 133.

Formdeuteversuch, ROHRSCHACH 90, 95, 739, 742, 754.
Form-Farbscheibe 754.
Formindex, individueller 332.
— Zehnfinger- 332.
Formseher s. Formbeachtung.
Formsinn s. Formbeachtung.
Fortpflanzung, ungeschlechtliche 415.
Fortpflanzungsfähigkeit 387, 388, 572.
Fossa triangularis 22, 330, 454.
FOX-FORDYCEsche Krankheit 541, 544.
Fraisen 654, 656.
Franken 454.
Frankfurt 260, 433, 434, 437, 618.
Frankreich 417, 419, 724.
Frauenwendigkeit 671.
Freiburg 189, 197.
Freiheitsgrade 261.
FREUNDscher Haarschopf 658.
FRIEDREICHsche Ataxie 283, 542, 543, 553, 562.
Frigidität 551, 561, 573.
FRÖHLICHsche Krankheit 393, 394, 397, 414, 516, 517, 519.
FRÖHLICHsches Syndrom 393, 394, 397, 414, 516, 517, 519.
Frontal-Brustweite 27.
Frostbeulen 605, 654.
Fruchtbarkeit 204, 205, 209, 285, 293, 298, 300—302, 305, 306.
Fruchtbarkeitsbilanz 205.
Fruchtbarkeitsstatistik 204, 205, 208, 209.
Fruchtbarkeitsunterschiede 276.
Fruchtbarkeitsziffer 205.
Fruchtwasser 344.
Frühentwicklung, Frühreife 380, 381, 382, 386, 395, 396, 398, 399, 523, 524, 529, 530, 540, 690, 704, 726.
— körperliche 725.
— seelische 380.
Frühgeburt 366, 542, 559.
Frühreife, cerebrale 396.
— dyspineale 396.
— geschlechtliche 523, 704.
— intellektuelle 725.
— interrenale 396, 397.
— Säugetiere 748.
Fülle 383, 398.
Fünfeckform des Gesichts 69, 70, 368.
Fünffingerfurche 40, 42.
Funktion, Erwartungswert einer 161.

Funktion und Form 743.
— mehrerer Veränderlicher 161.
Funktionen, tetrachorische 182.
Funktionsdynamik 425f.
Furche, HARRISONsche 701.
Furunkulose 64.
Fuß, Fußhöhe, Fußindex (s. a. planta, s. a. pes) 35.
Fußgelenk 72.
Fußlinien 36, 40.
Fußsenkung 705.

Gallensteine 543, 582, 589, 590, 594, 599, 605, 606, 619, 620, 624, 627, 628, 656, 667, 673, 674.
Gallenwege, Dyskinesie der 579.
GALLsche Schädellehre 745, 750.
GALTONsche Ogive 115.
GALTONsches Brett 130.
Gang s. Motorik.
Gangrän 562.
gastrische Formen 687.
Gastritis 579.
— sclerotica 543.
Gastropathie 584, 589.
Gattenwahl 127, 250, 278, 285, 293, 298, 300, 301, 305, 306, 696.
Gattungsdispositionen 539.
Gaumen 63, 371, 546, 548, 556, 558, 564, 629.
Gaumenspalte 542, 548, 554, 556, 560, 561.
GAUSS-Kurve 134, 148, 204, 665, 668.
GAUSSsches Fehlergesetz 134, 148.
Gebahrungsdiagnostik 724.
Gebiß 331, 555, 556, 617 (s. a. Zahn).
Gebrauchsauge, Gebrauchshand 715.
Geburt 34, 361, 511.
Geburtennummer 112, 175, 185.
Geburtenzahl 205.
— Soll- 205.
Geburtenziffer 112, 175, 185.
Geburtsgewicht 115, 170.
Gedächtnis 99, 100, 725.
Gefährdungsperiode 226, 227, 232, 247.
Gefäße, Gefäßanomalien 46, 47, 65, 80, 361, 412, 413, 543, 579, 606.
Gefäßsystem 409, 575.
Gefühl 95, 480, 481, 486, 487, 555, 758, 762.
Gegendaumenballen 42.
Gegenleiste 22.

Gegensinnige Beziehung 122.
Gehalte, Typus der festen 479 bis 481, 762.
— — der fließenden 479 bis 481, 762.
Gehen s. Motorik.
Gehirn s. Hirn.
Gehör 98, 514.
— absolutes 106, 107.
Gehörgang 38.
— Fehlen des 554.
— musikalisches, Typen 106.
Gehörorgan 425.
Geisteskrankheiten 54, 56, 82, 312, 317, 533, 541, 554, 565, 566, 567, 585, 658.
Gelbkörperhormon 524.
Gelehrtenfamilien 582.
Gelenk 32, 58, 64, 316, 317, 564, 565, 606, 611, 705.
— Kiefer- 555.
— Finger- 352.
Gelenke, Überstreckbarkeit der 564—565, 703.
Gelenkrheumatismus 391, 543, 558, 586, 599, 603, 607 bis 620, 623, 625, 627—629, 667, 674.
Gemüt, -lage 494, 732, 735, 736, 737, 751, 759, 762.
Gen 503, 673, 674, 675, 750.
Gendreieck 289.
Gene, allele 311.
— konstruktive 680.
— Modifikations- 674.
— Neben- 624, 677, 678.
— sammelnde 678, 679.
— streuende 678.
— übergeordnete 589, 678, 679, 680.
— Wachstums- 404.
Genformel 334, 335, 346.
Gengemeinschaft 676.
Gengesellschaft 225, 234, 674.
Genhäufigkeit 186, 278, 284—286, 288, 289.
— mittlerer Fehler 285, 287, 288.
Genmilieu 447.
Genovarianz 421.
Genreihe 287, 290.
Genverteilung 290—292, 304, 305.
Genwahrscheinlichkeit 127.
Genzahlen 340, 343, 349, 350.
Genf 589.
Genitalbehaarung 65, 73, 563.
Genitalentwicklung 397, 399, 403, 405, 519.
Genitalorgane 39, 66, 76, 386, 389, 394, 395, 399, 411, 515, 516, 517—520, 559, 561, 564, 575, 576, 704.
Genu recurvatum 565.
— valgum 377, 378, 565.
Georgier 7, 12, 18, 24, 25.
Geroderma 414, 516, 517.

Gerontoxon 410, 543, 552, 553.
Geruchssinn 98, 431, 570.
Gesamtbevölkerung s. Durchschnittsbevölkerung.
Gesamtheit, statistische 123 bis 126.
Gesamtkonstitution s. Konstitution.
Gesamtmittel 116, 172.
Gesamtpersönlichkeit s. Persönlichkeit.
Gesäß 29, 38, 43.
Geschicklichkeit s. Handgeschicklichkeit.
Geschlecht (s. a. Sexual-) 37—39, 221, 323, 325, 327, 329, 331.
Geschlechtsaufwertung 1, 2.
Geschlechtsbegrenztheit 412, 670.
Geschlechtsbestimmung 219.
Geschlechtscharaktere 43, 44, 511, 556, 563, 733, 753.
Geschlechtsdisposition 538, 541, 544, 582, 612, 617, 619.
Geschlechtsdrüsen s. Keimdrüsen.
Geschlechtsentwicklung, vorzeitige s. Reifung.
Geschlechtsgebundenheit 220, 246, 247, 273, 274, 289 bis 291, 294, 299, 305, 310, 314, 315, 412, 454, 541, 544, 545, 670.
Geschlechtshormone 510, 524, 530, 552.
— Säugetiere, Vögel 508 bis 510.
geschlechtskontrollierte Vererbung, geschlechtskontrollierter Erbgang 200, 220, 246, 247.
Geschlechtsleben 223, 551, 575, 752, 753.
Geschlechtsorgane 411, 561.
Geschlechtsreifung s. Reifung.
Geschlechtsumwandlung 510.
Geschlechtsverhältnis, -verteilung 130, 163, 208, 220, 221, 241, 246, 247, 249, 252, 317, 663, 664.
Geschwister 126.
— Nach- 270.
Geschwisterkorrelation 186, 201, 202, 299.
Geschwistermethode 263, 265, 266, 267, 271—275.
— Nach- 270, 272.
— Nach- Fehlerrechnung, 270.
Geschwisterschaften mit mindestens einem Merkmalsträger 132, 133, 262—275.

Geschwisterzahl 209.
Geschwisterziffern 299—301.
Geschwülste 525, 529, 530, 531, 731, 732.
— s. Tumoren.
Gesetz der großen Zahlen 207.
— der kleinen Zahlen 142.
— Reichsbürger- 322.
— zur Verhütung erbkranken Nachwuches 322, 695.
Gesetze, Nürnberger 322, 695.
Gesicht 6—24, 39, 44, 55, 56, 58, 59, 62, 67, 69, 70, 71, 73, 327, 365, 366, 368, 371, 375, 377, 378, 380, 383—385, 389, 395, 399, 425—427, 455, 456, 556, 557, 573, 575, 658, 690, 697, 699—701, 700, 725, 734.
— Eiform 56, 58, 63, 69, 368.
— Form 6, 17, 18, 67, 323, 327, 354, 689, 700.
— Fünfeckform 69, 70, 368.
— hypophysäres 700.
— Mittel- 70, 556, 700, 745, 746.
— Schildform 56, 58, 63, 69, 368.
— Vogel- 19, 555.
Gesichtsausdruck 68, 364, 463.
Gesichtsbehaarung 43, 45, 551.
Gesichtsbreite 66, 67.
Gesichtsfalten 15, 427, 456, 457.
Gesichtsfarbe 72.
Gesichtsfurchen 15.
Gesichtshöhe 6, 66, 67.
— morphologische 222, 327.
Gesichtsindex 6.
Gesichtslänge 441.
Gesichtsmuskulatur 445, 456, 457, 478, 713.
Gesichtsschädel 68, 365.
Gesichtstypus, Habsburger 425, 440, 441, 555.
Gestalt, Harmonisierung der 386, 389, 395.
Gestalten, bildhaftes, graphisches, plastisches, Typen 103—107.
Gestaltwandel, erster, zweiter 361, 364, 372, 374—379, 381—385, 387—389, 392, 398, 399, 403, 404, 686, 690.
Gestikulation 462, 463.
Gesundheitsstammbuch 689, 693.
Gewebszüchtung 415.
Gewebeekzeme 544, 717.
Gewicht s. Körpergewicht.
Gewichtsversuch 714.
Gewohnheitsverbrecher 744.
Gicht 542, 557, 566, 579, 584, 590, 593, 595, 598, 599,

600, 601, 603, 605, 606, 609, 610, 612, 628, 647, 654, 656, 667, 668, 671, 673.
Gichter 627, 629.
Giftfestigkeit 539.
Gigantismus 515, 516, 550.
Glabella 3, 5, 10, 11, 63, 67, 328.
Glandula pinealis 524, 747.
— suprarenalis 504.
— thyreoidea s. Schilddrüse.
Glandulae parathyreoideae s. Nebenschilddrüsen.
Glanzauge 525.
Glättungsformeln 202.
Glatze 44, 56, 58, 65, 66, 73, 367, 410, 522, 543, 551, 552, 572, 673.
Glaukom s. Star.
Gleicherbigkeit 310, 311, 313, 314, 332, 345.
Gleichgeschlechtlichkeit, Zwillinge 223, 239, 240, 244.
Gleichgewichtsempfindung 713, 719.
gleichsinnige Beziehung 122.
Gliom 553.
Glomerulonephritis 578, 611, 677.
Glossitis 579.
Glottisödem 579, 584.
Glykosurie 515, 520.
Gnathion 3, 30.
Gneis 542, 641, 653.
GOETHE 550.
Gonaden s. Keimdrüsen.
gonadotrope Hormone 515, 516, 518, 520, 524, 530.
Gonokokken, Gonorrhöe 542, 608.
Göttingen 458.
Gravidität s. Schwangerschaft.
Grenzklassen 114, 118.
Grenzschicht, Iris- 46, 47, 329.
Grenzwert 124.
Größe s. Körpergröße.
Großstadt 260, 326, 425, 426, 613, 691, 696, 704, 722.
Grippepneumonie 587, 591.
Grundfunktionen (PFAHLER) 761—762.
Grundstimmung s. Stimmung.
Grundumsatz 515, 526, 529.
Grundwahrscheinlichkeit 154—158.
Gruppendispositionen 538.
Gruppenkonkordanz 223.
Gruppenmittel 172.
Gynäkomastie 29, 39, 561.

Haar (s. a. Behaarung) 38, 40, 43—45, 56, 58, 62, 65, 67, 72, 73, 80, 325, 354, 365, 366, 515, 517, 518, 522, 527, 544, 548, 561, 575, 613, 658, 680.

Haar, Achsel- 44, 45, 65, 73, 551.
— Borsten- 44.
— Brauen- s. Augenbrauen.
— Ergrauen 45, 224, 408, 410, 543, 548, 552, 573.
— Flaum- 43, 328.
— Genital- 65, 73, 563.
— Gesichts- 43, 45, 551.
— Kopf- 43—45, 49, 328, 367, 368, 410, 551, 575.
— Körper- 43, 44, 56, 72, 73, 328, 523.
— Kraus- 43, 45, 367.
— Lockung 43, 44, 367.
— Nachdunkeln 45.
— Nacken- 44.
— Pelzmützen- 551.
— primäres 43, 58, 72, 73.
— Ringel- 45.
— schlichtes 43, 45.
— sekundäres 43, 44.
— spiraliges 43.
— Stirn- 457.
— straffes 43.
— Terminal- 43, 44.
— tertiäres 43, 44.
— welliges 43—45.
— Woll- 43, 65, 72, 73, 548, 564.
Haaransatz, Haargrenze 44, 328, 365—368, 457, 552, 560.
Haarausfall, -schwund 224, 527, 552.
Haarfarbe 44, 45, 49, 197, 221, 279, 328, 367.
Haarfarbentafel 45, 221.
Haarform 44, 45, 222, 328, 367, 444.
Haarlocke, weiße 45.
Haarmal, 568.
Haarnadelformen der Capillaren 75.
Haarpigment s. Pigment 45.
Haarquerschnitt 43.
Haarschopf, FREUNDscher 658.
Haarstrich, Haarströmung 43, 44, 328, 457.
Haarwirbel, Drehungssinn 43, 44, 328.
Haarwuchs 551.
Habitus s. a. Körperbau, s. a. Status.
— akromegaloider 514, 555.
— athletiformer 403.
— basedowoider 61, 734, 735.
— endokriner 53.
— kretiner 734.
— myxödematöser 734.
— seniler 409.
— schizaffiner 555.
Habitusquotient 79.
Habitustypen, Kleinkind 372.
— Knaben, Mädchen 369.
— Säugling 372.

Habituswechsel, s. Gestaltwandel.
Habsburger Gesichtstypus 425, 555.
— Unterlippe 440, 441.
Hackenfuß 565.
Haken 335.
Halbaffen 566.
Halbgeschwister 298.
Halbseitenminderwertigkeit 573.
Hallux valgus 628.
Hals 19, 20, 21, 28, 37, 56, 59, 64, 71, 368, 689, 699 bis 701, 697, 701.
— Stigmen 560.
Halsdrüsen 560, 701.
Halsrippen 560, 562.
Halsschulterlinie 28, 37, 368.
Halswirbel, überzählige 548.
Halswirbelsynostose, KLIPPEL-FEILSche 560.
Haltlosigkeit 571, 738, 740.
Haltung, Fehl- 702.
Haltungstypus 370, 702, 705, 712.
Haltungsschwäche 702.
Hämatom 568.
Hämatoporphyria congenita 544.
Hämatoporphyrinuria congenita 541.
Hämaturie 589.
Hamburg 340, 345.
Hammerzehe 331, 565.
Hämoglobin 121, 186, 203, 706.
Hämophilie 313, 314, 315, 542, 672.
Hämorrhagie, cerebrale 411.
Hämorrhoiden 598, 599, 628.
Hand, athletische 464—466.
— Gebrauchs- 715.
— Handfläche 31, 32, 35, 36, 39—42, 56, 60, 64, 65, 72, 73, 331, 333, 368, 395, 466, 472, 491, 492, 497, 518, 522, 703, 713, 715, 731.
— infantil-dysplastische 466.
— Länge 72, 78, 187, 463.
— leptosome 32, 464, 466.
— pyknische 465, 466.
Handarbeit, Handarbeiter 77, 371, 490.
Handbreite 32, 67.
Händedruck 462, 463, 466.
Händefalten 238, 239, 456.
Händezittern 570.
Handform 463—467, 697, 703.
Handfurchen 337.
Handgelenk 72, 463, 465, 466, 476.
Handgeschicklichkeit 109, 467, 474, 475, 490, 686, 703, 713, 714, 715.

Händigkeit 238, 239.
Handindex 32, 60, 78.
Handlinien 36, 40, 42, 704.
Handmotorik s. Motorik.
Handmuskeln 486.
Handrückenlänge 72, 463.
Handschrift 224, 463, 479 bis 483, 487, 488, 498, 739, 742.
Handschriftenanalyse 482, 484, 485.
HAND-SCHÜLLER-CHRISTIANsche Krankheit 521.
Handumfang 72, 76, 78, 463.
Handumriß 464.
Handtypus, eurysomatischer 32.
— Kurzbreittypus 32.
— Langschmal- 32.
— leptosomatischer 32.
Hängebauch 71, 563.
Hängebrust 561.
Hängeohren 447.
Harfenphänomen 716.
Harmonie, biologische 548.
Harmoniekoeffizient 2, 327.
— vitale 545, 546.
harmonisches Mittel 117.
Harmonisierung der Gestalt 386, 389, 395.
Harmozone 503.
Harnsäure 515, 542.
Harnstottern 572.
Harnwege 411, 579, 599, 605, 606, 645, 656.
HARRISONsche Furche 701.
Hartspann 607, 611.
Hasenscharte (s. a. LippenKiefer-Gaumenspalte) 61, 237, 564, 566, 574, 576, 731, 746.
Häßlichkeit 426.
Häufigkeit 112—115, 124, 125, 171.
— absolute 112.
— Ellipsen gleicher 195.
— Erwartungswert der 138.
— Linien gleicher 195, 196.
— mittlere Abweichung der 138.
— mittlerer Fehler der 141.
— relative 112.
Häufigkeiten, Differenzen der 156.
— Vergleich der 156—158, 180.
— — zweier nach R. A. FISHER 181.
Häufigkeitsfläche 193—196.
Häufigkeitsmaximum 117.
Häufigkeitspolyeder 122.
Häufigkeitspolygon 115.
Häufigkeitsverteilung 113 bis 115, 120, 125, 144—147, 160, 188, 199.

Häufigkeitsverteilungen, Ausgleichung 203—204.
— Vergleich 168—171.
Häufigkeitsziffern, empirische 154.
häufigster Wert 117.
Hauptgen 315, 316.
Hauptgerade 191.
— mittlerer Fehler der 191.
Haupthaar s. Haar.
Haustiere s. Säugetiere.
Haut, Hautanomalien, Hautkrankheiten 32, 37, 38 bis 43, 56, 58, 64, 72, 80, 410, 114, 413, 496, 515, 517, 522, 525, 527, 529, 541—544, 548, 552, 561, 568, 570, 601, 605, 606, 610, 623, 641—645, 647, 648, 654, 660, 661, 670, 680, 698, 700, 717, 734, 743, 744, 751.
— Idiosynkrasien 597—598.
— Luminescenzanalyse 717, 718.
— Stereomikroskopie 717, 718.
Hautcapillaren s. Capillaren.
Hautdrüsen 38, 39.
Hautfarbe 39, 45, 65, 72, 221, 444.
Hautfarbentafel 39.
Hautfunktionsprüfung, Hauttests 578, 644, 645, 650, 655, 657, 716—718.
Hautgefäße s. Capillaren.
Hautkatarrhe, chronische 641.
Hautkrebs 543, 544.
Hautleistenmuster s. Papillarmuster.
Hautlippen 43, 44, 426, 441, 442.
— obere 13—21, 329, 330, 440—442.
— untere 15, 16, 19—21, 330.
Hautsinn 713.
Hawai 341, 431, 433, 440, 443.
Hebephrenie 466, 543.
HEBERDENsche Knoten 612, 613, 622, 628.
Heboid 752.
Heilpädagogik 720—722.
Heiratsziffer 205.
heliogene Theorie 691.
Helix 22, 23, 222, 330, 331, 447, 448, 450, 453, 455, 554.
Helläugigkeit 658.
HELMHOLTZ 550.
Hemeralopie 574, 719.
Hemicrania ophthalmica 589.
Hemikranie 588.
Henkelohren 554.
Hepatitis 579.

Heredoataxie, PIERRE MARIESche 562.
Hermaphroditismus 525.
Hernien 542, 543, 562, 563, 564, 565, 620.
Herpes, Herpetismus 558, 597, 598, 656.
— labialis 544, 584.
— oro-genitalis 541, 544.
— zoster 544, 591.
Herz, -fehler, -leiden 391, 397, 409, 411, 412, 528, 533, 543, 553, 556, 563, 578, 606, 607, 611, 614, 615, 620, 627, 692, 697 bis 699, 701, 703, 705, 706, 707, 708—710, 711.
— asthenisches 709.
— hypertrophes 709.
— Maße 711.
— synkopotropes 709.
— Tropfen- 711.
— Wachstums- 709.
Herzgrube 28.
Herzleistungsklassen 710.
Herzleistungsprüfung 708.
Herzmißbildungen 409, 553.
Hessen 113, 144, 326, 454, 457, 749.
Heterochromie der Iris 549, 552, 553, 558, 568.
— — neurogene 552.
Hetero-Dystrophie 673, 674, 682.
Heterophänie 673, 674, 675, 679.
Heterozygotenziffer 286.
Heterozygotie 128, 164, 262, 293, 310—314, 332.
Heuasthma, Heufieber, Heuschnupfen 542, 558, 572, 578, 581, 582, 583, 584, 585, 586—590, 591, 593, 595, 597, 598, 599, 600, 601, 602, 603, 625, 628, 654, 655, 663, 673, 676.
Hilfsschüler 558, 695, 713, 715, 720.
Hinterhaupt 5, 63, 67, 69, 327, 366, 368, 514, 550.
Hippus 554.
Hirn 316, 409, 545, 553, 554, 557, 611, 680, 730, 731, 732, 743, 744, 750.
— Maus 546.
Hirnanhang s. Hypophyse.
Hirnarteriosklerose 412.
Hirnblutungen 542.
Hirnschädel 63, 68, 365, 366, 575.
Hirnschlag 591.
Hirsutismus 520, 525, 530.
Hochdruck 627, 628.
Hochgipfeligkeit 144, 145, 146, 204.
Hochkopf 56, 70, 550, 554.

Hochschule 726.
Hochwuchs, eunuchoider 522, 525.
Höcker, DARWINscher 22, 23, 222, 330, 331, 447, 449, 453, 554.
Höckerchen, CARABELLISche 331, 556.
Hoden 66, 76, 505, 506, 510, 523, 576.
— Leisten- 574, 576, 704.
Hodenhormon 510, 523, 524, 530, 552.
HOEVESches, V. D. Syndrom 680.
Hohlfuß 35, 36, 57, 64, 562, 565, 705.
Hohlwarzen 561.
Holland 417, 566.
Homosexualität 219, 525, 556, 560.
Homozygotie 310, 311, 313, 314, 332, 345.
Homozygotiewahrscheinlichkeit 124.
Hormon, Gelbkörper 524.
— Hoden- 510, 523, 524, 530, 552.
— Wachstums- 514, 516, 518.
hormonale Stigmen 576.
Hormonales System s. endokrine Drüsen.
Hormone, autochthone 503.
— chromosomale 503.
— gonadotrope 515, 516, 518, 520, 524, 530.
— inkretorische 503.
— morphogenetische 503.
HORNERsches Syndrom 553, 568.
Hörschärfe 719.
Hörstummheit 570.
Hottentotten 17, 431, 443 bis 445.
Hottentottenfalte 444, 447.
Hüftbreite 27, 29.
Hüfte 29, 368, 386, 388.
Hüftgelenk, -luxation 217, 316, 317, 544, 564, 565, 614, 621.
Hüftgürtel 699, 705.
Hüftluxation s. Hüftgelenk, Luxation.
Hüftumfang 76, 371.
Hüftverrenkung s. Hüftluxation.
Huhn, Albinismus 312.
— Chondrodystrophie 681.
— Geschlechtshormone 508, 509.
— Hypophyse 511.
— Intersexualität 511.
— Thyreoidea 511.
— Überweibchen 510.
Hühnerbrust 64, 701.
HUMBOLDT, W. V. 550.

Humoristen 738, 740, 741.
Hund, Akromegalie 512.
— Arsenik-Gewöhnung 539.
— Chondrodystrophie 512.
— Kreuzung 512.
— Lebensdauer 415.
— Temperament 748.
— Wachstumshormon 512.
HUNTINGTONsche Chorea 316, 543, 547, 732.
Hydroa vacciniforme 544.
Hydrocephalus 517, 542, 550, 558, 699.
Hydrocystome 544.
Hydrolabilität 644, 648, 682.
Hydronephrose 557.
Hyperadrenalismus 530.
Hyperämie 579, 646.
hyperästhetisches Temperament 57, 735—738, 760.
Hyperbrachycephalie 550.
Hypercalcämie 528.
Hypercalcurie 528.
Hyperergie 608, 613, 667.
Hypergenesien 549.
Hypergenitalismus 523, 525, 551.
Hyperglykämie 515, 520.
Hyperhidrosis 572.
Hyperinsulinismus 542.
Hyperkeratosis 572.
Hyperkinesen 498.
Hypermastie 29, 549, 561.
Hypernephrom 530.
Hyperparathyreoidismus 528.
Hyperparotidie 559.
Hyperphalangie 564, 565.
Hyperphosphatämie 528.
Hyperpituitarismus 513, 520, 576.
Hyperpyrie 614.
Hypersensitiveness 578.
Hypertelorismus 550.
Hypertension 412, 520, 521.
Hyperthelie 29, 561.
Hyperthyreoidismus 478, 525, 526, 527, 533, 552, 572, 576, 584.
Hypertonie 58, 73, 412, 531, 543, 620, 626, 709.
Hypertrichie, -trichosis 43, 397, 515, 520, 531, 562, 563, 575.
Hypocalcämie 528, 566.
Hypocalcurie 528.
Hypochondrie 598, 738.
Hypogenitalismus 392, 521, 525, 561, 564, 569, 576.
Hypoglykämie 532, 572, 699.
Hypomanisches Temperament 57, 495, 735, 738, 742, 749, 750.
Hypoparathyreoidismus 528.
Hypophalangie 564.
Hypophysäre Kachexie (SIMMONDSsche) 516—520, 532, 734, 735.

hypophysärer Fettwuchs 734.
— Zwergwuchs 414, 516 bis 519.
— — Maus 507, 508.
hypophysäres Gesicht 700.
hypophysär-nervöse Dystrophien 516.
Hypophyse 58, 61, 72, 143, 394, 395, 399, 502—508, 511, 513—525, 531, 532, 533, 541, 701, 703, 733, 734, 735, 747.
— Huhn 511.
— Maus 414, 507.
Hypophysen-Zwischenhirnsystem 519, 571.
Hypopituitarismus 513, 516, 561, 576.
Hypoplasien 57, 61, 546, 549, 613, 687, 732.
Hypoplasticae 561.
hypoplastische Stigmen 745.
Hypospadie 542, 563.
Hypotension, Hypotonie 58, 530, 532, 561, 572, 709.
Hypothenar 36, 42.
Hypothenarmuster 42, 336, 337.
Hypothese 125, 140, 142, 206, 207.
— Gegen- 206, 278.
— Prüfung einer 131.
hypothetische Gesamtheit 206.
Hypothyreoidie benigne 527.
Hypothyreose 449, 478, 527, 550, 561, 587.
Hypotrichosis 43, 555.
Hypsicephalie 550.
Hypsistaphylie 556.
Hysterie 545, 551, 554, 558, 565, 570, 571, 588, 628, 723, 735, 753.
Hysteroid 479.

Ichthyosis 558, 564, 584, 717.
Idealisten 738, 740, 741, 757.
Idioplasma 675, 677.
Idiosynkrasie, alimentäre, 591—596.
— Arsen- 594.
— Arznei- 580, 583, 591, 593 bis 596, 597, 600.
— Aspirin- 594.
— Butter- 594.
— Chinin- 595.
— Hühnerei- 593, 594.
— gegen Insektenstiche 594, 596, 598, 627.
— Jod- 605, 673.
— Käse- 594.
— Kuhmilch- 542.
— Lauch- 593.
— Opium- 594.
— gegen Pferdeschuppen 585.
— Pflaumen- 594.

Idiosynkrasien (s. a. Allergien) 542, 572, 577, 578, 580, 582, 583, 588, 590, 599, 602, 623, 652, 654, 667, 673.
— des Hautorgans 597—598.
idiosynkrasische Migräne 588.
— amaurotische 680.
— — infantile 542, 571.
— — juvenile 268, 272, 273, 297, 543.
— mongoloides. Mongolismus.
Ikterus catarrhalis 543.
— gravis 542.
— hämolytischer 543.
— neonatorum 542.
— Salvarsan- 579.
Imbezillität 82, 554, 565, 575, 586.
Immunität 537, 538, 539.
Impetigo contagiosa 542.
— herpetiformis 544.
Impfreaktion 597.
Impotenz 520, 573.
Incisivi 331, 352, 555, 564.
Incisura anterior 23, 447, 450, 455.
— intertragica 22, 23, 330, 447, 448, 450—452.
Index A—C (WESTPHAL) 78.
— Akromiocristal- 27.
— ANDREEW 78.
— Attraktions- 696.
— biochemischer 340.
— BLENNTHscher 711.
— bluttypischer 340.
— Brachial- 31.
— Breiten-Höhen- 187, 327.
— — -Tiefen- Nase 428.
— Brust- 27.
— Brustschulter- 78.
— Brustumfang-Schulterbreiten- 79.
— — -Symphysenhöhen- 79.
— Crural- 34.
— D (KÜHNEL) 78.
— ERISMANN- 701.
— Extremitäten- 35.
— Form-, individueller der Papillarmuster 332.
— Fuß- 35.
— Gesichts- 6.
— GROTE 60.
— Hand- 32, 60.
— — (KÜHNEL) 78.
— Intermembral- 36.
— Jugomandibular- 6.
— KAUP 697—699.
— körperbaulicher Verteilungs- 82.
— der Körperfülle 37.
— Längen-Breiten- 187, 327.
— — Höhen- 187, 327.
— Nasen- 432, 435.
— Obergesichts- 6.

Index, Ober-Unterarm- 31.
— — Unterschenkel- 34.
— Ohr-, physiognomischer 22, 449.
— PIGNET- 60, 67, 77, 78.
— -PLATTNER- 79.
— ROHRER- 37, 60, 372.
— Rumpfbreiten- 27.
— Schulter-Beckenbreiten- 79.
— — -Beckendifferenz- 79.
— — -Brustbreiten-Symphysenhöhen- 79.
— Spiro- 707.
— Stamm-Beinlängen- 26.
— STRÖMCREN- 79.
— Thorakal- 27, 390.
— Unterschenkelumfang- 35.
— Variabilitäts- 120.
— WERTHEIMER- 60, 78.
— Zehnfinger-Form- der Papillarmuster 332.
Indexabweichung, mittlere 236.
Indexspektrum PLATTNER 380.
Indexziffern 163, 187.
Indianer 432, 444, 445, 457, 513.
Indianerfalte 444.
Indices, Konstitutions- 78.
— Kopf- 2, 197, 550.
— Körperbau- 90.
— Schädel- 67, 162, 291.
— SCHLAGINHAUFENsche 34.
— der Sexualkonstitution 67.
— Syntropie- 654.
— Verwendung der 327.
Indien, Inder 417, 432.
Indikatorversuch 754.
Individualauslese 263, 275, 276.
Individualdispositionen 538.
Indogermanen 748.
Induktionszentrum 677—680.
Induktoren 512.
Induratio penis plastica 566.
infantile amaurotische Idiotie 542, 571.
infantiler Typus 697.
Infantilismus 30, 43, 57, 61, 69, 82, 516, 518, 523, 525, 532, 533, 543, 546 bis 549, 560, 561, 563, 571, 575, 586, 688, 689, 700, 704, 713, 724, 732, 745, 749.
— Psycho- 523.
— psychosexueller 563, 575.
infantilistischer Zwergwuchs 519.
Infekt, Infektion, Infektionsbereitschaft 504, 516, 538, 543, 579, 681, 682.
Infektarthritis 615—617.

Infektionsallergien 578.
Inguinalfalte, -furche 375, 377, 383, 384.
Inhomogenität 186.
Inkretion s. endokrine Drüsen.
Innere Drüsen s. endokrine Drüsen.
Innenerregbarkeit, affektive 759, 760, 761.
Innenohrschwerhörigkeit 312, 569.
Innsbruck 291.
Inselgewebe 408, 511.
Instabilité thyreoidienne 526.
Insuffizienz, pluriglanduläre 531, 532.
Insuffizienzgefühl 575.
Integration 61, 700, 723—725.
Integument s. Haut.
Integumentallippen 15.
Intellekt, Intelligenz 89, 90, 100—102, 109, 223, 380, 517, 519, 522, 527, 554, 583, 682, 715, 725, 763.
Intellektuelle Frühreife 725.
— Spätentwicklung 725.
Intelligenz, Durchschnitts- 100.
Intelligenzalter 101.
Intelligenz-Generalfaktor 101.
Intelligenzprüfung 99, 713.
Intelligenzquotient 101, 725.
intensiver Arbeitstypus 757.
Intentionstremor 553.
Interdigitalmuster 336.
Interdigitalraum 41, 42.
Interessantheitsauslese 215, 272.
Interesse 102.
— an Unterrichtsfächern 725.
Intermediärer Erbgang 132, 261, 278, 280, 281, 282, 284, 286, 287, 292, 293, 305, 311, 313, 314, 349.
Intermembralindex 36.
Interorbitalbreite 429.
Interpolation 117, 116.
Interrenale Frühreife 396, 397.
Intersexualität 396, 416, 523, 547, 552, 563, 567.
— Huhn 511.
interstitielle Zellen 504, 505, 510.
Intertrigo 542, 641, 642, 643, 654, 662, 673.
Intraclass-Correlation 201.
intrapsychische Spannung 750.
intrauterine Einflüsse 336.
intravertierter Typus 689, 754.
Invalidität 700.
Involution 540, 543, 752.
Inzest 561.
Inzucht 293, 294, 297, 326, 415, 426, 516, 519, 552, 555.

Ipecacuanha-Asthma 587.
Iridocyclitis 611.
Iris 6, 45—49, 329, 354, 410, 552.
— Außenzone 329.
— Grenzschicht 46—49.
— Heterochromie der 549, 552, 553, 558, 568.
— Innenzone 329.
— Kontraktionsfurchen (-ringe) 48.
— Krypten 46, 47.
— Naevi 49.
— Strukturformel 48.
Irisfarbe s. Augenfarbe.
Iriskolobom 552.
Iriskrause 45—49, 329.
Iritis 579, 593, 606.
Irrationalität 88.
Irresein, manisch-dpressives s. manisch-depressives Irresein.
— zirkuläres s. manisch-depressives Irresein.
Ischämie 518, 562.
Ischias 543, 558, 591, 596, 605, 611, 618—620, 623, 625 bis 627, 674.
Ischiasneuritis, fokaltoxische 623.
Ischurie 646.
Island 419.
isoagglutinable Substanzen 338.
Isocephalie 550.
Isodaktylie 564.
Isolierte Fälle 294, 295.
Italien, Italiener 4, 11, 12, 21, 419, 458.
Iterationsverfahren 273.
I-Typus 724.

JAENSCH, E. R., Typologie 61, 723, 724.
Jahreszeit 144, 165, 752.
Japan, Japaner 419, 443, 561.
Jochbein 59, 63, 70, 365.
Jochbogen 14, 429, 514.
Jochbogenbreite 6, 222, 327.
Jochbogenebene 17, 18, 19.
Jod-Basedow 592.
Jod-Idiosynkrasie 673.
Jodtherapie 75.
Juckreiz 579, 642, 644—646.
Juden 322, 362, 433, 439, 440, 443, 446, 447, 455, 539, 551, 561, 576, 603.
Jugend, Jugendalter 363, 364, 368, 369, 371, 373, 385, 387—389, 612, 691, 693, 699, 700, 720, 723.
Jugendliche, kriminelle 695.
— Typologie von SIGAUD 368.
Jugendlichkeit, Jungbleiben 408, 409.

Jugomandibularindex 6.
Jünglingstypus 38, 723.
juvenile amaurotische Idiotie 268, 272, 273, 297, 543.

Kachexie 410.
— hypophysäre (SIMMONDS-sche) 516—520, 543, 734, 735.
Kahnschädel 550.
Kalb, Zwillings-, steriles 506, 507, 510.
Kalkdrusen der Papille 410.
Kamptodaktylie 548, 565, 566.
Kaninchen-Syphilis-Empfänglichkeit 539.
Karolinen 457.
karpale Schleifen 42.
Kasan 18.
Kastanienblätter 192.
Kastration 521, 522, 524, 525, 551.
— Röntgen- 610.
Kasuistik, Einzel- 215, 217, 219.
— Sammel- 217, 219.
— in Zwillingsforschung 215.
kasuistische Methode 215.
Katalepsie 498.
Katarakt 316, 411, 674.
— seniler 412.
Katarrh, katarrhalische Diathese 410, 608, 640, 641, 645, 646, 653, 654, 655, 658, 660, 663—666, 671, 673, 674, 676.
katatone Zerfallsgruppen 735.
Katatonie 56, 57, 466, 468, 498, 543, 542, 572, 760.
Katze, Lebensdauer 415.
Kaukasus 18, 24, 25, 748.
KAUP-Index 697, 698, 699.
KAUPsches Körperproportionsgesetz 701.
Kehlgrube 28.
Kehlkopf 63, 386, 389, 457, 522, 597, 751.
Keimbahn 415.
Keimblatt, äußeres 573.
— mittleres 573, 575.
Keimblätter 680, 681, 743.
Keimdrüse 61, 72, 387, 397, 404, 413, 414, 502, 503 bis 506, 511, 513, 515, 516, 518, 520, 521—525, 529, 533, 541, 559, 734, 735, 747, 751.
Keimdrüsenübertragung 510.
Keimzellenschädigung 214.
Keloid 544.
Keratitis 579.
— follicularis spinularis 544.
Keratoconus 553.
Keratomalacie 542.
Keuchhusten 586.

Khoisanide 35.
Kiefer 331, 366, 367, 409, 426, 441, 463, 514, 575, 700.
Kieferbreite 555.
Kiefergelenke 555.
Kieferhöhe 441, 442.
Kieferwinkelbreite 327.
Kielbrust 701.
Kiemengangfisteln 548.
Kind, Ein- 411.
— Klein- 14—17, 30, 39, 327 bis 330, 363—367, 370, 372, 374, 375, 377, 378, 380, 383 bis 385, 392, 398, 457, 540, 542, 612, 642, 676, 690.
— — Habitustypen 372.
— Schul- 365, 377—384, 388.
— — Typologie von SIGAUD 368.
—, Kindesalter 5, 12, 17, 30, 43, 44, 61, 72, 107, 224, 361, 364, 366, 367, 369, 370, 493, 496, 514, 540, 541, 612, 645, 648, 672, 686, 690, 700, 712, 720, 722, 723, 724.
Kinderekzem 589, 643, 654, 661, 662.
Kinderfehler 571.
Kinderhaar 43, 44.
Kindersterblichkeit 419.
Kinderzahl 113, 208, 209.
Kinderziffer 299—301.
Kindesmutter 321.
Kindesunterschiebung 322.
Kindesvertauschung 322, 341.
Kindheit, neutrale 388.
Kinn 6, 14—21, 44, 56, 59, 63, 67, 69, 70, 73, 330, 354, 366, 368, 426, 441, 442, 514, 519, 525, 551, 555, 575.
— doppeltes 560.
Kinnfurche 457.
Kinngrübchen 15, 457.
Kinnhalswinkel 59.
Kinn-Lippen-Falte, -Furche 15, 16, 456.
Kinnpunkt 3, 30.
Kisar, Kisaresen 425, 432, 433, 435, 440, 442, 445, 457.
Klassen, Klassenbreite, Klassengrenzen, Klassengröße, Klassenzusammenfassung 113—119, 122, 123, 135, 136, 146, 160, 161, 169, 200.
Klassendispositionen 539.
Klassenwahrscheinlichkeit 136, 137.
Kleinfinger 574.
Kleinfingerballen 36.
Kleinfingerfurche 40, 42, 43.
Kleinhirn 467.

Kleinkind s. Kind, Klein-.
Kleinwuchs 384, 398.
Klima 504, 607, 660, 752.
Klimakterium 409, 543, 551, 559, 617, 620.
klinisches Material 259, 260, 274, 275.
Klinodaktylie 565.
KLIPPEL-FEILsche Halswirbelsynostose 560.
Klitorishypertrophie 530.
Klopfversuch 469, 471, 472.
Klumpfuß 57, 61, 216, 217, 226, 232, 237, 241, 246, 277, 316, 544, 564, 565, 731.
Klumphand 565.
K.M.-Schlüssel 74.
Knaben, Habitustypen der 369.
— Übersterblichkeit der 290.
— Überwiegen der 670.
Knabenwendigkeit 663.
Knabenziffer 208, 209.
Knäuelformen 74.
Knickfuß 565, 613, 619.
Knie 35.
Kniebeugenversuch 706, 707, 709, 710.
Kniegelenksluxation 565.
Kniescheibendefekt 565.
Knochen, -system 32, 37, 55, 56, 58, 64, 70, 71, 368, 399, 514, 522, 528, 568, 575, 687, 734, 751.
Knochenatrophie 521, 556, 574, 576.
Knochenbrüchigkeit 553, 575, 577.
Knochenwachstum, enchondrales 564.
Knospenbrust 28, 29, 388.
Koeffizient, Assoziations- 182.
— Kontingenz- 182.
— Korrelations- 182—185.
— Regressions- 189, 190.
Kohärenz mit der Außenwelt 724.
KÖHLERsche Krankheit 542, 544, 612, 622.
Koliken 579.
Kollateralen 107.
Kollektiv 124, 125, 127, 128, 147, 151, 156, 168.
— statistisches 217.
— — auslesefreies 219.
— Teil- 124.
Köln 556.
Kolobom 352.
Kombinanz 311, 339, 343.
Komplementerniedrigung 609.
Komplexion 539, 606, 614, 658.
Konduktorin 313, 314, 541.
Königsberg 326, 336.

Konkordanz, Gruppen- 223.
— negative 225.
— positive 225.
— Zwillinge 214—216, 220 bis 234, 237, 238, 247, 299.
Konkordanzziffer 227, 228, 230, 232, 235.
— falsche 228—232.
Konstitution 27, 28, 32, 37 bis 39, 45, 68, 89, 82—83, 176, 178, 198, 360—407, 405—407, 537, 546, 555, 556, 560, 561, 562, 563, 568, 577, 580, 583, 585, 587, 588, 644, 656, 669, 679, 746, 750.
— adenoide 672.
— allergische 649.
— Alters- 645.
— basedowoide 61, 734, 735.
— Begriff 688.
— und Beruf 685, 692.
— und Blutdrüsen 503, 513 bis 533.
— chondrophypoplastische 564.
— und Entwicklung 373, 397.
— euplastische 687.
— hydropische 647.
— hypergenitale 551.
— hyperplastische 687.
— hyperthyreotische 526.
— hypoparathyreotische 528.
— hypopituitäre 513, 516.
— hypothyreoide 502.
— hypothyreotische 527.
— Indices 78.
— neuroarthritische 597.
— Partial- 408, 502, 538, 611, 644.
— und Rasse 746—750.
— reizbare 656.
— Säugetiere 747—749, 751.
— thyreotoxische 525.
— Variantenbildung 730 bis 735.
Konstitutionsbiologische Methoden 83—87, 83—87.
Konstitutionsschema, KRETSCHMERsches 62—68.
Konstitutionsstatistik 250.
Konstitutionstherapie 395.
Konstitutionstypologie KRETSCHMER 54, 55, 89, 370, 391, 462, 479, 481, 754.
— PFAHLER 479.
Konstitutionstypus, digestiver s. Typus digestivus.
— und Entwicklungstypus 373, 397.
— eunuchoider s. Eunuchoidismus.

Konstitutionstypus, Konstitutionstypologie 28, 30, 37, 38, 43, 57, 75, 76, 96, 351, 370, 372, 391, 462, 466, 469, 473—493, 496, 497, 513, 553, 623, 730, 734, 735—750.
— pyknischer s. Körperbau, pyknischer.
— schizothymer s. Schizothymie 727.
— viscöser 54, 56, 57, 735, 736, 741, 749, 761, 763.
— Weib 37, 38.
Konstitutionsumstimmung 753.
Konstruktionsversuch 490, 761.
konstruktives Denken 490.
Kontingenzkoeffizient 182.
Kontrollgrößen 185.
Konzentrationsfähigkeit, -unfähigkeit 726, 732, 755, 756, 757, 758.
Koordination, dynamische 713.
— statische 713.
Koordinationsleistungen 473 bis 479.
Kopf 39, 56, 58, 64, 68, 69, 71, 221, 222, 361, 363, 368, 371, 690.
— Hoch- 56, 70.
— Maße 2, 26.
— Messung 401.
— Ohrhöhe des 327.
— Rund- 69.
— Spitz- 550.
— Stigmen 549—560.
Kopfarbeiter 77.
Kopfbiß 556.
Kopfbreite 187, 222, 327.
Kopfform 3, 67, 70, 323, 327, 354, 365, 366, 425.
Kopfgrind 641.
Kopfhaar 43—45, 49, 328, 367, 368, 410, 551, 575.
Kopfhaltung 712.
Kopfhaut 549.
Kopfhöhe 78.
Kopfindex 2, 197, 550.
Kopflänge 187, 221, 222, 236, 327.
Kopfprofil 4, 5.
Kopfschmerz, habitueller 570.
Kopfumfang 56, 77, 366, 378, 380, 383.
Koppelung 279—284, 291, 431, 681, 749, 751.
— einer Allelenreihe 283.
— funktionale 122.
Koreaner 345.
Körper und Seele 53, 54, 462, 493, 731.
Körperbau, athenisch s. Asthenie.

Körperbau, athletischer 55 bis 60, 67—72, 75, 76, 78, 81, 82, 92, 95, 365 bis 370, 377, 380, 384, 385, 391, 395, 398, 400, 403, 462—478, 482—498, 550, 554, 560, 602, 612, 613, 686, 687, 689, 697, 698, 700, 701, 713, 735, 736, 741, 742, 744, 748, 749, 751, 754—763.
— und Beruf 686.
— und Charakter 730—753, 754—768, 763—768.
— dysplastischer s. Dysplasie.
— eurysomatischer 25, 36, 37, 370—372, 724.
— Körperbautypus 3, 25, 30, 36—38, 54, 57, 62, 64, 67, 68, 70, 71, 76, 78, 81, 82, 89, 250, 365, 369 bis 372, 403, 467, 470, 472, 475, 489, 491, 497, 613, 685, 688, 689, 690, 697 bis 699, 704, 712, 713, 722, 723, 724, 734, 745, 751, 753 (s. a. Habitus, s. a. Status).
— leptosomer 24, 32, 36, 37, 54—60, 68—73, 76, 78 bis 83, 92, 95, 370—372, 397, 412, 462, 463, 467 bis 478, 481—498, 513, 552, 602, 612, 623, 687, 697, 698, 700, 701, 722, 724, 735, 736, 739—744, 748—761.
— pyknischer 27, 32, 37, 53, 55—60, 67—73, 75—78, 79, 80—83, 95, 370, 372, 391, 394, 395, 399, 412, 462—478, 481—497, 513, 552, 560, 601, 602, 605, 613, 614, 620, 623, 687, 688, 697, 698, 700, 701, 706, 711—713, 722, 735, 736, 739, 740, 742, 744, 748, 749, 751, 754—761.
Körperbaudiagnose 79, 80, 90.
körperbaulicher Verteilungsindex 82.
Körperbauspektrum 79.
Körperbedeckung 38—49.
Körperbehaarung 43, 44, 56, 72, 73, 328, 523.
Körperfüllenindex 37.
Körpergeruch 38.
Körpergewicht 26, 37, 66, 67, 76, 78, 80, 144, 179, 188 bis 191, 194, 195, 198, 203, 361, 363, 378, 380, 383, 387, 389, 401—405, 415, 617, 691, 697, 753, 707, 751.
Körpergröße, -höhe 24—27, 30, 34, 37, 66, 76—79, 114,

120, 123, 144, 174, 179, 187, 188—191, 194, 195, 197, 198, 201—203, 221, 236, 291, 361—363, 378, 380, 381, 387, 389, 390, 398, 401—404, 415, 463, 575, 691, 697, 701, 707, 711, 749.
Körperhaltung 71, 486.
Körperhöhlen 361, 374.
Körperlänge s. Körpergröße.
Körpermaße, athletische 76.
— leptosome 76.
— -messung 25, 26, 76, 125, 126.
— pyknische 76.
Körpermitte 30.
Körperoberfläche 64, 203, 415.
Körperproportionen 30, 36, 236, 361, 363.
Körperproportionsgesetz, KAUPsches 701.
Körperverfassung s. Konstitution.
Körperwachstum s. Wachstum.
Korrektur, SHEPPARDsche 118, 120, 122, 123, 146, 160, 184.
Korrelation 54, 68, 78, 101, 102, 121—123, 125, 178, 179, 184—187, 194, 196, 199, 200, 207, 233—240, 243—246, 251, 284, 291, 292, 304, 415, 430, 431, 434—437, 440, 441, 545, 546, 651, 655, 658, 667, 680, 706, 732, 733.
— bevölkerungsstatistische 279.
— Deutung 185—188.
— Elter-Kind- 186, 299.
— endokrine 503.
— der Erhaltungswahrscheinlichkeit 246.
— Geschwister- 186, 201, 202, 299.
— Mehrfach- 178, 198.
— partielle 197.
— von Prozentzahlen 188.
— Rang- 201.
— Schein- 185, 187, 196.
— Verwandten- 302.
— zwischen Eltern und Kinder 186.
— — mehr als zwei Veränderlichen 196—198.
Korrelationen, psychophysische 730, 743.
Korrelationsfeld 193.
Korrelationskoeffizient 122, 123, 162, 178, 181—187, 199—202, 299.
— BRAVAISscher 238.
— mittlerer Fehler des 183.
— partieller 197, 198.

Korrelationskoeffizient, STOCKs 235, 236.
— z-Transformation des 184.
Korrelationskoeffizienten, Vergleich zweier 183, 185.
Korrelationsmethode LENZ 233, 247.
Korrelationspathologie 661.
Korrelationssystem 191, 192.
Korrelationstafel 121, 161, · 179, 182, 186, 188, 189, 196, 197, 201, 202.
Korrelationsverhältnis 199 bis 202.
korrelierte Beobachtungen 201 bis 202.
Krallenbildung der Zehen 705.
Krampf, Krampfbereitschaft 538, 570, 588, 610.
Krampfhusten 653.
Krankheitsverteilung 126.
KRÄPELINsche Schriftwaage 483.
Krebs (s. a. Carcinom) 251, 411, 552.
Krebssterblichkeit 185.
Kreislauf, Kreislaufstörungen 174, 200, 251, 411, 412, 699, 706, 708, 710.
Kreislaufshock 579.
Kreislaufstörungen, Sterbefälle an 144.
kretine Habitusformen 734.
Kretinen, Zwerg- 560.
Kretinismus 182, 542, 548, 549, 558, 574, 746.
— endemischer 542, 556, 558, 560.
KRETSCHMERsche Typen s. Typologie.
KRETSCHMERsches Konstitutionsschema 62—68.
Kreuz, -bein 29, 31.
Kreuzbiß 556.
Kriminalistik 488.
Kriminalität 181, 557, 566, 567, 571.
— jugendliche 695, 722.
— potentielle 550.
Kritzeln 104.
Kropf 75, 182, 560, 610, 616, 654.
— Pubertäts- 710.
— Schul- 543.
Krüperhuhn 681.
Kryptorchismus 76, 546, 548, 563, 565, 574, 576, 700, 704.
Kugelzellenanämie 680.
Kümmerformen 687.
Kumulanten 146.
Kundgebungen 262—272, 640, 668.
— Dissoziation der 675.
Kuppelung 657.

Kurve, autokatalytische 203.
— Binomial- s. Binomialverteilung.
— logarithmische 203.
— logistische 203.
Kurvenausgleichung 202 bis 203.
Kurvensystem PEARSONs 146.
Kurzköpfigkeit 365, 574, 652.
Kurzlebigkeit 408, 419, 421, 422.
Kurzsichtigkeit 543, 553, 554, 718.
Kymotrichie 43.
Kyphose 29, 514, 520, 562, 625, 628, 702.
— senile 410.
Kyphoskoliose 562, 568, 574, 625, 627, 628, 629, 731.

Labyrinth 713, 719.
Labyrinthschwerhörigkeit 413.
Lachen, Faltenbildungen beim 456.
Lactation 511, 533.
Lageempfindung 713.
Land, Landbevölkerung 326, 367, 425, 552, 691, 692, 705.
Längen-Breitenindex 187, 327.
— -Höhenindex 187, 327.
Längenwachstum s. Wachstum.
Langlebigkeit 408, 419—422, 545, 552.
Langnasenprofil 69, 368, 700.
Langschädeligkeit 197, 365.
Lanugo 43, 65, 72, 73, 548, 564.
Lappen 539.
Laryngitis 645, 646, 653.
Laryngospasmus 579.
Lauf, Läufer 494—496, 707, 709, 710.
LAURENCE-BIEDLsches Syndrom 521.
Lebensalter, Lebensdauer (s. a. Alter) 57, 75, 77, 179, 191, 223, 224, 246, 250, 408—424, 422—424, 522, 660.
Lebensbewährung 696, 727.
Lebensdauer, Drosophila 415, 416, 545.
— durchschnittliche 414, 416, 418, 692.
— Erblichkeit der 415—416, 419—422.
— maximale 408, 409, 414.
— mittlere 414, 416.
— Tiere 414—415.
Lebenseinstellung 740.
Lebenserwartung 414, 416 bis 418, 422, 692.
— mittlere 416—418, 420, 421.

Leber 409, 543, 671, 655, 733.
Lebercirrhose 543, 561, 615.
LEBERsche Opticusatrophie 315, 543, 545.
Lehrer 720, 721, 727.
Lehrling, Lehrlingsauslese 687, 715.
Leipzig 691.
Leistenbeuge 60, 71.
Leistenbrüche 627, 704.
Leistendichte 336.
Leistenhoden s. Kryptorchismus.
Leistenlinie 30, 31.
Leistung 99—103, 104, 105, 108, 109, 320, 373, 693, 753.
— Berufs- 692.
— geistige 720, 721, 722, 725.
— motorische 468.
Leistungsbeurteilung 694.
Leistungsdiagnose 688.
Leistungsgefühl 686.
Leitungswiderstand, elektrischer 759.
Leptoprosopie 59.
Leptorrhinie 59.
Leptosomie s. Körperbau, leptosomer.
Lernen 755.
Letalauslese, postnatale 246.
— pränatale 241—245.
— — Methode WEINBERG 245, 246.
Letalfaktoren, Letalgene 218, 290, 239—247, 290, 293, 573.
Letalität 681.
Leukämie 543, 594, 610.
LEXISsche Dispersionsquotienten 173.
— Dispersionstheorie 167, 171, 199.
— Zahl 167, 168.
LEXISsches Schema 166.
LEYDIGzellen 504, 505, 510.
Libido 515, 518, 522, 523, 524.
Lichen scrofulosorum 543.
— urticatus 642, 643, 653, 659, 673, 676.
— Vidal 586, 589.
Lichtbrett-Versuch 739, 757, 758.
Lid 7—9, 328, 352, 410, 444, 527, 561.
Lidfalten 328, 444, 445.
Lidflattern 570.
Lidformen 442, 443.
Lidrandformen 446, 447.
Lidspalte 6, 7, 9, 10, 328, 442 bis 447, 525, 527, 700.
Lidspaltenfleck 410.
Lidwinkel 6, 7, 8, 9, 445.
Lidwinkelfalte 8, 9.

Lieblingsbeschäftigungen 223, 490, 491.
Linea alba 30.
— inguinalis 30.
— semilunaris. 31.
Lingua dissecata, L. plicata 557, 558, 559, 571.
— geographica 645.
— scrotalis 557.
Linien gleicher Häufigkeit 195, 196.
Linkshändigkeit 548, 566, 570, 573, 704, 714, 715.
Linse 408, 410, 412.
Linsenkolobom 552.
Linsenluxation 553.
Linsenschlottern 615.
Lipodystrophie 532, 543, 575, 577.
Lippe 15, 59, 63, 222, 330, 440—442, 447, 458, 479, 513, 514, 551, 592.
— Doppel- 553.
Lippen, Haut- 43, 44.
Lippenhöhe 440.
Lippenkerbe 556, 563.
Lippen-Kiefer-Gaumenspalte (s. a. Hasenscharte) 217, 315, 352, 574.
Lippenleiste 16.
Lippenrot 222, 330.
Lippensaum 16, 330.
Lissotrichie 43.
Lithämie 598, 647, 656.
Lithiasis s. Steinleiden.
LITTLEsche Krankheit (s. a. Diplegia spast. inf.) 397, 542, 600, 674.
Lobulus 330, 331, 447, 450, 451, 454.
logarithmische Abhängigkeit 203.
— Kurve 203.
— Teilung 137.
— Transformation 173.
— Verteilung 117, 204.
logistische Kurve 203.
Lokaldispositionen 538, 677.
Longitypus 24, 36, 37.
Lordose 29, 562, 565, 702.
Lückenschädel, kongenitaler 550.
Lückentest 100.
Lues 57, 397, 521, 539, 542, 543, 546, 554, 558, 561, 608, 609, 616, 699.
Lumbago 620, 623, 625, 626, 629.
Lunge, Lungenkrankheiten 528, 543, 560, 573, 579, 591, 697, 698, 706, 707.
Lungentuberkulose 573, 584, 598.
Lupus erythematodes 544.
— vulgaris 544.
Lutscher 555.

Luxatio coxae congenita s. Hüftgelenksluxation.
lymphatische Diathese,
Lymphatismus 543, 590, 640, 646, 649, 655, 666, 671, 673, 681.
lymphatischer Apparat, Lymphdrüsen, Lymphoidgewebe 66, 529, 646, 654.
Lymphogranulom 542, 543, 551.
Lymphophilie 644.

Macrosomia adiposa congenita 530.
Maculadegeneration, senile 412.
MADELUNGsche Deformität 544.
Magengeschwür 558.
Magengrube 28.
Magenleiden 584, 589, 700.
Magensaft, -sekretion 344, 526, 704.
Magerkeit, Magersucht 37, 366, 371, 542, 584, 610, 745.
main en trident 564.
Mais 167, 170.
Makrodaktylie 549.
Makromastie 561.
Makroskelie 26, 60.
Mal, Haar- 568.
— Pigment- 567, 568.
Malaien 443, 445.
malare Breite 6.
Malaria 542.
Malum coxae juvenile 621.
— — senile 543, 621.
Mamma (s. a. Brust) 39, 396, 525, 558, 573, 561, 568, 575.
— areolata 28, 29, 561.
— hypoplastische 561.
— papillata 28, 29.
Mamma-Carcinom 543.
Mammadefekt 561.
Mammadifferenz 731.
Mammilla 28, 59.
Mammillardistanz 28.
Mandel, Rachen- 653, 659, 666, 667.
Mangelkrankheiten 427, 435.
Manie 466, 497, 738, 740, 749.
— puerperale 549.
Manifestation 262—272, 640, 668, 671.
— unvollständige 186, 254, 278, 295—297, 300, 306, 319.
— vollständige 278.
Manifestationsalter 251, 252.
Manifestationshemmung 232.
Manifestationsschwankung 213, 218, 225—238, 244 bis 247, 273, 275—278, 302.

Manifestationswahrscheinlichkeit 124, 125, 225—235, 238, 254, 319.
— Schizophrenie 233.
Manifestationswechsel 587.
Manifestationsziffer 257, 258, 260.
Manisch-depressives Irresein 56, 57, 77, 78, 82, 217, 315, 316, 318, 466, 468, 474, 475, 545, 735, 744, 751, 752, 756.
manisches Radikal 749.
Männerwendigkeit 663.
Mannesstamm 441, 442.
Marienkäfer 545.
MARKOFF-TSCHEBYSCHEFFsche Ungleichung 159.
Marmorknochenkrankheit 542, 680.
Masern 538, 539, 608.
Maskulinismus 82, 548.
Masse, statistische 217.
Massenerscheinungen 215.
Mast 603, 647, 659.
Mastoid 658.
Masturbation 524, 571.
Maßstabänderung 160, 203.
Material, Einheitlichkeit 276.
Materialauslese 126, 208, 209, 250.
Materialbeherrschung, Gefühl der M. 686, 725.
Materialgewinnung 208, 249 bis 251, 263.
mathematische Begabung 107 bis 109, 757, 763.
Maturität s. Reife.
— verfrühte s. Frühentwicklung.
Maus, Extremitätenmißbildungen 546.
— Gehirn 546.
— Geschlechtshormone 508, 510.
— Hypophyse 414, 507.
— Lebensdauer 415.
— Schilddrüse 508.
— Senilität 414.
— Zwergwuchs, hypophysärer 507.
Maya 433, 444.
mean deviation 117.
Mediane (median) 116.
Mediziner 727, 726, 763.
Medullarplatte 316.
Meerschweinchen, Geschlechtshormone 508, 510.
— Syphilis-Empfänglichkeit 539.
Mehrfacharbeit 755.
Mehrfeldertafeln 182.
Mehrgipfligkeit 204.
Mehrkämpfertyp 496.
Mehrlingsforschung, Methodik 213 f.

mehrortiger Erbgang s. Erbgang.
Meiogenesien 549.
Melaena neonatorum 542.
Melancholie 466, 468, 497, 738.
Melanesier 445.
Melanodermie 543.
Melodieauffassung 106, 107.
Menarche 389, 398, 402—404, 704.
MENDELsche Regeln 284.
— Spaltungsziffern, MENDEL-Zahlen 112, 124, 128, 140, 143, 152, 163, 169, 170, 261, 262, 264, 273, 275, 280, 671.
Meningitis 521, 542, 677.
Menopause 409, 543, 551, 559, 617, 620.
Menschenaffen, Syphilisempfänglichkeit 539.
Menses, Menstruation 386, 396, 515, 518, 524, 525, 533, 573, 591, 704, 752.
MENZEL 550.
Merkmal 730.
— meßbares 113, 125.
— qualitatives 179.
— quantitatives 179, 186, 197, 292, 306.
— seltenes 290, 292, 295 bis 297, 305, 306.
— seltene, Verteilung 142—144.
Merkmale, mehrere 176—178.
— serologische 323.
— Unabhängigkeit der 178.
— zählbare 113.
— zweiklassige 293.
Merkmalseintritt 252—256, 259, 261.
— Wahrscheinlichkeit des 254, 255.
Merkmalshäufigkeit 204, 208, 218, 249—261, 275, 286, 287, 293, 295, 297, 300, 302, 304, 306, 310, 313, 326, 347, 348, 353, 354.
Merkmalskombination 179, 198.
Merkmalsträger 129, 209, 218, 243, 251, 252, 257—260, 268, 270, 274, 310, 313, 317.
— Auslese der Geschwisterschaften mit mindestens einem 132, 133, 262 bis 275.
— Häufigkeit der 273.
— heterozygoter 311.
— homozygoter 310, 312.
Merkmalsverteilung 186, 346, 355.
Merkmalswahrscheinlichkeit 277.
Merkversuch 739, 754.

merokrine Drüsen 38.
Mesatiskelie 26.
Mesenchym, Mesenchymopathien 540, 606, 607, 612, 628, 629, 680.
Mesocapillaren 75.
Mesoderm 574, 681.
Mesoformen 74.
Mesohemmungsformen 74.
Mesoknäuelformen 74.
Mesokorrekturformen 74.
Mesoproduktivformen 74.
Mesorankenformen 74.
Mesoskelie 60.
Mesostreckformen 74.
Mesostruktur 74.
Messungsfehler 120, 148, 235.
Messungsreihe 115, 125, 148, 155, 158, 171.
Mestizen 321, 425, 426, 431 bis 433, 435, 437, 440, 441, 443, 445, 446, 457, 539.
Meßtechnik, Messung 1, 62, 120, 206.
Metencephalitis 396.
Methode(n), Ähnlichkeits- 244.
— anthropologische 1—52, 50—52.
— APERT-BERNSTEINsche 264, 274.
— aposteriorische 273.
— apriorische 263, 264, 268, 273, 274.
— BERNSTEIN- 266.
— Differenz-, WEINBERGS 220, 225, 232, 233, 239, 240, 246.
— direkte Vergleichs- 264, 272, 277.
— der Erbforschung 213 bis 309, 248, 307—309.
— Geschwister- 263, 265, 266, 267, 271—273, 275.
— Gewichts-, LENZsche 268, 269, 272, 274.
— kasuistische 215.
— der kleinsten Quadrate 190, 191, 198, 202, 203.
— konstitutionsbiologische 53—87, 83—87.
— Nachgeschwister- 270, 272.
— — Fehlerrechnung 270.
— Paarlings- 233.
— Probanden- 217, 227, 231, 232, 247, 263, 265 bis 276, 305.
— — Erst- 272.
— psychologische 88—111.
— Reduktions- 267, 271, 272.
— — Fehlerrechnung 266.
— statistische 76, 112—212, 209—212, 215.
— Vergleichs-, direkte 272 bis 275.
— Zwillingsforschung 213 bis 248, 248.

methodischer Fehler 234 bis 236.
Metopismus 549.
Metronomversuch 469—471.
Mienenspiel 4, 425—463, 458 bis 461, 478, 479, 712.
Migräne 542, 558, 570, 573, 578, 579, 580, 581, 582, 584, 586, 588—590, 592, 594, 596, 597, 598, 599, 600, 603, 605, 611, 625, 626, 628, 629, 647, 654, 656, 667, 671, 672, 673, 674, 676, 716, 717.
Mikrocephalie 546, 549, 550, 600.
Mikrocornea 552.
Mikrodaktylie 549.
Mikrognathie 546, 555.
Mikromastie 561.
Mikromelie 564.
Mikrophthalmus 552.
Milch, Milchnährschaden 647, 649, 650, 654.
Milchdrüsen s. Brust 39, 525.
Milchgebiß 331.
Milchleistung, Säugetiere 748.
Milchschorf 542, 584, 586, 592, 594, 598, 601, 643, 673.
Miliartuberkulose 542, 543.
Milieu 491, 492.
Milieutheorie 367.
Milz 528, 542, 733.
Milzbrand 539.
Mimik 4, 425—463, 458—461, 478, 479, 575, 725, 738.
Miosis 543, 553.
Mischling (s. a. Bastard) 425, 431, 433, 439, 441—444, 457.
Mißbildungen 237, 250, 285, 408, 409, 549, 553—556, 564.
Mißtrauensversuch 488, 489.
Mitbewegungen 570.
Mitralinsuffizienz 573, 615, 626, 627.
Mitralstenose 615.
Mittel, arithmetisches 115 bis 119, 127, 201.
— Dichte- 117.
— geometrisches 117.
— gewogenes arithmetisches 116, 158.
— harmonisches 117.
Mittelfingerfurche 40, 42, 43.
Mittelgesicht 70, 556, 700, 745, 746.
Mittelwert 25, 115—117, 118, 120, 125, 127, 128, 135, 136, 143, 146, 147, 149, 151, 152, 154, 157—161, 169, 176, 177, 195, 202, 205, 207, 208, 292.
— Berechnung nach Summenverfahren 116.

Mittelwert, Differenz zweier 158.
— einer Differenz 162.
— der Ereigniszahlen 131.
— von Funktionen 160.
— aus korrelierten Beobachtungen 201.
— mittlerer Fehler 120, 149, 158, 201.
— Normalverteilung 147 bis 150.
— von Quotienten 162.
— Rückschluß- 153, 154, 157.
— einer Summe 162.
— Vergleich 158, 171.
— Verteilung 149—152.
mittlere Abweichung s. Abweichung, mittlere.
mittlerer Fehler 120, 141, 147, 152, 154, 159, 161, 165, 171, 185, 205, 261, 264—266, 277, 280, 283, 294.
— — Begriff 120.
— — der Differenz 157, 158, 177.
— — Durchmischungsprüfung 286, 288.
— — Genhäufigkeit 285, 287, 288.
— — der Häufigkeit 141.
— — der Hauptgeraden 191.
— — des Korrelationskoeffizienten 183.
— — eines Mittelwertes 120, 149, 158, 201.
— — der Recessivenzahl 163.
— — des Regressionskoeffizienten 190.
— — von z 184.
M-N-System s. Blutfaktoren.
Mode (mode) 117.
Modifikationsgene, Modifikatoren 674, 681.
Modulus 25.
Mongolen 8, 432, 443—445.
Mongolenfalte 9, 443—447.
Mongolenfleck 40.
Mongolismus 3, 8, 19, 31, 35, 40, 43, 224, 532, 548, 552, 553, 558, 560, 565,—567.
Monochorie 219, 220, 223.
Monomerie (s. a. einortiger Erbgang) 244—247, 318.
Monorchismus 576.
Mons veneris 45.
moralischer Schwachsinn 557.
Morbiditätsstatistik 251.
Morbus s. auch unter den einzelnen Buchstaben.
— ADDISON 526, 529, 533, 734, 735.
— CUSHING 520, 543.
— JACKSCH-HAYEM 542.
— PARKINSON 598.
— RAYNAUD 544, 579, 584.

Mortalität 664, 666.
Motographie 462.
Motometrie 462.
Motorik 68, 71, 92, 364, 389, 403, 426, 462—501, 473, 475, 476—478, 486, 490 bis 493, 498—501, 712, 713, 737, 739, 741, 742, 751, 758.
— Fein- 473, 474, 477, 484, 497.
— Hand- 463—466, 473, 739.
Motoskopie 462.
Mulatten 321, 425, 426, 431, 432, 433, 435, 437, 440, 441, 443, 445, 446, 457, 539.
multiple Allelie 287, 315, 339, 341, 349, 350, 416, 470, 675.
— kartilaginäre Exostosen 544.
— Sklerose 543, 553, 562, 567, 570, 680.
Mumps 542, 677.
München 371, 553, 653, 662, 663, 691.
Mund 6, 15, 59, 63, 330, 354, 365—368, 426, 447, 457, 479.
Mundhöhle 458.
Mundöffnung 560.
Mundspalte 15, 67, 330, 440, 442.
Mundweichteile 15, 17.
Mundwinkel 15, 330.
Musikalität 102, 106, 107.
— Basaleigenschaften 107.
— Typen 106.
Muskel, -anomalien (s. a. My..) 37, 562, 565, 703.
Muskelatrophie, neurale 545, 562.
— progressive spinale 545.
Muskeldystrophie, progressive 703.
Muskelhämatome 542.
Muskelhärten 607.
Muskeln, Gesichts- 478.
— Hand- 486.
— des Stimmorgans 457.
Muskelkraft 697.
Muskelrheumatismus s. Rheumatismus.
Muskelsinn 713.
muskulärer Körperbau s. Körperbau.
Muskulatur 4, 9, 32, 35, 55, 56, 58, 64, 71, 365, 368, 387, 411, 456, 466, 477, 478, 483, 497, 529, 530, 606, 623, 687, 703.
— Gesichts- 455—457, 713.
— Zungen- 561.
Muster, doppelzentrische 41, 42, 332, 333.

Muster, Fingerleisten- s. Papillarmuster.
— monozentrische 333.
— Papillar- s. Papillarmuster.
Musterschüler 559.
Musterung 266.
Mutation 164, 297, 352, 444, 547, 675.
Mutationsbereitschaft 538.
Mutationshäufigkeit 143.
Mutter-Kind-Untersuchungen 127, 250, 262, 278, 279, 299, 305, 341, 343.
Muttermal 568.
Mutungsbereich 155.
Myalgie 611, 623.
Myatonia congenita (OPPENHEIM) 542.
Mycosis fungoides 544.
Myelodysplasie 574.
Myelogelcsen 607, 611.
Myelomeningocele 562.
Myelosen 543, 607.
Myodegeneratio cordis 620.
Myokard, Myokarditis 543, 578, 611.
Myoklonie, Nystagmus- 545.
Myoklonusepilepsie 275, 297.
Myomatosis 561.
Myopathien, infantile 543.
Myopie 543, 553, 554, 718.
— degenerative 553.
Myositis ossificans 544.
Myotonische Dystrophie 543, 576.
Myxidiotie 542.
Myxödem 414, 518, 527, 528, 532, 587, 734, 735.
Myxoedem fruste 527.

Nabel 30, 542.
Nachbild 724.
Nachdunkelung 39, 45, 49.
Nachkommenschaftsbeurteilung, erbbiologische 310f., 357—359.
Nachtblindheit 574, 719.
Nachtschweiß 654.
Nachtwandler 559.
Nacken 560.
Nackenhaar 44.
Nackenhaarstrich 328.
Nackenlinie 71.
Naevus 40, 49, 329, 351, 549, 568, 572, 575.
Nagel, Uhrglas- 566.
Nagelfalz 74.
Nagelform 33—35, 331.
Nagelwall 34, 331.
Nägel 34, 35, 38, 45, 331, 527, 574.
Nägelkauen 571.
Nährschäden 542, 647, 654, 673.

Nahrungsmittelallergene 588.
Nanismus s. Zwergwuchs.
Nanosomia pituitaria 519.
Nase 6, 10, 11, 14, 19—21, 59, 63, 70, 73, 325, 329, 330, 354, 365—368, 425 bis 440, 443, 447, 479, 513, 514, 555, 556, 575, 658.
— Adler- 366.
— Altersveränderungen 14.
— Breiten-Tiefen-Index der 428.
— Form 10, 330, 427, 439, 443, 446.
— Höhen-Breiten-Index der 428.
— Papageienschnabel- 555.
— protomorphe 12, 13.
— Stups- 366.
Nasenasthma 646.
Nasenatmung 706.
Nasenbluten 654.
Nasenboden 10, 11, 13, 15, 16, 329, 330, 428—431, 436—439.
Nasenbodenhöhe 428—431, 437—440.
Nasenbreite 222, 329, 366, 427—434, 437.
Nasenflügel 10—14, 67, 70, 222, 329, 427, 431, 432, 437—440, 551.
Nasenflügelansatz 438, 440.
Nasenflügelhöhe 437, 438.
Nasenflügeltiefe 440.
Nasenhöhe 222, 329, 366.
Nasenhöhlen 458.
Nasenlänge 66, 67, 222, 366, 428—434.
Nasenlippenfurche, -rinne 15, 16.
Nasenloch 13, 14, 59, 222, 329, 366, 428, 432, 437, 439, 440.
Nasennebenhöhlen 425, 608.
Nasenpyramide 10.
Nasenrücken 10—12, 19, 59, 70, 222, 329, 366, 427, 429, 431—435, 446.
Nasensattel 11, 329, 446.
Nasenseptum 10—14, 222, 329, 428, 430, 434—440, 564.
Nasenspitze 10—14, 67, 70, 222, 329, 430, 437, 438 bis 440, 555.
Nasenspitzenbreite 430.
Nasenspitzenhöhe 430, 439.
Nasensteg 329.
Nasentiefe 329, 428, 437—440.
Nasenwangenfalte 15.
Nasenwangentiefe 10.
Nasenwurzel 10, 11, 15, 59, 63, 70, 222, 328, 329, 435, 436, 446.
Nasenwurzelbreite 436.

Nasenwurzelhöhe 436.
Nasion 67, 457.
— -Subnasallinie 14, 19—21.
Nasolabialfalte 70, 456.
naso-malare Falte 15.
Nates 31, 563.
Naturalismus 740.
Naturvölker 35.
Neandertaler 550, 555.
Neandertalide 4.
Nebengene 316, 677.
Nebenmerkmal 172.
Nebenniere 58, 396, 504, 505, 513, 515, 520, 524, 525, 529—531, 533, 734.
Nebenschilddrüsen 61, 504, 505, 528, 529, 533.
Negativismus 92, 498.
Neger, Negride 3, 16, 19, 20, 31, 35, 36, 43, 425, 431 bis 437, 440—446, 513, 748.
Negerfalte 444.
Neocapillaren 75.
Neoformen 74, 75.
Neohemmungsformen 74.
Neohypoplasieformen 74.
Neoknäuelformen 74.
Neoproduktivformen 74.
Neozwergformen 74.
Nephritis 410, 411, 528, 543.
Nephrolithiasis s. Nierensteine.
Nephrosklerose 521.
Nervenkrankheiten, Nervensystem 58, 61, 75, 76, 411, 503, 532, 541, 542, 547, 692, 724.
Nervensystem, Prüfung 716.
Nervosität 96, 559, 565, 585, 623, 673, 674, 709, 721, 735, 738, 760, 761.
— choreiforme 732.
Nervus accessorius 557.
— facialis 557.
— glossopharyngeus 557.
— octavus 557.
— trigeminus 557.
Nesselsucht s. Urticaria.
Neugeborene 16, 39, 48, 49, 115, 186, 340, 366.
— Geburtsgewicht 170.
Neuguinea 442.
Neuralgie 527, 599, 611, 623.
Neuralrohr 731.
Neurasthenie 523, 529, 558, 673.
— Schul- 543.
Neuritis 585, 611.
— retrobulbaris hereditaria 315, 543, 545.
Neuroarthritis 659.
neuroarthritische Konstitution 597.
Neurodermitis 542, 543, 588, 592, 597, 598, 601, 642, 643, 644, 649, 650, 669, 673.

Neurofibromatose 544, 568, 569, 680.
Neuropathie 68, 558, 567, 571, 572, 592, 602, 603, 605, 645—646, 651, 654, 655, 673, 678, 679.
Neurose, Renten- 570.
Neurosen 533, 554, 566, 570, 653, 659, 752, 753.
— dyspädeutische 659.
neurovegetative Diathese 640.
Nichtausscheider 344.
Nichterblichkeit 237, 276, 278, 296.
NIEMANN-PICKsche Krankheit 680.
Niere, Doppel- 566.
— Schrumpf- 543.
Nieren 409, 411, 412, 520, 528, 530, 542, 628.
Nierensteine 542, 543, 590, 591, 594, 599, 605, 618.
Nodosis rheumatica 615.
Nodulus subantitragicus 454.
Norm 204, 692, 698.
Normalkurve 136, 147—152, 193, 194, 204.
Normalverteilung 119, 133 bis 152, 158, 159, 161, 169, 171—173, 177, 196, 203, 204.
— Klasseneinteilung 136.
— von Mittelwerten 147 bis 150.
Normierung der Skalen 196.
Norwegen 417, 422, 454.
Nullergebnis 157.
Nullpunktsverschiebung 160.
Nürnberger Gesetze 322, 695.
Nykturie 571.
Nystagmus 553, 561, 569, 570, 574, 719.
— -Myoklonie 545.

O-Beine 64.
Oberarm 38.
Oberarmlänge 72, 187, 463.
Obergesichtshöhe 6.
Obergesichtsindex 6.
Oberkiefer 555, 556.
Oberlid 7—9, 328, 352, 410, 444, 527, 561.
Oberliddeckfalte 456.
Oberlidraum 6, 7, 10, 328.
Oberlippe 15, 63, 73, 330, 437, 441, 442, 479, 525, 548, 551.
— s. a. Haut-.
— s. a. Schleimhaut-.
Oberschenkel 34, 35, 38.
Oberschicht 664.
Oberschlüsselbeingrube 28.
Ober-Unterarm-Index 31.
Ober-Unterschenkel-Index 34.
Obesitas s. Fettleibigkeit.

Objektionsfähigkeit 98.
Obstipation 526, 527, 529, 571, 572, 600, 605, 647, 654, 667, 673, 704.
Ödem 562, 642, 643.
— angioneurotisches 597.
— QUINCKEsches 542, 543, 558, 578, 579, 580, 582, 583, 586, 588, 589, 597, 626.
„Oder"-Regel 126, 133.
Odynerus 545.
Oestrin 509, 510, 524, 530.
Ogive, GALTONsche 115.
Ohnmacht 572, 654, 673.
— Situations- 572.
Ohr 5, 6, 22, 59, 61, 63, 222, 323, 330, 354, 425, 447 bis 455, 514, 554, 575, . 564, 700, 703, 731.
— abstehendes 452.
— äußeres 22—24, 330.
— Buschmann- 447, 455.
— DARWIN- s. DARWINscher Höcker.
— Henkel- 554.
— Knorpelhöcker 331, 450, 451.
— Satyr- 546, 554.
— Trichter- 546.
Ohrabstand 330.
Ohraugenebene 330, 447.
Ohrbasis 22, 24.
Ohrbreite 447, 448, 451, 452.
— physiognomische 330.
Ohren, anliegende 452.
Ohrform 451, 554.
— des Kopfes 327.
Ohrindex, physiognomischer 22, 449.
Ohr-Insertion 451.
Ohrknorpel 22.
Ohrlänge 447, 448.
— physiognomische 330.
Ohrläppchen 22, 23, 222, 330, 447—452, 454, 455.
— angewachsenes 452, 454, 554.
— freies 455.
Ohrmaße 447—451.
Ohrmuschel 22, 326, 330, 331, 365—367, 447, 448, 450, 451, 546, 549, 554, 564, 747.
Ohrpunkt 5, 14.
Ohrscheitel 22.
Oligochondroplasie 564.
Oligomenorrhöe 573.
Oligophrenie 264, 275, 558, 567.
Oligospermie 576.
Oligurie 518, 571.
Olympiadekämpfer 607.
Onychogryphosis 543.
Opisthocheilie 16, 21.

Opisthokranion 5.
Opium-Idiosynkrasie 594.
Opticusatrophie 316, 553.
— LEBERsche 315, 543, 545.
Optometer 719.
Organdispositionen 538, 624.
Organisationsfähigkeit 490.
Organisationszentrum 678.
Organminderwertigkeit 408, 409, 676, 677.
Organsystem-Dispositionen 538.
Organwahl 592, 676.
Orientalide 35, 446, 447, 455.
Orthocheilie 15, 16, 19, 20, 21.
Orthognathie 15.
— alveolare 19.
— nasale 19.
Orthorrhinie 14, 19, 20, 21.
Osteoarthropathia deformans 611.
Osteoarthropathie hypertrophiante (PIERRE MARIE) 566.
— — pneumique 621.
Osteochondritis deformans juvenilis 544.
— dissecans 612, 621, 622.
Osteogenesis imperfecta 542, 550.
Osteomalacie 528, 544.
Osteomyelitis 543.
Osteoporose 514, 520, 528, 544.
Osteopsathyrosis 542, 553, 569, 577.
Osteose, parathyreoide 528.
Ostitis deformans 543.
— fibrosa generalisata 528.
Ostmark 445.
Ostpreußen 325, 326, 367.
Otis-Tests 101.
Otitis 542, 645.
— media 628, 629.
Otobasion 22.
Otosklerose 413, 543, 553, 569, 575, 577, 673, 680.
Ovarialtumor 525, 551.
Ovarium 504, 505, 506, 510, 520, 525, 576.
Ovotestis 509.
Oxalatstein-Diathese 594, 605.
Oxycephalie 550.
Oxypathie 656, 660.
Oxyphilie 596.
Ozaena 544, 555, 570, 680.

Paarlinge 215, 218, 242, 243.
Paarlingsmethode, Paarlingsverfahren 213, 214, 225 bis 233.
Paarungssiebung 434.
Pachymeningitis haemorrhagica interna 542.

Pädagogik 719—727.
— Heil- 720.
Palatoschisis 556.
PALTAUFscher Zwergwuchs 517.
Pankreas 504, 505, 511, 530 bis 531, 533, 408.
Panmixie 284, 288, 293, 296, 302, 303, 305, 313, 319, 320.
Panniculus adiposus 29, 35.
— carnosus 549.
Papageienschnabelnase 555.
Papillarleisten, -linien 36, 40 bis 42, 222, 331, 332, 354, 466.
Papillarmuster 36, 40—42, 222, 323, 326, 331, 332, 335, 336, 337, 354, 466.
— doppelzentrische 41, 42, 332, 333.
— monozentrische 333.
— seltene 335.
Paradentose 605.
Paragenesien 549.
Parakeratose 643.
Parallergie 655.
Paralyse 82, 543.
Paralysis agitans 543, 611.
Paramaecium 415.
Paranoia 466, 586, 723, 741.
Paraphilien 575.
Paraphrenie 469, 749.
Parasiten-Allergene 580.
Parasympathicussystem 646.
parasympathischer Biotypus 58.
Paratyphus 608.
Parathyreoidea 61, 504, 505, 528, 529, 533.
Paravariabilität 220, 237.
Paravarianz 421.
Parietalhöcker 327.
PARKINSONsche Krankheit 598.
Parotis 559.
Parotitis epidemica 541.
Paroxysmale Tachykardie 579.
Partialkonstitution 408, 502, 538, 540, 552, 611, 644.
Partner 215.
Partnerverfahren 231—232.
PASCALsches Dreieck 130.
Passivität 758.
Patellardefekt 563, 564.
Patellarluxation 565.
Pathergie 655.
Pavor nocturnus 571, 654.
PEARSON-Kurve 146, 177.
PEARSONscher Koeffizient 178.
PEARSON-Typen 204.
Pectoralisdefekt 560, 561, 567.
Pedanterie 475, 486, 492, 496, 598, 738, 741, 751, 756, 758, 761.
Pediculosis 662.

PELIZAEUS-MERZBACHERsche Krankheit 545, 553.
Pellagra 558.
Pelzmützenhaar 551.
Pemphigus 542, 544.
Pendelversuch 468, 469.
Penetranz 247.
Penis 394, 397, 524, 576.
Periarteriitis 578.
Periarthritis 620, 626.
Perikard, Perikarditis 606, 611, 626.
Periodik 752.
Periost 606.
Peritonitis 542, 611.
Perleneinfädelversuch 714.
Perm 18.
Perniziosaähnliche Anämie (FANCONI) 542.
Perniziöse Anämie 527, 543.
Perseveration 92, 95, 96, 98, 469—472, 488, 489, 492, 497, 498, 739, 740, 742, 750, 757—759, 761, 762.
Person, Persönlichkeit 360f., 462, 488, 502, 693, 694, 720, 730, 732, 733, 734, 739, 743, 745, 746, 750, 751, 752, 753.
persönlicher Fehler 207.
persönliches Tempo s. Tempo, persönliches.
Persönlichkeit, Wurzelformen s. Wurzelformen 749 bis 751.
Persönlichkeitsdiagnose 90.
Persönlichkeitsradikale 493, 760, 761.
PERTHESsche Krankheit 542, 544, 612, 622, 626, 627.
Pertussis 542, 543, 654.
Pes excavatus 35, 36, 57, 64, 562, 565, 705.
PFAHLER, Grundfunktionen s. Typologie.
PFAHLERsche Konstitutionstypen s. Typologie.
Pferd, Lebensdauer 415.
— Temperament 748.
Pflanzenfresser 539.
Phalangenmuster (s. a. Papillarmuster) 335.
Phänogenese 678, 679, 681.
Phänomen, psycho-galvanisches 96.
Phänovarianz 421.
Phantasie 480—482, 723, 742.
pharmakodynamische Reaktionen 657, 737.
Pharyngitis 543, 645, 653.
Pharyngolaryngitis 579.
Phase, regressive 409.
— stationäre 409.
Phasen 751.
Philtrum 15, 16, 330, 442, 658.
Phlebitis 578.

Phlegma, phlegmatisches Temperament 57, 722, 735, 736, 741, 747, 748.
Phlyktaena 579, 645, 658.
Phtise 573, 584, 598.
Phylogenese 723.
Physiognomie, Physiognomik 361, 375, 425—461, 458 bis 461, 545, 551, 555, 557.
PICK-NIEMANNsche Krankheit 680.
PIERRE MARIEsche Heredoataxie 553, 562.
Pigment, Pigmentanomalien 39, 40, 45, 49, 64, 221, 224, 323, 520, 526, 529, 567, 568, 680, 748.
PIGNET-Index 60, 67, 77, 78.
— -PLATTNER-Index 79.
Pinguecula 410.
Pityriasis 544.
Placenta 504.
Plagiocephalus 550.
Planta 35, 36, 39, 40, 42, 60, 64, 65, 331, 338, 395, 518, 522, 705.
Plasmon 675.
plastisches Gestalten 104.
Plattfuß 36, 64, 564, 565, 613, 619, 620, 705.
Platysma myoides 549.
Plethora 520, 543.
Pleura, Pleuritis 543, 606, 611.
Plica marginalis 19.
— mentomalaris 15.
— nasomalaris 15.
pluriglanduläre Insuffizienz 531—532.
Pneumonie 559, 573, 587, 589, 591, 614, 629, 677.
Poikilotropie 664.
POISSON-Schema 165.
POISSON-Verteilung 143, 144, 145, 146.
Polarität der Temperamente 736.
Poliomyelitis 542, 543.
Pollenidiosynkrasie s. Heufieber.
Polsterung, Polsterungsfaktoren 333—335, 338.
Polyarthritis 590, 591, 599, 605, 612, 613, 615, 616 bis 619, 620, 625, 627, 628, 629.
— acuta s. Gelenkrheumatismus.
— chronica 616—619.
— rheumatica 608, 611, 623.
Polydaktylie 61, 315, 521, 549, 560, 563, 564, 565, 672, 677, 681, 731, 746.
Polydipsie 571.
polyglanduläre Formel 532.
— Insuffizienz 532.
Polygon, Häufigkeits- 115.

Polygon, Summen- 115.
— Treppen- 114, 118.
Polymastie 29, 549, 561.
Polymerie 239—247, 315, 408, 451, 674, 677, 679.
Polynom, polynomische Verteilung 132.
Polyposis nasi 556.
polysymptomatische Ähnlichkeitsdiagnose 220, 221, 244.
Polythelie 29, 549, 561.
Polyurie 515, 518, 521, 571.
Population (s. a. Durchschnittsbevölkerung) 124.
Porokeratosis MIBELLI 541, 544.
Porphyrie 550.
Pose 463.
Postaurale 22.
Potator s. Alkohol.
Potenz 515, 518, 522, 523, 753.
Potenzmittel 146.
Potenzmomente 144—147, 159, 204.
— Signum- 145.
PRAUSNITZ-KÜSTNER-Reaktion 650, 655.
Prädisposition 537, 541.
präpuberaler Fettwuchs 392 bis 395, 399, 403.
Präpubertät 369, 543.
Präseniler Beeinträchtigungswahn 543.
Präsenilismus 409, 410, 516, 519, 523.
Präzisionsarbeiter 719.
Presbyopie 543.
Primärbehaarung 43, 58, 72, 73.
Primaten 28, 30.
Primel-Ekzem 581, 590.
primitive Rassen, Völker 35, 44.
primordialer Zwergwuchs 519.
Prinzip der großen Zahlen 207.
Proband 215—218, 251, 263, 266, 268, 270, 271, 274, 275.
— Doppel- 277.
Probanden, Ehegatten der 250.
— Erst- 270—275, 278, 305.
Probandenauslese 209, 263, 268, 269, 271, 305, 306.
— Erst- 270.
— Korrektur der 266.
Probandengeschwister 251.
Probandenmethode 217, 227, 231, 232, 247, 263, 265 bis 276, 305.
— Erst- 272.
Processus supracondyloideus humeri 544.
Procheilie 15, 16, 19—21.
Produkt 162.
Produktverfahren 116.

Profil 67, 368.
— Langnasen- 368.
Progenie 555, 556, 558, 575, 596.
Progerie 414, 517, 543.
Prognathie 15, 551, 556, 558, 627.
— alveolare 19.
— nasale 19.
Pronasale 12.
Proportion, diathetische 736, 737.
— psychästhetische 736, 737, 760.
Proportionsfigur 24, 25, 36.
Proportionsgesetz, KAUPsches 701.
Proportionslehre 25.
Prorrhinie 14, 19—21.
Prostata, Prostatahypertrophie, Prostatismus 414, 543, 571.
Prostituierte 567, 570.
Protanopie 313.
Protoalpine 548.
Protomorphe Rasse 16.
Protozoen 414, 415.
Protrusio bulbi 514.
Protuberantia mentalis 548.
Prüfungen, Cutan- 578, 644, 645, 650, 655, 657, 716 bis 718.
— Haut-, Hautfunktions- 578, 644, 645, 650, 655, 657, 716—718.
— Unabhängigkeits- 280 bis 283.
Prurigo 542, 544, 643, 644.
— HEBRA 544.
Pruritus 410, 572, 573, 579, 585, 586.
— senilis 543.
Pseudocroup 646, 658, 674.
Pseudohermaphroditismus, adrenaler 530.
— femininus 529.
Pseudologia phantastica 602.
Pseudorheumatismus 527, 608, 611, 613, 616, 617.
Pseudosklerose 547.
— WILSONsche 543.
pseudoskopische Bilder 718.
Psoriasis 543, 544, 567, 579, 599, 626, 642, 655, 674.
Psychasthenie 554, 561, 571.
Psychästhesie 736, 737, 738.
psychästhetische Proportion 736, 737, 760.
psychische Radikale s. Wurzelformen.
psychisches Tempo s. Tempo, persönliches.
Psychobiogramm 67.
Psychodiagnostik 90.
psychogalvanisches Phänomen 76, 96, 737, 741, 759.
Psychoinfantilismus 523.

Psychologische Methoden 88 bis 111.
psychologisches Experiment 88, 89.
Psychomotilität 736, 737, 738.
Psychomotorik (s. a. Motorik, s. a. Tempo, pers.) 68, 71, 92, 426, 462—501, 498—501, 739, 741, 751, 758.
— und Sport 493—497.
psychomotorische Radikale 467, 468, 469.
psychomotorisches Tempo s. Tempo, persönliches.
Psychopathie 318, 381, 547, 550, 551, 557, 558, 563, 566, 569, 570, 571, 573, 581, 585, 586, 598, 615, 629, 651, 695, 722.
Psychosen 54, 56, 82, 312, 317, 533, 541, 554, 565, 566, 567, 585, 658.
psychosexueller Infantilismus 563.
Psychotechnik 715, 726.
Psychotherapie 488.
Ptosis 352, 553, 555, 573, 600.
— der Eingeweide 562.
Pubertas praecox 369, 523 bis 525, 542, 543.
— tarda 543.
Pubertät 38, 39, 43, 44, 66, 68, 73, 361, 363, 364, 372, 374, 388, 389, 392, 398, 399, 402, 404, 431, 515, 523, 540, 543, 561, 622, 688, 690, 704, 732, 744, 752, 753.
Pubertätsakromegaloidie 395, 543.
Pubertätsalbuminurie 543, 562.
Pubertätseunuchoidismus 517, 543.
Pubertätskropf 543, 701.
Pubertätsphthise 543.
„Pubertätsspeck" 542.
Pubertätsstruma 543, 701.
Pubertätszacke 402.
Pubescenz 722, 725, 726.
Pubescenzkrisen 695.
Pubescenzstufen 43, 704.
pubische Behaarung s. Schambehaarung.
Puls 65, 75, 203, 236, 527, 562, 710, 711, 716, 758.
Pulsprüfung 709.
Pupillarsaum 48.
Pupillarzone 45.
Pupille 48, 700.
Purpura 579.
— infectiosa 578.
— rheumatica 611.
Pyelitis 542.
Pygmäen 16, 442, 446, 455.

Pykniker s. Körperbau.
Pylorospasmus 542, 579, 581, 597.
Pyopagen 662.
Pyretiker 596.
Pyrgocephalie s. Turmschädel.

Quadrate, Methode der kleinsten 190, 191, 198, 202, 203.
quantitative Merkmale 186, 197, 292, 306.
quantitativer Wert 222, 333 bis 335.
Quartil 119.
Querulanten 738.
QUINCKEsches Ödem 542, 543, 558, 578, 579, 580, 582, 583, 586, 588, 589, 597, 626.
Quotient 162, 163, 172.
Quotienten, Erwartungswert eines 162.
— Mittelwert von 162.

Rachenmandel 653.
Rachitiker, weiche 368, 369.
Rachitis 57, 82, 377, 397, 427, 428, 435, 528, 542, 543, 546, 561, 565, 610, 624, 626, 629, 656, 660, 699, 671, 701, 733.
radiale Polsterung 333, 335.
Radialschleifen 337.
Radialtypus der Hand 703.
Radikal, hypomanisches 750.
— manisches 749.
Radikale, motorische 467 bis 469, 490.
— psychische s. Wurzelformen.
Radiusdefekt 564.
Randblüten 144.
Randfalte 8, 9.
Randleiste 9, 444.
Rangkorrelation 201.
Rangordnungszahlen 201.
Rangreihen 100, 101.
Ranunculus 144.
Rasse 3, 34, 38, 39, 176, 178, 214, 287, 291, 341, 363, 374, 386, 387, 400, 414, 426, 427, 447, 454, 513, 539—541, 548, 550, 555, 561, 566, 576, 585, 719, 747, 748, 749.
— alpine 434, 455, 458.
— Bastarde 321, 425, 426, 431—433, 435, 437, 440, 441, 443, 445, 446, 457, 539.
— dinarische 11, 12, 13, 446, 455, 550.
— domestizierte 749.
— fälische 442, 446, 455.

51a

Rasse und Konstitution 746 bis 750.
— mediterrane 11, 12, 35, 455, 458.
— mongolide 548, 566.
— nordische 7, 11, 12, 197, 446, 454, 455, 458, 555, 658, 666, 748.
— orientalische 9, 439.
— ostbaltische 13, 384, 434.
— ostische 11—13, 384, 455, 539.
— vorderasiatische 9, 11 bis 13, 455, 539.
Rassen, europide 443.
— farbige 341.
— primitive 36.
— protomorphe 16.
Rassendispositionen 538, 539.
Rassenformeln 198.
Rassenhygiene 205, 293, 298, 318, 321, 572, 574, 629, 681—682.
Rassenmischung 17, 321, 425, 426, 431, 432, 437, 441, 443, 445, 446, 539 (s. a. Mischling).
Rassenseelischer Ausdruck 427.
Rassetypus 746, 748, 749.
Ratte, Geschlechtshormone 508, 510.
— Lebensdauer 415.
— Thymusextraktinjektion 529.
Raumbildkamera, ZEISSsche 329.
Raumsehen 718, 719.
RAYNAUDsche Krankheit 544, 579, 584.
Räzel 44, 328.
Reaktionen, hysterische 571.
— sinnlose 95.
Reaktionsarmut 741.
Reaktionsneigung 89.
— motorische 467.
Reaktionszeit 714.
Reaktionszeitmessung 93.
Realisten 738, 739, 740, 741, 757.
Receptoren P, G, H, X und E 344.
recessive Kinder 263, 264, 275.
Recessivenauslese 132, 133, 262—275.
— Fehlerformel 163.
— Fehlerrechnung 264.
Recessivenerwartung 270, 277.
Recessivenhäufigkeit 267, 269 (s. a. Recessivenzahl)
Recessivenüberschuß, Ausschaltung des 262.
Recessivenverteilung 133, 135, 166.

Recessivenwahrscheinlichkeit 163—167.
Recessivenzahl 166, 253, 254, 265, 266, 267, 269, 271, 273, 286.
— mittlerer Fehler der 163.
Recessivenziffer 255, 283.
Recessiver Erbgang s. Recessivität.
Recessivität 127—129, 132, 140, 142, 165, 233, 246, 253, 254, 262—272, 273, 274, 275, 277, 286, 287, 293, 294—297, 299, 300, 301—306, 310 bis 313, 319, 348.
— doppelte 292, 297, 300.
Rechenregeln für Wahrscheinlichkeiten 126—128.
Rechnen 720, 725.
Rechtsasymmetrie 117.
Rechtshänder 570, 704, 714.
Rechts-Links-Unterschiede 330, 451.
RECKLINGHAUSENsche Krankheit 544, 568, 569, 680.
Rectusdiastase 563, 620.
Reduktionsmethode 267, 271, 272.
— Fehlerrechnung 266.
Reflex, Reflexstörungen 564, 570, 574, 576.
Reflexanalogien 712.
Reflexerregbarkeit 716.
Reflexphänomen, psychogalvanisches 76, 96, 737, 741, 759.
Refraktionsanomalien 553, 569.
Regel, 3 σ- 138, 140, 155.
— BAYESsche 127.
Regenbogenhaut 6, 45—49, 180, 182, 188, 197, 221, 251, 279, 291, 325, 329, 354, 410, 552.
Regression 179, 189, 191.
— lineare 191, 193, 197, 200.
— nichtlineare 199.
— partielle 178, 198.
— zwischen mehreren Veränderlichen 198.
Regressionsgerade 183, 189 bis 192, 199, 200, 203.
Regressionskoeffizient 189, 190.
— mittlerer Fehler 190.
Regressionslinien 188—191, 193, 196—199.
Rehobother Bastarde 17, 425, 433, 435, 445.
Reichsbürgergesetz 322.
Reife, Früh- s. Frühentwicklung.

Reife, Reifung 34, 39, 360—407, 405—407, 412, 454, 515, 523, 524, 529, 540, 543, 548, 686, 690, 691, 700, 704, 726, 752, 753 (s. a. Pubertät, Pubescens).
— Spät- s. Spätentwicklung.
Reifung, Säugetiere 748.
Reifungshemmungen 745, 753.
Reihenbildungstest 108.
Reihenentwicklung 161, 204.
Reihenuntersuchungen, röntgenologische 698.
Reinrassigkeitsgrad der Bevölkerung 214.
Reithosentypus 38.
Reitsport 495.
Reizberufe 685, 686, 687, 699.
Reizmangelberufe 685, 686, 687, 703.
Reizschnupfen 558, 580, 584, 589, 600.
Ren mobilis 628.
Repräsentative Serien 217, 218, 219.
— Stichprobe 126, 208, 217 bis 219, 249, 271, 274.
Resistenz 537.
respiratorischer Typus 366 bis 370, 391, 687—689.
Reststreuung 175, 176, 199.
Retardierung 752.
Retinitis pigmentosa 521.
Rezeptionstypus 723.
Rheinlandbastarde 431.
Rheumatismus, Muskel- 606 bis 630, 637—639, 656, 673, 674.
— Gelenk- 391, 543, 558, 586, 599, 603, 607, 608, 609, 611, 612—617, 620, 623, 625, 627, 628, 629, 667, 674.
— — chronischer 616—622.
— Katarrh- 608.
— nodosus 615.
— Pseudo- 527, 608, 611, 613, 616, 617.
— verus 590.
Rheumatosen 671, 673.
Rhinitis 579, 584, 597, 605.
— vasomotorica 558, 580, 586, 589, 600.
Rhinopathia allergica 655, 671.
Rhinophym 544.
Rhythmus 106, 107, 467, 468, 473, 495, 712, 737, 761.
Riesenformen 369, 687.
Riesenwuchs 61, 503, 516, 733, 745.
— halbseitiger 568.
Rind, Lebensdauer 415.
Ringelhaar 45.
Ringfingerfurche 40, 43.

Rippen 28, 37, 60, 368, 371, 514, 560.
— Hals- 562.
— überzählige 548, 562.
Rippenbogen 375.
Rippenbogenwinkel 28, 37, 371.
Rippenwinkel, Säugetiere 748.
ROHRERscher Index 37, 60, 372.
Römer 417.
Röntgenkastration 610.
röntgenologische Reihenunter- suchungen 698.
Röntgenschädigungen 542.
RORSCHACHscher Test 90, 95, 739, 742, 754.
Rotationstachistoskop 92, 94.
Rotgrünblindheit 313, 314, 315.
Rothaarigkeit 45, 367, 551.
Rubenstypus 37.
Rücken 29, 368, 702.
— flacher 702.
— runder 368, 560, 562.
Rückenmark 558, 731.
Rückrechnungsverfahren 253 bis 261.
Rückschluß 152—156, 158, 208.
Rückschlußformel 157.
Rückschlußgrenzen 155.
Rückschlußmittelwert 153, 154, 157.
Rückschlußverteilung 153, 154, 157.
Rückschlußwahrscheinlichkeit 153, 154.
Rudern 495.
Ruheversuch 97, 759, 760.
Rumänien 446, 457.
Rumination 571.
Rumpf 26—31, 36, 38, 44, 56, 58, 59, 65, 71, 361, 363 bis 365, 368, 371, 383, 389, 398, 522, 689, 690, 697, 751.
— Säugetiere 748.
— Stigmen 560—563.
Rumpfbreitenindex 27.
Rumpffülle 78.
Rumpflänge 26, 30, 78, 79, 378, 380, 383—387, 390.
Rumpfmodulus 60.
Rumpfwandlänge 36, 221.
Rundköpfigkeit 69, 384.
Rundrücken 368, 560, 562.
Runzeln 410, 517, 522.
Russen, Rußland 18, 362, 370, 419.
Rutilismus 45, 367, 551.
RYBAKOFFscher Versuch 91, 754.

Sachalin 443.
Sachdenken 108.
Sachsen 130, 286, 288, 340, 345.

Sacralfleck 39.
Sahara 566.
Sammelkasuistik 217, 219.
Sarkome 543, 544.
Sattelnase 544, 555, 699.
Sattelpunkt 11.
Satyrohr, Satyrspitze 546, 554.
Sauerstoff 707, 708.
Säugetier, Fettansatz 748.
— Frühreife 748.
— Geschlechtshormone 508, 510.
— Immunität 539.
— Konstitutionstypen 747 bis 749, 751.
— Lebensdauer 415.
— Milchleistung 748.
— Ohrformen 447.
— Reifungstempo 748.
— Rippenwinkel 748.
— Rumpf 748.
— Sexualhormone 508, 510.
— Skelet 748.
— Temperament 747.
Säugling, Säuglingsalter 30, 74, 364—367, 452, 540, 542, 553, 653, 666, 670, 676.
— Habitustypen 365, 372.
— männliche Übersterblich- keit 290.
Säuglingsekzem 654.
Säuglingssterblichkeit 188, 290, 666.
Scabies 544.
Scapha 22, 23, 222, 330, 447, 450.
Scapula 29, 368, 375, 548, 560.
— scaphoidea 561.
Schachspieler 757.
Schädel 13, 19, 56, 62, 66, 68—70, 365—368, 374, 513, 514, 521, 547, 550, 699—701.
— Blasen- 63.
— Gesichts- 68.
— Hirn- 63, 68, 366, 575.
— Turm- 63.
Schädelbreite 162.
Schädeldeformitäten 549.
Schädelform 556, 699.
Schädelindex 67, 162, 291.
Schädellänge 162.
Schädellehre, GALLsche 745, 750.
Schaf, Giftfestigkeit 539.
Schaltung, doppelte 739.
Schambehaarung 43—45, 65, 73, 393—399, 522, 524, 525, 563, 575, 704.
Schambein 30, 31.
Schamfurche 30, 31.
Scharlach 391, 539, 543, 586, 608, 681.
Scheibenbrettversuch 714.
Scheide 563.

Scheide, Septen 563.
Scheinkorrelation 185, 187, 196.
Scheitel 5.
Scheitellinie 327.
Scheitelwirbel (s. a. Haar- wirbel) 43, 44, 328.
— Drehungsrichtung 43, 328.
Schenkelbeuge 31.
Schenkel-Geschlechtsfurche 31.
Schichten, soziale 696.
Schiefe 144, 145, 146, 149, 203, 204, 277.
Schiefäugigkeit 443.
Schiefhals 217, 544, 560, 565, 701.
Schielen 719.
Schilddrüse (s. a. BASEDOW, Thyreo-) 58, 61, 66, 72, 76, 413, 502, 504, 505, 511, 513, 515, 518, 525 bis 529, 532, 533, 541, 559, 560, 599, 701, 703, 734, 747, 751.
— Maus 508.
— Zwergmaus 508.
Schildform des Gesichts 56, 58, 63, 69, 368.
Schirmbildphotographie 698.
schizaffiner Habitustyp 555.
Schizoidie 95, 479, 494—496, 573, 581, 586, 591, 723, 735, 761.
schizokare Kerngruppen 57, 735.
Schizophrenie 56, 57, 77, 78, 82, 125, 155, 217, 227, 233, 246, 250, 252, 300 bis 302, 315, 316, 318, 466, 468, 474, 475, 498, 543, 549, 551, 558, 564, 567, 583, 584, 695, 723, 735, 739, 740, 744, 745, 752, 756.
— Manifestationswahrschein- lichkeit 233.
Schizothymie 54, 56, 57, 73, 92, 487, 494, 496, 552, 571, 572, 583, 602, 626, 712, 722, 727, 725, 735—742, 749, 755, 757, 759—763.
SCHLATTERsche Krankheit 543, 544, 612, 622.
Schlafbedürfnis, -losigkeit 571, 590, 593.
Schläfen 18.
Schlaganfall 412.
SCHLAGINHAUFENsche Indices 34.
Schleifen, -muster (s. a. Papil- larmuster) 40—42, 331, 333, 335, 338.
— Doppel- 332, 333.
— karpale 42.

Schleifen, Radial- 41, 42, 337.
— Ulnar- 41, 42, 337.
Schleimbeutel 606.
Schleimhaut 527, 529, 640, 641, 645, 660, 664, 665, 675, 698.
Schleimhautlippen 16—19, 426, 440—442.
— obere 15, 16, 330, 440.
— untere 15, 16, 330, 440, 442.
Schleimhautpigment 64.
Schleimkolik 676.
Schleswig-Holstein 325.
Schlüsselbein 28, 72, 514, 560.
Schluß, direkter 152, 154, 155.
Schmelzhypoplasie 556.
Schmerzreiz 760.
Schneidezähne 331, 352, 555, 564.
Schnupfen 542, 662.
SCHRAMMsche Spalte 565 bis 566.
Schreckhaftigkeit 571.
Schreckreiz 98.
Schreibbewegung 482, 483.
Schreibdruck 482, 483—490.
Schreiben 477, 480, 483, 484, 497.
Schreibkrampf 558, 570.
Schreibunterricht 715.
Schrift 104, 222, 223, 370, 478, 480—483, 489.
Schriftdruck 482, 483—490.
Schriftwaage, KRÄPELINsche 483, 742, 761.
Schrumpfniere 543.
Schrumpfungsfalten 456.
Schub 752.
Schulalter, -kind 363, 365, 370, 371, 372, 375, 377 bis 384, 388, 540, 543, 676, 687, 690, 691, 693, 722, 724.
Schulkind, Typologie von SIGAUD 368.
Schularzt 693, 720, 721, 722, 725, 727.
Schulbegabung, Schulleistung (s. a. Schulzeugnisse) 224, 559, 695, 720, 722, 725, 727, 763.
Schüler, höhere 361, 702.
— — Auslese 696, 726, 727.
— Volks- 370, 690, 702, 703, 715.
Schulkropf 543.
Schulneurasthenie 543.
Schulschwänzer 695.
Schulversager 726.
Schulzeugnisse 108, 720, 726, 727.
SCHÜLLER-CHRISTIANsche Xanthomatose 550.
Schulter 28, 56, 59, 64, 365, 368, 371, 377, 383—385.

Schulter-Beckenbreiten-Index 79.
— -Beckendifferenz-Index 79.
Schulterblatt 29, 368, 375, 548, 560.
Schulterblatthochstand 560, 562, 565, 568.
Schulterbreite 26—28, 36, 37, 59, 60, 67, 71, 76—79, 365, 366, 371, 378, 380, 383, 387, 390, 401, 404, 496, 705.
Schulter-Brustbreiten-Symphysenhöhen-Index 79.
Schultergelenksubluxation 565.
Schultergürtel 59, 71, 78, 368, 699, 703.
Schulterpunkt 28.
Schulterbrust 64.
Schwaben 454, 749.
Schwachbegabung 570.
Schwachsichtigkeit 718.
Schwachsinn 75, 217, 240, 242, 244, 312, 521, 550, 551, 554, 556, 558, 560, 561, 566, 567, 568, 569, 570, 573, 574, 629, 704, 722, 724, 744, 745, 746.
— moralischer 557.
Schwachwille s. Willensschwäche.
Schwangerschaft 27, 38, 39, 44, 511, 515, 532, 533, 544, 622.
Schwankungsbereich 117.
Schweden 341, 417, 419, 454, 539.
Schwein, Lebensdauer 415.
— Serum 344.
Schweiß 515, 518, 525, 527, 561, 572, 680, 753.
— Achsel- 65.
Schweißdrüsen 38, 544.
— apokrine 541.
Schweißhand 703.
Schweißneigung 673.
Schweiz, Schweizer 417, 422, 558, 566, 567, 582, 583, 585, 606, 664.
Schwerblütigkeit 738, 740.
Schwererziehbarkeit 695, 722.
Schwergeburt 542.
Schwerhörigkeit 312, 569, 674, 719.
— Alters- 412, 413.
— Labyrinth- 413, 557.
Schwerpunkt 116.
Schwerpunktsverbindung 191, 192.
Schwimmen 495, 496.
Schwimmhaut 561.
Schwindel 654.
Scleritis 611.
SCOTT, WALTER 550.
Scrofuloderm 542.

Scrotum 397, 524, 576.
Seborrhöe 543, 552, 572, 645, 717.
Seborrhoid 641, 642, 643, 644, 647, 649, 653, 655, 673, 676.
Seekrankheit 569, 596.
Seele und Körper 53, 54, 462, 493, 731.
Sehen, Fern- 718.
— körperliches 718.
— Nah- 718.
Sehorgan (s. a. Auge) 552, 569, 611.
Sehschärfe 553, 718.
Sehschwäche 411, 521, 552, 557, 569, 574.
Sekretionsstörungen 579.
Sekundärfall 268, 270.
Sekundärhaar 43, 44.
Selbstbefruchtung 133, 144.
Selbstdiagnose 90.
Selbstschilderungen 88.
Selektion (s. a. Auslese) 415, 420.
— psychische 725.
Sella, Sellabrücke 515, 519, 556.
seltene Ereignisse 143.
— Merkmale, Verteilung 142 bis 144.
seltenes Merkmal 286, 290, 292, 295—297, 305, 306.
Senescenz (s. a. Altern) 540, 543.
Senilitas praecox 543.
Senilität, Mäuse 414.
— Senilismus, Senium (s. a. Alter) 82, 409, 410, 414, 511, 516, 517, 522, 523, 552, 553.
Senkfuß 565.
Sensibilisierung 578, 590, 600, 649, 650, 655, 660, 671, 675.
Sensibilitätsstörungen 574, 576.
Sepsis 542.
Septum s. Nasenseptum.
Septumdefekt 564.
Serien 219.
— beschränkt repräsentative 218, 219.
— unbeschränkt repräsentative 217—219.
serologische Merkmale 323, 324, 338, 351.
Serositis 578.
Serumkrankheit 543, 577, 578, 583, 587, 589, 596—597, 609.
Sexual- s. a. Geschlechts-.
Sexualanomalien 532, 571.
Sexualdisposition 538, 541, 544, 582, 612, 617, 619.
Sexualentwicklung s. Reifung.
Sexualhormone 510, 523, 524, 530, 552.

Sexualhormone, Säugetiere 508, 510.
Sexualkonstitution, Indices 67.
Sexualreifung s. Reife.
Sexuszeichen 364.
SHEPPARDsche Korrektur 118, 120, 122, 123, 146, 160, 184.
Shock 580.
Shockorgane 650.
Siam 591.
SIGAUDsche Typen 365, 368, 370, 391.
— — Jugendliche 368.
— — Säugling 365.
Significance 140.
Signumpotenzmomente 145.
SIMMONDSsche Kachexie 516 bis 520, 543, 734, 735.
Simultankapazität 755, 757.
Simultan-Syntropien 653.
Singstimme 458.
sinnespsychologische Verhaltungsweisen 90.
sinnlose Reaktionen 95.
Sinusitis 556, 579.
Sippe, Erbstatistik 294 f.
Sippenuntersuchung 278.
Sippschaftstafel 209.
Situationsohnmacht 572.
Situs inversus 564, 566.
Skalen, Normierung 196.
Skandinavien 341, 417, 419, 454, 539.
Skaphocephalie 546, 550.
Skelet, eunuchoides 564.
— Säugetiere 748.
— Skeletanomalien 56, 64, 311, 411, 514, 518, 544, 560, 562, 680, 701, 747, 751.
Ski 496.
Sklera 606, 680.
— blaue 553, 569, 575, 577.
Sklerodermie 541, 543, 544.
Sklerödem 542.
Sklerose, diffuse 542.
— multiple 543, 553, 562, 567, 570, 680.
— tuberöse 524, 547.
Skoliose 29, 542, 543, 562, 565, 573, 625, 626, 627, 628, 629, 701, 702.
Skorbut 542, 543.
Skotom 589.
Skrofulose 543, 546, 649, 658.
Sollgeburtenzahl 205.
Somatogramm 78.
Somatometrie 62, 76—81.
Somatoskopie 689.
Sommersprossen 40, 45, 222, 544, 551.
Sonderbegabungen 102, 103, 685, 725.
Sonderlinge 738, 740.

Sonderturnen 703.
Sortierversuch 491, 492, 754.
Sozialdispositionen 538.
soziale Lage 224, 696.
soziales Verhalten 223.
Spaltbildungen, submuköse 352.
Spalterbigkeit 128, 164, 262, 293, 310—314, 332.
Spaltung, Spaltungsfähigkeit 91, 92, 470—472, 477, 491, 739, 750, 754—757, 758.
Spaltungsversuch, MENDELscher 165.
Spaltungsziffern s. MENDELsche Sp.
— — Prüfung 169.
Spanier 433, 444.
Spannung, intrapsychische 484, 489, 750.
Spasmen, Karpal- 588.
— Spasmophilie 542, 586, 646, 651, 656.
Spätentwicklung, Spätreife 383—385, 388, 392, 397 bis 399, 540, 690, 700, 725.
Spätrachitis 543.
Specific sensitiveness 578.
Speichel, Speicheldrüse, Speichelfluß 314, 344, 559, 572.
Spiel 493—497, 712.
Spina bifida 61, 550, 560, 561, 565, 612, 626, 731.
— — occulta 562, 568, 629.
Spinnenfinger 331.
Spiroindex 707.
Spirometer 707.
Spitzbogengaumen 556, 564.
Spitzkopf 550.
Splanchnomegalie 515.
Spondylarthritis ankylopoetica 611, 618, 619, 621.
„Spondylite deformante" 621.
Spondylitis 570, 592.
Spondyloarthronosis deformans 618, 625, 626, 627.
Spondylose rhizomélique 611.
Spondylosis deformans 611, 618, 621, 625, 626, 628.
Spontane Desensibilisierung 578.
Sport und Psychomotorik 493 bis 497.
— Sportler 27, 387, 401, 405, 487, 490, 494, 623, 711, 712, 715, 739, 741, 742.
Sporttypen 494—496.
Sprachbegabung 763.
Sprache, Sprachstörungen 456, 457, 460, 463, 489, 570, 573, 715, 742.
Spreizfuß 565.
SPRENGELsche Deformität 560, 562, 565, 680.
Stabdiagramm 113.

Stadt (s. a. Großstadt) 682, 705.
Staffeltestserien 100, 101.
Stamm 24, 26, 56.
— -Beinlängen-Index 26.
Stammeln 570.
Stammlänge 26.
Standardabweichung 118, 127, 235.
Standardbevölkerung (s. a. Durchschnittsbevölkerung) 204.
standard deviation 118.
Standardgruppe 177, 178.
Standardisierung 202—205.
Standardmittel 177.
STANFORD-Revision des BINET-Verfahrens 100.
Stanzversuch 491.
Star 408, 410, 411, 412.
Statistik, anthropologische 163.
— Ereignis- 152, 156.
— Familien- 278.
— Morbiditäts- 251.
— Mutter-Kind- 278, 279.
— Todesursachen- 251.
Statistische Abhängigkeit 126, 179.
— Gesamtheit 123—126, 128.
— Hauptbegriffe 112—128.
— Hilfsmittel 210—212.
— Masse 217.
— Methoden 76, 112—212, 209—212, 215.
— — Wesen der 215.
— Reihe, Einheitlichkeit einer 166, 167.
— Unabhängigkeit 122, 126, 162, 178, 179, 182, 187, 196.
statistischer Ansatz 128.
— Vergleich 205—209.
statistisches Kollektiv 217.
— — auslesefreies 219.
Status s. a. Habitus, s. a. Körperbau.
— degenerativus 547.
— dysraphicus 57, 61, 542, 548, 553, 561, 564, 565, 566, 568, 569, 573, 574, 680, 731.
— exsudativus 655.
— irritabilis 656, 660.
— lymphaticus 559, 575, 646, 653.
— thymico-lymphaticus 529, 562, 565, 584.
— thymicus 646.
Staubberufe 698, 699, 706, 717.
Stauchungsfalten 456.
Stauungspapillen 553.
Stehberufe 704, 705, 713.
Steindiathese 605.
Steine, Gallen- 605.
— Nieren- 618.

Steinleiden 557, 602, 647, 667, 673, 676.
Sterblichkeit, Kinder 419.
— der Knaben 290.
— Zwillings- 218.
Sterblichkeitsziffer 112, 163, 205.
Stereotypie 469, 471, 472, 480, 485, 486, 489, 494, 497, 498, 740, 742.
Sterilisierung 293, 321, 695.
Sterilität 523, 551, 561, 472, 576.
— Zwillingskalb 506, 507, 510.
Sternum 28, 514, 560, 701.
Sthenie 571, 688.
Stichprobe 120, 123—128, 131, 132, 138, 140, 142, 146, 147, 149, 151—158, 170, 172, 180, 204, 206, 208.
— repräsentative 126, 208, 249, 250, 271, 274.
Stichproben, Unterschied zweier 156—159.
Stichprobenauslese 226—228, 230, 231, 233, 267, 268.
Stichreiz 98.
Stigmatisierung (s. a. Stigmen) 546, 744.
— cerebrospinale 61.
— endokrine s. a. endokrine Drüsen.
— thyreotische 525, 526.
— vegetative 61, 525, 552, 585, 603, 623, 646, 650, 665.
Stigmen 545—551, 553, 558, 561, 566, 577, 612, 629, 724, 731, 746, 753.
— Alters- 552.
— degenerative s. Degenerationszeichen.
— dysgenetische 549.
— endokrine s. endokrine Drüsen.
— Extremitäten 563—573.
— funktionelle 569.
— Hals 560.
— heterosexuelle 548.
— hormonale s. endokrine Drüsen.
— hypoplastische 745.
— Kopf 549—560.
— Rumpf 560—563.
Stigmenhäufungen 573—577.
Stille Feiung 578.
STILLsche Krankheit 542, 603, 612.
STILLsches Syndrom 542, 603, 612, 623.
Stimme 251, 386, 457—458, 489, 522, 524, 527, 530, 570.
Stimmritzenkrampf 654, 656.

Stimmung 491, 723, 736, 737, 738, 744, 750, 752, 753, 759, 762.
Stimmwechsel 389, 522, 690, 704.
STIRLINGsche Formel 133.
Stirn 3—5, 17, 59, 63, 69, 70, 327, 328, 365—368, 375, 457, 479, 546, 550, 551, 555.
— fliehende 550.
— Verbrecher- 551.
Stirnbreite 222.
Stirnfalten 4, 15, 456.
Stirnglatze 367, 552.
Stirnhaar, Stirnhaargrenze 44, 328, 457.
Stirnhöcker 70.
Stirnhöhe 457.
Stirnhöhle 556.
Stirnwirbel 328.
Stoffwechsel, Stoffwechselstörungen 203, 364, 415, 515, 517, 519, 520, 527, 539, 542, 566, 571, 576, 598, 600—603, 613, 644, 647, 648, 656, 660, 751, 753.
Stomatitis 579.
Störungsbereitschaften 651.
Stottern 564, 570.
Strabismus 352, 553, 561, 574, 628.
Streckformen (Capillaren) 74.
Streckung 383, 398, 542, 543.
— erste 374, 375.
Streckungsform (Körperbau) 369.
Streuung 118, 120, 125, 139, 143, 149, 151, 159, 178, 191, 292.
— Aufteilung der 171—176, 183, 199, 202.
— einer Differenz 162.
— von Funktionen 160.
— mehrfache Aufteilung der 176.
— mittlere 118.
— in Reihen mit schwankender Grundwahrscheinlichkeit 165—166.
— Rest- 175, 176, 199.
— einer Summe 162.
Streuungsformel 144.
Streuungsfortpflanzung 160 bis 165.
— durch mehrere Generationen 163.
Streuungsmaße 117—120.
Streuungsquadrat 118, 162.
Streuungstheorie 199.
Streuungsungleichung 159.
Streuungswerte, Verteilung der 151.
Streuungszerlegung 171—175, 199.

Striae 38, 544.
Stridor congenitus 538.
STRÖMGRENscher Index 79.
STRÖMGREN-Verfahren 259.
Strophulus 542, 591, 646, 662.
Struma (s. a. Kropf) 526—528, 532, 553, 560, 592, 627, 628, 700, 710.
— congenita 542.
Studenten 189, 197.
Stummelflügel, Drosophila 545.
Stuttgart 691.
Stützgewebe s. Bindegewebe.
S-Typus 723, 724.
S_2-Typus 724.
Subaurale 22.
Subletalität 311, 564.
Subnasale 13.
Substanzen, isoagglutinable 338.
Süchtigkeit 571.
Suicid 554, 558, 565, 588.
Sulcus alaris 329.
— auricularis 454.
— femoralis 31.
— genitofemoralis 31.
— mentolabialis 15.
— mentomalaris 15.
— nasolabialis 15.
— oculomalaris 15.
— orbitalis inferior 9, 15.
— — superior 7, 9.
— orbito-palpebralis 8, 9.
— pubis 30—31.
Summe 162.
— Mittelwert einer 162.
— Streuung einer 162.
Summenkurve 115, 137.
Summenpolygon 115.
Summenverfahren 117, 119.
— Mittelwertberechnung 116.
Summenverteilung 115, 138.
Superaurale 22.
Superciliarbögen 63.
Supercilien s. Augenbrauen.
Supramammae 29.
Supraorbitalwulst 548, 550, 555.
Suprasternale 28.
Sutura coronaria 367.
Symmetrie 130, 137.
Sympathicotonie 58, 588, 646, 710.
Sympathicovagotonie 665.
Sympathicus 58, 503, 734.
Symphyse 30, 31.
Symphysenhöhe 34, 79.
Synästhesien 723.
Syndaktylie 61, 331, 549, 563, 564, 620, 731.
Syndrom, acromegaliformes 514.
— ADDISONs 526, 529, 533, 734, 735.
— ADIEsches 554.

Syndrom, APERTsches 563.
— BARDET-BIEDLsches 563, 567.
— CUSHING 520, 543.
— FRÖHLICHsches 393, 394, 397, 414, 516, 517, 519.
— genito-suprarenales 543.
— HORNERsches 553, 568.
— LAURENCE (BARDET-MOON)- BIEDLsches 521.
— — BIEDLsches 521.
— normalbiologisches 730.
— STILLsches 542, 603, 612, 623.
— suprarenal-genitales 529.
synkopotroper Typ 709.
Synophris 548, 551.
Synostose 542, 565.
synthetische Aufmerksamkeit 94, 762.
— Denkweise 739.
Syntonie 57, 735, 738.
Syntropie 651, 652, 653, 654, 656, 657, 658, 660, 661.
— indices 654.
Syntropien, Simultan- 653.
— Sukzessiv- 656.
Syphilis s. Lues.
— Empfänglichkeit, Säugetiere 539.
Syringomyelie 553, 568, 731.
Syrjänen 11, 12, 18.
System, chromaffines 530.
— endokrines s. endokrine Drüsen.
— extrapyramidales 732.
Systemminderwertigkeit 676.
Syzygiologie 661.

Tabak, -abusus 543, 599.
Tabes 543.
Tachistoskop, Pendelrotations-92.
Tachistoskopversuch 92, 94, 95, 739, 754, 755, 756, 758.
Tachykardie 525, 526, 706, 710.
— paroxysmale 579.
Taille 27, 29.
Talgdrüsen, -sekretion 38, 543, 552, 572, 645, 717.
Tanz 495, 497.
Tarsalfalte 444.
Tastballen 36.
Taubheit 312, 411, 569, 575, 577, 719.
Taubstummheit 312, 320, 560, 565.
Tauglichkeit 693, 694, 699, 700.
TAY-SACHSsche Krankheit 680.
technische Begabung 109, 490, 497, 696.
Teilbereitschaften 661, 669 bis 672.

Teilkollektiv 124.
Teleangiektasien 222.
Temperament 54, 56, 57, 89, 462, 467, 477, 486, 502, 522, 548, 576, 733, 743, 747, 749, 751.
— anästhetisches 57.
— explosives 57.
— hyperästhetisches 57.
— hyperthyreotisches 525, 527.
— hypomanisches 57, 749.
— phlegmatisches 57.
— syntones 57.
— bei Tieren 747, 748.
— viscöses s. Konstitutionstypus, viscöser.
Temperamente, Polarität der 736.
Temperamentskreise 56, 61.
Temperamentskurve 736.
Temperamentslegierungen 737.
Temperaturanpassungsfähigkeit 717, 718.
Tempo, Arbeits- 472, 473, 491, 714.
— persönliches, psychisches, psychomotorisches 462, 467—472, 485, 497, 712, 736—738, 739, 750.
Temporaldispositionen 538.
Tenazität 486, 740—742, 758, 759.
Teratogenesien 549.
Teratome 524.
Terminalbehaarung s. Behaarung, Terminal-.
Terminus, innerer 334.
Tertiärhaar s. Behaarung, Terminal-.
Test s. auch Versuch 100, 101, 714.
— Haut- 578, 644, 645, 650, 655, 657, 717.
— Hüpf- 713.
— Labyrinth- 713.
— stummer 713.
— Tapping- 714.
Testikel 389, 394, 397, 504.
Testishormon 510, 523, 524, 530, 552.
Tetanie 61, 528, 542, 543, 593, 597, 610, 656.
tetanoider Typ 61, 700, 725.
Tetanus 542.
tetrachorische Funktionen 182.
Thenar 36, 41, 42.
Thenarballen 36, 41, 42.
Thenarmuster 336, 337.
Theorem, BERNOULLIsches 138.
Thermoregulation 717, 718.
Thorakalindex 27, 390.
Thorakogramm 703.

Thorax s. Brustkorb.
— paralyticus 701.
— pisiformis 701.
Thromboangiitis obliterans 579, 611, 622.
Thrombose 562.
Thymus 504, 505, 511, 529, 533, 542.
— persistens 542.
Thymusextraktinjektion, Ratte 529.
Thyreoidea s. Schilddrüse.
— Huhn 511.
Thyreosen 553.
Thyreo-sexuelle Insuffizienz 543.
— -suprarenales Syndrom 543.
Thyreotoxikose 525, 526.
thyreotoxische Konstitution 525.
Thyroxin 503, 504.
Tibia 35.
Tic 570, 673.
Tierohrspitze 22, 23, 330.
Timor 443.
Tirol 294, 616.
Tod 414, 415.
Todesalter 417.
Todesursachen 174, 200, 251, 411.
Tongedächtnis 107.
Tonsillen 559, 608, 626.
Tori 36.
Torticollis 620, 627.
Torus palatinus 352, 548.
— supraorbitalis 4.
Totenfinger 584, 588, 591, 592.
Totenschein 251.
Tracheobronchitis 579.
Tragion 5, 14.
Tragus 22, 23, 222, 330, 447, 449, 450, 454, 455, 554.
— Zweihöckerigkeit 331.
Transformation 202—205.
— logarithmische 173.
— z- 173.
Treffsicherheit 714.
Trema 331, 546, 555, 558.
Tremometer 473, 474, 477.
Tremor senilis 543.
Treppenpolygon 114, 118.
Trichophytie 543, 544.
Trichterbrust 544, 548, 560, 561, 562, 565, 568, 574, 612, 626, 627, 629, 701, 703, 731.
Trichterohr 546.
Triebleben, -beherrschung 726, 751.
Trier 458.
Trinker s. Alkohol.
Triploidie 416.
Triradius 40—42.
— axialer 42.

Triradius, überzähliger 42.
Trochanterbreite 27, 29, 78.
Trochantergrube 31.
Trommelfell 719.
Trommelschlegelfinger 566.
Tropfenherz 711.
Trophallergie 655.
Trophödem 572.
Trunksucht s. Alkohol.
T-Typ (JAENSCH) 391, 716.
T-Typus 61, 700, 725.
Tube 576.
Tubera parietalia 3.
Tuberculum anthelicis 454.
— Carabelli 331, 556.
— helicis fossale 454.
— labii superioris 16.
— supratragicum 450.
Tuberkulose 125, 411, 521, 539, 542, 543, 551, 570, 573, 581, 590, 592, 598, 601, 606, 608, 609, 681, 698, 723.
— Alters- 543.
— Empfänglichkeit 538.
— Lungen- 573, 584, 598.
Tuberkulosegefährdung 698.
tuberöse Sklerose 524, 547.
Tumoren 396, 415, 504, 514, 520, 524, 525, 529, 530, 531, 542, 551, 568, 731.
Turgor 365.
Türkensattel s. Sella.
Turmschädel 63, 70, 435, 542, 546, 550, 553, 563, 570, 612, 626.
Turnen, Geräte- 495, 496.
— Turner 123, 126, 401, 703, 712.
— s. a. Sport.
Turricephalie s. Turmschädel.
t-Verteilung 173.
Typen, Sport- 494—496.
Typenvergleichung 81—82.
Typhus 182, 586, 587, 608.
Typologie, JAENSCH 61, 723, 724.
— KRETSCHMER 54, 55, 58, 89, 106, 370, 391, 462, 479, 481, 686, 754.
— PFAHLER 479, 761, 762.
— SIGAUDsche 365, 368, 370, 391.
Typus 36—38, 688.
— s. Körperbau, Konstitution, Habitus.
— adenoider 666.
— athletischer s. Körperbau.
— Auflösungs- 723.
— B (JAENSCH) 61, 391, 700, 716, 725.
— basedowoider 61, 734, 735.
— beseelter 700.
— Bewegungs- 712.
— Brachy- 25, 36, 37.

Typus, cerebraler 366—369, 370, 372, 377, 380, 387, 391, 392, 687, 688, 689.
— D- 724.
— desintegrierter 61, 700, 724, 725.
— digestivus 365—370, 391, 399, 689.
— dysplastischer s. Dysplasie.
— Entwicklungs- 372, 373, 377, 689, 690, 697—699, 722.
— eurysomer, eurysomatischer 25, 36, 37, 370, 371, 372, 687, 724.
— extravertierter 689, 754.
— extremitalis 38.
— der festen Gehalte 479 bis 481, 762.
— der fließenden Gehalte 479, 481, 762.
— hypervegetativus 58.
— hypovegetativus 58.
— I- 724.
— infantiler 697.
— inferior 38.
— integrierter 61, 723.
— intravertierter 689, 754.
— Jünglings- 38, 723.
— juvenilis 38, 723.
— linearer 106.
— Longi- 24, 36, 37.
— Mehrkämpfer- 496.
— muscularis s. Körperbau.
— normalis 37, 38.
— polarer 106.
— Reithosen- 38.
— respiratorius 366, 370, 391, 687, 688, 689.
— Rezeptions- 723.
— Rubens- 37.
— S- 723, 724.
— S2- 724.
— T (JAENSCH) 391, 716.
— subtrochantericus 38.
— superior 38.
— tetanoider 61, 700, 725.
— unbeseelter 700.
— vasomotorischer 73.

Überaugenbögen 4.
Überaugenwulst 4.
Überempfindlichkeit 578, 623, 675, 715, 716 (s. a. Idiosynkrasie).
— Eiweiß- 717.
— gegen Insektenstiche 594, 596, 598, 627.
überfällige Formen 687.
Überlebenswahrscheinlichkeit 218, 232, 233, 246.
Überschreitungswahrscheinlichkeit 140.
Übersteigerungsform 700.
Übersterblichkeit 273.

Übersterblichkeit der Knaben 290.
Überstreckbarkeit der Fingergelenke 565.
— der Gelenke 331, 564, 565, 703.
Übertragus 23.
Überweibchen, Huhn 510.
überzählige Incisivi 331.
U-förmige Verteilung 204.
Uhrglasnägel 566.
Ukrainer 7, 11, 12.
Ulcus 571, 614.
— cruris 544.
— duodeni 543.
— perforans pedis 556.
— — plantae pedis 574, 576.
— ventriculi 543.
— — et duodeni 629.
ulnare Polsterung 333.
Ulnarschleifen 337.
Ulnartypus 703.
Ulotrichie 43.
Umbilicus 30.
Umrechnungsverfahren VERSCHUERs 229—232.
Umsiedlung 325.
Umwandlungsindividuum 219.
Umwelt 88, 89, 96, 186, 214 bis 216, 316, 323, 324, 328, 360, 371, 373, 391, 400, 538, 665, 670, 682, 689, 691, 723, 740, 752.
— und Anlage 213, 234, 235, 247, 401.
— innere 213, 225, 233, 234.
Umweltlabilität 401, 404.
Unabhängigkeit von Genen 280—284, 291.
— statistische 122, 126, 162, 178, 179, 182, 187, 196, 284, 290.
Unabhängigkeitsprüfung 280 bis 282, 283.
„Und"-Regel 126, 133.
Ungenauigkeit 120.
Ungleichung, MARKOFF-TSCHEBYSCHEFFsche 159.
— Streuungs- 159.
Unfruchtbarmachung 293, 321, 695.
Unsterblichkeit 415.
Untauglichkeit 693.
Unterarm 72, 463.
Unterarmlänge 72, 78, 187, 463.
Unterbegabung 559.
Untergruppen im OAB-System 340.
Unterkiefer 17, 18, 63, 69, 70, 365, 697, 368, 513.
Unterkieferwinkelbreite 6, 14, 222.
Unterkieferwinkelebene 17, 18.
Unterkinn 14, 19—21, 43, 44.
Unterlid 6, 9, 445.

Unterlippe 15, 330, 442.
— Habsburger 440—442.
— s. a. Haut-.
— s. a. Schleimhaut-.
Unterlippenkinnfurche 457.
Unternase 11, 14.
Unterrichtsinteresse 725.
Unterscheidungsfunktion 178.
Unterschenkel 34, 35.
Unterschenkelumfangindex 35.
Unterschiede, echte 125.
Unterschlüsselbeingrube 28.
Untersucher als Fehlerquelle 207.
Urämie 528.
Uratdiathese, Uratsteine 543, 606.
Urina spastica 572.
Urliste 115.
Ursache 125.
Ursachen, Wahrscheinlichkeit von 127.
Urticaria 542, 543, 578—594, 596—602, 620, 625, 626, 628, 642, 643, 650, 651, 653, 662, 673, 674, 676.
Uterus 165, 576.
— bicornis 564.
— duplex 563.
Uvula, gespaltene 558.

Vagantenfamilien 546.
Vagina 564, 576.
Vagotonie 58, 571, 573, 586, 588, 602, 629, 646, 711.
— juvenile 646.
Variabilität 148, 177, 178, 220, 546, 547.
— fluktuierende 234, 236.
— interfamiliäre 624, 675.
— intrafamiliäre 624.
Variabilitätsanalyse 234.
— genetische 237.
Variabilitätsindex 120.
Variabilitätskoeffizient 120.
variance 118.
Varianten, allgemeine Wachstums- 731, 733.
— dispositionelle 733.
— dysgenitale 752.
— endokrine s. endokrine Drüsen.
— lokale keimplasmatische 731, 743—746.
— primär keimplasmatische Lokal- 731—733.
— zentralgesteuerte 731, 733, 743.
— zentralnervöse 733.
Variantenbildung, konstitutionelle 730—735.
Variation 216.
Variationsbereich 138.
Variationsbereitschaft 538.

Variationsbreite 119, 147.
Variationskoeffizient 177.
Variationskurve 148.
Variationspolygon 668.
Variationsweite 119, 147.
Varicen, Varicose 65, 413, 515, 544, 574, 626, 627, 628.
variköser Symptomkomplex 563.
Vasculitis 611, 612.
Vasodystonie 572, 588.
Vasolabilität 543, 626.
vasomotorische Typen 73.
Vasomotorismus 72, 654.
Vasoneurose 572, 582, 605, 645—646.
vasoneurotische Diathese 665.
Vasopressin 521.
Vaterschaft, Wahrscheinlichkeitsgrad 353, 354.
Vaterschaftsangabe, falsche 262.
Vaterschaftsdiagnose 14, 127, 178, 321—356, 357—359.
Vaterschaftsermittlung, richterliche Bedeutung der 355, 356.
Vaterschaftsprozeß 351, 356.
vegetative Stigmatisierung 61, 525, 552, 585, 603, 623, 646, 650, 665.
vegetativer Deséquilibré 571, 573, 603.
vegetativ-neurotische Bereitschaft 653.
Veitstanz s. Chorea.
Venen, Venektasien 65, 413, 543.
Verbrecher 740, 744, 745 (s. a. Kriminalität).
Verbrechergesicht 557.
Verbrecherstirn 551.
Verbrechertyp 546.
Vererbung, geschlechtsgebundene s. Geschlechtsgebundenheit.
— geschlechtskontrollierte 200, 220, 246, 247.
— heterologe 679.
— heterophäne 679.
— intermediäre s. Erbgang, intermediärer.
— transformierende 673.
Vergleich 125.
— statistischer 205—209.
— zweier Häufigkeiten nach R. A. FISHER 181.
— — Korrelationskoeffizienten 183, 185.
— — Mittelwerte 158.
Vergleichsmaterial 249—251.
Vergleichsreihe 250.
Verhaltungsweisen 88, 89.
— denkpsychologische 90.
— sinnespsychologische 90.
Verrucae 515, 543, 544.

Verschmelzungsfrequenz 93, 94.
Verstärkerwirkung 677, 679.
Versuch s. Test.
— Bulbusdruck- 716.
— Carotisdruck- 716.
— Gewichts- 714.
— Hock- 716.
— Konstruktions- 490.
— Mißtrauens- 488, 489.
— Perleneinfädel- 714.
— psychogalvanischer 759.
— Scheibenbrett- 714.
— Sortier- 491, 492.
— Stanz- 491.
— Wabenmuster- 714, 715.
— Zähl- 470.
Verteilung, BAYESsche 153, 157.
— Binomial-, binomische 128 bis 137, 145—147, 149, 155, 165, 168, 180.
— einseitige 144, 204.
— der Extremwerte 207.
— Häufigkeits- 144—147, 160.
— hochgipflige 144, 204.
— I-förmige 144.
— logarithmische 204.
— in Messungsreihen, Normal- 147—150.
— von Mittelwerten 147 bis 152.
— — Normal- 147—150.
— Normal- 133—138, 143, 145—152, 158—161, 169—173, 177, 196, 203, 204.
— POISSON- 143—146.
— polynomische 132.
— Recessiven- 133, 135.
— Rückschluß- 153, 154, 157.
— schiefe 144, 204.
— seltener Merkmale 142 bis 144.
— stetige 134.
— der Streuungswerte 151.
— symmetrische 117.
— t- 152, 156, 158, 159, 173, 177, 190.
— U-förmige 133, 144, 204.
— zweigipflige 144.
Verteilungen 128—159.
Verteilungsformen 144.
Verteilungsgesetz 117, 144, 179.
— der Wahrscheinlichkeiten 125.
Verteilungskurve 113, 144, 149, 292.
— GAUSSsche 148.
Verteilungstafel, reduzierte 115.
Vertex 5.
Vertrauensbereich 155.
Verwandtenehe 296, 297, 306, 312.

Verwandtenziffern 298—306.
— Differenzenquotient von 302—306.
Verwandtschaftsgrad 298, 299, 302, 304, 306.
Vespasiangesicht 700.
Vestibularapparat, 569.
Vierfachtafel 181, 182.
Viefelderschema 158, 179 bis 182.
Vierfeldertafel 284.
Vierfingerfurche 337, 548, 561, 563, 566, 567, 592.
— Affe 566.
Vierlinge 217.
Vierklassentafel 181, 182, 201.
Vigilität 740, 758.
Virilismus 515, 525, 530, 628.
— fötaler 529.
Visköser Konstitutionstypus s. Konstitutionstypus.
vitale Energie 762.
Vitalität 545, 547, 561.
Vitalkapazität 364, 702, 707, 711.
Vitamin, Vitaminmangel 427, 435, 504, 648.
Vitiligo 549, 552.
Vorbiß 442.
Vorstellung 723, 724, 726.
Vulva 576.
Vulvovaginitis 645, 653.

Wachstum, Wachstumstendenzen 56, 360—407, *405* bis *407*, 511, 519, 522, 524, 526, 540, 564, 568, 687, 689, 691, 697, 704, 725, 733, 744—751.
Wachstums, Zunahme des 363, 692.
Wachstumsbereitschaft 538.
Wachstumsformeln 203.
Wachstumsgene 400, 404.
Wachstumsherz 709.
Wachstumshormon 511, 514 bis 518, 520.
— Hund 512.
Wachstumskurve 203, 363.
Wachstumstempo 540, 734.
Wachstumsvarianten, allgemeine 731, 733.
Wade 35, 67, 76.
wahrer Wert 127.
Wahrnehmung 714, 723, 724, 739, 756.
wahrscheinliche Abweichung 139.
Wahrscheinlichkeit 123—126, 153, 159, 310.
— Ausgangs- 153.
— bedingte 126, 127.
— Begriff 124.
— Durchschnitts- 124, 130, 165.

Wahrscheinlichkeit, Einzel- 165.
— Elementar- 124, 130.
— Erfassungs- 269—275.
— Erkrankungs- 227, 230, 232, 233, 274.
— Gleich- 154, 157.
— Klassen- 136.
— Manifestations- 232, 233, 254.
— Merkmals- 277.
— des Merkmalseintritts 254, 255.
— Prüfung einer 140, 142.
— Rückschluß- 153, 154.
— Überlebens- 232, 233, 246.
— Überschreitungs- 140.
— von Ursachen 127.
Wahrscheinlichkeiten, Addition der 126.
— Division der 127.
— Multiplikation der 126.
— Rechenregeln für 126 bis 128.
— Verteilungsgesetz der 125.
Wahrscheinlichkeitsgrad, Vaterschaft 353, 354.
Wahrscheinlichkeitsintegral 134.
Wahrscheinlichkeitsnetz 137, 138.
Wahrscheinlichkeitsschätzung 353.
Wahrscheinlichkeitteilung 127.
wahrscheinlichster Wert 153.
Wallonen 539.
Wanderung 325.
Wangen 6, 14, 15, 17—19, 44, 73.
— -Kinnfalte 15.
— -Kinnfurche 15.
Wangenschorf 641.
Wärmesturz 579.
Warzen s. Verrucae.
Warzenhof 39.
Wasserglasversuch, ENKE- scher 476, 477, 739, 761.
Wasserkopf 517, 542, 550, 558, 699.
Wechselwendigkeit 664.
Weichenumfang 27.
Weichenwulst 30, 31.
Weichteile der Augengegend 442.
— Gesichts- 455, 456.
WEINBERGs abgekürztes Verfahren 256.
— Differenzmethode s. Differenz-M.
— Probandenmethode s. Probanden-M.
— Geschwistermethode s. Geschwistermethode.
Wendepunkt 139.

WERDNIG-HOFFMANNsche Krankheit 542.
Wert, häufigster 146.
— quantitativer, der Papillarmuster 222, 333—335.
— wahrer 127.
— wahrscheinlichster 153.
Westfalen 454, 583.
Wetter, Wetterempfindlichkeit, -überempfindlichkeit 570, 573, 613, 752.
Wien 616, 687.
Willen, Willensschwäche 488, 489, 555, 722, 723, 739, 740, 751, 758, 762.
WILSONsche Pseudosklerose 543.
Wimpern 6, 43, 44, 72, 328.
— Überzähligkeit 328.
Winkel, epigastrischer 71, 366, 368.
Winkelprofil 69, 555.
Wirbel (Papillarmuster) 40 bis 42, 331, 333, 335, 338.
— Scheitel-, Drehungssinn 43, 44, 238, 239, 328.
— Stirnhaar- 44, 328.
Wirbelsäule 29, 64, 237, 375, 514, 520, 561, 562, 701 bis 704.
Wirbelspalt 562.
Wohndichte der Ärzte 174, 175, 200.
Wolfsrachen 61, 564, 574, 576, 731, 732.
Wolhynier 455.
Wollhaar 43, 65, 72, 73, 548, 564.
Wucherungen, adenoide 666.
Würfelversuch 191, 192.
Württemberg 589.
Wurzelformen, motorische 467, 468, 469, 490.
— der Persönlichkeit 81, 88 bis 111, *109—111*, 475, 490, 493, 739, 749, 750, 751, 754, 755, 757, 758, 760, 761, 763.
Wüstenvölker 539.

X-Beine 64, 565.

Zahl 112.
— der Freiheitsgrade 168, 172—176, 182, 183, 198.
— Zusammenhangs- 182.
Zählbezirk 218, 230, 231.
Zahlen, Prüfung bei kleinen 180.
— Prinzip der großen 207.
Zahn, Schneide-, Stellungsanomalien 331, 352, 555, 564.

Zahn, Unterzahl 680.
— Zahnanomalien 63, 222, 331, 410, 426, 458, 514, 528, 544, 546, 556, 560, 570, 575, 608, 613, 699, 700, 701.
Zahncaries 547, 608, 626.
Zahnfarbe 331.
Zahngröße 331.
Zäpfchen 458.
Zappeligkeit 673, 732.
Zehen 35, 36, 311, 331, 514, 548, 564, 574, 705, 747.
Zehenleisten 337.
Zehennägel 34.
Zehenzahl 352.
Zehnfinger-Form-Index 332.
Zeichenkreise 651—660, 672, 673, 676.
Zeichnen 104, 105, 222, 223, 715.
— idioplastisches 105.
— physioplastisches 105.
— Schema- 105.
zeichnerische Begabung 104, 105, 696.
Zentralnervensystem 412, 531, 731, 733.
Zentralwert 116, 117.
Zeugungsfähigkeit 521.
Zeugungskreis 322, 323.
Ziegenmilchanämie 542.
Ziffer 112.
— Geburten- 112.
— Spaltungs- 112.
— Sterbe- 112.
Ziege, Giftfestigkeit 539.
Zigeuner 446, 457.
Zirbeldrüse 524, 541, 747.
zirkuläres Irresein s. manisch-depressives Irresein.
z-Transformation 173.
— des Korrelationskoeffizienten 184.
Züchtung 748.
Zuckerbelastungsprobe 676.
Zuckerharnruhr s. Diabetes.
Zufall 120, 123—127, 142, 169, 170, 177, 202, 206, 652, 653, 660, 667, 668, 676, 679.
Zufallsbereich 138—142.
Zufallsformen 90.
Zufallsschwankung 144, 166 bis 167, 208.
Zufallsversuch 124, 138, 150, 152, 192.
Zufallswahrscheinlichkeit 171, 206.
Zufallsziffer 154, 155, 156.
Zunge (s. a. Lingua) 458, 514, 527, 556.
— Landkarten- 658.
Zungenfalten 222.
Zungenmuskulatur 561.
Zürich 567, 585.

Zusammenhangszahl 182.
Zwangsneurosen 571.
Zweieiigkeit 219.
Zweigipfeligkeit 144.
Zweihandprüfer 474, 475, 714.
Zweihöckerigkeit des Tragus 331.
Zwerchfellhochstand 562, 706.
Zwerchfelltiefstand 562.
Zwergkretinen 560.
Zwergmaus, Hypophyse 507, 508.
— Schilddrüse 508.
Zwergwuchs 61, 503, 518, 524, 528, 531, 532, 550, 564, 733, 745.
— hypophysärer 414, 516 bis 519.
— — Maus 508.
— infantilistischer 519.
— LEVI-LORRAINE 517.
— PALTAUFscher 517.
— primordialer 519.
— Typ HANHART 519.
Zwicken 510.
Zwillinge, adenoide Wucherungen 666.
— Aderhautatrophie, circumpapilläre 410.
— Ähnlichkeitsgrad 236.
— Akromegalie 514.
— Allergie 580, 581, 617, 663, 676.
— — Hühnerei- 593.
— Alopecie, senile 410.
— alte 409.
— Altersstar 410.
— Angina 665.
— Angiom, seniles 413.
— Anthelix 448, 450.
— Antitragus 449.
— Antlitz 425.
— Arcus senilis 410.
— Armekreuzen 238, 239.
— Arthritis 610, 616, 617.
— Arthronosis deformans 622.
— Asymmetrie 237—239, 246.
— Augapfel, senile Destruktion 410.
— Augenfarbe 221.
— Augengegend, Weichteile der 442.
— Augenspalten 443.
— BASEDOWsche Krankheit 527.
— BECHTEREWsche Krankheit 618, 619.
— Begabung 223.
— Beruf 223, 224, 456.
— bildhaftes Gestalten 105.
— Blepharitis 665.
— Blepharochalasis 553.
— Blutdruck 412.
— Blutfaktoren 221.
— Blutgruppen 221, 223.

Zwillinge, Brustumfang 401.
— Calvities 410.
— Canities 410.
— Capillaren 666.
— C-Linie, Reduktion der 336.
— Concha 447, 448, 450.
— Crus cymbae 450.
— DARWINsches Höckerchen 447, 449.
— Diabetes 408, 580, 676.
— Diathese, allergische s. Allergie.
— — dystrophische 666.
— — exsudative 665, 679.
— — vegetative 666.
— Diskordanz 216, 225—227, 229, 231, 232, 234, 237 bis 238, 247, 299, 665.
— Doppelzentrizität 333.
— Eihautverhältnisse 223, 239.
— Ekzem 662, 663.
— endokrines System 405.
— Epilepsie 247.
— Erbgleichheit 214.
— Ergrauen der Haare 410.
— Erythrodermia desquamativa 643.
— Faltenzunge 558, 559.
— Familien der 214.
— Fundus 410.
— Gaumenspalten 556.
— Gebiß 617.
— Gelenkrheumatismus 615, 617.
— Gerontoxon 410.
— geschlechtliche Reifung 401, 402, 405.
— Geschlechtsleben 223.
— Gesicht 426.
— Gesichtsfalten 427, 456, 457.
— Gesichtsmuskulatur 456, 457.
— Gesichtsweichteile 456.
— Gleichgeschlechtlichkeit 223, 239, 240, 244.
— Glatze 410.
— Haarfarbe 221.
— Haarform 222.
— Haarwirbel 238, 239, 328.
— Händigkeit 238, 239.
— Handleisten 336.
— Handschrift 224, 488.
— Hautlippe, obere 440.
— Hautrunzeln 410.
— Helix 447—450, 453.
— Herzfehler 556.
— Heterophänie 674.
— Heuschnupfen 666.
— Hydrocephalus 550.
— Hypsicephalie 550.
— Incisura anterior 450.
— — intertragica 448, 450.
— Interdigitalmuster 336.

Zwillinge, Interorbitalbreite 429.
— Intertrigo 662.
— Iris 410.
— Jochbogen 429.
— Katarakt, seniler 412.
— katarrhalische Diathese 665.
— Kinngrübchen 457.
— Klopfversuch 469.
— Klumpfuß 226, 232, 241, 246.
— KÖHLERsche Krankheit 622.
— Konkordanz 214—216, 220—234, 237, 238, 247, 299.
— Kopfform 425.
— Kopfhaar 410.
— Kopflänge 236.
— Körpergewicht 401—403, 617.
— Körpergröße 400—404.
— Korrelation 233—239, 243—246.
— Kriminalität 181, 571.
— Lebensalter 224.
— Lebenslauf 223.
— Lebercirrhose 615.
— Letalauslese 243.
— — pränatale 241, 242.
— Lider 410, 442, 443, 447.
— Lidspalten 442.
— Lidspaltenfleck 410.
— Liebhabereien 223.
— Lingua plicata 558, 559.
— Linse 410.
— Lobulus 450.
— Mandeln 666.
— Menarche 402.
— Menopause 617.
— Metronomversuch 469.
— Migräne 676.
— mittlere prozentuale Abweichung 236, 237.
— Mund 440, 442.
— Muskulatur, Gesichts- 456, 457.
— Nase 14, 428, 429.
— Nasenboden 428, 429, 436.
— Nasenbreite 427, 428.
— Nasenflügel 427, 428, 437, 438.
— Nasenform 427.
— Nasenlänge 428.
— Nasenloch 437.
— Nasenrücken 427, 429, 435.

Zwillinge, Nasenseptum 428, 434, 436—438.
— Nasenspitze 437, 438.
— Nasentiefe 428.
— Nasenwurzel 435.
— Nesselsucht 676.
— Nomenklatur 215.
— Oberlid 410.
— Ohr 222, 448, 449, 450.
— Knorpelhöcker 450.
— Ohrbreite 448.
— Ohrindex, physiognomischer 449.
— Ohrlänge 448.
— Ohrläppchen 447—450.
— Ohrmaße 447—449.
— Orbita 410.
— Otosklerose 413.
— Papillarmuster 335, 336.
— Pedikulose 662.
— persönliches Tempo 469, 470.
— Philtrum 442.
— Pigmentierung 221.
— Pinguecula 410.
— Plattfuß 613.
— Polsterungsfaktoren 335.
— Polyarthritis acuta 615, 617.
— — chronische 617.
— Pubertät 402.
— Pupillarpigmentsaum 410.
— Rachitis 428.
— Rheumatismus, Muskel- 617, 623.
— — Gelenk- 615, 617.
— — Pseudo- 616, 617.
— Scheitelwirbel 328.
— Schizophrenie 227, 233, 246.
— SCHLATTERsche Krankheit 622.
— Schleimhaut 665.
— Schleimhautlippen 440.
— Schnupfen 662.
— Schreibdruck 485, 486.
— Schrift 222, 223.
— Schulleistungen 224.
— Schulterbreite 401.
— Schwachsinn 240, 242, 244.
— Seborrhoid 644.
— Sensibilisierbarkeit 578.
— Skapha 447, 450.
— soziale Lage, soz. Verhalten 223, 224.

Zwillinge, Spondylosis deformans 621.
— Sport 401, 405.
— Star 410.
— Stigmen 547.
— Stirnhöhe 457.
— Stoffwechselkrankheiten 603.
— Tempo, persönliches 469, 470.
— Tragus 449, 450.
— Tuberculum supratragicum 450.
— Turmschädel 435.
— Turnen 401.
— Umwelt, Einfluß der 665.
— Vaterschaftsnachweis 326.
— Vierfingerfurche 567.
— Zähne 410.
— Zeichnen 222, 223.
— Zuckerkrankheit 408, 580, 676.
— Zwischenaugenbreite 446.
Zwillingsdiagnose 127, 178.
Zwillingsforschung 323.
— Kasuistik 215.
— Methodik 213—248, 248.
Zwillingsgeburt 218.
Zwillingsgeburten, Häufigkeit 239.
Zwillingshäufigkeit 213, 215, 217, 220, 239—247.
Zwillingskalb, Sterilität 506.
Zwillingskonkurrenz 542.
Zwillingsmaterial, Sammlung von 215—219.
Zwillingsmethode 213—214, 225—233.
Zwillingspaarlinge 215, 218, 242, 243.
Zwillingspartner 215, 217, 220.
Zwillingsprobanden 216, 217, 220.
Zwillingsschwangerschaft 336.
Zwillingsserien 216, 228, 247.
Zwillingssterblichkeit 218.
Zwischenaugenbreite 443, 446.
Zwischenhirn 394, 396, 404, 405, 503, 519, 541, 567.
Zwischenzellen 504, 505, 510.
Zyclothymie s. Cyclothymie.
Zygienbreite 6, 222, 327.
Zygote 214.
Zyklothymie s. Cyclothymie.
Zylindrurie 597.

Printed in the United States
By Bookmasters